做中国农化领域的典范
Bing the Model of China Agrochemical Field

山东中农联合生物科技股份有限公司（简称中农联合）隶属中农集团,全资控股山东省联合农药工业有限公司、潍坊中农联合化工有限公司、山东中农联合作物科学技术有限公司三个子公司。中农联合于 2017 年 3 月份在新三板成功上市（股票代码 871103)。

目前,公司拥有员工 1500 人,建有两个生产基地,设立研发中心和省级企业技术中心。公司紧紧瞄准国内外化工发展的最新动态,不断加大投入,依靠科技进步、技术创新,不断提升产品档次,增强市场竞争力。近几年来先后投入资金用于技改扩能、产品开发、"三废"治理、生产工艺、检验检测、环境保护、安全生产等设施进行了全方位的技术改造,两个生产基地分别新建自动化的 10000 吨、5000 吨制剂加工设备,全部采用 DCS 集散型控制系统,形成了原药生产、制剂加工、科研开发较好的生产条件。

公司始终以"为人类生产绿色农药"为己任,坚持打造绿色环保型生产企业,致力于成为中国最具影响力的农化产品生产供销商,做中国农化领域的典范!

重点原药产品
杀虫剂： 吡虫啉、啶虫脒、烯啶虫胺、噻虫啉、噻虫嗪、呋虫胺、噻虫胺、哒螨灵、甲氨基阿维菌素、联苯菊酯、甲氧虫酰肼、虫螨腈、吡蚜酮
杀菌剂： 氟醚菌酰胺、霜霉威、腈菌唑、嘧菌酯、戊唑醇、烯酰吗啉
除草剂： 双氟磺草胺、麦草畏、精异丙甲草胺

山东中农联合生物科技股份有限公司
公司地址：济南市历城区桑园路28号　　服务热线：400-0306-365
植保热线：0531-86408908　　公司网址：http://www.sdznlh.com

为人类 为自然

宁波三江益农化学有限公司

宁波三江益农化学有限公司的前身是创建于1958年的宁波农药厂。作为化工部下属重点骨干企业，建厂近60年来为国家农药工业的技术进步和农业生产的可持续发展做出了重要贡献。公司位于镇海国家级化工园区。占地168亩，除原药合成车间以外，拥有完备的农药制剂加工设备和技术，现有登记证67个，其中原药登记证19个，常年稳定供应戊唑醇、啶虫脒等优质原药。公司海外业务多年持续稳定增长，2017年位列中国农药出口第8位。

国外产品引进

凭借公司多年的外贸优势，积极引进国外优质农化产品资源，服务中国农业。公司同智利科米塔工业公司等国外知名制剂供应商合作，独家引进了皇铜（84%王铜干悬浮剂）、西歌-77（77%氢氧化铜干悬浮剂）、智多收DF（86%波尔多液干悬浮剂）、卡白（80%硫磺干悬浮剂）、米纳托DF（70%甲基硫菌灵干悬浮剂）等优质产品。

自主产品研发

公司下属的农药研究所成立于2009年，下设有合成组、分析组、制剂组和工程设计，拥有专业研发人员20余人，其中高级工程师3人、博士2人、硕士10人。

质制剂加工

公司投资近亿元，按最新标准和最高自动化水平设计建造制剂加工、分装二期车间，2016年投入运行，全面提升了公司产能和生产自动化率，年产能扩大到3.5万吨。产品加工严格按照FAO、SGS标准进行质量控制，全面保证产品质量。

宁波市镇海区宁波化学工业区北海路1165号

770003 87770030   邮编:315204

774751   网址:www.sunjoyagro.com

"十三五"
国家重点出版物
出版规划项目

现代农药手册

Handbook of Modern Pesticide

刘长令　杨吉春　主编

化学工业出版社

·北京·

本手册在已出版的《世界农药大全》四分卷所涵盖农药品种的基础上，还收集了近年来刚开发或正在开发的新农药品种共计1312个。其中，按照中文通用名首字汉语拼音排序，详细介绍了821个农药品种（除草剂225个，解毒剂10个，植物生长调节剂36个，杀菌剂221个，杀虫剂241个，杀螨剂29个，杀线虫剂23个，杀鼠剂及其他杀虫剂36个）的产品简介（中英文名称、其他名称、结构式、分子式、分子量、CAS登录号、理化性质、毒性、制剂、作用机理）、应用（适宜作物与安全性、防除对象、应用技术、使用方法）、专利与登记概况（包括专利号及登记情况等）、合成方法（包括最基本原料的合成方法、合成实例）、参考文献等。另外，书后还列出了其他不常用的除草剂（205个）、杀菌剂（95个）及杀虫剂（191个）的简介、相关名称、结构式、应用、专利及合成路线等内容，供读者参考。

本手册具有实用性强、信息量大、内容权威、重点突出等特点，可供广大从事农药产品管理、专利与信息、科研、生产、应用、销售、进出口等有关工作人员使用，也可供高等院校相关专业师生参考。

图书在版编目（CIP）数据

现代农药手册/刘长令，杨吉春主编．—北京：化学
工业出版社，2017.7（2022.8重印）
ISBN 978-7-122-29795-2

Ⅰ.①现…　Ⅱ.①刘…②杨…　Ⅲ.①农药-手册
Ⅳ.①TQ45-62

中国版本图书馆 CIP 数据核字（2017）第 120785 号

责任编辑：刘　军　张　艳　　　　　　　　　　文字编辑：向　东
责任校对：王素芹　　　　　　　　　　　　　　装帧设计：关　飞

出版发行：化学工业出版社（北京市东城区青年湖南街 13 号　邮政编码 100011）
印　　装：北京虎彩文化传播有限公司
787mm×1092mm　1/16　印张 85¾　字数 2618 千字　2022 年 8 月北京第 1 版第 2 次印刷

购书咨询：010-64518888　　　　　　　售后服务：010-64518899
网　　址：http://www.cip.com.cn
凡购买本书，如有缺损质量问题，本社销售中心负责调换。

定　　价：580.00 元　　　　　　　　　　　　版权所有　违者必究
京化广临字 2018——5

本书编写人员名单

主　　编：　刘长令　杨吉春

副 主 编：　吴　峤　李　森　关爱莹

编写人员：　（按姓名汉语拼音排序）

白丽萍	柴宝山	陈　伟	关爱莹	郝树林
胡耐冬	焦　爽	李慧超	李　森	李　青
刘长令	刘鸣飞	刘淑杰	刘允萍	马　森
任兰会	孙旭峰	王立增	王秀丽	魏思源
吴公信	吴　峤	武恩明	夏晓丽	谢　勇
徐　英	薛有仁	杨　帆	杨吉春	杨金东
杨金龙	杨　莉	姚忠远	叶艳明	于春睿
于福强	张金波	张静静	赵　平	

前　言

目前，国内外虽有许多介绍农药品种方面的书籍，如《The Pesticide Manual》、《新编农药手册》等，但尚未有较详尽介绍农药品种多方面情况，如品种的开发、专利、应用、合成方法等的书籍。为此编写了本书，旨在为从事农药品种管理、专利与信息、科研、生产、应用、销售、进出口等有关工作人员，以及工业、农业、工商、农资、贸易等部门提供一本实用的工具书。

《世界农药大全：除草剂卷》（2002 年）、《世界农药大全：杀菌剂卷》（2006 年）、《世界农药大全：杀虫剂卷》（2012 年）均已出版多年，尤其是除草剂卷和杀菌剂卷亟需要补充一些新品种，为了更利于读者对品种的了解，编写了《世界农药大全》的除草剂卷、杀菌剂卷及杀虫剂卷的合并、更新版本，即《现代农药手册》，编排方式与以往有所区别，按照农药品种的通用名称排序编排，品种介绍涉及产品简介（名称、理化性质、毒性、制剂、作用机理）、应用（适宜作物与安全性、防除对象、应用技术、使用方法）、专利与登记概况（包括专利号及登记情况等）、合成方法（包括最基本原料的合成方法、合成实例）、参考文献等。本书与现有其他书籍比较具有如下特点：实用性强、信息量大、内容齐全、重点突出。

本书实用性强，全书共收集农药品种 1312 个，其中精选品种 821 个（内容收集至 2016 年 4 月），其中除草剂 225 个，解毒剂 10 个，植物生长调节剂 36 个，杀菌剂 221 个，杀虫剂 241 个，杀螨剂 29 个，杀线虫剂 23 个，杀鼠剂及其他杀虫剂 36 个。在本书的后面也将国外曾生产但目前已停产的、国内从未使用的老品种或应用前景欠佳或对环境不太友好或抗性严重的 491 个品种（除草剂 205 个、杀菌剂 95 个、杀虫剂 191 个）的名称、结构及 CAS 列出，供读者参考。

本书信息量大、内容齐全、重点突出。书中不仅介绍了农药品种的名称、理化性质、毒性、制剂、作用机理与特点、合成方法、应用技术、使用方法等，还介绍了专利概况与登记等（供创新参考）。且重点介绍了合成方法、作用机理与特点、应用技术、使用方法等。对于产品名称，编者尽可能多地收集商品名，包括国外常使用、在我国未使用的商品名及其他名称等。收集相关专利尤其是较新品种的专利，包括其在世界许多国家申请的专利，目的是为进出口部门提供些参考，有些品种在我国不受专利法保护，而在其他国家有可能受保护。

本书主要编写人员杨吉春、吴峤、李淼、关爱莹、李慧超、孙旭峰、柴宝山、王立增、谢勇、杨帆、王秀丽、马森、姚忠远、夏晓丽、任兰会、徐英、李青、焦爽、杨莉、陈伟、杨金东、杨金龙、魏思源、郝树林、张静静、刘允萍、张金波、赵平、胡耐冬等做了大量工作，还有李林、迟会伟、李洋、许世英、刘远雄、陈高部、刘若霖、彭永武、马士存、伍强、张茜、何晓敏、姜美锋、朱敏娜、范玉杰、李学建、许磊川、孙金强、刘彦斐、刘玉猛、芦志成、杨浩、王婷婷、闫秋旭、李新、于春睿、吴公信、于福强、叶艳明、薛有仁、武恩明、白丽萍、刘淑杰等也参与了部分工作，在此表示衷心感谢。

在本书编写过程中参考了如下所述的书籍以及参考文献中列出的书目和杂志等，在此对其作（编）者表示感谢！《The Pesticide Manual》（C D S Tomlin）、《Pesticide Synthesis

Handbook》（Thomas A. Unger）、《新编农药手册》（农业部农药检定所）、《国外农药品种手册》（化工部农药信息总站）、《进口农药应用手册》（王险峰）、《农药商品大全》（王振荣等）、《农药手册》（第 16 版）（胡笑形等）。

  由于编者水平所限，加之书中涉及知识面广，不足之处在所难免，敬请读者批评指正。

编者

2017 年 12 月

目 录

阿维菌素 abamectin

B$_{1a}$:R=CH$_2$CH$_3$
B$_{1b}$:R=CH$_3$

C$_{48}$H$_{72}$O$_{14}$ (B$_{1a}$)，873.1，65195-55-3；
C$_{47}$H$_{70}$O$_{14}$ (B$_{1b}$)，859.1，65195-56-4

阿维菌素（abamectin），试验代号 MK-0936、C-076、L-676863。商品名称 Agrimec、害极灭。其他名称 Abacide、Abamex、Affirm、Agrimec、Agri-Mek、Agromec、Apache、Avid、Belpromec、Biok、Clinch、Contest、Crater、Dynamec、Gilmectin、Romectin、Satin、Sunmectin、Timectin、Vamectin、Vapcomic、Vibamec、Vertimec、Vivi、Zephyr；阿巴丁、阿巴菌素、阿弗螨菌素、阿弗米丁、阿弗菌素、阿维虫清、阿维兰素、爱福丁、爱螨力克、除虫菌素、虫克星、虫螨克、揭阳霉素、螨虫素、灭虫丁、灭虫灵、灭虫清、农哈哈、齐墩霉素、齐螨素、强棒、赛福丁、杀虫丁、7051 杀虫素、杀虫畜、畜卫佳，是由 Merk 公司（现属先正达公司）开发的抗生素类杀虫杀螨剂，该产品还可以用于动物驱虫、杀螨。

化学名称 （10E,14E,16E）-（1R,4S,5′S,6S,6′R,8R,12S,13S,20R,21R,24S）-6′-［（S）-仲丁基］-21,24-二羟基-5′,11,13,22-四甲基-2-氧-（3,7,19-三氧四环［15.6.1.1^{4,8}.0^{20,24}］二十五烷-10,14,16,22-四烯)-6-螺-2′-（5′,6′-二氢-2′H-吡喃）-12 基 2,6-二脱氧-4-O-（2,6-二脱氧-3-O-甲基-α-L-来苏-己吡喃糖基）-3-O-甲基-α-L-阿拉伯-己吡喃糖苷（80%）和（10E,14E,16E）-（1R,4S,5′S,6S,6′R,8R,12S,13S,20R,21R,24S）-21,24-二羟基-6′-异丙基-5′,11,13,22-四甲基-2-氧-（3,7,19-三氧四环［15.6.1.1^{4,8}.0^{20,24}］二十五烷-10,14,16,22-四烯）-6-螺-2′-（5′,6′-二氢-2′H-吡喃）-12-基 2,6-二脱氧-4-O-（2,6-二脱氧-3-O-甲基-α-L-来苏-己吡喃糖基)-3-O-甲基-α-L-阿拉伯-己吡喃糖苷（20%）；(10E,14E,16E)-(1R,4S,5′S,6S,6′R,8R,12S,13S,20R,21R,24S)-6′-[（S)-sec-butyl]-21,24-dihydroxy-5′,11,13,22-tetramethyl-2-oxo-(3,7,19-trioxatetracyclo[15.6.1.1^{4,8}.0^{20,24}]pentacosa-10,14,16,22-tetraene)-6-spiro-2′-(5′,6′-dihydro-2′H-pyran)-12-yl 2,6-dideoxy-4-O-(2,6-dideoxy-3-O-methyl-α-L-arabino-hexopyranosyl)-3-O-methyl-α-L-arabino-hexopyranoside(80%)和(10E,14E,16E)-(1R,4S,5′S,6S,6′R,8R,12S,13S,20R,21R,24S)-21,24-dihydroxy-6′-isopropyl-5′,11,13,22-tetramethyl-2-oxo-(3,7,19-trioxatetracyclo[15.6.1.1^{4,8}.0^{20,24}]pentacosa-10,14,16,22-tetraene)-6-spiro-2′-(5′,6′-dihydro-2′H-pyran)-12-yl 2,6-dideoxy-4-O-(2,6-dideoxy-3-O-methyl-α-L-arabino-hexopyranosyl)-3-O-methyl-α-L-arabino-hexopyranoside(20%)。

组成 原药中组分 avermectin B$_{1a}$ 的含量≥80%，组分 avermectin B$_{1b}$ 的含量≤20%。

理化性质 原药为白色或黄白色结晶粉。熔点 161.8～169.4℃。蒸气压＜3.7×10^{-6} Pa（25℃）。K_{ow}lg$P$=4.4±0.3（pH 7.2，室温）。Henry 常数 2.7×10^{-3} Pa・m³/mol（25℃）。相对密度 1.18（22℃）。水中溶解度（20℃）1.21mg/L。其他溶剂中溶解度（25℃，g/L）：二氯甲

烷 470，丙酮 72，甲苯 23，甲醇 13，辛醇 83，乙酸乙酯 160，正己烷 0.11。稳定性：常温下不易分解，25℃时，在 pH 5～9 的溶液中无分解现象，遇强酸、强碱不稳定。紫外线照射引起结构转化，首先转变为 8,9-Z-异构体，然后变为结构未知产品。旋光度 $[\alpha]_D^{22} = +55.7°$（$c = 0.87$，$CHCl_3$）。

毒性 阿维菌素属高毒杀虫剂。急性经口 LD_{50}（mg/kg）：大鼠（芝麻油）10，小鼠（芝麻油）13.6，大鼠（水）221。兔急性经皮 $LD_{50} > 2000$mg/kg。大鼠吸入 $LC_{50} > 5.7$mg/L。对兔皮肤无刺激作用，对兔眼睛中度刺激。大鼠 NOEL（2 代繁殖研究）0.12mg/（kg·d），ADI：0.002mg/kg（阿维菌素和 8,9-Z-异构体），0.001mg/kg（残留量，不含异构体），0.003mg/kg（EC），aRfD 0.00025mg/kg（EPA），cRfD 0.00012mg/kg（EPA）。在 Ames 试验中无致突变性。

生态效应 鸟急性经口 LD_{50}（mg/kg）：山齿鹑 > 2000，野鸭 86.4。鱼 LC_{50}（96h，μg/L）：虹鳟鱼 3.2，大翻车鱼 9.6。水蚤 EC_{50}（48h）0.34μg/L。羊角月牙藻 EC_{50}（72h）> 100mg/L。其他水生生物 LC_{50}（96h，μg/L）：红虾 1.6，蓝蟹 153。对蜜蜂高毒，经口 LD_{50} 0.009mg/只，接触 LD_{50} 0.002mg/只，残留在叶面的 LT_{50} 4h，4h 以后残留在叶面的药剂对蜜蜂低毒。对蚯蚓 LC_{50}（28d）28mg/kg 土壤。

环境行为

（1）动物 主要通过粪便在 96h 后快速代谢掉 80%～100%；尿液排掉 0.5%～1.4%。

（2）植物 在三种不同的植物中降解/代谢相似，在植物表面主要通过光解作用进行；残余物为阿维菌素 B_1 和其感光异构体 8,9-Z 的混合物；因植物表面残留少，因此对益虫的损伤很小。

（3）土壤/环境 阿维菌素在土内被土壤吸附不会移动，通过土壤微孔快速降解，并且被微生物分解，因而在环境中无累积作用，无生物体内积累。

制剂 1.8%乳油，3%微乳剂，1.8%水乳剂，1%水分散粒剂，0.2%～5%水悬纳米胶囊剂、烟雾剂等。

主要生产商 Cheminova、Fertiagro、Honbor、Sharda；瑞士先正达作物保护公司、上海艾农国际贸易有限公司、安徽华星化工股份有限公司、泰禾集团、浙江中山化工集团股份有限公司、丰荣精细化工有限公司、青岛海利尔药业集团、河北威远生物化工股份有限公司、湖北沙隆达股份有限公司、惠光化学、易普乐、江苏丰源生物工程有限公司、江苏龙灯化学有限公司、郑州沙隆达、浙江世佳科技有限公司、台湾兴农股份有限公司、苏州恒泰医药化工有限公司、浙江海正化工股份有限公司及浙江升华拜克生物股份有限公司等。

作用机理 阿维菌素作用机制与一般杀虫剂不同，它通过干扰神经生理活动，刺激释放 γ-氨基丁酸，而氨基丁酸对节肢动物的神经传导有抑制作用。阿维菌素的作用靶体为昆虫外周神经系统内的 γ-氨基丁酸（GABA）受体。它能促进 γ-氨基丁酸从神经末梢释放，增强 γ-氨基丁酸与细胞膜上受体的结合，从而使进入细胞的氯离子增加，细胞膜超极化，导致神经信号传递受抑，致使麻痹、死亡。这种独特的作用机制，不易使害虫产生抗性，与其他农药无交互抗性，能有效地杀灭对其他农药已经产生抗性的害虫。阿维菌素对害虫具有触杀和胃毒作用，无内吸性，但有较强的渗透作用。药液喷到植物叶面后迅速渗入叶肉内形成众多微型药囊，并能在植物体内横向传导，杀虫活性高，比常用农药高 5～50 倍，亩（1 亩 = 667m²）施用量仅 0.1～0.5g（a.i.）。螨类成虫、若虫和昆虫幼虫接触阿维菌素后即出现麻痹症状，不活动、不取食，2～4d 后死亡。

应用技术

（1）适用作物 观赏植物、蔬菜、柑橘、棉花、坚果、梨果、土豆等。

（2）防治对象 因作用机制与常规药剂不同，因此对抗性害虫有特效，如小菜蛾、潜叶蛾、红蜘蛛等。还可以防治科罗拉多甲虫、火蚁等。

（3）残留量与安全用药 据中国农药毒性分级标准，阿维菌素属高毒杀虫剂。阿维菌素对鱼类和蜜蜂高毒，因此施药时不要使药液污染河流、水塘，不要在蜜蜂采蜜期施药。如吸入喷洒雾滴，将病人移到空气新鲜的地方。如病人呼吸困难，最好进行口对口人工呼吸。如吞服，立即请医生或到毒物控制中心诊治。立即给病人喝 1～2 杯开水，并用手指伸入喉咙后部引发呕吐，直至呕吐液澄清。如果病人昏迷，切勿进行引发呕吐或喂服任何东西。皮肤接触，脱去沾有药液的衣服，用肥皂和水洗涤沾有药液的部位。如果刺痛未止，应找医生诊治。如果溅入眼内，用大量清水冲洗，立即请医生诊治。avermectin B_1 急性中毒的急救建议：中毒的早期症状包括瞳孔扩大、共济失调和肌肉震颤。误服乳油中毒后 1.5h 内引发呕吐，可减低中毒程度。如果中毒程度已进展到发生严重呕吐，就应该监测所引起的体液及电解质不平衡状况。应根据临床征象、病征和检验结果，进行适当注射补充体液的支持性疗法，然后并用其他必要的支持性疗法（例如保持血压）。若病情严重，应连续观察至少 7d，直到临床状态稳定及正常为止。由于 avermectin B_1 会提高动物的 γ-氨基丁酸的活性。对于可能发生 avermectin B_1 中毒的病人，最好避免使用提高 γ-氨基丁酸活性的药物，如巴比妥酸盐等。

（4）使用方法　防治红蜘蛛、锈蜘蛛的应用剂量为 $5.6\sim28g(a.i.)/hm^2$，防治鳞翅目害虫的剂量为 $11\sim22g(a.i.)/hm^2$，防治潜叶蛾的剂量为 $11\sim22g/hm^2$。

阿维菌素用于防治红蜘蛛、锈蜘蛛等螨类，用 1.8% 阿维菌素 3000～5000 倍液或每 100L 水加 1.8% 阿维菌素 20～33mL（有效浓度 3.6～6mg/L）。

用于防治小菜蛾等鳞翅目昆虫幼虫，用 1.8% 阿维菌素 2000～3000 倍液或每 100L 水加 1.8% 阿维菌素 33～50mL（有效浓度 6～9mg/L）喷雾。在幼虫初孵化时施药效果最好，加 0.1% 的植物油可提高药效。

棉田防治红蜘蛛，每亩用 1.8% 阿维菌素乳油 30～40mL（有效成分 0.54～0.72g），持效期可达 30d。

专利与登记　阿维菌素起源于 20 世纪 70 年代。1975 年日本北里大学大村智等从静冈县土样中分离出一种灰色链霉菌 *Streptomyces avermitilis* MA-4680（NRRL8165），随后，默克公司从该菌发酵菌丝中提取出一组由 8 个结构相近同系物组成的次级代谢产物，即十六元大环内酯化合物，并命名为阿维菌素（avermectin，简称 AVM）。1981 年该公司实现了阿维菌素的产业化，并逐渐应用在农牧业和卫生上。

专利 US4310519 早已过专利期，不存在专利权问题。

国内登记情况：0.1% 饵剂，5%、10% 悬浮剂，3%、3%、5% 微囊悬浮剂，5% 水溶剂，1% 缓释剂等，登记作物为柑橘树、棉花和西瓜等，防治对象为橘小实蝇、橘大实蝇、红蜘蛛和根结线虫等。先正达作物保护有限公司在中国登记情况见表 1。

表 1　先正达作物保护有限公司在中国登记情况

登记名称	登记证号	含量	剂型	登记作物	防治对象	用药量	施用方法
阿维菌素	PD199-95	18g/L	乳油	十字花科蔬菜 柑橘树 棉花	小菜蛾 潜叶蛾 红蜘蛛	$9\sim13.5g/hm^2$ $4.5\sim9mg/kg$ $8.1\sim10.8g/hm^2$	喷雾
阿维菌素	PD20070071	85%	原药				

合成方法　由一种天然土壤放射菌——阿弗曼链菌的发酵物分离得到。具体方法如下：

① 产生菌：由一种天然土壤放射菌 *Streptomyces avermitilis* 所产生。其为链霉菌中的一个新种，属灰色链霉菌。

② 菌种的保存：*Avermectin* 产生菌在培养基上生长，再将孢子置于 20% 的甘油水溶液中，于 −30℃ 保存。

③ 种子制备：将甘油孢子储藏液接种在种子培养液中，于 28℃ 培养 1～2d 后再接种到发酵培养基中，接种量为 3%～5%。

④ 生物合成。

参考文献

[1] 蒋才武等. 广西师院学报：自然科学版，1999，1：98-101.
[2] 张利平等. 河北大学学报：自然科学版，2002，2：189-194.

矮壮素 chlormequat chloride

$$\text{Cl} \diagup\diagup\diagup\text{N}^+ \diagdown \cdot \text{Cl}$$

$C_5H_{13}Cl_2N$, 158.1, 7003-89-6, 991-81-5（盐酸盐）

矮壮素（chlormequat chloride），试验代号　AC38555、BAS 06200W。其他名称　chlorocholine chloride、Cycocel、CCC、稻麦立。是由 N. E. Tolbert 于 1960 年报道，Michigan State University、American Cyanamid Co. 和 BASF AG（现 BASF SE）于 1966 年在德国推出的一种优良的植物生长调节剂。

化学名称　2-氯乙基三甲基氯化铵，2-chloroethyl trimethyl ammonium chloride。

理化性质　原药含量≥96%。无色晶体，吸湿性极强，稍有气味（原药为灰白色至黄色结晶，有鱼腥味）。一般以水溶液形式存在。熔点 235℃。蒸气压＜0.001mPa（25℃）。$K_{ow}\lg P$ -1.59（pH 7）。Henry 常数 $1.58\times10^{-9}\,Pa\cdot m^3/mol$（计算值）。相对密度 1.141（20℃）。水中溶解度＞1kg/kg（20℃）；甲醇＞25g/kg，二氯乙烷、乙酸乙酯、正庚烷和丙酮＜1g/kg，氯仿 0.3g/kg（20℃）。稳定性：吸湿性极强，水溶液稳定，在 230℃分解开始。

毒性（盐酸盐）大鼠急性经口 LD_{50}（mg/kg）：雄性 966，雌性 807。急性经皮 LD_{50}（mg/kg）：大鼠＞4000，兔＞2000。对皮肤和眼睛无刺激，对皮肤无致敏。大鼠吸入 LC_{50}（4h）＞5.2mg/L 空气。两年无作用剂量（mg/kg）：大鼠 50，雄性小鼠 336，雌性小鼠 23。

生态效应　LD_{50}（mg/kg）：日本鹌鹑 441，野鸡 261，鸡 920。镜鲤和虹鳟鱼 LC_{50}（96h）＞100mg/L。水蚤 LC_{50}（48h）31.7mg/L，近头状伪蹄形藻 EC_{50}（72h）＞100mg/L，小球藻的 EC_{50} 5656mg/L。对蜜蜂无毒。蚯蚓 LC_{50}（14d）2111mg/kg 土壤。

环境行为

（1）动物　山羊中，97%的矮壮素会在 24h 内以原药的形式消除。

（2）植物　研究表明多数植物中，矮壮素转化为氯化胆碱。

（3）土壤/环境　土壤中通过微生物活性迅速降解。对土壤微生物群落或动物没有影响。4 种土壤平均 DT_{50} 32d（10℃）；1～28d（22℃），在土壤中迁移性低至中等。K_{oc} 203。

制剂　50%水剂，80%可溶粉剂。

主要生产商　浙江省绍兴市东湖生化有限公司、河北省黄骅市鸿承企业有限公司、河北省衡水北方农药化工有限公司、四川国光农化股份有限公司以及安阳全丰生物科技有限公司。

作用机理与特点　抑制作物细胞伸长，但不抑制细胞分裂，能使植株变矮，秆茎变粗，叶色变绿，可使作物耐旱耐涝，防止作物徒长倒伏，抗盐碱，又能防止棉花落铃，可使马铃薯块茎增大。其生理功能是控制植株的营养生长（即根、茎、叶的生长），促进植株的生殖生长（即花和果实的生长），使植株的间节缩短，矮壮并抗倒伏，促进叶片颜色加深，光合作用加强，提高植株的坐果率、抗旱性、抗寒性和抗盐碱的能力。

应用

（1）适用作物　棉花、小麦、水稻、玉米、烟草、番茄、果树和各种块根作物。

（2）防治对象　使作物抗倒伏，促进作物生长，可使马铃薯块茎增大，可使作物增产10%～30%，可用于盐碱和微酸性土地。

（3）使用方法　①在辣椒和土豆开始有徒长趋势时，在现蕾至开花期，土豆用 1600～2500mg/L 的矮壮素喷洒叶面，可控制地面生长并促进增产，辣椒用 20～25mg/L 的矮壮素喷洒茎叶，可控制徒长和提高坐果率。②用浓度为 4000～5000mg/L 矮壮素药液在甘蓝（莲花白）和芹菜的生长点喷洒，可有效控制抽薹和开花。③番茄苗期用 50mg/L 的矮壮素水剂进行土表淋洒，可使番茄株型紧凑并且提早开花。如果番茄定植移栽后发现有徒长现象，可用 500mg/L 的矮壮素稀释液按每株 100～150mL 浇施，5～7d 便会显示出药效，20～30d 后药效消失，恢复正常。④黄瓜于 15 片叶时用 62.5mg/L 的矮壮素水剂进行全株喷雾，可以促进坐果。

（4）注意事项　①使用矮壮素时，水肥条件要好，群体有徒长趋势时效果好。若地力条件差，长势不旺时，勿用矮壮素。②严格按照说明书用药，未经试验不得随意增减用量，以免造成药害。初次使用，要先小面积试验。③矮壮素遇碱分解，不能与碱性农药或碱性化肥混用。使用矮壮素时，应穿戴好个人防护用品，使用后，应及时清洗。④矮壮素低毒，切忌入口和长时间皮肤接触。对中毒者可采用一般急救措施和对症处理。

专利与登记情况　专利 US3156554、US3395009、GB1092138、DE1199048 均早已过专利期。国内主要登记了 98％原药、50％水剂以及 80％可溶粉剂。50％水剂主要用于棉花，促进其生长等，使用剂量：50～62.5g/hm²、8000～10000 倍液、55～65mg/kg；另外，玉米 0.5％浸种可促进增产；小麦使用剂量 3％～5％药液或 100～400 倍液可防倒伏并增产。80％可溶粉剂可用于棉花 55～65mg/kg。

合成方法　由二氯乙烷和三甲胺合成。

氨氟乐灵 prodiamine

$C_{13}H_{17}F_3N_4O_4$，350.3，29091-21-2

氨氟乐灵（prodiamine），试验代号　USB-3153，CN-11-2936，SAN745H。其他名称　Barricade，Cavalcade，Kusablock。由 US Borax（现在的 Borax）发现，Velsicol Chemical Corp. 进行评估，1987 年由 Sandoz AG（现在的 Syngenta AG）首次引入市场。

化学名称　2,6-二硝基-N^1,N^1-二丙基-4-三氟甲基-间苯二胺，2,6-dinitro-N^1,N^1-dipropyl-4-trifluoromethyl-m-phenylenediamine。

理化性质　原药为无味橙黄色粉末。熔点 122.5～124℃。蒸气压 2.9×10⁻²mPa（25℃）。K_{ow}lg$P$4.10±0.07（25℃，未说明 pH 值）。Henry 常数 5.5×10⁻²Pa·m³/mol（计算值）。相对密度 1.41（25℃）。水中溶解度 0.183mg/L（pH 7.0，25℃）；有机溶剂中溶解度（g/L，20℃）：丙酮 226，二甲基甲酰胺 321，二甲苯 35.4，异丙醇 8.52，庚烷 1.00，正辛醇 9.62。对光稳定性中等，在 194℃时分解。pK_a13.2。

毒性　原药大鼠（雌、雄）急性经口 LD_{50}>5000mg/kg，大鼠（雌、雄）急性经皮 LD_{50}>2000mg/kg，对兔眼中度刺激，兔皮肤无刺激性，对豚鼠皮肤无致敏性，大鼠空气吸入毒性 LC_{50}（4h）>0.256mg/m³（最大值）。无作用剂量[mg/(kg·d)]：狗（1y）6，小鼠（2y）60，大鼠（2y）7.2。

生态效应　山齿鹑急性经口 LD_{50}>2250mg/kg，山齿鹑和野鸭饲喂 LC_{50}（8d）>10000mg/（kg·d）。鱼 LC_{50}（96h，μg/L）：虹鳟鱼>829，大翻车鱼>552。水蚤 LC_{50}（48h）>658μg/L。海藻 EC_{50}（24～96h）3～10μg/L。蜜蜂 LD_{50}>100μg/只。

环境行为

（1）动物　大鼠经口给药后，在 4d 内几乎完全消除。

（2）土壤/环境　氨氟乐灵易光降解，代谢途径包括硝基的还原。典型土壤 DT_{50}（田间）90～150d。强烈地吸附于土壤中，K_{oc} 和 K_d：砂质土壤 19540 和 19.54，砂壤土 12860 和 398.5，肯尼亚壤土 5440 和 120。

制剂　65％水分散粒剂。

主要生产商　Syngenta、泸州东方农化有限公司以及迈克斯(如东)化工有限公司。

作用机理与特点　氨氟乐灵为选择性芽前土壤封闭除草剂，主要作用方式为抑制纺锤体的形成，从而抑制细胞分裂、根系和芽的生长。主要通过杂草的胚芽和胚轴吸收，对已出土杂草及以根茎繁殖的杂草无效果。通过抑制已萌芽的杂草种子的生长发育来控制敏感杂草。

应用

（1）适用作物　适用于定植后较长时间不改种或长时间固定种植某种植物的地域，如高尔夫草坪、园林绿化用草坪、苗圃、园林植物及果树等。

（2）防治对象　控制多种禾本科杂草和阔叶杂草，如百慕大草（狗芽根属）、百喜草（雀稗属）、假俭草（蜈蚣草属）、克育草（狼尾草属）、海滨雀稗（雀稗属）、圣奥古斯丁草（钝叶草属）、高羊茅（包括草坪型）、结缕草、野牛草（野牛草属）、草地早熟禾、多年生黑麦草和匍匐剪股颖（高于 1.67cm）等。

（3）使用方法　在草的次生根接触到土壤深层前，氨氟乐灵可能造成药害。为降低风险，请在播种 60d 后或 2 次割草后（取两者间隔较长的），再施用氨氟乐灵。施药后，如过早盖播草种，氨氟乐灵将影响交播草坪的生长发育。推荐使用剂量：$585\sim1170\text{g}(\text{a. i.})/\text{hm}^2$。

登记情况　国内登记了 93%、96% 原药，65% 水分散粒剂，用于防除冷季型草坪、暖季型草坪（$780\sim1170\text{g}/\text{hm}^2$）、非耕地（$780\sim1121\text{g}/\text{hm}^2$）杂草，均为土壤喷雾。

合成方法　以 2,4-二氯-3,5-二硝基三氟甲苯为原料，和二正丙胺、氨气经过缩合反应得到目的物。

安磺灵 oryzalin

$C_{12}H_{18}N_4O_6S$, 346.4, 19044-88-3

安磺灵（oryzalin），试验代号　EL-119，商品名称　Bibatel、Surflan，是由 Eli Lilly & Co.（现美国陶氏益农公司）开发的硝基苯胺类除草剂，后售予联合磷化公司。

化学名称　3,5-二硝基-N^4,N^4-二丙基磺胺，3,5-dinitro-N^4,N^4-dipropylsulfanilamide。

理化性质　原药纯度为 98.3%，熔点 138～143℃。纯品为淡黄色至橘黄色晶体，熔点 141～142℃，沸点 265℃（分解）。蒸气压＜0.0013mPa（25℃）。分配系数 3.73（pH7）。Henry 常数＜$1.73\times10^{-4}\text{Pa}\cdot\text{m}^3/\text{mol}$。水中溶解度 2.6mg/L（25℃）。其他溶剂中溶解度（25℃，g/L）：丙酮＞500，甲基纤维素 500，乙腈＞150，甲醇 50，二氯甲烷＞30，苯 4，二甲苯 2。在己烷中不溶解。在正常的储藏条件下能稳定存在，在 pH 5、7、9 时不水解，在紫外灯照射下易分解，水中正常光解 DT_{50} 1.4h，pK_a9.4，弱酸性。

毒性　急性经口 LD_{50}（mg/kg）：大鼠和沙鼠 10000，猫 1000，狗＞1000。兔急性经皮 LD_{50}＞2000mg/kg。对兔眼睛无刺激性作用，对皮肤有轻微刺激。大鼠吸入 LC_{50}（4h）＞3.1mg/L 空气（4.8mg/L）。NOEL（2y,mg/kg 饲料）：大鼠 300[12～14mg/(kg·d)]，小鼠 1350[100mg/(kg·d)]。ADI 0.12mg/kg。无致诱变性。

生态效应　鸟急性经口 LD_{50}（mg/kg）：鸡＞1000，山齿鹑和野鸭＞500。山齿鹑和野鸭饲喂 LC_{50}（5d）＞5000mg/kg。鱼毒（LC_{50},mg/L）：大翻车鱼 2.88，虹鳟鱼 3.26，金鱼（96h）＞1.4。水蚤 LC_{50}（48h）1.4mg/L，NOEC（21d）0.61mg/L。藻类 E_rC_{50}（μg/L）：中肋骨条藻 45，月牙藻 51，

舟形藻 87。项圈藻 $E_rC_{50}18mg/L$。膨胀浮萍 $EC_{50}(14d)0.015mg/L$，NOEC 0.006mg/L。东方牡蛎 $EC_{50}0.28mg/L$。蜜蜂 $LD_{50}(\mu g/只)$：经口 25，接触 11。蚯蚓 NOEC(14d)>102.6mg/kg 土。

环境行为

（1）动物　在大鼠体内 72h 内几乎全部代谢掉，60%通过粪便、40%通过尿排出体外。在兔子体内，排出体外的方式是相反的，众多的代谢物在尿液和粪便中均能检测到。放射物标记研究表明，胆汁分泌物可以在大鼠粪便中检测到。在大鼠和兔子中代谢方式基本相同。

（2）植物　在大豆中未检测到安磺灵的残余物，通过植物成分中跟踪放射性物质，未发现产品的代谢物。

（3）土壤/环境　在土壤中，微生物的代谢广泛的存在，有氧代谢要比厌氧代谢进行的缓慢得多，包括氨基氮上的脱烷基化反应、硝基还原。氧化、聚合以及成环反应也包含在这个复杂的过程中。水中光解 $DT_{50}2h$，$K_{oc}700\sim1100$，$K_d2.1\sim12.9$，土壤中有机质含量 0.5%~2.0%。

主要生产商　Dow AgroSciences、Punjab。

作用机理　抑制微管系统。

作用方式　在出芽之前选择性地除草。通过种子发芽影响生长过程。可用于种子发芽之前控制许多一年生禾本科杂草和阔叶杂草。

应用　主要用于棉花、花生、冬油菜、大豆、向日葵苗前除草，使用剂量为水稻 $0.24\sim0.48kg/hm^2$，棉花 $0.72\sim0.96kg/hm^2$，大豆 $0.96\sim2.16kg/hm^2$，葡萄 $1.92\sim4.5kg/hm^2$。

专利概况　专利 US 3367949 已过专利期，不存在专利权问题。

合成方法　通过如下反应制得目的物：

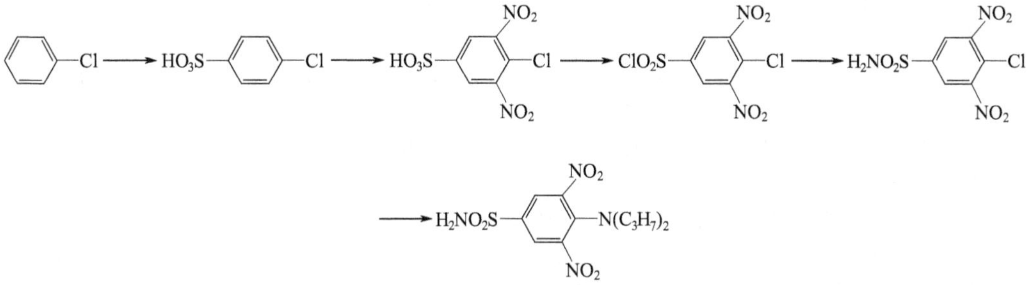

参考文献

[1] 邱玉娥等.天津化工，2005，6：22-24.

氨氯吡啶酸 picloram

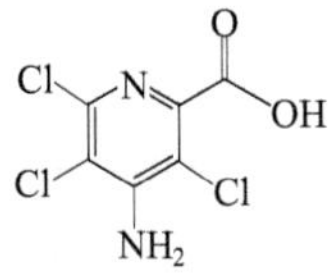

$C_6H_3Cl_3N_2O_2$，241.5，1918-02-1

氨氯吡啶酸(picloram)，试验代号　X159868，商品名称　Suncloram、Tordon。其他名称毒莠定、毒莠定 101。于 1963 年由 J. W. Hamaker 等报道。由 Dow Chemical 公司开发，并于 1963 年上市。

化学名称　4-氨基-3,5,6-三氯吡啶-2-羧酸，4-amino-3,5,6-trichloropyridine-2-carboxylic acid 或 4-amino-3,5,6-trichloropicolinic acid。

另外还有以酯或铵盐形式存在的氨氯吡啶酸二甲铵盐(picloram-dimethylammonium)，dimethylammonium 4-amino-3,5,6-trichloropyridine-2-carboxylate，4-氨基-3,5,6-三氯吡啶-2-羧酸二甲铵盐，55870-98-9，286.5，$C_8H_{10}Cl_3N_3O_2$。氨氯吡啶酸异辛酯（piclroram-isoctyl），isooctyl 4-amino-3,5,6-trichloropyridine-2-carboxylate，4-氨基-3,5,6-三氯吡啶-2-羧酸异辛酯，26952-20-5，353.7，$C_{14}H_{19}Cl_3N_2O_2$。氨氯吡啶酸钾盐（piclroram-potassium），potassium 4-amino-3,5,6-trichloro-2-pyridinecarboxylate，4-氨基-3,5,6-三氯吡啶-2-羧酸钾，2545-60-0，279.6，$C_6H_2Cl_3KN_2O_2$。氨氯吡啶酸三乙铵盐（piclroram-triethylammonium），35832-11-2。氨氯吡啶酸三异丙醇铵盐（piclroram-triisopropanolammonium），4-氨基-3,5,6-三氯吡啶-2-羧酸（2-羟基丙基）铵盐，tris（2-hydroxypropyl）ammonium4-amino-3,5,6-trichloropyridine-2-carboxylate，6753-47-5，432.7，$C_{15}H_{24}Cl_3N_3O_5$。氨氯吡啶酸三异丙铵盐（piclroram-triisopropylammonium）4-氨基-3,5,6-三氯吡啶-2-羧酸三异丙铵盐，triisopropylammonium 4-amino-3,5,6-trichloropyridine-2-carboxylate，384.7，$C_{15}H_{24}Cl_3N_3O_2$。氨氯吡啶酸三乙醇铵盐（piclroram-trolamine），tris（2-hydroxethyl）ammonium 4-amino-3,5,6-trichloropyridine-2-carboxylate，4-氨基-3,5,6-三氯吡啶-2-羧酸三（2-羟乙基）铵盐，82683-78-1，390.7，$C_{12}H_{18}Cl_3N_3O_5$。

理化性质 氨氯吡啶酸原药含量77.9%。具有类似氯气气味的浅棕色固体。熔融前在190℃分解。蒸气压$8×10^{-11}$mPa（25℃）。K_{ow}lg$P$1.9（20℃，0.1mol/L HCl，中性物质）。水中溶解度（20℃）0.056g/100mL，饱和水溶液pH值为3.0（24.5℃）。有机溶剂中溶解度（g/100mL，20℃）：正己烷<0.004、甲苯0.013、丙酮1.82、甲醇2.32。正常情况下对酸、碱非常稳定，但在热浓碱中分解。易形成水溶性的碱金属盐和铵盐。在水溶液中，通过紫外线照射分解，DT_{50}2.6d（25℃）。pK_a2.3（22℃）。氨氯吡啶酸异辛酯水中溶解度0.23mg/L（25℃）。氨氯吡啶酸钾盐水中溶解度74g/100mL（20℃）。氨氯吡啶酸三异丙醇铵盐水中溶解度>85.8g/100mL（20℃）。

毒性

（1）氨氯吡啶酸 急性经口LD_{50}（mg/kg）：雄大鼠>5000，小鼠2000～4000，兔约2000，豚鼠约3000，绵羊>1000，牛>750。兔急性经皮LD_{50}>2000mg/kg。对兔眼睛有中等刺激，对兔皮肤有轻微刺激。无皮肤致敏性。大鼠吸入LC_{50}>0.035mg/L。大鼠NOEL（2y）20mg/（kg·d）。ADI/RfD（mg/kg）：（EC）0.3 [2008]，（BfR）0.2 [2006]，（EPA）cRfD 0.2 [1995]。

（2）氨氯吡啶酸异辛酯 大鼠吸入LC_{50}>0.035mg/L。

（3）氨氯吡啶酸钾盐 雄大鼠急性经口LD_{50}>5000mg/kg，兔急性经皮LD_{50}>2000mg/kg。对兔眼中度刺激，对兔皮肤无刺激，有皮肤致敏性。大鼠吸入LC_{50}>1.63mg/L。氨氯吡啶酸三异丙醇铵盐大鼠吸入LC_{50}>0.07mg/L。

生态效应

（1）氨氯吡啶酸 雏鸡急性经口LD_{50}约6000mg/kg。野鸭和山齿鹑饲喂LC_{50}>5000mg/kg。鱼LC_{50}（96h,mg/L）：虹鳟鱼5.5，大翻车鱼14.5。水蚤LC_{50}34.4mg/L。月牙藻EC_{50}36.9mg/L。紫虾LC_{50}10.3mg/L。蜜蜂LD_{50}>100μg/只。对蚯蚓无毒。对土壤微生物呼吸作用没有影响。

（2）氨氯吡啶酸钾盐 野鸭和山齿鹑急性经口LD_{50}>10000mg/kg饲料。鱼毒LC_{50}（96h,mg/L）：虹鳟鱼26，大翻车鱼24。水蚤LC_{50}63.8mg/L，羊角月牙藻EC_{25}52.6mg/L，蜜蜂LD_{50}>100μg/只。

（3）氨氯吡啶酸三异丙醇铵盐 鱼毒LC_{50}（96h,mg/L）：虹鳟鱼51，大翻车鱼109。

（4）氨氯吡啶酸三乙醇铵盐 虹鳟鱼LC_{50}（96h）41.4mg/L。

环境行为 氨氯吡啶酸一旦存在于植物体内或环境中，其所有的盐和酯很容易转化为氨氯吡啶酸。

（1）动物 在哺乳动物中经口给药后，氨氯吡啶酸以未变形的形式迅速排出体外。

（2）植物 在植物表面发生光解作用，可能是吡啶环的裂解。

（3）土壤/环境 通过土壤微生物适度降解，典型田地DT_{50}30～90d。土壤中的降解率与剂量应用率成很强的正比。在清澈的水中或植物表面快速光降解。水性光降解DT_{50}<3d。

制剂 25%水剂。当氨氯吡啶酸加工成一个单独的产品时，它通常是钾盐。当与其他活性成分组合时，氨氯吡啶酸一般是酯或铵盐。

主要生产商 Aimco、Dow AgroSciences、Rotam、河北万全力华化工有限责任公司、湖南比德生化科技有限公司、湖南沅江赤蜂农化有限公司、淮安国瑞化工有限公司、江苏省南京红太阳生物化学有限责任公司、利尔化学股份有限公司、山东省潍坊绿霸化工有限公司、山东潍坊润丰化工股份有限公司、永农生物科学有限公司、浙江埃森化学有限公司、浙江富农生物科技有限公司、浙江升华拜克生物股份有限公司及重庆双丰化工有限公司。

作用机理与特点 激素型除草剂。可被植物叶片、根和茎部吸收传导。能够快速向生长点传导，引起植物上部畸形、枯萎、脱叶、坏死，木质部导管受堵变色，最终导致死亡。作用机理是抑制线粒体系统呼吸作用、核酸代谢并且使叶绿体结构及其他细胞器发育畸形，干扰蛋白质合成，作用于分生组织活动等，最后导致植物死亡。大多数禾本科植物是耐药的，大多数双子叶作物（十字花科除外）、杂草、灌木敏感。在土壤中较为稳定，半衰期1～12个月。高温高湿降解快。

应用 可以防治大多数双子叶杂草、灌木。对根生杂草如刺儿菜、小旋花等效果突出，对十字花科杂草效果差。主要用于森林、荒地等非耕地块防除阔叶杂草（一年生及多年生）、灌木，有效成分亩用100～200g。豆类、葡萄、蔬菜、棉花、果树、烟草、向日葵、甜菜、花卉等对氨氯吡啶酸敏感，在轮作倒茬时应考虑残留氨氯吡啶酸对这些作物的影响。氨氯吡啶酸药液漂移物都会对这些作物造成危害，故不宜在靠近这些作物地块的地方用氨氯吡啶酸作弥雾处理，尤其是在有风的情况下。也不宜在径流严重的地块施药。氨氯吡啶酸生物活性高，且在喷雾器（尤其是金属材料）壁上的残存物极难清洗干净。在对大豆、烟草、向日葵等阔叶作物地除草继续使用这种喷雾器时，常常会产生药害，故应将喷雾器专用。

专利与登记 专利US 3285925早已过专利期。国内仅登记了95%原药。

合成方法 经如下反应制得氨氯吡啶酸：

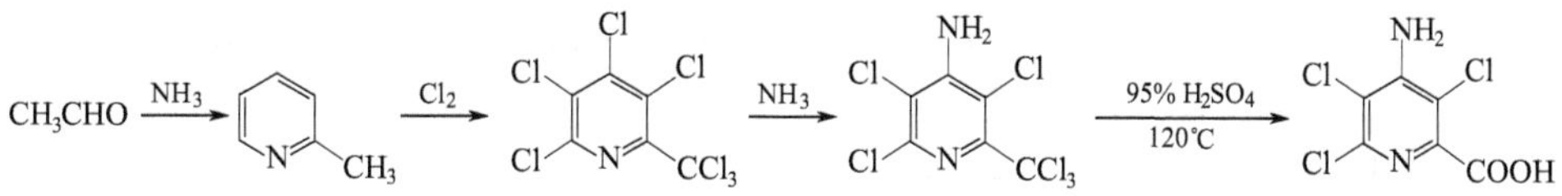

氨乙氧基乙烯基甘氨酸 aviglycine

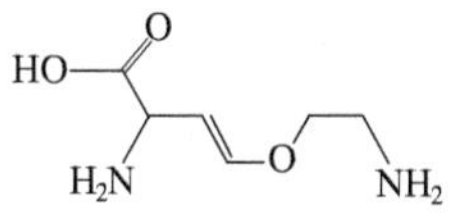

$C_6H_{12}N_2O_3$，160.1，49669-74-1，73360-07-3（曾用），55720-26-8（盐酸盐）

氨乙氧基乙烯基甘氨酸（aviglycine），试验代号 ABG-3097、Ro4468，商品名称 ReTain，其他名称 aminoethoxyvinylglycine、AVG、四烯雌酮、艾维激素。主要以盐酸盐形式商品化。

化学名称 （2S,3E）-2-氨基-4-（2-氨乙氧基）-3-丁烯乙酸，（2S,3E）-2-amino-4-(2-aminoethoxy)-3-butenoic acid 或 L-trans-2-amino-4-(2-aminoethoxy)-3-butenoic acid。

理化性质 氨乙氧基乙烯基甘氨酸盐酸盐为灰白色至棕褐色无味粉末，熔点178～183℃（分解）。相对密度0.30～0.49（24℃）。$K_{ow}\lg P$（20℃）＝－4.36。水中溶解度（室温，g/L）：660（pH 5.0），690（pH 9.0）。应避光储存。旋光率 $[\alpha]_D^{25}$ ＋89.2°（c＝1,0.1mol/L磷酸酸钠缓冲液,pH 7）。pK_a：2.84、8.81、9.95。

毒性 氨乙氧基乙烯基甘氨酸盐酸盐大鼠急性经口LD_{50}＞5000mg/kg，大鼠急性经皮LD_{50}＞2000mg/kg，大鼠吸入LC_{50}（4h）＞1.13mg/L。大鼠NOEL（90d）2.2mg/（kg·d），ADIRfD 0.002mg/kg。

生态效应　氨乙氧基乙烯基甘氨酸盐酸盐北美山齿鹑急性经口 LD_{50} 121mg/kg，饲喂 LC_{50}（5d）230mg/L。虹鳟鱼 LC_{50}（96h）＞139mg/L，NOEL（96h）139mg/L，水蚤 EC_{50}（48h）＞135mg/L，NOEL（96h）135mg/L，月牙藻 E_rC_{50}（72h）53.3μg/L，NOEL 5.9μg/L，浮萍 IC_{50}（7d）102μg/L，NOAEC 24μg/L；蜜蜂 LD_{50}（48h,经口和接触）＞100μg/只；蚯蚓 LC_{50}＞1000mg/L。

环境行为　在环境中迅速降解。

主要生产商　Abbott。

作用机理与特点　通过抑制植物体 1-氨基环丙烷羧酸合成酶（ACC 合成酶），阻碍乙烯的合成，延迟水果的成熟和老化。

应用　植物生长调节剂，应用于苹果、梨和核果类。对作物的益处可能依赖于栽培、园艺条件和生长作物：减少水果脱落、延迟水果成熟、延迟或者扩大丰收、维持水果质量（水果坚韧度），自然地增大、增色，减少发病率等。

专利概况　专利 US3751459、BE800816、DE2327639 均早已过专利期，不存在专利权问题。

氨唑草酮 amicarbazone

$C_{10}H_{19}N_5O_2$，241.3，129909-90-6

氨唑草酮（amicarbazone），试验代号　BAY 314666、BAY MKH 3586、MKH 3586。商品名称　Dinamic、Xonerate。其他名称　胺唑草酮。是由德国拜耳公司开发的氨基三唑啉酮类除草剂，后转给了爱利思达生命科学株式会社。

化学名称　4-氨基-N-叔丁基-4,5-二氢-3-异丙基-5-氧-1H-1,2,4-三唑酮-1-酰胺，4-amino-N-tert-butyl-4,5-dihydro-3-isopropyl-5-oxo-1H-1,2,4-triazole-1-carboxamide。

理化性质　纯品为无色结晶，熔点 137.5℃。蒸气压 $1.3×10^{-3}$ mPa（20℃），$3.0×10^{-3}$ mPa（25℃）。K_{ow} lgP：1.18（pH 4）、1.23（pH 7）、1.23（pH 9）（20℃）。相对密度 1.12。溶解度（20℃,g/L）：水 4.6（pH 4～9），正庚烷 0.07，二甲苯 9.2，正辛醇 43，聚乙二醇 79，异丙醇 110，乙酸乙酯 140，DMSO 250，丙酮、乙腈、二氯甲烷＞250。

毒性　大鼠急性经口 LD_{50}（mg/kg）：雌大鼠 1015，雄大鼠 2050。大鼠急性经皮 LD_{50}＞2000mg/kg，对兔皮肤无刺激性，对眼睛有轻度刺激，对豚鼠皮肤无致敏性。大鼠吸入毒性 LC_{50}（4h）2.242mg/L 空气。NOAEL[mg/（kg·d）]：大鼠和狗慢性毒性 2.3，大鼠急性神经毒性 10.0。ADI（EPA）aRfD 0.10mg/kg，cRfD 0.023mg/kg[2005]。无致突变性、遗传毒性、致畸性和致癌性。

生态效应　山齿鹑急性经口 LD_{50}＞2000mg/kg，山齿鹑饲喂 LC_{50}＞5000mg/L。鱼毒 LC_{50}（mg/L,96h）：大翻车鱼＞129，虹鳟鱼＞120。水蚤 LC_{50}（48h）＞119mg/L。浮萍 EC_{50} 226μg/L。蜜蜂 LD_{50}（μg/只）：经口 24.8，接触＞200。

环境行为

（1）动物　在大鼠体内吸收、代谢和消除速度快，72h 内，64% 通过尿液排出，27% 通过粪便排出，只有 3% 存在于母体中。代谢物主要是通过 N-脱氨基，然后在异丙基的第二个碳上羟基化，再与葡萄糖酸相结合。

（2）植物　在玉米中，主要涉及 N-脱氨基，然后在异丙基的第二个碳上羟基化。

（3）土壤/环境　水解 DT_{50} 64d（pH 9,25℃），在 pH 5、7 下可稳定存在；土壤中，有氧条件下 DT_{50} 为 50d。初步结果表明：土壤光解 DT_{50} 为 54d，K_{oc} 23～37L/kg；田地消散 DT_{50} 18～24d；

地下最低检测深度在＞12 ft(1ft＝0.3048m)(根源地)，24ft(代谢产物)；主要的代谢产物由 *N*-脱氨基，随后进行 *N*-甲基化，并且脱除甲酰胺链形成。

制剂　70％水分散粒剂。

主要生产商　爱利思达生命科学株式会社。

作用机理　光合作用抑制剂，敏感植物的典型症状为褪绿、停止生长、组织枯黄直至最终死亡，与其他光合作用抑制剂(如三嗪类除草剂)有交互抗性，主要通过根系和叶面吸收。

应用　氨唑草酮可以有效防治玉米和甘蔗地的主要一年生阔叶杂草和甘蔗地许多一年生禾本科杂草。在玉米地，对苘麻、藜、野苋、宾州苍耳和甘薯属等具有优秀防效，施药量500g(a.i.)/hm²；还能有效防治甘蔗地的泽漆、甘薯属、车前臂形草和刺蒺藜草等，施药量50～1200g(a.i.)/hm²。其触杀性和持效性决定了它具有较宽的施药适期，可以方便地选择种植前或芽前土壤使用，用于甘蔗时，也可以芽后施用。用于少免耕地，其用药量大约为阿特拉津的1/3～1/2。氨唑草酮有望部分或全部取代高剂量防治双子叶阔叶杂草的除草剂以及为了保护耕地而限制使用的除草剂。氨唑草酮可以与许多商品化除草剂混配使用，以进一步扩大防治谱，提高药效。目前，拜耳公司正在南美洲进行推广，以 500g(a.i.)/hm² 进行移栽前或芽前土壤处理，防治玉米、甘蔗、大豆、番茄和胡椒等作物地里的杂草。

专利概况　专利 DE3839206、US5625073、DD298393、EP757041 等均早已过专利期，不存在专利权问题。

合成方法　以水合肼、碳酸二甲酯、叔丁胺或异丁酸为起始原料，经如下反应制得：

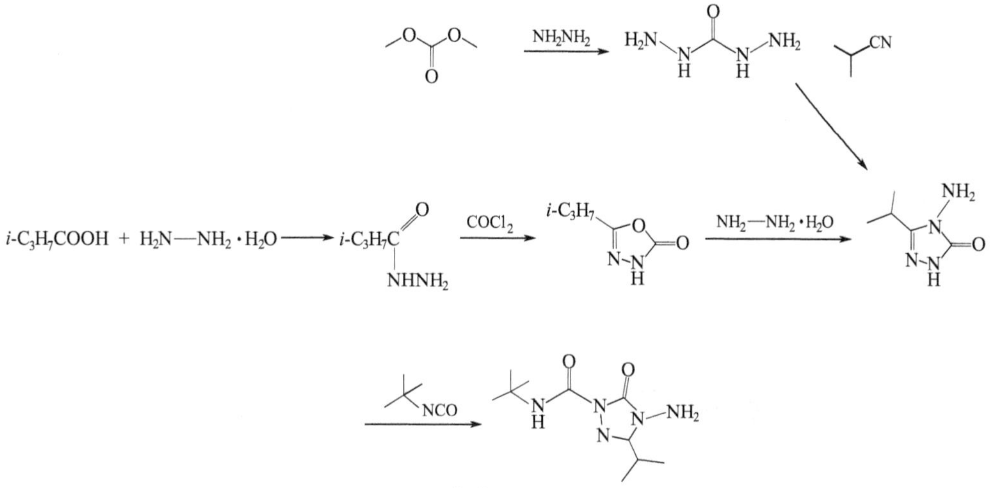

参考文献

［1］严传鸣等．现代农药，2006，2：11-13.

［2］Proc. Br. Crop Prot. Conf. Weed. 1999，29.

胺苯吡菌酮 fenpyrazamine

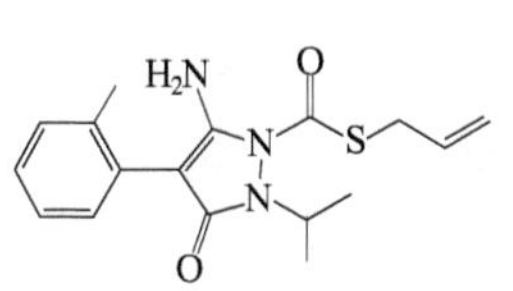

$C_{17}H_{21}N_3O_2S$，331.4，473798-59-3

胺苯吡菌酮(fenpyrazamine)，试验代号　S-2188，商品名称　Botrycide、Prolectus、V101354，是由住友化学株式会社开发的杀菌剂。

化学名称　5-氨基-*S*-烯丙基-2,3-二氢-2-异丙基-3-氧代-4-(邻甲苯基)吡唑-1-硫代羧酸酯，*S*-allyl-5-amino-2,3-dihydro-2-isopropyl-3-oxo-4-(o-tolyl)pyrazole-1-carbothioate。

理化性质 浅黄色固体，熔点 116.4℃，沸点 239.8℃（745mmHg，1mmHg＝133.322Pa），蒸气压＜10^{-2} mPa。K_{ow} lg$P$＝3.52（25℃）。Henry 常数 $1.62×10^{-4}$ Pa·m^3/mol。水中溶解度 20.4mg/L（20℃），其他溶剂中溶解度（g/L，20℃）：甲醇＞250，正己烷 902。

毒性 NOAEL 0.2mg/（kg·d）（EU），ADI（EU）0.13mg/（kg·d）。

制剂 30%悬浮剂。

主要生产商 住友化学株式会社。

作用机理与特点 通过抑制麦角固醇生物合成途径的作用机制的病原体，显示出对菌丝生长及孢子萌发及花粉管生长的抑制作用。

应用 用于防治蔬菜和水果上的灰霉病。

专利与登记

专利名称 Microbicide compositions containing pyrazolinones for plant disease control

专利号 JP2002316902 专利申请日 2001-04-20

专利拥有者 Sumitomo Chemical Co.，Ltd

在其他国家申请的化合物专利：JP 5034142、JP 2012087156、US 20060089315、AU 2005220260、EP 1652429、AT 372673、BR 2005005775、ZA 2005008474 等。

2012 年在韩国取得首次登记，主要用于水果和蔬菜上病害的防治。后于 2013 年在欧盟取得登记用于葡萄和一些温室作物，如番茄、茄子、辣椒和葫芦等，2014 年在美国 EPA 取得登记，用于葡萄、莴苣、草莓及观赏作物。

合成方法 经如下反应制得胺苯吡菌酮：

参考文献

[1] 王廷. 农药市场信息，2012，28：39-40.

胺苯磺隆 ethametsulfuron-methyl

$C_{15}H_{18}N_6O_6S$，410.4，97780-06-8，111353-84-5（酸）

胺苯磺隆（ethametsulfuron-methyl），试验代号 A7881、DPX-A7881，商品名称 Muster，其他名称 胺苯黄隆，是由杜邦公司开发的磺酰脲类除草剂。

化学名称 2-［（4-乙氧基-6-甲氨基-1,3,5-三嗪-2-基）氨基羰基氨基磺酰基］苯甲酸甲酯，2-［（4-ethoxy-6-methylamino-1,3,5-triazine-2-yl）carbamoylsulfamoyl］methylbenzoate。

理化性质 纯品为白色无味晶体，工业品含量＞96%。熔点 194℃，相对密度 1.6。蒸气压 $7.73×10^{-10}$ mPa（25℃）。K_{ow} lg$P$：2.01（pH 4），－0.28（pH 7），－1.83（pH 9）。Henry 常数（Pa·m^3/mol）：＜$1×10^{-8}$（pH 5,20℃），＜$1×10^{-9}$（pH 6,20℃）。在水中溶解度（mg/L，20℃）：0.56（pH 5），222.7（pH 7），1858.4（pH 9）。有机溶剂中溶解度（g/L，20℃）：丙酮 0.764，乙腈 0.401，甲醇 1.554，二氯甲烷 2.066，乙酸乙酯 0.173。pH 7、9 时稳定，在 pH 5 时快速水解，

DT_{50} 28d。光解不是其主要的分解途径。在酸性条件下无发热和爆炸反应。pK_a 4.20。

毒性 大鼠急性经口 LD_{50} ＞5000mg/kg。兔急性经皮 LD_{50} ＞2000mg/kg。对兔皮肤无刺激性作用，对兔眼睛有轻微刺激性作用，对豚鼠皮肤无致敏性。大鼠吸入 LC_{50}（4h）＞5.7mg/L 空气。NOEL（mg/L）：大、小鼠＞5000（90d），大鼠 500（2y），狗 3000（1y），小鼠＞5000（18y），对大鼠和小鼠无致癌和致瘤现象，对大鼠和兔无致畸变现象。ADI 值为 0.21mg/kg。

生态效应 山齿鹑和野鸭急性经口 LD_{50} ＞2500mg/kg，山齿鹑和野鸭饲喂 LC_{50}（8d）5620mg/kg 饲料。鱼 LC_{50}（96h，mg/L）：大翻车鱼＞123，虹鳟鱼＞126。水蚤 LC_{50}（48h）＞550mg/L。羊角月牙藻 NOEL 0.5mg/L。浮萍 EC_{50} ＞5×10^{-9}。蜜蜂急性接触毒性 LD_{50} ＞12.5μg/只。蚯蚓接触 LD_{50}（14d）＞1000mg/kg 土。

环境行为

（1）动物 在雌、雄大鼠体内快速代谢，以尿液和粪便排出体外。在雄性大鼠体内代谢物 DT_{50} 12h，在雌性大鼠体内 DT_{50} 为 21～26h。5d 后，组织内的残留量小于 0.2%。无胺苯磺隆和其代谢物的积累。

（2）植物 在温室中，以 30g/hm² 剂量使用到油菜种子成熟，所有的含放射性元素的残留物从 1.0mg/L（刚处理完）降到 0.02mg/L（31d 后），DT_{50} 为 1～3h。已确认两个主要的代谢物，由连续的去烷基化形成，最初是失去乙氧基基团，产生相应的羟基三嗪，然后失去甲氨基取代基。成熟油菜种子中含放射性元素的残留物的含量很低（0.008～0.012mg/L）。在种子中没有检测到胺苯磺隆。

（3）土壤/环境 土壤代谢 DT_{50}：（有氧，实验室）0.5～2 个月，（厌氧，实验室）6.5 个月。在有氧代谢中共发现了 12 种代谢物，在土壤的光解研究中发现有光照时的降解速度是黑暗中的降解速度的 3～6 倍。水溶液中代谢 DT_{50}：（有氧）0.8～6 个月，（厌氧）2～9 个月。在实验室利用土壤薄层色谱法（TLC）、土壤淋溶柱、吸附/脱附研究来进行土壤流动性研究，土壤中流动性取决于土壤的特性以及有机质成分，砂性土壤中移动性较强，而在壤土中则几乎无流动性。

制剂 水分散粒剂。

主要生产商 安徽华星化工股份有限公司、杜邦公司及江苏瑞邦农药厂等。

作用机理 支链氨基酸合成抑制剂，乙酰乳酸合成酶（ALS）抑制剂，导致细胞分离和植物生长的停止。胺苯磺隆能被杂草根和叶吸收，在植株体内传导，杂草即停止生长、叶色褪绿，1～3 周后完全枯死。苗后除草剂，主要通过叶子的吸收产生选择性，土壤活性很弱，甚至没有。

应用

（1）适宜作物与安全性 油菜，油菜品种不同，其耐药性也有差异，一般甘蓝型油菜抗性较强，芥菜型油菜敏感。油菜秧苗 1～2 叶期茎叶处理有药害，为危险期；秧苗 4～5 叶期始抗性增强，茎叶处理一般无药害，为安全期。该药在土壤中残效长，不可超量使用，否则会危害下茬作物。若后作是水稻直播田、小苗机插田或抛秧田，需先试验后用。对后作为水稻秧田或棉花、玉米、瓜豆等旱作物田的安全性差，禁止使用。

（2）防除对象 防除油菜田许多阔叶杂草和禾本科杂草，如母菊、野芝麻、绒毛蓼、春蓼、野芥菜、黄鼬瓣花、苋菜、繁缕、猪殃殃、碎米荠、大巢菜、泥胡菜、雀舌草和看麦娘等。

（3）使用方法 冬播油菜田以 10～25g(a.i.)/hm² 剂量使用［亩用量为 0.6～1.67g(a.i.)］，施药时期为播后苗前，施药方法为土壤处理，或油菜秧移栽 7～10d 活棵后茎叶处理，或于直播田油菜秧苗 4～5 叶期茎叶处理，或播后苗前或播种前 1～3d 土壤处理。北方秋播油菜田应禁止施用，否则会危害春播作物，但南方秋播移栽田可以施用。以上兑水量为 40～50kg/亩，施药时若加入 0.05%～0.25%（体积分数）的表面活性剂或 0.5%～1.0%（体积分数）的植物油，有助于改善其互溶性，并可提高活性。

专利与登记 专利 US4548638 早已过专利期，不存在专利权问题。国内登记情况：25% 可湿粉剂、20% 可溶粉剂，登记作物为冬油菜田，防治对象为阔叶杂草。

合成方法 胺苯磺隆可按下述反应式制备：

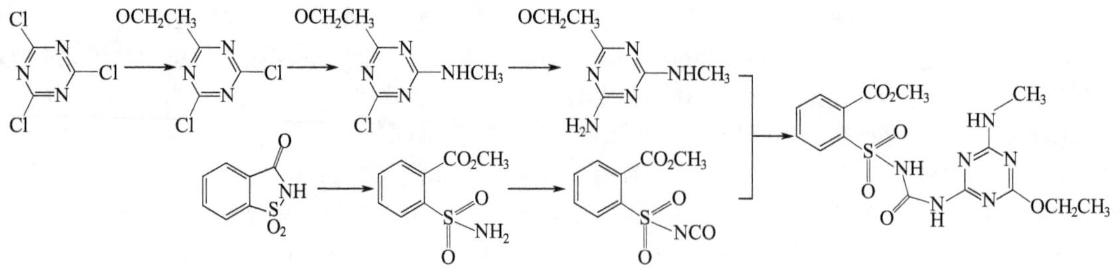

三嗪胺还可通过如下反应制得：

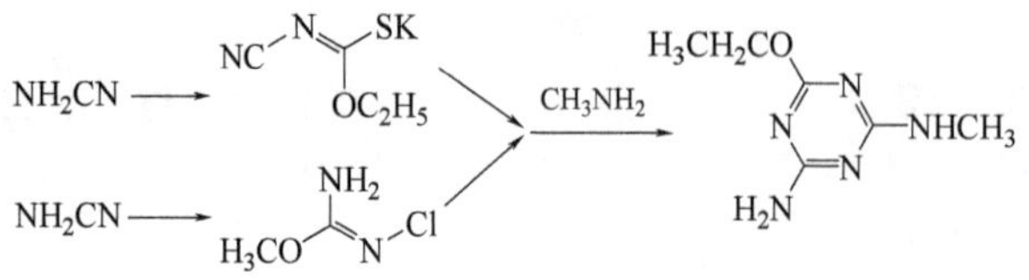

参考文献

[1] 耿贺利. 农药, 1998, 37(2): 36-40.

胺丙畏 propetamphos

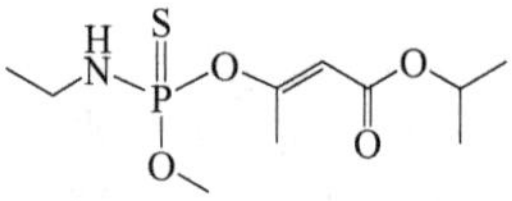

$C_{10}H_{20}NO_4PS$, 281.3, 31218-83-4

胺丙畏(propetamphos), 试验代号 SAN521391、OMS1502, 商品名称 Safrotin, 其他名称 巴胺磷、赛福丁、烯虫磷, 是 J. P. Leber 报道, 由 Sandoz AG(现为先正达)开发的有机磷类杀虫剂。

化学名称 (E)-O-2-异丙氧羰基-1-甲基乙烯基-O-甲基-N-乙基硫代磷酰胺, (E)-O-2-iso-propoxycarbonyl-1-methylvinyl-O-methyl-N-ethylphosphoramidothioate。

理化性质 淡黄色油状液体(原药), 沸点 87~89℃/(0.005mmHg)。蒸气压 1.9mPa(20℃)。相对密度 1.1294(20℃)。$K_{ow}\lg P = 3.82$。水中溶解度(24℃)110mg/L, 与丙酮、乙醇、甲醇、正己烷、乙醚、二甲基亚砜、氯仿和二甲苯互溶。在正常储存条件下稳定 2y 以上(20℃), 其水溶液(5mg/L)光照 70h 不分解。水解 DT_{50}(25℃): 11d(pH 3)、1y(pH 6)、41d(pH 9)。pK_a13.67(23℃)。

毒性 大鼠急性经口 LD_{50}(mg/kg): 雄 119, 雌 59.5。大鼠急性经皮 LD_{50}(mg/kg): 雄 2825, 雌>2260。大鼠吸入 LC_{50}(4h, mg/L 空气): 雄>1.5, 雌 0.69。NOEL: 小鼠 NOAEL(4 周)0.05mg/kg, 大鼠(2y)6mg/kg 饲料。ADI: (EPA)aRfD 0.0005mg/kg, cRfD 0.0005mg/kg [2006]。

生态效应 野鸭急性经口 LD_{50}197mg/kg。鱼 LC_{50}(96h): 鲤鱼 7.0mg/L, 虹鳟鱼 4.6mg/kg 饲料。水蚤 LC_{50}(48h)14.5μg/L。绿藻 LC_{50}(96h)2.9mg/L。

环境行为 胺丙畏在大鼠体内完全代谢并迅速通过尿和呼吸排出。通过磷酸酯和羧酸酯键的水解, 继而共轭、氧化, 胺丙畏最终转化为无毒的 CO_2。土壤室内残效期为 2~3 个月。

制剂 20%、40%、50%乳油, 1%、2%粉剂。

作用机理与特点 胆碱酯酶的直接抑制剂, 具有触杀和胃毒作用, 还有使雄蜱不育的作用。具有长残留活性。

应用

（1）防治对象　蟑螂、苍蝇、跳蚤、蚂蚁、蚊子等家庭、家畜害虫，公共卫生害虫，也能防治虱蜱等家畜体外寄生螨虫类，还可以用于防治棉花蚜虫等。

（2）使用方法　防治棉花苗蚜、伏蚜：用 40% 乳油 1000 倍液喷雾。对动物进行药浴或喷淋均可。

专利概况　专利 DE2035103 早已过专利期，不存在专利权问题。

合成方法　有两条路线，经如下反应制得胺丙畏：

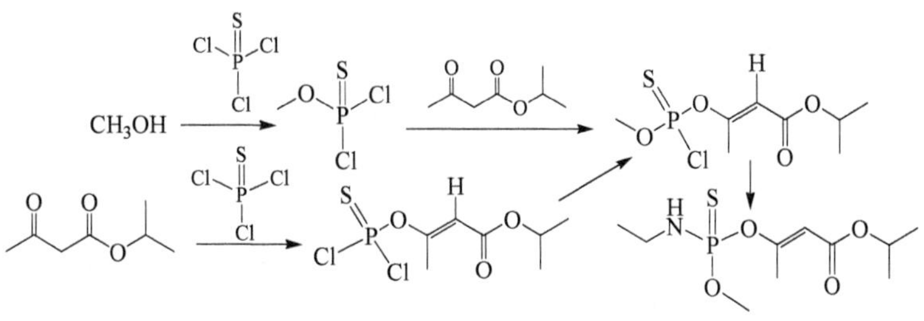

胺菊酯 tetramethrin

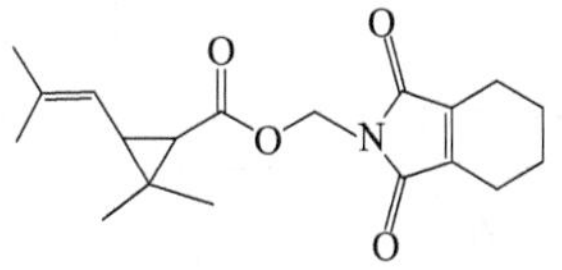

$C_{19}H_{25}NO_4$，331.4，7696-12-0

胺菊酯（tetramethrin），试验代号　FMC9260、OMS1011、SP1103。商品名称　Duracide 15、Multi-Fog DTP、Neo-Pynamin、Phthalthrin、Py-Kill、Trikill、诺毕那命。其他名称　拟虫菊酯、拟菊酯、四甲菊酯、酞胺菊酯、酞菊酯。是由日本住友化学株式会社开发的拟除虫菊酯类杀虫剂。

化学名称　环 1-己烯-1,2-二甲酰亚氨基甲基($1RS,3RS;1RS,3SR$)-2,2-二甲基-3-(2-甲基丙-1-烯基)环丙烷羧酸酯或($1RS,3RS;1RS,3SR$)-2,2-二甲基-3-(2-甲基丙-1-烯基)环丙烷羧酸-环 1-己烯-1,2-二甲酰亚氨基甲酯或环 1-己烯-1,2-二甲酰亚氨基甲基($1RS$)-cis-$trans$-2,2-二甲基-3-(2-甲基丙-1-烯基)环丙烷羧酸酯或($1RS$)-cis-$trans$-2,2-二甲基-3-(2-甲基丙-1-烯基)环丙烷羧酸-环 1-己烯-1,2-二甲酰亚氨基甲酯，cyclohex-1-ene-1,2-dicarboximidomethyl($1RS,3RS;1RS,3SR$)-2,2-dimethyl-3-(2-methylprop-1-enyl)cyclopropanecarboxylate 或 cyclohex-1-ene-1,2-dicarboximidomethyl($1RS$)-cis-$trans$-2,2-dimethyl-3-(2-methylprop-1-enyl)cyclopropanecarboxylate 或 cyclohex-1-ene-1,2-dicarboximidomethyl($\pm$)-cis-$trans$-chrysanthemate。

组成　工业品约含 92% 的纯品。混合物中($1RS$)-顺与($1RS$)-反的比例为 1：4。

理化性质　无色晶体（工业品为无色到浅黄棕色液体），有淡淡的除虫菊的气味，熔点 68～70℃（工业品 60～80℃），闪点 200℃，蒸气压 2.1mPa（25℃），分配系数 K_{ow} lg$P$＝4.6（25℃），相对密度 1.1（20℃），Henry 常数 3.80×10^{-1} Pa·m³/mol（25℃，计算值）。溶解度：水中 1.83mg/L（25℃），在丙酮、乙醇、甲醇、正己烷和正辛醇中＞2g/100mL。对碱和强酸敏感，DT_{50}：16～20d（pH 5），1d（pH 7），＜1h（pH 9）。约 50℃下储藏稳定，在丙酮、氯仿、二甲苯等溶剂中稳定，在无机载体中的稳定性随载体不同而有所不同。

毒性　大鼠急性经口 LD_{50}＞5000mg/kg。兔急性经皮 LD_{50}＞2000mg/kg。对兔皮肤和眼睛无刺激。大鼠吸入 LC_{50}（4h）＞2.73mg/L 空气。NOEL：在剂量为 5000mg/kg 情况下对狗进行喂食试验，13 周无不良反应，用大鼠做同样的试验，在剂量 1500mg/kg 下喂食 6 个月无不良反应。

无致癌性。

生态效应 山齿鹑急性经口 $LD_{50} > 2250mg/kg$。山齿鹑和野鸭饲喂 $LC_{50} > 5620mg/L$。鱼 $LC_{50}(96h, \mu g/L)$：虹鳟鱼 3.7，大翻车鱼 16。水蚤 $EC_{50}(48h)0.11mg/L$。对蜜蜂有毒。

环境行为 在水和空气中快速降解，在哺乳动物体内快速代谢，在体内没有富集。

（1）动物 对老鼠进行喂食，在 5d 内 95% 的原药代谢物通过尿液和粪便排出，代谢物主要为 3-羧基环乙烷-1,2-二酰胺。

（2）土壤/环境 通过酯键的断裂降解，生成菊酸衍生物和苯氧基苯甲酸。这些代谢物通过羟基化和共轭作用进一步被代谢。

制剂 气雾剂、粉剂、乳油、水分散粒剂、油剂等。与一些矿物载体如硅藻土、酸性黏土、高岭土不相容。

主要生产商 Agro-Chemie、Atabay、Endura、常州康美化工有限公司、江苏扬农化工股份有限公司、宁波保税区汇力化工有限公司及住友化学株式会社等。

作用机理与特点 主要是阻断害虫神经细胞中的钠离子通道，使神经细胞丧失功能，导致靶标害虫麻痹、协调差，最终死亡。本品为非内吸性杀虫剂，作用方式为触杀，可快速击倒害虫。胺菊酯对蚊、蝇等卫生害虫具有快速击倒的效果，但致死性能差，有复苏现象，因此要与其他杀虫效果好的药剂混配使用。

应用

（1）防治对象 蚊、蝇、蜚蠊、温带臭虫、蟑螂等。

（2）残留量与安全施药 避免阳光直射，应储存在阴凉通风处。储存期为两年。

（3）使用方法 胺菊酯对家蝇、温带臭虫、蟑螂等的毒力和致死剂量见表 2。

表 2 胺菊酯对家蝇、温带臭虫、蟑螂等的毒力和致死剂量

害虫名称	毒力(LD_{50})/($\mu g/g$)	100%致死剂量/(g/m^2)
家蝇	8～10.7	0.05
温带臭虫	5.6～10	0.3～0.5
褐大蠊黑蠊	15～17.3 24～27	0.58 —

胺菊酯的煤油喷射剂用量，一般是 $0.5 \sim 2.0mg(a.i.)/m^2$，乳油通常用水稀释 40～80 倍喷洒。

专利与登记 专利 JP40008535、JP453929、JP462108、US3268398 均早已过专利期，不存在专利权问题。国内仅登记了 92% 原药。

合成方法 主要有如下三种：

（1）胺醇-菊酰氯法

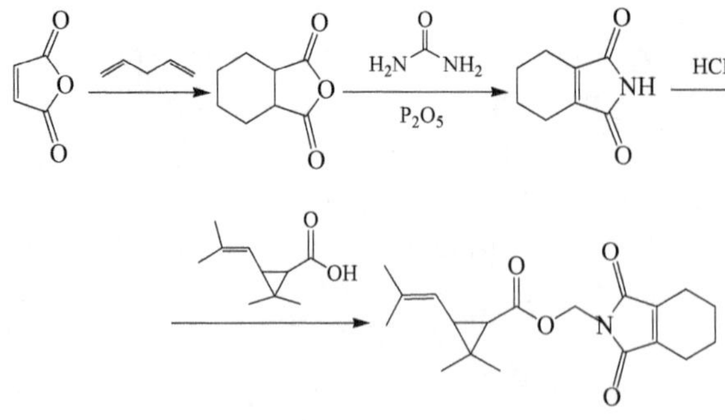

（2）氯甲基亚胺-菊酸钠法

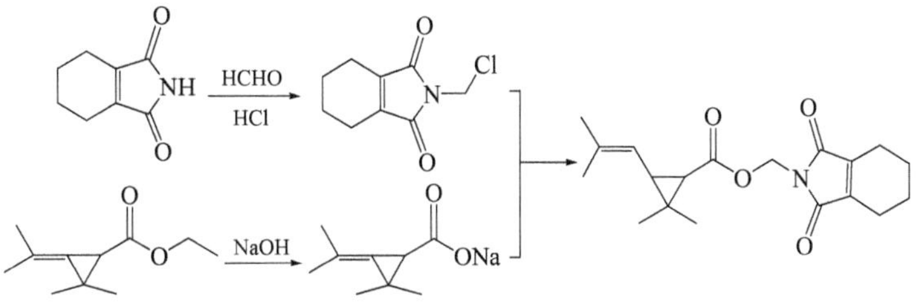

（3）叔胺-季铵盐法

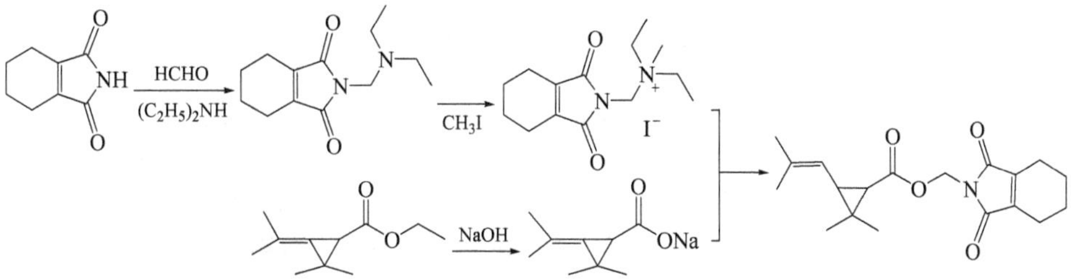

中间体的合成

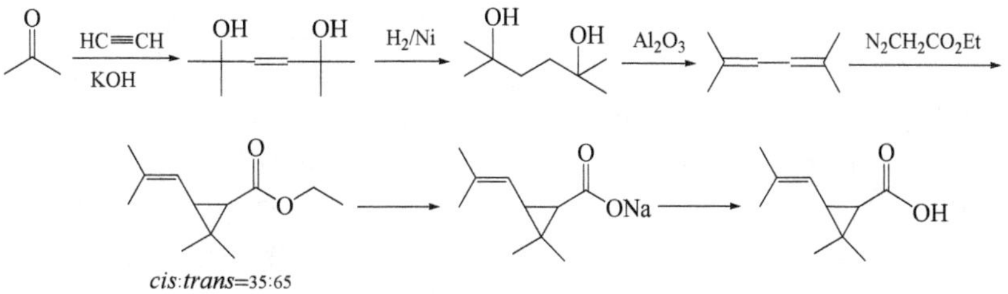

cis:*trans*=35:65

百草枯 paraquat dichloride

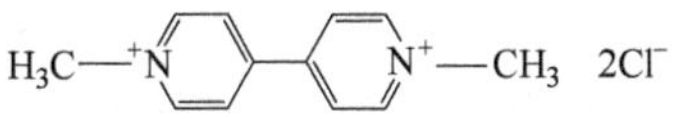

$C_{12}H_{14}Cl_2N_2$，257.2，1910-42-5

  百草枯（paraquat dichloride），试验代号　PP148，商品名称　Gramoquat Super、Gramoxone、Herbaxon、Herbikill、Paraqate、Pilarxone、Sunox、Total、Weedless、克无踪（克芜踪）。其他名称　对草快。其除草特性在 1955 年被发现，1962 年首次上市。

  化学名称　1,1′-二甲基-4,4′-联吡啶二氯化物，1,1′-dimethyl-4,4′-bipyridinediiumdichloride。

  理化性质　原药为水溶液（水中最少溶解量 500g/L，20℃，FAO 标准）。无色晶体，容易受潮。熔点 340℃（分解）。蒸气压＜$1×10^{-2}$ mPa（25℃）。K_{ow} lg$P$－4.5（20℃）。Henry 常数＜$4×10^{-9}$ Pa•m^3/mol（计算值）。相对密度约 1.5（25℃）。水中溶解度 620g/L（pH 5～9，20℃）；甲醇中溶解度 143g/L（20℃）；几乎不溶于其他多数有机溶剂。约在 340℃分解，在碱性、中性、酸性介质中稳定，在 pH 为 7 的水溶液中具有光稳定性。

  毒性　原药大鼠（雌、雄）急性经口 LD_{50} 为 58～118mg/kg，豚鼠急性经口 LD_{50} 为 22～80mg/kg，大鼠（雌、雄）急性经皮 LD_{50}＞660mg/kg，对兔眼、兔皮肤无刺激，对豚鼠皮肤无致敏性，通过未损伤的人皮肤吸收量是最少的；暴露可以引起刺激和伤口延迟愈合，造成对指甲的暂时伤害。由于蒸气压很低，吸入不会有毒性。极度暴露在喷雾液中可以导致鼻子流血。NOEL［mg/

(kg·d)]：狗(1y)0.45，小鼠(2y)1.0。

生态效应 急性经口 LD_{50}(mg/kg)：山齿鹑 127，野鸭 54。饲喂 LC_{50}[(5+3)d,mg/kg]：山齿鹑 711，日本鹌鹑 698，野鸭 2932，环颈雉鸡 1063。鱼 LC_{50}(96h,mg/L)：虹鳟鱼 18.6，镜鲤 98.3。水蚤 EC_{50}(48h)＞4.4mg/L。绿藻 E_bC_{50}(96h)0.075mg/L。蜜蜂 LD_{50}(120h,μg/只)：11.2 (经口)，50.9(接触)。蚯蚓 LC_{50}(14d)＞1000mg/kg 土。

环境行为

（1）动物 大鼠经口摄入后，剂量的 76%～90% 随粪便排出，11%～20% 随尿液排出。百草枯不会生物积累，超过 90% 剂量都会在 72h 后消除。

（2）植物 存在光化学降解，降解产物已被分离，包括 1-甲基-4-羧基吡啶氯化物和甲胺盐酸盐。

（3）土壤/环境 百草枯能被土壤和沉淀物迅速并强力吸附(K_{oc}值 8000～40000000mL/g)导致完全失去活性。被土壤吸附时百草枯会缓慢降解，DT_{50}7～20y。被解吸后，百草枯能被土壤微生物迅速降解(未被吸附的百草枯 DT_{50}＜1 周)。它向地下水渗滤的趋向可忽略。

制剂 12%、20%、200g/L、250g/L 水剂，50% 可溶粒剂，18% 可溶胶剂。

主要生产商 安徽华星化工有限公司、安徽中山化工有限公司、河北保润生物科技有限公司、河北赛丰生物科技有限公司、河北山立化工有限公司、河北省石家庄宝丰化工有限公司、湖北沙隆达股份有限公司、江苏诺恩作物科学股份有限公司、江苏省南京红太阳生物化学有限责任公司、江苏苏州佳辉化工有限公司、江西威敌生物科技有限公司、山东大成农化有限公司、山东科信生物化学有限公司、山东绿霸化工股份有限公司、山东侨昌化学有限公司、山东潍坊润丰化工股份有限公司、先正达南通作物保护有限公司、新加坡利农私人有限公司、兴农股份有限公司、浙江富农生物科技有限公司、浙江惠光生化有限公司及浙江升华拜克生物股份有限公司等。

作用机理与特点 百草枯为速效触杀型灭生性季铵盐类除草剂。有效成分对叶绿体层膜破坏力极强，使光合作用和叶绿素合成很快中止，叶片着药后 2～3h 即开始受害变色，百草枯对单子叶和双子叶植物绿色组织均有很强的破坏作用，但无传导作用，只能使着药部位受害，不能穿透栓质化的树皮，接触土壤后很容易被钝化。不能破坏植株的根部和土壤内潜藏的种子，因而施药后杂草有再生现象，是一种快速灭生性除草剂，具有触杀作用和一定内吸作用，能迅速被植物绿色组织吸收，使其枯死。

应用

（1）适用作物 果园、桑园、茶园、橡胶园、林业及公共卫生除草；玉米、向日葵、甜菜、瓜类(西瓜、甜瓜、南瓜等)、甘蔗、烟草等作物及蔬菜田行间、株间除草；小麦、水稻、油菜、蔬菜田免耕除草播种下茬作物及换茬除草；水田池埂、田埂除草；公路、铁路两侧路基除草；开荒地、仓库、粮库及其他工业用地除草；棉花、向日葵等作物催枯脱叶。

（2）防治对象 鼠尾看麦娘、稗草、马唐、千金子、狗尾草、狗牙根、牛筋草、双穗雀稗、牛繁缕、凹头苋、反枝苋、马齿苋、空心莲子菜、野燕麦、田旋花、藜、灰绿藜、刺儿菜、大刺儿菜、大蓟、小蓟、鸭跖草、苣荬菜、鳢肠、铁苋菜、香附子、扁秆草、芦苇等大多数禾本科及阔叶杂草。

（3）使用方法 百草枯喷雾应采用高喷液量、低压力、大雾滴，选择早晚无风时施药。避免大风天施药，液飘移到邻近作物上受害。喷雾时应喷均喷透，并用洁净水稀释药液，否则会降低药效。对褐色、黑色、灰色的树皮没有防效，在幼树和作物行间作定向喷雾时，切勿将药液溅到叶子和绿色部分，否则会产生药害。光照可加速百草枯药效发挥；蔽荫或阴天虽然延缓药剂显效速度，但最终不降低除草效果。施药后 30min 遇雨时能基本保证药效。用于防除一年生杂草的药量为 0.4～1.0kg/hm²。与碱性物质、阴离子表面活性剂及含惰性物质的土壤不相容。①果园、桑园、茶园、胶园、林带使用，在杂草出齐，处于生长旺盛期时，每亩用 20% 水剂 100～200mL，兑水 25kg，均匀喷雾杂草茎叶，当杂草长到 30cm 以上时，用药量要加倍。②玉米、甘蔗、大豆等宽行作物田使用可播前处理或播后苗前处理，也可在作物生长中后期，采用保护性定向喷雾防除行间杂草。播前或播后苗前处理，每亩用 20% 水剂 75～200mL，兑水 25kg 喷雾防除已出土杂草。作物生长期，每亩用 20％水剂 100～200mL，兑水 25kg，作行间保护性定向喷雾。

专利与登记 GB813531 已过专利期。由于百草枯对人毒性极大，且无特效解毒药，口服中毒死亡率可达 90％以上，目前已被 20 多个国家禁止或者严格限制使用。自 2014 年 7 月 1 日起，撤销百草枯水剂登记和生产许可，停止生产，保留母药生产企业水剂出口境外使用登记、允许专供出口生产，2016 年 7 月 1 日停止水剂在国内销售和使用。

合成方法 百草枯的合成除了氰化钠法外还有三种。

（1）乙酐-锌法（又称狄莫罗斯法） 以吡啶、锌和乙酐反应生成中间物二乙酰基四氢联吡啶，再经结晶提纯、氧化、季碱化得到目的物。

（2）热钠法 将吡啶和悬浮于 85℃溶剂中的金属钠反应，得到四氢 4,4'-联吡啶二钠，再经过氧化、季碱化得到目的物。

（3）金属镁法 将吡啶和镁粉在 90～100℃下反应，经过氧化、季碱化得到目的物，工艺过程和热钠法相同。

参考文献

[1] 马英高. 农药，1979，4：41-44.

百菌清 chlorothalonil

$C_8Cl_4N_2$，265.9，1897-45-6

百菌清（chlorothalonil），试验代号 DS-2787，商品名称 Bombardier、Bravo、Clortocaffaro、Clortosip、Daconil、Equus、Fungiless、Gilonil、Mycoguard、Repulse、Teren、Visclor。其他名称 Arbitre、大克灵、达科宁。由 Diamond Alkali Co（后为 ISK Biosciences Corp. 公司）研制，在 1997 年售给捷利康公司（现为先正达公司），后来分别被美国 Sipcam Agro 公司和意大利 Oxon 公司登记。

化学名称 四氯间苯二腈（四氯-1,3-苯二甲腈），tetrachloroisophthalonitrile。

理化性质 纯品为无色、无味结晶固体（原药略带刺激臭味，纯度为 97％）。熔点 252.1℃，沸点 350℃/760mmHg。蒸气压 0.076mPa（25℃）。分配系数 K_{ow} lg$P$＝2.92（25℃）。Henry 常数 $2.50×10^{-2}$Pa·m³/mol（25℃）。相对密度 1.732（20℃）。水中溶解度（25℃）0.81mg/L；有机溶剂中溶解度（g/kg，25℃）：丙酮 20.9，1,2-二氯乙烷 22.4，乙酸乙酯 13.8，正庚烷 0.2，二甲苯 77.4，环己酮、N,N-二甲基甲酰胺 30，二甲基亚砜 20，煤油＜10。稳定性室温储存稳定，弱碱性和酸性水溶液对紫外线的照射均稳定。pH＞9 缓慢水解。

毒性 大鼠急性经口 LD$_{50}$＞5000mg/kg。兔和大鼠急性经皮 LD$_{50}$＞5000mg/kg；对兔眼睛具有严重刺激性，对兔皮肤中等刺激性。有证据表明，人皮肤长期暴露在其中会对皮肤有致敏性。

大鼠吸入 LC_{50}（mg/L 空气）：（1h）0.52，（4h）0.10。NOEL（mg/kg）：大鼠 2，小鼠 1.6，狗≥3。对大鼠和雄性小鼠给以高剂量百菌清饲喂，可导致慢性肾增生和肾上皮肿瘤。通过对大鼠和狗等啮齿动物的研究发现肿瘤发生的机制：肿瘤不是遗传而是后天形成的，百菌清在肠道和肝脏与谷胱甘肽结合后可代谢分解为硫醇和硫醚，在排泄过程中这些代谢物会刺激肾上皮组织，从而产生肿瘤。慢性肿瘤细胞的新陈代谢会贯穿于其整个生命周期，这样会导致肾上皮组织中的肿瘤性病变和肿瘤的形成。百菌清对肾细胞的毒性和致癌剂量之间的关系为曲线。ADI 值（EC）0.015mg/kg [2005]，（JMPR）0.03mg/kg [1994]，（EPA）0.02mg/kg [RED1998]。

生态效应 山齿鹑急性经口 LD_{50}＞2000mg/kg，野鸭和山齿鹑饲喂 LC_{50}（8d）＞10000mg/kg 饲料。鱼毒 LC_{50}（96h，静态水，μg/L）：黑头呆鱼 23，大翻车鱼 59，虹鳟鱼 39。水蚤 LC_{50}（48h，静态水）70μg/L。藻类 EC_{50}（μg/L）：羊角月牙藻（120h）210，舟形藻（72h）5.1。其他有益生物 EC_{50}（μg/L）：浮萍（14d）510，片脚类动物（48h）64，摇蚊虫 110，双翼二翅蜉 600，萼花臂尾轮虫（24h）24。蜜蜂 LD_{50}（72h，μg/只）：＞63（经口），＞101（接触）。蚯蚓 LC_{50}（14d）＞404mg/kg 土壤。其他有益生物 LR50（kg/hm²）：捕食螨（7d）＞18.75，烟蚜茧蜂（48h）＞18.75。

环境行为

（1）动物 百菌清经口服后不易被吸收。百菌清可在肠道或胃中与谷胱甘肽反应，或者直接进入体内形成谷胱甘肽的一、二或三络合物。这些代谢物可以通过粪便排出体外，也可以进一步代谢为硫醇或硫醚氨酸衍生物通过尿液排出体外，这种代谢途径在大鼠体内更为突出（与狗和灵长类动物相比）。在反刍动物中没有发现百菌清类似物，主要的代谢产物是 4-羟基衍生物。

（2）植物 主要残留物为百菌清类似物。

（3）土壤/环境 土壤吸收率 K_{oc}850～7000mL/g，流动性很差。百菌清在有氧和无氧土壤中的降解半衰期分别为 0.3～21d（pH 2，20～24℃）和 10d。在 pH 5～7 条件下可稳定存在，水解半衰期 DT_{50}38d（pH 9，22℃）。百菌清在含水生态系统中的降解速率更大，比较典型的例子为有氧条件下 DT_{50}≤2.5d。百菌清在土壤中可降解为各种物质，这些物质还可以进一步降解。

制剂 40％悬浮剂，50％、70％、75％可湿性粉剂，2.5％、5％、10％、20％、30％、45％烟剂，10％油剂，5％粉尘剂，2.5％、5％颗粒剂等。

主要生产商 Ancom、Caffaro、GB Biosciences、Gilmore、SDS Biotech K. K.、Sundat、湖北沙隆达、江苏龙灯化学有限公司、江苏苏利精细化工股份有限公司、江苏新河农用化工有限公司、利民化工股份有限公司、山东大成农化有限公司、台湾兴农股份有限公司及泰禾集团等。

作用机理与特点 百菌清是一种非内吸性广谱杀菌剂，对多种作物真菌病害具有预防作用。能与真菌细胞中的 3-磷酸甘油醛脱氢酶发生作用，与该酶体中含有半胱氨酸的蛋白质结合，破坏酶的活力，使真菌细胞的代谢受到破坏而丧失生命力。百菌清的主要作用是防止植物受到真菌的侵害。在植物已受到病菌侵害，病菌进入植物体内后，杀菌作用很小。百菌清没有内吸传导作用，不会从喷药部位及植物的根系被吸收。百菌清在植物表面有良好的黏着性，不易受雨水等冲刷，因此具有较长的药效期，在常规用量下，一般药效期为 7～10d。通过烟剂或粉尘剂烟雾或超微细粉尘等小颗粒沉降附着在植株表面，发挥药效作用，适用于保护地。

应用

（1）适宜作物 番茄、瓜类（黄瓜、西瓜等）、甘蓝、花椰菜、扁豆、菜豆、芹菜、甜菜、洋葱、莴苣、胡萝卜、辣椒、蘑菇、草莓、花生、马铃薯、小麦、水稻、玉米、棉花、香蕉、苹果、茶树、柑橘、桃、烟草、草坪、橡胶树等。对某些苹果、葡萄品种有药害。

（2）防治对象 用于防治各种真菌性病害，如甘蓝黑斑病、霜霉病、菜豆锈病、灰霉病及炭疽病，芹菜叶斑病，马铃薯晚疫病、早疫病及灰霉病，番茄早疫病、晚疫病、叶霉病、斑枯病、炭疽病，茄、甜椒炭疽病、早疫病等，各种瓜类上的炭疽病、霜霉病，草莓灰霉病、叶枯病、叶焦病及白粉病，玉米大斑病，花生锈病、褐斑病、黑斑病，葡萄炭疽病、白粉病、霜霉病、黑痘病、果腐病，苹果白粉病、黑星病、早期落叶病、炭疽病、轮纹病，梨黑星病，桃褐腐病、疮痂病、缩叶病、穿孔病，柑橘疮痂病、沙皮病等。

（3）使用方法 通常使用剂量为 1～1.2kg(a.i.)/hm²。主要用作茎叶处理，也可作种子处理，如用 70％可湿性粉剂或烟剂，按干棉籽 0.8％～1.0％量拌种，可防治棉苗根病。具体应用如下：

① 防治玉米大斑病。用药通常在玉米大斑病发生初期，气候条件有利于病害发生时，每次每亩用 75％可湿性粉剂 110～140g 或 1650～2100g/hm²，兑水 40～50L 或 600～750kg 喷雾，以后每隔 5～7d 喷药 1 次。

② 防治花生锈病、褐斑病、黑斑病。用药通常在发病初期开始喷药，每亩用 75％可湿性粉剂 100～126.7g，加水 60～75L 喷雾；或用 75％可湿性粉剂 800 倍液或每 100L 水加 75％可湿性粉剂 125g 喷雾，每次每亩喷药液量为 75L，每隔 10～14d 喷药 1 次。当病害发生严重时，每亩用 75％可湿性粉剂 120～150g，第 1 次喷药后隔 10d 喷第 2 次，以后再隔 10～14d 喷 1 次。

③ 防治甘蓝黑斑病、霜霉病。用药通常在病害发生初期，气候条件有利于病害发生时开始喷药，每次每亩用 75％可湿性粉剂 113.3g，兑水 50～75L 喷雾，以后每隔 7～10d 喷 1 次。

④ 防治菜豆锈病、灰霉病及疽病。用药通常在病害开始发生时，每次每亩用 75％可湿性粉剂 113.3～206.7g，加水 50～60L 喷雾，以后每隔 7d 喷 1 次。

⑤ 防治芹菜叶斑病。用药通常在芹菜移栽后病害开始发生时，每次每亩用 75％可湿性粉剂 80～120g，加水 40～60L 喷雾。以后视病情发展情况而定，一般隔 7d 喷 1 次。

⑥ 防治马铃薯晚疫病、早疫病及灰霉病。用药通常在马铃薯封行前病害开始发生时，每次每亩用 75％可湿性粉剂 80～110g，兑水 40～60L 喷雾。以后根据病情而定，一般隔 7～10d 喷药 1 次。

⑦ 防治番茄早疫病、晚疫病、叶霉病、斑枯病、炭疽病。通常在病害初发生时开始喷药，每次每亩用 75％可湿性粉剂 135～150g，兑水 60～75L 喷雾，每隔 7～10d 喷药 1 次。

⑧ 防治茄、甜椒炭疽病、早疫病等。通常在病害初发生时开始喷药，每亩用 75％可湿性粉剂 110～135g，加水 50～60L 喷雾，每隔 7～10d 喷药 1 次。

⑨ 防治瓜类病害。a. 各种瓜类上的炭疽病、霜霉病通常在病害初发时开始喷药，每次每亩用 75％可湿性粉剂 110～150g，兑水 50～75L 喷雾，每隔 7d 左右喷药 1 次。b. 各种瓜类白粉病、蔓枯病、叶枯病及疮痂病等通常在病害发生初期开始喷药，每次每亩用 75％可湿性粉剂 150～225g，加水 50～75L 喷雾，以后视病情而定，一般每隔 7d 喷药 1 次，直到病害停止发展。

⑩ 防治葡萄炭疽病、白粉病。果腐病. 通常在叶片发病初期或开花后 2 周开始喷药，用 75％可湿性粉剂 600～750 倍液或每 100L 水加 75％可湿性粉剂 133～167g 喷雾，以后视病情而定，一般每隔 7～10d 喷 1 次。

⑪ 防治桃褐腐病、疮痂病。用药通常在孕蕾阶段和落花时，用 75％可湿性粉剂 800～1200 倍液或每 100L 水加 75％可湿性粉剂 83～125g 各喷雾 1 次，以后视病情而定，一般每隔 14d 喷 1 次。

⑫ 防治桃穿孔病。用药通常在落花时 75％可湿性粉剂 650 倍液或每 100L 水加 75％可湿性粉剂 154g 喷第 1 次，以后每隔 14d 喷 1 次。

⑬ 防治柑橘疮痂病、沙皮病。用药通常在花瓣脱落时，开始用 75％可湿性粉剂 900～1200 倍液或每 100L 水加 75％可湿性粉剂 83～111g 喷雾，以后每隔 14d 喷药 1 次，一般最多喷药 3 次。

⑭ 防治草莓灰霉病、叶枯病、叶焦病及白粉病。通常在开花初期、中期及末期各喷药 1 次，每次每亩用 75％可湿性粉剂 100g，兑水 50～60L 喷雾。

专利与登记 专利 US 3290353、US 3331735 均已过专利期，不存在专利权问题。在国内登记情况：75％可湿性粉剂，90％、95％、98％、96％、98.5％原药，40％、54％悬浮剂，2.5％、10％、20％、28％、35％、40％、45％烟剂，75％、83％水分散粒剂，5％粉剂，10％油剂。登记作物为橡胶树、豆类、果菜类蔬菜、菜叶类蔬菜、葡萄、瓜类、柑橘树、苹果树、梨树、茶树、花生、水稻、小麦、林木、番茄、黄瓜，防治对象为早疫病、霜霉病、叶斑病等。

国外公司在中国登记情况见表 3～表 6。

表3　日本史迪士生物科学株式会社在中国的登记情况

登记名称	登记证号	含量	剂型	登记作物	防治对象	用药量/(g/hm²)	施用方法
百菌清	PD20060060	98%	原药				
百菌清	PD106-89	75%	可湿性粉剂	番茄	早疫病	1650～3000	
				黄瓜	霜霉病	1650～3000	喷雾
				花生	叶斑病	1249.5～1500	
百菌清	PD345-2000	40%	悬浮剂	番茄	早疫病	900～1050	
				黄瓜	霜霉病	900～1050	喷雾
				花生	叶斑病	600～900	

表4　新加坡利农私人有限公司在中国的登记情况

登记名称	登记证号	含量	剂型	登记作物	防治对象	用药量/(g/hm²)	施用方法
百菌清	PD20040021	75%	可湿性粉剂	花生	叶斑病	1249.5～1500	喷雾
百菌清	PD20040023	96%	原药				

表5　瑞士先正达作物保护有限公司在中国的登记情况

登记名称	登记证号	含量	剂型	登记作物	防治对象	用药量/(g/hm²)	施用方法
百菌清	PD20083920	98%	原药				
嘧菌·百菌清	PD20102063	百菌清 500g/L、嘧菌酯 60g/L	悬浮剂	番茄	早疫病	630～1008	
				辣椒	炭疽病	672～1008	喷雾
				西瓜	蔓枯病	630～1008	
精甲·百菌清	PD20110690	百菌清 400g/L、精甲霜 40g/L	悬浮剂	黄瓜	霜霉病	594～990	喷雾
双炔·百菌清	PD20120438	百菌清 400g/L、双炔酰菌胺 40g/L	悬浮剂	黄瓜	霜霉病	660～990	喷雾

表6　美国世科姆公司在中国的登记情况

登记名称	登记证号	含量	剂型	登记作物	防治对象	用药量/(g/hm²)	施用方法
百菌清	PD20121090	75%	水分散粒剂	番茄	晚疫病	1125～1406	喷雾

合成方法　通过如下反应可制得百菌清:

或

或

参考文献

[1] The Pesticide Manual. 15th edition: 197-199.

[2] 邓欢等. 轻工科技，2012，4：26-27.

百治磷 dicrotophos

$C_8H_{16}NO_5P$，237.2，141-66-2，18250-63-0[(Z)-]，3735-78-2[(E)-+(Z)-]

百治磷（dicrotophos），试验代号 C-709、ENT24 482、OMS253、SD3562。商品名称 Bidrin、Dicron、Dicole、Inject-a-cide B、必特灵、双特松。其他名称 Carbicron、Ektafos。先由汽巴公司（现属 Syngenta AG）开发，后由壳牌公司（现属 Du Pont）开发。

化学名称 (E)-2-二甲基氨基甲酰-1-甲基乙烯基二甲基磷酸酯，(E)-2-dimethylcarbamoyl-1-methylvinyl dimethyl phosphate。

理化性质 本品为黄色液体。工业品为琥珀色液体，含量85%，沸点400℃（760mmHg）、130℃（0.1mmHg）。蒸气压9.3mPa（20℃），$K_{ow}\lg P=-0.5$（21℃），相对密度（20℃）1.216。与水、丙酮、乙醇、乙腈、氯仿和二甲苯混溶，微溶入柴油、煤油（<10g/kg）。在酸性和碱性介质中相对稳定，DT_{50}（20℃）：88d（pH 5），23d（pH 9），受热分解。

毒性 急性经口 LD_{50}（mg/kg）：大鼠17~22，小鼠15。急性经皮 LD_{50}（mg/kg）：大鼠110~180 和148~181，兔224。对兔皮肤和眼睛轻微刺激。大鼠吸入 LC_{50}（4h）为0.09mg/L空气。NOEL（2y，mg/kg饲料）：大鼠1.0[0.05mg/（kg·d）]，狗1.6[0.04mg/（kg·d）]。大鼠三代研究 NOEL 为2mg/（kg·d）（0.1mg/kg）。ADI：（EPA）aRfD 0.0017mg/kg，cRfD 0.00007mg/kg [2002]。

生态效应 鸟类急性经口 LD_{50} 1.2~12.5mg/kg。对母鸡无神经刺激。鱼毒 LC_{50}（24h，mg/L）：食蚊鱼200，丑角鱼>1000。对蜜蜂有毒，但由于表面残留的快速下降，在应用中出现的影响不大。

环境行为

(1) 动物 大鼠和狗经口，几天后在动物体内完全代谢和消除。

(2) 土壤/环境 二甲胺基团转换为氮氧化合物，随后转换为醇和醛基，最后甲基化至水解。

制剂 85%、1.03kg/L水溶性液剂，24%可湿性粉剂，40%、50%乳剂。

主要生产商 Amvac 及惠光化学股份有限公司等。

作用机理与特点 胆碱酯酶抑制剂，内吸性杀虫、杀螨剂，具有触杀和胃毒作用，持效性中等。

应用

(1) 适用作物 棉花、咖啡、水稻、山核桃、甘蔗、柑橘树、烟草、谷物、马铃薯、棕榈树等。

(2) 防治对象 刺吸式、咀嚼式及钻蛀式害虫和螨类，同时也可作为动物的杀外寄生虫药使用。

(3) 使用方法 (E)-异构体较(Z)-异构体活性好，本品为内吸性杀虫剂和杀螨剂，为中等防效。以300~600g（a.i.）/hm² 剂量防治刺吸口器害虫是有效的；以600g（a.i.）/hm² 剂量防治咖啡果小小蠹螟、蟏蛾科和潜叶科害虫有效。除某些种类的果树外，一般无药害。

专利概况 专利 BE552284、GB829576、US2956073、US3068268 均早已过专利期，不存在专利权问题。

合成方法 由亚磷酸三甲酯与 N,N-二甲基-2-氯乙酰基乙酰胺反应制得。

稗草胺 clomeprop

$C_{16}H_{15}Cl_2NO_2$，324.2，84496-56-0

稗草胺(clomeprop)，试验代号 MY-15，商品名称 Dinaman、Gohwan、Homerunking、Kuroobi、Masakari A Jumbo、Masakari L Jumbo、Mr. Homerun、Patful Ace、Quartet、Tredywide、Vget-Dynaman Ryuzai。是由日本三菱石油公司研制的酰胺类除草剂，后售于罗纳普朗克公司(现拜耳公司)。

化学名称 (RS)-2-(2,4-二氯-间甲苯氧基)丙酰苯胺，(RS)-2-(2,4-dichloro-m-tolyloxy) propionanilide。

理化性质 纯品为无色结晶体，熔点 146～147℃，蒸气压<0.0133mPa(30℃)。分配系数 $K_{ow}\lg P=4.8$，水中溶解度(25℃)0.032mg/L。其他溶剂中溶解度(g/L,20℃)：丙酮 33，环己烷 9，二甲基甲酰胺 20，二甲苯 17。

毒性 急性经口 LD_{50}(mg/kg)：雄大鼠>5000，雌大鼠 3520，小鼠>500。大、小鼠急性经皮 LD_{50}>5000mg/kg。大鼠急性吸入 LC_{50}(4h)>1.5mg/L 空气。大鼠 NOEL(2y)0.62mg/kg。ADI 值 0.0062mg/kg。

生态效应 鲤鱼、泥鳅、虹鳟鱼 LC_{50}(48h)>10mg/L。水蚤 LC_{50}(3h)>10mg/L。

环境行为

(1) 植物 稗草胺在植物体内可被迅速降解为无毒的葡糖共轭物。

(2) 土壤/环境 稗草胺在土壤中可被迅速降解，最终以二氧化碳的形式消解掉。在稻田土壤中的降解半衰期 DT_{50} 3～7d。

作用机理与特点 与 2,4-滴一样，是植物生长激素型除草剂。具有促进植物体内 RNA 合成，并影响蛋白质的合成、细胞分裂和细胞生长的作用。典型症状如杂草扭曲、弯折、畸形、变黄，最终死亡。作用过程缓慢，杂草死亡需要一周以上时间。

应用 选择性苗前和苗后稻田除草剂。主要用于防除稻田中的阔叶杂草和莎草科杂草，如萤蔺、节节草、牛毛毡、水三棱、荸荠、异型莎草、陌上菜、鸭舌草、泽泻、矮慈姑等。使用剂量为 500g(a.i.)/hm² [亩用量为 33.3g(a.i.)]。为达到理想的除草效果，需与丙草胺一起使用。

专利概况 专利 JP57171904 早已过专利期，不存在专利权问题。

合成方法 以 2,4-二氯-3-甲基苯酚和 2-氯丙酸乙酯为起始原料，经多步反应得目的物。反应式如下：

稗草畏 pyributicarb

C$_{18}$H$_{22}$N$_2$O$_2$S，330.4，88678-67-5

稗草畏（pyributicarb），试验代号 TSH-88，商品名称 Eigen、Eigen Suiwazai，是由 Toyo Soda Mfg 公司（现为 Tosoh 公司）开发的硫代氨基甲酸酯类除草剂。后于 1993 年售予 Dainippon Ink and Chemicals Inc，在 2004 年又转售给日本曹达化学株式会社。

化学名称 O-3-叔丁基苯基-6-甲氧基-2-吡啶（甲基）硫代氨基甲酸酯，O-3-*tert*-butylphenyl-6-methoxy-2-pyridyl(methyl)thiocarbamate。

理化性质 纯品为白色结晶固体，熔点 85.7～86.2℃，蒸气压 0.0119mPa（40℃），$K_{ow}\lg P$ ＝4.7（25℃），相对密度 1.20（20℃），水中溶解度 0.15mg/L（20℃），有机溶剂中溶解度（20℃，g/L）：丙酮 454，甲醇 21，乙醇 33，二甲苯 355，乙酸乙酯 384。273℃以下均稳定。

毒性 大、小鼠急性经口 LD$_{50}$＞5000mg/kg，大鼠急性经皮 LD$_{50}$＞5000mg/kg。对兔眼睛和皮肤无刺激性作用，对豚鼠皮肤无致敏性。大鼠急性吸入 LC$_{50}$（4h）＞6.52mg/L。大鼠 NOEL（2y）0.881mg/kg。ADI 0.0088mg/kg。

生态效应 野鸭急性经口 LD$_{50}$＞2000mg/kg，鲤鱼 LC$_{50}$（96h）0.102mg/L。水蚤 LC$_{50}$（48h）＞26mg/L，月牙藻 E$_r$C$_{50}$（72h）0.307mg/L，蜜蜂 LD$_{50}$（接触）＞100μg/只。

环境行为

（1）植物 以 40kg/hm^2 施药 113d 和 119d 后，糙米收获时残留低于最低限量（0.005mg/kg）。

（2）土壤/环境 水稻田中 DT$_{50}$13～18d，K_{oc}1430～8530。

制剂 47％可湿性粉剂。

主要生产商 日本曹达化学株式会社。

作用特点 由杂草的根、叶和茎吸收，转移至活性部位，抑制根和地上部分伸长。

应用

（1）适宜作物 水稻、草坪。

（2）防除对象 在水田条件下，对稗属、异型莎草和鸭舌草的活性高于多年生杂草活性。在旱田条件下，对稗草、马唐和狗尾草等禾本科杂草有较高活性。

（3）使用方法 本药剂在苗前至苗后早期施药，使用适期为苗前至 2 叶期，对移栽水稻安全。对一年生禾本科杂草有很高的除草活性，对稗草的防效更为优异。含有本药剂的混剂，如 Seezet［其与溴丁酰草胺、吡草酮（5.7％＋10％＋12％）的混合悬浮剂］和 Orcyzaguacd［与溴丁酰草胺（3.3％＋5％）的混合颗粒剂］，在水稻田早期施用，对一年生和多年生杂草有优异的除草活性，持效期为 40d。在水稻移栽后 3～10d 施药，用 Seezet 10L/hm^2 或 30～40kg/hm^2 Orcyzaguacd，可有效防除稗草、异型莎草、鸭舌草、萤蔺、水莎草、矮慈姑、眼子菜和其他一年生阔叶杂草。杂草萌发前施用 47％可湿粉可防除草坪一年生杂草。

专利概况 专利 BE897021 早已过专利期，不存在专利权问题。

合成方法 通过如下方法制得目的物：

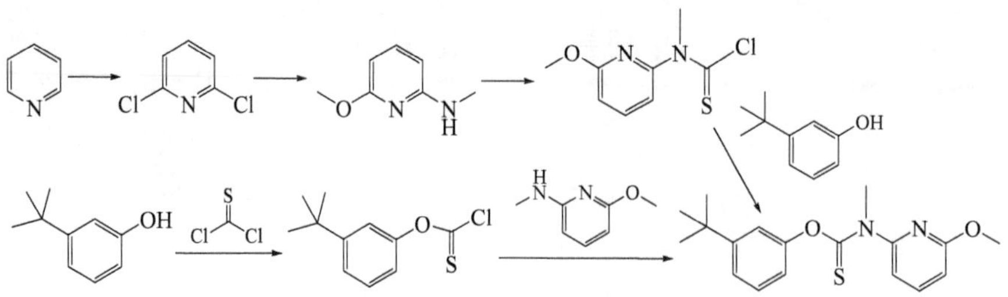

参考文献

[1] 陈文. 农药，1992，1：39.

拌种咯 fenpiclonil

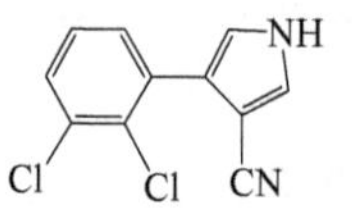

$C_{11}H_6Cl_2N_2$，237.1，74738-17-3

拌种咯（fenpiclonil），试验代号 CGA 142705，商品名称 Beret、Electer、Galbas、Gambit。是由 Ciba-Geigy AG 公司（现先正达公司）开发的吡咯类杀菌剂。

化学名称 4-(2,3-二氯苯基)吡咯-3-腈，4-(2,3-dichlorophenyl)pyrrole-3-carbonitrile。

理化性质 纯品为无色晶体，熔点 144.9～151.1℃。蒸气压 $1.1×10^{-2}$ mPa(25℃)，分配系数 K_{ow} lg$P$＝3.86(25℃)，Henry 常数 $5.4×10^{-4}$ Pa·m³/mol(计算)。相对密度 1.53(20℃)。溶解度(25℃)：水 4.8mg/L；其他溶剂(25℃，g/L)：乙醇 73，丙酮 360，甲苯 7.2，正己烷 0.026，正辛醇 41。稳定性：250℃以下稳定；100℃，pH 3～9，6h 不水解。

毒性 大鼠、小鼠和兔的急性经口 LD_{50}＞5000mg/kg，大鼠急性经皮 LD_{50}＞2000mg/kg，对兔眼睛和皮肤均无刺激作用。大鼠急性吸入 LC_{50}(4h)1.5mg/L 空气。无作用剂量 NOEL[mg/(kg·d)]：大鼠 1.25，小鼠 20，狗 100。无致畸、无突变、无胚胎毒性。ADI（BfR）0.0125mg/kg。

生态效应 山齿鹑急性经口 LD_{50}＞2510mg/kg；鸟 LC_{50}（mg/L）：野鸭＞5620，山齿鹑 3976。鱼毒 LC_{50}（96h，mg/L）：虹鳟鱼 0.8，鲤鱼 1.2，大翻车鱼 0.76，鲶鱼 1.3。水蚤 LC_{50}(48h)1.3mg/L。淡水藻 LC_{50}(5d)0.22mg/L。对蜜蜂无毒，LD_{50}（经口、接触）＞5μg/只。蚯蚓 LC_{50}(14d)67mg/kg 干土。

环境行为

（1）动物 在动物体内经胃肠道快速吸收进入体循环。大部分经粪便能快速排出体外。拌种咯代谢途径主要是吡咯环的氧化，小部分是苯环的羟基化。所有的代谢物主要以葡糖苷酸的形式代谢出。

（2）植物 在植物体内主要的分解过程是，先是氰基的水解，然后是吡咯环的氧化，接着是吡咯环开环、苯环的羟基化。

（3）土壤/环境 在土壤中相对稳定，在浸出和吸附/解吸试验中，拌种咯是固定在土壤中的，RMF0.3。在水中光解 DT_{50} 为 70min。

制剂 5%、40%悬浮种衣剂，20%、40%湿拌种剂。

作用机理与特点 具有持久活性的触杀内吸性杀菌剂。主要抑制在渗透信号转导中促分裂原活化蛋白激酶，并抑制真菌菌丝体的生长，最终导致病菌死亡。因作用机理独特，故与现有杀菌剂无交互抗性。有效成分在土壤中不移动，因而在种子周围形成一个稳定而持久的保护圈。持效期可长达 4 个月以上。

应用 拌种咯属保护性杀菌剂，主要用于防治小麦、大麦、玉米、棉花、大豆、花生、水稻、油菜、马铃薯、蔬菜等的许多病害。种子处理对禾谷类作物种传病原菌有特效，尤其是雪腐镰孢菌(包括对多菌灵等杀菌剂产生抗性的雪腐镰孢菌)和小麦网腥黑粉菌。对非禾谷类作物的种传和土传病菌(链格孢属、壳二孢属、曲霉属、镰孢霉属、长蠕孢属、丝核菌属和青霉属菌)有良好的防治效果。禾谷类作物和豌豆种子处理剂量为 20g(a.i.)/100kg 种子，马铃薯用 10～50g(a.i.)/1000kg。

专利概况 专利 EP0130149、EP236272、GB2024824 等均已过专利期，不存在专利权问题。

合成方法 拌种咯的合成方法主要有以下两种。

方法 1：以取代的苯甲醛为起始原料，经缩合、闭环即得目的物。反应式如下：

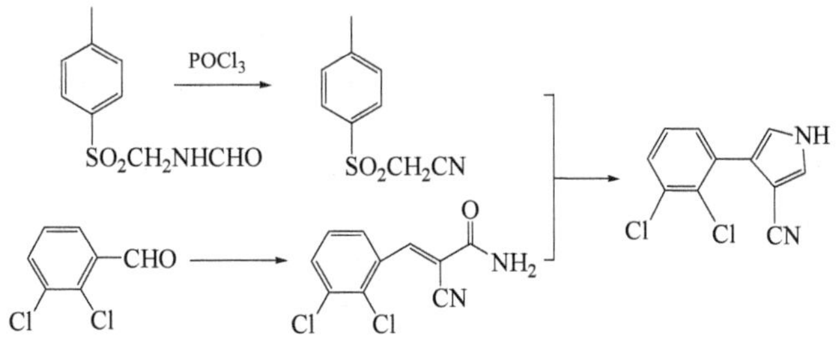

方法 2：以取代的苯胺为起始原料，经重氮化与丙烯腈反应，再闭环即得目的物。反应式如下：

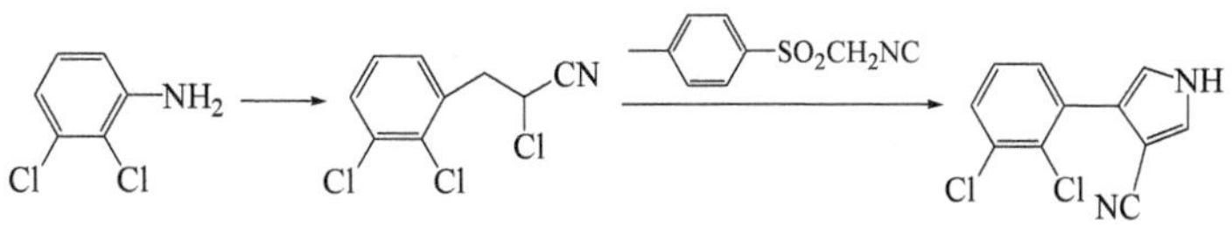

参考文献

[1] The Pesticide Manual. 15 th edition：395.
[2] Pesticide Science, 1995, 44：167.
[3] Proc Br Crop Prot Conf；Pests Dis, 1988, 1：65.
[4] Proc Br Crop Prot Conf；Pests Dis, 1992, 1：657.

保棉磷 azinphos-methyl

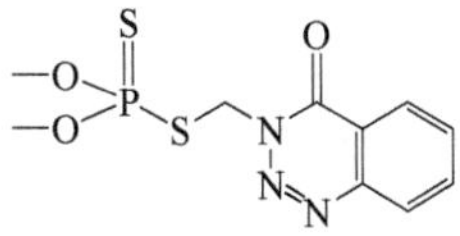

$C_{10}H_{12}N_3O_3PS_2$ ，317.3，86-50-0

保棉磷(azinph os-methyl)，试验代号 Bayer17147、E1582、ENT23233、OMS186、R1582。商品名称 Acifon、Aziflo、Azin200、Cotnion-Methyl、Gusathion M、Guthion、Mezyl、Romel、Supervelax。由 Lvy E E 等报道其活性，Bayer AG 开发的有机磷类杀虫剂，此产品在欧洲的专利 2002 年由 Makhteshim-Agan 公司(现 ADAMA)得到。

化学名称 S-3,4-二氢-4-氧代-1,2,3-苯并三嗪-3-基甲基-O,O-二甲基二硫代磷酸酯，S-3,4-dihydro-4-oxo-1,2,3-benzotriazin-3-ylmethyl-O,O-dimethyl phosphorodithioate。

理化性质　淡黄色结晶固体,熔点 73℃,蒸气压:5×10^{-4} mPa(20℃)、1×10^{-3} mPa(25℃)。相对密度 1.518(21℃),$K_{ow} \lg P = 2.96$(OECD107),Henry 常数 5.7×10^{-6} Pa·m³/mol(计算,20℃)。水中溶解度(20℃)28mg/L;其他溶剂中溶解度(20℃,g/L):二氯乙烷、丙酮、乙腈、乙酸乙酯、二甲基亚砜＞250,正庚烷 1.2,二甲苯 170。在碱性和酸性介质中很快分解,DT_{50}(22℃):87d(pH 4),50d(pH 7),4d(pH 9)。在土壤表面和水中光解,200℃以上分解。

毒性　急性经口 LD_{50}(mg/kg):大鼠约 9,雄豚鼠 80,小鼠 11～20,狗＞10。大鼠急性经皮 LD_{50}(24h)150～200mg/kg。本品对兔皮肤无刺激,对眼睛中度刺激。大鼠吸入 LC_{50}(4h)0.15mg/L 空气(气溶胶)。NOEL 值(mg/kg 饲料):大鼠和小鼠(2y)5,狗(1y)5。ADI 值(mg/kg):(JMPR)0.03 [2007],(EC)0.005 [2006],(EPA)aRfD 0.003,cRfD 0.00149 [2001]。

生态效应　山齿鹑急性经口 LD_{50} 约 32mg/kg,日本鹌鹑 LC_{50}(5d)935mg/kg 饲料。鱼 LC_{50}(96h,mg/L):虹鳟鱼 0.02,金枪鱼 0.12。水蚤 LC_{50}(48h)0.0011mg/L,羊角月牙藻 E_rC_{50}(96h)7.15mg/L。本品对蜜蜂有毒。蚯蚓 LC_{50}(14d)59mg/kg 土壤。保棉磷是高效杀虫剂,因此不能排除对非靶标节肢动物的影响,尤其是这些生物体被直接喷雾时影响更大。

环境行为　进入动物体内的本品,在 2d 内,90%以上被代谢,并通过尿和粪便排出。主要代谢产物为单去甲基混合物和苯基联重氮亚胺。在植物内,降解物为苯基联重氮亚胺、硫甲基苯基联重氮亚胺硫化物和脱氨甲基苯基联重氮亚胺。本品在土壤中经氧化、脱甲基和氢解过程进行降解,根据 K_{oc} 值和浸出研究,确定本品在土壤中流动性很差,半衰期为数周。

制剂　200g/L 乳油,20%、25%、40%、50%可湿性粉剂。

主要生产商　AGROFINA、General Química、Makhteshim-Agan 等。

作用机理　胆碱酯酶的直接抑制剂,具有触杀和胃毒作用的非内吸性杀虫剂。

应用

(1) 适用作物　果树、草莓、蔬菜、马铃薯、玉米、棉花、小麦、观赏植物、豌豆、烟草、水稻、咖啡、甜菜等。

(2) 防治对象　鞘翅目、双翅目、同翅亚目、半翅目、鳞翅目和螨类等刺吸口器和咀嚼口器害虫,如棉铃虫、棉蟓象、棉红铃虫、黏虫、棉铃象虫、介壳虫等。用量和敌百虫相当。

(3) 安全性　乳油制品可能会使某些果树枯叶。

(4) 残留量与安全施药　收获前禁用期为 14～21d。最大允许残留量为 0.5mg/L。

(5) 使用方法

① 番石榴　用 25%可湿性粉剂 800 倍液,每隔 10d 施 1 次,连续 2～3 次,施药时叶片上、下面均匀喷洒,可防治介壳虫。采收前 6d 应停止施药。近采收期发生时,为考虑残毒问题,建议改喷 40%杀扑磷乳剂 8000 倍,采收前 6d 停止用药。

② 香草　在春梢萌发前,喷石硫合剂 1 次。春梢后,用 20%乳油 1000～1500 倍液均匀喷雾,可防治红蜘蛛。

专利概况　专利 US2758115、DE927270 均早已过专利期,不存在专利权问题。

合成方法　经如下反应制得保棉磷:

倍硫磷 fenthion

C$_{10}$H$_{15}$O$_3$PS$_2$，278.3，55-38-9

倍硫磷(fenthion)，试验代号　Bayer29493、E1752、ENT25540、OMS2、S1752。商品名称Baycid、Baytex、Dragon、Grab、Lebaycid、Pilartex、Prestij。其他名称　百治屠、拜太斯、倍太克斯、番硫磷、芬杀松。是由 G. Schrader 报道，由 Bayer AG 开发的新型有机磷类杀虫剂。

化学名称　O,O-二甲基-O-4-甲硫基-间甲苯基硫代磷酸酯，O,O-dimethyl O-4-methylthio-m-tolyl phosphorothioate。

理化性质　无色油状液体(工业品为棕色油状液体,具有硫醇气味)，低至−80℃仍不凝固，沸点：90℃/1Pa(计算)、117℃/10Pa(计算)、284℃(计算)。蒸气压：0.74mPa(20℃)、1.4mPa(25℃)。相对密度1.25(20℃)。K_{ow}lg$P$=4.84。Henry 常数 $5×10^{-2}$Pa·m^3/mol(20℃)。水中溶解度(20℃)4.2mg/L；其他溶剂中溶解度(20℃,g/L)：二氯甲烷、甲苯、异丙醇均大于 250，正己烷100。对光稳定，210℃以下稳定，在酸性条件下稳定，在碱性条件下比较稳定，DT$_{50}$(22℃)：223d(pH 4)，200d(pH 7)，151d(pH 9)。闪点170℃(原药)。

毒性　雄和雌大鼠急性经口 LD$_{50}$ 约 250mg/kg。大鼠急性经皮 LD$_{50}$(24h，mg/kg)：雄 586，雌800。本品对兔眼睛和皮肤无刺激。雄、雌大鼠吸入 LC$_{50}$(4h)约 0.5mg/L 空气(气溶胶)。NOEL(mg/kg 饲料)：大鼠(2y)<5，小鼠(2y)0.1，狗(1y)2。ADI：(JMPR)0.007mg/kg，(EPA)aRfD 0.0007mg/kg，cRfD 0.00007mg/kg。

生态效应　山齿鹑急性经口 LD$_{50}$ 7.2mg/kg，鸟饲喂 LC$_{50}$(5d，mg/kg)：山齿鹑 60，野鸭1259。鱼类 LC$_{50}$(96h，mg/L)：大翻车鱼 1.7，金枪鱼 2.7，虹鳟鱼 0.83。水蚤 EC$_{50}$(48h)0.0057mg/L。羊角月牙藻 E$_r$C$_{50}$ 1.79mg/L。蜜蜂 LD$_{50}$ 0.16μg/只(触杀)。蚯蚓 LC$_{50}$ 375mg/kg干土。

环境行为　经口进入动物体内，主要代谢物为倍硫磷亚砜和倍硫磷砜，并通过尿液排出，这些代谢物通过水解作用进一步降解，形成相应的酚类化合物。本品在植物体内降解为具有杀虫活性的砜和亚砜，之后经水解进一步降解为砜的磷酸盐。存在于土壤中的本品 K_{oc} 1500。在沉积物/水体系中 DT$_{50}$ 约 1.5d。在需氧的条件下，本品迅速降解，形成砜和亚砜的代谢物，进一步降解为酚衍生物。

制剂　50%乳油，2%、3%粉剂，25%、40%、50%可湿性粉剂，2%、5%颗粒剂。

主要生产商　拜耳作物科学公司、湖北仙隆化工股份有限公司等。

作用机理与特点　胆碱酯酶抑制剂，具有触杀、胃毒和熏蒸作用的广谱、速效杀虫剂。渗透性强，水解稳定，低挥发性，持效期长，有一定的内吸作用。

应用

(1) 适用作物　水稻、大豆、果树、蔬菜、棉花、烟草、甜菜、观赏植物等。

(2) 防治对象　水稻二化螟、三化螟、稻叶蝉、稻苞虫、稻纵卷叶螟、棉红铃虫、棉铃虫、棉蚜、菜青虫、菜蚜、果树食心虫、介壳虫、柑橘锈壁虱、网蝽象、茶毒蛾、茶小绿叶蝉、大豆食心虫及卫生害虫等。

(3) 残留量与安全施药　不能与碱性农药混用，果树收获前 14d、蔬菜收获前 10d 禁止使用。由于本品对蜜蜂毒性大，作物开花期间不宜使用。本品对十字花科蔬菜的幼苗、梨树、樱桃易引起药害，使用时应特别注意。

(4) 使用方法　用 50%乳油 1000～1500 倍液喷雾，可有效防治水稻螟虫、叶蝉、飞虱、潜叶蝇、大豆食心虫、大豆蚜虫、菜青虫、棉蚜、棉红蜘蛛、禾谷类作物黏虫、果树蚜虫、卷叶虫等；用 50％乳油 1000 倍液喷雾，可防治小麦吸浆虫、二十八星瓢虫、梨实蝇、红蜡介、吸绵蚧等；用 50％乳油 1000～1500 倍液喷雾，可防治桃小食心虫、棉蚜、叶跳虫、茶叶蝉、棉红蜘蛛、棉造桥虫、蟀象、菜蚜、负泥虫、豆天蛾、豆盾蟀象、康氏粉蚧、甜菜潜叶蝇等；用 2％粉剂 30～40kg/hm²，可防治大豆食心虫等，具有良好效果。此外，本品用于防治卫生害虫和牲畜寄生虫有优良效果，如能有效地防治牛蟀幼虫。

专利与登记　专利 DE1116656、US3042703 均早已过专利期，不存在专利权问题。国内登记情况：50％乳油、95％原药等。登记作物为蔬菜、果树、棉花、甜菜、水稻、小麦和大豆等，防治对象为蚜虫、桃小食心虫、棉铃虫、蚜虫、螟虫和食心虫等。

合成方法　经如下反应制得倍硫磷：

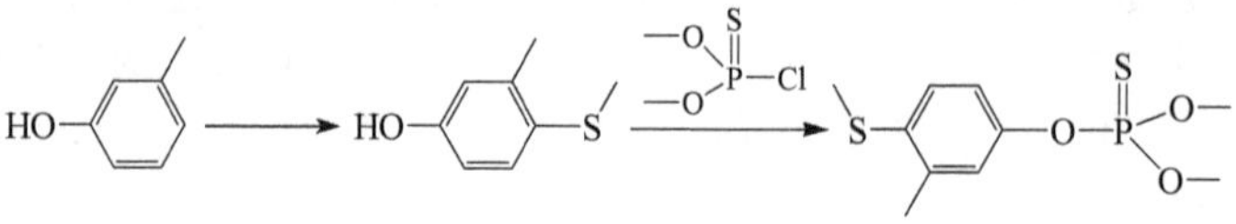

苯草醚 aclonifen

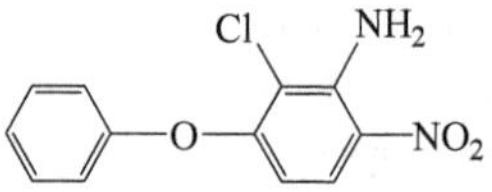

$C_{12}H_9ClN_2O_3$，264.7，74070-46-5

苯草醚(aclonifen)，试验代号　CME127、KUB3359、LE84493。商品名称　Challenge。其他商品名称　Bandur、Fenix、Prodigio。是由 Celamerk GmbH & Co 研制，后售给 Rhône-Poulenc Agrochimie(现拜耳公司)开发的二苯醚类除草剂。

化学名称　2-氯-6-硝基-3-苯氧基苯胺，2-chloro-6-nitro-3-ph oxyaniline。

理化性质　工业产品纯度为≥95％。纯品为黄色晶体，熔点 81～82℃，蒸气压 $1.6×10^{-2}$ mPa(20℃)。密度 1.46g/cm³，$K_{ow}lgP=4.37$。Henry 常数为 $3.2×10^{-3}$ Pa·m³/mol(20℃)。水中溶解度(20℃)1.4mg/L。有机溶剂中溶解度(g/kg,20℃)：甲醇 50、己烷 4.5、甲苯 390。见光缓慢分解。

毒性　大、小鼠急性经口 $LD_{50}>5000$mg/kg，大鼠急性经皮 $LD_{50}>5000$mg/kg，对兔皮肤有轻微刺激性作用，但对兔眼睛无刺激性作用。大鼠吸入 LC_{50}(4h)>5.06mg/L 空气。NOEL 数据[mg/(kg·d)]：大鼠(90d)28，狗(180d)12.5。ADI 值(EC)0.07mg/(kg·d)[2008]，(BfR)0.01mg/(kg·d)[2002]，(法国)0.02mg/kg。在 Ames 试验中无致突变性。对大鼠胚胎无致畸性。在 2000mg/L 时，对超过两代大鼠的繁殖无影响。

生态效应　日本鹌鹑和金丝雀急性经口 $LD_{50}>15000$mg/kg。鱼类 LC_{50}(96h,mg/L)：虹鳟鱼 0.67，鲤鱼 1.7。水蚤 EC_{50}(48h)2.5mg/L。藻类 EC_{50}(96h)6.9μg/L。对蜜蜂无毒，LD_{50}(经口)>100μg/只。蚯蚓 LC_{50}(14d)300mg/kg 土。

环境行为

(1) 动物　大鼠口服给药后，主要以极性化合物的形式，62％～65％从尿中排出，无生物积累。

(2) 植物　在植物中，两个苯环均发生羟基化，DT_{50} 约为 14d。

(3) 土壤/环境　在无菌水中，pH 值为 3～9 时稳定存在。在存在微生物的水中 DT_{50} 约为 1 个月。在土壤中 DT_{50} 为 36～80d(22℃)。K_{oc}5318～12164，不易浸出。

制剂　悬浮剂。

主要生产商　拜耳作物科学公司。

作用机理与特点　具有内吸性的选择性除草剂，抑制类胡萝卜素的生物合成。芽前控制小麦、马铃薯、向日葵、豌豆、胡萝卜、玉米和其他农作物田中的禾本科和阔叶杂草。对马铃薯、向日葵、豌豆无药害。在高剂量下对谷物和玉米可能产生药害。

应用

(1) 适宜作物与安全性　适宜作物为冬小麦、马铃薯、向日葵、豆类、胡萝卜、玉米等。对马铃薯、向日葵、豆类安全，高剂量下对禾谷类作物、玉米可能产生药害。

(2) 防除对象　主要用于防除马铃薯、向日葵和冬小麦田中禾本科杂草和阔叶杂草，如鼠尾看麦娘、知风草、猪殃殃、野芝麻、田野勿忘我、繁缕、常春藤叶婆婆纳和波斯水苦荬以及田堇菜等。

(3) 使用方法　主要用于苗前除草。使用剂量为 2400g(a.i.)/hm² [亩用量为160g(a.i.)]。苯草醚对像猪殃殃这样一类重要杂草的防效与对照药剂嗪草酮相比，或是相等或是略高。在豌豆、胡萝卜和蚕豆田的试验表明，以 2400g(a.i.)/hm² [亩用量为160g(a.i.)] 施用时，对鼠尾看麦娘的防效为90%，对知风草的防效为97%，与对照药剂绿麦隆相当。对猪殃殃、野芝麻、田野勿忘我、繁缕、常春藤叶婆婆纳和波斯水苦荬以及田堇菜等亦有很好的活性，对母菊、荞麦蔓的活性稍低。

专利概况　专利 DE2831262 早已过专利期，不存在专利权问题。

合成方法　2,3,4-三氯硝基苯在压力釜中与氨气反应得到2,3-二氯-6-硝基苯胺，随后在乙腈中与酚钠反应得到苯草醚。

苯草酮 tralkoxydim

$C_{20}H_{27}NO_3$，329.4，87820-88-0

苯草酮(tralkoxydim)，试验代号　ICIA0604、PP604，商品名称　Achieve、Grasp、Splendor，其他名称　三甲苯草酮、肟草酮，是由捷康公司(现先正达公司)开发的。

化学名称　2-[1-(乙氧基亚氨基)丙基]-3-羟基-5-(2,4,6-三甲苯基)环己-2-烯酮，2-[1-(ethoxyimino)propyl]-3-hydroxy-5-(2,4,6-trimethylphenyl)cyclohex-2-enone。

理化性质　工业品纯度为92%～95%，纯品为无色无味固体，熔点106℃(工业品99～104℃)。蒸气压 $3.7×10^{-4}$ mPa(20℃,推算)，$K_{ow}lgP=2.1$(20℃,纯水)，相对密度1.16(25℃)，Henry 常数 $2×10^{-5}$ Pa·m³/mol(纯水)。水中溶解度(20℃,mg/L)：6(pH 5)，6.7(pH 6.5)，9800(pH 9)。有机溶剂中溶解度(24℃,g/L)：正己烷18，甲醇25，丙酮89，乙酸乙酯110，甲苯213，二氯甲烷>500。稳定性：稳定存在>12周(15～25℃)，4周(50℃)。DT_{50}(25℃)：6d(pH 5)，113d(pH 7)，pH 9时28d后87%未分解。$pK_a=4.3$(25℃)。

毒性　急性经口 LD_{50}(mg/kg)：雄大鼠1258，雌大鼠934，雄小鼠1231，雌小鼠1100，雄兔>519。大鼠急性经皮 LD_{50}>2000mg/kg，对兔皮肤和眼睛中等刺激，对豚鼠皮肤无致敏性。大鼠急性吸入 LC_{50}(4h)>3.5mg/L 空气。NOEL 值(mg/kg 饲料)：大鼠(90d)20.5，狗(1y)5。

NOAEL 值[mg/(kg·d)]：大鼠（90d）20.5（250mg/L），狗 0.5。ADI 值：（EC）0.005mg/kg
[2008]，（EPA）cRfD 0.005mg/kg [1998]。在一系列毒理学试验中，无致突变、致畸作用。

生态效应 急性经口 LD_{50}（mg/kg）：野鸭＞3020，山齿鹑 4430。饲喂 LC_{50}（5d,mg/kg 饲料）：野鸭＞7400，鹌鹑 6237。鱼类 LC_{50}（96h,mg/L）：鲤鱼＞8.2，虹鳟鱼＞7.2，大翻车鱼＞6.1。水蚤 EC_{50}（48h）＞175mg/L。绿藻 EC_{50}（120h）7.6mg/L。浮萍 EC_{50}（14h）1.0mg/L。蜜蜂 LD_{50}（mg/只）接触＞0.1，经口 0.054。蚯蚓 LC_{50}（14d）87mg/kg 土。

环境行为

（1）动物 在大鼠体内代谢为 4 种产物，容易排出，检测不到未转化的苯草酮。

（2）植物 在作物中迅速代谢。在检测限为 0.02mg/kg，施药量为推荐剂量的 2 倍时，收获后在小麦或大麦中未检测到残留的苯草酮或其代谢物。

（3）土壤/环境 实验室的土壤研究中迅速降解。典型的 DT_{50} 2～5d(有氧)，3 周(水田)。初级代谢产物全面降解。处理后 30d 内，44％的放射性元素以 CO_2 形式被释放出来。主要是微生物降解，但土壤表面光解、水中光解和水解也均有发生。田间数据与这些结果一致。K_{oc} 30～300，然而，快速降解确保了苯草酮或其代谢产物在土壤剖面下不会有显著的转移。

制剂 悬浮剂、水分散粒剂等。

主要生产商 先正达有限公司、一帆生物科技集团有限公司等。

作用机理与特点 脂肪酸合成酶抑制剂，抑制乙酰辅酶 A 羧化酶（ACCase），细胞分裂抑制剂。选择性内吸除草剂，叶面施药后迅速被植株吸收和转移，在韧皮部转移到生长点。

应用 用于小麦和大麦田苗后防除一年生禾本科杂草，包括燕麦属、黑麦草属、狗尾草、䅟草、看麦娘、阿披拉草。使用方法：小麦和大麦田苗后茎叶处理，使用剂量为 150～350g(a.i.)/hm^2。叶面喷雾要 1h 内无雨，喷液量 35～400L/hm^2，并添加 0.1％～0.5％表面活性剂。以 200～350g/hm^2 防除野燕麦的效果优于禾草灵在推荐剂量下的防效，而且施药适期宽，几乎可彻底防除分蘖终期以前的野燕麦，抑制期可延至拔节期。

专利与登记 专利 EP0080301 早已过专利期，不存在专利权问题。国内登记了 97％苯草酮原药。

合成方法 将 2,4,6-三甲基苯甲醛与丙酮缩合，得到的不饱和酮与丙二酸二乙酯反应，反应生成物经水解、环化、脱羧，得到 3-羟基-5-(2,4,6-三甲基苯基)-环己-2-烯-1-酮，该化合物在甲醇钠的存在下，与丙酸酐反应，得到 3-羟基-5-(2,4,6-三甲基苯基)-2-丙酰基-环己-2-烯-1-酮，最后再与乙氧胺盐酸盐反应，即得苯草酮。反应式如下：

中间体 2,4,6-三甲基苯甲醛可通过如下反应制得：

[1] 孙洪涛. 农药, 2005, 12: 558.

苯丁锡 fenbutatin oxide

$C_{60}H_{78}OSn_2$, 1052.7, 13356-08-6

苯丁锡(fenbutatin oxide), 试验代号 SD14114、ENT27738。商品名称 Acanor、Norvan、Osadan、ProMite、Stucas、Torque、Vendex。其他名称 fenbutestan、fenbutaestan、hexakis、克螨锡、螨完锡。在美国由 Shell Chemical Co.(现为 DuPont Agricultural Products)开发, 在别处由 Shell International Chemical Company Ltd(现为 BASF SE)开发。

化学名称 双[三(2-甲基-2-苯基丙基)锡]氧化物, bis [tris(2-methyl-2-phenylpropyl) tin] oxide。

理化性质 原药为无色晶体, 有效成分含量为 97%。熔点 140~145℃。沸点 230~310℃。蒸气压 $3.9×10^{-8}$ mPa(20℃)。K_{ow} lg$P$=5.2。密度 1290~1330kg/m³(20℃)。水中溶解度(pH 4.7~5.0, 20℃)0.0152mg/L; 其他溶剂中溶解度(g/L, 20℃): 己烷 3.49, 甲苯 70.1, 二氯甲烷 310, 甲醇 182, 异丙醇 25.3, 丙酮 4.92, 乙酸乙酯 11.4。对光、热、氧气都很稳定。光稳定性 DT_{50} 55d(pH 7, 25℃)。水可使苯丁锡转化为三(2-甲基-2-苯基丙基)锡氢氧化物, 该产物在室温下慢慢地、在 98℃迅速地再转化为母体化合物。不能自燃, 但在尘雾中点燃可爆炸。

毒性 急性经口 LD_{50}(mg/kg): 大鼠 3000~4400, 小鼠 1450, 狗>1500。兔急性经皮 LD_{50}>1000mg/kg。对兔皮肤有刺激作用, 对兔眼睛有严重刺激作用。大鼠吸入 LC_{50} 0.46~0.072mg/kg。在试验剂量范围内对动物未见蓄积毒性及致畸、致突变、致癌作用。在三代繁殖试验和神经试验中未见异常。NOEL: 大鼠 NOAEL(2y)5mg/kg, 狗 NOEL 15mg/(kg·d)。ADI: (JMPR)0.03mg/kg [1992], (EPA)cRfD 0.017mg/kg[2002]。

生态效应 山齿鹑饲喂 LC_{50}(8d)5065mg/kg 饲料。虹鳟鱼 LC_{50}(48h)0.27mg(a.i.)/L(可湿性粉剂)。水蚤 LC_{50}(24h)0.05~0.08mg/L。羊角月牙藻 LC_{50}(72h)>0.005mg/L。蜜蜂急性 LD_{50}(接触和经口)>200μg/只, 蚯蚓 LC_{50}≥1000mg/kg 土。对食肉和寄生的节肢动物无副作用。

环境行为

(1) 动物 大鼠口服后在胃肠道中吸收较少, 在其他代谢途径中降解亦很少, 代谢主要是通过粪便排出, 代谢物主要是未变的母体化合物。

(2) 植物 苯丁锡在植物表层排出的代谢物主要是其母体化合物, 在植物体内的残留依然是其母体化合物。

(3) 土壤/环境 在土壤中苯丁锡代谢为二羟基-双(2-甲基-2-苯丙基)锡烷和 2-甲基-2-苯丙基锡酸, 最终形成锡氧化物和锡酸。在土层测试中, 苯丁锡氧化物有微小的移动, 或其代谢物最深能达到 30cm 深的土壤中。

制剂 可湿性粉剂[500g(a.i.)/kg], 悬浮剂(550g/L)。

主要生产商 BASF、浙江禾本科技有限公司。

作用机理与特点 氧化磷酰化抑制剂, 阻止 ATP 的形成。对害螨以触杀和胃杀为主, 非内吸性。苯丁锡是一种长效专性杀螨剂，对有机磷和有机氯有抗性的害螨不产生交互抗性。喷药后起始毒力缓慢，3d 以后活性开始增强，到 14d 达到高峰。该药持效期是杀螨剂中较长的一种，可达 2～5 个月。对幼螨和成、若螨的杀伤力比较强，但对卵的杀伤力不大。在作物各生长期使用都很安全，使用超过有效杀螨浓度 1 倍均未见有药害发生，对害螨天敌如捕食螨、瓢虫和草蛉等影响甚小。苯丁锡为感温型杀螨剂，当气温在 22℃ 以上时药效提高，22℃ 以下活性降低，低于 15℃ 药效较差，在冬季不宜使用。

应用

(1) 适用作物　柑橘、苹果、梨、梅、李、桃、蔬菜、葡萄、茶、观赏型植物等。

(2) 防治对象　螨类、锈壁虱。

(3) 残留量与安全施药　苯丁锡人体每日允许摄入量（ADI）为 0.03mg/kg。作物中最高残留限量（国际标准），柑橘中 5mg/kg，番茄中 1mg/kg，最多使用次数为 6 次，最高用药浓度为 1000mg/L。最后一次施药距收获时间：柑橘 14d 以上，番茄 10d。

(4) 应用技术　防治苹果叶螨（包括山楂红蜘蛛和苹果红蜘蛛），在夏季害螨盛发期防治效果理想。防治柑橘锈螨，在柑橘上果期和果实上虫口增长期喷雾，可收到很好的防治效果。防治茶树害螨，防治茶橙、茶短须螨，在茶叶非采摘期，于发生中心进行点片防治；发生高峰期全面防治。防治花卉害螨，防治菊花叶螨、玫瑰叶螨，在发生期防治。

(5) 使用方法　在世界范围内苯丁锡以 20～50g（a. i.）/hm² 喷雾，可有效和持效地防治游动期的植食性螨类，主要是柑橘、葡萄、观赏植物、梨果、核果上的瘿螨科和叶螨科等。

①防治柑橘红蜘蛛。在 4 月下旬到 5 月份用 50% 可湿性粉剂 2000 倍液（有效浓度 250mg/L），均匀喷雾，夏秋季节降雨少，可用 2500 倍液（有效浓度 200mg/L）喷雾，持效期一般在 2 个月左右。②防治柑橘锈螨。在柑橘上果期和果实上虫口增长期，用 50% 可湿性粉剂 2000 倍液（有效浓度 250mg/L）喷雾，可收到很好的防治效果。③防治苹果叶螨（包括山楂红蜘蛛和苹果红蜘蛛）。用 50% 可湿性粉剂 1000～1500 倍液（有效浓度 333～500mg/L）喷雾。④防治茶橙、茶短须螨。用 50% 可湿性粉剂 1500 倍液（有效浓度 333mg/L）喷雾，茶叶螨类大多集中在叶背和茶丛中下部为害，喷雾一定要均匀周到。⑤防治菊花叶螨、玫瑰叶螨。用 50% 可湿性粉剂 1000 倍液（有效浓度 500mg/L），在叶面叶背均匀喷雾。⑥防治蔬菜（辣椒、茄子、黄瓜、豆类）叶螨。用 50% 可湿性粉剂 1000～1500 倍液（有效浓度 333～500mg/L）喷雾。

专利与登记　专利 US3657451、DE2115666 均早已过专利期，不存在专利权问题。国内登记情况：25%、50% 可湿性粉剂，95%、96%、98% 原药，10% 乳油，20% 悬浮剂等，登记作物为柑橘树等，防治对象为红蜘蛛等。巴斯夫欧洲公司在中国登记了 98% 原药和 50% 可湿性粉剂，登记用于防治柑橘树上的红蜘蛛，用药量为 150～250mg/kg。

合成方法　经如下反应制得苯丁锡：

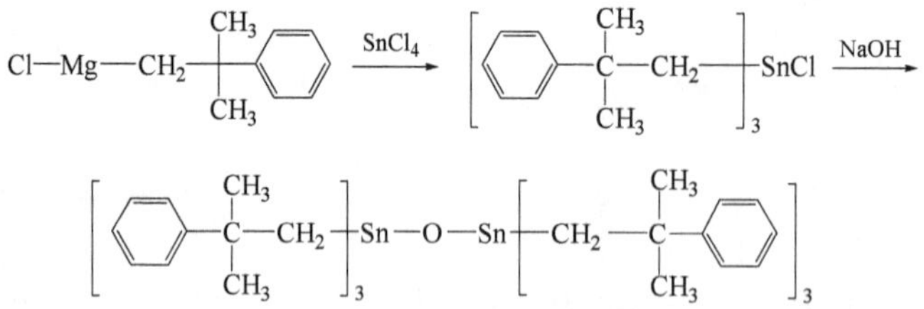

苯磺菌胺 dichlofluanid

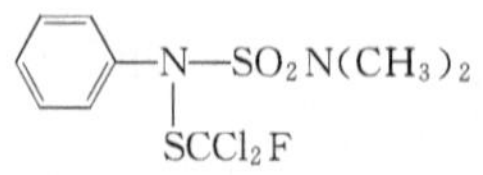

$C_9H_{11}Cl_2FN_2O_2S_2$，333.2，1085-98-9

苯磺菌胺(dichlofluanid)，试验代号 Bayer47531、KUE13032c，商品名称 Euparen，其他名称 Delicia Deltox-Combi、Euparen Ramato，是拜耳公司开发的磺酰胺类杀菌剂。

化学名称 N-二氯氟甲基硫基-N'，N'-二甲基-N-苯基(氨基)磺酰胺，N-dichlorofluoromethyl-thio-N'，N'-dimethyl-N-phenylsulfamide。

理化性质 纯品为无色无味结晶状固体，熔点106℃。蒸气压0.014mPa(20℃)。分配系数 $K_{ow}\lg P=3.7(21℃)$。Henry常数 3.6×10^{-3} Pa·m³/mol(计算)。水中溶解度1.3mg/L(20℃)；有机溶剂中溶解度(g/L，20℃)：二氯甲烷＞200，甲苯145，异丙醇10.8，己烷2.6。对碱不稳定。$DT_{50}(22℃)＞15d(pH 4)$，＞18h(pH 7)，＜10min(pH 9)，具有光敏性。

毒性 大鼠急性经口 $LD_{50}＞5000mg/kg$。大鼠急性经皮 $LD_{50}＞5000mg/kg$。对兔眼睛有中度刺激，对兔皮肤有轻微刺激。对皮肤有致敏性。大鼠吸入 LC_{50}(4h，mg/L空气)：1.2(灰尘)，＞0.3(悬浮微粒)。NOEL：大鼠(2y)＜180mg/kg饲料，小鼠(2y)＜200mg/L，狗(1y)1.25mg/kg。ADI 0.0125mg/kg[1995]，(JMPR)0.3mg/kg[1983]。

生态效应 日本鹌鹑急性经口 $LD_{50}＞5000mg/kg$。鱼毒 LC_{50}(96h，mg/L)：虹鳟鱼0.01，大翻车鱼0.03，金鱼0.12。水蚤 LC_{50}(48h)＞1.8mg/L。淡水藻 E_rC_{50}16mL/L，对蜜蜂无毒。蚯蚓 LC_{50}(14d)890mg/kg干土。

环境行为

(1) 动物 大鼠口服后，苯磺菌胺会很快被吸收并主要以尿液的形式排出。在动物的器官和组织中没有累积，苯磺菌胺会被代谢成二甲基苯磺酰胺，随后会羟基化或者脱甲基化。

(2) 植物 在植物体内苯磺菌胺代谢成二甲基苯磺酰胺，随后会去甲基化或者羟基化以及键合作用。

(3) 土壤/环境 由于在土壤中的不稳定性，苯磺菌胺不会存在于深层次的土壤中，主要的代谢产物二甲基苯磺酰胺，对其结构和性质的研究表明也不可能出现在深层次的土壤中，另一个发现是在水和土壤中的代谢物是 N，N-二甲基磺酰胺。

作用机理 非特定的硫醇反应物，抑制呼吸作用。保护性杀菌剂，控制结痂、棕色腐烂和苹果、梨的储藏病害，如葡萄孢属、链格孢属、桑污叶病菌属。危害植物的毒性：一些储藏水果和观赏性的植物会受到轻微的伤害。

应用 主要用于防治果树如葡萄、柑橘，蔬菜如番茄、黄瓜等，啤酒花，观赏植物及大田作物的各种灰霉病、黑斑病、腐烂病、黑星病、苗枯病、霜霉病以及仓储病害等众多病害。对某些螨类也有一定的活性，对益螨安全。

专利概况 化合物专利DE1193498早已过专利期，不存在专利权问题。

参考文献

[1] The Pesticide Manual. 15th edition：2009，328-329.

苯磺隆 tribenuron-methyl

$C_{15}H_{17}N_5O_6S$，395.4，101200-48-0

苯磺隆(tribenuron-methyl)，试验代号 DPX-L5300、L5300。商品名称 Agristar、Express、Granstar、Nuance、Oscar、Pointer、Rapid、Tribionate。其他名称 Cameo、Forzanet、Quantum、Rockett、Victory、阔叶净、巨星。是由美国杜邦公司开发的磺酰脲类除草剂。

化学名称 2-[4-甲氧基-6-甲基-1,3,5-三嗪-2-基(甲基)氨基甲酰氨基磺酰基]苯甲酸甲酯，

methyl 2-[4-methoxy-6-methyl-1,3,5-triazin-2-yl(methyl)carbamoylsulfamoyl] benzoate。

理化性质 原药纯度大于 95%。纯品为白色粉末，略带辛辣气味，相对密度 1.46(20℃)。熔点 142℃。蒸气压 5.2×10^{-5} mPa(25℃)。$K_{ow}lgP = 0.78$(pH 7,25℃)，Henry 常数 1.03×10^{-8} Pa·m^3/mol(pH 7,20℃)。水中溶解度(20℃,g/L)：0.05(pH 5)、2.04(pH 7)、18.3(pH 9)。其他溶剂中溶解度(20℃,mg/L)：丙酮 3.91×10^4，乙腈 4.64×10^4，正庚烷 20.8，乙酸乙酯 1.63×10^4，甲醇 2.59×10^3。稳定性：在 pH 5～9，25℃下，没有明显的光解。原药既不燃烧，也不支持燃烧。水解：DT$_{50}$<1d(pH 5)，15.8d(pH 7)，稳定(pH 9,25℃)。pK$_a$ 4.7。

毒性 大鼠急性经口 LD$_{50}$>5000mg/kg，兔急性经皮 LD$_{50}$>5000mg/kg，对兔的皮肤和眼睛没有刺激。在对豚鼠的最大剂量试验中，对豚鼠的皮肤中度致敏，但该浓度不会对人的皮肤有刺激。大鼠吸入 LC$_{50}$(4h)>5.0mg/L 空气。NOEL 值(mg/L 饲料)：大鼠(2y)25，小鼠(18 个月)200，狗(1y)250；(90d)大鼠 100，小鼠 500，狗 500。ADI(EC)0.01mg/kg[2005]，(EPA)cRfD 0.008mg/kg[1990]。无遗传毒性。

生态效应 山齿鹑急性经口 LD$_{50}$>2250mg/kg，山齿鹑和野鸭饲喂 LC$_{50}$(8d)>5620mg/kg，虹鳟鱼 LC$_{50}$(96h)738mg/L。水蚤 LC$_{50}$(48h)894mg/L。绿藻 EC$_{50}$(120h)20.8μg/L。浮萍 EC$_{50}$(14d)4.24μg/L。蜜蜂 LD$_{50}$(μg/只)：接触>100，经口>9.1。蚯蚓 LD$_{50}$>1000mg/kg 土。

环境行为

(1) 动物 苯磺隆在动物体内迅速代谢，主要形式为去甲基化、脱脂化、磺酰脲桥的水解、苯环及三嗪环的羟基化和(或)去甲基化。

(2) 植物 苯磺隆在植物体内迅速广泛的代谢。一个主要的代谢反应是 N-去甲基化；进一步的代谢是苯环与葡萄糖的羟基化和共轭。

(3) 土壤/环境 苯磺隆在野外条件下 DT$_{50}$ 3.5～5.1d，无明显光解。土壤中的降解主要通过水解和微生物降解。土壤的 pH 值对水解有影响，酸性土壤比碱性土壤水解速度快。挥发损失不明显。

制剂 75% 干悬浮剂。

主要生产商 Agrochem、Cheminova、Fertiagro、安徽丰乐农化有限责任公司、安徽华星化工股份有限公司、大连瑞泽农药股份有限公司、杜邦公司、江苏快达农化股份有限公司、江苏瑞邦农药厂有限公司、江苏瑞东农药有限公司、江苏扬农化工集团有限公司、捷马化工股份有限公司、龙灯集团、山东华阳农药化工集团有限公司、沈阳科创化学品有限公司及郑州沙隆达农业科技有限公司。

作用机理与特点 选择性苗后除草剂，茎叶处理后可被杂草茎叶吸收，遇到土壤后活性降低或消失，并在体内传导，通过阻碍乙酸乳酸合成酶，使缬氨酸、异亮氨酸的生物合成受抑制，阻止细胞分裂，致使杂草死亡。双子叶杂草如繁缕、麦家公、离子草、雀舌草、猪殃殃、碎米荠、荠菜、卷茎蓼等对苯磺隆敏感，泽漆、婆婆纳等中度敏感。用药初期，杂草虽然保持青绿，但生长已受到严重抑制，不再对作物构成危害。施药后几天出现萎黄病症状，10～25d 后杂草坏死。对田旋花、鸭跖草、萹蓄、铁苋菜、刺儿菜等防效差，随剂量升高抑制作用增强。

应用

(1) 适宜作物与安全性 小麦、大麦、燕麦、黑麦、黑小麦，剂量为 7.5～30g/hm^2。苯磺隆在禾谷类作物春小麦、冬小麦、大麦、燕麦体内迅速被代谢为无活性物质。在土壤中持效期 30～45d，轮作(下茬作物)不受影响。在土壤中半衰期为 1～12d，取决于不同类型的土壤，在 pH 5、pH 7 和 pH 8 的水中半衰期分别为 1d、3～16d 和 30d。

(2) 防除对象 反枝苋、凹头苋、龙葵、苘麻、柳叶刺蓼、酸模叶蓼、东方蓼、卷茎蓼、节蓼、藜、小藜、萹蓄、繁缕、狼把草、鬼针草、鸭跖草、离子草、勿忘草、问荆、水棘针、播娘蒿、羽叶播娘蒿、大叶播娘蒿、母菊属、刺叶莴苣、向日葵、鼬瓣花、猪殃殃、地肤、雀舌草、麦家公、王不留行、亚麻荠、波叶糖芥、野田芥、白芥、水芥菜、荠菜、遏蓝菜、猪毛菜、风花菜、大巢菜、苣荬菜等。

(3) 应用技术 小麦、大麦等禾谷类作物 2 叶期至拔节期均可使用，以一年生阔叶杂草 2～

4叶期、多年生阔叶杂草 6 叶期以前药效最好。施药选早晚气温低、风小时进行。风速超过每秒5m、空气相对湿度低于 65％、气温大于 28℃时应停止施药。干旱条件下用较高喷液量。苯磺隆对后茬作物安全，不易挥发，但施药时应注意风向，避免造成敏感作物飘移药害。勿用超低容量喷雾。勿在间作敏感作物的麦田使用，或周围种植敏感作物田的麦田使用。

（4）使用方法　苯磺隆是磺酰脲类内吸传导型苗后选择性除草剂。使用剂量为 9～30g(a.i.)/hm² [亩用量通常为 0.6～2g(a.i.)]。在我国每亩用 75％苯磺隆 0.9～1.4g。苯磺隆与噻吩磺隆混用可增加对阔叶杂草的药效。苯磺隆与 2,4-滴丁酯混用，见效快，增加对多年生阔叶杂草的药效。为防除野燕麦，苯磺隆还可与精噁唑禾草灵(加解毒剂)(精噁唑禾草灵加解毒剂)、野燕枯混用。混用比例如下：每亩用 75％苯磺隆 0.6～0.7g 加 75％噻吩磺隆 0.6～0.7g 或 72％2,4-滴丁酯 25～30mL；每亩用 75％苯磺隆 0.9～1.4g 加 6.9％精噁唑禾草灵(加解毒剂)50～70mL或 10％精噁唑禾草灵(加解毒剂)40～50mL 或 64％野燕枯 120～150g；每亩用 75％苯磺隆 0.6～0.7g 加 75％噻吩磺隆 0.6～0.7g 加 64％野燕枯 120～150g；每亩用 75％苯磺隆 0.6～0.75g 加75％噻吩磺隆 0.6～0.7g 加 6.9％精噁唑禾草灵(加解毒剂)50～70mL 或 10％精噁唑禾草灵(加解毒剂)40～50mL。

专利与登记　专利 EP202830 早已过专利期，不存在专利权问题。

国内登记情况：38％、24％、29.5％、15％、18％、10％、70％可湿性粉剂，10％可分散油悬浮剂，50％、75％水分散粒剂，20％可溶粉剂；登记作物为小麦田；防治对象为阔叶杂草。美国杜邦公司在中国登记情况见表 7。

表 7　美国杜邦公司在中国登记情况

登记名称	登记证号	含量	剂型	登记作物	防治对象	用药量/(g/hm²)	施用方法
苯磺隆	PD20070216	18％	可湿性粉剂	冬小麦田	一年生阔叶杂草	11.34～18.9	茎叶喷雾
苯磺隆	PD203-95	75％	干悬浮剂	小麦	阔叶杂草	10.05～19.5	喷雾
苯磺隆	PD211-96	75％	可湿性粉剂	小麦田	阔叶杂草	10.05～19.5	喷雾
苯磺隆	PD303-99	95％	原药				

合成方法　以糖精为主要原料，首先在浓硫酸存在下与甲醇反应制得磺酰胺，然后在正丁基异氰酸酯存在下与光气反应制得磺酰基异氰酸酯，最后与 2-甲氨基-4-甲氧基-6-甲基均三嗪缩合即得苯磺隆产品。反应式如下：

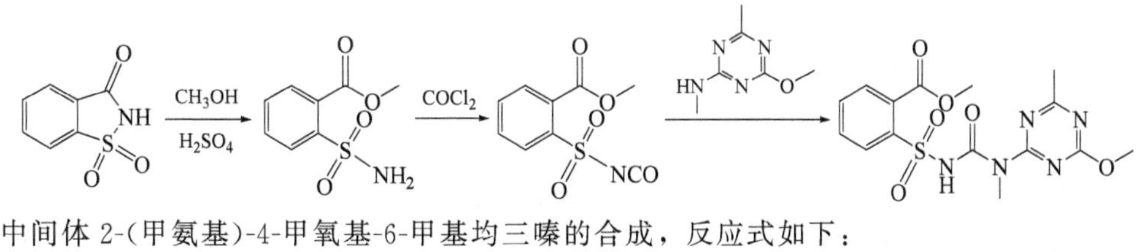

中间体 2-(甲氨基)-4-甲氧基-6-甲基均三嗪的合成，反应式如下：

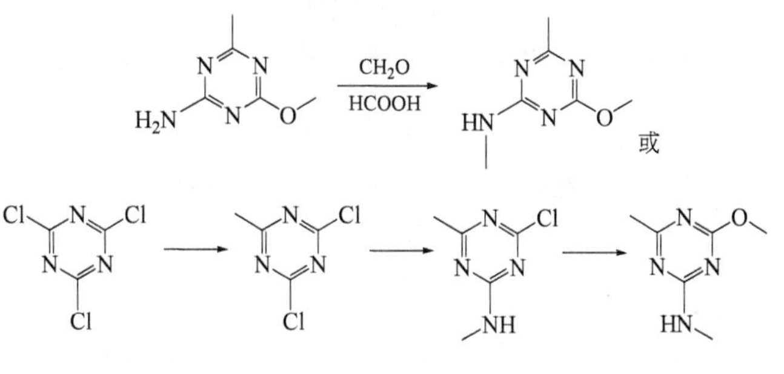

参考文献

[1] Proc Br Crop Prot Conf；Weed，1985，1：43.

[2] 陆阳. 世界农药，2007，2：12-14.

[3] 何普泉. 农药，2007，6：369-371.

苯菌灵 benomyl

$C_{14}H_{18}N_4O_3$，290.3，17804-35-2

苯菌灵（benomyl），试验代号 T1991，商品名称 Benofit、Fundazol、Iperlate、Pilarben、Romyl、Sunomyl、Viben。其他名称 Benag、Benex、Benhur、Benosüper、Benovap、Cekumilo、Comply、Hector、Kriben、Pilben。是杜邦公司开发的杀菌剂。苯菌灵目前尽管已在美国等停止销售，但仍在多个国家使用。苯菌灵除了具有杀菌活性外，还具有杀螨、杀线虫活性。

化学名称 1-(丁氨基甲酰基)苯并咪唑-2-基氨基甲酸甲酯。methyl 1-(butylcarbamoyl)benz-imidazol-2-yl carbamate。

理化性质 纯品为无色结晶，熔点140℃（分解）。蒸气压<$5.0×10^{-3}$mPa(25℃)。分配系数$K_{ow}lgP=1.37$。Henry常数(Pa·m³/mol)：<$4.0×10^{-4}$(pH 5)，<$5.0×10^{-4}$(pH 7)，<$7.7×10^{-4}$(pH 9)。相对密度0.38。水中溶解度(mg/L,室温)：3.6(pH 5)，2.9(pH 7)，1.9(pH 9)；有机溶剂中溶解度(g/kg,25℃)：氯仿94，二甲基甲酰胺53，丙酮18，二甲苯10，乙醇4，庚烷0.4。水解DT_{50}：3.5h(pH 5)，1.5h(pH 7)，<1h(pH 9)。在某些溶剂中离解形成多菌灵和异氰酸酯。在各种pH值下稳定，对光稳定，遇水及在潮湿土壤中分解。

毒性 大鼠急性经口LD_{50}>5000mg(a.i.)/kg。兔急性经皮LD_{50}>5000mg/kg，对兔皮肤轻微刺激，对兔眼睛暂时刺激。大鼠急性吸入LC_{50}(4h)>2mg/L空气。NOEL数据(2y,mg/kg饲料)：大鼠>2500(最大试验剂量)，没有证据表明其体内组织病变，狗500。ADI值0.1mg/kg。残留物的ADI值和环境评价与多菌灵一样。(EPA)cRfD 0.05mg/kg。

生态效应 野鸭和山齿鹑饲喂LC_{50}(8d)>10000mg/kg饲料(50%可湿性粉剂)。鱼毒LC_{50}(96h,mg/L)：虹鳟鱼0.27，金鱼4.2。古比鱼LC_{50}(48h)3.4mg/L。水蚤LC_{50}(48)640μg/L，藻EbC50(mg/L)：2.0(72h)，3.1(120h)。对蜜蜂无毒，LD_{50}（接触）>50μg/只。蚯蚓LC_{50}(14d)10.5mg/kg土。

环境行为 尽管苯菌灵对水生生物高毒，但由于其在沉积物上附着残留较少，所以其对水生生物影响不大。田间施药后，蚯蚓种群可能需要两年才能恢复。

（1）动物 脱去正丁氨基甲酰基团变成相对稳定的多菌灵，随后降解为无毒的2-氨基苯并咪唑。也发生羟基化反应，主要代谢物5-羟基苯并咪唑氨基甲酸酯转化成O-和N-偶合物，其他可能的代谢物包括4-羟基-2苯并咪唑甲基氨基甲酸酯。本品和它的代谢物在几天内通过尿和粪便排出，在动物组织中没有积累。

（2）植物 正丁氨基甲酰基团脱去，转变成相对稳定的多菌灵，随后降解为无毒的2-氨基苯并咪唑。进一步的降解包括苯并咪唑的裂解。本品在香蕉皮表面稳定。

（3）土壤/环境 在水和土壤中本品能迅速转换成多菌灵，DT_{50}分别为2h和9h。研究数据表明，本品和多菌灵在评价环境影响方面是相关的。K_{oc}1900。

制剂 50%可湿性粉剂、50%干油悬剂等。

主要生产商 Agrochem、Cheminova、Fertiagro、安徽丰乐农化有限责任公司、安徽华星化工股份有限公司、大连瑞泽农药股份有限公司、杜邦公司、江苏快达农化股份有限公司、江苏瑞邦农药厂有限公司、江苏瑞东农药有限公司、江苏扬农化工集团有限公司、捷马化工股份有限公司、龙灯集团、山东华阳农药化工集团有限公司、沈阳科创化学品有限公司及郑州沙隆达农业科技有限公司等。

作用机理与特点 高效、广谱、内吸性杀菌剂，具有保护、治疗和铲除等作用，对子囊菌纲、半知菌纲及某些担子菌纲的真菌引起的病害有防效。

应用

（1）适宜作物 柑橘、苹果、梨、葡萄、大豆、花生、瓜类、茄子、番茄、葱类、芹菜、小麦、水稻等。

（2）防治对象 用于防治苹果、梨、葡萄白粉病，苹果、梨黑星病，小麦赤霉病，水稻稻瘟病，瓜类疮痂病、炭疽病，茄子灰老病，番茄叶老病，葱类灰色腐败病，芹菜灰斑病，柑橘疮痂病、灰霉病，大豆菌核病，花生褐斑病，红薯黑斑病和腐烂病等。苯菌灵除了具有杀菌活性外，还具有杀螨、杀线虫活性。

（3）使用方法 可用于喷洒、拌种和土壤处理。防治大田作物和蔬菜病害时，使用剂量为140～150g(a.i.)/hm²；防治果树病害时，使用剂量为550～1100g(a.i.)/hm²；防治收获后作物病害时，使用剂量为25～200g(a.i.)/hm²。

① 防治柑橘疮痂病、灰霉病。用50％可湿性粉剂33～50g，配成2000～3000倍药液，喷雾，小树每亩喷150～400kg，大树每亩喷500kg。

② 防治苹果黑星病、黑点病，梨黑星病，葡萄褐斑病、白粉病等。用50％可湿性粉剂33～50g，配成2000～3000倍药液，喷雾，小树每亩喷150～400kg，大树每亩喷500kg。

③ 防治瓜类灰霉病、炭疽病，茄子灰老病，番茄叶老病，葱类灰色腐败病，芹菜灰斑病等。用50％可湿性粉剂33～50g，配成2000～3000倍药液，每亩喷60～75kg药液。

④ 防治大豆菌核病。在病害初发时或发病前，用50％可湿性粉剂66～100g，配成1000～1500倍药液，每亩每次喷50～75kg药液。

⑤ 防治花生褐斑病等。在病害初发时或发病前，用50％可湿性粉剂33～100g，配成2000～3000倍药液，每亩每次喷50～60kg药液。

专利与登记 专利DE1956157早已过专利期，不存在专利权问题。国内登记情况：95％原药，50％可湿性粉剂，登记作物分别为柑橘树、梨树、香蕉、苹果树和芦笋，防治对象为疮痂病、茎枯病、黑星病、叶斑病等。

合成方法 具体合成方法如下：

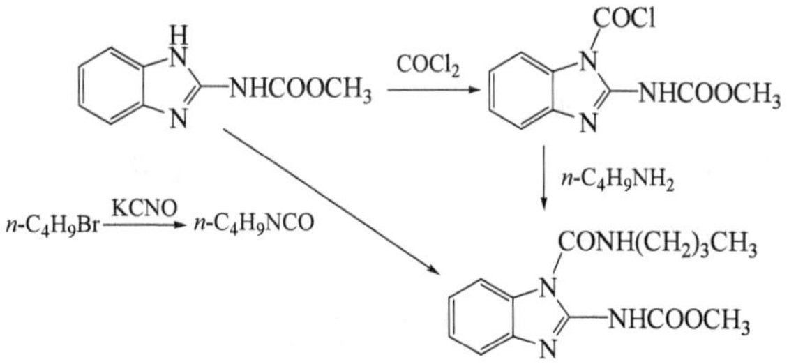

参考文献

[1] The Pesticide Manual. 15 th edition：85-86.

苯菌酮 metrafenone

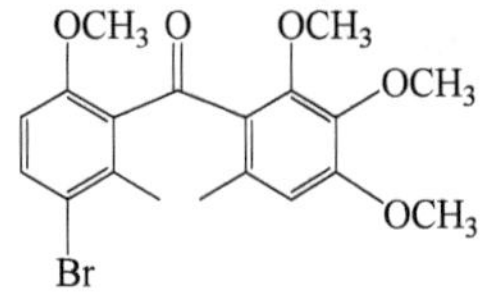

$C_{19}H_{21}BrO_5$，409.3，220899-03-6

苯菌酮(metrafenone)，试验代号 AC375839、BAS560F，商品名称 Flexity、Vivando，是德国巴斯夫公司开发的二苯酮类杀菌剂。

化学名称 $3'$-溴-2,3,4,$6'$-四甲氧基-$2'$,6-二甲基二苯酮，$3'$-bromo-2,3,4,$6'$-tetramethoxy-$2'$,6-dimethylbenzophenone。

理化性质 原药纯度为99.5%。纯品为白色晶体，熔点99.2～100.8℃。蒸气压1.53×10^{-1}mPa(20℃)。相对密度1.45(20℃,99.4%)。$K_{ow}\lg P=4.3$(pH 4.0,25℃)。Henry常数0.132 Pa·m³/mol。水中溶解度(mg/L,20℃)：0.552(pH 5)，0.492(pH 7)，0.457(pH 9)；其他溶剂中溶解度(g/L,25℃)：乙腈165，丙酮403，二氯甲烷1950，乙酸乙酯261，正己烷4.8，甲醇26.1，甲苯363。在pH为4、7、9的缓冲体系中在黑暗状态下可以稳定存在7d(50℃)，而在模拟阳光下照射15d，pH为7，温度为22℃，苯菌酮大量分解。DT_{50}3.1d。

毒性 大鼠急性经口$LD_{50}>$5000mg/kg，大鼠急性经皮$LD_{50}>$5000mg/kg。对眼睛和皮肤无刺激性。大鼠吸入$LC_{50}>$5.0mg/L。大鼠NOAEL[mg/(kg·d)]：43(13周)，25(2y)。ADI(EC)0.25mg/kg[2006]，(EPA)cRfD 0.25mg/kg[2006]。

生态效应 山齿鹑急性经口$LD_{50}>$2025mg/kg。美洲鹑饲喂NOEC 5314mg/L[$>$948.4mg/(kg·d)]。虹鳟鱼LC_{50}(96h)0.82mg/L，水蚤EC_{50}(48h)$>$0.92mg/L，羊角月牙藻E_bC_{50}(72h)0.71mg/L。蜜蜂$LD_{50}(\mu g/只)：>$114(经口)，$>$100(接触)。蚯蚓$LC_{50}>$1000mg/kg土。

环境行为

(1) 动物 广泛地在动物体内代谢，大部分吸收剂量的葡萄糖醛酸结合物经尿和胆汁排泄。代谢的主要途径是脱烷基化、脂肪氧化、脱溴、环羟基化和共轭。

(2) 植物 小麦和葡萄里面代谢的主要成分是苯菌酮。代谢数据表明，残留物中仅含有苯菌酮。

(3) 土壤/环境 对苯菌酮在谷物和葡萄中的最大剂量反复施用表明，其产生的累积残留量预计不会对陆地生物造成任何不可接受的影响。5d后降解的水解结果$>$10%。在水中沉积物的研究：在水中的DT_{50}为3.2～4.6d，整个体系的DT_{50}为9.0～9.6d。

制剂 2%、5%颗粒剂，50%可湿性粉剂，500g/L悬浮剂。

主要生产商 BASF。

作用机理与特点 苯菌酮的作用机理为影响菌丝形态发育，菌丝极性生长，建立和维持白粉病的细胞极性。苯菌酮可能干扰极性肌动蛋白组织的建立和维持这个重要的过程。苯菌酮对大麦、小麦白粉病有着良好的预防活性。

应用 主要用于防治禾谷类作物白粉病，以及葡萄树的葡萄白粉病。田间试验结果表明，对豌豆白粉病防效为83.9%～95.8%，对草莓白粉病防效为87.4%～96.3%，对苦瓜白粉病防效为67.4%～98.6%，对供试作物安全。适宜在发病前或初期均匀喷雾，间隔7～10d，施药2～3次，推荐有效成分用量135～180g/hm²，每亩制剂用量18～24mL。

专利概况 专利EP897904(申请日1998-08-18,拥有者American Cyanamid Company)。

合成方法 以2-羟基-6-甲基苯甲酸酯为原料，经如下反应即可制得目的物：

参考文献

[1] The Pesticide Manual. 15th edition：786-787.
[2] 芦昕婷. 世界农药，2010，32(6)：21-26.
[3] 陈一芬等. 合成化学，2009，3：390-391.

苯硫磷 EPN

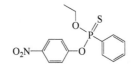

C$_{14}$H$_{14}$NO$_4$PS，323.3，2104-64-5

苯硫磷(EPN)，试验代号 OMS219、ENT17298，商品名称 EPN、Veto，是 Du Pont Co 和 Nissan Chemical Industries，Ltd 开发的有机磷类杀虫剂。

化学名称 O-乙基-O-(4-硝基苯基)苯基硫代磷酸酯。O-ethyl-O-4-nitrophenyl phenylphos-phonothioate。

理化性质 黄色结晶固体(原药为琥珀色液体)，熔点 34.5℃，沸点 215℃/5mmHg。蒸气压 <4.1×10^{-2}mPa(23℃)。相对密度 1.270(20℃)。K_{ow}lg$P$>5.02。水中溶解度(24℃)0.92mg/L，溶于大多数有机溶剂，如苯、甲苯、二甲苯、丙酮、异丙醇、甲醇。稳定性：在中性、酸性介质中稳定，遇碱分解释放出对硝基苯酚。DT$_{50}$：70d(pH 4)、22d(pH 7)、3.5d(碱)。在封管中受热转化为 S-乙基异构体。

毒性 急性经口 LD$_{50}$(mg/kg)：雄大鼠 36，雌大鼠 24，雄小鼠 94.8，雌小鼠 59.4。大鼠急性经皮 LD$_{50}$(mg/kg)：雄 2850，雌 538。大鼠 NOEL(104 周)0.73mg/(kg·d)。对母鸡有慢性神经毒性。

生态效应 急性经口 LD$_{50}$(mg/kg)：野鸡>165，山齿鹑 220。鱼类 LC$_{50}$(48h,mg/L)：鲤鱼 0.20，大翻车鱼 0.37，虹鳟鱼 0.21。水蚤 LC$_{50}$(3h)0.0071mg/L。

环境行为 本品在温血动物体内通过脱硫、脱去对硝基酚、硝基还原为氨基等方式降解，在植物中的主要代谢物为乙基苯基磷酸，在水稻田中 DT$_{50}$<15d。

制剂 450g/L、480g/L 乳油，4‰颗粒剂。

主要生产商 DooYang 及 Nissan 等。

作用机理与特点 胆碱酯酶的直接抑制剂，具有触杀和胃毒作用的非内吸性杀虫、杀螨剂。

应用

(1) 适用作物 棉花、水稻、蔬菜、水果。

(2) 防治对象 对鳞翅目幼虫有广谱杀虫活性，尤其对棉花作物上的棉铃虫、棉红铃虫，水稻上的二化螟，蔬菜和果树上的其他食叶幼虫有活性。

(3) 残留量与安全施药 除某些品系的苹果之外，对作物无药害。收获前禁用期为 21d。在棉籽上最大允许残留量为 0.5mg/L，在梨、柑橘、番茄上最大残留量为 3mg/L。

(4) 使用方法 使用剂量为 0.5~1.0kg(a.i.)/hm^2。

专利概况 专利 US2503390 早已过专利期，不存在专利权问题。

合成方法 经如下反应制得苯硫磷：

苯硫威 fenothiocarb

$C_{13}H_{19}NO_2S$，253.4，62850-32-2

苯硫威(fenothiocarb)，试验代号 KCO-3001、B1-5452，商品名称 Panocon，是由日本组合化学工业株式会社开发的氨基甲酸酯类杀螨剂。

化学名称 S-4-(苯氧基丁基)-N,N-二甲基硫代氨基甲酸酯。S-4-（phenoxybutyl）N,N-dimethylthiocarbamate。

理化性质 原药含量大于96%。纯品为无色晶体。熔点39.5℃。沸点：155℃/0.02mmHg，248.4℃/3990Pa。蒸气压2.68×10^{-1}mPa(25℃)。分配系数 $K_{ow}\lg P$=3.51(pH 7.1,20℃)。相对密度1.227(20℃)。水中溶解度(20℃)0.0338mg/L；其他溶剂中溶解度(mg/L,20℃)：环己酮3800，乙腈3120，丙酮2530，二甲苯2464，甲醇1426，煤油80，正己烷47.1，甲苯、二氯甲烷、乙酸乙酯＞500。150℃时对热稳定，水解DT$_{50}$＞1y(pH 4、7和9,25℃)。光解DT$_{50}$天然水6.3d、蒸馏水6.8d(25℃,50W/m^2,300～400nm)。

毒性 急性经口LD$_{50}$(mg/kg)：雄大鼠1150，雌大鼠1200，雄小鼠7000，雌小鼠4875。急性经皮LD$_{50}$(mg/kg)：雄大鼠2425，雌大鼠2075，小鼠＞8000。大鼠吸入LD$_{50}$(4h)＞1.79mg/L。NOEL值[mg/(kg·d)]：(2y)雄大鼠1.86，雌大鼠1.94；(1y)公狗1.5，母狗3.0。ADI 0.0075mg/kg。

生态效应 鸟类急性经口LD$_{50}$(mg/kg)：野鸭＞2000，雌鹌鹑878，雄鹌鹑1013。鲤鱼LC$_{50}$(96h)0.0903mg/L。水蚤LC$_{50}$(48h)2.4mg/L。羊角月牙藻E$_b$C$_{50}$(72h)0.197mg/L。蜜蜂LD$_{50}$(接触)0.2～0.4mg/只。其他有益物种NOEL(μg/幼虫)：家蚕(7d)1，七星瓢虫(48h)10。对智利小植绥螨有毒，LC$_{50}$＜30g/1000m^2，绿草蛉成虫LC$_{50}$＜10g/1000m^2。

环境行为

(1) 动物 大鼠用放射性同位素示踪发现48h内尿和粪便中排出来的药物大于90%，发现了六种代谢产物。

(2) 植物 施用苯硫威后迅速从柑橘的叶和果实中消失，发现了九种代谢产物。

(3) 土壤/环境 砂壤土DT$_{50}$8d，砂土15d。K_{oc}740～1495。

制剂 350g/L乳油。

主要生产商 Kumiai。

作用机理与特点 触杀、有强的杀卵活性，对雌成螨活性不高，但在低浓度时能明显降低雌螨的繁殖能力，并进一步降低卵的孵化。

应用

(1) 适用作物 施用于柑橘，大剂量施用时对某些苹果品种、棉花、桃子、瓜类、豆类、芸薹属等作物有药害。

(2) 防治对象 对螨的各生长期有效，亦能杀卵。可防治全爪螨、柑橘红蜘蛛、苹果全爪螨和其他柑橘属的卵和幼虫。

(3) 残留量与安全施药 每季作物最多使用两次，最后一次施药距收获的天数(安全间隔期)为7d，最高残留限量(MRL)参考值：橘肉0.5mg/kg。苯硫威有满意的残留杀卵和杀成虫的活性，温室盆栽试验，对橘全爪螨的残留时间为7d左右。

虽然已证明苯硫威对哺乳动物毒性低，但仍必须注意下列安全防护措施：①打开容器及制剂称重或混合时必须戴手套。②穿戴附有橡皮手套的防护衣、护目镜和防毒面罩。③避免暴露于喷洒的雾滴之中。④操作完毕用肥皂与水彻底清洗。

（4）使用方法

① 柑橘全爪螨。35％乳油对水喷雾，用于防治柑橘全爪螨，每亩每次制剂稀释倍数（有效成分浓度）为 800～1000 倍液（350～438mg/L）；日本官方试验的结果表明，在秋季将喷雾量为 5000L/hm² 的苯硫威稀溶液（加水稀释 1000 倍,有效成分 1.2～1.8kg/hm²）施用于果树上防治柑橘全爪螨能收到预期的良好效果，且没有药害。在夏季，其防治效果不及秋季。

② 苹果全爪螨。采用上述防治柑橘全爪螨的同样剂量的苯硫威来防治苹果全爪螨亦能收到极好的效果，但是在某些品种苹果树的叶片上出现了药害，因而必须在苹果园里进行细致的药害试验。为了避免药害问题，建议将苯硫威与其他杀螨剂混用，从而使苯硫威保持较低浓度。

③ 红叶螨。苯硫威对红叶螨属显示了很大的杀卵活性，然而其杀成螨活性很小，所以，将苯硫威与其他杀成螨杀螨剂混用，预期可以满意地防治红叶螨。再则，苯硫威在某些蔬菜、豆类等作物上出现了药害，因而必须进行药害试验。

④ 瘿螨科。苯硫威对柑橘锈壁虱显示了活性，但是尚未得到足够的数据。

⑤ 其他。使用剂量为 1.2～1.8kg/hm²，施用于柑橘果实上，可防治全爪螨的卵和幼螨。以乳油兑水喷雾，目前主要用于防治柑橘全爪螨，对抗乐果、三氯杀螨醇和苯螨特的品系也很有效，持效期 7d 左右。对所有发育阶段的螨都有效，特别是对卵更有效。对雌螨活性不高，但在低浓度下有明显降低雌螨繁殖、降低卵孵化的功能，以 230～500mg/L 浓度施于柑橘果实上，可防治全爪螨的卵和幼虫。

（5）注意事项　本品宜与其他杀螨剂轮换使用。不宜与石硫合剂混用，混用可能会导致药害；也不能与其他强碱药剂混配。

专利概况　专利 GB1508250、US4101670、JP1192876 均已过专利期，不存在专利权问题。

合成方法　按下述方法制得。反应式如下：

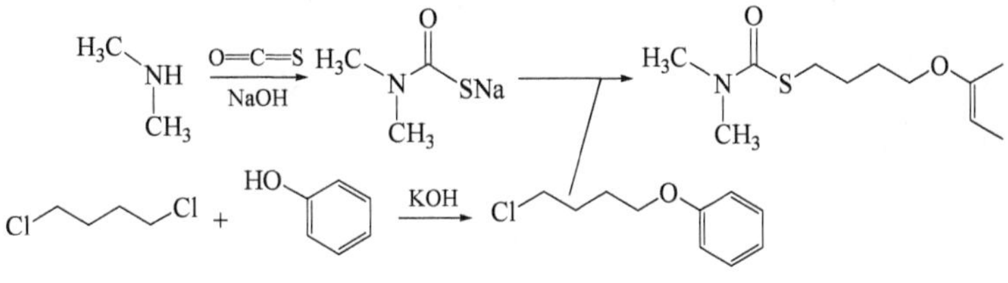

参考文献

[1] 曹如珍. 农药，1990，4：13.

苯螨特 benzoximate

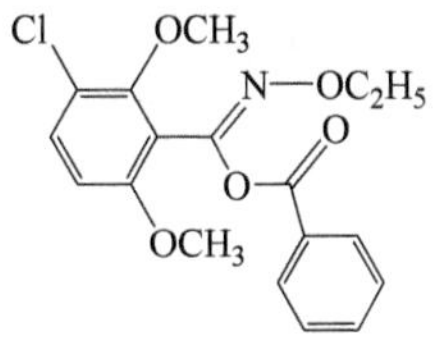

$C_{18}H_{18}ClNO_5$，363.8，29104-30-1

苯螨特（benzoximate），试验代号　NA-53M，商品名称　Mitrazon、西斗星，是日本曹达公司 1972 年推广的杀螨剂。

化学名称 3-氯-α-(*EZ*)-乙氧亚氨基-2,6-二甲氧基苄基苯甲酸酯。3-chloro-α-(*EZ*)-ethoxyimino-2,6-dimethoxybenzyl benzoate 或 ethyl *O*-benzoyl-3-chloro-2,6-dimethoxybenzohydroximate。

理化性质 纯品为无色结晶固体。熔点73℃。蒸气压为0.45mPa(25℃)。分配系数 $K_{ow}lgP$ =2.4。相对密度1.30(20℃)。Henry常数 5.46×10^{-3} Pa·m³/mol(计算)。水中溶解度(25℃) 30mg/L;其他溶剂中溶解度(g/L,20℃):苯650,二甲基甲酰胺1460,己烷80,二甲苯710。对水和光比较稳定,在酸性介质中稳定,在强碱性介质中分解。

毒性 急性经口 LD_{50}(mg/kg):大鼠>15000,Wistar大鼠>5000,雄小鼠12000,雌小鼠14500。大、小鼠急性经皮 LD_{50}>15000mg/kg。大鼠NOEL(2y)400mg/kg饲料。急性腹腔注射 LD_{50}(mg/kg):大鼠4.2,雄小鼠4.6,雌小鼠4.3。

生态效应 鲤鱼 LC_{50}(48h)1.75mg/L。对鸟类毒性低,日本鹌鹑急性经口 LD_{50}>15000mg/kg。在正常条件下,对蜜蜂无毒害作用。对天敌安全。

制剂 5%、10%乳油。

作用机理与特点 苯螨特是一种新型杀螨剂,具有触杀和胃毒作用,无内吸和渗透传导作用。能用于防治各个发育阶段的螨,对卵和成螨都有作用。该药具有较强的速效性和较长的残效性,药后5～30d内能及时有效地控制虫口增长;同时该药能防治对其他杀螨剂产生抗药性的螨,对天敌和作物安全。

应用

(1) 适用作物 仁果类作物、核果类作物、葡萄和观赏植物、苹果、柑橘。

(2) 防治对象 各个阶段的螨,特别是全爪螨、叶螨。

(3) 残留量与安全用药 每人每日允许摄入量(ADI)为0.067mg/kg。作物中最高残留限量为5mg/kg。最多使用一次。当使用浓度为200g(a.i.)/hm² 时,安全间隔期21d,作物中残留量<0.01mg/kg;当使用浓度为133g(a.i.)/hm² 时,安全间隔期16d,作物中的残留量<0.01mg/kg。不要让喷出的农药飞散或流入到河川、湖泊、养鱼塘内。使用后剩下的药液、洗涤液不要倒进水里,应妥善处理。装此农药的容器应焚烧或掩埋,勿用作装其他东西。勿与其他药剂混用。喷药后,将脸、手和暴露的皮肤洗净。万一误饮,应喝大量的水并催吐,保持安静,就医诊治。

(4) 应用技术 本品为非内吸性杀螨剂,目前主要用于防治柑橘红蜘蛛和桑树红蜘蛛,也能防治对其他杀螨剂产生抗性的红蜘蛛,但对锈螨无效。一般用50～66.7mg/L浓度药液,即10%乳油1500～2000倍液。在春季螨害始盛期,平均每叶有螨2～3头时,进行喷雾防治。红蜘蛛类繁殖迅速,喷药要均匀。红蜘蛛易产生抗药性,本剂应一年只喷1次,并与其他杀螨剂轮换使用。

(5) 使用方法防治苹果树上的全爪螨和叶螨剂量为400～600g(a.i.)/hm²,用于柑橘和葡萄上的剂量为300～400g/hm²。不能与苯硫磷和波尔多液混用;喷药要均匀;此外,由于红蜘蛛易产生抗性,因此一年只应喷洒1次,并注意与其他杀螨剂轮换使用。防治柑橘红蜘蛛用5%乳油或10%乳油1000～2000倍液(有效成分50～66.7mg/kg)。

专利概况 专利GB1247817早已过专利期,不存在专利权问题。

合成方法 经如下反应制得苯螨特:

44

苯醚甲环唑 difenoconazole

$C_{19}H_{17}Cl_2N_3O_3$，406.3，119446-68-3

苯醚甲环唑（difenoconazole），试验代号 CGA169374。商品名称 Dividend、Gardner、Score、Sun-Dif。其他名称 Aletol、Atilla、Bardos、Bogard、Vibrance、恶醚唑、敌萎丹、世高。是由先正达公司开发的三唑类杀菌剂。

化学名称 （顺,反)-3-氯-4-［4-甲基-2-(1H-1,2,4-三唑-1-基甲基) -1,3-二氧戊烷-2-基］苯基-4-氯苯基醚。$cis,trans$-3-chloro-4-[4-methyl-2-(1H-1,2,4-triazole-1-ylmethyl) -1,3-dioxolane-2-yl] phenyl 4-chlorophenylether。

理化性质 纯品为白色至米色结晶状固体，顺、反异构体比例为 0.7～1.5。熔点 82.0～83.0℃，沸点 100.8℃/3.7mPa。蒸气压 $3.3×10^{-5}$ mPa(25℃)。分配系数 $K_{ow} \lg P = 4.4$(25℃)，Henry 常数 $8.94×10^{-7}$ Pa・m^3/mol(25℃,计算)。相对密度 1.40(20℃)。水中溶解度 15mg/L (25℃)。有机溶剂中溶解度(g/L,25℃)：丙酮、二氯甲烷、甲苯、甲醇、乙酸乙酯＞500，正己烷 3，正辛醇 110。稳定性：150℃以下稳定，水解稳定。pK_a1.1。

毒性 急性经口 LD_{50}(mg/kg)：大鼠 1453，小鼠＞2000。兔急性经皮 LD_{50}＞2010mg/kg。对兔皮肤和眼睛无刺激作用，对豚鼠无皮肤致敏现象。大鼠急性吸入 LC_{50}(4h)≥3300mg/L 空气。大鼠 3y 喂养试验无作用剂量为 1.0mg/(kg・d)，小鼠 1.5y 喂养试验无作用剂量为 4.7mg/(kg・d)，狗 1y 喂养试验无作用剂量为 3.4mg/(kg・d)。无致畸、致突变性。

生态效应 鸟急性经口 LD_{50}(9～11d,mg/kg)：野鸭＞2150，日本鹌鹑＞2000。鸟饲喂 LC_{50}(5d,mg/L)：山齿鹑 4760，野鸭＞5000。鱼毒 LC_{50}(96h,mg/L)：虹鳟鱼 1.1，大翻车鱼 1.3，羊头鱼 1.1。水蚤 EC_{50}(48h)0.77mg/L。珊藻 EC_{50}(72h)0.03mg/L。小虾米 LC_{50}(96h)0.15mg/L。EC_{50}(mg/L)：东部牡蛎(96h)0.3，浮萍(7d)1.9。对蜜蜂无毒，LD_{50}(经口)＞187μg/只，LC_{50}(接触)＞100μg/只。蚯蚓 LC_{50}＞610mg/kg 干土。在大田试验条件下对非靶标节肢动物未见不良影响。

环境行为

（1）动物 口服后，苯醚甲环唑迅速以尿液和粪便的形式代谢掉。组织内的残留量不显著，未见累积现象。

（2）植物 两条代谢路径：一条为三唑路线变成三唑丙氨酸和三唑乙酸；另一条路线是苯环的羟基化和共轭化。

（3）土壤/环境 在土壤中较为稳定，土壤颗粒对本品有较强的吸附性。土壤耗散速率缓慢，对施用量有依赖性。DT_{50}1～3d，但在整个体系中降解缓慢，LD_{50}大约 8 个月。

制剂 3％悬浮种衣剂、10％水分散颗粒剂。

主要生产商 AGROFINA、Astec、Dongbu Fine、安徽池州新赛德化工有限公司、安徽华星化工股份有限公司、惠光公司、江苏丰登作物保护股份有限公司、江苏七洲绿色化工股份有限公司、江苏瑞东农药有限公司、江苏省激素研究所股份有限公司、利民化工股份有限公司、宁波保税区汇力化工有限公司、山东亿嘉农化有限公司、上海丰荣精细化工有限公司、上海美林康精细化工有限公司、上海生农生化制品有限公司、泰达集团、先正达、一帆生物科技集团有限公司、浙江禾本科技有限公司、浙江华兴化学农药有限公司、浙江世佳科技有限公司、中化江苏有限公司及中化宁波(集团)有限公司。

作用机理与特点　苯醚甲环唑具有保护、治疗和内吸活性，是固醇脱甲基化抑制剂，抑制细胞壁固醇的生物合成，阻止真菌的生长。杀菌谱广，叶面处理或种子处理可提高作物的产量和保证品质。

应用

(1) 适宜作物与安全性　西红柿、甜菜、香蕉、禾谷类作物、水稻、大豆、园艺作物及各种蔬菜等。对小麦、大麦进行茎叶(小麦株高 24～42cm)处理时，有时叶片会出现变色现象，但不会影响产量。

(2) 防治对象　对子囊亚门，担子菌亚门和包括链格孢属、壳二孢属、尾孢霉属、刺盘孢属、球座菌属、茎点霉属、柱隔孢属、壳针孢属、黑星菌属在内的半知菌，白粉菌科，锈菌目和某些种传病原菌有持久的保护和治疗活性，同时对甜菜褐斑病，小麦颖枯病、叶枯病、锈病和由几种致病菌引起的霉病，苹果黑星病、白粉病，葡萄白粉病，马铃薯早疫病，花生叶斑病、网斑病等均有较好的治疗效果。

(3) 应用技术　①苯醚甲环唑不宜与铜制剂混用。因为铜制剂能降低它的杀菌能力，如果确实需要与铜制剂混用，则要加大苯醚甲环唑 10% 以上的用药量。苯醚甲环唑虽有内吸性，可以通过输导组织传送到植物全身，但为了确保防治效果，在喷雾时用水量一定要充足，要求果树全株均匀喷药。②西瓜、草莓、辣椒喷液量为每亩人工 50L。果树可根据果树大小确定喷液量，大果树喷液量高，小果树喷液量低。施药应选早晚气温低、无风时进行。晴天空气相对湿度低于 65%、气温高于 28℃、风速大于每秒 5m 时应停止施药。③苯醚甲环唑虽有保护和治疗双重效果，但为了尽量减轻病害造成的损失，应充分发挥其保护作用，因此施药时间宜早不宜迟，在发病初期进行喷药效果最佳。

(4) 使用方法　主要用作叶面处理剂和种子处理剂。其中 10% 苯醚甲环唑水分散颗粒剂主要用于茎叶处理，使用剂量为 30～125g(a.i.)/hm²；3% 悬浮种衣剂用于种子处理，使用剂量为 3～24g(a.i.)/kg 种子。

10% 苯醚甲环唑水分散颗粒剂主要用于防治梨黑星病、苹果斑点落叶病、番茄早疫病、西瓜蔓枯病、辣椒炭疽病、草莓白粉病、葡萄炭疽病、黑豆病、柑橘疮痂病等。

① 梨黑星病。在发病初期用 10% 苯醚甲环唑水分散颗粒剂 6000～7000 倍液，或每 100L 水加 14.3～16.6g。发病严重时可提高浓度，建议用 3000～5000 倍液或每 100L 水加 20～33g，间隔 7～14d 连续喷药 2～3 次。

② 苹果斑点落叶病。发病初期用 2500～3000 倍液或每 100L 水加 33～40g，发病严重时用 1500～2000 倍液或每 100L 水加 50～66.7g，间隔 7～14d，连续喷药 2～3 次。

③ 葡萄炭疽病、黑痘病。用 1500～2000 倍液或每 100L 水加 50～66.7g。

④ 柑橘疮痂病。用 2000～2500 倍液或每 100L 水加 40～50g 喷雾。

⑤ 西瓜蔓枯病。每亩用 50～80g(有效成分 5～8g)。

⑥ 草莓白粉病。每亩用 20～40g(有效成分 2～4g)。

⑦ 番茄早疫病。发病初期用 800～1200 倍液或每 100L 水加 83～125g，或每亩用 40～60g(有效成分 4～6g)。

⑧ 辣椒炭疽病。发病初期用 800～1200 倍液或每 100L 水加 83～125g，或每亩用 40～60g(有效成分 4～6g)。

3% 苯醚甲环唑悬浮种衣剂主要用于防治小麦矮腥黑穗、腥黑穗、散黑穗、颖枯病、根腐病、纹枯病、全蚀病、早期锈病、白粉病，大麦坚黑穗病、散黑穗病、条纹病、网斑病、全蚀病，大豆、棉花立枯病、根腐病。农户拌种：用塑料袋或桶盛好要处理的种子，将 3% 苯醚甲环唑悬浮种衣剂用水稀释(一般稀释到 1～1.6L/100kg 种子)；充分混匀后倒在种子上，快速搅拌或摇晃，直至药液均匀分布在每粒种子上(根据颜色判断)。机械拌种：根据所采用的包衣机性能及作物种子使用剂量，按不同加水比例将 3% 苯醚甲环唑悬浮种衣剂稀释成浆状，即可开机。

① 防治小麦散黑穗病。每100kg小麦种子用3%苯醚甲环唑悬浮种衣剂200~400mL(有效成分6~12g)。

② 防治小麦腥黑穗病。每100kg种子用67~100mL(有效成分2~3g)。

③ 防治小麦矮腥黑穗病。每100kg种子用3%苯醚甲环唑悬浮种衣剂133~400mL(有效成分4~12g)。

④ 防治小麦根腐病、纹枯病、颖枯病。每100kg种子用3%苯醚甲环唑悬浮种衣剂200mL(有效成分6g)。

⑤ 防治小麦全蚀病、白粉病。每100kg种子用3%苯醚甲环唑悬浮种衣剂1000mL(有效成分30g)。

⑥ 防治大麦病害。每100kg种子用100~200mL(有效成分3~6g)。

⑦ 防治棉花立枯病。每100kg种子用3%苯醚甲环唑悬浮种衣剂800mL(有效成分24g)。

⑧ 防治大豆根腐病。每100kg种子用200~400mL(有效成分6~12g)。

专利与登记 专利GB2098607早已过专利期,不存在专利权问题。

国内登记情况:8%、10%、12%、16%、25%、30%、50%、55%可湿性粉剂,10%、37%水分散粒剂,92%、95%原药等,登记作物有水稻、西瓜、梨树、苹果树等,防治对象为纹枯病、稻曲病、炭疽病、黑星病、斑点落叶病等。瑞士先正达作物保护有限公司在中国登记情况见表8。

表8 瑞士先正达作物保护有限公司在中国登记情况

登记名称	登记证号	含量	剂型	登记作物	防治对象	用药量	施用方法
苯甲·嘧菌酯	PD20110357	苯醚甲环唑125g/L、嘧菌酯200g/L	悬浮剂	西瓜	稻曲病	146.25~243.75g/hm²	喷雾
				西瓜	稻瘟病		
				番茄	纹枯病	162.25~217g/hm²	
苯甲·丙环唑	PD20070088	300g/L	乳油	小麦	纹枯病	90~135g/hm²	喷雾
				花生	叶斑病		
				大豆	锈病		
				水稻	纹枯病	67.5~90g/hm²	喷雾
苯醚甲环唑	PD20080730	250g/L	乳油	香蕉	黑星病	83.3~125mg/kg	喷雾
					叶斑病		
苯醚甲环唑	PD20070054	30g/L	悬浮种衣剂	小麦	全蚀病	1:(167~200)(药种比)	种子包衣
					散黑穗病	6~9g/100kg种子	
					纹枯病		
苯醚甲环唑	PD20070053	92%	原药				
苯醚甲环唑	PD20095214	92%	原药				

合成方法 以间二氯苯为原料,经多步反应制得,反应式如下:

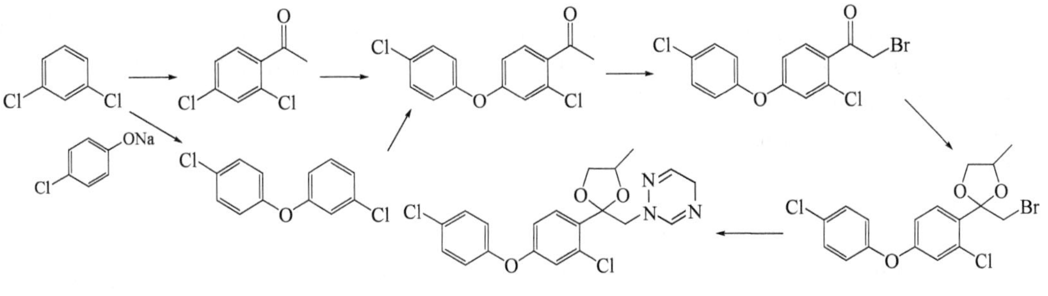

参考文献

[1]The Pesticide Manual. 15th edition:354-355.

[2]Proc. Brighton Crop Prot. Conf:Pest Dis. 19988,543.

[3]华乃震.世界农药,2013,6:7-12.

苯醚菊酯 phenothrin

(1R)-trans-   (1R)-cis-

$C_{23}H_{26}O_3$，350.5，26046-85-5[(1R)-trans-]，51186-88-0
[(1R)-cis-]，26002-80-2[(1RS)-cis-trans-]

苯醚菊酯(phenothrin)，试验代号 S-2539、S-8100、OMS 1809、OMS 1810、ENT 27972。
商品名称 Sumithrin、Duracide B、Neopitroid、ULV1500、ULV 500、ULV500、速灭灵。其他
名称 d-phenothrin for(1R)-rich grade。最初由 K. Fujimoto 等报道，后由日本住友化学公司推
广的拟除虫菊酯类杀虫剂，于 1976 年首次在日本登记。

化学名称 3-苯氧基苄基(1RS,3RS;1RS,3SR)-2,2-二甲基-3-(2-甲基丙-1-烯基)环丙甲酸
酯或 3-苯氧基苄基(1RS)-cis-trans-2,2-二甲基-3-(2-甲基丙-1-烯基)环丙甲酸酯。3-phenoxyl
benzyl(1RS,3RS;1RS,3SR)-2,2-dimethyl-3-(2-methylprop-1-enyl) cyclopropane carboxylate 或 3-
phenoxyl benzyl(±)-cis-trans-chrysanthemate 或 3-phenoxyl benzyl(1RS)-cis-trans-2,2-dimethyl-
3-(2-methylprop-1-enyl) cyclopropane carboxylate。

组成 (1RS)-顺反异构体的混合物。右旋苯醚菊酯中(1R)-异构体≥95%，其中顺式异构体
含量≥75%。

理化性质 纯品为淡黄色或棕黄色液体，具有轻微特征性臭味。沸点＞290℃/760mmHg，
蒸气压 1.9×10^{-2} mPa(21.4℃)，分配系数 K_{ow}lg$P=6.01$(20℃)。Henry 常数＞6.75×10^{-1} Pa·
m^3/mol(计算)，相对密度 1.06(20℃)。溶解度：水中 9.7μg/L(25℃)，正己烷＞4.96g/mL
(25℃)，还溶于异丙醇、二乙醚、二甲苯、环己烷等。光照条件下，在大多数有机溶剂和无机缓
释剂中是稳定的，但遇强碱分解。在正常储存条件下稳定，室温下黑暗放置 1y 后不分解，在中
性及弱酸性条件下稳定，碱性条件下水解。闪点 107℃。

毒性 大鼠急性经口 LD_{50}＞5000mg/kg。大鼠急性经皮 LD_{50}＞2000mg/kg。大鼠吸入 LC_{50}
(4h)＞2100mg/m^3。狗 NOEL 值(1y)300mg/L(7.1mg/kg)。对大鼠、小鼠长期饲药试验，无有
害影响。致癌、致畸和三代繁殖研究亦未出现异常。ADI：(JMPR)0.07mg/kg [1988]；(EPA)
aRfD 0.03mg/kg；cRfD 0.007mg/kg。

生态效应 山齿鹑急性经口 LD_{50}＞2500mg/kg。鱼类 LC_{50}(96h,μg/L)：虹鳟鱼 2.7，大翻车
鱼 16。水蚤 EC_{50}(48h)0.0043mg/L。对蜜蜂有毒。

环境行为

(1) 动物 大鼠用苯醚菊酯一次或者多次经口或者经皮处理，在 3～7d 内苯醚菊酯大部分很
快地经尿或者粪便代谢排出。主要代谢途径是反式苯醚菊酯的酯分解和 4'-位氧化成醇，或者异
丁烯部分氧化成酸。酯代谢的产物主要通过尿液排出。

(2) 土壤/环境 主要是光氧化降解。

制剂 气雾剂、乳油、油剂。

主要生产商 Endura、江苏扬农化工集团有限公司、宁波保税区汇力化工有限公司、住友化
学株式会社。

作用机理与特点 主要作用于害虫的神经系统，与钠离子通道相互作用而干扰其神经功能。
非内吸性杀虫剂，对昆虫具有触杀和胃毒作用，杀虫作用比除虫菊素高，对光比丙烯菊、苄呋菊
酯等稳定，但对害虫的击倒作用要比其他除虫菊酯差。

应用

(1) 防治对象 适用于防治卫生害虫如蟑螂、苍蝇、蚊子、飞蛾、跳蚤等，也可以用于储藏

谷物的保护。

（2）残留量与安全施药　在水稻上施本品 0.375kg(a.i)/hm²6 次后，7d 和 14d 测定其最大残留量，在稻秆中为 1.58mg/kg，谷壳中为 0.078mg/kg。

（3）使用方法　防治家蝇、蚊子，每立方米用 10% 水基乳油 4～8mL[2～3mg(a.i)/m²] 喷雾；防治蜚蠊，每立方米用 10% 水基乳油 40mL[20mg(a.i)/m²] 喷雾；在防治储藏害虫方面，本品对敏感腐食酪螨和法啮皮螨均有较好效果；在防治储粮害虫方面，本品对敏感品系和抗性品系的谷蠹都很有效；对米象和谷象的效力比生物苄氟菊酯稍差，且对拟谷盗成虫的药效不是很高，如以 4mg/kg 本品加 12mg/kg 杀螟松，或 2mg/kg 本品加 10mg/kg 增效醚和 12mg/kg 杀螟松的复配制剂，即可防治全部害虫，且持效期可达 9 个月以上。在防治稻田害虫方面，本品对黑尾叶蝉击倒快、杀伤力强，但对稻褐飞虱的防效不高。如以 0.8% 本品和 2.0% 速灭威或 0.8% 本品和 2.0% 仲丁威的复配粉剂，剂量为 300g(粉剂)/hm²，即可同时得到防治。

专利与登记　专利 DE1926433、JP1027088、US3934028 均早已过专利期，不存在专利权问题。日本住友化学株式会社在中国登记情况见表 9。

表 9　日本住友化学株式会社在中国登记情况

登记证号	含量	剂型	登记作物	防治对象	用药量/(mg/m²)	施用方法
WP12-93	10%	水乳剂	卫生	蝇 蜚蠊 蚊	2～4 20 2～4	喷雾
WP57-98	92%	原药				

合成方法　菊酸合成方法如下：

（1）重氮乙酸酯法　以丙酮、乙炔为原料进行反应，再经还原、脱水生成 2,5-二甲基-2,4-己二烯，然后与重氮乙酸酯反应、皂化、调酸即得菊酸。

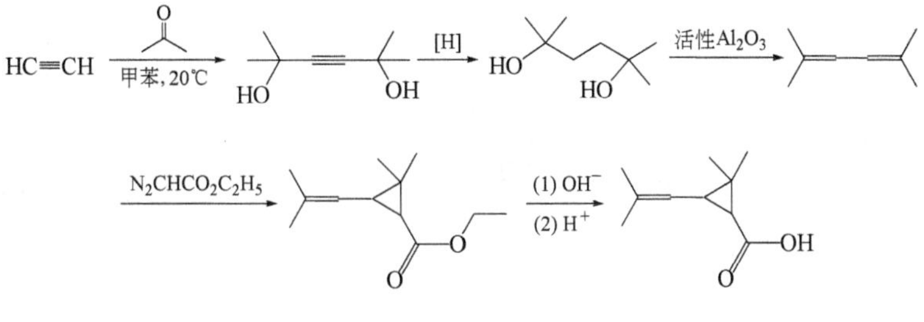

（2）二环辛酮法　二环辛酮与羟氨反应得到相应的肟，再用五氯化磷开环脱水生成腈，经水解制得菊酸。

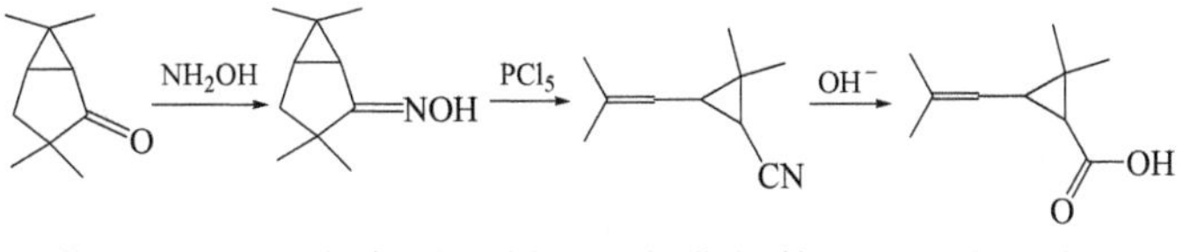

（3）原乙酸三乙酯法　异丁酰氯与异丁烯在三氯化铝催化下反应，在经硼氢化钠还原，然后与原乙酸三乙酯反应得到 3,3,6-三甲基庚烯-[4]-酸乙酯，再加卤素，脱氯化氢成环得到菊酸乙酯，并以反式构型为主。

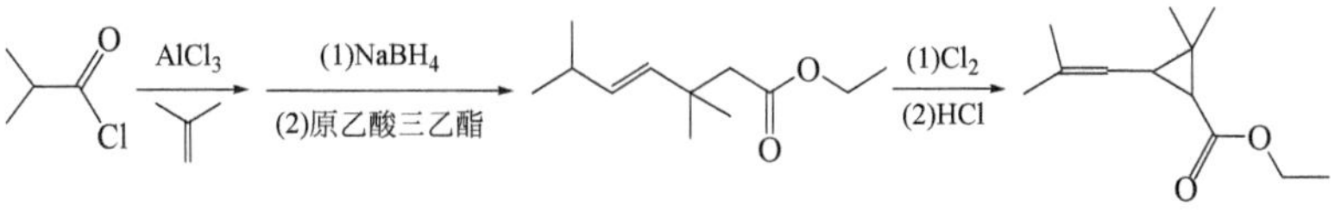

（4）甲基丙烯醇法　在 -10℃ 下，将 3-氯-3-甲基-1-丁炔加到 2-甲基丙烯醇和叔丁醇钾的混

合溶液中，并在此温度下反应 3h，得到 45% 环化产物，该产物溶于乙醚中，于金属钠和液氨中还原。在 0℃下，将还原产物与三氧化铬一起加到干燥的吡啶中，在 15～20℃反应 24h，然后滴加几滴水，将反应混合物再搅拌 4h，得到 75%3∶1(反式∶顺式)菊酸。

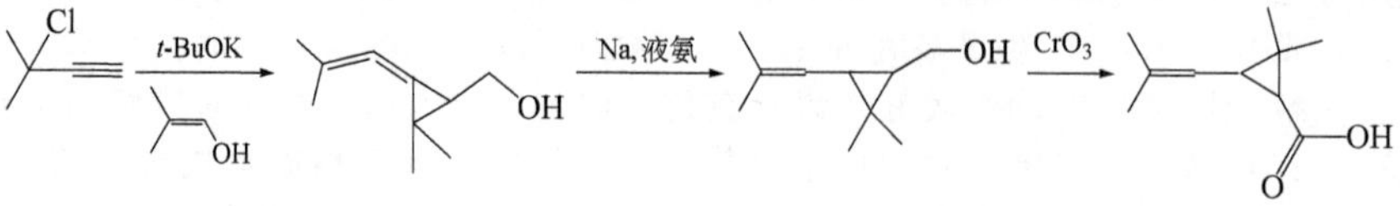

（5）Witting 合成法

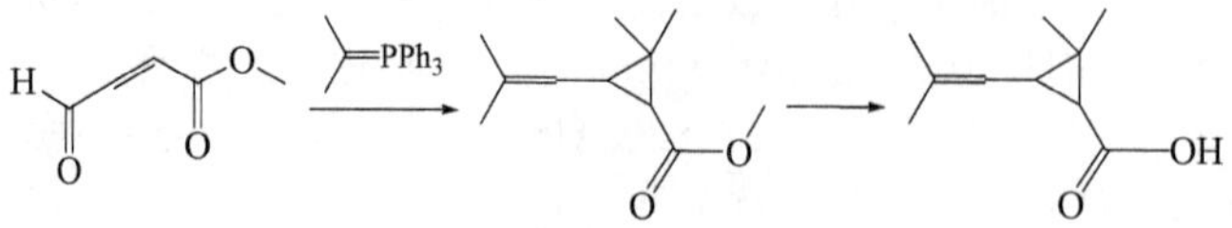

（6）Corey 路线　利用二苯硫异亚丙基和不饱和羰基化合物在 −20～70℃与氮气保护下反应，使异亚丙基加成到碳碳双键上形成环丙烷类衍生物，得到(±)反式菊酸酯。

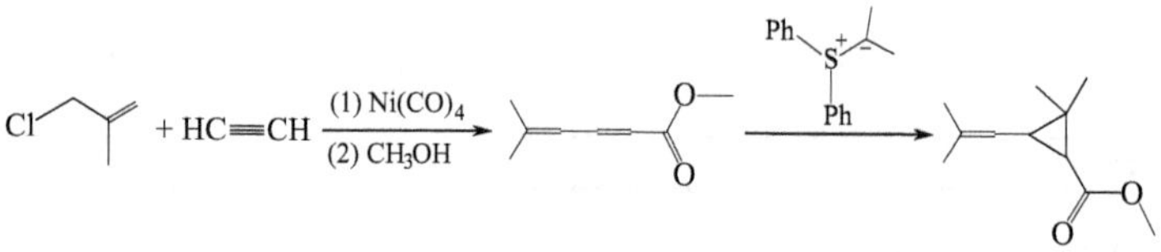

（7）其他合成方法

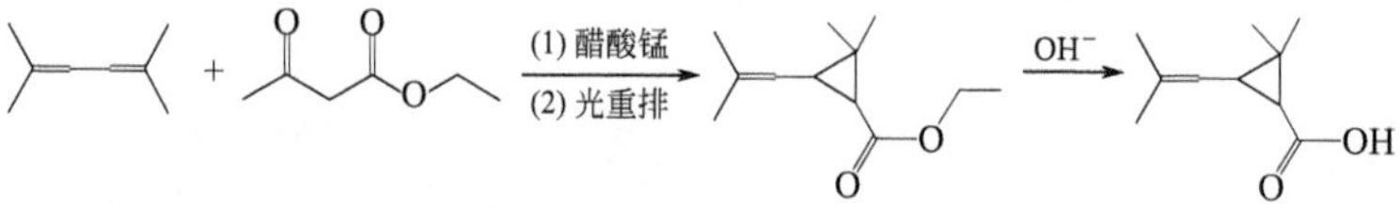

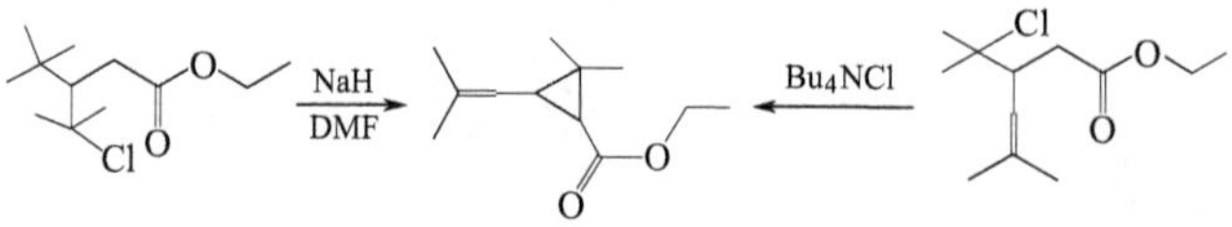

苯醚菊酯合成方法：

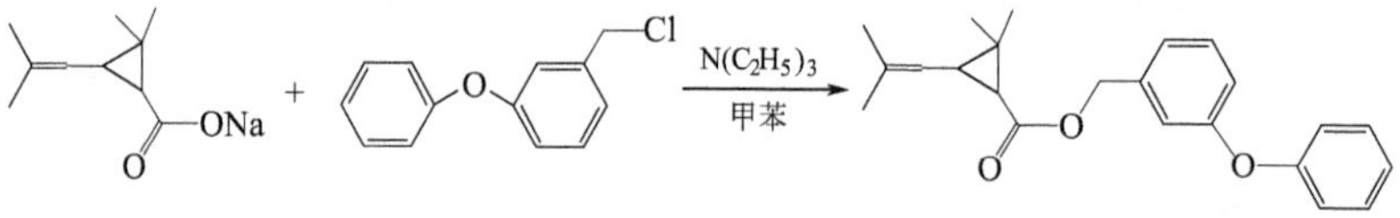

或

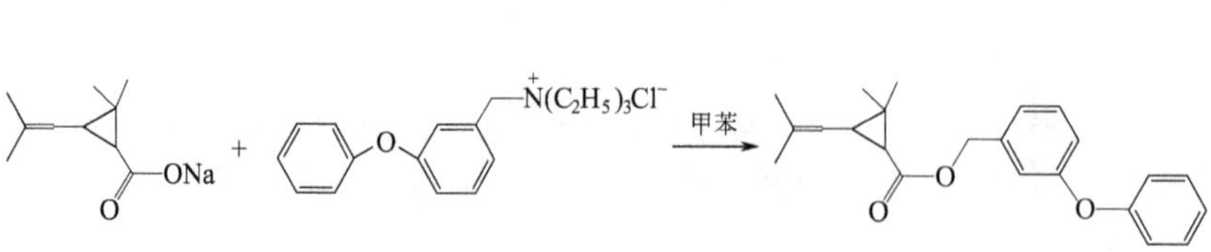

或

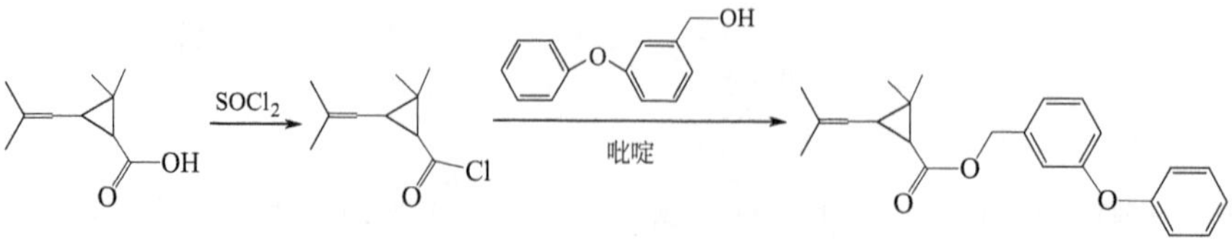

参考文献

[1] Proceedings of the Brighton Crop Protection Conference：Pests and diseases，1996：307.

苯醚菌酯 ZJ0712

$C_{20}H_{22}O_4$，326.4，852369-40-5

苯醚菌酯（ZJ0712），由浙江省化工研究院开发、拥有自主知识产权的甲氧基丙烯酸酯杀菌剂。

化学名称　（E)-2-［2-(2,5-二甲基苯氧基)-苯基］-3-甲氧基丙烯酸甲酯。（E)-2-［2-(2,5-dimethylphenoxy)phenyl]-3-methoxyacrylate。

理化性质　原药纯度≥98%，外观为白色或类白色粉末状固体，熔点108~110℃；蒸气压(25℃)$1.5×10^{-6}$ Pa；溶解度(g/L,20℃)：水 $3.60×10^{-3}$，甲醇15.56，乙醇11.04，二甲苯24.57，丙酮143.61。分配系数(正辛醇/水)：$3.382×10^4$(25℃)。在酸性介质中易分解，对光稳定。

毒性　原药和10%悬浮剂大鼠急性经口 LD_{50} 均＞5000mg/kg，急性经皮 LD_{50} 均＞2000mg/kg，对家兔皮肤无刺激性，眼睛有轻度刺激性；对豚鼠皮肤致敏性试验结果表明属弱致敏物。原药大鼠90d亚慢性喂养毒性试验最大无作用剂量为10mg/(kg·d)；3项致突变试验：Ames试验、小鼠骨髓细胞微核试验、小鼠睾丸细胞染色体畸变试验均为阴性，未见致突变作用。苯醚菌酯原药和10%悬浮剂均为低毒杀菌剂。

生态效应　苯醚菌酯10%悬浮剂对斑马鱼 LC_{50}(96h)为0.026mg/L；鹌鹑急性经口 LD_{50}＞2000mg/kg；蜜蜂接触毒性 LD_{50}(24h)＞100μg/只；家蚕 LC_{50}（食下毒叶法,48h)573.9mg/L。对鱼高毒，蜜蜂、鸟、家蚕均为低毒。使用时注意远离水产养殖区，禁止在河塘等水域清洗施药器械和倾倒剩余药液，以免污染水源。

制剂　10%悬浮剂。

作用机理及特点　作用于真菌的线粒体呼吸，药剂通过与线粒体电子传递链中复合物Ⅲ（Cyt bc1复合物)的结合，阻断电子由 Cyt bc1 复合物流向 Cyt c，破坏真菌的 ATP 合成，从而起到抑制或杀死真菌的作用。兼具保护和治疗作用。

应用　苯醚菌酯为甲氧基丙烯酸甲酯类广谱、内吸性杀菌剂，杀菌活性较高，兼具保护和治疗作用，可用于防治白粉病、霜霉病、炭疽病等病害。经室内（盆栽）活性试验和田间药效试验，结果表明，对黄瓜白粉病有较好的防效。用药浓度为10~20mg/kg(10%悬浮剂制剂稀释5000~10000倍液)，于白粉病发病初期开始喷雾，一般施药2~3次，间隔7d左右。喷药次数和间隔天数视病性而定。推荐剂量范围对黄瓜安全，未见药害产生。

各地的试验结果表明：10%苯醚菌酯悬浮剂对黄瓜白粉病和葡萄霜霉病具有优异的防效，而且也能有效地控制苹果白粉病、黄瓜霜霉病、瓜果炭疽病和荔枝霜霉病等多种植物病害的发生和危害，并且能明显促进作物的生长，提高产量和品质。

苯醚菌酯是一个预防兼治的新型杀菌剂，它最强的优势就是对白粉病、霜霉病、炭疽病具有极好的保护作用。为充分发挥10%苯醚菌酯悬浮剂对各种病害的防治效果，在使用时应掌握两点：一是必须掌握在病害发生初期用药，这样就能充分利用该药剂优异的保护作用，并可大大降低药剂的使用剂量及成本，减缓药剂抗性的产生；二是根据作物生长的关键时期喷药，这样就可同时预防多种病害的发生和危害。10％苯醚菌酯悬浮剂属速效性和持效性较好的新型杀菌剂，在施药 24h 后就能表现出明显的治疗作用。在生产应用中，10％苯醚菌酯悬浮剂对防治黄瓜白粉病的推荐用量为 10～20g(a.i.)/hm²，防治葡萄霜霉病的推荐用量为 50～100g(a.i.)/hm²，对荔枝霜霉病和瓜果类炭疽病的推荐用量为 75～150g(a.i.)/hm²，防治病害的间隔期为 10d 左右，施药 2～3 次，以喷雾至叶面湿润而不滴水为宜，对白粉病、霜霉病和炭疽病等均可达到理想的防治效果。

专利概况

专利名称　甲氧基丙烯酸甲酯类化合物杀菌剂

专利号　CN1456054　专利申请日　2003-03-25

专利拥有者　浙江省化工研究院

在其他国家申请的专利：CN1201657、WO2004084632、ZA200508026、TR200503847、BR-PI0409037、AU2004224838 等。

合成方法　苯醚菌酯合成方法如下：

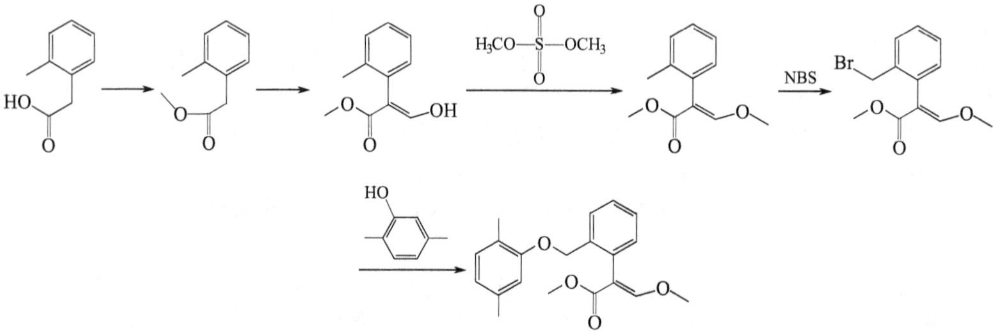

参考文献

[1] 许天明．世界农药，2006，6：51-52.

[2] 陈定花等．农药，2006，45（1）：18-21.

苯醚氰菊酯 cyphenothrin

(1R)-trans-　　　　　　(1R)-cis-

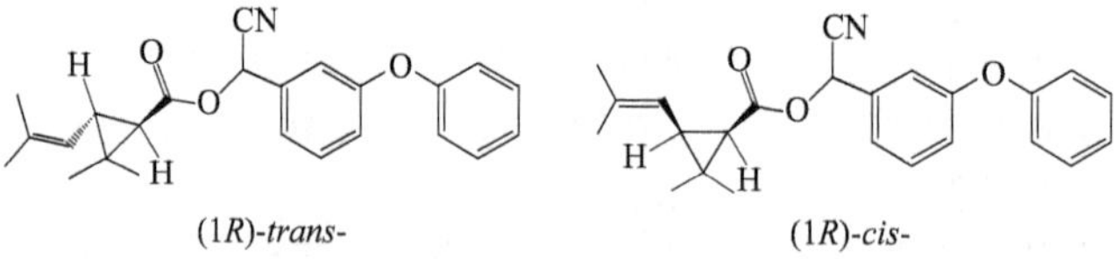

$C_{24}H_{25}NO_3$，375.5，39515-40-7

苯醚氰菊酯（cyphenothrin），试验代号　S-2703Forte、OMS3032。商品名称　Gokilaht、Red-Earth-G-8-F、赛灭灵。其他名称　d-cyphenothrin、苯氰菊酯、右旋苯氰菊酯、右旋苯醚氰菊酯。是由日本住友化学工业公司开发的拟除虫菊酯类杀虫剂。

化学名称　(RS)-α-氰基-3-苯氧苄基(1RS,3RS；1RS,3SR)-2,2-二甲基-3-(2-甲基-1-丙烯基)环丙烷羧酸酯或(RS)-α-氰基-3-苯氧苄基(1R)-顺-反-2,2-二甲基-3-(2-甲基-1-丙烯基)环丙烷羧酸酯。(RS)-α-cyano-3-phenoxybenzyl(1RS,3RS；1RS,3SR)-2,2-dimethyl-3-(2-methylprop-1-enyl)cyclopropanecarboxylate 或(RS)-α-cyano-3-phenoxybenzyl(1R)-cis-trans-2,2-dimethyl-3-(2-methylprop-1-enyl)cyclopropanecarboxylate。

组成　苯醚氰菊酯由(RS,1RS)-顺-反混合异构体构成。

理化性质　工业品为黏稠黄色液体，有微弱的特殊气味，沸点为 241℃/(0.1mmHg)，闪点

130℃。蒸气压：0.12mPa(20℃)，0.4mPa(30℃)。相对密度 1.08(25℃)。分配系数 $K_{ow}\lg P=6.29$。水中溶解度(25℃)(9.01±0.8) $\mu g/L$，其他溶剂中溶解度(20℃，g/100g)：正己烷 4.84，甲醇 9.27。常温下可稳定保存至少 2y。对热相对稳定。

毒性 急性经口 LD_{50}(mg/kg)：雄大鼠 318，雌大鼠 419(在玉米油中)。大鼠急性经皮 $LD_{50}>5000mg/kg$。对眼睛和皮肤无刺激。大鼠吸入 LC_{50}(3h)$>1850mg/m^3$。

生态效应 山齿鹑 $LC_{50}>5620mg/L$。虹鳟鱼 LC_{50}(96h)0.00034mg/L。

环境行为 本品的降解包括酯的水解和氧化。

制剂 气雾剂、乳油、可湿性粉剂。

主要生产商 Sumitomo Chemical，江苏扬农化工集团有限公司。

作用机理与特点 钠通道抑制剂。主要是阻断害虫神经细胞中的钠离子通道，使神经细胞丧失功能，导致靶标害虫麻痹、协调差，最终死亡。药剂通过触杀和摄食进入虫体。有快速击倒的性能和拒食性。

应用

(1) 适用作物与场所 木材、织物、住宅、工业区、非食品加工地带。

(2) 防治对象 木材和织物的卫生害虫，家庭、公共卫生和工业的苍蝇、蚊虫、蟑螂等害虫。

(3) 残留量与安全施药 产品储放在低温、干燥和通风良好的房间，勿与食物和饲料混置，勿让孩童接近。本品无专用解毒药，出现中毒症状时对症医治。

本品具有较强的触杀力、胃毒和残效性，击倒活性中等，适用于防治家庭、公共场所、工业区等卫生害虫。对蟑螂特别高效(尤其是体型较大的蟑螂，如烟色大蠊、美洲大蠊等)，并有显著驱赶作用。本品在室内以 0.005%～0.05% 分别喷洒，对家蝇有明显驱赶作用，而当浓度降至 0.0005%～0.001% 时，又有引诱作用。本品处理羊毛可有效防治袋谷蛾、幕谷蛾和单色毛皮，药效优于氯菊酯、甲氰菊酯、氰戊菊酯、丙炔菊酯和右旋苯醚菊酯。本品是美国唯一准许用于民航使用的杀虫剂，是世界卫生组织推荐的杀虫剂之一。对昆虫具有触杀及胃毒作用，杀虫谱广，对害虫的致死力较除虫菊酯类高 8.5～20 倍，对光比丙烯苄呋稳定，但对害虫击倒作用差，故需与胺菊酯、Es-丙烯等击倒性强的杀虫剂复配使用，可广泛用于家居、仓储、公共卫生、工业区害虫的防治。

专利与登记 专利 JP53098938 早已过专利期，不存在专利权问题。日本住友化学株式会社在中国登记情况见表 10。

表 10 日本住友化学株式会社在中国登记情况

登记证号	含量	剂型	登记作物	防治对象	用药量	施用方法
WP76-2001	10%	微囊粒剂	卫生 棉花	蜚蠊 棉铃虫	$50～100mg/m^2$ $24～37.5g/hm^2$	喷雾 喷雾
WP53-98	92%	原药				

合成方法

(1) 菊酸的制备

① 乙酰丙酸乙酯与甲代烯丙醇在对甲苯磺酸存在下反应，得到甲代烯丙基乙酰丙酸乙酯，该化合物与碘化甲基镁反应，得到 4-甲基-3-甲代烯丙基-γ-戊酸内酯，后者与氯化亚砜反应，然后再与氢化钠在二甲基甲酰胺中或叔丁醇钠在苯中反应，反应产物水解，即制得菊酸。反应如下：

② 在−10~0℃下，将 3-氯-3-甲基-1-丁炔加入到 2-甲基-1-丙烯-1-醇和叔丁醇钾的混合液中，并在此温度下反应 3h，得到 45% 环化产物，该产物溶于乙醚中，与 Na 和液氨反应，得到 90% 3∶1 反式-顺式的还原产物。在 0℃下与 CrO₃ 一起加入到经干燥的吡啶中，反应混合物在 15~20℃反应 24h，然后加 5 滴水，反应混合物再搅拌 4d，得到 75% 3∶1 反式-顺式菊酸。反应如下：

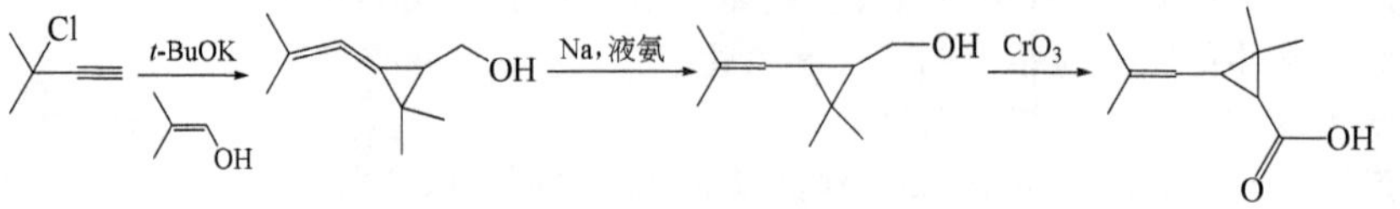

③ 通过魏悌希反应得到菊酸甲酯，然后用氢氧化钾-甲醇水解，即制得菊酸。反应如下：

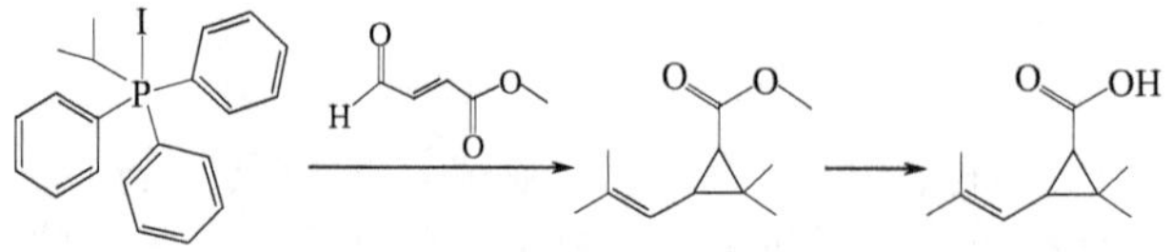

（2）苯醚氰菊酯的合成

① 间苯氧基苯甲醛与氰化钠和醋酸反应得到相应的苄醇，然后与菊酸在苯中加入对甲苯磺酸回流 4h，并除去生成的水，即得到产品，反应如下：

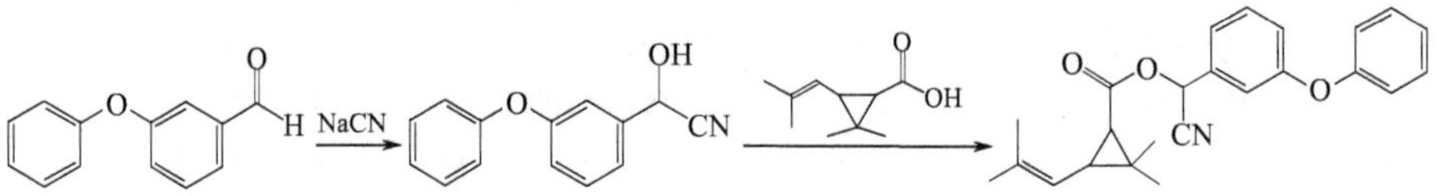

② 间苯氧基苯甲醛与氰化钠和菊酸酰氯在 0℃下反应 1h 以上，即得到产品，反应如下：

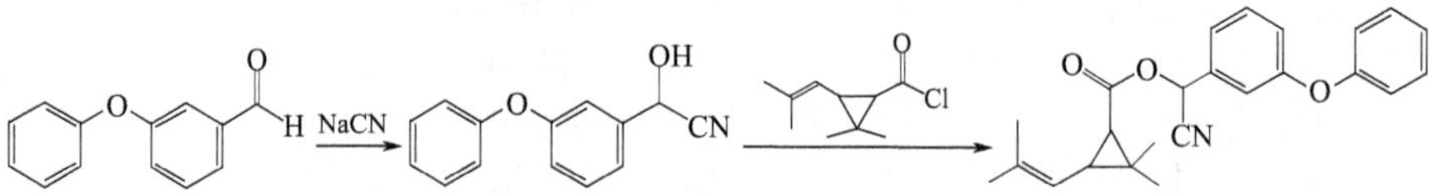

苯嘧磺草胺 saflufenacil

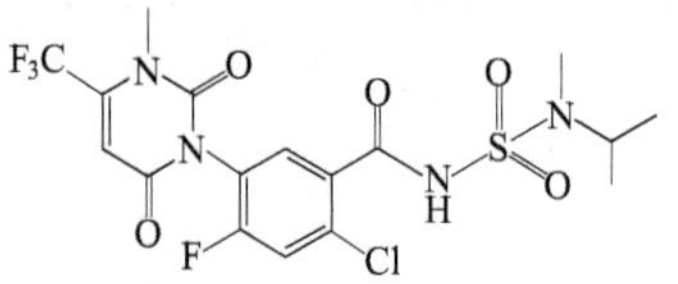

$C_{17}H_{17}ClF_4N_4O_5S$，500.9，372137-35-4

苯嘧磺草胺（saflufenacil），试验代号　BAS 800H、CL433379，商品名称　Heat、Eragon、Sharpen、Treevix、巴佰金。是由 BASF 开发的除草剂。

化学名称　N'-{2-氯-4-氟-5-[3-甲基-2,6-二氧代-4-(三氟甲基)-1,2,3,6-四氢-1(2H)-嘧啶]-苯甲酰}-N-异丙基-N-甲基磺酰胺。N'-{2-chloro-4-fluoro-5-[1,2,3,6-tetrahydro-3-methyl-2,6-dioxo-4-(trifluoromethyl)pyrimidine-1-yl]benzoyl}-N-isopropyl-N-methylsulfamide。

理化性质　白色粉末，工业品纯度＞95%。熔点 189.9~193.4℃。蒸气压 4.5×10^{-12} mPa（20℃）；$K_{ow}lgP=2.6$，Henry 常数 1.07×10^{-15} Pa·m³/mol(20℃)，相对密度 1.595(20℃)，水中溶解度(g/100mL,20℃)：0.0014(pH 4)，0.0025(pH 5)，0.21(pH 7)。在其他溶剂中的溶解度(g/100mL,20℃)：乙腈 19.4，二氯甲烷 24.4，丙酮 27.5，乙酸乙酯 6.55，四氢呋喃 36.2，甲醇 2.98，异丙醇 0.25，甲苯 0.23，橄榄油 0.01，正辛醇＜0.01，正庚烷＜0.005。在室温下能稳定存在，金属或金属离子存在的情况下在室温或升高温度也稳定。可稳定存在于酸性溶液

中，在碱性条件下 DT_{50} 4~6d，pK_a 4.41。

毒性 大鼠急性经口 LD_{50} ＞2000mg/kg，大鼠急性经皮 LD_{50} ＞2000mg/kg，对兔眼睛和皮肤无刺激。对豚鼠皮肤无致敏性。大鼠吸入 LC_{50}(4h)＞5.3mg/L。小鼠 NOAEL(18 个月)4.6mg/(kg·d)。ADI 值 0.046mg/kg。

生态效应 鹌鹑急性经口 LD_{50}(14d)＞2000mg/kg，鹌鹑饲喂 LC_{50}(8d)＞5000mg/kg 饲料，鱼 LC_{50}(96h)＞98mg/L，水蚤 LC_{50}(48h)＞100mg/L，羊角月牙藻 EC_{50} 0.041mg/L，摇蚊属昆虫 EC_{50}(28d)＞7.7mg/kg 干沉积物，蜜蜂接触急性 LD_{50} 100μg/只，蚯蚓急性 EC_{50}(14d)＞1000mg/kg 土壤，对有益生物梨盲走螨 LR_{50} 647g/hm²。

环境行为

(1) 动物 大鼠口服以后，在 96h 内会完全排泄出体外。

(2) 植物 在非敏感植物中可快速代谢。主要的代谢途径是侧链磺酰胺的 N-脱烷基化和脲环的水解。

(3) 土壤/环境 DT_{50}(有氧,4 种土壤,25℃)15d，pH ＜7 可稳定存在，DT_{50} 5d(pH 9,25℃)，土壤中的光降解 DT_{50} 29d。K_{oc} 9~56(6 种土壤)。

制剂 70%水分散粒剂。

主要生产商 BASF。

作用机理与特点 原卟啉原氧化酶(PPO)抑制剂，通过"脂肪的过氧化反应"破坏细胞膜，最终导致细胞渗漏，组织坏死，植株死亡。对阔叶杂草有非常好的铲除效果，通过叶和根部的吸收，在质外体内运输，并限制在韧皮部的运输。

应用 对所有重要的双子叶杂草，特别是对草甘膦、磺酰脲类和三嗪类等除草剂产生耐药性、抗药性的杂草具有优异的防效；极快速的茎叶杀灭效果，施药后杂草 1~3d 即开始干枯死亡，并具有土壤残留活性；能与多种茎叶处理、土壤处理的禾本科除草剂等混用，以扩大杀草谱，特别是与草甘膦有互补、加成增效性能；可在多种作物和非耕地使用，后茬作物种植灵活。

(1) 适用作物 玉米、小粒谷物类、棉花、大豆、干豆、水果和坚果树等。可作为灭生性除草剂用。

(2) 防治对象 可防除 70 多种阔叶杂草，包括抗莠去津、草甘膦和 ALS 抑制剂的杂草。它对小粒种子的宽叶杂草如苋和藜，以及难治的大粒种子的杂草如向日葵属、苘麻(velvetleaf)和番诸属(morning-glory)杂草有效。具有很快的灭生作用且土壤残留降解迅速。可以与禾本科杂草除草剂混用，如草甘膦，效果很好，在多种作物田和非耕地都可施用，轮作限制小。其防治的杂草谱如下：苘麻，铁苋菜，苋属(北美苋,绿穗苋,长芒苋,反枝苋,野苋)，豚草，三裂叶豚草，西方豚草，三叶鬼针草，芸薹属，小果亚麻荠，毛叶刺苞果，荠菜，藜，加拿大蓟，田旋花，野塘蒿，小白酒草，蛇木菊，臭芥，曼陀罗，野胡萝卜，羽叶播娘蒿，播娘蒿，南美山蚂蟥，石竹；旱莲草，莲子草，粘柳叶菜，大狍牛儿苗，芹叶狍牛儿苗，飞扬草，小飞扬草，向日葵，野西瓜苗，全缘叶牵牛，裂叶牵牛，头花小牵牛；地肤，毒莴苣，北美独行菜，长梗锦葵，小花锦葵，圆叶锦葵，光叶粟米草，假酸浆，裂叶月见草，银胶菊；小酸浆，火炬松，萹蓄，卷茎蓼，酸模叶蓼，臭蒿，宾州蓼，桃叶蓼，马齿苋，钾猪毛菜，千里光，欧洲千里光，田菁，白背黄花稔，黄花稔；野芥，水蒜芥，龙葵，东方龙葵，裂刺茄，续断草，苦苣菜，蒲公英，蒺藜，欧荨麻，王不留行，直立婆婆纳，阿拉伯婆婆纳，猪殃殃，苍耳等。

(3) 使用方法 单用对禾本科杂草只能短暂抑制生长，基本无效；能选择性地杀灭小粒种子禾谷类作物、部分豆科作物和棉花田中苗高达 15cm 或莲座直径达 10cm 的阔叶杂草；与草甘膦桶混将增加杀草谱，包括已出苗的禾本科杂草和阔叶杂草。一般情况下使用推荐用量为 0.07~0.15L/hm²，对于玉米为 0.14~0.28L/hm²；Integrity 以 0.7~1.2L/hm² 用于玉米田防除窄叶和宽叶杂草；Optill 以 0.14L/hm² 用于大豆田，0.1L/hm² 用于鹰嘴豆与豌豆田防除窄叶和宽叶杂草；Treevix 以 0.07L/hm² 用于柑橘、梨果与核果树。

针对敏感性杂草：每亩 1~1.5g＋草甘膦 41%100~150mL；针对耐抗性杂草：每亩 2~2.5g＋草甘膦 41%150~200mL；喷药时间：田间大部分杂草在 10~15cm 高时；和草甘膦桶混

使用具有良好的"互补、加成、增效作用"，可以促进杂草对草甘膦的吸收传导，用药1～3d杂草即开始死亡，能有效防治许多对草甘膦已有耐抗性杂草；并且通常能减少草甘膦用药量30%～50%。在向日葵、棉花、大豆田可以作为脱叶剂使用。

70%水分散粒剂在国内主要用于防除非耕地或柑橘园的阔叶杂草，用药量为75.0～112.5g/hm^2（5.0～7.5g/亩），使用方法分别为茎叶喷雾及茎叶定向喷雾。施药方法及时间：杂草苗后茎叶处理，阔叶杂草的株高或茎长达10～15cm时为最佳喷雾处理时期。若错过最佳用药期则应加大用药剂量和喷雾用水量；在柑橘园对杂草进行苗后茎叶定向喷雾时，尽量避免药液喷到柑橘树上；加入适当增效剂可有效地提高药剂对杂草的防效，或降低使用剂量；施药应均匀周到，避免重喷、漏喷或超过推荐剂量用药；在大风时或大雨前不要施药，避免飘移。

专利与登记

专利名称　Preparation of uracil substituted N-sulfamoyl benzamides as herbicides

专利号　WO2001083459　专利申请日　2001-11-08

专利拥有者　巴斯夫（BASF）

在其他国家申请的化合物专利：CA2383858、EP1226127、HU2002004434、NZ517562、CN1171875、AU780654、IL148464、AT435213、PT1226127、ES2331054、US20020045550、US6534492、TW287539、BG106473、BG65454、ZA2002001776、HR2002000200、IN211743、BR2002000970、US20030224941、US6689773、US20040220172、US6849618等。

巴斯夫在中国登记情况见表11。

表11　巴斯夫在中国登记情况

登记名称	登记证号	含量	剂型	登记作物	防治对象	用药量/(g/hm²)	施用方法
苯嘧磺草胺	PD20131930	70%	水分散粒剂	非耕地 柑橘园	阔叶杂草 阔叶杂草	52.5～78.75 52.5～78.75	茎叶喷雾 定向茎叶喷雾
苯嘧磺草胺	PD20131924	97.4%	原药				

合成方法

经如下反应制得苯嘧磺草胺：

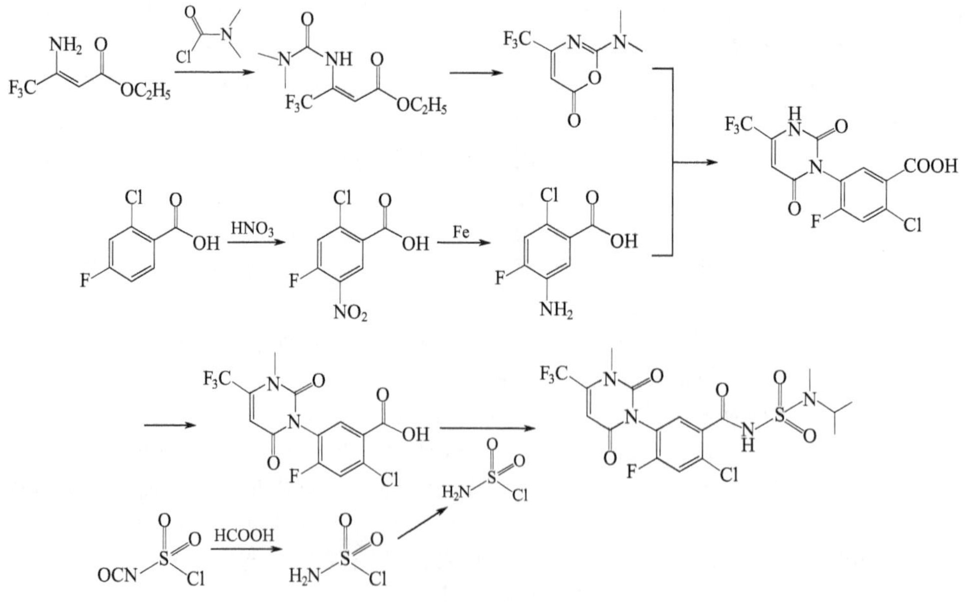

参考文献

[1] 赫彤彤等. 农药，2011，50(6)：440-442.

苯嗪草酮 metamitron

$C_{10}H_{10}N_4O$，202.2，41394-05-2

苯嗪草酮（metamitron），试验代号　BAY134028、BAY DRW1139。商品名称　Allitron、Bettix、Betanal Quattro、Bietomix、Goltix、Mito、MM-70、Seismic、Tornado。其他名称　Bettatronex、Burakomitron、Danagan、Defiiant、Fernpath Haptol、Goldbeet、Golijat、Grizli、Grizzly、Hoop、Marquise、Mekor、Metadil、Metaflo、Metagan、Metapro、Metatron、Metrabel、Metron、Mitron、MM70、Modipur、Sisko、Skater、Sugar、Tandem、Toronado、Volcan、Wismar、苯甲嗪、苯嗪草，是由德国拜耳公司开发的三嗪类除草剂。

化学名称　4-氨基-4,5-二氢-3-甲基-6-苯基-1,2,4-三嗪-5-酮。4-amino-4,5-dihydro-3-methyl-6-phenyl-1,2,4-triazin-5-one。

理化性质　纯品为无色无味结晶体，熔点166.6℃。蒸气压8.6×10^{-4}mPa(20℃)、2×10^{-3}mPa(25℃)。$K_{ow}\lg P=0.83$，Henry常数1×10^{-7}Pa·m³/mol(20℃)，密度1.35g/cm³(22.5℃)。溶解度(20℃,g/L)：水1.7，异丙醇5.7，甲醇23，乙醇1.1，二氯甲烷30～50，已烷＜0.1，环己酮10～50，甲苯2.8，氯仿29。稳定性：在酸中稳定，在强碱中不稳定(pH＞10)。DT_{50}(22℃)：410d(pH 4)，740h(pH 7)，230h(pH 9)。土壤表层的光解非常迅速，且在水中光解得更为迅速。

毒性　急性经口LD_{50}(mg/kg)：大鼠约2000，小鼠约1450，狗＞1000。大鼠急性经皮LD_{50}＞4000mg/kg，对兔皮肤及眼睛无刺激性作用，大鼠吸入LC_{50}(4h)＞0.33mg/L空气。NOEL(mg/kg饲料)：(2y)大鼠250，狗100；(87周)小鼠56。ADI(EC)0.03mg/kg [2008]，(BfR)0.025mg/kg [2006]。

生态效应　日本鹌鹑急性经口LD_{50}1875～1930mg/kg。鱼毒LC_{50}(96h,mg/L)：金雅罗鱼443，虹鳟鱼326。水蚤LC_{50}(48h)101.7～206mg/L。羊角月牙藻E_rC_{50}0.22mg/L，对蜜蜂无毒，蚯蚓LC_{50}＞1000mg/kg干土。

环境行为

(1) 动物　哺乳动物在口服48h后通过尿液和粪便排出体外(约98%)，二者量差不多。

(2) 植物　甜菜中的主要代谢产物是3-甲基-6-苯基-1,2,4-三嗪-5(4H)-酮。

(3) 土壤/环境　土壤中，苯嗪草酮迅速降解，4～6周后，20%的原药可以在土壤中检测。浸出行为可以作为一个移动媒介，在地下水层中没有发生浸出行为。在土壤表层和水中可以迅速光解，是其一个重要的代谢途径。

制剂　70%可湿性粉剂。

主要生产商　Feinchemie Schwebda、Gharda、Gujarat Agrochem、Makhteshim-Agan、Punjab、Sharda。

作用机理　光合作用抑制剂。杂草叶子可以吸收苯嗪草酮，但主要是通过根部吸收，再输送到叶子内，药剂通过抑制光合作用中的希尔反应而起到杀草的作用。

应用

(1) 适用作物　糖用甜菜和饲料甜菜。苯嗪草酮在土壤中的半衰期根据土壤类型不同而有所差异，范围为一周到三个月。

（2）防除对象　主要用于防除单子叶和双子叶杂草，如龙葵、繁缕、早熟禾、桑麻、小野芝麻、看麦娘、猪殃殃等。

（3）应用技术　苯嗪草酮作播前及播后苗前处理时，若春季干旱、低温、多风，土壤风蚀严重，整地质量不佳而又无灌溉条件等，都会影响除草效果。苯嗪草酮除草效果不够稳定。尚需与其他除草剂搭配使用，才能保证防除效果。

（4）使用方法　播种前进行喷雾润土处理。使用剂量为 3.5～5.0kg(a.i.)/hm²。如果天气和土壤条件不好，可在播种后出苗之前进行土壤处理。或者在甜菜萌发后，于杂草 1～2 叶期进行处理；若甜菜处于四叶期，杂草徒长，仍可按上述推荐剂量进行处理。甜菜地除草，每亩用 70%苯嗪草酮可湿性粉剂 330g(含有效成分 230g/亩)兑水 25～50kg 喷雾，可防除龙葵、繁缕、桑麻、小野芝麻、早熟禾等杂草。当每亩用药量提高到 470g(含有效成分 320g/亩)时，兑水 25～50kg 喷雾处理可防除看麦娘、猪殃殃等杂草。

专利与登记　专利 DE2138031、DE2224161 等早已过专利期，不存在专利权问题。国内登记情况：70%水分散粒剂，58%悬浮剂，98%原药。

合成方法　以乙酸乙酯、水合肼、苯甲酰氯为起始原料，经如下反应制得目的物：

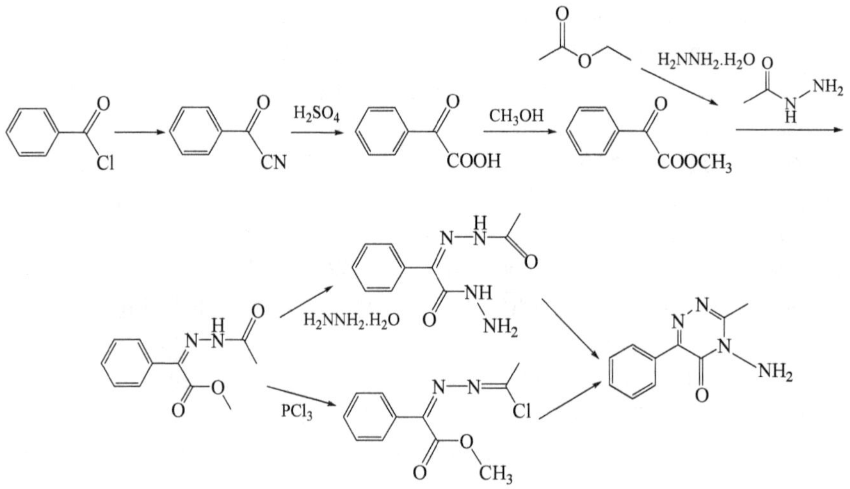

参考文献

[1] 陆阳等．化工中间体，2010，6：50-55.
[2] 潘忠稳等．农药，2007，3：166-167

苯噻菌酯 benzothiostrobin

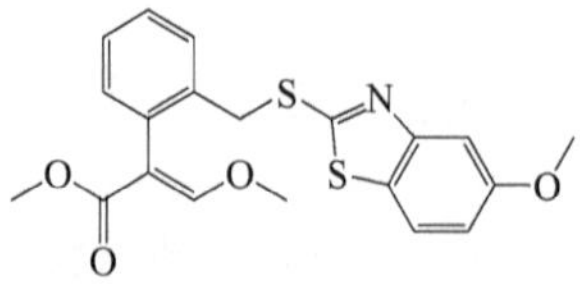

$C_{20}H_{19}NO_4S_2$，401.1，1070975-53-9

苯噻菌酯(benzothiostrobin)，试验代号　Y5247，是华中师范大学 2008 年自主开发创制的 strobilurin 类杀菌剂。

化学名称 （E）-2-[2-（5-甲氧基苯并噻唑-2-硫甲基）苯基]-3-甲氧基丙烯酸甲酯，（E）-2-[2-(5-methoxy benzothiazole-2-thiomethyl)phenyl]-3-methoxy acrylate。

理化性质 纯品为白色粉末状固体，熔点 85～87℃，代谢半衰期 $T_{1/2}=7.6$min，溶于二氯甲烷、乙腈等溶剂。

毒性 大鼠急性经口 LD_{50}＞5000mg/kg，大鼠急性经皮 LD_{50}＞5000mg/kg。对家兔眼睛轻度刺激，对家兔皮肤无刺激，对豚鼠皮肤属Ⅰ级弱致敏物。Ames 为阴性，对大鼠、家兔无致畸、致癌性。

生态效应 斑马鱼急性 LD_{50}（96h）0.043mg（a.i.）/L，鹌鹑急性经口 LD_{50}＞1100mg/kg，蜜蜂急性接触 LD_{50}（48h）＞100μg（a.i.）/只，家蚕饲喂 LC_{50}（96h）＞300mg/kg桑叶。环境试验测试表明苯噻菌酯对环境安全。

作用机理与特点 苯噻菌酯与嘧菌酯等甲氧基丙烯酸酯类杀菌剂作用机理相同，为线粒体呼吸链细胞色素 bc1 复合物抑制剂，对有益生物及作物有良好的安全性，低毒且对环境友好。

应用 室内生物活性研究及多地田间药效试验表明，苯噻菌酯可广泛用于防治蔬菜和瓜果类白粉病、霜霉病、灰霉病、褐斑病、黑星病，玉米小斑病，水稻稻曲病，柑橘地腐病，油菜菌核病等，特别是对黄瓜白粉病和黄瓜霜霉病表现出了优异的防效，其防效优于或与进口杀菌剂嘧菌酯相当，但原药成本、亩用药成本均低于嘧菌酯。苯噻菌酯对防治小麦白粉病具有保护和治疗作用，EC_{50} 值分别为 0.991μg/mL 和 1.823μg/mL。其在小麦叶片上内吸输导性差，但具有一定的渗透性、良好的黏着性、耐雨水冲刷和较长的持效期。用有效成分为 25μg/mL 的苯噻菌酯药液喷雾处理的麦苗，14d 后接种小麦白粉病菌，其防效仍达 72.48%。

专利与登记

专利名称　　一种甲氧基丙烯酸酯类杀菌剂、制备方法及用途

专利号　　CN101268780　　专利申请日　　2008-05-08

专利拥有者　　华中师范大学

合成方法 经如下反应制得苯噻菌酯：

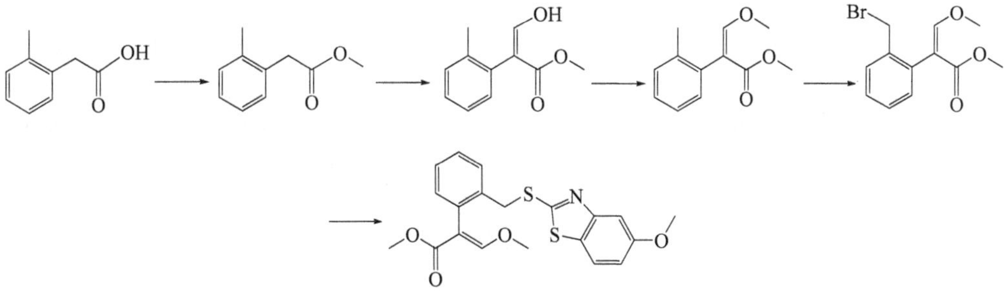

参考文献

[1] 黄伟等.第六届全国农药创新技术成果交流会，2012：32-34.

苯噻菌胺 benthiavalicarb-isopropyl

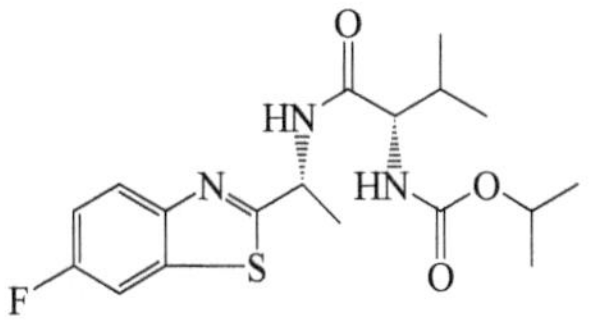

$C_{18}H_{24}FN_3O_3S$，381.5，177406-68-7

苯噻菌胺(benthiavalicarb-isopropyl)，试验代号 KIF-230，商品名称 Betofighter、Valbon、Vincare，其他名称 Completto、Ekinine、Propose，是日本组合化学株式会社和庵原化学工业株式会社共同开发的氨基酸酰胺类杀菌剂。

化学名称 {(S)-1-[(R)-1-(6-氟苯并噻唑-2-基)乙基氨基甲酰基]-2-甲基丙基}氨基甲酸异丙酯，isopropyl {(S)-1-[(R)-1-(6-fluoro benzothiazole-2-yl)ethylcarbamoyl]-2-methylpropyl} carbamate。

理化性质 原药含量≥91%。纯品为白色粉状固体，熔点 153.1℃、169.5℃(多晶)。在 240℃时分解。蒸气压<$3.0×10^{-1}$mPa(25℃)。相对密度 1.25(20.5℃)。分配系数 K_{ow}lg$P$=2.3～2.9(pH 5～9，20～25℃)。Henry 常数 $8.72×10^{-3}$Pa·m^3/mol(计算)。水中溶解度(mg/L，20℃)：13.14(非缓冲溶液)，10.96(pH 5)，12.76(pH 9)。在有机溶剂中的溶解度(g/L，20℃)：甲醇 41.7，辛烷 $2.15×10^{-2}$，二甲苯 0.501，丙酮 25.4，二氯甲烷 11.5，乙酸乙酯 19.4。稳定性：水解稳定，水解半衰期 DT_{50}>1y(pH 4、7 和 9，25℃)。在天然水中的光解半衰期 DT_{50} 301d，蒸馏水中光解半衰期 DT_{50} 131d(24.8℃，400W/m^2，300～800nm)。pK_a 值：在 pH 1.12～12.81、20℃时不电离。

毒性 急性经口 LD_{50}(mg/kg)：大鼠>5000，小鼠>5000。大鼠急性经皮 LD_{50}>2000mg/kg。大鼠吸入毒性 LC_{50}(4h)>4.6mg/L。对兔眼有轻微刺激，对兔皮肤无刺激作用，对豚鼠皮肤致敏，诱发性 Ames 试验为阴性，对大鼠和兔无致畸性，无致癌性。NOEL 数据[2y,mg/(kg·d)]：雄大鼠 9.9，雌大鼠 12.5。ADI 值：(EC)0.1mg/kg [2007]，(EPA)cRfD 0.099mg/kg [2006]，(FSC)0.069mg/kg [2007]。

生态效应 山齿鹑和野鸭急性经口 LD_{50}>2000mg/kg，山齿鹑和野鸭饲喂 LC_{50}>5000mg/kg。鱼毒 LC_{50}(96h,mg/L)：虹鳟鱼>10，大翻车鱼>10，鲤鱼>10。水蚤 LC_{50}(96h)>10mg/L。羊角月牙藻 E_rC_{50}>10mg/L。蜜蜂 LD_{50}(48h)>100μg/只(经口和接触)。蚯蚓 LC_{50}(14d)>1000mg/kg 土。其他有益生物：家蚕 NOEL 150mg/L，小黑花椿象、智利捕植螨、四叶草的 LC_{50}(48h)>150mg/L。

环境行为

(1) 动物 苯噻菌胺经大鼠口服后在 168h 内能够完全排出体外，主要通过胆汁排出。苯噻菌胺在动物体内的代谢非常复杂，其主要代谢途径为与谷胱甘肽结合以及苯噻菌胺的羟化反应。

(2) 植物 苯噻菌胺在植物体内的代谢非常慢，主要代谢物与动物的相似。主要残留为苯噻菌胺。

(3) 土壤/环境 试验条件下，苯噻菌胺在土壤中很容易降解，降解半衰期 DT_{50} 11～19d(20℃，有氧)，40d(20℃，无氧)。在土壤中的吸附系数 K_{oc} 121～258。

主要生产商 Kumiai。

作用机理 推测可能是细胞壁合成抑制剂。对疫霉病具有很好的杀菌活性，对其孢子囊的形成、孢子囊的萌发，在低浓度下有很好的抑制作用，但对游动孢子的释放和游动孢子的移动没有作用。苯噻菌胺不影响核酸和蛋白质的氧化、合成，对疫霉病菌原浆膜的功能没有影响；其生物化学作用机理正在研究中。试验结果表明：苯噻菌胺对对苯酰胺杀菌剂有抗性的马铃薯晚疫病菌以及对甲氧基丙烯酸酯类有抗性的瓜类霜霉病都有杀菌活性，推测苯噻菌胺与这些杀菌剂的作用机理不同。

应用 苯噻菌胺具有很强的预防、治疗、渗透活性，而且有很好的持效性和耐雨水冲刷性。田间试验中，以较低的剂量[25～75g(a.i.)/hm^2]能够有效地控制马铃薯和番茄的晚疫病、葡萄和其他作物的霜霉病；以 25～35g(a.i.)/hm^2 的剂量与其他杀菌剂配成混剂，也能对这些病菌有非常好的药效。苯噻菌胺以 25～75g(a.i.)/hm^2 剂量单独施用，或者与其他农药配成混剂后进行田间试验，按每 7d 施药 1 次，苯噻菌胺单独施用剂量为 35～75g(a.i.)/hm^2，或者与代森锰锌配成混剂对马铃薯的晚疫病有非常好的药效。苯噻菌胺的杀菌活性不低于对照杀菌剂代森锰锌、氟啶胺。每隔 10d 施药 1 次，苯噻菌胺单独以 35～75g(a.i.)/hm^2 剂量或与灭菌丹(folpet)配成混剂施药在叶子和枝干上，对葡萄霜霉病有非常好的药效。试验表明，苯噻菌胺在单独施用含量为 25～75mg/L 或配成混剂后，按每隔 7d 施药 1 次，对黄瓜霜霉病有很高的药效，其活性超过对照杀菌剂的活性。

专利概况

专利名称　　Preparation of amino acid amide derivatives as agrohorticultural fungicides

专利号　　　WO9604252　专利申请日　1995-05-23

专利拥有者　Kumiai Chemical Industry Co.，Ltd.，Ihara Chemical Industry Co.，Ltd

合成方法　以对氟苯胺或 2,4-二氟硝基苯和取代的 L-氨基酸为起始原料，经如下多步反应即得目的物：

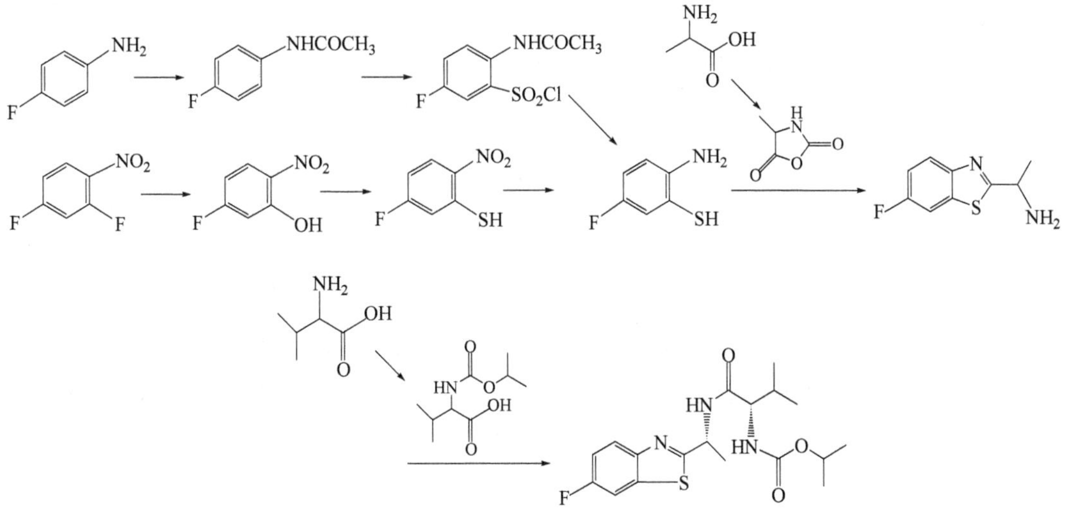

参考文献

[1] The Pesticide Manual. 15th edition：94-95.

[2] 冯化成. 世界农药，2008，3：51.

[3] 刘允萍，等. 农药，2011，10：756-758.

[4] 杨芳，等. 农药，2010，3：174-177.

苯噻硫氰 benthiazole

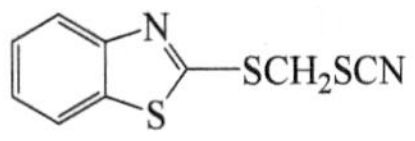

$C_9H_6N_2S_3$，238.4，21564-17-0

苯噻硫氰(benthiazole)，试验代号　BL-1280，商品名称　Busan，其他名称　TCMT、倍生、苯噻清、苯噻氰，是由美国贝克曼公司(Beckman Laboratories Inc)研制的苯并噻唑类杀菌剂。

化学名称　2-(硫氰基甲基硫代)苯并噻唑，2-thiocyanatomethylsulfanyl-benzothiazole。

理化性质　原油为棕红色液体，有效成分含量为 80%，相对密度 1.38，130℃以上会分解，闪点不低于 120.7℃，蒸气压小于 0.01mmHg。在碱性条件下会分解，储存有效期在 1y 以上。

毒性　大鼠急性经口 LD_{50} 为 2664mg/kg，兔急性经皮 LD_{50} 为 2000mg/kg，对兔眼睛、皮肤有刺激性。狗亚急性经口无作用剂量为 333mg/L，大鼠亚急性经口无作用剂量为 500mg/L。在试验剂量下，未见对动物有致畸、致突变、致癌作用。30%乳油大鼠急性经口 LD_{50} 为 873mg/

kg，兔急性经皮 LD_{50} 为 1080mg/kg，大鼠急性吸入 $LC_{50}>0.17$mg/L

生态效应 虹鳟鱼 LC_{50}（96h）为 0.029mg/L，野鸭经口 LD_{50} 为 10000mg/kg。

制剂 30％乳油。

作用特点 苯噻硫氰是一种广谱性种子保护剂，可以预防及治疗经由土壤及种子传播的真菌或细菌性病害。也可用作防止木材变色和保护皮革的化学试剂。

应用

（1）适宜作物 水稻、小麦、瓜类、甜菜、棉花等。

（2）防治对象 瓜类猝倒病、蔓割病、立枯病等；水稻稻瘟病、苗期叶瘟病、胡麻叶斑病、白叶枯病、纹枯病等；甘蔗凤梨病；蔬菜炭疽病、立枯病；柑橘溃疡病等。

（3）使用方法 既可用于茎叶喷雾、种子处理，还可用于土壤处理，如根部灌根等。

① 拌种。每 100kg 谷种，用 30％乳油 50mL（有效成分 15g）拌种。

② 浸种。用 30％乳油配成 1000 倍药液（有效浓度 300mg/L）浸种 6h。浸种时常加搅拌，捞出再浸种催芽、播种，药液可连续使用两次，可防治水稻苗期叶瘟病、徒长病、胡麻叶斑病、白叶枯病等。

③ 叶面喷雾。发病初期开始喷雾，每次每亩用 30％乳油 50mL（有效成分 15g），每隔 7～14d 1 次，可防治水稻稻瘟病、胡麻叶斑病、白叶枯病、纹枯病，甘蔗凤梨病，蔬菜炭疽病，立枯病，柑橘溃疡病等。

④ 根部灌根。用 30％乳油 200～375mg/L 药液灌根，可以防治瓜类猝倒病、蔓割病、立枯病等。

专利概况 化合物专利 GB1129575 早已过专利期，不存在专利权问题。

合成方法 以 2-巯基苯并噻唑和二卤甲烷如二溴甲烷为原料，经如下反应即可制得目的物：

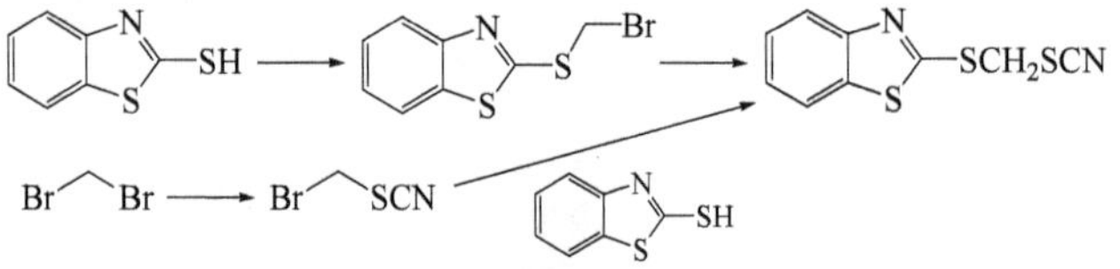

参考文献

[1] 农业部农药检定所. 新编农药手册.1989：353.

苯噻酰草胺 mefenacet

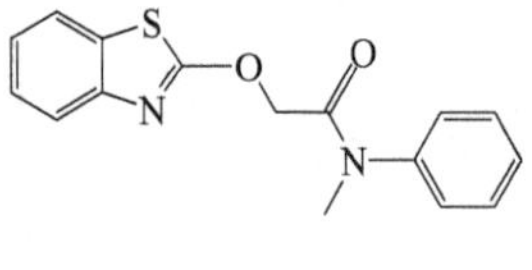

$C_{16}H_{14}N_2O_2S$，298.4，73250-68-7

苯噻酰草胺（mefenacet），试验代号 FOE 1976、NTN 801，商品名称 Hinochloa、Rancho，其他名称 Baikesi、苯噻草胺，是由 Nihon Bayer Agrochem K. K 开发的酰胺类除草剂。

化学名称 2-(1,3-苯并噻唑-2-基氧)-N-甲基乙酰苯胺或 2-苯并噻唑-2-基氧-N-甲基乙酰苯胺，2-(1,3-benzothiazol-2-yloxy)-N-methylacetanilide 或 2-benzothiazol-2-yloxy-N-methylacetanilide。

理化性质 纯品为无色无味固体，熔点 134.8℃。蒸气压（mPa）：6.4×10^{-4}（20℃），11（100℃）。分配系数 K_{ow}lg$P=3.23$。亨利常数 4.77×10^{-5}Pa·m³/mol(20℃)。水中溶解度（20℃）4mg/L；其他溶剂中溶解度（20℃，g/L）：二氯甲烷>200，己烷 0.1～1.0，甲苯 20～50，异丙醇 5～10。对光稳定。在 30℃、0.5y 内，94.8％不变，pH 4～9 时不易水解。

毒性 大鼠、小鼠、狗急性经口 $LD_{50}>5000mg/kg$。大、小鼠急性经皮 $LD_{50}>5000mg/kg$。大鼠急性吸入 LC_{50}(4h)0.02mg/L(粉剂)，对兔皮肤、眼睛无刺激性。NOEL(mg/kg 饲料)：大鼠(2y)100，小鼠 300。ADI 0.0036mg/kg。

生态效应 山齿鹑饲喂 LC_{50}(5d)$>5000mg/kg$ 饲料。鱼毒 LC_{50}(96h,mg/L)：鲤鱼 6.0，虹鳟鱼 6.8。水蚤 LC_{50}(48h)1.81mg/L。淡水藻 EC_{50}(96h)0.18mg/L。蚯蚓 LC_{50}(28d)$>1000mg/kg$ 干土。

环境行为

(1) 动物 在大鼠体内降解为 N-甲基苯胺，随后发生脱甲基化、乙酰化和羟基化得到 4-氨基苯酚及硫酸盐和葡糖苷酸配合物。

(2) 植物 经由 N-甲基苯胺的氧化而代谢为 4-氨基苯酚。其他代谢产物为苯并噻唑酮和苯并噻唑氧基乙酸，它们再通过羟基化降解。

(3) 土壤/环境 苯噻酰草胺强烈吸附于土壤而很少移动。DT_{50} 为几周，代谢产物为苯并噻唑酮和苯并噻唑氧基乙酸。在无菌的缓冲溶液中，苯噻酰草胺在所有 pH 都缓慢水解。因此，在自然水中，它降解更快。

制剂 50%可湿性粉剂。

主要生产商 Bayer CropScience、Dongbu Fine、大连瑞泽农药股份有限公司、江苏快达农化股份有限公司及江苏绿利来股份有限公司。

作用机理与特点 细胞生长和分裂抑制剂，为选择性除草剂。

应用 主要用于移栽稻田中，每亩以 $30\sim40g(a.i.)/hm^2$ 在苗前和苗后施用，可有效防除禾本科杂草，对稗草有特效，对水稻田一年生杂草如牛毛毡、瓜皮草、泽泻、眼子菜、萤蔺、水莎草等亦有效。对移植水稻有优异的选择性，土壤对其吸附力强、渗透少，在一般水田条件下施药大部分分布在表层 1cm 以下，形成处理层，秧苗的生长不要与此层接触，以免产生药害。其持效期在一个月以上。在移植水稻田防除一年生杂草和牛毛毡时，在移植后 3~10d(稗草 2 叶期)、3~14d(稗草 3 叶期或稗草 3.5 叶期)施药，施药方法为灌水洒施。

专利与登记 专利 DE2822155、DE2903966 等均已过专利期，不存在专利权问题。国内登记情况：50%可湿性粉剂，登记作物为水稻移栽田和水稻抛秧田，防治对象为稗草和异型莎草等。

合成方法 苯噻酰草胺主要以苯胺和 2-巯基苯并噻唑为起始原料，经以下路线制得：

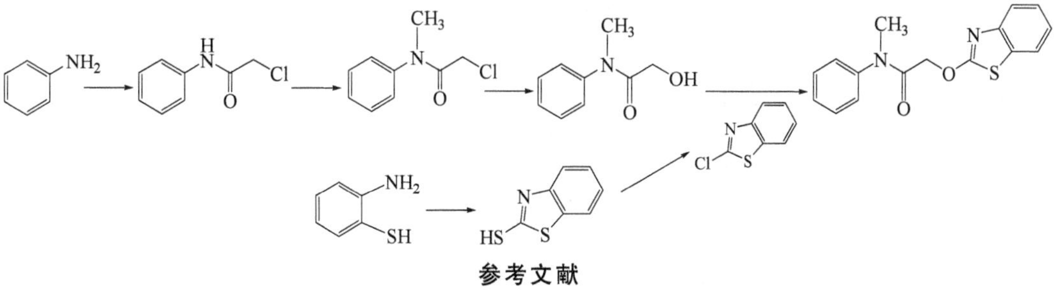

参考文献

[1] 杨剑波，等. 农药，2000，2：14.

苯霜灵 benalaxyl

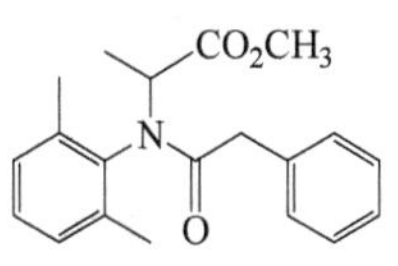

$C_{20}H_{23}NO_3$，325.4，71626-11-4

苯霜灵(benalaxyl)，试验代号 M9834，商品名称 Galben、Fobeci、Tairel、Trecatol M。

其他名称　Amalfi、Baldo C、Baldo F、Baldo M、Eucrit R、Galben C、Galben F、Galben M、Galben Plus、Galben Plus 75、Input N、Intro Plus、Tairel C、Tairel F、Tairel M、Tairel Plus、Tairel R。是由意大利 Isagro 公司开发的酰胺类杀菌剂。

化学名称　N-苯乙酰基-N-2,6-二甲苯基-DL-丙氨酸甲酯。methyl N-phenylacetyl-N-2,6-xylyl-DL-alaninate。

理化性质　纯品为白色、几乎无味固体，熔点 78~80℃。蒸气压 0.66mPa(25℃,大气饱和法)。分配系数 K_{ow}lgP=3.54(20℃)。Henry 常数 $6.5×10^{-3}$Pa·m³/mol(20℃,计算)。相对密度 1.181(20℃)。水中溶解度 28.6mg/L(20℃)，丙酮、甲醇、乙酸乙酯、1,2-二氯乙烷、二甲苯中溶解度(22℃)>250g/kg，正庚烷中溶解度<20g/kg。在强碱中水解；在 pH 4~9 水溶液中稳定；DT_{50}86d(pH 9,25℃)。在氮气保护下，250℃以下稳定，在水溶液中对光稳定。

毒性　急性经口 LD_{50}(mg/kg)：大鼠 4200，小鼠 680。大鼠急性经皮 LD_{50}>5000mg/kg。对兔皮肤和兔眼睛无刺激性，对豚鼠皮肤无致敏性。大鼠急性吸入 LC_{50}(4h,经鼻)>4.2mg/L。NOEL 数据[mg/(kg·d)]：大鼠 100(2y)，小鼠 250(1.5y)，狗 200(1y)。ADI 值 0.07mg/kg(JMPR)，0.04mg/kg(EC)。无致畸、致突变、致癌作用。

生态效应　鸟急性经口 LD_{50}(mg/kg)：野鸭>4500，山齿鹑>5000，鸡 4600。山齿鹑和野鸭饲喂 LC_{50}(5d)>5000mg/kg。鱼毒 LC_{50}(96h,mg/L)：虹鳟鱼 3.75，金鱼 7.6，古比鱼 7.0，鲤鱼 6.0。水蚤 LC_{50}(48h)0.59mg/L。海藻 EC_{50}(96h)2.4mg/L。对蜜蜂无毒，LD_{50}(48h)>100μg/只，蚯蚓 LC_{50}(48h)180mg/kg 土壤。

环境行为

(1) 动物　本品在大鼠体内代谢迅速，在 2d 内 23% 通过尿排出，75% 通过粪便排出。

(2) 植物　缓慢代谢为糖苷。

(3) 土壤/环境　通过土壤中微生物的作用缓慢降解为多种酸性代谢物。在砂壤土中 DT_{50}77d。K_{oc}2728~7173(三种土壤)。

制剂　乳油、颗粒剂、可湿性粉剂。

主要生产商　FMC、Punjab、浙江禾本科技有限公司及一帆生物科技集团有限公司。

作用机理与特点　通过感染核糖体 RNA 的合成，抑制真菌蛋白质的合成。内吸性杀菌剂，具有保护、治疗和铲除作用。可被植物根、茎、叶迅速吸收，并在植物体内运转到各个部位，且耐雨水冲刷。

应用

(1) 适宜作物　葡萄、烟草、柑橘、啤酒花、大豆、草莓、马铃薯及多种蔬菜、花卉及其他观赏植物、草坪等。

(2) 防治对象　几乎对所有卵菌病原菌引起的病害都有效。对霜霉病和疫霉病有特效。如马铃薯晚疫病、葡萄霜霉病、啤酒花霜霉病、甜菜疫病、油菜白锈病、烟草黑茎病、柑橘脚腐病、黄瓜霜霉病、番茄疫病、谷子白发病、芋疫病、辣椒疫病以及由疫霉菌引起的各种猝倒病和种腐病等。

(3) 使用方法　茎叶处理、种子处理、土壤处理均可。使用剂量为 100~240g(a.i.)/hm²。

专利概况　专利 BE873908、DE2903612、IT1989678 均已过专利期，不存在专利权问题。

合成方法　以 2,6-二甲基苯胺为原料，先与 2-氯丙酸甲酯反应，再与苯乙酰氯缩合即得目的物，反应式如下：

参考文献

[1] The Pesticide Manual，15th edition. 2009：74-75.

高效苯霜灵 benalaxyl-M

$C_{20}H_{23}NO_3$，325.4，98243-83-5

高效苯霜灵（benalaxyl-M），试验代号 IR 6141。商品名称 Fantic、Fantic F，其他名称 Capri、kiralaxyl、Sidecar、Stadio。是由意大利 Isagro S. P. A. 公司开发的酰胺类杀菌剂。

化学名称 N-（苯乙酰基）-N-（2,6-二甲苯基）-D-丙氨酸甲酯，methyl N-phenylacetyl-N-2,6-xylyl-D-alaninate。

理化性质 苯霜灵的（R）-对映体，含量≥96%。白色、无味的结晶固体。熔点（76.0±0.5）℃，沸点280～290℃。蒸气压$5.95×10^{-2}$mPa（25℃）。$K_{ow}lgP=3.67$，Henry 常数$2.33×10^{-4}$Pa•m³/mol（20℃）。相对密度1.1731[（20±1）℃]。水中溶解度33.00mg/L（pH 7,20℃）；在丙酮、甲醇、乙酸乙酯、1,2-二氯乙烷和二甲苯中溶解度＞45%；在正庚烷中溶解度为18682mg/L（20℃）。在 pH 4～7 的水溶液中稳定存在。DT_{50}11d（pH 9,50℃），301.3d（pH 9,25℃）。在水溶液中对光稳定。

毒性 大鼠急性经口LD_{50}＞2000mg/kg。大鼠急性经皮LD_{50}＞2000mg/kg，对皮肤和眼睛无刺激。大鼠 NOAEL 值（2y）4.42mg/（kg•d）。ADI（BfR）0.04mg/kg [2006]。无致癌、致畸、致突变。

生态效应 山齿鹑急性经口LD_{50}＞2000mg/kg，山齿鹑每日允许摄入量LC_{50}＞5000mg/kg。虹鳟鱼LC_{50}（96h）＞4.9mg/L。水蚤EC_{50}（48h）＞17.0mg/L。淡水藻E_rC_{50}（96h）16.5mg/L，E_bC_{50}（72h）17.0mg/L。蜜蜂LD_{50}＞104μg/只（经口和触杀）。蚯蚓LC_{50}（14d）472.7mg/kg 土壤。

环境行为

（1）动物 大鼠经口后，2d 之内在体内快速代谢，并以尿液和粪便的形式排出体外。

（2）植物 缓慢地分解成糖苷。

（3）土壤/环境 通过土壤中的微生物缓慢地分解成酸性代谢物。DT_{50}（实验室条件下,需氧,20℃）36～124d（4 种土壤类型）。K_{oc}2005～12346（4 种土壤类型）。

制剂 水分散颗粒剂、可湿性粉剂。

生产商 Isagro。

作用机理与特点 具有保护、治疗和铲除作用的内吸性杀菌剂。通过根部、茎部和叶部吸收向上传输到作物的各个部位。通过抑制孢子的萌发和菌丝的生长起到保护作用，通过抑制菌丝的生长起到治疗作用，铲除作用是通过抑制分生孢子的形成而起作用的。

应用

（1）适宜作物 谷子、马铃薯、葡萄、烟草、柑橘、啤酒花、蔬菜等。

（2）防治对象 对多种作物的霜霉病和疫霉病有特效。如马铃薯晚疫病、葡萄霜霉病、啤酒花霜霉病、甜菜疫病、油菜白锈病、烟草黑胫病、柑橘脚腐病、黄瓜霜霉病、番茄疫病、谷子白发病、芋疫病、辣椒疫病以及由疫霉菌引起的各种猝倒病和种腐病等。

（3）使用方法

① 种子处理。a. 谷子用35%拌种剂200～300g 干拌或湿拌100kg 种子，可防治谷子白发病。b. 大豆用35%拌种剂300g 干拌100kg 种子，可防治大豆霜霉病。

② 喷雾。a. 用25%可湿性粉剂480～900g/hm²，兑水750～900kg 喷施，可防治黄瓜、白菜

霜霉病。b. 用 25％可湿性粉剂 2.25～3kg/hm²，兑水 750～900kg 喷施，可防治马铃薯晚疫病和茄绵疫病。

③ 土壤处理。用 5％颗粒剂 30～37.5kg/hm² 或 25％可湿性粉剂 2kg/hm² 兑水喷淋苗床，可防治烟草黑胫病、蔬菜和甜菜猝倒病。

④ 啤酒花。以 1g(a.i.)/L 浓度在春季剪枝后喷药，可防治啤酒花霜霉病。

专利概况 C. Garavaglia 首次在 Atti Giornate Fitopatologiche(2004,2,67 - 72)上报道其作为杀菌剂使用。

专利名称 *R*-enantiomers ofmetalaxyl，furalaxyl or benalaxyl，as fungicides

专利号 WO9601559 **专利申请日** 1995-06-30

专利拥有者 Ciba-Geigy A.-G.，Switz

合成方法 以 L-乳酸甲酯或 L-氯丙酸甲酯为原料，先与 2,6-二甲苯胺反应，后与苯乙酰氯反应即得目的物。反应式为：

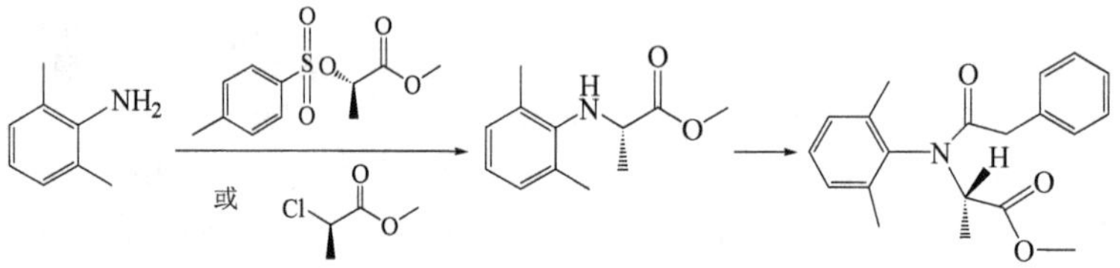

参考文献

[1] Pesticide Science, 1985, 16 (3)：277-286.

[2] The Pesticide Manual. 15th edition. 2009：76-77.

苯酞氨酸 *N*-phenylphthalamic acid

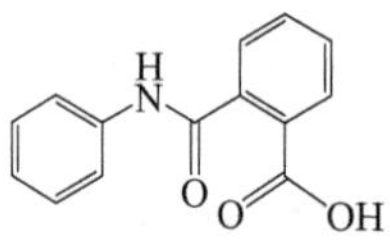

$C_{14}H_{11}NO_3$，241.2，4727-29-1

苯酞氨酸(*N*-phenylpHthalamic acid)，商品名称 Nevirol，其他名称 phthalanilic acid。是由 Neviki 研究所开发的植物生长调节剂。

化学名称 *N*-苯基邻苯二甲酸单酰胺或邻(*N* - 苯氨基羰基)苯甲酸。*N*-phenylphthalamic acid。

理化性质 工业品纯度≥97％，纯品为无味的白色粉末，熔点 169℃(分解)。密度 (390± 50) g/dm³。水中溶解度为 20mg/L(20℃)，易溶于甲醇、乙醇、丙酮和乙腈。在中性条件下稳定，强酸条件下水解。在 100℃以上或者紫外线照射条件下能缓慢分解成 *N*-苯基邻苯二甲酰亚胺。$pK_a 2～3$。

毒性 雄性和雌性大、小鼠急性经口 LD_{50}＞5000mg/kg。鼠、兔急性经皮 LD_{50}＞2000mg/kg。对兔眼睛有轻度刺激性，对兔皮肤无刺激性。对豚鼠皮肤无致敏性。大鼠急性吸入 LC_{50} (4h)5300mg/m³。急性腹腔注射 LD_{50}(mg/kg)：雄性大鼠 1821.0，雌性大鼠 1993.7。

生态效应 雄性日本鹌鹑和野鸡急性经口 LD_{50}＞10700mg/kg。鱼毒 LC_{50}(96h,mg/L)：鲤鱼 650，金鱼 1000，梭子鱼 360。水蚤 EC_{50}(96h)42mg/L。水藻 EC_{50}(96h)74mg/L。蜜蜂经口 LD_{50}

$>1000\mu g/10$ 只。

制剂 可湿性粉剂。

主要生产商 Agroterm。

作用机理与特点 内吸性植物生长调节剂，通过叶面喷施，可迅速被植物吸收，促进营养物质向花的生长点移动，即使在不利的气候条件下也利于授精授粉，可诱发花蕾成花结果、提高坐果率，并能使果实增大、成熟期提前。

应用

(1) 适用作物 番茄、辣椒、菜豆、豌豆、大豆、油菜、苜蓿、扁豆、向日葵、水稻、苹果、葡萄、樱桃等。

(2) 使用方法 一般在花期施药，使用剂量为 $10\sim30g(a.i.)/hm^2$。

专利概况 专利 HU176582 早已过专利期，不存在专利权问题。

合成方法 以苯酐和苯胺为起始原料，一步即得目的物。反应式如下：

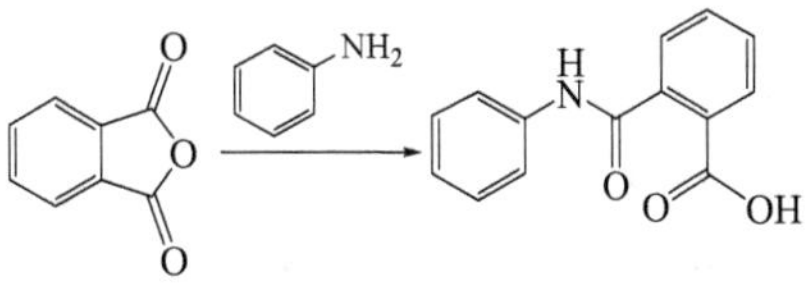

苯酰菌胺 zoxamide

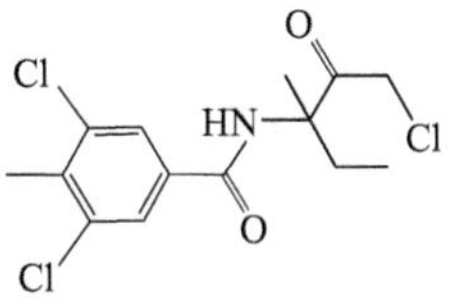

$C_{14}H_{16}Cl_3NO_2$，336.6，156052-68-5

苯酰菌胺(zoxamide)，试验代号 RH-7281，商品名称 Electis、Gavel、Zoxium，是由罗门哈斯公司(现为美国陶氏益农公司)开发的酰胺类杀菌剂。

化学名称 (RS)-3,5-二氯-N-(3-氯-1-乙基-1-甲基-2-氧代丙基)-对甲基苯甲酰胺。(RS)-3,5-dichloro-N-(3-chloro-1-ethyl-1-methyl-2-oxopropyl)-p-toluamide。

理化性质 纯品为白色粉末，熔点 $159.5\sim160.5$℃，蒸气压$<1\times10^{-2}$mPa(45℃)，分配系数 $K_{ow}lgP=3.76$(20℃)，Henry 常数$<6\times10^{-3}$Pa·m³/mol(计算值)。相对密度 1.38(20℃)。在水中的溶解度 0.681mg/L(20℃)，在丙酮中的溶解度 55.7g/L(25℃)。水中的水解 DT_{50}：15d(pH 4 和 7)，8d(pH 9)。水中光解 DT_{50}7.8d。土壤 DT_{50}2~10d。

毒性 大鼠急性经口 $LD_{50}>5000$mg/kg。大鼠急性经皮 $LD_{50}>2000$mg/kg。大鼠吸入 LC_{50}(4h)>5.3mg/L，对兔皮肤和眼睛均无刺激作用，对豚鼠皮肤有致敏性。NOEL 数据：狗饲喂 1y 50mg/(kg·d)。ADI 值 0.1mg/kg [1999，2001]（JMPR），0.1mg/kg [2008]（JMPR），0.35mg/kg [1999]（EPA）。无致突变、致畸性和致癌性。

生态效应 鸟类山齿鹑急性经口 $LD_{50}>2000$mg/kg，野鸭和山齿鹑饲喂 $LC_{50}>5250$mg/kg。野鸭和山齿鹑的 NOEL 为 1000mg/kg（饲喂）。鱼类 LC_{50}(96h，$\mu g/L$)：虹鳟鱼 160，大翻车鱼>790，红鲈>855，斑马鱼>730。鲦鱼 NOEC 为 $60\mu g/L$。水蚤 EC_{50}(48h)$>780\mu g/L$，其后代 NOEC(21d)$39\mu g/L$。藻类 EC_{50}(120h，$\mu g/L$)：栅藻 11，羊角月牙藻 19，水华鱼腥藻>860，舟形

藻>930，骨藻>910。其他水生物 $EC_{50}(\mu g/L)$：亚洲牡蛎(48h)703，糠虾(96h)76，浮萍(14d)17。蜜蜂 $LD_{50}(\mu g/只)$：经口>200，接触>100。蚯蚓 $LC_{50}(14d)>1070mg/kg$ 土壤，非致死剂量条件下生长和繁殖的 NOEC 为 7mg/kg 天然土壤。其他益虫：根据 IOBC 分类标准，在 $0.15kg/hm^2$ 的剂量下，对捕食螨、缢管蚜、蚜茧蜂、豹蛛、捕食性步甲、普通草蛉及花蝽无毒性。在 $0.3kg/hm^2$ 的剂量下，对茧蜂和草蛉有轻微毒性。

环境行为 苯酰菌胺在环境中不太稳定，在环境中的存留时间短，随食物链传递的可能性比较低。

(1) 动物 苯酰菌胺在动物体内可被迅速吸收(在48h吸收约60%)，并可迅速以粪便的形式排出体外(在48h内排出约85%)。在尿液和粪便中共检测到36种代谢物，这些代谢物主要通过水解、氧化、还原脱卤和结合反应生成，排出体外的主要成分是母体化合物。苯酰菌胺在大翻车鱼体内的半衰期为 0.4d。

(2) 植物 苯酰菌胺可以分散在植物的表层，但不容易在植物体内传输。

(3) 土壤/环境 在土壤中的半衰期为 2~10d，主要代谢产物是二氧化碳。K_{oc} 815~1443 (平均值为1224)，低流动性，不易被淋洗掉。

制剂 24%悬浮剂、80%可湿性粉剂。

主要生产商 Dow AgroSciences。

作用机理与特点 苯酰菌胺的作用机制在卵菌纲杀菌剂中是很独特的，它通过微管蛋白 β-亚基的结合和微管细胞骨架的破裂来抑制菌核分裂。苯酰菌胺不影响游动孢子的游动、孢囊形成或萌发。伴随着菌核分裂的第一个循环，芽管的伸长受到抑制，从而阻止病菌穿寄主植物。实验室中用冬瓜疫霉病和马铃薯晚疫病试图产生抗性突变体没有成功，可见田间快速产生抗性的危险性不大。实验室分离出抗苯甲酰胺类和抗二甲基吗啉类的菌种，试验结果表明苯酰菌胺与之无交互抗性。

应用

(1) 适宜作物与安全性 马铃薯、葡萄、黄瓜、胡椒、辣椒、菠菜等。在推荐剂量下对多种作物都很安全，对哺乳动物低毒，对环境安全。

(2) 防治对象 主要用于防治卵菌纲病害，如马铃薯和番茄晚疫病，黄瓜霜霉病和葡萄霜霉病等；对葡萄霜霉病有特效。离体试验表明，苯酰菌胺对其他真菌病原体也有一定活性，推测对甘薯灰霉病、莴苣盘梗霉、花生褐斑病、白粉病等有一定的活性。

(3) 应用技术 苯酰菌胺是一种高效的保护性杀菌剂，具有长的持效期和很好的耐雨水冲刷性能；因此应在发病前使用，且要掌握好用药间隔时间，通常为 7~10d。

(4) 使用方法 主要用于茎叶处理，使用剂量为 $100~250g(a.i.)/hm^2$。实际应用时常和代森锰锌以及其他杀菌剂混配使用，不仅扩大杀菌谱，而且可提高药效。

专利与登记 专利EP0600629、EP816330、EP816328等均已过专利期，不存在专利权问题。国内登记情况：75%苯酰·锰锌水分散粒剂，97%原药。登记作物：黄瓜。防治对象：霜霉病。美国高文国际商业有限公司在中国的登记情况见表12。

表 12 美国高文国际商业有限公司在中国的登记情况

登记名称	登记证号	含量	剂型	登记作物	防治对象	用药量/(g/hm²)	施用方法
苯酰菌胺	LS20130311	96%	原药				
苯酰·锰锌	LS20130312	代森锰锌66.7%、苯酰菌胺8.3%	水分散粒剂	黄瓜	霜霉病	1125~1687.5	喷雾

合成方法 以对甲基苯甲酸为起始原料，经氯化、酰胺化，再经氯化合环，最后与盐酸开环即得目的物。反应式为：

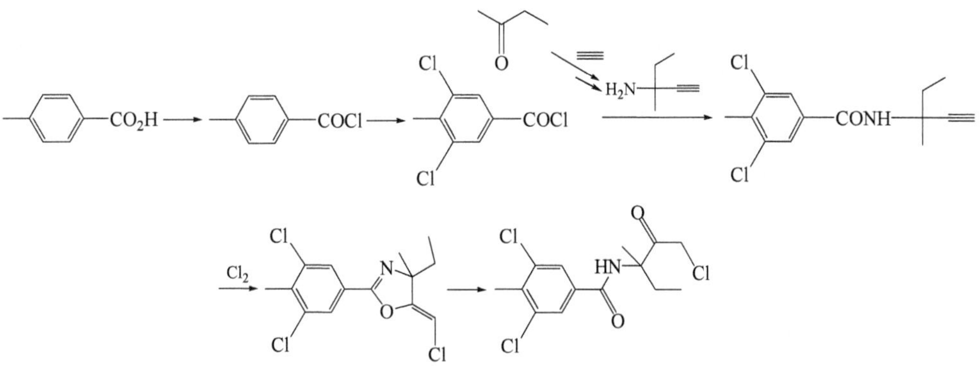

参考文献

[1] The Pesticide Manual. 15th edition. 2009：1198-1200.
[2] Proc Brighton Crop Prot Conf：Pests & Diseases，1998，2：335.

苯线磷 fenamiphos

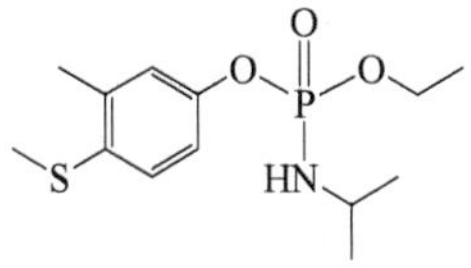

$C_{13}H_{22}NO_3PS$，303.4，22224-92-6

苯线磷（fenamipH os），试验代号 BAY68138、SRA3886。商品名称 Fenami、Fenatode、Nemacur、Javelin。其他名称 methaphenamiphos、phenamiphos、苯胺磷、克线磷、力满库、线威磷。是拜耳公司开发的有机磷类杀虫剂。

化学名称 3-甲基-4-(甲硫基)苯基异丙基磷酰胺乙酯。ethyl 4-methylthio-*m*-tolyl isopropylphosphoramidate。

理化性质 无色结晶固体（原药为棕褐色蜡状固体），熔点 49.2℃（原药 46℃）。蒸气压 0.12mPa(20℃)、4.8mPa(50℃)。相对密度 1.191(23℃)。K_{ow} lg$P$＝3.30(20℃)。Henry 常数 9.1×10^{-5}Pa·m^3/mol(20℃)。水中溶解度(20℃)0.4g/L；其他溶剂中溶解度(20℃,g/L)：二氯甲烷、异丙醇、甲苯＞200，正己烷 10～20。水解 DT$_{50}$(22℃)：1y(pH 4)、8y(pH 7)、3y(pH 9)。闪点 200℃。

毒性 急性经口 LD$_{50}$(mg/kg)：雄、雌大鼠约 6，小鼠、狗和猫约 10。大鼠急性经皮 LD$_{50}$约 80mg/kg。本品对兔眼睛和皮肤有轻微刺激。大鼠吸入 LC$_{50}$(4h)约 0.12mg/L 空气（气溶胶）。大鼠 NOEL(2y)0.56mg/(kg·d)。ADI：(JMPR，EC)0.0008mg/kg［1997，2002，2006］；(EPA) aRfD 0.0012mg/kg，cRfD 0.0001mg/kg［2002］。

生态效应 急性经口 LD$_{50}$(mg/kg)：山齿鹑 0.7～1.6，野鸭 0.9～1.2。饲喂 LC$_{50}$(5d,mg/kg 饲料)：野鸭 316，山齿鹑 38。鱼类 LC$_{50}$(96h,mg/L)：大翻车鱼 0.0096，虹鳟鱼 0.0721。水蚤 LC$_{50}$(48h)0.0019mg/L。羊角月牙藻 E$_r$C$_{50}$11mg/L。蚯蚓 LC$_{50}$795mg/kg 土壤（400g/L 乳油）。对鱼类毒性中等。按推荐剂量使用，对蜜蜂和蚕无害，对鸟类有毒，对家禽剧毒。

环境行为

（1）动物 放射性标记的苯线磷在口服后可几乎完全排泄，在服用 4h 后，40%～80%可以被排出体外，48h 后高于 96%都被排泄掉。主要的代谢物是苯线磷硫原子氧化成的酚类化合物及其各自的硫酸键合物。与代谢物毒性相关的主要是苯线磷的砜及去异丙基的砜类化合物。其母体化合物及其他氧化物以及去异丙基化合物均未检测到。

(2) 植物　本品通过硫基氧化和水解的方式降解，主要代谢物为砜和亚砜。

(3) 土壤/环境　对土壤中的微生物无影响，在水中易降解，在土壤表面可降解，在土壤中持效期约 4 个月。本品在土壤中流动慢，半衰期(需氧型和厌氧型土壤)为几周，其主要代谢物为砜、亚砜和酚化合物。

制剂　10％、20％颗粒剂。

主要生产商　Bayer CropScience、Makhteshim-Agan、泰达集团，一帆生物科技集团有限公司。

作用机理与特点　胆碱酯酶的直接抑制剂，是一种具有触杀和胃毒作用的高效、内吸性杀虫剂，残效期长，药剂从根部吸收进入植物体内，经茎秆和叶片向顶部输导，在植物体内可以上下传导，同时药剂也能很好地分布于土壤中，由于药剂水溶性好，借助雨水或灌溉水进入作物的根层，对线虫的防治提供了双重的保护作用。对于土壤中的体外寄生线虫，苯线磷的药效比亚砜代谢物更有效、更持久，代谢物砜的药性最差。而对于植物体内寄生虫，砜比亚砜的效果要好。

应用

(1) 适用作物　香蕉、菠萝、柑橘、仁果、核果、葡萄、麻、棉花、咖啡、可可、黄秋葵、花生、大豆、葫芦、番茄、马铃薯、蔬菜、甜菜、观赏植物、烟草、草皮等。

(2) 防治对象　外寄生虫、体内寄生虫、根瘤线虫、结节线虫和自由线虫，以及蚜虫、蓟马、粉虱、盲蝽、红蜘蛛等刺吸式口器害虫。

(3) 使用方法　可在播种或作物生长期使用，可沟施、穴施或撒施，也可把药液直接施入灌溉水中。土壤施药对作物无药害。

防治花生、棉花、烟草、麻、蔬菜等作物线虫，用 10％颗粒剂 30～60kg/hm²，均匀地撒施后，耕翻入土，然后播种，也可在作物根侧开沟，将药施入沟内后覆土，或待花生等作物幼苗出土后，直接施于株行间。

防治柑橘、葡萄、香蕉、可可、咖啡等多年生果树线虫，用 10％颗粒剂 45～75kg/hm² 进行沟施。

防治大豆根线虫、结根线虫，用 10％颗粒剂 1～4kg/hm² 进行条施或用 10％颗粒剂 4～6kg/hm² 撒施。

防治马铃薯金线虫、根结线虫、自由习居线虫，用 10％颗粒剂 7.5kg/hm² 撒施。

专利概况　专利 DE1121882、US2978479 早已过专利期，不存在专利权问题。

合成方法　经如下反应制得苯线磷：

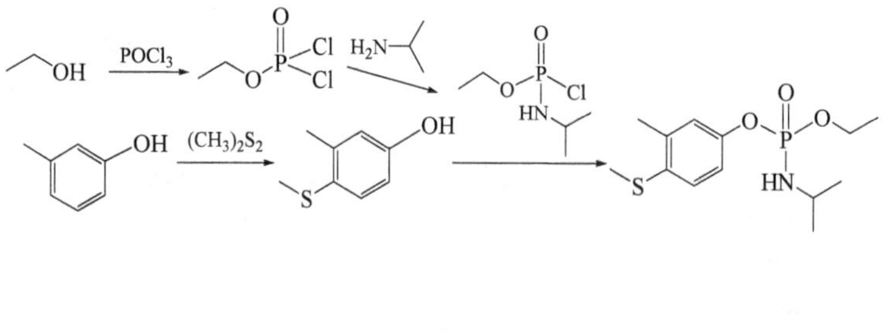

苯锈啶 fenpropidin

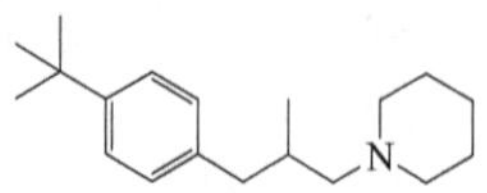

$C_{19}H_{31}N$，273.5，67306-00-7

苯锈啶（fenpropidin），试验代号　Ro 123049/000、CGA114900，商品名 Instinct、Gladio、Tern，其他名称　Gardian、Mallard。是由先正达公司开发的哌啶类杀菌剂。

化 学 名 称　（RS）-1-［3-（4-叔丁基苯基）-2-甲基丙基］哌啶。（RS）-1-［3-（4-*tert*-butylphenyl)-2-methylpropyl］piperidine。

理化性质　纯品为淡黄色、黏稠、无味液体。沸点：＞250℃，70.2℃/1.1Pa。蒸气压 17mPa(25℃)，分配系数 $K_{ow} lgP$(25℃,pH 7)＝2.9，Henry 常数 10.7 Pa·m³/mol(25℃,计算)。相对密度 0.91(20℃)。水中溶解度(g/m³,25℃)：530(pH 7)，6.2(pH 9)；易溶于丙酮、乙醇、甲苯、正辛醇、正己烷等有机溶剂。在室温下密闭容器中稳定至少 3y，其水溶液对紫外线稳定，且不水解。强碱，pK_a 10.1，闪点 156℃。

毒性　大鼠急性经口 LD_{50}＞1452mg/kg，大鼠急性经皮 LD_{50}＞4000mg/kg。对兔皮肤和眼睛有刺激性，对豚鼠皮肤有致敏性。大鼠吸入 LC_{50}(4h)1220mg/m³ 空气。NOEL 值[mg/(kg·d)]：大鼠(2y)0.5，小鼠(1.5y)4.5，狗(1y)2。ADI(EC)0.02mg/kg ［2008］，大鼠急性腹腔 LD_{50} 346mg/kg。无致畸、致癌、致突变作用，对繁殖无影响。

生态效应　鸟类急性经口 LD_{50}(mg/kg)：野鸭1900，野鸡370。野鸭饲喂 LC_{50} 3760mg/kg 饲料。鱼毒 LC_{50}(96h,mg/L)：虹鳟鱼 2.6，鲤鱼 3.6，大翻车鱼 1.9。水蚤 LC_{50}(48h)0.5mg/L。藻类 $E_b C_{50}$(96h)：铜绿微囊藻 4.4，绿藻 0.0002，舟形藻 0.0025。对蜜蜂无害，LD_{50}(48h,mg/只)：＞0.01(经口)，0.046(接触)。蚯蚓 LC_{50}(14d)＞1000mg/kg 土壤。对食肉的智利捕植螨幼虫中等毒性。

环境行为

(1) 动物　大鼠口服后，苯锈啶会被广泛地吸收、分解，最终以尿液和粪便的形式排出体外，在大翻车鱼体内清除时间 DT_{50}＜1d，体内不会有潜在的生物累积。

(2) 植物　相对快速广泛的降解，在小麦田中，主要的代谢途径包括羟基化哌啶环和氧化叔丁基。在小麦和大麦田中 DT_{50} 为 4～11d。

(3) 土壤/环境　迅速地被吸收，K_d 17.4(砂土，pH 6.6，有机碳 0.52%)～117.1（砂质黏壤土，pH 7.3，有机碳 2.2%）；在 40% 湿度、75% FC、1/3 bar、(20±2)℃ 下在土壤中被广泛地降解，DT_{50} 58d (肥土，pH 7.5，有机碳 3.2%) 到 95d（砂壤土，pH 7.4，有机碳 2.8%），在土壤中，苯锈啶和其代谢物不会被滤出，苯锈啶在土壤表层不会光解。

制剂　50%乳油。

主要生产商　Cheminova 及 Syngenta 等。

作用机理与特点　麦角菌生物合成抑制剂，在还原和异构化阶段起抑制作用。具有保护、治疗和铲除活性的内吸性杀菌剂的作用，在木质部还具有传导作用。

应用　主要用于防治禾谷类作物的白粉病、锈病。防治大麦白粉病、锈病使用剂量为 375～750g(a.i.)/hm²，持效期约 28d。

专利概况　化合物专利 GB1584290、DE2752135、US4241058 均已过期，不存在专利权问题。

合成方法　以叔丁基苯为原料，首先进行酰化反应等三步反应制得 4-叔丁基苯基异丁醛，然后再与哌啶在甲苯中反应，并用甲酸处理，反应的同时除去水，加热反应后，即制得苯锈啶。反应式如下：

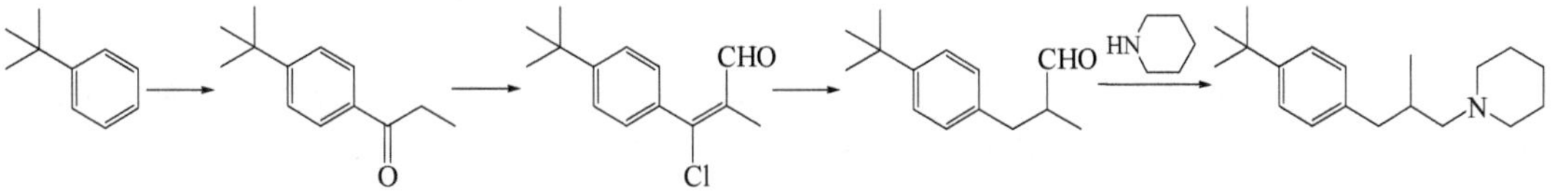

参考文献

[1] The pesticide Manual，15th edition. 2009：485-486.

苯氧菌胺 metominostrobin

$C_{16}H_{16}N_2O_3$，284.3，133408-50-1

苯氧菌胺（metominostrobin），试验代号 SSF-126，商品名称 Imochi ace、Imotiace、Oribright、Ringo-L、Sumirobin。是日本盐野义株式会社（现属于拜耳公司）开发的甲氧基丙烯酸酯类杀菌剂。

化学名称 （E）-2-甲氧亚氨基-N-甲基-2-(2-苯氧苯基)乙酰胺。（E）-2-methoxyimino-N-methyl-2-(2-phenoxyphenyl)acetamide。

理化性质 工业品>97%，纯品为白色结晶状固体，熔点 87～89℃。相对密度 1.27～1.30 (20℃)。蒸气压 0.018mPa(25℃)，K_{ow}lg$P$=2.32(20℃)。水中溶解度 0.128g/L(20℃)；其他溶剂中溶解度(g/L,25℃)：二氯甲烷 1380，氯仿 1280，二甲亚砜 940。对热、酸、碱稳定，遇光稍有分解。

毒性 大鼠急性经口 LD_{50}(mg/kg)：雄性 776，雌性 708。雌、雄大鼠急性经皮 LD_{50}>2000mg/kg。雌、雄大鼠吸入 LC_{50}(4h)>1880mg/m³。对兔皮肤无刺激，对兔眼稍有刺激性。对皮肤无致敏性。NOAEL[mg/(kg·d)]：雄性大鼠 1.6，雌性大鼠 1.9，雄性小鼠 2.9，雌性小鼠 2.7，雄、雌性狗 2。ADI 值 0.016mg/kg。

生态效应 野鸭急性经口 LC_{50}>5200mg/L。鲤鱼 LC_{50}(96h)18.1mg/L。水蚤 EC_{50}(mg/L)：(48h)14.0，(24h)22.3。小球藻 EC_{50}(72h)51.0mg/L，NOEC(72h)10mg/L。蜜蜂 LC_{50}(48h,接触)>100μg/只。蚯蚓 LC_{50}(14d)114mg/kg，NOEC(14d)56.2mg/kg。蚕 LC_{50}(5d)250mg/L。

环境行为

（1）动物 苯氧菌胺在大鼠体内可被迅速吸收，并且几乎 100%能够排出体外。苯氧菌胺在动物体内的主要代谢途径为二芳醚的水解、N-甲基甲酰氨基的脱甲基化。

（2）植物 苯氧菌胺在水稻中的主要代谢途径为 N-甲基甲酰氨基的水解和脱甲基化及肟的水解反应。

（3）土壤/环境 在土壤中的降解半衰期 DT_{50}98d(需氧)。

制剂 颗粒剂、可湿性粉剂。

主要生产商 泰达集团。

作用机理 线粒体呼吸抑制剂，即通过在细胞色素 b 和 c_1 间的电子转移抑制线粒体的呼吸。对 14-脱甲基化酶抑制剂、苯甲酰胺类、二羧酰胺类和苯并咪唑类产生抗性的菌株有效，具有保护、治疗、铲除、渗透、内吸活性。

应用

（1）适宜作物与安全性 水稻；推荐剂量下对作物安全、无药害。

（2）防治对象 稻瘟病。

（3）使用方法 苯氧菌胺是一种新型的广谱、保护和治疗活性兼有的内吸性杀菌剂。对防治水稻稻瘟病有特效，在稻瘟病未感染或发病初期施用，使用剂量为 1.5～2.0kg/hm²。

专利概况 专利 EP398692 已过专利期，不存在专利权问题。

合成方法 主要有如下三种方法：

方法 1：以苯酚、邻氯溴苯为起始原料，经如下反应制得目的物：

方法 2：以邻甲苯酚为起始原料，经醚化、卤化、氰基取代、亚硝化、烷基化、酸解酯化、氨化即得苯氧菌胺。

方法 3：以水杨酸酯为起始原料，经醚化、水解、酰氯化、氰基取代、缩合、酸解酯化、氨化即得苯氧菌胺。

参考文献

[1] 张一宾. 世界农药，2002，2：6-12.

苯氧喹啉 quinoxyfen

$C_{15}H_8Cl_2FNO$，308.1，124495-18-7

苯氧喹啉（quinoxyfen），试验代号　DE-795、LY 214352，商品名称　Legend，其他名称

喹氧灵。是由道农业科学(陶氏益农)公司开发的杀菌杀螨剂。

化学名称 5,7-二氯-4-喹啉-4-氟苯基醚或 5,7-二氯-4-(对氟苯氧基)喹啉。5,7-dichloro-4-quinolyl-4-fluorophenyl ether 或 5,7-dichloro-4-(p-fluorophenoxy)quinoline。

理化性质 原药纯度为≥97%。纯品为灰白色固体，熔点 106～107.5℃。蒸气压：1.2×10^{-2} mPa(20℃)，2.0×10^{-2} mPa(25℃)。分配系数 K_{ow} lg$P$ 4.66(pH 约 6.6,20℃)。Henry 常数 3.19×10^{-2} Pa·m³/mol。相对密度 1.56。水中溶解度(mg/L,20℃)：0.128(pH 5)，0.116(pH 6.45)，0.047(pH 7)，0.036(pH 9)。有机溶剂溶解度(g/L,20℃)：二氯甲烷 589，甲苯 272，二甲苯 200，丙酮 116，正辛醇 37.9，己烷 9.64，乙酸乙酯 179，甲醇 21.5。黑暗条件下 25℃ 时在 pH 7 和 9 的水溶液中稳定，水解 DT_{50} 75d(pH 4)。遇光分解。pK_a 3.56，呈弱碱性。闪点>100℃。

毒性 大鼠急性经口 LD_{50}>5000mg/kg，兔急性经皮 LD_{50}>2000mg/kg，大鼠急性吸入 LC_{50}(4h)3.38mg/L。对兔眼睛有中度刺激，对兔皮肤无刺激。对豚鼠皮肤是否致敏取决于试验情况。狗饲喂 52 周、大鼠致癌饲喂 2y、大鼠繁殖无作用剂量均为 20mg/(kg·d)。ADI(mg/kg)：(JMPR)0.2 [2006]，(EC)0.2 [2004]。无致突变、致畸或致癌作用。

生态效应 山齿鹑急性经口 LD_{50}>2250mg/kg。山齿鹑和野鸭饲喂 LC_{50}(8d)>5620mg/kg 饲料。鱼毒 LC_{50}(96h,mg/L)：虹鳟鱼 0.27，大翻车鱼>0.28，鲤鱼 0.41。水蚤 EC_{50}(48h)0.08mg/L。羊角月牙藻 E_bC_{50}(72h)0.058mg/L。摇蚊 NOEC(28d)0.128mg/L(水溶液)。蜜蜂 LD_{50}(48h)>100μg/只(经口和接触)。蚯蚓 LC_{50}(14d)>923mg/kg 土。其他有益生物：在试验条件和农田研究条件下，对大部分非目标物和有益节肢动物低毒。

环境行为 苯氧喹啉在植物、动物、土壤中的降解很慢。然而在酸性条件下的水解、水溶液中的光解以及在土壤/沉积物上的强烈吸附是主要的降解途径。苯氧喹啉及其代谢物不会渗到地下影响地下水。

(1) 动物 苯氧喹啉在大鼠体内不能全被吸收(最高 70%)，但能够迅速地排出体外。主要的代谢途径为碳氧键的断裂，产物为 4-氟苯酚和 5,7-二氯-4-羟基喹啉。代谢物在山羊、奶牛和鸡体内也被研究过。

(2) 植物 苯氧喹啉在小麦植株体内只有轻微的代谢，并且麦粒上无残留。苯氧喹啉在小麦叶片表面上的主要代谢途径为光降解，生成多种极性不同的产物。温室葡萄和黄瓜上的主要残留为未被代谢的苯氧喹啉。

(3) 土壤/环境 在土壤中，DT_{50}(农田)11～454d，DT_{90}(农田)>1y，在试验条件下无累积。DT_{50}(试验条件,有氧)106～508d(7 种土壤中的平均值,20～25℃)，DT_{50}(试验条件,无氧)289d(20℃)。在土壤中几乎不发生光解[光解半衰期 DT_{50}(农田)>1y]。主要代谢物(2-氧喹啉,3-羟基喹啉)是通过喹啉环的氧化得到的，次要代谢产物(5,7-二氯-4-羟基喹啉,DCHQ)是醚键的断裂生成的，特别是在酸性土壤中，醚键的断裂更易发生。在土壤中的吸附系数 K_{oc}=150415～750900。苯氧喹啉及其残留物无渗透的风险。在水中，黑暗条件下可稳定存在。在水溶液中光解是苯氧喹啉降解的主要方式，光解半衰期 DT_{50} 1.7h(7 月)、22.8h(12 月)。在避光的水/沉积物系统中，苯氧喹啉能够迅速地从水层迁移到沉积物层(消散半衰期 DT_{50} 3～7d)，降解的速率不是很快，试验条件下的降解半衰期 DT_{50} 35～150d，降解产物为 2-氧喹啉。在空气中，使用后几乎不挥发，在大气中有少量的光解产物存在，光解半衰期 DT_{50} 1.88d。

剂型 悬浮剂。

主要生产商 Dow AgroSciences。

作用机理 不是固醇生物合成抑制剂，也不是线粒体呼吸抑制剂。作用机理独特，但具体作用机理未知。

应用

(1) 适宜作物 禾谷类作物，葡萄、蔬菜、甜菜等。

(2) 对作物安全性 对作物安全、无药害，对环境亦安全，是理想的综合防治药剂。

(3) 防治对象 白粉病等。

(4) 使用方法 内吸性杀菌剂，对谷物类白粉病的防治有特效，叶面施药后，药剂可迅速地渗入到植株组织中，并向顶转移，持效期长达 70d。同目前市场上已有的杀菌剂包括三唑类、甲氧基丙烯酸酯类等无交互抗性。防治麦类白粉病使用剂量为 $100 \sim 250g$(a. i.)$/hm^2$；防治葡萄白粉病使用剂量为 $50 \sim 75g$(a. i.)$/hm^2$。

专利概况 专利 EP326330、EP569021 等均已过专利期，不存在专利权问题。

合成方法 以 3,5-二氯苯胺和对氟苯酚为原料，经如下反应即得目的物苯氧喹啉：

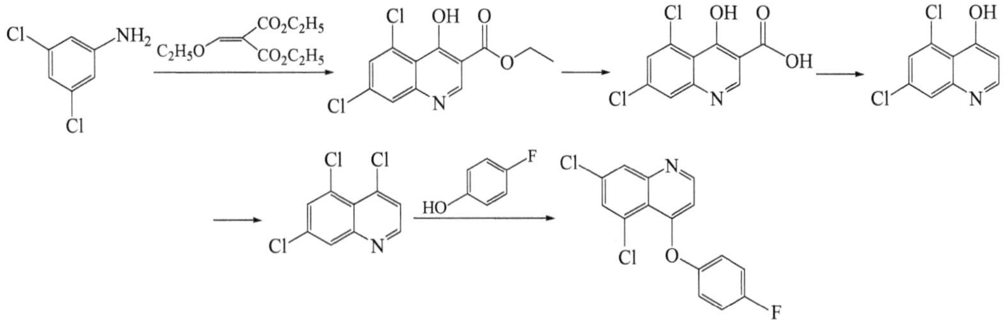

参考文献

[1] The Pesticide Manual. 15th edition. 2009：1008-1009.

[2] Proc Br Crop Prot Conf：Pests Dis，1996，3：1169.

[3] Proc Br Crop Prot Conf：Pests Dis，1996，1：27.

苯氧威 fenoxycarb

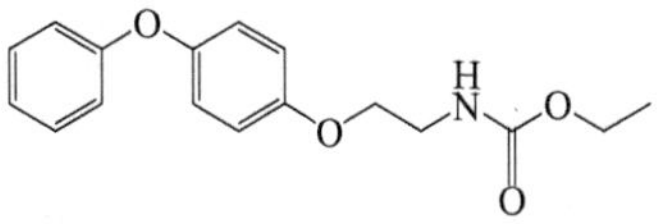

$C_{17}H_{19}NO_4$，301.3，72490-01-8，79127-80-3(曾用)

苯氧威（fenoxycarb），试验代号 ACR-2907B、ACR-2913A、CGA114597、OMS3010、RO135223、NRK121。商品名称 Award、Eclipse、Fenycarb、Grial、Insegar、Logic、Precision、Reward、Torus。其他名称 双氧威、苯醚威。是 1982 年由瑞士 Dr. R. Maag(现属先正达公司)开发的氨基甲酸酯类杀虫剂。

化学名称 2-(4-苯氧基苯氧基)乙基氨基甲酸乙酯。ethyl 2-(4-phenoxyphenoxy)ethylcarbamate。

理化性质 纯品为无色结晶，熔点 $53 \sim 54℃$，蒸气压 8.67×10^{-4} mPa($25℃$)，闪点 $224℃$，$K_{ow}lgP = 4.07(25℃)$，相对密度 $1.23(20℃)$，Henry 常数 3.3×10^{-5}Pa·m^3/mol(计算)。水中溶解度 7.9mg/L(pH $7.55 \sim 7.84,25℃$)；有机溶剂中溶解度(g/L)：乙醇 510，丙酮 770，甲苯 630，正己烷 5.3，正辛醇 130。在室温下储存在密封容器中时，稳定期大于 2y。在 pH 3、7 和 9，$50℃$下水解稳定，对光稳定。

毒性 大鼠急性经口毒性 $LD_{50} > 10000mg/kg$，大鼠急性经皮 $LD_{50} > 2000mg/kg$，对皮肤和眼睛无刺激性，对皮肤无致敏性。大鼠吸入 LC_{50}(4h)$ > 4400mg/m^3$ 空气。NOEL[mg/(kg·d)]：小鼠(1.5y)5.5，大鼠(2y)8.1。ADI：(BfR)0.04mg/kg [2003]，(EC DAR)0.06mg/kg [2007]，(EPA)0.08mg/kg [1994]。

生态效应 山齿鹑急性经口 $LD_{50} > 7000mg/kg$，山齿鹑饲喂 LC_{50}(8d)$ > 5620mg/L$。$LC_{50}$(96h,mg/L)：鲤鱼 10，虹鳟鱼 0.66。水蚤 LC_{50}(48h)0.4mg/L，羊角月牙藻 EC_{50}(96h)1.10mg/L。对蜜蜂无毒，经口 LC_{50}(24h)$ > 1000mg/L$，蚯蚓 LC_{50}(14d)850mg/kg 土。在田间条件下，对

食肉动物及膜翅目害虫的体内寄生虫安全。

环境行为

(1) 动物　大鼠体内主要的代谢路径是环乙基羟基化形成{2-[p-（对羟基苯氧基）苯氧基]乙基}氨基甲酸。

(2) 植物　在植物中迅速降解。

(3) 土壤/环境　土壤 DT_{50} 2.3～37.5d(田间,17 种土壤,平均 8.1d)。土壤中低流动性，K_{oc} 1639～6410mL/g(o.c.)[7 种土壤，平均 2448mL/g(o.c.)]。土壤中不易光降解，在碱性、酸性以及中性水溶液中稳定，水中光解迅速，水中 DT_{50}　0.19～2.7d。田间无挥发性，通过氧化光解作用可以有效地降解。

制剂　12.5%乳油，5%颗粒剂，10%微乳状液，1.0%饵剂，可湿性粉剂。

主要生产商　Syngenta、湖北沙隆达股份有限公司及沙隆达郑州农药有限公司等。

作用机理与特点　苯氧威是一种氨基甲酸酯类杀虫剂，具有胃毒和触杀作用，并具有昆虫生长调节作用，杀虫广谱，它的杀虫作用是非神经性的，对多种昆虫有强烈的保幼激素活性，可导致杀卵，抑制成虫期的变态和幼虫期的蜕皮，造成幼虫后期或蛹期死亡，杀虫专一，对蜜蜂和有益生物无害。

应用

(1) 适用作物　棉田、果园、菜圃和观赏植物，另可用于仓库。

(2) 防治对象　鳞翅目害虫，鞘翅目害虫，蟑螂，跳蚤，火蚁，白蚁，木虱，蚧类，卷叶蛾，杂拟谷盗，赤拟谷盗，米蛾，麦蛾等。

(3) 残留量与安全施药　苯氧威是迄今仅见的具有广谱杀虫作用的保幼激素型化合物。目前已在储粮害虫上试用，除某些粉螨外，几乎对所有危害谷物的主要害虫都能防治，且非常高效，它不仅能有效地防治敏感品系的害虫，亦对抗性品系有效，持效期长，不存在残毒和对环境污染等问题。

(4) 应用技术　为防止害虫抗性出现，可在防治鳞翅目、鞘翅目等害虫时与其他杀虫剂交替使用。更多的是做成饵剂，可有效减少残留。以箱装形式存放在仓库中的粮油、种子、药材、土产、日杂以及贵重的皮毛、棉丝、羽毛等商品，均会受到蠹虫的危害，国外用苯氧威制剂对仓库墙面和包装箱表面用 $15\mu g/m^2$ 做滞留喷雾，这种简单易行的防治方法，可在半年内阻止玉米粉蠹危害。

(5) 使用方法　使用浓度一般为 0.0125%～0.025%，如 5mg/kg 可有效地防治古象；防治火蚁，每集群用 6.2～22.6mg，在 12～13 周内可降低虫口率 67%～99%，以 5～10mg/kg 剂量拌在糙米中，可防治麦蛾、米象等仓库害虫，可使 10 多种鞘翅目和鳞翅目害虫的卵不孵化，从而抑制后代的发生，持效期达八个月之久，对某些成虫亦兼具杀伤力，在 10 多种昆虫中，几乎包括了所有主要储粮害虫，对苯氧威最敏感的害虫是杂拟谷盗、赤拟谷盗、米蛾、麦蛾和印度谷螟(ED_{50} 约为 0.1mg/L)，用苯氧威能防治对马拉硫磷有抗性的害虫，如印度谷螟、麦蛾、赤拟谷盗、锈赤扁骨谷盗(Cryptoestes ferrugifiens)、锯谷盗、谷蠹、谷象，未出现有交互抗性，也不影响稻种发芽，在果园以 0.006%的浓度喷射，能抑制乌盔蚧的未成熟幼虫和龟蜡蚧的一、二龄期若虫的发育成长。

专利概况　专利 EP4334 早已过专利期，不存在专利权问题。

合成方法　通过如下反应即可制得目的物：

参考文献

[1] 张宏超，等.农药快讯，2002，16：16-17.

苯唑草酮 topramezone

$$C_{16}H_{17}N_3O_5S, 363.4, 210631-68-8$$

苯唑草酮(topramezone)，试验代号 BAS670H，商品名称 Clio、Impact，其他名称 Convey，是由巴斯夫公司开发的用于玉米苗前的广谱性吡唑类除草剂。

化学名称 [3-(4,5-二氢-3-异噁唑基)-4-甲基磺酰-2-甲基苯] (5-羟基-1-甲基-1H-吡唑-4-基)甲酮。[3-(4,5-dihydro-3-isoxazolyl)-2-methyl-4-(methylsulfonyl)phenyl] (5-hydroxy-1-methyl-1H-pyrazol-4-yl)methanone。

理化性质 纯品为白色结晶固体，工业品纯度>97%。熔点220.9~222.2℃。蒸气压<1×10^{-7}mPa(20~25℃)，$K_{ow}lgP$：−0.81(pH 4)，−1.52(pH 7)，−2.34(pH 9)(20℃,99.9%)。Henry常数<7.1×10^{-11}Pa·m^3/mol(20℃)。相对密度1.411(20℃)。水中溶解度(20℃)：510mg/L(pH 3.1)，>100g/L(pH>9.0)。其他溶剂中溶解度(g/100mL,20℃)：异丙醇、丙酮、乙腈、正庚烷、乙酸乙酯、甲苯<1.0，二氯甲烷2.5~2.9，二甲基甲酰胺11.4~13.3。稳定性：水溶液中稳定保存5d(pH 4,7和9,50℃)和30d(pH 5,7和9,25℃)，水溶液中光照条件下保存17d(pH 5和9,22℃)。pK_a4.06(20℃)。

毒性 大鼠急性经口LD_{50}>2000mg/kg。大鼠急性经皮LD_{50}>2000mg/kg。对眼睛和皮肤有轻微刺激，对皮肤无致敏性。大鼠吸入LC_{50}>5mg/L。雄大鼠NOAEL 0.4mg/(kg·d)。ADI 0.0008mg/(kg·d)。

生态效应 山齿鹑急性经口LD_{50}>2000mg/kg，LC_{50}[mg/(kg·d)]：山齿鹑>1085，野鸭>1680。虹鳟鱼LC_{50}(96h)>100mg/L。水蚤LC_{50}(48h)>100mg/L。舟形藻EbC_{50}(96h)47.0mg/L。膨胀浮萍：E_rC_{50}(7d)0.125mg/L。E_bC_{50}(7d)膨胀浮萍0.009mg/L。蜜蜂LD_{50}(μg/只)：经口>72.05，接触>100。蚯蚓：LC_{50}>1000mg/kg，NOEC 296.3mg/kg。

环境行为

(1) 动物 可以快速排出体外，代谢比较少。主要是以母体化合物的形式排泄。

(2) 植物 残留物主要是母体化合物。

(3) 土壤/环境 实验室DT_{50}(20℃,需氧)137~207d(5种土壤)；DT_{90}(20℃,需氧)466~688d(4种土壤)。田间DT_{50}9~81d(6种土壤)。水中，DT_{50}约18d，DT_{90}约60d；在沉积物中，DT_{50}约40d，DT_{90}约130d，空气中，DT_{50}<1.1d。

制剂 30%悬浮剂。

主要生产商 BASF。

作用机理与特点 苯唑草酮是苯甲酰吡唑酮除草剂，苗后茎叶处理通过根和幼苗、叶吸收，在植物中向顶、向基传导到分生组织，抑制对羟基苯基丙酮酸酯双氧化酶(HPPD)，抑制质体醌和间接地抑制类胡萝卜素的生物合成、叶绿体合成和功能扰乱，由于叶绿素的氧化降解，导致发芽的敏感杂草白化，伴随生长抑制，在光合作用下，其受害症状似萎黄病的组织坏死，敏感的靶标杂草在处理后2~5d内出现漂白症状，14d内植株死亡。杀草谱广，防除一年生暖季型禾本科杂草和阔叶杂草，特别是能有效防除硝磺草酮防效不佳的狗尾草、马唐、牛筋草，可用于所有类型的玉米(大田玉米、饲料玉米和繁殖种子玉米)，对爆裂玉米和甜玉米表现出很好的选择性，但在自交系玉米上应先试验。在极端的天气条件下，或玉米受到逆境胁迫下苗后施用，玉米偶尔会出现暂时的白化反应，但通常可以很快恢复正常生长。

应用 杀草谱广，单子叶杂草如马唐属、稗属、狗尾草属、臂形草属、牛筋草、野稷、山野狼尾草、蒺藜草、异型莎草、碎米沙草等，阔叶杂草如苋属、蓼属、藜属、苍耳属、龙葵、马齿苋、苘麻、曼陀罗、鼬瓣花、母菊属、豚草、野芥、野胡萝卜、刺苞果、硬毛刺苞菊、一年生山靛、南美山蚂蝗、一点红、牛膝菊、假酸浆、鸭跖草、母草、通泉草等。加入莠去津后有显著的增效作用，除了对上述杂草具有优异的防效外，还对恶性阔叶杂草如刺儿菜(小蓟)、苣荬菜、铁苋菜、鸭跖草(兰花菜)具有良好的防除效果。

防除玉米田的各类杂草，用量25.2～30.24g/hm²，约合每亩用制剂5.6～6.7g，茎叶喷雾。用药时间：玉米2～4叶期，杂草2～5叶期(杂草出齐后越早用越好)，苗后茎叶均匀喷雾处理。用水量：人工喷雾，每亩15～30L；机械喷雾，200～450kg/hm²。使用剂量：长江流域以南省区5～6mL，长江以北省区8～10mL；杂交玉米5mL＋70g 90%莠去津；甜玉米10mL。

专利与登记

专利名称　Preparation of heterocyclylbenzoylpyrazoles and related compounds as herbicides

专利号　WO9831681　专利申请日　1998-01-08

专利拥有者　BASF AG

在其他国家申请的专利：CA2278331、AU9860929、EP958291、EE9900290、BR9806778、HU2000001493、JP2001508458、NZ336992、CN1117750、IL130777、CZ297554、PL195240、SK286069、PT958291、AT421514、ES2318868、TW505640、ZA9800362、ZA9800363、IN1998、MA00104、NO9903521、BG103658、BG64232、US20020025910、AU2001091395、AU2004203481、US20080039327等。

工艺专利：WO9923094、JP11240872、WO9958509、DE19820722等。

国内登记情况：30%悬浮剂，登记作物为玉米，防治对象为一年生杂草。巴斯夫欧洲公司在中国登记情况见表13。

表13　巴斯夫欧洲公司在中国登记情况

登记名称	登记证号	含量	剂型	登记作物	防治对象	用药量	施用方法
苯唑草酮	LS20100167	30%	悬浮剂	玉米	一年生杂草	25.2～30.24g/hm²	茎叶喷雾
苯唑草酮	LS20100168	97%	原药				

合成方法　合成方法如下：

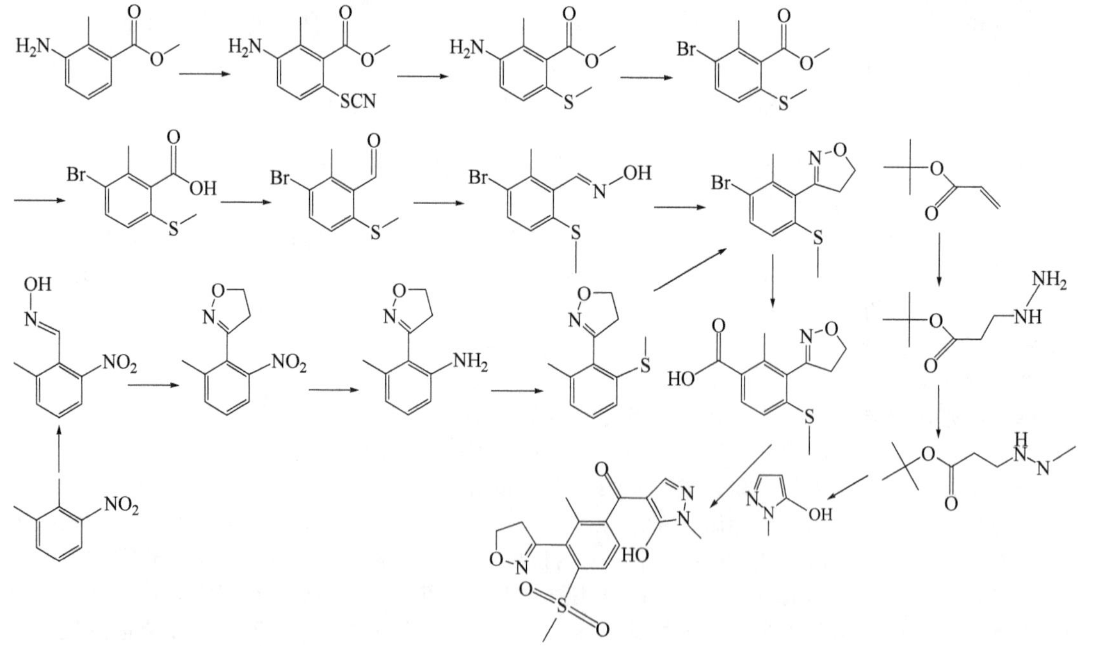

参考文献

[1]水清,等.农化市场十日讯,2011,15:31.

[2]邓红霞,等.浙江化工,2012,11:1-3.

吡丙醚 pyriproxyfen

$C_{20}H_{19}NO_3$，321.4，95737-68-1

吡丙醚(pyriproxyfen)，试验代号 S-9318、S-31183、V-71639。商品名称 Admiral、Distance、Epingle、Esteem、Juvinal、Knack、Lano、Nemesis、Nyguard、Nylar、Proximo、Proxy、Seize、Sumilarv、Tiger、百利普芬、比普噻吩、灭幼宝、蚊蝇醚。是日本住友化学株式会社开发的保幼激素类型的新型杀虫剂。

化学名称 4-苯氧基苯基(RS)-2-(2-吡啶基氧)丙基醚。4-phenoxyphenyl(RS)-2-(2-pyridyloxy)propylether。

理化性质 无色晶体，熔点47℃，蒸气压<0.013mPa(23℃)，$K_{ow}\lg P=4.86$(pH 7)，闪点119℃，相对密度1.14(20℃)。溶解度(20～25℃，g/kg)：己烷400，甲醇200，二甲苯500。

毒性 大鼠急性经口 LD_{50}>5000mg/kg，大鼠急性经皮 LD_{50}>2000mg/kg。对兔眼睛和皮肤无刺激作用，对豚鼠皮肤无致敏性，大鼠吸入 LC_{50}(4h)>1300mg/m³。大鼠 NOEL(2y)600mg/L (35.1mg/kg)；ADI：(JMPR)0.1mg/kg(1999,2001)，(EC)0.1mg/kg[2008]，(EPA)0.35mg/kg[1999]。

生态效应 野鸭和山齿鹑的急性经口 LD_{50}>2000mg/kg，饲喂 LC_{50}>5200mg/L，虹鳟鱼 LC_{50}(96h)>0.325mg/L，水蚤 EC_{50}(48h)0.40mg/L，羊角月牙藻 EC_{50}(72h)0.064mg/L。

环境行为 在动物体内可以有效降解，该物质主要以粪便形式排出。吡丙醚在大鼠和小鼠中的代谢产物一般为[吡啶基-2-6-¹⁴C]-或[苯氧基苯基-¹⁴C]，当吡丙醚的剂量为2～2000mg/kg时，在这两种哺乳动物中7d后，¹⁴C几乎完全从尿液和粪便中排出。¹⁴C排泄到粪便和尿液中在大鼠中的剂量分别为84%～97%和4%～12%，小鼠分别为64%～91%和9%～38%。吡丙醚的代谢方式主要有：①末端苯环4位的羟基化；②末端苯环2位的羟基化；③吡啶环5位羟基化；④脱苯基化；⑤醚链断裂；⑥与硫酸或葡萄糖醛酸产生的酚类共轭。通常在这两种动物之间代谢方式没有明显的差异，但在性别方面有一些不同。吡丙醚乳液在空气中不易挥发，在水中溶解度很小，不容易吸附到土壤表面。通常的测量方法表明，吡丙醚在处理池中24h后浓度下降50%，吡丙醚吸附在悬浮的有机物上可保持生物活性两个月，在水中的持久性与温度和光照有关。吡丙醚在水中的有氧代谢半衰期为16.2～20.8h，通常在淡水中(湖泊和河流)迅速有氧降解为两个主要代谢产物(PYPAC 和 4′-OH-Pyr)，还有一些少量的中间代谢物、残留物和二氧化碳。将吡丙醚0.5%粒剂以50mg/g浓度撒播在人工池塘中，结果表明，对池中的动植物、浮游生物及水生昆虫几乎无影响。在加利福尼亚做的土壤测试试验表明，将吡丙醚施撒在土壤中，吡丙醚和它的代谢产物，4′-OH-Pyr 和 PYPAC 能稳定地在土壤中存在一年。在土壤的0～6ft（1ft=0.3048m）范围内吡丙醚的浓度较大。在12ft以下没有检测到吡丙醚。而在0～6ft内吡丙醚的半衰期为36h。

制剂 0.5%颗粒剂，5%可湿性粉剂。

主要生产商 Fertiagro、Sumitomo Chemical、华通(常州)生化有限公司、宁波保税区汇力化工有限公司及上海生农生化制品有限公司等。

作用机理与特点 吡丙醚的作用机理类似于保幼激素的机理，能有效地抑制胚胎的发育变态以及成虫的形成。其作用机理是抑制昆虫咽侧体活性和干扰脱皮激素的生物合成。试验证明，本品对昆虫的抑制作用表现在影响昆虫的蜕变和繁殖。具体表现在以下几个方面：第一，抑制卵孵化即杀卵作用；第二，阻碍幼虫变态；第三，阻碍蛹的羽化；第四，对生殖的影响，使雌成虫产卵数量减少，且使所产的卵孵化率降低。但是当害虫体内原本就存在保幼激素时吡丙醚就难以发挥作用，而在昆虫由卵发育至成虫过程的不断蜕皮、变态中，有一段极短的体内保幼激素消失时期。以鳞翅目昆虫为例，在早期的卵，末龄幼虫的中、后期及蛹期，体内均测不出保幼激素，而在这些时期施以保幼激素便对昆虫的发育变态造成影响。所以，根据防治对象不同而选择施药适期才能达到良好的防治效果。吡丙醚是一种防治农业害虫和公共卫生害虫很有特色的昆虫生长调节剂。

应用

（1）适用作物　棉花，玉米，蔬菜等。

（2）防治对象　同翅目、缨翅目、双翅目、鳞翅目害虫以及公共卫生害虫，蜚蠊、蚊、蝇、蚤等；农业害虫：柑橘矢尖蚧、柑橘吹棉蚧、红蜡蚧，粉虱、甘薯粉虱，蓟马，小菜蛾等。

（3）使用方法　主要用于防治蜚蠊、蚊、蝇及蚤等公共卫生害虫，0.5%的颗粒剂可直接投入污水塘或均匀散布于蚊蝇滋生地表面。

（4）应用技术

① 按 100mg(a.i.)/m² 的用量将吡丙醚水溶液喷洒在家蝇滋生物上，观察 10d，计算家蝇死亡、化蛹和蛹羽化情况。实验室校正阻止化蛹率为 99.13%，羽化率为 100.00%，对家蝇幼虫的杀灭率 3d 为 83.73%、7d 为 85.97%、10d 为 94.32%。同时将吡丙醚药液应用于垃圾场，家禽、家畜饲养场能有效控制蝇类滋生。当吡丙醚的药量在 5mg/m² 以上时，即可减少德国小蠊的产卵数，而当用药量增至 10mg/m² 时，产卵数则近乎 0。

② 在室内条件下吡丙醚对柑橘矢尖蚧有较高的活性，其 LC_{50} 为 26.89mg/L，LC_{95} 为 343.44mg/L，药后 14d，10% 吡丙醚乳油 2000 倍液、3000 倍液、4000 倍液对柑橘矢尖蚧的防效分别为 93.0%、93.1%、83.1%。

③ 在 8 月底对柑橘吹棉蚧的第二代若蚧使用 100g/L 吡丙醚乳油 1000 倍液和 1500 倍液喷雾，药后 15d 防效可达 85.70%、78.91%。

④ 用 10% 的吡丙醚乳油喷洒 1 次，药后 20d 防治效果可达 70%；不同浓度间药效有所不同，但药后 20d 药效差异不显著。吡丙醚与吡虫啉或甲氨基阿维菌素苯甲酸盐的复配剂对红蜡蚧防治效果明显，且效果均优于单剂。其中以 10% 吡丙醚·吡虫啉 SC1000 倍的效果较好。药后 10d 防效接近 90%，药后 20d 效果在 90% 以上。方差分析表明，10% 吡丙醚·吡虫啉 SC1000 倍的效果明显优于单剂 10% 吡丙醚乳和另一复配剂。

⑤ 用吡丙醚处理人工喂养的嗜卷书虱，随着喂养时间的增长，存活率下降，处理时间和存活率关系表明，吡丙醚浓度为 20mg/kg、10mg/kg 和 5mg/kg 时，致死时间分别为 15.2d、16.2d 和 19.3d。同时吡丙醚还能阻止嗜卷书虱的幼虫长成成虫，用浓度为 20mg/kg、10mg/kg 和 5mg/kg 的吡丙醚对嗜卷飞虱进行初步处理 70d 后，嗜卷飞虱的成活率分别为 6.67%、26.67% 和 53.33%。如果采用 40mg/kg 吡丙醚和 20mg/kg 的烯虫酯，对嗜卷书虱有更明显的控制作用。

⑥ 将浓度为 1mg/L 的吡丙醚喷洒到棉花上可有效控制粉虱，将含有 0～1d 卵的叶片浸渍在 2.5mg/L 的吡丙醚药液中，卵的孵化率为 0，用 5mg/L 的药液处理 2～3 龄幼虫能有效地抑制幼虫的羽化。用 0.4mg/L 的吡丙醚处理粉虱的蛹，羽化的抑制率可达 93.2%。100mg/L 的吡丙醚喷洒在含有卵的叶片上可以有效地防治温室白粉虱。黄色吡丙醚带剂对粉虱具有良好的引诱作用，且对粉虱卵的孵化均有抑制作用。

⑦ 用 50mg/L 的吡丙醚药液浸渍含有小菜蛾卵的叶片，24h 卵化抑制率可达 90.3%；用 10mg/L 和 50mg/L 吡丙醚处理小菜蛾 1 龄幼虫，羽化抑制率分别为 96.7% 和 100%，3 龄幼虫羽化抑制率为 11.4% 和 40%。用 10μg/只的药液处理小菜夜蛾的雌成虫可抑制雌虫产卵，其抑制率可达 58.8%。

⑧ 用 100mg/L 的吡丙醚药液在温室里喷洒含有棕榈蓟马卵的叶片，卵的孵化率降低，10d 后观察没有幼虫和蛹。

专利与登记　专利 GB2140010、JP60215671 等均已过专利期，不存在专利权问题。国内登记情况：95%、97%、98% 原药，5% 微乳剂，0.5% 颗粒剂，5% 水乳剂等，登记用于卫生治理等，防治对象为蝇（幼虫）和蚊（幼虫）等。日本住友化学株式会社在中国仅登记了 95% 原药。

合成方法 由对羟基二苯醚和环氧丙烷或1-氯丙基-2-醇反应得到1-(4-苯氧基苯氧基)-2-丙醇后再与2-氯吡啶反应得到吡丙醚。

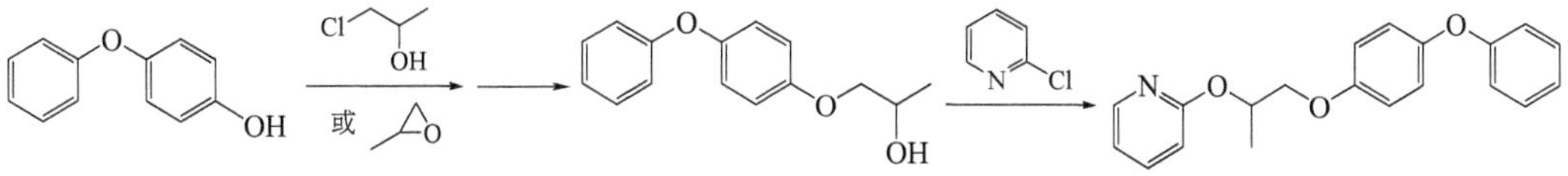

对羟基二苯醚的合成方法如下：

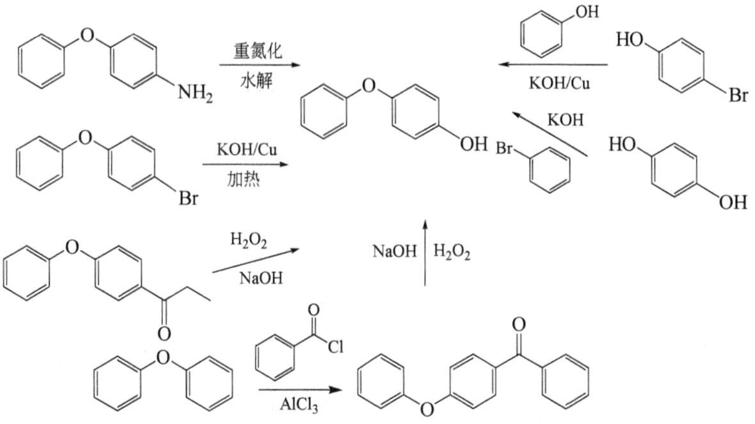

参考文献

[1] 徐逸楣．农药译丛，1997，19(6)：18-23.
[2] 李洁．农药，1994，6：30-31.
[3] 高永红，等．化学世界，2006，6：366-370.

吡草胺 metazachlor

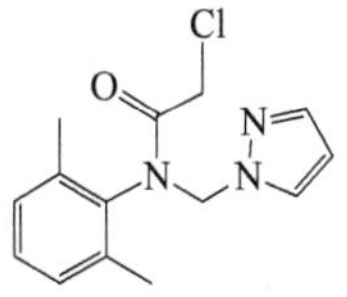

$C_{14}H_{16}ClN_3O$，277.8，67129-08-2

吡草胺(metazachlor)，试验名称BAS47900H，商品名称 Butisan S、Colzanet、Sultan。其他名称 Fuego、Marksman、Metaza、Metazanex、Rapsan、Rapsan500SC、吡唑草胺。是由德国巴斯夫公司(BASF AG)开发的氯代乙酰胺类除草剂。

化学名称 2-氯-*N*-(吡唑-1-基甲基)-乙酰-2′,6′-二甲基苯胺。2-chloro-*N*-(pyrazol-1-ylmethyl)-acet-2′,6′-xylidide。

理化性质 原药纯度≥94%。纯品为黄色结晶体，熔点取决于重结晶的溶剂：85℃(环己烷)，80℃(氯仿/正己烷)，76℃(二异丙基醚)。相对密度1.31(20℃)，蒸气压0.093mPa(20℃)。分配系数$K_{ow}\lg P=2.13$(pH 7,22℃)。Henry常数5.741×10^{-5} Pa·m^3/mol。水中溶解

度（20℃）430mg/L；其他溶剂中溶解度（g/kg，20℃）：丙酮、氯仿＞1000，乙醇200，乙酸乙酯590。在40℃，放置两年稳定。在pH 5、7和9（22℃）条件下稳定不水解。

毒性　大鼠急性经口 LD_{50} 2150mg/kg，大鼠急性经皮 LD_{50} ＞6810mg/kg。大鼠急性吸入 LC_{50} （4h）＞34.5mg/L。对兔皮肤和眼睛无刺激性作用，对豚鼠皮肤敏感。NOEL（mg/kg）：大鼠（2y）17.6，多代大鼠为9.2。狗两年喂饲试验无作用剂量为8mg/kg。ADI（EC）0.08mg/kg［2008］，（BfR）0.032mg/kg［2003］。在各种体内、体外测试中均无致突变性。

生态效应　山齿鹑急性经口 LD_{50} ＞2000mg/kg，山齿鹑和野鸭饲喂 LC_{50} （5d）＞5000mg/kg饲料。虹鳟鱼 LC_{50} （96h）8.5mg/L，水蚤 LC_{50} （48h）33.7mg/L，月牙藻 E_rC_{50} （72h）0.032mg/L。蜜蜂急性经口 LD_{50} ＞85.3μg/只。蚯蚓 LC_{50} （14d）＞1000mg/kg干土。对非靶标节肢动物安全。

环境行为

（1）动物　大鼠口服后，有效成分很快被吸收并很快被肾脏代谢和消除而形成极性配合物。代谢反应主要包括氧化过程和对有效成分各部分的作用，如：吡唑环的羟基化，2,6-二甲基苯环上的甲基氧化为相应的羧酸，取代脂肪链氯为氯乙酸，以及几步反应的组合。

（2）植物　苗前应用，苯环 ^{14}C 标记于油菜籽（播种26d后为0.55mg/kg，78d后为0.43mg/kg），在油菜苗中，因为干燥失去水分使得残留浓度增加到1.25mg/kg（97d）。在油菜籽的残留非常低（0.01mg/kg）。吡草胺代谢很完全，在收获时不再有残留。大约60%的残留为2,6-二甲基苯胺，但是难于分析其他代谢产物。

（3）土壤/环境　实验室和田间试验表明，有氧条件下微生物降解很快，DT_{50}（实验室）6～25d；田间试验 DT_{50} 3～21d，DT_{90} 9～71d。代谢主要与谷胱甘肽形成配合物，进而发生降解，主要代谢产物（≥10%）为吡草胺草酸和磺酸（$COCH_2Cl$ 侧链被 $COCO_2H$ 和 $COCH_2SO_3H$ 分别取代）。渗透和户外研究表明，吡草胺在土壤中快速降解，没有蓄积，在较深层的土壤（＞30cm）没有代谢产物。这些发现也得到了水质监测系统的数据支持。

制剂　500g/L悬浮剂。

主要生产商　BASF、河北凯迪农药化工企业集团、江苏蓝丰生物化工股份有限公司、江苏中旗作物保护股份有限公司及上海恒升化工有限公司等。

作用机理与特点　选择性除草剂。主要是通过阻碍蛋白质的合成而抑制细胞的生长，即通过杂草幼芽和根部吸收，抑制体内蛋白质合成，阻止进一步生长。

应用

（1）适宜作物　油菜、大豆、马铃薯、烟草、花生、土豆、果树、蔬菜（白菜、大蒜）等。

（2）防除对象　主要用于防除一年生禾本科杂草和部分阔叶杂草。禾本科杂草如看麦娘、风剪股颖、野燕麦、马唐、稗草、早熟禾、狗尾草等，阔叶杂草如苋属杂草、春黄菊、母菊、刺甘菊、香甘菊、蓼属杂草、龙葵、繁缕、荨麻、婆婆纳等。

（3）使用方法　吡草胺主要于作物苗前或苗后早期施用，剂量为1000～1500g（a.i.）/hm²。

专利与登记　专利 US4593104、DE2704281等均已过专利期，不存在专利权问题。国内登记情况：500g/L悬浮剂，97%、98%原药。

合成方法　吡草胺合成方法较多，主要有如下两种：

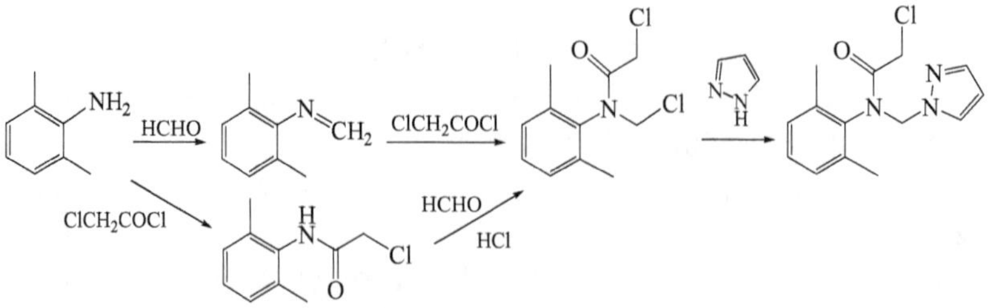

参考文献

［1］万琴．现代农药，2009，8（2）：30-31.

吡草醚 pyraflufen-ethyl

$C_{15}H_{13}Cl_2F_3N_2O_4$，413.2，129630-19-9，129630-17-7（酸）

吡草醚（pyraflufen-ethyl），试验代号 ET-751、NH-9301、OS-159。商品名称 Desiccan、Ecopart、Thunderbolt007。其他名称 Edict、ET、Kabuk、Octane、Quickdown、Vida、速草灵、霸草灵、吡氟苯草酯。是日本农药公司开发的吡唑类除草剂。

化学名称 2-氯-5-（4-氯-5-二氟甲氧基-1-甲基吡唑-3-基）-4-氟苯氧乙酸乙酯。ethyl 2-chloro-5-（4-chloro-5-difluorometoxy-1-methylpyrazol-3-yl）-4-fluorophenoxyacetate。

理化性质 原药为棕色固体，纯度≥96%。纯品为奶油色粉状固体，熔点126.4～127.2℃。相对密度1.565(24℃)。蒸气压：1.6×10^{-5} mPa(25℃)，4.3×10^{-6} mPa(20℃)。分配系数 K_{ow} lg$P$=3.49。Henry常数 8.1×10^{-5} Pa·m³/mol。水中溶解度为0.082mg/L(20℃)。其他溶剂中溶解度(20℃,g/L)：丙酮261，甲醇9.5，乙酸乙酯155，正己烷40.3。pH 4时在水溶液中稳定，DT_{50}13d(pH 7,25℃)，pH 9时快速分解。光解稳定性 DT_{50}30h。

毒性 大鼠急性经口 $LD_{50} > 5000$mg/kg。大鼠急性经皮 $LD_{50} > 2000$mg/kg。对兔皮肤无刺激性，对兔眼睛有轻微刺激作用，对豚鼠皮肤无致敏性。大鼠急性吸入 LC_{50}(4h)5.03mg/L。NOEL数据(mg/kg)：(2y)雄大鼠86.7，雌大鼠111.5；(78周)雄小鼠21.0，雌小鼠19.6；(528周)公狗、母狗1000。ADI(EC)0.2mg/kg [2001]，(FSC)0.17mg/kg [2007]。Ames试验无致突变，无致畸性、无繁殖毒性、无致癌性。

生态效应 山齿鹑急性经口 $LD_{50} > 2000$mg/kg，山齿鹑和野鸭饲喂 LC_{50}(8d)>5000mg/kg。鱼毒 LC_{50}(96h,mg/L)：鲤鱼>0.206，虹鳟鱼和大翻车鱼>0.1。水蚤 EC_{50}(48h)>0.1mg/L。藻类 E_bC_{50}(72h,mg/L)：月牙藻0.00023，舟形藻0.0016。蜜蜂 LD_{50}(48h,μg/只)：经口>112，接触>100。蚯蚓 LC_{50}(14d)>1000mg/kg 土。

环境行为

(1) 动物 迅速吸收，2d吸收56%，24h内完全排出。通过酯水解和 N-去甲基化反应几乎完全代谢(99%)。

(2) 植物 通过脱酯及去甲基化代谢。

(3) 土壤/环境 DT_{50}(实验室,有氧,20℃)<0.5d，酸性代谢产物16～53d。DT_{50}(田间)1～7d，酸性代谢产物11～71d。K_{oc}2701～5210，酸性代谢产物81～197。

制剂 2%悬浮剂，2.5%乳油。

主要生产商 Nihon Nohyaku。

作用机理与特点 原卟啉原氧化酶抑制剂，是一种新型的触杀型除草剂。通过植物细胞中原卟啉原Ⅸ积累而发挥药效。茎叶处理后，其可被迅速吸收到植物组织中，使植物迅速坏死，或在阳光照射下，使茎叶脱水干枯。

应用

(1) 适宜作物与安全性 禾谷类作物如小麦、大麦等。对禾谷类作物具有很好的选择性，虽有某些短暂的伤害。对后茬作物无残留影响。也可作非选择性除草剂。

(2) 防除对象 主要用于防除阔叶杂草如猪殃殃、小野芝麻、繁缕、阿拉伯婆婆纳、淡甘菊等。对猪殃殃(2～4叶期)活性尤佳。

(3) 使用方法 吡草醚是一种对禾谷类作物具有选择性的苗前和苗后除草剂，使用剂量为9～12g(a.i.)/hm² [亩用量为0.6～0.8g(a.i.)]。苗前处理活性较差，早期苗后处理活性最佳。

专利与登记 专利EP0361114早已过专利期，不存在专利权问题。国内登记情况：2%悬浮剂，登记作物为小麦，防治对象为一年生阔叶杂草。日本农药株式会社在中国登记情况见表14。

表14 日本农药株式会社在中国登记情况

登记名称	登记证号	含量	剂型	登记作物	防治对象	用药量	施用方法
吡草醚	PD20080448	2%	悬乳剂	冬小麦	猪殃殃为主的阔叶杂草	9～12g/hm²	茎叶喷雾
	PD20080449	40%	母药	—	—	—	—
	PD20080450	95%	原药	—	—	—	—

合成方法 以对氟苯酚为起始原料,经多步反应得到目的物。

参考文献

[1]Proc Br Crop Prot Conf:Weed,1993,1:35.

[2]Proc Br Crop Prot Conf:Weed,1995,1:243.

吡虫啉 imidacloprid

$C_9H_{10}ClN_5O_2$, 255.7, 138261-41-3, 105827-78-9(曾用)

吡虫啉(imidacloprid),试验代号 BAYNTN33893,商品名称 Admire、Confidate、Confidor、Couraze、Gaucho、Mantra、Midas、Mogambo、Parrymida、Picador、Suncloprid、Tiddo、Warrant。其他名称 大功臣、高巧、康多福、咪蚜胺、灭虫精、扑虱蚜、蚜虱净、一遍净、益达胺、盖达落立。是20世纪80年代中期由拜耳和日本特殊农药制造公司联合开发的第一个烟碱类杀虫剂。组成最初认为是(E)-构型和(Z)-构型的混合物,2007年拜耳公司确定其为(E)-构型。

化学名称 1-(6-氯-3-吡啶基甲基)-N-硝基咪唑烷-2-基胺。1-(6-chloro-3-pyridylmethyl)-N-nitroimidazolidin-2-ylideneamine。

理化性质 无色晶体,具有轻微特殊气味,熔点144℃。蒸气压 $4×10^{-7}$ mPa(20℃)、$9×10^{-7}$ mPa(25℃)。$K_{ow}lgP=0.57$(21℃)。Henry常数 $1.7×10^{-10}$ Pa·m³/mol(20℃,计算)。相对密度1.54(23℃)。溶解度(20℃,g/L):水0.61,二氯甲烷67,异丙醇2.3,甲苯0.69,正己烷<0.1。在pH 5～11时稳定,不易水解。

毒性 雄、雌大鼠急性经口 LD_{50} 450mg/kg,大鼠急性经皮 LD_{50}(24h)>5000mg/kg。对兔眼睛和皮肤无刺激,无皮肤致敏性。大鼠吸入 LC_{50}(4h)>5323mg/m³ 粉尘,69mg/m³ 空气(气雾)。NOEL值[mg/(kg·d)]:(2y)雄大鼠5.7,雌大鼠24.9,雄小鼠65.6,雌小鼠103.6;雄和雌狗(52周)15。ADI:(JMPR)0.06mg/kg [2001];(EC)0.06mg/kg [2008];(EPA)aRfD 0.14mg/kg,cRfD 0.057mg/kg [2005]。无致突变和致畸作用。

生态效应 鸟急性经口 LD_{50}（mg/kg）：日本鹌鹑 31，山齿鹑 152。鸟饲喂 LC_{50}（5d，mg/kg）：山齿鹑 2225，野鸭＞5000。鱼 LC_{50}（96h，mg/L）：金鱼 237，虹鳟鱼 211。水蚤 LC_{50}（48h）85mg/L。羊角月牙藻 E_rC_{50}（72h）＞100mg/L。直接接触对蜜蜂有害，在谷物开花期用药或作为种子处理时对蜜蜂无害。蚯蚓 LC_{50} 10.7mg/kg 干土。

环境行为

（1）动物 用亚甲基 ^{14}C 和 4,5-四氢咪唑啉 ^{14}C 同位素标识吡虫啉的大鼠经口情况，结果表明，放射性元素迅速、完全被肠胃系统吸收，并很快消失（48h 内，96％通过尿排出），仅有 15％以母体化合物形式直接排出，大多数代谢途径是通过咪唑啉环羟基化水解为 6-氯烟酸，失去硝基形成脲，6-氯烟酸和甘氨酸结合。在农场动物中的可食用器官和组织中发现的所有代谢物都包含 6-氯烟酸。吡虫啉在鸡和山羊体内也被迅速、大量地从体内排出。

（2）植物 通过对水稻（土壤处理）、玉米（种子处理）、马铃薯（拌土或喷雾处理）、茄子（拌土）、西红柿（喷雾处理）的处理研究代谢机理。结果表明，吡虫啉通过失掉硝基、咪唑啉环羟基化，水解为 6-氯烟酸及其结合物进行代谢，所有代谢物中均含有 6-氯吡啶亚甲基结构片段。

（3）土壤/环境 大量试验结果表明，吡虫啉最重要的代谢途径为：咪唑啉环氧化、还原或失掉硝基，水解为 6-氯烟酸和矿物质，植物加快了这些代谢过程。吡虫啉在土壤中属于中度吸附。有效成分和不同剂型的柱浸试验表明吡虫啉和土壤代谢物是不易流动的，如果吡虫啉被推荐使用，并不建议浸入更深的土壤层。在贫瘠的土壤中不易水解（光照条件）。在正常条件下稳定，DT_{50} 4h（计算，水溶液光解试验）。除光照外，水/沉积物中的微生物对吡虫啉的降解起重要作用。

制剂 10％、20％、25％、70％可湿性粉剂，20％可溶液剂，35％悬浮剂，60％悬浮种衣剂，70％水分散粒剂，70％湿拌种剂，5％乳油，5％可溶性液剂，15％吡虫啉泡腾片剂。

主要生产商 Honbor、Sharda、Tagros、Tide、安徽华星化工、拜耳作物科学公司、河北威远、江苏扬农、南京红太阳集团、青岛海利尔药业集团、新沂中凯、盐城利民及浙江海正等。

作用机理与特点 吡虫啉是新一代氯代烟碱类杀虫剂，具有广谱、高效、低毒、低残留，害虫不易产生抗性，对人、畜、植物和天敌安全等特点，并具有良好的根部内吸活性、触杀和胃毒多重药效。害虫接触药剂后，与烟碱性的乙酰胆碱受体结合，中枢神经正常传导受阻，使昆虫异常兴奋，全身痉挛麻痹而死。且对乙酰胆碱受体的作用在昆虫和哺乳动物之间有明显的选择性，速效性好，药后 1d 即有较高的防效，残留期长达 25d 左右。药效和温度呈正相关，温度高，杀虫效果好。对哺乳动物毒性低，对常规杀虫剂已产生抗性的蚜虫、叶蝉和飞虱也有很好的效果。对蚯蚓等有益动物和天敌无害，对环境较安全。既可用于茎叶处理、种子处理，也可以进行土壤处理。

应用

（1）适用作物 水稻、棉花、禾谷类作物、玉米、甜菜、马铃薯、蔬菜、柑橘、梨树、核果、烟草、番茄、落叶果树等。

（2）防治对象 对同翅目（吮吸口器害虫）效果明显，对鞘翅目、双翅目和鳞翅目也有效，可有效防治飞虱类、蚜虫类、缨翅目类、粉虱类、叶蝉类及蓟马类害虫，还可用于防治土壤害虫、白蚁类和一些咬人的昆虫，如稻水象甲、马铃薯甲虫等，但对线虫和红蜘蛛无效。

（3）残留量与安全施药 加拿大拟修改食品药物法规，确定吡虫啉及其代谢物最高残留限量：茄子 0.08mg/kg；大田玉米粒及带穗轴去皮甜玉米粒 0.05mg/kg。美国制定了免除吡虫啉残留限量的法规，该法规于 2003 年 10 月 29 日生效。新法规对大豆种子含吡虫啉及其代谢物的混合残留规定了 1.0mg/kg 的临时限量，允许该农药用于处理大豆的种子，该法规是按照联邦杀虫剂的紧急免除规定而采取的措施，同时对大豆类食品规定了吡虫啉最高残留限量，该限量标准于 2006 年 12 月 31 日生效。吡虫啉对家蚕有毒，使用过程中不可污染养蜂、养蚕场所及相关水源。吡虫啉使用不当时，能引起类似尼古丁中毒症状，主要表现属麻木、肌无力、呼吸困难和震颤，严重中毒时还会出现痉挛。本品不可与碱性农药或物质混用，不宜在强阳光下喷雾使用，适期用药，收获前一周禁止用药。施药应选早晚气温低、风小时进行。晴天上午 8 时至下午 5 时，空气相对湿度低于 65％、气温高于 28℃、风速超过 4m/s 应停止施药。南京农业大学农药系沈晋良教授等组织人员对几个采样点采集的稻褐飞虱种群进行了检测，证实稻褐飞虱对吡虫啉确实产生了抗药性。

（4）使用方法 叶面使用剂量 25～100g/hm²，种子处理 50～175g/100kg 种子或 350～700g/100kg 棉花种子，还可以用于猫狗的跳蚤防治。

① 防治水稻褐飞虱、白背飞虱、叶蝉 一般在分蘖期到圆秆拔节期（主害代前一代）平均每

丛有虫 0.5～1 头；孕穗、抽穗期（主害代）每丛有虫 10 头；灌浆乳熟期每丛有虫 10～15 头；蜡熟期每丛有虫 15～20 头时用药防治。每亩用 20% 吡虫啉溶剂 6.5～10g（有效成分 1.3～2g），每亩用 10% 可湿性粉剂 15～20g，加水 50～75kg 喷雾，对水稻蚜虫也有很好的兼治作用。喷药时务必将药液喷到稻丛中、下部，以保证防效。

② 防治稻蓟马。用 10% 可湿性粉剂 10～15g，加水 50kg 喷雾。也可每亩的稻种用量用 10% 可湿性粉剂 25～30g，当种子露白时将药剂用适量水稀释后拌入，拌匀后继续催芽 24h 后播种，可控制苗期蓟马危害达 25d 以上。

③ 防治小麦蚜虫。适期是小麦穗蚜发生初盛期，亩用 10% 吡虫啉可湿性粉剂 40～70g，兑水 60～75kg 均匀喷雾。

④ 防治棉花蚜虫。用 70% 吡虫啉拌种剂处理种子，用 70% 吡虫啉拌种剂 500～714g 加水 1.5～2L，将药剂调成糊状后，再将 100kg 棉种倒入，并搅拌均匀，晾干后播种。

⑤ 防治蓟马、叶蝉和黑蜻。稻种拌种剂量（70% 吡虫啉拌种剂）50～150g 有效成分/100kg 种子。

⑥ 防治蔬菜、花卉上的害虫。对蚜虫、粉虱、蓟马、潜叶蝇、小绿叶蝉、介壳虫等害虫，每亩用有效成分 1～2g，兑水 40kg 进行细喷雾。

⑦ 防治烟蚜。在蚜量上升阶段或每株平均蚜量 100 头时进行防治。每亩用 20% 吡虫啉溶剂 10～20L（有效成分 2～4g），兑水喷雾。

⑧ 防治柑橘潜叶蛾。防治重点是保护秋梢。在嫩叶被害率达 5% 或田间嫩叶萌发率达 25% 时开始防治。由于吡虫啉有内吸性，用药时间可比使用其他药剂晚一点，通常喷药 1～2 次即可，间隔 10～15d。用 20% 吡虫啉溶剂 1000～2000 倍液或每 100kg 水加 20% 吡虫啉 50～100mL 喷雾。

⑨ 防治苹果黄蚜。在虫口上升时用药，用 20% 吡虫啉溶剂 5000～8000 倍液或每 100kg 水加 20% 吡虫啉 12.5～20mL 喷雾。

⑩ 防治梨木虱。主要的春季越冬成虫出蛰而又未大量产卵和第一代若虫孵化期防治。用 20% 吡虫啉浓可溶剂 2500～5000 倍或每 100kg 水加 20% 吡虫啉 20～40mL 喷雾。

⑪ 防治温室白粉虱。在若虫虫口上升时喷雾。每亩用 20% 吡虫啉溶剂 15～30mL，兑水喷雾。

⑫ 防治菜蚜。虫口上升时喷药。每亩用 70% 吡虫啉水分散粒剂 1～1.3g，兑水喷雾。喷液量一般为 20～50L/亩。另外，空气相对湿度低时用大喷液量。施药应选早晚气温低、风小时进行。晴天上午 8 时至下午 5 时、空气相对湿度低于 65%、气温高于 28℃时应停止施药。

专利与登记 专利 EP192060 早已过专利期，不存在专利权问题。

该品种 1991 年投放市场，1998 年销售额达到 5 亿美元，2000 年销售额升至为 5.4 亿美元，目前已在 100 多个国家的 60 多种作物上得到广泛使用。德国拜耳环境科学公司已在我国登记 2.15% 拜灭士杀蟑胶饵和 0.5% 拜克蝇饵剂，用于卫生杀虫剂。此外，国外抗药性监测发现，同翅目昆虫烟粉虱、根叶粉虱、灰飞虱、桃蚜、烟蚜等的田间种群已经对吡虫啉产生了不同程度的抗药性或药害。

国内登记情况：95%、97%、98% 原药，10%、24%、25% 可湿性粉剂，5%、10% 乳油、10% 微乳剂等，登记作物为水稻、小麦等，防治对象为飞虱、蚜虫等。德国拜耳作物科学公司在中国登记情况见表 15。

表 15 德国拜耳作物科学公司在中国登记情况

登记名	登记证号	含量	剂型	登记作物	防治对象	用药量	施用方法
吡虫啉	PD20050011	70%	水分散粒剂	茶树	小绿叶蝉	21～42g/hm²	喷雾
				十字花科蔬菜	蚜虫	14～20g/hm²	
				棉花	蚜虫	21～31.5g/hm²	
				水稻	稻飞虱	21～31.5g/hm²	
				小麦	蚜虫	21～42g/hm²	
吡虫啉	PD20050056	600g/L	悬浮种衣剂	棉花	蚜虫	350～500g/100kg 种子	种子包衣
吡虫啉	PD365-2001	200g/L	可溶液剂	烟草	蚜虫	30～45g/hm²	喷雾
				苹果树	黄蚜	25～40mg/kg	
				梨树	梨木虱	40～80mg/kg	
				茄子	白粉虱	45～90g/hm²	
				番茄（保护地）	白粉虱	45～60g/hm²	
				水稻	稻飞虱	20～30g/hm²	
				棉花	苗蚜	15～30g/hm²	
				棉花	伏蚜	30～45g/hm²	
				十字花科蔬菜	蚜虫	15～30g/hm²	

合成方法 经如下反应制得吡虫啉：

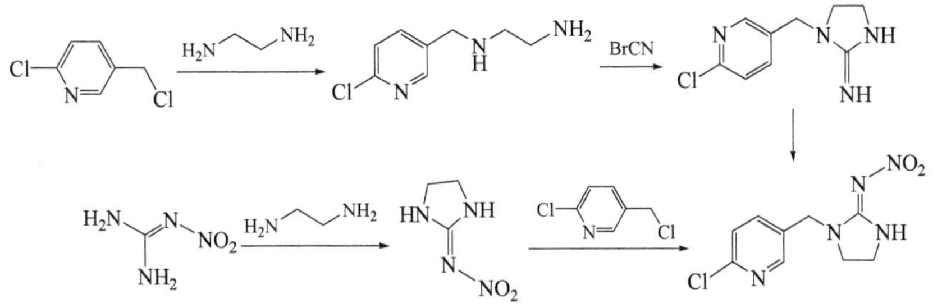

中间体 2-氯-5-氯甲基吡啶的制备方法如下：

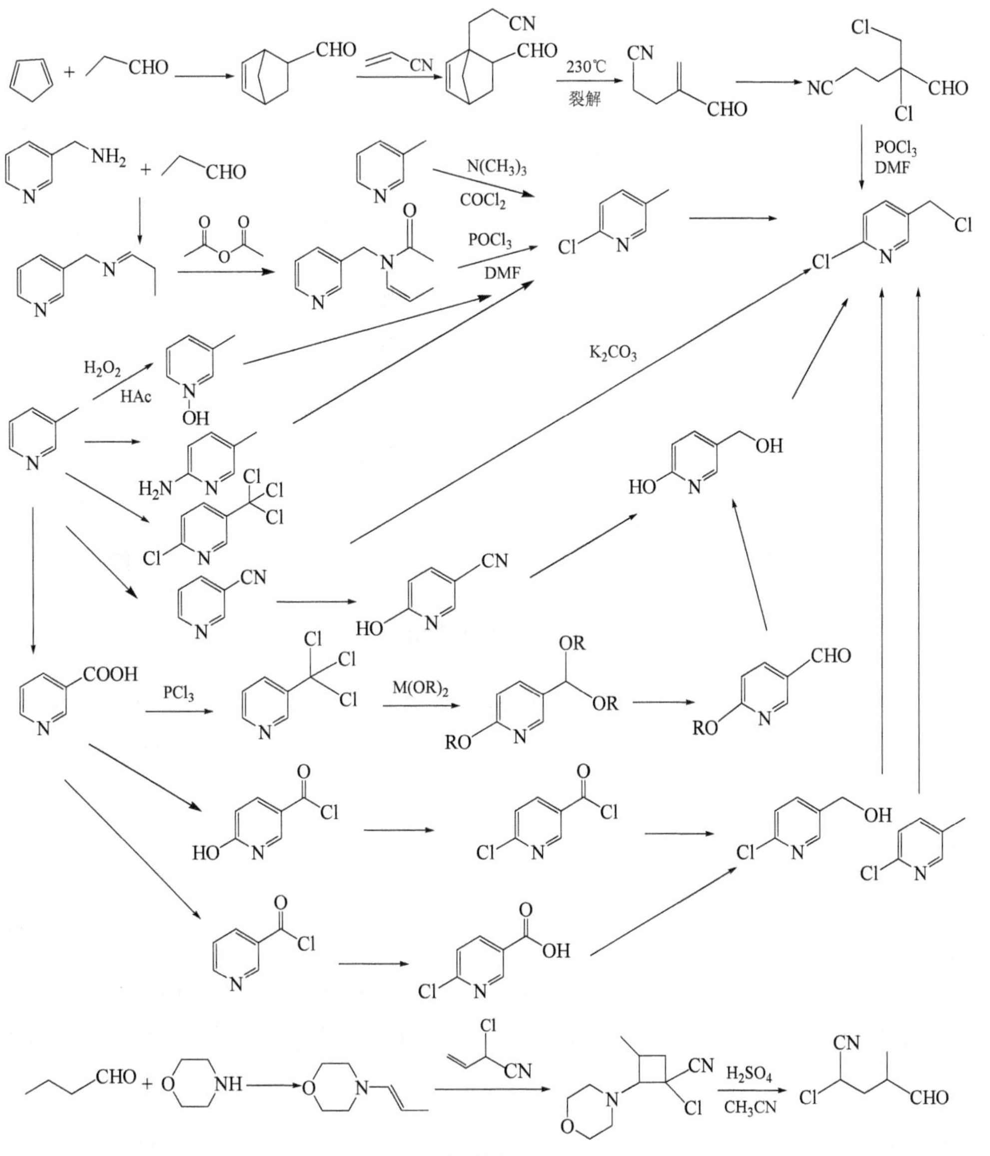

参考文献

[1] Brighton Crop Protection Conference：Pests and diseases，1996，2(6-8)：731.
[2] 章玉苹，等．世界农药，2000，6：23-28.
[3] 程志明．农药，2009，7：17-19.

吡氟草胺 diflufenican

$C_{16}H_{11}F_5N_2O_2$，394.3，83164-33-4

吡氟草胺（diflufenican），试验代号 AE088657，商品名称 Agility、Bacara、Brodal、Diflanil、Flusan、Javelin、Legacy、Legato、Pelican、Quartz、Tigrex。其他名称 diflufenicanil、吡氟酰草胺。是由 May & Baker Ltd.（现为拜耳公司）开发的酰胺类除草剂。

化学名称 2′,4′-二氟-2-(α,α,α-三氟-间甲基苯氧基)-3-吡啶酰苯胺。2′,4′-difluro-2-(α,α,α-trifluro-m-tolyloxy)nicotinanilide。

理化性质 原药含量≥97%。纯品为无色晶体，熔点159.5℃。蒸气压4.25×10^{-3} mPa（25℃，气体饱和度法）。分配系数 $K_{ow}lgP=4.2$。Henry常数1.18×10^{-2} Pa·m³/mol（20℃，计算值）。相对密度1.54。水中溶解度（25℃）<0.05mg/L。能够溶解于大部分有机溶剂，常用溶剂溶解度（g/kg,20℃）：丙酮72.2，乙酸乙酯65.3，甲醇4.7，乙腈17.6，二氯甲烷114.0，正庚烷0.75，甲苯35.7，正辛醇1.9。在温度不高于熔点的空气中稳定，在pH 5、7、9（20℃）的水溶液中稳定，对光稳定。

毒性 大鼠、狗、兔子急性经口LD_{50}>5000mg/kg，大鼠急性经皮LD_{50}>2000mg/kg。对兔皮肤、眼睛无刺激性。大鼠急性吸入LC_{50}(4h)>5.12mg/L空气。大鼠14d亚急性试验无作用剂量1600mg/kg，狗90d喂饲试验NOEL 1000mg/(kg·d)，大鼠500mg/L饲料。慢性试验研究NOAEL：大鼠[23.3mg/(kg·d)]、小鼠[62.2mg/(kg·d)]均为500mg/kg饲料。ADI(EC) 0.2mg/kg [2008]。无遗传毒性。

生态效应 鸟急性经口LD_{50}(mg/kg)：鹌鹑>2150，野鸭>4000。鱼毒LC_{50}(96h,mg/L)：虹鳟鱼>108.8，鲤鱼98.5。水蚤LC_{50}(48h)0.24mg/L。水藻E_rC_{50}(72h)0.00045mg/L。对蜜蜂、蚯蚓几乎无毒。

环境行为

(1) 动物 吡氟草胺在大鼠体内的代谢途径有多种，如羟基化、脱氟后的水解、酰胺键的水解、与谷胱甘肽或葡萄糖醛酸的共轭。

(2) 植物 吡氟草胺很难被植物体吸收，因此在植物上的残留量低于规定量。秋季前使用，使用200~250d后，谷粒和秸秆上无残留。

(3) 土壤/环境 在土壤中通过初次降解产物2-(3-三氟甲基苯氧基)烟酰胺和2-(3-三氟甲基苯氧基)烟酸的代谢生成次级代谢产物和二氧化碳。在农田中的降解半衰期DT_{50}103.4~282.0d。

制剂 50%水分散粒剂。

主要生产商 Bayer CropScience、Cheminova、AGROFINA、Punjab、河北凯迪农药化工企业集团、江苏辉丰农化股份有限公司、捷马化工股份有限公司、上海生农生化制品有限公司及沈阳科创化学品有限公司等。

作用机理与特点 类胡萝卜素生物合成抑制剂。被处理的植物植株中类胡萝卜素含量下降，进而导致叶绿素被破坏，细胞膜破裂，杂草表现为幼芽脱色或变白。在杂草发芽前施用可在上表形成抗淋溶的药土层，在作物整个生长期保持活性。当杂草萌发时，通过幼芽或根系均能吸收药剂，最后导致死亡。死亡速度与光的强度有关，光强则快，光弱则慢。

应用

（1）适宜作物　小麦、大麦、水稻、白羽扁豆、春桥豌豆、胡萝卜、向日葵。

（2）防除对象　水田苗前在保水条件下可很好地防除稗草、鸭舌草、泽泻等。旱田杂草如早熟禾、小苋、反枝苋、马齿苋、海绿、刺甘菊、金鱼草、野斗篷草、大爪草、似南芥、鹅不食草、蓟罂粟、田芥菜、甘蓝型油菜、芥菜、堇菜、肾果芥、野欧白芥、曼陀罗、播娘蒿、黄鼬瓣花、地肤、辣子草、宝盖草、勿忘草、小野芝麻、窄叶莴苣、母菊、续断菊、万寿菊、虞美人、酸模叶蓼、滨洲蓼、春蓼、猪毛草、黄花稔、龙葵、田野水葱、繁缕、婆婆纳、常春藤叶婆婆纳、波斯婆婆纳。对以下杂草亦有活性：鼠尾看麦娘、马唐、稗草、牛筋草、多花黑麦草、狗尾草、金狗尾草、豚草、猩猩草、苘麻、矢车菊、一点红、猪殃殃、麦家公、园叶锦葵、萹蓄、千里光、田菁、野豌豆。对如下杂草活性差：鸭趾草、峨草、三叶鬼针草、飞机草、野燕麦、雀麦、阿拉伯高粱、假毒欧芹、胜红蓟、针果芹、窃衣、苍耳。若与异丙隆（1500～2000g/hm²）混用可以明显增强药效并可扩大杀草谱，还可延长持效期。

（3）应用技术　①小麦苗前和苗后及早施用，除草效果最理想，随杂草叶龄增加，防效下降，但猪殃殃在1～2分枝时对本剂最敏感。正常情况下，秋季苗前施用，效果可维持到春季杂草萌发期。但若苗前雨水多，最好延期到苗后早期施用，以保最佳效果。②若在苗前使用，对小麦最安全，大麦与黑麦轻度敏感。冬麦比春麦安全。苗后早期施用比苗前使用安全。③冬麦田除草：在播种期至初冬施用，在土壤中的药效期较长，可兼顾后来萌发的猪殃殃、婆婆纳、堇菜等，对春季延期萌发的杂草药效稳定，基本不受气候条件影响。但苗前施药遇持续大雨，尤其是苗期降雨，可造成作物叶片暂时脱色，但可很快恢复，小麦的耐药性大于大麦和黑麦，春麦比冬麦耐药性差，在苗后早期施药安全性有所提高。此药苗前单用，需精细平整土地，播后严密盖种，然后施药，施药后不能翻动表土层。④移栽稻田施用有时会暂时失绿。在直播稻田施用，用药前应严密盖种，避免药剂与种子接触产生药害。

（4）使用方法　吡氟草胺是广谱、选择性、苗前和苗后早期施用、防除秋播小麦和大麦田禾本科杂草和阔叶杂草的除草剂。具有较长的持效期，对猪殃殃、婆婆纳和堇菜杂草有特效，使用剂量为125～250g（a.i.）/hm²。若单防除猪殃殃，用量为180～250g（a.i.）/hm²。为了增加对禾本科杂草的防除效果，可与防除禾本科杂草的除草剂混用，适合与之混用的除草剂有异丙隆等，根据防除对象需要确定混配比例。目前已开发了几种混剂，如在禾本科杂草发生量中等时与草不隆混用；若与绿麦隆混用，不仅效果好，而且安全性高。如将1500～2000g（a.i.）/hm²异丙隆与吡氟草胺200～250g（a.i.）/hm²混用，可使其对鼠尾看麦娘的防效由50%提高至95%。

专利与登记　专利EP0053011早已过专利期，不存在专利权问题。国内登记情况：97%、98%原药，50%水分散粒剂。登记作物冬小麦，可防除一年生阔叶杂草。

合成方法　以2-氯烟酸、间三氟甲基苯酚和2,4-二氟苯胺为主要原料经三步合成得到产品。反应式如下：

中间体通过如下反应制得：

参考文献

[1] Pestic Sci，1987，17（1）：15-28.
[2] Pestic Sci，1991，33（3）：305-318.

吡菌磷 pyrazophos

$C_{14}H_{20}N_3O_5PS$，373.4，13457-18-6

吡菌磷（pyrazophos），试验代号 Hoe 02873，商品名称 Afugan，其他名称 吡嘧磷、克菌磷、完菌磷、定菌磷。是 F. M. Smit 报道其活性，由 Hoechst AG（现属 Bayer CropScience）开发的有机磷类杀虫剂。

化学名称 2-二乙氧基硫化磷酰氧基-5-甲基吡唑并[1,5-a]嘧啶-6-羧酸乙酯或 O-6-乙氧羰基-5-甲基吡唑并[1,5-a]嘧啶-2-基 O,O-二乙氧基硫代磷酸酯。ethyl 2-diethoxyph osph inothioyloxy-5-methylpyrazolo[1,5-a]pyrimidine-6-carboxylate 或 O,O-diethyl O-6-ethoxycarbonyl-5-methylpyrazolo[1,5-a]pyrimidin-2-yl phosph orothioate。

理化性质 工业品纯度为94%。纯品为无色结晶状固体，熔点51～52℃，闪点（34±2）℃，沸点160℃（分解），蒸气压 0.22mPa（50℃）。相对密度 1.348（25℃）。$K_{ow}lgP=3.8$。Henry 常数 $2.578\times10^{-4}Pa \cdot m^3/mol$（计算）。相对密度 1.348（25℃）。水中溶解度（25℃）4.2mg/L，易溶于大多数有机溶剂，如二甲苯、苯、四氯化碳、二氯甲烷、三氯乙烯（20℃），在丙酮、甲苯、乙酸乙酯中溶解度>400g/L（20℃），正己烷 16.6g/L（20℃）。稳定性：在酸碱性介质中易水解，在稀释状态下不稳定。

毒性 大鼠急性经口 LD_{50} 151～778mg/kg（取决于性别和载体），大鼠急性经皮 LD_{50}>2000mg/kg，对兔皮肤无刺激作用，对兔眼睛有轻微刺激作用。大鼠吸入 LC_{50}（4h）1220mg/m³ 空气。大鼠 NOEL 值（2y）5mg/kg 饲料。以 50mg/kg 饲料的浓度喂养大鼠所进行的三代试验没有发现异常。ADI 值（JMPR）0.004mg/kg。

生态效应 鹌鹑急性经口 LD_{50} 118～480mg/kg（工业品）（取决于性别和载体）。饲喂 LC_{50}（14d,mg/kg）：野鸭约340，山齿鹑约300。鱼 LC_{50}（96h,mg/L）：鲤鱼2.8～6.1，虹鳟鱼0.48～1.14，大翻车鱼0.28。水蚤 LC_{50}（48h,μg/L）：0.36（软水），0.63（硬水）。NOEL 0.18μg/L（在硬水与软水中均如此）。羊角月牙藻 LC_{50}（72h）65.5mg/L。蜜蜂 LD_{50}（24h,接触）0.25μg/只。蚯蚓 LC_{50}（14d）>1000mg/kg 土壤。

环境行为 在大鼠体内被快速的吸收和分解，DT_{50} 为 4～5h。主要代谢物为乙基-2-羟基-5-甲基-6-吡唑并[1,5-a]嘧啶碳酸盐，部分为硫酸盐螯合物，主要通过尿液排出。小麦叶 DT_{50} 约 19d，随后水解为具有磷酸键、含 β-葡糖苷的吡唑并吡啶化合物。土壤降解通过磷酸基团的裂解、碳酸盐的皂化并且进一步降解为杂环，最后为 CO_2，此过程会使土壤退化。退化率随着土壤类型和特性不同而变化，但是没有和土壤性质有直接的关联。DT_{50} 10～21d，DT_{90} 111～235d(野外)。能被土壤强烈吸收，K_{oc} 1332～2670(计算)。专题研究和浸出模型表明吡菌磷不会浸出。

制剂　30%乳油、30%可湿性粉剂。

作用机理　抑制黑色素生物合成。具有治疗和保护作用的内吸性杀菌剂。通过叶、茎吸收并在植物体内传导。

应用

(1) 适宜作物与安全性　禾谷类作物，蔬菜如黄瓜、番茄等，草莓，果树如苹果、核桃、葡萄等。推荐量下对作物安全(除某些葡萄品种外)。

(2) 防治对象　主要用于防治谷类、蔬菜、果树等中各种作物的白粉病，并兼有杀蚜、螨、潜叶蝇、线虫的作用。

(3) 使用方法　防治苹果、桃子白粉病，用 0.05% 含量隔 7d 喷 1 次；防治瓜类白粉病，用 0.03%～0.05% 含量，7～10d 喷 1 次；防治小麦、大麦白粉病，在发病初期，用 30% 乳油 15～20mL/100m^2 兑水喷雾；防治黄椰菜、包心菜白粉病，每百平方米用 30% 乳油 4～10mL。

专利概况　专利 DE1545790、GB1145306 均早已过专利期，不存在专利权问题。

合成方法　经如下反应制得吡菌磷：

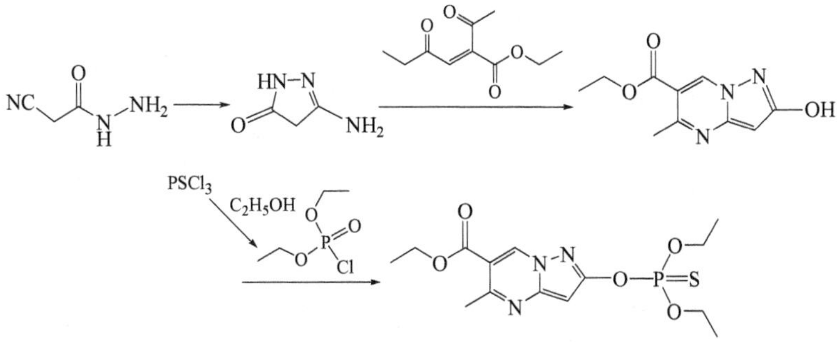

吡螨胺 tebufenpyrad

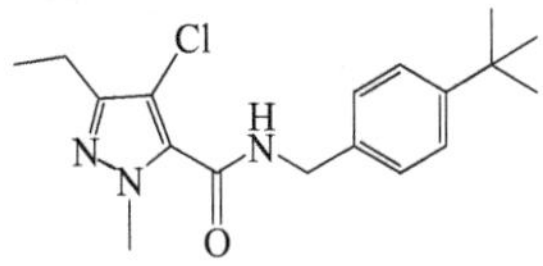

$C_{18}H_{24}ClN_3O$，333.8，119168-77-3

吡螨胺(tebufenpyrad)，试验代号　AC801757、MK-239、SAN831A、BAS318I。商品名称 Acarifas、Comanché、Masal、Oscar、Pyranica、Simar、心螨立克。是 Mitsubishi Kasei(现属 Mitsubishi Chemical Corp.)发现，与 American Cyanamid Co.(现属 BASF AG)共同开发的新型吡唑类杀螨剂。

化学名称　N-(4-叔丁基苄基)-4-氯-3-乙基-1-甲基吡唑-5-甲酰胺。N-(4-$tert$-butylbenzyl)-4-chloro-3-ethyl-1-methylpyrazole-5-carboxamide。

组成　工业品中含量≥98.0%。

理化性质　纯品为无色结晶，熔点 64～66℃(工业品 61～63℃)。蒸气压 $1×10^{-5}$ Pa(25℃)。相对密度 1.0214。分配系数 K_{ow}lg$P$=4.93(25℃)。Henry 常数 $<1.25×10^{-3}$ Pa·m^3/mol(计算)。

水中溶解度(25℃)为2.61mg/L，其他溶剂中溶解度(25℃,g/L)：正己烷255，甲苯772，二氯甲烷1044，丙酮819，甲醇818，乙腈785。在pH 4、7、9时稳定，不易水解，DT_{50} 187d(pH 7,25℃)。

毒性 急性经口LD_{50}(mg/kg)：雄大鼠595，雌大鼠997，雄小鼠224，雌小鼠210。大鼠急性经皮LD_{50}＞2000mg/kg。本品对兔皮肤和眼睛无刺激，对豚鼠皮肤致敏。大鼠吸入LC_{50}：雄大鼠2660mg/m³，雌大鼠＞3090mg/m³。NOEL值：狗1mg/(kg·d)，大鼠20mg/L[雄/雌，0.82mg/(kg·d)/1.01mg/(kg·d)]，小鼠30mg/L[雄/雌，3.6mg/(kg·d)/4.2mg/(kg·d)]。ADI/RfD值(EC)0.01mg/kg[2008]；(BfR)0.02mg/kg[2006]。无致突变作用。

生态效应 山齿鹑急性经口LD_{50}＞2000mg/kg。野鸭和山齿鹑LC_{50}(8d)＞5000mg/kg饲料。鲤鱼LC_{50}(96h)0.018mg/L，虹鳟鱼LC_{50}(96h,流过)0.030mg/L。水蚤LC_{50}(48h)0.046mg/L。藻类E_bC_{50}(72h)0.54mg/L。本品对蜜蜂低毒。蚯蚓LC_{50}(14d)68mg/kg。梨盲走螨LR_{50}(7d)5.0g/hm²。

环境行为 本品在动物体内迅速被吸收(＞80％,在24h内)，主要代谢为含有羟基和羧基的产品，如N-[4-(1-羟基甲基-1-甲基乙基)苄基]-4-氯-3-(1-羟基乙基)-1-甲基吡唑-5-酰胺，并迅速排出体外(＞90％,在7d内)。在植物体内与在动物体内非常相似。土壤Nichino数据：土壤DT_{50}(试验)19～20d，DT_{50}(野外)20～50d。K_{oc}930～1380。BASF数据：土壤DT_{50}(试验)27～60d，DT_{50}(野外)2～20d，K_{oc}310～1894。

制剂 10％、20％可湿性粉剂，20％乳油，10％水包油乳剂，60％水分散颗粒剂。

主要生产商 Nihon Nohyaku。

作用机理与特点 一种快速高效的新型杀螨剂，作用机制为线粒体呼吸抑制剂。非系统性杀螨剂，具有触杀和内吸作用。通过阻碍γ-氨基丁酸(GABA)调控的氯化物传递而破坏中枢神经系统内的中枢传导。对各种螨类和螨的发育全过程均有速效、高效、持效期长、毒性低、内吸性(有渗透性)特征，对目标物有极佳选择性，推荐剂量下对作物无药害。与三氯杀螨醇、苯丁锡、噻螨酮等无交互抗性。

应用

(1) 适用作物 果树如苹果、梨、桃、柑橘，蔓生作物、棉花、蔬菜、观赏植物等。

(2) 防治对象 对各种螨类和半翅目害虫具有卓效，如：叶螨科(苹果全爪螨、柑橘全爪螨、棉叶螨、朱砂叶螨等)、跗线螨科(侧多跗线螨)、瘿螨科(苹果刺锈螨、葡萄锈螨等)、细须螨科(葡萄短须螨)、蚜科(桃蚜、棉蚜、苹果蚜)、粉虱科(木薯粉虱)。

(3) 残留量与安全施药 ①应遵守农药的安全使用操作规程，施药时工作人员要做好个人安全防护措施。②储存要远离火源和热源，存于小孩和家畜接触不到的地方，避免阳光直射。③对鱼类有毒，不能在鱼塘及其附近使用；清理设备和处理废液时不要污染水域。④皮肤接触药液部分要用大量肥皂水洗净；眼睛溅入药液后要先用水清洗15min以上，并迅速就医。⑤如出现中毒应立即送医院治疗。

(4) 使用方法 在欧美和日本，以50～200mg(a.i.)/hm²剂量可防治苹果、梨、桃和扁桃上的害螨(包括叶螨和全爪螨)；在日本、美国、意大利和西班牙，以33～200mg(a.i.)/hm²剂量可防治柑橘的橘全爪螨和棉叶螨等；以100mg(a.i.)/hm²剂量可防治葡萄栃始叶螨；在日本，以100mg(a.i.)/hm²剂量可防治茶树的神泽叶螨；在欧洲和日本，以25～200mg(a.i.)/hm²剂量可防治蔬菜上的各种螨类，如棉叶螨、红叶螨和神泽叶螨；在西班牙和美国，以250～750mg(a.i.)/hm²剂量可防治棉花上的叶螨和小爪螨。

专利概况 专利EP289879早已过专利期，不存在专利权问题。

合成方法 以丁酮为起始原料，反应制得4-氯-1-甲基-3-乙基吡唑-5-羧酸，再与氯化亚砜回流反应，生成相应的酰氯，然后与对叔丁基苄胺和三乙胺在甲苯中反应，即制得吡螨胺。反应式如下：

参考文献

[1]程志明. 世界农药，2001，23(6)：18-23.
[2] 陶贤鉴. 农药研究与应用，2007，2：19-20.

吡嘧磺隆 pyrazosulfuron-ethyl

$C_{14}H_{18}N_6O_7S$，414.4，93697-74-6

吡嘧磺隆(pyrazosulfuron-ethyl)，试验代号 A-821256、NC-311，商品名称 Act、Agreen、Apiro Max、Apiro Star、Pyrazosun、Sirius、SiriusDash、Sparkstar G。其他名称 Kecaoshen、Pilarice、Saathi、Star、草克星、草灭星、草威、韩乐星、水星、西力土、一克净。是由日本日产公司开发的磺酰脲类除草剂。

化学名称 5-(4,6-二甲氧基嘧啶-2-基氨基羰基氨基磺酰基)-1-甲基吡唑-4-羧酸乙酯。ethyl 5-(4,6-dimethoxypyrimidin-2-ylcarbamoylsulfamoyl)-1-methylpyrazole-4-carboxylate。

理化性质 纯品为无色晶体，熔点 177.8～179.5℃，相对密度 1.46(20℃)，蒸气压 $4.2×10^{-5}$ mPa(25℃)。$K_{ow}\lg P=3.16$。20℃时，水中溶解度 9.76mg/L；有机溶剂中溶解度(g/L，20℃)：甲醇4.32，正己烷0.0185，苯15.6，氯仿200，丙酮33.7。在50℃保持6个月稳定，在酸、碱条件下不稳定，在 pH 7 时相对稳定。pK_a 3.7。

毒性 大、小鼠急性经口 LD_{50} 均>5000mg/kg，大鼠急性经皮 LD_{50} >2000mg/kg，大鼠急性吸入 LC_{50} >3.9mg/L 空气。对兔皮肤和眼睛无刺激性作用。对豚鼠皮肤无致敏性。小鼠 NOEL 为 4.3mg/(kg•d)(78 周)。ADI 值 0.043mg/(kg•d)。Ames 试验无致突变性，对大鼠和兔子无致畸性。

生态效应 山齿鹑急性经口 LD_{50} >2250mg/kg。虹鳟鱼和大翻车鱼 LC_{50}(96h)>180mg/L，鲤鱼 LC_{50}(48h)>30mg/L。水蚤 EC_{50}(48h)700mg/L。蜜蜂 LD_{50}(接触)>100μg/只。

环境行为

(1) 动物 大鼠进食吡嘧磺隆48h后，80%的吡嘧磺隆以尿和粪便的形式代谢掉。主要的代谢反应是甲氧基的脱甲基化作用。

(2) 土壤/环境 在土壤中 DT_{50} <15d，在 pH 7 的缓冲溶液中、水稻田和河流中，DT_{50} 为 28d。

制剂 10%可湿性粉剂。

主要生产商 Dongbu Fine、Fertiagro、Nissan、湖北沙隆达股份有限公司、江苏龙灯化学有限公司、江苏绿利来股份有限公司、江苏省激素研究所股份有限公司、江苏瑞东农药有限公司、江苏瑞邦农药厂有限公司、连云港立本农药化工有限公司、上海中西药业股份有限公司、沈阳丰农农业有限公司及沈阳科创化学品有限公司等。

作用机理与特点 支链氨基酸乙酰乳酸合成酶（ALS）抑制剂。通过抑制必需氨基酸缬氨酸和异亮氨酸的合成而起作用，从而阻止细胞的分裂和植物的生长。它的选择性来源于在作物中的快速的甲氧基脱甲基化作用而代谢。磺酰脲类除草剂的选择性代谢基础请参考书《Agro-Food-Industry》（M. K. Koeppe 和 H. M. Brown，1995，6：9 - 14）。通过杂草根和叶吸收，在木质部和韧皮部传导并起作用位点，在施药后 1～3 周杂草死亡。用于控制一年生和多年生阔叶杂草和莎草，在水稻苗前和苗后使用，剂量为 15～30g/hm²。

应用

（1）适宜作物与安全性 适用于水稻秧田、直播田、移栽田、抛秧田。不同水稻品种对吡嘧磺隆的耐药性有差异，但在正常条件下使用对水稻安全。若稻田漏水或用药量过高，水稻生长可能会受到暂时的抑制，但能很快恢复生长，对产量无影响。其虽对水稻安全，但应尽量避免在晚稻如糯米芽期使用，以免产生药害。

（2）防除对象 一年生或多年生阔叶杂草、莎草科及部分禾本科杂草如稗草、稻李氏禾、水莎草、异型莎草、鸭舌草、牛毛毡、扁秆藨草、日本藨草、狼把草、雨久花、窄叶泽泻、泽泻、矮慈姑、野慈姑、鳢肠、眼子菜、节节菜、萤蔺、紫萍、浮萍、浮生水马齿、水芹、小茨藻、三萼沟繁缕等。

（3）应用技术 ①吡嘧磺隆活性高，用药量低，必须准确称量。南北方稻田可根据当地条件和草情酌情增加或降低用药量。②施药时田内必须有 3～5cm 深的水层，而且要保水 5～7d，在此期间不能排水，以免影响药效。③混用要考虑的因素是杂草发生时间，如东北稗草发生高峰期在 5 月末 6 月初，阔叶杂草发生高峰期在 6 月中下旬，水稻插秧在 5 月中下旬，施药应在 5 月下旬至 6 月上旬，此时与阔叶杂草发生高峰期相距 15～20d，加上吡嘧磺隆在水田中持效期达 1 个月以上，因此对阔叶杂草有良好的防效。

（4）使用方法 水田苗前或苗后使用，剂量为 15～30g(a. i.)/hm²[亩用量为 1～2g(a. i.)]。

① 移栽田施药时期为水稻移栽前至移栽后 20d。若用于防除稗草，应在稗草 1.5 叶期以前施药，并需高剂量。插秧后 5～7d，稗草 1.5 叶期前施药，每亩用 10% 可湿性粉剂 10～20g（有效成分 1～2g），拌细土 20～30kg，均匀撒施于田间，施药后保持 3～5cm 深的水层 5～7d。若水层不足可缓慢补水，但不能排水。

为降低成本，吡嘧磺隆可与除稗剂混用，在多年生莎草科杂草如扁秆藨草、日本藨草发生相对密度较小时，采用两次施药。对多年生阔叶杂草的防除效果晚施药比早施药效果好，晚施药气温高，吸收传导快，在阔叶发生高峰期施药效果更好。在水稻移栽后 5～7d，吡嘧磺隆可与莎稗磷、环庚草醚混用，在整地与插秧间隔期长或因缺水整地后不能及时插秧，从药效考虑最好在插秧前 5～7d 单用莎稗磷、环庚草醚，插秧后 15～20d 吡嘧磺隆与莎稗磷、环庚草醚混用。水稻移栽后 10～15d，吡嘧磺隆与禾草敌或与二氯喹啉酸混用时，可拖些时间使用。虽然丁草胺、丙炔噁草酮在低温、水深、弱苗条件下对水稻有药害，且丁草胺的药害重于丙炔噁草酮，并且仅能防除 1.5 叶以前的稗草。但在高寒地区可推荐两次施药，插秧前 5～7d 单用丁草胺、丙炔噁草酮，插秧后 15～20d 吡嘧磺隆再与丁草胺、丙炔噁草酮混用，这样做不仅对水稻安全，而且对稗草与阔叶杂草的防除效果也好。

混用：吡嘧磺隆与其他除草剂混用时每亩用药量如下：

10% 吡嘧磺隆 10g 加 50% 二氯喹啉酸 20～40g，插秧后 15～20d 施药。

10% 吡嘧磺隆 10g 加 96% 禾草敌 100～133mL 混用，插秧后 10～15d 施药。

80% 丙炔噁草酮每亩 6g 插秧前 5～7d 施药。插秧后 15～20d，10% 吡嘧磺隆每亩 10g 加 80% 丙炔噁草酮 4g 混用。

60% 丁草胺每亩 80～100mL 插秧前 5～7d 施药。插秧后 15～20d，10% 吡嘧磺隆 10g 加 60% 丁草胺 80～100mL 混用。

10% 吡嘧磺隆 10g 加 30% 莎稗磷 60mL，插秧后 5～7d 缓苗后施药。或插秧前 5～7d，30%

莎稗磷每亩 50～60mL，插秧后 15～20d 10％吡嘧磺隆每亩 10g 加 30％莎稗磷 40～50mL 混用。

10％吡嘧磺隆每亩 10g 加 10％环庚草醚 15～20mL 混用，插秧后 5～7d 缓苗后施药。或插秧前 5～7d，10％吡嘧磺隆 10g 加 10％环庚草醚每亩 15mL，插秧后 15～20d，10％吡嘧磺隆 10g 加 10％环庚草醚 10～15mL 混用。

吡嘧磺隆与二氯喹啉酸混用通常采用喷雾法施药，每亩喷液量人工 20～30L、飞机 2～3L。施药前 2d 应保持浅水层，使杂草露出水面，施药后 2d 放水回田。吡嘧磺隆与禾草敌、环庚草醚、莎稗磷、丙炔噁草酮、丁草胺混用，采用毒土法施药，施药前将吡嘧磺隆加少量水溶解，然后倒入细沙或细土中，沙或土每亩需 15～20kg，充分拌匀再均匀撒入稻田。施药时水层控制在 3～5cm，以不淹没稻苗心叶为准，施药后保持同样水层 7～10d，缺水补水。

② 直播田施药时期可在播种后 3～10d，施药量、施药方法及水层管理同插秧田。

在北方直播田应尽量缩短整地与播种间隔期，最好随整地随播种，水稻出苗晒田覆水后立即施药，稗草 1 叶 1 心以前每亩用 10％吡嘧磺隆 10g。稗草 2～3 叶期，吡嘧磺隆与禾草敌混用，每亩用 10％吡嘧磺隆 10g 加 96％禾草敌 100～150mL。水稻 3 叶期以后若防除 3～7 叶期稗草，吡嘧磺隆须与二氯喹啉酸混用，每亩用 10％吡嘧磺隆 10g 加 50％二氯喹啉酸 30～50g。水稻播种后 3～5d 或晒田覆水后若防除 2 叶期以前稗草，吡嘧磺隆可与异噁草酮混用，每亩用 10％吡嘧磺隆 10g 加 48％异噁草酮 27mL。吡嘧磺隆单用或与禾草敌、异噁草酮混用均采用毒土法施药，先用少量水将吡嘧磺隆溶解，再与细沙或细土混拌均匀，每亩通常用细沙或细土 15～20kg，均匀撒入田间。吡嘧磺隆与二氯喹啉酸混用采用喷雾法施药，施药前 2d 保持浅水层，使杂草露出水面，施药后放水回田。吡嘧磺隆单用或混用施药后均须稳定水层 3～5cm 7～10d。

③ 防除多年生莎草科难治杂草。吡嘧磺隆防除多年生莎草科难治杂草如藨草、日本藨草、扁秆藨草等的最佳施药时期是杂草刚出土到株高 7cm 以前。施药过晚上述杂草叶片发黄、弯曲，生长虽严重受抑制，但 10～15d 可恢复生长，仍能开花结果。在北方因扁秆藨草、日本藨草等地下块茎不断长出新的植株，并在 6 月中旬种子萌发的实生苗陆续出土，故吡嘧磺隆早施药比晚施药药效好。采用两次施药不仅可获得稳定的药效，第二年杂草发生数量也会明显减少，具体方法如下：

a. 移栽田。施药时期在插秧前整地结束后，插秧前 5～7d。每亩用 10％吡嘧磺隆 10～15g。插秧后 10～15d，扁秆藨草、日本藨草等株高 4～7cm，再用 10％吡嘧磺隆每亩 10～15g，也可与除稗剂混用。如插秧早、杂草发生晚可在插秧后 5～8d，每亩用 10％吡嘧磺隆 10～15g，间隔 10～15d，扁秆藨草等株高 4～7cm 时每亩再用 10％吡嘧磺隆 10～15g。

b. 直播田。施药时期为播种催芽后 5～6d，每亩用 10％吡嘧磺隆 10～15g，晒田灌水后 3～5d，每亩再用 10％吡嘧磺隆 10～15g；或晒田灌水后 1～3d，每亩用 10％吡嘧磺隆 10～15g，间隔 10～20d 每亩再用 10％吡嘧磺隆 10～15g。

专利与登记 专利 JP59122488 早已过专利期，不存在专利权问题。国内登记情况：10％可分散片剂，7.5％、10％、20％可湿性粉剂，75％水分散粒剂及 2.5％泡腾片剂等，登记作物为水稻移栽田、水稻秧田、水稻抛秧田、水稻直播田等，防治对象为莎草、阔叶杂草、稗草等。日本日产化学工业株式会社在中国登记情况见表 16。

表 16　日本日产化学工业株式会社在中国登记情况

登记名称	登记证号	含量	剂型	登记作物	防治对象	用药量/(g/hm²)	施用方法
吡嘧磺隆	PD20040025	7.5％	可湿性粉剂	水稻移栽田	莎草	16.875～22.5	毒土法或喷雾
				水稻移栽田	阔叶杂草	16.875～22.5	
				水稻移栽田	幼龄稗草	16.875～22.5	
吡嘧磺隆	PD187-94	10％	可湿性粉剂	水稻	阔叶杂草	15～30	药土法或喷雾
				水稻	稗草	15～30	
				水稻	莎草	15～30	

合成方法 吡嘧磺隆的主要合成方法如下：

方法 1：以丙二酸二乙酯与甲基肼为原料，经如下反应即得目的物。

方法 2：以氰乙酸乙酯与甲基肼为原料，经如下反应即得目的物。

方法 3：以磺酰胺为原料，经如下反应即得目的物。

参考文献

[1]易思齐等．世界农药，2000，1：41-45.
[2]刘新河等．农药，2000，12：14-15.
[3]陈云刚等．广东化工，2013，14：11-12.

吡喃草酮 tepraloxydim

$C_{17}H_{24}ClNO_4$，341.8，149979-41-9

吡喃草酮(tepraloxydim)，试验代号　BAS620H，商品名称　Aramo、Equinox、Hoenest、Honest、快捕净、得杀草。是 E. Kibler 等人报道，后由 Nisso BASF Agro ltd 公司(日本曹达、德国巴斯夫、三菱公司的合资公司)开发的除草剂，首次登记于 1999 年。

化学名称　(*EZ*)-(*RS*)-2-{1-[(2*E*)-3-氯丙烯亚胺]丙基}-3-羟基-5-四氢吡喃-4-基环己-2-烯-1-酮。(*EZ*)-(*RS*)-2-{1-[(2*E*)-3-chloroallyloxyimino]propyl}-3-hydroxy-5-perhydropyran-4-ylcyclohex-2-en-1-one。

理化性质　工业品含量≥92%，白色无味粉末，熔点 74℃，蒸气压 $2.7×10^{-2}$ mPa(25℃)，$K_{ow}lgP=1.5$(纯水)，2.44(pH 4)，0.20(pH 7)，−1.15(pH 9)。Henry 常数 $8.744×10^{-6}$ Pa·m^3/mol(计算值)，相对密度 1.284。水中溶解度(g/L,20℃)：0.43(纯水)，0.426(pH 4)，7.25(pH 9)；有机溶剂中溶解度(g/100mL)：丙酮 46，甲醇 27，2-丙醇 14，乙酸乙酯 45，乙腈 48，二氯甲烷 57，甲苯 50，正庚烷 1.0，正辛醇 13，橄榄油 7.3。稳定性：水解 DT_{50} 6.6d(pH 4)，22.1d(pH 5)；pH 为 7 和 9(22℃)时可稳定存在 33d。pK_a 4.58(20℃)。

毒性　大鼠急性经口 LD_{50} 约为 5000mg/kg。大鼠急性经皮 LD_{50}＞2000mg/kg。对兔皮肤和黏膜无刺激性，对豚鼠无皮肤致敏性。大鼠急性吸入 LC_{50}(4h)＞5.1mg/L。大鼠 NOAEL(2y)100mg/L[5mg/(kg·d)]。ADI(EC)0.025mg/kg[2005]。

生态效应　鹌鹑 LD_{50}＞2000mg/kg，饲喂 LC_{50}＞6000mg/kg。虹鳟鱼 LC_{50}(96h)＞100mg/L。水蚤 EC_{50}(48h)＞100mg/L。羊角月牙藻 E_rC_{50}(72h)76mg/L。其他水生生物：对浮萍 E_rC_{50} 6.5mg/L。蜜蜂 LD_{50}(经口和接触)＞200μg/只。蚯蚓 LC_{50}(14d)＞1000mg/kg 土。

环境行为

(1) 动物　48h 内完全吸收，分布广泛，48h 内原药及一些代谢物通过尿液排出体外。代谢主要是通过吡喃环的氧化形成内酯，以及肟醚降解生成亚胺和噁唑。

(2) 土壤/环境　土壤 DT_{50}(20℃,实验室,有氧)5.2～14d。K_{oc} 0.3～77.2L/kg；K_d 1～6.88L/kg。土壤表面光解 DT_{50} 约 1d(25℃)。

制剂　5%、20%乳油。

主要生产商　Nisso BASF Agro。

作用机理与特点　脂肪酸合成酶抑制剂，抑制乙酰辅酶 A 羧化酶(ACCase)。通过叶片吸收，经过整株植物运输至根部。1h 内便可耐雨水冲刷。处理后杂草停止生长，接着叶尖坏死、叶子变红，随后枯死。

应用　用于阔叶作物苗后除草，具有广谱的除草活性，特别是用于防除早熟禾、自生玉米、假高粱和披碱草，使用剂量为 50～100g/hm²。在作物苗后、禾草 2～4 叶期，春大豆亩用 10%乳油 30mL，冬油菜用 20～25mL，对水常规喷雾。棉花、亚麻田杂草，亩用 10%乳油 34～50mL，兑水常规喷雾。

专利概况　专利 DE3121355、DE3340265 均早已过专利期，不存在专利权问题。

合成方法　合成方法如下：

参考文献

[1]Proc Br Crop Prot Conf：Weed，1999：59.

吡噻菌胺 penthiopyrad

$C_{16}H_{20}F_3N_3OS$，359.4，183675-82-3

吡噻菌胺(penthiopyrad)，试验代号 MTF-753，商品名称 Fontelis、Vertisan，是由日本三井化学研制开发的酰胺类杀菌剂。

化学名称 (RS)-N-[2-(1,3-二甲基丁基)-3-噻酚基]-1-甲基-3-(三氟甲基)-1H-吡唑-4-甲酰胺。(RS)-N-[2-(1,3-dimethylbutyl)-3-thienyl]-1-methyl-3-(trifluoromethyl)-1H-pyrazole-4-carboxamide。

理化性质 纯品为白色粉末，熔点103~105℃，蒸气压$6.43×10^{-6}$Pa(25℃)，在水中的溶解度7.53mg/L(20℃)。

毒性 大鼠(雌/雄)急性经口LD_{50}＞2000mg/kg，大鼠(雌/雄)急性经皮LD_{50}＞2000mg/kg。大鼠(雌/雄)急性吸入LC_{50}(4h)＞5669mg/kg。对兔眼有轻微刺激性，对兔皮肤无刺激性，无致敏性。Ames试验阴性，无致癌性。

生态效应 鲤鱼LC_{50}(96h)1.17mg/L，水蚤LC_{50}(24h)40mg/L，水藻E_rC_{50}(72h)2.72mg/L。

制剂 20%和15%的悬浮剂。

主要生产商 Mitsui Chemicals Agro。

作用机理与特点 吡噻菌胺与较早期开发的该类杀菌剂相比更有优势，室内和田间试验结果均表明，不仅对锈病、菌核病有优异的活性，对灰霉病、白粉病和苹果黑星病也显示出较好的杀菌剂活性。通过在马铃薯葡萄糖琼脂培养基上的生长情况发现，其对抗甲基硫菌灵、腐霉利和乙霉威的灰葡萄孢均有活性。用抗性品系的苹果黑星菌所做的试验表明，无论是对氯苯嘧啶醇或啶菌酯抗性品系或敏感品系对吡噻菌胺均敏感。试验结果表明吡噻菌胺作用机理与其他用于防治这些病害的杀菌剂有所不同，因此没有交互抗性，具体作用机理在研究中。

应用

(1) 适宜作物与安全性 果树和蔬菜包括苹果、梨、桃、樱桃、柑橘、西红柿、黄瓜和葡萄，草坪；对作物和环境安全。

(2) 防治对象 锈病、菌核病、灰霉病、霜霉病、苹果黑星病和白粉病等。

(3) 使用方法 在100~200g(a.i.)/hm² 剂量下，茎叶处理可有效地防治苹果黑星病、白粉病等。在100mg/L浓度下对葡萄灰霉病有很好活性，25mg/L浓度下对黄瓜霜霉病防效效果好。

专利概况

专利名称 Preparation of thiophene derivative as agricultural and horticultural fungicides

专利号 EP737682 专利申请日 1996-04-03

专利拥有者 Mitsui Toatsu Chemicals, Incorporated, Japan

合成方法 以3-氨基-噻酚-2-甲酸甲酯或3-氨基噻酚，三氟乙酰乙酸乙酯的衍生物为原料，经如下反应即可制得吡噻菌胺：

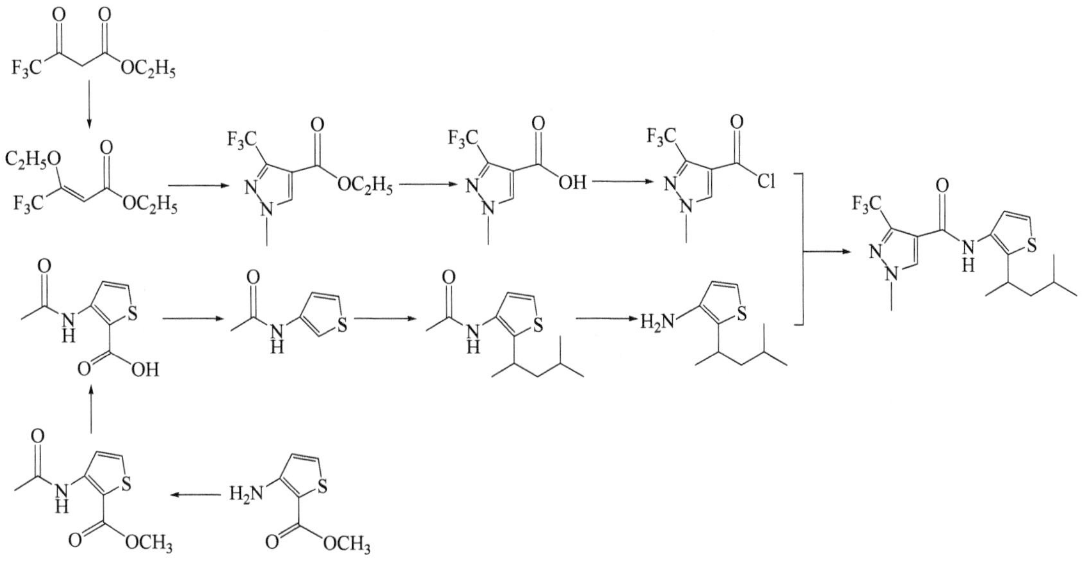

或

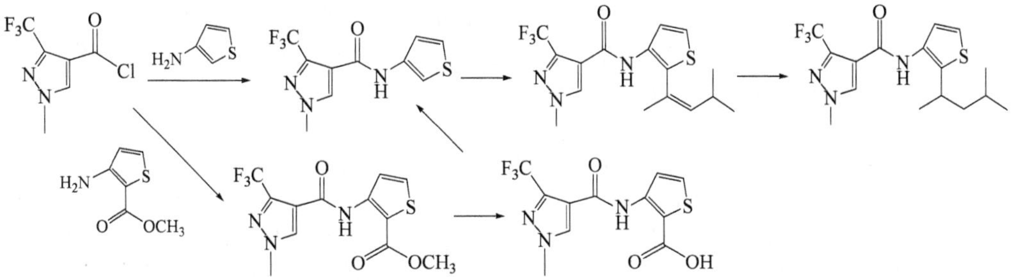

参考文献

[1]The Pesticide Manual. 15th edition:877-878.
[2]张庆宽. 世界农药,2009,3:53.

吡蚜酮 pymetrozine

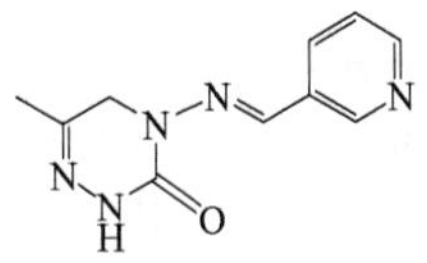

$C_{10}H_{11}N_5O$，217.2，123312-89-0

吡蚜酮（pymetrozine），试验代号 CGA215944，商品名称 Chess、Degital Bowe、Endeavor、Fulfill、Plenum、Sun-Cheer；其他名称 吡嗪酮。是 1988 年由瑞士诺华（现属先正达）开发，1993 年由 Ciba-Geigy（现属先正达）公司生产的三嗪酮类杂环新型高效杀虫剂。

化学名称 （E）-4,5-二氢-6-甲基-4-(3-吡啶亚甲基胺)-1,2,4-三嗪-3(2H)-酮。（E）-4,5-dihydro-6-methyl-4-(3-pyridylmethyleneamino)-1,2,4-triazin-3(2H)-one。

理化性质 工业品纯度≥95%，纯品为无色结晶体，熔点 217℃，相对密度 1.36(20℃)。蒸气压<4×10^{-3}mPa(25℃)，分配系数 K_{ow}lg$P=-0.18$(25℃)，Henry 常数<3.0×10^{-6}Pa•m³/

mol(计算)。水中溶解度(25℃,pH 6)0.29g/L;其他溶剂中溶解度(g/L,20℃):乙醇2.25,己烷<0.001,甲苯0.034,二氯甲烷1.2,正辛醇0.45,丙酮0.94,乙酸乙酯0.26。在空气中稳定。在25℃水解DT_{50}:5~12d(pH 5),616~800d(pH 7),510~1212d(pH 9)。pK_a4.06。

毒性 原药大鼠急性经口$LD_{50}>5000mg/kg$。大鼠急性经皮$LD_{50}>2000mg/kg$。对兔皮肤和眼睛无刺激,对豚鼠皮肤无致敏。大鼠吸入LC_{50}(4h)>1800mg/m³ 空气。NOEL[mg/(kg·d)]:大鼠(2y)3.7,狗(90d)3,狗(1y,经口)5.33。ADI:(EC)0.03mg/kg;aRfD 0.1mg/kg[2001];(EPA)aRfD 0.01mg/kg(雌性,年龄13~49),0.125mg/kg(一般人群),cRfD 0.0038mg/kg[2005]。5y的试验过程中无致突变性。

生态效应 野鸭急性经口$LD_{50}>2000mg/kg$,山齿鹑LC_{50}(8d)>5200mg/L。虹鳟鱼、鲤鱼LC_{50}(96h)>100mg/L。水蚤EC_{50}(48h)87mg/L。羊角月牙藻LC_{50}(mg/L):(72h)47.1,(5d)21.7。东方生蚝EC_{50}(96h)3.05mg/L,蜜蜂LD_{50}(48h,μg/只):>117(经口),>200(接触)。蚯蚓LC_{50}(14d)1098mg/kg 土。

环境行为

(1) 动物 迅速被吸收,24h内可吸收90%,高效迅速降解,能够迅速通过排泄物排出,在所有被试动物种类(鼠类及农田动物)体内均能代谢,在主要的动物食品中不累积。而且代谢过程相似。

(2) 植物 不同被试植物种类基本代谢的过程相似。吡蚜酮是唯一确定的残留物。

(3) 土壤/环境 在土壤中能够被快速而且强烈的吸收,无流动性,无过滤性。土壤中DT_{50}2~69d(田间,7种土壤,中值14d),DT_{90}55~288d(田间,7种土壤,中值185d)。在弱酸性或光照的水中能快速降解,在水面DT_{50}(标准值)7d。轻微易挥发。能被直接光解和光化学氧化。

制剂 可湿性粉剂、乳剂、悬浮剂、水分散粒剂。

主要生产商 Syngenta。

作用机理与特点 吡蚜酮属于吡啶类或三嗪酮类杀虫剂,是全新的非杀生性杀虫剂,最早由瑞士汽巴嘉基公司于1988年开发,该产品对多种作物的刺吸式口器害虫表现出优异的防治效果。利用电穿透图(EPG)技术进行研究表明,无论是点滴、饲喂或注射试验,蚜虫或飞虱一接触到吡蚜酮几乎立即产生口针阻塞效应,立刻停止取食,并最终饥饿致死,而且此过程是不可逆转的。因此,吡蚜酮具有优异的阻断昆虫传毒功能。尽管目前对吡蚜酮所引起的口针阻塞机制尚不清楚,但已有的研究表明这种不可逆的"停食"不是由于"拒食作用"所引起的。经吡蚜酮处理后的昆虫最初死亡率是很低的,昆虫"饥蛾"致死前仍可存活数日,且死亡率高低与气候条件有关。试验表明,药剂处理3h内,蚜虫的取食活动降低90%左右,处理后48h,死亡率可接近100%。

应用 吡蚜酮对害虫具有触杀作用,同时还有内吸活性。在植物体内既能在木质部输导也能在韧皮部输导;因此既可用作叶面喷雾,也可用于土壤处理。由于其良好的输导特性,在茎叶喷雾后新长出的枝叶也可以得到有效保护。

(1) 防治对象 本品可用于防治大部分同翅目害虫,尤其是蚜虫科、粉虱科、叶蝉科及飞虱科害虫,适用于蔬菜、水稻、棉花、果树及多种大田作物。

(2) 适宜作物及对作物的安全性 蔬菜、园艺作物、棉花、大田作物、落叶果树和柑橘等;推荐剂量下对作物、环境安全,无药害;是害虫综合治理体系中理想的药剂。对已使用的杀虫剂敏感或对产生抗性的蚜虫、粉虱和叶蝉等有特效。害虫在死亡之前,即停止进食。

(3) 使用方法 使用剂量:马铃薯150g(a.i.)/hm²,观赏植物、烟草、棉花200~300g(a.i.)/hm²,用于蔬菜、水果等使用剂量为10~30g(a.i.)/hm²。

吡蚜酮可以用在蔬菜田和观赏植物上防治各种蚜虫和白粉虱,防治蚜虫的推荐剂量为10g(a.i.)/hm²,防治白粉虱的推荐剂量为20g(a.i.)/hm²。

在烟草、棉花、马铃薯作物上可以用来防治棉蚜和桃蚜,推荐剂量为100~200g(a.i.)/hm²。

在水稻上,茎叶处理剂量为100~150g(a.i.)/hm²,种子包衣1.5g(a.i.)/hm²可以防治黑尾叶蝉。

在柑橘和落叶果树上，使用剂量为 5～20g(a.i.)/hm²，可用于防治蚜虫。

专利与登记 专利 EP314625 已过专利期，不存在专利权问题。

1997 年起，该药先后在土耳其、德国、巴拿马、马来西亚、中国台湾、日本、美国和南欧等国家和地区登记并陆续上市。现已在日本、美国、德国等国家和地区广泛使用。国内登记情况：25%、50%可湿性粉剂，25%悬浮剂，50%、60%、75%水分散粒剂，96%、98%原药等，登记作物为水稻、小麦、观赏菊花等，防治对象为飞虱、蚜虫和稻飞虱等。瑞士先正达作物保护有限公司在中国登记情况见表 17。

表 17　瑞士先正达作物保护有限公司在中国登记情况

登记名	登记证号	含量	剂型	登记作物	防治对象	用药量	施用方法
吡蚜酮	PD20094118	50%	水分散粒剂	观赏菊花 水稻	蚜虫 稻飞虱	150～225g/hm² 90～150g/hm²	喷雾 喷雾
吡蚜酮	PD20081388	95%					

合成方法 经如下反应制得吡蚜酮：

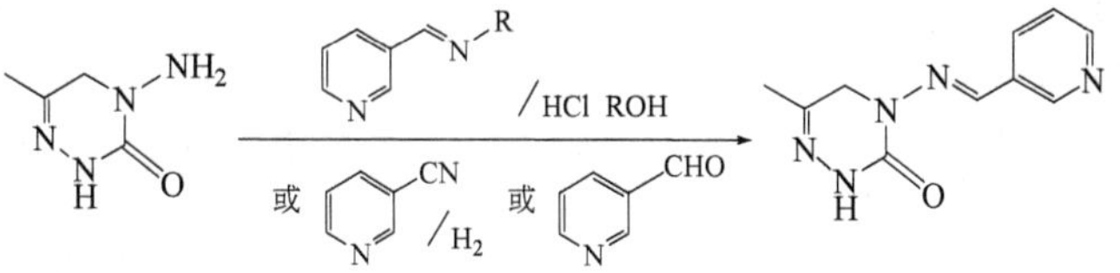

中间体氨基三嗪酮的制备方法如下：

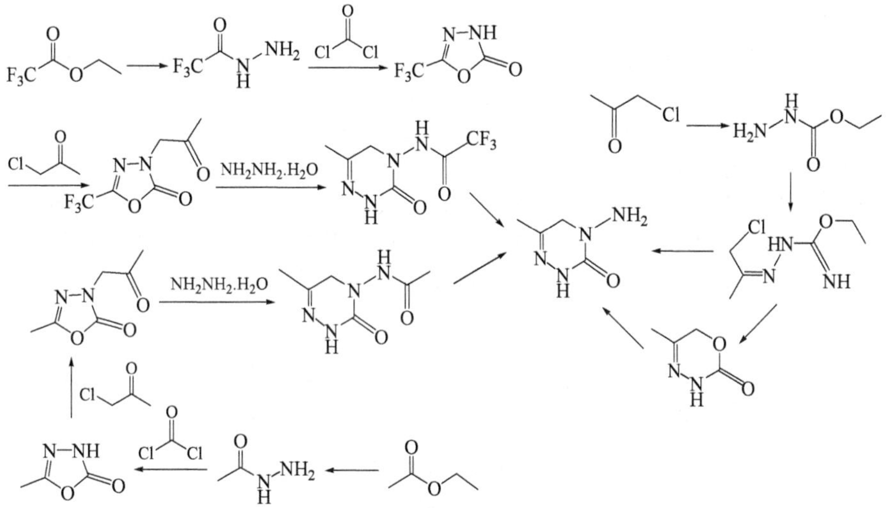

参考文献

[1]Proc Br Crop Prot Conf,Pests Dis,1994,1:43.

[2]何茂华,等. 世界农药,2002,2:46-47.

吡唑解草酯 mefenpyr-diethyl

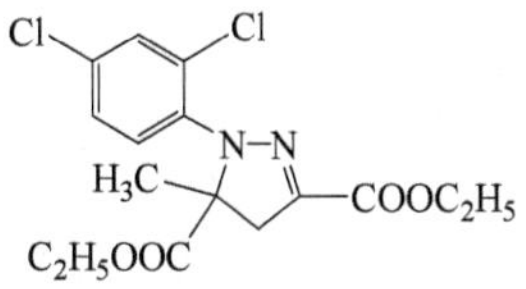

$C_{16}H_{18}Cl_2N_2O_4$，373.2，135590-91-9

吡唑解草酯（mefenpyr-diethyl），试验代号　AE F107892、Hoe107892，商品名称　Husar、Huskie、Hussar、Infinity、Mesomaxx、Precept、Puma、Puma Super。是由安万特公司（现拜耳公司）开发的吡唑类解毒剂。

化学名称　（RS）-1-(2,4-二氯苯基)-5-甲基-2-吡唑啉-3,5-二羧酸二乙酯。diethyl(RS)-1-(2,4-dichlorophenyl)-5-methyl-2-pyrazoline-3,5-dicarboxylate。

理化性质　纯品为白色至浅米黄色晶体粉末。熔点 $50\sim52℃$。蒸气压 6.3×10^{-3} mPa（20℃），1.4×10^{-2} mPa(25℃)。分配系数 $K_{ow}\lg P=3.83$(pH 6.3,21℃)。Henry 常数 1.18×10^{-4} Pa·m³/mol(20℃,计算)。相对密度 1.31(20℃)。水中溶解度为 20mg/kg(pH 6.2,20℃)。其他溶剂中溶解度(g/L,20℃)：丙酮＞500，乙酸乙酯、甲苯、甲醇＞400。酸碱中易水解。

毒性　大、小鼠急性经口 LD_{50}＞5000mg/kg。大鼠急性经皮 LD_{50}＞4000mg/kg。对兔眼睛和皮肤无刺激。对豚鼠皮肤无致敏性。大鼠急性吸入 LC_{50}(4h)＞1.32mg/L。NOEL[2y,mg/(kg·d)]：大鼠 49，小鼠 71。ADI(BfR)0.03mg/kg。体内、体外试验无致诱变性。

生态效应　日本鹌鹑急性经口 LD_{50}＞2000mg/kg。鱼类 LC_{50}(96h,mg/L)：虹鳟鱼 4.2，鲤鱼 2.4。水蚤 LC_{50}(48h)5.9mg/L。藻类 E_bC_{50}(mg/L)：舟形藻 1.65(96h)，栅藻 5.8(72h)。浮萍 EC_{50}＞12mg/L。蜜蜂 LD_{50}(μg/只)：经口＞900，接触＞700。蚯蚓 LC_{50}(14d)＞1000mg/kg 土。

环境行为　土壤/环境：非生物水解 DT_{50}：＞365d(pH 5)，40.9d(pH 7)，0.35d(pH 9)(25℃)。光降解 DT_{50} 2.9d。通过水解作用、微生物作用和光降解作用在土壤中被完全矿化；DT_{50}＜10d。不被过滤(在浓度＞0.1μg/L 时，滤出液中不含单一组分残留物)。

制剂　悬浮剂、水乳剂。

主要生产商　Bayer CropScience。

应用　噁唑禾草灵用于小麦、大麦等的安全剂。即同噁唑禾草灵一同使用可使作物小麦、大麦等免于伤害。也是除草剂碘甲磺隆钠盐(iodosulfuron-methyl sodium)的解毒剂，可用于禾谷类作物如小麦、大麦、燕麦等，吡唑解草酯与碘甲磺隆钠盐(1∶3)的使用剂量为 40g(a.i.)/hm²。

专利概况　专利 DE3939503 早已过专利期，不存在专利权问题。

合成方法　在低温下，将 2,4-二氯苯胺与水和盐酸混合，然后滴加亚硝酸钠溶液，生成的重氮盐溶液滴加到 α-氯乙酰乙酸乙酯、水、醋酸钠和乙醇的混合液中，搅拌 3h，生成 α-氯-α-(2,4-二氯苯亚联氨基)乙酸乙酯。再与甲基丙烯酸乙酯反应得到产品。

参考文献

[1]Proc Br Crop Prot Conf:Weed,1999,1:18.

吡唑硫磷 pyraclofos

$C_{14}H_{18}ClN_2O_3PS$，360.8，77458-01-6，89784-60-1(曾用)

吡唑硫磷（pyraclofos），试验代号 OMS 3040、SC-1069、TIA-230，商品名称 Boltage、Starlex、Voltage。是 Y. Kono 等报道其活性，由日本 Takeda Chemical Industries Ltd(现属住友化学株式会社)开发的有机磷类杀虫剂。

化学名称 (RS)-[O-1-(4-氯苯基)吡唑-4-基]-O-乙基-S-丙基硫代磷酸酯。(RS)-[O-1-(4-chlorophenyl)pyrazol-4-yl]-O-ethyl-S-propylphosphorothioate。

理化性质 淡黄色油状物，沸点 164℃/0.01mmHg，蒸气压 $1.6×10^{-3}$ mPa(20℃)，相对密度 1.271(28℃)，分配系数 $K_{ow}\lg P=3.77$(20℃)，Henry 常数 $1.75×10^{-5}$ Pa·m³/mol(计算)。水中溶解度(20℃)为 33mg/L，易溶于大多数有机溶剂。水解 DT_{50} 29d(25℃，pH 7)。

毒性 急性经口 LD_{50}(mg/kg)：雄和雌大鼠均为 237，雄小鼠 575，雌小鼠 420。大鼠急性经皮 LD_{50}＞2000mg/kg。本品对兔眼睛和皮肤无刺激，对豚鼠皮肤无致敏现象。大鼠吸入 LC_{50}(mg/L)：雄大鼠 1.69，雌大鼠 1.46。NOEL 值[2y，mg/(kg·d)]：雄大鼠 0.101，雌大鼠 0.120，雄小鼠 1.03，雌小鼠 1.28。对大鼠和小鼠无致癌，对大鼠和兔无致畸。

生态效应 鸟类急性经口 LC_{50}(mg/kg 饲料)：山齿鹑 164，野鸭 384。鱼 LC_{50}(72h，mg/L)：鲤鱼 0.028，日本金青锵鱼 1.9。刺裸腹溞 LC_{50}(3h)0.052mg/L。蜜蜂 LD_{50}(接触)0.953μg/只。

环境行为 经口进入动物体内的本品，在 24h 内，90%以上被代谢，并通过尿排出。土壤 DT_{50} 3～38d(不同土壤类型)。

制剂 35%可湿性粉剂，500g/L 乳油，6%颗粒剂。

主要生产商 Sumitomo Chemical。

作用机理与特点 胆碱酯酶的直接抑制剂。具有触杀、胃毒及熏蒸作用，几乎没有内吸活性。

应用

(1) 适用作物 棉花、蔬菜、果树、观赏植物、大田作物。

(2) 防治对象 鳞翅目、鞘翅目、蚜虫、双翅目和蜚蠊等多种害虫，对叶螨科螨、根螨属螨、蜱和线虫也有效。对已产生抗性的甜菜夜蛾、棕黄蓟马、根螨属的螨、家蝇、蚋属的 sancti-pauli 和微小牛蜱也有效。可有效防治蔬菜上的鳞翅目害虫叶蛾属和棉花的埃及棉叶蛾、棉铃虫、棉斑实蛾、红铃虫、粉虱、蓟马，马铃薯的马铃薯甲虫、块茎蛾，甘薯的甘薯烦夜蛾、麦蛾，茶的茶叶细蛾、黄蓟马等。

(3) 残留量与安全施药 本品对果树如苹果、日本梨、桃和柑橘依品种而定，略有轻微药害，本品对蚕有长期毒性，对鱼类影响较强，在桑树、河、湖、海域及养鱼池附近不要使用。防治甜菜的甘蓝叶蛾时，在生育前期(6～7月)施药，叶可产生轻微药斑。

(4) 使用方法 使用剂量 0.25～1.5kg(a.i.)/hm²。

在采摘前 14d，用 750 倍液施药 2 次，可防治茶树(覆盖栽培除外)茶角纹小卷叶蛾。在收获前 21d，用 1500 倍液施药 2 次，可防治甜菜甘蓝叶蛾。用 1500～2000 倍液均匀喷雾，可防治烟草甘蓝叶蛾。在收获前 7d，用 1000～1500 倍液施药 3 次，可防治甘薯烦夜蛾、甘薯小蛾。在收获前 7d，用 750 倍液施药 3 次，可防治马铃薯块茎蛾。用 1500 倍液均匀喷雾，可防治蚜虫类。

专利概况 专利 EP2039248、GB2457347 均早已过专利期，不存在专利权问题。

合成方法 经如下反应制得吡唑硫磷：

吡唑醚菌酯 pyraclostrobin

$C_{19}H_{18}ClN_3O_4$，387.8，175013-18-0

吡唑醚菌酯(pyraclostrobin)，试验代号 BAS 500F，商品名称 F 500、Vivarus。其他名称 Abacus、Cabrio、Comet、Envoy、Insignia、Regnum、Signum、Stamina、唑菌胺酯。是巴斯夫公司继醚菌酯(BAS 490F)之后于 1993 年发现的另一种新型广谱 strobilurin 类杀菌剂。

化学名称 N-｛2-[1-(4-氯苯基)-1H-吡唑-3-基氧甲基] 苯基｝-(N-甲氧基)氨基甲酸甲酯，N-｛2-[1-(4-chlorophenyl)pyrazol-3-yloxymethyl] phenyl｝-(N-methoxy)methyl carbamate。

理化性质 纯品为白色或灰白色晶体，熔点为 63.7～65.2℃(200℃分解)。蒸气压为 $2.6×10^{-5}$ mPa(20℃)。分配系数 $K_{ow}lgP=3.99$(20℃)。Henry 常数为 $5.3×10^{-6}$ Pa·m³/mol(计算)。相对密度 1.367(20℃)。水中溶解度：1.9mg/L(20℃)；在有机溶剂中溶解度(g/L,20℃)：正庚烷 3.7，异丙醇 30.0，辛醇 24.2，橄榄油 28.0，甲醇 100.8，丙酮、乙酸乙酯、乙腈、二氯甲烷和甲苯均大于 500。稳定性：稳定存在 30d 以上(pH 5～7,25℃)。水中光解 DT_{50} 为 1.7d。

毒性 大鼠急性经口 $LD_{50}>5000$mg/kg。大鼠急性经皮 $LD_{50}>2000$mg/kg，大鼠吸入 LC_{50}(4h)0.69mg/L。对兔眼睛无刺激性，对兔皮肤有刺激作用。NOEL[mg/(kg·d)]：大鼠(2y)3(75mg/L)，兔子(28d,胎儿发育期)3，小鼠(90d)4(30mg/L)。ADI 值 0.03mg/kg。无潜在诱变性，对兔、大鼠无潜在致畸性，对兔、小鼠无潜在致癌性，对大鼠繁殖无不良影响。

生态效应 山齿鹑急性经口 $LD_{50}>2000$mg/kg。虹鳟鱼 LC_{50}(96h)0.006mg/L。水蚤 EC_{50}(48h)0.016mg/L。月牙藻 E_rC_{50}(72h)>0.843mg/L，月牙藻 E_bC_{50}(72h)0.152mg/L。蜜蜂急性经口 $LD_{50}>73.1\mu$g/只，接触 $LD_{50}>100\mu$g/只；蚯蚓 LC_{50} 566mg/kg 土。其他有益品种：对盲走螨属和蚜茧蜂属两类最敏感的种群属低毒类。

环境行为

(1) 动物 吡唑醚菌酯在大鼠体内迅速被吸收，5d 之内完全被分解，主要通过粪便方式排泄，羟基化、酯键的断裂以及代谢产物的进一步氧化、葡萄糖醛酸或硫酸的共轭化作用会产生将近 50 种代谢产物。

(2) 土壤/环境 20℃实验室有氧条件下 DT_{50} 12～101d(5 种土壤)；大田土壤中(6 块土地)半衰期 8～55d。土壤中流动性 K_{oc} 6000～16000mL/g。

制剂 20%粒剂、200g/L 浓乳剂、20%水分散性粒剂。

主要生产商 BASF。

作用机理与特点 吡唑醚菌酯同其他的合成 strobilurin 类似物的作用机理一样，也是一种线粒体呼吸抑制剂。它通过阻止细胞色素 b 和 c_1 间电子传递而抑制线粒体呼吸作用，使线粒体不能产生和提供细胞正常代谢所需要的能量(ATP)，最终导致细胞死亡。吡唑醚菌酯具有较强的抑制病菌孢子萌发能力，对叶片内菌丝生长有很好的抑制作用，其持效期较长，并且具有潜在的治疗活性。该化合物在叶片内向叶尖或叶基传导及熏蒸作用较弱，但在植物体内的传导活性较强。总之，吡唑醚菌酯具有保护作用、治疗作用、内吸传导性和耐雨水冲刷性能，且应用范围较广。虽然吡唑醚菌酯对所测试的病原菌抗药性株系均有抑制作用，但它的使用还应以推荐剂量为准并同其他无交互抗性的杀菌剂在桶中现混现用或者直接应用其混剂，并严格限制每个生长季节的用药次数，以延缓抗性的发生和发展。

应用

（1）适宜作物 小麦、水稻、花生、葡萄、蔬菜、香蕉、柠檬、咖啡、果树、核桃、茶树、烟草和观赏植物、草坪及其他大田作物。

（2）对作物安全性 该化合物不仅毒性低，对非靶标生物安全，而且对使用者和环境均安全友好。在推荐使用剂量下，绝大部分试验结果表明对作物无药害，但对极个别美洲葡萄和梅品种在某一生长期有药害。

（3）防治对象 由子囊菌纲、担子菌纲、半知菌类和卵菌纲真菌引起的作物病害。

（4）使用方法 主要用于茎叶喷雾，推荐使用剂量为：作物 $50\sim250$g(a.i.)/hm²，草坪 $280\sim560$g(a.i.)/hm²。

防治谷类作物病害，由于具有广谱的杀菌活性，吡唑醚菌酯对谷类的叶部和穗粒的病害有突出的防治效果，并且增产效果显著。用其单剂做治疗试验，能有效防治小麦叶枯病，同时也能观测到对小麦颖枯病的兼治作用。即使在发病较严重时，吡唑醚菌酯仍能有效地防治叶锈病、条锈病害对大麦和小麦的危害，同时能兼治大麦的叶枯病和网纹病。吡唑醚菌酯也可有效地防治其他谷类病害，如小麦斑枯病、雪腐病和白斑病及大麦云纹病。

吡唑醚菌酯对葡萄白粉病和霜霉病均有防治效果，即使在病情较严重时，对两种病害的防治效果同样显著。另外，吡唑醚菌酯对其他葡萄病害如黑腐害、褐枯病、枝枯病等亦显示出很好的防治前景。

吡唑醚菌酯对番茄和马铃薯的主要病害如早疫病、晚疫病、白粉病和叶枯病均有很好的防治效果。

吡唑醚菌酯对豆类主要病害，如菜豆叶斑病、锈病和炭疽病均有很好的防治效果。

吡唑醚菌酯能有效地控制花生褐斑病、黑斑病、蛇眼病、锈病和疮痂病。另外，对花生白绢病也有很好的防治效果。

吡唑醚菌酯对柑橘疮痂病、树脂病、黑腐病等有很好的防治效果，若同其他药剂交替使用，还能改善柑橘品质。

吡唑醚菌酯对草坪上的主要病害如立枯病、疫病、白绢病等都有极好的防治效果。

专利与登记 专利 DE4423612 已过专利期，不存在专利权问题。

国内登记情况：250g/L 乳油，登记作物：黄瓜、白菜、西瓜、芒果树、香蕉、茶树及草坪等。防治对象：白粉病、炭疽病、霜霉病、黑星病、叶斑病、轴腐病及褐斑病等。巴斯夫公司在中国登记情况见表18。

表18 巴斯夫公司在中国登记情况

登记名称	登记证号	含量	剂型	登记作物	防治对象	用药量	施用方法
吡唑醚菌酯	PD20080463	95%	原药				
吡唑醚菌酯	PD20080464	250g/L	乳油	茶树	炭疽病	$125\sim250$mg/kg	喷雾
				香蕉	叶斑病	$83.3\sim250$mg/kg	喷雾
				香蕉	黑星病	$83.3\sim250$mg/kg	喷雾
				西瓜	炭疽病	$56.25\sim112.5$g/hm²	喷雾
				西瓜	调节生长	$37.5\sim93.5$g/hm²	喷雾
				香蕉	调节生长	$125\sim250$mg/kg	喷雾
				玉米	大斑病	$112.5\sim187.5$g/hm²	喷雾
				玉米	植物健康作用	$112.5\sim187.5$g/hm²	喷雾
				香蕉	轴腐病	$125\sim250$mg/kg	浸果
				香蕉	炭疽病	$125\sim250$mg/kg	浸果
				黄瓜	白粉病	$75\sim150$g/hm²	喷雾
				黄瓜	霜霉病	$75\sim150$g/hm²	喷雾
				白菜	炭疽病	$112.5\sim187.5$g/hm²	喷雾
				草坪	褐斑病	$125\sim250$mg/kg	喷雾
				芒果树	炭疽病	$125\sim250$mg/kg	喷雾
吡唑醚·代森联	PD20080506	吡唑醚菌酯5%、代森联55%	水分散粒剂	甜瓜	霜霉病	$900\sim1080$g/hm²	喷雾
				葡萄	白腐病	$300\sim600$mg/kg	
				西瓜	蔓枯病	$540\sim900$g/hm²	

登记名称	登记证号	含量	剂型	登记作物	防治对象	用药量	施用方法
吡唑醚·代森联	PD20080506	吡唑醚菌酯5%、代森联55%	水分散粒剂	桃树	褐斑穿孔病	300~600mg/kg	喷雾
				棉花	立枯病	540~1080g/hm²	
				大白菜	炭疽病	360~540mg/kg	
				花生	叶斑病	540~900g/hm²	
				大蒜	叶枯病	540~900g/hm²	
				黄瓜	炭疽病	540~900g/hm²	
				番茄	早疫病	360~540g/hm²	
				马铃薯	早疫病	360~540g/hm²	
				西瓜	疫病	540~900g/hm²	
				番茄	晚疫病	360~540g/hm²	
				马铃薯	晚疫病	360~540g/hm²	
				黄瓜	疫病	540~900g/hm²	
				辣椒	疫病	360~900g/hm²	
				葡萄	霜霉病	360~900g/hm²	
				荔枝	霜疫霉病	300~600mg/kg	
				苹果树	炭疽病	300~600mg/kg	
				柑橘树	疮痂病	300~600mg/kg	
				苹果树	斑点落叶病	300~600mg/kg	
				苹果树	轮纹病	300~600mg/kg	
				黄瓜	霜霉病	360~540g/hm²	
烯酰·吡唑酯	PD20093402	吡唑醚菌酯6.7%、烯酰吗啉12%	水分散粒剂	黄瓜	霜霉病	210~350g/hm²	喷雾
				甜瓜	霜霉病	210~350g/hm²	
				马铃薯	晚疫病	210~350g/hm²	
				马铃薯	早疫病	210~350g/hm²	
				辣椒	疫病	280~350g/hm²	
唑醚·氟酰胺	LS20130445	吡唑醚菌酯21.2%、氟唑菌酰胺21.2%	悬浮剂	番茄	灰霉病	150~225g/hm²	喷雾

合成方法 吡唑醚菌酯的合成方法主要有以下两种,具体反应如下:

方法1:

方法二：

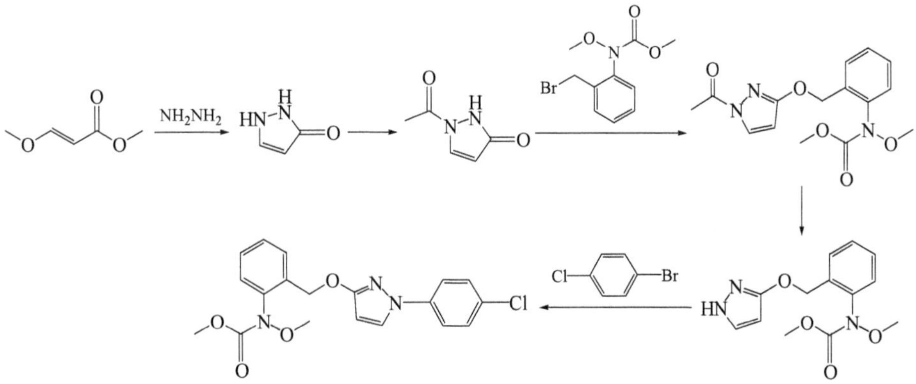

参考文献

[1] 侯春青等. 农药,2002,6:41.
[2] 张奕冰. 世界农药,2007,3:47-48.
[3] The BCPC Conference:Pests&Diseases,2000,5A-2:541.

避蚊胺 diethyltoluamide

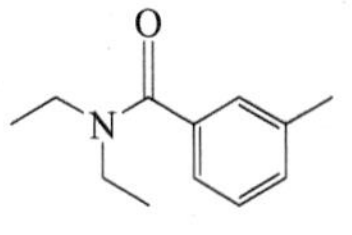

$C_{12}H_{17}NO$, 191.3, 134-62-3

避蚊胺(diethyltoluamide),商品名称 Metadelphene,简称 DEET。

化学名称 N,N-二乙基-间甲苯甲酰胺。N,N-diethyl-m-toluamide。

理化性质 相对密度 0.996,折射率 1.5206(25℃)。不溶于水,可与乙醇、异丙醇、苯、棉籽油等有机溶剂混溶。

毒性 大鼠急性经口 LD_{50} 约为 2000mg/kg。大鼠 200d 饲喂试验的无作用剂量为 10000mg/kg。未稀释的化合物能刺激黏膜,但每天使用驱避浓度的避蚊胺涂在脸和手臂上,只能引起轻微的刺激。

环境行为 避蚊胺是一种非烈性化学杀虫药,其可能不适合在水源地以及周围使用。虽然避蚊胺不是人们所认为的生物蓄积物,但是它被发现对冷水鱼有轻微的毒性,如虹鳟鱼、罗非鱼,此外,试验表明它对一些淡水浮游物种也有毒性。由于避蚊胺产品的生产、使用,在一些水体中也能检测到高浓度的避蚊胺。

制剂 5%、7%、15%液剂,95%溶液(指间位异构体含量),8%雪梨驱蚊油,35%蚊怕水醇溶液,99%原药。

作用机理 雌蚊子需要吸食血液来产卵、育卵,而人类呼吸系统工作的时候所产生的二氧化碳以及乳酸等人体表面挥发物可以帮助蚊子找到我们,蚊虫对人体表面的挥发物很敏感,它可以从 30m 以外的地方直接冲向吸血对象。将含避蚊胺的驱避剂涂抹在皮肤上,避蚊胺通过挥发在皮肤周围形成气状屏障,这个屏障可干扰蚊虫触角的化学感应器对人体表面挥发物的感应,从而使人避开蚊虫的叮咬。

应用 避蚊胺是一种广谱昆虫驱避剂,将其喷洒在皮肤或衣服上,对各种环境下的多种叮人昆虫都有驱避作用。避蚊胺可驱赶刺蝇、蠓、黑蝇、恙螨、鹿蝇、跳蚤、蚋、马蝇、蚊子、沙蝇、小飞虫、厩蝇和扁虱。可用于制备驱蚊花露水、驱蚊香水、驱蚊香皂、气雾型膏霜类驱蚊产品,驱蚊效果好,用途相当广泛。

专利与登记 专利 US2408389 早已过专利期,不存在专利权问题。国内登记情况:95%、

98％、99％原药等。

合成方法 通过如下反应制得目的物：

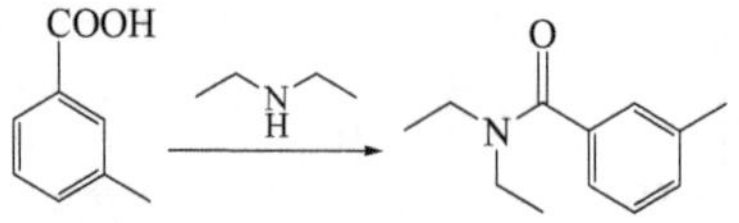

苄氨基嘌呤 6-benzylamino-purine

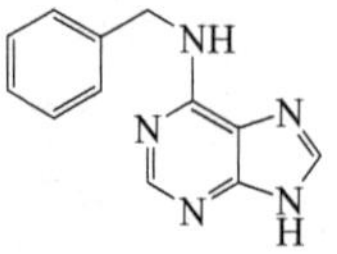

$C_{12}H_{11}N_5$，225.3，1214-39-7

苄氨基嘌呤(6-benzylamino-purine)，商品名称 Accel、BA、Beanin、Patury、Promelin。其他名称 保美灵、苄胺赤霉酸、6-苄基腺嘌呤、BAP、benzyladenine。是由日本组合化学公司开发的嘌呤类植物生长调节剂。

化学名称 6-(N-苄基)氨基嘌呤或6-苄基腺嘌呤，6-(N-benzyl)aminopurine或6-benzyladenine。

理化性质 原药为白色或淡黄色粉末，纯度为99％。纯品为无色无味针状结晶，熔点234～235℃，蒸气压$2.373×10^{-6}$mPa(20℃)。分配系数K_{ow}lg$P=2.13$，Henry常数$8.91×10^{-6}$Pa·m^3/mol，水中溶解度(20℃)为60mg/L，不溶于大多数有机溶剂，溶于二甲基甲酰胺、二甲基亚砜。在酸、碱介质中稳定，对光、热(8h,120℃)稳定。

毒性 急性经口LD_{50}(mg/kg)：雄性大鼠2125，雌性大鼠2130，小鼠1300。大鼠急性经皮$LD_{50}>$5000mg/kg。对兔眼睛、皮肤无刺激性。NOEL数据[mg/(kg·d)，2y]：雄性大鼠5.2，雌性大鼠6.5，雄性小鼠11.6，雌性小鼠15.1。ADI值0.05mg/kg。对鼠和兔无诱变、致畸作用。

生态效应 野鸭饲喂LC_{50}(5d)$>$8000mg/L，鱼毒LC_{50}(mg/L)：鲤鱼$>$40(48h)，大翻车鱼37.9(4d)，虹鳟鱼21.4(4d)。水蚤LC_{50}(24h)$>$40mg/L，淡水藻EC_{50}(96h)363.1mg/L(可溶液剂)。蜜蜂急性LD_{50}(μg/只)：400(经口)，57.8(接触)。

环境行为

(1) 动物 在动物体内主要通过尿和粪便排出。

(2) 植物 在大豆、葡萄、玉米和苍耳中代谢物不少于9种，尿素是最终的代谢物。

(3) 土壤/环境 在22℃条件下，施于土壤16d(22℃)后，降解到5.3％(砂壤土)、7.85％(黏壤土)，DT_{50}7～9周。

制剂 0.5％膏剂、3％液剂、3.6％液剂。

作用机理 广谱性植物生长调节剂，可促进植物细胞生长。

应用 促进侧芽萌发，春秋季在蔷薇腋芽萌发时使用，在下位枝腋芽的上下方各0.5cm处划伤口，涂适量0.5％膏剂。在苹果幼树生长旺盛情况下，叶面喷施处理，刺激侧芽萌发，形成侧枝。如富士苹果品种用3％液剂稀释75～100倍喷洒，可增加苹果果径、重量和提高产量。

促进葡萄和瓜类的坐果用100mg/L液剂处理葡萄花序，防止落花落果。瓜类开花时用10g/L涂瓜柄，可以提高坐果率。

促进花卉植物的开花和保鲜，对莴苣、甘蓝、花茎甘蓝、花椰菜、芹菜、石刁柏、双孢蘑菇等切花蔬菜和石竹、玫瑰、菊花、紫罗兰、百子莲等具有保鲜作用，在采收前或采收后用100～500mg/L液作喷洒或浸泡，如以10mg/L的药液喷于采摘下的芹菜、香菜，可抑制叶子变黄，抑制叶绿素的降解和提高氨基酸含量，并且能有效地保持它们的颜色、风味、香气等。

在日本，用10～20mg/L药液，在1～1.5叶期，处理水稻苗的茎叶，能抑制下部叶片变黄，还可保持根的活力，从而提高稻苗的成活率。水稻产量可提高10％～15％。

专利与登记 专利 US3013885 早已过专利期，不存在专利权问题。

国内登记情况：2％可溶液剂，登记作物为柑橘；1％可溶粉剂，登记作物为白菜；3.6％乳油、3.8％乳油，登记作物为苹果。美商华仑生物科学公司在中国登记了 3.6％液剂，登记名称为苄胺·赤霉酸，登记作物为苹果，用于调节果型，施用方法为喷雾，用药量为 75.24～112.86g/hm²。

合成方法 苄氨基嘌呤的合成反应式如下：

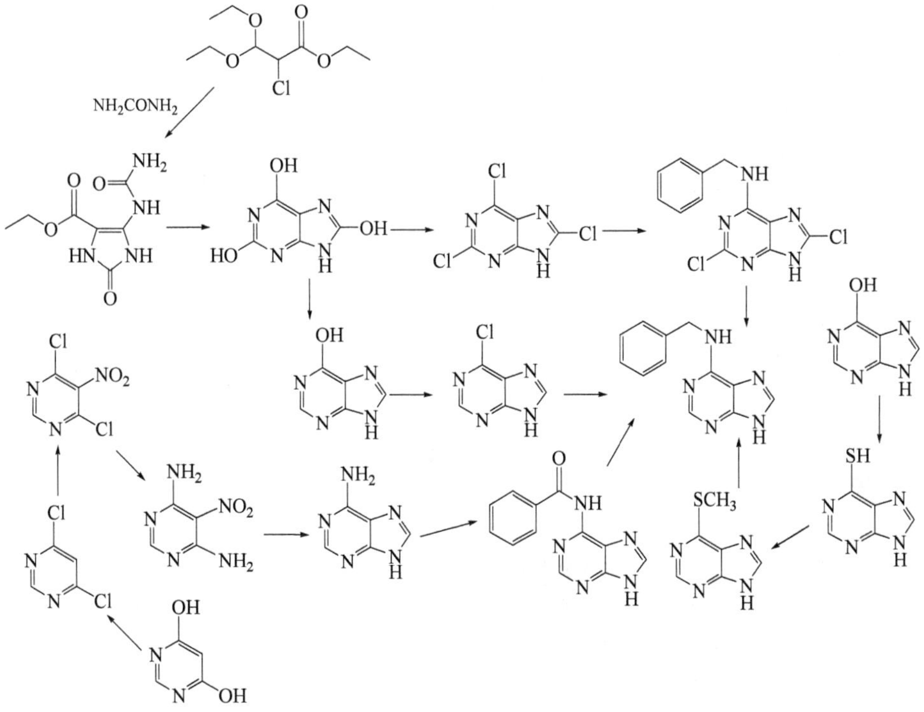

苄草隆 cumyluron

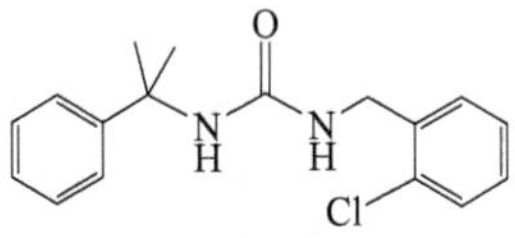

$C_{17}H_{19}ClN_2O$，302.8，99485-76-4

苄草隆（cumyluron），试验代号 JC-940，商品名称 Gamyla、Mac1，其他名称 Habikoran、Kusabue，由日本 Carlit 公司研制，后于 1996 年售予丸红公司。

化学名称 1-[(2-氯苯基)甲基]-3-(1-甲基-1-苯基乙基)脲。1-[(2-chlorophenyl)methyl]-3-(1-methyl-1-phenylethyl)urea。

理化性质 工业品纯度＞99.5％，纯品为无色针状结晶体，熔点 166～167℃，沸点(282±0.5)℃/100.94kPa，相对密度 1.22(20℃)，蒸气压 $8.0×10^{-12}$ mPa(25℃)。分配系数 $K_{ow}lgP=2.61$。水中溶解度 0.879mg/L[pH 6.7，(20.0±0.5)℃]。在其他溶剂中溶解度[g/L，(20.0±0.5)℃]：甲醇 14.4，丙酮 11.0，苯 1.4，二甲苯 0.352，己烷 0.00357。在 150℃以下稳定，在水中 DT_{50} 1500d(pH 5.0)，2830d(pH 9.0)。

毒性 大鼠急性经口 LD_{50}（mg/kg）：雄性 2074，雌性 961。小鼠急性经口 LD_{50}（mg/kg）：雄、雌＞5000。大、小鼠急性经皮 LD_{50}＞2000mg/kg，大鼠吸入 LC_{50}(4h)为 6.21mg/L。无致突变性，无致畸性。

生态效应 鸟类：鹌鹑急性经口 $LC_{50}>5620mg/L$ 饲料。鱼类 $LC_{50}(96h,mg/L)$：鲤鱼>50，虹鳟鱼>10。水蚤 $LC_{50}(24h)>50mg/L$。羊角月牙藻 $E_bC_{50}(72h)>55mg/L$。蜜蜂 LC_{50}（经口，在水中）$>200mg/L$。蚕 $LC_{50}>10g/L$。

制剂 8% 颗粒剂，45% 悬浮剂。

作用机理与特点 细胞分裂与细胞生成抑制剂。通过植物根部吸收起效。

应用

（1）**适宜作物与安全性** 水稻（移栽和直播），对水稻安全。

（2）**防除对象** 一年生和多年生禾本科杂草。

（3）**使用方法** 苄草隆主要用于水稻田苗前除草，使用剂量为 $700\sim1500g(a.i.)/hm^2$。

专利概况 专利 JP60172910、JP6335552、JP61227505、JP61145105、JP6245505、JP61145155 均早已过专利期，不存在专利权问题。

合成方法 以 α-甲基苯乙烯、邻氯甲苯为原料，经如下反应制得目的物：

参考文献

[1] 农药科学与管理，2006，3：57-58.

苄呋菊酯 resmethrin

$C_{22}H_{26}O_3$，338.4，10453-86-8，31182-61-3（曾用）

苄呋菊酯（resmethrin），试验代号 FMC17370、NRDC104、NRDC119、OMS1206、OMS1800、SBP1382。商品名称 Chrysron、Termout、灭虫菊。杀虫活性首次由 M. Elliott 等报道，先后被 FMC-Corp.、Penick Corp. 和 Sumitomo Chemical Co.，Ltd. 等公司引入开发。

化学名称 5-苄基-3-呋喃甲基$(1RS,3RS;1RS,3SR)$-2,2-二甲基-3-(2-甲基丙-1-烯基)环丙烷羧酸酯或$(1RS,3RS;1RS,3SR)$-2,2-二甲基-3-(2-甲基丙-1-烯基)环丙烷羧酸-5-苄基-3-呋喃甲酯，5-苄基-3-呋喃甲基$(1RS)$-顺-反-2,2-二甲基-3-(2-甲基丙-1-烯基)环丙烷羧酸酯或$(1RS)$-顺-反-2,2-二甲基-3-(2-甲基丙-1-烯基)环丙烷羧酸-5-苄基-3-呋喃酯。5-benzyl-3-furylmethyl$(1RS,3RS;1RS,3SR)$-2,2-dimethyl-3-(2-methylprop-1-enyl)cyclopropanecarboxylate 或 5-benzyl-3-furylmethyl$(1RS)$-cis-trans-2,2-dimethyl-3-(2-methylprop-1-enyl)cyclopropanecarboxylate 或 5-benzyl-3-furylmethyl$(\pm)$-cis-trans-chrysanthemate。

组成 为两个异构体的混合物，其中含 $20\%\sim30\%(1RS)$-顺-异构体和 $80\%\sim70\%(1RS)$-反-异构体。工业品两异构体总含量 84.5%。

理化性质 纯品为无色晶体，工业品为黄色至褐色的蜡状固体，熔点为 $56.5℃$［纯$(1RS)$-反-异构体］，分解温度$>180℃$，蒸气压$<0.01mPa(25℃)$，$K_{ow}lgP=5.43(25℃)$，Henry 常数$<8.93\times10^{-2}Pa\cdot m^3/mol$，相对密度为 $0.958\sim0.968(20℃)$、$1.035(30℃)$。水中溶解度 $37.9\mu g/L$ $(25℃)$；其他溶剂中溶解度$(20℃)$：丙酮 30g/100mL，氯仿、二氯甲烷、乙酸乙酯、甲苯$>50g/100mL$，二甲苯$>40g/100mL$，乙醇、正辛醇 6g/100mL，正己烷 10g/100mL，异丙醚 25g/100mL，甲醇 3g/100mL。耐高温、耐氧化，但暴露在空气和阳光下会迅速分解（比除虫菊酯分解慢）。比旋光度 $[\alpha]_D$ $-1°\sim+1°$。闪点 $129℃$。

毒性　大鼠急性经口 $LD_{50}>2500mg/kg$。大鼠急性经皮 $LD_{50}>3000mg/kg$。对皮肤和眼睛没有刺激性，对豚鼠皮肤无致敏性。大鼠吸入 $LC_{50}(4h)>9.49g/m^3$ 空气。大鼠 NOEL(90d)$>3000mg/kg$。对兔每天 $100mg/kg$、小鼠每天 $50mg/kg$、大鼠每天 $8mg/kg$ 进行饲喂，无致畸性。对大鼠以 $500mg/L$ 进行 112 周饲喂、小鼠以 $1000mg/L$ 进行 85 周饲喂均无致癌性。ADI cRfD $0.035mg/kg$。无致癌性、致突变性及致畸性。

生态效应　加利福尼亚鹌鹑急性经口 $LD_{50}>2000mg/kg$。鱼 $LC_{50}(96h,\mu g/L)$：黄鲈 2.36，红鲈 11，大翻车鱼 17。水蚤 $LC_{50}(48h)3.7\mu g/L$，基围虾 $LC_{50}(96h)1.3\mu g/L$。对蜜蜂有毒，LD_{50}（μg/只）：经口 0.069，接触 0.015。

环境行为

(1) 动物　在母鸡体内的代谢主要通过酯的水解、氧化及其螯合作用。

(2) 植物　^{14}C 标记的苄呋菊酯在温室种植的西红柿、莴苣，野外种植的小麦体内的代谢表明，其能迅速地降解，在施药 5d 后完全降解，没有残留。观测到降解产物的量很少。

主要生产商　Agro-Chemie、Bharat 及 Sumitomo Chemical 等。

作用机理与特点　通过作用于钠离子通道来干扰神经作用。有强烈触杀作用，杀虫谱广，杀虫活性高，例如，对家蝇的毒力比除虫菊素高约 2.4 倍，对淡色库蚊的毒力比丙烯菊酯高约 3 倍。对哺乳动物的毒性比除虫菊酯低，但对天然除虫菊素有效地增效剂对这些化合物则无效。

应用　适用于家庭、畜舍、园林、温室、工厂、仓库等场所，能有效防治蝇类、蚊虫、蟑螂、蚤虱、蛀蛾、谷蛾、甲虫、蚜虫、蟋蟀、黄蜂等害虫。用作空间喷射防治飞翔昆虫，使用浓度为 $200\sim1500mg/kg$；滞留喷射防治爬行昆虫和园艺害虫，使用浓度为 $0.2\%\sim0.5\%$；防治羊毛织品的谷蛾科等害虫的浓度为 $50\sim500mg/kg$。

专利概况　专利 GB1168797、GB1168798、GB1168799 均已过专利期，不存在专利权问题。

合成方法　经如下反应制得：

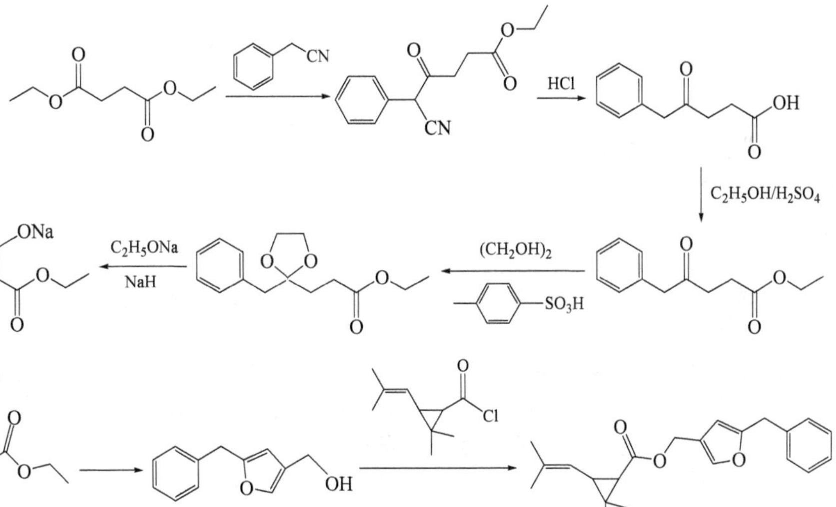

苄嘧磺隆 bensulfuron-methyl

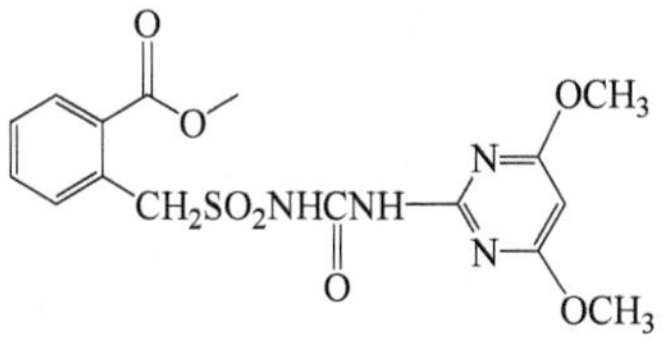

$C_{16}H_{18}N_4O_7S$，410.4，83055-99-6

苄嘧磺隆（bensulfuron-methyl），试验代号 DPX-84、DPX-F5384。商品名称 Bensulsun-Methyl、Londax、Quing。其他名称 Agrilon、Bomber、Canyon、Lirius、Livas、Pilardax、Reto、Testa。是由杜邦公司开发的磺酰脲类除草剂。

化学名称 2-[[[[[(4,6-二甲氧基-2-嘧啶基)氨基]羰基]氨基]磺酰基]甲基]苯甲酸甲酯。methyl2-[[[[[(4,6-dimethoxypyrimidin-2-yl)amino]carbonyl]amino]sulfonyl]methyl]benzoate 或 α-(4,6-dimethoxypyrimidin-2-ylcarbamoylsulfamoyl)-o-toluic acidmethyl ester。

理化性质 纯品为白色无气味固体，工业品含量 97.5%。熔点 185～188℃（工业品，179.4℃）。相对密度 1.49(20℃)。蒸气压 $2.8×10^{-9}$ mPa(25℃)。分配系数 K_{ow}lg$P$(25℃)：2.18(pH 5)，0.79(pH 7)，−0.99(pH 9)。Henry 常数 $2×10^{-11}$ Pa·m^3/mol。在水中溶解度(mg/L，25℃)：2.1(pH 5)，67(pH 7)，3100(pH 9)。在有机溶剂中溶解度(20℃,g/L)：二氯甲烷18.4，乙腈3.75，乙酸乙酯1.75，正己烷 $3.62×10^{-4}$，丙酮5.10，二甲苯0.229。稳定性：在轻微碱性条件水溶液中很稳定，酸性条件下缓慢降解；DT_{50}(25℃)：6d(pH 4)，稳定(pH 7)，141d(pH 9)。pK_a5.2。

毒性 大鼠急性经口 LD_{50}＞5000mg/kg，兔急性经皮 LD_{50}＞2000mg/kg。大鼠吸入 LC_{50}(4h)5mg/L 空气。对眼睛、皮肤无刺激性作用。对皮肤无致敏。NOEL[mg/(kg·d)]：雄性狗(1y)21.4，雄性大鼠繁殖(2代)20，兔致畸变无作用剂量300。无生殖毒性和致畸变性。ADI 值：(EC)0.2mg/kg(2008年)，(EPA)cRfD 0.20mg/kg[1991]，AOEL(1y,狗)0.12mg/(kg·d)。

生态效应 野鸭急性经口 LD_{50}＞2510mg/kg，野鸭和山齿鹑饲喂 LC_{50}(8d)＞5620mg/kg。鱼 LC_{50}(96h,mg/L)：虹鳟鱼＞66，大翻车鱼＞120。水蚤 LC_{50}(48h)＞130mg/L。羊角月牙藻 EC_{50}(72h)0.020mg/L。浮萍 EC_{50}(14d)0.0008mg/L。蜜蜂 LD_{50}(μg/只)：经口＞51.41，接触＞100。蚯蚓 LC_{50}＞1000mg/kg 土壤。蚜茧蜂属和盲走螨属 NOEC≥1000g/hm^2。

环境行为

(1) 动物 在大鼠和山羊体内通过尿和粪便进行生物转移和快速排泄。主要的代谢途径包括羟基化和氧上去甲基化。

(2) 植物 被水稻吸收以后，转变成无除草活性的代谢产物。

(3) 土壤/环境 在弗拉纳根和基波特的砂壤土中 DT_{50} 为 88.5d。在意大利土壤水中 DT_{50} 为16～21d。

制剂 10%、30%可湿性粉剂。

主要生产商 Sharda、Sundat、安徽华星化工股份有限公司、杜邦公司、江苏恒泰进出口有限公司、江苏快达农化股份有限公司、江苏瑞邦农药厂有限公司、江苏瑞东农药有限公司及沈阳科创化学品有限公司等。

作用机理与特点 苄嘧磺隆是选择性内吸传导型除草剂。支链氨基酸合成抑制剂。通过抑制必需氨基酸的合成起作用，比如缬氨酸、异亮氨酸，从而停止细胞分裂和植物的生长。在植物体内的快速代谢使其具有选择性。有效成分杂草根部和叶片吸收并转移到分生组织，阻碍缬氨酸、亮氨酸、异亮氨酸的生物合成，阻止细胞的分裂和生长。敏感杂草生长机能受阻，幼嫩组织过早发黄，并抑制叶部生长，阻碍根部生长而坏死。在苗前或苗后选择性控制一年生或多年生杂草或莎草。如花蔺、荆三棱、北水毛花、川泽泻、黑三棱、莎草、香蒲等。

应用

(1) 适宜作物与安全性 水稻移栽田、直播田。有效成分进入水稻体内迅速代谢为无害的惰性化学物，对水稻安全。

(2) 防除对象 阔叶杂草及莎草，如鸭舌草、眼子菜、节节菜、繁缕、雨久花、野慈姑、慈姑、矮慈姑、陌上菜、花蔺、萤蔺、日照飘拂草、牛毛毡、异型莎草、水莎草、碎米莎草、泽泻、窄叶泽泻、茨藻、小茨藻、四叶萍、马齿苋等。对禾本科杂草效果差，但高剂量对稗草、狼把草、稻李氏禾、薰草、扁秆薰草、日本薰草等有一定的抑制作用。

(3) 应用技术 ①施药时稻田内必须有水层 3～5cm，使药剂均匀分布，施药后 7d 内不排水、串水，以免降低药效。②（移栽田）水稻移栽前至移栽后 20d 均可使用，但以移栽后 5～

15d施药为佳。③视田间草情，苄嘧磺隆适用于阔叶杂草及莎草优势地块和稗草少的地块。

（4）使用方法　苄嘧磺隆的使用方法灵活，可用毒土、毒沙、喷雾、泼浇等方法。在土壤中移动性小，温度、土质对其除草效果影响小。通常在水稻苗后、杂草苗前或苗后使用，剂量为 $20\sim75g(a.i.)/hm^2$[亩用量通常为 $1.34\sim5g(a.i.)$]。以 $25g(a.i.)/hm^2$、$50g(a.i.)/hm^2$、$100g(a.i.)/hm^2$[（亩用量）$1.67g(a.i.)$、$3.33g(a.i.)$、$6.67g(a.i.)$] 施药时，对水稻有轻微、中等和严重药害，若与哌草丹混配按（$25+1000$）$g(a.i.)/hm^2$、（$150+2000$）$g(a.i.)/hm^2$、（$2000+4000$）$g(a.i.)/hm^2$[（亩用量）（$1.67+66.7$）$g(a.i.)$、（$10+133.3$）$g(a.i.)$、（$133.3+266.7$）$g(a.i.)$] 使用，对水稻的药害分别为零、轻微、叶缘损害。为了扩大防除对象可与丁草胺等混用。具体使用方法如下：

① 移栽田。防除一年生杂草每亩用10%苄嘧磺隆13.3～20g，防除多年生阔叶杂草用20～30g，防除多年生莎草科杂草用30～40g，拌细土或细沙15～20kg，撒施或喷雾均可。单用苄嘧磺隆不能解决水田全部杂草问题，故需与防除稗草的除草剂混用。稗草发生高峰期大约在5月末6月初，阔叶杂草发生高峰期在6月中下旬。若用旱育稀植栽培技术，通常5月中下旬插秧，插秧前整地时间在稗草发生高峰期前，施药时间在5月下旬至6月上旬，与阔叶杂草发生高峰期相距15～20d，因苄嘧磺隆在水田持效期1个月以上，故对阔叶杂草有良好的药效。若在温度较高、多年生阔叶杂草苗出齐时施药，防除效果更佳。在水稻移栽后5～7d，苄嘧磺隆与莎稗磷、环庚草醚混用，在整地与插秧间隔时间长或因缺水整地后不能及时插秧，稗草叶龄大时，从药效考虑，最好插秧前5～7d单用莎稗磷、环庚草醚，插秧后15～20d苄嘧磺隆与莎稗磷、环庚草醚混用。水稻移栽后10～17d，苄嘧磺隆可与禾草敌混用，亦可与二氯喹啉酸混用。丁草胺、丙炔噁草酮在低温、水深、弱苗条件下对水稻有药害，丁草胺药害重于丙炔噁草酮，且仅能防除1.5叶以前的稗草。在高寒地区推荐两次施药，插秧前5～7d单用，插秧后15～20d，再与苄嘧磺隆混用，不仅对水稻安全，而且对稗草和阔叶杂草的防除效果均好。

混用。每亩用药量如下：

10%苄嘧磺隆13～17g加96%禾草敌150～200mL，插秧后10～15d施药。

10%苄嘧磺隆13～17g加50%二氯喹啉酸20～40g，插秧后10～20d施药。

10%苄嘧磺隆13～17g加30%莎稗磷60mL，插秧后5～7d缓苗后施药，或插秧前5～7d加30%莎稗磷50～60mL。插秧后4～20d用30%莎稗磷40～50mL加10%苄嘧磺隆13～17g。

60%丁草胺80～100mL插秧前5～7d施药，插后15～20d 10%苄嘧磺隆13～17g加60%丁草胺80～100mL。

80%丙炔噁草酮6g插秧前5～7d施药，插秧后15～20d用10%苄嘧磺隆13～17g加80%丙炔噁草酮4g。

10%苄嘧磺隆13～17g加10%环庚草醚15～20mL，插秧后5～7d缓苗后施药，或插秧前5～7d用10%环庚草醚15mL，插秧后15～20d用10%环庚草醚10～15mL加10%苄嘧磺隆13～17g。

苄嘧磺隆与二氯喹啉酸混用通常采用喷雾法施药，施药前2d保持浅水层，使杂草露出水面，施药后2d放水回田。苄嘧磺隆与上述其他除草剂混用时，稳定水层3～5cm。若与丙炔噁草酮、丁草胺、环庚草醚、莎稗磷等混用，水层勿淹没心叶，保持水层5～7d，只灌不排。因二氯喹啉酸是激素型除草剂，故苄嘧磺隆与二氯喹啉酸混用时要喷洒均匀。为培育水稻壮苗，提高稻苗抗药性，苄嘧磺隆与丁草胺、丙炔噁草酮、环庚草醚、莎稗磷等混用时，最好在水稻育苗浸种催芽前，每亩用种量与增产菌浓缩液15mL拌种或秧田起秧前3～5d，结合浇最后一遍水，每 $7m^2$ 用增产菌浓缩液10mL加20L水喷洒苗床，浇透为止。

② 直播田。直播田使用苄嘧磺隆时应尽量缩短整地与播种间隔期，最好随整地随播种，施药时期在水稻出苗晒田覆水后，稗草3叶期以前。此时也可使用混剂，如每亩用10%苄嘧磺隆13～17g加96%禾草敌100～167mL，施药方法可为毒土、毒沙或喷雾法。水稻3叶期以后，稗草3～7叶期，可使用的混剂如每亩10%苄嘧磺隆13～17g加50%二氯喹啉酸30～50g，必须注

意的是施药前 2d 保持浅水层，使杂草露出水面，采用喷雾法每亩喷液量为 20～30L，施药后 2d 放水回田，稳定水层 3～5cm，保持 7～10d 只灌不排。

专利与登记　专利 EP51466、US4420325、US456898 等均已过专利期，不存在专利权问题。

国内登记情况：10%、30% 的可湿粉剂，0.5% 的可颗粒剂，登记作物为移栽水稻，防治对象为一年生杂草和莎草。美国杜邦公司在中国登记情况见表 19。

表 19　美国杜邦公司在中国登记情况

登记名称	登记号	含量	剂型	登记作物	防治对象	用药量/(g/hm²)	施用方法
苄嘧磺隆	PD301-99	96%	原药				
苄嘧磺隆	PD267-99	30%	可湿粉剂	水稻田	莎草、阔叶杂草	60～90（第一次），30～67.5（第二次）	毒土法

合成方法　以邻甲基苯甲酸为起始原料，经多步反应得到目的物。反应式为：

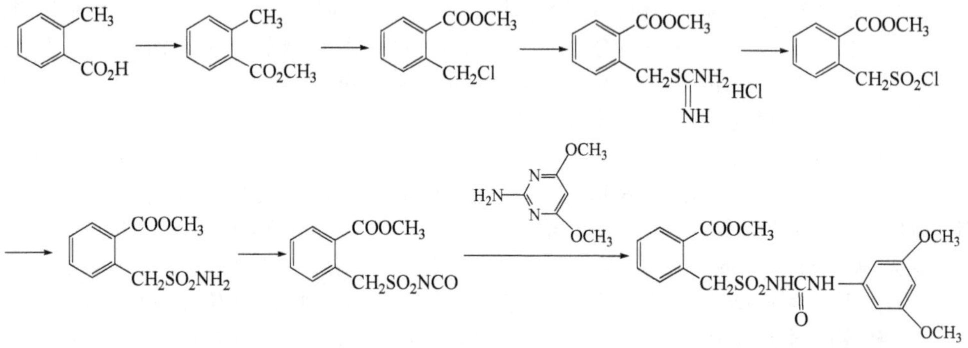

参考文献

[1] 林长福. 农药，2000，39（3）：11-12.
[2] 王岩等. 化学世界，2006，11：685-687.

冰晶石 cryolite

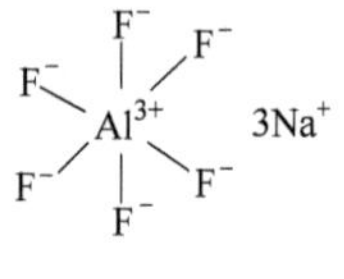

AlF₆Na₃，209.9，15096-52-3（矿物），13775-53-6（化学品）

冰晶石（cryolite），商品名称　Kryocide、Prokil。其他名称　aluminium trisodium hexafluoride、sodium aluminofluoride、sodium fluoaluminate、六氟铝酸三钠。

化学名称　六氟合铝酸三钠。trisodium hexafluoroaluminate。

理化性质　本品为白色无味粉末，熔点 1000℃。相对密度 0.890。水中溶解度（20℃）0.25g/L，不溶于有机溶剂。在热碱液中分解。

毒性　大鼠急性经口 LD_{50}＞5000mg/kg。兔急性经皮 LD_{50}＞2000mg/kg，对皮肤无刺激性。大鼠吸入 LC_{50}＞2mg/L 空气。NOEL(mg/L)：大鼠 250（28d）（25mg/kg），大鼠 25（1.3mg/kg）（2y）(EPA RED，1996)，狗 3000(1y)。没有生殖影响或致畸作用。

生态效应　山齿鹑急性经口 LD_{50}＞2000mg/kg，野鸭 LC_{50}（8d）＞10000mg/kg。

环境效应

（1）动物　产生自由氟离子。

（2）土壤/环境　对土壤不会产生明显漂移，在水中会随着 pH 值变化产生自由氟离子。

制剂　粉剂、可湿性粉剂。

作用机理与特点　主要作用方式是胃毒。

应用　用于防治蔬菜和水果的鳞翅目和鞘翅目害虫，用量 $5\sim30$ kg/hm^2。

专利概况　专利 US2392455 早已过专利期，不存在专利权问题。

丙苯磺隆 propoxycarbazone-sodium

$C_{15}H_{17}N_4NaO_7S$，420.4，181274-15-7，145026-81-9(N-酸)

丙苯磺隆（propoxycarbazone-sodium），试验代号　BAY MKH 6561，商品名称　Attribut、Attribute、Olympus、Canter R&P。其他名称　Caliban Duo、Caliban Top、Olympus Flex、Rimfire、procarbazone-sodium。是由拜耳公司开发的新型磺酰脲类除草剂。

化学名称　2-[[[(4,5-二氢-4-甲基-5-氧-3-丙氧基-1H-1,2,4-三唑-1-基)甲酰]氨基]磺酰基]苯甲酸甲酯钠盐。sodium(4,5-dihydro-4-methyl-5-oxo-3-propoxy-1H-1,2,4-triazol-1-ylcarbonyl)(2-methoxycarbonylphenylsulfonyl)azanide。

理化性质　无色无味晶形粉末，熔点 230～240℃（分解）。蒸气压$<1\times10^{-5}$ mPa(20℃)。相对密度 1.42(20℃)。K_{ow}lg$P$(20℃)：-0.30(pH 4)，-1.55(pH 7)，-1.59(pH 9)。Henry 常数 1×10^{-10} Pa·m^3/mol(pH 7,20℃)。水中溶解度(20℃,g/L)：2.9(pH 4)，42.0(pH 7)，42.0(pH 9)。其他溶剂中溶解度(g/L,20℃)：二氯甲烷 1.5，正庚烷、二甲苯和异丙醇<0.1。水中稳定性：在 pH 4～9(25℃)的水中稳定，pK_a2.1(N-酸)。

毒性　大鼠急性经口 LD$_{50}>5000$ mg/kg，大鼠急性经皮 LD$_{50}>5000$ mg/kg。对兔眼睛和皮肤无刺激性，对豚鼠的皮肤无致敏，鼠吸入 LC$_{50}$(4h)>5030 mg/m^3 空气。NOAEL[2y,mg/(kg·d)]：大鼠 43，雌性大鼠 49。ADI(EC)0.4 mg/kg[2003]；cRfD 0.748 mg/kg[2004]。所有遗传毒性测试均为阴性：沙门菌微粒试验、HGPRT、非常规 DNA 合成、哺乳动物细胞遗传试验和老鼠微核试验。无神经毒性、致肿瘤性，无繁殖毒性。

生态效应　山齿鹑急性经口 LD$_{50}>2000$ mg/kg。山齿鹑饲喂 LC$_{50}>10566$ mg/kg 饲料，鱼类 LC$_{50}$(96h,mg/L)：大翻车鱼>94.2，虹鳟鱼>77.2。水蚤 EC$_{50}$(48h)>107 mg/L，绿海藻 EC$_{50}$(96h)7.36 mg/L，浮萍 E$_r$C$_{50}$(14h)0.0128 mg/L，蜜蜂 LD$_{50}$(μg/只)：经口>319，接触>200。蚯蚓 LC$_{50}>1000$ mg/kg 土壤。

环境行为

（1）动物　48h 内仅吸收约 30%，且有>88%通过粪便排出体外。75%～89%未改变的母体化合物通过尿液和粪便排出。代谢主要是通过磺酰胺链的断裂，在哺乳期的山羊代谢物中，母体化合物是主要的代谢残留。

（2）植物　对小麦新陈代谢的研究表明，主要的植物代谢残留是没有改变的母体化合物及它的 2-羟基丙氧基代谢物。

（3）土壤/环境　DT$_{50}$(20℃,实验室,有氧)为 60d(8 地土壤)，土地 DT$_{50}$(北欧)9d，土壤中分解 DT$_{50}$(北欧)12～56d，水中光解 DT$_{50}$(25℃)30d。平均 K_{oc}28.8L/kg(5 地土壤)；K_d0.2～

1.7L/kg(5 地土壤)。

制剂　70％水分散粒剂。

主要生产商　Bayer CropScience。

作用机理与特点　从化学结构上看丙苯磺隆不同于以前的磺酰脲类，而为磺酰氨基甲酰基三唑啉酮，但仍是 ALS 抑制剂。抑制 ALS，使处理的杂草细胞内支链氨基酸如缬氨酸、亮氨酸和异亮氨酸迅速耗尽。首先是影响新蛋白质的合成，最终使细胞停止生长。用丙苯磺隆处理后的敏感杂草最初是停止生长，几天后，按气候条件和喷药的时期不同，叶子随时间变化开始褪色，有时也变成红色，2～4周后它们开始不断变枯，最后直至枯萎。丙苯磺隆是一种内吸性除草剂，它既随蒸腾作用在木质部里向上扩散，又随同化作用在韧皮部里向基扩散。通过叶子的吸收是有限的，丙苯磺隆主要通过土壤吸收而起作用。丙苯磺隆的选择性主要基于在小麦和敏感杂草体内的解毒速度不同。在 13.8h 的半衰期内，丙苯磺隆在小麦体内代谢成 2-羟基丙苯磺隆这种没有除草活性的物质。杂草对丙苯磺隆的代谢虽与小麦相同，但要比小麦慢很多，半衰期通常超过 48h。按照推荐的田间最大施用剂量的 1.3～2.0 倍在小麦田施用丙苯磺隆，结果发现在小麦体内的放射性残留物是极少的，一些小麦的体内仅发现有少量的丙苯磺隆，说明其降解速度是很快的。主要残留物是没有除草活性的化合物。以最大田间使用剂量的 1.0～1.1 倍的丙苯磺隆处理土壤后的 30d、120d 和 365d，种植小麦、甘蓝、芜菁，作物体内只有少量残留。只有在 120d 后种植的甘蓝中有少量残留，而且小于 0.01mg/L。在轮作作物中主要代谢产物也是丙苯磺隆。

应用

(1) 适宜作物与安全性　禾谷类作物如小麦、黑麦、黑小麦。不仅对禾谷类作物安全，对后茬作物无影响，而且对环境、生态的相容性和安全性极高。

(2) 防除对象　主要用于防除一年生杂草和部分多年生杂草如燕麦、看麦娘、风剪股颖、茅草、鹅观草、阿披拉草和很难除去的雀麦草以及部分阔叶杂草白芥、遏蓝菜等。

(3) 使用方法　苗后茎叶处理。使用剂量为 28～70g(a.i.)/hm²[亩用量为 2～4.7g(a.i.)]，喷洒水量为 200～400L/hm²。丙苯磺隆以 28g(a.i.)/hm²[亩用量为 1.9g(a.i.)] 使用时其活性与以 1500g(a.i.)/hm²[亩用量为 100g(a.i.)] 使用的异丙隆效果相当。当天气干旱时，由于土壤水分不足，可与非离子表面活性剂一起使用，效果会更佳。为了充分利用有效成分的土壤活性，最好是在早春杂草刚恢复生长的时期施用。为了更好地防除阔叶杂草，还需要与作用机理不同的其他类除草剂如麦草畏等混合使用，桶混也是可行的。

专利概况　专利 EP0507171 已过专利期，不存在专利权问题。

合成方法　经如下反应可制得目的物：

参考文献

[1] Proc Br Crop Prot Conf：Weed，1999：53.

[2] 宋丽丽. 现代农药，2012，2：11-15.

[3] 刘冬青. 农药，2003，(8)：38-41.

丙草胺 pretilachlor

$C_{17}H_{26}ClNO_2$，311.9，51218-49-6

丙草胺(pretilachlor)，试验代号　CGA26423，商品名称　Erijan EW、Mercier、Pilot、Rifit、Solnet。其他名称　Alcor、Offset、Preet、Prince、Rimove、瑞飞特、扫弗特，由汽巴嘉基(现Syngenta公司)开发的氯乙酰胺类除草剂。

化学名称　2-氯-$2'$,$6'$-二乙基-N-(2-丙氧基乙基)乙酰苯胺。2-chloro-$2'$,$6'$-diethyl-N-(2-propoxyethyl)acetanilide。

理化性质　原药纯度＞94％。纯品外观为无色液体，熔点$-72.6℃$，沸点$55℃/27mPa$(沸点以下开始分解)，蒸气压$6.5×10^{-1}mPa(25℃)$，$K_{ow}lgP=3.9(pH 7.0)$，Henry 常数$2.7×10^{-3}$ Pa·m^3/mol。相对密度1.076(20℃)。25℃时水中溶解度为74mg/L，易溶于大多数有机溶剂如丙酮、二氯甲烷、乙酸乙酯、己烷、甲醇、辛醇和甲苯等。30℃水溶液中稳定性：DT_{50}＞200d (pH 1～9)，14d(pH 13)。

毒性　急性经口LD_{50}(mg/kg)：大鼠6099，小鼠8537，兔＞10000。大鼠急性经皮LD_{50}＞3100mg/kg，大鼠急性吸入LC_{50}(4h)＞2.8mg/L空气。对兔眼睛无刺激性作用，对兔皮肤有刺激性。NOEL数据(mg/L)：大鼠(2y)30[1.85mg/(kg·d)]，小鼠(2y)300[52.0mg/(kg·d)]，狗(0.5y)300[12mg/(kg·d)]。ADI 0.018mg/kg。

生态效应　对鸟低毒，日本鹌鹑急性经口LD_{50}＞10000mg/kg。鱼毒LC_{50}(mg/L,96h)：虹鳟鱼1.6，鲤鱼2.8。水蚤LC_{50}(48h)7.3mg/L。羊角月牙藻EC_{50}0.0028mg/L。蜜蜂LD_{50}(接触)＞200μg/只。蚯蚓LD_{50}(14d)686mg/kg干土。

环境行为

(1) 动物　谷胱甘肽取代氯原子形成配合物，醚键断裂得到乙醇衍生物。所以代谢物易于进一步分解。

(2) 植物　谷胱甘肽取代氯原子形成配合物，醚键断裂得到乙醇衍生物。水解和还原去掉氯原子。

(3) 土壤/环境　水稻田中，丙草胺被水中的土壤吸收而消失，迅速分解，DT_{50}(实验室)30d。由于土壤吸附性强，因此不易渗漏。

制剂　85％微乳剂，50％水乳剂，30％、50％、52％、300g/L、500g/L乳油。

主要生产商　Bharat、Sharda、Sudarshan、杭州庆丰农化有限公司、江苏恒泰进出口有限公司、山东滨农科技有限公司、山东侨昌化学有限公司及先正达。

作用机理与特点　丙草胺主要通过阻碍蛋白质的合成而抑制细胞的生长，并对光合作用及呼吸作用有间接影响。药剂可通过植物下胚轴、中胚轴和胚芽鞘吸收，根部略有吸收，不影响种子发芽，只能使幼苗中毒。通过影响细胞膜的渗透性，使离子吸收减少，膜渗漏，细胞的有效分裂被抑制，同时抑制蛋白质的合成和多糖的形成，也间接影响光合作用和呼吸作用。中毒的症状为初生叶不出土或从芽鞘侧面伸出，扭曲不能正常伸展，叶色变深绿，生长发育停止，直至死亡。

应用

(1) 适宜作物与安全性　水稻田专用除草剂。①丙草胺适用于移栽稻田和抛秧田。水稻对丙草胺有较强的分解能力，使丙草胺分解为无活性物质，从而具有一定的选择性。但是，稻芽对丙草胺的耐药力并不强，为了早期施药的安全，在丙草胺中加入安全剂CGA123407，可改善制剂对水稻芽及幼苗的安全性。这种安全剂通过水稻根部吸收而发挥作用，其机制尚在研究之中。丙草胺在田间持效期为30～40d。②丙草胺＋解毒剂适用于直播田和育秧田。它可保护水稻不受伤害，但不保护其他禾本科植物。

（2）防除对象　稗草、马唐、千金子等一年生禾本科杂草，兼治部分一年生阔叶草和莎草如鳢肠、陌上菜、丁香蓼、鸭舌草、节节菜、萤蔺、碎米莎草、异型莎草、四叶萍、牛毛毡、尖瓣花等。

（3）应用技术　①丙草胺不能用于水直播稻田和秧田。移栽田最后一次平田十分重要，这样田间不会有大草，对保证防效十分重要。高渗漏的稻田中不宜使用丙草胺，因为渗漏会把药剂过多地集中在根区，往往产生轻度药害。是苗前和苗后早期除草剂，用药时间不宜太晚，杂草1.5叶后耐药能力会迅速增强，影响防效。丙草胺杀草谱较广，但各地草有很大的差异，应提倡与其他防阔叶草除草剂混用，以扩大杀草谱。②施药时，田间应有3cm左右的水层，并保持水层3～5d，以充分发挥药效。抛秧稻田，可在抛秧前或抛秧后施药。抛秧前1～2d稻田平整后，将药剂甩施或拌细沙土撒入田中，然后抛秧。如果在抛秧后施药，可在抛秧后2～4d内，拌细沙土撒入水田。保护浅水层3～5d，水层不能淹水稻心叶。水稻在3叶期以后自身有很强的分解丙草胺的能力，但在二叶一心及其以前的阶段降解能力尚未达到较高水平，易发生药害，所以抛秧田施用丙草胺，要掌握好两个标准，即秧叶龄应达到三叶一心以上，或南方秧龄18～20d以上，北方秧龄30d以上。如果因为客观原因错过了用药时间，也可在以后补施，即在移栽后，稗草不超过一叶一心时补施。

（4）使用方法　丙草胺为苗前选择性除草剂，于移栽稻田和抛秧稻田中杂草出苗以前施药。在北方稻区以每亩50％丙草胺60～80mL为宜，土壤有机质含量较低的水稻田每亩用60～70mL，有机质含量较高的水稻田每亩用70～80mL。长江流域及淮河流域水稻田每亩用50～60mL，珠江流域稻田每亩用40～50mL。移栽稻田中于水稻移栽后3～5d，每亩用细沙土15～20kg与丙草胺充分拌匀后，撒于稻田中。为了扩大杀草谱，丙草胺可以与多种磺酰脲类除草剂混用，与苄嘧磺隆混用时，南方每亩50％丙草胺30～40mL加10％苄嘧磺隆15g。北方可用50％丙草胺50～60mL加10％苄嘧磺隆15g或20％醚磺隆10g。移栽（或抛秧）后3～5d拌细沙土均匀撒施。

① 丙草胺加解毒剂应用技术。在南方热带及亚热带稻区，用推荐剂量的下限为宜，在播后1～4d内施药。在使用薄膜育秧的田中，应在播种以后立针后揭膜喷雾，然后覆膜。如果播种时加盖覆盖物，可把药喷于覆盖物上，再盖薄膜。北方稻区，播种时气温低，播后需浸种保温，待气温回升后排水晾芽，此时水稻长势缓慢，扎根以前对安全剂吸收能力差，往往等晒田以后再喷药，一般应在杂草一叶一心前施药才能保证防效。

② 丙草胺加解毒剂使用方法。在育秧田每亩用30％乳油75～100mL。在直播稻田每亩用100～115mL。扫弗特中的安全剂主要通过根吸收，因此，直播稻田和育秧田必须进行催芽以后播种，在播后1～4d内施药，才能保证对水稻安全。在大面积使用时，可在水稻立针期后喷雾（播后3～5d），以利于安全剂的充分吸收。抛秧田使用扫弗特安全有效，可在抛秧后3～5d内施药。扫弗特的施药方法以喷雾为主，每亩喷水量30L为宜，以保证喷雾均匀。喷雾时田间应有泥皮水或浅水层，施药后要保水3d，以利药剂均匀分布，充分发挥药效。3d后恢复正常水管理。

专利与登记　专利US4324580、US4168965等均早已过专利期，不存在专利权问题。

国内登记情况：85％微乳剂，50％水乳剂，30％、50％、52％、300g/L、500g/L乳油，94％、95％、98％原药；登记作物为水稻移栽田、水稻秧田、水稻直播田等；防治对象为一年生禾本科、莎草科及部分阔叶杂草等。瑞士先正达作物保护有限公司在中国登记情况见表20。

表20　瑞士先正达作物保护有限公司在中国登记情况

登记名称	登记证号	含量	剂型	登记作物	防治对象	用药量/(g/hm²)	施用方法
丙草胺	PD347-2001	500g/L	乳油	水稻移栽田	一年生禾本科杂草	450～525	毒土
				水稻移栽田	莎草	450～525	
				水稻移栽田	部分阔叶杂草	450～525	
				水稻移栽田	一年生杂草	300～450	

登记名称	登记证号	含量	剂型	登记作物	防治对象	用药量/(g/hm²)	施用方法
丙草胺	PD156-92	300g/L	乳油	水稻田	一年生杂草	450~525	喷雾、毒土
丙草胺	PD282-99	94%	原药				

合成方法 丙草胺的合成方法主要有如下几种：

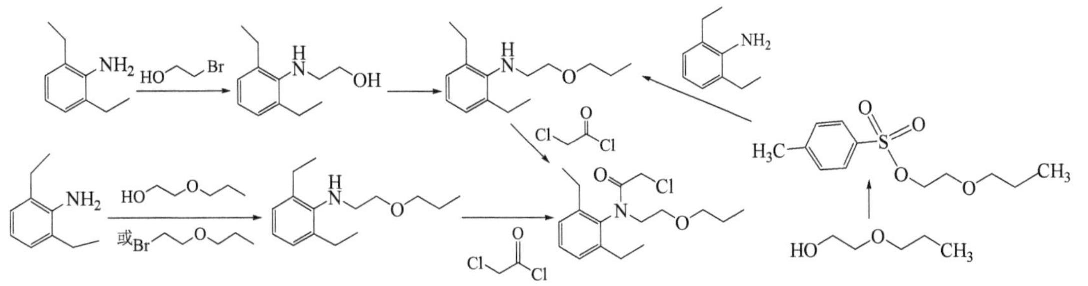

参考文献

[1] 卢贵平. 浙江化工，1996，4：10-12.

[2] 龚关善. 杭州化工，1997，4：22-23.

[3] 蒋小军. 辽宁化工，2000，2：112-113.

丙虫磷 propaphos

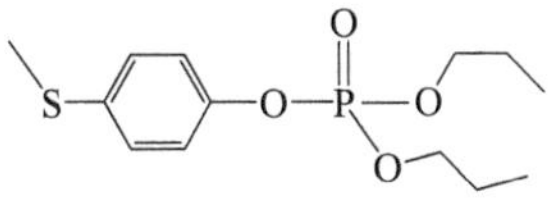

$C_{13}H_{21}O_4PS$，304.3，7292-16-2

丙虫磷(propaphos)，试验代号 NK-1158，商品名称 Kayaphos、双丙磷，其他名称 DPMP，是日本化药株式会社开发的有机磷杀虫剂。

化学名称 4-(甲硫基)苯基二丙基磷酸酯，4-(methylthio)phenyl dipropyl phosphate。

理化性质 纯品为无色液体，蒸气压 0.12mPa(25℃)。相对密度 1.1504(20℃)。$K_{ow}\lg P = 3.67$。Henry 常数 2.92×10^{-4} Pa·m³/mol。水中溶解度(25℃)125mg/L。溶解于大多数有机溶剂。在 230℃ 以下稳定存在，能在中性或是酸性介质中稳定存在，但是在碱性介质中缓慢分解。

毒性 急性经口 LD_{50}(mg/kg)：大鼠 70，小鼠 90，兔 82.5。大鼠急性经皮 LD_{50} 88.5mg/kg。大鼠吸入 LD_{50} 39.2mg/m³。NOEL(2y,mg/kg)：大鼠 0.08，小鼠 0.05。

生态效应 鸡急性经口 LD_{50} 2.5~5.0mg/kg。鲤鱼 LC_{50}(48h)4.8mg/L。对蜜蜂和水蚤有毒性。

制剂 500g(a.i.)/L 乳油、20g(a.i.)/kg 粉剂、50g(a.i.)/kg 颗粒剂。

作用机理与特点 内吸性杀虫剂，具有触杀及胃毒作用。

应用 主要用于防治水稻黑尾叶蝉、灰飞虱、二化螟(也可有效地防治对其他有机磷及氨基甲酸酯类杀虫剂有抗性的种系)。使用剂量为 3~5g/水稻育苗盘或 6~8g(a.i.)/100m² 或 600~800g(a.i.)/hm²。

专利概况 专利 JP38008933、JP482500、DD295524、FR2064390 均早已过专利期，不存在专利权问题。

合成方法 O,O-二丙基磷酰氯与对甲硫酚在氢氧化钠或碳酸钾存在下缩合而成。

参考文献

[1] 杜升华等. 精细化工中间体，2004，34（1）：31-32.

丙环唑 propiconazole

$C_{15}H_{17}Cl_2N_3O_2$，342.2，60207-90-1

丙环唑（propiconazole），试验代号　CGA 64 250，商品名称　Bumper、Propensity、Propico-sun、Propivap、Tilt。其他名称　Achat、Alamo、Albu、Archer、Banner、Bolt、Boom、Desmel、Dhan、Grip、Juno、Mantis、Novel、Orbit、Pearl、Practis、PropiMax、Sanazole、Stilt、Throttle、Tonik。最初由 Janssen pharmaceutica 报道，后由汽巴-嘉基（现先正达）公司开发的三唑类杀菌剂。

化学名称　（±）-1-[2-(2,4-二氯苯基) -4-丙基-1,3-二氧戊环-2-基甲基] -1H-1,2,4-三唑或顺-反-1-[2-(2,4-二氯苯基) -4-丙基-1,3-二氧戊环-2-基甲基] -1H-1,2,4-三唑。（±）-1-[2-(2,4-dichlorophenyl) -4-propyl-1,3-dioxolan-2-ylmethyl] -1H-1,2,4-triazole 或 cis-$trans$-1-[2-(2,4-di-chlorophenyl) -4-propyl-1,3-dioxolan-2-ylmethyl] -1H-1,2,4-triazole。

理化性质　纯品为淡黄色无味黏稠液体。沸点120℃（1.9Pa）、＞250℃（101kPa）。蒸气压2.7×10^{-2}mPa（20℃）、5.6×10^{-2}mPa（25℃）。相对密度 1.29（20℃）。分配系数 K_{ow} lg$P$ = 3.72（pH 6.6,25℃），Henry 常数 9.2×10^{-5} Pa·m^3/mol（20℃）。溶解度：水 100mg/L（20℃），正己烷47g/L（25℃），与丙酮、乙醇、甲苯和正丁醇互溶。稳定性：320℃以下稳定，水解不明显。pK_a=1.09，弱碱性。

毒性　急性经口 LD_{50}（mg/kg）：大鼠 1517，小鼠 1490。大鼠急性经皮 LD_{50}＞4000mg/kg。对兔皮肤和眼睛无刺激作用，对豚鼠无致敏现象。大鼠吸入 LC_{50}（4h）＞5800mg/m^3。NOEL(2y)[mg/(kg·d)]：雄大鼠 18.1，雄小鼠 10，狗＞8.4。ADI(JMPR)0.07mg/kg[2004,2007]；（EC）0.04mg/kg[2003]；（EPA）aRfD 0.3mg/kg，cRfD 0.1mg/kg[2006]（FSC）；0.046mg/kg。无致畸、致突变性，对人安全。

生态效应　鸟急性经口 LD_{50}（mg/kg）：日本鹌鹑 2223，山齿鹑 2825，野鸭＞2510，北京鸭＞6000。饲喂 LC_{50}（5d,mg/kg）：日本鹌鹑＞1000，山齿鹑＞5620，野鸭＞5620，北京鸭＞10000。鱼毒 LC_{50}（96h,mg/L）：鲤鱼 6.8，虹鳟鱼 4.3，金色圆腹雅罗鱼 5.1，叉尾石首鱼 2.6。水蚤 EC_{50}（48h）10.2mg/L，羊角月牙藻 EC_{50}（3d,25%乳油）2.05mg/L。其他水生生物 EC_{50}（mg/L）：（48h）东部牡蛎（美洲牡蛎）1.7，（96h）糠虾 0.51，浮萍 5.3。蜜蜂 LD_{50}（接触和经口）＞100μg/只。蚯蚓 LC_{50}（14d）686mg/kg 干土。其他有益生物：在大田条件下对土壤微生物或非靶标节肢动物不会有负面影响。

环境行为

（1）动物　大鼠经口丙环唑被迅速吸收，并几乎完全通过尿液和粪便排出体外。体内残留很少，没有证据表明丙环唑及其代谢产物的积累或保留。主要的代谢方式为酶对丙基侧链的作用、二氧戊环的断裂，以及酶与2,4-二氯苯和1,2,4-三唑环的作用。在小鼠体内主要的代谢方式为二氧戊烷环的断裂。

（2）植物　降解主要是通过n-丙基侧链的羟基化和二氧戊环的开环。主要代谢物是三唑、三唑丙氨酸的断裂形成的产物。在小麦、水稻以及果类作物中的代谢详细可参见 B. Donzel 等，IUPAC 7th Int. Congr. Pestic. Chem.，1990，2：160。

（3）土壤/环境　土壤（有氧，20～25℃，实验室）29～128d，（田间）5～148d；在土壤中无流动性，正常情况 $K_{oc(ads)}$ 950mL/g。水 DT_{50} 5.5～6.4d（吸附到沉积物），沉积物 485～636d。在水中一般不会水解，在无菌天然水中光解 DT_{50} 18d（纬度 30°～50°N）。主要降解途径是丙基侧链的羟基化以及二氧戊环的断裂，最终形成 1,2,4-三唑。

制剂　25%乳油。

主要生产商　Bharat、Dow AgroSciences、Milenia、Nagarjuna Agrichem、Nortox、Sega、Sharda、Sundat、Tagros、艾农国际贸易有限公司、安徽丰乐农化有限责任公司、安徽华星化工股份有限公司、安徽省池州新赛德化工有限公司、江苏丰登作物保护股份有限公司、江苏七洲绿色化工股份有限公司、江苏瑞东农药有限公司、江苏省激素研究所股份有限公司、利民化工股份有限公司、宁波保税区汇力化工有限公司、山东亿嘉农化有限公司、上海生农生化制品有限公司、泰达集团、先正达、浙江禾本科技有限公司、浙江华兴化农药有限公司、中化江苏有限公司及中化宁波（集团）有限公司等。

作用机理与特点　丙环唑是一种具有保护和治疗作用的广谱内吸性叶面杀菌剂，可被根、茎、叶部吸收，并能很快地在植株体内向上传导，是固醇脱甲基化抑制剂。丙环唑残效期在1个月左右。

应用

（1）适宜作物与安全性　禾谷类作物、大麦、小麦和香蕉、咖啡、花生、葡萄等。

（2）防治对象　子囊菌、担子菌和半知菌所引起的病害，特别是香蕉叶斑病，小麦根腐病、白粉病、颖枯病、纹枯病、锈病、叶枯病，大麦网斑病，葡萄白粉病，水稻恶苗病等。

（3）使用方法　茎叶喷雾，使用剂量通常为 100～150g(a. i.)/hm²。

防治香蕉叶斑病　在发病初期用 25%丙环唑 1000～1500 倍液或每 100L 水加 25%丙环唑 66.7～100mL 喷雾效果最好，间隔 21～28d。根据病情的发展，可考虑连续喷施第 2 次。

防治小麦纹枯病　每亩用 25%丙环唑乳油 20～30mL，初发病时用 20mL，发病中期用 30mL 进行喷雾。每亩喷水量人工不少于 60L，拖拉机 10L，飞机 1～2L。在小麦茎基节间均匀喷药。

防治小麦白粉病、锈病、根腐病、叶枯病　在发病初期每亩用 25%丙环唑乳油 30～35mL，兑水 60～75L 喷雾。

防治小麦颖枯病　在小麦孕穗期，每亩用 25%丙环唑乳油 33.2mL，兑水 60～75L 喷雾。

防治葡萄白粉病、炭疽病　如果在发病前初期用于保护性防治可用每 100L 水加 25%丙环唑乳油 10mL 喷雾，如果用于治疗性防治（发病中期）每 100L 水加 25%丙环唑乳油 14mL 喷雾，间隔期可达 30d。

防治小麦叶锈病、网斑病、燕麦冠锈病等 每亩用 25%丙环唑乳油 33.2mL，在发病初期喷雾。

防治花生叶斑病　每亩用 25%丙环唑乳油 26～40mL，发病初期进行喷雾，间隔 14d 连续喷药 2～3 次。

专利与登记　专利 US4079062 早已过专利期，不存在专利权问题。国外公司在中国的登记情况见表 21～表 23。

表 21　美国陶氏益农公司在中国登记情况

登记名称	登记证号	含量	剂型	登记作物	防治对象	用药量	施用方法
丙环唑	PD20060184	250g/L	乳油	香蕉 小麦	叶斑病 锈病	500～700 倍液 124.5～150g/hm²	喷雾
丙环唑	PD20070204	93%	原药	—	—	—	—

表 22　瑞士先正达作物保护有限公司在中国登记情况

登记名称	登记证号	含量	剂型	登记作物	防治对象	用药量	施用方法
丙环·嘧菌酯	LS20110194	18.7%	悬乳剂	玉米 玉米 香蕉	大斑病 小斑病 叶斑病	150～210g/hm² 150～210g/hm² 160～267mg/kg	喷雾
苯甲·丙环唑	PD20070088	300g/L	乳油	大豆 小麦 花生 水稻	锈病 纹枯病 叶斑病 纹枯病	90～135g/hm² 90～135g/hm² 90～135g/hm² 67.5～90g/hm²	喷雾
丙环唑	PD297-99	88%	原药				

表 23　新加坡利农私人有限公司在中国登记情况

登记名称	登记证号	含量	剂型	登记作物	防治对象	用药量	施用方法
丙环·嘧菌酯	LS20110194	18.7%	悬乳剂	玉米 玉米 香蕉	大斑病 小斑病 叶斑病	150～210g/hm² 150～210g/hm² 160～267mg/kg	喷雾
苯甲·丙环唑	PD20070088	300g/L	乳油	大豆 小麦 花生 水稻	锈病 纹枯病 叶斑病 纹枯病	90～135g/hm² 90～135g/hm² 90～135g/hm² 67.5～90g/hm²	喷雾

合成方法　以间二氯苯为原料，首先进行酰化反应制得 α-氯代二氯苯乙酮或者通过苯乙酮溴化得到 α-溴代二氯苯乙酮，然后经一系列反应，即制得丙环唑。反应式如下：

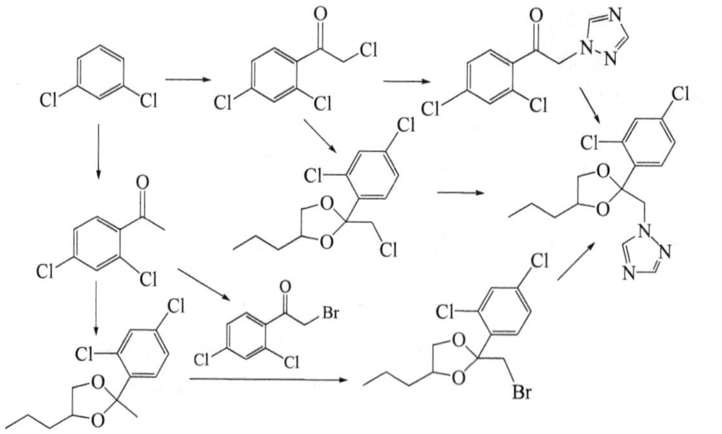

参考文献

[1] Proc Br Crop Prot Conf：Pests Dis，1979：508-515.
[2] Proc Br Crop Prot Conf；Pests Dis，1981：291-296.
[3] Proc Br Crop Prot Conf；Pests Dis，1988：675-680.
[4] Pestic Sci，1980，11（1）：95-99.
[5] Pestic Sci，1987,19(3):229-234.

丙硫菌唑 prothioconazole

C₁₄H₁₅Cl₂N₃OS, 344.3, 178928-70-6

丙硫菌唑(prothioconazole), 试验代号 AMS 21619、BAY JAU 6476、JAU 6476, 商品名称 Proline、Redigo, 其他名称 Rudis, 是由拜耳公司研制的新型广谱三唑硫酮类杀菌剂, 2004 年上市。

化学名称 (RS)-2-[2-(1-氯环丙基)-3-(2-氯苯基)-2-羟基丙基]-2,4-二氢-1,2,4-三唑-3-硫酮。(RS)-2-[2-(1-chlorocyclopropyl)-3-(2-chlorophenyl)-2-hydroxypropyl]-2,4-dihydro-1,2,4-triazole-3-thione。

理化性质 纯品为白色至浅褐色结晶粉末, 熔点为 139.1~144.5℃。沸点(487±50)℃, 蒸气压(20℃)≤4×10⁻⁴mPa。分配系数 K_{ow} lg$P$=4.05(无缓冲,20℃), 4.16(pH 4), 3.82(pH 7), 2.00(pH 9)。Henry 常数≤3×10⁻⁵Pa·m³/mol, 相对密度1.36(20℃)。溶解度(20℃,g/L): 水中 0.005(pH 4)、0.3(pH 8)、2.0(pH 9); 正庚烷<0.1, 二甲苯8, 正辛醇58, 异丙醇87, 乙腈69, DMSO 126, 二氯甲烷88, 乙酸乙酯、聚乙二醇和丙酮均>250。稳定性: 在环境温度下稳定, pH 4~9 水解稳定, 水中快速光解脱硫。pK_a6.9。

毒性 大鼠急性经口 LD₅₀>6200mg/kg。大鼠急性经皮 LD₅₀>2000mg/kg。对皮肤和眼睛无刺激, 对皮肤无致敏现象。大鼠急性吸入 LD₅₀>4990mg/m³ 空气。NOAEL[mg/(kg·d)]: 狗短期经口(13周)25, 大鼠慢性饲喂(2y)5, 丙硫菌唑脱硫产物[2-(1-氯环丙基)-1-(2-氯苯基)-3-(1,2,4-三唑-1-基)-丙烷-2-羟基], 狗短期饲喂 1.6、大鼠慢性 1.1。ADI(mg/kg): 丙硫菌唑(EC) 0.05, 脱硫代谢产物 0.01[2007]; 丙硫菌唑(EPA)RfD 尚未确定, 脱硫代谢产物 aRfD 0.002, cRfD 0.001[2007]。无遗传毒性、无繁殖毒性或致畸毒性。

生态效应 鹌鹑急性经口 LD₅₀>2000mg/kg。鹌鹑饲喂 LC₅₀(5d)>5000mg/kg。虹鳟鱼 LC₅₀(96h)1.83mg/L。水蚤急性 LC₅₀(48h)1.30mg/L。月牙藻亚慢性 E_bC₅₀1.10mg/L, E_rC₅₀2.18mg/L。对蜜蜂无害, LD₅₀(μg/只): 经口>71, 接触>200。蚯蚓 LC₅₀(14d)>1000mg/kg 干土。对非靶标节肢动物或土壤生物无影响。

环境行为

(1) 动物 丙硫菌唑在动物体内被迅速吸收和广泛代谢, 并主要通过粪便排出体外。在体内不存在潜在的积累。丙硫菌唑的主要代谢反应是与葡萄糖醛酸共轭和苯基部分脱硫羟基化。

(2) 植物 丙硫菌唑的代谢过程主要通过氧化裂解反应, 主要代谢产物是脱硫丙硫菌唑和三唑胺, 三唑羟基丙酸及三唑乙酸。在植物中没有检测出游离的 1,2,4-三唑。

(3) 土壤/环境 丙硫菌唑迅速降解为脱硫丙硫菌唑和丙硫菌唑-S-甲基。母体化合物和代谢物的浸出或积累可能性很低。丙硫菌唑、脱硫丙硫菌唑和丙硫菌唑-S-甲基在土壤 DT₅₀(实验室, 20℃)分别为 0.07~1.3d、7~34d 和6~46d, K_{oc}(mL/g)分别为 1765、523~625 和 1974~2995。丙硫菌唑在水/沉积物有氧条件下迅速降解(DT₅₀2~3d); 主要代谢产物是脱硫丙硫菌唑和1,2,4-三唑(在水层中检测到)和丙硫菌唑-S-甲基(在沉积物中)。

剂型 乳油或悬浮剂。

主要生产商 Bayer CropScience。

作用机理与特点 丙硫菌唑的作用机理是抑制真菌中固醇的前体——羊毛固醇或24-亚甲基二氢羊毛固醇14位上的脱甲基化作用, 即脱甲基化抑制剂(DMIs)。不仅具有很好的内吸活性, 优异的保护、治疗和铲除活性, 且持效期长。通过大量的田间药效试验, 结果表明丙硫菌唑对作物不仅具有良好的安全性, 防病治病效果好, 而且增产明显。同三唑类杀菌剂相比, 丙硫菌唑具有更广谱的杀菌活性。

应用 丙硫菌唑主要用于防治禾谷类作物如小麦、大麦、油菜、花生、水稻和豆类作物等众多病害。几乎对所有麦类病害都有很好的防治效果，如小麦和大麦的白粉病、纹枯病、枯萎病、叶斑病、锈病、菌核病、网斑病、云纹病等。除了对谷物病害有很好的效果外，还能防治油菜和花生的土传病害，如菌核病，以及主要叶面病害，如灰霉病、黑斑病、褐斑病、黑胫病、菌核病和锈病等。使用剂量通常为200g(a.i.)/hm^2，在此剂量下，活性优于或等于常规杀菌剂如氟环唑、戊唑醇、嘧菌环胺等。为了预防抗性的发生，适应特殊的作物与防治不同的病害的需要，拜耳公司目前正在开发并登记丙硫菌唑单剂以及与不同作用机理药剂的混合制剂，除可与杀菌剂氟嘧菌酯混配外，还可与戊唑醇、肟菌酯、螺环菌胺等进行复配。

专利与登记

专利名称 Microbicidal Triazolyl derivatives

专利号 WO9616048 专利申请日 1995-11-08

专利拥有者 Bayer AG(DE)

在其他国家申请的专利：AU3982595、AU4000997、AU697137、BG101430、BG101970、BR9509805、CN1058712、CZ9701455、DE19528046、EP0793657、ES2146779T、FI972130、HU77333、IL116045、JP10508863T、KR244525、NO972215、NZ296107、PL320215、PT793657、SK137798、SK63897、TR960484、US5789430等。

2004年以来，已在多个国家登记注册。2007年在美国、加拿大登记用于小麦、花生、蔬菜等的多种病害防治。

合成方法 合成方法如下：

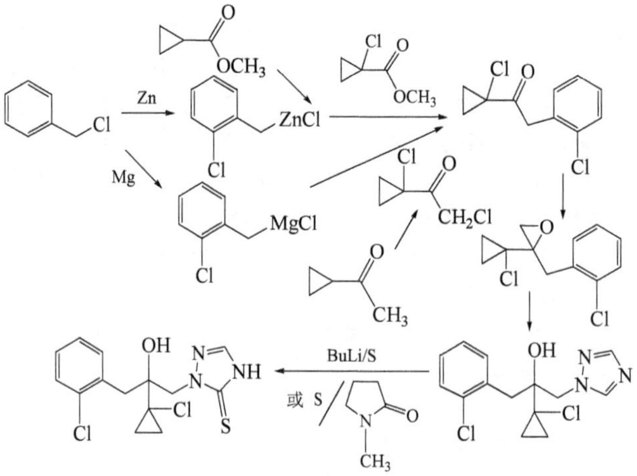

参考文献

[1] Proc Br Crop Prot Conf：Pests Dis，2002：389.

[2] 关爱莹等．农药，2003，9：42-43.

[3] 王美娟等．农药，2009，3：172-173.

[4] 张爱萍等．今日农药，2011，6：27-28.

丙硫克百威 benfuracarb

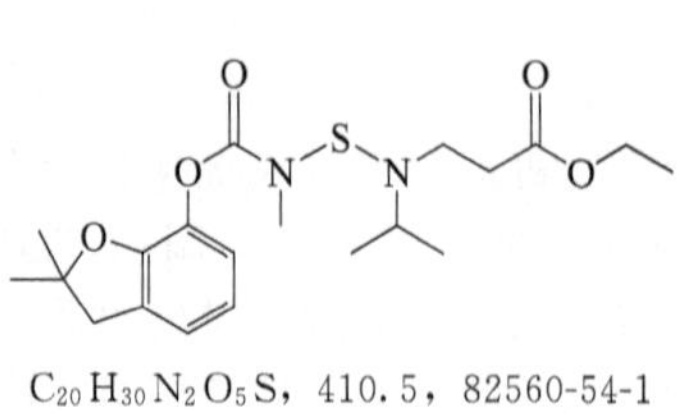

$C_{20}H_{30}N_2O_5S$，410.5，82560-54-1

丙硫克百威（benfuracarb），试验代号 OK-174，商品名称 Furacon、Laser、Nakar、Oncol，其他名称 丙硫威、呋喃威，是由日本大冢株式会社开发的一种杀虫剂。

化学名称 N-[2,3-二氢-2,2-二甲基苯并呋喃-7-基氧基羰基（甲基）氨基硫代] -N-异丙基-β-氨基丙酸乙酯。ethyl N-[2,3-dihydro-2,2-dimethylbenzofuran-7-yloxycarbonyl(methyl)aminothio] -N-isopropyl-β-alaninate。

理化性质 原药为红褐色黏滞液体，有效成分含量为94%，沸点＞190℃。蒸气压＜1×10^{-2} mPa(20℃，气体饱和法)。相对密度1.1493(20℃)。K_{ow} lg$P$＝4.22(25℃)。Henry常数＜5×10^{-4} Pa·m³/mol(20℃，计算)。水溶解度(pH 7,20℃)8.4mg/L，在苯、二甲苯、乙醇、丙酮、二氯甲烷、正己烷、乙酸乙酯中溶解度＞1000g/L(20℃)。在54℃条件下30d分解0.5%～2.0%，在中性或弱碱性介质中稳定，在酸或强碱性介质中不稳定。闪点为154.4℃。

毒性 急性经口 LD_{50}(mg/kg)：雄大鼠222.6，雌大鼠205.4，小鼠175，狗300。大鼠急性经皮 LD_{50}＞2000mg/kg，对兔皮肤无刺激作用，对兔眼睛有轻微刺激，对豚鼠皮肤无致敏性。大鼠2y喂养试验无作用剂量为25mg/kg饲料。ADI 0.01mg/kg(2006)。无诱变性、无致突变、致畸性和无致癌性。

生态效应 雌、雄鹌鹑急性经口 LD_{50} 分别为48.3mg/kg和39.9mg/kg，鲤鱼 LC_{50}(48h)0.103mg/L，水蚤 EC_{50}(48h)9.9μg/L，水藻 E_rC_{50}(0～72h)＞2.2mg/L。蜜蜂 LD_{50}(接触)0.16μg/只。

环境行为

(1) 动物 对于老鼠，丙硫克百威迅速在体内代谢，七天之内几乎完全随尿和粪便排出。在粪便中的主要代谢产物是克百威、克百威苯酚、3-羟基克百威、3-羟基苯酚和3-羰基苯酚。尿中的代谢物以 β-葡(萄)糖苷酸结合物形式存在。

(2) 植物 在植物体内，首先是N—S键断裂，产生的克百威代谢成3-羟基克百威。主要的水解产物是克百威苯酚和3-羟基、3-羰基苯酚，所有产生这些物质以植物结合体形式存在。

(3) 土壤/环境 土壤中 DT_{50} 是4～28h。地表以上丙硫克百威分解成克百威，地表以下主要降解为克百威苯酚。

制剂 5%颗粒剂、20%乳油。

主要生产商 浙江禾田化工有限公司及 Otsuka 等。

作用机理与特点 内吸性和接触性杀虫剂，具有胃毒和触杀作用。

应用

(1) 适用作物 水稻、玉米、大豆、马铃薯、甘蔗、棉花、蔬菜、果树等。

(2) 防治对象 长角叶甲、跳甲、玉米黑独角仙、苹果蠹蛾、马铃薯甲虫、金针虫、小菜蛾、稻象甲和蚜虫等。

(3) 残留量 丙硫克百威5%颗粒剂在水稻中最高残留限量(日本)为0.5mg/kg。

(4) 应用技术 喷液量人工每亩20～50L，拖拉机每亩10～13L。施药选早晚气温低、风小时进行，晴天上午9时至下午4时；温度超过28℃，风速超过每秒4m，空气相对湿度低于65%时应停止施药。

(5) 使用方法 主要作土壤处理，玉米用0.5～2.0kg(a.i.)/hm²，蔬菜用1.0～2.5kg/hm²，甜菜用0.5～1.0kg/hm²；也可用作种子处理，每100kg种子用0.4～0.5kg；蔬菜和果树也可进行茎叶喷雾，剂量为0.3～1.0kg/hm²；育苗箱移植水稻，每箱1.5～4.0g处理。

在我国推荐使用情况如下。

5%丙硫克百威粒剂应用技术：

防治水稻害虫 ①二化螟防治。二化螟造成枯心及白穗，枯心可在卵孵始盛期至高峰期用药，每亩用5%颗粒剂2kg(有效成分100g)撒施。②三化螟防治。白穗在孵卵盛期，每亩用5%颗粒剂2kg(有效成分100g)撒施。③褐飞虱。在水稻孕穗期，3龄若虫盛发期，每亩用5%颗粒剂2kg(有效成分100g)撒施。

防治棉花害虫　防治棉蚜：在棉苗移栽时施于棉株穴内，每亩用5％颗粒剂1.2～2kg(有效成分60～100g)，防治效果在施药后30d达90％，40d为70％左右。或在棉花播种前，种子按常规浸、闷催芽处理，用药量按有效成分计算，每亩有效用量60～90g。施药方法是在播种耧安装一个颗粒剂施药部件，使颗粒剂与棉花种子同步施入土中或穴施点播。治蚜持续药效在30～35d，可达到确保苗安全渡过3叶期的目的。用颗粒剂处理的棉田，棉苗长势好，并且有利于棉田天敌资源的保护利用，且能确保施药人员的安全。

防治甘蔗害虫　在甘蔗苗期防治第一代蔗螟发生初期，每亩用5％丙硫克百威3kg(有效成分150g)，条施于蔗苗基部并薄覆土盖药，对甘蔗蝗虫为害枯心苗防治效果达80％左右，同时对甘蔗苗期黑色蔗龟为害枯心苗亦有兼治效果。

防治玉米害虫　在玉米生长心叶末期和授粉期的玉米螟第二、三代卵孵盛期，每亩用5％颗粒剂2～3kg(有效成分100～150g)，各施药1次。

20％丙硫克百威乳油应用技术：

防治苹果害虫　防治蚜虫类(苹果蚜、苹果瘤蚜、黄蚜、绣线菊蚜等)用20％乳油2000～3000倍液(有效浓度66.7～100mg/L)。

防治棉花害虫　防治蚜虫类(棉蚜等)每亩用50～67mL(有效成分10～13.4g)。

防治烟草害虫　防治蚜虫类(烟草蚜、桃蚜等)每亩用20～30mL(有效成分4～6g)。

专利与登记　专利FR2489329早已过专利期，不存在专利权问题。国内仅登记了94％原药。

合成方法　2,3-二氢-2,2-二甲基苯并呋喃-7-甲基氨基甲酸酯与二氯化硫、N-异丙基-β-丙氨酸乙酯反应，即制得丙硫克百威。反应式如下：

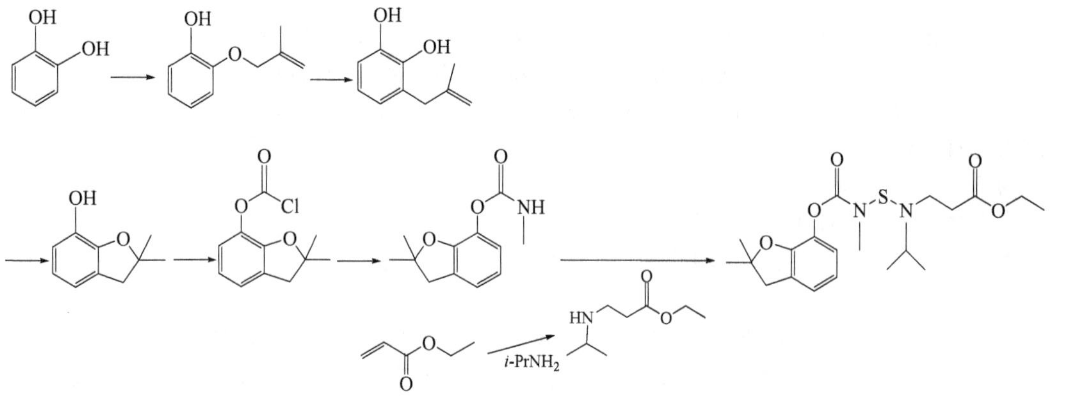

丙硫磷 prothiofos

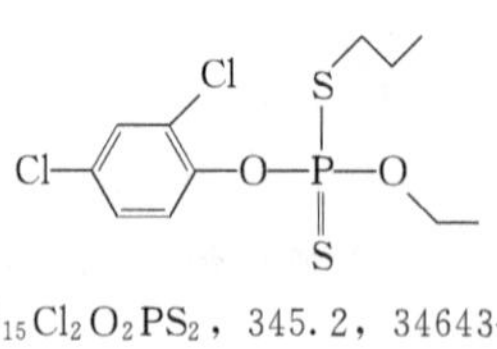

$C_{11}H_{15}Cl_2O_2PS_2$，345.2，34643-46-4

丙硫磷(prothiofos)，试验代号　NTN8629、OMS2006。商品名称　Bideron、Tokuthion、Toyodan。其他名称　prothiophos。是A. Kudamatsu报道其活性，由日本Nihon Tokushu Noyaku Seizo K. K.(现属Nihon Bayer Agrochem K. K.)和Bayer AG开发的有机磷类杀虫剂。

化学名称　O-(2,4-二氯苯基)-O-乙基-S-丙基二硫代磷酸酯。O-2,4-dichlorophenyl-O-ethyl-S-propyl phosphorodithioate.

理化性质 无色液体，有微弱的、特殊的气味。沸点 125～128℃/13Pa。蒸气压：0.3mPa（20℃）、0.6mPa（25℃）。相对密度 1.31(20℃)。$K_{ow}\lg P=5.67(20℃)$。Henry 常数 1.48Pa·m^3/mol(20℃，计算)。水中溶解度(20℃)0.07mg/L；其他溶剂中溶解度(20℃，g/L)：二氯甲烷、异丙醇、甲苯>200。水解 DT_{50}(22℃)：120d(pH 4)，280d(pH 7)，12d(pH 9)。光降解 DT_{50} 13h。闪点>110℃。

毒性 急性经口 LD_{50}（mg/kg）：雄大鼠 1569，雌大鼠 1390，小鼠约 2200。大鼠急性经皮 LD_{50}(24h)>5000mg/kg。本品对兔眼睛和皮肤无刺激。大鼠吸入 LC_{50}(4h)>2.7mg/L 空气(气溶胶)。NOEL 值(2y,mg/kg 饲料)：大鼠 5，小鼠 1，狗 0.4。ADI/RfD 值 0.0001mg/kg。

生态效应 日本鹌鹑急性经口 LD_{50} 100～200mg/kg。鱼类 LC_{50}(96h,mg/L)：金枪鱼 4～8，虹鳟鱼 0.5～1.0(500g/L 乳油)。水蚤 LC_{50}(48h)0.014mg/L。羊角月牙藻 E_rC_{50} 2.3mg/L。本品在推荐剂量下使用对蜜蜂无害。

环境行为

(1) 动物 进入大鼠体内的本品，迅速被吸收，在 72h 内，98％被代谢，代谢途径为：氧化、水解为 2,4-二氯苯酚，本品及砜中丙基基团断裂，形成 2,4-二氯苯基乙基氢硫代磷酸酯和 2,4-二氯苯基乙基氢磷酸酯。

(2) 植物 氢解为 2,4-二氯苯酚，进一步聚合，形成砜，同时丙基基团断裂。

(3) 土壤/环境 土壤对本品吸附力很强，在田间 DT_{50} 1～2 个月。在土壤中，脱氯形成 4-氯丙硫磷，氧化为砜，氢解为 2,4-二氯苯酚，最后降解为二氧化碳。

制剂 50％乳油，32％、40％可湿性粉剂，2％粉剂，3％微粒剂。

作用机理与特点 胆碱酯酶抑制剂。具有触杀和胃毒作用的广谱、非内吸性杀虫剂。

应用

(1) 适用作物 蔬菜、果树、玉米、马铃薯、甘蔗、甜菜、茶树、烟草、花卉、草坪等。

(2) 防治对象 对鳞翅目幼虫高效，尤其对氨基甲酸酯和其他有机磷杀虫剂产生交互抗性的蚜类、蓟马、粉蚧、卷叶虫类和蠕虫类有良好效果，对多抗性品系的家蝇有较好的杀灭活性，如菜青虫、小菜蛾、甘蓝叶蛾、黑点银纹叶蛾、蚜虫、卷叶蛾、粉蚧、斜纹叶蛾、烟青虫和美国白蛾等害虫。对鞘翅目害虫有效，对叶蝉科、盲蝽科和瓢虫科害虫弱效，对地下害虫的幼虫期有明显的活性，可用于防治金针虫、地老虎和白蚁。

(3) 残留量与安全施药 为了安全、减少残留，甘蓝安全间隔期为 21d，柑橘安全间隔期为 45d。

(4) 使用方法 蔬菜田推荐剂量为 50～75g(a.i.)/hm^2。乳油通常 1000 倍液喷雾。

专利概况 专利 DE2111414 已过专利期，不存在专利权问题。

合成方法 经如下反应制得丙硫磷：

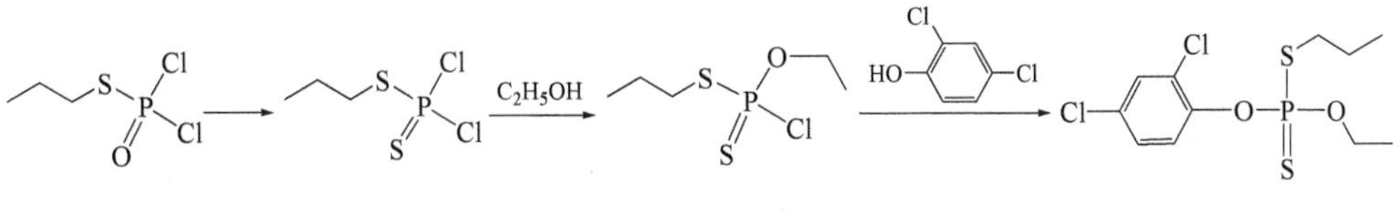

丙炔噁草酮 oxadiargyl

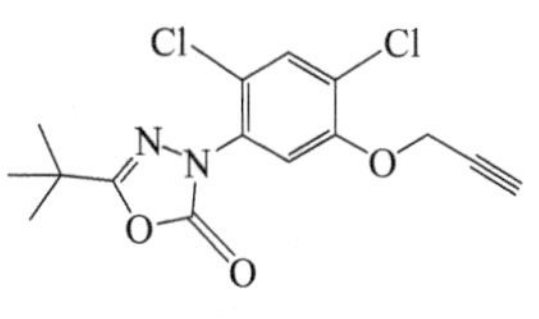

$C_{15}H_{14}Cl_2N_2O_3$，341.2，39807-15-3

丙炔噁草酮(oxadiargyl)，试验代号　RP020630，商品名称　Raft、Topstar，其他名称　Fenax、Kirukiw、稻思达、快噁草酮。是由罗纳普朗克公司开发的噁二唑酮类除草剂。

化学名称　5-叔丁基-3-[2,4-二氯-5-(丙-2-炔基氧基)苯基]-1,3,4-噁二唑-2(3H)-酮。5-*tert*-butyl-3-[2,4-dichloro-5-(prop-2-ynyloxy)phenyl]-1,3,4-oxadiazol-2(3H)-one。

理化性质　纯品为白色或米色粉状固体，工业品纯度≥98%。熔点131℃，相对密度1.484(20℃)。蒸气压$2.5×10^{-3}$mPa(25℃)，分配系数K_{ow}lg$P$=3.95，Henry常数$9.1×10^{-4}$Pa·m³/mol(20℃)。水中溶解度(20℃)0.37mg/L，其他溶剂中溶解度(20℃,g/L)：丙酮250，乙腈94.6，二氯甲烷＞500，乙酸乙酯121.6，甲醇14.7，正庚烷0.9，正辛醇3.5，甲苯77.6。在光、水中稳定，加热储存54℃，15d稳定。在pH 4、5、7时稳定，DT_{50}7.3d(pH 9)。

毒性　大鼠急性经口LD_{50}＞5000mg/kg。大鼠急性经皮LD_{50}＞2000mg/kg。对兔皮肤无刺激性，对兔眼睛有轻微刺激性。对豚鼠皮肤无致敏。大鼠急性吸入LC_{50}(4h)＞5.16mg/L。NOEL数据(mg/kg)：狗(1y)1，大鼠(2y)0.8。ADI(EC)0.008mg/kg[2003]。无繁殖毒性。

生态效应　鹌鹑急性经口LD_{50}(14d)＞2000mg/kg。野鸭和鹌鹑饲喂LC_{50}(8d)＞5200mg/L。虹鳟鱼LC_{50}(96h)＞201μg/L。对水蚤无毒，EC_{50}(48h)＞352μg/L。藻类EC_{50}(120h,μg/L)：鱼腥藻0.71，月牙藻1.2。浮萍EC_{50}(14d)1.5μg/L。蜜蜂LD_{50}(经口和接触)＞200μg/只。在1000mg/kg下对蚯蚓无毒。

环境行为

(1) 动物　动物体内吸收并广泛代谢，7d约90%通过粪便和尿液排泄。代谢过程是O-脱烷基反应、氧化和结合反应。在对山羊和母鸡代谢过程的研究中并没有发现丙炔噁草酮在奶、蛋和可食用组织当中积累。

(2) 植物　柠檬、向日葵、水稻在收获时残留水平很低，主要是其母体化合物(C. R. Leake等,Procpth IUPAC Int Congr Pestic Chem,London,1998,2,5A-021)。

(3) 土壤/环境　DT_{50}(实验室,有氧)18~72d(20~30℃)。形成两个主要产物，其中一个是除草剂，另一个逐渐降解，最终矿化为二氧化碳和土壤残留。丙炔噁草酮在水中迅速消散，进入到沉积层，在厌氧条件下更容易降解。强烈的土壤吸附K_{oc}1915，代谢产物平均K_{oc}856，K_{oc}468；丙炔噁草酮及其主要代谢产物在4种土壤中显示低流动性，并且不容易浸出。田间试验结果与实验室基本一致：DT_{50}9~25d，平均DT_{90}90d；丙炔噁草酮及其主要代谢产物DT_{50}9~31d，DT_{90}65~234d；＞95%丙炔噁草酮残留物在上层10cm土壤中，在30cm以下土壤中未发现残留物。

制剂　80%水分散粒剂，80%可湿性粉剂。

主要生产商　Bayer　CropScience。

作用机理与作用特点　原卟啉原氧化酶抑制剂。主要用于水稻插秧田做土壤处理的选择性触杀型苗期除草剂，在杂草出苗前后通过稗草等敏感杂草的幼芽或幼苗接触吸收而起作用。丙炔噁草酮与噁草酮相似，施于稻田水中，经过沉降，逐渐被表层土壤胶粒吸附形成一个稳定的药膜封闭层，当其后萌发的杂草幼芽经过此药膜层时，以接触吸收和有限传导，在有光的条件下，使接触部位的细胞膜破裂和叶绿素分解，并使生长旺盛部位的分生组织遭到破坏，最终导致受害的杂草幼芽枯萎死亡。而在施药之前已经萌发出土但尚未露出水面的杂草幼苗，则在药剂沉降之前即从水中接触吸收到足够的药剂，致使很快坏死腐烂。丙炔噁草酮在土壤中的移动性较小，因此不易触及杂草根部。持效期长，可持续30d左右。

应用

(1) 适宜作物与安全性　水稻、马铃薯、向日葵、蔬菜、甜菜、果树等。对作物的选择性是基于药剂在作物植株中的代谢机理与杂草中不同。由于丙炔噁草酮在水中很快沉降，并能在嫌气条件下降解，因此不存在长期残留于水中和土壤中的问题。

(2) 防除对象　阔叶杂草如苘麻、鬼针草、藜属杂草、苍耳、圆叶锦葵、鸭舌草、蓼属杂草、梅花藻、龙葵、苦苣菜、节节菜等，禾本科杂草如稗草、千金子、刺蒺藜草、兰马草、马唐、牛筋草、稗属杂草等，及莎草科杂草如异型莎草、碎米莎草、牛毛毡等，尤其是恶性杂草四叶萍等。

（3）应用技术 ①丙炔恶草酮对水稻的安全幅度较窄，不宜在弱苗田、制种田、抛秧田及糯稻田使用。②丙炔恶草酮应在杂草出苗前或出苗后的早期用于插秧稻田。最好在插秧前施用，也可在插秧后施用。在插秧前施用时，应在耙地之后进行整平时趁水浑浊将配好的药液均匀泼浇到田里，配制药液时要先将药剂溶于少量水中而后按每亩掺进15L水充分搅拌均匀，施药之后要间隔3d以上的时间再插秧。在插秧后施用时，也要先将药剂溶于少量水中，然后每亩拌入备好的15～20kg细沙或适量化肥充分拌匀，再均匀撒施到田里，插秧后施药日期要与插秧间隔7～10d。对水层要求，施药时为3～5cm深，施药后至少保持该水层5～7d，缺水补水，切勿进行大水漫灌淹没稻苗心叶。③丙炔恶草酮在稗草1.5叶期以前和莎草科杂草、阔叶萌发初期施用除草效果最好。在东北地区播前施用，丙炔恶草酮按当地的用药习惯和实际需要既可以采取一次性施用，也可以采取两次施用。高寒地区最好采取两次施用。采取两次使用，第一次（即插秧前）是单用，第二次（即插秧后）是单用或混用：如东北稗草发生高峰在5月末6月初，莎草科杂草、阔叶杂草发生高峰在6月上中旬，插秧集中在5月中下旬，因此丙炔恶草酮在5月下旬到6月上旬施用，基本与稗草发生高峰和莎草科杂草、阔叶草萌发初期相吻合。如整地与插秧间隔时间较短，则于插秧前5～7d采取一次性施用。如整地与插秧间隔时间较长或因缺水整地后推迟插秧，以及整地不平，施药时期低温，为保证对杂草的防除效果，最好采取两次施用，即在插秧前3～10d于整地末尾施用1次，插秧后15～20d再施用1次。

（4）使用方法 主要用于苗前除草。稻田使用剂量为50～150g(a.i.)/hm²［亩用量为3.3～10g(a.i.)］。马铃薯、向日葵、蔬菜、甜菜使用剂量为300～500g(a.i.)/hm²［亩用量为20～33.3g(a.i.)］。果园使用剂量为500～1500g(a.i.)/hm²［亩用量为33.3～100g(a.i.)］。丙炔恶草酮在萤蔺、三棱草、鸭舌草、雨久花、泽泻、矮慈姑、慈姑、狼把草、眼子菜等杂草发生轻微的地区或地块，单用即可。在这几种杂草发生较重的地区或地块，则要与磺酰脲类除草剂等有效药剂混用或错期搭配施用。丙炔恶草酮与磺酰脲类、磺酰胺类等除草剂混用，可增强对雨久花、泽泻、萤蔺、眼子菜、狼把草、慈姑、扁秆藨草、日本藨草等杂草的防除效果。

单用：一次性施药每亩用80%丙炔恶草酮水分散粒剂6g。两次施药第一次每亩用80%丙炔恶草酮水分散粒剂6g，第二次每亩用80%丙炔恶草酮水分散粒剂4g。

混用：一次性混用每亩用80%丙炔恶草酮水分散粒剂6g加30%苄嘧磺隆可湿性粉剂10g或10%苄嘧磺隆可湿性粉剂20～30g或10%吡嘧磺隆可湿性粉剂10～15g或15%乙氧嘧磺隆水分散粒剂10～15g或10%环丙嘧磺隆可湿性粉剂13～17g。两次施用第一次每亩用80%丙炔恶草酮水分散粒剂6g，第二次每亩用80%丙炔恶草酮水分散粒剂4g加30%苄嘧磺隆可湿性粉剂10g或10%苄嘧磺隆可湿性粉剂20～30g或10%吡嘧磺隆可湿性粉剂10～15g或15%乙氧嘧磺隆水分散粒剂10～15g或10%环丙嘧磺隆可湿性粉剂13～17g。

专利与登记 专利DE2227012早已过专利期，不存在专利权问题。国内登记情况：80%可湿性粉剂；登记作物水稻移栽田、大豆田及马铃薯田，用于防治稗草、陌上菜、鸭舌草、异型莎草及一年生杂草等。德国拜耳作物科学公司在中国登记情况见表24。

表24 德国拜耳作物科学公司在中国登记情况

登记名称	登记证号	含量	剂型	登记作物	防治对象	用药量/(g/hm²)	施用方法
丙炔恶草酮	PD20070611	80%	可湿性粉剂	水稻移栽田	稗草	(1) 72（南方地区）	瓶甩法
					陌上菜	(2) 72～96（北方地区）	
					鸭舌草		
					异型莎草		
				马铃薯田	一年生杂草	180～216	土壤喷雾
丙炔恶草酮	PD20070056	96%	原药				

合成方法 以2,4-二氯苯酚为起始原料，经醚化、硝化、还原制得中间体取代的苯胺。再经

酰化，最后与光气合环即得目的物或者以噁草酮为原料。反应式为：

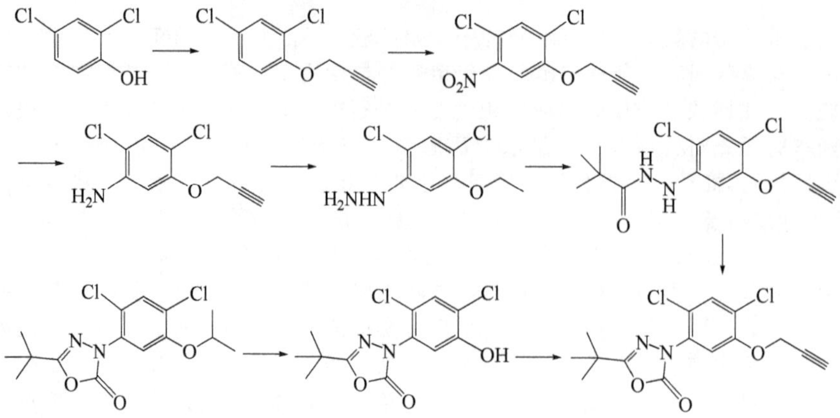

参考文献

[1] Proc Br Crop Prot Conf；Weed，1997，1：51.
[2] 李永忠等. 湖北化工，2001，5：39-40.

丙炔氟草胺 flumioxazin

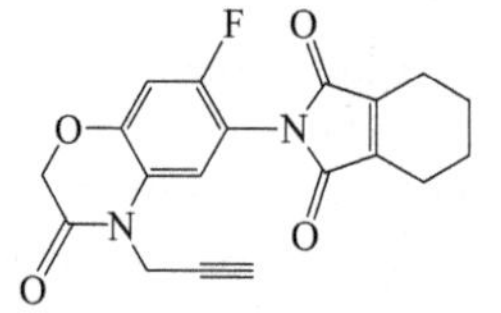

$C_{19}H_{15}FN_2O_4$，354.3，103361-09-7

丙炔氟草胺（flumioxazin），试验代号　S-53482、V-53482。商品名称　Clipper、Fierce、Sumisoya、Valtera。其他名称　Broadstar、Chateau、Digital、Flumyzin、Guillotine、Payload Herbicide、Pledge、Sumimax、Sureguard、Valor、Valor SX、Valor XLT、速收、司米梢芽，是由日本住友化学工业株式会社开发的环酰亚胺类除草剂。

化学名称　N-[7-氟-3,4-二氢-3-氧-4-丙炔-2-基-2H-1,4-苯并噁嗪-6-基]环己-1-烯-1,2-二酰亚胺。N-(7-fluoro-3,4-dihydro-3-oxo-4-prop-2-ynyl-2H-1,4-benzoxazin-6-yl)cyclohex-1-ene-1,2-dicarboxamide。

理化性质　纯品为黄棕色粉状固体，工业品纯度≥96%。熔点202～204℃，蒸气压3.2mPa（22℃），$K_{ow}lgP=2.55$（20℃）；Henry常数6.36×10^{-2}Pa·m³/mol，相对密度1.5136（20℃）。水中溶解度1.79mg/L（25℃），其他有机溶剂中溶解度（g/L，25℃）：丙酮17，乙腈32.3，乙酸乙酯17.8，二氯甲烷191，正己烷0.025，甲醇1.6，正辛醇0.16。水解DT_{50}3.4d（pH 5），1d（pH 7），0.01d（pH 9）。在正常情况下储存稳定。

毒性　大鼠急性经口$LD_{50}>5000$mg/kg，大鼠急性经皮$LD_{50}>2000$mg/kg。大鼠急性吸入LC_{50}（4h）>3.93g/m³ 空气。对兔眼睛有中等程度刺激性，对兔皮肤无刺激性，对豚鼠皮肤无致敏性。大鼠NOEL（mg/L）：（90d）30[2.2mg/(kg·d)]，（2y）50[1.8mg/(kg·d)]。ADI（EC）0.009mg/kg[2002]；（EPA）aRfD 0.03mg/kg，cRfD 0.02mg/kg[2001]。对Ames试验、染色体畸变试验及体内、体外UDS试验无致突变性。

生态效应　山齿鹑急性经口$LD_{50}>2250$mg/kg，饲喂LC_{50}（mg/kg）：山齿鹑>1870，野鸭>2130。鱼LC_{50}（96h，mg/L）：虹鳟鱼2.3，大翻车鱼>21，红鲈鱼>4.7。水蚤EC_{50}（48h）5.9mg/

L。藻类 $EC_{50}(\mu g/L)$：$(72h)$羊角月牙藻 1.2，$(120h)$舟形藻 1.5。其他水生生物 $LC_{50}/EC_{50}(mg/L)$：$(96h)$东方生蚝 2.8，咸水糠虾 0.23，膨胀浮萍 $EC_{50}(14d)0.35\mu g/L$。蜜蜂 $LD_{50}(\mu g/只)$：经口 >100，接触 >105。蚯蚓 $LC_{50}>982mg/kg$ 土。

环境行为

（1）动物　在动物体内广泛吸收，通过环己烯羟基化和酰亚胺链的断裂迅速代谢并排出体外。

（2）土壤/环境　土壤中光解 $DT_{50}3.2\sim8.4d$，对于有氧土壤，$DT_{50}15\sim27d$。丙炔氟草胺相对不稳定，在地下水中被萃取的可能性低，$K_{oc}1412(est.)$，K_d（3 种土壤）约 889。

制剂　50%可湿性粉剂。

主要生产商　Sumitomo Chemical。

作用机理　原卟啉原氧化酶抑制剂，是触杀型选择性除草剂。用丙炔氟草胺处理土壤表皮后，药剂被土壤粒子吸收，在土壤表面形成处理层，等到杂草发芽时，幼苗接触药剂处理层就枯死。茎叶处理时，可被植物的幼芽和叶片吸收，在植物体内进行传导，在敏感杂草叶面作用迅速，引起原卟啉积累，使细胞膜脂质过氧化作用增强，从而导致敏感杂草的细胞膜结构和细胞功能不可逆损害。阳光和氧是除草活性必不可少的。出现叶面枯斑症状后，杂草常常在 $24\sim48h$ 内由凋萎、白化到坏死及枯死。

应用

（1）适用作物与安全性　大豆、花生等。对大豆和花生安全。对后茬作物小麦、燕麦、大麦、高粱、玉米、向日葵等无不良影响。若在拱土期施药或播后苗前施药不混土或大豆幼苗期遇暴雨会造成触杀性药害，但仅是外伤，不向体内传导，短时间内可恢复正常生长；有时药害表现明显，但对产量影响甚小。

（2）防除对象　主要用于防除一年生阔叶杂草和部分禾本科杂草如鸭跖草、黄花稔、苍耳、苘麻、马齿苋、鼬瓣花、萹蓄、马唐、反枝苋、香薷、牛筋草、藜属杂草、蓼属杂草如柳叶刺蓼、酸模叶蓼、节蓼等。对稗草、狗尾草、金狗尾草、野燕麦及苣荬菜等亦有一定的抑制作用。丙炔氟草胺对杂草的防效取决于土壤湿度，若干旱施药，除草效果差。

（3）应用技术　绝对不允许苗后茎叶处理。①大豆播前或播后苗前施药。播后施药，最好在播种后随即施药，施药过晚会影响药效，在低温条件下，大豆拱土后施药对大豆幼苗有抑制作用。播后苗前施药如遇干旱，可灌水后再施药或施药后再灌水，也可用旋转锄浅混土，并及时镇压。起垄播种大豆施药后也可培土 2cm 左右，既可防止风蚀，又可防止降大雨造成药剂随雨滴溅到大豆叶上造成药害，获得稳定的药效。②土壤质地疏松、有机质含量低、低洼地水分好用低剂量。土壤黏重、有机质含量高、岗地水分少时用高剂量。

（4）使用方法　丙炔氟草胺对大豆和花生具有选择性播后苗前广谱除草剂，使用剂量为 $50\sim100g(a.i.)/hm^2$[亩用量为 $3.3\sim6.67g(a.i.)$]。在我国，大豆播种后出苗前，亩使用量为 $4\sim6g(a.i.)$，可有效地防除大多数杂草。若与其他除草剂（碱性除草剂除外）如乙草胺、异丙甲草胺、氟乐灵、灭草猛等混用，不仅可扩大杀草谱，而且具有显著的增效作用。推荐混用如下：

土壤有机质 3%以下，每亩用 50%丙炔氟草胺 $8\sim10g$ 加 72%异丙甲草胺或异丙草胺 $95\sim186mL$。土壤有机质 3%以上，每亩用 50%丙炔氟草胺 $10\sim12g$ 加 72%异丙甲草胺或异丙草胺 $140\sim200mL$。土壤有机质 6%以下，每亩用 50%丙炔氟草胺 $8\sim10g$ 加 90%乙草胺 $70\sim100mL$。土壤有机质 6%以上，每亩用 50%丙炔氟草胺 $10\sim12g$ 加 90%乙草胺 $105\sim145mL$；每亩用 50%丙炔氟草胺 $8\sim12g$ 加 48%氟乐灵 $100\sim133mL$ 或 88%灭草猛 $166\sim233mL$ 或 5%咪唑乙烟酸 $60\sim80mL$；每亩用 50%丙炔氟草胺 $4\sim6g$ 加 72%异丙甲草胺 $100\sim133mL$ 加 75%噻吩磺隆 $1g$ 或 48%异噁草酮 $50mL$ 或 90%乙草胺；每亩用 50%丙炔氟草胺 $4\sim6g$ 加 90%乙草胺 $105\sim145mL$ 加 75%噻吩磺隆 $1g$ 或 48%异噁草酮 $50mL$。

丙炔氟草胺秋施原理：丙炔氟草胺作为土壤处理剂，其持效期受挥发、光解、化学和微生物降解、淋溶以及土壤吸附等因素影响，主要降解因素是微生物活动。秋施丙炔氟草胺等于丙炔氟草胺室外储存，其降解是微小的。

秋施丙炔氟草胺优点如下：春季杂草萌发就能接触到除草剂，因此防除鸭跖草等难治杂草药效好。春季施药时期，大风时数长，占全年总量 45％ 左右，空气相对湿度低，药剂飘移损失大，对土壤保墒不利，秋施可避免这些问题。利用好麦收后到秋收前，和秋收到封冻前时间施药，可缓冲春季机械力量紧张局面，争取农时。可增加对大豆安全性，秋施丙炔氟草胺等除草剂对大豆安全性明显提高，保苗和产量高于春施。

秋施除草剂时间：气温降至 10℃ 以下到封冻之前。

秋施用药量：每亩用 50％ 丙炔氟草胺 8～12g 加 72％ 异丙甲草胺 167～200mL 或 72％ 异丙草胺 167～200mL 或 88％ 灭草猛 167～233mL 或 90％ 乙草胺 140～165mL。50％ 丙炔氟草胺每亩 8～12g 加 48％ 异噁草酮 50～60mL 加 72％ 异丙甲草胺 100～133mL 或 90％ 乙草胺 80～110mL 或 72％ 异丙草胺 100～133mL。每亩用 50％ 丙炔氟草胺 8～12g 加 75％ 噻吩磺隆 1～1.3g 加 72％ 异丙甲草胺 133～107mL 或 72％ 异丙草胺 167～233mL。每亩用 50％ 丙炔氟草胺 8～12g 加 90％ 乙草胺 115～145mL 加 75％ 噻吩磺隆 1～1.3g。

专利与登记 专利 US4640707 早已过专利期，不存在专利权问题。

国内登记情况：50％ 可湿性粉剂，99.2％ 原药。登记作物为花生、柑橘、大豆。防治对象为一年生阔叶杂草及禾本科杂草。日本住友公司在中国登记情况见表 25。

表 25 日本住友公司在中国登记情况

登记名称	登记证号	含量	剂型	登记作物	防治对象	用药量/(g/hm²)	施用方法
丙炔氟草胺	PD237-98	50％	可湿性粉剂	柑橘 大豆 花生 春大豆 夏大豆	一年生阔叶杂草及禾本科杂草	397.5～600 60～90 40～60 22.5～30 22.5～26.25	定向茎叶喷雾 播后苗前土壤处理 播后苗前土壤处理 苗后早期喷雾 苗后早期喷雾
丙炔氟草胺	PD257-98	99.2％	原药				

合成方法 合成通常按照如下几种方法合成：

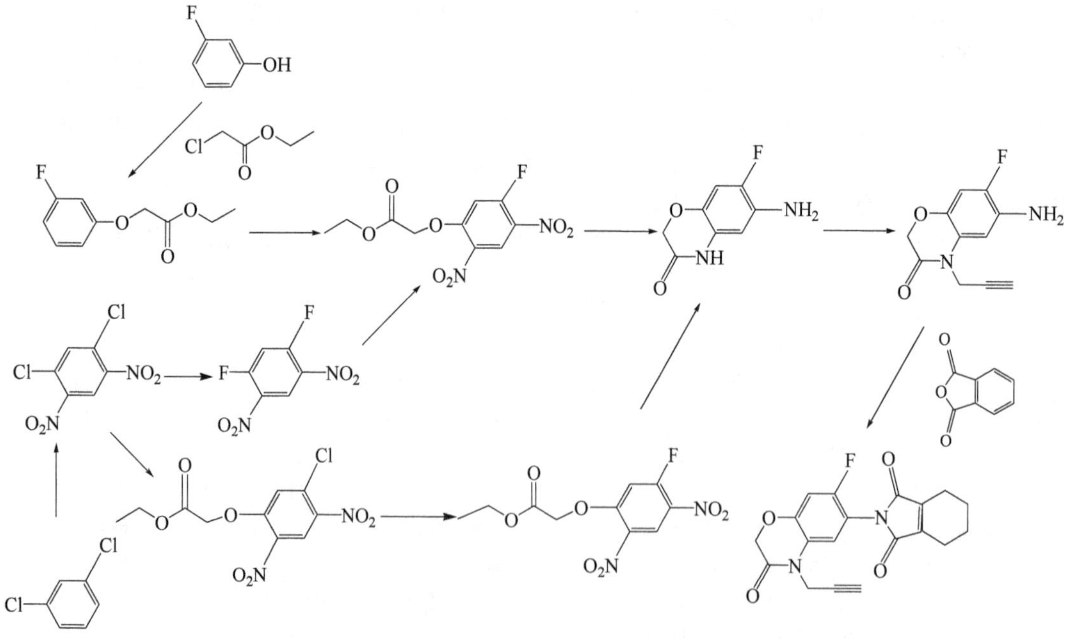

参考文献

[1] Proc Br Crop Prot Conf；Weed，1991，1：69.

[2] 张永斌等．世界农药，2003，4：48-49.

[3] 刘安昌等. 世界农药, 2011, 2: 27-29.

丙森锌 propineb

$$\left(\begin{array}{c} S-C \underset{\substack{\parallel \\ S}}{\overset{H}{\underset{}{N}}}-CH_2-C \underset{\substack{\parallel \\ S}}{\overset{S}{\underset{}{\parallel}}}-Zn \\ \underset{CH_3}{\overset{}{}} \end{array}\right)_x$$

$(C_5H_8N_2S_4Zn)_x$，289.8(单体)，9016-72-2，12071-83-9(单体)

丙森锌(propineb)，试验代号 Bayer46131、LH30/Z，商品名称 Cyconeb、Invento、Melody Duo、Positron Duo、Trivia。其他名称 Positron、Antracol、Enercol、Sporneb、Superpon、安泰生。是由 Bayer AG. 开发的二硫代氨基甲酸酯类杀菌剂。

化学名称 多亚丙基双(二硫代氨基甲酸)锌。polymeric zinc propylenebis(dithiocarbamate)。

理化性质 原药仅以稳定的混合物形式存在，纯品为略带特殊气味的白色粉末。熔点：150℃以上分解。蒸气压$<1.6\times10^{-7}$ mPa(20℃)。相对密度 1.831g/mL(23℃)。分配系数 K_{ow} $lgP=-0.26$(20℃)。Henry 常数 8×10^{-8} Pa·m³/mol。水中溶解度(20℃)<0.01g/L；有机溶剂中溶解度(g/L)：甲苯、正己烷、二氯甲烷均<0.1，N,N-二甲基甲酰胺、二甲基亚砜>200。稳定性：干燥条件下稳定，在潮湿、酸、碱性条件下分解，DT_{50}(22℃)：1d(pH 4 或 7)，2~5d(pH 9)。

毒性 大鼠急性经口 $LD_{50}>5000$mg/kg，兔急性经口 $LD_{50}>2500$mg/kg。大鼠急性经皮 $LD_{50}>5000$mg/kg，对兔眼睛与皮肤无刺激性。大鼠吸入 LC_{50}(4h)2420mg/L 空气。NOEL 值[2y,mg/(kg·d)]：大鼠 2.5，小鼠 106，狗 25。ADI(JMPR)0.007mg/kg，甲代亚乙基硫脲 0.0003mg/kg；(EC)0.007mg/kg[2003]。

生态效应 日本鹌鹑急性经口 $LD_{50}>5000$mg/kg。鱼 LC_{50}(96h,mg/L)：虹鳟鱼 0.4，金色圆腹雅罗鱼 133。水蚤 LC_{50}(48h)4.7mg/L。藻类 E_rC_{50}(96h)2.7mg/L。对蜜蜂无害，蜜蜂 LD_{50}(μg/只)：(接触)>164，(经口)>70(70%可湿性粉剂，70%水分散粒剂)。蚯蚓 LD_{50}(14d)>700μg/kg 干土(70%可湿性粉剂，70%水分散粒剂)。其他有益品种：田间试验表明，即使对于靶标作物，有益品种仍然可以生存，并在 4 周之内完全恢复。

环境行为

(1) 动物 丙森锌的代谢很迅速，48h 之内约 91%会以尿液和粪便的形式排出体外，7%以呼吸的形式排出。

(2) 植物 本品的残留物包括它的代谢物 PTU 主要存在于植物表面，只有一小部分的代谢物丙烯脲和 4-甲基咪唑啉被植物体吸收。考虑到 PTU 的毒性，将其定为本品的相关残留物。

(3) 土壤/环境 本品在土壤中降解很迅速。DT_{50}(有氧,20℃)为 3h，PTU 2.1d，丙烯脲 6.6d。

制剂 65%~75%可湿性粉剂，各种含量的粉剂等。

主要生产商 Bayer CropScience 及利民化工股份有限公司等。

作用机理与特点 丙森锌是一种速效、长残留、广谱的保护性杀菌剂。其杀菌机制不固定，作用部位多，主要抑制病原菌体内丙酮酸的氧化。

应用

(1) 适宜作物 苹果、马铃薯、水稻、番茄、白菜、黄瓜、葡萄、芒果、梨、茶、啤酒花和烟草等。在推荐剂量下对作物安全。

(2) 防治对象 丙森锌对蔬菜、葡萄、烟草和啤酒花等作物的霜霉病以及番茄和马铃薯的早、晚疫病均有优良的保护性作用，并且对白粉病、锈病和葡萄孢属的病害也有一定的抑制作用。如苹果斑点落叶病、白菜霜霉病、黄瓜霜霉病、葡萄霜霉病、番茄早疫病和晚疫病、马铃薯早疫病和晚疫病、芒果炭疽病、烟草赤星病。

（3）应用技术　因丙森锌是保护性杀菌剂，故必须在病害发生前或始发期喷药。不可与铜制剂和碱性药剂混用。若喷了铜制剂或碱性药剂，需1周后再使用丙森锌。

（4）使用方法　主要用作茎叶处理。

① 防治黄瓜霜霉病。在露地黄瓜定植后，平均气温上升到15℃，相对湿度80％以上，早晚大量结雾时准备喷药，特别在雨后要喷药1次，发现病叶后要立即摘除并喷药，以后每隔5～7d喷药1次，共需喷药3次。每亩用70％可湿性粉剂150～215g或500～700倍液（每100L水加70％丙森锌142～200g）加水喷雾。

② 防治大白菜霜霉病。在发病初期或发现中心病株时喷药保护，特别在北方大白菜霜霉病流行阶段的两个高峰前，即9月中旬和10月上旬必须喷药防治。每亩用70％可湿性粉剂150～215g或2250～3225g/hm^{2}加水喷雾。每间隔5～7d喷药1次，连喷3次。

③ 防治番茄早疫病。因为番茄早疫病多在结果初期开始发生，所以在发病前施药预防最为重要。每亩用70％可湿性粉剂125～187.5g或400～600倍液（每100L水加70％丙森锌166.7～250g），兑水喷雾，每隔5～7d喷药1次，连喷3次。

④ 防治番茄晚疫病。在发现中心病株时应立即普遍防治。喷药前先摘除病株，每亩用70％可湿性粉剂150～215g，或500～700倍液（每100L水加70％丙森锌142～200g）喷雾，每隔5～7d喷药1次，连喷3次。

⑤ 防治葡萄霜霉病。发病初期喷药防治，用70％丙森锌可湿性粉剂500～700倍液喷雾，间隔7d喷药1次，连喷3次。

⑥ 防治芒果炭疽病。在芒果开花期，雨水较多易发病时施药（如果果实生长期雨水多，则可在收果前1个月再喷药1～2次）。用70％丙森锌可湿性粉剂500倍液或每100L水加70％丙森锌200g喷雾。间隔10d喷药1次，共喷药4次，不仅可以提高坐果率及产量，还可有效抑制芒果炭疽病的发生，提高果品品质。

⑦ 防治苹果斑点落叶病。由于苹果斑点落叶病容易侵染苹果嫩叶，因此在苹果春梢或秋梢始发病时，用70％丙森锌可湿性粉剂600～700倍液或每100L水加70％丙森锌143～166.7g喷雾，之后每隔7～8d喷药1次，连喷3～4次（秋季喷2次）。

⑧ 防治烟草赤星病。在发病初期用药，每亩用70％丙森锌可湿性粉剂91～130g或用500～700倍液喷雾，间隔10d喷药1次，连喷3次。

专利与登记　专利BE611960、GB00935981均已过专利期，不存在专利权问题。

国内登记情况：30％、50％、70％、80％可湿性粉剂，70％水分粒剂，80％原药等，登记作物有黄瓜、番茄、苹果等，用于防治霜霉病、早疫病、晚疫病、斑点落叶病等。拜耳作物科学有限公司在中国登记情况见表26。

表26　拜耳作物科学有限公司在中国登记情况

登记名称	登记证号	含量	剂型	登记作物	防治对象	用药量	施用方法
丙森·缬霉威	PD20050200	70％	可湿性粉剂	黄瓜	霜霉病	1002～1336g/hm^2	喷雾
				葡萄	霜霉病	668～954mg/kg	
丙森锌	PD20050193	80％	母粉				
丙森锌	PD20050192	70％	可湿性粉剂	柑橘树	炭疽病	875～1167mg/kg	喷雾
				番茄	晚疫病	1575～2250g/hm^2	
				番茄	早疫病	1312.5～1968.75g/hm^2	
				黄瓜	霜霉病	1575～2250g/hm^2	
				大白菜	霜霉病	1575～2250g/hm^2	
				葡萄	霜霉病	400～600倍液	
				苹果树	斑点落叶病	1000～1167mg/kg	
				马铃薯	早疫病	1575～2100g/hm^2	
				西瓜	疫病	1575～2100g/hm^2	

合成方法 由 1,2-丙基二胺与二硫化碳在 NaOH 存在下反应，生成物再加硝酸锌即制得丙森锌。

参考文献

[1] The Pesticide Manual. 15th edition：954-955.
[2] 薛超. 安徽化工，2004，2：43-44.

丙溴磷 profenofos

$C_{11}H_{15}BrClO_3PS$，373.6，41198-08-7

丙溴磷（profenofos），试验代号 CGA15324、OMS2004，商品名称 Ajanta、Curacron、Mardo、Profex、Progress、Selecron、Soldier。其他名称 布飞松、菜乐康、多虫清、多虫磷。F. Buholzer 报道其活性，由 Ciba-Geigy AG（现属 Syngenta AG）开发的有机磷类杀虫剂。

化学名称 O-4-溴-2-氯苯基-O-乙基-S-丙基硫代磷酸酯。O-4-bromo-2-chlorophenyl-O-ethyl-S-propyl phosphorothioate。

理化性质 工业品纯度≥89%，淡黄色液体，具有大蒜气味，熔点−76℃，沸点100℃（1.80Pa）。蒸气压 $1.24×10^{-1}$ mPa（25℃）（OECD 104）。相对密度 1.455（20℃）（OECD 109）。$K_{ow}lgP=4.44$（OECD 107）。Henry 常数 $2.8×10^{-3}$ Pa·m³/mol（计算）。水中溶解度（25℃）28mg/L；易溶于大多数有机溶剂。稳定性：在中性、弱酸性介质中稳定，在碱性条件下分解，DT_{50}（计算，20℃）：93d（pH 5）、14.6d（pH 7）、5.7h（pH 9）。pK_a 无具体值，在 0.6 到 12 之间。闪点 124℃（EEC A9）。

毒性 急性经口 LD_{50}（mg/kg）：大鼠 358，兔 700。急性经皮 LD_{50}（mg/kg）：大鼠约 3300，兔 472。本品对兔眼睛和皮肤中度刺激。大鼠吸入 LC_{50}（4h）约 3mg/L 空气。NOEL：（6个月）狗 2.9mg/kg（JMPR），0.005mg/kg（EPARED）；（2y）大鼠 5.7mg（a.i.）/kg 饲料（JMPR）；（生命周期研究）小鼠 4.5mg/kg 饲料（JMPR）。ADI：（JMPR）0.03mg/kg[2007]；（BfR）0.005mg/kg[2001]；（EPA）aRfD 0.005mg/kg，cRfD 0.00005mg/kg[2006]。

生态效应 鸟类 LC_{50}（8d,mg/L）：山齿鹑 70~200，日本鹌鹑>1000，野鸭 150~612。鱼类 LC_{50}（96h,mg/L）：大翻车鱼 0.3，鲫鱼 0.09，虹鳟鱼 0.08。水蚤 EC_{50}（48h）1.06μg/L。羊角月牙藻 EC_{50}（72h）1.16mg/L。本品对蜜蜂有剧毒，蜜蜂 LD_{50}（48h）0.102μg/只（触杀）。软壳蟹 LC_{50} 33μg/L。蚯蚓 LC_{50}（14d）372mg/kg 土。

环境行为 经口进入大鼠体内的本品能快速的以^{14}C-丙溴磷的形式排出，主要的代谢途径是脱烷基化作用和水解作用，然后结合。在棉花、甘蓝、莴苣中，本品被快速吸收和代谢。土壤中的半衰期（实验室和田间）约 1 周。

制剂 400g/L、500g/L、720g/L 乳油，20%增效乳油，250g/L 超低容量喷雾剂，3%、5%颗粒剂。

主要生产商 Agrochem、Aimco、Bharat、Coromandel、Excel Crop Care、Excel Crop Care、Meghmani、Nagarjuna Agrichem、Sharda、鹤岗市禾友农药有限责任公司、江苏宝灵化工股份有限公司、先正达、浙江巨化股份有限公司、浙江永农化工有限公司及一帆生物科技集团有限公司等。

作用机理与特点 胆碱酯酶抑制剂。具有触杀和胃毒作用的广谱、非内吸性杀虫和杀螨剂，具有速效性，在植物叶上有较好的渗透性，同时具有杀卵性能。

应用

(1) 适用作物　棉花、玉米、甜菜、大豆、土豆、烟草、水稻、蔬菜、小麦等。

(2) 防治对象　刺吸式和咀嚼式害虫和螨类，棉蚜、红蜘蛛、棉铃虫、稻飞虱、稻纵卷叶螟、稻蓟马和麦蚜等。

(3) 残留量与安全施药　为了安全、减少残留，在棉花上的安全间隔期为 $5\sim12d$，本品在果园不宜使用，该药对苜蓿和高粱有药害。

(4) 使用方法　使用剂量：刺吸式害虫和螨类为 $250\sim500g(a.i.)/hm^2$，咀嚼式害虫为 $400\sim1200g(a.i.)/hm^2$。

水稻　①稻飞虱：在水稻分蘖末期或圆秆期，若平均每丛稻(指每公顷有稻丛 60 万)有虫 1 头以上，用 50%乳油 $1125\sim1500mL/hm^2$，兑水 1125kg 喷雾；②稻纵卷叶螟：在幼虫 $1\sim2$ 龄高峰期，用 50%乳油 $1125mL/hm^2$，兑水 1500kg 喷雾，一般年份用药一次，大发生年份用药 $1\sim2$ 次，并适当提早第一次施药时间；③稻蓟马：在若虫卵孵盛期，用 50%乳油 $750mL/hm^2$，兑水 1125kg 喷雾。

棉花　①棉蚜：防治苗蚜用 50%乳油 $300\sim450mL/hm^2$，兑水 $750\sim1125kg$ 叶背喷雾；防治伏蚜每次用 50%乳油 $750\sim900mL/hm^2$，兑水 1500kg 叶背均匀喷雾；②棉红蜘蛛：在棉花苗期，根据红蜘蛛发生情况，用 50%乳油 $600\sim900mL/hm^2$，兑水 1125kg 均匀喷雾；③棉铃虫(俗称青虫、钻桃虫)：在黄河流域棉区，$2\sim3$ 代棉铃虫发生时，如百株卵量骤然上升，超过 15 粒，或百株幼虫达到 5 头时，用 50%乳油 $2L/hm^2$，兑水 1500kg 喷雾。

小麦　在麦田齐苗后，有蚜株率 5%，百株蚜量 10 头左右，冬季返青拔节前，有蚜株率 20%，百株蚜量 5 头以上，每次用 50%乳油 $375\sim560mL/hm^2$，兑水 75kg 喷雾。

园艺作物　用 40%乳油 $750\sim1500mL/hm^2$，兑水 1000 倍喷雾，可防治小菜蛾及菜青虫；40%乳油 1000 倍，兑水喷雾，可防治苹果绣线菊蚜。

专利与登记　专利 BE789937、GB1417116 均早已过专利期，不存在专利权问题。

国内登记情况：85%、89%、90%、94%原药，10%颗粒剂，20%、40%、50%乳油等，登记作物为甘蓝、水稻和棉花等，防治对象为棉铃虫、小菜蛾和稻纵卷叶螟等。先正达(苏州)作物保护有限公司在中国登记情况见表 27。

表 27　先正达(苏州)作物保护有限公司在中国登记情况

登记名称	登记证号	含量	剂型	登记作物	防治对象	用药量/(g/hm²)	施用方法
氯氰·丙溴磷	LS20080933	丙溴磷 400g/L 氯氰菊酯 40g/L	乳油	棉花 棉花	棉铃虫 蚜虫	561～660 297～396	喷雾
丙溴磷	LS20070176	500g/L	乳油	棉花 水稻	棉铃虫 稻纵卷叶螟	750～900 750～900	

合成方法　经如下反应制得丙溴磷：

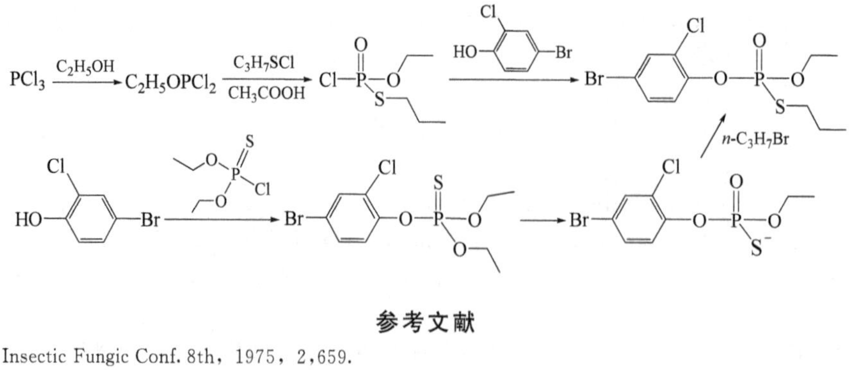

参考文献

[1] Proc Br Insectic Fungic Conf. 8th, 1975，2，659.

[2] 郑志明. 农药快讯，2001，14：9-10.

[3] 刘益民. 化工设计通讯，1999，2：38-39.

丙酯草醚 pyribambenz-propyl

C$_{23}$H$_{25}$N$_3$O$_5$，423.5，420138-40-5

丙酯草醚(pyribambenz-propyl)，是中国科学院上海有机化学研究所和浙江化工科技集团有限公司合作开发的一类具有全新结构和很高除草活性的除草剂品种，于 2000 年发现，2014 年获农业部农药正式登记。

化学名称　4-[2-[4,6-二甲氧基嘧啶-2-氧基)苄氨基]苯甲酸]正丙酯，propyl4-[2-[(4,6-dime-thoxy-2-pyrimidinyl)oxy]benzylamino]benzoate。

理化性质　白色至米黄色粉末固体，熔点(96.9±0.5)℃，沸点 279.3℃（分解温度），310.4℃（最快分解温度）。易溶于丙酮、乙醇、二甲苯等有机溶剂，难溶于水，对光和热稳定，在一定的酸碱条件下会逐渐分解。

毒性　原药大鼠急性经口 LD$_{50}$4640mg/kg，急性经皮 LD$_{50}$2150mg/kg。对兔眼、皮肤均无刺激，皮肤为弱致敏性，无三致。大鼠 13 周亚慢性饲喂试验最大无作用剂量[mg/(kg·d)]：雄性 417.82，雌性 76.55。10%丙酯草醚乳油大鼠急性经口 LD$_{50}$＞5000mg/kg，急性经皮 LD$_{50}$＞2000mg/kg。对兔眼中度刺激，对兔皮肤无刺激性，皮肤为弱致敏性。

生态效应　10%丙酯草醚乳油桑蚕 LC$_{50}$＞10000mg/L，鹌鹑 LD$_{50}$＞5000mg/kg，斑马鱼 LC$_{50}$(96h) 22.23mg/L，蜜蜂毒性 LD$_{50}$＞200μg/只。10%丙酯草醚悬浮剂桑蚕毒性 LC$_{50}$＞10000mg/L，鹌鹑 LD$_{50}$＞5000mg/kg，斑马鱼 LC$_{50}$(96h) 84.26mg/L，蜜蜂毒性 LD$_{50}$＞200μg/只。

制剂　10%悬浮剂，10%乳油。

主要生产商　山东侨昌化学有限公司，山东侨昌现代农业有限公司。

作用机理与特点　乙酰乳酸合成酶(ALS)抑制剂。由根、芽、茎、叶吸收并在植物体内传导，以根、茎吸收和向上传导为主。

应用　主要用于油菜田，可防除一年生禾本科杂草和部分阔叶杂草，如看麦娘、碎米草、繁缕等。在冬油菜移栽缓苗后，看麦娘 2 叶 1 心期兑水 600～750L/hm² 茎叶喷雾，对看麦娘、日本看麦娘、棒头草、繁缕、雀舌草等有较好的防效，但对大巢菜、野老鹳草、稻搓菜、泥糊菜、猪殃殃、婆婆纳等防效差。丙酯草醚活性发挥相对较慢，药后 10d 杂草开始表现受害症状，药后 20d 杂草出现明显药害症状。该药对甘蓝型油菜较安全，在商品用量 900mL/hm² 以上时，对油菜生长前期有一定的抑制作用，但很快能恢复正常，对产量无明显不良影响。温室试验表明：在商品量 375～4500mL/hm² 剂量范围内，对作物幼苗的安全性为：棉花＞油菜＞小麦＞大豆＞玉米＞水稻。10%丙酯草醚乳油对 4 叶以上的油菜安全。在阔叶杂草较多的田块，该药需与防阔叶杂草的除草剂混用或搭配使用，才能取得好的防效。

专利与登记

专利名称　2-嘧啶氧基苄基取代苯基胺类衍生物

专利号　CN1348690　专利申请日　2000-10-16

专利拥有者　浙江省化工研究院；中国科学院上海有机化学研究所

目前山东侨昌现代农业有限公司在国内登记了原药及其 10％乳油，可用于防治冬油菜（移栽田）一年生杂草（60～75g/hm²）和一年生禾本科杂草及部分阔叶杂草（45～67.5g/hm²）。

合成方法　经如下反应制得丙酯草醚：

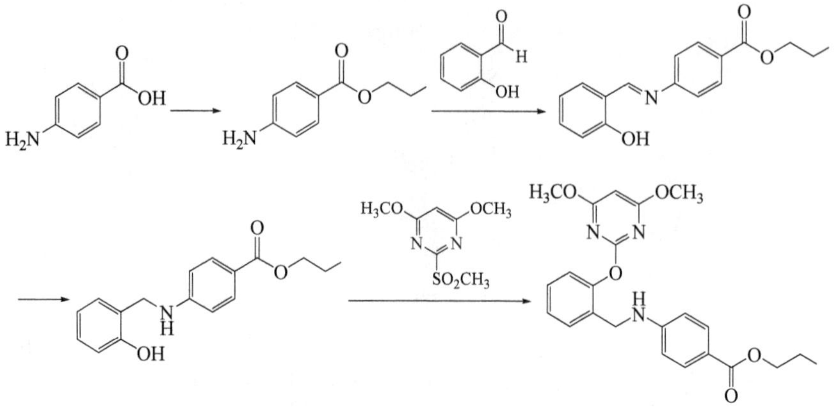

参考文献

[1] 唐庆红等. 农药，2005，44(11)：496-502.

丙氧喹啉 proquinazid

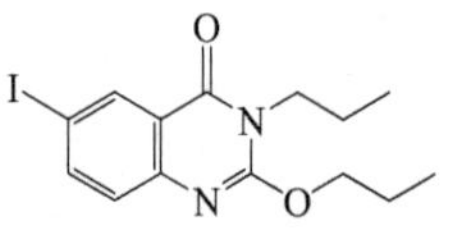

$C_{14}H_{17}IN_2O_2$，372.2，189278-12-4

丙氧喹啉（proquinazid），试验代号　DPX-KQ926、IN-KQ926，商品名称　Talendo、Talius，是由杜邦公司研制的杀菌剂。

化学名称　6-碘-2-丙氧基-3-丙基喹唑啉-4（3H）-酮。6-iodo-2-propoxy-3-propylquinazolin-4（3H）-one。

理化性质　工业品含量＞95％，纯品为白色结晶状固体，熔点 61.5～62℃，蒸气压 9×10⁻² mPa(25℃)，K_{ow}lg$P$=5.5，Henry 常数 3×10⁻² Pa·m³/mol，相对密度 1.57(20℃)。水中溶解度 0.93mg/L(pH 7,25℃)。有机溶剂中溶解度(25℃,g/L)：丙酮、二氯甲烷、DMF、乙酸乙酯、正己烷、正辛醇、邻二甲苯中均＞250(g/kg,25℃)，乙腈 154、甲醇 136。稳定性：pH 为 4、7 和 9，水解稳定(20℃)。pH 2.4～11.6 之间不分解。

毒性　雄大鼠急性经口 LD₅₀＞5000mg/kg。大鼠急性经皮 LD₅₀＞5000mg/kg，对兔皮肤和眼睛无刺激。对豚鼠皮肤无致敏性。大鼠吸入 LC₅₀(4h)＞5.2mg/L。大鼠 NOAEL(2y)1.2mg/kg。ADI(BfR)0.01mg/kg。

生态效应　山齿鹑急性经口 LD₅₀＞2250mg/kg，山齿鹑和野鸭饲喂 LC₅₀(5d)＞5620mg/L。鱼类 LC₅₀(96h,mg/L)：虹鳟鱼 0.349，大翻车鱼 0.454，鲈鱼＞0.58。水蚤 EC₅₀(48h)0.287mg/L。羊角月牙藻 EC₅₀(72h)＞0.615mg/L。其他水生生物 LC₅₀(96h,mg/L)：东部牡蛎 0.219、糠虾 0.11。浮萍 E_bC_{50}(14d)＞0.2mg/L。蜜蜂 LD₅₀(72h,μg/只)：经口 125，接触 197。蚯蚓 LC₅₀(14d)＞1000mg/kg 土壤。

环境行为

（1）动物　动物体内通过单和二羟基化作用并进一步氧化为羧酸而迅速代谢，这些反应主要发生在丙基和丙氧基侧链上。其他代谢模式包括 *O*-和 *N*-脱烷基化和共轭（硫酸盐和葡萄糖醛酸）反应。在大鼠中，大多数（>90%）的给药剂量在 48h 内排出体外。

（2）植物　在小麦中，它通过烷基侧链代谢的氧化和共轭进行代谢。丙氧喹啉是葡萄浆果的主要成分（35%～39%），以及脱卤化和 *O*-脱烷基化反应产生的少量代谢产物。丙氧喹啉被广泛地代谢并融入天然植物（葡萄和小麦）中。

（3）土壤/环境　土壤 DT_{50} 40～345d（4 种土壤，20℃），DT_{90} 131～1150d（20℃）。在无菌的缓冲溶液中，pH 为 4、7、9 时稳定。在天然的水-沉积物系统中，DT_{50} 0.2d，DT_{90} 2d（pH 均为 7.2～7.5，20℃）。通过脱碘化和 2-丙氧基丙基化进行代谢，两种情况下，进一步代谢均生成脱碘喹唑啉酮。土壤光解 DT_{50} 16d。K_{oc} 9091～160769mL/g（平均 120870mL/g）。

主要生产商　Du Pont。

作用机理与特点　丙氧喹啉的作用位点影响感染过程的附着胞诱导阶段的信号传递通道。

应用　主要用于防治谷类和葡萄白粉病等病害，用量 50～75g/hm²。

专利概况

专利名称　Preparation of agrochemical fungicidal fused bicyclic pyrimidinones

专利号　WO9426722　　专利申请日　1994-05-10

专利拥有者　E. I. Du Pont de Nemours & Co.，USA

合成方法　以 2-氨基-5-碘苯甲酸乙酯为原料，首先与丙基硫代异氰酸酯反应，后环合，再氯化，最后与丙醇钠反应即制得目的物。反应式如下：

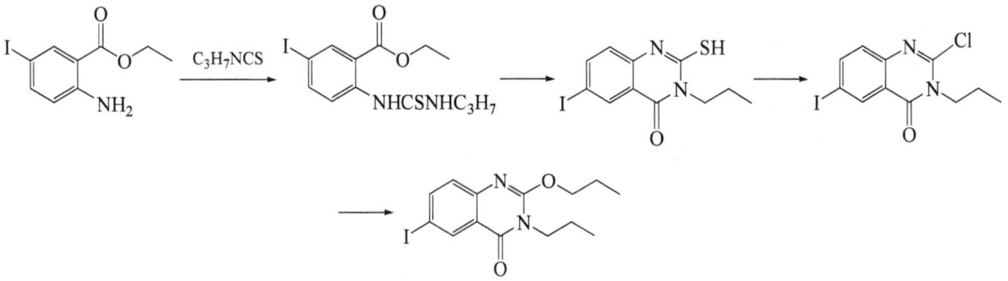

参考文献

[1]　The Pesticide Manual. 15th edition：961-962.

波尔多液 bordeaux mixture

$$3Ca(OH)_2 \cdot 4CuSO_4 \cdot nH_2O(n=1\sim6)$$
$$Ca_3Cu_4H_6O_{22}S_4（干燥成分），860.7(+18n,n=1\sim6)，8011-63-0$$

波尔多液（bordeaux mixture），**商品名称**　Bordeaux Caffaro、Bordocop、Caldo Bordelés、Caldo Lainco、Poltiglia Bordelese Comac、Poltiglia Manica、Z-Bordeaux。**其他名称**　Basic Copper 53、Blue Bordeaux、Bordagro、Bordelesa、Bordo 20、Bordomix、Bordovit、Bouillie Bordelaise Vallés、Cuprofix、Eqal、Flo-Bordo、Fytosan、Idrorame、KOP 300、Novofix、Poltiglia Disperss、Poltiglia Disperss、Polvere tipo Bordolese、Q Bordeles、Sulcox Bordeaux、Wetcol、Bordo mixture，是一种无机杀菌剂。

化学名称　硫酸铜-石灰混合液。mixture, with or without stabilising agents, of calcium hydroxide and copper(Ⅱ)sulfate.

理化性质　外观为亮绿色细小的不能自由流动的混合物。110～190℃分解，相对密度3.12（20℃）。水中溶解度2.20×10^{-3} g/L(pH 6.8,20℃)；其他溶剂中溶解度(mg/L)：甲苯<9.6，二氯甲烷<8.8，正己烷<9.8，乙酸乙酯<8.4，甲醇<9.0，丙酮<8.8。稳定性：Cu^{2+}作为一个单独的原子，不能转移到溶液中。相关的代谢产物不同于传统有机农药传统代谢方式。

毒性　大鼠急性经口LD_{50}>2302mg/kg。大鼠急性经皮LD_{50}>2000mg/kg。对皮肤无刺激性。大鼠吸入LC_{50}(4h,mg/L)：雄性3.98，雌性4.88。NOEL 16～17mg Cu/(kg·d)。ADI(JECFA评估)0.5mg/kg[1982]，(WHO)0.5mg/kg[1998]，(EC)0.15mg Cu/kg[2007]。

生态效应　山齿鹑急性经口LD_{50}616mg Cu/kg，山齿鹑饲喂LC_{50}(8d)>1369mg Cu/kg饲料。虹鳟鱼LC_{50}(96h)>21.39mg Cu/L。水蚤EC_{50}(48h)1.87mg Cu/(kg·d)。藻E_bC_{50}0.011mg Cu/(kg·d)，E_rC_{50}0.041mg Cu/(kg·d)。蜜蜂LD_{50}(μg Cu/只)：经口23.3，接触25.2。蚯蚓LC_{50}(14d)>195.5mg Cu/kg土壤。

环境行为

(1) 动物　铜对动物来说是一个必不可少的元素，在哺乳动物中稳定存在。

(2) 植物　铜是必需的元素，并在植物中稳定存在。

(3) 土壤/环境　铜是一种化学元素，因此不能被降解或转化相关的代谢物。在土壤中，因其与土壤强烈吸附而广泛存在，因此也就限制了土壤溶液中的游离铜离子的量，从而限制生物利用度。游离铜离子的量主要由pH值和溶解的有机碳在土壤中的量控制。在酸性土壤中，铜离子比在中性或碱性pH值条件下有更大的浓度。铜一般不会在渗透区析出。在水中，铜不会发生水解和光解，而是迅速与矿物颗粒结合，形成不溶的无机盐或有机物的沉淀。在空气中铜是不存在的，因为铜在环境温度下是没有挥发性的。

制剂　悬浮剂、可湿性粉剂。

主要生产商　Cerexagri、IQV、Isagro、Manica、Nufarm SAS、Sulcosa及Tomono等。

作用机理与特点　经喷洒后以微粒状附着在作物表面和病菌表面，经空气、水分、二氧化碳及作物、病菌分泌物等因素的作用，逐渐释放出铜离子，被萌发的孢子吸收，当达到一定浓度时，就可以杀死孢子细胞，从而起到杀菌作用；但此作用仅限于阻止孢子萌发，也即仅有保护作用。

应用

(1) 适宜作物　马铃薯、蔬菜、小麦、葡萄、苹果、梨、棉花、辣椒、油菜、豌豆、水稻等。

(2) 防治对象　用于防治大豆霜霉病、炭疽病、黑痘病，柑橘疮痂病、溃疡病、黑点病和炭疽病，水稻稻瘟病、稻胡麻叶斑病、稻纹枯病、稻白叶枯病、稻条叶枯病，小麦雪腐病，苹果黑点病、褐斑病、赤星病，梨黑斑病、黑星病和赤星病，瓜类炭疽病、霜霉病、黑星病和蔓枯病，番茄褐纹病、炭疽病、疫病、轮纹病、斑点病，棉疫病，葡萄晚疫病、黑痘病、霜霉病和褐斑病，柿炭疽病、黑星病、角斑落叶病和圆星落叶病，萝卜霜霉病、黑腐病、炭疽病、黑斑病，甘蓝霜霉病，葱、洋葱霜霉病和锈病，菜豆角斑病、炭疽病、锈病，蚕豆轮纹病、赤色斑点病，茶树白星病、赤叶枯病、茶饼病和炭疽病，核桃树白霜叶枯病、炭疽病，烟草低头黑、炭疽病，杉赤枯病、灰霉病，唐松灰霉病，椴松灰霉病等。

(3) 使用方法　一般在大田作物上用水50kg，果树上用水80kg，蔬菜上用水120kg。

① 防治棉花角斑病、茎枯病、炭疽病、轮斑病、疫病、茄褐纹病、辣椒炭疽病、柑橘溃疡病，可喷0.5%等量式波尔多液。

② 防治苹果炭疽病、轮纹病、早期落叶病、梨黑星病等，用0.5%等量式波尔多液喷雾。

③ 防治油菜、豌豆等霜霉病，喷0.5%倍量式波尔多液。

④ 防治花生叶斑病，甜菜褐斑病，喷1%等量式波尔多液。

⑤ 防治葡萄黑痘病、炭疽病、瓜类炭疽病，用0.5%半量式波尔多液喷雾。

⑥ 防治马铃薯晚疫病，用5%等量式或1%半量式波尔多液喷雾。

登记情况 国内登记情况：78%、85%可湿性粉剂。登记作物为番茄、黄瓜、柑橘、葡萄、苹果等，防治对象为炭疽病、溃疡病、霜霉病、轮纹病等。国外公司在国内的登记情况见表28、表29。

表28 经商实惠工业株式会社在中国登记情况

登记名称	登记证号	含量	剂型	登记作物	防治对象	用药量	施用方法
波尔多液	LS20110074	28%	悬浮剂	柑橘	溃疡病	1873～2810mg/kg	喷雾

表29 美国仙农有限公司在中国登记情况

登记名称	登记证号	含量	剂型	登记作物	防治对象	用药量	施用方法
波尔多液	PD20081044	80%	可湿性粉剂	辣椒	炭疽病	1600～2667mg/kg	喷雾
				柑橘	溃疡病	1333～2000mg/kg	
				葡萄	霜霉病	2000～2667mg/kg	
				苹果树	轮纹病	1600～2667mg/kg	
波尔·锰锌	PD20086361	78%	可湿性粉剂	番茄	早疫病	1638～1989g/hm²	喷雾
				黄瓜	霜霉病	1989～2698g/hm²	
				柑橘	溃疡病	1560～1950mg/kg	
				葡萄	白腐病	1300～1560mg/kg	
				葡萄	霜霉病	1300～1560mg/kg	
				苹果	斑点落叶病	1300～1950mg/kg	
				苹果	轮纹病	1300～1560mg/kg	

合成方法 可通过如下反应表示的方法制得目的物：

$$4CuSO_4 \cdot 5H_2O + 3Ca(OH)_2 \longrightarrow [Cu(OH)_2]_3 \cdot CuSO_4 + 3CaSO_4 + 5H_2O$$

残杀威 propoxur

$C_{11}H_{15}NO_3$，209.2，114-26-1

残杀威(propoxur)，试验代号 Bayer 39007、BOQ5812315、OMS33、ENT25671。商品名称 Baygon、Bingo、Insectape、Kerux、Mitoxur、No-Bay、Sunsindo、Vector、Blattanex、Larva Lur、Pilargon、Prenbay、Propoxan、Propyon、Prygon、安丹、拜高。其他名称 残虫畏、残杀畏。是由 Bayer AG 开发的氨基甲酸酯类杀虫剂。

化学名称 2-异丙氧基苯基甲基氨基甲酸酯。2-isopropoxyphenyl methylcarbamate。

理化性质 本品为无色结晶（工业品为白色至有色膏状晶体），熔点90℃（晶型Ⅰ）、87.5℃（晶型Ⅱ，不稳定）。沸点蒸馏时分解。蒸气压：1.3mPa(20℃)，2.8mPa(25℃)。相对密度(20℃)1.17。$K_{ow}\lg P = 1.56$。Henry 常数 1.5×10^{-4} Pa·m³/mol(20℃)。水中溶解度(20℃)1.75g/L。溶于大多数有机溶剂，溶解度(20℃,g/L)：异丙醇>200、甲苯94、正己烷1.3。在水中当 pH 7 时稳定，强碱性水解，DT_{50}(22℃)：1y(pH 4)、93d(pH 7)、30h(pH 9)。DT_{50}(20℃)40min(pH 10)。光解 DT_{50}5～10d，加入腐植酸后会加速光解，DT_{50}88h。

毒性 雌、雄大鼠急性经口 LD_{50} 约为 50mg/kg，大鼠急性经皮 LD_{50}(24h)>5000mg/kg，对

皮肤无刺激，对兔的眼睛轻微刺激。大鼠吸入 LC_{50}(4h)：＞0.5mg/L(气雾剂)，0.654mg/L 空气(粉剂)。NOEL(mg/kg 饲料)：(2y)大鼠 200，小鼠 500，狗(1y)200。ADI：(JMPR)0.02mg/kg[1989]，(EPA)cRfD 0.005mg/kg[1997]。

生态效应　鸟饲喂 LC_{50}(5d,mg/kg 饲料)：山齿鹑 2828，野鸭＞5000。鱼毒 LC_{50}(96h,mg/L)：大翻车鱼 6.2～6.6，虹鳟鱼 3.7～13.6，金色圆腹雅罗鱼 12.4。水蚤 LC_{50}(48h)0.15mg/L。对蜜蜂高毒。

环境行为

(1) 动物　在鼠体内主要的代谢产物为 2-羟基-N-氨基甲酸甲酯和 2-异丙氧基苯酚，微量的产谢产物包括 5-羟基残杀威和 N-羟甲基残杀威。消除速度很快，96％随尿液排出。

(2) 植物　主要代谢产物为脱甲基残杀威(最大量为 2.7％～3.6％)。

(3) 土壤/环境　残杀威在土壤中运动速度相对较快，在各种土壤中降解速度很快。

制剂　8％可湿性粉剂，20％、200g/L 乳油。

主要生产商　Crystal、Dow AgroSciences、Kuo Ching、Pilarquim、Sharda、Sundat、Taiwan Tainan Giant、湖北沙隆达股份有限公司、湖南海利化工股份有限公司及宁波保税区汇力化工有限公司等。

作用机理与特点　非内吸性杀虫剂，具有触杀和胃毒作用。快速击倒，持效期长。在进入动物体内后，能抑制胆碱酯酶的活性。

应用

(1) 适用作物　果树、蔬菜、水稻、玉米、大豆、棉花、甜菜、可可等。

(2) 防治对象　蟑螂、蚊、蝇、蚁、蚤、虱和臭虫、水稻飞虱、叶蝉等。

(3) 使用方法　使用时采用一般防护，避免药液接触皮肤，勿吸入液雾或粉尘。以 1～2g(a.i.)/m^2 剂量，喷 1％悬浮液防治猎蟑，效果显著。使用剂量 2g/m^2 滞留喷洒用于室内灭蚊蝇，其残效期可达 2～4 个月，对蟑螂有优良的击倒力和致死作用，其击倒力明显优于氯菊酯，用 1％乳剂(1～2g/m^2)灭蟑螂，1h 内全部击倒并可持效 2 个月以上。

① 防治水稻叶蝉、稻飞虱。花前后防治是防治的关键。用 20％残杀威乳油 300 倍药液(合有效浓度 666mg/kg)喷雾。

② 棉蚜(又名瓜蚜)。防治棉蚜的指标为：大面积有蚜株率达到 30％，平均单株蚜数近 10 头，以及卷叶株率不超过 50％，每亩用 20％残杀威乳油 250mL(合 a.i.50g/亩)，兑水 100kg，喷雾。

③ 棉铃虫(俗称青虫、钻桃虫)。在黄河流域棉区，当二、三代棉铃虫发生时，如百株卵量骤然上升 15 粒，或者百株幼虫达到 5 头即开始防治。用药量和使用方法同棉蚜。

专利与登记　专利 US3111539、DE1108202 均早已过专利期，不存在专利权问题。

国内登记情况：8％可湿性粉剂，97％原药，20％原药等，登记用于卫生治理，防治对象为蚊和蝇等。拜耳公司在中国登记主要用于卫生用药，见表 30。

表 30　拜耳公司在中国登记情况

登记名	登记证号	含量	剂型	防治对象	用药量/(g/m^2)	施用方法
残杀威	WP32-96	200g/L	乳油	蜚蠊(玻璃)	0.25～0.5	滞留喷洒
				蜚蠊(木)	0.5～0.75	
				蜚蠊(水泥)	1～1.5	
				蚊	1～1.5	
				蝇	1～1.5	

合成方法　以邻异丙氧基苯酚为原料与甲基异氰酸酯反应，或先与光气或固体光气反应得到氯甲酸酯，再与甲胺反应即可得到目的物。反应式如下：

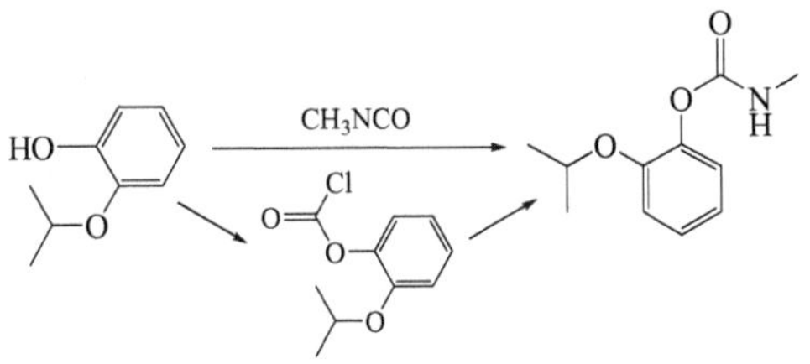

邻异丙氧基苯酚可有如下反应制得：

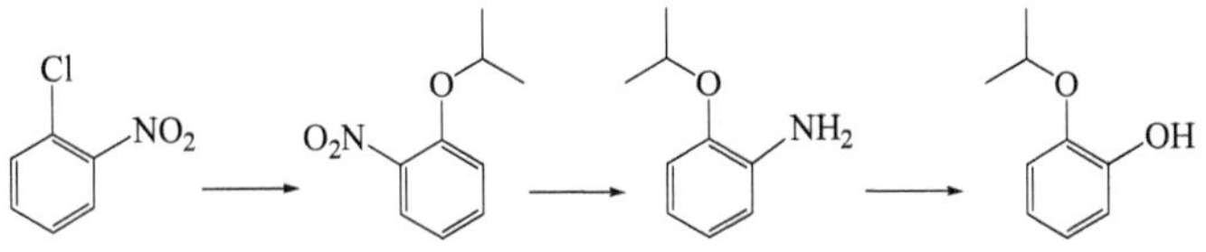

参考文献

[1] 梁跃华. 精细化工中间体, 2001, 2: 25-26.
[2] 吴志广等. 农药, 1989, 3: 3-4.

草铵膦 glufosinate-ammonium

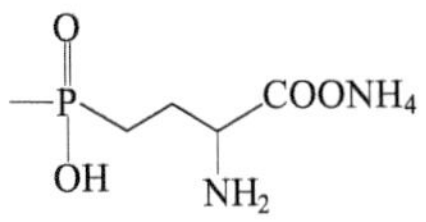

$C_5H_{15}N_2O_4P$, 198.2, 77182-82-2, 35597-44-5(glufosinate-P)

草铵膦(glufosinate-ammonium)，试验代号 AE F035956、Hoe 039866。商品名称 Basta、Liberty、phantom、保试达、百速顿。其他名称 草丁膦、Buster、Finale、Ignite。20世纪80年代由德国赫斯特公司开发生产(现归属拜耳公司)，是一种高效、广谱、低毒的非选择性触杀型除草剂。

化学名称 4-[羟基(甲基)膦酰基]-DL-高丙氨酸，DL-homoalanin-4-yl(methyl)phosphinate。

理化性质 纯品为结晶固体，稍有刺激性气味。熔点215℃。蒸气压$<3.1\times10^{-2}$ mPa (50℃)。$K_{ow}\lg P<0.1$(pH 7,22℃)。相对密度1.4(20℃)。水中溶解度：>500g/L(pH 5~9, 20℃)；其他溶剂中溶解度 (20℃，g/L)：丙酮0.16，乙醇0.65，乙酸乙酯0.14，甲苯0.14，正己烷0.2。对光稳定，pH值5、7、9时不易水解。

毒性 原药急性经口LD_{50}(mg/kg)：雌大鼠1620，雄大鼠2000，雌小鼠416，雄小鼠431，狗200~400。大鼠急性经皮$LD_{50}>4000$mg/kg(雌，雄)，对兔眼、兔皮肤无刺激性。空气吸入LC_{50}(4h,mg/L)：雄大鼠1.26，雌大鼠2.60(粉剂)，大鼠>0.62(喷雾)。大鼠无作用剂量(2y) 2mg/(kg·d)。

生态效应 日本鹌鹑>5000mg/kg。鱼LC_{50}(96h,mg/L)：虹鳟鱼710，鲤鱼、大翻车鱼、金鱼>1000。水蚤LC_{50}(48h)：560~1000mg/L。藻类LD_{50}(mg/L)：淡水藻≥1000，羊角月牙藻37。对蜜蜂无毒，$LD_{50}>100\mu$g/只。蚯蚓$LD_{50}>1000$mg/kg土壤。对节肢动物无毒。

环境行为

(1) 动物 90%的代谢物通过粪便迅速排出体外。主要代谢物为3-(甲基)膦酰基丙酸(3-MPP)，粪便通过肠道微生物形成进一步的代谢物N-乙酰基草铵膦。

(2) 植物 非选择性使用：只有一种代谢物3-(甲基)膦酰基丙酸(3-MPP)，主要通过土壤途径。用于干燥：残留物大部分是母体化合物草铵膦铵盐，极少部分是 3-(甲基)膦酰基丙酸(3-MPP)。选择性使用：主要代谢物 N-乙酰基草铵膦，极少部分是母体化合物和 3-MPP。

(3) 土壤/环境　在土壤表层、水中迅速降解，因为极性原因，草铵膦及其代谢产物不会进行生物蓄积。在土壤和水中降解成 3-(甲基)膦酰基丙酸和 2-(甲基)膦酰基乙酸，最后形成二氧化碳和相关残留物。土壤中 DT_{50} 为 3～10d(实验室)和 7～20d(田间)；DT_{90} 为 10～30d(实验室)；代谢物 DT_{50} 为 7～19d(实验室)。水中 DT_{50} 为 2～30d。Lysimeter 研究和模型计算表明有效成分及代谢产物都不进入地下水，这可能与草铵膦迅速降解和土壤吸附有关。吸附和黏土含量的相关性大于有机物质。

制剂　10%、18%、23%、30%、50%、200g/L 水剂，88% 可溶粒剂，18% 可溶液剂，20% 可分散油悬浮剂。

主要生产商　Bayer CropScience、山东潍坊润丰化工股份有限公司、江苏皇马农化有限公司、江苏七洲绿色化工股份有限公司、河北威远生化农药有限公司、浙江富农生物科技有限公司、江苏优士化学有限公司、江苏省南京红太阳生物化学有限责任公司、江苏省农用激素工程技术研究中心有限公司、江苏中旗作物保护股份有限公司、石家庄瑞凯化工有限公司、河北石家庄市龙汇精细化工有限责任公司、江苏好收成韦恩农化股份有限公司、江苏绿叶农化有限公司、江苏常隆农化有限公司、江苏春江润田农化有限公司、德国拜耳作物科学公司、江苏省农药研究所股份有限公司、江苏云帆化工有限公司、四川省乐山市福华通达农药科技有限公司、江苏省常熟市农药厂有限公司、兴农股份有限公司、江苏快达农化股份有限公司、宁夏新安科技有限公司以及内蒙古佳瑞米精细化工有限公司。

作用机理与特点　谷氨酰胺合成抑制剂，具有部分内吸作用的非选择性触杀除草剂。施药后短时间内，植物体内铵代谢陷于紊乱，细胞毒剂铵离子在植物体内累积，与此同时，光合作用被严重抑制，达到除草目的。

应用

(1) 适用作物　苗圃、森林、牧场、观赏灌木、马铃薯、果园、葡萄园、橡胶、棕榈种植园以及非耕地等。

(2) 防治对象　一年生和多年生禾本科杂草，如看麦娘、野燕麦、马唐、稗草、狗尾草、早熟禾、匍匐冰草、狗牙根、剪股颖、芦苇、羊茅等。也可防除藜、苋、蓼、荠、龙葵、繁缕、马齿苋、猪殃殃、苦苣菜、田蓟、田旋花、蒲公英等阔叶杂草，对莎草和蕨类植物也有一定效果。

(3) 使用方法　使用剂量为 0.4～1.5kg/hm²。使用量视作物、杂草而异，每公顷使用量1～2kg 或更多些，如防除森林和高山牧场的悬钩子和蕨类作物。使用量为 1.5～20kg/hm²。可与敌草隆、西玛津、2甲4氯和其他一些除草剂混用。

登记情况　国内主要登记了 95% 原药，10%、18%、23%、30%、50%、200g/L 水剂，88% 可溶粒剂，18% 可溶液剂，20% 可分散油悬浮剂。登记用于非耕地(1050～1740g/hm² 或 600～1200g/hm²)，柑橘园(1053～2106g/hm² 或 600～900g/hm²)，蔬菜地(400～750g/hm²)，茶园、木瓜园、葡萄园、香蕉园(600～900g/hm²)。

合成方法　草铵膦的合成方法主要有六种。

(1) 盖布瑞尔(Gabriel)-丙二酸二乙酯合成法　以甲基亚磷酸二乙酯为起始原料，与 1,2-二溴乙烷缩合，经过水解、中和得到目的物。

（2）阿布佐夫（Arbuzov）合成法　以甲基亚磷酸二乙酯和 4-溴-2-三氟乙酰氨基-丁酸甲酯为原料经过缩合、水解得到目的物。

（3）高压催化合成法　以甲基乙烯基次膦酸甲酯和乙酰胺为原料，用八羰基二钴作为催化剂，在 $150\sim500\,\text{kgf/cm}^2$（$1\,\text{kgf}=9.80665\,\text{N}$）压力下反应得到目的物。

（4）布赫勒-贝格斯（Buchere-Bergs）法合成　以甲基亚磷酸二乙酯为原料，得到 β-次膦酸酯取代的醛或者缩醛，然后与氰化钾（钠）、碳酸铵经过 Bucherer-Bergs 反应，得到 β-次膦酸酯取代乙内酰脲结构，再经过开环、酸化、铵化得到目的物。

（5）内博（Neber）重排法合成　以甲基亚磷酸二乙酯为原料，与丁烯腈发生加成反应，然后利用 Neber 重排，再经水解反应制得目的物。

（6）斯垂克（Strecker）法合成　以甲基亚磷酸二乙酯为原料，与丙烯醛反应，需要氨基的保护与脱保护，使制备成本进一步增加。反应后得到缩醛产物，再经氰化物、氯化铵等反应得到 α-氨基腈类化合物，然后水解得到目的物。

参考文献

[1] 毛明珍等.农药，2014，6：391-393.

草除灵乙酯 benazolin-ethyl

$C_{11}H_{10}ClNO_3S$，271.7，25059-80-7，3813-05-6（酸），67338-65-2（钾盐）

草除灵乙酯（benazolin-ethyl），商品名称　Dasen、Kuohejing、Legumex　Extra，其他名称高特克，是由 Boots　Co.Ltd（现拜耳公司）开发的苯并噻唑啉羧酸类除草剂。草除灵（benazolin），试验代号　RD　7693，商品名称　Destun。

化学名称　4-氯-2-氧代苯并噻唑啉-3-基乙酸乙酯。ethyl 4-chloro-2-oxobenzothiazolin-3-yl-acetate。

理化性质

（1）草除灵乙酯　纯品为白色结晶固体（工业品为浅黄色晶体,有特殊气味），熔点 79.2℃（工业品 77.4℃），蒸气压 0.37mPa（25℃），$K_{ow}\lg P = 2.50$（20℃,蒸馏水），相对密度 1.45（20℃）。水中溶解度 47mg/L（20℃）；其他溶剂中溶解度（20℃,g/L）：丙酮 229，二氯甲烷 603，乙酸乙酯 148，甲醇 28.5，甲苯 198。300℃ 以下稳定，在酸性及中性条件下稳定，在 pH 9 下 DT_{50} 7.6d（25℃）。阳光照射下在水中不会分解。

（2）草除灵　工业品纯度 90%，无色无味晶体，熔点 193℃（工业品 189℃），蒸气压 $1×10^{-4}$ mPa（20℃），$K_{ow}\lg P=1.34$（20℃），Henry 常数 $4.87×10^{-8}$ Pa·m³/mol。水中溶解度 500mg/L（pH 2.94,20℃），钾盐水中溶解度 600g/L（20℃）；其他溶剂中溶解度（g/L,20℃）：丙酮 100~120，乙醇 30~38，乙酸乙酯 21~25，异丙醇 25~30，二氯甲烷 3.7，甲苯 0.58，对二甲苯 0.49，己烷＜0.002。在中性、酸性和弱碱性溶液中稳定，浓碱液中易分解，pK_a 3.04（20℃）。

毒性

（1）草除灵乙酯　急性经口 LD_{50}（mg/kg）：大鼠＞6000，小鼠＞4000，狗＞5000。大鼠急性经皮 LD_{50}＞2100mg/kg，对兔眼、皮肤无刺激，对皮肤无致敏性。大鼠急性吸入 LC_{50}（4h）5.5mg/L。较低的吸入毒性。NOEL（mg/kg）：大鼠（2y）12.5［0.61mg/（kg·d）］，狗（1y）500［18.6mg/（kg·d）］。ADI：0.006mg/kg（狗），0.36mg/60kg 人。

（2）草除灵　急性经口 LD_{50}（mg/kg）：大鼠＞5000，小鼠＞4000。大鼠急性经皮 LD_{50}＞5000mg/kg，对兔眼、皮肤中度刺激，对皮肤无致敏性。大鼠急性吸入 LC_{50}（4h）1.43g/m³ 空气。NOEL［90d,mg/（kg·d）］：大鼠 300~1000，狗 300。

生态效应

（1）草除灵乙酯　鸟急性经口 LD_{50}（mg/kg）：山齿鹑＞6000，日本鹌鹑＞9709，野鸭＞3000。山齿鹑和野鸭饲喂 LC_{50}（5d）＞20000mg/kg 饲料。鱼 LC_{50}（96h,mg/L）：大翻车鱼 2.8，虹鳟鱼 5.4。水蚤 LC_{50}（48h）6.2mg/L。NOEC（21d,mg/L）：（静止）0.05，（繁殖）0.158。羊角月牙藻 EC_{50} 16.0mg/L，NOEL 1.0mg/L。10% 乳油对蜜蜂无毒，对蚯蚓低毒，LC_{50}＞1000mg/kg 干土。

（2）草除灵　日本鹌鹑急性经口 LD_{50}（mg/kg）＞10200，2856（钾盐）。鱼 LC_{50}（96h,mg/L）：虹鳟鱼 31.3，大翻车鱼 27。对水蚤低毒，LC_{50}（48h）：233.4mg/L（测定的）、353.6mg/L（公称的）。对蜜蜂无毒，LD_{50} 480μg/只。

环境行为

（1）草除灵乙酯

① 动物。草除灵乙酯代谢主要是脱酯基形成草除灵，还有一个次要的代谢途径是噻唑啉环

146

的开环。

② 植物。主要的代谢物是草除灵酸。

③ 土壤/环境。在土壤表层光照下 DT_{50} 3.5d，在土壤中 DT_{50} 1～2d。草除灵乙酯在土壤中的降解主要是酯基的水解及侧链乙酸的脱去，以及开环和磺化。主要的代谢物是草除灵酸和4-氯-2-氧苯并噻唑啉。K_d15（砂土），8（沃土）。

（2）草除灵

① 动物。在尿中主要的代谢物是 N-[2-氯-6-(甲基亚砜基)苯基]甘氨酸和 N-[N-(2-氯-6-甲硫基苯基)甘氨酸]苯胺。还有草除灵酸形成少量的酸稳定极性键合物和 N-[2-氯-6-(甲硫基)苯基甘氨酸]。粪便中的代谢物和尿中基本相似。

② 植物。草除灵酸主要是形成酸稳定键合物，次要的代谢包括芳香环的水解和侧链乙酸的脱除以及键合。草除灵酸在敏感物种（如芥末）上比在耐药物种（大麦和油菜）上可以更快更大程度上降解。在大麦内吸收和移动都较少，在施药点可以检测到未改变的母体化合物。

③ 土壤/环境。降解主要是"结合残留"。DT_{50} 为 14～28d，K_d1.0（砂土）、0.4（沃土）。

制剂　30％、50％、500g/L 悬浮剂，15％乳油。

主要生产商　AGROFINA、安徽华星化工股份有限公司、江苏长青农化股份有限公司、沈阳科创化学品有限公司及浙江新安化工集团有限公司等。

作用机理与特点　选择性内吸传导型苗后茎叶处理剂。施药后植物通过叶片吸收传输到整个植物体，药效发挥缓慢。敏感植物受药后生长停滞、叶片僵绿、增厚反卷、新生叶扭曲、节间缩短、最后死亡，与激素类除草剂症状相似。在耐药性植物体内降解成无活性物质，对油菜、麦类、苜蓿等作物安全。气温高，作用快；气温低，作用慢。草除灵乙酯在土壤中转化成游离酸并很快降解成无活性物，对后茬作物无影响。草除灵乙酯防除阔叶杂草药效随剂量增加而提高。施药后油菜有时有不同程度的药害症状，叶片皱卷。剂量越高和施药时间越晚，油菜呈现药害症状越明显，一般情况下20d后可恢复。

应用

（1）适宜作物与安全性　油菜、麦类、苜蓿、大豆、玉米、三叶草等。甘蓝型油菜对其的耐药性较强。对芥菜型油菜高度敏感，不能应用。对白菜型油菜有轻微药害，应适当推迟施药期。一般情况下抑制现象可很快恢复，不影响产量。对后茬作物很安全。

（2）防除对象　一年生阔叶杂草如繁缕、牛繁缕、雀舌草、豚草、田芥菜、苘麻、反枝苋、苍耳、藜、曼陀罗、猪殃殃等。

（3）应用技术　①草除灵乙酯油菜为苗后除阔叶杂草的除草剂，油菜的耐药性受叶龄、气温、雨水等因素影响，在阔叶杂草基本出齐后使用效果最好，可与常见的禾本科杂草苗后除草剂混用作一次性防除。对未出苗杂草无效。②在阔叶杂草出齐后，油菜达6叶龄，避开低温天气施药对油菜最安全。不宜在直播油菜2～3期过早使用。据国外应用经验，加入适量植物油，可提高草除灵乙酯渗透力，增加防效。③根据田间杂草出苗高峰期和油菜品种的耐药性确定最佳施药时期。耐药性弱的白菜型冬油菜应在油菜越冬期或返青期（叶龄6～8叶）使用，可避免油菜发生药害。耐药性较强的甘蓝型冬油菜，要根据当地杂草出草规律，如冬前基本出齐的地区，在冬前施药。在冬前、冬后各有一个出草高峰的地区，应在冬后出草高峰后再施药，保证有较好的药效。

（4）使用方法　①冬油菜田直播油菜6～8叶期或移栽油菜返苗后，阔叶杂草出齐，2～3叶期至2～3个分枝，冬前气温较高或冬后气温回升，油菜返青期作茎叶喷雾处理。据田间杂草种群确定用药量。以雀舌草、牛繁缕、繁缕为主，每亩用50％草除灵乙酯悬浮剂26.6～30mL。以猪殃殃为主的阔叶杂草，应适当提高用药剂量，每亩用50％草除灵乙酯悬浮剂30～40mL，加水30～40L，均匀喷雾。冬前用药，药效比返青期施药的药效高。返青期虽然气温升高，有利于药效发挥，但由于猪殃殃等阔叶杂草叶龄较大，所以药效下降。同剂量下对敏感的繁缕仍有较好的防效。②春油菜田油菜6叶期，每亩用50％草除灵乙酯悬浮剂17～20mL加5％胺苯磺隆2g，用手动或机械常规喷雾。在野燕麦等禾本科杂草较多的田块，可再加入6.9％精噁唑禾草灵水乳剂每亩60mL。在阔叶杂草与看麦娘等禾本科杂草混生田，每亩用50％草除灵乙酯悬浮剂30～

40mL 加 6.9% 精噁唑禾草灵水乳剂 40～60mL，加水 30L，作茎叶喷雾处理，防除一年生单、双子叶杂草效果极佳，对油菜安全。油菜籽增产幅度比单用高。③谷物田茎叶喷雾，亩用量为 9.3～28g(a.i.)。与麦草畏混用有增效作用，特别是用于防除母菊属杂草。

专利与登记 专利 GB862226、GB1243006 均已过专利期，不存在专利权问题。

国内登记情况：30%、50%、500g/L 悬浮剂，15% 乳油，95%、96% 原药，登记作物为油菜田，防除对象为一年或多年生阔叶杂草。

合成方法 由邻氯苯胺，先制成 2-氨基-4-氯苯并噻唑，然后转化成苯并噻唑啉酮，再与氯乙酸乙酯缩合而得。

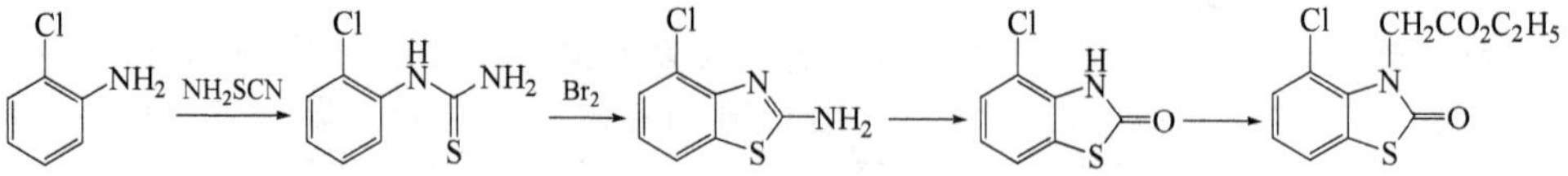

参考文献

[1] 刘卫东等. 湖南化工，2000，1：11-13.

草甘膦 glyphosate

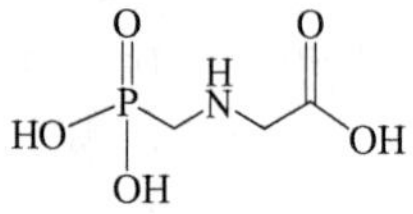

$C_3H_8NO_5P$，169.1，1071-83-6

草甘膦(glyphosate)，试验代号 MON-0573、CP67573。商品名称 Gladiator、Glyfall、Karda、Maxweed、Nasa、Pilarsato、Rinder、Rophosate、Seccherba、Sharp、农达。其他名称 Sulfosate、Roundup、Spark、镇草宁、草干膦、膦甘酸。于 1971 年由美国 D. D. 贝尔德等发现，由孟山都公司开发生产的除草剂。

化学名称 N-(膦羧甲基)甘氨酸，N-(phosphonomethyl)glycine。

理化性质 纯品为无味、白色晶体。熔点 189.5℃，蒸气压 1.31×10^{-2} mPa(25℃)，$K_{ow}\lg P$ <-3.2(pH 5～9，20℃)，Henry 常数$<2.1\times10^{-7}$ Pa·m³/mol(计算值)，相对密度 1.704(20℃)。水中溶解度 10.5g/L(pH 1.9，20℃)。几乎不溶于普通有机溶剂，如丙酮、乙醇、二甲苯。草甘膦及其盐类为非挥发性，无光化学降解，在空气中稳定。pH 值 3、6、9(5～35℃)时的水溶液稳定。pK_a：2.34(20℃)，5.73(20℃)，10.2(25℃)。不易燃。

另外还以几种盐的形式存在：

草甘膦铵盐（glyphosate-ammonium），CAS：40465-66-5、114370-14-8，试验代号 MON8750，商品名：Afdal、Amber、Ammo、Buggy Concentré Sprint、Mera 71、Rembat、Rival、Rocket、Rondo Logico、Roundup Hi-Load。纯度 95.2%，分子量 186，分子式 C_3H_{11}-N_2O_5P。纯品为无味、白色晶体。>190℃分解，蒸气压 9×10^{-3} mPa(25℃)，$K_{ow}\lg P<-3.7$，Henry 常数 1.16×10^{-8} Pa·m³/mol(计算值)，相对密度 1.433(22℃)。水中溶解度(pH 3.2，20℃)：(144 ± 19)g/L。几乎不溶于有机溶剂。草甘膦铵盐为非挥发性。50℃，pH 值 4、7、9 时稳定 5d 以上，pK_a5.50(20℃)，不易燃。

草甘膦二铵盐（glyphosate-diammonium），CAS：69254-40-6、114370-14-8，商品名 Touchdown。分子量 203.1，分子式 $C_3H_{14}N_3O_5P$。

草甘膦二甲胺盐（glyphosate-dimethylammonium），CAS：34494-04-7，分子量 214.2，分子式 $C_5H_{15}N_2O_5P$。

草甘膦异丙胺盐（glyphosate-isopropylammonium），试验代号　MON0139、MON77209，CAS 38641-94-0，商品名称　Asset、Cosmic、Fozat、Gallup、Glycel、Glyfos、Glyphogan、Glyphomax、Glyphotox、Glysate、Ground-Up、Nufosate、Oxalis、Rodeo、Rondo、Roundup、Sanos、Vifosat、Yerbimat。原药有效成分含量 62%，水分约 35%。分子量 228.2，分子式 $C_6H_{17}N_2O_5P$。无味、白色粉末。熔点 189～223℃，蒸气压 2.1×10^{-3} mPa(25℃)，$K_{ow}lgP-5.4$ (20℃)，Henry 常数 4.6×10^{-10} Pa·m³/mol(25℃，计算值)，相对密度 1.482(20℃)。溶解度：水 1050g/L(25℃，pH 4.3)；20℃时，乙酸乙酯 0.04mg/L，庚烷 0.04mg/L，甲醇 15.7～28.4g/L。50℃，pH 4、5、9 时稳定 5d。pK_a：5.77±0.03，2.18±0.02[(20±2)℃]。

草甘膦钾盐（glyphosate-potassium），CAS：39600-42-5、70901-12-1，分子量 207.2，分子式 $C_3H_7KNO_5P$，熔点 219.8℃，$K_{ow}lgP<-4.0(20℃)$，Henry 常数 3.38×10^{-7} Pa·m³/mol(20℃，计算值)。溶解度：水中 918.7g/L(pH 7，20℃)，甲醇 217mg/L(20℃)。pK_a：5.70(20℃)。

草甘膦钠盐（glyphosate-sesquisodium），分子量 405.2、191.1，分子式 $C_6H_{14}N_2Na_3O_{10}P_2$、$C_3H_7NNaO_5P$，试验代号　MON8000、MON8722，CAS70393-85-0，无味、白色粉末。＞260℃分解，蒸气压 7.56×10^{-3} mPa(25℃)，$K_{ow}lgP-4.58$(原药，25℃)，Henry 常数 4.27×10^{-9} Pa·m³/mol(计算值)，相对密度 1.622(20℃)。溶解度：水中(335±31.5)g/L(pH 4.2，20℃)。50℃，pH 4、7、9 时稳定 5d 以上。

毒性

（1）草甘膦　原药大鼠（雌、雄）急性经口 LD_{50}＞5000mg/kg，小鼠（雌、雄）急性经口 LD_{50}＞10000mg/kg，兔急性经皮 LD_{50}＞5000mg/kg，对兔眼、皮肤无刺激性，对豚鼠皮肤无致敏性，大鼠急性吸入 LC_{50}(4h)＞4.98mg/L 空气。大鼠(2y)饲喂 410mg/(kg·d)，狗(1y)饲喂 500mg/(kg·d)无不良影响，Ames、微核、染色体试验结果均为阴性。

（2）草甘膦铵盐　大鼠急性经口 LD_{50}4613mg/kg。兔急性经皮 LD_{50}＞5000mg/kg。对兔眼睛有轻微刺激、皮肤无刺激。大鼠吸入 LC_{50}＞1.9mg/L 空气。

（3）草甘膦异丙胺盐　急性经口 LD_{50}(mg/kg)：大鼠＞5000，羊 5700。兔急性经皮 LD_{50}＞5000mg/kg。对兔眼睛有轻微刺激、皮肤无刺激。大鼠急性吸入 LC_{50}(4h)＞1.3mg/L 空气。

（4）草甘膦钾盐　大鼠急性经口 LD_{50}＞5000mg/kg，急性经皮 LD_{50}＞5000mg/kg。对兔眼睛有中等刺激、皮肤无刺激。大鼠吸入 LC_{50}(4h)＞5.27mg/L 空气。

（5）草甘膦钠盐　大鼠急性经口 LD_{50}＞5000mg/kg。对兔眼睛有轻微刺激、皮肤无刺激。

生态效应

（1）草甘膦　山齿鹑急性经口 LD_{50}＞3851mg/kg。鹌鹑、野鸭 LC_{50}(5d)＞4640mg/kg 饲料。鱼毒 LC_{50}(96h,mg/L)：鳟鱼 86，大翻车鱼 120，红鲈鱼＞1000。水蚤 LC_{50}(48h)780mg/L。羊角月牙藻 E_bC_{50}(mg/L)：485(72h)，13.8(7d)；E_rC_{50}(72h)：460mg/L。蜜蜂 LD_{50}(48h)＞100μg/只(接触、经口)。

（2）草甘膦异丙胺盐　鱼毒 LC_{50}(96h,mg/L)：鳟鱼、大翻车鱼＞1000。水蚤 LC_{50}(48h)930mg/L。蚯蚓 LC_{50}(14d)＞5000mg/kg 土壤。

（3）草甘膦钾盐　山齿鹑急性经口 LD_{50}＞2241mg(a.i.)/kg。鳟鱼 LC_{50}(96h)＞1227mg(a.i.)/L。水蚤 LC_{50}(48h)＞1227mg(a.i.)/L。蜜蜂 LD_{50}(48h)(接触、经口)＞100g(a.i.)/只。

环境行为

（1）动物　哺乳动物经口给药(草甘膦)后被迅速排出体外并且无生物蓄积。

（2）植物　草甘膦在植物体内缓慢代谢为氨甲基膦酸([1066-51-9])，氨甲基膦酸为主要代谢物。

（3）土壤/环境 根据不同的土壤和气候条件，土壤（大田）DT_{50} 1～130d。水中 DT_{50} 几天到 91d。在天然水中发生光解，DT_{50} 33～77d，在土壤中 31d 未发生光降解。在实验室整个水/沉积系统 DT_{50}：27～146d（有氧），14～22d（厌氧）。土壤和水中的主要代谢物是氨甲基膦酸。

制剂 30%、31%、32%、32.4%、33%、35%、35.6%、36%、39.6%、40%、40.5%、40.9%、41%、43%、44%、46%、47%、47.2%、49%、50%、50.2%、62% 水剂，30%、38%、46%、50%、56%、58%、65%、68%、70%、80%、93% 可溶粉剂，50%、58%、63%、68%、70%、70.9%、74.7%、75%、75.7%、77.7%、80%、82.2%、86%、86.3%、88.8%、95% 可溶粒剂，50%、80% 可溶性粉剂，68%、80% 可溶性粒剂，40%、47.5% 可溶液剂，35%、40%、46%、50%、58%、60%、66.5%、71%、73%、75%、77.7%、78%、80%、82% 可湿性粉剂，50%、79%、80% 水分散粒剂，68% 水溶粒剂，20.5% 微乳剂，15%、30.2%、32% 悬浮剂，36% 悬乳剂，33% 可分散油悬浮剂。

主要生产商 安徽常泰化工有限公司、安徽丰乐农化有限责任公司、安徽广信农化股份有限公司、安徽国星生物化学有限公司、安徽华星化工有限公司、安徽省丰臣农化有限公司、安徽省益农化工有限公司、安徽喜丰收农业科技有限公司、安徽中山化工有限公司、澳大利亚纽发姆有限公司、甘肃省张掖市大弓农化有限公司、广安诚信化工有限责任公司、广东立威化工有限公司、杭州颖泰生物科技有限公司、河北德农生物化工有限公司、湖北沙隆达股份有限公司、湖北泰盛化工有限公司、湖北仙隆化工股份有限公司、湖南省永州广丰农化有限公司、湖南省株洲邦化化工有限公司、江苏安邦电化有限公司、江苏百灵农化有限公司、江苏常隆农化有限公司、江苏东宝农化股份有限公司、江苏丰山集团股份有限公司、江苏好收成韦恩农化股份有限公司、江苏恒隆作物保护有限公司、江苏辉丰农化股份有限公司、江苏克胜作物科技有限公司、江苏快达农化股份有限公司、江苏蓝丰生物化工股份有限公司、江苏连云港立本农药化工有限公司、江苏绿利来股份有限公司、江苏七洲绿色化工股份有限公司、江苏仁信作物保护技术有限公司、江苏瑞邦农药厂有限公司、江苏省常州永泰丰化工有限公司、江苏省南京红太阳生物化学有限责任公司、江苏省南通江山农药化工股份有限公司、江苏省南通泰禾化工有限公司、江苏省无锡龙邦化工有限公司、江苏苏州佳辉化工有限公司、江苏泰仓农化有限公司、江苏腾龙生物药业有限公司、江苏优士化学有限公司、江苏裕廊化工有限公司、江苏长青农化股份有限公司、江苏中旗作物保护股份有限公司、江西金龙化工有限公司、江西威力特生物科技有限公司、捷马化工股份有限公司、京博农化科技股份有限公司、利尔化学股份有限公司、联化科技（德州）有限公司、美国孟山都公司、南京华洲药业有限公司、南通维立科化工有限公司、山东滨农科技有限公司、山东大成农化有限公司、山东侨昌化学有限公司、山东省青岛奥迪斯生物科技有限公司、山东胜邦绿野化学有限公司、山东潍坊润丰化工股份有限公司、山东亿尔化学有限公司、山东中禾化学有限公司、上海沪江生化有限公司、上海升联化工有限公司、上海悦联化工有限公司、四川和邦生物科技股份有限公司、威海韩孚生化药业有限公司、新加坡利农私人有限公司、印度伊克胜作物护理有限公司、英国先正达有限公司、云南天丰农药有限公司、浙江拜克开普化工有限公司、浙江嘉化集团股份有限公司、浙江金帆达生化股份有限公司、浙江世佳科技有限公司、浙江新安化工集团股份有限公司、镇江江南化工有限公司、重庆丰化科技有限公司及重庆双丰化工有限公司。

作用机理与特点 草甘膦是一种广谱灭生性茎叶处理除草剂，内吸传导性较强，能够通过植物叶片和非木质化的植物茎秆吸收，传导到植物全株的各部位，特别是根部。基于草甘膦的除草剂可以抑制植物生长所需要的一种特定的酶——EPSP（5-烯醇丙酮莽草酸-3-磷酸）合成酶，从而抑制莽草素向苯丙氨酸、酪氨酸及色氨酸的转化，使蛋白质的合成受到干扰，随后植物就会变黄，并在数天或数周的时间里死亡。

应用

（1）适用作物　果园、桑园、茶园、橡胶园、甘蔗园、菜园、棉田、田埂、公路、铁路、排灌沟渠、机场、油库、免耕直播水稻及空地。

（2）防治对象　一年生、多年生禾本科杂草、莎草科和阔叶杂草。如稗、狗尾草、看麦娘、牛筋草、卷耳、马唐、藜、繁缕、猪殃殃、车前草、小飞蓬、鸭跖草、双穗雀稗、白茅、硬骨草、芦苇、香附子、水蓼、狗牙根、蛇莓、刺儿菜、野葱、紫菀等。

（3）使用方法　在杂草生长最旺盛时期、在开花前用药最佳。一般一年生杂草 15～20cm、多年生杂草 30cm 左右高度时用药除草效果最好。另外，在确定用药浓度时一定要考虑杂草的类型，一般禾本科杂草对草甘膦较敏感，能被低剂量的药液杀死，而防除阔叶杂草时则要提高浓度，对一些根茎繁殖的恶性杂草，则需要较高浓度。杂草叶龄大，耐药性提高，相应的用药量也要提高。①果园及胶园。对一年生杂草，如稗、狗尾草、看麦娘、牛筋草、卷耳、马唐、藜、繁缕、猪殃殃等，亩用有效成分 40～70g；对车前草、小飞蓬、鸭跖草、双穗雀稗等，亩用有效成分 75～100g；对白茅、硬骨草、芦苇、香附子、水蓼、狗牙根、蛇莓、刺儿菜、野葱、紫菀等，需 120～200g。一般在杂草生长旺期，每亩兑水 20～30kg，对杂草茎叶进行均匀定向喷雾，避免使果树等的叶子受药。②农田。对稻麦/水稻和油菜轮作的地块，在收割后倒茬期间，可参照上述草情和剂量用草甘膦进行处理，一般在喷雾后第 2 天，即可不经翻耕土壤而直接进行播种或移栽。作物和蔬菜免耕田播种前除草（800～1200g/亩），玉米、高粱、甘蔗等高秆作物（苗高 40～60cm）行间定向喷雾（600～800g/亩）。③林业。草甘膦适用于休闲地、荒山荒地造林前除草灭灌、维护森林防火线、种子园除草及飞机播种前灭草。适用的树种为：水曲柳、黄菠萝、椴树、云杉、冷杉、红松、樟子松，还可用于杨树幼林抚育。防治大叶章、苔草、白芒、车前、毛茛、艾蒿、茅草、芦苇、香薷等杂草时，用量为 0.2kg/亩（有效成分，下同）。防治丛桦、接骨木、榛材、野薇为 0.17kg/亩。防治山楂、山梨、山梅花、柳叶锈线菊为 3.8kg/亩。而忍冬、胡枝子、白丁香、山槐的防治剂量为 0.33kg/亩。一般采用叶面喷雾处理，每亩兑水 15～30kg。也可根据需要，用喷枪进行穴施或用涂抹棒对高大杂草和灌木进行涂抹，用树木注射器向非目的树种体内注射草甘膦，都可取得理想效果。

（4）注意事项　①草甘膦为灭生性除草剂，施药时切忌污染作物，以免造成药害。②对多年生恶性杂草，如白茅、香附子等，在第一次用药后 1 个月再施 1 次药，才能达到理想防治效果。③在药液中加适量柴油或洗衣粉，可提高药效。④在晴天、高温时用药效果好，喷药后 4～6h 内遇雨应补喷。⑤草甘膦具有酸性，储存与使用时应尽量用塑料容器。⑥喷药器具要反复清洗干净。⑦包装破损时，高湿度下可能会返潮结块，低温储存时也会有结晶析出，用时应充分摇动容器，使结晶溶解，以保证药效。⑧草甘膦为内吸传导型灭生性除草剂，施药时注意防止药雾飘移到非目标植物上造成药害。⑨易与钙、镁、铝等离子络合失去活性，稀释农药时应使用清洁的软水，兑入泥水或脏水时会降低药效。⑩施药后 3 天内请勿割草、放牧和翻地。

专利与登记　US3799758、EP53871、US4315765 均已过专利保护期。国内登记非常多，登记公司多达一百多家，登记种类达一千多项，剂型涉及水剂、可溶粉剂、可溶粒剂、可溶性粉剂、可溶性粒剂、可溶液剂、可湿性粉剂、水分散粒剂、水溶粒剂、微乳剂、悬浮剂、悬乳剂、可分散油悬浮剂等。

合成方法　草甘膦的合成方法主要有两种。

（1）甘氨酸法　以甘氨酸、亚磷酸二甲酯、多聚甲醛为原料经加成、缩合、水解制得目的物。

$$NH_2CH_2COOH \xrightarrow{(HCHO)_2} (HOCH_2)_2NCH_2COOH$$

$$\xrightarrow{(CH_3O)_2POH} (CH_3O)_2P(O)CH_2N(CH_2OH)CH_2COOH \longrightarrow (HO)_2P(O)CH_2NHCH_2COOH$$

（2）亚氨基二乙酸（IDA）法　由于起始原料的不同，IDA 法又分为亚氨基二乙腈法和二乙醇胺法，其中亚氨基二乙腈法的原料可以是丙烯腈副产物或先由天然气合成氢氰酸后再合成亚氨基二乙腈。亚氨基二乙腈经碱解、缩合和氧化三步最终得到目的物；二乙醇胺法是以石油乙烯为原料，经环氧化、氨化得二乙醇胺，再经脱氢氧化、缩合和氧化得到目的物。

① 亚氨基二乙腈法。

$$(CH_2)_6N_4 + HCHO + HCN \longrightarrow NH(CH_2CN)_2 \xrightarrow{NaOH} NH(CH_2COONa)_2 \xrightarrow{HCl}$$

$$NH(CH_2COOH)_2 \xrightarrow[H_3PO_3]{HCHO} (HO)_2P(O)CH_2N(CH_2COOH)_2 \xrightarrow[O_2]{H_2O} (HO)_2P(O)CH_2NHCH_2COOH$$

② 二乙醇胺法。

$$NH(CH_2CH_2OH)_2 \xrightarrow[Cat]{NaOH} NH(CH_2COONa)_2 \xrightarrow{HCl} NH(CH_2COOH)_2 \xrightarrow[H_3PO_3]{HCHO}$$

$$(HO)_2P(O)CH_2N(CH_2COOH)_2 \xrightarrow[O_2]{H_2O} (HO)_2P(O)CH_2NHCH_2COOH$$

参考文献

[1] 任不凡等. 农药，1998，7：3-5.
[2] 陈丹等. 化工进展，2013，7：184-189.

虫酰肼 tebufenozide

$C_{22}H_{28}N_2O_2$，352.5，112410-23-8

虫酰肼（tebufenozide），试验代号　RH-5992、RH-75922。商品名称　Confirm、Fimic、Mimic、Romdan、Terfeno、米满。是 Rohm Hass（现属 Dow AgroSciences 公司）1990 年推出的双酰肼类杀虫剂。

化学名称　N-叔丁基-N'-(4-乙基苯甲酰基)-3,5-二甲基苯甲酰肼。N-tert-butyl-N'-(4-ethylbenzoyl)-3,5-dimethylbenzohydrazide。

理化性质　无色粉末，熔点 191℃，蒸气压<1.56×10^{-4} mPa(25℃，气体饱和度法)，相对密度 1.03(20℃)，K_{ow}lg$P$=4.25(pH 7)，Henry 常数(计算)<6.59×10^{-5} Pa·m^3/mol，水中溶解度 0.83mg/L(25℃)，有机溶剂中微溶。94℃下稳定期 7d；pH 7，25℃的水溶液对光稳定；在无光无菌的水中稳定期 30d(25℃)；池塘水中 DT_{50} 67d，光存在下 30d(25℃)。

毒性　大、小鼠急性经口 LD_{50}>5000mg/kg，大鼠急性经皮 LD_{50}>5000mg/kg，对兔眼和皮肤无刺激。对豚鼠皮肤无致敏性。大鼠吸入 LC_{50}(4h,mg/L)：雄鼠>4.3，雌鼠>4.5。NOEL[mg/(kg·d)]：大鼠(1y)5，小鼠(1.5y)8.1，狗(1y)1.8。ADI：(JMPR)0.02mg/kg[1996,2001,2003]，(EPA)0.018mg/kg[1999]。Ames 试验、回复突变试验、哺乳动物点突变、活体和离体细胞遗传学检测和离体 DNA 合成试验均呈阴性。

生态效应　鹌鹑急性经口 LD_{50}>2150mg/kg，鹌鹑和野鸭饲喂 LC_{50}(8d)>5000mg/L。鱼类 LC_{50}(96h,mg/L)：虹鳟鱼 5.7，大翻车鱼>3.0。水蚤 LC_{50}(48h)3.8mg/L。藻类 EC_{50}(96h,mg/

L）：月牙藻＞0.664，栅藻0.21。水生生物EC$_{50}$（96h，mg/L）：糠虾1.4，东方牡蛎0.64。蜜蜂LD$_{50}$（96h，接触）＞234μg/只。蚯蚓LC$_{50}$＞1000mg/kg。对食肉螨、黄蜂和其他有益种类安全。

环境行为

（1）动物　老鼠代谢产物是氧化烷基取代的芳香环，主要是苄基位置的氧化。

（2）植物　苹果、葡萄、水稻、甜菜中代谢产物主要成分是结构不变的虫酰肼，检测到的主要代谢产物是氧化烷基取代的芳香环，主要是苄基位置的氧化。

（30）土壤/环境　DT$_{50}$（7种土壤）7～66d，有氧及潮湿的土壤100d（25℃，3种类型）；无氧水分代谢179d（25℃，淤泥土壤）；土壤耗损DT$_{50}$4～53d（12种类型）。K$_{oc}$351～894。土壤流动性研究显示移动低于30cm。

制剂　24％悬浮剂，20％可湿性粉剂。

主要生产商　Fertiagro、Nippon Soda、惠光股份有限公司、青岛海利尔药业有限公司、江苏宝灵化工股份有限公司、山东亿嘉农化有限公司、山东京博控股股份有限公司及浙江新安化工集团有限公司等。

作用机理与特点　促进鳞翅目幼虫蜕皮的新型仿生杀虫剂，对昆虫蜕皮激素受体（EoR）具有刺激活性。能引起昆虫、特别是鳞翅目幼虫的早熟，使其提早蜕皮致死。同时可控制昆虫繁殖过程中的基本功能，并具有较强的化学绝育作用。虫酰肼对高龄和低龄的幼虫均有效。幼虫取食虫酰肼后仅6～8h就停止取食（胃毒作用），不再危害作物，比蜕皮抑制剂的作用更迅速，3～4h后开始死亡，对作物保护效果更好。无药害，对作物安全，无残留。

应用　对捕食螨类、食螨瓢虫、捕食黄蜂、蜘蛛等有益节肢动物无害，对环境安全。对鳞翅目害虫有特效，但对半翅目、鞘翅目等害虫效果较差。以10～100g（a.i.）/hm^{2}可有效地防治梨小食心虫、葡萄小卷蛾、甜菜夜蛾等。持效期长达2～3周。

（1）适用作物　能广泛用于果树、蔬菜、水稻等作物及森林，防治各种鳞翅目等害虫。

（2）防治对象　苹果卷叶蛾、松毛虫、甜菜夜蛾、美国白蛾、天幕毛虫、云杉毛虫、舞毒蛾、尺蠖、玉米螟、菜青虫、甘蓝夜蛾、黏虫。

（3）残留量与安全施药　防治水稻、水果、中耕作物、坚果类、蔬菜及森林中的鳞翅目害虫，一般用量为45～300g（a.i.）/hm^2。

（4）应用技术　田间试验结果表明，以144g（a.i.）/hm^{2}剂量施用，对苹果蠹蛾防效极佳。在法国，在苹果小卷蛾发生严重的地区，第一次于卵孵期施药，直到害虫迁徙为止，施药6次，防效较好。在意大利试验表明，以14.4g（a.i.）/L，从孵卵期开始到收获前1周，每隔14d施药一次，可有效地防治梨小食心虫。以96g（a.i.）/hm^{2}于卵孵期施药，可防治葡萄小卷蛾，防效优于标准药剂氰戊菊酯，喷施1周后，推迟用药会导致药害发生。以96g/hm^{2}施用，对甜菜夜蛾防效为100％，持效期2～3周。

在落叶性果园及葡萄园中，最佳施药时间为卵孵期。

（5）使用方法　施药时应戴手套，避免药物溅及眼睛和皮肤。施药时严禁吸烟和饮食。喷药后要用肥皂和清水彻底清洗。对鸟无毒，对鱼和水生脊椎动物有毒，对蚕高毒，不要直接喷洒在水面，废液不要污染水源，在蚕、桑地区禁用此药。储藏于干燥、阴冷、通风良好的地方，远离食品、饲料，避免儿童接触。

防治甘蓝甜菜夜蛾：在害虫发生时，每亩用24％虫酰肼悬浮剂40mL（有效成分9.6g），加水10～15L喷雾。防治苹果卷叶蛾：在害虫发生时，用24％虫酰肼1200～2400倍液或每100L水加24％虫酰肼41.6～83mL（有效浓度100～200mg/L）喷雾。防治松树松毛虫：在松毛虫发生时，用24％虫酰肼1200～2400倍液或每100L水加24％虫酰肼41.6～83mL（有效浓度100～200mg/L）。

专利与登记 专利 US4985461 早已过专利期，不存在专利权问题。

国内登记情况：95％、97％、98％原药，10％、20％、30％悬浮剂，20％可湿性粉剂等，登记作物为甘蓝和十字花科蔬菜等，防治对象为甜菜夜蛾等。美国陶氏益农公司在中国登记了95％原药和24％悬浮剂，可用于森林防除马尾松毛虫，用药量 60～120mg/kg。

合成方法 虫酰肼的合成有两种方法如下：

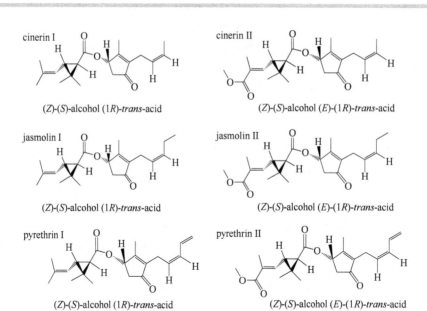

参考文献

[1] Proceedings of the Brighton Crop Protection Conference：Pests and diseases，1996：307-449.
[2] 杜升华等．精细化工中间体，2007，3：32-34.

除虫菊素 pyrethrins

cinerin I

(Z)-(S)-alcohol (1R)-*trans*-acid

cinerin II

(Z)-(S)-alcohol (E)-(1R)-*trans*-acid

jasmolin I

(Z)-(S)-alcohol (1R)-*trans*-acid

jasmolin II

(Z)-(S)-alcohol (E)-(1R)-*trans*-acid

pyrethrin I

(Z)-(S)-alcohol (1R)-*trans*-acid

pyrethrin II

(Z)-(S)-alcohol (E)-(1R)-*trans*-acid

除虫菊素（pyrethrins），**其他名称** 有 Pyrethres、Prestrin、Pynerzone、Pyrenone、Pyrentox、Pyresita、Pyrethrum、Pyrocide、Pyronyl、Pytox 等；**第二次世界大战以前，除虫菊粉及其制剂在市场的商品名称** 有 Buhach、Dalmatian Insect Powder、Dusturan、Evergreen、Filt、Insect Killer、Insect Powder、Oleoresin of Pyrethrum、Persian Insect Powder、Pultex、Pyrethrol、Pyrethrum Extract、Pyrethrum Insecticide、Pyrethrum Powder、Urania Normal 等。最早由古代中国发现，在中世纪经丝绸之路传入波斯（伊朗），干燥的花粉被称为"波斯杀虫粉"，使用的记载可追溯到 19 世纪早期，当时其被引进到达尔马提亚、法国、美国、日本。CAS 登录号 8003-34-7。含有六种杀虫成分：pyrethrin I（除虫菊素 I）、pyrethrin II（除虫菊素 II）、cinerin I（瓜菊素 I）、cinerin II（瓜菊素 II）、jasmolin I（茉莉菊素 I）、jasmolin II（茉莉菊素 II），除虫菊素是这些杀虫成分的总称，又因为除虫菊素 I 和 II 是 6 种杀虫成分中的主要组分，习惯上除虫菊素又代表除虫菊素 I 与除虫菊素 II。

pyrethrins(chrysanthemates)含有 pyrethrin Ⅰ、cinerin Ⅰ、jasmolin Ⅰ三个组分。

化学名称 pyrethrin Ⅰ：(Z)-(S)-2-甲基-4-氧-3-(戊-2,4-二烯) 环戊-2-烯(1R)-反-2,2-二甲基-3-(2-甲基丙-1-烯基)环丙烷甲酸酯；或(Z)-(S)-2-甲基-4-氧-3-(戊-2,4-二烯) 环戊-2-烯(＋)-反-菊酸酯。cinerin Ⅰ：(Z)-(S)-3-(丁-2-烯基)-2-甲基-4-氧环戊-2-烯(1R)-反-2,2-甲基-3-(2-甲基丙-1-烯基)环丙烷甲酸酯，或(Z)-(S)-3-(丁-2-烯基)-2-甲基-4-氧环戊-2-烯基(＋)-反-菊酸酯，jasmolin Ⅰ(Z)-(S)-2-甲基-4-氧-3-(戊-2-烯基)环戊-2-烯基(1R)-反-2,2-二甲基-3-(2-甲基丙-1-烯基)环丙烷甲酸酯，或(Z)-(S)-2-甲基-4-氧-3-(戊-2-烯基)环戊-2-烯基(＋)-反-菊酸酯。pyrethrin Ⅰ：(Z)-(S)-2-methyl-4-oxo-3-(penta-2,4-dienyl) cyclopent-2-enyl(1R,3R)-2,2-dimethyl-3-(2-methylprop-1-enyl)cyclopropanecarboxylate 或(Z)-(S)-2-methyl-4-oxo-3-(penta-2,4-dienyl) cyclopent-2-enyl(1R)-*trans*-2,2-dimethyl-3-(2-methylprop-1-enyl) cyclopropanecarboxylate 或(Z)-(S)-2-methyl-4-oxo-3-(penta-2,4-dienyl) cyclopent-2-enyl (＋)-*trans*-chrysanthemate；cinerin Ⅰ：(Z)-(S)-3-(but-2-enyl)-2-methyl-4-oxocyclopent-2-enyl(1R,3R)-2,2-dimethyl-3-(2-methylprop-1-enyl) cyclopropanecarboxylate 或 (Z)-(S)-3-(but-2-enyl)-2-methyl-4-oxocyclopent-2-enyl (1R)-*trans*-2,2-dimethyl-3-(2-methylprop-1-enyl) cyclopropanecarboxylate 或(Z)-(S)-3-(but-2-enyl)-2-methyl-4-oxocyclopent-2-enyl(＋)-*trans*-chrysanthemate；jasmolin Ⅰ：(Z)-(S)-2-methyl-4-oxo-3-(penta-2-enyl)cyclopent-2-enyl(1R,3R)-2,2-dimethyl-3-(2-methylprop-1-enyl)cyclopropanecarboxylate 或(Z)-(S)-2-methyl-4-oxo-3-(penta-2-enyl) cyclopent-2-enyl(1R)-*trans*-2,2-dimethyl-3-(2-methylprop-1-enyl) cyclopropanecarboxylate 或(Z)-(S)-2-methyl-4-oxo-3-(penta-2-enyl) cyclopent-2-enyl(＋)-*trans*-chrysanthemate。CAS 登录号 pyrethrin Ⅰ 121-21-1，cinerin Ⅰ 25402-06-6，jasmolin Ⅰ 4466-14-2。

pyrethrins(pyrethrates)含有 pyrethrin Ⅱ、cinerin Ⅱ、jasmolin Ⅱ三个组分。

化学名称 pyrethrin Ⅱ：(Z)-(S)-2-甲基-4-氧-3-(戊-2,4-二烯基) 环戊-2-烯基(E)-(1R)-反-3-(2-甲氧酰基丙-1-烯基)-2,2-二甲基环丙烷甲酸酯，或(Z)-(S)-2-甲基-4-氧-3-(戊-2,4-二烯) 环戊-2-烯基除虫菊酯；cinerin Ⅱ：(Z)-(S)-3-(丁-2-烯基)-2-甲基-4-氧环戊-2-烯(E)-(1R)-反-3-(2-甲氧酰基丙-1-烯基)-2,2-二甲基环丙烷甲酸酯，或(Z)-(S)-3-(丁-2-烯基)-2-甲基-4-氧环戊-2-烯基除虫菊酯；jasmolin Ⅱ：(Z)-(S)-2-甲基-4-氧-3-(戊-2-烯基)环戊-2-烯基(E)(1R)-反-3-(2-甲氧酰基丙-1-烯基)-2,2-二甲基环丙烷甲酸酯，或(Z)-(S)-2-甲基-4-氧-3-(戊-2-烯基)环戊-2-烯基除虫菊酯。pyrethrin Ⅱ：(Z)-(S)-2-methyl-4-oxo-3-(penta-2,4-dienyl) cyclopent-2-enyl(E)-(1R,3R)-3-(2-methoxycarbonylprop-1-enyl)-2,2-dimethylcyclopropanecarboxylate 或(Z)-(S)-2-methyl-4-oxo-3-(penta-2,4-dienyl) cyclopent-2-enyl(E)-(1R)-*trans*-3-(2-methoxycarbonylprop-1-enyl)-2,2-dimethylcyclopropanecarboxylate 或(Z)-(S)-2-methyl-4-oxo-3-(penta-2,4-dienyl) cyclopent-2-enyl pyrethrate；cinerin Ⅱ：(Z)-(S)-3-(but-2-enyl)-2-methyl-4-oxocyclopent-2-enyl (E)-(1R,3R)-3-(2-methoxycarbonylprop-1-enyl)-2,2-dimethylcyclopropanecarboxylate 或 (Z)-(S)-3-(but-2-enyl)-2-methyl-4-oxocyclopent-2-enyl (E)-(1R)-*trans*-3-(2-methoxycarbonylprop-1-enyl)-2,2-dimethylcyclopropanecarboxylate 或(Z)-(S)-3-(but-2-enyl)-2-methyl-4-oxocyclopent-2-enyl pyrethate；jasmolin Ⅱ：(Z)-(S)-2-methyl-4-oxo-3-(penta-2-enyl) cyclopent-2-enyl(E)-(1R,3R)-3-(2-methoxycarbonylprop-1-enyl)-2,2-dimethylcyclopropanecarboxylate 或(Z)-(S)-2-methyl-4-oxo-3-(penta-2-enyl) cyclopent-2-enyl (E)-(1R)-*trans*-3-(2-methoxycarbonylprop-1-enyl)-2,2-dimethylcyclopropanecarboxylate 或(Z)-(S)-2-methyl-4-oxo-3-(penta-2-enyl) cyclopent-2-enyl pyrethrate。CAS 登录号 pyrethrin Ⅱ 121-29-9，cinerin Ⅱ 121-20-0，jasmolin Ⅱ 1172-63-0。

组成 除虫菊素提取物主要含两部分 chrysanthemates 和 pyrethrates。pyrethrins 中包括菊酸的三种天然的杀虫活性的酯 pyrethrins Ⅰ，pyrethrates 包括除虫菊酸的三种相应的酯 pyrethrin Ⅱ。在美国，标准含量为 $50\%\pm2\%$（质量分数）的除虫菊素，样品含量可能仅为 20%；pyrethrins Ⅰ 与 Ⅱ 的比例通常为（0.8～2.8）：1；pyrethin：cinerin：jasmolin 的比例一般为 71：21：7。在欧洲，商品提取物含量为 $20\%\sim25\%$ 的 pyrethrins，$50\%\pm2\%$ 的制剂比较普遍。

理化性质 精制的提取物为浅黄色油状物，带有微弱的花香味；未精制提取物为棕绿色黏稠液体；花粉为棕褐色。相对密度 0.84～0.86(25％灰白色提取物)，约 0.9(油性树脂粗提物)。不溶于水，易溶于大多数有机溶剂，如醇、烃、芳香烃、酯等。避光、常温下保存 > 10y；在日光下不稳定，遇光快速氧化；光照 DT_{50} 10～12min；遇碱迅速分解，并失去杀虫效力；>200℃加热导致异构体形成，活性降低。闪点 76℃。

除虫菊素(chrysanthemates)　分子量：pyrethin Ⅰ 328.4，cinerin Ⅰ 316.4，jasmolin Ⅰ 330.5。分子式 pyrethin Ⅰ $C_{21}H_{28}O_3$，cinerin Ⅰ $C_{20}H_{28}O_3$，jasmolin Ⅰ $C_{21}H_{30}O_3$。沸点 170℃/0.1mmHg(pyrethin Ⅰ)。蒸气压 2.7mPa(pyrethin Ⅰ)。$K_{ow}lgP=5.9$(pyrethin Ⅰ)。在水中溶解度 0.2mg/L(pyrethin Ⅰ)。旋光系数 $[a]_D^{20}-14°$。

除虫菊素(pyrethrates)　分子量：pyrethin Ⅱ 372.4，cinerin Ⅱ 360.4，jasmolin Ⅱ 374.5。分子式 pyrethin Ⅱ $C_{22}H_{28}O_5$，cinerin Ⅱ $C_{21}H_{28}O_5$，jasmolin Ⅱ $C_{22}H_{30}O_5$。沸点 200℃/0.1mmHg(pyrethin Ⅱ)。蒸气压 $5.3×10^{-2}$mPa(pyrethin Ⅱ)。$K_{ow}lgP=4.3$(pyrethin Ⅱ)。在水中溶解度 9.0mg/L(pyrethin Ⅱ)。旋光系数 $[a]_D^{20}+14.7°$。能溶于醇类、氯化烃类、硝基甲烷、煤油等多种有机溶剂中。对光敏感，在光照下的稳定性是：瓜叶菊素＞茉酮菊素＞除虫菊素；而Ⅱ的光稳定性又稍大于它们相应的Ⅰ。除虫菊素在空气中会出现氧化，遇热能分解，在碱性溶液中能水解，均将失去活性，一些抗氧剂对它有稳定作用。

毒性　pyrethrins(pyrethrum)急性经口 LD_{50}(mg/kg)：大鼠雄 2370，大鼠雌 1030，小鼠 273～796。急性经皮 LD_{50}(mg/kg)：大鼠＞1500，兔 5000。对皮肤、眼睛轻度刺激。虽然菊花在制作和使用中容易引起皮炎，甚至特殊的过敏，但在商品制备过程中可消除此影响。大鼠吸入毒性 LC_{50}(4h) 3.4mg/L。大鼠 NOAEL 4.37mg/kg，大鼠 NOEL(2y)100mg/L。ADI：(JMPR)0.04mg/kg[1999,2003]；(EPA)aRfD 0.2mg/kg，cRfD 0.044mg/kg[2006]。增效剂并没有增加其对哺乳动物的毒性。增效剂(如芝麻明、胡椒基丁醚)能延迟它们的代谢解毒作用。

生态效应　野鸭急性经口 LD_{50}＞5620mg/kg。对鱼高毒，鱼 LC_{50}(μg/L)：大翻车鱼 10，虹鳟鱼 5.2。水蚤 LC_{50} 12μg/L，水藻 EC_{50}≥1.27mg/L。对蜜蜂有毒，但具有一定的趋避作用，LD_{50}(ng/只)：经口 22，接触 130～290。蚯蚓 LC_{50} 47mg/kg 土。

环境行为　除虫菊素主要有两种降解途径，即光降解和生物降解，这两种降解常常是重叠着进行的，当它进入热血动物体内，即通过酯链的水解而降解；当受日光和紫外线的影响时，就开始在羟基上降解，促使其结构上的酸和醇部分氧化。

制剂　粉剂、气雾剂。

主要生产商　AGBM、Agropharm、Botanical Resources、MGK 及 Pyrethrum Board of Kenya 等。

作用机理与特点　除虫菊酯类具有神经毒性，主要起触杀作用；但作用机制尚未完全阐明。一般认为，它和神经细胞膜受体结合，改变受体通透性；也可抑制 Na^+/K-ATP 酶、Ca^+-ATP 酶，引起膜内外离子转运平衡失调，导致神经传导阻滞；此外，还可作用于神经细胞的钠通道，使钠离子通道的 m 闸门关闭延迟、去极化延长，形成去极化后电位和重复去极化；抑制中枢神经细胞膜的 γ-氨基丁酸受体，使中枢神经系统兴奋性增高。

应用　天然除虫菊素见光慢慢分解成水和二氧化碳，因此用其配制的农药或卫生杀虫剂等使用后无残留，对人畜无副作用，是国际公认的最安全的无公害天然杀虫剂。除虫菊素是由除虫菊花中萃取的具有杀虫活性的六种物质组成，因此杀虫效果好，昆虫不易产生抗药性，可用于制造杀灭抗性很强的害虫的农药。用其配制成卫生喷雾剂由于速效、击倒力强，不仅可用于家庭卫生杀虫，还可用于防治畜舍、工场、食品仓库以及蛀食羊毛织品的害虫，并用作一种涂在食品包装外层纸上的防虫材料；配制成农药还可用于防治果树、蔬菜、大田作物、温室、花卉等的咀食和刺吸口器昆虫(蚜虫、红蜘蛛、菜青虫、棉铃虫及地下害虫)，亦可用于防治水稻飞虱、叶蝉、蓟马、稻螟蛉、小麦蚜虫以及蔬菜、果树、烟草等作物上的蚜虫。作为气雾剂在室内使用，剂量为 21g(a.i.)/m³；大田用量为 0.55kg/hm²。它在蚊香中含量为 0.3％～0.4％。除虫菊素也可应用于茶园，3％除虫菊素水剂对茶假眼小绿叶蝉和茶尺蠖都有较好的防效。

专利与登记　除虫菊素不存在专利问题。除虫菊素在中国登记情况见表 31。

表 31 除虫菊素在中国登记情况

商品名	登记证号	含量	剂型	登记作物	防治对象	用药量/(g/hm²)	施用方法
除虫菊素	LS20080240	1.5%	水乳剂	十字花科蔬菜	蚜虫	18～36	喷雾
	LS20080240F080037	1.5%	水乳剂	十字花科蔬菜	蚜虫	18～36	喷雾
	LS20090925	5%	乳油	烟草	蚜虫	18.75～26.25	喷雾
	PD20095107	5%	乳油	十字花科蔬菜	蚜虫	22.5～37.5	喷雾
	PD20098425	1.5%	水乳剂	十字花科蔬菜	蚜虫	27～40.5	喷雾
	PD20092509	70%	原药				
	PD20092513	70%	原药				
	WP20080074	60%	原药				
杀虫气雾剂	WL20090057	0.5%	气雾剂	卫生	蝇、蚊、蜚蠊	—	喷雾
	WP20080075	0.2%	气雾剂	卫生	蝇、蚊、蜚蠊	—	喷雾

合成方法 除虫菊花经风干、磨粉、萃取，萃取物用甲醇或二氧化碳精制得到除虫菊素。除虫菊干花中含除虫菊素0.9%～1.3%，可以用石油醚回流萃取，浓缩可得到约含除虫菊素30%的粗制黏稠物，再经脱蜡和脱色，成为约含除虫菊素60%的产品，可供配制浸膏和加工多种制剂如乳油、油喷射剂、气雾剂、烟熏剂、蚊香、电热蚊香片、防蚊油等。含除虫菊素的粗制物如用硝基甲烷、去臭火油(Deobase)等反复萃取，并以活性炭脱色，可获得除虫菊素达95%以上的无色并有强烈菊花香味的高纯度黏稠液。

除虫菊粉剂可将除虫菊干花直接粉碎而得，所谓浸渍粉剂(impregnated dust)则是将除虫菊花萃取液喷到惰性粉表面，干后粉碎而得。两者均可用以加工杀虫粉剂，但浸渍粉剂的杀虫作用比一般粉剂更快，而其持效时间则不如一般粉剂。

参考文献

[1] Pestic Sci，1972，3：57.

[2] 张夏亭等. 农药科学与管理，2003，24 (2)：22-23.

除虫脲 diflubenzuron

C₁₄H₉ClF₂N₂O₂，310.7，35367-38-5

除虫脲(diflubenzuron)，试验代号 DU112307、PH 60-40、PDD60-40-I、TH6040。商品名称 敌灭灵、Adept、Bi-Larv、Device、Diflorate、Difuse、Dimax、Dimilin、Dimisun、Du-Dim、Forester、Indipendent、Kitinaz、Kitinex、Micromite、Patron、Vigilante。是由 Philips-Duphar B.V.(现属科聚亚公司)开发的苯甲酰脲类昆虫几丁质合成抑制剂。

化学名称 1-(4-氯苯基)-3-(2,6-二氟苯甲酰基)脲。1-(4-chlorophenyl)-3-(2,6-difluorobenzoyl)urea。

理化性质 原药纯度≥95%，纯品为无色晶体(工业品为无色或黄色晶体)，熔点223.5～224.5℃，沸点257℃/40.0kPa(工业品)，蒸气压1.2×10⁻⁴mPa(25℃，气体饱和法)，相对密度1.57(20℃)。$K_{ow}lgP$：3.8(pH 4)，4.0(pH 8)，3.4(pH 10)。Henry常数≤4.7×10⁻⁴Pa·m³/mol(计算值)。水中溶解度0.08mg/L(25℃，pH 7)；有机溶剂中溶解度(20℃，g/L)：正己烷0.063，甲苯0.29，二氯甲烷1.8，丙酮6.98，乙酸乙酯4.26，甲醇1.1。水溶液对光敏感，但是固体在光下稳定。100℃下储存1d分解量<0.5%，50℃下7d分解量<0.5%。水溶液(20℃)在pH 5和7时稳定，DT₅₀>180d，pH 9时DT₅₀32.5d。

毒性 大、小鼠急性经口LD₅₀>4640mg/kg，急性经皮LD₅₀(mg/kg)：兔>2000，大鼠>

10000。对皮肤、眼无刺激。大鼠吸入 $LC_{50}>2.88mg/L$。大、小鼠和狗 NOEL(1y)2mg/(kg•d)。无"三致"。ADI/RFD(JMPR)值：0.02mg/kg，(JECFA 评估)0.02mg/kg；(EC)0.012mg/kg；(EPA)cRfD 0.02mg/kg。

生态效应 山齿鹑和野鸭急性经口 LD_{50}(14d)>5000mg/kg，山齿鹑和野鸭饲喂 LC_{50}(8d)>1206mg/kg 饲料。鱼类 LC_{50}(96h,mg/L)：斑马鱼>64.8，虹鳟鱼>106.4(基于除虫脲 WG-80)。水蚤 LC_{50}(48h)0.0026mg/L(基于除虫脲 WG-80)。羊角月牙藻 NOEC 100mg/L(基于除虫脲 WG-80)。对蜜蜂和食肉动物无害，LD_{50}(经口和接触)>100μg/只。蚯蚓 NOEC≥780mg/kg 土壤。

环境行为

(1) 动物 大鼠经口给药后，部分药物结构不变，以粪便形式排出(80%)，部分是羟基化代谢物，以及 4-氯苯基脲和 2,6-二氟苯甲酸(20%)。肠道吸收很大程度上取决于给药剂量的多少，给药量越多，粪便排出的药就越多。

(2) 植物 非内吸性，植物无代谢。

(3) 土壤/环境 除虫脲能被土壤/复杂腐殖质酸吸收，几乎无流动性(K_{foc}983~6918mL/g)。在有氧条件下土壤中可快速代谢，DT_{50}(20℃,pF 2)2~6.7d，主要代谢产物是 4-氯苯基脲(CPU)和 2,6-二氟苯甲酸(DFBA)，DT_{50}(pH 9,25℃)32.5d，有氧条件下在水/沉积物体系中保持的时间相对较久，主要代谢物亦为 CPU 和 DFBA，DT_{50}(20℃)3.7~5.4d(20℃)。在环境中不易进行生物降解。

制剂 颗粒剂(10g/kg 或 40g/kg)、可湿性粉剂[250g(a.i.)/kg]。

主要生产商 Agria、Chemtura、Dongbu Fine、Laboratorios Agrochem、Sharda、Sundat、丰业精细化工有限公司、河北威远生物化工股份有限公司、江苏省激素研究所股份有限公司、江苏苏利精细化工股份有限公司、上海生农生化制品有限公司、台湾兴农股份有限公司及浙江一同化工有限公司等。

作用机理与特点 几丁质合成抑制剂。阻碍昆虫表皮的形成，这一抑制行为非常专一，对一些生化过程，比如，真菌几丁质的合成，鸡、小鼠和大鼠体内透明质酸和其他黏多糖的形成均无影响。除虫脲是非系统性的触杀和胃毒行动的昆虫生长调节剂，昆虫蜕皮或卵孵化时起作用。对有害昆虫天敌影响较小。

应用

(1) 适用作物 棉花、大豆、柑橘、茶叶、覃类作物、蔬菜、蘑菇、苹果和玉米等。

(2) 防治对象 防治大田、蔬菜、果树和林区的黏虫、棉铃虫、棉红铃虫、菜青虫、苹果小卷蛾、墨西哥棉铃象、松异舟蛾、舞毒蛾、梨豆夜蛾、木虱、桔芸锈螨，残效 12~15d。水面施药可防治蚊幼虫。也可用于防治家蝇、厩螯蝇，羊身上的虱子。

(3) 使用方法 除虫脲通常使用剂量为 25~75g/hm²。以 0.01%~0.015%剂量使用，对苹果蠹蛾、潜叶虫和其他食叶害虫防效最佳；在 0.0075%~0.0125%剂量下，可有效防治柑橘锈螨；50~150g/hm² 可有效防治棉花、黄豆和玉米害虫。防治动物房中蝇蛆使用量为 0.5~1g/m²；防治蝗虫和蚱蜢使用剂量为 60~67.5g/hm²。

(4) 应用技术 ①防治菜青虫、小菜蛾，在幼虫发生初期，每亩用 20%悬浮剂 15~20g，兑水喷雾。也可与拟除虫菊酯类农药混用，以扩大防治效果。②防治斜纹夜蛾，在产卵高峰期或孵化期，用 20%悬浮剂 400~500mg/L 的药液喷雾，可杀死幼虫，并有杀卵作用。③防治甜菜夜蛾，在幼虫初期用 20%悬浮剂 100mg/L 喷雾，喷洒要力争均匀、周到，否则防效差。

(5) 注意事项 ①施用该药时应在幼虫低龄期或卵期。②施药要均匀，有的害虫对叶背也要喷雾。③配药时要摇匀，不能与碱性物质混合。④储存时要避光，放于阴凉、干燥处。⑤施用时注意安全，避免眼睛和皮肤接触药液，如发生中毒可对症治疗，无特殊解毒剂。

专利与登记 该化合物无专利权问题。国内登记情况：25%、75%、5%可湿性粉剂，95%、97.9%、98%原药，20%、40%悬浮剂，5%乳油等，登记作物为甘蓝、柑橘树、小麦、苹果树和森林等，防治对象为菜青虫、锈壁虱、潜叶蛾、黏虫、金纹细蛾和松毛虫等。美国科聚亚公司在中国登记情况见表32。

表 32　美国科聚亚公司在中国登记情况

登记名称	登记证号	含量剂型	登记作物	防治对象	用药量	施用方法
除虫脲	PD117-90	25%可湿性粉剂	甘蓝	菜青虫	189～236g/hm²	喷雾
			柑橘树	锈壁虱	62～83mg/kg	
			柑橘树	潜叶蛾	62～125mg/kg	
			小麦	黏虫	22.5～75g/hm²	
			苹果树	金纹细蛾	125～250mg/kg	
			森林	松毛虫	(1)40～60mg/kg (2)30～45g/hm²	(1)喷雾 (2)超低容量喷雾
除虫脲	PD260-98	97.9%原药				

合成方法　通过如下两种方法可以制得除虫脲。

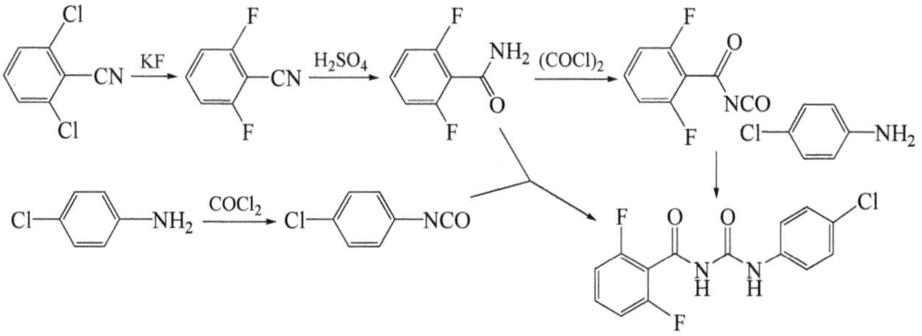

参考文献

[1] Pestic Sci,1972,9:373.

[2] J Agric Food Chem,1973,21(348)：9939.

[3] 于登博等.农药.2000,39 (3)：16.

除线磷 dichlofenthion

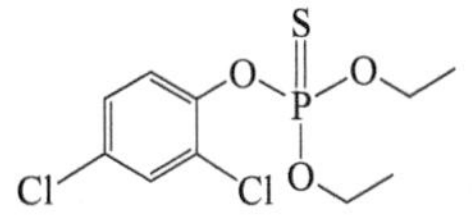

$C_{10}H_{13}Cl_2O_3PS$，315.2，97-17-6

除线磷(dichlofenthion)，试验代号　VC-13、ENT17470，商品名称　Pair-kasumin、VC，其他名称　酚线磷、氯线磷。是 M. A. Manzelli 报道，后被 Virginia-Carolina Chemical Corp. 开发的杀地下害虫剂和杀线虫剂，现仅由 Hokko Chemical Industry Co.，Ltd 在日本销售。

化学名称　O，O-二乙基-O-(2,4-二氯苯基) 硫代磷酸酯。O-2,4-dichlorophenyl-O,O-diethylphosphorothioate.

理化性质　工业品纯度＞95%。无色液体，沸点 120～123℃（0.2mmHg），蒸气压 12.7mPa(25℃)，分配系数 $K_{ow} lgP = 5.27(23℃)$，相对密度 1.321(20℃)。水中溶解度(20℃) 0.085mg/100mL，易溶于煤油和大多数有机溶剂中。

毒性　急性经口 LD_{50}（mg/kg）：雄鼠 247，雌鼠 136，雄小鼠 272，雌小鼠 259。急性经皮 LD_{50}（mg/kg）：雄鼠 259，雌鼠 333。对兔眼睛和皮肤轻微刺激，对豚鼠皮肤有轻微致敏。大鼠

吸入 LD_{50}（mg/L）：雄鼠 3.36，雌鼠 1.75。

生态效应 急性经口 LD_{50}（mg/kg）：雄日本鹌鹑 4060，雌日本鹌鹑 ＞5000。鲤鱼 LC_{50}（96h）＞25mg/L，水蚤 EC_{50}（48h）0.00012mg/L。藻类 E_bC_{50}（72h）0.42mg/L。

制剂 25％、50％、75％乳油，10％颗粒剂。

主要生产商 Hokko。

作用机理与特点 一种作用于神经系统的神经毒剂，抑制乙酰胆碱酯酶的活性。无内吸性，具有触杀作用。

应用

（1）适宜作物 黄瓜、葱、洋葱、柑橘、豌豆、大豆、小豆、芸豆、萝卜等。

（2）防治对象 用于防治大豆、芸豆、豌豆、小豆、黄瓜的瓜种蝇，萝卜的黄条跳甲，葱、圆葱的洋葱蝇，柑橘线虫等。

（3）使用方法 土壤处理，用 50％乳油 240～255kg/hm²，兑水 750kg，均匀喷洒在土壤上。

专利概况 专利 US 2761806 早已过专利期，不存在专利权问题。

合成方法 可通过如下反应表示的方法制得目的物：

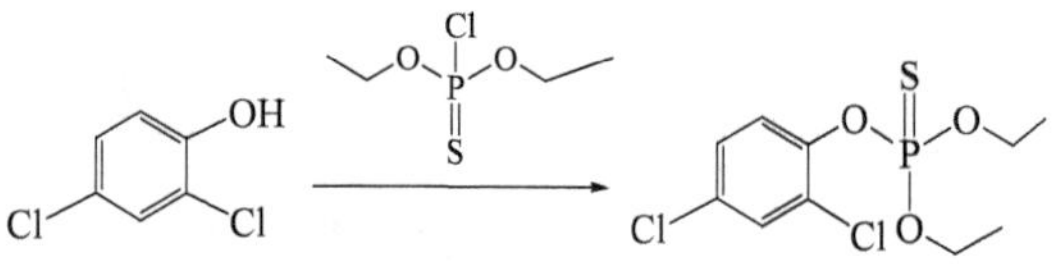

春雷霉素 kasugamycin

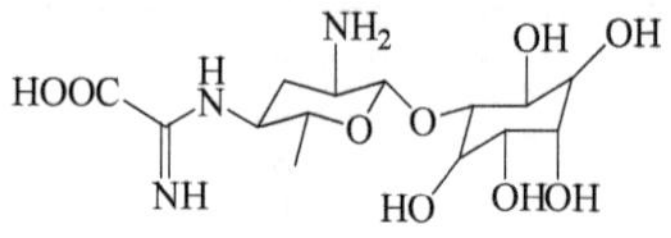

$C_{14}H_{25}N_3O_9$，379.4，6980-18-3

春雷霉素(kasugamycin)，商品名称 Kasugamin、Kasumin，其他名称 加收米，是北兴化学工业公司开发的抗菌素类杀细菌和杀真菌剂。

化学名称 1L-1,3,4/2,5,6-1-脱氧-2,3,4,5,6-五羟基环己基-2-氨基-2,3,4,6-四脱氧-4-(α-亚氨基甘氨酸基)-α-D-阿拉伯糖己吡喃糖苷或［5-氨基-2-甲基-6-(2,3,4,5,6-五羟基环己基氧基）四氢吡喃-3-基］氨基-α-亚氨基乙酸。1L-1,3,4/2,5,6-1-deoxy-2,3,4,5,6-pentahydroxycyclohexyl-2-amino-2,3,4,6-tetradeoxy-4-(α-iminoglycino)-α-D-arabino-hexopyranoside 或［5-amino-2-methyl-6-(2,3,4,5,6-pentahydroxycyclohexyloxy) tetrahydropyran-3-yl］amino-α-iminoacetic acid。

理化性质 纯品为无色结晶固体，熔点 202～204℃（分解）。相对密度 0.43(25℃)，蒸气压 ＜1.3×10^{-8}Pa(25℃)。分配系数 K_{ow}lgP＜1.96(pH 5,23℃)，Henry 常数＜2.9×10^{-8}Pa•m³/mol(计算)。水中溶解度(25℃,g/L)：207(pH 5)，228(pH 7)，438(pH 9)；其他溶剂中溶解度(25℃,mg/kg)：甲醇 2.76，丙酮、二甲苯＜1。室温条件下非常稳定，在弱酸条件下稳定，但在

强酸和碱条件下不稳定。DT_{50}（50℃）：47d（pH 5），14d（pH 9）。旋光度$[\alpha]_D^{25}+120°$（$c=1.6$，H_2O）。pK_{a1} 3.23，pK_{a2} 7.73，pK_{a3} 11.0。

毒性 春雷霉素盐酸盐一水合物：大鼠急性经口 $LD_{50}>5000mg/kg$，兔急性经皮 $LD_{50}>2000mg/kg$。本品对兔皮肤和眼睛无刺激，对皮肤无致敏性。大鼠吸入 LC_{50}（4h）$>2.4mg/L$。大鼠 NOEL（2y）300mg/L（11.3mg/kg），ADI（EPA）cRfD 0.113mg/kg[2005]。对大鼠无致畸和致癌作用，不影响繁殖。

生态效应 春雷霉素盐酸盐一水合物：日本鹌鹑急性经口 $LD_{50}>4000mg/kg$。鲤鱼、金鱼 LC_{50}（48h）$>40mg/L$。水蚤 LC_{50}（6h）$>40mg/L$，蜜蜂（接触）$LD_{50}>40\mu g/$只。

环境行为

（1）动物 兔子口服春雷霉素盐酸盐一水合物后，会在 24h 内经尿液排出。经过静脉注射的狗，春雷霉素会在 8h 内排出。大鼠口服后，在其十一个脏器和血液中未发现残余物。96%的剂量会在口服 1h 内停留在消化道内。

（2）植物 春雷霉素会分解成相应的酸，最终会分解成氨类、草酸、CO_2 和水。

（3）土壤/环境 分解方式类似植物。

制剂 2%液剂，0.4%粉剂，2%水剂，2%、4%、6%可湿性粉剂。

主要生产商 Hokko。

作用机理与特点 干扰氨基酸代谢的酯酶系统，从而影响蛋白质的合成，抑制菌丝伸长和造成细胞颗粒化，但对孢子萌发无影响。具有保护、治疗及较强的内吸活性，其治疗效果更为显著，是防治蔬菜、瓜果和水稻等作物的多种细菌和真菌性病害的理想药剂。渗透性强并能在植物体内移动，喷药后见效快，耐雨水冲刷，持效期长，且能使施药后的瓜类叶色浓绿并能延长收获期。

应用

（1）适宜作物 水稻、马铃薯、黄瓜、芹菜、番茄、大白菜、高粱、辣椒、菜豆、柑橘、苹果、桃树。

（2）防治对象 水稻稻瘟病，马铃薯环腐病，黄瓜细菌性叶斑病、枯萎病，芹菜疫病，番茄叶霉病、灰霉病，大白菜软腐病，高粱炭疽病，辣椒疮痂病，菜豆晕枯病，柑橘、桃树、柠檬细菌性穿孔病以及流胶病，苹果腐烂病等。

（3）使用方法

① 防治水稻稻瘟病 防治叶瘟，在发病初期每亩用 2%液剂 80mL，兑水 65～80L，喷药 1次，7d 后，可视病情发展情况酌情再喷 1 次；防治穗颈瘟，在水稻破口期和齐穗期，每亩用 2%液剂 100mL，兑水 80～100L 各喷药 1 次。

② 防治芹菜早疫病 于发病初期，每亩用 2%液剂 100～120mL，兑水 65～80L，喷药。

③ 防治番茄叶霉病、黄瓜细菌性角斑病 在发病初期每亩用 2%液剂 140～170mL，兑水 60～80L，喷药 1 次，以后每隔 7d 喷药 1 次，连续喷药 3 次。

④ 防治菜豆晕枯病 于发病初期，每亩用 2%液剂 100～130mL，兑水 65～80L，喷药。

⑤ 防治辣椒细菌性疮痂病 在发病初期每亩用 2%液剂 100～130mL，兑水 60～80L，喷药 1 次，以后每隔 7d 喷药 1 次，连续喷药 2～3 次。

⑥ 防治高粱炭疽病 在发病初期每亩用 2%液剂 80mL，兑水 65～80L，喷药。

专利与登记 专利 JP42006818、BE657659、GB1094566 均已过专利期，不存在专利权问题。

国内登记情况：2％、10％、47％、50％可湿性粉剂，2％水剂，登记作物是黄瓜，防治对象为枯萎病。日本北兴化学工业株式会社在中国登记情况见表33。

表33　日本北兴化学工业株式会社在中国登记情况

登记名称	登记证号	含量	剂型	登记作物	防治对象	用药量/(g/hm²)	施用方法
春雷霉素	PD54-87	2％	液剂	番茄 黄瓜 水稻	叶霉病 角斑病 稻瘟病	42～52.5 42～52.5 24～30	喷雾
春雷霉素	PD316-99	70％	原药				

[1] The Pesticide Manual. 15th edition. 2009，685-686.

哒菌酮 diclomezine

$C_{11}H_8Cl_2N_2O$，255.1，62865-36-5

哒菌酮(diclomezine)，试验代号　F-850、SF-7531，商品名称　Monguard，是由日本三共公司研制开发的一种哒嗪酮类杀菌剂。

化学名称　6-(3,5-二氯-对甲基苯基)哒嗪-3(2H)-酮。6-(3,5-dichlorophenyl-p-tolyl) pyridazin-3(2H)-one。

理化性质　纯品为无色结晶状固体。熔点250.5～253.5℃。蒸气压<1.3×10^{-2}mPa(60℃)。水中溶解度0.74mg/L(25℃)；其他溶剂中溶解度(g/L,23℃)：甲醇2.0，丙酮3.4。在光照下缓慢分解。在酸、碱和中性环境下稳定。

毒性　大鼠急性经口 LD$_{50}$>12000mg/kg，大鼠急性经皮 LD$_{50}$>5000mg/kg。对皮肤无刺激作用。大鼠吸入 LC$_{50}$(4h)0.82mg/L。大鼠 NOEL[2y,mg/(kg·d)]：雄性98.9，雌性99.5。

生态效应　山齿鹑和野鸭饲喂 LC$_{50}$(8d)>7000mg/L。山齿鹑饲喂 LD$_{50}$>3000mg/kg。鲤鱼LC$_{50}$(48h)>300mg/L。水蚤 LC$_{50}$(5h)>300mg/L。蜜蜂 LD$_{50}$(经口和接触)>100μg/只。

环境行为　易吸附于土壤颗粒。

制剂　1.2％粉剂、20％悬浮剂、20％可湿性粉剂。

作用机理与特点　哒菌酮是一种具有治疗和保护性的杀菌剂。通过抑制隔膜形成和菌丝生长，从而达到杀菌目的。尽管哒菌酮的主要作用方式尚不清楚。但在含有1mg/L哒菌酮的马铃薯葡萄糖琼脂培养基上，立枯丝核菌、稻小核菌和灰色小核菌分枝菌丝的隔膜形成会受到抑制，并引起细胞内容物泄漏。此现象甚至在培养开始后2～3h便可发现。如此迅速的作用是哒菌酮特有的，其他水稻纹枯病防治药剂如戊菌隆和氟酰胺等均没有这么快。

应用

(1) 适宜作物与安全性　水稻、花生、草坪等，在推荐剂量下对作物安全。

(2) 防治对象　水稻纹枯病和各种菌核病，花生的白霉病和菌核病，草坪纹枯病等。

(3) 使用方法　茎叶喷雾，使用剂量为360～480g(a.i.)/hm²。

专利概况　专利 DE2640806 早已过专利期，不存在专利权问题。

合成方法　以甲苯、丁二酸酐、水合肼为起始原料，经如下反应即可制得哒菌酮：

参考文献

[1] The Pesticide Manual. 15th edition. 2009：344.

[2] Japan Pesticide Information，1988，52：31.

哒螨灵 pyridaben

$C_{19}H_{25}ClN_2OS$，364.9，96489-71-3

哒螨灵（pyridaben），试验代号 NC-129、NCI-129、BAS-300I（BASF）。商品名称 Agrimit、Dinomite、Pyromite、Sanmite、Tarantula。其他名称 达螨净、哒螨酮、牵牛星、速螨酮。由 K. Hirata 等报道，日本日产化学工业株式会社开发的哒嗪酮类杀虫、杀螨剂。

化学名称 2-叔丁基-5-(4-叔丁基苄硫基)-4-氯哒嗪-3(2H)-酮。2-tert-butyl-5-(4-tert-butyl-benzylthio)-4-chloropyridazin-3(2H)-one。

理化性质 本品为无色晶体。熔点 111～112℃，蒸气压<0.01mPa(25℃)，$K_{ow}lgP=6.37$[(23±1)℃,蒸馏水]，Henry 常数<$3×10^{-1}$Pa·m³/mol(计算值)，相对密度(20℃)1.2。水中溶解度(24℃)0.012mg/L；其他溶剂中溶解度(g/L,20℃)：丙酮 460，苯 110，环己烷 320，乙醇 57，正辛醇 63，己烷 10，二甲苯 390。在 50℃稳定 90d，对光不稳定。在 pH 5、7 和 9，25℃时，黑暗中 30d 不水解。

毒性 急性经口 LD_{50}(mg/kg)：雄大鼠 1350，雌大鼠 820，雄小鼠 424，雌小鼠 383。大鼠和兔急性经皮 LD_{50}>2000mg/kg，对兔皮肤和眼睛无刺激作用，对豚鼠皮肤无致敏性。大鼠吸入 LC_{50}(mg/L 空气)：雄大鼠 0.66，雌大鼠 0.62。NOEL 值[mg/(kg·d)]：小鼠(78 周)0.81，大鼠(104 周)1.1。ADI：(BfR)0.008mg/kg，(EPA)0.05mg/kg。其他在染色体畸变试验(中国仓鼠)和微核试验(小鼠)中无诱变性。在 Ames 或 DNA 修复试验中无诱变性。

生态效应 鸟急性经口 LD_{50}(mg/kg)：山齿鹑>2250，野鸭>2500。鱼类 LC_{50}(μg/L)：虹鳟鱼(96h)1.1～3.1，大翻车鱼(96h)1.8～3.3，鲤鱼(48h)8.3。水蚤 EC_{50}(48h)0.59μg/L。不会明显影响羊角月牙藻生长速度。蜜蜂经口 LD_{50} 0.55μg/只。蚯蚓 LC_{50}(14d)38mg/kg 土。

环境行为

(1) 动物 大鼠、山羊、母鸡经口主要代谢到粪便中。代谢很复杂，至少有 30 种降解物。

(2) 植物 柑橘和苹果使用后哒螨灵逐渐光解，不会转移到果肉中。

(3) 土壤/环境 在有氧土壤中易被微生物降解。DT_{50}<21d；进一步降解成极性产物(含土壤结合的残留物)和 CO_2。天然水体 DT_{50} 10d(25℃,避光)。光解水 DT_{50} 30min(pH 7)。

制剂　20％可湿性粉剂和 15％乳油。

主要生产商　Nissan、Sundat、湖北沙隆达股份有限公司、江苏百灵农化有限公司、江苏蓝丰生物化工股份有限公司、江苏扬农化工股份有限公司、连云港立本农药化工有限公司、南京红太阳集团有限公司、沙隆达郑州农药有限公司、盐城利民农化有限公司及浙江兰溪巨化氟化学有限公司等。

作用机理与特点　非系统性杀虫杀螨剂。作用迅速且残留活性长。对各阶段害虫都有活性，尤其适用于幼虫和蛹时期。

应用

（1）适用作物　柑橘、茶叶、棉花、蔬菜、梨、山楂及观赏植物。

（2）防治对象　本品属哒嗪酮类杀虫、杀螨剂，无内吸性，以 5～20g/100L 或 100～300kg/hm² 防治果树、蔬菜、茶树、烟草及观赏植物上的粉螨、粉虱，对蚜虫、叶蝉科和缨翅目害虫有极佳的防治效果。对全爪螨、叶螨、小爪螨、始叶螨、跗线螨和瘿螨等一系列螨类均有效，而且对螨从卵、幼螨、若螨到成螨的不同生育期均有效，持效期 30～60d，与苯丁锡、噻螨酮等常用杀螨剂无交互抗性。

（3）残留量与安全施药　对人畜有毒，不可吞食、吸入或渗入皮肤，不可入眼或污染衣物等。施药时应做好防护，施药后要用肥皂和清水彻底清洗手、脸等。如有误食应用净水彻底清洗口部或灌水两杯后用手指伸向喉部诱发呕吐。药剂应储存在阴凉、干燥和通风处，不与食物混放。不可污染水井、池塘和水源。刚施药区禁止人、畜进入。花期使用对蜜蜂有不良影响。可与大多数杀虫、杀菌剂混用，但不能与石硫合剂和波尔多液等强碱性药剂混用。一年最多使用 2次，安全间隔期为收获前 3d。

（4）使用方法　使用剂量为 5～20g/100L 或 100～300kg/hm² 时可控制大田作物、果树、观赏植物、蔬菜上的螨、粉虱、蚜虫、叶蝉和缨翅目害虫。

① 柑橘红蜘蛛和四斑黄蜘蛛的防治：开花前每叶有螨 2 头、开花后和秋季每叶有螨 6 头时，用 20％可湿性粉剂 2000～4000 倍液或 15％乳油 2000～3000 倍液喷雾，防治效果很好，药效可维持 30～40d 以上，但虫口密度高或气温高时，其持效期要短些。

② 柑橘锈壁虱：5～9 月每视野有螨 2 头以上或果园内有极个别黑（受害）果出现时，用上述防治柑橘红蜘蛛的浓度喷雾，有很好防治效果，持效期可达 30d 以上。

③ 苹果红蜘蛛和山楂红蜘蛛：在越冬卵孵化盛期或若螨始盛发期用 20％用可湿性粉剂 2000～4000 倍液或 15％乳油 2000～3000 倍液喷雾，防治效果很好，持效期可达 30d 以上。

④ 苹果、梨、黄瓜和茄子上的棉红蜘蛛：用 20％可湿性粉剂 1500～2000 倍液喷雾，防治效果良好。侧多食跗线螨：用 20％可湿性粉剂 2000～3000 倍液喷雾（尤其是喷叶背面），防治效果较好，持效期较长。

⑤ 葡萄上的鹅平栌始叶螨：用 20％可湿性粉剂 1500～2000 倍液喷雾，防治效果较好，持效期可达 30d 左右。

⑥ 茶橙瘿螨和神泽叶螨：用 20％可湿性粉剂 1500～2000 倍液喷雾，防治效果较好。

⑦ 茶绿叶蝉和茶黄蓟马：用 20％可湿性粉剂 1000～1500 倍液喷雾，防治效果很好。

⑧ 矢光蚧和黑刺粉虱两者的 1～2 龄若虫：用 20％可湿性粉剂 1000～2000 倍液喷雾，防治效果较好。

⑨ 棉蚜：用 20％可湿性粉剂 2000～2500 倍液喷雾，防治效果较好。

⑩ 葡萄叶蝉：用 20％可湿性粉剂 1000～1500 倍液喷雾，防治效果较好，持效期可达 15d 以上。

⑪ 番茄上的温室粉虱：用 15％乳油 1000 倍液喷雾，防治效果较好，持效期可达 20d 左右。

⑫ 玫瑰上的叶螨和跗线螨：用 15％乳油 1000～1500 倍液喷雾，防治效果较好。在春季或秋季害螨发生高峰前使用，浓度以 4000 倍液为宜。

专利与登记　专利 JP60004173 早已过专利期，不存在专利权问题。国内登记情况：20％可湿性粉剂，15%乳油，95%原药等，登记作物为棉花、苹果树和柑橘树等，防治对象为红蜘蛛等。

合成方法 哒嗪酮一般有如下两个合成方法：

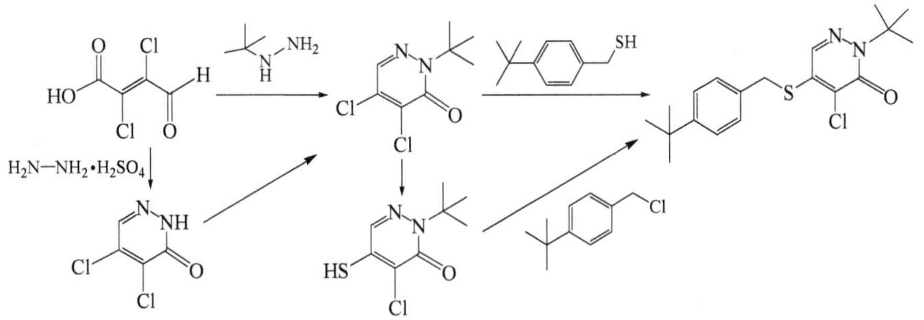

参考文献

[1] The Proceeding of the BCPC Conference：Pests & Disease，1988：41-48.
[2] 朱宏庆. 江苏化工，1999，3：21-22.
[3] 曹涤环. 湖南农业，2008，12：7.

哒嗪硫磷 pyridaphenthion

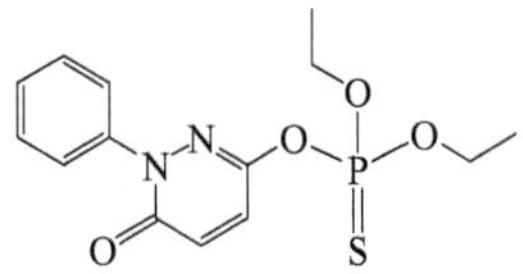

$C_{14}H_{17}N_2O_4PS$，340.3，119-12-0

哒嗪硫磷（pyridaphenthion），试验代号 NC-250、CL12503，商品名称 Ofunack。其他名称 除虫净、必芬松、苯哒磷、苯哒嗪硫磷、哒净硫磷、哒净松、杀虫净、打杀磷。是日本 Mitsu Toatsu Chemicals Inc.（现 Mitsui Chemicals）公司开发的有机磷类杀虫剂。

化学名称 O-(1,6-二氢-6-氧代-1-苯基-3-哒嗪基)-O,O-二乙基硫代磷酸酯。O-(1,6-dihydro-6-oxo-1-phenylpyridazin-3-yl)-O,O-diethyl phosphorothioate。

理化性质 白色固体，熔点 55.7～56.7℃，闪点 180℃，蒸气压 $1.47×10^{-3}$ mPa（20℃）、< $6.14×10^{-2}$ mPa（80℃），相对密度 1.334（20℃），分配系数 $K_{ow}\lg P=3.2$（20℃），Henry 常数 $5.00×10^{-6}$ Pa·m³/mol（计算）。水中溶解度（20℃）55.2mg/L；其他溶剂中溶解度（20℃，g/L）：环己烷 3.88，甲苯 812，二氯甲烷>1000，丙酮 930，甲醇>1000，乙酸乙酯 785。稳定性可达 150℃。水解 DT_{50}（25℃）：72d（pH 5），46d（pH 7），27d（pH 9）。光解 DT_{50}（25℃）：19d（无菌水）、7d（自然水中）。

毒性 急性经口 LD_{50}（mg/kg）：雄大鼠 769，雌大鼠 850，雄小鼠 459，雌小鼠 555，狗> 12000。急性经皮 LD_{50}（mg/kg）：雄大鼠 2300，雌大鼠 2100。本品对兔皮肤与眼睛无刺激，对豚鼠皮肤无致敏现象。大鼠吸入 LC_{50}（4h）>1133.3mg/m³ 空气。ADI（FSC）0.00085mg/kg。对大鼠多代进行慢性毒性研究显示不会造成致畸、致突变、致癌性不良影响的变化。

生态效应 日本鹌鹑急性经口 LD_{50} 为 68mg/kg。鲤鱼 TLm（48h）11mg/L。水蚤 TLm（3h） 0.02mg/L。对蜜蜂高毒。

环境行为 在小鼠和大鼠体内，本品代谢为 O-乙基-O-(3-氧代-2-苯基-2H-哒嗪基-6-)硫代磷酸酯和对应的磷酸酯；在水稻中，本品降解为苯基顺丁烯二酰肼，O,O-二乙基硫代磷酸和 PMH 苷。土壤有氧和水生有氧野外条件下 DT_{50} 7～35d。

制剂 20%乳油，2%粉剂。

主要生产商 安徽省池州新赛德化工有限公司。

应用

(1) 适用作物　水稻、小麦、棉花、杂粮、油菜、蔬菜、果树、森林等。

(2) 防治对象　对多种咀嚼式口器和刺吸式口器害虫均有较好的防治效果。尤其对稻螟虫、棉花红蜘蛛有卓效。对成螨、若螨、螨卵都有显著抑制作用。

(3) 残留量与安全施药　对人、畜毒性低，属低毒杀虫剂。①不能与碱性农药混用，以免分解失效。②不能与 2,4-滴除草剂同时使用，或两药使用的间隔期不能太短，否则，易发生药害。

(4) 使用方法　水稻：①在卵块孵化高峰前 1～3d，每亩用 20% 乳油 200～300mL，兑水 10kg 均匀喷雾，可防治二化螟、三化螟。②每亩用 20% 乳油 200mL，兑水 100kg 均匀喷雾，可有效防治稻苞虫、稻叶蝉、稻蓟马。③每亩用 20% 乳油 200～250mL，兑水 75kg 喷雾，或混细土 1.5～2.5kg 撒施，可有效防治稻瘿蚊。棉花：①用 20% 乳油稀释 1000 倍液喷雾，可防治棉花叶螨，不仅能杀死成螨、若螨，对螨卵也有显著的抑制作用。②用 20% 乳油 500～1000 倍均匀喷雾，或每亩用 2% 粉剂 3kg 喷粉，可有效防治棉蚜、棉铃虫、红铃虫、造桥虫，效果良好。③用 20% 乳油 1000 倍液进行喷雾，可有效防治棉花叶蝉。果树：用 20% 哒嗪硫磷乳油 800～1000 倍液均匀喷雾，可防治枣树蚜虫、桃小食心虫等。

专利与登记　专利 GB2113092、US2759937、EP1952690 均早已过专利期，不存在专利权问题。国内登记情况：20% 乳油等，登记作物为水稻、棉花、小麦、玉米、茶树、蔬菜、果树、大豆和林木等，防治对象为叶蝉、蚜虫、螨、棉铃虫、菜青虫和竹青虫等。

合成方法　经如下反应制得哒嗪硫磷：

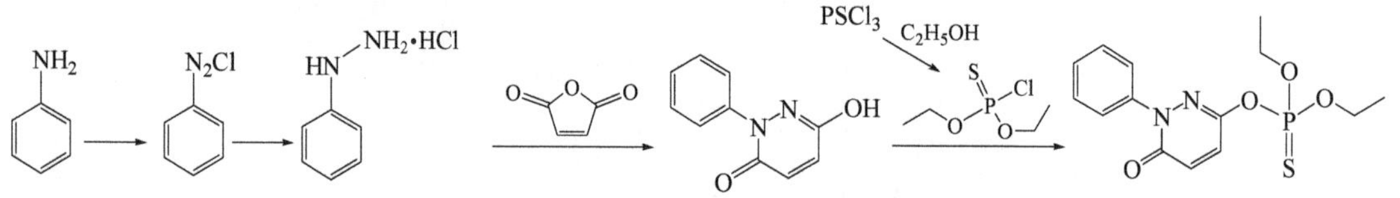

参考文献

[1] 徐良忠等. 山东化工，1994，4：21-23.

哒草特 pyridate

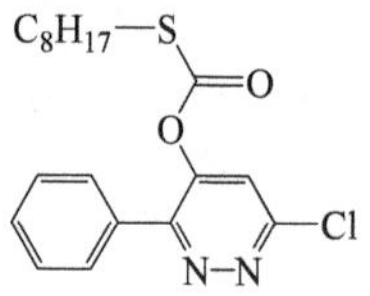

$C_{19}H_{23}ClN_2O_2S$，378.9，55512-33-9

哒草特（pyridate），试验代号　CL11344，商品名称　Chrono、Lentagran、Tough、Lido、Zintan，其他名称　达草特。是由 Chemie Linz AG（现 Nufarm GmbH & Co. KG）开发的硫代碳酸酯类除草剂，后于 1994 年售予 Sandoz AG（现拜耳公司）。

化学名称　6-氯-3-苯基哒嗪-4-基-S-辛基硫代碳酸酯。6-chloro-3-phenylpyridazin-4-yl S-octyl thiocarbonate.

理化性质　原药为棕色油状物，熔点 22～25℃。纯品为无色结晶固体，熔点 26.5～27.8℃，沸点 220℃（0.1mmHg），蒸气压 $4.8×10^{-4}$ mPa(20℃)，相对密度 1.28(20℃)。分配系数 K_{ow} $\lg P=4.01$(25℃)。Henry 常数 $1.21×10^{-4}$ Pa·m³/mol。水中溶解度（20℃，mg/L）：0.33(pH 3)，1.67(pH 5)，0.32(pH 7)。溶于大多数有机溶剂中，如丙酮、环己酮、乙酸乙酯、N-甲基吡咯酮、煤油及二甲苯＞900g/100mL。水解半衰期 DT_{50}（25℃）：117h(pH 4)，89h(pH 5)，

58.5h(pH 7)，6.2h(pH 9)。在250℃分解，闪点131℃。

毒性 雄、雌大鼠急性经口 LD$_{50}$＞2000mg/kg，大鼠急性经皮 LD$_{50}$＞2000mg/kg，对兔皮肤有中等刺激性，对兔眼睛无刺激性，对豚鼠皮肤有致敏性，对人体皮肤无影响。大鼠急性吸入 LC$_{50}$(4h)＞4.37mg/L 空气。NOEL[mg/(kg·d)]：(28个月)大鼠18，(12个月)狗30。ADI (EC)0.036mg/kg[2001]；(公司建议)0.18mg/kg；(WHO)0.35mg/kg[1992]；(EPA)0.11mg/ kg[1990]。无致癌性、致突变性和致畸性。

生态效应 山齿鹑急性经口 LD$_{50}$1269mg/kg。日本鹌鹑、山齿鹑及野鸭饲喂 LC$_{50}$(8d)＞ 5000mg/kg。鱼毒 LC$_{50}$(96h,mg/L)：鲶鱼48，虹鳟鱼1.2～81，大翻车鱼＞2.12～＞100，鲤鱼＞ 100。水蚤 LC$_{50}$0.83mg/L，在模拟的环境中 LC$_{50}$3.3～7.1mg/L。藻类 LC$_{50}$(mg/L)：鱼腥藻＞2.0，栅藻82.1。浮萍 EC$_{50}$(7d)＞2.0mg/L，蜜蜂 LD$_{50}$(经口和接触)＞100μg/只。蚯蚓 LC$_{50}$(14d)＞ 799mg/kg 土。对有益节肢动物如椿属和双线隐翅虫无害，对土壤呼吸作用、氨化作用和硝化作用无影响。

环境行为

(1) 动物 动物经口后，哒草特会部分或者全部水解，其主要的代谢物为 3-苯基-4-羟基-6-氯代哒嗪，随后进行苯基对位的羟基化。代谢物进一步降解形成 O-葡糖苷酸和 N-葡糖苷酸。主要的代谢物和键合物迅速完全地排出体外。重复给药时在体内不会累积。

(2) 植物 水解的主要代谢物为 3-苯基-4-羟基-6-氯代哒嗪，半衰期在几分钟到几天不等。代谢物进一步降解形成无除草活性的 O-葡糖苷酸和 N-葡糖苷酸。

(3) 土壤/环境 在土壤中迅速分解，DT$_{50}$0.03～1d(实验室,20℃,需氧型)；DT$_{50}$＜1d(瑞士)和1.5～7.7d(美国)，主要的代谢物 3-苯基-4-羟基-6-氯代哒嗪，其 DT$_{50}$15～55d(实验室，18～23℃,需氧型)，＜14d(瑞士)和30～60d(美国)。在有生物活性的水中，哒草特会分解成和在土壤中同样的代谢物，这类分解反应会在光降解作用下加速，DT$_{50}$16d。哒草特在土壤中不会浸出，会迅速水解。通过吸附监测，其代谢物在土壤中有移动性(K_d0.5～3.5；K_{oc}20～188)。浓度计、水监测和田间消散的研究表明在土壤中不易浸出。

制剂 45％可湿性粉剂，64％乳油。

作用机理与特点 哒草特是具选择性的苗后除草剂，具有叶面触杀活性，茎叶处理后迅速被叶片吸收，阻碍光合作用的希尔反应，使杂草叶片变黄并停止生长，最终枯萎致死。

应用

(1) 适宜作物 谷物、玉米、水稻及其他作物。

(2) 防除对象 主要用于防除一年生阔叶杂草特别是猪殃殃和反枝苋及某些禾本科杂草。

(3) 应用技术 施药不宜过早或过晚，施药时期应掌握在杂草发生早期，阔叶杂草出齐时施药为最理想。

(4) 使用方法 主要用于防除小麦、玉米、水稻等禾谷类作物和花生地阔叶杂草，其活性与杂草种类及生长期有关。使用剂量通常为 1000～1500g(a.i.)/hm^2。

① 麦田。春小麦分蘖盛期每亩施用 45％哒草特可湿性粉剂 133～200g，加水 30～50kg 进行茎叶处理。冬小麦在小麦分蘖初期(11月下旬)，杂草2～4叶期进行茎叶处理，也可在小麦拔节前(3月中旬前)施药。对中度敏感性杂草可适当提高用药量，每亩施用 45％哒草特可湿性粉剂 167～233.3g。

② 玉米田。玉米在 3～5 叶期，杂草 2～4 叶期，每亩施用 45％哒草特可湿性粉剂 167～ 233.3g，加水 30～50kg 进行茎叶处理。杂草种群比较复杂的玉米田，每亩施用 45％哒草特可湿性粉剂 133～200g 和 50％阿特拉津可湿性粉剂 100～150g 混用，加水 30～50kg，在玉米 4～5 叶期处理，扩大杀草谱，提高防除效果。

③ 花生田。阔叶杂草 2～4 叶期，每亩施用 45％哒草特乳油 133～200mL，加水 40～50kg 进行茎叶处理。在单双子叶杂草混生的花生田，则需用哒草特与防除禾本科杂草的除草剂混用，每亩施用 45％哒草特乳油 133～167g，分别与 35％吡氟禾草灵乳油 50mL、12.5％吡氟氯禾灵乳油 50mL、10％禾草克乳油 50mL 混用。

专利概述 专利 DE2331398 早已过专利期，不存在专利权问题。

合成方法 以顺丁烯酸酐为起始原料，经如下反应制得目的物：

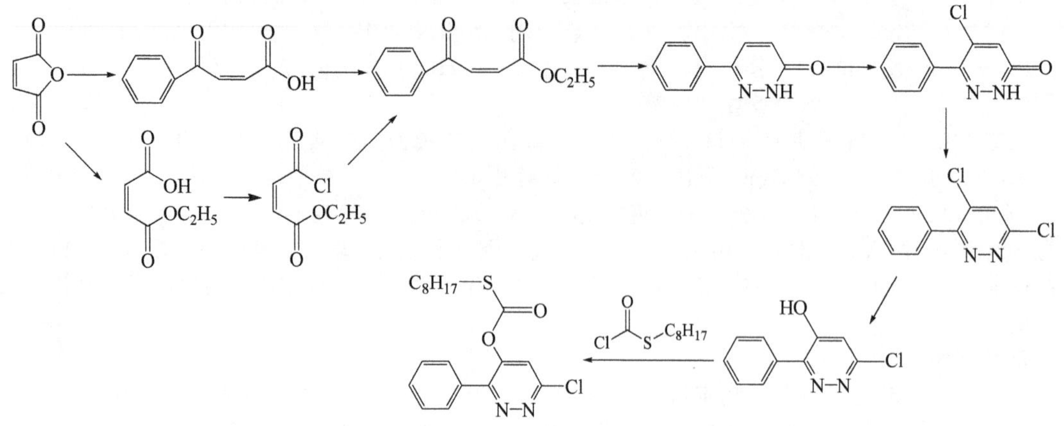

代森联 metiram

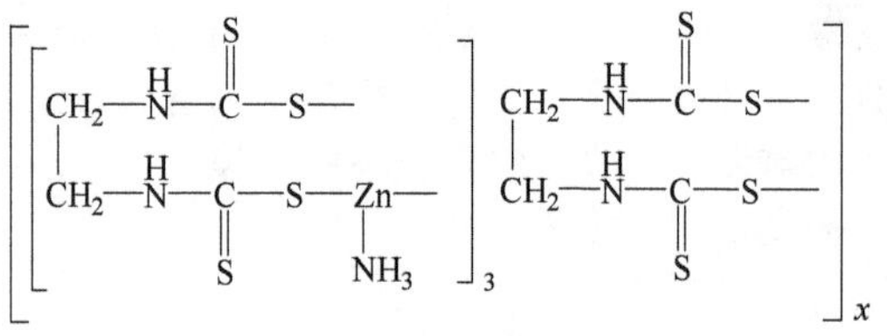

$$[C_{16}H_{33}N_{11}S_{16}Zn_3]_x，(1088.6)x，9006-42-2$$

代森联（metiram），试验代号 FMC 9102、BAS 222 F，其他名称 Polyram、Carbatene、品润、代森连、乙烯二硫代氨基甲酸盐。1958 年由 BASF AG（现在的 BASF SE）在德国开发。

化学名称 亚乙基双二硫代氨基甲酸锌聚（亚乙基秋拉姆二硫物），zinc ammoniate ethylenebis(dithiocarbamate)-poly(ethylenethiuram disulfide)。

理化性质 原药为黄色的粉末，有鱼腥味，156℃下分解，工业品含量达 95% 以上，蒸气压 <0.010mPa(20℃)，K_{ow}lg$P$0.3(pH 7)，Henry 常数 $<5.4\times10^{-3}$Pa·m³/mol（计算值），相对密度 1.860(20℃)。不溶于水和大多数有机溶剂（例如乙醇、丙酮、苯），溶于吡啶中并分解。在 30℃ 以下稳定；水解 DT_{50}17.4h(pH 7)。

毒性 大鼠急性经口 LD_{50}>5000mg/kg。大鼠急性经皮 LD_{50}>2000mg/kg。大鼠吸入毒性 LC_{50}(4h)>5.7mg/L 空气。大鼠(2y)无作用剂量 3.1mg/kg。

生态效应 鹌鹑 LD_{50}>2150mg/kg。虹鳟鱼 LC_{50}(96h)0.33mg/L（测量平均值）。水蚤 EC_{50}(48h)0.11mg/L（测量平均值）。绿藻 EC_{50}(96h)0.3mg/L。蜜蜂 LD_{50}（经口，接触）>80μg/只。蚯蚓 LC_{50}(14d)>1000mg/L。

环境行为 母体分子快速分解，所有的亚乙基双二硫代氨基甲酸酯的重要代谢物是亚乙基硫脲（ETU）。动物主要通过水解和成环作用进行代谢。植物主要通过水解和成环作用进行代谢。土壤 DT_{50}2.7d(20℃)，水中 DT_{50}0.8d。

制剂 70% 水分散粒剂，70% 可湿性粉剂。

主要生产商 BASF 以及石家庄市兴柏生物工程有限公司。

作用机理与特点　非特定性抑制呼吸的硫醇反应物。具有保护性能的非内吸性杀菌剂。对卵菌纲真菌引起的各种病害有很好的防效。

应用

（1）适用作物　枣树、苹果、梨等果树，西红柿、茄子、马铃薯、黄瓜等蔬菜，小麦、玉米等大田作物。

（2）防治对象　苹果斑点落叶病，梨黑星病，柑橘疮痂病、溃疡病，葡萄霜霉病，荔枝霜霉病、疫霉病，青椒疫病，黄瓜、香瓜、西瓜霜霉病，番茄疫病，棉花烂铃病，小麦锈病、白粉病，玉米大斑病、条斑病，烟草黑胫病，山药炭疽病、褐腐病、根颈腐病、斑点落叶病等。

（3）使用方法　①防治枣树、苹果、梨等果树的叶斑病、锈病、黑星病、霜霉病等病害，于发病初期开始喷洒 1000 倍 70%代森联水分散粒剂＋1000 倍"好先收"（果树专用型），每 10～15d 一次，连续喷洒 2～3 次。注意与波尔多液交替使用。②防治瓜菜类疫病、霜霉病、炭疽病，用 600～800 倍 70%代森联水分散颗粒剂＋50%纯烯酰吗啉，每 7～14d 一次，中间交替喷洒其他农药。③防治大田作物霜霉病、白粉病、叶斑病、根腐病等病害，在发病初期用 700～1000 倍 70%代森联干悬浮剂＋600 甲霜灵，每 7～14d 一次，中间交替喷洒其他农药。④防治西红柿、茄子、马铃薯疫病、炭疽病、叶斑病，用 80%可湿性粉剂 400～600 倍液，发病初期喷洒，连喷 3～5 次。⑤防治蔬菜苗期立枯病、猝倒病，用 80%可湿性粉剂，按种子重量的 0.1%～0.5%拌种。⑥防治瓜类霜霉病、炭疽病、褐斑病，用 400～500 倍液喷雾，连喷 3～5 次。⑦防治白菜、甘蓝霜霉病，芹菜斑点病，用 500～600 倍液喷雾，连喷 3～5 次。⑧防治菜豆炭疽病、赤斑病，用 400～700 倍液喷雾，连喷 2～3 次。

（4）注意事项　①储藏时，应注意防止高温，并要保持干燥，以免在高温、潮湿条件下使药剂分解，降低药效。②为提高防治效果，可与多种农药、化肥混合使用，但不能与碱性农药、化肥和含铜的溶液混用。③药剂对皮肤、黏膜有刺激作用，使用时留意保护。④不能与碱性或含铜药剂混用。对鱼有毒，不可污染水源。

专利与登记情况　专利 GB840211、US3248400、DE1085709 均早已过专利期。国内主要登记了 85%原药，70%水分散粒剂，70%可湿性粉剂。登记用于防治柑橘疮痂病（1000～1400mg/kg），黄瓜霜霉病（1120～1750g/hm²），梨树黑星病（1000～1400mg/kg），苹果斑点落叶病、轮纹病、炭疽病（1000～2333mg/kg）。

合成方法　可用亚乙基二硫代氨基甲酸和可溶性锌盐边氧化边沉淀得到。

代森锰锌 mancozeb

$$\left[\begin{array}{c} H \\ N \\ \\ H \\ N \end{array} \begin{array}{c} S \\ \| \\ C \\ \\ \\ C \\ \| \\ S \end{array} \begin{array}{c} S \\ \\ Mn \\ \\ S \end{array} \right]_x \cdot (Zn)_y$$

$$x:y = 1:0.091$$

$[C_4H_6MnN_2S_4]_x Zn_y$，271.2，8018-01-7

代森锰锌（mancozeb），商品名称　Aimcozeb、Caiman、Defend M 45、Devidayal M-45、Dithane、Dithane M-45、Fl-80、Fuerte、Fore、Hermozeb、Hilthane、Indofil M-45、Ivory、Kifung、Kilazeb、Manco、Mancosol、Mancothane、Mandy、Manex Ⅱ、Manzate、Micene、Suncozeb、Uthane、Vimancoz、Zeb。其他名称　Cuprosate 45、Cuprosate Gold、Curtine-V、Duett M、Electis、Equation Contact、Fantic M、Gavel、Melody Med、Micexanil、Mike、Milor、Pergado MZ、Ridomil Gold MZ、Sereno、Sun Dim、Tairel、Trecatol M、Valbon、Decabane、大丰、大生、大生富、喷克、速克净、新万生。是由 Rohm & Haas（现为 Dow AgroScience Co）和

E. I. Du Pont de Nemours and Co. (杜邦)开发的杀菌剂。

化学名称　亚乙基双二硫代氨基甲酸锰和锌盐的多元配位化合物。manganese ethylenebis(dithiocarbamate)(polymeric)complex with zinc salt.

理化性质　ISO 确定的代森锰锌组成是代森锰与锌组成的配位化合物，其中含有 20％锰和 2.2％锌，并申明有盐的存在(如：氯化代森锰锌)。原药为灰黄色流动粉末，具有轻微的硫化氢气味。熔点：172℃以上分解。蒸气压＜$1.33×10^{-2}$ mPa(20℃)。分配系数 K_{ow} lg$P$＝0.26。Henry 常数＜$5.9×10^{-4}$ Pa•m^3/mol(计算)。相对密度 1.92(20℃)。水中溶解度(pH 7.5,25℃)6.2mg/L，不溶于大多数有机溶剂。可溶于强螯合剂溶液中，但不能回收。稳定性：在正常、干燥条件下储存稳定，遇热或潮湿缓慢分解。水解 DT_{50}：20d(pH 5)，21h(pH 7)，27h(pH 9)(25℃)。代森锰锌有效成分不稳定，原药不经分离，直接生产各种制剂。

毒性　大鼠急性经口 LD_{50}＞5000mg/kg。急性经皮 LD_{50}(mg/kg)：大鼠＞10000，兔＞5000；对兔眼睛具有严重刺激性，对兔皮肤无刺激性。大鼠吸入 LC_{50}(4h)＞5.14mg/L。NOEL[mg/(kg•d)]：大鼠慢性 NOAEL(2y)4.8，大鼠 NOAEL(2y)0.37(亚乙基硫脲)。未发现对繁殖、双亲、新生儿生存、增长或发展有危害。ADI 值(mg/kg)：0.03(代森锰、代森联和代森锌)；亚乙基硫脲 0.004[1993]；(EC)0.05[2005]；(EPA)aRfD 1.3，cRfD 0.05[2005]；亚乙基硫脲 aRfD 0.005，cRfD 0.0002[1992]。很高的母体毒性，动物测试会造成出生缺陷；亚乙基硫脲以及代森锰锌其他分解产物在实验室动物试验中已经发现会引起甲状腺肿瘤和出生缺陷。

生态效应　鸟类急性经口 LD_{50}(10d,mg/kg)：野鸭＞5500，日本鹌鹑 5500，家麻雀＞1290，欧掠鸟＞2400。急性饲喂山齿鹑和野鸭 LC_{50}(8d)＞5200mg/kg。慢性繁殖 NOEL 数据(mg/kg 饲料)：野鸭 125，山齿鹑 300。鱼毒 LC_{50}(96h,mg/L)：虹鳟鱼 1.0，大翻车鱼＞3.6。虹鳟鱼 NOEC(14d)0.66mg/L。水蚤 EC_{50}(48h,流动)3.8mg/L。月牙藻 EC_{50}(120h,细胞密度)0.044mg/L。其他水生生物：轮虫 EC_{50}(24h)0.11mg/L。LC_{50}(48h,mg/L)：蜗牛＞113，端足类甲壳动物 3.0，等脚类动物 4.4。蜜蜂 LD_{50}(μg/只)：经口 209，接触＞400。蚯蚓 LC_{50}(14d)1000mg/kg 土，(56d)繁殖 NOEC 20mg/kg 土。其他有益生物：代森锰锌对大多数非靶标和有益的节肢动物低毒；LR_{50}(实验室,g/hm²)：烟蚜、普通草蛉、土鳖虫＞2400，捕食螨 26.67。LR_{50}(扩展实验室,g/hm²)：烟蚜、普通草蛉＞7690，捕食螨 104.4，微小花虫春＞3200，豹蛛属＞3200。对尖狭下盾螨 LC_{50}＞4.3mg/kg 土。对某些捕食性植绥螨(螨)在实验室条件下有中毒现象，但在同样水平或程度的田间试验中观察不到。

环境行为　代森锰锌在土壤、沉淀物和水中迅速代谢，最终代谢产物是天然产物和矿化产生的二氧化碳。无生物累积性。本品在动物体内不易吸收，代谢迅速，产物广泛；在植物体内代谢产物广泛，形成乙烯硫脲、磺酸等短暂中间体，最终代谢产物是天然产物，特别是甘氨酸的衍生物；在环境中通过水解、氧化、光解和代谢迅速降解。土壤 DT_{50}＜1d(20℃)，K_{oc}998mL/g(4 种土壤)。

制剂　60％粉剂，48％干拌种剂，30％、42％、43％、45.5％悬浮剂，50％、60％、70％、80％可湿性粉剂，80％湿拌种剂等。

主要生产商　A&Fine、Agria、Agrochem、Cerexagri、Crystal、Dow AgroSciences、DuPont、GujaratPesticides、Hindustan、Indofil、Sabero、United phosphorus、艾农国际贸易有限公司、湖北沙隆达股份有限公司、江苏宝灵化工股份有限公司、利民化工股份有限公司、南通江山农药化工股份有限公司、深圳市宝城化工实业有限公司、深圳市易普乐生物科技有限公司、沈阳丰农农业有限公司及泰禾集团等。

作用机理与特点　二硫代氨基甲酸盐类的杀菌机制是多方面的，但其主要为抑制菌体内丙酮酸的氧化和参与丙酮酸氧化过程的二硫辛酸脱氢酶中的巯基(SH)结合，代森类化合物先转化为异硫氰酯，其后再与巯基结合，主要的产物是异硫氢甲酯和二硫化亚乙基双胺硫代甲酰基，这些产物的最重要毒性反应也是蛋白质体(主要是酶)上的巯基，其中反应最快、最明显的是辅酶 A 分子上的巯基与复合物中的金属键的结合。属保护性杀菌剂。

应用

（1）适宜作物　甜菜、白菜、甘蓝、芹菜、辣椒、蚕豆、菜豆、番茄、茄子、马铃薯、瓜类如西瓜等，棉花、花生、麦类、玉米、水稻、啤酒花、茶、橡胶、柑橘、葡萄、芒果、香蕉、苹果、荔枝、梨、柿、桃树、玫瑰花、月季花、烟草等。

（2）防治对象　用于防治藻菌纲的疫霉属、半知菌类的尾孢属，壳二孢属等引起的多种病害。对果树、蔬菜上的炭疽病、早疫病等多种病害有效，如香蕉叶斑病、苹果斑点落叶病、轮纹病、炭疽病，梨黑星病，葡萄霜霉病，荔枝霜疫病，瓜类的炭疽病、霜霉病、轮斑病和褐斑病等，辣椒疫病，番茄、茄子、马铃薯的疫病、灰斑病、炭疽病、斑点病等，甜菜、白菜、甘蓝、芹菜的褐斑病、斑点病、白斑病和霜霉病等。麦类、玉米的网斑病、条斑病、叶斑枯病和大斑病。棉花、花生的枯病、苗斑病、铃疫病、茎枯病、云纹斑病、黑斑病、锈病等。葡萄、啤酒花的灰霉病、霜霉病、炭疽病、黑痘病等。烟草赤星病等。玫瑰花、月季花的黑星病等。同时它常与内吸性杀菌剂混配，用于扩大杀菌谱，增强防治效果，延缓抗性的产生。

（3）应用技术　果树一般喷液量每亩人工 200～300L。大田作物、蔬菜每亩人工 40～50L，拖拉机 7～10L，飞机 1～2L。

（4）使用方法

① 防治苹果斑点落叶病、轮纹病、炭疽病。用 80％代森锰锌 800 倍液或每 100L 水加 80％代森锰锌 125g 喷雾。春梢期苹果落花后 7d 左右开始施药，间隔 10d 施药 1 次，连续用药 3 次，可有效地控制这三种病害，既保叶又保果。代森锰锌可与杀虫剂、杀螨剂混用。秋梢期可与其他杀菌剂交替使用 2～3 次。成熟着色期喷 2 次，既防病又促进果实着色。用药间隔期为高温多雨天 10d，干旱无雨可适当延长。

② 防治梨黑星病。梨落花后到果实采收前均可施药。用 80％代森锰锌 800 倍液或每 100L 水加 80％代森锰锌 125g 喷雾，雨季到来前每 10～15d 喷药 1 次，连喷 3～4 次；进入雨季后每隔 10d 喷药 1 次，连喷 4～5 次。黑星病发病初期，可先用内吸治疗性杀菌剂 62.25％仙生（腈菌唑加代森锰锌）600 倍液喷雾 1～2 次，再换用代森锰锌进行预防。

③ 防治葡萄霜霉病。在发病前或发病初期开始用药，用 80％代森锰锌 600～800 倍液或每 100L 水加 80％代森锰锌 125～167g 喷雾。每间隔 7～10d 喷药 1 次，连续使用 4～6 次。

④ 防治葡萄黑痘病。萌芽后，每隔 2 周施药，连续阴雨可缩短施药间隔。用 80％代森锰锌 600 倍液，即每 100L 水加药 166.7g 均匀喷雾。

⑤ 防治荔枝霜疫病。荔枝霜疫病随雨水传播浸染果实，花蕾期、盛花期、幼果期及近成熟的果实易感病，因此，花蕾期开始喷施。用 80％代森锰锌 400～600 倍液或每 100L 水加 80％代森锰锌 167～250g，喷雾间隔期为 7～10d，连续使用 6 次以上。

⑥ 防治香蕉叶斑病。雨季每月施药 2 次，旱季每月施药 1 次。用 80％代森锰锌 400 倍液，即 100L 水加药 250g 均匀喷雾。或于发病前或发病初期喷药，用 43％代森锰锌 400 倍液，即每 100L 水加 43％大生富 250g 均匀喷雾。

⑦ 防治柑橘黑星病。落花后一周到 8 月中旬施药，用 80％代森锰锌 500 倍液，即每 100L 水加药 200g 均匀喷雾。

⑧ 防治芒果炭疽病。于开花盛期起每隔 7d 施药 2 次，连续 4 次。用 80％代森锰锌 400 倍液，即每 100L 水加药 250g 均匀喷雾。

⑨ 防治黄瓜霜霉病、西瓜炭疽病、辣椒疫病、番茄早疫病。移栽前苗床期可喷药 1～2 次，以减少病原，移栽后发病前或发病初期开始喷药，间隔 7～10d，连续使用 4～6 次。用 80％代森锰锌 400～600 倍液或每 100L 水加 80％代森锰锌 167～250g。

⑩ 防治番茄、马铃薯早疫病、叶霉病、晚疫病。于发病初期或低温多湿时预防发病，每 5～7d 施药 1 次。每亩用 80％代森锰锌 150～188g，兑水 20～50L 喷施。

⑪ 防治西瓜炭疽病。发病初期开始，每隔 10d 施药 2 次，连续 3 次。每亩用 80％代森锰锌 100～130g，兑水 40～50L 均匀喷雾。

⑫ 防治花生褐斑病、黑斑病、灰斑病。于病害发生时开始施药，每隔 10d 施药 1 次，连续施 2～3 次。每亩用 80％代森锰锌 200g，兑水 20～50L 喷施。

⑬ 防治大豆锈病。于大豆初花期施药，每隔 7～10d 施用 1 次，连续 4 次。每亩用 80% 代森锰锌 200g，兑水 20～50L 喷施。

⑭ 防治菜豆锈病。于锈病发生初期施药，每隔 10d 施 1 次，共 4 次。每亩用 80% 代森锰锌 100～130g，兑水 20～50L 均匀喷雾。

⑮ 防治水稻稻瘟病。当防治叶瘟时，施药期在发病初期，田检见急型病斑时；防治稻瘟，于孕穗末期至抽穗期进行施药。每亩用 80% 代森锰锌 130～160g，兑水 20～50L 均匀喷雾。

⑯ 防治烟草赤星病。移栽前苗床期喷药 1～2 次，以减少病原。移栽后发病前或发病初期开始喷药，间隔 7～10d，连喷 3 次以上。用 80% 代森锰锌 600 倍液或每 100L 水加 80% 代森锰锌 167g 均匀喷雾。

专利与登记　专利 GB996264、US3379610、US2974156 均已过专利期，不存在专利权问题。国内登记情况：40%、46%、50%、55%、60%、64%、70%、80% 可湿性粉剂，69% 水分散粒剂，85%、88%、90%、96% 原药等，登记作物为西瓜、梨树、苹果树、番茄、葡萄等，防治对象为炭疽病、黑星病、黑痘病、霜霉病等。美国杜邦公司在中国登记情况见表 34。

表 34　美国杜邦公司在中国登记情况

登记名称	登记证号	含量	剂型	登记作物	防治对象	用药量	施用方法
霜脲·锰锌	PD20060023	72%	可湿性粉剂	黄瓜 荔枝树 番茄	霜霉病 霜疫霉病 晚疫病	$1440～1800g/hm^2$ $1030～1440mg/kg$ $1404～1944g/hm^2$	喷雾

合成方法　具体合成方法如下：

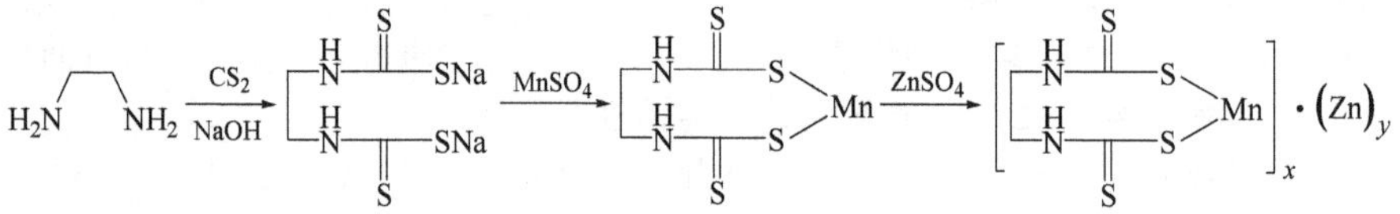

参考文献

[1] The Pesticide Manual. 15th edition. 2009：702-704.

代森锌 zineb

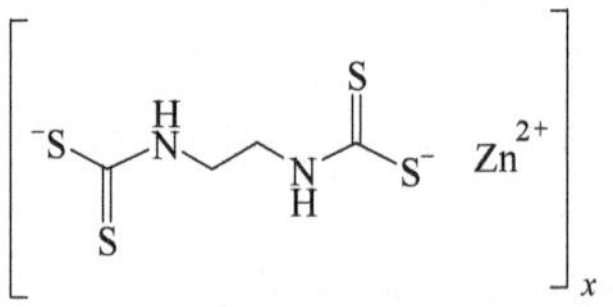

$C_4H_6N_2S_4Zn$，275.8，12122-67-7

代森锌(zineb)，试验代号　ENT14874，商品名称　Amitan、Indofil Z-78，其他名称　ZEB、培金，由 Rohm & Haas Co.(现 Dow AgroSciences)和 E. I. DuPont de Nemours & Co. 开发。

化学名称　亚乙基双(二硫代氨基甲酸锌)(聚合物)，zinc ethylenebis(dithiocarbamate)(polymeric)。

理化性质　原药为白色至淡黄色的粉末，157℃下分解。工业品含量达 95% 以上。闪点 90℃。溶解度：在水中仅溶解 10mg/L，不溶于大多数有机溶剂，微溶于吡啶中。自燃温度 149℃，对光、热、湿气不稳定，容易分解，放出二硫化碳，故代森锌不宜放在潮湿和高温地方。代森锌分解产物中有亚乙基硫脲，其毒性较大。

毒性 大鼠急性经口 $LD_{50} > 5200mg/kg$。大鼠急性经皮 $LD_{50} > 6000mg/kg$。对皮肤和黏膜有刺激性。制剂中的杂质及分解产物亚乙基硫脲在极高剂量下会使试验动物出现甲状腺病变,产生肿瘤及生育不能等症状。

生态效应 河鲈鱼 LC_{50} 2mg/L。蜜蜂 LD_{50}(经口、接触):$100\mu g/$只。

环境行为 在植物中亚乙基硫脲是主要代谢物,也形成了亚乙基秋兰姆单硫化物和亚乙基秋兰姆二硫化物和硫。

制剂 65%、80%可湿性粉剂。

主要生产商 A&Fine、Agria、Bayer CropScience、Cerexagri、四川国光农化股份有限公司、天津市施普乐农药技术发展有限公司、利民化工股份有限公司、河北双吉化工有限公司、保加利亚艾格利亚有限公司、天津京津农药有限公司、重庆树荣作物科学有限公司以及辽宁省沈阳丰收农药有限公司等。

作用机理与特点 非特定硫醇反应物,抑制呼吸作用。代森锌对植物安全,化学性质活泼,在水中易被氧化成异硫氰化合物,对病原菌体内含有巯基的酶有强烈的抑制作用,并能直接杀死病菌孢子,抑制孢子的发芽,阻止病菌侵入植物体内,但对侵入植物体内的病原菌丝体的杀伤作用较小。代森锌对多种作物都具有保护性杀菌作用,是用于叶部的保护性杀菌剂。除对代森锌敏感的品系外,一般是无植物毒性的。

应用

(1) 适用作物 麦类、水稻、果树、白菜、油菜、萝卜、甘蓝、番茄、茄子、甜(辣)椒、马铃薯以及烟草等。

(2) 防治对象 白菜霜霉病、油菜霜霉病、萝卜霜霉病、甘蓝霜霉病、白菜黑斑病、油菜黑斑病、萝卜黑斑病、甘蓝黑斑病、白菜白斑病、油菜白斑病、萝卜白斑病、甘蓝白斑病、白菜黑胫病、油菜黑胫病、萝卜黑胫病、甘蓝黑胫病、白菜白锈病、油菜白锈病、萝卜白锈病、甘蓝白锈病、白菜炭疽病、油菜炭疽病、萝卜炭疽病、甘蓝炭疽病、白菜软腐病、油菜软腐病、萝卜软腐病、甘蓝软腐病、白菜黑腐病、油菜黑腐病、萝卜黑腐病、甘蓝黑腐病、白菜褐斑病、油菜褐斑病、萝卜褐斑病、甘蓝褐斑病、甘蓝黑根病、白菜霜霉病、白菜立枯病、白菜猝倒病、番茄灰霉病、番茄炭疽病、番茄早疫病、番茄晚疫病、番茄斑枯病、番茄轮纹病、番茄叶霉病、茄子绵疫病、茄子褐纹病、辣椒炭疽病、马铃薯早疫病、马铃薯晚疫病、马铃薯疮痂病、马铃薯轮纹病、马铃薯黑痣病、甘蓝黑根病、蔬菜立枯病、蔬菜猝倒病、蔬菜苗期病害、甘蓝黑腐病。另对橘锈螨也有效。

(3) 使用方法 可采用喷雾、浸种、拌种以及土壤处理等方式。①用65%可湿性粉剂喷雾:将可湿性粉剂兑水稀释后喷施。a. 用500~700倍液,防治番茄灰霉病,冬瓜绵疫病。b. 用600倍液,防治莴苣和莴笋的锈病。②用80%可湿性粉剂喷雾:将可湿性粉剂兑水稀释后,每隔7~10d喷1次,连喷3次,每公顷每次喷药液450~900kg。a. 用500倍液,防治白菜、油菜、萝卜、甘蓝等十字花科蔬菜的霜霉病、黑斑病、白斑病、黑胫病、白锈病、炭疽病、软腐病、黑腐病、褐斑病,番茄的炭疽病、早疫病、晚疫病、斑枯病、轮纹病、叶霉病,茄子的绵疫病、褐纹病,辣椒炭疽病,菜豆的霜霉病、炭疽病、锈病,葱紫斑病,芹菜的叶斑病、晚疫病、斑点病,菠菜的霜霉病、白锈病,莴苣霜霉病。b. 用500~600倍液,防治瓜类蔬菜的霜霉病、炭疽病、蔓枯病、疫病,豆类蔬菜的炭疽病、轮纹病、霜霉病、锈病,马铃薯的晚疫病、早疫病、疮痂病、轮纹病、黑痣病,洋葱紫斑病。③混配喷雾:用65%代森锌可湿性粉剂500倍液与50%福美双可湿性粉剂500倍液混配后,防治黄瓜褐斑病。④浸种:用80%可湿性粉剂500~600倍液,对马铃薯种薯进行浸种消毒,可防治马铃薯的早疫病、晚疫病、疮痂病、轮纹病、黑痣病。⑤拌种:用65%代森锌可湿性粉剂拌种,用药量为种子质量的0.3%,防治甘蓝黑根病,白菜霜霉病,蔬菜的立枯病、猝倒病。⑥土壤处理:a. 将65%代森锌可湿性粉剂与70%五氯硝基苯粉剂,按1:1混配后拌匀,制成混剂(五代合剂),按每平方米苗床用五代合剂8~10g,与适量过筛后干细土混匀,制成药土,浇透水后,先把1/3药土铺于苗床上,播种后,再把2/3药土用来盖种,防治蔬菜苗期病害。b. 每公顷用65%代森锌可湿性粉剂7.5~11.25kg,与20倍的细土拌匀后，穴施或沟施，防治甘蓝黑腐病。

代森锌能防治多种真菌引起的病害，但对白粉病作用差。①防治马铃薯早疫病、晚疫病，西红柿早疫病、晚疫病、斑枯病、叶霉病、炭疽病、灰霉病，茄子绵疫病、褐纹病，白菜、萝卜、甘蓝霜霉病、黑斑病、白斑病、软腐病、黑腐病，瓜类炭疽病、霜霉病、疫病、蔓枯病，冬瓜绵疫病，豆类炭疽病、褐斑病、锈病、火烧病等，用65%的代森锌可湿性粉剂500～700倍液喷雾。喷药次数根据发病情况而定，一般在发病前或发病初期开始喷第1次药，以后每隔7～10d喷1次，速喷2～3次。②防治蔬菜苗期病害，可用代森锌和五氯硝基苯做成"五代合剂"处理土壤。即用五氯硝基苯和代森锌等量混合后，每平方米育苗床面用混合制剂8～10g。用前将药剂与适量的细土混匀；取1/3药土撒在床面作垫土，播种后用剩下的2/3药土作播后覆盖土用，而后用塑料薄膜覆盖床面，保持床面湿润，直到幼苗出土揭膜。③防治白菜霜霉病，蔬菜苗期病害，可用种子重量的0.3%～0.4%进行药剂拌种。

(4) 注意事项 ①在蔬菜收获前15d停用。本剂不能与碱性药剂或含铜药剂混用。在葫芦科蔬菜(瓜类)上慎用，先试后用，以避免药害。②本品受潮、热易分解，应存置于阴凉干燥处，容器严加密封。③使用时注意不让药液溅入眼、鼻、口等，用药后要用肥皂洗净脸和手。

专利与登记 专利US2457674、US3050439均早已过专利期。国内主要登记了90%原药，65%、80%可湿性粉剂，登记用于防治番茄早疫病(2550～3600g/hm²)，苹果炭疽病、斑点落叶病(1143～1600mg/kg)，花生叶斑病(877.5～975g/hm²)，黄瓜霜霉病(1950～3000g/hm²)，烟草立枯病、炭疽病(960～1200g/hm²)

合成方法 由乙二胺、二硫化碳和氢氧化钠在30～35℃下反应生成代森钠，再与氯化锌或硫酸锌反应生成代森锌。

单嘧磺隆 monosulfuron

$C_{12}H_{11}N_5O_5S$, 337.3, 155860-53-2

单嘧磺隆(monosulfuron)，是南开大学元素有机化学研究所李正名院士课题组创制开发的新型磺酰脲类除草剂品种，也是我国第一个获得正式登记的创制除草剂品种，于1994年发现，2012年获农业部农药正式登记。

化学名称 N-[(4'-甲基)嘧啶-2'-基]-2-硝基苯磺酰脲，N-[(4'-methylpyrimidin-2'-yl)carbamoyl]-2-nitrobenzenesulfonamide。

理化性质 白色粉末，熔点191.0～191.5℃，可溶于N,N-二甲基甲酰胺，微溶于丙酮，碱性条件下可溶于水，在中性和弱碱性条件下稳定，在强酸和强碱条件下易发生水解反应。在四氢呋喃和丙酮中较稳定，在甲醇中稳定性较差，在N,N-二甲基甲酰胺中极不稳定，温度对单嘧磺隆稳定性的影响较光照的影响大。

毒性 大鼠（雌、雄）急性经口 LD$_{50}$＞4640mg/kg，大鼠（雌、雄）急性经皮 LD$_{50}$＞4640mg/kg，对兔眼、兔皮肤有轻度刺激性。对豚鼠为无致敏性。Ames、微核、染色体试验结果均为阴性。

生态效应 10％可湿性粉剂对鹌鹑、蜜蜂、藻类、爪蟾、蚯蚓和土壤微生物均为低毒，对赤眼蜂、蛙类等为低风险。

环境行为 单嘧磺隆在(25±1)℃黑暗条件下，在河南土、江苏土和黑龙江土中均为较易降解；单嘧磺隆在(25±1)℃黑暗培养条件下，在 pH 5.0、pH 7.0 和 pH 9.0 缓冲溶液中的水解特性分别为较易水解、较难水解、易水解；单嘧磺隆在(50±1)℃黑暗培养条件下，在 pH 5.0、pH 7.0 和 pH 9.0 缓冲溶液中的水解特性均为易水解；单嘧磺隆的光解特性为难光解；水土质量比为 1∶1 时，单嘧磺隆在黑龙江土、云南土和内蒙古土的土壤吸附性能均为难吸附；单嘧磺隆在云南土中不易移动，在内蒙古土和黑龙江土中极易移动；单嘧磺隆在空气、水和黑龙江土表面上均难挥发；单嘧磺隆的富集等四级为低富集。

制剂 10％可湿性粉剂。

主要生产商 天津市绿保农用化学科技开发有限公司。

应用 主要防除小麦、谷子、玉米田的主要杂草，如播娘蒿、荠菜、马齿苋、茅草和马唐等，每亩使用 1～3g，在冬小麦田对我国长期难防杂草——碱茅的防效可达 90％以上。单嘧磺隆的单剂及其混剂可以防治夏谷子、夏玉米田阔叶杂草及部分禾本科杂草，还可应用在经济作物田及部分蔬菜田，防效显著。

专利与登记

专利名称 新型磺酰脲类化合物除草剂

专利号 CN1106393 专利申请日 1994-12-07

专利拥有者 南开大学

目前天津市绿保农用化学科技开发有限公司在国内登记了原药及其 10％可湿性粉剂，可用于防治冬小麦田一年生阔叶杂草(45～60g/hm^2)、谷子田一年生阔叶杂草(15～30g/hm^2)、春小麦田一年生阔叶杂草(22.5～30g/hm^2，西北地区)。

合成方法 经如下反应制得单嘧磺隆：

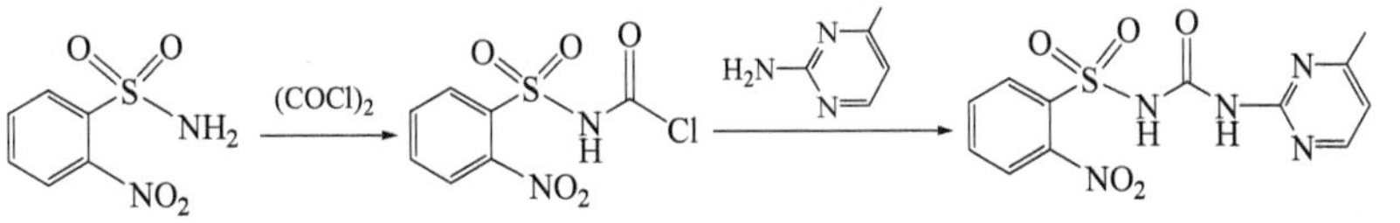

参考文献

[1] 王满意，寇俊杰，鞠国栋等．农药，2008，47(6)：412-414．

单嘧磺酯 monosulfuron ester

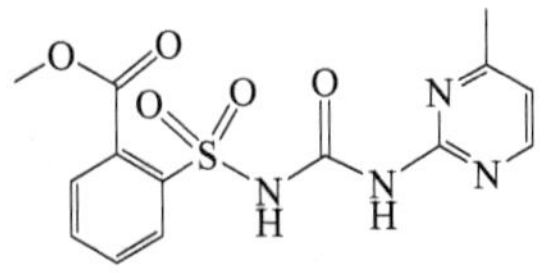

C$_{14}$H$_{14}$N$_4$O$_5$S，350.4，175076-90-1

单嘧磺酯(monosulfuron ester)，试验代号♯94827，商品名麦庆，是南开大学元素有机化学研究所李正名院士课题组继单嘧磺隆之后创制的又一个超高效磺酰脲除草剂。

化学名称 N-［(4′-甲基)嘧啶-2′-基］-2-甲基羰基苯磺酰脲，N-［(4′-methyl) pyrimidin-2′-yl]-2-methoxycarbonyl phenylsulfonylurea。

理化性质 白色粉末，熔点 $179.0\sim180.0℃$。在双蒸水中的 K_{ow} 5.57，$K_{ow}\lg P$ 0.75。溶解度(20℃,g/L)：甲醇 0.58，乙酸乙酯 0.69，二氯甲烷 7.54，甲苯 0.096，水 0.013，正己烷 0.149，乙腈 1.44，丙酮 2.34，四氢呋喃 5.84，N,N-二甲基甲酰胺 24.68。抗光稳定性好，在室温下稳定，在弱碱、中性及弱酸性条件下稳定，在酸性条件下容易水解。半衰期：2.04d(pH 3)、13.57d(pH 5)、230.4d(pH 7)、76.38d(pH 9)。不同溶剂中的光解半衰期(min)：丙酮 63.63，水 3.30，甲醇 3.45，正己烷 1.94。

毒性 大鼠(雌、雄)急性经口 $LD_{50}>10000mg/kg$，大鼠(雌、雄)急性经皮 $LD_{50}>10000mg/kg$。对兔皮肤无刺激，对眼有轻微刺激，24h 恢复。对豚鼠致敏性试验为弱致敏。Ames、微核、染色体试验结果均为阴性，显性致死或者生殖细胞染色体畸变阴性。大鼠 90d 喂饲最大无作用剂量(mg/kg)：雌性 231.90，雄性 161.92。

生态效应 鹌鹑 $LD_{50}>2000mg/kg$，斑马鱼 LC_{50}(96h)$>64.68mg/L$，蜜蜂 LD_{50}(48h) $200\mu L$/只，家蚕 $LC_{50}>5000mg/kg$。

环境行为 在 pH 值小于 7 的土壤内在温湿度适宜的条件下，其土壤残留半衰期小于 20d，在 pH 值大于 7 的可耕土壤残留半衰期将随 pH 值的增大而明显延长，但较氯磺隆土壤残留半衰期明显要短。

制剂 10%可湿性粉剂。

主要生产商 天津市绿保农用化学科技开发有限公司。

作用机理与特点 乙酰乳酸合成酶(ALS)抑制剂，通过抑制乙酰乳酸合成酶的活性，进而抑制侧链氨基酸的生物合成，造成敏感植物停止生长而逐渐死亡。其可通过根、茎、叶吸收，但以根吸收为主，有内吸传导作用。其选择性主要来源于吸收及代谢差异，也可利用土壤位差效应。

应用 $30\sim60g/hm^2$ 下对一年生禾本科杂草马唐、稗草、碱茅、硬草等有很高的防效，但对多年生禾本科杂草防效较低。$18\sim45g/hm^2$ 下对阔叶杂草播娘蒿、荠菜、米瓦罐、藜、马齿苋等具有很好的防效，但是对猪殃殃、婆婆纳、麦家公、泽漆和田旋花等多年生阔叶杂草防效低。10%单嘧磺酯可湿性粉剂 $18\sim30g/hm^2$ 用于冬小麦返青后或春小麦浇苗水前，茎叶处理，也可采用土壤处理。在较好的土壤墒情条件下，可有效防除播娘蒿、荠菜、米瓦罐、藜、萹蓄、卷茎蓼、看麦娘等小麦田主要杂草。

专利与登记

专利名称 新型磺酰脲类化合物除草剂

专利号 CN1106393 专利申请日 1994-12-07

专利拥有者 南开大学

目前天津市绿保农用化学科技开发有限公司登记了 90%原药及 10%可湿性粉剂，用于防除春小麦田($22.5\sim30g/hm^2$)和冬小麦田($18\sim22.5g/hm^2$)的一年生阔叶杂草。

合成方法 经如下反应制得单嘧磺酯：

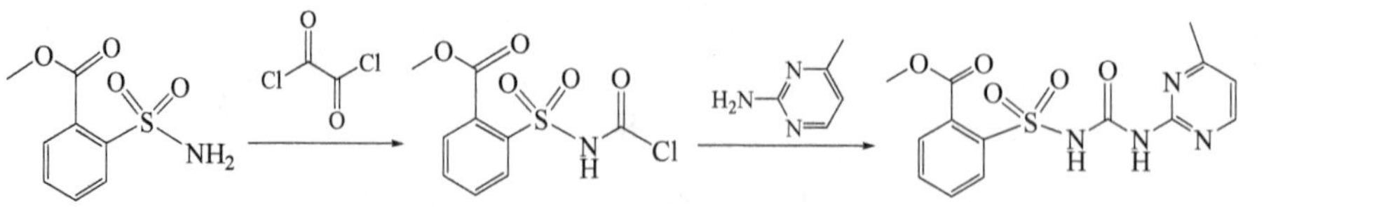

参考文献

[1] 世界农药，2006，28 (1)：49-50.

稻丰散 phenthoate

C₁₂H₁₇O₄PS₂，320.4，2597-03-7

稻丰散（phenthoate），试验代号　L561、ENT27386、S-2940、OMS1075。商品名称 Cidial、Elsan、Kiran、Papthion、phenidal、Vifel、Aimsan、Amaze、Dhanusan、Genocide、爱乐散、益尔散。其他名称　dimephenthoate，是 Montecatini S. P. A.（现属 Isogro S. P. A.）开发的有机磷类杀虫剂。

化学名称　S-α-乙氧基羰基苄基-O,O-二甲基二硫代磷酸酯。S-α-ethoxycarbonylbenzyl-O, O-dimethyl phosphorodithioate 或 ethyl dimethoxyphosphinothioylthio(phenyl)acetate。

理化性质　白色结晶固体（原药带有芳香、辛辣气味的黄色油状液体），熔点 17~18℃，沸点 186~187℃（5mmHg）。蒸气压 5.3mPa（40℃）。分配系数 $K_{ow}\lg P=3.69$。相对密度 1.226（20℃）。水中溶解度 10mg/L（25℃），易溶于甲醇、乙醇、丙酮、苯、二甲苯、二硫化碳、氯仿、二氯乙烷、乙腈、四氢呋喃等有机溶剂，正己烷 116g/L，煤油 340g/L（25℃）。180℃以下稳定，在酸性和中性介质中稳定，在碱性介质中水解。闪点 165~170℃。

毒性　急性经口 LD_{50}（mg/kg）：雄大鼠 270，雌大鼠 249，小鼠 350，狗>500，豚鼠 377，兔 72。急性经皮 LD_{50}（mg/kg）：大鼠>5000，雄小鼠 2620。对兔眼睛和皮肤无刺激，对豚鼠皮肤无致敏性。大鼠吸入 LC_{50}（4h）3.17mg/L 空气。NOEL（104 周）值 0.29mg/(kg·d)。ADI 值 0.003mg/kg。

生态效应　鸟类急性经口 LD_{50}（mg/kg）：野鸡 218，鹌鹑 300。鱼 TLm（48h,mg/L）：鲤鱼 2.5，金鱼 2.4。对蜜蜂有毒，LD_{50} 0.306μg/只。

环境行为　在动物体内代谢为脱甲基化磷酸酯、脱甲基化磷酸、脱甲基化过氧化磷酸、O, O-二甲基二硫代磷酸和硫代磷酸，通过尿和粪便排出体外。在植物中先氧化为硫代磷酸酯，随后氢解为磷酸、二甲基磷酸和甲基磷酸。在土壤表面和土壤中 DT_{50}≤1d。降解的产物为稻丰散酸。

制剂　50%、60%乳油，5%油剂，40%可湿性粉剂，2%颗粒剂，85%水溶性粉剂，3%粉剂。

主要生产商　江苏龙腾集团、Agrochem、Bharat、Coromandel、DooYang 及 Nissan 等。

作用机理与特点　乙酰胆碱酯酶抑制剂。为触杀和胃毒作用的速效广谱二硫代磷酸酯类杀虫杀螨剂，具有杀卵活性。

应用

（1）适用作物　水稻、棉花、果树、蔬菜、茶树、油料、观赏植物、烟草、向日葵等作物。

（2）防治对象　可防治果树、蔬菜、棉花、水稻、油料、茶树、桑树等作物上的多咀嚼式、刺吸式口器等害虫，如飞虱、叶螨、潜叶蝇、蜡象、一些介壳虫、跳甲、二十八星瓢虫、二化螟、三化螟、稻纵卷叶螟、稻飞虱、叶蝉、棉铃虫、大豆食心虫、蚜虫、负泥虫、蝗虫、红蜘蛛、菜青虫。还可防治蚊子成虫、幼虫等卫生害虫。

（3）残留量与安全施药　此药对葡萄、桃、无花果和苹果的某些品种有药害。能使一些红皮品种的苹果果实褪色。茶树在采茶前 30d，桑树在采叶前 15d 内禁用。一般使用量对鱼类与蚧类影响小，但对鲻鱼、鳟鱼影响大。允许残留量：麦、杂谷 0.4mg/kg，果实、蔬菜、茶 0.1mg/kg，薯、豆类为 0.05mg/kg。对作物安全。使用时不可与碱性物质混用。

（4）使用方法　以 0.5~1.0kg(a.i.)/hm² 剂量施用，能保护棉花、水稻、果树、蔬菜及其他作物不受鳞翅目、叶蝉科、蚜类和软甲虫类的危害。

水稻害虫的防治，用 50％乳油 1.5～3L/hm²，兑水 900～1125kg 喷雾，可防治二化螟、三化螟；或加细土 300～375kg 拌匀撒施。此法也可用于防治稻飞虱、叶蝉、负泥虫。

棉花害虫的防治，用 50％乳油 2.24～3L/hm²，兑水 900～1125kg，常量喷雾，可防治棉铃虫、蚜虫、叶蝉。

蔬菜害虫的防治，用 50％乳油 1.8～2.25L/hm²，兑水 750～900kg，常量喷雾，或加水 75～150kg 作低容量喷雾，可防治蚜虫、蓟马、菜青虫、小菜蛾、斜纹夜蛾、叶蝉。

果树害虫的防治，用 50％乳油 1000 倍液喷雾，可防治苹果卷叶蛾、介壳虫、食心虫、蚜虫、柑橘矢尖蚧、褐圆蚧、黑刺粉虱、糠片蚧、吹棉蚧等。在柑橘初开花期开始，间隔 10d 再喷一次，可达到理想效果。

专利与登记 专利 GB834814、US2947662 均早已过专利期，不存在专利权问题。

国内登记情况：50％乳油，40％水乳剂，登记作物为水稻和柑橘树等，防治对象为稻纵卷叶螟、二化螟和三化螟等。日本日产化学工业株式会社在中国的登记情况见表 35。

表 35　日本日产化学工业株式会社在中国的登记情况

商品名	登记证号	含量	剂型	登记作物	防治对象	用药量	施用方法
稻丰散	PD34-87	50％	乳油	水稻	害虫	495～990g/hm²	喷雾
				柑橘树	红蜡蚧	333～500mg/kg	
				柑橘树	木虱	333～500mg/kg	
				柑橘树	矢尖蚧	333～500mg/kg	

合成方法 文献报道了稻丰散的多种合成方法，但合成的路线大体相同，只是所用起始原料有所不同。合成如下所示：

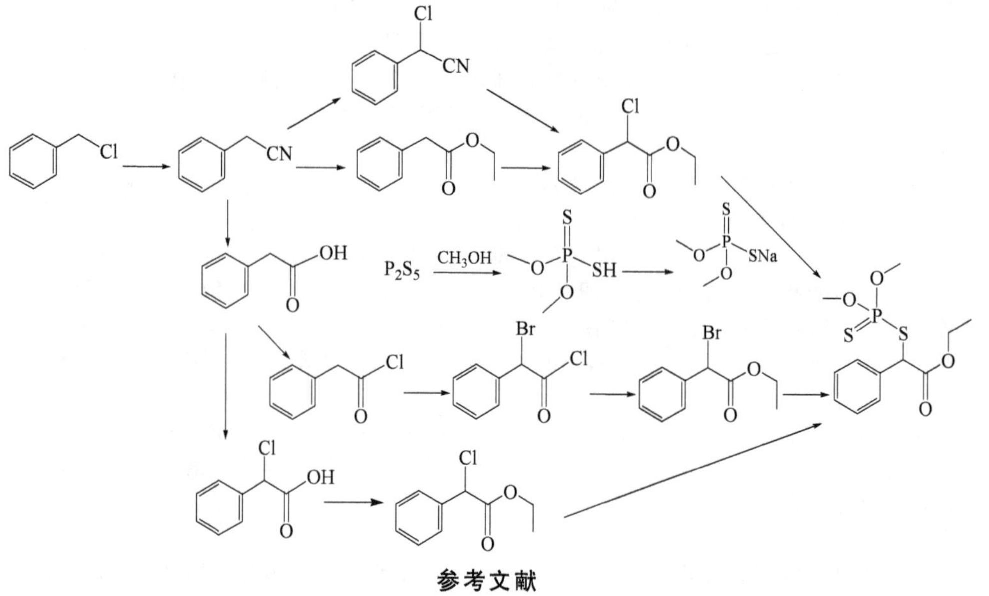

参考文献

[1] 陈寿宏. 农药，2002，41（4）：17-18.

稻瘟净 EBP

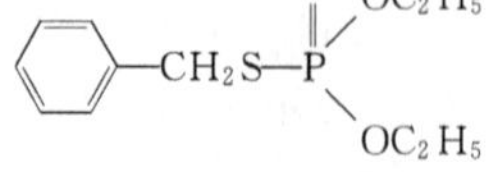

$C_{11}H_{17}O_3PS$，260.3，13286-32-3

稻瘟净（EBP），商品名称　Kitazin，是日本组合化学工业公司开发的杀菌和杀虫剂。

化学名称　S-苄基-O,O-二乙基硫代磷酸酯。S-benzyl -O,O-diethyl phosphorothioate。

理化性质　纯品为无色透明液体，原药为淡黄色液体，略带有特殊臭味。沸点 120～130℃（0.1～0.15mmHg）。蒸气压 0.0099mPa(20℃)。相对密度 1.5258。难溶于水，易溶于乙醇、乙醚、二甲苯、环己酮等有机溶剂。对光照稳定，温度过高或在高温情况下时间过长时引起分解，对酸稳定，但对碱不稳定。

毒性　大鼠急性经口 LD_{50}(mg/kg)：237.7(原药)，791(乳油)，＞12000(粉剂)。大鼠急性经皮 LD_{50} 570mg/kg。对温血动物毒性较低，对人畜的急性胃毒毒性属中等。对鱼、贝类毒性较低，对兔眼及皮肤无刺激性。大鼠喂养 90d 无作用剂量 5mg/kg。

制剂　1.5％、2.3％粉剂，40％、48％乳油。

作用机理与特点　通过内吸渗透传导作用，抑制稻瘟病菌乙酰氨基葡萄糖的聚合，使组成细胞壁的壳层无法形成，达到阻止菌丝生长和形成孢子的目的，对水稻各生育期的稻病均具有保护和治疗作用。

应用

（1）防治对象　水稻稻瘟病、小粒菌核病、纹枯病、枯穗病等，并能兼治稻叶蝉、稻飞虱、黑色叶蝉等。

（2）使用方法　①用 40％稻瘟净乳油 0.3～0.4kg(a. i.)/hm^2 兑水喷雾，在始穗期、齐穗期各喷 1 次，可防治稻苗瘟和叶瘟。②用 10％稻瘟净 750g 与 40％乐果乳油 750g 或马拉硫磷乳油 750g 混合，兑水喷雾，可防治水稻叶蝉。③用 40％稻瘟净乳油 600 倍液喷雾，于圆秆拔节至抽穗期施药，可防治水稻小粒菌核病、纹枯病。

合成方法　具体合成方法如下：

参考文献

[1] The Pesticide Manual. 15th edition. 2009：1228.

稻瘟灵 isoprothiolane

$C_{12}H_{18}O_4S_2$，290.4，50512-35-1

稻瘟灵(isoprothiolane)，试验代号　SS11946，NNF-109，商品名称　Fuji-one，其他名称　Fuchiwang、Rhyzo、Vifusi。是日本农药公司开发的杀菌剂。

化学名称　1,3-二硫戊环-2-亚丙二酸二异丙酯。di-isopropyl 1,3-dithiolan-2-ylidenemalonate。

理化性质　原药含量≥96％，纯品为无色、无味结晶固体(原药为略带刺激性气味的黄色固体)。熔点 54.6～55.2℃(原药 50～51℃)，沸点 175～177℃/0.4kPa。蒸气压 0.493mPa(25℃)。分配系数 $K_{ow}lgP$=2.8(40℃)。Henry 常数 $2.95×10^{-3}$ Pa·m^3/mol(计算)。相对密度 1.252(20℃)。水中溶解度(20℃)48.5mg/L；有机溶剂中溶解度(25℃，g/L)：甲醇 1512，乙醇 761，丙酮 4061，氯仿 4126，苯 2765，正己烷 10，乙腈 3932。稳定性：对酸和碱(pH 5～9)、光和热稳定。

毒性　急性经口 LD_{50}(mg/kg)：雄性大鼠 1190，雌性大鼠 1340，雄性小鼠 1350，雌性小鼠 1520。雄、雌性大鼠急性经皮 LD_{50}＞10250mg/kg；对兔眼睛有轻微刺激性，对兔皮肤无刺激性，对豚鼠皮肤无致敏性。大鼠吸入 LC$_{50}$(4h)>2.77mg/L 空气。NOEL 数据[2y,mg/(kg·d)]：雄性大鼠 10.9，雌性大鼠 12.6。ADI 值：(FSC)0.1mg/kg，(EFSA)0.1mg/kg。Ames 试验无致突变作用。对大鼠繁殖无影响。

生态效应 鸟急性经口 LD$_{50}$(mg/kg)：雄性日本鹌鹑 4710，雌性日本鹌鹑 4180。鱼毒 LC$_{50}$(mg/L)：虹鳟鱼(48h)6.8，鲤鱼(96h)11.4。水蚤 EC$_{50}$(48h)19.0mg/L。伪蹄形藻 E$_b$C$_{50}$(72h)4.58mg/L。蜜蜂 LD$_{50}$(48h,经口和接触)>100μg/只。蚯蚓 LC$_{50}$(14d)440mg/kg 干土。

环境行为 稻瘟灵在土壤中的降解半衰期 DT$_{50}$(稻谷田)326d，DT$_{50}$(有氧条件)82d。

制剂 12%颗粒剂，40%乳油，40%可湿性粉剂。

主要生产商 Dongbu Fine、Nihon Nohyaku、Saeryung 及浙江菱化集团有限公司等。

作用机理 通过抑制纤维素酶的形成而阻止菌丝的进一步生长。通过根和叶吸收，向上、下传导，具有保护和治疗作用。

应用 主要用于防治水稻稻瘟病，并对水稻上的叶蝉有活性。茎叶处理使用剂量通常为 400～600g(a.i.)/hm^2，水田撒施 3.6～6kg(a.i.)/hm^2。防治水稻叶瘟病，在叶瘟发病前或发病初期，用 40%可湿性粉剂 998～1500g/hm^2，兑水 1050kg，均匀喷雾。防治水稻穗瘟病用 40%可湿性粉剂 998～1500g/hm^2，兑水 1050kg，均匀喷雾，在抽穗期和齐穗期各喷药 1 次。

专利与登记 专利 JP 47034126 已过期，不存在专利权问题。

国内登记情况：40%可湿性粉剂，30%、40%乳油，18%微乳剂，95%、98%原药，登记作物为水稻，防治对象为稻瘟病。国外公司在国内登记情况见表 36、表 37。

表 36 澳大利亚 Newfarm 有限公司在中国的登记情况

登记名称	含量	剂型	登记作物	防治对象	用药量/(g/hm^2)	施用方法
稻瘟灵	40%	乳油	水稻	稻瘟病	420～600	喷雾

表 37 日本农药株式会社在中国的登记情况

登记名称	含量	剂型	登记作物	防治对象	用药量/(g/hm^2)	施用方法
稻瘟灵	95%	原药				
稻瘟灵	40%	可湿性粉剂	水稻	稻瘟病	399～600	喷雾
稻瘟灵	40%	乳油				

合成方法 具体合成方法如下：

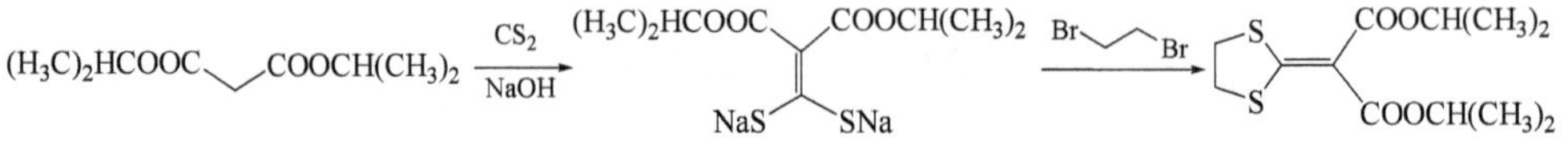

参考文献

[1] The Pesticide Manual. 15th edition：673-674.

稻瘟酰胺 fenoxanil

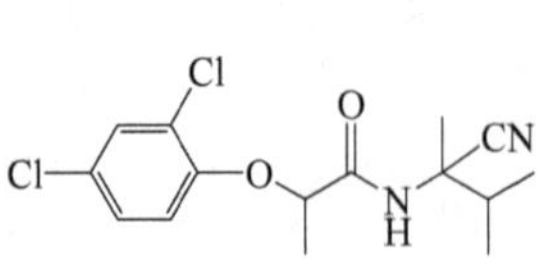

C$_{15}$H$_{18}$Cl$_2$N$_2$O$_2$，329.2，115852-48-7

稻瘟酰胺(fenoxanil)，试验代号 AC382042、AC901216、NNF-9425、CL382042、WL378309。商品名称 Achieve、Helmet、Katana，其他名称 Gyunancall、Stopper、氰菌胺。是由 Shell 公司研制，巴斯夫(原氰胺公司)和日本农药公司共同开发的酰胺类杀菌剂。

化学名称 稻瘟酰胺由 85%(R)-N-[(RS)-1-氰基-1,2-二甲基丙基]-2-(2,4-二氯苯氧基)丙酰胺和 15%（S）-N-[（RS）-1-氰基-1,2-二甲基丙基]-2-(2,4-二氯苯氧基) 丙酰胺组成。85% （R）-N-[（RS）-1-cyano-1,2-dimethylpropyl]-2-(2,4-dichlorophenoxy) propionamide 和 15%（S）-N-[（RS）-1-cyano-1,2-dimethylpropyl]-2-(2,4-dichlorophenoxy) propionamide。

理化性质　白色无味固体，熔点为 69.0～71.5℃，蒸气压（25℃）（0.21±0.21×10⁻⁴） Pa，$K_{ow}\lg P=3.53\pm0.02$(25℃)。相对密度 1.23(20℃)。水中溶解度（20℃）：（30.71±0.3） mg/L。可溶于大部分有机溶剂。在一定的 pH 范围内可稳定存在。闪点：420℃。

毒性　大鼠急性经口 LD_{50}（mg/kg）：＞5000（雄），4211（雌）。小鼠急性经口 LD_{50}（雄和雌）＞5000mg/kg。大鼠急性经皮 LD_{50}（雄和雌，24h）＞2000mg/kg。对兔眼睛和皮肤无刺激。对豚鼠无皮肤致敏性。大鼠急性吸入 LC_{50}(4h)＞5.18mg/L。NOEL(mg/kg)：狗(1y)1，雄性大鼠(2y)0.698，雌性大鼠 0.857(无致癌性)，雄性小鼠(18 个月)6.98，雌性小鼠 6.648(患有肝肿瘤的雄性小鼠为 50.3)；二代雄性大鼠为 1.124，雌性大鼠为 1.75(对繁殖后代无影响)；畸形的大鼠为 50(父)，250(胎儿)；兔子为 10(父)，200(胎儿)。ADI 值为 0.0069mg/kg。其他在 Ames 试验、DNA 突变、染色体突变和小鼠微核试验中无突变。无"三致"。

生态效应　鹌鹑 NOEL＞2000mg/kg。鱼类饲喂 LC_{50}(96h,mg/L)：日本青鳉 5.9，亚洲池塘泥鳅 12.3，鲤鱼 10.2。水蚤 EC_{50}(48h)6.0mg/L。羊角月牙藻 EC_{50}(72h)＞7.0mg/L。其他水生生物 LC_{50}(96h,mg/L)：中华锯齿米虾 7.9(96h)，小龙虾＞100(96h)，泽蛙 8.54(96h)，蚬 8.16(120h)，日本蛤仔 1.78(120h)。蚯蚓 LC_{50}(14d)71mg/kg 干土。

环境行为

（1）动物　大鼠经口后，可被迅速地吸收并随血液循环遍布全身，由于共轭作用，稻瘟酰胺在大鼠体内可通过羟基化和水解作用代谢，代谢物随粪便和尿液排出体外。

（2）植物　对于水稻，残留在稻米、米壳和秸秆上的物质是原药，稻瘟酰胺的代谢主要通过酰胺的水解、异丙基和苯环的羟基化进行，苯环的羟基化产物可通过糖的共轭作用进一步代谢。

（3）土壤/环境　试验证明，在黏壤土和砂壤土中的 DT_{50} 数据分别为 117d 和 84d；农田研究表明，土壤的 DT_{50}1d～4d，K_{oc}454～697，K_d370。在 50℃ 以下，在任何 pH 下水解稳定。稻瘟酰胺的水溶液（天然水）光解速率 DT_{50} 为 41d。

制剂　5% 颗粒剂、20% 悬浮剂。

作用机理　本品为黑色素(melanin)生物合成抑制剂，具有良好的内吸和残留活性。

应用

（1）适宜作物及安全性　水稻。对作物、哺乳动物、环境安全。

（2）防治对象　稻瘟病。

（3）使用方法　主要用于茎叶处理，使用剂量为 100～400g(a.i.)/hm²。

专利与登记　专利 EP262393 早已过专利期，不存在专利权问题。国内登记情况：30%、40% 悬浮剂，20% 可湿性粉剂，登记作物为水稻，防治对象为稻瘟病。

合成方法　以 2,4-二氯苯酚、甲基异丙基甲酮和 2-氯丙酸为起始原料，经如下反应制得目的物：

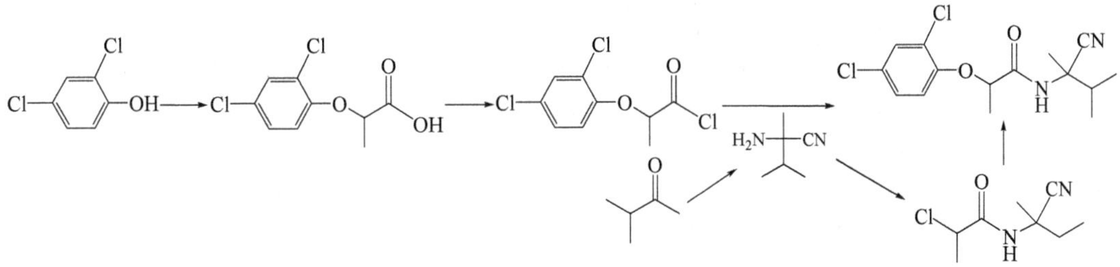

参考文献

[1] Proc Brighton Crop Prot Conf：Pests & Diseases，1998：359.

[2] The Pesticide Manual. 15th edition. 2009：479-480.

[3] 李林等．农药，2003，7；36-38.

［4］乔依．世界农药，2004，2(26)：46-48.

稻瘟酯 pefurazoate

$C_{18}H_{23}N_3O_4$，345.4，101903-30-4

稻瘟酯(pefurazoate)，试验代号　UR0003、UHF8615。商品名称　Healthied，其他名称净种灵、Healthied T、Momiguard C。是由日本北兴化学工业公司和日本宇部兴产工业公司共同开发的咪唑类杀菌剂，现在由 SDS 生物技术公司开发。

化学名称　N-(呋喃-2-基)甲基-N-咪唑-1-基羰基-DL-高丙氨酸(戊-4-烯)酯。pent-4-enyl N-furfuryl-N-imidazol-1-ylcarbonyl-DL-homoalaninate.

理化性质　纯品为淡棕色液体，沸点235℃(分解)。蒸气压0.648mPa(23℃)。分配系数K_{ow} $\lg P = 3$。Henry 常数 5.0×10^{-4} Pa·m³/mol。相对密度1.152(20℃)。溶解度(25℃,g/L)：水0.443，正己烷12.0，环己烷36.9，二甲亚砜、乙醇、丙酮、乙腈、氯仿、乙酸乙酯、甲苯＞1000。稳定性：40℃放置90d后分解1％，在酸性介质中稳定，在碱性和阳光下稍不稳定。

毒性　急性经口LD_{50}(mg/kg)：雄性大鼠981，雌性大鼠1051，雄性小鼠1299，雌性小鼠946。大鼠急性经皮LD_{50}＞2000mg/kg。大鼠急性吸入LC_{50}(4h)＞3450mg/m³。对兔皮肤和眼睛无刺激作用，对豚鼠皮肤无过敏性。大鼠 NOEL 数据(90d)50mg/kg饲料。对鼠和兔子无致畸变毒性。

生态效应　急性经口LD_{50}(mg/kg)：日本鹌鹑2380，鸡4220。鱼LC_{50}(48h,mg/L)：鲤鱼16.9，大翻车鱼12.0，鳟鱼12.0，金鱼20.0，虹鳟鱼4.0，泥鳅15.0。水蚤LC_{50}(6h)＞100mg/L。蜜蜂(局部施药)LD_{50}＞100µg/只。

环境行为

(1) 动物　大鼠口服给药后代谢迅速，大部分代谢物在24h内以尿液和粪便的形式排出。口服给药1h后，在任何器官、组织和代谢物都检测不到稻瘟酯。

(2) 植物　种子处理后，在谷粒和稻叶中检测不到稻瘟酯。在水稻秧苗种子种能很快吸收并代谢，在根部和芽中不能监测到稻瘟酯。

(3) 土壤/环境　对土壤浸水，并保温28℃，DT_{50}7～16d。在大田水稻土壤中，稻瘟酯水解更快，DT_{50}＜2d。

制剂　20％可湿性粉剂。

主要生产商　SDS Biotech K.K.。

作用机理与特点　稻瘟酯是咪唑类杀菌剂，固醇脱甲基抑制剂。抑制发芽管和菌丝的生长。其作用机理是破坏和阻止病菌和细胞膜重要组织成分麦角固醇的生物合成，影响病菌的繁殖和赤霉素的合成。在100µg/mL的浓度下，尽管该化合物几乎不能抑制这些致病菌孢子的萌发，但用浓度10µg/mL处理后，孢子即出现萌发管逐渐膨胀、异常分枝和矮化现象。藤仓赤霉的许多菌株由日本各地区收集得来的感染种子分离而得，它们对稻瘟酯具有敏感性。稻瘟酯的最低抑制浓度(MIC)从0.78～12.5mg/L各不相同，未发现对稻瘟酯不敏感的菌株。

应用　作为种子处理剂，抑制水稻种传病害，比如使用量为0.8～1.0g/kg时，可防治水稻恶苗病、褐斑病、稻瘟病。还可以控制苗圃和温床中由于土传病菌引起的水稻立枯病。防治谷类的条纹病和雪霉病，使用剂量为0.8mg/kg。

稻瘟酯对众多的植物病原真菌具有较高的活性，其中包括子囊菌纲、担子菌纲和半知菌纲，但对藻状菌纲稍逊一筹。对种传的病原真菌，特别是由串珠镰孢引起的水稻恶苗病、由稻梨孢引起的稻瘟病和宫部旋孢腔菌引起的水稻胡麻叶斑病有卓效。

20％可湿性粉剂防治上述病害的使用方法如下：①浸种稀释 20 倍、浸 10min，稀释 200 倍。浸 24h；②种子包衣剂量为种子干重的 0.5％；③以 7.5 倍的稀释药液喷雾，用量 30mL/kg 干种。

专利概况 专利 JP60260572、JP0262863 等均早已过专利期，不存在专利权问题。

合成方法 以 2-呋喃甲胺为原料制得 *N*-1-(1-戊-4-烯氧基羰基丙基)-*N*-糠基氨基甲酰氯，再与咪唑反应，处理得产品。反应式如下：

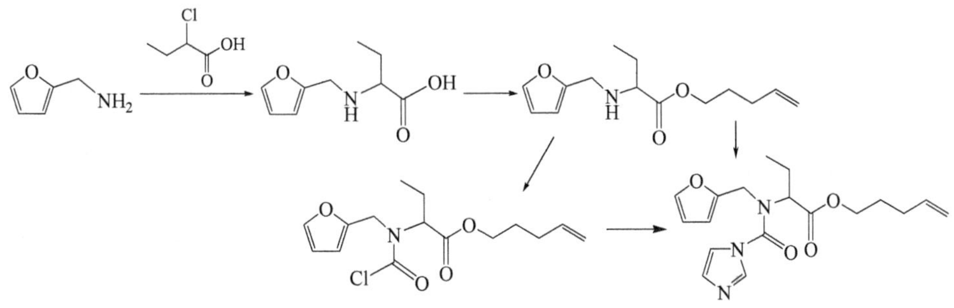

参考文献

[1] Japan Pesticide Information，1990，57：33.

2,4-滴 2,4-D

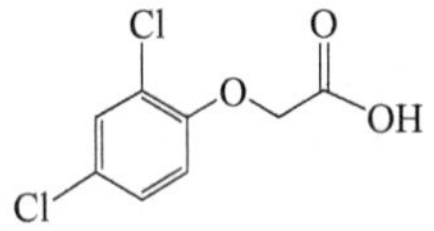

$C_8H_6Cl_2O_3$，221.0，94-75-7，94-80-4(丁酯)

2,4-滴（2,4-D），试验代号 L208，商品名称 Damine、Deferon、Herbextra、Kay-D、Sun-Gold。其他名称 杀草快、大豆欢。1942 年由美国 Amchem 公司合成，1945 年后许多国家投入生产。

化学名称 2,4-二氯苯氧乙酸，（2,4-dichlorophenoxy）acetic acid。

其他以酯或盐的形式存在 2,4-滴-(2-丁氧基乙基)（2,4-D-butotyl）：321.2，$C_{14}H_{18}Cl_2O_4$，1929-73-3，2,4-二氯苯氧乙酸（2-丁氧基乙基）酯，2-butoxyethyl（2,4-dichlorophenoxy）acetate；2,4-滴-丁基（2,4-D-butyl）：277.1，$C_{12}H_{14}Cl_2O_3$，94-80-4，2,4-二氯苯氧乙酸丁酯，butyl（2,4-dichlorophenoxy）acetate；2,4-滴-二甲胺盐（2,4-D-dimethylammonium）：266.1，$C_{10}H_{13}Cl_2NO_3$，2008-39-1，2,4-二氯苯氧乙酸二甲胺盐，dimethylammonium（2,4-dichlorophenoxy）acetate；2,4-滴-双(2-羟基乙基)胺盐（2,4-D-diolamine 或 2,4-D-diethanolammonium）：326.2，$C_{12}H_{17}Cl_2NO_5$，5742-19-8，2,4-二氯苯氧乙酸二羟乙基胺盐，bis（2-hydroxyethyl）ammonium（2,4-dichlorophenoxy）acetate；2,4-滴-乙基（2,4-D-ethyl）：249.1，$C_{10}H_{10}Cl_2O_3$，2,4-二氯苯氧乙酸乙酯，ethyl（2,4-dichlorophenoxy）acetate；2,4-滴-2-乙基己基（2,4-D-2-ethylhexyl）：333.3，$C_{16}H_{22}Cl_2O_3$，试验代号 N208，其他名称 2,4-D-2-EHE，1928-43-8，2,4-二氯苯氧乙酸(2-乙基己基)酯，2-ethylhexyl（2,4-dichlorophenoxy）acetate；2,4-D-异丁基（2,4-D-isobutyl）：277.1，

$C_{12}H_{14}Cl_2O_3$，1713-15-1，2,4-二氯苯氧乙酸异丁酯，2-methylpropyl（2,4-dichlorophenoxy）acetate；2,4-滴-异辛基（2,4-D-isoctyl）：333.3，$C_{16}H_{22}Cl_2O_3$，25168-26-7，2,4-二氯苯氧乙酸异辛酯，octyl（2,4-dichlorophenoxy）acetate；2,4-滴-异丙基（2,4-D-isopropyl）：263.1，$C_{11}H_{12}Cl_2O_3$，94-11-1，2,4-二氯苯氧乙酸异丙酯，isopropyl（2,4-dichlorophenoxy）acetate；2,4-滴-异丙基胺盐（2,4-D-isopropylammonium）：280.2，$C_{11}H_{15}Cl_2NO_3$，5742-17-6；2,4-滴-钠盐（2,4-D-sodium）：243.0，$C_8H_5Cl_2NaO_3$，2702-72-9，2,4-二氯苯氧乙酸钠，sodium（2,4-dichlorophenoxy）acetate；2,4-滴三异丙醇胺盐（2,4-D-triisopropanolammonium）：412.3，$C_{17}H_{27}Cl_2NO_6$，18584-79-7，2,4-二氯苯氧乙酸三异丙醇胺盐，（2,4-dichlorophenoxy）acetic acid，$1,1',1''$-nitrilotris[2-propanol] salt(1:1)；2,4-滴-三乙醇胺盐（2,4-D-trolamine 或 2,4-D-triethanolammonium）：370.2，$C_{14}H_{21}Cl_2NO_6$，2569-01-9，2,4-二氯苯氧乙酸三(2-羟基乙基)胺盐，tris(2-hydroxyethyl)ammonium(2,4-dichlorophenoxy)acetate。

理化性质

（1）2,4-滴　无色粉末，有石碳酸臭味。熔点140.5℃。蒸气压$1.86×10^{-2}$mPa(25℃)。K_{ow} lg$P$：2.58～2.83(pH 1)，0.04～0.33(pH 5)，−0.75(pH 7)。Henry常数$1.32×10^{-5}$Pa·m³/mol(计算值)。相对密度1.508(20℃)。水中溶解度（25℃，mg/L）：311(pH 1)、20031(pH 5)、23180(pH 7)、34196(pH 9)；其他溶剂中溶解度（20℃，g/L）：乙醇1250、乙醚243、庚烷1.1、甲苯6.7、二甲苯5.8、辛醇120(25℃)；不溶于石油醚。是一种强酸，可形成水溶性碱金属盐和铵盐，遇硬水析出钙盐和镁盐，光解DT_{50}7.5d(模拟光照)。pK_a2.73。

（2）2,4-滴-(2-丁氧基乙基)　蒸气压$3.2×10^{-1}$mPa(25℃)，K_{ow}lg$P$ 4.13～4.17(25℃)，不溶于水。

（3）2,4-滴-二甲胺盐　120℃分解，水中溶解度72.9g/100mL(pH 7,20℃)。

（4）2,4-滴-双(2-羟基乙基)胺盐　熔点83℃，水中溶解度806mg/g(25℃)。

（5）2,4-滴-2-乙基己基　2,4-滴-异辛酯异构体，二者之间经常转换混用。金黄色，非黏性液体，带甜味，微臭。熔点＜−37℃，沸点＞300℃（分解），蒸气压47.9mPa(25℃)，K_{ow}lg$P$5.78(25℃)，相对密度1.148(20℃)。水中溶解度0.086mg/L(25℃)，易溶于大多数有机溶剂。水解DT_{50}＜1h，对光稳定，DT_{50}＞100d。54℃稳定，闪点171℃。

（6）2,4-滴-异辛基　2,4-滴-乙基己基异构体，二者之间经常转换混用。黄棕色液体，带苯酚味，沸点317℃，相对密度1.14～1.17g/mL(20℃)。水中溶解度10mg/L，闪点171℃。

（7）2,4-滴-异丙基　无色液体，熔点5～10℃和20～25℃（两种形态），沸点240℃、130℃(1mmHg)。蒸气压1.4Pa(25℃)，K_{ow}lg$P$2.4。水中溶解度0.023g/100mL，可溶于乙醇和大多数油中。

（8）2,4-滴-异丙基胺盐　熔点121℃，水中溶解度17.4g/100mL(pH 5.3,20℃)。

（9）2,4-滴-钠盐　白色粉末，熔点200℃，水中溶解度(g/L)：18(20℃)、45(25℃)。

（10）2,4-滴-三异丙醇胺盐　水中溶解度46.1g/100mL(pH 7,20℃)。

（11）2,4-滴-三乙醇胺盐　熔点142～144℃，水中溶解度4.4kg/L(30℃)。

毒性

（1）2,4-滴　急性经口LD_{50}（mg/kg）：大鼠639～764，小鼠138。急性经皮LD_{50}（mg/kg）：大鼠＞1600，兔＞2400；对兔眼睛有刺激性，对皮肤没有刺激性。吸入LC_{50}(24h)：大鼠＞1.79mg/L。最大无作用剂量(mg/kg)：大鼠和小鼠(2y)5，狗(1y)1。

（2）2,4-滴-(2-丁氧基乙基)　大鼠急性经口LD_{50}866mg/kg，大鼠急性经皮LD_{50}＞2000mg/kg。对眼无刺激，皮肤轻微刺激。大鼠急性吸入LC_{50} 4.6mg/L。大鼠NOAEL（发育毒性）51 mg/(kg·d)。

（3）2,4-滴-二甲胺盐　大鼠急性经口LD_{50}949mg/kg，大鼠急性经皮LD_{50}＞2000mg/kg，对兔皮肤无刺激，兔眼严重刺激。大鼠急性吸入LC_{50}(4h)＞3.5mg/L空气。大鼠NOAEL（发育毒性)12.5mg/(kg·d)。

（4）2,4-滴-双(2-羟基乙基)胺盐　大鼠急性经口LD_{50}735mg/kg，兔急性经皮LD_{50}＞

2000mg/kg，对眼严重刺激，皮肤轻微刺激。大鼠急性吸入 LC_{50} ＞3.5mg/L。大鼠 NOAEL（发育毒性）10.2mg/(kg•d)。

（5）2,4-滴-2-乙基己基　大鼠急性经口 LD_{50} 896mg/kg，兔急性经皮 LD_{50} ＞2000mg/kg，对眼轻微刺激，对皮肤无刺激，对豚鼠皮肤有致敏性。大鼠吸入 LC_{50}（4h）＞5.4mg/L 空气。大鼠 NOAEL（发育毒性）10mg/(kg•d)。ADI 与 2,4-滴相当。

（6）2,4-滴-异辛基　大鼠急性经口 LD_{50} 650mg/kg，大鼠急性经皮 LD_{50} ＞3000mg/kg。NOEL（mg/kg）：大鼠 1250，狗 500。

（7）2,4-滴-异丙基　大鼠急性经口 LD_{50} 700mg/kg，大鼠急性经皮 LD_{50} ＞2000mg/kg。对眼无刺激，对皮肤轻微刺激，大鼠吸入 LC_{50} ＞4.97mg/L。

（8）2,4-滴-异丙基胺盐　大鼠急性经口 LD_{50} 1646mg/kg，大鼠急性经皮 LD_{50} ＞2000mg/kg，对眼严重刺激，皮肤轻微刺激。大鼠吸入 LC_{50} 3.1mg/L。大鼠 NOAEL（发育毒性）51mg/(kg•d)。

（9）2,4-滴-钠盐　大鼠急性经口 LD_{50} 666～805mg/kg。

（10）2,4-滴-三异丙醇胺盐　大鼠急性经口 LD_{50} 1074mg/kg，大鼠急性经皮 LD_{50} ＞2000mg/kg，对眼严重刺激，皮肤轻微刺激。大鼠吸入 LC_{50} 0.78mg/L。大鼠 NOAEL（发育毒性）17mg/(kg•d)。

生态效应

（1）2,4-滴　急性经口 LD_{50}（mg/kg）：野鸭＞1000，山齿鹑 668，鸽子 668，野鸡 472。野鸭 LC_{50}（96h）＞5620mg/L。虹鳟鱼 LC_{50}（96h）＞100mg/L。水蚤 LC_{50}（21d）235mg/L。羊角月牙藻 EC_{50}（5d）33.2mg/L。对蜜蜂无毒，LD_{50}（经口）104.5μg/只。蚯蚓 LC_{50}（7d）860mg/kg，无作用剂量（14d）100g/kg。

（2）2,4-滴-(2-丁氧基乙基)　山齿鹑 LD_{50} ＞2000mg/kg，野鸭 LC_{50}（5d）＞5620mg/L。鱼 LC_{50}（96h，mg/L）：虹鳟鱼 2.09，大翻车鱼 0.62，黑头呆鱼 2.60。虹鳟鱼 LC_{50}（56h）0.65mg/L。水蚤 LC/EC_{50}（48h）7.2mg/L。藻类 EC_{50}（96h，mg/L）：羊角月牙藻 24.9，舟形藻 1.86，中肋骨条藻 1.48，水华鱼腥藻 6.37；NOEC(mg/L)：12.5，0.86，0.78，3.14。浮萍 EC_{50} 0.576mg/L。

（3）2,4-滴-二甲胺盐　山齿鹑急性经口 LD_{50} 500mg/kg，野鸭 LC_{50}（5d）＞5620mg/L。虹鳟鱼 LC_{50}（96h）100mg/L；藻类 EC_{50}（mg/L）：羊角月牙藻 51.2，舟形藻 4.67。浮萍 EC_{50} 0.58mg/L，NOEC 0.27mg/L。蜜蜂 LD_{50}（μg/只）：接触＞100，经口 94。

（4）2,4-滴-双(2-羟基乙基)胺盐　山齿鹑急性经口 LD_{50} 595mg/kg，野鸭 LC_{50}（5d）＞5620mg/L。虹鳟鱼和大翻车鱼 LC_{50}（96h）＞120mg/L。水蚤 LC/EC_{50}（48h）＞100mg/L，羊角月牙藻 EC_{50} 11mg/L，NOEC 0.50mg/L。浮萍 EC_{50} 0.44mg/L，NOEC 0.07mg/L。

（5）2,4-滴-2-乙基己基　野鸭急性经口 LD_{50} 663mg/kg，山齿鹑和野鸭饲喂 LC_{50}（5d）＞5620mg/L。黑头呆鱼、大翻车鱼、虹鳟鱼 LC_{50} 均高于水中溶解度。水蚤 EC_{50}（48h）5.2mg/L。藻类 EC_{50}（mg/L）：中肋骨条藻 0.23，舟形藻 4.1，羊角月牙藻和水华鱼腥藻＞30。浮萍 EC_{50}（14d）0.5mg/L。蜜蜂 LD_{50}（μg/只）：接触＞100，经口＞100。

（6）2,4-滴-异辛基　割喉鳟 LC_{50}（96h）0.5～1.2mg/L。

（7）2,4-滴-异丙基　山齿鹑急性经口 LD_{50} 1879mg/kg，野鸭 LC_{50}（5d）＞5218mg/L。鱼 LC_{50}（96h，mg/L）：虹鳟鱼 0.69，大翻车鱼 0.31。水蚤 LC/EC_{50}（48h）2.6mg/L。羊角月牙藻 EC_{50} 0.13mg/L，NOEC 26.4mg/L。

（8）2,4-滴-异丙基胺盐　野鸭急性经口 LD_{50} ＞398mg/kg，野鸭 LC_{50}（5d）＞5620mg/L。虹鳟鱼 LC_{50}（96h）2840mg/L，水蚤 LC/EC_{50}（48h）583mg/L，羊角月牙藻 EC_{50} 43.4mg/L。

（9）2,4-滴-钠盐　野鸭急性经口 LD_{50} ＞2025mg/kg，虹鳟鱼 LC_{50}（96h）＞100mg/L。

（10）2,4-滴-三异丙醇胺盐　山齿鹑急性经口 LD_{50} ＞405mg/kg，野鸭 LC_{50}（5d）＞5620mg/L。虹鳟鱼 LC_{50}（96h）300mg/L，水蚤 LC/EC_{50}（48h）630mg/L。羊角月牙藻 EC_{50} 75.7mg/L。浮萍 EC_{50} 2.37mg/L，NOEC 2.38mg/L。

环境行为 2,4-滴(2,4-二氯苯氧乙酸)：EHC84 的结论是，当按照建议量使用时，2,4-滴不会对任何动物物种产生直接毒性作用。

(1) 动物　本品经口摄入在大鼠体内，结构未经变化而快速消除。服用单一剂量达 10mg/kg 时，24h 后几乎完全排泄。较高剂量时完全排泄花费时间较长，经过大约 12h 之后体内浓度可达最高。

(2) 植物　在植物体内，代谢包括羟基化反应、脱羧反应、酸侧链裂解和开环。

(3) 土壤/环境　土壤中，微生物降解作用包括羟基化反应、脱羧反应、酸侧链裂解和开环。土壤 DT_{50} < 7d。K_{oc} 约为 60。因在土壤中的快速降解，所以阻止了其在正常条件下显著的向下移动。

2,4-滴-2-乙基己基酯：在土壤和水中快速水解为母体酸，DT_{50} < 5d。

制剂　1025g/L、50%2,4-滴异辛酯乳油，57%、72%、1000g/L 2,4-滴丁酯乳油，80%、85%2,4-滴二甲胺盐可溶粒剂，70%、600g/L、720g/L、860g/L 2,4-滴二甲胺盐水剂，2%2,4-滴钠盐水剂，85%2,4-滴钠盐可溶粉剂。

主要生产商　Agrochem、AgroDragon、Ancom、Atanor、Crystal、Krishi Rasayan、Lucava、NufarmgmbH、NufarmLtd、Proficol、Sundat、Wintafone、安徽华星化工有限公司、安徽兴隆化工有限公司、安徽中山化工有限公司、重庆双丰化工有限公司、河北省万全农药厂、黑龙江省嫩江绿芳化工有限公司、湖北沙隆达股份有限公司、佳木斯黑龙农药化工股份有限公司、江苏常丰农化有限公司、江苏好收成韦恩农化有限公司、江苏辉丰农化股份有限公司、江苏莱科化学有限公司、江苏省常州永泰丰化工有限公司、江苏省南通泰禾化工有限公司、江苏省农用激素工程技术研究中心有限公司、江西天宇化工有限公司、捷马化工股份有限公司、辽宁省大连松辽化工有限公司、美国陶氏益农公司、山东滨农科技有限公司、山东科源化工有限公司、山东侨昌化学有限公司、山东潍坊润丰化工股份有限公司、四川国光农化股份有限公司、威海韩孚生化药业有限公司以及浙江博仕达作物科技有限公司。

作用机理与特点　属于激素型除草剂，在高浓度时具有毒杀作用，促使杂草茎部组织增加核酸和蛋白质合成，恢复成熟细胞的分裂能力，从而促使细胞分裂，造成生长异常而导致杂草死亡，杂草中毒症状与生长素物质的作用症状相似，被广泛用于水稻、玉米、小麦、大麦、燕麦、牧草、高粱、甘蔗等禾本科作物田中防除一年及多年生阔叶杂草、莎草及某些恶性杂草，对禾本科杂草无效。结构上属于苯氧羧酸类除草剂，是此类化合物中活性最强的，比同类植物生长调节剂吲哚丁酸大 100 倍。2,4-滴及其盐和酯都是高效、内吸、具高度选择性的除草剂和植物生长调节剂，对植物有强烈的生理活性，低浓度时，往往促进生长，有防止落花落果、提高坐果率、促进果实生长、提早成熟、增加产量的作用，可作为植物生长调节剂来减少落果、增大果实及延长柑橘的储存期；高浓度时，表现出生长抑制及除草剂的特性，尤其在阔叶植物上表现更明显。通常活性排序：酯>酸>盐，在盐类中，铵盐>钠盐或钾盐；盐比酯的淋溶性高。

应用　主要用于苗后茎叶处理，广泛用于防除小麦、大麦、玉米、谷子、燕麦、水稻、高粱、甘蔗、禾本科牧草等作物田中的阔叶杂草，如车前和婆婆纳属等。主要用于禾谷类作物(小麦、玉米为主；高粱、谷子抗性稍差)；禾本科植物幼苗期对该类除草剂敏感，3～4 叶期后抗性逐渐增强，分蘖末期最强，而幼穗分化期敏感性又上升，因此分蘖期施药对作物安全性高，一般建议在冬小麦春季返青拔节前使用。高温、强光促进作物对该类除草剂的吸收和传导，在气温低于 18℃ 时效果明显变差，空气湿度大有利于吸收，土壤墒情好有利于传导。2,4-滴在温度 20～28℃ 时，药效随温度上升而提高，低于 20℃ 则药效低。2,4-滴丁酯在气温高时挥发量大，易扩散飘逸，危害临近双子叶作物和树木，需谨慎使用。溶液 pH 值影响除草效果，碱性溶液易导致分解，效果下降，配制时，加入适量酸性物质，如硫酸铵可显著提高效果；以井水等碱性水配药时，加入少量磷酸二氢钾可降低 pH 值，稳定除草剂。该类除草剂在土壤中主要依靠微生物降解，温暖湿润条件下，土壤中残效期仅为 1～4 周；而在寒冷干燥气候条件下，残效期可长达 1～2 个月。2,4-滴在低温（15℃以下）下使用，易导致对小麦的药害。2,4-滴对十字花科和莎草效果较好，成为麦田除草剂的主要配角。2,4-滴异辛酯更耐低温，挥发性大大降低，该类品种异辛酯化趋势会加速。单、双子叶作物混种区要注意飘移药害，注意低温下的药害问题，注意土壤残留对下茬作物的危险。2,4-滴丁酯与氯磺隆混用增效明显，可使氯磺隆用药量减少50％，其丁酯与草甘膦（10.8％草甘＋2,4-滴水剂）混配后两者不同的作用机理可以互补，可扩大除草谱，延长持效期，使产品的适宜作物和时间窗加大。

2,4-滴以及其酯和盐还是一种高活性植物生长调节剂，用于保花保果，可刺激花粉发芽，增强花粉对外界不良环境的抵抗能力，能较好地完成受精过程达到保花、保果的目的，同时可提早成熟。85％2,4-滴钠盐可溶性粉剂用于番茄，为防止落花如春季低温落花或夏季高温落花，于番茄花蕾顶部见黄未完全开放或呈喇叭状时施药，即花前 1～2d 浸花或涂花。施用方法为温度 15℃ 左右每克兑水 40～45kg，20℃ 左右每克兑水 50～55kg，25℃ 以上每克兑水 85kg，然后将稀释液用毛笔或棉球涂花或点花。

近年来 2,4-滴可用于耐除草剂转基因作物。如 DAS40278 玉米对 2,4-滴和芳氧苯氧丙酸酯类禾本科杂草除草剂（如喹禾灵）具有耐受性。DAS68416、DAS4440、DAS44406 大豆对多个激素型除草剂，包括 2,4-滴、2,4-滴丁酸等具有耐受性，为其灵活使用及应用提供了空间或市场。

此外，近年来 2,4-滴与化肥复合的除草药肥正在得到农业的认同。黑龙江省将 2,4-滴除草剂与尿素或过磷酸钙混用，发现有明显的除草、增效和增产作用，特别是过磷酸钙在提高药效和增产作用上效果最为明显；在玉米生产中混合应用氮、磷、钾肥与 2,4-滴，也表现出了除草及产量的明显增效作用。

登记情况 国内登记了 96％、98％2,4-滴原药，96％2,4-滴异辛酯原药，96％2,4-滴丁酯原药，80.5％2,4-滴钠盐原药，1025g/L、50％2,4-滴异辛酯乳油，57％、72％、1000g/L2,4-滴丁酯乳油，80％、85％2,4-滴二甲胺盐可溶粒剂，70％、600g/L、720g/L、860g/L2,4-滴二甲胺盐水剂，2％2,4-滴钠盐水剂，85％2,4-滴钠盐可溶粉剂。可用于防除小麦田（562.5～750g/hm² 或 1020～1326g/hm²）一年生阔叶杂草或者作为植物生长调节剂（2,4-滴钠盐），调节番茄生长（10～20mg/kg）。

合成方法 经如下反应制得 2,4-滴：

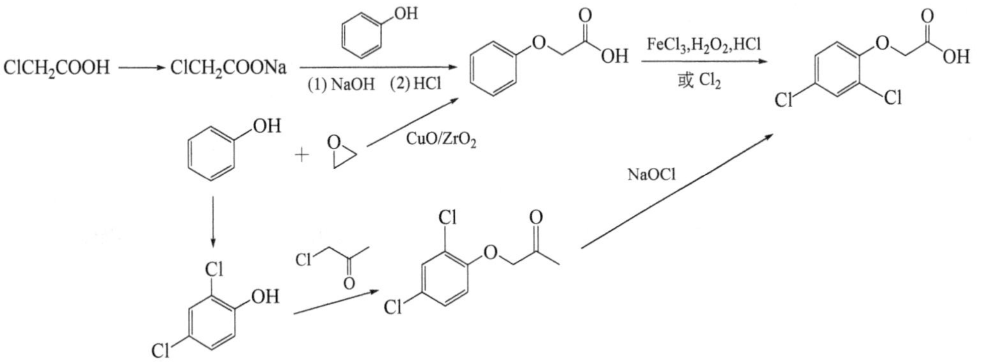

敌稗 propanil

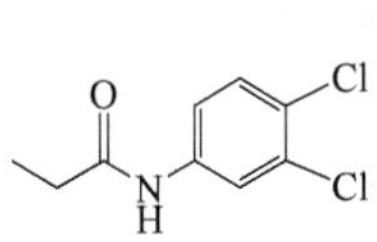

$C_9H_9Cl_2NO$，218.1，709-98-8

敌稗（propanil），试验代号　FW-734、Bayer30130、S10145。商品名称　Brioso、Ol、Propasint、Riselect、Stam、Sunpanil、Surcopur。其他名称　3，4-DCPA、斯达姆。1961 年由 Rohm & haas Co.（现 Dow AgroSciences）发现，随后由 Bayer AG(1965)和 Monsanto Co. 引入市场。

化学名称　$3',4'$-二氯丙酰苯胺，$3',4'$-dichloropropionanilide。

理化性质　无色无味晶体（原药为深灰色结晶固体）。熔点 91.5℃，沸点 351℃。蒸气压：0.02mPa(20℃)；0.05mPa(25℃)。$K_{ow}\lg P$　3.3(20℃)。密度 1.41g/cm³(22℃)。溶解度：水 130mg/L(20℃)；异丙醇、二氯甲烷＞200，甲苯 50～100，正己烷＜1(g/L,20℃)；苯 $7×10^4$，丙酮 $1.7×10^6$，乙醇 $1.1×10^6$(mg/L,25℃)。敌稗及其降解物 3,4-二氯苯胺在强酸和碱性条件下水解；正常 pH 值范围内稳定，DT_{50}(22℃)≫1y(pH 4、7、9)。光照条件下在水溶液中迅速降解，光解 DT_{50}　12～13h。

毒性　急性经口 LD_{50}(mg/kg)：大鼠＞2500，小鼠 1800。大鼠急性经皮 LD_{50}(24h)＞5000mg/kg。对皮肤和眼睛无刺激性（兔）。无皮肤致敏反应（豚鼠）。大鼠吸入 LC_{50}(4h)＞1.25mg/L(空气)。无作用剂量(2y,mg/kg)：大鼠 400，狗 600。急性经口 LD_{50}(mg/kg)：野鸭 375，山齿鹑 196；饲喂毒性 LC_{50}(5d,mg/kg)：野鸭 5627，山齿鹑 2861。鲤鱼 LC_{50}(48h)8～11mg/L。水蚤 LC_{50}(48h)4.8mg/L。

环境行为　敌稗在微粒体中的主要代谢途径是酰基酰胺酶水解成3,4-二氯苯胺。在水稻中敌稗通过芳基酰基酰胺酶水解生成代谢中间产物3,4-二氯苯胺和丙酸。在土壤中通过微生物迅速降解生成苯胺衍生物，在温暖潮湿的条件下持效期只有几天，降解产物是丙酸酯，随后迅速代谢为二氧化碳和3,4-二氯苯胺，并与土壤结合（27h 内 80%与土壤结合）。K_{oc}239～800。

制剂　16%、34%、480g/L 乳油，80%水分散粒剂。

主要生产商　Dow AgroSciences、Bharat、Hermania、Hodogaya、AGROFINA、Milenia、Proficol、Tifa、Westrade、委内瑞拉英奎伯特公司、山东潍坊润丰化工股份有限公司、鹤岗市旭祥禾友化工有限公司、捷马化工股份有限公司、黑龙江省鹤岗市清华紫光英力农化有限公司、辽宁省沈阳丰收农药有限公司以及江苏莱科化学有限公司等。

作用机理与特点　作用于光系统Ⅱ受体部位的光合电子传递抑制剂。选择性触杀除草剂，具有较短的持效活性。破坏植物的光合作用，抑制呼吸作用与氧化磷酸化作用，干扰核酸与蛋白质合成等，使受害植物的生理机能受到影响，加速失水，叶片逐渐干枯，最后死亡。敌稗在水稻体内被酰胺水解酶迅速分解成无毒物质（水稻对敌稗的降解能力比稗草大 20 倍），因而对水稻安全。随着水稻叶龄的增加，对敌稗的耐药力也增大，但稻苗超过 4 叶期容易受害，可能的原因是这时稻苗正值离乳期，耐药力减弱。敌稗遇土壤分解失效，宜作茎叶处理剂，以二叶期稗草最为敏感。

应用

（1）适宜作物　水稻。

（2）防治对象　水稻田的稗草和鸭舌草、野慈姑、牛毛草、水蓼、水芹、水马齿苋；早稻田的旱稗、马唐、狗尾划、千金子、看麦娘、野苋菜、红蓼等杂草。对水稻田的四叶萍、野荸荠、眼子菜等基本无效。

（3）使用方法　主要以茎叶喷雾法施药。①秧田使用一般稗草 2 叶至 2 叶 1 心期施药。南方亩用 20%乳油 750～1000mL，北方用 1000～1200mL，保温育秧田用量不得超过 1000mL，对水

35kg 喷雾茎叶。施药前一天晚上排干田水，施药当天待露水干后施药，1～2d 后灌水淹没稗心而不淹没秧苗，并保水层 2d（南方）、3～4d（北方），以后正常管水。②水直播田以稗草为主田块，在稗草 2 叶期前，亩用 20％乳油 1000mL，按秧田方法兑水喷雾。③旱直播田因稗草出土不齐，应施药 2 次。在稗草 2～3 叶期，亩用 20％乳油 500～750mL，兑水 50kg 喷雾茎叶。再出生的稗草 2～3 叶期时，亩用 500mL，再喷 1 次，喷药前将大草拔除。④移栽田使用在插秧后，稗草 1 叶 1 心至 2 叶 1 心期，晴天排田水，亩用 20％乳油 1000mL，兑水喷雾茎叶，2d 后灌水淹稗草心叶 2 天，再正常管水。

（4）注意事项　敌稗可与多种除草剂混用，扩大杀草谱。敌稗不能与仲丁威、异丙威、甲萘威等氨基甲酸酯类农药和马拉硫磷、敌百虫等有机磷农药混用，以免产生药害。喷敌稗前后 10 天内也不能喷上述药剂。敌稗也不能与 2,4-滴丁酯混用。

专利与登记　DE1039779、GB903766 均早已过专利期。国内主要登记了 90％、92％、95％、96％、97％、98％原药，16％、34％、480g/L 乳油，80％水分散粒剂，主要用于水稻移栽田防除稗草等杂草，使用剂量为 2970～4482g/hm^2。

合成方法　以丙酰氯为酰化剂，氯苯为溶剂，在无水条件下将 3,4-二氯苯胺反应生成敌稗。或者以丙酸和 3,4-二氯苯胺在氯苯中与三氯化磷反应得到敌稗。

敌百虫 trichlorfon

C$_4$H$_8$Cl$_3$O$_4$P，257.4，52-68-6

敌百虫（trichlorfon），试验代号　Bayer15922、BayerL13/59、OMS800、ENT19763。商品名称 Dipterex、Saprofon、Susperex、毒霸、三氯松。其他名称　metrifonate，是 G. Unterstenhofer 报道其活性，首先由 W. Lorenz 制备，由 Bayer AG 开发的有机磷类杀虫剂。

化学名称　O,O-二甲基-(2,2,2-三氯-1-羟基乙基) 磷酸酯。O,O-dimethyl -(2,2,2-trichloro-1-hydroxyethyl)phosphonate。

组成　敌百虫为外消旋体，(1R)-和(1S)-对映异构体比例为 1:1。

理化性质　无色晶体，具有较淡的特殊气味。熔程 78.5～84℃。沸点 100℃（13.33　kPa），蒸气压：0.21mPa（20℃）、0.5mPa（25℃）。相对密度 1.73（20℃）。分配系数 K_{ow} lg$P$ = 0.43（20℃）。Henry 常数 $4.4×10^{-7}$Pa·m^3/mol（20℃）。水中溶解度（20℃）120g/L；其他溶剂中溶解度（g/L,20℃）：易溶于常用有机溶剂（脂肪烃和石油醚除外），如正己烷 0.1～1，二氯甲烷、异丙醇＞200，甲苯 20～50。易发生水解和脱氯化氢反应，在加热、pH ＞6 时分解迅速，遇碱很快转化为敌敌畏，DT$_{50}$（22℃）：510d（pH 4）、46h（pH 7）、＜30min（pH 9）。光解缓慢。

毒性　雄、雌大鼠急性经口 LD$_{50}$ 约 250mg/kg；雄、雌大鼠急性经皮 LD$_{50}$（24h）＞5000mg/kg。本品对兔眼睛和皮肤无刺激。雄和雌大鼠吸入 LC$_{50}$（4h）＞2.3mg/L 空气（气溶胶）。NOEL 值：猴子 0.2mg/kg（EPA RED）；大鼠（2y）100mg/kg 饲料，小鼠（2y）300mg/kg 饲料，狗（4y）

50mg/kg 饲料。ADI 值：（EFSA）0.045mg/kg，（JECFA）0.002mg/kg，（JMPR）0.01mg/kg，（EPA）aRfD 0.1mg/kg，cRfD 0.002mg/kg。

生态效应 鱼类 LC_{50}（96h，mg/L）：虹鳟鱼 0.7，金色圆腹雅罗鱼 0.52。水蚤 LC_{50}（48h）0.00096mg/L。羊角月牙藻 E_rC_{50}＞10mg/L。本品对蜜蜂和其他益虫低毒。

环境行为 本品对鱼类和鸟类中毒，对水栖节肢动物中到高毒，因而不适用于水域喷雾施药。本品进入动物体内后，被迅速吸收和代谢，并在 6h 之内通过尿排出，其主要代谢物为二甲基磷酸、一甲基磷酸以及其二氯乙酸的共轭物。在植物内，本品被迅速氢解，其主要代谢物为二甲基磷酸，一甲基磷酸和二氯乙酸、二氯乙醇的共轭物。本品在土壤中流动很快，但迅速降解为二氧化碳。其中间物为二氯乙醇、二氯乙酸和三氯乙酸。$K_{oc}20（\pm10）$。

制剂 25%、50%、80%、95%可湿性粉剂，250g/L、500g/L、750g/L 超低容量液剂，50%、80%、95%可溶粉剂，2.5%、40%粉剂，3%、4.5%、5%颗粒剂，20%、30%、50%、60%乳油，25%油剂。

主要生产商 Cequisa、Makhteshim-Agan、Saeryung、湖北沙隆达股份有限公司、江山农药化工股份有限公司、沙隆达郑州农药有限公司、山东大成农化有限公司、浙江兰溪巨化氟化学有限公司及中国中化集团等。

作用机理与特点 胆碱酯酶的直接抑制剂。高效、低毒、低残留、广谱性杀虫剂，以胃毒为主，兼有触杀作用，也有渗透活性。但无内吸传导作用。在有机体内转变为敌敌畏而发挥药效，但不稳定，很快失效。

应用

（1）适用作物 水稻、棉花、旱粮作物、蔬菜、果树、茶树、烟草、森林等。

（2）防治对象 双翅目、鳞翅目、鞘翅目、膜翅目、半翅目害虫，如黏虫、水稻螟虫、稻飞虱、稻苞虫、棉红铃虫、象鼻虫、叶蝉、金刚钻、玉米螟虫、蔬菜菜青虫、菜螟、斜纹叶蛾等，以及卫生害虫如苍蝇、蟑螂、跳蚤、臭虫、蠹虫、蚂蚁和家畜体外寄生虫。也可制成毒饵，诱杀农场和马、牛厩内的厩蝇和家蝇。

（3）残留量与安全施药 ①为了安全，一般使用浓度 0.1%左右对作物无药害。玉米、苹果（曙光、元帅在早期）对本品较敏感，施药时应注意。高粱、豆类特别敏感，容易产生药害，不宜使用。烟草在收获前 10d，水稻、蔬菜在收获前 7d，停止使用。②忌用量过大。敌百虫用量过大会造成中毒。无论是内服给药还是外用涂擦，一定要注意掌握好用药量。局部涂擦时，最好不要超过体表面积的 1/3，以防引起中毒。③忌与碱性药物配伍，敌百虫与碱性药物接触后，会变成敌敌畏，从而大大增加其毒性。④忌用于禽类，慎用于牛羊，禽类对敌百虫非常敏感，极易造成中毒，不适宜应用。牛对敌百虫亦较敏感，目前国内应用较少。山羊和细毛羊对敌百虫稍敏感，在应用时要控制好用量，防止中毒的发生。

（4）使用方法

水稻 用 80%可溶性粉剂 2250～3000g/hm²，兑水 1000～1500kg 喷雾，可防治二化螟、稻叶蝉、稻铁甲虫、稻苞虫、稻纵卷叶螟、稻叶蝉和稻蓟马等害虫。

旱粮 ①小麦黏虫：用 80%可溶性粉剂 2250g/hm²，兑水 250～1000kg 喷雾，或 5%粉剂 1.8kg/hm² 喷粉；②大豆造桥虫、草地螟：用 80%可湿性粉剂 2250g/hm²，兑水 750～1500kg 喷雾；③甜菜象甲：用 80%可湿性粉剂 2250g/hm²，兑水 750～1500kg 喷雾。

棉花 用 80%可溶性粉剂 2250～4500g/hm²，兑水 1000kg 喷雾，可防治棉铃虫、棉金刚钻和棉叶蝉。

蔬菜 用80%可溶性粉剂1200~1500g/hm²，兑水750kg喷雾，可防治菜粉蝶、小菜蛾、甘蓝叶蛾。

茶叶 用80%可溶性粉剂1000倍液均匀喷雾，可防治茶毛虫(茶黄毒蛾、茶斑毒蛾、油茶毒蛾)、茶尺蠖。

果树 ①荔枝蝽象：于3月下旬至5月下旬，成虫交尾产卵前和若虫盛发期，用90%结晶800~1000倍液地面均匀各喷雾一次；②荔枝蛀虫：于荔枝收获前约25d和15d，用敌百虫有效浓度1600mg/L加25%杀虫双500倍液，均匀喷雾，若用飞机喷雾，则用敌百虫可溶性粉剂加杀虫双水剂600~900mL/hm²喷雾。

林业 用25%乳剂2250~3000g/hm²，用超低容量喷雾器喷雾，可防治松毛虫。

地下害虫 用750~1500g(a.i.)/hm²，先以少量水将敌百虫溶解，然后与60~75kg炒香的棉仁饼或菜籽饼搅匀，亦可与切碎鲜草300~450kg拌匀成毒饵，在傍晚撒施于作物根部土表诱杀害虫。

家畜及卫生害虫 用80%可溶性粉剂400倍液洗刷，可防治马、牛、羊体皮寄生虫，如牛虱、羊虱、猪虱、牛瘤蝇蛆等；用80%可溶性粉剂1：100制成毒饵，可诱杀马、牛厩内的厩蝇和家蝇。

专利与登记 专利US2701225早已过专利期，不存在专利权问题。国内登记情况：80%、90%可溶粉剂，30%乳油，87%、90%、97%原药，登记作物为水稻、小麦、白菜、青菜、柑橘树、烟草、茶树、林木和大豆等，防治对象为螟虫、菜青虫、卷叶蛾和松毛虫等。

合成方法 经如下反应制得敌百虫：

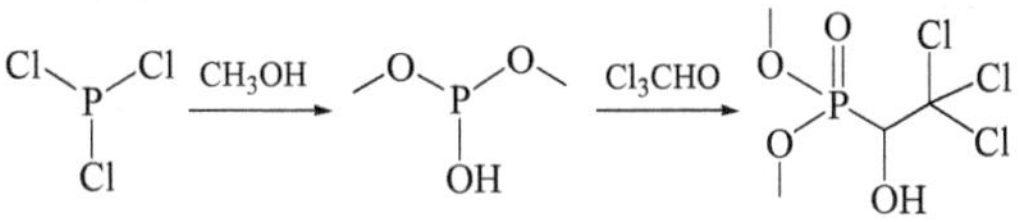

敌草隆 diuron

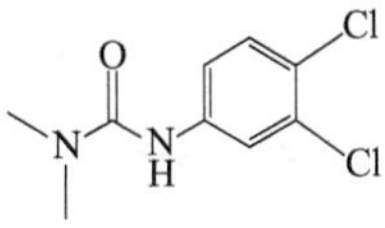

$C_9H_{10}Cl_2N_2O$，233.1，330-54-1

敌草隆(diuron)，试验代号 DPX14740，商品名称 Direx、Diurex、Karmex、Sanuron、Vidiu，其他名称 敌芜伦，1951年由H. C. Bucha和C. W. Todd报道。1967年E. I. du Pontde Nemours & Co开发。

化学名称 3-(3,4-二氯苯基)-1,1-二甲基脲，3-(3,4-dichlorophenyl)-1,1-dimethylurea。

理化性质 无色晶体。熔点158~159℃。蒸气压$1.1×10^{-3}$mPa(25℃)。$K_{ow}lgP2.85±0.03$

（25℃）。相对密度 1.48。水中溶解度：37.4mg/L（25℃）；其他溶剂中溶解度（27℃，g/kg）丙酮 53，硬脂酸丁酯 1.4，苯 1.2，微溶于烃。常温中性条件下稳定，温度升高易水解，在酸性和碱性条件下易水解，温度 180～190℃分解。

毒性 大鼠急性经口 LD_{50}＞2000mg/kg。兔急性经皮 LD_{50}＞2000mg/kg（80％WG）。对兔眼睛中度刺激（WP），对豚鼠皮肤无刺激（50％EC），无皮肤致敏性。大鼠吸入毒性 LC_{50}（4h）＞7mg/L。狗 NOEL（2y）25mg/L［雄性 1.0mg/（kg·d），雌性 1.7mg/（kg·d）］。ADI（EFSA）0.007mg/kg［2005］，（EPA）cRfD 0.003mg/kg［2003］。

生态效应 山齿鹑经口 LD_{50}（14d）1104mg/kg。饲喂毒性 LC_{50}（8d，mg/L）：山齿鹑 1730，日本鹌鹑＞5000，野鸭 5000，野鸡＞5000。虹鳟鱼 LC_{50}（96h）14.714mg/L。水蚤 EC_{50}（48h）1.4mg/L。羊角月牙藻 EC_{50}（120h）0.022mg/L。对蜜蜂无毒，LD_{50}（接触）145mg/kg。蚯蚓 LC_{50}（14d）＞400mg/kg。

环境行为

（1）动物 在哺乳动物体内主要通过羟基化和脱烷基化代谢（C. Boehme 和 W. Ernst. Food Cosmet Toxicol,1965,3:797-802）。

（2）植物 在植株体内敌草隆通过氮原子上脱甲基化和苯环上 2-位羟基化代谢。

（3）土壤/环境 土壤中通过酶和微生物对氮原子上脱甲基化和苯环上 2-位羟基化降解。土壤中活性 4～8 个月视土壤类型和湿度而定；DT_{50} 90～180d（G. D. Hill 等. Agron J,1955,47:93；T. J. Sheets. J Agric Food Chem,1964,12:30）。K_{oc} 400。

制剂 80％水分散粒剂，800g/L悬浮剂，80％可湿性粉剂。

主要生产商 Ancom、Bharat、Crystal、Nufarm Ltd、United Phosphorus、安徽广信农化股份有限公司、鹤岗市旭祥禾友化工有限公司、江苏安邦电化有限公司、江苏常隆农化有限公司、江苏嘉隆化工有限公司、江苏快达农化股份有限公司、江苏蓝丰生物化工股份有限公司、捷马化工股份有限公司、开封华瑞化工新材料股份有限公司、辽宁省沈阳丰收农药有限公司、美国杜邦公司、南通罗森化工有限公司、宁夏新安科技有限公司、山东华阳农药化工集团有限公司、山东潍坊润丰化工股份有限公司、山东潍坊润丰化工股份有限公司。

作用机理与特点 内吸传导型除草剂，具有一定的触杀活性，可被植物的根和叶吸收，以根系吸收为主，杂草根系吸收药剂后，传到地上叶片中，并沿着叶脉向周围传播，抑制光合作用的希尔反应，该药杀死植物需光照。使受害杂草从叶尖和边缘开始褪色，终至全叶枯萎，不能制造养分，饥饿而死。

应用 敌草隆在低剂量情况下，可作为选择性除草剂使用，高剂量下则可作为灭生性除草剂。敌草隆对种子萌发及根系无显著影响，药效期可维持 60d 以上。

（1）适用作物 棉花、大豆、番茄、水稻、烟草、草莓、葡萄及果园、橡胶园、茶园等。

（2）防治对象 旱稗、马唐、狗尾草、野苋草、莎草、蓼、藜及眼子菜等。

（3）使用方法 在棉田播后出苗前，用 25％敌草隆可湿性粉剂 30～45g/100m²，兑水 7.5kg，均匀喷雾土表，防效 90％以上；用于水稻田防除眼子菜用 7.5～15g/100m²，防效 90％以上；果树、茶园在杂草萌芽高峰期，用 25％可湿性粉剂 30～37.5g/100m²，兑水 5.3kg 喷雾土表，亦可在中耕除草后进行土壤喷雾处理。

（4）注意事项 ①敌草隆对麦苗有杀伤作用，麦田禁用。在茶、桑、果园宜采用毒土法，以免发生药害。②敌草隆对棉叶有很强的触杀作用，施药必须施于土表，棉苗出土后不宜使用敌草隆。③砂性土壤，用药量应比黏质土壤适当减少。砂性漏水稻田不宜用。④敌草隆对果树及多种作物的叶片有较强的杀伤力，应避免药液飘移到作物叶片上。桃树对敌草隆敏感，使用时应注意。⑤喷过敌草隆的器械必须用清水反复清洗。⑥单独使用时，敌草隆不易被大多数植物叶面吸收，需加入一定的表面活性剂，提高植物叶面的吸收能力。

专利与登记　专利 US2655445 早已过专利期。国内主要登记了 97%、98%、98.5% 原药，80% 水分散粒剂，800g/L 悬浮剂，80% 可湿性粉剂。可用于防除甘蔗田($1200\sim2400g/hm^2$)、非耕地($4500\sim8000g/hm^2$)杂草。

合成方法　经如下反应制得敌草隆：

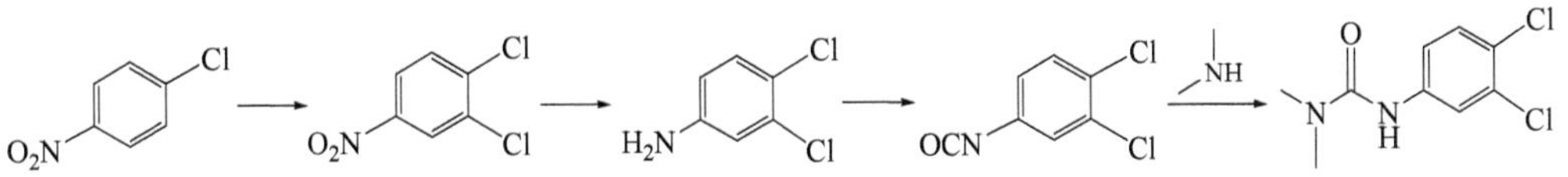

敌敌畏 dichlorvos

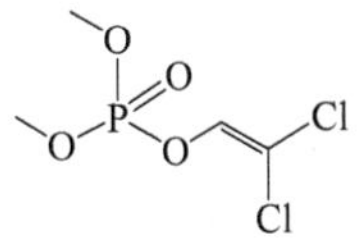

$C_4H_7Cl_2O_4P$，221.0，62-73-7

敌敌畏（dichlorvos），试验代号　Bayer19149、C177、OMS14、ENT20738。商品名称 Charge、Dash、Denkavepon、Dichlorate、Dix50、Dodak、Hilvos、Mifos、Nuvan、Rupini、Sun-Vos、Vapona、Vaportape、Winylofos 及二氯松。是由汽巴-嘉基公司（现属 Syngenta AG）、壳牌化学公司（现属 BASF）和拜耳公司以各自的技术开发生产的杀虫剂。

化学名称　2,2-二氯乙烯基二甲基磷酸酯。2,2-dichlorovinyl dimethyl phosphate。

理化性质　纯品为无色液体（工业品为芳香气味的无色或琥珀色液体），有挥发性，熔点 $<-80℃$，沸点：234.1℃（1×10^5 Pa）、74℃（1.3×10^2 Pa）。蒸气压 2.1×10^3 mPa(25℃)。K_{ow} lg$P$=1.9(OECD117)，1.42（单独研究）。Henry 常数 2.58×10^{-2} Pa·m^3/mol。相对密度(20℃) 1.425。水中溶解度(25℃)18g/L。完全溶解于芳香烃、氯代烃、乙醇中，不完全溶解于柴油、煤油、异构烷烃、矿油中。在 $185\sim280℃$ 之间发生吸热反应，在 315℃ 时剧烈分解，在水和酸性介质中缓慢水解，在碱性介质中急剧水解成二甲基磷酸氢盐和二氯乙醛；DT_{50}(22℃)：31.9d (pH 4)，2.9d(pH 7)，2.0d(pH 9)。闪点>100℃，172℃（彭斯克-马丁闪点测定仪，1×10^5 Pa）。

毒性　大鼠急性经口 LD_{50} 约 50mg/kg，大鼠急性经皮 LD_{50} 224mg/kg。对兔眼睛和皮肤轻微刺激。大鼠吸入 LC_{50}(4h)230mg/m^3，大鼠 NOEL(2y)10mg/kg 饲料，狗 LOAEL(1y)0.1mg/kg。ADI 0.00008mg/kg（2006），（BfR）0.001mg/kg，（JMPR）0.004mg/kg[1993]，（EPA）aRfD 0.008mg/kg，cRfD 0.0005mg/kg[1993,2006]。

生态效应　山齿鹑急性经口 LD_{50} 24mg/kg，日本鹌鹑亚急性经口 LD_{50}(8d)300mg/kg。鱼毒 LC_{50}(96h,mg/L)：虹鳟鱼 0.2，圆腹雅罗鱼 0.45。水蚤 LC_{50}(48h)0.19μg/L。羊角月牙藻 EC_{50} (5d)52.8mg/L。对蜜蜂急性经口 LD_{50} 0.29μg/只。蚯蚓 LC_{50}(7d)15mg/kg，LC_{50}(14d)14mg/kg。

环境行为　除了泄漏外，对水生和陆地上的生物体不会构成威胁，由于对鸟和蜜蜂的剧毒，所以应当谨慎使用。

（1）动物　哺乳动物经口给药，在肝脏里通过水解和脱甲基化作用很快降解，半衰期为 25min。

（2）植物　在植物中很快分解。

（3）土壤/环境　在大气中很快分解，在潮湿的环境中可以水解，形成磷酸和 CO_2。DT_{50} 约 10h，在有生物活性的水和土壤体系中 $DT_{50} < 1d$。

制剂　48%、50%、77.5%、80% 乳油，22.5% 油剂，90% 可溶液剂等。

主要生产商　ACA、Agro Chemicals India、AGROFINA、Amvac、Bharat、Denka、Devidayal、Gujarat Agrochem、Gujarat Pesticides、Heranba、India Pesticides、Lucava、Makhteshim-Agan、Nagarjuna Agrichem、Reposo、Sabero、Saeryung、Sharda、Sundat、United Phosphorus、艾农国际贸易有限公司、湖北沙隆达股份有限公司、宁波保税区汇力化工有限公司、沙隆达郑州农药有限公司、山东大成农化有限公司、台湾兴农股份有限公司、南通江山农药化工股份有限公司、浙江兰溪巨化氟化学有限公司及中国中化集团等。

作用机理与特点　呼吸系统抑制剂，是具有触杀、胃毒和快速击倒作用的杀虫杀螨剂，抑制昆虫体内乙酸胆碱酯酶造成神经传导阻断而引起死亡。

应用

（1）适用作物　水果、蔬菜、园林植物、茶树、水稻、棉花、蛇麻子等。

（2）防治对象　对咀嚼口器和刺吸口器的害虫均有效。

（3）使用方法　它可用于田间及家庭、公共场所，对双翅目害虫和蚊类尤其有效。以 0.5～1g(a.i.)/100m³ 浓度保护储藏产品，以 300～1000g(a.i.)/hm² 剂量防治刺吸口器和咀嚼口器害虫，以便保护作物。除敏感的菊类植物外，它是没有药害的，也无持效。田间使用：①防治菜青虫、甘蓝夜蛾、菜叶蜂、菜蚜、菜螟、斜纹夜蛾，用 80% 乳油 1500～2000 倍液喷雾；②防治二十八星瓢虫、烟青虫、粉虱、棉铃虫、小菜蛾、灯蛾、夜蛾，用 80% 乳油 1000 倍液喷雾；③防治红蜘蛛、蚜虫用 50% 乳油 1000～1500 倍液喷雾；④防治小地老虎、黄守瓜、黄条跳虫甲，用 80% 乳油 800～1000 倍液喷雾或灌根；⑤防治温室白粉虱，用 80% 乳油 1000 倍液喷雾，可防始成虫和若虫，每隔 5～7d 喷药 1 次，连喷 2～3 次，即可控制危害。也可用敌敌畏烟剂熏蒸，方法是：于傍晚收工前将保护地密封熏烟，亩用 22% 敌敌畏烟剂 0.5kg。或在花盆内放锯末，洒 80% 敌敌畏乳油，放上几个烧红的煤球即可，亩用乳油 0.3～0.4kg；⑥防治豆野螟，于豇豆盛花期（2～3 个花相对集中时），在早晨 8 时前花瓣张开时喷洒 80% 敌敌畏乳油 1000 倍液，重点喷洒蕾、花、嫩荚及落地花，连喷 2～3 次。公共场所及家庭使用：①灭蛆：将原液（50% 乳剂）1 份加水 500 份，喷洒粪坑或污水面，每平方米用原液 0.25～0.5mL；②灭虱：将上述稀释液喷衣被，闷置 2～3h；③灭蚊蝇：原液 2mL，加水 200mL，泼于地面，关闭窗户 1h，或以布条浸原液挂在室内，每间房屋用 3～5mL，可保效 3～7d；④灭臭虫：原液 1 份，加水 200 份，用以刷涂缝隙。

专利与登记　专利 GB775085、US2956073 均早已过专利期，不存在专利权问题。国内登记情况：95% 原药，48%、50%、77.5%、80% 乳油，22.5% 油剂，90% 可溶液剂等，登记作物为棉花、林木和十字花科蔬菜等，防治对象为松毛虫、黄甲跳虫、菜青虫和蚜虫等。

合成方法　合成方法如下：

$$\text{(MeO)}_3\text{P} \xrightarrow{CCl_3CHO} \quad \leftarrow \xrightarrow{NaOH}$$

敌磺钠 fenaminosulf

$$\text{(CH}_3)_2\text{N}\!-\!\!\!\bigcirc\!\!\!-\!\text{N}\!=\!\!=\!\text{N}\!-\!SO_2ONa$$

$C_8H_{10}N_3NaO_3S$, 251.2, 140-56-7

敌磺钠(fenaminosulf)，试验代号 Bayer22555、Bayer5072，商品名称 Lesan、Dexon，其他名称 敌克松，是由德国拜耳公司开发的杀菌剂。

化学名称 4-二甲基氨基苯重氮磺酸钠，sodium 4-dimethylaminobenzenediazosulfonate。

理化性质 黄棕色无味的粉末，200℃以上分解。20℃时在水中的溶解度为40g/kg，溶于二甲基甲酰胺、乙醇，不溶于乙醚、苯、石油醚。其水溶液遇光分解，加亚硫酸钠可使之稳定，在碱性介质中稳定。

毒性 急性经口 LD_{50}（mg/kg）：大鼠60，豚鼠150；大鼠急性经皮 LD_{50}>100mg/kg。

制剂 75%、95%可溶性粉剂，55%膏剂，70%可湿性粉剂，5%颗粒剂，2.5%粉剂。

作用机理与特点 一种优良的种子和土壤处理剂，具有一定的内吸渗透作用。对腐霉菌和丝囊菌引起的病害有特效，对一些真菌病害亦有效，属保护性药剂。对作物兼有生长刺激作用。

应用

（1）适宜作物与安全性 蔬菜、甜菜、麦类、菠萝、水稻、烟草、棉花等。

（2）防治对象 甜菜、蔬菜、菠萝、果树等的稻瘟病、恶苗病、锈病、猝倒病、白粉病、疫病、黑斑病、炭疽病、霜霉病、立枯病、根腐病和茎腐病，以及粮食作物的小麦网腥病、星黑穗病。

（3）使用方法 ①蔬菜病害用95%可溶性粉剂2.75~5.5kg/hm²，兑水喷雾或者泼浇，可防治大白菜软腐病，西红柿绵疫病、炭疽病、黄瓜、冬瓜、西瓜等的枯萎病、猝倒病和炭疽病等。②水稻苗期立枯病、黑根病、烂秧病用95%可溶性粉剂14kg/hm²，兑水泼浇或者喷雾。③棉花苗期病害用95%可溶性粉剂500g拌100kg种子，可防治苗期病害。④甜菜立枯病、根腐病用95%可溶性粉剂500~800g拌100kg种子，可防治病害。⑤松杉苗木立枯病、根腐病用95%可溶性粉剂147.4~368.4g拌100kg种子，可防治病害。⑥烟草黑茎病用95%可溶性粉剂5.25kg/hm²与225~300kg细土拌匀，在移栽时和起培土前，将药土撒在烟苗基部周围，并立即覆土。也可用95%可溶性粉剂500倍稀释液喷洒在烟苗茎基部及周围土面，用药液1500kg/hm²，每隔15d喷药1次，共喷三次。⑦小麦、马铃薯病害，95%可溶性粉剂220g拌种100kg，可防治小麦腥黑穗病、粟粒黑粉病、马铃薯环腐病等。⑧西瓜、黄瓜立枯病、枯萎病用95%可溶性粉剂3000~4000g/hm²，兑水喷雾或泼浇，可防治西瓜、黄瓜立枯病、枯萎病。

专利概况 化合物专利 DE 1028828 已过专利期，不存在专利权问题。

敌菌丹 captafol

$C_{10}H_9Cl_4NO_2S$，349.1，2425-06-1

敌菌丹(captafol)，试验代号　Ortho-5865，商品名称　Difoltan、Foltaf，其他名称　四氯丹，是 Chevron 化学公司开发的杀菌剂。现由 Rallis 公司生产和销售。

化学名称　N-(1,1,2,2,-四氯乙硫基)环己-4-烯-1,2-二羧酰亚胺，N-(1,1,2,2-tetrachloro-ethylthio)cyclohex-4-ene-1,2-dicarboximide 或 3a,4,7,7a-tetrahydro-N-(1,1,2,2-tetrachloroeth-anesulfenyl)phthalimide。

理化性质　纯品为无色或淡黄色固体(工业品为具有特殊气味的亮黄褐色粉末)，熔点 160～161℃。蒸气压可忽略不计。分配系数 K_{ow} $\lg P=3.8$。相对密度 1.75(25℃)。溶解度(20℃，g/L)：水 0.0014，异丙醇 13，苯 25，甲苯 17，二甲苯 100，丙酮 43，丁酮 44，二甲亚砜 170。在乳状液或悬浮液中缓慢分解，在酸性和碱性介质中迅速分解，温度为熔点时缓慢分解。

毒性　大鼠急性经口 LD_{50} 5000～6200mg(a.i.)/kg，兔急性经皮 LD_{50}＞15400mg/kg。对兔皮肤中度刺激，对眼睛重度损伤。可能在一些人群中引起皮肤过敏反应。吸入毒性 LC_{50}(4h，mg/L)：雄大鼠＞0.72，雌大鼠 0.87(工业品)；粉尘能引起呼吸系统损伤。每日用 500mg/L 对大鼠或以 10mg/kg 剂量对狗经 2y 饲养试验均没产生中毒现象。ADI 值：cRfD 0.002mg/kg。对大鼠和小鼠均致癌。

生态效应　饲喂 LC_{50}(10d，mg/kg 饲料)：野鸡＞23070，野鸭＞101700。鱼毒 LC_{50}(96h，mg/L)：虹鳟鱼 0.5，金鱼 3.0，大翻车鱼 0.15。水蚤 LC_{50}(96h)3.34mg/L。对淡水无脊椎动物有中度到高度毒害。对蜜蜂无害。

环境行为

(1) 动物　敌菌丹经哺乳动物口服后水解为四氢酞酰亚胺(THPI)和二氯乙酸。四氢酞酰亚胺降解为相应的酸，进一步降解为邻苯二甲酸和氨。

(2) 植物降解过程同动物。

制剂　80％可湿性粉剂，48％悬浮剂。

主要生产商　Rallis。

作用机理与特点　一种保护和治疗的非内吸性杀菌剂。通过抑制孢子的萌发起作用。

应用

(1) 适宜作物　番茄、咖啡、花生、柑橘、菠萝、坚果、洋葱、葫芦、玉米、高粱、蔬菜、经济作物、果树等。

(2) 防治对象　果树、蔬菜和经济作物的根腐病、立枯病、霜霉病、疫病和炭疽病。防治番茄叶和果实的病害，马铃薯枯萎病，咖啡仁果病害以及其他农业、园艺和森林作物的病害。还能作为木材防腐剂。

(3) 使用方法　可茎叶处理、土壤处理和种子处理。

专利概况　专利 US3178447 早已过专利期，不存在专利权问题。

合成方法　以 4,5-邻环己烯二甲酰亚胺钾盐合成目标产物：

参考文献

[1] The Pesticide Manual. 15th edition. 2009：153-154.

敌鼠 diphacinone

$C_{23}H_{16}O_3$，340.4，82-66-6

敌鼠（diphacinone），**商品名称** Ditrac、Diphacin、Liqua-Tox、P. C. Q、Promar、Prozap Mouse Maze、Ramik、Tomcat。**其他名称** 得伐鼠、敌鼠钠盐、野鼠净。1952 年 J. T. Correllet 等首先报道其为杀鼠剂，Velsicol Chemical Corp.（现属 Novartis Crop Protection AG）和 Upjohn Co. 将其商品化。

化学名称 2-(2,2-二苯基乙酰基)-1,3-茚满二酮，2-(diphenylacetyl)-1H-indene-1,3(2H)-dione。

组成 工业品纯度为 95%。

理化性质 黄色晶体（工业品为黄色粉末）。熔点 145~147℃。蒸气压 1.37×10^{-5} mPa（25℃，工业品）。分配系数 K_{ow} lg$P=4.27$。Henry 常数 1.55×10^{-5} Pa·m³/mol（计算）。相对密度为 1.281。水中溶解度约 0.3mg/kg；其他溶剂中溶解度（g/kg）：氯仿 204，甲苯 73，二甲苯 50，丙酮 29，乙醇 2.1，庚烷 1.8；其盐可溶于碱溶液。pH 6~9 时可稳定存在 14d，水解<24h（pH 4）。光照下在水中迅速分解。338℃时分解（不沸腾）。pK_a 酸性，能形成水溶性碱金属盐。

毒性 急性经口 LD_{50}（mg/kg）：大鼠 2.3，小鼠 50~300，家兔 35，猫 14.7，狗 3~7.5，猪 150。大鼠急性经皮 LD_{50}<200mg/kg。对兔皮肤和眼睛无刺激。对豚鼠皮肤无过敏现象。大鼠吸入 LC_{50}（4h）<2mg/L 空气（粉末）。NOEL 值：大白鼠慢性 LD_{50} 0.1mg/(kg·d)。Ames 试验表明无诱导突变。

生态效应 野鸭急性经口 LD_{50} 3158mg/kg。用诱饵[50mg(a.i.)/kg] 进行 56d 的二次中毒试验表明，在可能出现的自然条件下，对雀鹰无危险。鱼类 LC_{50}（96h,mg/L）：虹鳟鱼 2.6，大翻车鱼 7.5，河鲶 2.1。水蚤 LC_{50}（48h）1.8mg/L。

环境行为 在大鼠中代谢比较狭隘；任何代谢主要涉及羟化代谢和共轭作用。

制剂 浓饵剂、饵剂。

主要生产商 Bell 及 HACCO 等。

作用机理与特点 主要是破坏血液中的凝血酶原，使之失去活性，同时使微血管变脆、抗张能力减退、血液渗透性增强。敌鼠是目前应用最广泛的第一代抗凝血杀鼠剂品种之一，具有靶谱广、适口性好、作用缓慢、效果好的特点。作为第一代抗凝血杀鼠剂，敌鼠同样具有急性和慢性毒力差别显著的特点。其急性毒力远小于慢性毒力，所以更适合于少量、多次投毒饵的方式来防治害鼠。

应用

（1）**防治对象** 我国的主要鼠种如褐家鼠、小家鼠、黄毛鼠、黄胸鼠、板齿鼠、沙土鼠、黄鼠、布氏田鼠、黑线姬鼠、林姬鼠等。

（2）**残留量与安全施药** ①敌鼠钠盐为抗凝血杀鼠剂，误食该剂后临床表现因人而异，可分为两类：一类为急性型，当误食较小剂量(如 10～60mg)时，立即感到不适、心慌、头昏、恶心、低烧(38℃以下)，食欲不振，全身皮疹，几天后不治自愈。重者(如误食 0.8g)则头昏、腹痛、不省人事、口鼻有血性分泌物、血尿、全身暗红色丘疹等现象。另一类为亚急性型，误食量在 1g 以上时，一般 3～4d 后才发病，表现为各脏器及皮下广泛出血、头昏、面色苍白、腹痛、唇紫白、呕血、咯血、皮下大面积出血以及休克等症状，误食药量与发病轻重成正比。若出血发生于中枢神经系统、心胞、心肌或咽喉等处均可危及生命。急救措施：急性患者误食较大剂量时，应立即洗胃，加强排泄，一般可用抗过敏药物，重者可用皮质素经口或静脉注射，必要时输血。亚急性患者出血严重时应绝对卧床休息。治疗：急性或慢性失血过多者，应立即输血，并每日静脉滴注维生素 K_1、C 与氢化可地松。一般少量出血者，可肌注维生素 K_1，经口维生素 C 与肾上腺皮质素。若误食野鼠净粒剂可喝 1～2 杯水，并引起呕吐，可用干净手指触咽喉使其呕吐，然后送医院治疗。凝血时间超过正常人的两倍时(15s)需经口维生素 K_1。②该药对人、畜虽比某些杀鼠剂安全，但仍会发生误食中毒，应加强保管，不要与粮食、种子、饲料等放在一起，应远离儿童。③本剂对鸡、猪、牛、羊较安全，而对猫、狗、兔较敏感，会发生二次中毒。因此，应将死鼠深埋处理。允许残留量杀鼠剂不接触农作物和食物，因此不制定人体每日允许摄入量(ADI)及在农产品中农药残留合理使用准则。

(3) 使用方法　敌鼠钠盐原粉一般以配制毒饵防治害鼠为主。毒饵中有效含量为 0.025%～0.1%。浓度低，适口性好，反之则变差。使用中一般采用低浓度、高饵量的饱和投饵，或者低浓度、小饵量、多次投的方式。近几年来国内使用 1 次足量的投饵方式，亦取得较好的效果。利用敌鼠钠盐溶于酒精、微溶于热水的特点，可以方便地配制毒饵。按需用毒饵重量的 0.025%～0.1% 称取药物，将其溶于适量的酒精或热水中，然后视饵料吸水程度不同兑入适量的水，配制成敌鼠钠盐母液。将小麦、大米等谷物，或者切成块状的瓜果、蔬菜类浸泡在药液中，待药液全部被吸收后，摊开稍加晾晒即可。如果以黏附法配制毒饵宜将敌鼠钠盐原粉与面粉以 1：99 混合，配制成 1% 的母粉，然后按常规配制方法防治家栖鼠类：宜选用含药量 0.025%～0.05% 的毒饵，每间房设 1～3 个饵点，每个饵点放 5～10g 毒饵，连续 3～5d 检查毒饵被取食情况，并予以补充。亦可采用 1 次饱和投饵法，每个饵点毒饵量增至 20～50g 毒饵。如采用毒饵盒长期放置毒饵，每半个月至两个月检查 1 次并予以补充，可以长期控制鼠的危害。除使用毒饵外，还可以配制有效成分为 0.05%～0.1% 的毒水，以及 1% 的毒粉来防治家栖鼠类。防治野栖鼠种：毒饵中有效成分含量可适当提高，但不宜超过 0.1%，以免影响适口性能，投饵方式宜选用 1 次性投放。对黄鼠每个洞旁投放 20g 毒饵。对长爪沙鼠每个洞口处投 5～10g 毒饵。鼠洞不明显或者地形复杂而鼠洞不易查找的地方，可沿地塄、地堰每 5～10m 投放一堆，每堆 20g。

专利概况　专利 US2672483 早已过专利期，不存在专利权问题。

合成方法　通过如下反应制的目的物：

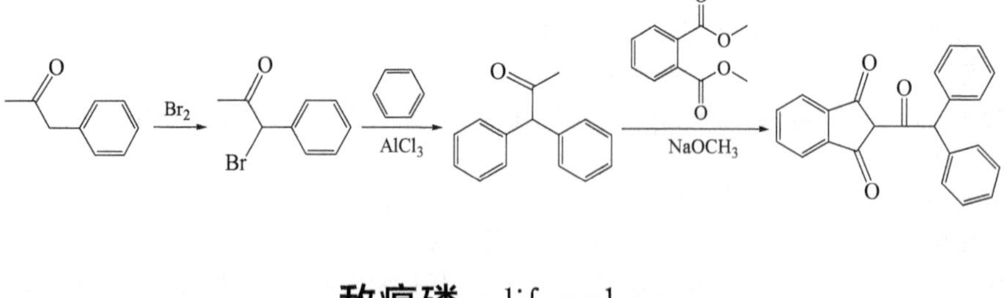

敌瘟磷 edifenphos

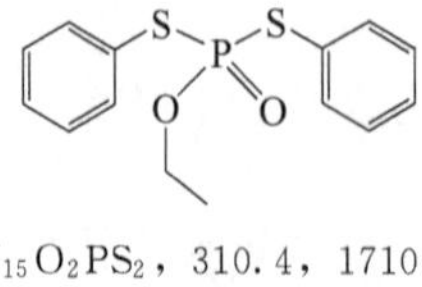

$C_{14}H_{15}O_2PS_2$，310.4，17109-49-8

敌瘟磷（edifenphos），试验代号 Bayer78418、SRA7847。商品名称 Hinosan、Hinorabcide、Hinosuncide。其他名称 稻瘟光、克瘟散。是德国拜耳公司开发的有机磷酸酯类杀菌剂。

化学名称 O-乙基-S,S-二苯基二硫代磷酸酯，O-ethyl-S,S-diphenyl phosphorodithioate。

理化性质 纯品为黄色接近浅褐色液体，带有特殊的臭味。熔点－25℃，沸点 154℃（1Pa）。蒸气压 $3.2×10^{-2}$mPa（20℃）。分配系数 $K_{ow}\lg P＝3.83$（20℃），Henry 常数 $2×10^{-4}$Pa·m^3/mol（20℃），相对密度 1.251g/mL（20℃）。水中溶解度 56mg/L（20℃），有机溶剂中溶解度（20℃，g/L）：正己烷 20～50，二氯甲烷、异丙醇和甲苯 200，易溶于甲醇、丙酮、苯、二甲苯、四氯化碳和二氧六环，在庚烷中溶解度较小。在中性介质中稳定存在，强酸、强碱中易水解。25℃时 DT_{50}：19d（pH 7），2d（pH 9）。易光解。凝固点 115℃。

毒性 急性经口 LD_{50}（mg/kg）：大鼠 100～260，小鼠 220～670，豚鼠和兔 350～1000。大鼠急性经皮 LD_{50} 700～800mg/kg。对兔皮肤和眼睛无刺激作用。大鼠急性吸入 LC_{50}（4h）0.32～0.36mg/L 空气。NOEL（2y，mg/kg 饲料）：雄性大鼠 5，雌性大鼠 15，狗 20，小鼠 2（18 个月）。ADI 0.003mg/kg。

生态效应 鸟急性经口 LD_{50}（mg/kg）：山齿鹑 290，野鸭 2700。鱼 LC_{50}[96h,mg(a.i.)/L]：虹鳟鱼 0.43，大翻车鱼 0.49，鲤鱼 2.5。水蚤 LC_{50}（48h）0.032μg/L。推荐剂量下对蜜蜂无毒。

环境行为

（1）动物 敌瘟磷经大鼠和小鼠口服后在 72h 内能够快速全部被吸收，在这期间只有少量的敌瘟磷进入内脏组织。敌瘟磷在动物体内的主要代谢为苯、硫酚、乙基的脱除生成有机磷酸。最终的代谢物为磷酸和硫酸。另外，在代谢的后期还有氧化和甲基化反应，生成共轭的代谢物。

（2）植物 ^{14}C 标记的敌瘟磷在水稻中的代谢主要是苯、硫酚、乙基的脱除生成有机磷酸，最终产物为苯磺酸和磷酸。

（3）土壤/环境 敌瘟磷在土壤层中的渗透力很弱，在土壤中的吸附与在土壤中的含量负相关，这意味着施药后，敌瘟磷在土壤中几乎不流动。在土壤中的流动半衰期 DT_{50} 从数天到数周不等。敌瘟磷在无菌水溶液中也能降解，降解半衰期 DT_{50} 从数分钟到数天不等，具体时间取决于 pH 值。在自然水中的降解半衰期为几个小时。在水与土壤中的降解途径均为苯、硫酚、乙基的脱除生成有机磷酸。

制剂 30%乳油。

主要生产商 Bayer CropScience 及 DooYang 等。

作用机理 抑制病菌的几丁质合成和脂质代谢。一是影响细胞壁的形成，二是破坏细胞的结构。其中以后者为主，前者是间接的。对稻瘟病有良好的预防和治疗作用。

应用

（1）适宜作物与安全性 水稻、谷子、玉米及麦类等。在使用敌稗后 10d 内，不得使用敌瘟磷，也不可与碱性药剂混用。敌瘟磷乳油最好不与沙蚕毒素类沙虫剂混用。

（2）防治对象 水稻稻瘟病、水稻纹枯病、胡麻斑病、小球菌核病、粟瘟病、玉米大斑病、小斑病及麦类赤霉病等。

（3）应用技术与使用方法 ①防治水稻苗瘟：用 30%敌瘟磷乳油 1000 倍液（即每 100L 水加 30%敌瘟磷 100mL）浸种 1h 后播种，可有效地防治苗床苗瘟的发生。对苗叶瘟重点是加强中、晚稻秧苗期的防治。②防治水稻叶瘟：防治稻叶瘟应注意保护易感病的分蘖盛期，在叶瘟发病初期喷药，每亩用 30%敌瘟磷乳油 100～133mL[30～40g(a.i.)]，兑水喷雾。如果病情较重，可 1 周后再喷药 1 次。③防治水稻穗瘟：穗瘟的防治适期在破口期和齐穗期，每亩用 30%敌瘟磷乳油 100～133mL[30～40g(a.i.)]，兑水喷雾。发病严重时，可 1 周后再喷药 1 次。④防治小麦赤霉病：在小麦始花期（扬花率 10%～20%）施药效果最好。每亩用 30%敌瘟磷乳油 67～100mL[20～30g(a.i.)]，兑水喷雾。

专利与登记 专利 BE686048 和 DE1493736 均已过专利期，不存在专利权问题。国内登记情况：30%乳油，94%原药，登记作物为水稻，防治对象为稻瘟病。

合成方法 以三氯氧磷、乙醇、苯硫酚为起始原料，反应式如下：

$$POCl_3 \longrightarrow Cl \underset{O}{\overset{Cl}{P}} O \diagdown \xrightarrow{\hspace{1cm}} \text{（产物结构式）}$$

参考文献

[1] The Pesticide Manual. 15th edition. 2009：417-418.

敌线酯 methylisothiocyanate

$$CH_3NCS$$

C_2H_3NS, 73.1, 556-61-6

敌线酯（methyl isothiocyanate），商品名称 Trapex、Trapexide，其他名称 MIT、MITC，是由 Schering AG（现拜耳公司）开发的杀菌、杀虫、除草剂。

化学名称 硫代异氰酸甲酯，methyl isothiocyanate。

理化性质 工业品纯度≥94.5%，具有类似辣根刺激性气味的无色固体，熔点 35～36℃（原药 25.3～27.6℃），沸点 118～119℃。相对密度（37℃）1.069［原药 1.0537（40℃）］。蒸气压 2.13kPa（25℃）。分配系数 $K_{ow}\lg P=1.37$（计算）。水中溶解度（20℃）8.2g/L；易溶于大多数有机溶剂，如乙醇、甲醇、丙酮、二甲苯、石油醚和矿物油。稳定性：可被碱迅速水解，而在酸、中性溶液中水解很慢。DT_{50}（25℃）：85h（pH5），490h（pH 7），110h（pH 9）。对光、氧敏感。200℃以下稳定，pK_a12.3，闪点 26.9℃。

毒性 急性经口 LD_{50}（mg/kg）：大鼠 72～220，小鼠 90～104。急性经皮 LD_{50}（mg/kg）：大鼠 2780，雄小鼠 1870，兔 263。对兔皮肤和眼睛刺激严重。大鼠吸入 LC_{50}（1h）1.9mg/L 空气。NOEL［mg/(kg·d)］：大鼠（2y）0.37～0.56（10mg/L 饮用水）；小鼠（2y）3.48（20mg/L 饮用水）；狗（1y）0.4。ADI（BfR）0.004mg/kg［2005］。

生态效应 野鸭急性经口 LD_{50}136mg/kg，饲喂 LC_{50}（5d, mg/kg 饲料）：野鸭 10936，野鸡＞5000。鱼类 LC_{50}（96h, mg/L）：虹鳟鱼 0.09，小鲤鱼 0.37～0.57，大翻车鱼 0.14。水蚤 LC_{50}（48h）0.055mg/L。羊角月牙藻 EC_{50}（96h）0.248mg/L，NOEC（96h）0.125mg/L。直接接触对蜜蜂无伤害。

环境行为 在潮湿的土壤中降解和蒸发时间：3 周（18～20℃），4 周（6～12℃），8 周（0～6℃）。在低温下主要是依赖于土壤中水分浸出，由于浸出较少，且可以快速降解，故对地下水污染较小。

制剂 17.5%乳油。

作用机理与特点 对土壤真菌、昆虫和线虫有防效，也可作抑制杂草种子的土壤熏蒸剂。

应用

（1）适宜作物 甜菜、甘蔗、马铃薯等。

（2）防治对象 对甜菜茎线虫、甘蔗异皮线虫和马铃薯线虫都很有效，也可防治菌腐病和马铃薯丝核菌病，并能除滨藜、鹤金梅、狗舌草、冰草和稷等，也可杀土壤中鳞翅目幼虫、叩头虫和金龟子幼虫等。

（3）使用方法 以 5mg/L 有效浓度施药，可 100%杀土壤枯叶线虫，以 30mg/L 有效浓度施药，可杀土壤中根瘤线虫。

专利概况 专利 US3113908 早已过专利期，不存在专利权问题。

合成方法 由 N-甲基-硫代氨基甲酸钠与氯甲酸乙酯反应制得。反应式如下：

$$\underset{\text{(structure)}}{\overset{H}{\underset{S}{\big|}}\text{N}-\overset{\displaystyle S}{\underset{\displaystyle \|}{C}}-S-Na} \xrightarrow{\quad \text{Cl}-\overset{O}{\underset{\|}{C}}-O-\text{C}_2\text{H}_5 \quad} CH_3NCS$$

碘甲磺隆钠盐 iodosulfuron-methyl sodium

(化学结构式)

$C_{14}H_{13}IN_5NaO_6S$，529.2，144550-36-7

碘甲磺隆钠盐(iodosulfuron-methyl sodium)，试验代号 AEF115008，商品名称 Husar、Hussar、MaisTer、Meister，其他名称 Autumn、甲基碘磺隆钠盐，是由 AgrEvo GmbH(现拜耳公司)开发的磺酰脲类除草剂。

化学名称 4-碘-2-[3-(4-甲氧基-6-甲基-1,3,5-三嗪-2-基)脲基磺酰基]苯甲酸甲酯钠盐。methyl 4-iodo-2-[3-(4-methoxy-6-methyl-1,3,5-triazin-2-yl)ureidosulfonyl]benzoate,sodium salt。

理化性质 纯品为无色或者米黄色晶性粉末,工业品纯度≥91%,熔点152℃。蒸气压 2.6×10^{-6} mPa(20℃)。Henry 常数 2.29×10^{-11} Pa·m³/mol(20℃)。K_{ow} lg$P$: 1.07(pH 5), -0.70(pH 7), -1.22(pH 9)。相对密度1.76(20℃)。水中溶解度(20℃,g/L): 0.16(pH 5),25(pH 7),60(无缓冲液,pH 7.6),65(pH 9);其他溶剂中溶解度(20℃,g/L):正庚烷 0.0011,正己烷 0.0012,甲苯 2.1,异丙醇 4.4,甲醇 12,乙酸乙酯 23,乙腈 52。在水中的稳定性(20℃):4d(pH 4),31d(pH 5),≥362d(pH 5~9)。pK_a 3.22。

毒性 大鼠急性经口 LD$_{50}$ 2678mg/kg,大鼠急性经皮 LD$_{50}$ >2000mg/kg。对兔眼睛和皮肤无刺激性,对豚鼠的皮肤无致敏性。大鼠吸入 LC$_{50}$ >2.81mg/L。NOEL 数据(mg/L):大鼠(24 个月)70,(12 个月)200,(90d)200。ADI(EC)0.03mg/kg[2003]。无致突变。

生态效应 山齿鹑急性经口 LD$_{50}$ >2000mg/kg。山齿鹑饲喂 LC$_{50}$ >5000mg/L。虹鳟鱼和大翻车鱼 LC$_{50}$ (96h)>100mg/L。水蚤 EC$_{50}$ (48h)>100mg/L,藻 E$_r$C$_{50}$ (96h)0.152mg/L,浮萍 EC$_{50}$ (14d)0.8μg/L。蜜蜂 LD$_{50}$ (μg/只):经口>80,接触>150。蚯蚓 LC$_{50}$ >1000mg/kg 干土。

环境行为

(1) 动物 药物在 72h 内被迅速的消化吸收并通过尿液排出体外,代谢途径主要是水解和 O-去甲基化,氧化羟基化和磺酰脲桥的断裂,但是大于 80% 的排泄物没有代谢。

(2) 土壤/环境 光解 DT$_{50}$ 约 50d;非生物水解作用 DT$_{50}$ 31d(pH 5),>365d(pH 7),362d(pH 9,20℃)。土壤 DT$_{50}$ 1~5d(7~10d,低湿度土壤);降解主要通过微生物。K_{oc} 0.8~152。碘甲磺隆钠盐和其代谢物在土壤中几乎没有垂直移动,浓度计和计算机模拟显示碘甲磺隆钠盐和其代谢物在土壤中移动都不到 1m。

制剂 20%水分散粒剂。

主要生产商 Bayer CropScience。

作用机理 与其他磺酰脲类除草剂一样是乙酰乳酸合成酶(ALS)抑制剂。主要表现在抑制生物体内主要缬氨酸和异亮氨酸的合成,因此阻碍细胞的分裂和植物的生长,对稻谷中的杂草有选择性地消除,通过添加吡唑解草酯可以提高其对作物的安全性。

应用

(1) 适宜作物与安全性 禾谷类作物如小麦、硬质小麦、黑小麦、冬黑麦。不仅对禾谷类作物安全，对后茬作物无影响，而且对环境、生态的相容性和安全性极高。

（2）防除对象　阔叶杂草如猪殃殃和母菊等，以及部分禾本科杂草如风草、野燕麦和早熟禾等。

（3）使用方法　苗后茎叶处理。碘甲磺隆钠盐与安全剂 AE　F107892（吡唑解草酯，mefenpyr-diethyl，Hoe　107892）一起使用。使用剂量为 10g（a.i.）/hm²［亩用量为 0.67g（a.i.）］。

专利与登记　专利 WO9213845 已过专利期，不存在专利权问题。拜耳作物科学公司在中国登记情况见表 38。

表 38　拜耳作物科学公司在中国登记情况

登记名称	登记号	含量	剂型	登记作物	防治对象	用药量/(g/hm²)	施用方法
甲基碘磺隆钠盐	PD20060045	91%	原药				
酰嘧·甲碘隆	PD20060044	6.25%	水分散粒剂	冬小麦田	一年生阔叶杂草	9.38～18.75	喷雾
二磺·甲碘隆	PD20081445	3.6%	水分散粒剂	冬小麦田	一年生禾本科草及阔叶杂草	225～375	喷雾
二磺·甲碘隆	PD20121072	1.2%	可分散油悬浮剂	冬小麦田	一年生禾本科杂草及阔叶杂草	8.1～13.5	茎叶喷雾

合成方法　反应式如下：

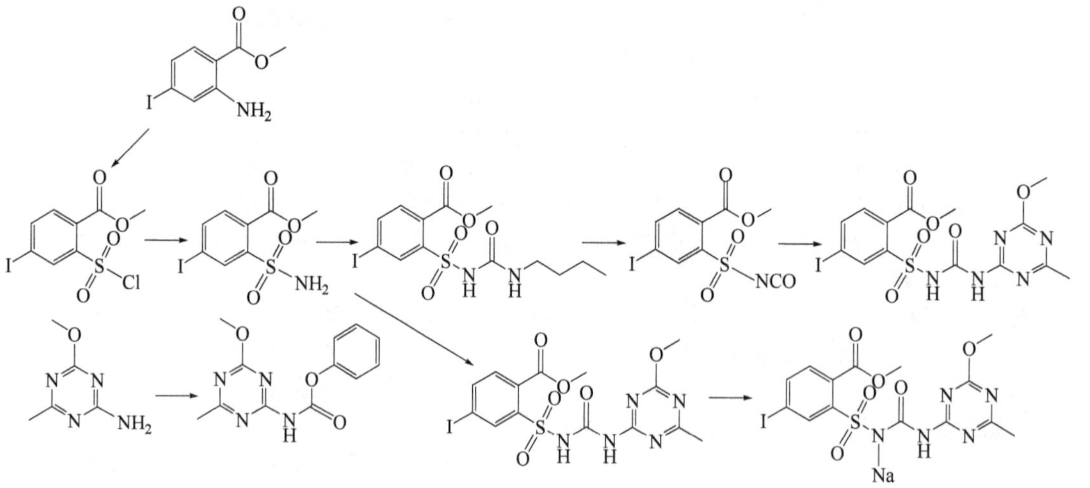

参考文献

[1] Proc Br Crop Prot Conf：Weed. 1999，15.
[2] 刘占山等. 世界农药，2010，32(5)：54.
[3] 刁杰等. 农药，2007，46(7)：484-485.
[4] 王智敏等. 苏州大学学报：自然科学版，2009，1：66-68.

碘甲烷 methyl iodide

MeI

CH_3I，141.9，74-88-4

碘甲烷（methyl iodide），其他名称　iodomethane。是溴甲烷最佳替代品，具有熏蒸作用的杀虫剂、杀线虫剂。

化学名称　碘甲烷，methyl iodide 或 iodomethane。

理化性质 无色透明液体、刺激性的味道或甜的醚味。熔点-66.5℃，沸点42.5℃。蒸气压 400mmHg(25℃)。水中溶解度 14g/L(25℃)。

毒性 有毒。

应用 主要用作熏蒸剂。通过大量试验证明，用量在 112~168kg/hm²，对众多的土传病害、线虫的活性等于或优于溴甲烷。由于对臭氧影响小，是溴甲烷的理想替代品。

参考文献

[1] Pestic Sci，1998，52：58.

丁苯草酮 butroxydim

$C_{24}H_{33}NO_4$，399.5，138164-12-2

丁苯草酮(butroxydim)，试验代号 ICIA0500，商品名称 Falcon，其他名称 丁氧环酮。是由捷利康公司开发的环己烯二酮类除草剂。

化学名称 5-(3-丁酰基-2,4,6-三甲苯基)-2-(1-乙氧亚氨基丙基)-3-羟基-环己-2-烯-1-酮。5-(3-butyryl-2,4,6-trimethylphenyl)-2-(1-ethoxyiminopropyl)-3-hydroxycyclohex-2-en-1-one。

理化性质 纯品为灰白色粉末状固体，熔点80.8℃。蒸气压 $1×10^{-3}$ mPa(20℃)。分配系数 $K_{ow}lgP=1.90$(pH 7,25℃)。Henry 常数 $5.79×10^{-5}$ Pa·m³/mol。相对密度 1.20(25℃)。水中溶解度为 6.9mg/L(pH 5.5,20℃)；其他溶剂中溶解度(g/L,20℃)：二氯甲烷>500，丙酮450，甲苯480，乙腈380，甲醇90，己烷30。水解 DT_{50}(25℃)：10.5d(pH 5)，>240d(pH 7)，稳定(pH 9)。$pK_a4.36$(23℃)，弱酸性。

毒性 大鼠急性经口 LD_{50}(mg/kg)：雌性 1635、雄性 3476。大鼠急性经皮 LD_{50}>2000mg/kg。对兔皮肤无刺激性，对兔眼睛有中度刺激性，对豚鼠皮肤无致敏作用。大鼠急性吸入 LC_{50}(4h)>2.99mg/L。NOEL[mg/(kg·d)]：狗 NOAEL(1y)5；(2y)大鼠2.5，小鼠10；对大鼠生长影响5，对兔子生长影响15。ADI 0.025mg/kg。

生态效应 鸟急性经口 LD_{50}(mg/kg)：野鸭>2000，山齿鹑1221。亚急性饲喂 LC_{50}(5d,mg/kg)：野鸭>5200，山齿鹑5200。鱼毒 LC_{50}(96h,mg/L)：虹鳟鱼>6.9，大翻车鱼8.8。水蚤 LC_{50}(48h)>3.7mg/L。羊角月牙藻 E_bC_{50} 0.71mg/L。蜜蜂 LD_{50}(接触,24h)>200μg/只。蚯蚓 LC_{50}(14d)>1000mg/kg。

环境行为

(1) 动物 老鼠口服后，大于90%的剂量在7d内排出，代谢的主要途径是丁酰链的各种氧化转化，无论是母体化合物还是代谢产物都不会在组织中积累。

(2) 植物 在植物中迅速代谢。

(3) 土壤/环境 土壤 K_{oc}6~1270(吸附性强,pH 低的土壤中)；在实验室土壤环境下，丁苯草酮迅速氧化分解，DT_{50}约为9d(20℃,40%MHC,pH 7.0,4.09% o.m.)；代谢产物包括 5-(3-丁酰基-2,4,6-三甲苯基)-3-羟基-2-(1-亚氨基丙基)-2-烯酮，6-(3-丁酰基-2,4,6-三甲苯基)-2-乙基-4,5,6,7-四氢-4-氧-1,3苯并噁唑，2-(3-丁酰基-2,4,6-三甲苯基)戊二酸和 5-(3-丁酰基-2,4,6-三甲苯基)-3-羟基-2-丙酰基环己二酮。

制剂 可湿性粉剂。

作用机理 ACCase 抑制剂。茎叶处理后经叶迅速吸收，传导到分生组织，在敏感植物中抑制支链脂肪酸和黄酮类化合物的生物合成而起作用，使其细胞分裂遭到破坏，抑制植物分生组织的活性，使植株生长延缓。在施药后1～3周内植株褪绿坏死，随后叶干枯而死亡。

应用 阔叶作物苗后用除草剂，主要用于防除禾本科杂草，使用剂量为25～75g(a.i.)/hm²[亩用量为1.67～5g(a.i.)]。

专利概况 专利 US5264628、EP85529 等均早已过专利期，不存在专利权问题。

合成方法 经如下反应制得目的物：

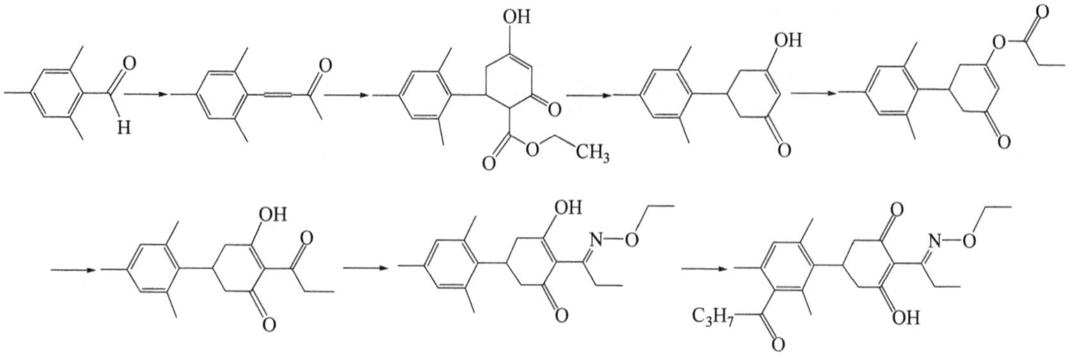

丁苯吗啉 fenpropimorph

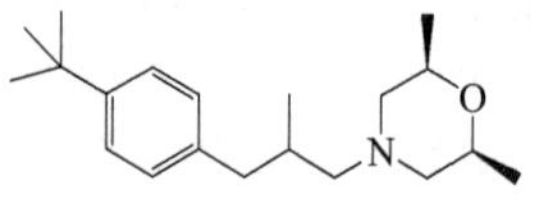

$C_{20}H_{33}NO$，303.5，67564-91-4

丁苯吗啉（fenpropimorph），试验代号 Ro14-3169、ACR-3320、BAS421F、CGA101031。商品名称 Corbel、olley、Forbel。是由 BASF 和先正达开发的吗啉类杀菌剂。

化学名称 (RS)-cis-4-[3-(4-叔丁基苯基)-2-甲基丙基]-2,6-二甲基吗啉，(RS)-cis-4-[3-(4-tert-butylphenyl)-2-methylpropyl]-2,6-dimethylmorpholine。

理化性质 纯品为无色无味油状液体，原药为淡黄色、具芳香味的油状液体。熔点−47～−41℃。沸点＞300℃（101.3kPa），蒸气压3.5mPa(20℃)。K_{ow}lg$P$(22℃)＝2.6(pH 5)、4.1(pH 7)、4.4(pH 9)。Henry常数0.3Pa·m³/mol(计算)，相对密度0.933(20℃)。溶解度(20℃)：水4.3mg/kg(pH 7)，丙酮、氯仿、乙酸乙酯、环己烷、甲苯、乙醇、乙醚＞1kg/kg。稳定性：在室温下、密闭容器中可稳定3y以上，对光稳定。50℃时，在pH 3、7、9条件下不水解。碱性，pK_a6.98(20℃)。闪点：105℃(Pensky-Martens)；157℃(CIPAC MT12)。

毒性 大鼠急性经口 LD_{50}＞2230mg/kg，大鼠急性经皮 LD_{50}＞4000mg/kg。对兔皮肤有刺激作用，对兔眼睛无刺激性，对豚鼠皮肤无致敏性。大鼠急性吸入 LC_{50}(4h)＞2.9mg/L，对兔呼吸器官有中等程度刺激性。饲喂 NOAEL[mg/(kg·d)]：雄大鼠0.768(90d)，狗3.2(1y)。ADI(JMPR)0.003mg/kg[2004，2001，1994]；(EC)0.003mg/kg[2008]；(EPA)aRfD 0.15mg/kg，cRfD 0.032mg/kg[2006]。对人类无致突变、致畸、致癌作用。

生态效应 急性经口 LD_{50}(mg/kg)：野鸭＞5000，山齿鹑＞2000。鱼毒 LC_{50}(96h,mg/L)：虹鳟鱼2.4～4.7，大翻车鱼1.74～3.05。水蚤 LC_{50}(48h)2.24mg/L。月牙藻 EC_{50}(96h)＞1.0mg/L。假单胞杆菌 EC_{10}(17h)＞1874mg/L。蜜蜂急性接触 LD_{50}＞100μg/只。蚯蚓 LD_{50}(14d)≥1000mg/kg 土。对各种益虫没有危害。

环境行为

(1) 动物　大鼠经口后，能很快吸收并几乎完全通过尿和粪便代谢掉。通常在组织残留量很低。

(2) 植物　在植物体内，吗啉环的断裂和氧化作用导致极性代谢物的形成。

(3) 土壤/环境　在土壤中的代谢方式主要有叔丁基的氧化作用，其次还有其他氧化作用和二甲基吗啉的开环作用。土壤中 DT_{50} 14～90d(20℃,有氧条件)。能强烈吸附到土壤上，K_{oc} 2772～8778。

制剂　75%乳油。

主要生产商　BASF。

作用机理与特点　本品为麦角固醇生物合成抑制剂，抑制固醇的还原和异构化反应。具有保护和治疗作用，并可向顶传导，对新生叶的保护达3～4周。

应用

(1) 适宜作物与安全性　禾谷类作物、豆科、甜菜、棉花和向日葵等。对大麦、小麦、棉花等作物安全。

(2) 防治对象　白粉病、叶锈病、条锈病、黑穗病、立枯病等。

(3) 使用方法　可茎叶喷雾，也可作种子处理。以750g(a.i.)/hm² 喷雾，可防治禾谷类作物、豆科和甜菜上的白粉病、锈病，每吨种子用0.5～1.25kg处理，可防治大、小麦白粉病、叶锈病、条锈病和禾谷类黑穗病，对棉花立枯病也有效。

专利概况　专利 DE2752135、DE2656747、GB1584290、US4241058 等均已过专利期，不存在专利权问题。

合成方法　以叔丁基苯为原料，经多步反应制得丁苯吗啉。反应式如下：

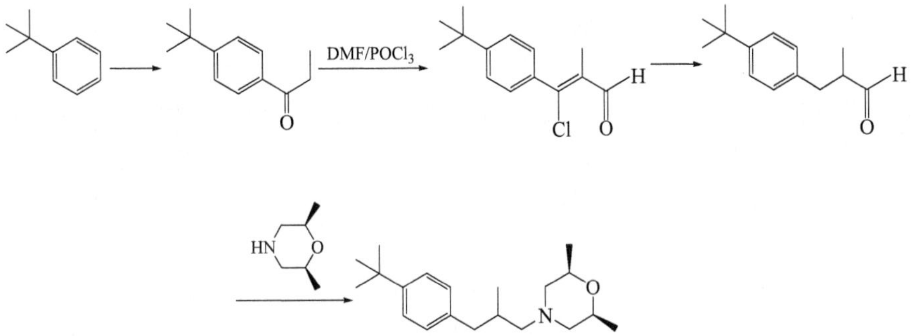

参考文献

[1] The Pesticide Manual. 15th edition. 2009：486.

丁吡吗啉 pyrimorph

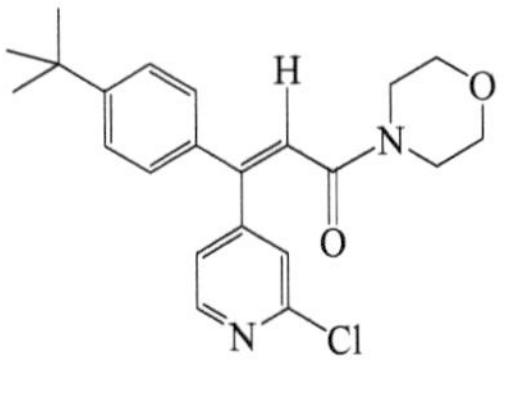

$C_{22}H_{25}ClN_2O_2$，384.2，868390-90-3，1231776-28-5(E)，1231776-29-6(Z)

丁吡吗啉(pyrimorph)，试验代号　ZNO-0317，是由中国农业大学、江苏耕耘化学有限公司和中国农业科学院植物保护研究所联合研发创制的丙烯酰胺类杀菌剂。

化学名称　　(*Z*)-3-(2-氯吡啶-4-基)-3-(4-叔丁苯基)-丙烯酰吗啉，(*Z*)-3-[4-(*tert*-butyl) phenyl]-3-(2-chloropyridin-4-yl)-1-morpholinoprop-2-en-1-one。

理化性质　　白色粉末，密度为 $1.249g/cm^3$(20℃)。pH 7.5(溶液浓度为 50g/L)、pH 7.3(溶液浓度为 10g/L)。熔点 128～130℃，沸点≥420℃。溶解度(20℃,g/L)：苯 55.95、甲苯 20.40、二甲苯 8.20、丙酮 16.55、二氯甲烷 315.45、三氯甲烷 257.95、乙酸乙酯 17.90、甲醇 1.60。稳定性：水中易光解，土壤表面为中等光解，难水解。

毒性　　大鼠急性经口 LD_{50} 5000mg/kg，大鼠急性经皮 LD_{50} 2000mg/kg，吸入 LC_{50}＞5000mg/m^3，对兔眼、皮肤无刺激。对豚鼠致敏性试验为弱致敏。亚慢(急)性毒性对大鼠最大无作用剂量为 30mg/(kg·d)。Ames、微核、染色体试验结果均为阴性。丁吡吗啉悬浮剂大鼠急性经口 LD_{50}＞5000mg/kg，经皮 LD_{50}＞2000mg/kg，对家兔眼睛、皮肤无刺激性，对豚鼠皮肤属弱致敏物。

生态效应　　蜜蜂急性经口 LC_{50}＞$1.00×10^3$ mg/L，接触 LD_{50}＞12.0μg/只；鸟急性经口 LD_{50}＞$1.00×10^3$ mg/kg，短期饲喂毒性低毒(168h)，LC_{50}＞$2.00×10^3$ mg/kg；对鱼 LC_{50}＞48.7mg/L；大型水蚤 EC_{50} 1.92mg/L；水藻低毒 EC_{50} 11.86mg/L；家蚕 LC_{50}＞$2.50×10^2$ mg/kg桑叶。

制剂　　20％悬浮剂。

主要生产商　　江苏耕耘化学有限公司。

作用机理与特点　　作用特点是影响细胞壁膜的形成和抑制细胞呼吸，对卵菌孢子囊梗和卵孢子的形成阶段尤为敏感，它对藻状菌的霜霉科和疫霉属的真菌有独特的作用方式。若在孢子形成之前用药，可以完全抑制孢子产生。它主要用于番茄晚疫病、辣椒疫病等病害；而且对致病疫霉、立枯丝核菌也有很好的抑制效果。虽然丁吡吗啉与烯酰吗啉化学结构相似，都含有吗啉环，并且对致病疫霉休止孢的萌发及孢子囊的产生都具有显著的抑制作用，但从药剂对致病疫霉方式来看，丁吡吗啉对致病疫霉有抑菌作用，而无杀菌作用；而烯酰吗啉表现出很好的杀菌作用，说明两者在抑菌机理方面存在差异。

应用　　对致病疫霉的菌丝生长、孢子囊形成、休止孢萌发具有显著的抑制作用，对疫霉菌引起的病害有较好的防治效果。防治番茄晚疫病、辣椒疫病，于发病初期施药，每隔 7～10d 用药 1 次，施药 2～3 次。有效成分用量 375～450g/hm^2。

专利概况

专利名称　　4-[3-(吡啶-4-基)-3-取代苯基丙烯酰]吗啉——一类新型杀菌剂

专利号　　CN1566095　　**专利申请日**　　2003-07-01

专利拥有者　　中国农业大学

合成方法　　经如下反应制得丁吡吗啉：

参考文献

[1] 陈小霞等．农药学学报，2007，3：229-234．

丁草胺 butachlor

$$C_{17}H_{26}ClNO_2，311.9，23184-66-9$$

丁草胺（butachlor），试验代号 CP53619，商品名称 Ban Weed、Beta、Dhanuchlor、Direk、Echo、Hiltaklor、Machete、Rasayanchlor、Suntachlor、Trapp、Vibuta、Wiper。其他名称 Aimchlor、Butakill、Butamach、Butanox、Butex、Forwabuta、Pilarsete、Revyone、Shengnongying、Teer、Weedar、马歇特、灭草特、去草胺。是由孟山都公司开发的氯代乙酰胺类的除草剂。

化学名称 N-丁氧甲基-2-氯-2′,6′-二乙基乙酰苯胺。N-butoxymethyl-2-chloro-2′,6′-diethyl-acetanilide。

理化性质 原药纯度为93.5%。纯品为浅黄色或紫色、有甜味的液体，相对密度1.076（25℃），沸点156℃（0.5mmHg），熔点−2.8~1.0℃，蒸气压$2.4×10^{-1}$mPa(25℃)。Henry常数$3.74×10^{-3}$Pa•m³/mol。20℃时在水中溶解度为20mg/L。室温下能溶于乙醚、丙酮、苯、乙醇、乙酸乙酯和己烷等多种有机溶剂。大于等于165℃分解，对紫外线稳定。

毒性 急性经口LD_{50}（mg/kg）：大鼠2000，小鼠4747，兔>5010。兔急性经皮LD_{50}>13000mg/kg，大鼠急性吸入LC_{50}>3.34mg/L空气。对兔皮肤有中等刺激性作用，对兔眼睛有轻度刺激性作用。NOEL：大鼠100mg/kg饲料（3.65mg/kg），小鼠50mg/kg饲料，狗5mg/（kg•d）。ADI(EPA)0.037mg/kg[1993]。对大鼠有致癌性，但对小鼠无致癌性。

生态效应 野鸭急性经口LD_{50}>4640mg/kg。饲喂LC_{50}（5d,mg/kg饲料）：野鸭>10000，山齿鹑>6597。鱼LC_{50}（96h,mg/L）：虹鳟鱼0.52，大翻车鱼0.44，鲤鱼0.574，斑猫鲶0.10~0.42，黑头呆鱼0.31。水蚤LC_{50}（48h）2.4mg/L。羊角月牙藻E_rC_{50}（72h）>2.7μg/L，E_bC_{50}（72h）1.8μg/L。龙虾LC_{50}（96h）27mg/L。蜜蜂LD_{50}（48h，μg/只）：接触>100，经口>90。

环境行为

（1）动物 代谢为水溶性代谢物和排泄物。

（2）植物 迅速代谢为水溶性代谢物，最终矿化。

（3）土壤/环境 土壤中主要被微生物降解。可存在6~10周，在土壤或水中转化为水溶性衍生物，并慢慢变成CO_2。

制剂 50%、60%、85%、600g/L、900g/L乳油，400g/L、600g/L水乳剂。

主要生产商 Agrochem、Bharat、Crystal、Dongbu Fine、Hindustan、Krishi Rasayan、Monsanto、Rallis、Saeryung、Siris、大连瑞泽农药股份有限公司、功力化学工业股份有限公司、杭州庆丰农化有限公司、湖北沙隆达股份有限公司、济南科赛基农化工有限公司、江苏恒泰进出口有限公司、江苏龙腾集团、江苏绿利来股份有限公司、山东滨农科技有限公司、山东侨昌化学有限公司、山东潍坊润丰化工股份有限公司及南通江山农药化工股份有限公司等。

作用机理与特点 选择性内吸性除草剂。主要通过阻碍蛋白质的合成而抑制细胞的生长，即通过杂草幼芽和幼小的次生根吸收，抑制体内蛋白质合成，使杂草幼株肿大、畸形、色深绿，最终导致死亡。

应用

(1) 适宜作物与安全性　水稻(移栽水稻田、水稻旱育秧田)、小麦等。只有少量丁草胺能被稻苗吸收，而且在体内迅速完全分解代谢，因而稻苗对其有较强的耐药力。丁草胺在土壤中稳定性小，对光稳定，能被土壤微生物分解。持效期为 30～40d，对下茬作物安全。而直播田和秧田用丁草胺除草安全性较差。

(2) 防除对象　主要用于水田和旱地有效地防除以种子萌发的禾本科杂草、一年生莎草及一些一年生阔叶杂草如稗草、千金子、异型莎草、碎米莎草、牛毛毡等。对鸭舌草、节节草、尖瓣花和萤蔺等有较好防效，但对水三棱、扁秆藨草、野慈姑等多年生杂草几乎无效。

(3) 应用技术　①在插秧田，秧苗素质若不好，施药后如下雨或灌水过深，可能产生药害。水直播田和露地湿润秧田使用丁草胺时安全性较差，易产生药害，应在小区试验取得经验后再扩大推广。②在杂草种子或稗草萌芽前施药为佳，稗草二叶期后施药效果显著下降。在整地后不能在 3～4d 内插秧时，建议在整地后立即施药，经 0～4d 插秧，以便有效控制杂草萌芽并增加对水稻安全性。③北方高寒地水田稗草始发期在 5 月上旬，高峰期在 5 月末 6 月初，阔叶杂草发生高峰在 6 月中下旬，近年来推广旱育稀植栽培技术，插秧时间在 5 月中下旬，整地插秧在稗草发生高峰期之前，施药 5 月下旬至 6 月上旬。丁草胺只能防除 1.5 叶期以前的稗草，在水稻插秧后 5～7d 缓苗后施药，如果整地与插秧间隔时间过长，稗草防效不佳，栽培技术要求水稻插秧后深水扶苗，在低温、弱苗、地不平、水过深条件下对水稻生育有影响。④本剂对鱼类有害，残药或洗涤用水不能倾倒于湖、河或池塘中。不能在养鱼的水稻田施用。

(4) 使用方法　苗前选择性除草剂。

① 移栽水稻田。北方移栽水稻(秧龄 25～30d)于移栽后 5～7d 缓苗后施药，每亩用 60％丁草胺乳油 100～150mL。南方移栽后 3～5d 喷施 60％丁草胺乳油 85～100mL，使用背负式喷雾器喷施，每亩加水 25L 左右均匀喷施。亦可采用毒土法，均匀撒施田面。施药时田间保持水层 3～5cm，保水 3～5d，以后恢复正常田间管理。

② 水稻湿润育苗田。东北覆膜湿润育秧田，在播下浸种不催芽的种子后，覆盖 1cm 厚的土层，每亩用 60％丁草胺乳油 85～110mL，兑水 25L 均匀喷施，加盖塑料薄膜，保持床面湿润。要特别注意覆土，不得少于 2cm，覆土过浅在低温条件下抑制稻苗生长，易造成药害。若在秧田使用丁草胺，不要与扑草净、西草净混用，高温条件下扑草净、西草净对秧苗有药害。

水稻插秧前 5～7d 每亩用 60％丁草胺 80～100mL 加湿细沙或土 15～20kg，采用毒土、毒沙法施药，均匀撒入田间。最好在整地耢平时或耢平后趁水浑浊把药施入田间。插秧后 15～20d，每亩用 60％丁草胺 80～100mL，如稗草与阔叶杂草兼治，在第二次施药时，丁草胺可与苄嘧磺隆、吡嘧磺隆、环丙嘧磺隆、乙氧嘧磺隆、醚磺隆、灭草松等混用。防除多年生莎草科杂草可与杀草丹混用。混用药量为 60％丁草胺每亩 80～100mL 加 10％苄嘧磺隆 13～17g 或 10％吡嘧磺隆 10g 或 10％环丙嘧磺隆 13～15g 或 15％乙氧嘧磺隆 10～15g 或 30％苄嘧磺隆 10g 或 48％灭草松 167～200g。

丁草胺分两次施药有如下优点：a. 对水稻安全性大大提高。b. 避免一次性施药因整地与插秧间隔时间过长、稗草叶龄大难防除的问题。c. 对阔叶杂草药效好于一次性施药。总之，此方法在北方使用药效稳定，对水稻安全，产量高，效益好。第二次施药时应保持水层 3～5cm，稳定水层 7～10d 只灌不排。丁草胺与灭草松混用前 2d 施浅水层，使杂草露出水面，采用喷雾法施药，施药后 2d 放水回田。丁草胺与苄嘧磺隆混用也可用喷雾法施药，方法同杀草丹。

③ 直播田。可在播种前 2～3d，每亩用 60％丁草胺乳油 80～100mL，兑水 30L 均匀喷施，田间应保持水层 2～3d，然后排水播种。也可于秧苗一叶一心至二叶期(稗草一叶一心期)前，每亩用 60％丁草胺乳油 100～125mL，兑水 40L 均匀喷施。

直播田和秧田用丁草胺除草安全性较差。

④ 旱地作物除草。冬小(大)麦播种覆土后，结合灌水或降雨后，在土壤水分良好的状况下，每亩用乳油 100～125mL，兑水 30～50L，均匀喷雾，可防除一年生禾本科杂草、莎草、菊科和其他阔叶杂草，玉米、蔬菜地除草也可参照这一方法。

专利与登记　专利 US3442945、US3547620 均已过专利期，不存在专利权问题。

国内登记情况：50%、60%、85%、600g/L、900g/L 乳油，400g/L、600g/L 水乳剂，登记作物为水稻，可防除一年生杂草。美国孟山都在中国登记情况见表 39。

表 39　美国孟山都在中国登记情况

登记名称	登记证号	含量	剂型	登记作物	防治对象	用药量/(g/hm²)	施用方法
丁草胺	PD137-91	600g/L	乳油	水稻	一年生杂草	750~1275	喷雾或撒毒土
丁草胺	PD76-88	600g/L	水乳剂				

合成方法　丁草胺合成方法主要有亚甲基苯胺法和氯代醚法，具体如下：

参考文献

[1] 蒋洪寿. 天津化工，1991，2：28-31.
[2] 金朝辉等. 农药，2002，7：18-19.
[3] 秦瑞香等. 青岛科技大学学报：自然科学版，2005，6：479-483.

<h1 align="center">丁氟螨酯 cyflumetofen</h1>

$C_{24}H_{24}F_3NO_4$，447.4，400882-07-7

丁氟螨酯(cyflumetofen)，试验代号　OK-5101，商品名称　Danisaraba(Otsuka)、赛芬螨。是由 N. Takahashi 等于 2006 年报道，由日本大冢化学公司开发的新型酰基乙腈类杀螨剂。

化学名称　2-甲氧乙基(R,S)-2-(4-叔丁基苯基)-2-氰基-3-氧代-3-(α,α,α-三氟-邻甲苯基)丙酸酯。2-methoxyethyl(R,S)-2-(4-tert-butylphenyl)-2-cyano-3-oxo-3-(α,α,α-trifluoro-o-tolyl)propionate。

理化性质　纯品为白色固体。熔点 77.9~81.7℃，沸点 269.2℃(2.2kPa)，蒸气压 $<5.9×10^{-3}$ mPa(25℃)。分配系数 $K_{ow}\lg P=4.3$。相对密度 1.229(20℃)。水中溶解度(pH 7,20℃) 0.0281mg/L；其他溶剂中溶解度(20℃,g/L)：正己烷 5.23，甲醇 99.9，丙酮、二氯甲烷、乙酸乙酯、甲苯>500。在弱酸性介质中稳定，但在碱性介质中不稳定，水中 DT_{50}(25℃)：9d(pH 4)，5h(pH 7)，12min(pH 9)。在 293℃以下稳定。

毒性　雌大鼠急性经口 $LD_{50}>2000$mg/kg，大鼠急性经皮 $LD_{50}>5000$mg/kg，对兔眼睛和皮肤无刺激，对豚鼠皮肤致敏。大鼠吸入 $LC_{50}>2.65$mg/L。NOEL 值：大鼠 500mg/kg 饲料，狗 30mg/(kg·d)。ADI 0.092mg/kg。无致畸(大鼠和兔)，无致癌(大鼠)，无生殖毒性(大鼠和小鼠)，无致突变(Ames 试验、染色体畸变，微核试验)。

生态效应　鹌鹑急性经口 $LD_{50}>2000$mg/kg，饲喂 LC_{50}(5d)>5000mg/kg 饲料。鱼类 LC_{50} (96h,mg/L)：鲤鱼>0.54，虹鳟鱼>0.63。水蚤 EC_{50}(48h)>0.063mg/L，羊角月牙藻 E_bC_{50}

(72h)$>$0.037mg/L。蜜蜂 LD_{50}（96h，μg/只）：$>$591（经口），$>$102（接触）。蚯蚓 LC_{50}（14d）$>$1020mg/kg 土。5mg/50g 对蚕没有影响，对蜱螨目、鞘翅目、膜翅目类的一些昆虫在 200mg/L 剂量时没有观察到影响。

环境行为 由于丁氟螨酯在土壤和水中降解而后代谢速度非常快，所以对环境（包括水和土壤）影响非常小。在土壤中 DT_{50} 为 0.8～1.4d。

制剂 20％悬浮剂。

主要生产商 Otsuka。

作用机理与特点 非内吸性杀螨剂，主要作用方式为触杀。成螨在 24h 内被完全麻痹，同时具有部分杀卵作用，刚孵化的若螨能被全部杀死。

应用 主要用于防治果树、蔬菜、茶、观赏植物的害螨如棉红蜘蛛、神泽叶螨等叶螨属，柑橘叶螨、苹果叶螨等全爪螨属等，使用剂量为 0.15～0.8kg/hm²。对叶螨类的捕食天敌植绥螨类则无影响。

丁氟螨酯对叶螨属（*Tetranychus*）和全爪螨属（*Panonychus*）具有很高的活性，但对鳞翅目害虫、同翅目害虫和缨翅目害虫无活性。丁氟螨酯对各发育阶段的螨均有活性，但对幼螨的防效远高于成螨。如对二点叶螨成螨和幼螨的 LC_{50} 分别为 4.8mg/L 和 0.9mg/L。对神泽叶螨和柑橘全爪螨各发育阶段的 LC_{50} 均小于 5mg/L。没有发现丁氟螨酯与其他杀螨剂之间有交互抗性。丁氟螨酯对一些野生二点叶螨品系具有很好的防效，然而这些野生品系却对已存在的杀螨剂表现出抗性。

20％丁氟螨酯（SC）在果树、蔬菜、茶和观赏作物上进行的田间试验结果表明，丁氟螨酯在 100～800g（a.i.）/hm² 剂量范围内对叶螨有效。按照常规使用剂量施用至少两次时未发现药害。

专利与登记

专利名称 Acylacetonitrile compound，method for producing the same and acaricide containing the same compound

专利号 JP2002121181 **专利申请日** 2000-08-11

专利拥有者 Otsuka Chemical Co.，Ltd

在其他国家申请的化合物专利：AU2001277730、BR200113180、CN1446196、CA2418770、CN1193983、EP1308437、ES2296776、HK1059254、JP3572483、TW591008、US20030208086、US6899886、WO200214263 等。

工艺专利：WO2004007433 等。

国内登记情况：97％原药，20％悬浮剂等，登记作物为柑橘树等，防治对象为红蜘蛛等。

合成方法 丁氟螨酯可由下述方法制得：

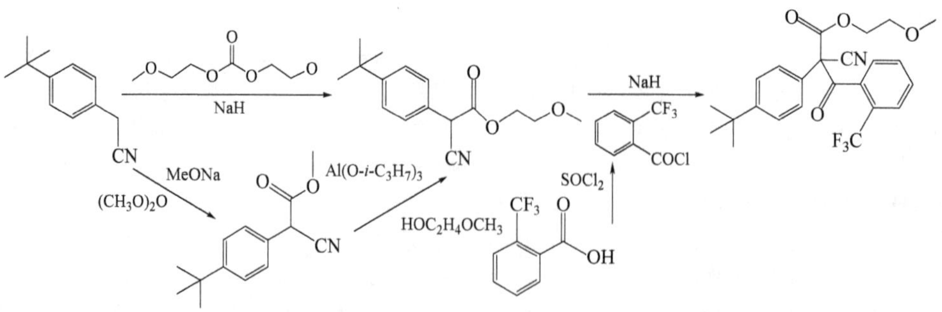

参考文献

[1] 张一宾等 . 世界农药，2007，29（2）：1-4.

丁环硫磷 fosthietan

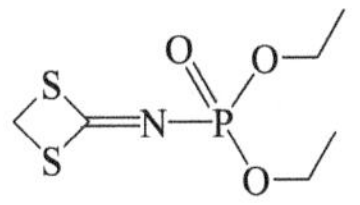

C$_6$H$_{12}$NO$_3$PS$_2$，241.3，21548-32-3

丁环硫磷(fosthietan)，试验代号　AC64475。商品名称　Acconem、Geofos、Nematak，其他名称　伐线丹。是由美国氰胺公司开发的杀虫、杀线虫剂。

化学名称　2-(二乙氧基膦基亚氨基)-1,3-二噻丁烷。diethyl 1,3-dithietan-2-ylidenephosphoramidate。

理化性质　纯品为黄色液体(原药具有硫醇味)。蒸气压 0.86mPa(25℃)。Henry 常数 4.15×10^{-6}Pa·m^3/mol(计算)，水中溶解度(50℃)50g/L，溶于丙酮、氯仿、甲醇和甲苯中。

毒性　大鼠急性经口 LD$_{50}$ 5.7mg/kg(原药)。兔急性经皮 LD$_{50}$(24h)54mg/kg(原药)。

环境行为　土壤中 DT$_{50}$ 10～42d。

制剂　3%～15%颗粒剂，25%可溶性液剂。

作用机理与特点　广谱、内吸、触杀性杀虫、杀线虫剂，为抗杀土壤线虫的有效杀虫剂，尤其是应用于杀根结线虫，其效果尤为重要。

应用

(1) 适宜作物　花生、甜瓜、草莓、马铃薯、大豆、玉米、烟草、甜菜和浆果等。

(2) 防治对象　根结线虫、土壤害虫等。

(3) 使用方法　使用剂量1～5kg(a.i.)/hm^2。

专利概况　专利 US3476837 早已过专利期，不存在专利权问题。

合成方法　可通过如下反应表示的方法制得目的物：

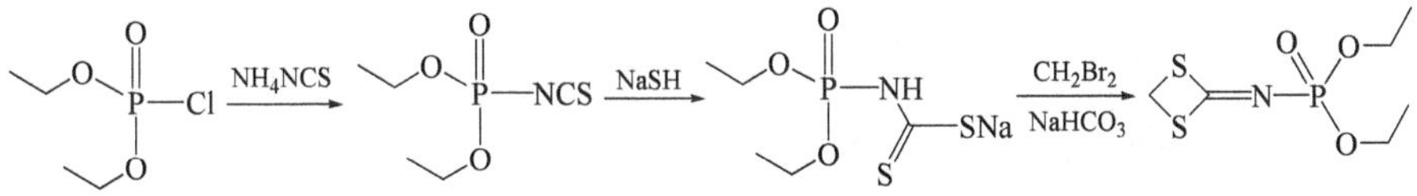

丁基嘧啶磷 tebupirimfos

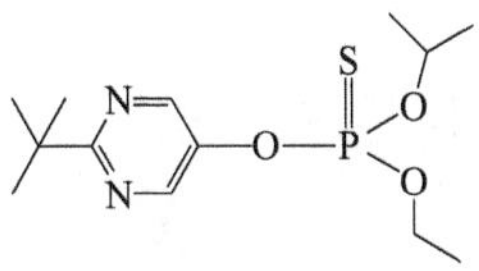

C$_{13}$H$_{23}$N$_2$O$_3$PS，318.4，96182-53-5

丁基嘧啶磷(tebupirimfos)，试验代号　BAYMAT7484，商品名称　Aztec、Capinda、Defcon、HM-0446。其他名称　phostebupirim、丁嘧硫磷。是 J. Hartwig 等人报道其活性，1995年由 Bayer Crop 公司开发的有机磷类杀虫剂。

化学名称　(RS)-[O-(2-叔丁基嘧啶-5-基)-O-乙基-O-异丙基硫代磷酸酯]。(RS)-[O-(2-*tert*-butylpyrimidin-5-yl)-O-ethyl-O-isopropyl phosphorothioate]。

理化性质　无色至琥珀色液体。沸点：135℃ (1.5mmHg)，152℃ (760mmHg)。蒸气压

5mPa(20℃)，Henry 常数 3×10^{-1} Pa·m³/mol(计算)，K_{ow} lg$P$ 4.93(22℃)。水中溶解度(20℃，pH 7)5.5mg/L。溶于大多数有机溶剂，如醇类、酮类、甲苯。在碱性条件下分解。

毒性 急性经口 LD_{50}(mg/kg)：雄大鼠 2.9～3.6，雌大鼠 1.3～1.8，雄小鼠 14.0，雌小鼠 9.3。大鼠急性经皮 LD_{50}(mg/kg)：雄 31.0，雌 9.4。大鼠吸入 LC_{50}[4h，mg/m³ 空气(气溶胶)]：雄约 82，雌 36。NOEL 值(2y，mg/kg 饲料)：大鼠 0.3，小鼠 0.3，狗 0.7。狗 NOAEL(1y) 0.02mg/kg。ADI：(EPA)aRfD 0.002mg/kg，cRfD 0.0002mg/kg。本品无致癌、致畸、致突变作用。

生态效应 山齿鹑急性经口 LD_{50} 20.3mg/kg。饲喂 LC_{50}(5d，mg/kg)：山齿鹑 191，野鸭 577。鱼 LC_{50}(96h，mg/kg)：虹鳟鱼 2250，金枪鱼 2550。水蚤 LC_{50}(96h)0.078μg/L。羊角月牙藻 E_rC_{50}(96h，23℃)1.8mg/L。

环境行为 在土壤中是稳定的，农场试验表明丁基嘧啶磷在深层土壤中并不富集。

制剂 颗粒剂。

主要生产商 Bayer CropScience。

作用机理 胆碱酯酶的直接抑制剂。具有触杀、胃毒作用及很好的残留活性的杀虫剂。持效期长。

应用

(1) 适用作物 玉米。

(2) 防治对象 鞘翅目和双翅目害虫，特别是地下害虫，如叶甲属中所有害虫、地老虎、切根虫等。

(3) 使用方法 对于玉米根虫，用量为 1.25～1.5g/100m²；对于铁线虫，用量为 1.5～5.0g/100m²；对于双翅目蛆虫，用量为 1.0～2.0g/100m²；在玉米地中，常与氯氟氰菊酯类混合使用。

专利概况 专利 DE3317824 早已过专利期，不存在专利权问题。

合成方法 经如下反应制得丁基嘧啶磷：

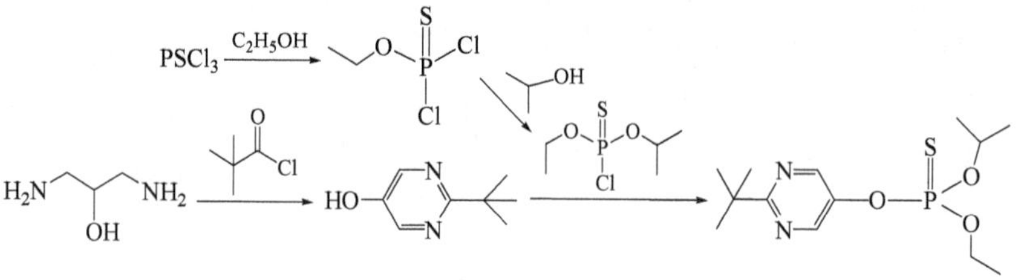

参考文献

[1] The Proceedings of the BCPC：Pests&diseases，1992：135.

丁硫克百威 carbosulfan

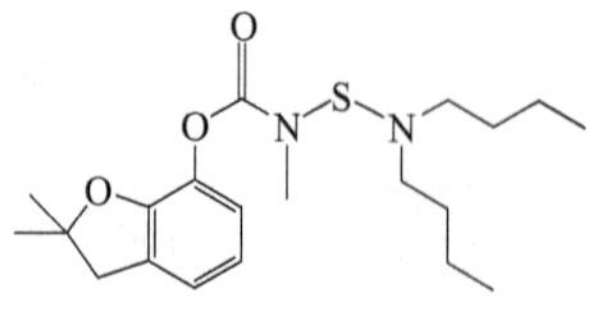

$C_{20}H_{32}N_2O_3S$，380.6，55285-14-8

丁硫克百威(carbosulfan)，试验代号 FMC35001、OMS3022。商品名称 Aayudh、Advantage、Agrostar、Beam、Bright、Carbagrim、Combicoat、Electra、Gazette、General、Marshal、

Pilarsufan、Posse、Sheriff、Spi、Sunsulfan、丁呋丹、丁基加保扶、丁硫威、好安威、好年冬及克百丁威。是由富美实公司开发的一种杀虫剂。

化学名称 2,3-二氢-2,2-二甲基苯并呋喃-7-基(二丁基氨基硫)甲基氨基甲酸酯。2,3-dihydro-2,2-dimethylbenzofuran-7-yl(dibutylaminothio)methylcarbamate。

理化性质 橙色到亮褐色黏稠液体,减压蒸馏时热分解(65mmHg)。蒸气压 $3.58×10^{-2}$ mPa(25℃)。相对密度1.056(20℃)。K_{ow} $\lg P=5.4$。Henry常数 $4.66×10^{-3}$ Pa·m³/mol(计算)。水中溶解度3mg/L(25℃),与多数有机溶剂,如二甲苯、己烷、氯仿、二氯甲烷、甲醇、乙醇、丙酮互溶。在水介质中易水解,在纯水中的 DT_{50}:0.2h(pH 5),11.4h(pH 7),173.3h(pH 9)。闪点96℃(闭式)。

毒性 大鼠急性经口 LD_{50}(mg/kg):雄250,雌185。兔急性经皮 LD_{50}>2000mg/kg,对眼睛无刺激作用,对皮肤中等刺激。大鼠吸入 LC_{50}(1h,mg/L空气):雄1.53,雌0.61。大、小鼠NOEL(2y)为20mg/kg饲料。ADI:(JMPR)0.01mg/kg[1986,2003];(EFSA)0.01mg/kg[2006];(EPA)cRfD 0.01mg/kg[1988]。

生态效应 鸟类急性经口 LD_{50}(mg/kg):野鸭10,鹌鹑82,野鸡20。鱼 LC_{50}(96h,mg/L):大翻车鱼0.015,虹鳟鱼0.042。水蚤 LC_{50}(48h)1.5μg/L。水藻 EC_{50}(96h)20mg/L。对蜜蜂有毒,LD_{50}(24h,μg/只):经口1.046,接触0.28。对蚯蚓无毒。对其他益虫有潜在危害。

环境行为

(1) 动物 对于老鼠,丁硫克百威经口迅速通过水解、氧化和络合形成配合物形式而完成代谢,代谢产物是克百威甲醇、克百威苯酚,或是它们的3-羟基和3-羰基衍生物,代谢物很快排出体外。

(2) 植物 代谢产物是克百威、3-羟基克百威。

(3) 土壤/环境 在有氧或绝氧条件下都能迅速降解,DT_{50} 是3～30d,主要的代谢产物是克百威。在田间里,克百威、丁硫克百威一般不会渗入到地下水中。

制剂 20%悬浮剂,5%颗粒剂,5%、20%乳油,20%悬浮种衣剂,35%种子处理干粉剂。

主要生产商 Dongbu Fine、FMC、Sharda、Sundat、国庆化学股份有限公司、湖北沙隆达股份有限公司、湖南海利化工股份有限公司、江苏龙灯化学有限公司、江苏绿利来股份有限公司及浙江禾田化工有限公司等。

作用机理与特点 内吸性杀虫剂,具有触杀及胃毒作用。

应用

(1) 适用作物 谷物、棉花、甜菜、玉米、咖啡、柑橘、水稻、蔬菜、苹果、梨树。

(2) 防治对象 蚜虫、螨、金针虫、甜菜隐食甲、甜菜跳甲、马铃薯甲虫、果树卷叶蛾、苹瘿蚊、苹果蠹蛾、茶微叶蝉、梨小食心虫、介壳虫、潜叶蛾、蓟马、稻瘿蚊及地下害虫等。

(3) 应用技术 作土壤处理,可防治地下害虫(倍足亚纲、叩甲科、综合纲)和叶面害虫(蚜科、马铃薯甲虫),作物为柑橘、马铃薯、水稻、甜菜等。剂量:马铃薯1～3kg/hm²,甜菜为0.35～1.0kg/hm²,水稻为0.15～0.5kg/hm²。

20%丁硫克百威乳油在我国使用情况推荐如下:

① 防治柑橘锈蜘蛛。在新梢长1cm时锈蜘蛛发生初期施药,用20%丁硫克百威乳油1500～2000倍液或每100L水加20%丁硫克百威50～66.7mL(有效浓度100～133.4mg/L)喷雾,5d喷1次,连续2～3次,对锈蜘蛛防效显著,有效期达40d以上。

② 防治柑橘潜叶蛾。于新梢初放期或潜叶蛾卵孵盛期施药,用20%乳油1000～1500倍液或每100L水加20%丁硫克百威66.7～100mL(有效浓度133.3～200mg/L)喷雾,在有效防治潜叶蛾的同时,可防治锈蜘蛛、蚜虫及木虱等,从而减少农药的使用次数,本品是其他防治潜叶蛾的药剂如杀灭菊酯、乐果以及杀虫双等的一种很好的更替产品。

③ 防治橘蚜。在春梢期、柑橘盛花及幼果期，蚜虫均是主要害虫。在蚜虫发生期施药，用20%乳油1000～1500倍液或每100L水加20%丁硫克百威66.7～100mL(有效浓度133.3～200mg/L)喷雾，可有效地防除蚜虫，并能压低锈蜘蛛数量。

④ 防治蔬菜蚜虫、潜叶蝇。每亩用20%乳油60～100mL(有效成分,12～20g)加水30～50L喷雾可防治蓟马。每亩用20%乳油40～50mL(有效成分,8～10g)加水30～50L喷雾，可防治蔬菜潜叶蝇。

⑤ 防治苹果黄蚜。用20%乳油2500～3500倍液或每亩用20%丁硫克百威28.5～40mL(有效浓度57～80mg/L)于新梢旺盛生长期可防治苹果黄蚜，20%乳油1500～2000倍液或每100L水加20%丁硫克百威50～66.7mL(有效浓度100～133mg/L)可防治苹果绵蚜、瘤蚜，并可兼治金纹细蛾。

⑥ 防治梨树二叉蚜、黄粉蚜。发生期用20%乳油2000～3000倍液每100L水加20%丁硫克百威33～50mL(有效浓度67～100mg/L)喷雾。

⑦ 防治小麦蚜虫。发生期每亩用20%丁硫克百威乳油30～50mL(有效成分,6～10g)，兑水30～50L喷雾。

⑧ 防治水稻飞虱。发生期每亩用20%丁硫克百威乳油150mL(有效成分,30g)，兑水30～50L喷雾。

35%丁硫克百威作为种子处理剂：防治稻蓟马、稻瘿蚊，用常规方法浸种，催芽后用35%丁硫克百威种子处理剂拌种，用药量为1kg干种子用17～22.8mL(有效成分,6～8g)。若仅防治稻蓟马，用量可降低至1kg干种子用6～11.4mL(有效成分,2.1～4g)。

专利与登记 专利DE2433680、DE2655212均早已过专利期，不存在专利权问题。

国内登记情况：20%悬浮剂，5%颗粒剂，90%原药，5%、20%乳油，20%悬浮种衣剂，35%种子处理干粉剂，登记作物为黄瓜、甘蓝、甘蔗、番茄和水稻等，防治对象为蚜虫、根结线虫、蔗螟、蔗龟和稻水象甲等。美国富美实公司在中国登记情况见表40。

表40　美国富美实公司在中国登记情况

登记名	登记证号	含量	剂型	登记作物	防治对象	用药量	施用方法
丁硫克百威	PD194-94	200g/L	乳油	棉花	蚜虫	90～180g/hm²	喷雾
				苹果树	蚜虫	50～66.67mg/kg	
				甘蓝	蚜虫	75～150mg/kg	
				节瓜	蓟马	187.5～375g/hm²	
				柑橘树	锈壁虱	100～133.3mg/kg	
				柑橘树	潜叶蛾	133.3～200mg/kg	
				柑橘树	蚜虫	133.3～200mg/kg	
				水稻	褐飞虱	600～750g/hm²	
				水稻	三化螟	600～750g/hm²	
丁硫克百威	PD20060030	5%	颗粒剂	番茄	根结线虫	3750～5250g/hm²	沟施
				甘蔗	蔗龟	2250～3750g/hm²	沟施、撒施
				水稻	稻水象甲	3750～5250g/hm²	撒施
				黄瓜	根结线虫	3750～5250g/hm²	沟施
				甘蓝	地下害虫	2250～3750g/hm²	沟施、撒施
				甘蓝	蚜虫	1500～3000g/hm²	穴施、沟施
				甘蓝	蔗螟	2250～3000g/hm²	沟施
丁硫克百威	PD284-99	35%	种子处理干粉剂	水稻	稻蓟马	210～400g/100kg种子	拌种
				水稻	稻瘿蚊	600～800g/100kg种子	
丁硫克百威	PD342-2000	86%	原药				

合成方法　合成有如下两种方法：

参考文献

[1] 曾宪泽. 农药,1995,6:12.
[2] 姜雅君. 农药,1998,9:43.

丁醚脲 diafenthiuron

$C_{23}H_{32}N_2OS$, 384.6, 80060-09-9

丁醚脲(diafenthiuron)，试验代号 CGA106630、CG-167。商品名称 Ferna、Pegasus、Diapol、Manbie。是先正达公司开发的新型硫脲类杀虫剂。

化学名称 1-叔丁基-3-(2,6-二异丙基-4-苯氧基苯基)硫脲。1-*tert*-butyl-3-(2,6-diisopropyl-4-phenoxyphenyl)thiourea。

理化性质 原药含量≥95%。白色粉末，熔点 144.6～147.7℃(OECD102)，蒸气压<2×10^{-3} mPa(25℃)(OECD104)。$K_{ow}lgP=5.76$(OECD107)。Henry 常数<1.28×10^{-2} Pa·m^3/mol(计算)。相对密度 1.09(20℃)(OECD109)。水中溶解度 0.06mg/L(25℃)；其他溶剂中溶解度(g/L,25℃)：甲醇 47，丙酮 320，甲苯 330，正己烷 9.6，辛醇 26。对空气、水和光都稳定，水解 DT_{50}(20℃)3.6d(pH 7)，光解 DT_{50}1.6h(pH 7,25℃)。

毒性 大鼠急性经口 LD_{50}2068mg/kg，大鼠急性经皮 LD_{50}>2000mg/kg，对大鼠皮肤和眼睛均无刺激作用，对豚鼠皮肤无致敏。大鼠吸入 LC_{50}(4h)0.558mg/L 空气。NOEL[90d,mg/(kg·d)]：大鼠 4，狗 1.5。ADI 0.003mg/kg。在 Ames 试验、DNA 修复和核异常测试中为阴性，无致畸性。

生态效应 山齿鹑和野鸭急性经口 LD_{50}>1500mg/kg，山齿鹑和野鸭饲喂 LC_{50}(8d)>1500mg/kg。在田间条件下无急性危害。鱼类 LC_{50}(96h,mg/L)：鲤鱼 0.0038，虹鳟鱼 0.0007，大翻车鱼 0.0024。在田间条件下，由于迅速降解成无毒代谢物，无明显危害。水蚤 LC_{50}(48h)0.15μg/L。羊角月牙藻 IC_{50}(72h)>50mg/L。对蜜蜂有毒，LD_{50}(48h,μg/只)：经口 2.1，接触 1.5。田间条件下没有明显的危害。蚯蚓 LC_{50}(14d)约 1000mg/kg。

环境行为

(1) 动物 对动物体内的吸收、分布和排泄研究表明大部分剂量通过粪便排出体外。该化合物降解产生其相应的亚胺，而亚胺又与水、脂肪酸这类亲核试剂反应形成尿素和脂肪酸衍生物。

(2) 植物 在所有研究植物(棉花、番茄和苹果)中丁醚脲显示了复杂的代谢模式，植物从土壤里吸收的残留活性低。

（3）土壤/环境 丁醚脲和其主要代谢物显示了对其土壤颗粒有很强的吸着力。土壤中降解很迅速，$DT_{50}<1h$ 至 1.4d。

制剂 18%、25%、40%、43.7%、50%悬浮剂，13%、15.6%、25%乳油，10%、18%微乳剂。

主要生产商 江苏龙灯化学有限公司、江苏绿利来股份有限公司及 Syngenta 等。

作用机理与特点 在光或活体内转化为相应的碳化二亚胺，是一种线粒体呼吸抑制剂。对幼虫、成虫有触杀、胃毒作用，也显示出一些杀卵作用。具有触杀、胃毒、内吸和熏蒸作用，低毒，但对鱼、蜜蜂高毒。可以控制蚜虫的敏感品系及对氨基甲酸酯、有机磷和拟除虫菊酯类产生抗性的蚜虫、大叶蝉和椰粉虱等，还可以控制小菜蛾、菜粉蝶和夜蛾。该药可以和大多数杀虫剂和杀菌剂混用。

应用

（1）适用作物 棉花等多种田间作物、果树、观赏植物和蔬菜等多种作物。

（2）防治对象 棉花等多种田间作物、果树、观赏植物和蔬菜上的植食性螨（叶螨科、跗线螨科）、小菜蛾、菜青虫、粉虱、蚜虫和叶蝉科；也可控制油菜作物（小菜蛾）、大豆（豆夜蛾）和棉花（木棉虫）上的食叶害虫。对花蝽、瓢虫、盲蝽科等益虫的成虫和捕食性螨（安氏钝绥螨、梨盲走螨）、蜘蛛（微蛛科）、普通草蛉的成虫和处于未成熟阶段的幼虫均安全，对未成熟阶段的半翅目（花蝽，盲蝽科）昆虫无选择性。可与温室中粉虱螨生物防治兼容。还可防治对有机磷拟除虫菊酯产生抗性的害虫。

（3）使用方法 主要以可湿性粉剂配成药液喷雾使用，使用剂量为 $300\sim500g/hm^2$。

（4）应用技术 防治田间小菜蛾，在小菜蛾 1 龄幼虫孵化高峰期，25%丁醚脲 EC 的使用量为 $600\sim900g/hm^2$，兑水 $900kg/hm^2$ 均匀喷雾防治 1 次；如田间虫量大时，施药后隔 7d 再用药 1 次，可取得更好的防治效果。防治假眼茶小绿叶蝉，50%丁醚脲悬浮剂，$1000\sim1500$ 倍防治假眼茶小绿叶蝉效果非常理想，药后第 7d 防效仍在 94%以上。防治对菊酯产生抗性的小菜蛾，有效剂量 $150\sim300g/hm^2$，处理后 3d 防效在 80.4%以上，处理后 10d 防效在 90.6%以上，持效期 10d 以上。防治棉叶螨用量为 $300\sim400g(a.i.)/hm^2$，持效 21d。防治红蜘蛛，一般亩用有效成分 $20\sim30g$，持效期 $10\sim15d$。

专利与登记 专利 GB2060626 早已过专利期，不存在专利权问题。

国内登记情况：95%、96%、97%原药，18%、25%、40%、43.7%、50%悬浮剂，13%、15.6%、25%乳油，10%、18%微乳剂等，登记作物为甘蓝、柑橘树等，防治对象为小菜蛾、红蜘蛛等。

合成方法 以 2,6-二异丙基苯胺与苯酚为初始原料经多步反应得到。反应式如下：

参考文献

[1] The Proceeding of the BCPC Conference：Pests&Disease. 1988：25.
[2] 刘刚. 西北园艺：果树，2006，4：53.

丁酮砜威 butoxycarboxim

(E)-   (Z)-

$C_7H_{14}N_2O_4S$，222.3，34681-23-7

丁酮砜威（butoxycarboxim），试验代号　Co859（Wacker）。商品名称　Bellasol。M. Vulic 和 H. Bräunling 报道其活性，由 Wacker　Chemie　GmbH 开发。

化学名称　3-甲磺酰基丁酮-O-甲基氨基甲酰肟。3-methylsulfonylbutanone-O-methylcar-bamoyloxime。

理化性质　丁酮砜威含（E）-和（Z）-异构体（85～90）∶（15～10），无色晶体。熔点 85～89℃，纯的（E）-异构体 83℃。蒸气压 0.266mPa（20℃）。密度 1.21g/cm³（20℃）。Henry 常数 2.83×10^{-7}Pa·m³/mol。水中溶解度 209g/L（20℃）；其他溶剂中溶解度（20℃，g/L）：丙酮 172，四氯化碳 5.3，氯仿 186，环己烷 0.9，庚烷 0.1，异丙醇 101，甲苯 29；易溶于极性有机溶剂，微溶于非极性溶剂。≤100℃热稳定。水溶液水解 DT_{50}：501d（pH 5），18d（pH 7），16d（pH 9）。对紫外线稳定。

毒性　急性经口 LD_{50}（mg/kg）：大鼠 458，兔 275。大鼠急性经皮 $LD_{50} > 2000$mg/kg。NOEL 值（90d）：大鼠 300mg/kg 饲料，而以 1000mg/kg 饲喂对红细胞和血浆胆碱酯酶有轻微抑制作用。胶纸板黏着制剂对大鼠的经口 $LD_{50} > 5000$mg/kg，雌鼠急性经皮 LD_{50} 288mg/kg。丁酮砜威是丁酮威在动植物组织中的代谢产物，因此对后者的毒性试验包括部分丁酮砜威。

生态效应　母鸡急性经口 LD_{50} 367mg/kg。鱼 LC_{50}（96h，mg/L）：鲤鱼 1750，虹鳟鱼 170。水蚤 LC_{50}（96h）500μg/L。对蜜蜂无毒副作用。

环境行为

（1）动物　经口进入动物体内的本品随着尿液以原有状态和代谢物形式排出。组织内无累积。

（2）土壤/环境　在土壤中 DT_{50} 为 41～44d（20℃）。丁酮砜威 2d 内从薄板钉扩散到土壤中，3d 出现活性，7～14d 活性达到最大，药效期 4～8 周，直到薄板钉腐蚀。

制剂　特等纸板黏着剂，40mm×8mm，含有效成分 50mg。

作用机理与特点　胆碱酯酶抑制剂，具有触杀和胃毒作用的内吸性杀虫剂。根部吸收后向顶部迁移。

应用

（1）适用作物　观赏性植物。

（2）防治对象　蚜虫、叶螨等。

（3）使用方法　对蚜虫和食植性螨类有内吸杀虫活性。黏着剂附着在生长着观赏植物的土壤中（盆或容器）。施用后 2～5d 见效，持效期 35～42d。

专利概况　专利 DE2036491、US3816532、GB2353202 均早已过专利期，不存在专利权问题。

合成方法　由丁酮威氧化合成：

(E)-   (Z)-   (E)-   (Z)-

丁酮威 butocarboxim

(E)-   (Z)-

C₇H₁₄N₂O₂S, 190.3, 34681-10-2

丁酮威（butocarboxim），试验代号 Co755。商品名称 Drawin、Hydrosekt。是由 Wacker Chemie GmbH 开发的一种杀虫剂。

化学名称 3-(甲硫基)丁酮-O-甲基氨基甲酰肟。(E,Z)-3-(methylthio)butanone-O-methylcarbamoyloxime。

组成 工业品为液体，储存在二甲苯中，含量为 85%，由(E)-和(Z)-两种异构体组成，比例为(85～90)∶(15～10)。

理化性质 淡棕色黏稠性液体，低温下结晶。(E)-异构体熔点为 37℃，(Z)-异构体室温下为油状。异构体混合物的蒸气压为 10.6mPa(20℃)。相对密度 1.12(20℃)。K_{ow} lg$P$=1.1。Henry 常数为 5.76×10^{-5} Pa·m³/mol。水中溶解度 35g/L(20℃)。其他溶剂中溶解度：脂肪烃溶解度较低 11g/L，可与芳烃、酯、酮类混合。日光下在 pH 5～7(直到 50℃)下稳定，强酸和碱性条件下水解，在光照和氧气存在下稳定，100℃ 以下对热稳定。

毒性 大鼠急性经口 LD_{50}153～215mg/kg。兔急性经皮 LD_{50}360mg/kg，对眼睛有刺激作用。大鼠吸入 LC_{50}(4h)1mg/L 空气。NOEL：大鼠(2y)和狗 90d 喂养试验无作用剂量均为饲喂100mg/kg 饲料。在大鼠 2y 的饲喂试验中，高剂量(300mg/kg 饲料)无致癌作用，对生育力、生长速度或死亡率无任何影响。ADI(BfR)0.02mg/kg[1990]。Ames 试验结果表明无诱变性。

生态效应 野鸭 LD_{50} 64mg/kg，日本鹌鹑 LC_{50}(8d)1180mg/kg 饲料。鱼 LC_{50}(mg/L)：(96h)虹鳟鱼 29；(24h)虹鳟鱼 35，金鱼 55，虹鳉 70。水蚤 LC_{50}(24h)3.2～5.6mg/L。藻类NOEL62.5mg/L。对蜜蜂有毒性，LD_{50}1μg/只。

环境行为

(1) 动物 经口后代谢成丁酮砜威，该物质及其降解产物随着尿液排出体外。

(2) 植物 与土壤中的降解情况相同。

(3) 土壤/环境 在土壤中降解的 DT_{50} 为 1～8d。代谢物的 DT_{50} 为 16～44d。土壤中甲氨部分断开，硫原子被氧化成亚砜和砜基。

制剂 气雾剂、乳油、可溶液剂。

作用机理与特点 内吸性杀虫剂，具有触杀和胃毒作用。通过叶子和根部吸收。

应用

(1) 适用作物 果树、蔬菜、谷物、棉花、烟草和观赏性植物。

(2) 防治对象 蚜虫、牧草虫、粉虱、粉蚧以及一些吸啜昆虫等。

在我国推荐使用情况如下：以 125kg/hm² 防治棉花上的棉粉虱效果优良，50～75g/L 对果树、观赏植物和蔬菜上的蚜虫有好的活性，对螨活性中等。

专利概况 专利 US3816532、GB1353202、DE2036491 均早已过专利期，不存在专利权问题。

合成方法 可通过如下反应制得产品。

(E)-   (Z)-

丁烯氟虫腈 flufiprole

$C_{16}H_{10}Cl_2F_6N_4OS$，491.2，704886-18-0

丁烯氟虫腈(flufiprole)是大连瑞泽农药股份有限公司在氟虫腈基础上研制开发的吡唑类杀虫剂。

化学名称　1-(2,6-二氯-α,α,α-三氟-对甲苯基)-5-甲代烯丙基氨基-4-(三氟甲基亚磺酰基)吡唑-3-氰。1-(2,6-dichloro-α,α,α-trifluoro-p-tolyl)-5-(2-methylallylamino)-4-(trifluoromethylsulfinyl)pyrazole-3-carbonitrile。

理化性质　丁烯氟虫腈原药含量≥96.0%，外观为白色疏松粉末。熔点为172～174℃。溶解度(25℃,g/L)：水0.02，乙酸乙酯260，微溶于石油醚、正己烷，易溶于乙醚、丙酮、三氯甲烷、乙醇、DMF。$K_{ow}\lg P=3.7$。常温下稳定，在水及有机溶剂中稳定，在弱酸、弱碱及中性介质中稳定。丁烯氟虫腈5%乳油外观为均相透明液体。无可见悬浮物和沉淀。乳液稳定性(稀释200倍)合格。产品质量保证期为2y。

毒性　丁烯氟虫腈原药和5%乳油大鼠急性经口LD_{50}＞4640mg/kg，急性经皮LD_{50}＞2150mg/kg。原药对大耳白兔皮肤、眼睛均无刺激性，对豚鼠皮肤无致敏性；5%乳油对大耳白兔皮肤无刺激性，眼睛为中度刺激性；对豚鼠皮肤无致敏性。原药大鼠13周亚慢性毒性试验最大无作用剂量[mg/(kg•d)]：雄性11，雌性40。Ames试验、小鼠骨髓细胞微核试验、小鼠显性致死试验均为阴性，未见致突变作用。

生态效应　丁烯氟虫腈5%乳油：对斑马鱼LC_{50}(96h)19.62mg/L，鹌鹑急性经口LD_{50}＞2000mg/kg，蜜蜂接触LD_{50}为0.56μg/只，家蚕LC_{50}＞5000mg/L。该药对鱼、家蚕低毒，对鸟中等毒或低毒(以有效成分的量计算)，对蜜蜂为高毒、高风险性。

主要生产商　大连瑞泽农药股份有限公司。

作用机理与特点　药剂兼有胃毒、触杀及内吸等多种杀虫方式，主要是阻碍昆虫γ-氨基丁酸控制的氯化物代谢。

应用

(1) 适用作物　水稻、蔬菜等作物。

(2) 防治对象　稻纵卷叶螟、稻飞虱、二化螟、三化螟、蚜象、蓟马等鳞翅目、蝇类和鞘翅目害虫。

(3) 应用技术　与其他杀虫剂没有交互抗性，可以混合使用。田间药效试验结果表明，丁烯氟虫腈5%乳油对甘蓝小菜蛾的防治效果较好。甘蓝小菜蛾用药量为15～30g(a.i.)/hm²(折成5%乳油商品量为20～40mL/亩，一般加水50～60L稀释)，于小菜蛾低龄幼虫1～3龄高峰期，采用喷雾法均匀施药1次。对作物安全，未见药害发生。

防治水稻田二化螟、稻飞虱、蓟马每亩可用5%丁烯氟虫腈乳油30～50mL，防治稻纵卷叶螟可用40～60mL于卵孵化高峰、低龄幼虫、若虫高峰期两次施药，即在卵孵盛期或水稻破口初期第1次施药，此后1周第2次施药。防治蔬菜小菜蛾、甜菜夜蛾、蓟马每亩可用5%丁烯氟虫腈30～50mL，在1～3龄幼虫高峰期施药。每亩所用药剂兑水20～30kg，摇匀后均匀喷施水稻植株或菜心、菜叶片正反两面。

专利与登记

专利名称　N-Phenyl pyrazole derivative pesticide

专利号　CN1398515　专利申请日　2002-07-30

专利拥有者　大连瑞泽农药股份有限公司

在其他国家申请的化合物专利：AU2003242089、CN1204123、JP2005534683、KR20050016663、WO2004010785 等。

国内登记情况：96％原药、80％水分散粒剂、5％乳油、0.2％饵剂等，登记作物为水稻、甘蓝等，防治对象为稻化螟、小菜蛾等。

合成方法　丁烯氟虫腈是在氟虫腈的基础上经过优化筛选得到的，可由如下方法制得：

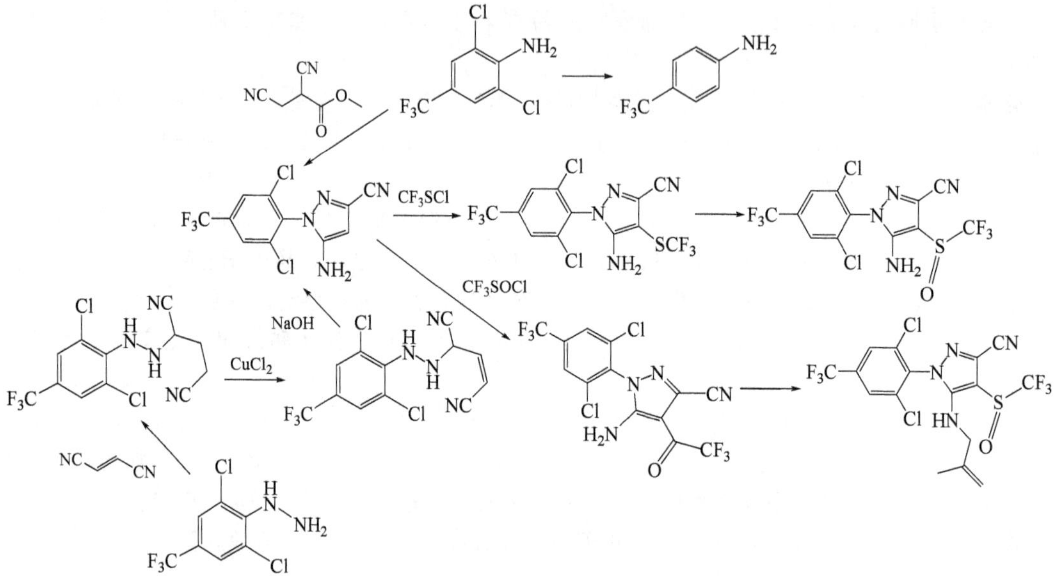

参考文献

［1］王振宏．新农业，2011，4：48.

丁香菌酯 coumoxystrobin

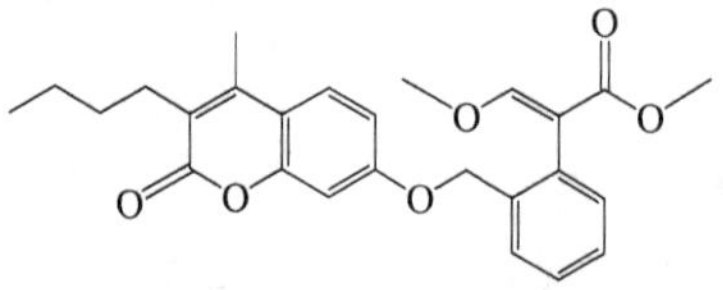

$C_{26}H_{28}O_6$，436.5，850881-70-8

丁香菌酯（coumoxystrobin），试验代号　SYP-3375，是由沈阳化工研究院有限公司创制与开发的杀菌剂。

化学名称　(2E)-2-［2-［(3-丁基-4-甲基-2-氧-2H-苯并吡喃-7-基)氧甲基］苯基］-3-甲氧基丙烯酸甲酯。methyl(2E)-2-［2-［(3-butyl-4-methyl-2-oxo-2H-chromen-7-yl)oxymethyl］phenyl］-3-methoxyacrylate。

理化性质　96％原药外观为乳白色或淡黄色固体；熔点：109～111℃；pH 6.5～8.5；溶解性：易溶于二甲基甲酰胺、丙酮、乙酸乙酯、甲醇，微溶于石油醚，几乎不溶于水；稳定性：常温条件下不易分解。

毒性　原药大鼠急性经口 LD_{50}（mg/kg）：雄性 1260，雌性 926。急性经皮 LD_{50}＞2150mg/kg

（雌、雄），对兔皮肤单次刺激强度为中度刺激性，对眼睛刺激分级为中度刺激性。对豚鼠皮肤无致敏作用，属弱致敏物。亚慢性毒性试验临床观察未见异常表现，血常规检查、血液生化、大体解剖和病理组织学检查未见异常表现，根据试验结果，原药最大无作用剂量雌雄均为 500mg/kg 饲料，平均化学品摄入为雄性（45.1 ± 3.6）mg/（kg·d）、雌性（62.8 ± 8.0）mg/（kg·d）。Ames 试验均为阴性，未见致突变作用。悬浮剂大鼠（雄、雌）急性经口 $LD_{50}>2330mg/kg$。经皮（雄、雌）$LD_{50}>2150mg/kg$；对兔皮肤单次刺激为轻度刺激性，对眼睛刺激。

生态效应　丁香菌酯悬浮剂对蜜蜂半数致死量 LD_{50}（48h）$>100.0\mu g$（a.i.）/只，为低毒级。家蚕 LC_{50}（96h）$>13.3mg$（a.i.）/kg 桑叶，为高毒级。对斑马鱼 LC_{50}（96h）为 0.0064mg（a.i.）/L，为剧毒级，鹌鹑 $LD_{50}>5000mg/kg$，为低毒级。

制剂　20％悬浮剂。

主要生产商　吉林八达农药有限公司。

作用机理与特点　通过抑制细胞色素 b 和 c 之间的电子传递而阻止 ATP 的合成，从而抑制其线粒体呼吸而发挥抑菌作用。

应用　对苹果树腐烂病、苹果轮纹病、苹果斑点病、水稻稻瘟病、水稻纹枯病、水稻恶苗病、小麦赤霉病、小麦纹枯病、玉米小斑病、油菜菌核病、黄瓜霜霉病、黄瓜白粉病、黄瓜枯萎病、黄瓜黑星病、番茄叶霉病、番茄炭疽病、葡萄霜霉病等具有很好的防治效果。同时还具有一定的杀虫活性、抗病毒活性和促进植物生长调节的作用。

专利与登记

专利名称　具有杀虫、杀菌活性的苯并吡喃酮类化合物及制备与应用

专利号　CN1616448　专利申请日　2003-11-11

专利拥有者　沈阳化工研究院有限公司

在其他国家申请的化合物专利：EP1683792、JP2007510674、US20070037876、WO2005044813。

工艺专利：CN103030598、WO2005044813 等。

国内由吉林八达农药有限公司登记 40％丁香·戊唑醇悬浮剂用于防治水稻纹枯病等。

合成方法　可经如下反应得到：

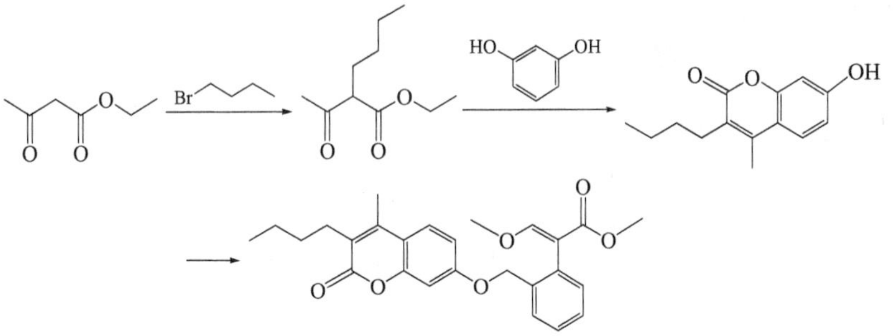

参考文献

[1] 司乃国. 新农业，2010，10：46-47.
[2] 李淼等. 农药学学报，2010，4：453-457.
[3] 关爱莹等. 农药，2011，2：90-92.

啶斑肟 pyrifenox

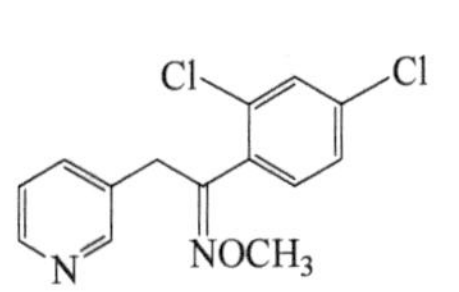

$C_{14}H_{12}Cl_2N_2O$，295.2，88283-41-4

啶斑肟(pyrifenox)，试验代号　Ro15-1297、ACR3651 A、CGA179945、NRK-297。商品名 Corado、Corona、Curado、Dorado、Podigrol、Furado、Rondo。是由 Dr. R MaagLtd(现为先正达公司)开发的吡啶肟类杀菌剂。

化学名称　$2',4'$-二氯-2-(3-吡啶基)苯乙酮-O-甲基肟。$2',4'$-dichloro-2-(3-pyridyl)acetophenone-O-methyloxime。

理化性质　啶斑肟为(E)-、(Z)-异构体混合物，纯品为略带芳香气味的褐色液体，闪点 $106℃(1013mbar)$，蒸气压 $1.7mPa(25℃)$。分配系数 $K_{ow}\lg P(25℃)$：$3.4(pH 5.0)$，$3.7(pH 7.0)$，$3.7(pH 9.0)$。相对密度 $1.28(20℃)$。水中溶解度$(25℃,mg/L)$：$300(pH 5.0)$，$150(pH 6.7)$，$130(pH 9.0)$；有机溶剂中溶解度$(25℃)$：正己烷 $210g/L$，易溶于乙醇、丙酮、甲苯、正辛醇。稳定性：室温下在密闭容器中稳定 3y 以上，对紫外线稳定，在 pH 3、7、9 条件下于 $50℃$水解，$pK_a 4.61$，弱碱性。

毒性　急性经口 $LD_{50}(mg/kg)$：大鼠 2912，小鼠>2000。大鼠急性经皮 $LD_{50}>5000mg/kg$，大鼠急性吸入 $LC_{50}(4h)2048mg/m^3$ 空气，对人皮肤有轻微刺激，对兔眼睛无刺激，对豚鼠皮肤无刺激性。NOEL 数据$[mg/(kg·d)]$：大鼠$(2y)15$，小鼠$(1.5y)45$，狗$(1y)10$。ADI 值 $0.09mg/(kg·d)$。

生态效应　野鸭、山齿鹑急性经口 $LD_{50}(14d)>2000mg/kg$。鱼类 $LC_{50}(96h,mg/L)$：虹鳟鱼 7.1，大翻车鱼 6.6，鲤鱼 12.2。水蚤 $EC_{50}(48h)3.6mg/L$。淡水藻 $EC_{50}(96h)0.095mg/L$。蜜蜂 $LD_{50}(48h,\mu g/只)$：59(经口)，70(接触)，蚯蚓 $LC_{50}(14d)733mg/kg$ 土。

环境行为

(1) 动物　大鼠口服后啶斑肟迅速吸收，通过尿液和粪便排泄。没有迹象表明在组织与器官中有保留。

(2) 植物　在植物中迅速降解，DT_{50}：花生叶片 4d，苹果叶片 3d，苹果 9d。主要通过水解和消除降解。

(3) 土壤/环境　土壤中中等流速，不会蓄积，在环境中不能长存，在植物、土壤、水和动物中较快消散。土壤 $DT_{50}50\sim120d$，$K_{oc}980mL/g$。

制剂　乳油、水分散粒剂、可湿性粉剂。

作用机理与特点　麦角固醇生物合成抑制剂。可被植物茎叶或根吸收，并向顶转移。兼具保护和治疗作用。

应用　本品属肟类杀菌剂，是具有保护和治疗作用的内吸杀菌剂，可有效地防治香蕉、葡萄、花生、观赏植物、仁果、核果和蔬菜上或果实上的病原菌(尾孢属菌、丛梗孢属菌和黑星菌属菌)。推荐使用剂量通常为 $40\sim150g(a.i.)/hm^2$，如以 $50mg(a.i.)/L$ 用量能有效防治苹果黑星病和白粉病，以 $37.5\sim50g(a.i.)/hm^2$ 用量可防治葡萄白粉病，以 $70\sim140g(a.i.)/hm^2$ 用量可防治花生早期叶斑病和晚期叶斑病。

专利概况　专利 EP49854 早已过专利期，不存在专利权问题。

合成方法　以 3-甲基吡啶或者 3-吡啶乙酸乙酯为原料经如下反应得到产品：

啶虫脒 acetamiprid

$C_{10}H_{11}ClN_4$，222.7，135410-20-7

啶虫脒(acetamiprid)，试验代号　NI-25、EXP60707Bc。商品名称　Aceta、Albis、Alphachem、Assail、Convence、Dyken、Ekka、Epik、Fertilan、Gazel、Gazelle、Hekplan、Intruder、Lift、Manik、Masuta、Mortal、Mospilan、Mospildate、Pilarmos、Pirâmide、Platinum、Pride、Profil、Rescate、Saurus、Scuba、Suntamiprid、Suprême、Tackil、Theme、Tristar、Vapcomere、Zhuangxi。其他名称　吡虫氰、啶虫咪、金世纪、乐百农、力杀死、莫比朗、农家盼、赛特生、蚜克净、乙虫脒。是20世纪80年代末期由日本曹达公司开发的新烟碱类杀虫剂。

化学名称　(*E*)-N^1-[6-氯-3-吡啶]甲基]-N^2-氰基-N^1-甲基乙脒。(*E*)-N^1-[(6-chloro-3-pyridyl)methyl]-N^2-cyano-N^1-methylacetamidine。

理化性质　白色晶体，熔点98.9℃，蒸气压<1×10^{-3} mPa(25℃)。K_{ow}lg$P$=0.80(25℃)。Henry常数<5.3×10^{-8} Pa·m³/mol(计算)。相对密度1.330(20℃)。水中溶解度4250mg/L(25℃)，易溶于丙酮、甲醇、乙醇、二氯甲烷、氯仿、乙腈和四氢呋喃等有机溶剂中。在pH 4、5、7的缓冲溶液中稳定，在pH 9、45℃条件下缓慢分解。光照下稳定。pK_a0.7，弱碱性。

毒性　急性经口LD$_{50}$(mg/kg)：雄大鼠217，雌大鼠146，雄小鼠198，雌小鼠184。雄和雌大鼠急性经皮LD$_{50}$>2000mg/kg。对兔眼睛和皮肤无刺激，对豚鼠皮肤无致敏性。雄和雌大鼠吸入LC$_{50}$(4h)>1.15mg/L。NOEL值(mg/kg)：大鼠(2y)7.1，小鼠(18个月)20.3，狗(1y)20。ADI：(EC)0.07mg/kg[2004]；(EPA)aRfD 0.10mg/kg，cRfD 0.07mg/kg[2005]。Ames试验显阴性。

生态效应　鸟急性经口LD$_{50}$(mg/kg)：野鸭98，山齿鹑180。山齿鹑LC$_{50}$>5000mg/L。鲤鱼LC$_{50}$(24~96h)>100mg/L。水蚤LC$_{50}$(24h)>200mg/L，EC$_{50}$(48h)49.8mg/L。淡水藻EC$_{50}$(72h)>98.3mg/L，NOEC(72h)98.3mg/L。浮萍EC$_{50}$(14d)1.0mg/L，蜜蜂LD$_{50}$(μg/只)：经口14.5，接触8.1。对一些有益的节肢动物种类有害。

环境行为

(1)动物　在动物体内主要通过尿迅速、几乎完全吸收(>96%,24h后)，并迅速、几乎完全释放(90%,96h后)，大部分代谢(>90%)主要通过氧化和脱甲基化作用进行。

(2)植物　在植物中缓慢分解为5种已被证实的代谢物。

(3)土壤/环境　啶虫脒在大多数土壤中具有中度到高度移动性，但是并不能在环境中存在，它主要的降解途径是有氧土壤代谢。DT$_{50}$0.8~5.4d，DT$_{90}$2.8~67.3d(20℃,4种EU土壤)。K_{oc}71.1~267(US和EU土壤)。

制剂　2%、3%啶虫脒乳油(有效成分30g/L)，3%啶虫脒微乳剂，20%、25%可溶性粉剂，3%、5%、10%、20%、75%可湿性粉剂，20%、21%、30%可溶性液剂，烟剂，颗粒剂。

主要生产商　Aimco、Astec、Fertiagro、Meghmani、Qingdao Kyx、Sharda、Sudarshan、艾农国际贸易有限公司、安徽华星化工股份有限公司、江苏丰山集团有限公司、河北威远生物化工股份有限公司、浙江海正化工有限公司、河北凯迪农药化工企业集团、湖北沙隆达股份有限公司、江苏长青农化股份有限公司、江苏快达农化股份有限公司、江苏腾龙集团有限公司 、江苏扬农化工集团有限公司、南京红太阳集团有限公司、宁波保税区汇力化工有限公司、青岛海利尔药业集团有限公司、沙隆达郑州农药有限公司、上海生农生化制品有限公司、宁波中化化学品有限公司、新沂中凯农用化学工业有限公司、盐城利民农化有限公司及浙江世佳科技有限公司等。

作用机理与特点 啶虫脒主要作用于昆虫神经结合部后膜，通过与乙酰胆受体结合使昆虫异常兴奋，全身痉挛、麻痹而死，具有内吸性强、用量少、速效好、活性高、持效期长、杀虫谱广、与常规农药无交互抗性等特点。对害虫具有触杀和胃毒作用，并具有很好的内吸活性。由于啶虫脒与除虫菊酯、有机磷、氨基甲酸酯的杀虫机理均不同，与其他杀虫剂无交互抗性，因而能有效防治对有机磷类、氨基甲酸类及拟除虫菊酯类具有抗性的害虫。尤其适合对刺吸式害虫的防治，是吡虫啉的取代品种。

应用

（1）适用作物　柑橘、棉花、小麦、玉米、蔬菜（甘蓝、白菜、萝卜、黄瓜、茄子、辣椒等）、草莓、水稻、果树（苹果、梨、桃、葡萄等）、茶叶、烟草、大豆、瓜类、花生、花卉等。

（2）防治对象　主要用于防治半翅目害虫如蚜虫、叶蝉、粉虱和蚧等，缨翅目、鳞翅目害虫如菜蛾、潜蝇、小食心虫等，鞘翅目害虫如天牛，蓟马目害虫如蓟马等。对甲虫目害虫也有明显的防效，并具有优良的杀卵、杀幼虫活性。对稻飞虱药后一天的触杀毒力是扑虱灵的 $10\sim15$ 倍，是甲胺磷的 259 倍。不仅对低龄若虫杀伤力强，对高龄若虫也有很好的效果。速效性、持效性好，药后一天的防效在 90% 以上；对飞虱的持效期可达 35d，对蚜虫的持效期可达 20d。不易产生抗药性，与其他类型杀虫剂无交互抗性。对其他已产生抗药性的害虫有很好的防治效果。用颗粒剂作土壤处理，可防治地下害虫。

（3）残留量与安全施药　因啶虫脒对桑蚕有毒性，所以若附近有桑园，切勿喷洒在桑叶上。不可与强碱剂（波尔多液、石硫合剂等）混用。安全间隔期为 15d。使用时应穿戴好防护用品。本品在低温下使用影响药效发挥，对人、畜毒性低，对天敌杀伤力小，对鱼毒性较低，对蜜蜂影响小。操作时，严禁吸烟、饮食。施药后用肥皂水洗净身体暴露部分。

（4）使用方法　主要是叶面喷雾，用于防治蔬菜、果树上的半翅目害虫，或用颗粒剂处理土壤，防治地下害虫。蔬菜用量 $75\sim300\text{g/hm}^2$，果树用量 $100\sim700\text{g/hm}^2$。防治黄瓜蚜虫亩用 3% 乳油 $40\sim50\text{mL}$，防治果树上蚜虫用 3% 乳油 $2000\sim3000$ 倍液喷雾。如在多雨年份，药效仍可持续 15d 以上。

专利与登记

专利名称　Preparation of pyridylalkylamine derivatives as insecticides

专利号　WO9104965　专利申请日　1990-10-04

专利拥有者　Nippon Soda Co.，Ltd.（JP）

工艺专利：CN1189083、CN1413463、JP05178833、JP3042122 等。

国内登记情况：95%、96%、98%、99%原药，5%、20%可湿性粉剂，3%、5%乳油等，登记作物为柑橘、黄瓜等，防治对象为白粉虱、蚜虫等。日本曹达株式会社在中国登记情况见表 41。

表 41　日本曹达株式会社在中国登记情况

登记名称	登记证号	含量	剂型	登记作物	防治对象	用药量	施用方法
啶虫脒	PD392-2003	3%	乳油	黄瓜	蚜虫	$18\sim22.5\text{g/hm}^2$	喷雾
				柑橘树	蚜虫	$12\sim15\text{mg/kg}$	
				柑橘树	潜叶蛾	$15\sim30\text{mg/kg}$	
				棉花	蚜虫	$9\sim13.5\text{g/hm}^2$	
				烟草	蚜虫	$13.5\sim18\text{g/hm}^2$	
				苹果树	绣线菊蚜	$12\sim15\text{mg/kg}$	
啶虫脒	PD20081633	20%	可溶粉剂	黄瓜	蚜虫	$18\sim22.5\text{g/hm}^2$	喷雾
				柑橘树	蚜虫	$12\sim15\text{mg/kg}$	
				苹果树	蚜虫	$12\sim15\text{mg/kg}$	
				棉花	蚜虫	$9\sim18\text{g/hm}^2$	

合成方法　经如下反应制得啶虫脒：

参考文献

[1] 陆阳等. 化工中间体, 2010, 5: 37-41.
[2] 范金勇等. 今日农药, 2011, 2: 24-25.

啶磺草胺 pyroxsulam

$C_{14}H_{13}F_3N_6O_5S$，434.4，422556-08-9

啶磺草胺（pyroxsulam），试验代号 DE-742、XDE-742、XR-742、X666742。商品名称 Crusader、Simplicity、PowerFlex。其他名称 Admitt、Avocet、Merit Gold、Perun、甲氧磺草胺、优先。是由 Dow AgroSciences 开发的三唑并嘧啶磺酰胺类除草剂。

化学名称 N-(5,7-二甲氧基[1,2,4]三唑并[1,5-a]嘧啶-2-基)-2-甲氧基-4-三氟甲基吡啶-3-磺酰胺。N-(5,7-dimethoxy[1,2,4]triazolo[1,5-a]pyrimidin-2-yl)-2-methoxy-4-(trifluoromethyl)pyridine-3-sulfonamide。

理化性质 纯品为无色晶体，熔点 208℃（分解）。蒸气压 $<1\times10^{-4}$ mPa(20℃)。相对密度 1.618(20℃)。$K_{ow}lgP$：1.08(pH 4)，-1.01(pH 7)，-1.60(pH 9)。Henry 常数 $<1.36\times10^{-8}$ Pa·m³/mol(pH 7, 20℃)。水中溶解度(20℃, g/L)：蒸馏水 0.0626，缓冲溶液 0.0164(pH 4)、3.20(pH 7)、13.7(pH 9)；其他溶剂中溶解度(g/L, 20℃)：甲醇 1.01，丙酮 2.79，乙酸乙酯 2.17，1,2-二氯乙烷 3.94，辛醇 0.0730，二甲苯 0.0352，正庚烷 <0.001。pH 5、7 和 9 时在 25℃水中稳定，水中光解 $DT_{50}3.2d$。$pK_a4.67$。

毒性 大鼠急性经口 $LD_{50}>2000mg/kg$；大鼠急性经皮 $LD_{50}>2000mg/kg$；对兔眼睛和皮肤无刺激。对豚鼠皮肤无致敏性。大鼠吸入 $LC_{50}>5.1mg/L$。NOEL(mg/kg)：雄性大鼠 NOAEL（致癌性）100，兔子致畸性 NOAEL 300。Ames、CHO/HGPRT、rLCAT 以及大鼠微核试验均为阴性，无致癌性、致畸性、致突变性，无神经毒性和无繁殖毒性。

生态效应 山齿鹑和野鸭急性经口 $LD_{50}>2000mg/kg$，山齿鹑和野鸭饲喂 $LC_{50}>5000mg/L$。鱼类 $LC_{50}(96h, mg/L)$：虹鳟鱼 >87，黑头呆鱼 >94.4；黑头呆鱼 $NOEC(40d)\geqslant10.1mg/L$。水蚤 $EC_{50}(48h)>100mg/L$。藻类 $EC_{50}(mg/L)$：(96h)羊角月牙藻 0.135；(120h)鱼腥藻 11，骨条藻 13.1，舟形藻 6.8。浮萍 $EC_{50}(7d)0.00257mg/L$。蜜蜂 $LD_{50}(48h, \mu g/只)$：经口 >107，接触 $>$

100。蚯蚓 $LC_{50}(14d)>10000mg/kg$ 土。

环境行为

(1) 动物 大鼠经口后在24h内迅速吸收，并通过尿液和粪便排出体外。检测到啶磺草胺和2'-去甲基代谢物。在畜类产品中残留只有啶磺草胺。

(2) 植物 在小麦和轮作作物代谢物中仅有啶磺草胺。

(3) 土壤/环境 土壤降解主要是需氧的微生物代谢，平均 DT_{50}：(实验室)3d，(田间)13d。在土壤中无光解。$K_d 0.06\sim1.853mL/g$(平均 $0.51mL/g$)，$K_{oc} 2\sim129mL/g$(平均 $30mL/g$)；啶磺草胺在土中具有弱至中等吸附，然而田间耗散的研究显示其土壤剖面运动有限。在水里的代谢途径是光解和需氧微生物降解；光解 $DT_{50} 3.2d$，有氧微生物降解 $DT_{50} 18d$。

制剂 7.5%水分散粒剂。

主要生产商 Dow AgroSciences。

作用机理与特点 支链氨基酸(亮氨酸、异亮氨酸和缬氨酸)合成抑制剂。韧皮部和木质部移动除草剂，通过叶、茎和根吸收，在植物分生组织易位。症状包括发育迟缓和萎黄，坏死和死亡。

应用

(1) 适用作物 小麦春季和冬季，冬季黑麦。

(2) 防治对象 一年生禾本科和阔叶杂草。

(3) 应用技术 啶磺草胺对日本看麦娘、看麦娘等小麦田多种常见禾本科杂草及荠菜、野老鹳草、繁缕等多种阔叶杂草有良好防效，无论是冬前用药还是春季化除时用药，均不需要依草龄的增大而增加药量。每公顷药用量 $10.55\sim14.06g$，约合每亩用制剂 $9.4\sim12.5g$。该药在低温期也能使用。需要注意的是，啶磺草胺对麦苗生长有一定的抑制作用，施药后麦苗可能出现轻度叶片发黄和蹲苗现象(正常施药条件下一般能较快恢复)，生产上不要随意增加用药量，或者盲目减少用水量，喷施高浓度药液，否则可能发生较重药害，使麦苗在较长时间内不能恢复。在麦苗瘦弱或受霜冻、渍害等危害而生长不良时，也不要使用该药，否则也可能加重药害。生产上应严格按产品使用说明用药，掌握适宜的用药量和加水量，一般不要超过其最高限量施药。

专利与登记

专利名称 Preparation of *N*-(5,7-dimethoxy[1,2,4]triazolo[1,5-a]pyrimidin-2-yl) arylsulfonamides as herbicides

专利号 WO2002036595 专利申请日 2001-11-2

专利拥有者 Dow AgroSciences，LLC，USA

在其他国家申请的化合物专利：AT260917、AU2002027180、BG106900、BR2001007403、CA2395050、CN1262552、CZ300942、EA4941、EP1242425、ES2213124、HU2002004346、IL150493、JP2004513129、PT1242425、RO121339、SK286484、US20020111361 等。

国内登记情况：7.5%水分散粒剂，登记作物为冬小麦田，防治对象为一年生杂草。美国陶氏益农公司在中国登记情况见表42。

表42 美国陶氏益农公司在中国登记情况

登记名称	登记证号	含量	剂型	登记作物	防治对象	用药量	施用方法
啶磺草胺	PD20120016	96.5%	原药	冬小麦田	一年生杂草	$10.55\sim14.06g/hm^2$	茎叶喷雾
	PD20120015	7.5%	水分散粒剂				

合成方法 经如下反应制得啶磺草胺：

226

啶菌噁唑 pyrisoxazole

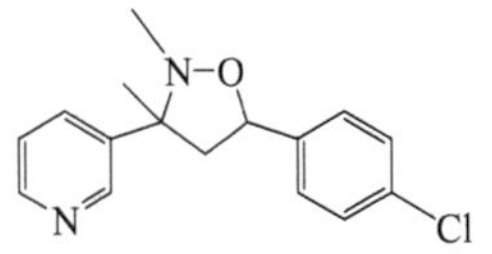

$C_{16}H_{17}ClN_2O$，288.8，291771-99-8(3R,5R)，291771-83-0(3R,5S)

啶菌噁唑（pyrisoxazole），试验代号 SYP-Z048，是沈阳化工研究院与美国罗门哈斯公司（现陶氏益农）共同开发的一种新型噁唑类杀菌剂。

化学名称 5-(4-氯苯基)-3-(吡啶-3-基)-2,3-二甲基-异噁唑啉或 3-[[5-(4-氯苯基]-2,3-二甲基]-3-异噁唑啉基）吡啶。5-(4-chlorophenyl)-3-(pyridin-3-yl)-2,3-dimethylisoxazolidine 或 3-[[5-(4-chlorophenyl)-2,3-dimethyl]-3-isoxazolidinyl] pyridine。

理化性质 纯品为浅黄色黏稠油状物，易溶于丙酮、乙酸乙酯、氯仿、乙醚，微溶于石油醚，不溶于水。

毒性 大鼠急性经口 LD_{50}（mg/kg）：雄 2000、雌 1710。对大鼠急性经皮 LD_{50}＞2000mg/kg（雄，雌）。兔子急性经皮 LD_{50}＞2000mg/kg，对兔皮肤、眼睛刺激均无刺激。Ames 试验结果为阴性。

剂型 25％乳油。

主要生产商 沈阳科创化学品有限公司。

应用 在离体情况下，对植物病原菌有极强的抑菌活性。通过叶片接种防治黄瓜灰霉病，在125～500mg/L的浓度下防治效果为 90.67％～100％。本品乳油对小麦、黄瓜白粉病也有很好的防治作用，在125～500mg/L的浓度下对黄瓜白粉病的防治效果在95％以上，对白粉病的杀菌活性与腈菌唑基本相似，高于粉锈宁。田间试验结果表明，在200～400g(a.i.)/hm² 的剂量下对众多类型的灰霉病均具有很好的防效。

专利与登记

国内专利名称 用作杀菌剂的杂环取代的异噁唑啉类化合物

专利号 CN1280767 专利申请日 1999-07-14

专利拥有者 沈阳化工研究院

该杀菌剂同时在国外申请的专利属于美国陶氏益农公司：EP1035122、AU770077、ES2189726、TW287013、US6313147、MX2000002415、JP2000281678、BR2000001022 等。

国内登记情况：90％原药，25％乳油，40％啶菌噁唑与福美双的悬乳剂，登记作物为番茄，防治对象为灰霉病。

合成方法 以烟酸、硝基甲烷、4-氯苯乙酮为原料，经如下反应即可制得目的物：

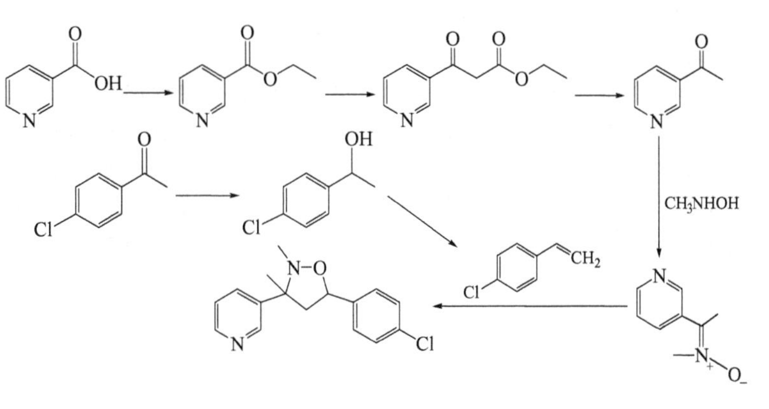

参考文献

[1] 司乃国等. 新农业, 2010, 4: 46-47.

啶嘧磺隆 flazasulfuron

$C_{13}H_{12}F_3N_5O_5S$, 407.3, 104040-78-0

啶嘧磺隆(flazasulfuron), 试验代号 SL-160、OK-1166。商品名称 Katana、Shibagen。其他名称 Aikido、Chikara、Epsilon、Mission、Palma、Parandol、啶嘧黄隆、秀百宫。是由日本石原产业化学公司开发的磺酰脲类除草剂。

化学名称 1-(4,6-二甲氧基嘧啶-2-基)-3-(3-三氟甲基-2-吡啶磺酰基)脲。1-(4,6-dimethoxy-pyrimidin-2-yl)-3-(3-trifluoromethyl-2-pyridylsulfonyl)urea。

理化性质 原药纯度不低于92%。其纯品为无味白色结晶粉末, 熔点180℃(99.7%), 相对密度1.606(20℃)。蒸气压<0.013mPa(25℃, 35℃, 45℃)。分配系数 K_{ow} lgP: 1.30(pH 5), -0.06(pH 7)。Henry常数<2.58×10^{-6} Pa·m³/mol。在水中的溶解性(25℃, g/L): 0.027(pH 5), 2.1(pH 7)。在有机溶剂中的溶解性(25℃, mg/L): 甲醇4200, 乙腈8700, 丙酮22700, 甲苯560, 辛醇200, 二氯甲烷22100, 乙酸乙酯6900, 己烷0.5。水中DT_{50}(22℃): 17.4h(pH 4), 16.6d(pH 7), 13.1d(pH 9)。pK_a 4.37(20℃)。不易燃。

毒性 大小鼠急性经口LD_{50}>5000mg/kg, 大鼠急性经皮LD_{50}>2000mg/kg, 对兔皮肤和眼睛无刺激性作用, 对豚鼠皮肤无过敏性。大鼠吸入LC_{50}(4h)为5.99mg/L。大鼠NOEL(2y) 1.313mg/(kg·d)。ADI: (EC)0.013mg/kg[2004]; (EPA)aRfD 0.5mg/kg, cRfD 0.013mg/kg [2007]。Ames试验、DNA修复试验、染色体畸变试验显示无致畸变性。

生态效应 日本鹌鹑急性经口LD_{50}>2000mg/kg, 山齿鹑和野鸭饲喂LC_{50}>5620mg/L。鱼LC_{50}(mg/L): 鲤鱼>20(48h), 虹鳟鱼22(96h)。水蚤EC_{50}(48h)106mg/L。月牙藻EC_{50}(72h) 0.014mg/L。浮萍EC_{50}(7d)0.00004mg/L。蜜蜂LD_{50}(经口和接触)>100μg/只。蚯蚓蠕虫LC_{50}> 15.75mg/L。对有益生物无害。

环境行为

(1) 动物 快速、广泛地吸收, 7d内主要以尿液的形式排出90%啶嘧磺隆, 代谢主要是通过分子内重排、磺酰脲桥的消除、氧化和共轭作用进行。

(2) 土壤/环境 在土壤中DT_{50}2~18d, DT_{90}10~100d。

制剂 25%水分散粒剂。

主要生产商 Ishihara Sangyo。

作用机理与特点 支链氨基酸(ALS或AHAS)合成抑制剂。通过抑制必需氨基酸的合成起作用, 例如缬氨酸、异亮氨酸, 进而停止细胞分裂和植物生长。因代谢速率不同而产生选择性。系统除草剂, 被叶片快速吸收并传遍整个植物。乙酰乳酸合成酶(ALS)抑制剂。主要抑制产生侧链氨基酸、亮氨酸、异亮氨酸和缬氨酸的前驱物乙酰乳酸合成酶的反应。一般情况下, 处理后杂草立即停止生长, 吸收4~5d后新发出的叶子褪绿, 然后逐渐坏死并蔓延至整个植株, 20~30d杂草彻底枯死。

应用 苗前、苗后除草剂, 用于暖机草坪控制阔叶杂草和莎草, 特别是莎草属和香附子。也用于葡萄、甘蔗、柑橘、橄榄等非耕地。对植物有一定毒性, 使用后会出现新叶褪色, 草坪萎缩, 但是可以很快恢复。

（1）适宜作物与安全性　草坪，对草坪尤其是暖季型草坪除草安全，尤其对结缕草类（马尼拉草、天鹅绒草、日本结缕草、大穗结缕草等）和狗牙根草（百慕大、天堂草、天堂路、天堂328）等安全性更高，从休眠期到生长期均可使用。冷季型草坪对啶嘧磺隆敏感，故高羊茅、黑麦划、早熟禾、剪股颖等冷季型草坪不可使用该除草剂。

（2）防除对象　啶嘧磺隆不仅能极好地防除草坪中一年生阔叶和禾本科杂草，而且还能防除多年生阔叶杂草和莎草科杂草如稗草、马唐、牛筋草、早熟禾、看麦娘、狗尾草、香附子、水蜈蚣、碎米莎草、异型莎草、扁穗莎草、白车轴、空心莲子草、小飞蓬、黄花草、绿苋、荠菜、繁缕等，对短叶水蜈蚣、马唐和香附子防效极佳。持效期为30d（夏季）～90d（冬季）。一般在施药后4～7d杂草逐渐失绿，然后枯死。部分杂草在施药20～40d后完全枯死。

（3）应用技术与使用方法　啶嘧磺隆在任何季节均可苗后施用，土壤或叶面施药均可，苗后早期施药为好，尤其以杂草3～4叶期为佳。土壤处理对多年生杂草防效低于一年生杂草的防效，因为该药剂主要通过叶面吸收并转移至植物各组织。使用剂量为25～100g(a.i.)/hm²[亩用量为1.7～6.7g(a.i.)]时对稗草、狗尾草、具芒碎米莎草、绿苋、早熟禾、荠菜、繁缕防效达95%～100%。用量为50～100g(a.i.)/hm²[亩用量为3.3～6.7g(a.i.)]时对短叶水蜈蚣、香附子防效达95%～100%。

专利与登记　专利EP0184385早已过专利期，不存在专利权问题。国内登记情况：25%水分散粒剂，登记作物为暖季型草坪，防治对象为杂草。日本石原产业株式会社在中国登记情况见表43。

表43　日本石原产业株式会社在中国登记情况

登记名称	登记号	含量	剂型	登记作物	防治对象	用药量/(g/hm²)	施用方法
啶嘧磺隆	PD389-2003	94%	原药				
啶嘧磺隆	PD390-2003	25%	水分散粒剂	暖季型草坪	杂草	37.5～75	喷雾

合成方法　反应式如下：

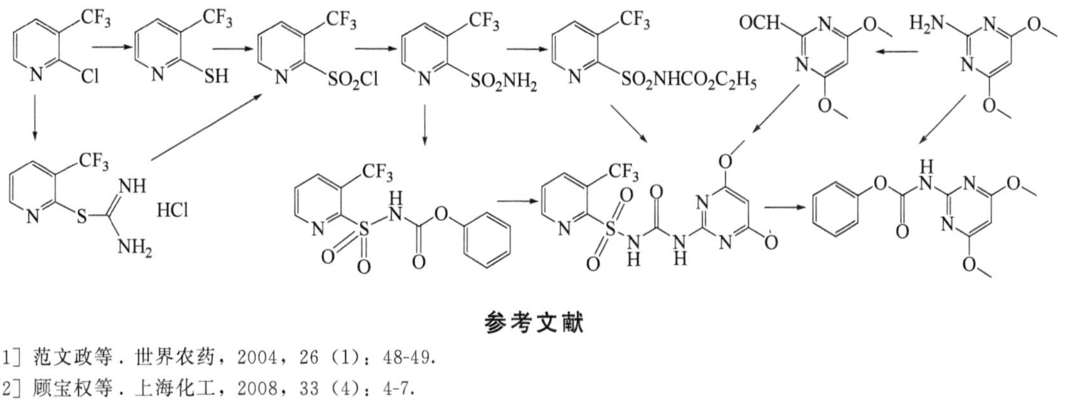

参考文献

［1］范文政等.世界农药，2004，26（1）：48-49.
［2］顾宝权等.上海化工，2008，33（4）：4-7.

啶蜱脲 fluazuron

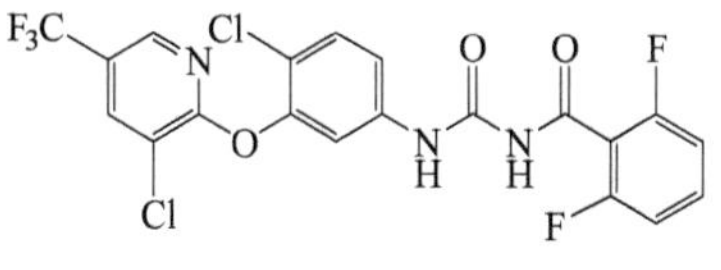

$C_{20}H_{10}N_3O_3Cl_2F_5$，506.2，86811-58-7

啶蜱脲(fluazuron)，试验代号　CGA157419，商品名称　Acatak，其他名称　吡虫隆，是先正达公司开发的一种苯甲酰脲类杀虫杀螨剂。

化学名称　1-[4-氯-3-(3-氯-5-三氟甲基-2-吡啶氧基)苯基]-3-(2,6-二氟苯甲酰基)脲，1-[4-chloro-3-(3-chloro-5-trifluoromethyl-2-pyridyloxy)phenyl]-3-(2,6-difluorobenzoyl)urea。

理化性质　灰白色至白色，无味，良好的晶型粉末。熔点为219℃，蒸气压为$1.2×10^{-7}$mPa(20℃)，$K_{ow}\lg P=5.1$，Henry 常数$<3.04×10^{-6}$Pa·m³/mol(计算)，相对密度1.59(20℃)。水中溶解度(20℃)<0.02mg/L；其他溶剂中溶解度(20℃，g/L)：甲醇2.4，异丙醇0.9。219℃以下稳定。DT_{50}(25℃)：14d(pH 3)，7d(pH 5)，20h(pH 7)，0.5h(pH 9)。

毒性　大鼠急性经口$LD_{50}>5000$mg/kg，大鼠急性经皮$LD_{50}>2000$mg/kg，大鼠吸入LC_{50}(4h)>5994mg/m³。NOEL[mg/(kg·d)]：(1y)狗7.5；(life-time)大鼠400，雌、雄小鼠4.5。2代大鼠繁殖试验大鼠NOEL　100mg/L。ADI(JMPR)0.04mg/kg[1997]。无致癌、致畸、致突变作用。

生态效应　山齿鹑和野鸭急性经口$LD_{50}>2000$mg/kg，山齿鹑和野鸭LC_{50}(8d)>5200mg/L。鱼类LC_{50}(96h，mg/L)：虹鳟鱼>15，鲤鱼>9.1。水蚤LC_{50}0.0006mg/L。绿藻NOEC 27.9mg/L。对蜜蜂无毒。蚯蚓LC_{50}(14d)>1000mg/kg土壤。

作用机理与特点　主要是胃毒及触杀作用，抑制昆虫几丁质合成，使幼虫蜕皮时不能形成新表皮，虫体成畸形而死亡。具有高效、低毒及广谱的特点。

应用

(1) 适用作物　玉米、棉花、森林、水果和大豆等。

(2) 防治对象　鞘翅目、双翅目、鳞翅目害虫。

专利概况　专利JP58072566、EP79311等均已过专利期，不存在专利权问题。

合成方法　通过如下反应制的目的物：

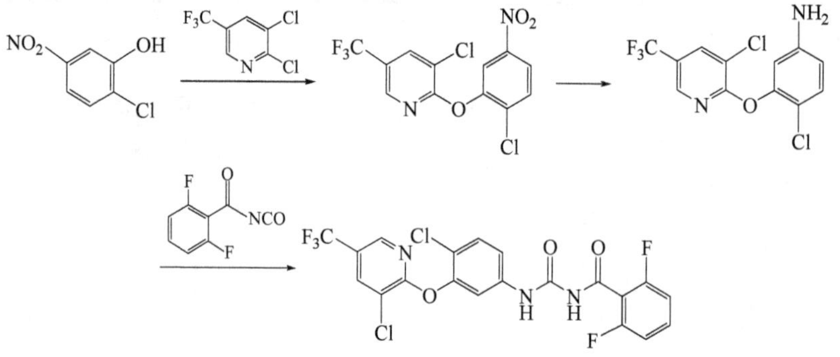

啶酰菌胺 boscalid

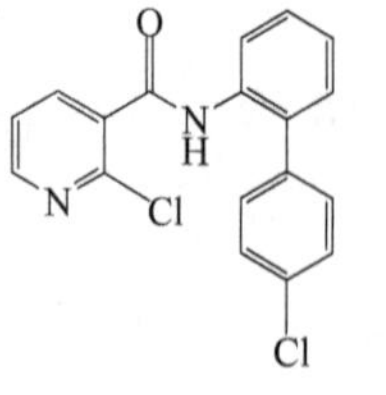

$C_{18}H_{12}Cl_2N_2O$，343.2，188425-85-6

啶酰菌胺(boscalid)，试验代号　BAS510F，商品名称　Cantus、Champion、Endura、Lance、Pictor、Signum、Tracker、Venture。其他名称　Cadence、Emerald、Filan、Kai Tse。是

德国巴斯夫公司开发的新型烟酰胺类杀菌剂。

化学名称 2-氯-N-(4'-氯联苯-2-基)烟酰胺。2-chloro-N-(4'-chlorobiphenyl-2-yl)nicotinamide。

理化性质 纯品为白色无味晶体，熔点142.8～143.8℃，相对密度1.381(20℃)。蒸气压(20℃)7.2×10⁻⁴ mPa，分配系数为K_{ow}lg$P$2.96，Henry系数5.178×10⁻⁵ Pa•m³/mol。水中溶解度4.6mg/L(20℃)；其他溶剂中的溶解度(20℃,g/L)：正庚烷<10，甲醇40～50，丙酮160～200。啶酰菌胺在pH 4、5、7和9的水中稳定，在水中不光解。

毒性 大鼠急性经口LD_{50}>5000mg/kg，大鼠急性经皮LD_{50}>2000mg/kg。对兔皮肤和眼睛无刺激性。对豚鼠皮肤无刺激。大鼠急性吸入LC_{50}(4h)>6.7mg/L。NOEL数据(mg/kg)：大鼠5，慢性21.8。ADI(JMPR)0.04mg/kg；(EC)0.04mg/kg[2008]；(EPA)无确定急性终点；cRfD 0.218mg/kg[2003]；(FSC)0.044mg/kg[2006]。其他：小鼠无突变，大鼠、兔无致畸作用；大鼠、狗、小鼠无致癌作用；对大鼠繁殖无不利影响。

生态效应 山齿鹑急性经口LD_{50}>2000mg/kg。虹鳟鱼LC_{50}(96h)2.7mg/L。水蚤EC_{50}(48h)5.33mg/L。藻类EC_{50}(96h)3.75mg/L。其他水生藻类NOEC 2.0mg/L。蜜蜂NOEC(μg/只)：166(经口)，200(接触)。蚯蚓LC_{50}(14d)>1000mg/kg干土。

环境行为

(1) 动物 联苯环发生羟基化作用，葡萄糖苷酸化以及硫酸酯化作用。通过分泌主要是排泄进行新陈代谢。

(2) 植物 联苯和吡啶环的羟基化作用和这两种环的裂解反应，残余物的主要成分是没有发生变化的母体。

(3) 土壤/环境 在土壤中部分降解，土壤中DT_{50}108d～1y(实验室，空气，20℃)，野外DT_{50}28～200d，在自然界的水及冲积物中能够很好地降解。

制剂 50%水分散颗粒剂。

主要生产商 BASF。

作用机理 啶酰菌胺能抑制真菌呼吸：啶酰菌胺是线粒体呼吸链中琥珀酸辅酶Q还原酶抑制剂。施用时药液经植物吸收通过叶面渗透，通过叶内水分的蒸发作用和水的流动使药液传输扩散到叶片末端和叶缘部位，并与病原菌细胞内线粒体作用，和呼吸链中电子传递体系的蛋白质复合体Ⅱ结合。像呼吸链中其他复合体(Ⅰ,Ⅲ,Ⅳ)一样，蛋白质复合体Ⅱ也是线粒体内膜的一种成分，但是它的结构比较简单，仅由4个核编码亚单位构成，不具备质子泵的功能。这些多肽中的两种能在膜内将复合体固定，同时其他多肽处于线粒体基质中。在TCA循环中催化琥珀酸成为延胡索酸，抑制线粒体琥珀酸酯脱氢酶活性，从而阻碍三羧酸循环，使氨基酸、糖缺乏，阻碍植物病原菌的能量源ATP的合成，干扰细胞的分裂和生长而使菌体死亡。因此，预防植物真菌病害效果良好。

啶酰菌胺具有双重活性：复合体Ⅱ在真菌代谢中起关键作用。一方面，它在真菌产能时，为高能电子的形成传递能量；另一方面，它能参与输送TCA循环的组分用以阻断氨基酸和脂质，形成一个重要的交叉。啶酰菌胺通过抑制蛋白质复合体Ⅱ来阻止真菌产能，从而抑制真菌生长。从这点看，它和strobilurins类杀菌剂不同，二者不产生交互抗性。啶酰菌胺在电子传递链中有不同的作用方式和作用点，能够抑制孢子萌发、菌管的延伸、菌丝的生长和孢子母细胞形成真菌的生长和繁殖等主要阶段，是第一个利用这种高效作用方式来对抗出现在重要作物上新型病害的产品，即使病原体已产生了对抗其他杀菌剂的抗性，也能受到啶酰菌胺的控制。啶酰菌胺在较低质量浓度下对孢子的生长和细菌管延伸仍有很强的抑制能力，药效比普通的杀菌剂如嘧霉胺好；对800多个被分离出的已对通用杀菌剂产生抗性的灰霉病菌株进行试验，结果表明，它与其他杀菌剂无交互抗性。该药用在葡萄灰霉病的防治上，它对孢子的发芽有很强的抑制能力。

应用

（1）**适宜作物** 油菜、豆类、球茎蔬菜、芥菜、胡萝卜、菜果、莴苣、花生、乳香黄连、马铃薯、核果、草莓、坚果、甘蓝、黄瓜、薄荷、豌豆、根类蔬菜、向日葵、葡萄、草坪，其他果树、蔬菜、大田作物等。

（2）**防治病害** 白粉病，灰霉病，各种腐烂病、褐腐病和根腐病。

（3）**使用方法** 茎叶喷雾。50%水分散颗粒剂使用剂量为 0.5kg/hm²。

专利与登记 专利 EP0545099 已过专利期，不存在专利权问题。

国内登记情况：50%水分散粒剂，登记作物为黄瓜、草莓、葡萄等，防治对象为灰霉病等。巴斯夫公司在中国登记情况见表 44。

表 44 巴斯夫公司在中国登记情况

登记名称	登记证号	含量	剂型	登记作物	防治对象	用药量	施用方法
啶酰菌胺	PD20081106	50%	水分散粒剂	葡萄	灰霉病	333～1000mg/kg	喷雾
				草莓	灰霉病	225～337.5g/hm²	
				黄瓜	灰霉病	250～350g/hm²	
	PD20081107	96%	原药	—	—	—	—
醚菌·啶酰菌	PD20101017	300g/L	悬浮剂	黄瓜	白粉病	202.5～270g/hm²	喷雾
				甜瓜	白粉病	202.5～270g/hm²	
				草莓	白粉病	112.5～225g/hm²	
				苹果	白粉病	75～150mg/kg	

合成方法 反应式如下：

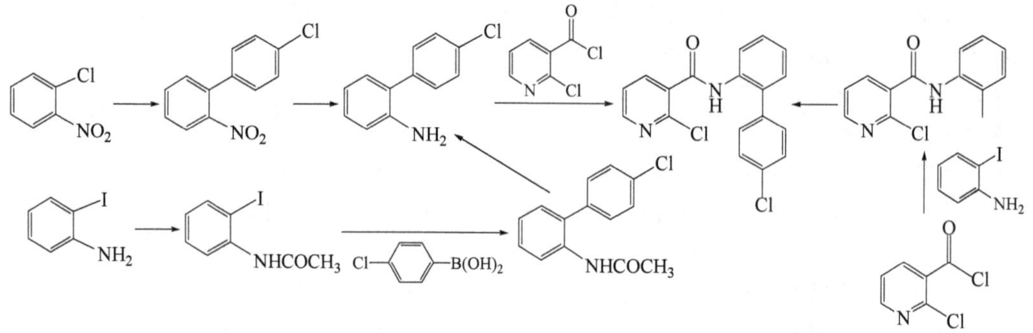

参考文献

[1]颜范勇等．农药,2008,2:132-135.
[2]余乐祥等．山东农药信息,2009,11:21-22.
[3]黄晓瑛等．农药科学与管理,2011,8:18-20.
[4]张晓光等．精细化工中间体,2012,4:21-24.

啶氧菌酯 picoxystrobin

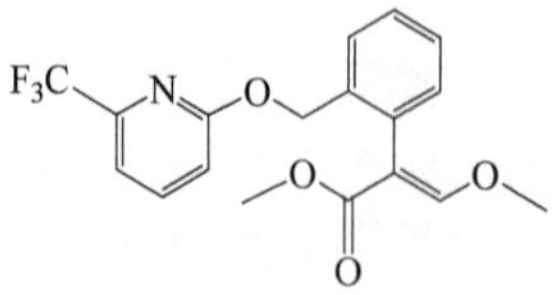

$C_{18}H_{16}F_3NO_4$，367.3，117428-22-5

啶氧菌酯(picoxystrobin)，试验代号 ZA1963，商品名称 Acanto、Acapela。其他名称 Credo、Approach Prima、Acanto Duo Pack、Acanto Prima、Stinger、Acanto Dos。是由先正达公司开发的甲氧基丙烯酸酯类杀菌剂。

化学名称 (E)-3-甲氧基-2-[2-(6-三氟甲基-2-吡啶氧甲基)苯基]丙烯酸甲酯。methyl(E)-3-methoxy-2-[2-(6-trifluoromethyl-2-pyridyloxymethyl)phenyl]acrylate。

理化性质 纯品为白色粉状固体，熔点75℃。蒸气压$5.5×10^{-3}$mPa(20℃)，分配系数K_{ow} lg$P$3.6(20℃)。Henry常数$6.5×10^{-4}$Pa·m³/mol(计算)。相对密度1.4(20℃)。水中溶解度3.1mg/L(20℃)；有机溶剂中溶解度(20℃,g/L)：甲醇96，1,2-二氯乙烷、丙酮、二甲苯、乙酸乙酯中大于250。稳定性：在pH为5和7条件下稳定存在，DT_{50}为15d(pH 9,50℃)。

毒性 大鼠急性经口$LD_{50}>5000$mg/kg，大鼠急性经皮$LD_{50}>2000$mg/kg；大鼠吸入$LC_{50}>2.12$mg/L。本品对兔皮肤和兔眼睛无刺激性。对豚鼠皮肤无致敏性。NOAEL(狗,1y和90d)4.3mg/(kg·d)。ADI值0.04mg/kg。其他非遗传毒性：对大鼠和兔子无潜在毒性，对大鼠和小鼠无潜在致癌性。

生态效应 山齿鹑急性经口$LD_{50}>2250$mg/kg，鸟饲喂LD_{50}(mg/kg)：山齿鹑(8d)>5200，野鸭(21周)1350。鱼毒LC_{50}(96h,2个品种)65～75μg/L。水蚤EC_{50}(48h)18μg/L。月牙藻E_bC_{50}(72h)为56μg/L。摇蚊EC_{50}(28d)19mg/kg，140μg/L(25d)。蜜蜂LD_{50}(48h,经口和接触)>200μg/只，蚯蚓LC_{50}(14d)为6.7mg/kg土。6种非靶标节肢动物的实验室和田间试验表明：本品对该生物群体低风险。盲走螨属LR_{50}(7d)12.6g/hm²；蚜茧蜂属(2d)280g/hm²。

环境行为

(1) 动物 在大鼠体内易吸收，迅速新陈代谢排出体外。新陈代谢的主要途径是酯的水解和葡糖苷酸的共轭化。在肉类和奶制品中不会累积。

(2) 植物 在谷类作物中残余量很低(<0.01～0.20mg/kg)。

(3) 土壤/环境 啶氧菌酯在土壤中可迅速降解，主要降解产物为CO_2。在有氧条件下DT_{50}为19～33d，田间损耗DT_{50}为3～35d。田间试验条件下在土壤中不变质。K_{oc}790～1200mL/g。在水中迅速消散，表明对水生生物无慢性毒性问题；水相中DT_{50}为7～15d(实验室和室外水相系统)。

制剂 25%悬浮剂。

作用机理与特点 线粒体呼吸抑制剂，即通过在细胞色素b和c_1间的电子转移抑制线粒体的呼吸。对14-脱甲基化酶抑制剂、苯甲酰胺类、二羧酰胺类和苯并咪唑类产生抗性的菌株有效。啶氧菌酯一旦被叶片吸收，就会在木质部中移动，随水流在运输系统中流动；它也在叶片表面的气相中流动，从气相中吸收进入叶片后又在木质部中流动。无雨条件下用啶氧菌酯[250g(a.i.)/hm²]喷雾处理作物，将同样喷雾处理后两小时的作物暴露于降雨量为10mm、长达1h的条件下，对二者进行比较，结果表明两者对大麦叶枯病的防治效果是一致的。正是由于啶氧菌酯的内吸活性和蒸发活性，因而施药后有效成分能有效再分配及充分传递，因此啶氧菌酯比商品化的嘧菌酯和肟菌酯有更好的治疗活性(表45)。广谱、内吸性杀菌剂。

表45 strobilurins类杀菌剂的再分配属性

项目	嘧菌酯	肟菌酯	醚菌酯	苯氧菌胺	吡唑醚菌酯	啶氧菌酯
叶片中流动性	低	很低	低	高	很低	中等
蒸气活性	无	有	有	无	无	有
叶片中代谢的稳定性	稳定	低	低	无数据	稳定	稳定
转移移动	是	低	低	是	低	是
木质部内吸	有	无	无	有	无	有
到达新叶的内吸活性	有	无	无	有	无	有
在韧皮部流动性	无	无	无	无	无	无

应用

（1）**适宜作物与安全性**　麦类如小麦、大麦、燕麦及黑麦；推荐剂量下对作物安全、无药害。

（2）**防治对象**　主要用于防治中等叶面病害如叶枯病、叶锈病、颖枯病、褐斑病、白粉病等，与现有 strobilurin 类杀菌剂相比，对小麦叶枯病、网斑病和云纹病有更强的治疗效果。

（3）**使用方法**　茎叶喷雾，使用剂量为 250g(a.i.)/hm²。

谷物用啶氧菌酯处理后，产量高、质量好、颗粒大而饱满。这归功于啶氧菌酯具有广谱杀菌活性和对作物的安全性，在谷物生长期无病害发生，绿叶始终保持完好，如此没有好收成是不可能的。在大田试验中防治冬小麦中大多数病害，用啶氧菌酯处理的小麦比用肟菌酯处理的小麦平均多收 200kg/hm²。通过 3 年多时间对 21 个欧洲小麦试验田进行试验，用啶氧菌酯处理过的小麦收成与对照（没有用杀菌剂处理）相比增产 22%，同用醚菌酯和三唑类如氟环唑（epoxiconazole）混剂处理得到同样的效果。3 年对 21 个欧洲试验田冬大麦试验数据进行分析，结果表明，用啶氧菌酯处理比醚菌酯/氟环唑产量每公顷增加 400kg。还有用啶氧菌酯处理的 21 个试验田中有 17 个为高产，这表明啶氧菌酯防治病害的效果好且产量稳定。用啶氧菌酯处理的谷物产量提高主要是因为提高了谷物颗粒尺寸，在冬小麦试验田中，直径大于 2.2mm 的谷物重量与直径小于 2.2mm 的谷物重量明显不同。

专利与登记　专利 EP278595 早已过专利期，不存在专利权问题。国外登记情况：22.5% 悬浮剂，登记作物为黄瓜、辣椒、枣树、西瓜、葡萄、香蕉，防治对象为霜霉病、蔓枯病、锈病、炭疽病、黑星病、黑痘病、叶斑病。美国杜邦公司在中国登记情况见表 46。

表 46　美国杜邦公司在中国登记情况

登记名称	登记证号	含量	剂型	登记作物	防治对象	用药量	施用方法
啶氧菌酯	LS20120228	22.5%	悬浮剂	西瓜	蔓枯病 炭疽病	131.25～168.75g/hm²	喷雾
				葡萄	霜霉病 黑痘病	125～167mg/kg	喷雾
				香蕉	叶斑病 黑星病	138.9～166.7mg/kg	喷雾
				黄瓜	霜霉病	75～150g/hm²	喷雾
				辣椒	炭疽病	75～112.5g/hm²	
				枣树	锈病	125～167mg/kg	
啶氧菌酯	PD20121668	250g/L	悬浮剂	西瓜	蔓枯病 炭疽病	150～175g/hm²	喷雾
啶氧菌酯	LS20120229	97%	原药				
啶氧菌酯	PD20121671	97%	原药				

合成方法　啶氧菌酯的合成方法主要有如下两种：

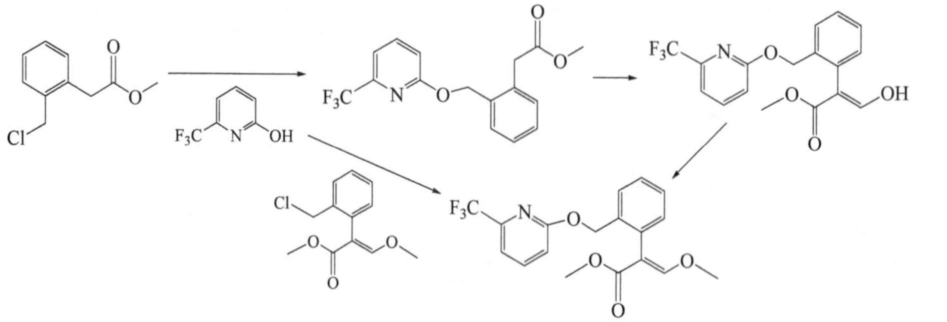

234

中间体合成方法如下：

参考文献

[1] The Pesticide Manual. 15th edition. 2009；910-911.
[2] 范文玉. 农药，2005，6；269-270.
[3] 应忠华. 四川化工，2013，5；13-15.

毒虫畏 chlorfenvinphos

$C_{12}H_{14}Cl_3O_4P$，359.6，470-90-6(Z)-+(E)-，18708-87-7(Z)-，18708-86-6(E)-

毒虫畏（chlorfenvinphos），试验代号 AC58085、BAS188 I、C8949、CGA26351、ENT24969、GC4072、OMS1328、OMS166、SD7859。商品名称 Apachlor、Birlane、Supona、Vinylphate。是由 W. K. Chamberlain 等介绍其杀虫活性，由 Shell International Chemical Company Ltd.（现属 BASF）、Ciba AG（现属 Syngenta）和 Allied Chem 开发的有机磷类杀虫剂。

化学名称 （Z,E)-2-氯-1-(2,4-二氯苯基）乙烯基二乙基磷酸酯，（Z,E)-2-chloro-1-(2,4-dichlorophenyl) vinyl diethyl phosphate。

组成 毒虫畏为顺式和反式几何异构体混合物[工业品(Z)-异构体和(E)-异构体总含量≥90％]，(Z)-异构体、(E)-异构体含量比为 8.6：1。

理化性质 纯品为无色液体（原药为琥珀色液体），熔点 -23～-19℃，沸点 167～170℃(0.5mmHg)。蒸气压：1mPa(25℃)、0.53mPa(外推至 20℃)。K_{ow} lg$P$：3.85[(Z)-异构体]、4.22[(E)-异构体]。相对密度 1.36(20℃)。水中溶解度 145mg/L(23℃)，易溶于大多数有机溶剂，如丙酮、己烷、乙醇、二氯甲烷、煤油、丙二醇、二甲苯。在中性、酸性和弱碱性水溶液中缓慢分解。遇强碱溶液分解更快，DT_{50}(38℃)：＞700h(pH 1.1)，＞400h(pH 9.1)，1.28h(pH 13,20℃)。闪点大于 285℃。

毒性 急性经口 LD_{50}(mg/kg)：大鼠 10，小鼠 117～200，兔 300～1000，狗＞12000。急性经皮 LD_{50}(mg/kg)：大鼠 31～108，兔 400～4700。对兔眼睛和皮肤无刺激。大鼠吸入 LC_{50}(4h) 约 0.05mg/L 空气。大鼠和狗 NOEL(2y) 为 1mg/kg 饲料[0.05mg/(kg·d)]。ADI：(JMPR)0.0005mg/kg[1994]，(BfR)0.001mg/kg[2004]。

生态效应 鸟急性经口 LD_{50}(mg/kg)：雉 107，鸽子 16。鱼 LC_{50}(96h,mg/L)：丑角鱼＜

0.32，古比鱼 0.3～1.6，罗非鱼 0.04。水蚤 EC_{50}(48h)0.3μg/L。羊角月牙藻 EC_{50}(96h)1.6mg/L。蜜蜂 LD_{50}(24h,μg/只)：0.55(经口)，4.1(接触)。蚯蚓 LC_{50}(14d)217mg/kg 土壤。

环境行为

（1）动物　在动物体内，首先通过酯化代谢为磷酸氢 2-氯-1-(2,4-二氯苯基)乙烯基乙基酯，最后代谢物为 2,4-二氯苯基乙二醇葡萄糖苷酸和 1-(2,4-二氯苯基)乙醇和 N-(2,4 二氯苯甲酰基)甘氨酸。

（2）植物　主要代谢产物为 1-(2,4-二氯苯基)乙醇，类似糖缀合物。

（3）土壤/环境　在水中缓慢水解，DT_{50}：88d(pH 9)、270d(pH 7)[(Z)-异构体]、71d(pH 9)、275d(pH 4)[(E)-异构体]，光照下(Z)-型转化为(E)-异构体，DT_{50}482h；在土壤中迅速分解，有氧条件下显著矿化，转化速率依土壤类型和温度而定，DT_{50}8d(砂壤土)、161d(砂土)(20℃)。

制剂　24%、30%、44%、48%乳油，5%粉剂，10%颗粒剂，25%可湿性粉剂。

主要生产商　Azot、宁波保税区汇力化工有限公司及上海美林康精细化工有限公司等。

作用机理与特点　胆碱酯酶的直接抑制剂。

应用

（1）适用作物　水稻、小麦、玉米、蔬菜、番茄、苹果、柑橘、甘蔗、棉花、大豆等。

（2）防治对象　二化螟、黑尾叶蝉、飞虱、稻根蛆、种蝇、萝卜蝇、葱蝇、菜青虫、小菜蛾、菜螟、黄条跳甲、二十八星瓢虫、柑橘卷叶虫、红圆蚧、梨园钝蚧、粉蚧、矢尖蚧、蚜虫、蓟马、茶卷叶蛾、茶绿叶蝉、马铃薯甲虫、地老虎等以及家畜的蜱螨、疥癣虫、蝇、虱、跳蚤、羊蜱蝇等。

（3）使用方法　作为土壤杀虫剂，用于土壤，防治根蝇、根蛆和地老虎，使用剂量为 2～4kg(a.i.)/hm²。作为茎叶杀虫剂，果树和蔬菜的用药量为 24%乳油 500～1000 倍液；以 200～400g/hm² 防治马铃薯上的马铃薯甲虫和柑橘上的介壳虫；以 550～2200g/hm² 防治玉米、水稻和甘蔗上的钻蛀性害虫；以 400～750g/hm² 防治棉花上的白蝇，但对其寄生虫无效。以 0.3～0.7g/L 可防治牛体外寄生虫，以 0.5g/L 防治羊体外寄生虫。此外，还可用于公共卫生方面，防治蚊幼虫。

（4）注意事项　茶树必须在采茶前 20d 停止施药，对于覆盖栽培的茶树则不能使用。

专利概况　专利 US3003916、US3116201 均早已过专利期，不存在专利权问题。

合成方法　经如下反应制得毒虫畏：

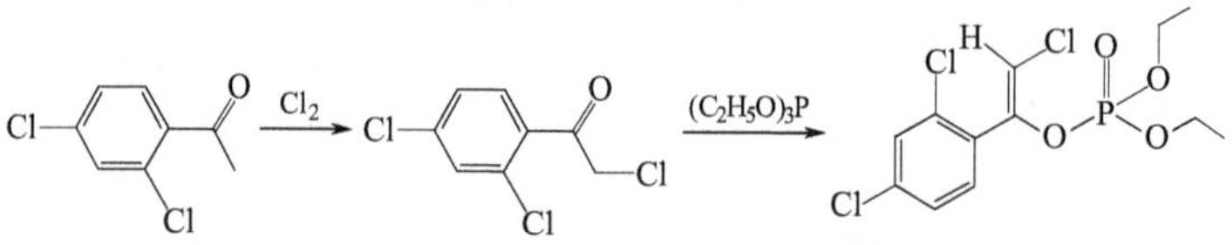

毒氟磷 dufulin

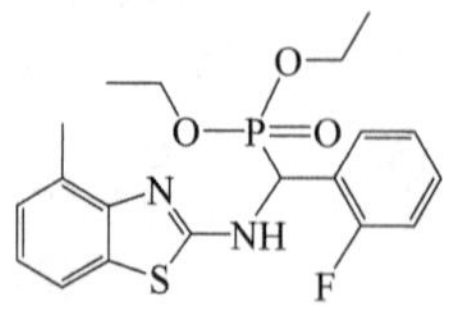

$C_{19}H_{22}FN_2O_3PS$，408.4，882182-49-2

毒氟磷(dufulin)是由贵州大学教育部绿色农药与农业生物工程重点实验室、贵州大学精细化工研究开发中心等研制与开发的含氟氨基膦酸酯类新型抗植物病毒剂。

化学名称　N-[2-(4-甲基苯并噻唑基)]-2-氨基-2-氟代苯基-O,O-二乙基膦酸酯，diethyl[(2-fluorophenyl)[(4-methylbenzo[d]thiazol-2-yl)amino]methyl]phosphonate。

理化性质　无色结晶固体。熔点143～145℃。易溶于丙酮、四氢呋喃、二甲基亚砜等有机溶剂，22℃在水、丙酮、环己烷、环己酮和二甲苯中的溶解度分别为0.04g/L、147.8g/L、17.28g/L、329.0g/L、73.30g/L。毒氟磷对光、热和潮湿均较稳定。遇酸和碱时逐渐分解。

毒性　原药大鼠(雌、雄)急性经口LD_{50}＞5000mg/kg，大鼠(雌、雄)急性经皮LD_{50}＞2150mg/kg，对兔眼、兔皮肤无刺激性。对豚鼠致敏性试验为弱致敏。Ames、微核、染色体试验结果均为阴性。30％可湿性粉剂大鼠(雌、雄)急性经口LD_{50}＞5000mg/kg，大鼠(雌、雄)急性经皮LD_{50}＞2000mg/kg，对家兔皮肤无刺激性，对兔眼轻度至中度刺激性。对豚鼠致敏性试验为弱致敏。

生态效应　30％可湿性粉剂斑马鱼LC_{50}(96h)＞12.4mg/L，蜜蜂LC_{50}(48h)＞5000mg/L，鹌鹑LD_{50}(7d)＞450mg/kg，家蚕LC_{50}(2龄)＞5000mg/kg桑叶。

环境行为　毒氟磷光解半衰期为1980min，大于24h。毒氟磷在pH三级缓冲液中水解率均小于10，其性质较稳定。毒氟磷在黑土中的吸附常数为45.8，按照《化学农药环境安全评价试验准则》对农药土壤吸附性等级划分标准，病毒性在黑土中为"Ⅲ级（中等吸附）"。30％毒氟磷可湿性粉剂按推荐有效成分剂量300～500g/hm²，设置两个有效成分施药浓度500g/hm²和1000g/hm²施药，在烟草上的残留试验表明在烟叶中消解较快，半衰期为4.1～5.4d；在土壤中半衰期为10.0～10.8d，收获期30％毒氟磷可湿性粉剂在土壤中最终残留小于0.23mg/kg，在烟叶中残留量小于0.46mg/kg。

制剂　30％可湿性粉剂。

主要生产商　广西田园生化股份有限公司。

作用机理与特点　毒氟磷抗烟草病毒病的作用靶点尚不完全清楚，但毒氟磷可通过激活烟草水杨酸信号传导通路，提高信号分子水杨酸的含量，从而促进下游病程相关蛋白的表达；通过诱导烟草PAL、POD、SOD防御酶活性而获得抗病毒能力；通过聚集TMV粒子减少病毒对寄主的入侵。毒氟磷具有较强的内吸作用，通过作物叶片的吸收可迅速传导至植株的各个部位，破坏病毒外壳，使病毒固定而无法继续增殖，有效阻止病害的进一步蔓延。毒氟磷可通过调节植物内源生长因子，促进根部生长，恢复叶部功能，降低产量损失。与其他杀菌剂无交互抗性。

应用

(1) 适用作物　水稻、烟草、玉米、香蕉、番茄、辣椒、木瓜、黄瓜、西瓜、苦瓜等。

(2) 防治对象　水稻黑条矮缩病、水稻条纹叶枯病、烟草花叶病、束顶病、花叶心腐病、木瓜花叶病以及玉米、香蕉、豆科作物、茄科蔬菜、葫芦科蔬菜等的病毒病。

(3) 使用方法　①防治水稻黑条矮缩病：水稻露白后，使用毒氟磷1包拌种1.5～2kg(以干种子计)；另外，抓住移栽前5～7d，移栽后10～15d，水稻封行这三个重要时期，各使用毒氟磷1包兑15kg水均匀喷雾，同时应重点结合白背飞虱的防治。②防治水稻条纹叶枯病：基本同水稻矮缩病，麦稻轮作区域，在小麦收割时，尤其应注意水稻秧田条纹叶枯病的防治，除采用毒氟磷1包兑水15kg均匀喷雾防治外，也应结合灰飞虱的防治。③防治烟草花叶病：移栽前3～5d以及移栽后，使用毒氟磷稀释1000倍均匀喷雾，随后视发病情况用药2～3次，用药间隔10～15d。④防治玉米病毒病：3～5叶期时采用15g毒氟磷兑水15kg均匀喷雾，整个生育期间如发现病株，用量加倍。⑤防治香蕉病毒病、束顶病、花叶心腐病：蕉苗移栽后7～15d，在配合蚜虫防治的同时，采用毒氟磷稀释 1000 倍均匀喷雾，连续防治 2～3 次。发现发病严重的蕉苗，除应先防治病株上的蚜虫之外，还应采用毒氟磷稀释 500～1000 倍液对准病株均匀喷雾，随后再将病株拔除，以防病毒扩散。⑥防治木瓜花叶病：预防性用药，采用毒氟磷稀释 500～1000 倍均匀喷雾使用。⑦防治豆科作物病毒病（花生、大豆）：苗期预防，使用毒氟磷 1 包兑水 15kg 均匀喷雾；田间发现病株，用量加倍。⑧防治茄科蔬菜（番茄、辣椒等）病毒病：定植后现蕾前预防性用药，每隔 10～15d 使用毒氟磷稀释 1000 倍均匀喷雾，如发现病株，用量加倍。⑨防治葫芦科蔬菜（西瓜、苦瓜等）病毒病：发病初期，使用毒氟磷稀释 500 倍均匀喷雾，10d 左右 1 次，连续防治 2～3 次。

在使用毒氟磷防治病毒病的过程中，配合飞虱、蚜虫与粉虱等传毒介体的防治，可有效切断病毒传播途径，提高防治效果。

专利与登记

专利名称　N-取代苯并噻唑基-1-取代苯基-O,O-二烷基-α-氨基膦酸酯类衍生物及制备方法和用途

专利号　CN1687088　专利申请日　2005-04-04

专利拥有者　贵州大学

目前广西田园生化股份有限公司在国内登记了原药及其 30％可湿性粉剂，可用于防治番茄病毒病（400～500g/hm²）以及水稻黑条矮缩病（200～340g/hm²）。

合成方法　经如下反应制得毒氟磷：

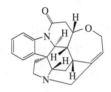

参考文献

[1] 陈卓等.世界农药，2009，31（2）：52-53.

毒鼠碱 strychnine

$C_{21}H_{22}N_2O_2$，334.4，57-24-9

毒鼠碱（strychnine），商品名 Certox、Kwik-Kill、Mole Death、Mouse-Nots、Mouse-Rid、Mouse-Tox、Phoenix、Ro-Dex、Sanaseed、Strychnos。其他名称　Metformin、二甲双胍、番木鳖碱、马钱子碱、士得宁、双甲脒，为马钱子属或马钱子科的种子提取物。马钱子的种子在 17 世纪末在德国用作毒鼠剂。1818 年首次从苦果中分离提纯。

化学名称　番木鳖碱。strychnidin-10-one。

理化性质 从马钱子属或马钱科的种子提取的本品为无色结晶粉末，熔点 270～280℃（分解），$K_{ow}\lg P=4.0$（pH 7）。水中溶解度 143mg/L；其他溶剂中溶解度（g/L）：苯 5.6，氯仿 200，乙醇 6.7；微溶丁醚、石油精馏物中。毒鼠碱盐酸盐是无色的棱柱，含有 1.5～2mol 的结晶水，此结晶水在 110℃以上消失，其盐酸盐是水溶性的。稳定性：毒鼠碱硫酸盐为无色结晶（五水合物），光稳定，pH 5～9 范围内稳定。在 100℃以上结晶水消失，熔点＞199℃，在 15℃水中的溶解度为 30g/L，溶于乙醇。比旋度 $[\alpha]_D^{18} -139°$（氯仿），pK_a 8.26。

毒性 对哺乳动物有剧毒，大鼠为 1～30mg/kg。大鼠急性经口为 16mg/kg。兔急性经皮 LD_{50}＞2000mg/kg。ADI/RfD(EPA)cRfD 0.0003mg/kg。

生态效应 椋鸟急性经口 LD_{50}＜5.0mg 硫酸盐/kg。饲喂 LC_{50}（mg/L）：山齿鹑 4000，野鸭 200。

环境行为

（1）动物 通过胃肠道快速吸收而不是通过皮肤，迅速地经分布、代谢、排泄为无毒物。只有 5%～20%不变的生物碱存在于尿液中，主要代谢物为 21、22 环氧化物和马钱子氮氧化物。

（2）土壤/环境 在土壤中不移动，可生物降解。

制剂 毒鼠碱硫酸盐 5～10g/kg 的饵剂。

作用机理与特点 对中枢神经系统产生作用。由于可逆的拮抗性甘氨酸受到干扰，致使脊髓索和脊髓突触受到抑制，使神经失去控制。它的临床中毒症状和多数药物中毒类似，使神经失去控制，作用很快，1～2h 即出现恐怖、神经过敏、紧张和呆板；到了这个时候，中毒的动物将有一种受外界触摸、声音或特发亮光刺激的超敏性，终致缺氧症的发作而死亡。

应用

（1）适用作物 对哺乳动物有剧毒，常用于防治鼹鼠。

（2）防治对象 对鼹鼠有极好的效果，配成饲料还可杀鸟雀、田鼠。我国过去曾小范围用于防治野鼠和害鸟。

专利概况 专利 US1548566 早已过专利期，不存在专利权问题。

合成方法 在氢氧化钙存在下，用苯萃取马钱子，萃取液酸化、碱处理，分出粗制植物碱，以乙醇重结晶。

毒死蜱 chlorpyrifos

$C_9H_{11}Cl_3NO_3PS$，350.6，2921-88-2

毒死蜱（chlorpyrifos），试验代号 Dowco179、OMS971、ENT27311。商品名称 Agromil、Chlorofet、Chlorofos、Clarnet、Clinch Ⅱ、Cyren、Destroyer、Deviban、Dhanvan、Dorsan、Dursban、Force、Fullback、Heraban、Hilban、Hollywood、Kirfos、Knocker、Lorsban、Mukka、Panda、Ph antom、Pyriban、Pyrifoz、Pyrinex、Radar、Robon、Strike、Tafaban、Terraguard、Tricel、白蚁清、蓝珠、乐斯本、杀死虫、泰乐凯。其他名称 氯蜱硫磷、氯吡硫磷。是 E. E. Kenga 等人报道其活性，1965 年由 Dow Chemical Co.（现属 Dow AgroSciences）商品化的有机磷类杀虫剂。

化学名称 O,O-二乙基-O-(3,5,6-三氯-2-吡啶基) 硫代磷酸酯。O,O-diethyl-O-(3,5,6-trichloro-2-pyridyl) phosphorothioate。

理化性质 工业品纯度≥97%，无色结晶固体，具有轻微硫醇气味，熔点42～43.5℃，沸点＞400℃，蒸气压2.7mPa(25℃)，相对密度1.44(20℃)，$K_{ow}\lg P 4.7$，Henry常数$6.76×10^{-1}$ Pa·m³/mol(计算)。水中溶解度(25℃)约1.4mg/L；其他溶剂中溶解度(25℃,g/kg)：苯7900，丙酮6500，氯仿6300，二硫化碳5900，乙醚5100，二甲苯5000，异辛醇790，甲醇450。其水解速率与pH值有关，在铜和其他金属存在时生成螯合物，DT_{50} 1.5d(水，pH 8，25℃)至100d(磷酸盐缓冲溶液，pH 7，15℃)。

毒性 急性经口LD_{50}(mg/kg)：大鼠135～163，豚鼠504，兔1000～2000。急性经皮LD_{50}(mg/kg)：兔＞5000，大鼠＞2000(工业品)。对兔皮肤、眼睛有较轻刺激。对豚鼠皮肤无致敏。大鼠吸入LC_{50}(4～6h)＞0.2mg/L(14μg/L)。NOEL值[mg/(kg·d)]：大鼠(2y)1，小鼠(1.5y) 0.7，狗(2y)1；对人急性经皮5.0，急性经口1.0。ADI：(JMPR)0.01mg/kg[1999,2004]；(EC)0.01mg/kg[2005]；(EPA)aRfD 0.005mg/kg，cRfD 0.0003mg/kg[2001]。无致畸作用，无遗传毒性。

生态效应 鸟急性经口LD_{50}(mg/kg)：野鸭490，麻雀122，鸡32～102。喂饲LC_{50}(8d,mg/L)：野鸭180，山齿鹑423。鱼LC_{50}(96h,mg/L)：大翻车鱼0.002～0.010，虹鳟鱼0.007～0.051，斜齿鳊0.25，黑头呆鱼0.12～0.54。水蚤LC_{50}(48h)1.7μg/L。羊角月牙藻NOEC＞0.4mg/L。巨指长臂虾LC_{50}0.05μg/L。蜜蜂LD_{50}(ng/只)：经口360，接触70。蚯蚓LC_{50}(14d)210mg/kg土。对步行虫科和隐翅虫科有害，对拟步行虫科约60μg/kg，对弹尾目虫有毒害。

环境行为 经口进入大鼠、狗和其他动物体内的本品迅速代谢，并通过尿排出，其主要代谢物为3,5,6-三氯吡啶-2-醇。本品在植物中不传导，根部不吸收，残余物被植物组织代谢为3,5,6-三氯吡啶-2-醇，随后螯合、吸收。本品在土壤中的代谢速度适中：实验室DT_{50} 10～120d(25℃)，田间DT_{50}33～56d，土壤表面7～15d，首先降解为3,5,6-三氯吡啶-2-醇，然后再降解为有机氯化物和二氧化碳。K_{oc}1250～12600。毒死蜱在水体中降解较慢，半衰期为25.6d；土壤具有较强的吸附毒死蜱农药的能力；该农药在土壤中的消解也较慢。毒死蜱浓度不同对土壤过氧化氢酶活性影响也不同，浓度越高，影响越强烈。在毒死蜱浓度为10μg/g、40μg/g、80μg/g时，其影响过程为先抑制—再激活—最后恢复稳定，在试验初期低浓度表现激活作用，高浓度表现抑制作用，且浓度越高，抑制作用越强。随着时间的推移，各浓度均表现激活作用，且最大激活作用随毒死蜱浓度的增加而增加。毒死蜱的水解产物对供试土壤过氧化氢酶活性的影响均大于毒死蜱原药，而光解产物对土壤过氧化氢酶活性的影响小于毒死蜱原药。随着光照时间的延长，毒死蜱光解产物对土壤过氧化氢酶活性的影响减弱，即对供试土壤生态环境影响减弱。

制剂 25%可湿性粉剂，240g/L、407g/L、480g/L乳油，5%、7.5%、10%、14%颗粒剂，240g/L超低容量喷雾剂。

主要生产商 Agriphar、Agro Chemicals India、Agrochem、Aimco、Bhagiradha、Bharat、Cheminova、Crystal、Devidayal、Dow AgroSciences India、Drexel、Excel Crop Care、Ficom、Gharda、Gujarat Pesticides、India Pesticides、Lucava、Luxembourg、Makhteshim-Agan、Meghmani、Nagarjuna Agrichem、Sabero、Saeryung、Sharda、Siris、Sudarshan、Sundat、Tagros、安徽丰乐农化有限责任公司、安徽华星化工股份有限公司、安徽省池州新赛德化工有限公司、河北凯迪农药化工企业集团、湖北沙隆达股份有限公司、江苏宝灵化工股份有限公司、连云港立本农药化工有限公司、南京红太阳集团有限公司、沙隆达郑州农药有限公司、山东华阳化工集团有限公司、上海泰禾集团股份有限公司、上海中西药业股份有限公司、台湾兴农股份有限公司、浙江东风化工有限公司、浙江新安化工集团有限公司、浙江新农化工股份有限公司及浙江永农化工有限公司等。

作用机理 胆碱酯酶的直接抑制剂。具有触杀、胃毒和熏蒸作用的非内吸性、广谱杀虫剂。在叶片上残留期短，在土壤中残留期长。

应用

(1)适用作物 水稻、玉米、棉花、小麦、蔬菜、大豆、果树、茶树、甘蔗、烟草、观赏植物、向日葵等。

（2）防治对象　茶尺蠖、茶短须螨、茶毛虫、小绿叶蝉、茶橙瘿螨、棉蚜、棉红蜘蛛、稻飞虱、稻叶蝉、稻纵卷叶螟、菜蚜、菜青虫、豆野螟、大豆食心虫、柑橘潜叶蛾、黏虫、介壳虫、蚊、蝇、小麦黏虫以及牛、羊体外寄生虫和地下害虫。

（3）残留量与安全施药　为保护蜜蜂，应避开作物开花期使用，不能与碱性农药混用；在推荐量下对大多植物没有药害（对猩猩木、杜鹃花、山茶花、玫瑰可能有害）。作物收获前禁止使用毒死蜱的安全间隔期为：棉花 21d，水稻 7d，小麦 10d，甘蔗 7d，啤酒花 21d，大豆 14d，花生 21d，玉米 10d，叶菜类 7d。最高残留限量：棉籽 0.05mg/kg，甘蓝 1mg/kg。在叶菜上最高用药量每次 1L/hm²。

（4）使用方法

① 果树。a. 柑橘潜叶蛾：在放梢初期、卵孵盛期，用 40.7%乳油 1000～2000 倍液喷雾。b. 红蜘蛛：在若虫盛发期，用 40.7%乳油 1000～2000 倍液喷雾。c. 桃小食心虫：在卵果率 0.5%，初龄虫蛀果之前，用 40.7%乳油 200～400 倍液喷雾。d. 山楂红蜘蛛、苹果红蜘蛛：在苹果开花前后，幼若螨盛发期，用 40.7%乳油 200～400 倍液喷雾。

② 蔬菜。a. 菜青虫：在 3 龄幼虫盛期，用 40.7%乳油 1.2～1.8L/hm²，兑水喷雾。b. 小菜蛾：在 2～3 龄幼虫盛期，用 40.7%乳油 1.5～2L/hm²，兑水喷雾。c. 豆野螟：在豇豆、豆荚开花始盛期、卵孵盛期，初龄幼虫蛀入花柱、幼荚之前，用 40.7%乳油 1.5～2L/hm²，喷雾，间隔 7～10d 再喷雾 1 次，全期共喷 3 次，能较好控制豆荚被害。d. 根蛆：用 40.7%乳油 2～3L/hm²，兑水 200kg，浇灌蔬菜根部。

③ 棉花。a. 棉蚜：一般用 40.7%毒死蜱乳油 75.0mL/hm²，兑水 600kg，均匀喷雾。b. 棉叶螨：在成螨期，用 40.7%毒死蜱乳油 1～1.5L/hm²，兑水均匀喷雾，效果良好。在棉叶螨为害较重的棉田，施药两次基本上能控制危害。c. 棉铃虫、红铃虫：在低龄幼虫期，用 40.7%毒死蜱乳油 1.5～2.5L/hm²，兑水 600kg，均匀喷雾。

④ 水稻。a. 稻纵卷叶螟、稻蓟马、稻瘿蚊：在稻纵卷叶螟初龄幼虫盛发期，稻蓟马、稻瘿蚊在发生盛期，用 40.7%乳油 1～1.5L/hm²，兑水均匀喷雾。b. 稻飞虱、稻叶蝉：在若虫盛发期，用 40.7%乳油 1.2～1.8L/hm²，兑水均匀喷雾。

⑤ 大豆。在卵孵盛期和斜纹叶蛾在 2～3 龄幼虫盛期，用 40.7%乳油 1.5～2L/hm²，兑水均匀喷雾，可防治大豆食心虫。

⑥ 小麦。a. 黏虫：用 40.7%毒死蜱乳油 600mL/hm²，兑水 600～750kg，均匀喷雾。b. 麦蚜：在 2～3 龄幼虫期，用 40.7%毒死蜱乳油 0.75～1L/hm²，兑水 600～750kg，均匀喷雾。

⑦ 茶树。a. 茶尺蠖、茶细蛾、茶毛虫、丽绿刺蛾：在 2～3 龄幼虫期，用有效浓度 300～400mg/L 喷雾。b. 茶叶瘿螨、茶橙瘿螨、茶短须螨：在幼若螨盛发期、扩散为害之前，用有效浓度 400～500mg/L 喷雾。

⑧ 甘蔗。a. 在 2～3 月份有翅成虫迁飞前，或 6～7 月份蚜虫大量扩散时，用 40.7%乳油 300mL/hm²，兑水均匀喷雾，可有效防治甘蔗绵蚜。b. 在甘蔗下种时，用 14%颗粒剂 10～20kg/hm²，均匀撒在蔗苗上，然后覆土，或蔗龟成虫出土为害盛期，将颗粒剂撒施于蔗苗基部，覆盖土或淋上泥浆，可有效防治蔗龟。

⑨ 玉米。用 40.7%乳油 200mL/hm²，喷雾或毒土施用，可防治玉米螟。

⑩ 卫生害虫。a. 用有效浓度 100～200mg/L 喷雾，可防治蚊成虫。b. 用有效浓度 15～20mg/L 喷雾，可防治孑孓。c. 用有效浓度 200mg/L 喷雾，可防治蟑螂。d. 用有效浓度 400mg/L 喷雾，可防治跳蚤。e. 用有效浓度 100～200mg/L 涂抹或洗刷，可防治家畜体表的微小牛蜱、蚤等。

⑪ 花生。在金龟甲卵孵盛期（花生开花期），用 14%颗粒剂 22.5kg 撒放于花生株基部，周围覆薄土，可减少花生虫害果及降低地下蛴螬虫口基数，且有较高的增产效果。

⑫ 白蚁。毒死蜱 40%，溶剂和表面活性剂 60%。可用于建筑物及周围土壤、电缆、土坝等白蚁防治。

专利与登记　专利 US3244586 早已过专利期，不存在专利权问题。

国内登记情况：40％水乳剂，50％微乳剂，25％颗粒剂，95％、97％原药，40％乳油等，登记对象为水稻和棉花等，防治对象为棉铃虫和稻纵卷叶螟等。美国陶氏益农公司在中国登记情况见表47。

表 47　美国陶氏益农公司在中国登记情况

登记名称	登记证号	含量	剂型	登记作物	防治对象	用药量	施用方法
氯氰·毒死蜱	PD20050158	毒死蜱 200g /L、氯氰菊酯 20g/L	乳油	菜豆	豆荚螟	313.5～470.25g/hm²	喷雾
				果菜类蔬菜	美洲斑潜蝇	313.5～470.25g/hm²	
				甘蓝	菜青虫	247.5～495.8g/hm²	
				柑橘树	潜叶蛾	366.7～550mg/kg	
				苹果树	桃小食心虫	275～366.7mg/kg	
				荔枝树	蒂蛀虫	261.3～522.5mg/kg	
				龙眼树	蒂蛀虫	261.3～522.5mg/kg	
				棉花	棉铃虫	550～825g/hm²	
多素·毒死蜱	PD20070195	毒死蜱 500g/L、多杀菌素 25g/L	乳油	棉花	棉铃虫	472.5～630g/hm²	喷雾
				十字花科蔬菜	甜菜夜蛾	472.5～787.5g/hm²	
毒死蜱	PD20100417	毒死蜱 15％	颗粒剂	十字花科蔬菜	黄条跳甲	2250～3375g/hm²	拌毒土撒施
				花生	地下害虫	2250～3375g/hm²	撒施

合成方法　经如下反应制得毒死蜱：

三氯吡啶酚的合成有以下几种方法：

吡啶法：

丙烯酰氯法：

三氯乙酸苯酯法：

三氯乙酰氯法：

参考文献

[1] 徐丹倩. 浙江化工,1995,1:4-8.
[2] 杨浩等. 应用化工,2003,2:9-11.
[3] 张新忠等. 浙江化工,2004,12:9-10.

对硫磷 parathion

$C_{10}H_{14}NO_5PS$,291.3,56-38-2

对硫磷(parathion),试验代号 ACC3422、BAY9491、E-605、ENT15108、OMS19。商品名称 Chimac Par H、一六〇五、乙基一六〇五。其他名称 parathion-ethyl、thiophos、ethyl parathion、S. N. P.。是 G. Schrader 发现，American Cyanamid Co.(现属 BASF SE)、ICI Plant Protection Ltd(现属先正达公司)、Monsanto Chemical Co. 和 Bayer AG 相继开发的有机磷类杀虫剂。

化学名称 O,O-二乙基-O-4-硝基苯基硫代磷酸酯，O,O-diethyl- O-4-nitrophenyl phosphorothioate。

理化性质 工业品纯度 96%～98%，淡黄色液体，具有酚气味，熔点 6.1℃，沸点 150℃ (80Pa)。蒸气压 0.89mPa(20℃)。相对密度 1.2694。K_{ow} lg$P$=3.83。Henry 常数 0.0302 Pa·m^3/mol。水中溶解度(20℃)11mg/L；其他溶剂中溶解度(20℃,g/L)：与大多数有机溶剂互溶，二氯甲烷>200，异丙醇、甲苯、正己烷 50～100。在酸性介质中分解很慢(pH 1～6)，在碱性介质中分解很快；DT_{50}(22℃)：272d(pH 4)、260d(pH 7)、130d(pH 9)。加热高于 130℃，异构化成 O,S-二乙基类似物。闪点 174℃(原药)。

毒性 急性经口 LD_{50}(mg/kg)：大鼠约 2，小鼠约 12，豚鼠约 10。大鼠急性经皮 LD_{50}(mg/kg)：雄 71，雌 76。本品对兔眼睛和皮肤无刺激，对豚鼠皮肤无致敏性。雄和雌大鼠吸入 LC_{50} (4h)0.03mg/L(气溶胶)。NOEL 值(mg/kg 饲料)：大鼠(2y)2，小鼠(18 月)<60；狗 LOEL(12月)0.01mg/(kg·d)。ADI：(ECCO)0.0006mg/kg；(JMPR)0.004mg/kg；(EPA)aRfD 0.0003mg/kg，cRfD 0.00003mg/kg。

生态效应 鱼类 LC_{50}(96h,mg/L)：金枪鱼 0.58，虹鳟鱼 1.5。水蚤 LC_{50}(48h)0.0025mg/L。羊角月牙藻 E_rC_{50}0.5mg/L。本品对蜜蜂有毒。蚯蚓 LC_{50}267mg/kg 土壤。

环境行为 经口进入大鼠体内的本品，其主要代谢物为 4-硝基苯酚和砜，并通过尿液排出。在植物中的主要代谢物为砜、二乙基磷酸酯、4-硝基苯酚和光解代谢物 S-乙基和 S-苯基对硫磷转位体。本品在土壤中流动较慢，在微生物存在下，本品很快降解为二氧化碳(实验室和田间)，中间体为砜、氨基化物和 4-硝基苯酚。

制剂 20%、50%乳油，25%微胶囊剂。

作用机理与特点 胆碱酯酶抑制剂，具有触杀、胃毒和一定熏蒸作用的广谱性杀虫、杀螨剂。无内吸性，但有强烈的渗透性。施于叶表面的药剂可渗入叶内杀死在叶背吸食的蚜、螨及叶蝉。施于稻田水中的药剂，能渗入叶鞘内及心叶中杀死已侵入叶鞘和心叶的 1 龄螟虫幼虫。本品在植物体表及体内，由于阳光和酶的作用分解较快，残效期一般为 4～5d。本品进入昆虫体内后，在多功能氧化酶的作用下，先氧化成毒力比对硫磷更大的对氧磷(E600)，然后与胆碱酯酶结合，破坏神经系统的传导作用，而使昆虫死亡。

应用

(1) 适用作物　水稻、棉花、小麦、玉米、观赏作物等。

(2) 防治对象　水稻二化螟、三化螟、稻纵卷叶螟、稻飞虱、稻叶蝉，棉蚜、棉叶蝉、盲蝽象、蓟马、玉米螟、桃小食心虫及地下害虫等。

(3) 残留量与安全施药　本品对多种植物不易产生药害，但对瓜、番茄较敏感，对苹果、桃、小麦的某些品种在高浓度下易发生药害。施用前应做药害试验，收获期不能使用。蔬菜、果树、茶叶、草药禁用。食用作物在采收前30d禁止使用。

(4) 使用方法　通常推荐的使用剂量为 $15\sim25g$(a.i.)/hm^2。

① 水稻。a. 二化螟、三化螟、大螟：在卵孵化盛期到高峰期，用50%乳油1500～3000倍液喷雾，或用50%乳油1～1.5L/hm^2，兑水7500～10000kg泼浇，泼浇时要求田间有浅水，以上午9时前有露水时为好；b. 稻纵卷叶螟：在幼虫工龄盛期，用50%乳油0.75～1L/hm^2，兑水喷雾或泼浇；c. 稻飞虱、稻叶蝉：在若虫期，用50%乳油1～1.5L/hm^2，兑水喷雾或泼浇；d. 稻象甲：用50%乳油1.5L/hm^2，兑水喷雾。

② 棉花。a. 棉蚜、棉叶蝉、盲蝽象、蓟马：用50%乳油0.75L/hm^2，兑水750～1200kg喷雾；b. 棉铃虫、棉红铃虫、金刚钻、棉红蜘蛛：用50%乳油0.75L/hm^2，兑水1000～1500kg喷雾。

③ 桃小食心虫。在越冬幼虫出土初盛期树盘内地面，用25%微胶囊剂7.5kg/hm^2，兑水配成200～300倍液喷雾，或制成毒土撒施，杀灭出土幼虫和蛹，间隔15d再施药一次，效果较好。

④ 玉米螟。在玉米叶期，用50%乳油500mL，兑适量水，拌炉渣颗粒5kg，撒施于心叶内，或在穗期撒于"三胺一顶"，心叶期每株撒颗粒剂1.5～2g。

⑤ 地下害虫。用50%乳油500mL，兑水40kg，拌小麦种子500kg，或兑水20kg，拌玉米种子250kg。

专利概况　专利 DE814152、US1893018、US2842063 均早已过专利期，不存在专利权问题。

合成方法　经如下反应制得对硫磷：

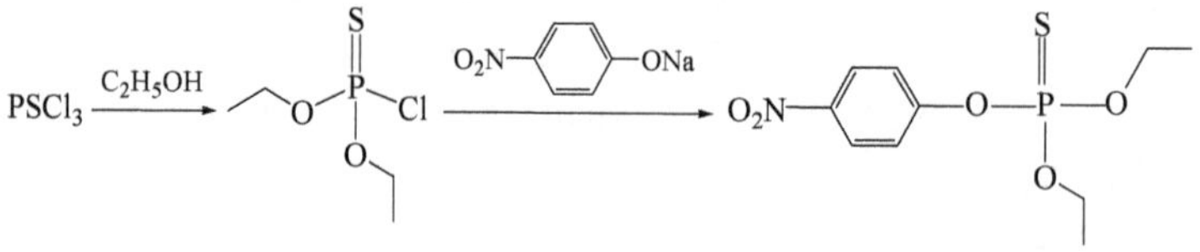

多氟脲 noviflumuron

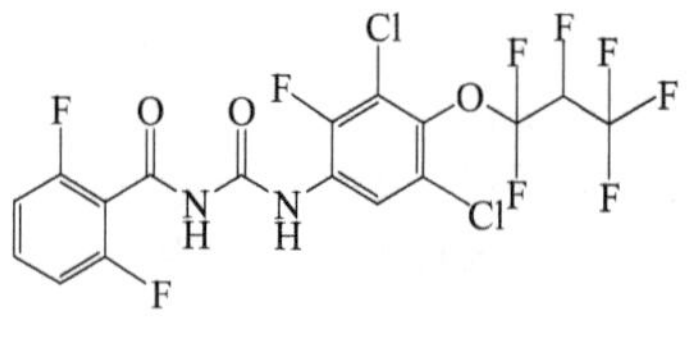

$C_{17}H_7Cl_2F_9N_2O_3$，529.1，121451-02-3

多氟脲(noviflumuron)，试验代号　XDE-007、XR-007、X-550007，商品名称　Recruit Ⅲ、Recruit Ⅳ、Sentricon，是美国道农科公司开发的苯甲酰脲类杀虫剂。

化学名称　(RS)-1-[3,5-二氯-2-氟-4-(1,1,2,3,3,3-六氟丙氧基)苯基]-3-(2,6-二氟苯甲酰)脲，(RS)-1-[3,5-dichloro-2-fluoro-4-(1,1,2,3,3,3-hexafluoropropoxy)phenyl]-3-(2,6-difluoro-benzoyl)urea。

理化性质　浅褐色固体。熔点156.2℃。250℃时分解，蒸气压 7.19×10^{-8} mPa(25℃)，K_{ow}

$\lg P = 4.49(20℃)$。相对密度 1.88。水中溶解度 0.194mg/L(20℃,pH 6.65);其他溶剂中溶解度 (g/L,19℃):丙酮 425,乙腈 44.9,1,2-二氯乙烷 20.7,乙酸乙酯 290,庚烷 0.068,甲醇 48.9,正辛醇 8.1,对二甲苯 93.3。分解率<3%(50℃,16d),在 pH 5~9 下稳定。不易燃,无爆炸性,不易被氧化。

毒性 大鼠急性经口 LD_{50}>5000mg/kg,兔急性经皮 LD_{50}>5000mg/kg,大鼠吸入 LC_{50}>5.24mg/L。NOEL[mg/(kg·d)饲料]:(1y)雄贝高犬 0.74(0.003%),雌贝高犬 8.7(0.03%);(2y)大鼠 1.0;(1.5y)小鼠 0.5。雄鼠 NOAEL 3mg/(kg·d),雌鼠 NOAEL 30mg/(kg·d)。

生态效应 北美山齿鹑急性经口 LD_{50}(14d)>2000mg/kg,鸟饲喂 LC_{50}(mg/kg 饲料):北美山齿鹑(10d)>4100,野鸭(8d)>5300。鱼 LC_{50}(96h,mg/L):虹鳟鱼>1.77,大翻车鱼>1.63。NOEC(mg/L):虹鳟鱼≥1.77,大翻车鱼≥1.63。水蚤 EC_{50}(48h)311ng/L。淡水绿藻 EC_{50}(96h)>0.75mg/L。蜜蜂无毒,LD_{50} 和 LC_{50}(48h,经皮和经口)>100μg/只。对蚯蚓无毒,LC_{50}(14d)>1000mg/kg。

环境行为 在土壤中,多氟脲能慢慢降解,DT_{50} 200~300d(黑暗条件,25℃)。在水溶液中,多氟脲易吸附在玻璃器皿、沉淀物和有机材料上。在 pH 7 的缓冲溶液和天然水中多氟脲分解速度很慢。在空气中,DT_{50} 1.2d(按白天 12h 计算)。多氟脲具有短时间的半衰期和低的蒸气压,可知其在空气中有低的浓度。

主要生产商 Dow AgroSciences。

作用机理 抑制几丁质的合成。白蚁接触后就会渐渐死亡,因为白蚁不能蜕皮进入下一龄。主要是破坏白蚁和其他节肢动物的独有酶系统。

应用 作为白蚁诱饵。

专利与登记

专利名称 Preparation of benzoylphenylurea insecticides to control cockroaches, ants, fleas, and termites

专利号 WO9819542 专利申请日 1997-10-17

专利拥有者 Dow Agrosciences

美国陶氏益农公司在中国登记了 95% 原药和 0.5% 饵剂用于防除白蚁。

合成方法 经如下反应制得多氟脲:

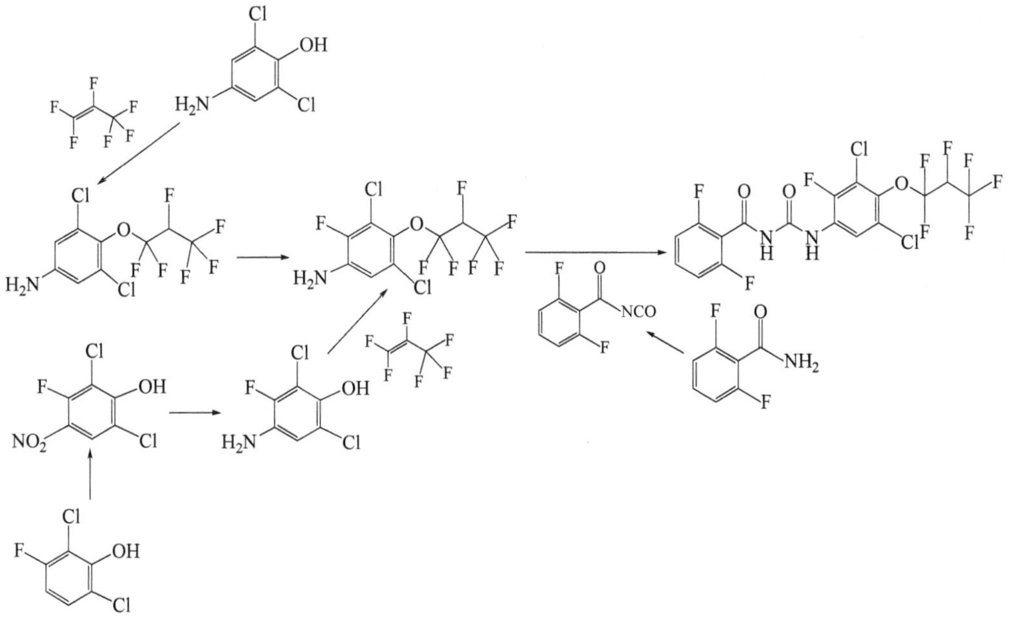

多果定 dodine

$$CH_3(CH_2)_{11}HN-\overset{\overset{+}{N}H_2}{\underset{NH_2}{C}} \quad CH_3COO^-$$

$C_{15}H_{33}N_3O_2$，287.4，2439-10-3，112-65-2

多果定(dodine)，试验代号 BAS365 F、CL7521、AC5223。商品名称 Cyprex、Dodene、Dodifun、Efuzin、Guanidol、Melprex、Sulgen、Venturol。其他名称 Carpene、Comet、Dodex、Dodylon、Noor、Superprex、Syllit、Venturex。是由氰胺公司(现巴斯夫公司)开发的胍类杀菌剂。

化学名称 1-十二烷基胍乙酸盐，1-dodecylguanidinium acetate。

理化性质 纯品为无色结晶固体，熔点136℃。蒸气压$<1\times10^{-2}$mPa(20℃)。分配系数 K_{ow} lg$P=1.65$。水中溶解度630mg/L(25℃)；可直接溶于醇、热水、无机酸中，在1,4-丁二醇、正丁醇、环己醇、N-甲基吡咯酮、正丙醇及四氢糠醇中溶解度大于250g/L，在大多数有机溶剂中不溶。稳定性：在中性和中等强度的酸、碱条件下稳定，不过在强碱条件下会分解。

毒性 雌、雄大鼠急性经口 LD$_{50}>$1000mg/kg。急性经皮 LD$_{50}$(mg/kg)：兔$>$1500，大鼠$>$6000，对皮肤有刺激。大鼠吸入 LC$_{50}$1.05mg/kg。在2y喂养试验中大鼠接受的剂量是800mg/kg饲料，结果表明，大鼠出现了发育迟缓的现象，但并未对繁殖和哺乳造成影响。ADI(JMPR)0.2mg/kg[2003]，(BfR)0.1mg/kg[2004]，(EPA)cRfD 0.02mg/kg[1990]。

生态效应 鸟急性经口 LD$_{50}$(mg/kg)：日本鹌鹑788，野鸭1142。蓝三角鱼 LC$_{50}$(mg/L)：(48h)0.53，(96h)0.6。水蚤 EC$_{50}$(48h)0.13mg/L。羊角月牙藻 EC$_{50}$5.1μg/L。蜜蜂 LD$_{50}>$0.2mg/只。

环境行为

(1) 动物 在大鼠体内95%的药物在8d内以尿液和粪便的形式排出，约有74%的母体结构，代谢物中主要包括肌氨酸和胍类的衍生物。

(2) 植物 在植物中，多果定主要通过甲基转移酶和氧化裂解十二烷基的方式生成肌氨酸。

(3) 土壤/环境 在需氧土壤中代谢 DT$_{50}$17.5～22.3d，在厌氧条件下能保持稳定，根据土壤分配系数，多果定可能会稳定地存在于土壤中。

制剂 悬浮剂，可溶液剂，可湿性粉剂。

主要生产商 Agriphar、Agrokémia、Chemia、Hermania、Sharda、江苏飞翔化工集团及上海生农生化制品有限公司等。

作用特点 茎叶处理用保护性杀菌剂，也有一定的治疗活性。

应用 主要用于防治果树如苹果、梨、桃、橄榄等，蔬菜，观赏植物等的黑星病、叶斑病、软腐病等多种病害。使用剂量为250～1500g(a.i.)/hm^2。

专利概况 专利 US2867526 已过专利期，不存在专利权问题。

参考文献

[1] The Pesticide Manual. 15th edition. 2009：416-417.

多菌灵 carbendazim

$C_9H_9N_3O_2$，191.2，10605-21-7

多菌灵（carbendazim），试验代号　BAS346F、Hoe017411、DPX-E965。商品名称 Addstem、Aimcozim、Arrest、Bavistin、Bencarb、Carbate、Carezim、Cekudazim、Derosal、Dhanustin、Fungy、Hinge、Kolfugo Super、Occidor、Sabendazim、Volzim、Zen。其他名称 BMC、MBC、保卫田、棉萎丹、棉萎灵。是 BASF AG、Hoeschst AG 和杜邦公司开发的杀菌剂。

化学名称　苯并咪唑-2-基氨基甲酸甲酯，methyl benzimidazol-2-ylcarbamate。

理化性质　纯品为无色结晶粉末，熔点 $302\sim307℃$（分解）。蒸气压 0.09mPa（20℃）、0.15mPa（25℃）、1.3mPa（50℃）、独立研究 <0.0001mPa（20℃）。分配系数 $K_{ow}\lg P=1.38$（pH 5）、1.51（pH 7）、1.49（pH 9）。Henry 常数 3.6×10^{-3}Pa·m^3/mol（pH 7 计算）。相对密度 1.45（20℃）。水中溶解度（24℃，mg/L）：29（pH 4），8（pH 7），7（pH 8）；有机溶剂中溶解度（24℃，g/L）：二甲基甲酰胺 5，丙酮 0.3，乙醇 0.3，氯仿 0.1，乙酸乙酯 0.135，二氯甲烷 0.068，苯 0.036，环己烷 <0.01，乙醚 <0.01，正己烷 0.0005。稳定性：熔点以下不分解，50℃以下储存稳定 2y。在 20000lx 光线下稳定 7d，在碱性溶液中缓慢分解（22℃），$DT_{50}>350$d（pH 5 和 pH 7），124d（pH 9）；在酸性介质中稳定，可形成水溶性盐。pK_a4.2，弱碱。

毒性　急性经口 LD_{50}（mg/kg）：大鼠 >6400，狗 >2500。急性经皮 LD_{50}（mg/kg）：兔 >10000，大鼠 >2000。对兔皮肤和眼睛无刺激性，对豚鼠皮肤无致敏性。吸入 LC_{50}（4h）：10g/L 悬浮液对大鼠、兔、豚鼠或猫无影响。NOEL 数据（2y）：狗 300mg/kg 饲料（6$\sim$7mg/kg）。ADI 值（mg/kg）：（JMPR）0.03[1995,2005]，（EC）0.02[2006]，（EPA）0.08[1997]。其他大鼠腹腔注射急性毒性 LD_{50}（mg/kg）：雄性 7320，雌性 15000。

生态效应　鹌鹑急性经口 LD_{50} 5826$\sim$15595mg/kg。鱼毒 LC_{50}（96h，mg/L）：虹鳟鱼 0.83，鲤鱼 0.61，大翻车鱼 >17.25，古比鱼 >8。水蚤 LC_{50}（48）0.13$\sim$0.22mg/L，蜜蜂 LD_{50}（接触）$>50\mu$g/只。蚯蚓 LC_{50}（4 周）6mg/kg 土。

环境行为　EHC149 表明，尽管对水生生物具有很高的毒性，但由于其在地表水活性很低，所以其毒性不可能在田间发生。

（1）动物　雄鼠经过单一口服量 3mg/kg，66%的量在 6h 之内通过尿排出。

（2）植物　易被植物吸收。一种降解产物为 2-氨基苯并咪唑。

（3）土壤/环境　2-氨基苯并咪唑是植物体内的一种小代谢物。室外条件下在土壤中 DT_{50} 8$\sim$32d。本品在不同环境中的分解，DT_{50}：贫瘠土壤中 6$\sim$12 个月，人造草坪 3$\sim$6 个月，有氧、无氧的水中 2$\sim$25 个月。主要是微生物分解。K_{oc}200$\sim$250。

制剂　36%、40%、50%悬浮剂，25%、40%、50%、60%、80%可湿性粉剂，50%、80%粒剂等。

主要生产商　Agrochem、Agro-Chemie、AncomGharda、BASF、Bayer CropScience、Gujarat、Hermania、High Kite、Inquinosa、Pilarquim、Sharda、Sundat、安徽广信农化股份有限公司、安徽华星化工股份有限公司、海利贵溪化工农药有限公司、湖北沙隆达股份有限公司、江苏安邦电化有限公司、江苏蓝丰生物化工股份有限公司、江苏龙灯化学有限公司、江苏永联集团公司、江阴凯江农化有限公司、连云港市金囤农化有限公司、宁夏三喜科技有限公司、沙隆达郑州农药有限公司、山东华阳化工集团有限公司、上海泰禾集团股份有限公司、台湾兴农股份有限公司及新沂中凯农用化工有限公司等。

作用机理与特点　广谱内吸性杀菌剂。主要干扰细胞的有丝分裂过程，对子囊菌纲的某些病原菌和半知菌类中的大多数病原真菌有效。

应用

（1）适宜作物　棉花、花生、小麦、燕麦、谷类、苹果、葡萄、桃、烟草、番茄、甜菜、水稻等。

（2）防治对象　用于防治由立枯丝核菌引起的棉花苗期立枯病、黑根霉引起的棉花烂铃病，花生黑斑病，小麦网腥黑粉病，小麦散黑粉病，燕麦散黑粉病，小麦颖枯病，谷类茎腐病，麦类白粉病，苹果、梨、葡萄、桃的白粉病，烟草炭疽病，番茄褐斑病、灰霉病，葡萄灰霉病，甘蔗凤梨病，甜菜褐斑病，水稻稻瘟病、纹枯病和胡麻斑病等。

（3）使用方法

①麦类。在始花期，用 40%多菌灵可湿性粉剂 1825g/hm² ，加水 750kg，均匀喷雾，或以

100g(a.i.)，加水 4kg，搅拌均匀后，喷洒在 100kg 麦种上，再堆闷 6h 后播种。或用 150g（a.i.），加水 156kg，浸麦种 100kg（36～48h），然后捞出播种，可防治麦类赤霉病等病害。

② 水稻。用 40％多菌灵可湿性粉剂 1875g/hm²，兑水 1050kg 均匀喷雾，在发病中心或出现急性病斑时喷药 1 次，间隔 7d，再喷药 1 次，可防治叶瘟；在破口期和齐穗期各喷药 1 次，可防治穗瘟。在病害发生初期或幼穗形成期至孕穗期喷药，间隔 7d 再喷药 1 次，可防治纹枯病。

③ 棉花。以 250g(a.i.)兑水 250kg，浸 100kg 棉花种子 24h，可防治立枯病、炭疽病等。

④ 油菜。用 40％多菌灵可湿性粉剂 2812～4250g/hm²，在盛花期和终花期兑水喷雾各 1 次，可防治油菜菌核病。

⑤ 花生。以 250～500g(a.i.)，兑水浸 100kg 种子，可防治花生立枯病、茎腐病、根腐病等。

⑥ 甘薯。用 50mg/L 有效浓度的药液浸种 10min，或用 30mg/L 药液浸苗基部，可防治甘薯黑斑病。

⑦ 蔬菜。用 469.5～562.5g(a.i.)/hm²，兑水均匀喷雾，可防治番茄早疫病和节瓜炭疽病等。

⑧ 果树。以 500～1000mg/L 有效浓度药液均匀喷雾，可防治梨黑星病、桃痂病、苹果褐斑病和葡萄白腐病、黑痘病、炭疽病等。

⑨ 花卉。用 1000mg/L 有效浓度药液喷雾，可防治大丽花花腐病，月季褐斑病，君子兰叶斑病，海棠灰斑病，兰花炭疽病、叶斑病，花卉白粉病等。

专利与登记 专利 US2933502 早已过专利期，不存在专利权问题。国内登记情况：25％、30％、40％、45％、53％、55％、60％可湿性粉剂，20％、25％、30％、42％、45％悬浮剂，15％悬浮种衣剂，95％原药，登记作物为苹果树、水稻、梨树、小麦，防治对象为炭疽病、纹枯病、轮纹病、黑星病、白粉病、赤霉病等。

合成方法 具体合成方法如下：

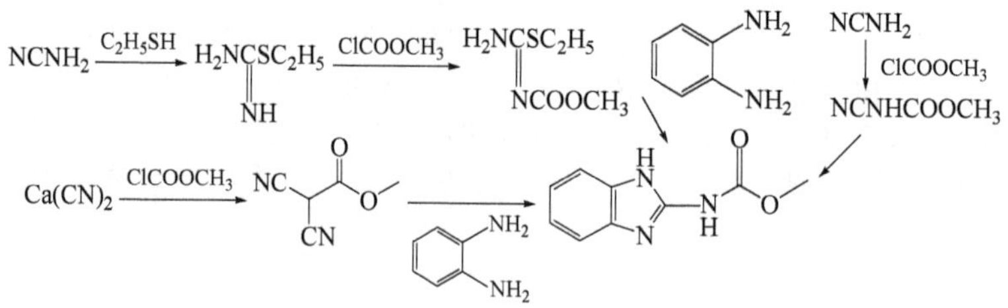

参考文献

[1] The Pesticide Manual. 15th edition，2009：158-159.

多抗霉素 polyoxins

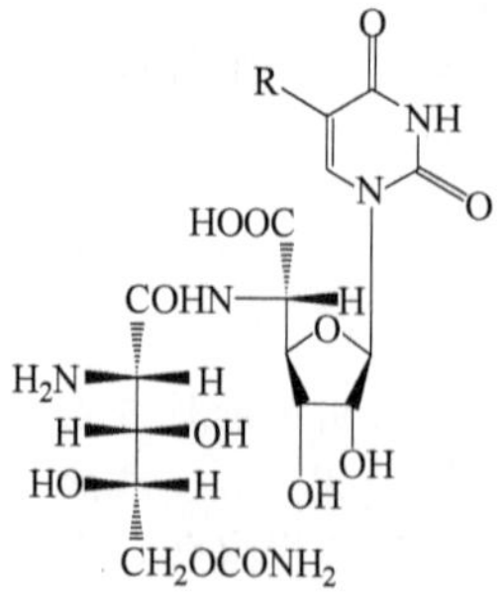

polyoxin B：R＝—CH₂OH，$C_{17}H_{25}N_5O_{13}$，507.4，19396-06-6

polyoxorim：R＝—CO₂H，$C_{17}H_{23}N_5O_{14}$，521.4，22976-86-9，146659-78-1(锌盐)，11113-80-7

多抗霉素(polyoxins)，商品名称　Greenwork(polyoxins)；Polyoxin AL、Polybelin(polyoxin B)；Endorse、Polyoxin Z、Endorse(polyoxorim，多氧霉素)。是 Hokko Chemical Industry Co.，Ltd、Kaken pharmaceutical Co.，Ltd、Kumiai Chemical Industry Co.，Ltd 和 Nihon nohyaku Co.，Ltd 开发的杀菌剂。

化学名称　多抗霉素 B：5-(2-氨基-5-O-氨基甲酰基-2-脱氧-L-木质酰氨基)-1,5-二脱氧-1-(1,2,3,4-四氢-5-羟基甲基-2,4-二氧代嘧啶-1-基-)-β-D-别吡喃糖醛酸，5-(2-amino-5-O-carbamoyl-2-deoxy-L-xylonamido)-1,5-dideoxy-1-(1,2,3,4-tetrahydro-5-hydroxymethyl-2,4-dioxopyrimidin-1-yl)-β-D-allofuranuronic acid。多氧霉素：5-(2-氨基-5-O-氨基甲酰基-2-脱氧-L-木质酰氨基)-1-(5-羧基-1,2,3,4-四氢-2,4-二氧代嘧啶-1-基)-1,5-二脱氧-β-D-别吡喃糖醛酸，5-(2-amino-5-O-carbamoyl-2-deoxy-L-xylonamido)-1-(5-carboxy-1,2,3,4-tetrahydro-2,4-dioxopyrimidin-1-yl)-1,5-dideoxy-β-D-allofuranuronic acid。

理化性质　多抗霉素 B：纯品为白色粉末，熔点＞188℃(分解)。蒸气压＜1.33×10^5 mPa(20℃,30℃,40℃)，分配系数 $K_{ow} \lg P$ −1.21，相对密度 0.536(23℃)。水中溶解度为 1kg/L(20℃)；其他溶剂中溶解度(20℃,mg/L)：丙酮 13.5，甲醇 2250，甲苯、二氯甲烷、乙酸乙酯均小于 0.65。在 pH 1～8 下稳定，应储存在干燥、密闭的容器中。旋光度 $[\alpha]_D^{20} +34°(c=1,$水)；$pK_a$：$pK_{a_1}$(羧基)2.65，$pK_{a_2}$(氨基)7.25，$pK_{a_3}$(尿嘧啶)9.52。

多氧霉素：无色晶体，熔点＞180℃(分解)，蒸气压＜1.33×10^5 mPa(20℃,30℃,40℃)，分配系数 $K_{ow} \lg P$ =−1.45，亨利常数约为 2Pa·m³/mol(30℃,计算)，相对密度 0.838(23℃)。水中溶解度 35.4g/L(pH 3.5,30℃)；其他溶剂中溶解度(20℃,g/L)：丙酮 0.011，甲醇 0.175，甲苯和二氯甲烷＜0.0011。应储存在干燥、密闭的容器中，旋光度$[\alpha]_D^{20} +30°(c=1,$水)。$pK_a$：$pK_{a_1}$(羧基)2.66，$pK_{a_2}$(羧基)3.69，$pK_{a_3}$(氨基)7.89，$pK_{a_4}$(尿嘧啶)10.20。

毒性

(1) 多抗霉素　急性经口 LD_{50}(mg/kg)：雄性大鼠 21000，雌性大鼠 21200，雄性小鼠 27300，雌性小鼠 22500。大鼠急性经皮 LD_{50}＞2000mg/kg。对兔黏膜组织和皮肤无刺激。大鼠吸入 LC_{50}(6h)10mg/L 空气。

(2) 多抗霉素 B　大鼠吸入 LC_{50}(mg/L 空气)：雄性 2.44，雌性 2.17。

(3) 多氧霉素　大鼠(雄、雌)急性经口 LD_{50}＞9600mg/kg，大鼠急性经皮 LD_{50}＞750mg/kg，大鼠吸入 LC_{50}(mg/L 空气)：雄性 2.44，雌性 2.17。NOEL 50mg/(kg·d)。

生态效应

(1) 多抗霉素　野鸭急性经口 LD_{50}＞2000mg/kg，鲤鱼 LC_{50}(96h)＞100mg/L，100mg/L 剂量下 72h 对青鱼无影响。水蚤 LC_{50}(48h)0.257mg/L，羊角月牙藻 E_bC_{50}(72h)＞100mg/L，多刺裸腹溞 LC_{50}(3h)＞40mg/L，蜜蜂 LD_{50}(48h,经口)＞149.543μg/只，家蚕 LC_{50}＞500mg/L。

(2) 多氧霉素　野鸭 LD_{50}＞2150mg/kg。鱼 LC_{50}(96h,mg/L)：鲤鱼＞100，虹鳟鱼 5.06。水蚤 LC_{50}(48h)4.08mg/L，羊角月牙藻 E_bC_{50}(72h)＞100mg/L，多刺裸腹溞 LC_{50}(3h)＞40mg/L。蜜蜂 LD_{50}(48h,经口)＞28.774μg/只。试验表明该药不会对陆上的昆虫有潜在危害。

环境行为

(1) 多抗霉素 B　在高地的条件下 DT_{50}＜2d(25℃,两种土壤,含有机碳 6.2%,pH 6.3,湿度 23.3%；含有机碳 1.1%,pH 6.8,湿度 63.6%)，在水中 DT_{50} 15d(pH 7.0,20℃)、4.2d(pH 9.0,35℃)。

(2) 多氧霉素　在湿地的条件下 DT_{50}＜10d(25℃)，在高地的条件下 DT_{50}＜7d(25℃)，在水中 DT_{50}15.4d(pH 7,25℃)、4.2d(pH 9.0,30℃)。

制剂　3%水剂，10%乳油，1.5%、2%、3%、5%、10%可湿性粉剂。

主要生产商　Kaken。

作用机理与特点　干扰病菌细胞壁几丁质的生物合成。牙管和菌丝接触药剂后，局部膨大、破裂、溢出细胞内含物，而不能正常发育，导致死亡。还有抑制病菌产孢和病斑扩大的作用。

应用

(1) 适宜作物与安全性　小麦、烟草、人参、黄瓜、水稻、苹果、草莓、葡萄、蔬菜等，在推荐剂量下对作物安全、无药害。

（2）防治对象　防治小麦白粉病，番茄花腐病，烟草赤黑星，黄瓜霜霉病，人参、西洋参和三七的黑斑病，瓜类枯萎病，水稻纹枯病，苹果斑点落叶病、火疫病，茶树茶饼病，梨黑星病、黑斑病，草莓及葡萄灰霉病等多种真菌病害。

多氧霉素主要用于防治水稻纹枯病，使用剂量为 $200g(a.i.)/hm^2$。也可用于防治苹果、梨腐烂病，对草坪中多种病害也有效。

（3）使用方法

① 番茄、草莓灰霉病。在发病前或发病初期，每亩用 10％可湿性粉剂 100～150g，兑水 50～75L 喷雾，施药间隔期 7d，共喷 3～4 次。

② 苹果斑点落叶病。在苹果春梢和秋梢初发病时，各喷 10％可湿性粉剂 1000～1500 倍液 1～2 次，施药间隔期 7～10d。

③ 蔬菜病害。在灰霉病、疫病等病害发病初期，用 10％可湿性粉剂 80～120 倍液喷雾，施药间隔期 7d，共喷 3～4 次。

④ 黄瓜枯萎病。用 60 倍液浸种 2～4h 后播种，移栽时用 80～120 倍液沾根或灌根，盛花期再喷 1～2 次。

⑤ 烟草赤星病。在发病前或发病初期，用 10％可湿性粉剂 150～200 倍液喷雾，施药间隔期 7d，共喷 3～4 次。

⑥ 水稻、甜菜立枯病，小麦根腐病。用 60 倍液浸种或拌种 12h 后播种。

⑦ 人参、西洋参、三七黑病斑。用 200 倍液浸种 1h，或用 100 倍液浸苗 5min，或田间用 100 倍液喷雾。从出苗展叶到枯萎期，每个生长季节喷药 10 次左右。

专利与登记　专利早已过专利期，不存在专利权问题。

在中国登记情况：10％，46％可湿性粉剂，0.3％，1％水剂，登记作物为苹果，防治对象为斑点落叶病。日本科研制药株式会社在中国登记情况见表 48。

表 48　日本科研制药株式会社在中国登记情况

登记名称	登记证号	含量	剂型	登记作物	防治对象	用药量	施用方法
多抗霉素	PD138-91	10％	可湿性粉剂	烟草 番茄 黄瓜 苹果树 苹果树	赤星病 叶霉病 灰霉病 轮斑病 斑点病	$105～135g/hm^2$ $150～210g/hm^2$ $150～210g/hm^2$ $67～100mg/kg$ $67～100mg/kg$	喷雾
多抗霉素	PD259-98	31％～34％	原药				

参考文献

[1] The Pesticide Manual. 15th edition,2009:920-923.

多杀菌素 spinosad

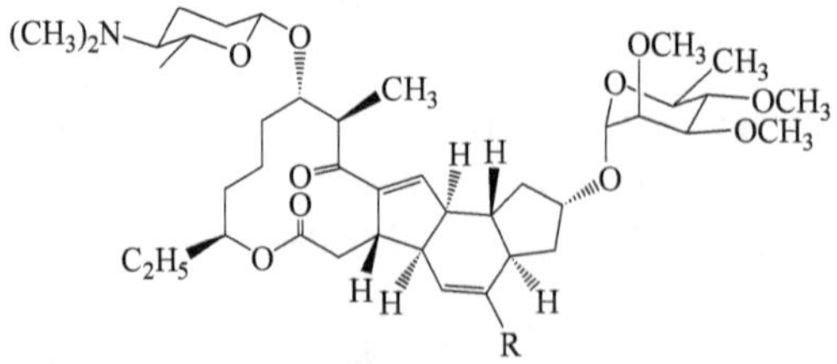

spinosyn A, R=H　　spinosyn D, R=CH₃

$C_{41}H_{65}NO_{10}(A)$，$C_{42}H_{67}NO_{10}(D)$；732.0(A)，746.0(D)；168316-95-8，131929-60-7(A)，131929-63-0(D)

多杀菌素(spinosad)，试验代号 DE-105，XDE-105。商品名称 Conserve、Entrust、GF-120、Justice、Laser、Naturalyte、Spinoace、SpinTor、Success、Tracer、菜喜、催杀。是由美国陶氏益农公司开发的大环内酯类抗生素杀虫剂。

化学名称 (2R,3aS,5aR,5bS,9S,13S,14R,16aS,16bR)-2-(6-脱氧-2,3,4-三氧甲基-α-L-吡喃甘露糖苷氧)-13-(4-二甲氨基-2,3,4,6-四氧-β-D-吡喃糖苷氧基)-9-乙基-2,3,3a,5a,5b,6,7,9,10,11,12,13,14,15,16a,16b-十六氢-14-甲基-1H-不对称-吲丹烯基[3,2-d]氧杂环十二烷-7,15-二酮和(2R,3aR,5aS,5bS,9S,13S,14R,16aS,16bS)-2-(6-脱氧-2,3,4-三氧甲基-α-L-吡喃甘露糖苷氧基)-13-(4-二甲氨基-2,3,4,6-四氧-D-吡喃糖苷氧基)-9-乙基-2,3,3a,5a,5b,6,7,9,10,11,12,13,14,15,16a,16b-十六氢-4,14-二甲基-1H-不对称-吲丹烯基[3,2-d]氧杂环十二烷-7,15-二酮。50%～95%(2R,3aS,5aR,5bS,9S,13S,14R,16aS,16bR)-2-(6-deoxy-2,3,4-tri-O-methyl-α-L-mannopyranosyloxy)-13-(4-dimethylamino-2,3,4,6-tetradeoxy-β-D-erythropyranosyloxy)-9-ethyl-2,3,3a,5a,5b,6,7,9,10,11,12,13,14,15,16a,16b-hexadecahydro-14-methyl-1H-as-indaceno[3,2-d]oxacyclododecine-7,15-dione 和 50%～5%(2S,3aR,5aS,5bS,9S,13S,14R,16aS,16bS)-2-(6-deoxy-2,3,4-tri-O-methyl-α-L-mannopyranosyloxy)-13-(4-dimethylamino-2,3,4,6-tetradeoxy-β-D-erythropyranosyloxy)-9-ethyl-2,3,3a,5a,5b,6,7,9,10,11,12,13,14,15,16a,16b-hexadecahydro-4,14-dimethyl-1H-as-indaceno[3,2-d]oxacyclododecine-7,15-dione 的混合物。

组成 理论含量＞90%，组分为 50%～95% 的 spinosyn A 和 50%～5% 的 spinosyn D。

理化性质 纯品为灰白色或白色晶体。熔点：spinosyn A 84～99.5℃，spinosyn D 161.5～170℃。相对密度 0.512(20℃)。蒸气压(25℃)：spinosyn A 3.0×10^{-5} mPa，spinosyn D 2.0×10^{-5} mPa。$K_{ow}\lg P$：2.8(pH 5)，4.0(pH 7)，5.2(pH 9)(spinosyn A)；3.2(pH 5)，4.5(pH 7)，5.2(pH 9)(spinosyn D)。spinosyn A 在水中溶解度(20℃,mg/L)：89(蒸馏水)，290(pH 5)，235(pH 7)，16(pH 9)；spinosyn A 在有机溶剂中溶解度(20℃,g/L)：二氯甲烷 52.5，丙酮 16.8，甲苯 45.7，乙腈 13.4，甲醇 19.0，正辛醇 0.926，正己烷 0.448。spinosyn D 在水中溶解度(20℃,mg/L)：0.5(蒸馏水)，28.7(pH 5)，0.33(pH 7)，0.053(pH 9)；spinosyn D 在有机溶剂中溶解度(20℃,g/L)：二氯甲烷 44.8，丙酮 1.01，甲苯 15.2，乙腈 0.255，甲醇 0.252，正辛醇 0.127，正己烷 0.743。稳定性：在 pH 5 和 7 条件下不易水解。DT_{50}(pH 9)：spinosyn A 200d，spinosyn D 259d；水相光降解 DT_{50}(pH 7)：spinosyn A 0.93d，spinosyn D 0.82d。pK_a：spinosyn A 8.1；spinosyn D 7.87。

毒性 大鼠急性经口 LD_{50}(mg/kg)：雄性 3783，雌性＞5000；兔急性经皮 LD_{50}＞2000mg/kg。对兔皮肤无刺激，对兔眼睛轻度刺激。对豚鼠皮肤无致敏性。大鼠吸入 LC_{50}(4h)＞5.18mg/L。NOEL[13 周,mg/(kg·d)]：狗 5，小鼠 6～8，大鼠 9～10。ADI(mg/kg)：(EC)0.024，(JMPR)0.02，(EPA)cRfD 0.0268，(FSC,澳大利亚)0.024。无神经毒性及致突变性，无繁殖毒性。

生态效应 山齿鹑和野鸭急性经口 LD_{50}＞2000mg/kg，野鸭、山齿鹑急性饲喂 LC_{50}＞5156mg/L。鱼毒 LC_{50}(96h,mg/L)：虹鳟鱼 30，大翻车鱼 5.9，鲤鱼 5，日本鲤鱼 3.5，淡水小鱼 7.9。EC_{50}(mg/L)：水蚤 14(48h)，月牙藻＞105.5，骨条藻 0.2，舟形藻 0.09，念珠藻 8.9。其他水生生物 EC_{50}(mg/L)：牡蛎 0.3(96h)，糠虾＞9.76(96h)，浮萍 10.6。直接喷施对蜜蜂高毒，其 LD_{50}(48h)0.0029μg/只，但田间施药数小时后，残留在叶片上的药剂对蜜蜂影响很小，其死亡率与未施药区无显著差异。对吮吸昆虫、肉食昆虫、草蜻蛉、大眼臭虫和小花椿等无毒副作用。

环境行为

(1) 动物 多杀菌素易吸收，代谢完全，主要通过尿液和粪便排泄，代谢物中含有谷胱甘肽轭合物以及 N 和 O 脱甲基化的大环内酯类化合物，在肉、牛奶和鸡蛋中没发现残留的多杀菌素。

(2) 植物 在植物表面 DT_{50}1.6～16d，主要通过光解降解，在棉田中无多杀菌素或代谢物残留。

(3) 土壤/环境 通过紫外照射和土壤微生物快速代谢为其他小分子产物，在土壤中微生物代谢 DT_{50}：spinosyn A 9.4～17.3d，spinosyn D 14.5d，spinosyn A 的主要代谢物为 spinosyn B

（N-脱甲基化产物），spinosyn D 的代谢途径类似。在土壤中光解代谢 DT_{50}：spinosyn A 8.7d，spinosyn D 9.4d。厌氧水生代谢 DT_{50}：spinosyn A 161d，spinosyn D 250d。Freundlich K 值：spinosyn A 5.4～323，spinosyn D 不定，spinosyn A 的主要代谢物 spinosyn B（N-脱甲基化产物）为 4.3～179。土壤中消散 $DT_{50} \leq 0.5d$，在土壤以下 24ft（1ft＝0.3048m）检测不到残留。

制剂　48％催杀悬浮剂、2.5％菜喜悬浮剂，也有多杀菌素气雾剂。

主要生产商　Dow AgroSciences。

作用机理与特点　多杀菌素通过与烟碱乙酰胆碱受体结合使昆虫神经细胞去极化，引起中枢神经系统广泛超活化，导致非功能性的肌收缩、衰竭，并伴随颤抖和麻痹，对昆虫存在快速触杀和摄食毒性，同时也通过抑制 γ-氨基丁酸受体而使神经细胞超活化，进一步加强其活性。但作用部位不同于烟碱或吡虫啉。通过触杀或口食，引起系统瘫痪。喷药后当天即见效果，杀虫速度可与化学农药相媲美，非一般的生物杀虫剂可比。

应用

（1）适用作物　蔬菜、果树、葡萄和棉花等。

（2）防治对象　防除鳞翅目害虫（如甘蓝小菜蛾、烟青虫、玉米螟、粉纹夜蛾、贪夜蛾、菜粉蝶、番茄蠹蛾、卷叶蛾和棉铃虫等），牧草虫（如西花蓟马、棕黄蓟马），飞虫（如斑潜蝇、地中海实蝇），甲虫（如马铃薯甲虫）和蝗虫等。也可用于室内草皮和观赏植物的害虫防治，以及用于白蚁（如堆砂白蚁、楹白蚁）和火蚁的综合性防治。可用作果树飞虫（如蜡实蝇、桔小实蝇等）和一些蚂蚁（如红火蚁）的诱饵。正在研究用于家畜，防治飞虱（如牛颚虱、绵羊虱、管虱）和飞虫（如角蝇、铜绿蝇），在对家畜无影响的前提下，用于防治造成公害的飞虫（如厩螫蝇、家蝇）。

（3）残留量与安全用药　本产品是从放射菌代谢物提纯出来的生物源杀虫物，毒性极低。中国及美国农业部登记的安全采收期都只是 1d，最适合无公害蔬菜生产应用。如溅入眼睛，立即用大量清水连续冲洗 15min。作业后用肥皂和清水冲洗暴露的皮肤，被溅及的衣服必须洗涤后才能再用。如误服，立即就医，是否需要引吐，由医生根据病情决定。存放时将本商品存放于阴凉、干燥、安全的地方，远离粮食、饮料和饲料。清洗施药器械或处置废料时，应避免污染环境。

（4）应用技术　防治棉铃虫、烟青虫，在棉铃虫处于低龄幼虫期施药。防治小菜蛾在甘蓝莲座期，小菜蛾处于低龄幼虫期时施药。防治甜菜夜蛾于低龄幼虫期时施药。防治蓟马在蓟马发生期使用。

（5）使用方法　防治棉铃虫，每亩用 48％催杀悬浮剂 4.2～5.6mL（有效成分 2～2.7g），兑水 20～50L，稀释后均匀喷雾。防治小菜蛾每亩用 2.5％菜喜悬浮剂 33～50mL（有效成分 0.825～1.25g），兑水 20～50L 喷雾。防治甜菜夜蛾每亩用 2.5％菜喜悬浮剂 50～100mL（有效成分 1.25～2.5g）喷雾，傍晚施药防虫效果最好。防治蓟马每亩用 2.5％菜喜 33～50mL（有效成分 0.825～1.25g）或用 2.5％菜喜 1000～1500 倍液，即每 100L 水加 2.5％菜喜 67～100mL（有效浓度 16.7～25mg/L）均匀喷雾，重点喷洒幼嫩组织如花、幼果、顶尖及嫩梢等。

专利与登记　专利 US5202242、EP375316 早已过专利期，不存在专利权问题。

多杀菌素最早由 Eli Lilly&Co.（农用化学品部现属道农科公司所有）于 1982 年发现，于 1997 年上市。国内登记情况：10％、20％水分散粒剂，5％、10％悬浮剂，2.5％水乳剂，90％、91％、92％原药，0.02％饵剂等，登记作物为甘蓝、大白菜、水稻、节瓜和柑橘树等，防治对象为蓟马、稻纵卷叶螟、小菜蛾和橘小实蝇等。美国陶氏益农在中国登记情况见表 49。

表 49　美国陶氏益农在中国登记情况

登记名称	登记证号	含量	剂型	登记作物	防治对象	用药量/（g/hm²）	施用方法
多杀菌素	PD20070190	480g/L	悬浮剂	棉花	棉铃虫	30.2～40.3	喷雾
多杀菌素	PD20060005	25g/L	悬浮剂	茄子	蓟马	25～37.5	喷雾
				甘蓝	小菜蛾	12.5～25	喷雾
多杀菌素	PD20080666	0.02％	饵剂	柑橘树	橘小实蝇	0.26～0.37	点喷投饵
多素毒死蜱	PD20070195	毒死蜱 500g/L，多杀菌素 25g/L	乳油	棉花	棉铃虫	472.5～630	喷雾
				十字花科蔬菜	甜菜夜蛾	472.5～787.5	喷雾
多杀菌素	PD20060004	90％	原药				

合成方法　从真菌 *Saccharopolyspora spinosa* 刺糖多胞菌发酵产物中提取获得。

参考文献

[1] 李姮等．农药学学报，2003，2：1-12.
[2] 苏建亚等．中国生物工程杂志，2003，5：55-59.

多效唑 paclobutrazol

$C_{15}H_{20}ClN_3O$，293.8，76738-62-0

多效唑(paclobutrazol)，试验代号　PP333，商品名称　Bonzi、Clipper、Cultar、Meadow、Paclo、Paclot、Paczol、Padosun、Piccolo、Pilar133、Pirouette、Profile、Quell。是由 ICI Agrochemicals(现 Syngenta AG 公司)开发的植物生长调节剂。1986 年首次上市。

化学名称　(2*RS*,3*RS*)-1-(4-氯苯基)-4,4-二甲基-2-(1H-1,2,4-三唑-1-基)戊-3-醇，(2*RS*,3*RS*)-1-(4-chlorophenyl)-4,4-dimethyl-2-(1*H*-1,2,4-triazol-1-yl) pentan-3-ol。

理化性质　工业品纯度为 90%。纯品为白色结晶固体，熔点(164±0.5)℃，沸点(384±0.5)℃。蒸气压 1.9×10^{-3} mPa(20℃)。$K_{ow}\lg P=3.2$。Henry 系数 2.3×10^{-5} Pa·m³/mol。相对密度 1.23(20℃)。水中溶解度 22.9mg/L；其他溶剂中溶解度(g/L)：二甲苯 5.67，正庚烷 0.199，丙酮 72.4，乙酸乙酯 45.1，辛醇 29.4，甲醇 115，1,2-二氯乙烷 51.9。在 20℃时稳定储存多于 2y，在 50℃时稳定储存多于 6 个月。在水中稳定(pH 4~9)，在紫外线的照射下不会降解(pH 7,10d)。

毒性　急性经口 LD_{50}(mg/kg)：雌大鼠＞2000，雄小鼠 490，雌小鼠 1219。大鼠急性经皮 LD_{50}＞2000mg/kg。对兔皮肤和眼睛无刺激。对豚鼠无皮肤致敏性。大鼠吸入 LC_{50}(4h,mg/L 空气)：雄性 4.79，雌性 3.13。NOEL 数据：大鼠(2y)250mg/kg 饲料，狗(1y)75mg/(kg·d)。ADI 值(mg/kg)：(JMPR)0.1，(EPA)cRfD　0.013。无致突变。

生态效应　急性经口 LD_{50}(mg/kg)：野鸭＞7913，日本鹌鹑 2100。野鸭和山齿鹑 LC_{50}(5d)5000mg/kg 饲料。鱼毒 LC_{50}(96h,mg/mL)：虹鳟鱼 27.8，大翻车鱼 23.6。水蚤 EC_{50}(48h)＞29.0mg/L。月牙藻 EC_{50}(96h)39.7mg/L。糠虾 LC_{50}(96h)9.0mg/L；太平洋牡蛎 EC_{50}(48h)＞10mg/L；浮萍 EC_{50}(7d)8.2μg/L。蜜蜂 LD_{50}(μg/只)：经口＞2，接触＞40。蚯蚓 LC_{50}(14d)＞1000mg/kg。

环境行为

(1) 动物　动物经口后，大部分以尿液形式排出体外。体内保留是最小的剂量。在高剂量下很少的多效唑在体内组织消除。

(2) 植物　在植物体内大部分多效唑代谢为三唑丙氨酸。

(3) 土壤/环境　在土壤中，多效唑快速降解。DT_{50}：27~618d(实验室)，14~389d(田地)。没有潜在的积累和浸出。土壤吸附 K_{oc} 210mL/g($n=13$)。耐水解。在环境中水光解不是主要的降解途径。

制剂　6%、25%、240g/L 多效唑悬浮剂，10% 多效唑可湿性粉剂，15% 多效唑可湿性粉剂，0.75% 多效唑拌种剂，5% 多效唑乳油。

主要生产商　Sharda、Sundat、华通(常州)生化有限公司、湖北沙隆达股份有限公司、江苏七洲绿色化工股份有限公司、上海中西药业股份有限公司泰达集团及盐城利民农化有限公司等。

作用机理与特点　三唑类植物生长调节剂，是内源赤霉素合成抑制剂，可提高稻吲哚乙酸氧化酶的活性，降低稻苗内源 IAA(吲哚乙酸)的水平，从而明显减弱稻苗顶端生长优势，促进侧芽生长(分蘖)、防止败苗、抑制稗草生长。表现为矮壮多蘖，叶色浓绿，根系发达，特别适用于连作晚稻田。如水稻田施颗粒剂，在通常施肥条件下，可提高根系呼吸强度，降低地上部分呼吸强度，提高叶片气孔抗阻，降低叶面蒸腾作用，从而增加易倒伏品种产量，改变水稻对氮肥的吸收，进一步提高产量。还可以减少植物细胞分裂和伸长，易被根、茎、叶吸收，通过植物的木质部进行传导，并转移至接近顶点的分生组织，控制节间生长，矮化植株。具有向顶输导性，故不会残留在果实中，对果实大小影响甚微。多效唑也是一种杀菌剂，能防除病害，其杀菌活力是抑制菌体内羊毛甾醇 C14 脱甲基，阻碍麦角甾醇的生物合成，最终达到杀死真菌的效果。

应用 可用于盆栽观赏植物(鳞茎、菊花、一品红和秋海棠)和果树，施药方法有茎叶喷雾或与肥料混施、拌土处理。既改善坐果率和品质，又缩短植物生长期。对禾本科植物有广泛活性，能使植物节间变得短壮，以减少倒伏、增加产量。施用较高剂量时，可抑制叶片生长，而对繁殖器官无妨碍。还能促进油菜壮苗，减少高脚苗，增加亩产量。也能调整大豆株形，提高结荚率。当需要抑制植物结籽时，可与抑制植物结籽的药剂混用，效果良好。以 200mg/L 喷洒一次，立即对生长旺盛的果树产生影响，并在整个生长期间延迟生长。此外，对油菜菌核病、小麦白粉病、水稻纹枯病、苹果炭疽病等 10 多种病原菌有抑制活性的作用。既有广谱抑菌活性，还可以控制草害，使杂草矮化，延缓生长，减轻危害。

培育水稻壮秧：于水稻一叶一心期时放干秧田水，每亩喷湿 100mg/L 的多效唑药液 100kg，即可收到控长、促蘖、防败苗的效果。切忌药后大水灌溉和过量施用氮肥，播种量过高(每亩大于 30～40kg)时，也将降低效果。

控制机插秧苗徒长：以 100mg/L 多效唑药液 150kg，将 100kg 水稻种子浸泡 36h，催芽播种。35d 秧龄，苗高不超过 25cm。适合我国当前推广的插秧机机栽。

防止水稻倒伏：于抽穗前 30d(约为水稻拔节期)，每亩均匀喷雾 300mg/L 的多效唑药液 60kg，即可收到理想的防止倒伏的效果。

专利与登记 专利 GB1595696、US1595697 均早已过专利期，不存在专利权问题。

国内登记情况：6%、25%、240g/L 多效唑悬浮剂，10%多效唑可湿性粉剂，94%、95%多效唑原药，15%多效唑可湿性粉剂，0.75%多效唑拌种剂，5%多效唑乳油，3.3%多效唑·甲哌鎓微浮剂，2.5%多效唑·甲哌鎓可湿性粉剂，7.5%多效唑·丁草胺可湿性粉剂，1.6%赤霉·多效唑可湿性粉剂，登记作物为花生、小麦、油菜、水稻、大豆、荔枝树、龙眼树、芒果树。

合成方法 多效唑的制备方法主要有两种。

参考文献

[1] 史小罗. 化学生态物质, 1990, 2: 24-32.
[2] 李煜昶等. 农药, 1994, 4: 19-20.
[3] 陈学恒等. 江西化工, 1995, 2: 8-13.

噁虫威 bendiocarb

$C_{11}H_{13}NO_4$, 223.2, 22781-23-3

噁虫威（bendiocarb），试验代号 NC6897、OMS1394。商品名称 Ficam、苯噁威、高卫士、快康。其他名称 bencarbate、恶虫威。由 R. W. Lemon 和 P. J. Brooker 报道，后由 Fisons 开发，并由 Schering Agrochemicals 在作物保护、动物及公共卫生的应用上推广使用，现在由拜耳公司开发和销售。

化学名称 2,2-二甲基-1,3-苯并二茂-4-基甲基氨基甲酸酯或甲基氨基甲酸-2,2-二甲基-1,3-苯并二茂-4-基酯，2,2-dimethyl-1,3-benzodioxol-4-yl methylcarbamate。

理化性质 纯品外观为无色结晶固体，无味，纯度>99%，熔点129℃，蒸气压4.6mPa（25℃）。相对密度1.29（20℃）。$K_{ow}lgP=1.72$（pH 6.55）。水中溶解度0.28g/L（pH 7,20℃）；其他溶剂中溶解度（25℃,g/L）：二氯甲烷200~300，甲醇75~100，丙酮150~200，乙酸乙酯60~75，对二甲苯11.7，正己烷0.225。在碱性介质中快速水解，在中性和酸性介质中水解缓慢。DT_{50}（25℃,pH 7）2d，形成2,2-二甲基-1,3-苯并二噁茂-4-酚、甲胺和二氧化碳。对光和热稳定。$pK_a=8.8$，弱酸性。

毒性 急性经口LD_{50}（mg/kg）：大鼠25~156，小鼠28~45，豚鼠35，兔35~40。大鼠急性经皮LD_{50}566~800mg/kg，对皮肤和眼睛无刺激。大鼠吸入LC_{50}（4h）0.55mg/L空气。大鼠90d和2y饲喂试验的无作用剂量为10mg/kg饲料；在90d的试验中，大鼠饲喂250mg/kg，除了胆碱酯酶不可逆抑制外无致病作用。ADI：（JMPR）0.004mg/kg[1984]；（EPA）aRfD 0.00125mg/kg，cRfD 0.00125mg/kg[1999]。

生态效应 鸟类急性经口LD_{50}（mg/kg）：野鸭3.1，山齿鹑19，母鸡137。鱼LC_{50}（96h,mg/L）：红鲈0.86，大翻车鱼1.65，虹鳟鱼1.55。水蚤EC_{50}（48h）0.038mg/L。对蜜蜂有毒。蚯蚓LC_{50}（14d）188mg/kg土。

环境行为

（1）动物 对老鼠和其他的动物，能很快通过口腔和吸入方式被吸收，但不能通过皮肤吸收。能很快解毒，在24h内能完全以硫酸盐以及主要代谢物2,2-二甲基-4-羟基-1,3-苯并二噁茂和葡萄糖苷酸结合物的形式排出。

（2）土壤/环境 噁虫威在土壤中能迅速降解，主要是通过甲基氨基甲酸和杂环的水解、氧化成极性的残留物以及苯环的矿化等形式，最终产生二氧化碳。噁虫威降解速率由pH决定，在酸性条件下降解缓慢。噁虫威在农田中的DT_{50}降解变化范围为0.5~10d，此外，与土壤类型、湿度、温度都有关。在噁虫威吸附/解吸的研究中，它被水解成2,2-二甲基-1,3-苯并二噁茂-4-酚。噁虫威和NC7312被吸附的很少（K_{oc}28~40）。由于噁虫威很容易降解，噁虫威不会溢出。

制剂 粉剂、颗粒剂、悬浮剂、可湿性粉剂。

主要生产商 国庆化学股份有限公司及 Bayer CropScience 等。

作用机理与特点 具有胃毒和触杀作用，具有击倒速度快、持效时间长等特点。

应用

(1) 适用作物　蔬菜、瓜类、柑橘、马铃薯、水稻、玉米及高粱等。

(2) 防治对象　公共卫生、工业和仓库害虫，例如蚊虫、苍蝇、蟑螂、蚂蚁等。

(3) 残留量与安全施药　直接应用无残留，不能用于薄荷科植物。

(4) 注意事项　不可与强碱物质混用，使用时现用现配，勿长时间静置或隔夜使用。

(5) 使用方法　20%噁虫威可湿性粉剂防治节瓜蓟马，在若虫胜孵期施药，每公顷用商品量600～1200g(有效成分，120～240g)，加水1125L均匀喷雾，可有效地控制蓟马的危害，残效期可达7～10d。第一次喷药后，间隔7～14d再重复喷雾或者在有需要时喷药。

我国推荐使用情况如下：可通过叶面喷雾控制缨翅目和其他害虫，也可以作为种子处理剂和颗粒剂控制土壤害虫。灭蟑螂：0.125%～0.5%浓度药液喷洒，持效数周，无驱避作用。灭蚊：0.5g/m² 药液喷洒，对淡色库蚊持效6个月。灭蚁：0.25%～0.5% 粉剂散布或溶剂喷洒。灭蚤：0.25% 溶剂喷洒。

专利与登记　专利GB1220056早已过专利期，不存在专利权问题。

国内登记情况：98%原药，20%、80%可湿性粉剂等，登记用于卫生防治，防治对象为蚊、蝇等。拜耳有限责任公司在中国登记情况见表50。

表50　拜耳有限责任公司在中国登记情况

登记名称	登记证号	含量	剂型	登记作物	防治对象	用药量/(mg/m²)	施用方法
噁虫威	WP20080089	80%	可湿性粉剂	卫生	蝇	80～120	滞留喷洒
				卫生	蚊	80～120	滞留喷洒
				卫生	蜚蠊	160～300	滞留喷洒
噁虫威	WP20080088	98%	原药				

合成方法　噁虫威是由焦性没食子酸同2,2-二甲氧基丙烷反应，再同甲基异氰酸酯，或光气、甲胺反应制成的，反应式如下：

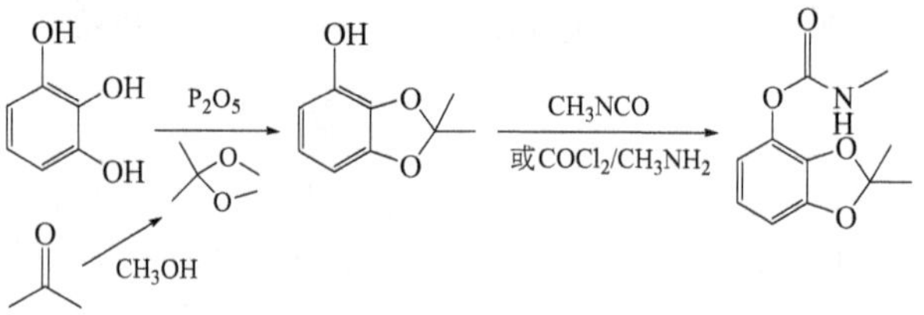

噁霉灵 hymexazol

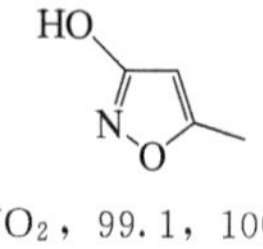

$C_4H_5NO_2$，99.1，10004-44-1

噁霉灵(hymexazol)，试验代号　F-319、SF6505。商品名称　Hymexate、Tachigaren、Tachigazole。其他名称　A-One、Tennis、Tachigare-Ace、土菌消。是1970年由三共公司开发的一种内吸性杀菌剂，同时具有植物生长调节作用。

化学名称　5-甲基-1,2-噁唑-3-醇，5-methyl-1,2-oxazol-3-ol。

理化性质　纯品为无色晶体，熔点86～87℃，沸点(202±2)℃，蒸气压182mPa(25℃)。分配系数K_{ow} lg$P$=0.480。Henry常数为$2.77×10^{-4}$ Pa·m³/mol(20℃)。相对密度0.551。水中溶解度(20℃，g/L)：65.1(纯水)、58.2(pH 3)、67.8(pH 9)；其他溶剂中溶解度(20℃，g/L)：丙酮730，二氯甲烷602，乙酸乙酯437，正己烷12.2，甲醇968，甲苯176。稳定性：对光、热稳

定，在碱性条件下稳定，在酸性条件下相对稳定。弱酸性 pK_a 5.92(20℃)，闪点(205±2)℃。

毒性 急性经口 LD_{50}(mg/kg)：雄大鼠 4678、雌大鼠 3909，雄小鼠 2148、雌小鼠 1968。雄性和雌性大鼠急性经皮 LD_{50}>10000mg/kg。雄性和雌性兔急性经皮 LD_{50}>2000mg/kg，对兔眼及黏膜有刺激，对兔皮肤无刺激，大鼠吸入 LC_{50}(4h×14d)>2.47mg/L。NOEL[2y,mg/(kg·d)]：雄大鼠 19，雌大鼠 20，狗 15。ADI(BfR)0.17mg/kg[2004]，无致畸、致癌作用。

生态效应 鸟急性经口 LD_{50}(mg/kg)：日本鹌鹑 1085，野鸭>2000。鱼毒 LC_{50}(96h,mg/L)：虹鳟鱼 460，鲤鱼 165。水蚤 EC_{50}(48h)28mg/L。藻类：NOEL 29mg/L；对蜜蜂无害，LD_{50}(48h,经口与接触)>100μg/只；蚯蚓 LC_{50}(14d)>15.7mg/L。

环境行为

(1) 动物 噁霉灵在哺乳动物体内代谢为葡萄糖苷酸。

(2) 植物 噁霉灵在植物体内代谢为 O-和 N-葡萄糖。

(3) 土壤/环境 噁霉灵在土壤中降解为 5-甲基-2-($3H$)-噁唑酮，DT_{50} 2～25d。

制剂 30%水剂，70%可湿性粉剂。

主要生产商 Dongbu Fine、Fertiagro、上海泰禾集团股份有限公司、山东京博控股股份有限公司及浙江禾本科技有限公司等。

作用机理与特点 作为土壤消毒剂，噁霉灵与土壤中的铁、铝离子结合，抑制孢子的萌发。噁霉灵能被植物的根吸收及在根系内移动，在植株内代谢产生两种糖苷，对作物有提高生理活性的效果，从而能促进植株的生长、根的分蘖、根毛的增加和根的活性提高。对水稻生理病害亦有好的药效。

应用

(1) 适用作物与安全性 水稻、甜菜、饲料甜菜、蔬菜、葫芦、观赏作物、康乃馨以及苗圃等。因噁霉灵对土壤中病原菌以外的细菌、放线菌的影响很小，所以对土壤中微生物的生态不产生影响，在土壤中能分解成毒性很低的化合物，对环境安全。

(2) 防治对象 噁霉灵是一种内吸性杀菌剂，同时又是一种土壤消毒剂，对腐霉病、镰刀菌等引起的土传病害如猝倒病、立枯病、枯萎病、菌核病等有较好的预防效果。

(3) 使用方法 主要用作拌种、拌土或随水灌溉，拌种用量为 5～90g(a.i.)/kg 种子，拌土用量为 30～60g(a.i.)/100L 土。噁霉灵与福美双混配，用于种子消毒和土壤处理效果更佳。具体方法如下：

① 防治水稻苗期立枯病。苗床或育秧箱的处理方法，每次每平方米用 30%噁霉灵 3～6mL(有效成分 0.9～1.8g)，兑水喷于苗床或育秧箱上，然后再播种。移栽前以相同药量再喷 1 次。

② 防治甜菜立枯病。主要采用拌种处理：a. 干拌方法。每 100kg 甜菜种子，用 70%噁霉灵可湿性粉剂 400～700g(有效成分 280～490g)与 50%福美双可湿性粉剂 400～800g(有效成分 200～400g)混合均匀后再拌种。b. 湿拌方法。每 100kg 甜菜种子，先用种子重量的 30%的水把种子拌湿，然后用 70%噁霉灵可湿性粉剂 400～700g(有效成分 280～490g)与 50%福美双可湿性粉剂 400～800g(有效成分 200～400g)混合均匀后再拌种。

专利与登记 专利 JP518249、JP532202 早已过专利期，不存在专利权问题。国内登记情况：15%、30%等水剂，70%可湿性粉剂，99%原药等，登记作物为水稻、西瓜、甜菜、水稻苗床等，防治对象为立枯病、枯萎病等。日本三井化学 AGRO 株式会社在中国登记情况见表 51。

表 51 日本三井化学 AGRO 株式会社在中国登记情况

登记名称	登记证号	含量	剂型	登记作物	防治对象	用药量	施用方法
噁霉灵	PD103-89	70%	可湿性粉剂	甜菜	立枯病	280～490g 加福美双 200～400g/100kg 种子	拌种
	PD104-89	30%	水剂	西瓜	枯萎病	375～500mg/kg	苗床喷淋,本田灌根
				水稻苗床	立枯病	0.9～1.8g/m²	浇灌
				水稻育秧箱	立枯病	0.9g/m²	浇灌
噁霉灵	PD313-99	99%	原药				

合成方法　以双乙烯酮或乙酰乙酸乙酯为原料，在一定的酸碱度条件下与羟胺反应，即可制得噁霉灵：

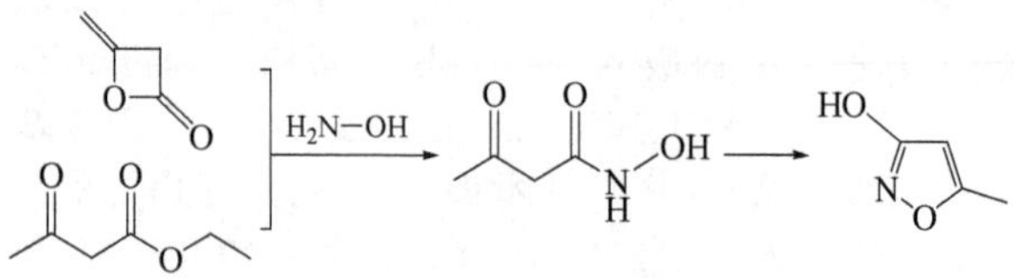

参考文献

[1] The Pesticide Manual. 15th edition,2009:627-628.
[2] 刘登才,等. 农药,1999,9:5-6.
[3] 宋宝安,等. 农药,2001,04:13-14.
[4] 邹小民,等. 浙江化工,1998,2:15-16.

噁霜灵 oxadixyl

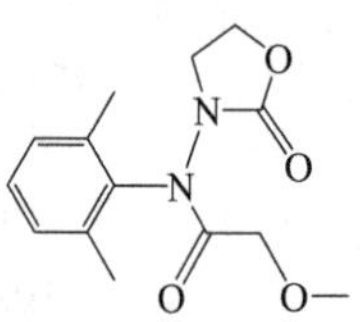

$C_{14}H_{18}N_2O_4$，278.3，77732-09-3

噁霜灵(oxadixyl)，试验代号　SAN371F，商品名称　Anchor、Pulsan、Sandofan。其他名称　Apron Elite、Blason、Metoxazon、Metidaxyl、Recoil、Ripost、Sirdate P、Sirdate S、Trustan、Wakil、噁酰胺、杀毒矾。是由 Sandoz AG(现先正达)公司开发的杀菌剂。

化学名称　2-甲氧基-N-(2-氧代-1,3-噁唑烷-3-基)乙酰-2′,6′-二甲基苯胺，2-methoxy-N-(2-oxo-1,3-oxazolidin-3-yl)acet-2′,6′-xylidide。

理化性质　本品为无色、无味晶体，熔点 104～105℃。密度(松堆密度)0.5kg/L。蒸气压0.0033mPa(20℃)。分配系数 $K_{ow}\lg P=0.65～0.8$(22～24℃)。Henry 常数 2.70×10^{-7} Pa·m³/mol(计算)。水中溶解度 3.4g/kg(25℃)，有机溶剂中溶解度(25℃,g/kg)：丙酮 344，二甲基亚砜 390，甲醇 112，乙醇 50，二甲苯 17，乙醚 6。稳定性：正常条件下稳定，70℃储存稳定 2～4周，在室温及 pH 5、7 和 9 的缓冲溶液下，200mg/L 水溶液稳定，DT_{50} 约 4y。

毒性　急性经口 LD_{50}(mg/kg)：雄性大鼠 3480，雌性大鼠 1860。大鼠和兔急性经皮 LD_{50}＞2000mg/kg，对兔皮肤和眼睛无刺激性，对豚鼠皮肤无致敏性。雄性大鼠和雌性大鼠急性吸入LC_{50}(6h)＞5.6mg/L 空气。NOEL 数据(mg/kg 饲料)：狗(1y)500，兔(90d 和生存期)250。对兔[200mg/(kg·d)以下] 或大鼠[1000mg/(kg·d)以下] 无致畸性，对大鼠繁殖[1000mg/(kg·d)以下] 无影响。致敏、微核和其他正常试验下无致突变。ADI(BfR)：0.05mg/kg[1996]，0.11mg/kg[1990]；急性腹腔 LD_{50}(mg/kg)：雄性大鼠 490，雌性大鼠 550。

生态效应　野鸭急性经口 LD_{50}＞2510mg/kg，野鸭和日本鹌鹑饲喂 LC_{50}(8d)＞5620mg/kg。鱼毒 LC_{50}(96h,mg/L)：虹鳟鱼＞320，鲤鱼＞300，大翻车鱼 360，在鱼中不积累。水蚤 LC_{50}(48h)530mg/L。海藻 IC_{50} 46mg/L。蜜蜂 LD_{50}(μg/只)：＞200(经口)，100(接触)。蚯蚓 LD_{50}(14d)＞1000mg/L 干土。

环境行为

(1) 动物　经口施用的剂量能被大鼠迅速并完全吸收，81%～92%的药物在 144h 内通过尿液和粪便排出，通过多种方式对甲氧乙酰氨基片段水解及将苯环上的甲基氧化成相应的醇是代谢的主要途径，在土壤和植物中发现相似的代谢。

（2）植物　在植物中大于94％的施用剂量没有改变，42d后最多9％的药物渗透到叶面，其中42％的药物发生了代谢。

（3）土壤/环境　在实验室内，DT_{50}为6～9个月。然而在田地，DT_{50}为2～3个月，在土壤中主要的代谢物是噁霜灵的酸。K_{oc}30～55mL/g(o.c.0.5％～2.9％)。

制剂　25％可湿性粉剂。

主要生产商　Syngenta、江苏省激素研究所股份有限公司及江阴凯江农化有限公司等。

作用机理与特点　高效内吸性杀菌剂，具有保护和治疗作用，对霜霉目病原菌具有很高的防效，持效期长。与代森锰锌混用的效果比灭菌丹、铜制剂混用效果好。

应用

（1）适宜作物　葡萄、烟草、玉米、棉花、蔬菜如黄瓜、辣椒、马铃薯等。

（2）防治对象　用于防治霜霉目病原菌，如烟草、黄瓜、葡萄、蔬菜的霜霉病、疫病等，并能兼治多种继发性病害如褐斑病、黑腐病等。具体病害如烟草黑胫病、番茄晚疫病、黄瓜霜霉病、茄子绵疫病、辣椒疫病、马铃薯晚疫病、白菜霜霉病、葡萄霜霉病。

（3）使用方法　既可茎叶喷雾，也可做种子处理。茎叶喷雾使用剂量为200～300g(a.i.)/hm^2。每亩用64％杀毒矾可湿性粉120～170g(有效成分76.8～108.8g)，加水喷雾；或每100L水加133～200g(有效浓度853.3～1280mg/L)。剂量与持效期关系：若以250mg/L有效浓度均匀喷雾，则持效期9～10d，对病害的治疗作用达3d以上；若以500mg/L有效浓度均匀喷雾，可防治葡萄霜霉病，持效期在16d以上；若以8mg/L有效浓度均匀喷雾，则持效期为2d；若以30～120mg/L有效浓度均匀喷雾，则持效期为7～11d。

专利与登记　专利GB2058059早已过专利期，不存在专利权问题。

国内登记情况：96％原药，64％噁霜·锰锌可湿性粉剂，登记作物为黄瓜，防治对象为霜霉病。瑞士先正达作物保护有限公司在中国登记情况见表52。

表52　瑞士先正达作物保护有限公司在中国登记情况

登记名称	登记证号	含量	剂型	登记作物	防治对象	用药量/(g/hm²)	施用方法
噁霜灵	PD82-88	8％噁霜灵，56％代森锰锌	可湿性粉剂	黄瓜 烟草	霜霉病 黑胫病	1650～1950 1950～2400	喷雾
噁霜灵	PD281-99	96％	原药				

合成方法　可通过如下反应表示的方法制得目的物：

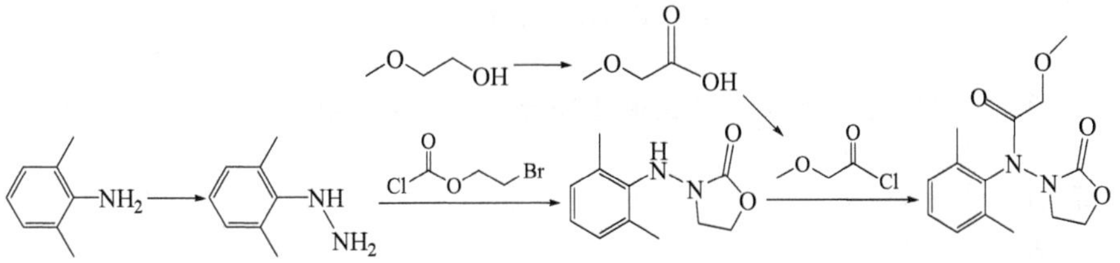

参考文献

[1] The Pesticide Manual. 15th edition，2009：847-848.

噁唑菌酮 famoxadone

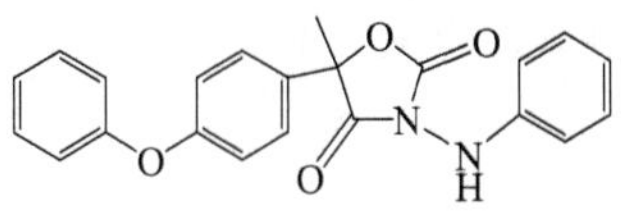

$C_{22}H_{18}N_2O_4$，374.4，131807-57-3

噁唑菌酮(famoxadone)，试验代号　DPX-JE874、JE874、IN-JE874，商品名称　Equation

Contact、Equation Pro、Famoxate，是由杜邦公司开发的噁唑烷二酮杀菌剂。

化学名称 3-苯氨基-5-甲基-5-(4-苯氧基苯基)-1,3-噁唑啉-2,4-二酮，3-anilino-5-methyl-5-(4-phenoxyphenyl)-1,3-oxazolidine-2,4-dione。

理化性质 浅灰黄色粉末；外消旋工业品纯度≥96%。熔点141.3～142.3℃，蒸气压$6.4×10^{-4}$mPa(20℃)，分配系数K_{ow}lg$P$4.65(pH 7)，Henry常数为$4.61×10^{-3}$Pa·m^3/mol(计算，20℃)。相对密度1.31(22℃)。在水中溶解度(20℃，μg/L)：52(非缓冲体系，pH 7.8～8.9)，243(pH 5)，111(pH 7)，38(pH 9)。在有机溶剂中溶解性(25℃，g/L)：丙酮274，甲苯13.3，二氯甲烷239，己烷0.048，甲醇10，乙酸乙酯125.0，正辛醇1.78，乙腈125。在25℃或54℃，黑暗条件下，可以稳定存在14d。无光水中DT_{50}(25℃)：41d(pH 5)，2d(pH 7)，0.0646d(pH 9)。有光水中DT_{50}为4.6d(pH 5,25℃)。

毒性 大鼠急性经口LD_{50}＞5000mg/kg，大鼠急性经皮LD_{50}＞2000mg/kg。对兔眼睛和皮肤轻微刺激，7d皮肤过敏症状消失，72h眼睛过敏症状消失。对豚鼠皮肤无致敏性。大鼠吸入LC_{50}(4h)＞5.3mg/L。NOEL数据[mg/(kg·d)]：雄大鼠1.62，雌大鼠2.15，雄小鼠95.6，雌小鼠130，雌、雄狗1.2。ADI(mg/kg)：(JMPR)0.006[2003]，(EC)0.012[2002]，(EPA)cRfD 0.0014[2003]。无生殖、发育毒性，无急性、亚急性神经毒性，无致癌毒性，也没有遗传毒性。

生态效应 山齿鹑急性经口LD_{50}＞2250mg/kg。山齿鹑和野鸭饲喂LC_{50}(5d)＞5260mg/kg。鱼LC_{50}(96h,mg/L)：虹鳟鱼0.011，杂色鳉0.049，鲤鱼0.17。水蚤EC_{50}(48h)0.012mg/L。羊角月牙藻E_bC_{50}(72h)0.022mg/L，糠虾LC_{50}(96h)0.039mg/L。牡蛎EC_{50}(96h,贝壳沉淀物)0.0014mg/L。蜜蜂LD_{50}＞25μg/只，LC_{50}(48h)＞1000mg/L。蚯蚓LC_{50}(14d)470mg/kg土。在150～300g/hm^2浓度下对盲走螨属有毒。

环境行为

(1) 动物 大鼠经口后，快速代谢，粪便中的主要成分为未代谢的噁唑菌酮。4′-苯氧基苯基上单羟基化以及4-苯氨基上的双羟基化的产物是主要的代谢物。在尿液中可以监测到杂环裂解的产物。在山羊和母鸡体内，组织内残留物很少，在粪便中主要成分为未代谢的噁唑菌酮(60%)。新陈代谢比较复杂，包括噁唑二酮和苯氨基连接处的断裂、羟基化，苯氧基苯基醚键的断裂，噁唑二酮环的开环等。

(2) 植物 在葡萄、番茄、马铃薯中，噁唑菌酮是主要的残留物，在马铃薯块茎中没有发现残留物。在小麦中，噁唑菌酮代谢广泛，主要通过羟基化反应，随后是共轭。

(3) 土壤/环境 在实验室土壤中，DT_{50}6d(有氧，20℃，40%～50%比重瓶法，pH 5.3～8.0，1.1～2.9%o.m.)、28d(有氧，20℃，1.4%o.m.)。降解途径包括羟基化(4′-苯氧基苯基位置)和开环(形成乙醇酸衍生物)，主要由微生物降解，光照可以加速分解。平均K_{oc}3632(4种土壤)，平均K_d70(4种土壤)。

制剂 乳油，水分散粒剂。

主要生产商 DuPont。

作用机理与特点 能量抑制剂，即线粒体电子传递抑制剂，对复合体Ⅲ中细胞色素C氧化还原酶有抑制作用。具有保护、治疗、铲除、渗透、内吸活性，与苯基酰胺类杀菌剂无交互抗性。大量文献报道噁唑菌酮同甲氧基丙烯酸酯类杀菌剂有交互抗性。保护性杀菌剂，主要抑制孢子萌发。对植物病原菌具有广谱活性，特别是对葡萄霜霉病、马铃薯和番茄晚疫病和早疫病、葫芦的霜霉病、小麦颖斑枯病、大麦网斑病。

应用

(1) 适宜作物 小麦、大麦、豌豆、甜菜、油菜、葡萄、马铃薯、瓜类、辣椒、番茄等。

(2) 防除对象 主要用于防治子囊菌纲、担子菌纲、卵菌亚纲中的重要病害如白粉病、锈病、颖枯病、网斑病、霜霉病、晚疫病等。

(3) 使用方法 通常推荐使用剂量为50～280g(a.i.)/hm^2。禾谷类作物最大用量为280g(a.i.)/hm^2。防治葡萄霜霉病施用剂量为50～100g(a.i.)/hm^2；防治马铃薯、番茄晚疫病施用剂量为100~200g(a.i.)/hm²；防治小麦颖枯病、网斑病、白粉病、锈病施用剂量为150~200g(a.i.)/hm²，此时与氟硅唑混用效果更好。对瓜类霜霉病、辣椒疫病等也有优良的活性。

专利与登记　专利 US4957933 早已过专利期，不存在专利权问题。国内主要登记为混剂，206.7g/L噁酮·氟硅唑乳油、68.75％噁酮·锰锌水分散粒剂以及 52.5％噁酮·霜脲氰水分散粒剂；登记作物为黄瓜、番茄、白菜、柑橘、西瓜、葡萄、苹果等，防治病害为霜霉病、早疫病、黑斑病、疮痂病、炭疽病、斑点落叶病及轮斑病等。美国杜邦公司在中国登记情况见表53。

表53　美国杜邦公司在中国登记情况

登记名称	登记证号	含量	剂型	登记作物	防治对象	用药量	施用方法
噁酮·氟硅唑	PD20070662	206.7g/L	乳油	枣树	锈病	82.68~103.35mg/kg	喷雾
				香蕉	叶斑病	138~207mg/kg	
				苹果树	轮纹病	2000~3000 倍液	
噁酮·霜脲氰	PD20060008	52.5％	水分散粒剂	番茄	晚疫病	157.5~315g/hm²	喷雾
				番茄	早疫病	236~315g/hm²	
				马铃薯	晚疫病	157.5~315g/hm²	
				马铃薯	早疫病	236~315g/hm²	
				辣椒	疫病	256~341g/hm²	
				黄瓜	霜霉病	183.5~275.6g/hm²	
噁酮·锰锌	PD20090685	68.75％	水分散粒剂	番茄	早疫病	773.4~966.8g/hm²	喷雾
				柑橘	疮痂病	458.3~687.5mg/kg	
				苹果树	斑点落叶病		
				苹果树	轮纹病	1000~1500 倍液	
				葡萄	霜霉病	800~1200 倍液	
				白菜	黑斑病	464~773.4g/hm²	
				西瓜	炭疽病	464.06~580g/hm²	
噁唑菌酮	PD20060006	98％	原药				
噁唑菌酮	PD20060007	78.5％	母药				

合成方法　以对苯氧基苯乙酮为起始原料制得中间体羟基羧酸，再经闭环，最后与苯肼反应制得目的物。反应式为：

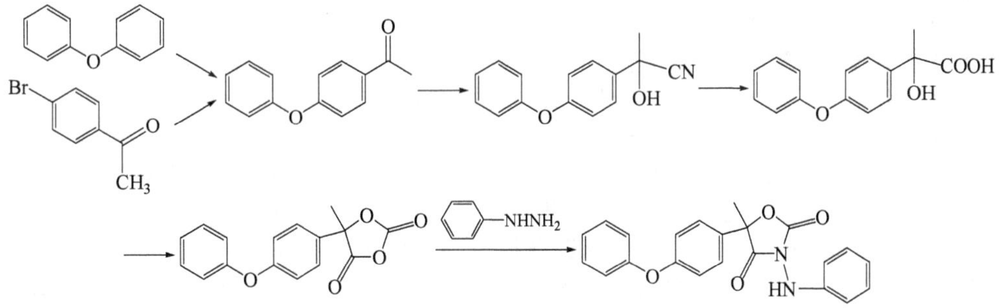

参考文献

[1]Proc Br Crop Prot Conf：Pests Dis,1996,1：21.
[2]亦冰．世界农药,2001,5：47-48.

噁草酮 oxadiazon

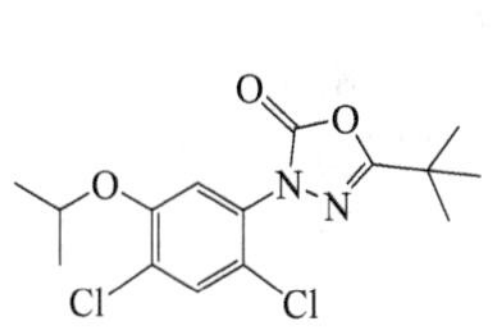

$C_{15}H_{18}Cl_2N_2O_3$，345.2，19666-30-9

噁草酮（oxadiazon），试验代号 17623RP，商品名称 Herbstar、Oxasun、Romax、Ronstar。其他名称 Agrostar、Cocun、Doxar、Foresite、Heteran、Krassin、Longshot、Oristar、Oryza、Ronagro、Sciron、农思它、恶草灵。是由 Rhône-Poulenc Agrochimie（现拜耳公司）开发的除草剂。

化学名称 5-叔丁基-3-(2,4-二氯-5-异丙氧苯基)-1,3,4-噁-二唑-2(3H)-酮，5-*tert*-butyl-3-(2,4-dichloro-5-isopropoxyphenyl)-1,3,4-oxadiazol-2(3*H*)-one。

理化性质 纯品为无色无味固体，工业品纯度≥94%。熔点87℃，蒸气压0.1mPa(25℃)。$K_{ow}lgP=4.91(20℃)$，Henry常数$3.5×10^{-2}Pa·m^3/mol$。20℃时在水中溶解度约1.0mg/L。其他溶剂中溶解度为(20℃,g/L)：甲醇、乙醇约100，环己烷200，丙酮、异佛尔酮、丁酮、四氯化碳600，甲苯、氯仿、二甲苯1000。一般储存条件下稳定，中性或酸性条件下稳定，碱性条件下相对不稳定，DT_{50}38d(pH 9,25℃)。

毒性 大鼠急性经口$LD_{50}>5000mg/kg$，大鼠和兔急性经皮$LD_{50}>2000mg/kg$，对兔眼轻微刺激，对兔皮肤无刺激。大鼠吸入$LC_{50}(4h)>2.77mg/L$。大鼠$NOEL(2y)$为10mg/kg饲料[0.5mg/(kg·d)]。ADI(EC)0.036mg/kg[2008]；(EPA)aRfD 0.12mg/kg，cRfD 0.0036mg/kg[2004]。

生态效应 鸟急性经口$LD_{50}(24d,mg/kg)$：野鸭>1000，鹌鹑>2150。虹鳟鱼和大翻车鱼$LC_{50}(96h)1.2mg/L$。水蚤$EC_{50}(48h)>2.4mg/L$。藻类$EC_{50}6～3000\mu g/L$。蜜蜂$LD_{50}>400\mu g/$只。具有趋避作用，直接接触剂量27kg(a.i.)/hm²，对蜜蜂无害。对蚯蚓无毒。

环境行为

(1) 动物 在哺乳动物中，经口后72h内93%通过尿液排泄。

(2) 植物 噁草酮通过植物嫩芽和叶片渗透并迅速代谢。代谢产物不在植物中累积。

(3) 土壤/环境 在土壤的胶体和腐殖质中强烈吸附，非常少的迁移或浸出，因此挥发损失可以忽略不计。土壤DT_{50}为3～6个月。

制剂 120g/L、250g/L、12%、12.5%、13%、25%、25.5%乳油，380g/L、35%悬浮剂，30%可湿性粉剂，30%微乳剂。

主要生产商 Bayer CropScience、Sundat、连云港市金囤农化有限公司、江苏龙灯化学有限公司及浙江海正化工有限公司等。

作用机理与特点 原卟啉原氧化酶抑制剂。土壤处理后，药剂通过敏感杂草的幼芽或幼苗接触吸收而起作用，即被表层土壤胶粒吸附形成一个稳定的药膜封闭层，当其后萌发的杂草幼芽经过此药膜层时，以接触吸收和有限传导，在有光的条件下，使触药部位的细胞组织及叶绿素遭到破坏，并使生长旺盛部位的分生组织停止生长，最终导致受害的杂草幼芽枯萎死亡。茎叶处理，杂草通过地上部分吸收，药剂进入植物体后积累在生长旺盛部位，在光照的条件下，抑制生长，最终使杂草组织腐烂死亡。水稻田，在施药前已经出土但尚未露出水面的一部分杂草幼苗（如1.5叶期前的稗草），则在药剂沉降之前即从水中接触吸收到足够的药量，亦会很快坏死腐烂。药剂被表层土壤胶粒吸附后，向下移动有限，因此很少被杂草根部吸收。

应用

(1) 适用作物 水稻、陆稻、大豆、棉花、花生、甘蔗、马铃薯、向日葵、芦笋、葱、韭菜、蒜、芹菜、茶树、葡萄、仁果和核果、花卉、草坪。

(2) 防除对象 噁草酮的杀草谱较广，可有效地防除上述旱作物田和水稻田中的多种一年生杂草及少部分多年生杂草如稗、雀稗、马唐、千金子、异型莎草、龙葵、苍耳、田旋花、牛筋草、鸭舌草、鸭趾草、狗尾草、看麦娘、牛毛毡、萤蔺、荠、藜、蓼、泽泻、矮慈姑、鳢肠、铁苋菜、水苋菜、马齿苋、节节菜、婆婆纳、雨久花、日照飘拂草、小茨藻等。

(3) 应用技术 ①水稻移栽田，若遇到弱苗、施药过量或水层过深淹没稻苗心叶时，容易出现药害。②旱作物田，若遇到土壤过平时，不易发挥药效。③12%噁草酮乳油在水稻移栽田的常规用量为每亩200mL，最高用量为每亩270mL。25%噁草酮乳油，在水稻移栽田的常规用量为每亩65～130mL，最高用量为每亩170mL；在水稻旱直播田的常规用量为每亩160～230mL；在花生田的常规用量为每亩100mL，最高用量为每亩150mL。噁草酮在上述作物田，最多使用次数为1次。④噁草酮的持效期较长，在水稻田可达45d左右，在旱作物田可达60d以上。噁草酮的有效成分在土壤中代谢较慢，半衰期为3～6个月。⑤12％噁草酮乳油可甩施，25％噁草酮乳油不可甩施。采用甩施法施药时，要先把原装药瓶盖子上的3个圆孔穿通，然后用手握住药瓶下部，以左右甩幅宽度确定一条离田埂一侧3～5m间距作为施药的基准路线下田，并沿着横向6～10m间距往复顺延，一边行走一边甩药，每前进一步或向左或向右交替甩动药瓶一次，直到甩遍全田。采用甩施法虽然简便，但对没有实践经验的初次操作人员，却难以做到运用自如，因此事前必须先用同样的空瓶装上清水到田间进行模拟练习，认为基本掌握了这项技术，再去正式操作。这样才可以做到行走路线笔直，步幅大小均匀，甩幅宽度一致，甩药数量准确。

(4) 使用方法　噁草酮主要用于水稻田和一些旱田作物的选择性、触杀型苗期除草剂。根据作物的不同，相应采用土壤处理或茎叶处理，使用剂量为200～4000g(a.i.)/hm²[亩用量13.3～266.7g(a.i.)]。

① 稻田。水稻移栽田是移栽前，最好的施药时期，用12％噁草酮乳油原瓶直接甩施或用25％噁草酮乳油每亩加水15L配成药液均匀泼浇到田里，施药与插秧至少要间隔2d。北方地区，每亩用12％噁草酮乳油200～250mL或25％噁草酮乳油100～120mL，此外，还可每亩用12％噁草酮乳油100mL和60％丁草胺乳油80～100mL加水配成药液泼浇。南方地区，每亩用12％噁草酮乳油130～200mL或25％噁草酮乳油65～100mL，此外还可每亩用12％噁草酮乳油65～100mL加60％丁草胺乳油50～80mL加水配成药液泼浇。水稻旱直播田施药时期最好在播后苗前或水稻长至1叶期、杂草1.5叶期左右，每亩用25％噁草酮乳油100～200mL或25％噁草酮乳油70～150mL加60％丁草胺乳油70～100mL加水45～60L配成药液，均匀喷施。水稻旱秧田和陆稻田按水稻旱直播田的用量和方法使用即可。

② 棉花田。露地种植：施药时期在播后2～4d，北方地区每亩用25％噁草酮乳油130～170mL，南方地区每亩用100～150mL，加水45～60L配成药液均匀喷施。地膜覆盖种植：施药要在整地作畦后覆膜前，每亩用25％噁草酮乳油100～130mL，加水30～45L配成药液均匀喷施。

③ 花生田。露地种植：施药时期在播后苗前早期，北方地区每亩用25％噁草酮乳油100～150mL。南方地区每亩用25％乳油70～100mL，加水45～60L(砂质土酌减)配成药液均匀喷施。地膜覆盖种植：施药要在整地作畦后覆膜前，每亩用25％噁草酮乳油70～100mL，加水30～45L配成药液均匀喷施。

④ 甘蔗田。施药要在种植后出苗前，每亩用25％噁草酮乳油150～200mL，加水45L左右配成药液均匀喷施。

⑤ 向日葵田。施药时期在播后，最好播后立即施药，每亩用25％噁草酮乳油250～350mL，加水60～75L配成药液喷施。

⑥ 马铃薯田。在种植后出苗前，每亩用25％噁草酮乳油120～150mL，加水60～75L配成药液均匀喷施。

⑦ 蒜地。在种植后出苗前，每亩用25％噁草酮乳油70～80mL，加水45～60L配成药液均匀喷施。也可每亩用25％噁草酮乳油40～50mL加50％乙草胺乳油100～120mL，加水配成药液喷施。

⑧ 草坪。在不敏感草种的定植草坪上施用，每亩用25％噁草酮乳油400～600mL，掺细沙40～60kg制成药沙均匀撒施于坪面，对马唐、牛筋草等防效较好。但紫羊茅、剪股颖、结缕草对噁草酮较敏感，因此在种植这几种草的草坪上不宜使用。

⑨ 葡萄园和仁果、核果类果园。施药要在杂草发芽出土前，每亩用25％噁草酮乳油200～400mL，加水60～75L配成药液均匀喷施。

专利与登记　专利GB1110500、US3385862均已过专利期，不存在专利权问题。

国内登记情况：120g/L、250g/L、12％、12.5％、13％、25％、25.5％乳油，380g/L、35％悬浮剂，30％可湿性粉剂，30％微乳剂；登记作物为水稻田、花生田，用于防治一年生禾本科和阔叶杂草。德国拜耳作物科学公司在中国登记情况见表54。

表54　德国拜耳作物科学公司在中国登记情况

登记名称	登记证号	含量	剂型	登记作物	防治对象	用药量/(g/hm²)	施用方法
噁草酮	PD51-87	120g/L	乳油	水稻田	杂草	360～480	瓶洒
噁草酮	PD42-87	250g/L	乳油	花生田	杂草	375～555	喷雾
				水稻田	杂草	375～495	
噁草酮	PD285-99	94%	原药				

合成方法　合成方法有如下两条路线：

参考文献

[1] 静桂兰等. 精细化工中间体, 2008, 3: 18-19.
[2] 潘忠稳. 安徽化工, 2002, 1: 37-40.

噁咪唑 oxpoconazole

$C_{19}H_{24}ClN_3O_2$，361.9，134074-64-9；$C_{42}H_{52}Cl_2N_6O_8$，839.8，174212-12-5

噁咪唑(oxpoconazole)，试验代号　UBF-910、UR-50302；富马酸噁咪唑(oxpoconazle fumarate)，商品名称　Alshine、Penkoshine，其他名称　噁咪唑富马酸盐；是日本宇部兴产化学公司和日本大冢工业株式会社联合开发的新型噁唑啉类杀菌剂。

化学名称　(RS)-2-[3-(4-氯苯基)丙基]-2,4,4-三甲基-1,3-噁唑啉-3-基咪唑-1-基酮，(RS)-2-[3-(4-chlorophenyl)propyl]-2,4,4-trimethyl-1,3-oxazolidin-3-yl imidazol-1-yl ketone。

理化性质　富马酸噁咪唑为无色结晶状固体，熔点 123.6～124.5℃，相对密度 1.328 (25℃)。蒸气压 $5.42×10^{-3}$ mPa(25℃)，分配系数 $K_{ow}lgP=3.69$(pH 7.5,25℃)，水中溶解度 0.0895g/L(pH 4,25℃)。噁咪唑在水中的溶解度为 0.0373g/L(pH 7,25℃)。在碱性和中性介质中稳定。在酸性介质有一些不稳定。光解 DT_{50}(阳光,薄层)为 10.6h。pK_a4.08。

毒性　富马酸噁咪唑：急性经口 LD_{50}(mg/kg)：雄性大鼠 1424，雌性大鼠 1035，雄性小鼠

1073，雌性小鼠 702。雄性和雌性大鼠急性经皮 $LD_{50}>2000mg/kg$。对兔眼睛有轻微刺激，对兔皮肤无刺激。对豚鼠皮肤无过敏现象。雄性和雌性大鼠吸入 $LC_{50}>4398mg/m^3$。

生态效应 富马酸噁咪唑：急性经口 LD_{50}（mg/kg）：雄性山齿鹑 1125.6，雌性山齿鹑 1791.3。鱼 LC_{50}（mg/L）：鲤鱼 7.2(96h)，虹鳟鱼 15.8(48h)。月牙藻 E_bC_{50} 为 0.81mg/L。

环境行为 土壤/环境：大田 DT_{50} 23～34d。需氧代谢 DT_{50} 64～75d。K_{oc} 1250～33300。

制剂 20%可湿性粉剂。

作用机理 麦角固醇生物合成抑制剂。抑制发芽管和菌丝的生长。具有残留放射性的治疗性杀菌剂。抑制葡萄孢菌生长的整个阶段，但不能抑制孢子萌发。由灰葡萄孢属真菌（*Botrytis cinerea*）引起的灰霉病是蔬菜和水果上的主要病害之一。该病原菌最初侵染作物花器部位，进而危害果实，直接影响作物的经济产量。同其他固醇生物合成抑制剂如咪唑和三唑类杀菌剂一样，富马酸噁咪唑的作用靶标之一是抑制真菌的麦角固醇生物合成中 C14 脱甲基作用，它还可能对病原菌的几丁质生物合成具有抑制作用。此外，不同于大多数其他唑类杀菌剂，富马酸噁咪唑对灰霉病菌有很好的活性，对蔬菜和水果上的二羧酰亚胺类和苯并咪唑类杀菌剂抗性株系和敏感株系均有很好的效果。

应用 用于控制植物病原体，如黑星菌属、链格孢属、葡萄孢属、核盘霉属以及链核盘菌属。

(1) 杀菌特性

① 采用生长速率法测定出富马酸噁咪唑对子囊菌纲中的褐腐病菌（*Monilinia fructicola*）和黑星病的 EC_{50} 值分别为 0.002mg/L 和 0.019mg/L，半知菌类中的灰葡萄孢属和青霉属真菌的 EC_{50} 值分别为 0.058mg/L 和 0.114mg/L，对其他被测病原菌的抑菌活性一般。富马酸噁咪唑对灰葡萄孢属真菌的抑菌活性优于唑类杀菌剂（氟菌唑和噁醚唑的 EC_{50} 值分别为 6.61mg/L 和 1.37mg/L）。

② 除了抑制孢子萌发外，富马酸噁咪唑对灰葡萄孢属真菌生活史的各个生长阶段均具有抑制作用，包括芽管伸长和附着器的形成、菌丝的侵入和生长、病害扩展、孢子形成。

③ 富马酸噁咪唑具有较好的治疗活性和中等持效性。

④ 所有分离到的灰霉病菌株对富马酸噁咪唑均非常敏感，其中一些菌株对现有的杀菌剂如苯并咪唑类、二羧酰亚胺类和 N-苯基氨基甲酸酯类的敏感性较低。这表明富马酸噁咪唑同现有的杀菌剂不存在交互抗性问题，结果见表 55。

表 55 富马酸噁咪唑对灰霉病菌的多种株系的抑菌活性

病原菌类型			富马酸噁咪唑	苯菌灵
Ben	Dic	乙霉威	EC_{50}/(mg/L)	EC_{50}/(mg/L)
S	S	HR	0.13	0.14
HR	S	S	0.13	>100
HR	MR	S	0.12	>100
HR	MR	WR	0.14	>100

注：Ben：苯并咪唑类，Dic：二羧酰亚胺类；S：敏感性，WR：弱抗性，MR：中抗性，HR：高抗性。

(2) 富马酸噁咪唑可防治的病害及 20%可湿性粉剂的应用情况

苹果：黑星病、锈病，稀释 3000～4000 倍；花腐病、斑点落叶病、黑斑病，稀释 2000～3000 倍；煤点病，稀释 3000 倍。该药剂用于苹果树的喷液量为 2000～7000kg/hm²，使用 5 次，收获前安全间隔期为 7d。

樱桃：褐腐病，稀释 3000 倍，喷液量为 2000～7000kg/hm²，使用 5 次，收获前安全间隔期为 7d。

梨：黑星病、锈病，稀释 3000～4000 倍；黑斑病，稀释 2000 倍。该药剂用于梨树的喷液量为 2000～7000kg/hm²，使用 5 次，收获前安全间隔期为 7d。

桃子：褐腐病、疮痂病，稀释 2000～3000 倍；褐纹病，稀释 1000～2000 倍。该药剂用于桃树的喷液量为 2000～5000kg/hm²，使用 3 次，收获前安全间隔期为 1d。

葡萄：白粉病、炭疽病，稀释 2000～3000 倍；灰霉病，稀释 2000 倍。该药剂用于葡萄的喷液量为 2000～5000kg/hm²，使用 3 次，收获前安全间隔期为 7d。

柑橘：疮痂病、灰霉病、绿霉病、青霉病，稀释 2000 倍，喷液量为 2000～7000kg/hm²，使用 5 次，收获前安全间隔期为 1d。

田间应用富马酸嗯咪唑对葡萄白粉病具有极好的防治作用，同氟菌唑的防治效果相当，对葡萄灰霉病的防治效果明显高于对照药剂扑海因，对柑橘疮痂病的防治效果同二噻农相当，对柑橘灰霉病的防治效果同扑海因相当，明显优于酰胺唑与代森锰锌混剂的防效。另外，富马酸嗯咪唑对葡萄炭疽病也具有防治作用。

专利概况　专利 EP0412681 已过专利期，不存在专利权问题。

合成方法　合成方法如下：

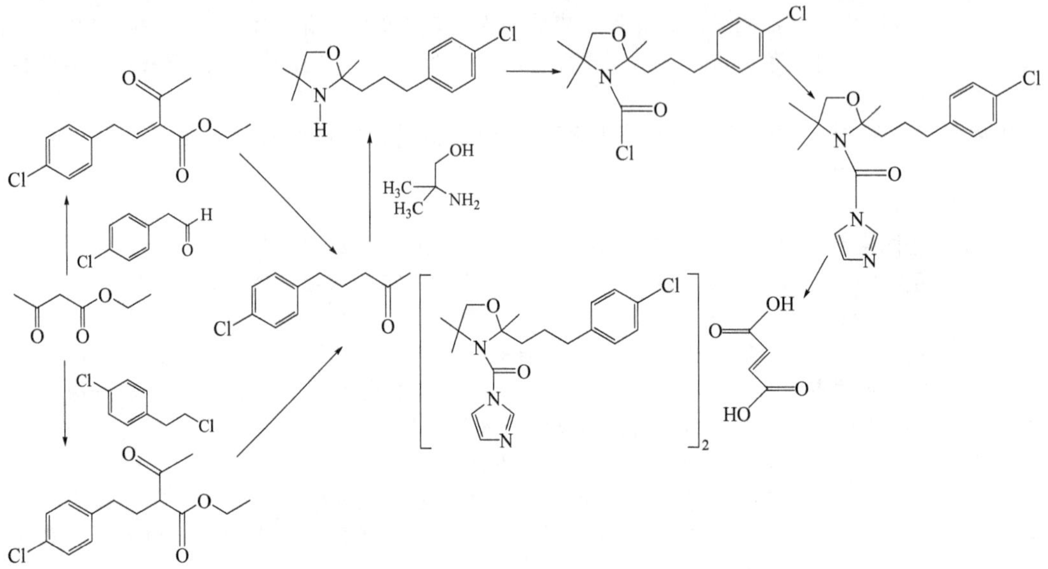

参考文献

[1] Agrochemical Japan，2001，79：10.

嗯嗪草酮 oxaziclomefone

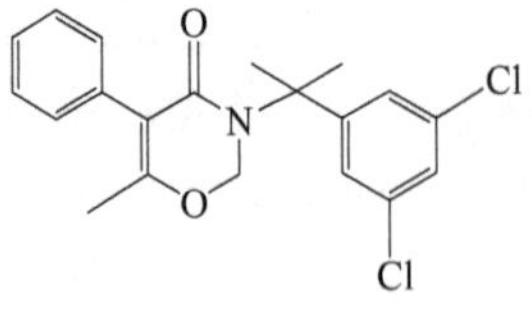

$C_{20}H_{19}Cl_2NO_2$，376.3，153197-14-9

嗯嗪草酮(oxaziclomefone)，试验代号　MY-100，商品名称　SiriusExa、Homerun，其他名称　草嗯嗪酮。是由 Rhône-Poulenc Agrochimie(现拜耳公司)开发的嗯嗪酮类新型除草剂。

化学名称　3-[1-(3,5-二氯苯基)-1-甲基乙基]-2,3-二氢-6-甲基-5-苯基-4H-1,3-嗯嗪-4-酮，3-[1-(3,5-dichlorophenyl)-1-methylethyl]-2,3-dihydro-6-methyl-5-phenyl-4H-1,3-oxazin-4-one。

理化性质　白色结晶体。熔点 149.5～150.5℃。蒸气压≤1.33×10^{-2}mPa(50℃)。分配系数 $K_{ow} \lg P = 4.01$。水中溶解度为 0.18mg/L(25℃)。DT_{50} 30～60d(50℃)。

毒性 大、小鼠急性经口 $LD_{50} > 5000mg/kg$。大、小鼠急性经皮 $LD_{50} > 2000mg/kg$。对兔皮肤无刺激，对兔眼睛有中度刺激，对豚鼠皮肤无致敏。Ames 试验为阴性，无致畸性。

生态效应 鲤鱼 $LC_{50}(48h) > 5mg/L$。

制剂 悬浮剂，颗粒剂。

作用机理 作用机理尚不清楚，但生化研究结果表明它是以不同于其他除草剂的方式抑制分生细胞生长的。其是内吸传导型水稻田除草剂，主要由杂草的根部和茎叶基部吸收。杂草接触药剂后茎叶部失绿、停止生长，直至枯死。

应用

(1) 适宜作物与安全性 对水稻安全。对后茬作物小麦、大麦、胡萝卜、白菜、洋葱等无不良影响。噁嗪草酮对移栽水稻安全性高，亦可用于草坪。

(2) 防除对象 主要用于防除重要的阔叶杂草、莎草科杂草及稗属杂草等。

(3) 使用方法 水稻田播后苗前用除草剂，直播田使用剂量为 $25 \sim 50g$(a.i.)/hm²[亩用量为 $1.66 \sim 3.33g$(a.i.)]。移栽田使用剂量为 $30 \sim 80g$(a.i.)/hm²[亩用量为 $2 \sim 5.3g$(a.i.)]。在整个生长季节，防除稗草仅用一次药即可。如同其他除草剂如吡嘧磺隆、苄嘧磺隆等混用，不仅可扩大杀草谱，还具有显著的增效作用。

专利与登记 专利 EP0605726 已过专利期，不存在专利权问题。国内登记情况：1%悬浮剂，登记作物为水稻移栽田、直播田，防除对象为稗草、千金子、异型莎草、沟繁缕等。

合成方法 以间二氯苄胺和苯乙酸乙酯为起始原料，经如下反应即得目的物。反应式为：

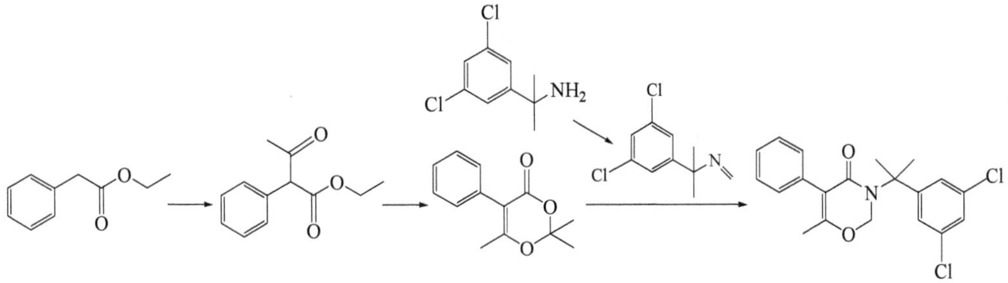

参考文献

[1] Proc Br Crop Prot Conf；Weed，1997，1：73.

[2] 程志明．世界农药，2004（1）：5-10.

噁唑磷 isoxathion

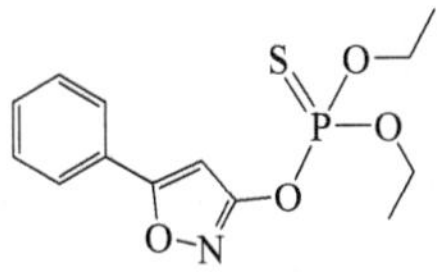

$C_{13}H_{16}NO_4PS$，313.3，18854-01-8

噁唑磷(isoxathion)，试验代号 E-48、SI-6711，商品名称 Karphos、Nekiriton K，其他名称 异噁唑磷。是 N. Sampei 等报道其活性，1972 年由日本 Sankyo Co. Ltd 开发的有机磷类杀虫剂。

化学名称 O,O-二乙基-O-5-苯基异噁唑-3-基硫代磷酸酯，O,O-diethyl O-5-phenyl-1,2-ox-azol-3-yl phosphorothioate。

组成 工业品中含量 $> 93\%$。

理化性质 淡黄色液体（工业品含量＞93%），具有类似酯的气味，沸点160℃（0.15mmHg）。闪点210℃。蒸气压＜0.133mPa(25℃)。相对密度约1.23。分配系数 $K_{ow}\lg P=3.88$(pH 6.3)。水中溶解度(25℃)1.9mg/L，易溶于有机溶剂。遇碱分解，在160℃以上分解。

毒性 急性经口 LD_{50}(mg/kg)：雄大鼠242，雌大鼠180，雄小鼠112，雌小鼠137。大鼠急性经皮 LD_{50}＞2000mg/kg。本品对皮肤无刺激。大鼠吸入 LC_{50}(4h,g/m³)：雄大鼠4.2，雌大鼠2.0。NOEL[mg/(kg·d)]：大鼠(2y)1.2，人(9周)0.03。ADI值0.003mg/kg。

生态效应 鸡 LD_{50}(mg/kg)：21.6(7d)，19.0(50d)。鲤鱼 LC_{50}(48h)1.7mg/L。水蚤 LC_{50}(3h)0.0052mg/L。蜜蜂 LC_{50}(接触)0.082μg/只。

环境行为 土壤 DT_{50} 3~7d。

制剂 500g/L乳油，40%可湿性粉剂，2%、3%粉剂，颗粒剂。

作用机理与特点 胆碱酯酶的直接抑制剂。具有触杀和胃毒作用的广谱性杀虫剂。

应用

（1）适用作物 甘蓝、柑橘、观赏植物、水稻、烟草、草皮、林木、果树、蔬菜等。

（2）防治对象 蚜虫、蚧壳虫、二化螟、稻瘿蚊、稻飞虱等。

（3）使用方法 防治甘蓝、果树、观赏植物上的蚜虫、介壳虫、盾蚧科和绵蚧科害虫，使用剂量为500~1000g/hm²；防治水稻二化螟、稻飞虱、潜蝇科、叶蝉科、水蝇科害虫，使用剂量为600~900g/hm²；防治草皮、林木上的鞘翅目害虫，使用剂量为1.2g/hm²；防治果树、蔬菜上的夜蛾科和粉蝶科害虫，使用剂量为500~1000g/hm²。

专利概况 专利JP525850早已过专利期，不存在专利权问题。

合成方法 经如下反应制得噁唑磷：

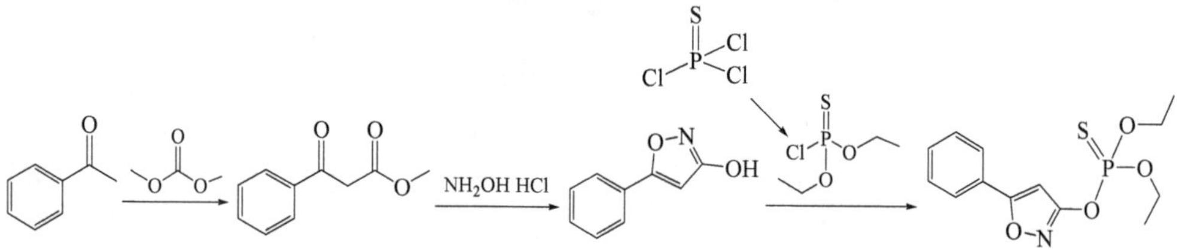

噁唑酰草胺 metamifop

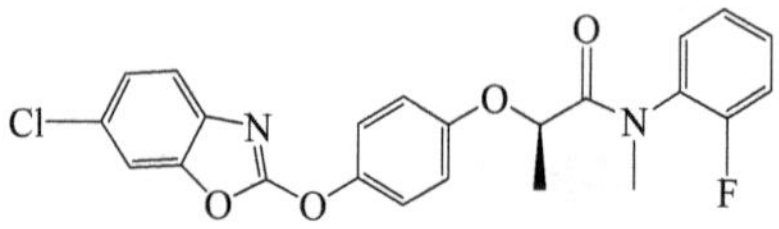

$C_{23}H_{18}ClFN_2O_4$，440.9，256412-89-2

噁唑酰草胺(metamifop)，试验代号 DBH-129、K-12974，商品名称 韩秋好。是由韩国化工技术研究院发现并由东部韩农化学株式会社(现东部高科)开发的一种新型芳氧苯氧丙酸酯类除草剂，目前由美国富美实公司生产销售。

化学名称 (R)-2-[(4-氯-1,3-苯并噁唑-2-基氧)苯氧基]-2′-氟-N-甲基丙酰苯胺，(R)-2-[4-[(6-chloro-2-benzoxazolyl)oxy]phenoxy]-N-(2-fluorophenyl)-N-methylpropanamide。

理化性质 浅棕色无味细颗粒状粉末，产品纯度≥96%，熔点77.0~78.5℃。蒸气压 $1.51×10^{-1}$mPa(25℃)。相对密度1.39。$K_{ow}\lg P=5.45$(pH 7,20℃)。Henry常数 $6.35×10^{-2}$Pa·m³/mol(20℃)。水中溶解度(20℃)$6.87×10^{-4}$g/L(pH 7)；其他溶剂中溶解度(20℃,g/L)：丙酮、1,2-二氯乙烷、乙酸乙酯、甲醇和二甲苯＞250，正庚烷2.32，正辛醇41.9。在54℃稳定。

毒性 大鼠急性经口 LD_{50}＞2000mg/kg，大鼠急性经皮 LD_{50}＞2000mg/kg，对兔皮肤无刺激，对眼轻微刺激，对皮肤可能有致敏性。大鼠吸入 LC_{50}(4h)＞2.61mg/L。

生态效应 虹鳟鱼 LC_{50}(96h)0.307mg/L，水蚤 EC_{50}(48h)0.288mg/L，水藻 EC_{50}(48h)＞2.03mg/L，蜜蜂 LD_{50}(经口和接触)＞100μg/只。对蚯蚓 LC_{50}＞1000mg/L。

环境行为　在土壤中通过化学和微生物降解，DT_{50} 40～60d（25℃）；可检测到在水中光解的七个产物，DT_{50} 18～120d。

制剂　10％乳油。

作用机理与特点　噁唑酰草胺对杂草的作用是典型的芳氧苯氧丙酸酯类（APP）除草剂的作用机理：脂肪酸合成抑制剂。它抑制脂肪酸的从头合成，其靶标位置就在质体基质中的乙酰辅酶 A 羧化酶（ACCase）。脂肪酸在植物体内具有重要的生理作用，其组成的甘油三酯是主要的储能、供能物质，由其转化成的磷脂是细胞膜的组成成分。脂肪酸还可转化生成调节代谢的激素类物质。乙酰辅酶 A 羧化酶（ACCase）是植物脂肪酸生物合成的关键酶，它催化乙酰辅酶 A 羧化作用为丙二酰辅酶 A。丙二酰辅酶 A 是脂肪酸和类黄酮生物合成过程中的一个关键中间产物，环己烯酮类（CHD）和 APP 类除草剂能抑制丙二酰辅酶 A 的生成，使进一步合成脂肪酸进而形成油酸、亚油酸、亚麻酸、蜡质层和角质层的过程受阻，导致单子叶植物的膜结构迅速破坏，透性增强，最终导致植物的死亡。

应用　噁唑酰草胺作为一种新型，高效的稻田除草剂，它具有以下优点：①超高效。一次用药可有效防除稗草、千金子、马唐等禾本科杂草，尤其对大龄稗草、千金子、马唐有特效。②安全。对水稻和下茬作物安全，在稻米、水、环境中无残留，符合无公害生产的要求。③可混性好。可与嘧磺隆、吡嘧磺隆、苯达松等混用，一次性高效防除稻田所有杂草。

（1）适用作物　水稻。

（2）防治对象　稗草、千金子、马唐、牛筋草。

（3）产品特点　①杀草谱广：对千金子、稗草等杂草有良好防效，对旱直播稻恶性杂草如马唐、牛筋草防除效果明显。②使用适期宽：在杂草 2～6 叶期均可使用，对稗草、千金子、马唐有特效。

（4）使用技术　①使用适期：水稻 2 叶 1 心以后，杂草 3～4 叶期使用最佳。②使用剂量：一般亩用量 80～100mL，草龄大或马唐较多的田块需适当加量，一般亩用量 100～120mL。③使用方法：移栽稻、水直播稻，施药时放干田水，按适当的亩用药量，兑水 30kg 喷雾（使用手动喷雾器）。药后 24h 后复水，以马唐为主的稻田尤其要注意及时复水控草，否则马唐易复发。旱直播稻喷药时土壤要湿润，按适当的亩用药量，兑水 30kg 喷雾（使用手动喷雾器）。否则要加大用水量，喷雾要均匀。

专利与登记

专利名称　Preparation of herbicidal benzoxazolyloxyphenoxypropionamides

专利号　WO2000005956　专利申请日　1999-07-2

专利拥有者　Korea Research Institute of Chemical Technology，S. Korea

国内登记情况：10％可湿粉剂、10％乳油，登记作物为水稻，防治对象为禾本科杂草。韩国东部韩农株式会社仅在中国登记了 96％原药，登记证号 PD20101576。

合成方法　主要由以下两种方法合成：

蒽醌 anthraquinone

C$_{14}$H$_8$O$_2$，208.2，84-65-1

蒽醌(anthraquinone)，商品名称 Corbit、Morkit，是一种鸟类驱避剂。

化学名称 蒽醌，anthraquinone。

理化性质 工业品为具有芳香气味的黄绿色晶体，熔点 286℃（升华）。沸点 377～381℃ (760mmHg，升华为黄色针状晶体)。蒸气压：$5×10^{-3}$ mPa(20℃)，$1×10^{-2}$ mPa(25℃，OECD 104)。K_{ow}lg$P$=3.52(22℃)。Henry 常数 $1.24×10^{-2}$ Pa·m^3/mol(20℃，计算)。相对密度 1.44 (20℃)。水中溶解度(20℃)0.084mg/L；其他溶剂中溶解度(g/kg)：氯仿 6.1，苯 2.6(20℃)，乙醇 4.4，甲苯 3.0，乙醚 1.1(25℃)。在酸或碱性条件下稳定。

毒性 大鼠急性经口 LD$_{50}$＞5000mg/kg。大鼠急性经皮 LD$_{50}$＞5000mg/kg。对兔眼睛和皮肤无刺激。大鼠吸入 LC$_{50}$(4h)＞1.3mg/L 空气。大鼠 NOEL(90d)15mg/kg 饲料。无致突变和致癌性。

生态效应 日本鹌鹑 LD$_{50}$＞2000mg/kg。鱼类 LC$_{50}$(96h,mg/L)：虹鳟鱼 72，金鱼 44。水蚤 LC$_{50}$(48h)＞10mg/L。水藻 E$_r$C$_{50}$＞10mg/L。蚯蚓 LC$_{50}$＞1000mg/kg 土壤。

环境行为

(1) 动物 96%的蒽醌能够在 48h 内经过尿液及粪便排出。

(2) 植物 植物对蒽醌摄入很少，因为蒽醌只用于种子处理。

(3) 土壤/环境 在不同种土壤中能很快降解。在微生物的作用下，降解过程是很明显的。在水中蒽醌稳定而不水解；但是对光极为敏感，光照下蒽醌水溶液的 DT$_{50}$ 为 9min。在固体(硅胶)表面上，有 80% 的蒽醌在 1d 内消失。因此，蒽醌的光解作用能够使其在环境中不残留。蒽醌的蒸气压较低，不能蒸发到大气中。

制剂 干拌种剂、悬浮种衣剂、种子处理液剂、可湿性粉剂、湿拌种剂。

应用 用于谷类种子处理，驱避鸟类的攻击。经常同杀菌剂、杀虫剂混用。

专利概况 该化合物不存在专利权问题。

合成方法 通过如下多种方法制备。

方法 1：蒽气相催化氧化法：蒽氧化法是以精蒽为原料，以空气作氧化剂，五氧化二钒为催化剂，进行气相催化氧化，反应器有固定床和流化床两种类型。我国蒽醌生产厂大多采用固定床反应器，用含量大于 90% 的精蒽，熔化后用 300℃ 左右的热空气以 1560m^3/h 的流速带出气化的精蒽，在热风管道中混合后通过固定床催化氧化的列管反应器，总收率达 80%～85%。

方法 2：以苯酐、苯为原料，以三氯化铝为催化剂，进行傅-克(Friedel-Crafts)反应，然后用浓硫酸脱水生成蒽醌。

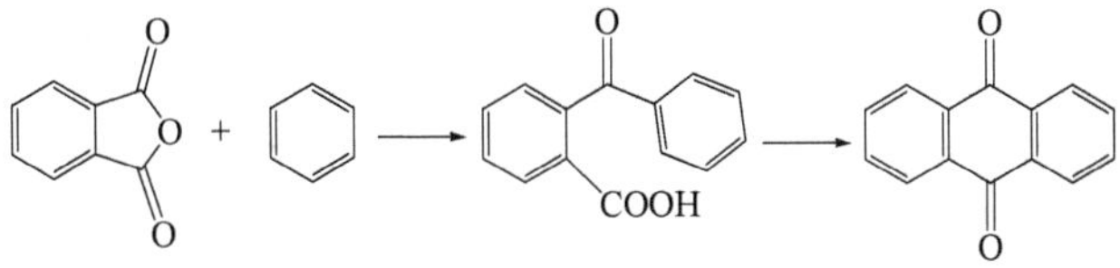

方法 3：以萘醌和丁二烯为原料，以氯化亚铜为催化剂，进行缩合反应，脱氢后得蒽醌。由于石油化工的飞速发展，提供了此法所用的大量原料丁二烯和萘醌。该法具有消耗低、三废少等优点，在日本和美国萘醌法已达到相当规模，有发展前途。

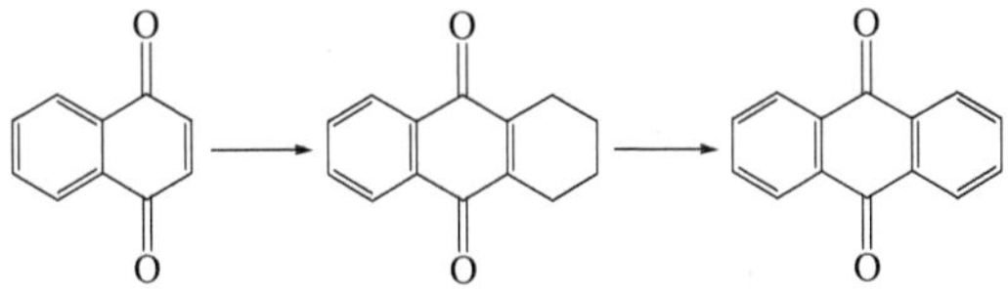

方法 4：以苯为原料，经如下反应得到：

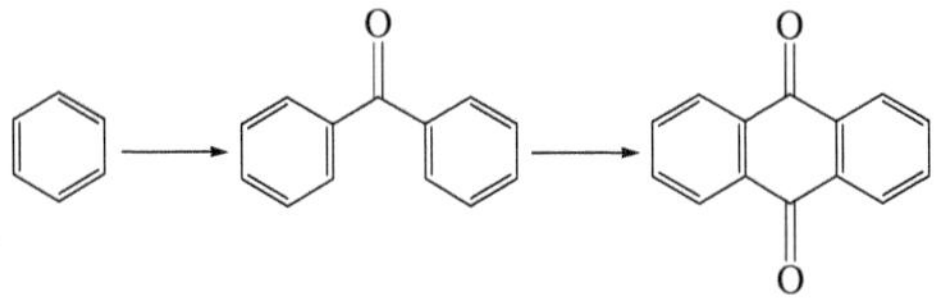

方法 5：由苯乙烯先进行二聚反应，然后氧化成邻苯酰基苯甲酸，再环合成蒽醌。该方法的优点是原料易得，没有苯酐法的铝盐废水引起的公害问题，产品成本较低。但反应条件较苛刻，技术复杂，设备要求高，是德国 BASF 研究的新成果，但目前还未放大到工业生产规模。

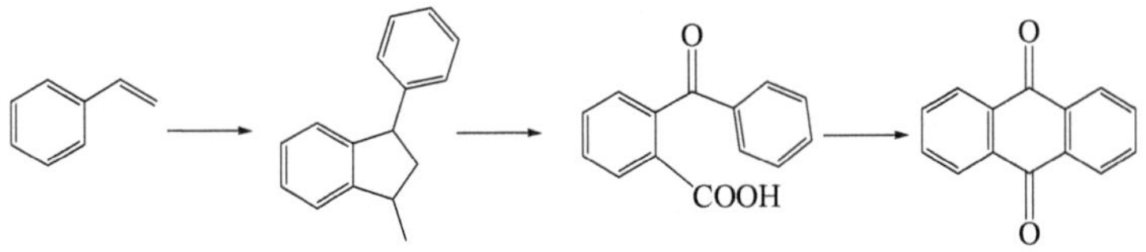

二甲酚 xylenols

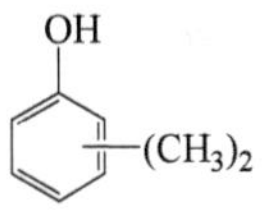

$C_8H_{10}O$，122.1，526-75-0(2,3-二甲酚)，105-67-9(2,4-二甲酚)，95-87-4(2,5-二甲酚)，

576-26-1(2,6-二甲酚)，108-68-9(3,5-二甲酚)

化学名称　二甲酚，xylenol。

理化性质　2,4-二甲酚：白色针状结晶，熔点 27～28℃，沸点 210℃，相对密度 0.965，折射率 1.542，能与醇、醚混溶，微溶于水。2,5-二甲酚：近白色至米红色粒状或片状固体，易溶于醚、醇，能升华，能与水蒸气一同挥发，沸点 210℃，熔点 75℃。

合成方法　3,5-二甲酚是灭除威的主要原料，也是杀虫剂兹克威的原料。并且可以做成杀菌剂、黏合剂和特殊合成树脂。其制备过程可归结如下。

方法 1：煤焦油洗油馏分分离法。3,5-二甲基苯酚在焦化厂生产的混合二甲基苯酚中含量约为 10%，采用混合二甲基苯酚精馏及重结晶工艺分离提纯后获得产品。其精馏过程采用常压，取 219～223℃ 的馏分，经过冷却、结晶、真空过滤等过程后可以得到粗产品。再将粗产品进行重结晶，最后得到产品 3,5-二甲基苯酚。由于 3,5-二甲基苯酚的收率太低，并且纯度不高，所以目前很少有人采用该方法来制备 3,5-二甲基苯酚。

方法 2：苯酚烷基化法。传统的生产 3,5-二甲基苯酚的方法为苯酚烷基化法，就是将苯酚与甲醇直接反应，生成 3,5-二甲基苯酚。

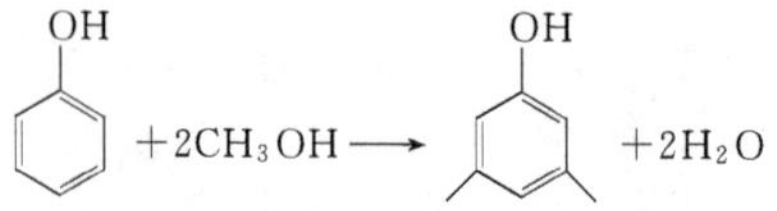

该方法的主要缺点是 3,5-二甲基苯酚的选择性太低，只有 30%，并且会生成多种二甲基苯酚，例如 2,6-二甲基苯酚、3,4-二甲基苯酚等。由于几种同分异构体的性质非常相近，从二甲基苯酚混合物中分离出纯度比较高的 3,5-二甲基苯酚是十分困难的。因此，这种方法很难满足大规模生产。

方法 3：间二甲苯磺化碱熔法。目前国内 3,5-二甲基苯酚合成方法主要采用间二甲苯磺化碱熔法，其反应过程如下：

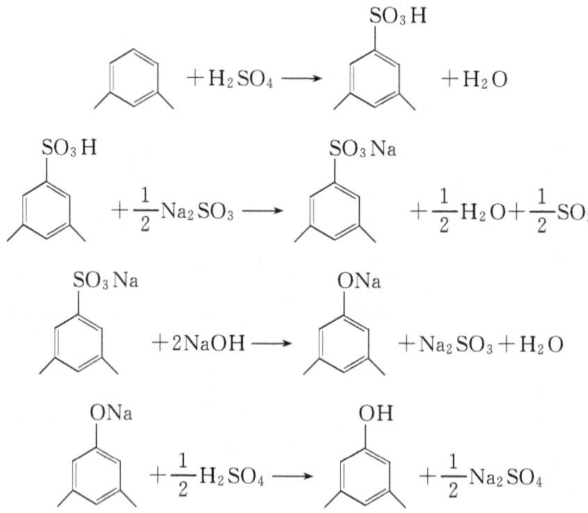

工艺过程是将石油间二甲苯(富集间二甲苯或混合二甲苯)用浓硫酸在 185℃进行磺化，并保温 5～7h 异构化，随即加水分解，以提高 3,5-二甲基苯磺酸的含量。制得的 3,5-二甲基苯磺酸经脱出游离酸后，于 60～70℃下加入氢氧化钠或亚硫酸钠中和至 pH 9～10 时，经浓缩干燥，得灰黑色 3,5-二甲基苯磺酸钠，再将 3,5-二甲基苯磺酸钠投入熔融状的氢氧化钠中，当反应温度达到 350℃左右时，保温 40～50min，将物料加水溶解，搅拌下加入硫酸酸化，再经分离、减压蒸馏，即得成品。

方法 4：天津大学张宪等人利用异佛尔酮芳构化法制备 3,5-二甲基苯酚，收率以及原子利用率较高，且选择性好。

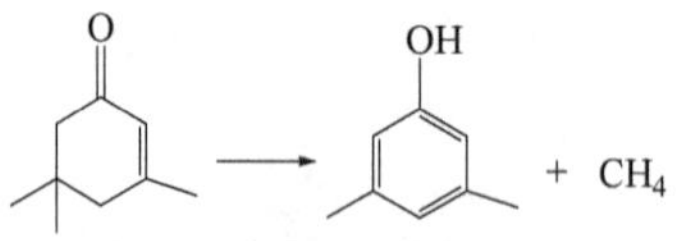

二甲基二硫醚 dithioether

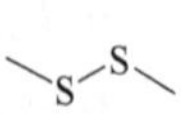

$C_2H_6S_2$，94.2，624-92-0

二甲基二硫醚(dithioether)，商品名称　Paladin、螨速克。

化学名称　甲基二硫醚，dimethyl disulfide。

理化性质　工业品纯度≥99％，易燃黄色液体，具有硫黄气味，熔点－84.7℃，沸点109.6℃。蒸气压 3.0×10^6 mPa(20℃)。K_{ow} lg$P=1.91$。Henry 常数 $105Pa\cdot m^3/mol$(计算)。相对密度 1.062(20℃)。水中溶解度(20℃)2.7g/L，与大多有机溶剂互溶(15～25℃)。稳定性：加热至 300℃仍然稳定，在氧化剂下，加热时不稳定。冰点 16℃。

毒性　大鼠急性经口 LD_{50}190mg/kg。兔急性经皮 LD_{50}＞2000mg/kg。对兔眼睛和皮肤轻度刺激。大鼠吸入 LC_{50}(4h)805mg/L。

生态效应　山齿鹑急性经口 LD_{50}342mg/kg。鱼类 LC_{50}(120h)：鲑鱼 1.75mg/L，古比鱼 50mg/L。水蚤 LC_{50}(48h)4mg/L。羊角月牙藻 EC_{50}(72h)11～35mg/L。

环境行为　不容易被生物分解(28d 后＜10％)。土壤吸附和沉积率低，lgK_{oc}2.34。

作用机理与特点　线粒体功能异常和 K^+-ATP 通道活化，阻碍细胞色素氧化酶 K＋-ATP 通道超极化。对害虫具有触杀和胃毒作用，对作物具有一定渗透性，但无内吸传导作用，杀虫广谱，作用迅速，在植物体内氧化成亚砜和砜，杀虫活性提高。作为土壤熏蒸剂使用。

应用

(1) 适用作物　水稻、棉花、果树、蔬菜、大豆等。

(2) 防治对象　二化螟、三化螟、稻草飞虱、稻叶蝉、棉铃虫、红铃虫、菜青虫、菜蚜、桃小食心虫、大豆食心虫、大豆卷叶螟等。

二甲基二硫醚在法国和意大利的试验表明：用 600～800kg/hm² 注射或滴灌的方法，防治根结线虫和土壤病原菌的效果与溴甲烷相当。

(3) 使用方法

① 水稻害虫的防治。二化螟、三化螟每亩用 50％乳油 75～150mL 加细土 75～150kg 制成毒土撒施或兑水 50～100kg 喷雾。稻叶蝉、稻草飞虱可用相同剂量喷雾进行防治。

② 棉花害虫的防治。棉铃虫、红铃虫每亩用 50％乳油 50～100mL，兑水 75～100kg 喷雾。此剂量可兼治棉蚜、棉红蜘蛛。

③ 蔬菜害虫的防治。菜青虫、菜蚜每亩用 50％乳油 50mL，兑水 30～50kg 喷雾。

④ 果树害虫的防治。桃小食心虫用 50％乳油 1000～2000 倍液喷雾。

⑤ 大豆害虫的防治。大豆食心虫、大豆卷叶螟每亩用 50％乳油 50～150mL，兑水 30～50kg 喷雾。

专利与登记　不存在专利问题。国内登记情况：2％乳油等，登记作物为棉花等，防治对象为红蜘蛛等。

合成方法　经典合成二硫化物方法有四种：①硫醇氧化；②硫代硫酸单酯单钠盐分解；③二硫化钠烃基化；④磺酰卤还原。而合成二甲基二硫的方法有：硫酸二甲酯法，卤代烃法，甲硫醇法等。

(1) 硫酸二甲酯法

(2) 甲硫醇与氧气反应连续生产二甲基二硫

$$4CH_3SH+O_2 \longrightarrow 2 \ \diagdown\!\!\!\diagup S \diagdown\!\!\!\diagup +2H_2O$$

(3) 甲硫醇与硫反应

$$2CH_3SH+S \longrightarrow \diagdown\!\!\!\diagup S \diagdown\!\!\!\diagup +H_2S$$

(4) 甲醇、硫化氢与硫反应合成二甲基二硫

① 一步法。

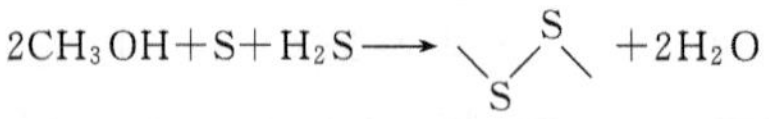

$$2CH_3OH + S + H_2S \longrightarrow \underset{S}{\overset{S}{\diagup}} + 2H_2O$$

② 两步法。

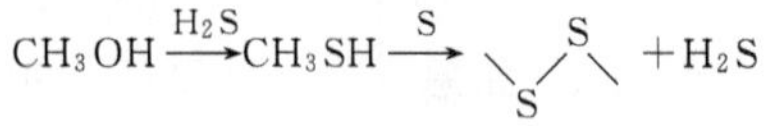

$$CH_3OH \xrightarrow{H_2S} CH_3SH \xrightarrow{S} \underset{S}{\overset{S}{\diagup}} + H_2S$$

二甲嘧酚 dimethirimol

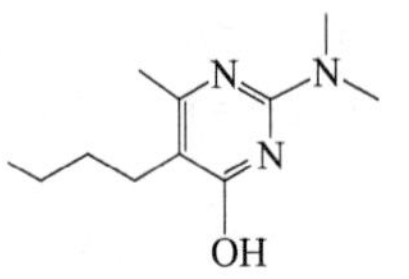

$C_{11}H_{19}N_3O$, 209.3, 5221-53-4

二甲嘧酚(dimethirimol)，试验代号 PP675，商品名称 Milcurb，是由先正达公司开发的嘧啶类杀菌剂。

化学名称 5-丁基-2-二甲氨基-6-甲基嘧啶-4-醇，5-butyl-2-dimethylamino-6-methylpyrimidin-4-ol。

理化性质 纯品为无色针状结晶状固体，熔点102℃。蒸气压1.46mPa(30℃)。分配系数 $K_{ow}\lg P = 1.9$。Henry常数 $< 2.55 \times 10^{-4}$ Pa·m³/mol(25℃，计算)。水中溶解度1.2g/L(25℃)，易溶于强酸溶液。有机溶剂中溶解度(25℃，g/L)：氯仿1200，二甲苯360，乙醇65，丙酮45。在酸性和碱性条件下稳定，在光照和水溶液的条件下分解。DT_{50}约为7d。溶于强酸溶液中形成水溶性盐。

毒性 急性经口 LD_{50}(mg/kg)：大鼠2350，小鼠800~1600，豚鼠500。大鼠急性经皮 $LD_{50} > 400$mg/kg。对兔皮肤和兔眼睛无刺激性。NOEL数据(2y, mg/kg饲料)：大鼠300，狗25。

生态效应 母鸡急性经口 LD_{50} 4000mg/kg。虹鳟鱼 LC_{50}(2mg/L)：42(24h)，33(48h)，28(96h)。对蜜蜂无毒。

环境行为

(1) 植物 在植物体内，主要通过二甲胺基部分的脱甲基化进行新陈代谢。

(2) 土壤/环境 土壤 DT_{50} 约为120d。

作用机理与特点 腺嘌呤核苷脱氨酶抑制剂。内吸性杀菌剂，具有保护和治疗作用。可被植物根、茎、叶迅速吸收，并在植物体内运转到各个部位。

应用

(1) 适用作物 烟草、瓜类、蔬菜、甜菜、麦类、番茄和观赏植物。

(2) 防治对象 白粉病。

(3) 使用方法 茎叶处理，使用剂量为50~100g(a.i.)/hm²。土壤处理，使用剂量为0.5~2kg/hm²。可用0.25%含量土壤施药，药效6周以上，对禾本科植物效果次之，喷雾含量为0.001%~0.1%，当年6~8月施药，防治效果达90%以上。如黄瓜白粉病用0.01%含量喷雾，柞树白粉病用0.1%含量喷雾，防治效果95%。

专利概况 专利GB1182584早已过专利期，不存在专利权问题。

合成方法 以硫脲或氨基氰为原料，经如下反应即可制得目的物：

[1] The Pesticide Manual. 15th edition，2009：1225.

二甲噻草胺 dimethenamid

$C_{12}H_{18}ClNO_2S$，275.8，87674-68-8

二甲噻草胺（dimethenamid），试验代号　SAN-582H，商品名称　Frontier、Zeta900。是由瑞士山道士（现 Syngenta 公司）研制的氯乙酰胺类除草剂，后于 1996 年售给德国巴斯夫公司。

化学名称　（RS）-2-氯-N-（2,4-二甲基-3-噻酚）-N-（2-甲氧基-1-甲基乙基）乙酰胺，（RS）-2-chloro-N-(2,4-dimethyl-3-thienyl)-N-(2-methoxy-1-methylethyl)acetamide。

理化性质　纯品为黄棕色黏稠液体，熔点＜－50℃。沸点127℃（26.7Pa），相对密度1.187（25℃）。蒸气压 36.7mPa(25℃)。分配系数 $K_{ow} \lg P = 2.15 \pm 0.02(25℃)$。Henry 系数 $8.32 \times 10^{-3} Pa \cdot m^3/mol$。水中溶解度 1.2g/L(pH 7,25℃)；其他溶剂中溶解度（25℃，g/kg）：正庚烷282，异辛醇220；乙醚、煤油、乙醇等＞50％(25℃)。在 54℃ 下可稳定 4 周以上，在 70℃ 可稳定 2 周以上。在 20℃ 下放置 2y 分解率低于 5％。在 25℃，pH 5～9 的缓冲溶液中放置 30d 稳定。闪点 91℃。

毒性　大鼠急性经口 LD_{50}397mg/kg。大鼠和兔急性经皮 LD_{50}＞2000mg/kg。对兔皮肤和眼睛无刺激性。对皮肤有致敏性。大鼠急性吸入 LC_{50}(4h)＞4990mg/m³ 空气。NOEL 数据[mg/(kg·d)]：大鼠＜5.0，狗 2.0，小鼠 3.8。ADI 值(JMPR)0.07mg/kg[2005]，(EFSA)0.02mg/kg[2005]，(EPA)0.05mg/kg[1997]。Ames 试验和染色体畸变试验中无致诱变性，无致癌性和致畸性。

生态效应　山齿鹑急性经口 LD_{50}1908mg/kg。野鸭和山齿鹑饲喂 LC_{50}＞5620mg/kg。鱼毒 LC_{50}(96h,mg/L)：虹鳟鱼 2.6，大翻车鱼 6.4，鲈鱼 7.2。水蚤 LC_{50}16mg/L。淡水藻 LC_{50} 0.062mg/L。其他水生生物 LC_{50}(mg/L)：糠虾 4.8，美洲牡蛎 5.0。蜜蜂 LD_{50}（接触）＞1mg/只。蚯蚓 LC_{50}294.4mg/kg 干土。其他有益生物：对捕食性步甲和隐翅虫无害。

环境行为

（1）动物　二甲噻草胺可在动物体内迅速广泛的代谢，主要的代谢途径为谷胱甘肽与半胱氨酸、硫基酸、硫醇共轭。

（2）植物　二甲噻草胺在玉米和甜菜中的快速代谢产物为谷胱甘肽与半胱氨酸、硫羟乳酸和硫基乙酸的结合物。在植物中的代谢途径与在动物中类似，无积累。

（3）土壤/环境　在土壤中可以通过微生物迅速降解，降解半衰期为 DT_{50}8～43d，具体时间取决于土壤类型和天气条件。在土壤中的光解半衰期 DT_{50}7.8d，在水中的光解半衰期为 23～

33d。在土壤中的降解速率常数 K_d(4种土壤)0.7～3.5。

剂型 乳油。

主要生产商 BASF。

作用机理 细胞分裂抑制剂。

应用 玉米、大豆、花生及甜菜田苗前除草,主要用于防除众多的一年生禾本科杂草如稗草、马唐、牛筋草、稷属杂草、狗尾草等和多数阔叶杂草如反枝苋、鬼针草、荠菜、鸭跖草、香甘菊及油莎草等。使用剂量为750～1500g(a.i.)/hm²[亩用量为50～100g(a.i.)]。

专利概况 专利 DE3303388 早已过专利期,不存在专利权问题。

合成方法 二甲噻草胺的合成方法较多,最佳方法是:以甲基丙烯酸、2-巯基丙酸为起始原料,经加成、合环,再与以氯丙酮为原料制得的中间体胺缩合,并与氯化亚砜反应。最后与氯乙酰氯反应即得目的物。反应式为:

下面为高效二甲噻草胺的相关介绍

高效二甲噻草胺 dimethenamid-P

$C_{12}H_{18}ClNO_2S$,275.8,163515-14-8

高效二甲噻草胺(dimethenamid-P),试验代号 BAS656H、SAN1289H。商品名称 Frontier X2、Isard、Outlook、Spectrum。其他名称 S-dimethenamid、Frontier Extra、Frontier Optima、Frontier Super。是由瑞士山道士(现 Syngenta 公司)研制,德国巴斯夫公司开发的氯乙酰胺类除草剂。为单一光学异构体,2000年商品化。

化学名称 (S)-2-氯-N-(2,4-二甲基-3-噻酚)-N-(2-甲氧基-1-甲基乙基)乙酰胺,(S)-2-chloro-N-(2,4-dimethyl-3-thienyl)-N-(2-methoxy-1-methylethyl)acetamide。

理化性质 纯品为棕黄色透明液体,熔点＜-50℃,沸点122.6℃(0.07mmHg),蒸气压2.51mPa(25℃),分配系数 $K_{ow}\lg P=1.89$(25℃),Henry 系数 4.80×10^{-4} Pa·m³/mol。相对密度1.195(25℃)。水中溶解度1449mg/L(25℃)。在有机溶剂中的溶解度:正己烷20.8g/100mL,可与丙酮、乙腈、甲苯和正辛醇混溶(25℃)。稳定性:在 pH 5、7 和 9 条件下稳定(25℃)。闪点79℃。

毒性 大鼠急性经口 LD_{50} 429mg/kg。大鼠急性经皮 LD_{50}＞2000mg/kg。对兔皮肤和眼睛无

刺激性，对皮肤有致敏性。大鼠急性吸入 LC_{50}（4h）＞2200mg/m³ 空气。NOEL（mg/kg）：大鼠 NOAEL（90d）10，小鼠（94 周）3.8，狗（1y）2.0。ADI 值（JMPR）0.07mg/kg［2005］，（EC）0.02mg/kg［2003］。Ames 试验和染色体畸变试验中无致诱变性，无致癌性和致畸性。

生态效应 山齿鹑急性经口 LD_{50} 1068mg/kg。野鸭和山齿鹑饲喂 LC_{50}（5d）＞5620mg/kg。鱼毒 LC_{50}（96h,mg/L）：虹鳟鱼 6.3，大翻车鱼 10。水蚤 LC_{50}（48h）12mg/L。藻类 EC_{50}（5d,mg/L）：羊角月牙藻 0.017，鱼腥藻 0.38。其他水生生物：浮萍 EC_{50}（14d）0.0089mg/L，糠虾 LC_{50}（96h）3.2mg/L。蜜蜂急性经口 LD_{50}（24h）＞134μg/只。其他有益生物：对捕食性步甲、通草蛉和盲走螨无害。

环境行为

（1）动物 高效二甲噻草胺在动物体内能被广泛地吸收（＞90％），且能在体内迅速代谢。主要代谢途径为谷胱甘肽与半胱氨酸、巯基酸、硫醇结合。代谢物几乎全部排出体外（在 168h 内排出 90％）。

（2）植物 二甲噻草胺在玉米和糖用甜菜中的快速代谢主要通过与谷胱甘肽的键合，随后水解为半胱氨酸衍生物，最后再氧化、脱氨和脱羧。在植物中的代谢途径与在动物中类似。无累积风险。

（3）土壤/环境 在土壤中的主要降解途径为与谷胱甘肽/半胱氨酸共轭生成矿物质和残留片段。主要的代谢物为草酰胺和磺酸，但这些代谢物都是瞬间存在的，可以快速进一步降解。原药在土壤中的降解半衰期 DT_{50} 8～43d，具体数据取决于土壤类型和天气条件。在土壤中的吸附系数 K_{oc} 90～474，在土壤中的降解速率常数 K_d 1.23～13.49。在水溶液上层的光解 DT_{50}＜1d，在土壤中的光解 DT_{50} 14～16d。

主要生产商 BASF。

作用机理 细胞分裂抑制剂。

应用 玉米、大豆、花生及甜菜田苗前除草，主要用于防除众多的一年生禾本科杂草如稗草、马唐、牛筋草、稷属杂草、狗尾草等和多数阔叶杂草如反枝苋、鬼针草、荠菜、鸭跖草、香甘菊、粟米草及油莎草等。用量是二甲噻草胺的一半即 400～820g（a.i.）/hm²［亩用量为 26.6～54.7g（a.i.）］。

专利概况 专利 US5457085 已过专利期，不存在专利权问题。

合成方法 高效二甲噻草胺的合成方法主要有以下两种：

方法1： 以 2,4-二甲基-3-氨基噻吩为起始原料，经如下反应制得目的物：

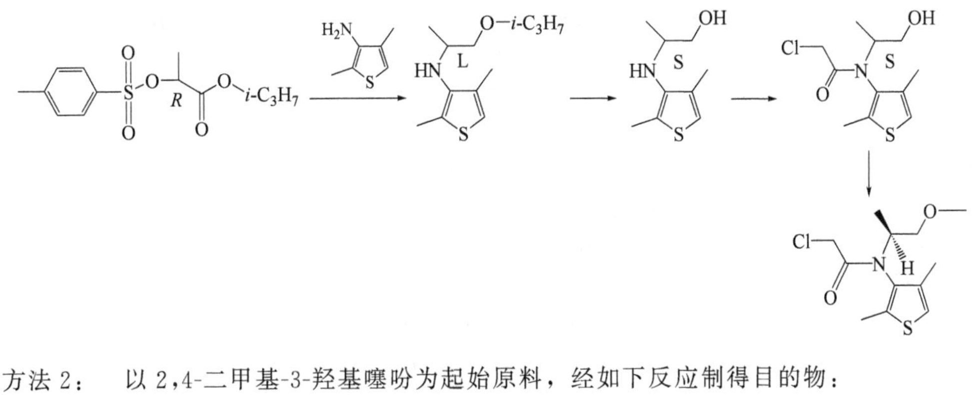

方法2： 以 2,4-二甲基-3-羟基噻吩为起始原料，经如下反应制得目的物：

277

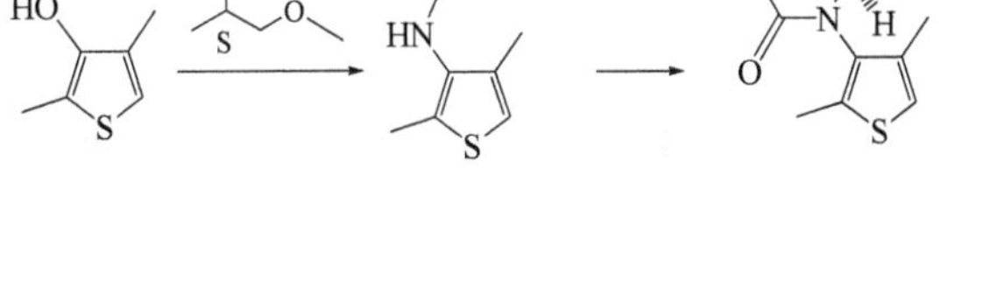

中间体 2,4-二甲基-3-羟基噻吩和 2,4-二甲基-3-氨基噻吩可通过如下反应合成：

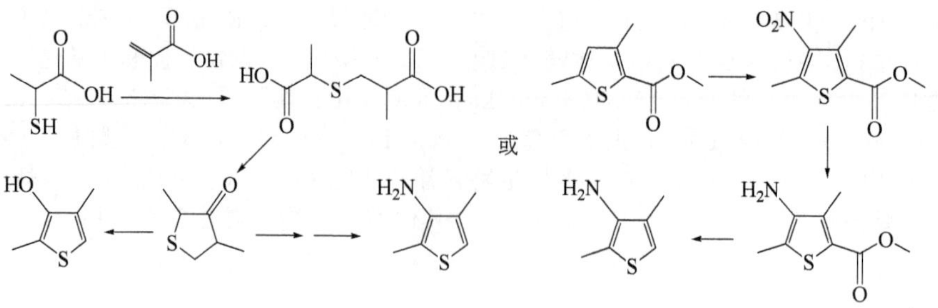

参考文献

[1] Proc Br Crop Prot Conf：Weed，1991：1.87.

二甲戊乐灵 pendimethalin

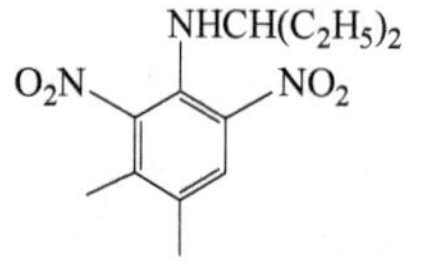

$C_{13}H_{19}N_3O_4$，281.3，40487-42-1

二甲戊乐灵（pendimethalin），试验代号 AC92553，商品名称 Accotab、Activus、Baroud、Bema、Blazer、Ceding、Cereweed、Claymore、Depend、Dhanustomp、Go-Go-San、Herbadox、Herbimat、Ipimethalin-L、Mopup、Most Micro、Pendant、Pendate、Pendigan、Pendimax、Pendulum、Pentagon、Pilarpower、Plinth、Pressto、Prowl、Resort、Rifle、Stealth、Stomp、Ston、Sun-Pen、Tata Panida、Valerán。其他名称 除草通、除芽通、二甲戊灵、施田补。是由美国 Cyanamid 公司（现 BASF 公司）开发的苯胺类除草剂。

化学名称 N-(1-乙基丙基)-2,6-二硝基-3,4-二甲基苯胺，N-(1-ethylpropyl)-2,6-dinitro-3,4-xylidine。

理化性质 原药纯度为 90%。纯品为橘黄色结晶体，熔点 54～58℃，蒸馏时分解。蒸气压 1.94mPa(25℃)。$K_{ow}lgP=5.2$，亨利系数 2.728Pa·m³/mol(25℃)，相对密度 1.19(25℃)。水中溶解度 0.33mg/L(pH 7,20℃)；有机溶解中溶解度(20℃,g/L)：丙酮、二甲苯、二氯甲烷＞800，己烷 48.98，可溶于苯、甲苯和氯仿，微溶于石油醚和汽油中。该药在 5～130℃稳定。对酸、碱稳定，在光照的条件下轻微分解，水中 DT$_{50}$＜21d。pK_a2.8，不易燃，不易爆。

毒性 急性经口 LD$_{50}$(mg/kg)：大鼠＞5000，雄小鼠 3399，雌小鼠 2899，犬＞5000，兔＞5000。兔急性经皮 LD$_{50}$＞2000mg/kg，对兔子眼睛无刺激。大鼠急性吸入 LC$_{50}$＞320mg/L。NOEL(mg/kg)：(2y)狗 12.5，大鼠(14d)10。ADI(EC)0.125mg/kg[2003]，(EPA)cRfD 0.1mg/kg[1996]。

生态效应 野鸭急性经口 LD$_{50}$1421mg/kg，山齿鹑饲喂 LC$_{50}$(8d)4187mg/kg 饲料。鱼类 LC$_{50}$(96h,mg/L)：虹鳟鱼 0.89，羊头鱼 0.707。水蚤 EC$_{50}$(48h)0.40mg/L。羊角月牙藻 E$_b$C$_{50}$ (72h)0.018mg/L。摇蚊虫 NOEC(30d)0.138mg/L(219mg/kg 干沉积物)，原位生物群落 NOEAC (128d)0.0049mg/L。蜜蜂 LD$_{50}$(μg/只)：经口＞101.2，接触＞100，蚯蚓 EC$_{50}$(14d)＞1000mg/kg 干土。

环境行为

(1) 动物 二甲戊乐灵的主要代谢途径包括 4-甲基和 N-1-乙基的羟基化，烷基氧化成羧酸，硝基还原、合环及结合。

（2）植物　苯环4位的甲基通过醇氧化成羧酸，氨基上的氮也能被氧化。在作物成熟时，作物上的残留低于最低剂量要求（0.05mg/L）。

（3）土壤/环境　苯环4位的甲基通过醇氧化成羧酸，氨基上的氮也能被氧化。土壤中DT_{50} 3～4个月，K_d：2.23（0.01%o.m.，pH 6.6）～1638（16.9%o.m.，pH 6.8）。

制剂　33%、50%乳油，3%、5%、10%颗粒剂。

主要生产商　BASF、Bharat、Dongbu Fine、Feinchemie Schwebda、Rallis、Sundat、大连瑞泽农药股份有限公司、山东滨农科技有限公司、山东华阳化工集团有限公司、沈阳科创化学品有限公司、永安化工有限公司、浙江新农化工股份有限公司及中化宁波（集团）有限公司等。

作用机理与特点　分生组织细胞分裂抑制剂。不影响杂草种子的萌发。在杂草种子萌发过程中幼芽、幼茎、幼根吸收药剂后而起作用。双子叶植物吸收部位为下幼轴。单子叶植物吸收部位为幼芽，其受害症状为幼芽和次生根被抑制，最终导致死亡。

应用

（1）适宜作物　大豆、玉米、棉花、烟草、花生、蔬菜（白菜、胡萝卜、芹菜、葱、大蒜等）及果园。

（2）防除对象　一年生禾本科和某些阔叶杂草，如：马唐、牛筋草、稗草、早熟禾、藜、马齿苋、反枝苋、凹头苋、车前草、苣荬菜、看麦娘、鼠尾看麦娘、猪殃殃、臂形草属、狗尾草、金狗尾草、光叶稷、稷、毛线稷、柳叶刺蓼、卷茎蓼、繁缕、地肤、龙爪茅、莎草、异型莎草、宝盖草等。

（3）应用技术　①二甲戊乐灵防除单子叶杂草效果比双子叶杂草效果好。因此在双子叶杂草发生较多的田块，可同其他除草剂混用。②为增加土壤吸附，减轻除草剂对作物的药害，在土壤处理时，应先浇水，后施药。③当土壤黏重或有机质超过2%时，应使用高剂量。

（4）使用方法　苗前、苗后均可使用，使用剂量为400～2000g(a.i.)/hm^2［亩用量为26.6～133.3g(a.i.)］。

① 大豆田。大豆播前或播后苗前土壤处理，最适施药时期是在杂草萌发前，播后苗前应在播后3d内施药。每亩用33%乳油100～150mL。由于该药吸附性强，挥发性小，且不宜光解，因此施药后混土与否对防除杂草效果无影响。如果遇长期干旱，土壤含水量低时，适当混土3～5cm，以提高药效。每亩施用33%乳油200～300kg，在大豆播种前土壤喷雾处理。本药剂也可以用于大豆播种后苗前处理，但必须在大豆播种后出苗前5d施药。在单、双子叶杂草混生田，可与嗪草酮、咪唑乙烟酸、异噁草酮、异丙甲草胺、甲草胺、利谷隆等除草剂混用，也可与灭草松搭配使用。

② 玉米田。苗前苗后均可使用本药剂。如苗前施药，必须在玉米播后出苗前5d内施药。每亩用33%乳油200g，兑水45～50kg均匀喷雾。如果施药时土壤含水量低，可适当混土，但切忌药接触种子。如果在玉米苗后施药应在阔叶杂草长出两片真叶、禾本科杂草1.5叶期之前进行。药量及施用方法同上。本药剂在玉米田里可与阿特拉津、麦草畏、氰草津（百得斯）等除草剂混用，可提高防除双子叶杂草的效果，混用量为每亩用33%乳油0.2kg和40%的阿特拉津悬浮剂80g。

③ 花生田。播种或播后苗前处理。每亩用33%乳油200～300g，兑水35～40kg喷雾。

④ 棉田。施用时期、施药方法及施药量与花生田相同。本药剂可与伏草隆搭配使用或混用，对难以防除的杂草具有较好的效果，如在苗前混用，施药量各为单用的一半（伏草隆单用时，亩用药量为有效成分66.6～133.4g）。

⑤ 蔬菜田。韭菜、小葱、甘蓝、菜花、小白菜等直播蔬菜田，可在播种施药后浇水，每亩用33%乳油100～150g兑水喷雾，持效期可达45d左右。对生长期长的直播蔬菜如育苗韭菜等，可在第一次用药后40～45d再用药1次，可基本上控制整个蔬菜生育期间的杂草危害。在甘蓝、菜花、莴苣、茄子、西红柿、青椒等移栽菜田，均可在移栽前或移栽缓苗后土壤施药，每亩用33%乳油0.1～0.2kg。

⑥ 果园。在果树生长季节，杂草出土前，每亩用33%乳油200～300g土壤处理，兑水后均匀喷雾。本药剂与阿特拉津混用，可扩大杀草谱。

⑦ 烟草田。可在烟草移栽后施药，每亩用33%乳油100～200g兑水均匀喷雾。二甲戊乐灵也可作为烟草抑芽剂，在大部分烟草现蕾时进行打顶，可将烟草扶直。将12mL 33%除芽通加水1000mL，每株用杯淋法从顶部浇灌或施淋，使每个腋芽都接触药液，有明显的抑芽效果。

⑧ 甘蓝田。可在甘蓝栽后施药，每亩用 33％乳油 200～300g 兑水均匀喷雾。

⑨ 其他用法。本药剂可作为抑芽剂使用，用于烟草、西瓜等提高产量和质量。

专利与登记 专利 BE816837、US4199669 均已过专利期，不存在专利权问题。

国内登记情况：40％悬浮剂，33％、330g/L、500g/L 乳油，450g/L 微囊悬浮剂，90％、95％原药；登记作物为棉花田、烟草田、大蒜田、玉米田、甘蓝田、韭菜田、水稻旱育秧田，防治对象为一年生杂草或抑制腋芽生长。瑞士先正达作物保护有限公司在中国登记情况见表 56。

表 56　瑞士先正达作物保护有限公司在中国登记情况

登记名称	登记证号	含量	剂型	登记作物	防治对象	用药量/(g/hm²)	施用方法
二甲戊灵	PD134-91	330g/L	乳油	棉花田	一年生杂草	742.5～990	毒土法
				玉米田	杂草	750～1500	喷雾
				甘蓝田	杂草	495～742.5	喷雾或撒毒土
				韭菜田	杂草	495～742.5	喷雾或撒毒土
				水稻旱育秧田	一年生杂草	743～990	播后苗前土壤喷雾
二甲戊灵	PD20070435	90％	原药				
二甲戊灵	PD20070456	450g/L	微囊悬浮剂	甘蓝田	一年生禾本科杂草	743～945	喷雾
				棉花田	一年生禾本科杂草	743～945	喷雾
				大豆田	一年生禾本科杂草	1012.5～1350（东北地区）；742.5～1012.5（其他地区）	喷雾
				花生田	一年生禾本科杂草	742.5～1012.5	喷雾
				花生田	阔叶杂草	742.5～1012.5	喷雾
				大豆田	阔叶杂草	1012.5～1350（东北地区）；742.5～1012.5（其他地区）	喷雾
				韭菜田	部分阔叶杂草	743～945	喷雾
				韭菜田	一年生禾本科杂草	743～945	喷雾
				烟草田	一年生禾本科杂草	1012.5～1350（东北地区）；742.5～1012.5（其他地区）	喷雾
				烟草田	阔叶杂草	1012.5～1350（东北地区）；742.5～1012.5（其他地区）	喷雾
				甘蓝田	部分阔叶杂草	743～945	喷雾
				棉花田	部分阔叶杂草	743～945	喷雾

印度联合磷化物有限公司、印度瑞利有限公司在中国均登记了 95％二甲戊灵的原药，登记号分别为 PD20097738 和 PD20090639。

合成方法 二甲戊乐灵的制备方法如下：

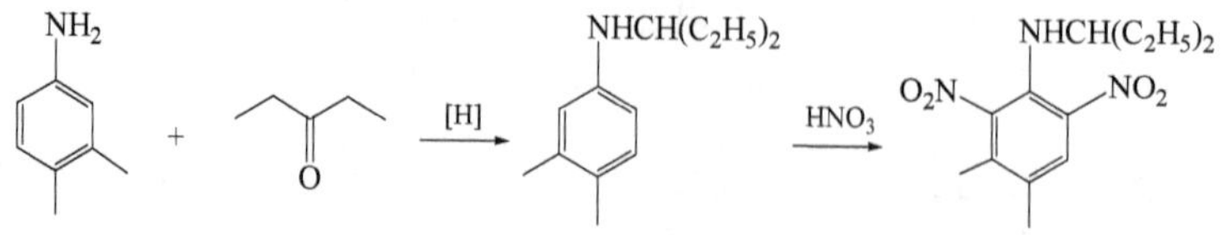

参考文献

[1] Proc Br Weed Control Conf，1974，2：825.

［2］张頔等．广州化工，2012，16：47-48.

二氯吡啶酸 clopyralid

$C_6H_3Cl_2NO_2$，192.0，1702-17-6，58509-83-4（钾盐），119308-91-7（三乙胺盐），
119308-91-7（三异丙基胺盐），57754-85-5（2-羟基乙醇胺）

二氯吡啶酸（clopyralid），试验代号 Dowco290，其他名称 3,6-DCP、毕克草。T. Haagsma 于 1975 年报道，1977 年由 Dow Chemical Co.（现 Dow AgroSciences）在法国推出。

化学名称 3,6-二氯吡啶-2-羧酸，3,6-dichloro-2-pyridinecarboxylic acid。

理化性质 纯品为无色晶体。熔点 151～152℃。蒸气压 1.33mPa（纯品，24℃），1.36mPa（原药，25℃）。$K_{ow}\lg P$：－1.81（pH 5），－2.63（pH 7），－2.55（pH 9），1.07（25℃）。相对密度 1.57（20℃）。溶解度（纯度 99.2%）：7.85（蒸馏水），水中 118（pH 5）、143（pH 7）、157（pH 9）（g/L，20℃）；其他溶剂中溶解度（g/kg）：乙腈 121，正己烷 6，甲醇 104。以水溶性盐类形式存在（如钾盐）的溶解度＞300g/L（25℃）。稳定性：熔点以上分解，酸性条件下及见光稳定；无菌水中 DT_{50}＞30d（pH 5～9，25℃）。pK_a 2。

毒性 大鼠急性经口 LD_{50}（mg/kg）：雄 3738，雌 2675。兔急性经皮 LD_{50}＞2000mg/kg。对兔眼睛有强烈刺激，对兔皮肤无刺激。大鼠急性吸入 LC_{50}（4h）＞0.38mg/L。无作用剂量（2y）[mg/(kg·d)]：大鼠 15，雄小鼠 500，雌小鼠＞2000。

生态效应 急性经口 LD_{50}（mg/kg）：野鸭 1465，山齿鹑＞2000。野鸭、山齿鹑饲喂 LC_{50}（5d）＞4640mg/kg。鱼毒 LC_{50}（96h，mg/L）：虹鳟鱼 103.5，大翻车鱼 125.4。水蚤 EC_{50}（48h）：225mg/L。羊角月牙藻 EC_{50}（96h，mg/L）：细胞数量 6.9，细胞体积 7.3。蜜蜂 LD_{50}（48h，经口、接触）＞100μg/只。蚯蚓 LC_{50}（14d）＞1000mg/kg 土壤。

环境行为

（1）动物 大鼠经口给药后，迅速并完全以原药的形式通过尿液排出。

（2）植物 植物体内不能代谢。

（3）土壤/环境 在土壤中通过微生物降解，贫瘠的土壤降解较慢。主要降解物为 CO_2；另外还检测到了一个其他降解物。有氧土壤降解取决于初始浓度[DT_{50} 7d（0.0025mg/L）～435d（2.5mg/L），砂壤土]、土壤温度和土壤湿度；DT_{50}（BBA 准则）14～56d；DT_{50}（USA 准则）2～94d。平均 K_{oc} 4.64mL/g（0.4～12.9），平均 K_d 0.0412（0.0094～0.0935）。在砂壤土中熟化时间为 30d，K_{oc} 30mL/g，表明二氯吡啶酸非常容易被吸附。尽管数据表明其有潜在的淋溶，但田间消解和蒸渗仪研究表明药剂会快速降解，不能向下迁移。田间消解 8～66d（19 地），向下迁移 18ft。在 1m 深土地中通过蒸渗仪研究表明，1y 后迁移中心范围 15～45cm，2～3y 向下迁移 50cm。每年浸出浓度 0.001～0.055μg/L。

制剂 300g/L，30% 水剂，75% 可溶粒剂，75% 可溶粉剂以及 75% 水分散粒剂。

主要生产商 山东潍坊润丰化工股份有限公司、湖南沅江赤蜂农化有限公司、利尔化学股份有限公司、浙江富农生物科技有限公司、江苏省南京红太阳生物化学有限责任公司、浙江埃森化学有限公司、安徽丰乐农化有限责任公司、永农生物科学有限公司、美国陶氏益农公司、南京华洲药业有限公司、河北万全力华化工有限责任公司及浙江天丰生物科学有限公司。

作用机理与特点 一种人工合成的植物生长激素，它的化学结构和许多天然的植物生长激素类似，但在植物的组织内具有更好的持久性。它主要通过植物的根和叶进行吸收，然后在植物体

内进行传导，所以其传导性能较强。对杂草施药后，它被植物的叶片或根部吸收，在植物体中上下移动并迅速传导到整个植株。低浓度的二氯吡啶酸能够刺激植物的 DNA、RNA 和蛋白质的合成，从而导致细胞分裂的失控和无序生长，最后导致管束被破坏，高浓度的二氯吡啶酸则能够抑制细胞的分裂和生长。

应用　内吸性芽后除草剂。用于防除刺儿菜、苣荬菜、稻槎菜、鬼针草等菊科杂草及大巢菜等豆科杂草。适用于春小麦、春油菜。在禾本科作物中有选择性，在多种阔叶作物、甜菜和其他甜菜作物、亚麻、草莓和葱属作物中也有同样的选择性。低浓度的二氯吡啶酸对人和动物损害不大。但在使用过程中可能会对一些农作物产生危害，如西红柿、豆类、茄子、马铃薯和向日葵等。

专利与登记　专利 US3317549 早已过专利期。国内主要登记了 95% 原药，300g/L、30% 水剂，75% 可溶粒剂，75% 可溶粉剂以及 75% 水分散粒剂。可防除春油菜田（100～180g/hm²）、冬油菜田（67.5～112.5g/hm²）、玉米田（202.5～236.25g/hm²）、春小麦田（202.5～270g/hm²）非耕地（360～495g/hm²）的阔叶杂草。

合成方法　由吡啶或者 2-甲基吡啶为原料制得：

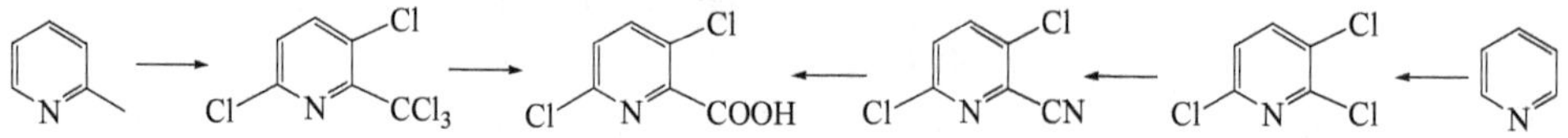

参考文献

[1] 马淳安等. 化工学报，2011，62(9)：2398-2404.

二硫化碳 carbon disulfide

$$CS_2$$

CS₂，76.1，75-15-0

二硫化碳（carbon disulfide），其他名称　carbon bisulpH ide，商品名称　Weevil To，是 1854 年 Garreau 报道的杀虫剂。

化学名称　二硫化碳，carbon disulfide。

理化性质　本品为无色流性液体，其杂质有刺激性气味，熔点 -108.6℃，沸点 46.3℃。蒸气压 4.7×10^7 mPa（25℃）。$K_{ow} \lg P = 1.84$。相对密度：1.2628（20℃），2.63（气体），1（空气）。水中溶解度（32℃）2.2g/L，溶于氯仿、乙醇、乙醚等多数有机溶剂。闪点 20℃。自燃 >100℃。

毒性　二硫化碳蒸气具有高毒性，在 6.8mg/L 空气浓度下，30min 内，会产生眼花和呕吐。日常处在浓度为 0.227mg/L 空气的环境里，会引起身体疾病。大鼠 NOEL20mg/L（11mg/kg）（EPA 跟踪）。ADI（EPA）RfD　0.1mg/kg。

作用机理与特点　熏蒸杀虫剂和杀线虫剂。

应用

（1）防治对象　用于苗木的熏蒸、土壤处理杀虫或杀线虫，也用于与 CCl₄（减少着火风险）混合防治粮仓害虫。防治粮仓害虫，用量 120～200g/m³。防治土壤熏蒸杀线虫和地下害虫幼虫（如马铃薯甲虫、日本丽金龟），用量 25～50mL/m³。

（2）使用方法　二硫化碳可采用不同容积的金属桶或金属缸储存，使用时分装到较小的容器中。二硫化碳的沸点远超过常温，空间熏蒸时，为尽快达到所需浓度，必须采取快速蒸发法。小规模的熏蒸可将液体倒在像麻袋片之类的吸附物质上，然后将其悬挂于空间。也可以用喷雾装置使液体成细雾状从仓外喷向仓内。常温熏蒸也可采用蛇形管加热的办法，但蛇形管中水温不能超过 84℃。由于二硫化碳具有燃烧和爆炸的特性，现代熏蒸该药剂的使用越来越少。如果必须使用，则需要与不燃成分制成混合剂使用，如四氯化碳。

合成方法　通过如下反应制得目的物：

$$CH_4 + S \longrightarrow CS_2$$

二氯丙烯 1,3-dicholorpropene

$C_3H_4Cl_2$，111.0，542-75-6

二氯丙烯（1,3-dicholorpropene），商品名称 D-D、Nematox、Nematrap、Telone。是由陶氏益农公司开发的杀线虫剂，现由陶氏益农和巴斯福等公司生产销售。二氯丙烯是目前世界上使用量最大的杀线虫剂之一。

化学名称 （EZ)-1,3-二氯丙烯，(EZ)-1,3-dichloropropene。

理化性质 纯品为无色至琥珀色、渗透力强的有甜味的气体。熔点<－50℃，沸点108℃。相对密度1.214(20℃)。蒸气压3.7kPa(20℃)。水中溶解度(20℃)2g/L，同其他有机溶剂如氯代烃、酯类、酮类互溶。

毒性 大鼠急性经口LD_{50}150mg/kg。大鼠急性经皮LD_{50}1200mg/kg。对兔皮肤和眼睛有严重伤害。长时间接触导致灼伤。大鼠吸入LC_{50}(4h)2.70～3.07mg/L空气。NOEL值[2y,mg/(L·d)]：大鼠0.099，小鼠0.025。

生态效应 山齿鹑急性经口LD_{50}152mg/kg。山齿醇和野鸭饲喂LC_{50}(5d)>10000mg/kg饲料。鱼类LC_{50}(96h,mg/L)：虹鳟鱼3.9，大翻车鱼7.1。蜜蜂LD_{50}(90h)6.6μg/只（经口和接触）。摄入1,3-二氯丙烯喷雾的人会遭受胸闷、咳嗽、呼吸困难和皮疹。眼睛刺激，气管、肝脏和肾脏损伤以及心律不齐等症状也是由于接触1,3-二氯丙烯所致。

作用机理与特点 1,3-二氯丙烯分子同酶系统在含有硫氢根离子、氨根离子或氢氧根离子的位点相互作用，在酶表面发生取代反应，即1,3-二氯丙烯分子失去一个氯原子，取而代之的是氢原子。结果酶终止其正常功能，随后激活杀线虫活性，接着线虫麻痹，最后死亡。

应用 作物种植前土壤处理，可杀死众多的害虫包括线虫及某些病原菌包括病毒。

二氯喹啉酸 quinclorac

$C_{10}H_5Cl_2NO_2$，242.1，84087-01-4

二氯喹啉酸（quinclorac），试验代号 BAS-514H，商品名称 Accord、Drive、Facet、Paramount、Queen、Silis、Sunclorac。其他名称 Eject、Pilarfast、Quinstar、Shenchu、快杀稗、稗草净、稗草亡、杀稗快、杀稗特、杀稗王、克稗灵、神除。是由德国巴斯夫公司开发的喹啉羧酸类除草剂。

化学名称 3,7-二氯喹啉-8-羧酸，3,7-dichloroquinoline-8-carboxylic acid。

理化性质 纯品为无色晶体，熔点274℃，相对密度1.68。蒸气压<0.01mPa(20℃)。分配系数$K_{ow}lgP=-0.74$(pH 7)。水中溶解度0.065mg/kg(20℃,pH 7)，丙酮溶解度<1g/100mL(20℃)，几乎不溶于其他溶剂。在50℃可稳定存在24个月。pK_a4.34(20℃)。

毒性 急性经口 LD_{50}（mg/kg）：大鼠 2680，小鼠＞5000。大鼠急性经皮 LD_{50}＞2000mg/kg，大鼠急性吸入 LC_{50}（4h）＞5.2mg/L。对兔眼睛及皮肤无刺激性。NOEL（mg/kg）：大鼠（2y）533，小鼠（1.5y）30。ADI（EPA）0.38mg/kg[1992]。无致癌性。

生态效应 山齿鹑急性经口 LD_{50}＞2000mg/kg。野鸭、山齿鹑饲喂 LD_{50}（8d）＞5000mg/kg。虹鳟鱼、大翻车鱼、鲤鱼 LC_{50}（96h）＞100mg/L。水蚤 LC_{50}（48h）113mg/L。对藻类无毒。其他水生生物 LC_{50}（mg/L）：（96h）咸水糠虾 69.9，蓝蟹＞100；（48h）圆蛤＞100。通常用量下，该药对蜜蜂、蚯蚓无影响。

环境行为

（1）动物 大鼠经口后，90％的二氯喹啉酸在 5d 内经尿液排出体外。

（2）植物 被植物的根和叶片吸收。

（3）土壤/环境 少部分由土壤吸收。根据土壤类型和有机质含量的不同，化学品相对移动，移动性随着渗透率的增加而加大。二氯喹啉酸可被微生物降解，3-氯-8-喹啉羧酸是主要的降解产物。导致稻田土壤湿度变化的水分状况能够促进微生物降解。光照下发生光解反应，溶于腐植酸中。

制剂 25％、50％可湿性粉剂。

主要生产商 AGROFINA、BASF、Sundat、湖北沙隆达股份有限公司、江苏安邦电化有限公司、江苏恒泰进出口有限公司、江苏快达农化股份有限公司、江苏绿利来股份有限公司、江苏瑞东农药有限公司、江苏省激素研究所股份有限公司、上海美林康精细化工有限公司、上海中西药业股份有限公司、沈阳科创化品有限公司、新沂中凯农用化学工业有限公司以及浙江新安化工集团有限公司等。

作用机理与特点 主要通过杂草根吸收，也能被发芽的种子吸收，少量通过叶吸收，在杂草体内传导，使杂草死亡。杂草中毒症状与生长素物质的作用症状相似，即具有激素型除草剂的特点。

应用

（1）适用作物与安全性 对 2 叶期以后的水稻安全，水稻包括水稻秧田、直播田、移栽田和抛秧田。二氯喹啉酸在土壤中有积累作用，可能对后茬产生残留累积药害，所以下茬最好种植水稻、小粒谷物、玉米、高粱等耐药作物。用药后 8 个月内应避免种植棉花、大豆等敏感作物，特别注意施用过二氯喹啉酸的田里下一年不能种植茄科（番茄、烟草、马铃薯、茄子、辣椒等）、伞形花科（胡萝卜、荷兰芹、芹菜、欧芹、香菜等）、藜科（菠菜、甜菜等）、锦葵科（棉花、秋葵）、葫芦科（黄瓜、甜瓜、西瓜、南瓜等）、豆科（青豆、紫花苜蓿等）、菊科（高莴苣、向日葵等）、旋花科（甘薯等）等，若种则需两年后才可以种植。即使用过二氯喹啉酸的田水流到以上作物田中或用田水灌溉，或喷雾时雾滴漂移到以上作物上，均会对它们造成药害。

（2）防除对象 稗草，能杀死 1～7 叶期的稗草，对 4～7 叶期的高龄稗草药效突出。对田菁、决明、雨久花、鸭舌草、水芹、茨藻等有一定的防效，对莎草科杂草无效。

（3）应用技术 ①严格掌握用药量，因二氯喹啉酸是激素型的除草剂，用药过量、重复喷洒会出现药害，抑制水稻生长而减产。②施药后 1～2d 灌水，保水 3～5cm 水层，保持 5d 以上，5～7d 以后恢复正常田间管理。水层太深会降低对稗草的防效。③与其他除草剂混合使用前，应先做试验，避免出现药害。④因二氯喹啉酸对多种蔬菜敏感，用稻田水浇菜，易出药害，所以应避免用稻田水浇菜。⑤应特别注意的是避免在水稻播种早期胚根或根系暴露在外时使用，水稻2.5 叶期前勿用。

（4）使用方法 水稻苗前和苗后均可使用，剂量为 250～750g(a.i.)/hm²[亩用量为 16.6～50g(a.i.)]。

①水稻插秧田。在稗草 1～7 叶期均可施用，但以稗草 2.5～3.5 叶期为最佳。每亩用 50％二氯喹啉酸 27～52g 或 25％二氯喹啉酸 53～100mL 进行喷雾。②直播田和秧田。由于水稻 2 叶期以前的秧苗对二氯喹啉酸较为敏感，所以在秧田或直播田中使用应在秧苗 2.5 叶期以后，用药量、使用方法与插秧田相似。

用于水稻直播田和移栽田，防除阔叶杂草和莎草科杂草，二氯喹啉酸可与苄嘧磺隆、吡嘧磺隆、乙氧嘧磺隆、环丙嘧磺隆、灭草松、莎阔丹等除草剂混用。水稻移栽后或直播田水稻苗后、稗草 3 叶期前每亩用 50％二氯喹啉酸 26～30g 或 25％二氯喹啉酸 50～60mL 加 10％吡嘧磺隆 10g、10％苄嘧磺隆 15～17g 或 10％环丙嘧磺隆 13～17g 或 15％乙氧嘧磺隆 10～15g 混用，可有效地防除稗草、泽泻、慈姑、雨久花、鸭舌草、眼子菜、节节菜、萤蔺、异型莎草、碎米莎草、牛毛毡等一年生禾本科、莎草科杂草、阔叶杂草，对难治的多年生莎草科的扁秆藨草、日本藨草、藨草等有较强的抑制作用。施药前一天排水使杂草露出水面，施药后 2d 放水回田，一周内稳定水层 3～5cm。水稻移栽后或直播田水稻苗后、稗草 3～8 叶期，每亩用 50％二氯喹啉酸 35～53.3g 或 25％二氯喹啉酸 70～100mL 加 48％灭草松 167～200mL 或 46％莎阔丹 167～200mL，可有效地防除稗草、泽泻、慈姑、眼子菜、鸭舌草、雨久花、节节菜、花蔺、牛毛毡、萤蔺、碎米莎草、异型莎草、扁秆藨草、日本藨草等一年生杂草和难治的多年生莎草科杂草。防除扁秆藨草、日本藨草、藨草等难治的多年生莎草科杂草，还可在移栽田插前或插后，直播田水稻苗后，多年生莎草科杂草株高 7cm 前单用 10％吡嘧磺隆每亩 10g 或 30％苄嘧磺隆 10g，间隔 10～20d 再用吡嘧磺隆、苄嘧磺隆同样剂量与 50％二氯喹啉酸 35～53.3g 或 25％二氯喹啉酸70～100mL 混用。

专利与登记　专利 DE3108873 早已过专利期，不存在专利权问题。国内登记情况：75％水分散粒剂，25％、50％、60％、75％可湿性粉剂，45％、50％可溶粉剂，25％泡腾粒剂，50％可溶粒剂，250g/L、25％、30％悬浮剂，登记作物均为水稻，防治对象为稗草。巴斯夫欧洲公司在中国登记了 250g/L 悬浮剂，用于水稻直播田防除稗草，用药量为 200～375g/hm²，登记证号 PD20060016。

合成方法　以间氯邻甲苯胺、甘油为起始原料，首先制得中间体 7-氯-8-甲基喹啉，再在二氯苯中通氯气生成 3，7-二氯-8-氯甲基喹啉，然后用浓硝酸在浓硫酸中氧化得目的物。或上述氯化物与盐酸羟胺、甲酸-甲酸钠和水在 100℃反应 12h，得 3,7-二氯-8-氰基喹啉，然后在 140℃下用浓硫酸水解 20h 亦可得目的物。反应式如下：

参考文献

[1] 杜卫刚. 河北化工，2007，10：40-41.

二氯异丙醚 DCIP

$[ClCH_2CH(CH_3)]_2O$

$C_6H_{12}Cl_2O$，171.1，108-60-1

二氯异丙醚（DCIP），试验代号　IK-141，商品名称　Nemamort，其他名称　dichloro diisopropyl ether，是由 SDS Biotech 开发的杀线虫剂。

化学名称　双(2-氯-1-甲基乙基)醚，bis(2-chloro-1-methylethyl)ether。

理化性质　本品为浅棕色液体，沸点 $181.6\sim187.7℃$（760mmHg），相对密度 1.109（24℃），蒸气压 3.28×105mPa(25℃)，分配系数 $K_{ow}\lg P=2.14$(pH 6.8,20℃)。水中溶解度（pH 4.43,22℃）2.07g/L。对光、热、水稳定，闪点 87℃。

毒性　急性经口 LD_{50}(mg/kg)：雄大鼠 503，雄小鼠 599，雌小鼠 536。大鼠急性经皮 LD_{50} >2000mg/kg。大鼠吸入 LC_{50}（4h）12.8mg/L。雄大鼠 NOEL（2y）13.4mg/kg 饲料。ADI 值 0.13mg/kg。

生态效应　鲤鱼 LC_{50}（96h）>65.1mg/L，水蚤 EC_{50}（48h）31.9mg/L，藻类 E_bC_{50}（72h）72.6mg/L。

制剂　80%、85%乳油，95%油剂。

主要生产商　SDS　Biotech　K. K.。

作用机理与特点　具有熏蒸作用的杀线虫剂。由于其蒸气压低，气体在土壤中挥发缓慢，因此对作物安全。

应用

（1）适宜作物　白菜、烟草、桑、茶、棉花、芹菜、黄瓜、菠菜、胡萝卜、甘薯、茄、番茄等。

（2）防治对象　对根结、短体、半穿刺、胞囊、剑和毛刺等线虫均有良好的防效。

（3）使用方法　在播种前 7~20d 进行处理土壤，也可以在播种后或植物生长期使用。使用剂量：40~240kg/hm²。

合成方法　可通过如下反应表示的方法制得目的物：

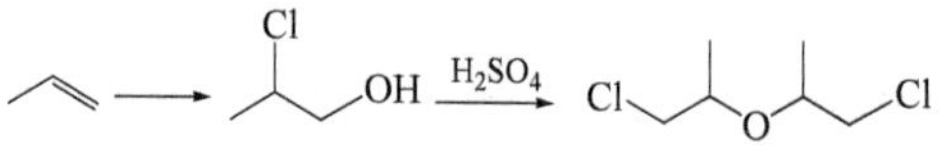

二嗪磷 diazinon

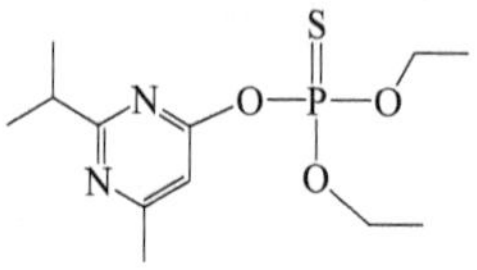

$C_{12}H_{21}N_2O_3PS$，304.3，333-41-5

二嗪磷(diazinon)，试验代号　G24480、OMS469、ENT19507，商品名称　Cekuzinon、Dianozyl、Diazate、Diazin、Diazol、Laidan、Sabion、Vibasu、Zak。其他名称　大利松、大亚仙农、地亚农、二嗪农。是 R. Gasser 报道其活性，由 J. R. GeigyS. A.（现属 Syngenta AG）开发的有机磷类杀虫剂。

化学名称　O,O-二乙基-O-2-异丙基-6-甲基嘧啶-4-基硫代磷酸酯，O,O-diethyl-O-2-isopropyl-6-methylpyrimidin-4-yl-phosphorothioate。

理化性质　工业品纯度$\geqslant95\%$，无色液体（工业品为黄色液体），沸点：$83\sim84℃$（0.0002mmHg）、125℃（1mmHg）。蒸气压 1.2×10^1mPa(25℃)。相对密度 1.11(20℃)。$K_{ow}\lg P=3.30$。Henry 常数 6.09×10^{-2}Pa·m³/mol(计算)。水中溶解度(20℃)60mg/L，与常用有机溶剂如酯类、醇类、苯、甲苯、正己烷、环己烷、二氯甲烷、丙酮、石油醚互溶。100℃以上易被氧化，在中性介质中稳定，在碱性介质中缓慢分解，在酸性介质中分解较快，DT_{50}（20℃）：11.77h(pH 3.1)，185d(pH 7.4)，6.0d(pH 10.4)。120℃以上分解，pK_a2.6，闪点$\geqslant62℃$。

毒性　急性经口 LD_{50}（mg/kg）：大鼠 1250，小鼠 80~135，豚鼠 250~355。急性经皮 LD_{50}（mg/kg）：大鼠>2150，兔 540~650。本品对兔无刺激。大鼠吸入 LC_{50}（4h）>2330mg/m³。NO-

EL：大鼠（2y）0.06mg/kg；（1y）狗 0.015mg/（kg·d），人 0.02mg/kg。ADI：（EFSA）0.0002mg/kg[2006]；（JMPR）0.005mg/kg[2006]；（EPA）aRfD 0.0025mg/kg，cRfD 0.0002mg/kg[2002]。

生态效应 鸟急性经口 LD_{50}（mg/kg）：野鸭 2.7，雏鸡 4.3。鱼 LC_{50}（96h，mg/L）：大翻车鱼 16，虹鳟鱼 2.6～3.2，鲤鱼 7.6～23.4。水蚤 LC_{50}（48h）0.96μg/L。羊角月牙藻 EC_{50}＞1mg/L。本品对蜜蜂高毒。对蚯蚓轻微毒。

环境行为 在动物体内的主要代谢物为二乙基硫代磷酸酯和二乙基磷酸酯。经 ^{14}C 标记研究，本品在植物中被很快吸收、传导，代谢过程为氢解、羟基嘧啶降解为二氧化碳。本品在土壤中降解过程为：磷酸酯氧化、氢解。DT_{50} 11～21d（实验室），土壤对本品吸附力很强，因此流动性很差，K_{om} 332mg/g。

制剂 50％、60％乳油，2％、5％、10％颗粒剂。

主要生产商 Aako、Agrochem、Cerexagri、Dongbu Fine、Drexel、Makhteshim-Agan、Nippon Kayaku、Sundat，安徽省池州新赛德化工有限公司、鹤岗市禾友农药有限责任公司、湖南海利化工股份有限公司、江苏丰山集团有限公司、南通江山农药化工股份有限公司、浙江禾本科技有限公司、浙江一同化工有限公司及浙江永农化工有限公司等。

作用机理 胆碱酯酶的直接抑制剂。具有触杀、胃毒和熏蒸作用的非内吸性杀虫、杀螨剂。

应用

（1）适用作物 水稻、果树、香蕉、甜菜、葡萄园、甘蔗、玉米、烟草、马铃薯、咖啡、茶、棉花、园艺作物等。

（2）防治对象 主要用于防治刺吸式和咀嚼式昆虫和螨类。

（3）残留量与安全施药 本品不可与碱性农药和敌稗混合使用，在施用敌稗前后两周内不能使用本品，本品不能用铜、铜合金罐、塑料瓶盛装，储存时应放置在阴凉干燥处。最高残留限量为 0.75mg/L，收获前安全间隔期为 10d。

（4）使用方法

① 水稻。a. 三化螟：在卵孵盛期，白穗在 5％～10％破口露穗期，用 50％乳油 750～1125mL/hm²，兑水 750～1125kg 均匀喷雾。b. 二化螟：大发生年份，蚁螟孵化高峰前 3d，用 50％乳油 750～1125mL/hm²，兑水 750～1125kg 均匀喷雾，7～10d 后再用药一次。c. 稻瘿蚊：在成虫高峰期至幼虫盛孵高峰期，用 50％乳油 750～1500mL/hm²，兑水 750～1050kg 均匀喷雾。d. 稻飞虱、稻叶蝉、稻秆蝇：在害虫发生期，用 50％乳油 50～100mL/hm²，兑水 50～75kg 均匀喷雾。

② 棉花。a. 棉蚜：在蚜株率达到 30％，平均单株蚜数近 10 头，以及卷叶株率 5％时，用 50％乳油 600～900mL/hm²，兑水 600～900kg 均匀喷雾。b. 棉红蜘蛛：在 6 月底前害虫发生期，用 50％乳油 900～1200mL/hm²，兑水 750kg 均匀喷雾。

③ 蔬菜。a. 菜青虫：在产卵高峰后 1 周，幼虫处于 2～3 龄期，用 50％乳油 750mL/hm²，兑水 600～750kg 均匀喷雾。b. 菜蚜：在蚜虫发生期，用 50％乳油 750mL/hm²，兑水 600～750kg 均匀喷雾。c. 圆葱潜叶蝇、豆类种蝇：用 50％乳油 750～1500mL/hm²，兑水 750～1500kg 均匀喷雾。

④ 玉米、高粱。用 50％乳油 7.5L/hm²，加水 375kg，拌种 4500kg，拌匀闷种 7h 后播种，可防治华北蝼蛄、华北大黑金龟子。

⑤ 糯玉米。10％二嗪磷颗粒剂对小地老虎的最佳用量为 400～500g/667m²，药后 7d 的防效达到 89％左右，21d 时防效达到 100％，具有较好的速效性和持效性。

⑥ 小麦。用 50％乳油 7.5L/hm²，加水 375kg，拌种 3750kg，待种子把药液吸收，稍晾干后即可播种，可防治华北蝼蛄、华北大黑金龟子。

⑦ 花生。用 2％颗粒剂 18.75kg/hm²，穴施，可防治蛴螬。

此外，还可用于防治温室蝇类，兽医用来防治蝇类和蜱类。

专利与登记 专利 BE510817、GB713278 均早已过专利期，不存在专利权问题。

国内登记情况：50％水乳剂，95％、96％、97％原药，25％、50％乳油，0.1％、4％、5％、10％颗粒剂等，登记作物为水稻、棉花和小麦等，防治对象为二化螟、三化螟和蚜虫等。

合成方法　经如下反应制得二嗪磷：

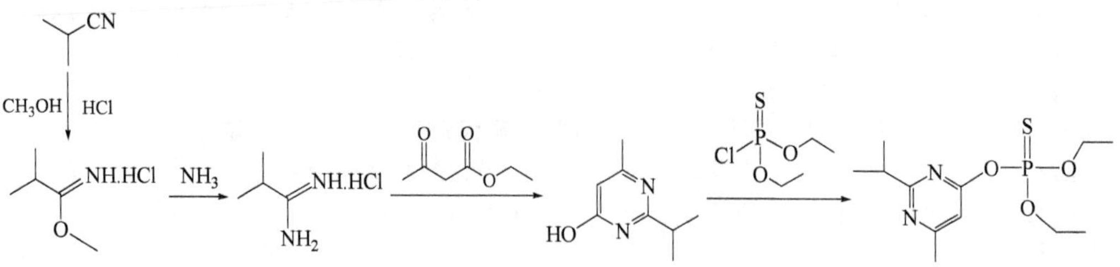

二氰蒽醌 dithianon

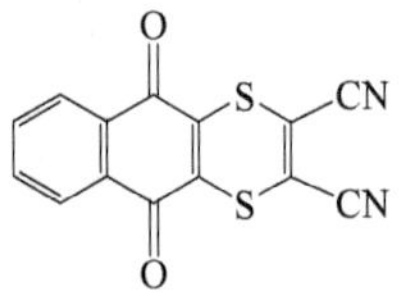

$C_{14}H_4N_2O_2S_2$，296.3，3347-22-6

二氰蒽醌（dithianon），试验代号　BAS216F、CL37114、CME107、IT-931、MV119A、SAG107。商品名称　Agrition、Delan、Ditho、Dock、Fado、Kuki、Minosse、Zot。其他名称二噻农，是由BASF公司开发的杀菌剂。

化学名称　2,3-二氰基-1,4-二硫代蒽醌，5,10-dihydro-5,10-dioxonaphtho[2,3-b]-1,4-dithi-in-2,3-dicarbonitrile。

理化性质　纯品为深棕色结晶状固体，具有铜的光泽(工业品浅棕色)，熔点215～216℃。蒸气压$2.7×10^{-6}$mPa。分配系数$K_{ow}lgP=3.2$，Henry常数$5.71×10^{-6}$Pa·m³/mol(计算值)。相对密度1.576kg/m³(20℃)。水中溶解度(pH 7,20℃)：0.14mg/L。有机溶剂溶解度(g/L，20℃)：甲苯8，氯仿12，丙酮10；微溶于甲醇和二氯甲烷。浓酸、碱性介质中及长时间加热会分解，DT_{50}12.2h(pH 7,25℃)。稳定存在至80℃。水溶液(0.1mg/L)暴露于人造光下时DT_{50}19h。闪点＞300℃。

毒性　大鼠急性经口LD_{50}＞300mg/kg，大鼠急性经皮LD_{50}＞2000mg/kg。对皮肤无刺激，对眼严重刺激。雄性大鼠吸入LC_{50}(4h)0.28mg/L空气。NOEL[2y,mg/(kg·d)]：大鼠(2y)1，狗(1y)1.6，小鼠(1.5y)2.8。ADI 0.01mg/kg。无遗传毒性。制剂毒性：轻度急性经口毒性，无生殖、发育毒性，无致癌性。

生态效应　鸟类急性经口LD_{50}[mg/(kg·d)]：鹌鹑309，鸭子2000。短期饲喂毒性LC_{50}(mg/kg饲料)：鹌鹑＞5200，鸭子＞5000。鳟鱼LC_{50}(96h)44μg/L。水蚤EC_{50}(48h)260μg/L，羊角月牙藻EC_{50}(72h)90μg/L。摇蚊NOEC(28d)125μg/L。蜜蜂接触LD_{50}＞0.1mg/只，蚯蚓LC_{50}(14d)578.4mg/kg土。其他有益生物：对非靶标节肢动物无风险或不可接受的影响。

环境行为

(1) 动物　在组织和/或排泄物中仅检测到痕量的二氰蒽醌。在一系列的降解过程中，二氰蒽醌迅速、深入的代谢，推测主要的降解步骤是氧化/还原反应及和亲核试剂的反应，通常为硫醇，以蛋白质和肽(如谷胱甘肽)的形式。通过这些反应生成众多的代谢物。由于所有代谢物的量都很少，代谢物没有被鉴定出来。

（2）植物　在植物中，母体化合物被代谢为数量众多的微量的未知成分。

（3）土壤/环境　土壤中 DT_{50}（实验室，20℃，41％～45％MWHC）2.6～37.6d，DT_{90}（实验室，20℃，41％～45％MWHC）8.5～125d，水中 DT_{50}（pH 7,20℃）0.6d；K_{oc} 1167～6004mL/g，空气中 DT_{50}＜6.3h。

主要生产商　BASF、Punjab、Sundat 及浙江禾益农化有限公司等。

作用机理与特点　具有多作用机理。通过与含硫基团反应和干扰细胞呼吸而抑制一系列真菌酶，最后导致病害死亡。具很好的保护活性的同时，也有一定的治疗活性。

应用

（1）适宜作物　果树包括仁果和核果，如苹果、梨、桃、杏、樱桃、柑橘、咖啡、葡萄，草莓，啤酒花等。

（2）安全性　在推荐剂量下尽管对大多数果树安全，但对某些苹果树有药害。

（3）防治对象　除了对白粉病无效外，几乎可以防止所有果树病害如黑星病、霉点病、叶斑病、锈病、炭疽病、疮痂病、霜霉病、褐腐病等等。

（4）使用方法　主要是茎叶处理。防治苹果、梨黑星病，苹果轮纹病，樱桃叶斑病、锈病、炭疽病和穿孔病，桃、杏缩叶病、褐腐病、锈病，柑橘疮痂病、锈病，草莓叶斑病等使用剂量为 525g(a.i.)/hm²；防治啤酒花霜霉病使用剂量为 1400g(a.i.)/hm²；防治葡萄霜霉病使用剂量为 560g(a.i.)/hm²。不可与石油、碱性物质和含硫化合物混用。

专利概况　专利 GB857383 等早已过期，不存在专利权问题。

合成方法　以萘为原料，经如下反应即制得目的物：

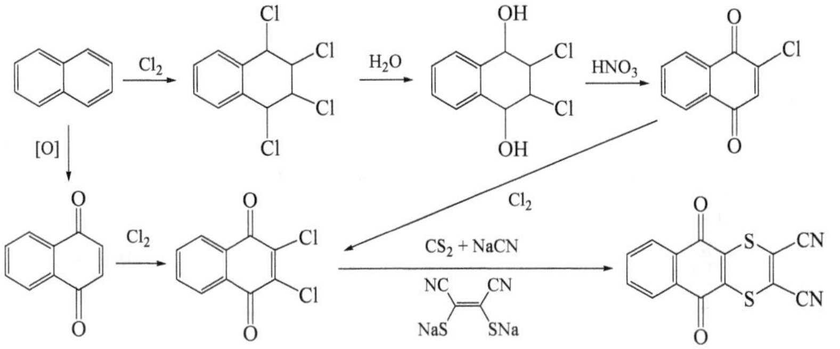

参考文献

[1] The Pesticide Manual. 15th edition，2009：402-403.

二硝巴豆酚酯 dinocap

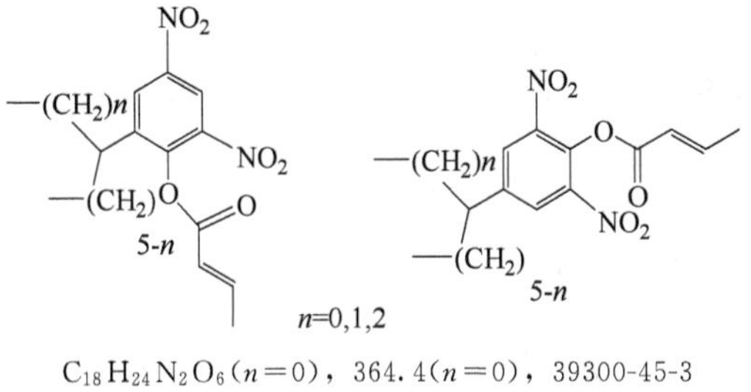

$C_{18}H_{24}N_2O_6(n=0)$，364.4$(n=0)$，39300-45-3

二硝巴豆酚酯（dinocap），试验代号　CR-1693、ENT24727，商品名称　Arcotan、Dular、Korthane、Sialite，其他名称　DPC。由 Rohm & Haas Co.（现属 Dow AgroSciences）推广，是二硝基苯酚类杀螨剂。

化学名称　2,6-二硝基-4-辛基苯基巴豆酸酯和 2,4-二硝基-6-辛基苯基巴豆酸酯，其中辛基是 1-甲基庚基、1-乙基己基和 1-丙基戊基的混合物。2,6-dinitro-4-octylphenyl crotonates 和 2,4-dinitro-6-octylphenyl crotonates。

组成　最初认为二硝巴豆酚酯的结构为 2-(1-甲基庚基)-4,6-二硝基苯基巴豆酸酯（Ⅰ,$n=0$），现在确定商品化产品 6-辛基异构体与 4-辛基异构体的比例为(2~2.5)∶1。

理化性质　有刺激性气味的暗红色的黏稠液体，熔点 -22.5℃，沸点 138~140℃ (0.05mmHg)，常压下超过 200℃ 时会分解。蒸气压 3.33×10^{-3} mPa(25℃)，K_{ow} lg$P=4.54$ (20℃)。Henry 常数 1.36×10^{-3} Pa·m^3/mol(计算)。相对密度 1.10(20℃)。水中溶解度 0.151mg/L。其他溶剂中溶解度，2,4-异构体：在丙酮、1,2-二氯乙烷、乙酸乙酯、正庚烷、甲醇和二甲苯中>250g/L；2,6-异构体：在丙酮、1,2-二氯乙烷、乙酸乙酯和二甲苯中>250g/L、正庚烷 8.5~10.2g/L、甲醇 20.4~25.3g/L。见光迅速分解，32℃ 以上就分解，对酸稳定，在碱性环境中酯基水解。闪点 67℃。

毒性　急性经口 LD$_{50}$(mg/kg)：雄大鼠 990，雌大鼠 1212。兔急性经皮 LD$_{50}$≥2000mg/kg，对兔皮肤有刺激性，对豚鼠皮肤致敏。大鼠吸入 LC$_{50}$(4h)≥3mg/L 空气。NOEL 值[mg/(kg·d)]：(18 个月)雌小鼠 2.7，雄小鼠 14.6；(2y)大鼠 6~8，狗 0.4。在啮齿类动物中无致癌作用。小鼠第三代出现致畸作用，相应的 NOAEL 值为 0.4mg/(kg·d)。ADI：(JMPR)0.008mg/kg [2000]；(EC)0.004mg/kg[2006]；(EPA)aRfD 0.04mg/kg，cRfD 0.0038mg/kg[2003]。

生态效应　山齿鹑急性经口 LD$_{50}$>2150mg/kg，饲喂 LC$_{50}$(8d,mg/L)：野鸭 2204，山齿鹑 2298。对鱼有毒 LC$_{50}$(μg/L)：虹鳟鱼 13，大翻车鱼 5.3，鲤鱼 14，黑头呆鱼 20。水蚤 LC$_{50}$ (48h)4.2μg/L。藻类 EC$_{50}$(72h)>105mg/L。对摇蚊属昆虫 LC$_{50}$ 390μg/L。对蜜蜂低毒，LC$_{50}$ (μg/只)：29(接触)，6.5(经口)。蚯蚓 LC$_{50}$(14d)120mg/kg 土壤。在实验室条件下二硝巴豆酚酯对蚜茧蜂和梨盲走螨有害，然而，在大田中由于快速分解而使得影响减小。二硝巴豆酚酯对捕食螨没有不利影响。

环境行为　二硝巴豆酚酯在作物、动物和环境中容易分解成 2,4-和 2,6-二硝基苯酚 (DNOP)。二硝巴豆酚酯和其残留物没有明显的浸出潜力并且对地下水没有危害。

(1) 动物　大鼠经口后几乎完全排泄到尿和粪便中。奶牛经口后二硝巴豆酚酯和其代谢物几乎完全排泄到粪便中，尿液中量很少。硝基经酶催化还原成氨基，还发生了酯水解生成 DNOP。

(2) 植物　与动物代谢路径相同。

(3) 土壤/环境　土壤 DT$_{50}$(实验室,厌氧,20℃)4~24d；DT$_{90}$13.5~113d。DT$_{50}$(实验室,厌氧,20℃)8d。主要的代谢产物是 DNOP，由酯水解形成，随后被微生物降解成 CO$_2$。K_{oc} 2889~310200，依据土壤的类型不同而不同。二硝巴豆酚酯和其残留物没有浸出潜力。水：DT$_{50}$(无菌,暗处,20℃)>1y(pH 4)，16~30d(pH 7)，3.6~9d(pH 9)。水中光解更迅速：DT$_{50}$<1d(25℃,pH 4)。在黑水/沉积物体系中，迅速从水消散到沉积物中。DT$_{50}$(实验室)<7d，容易分解。在水生系统中，主要代谢产物是 DNOP。空气：使用中没有明显的挥发损失，出现在空气中的少量样品是按空气中 DT$_{50}$1.9h 来降解的。

制剂　可湿性粉剂[250g(a.i.)/kg、500g(a.i.)/kg 或 800g(a.i.)/kg]。与林丹及其他杀菌剂混配用于种子处理。与多种其他杀菌剂，特别是内吸性杀菌剂混配以扩大杀菌谱，拓宽活性范围。

主要生产商　Dow AgroSciences。

作用机理与特点　非内吸性杀螨剂，具有一定的杀菌作用。

应用

(1) 适用作物　苹果、柑橘、梨、葡萄、黄瓜、甜瓜、西瓜、南瓜、草莓、蔷薇和观赏植物等作物。

(2) 防治对象　红蜘蛛和白粉病；对桑树白粉病和茄子红蜘蛛都有良好的防治效果。还有杀螨卵的作用，还可用作种子处理剂。

(3) 使用方法　用药量为 70~1120g(a.i.)/hm^2。防治柑橘红蜘蛛，使用 19.5% 可湿性粉剂

1000 倍液喷雾。防治葡萄、黄瓜、甜瓜、西瓜、南瓜、草莓等作物的白粉病或红蜘蛛，使用19.5%可湿性粉剂 2000 倍液喷雾。防治苹果、梨的红蜘蛛，使用 37% 乳油 1500～2000 倍液喷雾。防治花卉和桑树的白粉病或红蜘蛛，使用 37% 乳油 3000～4000 倍液喷雾。

专利概况 专利 US2526660 早已过专利期，不存在专利权问题。

合成方法 在硅钨酸和二氧化硅的催化下，苯酚和 1-辛烯反应生成 2-(1-甲基庚基)苯酚，然后再进行硝化，最后和巴豆酰氯反应得到甲基二硝巴豆酚酯。

参考文献

[1] Pestic Sci，1975，6：97.

二硝酚 DNOC

$C_7H_6N_2O_5$，198.1，534-52-1，5787-96-2(钾盐)，2312-76-7(钠盐)，2980-64-5(铵盐)

二硝酚(DNOC)，商品名称 Hektavas，其他名称 DNC、二硝甲酚、4,6-二硝基邻甲酚、4,6-二硝基邻甲苯酚。由 Bayer AG 于 1892 年作为杀虫剂报道，1932 作为除草剂由 G. Truffaut et Cie 公司报道。其亦以铵盐形式商品化，商品名称 Abc、Trifinox、Trifocide。

化学名称 4,6-二硝基邻甲酚，4,6-dinitro-*o*-cresol。

理化性质 纯品为黄色结晶(非工业品)，干燥时具有爆炸性，工业品纯度 95%～98%，熔点 88.2～89.9℃(工业品，83～85℃)，蒸气压(25℃)为 16mPa，相对密度 1.58(20℃)，$K_{ow}\lg P = 0.08$(pH 7)，Henry 常数 2.41×10^{-7} Pa•m³/mol(计算值)。水中溶解度(20℃)6.94g/L(pH 7)。其他溶剂中溶解度(20℃,g/L)：甲苯 251，甲醇 58.4，己烷 4.03，乙酸乙酯 338，丙酮 514，二氯甲烷 503。其钠盐、钾盐、钙盐和铵盐均易溶于水。在水中降解很慢，$DT_{50} > 1y$，光解 DT_{50} 253h(20℃)。在干燥的条件下，其钠盐易爆炸，一般向其成品中加入 10% 的水分，以便降低爆炸的风险。$pK_a 4.48$(20℃)。

毒性 二硝酚钠盐急性经口 LD_{50}(mg/kg)：大鼠 25～40，小鼠 16～47，猫 50，绵羊 200。急性经皮 LD_{50}(mg/kg)：大鼠 200～600，兔 1000，小鼠 187。对皮肤有刺激，可通过皮肤吸收致命剂量。NOEL 值(6 个月,mg/kg 饲料)：大鼠和兔 >100，狗 20；大鼠(28d)13。对人具有强的累积毒性，通过不断的吸收产生慢性中毒。

生态效应 鸟类急性经口 LD_{50}(mg/kg)：日本鹌鹑 15.7(14d)，鸭 23，鹧鸪 20～25，野鸡 6～85。日本鹌鹑 LC_{50} 为 637mg/kg 饲料。鱼毒 LC_{50}(mg/L)：鲤鱼 6～13，虹鳟鱼 0.45，大翻车鱼 0.95。水蚤 LC_{50}(24h)5.7mg/L。水藻 LC_{50}(96h)6mg/L。蜜蜂 LD_{50} 1.79～2.29mg/只。在农田中呈中等到低毒。蚯蚓 LC_{50}(14d)15mg/kg 土壤。

环境行为

（1）动物 哺乳动物经口，DNOC 在体内代谢，代谢产物是葡萄糖苷酸与 2-甲基-4,6-二氨基苯酚的共轭物。

（2）植物 在植物体内硝基基团被还原为氨基基团。

（3）土壤/环境 在土壤中，硝基基团被还原为氨基基团。在土壤中 DT_{50} 0.1～12d(20℃)，15d(5℃)。在水中 DT_{50} 3～5 周(20℃)。

制剂 46％乳剂。可以游离酸或盐的形式获得(例如铵盐、钾盐或钠盐)，有多种剂型，例如水溶性浓缩剂(SL)、悬浮浓缩剂(SC)、乳化的(水型或油型)浓缩剂(EC)、糊剂(PA)、可湿性粉剂(WP)或膏剂。这些制剂中有效成分的浓度范围为 130～560g/L。

作用机理与特点 具有触杀和胃毒作用的非内吸性杀虫剂和杀螨剂，通过解偶联氧化磷酸化导致膜破坏而起作用。

应用

（1）适用作物 果树、玉米、谷物、马铃薯、亚麻、豆类等。

（2）防治对象 蚜虫(包括虫卵)、介壳虫螨类、真菌(如拟茎点霉)、病毒的传媒及其他吸食性害虫、蜱螨类(如葡萄瘿螨 Colomerus vitis)以及其他病害。

（3）使用方法 推荐使用的剂量范围为 840～8400g(a.i.)/hm²，每年一次。在果园和葡萄园中作为越冬喷雾。对马铃薯喷施 DNOC 铵盐可防治可能污染块茎的传染性或病毒性疾病的蔓延。推荐的施药量为 2500～5600g(a.i.)/hm²，每年两次，作为除草剂，也可作为马铃薯茎秆的干燥剂。

喷洒果树(苹果树、核果类、葡萄)以便防治蚜虫(包括虫卵)、介壳虫、螨类、真菌(如拟茎点霉)、病毒的传媒及其他吸食性害虫、蜱螨类(如葡萄瘿螨 Colomerus vitis)以及其他病害。3.75～6kg/hm² 在作物苗后茎叶处理，亚麻地苗后处理的用量为 1.5～2kg/hm²。浓乳剂作马铃薯、大豆等作物收获前的催枯剂。宜可用于荒地上或某些作物休眠期防治某些害虫如蝗虫等，具胃毒和触杀作用。

专利概况 专利 GB3301、GB425295 均早已过专利期，不存在专利权问题。

合成方法 以邻甲基苯酚为原料，经硝化得到：

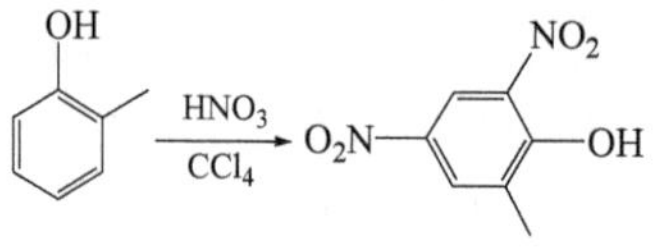

二溴磷 naled

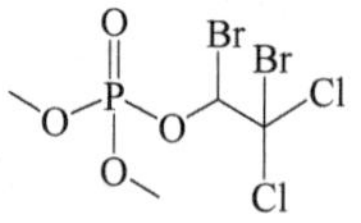

$C_4H_7Br_2Cl_2O_4P$，380.8，300-76-5.

二溴磷（naled），试验代号 ENT24988、OMS75、RE-4355，商品名称 Dibrom、万丰灵，是 Chevron Chemical CompanyLLC 开发的有机磷类杀虫剂。

化学名称 1,2-二溴-2,2-二氯乙基二甲磷酸酯，(RS)-1,2-dibromo-2,2-dichloroethyl dimethyl phosphate。

理化性质 纯品为无色液体，带有轻微的辛辣气味，工业级纯度约为 93％。熔点 26～27.5℃。沸点 110℃ (0.5mmHg)，蒸气压 266mPa(20℃)。相对密度 1.96(20℃)。几乎不溶于水，易溶于芳香族或是带氯的溶剂，微溶于矿物油或是脂肪族溶剂。干燥条件下稳定，但是在水性介质中快速水解(室温条件下，48h 下水解率大于 90％)，在酸性或碱性介质中水解速率更快，阳光下降解，在有金属或还原剂存在的条件下，失去溴，生成敌敌畏。

毒性 大鼠急性经口 LD$_{50}$ 430mg/kg。兔急性经皮 LD$_{50}$ 1100mg/kg。对兔皮肤有刺激作用，灼伤眼睛。大鼠置于 1.5mg/L 空气中 6h，无伤害。大鼠 NOEL 值（2y）0.2mg/(kg·d)。ADI：(EPA)aRfD 0.01mg/kg，cRfD 0.002mg/kg[1995,2006]。

生态效应 野鸭、尖尾榛鸡、黑额黑雁急性经口 LD$_{50}$ 为 27～111mg/kg。金鱼急性经口 LC$_{50}$ 2～4mg/L(24h)，施药浓度达 560g/hm^2 时，食蚊鱼不会死亡，蟹急性经口 LD$_{50}$ 0.33mg/L，施药浓度达 560g/hm^2 时，蝌蚪不会死亡。对蜜蜂有毒。

环境行为 在动物中，二溴磷被快速水解为一些代谢物，包括敌敌畏、二氯溴乙醛、二甲基磷酸盐和氨基酸轭合物。在植物中，溴原子经蒸发或快速水解断裂掉，发生裂解还原反应，形成敌敌畏。

制剂 50%乳油、5%颗粒剂、4%粉剂。

主要生产商 Amvac 及 Lucava 等。

作用机理与特点 胆碱酯酶抑制剂，活性可能来自生物体内发生脱溴作用生成的敌敌畏。本品系高效、低毒、低残留新型杀虫、杀螨剂。对昆虫具有触杀、熏蒸和胃毒作用，对家蝇击倒作用强。无内吸性。

应用

(1) 防治对象 主要用于防治叶螨、蚜虫，还有一些生长于水果、蔬菜、花卉、甜菜、酒花、棉花、水稻、苜蓿、大豆、烟叶、蘑菇、温室作物或树上的昆虫。还可以施药于动物窝棚或公共场所，控制苍蝇、蚂蚁、跳蚤、蟑螂、蠹虫等，以及一些蚊科。

(2) 残留量与安全施药 残效期较短，常温下施药后 1～2d 就失效。

(3) 使用方法 ①2400 倍液防治家蝇、800 倍液防治臭虫。可用 50%乳油 1000 倍液喷洒于物体表面，家蝇、蚊接触后 5min 即中毒死亡。②防治蚜虫、红蜘蛛、叶跳虫、卷叶虫、蜡象、尺蠖、粮食害虫及菜蚜、菜青虫等可用 50%乳油 1000～1500 倍喷雾；200 倍液防治金龟子，菜青虫、虱、蚤等。③10000 倍液防治天牛幼虫(灌洞)及毛织品、地毯的害虫。④二溴磷也有一些熏蒸作用，用于室温和蘑菇房，用量约为 3g/93m^2。⑤二溴磷 100mg/kg 浓度能 100%抑制黄曲霉素的产生。

(5) 注意事项 ①水溶液易分解，要随配随用。②不能与碱性农药混用。③对人皮肤、眼睛等刺激性较强，使用时应注意保护。④本品在豆类、瓜类作物上易引起药害，使用时应慎重，最好改用其他杀虫剂。⑤对蜜蜂毒性强，开花期不宜用药。

专利概况 专利 GB855157、US2971882 均早已过专利期，不存在专利权问题。

合成方法 经如下反应制得二溴磷：

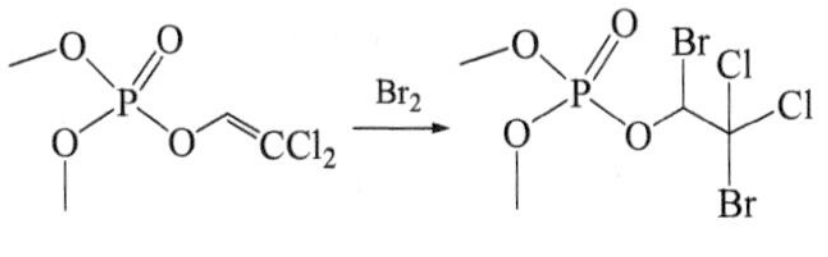

伐虫脒 formetanate

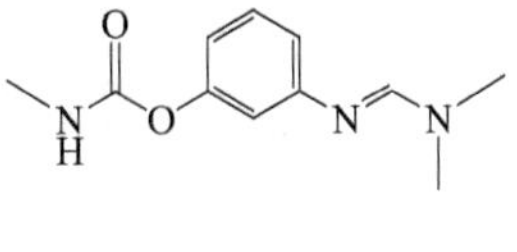

C$_{11}$H$_{15}$N$_3$O$_2$，221.3，22259-30-9，23422-53-9(盐酸盐)

伐虫脒(formetanate)，试验代号 ENT27566、EP-332、SN36056、ZK10970；其他名称敌克螨、敌螨脒、伐虫脒、灭虫威、威螨脒。伐虫脒盐酸盐(formetanate hydrochloride)，试验代

号 Hoe132807、SN36056HCl；商品名称 Carzol、Dicarzol，其他名称 杀螨脒。这二者是由拜耳公司研制的一种杀虫杀螨剂。

化学名称 伐虫脒：3-[(*EZ*)-二甲氨基亚甲基亚氨基] 苯基甲基氨基甲酸酯，3-[(*EZ*)-dimethylaminomethyleneamino] phenylmethylcarbamate。

伐虫脒盐酸盐：3-[(*EZ*)-二甲氨基亚甲基亚氨基] 苯基甲基氨基甲酸酯盐酸盐，3-[(*EZ*)-dimethylaminomethyleneamino] phenylmethylcarbamate hydrochloride。

理化性质 伐虫脒 pK_a 为 8.0(25℃)，弱碱性。伐虫脒盐酸盐分子量为 257.8，分子式 $C_{11}H_{16}ClN_3O_2$，纯品为无色晶体粉末，熔点 200～202℃(分解)，蒸气压 0.0016mPa(25℃)。K_{ow} lg$P$≤−2.7(pH 7～9)，Henry 常数 $5.0×10^{-10}$ Pa·m³/mol(22℃)。密度 0.5g/mL。水中溶解度 822g/L(25℃)，其他溶剂中溶解度(20℃,g/L)：甲醇 283，丙酮 0.074，甲苯 0.01，二氯甲烷 0.303，乙酸乙酯 0.001，正己烷<0.0005。室温下至少可稳定存在 8y，在 200℃左右时分解。水解 DT_{50}(22℃)：62.5d(pH 5)，23h(pH 7)，2h(pH 9)。在水溶液中光解，DT_{50}：1333h(pH 5)，17h(pH 7)，2.9h(pH 9)。不易燃。

毒性 伐虫脒盐酸盐：急性经口 LD_{50}(mg/kg)：大鼠 14.8～26.4，小鼠 13～25，狗 19。急性经皮 LD_{50}(mg/kg)：大鼠>5600，兔>10200。对眼睛有刺激，对豚鼠皮肤有致敏性。大鼠吸入 LC_{50}(4h)0.15mg/L。NOEL(mg/kg 饲料)：(2y)大鼠 10[0.52mg/(kg·d)]，小鼠 50[8.2mg/(kg·d)]；(1y)狗 10[0.37mg/(kg·d)]。ADI(EC)0.004mg/kg[2007]；(EPA)aRfD 和 cRfD 0.00065mg/kg[2006]。无致癌、致畸及致突变性。

生态效应 伐虫脒盐酸盐：鸟急性经口 LD_{50}(mg/kg)：母鸡 21.5，野鸭 12，山齿鹑 42。鸟饲喂 LC_{50}(mg/kg 饲料)：山齿鹑 3963，野鸭 2086。鸟 LC_{50}(96h,mg/L)：虹鳟鱼 4.42，大翻车鱼 2.76。水蚤 0.093mg/L(48h)，羊角月牙藻 E_bC_{50}(96h)1.5mg/L，牡蛎 EC_{50}(96h)为 2.5mg/L，蜜蜂 LD_{50}(μg/只)：接触 14，经口 9.21，蚯蚓 LC_{50}(14d)为 1048mg/kg 土。

环境行为

(1) 动物 在动物体内裂解成甲氨基甲酸和 N,N-二甲基-N'-(3-羟基苯基)甲脒。也在氨基氮的部位裂解，生成 3-甲酰氨基苯酚氨基甲酸酯，随后失去甲氨基甲酸生成 3-甲酰氨基苯酚，3-甲酰氨基苯酚进一步降解成 3-氨基苯酚，3-氨基苯酚又被乙酰化成 3-乙酰氨基苯酚并被脱毒。

(2) 植物 在植物体内水解机制是降解的主要途径，在动物体内、水及土壤中代谢物相似。

(3) 土壤/环境 在土壤中能很快地降解，在实验室和田间 DT_{50} 均为 1～9d(需氧和厌氧)，土壤表面光解 DT_{50} 为 16.3h，在氨基甲酸部位发生裂解。四种土壤 K_d1.49～3.00(K_{oc}140～620)。

制剂 25%、92%、50%、82%可溶性粉剂，均为盐酸盐制剂。

作用机理与特点 胆碱酯酶抑制剂，作为一种杀虫和杀螨剂对虫害进行触杀和胃毒作用。

应用

(1) 适用作物 观赏植物，梨果，核果类，柑橘类水果，蔬菜和苜蓿，以及豌豆、蚕豆、大豆、花生、茄子、黄瓜。

(2) 防治对象 叶螨，以及双翅目害虫、半翅目害虫、鳞翅目害虫、缨翅目害虫尤其是西花蓟马。

(3) 使用方法 苹果叶螨、苹果蚜虫、柑橘红蜘蛛、柑橘飞虱、梨椿象等的用药量约 23g/667m²，防治苹果树红蜘蛛的用量为 28g/667m²，在温室防治玫瑰红蜘蛛以 25g/100L 喷雾，在菊花上以 47.5g/100L 两次喷雾。

专利概况 专利 DE1169194、GB987381 均早已过专利期，不存在专利权问题。

合成方法 经如下反应制得伐虫脒：

参考文献

[1] J Agric F Chem，29，1981：722.

伐灭磷 famphur

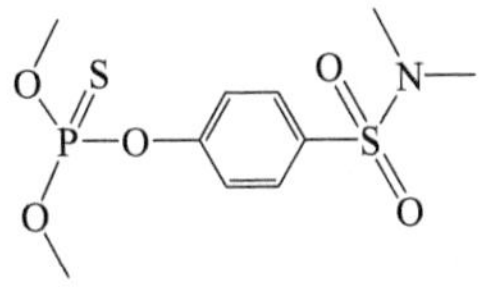

$C_{10}H_{16}NO_5PS_2$，325.3，52-85-7

伐灭磷(fampH ur)，试验代号　AC38023、CL38023、OMS584，商品名称　Bo-Ana、Warbex，其他名称　氨磺磷、伐灭硫磷，是美国 Cyanamid Co.（现属 BASF SE）开发的有机磷类杀虫剂。

化学名称　O-[4-(二甲基氨基磺酰基)苯基]-O,O-二甲基硫代磷酸酯，O-4-dimethylsulfamoyl-phenyl-O,O-dimethyl phosphorothioate 或 4-dimethoxyphosphinothioyloxy-N,N-dimethylbenzene-sulfonamide。

理化性质　无色结晶粉末，熔点 52.5～53.5℃。溶解度：45％异丙醇水溶液 23g/kg(20℃)，二甲苯 300g/kg(5℃)，溶于丙酮、四氯化碳、氯仿、环己酮、二氯甲烷、甲苯，难溶于水和脂肪烃化合物。室温条件下储存稳定 19 个月以上。

毒性　急性经口 LD_{50}（mg/kg）：雄大鼠 35，雌大鼠 62，雄小鼠 27。兔急性经皮 LD_{50} 2730mg/kg。制剂（家畜泼浇剂）对兔眼睛和皮肤有刺激性。大鼠暴露在 24mg/L 空气的环境中 7.5h，无死亡现象。大鼠 NOEL(90d)1mg/L(0.05mg/kg)。ADI 0.0005mg/kg。

生态效应　鸡急性经口 LD_{50} 30mg/kg。

制剂　143g(a.i.)/L 泼浇剂，20％可湿性粉剂。

作用机理与特点　胆碱酯酶的直接抑制剂，具有内吸性。

应用

(1) 适用作物　蔬菜。

(2) 防治对象　主要用于防治牲畜害虫，如肉蝇；蔬菜害虫，如螨类；减少虱的浸染。

专利概况　专利 US3005004 早已过专利期，不存在专利权问题。

合成方法　经如下反应制得伐灭磷：

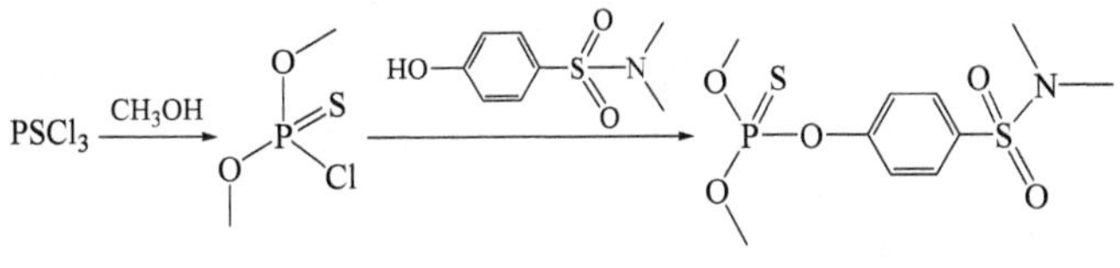

粉唑醇 flutriafol

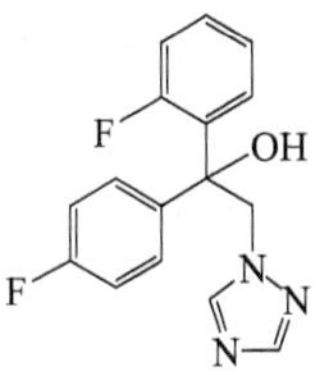

$C_{16}H_{13}F_2N_3O$，301.3，76674-21-0

粉唑醇(flutriafol)，试验代号 PP450，商品名称 Impact、Vincit。其他名称 Atou、Consul、Hercules、Pointer、Takt、Topguard，是由先正达公司开发的三唑类杀菌剂。

化学名称 (RS)-2,4′-二氟-α-(1H-1,2,4-三唑-1-基甲基) 二苯基乙醇，(RS)-2,4′-difluoro-α-(1H-1,2,4-triazol-1-ylmethyl) benzhydryl alcohol.

理化性质 纯品为白色结晶固体。熔点130℃，蒸气压 $7.1×10^{-6}$ mPa(20℃)，分配系数 K_{ow} $lgP=2.3$(20℃)，Henry常数 $1.65×10^{-8}$ Pa·m³/mol。密度 1.17g/mL(20℃)。水中溶解度130mg/L(pH 7,20℃)；有机溶剂中溶解度(20℃,g/L)：丙酮190，二氯甲烷150，甲醇69，二甲苯12，己烷0.3。

毒性 大鼠急性经口 LD_{50}(mg/kg)：雄1140，雌1480。急性经皮 LD_{50}(mg/kg)：大鼠＞1000，兔＞2000。对兔眼睛有严重刺激，对兔皮肤无刺激。大鼠吸入 LC_{50}(4h)＞3.5mg/L。喂养无作用剂量(90d,mg/kg)：大鼠2，狗5。对大鼠和兔无致畸性，体内研究无细胞遗传毒性，Ames试验阴性，无致突变性。

生态效应 雌性野鸭急性经口 LD_{50}＞5000mg/kg。饲喂 LC_{50}(5d,mg/kg)：野鸭3940，日本鹌鹑6350。鱼毒 LC_{50}(96h,mg/L)：虹鳟鱼61，鲤鱼77。水蚤 LC_{50}(48h)78mg/L。对蜜蜂低毒，急性口服 LD_{50}＞5μg/只。蚯蚓 LC_{50}(14d)＞1000mg/kg干土。

环境行为 粉唑醇对微生物种群以及土壤中的碳氮转换均没有影响。

制剂 12.5%乳油。

主要生产商 Cheminova、江苏丰登作物保护股份有限公司、江苏七洲绿色化工股份有限公司、江苏省激素研究所股份有限公司、宁波保税区汇力化工有限公司、台湾兴农有限公司、泰达集团、盐城利民农化有限公司及浙江华兴化学农药有限公司等。

作用机理与特点 抑制麦角固醇的生物合成，能引起真菌细胞壁破裂和菌丝的生长。粉唑醇也是具有铲除、保护、触杀和内吸活性的杀菌剂。对担子菌和子囊菌引起的许多病害具有良好的保护和治疗作用，并兼有一定的熏蒸作用，但对卵菌和细菌无活性。该药有较好的内吸作用，通过植物的根、茎、叶吸收，再由维管束向上转移。根部的内吸能力大于茎、叶，但不能在韧皮部作横向或向基输导。即粉唑醇不论是在植物体内还是体外都能抑制真菌的生长。粉唑醇对麦类白粉病的孢子堆具有铲除作用，施药后5～10d，原来形成的病斑可消失。

应用

(1) 适宜作物与安全性 禾谷类作物如小麦、大麦、黑麦、玉米等，在推荐计量下对作物安全。

(2) 防治对象 粉唑醇具有广谱的杀菌活性，可防治禾谷类作物茎叶、穗病害，还可防治禾谷类作物土传和种传病害。如白粉病、锈病、云纹病、叶斑病、网斑病、黑穗病等。也可防治主要的禾谷类作物的土壤和种子传病害。对谷物白粉病有特效。

(3) 使用方法 粉唑醇既可茎叶处理，也可种子处理。茎叶处理使用剂量通常为125g(a.i.)/hm²，种子处理使用剂量通常为75～300g(a.i.)/kg种子：防治土传病害用量为75mg/kg种子，种传病害用量200～300mg/kg种子。具体应用如下：

① 防治麦类白粉病。用药适期在茎叶零星发病至病害上升期，或上部三叶发病率达30%～50%时开始喷药，每亩用12.5%乳油17mL(有效成分2.13g)，兑水常量喷雾。

② 防治麦类黑穗病。每100kg种子用12.5%粉唑醇乳油200～300mL(有效成分25～37.5g)拌种。先将拌种所需的药量加水调成药浆，调成药浆的量为种子重量的1.5%，拌种均匀后再播种。

③ 防治麦类锈病。用药适期在麦类锈病盛发前，每亩用12.5%乳油33.3～50mL(有效成分4.16～6.25g)，兑水常量喷雾或低容量喷雾。

④ 防治玉米丝黑穗病。每100kg玉米种子用12.5%乳油320～480mL(有效成分40～60g)拌种。先将拌种所需的药量加水调成药浆，调成药浆的量为种子重量的1.5%，拌种均匀后再播种。

专利与登记 专利EP0015756、EP0047594、EP0123160、EP0131684等均早已过专利期，

不存在专利权问题。

在国内登记情况：125g/L、250g/L、2.5%、25%悬浮剂，95%原药。登记作物为小麦和草莓，防治对象为白粉病和锈病。

合成方法 以氟苯和邻氟苯甲酰氯或邻溴氟苯为原料，通过如下反应制得目的物。

参考文献

[1] The Pesticide Manual. 15th edition, 2009：560-561.
[2] Proc Int Congr Plant Prot, 10th, 1983，1：368.
[3] Proc Int Congr Plant Prot, 1983，3：930.

砜嘧磺隆 rimsulfuron

$C_{14}H_{17}N_5O_7S_2$，431.4，122931-48-0

砜嘧磺隆(rimsulfuron)，试验代号 DPX-E9636，商品名称 Matrix、Solida、Titus。其他名称 Cato、Cursus、Elden、Elim、Escep、Harley、Prism、Resolve、Rigid、Sorgum、Tarot、TranXit、宝成、玉嘧磺隆。是由美国杜邦公司开发的磺酰脲类除草剂。

化学名称 1-(4,6-二甲氧基嘧啶-2-基)-3-(3-乙基磺酰基-2-吡啶磺酰基)脲，1-(4,6-dime-thoxypyrimidin-2-yl)-3-(3-ethylsulfonyl-2-pyridylsulfonyl)urea。

理化性质 纯品为无色结晶体，纯品含量99%，熔点172～173℃(工业品>98%)。相对密度0.784(25℃)，蒸气压1.5×10^{-3}mPa(25℃)。$K_{ow}lgP$(25℃)：0.288(pH 5)，-1.47(pH 7)。Henry常数8.3×10^{-8}Pa·m³/mol(25℃,pH 7)。水中溶解度(25℃)：<10mg/L(非缓冲溶液)，7.3g/L(缓冲溶液,pH 7)。水解DT_{50}(25℃)：4.6d(pH 5)，7.2d(pH 7)，0.3d(pH 9)。pK_a4.0。

毒性 大鼠急性经口LD_{50}>5000mg/kg。兔急性经皮LD_{50}>2000mg/kg。对兔皮肤没有刺激，对兔眼有中度刺激。对豚鼠皮肤无致敏。大鼠急性吸入LC_{50}(4h)>5.4mg/L空气。NOEL(mg/L)：(2y)雄大鼠300，雌大鼠3000；(1.5y)小鼠2500；(1y)狗50，大鼠两代繁殖试验研究3000。无致畸，无致癌。ADI(EC)0.1mg/kg[2006]，(EPA)0.818mg/kg[2006]。Ames试验无致突变。

生态效应 山齿鹑和野鸭急性经口LD_{50}>2250mg/kg，山齿鹑和野鸭饲喂LC_{50}(5d)>5620mg/L。鱼毒LC_{50}(96h,mg/L)：大翻车鱼、虹鳟鱼>390，鲤鱼>900，羊头鲦鱼110。水蚤LC_{50}(48h)>360mg/L。羊角月牙藻NOEC(72h)1.2mg/L。浮萍EC_{50}(14d)0.0046mg/L。蜜蜂

LD$_{50}$(接触和经口)＞100μg/只。蚯蚓 LC$_{50}$(14d)＞1000mg/kg。

环境行为

（1）动物　在动物体内很快以尿和粪便的形式代谢排出。

（2）植物　DT$_{50}$：玉米 6h，大穗看麦娘 46h，约翰逊草 25d，高粱 52d。

（3）土壤/环境　在土壤中快速代谢，主要通过化学途径代谢(微生物代谢起很小一部分作用)。主要的代谢物是[1-(3-乙基磺酰基)-2-吡啶基]-4,6-甲氧基-2-嘧啶胺。降解速率受 pH 的影响，化合物在中性的土壤中最稳定，降解速率在碱性土壤中要快于酸性土壤。土壤中 DT$_{50}$ 10～20d(25℃,实验室研究)。

制剂　20％可湿性粉剂、25％悬浮剂。

主要生产商　DuPont、Fertiagro 及华通(常州)生化有限公司等。

作用机理与特点　支链氨基酸乙酰乳酸合成酶(ALS)抑制剂。通过抑制必需氨基酸缬氨酸和异亮氨酸的合成而起作用，从而阻止细胞的分裂和植物的生长。它对作物的选择性来源于磺酰脲基团的分解、芳环迁移、嘧啶环的羟基化的快速代谢(L. Martinetti 等,Proc Br Crop Prot Conf：Weeds,1995,1:405)，接着是葡萄糖接合[M. K. Koeppe,IUPAC 5E-003(1998)]；通过杂草根和叶吸收，在木质部和韧皮部传导到作用位点。砜嘧磺隆是苗后磺酰脲类除草剂，它能有效地控制玉米田中一年生和多年生阔叶杂草，也能用于番茄和马铃薯田中。对多数作物剂量为 15g/hm^2。

应用

（1）适宜作物与安全性　玉米和马铃薯。砜嘧磺隆对玉米安全，对春玉米最安全。砜嘧磺隆在玉米中的半衰期仅为 6h，用推荐剂量的 2～4 倍处理时，玉米仍很安全。在玉米田按推荐剂量 5～15g(a.i.)/hm^2[每亩 0.33～1.0g(a.i.)] 使用时，对后茬作物无不良影响。但甜玉米、黏玉米及制种田不宜使用。

（2）防除对象　玉米田大多数一年生与多年生禾本科杂草和阔叶杂草如香附子、阿拉伯高粱、铁荸荠、田蓟、莎草、匍匐野麦、皱叶酸模等多年生杂草。野燕麦、稗草、止血马唐、马唐、法式狗尾草、灰狗尾草、狗尾草、轮生狗尾草、千金子属、羊草、多花黑麦草、二色高粱、扁叶臂形草、藜藜草、毛线稷、秋稷等一年生禾本科杂草。苘麻、西风古、小苋、结节苋、藜、繁缕、猪殃殃、反枝苋、母菊属、薄荷、虞美人、田芥、牛膝菊等一年生阔叶杂草。

（3）应用技术　①春玉米出苗后 2～4 叶期或杂草 2～4 叶期(基本出齐后)施药。施药前后 7d 内，尽量避免使用有机磷杀虫剂，否则可能会引起玉米药害。应在 4 叶期前施药，如玉米超过 4 叶期，单用或混用对玉米均有药害发生，药害症状表现为拔节困难，株高矮小，叶色浅，发黄，心叶卷缩变硬，有发红现象，但 10～15d 恢复。②使用非离子表面活性剂、浓植物油等辅助剂，对该药剂的持效和在某些植物中的活性起着关键作用，因此，砜嘧磺隆按推荐剂量 5～15g (a.i.)/hm^2[每亩 0.33～1.0g(a.i.)] 使用时，应添加 0.1％～0.25％(体积比)的表面活性剂。

（4）使用方法　玉米田苗前和苗后均可使用。推荐剂量为 5～15g(a.i.)/hm^2[每亩 0.33～1.0g(a.i.)]。在苗后早期使用，对大多数 2～5 叶期的一年生杂草防效最好。一年生禾本科杂草在分蘖前用药效果好，对多年生杂草在枝叶生长丰满时施用效果较好，此时有利于药剂喷雾液的吸收，对施药后萌发的枝叶无作用。

（5）混用　砜嘧磺隆若与阿特拉津或噻吩磺隆(噻磺隆)混用，不仅可扩大杀草谱，还可提高对阔叶杂草如藜、蓼等的防除效果。每亩用 25％砜嘧磺隆 5g 加 38％阿特拉津 120mL 加表面活性剂 60mL，兑水 30L 喷雾。或每亩用 25％砜嘧磺隆 5g 加 75％噻吩磺隆 0.7g 加表面活性剂 60mL，兑水 30L 喷雾(仅限于东北地区)。具体配药方法：应先把砜嘧磺隆在小杯内用少量水配成母液，倒入已盛一半兑水量的喷雾器中，搅拌，然后再把适量的阿特拉津加入喷雾器中，搅拌，最好加入表面活性剂，补足水量，搅拌均匀。配药次序具有科学性，不可颠倒，以免影响药效。用药方法，应沿单垄均匀喷施在土壤表面，在喷药时定喷头高度及行走速度，不要左右甩动，也不可重喷或漏喷。使用扇形喷头为佳。

专利与登记　专利 EP0273610、US4759793、US4908467 均早已过专利期，不存在专利权问题。国内登记情况：25％水分散粒剂、50％可湿性粉剂，登记作物为烟草、马铃薯田及玉米田等，防治对象为一年生杂草。美国杜邦公司在中国登记情况见表57。

表 57　美国杜邦公司在中国登记情况

登记名称	登记证号	含量	剂型	登记作物	防治对象	用药量/(g/hm²)	施用方法
砜嘧磺隆	PD20040018	99%			原药		
砜嘧磺隆	PD20040019	25%	水分散粒剂	春玉米田	一年生杂草	18.75～22.5 或 15～18.5＋莠去津 720～900＋0.2%非离子表面活性剂（东北地区）	定向喷雾
				夏玉米田	一年生及部分多年生杂草	18.75～22.5 或 11.25～15＋莠去津 600～720	定向喷雾
				烟草	一年生杂草	18.75～22.5	定向喷雾

合成方法　砜嘧磺隆的合成方法较多，如：

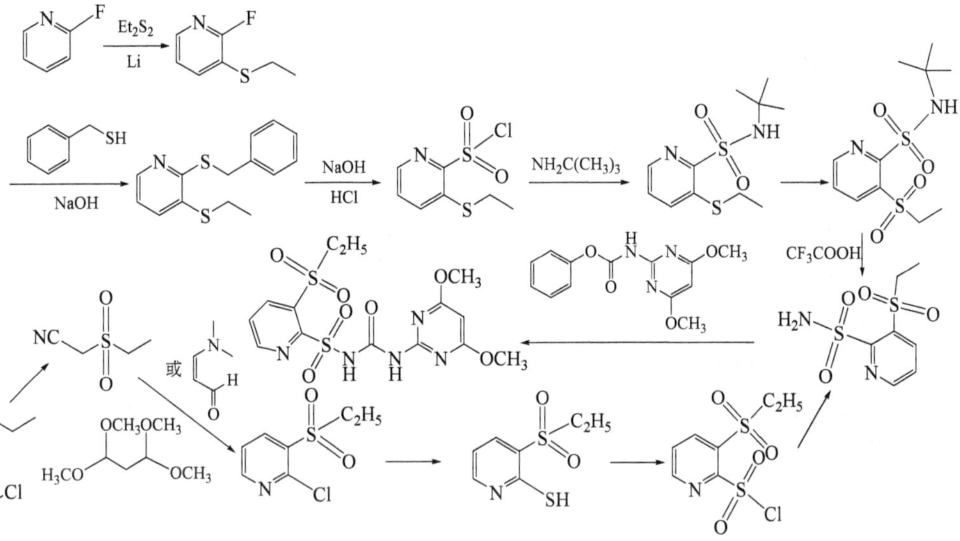

参考文献

[1] Proc Br Crop Prot Conf：Weed，1989，1：23

呋吡菌胺 furametpyr

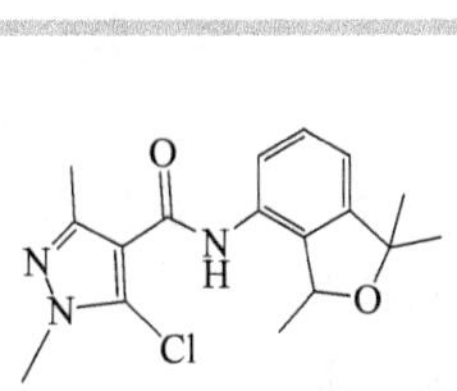

$C_{17}H_{20}ClN_3O_2$，333.8，123572-88-3

呋吡菌胺(furametpyr)，试验代号　S-82658、S-658，商品名称　Limber，其他名称　福拉比，是由日本住友化学株式会社开发的酰胺类杀菌剂。

化学名称　(RS)-5-氯-N-(1,3-二氢-1,1,3-三甲基异苯并呋喃-4-基)-1,3-二甲基吡唑-4-甲酰胺或 N-(1,1,3-三甲基-2-氧-4-二氢化茚基)-5-氯-1,3-二甲基吡唑-4-甲酰胺，(RS)-5-chloro-N-

(1,3-dihydro-1,1,3-trimethylisobenzofuran-4-yl)-1, 3-dimethylpyrazole-4-carboxamide 或 N-(1,1, 3-trimethyl-2-oxa-4-indanyl)-5-chloro-1,3-dimethylpyrazole-4-carboxamide。

理化性质 纯品为无色或浅棕色固体。熔点 150.2℃。蒸气压 $1.12×10^{-4}$ mPa(25℃)，分配系数 $K_{ow}lgP=2.36$(25℃)，Henry 常数 $1.66×10^{-7}$ Pa·m³/mol。水中溶解度(25℃)225mg/L，在大多数有机溶剂中稳定。原药在 40℃放置 6 个月仍较稳定，在 60℃放置 1 个月几乎无分解，在太阳光下分解较迅速。原药在 pH 为 3～11 水中(100mg/L 溶液,黑暗环境)较稳定，14d 后分解率低于 2%。在加热条件下，原药于碳酸钠中易分解，在其他填料中均较稳定。

毒性 大鼠急性经口 LD_{50}(mg/kg)：雄 640，雌 590。大鼠急性经皮 LD_{50}＞2000mg/kg(雄、雌)，对兔眼睛有轻微刺激，对皮肤无刺激作用。对豚鼠有轻微皮肤过敏现象。大鼠饲喂 LC_{50} (4h)＞5440mg/m³。无致癌、致畸性，对繁殖无影响。在环境中对非靶标生物影响小，较为安全。

制剂 1.5%颗粒剂、0.5%粉剂和 15%可湿性粉剂。

主要生产商 Sumitomo Chemical。

作用机理与特点 呋吡菌胺对电子传递系统中作为真菌线粒体还原型烟酰胺腺嘌呤二核苷酸(NADH)基质的电子传递系统并无影响，而对以琥珀酸为基质的电子传递系统具有强烈的抑制作用。即呋吡菌胺对光合作用Ⅱ产生作用，通过影响琥珀酸的组分及 TCA 回路，使生物体所需的养料下降；也就是说抑制真菌线粒体中琥珀酸的氧化作用，从而避免立枯丝核菌菌丝体分离，而对 NADH 的氧化作用无影响。呋吡菌胺具有内吸活性，且传导性能优良，因此具有优异的预防和治疗效果。呋吡菌胺在水稻纹枯病菌核发芽过程中，10mg/L 可使 80%左右发芽受抑，以后 1mg/L 即可抑制菌丝生长，即该药剂在病菌第 1 次感染时即有抑制活性，对被纹枯病菌感染、侵害的水稻具有多种作用。盆栽水稻中接种纹枯病菌，形成病斑后喷洒呋吡菌胺，2d 和 7d 后取下病斑，于琼脂培养基中培养，无喷洒药剂的菌丝显然伸长。这表明喷洒本药剂后对病菌菌丝生长有很强的抑制作用，且伸长的菌丝亦出现异常分枝及膨大等现象。在喷洒药剂 2d 和 7d 后取下病斑，再接种于水稻上，结果并未出现感染。由此确认，呋吡菌胺能使已感病的病斑组织中菌丝的病原失活，对第二次感染具有很强的抑制作用。总而言之，呋吡菌胺的防治作用主要为抑制菌核发芽至菌丝生长的第 1 次感染，和抑制已形成病斑的菌丝产生及使病原失活的第二次感染。另外，该药剂对菌核形成也有很强的抑制活性。

应用

(1) 适宜作物与安全性 主要用于水稻等。呋吡菌胺在推荐剂量下对作物安全、无药害，环境中对非靶标生物影响小，较为安全，对哺乳动物、水生生物和有益昆虫低毒。由于呋吡菌胺在河川水中、土表遇光照即迅速分解，土壤中的微生物也能使之分解，故对环境安全。

(2) 防治对象 对担子菌纲的大多数病菌具有优良的活性，特别是对丝核菌属和伏革菌属引起的植物病害具有优异的防治效果。对丝核菌属、伏革菌属引起的植物病害如水稻纹枯病、多种水稻菌核病、白绢病等有特效。由于呋吡菌胺具有内吸活性，且传导性能优良，故预防治疗效果卓著。对稻纹枯病具有适度的长持效活性。

(3) 使用方法 以颗粒剂于水稻田淹灌施药防治稻纹枯病，防效优异。大田防治水稻纹枯病的剂量为 450～600g(a.i.)/hm²。

专利概况 专利 EP315502、EP0368749 均早已过专利期，不存在专利权问题。

合成方法 通过如下方法制得目的物。反应式为：

参考文献

[1] The Pesticide Manual，15th edition. 2009：580-581.

[2] Agrochemical Japan，1997，70：15.

呋草磺 benfuresate

$C_{12}H_{16}O_4S$，256.3，68505-69-1

呋草磺(benfuresate)，试验代号 NC20484，商品名称 Puncher、Longshot，是由 FBC 公司(现拜耳公司)开发的除草剂。

化学名称 2,3-二氢-3,3-二甲苯并呋喃-5-基乙烷磺酸酯，2,3-dihydro-3,3-dimethylbenzofuran-5-yl ethanesulfonate。

理化性质 原药纯度≥95%，熔点 32～35℃。纯品为灰白色晶体(工业品为暗棕色高黏性溶液)，有轻微的气味，熔点 30.1℃。蒸气压：1.43mPa(20℃)，2.78mPa(25℃)。相对密度：0.957，$K_{ow}\lg P=2.41(20℃)$。水中溶解度 261mg/L(25℃)。有机溶剂中溶解度(g/L)：丙酮＞1050，二氯甲烷＞1220，甲苯＞1040，甲醇＞980，乙酸乙酯＞920，环己烷 51，正己烷 15.3。在 37℃，pH 为 5.0、7.0、9.2 的水溶液中放置 31d 稳定。0.1mol/L 氢氧化钠水溶液中 DT_{50} 为 12.5d。闪点 37.5℃(阿贝尔-平斯基方法测定)，不易燃。

毒性 急性经口 LD_{50}（mg/kg）：雄大鼠 3536，雌大鼠 2031，雄小鼠 1986，雌小鼠 2809，狗 >1600。大鼠急性经皮 $LD_{50}>5000$mg/kg，大鼠急性吸入 $LC_{50}>5.34$mg/L 空气。小鼠 NOEL（90d）3000mg/kg 饲料，在大鼠慢性和致癌研究中发现其 NOEL 为 60mg/L[3.07mg/(kg·d)]。ADI 0.0307mg/kg。在 Ames 试验和细胞转化试验中无致畸性和致突变性。

生态效应 急性经口 LD_{50}（mg/kg）：山齿鹑 32272，野鸭 >10000。鱼毒 LC_{50}（96h，mg/L）：鲤鱼 35，虹鳟鱼 12.28，大翻车鱼 22.3。水蚤 EC_{50}（48h）35.36mg/L，NOEC 12.6mg/L。隆腺溞 EC_{50}（48h）42mg/L。藻类 E_bC_{50}（96h）3.8mg/L，E_rC_{50}（96h）15.1mg/L，NOEC 0.6mg/L。蚯蚓 LC_{50}（14d）>734.1mg/kg。

环境行为

（1）动物 在动物体内可以快速而完全代谢，主要以尿的形式排出体外。呋草磺代谢主要是开环形成内酯（2,3-二氢-3,3-二甲基-2-氧-5-苯并呋喃基乙磺酸酯），代谢物主要通过尿液和粪便的方式排出，伴随着少量的内酯，也有游离的和共轭的 2,3-二氢-2-羟基-3,3-二甲基-5-苯并呋喃基乙磺酸酯。

（2）植物 主要的代谢途径是 2,3-二氢-3,3-二甲基-2-氧-5-苯并呋喃基乙磺酸酯共轭水解，形成共轭的形式和纤维状，在作物的作用下，后者会形成相应的苯酚。在植物中还会有一些少量的代谢物是共轭的 2,3-二氢-2-羟基-3,3-二甲基-5-苯并呋喃基乙磺酸酯。

（3）土壤/环境 土壤残留研究表明，呋草磺在 7cm 的土壤范围内既不会被过滤掉也不会累积。K_{oc} 140～259（平均 214），K_{des} 0.03～11.2。实验室 DT_{50} 18～20d（需氧型），300d（厌氧型）；农场 DT_{50} 7～29d，主要以微生物降解的方式代谢。

主要生产商 Bayer CropScience 及 Otsuka 等。

应用 呋草磺属苯并呋喃烷基磺酸酯类除草剂。种植前以 2000～2800g（a.i.）/hm² 拌土用于棉花，芽后处理以 450～600g（a.i.）/hm² 用于水稻，可有效防除许多禾本科杂草，包括莎草和木贼状荸荠以及阔叶杂草。日本田间试验表明，持效期可达 100d。作物对药剂的选择性主要由施药浓度、次数、移栽深度、土壤类型和温度来决定。推迟用药时间可改善对作物的安全性，移栽后 5d 用药是可行的。可防除多年生难防除杂草，今后的发展将以混剂为主，以提高对稗草的防效。

专利概况 专利 DE2803991 已过专利期，不存在专利权问题。

合成方法 通过如下方法制得目的物。反应式为：

呋草酮 flurtamone

C$_{18}$H$_{14}$F$_3$NO$_2$，317.3，96525-23-4

呋草酮（flurtamone），试验代号　RE-40885、SX1802、RPA590515。商品名称　Bacara、Roulette。是由 Chevron Chemical Company LLC 研制的除草剂，后售于 Rhône-Poulenc Agrochimie（现拜耳公司）。

化学名称　(RS)-5-甲氨基-2-苯基-4-(α,α,α-三氟-间甲苯基)呋喃-3(2H)-酮，(RS)-5-methylamino-2-phenyl-4-(α,α,α-trifluoro-m-tolyl)furan-3(2H)-one。

理化性质　原药纯度≥96%。淡黄色粉末，熔点（149±1）℃。蒸气压 1.0×10^{-3} mPa（25℃）。分配系数 K_{ow}lg$P$=3.24(21℃)。Henry 常数 1.3×10^{-5} Pa·m³/mol(计算)。相对密度 1.375(20℃)。水中溶解度（20℃）11.5mg/L。有机溶剂中溶解度（g/L）：丙酮 350，二氯甲烷 358，甲醇 199，异丙醇 44，甲苯 5，己烷 0.018。在各种 pH 下稳定。在太阳光下降解较快，DT$_{50}$13.1～16.8h(佛罗里达夏季阳光照射下)。

毒性　大鼠急性经口 LD$_{50}$5000mg/kg，兔和鼠急性经皮 LD$_{50}$＞5000mg/kg。对兔皮肤无刺激性，对兔眼睛有暂时的刺激性。对豚鼠皮肤无致敏性。吸入 LC$_{50}$(4h)＞2.2mg/L。NOEL[mg/(kg·d)]：大鼠、小鼠和狗亚慢性 5.6～200；狗(1y)5；大鼠(2y)3.3。ADI(EC)0.03mg/kg。Ames 试验表明无诱变性。

生态效应　山齿鹑急性经口 LD$_{50}$＞2530mg/kg。饲喂 LC$_{50}$（mg/kg 饲料）：山齿鹑＞6000，野鸭 2000。鱼毒 LC$_{50}$(96h,mg/L)：虹鳟鱼 7，大翻车鱼 11。水蚤 EC$_{50}$(48h)13.0mg/L。月牙藻 E$_b$C$_{50}$(72h)0.020mg/L，浮萍 EC$_{50}$(14d)为 0.0099mg/L。蜜蜂 LD$_{50}$(48h,μg/只)：经口＞304，接触＞100。蚯蚓 LC$_{50}$＞1800mg/kg 干土。

环境行为

(1) 动物　口服后，50%的本品在 7d 内被吸收，55%的经粪便排出，40%经尿排出(大部分在 1d 内)。在动物体内代谢，先是 N-脱甲基作用，芳基环羟基化，然后是 O-烷基化，呋喃环的水解及共轭作用。

(2) 植物　在收获的花生和谷类植物中无残留。

(3) 土壤/环境　DT$_{50}$46～65d；主要代谢物是三氟甲基苯甲酸。平均 K_{oc} 为 329。在土壤胶体中中等程度被吸收；本品的残留物在土壤上面 20cm 处，代谢物在 10cm 处。10 个月后在土壤中没发现有残留。

制剂　悬浮剂、水分散粒剂、可湿性粉剂。

主要生产商　Bayer　CropScience。

作用机理与特点　类胡萝卜素合成抑制剂。通过植物根和芽吸收而起作用，敏感品种发芽后立即呈现普遍褪绿白化作用。

应用

（1）适宜作物　棉花、花生、高粱和向日葵及豌豆田。

（2）防除对象　可防除多种禾本科杂草和阔叶杂草如苘麻、美国豚草、马松子、马齿苋、大果田菁、刺黄花稔、龙葵以及苋、芸薹、山扁豆、蓼等杂草。

（3）使用方法　植前拌土、苗前或苗后处理。推荐使用剂量随土壤结构和有机质含量不同而改变，在较粗结构、低有机质土壤上作植前混土处理时，施药量为 $560 \sim 840g(a.i.)/hm^2$，而在较细结构、高有机质含量的土壤上，施药量为 $840 \sim 1120g(a.i.)/hm^2$ 或高于此量。为扩大杀草谱，最好与防除禾本科杂草的除草剂混用。苗后施用，因高粱和花生对其有耐药性，故呋草酮可作为一种通用的除草剂来防除这些作物中难防除的杂草。喷雾液中加入非离子表面活性剂可显著地提高药剂的苗后除草活性。推荐苗后施用的剂量为 $280 \sim 840g(a.i.)/hm^2$，非离子表面活性剂为 $0.5\% \sim 1.0\%$（体积分数）。在上述作物中，棉花无苗后耐药性，但当棉株下部的叶片离地面高度达 20cm 后可直接对叶片下的茎秆喷药。

专利与登记　专利 US4568376、GB2142629 均已过专利期，不存在专利权问题。国内仅登记了 98% 原药。

合成方法　通过如下反应值得目的物：

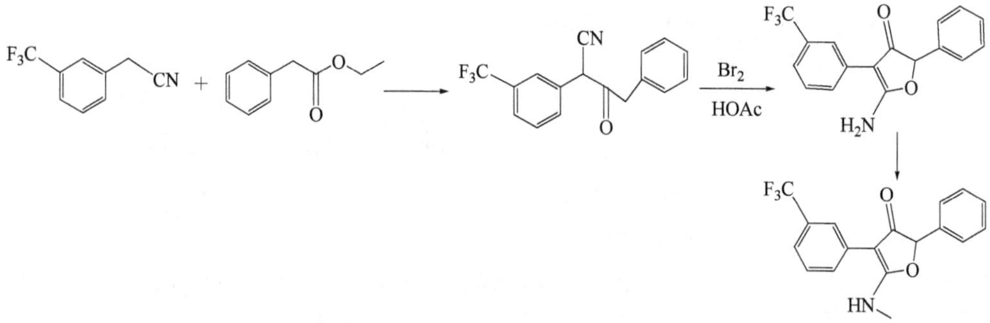

呋嘧醇 flurprimidol

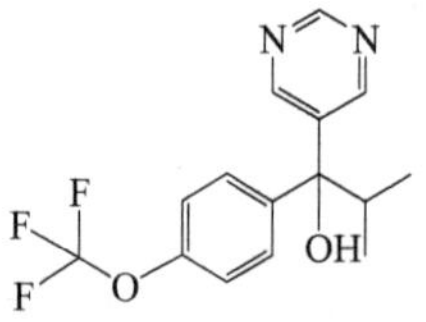

$C_{15}H_{15}F_3N_2O_2$，312.3，56425-91-3

呋嘧醇(flurprimidol)，试验代号　EL-500、Compound 72500。商品名称　Cutless、Greenfield、Mastiff、Topflor、Edgeless。其他名称　氟嘧醇、调嘧醇。由 R. Cooper 等报道，由 EliLilly & Co.（现 Dow AgroSciences）开发，1989 年在美国投产，2001 年由 SEPRO 公司收购。

化学名称　(RS)-2-甲基-1-嘧啶-5-基-1-(4-三氟甲氧基苯基)丙-1-醇，(RS)-2-methyl-1-pyrimidin-5-yl-1-(4-trifluoromethoxyphenyl)propan-1-ol。

理化性质　白色至浅黄色晶体，熔点 $93 \sim 95℃$，沸点 $264℃$。蒸气压 4.85×10^{-2} mPa（25℃），K_{ow} lg$P$3.34(pH 7,20℃)，相对密度 1.34(24℃)。溶解度(25℃,g/L)：水中 $120 \sim 140$mg/L(pH 4、7、9)；正己烷 1.26，甲苯 144，二氯甲烷 1810，甲醇 1990，丙酮 1530，乙酸乙酯 1200。其水溶液遇光分解。

毒性　急性经口 LD_{50}(mg/kg)：雄大鼠 914，雌大鼠 709，雄小鼠 602，雌小鼠 702。兔急性

经皮＞5000mg/kg。对兔皮肤和眼睛有轻度到中度刺激性，对豚鼠皮肤无致敏性。大鼠急性吸入 $LC_{50}(4h)＞5mg/L$。NOEL[mg/(kg·d)]：狗(1y)7，大鼠(2y)4，小鼠(2y)1.4。

生态效应　鹌鹑急性经口 $LD_{50}＞2000mg/kg$。鲤鱼 $LC_{50}(48h)13.29mg/L$，大翻车鱼 LC_{50} 17.2mg/L。蜜蜂 LD_{50}(接触,48h)＞100μg/只。

环境行为

(1) 动物　哺乳动物中，皮肤是阻碍吸收的重要屏障。经口给药后，48h 内经过尿液和粪便排出，可以确认的有 30 多种代谢物，无累计风险。

(2) 土壤/环境　有氧条件下在土壤中降解成 30 多种代谢物。砂壤土 K_d1.7。

制剂　500g/L 可湿性粉剂。

主要生产商　SePRO Corp。

作用机理与特点　嘧啶醇类植物生长调节剂，赤霉素合成抑制剂。通过根、茎吸收传输到植物顶部，其最大抑制作用在性繁殖阶段。

应用　①以 0.5～1.5kg/hm² 施用，可改善冷季和暖季草皮的质量，也可注射树干，减缓生长和减少观赏植物的修剪次数。以 0.4kg/hm² 喷于土壤，可抑制大豆、禾本科、菊科的生长，以 0.84kg 呋嘧醇＋0.07kg 伏草胺每公顷桶混施药，可减少早熟禾混合草皮的生长，与未处理对照相比，效果达 72%。②本品用于两年生火炬松、湿地松的叶面表皮部，能降低高度，而且无毒性。③当以水剂作叶面喷洒时，或以油剂涂于树皮上时，均能使 1 年的生长量降低到对照树的一半左右。对水稻具有生根和抗倒作用，在分蘖期施药，主要通过根吸收，然后转移至水稻植株顶部，使植株高度降低，诱发分蘖，增进根的生长，在抽穗前 40d 施药，提高水稻的抗倒能力，不会延迟抽穗或影响产量。

专利概况　专利 US4002628 早已过专利期。

合成方法　将对溴苯基三氟甲基醚转化为格氏试剂，与丁腈反应，生成异丙苯基对三氟甲氧基苯基酮，再与 5-溴代嘧啶在四氢呋喃-乙醚溶液中，氮气保护下冷却至 -70℃，并加丁基锂反应即得呋嘧醇：

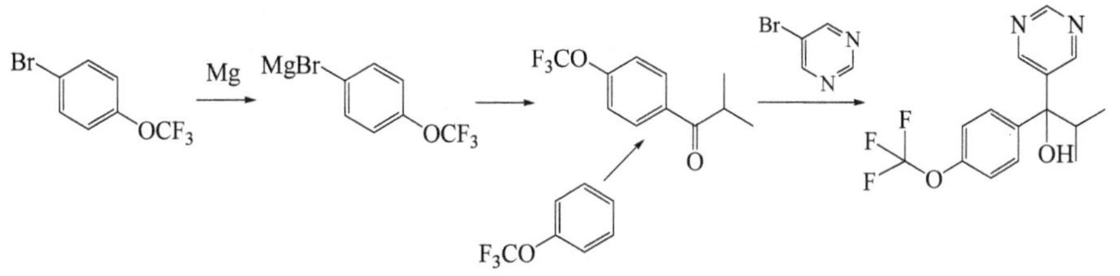

呋虫胺 dinotefuran

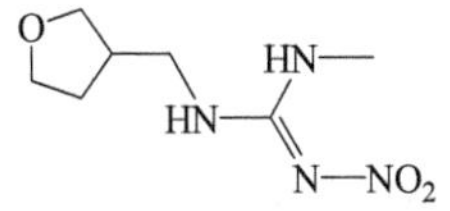

$C_7H_{14}N_4O_3$，202.2，165252-70-0

呋虫胺(dinotefuran)，试验代号　MTI-446，商品名称　Albarin、Daepo、Oshin、Safari、Scorpion35SL、Shuriken Cockroach、Starkle、Venom、飞避、护瑞。是 K. Kodaka 等人报道其活性，由日本三井化学开发，并在 2002 年上市的新烟碱类(neonicotinoid)杀虫剂。

化学名称　(RS)-1-甲基-2-硝基-3-(3-四氢呋喃甲基)胍，(RS)-1-methyl-2-nitro-3-(tetrahydro-3-furylmethyl)guanidine。

理化性质　白色结晶固体，熔点 107.5℃。208℃分解。蒸气压＜$1.7×10^{-3}$ mPa(30℃)。$K_{ow}\lg P=-0.549(25℃)$。Henry 常数 $8.7×10^{-9}$ Pa·m³/mol(计算)。相对密度 1.40。水中溶解

度 39.8g/L(20℃)。有机溶剂中溶解度(20℃,g/L):正己烷 9.0×10^{-6},庚烷 11×10^{-6},二甲苯 72×10^{-3},甲苯 150×10^{-3},二氯甲烷 11,丙酮 58,甲醇 57,乙醇 19,乙酸乙酯 5.2。在 150℃ 稳定,水解 $DT_{50} > 1y(pH \; 4,7,9)$,光降解 $DT_{50}3.8h$(蒸馏水/自然水)。$pK_a12.6(20℃)$。

毒性 急性经口 $LD_{50}(mg/kg)$:雄大鼠 2804,雌大鼠 2000,雄小鼠 2450,雌小鼠 2275。雄和雌大鼠急性经皮 $LD_{50} > 2000mg/kg$;对兔眼和皮肤轻微刺激,对豚鼠无致敏性。大鼠吸入 $LD_{50}(4h) > 4.09mg/L$,$NOAEL[mg/(kg \cdot d)]$:公狗 559,母狗 22。ADI:(EPA)aRfD 1.25mg/kg,cRfD 0.02mg/kg[2004];(FSC)0.22mg/kg[2005]。无致畸、致癌和致突变性,对神经和繁殖性能没有影响。

生态效应 日本鹌鹑急性经口 $LD_{50} > 2000mg/kg$,鸟 $LC_{50}(5d,mg/L)$:野鸭 > 5000 [997.9mg/(kg·d)],日本鹌鹑 > 5000mg/L[1301mg/(kg·d)]。鲤鱼、虹鳟鱼和大翻车鱼 $LC_{50}(96h) > 100mg/L$。水蚤 $EC_{50}(48h) > 1000mg/L$。羊角月牙藻 $E_bC_{50}(72h) > 100mg/L$。虾 $LC_{50}(48h)4.84mg/L$,东方牡蛎 $LC_{50}(96h)141mg/L$,糠虾 0.79mg/L,浮萍 $EC_{50} > 110mg/L$。对蜜蜂高毒,$LD_{50}0.023\mu g/$只(经口),$0.047\mu g/$只(接触)。对蚕高毒。

环境行为

(1) 动物 在大鼠体内,168h 内主要通过尿大量吸收并完全消失。几乎没有代谢发生。

(2) 植物 在莴苣中,代谢产物包括 1-甲基-3-(3-四氢呋喃甲基)胍和 1-甲基-3-(3-四氢呋喃甲基)脲。

(3) 土壤/环境 水中光解 $DT_{50}1.8d$。土壤 $DT_{50}50 \sim 100d$。主要的降解物是 1-甲基-2-硝基胍。

制剂 粉粒剂、粉剂、胶悬剂、颗粒剂、可溶粒剂、可溶液剂、可湿性粉剂等。

主要生产商 Mitsui Chemicals Agro。

作用机理与特点 呋虫胺是目前唯一的含四氢呋喃环的烟碱类杀虫剂,其结构特征是用四氢呋喃环取代噻虫胺中的氯代吡啶环。主要作用于昆虫神经结合部后膜,阻断昆虫正常的神经传递,通过与乙酰胆碱受体结合使昆虫异常兴奋、全身痉挛、麻痹而死,对刺吸口器害虫有优异的防效,不仅具有触杀、胃毒和根部内吸活性,而且具有内吸性强、用量少、速效好、活性高、持效期长、杀虫谱广等特点,能被水稻、蔬菜等各种作物的根部和茎叶部迅速吸收。故采用茎叶喷雾、土壤处理、粒剂本田处理和育苗箱处理等方法。与常规杀虫剂没有交互抗性,因而对抗性害虫有特效。对哺乳动物、鸟类及水生生物低毒。

应用

(1) 适用作物 水稻、茄子、黄瓜、番茄、卷心菜、棉花、茶叶、家庭与花园观赏植物、草坪、甜菜、果树、花卉等。

(2) 防治对象 主要用于防治吮吸性害虫蟓象、蚜虫、飞虱、叶蝉类半翅目、重要的菜蛾及双翅目、甲虫目和总翅目害虫,以及难除的豆桃潜蝇等双翅目害虫等。如水稻田中的褐飞虱、白背飞虱、黑尾叶蝉、二化螟,蔬菜以及水果中的蚜虫类、粉虱类、蚧类、小菜蛾、豆潜蝇等。对蜚蠊、白蚁、家蝇等卫生害虫有高效。

(3) 使用方法 可用于茎叶、土壤、箱育处理和用田水喷雾、淋、散播或扎洞处理。使用剂量:$100 \sim 200g/hm^2$。

蔬菜作物(使用 1% 颗粒剂和 20% 水溶性颗粒剂):1% 颗粒剂可在果菜类、叶菜类移栽时与土穴土壤混合处理,或者在撒播时与播种沟的土壤混合处理。这样可防治移栽时寄生的害虫和移栽前飞入的害虫。另外,由于该药剂具有良好的内吸传导作用,在处理后能很快被植物吸收,能保持 4～6 周的药效。20% 的水溶性颗粒剂则可作为茎叶处理剂防治害虫。"灌注处理"及"生长期土壤灌注处理"两种处理方法正在试验中。可将上述的颗粒剂和水溶性颗粒剂结合起来使用,这样在作物生长初期至收获为止均可应用。

果树(20% 水溶性颗粒剂):水溶性颗粒剂作为茎叶处理药剂于虫害发生时使用,可有效防治蚜虫、红蚧类吮吸性害虫和食心虫类、金纹细蛾等鳞翅目害虫。另外,对蟓类害虫不仅有很好的杀虫效果,还有很高的抑制吮吸效果。以推荐剂量使用,该药剂无药害,在以加倍剂量试验时,对作物亦十分安全。与在蔬菜作物上使用时一样，具有从叶表向叶内渗透移行的作用。同时，对果树的重要天敌也十分安全。

水稻（2％育苗箱用颗粒剂、1％颗粒剂、0.5％DL 粉剂）：在水稻田使用时，可用 DL 粉剂和颗粒剂以 30kg/hm² 的剂量（有效成分 10～20g/hm²）撒施，能有效地防治飞虱、黑尾叶蝉、稻负泥虫等害虫。尤其对蜻类害虫，其种间药效差异极小。在育苗箱使用后，可在移栽后有效防治飞虱类、黑尾叶蝉、稻负泥虫及稻筒水螟。药剂对目标害虫残效期长，45d 后仍能有效控制虫口密度。目前正进一步在二化螟、稻螟蛉、稻黑蝽等害虫中试验。

专利与登记

专利名称　Preparation of 1-(3-furylmethylamino)-2-nitroethylenes，N-(3-furylmethyl) nitroguanidines，and analogs as insecticides

专利号　EP649845　专利申请日　1994-10-26

专利拥有者　Mitsui Toatsu Chemicals, Inc., Japan

国内主要是山东海利尔化工有限公司和石家庄兴柏生物工程有限公司分别登记了 96％和 98％的原药。日本三井化学 AGRO 公司在中国登记情况见表 58。

表 58　日本三井化学 AGRO 公司在中国登记情况

登记名称	登记证号	含量	剂型	登记作物	防治对象	用药量/(mg/m²)	施用方法
呋虫胺	LS20130077	20％	可溶粒剂	水稻 黄瓜(保护地) 黄瓜(保护地) 水稻	二化螟 白粉虱 蓟马 飞虱	90～150 90～150 60～120 60～120	喷雾
呋虫胺	LS20130078	99.1％	原药				

合成方法　经如下反应制得呋虫胺：

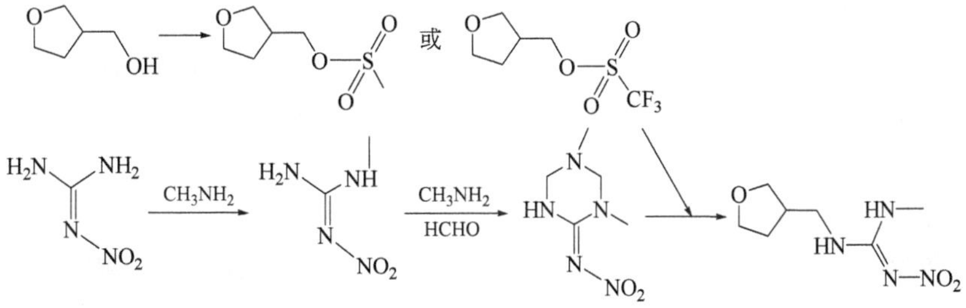

参考文献

[1] 张奕冰.世界农药，2003，5：46-47.
[2] 朱丽华.世界农药，2004，2：16-19.
[3] 程志明.世界农药，2005，1：1-5.
[4] 戴炜锷.现代农药，2008，6：12-14.
[5] 刘安昌等.世界农药，2009，2：22-23.

呋喃虫酰肼 fufenozide

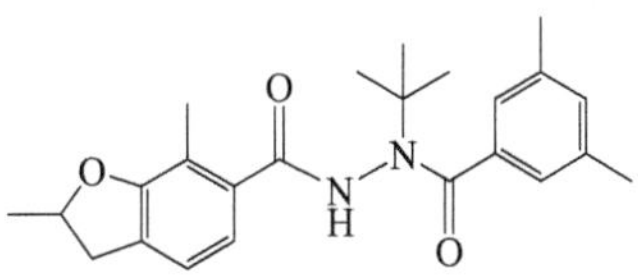

$C_{24}H_{30}N_2O_3$，394.5，467427-81-1

呋喃虫酰肼（fufenozide），试验代号　JS118，商品名称　福先，是江苏省农药研究所股份有限公司暨国家南方农药创制中心江苏基地自主创制发明的双酰肼类杀虫剂。

化学名称 N'-叔丁基-N'-(3,5-二甲基苯甲酰基)-2,7-二甲基-2,3-苯并呋喃-6-甲酰肼，N'-$tert$-butyl-N'-(3,5-dimethylbenzoyl)-2,7-dimethyl-2,3-dihydrobenzofuran-6-carbohydrazide。

理化性质 白色粉末状固体，熔点 $146.0 \sim 148.0℃$。蒸气压 $< 9.7 \times 10^{-8} Pa(20℃)$。溶于有机溶剂，不溶于水。

毒性 对大鼠急性经口 $LD_{50} > 5000mg/kg$(雄，雌)，大鼠急性经皮 $LD_{50} > 5000mg/kg$(雄，雌)，属微毒类农药。对眼和皮肤无刺激性。Ames 试验无致基因突变作用。

生态效应 对 10% 呋喃虫酰肼悬浮剂进行了鱼、蜜蜂、鹌鹑、家蚕等 4 种不同生活环境生物的毒性试验，结果如下：斑马鱼 LC_{50}(96h)$48mg/L$，蜜蜂 LC_{50}(48h)$> 500mg/L$，鹌鹑 LC_{50}(7d)$> 5000mg/kg$ 体重，家蚕 LC_{50}(2 龄)$0.7mg/kg$ 桑叶。

环境行为 根据农药对环境生物的急性毒性及风险评价分级标准，10% 呋喃虫酰肼悬浮剂对鱼、蜜蜂、鸟均为低毒，对家蚕高毒；对蜜蜂低风险，对家蚕极高风险，桑园附近严禁使用。

制剂 10% 呋喃虫酰肼悬浮剂。

作用机理与特点 呋喃虫酰肼为酰肼类化合物，是一类作用机理比较独特的杀虫剂，属于昆虫生长调节剂。该药模拟昆虫蜕皮激素，甜菜夜蛾等幼虫取食后 $4 \sim 16h$ 开始停止取食，随后开始蜕皮。24h 后，中毒幼虫的头壳早熟开裂，蜕皮过程停止，幼虫头部与胸部之间具有淡色间隔，引起早熟、不完全的蜕皮。出现的外部形态变化有头壳裂开露出表皮没有鞣化和硬化的新头壳，经常形成"双头囊"，不表现出脱皮或脱皮失败，直肠突出，血淋巴和蜕皮液流失，末龄幼虫则形成幼虫-蛹的中间态等。中毒的幼虫会排出后肠，使血淋巴和蜕皮液流失，并导致幼虫脱水和死亡。呋喃虫酰肼主要具有胃毒作用，兼有触杀作用。另外，呋喃虫酰肼的作用位点和作用方式与有机磷类、菊酯类完全不同，故对抗性害虫也表现出高活性。

呋喃虫酰肼作用方式研究结果表明，该药剂具有胃毒、触杀、拒食等活性，其作用方式以胃毒为主，其次为触杀活性，但在胃毒和触杀活性同时存在时，综合毒力均高于两种分毒力。

应用

(1) 适用作物 十字花科蔬菜、茶树等。

(2) 防治对象 对甜菜夜蛾、斜纹夜蛾、小菜蛾、茶尺蠖和各类螟虫等鳞翅目害虫有优异的防治效果。

(3) 应用技术 ①本品宜在甜菜夜蛾及茶尺蠖卵孵化盛期及低龄幼虫期施药，施药时必需均匀，若害虫龄期复杂，可于喷药后 $5 \sim 7d$ 再喷一次。②产品的安全间隔期为 14d，每个作物周期的最多使用次数为 2 次。③本品属昆虫生长调节剂，与拟除虫菊酯类、氨基甲酸酯类、吡唑等杂环类杀虫杀螨剂均不存在交互抗性，建议与其他作用机制不同的药剂轮换使用。④本品对家蚕有极高风险，对蜜蜂低风险。蜜源作物花期、桑园附近严禁使用。⑤使用本品时应穿戴防护服和手套，避免吸入药液。施药期间不可吃东西和饮水。施药后应及时洗手和洗脸。⑥若喷药后 6h 内遇雨，需天晴后补喷一次。大风天或预计 1h 内降雨，请勿施药。

大田药效试验表明，10% 呋喃虫酰肼悬浮剂用量在 $10g/667m^2$、$8g/667m^2$、$5g/667m^2$ 时，对甜菜夜蛾和小菜蛾均有很好的防治效果。防治十字花科蔬菜上的甜菜夜蛾，使用剂量为 $60 \sim 100g/hm^2$；防治茶树上的茶尺蠖时使用剂量为 $50 \sim 60g/hm^2$。

专利与登记

专利名称 作为杀虫剂的二酰基肼类化合物及制备此种化合物的中间体以及它们的制备方法

专利号 CN1313276 专利申请日 2001-03-26

专利拥有者　江苏省农药研究所

国内登记情况：98％原药，10％悬浮剂等，登记作物为甘蓝等，防治对象为甜菜夜蛾等。

合成方法　呋喃虫酰肼合成如下：

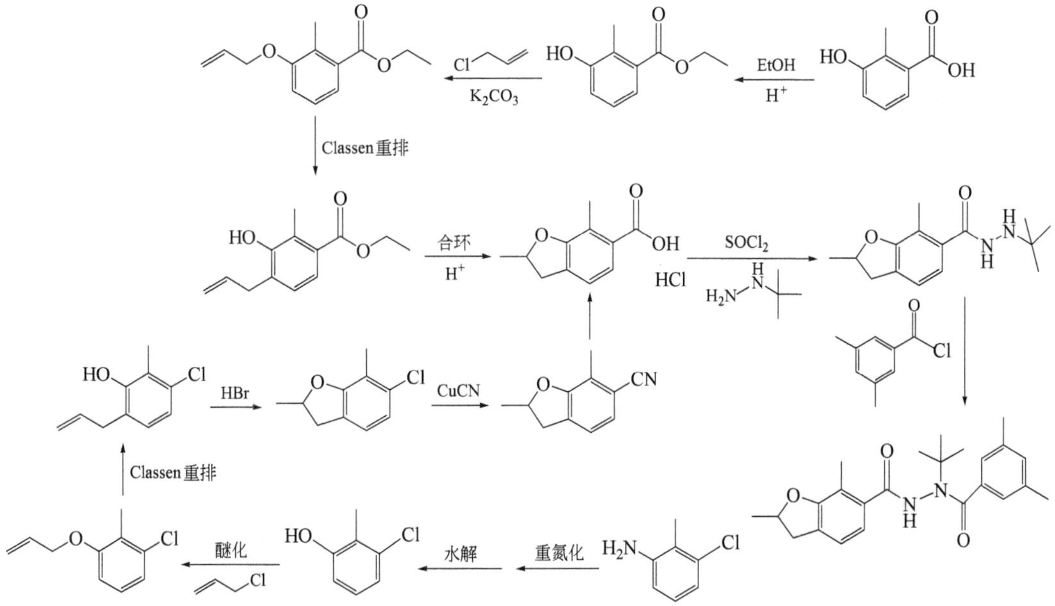

参考文献

[1] 李翔等. 现代农药，2009，8（2）：20-22.
[2] 张湘宁. 世界农药，2005，27（4）：48-49.

呋喃解草唑 furilazole

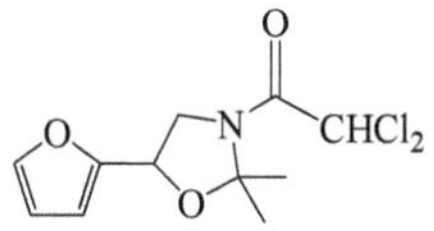

$C_{11}H_{13}Cl_2NO_3$，278.1，121776-33-8，121776-57-6[（R-异构体）]

　　呋喃解草唑(furilazole)，试验代号　MON13900，商品名称　Acetoclick、DegreeXtra，是由孟山都公司开发的氯乙酰胺类安全剂。

　　化学名称　(RS)-3-二氯乙酰基-5-(2-呋喃基)-2,2-二甲基噁唑啉，(RS)-3-dichloroacetyl-5-(2-furyl)-2,2-dimethyloxazolidine。

　　理化性质　纯品为浅棕色粉状固体，沸点 96.6～97.6℃。蒸气压 0.88mPa(20℃)。分配系数 $K_{ow}\lg P=2.12$(23℃)。Henry 常数 $1.24×10^{-3}$ Pa·m³/mol(20℃)。水中溶解度为 0.0197g/100mL(20℃)，闪点 135℃。

　　毒性　大鼠急性经口 LD$_{50}$ 869mg/kg。大鼠急性经皮 LD$_{50}$ ＞5000mg/kg。对兔皮肤无刺激性，对兔眼睛有轻微刺激性，对豚鼠皮肤无致敏性。大鼠急性吸入 LC$_{50}$ ＞2.3mg/L 空气。NOEL（90d，mg/kg）：大鼠 5（100mg/L），狗 15。ADI（EPA）aRfD 0.1mg/kg，cRfD 0.0009mg/kg [2005]。

　　生态效应　山齿鹑急性经口 LD$_{50}$ ＞2000mg/kg，山齿鹑和野鸭饲喂 LC$_{50}$（5d）＞5620mg/L。

鱼类 LC_{50}（96h，mg/L）：虹鳟鱼 6.2，大翻车鱼 4.6。水蚤 LC_{50}（48h）26mg/L。月牙藻 E_rC_{50}（72h）85mg/L，E_bC_{50}（72h）34.8mg/L。蜜蜂 LD_{50}（48h，接触）＞100μg/只。

环境行为

（1）动物　在大鼠体内形成水溶性代谢物或络合物，代谢广泛。消除很快，在 48h 内，超过 80% 的剂量被排出来。

（2）植物　玉米和高粱的代谢途径涉及转换成草氨酸，（±）-2-[5-(2-呋喃基)-2,2-二甲基-1,3-噁唑烷酮-3-基]-2-乙醛酸，和/或酒精，酸与酒精的相互作用，以及由于酒精的共轭作用产生 2-[5-(2-呋喃基)-2,2-二甲基-1,3-噁唑烷酮-3-基]-2-乙氧羰基-β-D-葡萄糖苷。葡萄糖/果糖和其他天然植物成分的结合是进一步代谢的结果。

（3）土壤/环境　在有氧环境土壤 DT_{50} 为 33～53d，在厌氧环境为 13～15d。在腐植酸敏感性水中 DT_{50} 为 8d；在土壤光解 DT_{50} 为 9d。

制剂　可湿性粉剂。

主要生产商　Monsanto。

作用机理　用于玉米等的磺酰脲类、咪唑啉酮类除草剂的安全剂。其作用机理是基于除草剂可被作物快速的代谢，使作物免于受伤害。

应用

（1）适宜作物与安全性　玉米、高粱等。同磺酰脲类、咪唑啉酮类除草剂一同使用可使作物玉米等免于受伤害。对环境安全。

（2）使用方法　除草剂安全剂。可用于多种禾本科作物的除草剂安全剂。特别是与氯吡嘧磺隆一起使用，可减少氯吡嘧磺隆对玉米可能产生的药害。

专利概况　专利 EP304409、EP648768 均早已过专利期，不存在专利权问题。

合成方法　呋喃解草唑合成方法主要有三种，主要原料为呋喃甲醛、氰化钠、硝基甲烷及二氯乙酰氯：

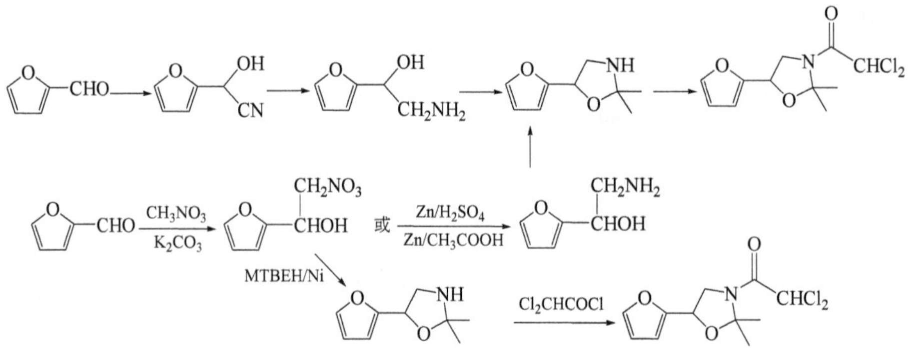

参考文献

[1] Proc Br Crop Prot Conf：Weed，1991，1：39.
[2] 丁一等．科技创新导报，2013，16：138-139.

呋霜灵 furalaxyl

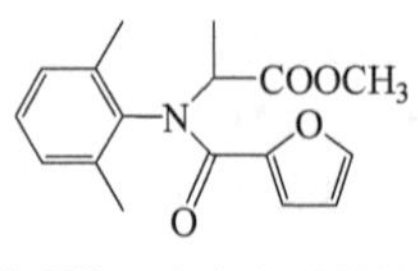

$C_{17}H_{19}NO_4$，301.3，57646-30-7

呋霜灵（furalaxyl），试验代号　CGA38140，商品名称　Fonganil、Fongarid，是由汽巴-嘉基公司（现先正达公司）开发的杀菌剂。

化学名称　N-(2-呋喃基)-N-(2,6-二甲苯基)-DL-丙氨酸甲酯，methyl N-2-furoyl-N-2,6-xylyl-DL-alaninate。

理化性质　纯品为白色无味晶体，熔点 70℃、84℃（双晶体）。蒸气压 0.07mPa（20℃）。分配系数 $K_{ow}\lg P=2.7$。Henry 常数 9.3×10^{-5} Pa·m³/mol（计算）。相对密度 1.22（20℃）。水中溶解度 230mg/L（20℃）；有机溶剂中溶解度（20℃，g/kg）：二氯甲烷 600，丙酮 520，甲醇 500，苯 480，己烷 4。稳定性：在中性或弱酸介质中相对稳定，在碱性介质中不太稳定；土壤降解（20℃）DT_{50}＞200d（pH 1 和 pH 9），22d（pH 10）。在 300℃以下稳定。

毒性　急性经口 LD_{50}（mg/kg）：大鼠 940，小鼠 603。急性经皮 LD_{50}（mg/kg）：大鼠＞3100，兔 5508。对兔皮肤和兔眼睛有轻微刺激作用，对豚鼠皮肤无致敏性。NOEL 数据[90d,mg/(kg·d)]：大鼠 82，狗 1.8。

生态效应　鸭子和日本鹌鹑急性经口 LD_{50}（8d）＞6000mg/kg。日本鹌鹑饲喂 LC_{50}（8d）＞6000mg/L。鱼毒 LC_{50}（96h,mg/L）：虹鳟鱼 32.5，鲫鱼 38.4，古比鱼 8.7，鲶鱼 60.0。水蚤 LC_{50}（48h）39.0mg/L。海藻 EC_{50} 27mg/L。直接接触对蜜蜂无毒，LD_{50}（24h,经口）：5～20μg/只。蚯蚓 LC_{50}（14d）510mg/kg 土壤。

环境行为

（1）动物　本品在动物体内代谢很快，通过尿和粪便排出。代谢途径不依赖于性别和所用剂量。在组织中的残留物一般很少，没有发现本品及其代谢物的残留。

（2）植物　在植物中，本品代谢为极性、水溶性、部分酸性、可能共轭及降解的产物。

（3）土壤/环境　在土壤中，DT_{50} 31～65d（20～25℃）。降解通过酯键的分解及 N-脱烷基化作用来完成。

作用机理与特点　通过感染核糖体 RNA 的合成，抑制真菌蛋白质的合成。内吸性杀菌剂，具有保护和治疗作用。可被植物根、茎、叶迅速吸收，并在植物体内运转到各个部位，因而耐雨水冲刷。

应用　主要用于防治观赏植物、蔬菜、果树等的土传病害，如腐霉属、疫霉属等卵菌纲病原菌引起的病害，如瓜果蔬菜的猝倒病、腐烂病、疫病等。

专利概况　专利 BE827419、GB1448810 均已过专利期，不存在专利权问题。

合成方法　以 2,6-二甲基苯胺为原料，先与 2-氯丙酸甲酯反应，再与 2-呋喃甲酰氯缩合即得目的物，反应式如下：

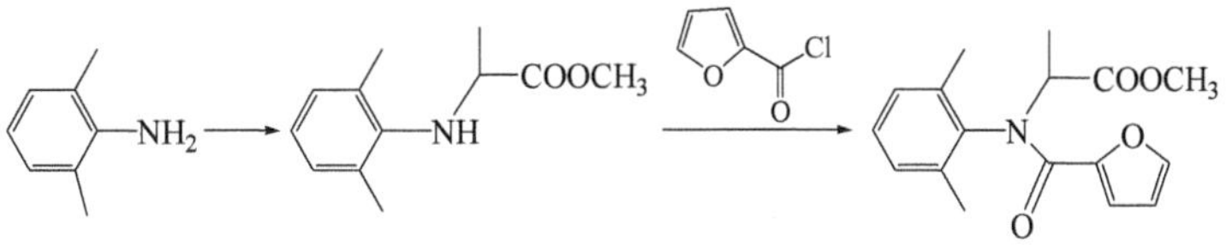

呋酰胺 ofurace

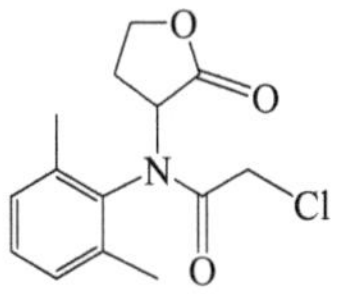

$C_{14}H_{16}ClNO_3$，281.7，58810-48-3

呋酰胺（ofurace），试验代号　RE 20615，商品名称　Vamin、Patafol。是由 Chevron 公司开发，后转让给 Schering AG（现拜耳公司）的酰胺类杀菌剂。

化学名称 (RS)-α-(2-氯-N-2,6-二甲苯基乙酰氨基)-γ-丁内酯，（±）-α-(2-chloro-N-2,6-xylylacetamido)-γ-butyrolactone。

理化性质 原药为灰白色粉状固体，纯度≥97%。纯品为无色结晶状固体，熔点145～146℃。相对密度1.43(20℃)。蒸气压$2×10^{-2}$mPa(20℃)。分配系数K_{ow}lg$P$=1.39(20℃)。Henry常数$3.9×10^{-5}$Pa·m³/mol(计算)。水中溶解度146mg/L(20℃)；有机溶剂中溶解度(20℃,g/L)：二氯乙烷300～600，丙酮60～75，乙酸乙酯25～30，甲醇25～30，对二甲苯8.6，庚烷0.0322。在碱性溶液中水解很快，DT_{50}7h(pH 9,35℃)，但在酸性介质和高温时稳定。在水中光降解DT_{50}7d。

毒性 急性经口LD_{50}(mg/kg)：雄大鼠3500，雌大鼠2600，小鼠＞5000，兔＞5000。兔急性经皮LD_{50}＞5000mg/kg，对兔皮肤和兔眼睛有中毒刺激作用，对豚鼠皮肤无致敏性。大鼠急性吸入LC_{50}(4h)2060mg/L。NOEL数据(2y)大鼠2.5mg/(kg·d)。ADI值0.03mg/kg。无致畸、致突变、致癌作用。

生态效应 红腿鹧鸪急性经口LD_{50}＞5000mg/kg。鱼毒LC_{50}(96h,mg/L)：虹鳟鱼29，圆腹雅罗鱼57。水蚤LC_{50}(48h)46mg/L。对蜜蜂无毒，LD_{50}(48h)＞58μg/只(经口)。

环境行为

(1) 动物 从动物体内迅速排出，经历第一阶段和第二阶段的生物转化。

(2) 植物 可以发现，葡萄、西红柿和土豆有相同的代谢途径。本品在植物表面相对稳定，但是，一旦渗透到植物里面，则通过羟基化和共轭作用降解。在残留物中有呋酰胺存在。

(3) 土壤/环境 在土壤中降解DT_{50}26d。在土壤中仅中等程度被吸收，中等程度移动。在水中和在沉淀物中发生光降解。

作用机理与特点 通过感染核糖体RNA的合成，抑制真菌蛋白质的合成。内吸性杀菌剂，具有保护和治疗作用。可被植物根、茎、叶迅速吸收，并在植物体内运转到各个部位，因而耐雨水冲刷。

应用 主要用于防治观赏植物、蔬菜、果树等由卵菌纲病原菌引起的病害如马铃薯晚疫病、葡萄霜霉病、黄瓜霜霉病、番茄疫病等。

专利概况 专利US3933860早已过专利期，不存在专利权问题。

合成方法 以2,6-二甲基苯胺为原料，先与溴代丁内酯反应，再与氯乙酰氯缩合即得目的物，反应式如下：

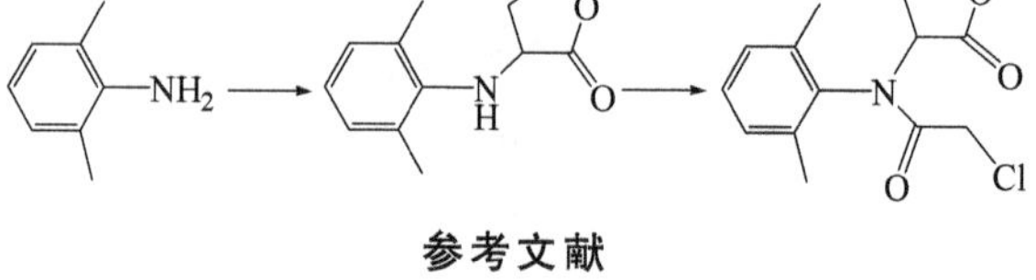

参考文献

[1] The Pesticide Manual. 15th edition. 2009：834-835.

呋线威 furathiocarb

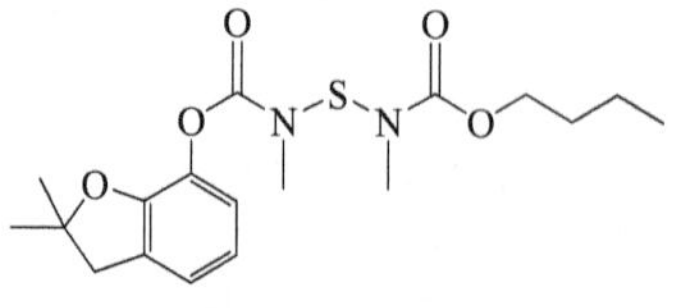

$C_{18}H_{26}N_2O_5S$, 382.5, 65907-30-4

呋线威（furathiocarb），试验代号 CGA73102，商品名称 Deltanet、Promet、保苗，由Ciba-Geigy AG(现属先正达公司)开发的一种杀虫剂。

化学名称 2,3-二氢-2,2-二甲基苯并呋喃-7-基-N,N'-二甲基-N,N'-硫代二氨基甲酸丁酯，butyl2,3-dihydro-2,2-dimethylbenzofuran-7-yl-N,N'-dimethyl-N,N'-thiodicarbamate。

理化性质 纯品为黄色液体，沸点>250℃。蒸气压 3.9×10^{-3} mPa(25℃)。相对密度 1.148 (20℃)。K_{ow} lg$P$=4.6(25℃)。Henry 常数 1.36×10^{-4} Pa·m³/mol。水中溶解度(25℃)11mg/L，易溶解于常见的有机溶剂，例如丙酮、甲醇、异丙醇、正己烷、甲苯等。加热至400℃稳定，在水中的 DT_{50}(pH 9)4d。

毒性 急性经口 LD_{50}(mg/kg)：大鼠 53，小鼠 327。大鼠急性经皮 LD_{50}>2000mg/kg。对兔皮肤和眼睛中度刺激。大鼠吸入 LC_{50}(4h)0.214mg/L 空气。大鼠 NOEL 0.35mg/(kg·d)。ADI (比利时)0.0035mg/kg[1999]。

生态效应 野鸭和鹌鹑急性经口 LD_{50}<25mg/kg。虹鳟鱼、大翻车鱼及鲤鱼 LC_{50}(96h) 0.03~0.12mg/L。水蚤 LC_{50}(48h)1.8μg/L。对蜜蜂有毒。

环境行为

（1）动物 在鼠体内通过快速、完全的水解、氧化和配合作用进行代谢转化。主要通过肾进行排泄。

（2）植物 在植物体内代谢成克百威和它的羟基以及酮衍生物。

（3）土壤/环境 在土壤中快速分解成克百威并成为最终代谢产物。在实验室和大田条件下，呋线威不会产生飘移现象。主要的降解产物克百威在土壤中有流动性。

制剂 微胶囊缓释剂、干拌种剂、乳油、颗粒剂等。

主要生产商 Mitsubishi Chemical 及 Saeryung 等。

作用机理与特点 内吸性杀虫剂，具有触杀和胃毒作用。

应用

（1）适用作物 玉米、油菜、高粱、甜菜、向日葵和蔬菜。

（2）防治对象 土壤栖息害虫。

（3）在我国推荐使用情况 防治土壤栖息害虫的内吸性杀虫剂，在播种时施用 0.5~2.0kg (a.i.)/hm²，可保护玉米、油菜、甜菜和蔬菜的种子和幼苗不受危害，时间可达 42d。种子处理和茎叶喷雾均有效。

专利概况 专利 BE865290、GB1583713 均早已过专利期，不存在专利权问题。

合成方法 甲基氨基甲酸正丁酯与二氯化硫反应，生成 ClSN(CH₃)CO₂C₄H₉-n，然后再与 2,3-二氢-2,2-二甲基-7-苯并呋喃-N-甲基氨基甲酸酯反应，即得产品。反应式如下：

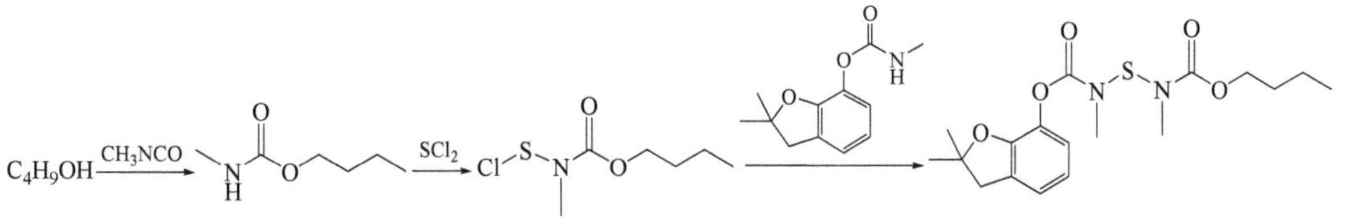

参考文献

[1] 曾辉等. 湖南化工, 30 (1), 2000：16-17.

伏杀硫磷 phosalone

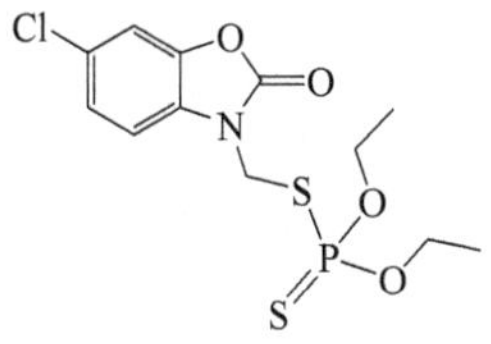

$C_{12}H_{15}ClNO_4PS_2$，367.8，2310-17-0

伏杀硫磷(phosalone)，试验代号　11974 RP、ENT 27163、NPH 1090，商品名称　Balance、Zolone，其他名称　benzphos、伏杀磷、佐罗纳。是 J. Desmoras 等报道其活性，由 Rhone-Poulenc Agrochimie(现属 Aventis CropScience)公司开发的有机磷类杀虫剂。

化学名称　S-6-氯-2,3-二氢-2-氧代-1,3-苯并噁唑-3-基甲基-O,O-二乙基二硫代磷酸酯，S-6-chloro-2,3-dihydro-2-oxo-1,3-benzoxazol-3-ylmethyl-O,O-diethyl phosphorodithioate。

组成　930g/kg(FAO Spec.)，工业品为 940g/kg。

理化性质　无色晶体，带有大蒜味，熔点 46.9℃(99.5％)(工业品 42～48℃)，蒸气压 7.77×10^{-3}mPa(20℃，计算)，相对密度 1.338(20℃)，分配系数 K_{ow}lg$P$＝4.01(20℃)，Henry 常数 2.04×10^{-3}Pa·m^3/mol(计算)。溶解度：水中 1.4mg/L(20℃)，丙酮、乙酸乙酯、二氯甲烷、甲苯、甲醇均＞1000g/L(20℃)，正己烷 26.3g/L(20℃)，正辛醇 266.8g/L(20℃)。在强碱和酸性介质中分解，DT_{50}9d(pH 9)。

毒性　大鼠急性经口 LD_{50}120mg/kg，大鼠急性经皮 LD_{50}1530mg/kg。对豚鼠眼睛和皮肤中等刺激，对其皮肤有过敏现象。大鼠吸入 LC_{50}(4h,mg/L)：雌大鼠 1.4，雌大鼠 0.7。NOEL 值[mg/(kg·d)]：大鼠(2y)0.2，狗(1y)0.9。ADI：(EFSA)0.01mg/kg[2006]；(JMPR)0.02mg/kg[1997,2001]；(EPA)最低 aRfD 0.01mg/kg，cRfD 0.002mg/kg[2006]。

生态效应　鸟类急性经口 LD_{50}(mg/kg)：家鸡 503，野鸭＞2150。饲喂 LC_{50}(8d,mg/L 饲料)：山齿鹑 2033(约 233mg/kg)，绿头鸭 1659。鱼 LC_{50}(96h,mg/L)：虹鳟鱼 0.63，鲤鱼 2.1。水蚤 EC_{50}(48h)0.74μg/L。羊角月牙藻 E_bC_{50}(72h)1.1mg/L。蜜蜂 LD_{50}(μg/只)：经口 103，接触 4.4。蚯蚓 LC_{50}(14d)22.5mg/kg。

环境行为　在动物体内迅速被吸收和代谢，并通过尿排出。在植物内，本品通过快速氧化、裂解、氢解和脱氯化作用降解。本品可被土壤吸附，流动性小，吸附性强并很快降解，DT_{50}1～5d，K_{oc}870～2680。

制剂　35％乳油，30％可湿性粉剂，2.5％、4％粉剂。

主要生产商　Cheminova、江阴凯江农化有限公司及捷马集团等。

作用机理和特点　胆碱酯酶的直接抑制剂，触杀性杀虫、杀螨剂，无内吸作用，具有杀虫谱广、速效性好、残留量低等特点，代谢产物仍具杀虫活性。在植物上持效期为 2 周，对叶螨的持效期较短。正常使用下无药害。对作物有渗透作用。

应用

(1) 适用作物　果树、棉花、水稻、蔬菜、茶树。

(2) 防治对象　蚜虫、叶螨、木虱、叶蝉、蓟马及鳞翅目、鞘翅目害虫等，如卷叶蛾、苹果蝇、梨小食心虫、棉铃虫、油菜花露尾甲和象虫。

(3) 残留量与安全施药　由于本品没有内吸性，喷药要均匀周到，对蛀蛀性害虫应在幼虫蛀入作物之前施药。不要与碱性农药混用，生长季最多施用两次。安全间隔期为 7d。茶叶中伏杀硫磷最大残留限量为 0.5mg/kg。世界卫生组织及联合国粮农组织规定的最大残留量：苹果 5mg/kg、梨 2mg/kg、葡萄 5mg/kg、白菜 1mg/kg。美国规定：苹果 10mg/kg、梨 15mg/kg、干茶叶 8mg/kg、橘类 3mg/kg、番茄 0.1mg/kg、肉 0.25mg/kg。

(4) 使用方法

① 棉花。a. 蚜虫。在棉苗卷叶之前，大面积有蚜虫率达到 30％，平均单株棉蚜数近 20 头，用 35％乳油 1.5～2L/hm^2，兑水 750～100kg，喷雾。b. 棉铃虫。在 2～3 代发生时，卵孵化盛期，用 35％乳油 3～4L/hm^2，兑水 1000～1500kg，均匀喷雾。c. 棉红铃虫。在各代红铃虫的发蛾及产卵盛期，每隔 10～15d，用 35％乳油 3～4L/hm^2，兑水 1000～1500kg，喷药一次，一般用药 3～4 次。d. 棉盲蝽象。在每年 6～8 月份，棉花嫩尖小叶上出现小黑斑点或幼蕾出现褐色被害状，新被害株率为 2％～3％时，用 35％乳油 3～4L/hm^2，兑水 1000～1500kg，均匀喷雾，施药重点部位为嫩尖及幼蕾。e. 棉红蜘蛛。在 6 月底以前，害螨扩散初期，用 35％乳油 3～4L/hm^2，兑水 1000～1500kg，均匀喷雾。

② 蔬菜。a. 菜蚜。根据虫害发生情况，用 35％乳油 1.5～2L/hm^2，兑水 900～1200kg，在

叶背和叶面均匀喷雾。b. 菜青虫。在成虫产卵高峰后 1 周左右，幼虫 3 龄期，用 35％乳油 1.5～2L/hm²，兑水 900～1200kg，在叶背和叶面均匀喷雾。c. 小菜蛾。在 1～2 龄幼虫高峰期，用 35％乳油 2～3L/hm²，兑水 750～1000kg，均匀喷雾。d. 豆野螟。在豇豆、菜豆开花初盛期，害虫卵孵化盛期，初龄幼虫钻蛀花柱、豆幼荚之前，用 35％乳油 2～3L/hm²，兑水 750～1000kg，均匀喷雾。e. 茄子红蜘蛛。在若螨盛期，用 35％乳油 2～3L/hm²，兑水 750～1000kg，均匀喷雾。

③ 小麦。a. 黏虫。在 2～3 龄幼虫盛发期，用 35％乳油 1.5～2L/hm²，兑水 750～1000kg，均匀喷雾。b. 麦蚜。在小麦孕穗期，当虫茎率达 30％，百茎虫口在 150 头以上时，用 35％乳油 1.5～2L/hm²，兑水 750～1000kg，均匀喷雾。

④ 茶叶。a. 茶尺蠖、木尺蠖、丽绿刺蛾、茶毛虫。在 2～3 龄幼虫盛期，用 35％乳油 1000～1400 倍液，均匀喷雾。b. 小绿叶蝉。在若虫盛发期，用 35％乳油 800～1000 倍液，主要在叶背面均匀喷雾。c. 茶叶瘿螨、茶橙瘿螨、茶短须螨。在茶叶非采摘期和害螨发生高峰期，用 35％乳油 700～800 倍稀释液均匀喷雾。

⑤ 果树。a. 苹果、梨。在初孵幼虫蛀果之前，用 35％乳油 700～800 倍液进行喷雾，可防治卷叶蛾、苹果实蝇、梨小食心虫、蟓象、梨黄木虱、蚜虫和红蜘蛛。b. 柑橘。在放梢初期，橘树嫩芽长至 2～3mm 或抽出嫩芽达 50％时，用 35％乳油 1000～1400 倍液均匀喷雾，可防治柑橘潜叶蛾。

专利与登记 专利 GB1005372、BE609209、FR1482025 均早已过专利期，不存在专利权问题。国内登记情况：35％乳油，95％原药等，登记作物为棉花等，防治对象为棉铃虫等。

合成方法 经如下反应制得伏杀硫磷：

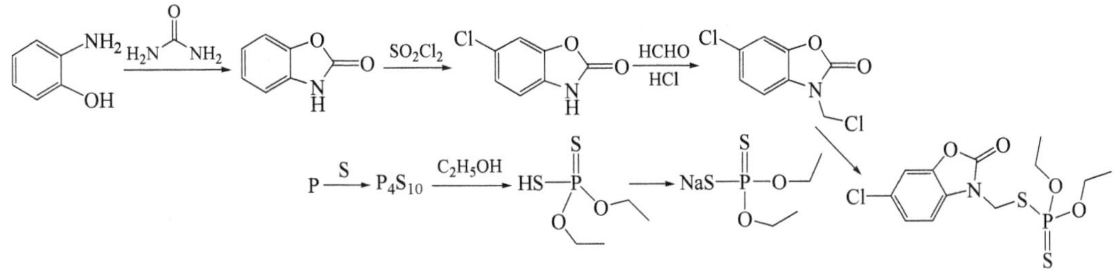

氟胺草酯 flumiclorac-pentyl

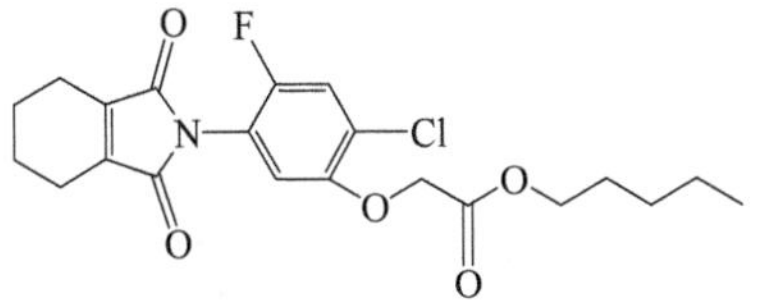

C₂₁H₂₃ClFNO₅，423.9，87546-18-7，87547-04-4(酸)

氟胺草酯(flumiclorac-pentyl)，试验代号 S-23031、V-23031。商品名称 Resource、Sumiverde。其他名称 Radiant、Stellar、利收、氟亚氨草酯、氟烯草酸。是由日本住友化学公司开发的酰亚氨类除草剂。

化学名称 [2-氯-5-(环己-1-烯-1,2-二羧酰亚氨基)-4-氟苯氧基]乙酸戊酯，pentyl[2-chloro-5-(cyclohex-1-ene-1,2-dicarboximido)-4-fluorophenoxy]acetate。

理化性质 纯品为米黄色固体，熔点 88.9～90.1℃，蒸气压＜0.01mPa(22.4℃)。分配系数 $K_{ow}\lg P=4.99(20℃)$，相对密度 1.33(20℃)。Henry 常数＜2.2×10^{-2}Pa·m³/mol。水中溶解度

为 0.189mg/L(25℃)。其他溶剂中溶解度(25℃,g/L):甲醇 47.8,丙酮 590,正辛醇 16.0,正己烷 3.28。水解 DT_{50}:4.2d(pH 5),19h(pH 7),6min(pH 9)。水中光解 DT_{50} 与其相似,闪点 68℃。

毒性 大鼠急性经口 LD_{50}>5.0g/kg。兔急性经皮 LD_{50}>2.0g/kg。对兔眼睛和皮肤有中度刺激性。对皮肤无致敏性。86%乳油:兔急性经皮 LD_{50}>2.0g/kg,对兔子皮肤和眼睛中度刺激,对皮肤无致敏性;大鼠急性吸入 LC_{50}(4h)5.94mg/L,5.51mg/L。狗 NOAEL 100mg/kg,ADI(EPA)cRfD 1.0mg/kg。

生态效应 山齿鹑急性经口 LD_{50}>2250mg/kg。山齿鹑和野鸭饲喂 LC_{50}>5620mg/L。鱼毒 LC_{50}(mg/L):虹鳟鱼 1.1,大翻车鱼 17.4。水蚤 LC_{50}(48h)>38.0mg/L,蜜蜂 LD_{50}(接触)>196μg/只。

环境行为

(1) 植物 在大豆和玉米中,主要代谢产物是 2-氯-4-氟-5-(4-羟基-1,2-环己烯二羧酰亚氨基)苯氧乙酸,由四氢苯酸酐双键羟基化产生。其他的代谢过程包括酯和酰亚胺链的断裂。

(2) 土壤/环境 在土壤中迅速降解,在砂质土中,DT_{50} 0.48~4.4d(pH 7),降解 DT_{50} 2~30d。在土壤中可移动,能够低介质流动分解。在低于 3in 的土壤中,没有观察到残留的母体化合物。

制剂 10%乳油。

主要生产商 Sumitomo Chemical。

作用机理与特点 原卟啉原氧化酶抑制剂。触杀型选择性除草剂,药剂被敏感杂草叶面吸收后,迅速作用于植株组织,引起原卟啉积累,使细胞膜脂质过氧化作用增强,从而导致敏感杂草的细胞膜结构和细胞功能不可逆损害。阳光和氧是除草活性必不可少的。常常在 24~48h 出现叶面白化、枯斑等症状。大豆对氟胺草酯有良好的耐药性,在大豆体内能被分解,但在高温条件下施药,大豆可能出现轻微触杀型药害,对新长出的叶无影响,1 周左右可恢复,对产量影响甚小。

应用

(1) 适宜作物与安全性 大豆、玉米等,对大豆和玉米安全的选择性是基于药剂在作物和杂草植株中的代谢不同。

(2) 防除对象 主要用于防除阔叶杂草如苍耳、藜、柳叶刺蓼、节蓼、豚草、苋属杂草、苘麻、龙葵、曼陀罗、黄花稔等。对铁苋菜、鸭跖草有一定的药效,对多年生的刺儿菜、大蓟等有一定的抑制作用。

(3) 应用技术 ①大豆苗后 2~3 片复叶期,阔叶杂草 2~4 叶期,最好在大豆 2 片复叶期,大多数杂草出齐时施药。杂草小,在水分条件适宜、杂草生长旺盛时用低剂量。杂草大,天气干旱少雨时用高剂量。②苗后施药不要进行超低容量喷雾,因药液浓度过高对大豆叶有伤害。人工施药应选扇形喷头,顺垄逐垄施药,一次喷一条垄,不能左右甩动,以保证喷洒均匀。喷药时喷头距地面高度始终保持一致,喷幅宽度一致,喷雾压力一致,不可忽快忽慢,忽高忽低。特别要注意大风天不要施药,不要随意降低喷头高度,把全田施药变成苗带施药,甚至苗眼施药,这样会造成严重药害。③在土壤水分、空气相对湿度适宜时施药,有利于杂草对氟胺草酯的吸收和传导。长期干旱、空气相对湿度低于 65%时不宜施药。一般应选早晚气温低、风小时施药,在晴天上午 9 时到下午 3 时应停止施药,施药时风速不超过每秒 4m,在干旱条件下适当增加用药量。在干旱条件下,有灌溉条件的应在灌水后施药。长期干旱,如近期有雨,待雨后田间土壤水分和湿度改善后再施药,虽施药时间拖后,但药效会比雨前施药好。在高湿条件下,大豆有较轻的触杀性斑点,但对生长无影响。施药前应注意天气预报,施药后 4h 降雨不会影响药效。④切记不要在高温、干旱、大风的条件下施药。

(4) 使用方法 氟胺草酯主要用于苗后除草,使用剂量为:40~100g(a.i.)/hm²[亩用量为 2.67~6.67g(a.i.)]。若与禾本科杂草除草剂混用,可扩大杀草谱。药剂混用如下:

10%氟胺草酯每亩 3g(a.i.)加 12%烯草酮乳油 4.8g(a.i.)加表面活性剂对大豆安全,对野燕麦、稗草、狗尾草、金狗尾草、野黍、马唐等禾本科杂草及上述阔叶杂草有效。

氟胺草酯可与 ①三氟羧草醚或乳氟禾草灵或氟磺胺草醚或异噁草酮或灭草松，②稀禾定或精喹禾灵或精吡氟禾草灵或精吡氟氯禾灵一起(三元)混用。三种药剂相混对大豆安全，药效稳定，对大豆田难治杂草如鸭趾草、苘麻、狼把草、苍耳有较好的活性。氟胺草酯与异噁草酮、灭草松混用，对多年生杂草刺儿菜、大蓟、问荆、苣荬菜也有较好的活性。

专利与登记 专利 EP0083055、EP0150064、EP0305826 均早已过专利期，不存在专利权问题。日本住友化学株式会社在中国登记了 100g/L 乳油，登记用于防治大豆田的阔叶杂草，使用剂量为 45～67.5g/hm²。

合成方法 经如下反应制得：

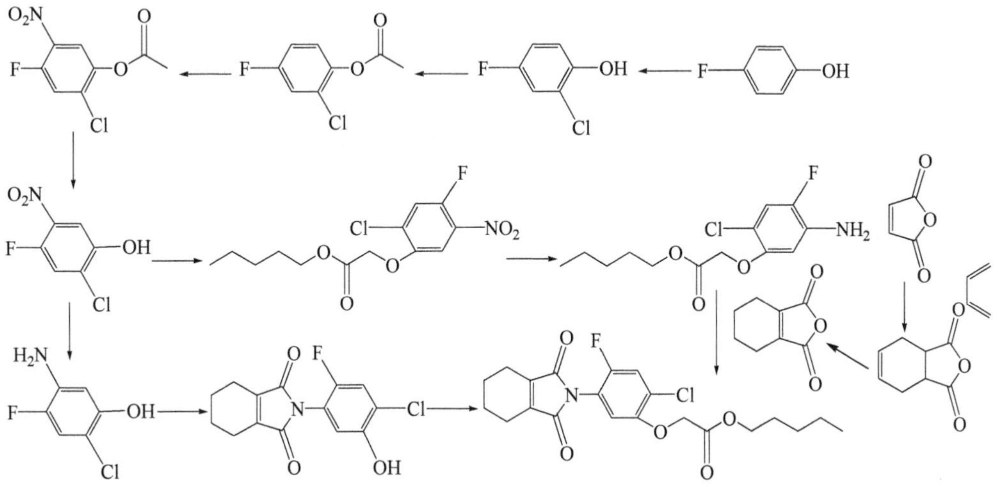

参考文献

[1] 屠美玲等．浙江工业大学学报，2009，2：152-155.
[2] 张李勇等．农药，2007，5：307-309.
[3] 吴浩等．农药，2000，11：14.
[4] 陆阳等．化工技术与开发，2009，6：14-16.

氟胺草唑 flupoxam

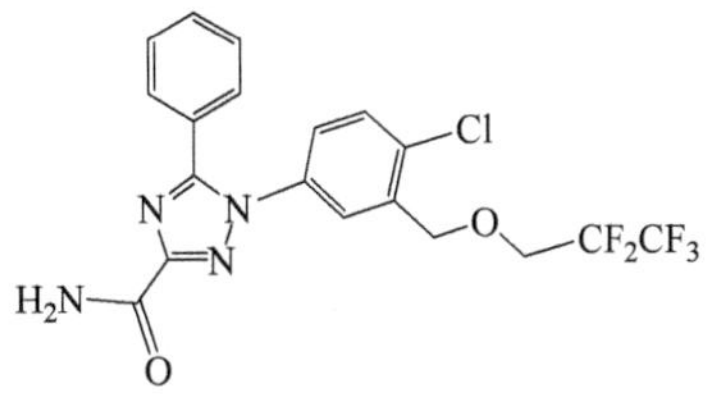

$C_{19}H_{14}ClF_5N_4O_2$，460.8，119126-15-7

氟胺草唑(flupoxam)，试验代号 KNW-739、MON18500，商品名称 Conclude，其他名称 胺草唑，是由日本吴羽化学公司开发的三唑酰胺类除草剂。

化学名称 1-[4-氯-3-(2,2,3,3,3-五氟丙氧基甲基)苯基]-5-苯基-1H-1,2,4-三唑-3-甲酰胺，1-[4-chloro-3-(2,2,3,3,3-pentafluoropropoxymethyl)phenyl]-5-phenyl-1H-1,2,4-triazole-3-carboxamide。

理化性质 纯品为浅米色无味晶体，熔点 137.7～138.3℃，蒸气压 $7.85×10^{-2}$ mPa(25℃)，

相对密度 1.385(20℃)。$K_{ow}\lg P=3.2$。水中溶解度 2.42mg/L(20℃);其他溶剂中溶解度(20℃，g/L):正己烷$<10^{-2}$，甲苯 4.94，甲醇 162，丙酮 282，乙酸乙酯 102。

毒性　大鼠急性经口 $LD_{50}>5000$mg/kg。兔急性经皮 $LD_{50}>2000$mg/kg。对兔眼睛中度刺激，对皮肤无刺激性。大鼠吸入 $LC_{50}>8.2$mg/L。大鼠 NOEL(2y) 2.4mg/kg，ADI(日本) 0.008mg/kg。在 Ames 试验和微核试验中无致突变性和致畸性。

生态效应　山齿鹑急性经口 $LD_{50}>2250$mg/kg，山齿鹑饲喂 $LC_{50}>5620$mg/L。鲤鱼 LC_{50}(96h) 2.3mg/L。水蚤 LC_{50}(48h) 3.9mg/L，月牙藻 E_rC_{50}(72h)>54.2mg/L，蜜蜂接触 $LD_{50}>100\mu$g/只。

环境行为　土壤 DT_{50}约<59d。

制剂　10%乳油，50%悬浮剂。

主要生产商　Synexus 及 Nippon Soda 等。

作用机理与特点　典型的乙酰乳酸合成酶抑制剂，有丝分裂抑制剂。苗前施用可使阔叶杂草不发芽，这是由于根系生长受抑、子叶组织受损而致。苗后施用使植株逐渐停止生长，直至生长点死亡、幼株枯死。在植株中不移动，主要通过触杀分生组织而起作用，因此施于迅速生长的植株则十分有效。

应用

(1) 适宜作物与安全性　玉米、大豆、小麦、大麦。以 300g(a.i.)/hm²[每亩以 20g(a.i.)]施用后两个月内，对小麦、大麦均无药害。

(2) 防除对象　主要用于防除越冬禾谷类作物田中一年生阔叶杂草如野斗篷草、芥菜、藜、黄鼬瓣花、大马蓼、宝盖草、白芥、繁缕、猪殃殃、野生萝卜、小野芝麻、香甘菊、虞美人、常春藤叶婆婆纳、大婆婆纳、野油菜等。

(3) 使用方法　小麦、大麦苗前苗后均可使用，使用剂量为 150g(a.i.)/hm²[亩用量为 10g(a.i.)]，在杂草 2~4 叶期施用，防除效果达 90% 以上。以 150g(a.i.)/hm²[亩用量为 10g(a.i.)] 与异丙隆混用效果更佳，苗前施用小麦增产 12%，苗后施用增产 10%;玉米播后苗前或苗后茎叶处理，用量分别为 30~40g(a.i.)/hm² 和 20~30g(a.i.)/hm²;大豆播前土壤处理，用量 48~60g(a.i.)/hm²，苗后茎叶处理用量 20~25g(a.i.)/hm²。

(4) 注意事项　后茬不宜种植油菜、甜菜及其他蔬菜。

专利概况　专利 EP0282303 早已过专利期，不存在专利权问题。

合成方法　以邻甲基对硝基氯苯为起始原料，经如下反应即得目的物:

参考文献

[1] 彭不宁等. 农药译丛, 1992, 4: 62-63.

氟胺磺隆 triflusulfuron-methyl

$C_{17}H_{19}F_3N_6O_6S$, 492.4, 126535-15-7, 135990-29-3(酸)

氟胺磺隆(triflusulfuron-methyl)，试验代号　DPX66037、IN66037、JT478，商品名称 Caribou、Debut、Safari、Upbeet，其他名称　Bond，是由杜邦公司开发的磺酰脲类除草剂。

化学名称　2-[4-二甲基氨基-6-(2,2,2-三氟乙氧基)-1,3,5-三嗪-2-氨基甲酰氨基磺酰基] 间甲基苯甲酸甲酯，methyl 2-[4-dimethylamino-6-(2,2,2-trifluoroethoxy)-1,3,5-triazin-2-ylcarbamoylsulfamoyl] -m-toluicate。

理化性质　原药纯度>96%。其纯品为白色结晶体，熔点159~162℃(原药155~158℃)。相对密度1.45，蒸气压$6×10^{-7}$mPa(克努森气体积液,25℃)。$K_{ow}lgP=0.96$(pH 7)。Henry常数(Pa·m^3/mol,25℃)：$7.78×10^{-8}$(pH 5)，$1.14×10^{-9}$(pH 7)，$2.69×10^{-11}$(pH 9)。水中溶解度(25℃,mg/L)：1(pH 3)，3.8(pH 5)，260(pH 7)，11000(pH 9)；其他溶剂中溶解度(25℃, mg/mL)：二氯甲烷580，丙酮120，甲醇7，甲苯2，乙腈80。稳定性：在水中快速水解。在25℃水中DT_{50}：3.7d(pH 5)，32d(pH 7)，36d(pH 9)。pK_a4.4。

毒性　大鼠急性经口LD_{50}>5000mg/kg。兔急性经皮LD_{50}>2000mg/kg。对兔眼睛和皮肤无刺激性作用，对豚鼠皮肤无致敏性。大鼠吸入LC_{50}(4h)>6.1mg/L。NOEL(mg/L)：狗(1y)875，小鼠(1.5y)150，雄雌大鼠(2y)100、750。ADI(EC)0.04mg/kg[2008]，(UK)0.05mg/kg，(EPA)0.024mg/kg[1995]。Ames试验无致突变。

生态效应　山齿鹑和野鸭急性经口LD_{50}>2250mg/kg，山齿鹑和野鸭饲喂LC_{50}(5d)5620mg/L，大翻车鱼和虹鳟鱼LC_{50}(96h)分别为760mg/L和730mg/L。水蚤LC_{50}(48h)>960mg/L。绿藻类EC_{50}(120h)0.62mg/L，浮萍LC_{50}(14d)3.5μg/L。蜜蜂(经口)LD_{50}(48h)>1000mg/L。蚯蚓LD_{50}>1000mg/kg。对蚜茧蜂属、盲走螨属NOEC为120g(50%水分散粒剂)/hm^2。

环境行为　氟胺磺隆在水、土壤、植物和动物体内能快速降解。在所有体系中主要的代谢途径是磺酰脲桥的断裂形成甲基糖精和三嗪胺，随后是三嗪胺的脱甲基化形成去甲基三嗪胺和N,N-去二甲基三嗪胺。在土壤中主要通过化学和微生物途径快速代谢。在碱性条件下主要为微生物代谢，在中性和酸性条件下主要为化学水解。不可能在生物体内产生积累。土壤中DT_{50}3d。

制剂　50%水分散粒剂。

主要生产商　DuPont。

作用机理　能抑制植物的乙酰乳酸酶合成，阻断侧链氨基酸的生物合成，从而影响细胞的分裂和生长。其选择性是由于在甜菜中快速代谢，可参考文献 M. K. Koeppe 等，*Proc Br Crop Prot Conf：Weeds*，1993，1：177。磺酰脲类除草剂的选择性代谢基础的综述可参见文献 M. K. Koeppe 和 H. M. Brown，*Agro-Food-Industry*1995，6：9-14。其作用方式为苗后选择性除草剂，症状首先出现在分生组织。

应用

(1) 适宜作物与安全性　甜菜，在1~2叶以上的甜菜中的DT_{50}<6h。按两倍的推荐用量施用，对甜菜仍极安全。

（2）防除对象 甜菜田许多阔叶杂草和禾本科杂草。

（3）使用方法 甜菜田用安全性高的苗后除草剂，使用剂量为 $10\sim25g(a.i.)/hm^2$［亩用量为 $0.67\sim1.67g(a.i.)$］，加入 $0.05\%\sim0.25\%$（体积分数）的表面活性剂或 $0.5\%\sim1.0\%$（体积分数）的植物油有助于改善其互溶性，并可提高活性。

专利概况 专利 WO8909214 早已过专利期，不存在专利权问题。

合成方法 氟胺磺隆可按下述反应式制备：

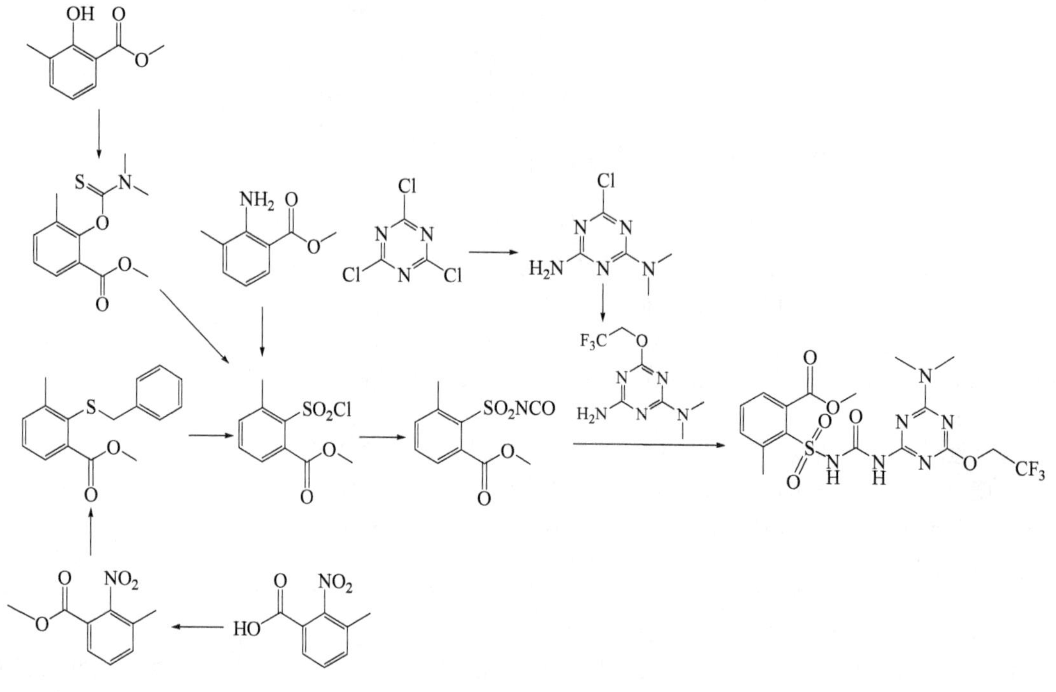

参考文献

［1］Proc Br Crop Prot Conf，Weed，1991，1：25.

氟胺氰菊酯 *tau*-fluvalinate

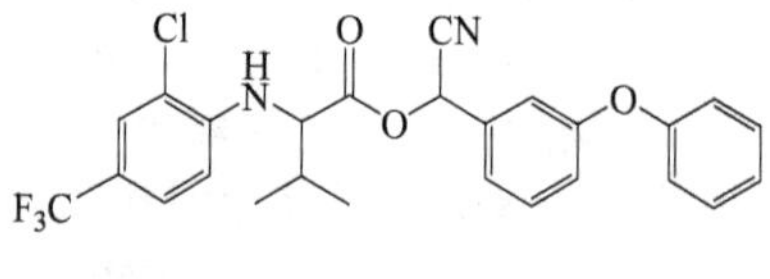

$C_{26}H_{22}ClF_3N_2O_3$，502.9，102851-06-9，69409-94-5（消旋异构体）

氟胺氰菊酯（*tau*-fluvalinate），试验代号 SAN527I、MK128。商品名称 Apistan、Kaiser、Klartan、Mavrik、Mavrik Aquaflow、Spur、Talita、福化利、马扑立克。是美国 Zoecon（现属先正达公司）公司开发的拟除虫菊酯类（pyrethroids）杀虫剂。

化学名称 （*RS*）-α-氰基-3-苯氧基苄基-*N*-(2-氯-对三氟甲基苯基)-D-缬氨酸酯，（*RS*）-α-cyano-3-phenoxybenzyl-*N*-(2-chloro-α,α,α-trifluoro-p-tolyl)-D-valinate。

组成 氟胺氰菊酯产品为(*R*)-α-氰基-，2-(*R*)-和(*S*)-α-氰基-，2-(*R*)-非对映异构体1∶1的混合物。

理化性质 原药为黏稠的琥珀色油状液体，工业品略带甜味。沸点 $164℃(0.07mmHg)$，（工业品），蒸气压 $9\times10^{-8}mPa(20℃)$。分配系数 $K_{ow}lgP=4.26(25℃)$。Henry 常数 4.04×10^{-5}

Pa·m^3/mol。相对密度 1.262(25℃)。水中溶解度 1.03μg/L(pH 7,20℃),易溶于甲苯、乙腈、异丙醇、二甲基甲酰胺、正辛醇等有机溶剂中,在异辛烷中溶解度为 108g/L。工业品在室温(20~28℃)条件下,稳定期为 2y。日光暴晒降解,DT$_{50}$:9.3~10.7min(水溶液,缓冲至 pH 5),1d(玻璃薄膜),13d(油表面)。9μg/L 水溶液的水解 DT$_{50}$:48d(pH 5),38.5d(pH 7),1.1d(pH 9)。闪点 90℃(工业品)(潘-马氏闭杯式法)。

毒性　大鼠急性经口 LD$_{50}$(mg/kg):雌性 261,雄性 282(在玉米油中)。兔急性经皮 LD$_{50}$＞2000mg/kg,对兔皮肤有轻微刺激作用,对兔眼中等刺激。大鼠吸入 LC$_{50}$(4h)＞0.56mg/L 空气(240g/L 水乳剂)。大鼠 NOAEL 0.5mg/(kg·d)。ADI:(BfR)0.005mg/kg[1995];(EPA)aRfD 0.005mg/kg;cRfD 0.005mg/kg[2005]。

生态效应　山齿鹑急性经口 LD$_{50}$＞2510mg/kg,山齿鹑和野鸭饲喂 LC$_{50}$(8d)＞5620mg/kg 饲料。鱼 LC$_{50}$(96h,mg/L):大翻车鱼 0.0062,虹鳟鱼 0.0027,鲤鱼 0.0048。水蚤 LC$_{50}$(48h)0.001mg/L。羊角月牙藻 LC$_{50}$＞2.2mg/L。在推荐剂量下使用对蜜蜂无毒;LD$_{50}$:(24h,局部触杀)6.7μg 原药/只,(摄取)163μg 原药/只。蚯蚓 LC$_{50}$(14d)＞1000mg/L。通常除了对蜘蛛、捕食螨、一些瓢虫和蠋虫毒性较强外,对有益昆虫显示中等毒性,基本安全。

环境行为

(1) 动物　大鼠摄食该药品后,90％的药品代谢产物在 4d 内排出体外。其中 20％~40％的代谢产物通过尿液排出,60％~80％的代谢产物通过粪便排出。苯胺酸、3-苯氧基苯甲酸(3-PBA)、4′-3-PBA 为该产品主要的粪便代谢产物,4′-3-PBA、3-PBA 和 3-苯氧基苄醇为主要的尿液代谢产物。

(2) 植物　在施用氟胺氰菊酯后,植物上的残留物 90％为该药剂,剩余的残留物包括:苯胺酸、4′-羟基-3-苯氧基苯甲酸等。降解半衰期 DT$_{50}$ 为 2~6 周。

(3) 土壤/环境　在实验室有氧条件下,在土壤中的降解半衰期 DT$_{50}$ 为 12~92d。主要的降解产物为相应的苯胺酸和苯胺,K_{oc}(吸附)＞110000、(吸附)＞39000。

制剂　10g/kg 塑料带,240g/L 乳油,240g/L 悬浮剂,240g/L 水乳剂。

作用机理与特点　通过钠离子通道的相互作用扰乱神经的功能,作用于害虫的神经系统。具有触杀和胃毒作用的杀虫、杀螨剂。该药剂杀虫谱广,还有拒食和驱避活性,除具有一般拟除虫菊酯农药的特点外,还能歼除多数菊酯类农药所不能防止的螨类。即使在田间高温条件下,仍能保持其原杀虫活性,且有较长残效。对许多农作物没有药害。

应用

(1) 适用作物　棉花、烟草、果树、观赏植物、蔬菜、树木和葡萄。

(2) 防治对象　蚜虫、叶蝉、鳞翅目、缨翅目害虫、温室粉虱和叶螨等,如:烟芽夜蛾、棉铃虫、棉红铃虫、波纹夜蛾、蚜虫、盲蝽、叶蝉、烟天蛾、烟草跳甲、菜粉蝶、菜蛾、甜菜夜蛾、玉米螟、苜蓿叶象甲等。

(3) 残留量与安全施药　10％氟胺氰菊酯乳油对棉花每季最多使用次数为 3 次,安全间隔期为 14d。对叶菜每季最多使用次数为 3 次,安全间隔期为 7d。我国登记残留标准:甘蓝类蔬菜 0.5mg/kg,棉籽油 0.2mg/kg。

(4) 应用技术　高广谱叶面喷施的杀虫、杀螨剂。本品不可与碱性物质混用,以免分解失效。因对鱼、虾、蚕有毒性,使用时注意避免污染中毒。

(5) 使用方法　防治谷物、油菜和马铃薯上的害虫和害螨使用有效浓度为 36~48g/hm^2,防治葡萄、蔬菜和向日葵的害虫和害螨最高使用有效浓度为 72g/hm^2。防治苹果树、葡萄树上的蚜虫,使用有效浓度为 25~75mg/L;防治桃树和梨树上的害螨使用有效浓度为 100~200mg/L。防治棉花蚜虫和棉铃虫,用 20％乳油 195~375mL/hm^2 兑水喷雾;防治棉红铃虫和棉红蜘蛛,用 20％乳油 375~450mL/hm^2 兑水喷雾,持效期 10d 左右,防治柑橘潜叶蛾和红蜘蛛,用 20％乳油 2500~5000 倍液喷雾。防治潜叶蛾一周后再喷 1 次为好。对桃小食心虫和山楂叶螨,用 20％乳油 1600~2000 倍液喷雾,防治效果良好。防治蔬菜上的蚜虫、菜青虫,每公顷用 20％乳油 225~375mL,小菜蛾每公顷用 300~375mL 喷雾,防治效果达 80％以上。可以防治室内和室外观赏植物。也可利用其控制蜂箱内的蜂螨。

专利与登记 专利 US4243819 早已过专利期，不存在专利权问题。日本农药株式会社仅在中国登记了 90% 原药。

合成方法 氟胺氰菊酯的制备大致有如下两条路线：

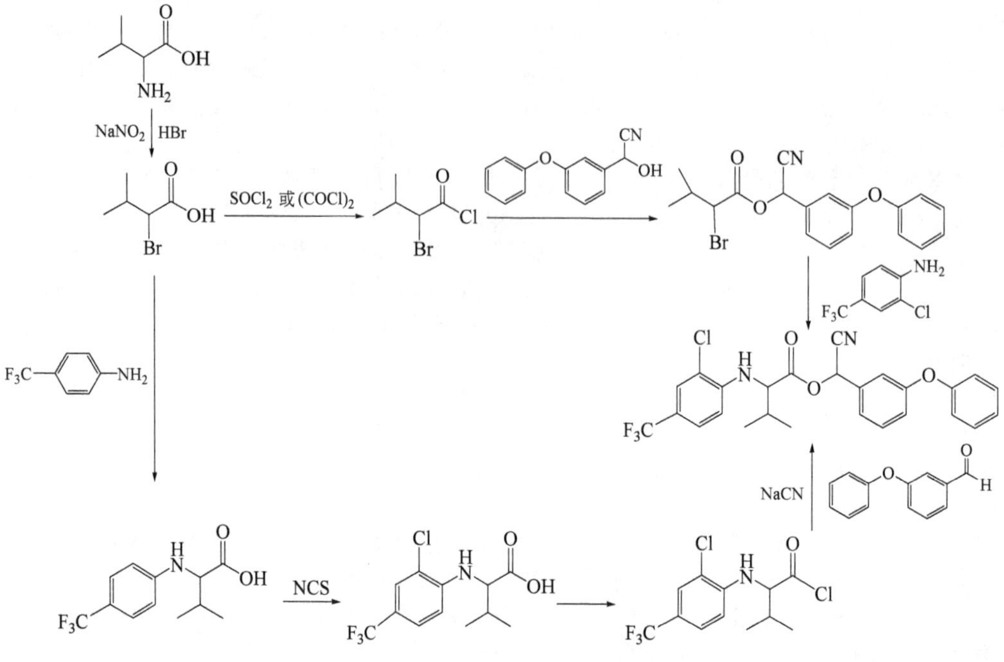

参考文献

[1] 严传鸣. 现代农药, 2003, 1: 13-15.
[2] 祝捷等. 农药, 2011, 7: 487-488.

氟苯醚酰胺

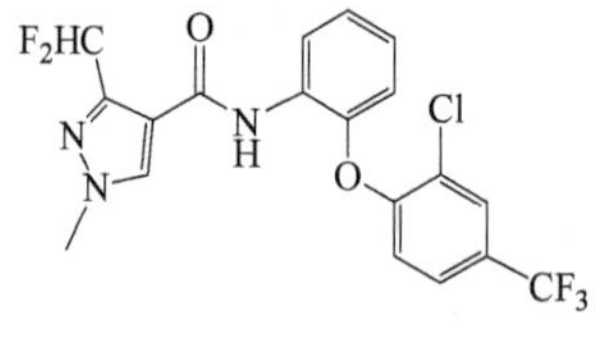

$C_{19}H_{13}ClF_5N_3O_2$，445.8，1676101-39-5

氟苯醚酰胺，试验代号 Y131490，是由华中师范大学自主创制并与北京燕化永乐生物科技股份有限公司联合开发的琥珀酸脱氢酶抑制剂（SDHI）类杀菌剂。

理化性质 熔点 114.3～115.4℃。

化学名称 N-[2-[2-氯-4-(三氟甲基)苯氧基]苯基]-3-二氟甲基-1-甲基-1H-吡唑-4-甲酰胺，N-[2-[2-chloro-4-(trifluoromethyl)phenoxy]phenyl]-3-difluoromethyl-1-methyl-1H-pyrazole-4-carboxamide。

作用机理与特点 通过抑制病原菌琥珀酸脱氢酶的活性，造成病原菌死亡，达到防治病害的目的，具有新颖的作用机制，所以这类杀菌剂与目前市场上大多数杀菌剂没有交互抗性。同时，该类产品还具有非常广谱的杀菌活性，能够防治许多作物上的多种病害。对琥珀脱氢酶抑制活性

$IC_{50}(0.0484\pm0.00171)\mu mol/L$。

应用

（1）适用作物　水稻、马铃薯等。

（2）防治对象　对水稻纹枯病具有优异的防效，同时对白粉病、马铃薯晚疫病具有高效杀菌活性。氟苯醚酰胺具有内吸传导性，并具有耐雨水冲淋、用量低（5～7g/亩）、成本低（＜20万元/t）等优点，其防效及成本明显优于同类产品噻呋酰胺。

专利概况

专利名称　含二苯醚的吡唑酰胺类化合物及其应用和农药组合物

专利号　CN201310502473　专利申请日　2013-10-23

专利拥有者　北京燕化永乐生物科技股份有限公司

合成方法　经如下反应制得氟苯醚酰胺：

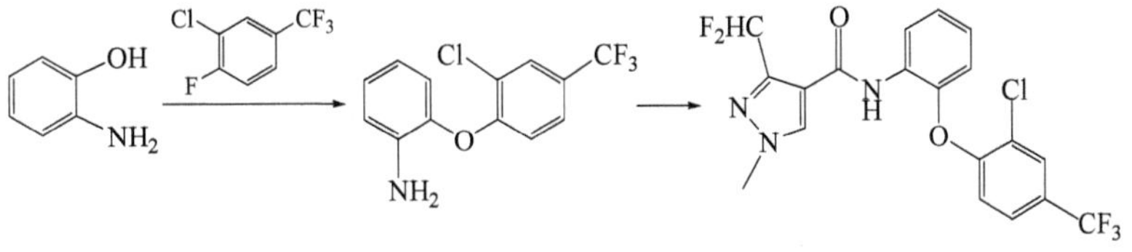

氟苯嘧啶醇 nuarimol

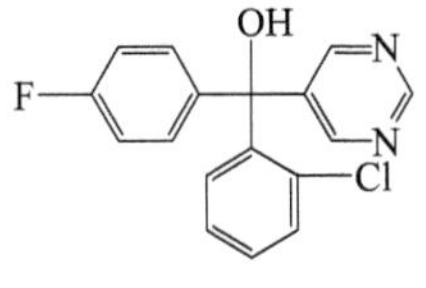

$C_{17}H_{12}ClFN_2O$，314.7，63284-71-9

氟苯嘧啶醇（nuarimol），试验代号　EL-228，商品名称　Cidorel、Gandural、Gauntlet、Tridal、Trimidal、Triminol。是由美国陶氏益农公司开发的具有内吸活性的嘧啶类杀菌剂。

化学名称　（±）-2-氯-4′-氟-α-（嘧啶-5-基）苯基苄醇，（±）-2-chloro-4′-fluoro-α-(pyrimidin-5-yl)benzhydryl alcohol。

理化性质　纯品为无色结晶状固体，熔点126～127℃。蒸气压＜0.0027mPa(25℃)，分配系数 $K_{ow}lgP=3.18$(pH 7)，Henry常数 $6.73\times10^{-8}Pa\cdot m^3/mol$。相对密度0.6～0.8（堆积密度）。水中溶解度26mg/L(pH 7,25℃)。有机溶剂溶解度（25℃,g/L）：丙酮170，甲醇55，二甲苯20。极易溶解在乙腈、苯和氯仿中，微溶于己烷。在紫外线下迅速分解，52℃稳定。

毒性　急性经口 LD_{50}（mg/kg）：雄大鼠1250，雌大鼠2500，雄小鼠2500，雌小鼠3000，比格犬500。兔急性经皮 $LD_{50}＞2000$mg/kg，对兔皮肤无刺激，对眼睛有轻度刺激。对豚鼠皮肤无过敏现象。大鼠吸入0.37mg/L空气1h无严重的影响。大鼠和小鼠2y喂养无作用剂量为50mg/kg饲料。

生态效应　山齿鹑急性经口 LD_{50} 200mg/kg。大翻车鱼 LC_{50}(96h)约为12.1mg/L。水蚤 LC_{50}(48h)＞25mg/L。羊角月牙藻 EC_{50}(96h)2.5mg/L。对蜜蜂无毒性，LC_{50}（接触）＞11μg/L。蚯蚓NOEC(14d)100g/kg土。

环境行为

（1）动物　在大鼠试验中，口服给药后，迅速被排出体外。

（2）植物　形成众多光解产物。

（3）土壤/环境　光能加速微生物降解，实验室中 DT_{50} 为344d，田间 DT_{50} 约150d。K_{oc} 2～6

（取决于土壤类型）。

作用机理与特点　麦角固醇生物合成抑制剂，通过抑制担孢子的分裂的完成而起作用。内吸的叶面杀菌剂，具有保护、治疗和内吸性活性。固醇脱甲基化（麦角固醇生物合成）抑制剂。

应用　控制范围广泛的病原真菌，如假尾孢属、壳针孢属、黑粉菌属、白粉病、叶斑病等。在谷类作物上应用时，既可叶面喷洒也可用于种子处理。控制仁果、核果、葡萄树、啤酒花、黄瓜和其他作物上的白粉病及苹果黑星病等。既可叶面喷洒，又可作种子处理剂。以 40g(a. i.)/hm² 剂量进行茎叶喷雾可防治大麦和小麦白粉病；也可以用 $100\sim200$mg/kg 种子对大麦和小麦进行拌种，防治白粉病，还可用来防治果树上由白粉菌和黑星菌引起的病害。

专利概况　专利 GB 1218623 早已过专利期，不存在专利权问题。

合成方法　邻氯苯甲酰氯与氟苯缩合，所得生成物由糠溴酸制得的 5-溴代嘧啶、丁基锂（或镁）在四氢呋喃中反应，即制得氟苯嘧啶醇。反应式如下：

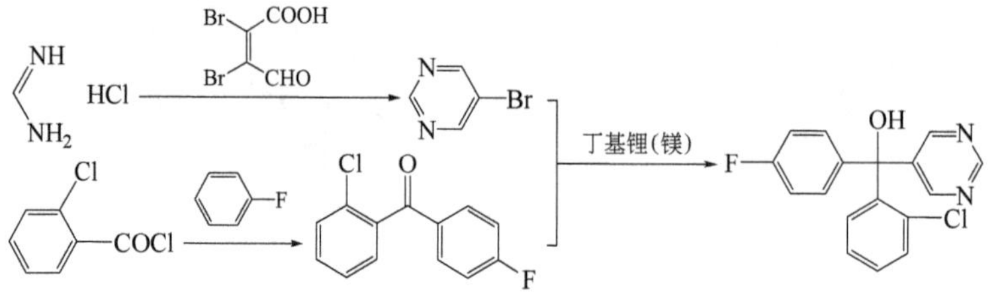

参考文献

［1］The Pesticide Manual. 15th edition. 2009：1250.

氟苯脲 teflubenzuron

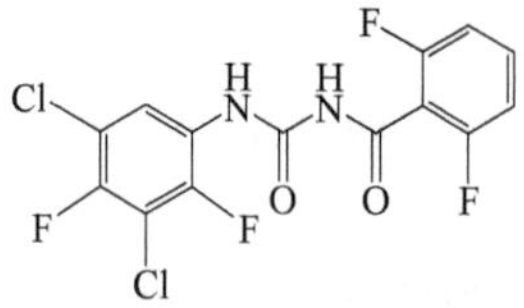

$C_{14}H_6Cl_2F_4N_2O_2$，381. 1，83121-18-0

氟苯脲（teflubenzuron），试验代号　CME-134、CME-13406、MK-139。商品名称　Calicide、Dart、Diaract、Gospel、Mago、Nemolt、Nobelroc、Nomolt、Teflurate、农梦特。其他名称　伏虫隆、特氟脲、四氟脲。是由 Celamerck（现属 BASF）公司开发的苯甲酰脲类杀虫剂。

化学名称　1-(3,5-二氯-2,4-二氟苯基)-3-(2,6-二氟苯甲酰基)脲，1-(3,5-dichloro-2,4-difluorophenyl)-3-(2,6-difluorobenzoyl)urea。

理化性质　白色或淡黄色晶体，熔点 218.8℃。蒸气压 1.3×10^{-5}mPa(25℃)。$K_{ow}\lg P=4.3$(20℃)。相对密度 1.662(22.7℃)。水中溶解度(20℃,mg/L)：<0.01(pH 5)，<0.01(pH 7)，0.11(pH 9)。有机溶剂中溶解度(20℃,g/L)：丙酮 10，乙醇 1.4，二甲基亚砜 66，二氯甲烷 1.8，环己酮 20，环己烷 0.05，甲苯 0.85。在室温下储存 2y 不分解。水解 DT_{50}(25℃)：30d(pH 5)，10d(pH 9)。

毒性　大、小鼠急性经口 $LD_{50}>$5000mg/kg，大鼠急性经皮 $LD_{50}>$2000mg/kg，对兔的皮肤和眼睛无刺激，对皮肤无致敏性。大鼠吸入 LD_{50}(4h)>5058mg 灰尘/m³。NOEL[mg/(kg・d)]：(90d)大鼠 8，狗 4.1。ADI/RfD(JMPR)0.01mg/kg，(EPA)0.02mg/kg。无"三致"。

生态效应　鹌鹑急性经口 $LD_{50}>$2250mg/kg，鹌鹑和野鸭饲喂 $LC_{50}>$5000mg/kg。LC_{50}(96h,mg/L)：虹鳟鱼>4，鲤鱼>24。水蚤 LD_{50}(28d)0.001mg/L。在推荐剂量时，对蜜蜂没有毒性，LD_{50}(经皮)>1000μg/只。对捕食性和寄生的节肢动物等天敌低毒。

环境行为

(1) 动物 大鼠经口后,氟苯脲及其代谢物很快以粪便和尿的形式排出体外。

(2) 植物 植物对本产品无吸收、降解能力。

(3) 土壤/环境 在土壤中 DT_{50} 为 2~12 周,很快被微生物降解为 3,5-二氯-2,4-二氟苯基脲。

制剂 5%乳油,150g/L胶悬剂。

主要生产商 BASF、Fertiagro、上海生农生化制品有限公司及浙江一同化工有限公司等。

作用机理与特点 氟苯脲的作用机理主要是抑制几丁质合成和干扰内表皮的形成,新生表皮不能保持蜕皮、羽化时所必需的肌肉牵动而使昆虫致死。故氟苯脲在害虫的孵化期、蜕变期、羽化期均有活性。该药在植物上无渗透作用,残效期长,引起害虫致死的速度缓慢。该药具有胃毒、触杀作用,无内吸作用,属低毒杀虫剂,对鱼类和鸟类低毒,对蜜蜂无毒,对作物安全。对有机磷、拟除虫菊酯等产生抗性的鳞翅目和鞘翅目害虫有特效,宜在卵期和低龄幼虫期应用,对叶蝉、飞虱、蚜虫等刺吸式害虫无效。

杀虫作用缓慢:因为氟苯脲的杀虫活性表现在抑制昆虫几丁质的生物合成,所以需要较长的作用时间。氟苯脲处理后,昆虫致死所需时间随生长阶段而异。虽然氟苯脲在初龄幼虫直至成虫期用药都有较好的防效,但因老龄幼虫对作物危害比幼龄严重,故宜早期施药。

专效性:氟苯脲防治害虫的效果因昆虫种类而异。一般对鳞翅目、鞘翅目等全变态昆虫活性较高,对不完全变态昆虫如蚜、叶蝉等刺吸式口器害虫效果较差。

无植物内吸性:氟苯脲不能通过植物的叶或根进入植物体内,所以对取食新生叶的害虫没有活性。

持效长:实验室试验证实,药剂持效长达1个月左右,比常规杀虫剂长,适用于灵活地防治各种害虫。

对作物安全:按规定剂量在水稻、蔬菜、水果和其他旱田作物施用,未发现任何药害。

对益虫安全:氟苯脲对益虫的安全性评价尚未完全结束,但据田间试验已可确信,对捕食性螨类、蜜蜂和其他有益节肢动物都很安全。

应用

(1) 适用作物 用于葡萄,梨果,核果,柑橘类水果,甘蓝,土豆,蔬菜,大豆,树木,高粱,烟草和棉花。

(2) 防治对象 用于控制鳞翅目、鞘翅目、双翅目、粉虱科、膜翅目、木虱科、半翅目幼虫,用量在 50~225g/hm²。也能防治苍蝇、蚊子。该药对鳞翅目害虫的活性强,表现在卵的孵化、幼虫蜕皮和成虫的羽化而发挥杀虫效果,特别是在幼虫阶段所起的作用更大。对蚜虫、飞虱、叶蝉等刺吸式口器害虫几乎没有防效。本品还可用于防治大多数幼龄期的飞蝗。

(3) 残留量与安全施药 在土壤中迅速分解,在有机物含量高的砂土中2周后和在砂壤土中6周后50%分解。日本推荐的最大残留限量柑橘为 0.5mg/kg,叶菜、甘蓝为 0.5mg/kg。

(4) 使用方法 该昆虫生长调节剂缺乏击倒的功能,对于鳞翅目昆虫,最有利的施药时间是成蛾后具有最大飞行能力时。这样可以确保一旦第一代幼虫孵化和进食,就有杀虫药剂的喷雾液沉淀物的存在。防治鞘翅目害虫的幼虫,应在发现成虫时即喷洒药剂。在田间条件下活性能持续数周。但是仍应维持在3~4周间隔内喷洒1次,使受保护的作物在迅速生长期间免受虫害。

(5) 应用技术 昆虫的发育时期不同,出现药效时间有别,高龄幼虫需 3~15d,卵需 1~10d,成虫需 5~15d,因此要提前施药才能奏效。有效期可长达1个月。对在叶面活动为害的害虫,应在初孵幼虫时喷药;对钻蛀性害虫,应在卵孵化盛期喷药。

① 蔬菜害虫的防治。a. 小菜蛾:在 1~2 龄幼虫盛发期,用氟苯脲 5%乳油 1000~2000 倍液(有效浓度 25~50mg/kg)喷雾。3d 后的防治效果可达 70%~80%,15d 后效果仍在 90%左右。也可有效地防治那些对有机磷、拟除虫菊酯产生抗性的小菜蛾。b. 菜青虫:在 2~3 龄幼虫盛发期,用氟苯脲 5%乳油 2000~3000 倍液(有效浓度 17~25mg/kg)喷雾,药后 15~20d 的防治效果达 90%左右。3000~4000 倍喷雾,药后 10~14d 的防效亦达 80%以上。也可有效地防治对有机磷产生抗性的菜青虫。c. 马铃薯甲虫:1.5g(a.i.)/亩防治马铃薯甲虫,防效达 100%。d. 豆野

螟：在菜豆开花始盛期，卵孵化盛期用此药 1000～2000 倍液（有效浓度 20～50mg/kg）喷雾，隔 7～10d 喷 1 次，能有效防治豆荚被害。

② 棉红铃虫、棉铃虫防治。在第二、三代卵孵化盛期，每亩用氟苯脲 5％乳油 75～100mL（有效成分 3.75～5g）喷雾，每亩喷药两次，有良好的保铃和杀虫效果。

③ 斜纹夜蛾防治。2～3 龄幼虫期，用氟苯脲 5％乳油 1000～2000 倍液（有效浓度 25～50mg/kg）喷雾，效果良好。

④ 果树害虫的防治。防治柑橘落叶蛾，在放梢初期、卵孵盛期，采用此药 25～50mg/kg 喷雾。一般剂量每亩为 30～50mL（有效成分 1.5～2.5g），残效期在 15d 以上。5g（有效成分）/L 对葡萄小食心虫有很好的防效，达 87％～95％；5g(a.i.)/亩防治苹果叶上斑毛虫（Blister moth），防效 98％以上；5g(a.i.)/亩防治梨黄木虱，防效 73％～89％。

⑤ 森林害虫的防治。a. 美国白蛾：在美国白蛾幼虫幼龄期采用此药 10mg/kg 喷药后，分期摘叶在室内试验，在 6～14d 即可达到杀虫率 100％，持效期可达 45d。b. 松毛虫：在松毛虫 2～3 龄幼虫期，在林地采用每亩 1.5～2.5g 有效成分的低量喷雾，随后在 8～20d 可出现死亡高峰，产生防治的校正死亡率达 84％，残效期可达 50～60d。c. 大袋蛾：在大袋蛾幼虫二龄时，采用每亩有效含量 1.0～6.0g 低量喷雾，8d 后药效均可达到 95％以上。

（6）注意事项 ①要求喷药均匀。②由于此药属于缓效药剂，因此对食叶害虫宜在低龄幼虫期施药。③本药对水栖生物（特别是甲壳类）有毒，因此要避免药剂污染河源和池塘。

专利概况 专利 EP52833、DE4336307、EP221847、EP225673 等均早已过专利期，不存在专利权问题。

合成方法 经如下反应制得氟苯脲：

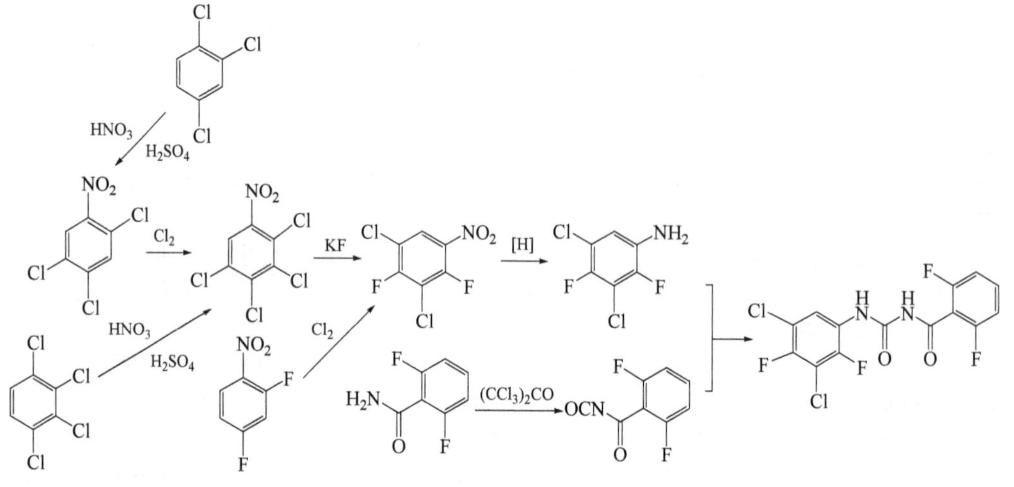

参考文献

[1] 贾建洪，等. 农药，2005，44(6)：263-268.
[2] 张一宾. 农药译丛，1992，14(2)：30-34.

氟吡草胺 picolinafen

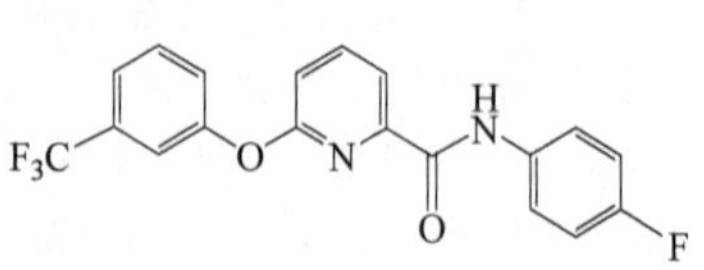

$C_{19}H_{12}F_4N_2O_2$，376.3，137641-05-5

氟吡草胺（picolinafen），试验代号 AC900001、BAS700 H、CL900001、WL161616。商品名称

Pico、Picosolo、Sniper，是由壳牌公司开发，后售于美国氰氨公司（现为 BASF 公司）的吡啶酰胺类除草剂。

化学名称　4′-氟-6-(α,α,α-三氟-间甲基苯氧基)吡啶-2-酰苯胺，4′-fluoro-6-(α,α,α-trifluoro-m-tolyloxy)pyridine-2-carboxanilide。

理化性质　原药含量≥97%。纯品为白色至亚白色固体，有酚味。熔点 107.2～107.6℃，相对密度 1.42。蒸气压 $1.7×10^{-4}$ mPa(20℃)。分解温度>230℃。分配系数 $K_{ow} \lg P=5.37$，Henry 系数 $1.6×10^{-3}$ Pa·m^3/mol(计算值)。水中溶解度(20℃,g/L)：$3.9×10^{-5}$(蒸馏水)，$4.7×10^{-5}$(pH 7)。其他溶剂中溶解度(20℃,g/100mL)：丙酮 55.7，二氯甲烷 76.4，乙酸乙酯 46.4，甲醇 3.04。稳定性：pH 4、7、9(50℃)水溶液中稳定储存 5d。光解 DT_{50}：25d(pH 5)，31d(pH 7)，23d(pH 9)。闪点>180℃。

毒性　大鼠急性经口 LD_{50}>5000mg/kg。大鼠急性经皮 LD_{50}>4000mg/kg。对兔皮肤、眼睛无刺激性，对豚鼠皮肤无致敏性。大鼠急性吸入 LC_{50}(4h)>5.9mg/L 空气。NOEL[mg/(kg·d)]：狗 NOAEL(1y)1.4，大鼠(2y)2.4。ADI 值 0.014mg/kg。Ames 试验、HGPRT/CHO 试验、微核试验和体外细胞遗传学试验均为阴性。

生态效应　山齿鹑和野鸭急性经口 LD_{50}>2250mg/kg。山齿鹑和野鸭饲喂 LC_{50}(5d)>5314mg/L。鱼 LC_{50}(96h,mg/L)：虹鳟鱼>0.68，大翻车鱼>0.57。水蚤 EC_{50}(48h)>0.45mg/L。藻类：羊角月牙藻 EC_{50} 0.18g/L，锚藻 $E_b C_{50}$ 0.025μg/L。浮萍 EC_{50} 0.057mg/L。蜜蜂急性 LD_{50}(经口和接触)>200μg/只，蚯蚓 LC_{50}(14d)>1000mg/kg。对盲走螨、红蟥、烟蚜和德氏粗螯蛛无害。

环境行为

(1) 动物　氟吡草胺在动物体内主要代谢途径为水解裂解(产物为取代的吡啶甲酸和对氟苯胺)、氧化、乙酰化以及与谷胱甘肽、硫酸共聚，代谢物能够迅速地通过尿液和粪便排出体外。

(2) 植物　氟吡草胺在植物体内几乎不被吸收。代谢途径主要是酰胺键的断裂。

(3) 土壤/环境　在水溶液中稳定，但在光照条件下不稳定，光解半衰期 DT_{50} 23～31d。田间 DT_{50} 1 个月，DT_{90}<4 个月。氟吡草胺不会在土壤中累积。在土壤中的吸附系数 K_{oc}(4 种土壤类型)150000～310800L/kg，在土壤中的降解速率常数 K_d 248～764L/kg。

制剂　乳油、悬浮剂、水分散粒剂。

主要生产商　BASF。

作用机理与特点　胡萝卜素生物合成抑制剂。被处理的植物植株中类胡萝卜素含量下降，进而导致叶绿素被破坏，细胞膜破裂，杂草表现为幼芽脱色或变成白色，最后导致死亡。

应用　主要用于小麦和大麦田苗后防除阔叶杂草如猪殃殃、田堇菜、婆婆纳、宝盖草等，使用剂量为 50g(a.i.)/hm^2[亩用量为 3.3g(a.i.)]。若与二甲戊乐灵混用效果更佳。

专利概况　专利 EP0447004 早已过专利期，不存在专利权问题。

合成方法　以 2-氯-6-甲基吡啶为起始原料，氯化、水解、酰胺化、醚化即得目的物，反应式如下：

参考文献

[1] Proc Br Crop Prot Conf：Weed，1999，1：47.

氟吡草腙 diflufenzopyr

$C_{15}H_{12}F_2N_4O_3$，334.3，109293-97-2，109293-98-3（钠盐）

氟吡草腙(diflufenzopyr)，试验代号　BAS65400 H、BAS662 H(与麦草畏混配)、SAN835 H(酸)、SAN836 H(钠盐)。商品名称　Celebrity Plus、Distinct、Overdrive、Status。其他名称氟吡酰草腙，是由山道士(诺化)公司研制，巴斯夫公司开发的氨基脲类除草剂。

化学名称　2-[1-[4-(3,5-二氟苯基)氨基羰基腙]乙基]烟酸，2-[1-[4-(3,5-difluorophenyl)semicarbazono]ethyl]nicotinic acid。

理化性质　纯品为灰白色无味固体，熔点135.5℃。蒸气压$1×10^{-7}$mPa(20/25℃)。分配系数$K_{ow}lgP=0.037$(pH 7)。Henry常数$<7×10^{-5}$Pa•m^3/mol(20℃)。相对密度0.24(25℃)。水中溶解度(25℃，mg/L)：63(pH 5)，5850(pH 7)，100546(pH 9)。水解DT_{50}：13d(pH 5)，24d(pH 7)，26d(pH 9)。水溶液光解DT_{50}：7d(pH 5)，17d(pH 7)，13d(pH 9)。pK_a3.18。

毒性　雄、雌大鼠急性经口$LD_{50}>5.0$g/kg。雄、雌急性经皮$LD_{50}>5.0$g/kg。对兔眼睛中度刺激，对兔皮肤无刺激，对豚鼠皮肤无致敏性。大鼠急性吸入LC_{50}2.93mg/L。狗NOAEL(1y)750mg/L[雄性26mg/(kg•d)，雌性28mg/(kg•d)]。ADI(EPA)aRfD 1.0mg/kg，cRfD 0.26mg/kg[1999]。无致畸、致癌性。

生态效应　山齿鹑$LD_{50}>2250$mg/kg。野鸭和山齿鹑$LC_{50}>5620$mg/L。鱼LC_{50}(96h，mg/L)：大翻车鱼>135，虹鳟鱼106。水蚤EC_{50}(48h)15mg/L。月牙藻EC_{50}(5d)0.11mg/L。蜜蜂接触$LD_{50}>90\mu$g/只。

环境行为

(1) 动物　口服给药后，氟吡草腙被部分吸收并迅速排出体外，20%～44%的剂量在尿液中，49%～79%的在粪便中。与此相反，大鼠静脉给药61%～89%由尿液排出。尿液和粪便代谢DT_{50}为6h。组织中总的放射性残留小于摄入量的3%。氟吡草腙主要以未变的母体化合物形式被排出体外，在母鸡和山羊体内也基本以母体化合物形式被迅速排出。

(2) 土壤/环境　土壤光解DT_{50}14d，土壤有氧代谢DT_{50}(实验室)8～10d，，水有氧代谢DT_{50}20～26d。田间土壤平均DT_{50}4.5d。非常容易移动(K_{oc}18～156mL/g)，代谢物也非常容易移动。然而，按照推荐使用，美国EPA不允许氟吡草腙进入饮用水。

制剂　水分散粒剂。

主要生产商　BASF。

作用机理与特点　通过在蛋白质膜处与载体蛋白结合，抑制生长素的极性运输。在与麦草畏的混合物中，指引麦草畏向生长点运输，增加对阔叶杂草的防效。玉米的耐药性是由于其代谢迅速。内吸的苗后除草剂。敏感的阔叶植物在几个小时内表现出偏上性生长，敏感的杂草表现为生长迟缓。

应用　用于玉米、草场/牧场和非作物地区，苗后控制一年生阔叶杂草和多年生杂草。最初商品化是与麦草畏混配，两种原料均为钠盐。

(1) 适宜作物　禾谷类作物、玉米、草坪、非耕地。

(2) 防除对象　可用于防除众多的阔叶杂草和禾本科杂草，文献报道其除草谱优于目前所有玉米田用除草剂。

(3) 使用方法　玉米田苗后用除草剂，使用剂量为：0.2～0.4kg(a.i.)/hm^2。氟吡草腙与麦草畏以1:2.5的比例混用除草效果尤佳，使用剂量为：100～300g(a.i.)/hm^2，其中含氟吡草腙

30～90g，含麦草畏 70～210g。

专利概况 专利 EP0219451、JP6245570 等均早已过专利期，不存在专利权问题。

合成方法 通过如下反应即可制得氟吡草腙：

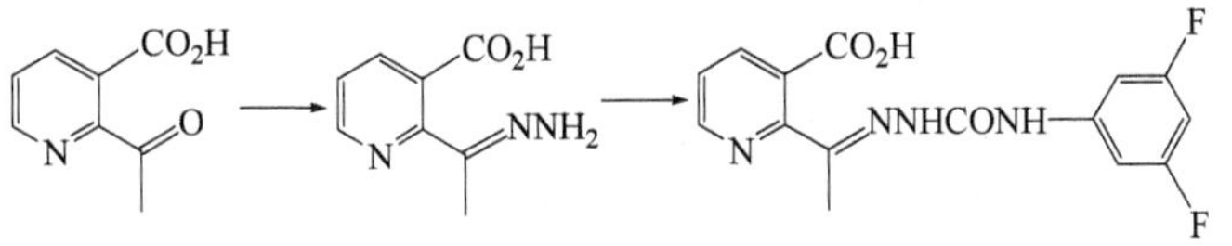

参考文献

[1] Proc Br Crop Prot Conf：Weeds，1999，35.

氟吡磺隆 flucetosulfuron

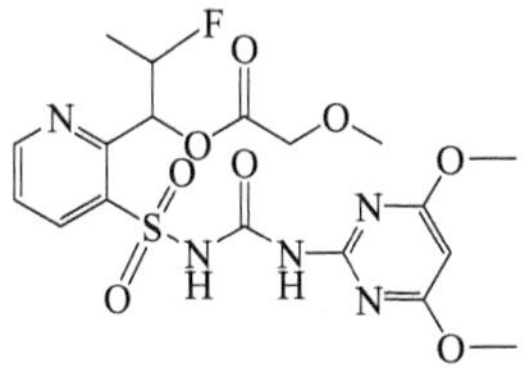

$C_{18}H_{22}FN_5O_8S$，487.5，412928-75-7，412928-69-9[rel-(1R,2S)-异构体]

氟吡磺隆(flucetosulfuron)，试验代号 LGC-42153。商品名称 Fluxo，BroadCare。其他名称 韩乐福、Satto。是由韩国 LG 公司生命科学有限公司和韩国化学技术研究会共同研制出的一种新型磺酰脲类除草剂。

化学名称 1-[[(4,6 二甲氧基嘧啶-2-基)氨基]羰基]-2-[2-氟-1-(甲氧基甲基羰基氧)丙基]-3-吡啶磺酰基脲，1-[3-[[[[(4,6-dimethoxy-2-pyrimidinyl)amino]carbonyl]amino]sulfonyl]-2-pyridinyl]-2-fluoropropyl methoxyacetate.

理化性质 无味白色固体，熔点 178～182℃。蒸气压<1.86×10^{-2}mPa(25℃)。Henry 常数<7.9×10^{-5}Pa·m³/mol(25℃)。$K_{ow}\lg P=1.05$，水中溶解度 114mg/L(25℃)。pK_a3.5。

毒性 急性经口 LD_{50}(mg/kg)：雄鼠和雌鼠>5000，雄狗和雌狗>2000。大鼠 NOAEL(13周)200mg/L。Ames 试验、微核试验及细胞染色体畸变试验均为阴性。

生态效应 鲤鱼 LC_{50}>10mg/L，水蚤 LC_{50}>10mg/L，藻类 EC_{50}>10mg/L。

剂型 10%可湿性粉剂。

主要生产商 LG 公司。

作用机理与特点 氟吡磺隆是磺酰脲类除草剂，是乙酰乳酸合成酶(ALS 酶)的抑制剂，即通过抑制植物的 ALS 酶，阻止支链氨基酸如缬氨酸、异亮氨酸、亮氨酸的生物合成，最终破坏蛋白质的合成，干扰 DNA 的合成及细胞分裂与生长。它可以通过植物的根、茎和叶吸收，通过叶片的传输速度比草甘膦的快。药害症状包括生长停止、失绿、顶端分生组织死亡，植株在 2～3 周后死亡。

应用 氟吡磺隆可以用作土壤和茎叶处理，有很宽的除草谱，包括一年生阔叶杂草、莎草科杂草和一些禾本科杂草，还有部分多年生杂草，如稗、无芒稗、长芒稗、旱稗等稗属杂草，慈姑、泽泻、鸭舌草等阔叶杂草，异型莎草、牛毛毡、日照飘拂草等莎草科杂草。在直播稻田，稗草 2～5 叶期(也可以控制 7 叶期以上的大龄稗草)时，兑水 30～50kg，喷雾法施药，施药前排干田面积水，移栽稻田在水稻移栽后 5～15d(稗草 1.5～3 叶期)，采用毒土法，混土 30～50kg，撒施或拌返青肥撒施，保水 3～5d。氟吡磺隆对稗草的持效期达 30～40d，显著长于禾草敌和吡嘧磺隆，所以一次用药，即可保证整个水稻生长季节中无稗草危害，对后茬作物无药害作用。

专利与登记

专利名称　Preparation of herbicidally active pyridylsulfonyl ureas

专利号　WO2002030921　专利申请日　2000-10-12

专利拥有者　LG Chem Investment，Ltd.，S. Korea

在其他国家申请的专利：AT261440、AU2000079661、BR2000014412、IN2002DN00322、US6806229、JP2004511478、EP1334099、DE60008935、CN1377345等。

国内登记情况：10%可湿性粉剂，登记作物为水稻，防治对象为多种一年生杂草。韩国LG公司生命科学有限公司在中国登记情况见表59。

表59　韩国LG公司生命科学有限公司在中国登记情况

登记名称	登记证号	含量	剂型	登记作物	防治对象	用药量/(g/hm²)	施用方法
氟吡磺隆	PD20110185	10%	可湿性粉剂	水稻移栽田	多种一年生杂草	20~30(杂草苗前) 30~40 (杂草2~4叶期)	毒土法
				水稻田(直播)	多种一年生杂草	20~30	喷雾
氟吡磺隆	PD20110184	97%	原药				

合成方法　通过如下反应即可制得氟吡磺隆：

参考文献

[1] 马波等. 农药，2004，43(4)：186-189.

[2] 刘刚. 新农业，2008，1：46.

氟吡菌酰胺 fluopyram

$C_{16}H_{11}ClF_6N_2O$，396.7，658066-35-4

氟吡菌酰胺(fluopyram)，试验代号　AEC656948，商品名称　Luna Experience、Luna Privilege、Raxil Star、Verango。其他名称　Luna Devotion、Luna Sensation、Luna Tranquility、Propulse。是由拜耳作物科学有限公司开发的杀菌剂。

化学名称　N-[2-[3-氯-5-(三氟甲基)-2-吡啶基]乙基]-α,α,α-三氟-邻苯甲酰胺，N-[2-[3-chloro-5-(trifluoromethyl)-2-pyridyl]ethyl]-α,α,α-trifluoro-o-toluamide。

理化性质　熔点118℃，沸点319℃，蒸气压$1.2×10^{-3}$ mPa(20℃)，K_{ow}lg$P=3.3$(20℃)(pH 6.5)，Henry常数$2.98×10^{-5}$ Pa·m³/mol(20℃)，相对密度1.53(20℃)，水中溶解度16mg/L(20℃)。具有热稳定性，且在酸、碱与中性溶液中稳定，pK_a约0.5。

毒性　大鼠急性经口$LD_{50}>5000$mg/kg，大鼠经皮$LD_{50}>2000$mg/kg，大鼠吸入$LC_{50}>5.112$mg/m³空气，ADI值0.012mg/kg。

生态效应　山齿鹑急性经口LD_{50} 3119mg/kg，鱼>1.82mg/L(高于实际极限的溶解度)，水蚤>17mg/L(高于实际极限的溶解度)，藻类E_rC_{50} 8.90mg/L。蜜蜂LD_{50}(48h，μg/只)：经口>102.3，接触>100。蚯蚓EC_{50}(14d)>1000mg/kg土壤。

环境行为

(1) 动物 通过喂养试验，氟吡菌酰胺在鸡蛋、牛奶、肉和器官中有少量残留。在家畜如大鼠体内的代谢主要是环间的脂肪链的羟基化，随后是脱水形成烯烃代谢物及分子的断裂。

(2) 植物 在不同的目标作物以及轮作作物中均为常见代谢。代谢方式主要为环间脂肪链的羟基化、分子之间的键合以及断裂，其最主要的残留物是母体结构。氟吡菌酰胺在植物体内具有部分的传导性，主要在木质部。

(3) 土壤/环境 氟吡菌酰胺在 50℃ 无菌土壤中能稳定存在，在试验条件下，25℃ 无菌水溶解中有少量水解。土壤中 DT_{50} 为 119d（范围为 93～145d），水中 K_{oc} 279mL/g（范围为 233～400mL/g）。

剂型 41.7% 悬浮剂。

主要生产商 Bayer CropScience。

作用机理与特点 一种独特的琥珀酸脱氢酶抑制剂（SDI），扰乱复合体 Ⅱ 在呼吸作用中的电子传递功能。

应用 可用于防治 70 多种作物如葡萄树、鲜食葡萄、梨果、核果、蔬菜以及大田作物等的多种病害，包括灰霉病、白粉病、菌核病、褐腐病。氟吡菌酰胺无论是单独使用还是与其他杀菌剂混合使用都能产生"低施用率高效率"的作用，它适合作为一种"重要的有效抗性管理成分"。可作为种子处理剂。近期该化合物被开发为了杀线虫剂，是首款同时防控线虫类以及早疫病的产品。在美国上市的新颖的杀线虫/杀虫剂 Velum Total（氟吡菌酰胺＋吡虫啉）可用于棉花和花生作物，它对线虫和早期害虫具有广谱和长残效防治作用。种植时沟施 Velum Total 能保护和促进早期植物生长，并使植株健壮。种植者可以根据有害生物发生程度来调节用药量。

专利与登记

专利名称 Preparation of N-[2-(2-pyridyl)ethyl] benzamides as fungicides

专利号 EP1389614 **专利申请日** 2002-08-12

专利拥有者 Bayer Cropscience S. A.

在其他国家申请的化合物专利：CA2492173、WO2004016088、AU2003266316、EP1531673、BR2003013340、CN1674784、CN1319946、JP2005535714、JP4782418、AT314808、ES2250921、 NZ537608、 RU2316548、 IL166335、 TW343785、 ZA2005000294、IN2005DN00120、 IN244130、 MX2005001580、 US20050234110、 US7572818、 KR853967、HK1080329 等。

工艺专利：EP1674455、WO2006067103 等。

目前已相继在土耳其、英国、美国取得登记，用于大麦、葡萄、草莓和西红柿等。拜耳作物科学公司在国内登记了 96% 原药，41.7% 悬浮剂，35% 与戊唑醇复配悬浮剂，43% 与肟菌酯的悬浮剂。可用于防除番茄、黄瓜、辣椒、西瓜的叶霉病、早疫病、靶斑病、白粉病、炭疽病、蔓枯病等，也可以灌根防除番茄的根结线虫，剂量为 0.012～0.015g/株。

合成方法 以 2,3-二氯-5-三氟甲基吡啶为原料经如下反应得到氟吡菌酰胺。

氟丙菊酯 acrinathrin

$C_{26}H_{21}F_6NO_5$，541.4，101007-06-1，103833-18-7(未标明异构体)

氟丙菊酯(acrinathrin)，试验代号　AEF076003、HOE07600、NU702、RU38702。商品名称　Ardent、Azami Buster、Orytis、Rufast。其他名称　氟酯菊酯、罗速、罗速发、杀螨菊酯。是由 Roussel Uclaf(现属 Bayer CropScience)公司开发的拟除虫菊酯类杀虫剂。

化学名称　(S)-α-氰基-3-苯氧基苄基(Z)-($1R$, cis)-2,2-二甲基-3-[2-(2,2,2-三氟-1-三氟甲基乙氧基羰基)乙烯基] 环丙烷羧酸酯或(S)-α-氰基-3-苯氧基苄基(Z)-($1R$, $3S$)-2,2-二甲基-3-[2-(2,2,2-三氟-1-三氟甲基乙氧基羰基)乙烯基] 环丙烷羧酸酯。(S)-α-cyano-3-phenoxybenzyl (Z)-($1R$, $3S$)-2,2-dimethyl-3-[2-(2,2,2-trifluoro-1-trifluoromethylethoxycarbonyl) vinyl] cyclopropanecarboxylate 或(S)-α-cyano-3-phenoxybenzyl Z)-($1R$-cis)-2,2-dimethyl 3-[2-(2,2,2-trifluoro-1-trifluoromethylethoxycarbonyl) vinyl] cyclopropanecarboxylate.

理化性质　单一的异构体，纯度≥97%。白色粉状固体(工业品)，熔点：81.5℃(纯品)、82℃(工业品)。蒸气压 4.4×10^{-5} mPa(20℃)。分配系数 $K_{ow}\lg P = 5.6$(25℃)。Henry 常数 4.8×10^{-2} Pa·m³/mol(计算)。水中溶解度≤0.02mg(a.i.)/L(25℃)；其他溶剂中溶解度(25℃，g/L)：在丙酮、氯仿、二氯甲烷、乙酸乙酯和 DMF 中均>500，二异丙醚170，乙醇40，正己烷和正辛醇10。在酸性介质中稳定，但在 pH >7 时，水解和差向异构更明显。DT_{50}：>1y(pH 5,50℃)，30d(pH 7,30℃)，15d(pH 9,20℃)，1.6d(pH 9,37℃)。在 100W 的灯光下可稳定存在 7d。比旋光度$[\alpha]_D^{20}$ +17.5°。

毒性　大、小鼠急性经口 LD_{50}>5000mg/kg(工业品,在玉米油中)，大鼠急性经皮 LD_{50}>2000mg/kg。对兔眼睛和皮肤无刺激，对豚鼠皮肤无致敏性。大鼠吸入 LC_{50}(4h)为 1.6mg/L。NOEL 值(mg/kg)：雄大鼠2.4，雌大鼠3.1(90d)；狗(1y)3。无致突变性和致畸作用量：大鼠 2mg/(kg·d)，兔 15mg/(kg·d)。ADI/RfD(BfR)0.016mg/kg[2006]。在水中溶解度低、土壤中吸收值高，所以在实验室条件下 LC_{50} 或 LD_{50} 值低并不说明田间不会有危险。

生态效应　鸟类急性经口 LD_{50}(mg/kg)：山齿鹑>2250，野鸭>1000。鸟类 LC_{50}(8d,mg/kg饲料)：山齿鹑3275，野鸭4175。鱼类 LC_{50}(mg/L)：虹鳟鱼 5.66，鲤鱼为 0.12。水蚤 EC_{50}(48h)22mg/L。绿藻 EC_{50}(72h)>35μg/L。蜜蜂 LC_{50}(48h,ng/只)：经口 150~200，接触 200~500。蚯蚓 LC_{50}(14d)>1000mg/kg，生物质 NOEC 值 1.6mg/kg。有益物种梨盲走螨 LR_{50}(48h)0.006g/hm²。

环境行为　对动物的代谢物检测，母体化合物的含量<10%，对植物而言主要残留为母体化合物。在环境中被土壤强烈地吸附和固定(与 pH 值和有机质含量无关)，K_d：2460~2780，K_{oc}：127500~319610。土柱淋溶，发现氟丙菊酯在渗滤液中的残留量<1%。DT_{50}5~100d(4 种土壤类型)。在需氧条件下(pH 6.2,有机质含量 3.1%)DT_{50}52d。

制剂　2%、6%、15%乳油，3%可湿性粉剂，2%、150g/L 乳油。

主要生产商　Bayer CropScience 及江苏扬农化工集团有限公司等。

作用机理与特点　钠通道抑制剂。主要是阻断害虫神经细胞中的钠离子通道，使神经细胞丧失功能，导致靶标害虫麻痹、协调差、最终死亡。属于低毒农药。对人、畜十分安全。对害螨害虫的作用方式主要是触杀和胃杀作用，并能兼治某些害虫，无内吸及传导作用。触杀作用迅速，具有极好的击倒作用。

应用

(1) 适用作物　大豆、玉米、棉花、梨果、葡萄、核果类、柑橘类、果树、茶树、蔬菜、观赏植物等。

（2）防治对象　叶螨科和细须螨的幼、若和成螨以及蛀果害虫初孵幼虫，刺吸式口器的害虫及鳞翅目害虫。

（3）残留量与安全施药　对人、畜十分安全，属于低毒农药。①该药不宜与波尔多液混用，避免减效。②该药主要是触杀作用，喷药力求均匀周到，使叶、果全面着药才能见效。③该药对人有较大的刺激作用，施药时应戴口罩、手套，注意防护，勿喝水和取食食物。④中性、碱性溶液中易分解，因此，不易与碱性药剂混用。

（4）使用方法

① 防治桃小食心虫。在第一代初孵幼虫蛀果前施用2%氟丙菊酯乳油1000倍液，药后10d内可有效控制幼虫蛀果，其药效优于20%灭扫利乳油3000倍液。

② 防治豆类、茄子豆类、茄子上的螨类。用2%乳油1000～1500倍液喷雾防治。

③ 防治果树上的多种螨类。用2%乳油500～2000倍液喷雾防治，可兼治绣线菊蚜、潜叶蛾、柑橘蚜虫、桃小食心虫等果树害虫。

④ 防治棉叶螨。每公顷用2%乳油100～500mL，兑水50～75kg喷雾，可兼治棉蚜。

⑤ 防治茶树害虫。用2%乳油1333～4000倍液喷雾，可防治茶小绿叶蝉、茶短须螨，施药时应注意顾及茶树的中、下部页面背面。

专利及登记　专利EP48186、FR2486073均早已过专利期，不存在专利权问题。国内登记情况：95%原药，0.4%气雾剂等，登记用于卫生防治，防治对象为蝇、蚊等。

合成方法　反应式如下：

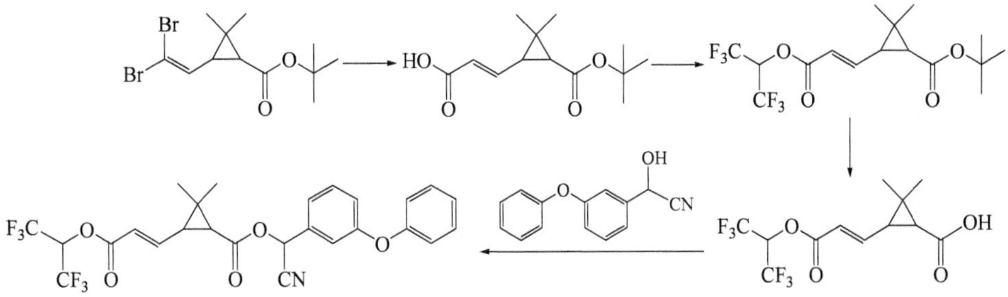

氟丙嘧草酯 butafenacil

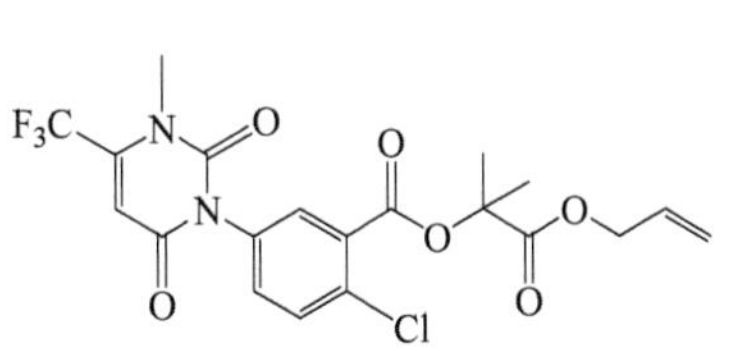

$C_{20}H_{18}ClF_3N_2O_6$，474.8，134605-64-4

氟丙嘧草酯（butafenacil），试验代号　CGA276865，商品名称　Touchdown B-Power，其他名称　Logran B-Power，是先正达开发的脲嘧啶类除草剂。

化学名称　2-氯-5-［1,2,3,6-四氢-3-甲基-2,6-二氧-4-（三氟甲基）嘧啶-1-基］苯甲酸-1-（丙烯氧基羰基）-1-甲基乙基酯，1-(allyloxycarbonyl)-1-methylethyl 2-chloro-5-[1,2,3,6-tetrahydro-3-methyl-2,6-dioxo-4-(trifluoromethyl)pyrimidin-1-yl] benzoate。

理化性质　纯品为白色粉状固体，略带臭味。熔点113℃，沸点270～300℃。蒸气压7.4×10^{-6}mPa（25℃）。分配系数$K_{ow}\lg P = 3.2$。Henry常数3.5×10^{-7}Pa·m³/mol。相对密度1.37（20℃）。水中溶解度（25℃）10mg/L。水解DT_{50}14周（pH 7,25℃），光解DT_{50}25～30d（pH 5,25℃）。

毒性　大、小鼠急性经口$LD_{50}>5000$mg/kg。大鼠急性经皮$LD_{50}>2000$mg/kg。大鼠急性吸入$LC_{50}>5100$mg/L。对兔皮肤无刺激，对眼轻微刺激，对豚鼠无致敏性。大鼠吸入$LC_{50}>5100$mg/m³。NOEL［mg/(kg·d)］：雄大鼠短期喂饲6.12，雌大鼠短期饲喂7.07；雄小鼠（18个月)0.36，雌小鼠1.20；雄大鼠(2y)1.14，雌大鼠1.30。ADI 0.004mg/(kg·d)。

生态效应 山齿鹑和野鸭急性经口 LD_{50} 2250mg/kg。野鸭和山齿鹑饲喂 LC_{50}(5d)＞5620mg/kg饲料。虹鳟鱼 LC_{50}(96h)3.9mg/L。水蚤 LC_{50}(48h)＞8.6mg/L。月牙藻 E_rC_{50} 2.5μg/L。蜜蜂 LD_{50}(μg/只)：＞20(经口)，＞100(接触)。蚯蚓 LC_{50}＞1250mg/kg土。

环境行为

（1）动物 哺乳期的山羊服药4d后，主要通过粪便(44%)和尿(12.5%)排出体外，在肉类和牛奶中残留很少(0.6%)。主要的代谢物为游离酸(ⅰ)，在肾脏和肝脏中约85%，另外还有少量的氟丙嘧草酯、苯甲酸代谢物(ⅱ)及其他组织中的键合物。

（2）植物 代谢主要包括酯基水解形成游离酸(ⅰ)和苯甲酸代谢物(ⅱ)，另外还有一些糖的结合；游离酸及苯甲酸代谢物通过 *N*-脱甲基形成 *N*-脱甲基游离酸代谢物(ⅲ)及 *N*-脱甲基苯甲酸代谢物(ⅳ)。

（3）土壤/环境 在土壤和水中可快速降解：DT_{50} 0.5～2.6d(土壤)，DT_{50} 3～4d(水)。通过水解、酯基的断裂形成残留物及矿物质而快速代谢(60%)。K_{oc} 149～581mL/g(4种土壤)。

制剂 乳油。

主要生产商 Syngenta。

作用机理 原卟啉原氧化酶抑制剂。

应用 非选择性除草剂，主要是叶面吸收，也仅在叶间传导。可以用于防除果园、葡萄园、柑橘园及非耕地的一年或多年生阔叶杂草。

专利概况

专利名称 Preparation of 3-aryl-uracil derivative useful as herbicide

专利号 DE19741411 专利申请日 1996-09-23

专利拥有者 Ciba Geigy AG(CH)

在其他国家申请的专利：AU5818390、AU630980、BR9006840、CA2033990、EP0436680、ES2060175、HU57008、JP2811121、JP4502473、KR150221、US5183492、WO9100278等。

工艺专利：EP0831091、CA2216323、JP10120659等。

合成方法 以2-氯-5-硝基苯甲酸为起始原料，经如下反应式制得目的物：

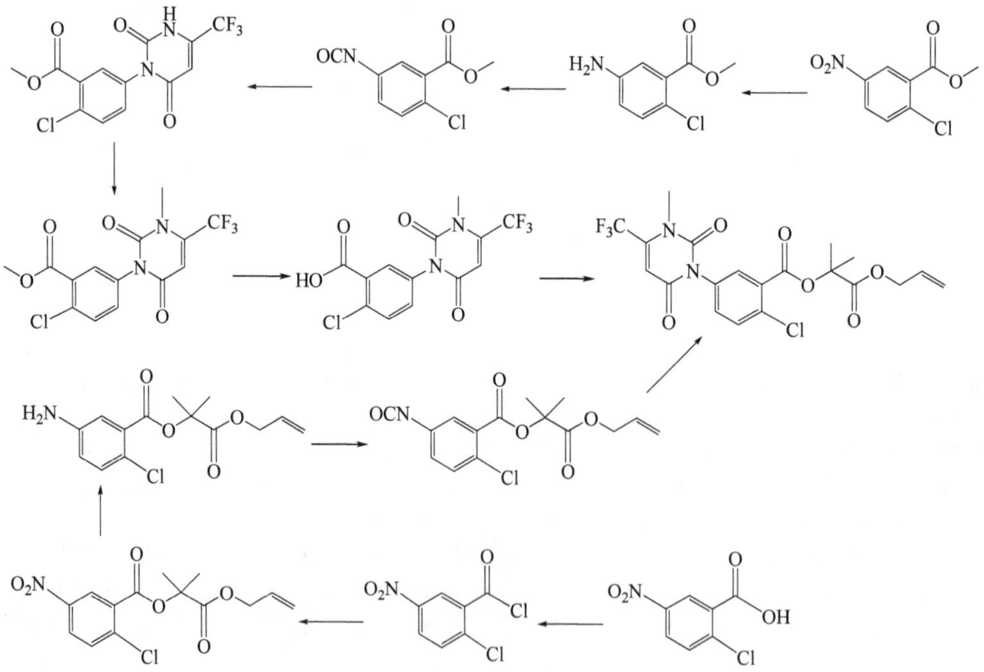

参考文献

[1] 刘长令等．农药，2002，10；45-46.

氟草隆　fluometuron

$C_{10}H_{11}F_3N_2O$, 232.2, 2164-17-2

氟草隆(fluometuron)，试验代号　C2059，其他名称　伏草隆，1964 年由 C. J. Counselman 等报道除草活性。由 Ciba-Geigy AG(现 Syngenta AG)开发，20 世纪 70 年代初首次推出市场。2001 年剥离给 Makhteshim-Agan IndustriesLtd(现 ADAMA)。

化学名称　1,1-二甲基-3-(α,α,α-三氟间甲苯基)-脲，1,1-dimethyl-3-(α,α,α-trifluoro-*m*-tolyl)urea。

理化性质　纯品为白色晶体。熔点 163～164.5℃。蒸气压：0.125mPa(25℃)，0.33mPa(30℃)。分配系数 K_{ow}lg$P$=2.38，相对密度 1.39(20℃)。溶解度(20℃,g/L)：甲醇 110，丙酮 105，二氯甲烷 23，正辛醇 22，正己烷 0.17；水 110mg/L(20℃)。20℃在酸性、中性和碱性条件下稳定，紫外线照射下分解。

毒性　大鼠急性经口 LD_{50}＞6000mg/kg。急性经皮 LD_{50}(mg/kg)：大鼠＞2000，兔＞10000。对兔皮肤和眼睛中度刺激，对皮肤无敏感性。无作用剂量[mg/(kg·d)]：大鼠 19(2y)，小鼠 1.3(2y)，狗 10(1y)。

生态效应　野鸭 LD_{50} 2974mg/kg，饲喂毒性 LC_{50}(8d,mg/kg)：日本鹌鹑 4620，野鸭 4500，环颈雉 3150。鱼 LC_{50}(96h,mg/L)：虹鳟鱼 30，大翻车鱼 48，鲶鱼 55。水蚤 LC_{50}(48h)10mg/L。海藻 EC_{50}(3d)0.16mg/L。蜜蜂 LD_{50}(经口)＞155μg/只，(局部)＞190μg/只。蚯蚓 LC_{50}(14d)＞1000mg/kg 土壤。

环境行为

(1) 动物　大鼠体内，主要形成去甲基化的代谢物和一些葡萄糖醛酸的共轭物，主要通过尿液排出，一周内几乎可排出 96％。

(2) 植物　植物中降解主要有三个过程，一是去甲基化形成单甲基化合物，二是中间体去甲基化，三是脱氨脱羧形成苯胺衍生物。

(3) 土壤/环境　土壤中微生物降解最为重要和快速，不停地释放二氧化碳，光解和挥发是次要的。除了砂土外，土壤浸出中等，K_{oc}31～117(8 种土壤类型)；K_d0.15～1.13。DT_{50}约 30d，根据环境不同，在 10～100d 干燥环境下消解速率降低。

制剂　80％可湿性粉剂。

主要生产商　Makhteshim-Agan、ÉMV、CCA Biochemical、Hermania、Nufarm GmbH、Rainbow 及江苏快达农化股份有限公司。

作用机理与特点　氟草隆是一种选择性内吸除草剂，主要经植物根系吸收，部分经叶片吸收，可传导至植物顶端。该活性成分是光合系统 II 受体部位的光合电子传递抑制剂，同时也能抑制类胡萝卜素的生物合成，能防治棉花、玉米、甘蔗等作物中的稗草、马唐、狗尾草等阔叶及禾本科杂草。

应用

(1) 适用作物　棉花、玉米、甘蔗、马铃薯等作物。

(2) 防治对象　稗草、马唐、狗尾草、千金子、蟋蟀草、看麦娘、早熟禾、繁缕、龙葵、小旋花、马齿苋、铁苋菜、藜、碎米荠等一年生禾本科杂草和阔叶杂草。

(3) 使用方法　①棉田使用。播种后 4～5d 出苗前，每亩用 80％可湿性粉剂 100～125g，兑水 50kg，均匀喷布土表。棉花苗床使用，于播种覆土后，每亩用 80％可湿性粉剂 75～100g，兑水 35kg 均匀喷布土表，喷雾后盖薄膜。②玉米田使用。玉米播种后出苗前，每亩用 50% 可湿性粉剂 100g，兑水 50kg 均匀喷布土表。亦可在玉米喇叭口期，中耕除草后，每亩用 80% 可湿性粉剂 100g，兑水 35kg 定向喷布行间土表，切勿喷到叶片上。③果园使用。每亩用 80% 可湿性粉剂 100g，加 50% 莠去津 150g，兑水 50kg，均匀喷于土表。然后进行线层混土或灌水，使药剂渗入土壤，提高药效。

专利与登记 专利 BE594227 早已过专利期。国内仅登记完了 97% 原药。

合成方法 由间氨基三氟甲苯与光气反应制备间三氟甲苯异氰酸酯，再与二甲胺反应得到氟草隆。

氟草烟 fluroxypyr

$C_7H_5Cl_2FN_2O_3$，255.0，69377-81-7，154486-27-8(乙酯)，81406-37-3(庚酯)

氟草烟(fluroxypyr)，试验代号 Dowco433，商品名称 Fernpath Hatchet、Gartrel、Kuo Sheng、Patrol(氟草烟的非特定的酯)；其他名称 氯氟吡氧乙酸、使它隆、氟草定、治莠灵。氟草烟-2-丁氧基-1-甲基乙酯(fluroxypyr-2-butoxy-1-methylethyl)，试验代号 DOW-43304-H、DOW-81680-H；商品名称 Staraminex；其他名称 fluroxypyr BPE。氟草烟甲基庚酯 [fluroxypyr-meptyl(1-methylheptyl)]，试验代号 Dowco 433 MHE、DOW-43300-H、XRD-433 1MHE；商品名称 Hurler、Spotlight、Starane、Tomahawk；其他名称 fluroxypyr MHE、Bully、Comet、Tandus、Tomigan、Vista、氯氟吡氧乙酸异辛酯。是由道农科开发的吡啶氧羧酸类除草剂。

化学名称 氟草烟 4-氨基-3,5-二氯-6-氟-2-吡啶氧乙酸，[(4-amino-3,5-dichloro-6-fluoro-2-pyridinyl) oxy] acetic acid。

氟草烟-2-丁氧基-1-甲基乙酯 4-氨基-3,5-二氯-6-氟-2-吡啶氧乙酰-2-丁氧基-1-甲基乙酯，2-butoxy-1-methylethyl[(4-amino-3,5-dichloro-6-fluoro-2-pyridinyl) oxy] acetate。

氟草烟甲基庚酯 4-氨基-3,5-二氯-6-氟-2-吡啶氧乙酰-1-甲基庚酯，1-methylheptyl[(4-amino-3,5-dichloro-6-fluoro-2-pyridinyl) oxy] acetate。

理化性质 氟草烟 纯品为白色结晶体，熔点 232～233℃。蒸气压 $3.784×10^{-6}$ mPa(20℃)，$5×10^{-2}$ mPa(25℃)。分配系数 $K_{ow}lgP=-1.24$(pH 值未知)。相对密度 1.09(24℃)。水中溶解度(20℃,mg/L)：5700(pH 5.0)，7300(pH 9.2)。其他溶剂中溶解度(20℃,g/L)：丙酮 51.0，甲醇 34.6，乙酸乙酯 10.6，异丙醇 9.2，二氯甲烷 0.1，甲苯 0.8，二甲苯 0.3。稳定性：酸性介质中稳定。氟草烟是酸性的，可以和碱反应生成盐。水中 DT_{50} 185d(pH 9,20℃)，温度升至熔点时仍可稳定存在，对可见光稳定。pK_a 2.94。

氟草烟-2-丁氧基-1-甲基乙酯 纯品为黏稠的暗棕色液体，280℃分解，蒸气压 $6×10^{-3}$ mPa(20℃)，$K_{ow}lgP=4.17$，Henry 常数 $1.8×10^{-4}$ Pa·m³/mol(计算)，相对密度 1.294(22℃)。水中溶解度(20℃,mg/L)：12.6(纯水)、10.8(pH 5)、11.7(pH 7)、11.5(pH 9)。有机溶剂中溶解度(20℃,g/L)：甲苯、甲醇、丙酮、乙酸乙酯>4000，己烷 68。闪点 195.5℃ (Pensky-Martens 闭口杯法)。

氟草烟甲基庚酯 灰白色固体，熔点 58.2～60℃。蒸气压 $1.349×10^{-3}$ mPa(20℃)(努森隙透法)，$2×10^{-2}$ mPa(20℃)(方法未提及)。$K_{ow}lgP=4.53$(pH 5)、5.04(pH 7)，Henry 常数 5.5

$\times 10^{-3} Pa \cdot m^3/mol$。相对密度 1.322。水中溶解度（20℃）0.09mg/L。有机溶剂中溶解度（20℃，g/L）：丙酮 867，甲醇 469，乙酸乙酯 792，二氯甲烷 896，甲苯 735，二甲苯 642，已烷 45。通常储存条件下稳定，高于熔点分解，对可见光稳定。水解 DT_{50}：454d(pH 7)、3.2d(pH 9)、pH 5 时稳定。对水生生物光解稳定。在自然水域中，DT_{50} 1～3d。

毒性 氟草烟 大鼠急性经口 LD_{50} 2405mg/kg，兔急性经皮 LD_{50} ＞5000mg/kg，对兔眼睛有轻度刺激性，对兔皮肤无刺激性，大鼠急性吸入 LC_{50}(4h)＞0.296mg/L 空气。NOEL[mg/(kg·d)]：(2y)大鼠 80，(1.5y)小鼠 320。没有迹象表明有致癌、致畸或突变作用。三代繁殖试验和迟发性神经毒性试验未见异常。ADI：(EC)0.8mg/kg，(EPA)RfD 0.5mg/kg。

氟草烟-2-丁氧基-1-甲基乙酯 大鼠急性经口 LD_{50} ＞2000mg/kg，大鼠急性经皮 LD_{50} ＞2000mg/kg，对兔皮肤和眼睛无刺激作用。对豚鼠皮肤无致敏性。大鼠 NOAEL 463mg/(kg·d)。无致突变性。

氟草烟甲基庚酯 大鼠急性经口 LD_{50} ＞5000mg/kg，大鼠急性经皮 LD_{50} ＞2000mg/kg，有轻度的眼睛刺激性，对兔皮肤无刺激性，对豚鼠皮肤无致敏性。大鼠急性吸入 LC_{50}(4h)＞1mg/L。NOEL[90d,mg/(kg·d)]：雄大鼠 80，雌大鼠 300。

生态效应 氟草烟 野鸭和山齿鹑急性经口 LD_{50} ＞2000mg/kg。虹鳟鱼和圆腹雅罗鱼 LC_{50}(96h)＞100mg/L。水蚤 LC_{50}(48h)＞100mg/L。绿藻 EC_{50}(96h)＞100mg/L。浮萍 EC_{50}(14d)12.3mg/L。对蜜蜂无毒，LD_{50}(接触,48h)＞25μg/只。

氟草烟甲基庚酯 野鸭和山齿鹑急性经口 LD_{50} ＞2000mg/kg。虹鳟鱼和圆腹雅罗鱼 LC_{50}(96h)＞溶解度。水蚤 LC_{50}(48h)＞溶解度。绿藻 EC_{50}(96h)＞溶解度。对蜜蜂无毒，LD_{50}(经口和接触,48h)＞100μg/只。蚯蚓 LC_{50}(14d)＞1000mg/kg。

环境行为

（1）氟草烟 ①动物。在大鼠经口后，氟草烟无法被代谢，但能被迅速排出体外，主要是在尿液中。②植物。在植物试验中，氟草烟不能代谢，但能经生物转化变为结合物。③土壤/环境。在土壤中，氟草烟在有氧条件下被微生物迅速降解为 4-氨基-3,5-二氯-6-氟吡啶-2-酚、4-氨基-3,5-二氯-6-氟-2-甲氧基吡啶和 CO_2，实验室土壤研究 DT_{50} 为 5～9d(约 23℃)。蒸渗仪和现场研究表明，没有证据显示任何明显的浸出。

（2）氟草烟甲基庚酯 ①动物。水解成母体酸氟草烟，它被广泛地代谢并迅速通过尿液主要以母体结构形式排出体外。②植物。水解成母体酸氟草烟。③土壤/环境。在实验室土壤试验中，酯在所有类型的土壤中迅速转换为氟草烟，DT_{50}＜7d。在土壤/水泥浆中，DT_{50} 2～5h(pH 值 6～7,22～24℃)。氟草烟甲基庚酯和氟草烟 DT_{50}：土壤有氧 23d，水有氧 14d，水厌氧 8d，田间 36.3d 可消散。

制剂 乳油、水乳剂、悬浮剂。

主要生产商 Aimco、Dow AgroSciences、重庆双丰化工有限公司、河北凯迪农药化工企业集团、利尔化学股份有限公司、山东绿霸化工股份有限公司、山东侨昌化学有限公司、浙江东风化工有限公司及浙江永农化工有限公司等。

作用机理与特点 合成的植物生长素(类似吲哚乙酸)。氟草烟的应用是以酯的形式，如氟草烟甲基庚酯。主要由叶面吸收，然后水解成发挥除草活性的母体酸，并且迅速易位到植物的其他部分。通过诱导特征性生长素型反应发挥作用，如叶子卷曲。

应用 氟草烟通过苗后叶片给药发挥药效，控制所有的小型谷类作物中一系列经济上重要的阔叶杂草(包括猪殃殃和地肤属)、牧场中的酸模属和荨麻，及绿地中的白三叶草。定向应用是用于控制果园(仅苹果)和种植作物(橡胶和棕榈)中的禾本和木本的阔叶杂草，及控制针叶林中的阔叶灌木。氟草烟被广泛用于苗后 6 叶期玉米田以控制打碗花、田旋花、龙葵。其甲基庚酯和 2-丁氧基-1-甲基乙酯具有相似的活性，其优势在于剂型的选择范围更宽。用量 180～400g(a.i.)/hm^2。在推荐作物上使用无植物毒性。

（1）应用技术 施药时，田间湿度大用低喷液量。用药量根据杂草种类及大小来定，对敏感杂草，杂草小时用低剂量。对难治杂草，杂草大时用高剂量。施药时药液中加入喷液量 1%～2% 非离子表面活性剂，在干旱条件下可获得稳定药效。施药应选早晚气温低、风小时进行。晴天上午 8 时至下午 5 时、空气相对湿度低于 65%、气温高于 28℃、风速超过每秒 4m 时停止施药。

（2）使用方法　玉米田防除鸭趾草、田旋花、马齿苋、小旋花等，每亩用氟草烟 67～100mL。小麦田，每亩用氟草烟 50～67mL。葡萄园、果园、牧场每亩用氟草烟 75～150mL。用药时期：杂草 2～4 叶期，每亩用药液量 15～30kg 喷雾。更具体的使用如下：

① 麦田。小麦从出苗到抽穗均可使用。冬小麦最佳施药期在冬后返青期或分蘗盛期至拔节前期，春小麦 3～5 叶期、阔叶杂草 2～4 叶期。每亩用 20% 氟草烟 50～66.7mL。

混用：氟草烟可与多种除草剂混用，扩大杀草谱，降低成本。氟草烟与 2,4-滴丁酯、2 甲 4 氯混用可增加对婆婆纳、藜、问荆、葎草、苍耳、苣荬菜、田旋花、苘麻等杂草的防除效果，每亩用 20% 氟草烟 25～35mL 加 72% 2,4-滴丁酯 35mL 或 20% 2 甲 4 氯 150mL。防除婆婆纳、泽泻、荠菜、碎米荠等杂草，每亩用 20% 氟草烟 25～40mL 加 72% 2,4-滴丁酯 35mL 或 20% 2 甲 4 氯 150mL。

氟草烟与精噁唑禾草灵（加解毒剂）混用，可增加对野燕麦、看麦娘、硬草、棒头草、马唐、稗草、千金子等禾本科杂草的药效。每亩用 20% 氟草烟 50～66.7mL 加 6.9% 精噁唑禾草灵（加解毒剂）50～67mL。

② 玉米田。施药适期在玉米苗后 6 叶期之前，杂草 2～5 叶期，每亩用 20% 氟草烟 50～66.7mL。防除田旋花、小旋花、马齿苋等难治杂草，每亩用 20% 氟草烟 66.7～100mL。

③ 葡萄、果园、非耕地及水稻田埂。在杂草 2～5 叶期施药，每亩用 20% 氟草烟 75～150mL。防除水稻田埂空心莲子菜（水花生）每亩用 20% 氟草烟 50mL，或 20% 氟草烟 20mL 加 41% 草甘膦 200mL 混用，或 20% 氟草烟 30mL 加 41% 草甘膦 150mL 混用。防除难治杂草如葎草、火炭母草、鸭趾草等，每亩用 20% 氟草烟 80～100mL 加 41% 草甘膦 100～150mL 混用。

专利与登记　专利 US4110104 早已过专利期，不存在专利权问题。

国内登记情况：140g/L 水乳剂，20% 可湿性粉剂，20%、25%、28.8%、200g/L、288g/L、290g/L 乳油，96% 原药，登记作物为冬小麦田、水田畦畔，防治对象为一年生阔叶杂草、空心莲子草（水花生）等。美国陶氏益农在中国登记情况见表 60。

表 60　美国陶氏益农在中国登记情况

登记名称	登记证号	含量	剂型	登记作物	防治对象	用药量/(g/hm²)	施用方法
氯氟吡氧乙酸	PD148-91	200g/L	乳油	水田畦畔	空心莲子草（水花生）	150	喷雾
				小麦田	阔叶杂草	150～199.5	喷雾
				玉米田	阔叶杂草	150～210	喷雾

合成方法　氟草烟的合成方法如下：

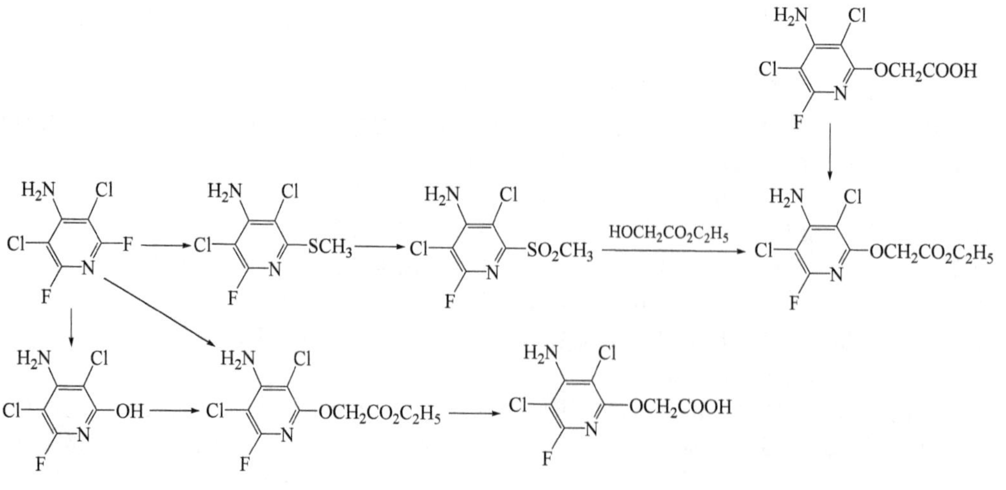

中间体 4-氨基-3,5-二氯-2,6-二氟吡啶的合成方法如下：

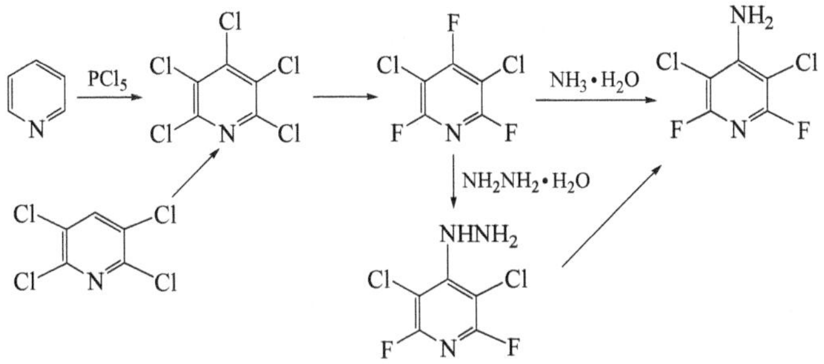

参考文献

[1] Pestic Sci，1990，29（4）：405-418.

[2] 祝宏等．农药，2010，11：794-797.

氟虫胺 sulfluramid

$$CF_3(CF_2)_7SO_2NHCH_2CH_3$$
$$C_{10}H_6F_{17}NO_2S, 527.2, 4151-50-2$$

氟虫胺（sulfluramid），试验代号　GX071，商品名称　Fluorgard、Fluramim、Mirex-S、Raid-Max、废蚁蟑。是由 Griffin LLC（现属 DuPont）研制的杀虫剂。

化学名称　N-乙基全氟辛烷-1-磺酰胺，N-ethylperfluoro-octane-1-sulfonamide。

组成　工业品含量为 98.0%。

理化性质　本品为无色晶体，熔点 96℃（工业品 87～93℃），沸点 196℃，蒸气压（25℃）0.057mPa，$K_{ow}\lg P > 6.8$（未离子化）。不溶于水（25℃），在其他溶剂中溶解度（g/L）：二氯甲烷 18.6，己烷 1.4，甲醇 833。50℃下稳定性＞90d，在密闭罐中，对光稳定＞90d。pK_a 为 9.5，呈极弱酸性。闪点＞93℃。

毒性　大鼠急性经口 LD_{50}＞5000mg/kg，兔急性经皮 LD_{50}＞2000mg/kg，对皮肤有轻微的刺激作用，对眼睛几乎无刺激作用（兔）。大鼠吸入 LC_{50}（4h）＞4.4mg/L。NOEL 值（90d，mg/L）：公狗 33，母狗 100，大鼠 10。

生态效应　山齿鹑急性经口 LD_{50} 45mg/kg。LC_{50}（8d，mg/L 饲料）：山齿鹑 300，野鸭 165。鱼毒 LC_{50}（96h，mg/L）：黑头呆鱼＞9.9，虹鳟鱼＞7.99。水蚤 LC_{50}（48h）0.39mg/L。

制剂　毒饵。

主要生产商　华通（常州）生化有限公司。

作用机理与特点　通过在氧化磷酸化的解偶联导致膜破坏而起作用。

应用

（1）防治对象　蚁科、姬蠊科。

（2）应用技术　本品为有机氟杀虫剂，使用 12～20 饵，防治蚂蚁和蜚蠊。

专利与登记　专利 US4921696、US3380943 均早已过专利期，不存在专利权问题。国内登记情况：95% 原药。

合成方法　通过如下反应制的目的物：

$$C_8H_{17}SO_2H \xrightarrow{HF} C_8F_{17}SO_2F \xrightarrow{C_2H_5NH_2} C_8F_{17}SO_2NHC_2H_5$$

氟虫腈 fipronil

$$C_{12}H_4Cl_2F_6N_4OS, \quad 437.2, \quad 120068-37-3$$

氟虫腈（fipronil），试验代号 BAS350 I、MB46030、RPA-030。商品名称 Adonis、Agenda、Ascend、Blitz、Chipco Choice、Cosmos、Fipridor、Fiprosun、Frontline、Gard、Garnet、Goldor Bait、Goliath、Icon、Maxforce、Metis、Prince、Regent、Taurus、Termidor、Texas、Top Choice、Vi-nil、Violin、锐劲特。其他名称 氟苯唑、威灭。是 Rhone-Poulenc 于 1987 年发现，F. Colliot 等人报道其活性，由 Rhône-Poulenc Agrochimie（现属 BayerAG）商品化的新型吡唑类杀虫剂。

化学名称 （±）-5-氨基-1-(2,6-二氯-α,α,α-三氟-对甲苯基)-4-三氟甲基亚磺酰基吡唑-3-腈，（±）-5-amino-1-(2,6-dichloro-α,α,α-trifluoro-p-tolyl)-4-trifluoromethylsulfinylpyrazole-3-carbonitrile。

理化性质 纯品为白色固体，熔点 200～201℃（原药 195.5～203℃）。蒸气压 3.7×10^{-7} Pa（25℃）。相对密度 1.477～1.626(20℃)。$K_{ow}\lg P=4.0$。Henry 常数 3.7×10^{-5} Pa·m³/mol（计算）。水中溶解度(20℃,mg/L)：1.9(蒸馏水)，1.9(pH 5)，2.4(pH 9)。有机溶剂中溶解度(20℃,g/L)：丙酮 545.9，二氯甲烷 22.3，甲苯 3.0，已烷 0.028。稳定性：在 pH 5、7 的水中稳定，在 pH 9 时缓慢水解(DT$_{50}$ 约 28d)。加热仍很稳定。在太阳光照射下缓慢降解(持续光照 12d,分解 3%左右)，但在水溶液中经光照可快速分解(DT$_{50}$ 约 0.33d)。

毒性 急性经口 LD$_{50}$(mg/kg)：大鼠 97，小鼠 95。急性经皮 LD$_{50}$(mg/kg)：大鼠＞2000，兔 354。本品对兔眼睛和皮肤无刺激(OECD 标准)。大鼠吸入 LC$_{50}$(4h)0.682mg/L(原药,仅限于鼻子)。NOEL 值：大鼠(2y)0.5mg/kg 饲料(0.019mg/kg)，小鼠(18 个月)0.5mg/kg 饲料，狗(52 周)0.2mg/(kg·d)。ADI/RfD 值：(JMPR)0.0002mg/kg，(EFSA)0.0002mg/kg，(EPA)0.0002mg/kg。无"三致"。

生态效应 鸟急性经口 LD$_{50}$(mg/kg)：山齿鹑 11.3，野鸭＞2000，鸽子＞2000，野鸡 31，红腿松鸡 34，麻雀 1120。鸟饲喂 LC$_{50}$(5d,mg/kg)：野鸭＞5000，山齿鹑 49。鱼急性 LC$_{50}$(96h,μg/L)：大翻车鱼 85，虹鳟鱼 248，欧洲鲤鱼 430。水蚤 LC$_{50}$(4h)0.19mg/L。藻类：栅藻 EC$_{50}$(96h)0.068mg/L，羊角月牙藻 EC$_{50}$(120h)＞0.16mg/L，鱼腥藻 EC$_{50}$(96h)＞0.17mg/L。对蜜蜂高毒(触杀和胃毒)，但本品用于种子处理或土壤处理对蜜蜂无害。对蚯蚓无毒。

环境行为 在植物、动物及土壤中氟虫腈主要通过硫醚的还原、砜的氧化及酰胺的水解代谢。在阳光照射下，光解主要是亚砜的脱去。除了胺外，亚砜、砜和其本身的光解产物均作用于 GABA 接受点。

（1）动物 大鼠吸收以后会在体内快速分布及代谢。其代谢物砜和未代谢的本品主要通过粪便排出，尿液中主要的两个代谢物为吡唑开环的化合物。在组织液中的原子标记的残留物能存在 7d。

（2）植物 用本品进行土壤处理的棉花、玉米、甜菜或向日葵，在成熟期，在植物中主要的残留物为本品、砜和胺，喷雾处理的棉花、白菜、水稻和马铃薯，残留物主要是本品和光解产物。

（3）土壤/环境 实验室和田间试验结果表明：在土壤中快速降解；需氧土壤中主要代谢物为砜和酰胺，厌氧土壤中主要代谢物为硫醚和酰胺。土壤中主要的光解代谢物主要为砜和酰胺。

K_{oc}427(Speyer2.2)～1248(砂壤土)。本品及其代谢物在土壤中的流动性差，土壤的30cm下无残留。

制剂 5％、20％胶悬剂，0.3％、1.5％、2.0％颗粒剂，5％、60％悬浮种衣剂。

主要生产商 BASF、Fertiagro、安徽丰乐农化有限责任公司、安徽华星化工股份有限公司、江苏永安化工有限公司及易普乐等。

作用机理与特点 通过阻碍γ-氨基丁酸(GABA)调控的氯化物传递而破坏中枢神经系统内的中枢传导。安全高效、无交互抗性。本品以触杀和胃毒作用为主，当作为土壤或者种衣剂时可以防治昆虫。在水稻上有较强的内吸活性，击倒活性为中等。与现有杀虫剂无交互抗性，对有机磷、环戊二烯类杀虫剂、氨基甲酸酯、拟除虫菊酯等有抗性的或敏感的害虫均有效。持效期长。

应用

（1）适用作物 水稻、玉米、棉花、香蕉、甜菜、马铃薯、花生、向日葵、油菜、高粱、茶叶、果树、大豆、森林等。

（2）防治对象 水稻螟虫、飞虱、蓟马、稻甲虫、小菜蛾、玉米根虫、线虫、白蚁、棉铃象虫、棉盲蝽、潜叶蛾等。对蚜虫、叶蝉、鳞翅目幼虫、蝇类和鞘翅目在内的一系列重要害虫均有很高的杀虫活性。

（3）残留量与安全施药 本品对鱼类和蜜蜂毒性较高，使用时慎重，土壤处理时要注意与土壤充分掺和，才能最大限度地发挥低剂量的优点。

（4）使用方法 使用剂量：喷雾处理10～80g(a.i.)/hm²，土壤处理100～200g(a.i.)/hm²。

防治稻蓟马，用5％悬浮剂300mL/hm²兑水喷雾，有效期14d；防治水稻螟虫、飞虱、卷叶螟等，用5％悬浮剂900～1200mL/hm²兑水喷雾，有效期45d；防治小菜蛾，用5％悬浮剂300mL/hm²兑水喷雾，有效期7～14d；其他见表61。

表61 氟虫腈主要防治对象和施用方法

使用作物	防治对象	剂量/[g(a.i.)/hm²]	施用方法
颗粒剂施于土壤内			
玉米	食根叶甲	120	播种时，沟施
	地老虎	100～150	播种时，带状施药
甜菜	地老虎	100～150	播种时，带状施药
马铃薯、向日葵	地老虎、金针虫	50～100	播种时，带状施药
颗粒剂施于土表			
香蕉	根象甲	0.1～0.2 [g(a.i.)/株]	植株土表
水稻	螟虫、稻水象甲、稻飞虱	50～100	稻田水面
茎叶处理			
玉米	玉米螟	50～100	颗粒剂轮生叶处理
苜蓿	紫苜蓿叶象	12.5～25	叶面喷雾
棉花	墨西哥棉铃虫、花蓟马属	25～50	害虫出现时
马铃薯	马铃薯甲虫	12.5～25	
花生	花蓟马属	25～50	
草原	黑蝗属	6～12.5	叶面喷雾或诱饵
	沙漠蝗属	6～12.5	叶面喷雾或诱饵
种子处理			
玉米	地老虎、金针虫	250～560/[g(a.i.)/100kg]	播前直接用于种子
棉花	花蓟马属	1.2～2.5L/kg	播前直接用于种子

专利与登记 专利EP295117早已过专利期，不存在专利权问题。

已在世界上88个国家登记，具有57种不同用途。国内登记情况：95％、96％、98％、99％原药，5％、8％悬浮种衣剂，25g/L乳油，2.5％、50g/L悬浮剂等，登记作物为玉米、花生等，防治对象为金针虫、蛴螬等。德国拜耳作物科学公司在中国登记情况见表62。

表 62 德国拜耳作物科学公司在中国登记情况

登记名称	登记证号	含量	剂型	登记作物	防治对象	用药量	施用方法
氟虫腈	PD20050132	50g/L	种子处理悬浮剂	杂交水稻	三化螟	50~75g/100kg 种子	种子包衣
				水稻	稻蓟马	20~40g/100kg 种子	
				水稻	稻瘿蚊	20~40g/100kg 种子	
				水稻	稻纵卷叶螟	20~40g/100kg 种子	
				水稻	稻飞虱	20~40g/100kg 种子	
				杂交水稻	稻纵卷叶螟	80~160g/100kg 种子	
				杂交水稻	稻蓟马	80~160g/100kg 种子	
				杂交水稻	稻飞虱	80~160g/100kg 种子	
				杂交水稻	稻瘿蚊	50~75g/100kg 种子	
氟虫腈	PD20070899	80%	水分散粒剂	水稻	稻飞虱	24~48g/hm^2	喷雾
				水稻	稻纵卷叶螟	24~36g/hm^2	
				水稻	二化螟	24~48g/hm^2	
氟虫腈	PD357-2001	95%	原药				
氟虫腈	PD358-2001	50g/L	悬浮剂	十字花科蔬菜	小菜蛾	12.5~25g/hm^2	喷雾
				水稻	二化螟	22.5~30g/hm^2	
				水稻	三化螟	30~45g/hm^2	
				水稻	飞虱	30~37.5g/hm^2	
				水稻	稻纵卷叶螟	30~37.5g/hm^2	
				水稻	稻蝗	7.5~11.25g/hm^2	
				水稻	稻瘿蚊	50.25~75g/hm^2	

合成方法 经如下反应制得氟虫腈：

参考文献

[1] 林苏勇等. 农药, 2002, 3: 19.
[2] 陈叶娜. 广州化工, 2009, 2: 48-49.
[3] 梁诚. 化工文摘, 2009, 4: 50-51.

氟虫脲 flufenoxuron

C$_{21}$H$_{11}$ClF$_6$N$_2$O$_3$，488.5，101463-69-8

氟虫脲(flufenoxuron)，试验代号 DPX-EY-059、SD-115110、SK-8503、WL115110，商品名称 Cascade、Floxate、Salero、卡死克，是由壳牌公司(现属巴斯夫公司)开发的苯甲酰脲类杀虫杀螨剂。

化学名称 1-[4-(2-氯-α,α,α-三氟-对甲苯氧基)-2-氟苯基]-3-(2,6-二氟苯甲酰)脲，1-[4-(2-chloro-α,α,α-trifluoro-p-tolyoxy)-2-fluorophenyl]-3-(2,6-difluorobenzoyl)urea。

理化性质 原药为无色固体，纯度 95%。纯品为白色晶体，熔点 169～172℃，蒸气压 6.52×10^{-9}mPa(20℃)，K_{ow}lg$P$=4.0(pH 7)，相对密度为 0.62，Henry 常数 7.46×10^{-6}Pa·m^3/mol。水中的溶解度(25℃，mg/L)：0.0186(pH 4)，0.00152(pH 7)，0.00373(pH 9)。其他有机溶剂中的溶解度(25℃，g/L)：丙酮 73.8，二甲苯 6，二氯甲烷 18.8，正己烷 0.11，环己烷 95，三氯甲烷 18.8，甲醇 3.5。在土壤中强烈地吸附，DT$_{50}$：11d(水中)，112d(pH 5)，104d(pH 7)，36.7d(pH 9)，2.7d(pH 12)。稳定性：低于 190℃时可以稳定存在，薄膜在模拟日光条件下(100h)对光稳定，DT$_{50}$11d；水解 DT$_{50}$(25℃)：112d(pH 5)，104d(pH 7)，36.7d(pH 9)，2.7d(pH 12)。pK_a10.1，不易燃易爆。

毒性 大鼠急性经口 LD$_{50}$＞3000mg/kg，大小鼠急性经皮 LD$_{50}$＞2000mg/kg，对兔眼睛、皮肤无刺激，对豚鼠皮肤无致敏性。大鼠吸入 LC$_{50}$(4h)＞5.1mg/L 空气。NOEL[mg/(kg·d)]：狗 NOAEL(52 周)3.5；大鼠(104 周)22，小鼠 56。ADI(EPA)cRfD 0.0375mg/kg[2006]。

生态效应 山齿鹑急性经口 LD$_{50}$＞2000mg/kg，饲喂 LC$_{50}$(8d)＞5243mg/kg 饲料。虹鳟鱼 LC$_{50}$(96h)＞4.9μg/L，水蚤 EC$_{50}$(48h)0.04μg/L，羊角月牙藻 EC$_{50}$(96h)24.6mg/L，摇蚊虫 NOEC(28d)0.05μg/L。蜜蜂 LD$_{50}$(μg/只)：经口＞109.1，接触＞100。蚯蚓 LC$_{50}$＞1000mg/kg 干土。

环境行为

(1) 动物 大鼠接受剂量为 3.5mg/kg，在 48h 的时间内被动物体内吸收并排泄出去，主要是以母体化合物的形式通过尿和粪便排出体外。经水解可形成苯甲酸以及脲类物质。

(2) 土壤/环境 能被土壤吸附，DT$_{50}$为 42d，以 97.5g/hm^2 的剂量施用于果园里的土壤中，施用三年，结果表明，这并不会影响土壤中的生物，包括蚯蚓。

制剂 5%乳油，10%无飘移颗粒剂，50g/L 可分散液剂。

主要生产商 浙江一同化工有限公司。

作用机理与特点 苯甲酰脲类杀虫杀螨剂，具有触杀和胃毒作用。其作用机制是抑制昆虫表皮几丁质的合成，使昆虫不能正常蜕皮或变态而死亡，成虫接触药后，产的卵即使孵化幼虫也会很快死亡。氟虫脲对叶螨属和全爪螨属多种害螨的幼螨杀伤效果好，虽不能直接杀死成螨，但接触药的雌成螨产卵量减少，并可导致不育。对叶螨天敌安全，同时具有明显的拒食作用。

应用

(1) 适用作物 苹果树，梨树，桃树，柑橘，棉花等。

(2) 防治对象 鳞翅目害虫如棉铃虫、菜青虫、烟青虫、小菜蛾、甜菜夜蛾、斜纹夜蛾以及鞘翅目、双翅目和半翅目害虫，植食性螨类，红蜘蛛、锈螨、潜叶蛾，对未成熟阶段的螨和害虫有高活性。

（3）残留量与安全施药　不要与碱性农药混用，如波尔多液等，否则会减效；但间隔使用时，先喷氟虫脲，10d后再喷波尔多液比较理想，这样不仅可有效地避免残留，而且对作物安全，防效更优。苹果上应在收获前70d用药，柑橘上应在收获前50d用药。

（4）使用方法　通常使用剂量为25～200g/hm²。在世界范围内氟虫脲5%乳油推荐使用剂量为1000～2000倍液（33.3～25mg/kg），为茎叶喷雾处理。该药施药时间较一般的杀虫剂提前3d左右，对钻蛀性害虫宜在卵孵盛期，幼虫蛀入作物之前施药，对害螨宜在幼若螨盛发期施药。喷药时要均匀周到。对甲壳纲水生生物毒性较高，避免污染自然水源。

（5）应用技术　①防治蔬菜小菜蛾。1～2龄幼虫期施药，每亩用5%氟虫脲25～50mL（有效成分1.25～2.5g），加水40～50L喷雾。②防治蔬菜菜青虫。幼虫2～3龄期施药，每亩用5%氟虫脲20～25mL（有效成分1～1.25g），加水40～50mL喷雾。③防治苹果红蜘蛛。越冬代和第一代若螨集中发生期施药，苹果开花前后用5%氟虫脲1000～2000倍液（有效浓度25～50mg/L）喷雾。④防治柑橘红蜘蛛。在卵孵化盛期施药，用5%氟虫脲1000～2000倍液（有效浓度25～50mg/L）喷雾。⑤防治柑橘潜叶蛾。在新梢放出5d左右施药，用5%氟虫脲1500～2000倍（有效浓度25～33mg/L）喷雾。⑥防治果树桃小食心虫。在卵孵化0.5%～1%施药，用5%氟虫脲1000～2000倍液（有效浓度25～50mg/L）喷雾。⑦防治棉红蜘蛛。若、成螨发生期，平均每叶2～3头螨时施药，每亩用5%氟虫脲50～75mL（有效成分2.5～3.75g），加水40～50L喷雾。⑧防治棉铃虫。在产卵盛期至卵孵化盛期施药，防治棉红铃虫二、三代成虫在产卵高峰至卵孵化盛期施药，每亩用5%氟虫脲75～100mL（有效成分3.75～5g），加水40～50L喷雾。⑨防治1～2龄夜蛾类害虫。每亩用5%氟虫脲25～35mL（有效成分1.25～1.75g），加水40～50L喷雾。⑩该药剂的最佳药效期是在处理后至下一次蜕皮，也就是说虫、螨的死亡主要在施药以后的下一次蜕皮过程中，因此为了正确评价其最大活性，对施药后虫、螨防效的观察应保持至下次蜕皮，在蜕皮期用药，虫、螨可能存活下来，但不久就会死亡。

专利与登记　专利EP161019、EP851008均早已过专利期，不存在专利权问题。国内登记情况：95%原药，50g/L可分散液剂等，登记作物为柑橘树、苹果树和草地等，防治对象为红蜘蛛、锈蜘蛛、潜叶蛾和蝗虫等。巴斯夫欧洲公司在中国登记情况见表63。

表63　巴斯夫欧洲公司在中国登记情况

登记名称	登记证号	含量	剂型	登记作物	防治对象	用药量	施用方法
氟虫脲	PD20096880	95%	原药				
氟虫脲	PD207-96	50g/L	可分散液剂	草地	蝗虫	6～7.5g/hm²	喷雾
				苹果树	红蜘蛛	50～75mg/kg	
				柑橘树	潜叶蛾	25～50mg/kg	
				柑橘树	红蜘蛛	50～75mg/kg	
				柑橘树	锈蜘蛛	50～75mg/kg	

合成方法　以2-氟-4-羟基硝基苯为原料，制得2-氟-4-羟基苯胺，再与3,4-二氯三氟甲苯在氢氧化钾存在下于二甲基亚砜中反应，制得4-(4-三氟甲基-2-氯苯氧基)-2-氟苯胺。然后与以2,6-二氯苯甲腈为原料制得的2,6-二氟苯甲酰异氰酸酯反应，即得氟虫脲。反应式如下：

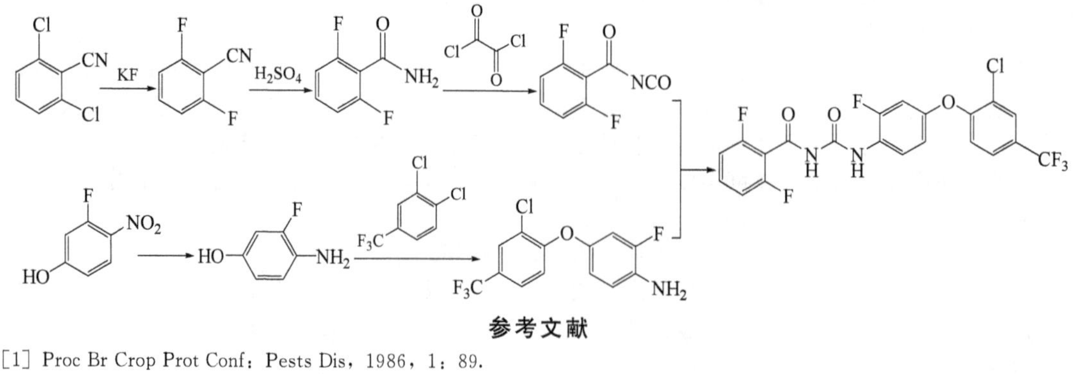

参考文献

[1] Proc Br Crop Prot Conf：Pests Dis，1986，1：89.

[2] Proc Br Crop Prot Conf：Pests Dis，1992：25-810.

[3] 陈英奇等. 化学反应工程与工艺，1998，10（3）：59-61.

氟苯虫酰胺 flubendiamide

$C_{23}H_{22}F_7IN_2O_4S$，682.4，272451-65-7

氟苯虫酰胺（flubendiamide），试验代号　NNI-0001、AMSI0085、R-41576。商品名称　垄歌、Belt、Phoenix、Takumi、Nisso Phoenix Flowable、Amoli、Fame、Fenos、Synapse、Pegasus。其他中文名称：氟虫双酰胺、氟虫酰胺、氟虫苯甲酰胺，是德国拜耳公司与日本农药株式会社共同开发的新型邻苯二甲酰类杀虫剂。

化学名称　3-碘-N'-(2-甲磺酰-1,1-二甲基乙基)-N-[4-[1,2,2,2-四氟-1-(三氟甲基)乙基]-邻甲苯基]邻苯二甲酰胺，3-iodo-N'-(2-mesyl-1,1-dimethylethyl)-N-[4-[1,2,2,2-tetrafluoro-1-(trifluoromethyl)ethyl]-o-tolyl]phthalamide。

理化性质　原药含量≥95.0%，纯品为白色结晶粉末，熔点217.5～220.7℃，蒸气压<1×10^{-1}mPa(25℃)，$K_{ow}lgP=4.2$(20℃)，相对密度1.659(20℃)。水中溶解度29.9μg/L(20℃)；有机溶剂中溶解度(g/L)：对二甲苯0.488，正庚烷0.000835，甲醇26.0，1,2-二氯乙烷8.12，丙酮102，乙酸乙酯29.4。在酸和碱中稳定(pH 4～9)，水中光解DT_{50}5.5d(蒸馏水，25℃)。

毒性　雌、雄大鼠急性经口LD_{50}>2000mg/kg，雌、雄大鼠急性经皮LD_{50}>2000mg/kg，对兔眼睛轻微刺激，对兔皮肤没有刺激，对豚鼠皮肤无致敏性。大鼠吸入LC_{50}>0.0685mg/L。NOEL[1y,mg/(kg·d)]：雄大鼠1.95，雌大鼠2.40。ADI：aRfD 0.995mg/kg，cRfD 0.024mg/kg；(日本 FSC)0.017mg/(kg·d)[2007]。Ames试验呈阴性。

生态效应　山齿鹑经口LD_{50}>2000mg/kg，鲤鱼LC_{50}(96h)>548μg/L，水蚤LC_{50}(48h)>60μg/L，羊角月牙藻E_bC_{50}(72h)69.3μg/L，蜜蜂LD_{50}(48h,经口和接触)>200μg/只。在100～400mg(a.i.)/L的剂量下，氟苯虫酰胺对节肢动物益虫没有活性，氟苯虫酰胺与环境具有很好的相容性。

环境行为

(1) 动物　在血液和血浆浓度的峰值6～12h仅能部分吸收，主要是通过粪便在24h内排泄出体外。代谢主要是利用甲基苯胺的多步氧化及葡萄糖醛酸化作用。谷胱甘肽结合邻苯二甲酸是其次要代谢产物。在大鼠的粪便中，氟苯虫酰胺为主要部分，同时在大鼠粪便中还能发现少量的苯甲酸(雌鼠)和苯甲醇(雄鼠和雌鼠)。

(2) 土壤/环境　稳定存在于酸性及碱性体系(pH 4～9)；水及土壤中的光解作用是其在环境中代谢的主要途径，DT_{50}分别为5.5d和11.6d，无氧条件下在水中DT_{50}365d，土壤中DT_{50}210～770d，在土壤中几乎没有流动性，K_{foc}1076～3318L/kg；氟苯虫酰胺及其主要代谢物脱碘的氟苯虫酰胺的半衰期表明它们在连续使用后会慢慢累积在土壤和水中。

制剂　20%水分散粒剂，39.9%悬浮剂。

主要生产商　Bayer CropScience 及 Nihon Nohyaku 等。

作用机理与特点　氟苯虫酰胺具有独特的作用方式，高效广谱，残效期长，毒性低，用于防治鳞翅目害虫，是一种 Ryanodine(鱼尼丁类)受体，即类似于位于细胞内肌质网膜上的钙释放通道的调节剂。Ryanodine 是一种肌肉毒剂，它主要作用于钙离子通道，影响肌肉收缩，使昆虫肌肉松弛性麻痹，从而杀死害虫。氟苯虫酰胺对除虫菊酯类、苯甲酰脲类、有机磷类、氨基甲酸酯类已产生抗性的小菜蛾 3 龄幼虫具有很好的活性。氟苯虫酰胺对几乎所有的鳞翅目类害虫均具有很好的活性。

应用　主要用于蔬菜、水果、水稻和棉花防治鳞翅目害虫，对成虫和幼虫均有优良活性，作用迅速、持效期长。国内使用的主要是 20％的水分散粒剂，用于防治白菜上的甜菜夜蛾和小菜蛾，用药量 45～50g/hm²，使用方法为喷雾。

（1）交互抗性　与传统杀虫剂无交互抗性。氟苯虫酰胺对传统杀虫剂除虫菊酯类、苯甲酰脲类、有机磷类、氨基甲酸酯类已产生抗性的小菜蛾三龄幼虫具有很好的活性，说明该杀虫剂适宜用于抗性治理（IRM）。

（2）生物活性　氟苯虫酰胺对几乎所有的鳞翅目类害虫均具有很好的活性，EC_{50} 值均在 1.0mg（a.i.）/L 以下，对鳞翅目之外的害虫活性并不高。氟苯虫酰胺对小菜蛾成虫的 EC_{50}［mg（a.i.）/L］为 0.21，与氯氟氰菊酯（cyhalothrin）相当；对 2 龄幼虫的活性最高，EC_{50} 为 0.004，是氯氟氰菊酯的 60 倍，但对卵无活性。对斜纹夜蛾三个不同龄期幼虫的活性测试结果表明，氟苯虫酰胺对 1 龄幼虫最有效，3 龄和 5 龄幼虫次之。氟苯虫酰胺与氯氟氰菊酯、灭多威、丙溴磷、多杀菌素相比，优点是对 5 龄幼虫也显示很高的活性。尽管如此，在田间应用时，为了更有效地防治害虫，应在幼虫期使用。

（3）使用方法　①防治水稻钻蛀性害虫（二化螟、三化螟、大螟）：用药一定要早，在钻蛀前用药，结合农业部门预测预报，提早 2d 用药，施药时，要压低喷头，想办法把药喷到基部，田间已发现枯鞘或枯心的，一定要点喷，防止转株和形成枯心团。用矿物油提高药效的方法正在试验。②防治叶菜类害虫：食叶蔬菜生育期短，全生育期不断有新叶长出，氟苯虫酰胺无法保护施药后长出的新叶，东南亚的经验，6000 倍用药，5～7d 施药一次。对后期包心或结球的叶菜，后期不再长新叶时，氟苯虫酰胺有很好的持效期，防效和持效明显优于普通杀虫剂。③防治瓜菜类害虫：防治瓜绢螟，在害虫将瓜叶缀合前是较好的防治时期。④防治豆科蔬菜的豆荚螟：对连续开花的植物又在花期为害的害虫，一定要在开花到幼荚长出前用药，效果最好。持效期确保 7～9d，菜农可接受。⑤防治棉花害虫：棉铃虫应在钻蛀前防治，对斜纹夜蛾、甜菜夜蛾初孵幼虫分散前用药效果最好。⑥玉米螟的防治：为害嫩叶钻蛀前，玉米喇叭口心叶重点施药。⑦防治甜菜夜蛾、斜纹夜蛾、小菜蛾等鳞翅目害虫：于害虫产卵盛期至幼虫 3 龄期前，亩用 20％氟虫双酰胺水分散粒剂 15～20g，兑水 50～60kg 均匀喷雾。

（4）注意事项　该药用量低，宜用二次稀释法；每季作物使用次数不要超过 2 次；该药对蚕有毒。

专利与登记

专利名称　Preparation of phthalamides as agrohorticultural insecticides

专利号　EP1006107　专利申请日　1999-11-24

专利拥有者　Nihon Nohyaku Co.

同时申请了其他国家专利：IN1999MA01126、CZ299375、TW225046、ZA9907318、IL133139、KR2000035763、JP2001131141、JP3358024、US6603044、AU9961790、AU729776、CN1255491、CN1328246、TR9902935、BR9905766、HU9904444、EG22626、PL196644、JP2003040860、JP4122475、IN2007CH00480 等。

制备专利：WO2001021576、CN100358863、WO2005063703、CN1906158、CN100443468、WO2006055922、CN101061103、J2001335571、WO2003099777、WO2007022901、WO2007022900、EP1006102、JP2003335735、JP2000080058 等。

2007 年首次在菲律宾、日本获准登记，后又在印度、巴基斯坦、巴西、美国等国获准登记，主要用于果树、蔬菜、大豆、茶等防治害虫。

国内登记情况：95％、96％原药，20％水分散粒剂，10％悬浮剂等，登记作物为水稻、白菜和甘蓝等，防治对象为小菜蛾、稻纵卷叶螟、二化螟和甜菜夜蛾等。

日本农药株式会社、拜耳作物科学公司在中国登记情况见表64。

表64　日本农药株式会社、拜耳作物科学公司在中国登记情况

登记名称	登记证号	含量	剂型	作物	防治对象	用药量	施用方法
氟苯虫酰胺	PD20110319	20％	水分散粒剂	白菜	甜菜夜蛾 小菜蛾	$45\sim50g/hm^2$ $45\sim50g/hm^2$	喷雾
氟苯虫酰胺	PD20140661	20％	悬浮剂	水稻	稻纵卷叶螟 二化螟	$20\sim30g/hm^2$	喷雾
阿维·氟酰胺	PD20130157	10％	悬浮剂	水稻	稻纵卷叶螟 二化螟	$30\sim45g/hm^2$ $20\sim30mL/亩$	喷雾
氟苯虫酰胺	PD20110318	96％	原药				
氟苯虫酰胺	PD20130121	95％	原药				

合成方法　氟苯虫酰胺主要有三条合成路线,重要的中间体有3-碘邻苯二甲酸酐、2-甲基-2-氨基-1-(甲硫基)丙烷和2-甲基-4-(七氟异丙基)苯胺,合成路线如下：

重要中间体3-碘邻苯二甲酸酐的合成具体参考专利JP2000080058和JP2001335571等。

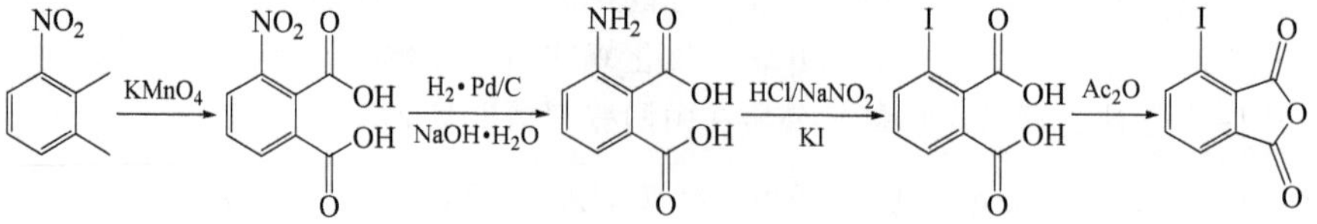

2-甲基-2-氨基-1-(甲硫基)丙烷的合成（具体参考专利 WO2003099777、WO2007022901、WO2007022900）：

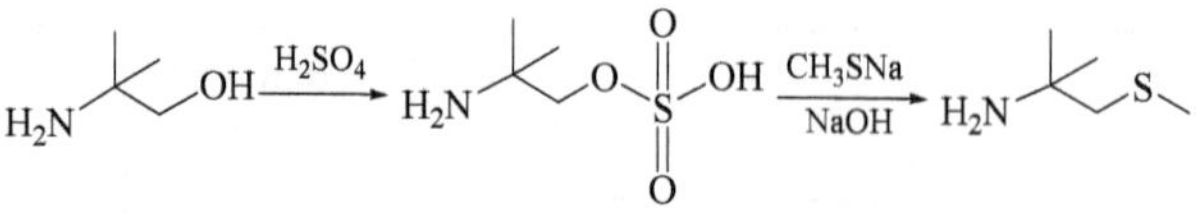

2-甲基-4-(七氟异丙基)苯胺的合成（具体参考专利 EP1006102、JP2003335735）：

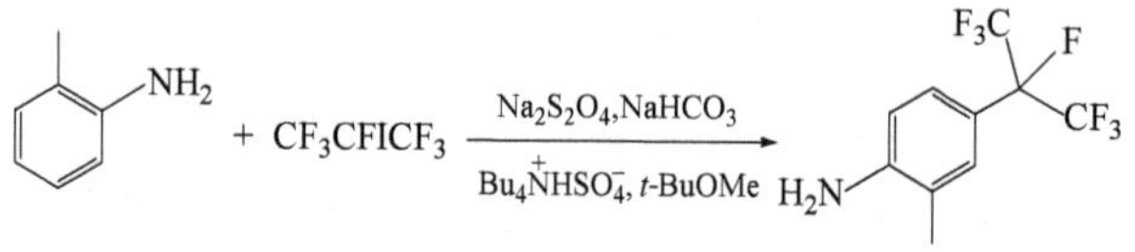

参考文献

[1] 李洋等. 农药，2006，10：697-699.
[2] 赵东江等. 农药研究与应用，2012，3：1-4.
[3] 巨修练等. 世界农药，2011，8：18-20.

氟哒嗪草酯 flufenpyr-ethyl

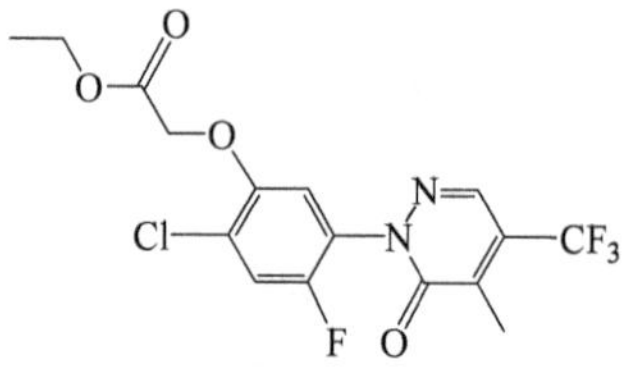

$C_{16}H_{13}ClF_4N_2O_4$，408.7，188489-07-8，188490-07-5（酸）

氟哒嗪草酯(flufenpyr-ethyl)，试验代号 S-3153，是住友化学公司与 Valent 公司共同开发的哒嗪酮类除草剂。

化学名称 2-氯-5-[1,6-二氢-5-甲基-6-氧-4-(三氟甲基)哒嗪-1-基]-4-氟苯氧乙酸乙酯，ethyl 2-chloro-5-[1,6-dihydro-5-methyl-6-oxo-4-(trifluoromethyl)pyridazin-1-yl]-4-fluorophenoxyacetate。

作用机理 原卟啉原氧化酶抑制剂。

应用 用于防除玉米田、大豆田和甘蔗田苘麻和番诸属杂草，使用剂量为 30g/hm²。

专利概况

专利名称 Pyridazin-3-one derivatives，their use，and intermediates for their production

专利号 WO9707104 **专利申请日** 1996-08-16

专利拥有者 Sumitomo Chemical Co(JP)

合成方法 以对氟苯酚为起始原料，经如下反应制得目的物：

氟丁酰草胺 beflubutamid

$C_{18}H_{17}F_4NO_2$，355.3，113614-08-7

氟丁酰草胺（beflubutamid），试验代号　ASU95510H、UBH-820、UR50601，商品名称 Herbaflex、Trioflex，是由日本宇部产业公司和 Stähler 农业公司共同开发的苯氧酰胺类除草剂。

化学名称　N-苄基-2-($\alpha,\alpha,\alpha,4$-四氟-间甲基苯氧基)丁酰胺，N-benzyl-2-($\alpha,\alpha,\alpha,4$-tetrafluoro-m-tolyloxy)butyramide。

理化性质　原药纯度＞97%。纯品为绒毛状白色粉状固体，熔点 75℃。相对密度 1.33，蒸气压 1.1×10^{-2} mPa(25℃)，分配系数 $K_{ow}\lg P=4.28$，Henry 系数 1.11×10^{-4} Pa·m³/mol。溶解度(20℃,g/L)：水 0.00329，丙酮＞600，1,2-二氯乙烷＞544，乙酸乙酯＞571，甲醇＞473，正庚烷 2.18，二甲苯 106。在 130℃ 下可稳定 5h，在正常储存条件下稳定。在 21℃，pH 5、7、9 条件下放置 5d 稳定。在水溶液中的光解 DT_{50} 48d(pH 7,25℃)。

毒性　大鼠急性经口 LD_{50}＞5000mg/kg，大鼠急性经皮 LD_{50}＞2000mg/kg，对兔皮肤和眼睛无刺激性作用，对豚鼠皮肤无致敏性。大鼠急性吸入 LC_{50}(4h)＞5mg/L。NOEL 数据(mg/L)：大鼠经口(90d)400[30mg/(kg·d)]，大鼠经口(2y)50[2.2mg/(kg·d)]。ADI (EC)0.02mg/kg[2007]。无致突变性，Ames 试验、基因突变试验、细胞遗传毒性试验及微核试验均为阴性。

生态效应 数据显示，除了部分藻类外，氟丁酰草胺对生物有低毒和低生物累积的风险。山齿鹑急性经口 $LD_{50} > 2000mg/kg$。山齿鹑饲喂 LC_{50}（5d）$> 5200mg/L$。虹鳟鱼 LC_{50}（96h）$1.86mg/L$。水蚤 EC_{50}（48h）$1.64mg/L$。羊角月牙藻 E_bC_{50} $4.45\mu g/L$。浮萍 EC_{50} $0.029mg/L$。对蜜蜂无毒，LD_{50}（经口，接触）$> 100\mu g$/只。蚯蚓 LC_{50}（14d）$> 732mg/kg$。对土壤中的微生物风险低。

环境行为 氟丁酰草胺原药在土壤中的流动性很差，但是可以在土壤中迅速降解，降解产物能够渗入地下水中。在规定剂量下使用，对环境不会造成危害。

（1）动物 氟丁酰草胺进入动物体后能够快速完全吸收（$> 80\%$），广泛地分布于身体的各个部位，在 120h 内主要通过胆汁完全排出体外。在体内不会累积。主要的代谢途径为水解、酰胺键的断裂以及与葡萄糖醛酸缩合。主要代谢产物为苯氧酸和马尿酸。

（2）植物 氟丁酰草胺在植物体内的代谢物与在土壤中的代谢物相同。

（3）土壤/环境 在土壤中的降解半衰期为 DT_{50} 5.4d，在土壤中的主要代谢产物是通过酰胺键的断裂而生成的相应的丁酸。这种代谢产物自身可在土壤中迅速降解。氟丁酰草胺的土壤吸附系数 K_{oc} 852～1793。在 pH 5～9 条件下水解稳定。

制剂 悬浮剂。

主要生产商 Cheminova。

作用机理 胡萝卜素生物合成抑制剂。

应用

（1）适宜作物与安全性 小麦、大麦，对小麦、环境安全，由于其持效期适中，对后茬作物无影响。

（2）防除对象 主要用于防除重要的阔叶杂草如婆婆纳、宝盖草、田菫菜、藜、荠菜、大爪草等。

（3）使用方法 小麦、大麦田苗前或苗后早期使用。剂量为 170～255g（a.i.）/hm^2［亩用量为 11.3～17g（a.i.）］。同异丙隆混用［比例为：氟丁酰草胺 85g（a.i.）/hm^2，异丙隆 500g（a.i.）/hm^2］苗后茎叶处理，不仅除草效果佳——可防除麦田几乎所有杂草，而且对麦类很安全。

专利概况 专利 EP0239414 早已过专利期，不存在专利权问题。

合成方法 通过如下反应制得目的物：

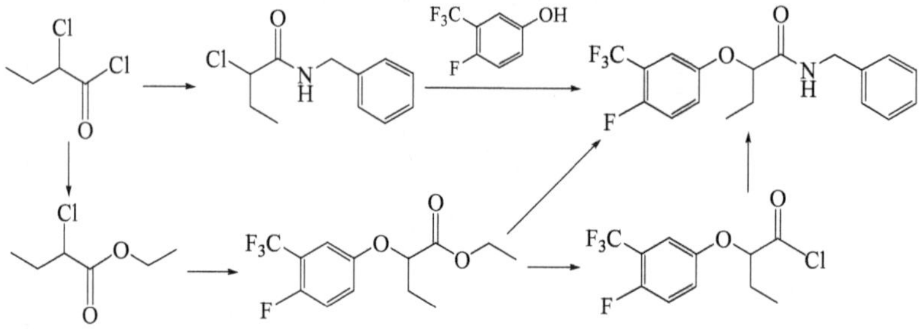

参考文献

［1］Proc Br Crop Prot Conf：Weed，1999，41.

［2］刘安昌等. 现代农药，2012，11（2）：26-27.

氟啶虫胺腈 sulfoxaflor

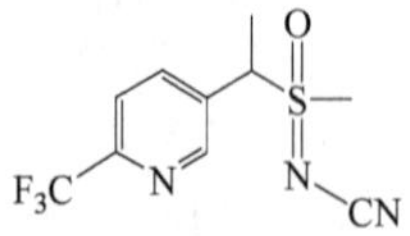

$C_{10}H_{10}F_3N_3OS$，277.3，946578-00-3

氟啶虫胺腈（sulfoxaflor），试验代号　XDE208，商品名称　Closer、Seeker、Transform WG，其他名称　砜虫啶，是由美国陶氏益农公司（Dow Agrosciences）报道的新型杀虫剂。

化学名称　［甲基（氧）［1-［6-（三氟甲基）-3-吡啶基］乙基］-λ^6-硫酮］氰基氨，［methyl(oxo)[1-[6-(trifluoromethyl)-3-pyridyl]ethyl]-λ^6-sulfanylidene]cyanamide。

理化性质　白色固体，水中溶解度809mg/L。

制剂　22%、24%悬浮剂，50%水分散粒剂。

主要生产商　Dow AgroSciences。

应用　氟啶虫胺腈是美国陶氏益农公司开发的首个sulfoximine类杀虫剂，主要针对取食树液的昆虫，对绝大部分的刺吸式害虫如蚜虫、粉虱、稻飞虱、缘蝽科等有优异的活性，研究表明，其在较低剂量下能很快杀死害虫，且与其他杀虫剂无交互抗性，可以用于害虫的综合防治。2009年在加利福尼亚州、亚利桑那州、德克萨斯州进行田间、小区试验，结果表明，对豆荚盲蝽（*Lyg ushesperus*）害虫有很好的效果。建议使用剂量为0.045lb（a.i.）/英亩（1lb = 0.45359237kg，1英亩=4046.8564m²）。对棉铃虫的田间试验表明，氟啶虫胺腈对几种蚜虫，包括棉蚜、桃蚜、甘蓝蚜和长管蚜有高的活性。25g/hm²剂量的氟啶虫胺腈对蚜虫的防效高于或等于目前使用的产品高于此剂量的防效。氟啶虫胺腈对粉虱的防效也高于吡虫啉和噻虫嗪。在田间试验中氟啶虫胺腈表现出对其他刺吸性昆虫较好的防效，包括难以防控的蝽类昆虫如豆荚盲蝽和美国牧草盲蝽。

氟啶虫胺腈可用于果树、葡萄、蔬菜、棉花、水稻、谷类和大豆类作物，能有效杀灭蚜虫、粉虱、盲蝽和牧草虫等害虫。

氟啶虫胺腈对一些刺吸性昆虫有很大的防控潜力。特别值得关注的是在室内和田间，氟啶虫胺腈防治棉蚜和桃蚜的活性与目前登记的新烟碱杀虫剂的相当或更高。此外，氟啶虫胺腈对这些蚜虫的持效期要长于螺虫乙酯、氟啶虫酰胺和呋虫胺。氟啶虫胺腈对粉虱敏感种群的防效与螺虫乙酯和吡虫啉相当。氟啶虫胺腈对褐飞虱和小绿叶蝉的防效与吡虫啉的相当，对西方草地盲蝽的防效与噻虫嗪之外的所有的新烟碱杀虫剂的相当。

对吡虫啉有高度抗性的粉虱和褐飞虱对氟啶虫胺腈没有交互抗性。因此，氟啶虫胺腈可能与如吡虫啉等新烟碱杀虫剂轮用或替代后者防治对新烟碱杀虫剂产生抗性并引起人们关注的刺吸性害虫。比较对多种杀虫剂具抗性的烟粉虱种群与敏感种群的生测结果，发现氟啶虫胺腈与丙溴磷溴氰菊酯、吡虫啉以及其他的新研究杀虫剂之间不存在交互抗性。因此，氟啶虫胺腈能有效防治抗吡虫啉的粉虱和褐飞虱，氟啶虫胺腈对相同的代谢突变机制，即单加氧酶的过度表达不敏感，而此机制是这些种群害虫对吡虫啉产生抗性的机制。此外，研究表明，氟啶虫胺腈在体外对单加氧酶稳定，而在体外此酶能降解吡虫啉。

专利与登记

专利名称　Preparation of insecticidal *N*-substituted(6-haloalkylpyridin-3-yl) alkyl sulfoximines

专利号　WO2007095229　**专利申请日**　2007-02-09

专利拥有者　Dow Agrosciences LLC

目前在其他国家申请的化合物专利：AU2007215167、CA2639911、US20070203191、EP1989184、JP2009526074、IN2008DN06198、MX2008010134、KR2008107366、CN101384552、WO2007149134、AU2007261706、CA2653186、US20070299264、EP2043436、MX2008016527、KR2009021355、CN101478877等。

工艺专利：WO2008097235、AU2007346136、CA2676700、US20080194634、US7511149、US20080207910、AU2008219748、WO2008106006、US20090029863、WO2009017951、US20090221424、WO2009111309等。

登记情况：2010年6月已在中国取得50%氟啶虫胺腈水分散粒剂防治棉花粉虱、棉花盲蝽和小麦蚜虫的田间试验批准证；7月取得22%氟啶虫胺腈悬浮剂防治黄瓜粉虱和21.8%氟啶虫胺腈悬浮剂防治水稻水虱的田间试验批准证。2011年在韩国获得首次登记，主要用于苹果、梨及红辣椒。2013 年在美国、加拿大、澳大利亚和新西兰取得批准用于棉花、油菜、大豆、小粒谷物、水果、蔬菜、草坪和观赏植物。同时与爱利思达生命科学越南分公司合作推出的 CLOSER 500 WG(水分散粒剂,有效成分是氟啶虫胺腈)在越南上市用于害虫管理及水稻有害生物综合治理。2016 年美国陶氏益农在国内正式登记了 50% 水分散粒剂(防治棉花盲蝽象和烟粉虱,使用剂量分别为 52.5～75g/hm²、75～97.5g/hm²),22% 悬浮剂(防治水稻飞虱,使用剂量为 49.5～66g/hm²)以及 95.5% 原药,同时江苏苏州佳辉化工有限公司也取得了相关登记权。另外,美国陶氏益农也临时登记了其分别与乙基多杀菌素和毒死蜱的 40% 水分散粒剂和 37% 悬浮剂。

合成方法　氟啶虫胺腈大致有如下几种合成方法。其中对于氧化成亚砜的试剂文献报道较多的有 mCPBA、NaMnO₄、RuCl₃·H₂O、NaIO₄,形成氰基亚氨结构时,在使用 NH₂CN 时使用的氧化剂主要有二乙酸碘苯或次氯酸钠。

参考文献

[1] J Agric Food Chem,2011,59(7):2950-2957.
[2] 伍恩明等. 农药,2011,1:23-25.
[3] 叶萱. 世界农药,2011,4:19-24.
[4] 朱丽超等. 农药研究与应用,2011,6:7-9.
[5] 石小丽. 中国农药,2010,12:56.

氟啶胺 fluazinam

$C_{13}H_4Cl_2F_6N_4O_4$,465.1,79622-59-6

氟啶胺(fluazinam)，试验代号　B1216、IKF1216、ICIA0912。商品名称　Allegro 500 F、Certeza、Frowncide、Omega、Shirlan、Tizca。其他名称　Allegro、Altima、Legacy、Mapro、Nando、Nifran、Ohayo、Sagiterre、Sekoya、Shogun、Winner、Zignal。是由日本石原产业研制，由 ICI Agrochemicals(现为先正达公司)开发的吡啶胺类杀菌剂。

化学名称　3-氯-N-(3-氯-5-三氟甲基-2-吡啶基)-α,α,α-三氟-2,6-二硝基-对甲苯胺，3-chloro-N-(3-chloro-5-trifluoromethyl-2-pyridyl)-α,α,α-trifluoro-2,6-dinitro-p-toluidine。

理化性质　纯品为黄色结晶粉末，熔点 117℃(纯度 99.8%)，119℃(纯度 96.6%)，蒸气压 7.5mPa(20℃)。相对密度 1.81(20℃)。$K_{ow}\lg P=4.03$，Henry 常数 6.71×10^{-1}Pa·m^3/mol。溶解度(25℃,g/L)：正己烷 8，丙酮 853，甲苯 451，二氯甲烷 675，乙醚 722，甲醇 192。对热、酸、碱稳定。水溶液中光解 DT_{50} 2.5d(pH 5)。水解 DT_{50}：42d(pH 7)，6d(pH 9)，pH 5 时稳定。pK_a7.34(20℃)。

毒性　大鼠急性经口 LD_{50}(mg/kg)：雄性 4500，雌性 4100。大鼠急性经皮 LD_{50}＞2000mg/kg。对兔眼有刺激作用，对皮肤有轻微刺激。对豚鼠皮肤敏感，纯物质无刺激。大鼠急性吸入 LC_{50} 0.463mg/L。慢性 NOAEL[mg/(kg·d)]：狗 1.0，雄大鼠 1.9，对雄小鼠致癌剂量 1.1。ADI(EC)0.01mg/kg[2008]；(EPA)aRfD 0.5mg/kg，cRfD 0.011mg/kg[2001]。

生态效应　急性经口 LD_{50}(mg/kg)：山齿鹑 1782，野鸭≥4190。虹鳟鱼 LC_{50}(96h)0.036mg/L。水蚤 LC_{50}(48h)0.22mg/L。月牙藻 EC_{50}(96h)0.16mg/L。牡蛎 EC_{50} 0.0047mg/L，糠虾 0.039mg/L。蜜蜂 LD_{50}(μg/只)：＞100(经口)，＞200(接触)。蚯蚓 LC_{50}(28d)＞1000mg/kg 土。

环境行为

(1) 动物　大鼠饲喂仅 33%～40% 被吸收，＞89% 出现在粪便中，大多是不变的母体化合物。

(2) 土壤/环境　氟啶胺在有氧土壤中降解率低，在有氧或无氧水介质中降解速度较快。降解产物在许多条件下相对稳定。土壤 DT_{50} 26.5d(平均)，土壤光解 DT_{50} 22d，K_d143～820，吸附 K_{oc}1705～2316。

制剂　50%悬浮剂、0.5%可湿性粉剂。

主要生产商　AGROFINA、Cheminova、Ishihara Sangyo 及山东绿霸化工股份有限公司等。

作用机理与特点　线粒体氧化磷酰化解偶联剂。通过抑制孢子萌发、菌丝突破、生长和孢子形成而抑制所有阶段的感染过程。氟啶胺的杀菌谱很广，其效果优于常规保护性杀菌剂。例如，对交链孢属、葡萄孢属、疫霉属、单轴霉属、核盘菌属和黑星菌属菌非常有效，对抗苯并咪唑类和二羧酰亚氨类杀菌剂的灰葡萄孢也有良好效果，耐雨水冲刷，持效期长，兼有优良的控制食植性螨类的作用，对十字花科植物根肿病也有卓越的防效，对由根霉菌引起的水稻猝倒病也有很好的防效。

应用

(1) 适宜作物　葡萄、苹果、梨、柑橘、小麦、大豆、马铃薯、番茄、黄瓜、水稻、茶、草皮等。

(2) 防治对象　氟啶胺有广谱的杀菌活性，对疫霉病、腐菌核病、黑斑病、黑星病和其他的病原体病害有良好的防治效果。除了杀菌活性外，氟啶胺还显示出对红蜘蛛等的杀螨活性。具体病害如黄瓜灰霉病、黄瓜腐烂病、黄瓜霜霉病、黄瓜炭疽病、黄瓜白粉病、黄瓜茎部腐烂病、番茄晚疫病、苹果黑星病、苹果叶斑病、梨黑斑病、梨锈病、水稻稻瘟病、水稻纹枯病、燕麦冠锈病、葡萄灰霉病、葡萄霜霉病、柑橘疮痂病、柑橘灰霉病、马铃薯晚疫病、草皮斑点病，具体螨类如柑橘红蜘蛛、石竹锈螨、神泽叶螨等。

(3) 使用方法　以 50～100g(a.i.)/100L 剂量可防治由灰葡萄孢引起的病害。防治根肿病的施用剂量为 125～250g(a.i.)/hm^2，防治根霉病的施用剂量为 12.5～20mg(a.i.)/5L 土壤。芜菁对氟啶胺的耐药性很好，耐药量为 $500g(a.i.)/hm^2$。病菌侵害前施药。氟啶胺具体使用方法见表 65。

表 65　氟啶胺 50%SC 的防治对象与施用方法

作物	防治病害与螨类	稀释倍数	采收前间隔期/d	使用次数/次	施用方法
柠檬	疮痂病,灰霉病	2000~2500	30	1	叶面施用
	黑变病,红蜘蛛,叶螨,侧多食跗线螨	2000			
苹果树	斑点病,疮痂病,黑斑病,梨污点病,白斑病	2000~2500	45		
	环腐病,花枯病	2000			
	白紫根霉病	500~1000	休眠期	2(叶面1渗透1)	土壤渗透
日本欧楂	白根霉病				
	灰色叶斑病	2000	花前		叶面施用
梨树	黑斑病,斑点病,环腐病	2000~2500	30		
	白根霉病	500~1000	休眠期		土壤渗透
葡萄树	熟腐病,炭疽病,茎瘤病,霜霉病,灰霉病	2000	花期		叶面施用
桃树	褐霉病	2000	7	1	叶面施用
日本李树	疮痂病,灰霉病		60		
猕猴桃	灰霉病,软腐病		30		
柿树	叶斑病,炭疽病,灰霉病		45		
茶树	炭疽病,灰纹病,泡纹病,侧多食跗线螨,网状泡纹病,灰霉病		14		

氟啶胺防治白紫根霉病采用一种土壤喷射器，将兑好的药液放入其中，然后在树的周围进行喷洒。此法的关键是土壤喷射器。该方法为杀菌剂氟啶胺提供了一条高效、便捷的推广应用之路。在大田，氟啶胺对白紫根霉病，根腐病有很高的活性。

专利与登记　专利 US4331670 早已过专利期，不存在专利权问题。在国内登记情况：500g/L 悬浮剂，登记作物为辣椒、马铃薯、大白菜等，防治对象为疫病、晚疫病、根肿病等。日本石原产业株式会社在中国登记情况见表 66。

表 66　日本石原产业株式会社在中国登记情况

登记名称	登记证号	含量	剂型	登记作物	防治对象	用药量/(g/hm²)	施用方法
氟啶胺	PD20080180	500g/L	悬浮剂	辣椒	疫病	187.5~250	喷雾
				马铃薯	晚疫病	200~250	喷雾
				大白菜	根肿病	2000~2500	土壤喷雾
	PD20080181	4.5%	原药				

合成方法　以 2,4-二氯三氟甲苯和 2,3-二氯-5-三氟甲基吡啶为原料，通过如下反应得到产品。

参考文献

[1] The Pesticide Manual. 15th edition. 2009：513-514.

[2] 晓岚. 农药译丛, 1996, 1：43-48.

[3] 齐武. 中国农药, 2013, 6：11.

氟啶虫酰胺 flonicamid

$C_9H_6F_3N_3O$，229.2，158062-67-0

氟啶虫酰胺（flonicamid），试验代号 F1785、IKI-220。商品名称 Aria、Beleaf、Carbine、Mainman、Setis、Teppeki、Turbine、Ulala。是由日本石原产业株式会社研制并与 FMC 公司共同开发的烟碱类（nicotinoid）杀虫剂。

化学名称 N-氰基甲基-4-(三氟甲基)烟酰胺，N-cyanomethyl-4-(trifluoromethyl)nicotinamide。

理化性质 白色结晶粉末，无味，熔点 157.5℃。蒸气压 2.55×10^{-3} mPa(20℃)，K_{ow}lg$P$ = 0.3。Henry 常数 4.2×10^{-8} Pa·m³/mol(计算)。相对密度 1.531(20℃)。水中溶解度(20℃) 5.2g/L。pK_a 11.6。溶解度(20℃,g/L)：水 5.2，正己烷 0.0002，正辛醇 3.0，甲醇 110.6，甲苯 0.55，异丙醇 15.7，二氯甲烷 4.5，丙酮 186.7，甲苯 0.55，乙酸乙酯 33.9，乙腈 146.1。对光、热稳定，不易水解。

毒性 大鼠急性经口 LD_{50}(mg/kg)：雄 884，雌 1768。大鼠急性经皮 LD_{50}>5000mg/kg。对兔眼睛和皮肤无刺激，对豚鼠皮肤无致敏性。雄、雌大鼠吸入 LC_{50}(4h)>4.9mg/L。大鼠 NOEL (2y)7.32mg/(kg·d)。ADI(FSC)0.073mg/kg。Ames 试验显阴性。

生态效应 雄、雌鹌鹑 LD_{50}>2000mg/kg，鹌鹑饲喂 LC_{50}>5000mg/L。鲤鱼和虹鳟鱼 LC_{50}(96h)>100mg/L。水蚤 EC_{50}(48h)>100mg/L。水藻 E_rC_{50}(96h)>100mg/L。蜜蜂 LD_{50}(μg/只)：经口>60.5，接触>100。蚯蚓 LC_{50}>1000mg/kg 土。对有益节肢动物无害。

环境行为 DT_{50}(4 种土壤)0.7~1.8d(平均值 1.1d)，在 pH 4、5、7 不易水解，水中 DT_{50} 9.0d(pH 9,50℃)、204d(pH 7,50℃)。光解 DT_{50}(水)267d。

制剂 10%、50%水分散粒剂。

主要生产商 Ishihara Sangyo。

作用机理与特点 氟啶虫酰胺是一种吡啶酰胺类杀虫剂，其对靶标具有新的作用机制，对乙酰胆碱酯酶和烟酰乙酰胆碱受体无作用，对蚜虫有很好的神经作用和快速拒食活性，具有内吸性强和较好的传导活性、用量少、活性高、持效期长等特点，与有机磷、氨基甲酸酯和除虫菊酯类农药无交互抗性，并有很好的生态环境相容性。对抗有机磷、氨基甲酸酯和拟除虫菊酯的棉蚜也有较高的活性。对其他一些刺吸式口器害虫同样有效。

应用

(1) 适用作物 谷物、马铃薯、果树、水稻、土豆、棉花和蔬菜等。

(2) 防治对象 主要用于防治刺吸式口器害虫如蚜虫、叶蝉、粉虱等。在推荐剂量下，对蚜虫的幼虫和成虫均有效，同时可兼治温室粉虱、茶黄蓟马、茶绿叶蝉和褐飞虱，对鞘翅目、双翅目和鳞翅目昆虫和螨类无活性。对大多数有益节肢动物如家蚕、蜜蜂、异色瓢虫和小钝绥螨是安全的。

(3) 安全性 在推荐剂量下使用，对作物、人、畜、环境安全。

(4) 使用方法 氟啶虫酰胺可极好地防治果树、谷物、马铃薯、棉花和蔬菜作物上的蚜虫，使用剂量为 50~100g/hm²。喷药后 30min 蚜虫完全停止进食。

① 防治桃蚜。以 60g(a.i.)/hm² 用量使用，对桃树上桃蚜的防效分别为 95.6%(药后 7d)、99.4%(药后 15d)、99.8%(药后 21d)、99.3%(药后 28d)，与吡虫啉 50g(a.i.)/hm² 药效相仿。

② 防治苹果车前圆尾蚜虫。以 70g(a.i.)/hm²(喷施,喷液量 1000L/hm²)用量防治苹果树上苹果车前圆尾蚜虫的防效为 40.5%(药后 8d)、85.3%(药后 15d)、96.7%(药后 21d)、87.9%(药后 28d)，与吡虫啉 70g(a.i.)/hm² 药效相仿。

③ 防治冬小麦麦长管蚜虫。以 70~80g(a.i.)/hm²(喷施,喷液量 300L/hm²)用量防治冬小麦麦长管蚜虫的防效为 95.3%(药后 2d)、97.8%(药后 7d)、89.7%(药后 14d)、78.2%(药后

21d)。

④ 防治马铃薯蚜虫。以80g(a.i.)/hm²(喷施,喷液量300L/hm²)用量防治马铃薯蚜虫的防效为49.7%(药后3d)、90.7%(药后7d)、94.8%(药后14d)。

专利与登记

专利名称 Preparation of nicotinamides as pesticides

专利号 EP580374 专利申请日 1993-07-16

专利拥有者 Ishihara Sangyo Kaisha, Ltd. (JP)

工艺专利:JP09323973、JP2007091627等。

国内登记情况:10%水分散粒剂等,登记作物为黄瓜、苹果和马铃薯等,防治对象为蚜虫等。日本石原产业株式会社在中国登记情况见表67。

表67 日本石原产业株式会社在中国登记情况

登记名称	登记证号	含量	剂型	登记作物	防治对象	用药量	施用方法
氟啶虫酰胺	PD20110324	10%	水分散粒剂	马铃薯 黄瓜 苹果	蚜虫	52.5~75g/hm² 45~75g/hm² 20~40mg/kg	喷雾
氟啶虫酰胺	PD20110323	96%	原药				

合成方法 经如下反应制得氟啶虫酰胺:

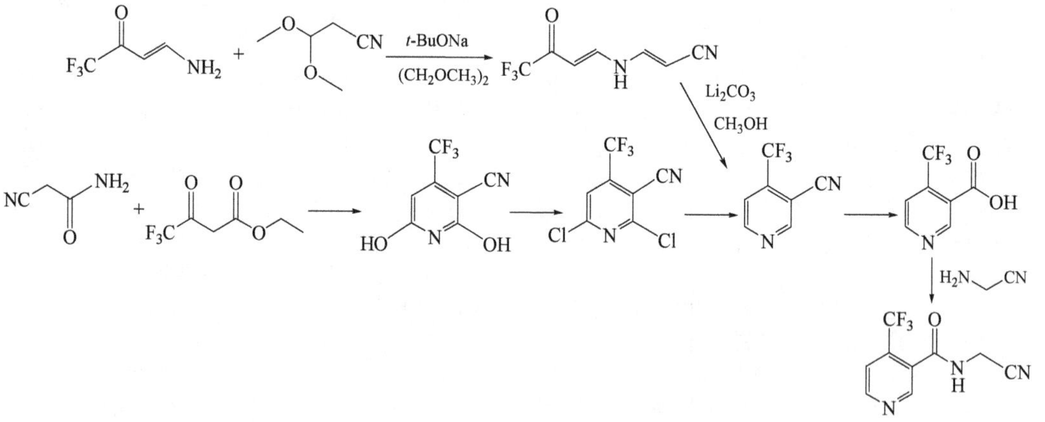

参考文献

[1] Proc BCPC Conf: Pests Dis, 2000, 2A: 759-65.

[2] Proc BCPC Conf: Pests Dis, 2000, 1: 59.

[3] 张亦冰. 世界农药, 2010, 1: 54-56.

氟啶嘧磺隆 flupyrsulfuron-methyl-sodium

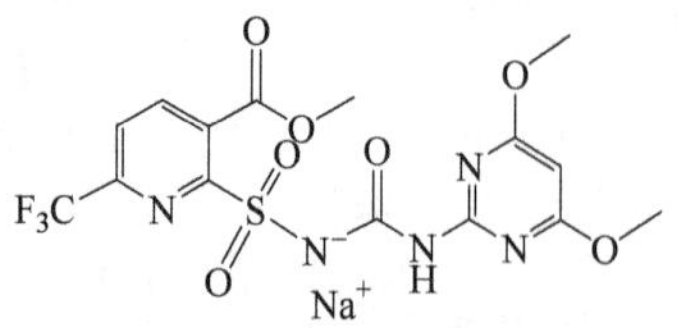

$C_{15}H_{13}F_3N_5NaO_7S$, 487.3, 144740-54-5, 150315-10-9(酸)

氟啶嘧磺隆(flupyrsulfuron-methyl-sodium),试验代号 DPX-JE138、DPX-KE459、IN-KE459。商品名称 Lexus,其他名称 Balance、Ductis、Lexus Solo、Oklar。是由美国杜邦公司开发的磺酰脲类除草剂。

化学名称 2-(4,6-二甲氧嘧啶-2-基氨基羰基氨基磺酰基)-3-三氟甲基烟酸甲酯单钠盐,methyl 2-(4,6-dimethoxypyrimidin-2-ylcarbamylsulfamoyl)-3-trifluoromethylnicotinate monosodium salt.

理化性质 纯品为具刺激性气味的白色粉状固体，纯度＞90.3g/kg。熔点165～170℃（分解），相对密度1.55(19.3℃)。蒸气压：＜$1×10^{-6}$mPa(20℃)，＜$1×10^{-5}$mPa(25℃)。分配系数$K_{ow}lgP$(20℃)：0.96(pH 5)，0.10(pH 6)。Henry常数(20℃，Pa·m³/mol)：＜$1×10^{-8}$(pH 5)，＜$1×10^{-9}$(pH 6)。水中溶解度(20℃,mg/L)：62.7(pH 5)，603(pH 6)；其他溶剂中溶解度(20℃,g/L)：二氯甲烷0.60，丙酮3.1，乙酸乙酯0.49，乙腈4.3，正己烷＜0.001，甲醇5.0。稳定性：在大多数溶剂中稳定；DT_{50}：44d(pH 5)，12d(pH 7)，0.42d(pH 9)。pK_a4.9。

毒性 大鼠急性经口LD_{50}＞5000mg/kg，兔急性经皮LD_{50}＞2000mg/kg。对兔眼睛和皮肤无刺激性。对豚鼠的皮肤无致敏。大鼠吸入LC_{50}(4h)＞5.8mg/L。NOEL数据(mg/L)：(18个月)雄小鼠25[3.51mg/(kg·d)]，雌小鼠250[52.4mg/(kg·d)]；(90d)大鼠2000[雄鼠124mg/(kg·d)]，雌鼠154mg/(kg·d)；(2y)大鼠350[雄鼠14.2，雌鼠20.0mg/(kg·d)]；(1y)雄性狗＞5000[146.3mg/(kg·d)]，雌性狗500[13.6mg/(kg·d)]。ADI(EC)0.035mg/kg[2001]。无致突变性，无遗传毒性。

生态效应 野鸭经口LD_{50}＞2250mg/kg，山齿鹑和野鸭饲喂LC_{50}＞5620mg/L。鱼LC_{50}(96h,mg/L)：鲤鱼820，虹鳟鱼470。水蚤LC_{50}(48h)721mg/L，绿藻EC_{50}(120h)0.004mg/L。浮萍EC_{50}(14d)0.003mg/L。蜜蜂LD_{50}(μg/只)：接触＞25，饲喂＞30。蚯蚓LC_{50}＞1000mg/kg。

环境行为 较低的K_{ow}使得该化合物不会在生物体内累积。

(1) 动物 在老鼠体内，所施的药物迅速被吸收、代谢然后排除，96h内90％的代谢物通过粪便和尿液排出，分子内的环化和消除是代谢的主要途径。

(2) 植物 氟啶嘧磺隆在植物体内迅速代谢，通过谷胱甘肽对磺酰基的亲核取代或者通过分子内磺酰脲桥氮原子的异构实现代谢。

(3) 土壤/环境 实验室内DT_{50}在自然环境中为14d，在田地里DT_{50}和DT_{90}分别为14d和47d。在碱性土壤中迅速降解；在酸性土壤中主要是磺酰脲桥的水解。

制剂 水分散粒剂。

作用机理与特点 氟啶嘧磺隆与其他磺酰脲类除草剂一样，是乙酰乳酸合成酶(ALS)抑制剂。通过杂草根和叶吸收，在植株体内传导，杂草即停止生长，而后枯死。

应用 氟啶嘧磺隆为具有广谱活性的苗后除草剂。适宜作物为禾谷类作物如小麦、大麦等。对禾谷类作物安全。对环境无不良影响。因其降解速度快，无论何时施用，对下茬作物都很安全。主要用于防除部分重要的禾本科杂草和大多数的阔叶杂草如看麦娘等。使用剂量为10g(a.i.)/hm²[亩用量为0.67g(a.i.)]。

专利概况 专利EP502740、US5393734等均早已过专利期，不存在专利权问题。

合成方法 以4-叔丁氧基-1,1,1-三氟-3-丁烯-2-酮和丙二酸甲酯单酰胺为起始原料，经合环、氯化、巯基化、氯磺化、氨化制得中间体磺酰胺，最后与二甲氧基嘧啶氨基甲酸苯酯反应，制得目的物。反应式为：

参考文献

[1] The Pesticide Manual. 15th edition. 2009：541-542.

[2] Proc Br Crop Prot Conf：Weed, 1995, 1：49.

氟啶脲 chlorfluazuron

$C_{20}H_9Cl_3F_5N_3O_3$，540.7，71422-67-8

氟啶脲(chlorfluazuron)，试验代号　CGA112913、IKI-7899、PP145、UC64644。商品名称 Aim、Atabron、Fertabron、Jupiter、Sundabon、Ishipron、抑太保。其他名称　啶虫隆、定虫隆、克福隆、控幼脲、啶虫脲。是由日本石原产业株式会社公司开发的苯甲酰脲类几丁质合成抑制剂。

化学名称　1-[3,5-二氯-4-(3-氯-5-三氟甲基-2-吡啶氧基)苯基]-3-(2,6-二氟苯甲酰基)脲，1-[3,5-dichloro-4-(3-chloro-5-trifluoromethyl-2-pyridyloxy)phenyl]-3-(2,6-difluorobenzoyl)urea。

理化性质　白色结晶固体，相对密度 1.542(20℃)，熔点 221.2～223.9℃，沸点 238.0℃(2.5kPa)，蒸气压<1.559×10^{-3} mPa(20℃)。K_{ow} lg$P$=5.9，Henry 常数<7.2×10^{-2} Pa•m³/mol。水中溶解度<0.012mg/L(20℃)；有机溶剂中溶解度(20℃,g/L)：正己烷 0.00639，正辛醇 1，二甲苯 4.67，甲醇 2.68，甲苯 6.6，异丙醇 7，二氯甲烷 20，丙酮 55.9，环己酮 110。对光和热稳定，pK_a8.10，弱酸性。

毒性　急性经口 LD_{50}(mg/kg)：大鼠>8500，小鼠 8500。急性经皮 LD_{50}(mg/kg)：大鼠>2000，兔>2000。大鼠吸入 LC_{50}(4h)>2.4mg/L。对兔皮肤无刺激，对眼睛中度刺激，对皮肤无致敏性。Ames 试验无致突变性。

生态效应　鹌鹑和野鸭急性经口 LD_{50}>2510mg/kg，鹌鹑和野鸭饲喂 LC_{50}(8d)>5620mg/kg饲料。大翻车鱼 LC_{50}(96h)1071μg/L，水藻 LC_{50}(48h)0.908μg/L，水蚤 EC_{50}0.39mg/L，蜜蜂经口 LD_{50}>100μg/只，蚯蚓 LC_{50}(14d)>1000mg/kg 土。

环境行为　大鼠体内的新陈代谢主要是脲桥的断裂，在植物体内降解缓慢，在土壤中的半衰期一般为 6 周至几个月不等，K_d120～990，在水中也能被缓慢的降解，水中光解 DT_{50}20h。

制剂　5%乳油，20%悬浮剂。

主要生产商　Fertiagro、Ishihara Sangyo、丰荣精细化工有限公司、江苏扬农化工集团有限公司、山东绿霸化工股份有限公司、上海生农生化制品有限公司、浙江华兴化学农药有限公司、浙江菱化集团有限公司及浙江一同化工有限公司等。

作用机理与特点　氟啶脲是一种苯甲酰脲类新型杀虫剂，以胃毒作用为主，兼有触杀作用，无内吸性。作用机制主要是抑制几丁质合成，阻碍昆虫正常脱皮，使卵的孵化、幼虫蜕皮以及蛹发育畸形，成虫羽化受阻而发挥杀虫作用。对害虫药效高，但作用速度较慢，幼虫接触药后不会很快死亡，但取食活动明显减弱，一般在施药后 5～7d 才能充分发挥效果。对多种鳞翅目害虫以及直翅目、鞘翅目、膜翅目、双翅目等害虫有很高活性，但对蚜虫、叶蝉、飞虱等类害虫无效，可有效防治对有机磷、氨基甲酸酯、拟除虫菊酯等其他杀虫剂已产生抗性的害虫。

应用

(1) 适用作物 棉花、蔬菜、水果、马铃薯、茶以及观赏植物等。

(2) 防治对象 鳞翅目害虫及直翅目、鞘翅目、膜翅目、双翅目害虫。

(3) 使用注意事宜 ①本剂是一种抑制幼虫蜕皮致使其死亡的药剂，通常幼虫死亡需要3～5d，所以施药适期应较一般有机磷、拟除虫菊酯类杀虫剂提早3d左右，在低龄幼虫期喷药。②本剂与有机磷类杀虫剂混用可同时发挥速效性作用。③喷药时，要使药液湿润全部枝叶，才能充分发挥药效。④对钻蛀性害虫宜在产卵高峰至卵孵盛期施药，这时效果才好。本剂有效期较长，间隔6d施下一次药为宜。

(4) 应用技术

① 防治蔬菜害虫。a. 小菜蛾：对花椰菜、甘蓝、青菜、大白菜等十字花科叶菜，小菜蛾低龄幼虫为害苗期或莲座初期心叶及其生长点，防治适期应掌握在卵孵至1～2龄幼虫盛发期，对生长中后期或莲座后期至包心期叶菜，幼虫主要在中外部叶片为害，防治适期可掌握在2～3龄幼虫盛发期。用5％氟啶脲30～60mL(有效成分1.5～3g)喷雾，对拟除虫菊酯产生抗性的小菜蛾有良好的药效。间隔6d施药1次。b. 菜青虫：在2～3龄幼虫期，每亩用5％氟啶脲25～50mL(有效成分1.25～2.5g)喷雾。c. 豆野螟：防治豇豆、菜豆的豆野螟，在开花期或卵孵盛期每亩用5％氟啶脲25～50mL(有效成分1.25～2.5g)喷雾，隔10d再喷1次。d. 斜纹夜蛾、甜菜夜蛾、银纹夜蛾、地老虎、二十八星瓢虫等于幼虫初孵期施药，每亩用5％氟啶脲30～60mL(有效成分1.5～3g)，兑水均匀喷雾。

② 防治棉花害虫 a. 棉铃虫：在卵孵盛期，每亩用5％氟啶脲30～50mL(有效成分1.5～2.5g)喷雾，药后7～10d的杀虫效果在80％～90％，保铃(蕾)效果在70％～80％。b. 棉红铃虫：在第二、三代卵孵盛期，每亩用5％氟啶脲30～50mL(有效成分1.5～2.5g)喷雾，各代喷药两次。应用氟啶脲防治对菊酯类农药产生抗性的棉铃虫、红铃虫，田间常规施药量每亩用5％氟啶脲120mL(有效成分6g)。

③ 防治果树害虫 a. 柑橘潜叶蛾：在成虫盛发期内放梢时，新梢长1～3cm，新叶片被害率约5％时施药。以后仍处于危险期时，每隔5～8d施1次，一般一个梢期施2～3次。用5％氟啶脲1000～2000倍液或每100L水加5％氟啶脲50～100mL(有效浓度25～50mg/L)喷雾。b. 苹果桃小食心虫：于产卵初期、初孵幼虫入侵果实前开始施药，以后每隔5～7d施1次，共施药3～6次，用5％氟啶脲1000～2000倍液或每100L水加5％氟啶脲50～100mL喷雾。

④ 防治茶树害虫。防治茶尺蠖、茶毛虫，于卵始盛孵期施药，每亩用5％氟啶脲75～120mL(有效成分3.75～6g)，兑水75～150L均匀喷雾。

专利与登记 专利DE2818830、EP221847等早已过专利期，不存在专利权问题。国内登记情况：10％水分散粒剂、5％乳油，90％、94％、95％、96％原药，0.1％浓饵剂等，登记作物为甘蓝、棉花和柑橘树等，防治对象为甜菜夜蛾、潜叶蛾、菜青虫、小菜蛾、红铃虫和棉铃虫等。日本石原产业株式会社在中国登记情况见表68。

表68 日本石原产业株式会社在中国登记情况

登记名称	登记证号	含量	剂型	登记作物	防治对象	用药量	施用方法
氟啶脲	PD141-91	50g/L	乳油	甘蓝	甜菜夜蛾	30～60g/hm²	喷雾
				柑橘树	潜叶蛾	16.6～25mg/kg	
				甘蓝	菜青虫	30～60g/hm²	
				甘蓝	小菜蛾	30～60g/hm²	
				棉花	红铃虫	45～105g/hm²	

合成方法 以2,6-二氯-4-氨基苯酚为原料，与2,3-二氯-5-三氟吡啶在氢氧化钾存在下于二甲基亚砜中反应，制得取代的苯胺；然后与以2,6-二氟苯甲酰胺为原料制得的2,6-二氟苯甲酰异氰

酸酯反应，即得目的物。反应式如下：

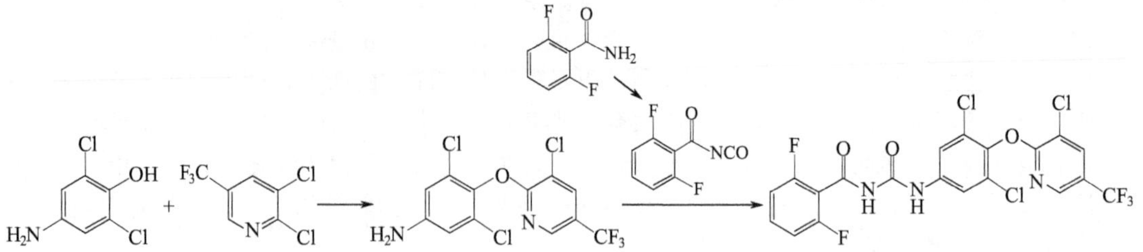

参考文献

[1] 芳贺隆弘，等. 农药译丛，1992，14(6)：13-20.
[2] 李松乔，等. 农药译丛，1990，12 (2)：58-60.

氟啶酰菌胺 fluopicolide

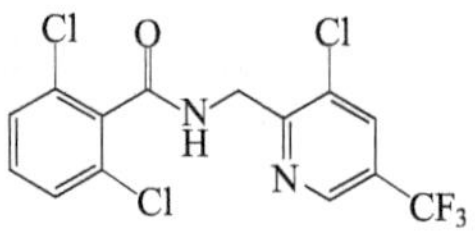

$C_{14}H_8Cl_3F_3N_2O$，383.6，239110-15-7

氟啶酰菌胺（fluopicolide），试验代号 AE C638206，商品名称 Presidio、Infinito、Profiler、Trivia、Volare、银法利。其他名称 Reliable、Stellar、氟吡菌胺。是由拜耳公司报道的新型吡啶酰胺类杀菌剂。

化学名称 2,6-二氯-N-(3-氯-5-三氟甲基-2-吡啶甲基)苯甲酰胺。2,6-dichloro-N-[3-chloro-5-(trifluoromethyl)-2-pyridylmethyl] benzamide。

理化性质 米色固体，没有特殊气味。熔点 150℃；蒸气压：3.03×10^{-4} mPa（20℃），8.03×10^{-4}mPa（25℃），$K_{ow}\lg P=3.26$（pH 7.8,22℃），2.9（pH 4.0、7.3、9.1,40℃）。Henry 常数 4.15×10^{-5} Pa·m³/mol（20℃），相对密度 1.65。水中溶解度 2.8mg/L（pH 7,20℃）；其他溶剂溶解度（20℃,g/L）：正己烷 0.20，乙醇 19.2，甲苯 20.5，乙酸乙酯 37.7，丙酮 74.7，二氯甲烷 126，DMSO183。对光稳定，pH 4～9 时在水中稳定。

毒性 大鼠急性经口 $LD_{50}>5000$mg/kg，大鼠急性经皮 $LD_{50}>5000$mg/kg，对兔皮肤和眼睛无刺激。对豚鼠皮肤无刺激。大鼠吸入 $LC_{50}>5160$mg/m³ 空气。NOAEL[mg/(kg·d)]：大鼠 20，小鼠 7.9(78 周)。ADI 值 0.08mg/kg[2006]；（EPA）cRfD 0.2mg/kg[2007]。无致癌、致畸、胚胎毒性，没有遗传毒性的影响。

生态效应 鹌鹑和野鸭急性经口 $LD_{50}>2250$mg/kg。鱼类 LC_{50}(96h,mg/L)：虹鳟鱼 0.36，大翻车鱼 0.75。蚤类 EC_{50}(48h)>1.8mg/L。月牙藻 E_rC_{50}(72h)：>3.2mg/L。蜜蜂 LC_{50}(µg/只)：(经口)>241，(接触)>100。蚯蚓 LC_{50}(14d)>1000mg/kg 土。LR_{50}(kg/hm²)：畸螯螨 0.313，蚜茧蜂 0.419。

环境行为

(1) 动物 雄性、雌性大鼠体内约 80% 通过粪便排出，约 15% 通过尿液排出。通过同位素标记发现组织中氟啶酰菌胺的含量一直很低，单剂量研究表明介于 0.46%～1.25% 之间，重复剂量研究平均值 0.38%。氟啶酰菌胺在大鼠体内代谢广泛，母鸡和牛与大鼠代谢相类似，有 75%～95% 排出体外，只有较低剂量残留于组织、牛奶和鸡蛋中。

(2) 植物 氟啶酰菌胺的代谢研究已在葡萄、土豆、生菜上开展，下一步是植物叶片研究和土壤灌溉研究申请。氟啶酰菌胺在植物体内代谢缓慢，在所有作物中代谢途径相似，是收获作物中的主要残留物。

（3）土壤/环境　氟啶酰菌胺在一定范围内的土壤类型中降解产生三种主要代谢产物，主要是脂肪桥的初始羟基化和两环系统的进一步代谢。在野外条件下氟啶酰菌胺和苯基代谢物的平均 DT_{50} 140d（欧洲），美国：107d（氟啶酰菌胺）、30d（二氯苯基代谢物）（在限定的温度和湿度下）。在实验室无菌无水条件下，氟啶酰菌胺水解、光解稳定。在实验室的水/沉积物系统中氟啶酰菌胺在水中慢慢消散，主要是吸附到沉积物中。二氯苯基化合物，是大量试验观察到的唯一的代谢物，其不具有杀虫活性，对水生生物无害。

主要生产商　Bayer CropScience。

作用机理　对马铃薯晚疫病和葡萄霜霉病的研究表明，氟啶酰菌胺在病菌生命周期的许多阶段都起作用，主要影响孢子的释放和芽孢的萌发，即使在非常低的浓度下（LC_{90} 2.5mg/L）也能有效地抑制致病疫霉孢子的游动。显微镜观察发现孢子在与氟啶酰菌胺接触不到1min就停止运功，然后膨胀并破裂。室内活性表明氟啶酰菌胺通过抑制孢子形成和菌丝体的生长对植物组织具有活性，施药后也可以观察晚疫病菌和腐霉病菌菌丝体的分裂。氟啶酰菌胺对类似血影蛋白的蛋白有影响，特别是在管细胞尖的延伸期间，显微镜观察显示在菌丝和孢子里，氟啶酰菌胺能够诱导这些蛋白从细胞膜到细胞质的快速重新分配。没有一种杀菌剂能够对类似血影蛋白的蛋白有类似的作用。氟啶酰菌胺具有非常好的内吸活性。对不同种类的植物进行的温室试验和放射性同位素示踪研究表明，氟啶酰菌胺在木质部具有很好的移动性，对叶的最上层进行施药可以保护下一层的叶子，反之亦然。对根部和叶柄进行施药，氟啶酰菌胺能迅速移向叶尖端，对未成熟的芽进行施药可以保护其生长中的叶子免受感染。氟啶酰菌胺的作用机理是新颖的，明显不同于甲霜灵、苯酰菌胺和甲氧基丙烯酸酯类或其他呼吸抑制剂如咪唑菌酮。

应用　主要用于防治卵菌纲病害如霜霉病、疫病等，除此之外还对稻瘟病、灰霉病、白粉病等有一定的防效（表69）。

表 69　氟啶酰菌胺对不同病原体的杀菌活性

病原体	作物	试验条件	温室 IC_{90}/(mg/L)	有效剂量/[g(a.i.)/hm²]
马铃薯晚疫病	马铃薯	保护活性	1～5	75～100
马铃薯晚疫病	马铃薯	移动性	—	75～100
马铃薯晚疫病	西红柿	保护活性	1～5	75～110
葡萄霜霉病	葡萄	保护活性	1～5	100～125
葡萄霜霉病	葡萄	移动性	1～5	100～125
莴苣霜霉病	莴苣	保护活性	10～20	85～100
黄瓜霜霉病	黄瓜	保护活性	<20	75～90
大白菜霜霉病	甘蓝	保护活性	—	90～110
葱晚疫病	韭菜	保护活性	—	90～130
玫瑰霜霉病	玫瑰	保护活性	—	75～110
烟草霜霉病	烟草	保护活性	—	75～110

目前，氟啶酰菌胺已在世界范围内开发用于防治蔬菜、观赏植物和葡萄霜霉病以及马铃薯晚疫病（*Phytophora infestans*）。该杀菌剂对环境友好，可用于有害生物的综合防治。氟吡菌胺与三乙膦酸铝的复配产品（Profiler）可用于葡萄种植区，它与霜霉威的复配产品（Reliable）可用于防治马铃薯晚疫病。

银法利是由治疗性杀菌剂氟啶酰菌胺和强内吸传导性杀菌剂霜霉威盐酸盐（propamocab hydrochloride）复配而成的新型混剂。两种有效成分增效作用显著。既具有保护作用又具有治疗作用。银法利属低毒杀菌剂，对环境、作物安全，能在作物的任何生长时期使用，并且对作物还兼有刺激生长、增强作物活力、促进生根和开花的作用。银法利具很强的内吸性，尤其是在连续降雨、多数杀菌剂难以使用或使用效果欠佳的情况下，银法利以其见效快和耐雨水冲刷的特点赢得许多农民的喜爱。银法利可用于葫芦科蔬菜、花卉、草坪的霜霉病和猝倒病；葡萄、甘蓝、莴苣等作物的霜霉病；马铃薯、番茄的晚疫病；茄科蔬菜及冬瓜的疫病和猝倒病。对于目前已对卵菌类病害产生抗性的，可选择使用银法利进行防治。使用银法利防治这些病害，在发病初期，一般亩用68.75％银法利60～75mL兑水喷雾。其特点如下：

① 具有保护作用。银法利有较强的薄层穿透性、良好的系统传导性，用药后其有效成分可以通过植株的叶片吸收，也可以被根系吸收，在植株体内能够上下传导。银法利还可以从植物体叶片的上表面向下表面，从叶基向叶尖方向传导，有利于新叶、茎干和地下块茎的全面保护。

② 具有治疗作用。银法利对病原菌的各主要形态均有很好的抑制活性，治疗潜能突出。

③ 生物活性高，施用剂量低，防效好，持效期长，且防治效果稳定。

④ 耐雨水冲刷，不受天气影响。

⑤ 毒性低，残留低，对施用者、消费者和环境非常友好，并对有益生物(蜜蜂、有益昆虫等)安全。尤其适用于"绿色"和出口蔬菜生产，具有杰出的作物安全性。

⑥ 最优秀的卵菌纲杀菌剂。并与其他卵菌纲杀菌剂无任何交互抗性，对大多数卵菌纲真菌均有效，包括霜霉病、疫病、猝倒病、叶斑病等。

⑦ 液体剂型，喷药后不留药渍。

专利与登记

专利名称　2-pyridylmethylamine derivatives useful as fungicides

专利号　WO9942447　专利申请日　1999-02-16

专利拥有者　Agrevo UKLimited，UK(现属于拜耳公司)

在其他国家申请的专利如：AU9925271、AU751032、BR9908007、CA2319005、CN1132816、EP1056723、JP2002503723、NO2000004159、NZ505954、RU2224746、SI20356、US6503933、US2003171410、ZA9901292等。

2005年在英国和中国取得登记，商品名为Infinito。2006年在世界上多个国家登记，2008年在美国和日本获准登记。拜耳作物科学公司在中国登记情况见表70。

表70　拜耳作物科学公司在中国登记情况

登记名称	登记证号	含量	剂型	登记作物	防治对象	用药量	施用方法
氟菌．霜霉威	PD20090012	霜霉威625g/L，氟吡菌胺62.5g/L	悬浮剂	黄瓜 番茄	灰霉病 灰霉病	618.8～773.4g/hm²	喷雾
	PD20090011	97％	原药				

合成方法　以2,3-二氯-5-三氟甲基吡啶和2,6-二氯苯甲酰氯为原料，经如下反应即得目的物：

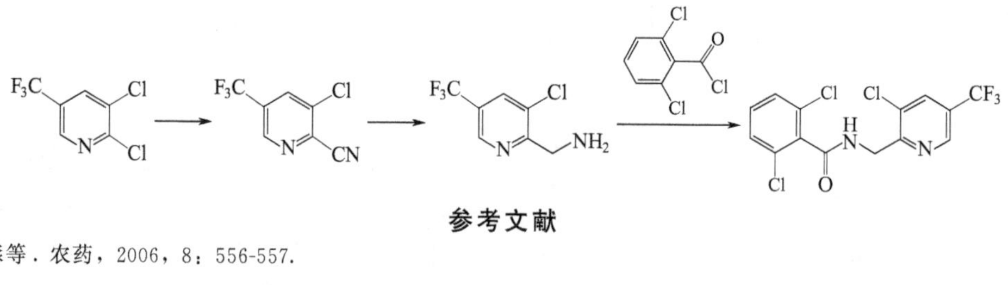

参考文献

[1] 李淼等．农药，2006，8：556-557.

氟硅菊酯 silafluofen

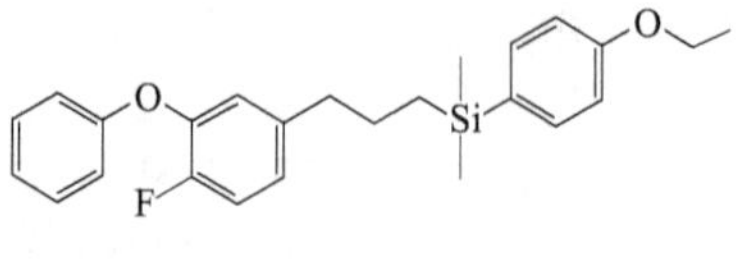

$C_{25}H_{29}FO_2Si$，408.6，105024-66-6

氟硅菊酯(silafluofen)，试验代号 AE F084498、Hoe 084498、Hoe 498(Hoechst)。商品名称：Mr Joker、Joker。其他名称 Silatop、Silonen、硅百灵、施乐宝。1986 年在日本申请专利，并通过赫斯特(现 Bayer CropScience)于 1987 年在欧洲作为杀虫剂，Dainihon Jochugiku Co.，Ltd. 于 1996 年在日本作为杀白蚁剂介绍。

化学名称 (4-乙氧基苯基)[3-(4-氟-3-苯氧基苯基)丙基](二甲基)硅烷，(4-ethoxyphenyl)[3-(4-fluoro-3-phenoxyphenyl)propyl](dimethyl)silane。

理化性质 液体。400℃以上分解，蒸气压 2.5×10^{-3} mPa(20℃)。$K_{ow} \lg P 8.2$。Henry 常数 1.02 Pa·m³/mol(计算值,20℃)。相对密度 1.08(20℃)。溶解度：水 0.001mg/L(20℃)，溶于大多数有机溶剂。20℃稳定；容器密闭可保存 2y。闪点＞100℃(闭杯)。

毒性 大鼠急性经口 LD_{50}＞5000mg/kg，大鼠急性经皮 LD_{50}＞5000mg/kg。大鼠吸入 LC_{50}(4h)＞6.61mg/L 空气。无致畸和致突变性。

生态效应 日本鹌鹑、野鸭急性 LD_{50}＞2000mg/kg。鲤鱼、虹鳟鱼 LC_{50}(96h)＞1000mg/L。水蚤 LC_{50}(3h)7.7mg/L，(24h)1.7mg/L。蜜蜂经口 LD_{50}(24h)0.5μg/只。蚯蚓 LD_{50}＞1000mg/kg。

主要生产商 拜耳、江苏扬农化工股份有限公司及优士化学。

作用机理与特点 作用于昆虫神经系统，通过与钠离子通道相互作用干扰神经元。具有胃毒和触杀作用。

应用 可用于防治鞘翅目、双翅目、同翅目、等翅目、鳞翅目、直翅目和缨翅目害虫。其在茶、果树、水稻田上有较多的应用，可防治飞虱类、叶蝉类、椿象类、稻纵卷叶螟、蝗虫类、稻弄蝶、水稻负泥虫、稻水象虫、荨麻大螟、金虫类等，家用方面用作白蚁防除剂、害虫防除剂、衣料用防虫剂。用量一般为 50～300g/hm²(水稻)、100～200g/hm²(大豆)、100g/m³(茶树)、50～200g/hm²(蔬菜)、100～200g/hm²(草坪)、20～70g/hm²(落叶果树,包括柿子和柑橘)。可与波尔多液或敌稗混用，兼容性好。

专利与登记情况 专利 EP224024 早已过专利期。江苏扬农和优士化学在国内仅登记了 93% 的原药。

合成方法 一般有如下两种方法合成氟硅菊酯。

或

参考文献

[1] 丛彬. 第六届全国农药交流会论文集. 2006. 106-109.

氟咯草酮 flurochloridone

$C_{12}H_{10}Cl_2F_3NO$，312.1，61213-25-0

氟咯草酮(flurochloridone)，试验代号 R-40244，商品名称 Florane、Racer、Rainbow、Talis。其他名称 fluorochloridone。是由美国斯托弗化学公司(现先正达公司)开发的吡咯烷酮类除草剂。

化学名称 (3RS,4RS,3RS,4SR)-3-氯-4-氯甲基-1-(α,α,α-三氯-间甲苯基)-2-吡咯烷酮(cis-：trans-=1：3)，(3RS，4RS，3RS，4SR)-3-chloro-4-chloromethyl-1-(α，α，α-trifluro-m-toly)-2-pyrrolidone(cis-：trans-=1：3)。

理化性质 cis-和trans-混合物，比例为1：3，为棕色蜡状固体，熔点40.9℃(共晶体)，69.5℃(反式异构体)。沸点212.5℃/10mmHg。蒸气压0.44mPa(25℃)。分配系数 $K_{ow}\lg P=3.36$。Henry常数.9×10^{-3}Pa·m^3/mol(计算)。相对密度1.19(20℃)。水中溶解度(20℃，mg/L)：35.1(蒸馏水)，20.4(pH 9)。有机溶剂中溶解度(20℃，g/L)：乙醇100，煤油<5，易溶于丙酮、氯苯、二甲苯中。在pH 5、7和9的水中稳定(25℃)。在酸性介质和高温中发生分解。DT_{50}：138d(100℃)、15d(120℃)、7d(60℃，pH 4)、18d(60℃，pH 7)。水中光解 DT_{50}(pH 7，25℃)：4.3d(cis-/trans-)，2.4d(cis-)，4.4d(trans-)。

毒性 大鼠急性经口 LD_{50}(mg/kg)：雄性4000，雌性3650。兔急性经皮 LD_{50}>5000mg/kg，对兔皮肤和眼睛无刺激性作用，对豚鼠皮肤无致敏性。大鼠急性吸入 LC_{50}(4h)0.121mg/L空气。NOEL(mg/kg饲料，2y)：雄大鼠100[3.9mg/(kg·d)]，雌大鼠400[19.3mg/(kg·d)]。ADI(BfR)0.03mg/kg[2006]。Ames试验和小鼠淋巴细胞试验均无致突变性。

生态效应　山齿鹑急性经口 $LD_{50} > 2000mg/kg$。山齿鹑和野鸭饲喂 $LC_{50}(5d) > 5000mg/kg$ 饲料。鱼毒 $LC_{50}(96h, mg/L)$：虹鳟鱼 3.0，大翻车鱼 6.7。水蚤 $LC_{50}(48h)$ 5.1mg/L。小球藻 $E_bC_{50}(96h)$ 0.0064mg/L。对蜜蜂无危害，蜜蜂 LD_{50}（接触或经口）$>100\mu g$/只。蚯蚓 LC_{50} 691mg/kg。对步甲种群、狼蛛、蚜虫蜂属和盲走螨属无害。

环境行为

（1）动物　在大鼠体内被代谢和快速排出；在 90h 内被排出的剂量在 95% 以上。通过氧化、水解以及结合作用在尿和粪便内产生多种代谢物。

（2）植物　在植物体内迅速代谢，通过氧化和偶合作用形成许多小的代谢物。在庄稼中的残留一般 $<0.05mg/kg$。

（3）土壤/环境　实验室测试表明，其在土壤中易于降解，大部分形成二氧化碳和结合残留物，DT_{50}（3 种土壤，有氧，28℃）4d、5d 和 27d，形成两种代谢物，易于进一步的降解。在有氧的沉积物中，DT_{50} 3～18d。在田间中 DT_{50} 9～70d。K_{oc} 680～1300，K_d 8～19，意味着有潜在的慢的移动性。本品不会渗滤，因为在土壤中被吸收且易于降解。在水中稳定。

制剂　25% 乳油、25% 干悬浮剂。

主要生产商　ACA、Agan、AGROFINA 及泰禾集团等。

作用机理　类胡萝卜素合成抑制剂。

应用

（1）适宜作物　冬小麦、冬黑麦、棉花、马铃薯、胡萝卜、向日葵。

（2）防除对象　可防除冬麦田、棉田的繁缕、田堇菜、常春藤叶婆婆纳、反枝苋、马齿苋、龙葵、猪殃殃、波斯水苦荬等，并可防除马铃薯和胡萝卜田的各种阔叶杂草，包括难防除的黄木樨草和蓝蓟。

（3）使用方法　以 500～750g(a.i.)/hm² 苗前施用，可有效防除冬小麦和冬黑麦田繁缕、常春藤叶、婆婆纳和田堇菜，棉花田反枝苋、马齿苋和龙葵，马铃薯田的猪殃殃、龙葵和波斯水苦荬，以及向日葵田的许多杂草。如以 750g(a.i.)/hm² 施于马铃薯和胡萝卜田，可防除包括难防除杂草在内的各种阔叶杂草（黄目樨草和蓝蓟），对作物安全。在轻质土中生长的胡萝卜，以 500g(a.i.)/hm² 施用可获得相同的防效，并增加产量。

专利与登记　专利 DE2612731 早已过专利期，不存在专利权问题。国内仅登记了 95% 原药。

合成方法　通过如下反应制得目的物：

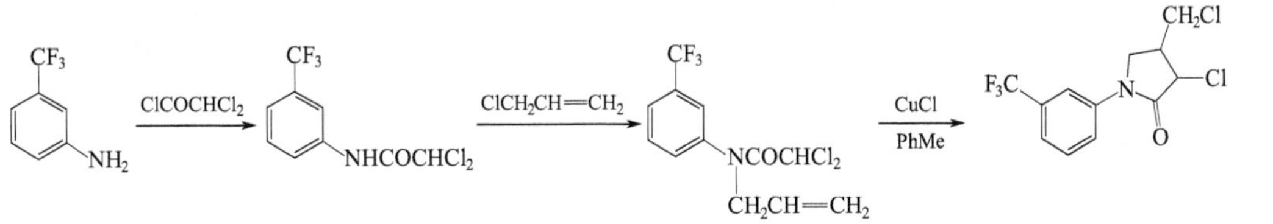

参考文献

[1] Br Crop Prot Conf；Weeds, 1982, 1：225.

氟硅唑 flusilazole

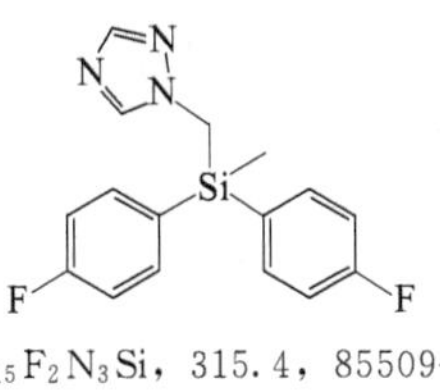

$C_{16}H_{15}F_2N_3Si$，315.4，85509-19-9

氟硅唑（flusilazole），试验代号　M&B 36892。商品名称　Capitan、Nustar、Olymp、Punch、Sanction、Snatch。其他名称　Alert S、Benocap、Charisma、Colstar、Contrast、Genie 25、Escudo、Falcon、Fusion、Initial、Lyric、Pluton、Punch C、Vitipec Duplo Azul、福星。是美国杜邦公司开发的含硅新型三唑类杀菌剂。

化学名称　双(4-氟苯基)(甲基)(1H-1,2,4-三唑-1-基甲基) 硅烷或 1-[[双(4-氟苯基)(甲基)硅基]甲基]-1H-1,2,4-三唑，bis(4-fluorophenyl)(methyl)(1H-1,2,4-triazol-1-ylmethyl)silane 或 1-[[bis(4-fluorophenyl)(methyl)silyl]methyl]-1H-1,2,4-triazole。

理化性质　纯品为白色无味晶体，含量为 92.5%。熔点 53～55℃，蒸气压 3.9×10^{-2} mPa (25℃)，分配系数 $K_{ow}\lg P = 3.74$(pH 7,25℃)，Henry 常数 2.7×10^{-4} Pa·m³/mol(pH 8,25℃)。相对密度 1.30。水中溶解度(mg/L,20℃)：45(pH 7.8)、54(pH 7.2)、900(pH 1.1)；易溶于许多有机溶剂中，溶解度＞2kg/L。稳定性：正常储存条件下稳定保存 2y 以上。对光稳定，在 310℃ 以下稳定。弱碱性条件下 pK_a 2.5。

毒性　急性经口 LD_{50}(mg/kg)：雄大鼠 1100，雌大鼠 674。兔急性经皮 LD_{50}＞2000mg/kg。对兔皮肤和眼睛有轻微刺激，但无皮肤过敏现象。无致突变性。大鼠急性吸入 LC_{50}(mg/L 空气)：雄大鼠 27，雌大鼠 3.7。NOEL 喂养试验无作用剂量(mg/kg)：大鼠 10(2y)，狗 5(1y)，小鼠 25(1.5y)。ADI 值为 0.007mg/kg。

生态效应　野鸭急性经口 LD_{50}＞1590mg/kg，鱼毒 LC_{50}(96h,mg/L)：虹鳟鱼 1.2，大翻车鱼 1.7。水蚤 LC_{50}(48h)3.4mg/L。对蜜蜂无毒，LD_{50}＞150μg/只。

环境行为　不同种类土壤试验结果表明，平均 DT_{50} 为 95d。

制剂　40% 乳油，10%、25% 水乳剂，8%、15%、25% 微乳剂，20% 可湿性粉剂。

主要生产商　杜邦、山东亿嘉农化有限公司、安徽华星化工股份有限公司及天津久日化学股份有限公司等。

作用机理与特点　主要作用机理是固醇脱甲基化抑制剂，破坏和阻止病菌的细胞膜重要组成成分麦角固醇的生物合成，导致细胞膜不能形成，使病菌死亡。具有内吸性、保护和治疗活性。

应用

(1) 适宜作物与安全性　苹果、梨、黄瓜、番茄和禾谷类等。梨肉的最大残留限量为 0.05μg/g，梨皮为 0.5μg/g，安全间隔期为 18d。为了避免病菌对氟硅唑产生抗性，一个生长季内使用次数不宜超过 4 次，应与其他保护性药剂交替使用。

(2) 防治对象　可用于防治子囊菌纲和担子菌纲和半知菌类真菌引起的多种病害如苹果黑星菌、白粉病、禾谷类的麦类核腔菌、壳针孢属菌、葡萄钩丝壳菌、葡萄球座菌引起的病害如眼点病、锈病、白粉病、颖枯病、叶斑病等，以及甜菜上的多种病害。对梨、黄瓜黑星病，花生叶斑病，番茄叶霉病亦有效。持效期约 7d。

(3) 使用方法　氟硅唑对许多经济上重要的作物的多种病害具有优良的防效。在多变的气候条件和防治病害有效剂量下，没有药害。对主要的禾谷类病害，包括斑点病、颖枯病、白粉病、锈病和叶斑病，施药 1～2 次；对叶、穗病害施药两次，一般能获得较好的防治效果。防治斑点病的剂量为 60～200g/hm²，而对其他病害，160g/hm² 或较低剂量下即能得到满意的效果。根据作物及不同病害，其使用剂量通常为 60～200g/hm²。

① 梨黑星病。在梨黑星病发生初期开始每隔 7～10d 喷雾 1 次 40% 氟硅唑乳油 8000～10000 倍液，连喷 3～4 次，能有效防治梨黑星病并可兼治梨赤星病。发病高峰期或雨水大的季节，喷药间隔期可适当缩短。

② 苹果黑星病和白粉病。在低剂量下，多种喷洒方法，间隔期 14d，可有效地防治叶片和果实黑星病和白粉病。该药剂不仅有保护活性，并在侵染后长达 120h 还具有治疗活性。对如基腐病这样的夏季腐烂和霉污病无效。对叶片或果座的大小或形状都没明显药害。

③ 葡萄白粉病。在很低剂量下就可防治葡萄白粉病，也可兼治黑腐病。

④ 甜菜病害。在 80g/hm² 剂量下可有效地防治甜菜上的多种病害如叶斑病，施药间隔期为 14d。

⑤ 黄瓜黑星病、番茄叶霉病。在发病初期用 40％氟硅唑乳油 7000～8000 倍液喷雾，以后间隔 7～10d 再喷 1 次。

⑥ 花生病害。在 70～100g/hm² 剂量下可有效地防治花生晚叶斑病和早叶斑病。

⑦ 禾谷类病害。在 80～160g/hm² 剂量下可有效地防治禾谷类叶和穗病害如叶锈病、颖枯病、叶斑病和白粉病等。

专利与登记　专利 EP0068813 早已过专利期，不存在专利权问题。国内登记情况：40％、400g/L 乳油，10％、25％水乳剂，8％、15％、25％微乳剂，20％可湿性粉剂，93％、95％原药，登记作物为葡萄、梨、番茄、黄瓜、苹果等，防治对象为黑痘病、黑星病、叶霉病、白粉病、轮纹病等。美国杜邦公司在中国登记情况见表 71。

表 71　美国杜邦公司在中国登记情况

登记名称	登记证号	含量	剂型	登记作物	防治对象	用药量	施用方法
氟硅唑	PD377-2002	92.5％	原药				
噁酮·氟硅唑	PD20070662	噁唑菌酮 100g/L，氟硅唑 106.7g/L	乳油	枣树 苹果树 香蕉	锈病 轮纹病 叶斑病	82.68～103.35mg/kg 2000～3000 倍液 138～207mg/kg	喷雾
氟硅唑	PD376-2002	400g/L	乳油	黄瓜 梨树 梨树 菜豆 葡萄	黑星病 黑星病 赤星病 白粉病 黑痘病	45～75g/hm² 40～50mg/kg 45～56.25g/hm² 40～50mg/kg	喷雾

合成方法　氯代甲基二氯甲硅烷在低温下与氟苯、丁基锂或对应的格氏试剂反应，制得双(4-氟苯基)甲基氯代甲基硅烷，再在极性溶剂中与 1,2,4-三唑钠盐反应，即制得产品。

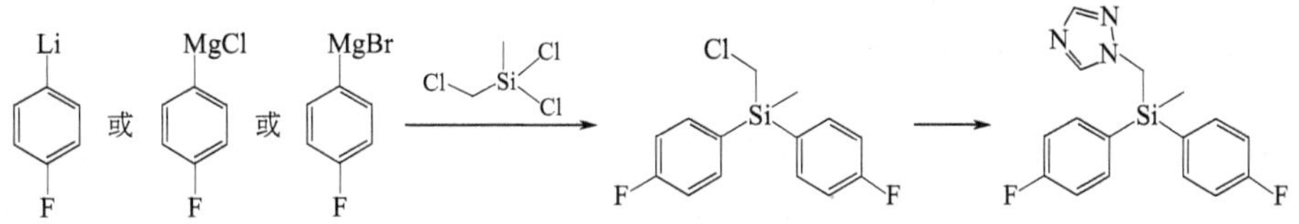

参考文献

[1] 李德良等．江西化工，2009，2：91-94.
[2] 孙晓泉等．山西化工，2008，3：5-7.
[3] 马清海等．河北化工，2006，1：32.
[4] Proc Br Crop Prot Conf：Pests and Dis. 1984：413.

氟环唑 epoxiconazole

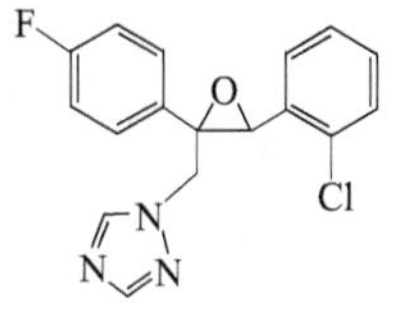

C₁₇H₁₃ClFN₃O，329.8，106325-08-0

氟环唑(epoxiconazole)，试验代号　BAS480F，商品名称　Opal、Opus、Rubric、Soprano。其他名称　Allegro、Champion、Opus Team、Swing Gold、Tracker、Venture、Seguris、Envoy、Abacus、Adexar、环氧菌唑、欧霸。是由巴斯夫公司开发的三唑类杀菌剂。

化学名称 （2RS,3RS)-1-[3-(2-氯苯基)-2,3-环氧-2-(4-氟苯基)丙基]-1H-1,2,4-三唑，(2RS,3SR)-1-[3-(2-chlorophenyl)-2,3-epoxy-2-(4-fluorophenyl)propyl]-1H-1,2,4-triazole。

理化性质 纯品为无色结晶状固体，熔点136.2～137℃。相对密度1.384(室温)，蒸气压<1.0×10^{-5}Pa(20℃)。分配系数$K_{ow}\lg P=3.33$(pH 7)。Henry常数<4.71×10^{-4}Pa·m³/mol(计算)。溶解度(20℃,mg/L)：水6.63，丙酮14.4，二氯甲烷29.1。在pH 7和pH 9条件下12d之内不水解。

毒性 大鼠急性经口LD_{50}>5000mg/kg；大鼠急性经皮LD_{50}>2000mg/kg。大鼠吸入LC_{50}(4h)>5.3mg/L空气；本品对兔眼睛和皮肤无刺激。NOEL数据：小鼠0.81mg/kg。ADI值(EC)0.008mg/kg，(EPA)aRfD 0.05mg/kg，cRfD 0.02mg/kg[2006]。

生态效应 鹌鹑急性经口LD_{50}>2000mg/kg，鹌鹑饲喂LC_{50}5000mg/kg。鱼毒LC_{50}(96h,mg/L)：虹鳟鱼2.2～4.6，大翻车鱼4.6～6.8。水蚤LC_{50}(48h)8.7mg/L。绿藻EC_{50}(72h)2.3mg/L。蜜蜂LD_{50}>100μg/只，蚯蚓EC_{50}(14d)>1000mg/kg土壤。

环境行为

(1) 动物 本品可通过粪便迅速排出体外。无主要代谢物，但检测到大量的副代谢产物。最重要的代谢反应是环氧乙烷环的分裂以及苯环的羟基化和共轭化。

(2) 植物 本品在植物体内可广泛降解。

(3) 土壤/环境 在土壤中的降解依靠微生物的分解。DT_{50} 2～3月。K_{oc} 957～2647。

制剂 125g/L悬浮剂，75g/L乳油。

主要生产商 Astec、BASF、Cheminova、Fertiagro、江苏飞翔集团、江苏辉丰农化股份有限公司、江苏中旗作物保护股份有限公司、上海生农生化制品有限公司及中化集团等。

作用机理 固醇生物合成中C14脱甲基化酶抑制剂，兼具保护和治疗作用。

应用

(1) 适宜作物 禾谷类作物、糖用甜菜、花生、油菜、草坪、咖啡、水稻及果树等。

(2) 对作物安全性 推荐剂量下对作物安全、无药害。

(3) 防治对象 立枯病、白粉病、眼纹病等十多种病害。

(4) 使用方法 广谱杀菌剂。田间试验结果显示其对一系列禾谷类作物病害如立枯病、白粉病、眼纹病等十多种病害有很好的防治作用，并能防治糖用甜菜、花生、油菜、草坪、咖啡、水稻及果树等中的病害。其不仅具有很好的保护、治疗和铲除活性，而且具有内吸和较佳的残留活性，使用剂量通常为75～125g(a.i.)/hm²。喷雾处理。

专利与登记 专利US4464381、EP427061、EP431450、EP515876等均早已过专利期，不存在专利权问题。

国内登记情况：12.5%、18%、30%、50%、125g/L悬浮剂，50%、70%水分散粒剂，95%、96%、97%原药，登记作物为小麦、香蕉树、苹果树、葡萄，防治对象为锈病、叶斑病、斑点落叶病、白粉病。巴斯夫欧洲公司在中国登记情况见表72。

表72 巴斯夫欧洲公司在中国登记情况

登记名称	登记证号	含量	剂型	登记作物	防治对象	用药量	施用方法
氟环唑	PD20070365	125g/L	悬浮剂	水稻 水稻 小麦	纹枯病 稻曲病 锈病	75～93.75g/hm² 75～93.75g/hm² 90～112.5g/hm²	喷雾
氟环唑	PD20095337	75g/L	乳油	香蕉	叶斑病 黑星病	100～187.5mg/kg 100～150mg/kg	喷雾
氟环唑	PD20070364	92%	原药				

合成方法 氟环唑的合成方法很多，主要有以下几种。

方法1：以邻氯苯甲醛、4-氟苯乙醛为起始原料，经如下反应制得目的物：

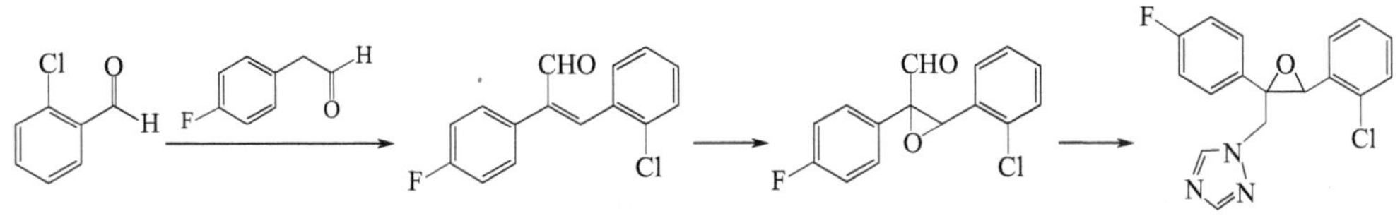

方法 2：以邻氯苄氯、氟苯为起始原料，经格氏试剂反应制得目的物，反应式如下：

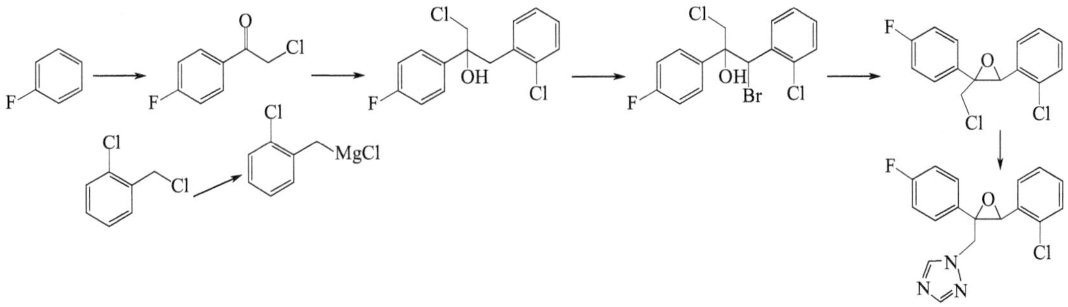

方法 3：以邻氯苄氯、氟苯为起始原料，经硫叶立得试剂反应制得目的物，反应式如下：

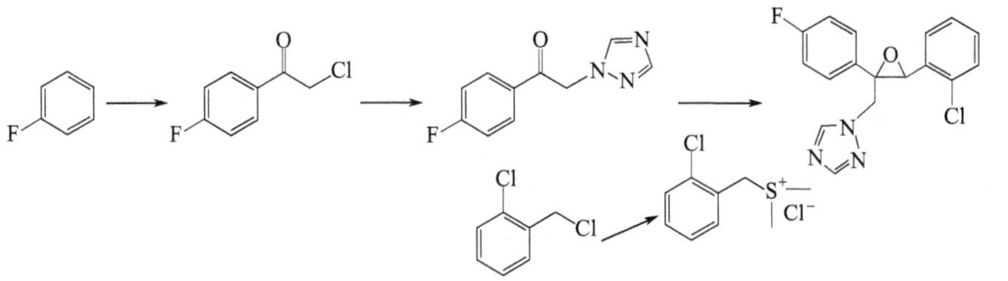

方法 4：以邻氯苄氯、氟苯为起始原料，经磷叶立得试剂反应制得目的物，反应式如下：

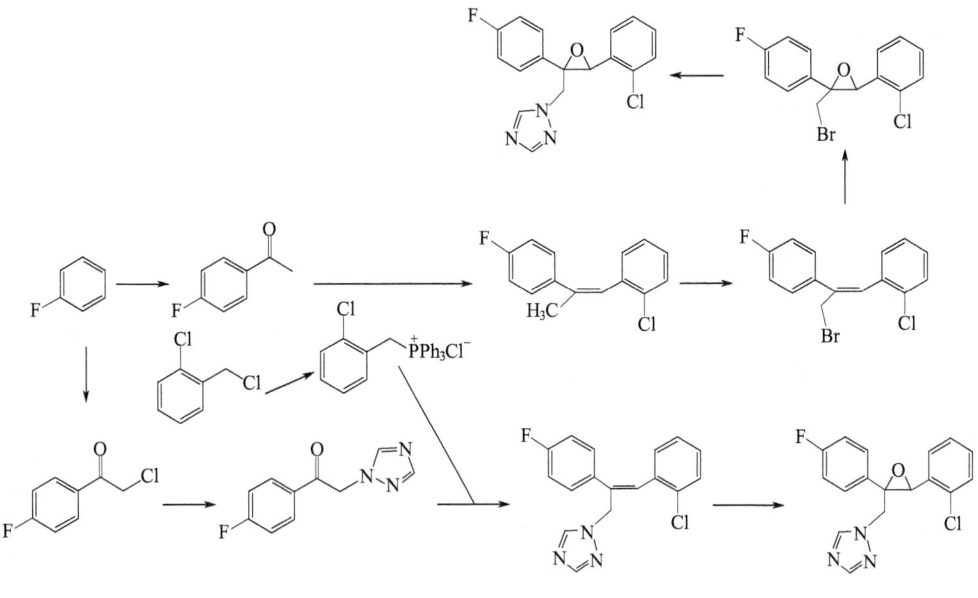

参考文献

［1］The Pesticide Manual. 15th edition. 2009：429-430.

［2］刘丽秀等．山东化工，2009，4：28-30.

［3］Proc Br Crop Prot Con：Pests Dis，1990，1：407.

［4］闫立单等．中国农药，2012，12：14-16.

[5] 江才鑫等. 农化新世纪,2007,4:31.

氟磺胺草醚 fomesafen

$C_{15}H_{10}ClF_3N_2O_6S$, 438.8, 72178-02-0, 108731-70-0(钠盐)

氟磺胺草醚(fomesafen),试验代号 PP021,商品名称 Flosil,其他名称 Bayin、虎威。是由英国帝国化学工业公司(现先正达公司)开发的二苯醚类除草剂。

氟磺胺草醚钠盐(fomesafen-sodium),商品名称 Flex、Flexstar、Reflex,其他名称 Dardo。

化学名称 5-(2-氯-α,α,α-三氟-对甲苯氧基)-N-甲磺酰基-2-硝基苯甲酰胺,5-(2-chloro-α,α,α-trifluoro-p-tolyloxy)-N-methylsulfonyl-2-nitrobenzamide 或 5-(2-chloro-α,α,α-trifluoro-p-tolyloxy)-N-mesyl-2-nitrobenzamide。

理化性质 纯品为白色结晶体,熔点219℃,相对密度1.61(20℃)。蒸气压$<4×10^{-3}$mPa(20℃),$K_{ow}lgP=3.4$(pH 4)。Henry 常数$<2×10^{-7}$Pa·m³/mol(pH 7,20℃)。水中溶解度(20℃,mg/L):纯水约50,<10(pH 1~2),10000(pH 9)。稳定性:50℃下稳定存在6个月以上,见光分解,40℃下pH为3或11时稳定。而在pH为7,温度为25℃水溶液光照下可稳定存在32d。pK_a2.83(20℃),形成水溶性盐(如氟磺胺草醚钠盐)。

毒性 氟磺胺草醚:雄大鼠急性经口$LD_{50}>2000$mg/kg。兔急性经皮$LD_{50}>2000$mg/kg。对兔皮肤有轻度刺激性作用。对兔眼睛严重刺激性作用。豚鼠皮肤无致敏性。雄大鼠吸入LC_{50}(4h)2.82mg/L。NOEL数据[mg/(kg·d)]:大鼠(2y)5,小鼠(1.5y)1,狗(0.5y)1。ADI(EPA)cRfD 0.0025mg/kg[2006],0.01mg/kg。无遗传毒性和致癌性。

氟磺胺草醚钠盐:大鼠急性经口(mg/kg):雄性1860,雌性1500。兔急性经皮>780mg/kg,无致癌性。

生态效应 氟磺胺草醚:野鸭急性经口$LD_{50}>5000$mg/kg。野鸭和山齿鹑饲喂LC_{50}(5d)>20000mg/kg。鱼类LC_{50}(96h,mg/L):虹鳟鱼170,大翻车鱼1507。水蚤EC_{50}(48h)330mg/L。藻类EC_{50}170μg/L。蜜蜂经口和接触低毒,LD_{50}(μg/只):经口>50,接触>100。

环境行为

(1) 植物 在大豆中二苯醚键快速断裂生成无活性代谢物。

(2) 土壤/环境 在土壤中,有氧条件下降解缓慢,$DT_{50}>6$个月,但在厌氧条件下迅速降解,$DT_{50}<1~2$月。K_{oc}34~164。光降解发生在土壤表面,DT_{50}为100~104d。在田间,平均DT_{50}约为15周。氟磺胺草醚残留主要存在于6in (1in=0.0254m) 上面的土壤表层,在更深的土壤中无累积。

制剂 微乳剂、水剂。

主要生产商 AGROFINA、Syngenta、大连瑞泽农药股份有限公司、福建三农化学农药有限责任公司、海利尔药业集团、青岛瀚生生物科技股份有限公司、江苏长青农化股份有限公司、连云港立本农药化工有限公司、宁波保税区汇力化工有限公司及上海美林康精细化工有限公司等。

作用机理与特点 原卟啉原氧化酶抑制剂。氟磺胺草醚是一种选择性除草剂,具有杀草谱宽、除草效果好、对大豆安全、对环境及后茬作物安全(推荐剂量下)等优点。大豆苗前苗后均可使用。杂草茎、叶及根均可吸收,破坏其光合作用,叶片黄化或有枯斑,可迅速枯萎死亡。苗后茎叶处理4~6h有雨亦不降低其杀草效果。残留叶部的药液被雨水冲入土壤中或喷洒落入土壤的药剂会被杂草根部吸收而杀死杂草。大豆根部吸收药剂后能迅速降解。播后苗前或苗后施药对大豆均安全，偶然见到暂时的叶部触杀性损害，不影响生长和产量。

应用

(1) 适宜作物与安全性　用于大豆田、果树、橡胶种植园、豆科覆盖作物。在推荐剂量下对大豆安全，对环境及后茬作物安全。

(2) 防除对象　主要用于防除一年生和多年生阔叶杂草如苘麻、苍耳、刺黄花稔、猪殃殃、龙葵、狼把草、蒿属、鸭跖草、豚草、鬼针草、辣子草、铁苋菜、反枝苋、凹头苋、刺苋、马齿苋、田旋花、荠菜、刺儿菜、决明、藜、小藜、大蓟、柳叶刺蓼、酸模叶蓼、节蓼、卷茎蓼、萹蓄、曼陀罗、裂叶牵牛、粟米草、野芥、酸浆属、水棘针、香薷、田菁、车轴草属、鳢肠、自生油菜等。在推荐剂量下对禾本科杂草防效差。

(3) 应用技术　① 大豆出苗后一年生阔叶杂草2~4叶期、大多数杂草出齐时茎叶处理，过早施药杂草出苗不齐，后出苗的杂草还需再施一遍药或采取其他灭草措施。过晚施药杂草抗性增强，需增加用药量。② 氟磺胺草醚在土壤中的残效期较长，当用药量高(每亩用有效成分超过60g以上)时，于大豆苗前或苗后施药，对防除大豆田禾本科和阔叶杂草虽有很好的效果，但氟磺胺草醚在土壤中残效长，对后茬作物如白菜、谷子、高粱、甜菜、向日葵、玉米、油菜、小麦、亚麻等均有不同程度药害，故不推荐使用高剂量。③ 在高温或低洼地排水不良、低温高湿、田间长期积水病虫危害影响大豆生育环境条件下施用氟磺胺草醚易对大豆造成药害，但在1周后可恢复正常，不影响后期生长和产量。④ 在土壤水分、空气湿度适宜时，有利于杂草对氟磺胺草醚的吸收传导，故应选择早晨无风或微风、气温低时施药。长期干旱、低温和空气相对湿度低于65%时不宜施药。干旱时用药量应适当增加。施药前要注意天气预报，施药后应4h内无雨。长期干旱，如近期有雨，待雨后田间土壤水分和湿度改善后再施药，虽然施药时间拖后，但药效会比雨前施药好。避免大风天及高温时施药，易造成药液飘移或挥发降低药效。长期干旱、气温高时施药，应适当加大喷液量，保证除草效果。⑤ 玉米田套种大豆时，可使用氟磺胺草醚。大豆与其他敏感作物间作时，请勿使用氟磺胺草醚。⑥ 果树及种植园施药时，要避免将药液直接喷射到树上，尽量用低压喷雾，用保护罩定向喷雾。

(4) 使用方法

① 单用。氟磺胺草醚是一种选择性除草剂，具有杀草谱宽、除草效果好、对大豆安全、大豆苗前苗后均可使用等优点。使用剂量通常为250~600g(a.i.)/hm²[亩用量为16.67~40g(a.i.)]。每亩用25%氟磺胺草醚67~100mL(有效成分17~25g)。全田施药或苗带施药均可。人工背负式喷雾器每亩喷液量20~30L，拖拉机喷雾机10~13L。氟磺胺草醚加入非离子型表面活性剂(为喷液量的0.1%，每100L药液加入100mL)，可提高杂草对氟磺胺草醚的吸收，特别是在干旱条件下药效更明显。氟磺胺草醚可与肥料混用，喷洒氟磺胺草醚同时每亩加入330g尿素可提高除草效果5%~10%。施药后结合机械中耕，加强田间管理，有利于对后期杂草的控制。

采用高剂量25%氟磺胺草醚水剂每亩267~533mL(有效成分67~134g)于大豆苗前施药，虽对稗草等一年生禾本科杂草有好的防除效果，但持效期长，对后茬作物如玉米、小麦、谷子、甜菜、油菜、白菜、高粱、向日葵、亚麻等生长均有影响，故不推荐使用高剂量。25%氟磺胺草醚水剂每亩67~100mL(有效成分16.7~25g)对大豆安全。对后作小麦、玉米、亚麻、高粱、向日葵无影响，但对耙茬播种甜菜、白菜、油菜的生长有影响。在大豆收获后深翻可减轻对后茬甜菜、白菜、油菜的影响。

② 混用。在大豆田间稗草、马唐、野燕麦、狗尾草、金狗尾草、野黍等禾本科杂草与阔叶杂草同时发生时，氟磺胺草醚应与精吡氟禾草灵、精噁唑禾草灵、烯禾啶、精喹禾灵、精吡氟氯禾灵等除草剂混用。每亩用量如下：25%氟磺胺草醚67~100mL加15%精吡氟禾草灵50~67mL(或6.9%精噁唑禾草灵浓乳剂40~60mL或8.05%精噁唑禾草灵乳油40~50mL或12.5%烯禾啶83~100mL或5%精喹禾灵50~66mL或10.8%精吡氟氯禾灵33mL)。

为提高对苣荬菜、大蓟、刺耳菜、问荆等多年生阔叶杂草的防效，可降低氟磺胺草醚用药量并与异噁草酮、灭草松等混用：

25％氟磺胺草醚40～50mL加48％异噁草酮40～50mL加15％精吡氟禾草灵50～67mL(或12.5％烯禾啶50～67mL或10.8％精吡氟氯禾灵30mL或5％精喹禾灵50～67mL或6.9％精噁唑禾草灵浓乳剂40～47mL或8.05％精噁唑禾草灵乳油33～40mL)。

　　25％氟磺胺草醚40～50mL加48％灭草松100mL加15％精吡氟禾草灵50～67mL(或12.5％烯禾啶83～100mL或10.8％精吡氟氯禾灵35mL或6.9％精噁唑禾草灵乳剂47～60mL或8.05％精噁唑禾草灵乳油40～50mL)。

　　专利与登记　专利EP3416早已过专利期，不存在专利权问题。

　　国内登记情况：25％、42％、250g/L、280g/L水剂，20％乳油，12.8％、30％微乳剂，75％水分散粒剂，95％原药，登记作物为春、夏大豆田、花生田，防治对象为一年生阔叶杂草。英国先正达公司在中国登记情况见表73。

表73　英国先正达公司在中国登记情况

登记名称	登记证号	含量	剂型	登记作物	防治对象	用药量/(g/hm²)	施用方法
氟磺胺草醚	PD69-88	250g/L	水剂	春大豆	一年生阔叶杂草	222～375	喷雾
				夏大豆	一年生阔叶杂草	187.5～225	喷雾

　　合成方法　三氟羧草醚与氯化亚砜反应，生成酰氯，再与甲基磺酰胺反应得到产品。

参考文献

[1]　徐进. 上海化工，1997，2：18-22.
[2]　江承艳. 农药，2006，2：99-101.
[3]　王中洋. 化工中间体，2012，10：13-16.

氟磺隆 prosulfuron

$C_{15}H_{16}F_3N_5O_4S$，419.4，94125-34-5

　　氟磺隆(prosulfuron)，试验代号　CGA152005，商品名称　Casper、Eclat、Peak、Spirit，其他名称　顶峰、三氟丙磺隆，是由汽巴-嘉基公司(现先正达)开发的磺酰脲类除草剂。

　　化学名称　1-(4-甲氧基-6-甲基-1,3,5-三嗪-2-基)-3-[2-(3,3,3-三氟丙基)苯基磺酰基]脲，1-(4-methoxy-6-methyl-1,3,5-triazin-2-yl)-3-[2-(3,3,3-trifluoropropyl)phenylsulfoyl]urea。

　　理化性质　纯品为无色无味结晶体，纯度≥95％。熔点155℃(分解)。蒸气压<3.5×10⁻³ mPa(25℃)。分配系数 K_{ow}lg(25℃)：1.5(pH 5.0)，−0.21(pH 6.9)，−0.76(pH 9.0)。Henry值<3×10⁻⁴ Pa·m³/mol。密度1.45g/cm³(20℃)。水中溶解度(25℃，mg/L)：蒸馏水29(pH 4.5)，缓冲溶液：87(pH 5.0)、4000(pH 6.8)、43000(pH 7.7)。有机溶剂中溶解度(25℃，g/L)：乙醇8.4，丙酮160，甲苯6.1，正己烷0.0064，正辛醇1.4，乙酸乙酯56，二氯甲烷180。稳定性：可快速水解，DT_{50}5～10d(pH 5)，>1y(pH 7,9)(均在20℃)。对光稳定，pK_a3.76。

　　毒性　急性经口 LD_{50}(mg/kg)：大鼠986，小鼠1247。兔急性经皮 LD_{50}>2000mg/kg。大鼠急性吸入 LC_{50}(4h)>5400mg/L。对兔眼睛和兔皮无刺激性。小鼠 NOAEL(18个月)1.9mg/(kg·d)，NOEL(2y，mg/kg饲料)：大鼠200[8.6mg/(kg·d)](2y)，狗1.9(1y)(60mg/L)。ADI(EC)0.02mg/kg[2002]，(EPA)0.02mg/kg[1995]。无致畸、致突变作用(大鼠、兔)。

　　生态效应　野鸭和山齿鹑急性经口 LD_{50} 分别为1300mg/kg和>2150mg/kg。野鸭和山齿鹑饲喂 LC_{50}(8d)>5000mg/L。鱼 LC_{50}(96h，mg/L)：鲶鱼、虹鳟鱼和鲤鱼>100，大翻车鱼和鲈

鱼＞155。水蚤 LC_{50}（48h）＞120mg/L；藻类 EC_{50}（mg/L）：月牙藻0.011，项圈藻0.58，舟形藻＞0.084，骨条藻＞0.029。其他水生物 EC_{50}（mg/L）：糠虾＞150，牡蛎（太平洋牡蛎）＞125，浮萍 EC_{50}（14d）0.00126mg/L。蜜蜂 LD_{50}（48h，经口和接触）＞100μg/只。蚯蚓 LC_{50}（14d）＞1000mg/kg。对有益甲壳虫、瓢虫在 $30g/hm^2$ 下无影响。对呼吸和消化系统无影响。

环境行为

（1）动物　在动物体内被快速而广泛的吸收（＞90％），在48h内有90％～95％代谢，主要代谢途径是 O-脱甲基化作用和侧链羟基化。

（2）植物　在植物体内主要的代谢途径是羟基化以及苯基和三嗪环的分解。

（3）土壤/环境　在土壤和环境中 DT_{50} 4～36d，主要取决于温度，土壤湿度和含氧量；DT_{90} 14～120d，K_{oc} 4～251，取决于含氧量和土壤类型。在实际条件下，迁移速度高于代谢速度，在超过50cm土壤深度下没有发现氟磺隆存在。

制剂　水分散粒剂。

主要生产商　Syngenta。

作用机理与特点　与其他磺酰脲类除草剂一样是乙酰乳酸合成酶（ALS）抑制剂。通过抑制必需氨基酸缬氨酸和异亮氨酸的合成而起作用，从而阻止细胞的分裂和植物的生长。它的选择性来源于在作物中的快速代谢。磺酰脲类除草剂的选择性代谢请参照书《Agro-Food-Industry》（M. K. Koeppe & H. M. Brown，1995，6：9-14）。通过杂草根和叶的吸收，在木质部和韧皮部传导到作用位点，在施药后1～3周杂草死亡。不能与有机磷农药混用。

应用

（1）适宜作物与安全性　玉米、高粱、禾谷类作物、草坪和牧场。其在土壤中的半衰期为8～40d，在玉米植株内的半衰期为1～2.5h，明显短于其他商品化磺酰脲类除草剂在玉米植株内的代谢时间。对玉米等安全，对后茬作物如大麦、小麦、燕麦、水稻、大豆、马铃薯影响不大，但对甜菜、向日葵有时会产生药害。

（2）防除对象　主要用于防除阔叶杂草。对苘麻属、苋属、藜属、蓼属、繁缕属等杂草具有优异的防效。

（3）使用方法　对玉米和高粱具有高度的安全性，主要用于苗后除草，使用剂量为12～30g（a.i.）/hm^2［亩用量为0.67～2.67g(a.i.)］。若与其他除草剂混合应用，还可进一步扩大除草谱。

专利与登记　专利 EP120814、EP584043 等均早已过专利期，不存在专利权问题。国内仅江苏长青农化股份有限公司登记了95％原药。

合成方法　主要有如下两条路线：

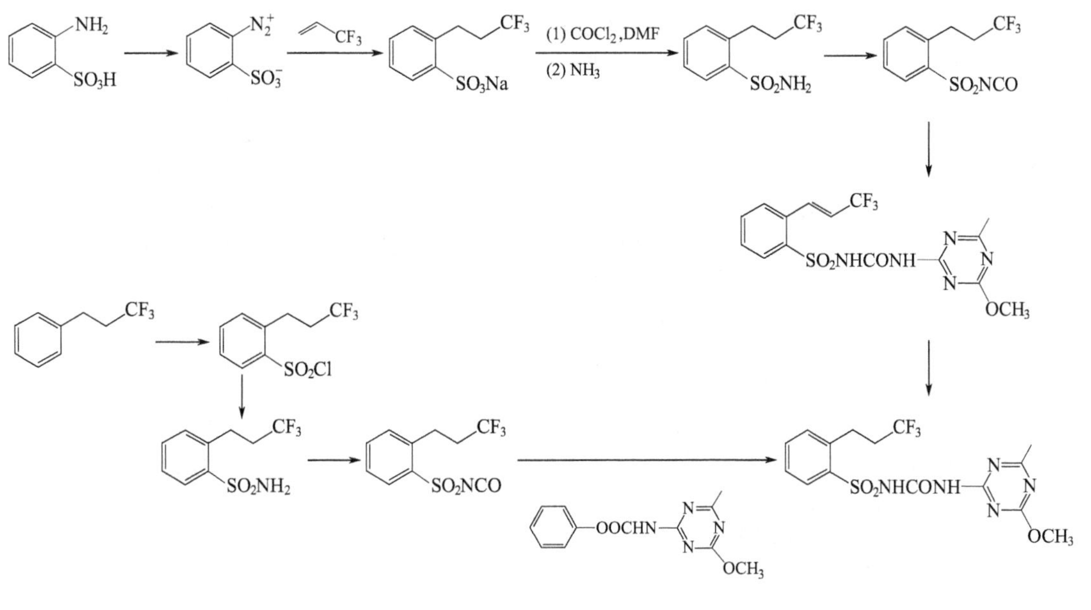

373

参考文献

[1] Proc Br Crop Prot Conf：Weed，1993，1：53.
[2] Pesticide Sci，1994，41：335.
[3] Pesticide Sci，1994，41：259.

氟节胺 flumetralin

$C_{16}H_{12}ClF_4N_3O_4$，421.7，62924-70-3

氟节胺(flumetralin)，试验代号 CGA41065，商品名称 Brotal、Podos、Prime，其他名称抑芽敏，是由 Ciba-Geigy AG(现先正达公司)开发的植物生长调节剂。

化学名称 N-(2-氯-6-氟苄基)-N-乙基-α,α,α-三氟-2,6-二硝基-对甲苯胺，N-(2-chloro-6-fluorobenzyl)-N-ethyl-α,α,α-trifluoro-2,6-dinitro-p-toluidine。

理化性质 纯品为黄色至橙色无味晶体，熔点 101~103℃(工业品 92.4~103.8℃)。蒸气压 $3.2×10^{-2}$ mPa(25℃)。分配系数 $K_{ow}\lg P=5.45$(25℃)。Henry 常数 0.19Pa·m^3/mol。相对密度 1.54。水中溶解度 0.07mg/L(25℃)；有机溶剂中溶解度(25℃,g/L)：甲苯 400，丙酮 560，乙醇 18，辛醇 6.8，正己烷 14。在高于 250℃时分解，在 pH 5~9 时不易水解，水中易光解。

毒性 大鼠急性经口 LD_{50}＞5000mg/kg，大鼠急性经皮 LD_{50}＞2000mg/kg。对兔皮肤无刺激，对兔眼睛有刺激，对大鼠无皮肤致敏性。大鼠急性吸入 LC_{50}＞2410mg/m^3；NOEL 数据 [2y,mg/(kg·d)]：大鼠 17(300mg/L)，小鼠 45(300mg/L)。ADI(EPA)aRfD 0.5mg/kg；0.17mg/(kg·d)。

生态效应 山齿鹑和野鸭急性经口 LD_{50}＞2000mg/kg。山齿鹑和野鸭急性饲喂 LC_{50}＞5000mg/L。大翻车鱼 LC_{50}23μg/L。水蚤 LC_{50}(48h)＞66μg/L，月牙藻 EC_{50}＞0.85mg/L。对蜜蜂无毒；LD_{50}(48h,μg/只)：经口＞300，接触＞100。蚯蚓 LC_{50}＞1000mg/kg。

环境行为

(1) 动物 在动物体内，代谢包括硝基还原、氨基乙酰化和苯环羟基化。

(2) 植物 本品在烟草中代谢很快，主要是还原或取代基的离去。

(3) 土壤/环境 土壤对本品吸附性很大，因此不易移动；遇光分解。在 pH 5、7 和 9 时稳定。在土壤中有很强的吸附性，K_d42(沙地,pH 5.2,o.c.0.3%)～2655(砂壤土,pH 6.5,o.c.1.4%)，降解缓慢，DT_{50}708d(砂质黏壤土,pH 4.8,o.c.2.3%)～1738d(沙地,pH 5.2,o.c.0.3%)[(20±2)℃,湿度 40%MWHC]。氟节胺和其代谢物在土壤中不会溢出，主要靠光解降解，在 pH 5、7 和 9 时稳定。土壤中光解主要在表层，其消散也主要发生在土壤表层。

制剂 12.5%乳油，25%可分散油悬浮剂。

作用机理与特点 高效烟草侧芽抑制剂。在去梢后 24h 内处理效果最好，且在整个生长季节均有效。具有局部内吸活性，作用迅速，吸收快，施药后只要 2h 无雨即可奏效，雨季中施药方便。药剂接触完全伸展的烟叶不产生药害，对预防花叶病有一定作用。

专利与登记 专利 BE891327、GB1531260 均早已过专利期，不存在专利权问题。国内登记情况：12.5%乳油，25%可分散油悬浮剂，95%原药，登记作物为烟草，防治对象为抑制腋芽生长。瑞士先正达在我国登记了 125g/L 乳油，登记名称为氟节胺，用于烟草上抑制腋芽生长，用药量 10mg/株，施用方法为杯淋、涂抹、喷雾。

合成方法 通过如下反应制得目的物：

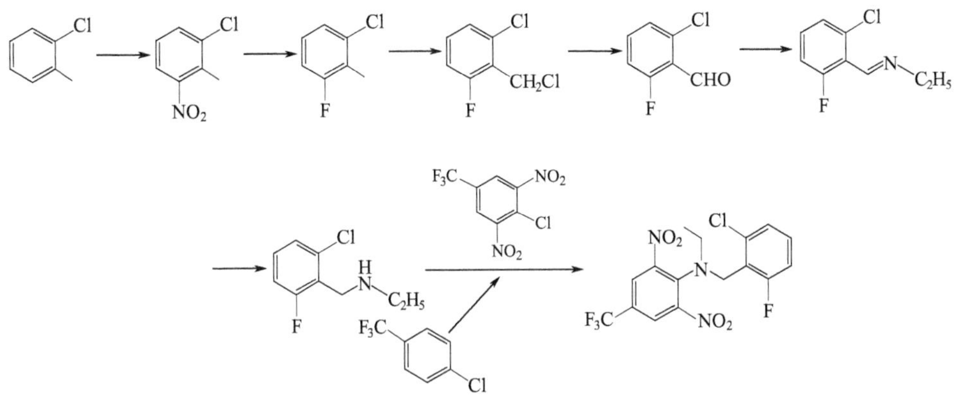

氟菌螨酯 flufenoxystrobin

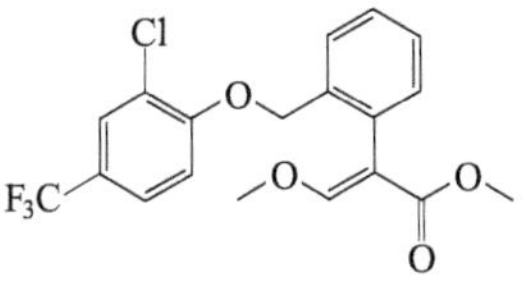

$C_{19}H_{16}ClF_3O_4$，400.8，918162-02-4

氟菌螨酯(flufenoxystrobin)，试验代号 SYP-3759，是由沈阳化工研究院有限公司开发的兼具高杀菌活性和杀螨活性的化合物。

化学名称 (αE)-2-[(2-氯-4-三氟甲基苯氧基)甲基]-α-(甲氧基亚甲基)苯乙酸甲酯，methyl ($2E$)-2-[2-[(2-chloro-α,α,α-trifluoro-p-tolyloxy)methyl]phenyl]-3-methoxyacrylate。

毒性 大鼠急性经口 LD_{50}＞5000mg/kg，大鼠急性经皮 LD_{50}＞5000mg/kg。对兔皮肤无刺激，对兔眼睛无刺激，对大鼠无皮肤致敏性。Ames 试验、微核试验、染色体试验均为阴性。

作用机理与特点 该药为真菌线粒体的呼吸抑制剂，其作用机理是通过与细胞色素 bc1 复合体的结合，抑制线粒体的电子传递而阻止细胞的合成，从而抑制其线粒体呼吸而发挥抑菌作用。氟菌螨酯杀菌谱广，杀菌活性高，兼具预防及治疗活性且持效期长，具有一定的内吸活性。另外还兼具较高的杀螨活性。

应用

(1) 适用作物 黄瓜、小麦等。

(2) 防治对象 具有高效广谱的杀菌活性，对担子菌、子囊菌、结合菌及半知菌引起的大多数植物病害具有很好的防治作用，如小麦白粉病、小麦叶锈病、黄瓜白粉病、黄瓜黑星病、黄瓜炭疽病、玉米小斑病及水稻纹枯病等。另外对朱砂叶螨具有较高的活性，对苹果红蜘蛛和柑橘红蜘蛛具有很好的防效。

(3) 使用方法 45g(a.i.)/hm² 对小麦白粉病具有很好的防治效果；100～200mg/L 对柑橘红蜘蛛和苹果红蜘蛛具有很好的控制作用。

专利概况

专利名称 取代的对三氟甲基苯醚类化合物及其制备与应用

专利号 CN1887847 专利申请日 2005-06-28

专利拥有者 沈阳化工研究院

在其他国家申请的化合物专利：EP1897866、JP2008546815、BR2006012552、KR2007112880、US20080188468、WO2007000098。

合成方法 合成如下：

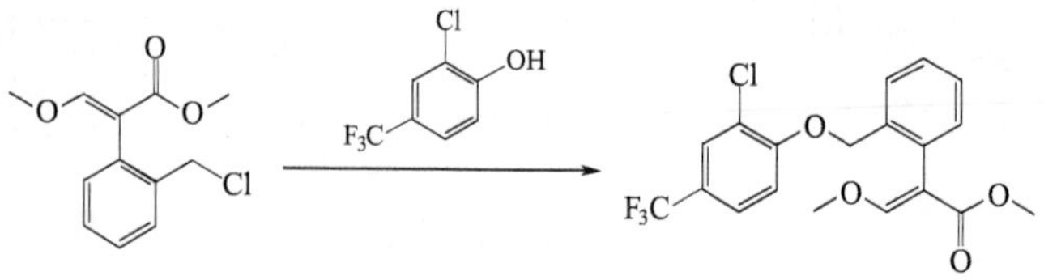

参考文献

[1] 兰杰，等. 中国化工学会农药专业委员会第十四届年会论文. 2010：417-420.
[2] 张宏，等. 世界农药，2008，增刊(I)：46-49.

氟菌唑 triflumizole

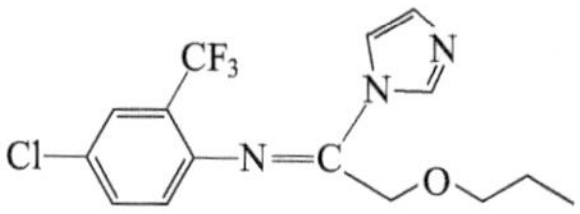

$C_{15}H_{15}ClF_3N_3O$，345.7，99387-89-0

　　氟菌唑(triflumizole)，试验代号 NF114，商品名称 Trifmine、Procure、Pancho TF，其他名称 特富灵、Condor、Rocket、Terraguard。是由日本曹达公司开发的咪唑类杀菌剂。

　　化学名称 (E)-4-氯-α,α,α-三氟-N-(1-咪唑-1-基-2-丙氧亚乙基)-邻甲苯胺，(E)-4-chloro-α,α,α-trifluoro-N-(1-imidazol-1-yl-2-propoxyethylidene)-o-toluidine。

　　理化性质 纯品为无色结晶，熔点 63.5℃。蒸气压 0.191mPa(25℃)。分配系数 K_{ow} lg$P$：5.06(pH 6.5)，5.10(pH 6.9)，5.12(pH 7.9)。Henry 常数(25℃)6.29×10^{-3} Pa·m³/mol(pH 7.9)。溶解度(20℃,g/L)：水 0.0102(pH 7)，氯仿 2220，己烷 17.6，二甲苯 639，丙酮 1440，甲醇 496。稳定性：在强碱性和酸性介质中不稳定，水溶液遇日光降解，半衰期为 29h。微碱性，pK_a3.7(25℃)。

　　毒性 大鼠急性经口 LD$_{50}$(mg/kg)：雄 715、雌 695。大鼠急性经皮 LD$_{50}$＞5000mg/kg，大鼠急性吸入 LC$_{50}$(4h)＞3.2mg/L 空气。对眼睛有轻微刺激性，对皮肤无刺激作用。大鼠 NOEL (2y)3.7mg/kg 饲料。ADI 值 0.00085mg/kg。

　　生态效应 日本鹌鹑急性经口 LD$_{50}$(mg/kg)：雄 2467，雌 4308。鲤鱼 LC$_{50}$(96h)0.869mg/L，水蚤 LC$_{50}$(48h)1.71mg/L，海藻 E$_r$C$_{50}$(72h)1.91mg/L。蜜蜂 LD$_{50}$0.14mg/只。

　　环境行为

　　(1) 动物 大鼠体内的代谢情况详见 T. Tanoue 等，IUPAC 7th Int Congr Pestic Chem，1990，2：177。

　　(2) 植物 主要的残留物是氟菌唑，主要代谢途径是咪唑的裂解和光解。

　　(3) 土壤/环境 黏性土壤中半衰期 DT$_{50}$ 14d。光解导致代谢物咪哚环的裂解产生(E)-N'-(4-氯-2-三氟甲基苯基)-2-n-丙氧基亚氨代乙酸胺。K_{oc}1083～1663。

　　制剂 30％可湿性粉剂、15％乳油、10％烟剂等。

　　主要生产商 Nippon Soda 及上海生农生化制品有限公司等。

　　作用机理与特点 氟菌唑为固醇脱甲基化(麦角固醇的生物合成)抑制剂，具有保护、治疗和铲除作用的内吸杀菌剂。防治仁果上的胶锈菌属和黑星菌属菌，果实和蔬菜上的白粉菌科、镰孢霉属、褐孢属和链核盘菌属菌；蔬菜上的使用量为 180～300g/hm²，果园中的使用量为 700～1000g/hm²。还可用作种子处理剂，可有效地防治禾谷类上的水稻胡麻斑病菌、腥黑粉菌属和黑粉菌属菌。如按种子量的 0.5％拌麦类种子可防治黑穗病、白粉病和条纹病。

应用

(1) 适宜作物与安全性　麦类、各种蔬菜、果树及其他作物。对作物安全。日本推荐最高残留限量（MRL）蔬菜为 1mg/kg，果树为 2mg/kg，番茄为 2mg/kg，小麦为 1mg/kg，茶为 15mg/kg。

(2) 防治对象　白粉病、锈病，茶树炭疽病、茶饼病、桃褐腐病等。

(3) 应用技术　喷液量、人工每亩 40～50L，拖拉机 7～13L，飞机 1～2L。施药选早晚气温低、无风时进行。晴天上午 9 时至下午 4 时应停止施药。温度超过 28℃、空气相对湿度低于 65％、风速每秒超过 4m 时应停止施药。

(4) 使用方法　通常用作茎叶喷雾，也可作种子处理。蔬菜用量为 180～300g(a.i.)/hm²，果树用量为 700～1000g(a.i.)/hm²。具体应用如下：①防治黄瓜白粉病。在黄瓜白粉病发病初期喷第 1 次药，间隔 10d 后再喷第二次，每次每亩用 30％氟菌唑可湿粉 33.3～40g(有效成分 10～12g)兑水喷雾，共喷两次。②防治麦类白粉病。在发病初期，每亩用 30％氟菌唑可湿粉 13.3～20g(有效成分 4～6g)兑水喷雾，每次间隔 7～10d，共喷 2～3 次，最后 1 次喷药要在收割前 14d。

专利与登记　专利 US4208411 早已过专利期。国内登记情况：35％或 30％的可湿粉剂，登记作物为黄瓜，防治对象为白粉病。日本曹达公司在中国登记情况见表 74。

表 74　日本曹达公司在中国登记情况

登记名称	登记号	含量	剂型	登记作物	防治对象	用药量/(g/hm²)	施用方法
氟菌唑	PD142-91	30％	可湿粉剂	黄瓜 梨树	白粉病 黑星病	60～90 75～100	喷雾
氟菌唑	PD20081026	97％	原药				

合成方法　2-三氟甲基-4-氯苯胺与 α-正丙氧基乙酸等摩尔混合物在五氯化磷存在下反应，生成的酰胺化合物在三乙胺存在下，通入光气，进行亚氨基氯化，最后与咪唑反应即可制得氟菌唑。反应式如下：

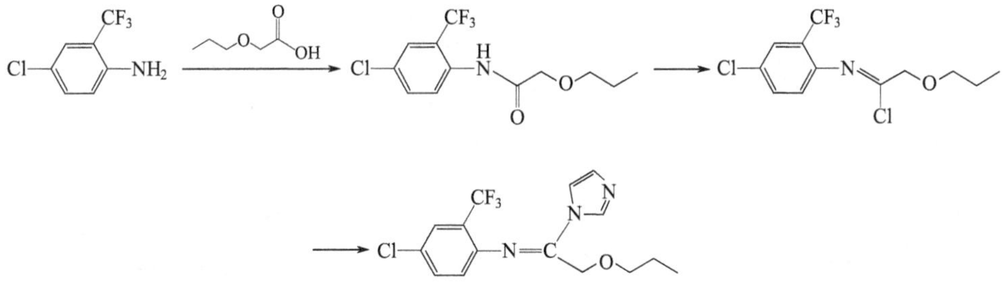

参考文献

[1] 崔长辉等.吉林蔬菜，2004(06)：16.

氟喹唑 fluquinconazole

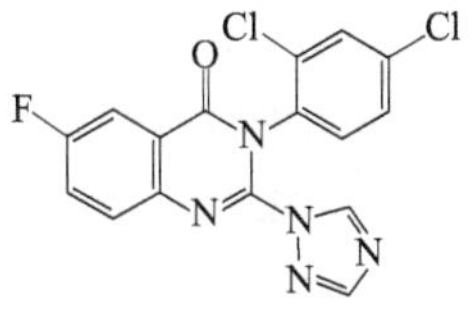

$C_{16}H_8Cl_2FN_5O$，376.2，136426-54-5

氟喹唑(fluquinconazole)，试验代号　AEC597265、SN597265。商品名称　Flamenco、Galmano、Jockey、Jockey F、Jockey Flexi、Sahara。其他名称　Flamenco Plus、Galmano Plus、Jockey Plus。是拜耳公司开发的三唑类杀菌剂。

化学名称　3-(2,4-二氯苯基)-6-氟-2-(1H-1,2,4-三唑-1-基)喹唑啉-4(3H)-酮，3-(2,4-dichlorophenyl)-6-fluoro-2-(1H-1,2,4-triazol-1-yl)quinazolin-4(3H)-one。

理化性质　原药纯度≥95.5%。纯品为白色结晶状固体，略带气味儿。熔点191.9～193℃。蒸气压$6.4×10^{-9}$Pa(20℃)。分配系数$K_{ow}lgP=3.24$(pH 5.6,20℃)。Henry常数$2.09×10^{-6}$Pa·m³/mol(20℃)。相对密度1.58(20℃)。溶解度(20℃,g/L)：水0.0015(pH 6.6)，丙酮38～50，二甲苯9.88，乙醇3.48，DMSO150～200，二氯甲烷120～150。稳定性：在水中DT_{50}(25℃,pH 7)21.8d。在水介质中对光稳定。表面张力70.91mN/m(20℃)。

毒性　急性经口LD_{50}(mg/kg)：雄大鼠和雌大鼠112，雌小鼠180。急性经皮LD_{50}(mg/kg)：雄大鼠2679，雌大鼠625。对兔眼睛和皮肤无刺激作用，对豚鼠无皮肤过敏现象。大鼠吸入LC_{50}(4h)0.754mg/L。NOEL数据[1y,mg/(kg·d)]：大鼠0.31，小鼠1.1，狗0.5。ADI值0.005mg/kg。在Ames试验和其他诱变试验中，无胚胎毒性或诱变作用。

生态效应　山齿鹑和野鸭急性经口LD_{50}＞2000mg/kg。鱼毒LC_{50}(96h,mg/L)：虹鳟鱼1.90，大翻车鱼1.34。水蚤LC_{50}(48h)＞5.0mg/L。月牙藻E_rC_{50}46μg/L，E_bC_{50}14μg/L。浮萍NOEC值为0.625mg/L。蚯蚓LC_{50}(14d)＞1000mg/kg土。本品对芽茧蜂属、盲走螨属、七星瓢虫和中华通草蛉等无害。

环境行为

(1) 动物　氟喹唑在大鼠、小鼠和狗体内主要通过粪便形式代谢。在这三种物种体内，未改变的氟喹唑是主要的代谢产物，伴随少量的二酮和其他微量副产。

(2) 植物　在植物表面稳定存在，检测到二酮的部分水解。氟喹唑和二酮几乎不被水果吸收。试验表明，植物叶表面的残余物不会迁移到水果内部。在小麦中，仅有一小部分的氟喹唑裂解和进一步代谢。

(3) 土壤/环境　在有氧和无氧条件下在土壤中降解，主要通过水解过程消散。进一步的降解和矿化涉及微生物的作用。最终的代谢产物为和土壤有关的残余物和二氧化碳。降解率和温度、土壤湿度、土壤pH等条件有关。一般大田DT_{50}50～300d。

主要生产商　Bayer　CropScience。

作用机理与特点　主要作用机理是固醇脱甲基化抑制剂，破坏和阻止病菌的细胞膜重要组成成分麦角固醇的生物合成，导致细胞膜不能形成，使病菌死亡。具有内吸性、保护和治疗活性。

应用

(1) 适宜作物　小麦、大麦、水稻、甜菜、油菜、豆科作物、蔬菜、葡萄和苹果等。

(2) 对作物安全性　推荐剂量下对作物安全、无药害。

(3) 防治对象　防治由担子菌纲、半知菌类和子囊菌纲真菌引起的多种病害，如可有效地防治苹果上的主要病害如苹果黑星病和苹果白粉病，对以下病原菌如白粉病菌、链核盘菌、尾孢霉属、茎点霉属、壳针孢属、埋核盘菌属、柄锈菌属、驼孢锈菌属和核盘菌属等真菌引起的病害均有良好的防治效果。

(4) 使用方法　氟喹唑具有保护、治疗及内吸活性。主要用于茎叶喷雾，使用剂量为125～375g(a.i.)/hm²(蔬菜)，125～190g(a.i.)/hm²(禾谷类等大田作物)，4～8g(a.i.)/hm²(果树)。

专利与登记　专利US4731106早已过专利期，不存在专利权问题。本产品已在欧洲、亚洲、南美等数十个国家登记销售。

合成方法　合成方法主要有如下两种。

参考文献

[1] Proc Br Crop Prot Conf：Pests Dis，1992，1：411.

[2] The Pesticide Manual. 15th edition：543-544.

氟乐灵 trifluralin

$C_{13}H_{16}F_3N_3O_4$，335.3，1582-09-8

氟乐灵（trifluralin），试验代号 L-36352、EL-152。商品名称 Herbiflurin、Heritage、Ipersan、Olitref、Premerlin、Sinfluran、SunTri、Treflan、Tri-4、Trif、Trifludate、Triflurex、Trifsan、Triplen。其他名称 Agriflan、Barracuda、Bayonet、Brassix、Callifort、Cetrelex、Crew、Digermin、Eflurin、Flora、Fluerene、Fluralex、Fluralin、Fluran、Flutrix、Lance、Lanos、Legacy、Orifan、Preen、Tandril、Tarene、Tefralin、Trefanocide、Treflox、Trefron、Tremolin GR、Tretox、Triap、Triflur、Trifluragrex、Trifluralina、Trifluran、Triflusan、Trigermin、Tritac、Triverdax、Triverplus、Trust、Uni-trY、氟特力、特福力。是由 Eli Lilly & Co.（现道农科）公司开发的苯胺类除草剂。

化学名称 α,α,α-三氟-2,6-二硝基-N,N-二丙基对甲基苯胺，α,α,-trifluoro-2,6,-dinitro-N,N-dipropyl-p-toluidine。

理化性质 原药纯度为 95％以上，纯品为橙黄色结晶，熔点 48.5～49℃（工业品 43～47.5℃），沸点 96～97℃（24Pa），相对密度 1.36（22℃），25℃时蒸气压 6.1mPa。分配系数 $K_{ow}\lg P=4.83$（20℃）。Henry 常数 15Pa·m³/mol。水中溶解度（25℃，mg/L）：0.184（pH 5），0.221（pH 7），0.189（pH 9）；原药：0.343（pH 5），0.395（pH 7），0.383（pH 9）。其他溶剂中溶解度（25℃,g/L）：丙酮、氯仿、乙腈、甲苯、乙酸乙酯＞1000，甲醇 33～40，己烷 50～67。在低于 52℃，pH 3、6、9 时能稳定存在，在紫外灯照射下易分解。闪点：151℃（闭杯），工业品 153℃（开杯）。

毒性 大鼠急性经口 LD_{50}＞5000mg/kg，兔急性经皮 LD_{50}＞5000mg/kg。大鼠急性吸入 LC_{50}（4h）＞4.8mg/L。对兔皮肤无刺激性作用，对兔眼睛有轻微刺激性作用。NOEL 数据：大鼠（2y）813mg/kg 饲料，狗（90d）2.4mg/(kg·d)。ADI 值：（EFSA）0.015mg/kg[2005]；（EPA）aRfD 1.0mg/kg，cRfD 0.024mg/kg[2004]。水 GV0.02mg/L。

生态效应 山齿鹑急性经口 LD_{50}＞2000mg/kg。野鸭和山齿鹑饲喂 LC_{50}（5d）＞5000mg/kg。鱼毒 LC_{50}（96h，mg/L）：幼虹鳟鱼 0.088，幼大翻车鱼 0.089。水蚤 LC_{50}（48h）0.245mg/L，NOEC（21d）0.051mg/L。月牙藻 EC_{50}（7d）12.2mg/L，NOEC 5.37mg/L。草虾 LD_{50}（96h）

0.64mg/L。蜜蜂 LD_{50}（经口与接触）＞100μg/只。蚯蚓 LC_{50}（14d）＞1000mg/kg 干土，NOEC＜171mg/kg。

环境行为

（1）动物　在动物体内降解和土壤中一样。经口后，在 72h 内 70% 通过尿，15% 通过粪便排出体外。

（2）植物　在植物中降解与土壤中一样。

（3）土壤/环境　可以吸附在土壤中，不易浸出。在土壤中几乎无横向移动。代谢主要涉及氨基的脱烷基、硝基还原成氨基、三氟甲基部分氧化成羧基，随后降解成小的分子碎片。DT_{50} 57～126d。土壤中残留 6～8 个月。实验室内研究表明，在厌氧条件下迅速降解。壤土中 DT_{50}（厌氧）25～59d，DT_{50}（有氧）116～201d，土壤中光解 DT_{50} 41d，水中光解 DT_{50} 0.8h。K_{oc} 4400～40000，K_d 3.75(0.01%o. m. ,pH 6.6)～639(16.9%o. m. ,pH 6.8)。

制剂　24%、48% 乳油，5%、50% 颗粒剂。

主要生产商　ACA、Agrochem、Atanor、Budapest　Chemical、Dintec、Drexel、Makhteshim-Agan、Milenia、Nortox、Nufarm Ltd、Westrade、江苏丰山集团、江苏腾龙集团、青岛瀚生生物科技股份有限公司、山东滨农科技有限公司及山东侨昌化学有限公司等。

作用机理与特点　抑制微管系统（microtubule assembly inhibition）。氟乐灵是通过杂草种子在发芽生长穿过土层过程中被吸收，主要是被禾本科植物的芽鞘、阔叶植物的下胚轮吸收，子叶和幼根也能吸收，但吸收后很少向芽和其他器官传导。出苗后植物的茎和叶不能吸收。进入植物体内影响激素的生成或传递而导致其死亡。药害症状是抑制生长，根尖与胚轴组织显著膨大，幼芽和次生根的形成显著受抑制，受害后植物细胞停止分裂，根尖分生组织细胞变小、厚而扁，皮层薄壁组织中的细胞增大，细胞壁变厚，由于细胞中的液胞增大，细胞丧失活性，产生畸形，单子叶杂草的幼芽如稗草呈"鹅头"状，双子叶杂草下胚轴变粗变短、脆而易折。受害的杂草有的虽能出土，但胚根及次生根变粗，根尖肿大，呈鸡爪状，没有须根，生长受抑制。

应用

（1）适宜作物与安全性　大豆、向日葵、棉花、花生、油菜、马铃薯、胡萝卜、芹菜、番茄、茄子、辣椒、甘蓝、白菜等作物和果园。氟乐灵残效期较长，在北方低温干旱地区可长达10～12 个月，对后茬的高粱、谷子有一定的影响，高粱尤为敏感。瓜类作物及育苗韭菜、直播小葱、菠菜、甜菜、小麦、玉米、高粱等对氟乐灵比较敏感，不宜应用，以免产生药害。氟乐灵饱和蒸气压较高，在棉花地膜苗床使用，一般 48% 氟乐灵乳油每亩用药量不宜超过 80mL，否则易产生药害。氟乐灵在叶菜蔬菜上使用，每亩用药量超过 150mL，易产生药害。用药量过高，在低洼地湿度大、温度低的条件下大豆幼苗下胚轴肿大，生育过程中根瘤受抑制。用量过大不仅会对大豆造成药害，在长期干旱、低温条件下，还会在土壤中残留，危害下茬小麦等作物。

（2）防除对象　稗草、野燕麦、马唐、牛筋草、狗尾草、金狗尾草、千金子、大画眉草、早熟禾、雀麦、马齿苋、藜、萹蓄、繁缕、猪毛菜、蒺藜草等一年生禾本科和小粒种子的阔叶杂草。

（3）应用技术　①春季天气干旱时，应在施药后立即混土镇压保墒。②大豆田播前施用氟乐灵，应在播前 5～7d 施药，以防发生药害。随施药随播种或施药与播种间隔时间过短，对大豆出苗有影响。但在特殊条件下，如为了抢播期，权衡利弊，也可随施药随播种，但需适当增加播种量，施药后深混土，浅播种。③氟乐灵易挥发光解，喷药后应及时拌土 5～7cm 深。不宜过深，以免相对降低药土层中的含药量和增加药剂对作物幼苗的伤害。从施药到混土的间隔时间一般不能超过 8h，否则会影响药效。

（4）使用方法

① 大豆田。施药时期为大豆播前 5～7d 或秋季施药第二年春季播种大豆。秋施药在 10 月上中旬气温降到 5℃ 以下时到封冻前进行。氟乐灵用药量受土壤质地和有机质含量影响而有差异，48% 氟乐灵乳油在土壤有机质含量 3% 以下时，每亩用 60～110mL；土壤有机质含量 3%～5% 时，每亩用 110～140mL；土壤有机质含量 5%～10% 时，每亩用 140～173mL。土壤有机质含量

10%以上，氟乐灵被严重吸附，除草效果下降，需加大用药量但不经济，应改用其他除草剂。土壤质地黏重用高剂量，质地疏松用低用量。防除野燕麦应采用高剂量、深混土的方法，北方亦可秋施，能提高对野燕麦等早春性杂草的除草效果，用药量一般不超过每亩 200mL（有效成分 96g）。为扩大除草谱，还可与其他除草剂混用，如：

每亩用 48%氟乐灵 100～130mL 加 50%丙炔氟草胺 8～12g 或 70%嗪草酮 20～40g。

每亩用 48%氟乐灵 100～170mL 加 80%唑嘧磺草胺 4g。

每亩用 48%氟乐灵 70mL 加 88%灭草猛 100～130mL 加 80%唑嘧磺草胺 2g。

每亩用 48%氟乐灵 70～100mL 加 90%乙草胺 70～80mL 加 48%广灭草 50～65mL 或 50%丙炔氟草胺 8～12g。

每亩用 48%氟乐灵 100mL 加 72%异丙甲草胺 100mL 加 80%唑嘧磺草胺 4g 或 48%异噁草酮 50～60mL 或 70%嗪草酮 20～40g。

② 棉田。直播棉田施药时期为播种前 2～3d，每亩用 48%氟乐灵乳油 100～150mL 兑水 30L，对地面进行常规喷雾，药后立即耙地进行混土处理，拌土深度 5～7cm，以免见光分解。地膜棉田施药时期为耕翻整地以后，每亩用 48%氟乐灵乳油 70～80mL，兑水 30L 左右，喷雾拌土后播种覆膜。移栽棉田施药时期在移栽前，进行土壤处理，剂量和方法同直播棉田。移栽时应注意将开穴挖出的药土覆盖于棉苗根部周围。

③ 蔬菜田。施药时期一般在地块平整后，每亩用 48%氟乐灵乳油 70～100mL，兑水 30L，喷雾或拌土 300kg 均匀撒施上表，然后进行混土，混土深度为 4～5cm，混土后隔天进行播种。直播蔬菜如胡萝卜、芹菜、茴香、香菜、豌豆等，播种前或播种后均可用药。大（小）白菜、油菜等十字花科蔬菜播前 3～7d 施药。移栽蔬菜如番茄、茄子、辣椒、甘蓝、菜花等移栽前后均可施用。黄瓜在移栽缓苗后 15cm 时使用，移栽芹菜、洋葱、老根韭菜缓苗后可用药。以上用药量每亩为 100～145mL。杂草多、土地黏重、有机质含量高的田块在推荐用量范围内用高量，反之用低量。施药后应尽快混土 5～7cm 深，以防光解挥发，降低除草效果。氟乐灵特别适合地膜栽培作物使用，用于地膜栽培时氟乐灵按常量减去 1/3。

上述剂量和施药方法也可供花生、桑园、果园及其他作物使用氟乐灵时参考。氟乐灵亦可与扑草净、嗪草酮等混用以扩大杀草谱。

专利与登记 专利 US3257190 已过专利期。国内登记情况：48%、480g/L 乳油，登记作物为棉花、油菜，防治对象为一年生禾本科杂草和部分阔叶杂草。以色列阿甘化学公司及美国陶氏益农公司分别在中国登记了 96%和 97%原药。意大利易比西公司在中国登记情况见表 75。

表 75　意大利易比西公司在中国登记情况

登记名称	登记证号	含量	剂型	登记作物	防治对象	用药量 /(g/hm²)	施用方法
氟乐灵	PD60-87	480g/L	乳油	棉花	一年生禾本科杂草和部分阔叶杂草	720～1080	喷雾
				大豆	一年生禾本科杂草和部分阔叶杂草	900～1260	喷雾

合成方法　氟乐灵的合成方法主要有两种，反应式如下：

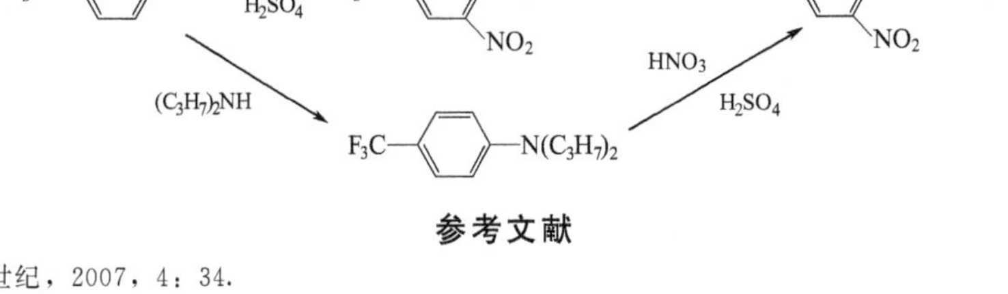

参考文献

[1] 钟和. 农化新世纪，2007，4：34.

氟铃脲 hexaflumuron

$C_{16}H_8Cl_2F_6N_2O_3$，461.1，86479-06-3

氟铃脲(hexaflumuron)，试验代号 XRD-473、DE-473，商品名称 Consult、Recruit Ⅱ、SentriTech、Shatter、盖虫散。是美国陶氏益农公司开发的苯甲酰脲杀虫剂。

化学名称 1-[3,5-二氯-4-(1,1,2,2-四氟乙氧基)-苯基]-3-(2,6-二氟苯甲酰基)脲，1-[3,5-dichloro-4-(1,1,2,2-tetrafluoroethoxy)phenyl]-3-(2,6-difluo-robenzoyl)urea。

理化性质 白色晶体粉末，熔点 202～205℃，沸点＞300℃。蒸气压 5.9×10⁻⁶mPa(25℃)。相对密度 1.68(20℃)。K_{ow} lg$P$＝5.64。Henry 常数 1.01×10⁻⁴ Pa·m³/mol。水中溶解度 0.027mg/L(18℃，pH 9.7)；其他溶剂中溶解度(20℃，g/L)：丙酮 162，乙酸乙酯 100，甲醇 9.9，二甲苯 9.1，庚烷 0.005，乙腈 15，辛醇 2，二氯甲烷 14.6，甲苯 6.4，异丙醇 3.0。33d 内，pH 5 时稳定，pH 7 时水解量＜6%，pH 9 时水解 60%，光解 DT_{50} 6.3d(pH 5.0,25℃)。不易爆、不易氧化，与存储材料不会反应。

毒性 大鼠急性经口 LD_5＞5000mg/kg，兔急性经皮 LD_{50}＞2000mg/kg(24h)。对兔眼和皮肤轻微刺激。对豚鼠皮肤无致敏。大鼠吸入 LC_{50}(4h)＞7.0mg/L。NOEL[mg/(kg·d)]：大鼠(2y)75，狗(1y)0.5，小鼠(1.5y)25。ADI/RfD 值 0.02mg/kg。

生态效应 山齿鹑、野鸭急性经口 LD_{50}＞2000mg/kg，鸟饲喂 LC_{50}(mg/L)：山齿鹑 4786，野鸭＞5200。鱼类 LC_{50}(96h，mg/L)：虹鳟鱼＞0.5，大翻车鱼＞500。水蚤 LC_{50}(48h) 0.0001mg/L，在野外条件下只对水蚤有毒性。羊角月牙藻 EC_{50}(96h)＞3.2mg/L。褐虾 LC_{50}(96h)＞3.2mg/L。蜜蜂 LD_{50}(48h，经口和接触)＞0.1mg/只。蚯蚓 LC_{50}(14d)＞880mg/kg 土。

环境行为 土壤中代谢缓慢，DT_{50} 100～280d(4 种土壤,25℃)。被多种土壤强烈吸附，K_d147～1326，K_{oc}5338～70977。

制剂 50g/L、100g/L 乳油，100g/L 悬浮剂。

主要生产商 Dow AgroSciences、Isochem、大连瑞泽农药股份有限公司、海利尔药业集团、河北威远生物化工股份有限公司及江苏扬农化工集团有限公司等。

作用机理与特点 几丁质合成抑制剂。具有内吸活性的昆虫生长调节剂，通过接触影响昆虫蜕皮和化蛹。对树叶用药，表现出很强的传导性；用于土壤时，能被根吸收并向顶部传输。从室内结果来看，氟铃脲对幼虫活性很高，并且有较高的杀卵活性(经观察,被处理的卵可以进行胚胎发育,而后期有可能表皮和大颚片不能正常几丁质化,以致幼虫不能咬破卵壳,死于卵内)。另外，氟铃脲对幼虫具有一定的抑制取食作用。

应用 本品为杀幼虫剂。以 50～75g/hm² 用量施于棉花和马铃薯以及 10～30g/100L 用量施于水果、蔬菜可防治多种鞘翅目、双翅目、同翅目和鳞翅目昆虫。目前的主要用途是作诱饵，用 5% 的纤维素诱饵矩阵控制地下白蚁。以 25～50g/hm²(棉花)和 10～15g/100L(果树)用量可防治棉花和果树上的鞘翅目、双翅目、同翅目和鳞翅目昆虫。田间试验表明，该杀虫剂在通过抑制蜕皮而杀死害虫的同时，还能抑制害虫吃食速度，故有较快的击倒力。如防治甘蓝小菜蛾、菜青虫等以 15～30g/hm² 喷雾，防治柑橘潜叶蛾以 37.5～50mg/L 喷雾。在 60～120g/hm² 剂量下，可有效防治棉铃虫。在 30～60g/hm² 剂量下，可有效防治多种蔬菜的小菜蛾和菜青虫。以 25～50g/hm² 用量使用，可有效防治柑橘潜叶蛾、对黏虫和甜菜夜蛾等。

(1) 应用技术 ①防治枣树、苹果、梨等果树的金纹细蛾、桃潜蛾、卷叶蛾、刺蛾、桃蛀螟等多种害虫，可在卵孵化盛期或低龄幼虫期用 1000～2000 倍 5％乳油喷洒，药效可维持 20d 以上。②防治柑橘潜叶蛾，可在卵孵化盛期用 1000 倍 5％乳油液喷雾。③防治枣树、苹果等果树的棉铃虫、食心虫等害虫，可在卵孵化盛期或初孵化幼虫入果之前用 1000 倍 5％乳油喷雾。

（2）注意事项 ①对食叶害虫应在低龄幼虫期施药。钻蛀性害虫应在产卵盛期、卵孵化盛期施药。该药剂无内吸性和渗透性，喷药要均匀、周密。②不能与碱性农药混用。但可与其他杀虫剂混合使用，其防治效果更好。③对鱼类、家蚕毒性大，要特别小心。

专利与登记 专利 US4468405 已过专利期。国内登记情况：15％、20％水分散粒剂，5％微乳剂，95％、97％原药，5％乳油，4.5％悬浮剂等，登记作物为棉花、甘蓝和十字花科蔬菜等，防治对象为小菜蛾、甜菜夜蛾和棉铃虫等。美国陶氏益农公司在中国登记了 97％原药及 0.5％饵剂用于防治白蚁。

合成方法 氟铃脲的合成主要有 2 种方法。

参考文献

[1] Proc Int Congr Prot，1983，10th，1：417.
[2] 陈华等. 精细化工中间体，2013，2：20-21.
[3] 宋玉泉等. 农药.1996，35(9)：10-14.

氟硫草定 dithiopyr

$C_{15}H_{16}F_5NO_2S_2$，401.4，97886-45-8

氟硫草定（dithiopyr），试验代号 MON15100、MON7200、RH101664。商品名称 Crab-Buster、Dictran、Dimension、Dynamo、Lifeguard、Scoop。是由孟山都公司研制的、罗门哈斯公司（道农科）开发的吡啶类除草剂。

化学名称 S,S'-二甲基-2-二氟甲基-4-异丁基-6-三氟甲基吡啶-3,5-二硫代甲酸酯，S,S'-dimethyl-2-difluoromethyl-4-isobutyl-6-trifluoromethylpyridine-3,5-dicarbothioate。

理化性质 纯品为无色结晶体，熔点 65℃，蒸气压 0.53mPa(25℃)。分配系数 $K_{ow} \lg P$＝4.75。Henry 常数为 0.153Pa·m³/mol。相对密度 1.41(25℃)。20℃水中溶解度 1.4mg/L。不易水解。水中光解 DT_{50} 17.6～20.6d。

毒性 大鼠、小鼠急性经口 LD_{50}＞5000mg/kg，大鼠、兔急性经皮 LD_{50}＞5000mg/kg，对皮肤无刺激性，对兔眼有微弱刺激。对豚鼠皮肤无致敏性。大鼠急性吸入 LC_{50}(4h)＞5.98mg/L。NOEL：大鼠(2y)≤10mg/L(0.36mg/kg)，狗(1y)≤0.5mg/kg，小鼠(1.5y)3mg/(L·d)。ADI(EPA)0.0036mg/kg。其他：大鼠和小鼠慢性经口摄入不会导致肿瘤的形成。在一系列试验中无致突变和遗传毒性。

生态效应 山齿鹑急性经口 LD_{50}＞2250mg/kg，山齿鹑和野鸭饲喂 LC_{50}(5d)＞5620mg/kg。

鱼 LC_{50}（96h，mg/L）：虹鳟鱼0.5，大翻车鱼和鲤鱼0.7。在虹鳟鱼生命早期阶段的研究中确定，可接受的最大浓度为0.082mg/L。水蚤 LC_{50}（48h）＞1.1mg/L。蜜蜂 LD_{50} 0.08mg/只。蚯蚓 LC_{50}（14d）＞1000mg/kg。

环境行为

（1）动物　在大鼠体内被迅速吸收，广泛地代谢，并迅速排出体外。

（2）土壤/环境　土壤中 DT_{50} 17～61d，取决于剂型种类。主要的土壤代谢产物是二酸、正常的单酸和反向的单酸，这些代谢物本身一年以内几乎完全消除。在土壤中见光稳定。

制剂　乳油、水分散粒剂、颗粒剂、可湿性粉剂。

主要生产商　Dow AgroSciences。

应用　抑制细胞分裂，破坏纺锤体微管的形成。芽前除草剂。苗前和早期出苗后控制一年生禾本科和阔叶杂草的草坪，在0.25～1.0lb/英亩。

专利概况　专利 EP133612、EP448541、EP448544 等均已过专利期，不存在专利权问题。

合成方法　合成如下：

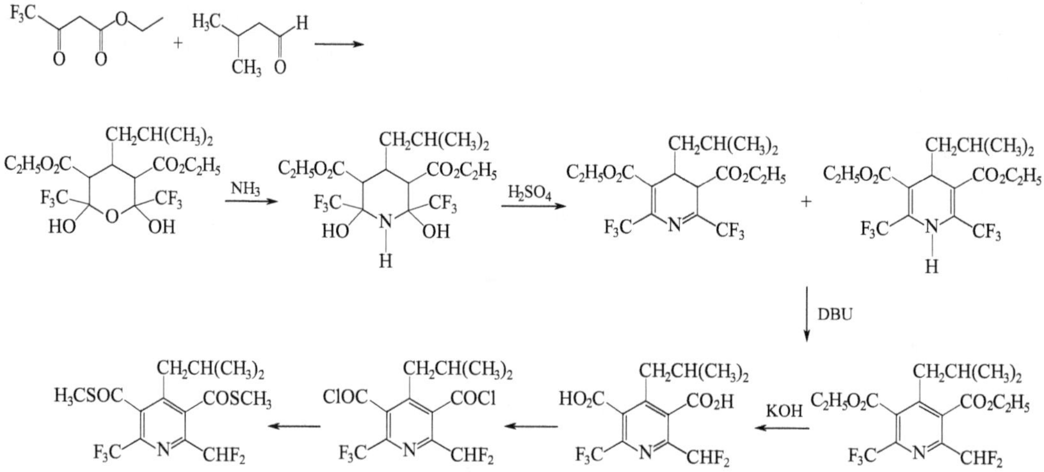

氟氯苯菊酯 flumethrin

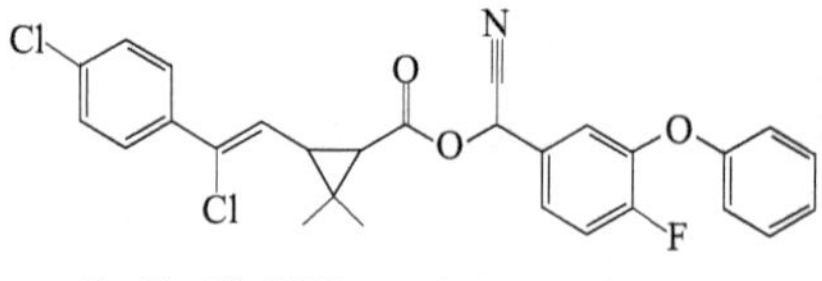

$C_{29}H_{22}Cl_2FNO_2$，510.4，69770-45-2

氟氯苯菊酯（flumethrin），**试验代号**　BAY V16045、BAY Vq1950，**商品名称**　Bayticol、Bayvarol，**其他名称**　氟氯苯氰菊酯、氯苯百治菊酯。是由德国 Bayer AG 开发的杀虫杀螨剂。

化学名称　(RS)-α-氰基-(4-氟-3-苯氧基苯基)-3-[2-氯-2-(4-氯苯基)乙烯基]-2,2-二甲基环丙烷羧酸酯，(RS)-α-cyano-4-fluoro-3-phenoxybenzyl-(1RS,3RS；1RS,3SR)-(EZ)-3-(β,4-dichlorostyryl)-2,2-dimethylcyclopropanecarboxylate 或 (RS)-α-cyano-4-fluoro-3-phenoxybenzyl-(1RS)-cis-trans-(EZ)-3-(β,4-dichlorostyryl)-2,2-dimethylcyclopropanecarboxylate。

理化性质　原药外观为淡黄色黏稠液体，沸点＞250℃。在水中及其他含羟基溶剂中的溶解度很小，能溶于甲苯、丙酮、环己烷等大多数有机溶剂。对光、热稳定，在中性及微酸性介质中稳定，碱性条件下易分解。工业品为澄清的棕色液体，有轻微的特殊气味。相对密度1.013，蒸

气压 $1.33 \times 10^{-8} Pa(20℃)$。常温储存两年无变化。

毒性 雌大鼠急性经口 LD_{50} 584mg/kg，雌大鼠急性经皮 LD_{50} 2000mg/kg。中等毒。ADI（JMPR）0.004mg/kg。对动物皮肤和黏膜无刺激作用。

制剂 外寄生动物喷雾剂(5%)、乳剂(7.5%)、气雾剂(0.0167%)。

主要生产商 江苏扬农化工集团有限公司及 Bayer CropScience 等。

作用机理与特点 作用于害虫的神经系统，通过钠离子通道的作用扰乱神经系统的功能。本品属拟除虫菊酯类农药。主要用于禽畜体外寄生虫的防治，并抑制成虫产卵和抑制卵孵化的活性。对微小牛蜱的 Malchi 品系具有异乎寻常的毒力，比溴氰菊酯的毒力高 50 倍。

应用

(1) 防治对象 适用于牲畜体外寄生动物的防治。用于防治扁虱、刺吸式虱子、痒螨病、皮螨病，治理疥虫。如微小牛蜱、具环方头蜱、卡延花蜱、扇头蜱属、玻眼蜱属的防治，30mg/L 浓度对微小牛蜱的防效达 100%。

(2) 作用方式 本品高效安全，适用于禽畜体外寄生虫的防治，并有抑制成虫产卵和抑制卵孵化的活性，但无击倒作用。曾发现本品的一个异构体(反式-ZⅡ)对微小牛蜱的 Malchi 品系具有异乎寻常的毒力，比顺式的氯氰菊酯和溴氰菊酯的毒力高 50 倍，这可能是本品能用泼浇法成功防治蜱类的一个原因。

(3) 使用方法 以本品 30mg/L 药液喷射或泼浇，即能 100% 防治单寄生的微小牛蜱、具环牛蜱和褐色牛蜱；在 <10mg/L 浓度下能抑制其产卵。用 40mg/L 浓度亦能有效地防治多寄主的希伯来花蜱、彩斑花蜱、附肢扇头蜱和无顶玻眼蜱等，施药后的保护期均在 7d 以上。剂量高过建议量的 30~50 倍，对动物无害。当喷药浓度 ≤200mg/L 时，牛乳中未检测出药剂的残留量。本品还能用于防治羊虱、猪虱和鸡羽螨。

(4) 注意事项 采用一般的注意和防护，可参考其他拟除虫菊酯。

专利与登记 专利 DE2730515、DE2932920、DE2802962、WO9818329、US4350640 均早已过专利期，不存在专利权问题。国内仅登记了 90% 原药。

合成方法 合成如下所示：

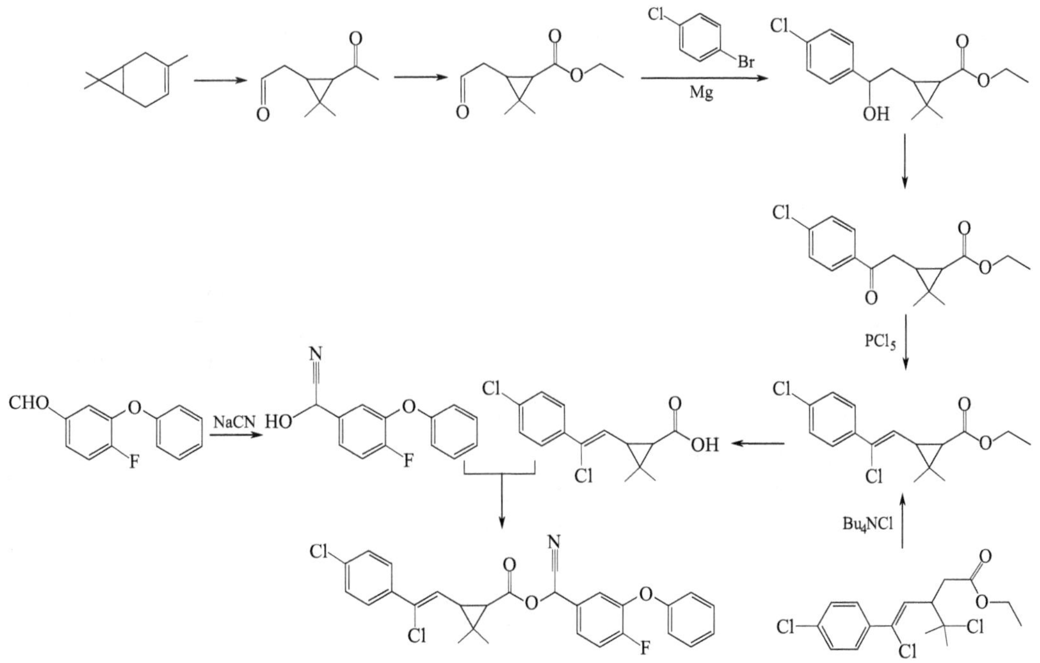

参考文献

[1] Indian Journal of Chemistry：Section B, 1985, 24B(5)：543-6.

[2] Journal of the American Chemical Society，1988，110(10)：3298-300.

[3] 陈小明．广东化工，2012，15：57-58.

氟氯菌核利 fluoroimide

$C_{10}H_4Cl_2FNO_2$，260.1，41205-21-4

氟氯菌核利（fluoroimide），试验代号　MK-23，商品名称　Spartcide，其他名称 fluoromide。是日本三菱公司开发的二甲酰亚胺类杀菌剂，目前由日本农药公司和组合化学公司经销。

化学名称　2,3-二氯-N-4-氟苯基马来酰亚胺或2,3-二氯-N-4-氟苯基丁烯二酰亚胺。2,3-di-chloro-N-4-fluorophenylmaleimide。

理化性质　工业品含量＞95%。纯品为淡黄色结晶，熔点240.5～241.8℃。蒸气压：3.4mPa(25℃)，8.1mPa(40℃)。分配系数$K_{ow}lgP=3.04$(25℃)。相对密度1.691。水中溶解度0.611mg/L(pH 5.4,20℃)。有机溶剂中的溶解度(20℃,g/L)：丙酮17.7，正己烷0.073。温度达50℃能稳定存在。对光稳定。水解DT_{50}：52.9min(pH 3)，7.5min(pH 7)，1.4min(pH 8)。

毒性　大鼠和小鼠急性经口LD_{50}＞15000mg/kg。小鼠急性经皮LD_{50}＞5000mg/kg。大鼠吸入LC_{50}(4h,mg/L空气)：雄0.57，雌0.72。NOEL数据(2y,mg/kg)：雄性大鼠9.28，雌性大鼠45.9。

生态效应　鹌鹑急性吸入LC_{50}＞2000mg/kg饲喂。鲤鱼LC_{50}(mg/L)：(48h)5.6，(96h)2.29。水蚤LC_{50}(3h)13.5mg/L，EC_{50}(48h)5.48mg/L。羊角月牙藻EC_{50}(72h)＞100mg/L。蜜蜂LD_{50}(48h,μg/只)：(经口)＞35.5，(接触)＞66.8。其他有益生物：家蚕安全生存期限＞7d(180g/1000m²)。普通草蛉和伪蹄形藻NOEL＞1500mg/L。

制剂　75%可湿性粉剂。

应用

(1) **适宜作物**　果树如苹果、柑橘、梨，蔬菜如黄瓜、葱、马铃薯，茶、橡胶树等。

(2) **防治对象**　苹果花腐病、黑星病，柑橘溃疡病、树脂病、疮痂病、蒂腐病，梨黑斑病、黑星病、轮纹病，马铃薯晚疫病、番茄晚疫病，黄瓜霜霉病、瓜类白粉病、炭疽病，洋葱灰霉病和霜霉病，茶叶炭疽病和网饼病，橡胶赤衣病(Corticium sp.)等等。

(3) **使用方法**　主要作保护剂使用。茎叶喷雾，使用剂量为2～5kg(a.i.)/hm²。

专利概况　专利JP712681、US3734927等早已过专利期，不存在专利权问题。

合成方法　以对氟苯胺和马来酸酐为原料，经如下反应即可制备目的物：

参考文献

[1] The Pesticide Manual. 15th edition. 2009：537-538.

氟氯氰菊酯 cyfluthrin

$C_{22}H_{18}Cl_2FNO_3$，434.3，68359-37-5，86560-92-1（Ⅰ），86560-93-2（Ⅱ），86560-94-3（Ⅲ），86560-95-4（Ⅳ）

氟氯氰菊酯(cyfluthrin)，试验代号　BAY FCR1272、OMS2012。商品名称　Aztec、Baygon aerosol、Bayofly、Baythroid、Blocus、Bourasque、Decathlon、Hunter、Keshet、Leverage、Luthrate、Renounce、Solfac、Suncyflu、Tempo、Tombstone、Torcaz、Vapcothrin、Zapa、百树德、赛扶宁。其他名称　百树菊酯、百治菊酯、氟氯氰醚菊酯。是由拜耳公司开发的拟除虫菊酯类(pyrethroids)杀虫剂。

化学名称　(RS)-氰基-4-氟-3-苯氧基苄基(1RS,3RS;1RS,3SR)-3-(2,2-二氯乙烯基)-2,2-二甲基环丙烷羧酸酯，(RS)-cyano-4-fluoro-3-phenoxybenzyl(1RS,3RS;1RS,3SR)-3-(2,2-dichlorovinyl)-2,2-dimethylcycl opropanecarboxylate 或 (RS)-cyano-4-fluoro-3-phenoxybenzyl(1RS)-cis-trans-3-(2,2-dichlorovinyl)-2,2-dimethylcyclopro panecarboxylate。

组成　氟氯氰菊酯由四种非对映异构体组成，分别为：Ⅰ：(R)-cyano-4-fluoro-3-phenoxybenzyl(1R)-cis-3-(2,2-dichlorovinyl)-2,2-dimethylcyclopropanecar boxylate＋(S)-，(1S)-cis-，Ⅱ：(S)-，(1R)-cis-＋(R)-，(1S)-cis-，Ⅲ：(R)-，(1R)-trans-＋(S)-，(1S)-trans-，Ⅳ：(S)-，(1R)-trans-＋(R)-，(1S)-trans-。其中非对映异构体Ⅰ为：23%～27%，Ⅱ为17%～21%，Ⅲ为32%～36%，Ⅳ为21%～25%。

理化性质　无色晶体(工业品为棕色油状物或含有部分晶体的黏稠物)，熔点为：(Ⅰ)64℃，(Ⅱ)81℃，(Ⅲ)65℃，(Ⅳ)106℃(工业品为60℃)。沸点>220℃时分解。蒸气压(mPa,20℃)：(Ⅰ)$9.6×10^{-4}$，(Ⅱ)$1.4×10^{-5}$，(Ⅲ)$2.1×10^{-5}$，(Ⅳ)$8.5×10^{-5}$。$K_{ow}lgP$(20℃)：(Ⅰ)6.0，(Ⅱ)5.9，(Ⅲ)6.0，(Ⅳ)5.9。Henry 常数(20℃,Pa·m³/mol)：(Ⅰ)$1.9×10^{-1}$，(Ⅱ)$2.9×10^{-3}$，(Ⅲ)$4.2×10^{-3}$，(Ⅳ)$1.3×10^{-2}$。相对密度 1.28(20℃)。水中溶解度(20℃,μg/L)：异构体Ⅰ，2.5(pH 3)，2.2(pH 7)；异构体Ⅱ，2.1(pH 3)，1.9(pH 7)；异构体Ⅲ，3.2(pH 3)，2.2(pH 7)；异构体Ⅳ，4.3(pH 3)，2.9(pH 7)。其他溶剂中溶解度(20℃,g/L)：异构体Ⅰ，二氯甲烷、甲苯>200，正己烷10～20，异丙醇20～50；异构体Ⅱ，二氯甲烷、甲苯>200，正己烷10～20，异丙醇5～10；异构Ⅲ，二氯甲烷、甲苯>200，正己烷、异丙醇10～20；异构体Ⅳ，二氯甲烷>200，甲苯100～200，正己烷1～2，异丙醇2～5。室温热力学稳定。在水中DT_{50}(22℃,pH 分别为 4、7、9)，非对映异构体Ⅰ：36d，17d，7d；Ⅱ：117d，20d，6d；Ⅲ：30d，11d，3d；Ⅳ：25d，11d，5d。闪点107℃(工业品)。

毒性　大鼠急性经口LD_{50}(mg/kg)：约500(二甲苯)，约900(PEG400)，约20(水/聚氧乙基代蓖麻油)。狗急性经口LD_{50}>100mg/kg。雌和雄大鼠急性经皮LD_{50}(24h)>5000mg/kg。对兔皮肤无刺激作用，对眼睛中度刺激。雌和雄大鼠吸入LC_{50}(4h)为 0.5mg/L 空气(烟雾剂)。NOEL(mg/kg饲料)：大鼠(2y)50(2.5mg/kg)，小鼠(2y)200，狗(1y)160。

生态效应　山齿鹑急性经口LD_{50}>2000mg/kg。鱼类LD_{50}(96h,mg/L)：金黄圆腹亚罗鱼 0.0032，虹鳟鱼 0.00047，大翻车鱼 0.0015。水蚤LC_{50}(48h)0.00016mg/L。羊角月牙藻 E_rC_{50}>10mg/L。对蜜蜂有毒。蚯蚓LC_{50}(14d)>1000mg/kg 干土。

环境行为

(1) 动物　摄入动物体内的氟氯氰菊酯会被快速大量的排出体外，其中有97％的摄入物在48h后通过尿液和粪便排出。

(2) 植物　由于氟氯氰菊酯对植物没有内吸性，不会渗透入植物组织，不会转移到植物的其他部分。

(3) 土壤/环境　氟氯氰菊酯在各种土质中降解很快。在土壤中的淋溶行为很慢。氟氯氰菊酯最终被土壤中的微生物代谢为 CO_2。

制剂　10％可湿性粉剂，43％、57％、50g/L乳油。

主要生产商　Bayer CropScience、Bilag、Sundat、江苏扬农化工集团有限公司、宁波保税区汇力化工有限公司、上海艾农国际贸易有限公司及郑州兰博尔科技有限公司等。

作用机理与特点　神经轴突毒剂，通过与钠离子通道作用可引起昆虫极度兴奋、痉挛、麻痹，最终可导致神经传导完全阻断，也可以引起神经系统以外的其他组织产生病变而死亡。药剂以触杀和胃毒作用为主，无内吸及熏蒸作用。杀虫谱广，作用迅速，持效期长。具有一定的杀卵活性，并对某些成虫有拒避作用。

应用

(1) 适用作物　棉花、小麦、玉米、蔬菜、苹果、柑橘、葡萄、油菜、大豆、烟草、甘薯、马铃薯、草莓、啤酒花、咖啡、茶、苜蓿、橄榄、观赏植物等。

(2) 防治对象　棉铃虫、红铃虫、棉蚜、菜青虫、桃小食心虫、金纹细蛾、小麦蚜虫、黏虫、玉米螟、葡萄果蠹蛾、马铃薯甲虫、蚜虫、尺蠖、烟青虫等。

(3) 残留量与安全施药　5.7％氟氯氰菊酯乳油对棉花每季最多使用次数为2次，安全间隔期为21d。对甘蓝每季最多使用次数为2次，安全间隔期为7d。在棉籽中的残留标准为0.05mg/kg。在甘蓝中的残留标准为0.5mg/kg。

(4) 应用技术　棉花、大豆、蔬菜等作物喷液量每亩人工一般20～50L，拖拉机7～10L，飞机1～3L，根据喷雾器械来确定喷液量。另外，空气相对湿度低用较高喷液量。晴天应选早晚气温低、风小时施药，晴天上午8时至下午5时、空气相对湿度低于65％、气温高于28℃时停止施药。

氟氯氰菊酯可防治对其他杀虫剂已经产生抗性的害虫。对作物上的红蜘蛛等有一定抑制作用，在一般情况下，使用该药剂后，不易引起红蜘蛛等再猖獗。因其对螨类抑制作用小于甲氰菊酯、联苯菊酯和三氟氯氰菊酯，当红蜘蛛已经严重发生时，使用氟氯氰菊酯就不能控制危害，必须使用其他杀螨剂。产品为5％、5.7％乳油(50g/L)。对害虫的毒力与高效氯氰菊酯相当，一般亩用有效成分1～2.5g，即5.7％乳油20～50mL，防治果林害虫用5.7％乳油2000～3000倍液喷雾。

① 棉花害虫。对棉蚜、棉蓟马亩5.7％乳油10～20mL，对棉铃虫、红铃虫、金刚钻、玉米螟等亩30～50mL，兑水喷雾。可兼治其他一些鳞翅目害虫，对红蜘蛛有一定抑制作用。对其他拟除虫菊酯杀虫剂已经产生抗性的棉蚜，使用本剂的防治效果不好。

② 蔬菜害虫。对菜蚜、菜青虫用5.7％乳油2000～3000倍液喷雾。对小菜蛾、斜纹夜蛾、甜菜夜蛾、烟青虫、菜螟等，在3龄幼虫盛发期，用5.7％乳油1500～2000倍液喷雾。对拟除虫菊酯杀虫剂已经产生轻度抗性的小菜蛾，使用本剂时应适当提高药液浓度或停用。

③ 果树害虫。对柑橘潜叶蛾，在新梢初期，用5.7％乳油2500～3000倍液喷雾。可兼治橘蚜。对苹果蠹蛾、袋蛾用5.7％乳油2000～3000倍液喷雾。对梨小食心虫、桃小食心虫，在卵孵化盛期、幼虫蛀果之前，或卵果率在1％左右时，用5.7％乳油1500～2500倍液喷雾。

④ 茶尺蠖、木橑尺蠖、茶毛虫。在2～3龄幼虫盛发期，用5.7％乳油3000～5000倍液喷雾，可兼治茶蚜、刺蛾等。

⑤ 大豆食心虫。在卵孵化盛期或大豆开花结荚期，亩用5.7％乳油30～50mL，兑水喷雾。

⑥ 烟青虫。亩用5.7％乳油20～35mL，兑水喷雾。

⑦ 旱粮作物害虫。对蚜虫、玉米螟、黏虫、地老虎、斜纹夜蛾等，亩用5.7％乳油20～40mL，兑水喷雾。

专利与登记　专利 DE2709264 早已过专利期，不存在专利权问题。国内登记情况：92％、93％、98％原药，10％可湿性粉剂，43％、57％、50g/L 乳油等，登记作物为棉花、甘蓝等，防治对象为菜青虫、棉铃虫、蚜虫等。德国拜耳作物科学公司在中国登记情况见表76。

表76　德国拜耳作物科学公司在中国登记情况

登记名称	登记证号	含量	剂型	登记作物	防治对象	用药量	施用方法
氟氯氰菊酯	PD140-91	50g/L	乳油	棉花	红铃虫 棉铃虫	$24\sim37.5\mathrm{g/hm^2}$	喷雾
氟氯氰菊酯	PD250-98	92％	原药				

合成方法　氟氯氰菊酯可由 3-苯氧基-4-氟苯甲醛与二氯菊酰氯反应而得，关键是二氯菊酸和 3-苯氧基-4-氟苯甲醛的制备。

中间体二氯菊酸的合成方法：

① 模拟法。3-甲基-2-丁烯醇与原乙酸酯在磷酸催化下于 140～160℃缩合，并进行 Claisen 重排，生成 3,3-二甲基-戊烯酸乙酯，再与四氯化碳在过氧化物存在下反应生成 3,3-二甲基-4,6,6,6-四氯己酸乙酯，然后在甲醇钠存在下脱氯化氢，环合生成二氯菊酸乙酯，再经皂化反应生成菊酸。

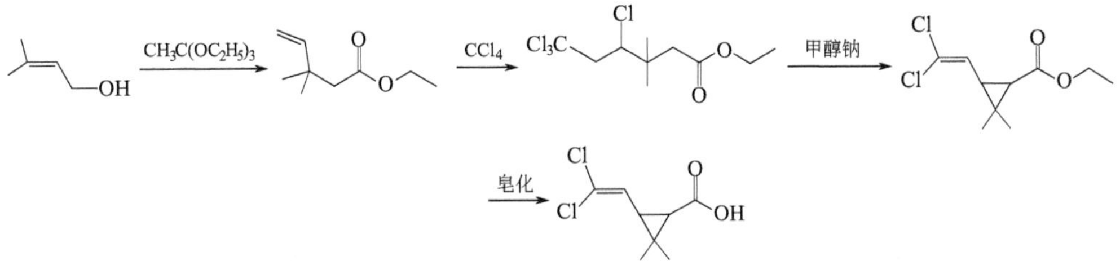

② Farkas 法。三氯乙醛与异丁烯反应生成 1,1,1-三氯-4-甲基-3-戊烯-2-醇和 1,1,1-三氯-4-甲基-4-戊烯-2-醇。该混合物再与乙酸酐反应经乙酰化、再锌粉还原、对甲基苯磺酸催化异构化得到含共轭双键的 1,1-二氯-4-甲基-1,3-戊二烯，再与重氮乙酸乙酯在催化剂存在下反应，生成二氯菊酸酯。

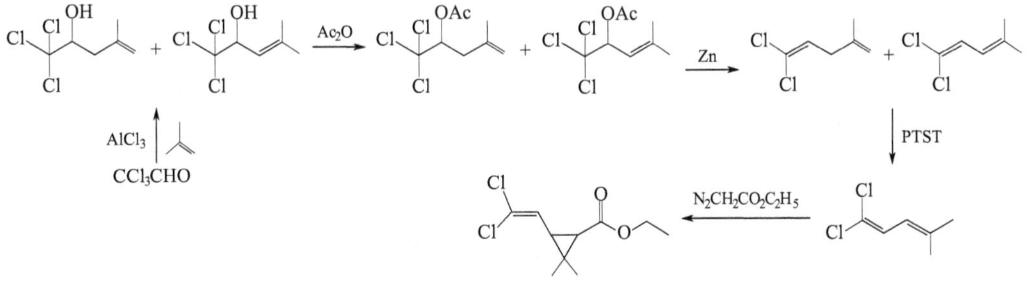

③ Sagami-Kuraray 法。此方法是 Sagami-Kuraray 法与 Farkas 法的结合。

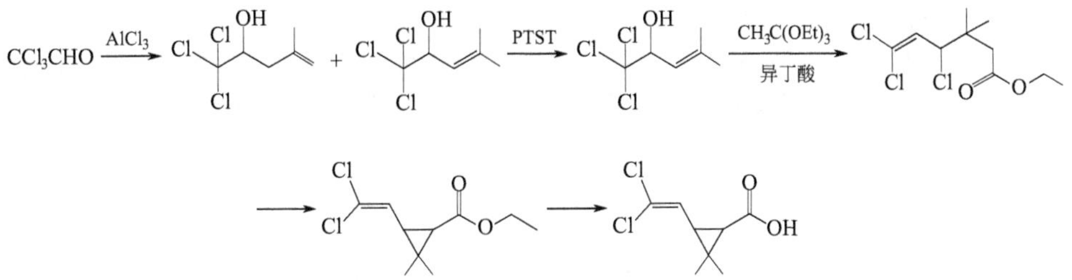

④ 该路线是利用 Witting 试剂与相应的菊酸甲醛衍生物反应，得到二氯菊酸酯，再经皂化反

应得到二氯菊酸。

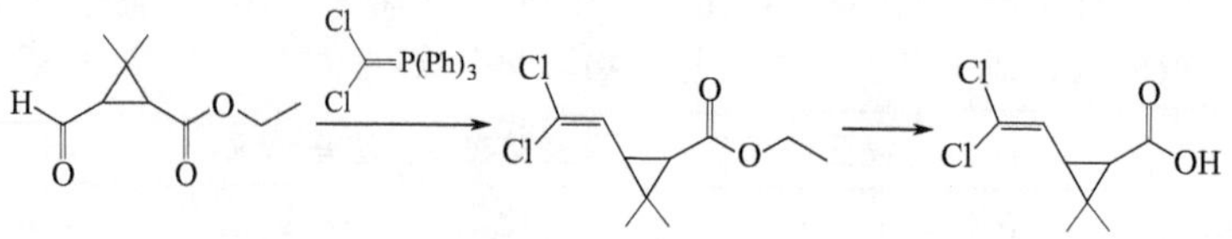

3-苯氧基-4-氟苯甲醛的制备有三条路线，分别以氟苯、4-甲基苯胺、4-甲基氯苯为起始原料，其中以 4-甲基苯胺为原料路线较简便：

① 以氟苯为原料：

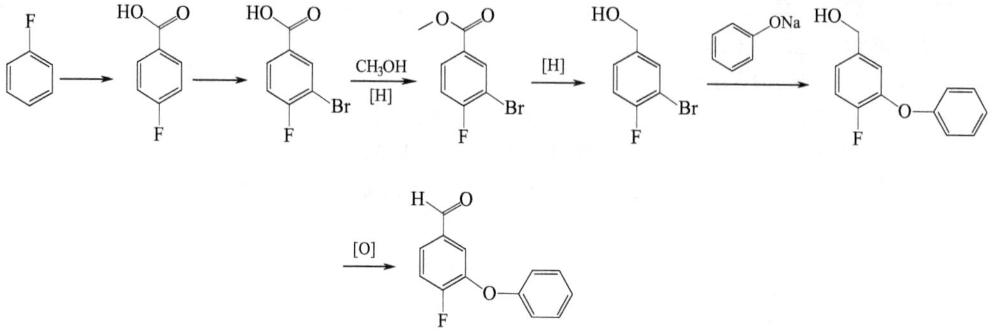

② 以对甲苯胺为原料：

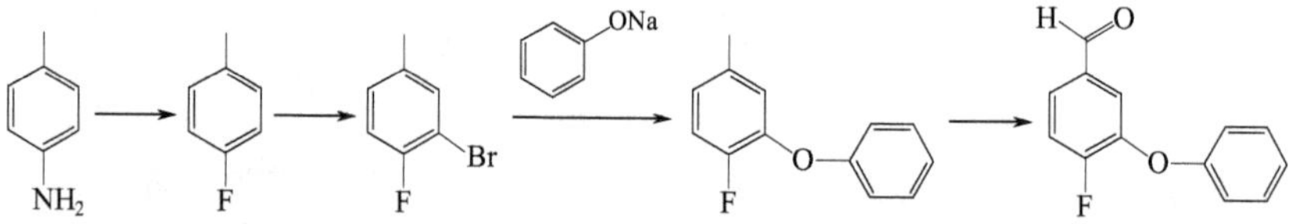

③ 以 4-甲基氯苯为原料：

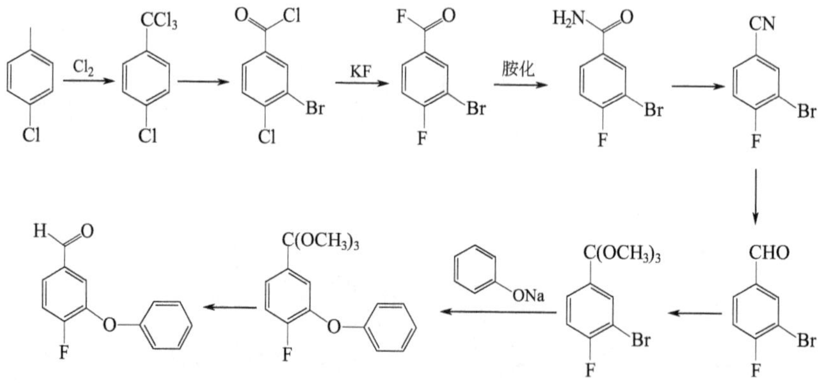

氟氯氰菊酯的合成：

方法1：将二氯菊酰氯和 3-苯氧基-4-氟苯甲醛在 20～25℃下滴加到氰化钠、水、正己烷及相转移催化剂四丁基溴化铵的混合物中，然后混合物在室温下反应 4h，经常规处理得到氟氯氰菊酯，收率 76%。

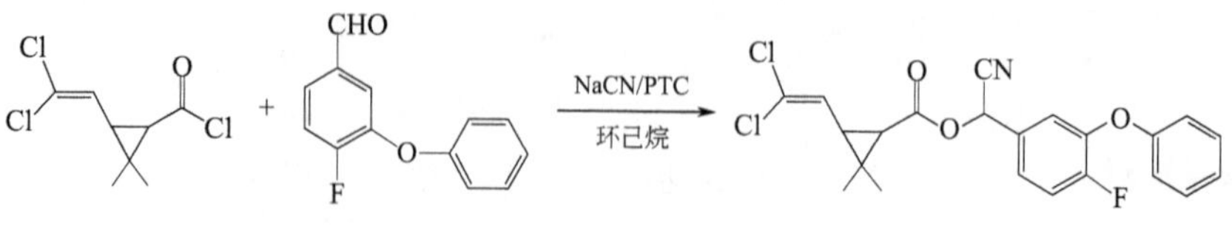

方法 2：3-苯氧基-4-氟苯甲醛和亚硫酸氢钠反应得到相应的磺酸钠盐，再与氰化钠及二氯菊酰氯反应，制得氟氯氰菊酯，收率95%。

参考文献

[1] 李应福等. 安徽化工，1990，2：9-11.

高效氟氯氰菊酯 *beta*-cyfluthrin

$C_{22}H_{18}Cl_2FNO_3$，434.3，68359-37-5，86560-92-1（Ⅰ），86560-93-2（Ⅱ），86560-94-3（Ⅲ），86560-95-4（Ⅳ）

高效氟氯氰菊酯（*beta*-cyfluthrin），试验代号　FCR4545（Bayer）、OMS3051。商品名称 Batnook、Bulldock、Responsar、Chinook、Enduro、Monarca、Temprid、Modesto、Baythroid XL、Beta-Baythroid、Cajun、Ducat、Full。是拜耳公司开发的拟除虫菊酯类杀虫剂。

　　化学名称　（S）-α-氰基-4-氟-3-苯氧苄基（1R）-*cis*-3-（2,2-二氯乙烯基）-2,2-二甲基环丙烷羧酸酯（Ⅰ）、（R）-α-氰基-4-氟-3-苯氧苄基（1S）-*cis*-3-（2,2-二氯乙烯基）-2,2-二甲基环丙烷羧酸酯（Ⅱ）、（S）-α-氰基-4-氟-3-苯氧苄基（1R）-*trans*-3-（2,2-二氯乙烯基）-2,2-二甲基环丙烷羧酸酯（Ⅲ）和（R）-α-氰基-4-氟-3-苯氧苄基（1S）-*trans*-3-（2,2-二氯乙烯基）-2,2-二甲基环丙烷羧酸酯（Ⅳ）。（S）-α-cyano-4-fluoro-3-phenoxybenzyl（1R）-*cis*-3-（2,2-dichlorovinyl）-2,2-dimethylcyclopropane carboxylate（Ⅰ）和（R）-α-cyano-4-fluoro-3-phenoxybenzyl（1S）-*cis*-3-（2,2-dichlorovinyl）-2,2-dimethylcyclopropanecarboxylate（Ⅱ）；（S）-α-cyano-4-fluoro-3-phenoxybenzyl（1R）-*trans*-3-（2,2-dichlorovinyl）-2,2-dimethylcyclopropanecarboxylate（Ⅲ）和（R）-α-cyano-4-fluoro-3-phenoxybenzyl（1S）-*trans*-3-（2,2-dichlorovinyl）-2,2-dimethylcyclopropanecarboxylate（Ⅳ），比例为1：2。

　　组成　高效氟氯氰菊酯含有两对对应异构体。工业品中Ⅰ含量＜2%，Ⅱ含量为30%～40%，Ⅲ含量＜3%，Ⅳ含量为53%～67%。

　　理化性质　纯品外观为无色无臭晶体，工业品为有轻微气味的白色粉末，熔点：（Ⅱ）81℃，（Ⅳ）106℃。分解温度＞210℃。蒸气压（20℃）：（Ⅱ）$1.4×10^{-5}$ mPa，（Ⅳ）$8.5×10^{-5}$ mPa。$K_{ow}lgP$（20℃）：（Ⅱ）5.9，（Ⅳ）5.9。Henry 常数（20℃，Pa·m³/mol）：$3.2×10^{-3}$（Ⅱ），$1.3×10^{-2}$（Ⅳ）。密度为1.34g/cm³（22℃）；水中溶解度（20℃，pH 7，μg/L）：（Ⅱ）1.9，（Ⅳ）2.9；（Ⅱ）在其他溶剂中溶解度（20℃，g/L）：正己烷10～20，异丙醇5～10。在 pH 4、7时稳定，pH 9时迅速分解。

　　毒性　急性经口 LD_{50}（mg/kg）：大鼠380（在聚乙二醇中），211（在二甲苯中）；雄小鼠91，雌小鼠 165。大鼠急性经皮 LD_{50}（24h）＞5000mg/kg。对皮肤无刺激，对兔眼睛有轻微刺激，对豚鼠皮肤无致敏。大鼠吸入 LC_{50}（4h，mg/L）：0.1（气雾），0.53（粉尘）。NOEL（90d，mg/kg 饲料）：大鼠 125，狗 60。ADI：（JMPR）0.04mg/kg［2006，2007］；（EC）0.003mg/kg［2003］；（Bayer）0.02mg/kg［1994］。

生态效应 日本鹌鹑急性经口 LD_{50}＞2000mg/kg。鱼类 LC_{50}（96h，ng/L）：虹鳟鱼 89，大翻车鱼 280。水蚤 EC_{50}（48h）0.3μg/L。羊角月牙藻 E_rC_{50}＞0.01mg/L，蜜蜂 LD_{50}＜0.1μg/只，蚯蚓 LC_{50}＞1000mg/kg。

环境行为

（1）动物 高效氟氯氰菊酯会迅速并大量降解，98％的高效氟氯氰菊酯会在 48h 后经尿液、粪便降解掉。

（2）植物 高效氟氯氰菊酯不会作用在整个植物生态系统，它只会微弱地渗透到特定植物的器官，并且浓度非常低，完全可以忽略，更重要的是它不会转移到其他植物中去。

（3）土壤/环境 在不同的土壤中都会迅速降解。代谢产物易被微生物进一步降解成 CO_2。

制剂 1.25％、2.5％、7.5％悬浮剂，1.3％、2.5％、2.8％乳油。

主要生产商 Bayer CropScience、安徽华星化工股份有限公司、宁波保税区汇力化工有限公司、江苏扬农化工集团有限公司及上海艾农国际贸易有限公司等。

作用机理 一种合成的拟除虫菊酯类杀虫剂，具有触杀和胃毒作用，无内吸作用和渗透性。本品杀虫谱广，击倒迅速，持效期长，除对咀嚼式口器害虫如鳞翅目幼虫或鞘翅目的部分甲虫有效外，还可用于刺吸式口器害虫，如梨木虱的防治。若将药液直接喷洒在害虫虫体上，防效更佳。植物对高效氟氯氰菊酯有良好的耐药性。该药为神经轴突毒剂，可以引起昆虫极度兴奋、痉挛与麻痹，还能诱导产生神经毒素，最终导致神经传导阻断，也能引起其他组织产生病变。

应用

（1）适用作物 棉花、小麦、玉米、蔬菜、番茄、苹果、柑橘、葡萄、油菜、大豆、烟草、观赏植物等。

（2）防治对象 棉铃虫、棉红铃虫、菜青虫、桃小食心虫、金纹细蛾、小麦蚜虫、甜菜夜蛾、黏虫、玉米螟、葡萄果蠹蛾、马铃薯甲虫、蚜虫、烟青虫等。

（3）应用技术 可见表77。

表77 高效氟氯氰菊酯的应用技术

作物	害虫	施药量及操作
棉花	棉铃虫	棉田一代棉铃虫发生期，一类棉田百株卵量超过 200 粒或低龄幼虫 35 头，一般棉田百株卵量 80～100 粒，低龄幼虫 10～15 头时即应防治。棉田三代棉铃虫发生时，当卵量突然上升或百株幼虫 8 头时进行防治。每亩用 2.5％高效氟氯氰菊酯乳油 25～35mL（a.i.0.63～0.88g），兑水喷雾
	棉红铃虫	防治棉红铃虫主要是压低虫源基数，重点在防治第二、三代红铃虫，通常要连续施药 3～4 次，间隔 10～15d 喷 1 次。每亩用 2.5％高效氟氯氰菊酯乳油 25～35mL（a.i.0.63～0.88g），兑水喷雾
蔬菜	菜青虫	平均每株甘蓝有 1 头即应进行防治。用 2.5％高效氟氯氰菊酯乳油每亩 26.8～33.2mL（a.i.0.67～0.83g），兑水喷雾
	潜叶蛾	在成虫盛期或卵盛期用药。用 2.5％高效氟氯氰菊酯乳油 1500～2000 倍液或每 100L 水加 2.5％高效氟氯氰菊酯 50～66.7mL（a.i.12.5～16.7mg/L）喷雾
果树	桃小食心虫	根据中国国家质量标准局颁布实施的桃小食心虫防治指标进行防治。用 25％高效氟氯氰菊酯乳油 2000～4000 倍液或每 100L 水加 2.5％高效氟氯氰菊酯 25～50mL（a.i.6.25～12.5mg/L）喷雾
小麦	蚜虫	在主要进行穗期蚜虫防治的地区，在小麦扬花灌浆期，百株蚜量 500 头以上（麦长管蚜为主），或 4000 头（禾缢管蚜为主）以上时进行防治。每亩用 25％高效氟氯氰菊酯乳油 16.7～20mL（a.i.0.42～0.5g），兑水喷雾

棉花、小麦、蔬菜喷液量每亩人工 20～50L，拖拉机 7～10L，飞机 1～3L。施药应选早晚风小气温低时进行。晴天上午 8 时至下午 5 时、空气相对湿度低于 65％、气温高于 28℃时应停止施药。

（4）中毒解救　在动物试验中，大剂量可引起 CS 综合征（舞蹈手足徐动症和流涎），当接触较高浓度的药剂时，可引起呼吸道黏膜感觉异常和兴奋，但常规剂量下不会引起不适。目前，尚无特效药进行治疗。若药剂溅入眼睛，应用大量清水冲洗。出现中毒症状时，应迅速脱去被污染的衣服，用肥皂和清水冲洗被污染皮肤，并尽快送医院就医。若与有机磷农药共同中毒，应先解决有机磷农药中毒问题。

（5）注意事项　①喷药时应将药剂喷洒均匀。②不能与碱性药剂混用，不能在桑园、养蜂场或河流、湖泊附近使用。③菊酯类药剂是负温度系数药剂，即温度低时效果好，因此，应在温度较低时用药。④药剂应储藏在儿童接触不到的通风、凉爽的地方，并加锁保管。⑤喷药时应穿防护服，向高处喷药时应戴风镜。喷药后应尽快脱去防护服，并用肥皂和清水洗净手、脸。⑥目前，尚未制定高效氯氟氰菊酯的安全合理使用准则，但可参考氟氯氰菊酯（百树得）的指标，其规定在棉花上每季最多使用 2 次，安全间隔期为 21d，在棉籽中的最高残留限量（MRL 值）为 0.05mg/kg。

专利与登记　专利 DE2709264 早已过专利期，不存在专利权问题。

国内登记情况：95％原药，1.25％、2.5％、7.5％悬浮剂，1.3％、2.5％、2.8％乳油等，登记作物为辣椒、小麦、茶树、番茄等，防治对象为白粉虱、蚜虫、茶小绿叶蝉、棉铃虫等。德国拜耳公司、瑞士先正达作物保护有限公司在中国登记情况见表78、表79。

表 78　德国拜耳公司在中国登记情况

登记名称	登记证号	含量	剂型	登记作物	防治对象	用药量	施用方法
高效氟氯氰菊酯	PD20060025	25g/L	乳油	甘蓝	菜青虫	10～15g/hm²	喷雾
				苹果树	金纹细蛾	12.5～16.7mg/kg	
					桃小食心虫	8.3～12.5mg/kg	
				棉花	红铃虫	11.25～18.75g/hm²	
					棉铃虫	11.25～18.75g/hm²	
高效氟氯氰菊酯	PD20060024	95％	原药				

表 79　瑞士先正达作物保护有限公司在中国登记情况

登记名称	登记证号	含量	剂型	登记作物	防治对象	用药量/(g/hm²)	施用方法
氯虫·高氯氟	LS20100082	高效氯氟氰菊 4.7％，氯虫苯甲酰胺 9.3％	微囊悬浮剂	番茄	棉铃虫	22.5～45	喷雾
					蚜虫		
				辣椒	蚜虫		
					烟青虫		
噻虫·高氯氟	LS20091353	高效氯氟氰菊 9.4％，噻虫嗪 12.6％	微囊悬浮剂	辣椒	白粉虱	18.53～37.05	喷雾
				小麦	蚜虫	14.82～22.23	
				棉花	棉铃虫	18.53～37.05	
					棉蚜	18.53～37.05	
				甘蓝	菜青虫	18.53～37.05	
					蚜虫	18.53～37.05	
				茶树	茶尺蠖	14.82～22.23	
					茶小绿叶蝉	14.82～22.23	

合成方法　高效氟氯氰菊酯可由 3-苯氧基-4-氟苯甲醛与二氯菊酰氯反应而得，关键是 3-苯氧基-4-氟苯甲醛的制备。3-苯氧基-4-氟苯甲醛的制备有三条路线：

（1）以氟苯为原料

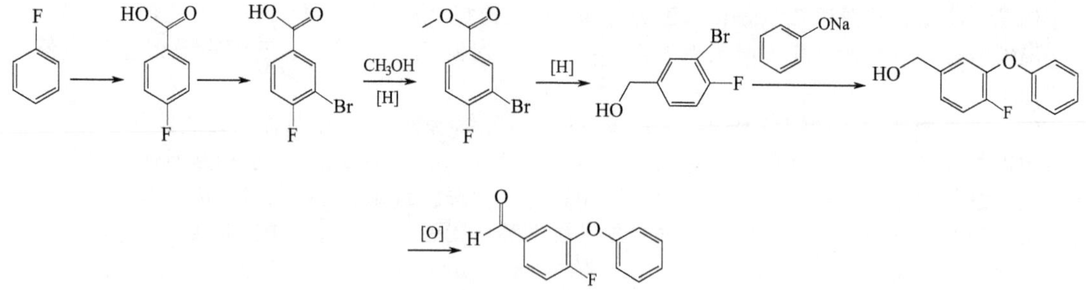

（2）以对甲苯胺为原料

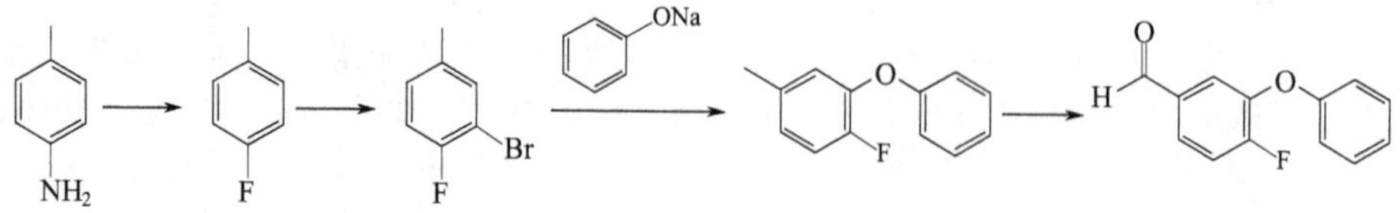

（3）以对氯甲苯为原料

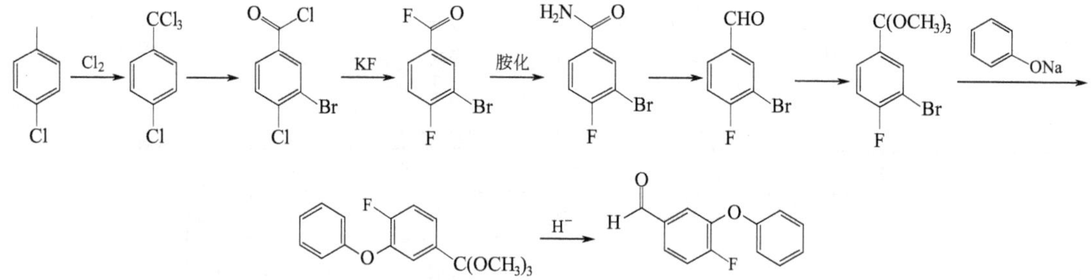

高效氟氯氰菊酯的合成：

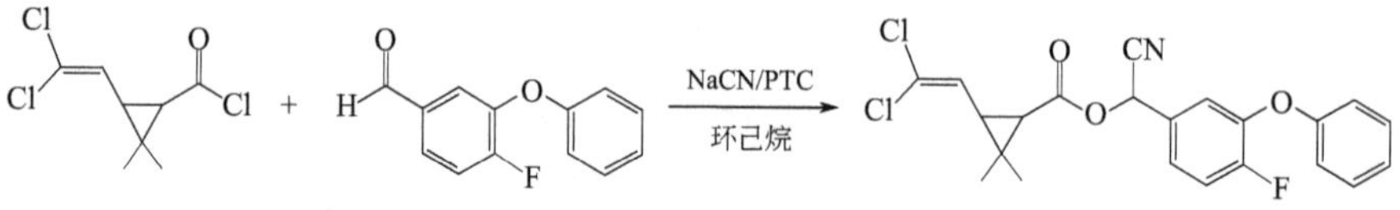

氟吗啉 flumorph

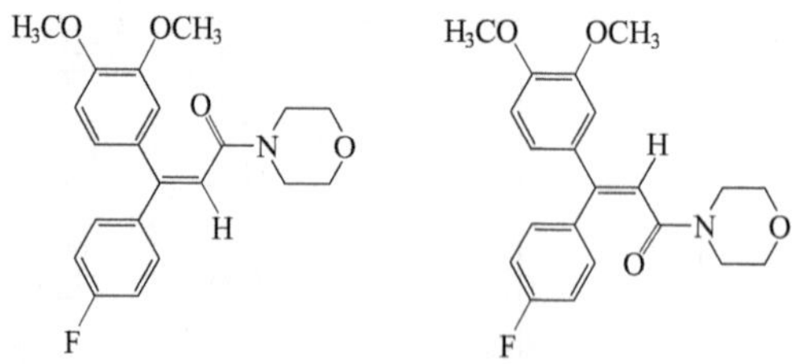

$C_{21}H_{22}FNO_4$，371.4，211867-47-9

氟吗啉(flumorph)，试验代号 SYP-L190，商品名 灭克。是 1994 年沈阳化工研究院刘长令等创制、开发的我国第一个具有自主知识产权的创制杀菌剂，第一个创制的含氟农药品种，也是我国第一个获得美国、欧洲发明专利的、第一个获得世界知识产权组织和中国知识产权局授予的发明专利奖金奖的、第一个获准正式登记并产业化的、第一个获得 ISO 通用名称的、第一个在国外登记销售的创新农药品种。

化学名称　(E,Z)-4-[3-(4-氟苯基)-3-(3,4-二甲氧基苯基) 丙烯酰] 吗啉或 (E,Z)-3-(4-氟苯基)-3-(3,4-二甲氧基苯基)-1-吗啉基丙烯酮。4-[3-(3,4-dimethoxyphenyl)-3-(4-fluorophenyl)acryloyl] morpholine。

理化性质　本品是 (Z)-和 (E)-同分异构体各占 50% 的混合物。原药为棕色固体。纯品为无色晶体，熔点 110～115℃。$K_{ow}\lg P=2.20$。易溶于丙酮和乙酸乙酯。在正常条件下(20～40℃)耐水解和光解，对热稳定。

毒性　大鼠急性经口 LD_{50}(mg/kg)：＞2710(雄)，＞3160(雌)。大鼠急性经皮 LD_{50}＞2150mg/kg(雄、雌)。对兔皮肤和兔眼睛无刺激性。无致畸、致突变、致癌作用。NOEL 数据[2y,mg/(kg·d)]：雄大鼠 63.64，雌大鼠 16.65。

生态效应　日本鹌鹑急性经口 LD_{50}(7d)＞5000mg/kg。鲤鱼 LD_{50}(96h)45.12mg/L。蜜蜂 LD_{50}(24h,接触)170μg/只，蚕 LC_{50}＞10000mg/L。

环境行为　大鼠经喂药后，有大于 90% 的经同位素标示的产品以尿和粪便的形式排出体外。

制剂　50%、60% 可湿性粉剂，35% 烟剂等。

主要生产商　沈阳科创化学品有限公司。

作用机理　通过抑制卵菌细胞壁的形成而起作用。因氟原子特有的性能如模拟效应、电子效应、阻碍效应、渗透效应，所以含有氟原子的氟吗啉的防病杀菌效果倍增，活性显著高于同类产品。

试验结果表明，氟吗啉具有治疗活性高、抗性风险低、持效期长、用药次数少、农用成本低、增产效果显著等特点。通常顺反异构体组成的化合物如烯酰吗啉仅有一个异构体(顺式)有活性(文献报道烯酰吗啉结构中顺反异构体在光照下可互变，均变为 80% 有效体)；而氟吗啉结构中顺反两个异构体均有活性，不仅对孢子囊萌发的抑制作用显著，且治疗活性突出。氟吗啉对甲霜灵产生抗性的菌株仍有很好的活性。杀菌剂持效期通常为 7～10d，推荐用药间隔时间为 7d 左右；氟吗啉持效期为 16d，推荐用药间隔时间为 10～13d。由于持效期长，在同样生长季内用药次数减少；因用药次数少，不仅减少劳动量，而且降低农用成本；测产试验表明，在降低农用成本的同时，增产增收效果显著。在大田试验中黄瓜霜霉病发病率高达 80%，使用氟吗啉两次病情基本得到抑制，并有较好收成。

应用

(1) 适用作物与安全性　葡萄、板蓝根、烟草、啤酒花、谷子、花生、大豆，马铃薯、番茄、黄瓜、白菜、南瓜、甘蓝、甜菜、大蒜、大葱、辣椒及其他蔬菜，橡胶、柑橘、鳄梨、菠萝、荔枝、可可、玫瑰、麝香石竹等。推荐剂量下对作物安全、无药害。对地下水、环境安全。

(2) 防治对象　氟吗啉主要用于防治卵菌纲病原菌产生的病害如霜霉病、晚疫病、霜疫病等，具体的如黄瓜霜霉病、葡萄霜霉病、白菜霜霉病、番茄晚疫病、马铃薯晚疫病、辣椒疫病、荔枝霜疫霉病、大豆疫霉根腐病等。

(3) 使用方法　氟吗啉为新型高效杀菌剂，具有很好的保护、治疗、铲除、渗透、内吸活性，治疗活性显著。主要用于茎叶喷雾。通常使用剂量为 50～200g(a.i.)/hm²；其中作为保护剂使用时，剂量为 50～100g(a.i.)/hm²；作为治疗剂使用时，剂量为 100～200g(a.i.)/hm²。

专利与登记

专利名称　含氟二苯基丙烯酰胺类杀菌剂

专利号　CN1167568　专利申请日　1996-08-21

专利拥有者　沈阳化工研究院

在其他国家申请的化合物专利：DE69718288、EP860438、ES2189918、US6020332 等。

国内登记情况：25% 氟吗·唑菌酯悬浮剂、60% 锰锌·氟吗啉可湿性粉剂、95% 氟吗啉原药、50% 锰锌·氟吗啉可湿性粉剂、50% 氟吗·乙铝可湿性粉剂、50% 氟吗·乙铝水分散粒剂、20% 氟吗啉可湿性粉剂，登记作物为黄瓜、辣椒、番茄、马铃薯、葡萄、烟草、荔枝，防治对象为霜霉病、疫病、晚疫病、黑胫病、霜疫霉病等。

合成方法　氟吗啉可通过如下方法制备：

参考文献

[1] 刘武成. 农药, 2002, 1: 8-11.

[2] 刘长令. 世界农药, 2005, 6: 48-49.

[3] The Pesticide Manual. 15th edition: 531-532.

[4] Proceedings of the Brighton Crop Protection Conference: Pests and diseases. 2000: 549.

氟螨脲 flucycloxuron

$C_{25}H_{20}ClF_2N_3O_3$, 483.9, 113036-88-7, 94050-52-9(E), 94050-53-0(Z)

氟螨脲(flucycloxuron), 试验代号 DU-319722、OMS-3041、pH-7023、UBI-A1335, 商品名称 Andalin, 其他名称 氟环脲。是 Duphar B. V. (现属科聚亚公司)生产的苯甲酰脲类杀虫杀螨剂。

化学名称 1-[(4-氯-环丙基苯亚甲基胺-氧)-对甲苯基]-3-(2,6-二氟苯甲酰基)脲, 1-[(4-chloro-cyclopropylbenzylideneamino-oxy)-p-tolyl]-3-(2,6-difluorobenzoyl)urea。

组成 50%～80%(E)-异构体, 50%～20%(Z)-异构体。

理化性质 白色或淡黄色晶体, 熔点143.6℃[(E)-、(Z)-混合物]。蒸气压5.4×10^{-5}mPa(25℃)[(E)-、(Z)-混合物]。$K_{ow}\lg P=6.97$[(E)-异构体], 6.90[(Z)-异构体]。Henry 常数2.6×10^{-2}Pa·m^3/mol(25℃)。(E)-、(Z)-异构体混合物的溶解度: 水<1μg/L(20℃); 有机溶剂(20℃, g/L): 环己烷0.2, 二甲苯3.3, 乙醇3.8, N-甲基吡咯烷酮940。在50℃时24h后分解<2%; 在pH 5、7或9时不分解; 光解DT_{50}为18d。

毒性 大鼠急性经口LD_{50}>5000mg/kg, 大鼠急性经皮LD_{50}>2000mg/kg, 对兔皮肤没有刺激, 对眼睛中度刺激。大鼠吸入LC_{50}(4h)>3.3mg/L 空气。大鼠 NOAEL(mg/kg 饲料): (2y) 120, (两代饲喂)200。无三致。

生态效应 野鸭急性经口LD_{50}>2000mg/kg, 对野鸭和山齿鹑饲喂LC_{50}(8d)>6000mg/kg 饲料。大翻车鱼和虹鳟鱼LC_{50}(96h)>100mg/L。水蚤LC_{50}(48h)0.27μg/L。羊角月牙藻 NOEC >2.2μg/L。对蜜蜂低毒, LD_{50}>100μg/只(接触)。蚯蚓EC_{50}(14d)>1000mg/kg 土。对捕食性螨类有轻微毒性。

环境行为

(1) 动物 在动物胃肠内很难被吸收, 主要以母体化合物的形式被代谢。少量被吸收的药品代谢成2,6-二氟苯甲酸和N-(4-甲酸基苯基)-N'-(2,6-二氟苯甲酰基)脲, 这些化合物以尿的形式排出。

(2) 植物 不能被植物体吸收和传导。

(3) 土壤/环境 可与土壤通过土壤/腐植酸强烈吸附在一块, 在土壤中近乎无流动性, DT_{50}0.25～0.5y。

制剂 25%水分散性乳剂。

作用机理与特点 主要为触杀作用。本品为几丁质合成抑制剂, 能阻止昆虫体内的氨基葡萄糖形成几丁质, 干扰幼虫或若虫脱皮, 使卵不能孵化或孵出的幼虫在一龄期死亡。非内吸性的杀螨杀虫剂，能阻止螨类、昆虫的蜕皮过程。它只对卵和幼虫有活性，对成螨、成虫无活性。

应用

（1）适用作物 苹果、甘蓝等作物。

（2）防治对象 本品属苯甲酰脲类杀螨、杀虫剂，可有效防治各种水果作物、蔬菜和观赏性植物上的苹刺瘿螨、榆全爪螨和麦氏红叶螨的卵和幼虫（对成虫无效），以及普通红叶螨若虫，也可以防治某些害虫的幼虫，其中有大豆夜蛾、菜粉蛾和甘蓝小菜蛾。还能很好地防治梨果作物上的苹果小卷叶蛾、潜叶蛾和某些卷叶虫及观赏性植物上的害虫。

（3）使用剂量 杀螨使用剂量 0.01%～0.015% 有效成分；杀虫使用剂量 125～150g/hm²。由于氟螨脲有相对好的选择性，可以集中防治一类害虫。对水果作物上螨类的控制推荐剂量为 0.01%～0.015%g(a.i.)/hm²。在相同剂量下，还能很好地防治梨果作物上的苹果小卷叶蛾、潜叶蛾和某些卷叶虫。对观赏性植物上害虫的防治，选择剂量要相对低一点。在葡萄上使用推荐剂量为 125～150g/hm²。

专利概况 专利 EP117320 早已过专利期，不存在专利权问题。

合成方法 以对氯苯为原料，制得对氯苯基丙烷基酮。再与羟胺反应，得到相应的肟，该肟与 4-硝基苄基溴反应，得到取代的硝基苯，并经还原得到相应的胺，最后与 2,6-二氟苯甲酰基异氰酸酯反应，即制得本品。反应式如下：

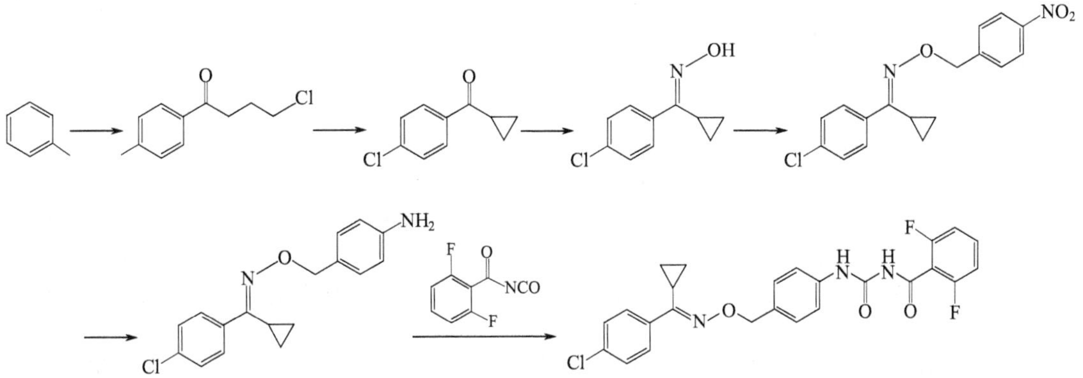

参考文献

［1］彭佳佳等. 桂林理工大学学报，2011，1：118-122.

氟螨嗪 diflovidazin

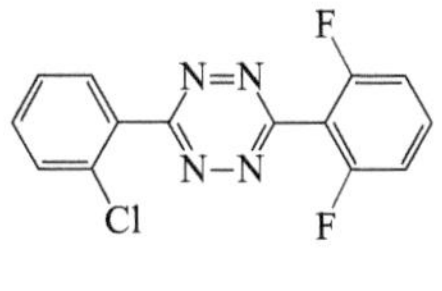

$C_{14}H_7ClF_2N_4$，304.7，162320-67-4

氟螨嗪（diflovidazin），试验代号 SZI-121，商品名称 Flumite，其他名称 flufenzine，是由匈牙利的 Chinion 公司于 20 世纪 90 年代初开发出来的四嗪类杀螨剂。

化学名称 3-(2-氯苯基)-6-(2,6-二氟苯基)-1,2,4,5-四嗪，3-(2-chlorophenyl)-6-(2,6-difluorophenyl)-1,2,4,5-tetrazine。

组成 含量≥97.5%。

理化性质 纯品为洋红色结晶，熔点（185.4±0.1）℃。沸点（211.2±0.05）℃。蒸气压小于 $1×10^{-2}$mPa（25℃）。$K_{ow}lgP=3.7±0.07$（20℃）。相对密度 1.574±0.010。水中溶解度（0.2±

0.03）mg/L；其他溶剂中溶解度（20℃，g/L）：丙酮 24，甲醇 1.3，正己烷 168。在光或空气中稳定，高于熔点时会分解。在酸性条件下稳定，但是 pH ＞7 时会水解。DT_{50} 60h（pH 9，25℃，40%乙腈）。在甲醇、丙酮、正己烷中稳定。闪点为 425℃（封闭）。

毒性 大鼠急性经口 LD_{50}（mg/kg）：雄鼠 979，雌鼠 594。雌、雄大鼠急性经皮 LD_{50} ＞2000mg/kg。大鼠吸入 LC_{50} ＞5000mg/m³。对兔皮肤无刺激，对兔眼睛轻微刺激。NOEL[mg/（kg·d）]：大鼠（2y，致癌性，喂食）9.18，狗（3 个月，致癌性，喂食）10，狗（28d，皮肤注射）500。ADI 0.098mg/kg。在 Ames、CHO 以及微核试验中无突变。

生态效应 日本鹌鹑急性经口 LD_{50} ＞2000mg/kg。饲喂 LC_{50}（8d，mg/kg）：日本鹌鹑＞5118，野鸭＞5093。虹鳟鱼 LC_{50}（96h）＞400mg/L。水蚤 LC_{50}（48h）＝0.14mg/L，对羊角月牙藻无毒。蚯蚓 LC_{50} ＞1000mg/kg 土壤。蜜蜂 LD_{50} ＞25g/只（经口或接触）。对丽蚜小蜂和捕食性螨虫无伤害。

环境行为 土壤/环境：DT_{50} 44d（酸性砂质土壤）、30d（棕褐色森林土壤）、38d（表层为黑色石灰土）。

制剂 悬浮剂。

主要生产商 Agro-Chemie。

作用机理与特点 该化合物作用机理独特，是一种具有转移活性的接触性杀卵剂，不仅对卵及成螨有优异的活性，而且使害螨在蛹期不能正常发育，使雌螨产生不健全的卵，导致螨的灭迹，对其天敌及环境安全。

应用

（1）适用作物 果树、蔬菜。

（2）防治对象 柑橘全爪螨、锈壁虱、茶黄螨、朱砂叶螨和二斑叶螨等害螨。

（3）残留量与安全施药 低毒、低残留、安全性好。欧盟是农药控制最严格的区域，但是目前欧盟使用量最大的杀螨剂就是氟螨嗪。氟螨嗪在不同气温条件下对作物非常安全，对人、畜及作物安全、低毒。适合于无公害生产。从有关生测试验中所做的破坏性试验中得出，稀释 150 倍（100mL 一喷雾器）不会对花和幼果造成任何伤害。正常防治各类害螨的稀释倍数在 6000 倍以上。

（4）应用技术 虽然氟螨嗪具有很好的触杀性，但是内吸性比较弱，只有中度的内吸性，所以喷雾要均匀，不能与碱性药剂混用。可与大部分农药（强碱性农药与铜制剂除外）现混现用。与现有杀螨剂混用，既可提高氟螨嗪的速效性，又有利于螨害的抗性治理。

（5）使用方法 使用剂量为 60～100g(a.i.)/hm²。

专利概况 专利 EP635499、US5455237、HU212613 均早已过专利期，不存在专利权问题。

合成方法 主要有如下两种方法：

方法 1：邻氯苯甲醛路线。以邻氯苯甲醛和 2,6-二氟苯甲醛为起始原料，邻氯苯甲醛首先与水合肼反应，再与 2,6-二氟苯甲醛缩合，然后氯化、闭环、氧化脱氢即得目的物，总收率可达 74%。反应式如下：

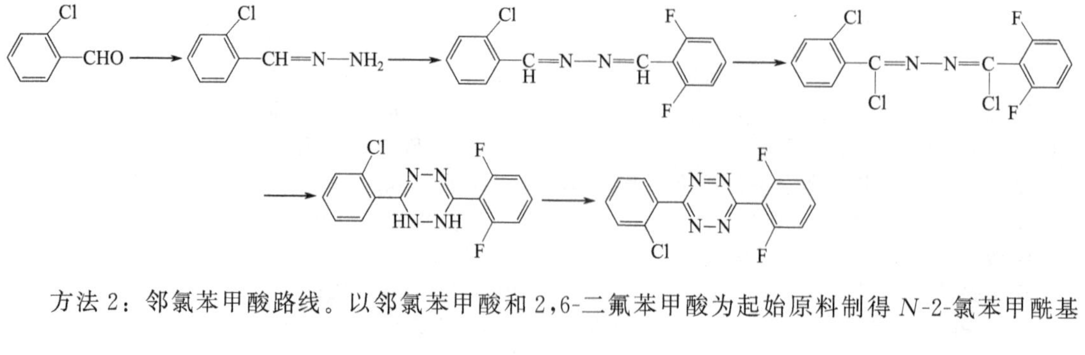

方法 2：邻氯苯甲酸路线。以邻氯苯甲酸和 2,6-二氟苯甲酸为起始原料制得 N-2-氯苯甲酰基

-N'-2,6-二氟苯甲酰基肼，再经氯化、环合、脱氢后制得氟螨嗪。

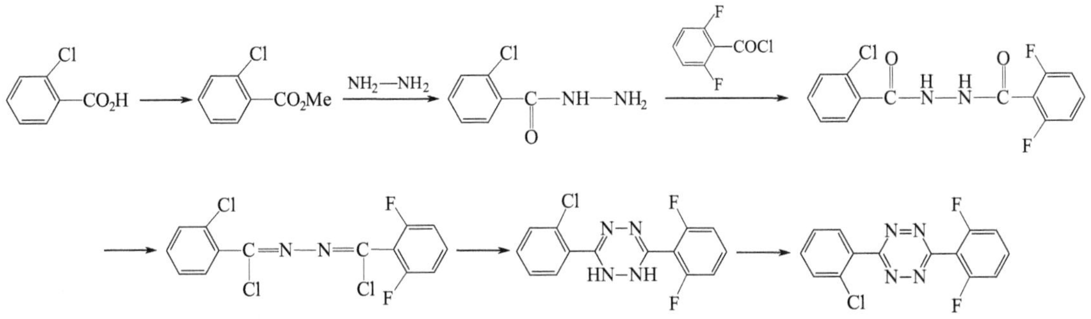

参考文献

[1] 吕冬华. 现代农药, 2005, 4 (1)：10-11.
[2] 陈华. 浙江化工, 2010, 41(5)：4-5.

氟醚菌酰胺

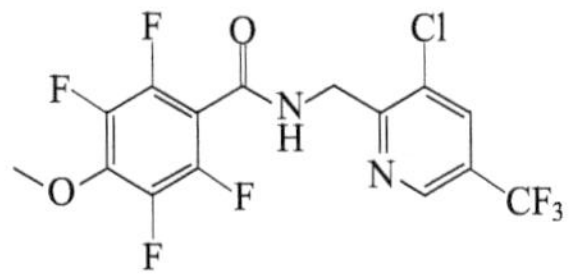

$C_{15}H_8ClF_7N_2O_2$，416.7，1309859-39-9

氟醚菌酰胺试验代号　LH-2010A。是由山东省联合农药工业有限公司与山东农业大学联合创制合成的一种新型含氟苯甲酰胺类杀菌剂。

化学名称　2-[(2,3,5,6-四氟-4-甲氧基)-苯甲酰胺甲基]-3-氯-5-三氟甲基吡啶，2-[(2,3,5,6-tetrafluoro-4-methoxy)benzamidomethyl]-3-chloro-5-trifluoromethylpyridine。

制剂　40%悬浮剂，50%水分散粒剂。

主要生产商　山东省联合农药工业有限公司。

作用机理与特点　氟醚菌酰胺是一种高效广谱杀菌剂，作用于真菌线粒体的呼吸链，抑制琥珀酸脱氢酶的活性，从而阻断电子传递，抑制真菌孢子萌发、芽管伸长、菌丝生长和孢子母细胞形成真菌生长和繁殖的主要阶段，杀菌作用由母体活性物质直接引起，没有相应代谢活性。氟醚菌酰胺对病菌的无性繁殖过程、细胞膜通透性和三羧酸循环均有明显抑制作用。

应用

（1）适用作物　黄瓜、水稻、番茄、苹果等。

（2）防治对象　氟醚菌酰胺具有广谱的杀菌活性，同时具有保护和治疗作用，对棉花立枯病、番茄灰霉病、苹果炭疽病、苹果轮纹病、马铃薯晚疫病、水稻稻瘟病、辣椒疫病等均有良好的防效。

（3）使用方法　50%氟醚菌酰胺水分散粒剂用药量6～9g/667m²，对黄瓜霜霉病的平均防效达到79.27%～92.5%，40%氟醚·己唑醇悬浮剂用药量10～20g/667m²，对水稻稻曲病的平均防效达到90.82%～95.39%。

专利与登记

专利名称　四氟苯氧基烟碱胺类化合物、其制备方法及用作杀菌的用途

专利号　CN102086173　专利申请日　2010-09-07

专利拥有者　唐剑峰，王爱玲

目前山东省联合农药工业有限公司在国内登记了98%原药、50%水分散粒剂，以及混剂（氟醚＋

己唑醇)40％悬浮剂，40％悬浮剂主要用于防治水稻纹枯病。使用剂量为 75～90g/hm²。50％水分散粒剂主要用于防治黄瓜霜霉病，使用剂量为 45～67.5g/hm²。

合成方法　经如下反应制得氟醚菌酰胺：

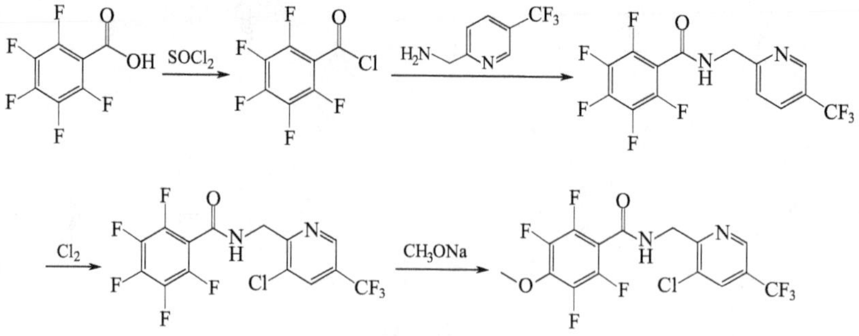

参考文献

[1] 吴雪. 山东化工，2013，46（1）：5-7.

氟嘧磺隆 primisulfuron-methyl

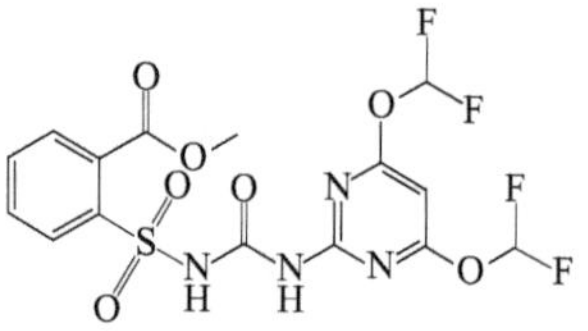

$C_{15}H_{12}F_4N_4O_7S$，468.3，86209-51-0

氟嘧磺隆（primisulfuron-methyl），试验代号　CGA136872，商品名称　Spirit，其他名称 Beacon。是由汽巴嘉基公司（现为先正达公司）开发的磺酰脲类除草剂。

化学名称　2-[4,6-双(二氟甲氧基)嘧啶-2-基氨基甲酰氨基磺酰基]苯甲酸甲酯，methyl 2-[4,6-bis-(difluoromethoxy)pyrimidin-2-yl-carbamoylsulfamoyl]benzoate。

理化性质　纯品为白色粉状固体，熔点 194.8～194.7℃，蒸气压＜5.0×10^{-3}mPa(25℃)。$K_{ow}\lg P$：2.1(pH 5)，0.2(pH 7)，-0.53(pH 9)(25℃)。Henry 常数 2.3×10^{-2}Pa·m³/mol(pH 5.6,25℃)，相对密度 1.64(20℃)。水中溶解性(25℃,mg/L)：3.7(pH 5)，390(pH 7)，11000(pH 8.5)；其他溶剂中溶解度(25℃,mg/L)：丙酮 45000，甲苯 590，正辛醇 130，正己烷＜1。室温下至少在 3y 内稳定，水解 DT_{50} 约 25d(pH 5,25℃)，在 pH 为 7 和 9 时稳定，≤150℃稳定。pK_a3.47。

毒性　急性经口 LD_{50}(mg/kg)：大鼠＞5050，小鼠＞2000。急性经皮 LD_{50}(mg/kg)：兔子＞2010，大鼠＞2000。对兔眼睛有轻微刺激性作用，对兔皮肤无刺激性，对豚鼠皮肤无致敏，大鼠吸入 LC_{50}(4h)＞4.8mg/L 空气。NOEL 数据[mg/(kg·d)]：大鼠(2y)13，小鼠(19 个月)45，狗(1y)25。ADI 值：0.13mg/kg，(EPA)cRfD 0.25mg/kg[2002]。在各种试验中无致突变性。

生态效应　山齿鹑与野鸭急性经口 LD_{50}＞2150mg/kg。山齿鹑与野鸭饲喂 LC_{50}(8d)＞5000mg/kg。鱼 LC_{50}(96h,mg/L)：虹鳟鱼 29，大翻车鱼＞80，红鲈＞160。水蚤 LC_{50}(48h)＞260～480mg/L。藻 EC_{50}(7d,μg/L)：月牙藻 24，鱼腥藻＞176，舟形藻＞227，骨条藻＞222。浮萍 EC_{50}(14d)2.9×10^{-4}mg/L。对蜜蜂无毒，LD_{50}(48h,μg/只)：经口＞18，接触＞100。蚯蚓 LC_{50}(14d)＞100mg/kg 土。

环境行为

（1）动物　在大鼠和其他大型动物中的主要代谢方式是嘧啶环的羟基化，部分还有苯基和嘧啶环之间磺酰脲桥的断裂。

（2）植物　在玉米内主要是环氧化降解，随后是糖的键合，其中一个重要的代谢产物是5-羟基氟嘧磺隆。在收获期，在粮食和饲料中没有检测到残留（<0.01～0.05mg/kg）。

（3）土壤/环境　土壤中吸收较少；K_d0.13～0.56；K_{oc}13～33。土壤研究和渗透测定显示氟嘧磺隆很少的被浸出；微生物降解是药物在土壤中的主要分解方式；DT_{50}（实验室，25℃，有氧）1～2个月，DT_{50}（土地）4～29d。

制剂　75%可湿性粉剂，5%水分散粒剂。

主要生产商　Syngenta 及 JIE 等。

作用机理与特点　侧链氨基酸合成抑制剂。通过根和叶吸收，其吸收的比例取决于植物的生长阶段和环境条件如土壤湿度和温度等。若在喷雾液中添加非离子表面活性剂，则增加叶的摄取量。本药剂可迅速被杂草吸收，并在韧皮部和木质部系统有效地转移，迅速传导到植物分生组织，抑制植物侧链氨基酸的合成。药效发挥是相当缓慢的，在实际条件下，虽立即停止生长，但通常在10～20d后才发生干枯。

应用

（1）适宜作物与安全性　玉米对该药剂有很好的耐药性；在正常条件下，超过剂量，仍有很好的耐药性，不同品种玉米的耐药性有些差异。

（2）防除对象　主要用于防除禾本科杂草和阔叶杂草，其中包括苋属、豚草属、曼陀罗属、茄属、蜀黍属、苍耳属以及野麦属等。对一年生高粱属杂草有一定防效，对双色高粱、石茅高粱等其他高粱属杂草的活性分别在80%以上[10g(a.i.)/hm²]、90%以上[20g(a.i.)/hm²]。另外对藜、茄属杂草和蓼科杂草也有活性。

（3）应用技术　①由于本药剂缺乏对其他黍类禾本科杂草的活性，故在芽前应同其他禾本科杂草除草剂一起施用或在其后使用，如先施异丙甲草胺再施用氟嘧磺隆，效果更好。如防除多年生石茅高粱，施药时期可适当迟一些，至少株高达15～20cm时进行。②氟嘧磺隆若与溴苯腈混用，对三嗪类除草剂产生抗性的阔叶杂草有很好的防效，且对后茬作物如麦类、豆类、高粱、甜菜等无任何危害。

（4）使用方法　在玉米3～7叶，杂草处于芽前是最佳使用时期，施药时间拖后防效较差。氟嘧磺隆通常以10～40g(a.i.)/hm²用于玉米田。在实际应用中也可采用半量两次施药法（semi-directed way），表面活性剂浓度（喷雾液中）不应超过0.1%～0.2%（体积分数），水的用量应低于或等于500L/hm²。在低剂量下，对偃麦草也有活性，最佳施药时间是偃麦草长到10～20cm高时。在20g(a.i.)/hm²剂量下（加表面活性剂），在早期苗后施用对苍耳属杂草、苋属杂草、豚属杂草、蔓陀罗属杂草和大多数十字花科杂草等杂草的防效超过或等于80%。

专利概况　专利 EP084020、US4542216、EP7080 等均已过专利期，不存在专利权问题。

合成方法　以丙二酸二甲酯为起始原料通过如下两条路线制得：

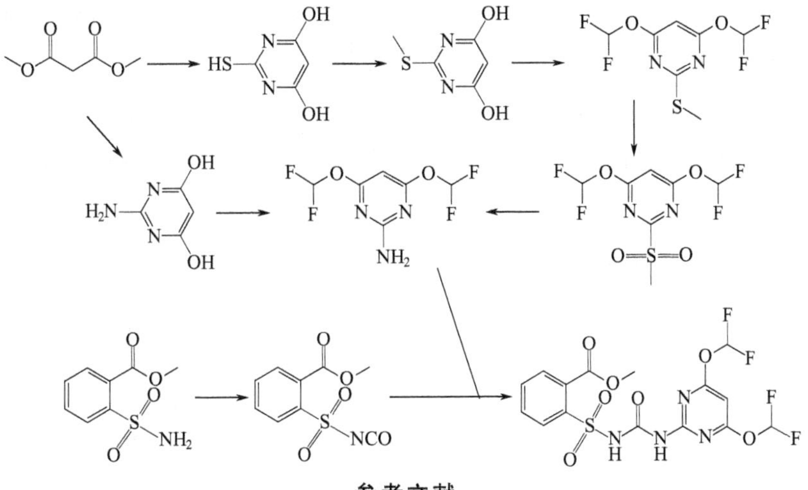

参考文献

[1] Proc Br Crop Prot Conf；Weed，1987，1：41.

[2] 王金玲. 应用化学, 2009, 26 (4): 486-488.

[3] 刘海辉. 浙江化工, 2003, 34(10): 3-4.

[4] 相东等. 农药, 2000, 39(7): 12.

氟嘧菌胺 diflumetorim

$C_{15}H_{16}ClF_2N_3O$, 327.8, 130339-07-0

氟嘧菌胺(diflumetorim), 试验代号 UBF-002, 商品名称 Pyricut。是由日本宇部兴产公司发现, 并和日本日产化学公司共同开发的嘧啶胺类杀菌剂, 于 1997 年 4 月在日本获准登记。

化学名称 (RS)-5-氯-N-[1-(4-二氟甲氧基苯基)丙基]-6-甲基嘧啶-4-胺, (RS)-5-chloro-N-[1-(4-difluoromethoxyphenyl)propyl]-6-methylpyrimidin-4-ylamine。

理化性质 纯品为淡黄色结晶状固体, 熔点 46.9~48.7℃, 相对密度 0.490(25℃), 蒸气压 3.21×10^{-1} mPa(25℃), K_{ow} lg$P$ = 4.17(pH 6.86)。Henry 常数为 3.19×10^{-3} Pa·m³/mol(计算)。水中溶解度为 33mg/L(25℃), 易溶于大部分有机溶剂。稳定性: 在 pH 4~9 范围内水解, 离解常数 pK_a 4.5, 闪点 201.3℃。

毒性 急性经口 LD_{50}(mg/kg): 雄大鼠 448, 雌大鼠 534, 雄小鼠 468, 雌小鼠 387。大鼠急性经皮 LD_{50} > 2000mg/kg(雄、雌)。大鼠急性吸入 LC_{50}(4h)0.61mg/L(雄、雌)。本品对兔眼睛和皮肤有轻微刺激, 对豚鼠皮肤有轻微刺激。Ames 试验、微核及细胞体外试验呈阴性。

生态效应 鸟急性经口 LD_{50}(mg/kg): 日本鹌鹑 881, 野鸭 1979。鱼毒 LC_{50}(48h, g/L): 虹鳟鱼 0.025, 鲤鱼 0.098。水蚤 LC_{50}(3h)0.96mg/L。蜜蜂 LD_{50}(μg/只): (经口) > 10, (接触) 29。

环境行为 土壤中, 土壤耗散 DT_{50}(牧场, 日本)60~100d, 有氧代谢 DT_{50} 4.5 个月; 在任何时候, 超过 10% 的主要代谢产物是嘧啶 2 号位置的羟基化反应产物; K_{oc} 572~1710。光解 DT_{50}(河水)168h。

制剂 10% 乳油。

主要生产商 SDS Biotech K.K.。

作用机理与特点 氟嘧菌胺从分生孢子萌发至分生孢子梗形成任何真菌生长期, 都能立即抑制生长。实验室试验, 以 10mg/L 浓度药剂, 处理皮氏培养器上 5 种不同生长期麦类白粉病, 结果表明, 在每种生长期都能抑制真菌生长。这与已进入观赏植物杀菌剂市场的 SBI 作用方式有很大不同。分生孢子萌发前用药抑制率 100%; 播种 10h, 分生孢子萌发后用药抑制率 76%; 接种 24h 附着胞形成后用药抑制率 55.6%; 接种 48h, 菌丝体茂盛生长后用药抑制率 35.2%; 接种 96h, 分生孢子梗形成后用药抑制率 11.2%。更具体的作用机理在研究中。其化学结构有别于现有的杀菌剂, 同三唑类、二硫代氨基甲酸酯类、苯并咪唑类及其他类包括抗生素等无交互抗性, 因此其对敏感或抗性病原菌均有优异的活性。

应用

(1) 适宜作物 禾谷类作物, 观赏植物如玫瑰、菊花等。对作物安全性: 对 51 种玫瑰、17 种菊花安全、无药害。

(2) 防治对象 白粉病和锈病等。

(3) 使用方法 氟嘧菌胺具有良好的保护活性和一些治疗作用, 但防治白锈病, 以染病前或染病开始施药(喷雾处理)为好。多年试验证明对小麦白粉病、小麦锈病、玫瑰白粉病、菊花锈病等具有优异的保护活性, 使用浓度为 50~100mg/L, 防治玫瑰白粉病推荐浓度为 50mg/L, 防治菊花锈病推荐浓度为 100mg/L。

专利概况 专利 EP0370704 早已过专利期, 不存在专利权问题。

合成方法 以乙酰乙酸乙酯和苯酚为起始原料经如下反应，即得目的物氟嘧菌胺。反应式为：

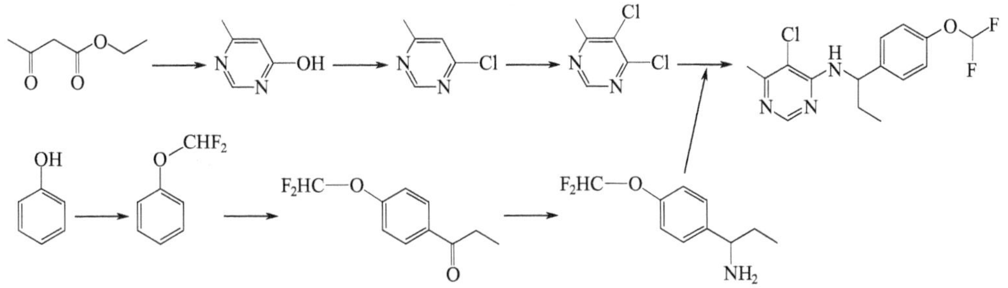

参考文献

[1] Agrochemical Japan，1997，72：14.
[2] The Pesticide Manual. 15th edition. 2009：365.
[3] 赖一飞. 农药译丛，1999，2：58.

氟嘧菌酯 fluoxastrobin

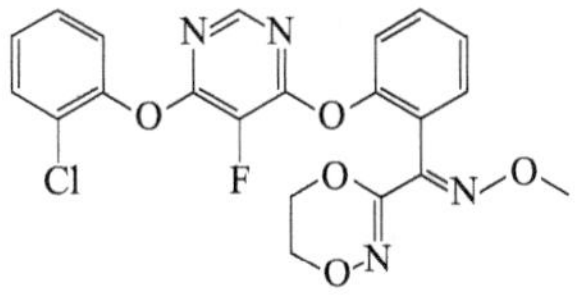

$C_{21}H_{16}ClFN_4O_5$，458.8，193740-76-0

氟嘧菌酯(fluoxastrobin)，试验代号 HEC5725，商品名称 Bariton、Disarm、Evito、Fandango、Scenic、Vigold。是拜耳作物科学公司报道的新型、广谱二氢噁嗪类(dihydro-dioxazines)内吸性茎叶处理用杀菌剂。于 2005 年出售给 Arysta LifeScience 公司。

化学名称 [2-[6-(2-氯苯氧基)-5-氟嘧啶-4-基氧]苯基](5,6-二氢-1,4,2-二噁嗪-3-基)甲酮-O-甲基肟，[2-[6-(2-chlorophenoxy)-5-fluoropyrimidin-4-yloxy]phenyl](5,6-dihydro-1,4,2-dioxazin-3-yl)methanone-O-methyloxime。

理化性质 工业品纯度＞94％，纯品为白色结晶固体，并有淡淡的香味。熔点 103～108℃，沸点 497℃。蒸气压 6×10^{-7} mPa(20℃)。分配系数 $K_{ow}lgP$ 2.86(20℃)。Henry 常数 1×10^{-7} Pa·m^3/mol(20℃)。相对密度 1.422(20℃)。水中溶解度(20℃，mg/L)：2.56(非缓冲溶液)，2.29(pH 7)。在有机溶剂中的溶解度(20℃，g/L)：二氯甲烷＞250，二甲苯 38.1，异丙醇 6.7，正庚烷 0.04。水解 DT_{50}＞1y(pH 4，7 和 9，50℃)，实验条件下的光解 DT_{50} 3.8～4.1d(无菌水相缓冲液，pH 7，25℃)，正常环境条件下的预测光解 DT_{50} 18.6～21.6d(在美国的亚利桑那州凤凰城，6月的阳光照射)。在 pH 4～9 之间不会离解。

毒性 大鼠急性经口 LD_{50}＞2000mg/kg，大鼠急性经皮 LD_{50}＞2000mg/kg。对兔眼有刺激性，对兔皮肤无刺激作用，对豚鼠皮肤有致敏性。大鼠急性吸入 LC_{50}＞4998mg/m^3 空气。亚慢 NOAEL(mg/kg 饲料)：雄大鼠 125，雌大鼠 2000，狗 100，小鼠＜450。狗慢性饲喂 NOAEL(1y)1.5mg/(kg·d)。ADI(EC)0.015mg/kg，aRfD 0.3mg/kg[2007]，cRfD 0.015mg/kg[2005]。

生态效应 山齿鹑急性经口 LD_{50}＞2000mg/kg，山齿鹑和野鸭 LC_{50}＞5000mg/L 饲料。鱼类急性 LC_{50}(96h，mg/L)：虹鳟鱼 0.44，大翻车鱼 0.97，鲤鱼 0.57，杂色鳉 1.37。水蚤 EC_{50}(静态，48h)0.48mg/L。羊角月牙藻：E_rC_{50}(静态，72h)2.10mg/L，E_bC_{50}(72h)0.45mg/L。基于平均测量浓度，EC_{50}(96h)0.30mg/L。其他水生生物 LC_{50}(μg/L)：溪水沟虾 120，糠虾 51.6，玻璃虾 60.4。浮萍 EC_{50} 1.2mg/L。蜜蜂 LD_{50}(μg/只)：经口＞843，接触＞200。蚯蚓 LC_{50}(14d)＞

1000mg/kg 土。

环境行为

（1）动物　哺乳动物经口服后，与氟嘧菌酯相关的残留物主要通过胆汁和粪便排出体外，多数代谢物结构已确定，这些代谢物包括不同的羟基、羟甲基和聚醚类代谢物，另外，还有共轭葡萄糖醛酸代谢物（胆汁中）和相应的非共轭槲皮素（粪便中）。

（2）植物　代谢物比较复杂，主要代谢途径是氯苯基环氧化开环，二噁嗪环开环裂解为醚和氯苯基肟，另外，还有氯苯基的亲核取代和羟基、巯基的共轭异构化。代谢物浓度较低。

（3）土壤/环境　有氧条件下氟嘧菌酯在土壤中的降解速度缓慢，在农田中的降解半衰期 DT_{50} 从几天到几周不等。$K_{ocads-des}$424～1582mL/g。氟嘧菌酯无明显的挥发性。在水中任意 pH 和温度条件下氟嘧菌酯降解半衰期 DT_{50} 大于 1y（试验值），因此在自然环境条件下水解不是其降解的主要途径，在某种程度上，光解是氟嘧菌酯在水中的主要降解途径。有氧条件下，在水/沉积物系统中，氟嘧菌酯在水中的降解半衰期 DT_{50} 可达数天。

制剂　10％乳油。

主要生产商　Bayer CropScience。

作用机理与特点　同嘧菌酯及其他甲氧基丙烯酸酯类杀菌剂一样，氟嘧菌酯的作用机理也是线粒体呼吸抑制剂，即通过在细胞色素 b 和 c_1 间的电子转移抑制线粒体的呼吸。细胞核外的线粒体主要通过呼吸为细胞提供能量（ATP），若线粒体呼吸受阻，不能产生 ATP，细胞就会死亡。作用于线粒体呼吸的杀菌剂较多，但甲氧基丙烯酸酯类化合物作用的部位（细胞色素 b）与以往所有杀菌剂均不同，因此对固醇抑制剂、苯基酰胺类、二羧酰胺类和苯并咪唑类产生抗性的菌株有效。氟嘧菌酯应用适期广，无论在真菌侵染早期如孢子萌发、芽管生长以及浸入叶部，还是在菌丝生长期都能提供非常好的保护和治疗作用；但对孢子萌发和初期浸染最有效。因其具有的优异的内吸活性，因此它能被快速吸收，并能在叶部均匀地向顶部传递，故具有很好的耐雨水冲刷能力。

应用

（1）适宜作物与安全性　禾谷类作物、马铃薯、蔬菜和咖啡等，推荐剂量下对作物安全，对地下水、环境安全。

（2）防治对象　氟嘧菌酯具有广谱的杀菌活性，对几乎所有真菌纲（子囊菌纲、担子菌纲、卵菌纲和半知菌类）病害如锈病、颖枯病、网斑病、白粉病、霜霉病等数十种病害均有很好的活性。

（3）使用方法　氟嘧菌酯主要用于茎叶处理，使用剂量通常为 50～300g(a.i.)/hm²。氟嘧菌酯具有快速击杀和持效期长的双重特性，对作物具有很好的相容性，适当的加工剂型可进一步提高其通过角质层进入叶部的渗透作用。尽管它通过种子和根部的吸收能力较差，但用作种子处理剂时，对幼苗的种传和土传病害虽具有很好的杀灭和持效作用，却对大麦白粉病或网斑病等气传病害无能为力。

在 75～100g(a.i.)/hm² 剂量下茎叶喷雾，氟嘧菌酯对咖啡锈病具有优异防效。

在 100～200g(a.i.)/hm² 剂量下茎叶喷雾，氟嘧菌酯对马铃薯早疫病等有优异防效，对晚疫病有很好的防效；对蔬菜叶斑病等具有优异防效，对霜霉病有很好的防效。

在 200g(a.i.)/hm² 剂量下茎叶喷雾，氟嘧菌酯对禾谷类作物叶斑病、颖枯病、褐锈病、条锈病、云纹病、褐斑病、网斑病具有优异防效，对白粉病有很好的药效，并能兼治全蚀病。

氟嘧菌酯作禾谷类作物种子处理剂时处理浓度为 5～10g(a.i.)/100kg 种子，对霜霉病、腥黑穗病和坚黑穗病等种传和土传病害有优异防效，并能兼治散黑穗病和叶条纹病。

专利概况

专利名称　Halogen pyrimidines and its use thereof as parasite abatement means.

专利号　US6103717　专利申请日　1998-07-16

专利拥有者　Bayer Ag（DE）

合成方法　经如下反应制得重要中间体：

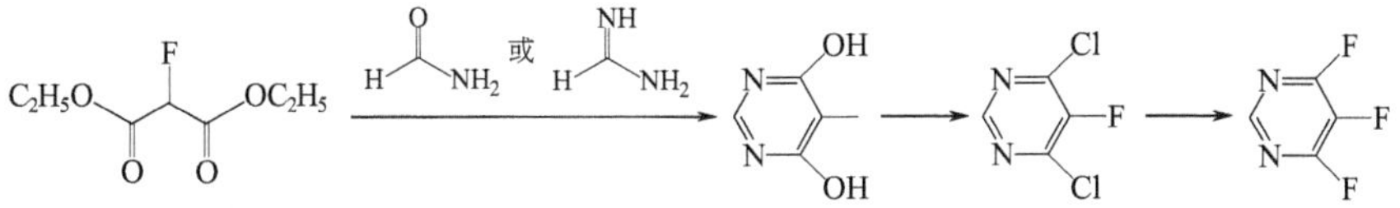

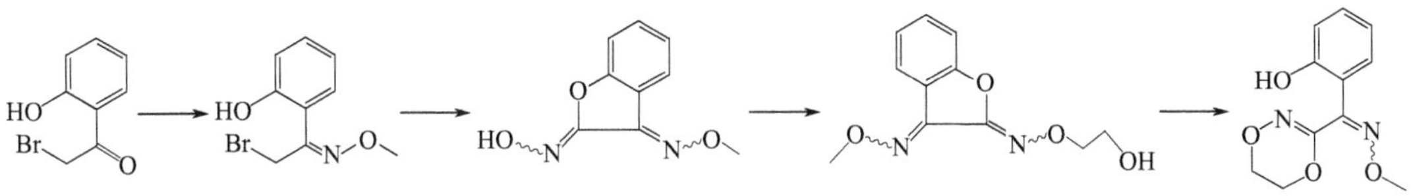

通过如下两种方法合成目的物：

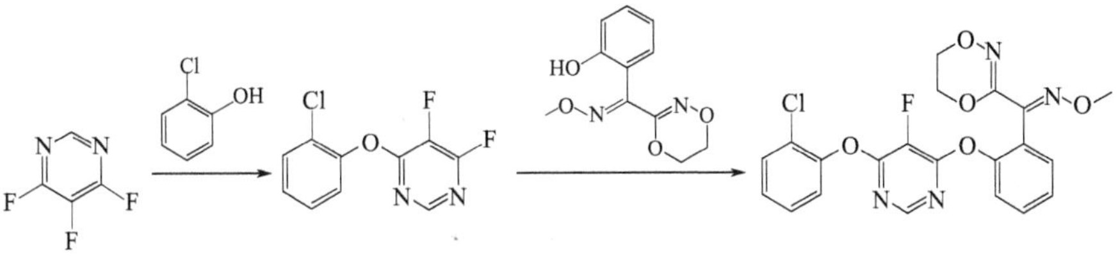

或

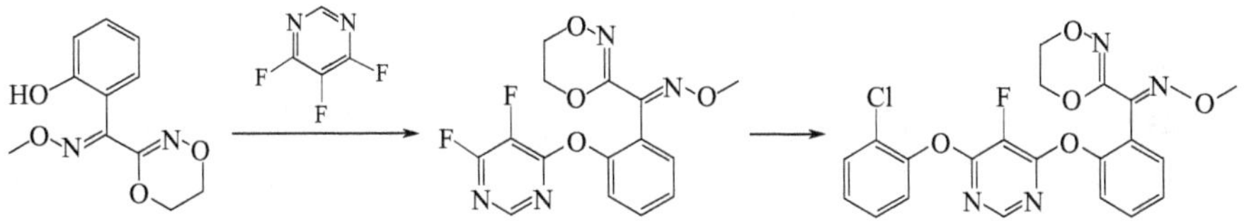

参考文献

[1] Proceedings of the BCPC Conference：Pest & Diseases，2002：365.
[2] Proceedings of the BCPC Conference：Pest & Diseases，2002：623.

氟氰戊菊酯 flucythrinate

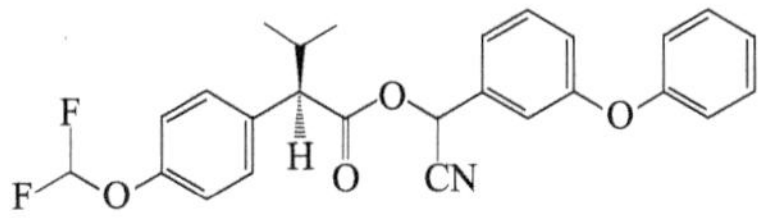

$C_{26}H_{23}F_2NO_4$，451.5，70124-77-5，71611-31-9(曾用)

氟氰戊菊酯(flucythrinate)，试验代号　AC222705、AI3 - 29391BAS 329 I、CL222705、OMS2007。商品名称　Cybolt、Pay-off、保好鸿、护赛宁。其他名称　氟氰菊酯、中西氟氰菊酯、氟氰戊菊酯、甲氟菊酯。是美国氰氨公司(现属巴斯夫)开发的拟除虫菊酯类(pyrethroids)杀虫剂。

化学名称　(RS)-α-氰基-3-苯氧基苄基(S)-2-(4-二氟甲氧基苯基)-3-甲基丁酸酯，(RS)-α-cyano-3-phenoxybenzyl(S)-2-(4-difluoromethoxyphenyl)-3-methylbutyrate。

理化性质　工业品为深琥珀色黏稠液体，具有微弱的酯类气味。沸点108℃ (0.35mmHg)。蒸气压0.0012mPa(25℃)。分配系数 $K_{ow} \lg P = 4.74(25℃)$。Henry 常数 $1.08 \times 10^{-3} Pa \cdot m^3/mol$ (计算)。相对密度1.19(20℃)；水中溶解度0.096mg/L(20℃)；其他溶剂中溶解度(20℃,g/L)：丙酮、甲醇、甲苯>250，二氯甲烷250，乙酸乙酯200～250，正己烷67～80。在碱性水溶液中迅速降解，但在中性或酸性条件下降解较慢；DT_{50}(27℃)：约40d(pH 3)，52d(pH 5)，6.3d (pH 9)。在 37℃条件下稳定 1y 以上，在 25℃稳定 2y 以上。在土壤里光照条件下 DT_{50} 约为 21d，其水溶液的 DT_{50} 约为 4d。闪点 45℃（闭杯）。

毒性　急性经口 LD_{50}（mg/kg）：雄大鼠 81，雌大鼠 67，雌小鼠 76。兔急性经皮 LD_{50}（24h）＞1000mg/kg。对兔皮肤和眼睛无刺激作用，但是未稀释的制剂对兔皮肤和眼睛有刺激作用，无皮肤致敏性。大鼠吸入毒性 LC_{50}（4h）4.85mg/L（烟雾剂）。大鼠 NOEL（2y）60mg/kg 饲料，ADI 值 0.02mg/kg（1985）；在大鼠的 3 代繁殖试验中，以 30mg/kg 饲料饲喂，对其繁殖无影响。对大鼠和兔无致畸作用，对大鼠无致突变作用。

生态效应　鸟急性经口 LD_{50}（mg/kg）：野鸭＞2510，山齿鹑＞2708。鸟饲喂毒性 LC_{50}（14d，mg/kg 饲料）：野鸭＞4885，山齿鹑＞3443。鱼 LC_{50}（96h，μg/L）：大翻车鱼 0.71，叉尾鮰 0.51，虹鳟鱼 0.32，红鲈鱼 1.6；因用药量低且在土壤中移动性小，故对鱼的危险很小。水蚤 LC_{50}（48h）8.3μg/L。对蜜蜂有毒，但也有趋避作用，LD_{50}（μg/只）：（局部施药，粉剂）0.078，（触杀）0.3。

环境行为　大鼠食入药剂后，药剂主要通过粪便和尿液排出体外，其中 60%～70% 的药剂会在 24h 内排出体外，8d 内＞95% 的药剂排出体外。在粪便中，主要以原药形式存在，但是在尿液和体内组织中主要以几种代谢物形式存在。药剂主要是通过水解后羟基化的形式降解的。在土壤中移动性小，无渗漏性，DT_{50} 约 2 个月。

制剂　乳油、水分散粒剂、可湿性粉剂。

主要生产商　BASF。

作用机理与特点　通过与钠离子通道的作用扰乱神经的功能，作用于昆虫的神经系统。具有触杀、胃毒作用。该药剂主要是改变昆虫神经膜的渗透性，影响离子的通道，因而抑制神经传导，使害虫运动失调、痉挛、麻痹以至死亡。对害虫主要是触杀作用，也有胃毒和杀卵作用，在致死浓度下有忌避作用，但无熏蒸和内吸作用。对害虫的毒力为滴滴涕的 10～20 倍。

应用

（1）适用作物　玉米、梨果、核果、葡萄树、草莓、柑橘类、香蕉、菠萝、橄榄树、咖啡树、可可豆、蔬菜、大豆、谷类、甜菜、向日葵、烟草、观赏植物。

（2）防治对象　玉米上的螟蛉、棉树叶虫、刺吸式昆虫、粉虱、甲虫等；梨果和核果树上的鳞翅目、同翅目、鞘翅目昆虫等。

（3）残留量与安全施药　氟氰戊菊酯在我国的具体残留标准如下：豆类（干）0.05mg/kg，红茶、绿茶 20mg/kg，甘蓝类蔬菜 0.5mg/kg，棉籽油 0.2mg/kg，果菜类蔬菜 0.2mg/kg，梨果类水果 0.5mg/kg，块根类蔬菜 0.05mg/kg。

（4）使用方法　通常使用剂量为 22.5～52.5g(a.i.)/hm²，即 10% 乳油 225～525mL/hm²。喷雾使用。防治螨类时用 10% 乳油 525～600mL/hm²，当虫口密度大时，要用 50mL 才能控制危害，最好与杀螨剂混用，可将害虫和害螨同时杀死。

（5）应用技术　氟氰戊菊酯属负温度系数农药，即气温低要比气温高时药效好，因此在午后、傍晚施药为宜。该药剂在指导用量下对作物无药害。在玉米、果树等特定植物上使用时，可使叶子着色深化，可改善植物外观。使用该药剂时应该注意以下几点：①该药剂对眼睛、皮肤刺激性较大，施药人员要做好劳动保护；②不能在桑园、鱼塘、养蜂场所使用；③因无内吸和熏蒸作用，故喷药要周到细致、均匀；④用于防治钻蛀性害虫时，应在卵孵期或孵化前 1～2d 施药；⑤不能与碱性农药混用，不能做土壤处理使用；⑥连续使用，害虫易产生抗药性。

专利概况　专利 US4178308、GB1582775 均早已过专利期，不存在专利权问题。

合成方法　氟氰戊菊酯的制备共有四条路线，如下所示：

参考文献

[1] 王敏等. 农药, 1994, 3: 4-5.
[2] 丁宗友等. 安徽农学院学报, 1991, 3: 223-226.

氟噻草胺 flufenacet

$C_{14}H_{13}F_4N_3O_2S$, 363.3, 142459-58-3

氟噻草胺(flufenacet)，试验代号 BAYFOE5043、FOE5043。商品名称 Axiom、Cadou、Define、Tiara。其他名称 fluthiamide、thiadiazolamide。是由德国拜耳公司开发的芳氧酰胺类除草剂。

化学名称 4′-氟-N-异丙基-2-(5-三氟甲基-1,3,4-噻二唑-2-基氧)乙酰苯胺，4′-fluoro-N-isopropyl-2-(5-trifluoromethyl-1,3,4-thiadiazol-2-yloxy) acetanilide。

理化性质 纯品为白色至棕色固体，熔点76~79℃。蒸气压 9×10^{-2} mPa(20℃)。分配系数 $K_{ow} \lg P = 3.2$(24℃)。Henry常数 9×10^{-4} Pa·m³/mol(计算)。相对密度1.45(20℃)。水中溶解度为(25℃, mg/L): 56(pH 4), 56(pH 7), 54(pH 9)。在其他溶剂中溶解度(25℃, g/L): 丙酮、二甲基甲酰胺、二氯甲烷、甲苯、二甲基亚砜>200，异丙醇170，正己烷8.7，正辛醇88，聚乙二醇74。在正常条件下储存稳定，pH 5条件下对光稳定，在pH 5~9的水溶液中稳定。

毒性 大鼠急性经口 LD_{50}(mg/kg): 雄性1617，雌性589。大鼠急性经皮 $LD_{50} > 2000$ mg/kg。对兔皮肤和眼睛无刺激性。大鼠急性吸入 LC_{50}(4h)>3740 mg/m³。NOEL(mg/L): 狗(90d和1y)50[1.67mg/(kg·d)]，大鼠(2y)25[1.2mg/(kg·d)]。ADI(EC)0.005mg/kg[2003]，(EPA)RfD 0.004mg/kg[1998]。Ames无致突变性，对大鼠和兔无致畸性。

生态效应　山齿鹑急性经口 LD_{50} 1608mg/kg。饲喂 LC_{50}（6d，mg/kg 饲料）：山齿鹑＞5317，野鸭＞4970。鱼毒 LC_{50}（96h，mg/L）：虹鳟鱼5.84，大翻车鱼2.13。水蚤 EC_{50}（48h）30.9mg/L。海藻：羊角月牙藻 E_rC_{50}（96h）0.0031mg/L，水花鱼腥藻 EC_{50} 32.5mg/L。浮萍 EC_{50}（14d）0.00243mg/L，蜜蜂 LD_{50}（μg/只）：经口＞170，接触＞194。蚯蚓 LC_{50}（14d）219mg/kg 干土。以60％水分散粒剂在 600g(a.i.)/hm^2 下对七星瓢虫、红蝽、隐翅虫、星豹蛛、蚜茧蜂无伤害，但对梨盲走螨比较敏感。

环境行为

（1）动物　氟噻草胺经口后，被动物（大鼠、山羊、母鸡）快速排泄，因此在器官和组织中没有蓄积。代谢通过分子断裂发生，然后氟苯基团与半胱氨酸形成配合物，噻二唑酮形成各种配合物。

（2）植物　在玉米、大豆和棉花中，氟噻草胺快速并且完全代谢，没有原药残留。

（3）土壤/环境　氟噻草胺在土壤中容易分解，最终形成 CO_2，DT_{50} 10～54d。土壤中对光稳定。平均 K_{oc}（砂壤土）200(o.c.＞0.23％)。渗透研究结果表明，即使在最差的条件下，母体化合物对 1.2m 以下土壤层或者地下水的污染都不会超过 0.1μg/L。

制剂　乳油、颗粒剂、悬浮剂、水分散粒剂、可湿性粉剂。

主要生产商　Bayer CropScience。

作用机理与特点　细胞分裂与生长抑制剂。主要的靶标可能为脂肪酸代谢。安全性是由谷胱甘肽转移酶进行快速解毒。苗前苗后除草剂，具有内吸活性，为质外体运输和传导，而且具有分生活性。**应用**

（1）适宜作物与安全性　玉米、小麦、大麦、大豆等，对作物和环境安全。

（2）防除对象　主要用于防除众多的一年生禾本科杂草如多花黑麦草等和某些阔叶杂草。

（3）使用方法　种植前或苗前用于玉米、大豆田除草，土豆种植前或土豆和向日葵苗前除草，小麦、大麦、水稻、玉米等苗后除草。通常与其他除草剂混用，使用剂量为 1000g(a.i.)/hm^2［亩用量为 66.7g(a.i.)］。

专利概况　专利 US4585471、EP678502、EP688763 等均已过专利期，不存在专利权问题。

合成方法　以对氟苯胺为起始原料经多步反应得目的物。反应式为：

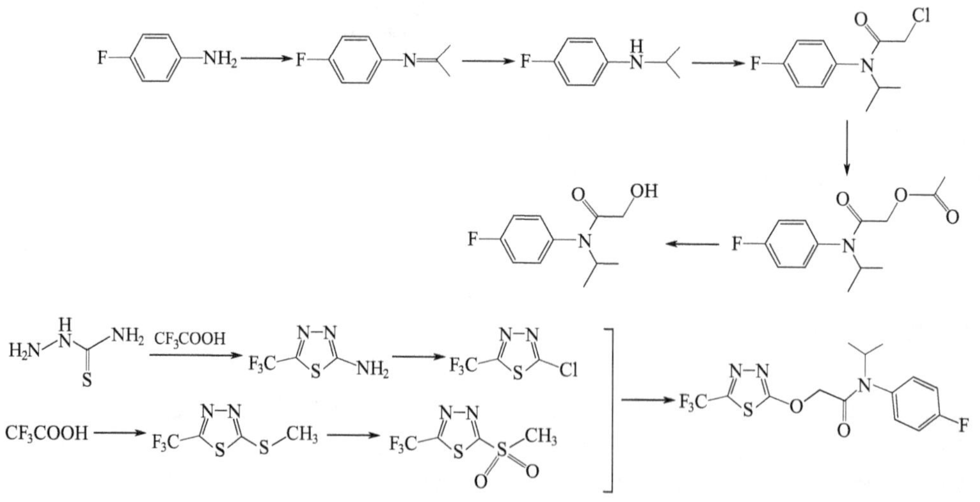

参考文献

[1] Proc Br Crop Prot Conf；Weed. 1991：43.

[2] 姜玉田，等. 农药，2007，11：734-736.

[3] 黎育生，等. 现代农药，2002，2：8-10.

氟噻乙草酯 fluthiacet-methyl

C$_{15}$H$_{15}$ClFN$_3$O$_3$S$_2$，403.9，117337-19-6，149253-65-6(酸)

氟噻乙草酯(fluthiacet-methyl)，试验代号 CGA-248757、KIH-9201。商品名称 Anthem、Appeal、Cadet、Velvecut。其他名称 Action、Blizzard、哒草氟、嗪草酸甲酯、氟噻甲草酯。是由日本组合化学公司研制，并与汽巴-嘉基公司(现先正达)共同开发的除草剂。

化学名称 [2-氯-4-氟-5-(5,6,7,8-四氢-3-氧-1H,3H-[1,3,4]噻二唑[3,4-a]并哒嗪-1-基亚胺)苯硫基]乙酸甲酯,methyl[2-chloro-4-fluoro-5-(5,6,7,8-tetrahydro-3-oxo-1H,3H-[1,3,4]thia-diazolo[3,4-a]pyridazin-1-ylideneamino)phenylthio]acetate。

理化性质 纯品为白色粉状固体，工业品纯度≥98%。熔点105.0～106.5℃，沸点249℃(分解)。相对密度0.43(20℃)。蒸气压4.41×10^{-4}mPa(25℃)。分配系数K_{ow}lg$P$=3.77(25℃)，Henry常数2.1×10^{-4}Pa·m^3/mol。水中溶解度(25℃,mg/L)：0.85(蒸馏水)，0.78(pH 5和7)，0.22(pH 9)。其他溶剂中溶解度(25℃,g/L)：甲醇4.41，丙酮101，甲苯84，乙腈68.7，乙酸乙酯73.5，二氯甲烷531.0，正辛醇1.86，正己烷0.232。水中DT$_{50}$(25℃)：484.8d(pH 5)、17.7d(pH 7)、0.2d(pH 9)，水中光解DT$_{50}$(25℃,44.7W/m^2,300～400nm)：5.88h(天然水)，4.95d(蒸馏水)(25℃,44.7W/m^2,300～400nm)。

毒性 大鼠急性经口LD$_{50}$>5000mg/kg，兔急性经皮LD$_{50}$>2000mg/kg。对兔皮肤无刺激性，对兔眼睛有刺激。大鼠急性吸入LC$_{50}$(4h)5.048mg/L空气。NOEL[mg/(kg·d)]：大鼠(2y)2.1，小鼠(18个月)0.1，公狗(1y)58(2000mg/L)，母狗30.3(1000mg/L)。ADI(EPA)cRfD 0.001mg/kg[1999]。对大鼠和兔子无致突变和致畸性。

生态效应 野鸭和山齿鹑急性经口LD$_{50}$>2250mg/kg。野鸭和山齿鹑饲喂LC$_{50}$(5d)>5620mg/L。鱼类LC$_{50}$(96h,mg/L)：虹鳟鱼0.043，鲤鱼0.60，大翻车鱼0.14，黑头呆鱼0.16。水蚤LC$_{50}$(48h)>2.3mg/L。藻类：羊角月牙藻EC$_{50}$(72h)3.12μg/L，水华鱼腥藻NOEL(5d)18.4μg/L。其他水生物EC$_{50}$(96h,×10^{-9})：东部牡蛎700，糠虾280，浮萍2.2。蜜蜂LD$_{50}$(接触,48h)>100μg/只。蚯蚓LC$_{50}$>948mg/kg干土。家蚕LC$_{50}$(48h)>100μg/只；小黑花椿象、智利小植绥螨、普通草蛉LC$_{50}$(48h)5g/hm^2。

环境行为

(1) 动物 在大鼠体内，在48h内80%通过粪便排泄，14%通过尿液排出。代谢主要是甲酯的水解、噻唑环的异构化及四氢哒嗪环的水解。

(2) 植物 大豆田的残留<0.01mg/L。温室中发现这些微量残留可能是大田里面的10倍。有机可溶的代谢物与大鼠体内一样。

(3) 土壤/环境 DT$_{50}$(水解,pH 7)18d，(土壤中光解)21d，(紫外线照射)2h。在沃土中DT$_{50}$1.2d(25℃,最多含水分75%)。K_{oc}(吸附)448～1883，K_{oc}(解吸附)1445～2782。

制剂 20%可湿性粉剂，5%乳油。

主要生产商 Kumiai及大连瑞泽农药股份有限公司等。

作用机理与特点 原卟啉原氧化酶抑制剂，在敏感杂草叶面作用迅速，引起原卟啉积累，使细胞膜脂质过氧化作用增强，从而导致敏感杂草的细胞膜结构和细胞功能不可逆损害。阳光和氧是除草活性必不可少的。常常在24～48h出现叶面枯斑症状。

应用

(1) 适宜作物与安全性 适用于大豆和玉米。对大豆和玉米极安全。由于氟噻乙草酯苗前处理，甚至超剂量下[120g(a.i.)/hm²]，活性也很低，故对后茬作物无不良影响。加之其用量低，且土壤处理活性低，故对环境安全。

（2）防除对象　主要用于防除大豆、玉米田阔叶杂草，特别是对一些难防除的阔叶杂草有卓效，如在2.5～10g(a.i.)/hm²用量下对苍耳、苘麻、西风古、藜、裂叶牵牛、圆叶牵牛、大马蓼、马齿苋、大果田菁等有极好的活性。在10g(a.i.)/hm²用量下对繁缕、曼陀罗、刺黄花稔、龙葵、鸭跖草等亦有很好的活性。

（3）使用方法　大豆、玉米田苗后除草。在5～10g(a.i.)/hm²剂量下茎叶处理，对不同生长期(2～51cm高)的苘麻、西风古和藜等难除阔叶杂草有优异的活性，其活性优于三氟羧草醚[560g(a.i.)/hm²]、氯嘧磺隆[13g(a.i.)/hm²]、咪草烟[70g(a.i.)/hm²]、灭草松[1120g(a.i.)/hm²]、噻吩磺隆[4.4g(a.i.)/hm²]。若与以上除草剂混用，不仅可扩大杀草谱，还可进一步提高对阔叶杂草如藜、苍耳等的防除效果。

专利与登记　专利EP0273417、EP0698604等均已过专利期，不存在专利权问题。国内登记情况：5%乳油，90%、95%原药，登记作物为春玉米田、夏玉米田、春大豆田及夏大豆田，用于防治一年生阔叶杂草。美国富美实仅在中国登记了95%原药。

合成方法　以邻氟苯胺为起始原料，经多步反应制得目标物。反应式为：

或经如下反应制得：

参考文献

[1] Proc Br Crop Prot Conf；Weed，1993，1：23.

[2] 杜晓华等. 化工学报，2004，12：2072-2075.

氟噻唑吡乙酮 oxathiapiprolin

$C_{24}H_{22}F_5N_5O_2S$，539.5，1003318-67-9

氟噻唑吡乙酮(oxathiapiprolin)，试验代号　DPX-QGU42，商品名称　Zorvec、增威赢绿。是杜邦公司开发的新型哌啶类杀菌剂。

化学名称　1-[4-[4-[(5RS)-(2,6-二氟苯基)-4,5-二氢-3-异噁唑啉]-2-噻唑基]-1-哌啶基]-2-[5-甲基-3-三氟甲基-1H-吡唑-1-基]乙酮。1-(4-{4-[(5RS)-5-(2,6-difluorophenyl)-4,5-dihydro-1,2-oxazol-3-yl]-1,3-thiazol-2-yl}-1-piperidyl)-2-[5-methyl-3-(trifluoromethyl)-1H-pyrazol-1-yl]etha-none。

理化性质　有 A 型和 B 型 2 种结晶多形，其中 A 型熔点为 127～130℃或 125～128℃；B 型熔点为 146～148℃或 143～145℃。

制剂　10％、100g/L 可分散油悬浮剂(OD)，200g/L 悬浮剂(SC)等。

作用机理与特点　氟噻唑吡乙酮对卵菌纲病原菌具有独特的作用位点。该剂的作用机制为抑制氧固醇结合蛋白(OSBP)(提案中)。该剂施用量仅为常用杀菌剂的 1/100～1/5，对引起马铃薯和番茄晚疫病的致病疫霉(*Phytophthora infestans*)高效。氟噻唑吡乙酮活性高，对致病疫霉各发育阶段均有效，可在寄主植物体内长距离输导，即使在极为恶劣的条件也可有效地防治晚疫病。该产品的开发主要是针对危害马铃薯及其他作物的病害，防治对象为影响葡萄、瓜类、番茄和其他蔬菜作物等的产量和经济效益的卵菌纲病原菌。已有研究发现，氟噻唑吡乙酮对向日葵霜霉病(*Plasmopara halstedii*)的防效优于嘧菌酯或与之相当；叶面喷施可有效防治南佛罗里达地区的罗勒霜霉病(*Peronospora belbahrii*)；亦可有效防治烟草黑胫病(*Phytophthora nicotianae*)。但需要注意的是，氟噻唑吡乙酮作用位点单一，杀菌剂抗性行动委员会(FRAC)认为，其具有中高水平抗性风险，需要进行抗性管理。

应用　用于防治黄瓜霜霉病、甜瓜霜霉病、葡萄霜霉病、白菜霜霉病、番茄晚疫病、马铃薯晚疫病、辣椒疫病。防治效果为 70％～80％，适宜在发病前或发病初期均匀喷雾，间隔 10d，施药 2～3 次。推荐防治黄瓜霜霉病、甜瓜霜霉病、白菜霜霉病、番茄晚疫病、马铃薯晚疫病有效成分用量 10～30g/hm²，每亩制剂用量 6.7～20.0mL；防治辣椒霜霉病有效成分用量 20～40g/hm²，每亩制剂用量 13.3～26.7mL；防治葡萄霜霉病有效成分用量 33.3～50.0mg/kg，制剂稀释 2000～3000 倍。

氟噻唑吡乙酮的特点：①超长防效时间。具有全面而快速的防效，在极低的浓度下对病原菌的各个时期都具有强烈的抑制效果，施药灵活，效果稳定，持效期可长达 10d。②超强耐雨水冲刷能力。具有优异的耐雨水冲刷能力和保护新生组织的作用，即便在潮湿多雨的气候条件下依然稳定发挥药效。也正因为良好的内吸传导性，其在植物组织内跨层传导和向顶传导能力给作物新生组织带来极佳的保护，因而带来更好的作物长势和更高的产量与品质。③超低使用剂量。氟噻唑吡乙酮与现有市面产品无交互抗性，用量极低，对作物安全，对人和环境十分安全，是杀菌剂抗性管理的首选。

施用时期：①葡萄/霜霉病。发病前保护性用药，每隔10d左右施用一次，共计2次。②马铃薯/晚疫病。发病前保护性用药，每隔10d左右施用一次，共计2～3次。③番茄/晚疫病。发病前保护性用药，每隔10d左右施用一次，共计2～3次。④辣椒/疫病。发病前保护性用药，保护地辣椒于移栽3～5d缓苗后开始施药，每隔10d左右施用一次，共计2～3次，喷药时应覆盖辣椒全株并重点喷施茎基部。⑤黄瓜霜霉病。发病前保护性用药，每隔10d左右施用一次，露地黄瓜每季可施药2次，保护地黄瓜可于秋季和春季两个发病时期分别施用2次。

注意事项：①本品不可与强酸、强碱性物质混用。②马铃薯安全间隔期10d，最多施药3次；黄瓜安全间隔期3d，最多施药4次；辣椒、番茄安全间隔期5d，最多施药3次；葡萄安全间隔期7d，最多施药2次。③操作时请注意，不要粘到衣服上或入眼。请佩戴防护眼镜。请不要误食。操作后，进食前请洗手。污染的衣物再次使用前请清洗干净。④禁止在湖泊、河塘等水体内清洗施药用具，避免药液流入湖泊、池塘等水体，防止污染水源。⑤为延缓抗性的产生，葡萄上一季作物建议使用本品不超过两次；其他作物上一季使用本品或氧化固醇结合蛋白（OSBP）抑制杀菌剂不超过4次。⑥请与其他作用机理杀菌剂桶混、轮换使用，如代森锰锌、噁唑菌酮等。⑦孕妇和哺乳期妇女应避免接触。

专利与登记

专利名称　Fungicidal azocyclic amides

专利号　WO 2008013622　专利申请日　2007-06-22

专利拥有者　E. I. DuPont

在其他国家申请的化合物专利：AU2007277157、CA2653640、AR63213、EP2049111、JP2010509190、ZA2008010066、CN101888843、NZ572915、RU2453544、IL195509、BR2007013833、CN102816148、IL224109、MX2009000920、KR2009033496、WO2009055514、WO2010123791等。

2014年2月11日，杜邦公司宣布正式提交Zorvec^{TM}的全球联合审查登记资料。2015年9月在美国获得登记并上市，12月在中国获得登记，加拿大亦已正式登记，澳大利亚则已建议登记该产品。2013年5月，杜邦就氟噻唑吡乙酮与先正达的苯并烯氟菌唑签署了全球相互授权协议。据此，先正达获得了在北美所有作物叶面和土壤使用氟噻唑吡乙酮以及在全球草坪和花园使用该产品的独家经销权，另外，先正达还获得了在某些作物上种子处理使用的全球权利，以及在北美外市场某些作物上叶面和土壤使用的开发权。目前，先正达亦已申请登记2个基于氟噻唑吡乙酮的产品，用于观赏植物和高尔夫球场草坪。

国内登记情况：杜邦公司登记了95%原药，10%可分散油悬浮剂，同时上海生农生化制品有限公司也具有其10%可分散油悬浮剂的登记。登记用于防除番茄、马铃薯晚疫病（19.5～30g/hm²），黄瓜霜霉病（19.5～30g/hm²），葡萄霜霉病（33.34～50mg/kg），辣椒疫病（19.5～30g/hm²）。

合成方法　通过如下反应制得目的物：

氟鼠灵 flocoumafen

$C_{33}H_{25}F_3O_4$，542.6，90035-08-8

氟鼠灵（flocoumafen），试验代号 BAS322I、CL183540、WL108366。商品名称 Storm、Stratagem。其他名称 杀它仗、氟羟香豆素、伏灭鼠、氟鼠酮。1984 年 D. J. Bowler 等报道了本品的杀鼠性质，由 Shell International Chemical Co. Ltd 开发。

化学名称 3-[3-(4′-三氟甲基苄基氧代苯-4-基)-1,2,3,4-四氢-1-萘基]-4-羟基香豆素。4-hydroxy-3-[1,2,3,4-tetrahydro-3-[4[(4-trifluoromethylbenzyloxy)phenyl]-1-naphthyl]coumarin。

组成 纯度≥955g/kg，顺式异构体占 50%～80%。

理化性质 本品为白色固体，熔点 166.1～168.3℃，蒸气压≤1mPa（20℃、25℃、50℃）（OECD104，蒸气压平衡法）。分配系数 $K_{ow}lgP=6.12$。Henry 常数<3.8Pa•m³/mol（计算）。相对密度 1.40。水中溶解度（pH 7,20℃）0.114mg/L；其他溶剂中溶解度（g/L）：正庚烷 0.3，乙腈 13.7，甲醇 14.1，正辛醇 17.4，甲苯 31.3，乙酸乙酯 59.8，二氯甲烷 146，丙酮 350。不易水解，在 50℃于 pH 7～9 条件下储存 4 周未检测到降解；250℃以下对热稳定。pK_a4.5。

毒性 急性经口 LD_{50}（mg/kg）：大鼠 0.25，狗 0.075～0.25。兔急性经皮 LD_{50} 为 0.87mg/kg。大鼠吸入 LC_{50}（4h）为 0.0008～0.007mg/L。

413

生态效应 鸟类急性经口 LD_{50}（mg/kg）：鸡＞100，日本鹌鹑＞300，野鸭286。饲喂 LC_{50}（5d,mg/L）：山齿鹑62，野鸭12。鱼类 LC_{50}（96h,mg/L）：虹鳟鱼0.067，大翻车鱼0.112。在50mg/kg下对水生生物无毒。水蚤 EC_{50}（48h）0.170mg/L。藻类 E_rC_{50}（72h）＞18.2mg/L。其他水生菌 E_rC_{50}（72h）＞18.2mg/L。

环境行为

（1）动物 在大鼠体内主要以异构体形式残留。

（2）土壤/环境 不易被降解，K_{oc}＞50000，因此可以忽略淋湿潜力。

制剂 0.005％饵料，0.1％粉剂和蜡块。

主要生产商 BASF。

作用机理与特点 本品是第二代抗凝血剂，具有适口性好、毒性强、使用安全、灭鼠效果好的特点。其作用机理与其他抗凝血性杀鼠剂类似，抑制维生素 K_1 的合成。除非吞食了过量毒饵，否则一般看不出有中毒症状；出血的症状可能要在几天后才发作。较轻的症状为尿中带血、鼻出血或眼分泌物带血、皮下出血、大便带血；如多处出血，则将有生命危险。严重的中毒症状为眼部和背部疼痛、神志昏迷、脑出血，最后由于内出血造成死亡。

应用

（1）防治场所 家栖地、田埂、地角、坟丘等。

（2）防治对象 可用于防治家栖鼠和野栖鼠，主要为褐家鼠、小家鼠、黄毛鼠及长爪沙鼠等。

（3）残留量与安全分析 ①在使用时避免药剂接触皮肤、眼睛、鼻子和嘴。工作结束后和饭前要洗净手、脸和裸露的皮肤。②谨防儿童、家畜及鸟类接近毒饵。不要将药剂储放在靠近食物和饲料的地方。③该药为一种抗凝血剂，其作用方式是抑制维生素K的合成，一般没有中毒症状，除非吞食大量的毒饵。出血的症状可能要推迟几天才能发作。较轻的症状为尿中带血、鼻出血或眼分泌物带血、皮下出血、大便出血。如出现多部出血，则有生命危险。严重的中毒症状为腹部和背部疼痛、神志昏迷、脑出血，最后由于内出血造成死亡。如药剂接触皮肤或眼睛，应立即使用清水彻底清洗干净。如是误服中毒，不要引吐，应立即将病人送医院抢救。④用药后不仅要清理所有装毒饵的包装物，并将其掩埋或烧毁，还要将死鼠掩埋或烧掉。

（4）使用方法 氟鼠灵的商品为0.1％粉剂及0.005％饵剂两种。0.1％粉剂主要以黏附法配制毒饵使用，配制比例为1:19。饲料可根据各地情况选用适口性好的谷物，用水浸泡至发胀后捞出，稍晾后，分成19份饵料，然后加入1份0.12％氟鼠灵粉剂搅拌均匀即可使用。所配得毒饵的含量为0.005％。①防治家栖鼠类：每间房设13个饵点，每个饵点放置3～5g毒饵，隔3～6d后对各饵点毒饵被取食情况进行检查，并予以补充毒饵。②防治野栖鼠类：可按5m×10m等距离投饵，每个饵点投放5～10g毒饵，在田埂、地角、坟丘等处可适当多放些毒饵。防治长爪沙鼠，可按洞投饵，每洞1g毒饵即可。另外也可采用5m×20m等距投饵，当密度为每公顷有鼠洞1500～2000个时，用毒饵1kg。内蒙古的试验表明：等距投饵效率高、成本低，且灭鼠效果优于按洞投饵。

专利与登记 专利EP0098629早已过专利期，不存在专利权问题。

国内登记情况：0.005％毒饵等，登记对象为室内、田地等，防治对象为家鼠、田鼠等。巴斯夫欧洲公司在中国登记情况见表80。

表80 巴斯夫欧洲公司在中国登记情况

商品名称	登记证号	含量	剂型	登记对象	防治对象	用药量	施用方法
氟鼠灵	PD185-94	0.005％	毒饵	农田 室内	田鼠 家鼠	1～1.5kg/hm² 50g/hm²	堆施 堆施

合成方法 3-[4-(4′-三氟甲基苄氧基)苯基]-1,2,3,4-四氢-1-萘酚与4-羟基香豆素和4-甲基苯磺酸缩合，即得产品。3-[4-(4′-三氟甲基苄氧基)苯基]-1,2,3,4-四氢-1-萘酚由萘满酮与4-三氟甲基苄基溴在二甲基甲酰胺中于室温下反应，反应产物用四氢硼钠还原制得。反应式如下：

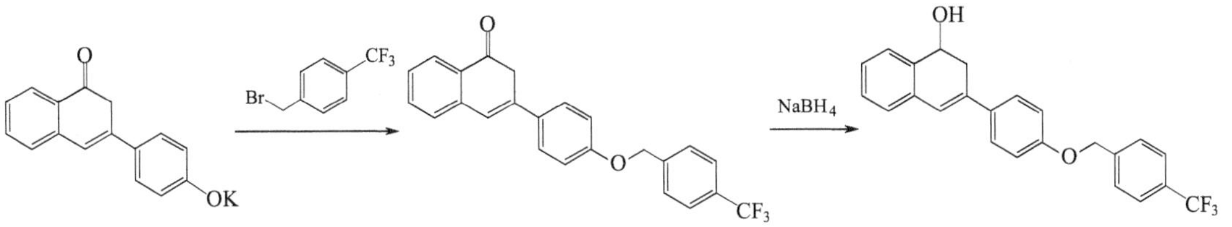

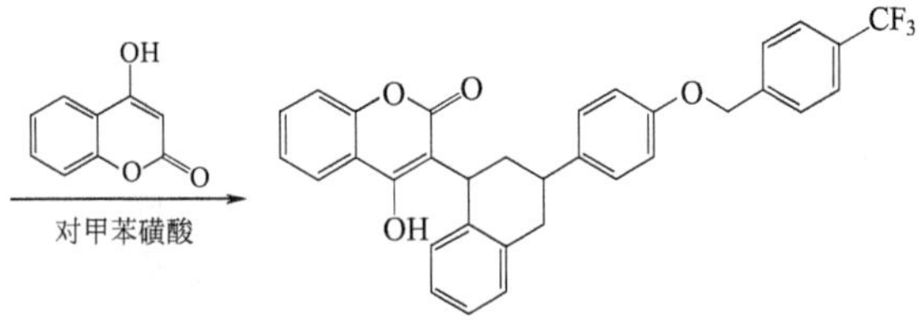

4-羟基香豆素可由水杨酸甲酯与醋酐反立，然后在碱性条件下环合得到。反应式如下：

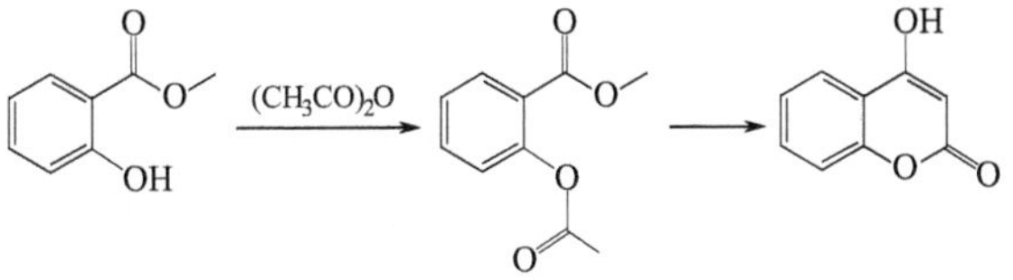

氟酮磺隆 flucarbazone-sodium

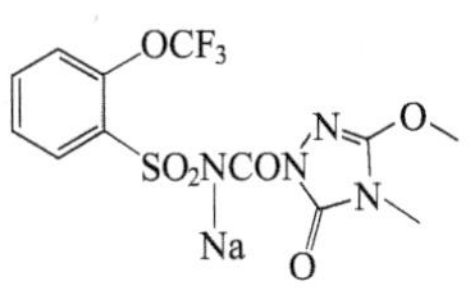

$C_{12}H_{10}F_3N_4NaO_6S$，418.3，181274-17-9

氟酮磺隆（flucarbazone-sodium），试验代号 MKH6562、SJO0498。商品名称 Everest、Everest GBX。其他名称 Pre-Pare、Vulcano、氟唑磺隆。是由拜耳公司开发的新型磺酰脲类除草剂。

化学名称 4,5-二氢-3-甲氧基-4-甲基-5-氧-N-(2-三氟甲氧基苯基磺酰基)-1H-1,2,4-三唑-1-甲酰胺钠盐，4,5-dihydro-3-methoxy-4-methyl-5-oxo-N-(2-trifluoromethoxyphenylsulfonyl)-1H-1,2,4-triazole-1-carboxamide sodium salt。

理化性质 纯品为无色无味结晶粉末，熔点为200℃(分解)。相对密度1.59(20℃)，蒸气压$1×10^{-6}$mPa(20℃)。分配系数$K_{ow}lgP$(20℃)：−0.89(pH 4)、−1.84(pH 7)、−1.88(pH 9)、−2.85(无缓冲液)。Henry常数$<1×10^{-11}$Pa·m³/mol(20℃)。水中溶解度44g/L(pH 4~9，20℃)。pK_a1.9(游离酸)。

毒性 大鼠急性经口$LD_{50}>5000$mg/kg。大鼠急性经皮$LD_{50}>5000$mg/kg。对兔皮肤无刺激性，对兔眼睛有轻微刺激性。对豚鼠皮肤无过敏现象。大鼠急性吸入$LC_{50}>5.13$mg/L。NOEL(mg/kg 饲料)：大鼠125，小鼠1000(2y)；雌性狗200，雄性狗1000(1y)。ADI值：0.36mg/kg。ADI(EPA)aRfD 3.0mg/kg，cRfD 0.36mg/kg[2000]；(拜耳建议)0.04mg/kg。无任何神经毒性、基因毒性、致畸和致癌作用。

生态效应 山齿鹑急性经口$LD_{50}>2000$mg/kg。山齿鹑亚急性饮食$LC_{50}>5000$mg/L。鱼毒LC_{50}(96h，mg/L)：大翻车鱼>99.3，虹鳟鱼>96.7。水蚤EC_{50}(48h)>109mg/L。羊角月牙藻EC_{50}为6.4mg/L。浮萍EC_{50}为0.0126mg/L。蚯蚓$LC_{50}>1000$mg/kg。对蜜蜂无毒($LD_{50}>$

$200\mu g/$只)。蚯蚓 $LC_{50}>1000mg/kg$。

环境行为

(1) 动物 大鼠经口氟酮磺隆后 48h 内可全部以尿液和粪便的形式排出，主要是母体化合物。

(2) 植物 在小麦体内被广泛代谢。相关的残留物是母体化合物和氮上去甲基的代谢物。

(3) 土壤/环境 土壤平均土壤 DT_{50} 为 17d。在土壤和水中光解 $DT_{50}>500d$。在土壤中不移动，在分散研究中，地表 30cm 下检测不到残留物。

制剂 70％水分散粒剂。

主要生产商 Arysta LifeScience。

作用机理 支链氨基酸（ALS 或 AHAS）合成抑制剂。通过抑制必需氨基酸的合成起作用，如缬氨酸、异亮氨酸，进而停止细胞分裂和植物生长。被植物的叶和根部吸收后，向顶部和根部传导。杂草(1~6 叶期)通过茎叶和根部吸收，脱绿、枯萎，最后死亡。因该化合物在土壤中有残留活性，故对施药后长出的杂草仍有药效。

应用

(1) 适宜作物与安全性 小麦，对下茬作物安全，燕麦、芥、扁豆除外。

(2) 防除对象 主要用于防除小麦田禾本科杂草和一些重要的阔叶杂草，对 ACC 酶抑制剂（芳氧苯氧丙酸类、环己烯酮类）、氨基甲酸酯类（如燕麦畏）、二硝基苯胺类等产生抗性的野燕麦和狗尾草等杂草有很好的防效。

(3) 使用方法 苗后茎叶处理。使用剂量为 $30g(a.i.)/hm^2$［亩用量为 $2g(a.i.)$］。可与其他阔叶杂草除草剂（2,4-滴、2 甲 4 氯、溴苯腈、麦草畏等）桶混使用，也可与表面活性剂一起使用，杂草防除效果更佳。氟酮磺隆剂量 $30g(a.i.)/hm^2$［亩用量为 $2g(a.i.)$］与 0.25％的表面活性剂一起使用，对野燕麦和狗尾草的防效与剂量 $70g(a.i.)/hm^2$［亩用量为 $4.7g(a.i.)$］的炔草酸（clodinafop-propargyl）相同或稍好。氟酮磺隆剂量 $30g(a.i.)/hm^2$［亩用量为 $2g(a.i.)$］和 2,4-滴剂量 $420g(a.i.)/hm^2$［亩用量为 $28g(a.i.)$］一起使用对抗性杂草野燕麦和狗尾草的防效分别为 90％~96％和 94％~97％。

专利与登记 专利 EP0507171、US5541337 等已过专利期，不存在专利权问题。

国内登记情况：70％水分散粒剂，登记作物为春小麦，防治对象为杂草。爱利思达生物化学品北美有限公司在中国登记情况见表81。

表 81 爱利思达生物化学品北美有限公司在中国登记情况

登记名称	登记证号	含量	剂型	登记作物	防治对象	用药量/(g/hm²)	施用方法
氟唑磺隆	PD20081110	95％	原药				
氟唑磺隆	PD20081109	70％	水分散粒剂	春小麦田	杂草	20~30	喷雾
				冬小麦田	杂草	31.5~42	喷雾

合成方法 经如下反应可制得目的物：

参考文献

[1] Proc Br Crop Prot Conf：Weed. 1999：23.
[2] 陈明. 农药研究与应用，2008，12（1）：15-17.
[3] 张勇等. 化学世界，2009，12：740-742.

氟酰胺 flutolanil

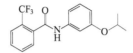

$C_{17}H_{16}F_3NO_2$，323.3，66332-96-5

氟酰胺（flutolanil），试验代号 NNF-136。商品名称 Moncut、Prostar。其他名称 望佳多。是由日本农药株式会社开发的酰胺类杀菌剂。

化学名称 3′-异丙氧基-2-(三氟甲基)苯甲酰苯胺或 α,α,α-三氟-3′-异丙氧基-邻甲苯甲酰苯胺，α,α,α-trifluoro-3′-isopropoxy-o-toluanilide。

理化性质 纯品为无色无味结晶状固体，熔点 104.7～106.8℃。蒸气压 4.1×10^{-4} mPa（20℃），分配系数 $K_{ow}\lg P=3.17$。Henry 常数 1.65×10^{-5} Pa·m³/mol。相对密度 1.32(20℃)。溶解度（20℃，mg/L）：水 8.01；有机溶剂（20℃，g/L）：丙酮 606.2，乙腈 333.8，二氯甲烷 377.6，乙酸乙酯 364.7，正己烷 0.395，甲醇 322.2，正辛烷 42.3，甲苯 35.4。在酸碱介质中稳定(pH 5～9)。在水溶液中光解 DT_{50} 277d(pH 7,25℃)。

毒性 大鼠和小鼠急性经口 $LD_{50}>10000$mg/kg。大鼠和小鼠急性经皮 $LD_{50}>5000$mg/kg。本品对兔皮肤和眼睛无刺激作用。对豚鼠皮肤无致敏性。大鼠急性吸入 $LC_{50}>5.98$mg/L。NOEL 值[2y,mg/(kg·d)]：雄大鼠 8.7，雌大鼠 10.0。ADI 值（mg/kg）：（JMPR）0.09[2002]；(EC)0.09[2008]；(EPA)cRfD 0.06[1990]。Ames 试验表明无致畸、致突变、致癌作用。

生态效应 山齿鹑和野鸭急性经口 $LD_{50}>2000$mg/kg。鱼毒 LC_{50}（96h,mg/L）：大翻车鱼 5.4，虹鳟鱼 5.4，胖头鲦鱼 4.8，鲤鱼 3.21。水蚤 EC_{50}(48h)>6.8mg/L。月牙藻 E_bC_{50}(72h)0.97mg/L。对蜜蜂无影响，甚至可以直接对昆虫喷洒。蜜蜂 LD_{50}（μg/只）：（经口,48h）$>$208.7，（接触,48h）$>$200。蚯蚓 LC_{50}(14d)$>$1000mg/kg 土壤。

环境行为

（1）植物 在花生中，主要的代谢产物包括自由和共轭的氟酰胺、N-(3-羟基苯基)-2-三氟甲基苯甲酰胺。

（2）土壤/环境 DT_{50}190～320d（灌溉的土壤），160～300d（山地）。

制剂 20％可湿性粉剂。

主要生产商 Nihon Nohyaku 及江苏苏利化学有限公司等。

作用机理与特点 在呼吸作用的电子传递链中作为琥珀酸脱氢酶抑制剂，抑制天门冬氨酸盐和谷氨酸盐的合成。是一种具有保护和治疗活性的内吸性杀菌剂，阻碍受感染体上菌的生长和穿透，引起菌丝和被感染体的消失。

应用

（1）适宜作物与安全性 水稻、谷类、马铃薯、甜菜、蔬菜、花生、水果、观赏作物等。推荐剂量下对谷类、水稻、蔬菜和水果安全。

（2）防治对象 主要用于防治各种立枯病、纹枯病、雪腐病等。兑水稻纹枯病有特效。

（3）使用方法 氟酰胺具有很好的内吸活性，可用于茎叶处理，使用剂量为 300～1000g/hm²；也可用于种子处理，使用剂量为 1.5～3.0g/kg；还可用于种子处理，使用剂量为 2.5～10.0kg/hm²。

（4）应用技术 在防治水稻纹枯病时，要在水稻分蘖盛期和水稻破口期各喷药 1 次，每亩用 20％氟酰胺可湿性粉剂 100～125g（有效成分 20～25g），兑水 75kg，常量喷雾，重点喷在水稻基部。

专利与登记 专利 JP53009739、JP53116343 等均已早过专利期，不存在专利权问题。国内登记情况：98％氟酰胺原药、20％可湿性粉剂。登记作物为水稻，防治对象为纹枯病等。日本农药株式会社在中国登记情况见表82。

表82　日本农药株式会社在中国登记情况

登记名称	登记证号	含量	剂型	登记作物	防治对象	用药量	施用方法
氟酰胺	PD20081145	97.5％	原药				
氟酰胺	PD93-89	20％	可湿性粉剂	水稻	纹枯病	300～375g/hm²	喷雾

合成方法　以邻三氟甲基苯甲酰氯和间硝基苯酚或间氨基苯酚为起始原料,经如下反应制得:

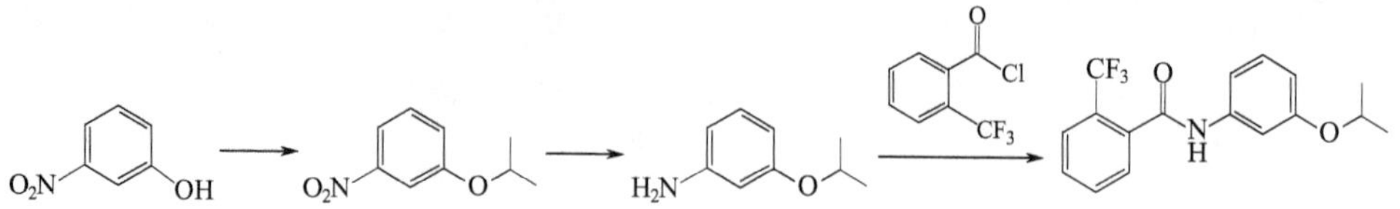

或

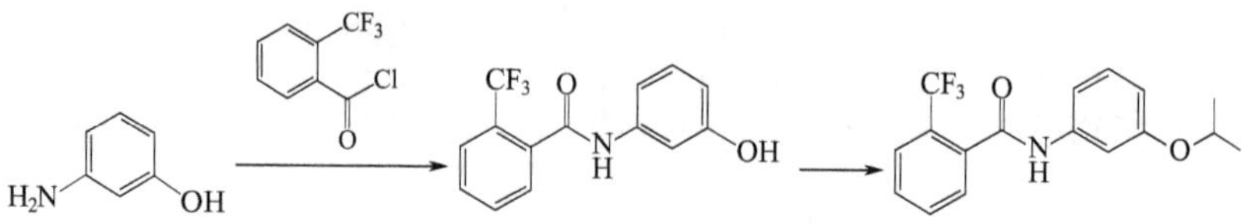

邻三氟甲基苯甲酰氯的制备方法之一:

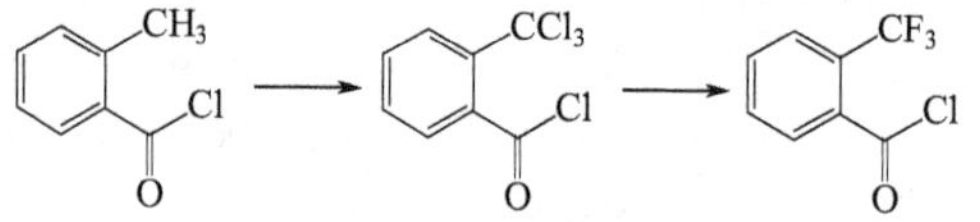

参考文献

[1] The Pesticide Manual. 15th edition. 2009:559-560.
[2] Japan Pesticide Information,1985,46:6
[3] Japan Pesticide Information,1985,47:23
[4] Proc Br Crop Prot Conf:Pests Dis,1981,1,3

氟酰脲 novaluron

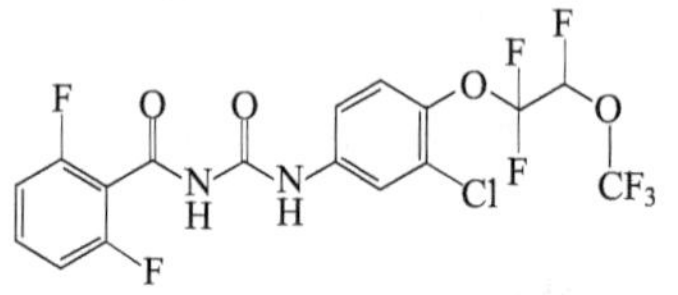

$C_{17}H_9ClF_8N_2O_4$，492.7，116714-46-6

氟酰脲(novaluron)，试验代号　GR572、MCW-275、SB-7242。商品名称　Counter、Diamond、Galaxy、Rimon、Oskar、Pedestal。是意大利 Istituto Guido Donegani S. P. A. 研制、以色列 Makhteshim-Agan(现 ADAMA)开发的一种性能优异的苯甲酰脲类杀虫剂。

化学名称　(RS)-1-[3-氯-4-(1,1,2-三氟-2-三氟甲氧基乙氧基) 苯基]-3-(2,6-二氟苯甲酰基)脲，(RS)-1-[3-chloro-4-(1,1,2-trifluoro-2-trifluoromethoxyethoxy) phenyl]-3-(2,6-difluorobenzoyl)urea。

理化性质　原药纯度96％，纯品为固体，熔点176.5～178℃，闪点202℃，蒸气压$1.6×10^{-2}$ mPa(25℃)，$K_{ow}lgP=4.3$，Henry 常数 2Pa·m³/mol(计算)，相对密度1.56(22℃)。水中溶解度 3μg/L(25℃)；有机溶剂中溶解度(20℃,g/L)：乙酸乙酯113，丙酮198，甲醇14.5，二氯乙烷 2.85，二甲苯1.88，正庚烷0.00839。在 pH 4 和7(25℃)时稳定存在，DT_{50}101d(pH 9,25℃)。

毒性　大鼠急性经口 $LD_{50}>5000mg/kg$，大鼠急性经皮 $LD_{50}>2000mg/kg$。对兔皮肤和眼睛

无刺激，对豚鼠皮肤无致敏性。大鼠吸入 LC_{50}(4h)>5.15mg/L 空气，大鼠 NOEL(2y)1.1mg/(kg·d)，ADI 值(JMPR)0.01mg/kg，(EC 建议)0.1mg/kg，(EPA)cRfD 0.011mg/kg，(FSC)0.011mg/kg。

生态效应 野鸭和山齿鹑急性经口 LD_{50}>2000mg/kg，野鸭和山齿鹑饲喂 LC_{50}(5d)>5200mg/L。虹鳟鱼和大翻车鱼的 LC_{50}(96h)>1mg/L，水蚤 LC_{50}(48h)0.259μg/L，羊角月牙藻 E_bC_{50}(96h)9.68mg/L，蜜蜂 LC_{50}(经口和接触)>100μg/只，蚯蚓 LC_{50}(14d)>1000mg/kg 土壤，对其他有益生物无毒。

环境行为

(1) 动物 经口后在动物体内可迅速吸收但并不广泛，吸收部分的代谢主要是脲桥的断裂形成 2,6-二氟苯甲酸。主要的消除途径是粪便。在动物体内仍残留 4.3% 的原药，在脂肪中含量最高。

(2) 植物 在马铃薯和苹果体内的残留物主要为没有改变的母体化合物。

(3) 土壤/环境 DT_{50}(有氧)68.5～75.5d(砂质壤土和黏土质砂壤土)。主要的代谢物为二氟苯甲酰基离去形成的 1-[3-氯-4-(1,1,2-三氟-2-三氟甲氧基乙氧基) 苯基] 脲，在土壤中具有强烈的吸附作用，K_{oc}6650～11813。

制剂 乳油和悬浮剂。

作用机理与特点 几丁质合成抑制剂，影响虫害的蜕皮机制。主要通过皮肤接触，进入虫体后干扰蜕皮机制，主要作用于幼虫，对卵也有作用，同时可减少成虫的繁殖能力。

应用

(1) 适用作物 水果、蔬菜、棉花、马铃薯、玉米、甜菜、柑橘等。

(2) 防治对象 鳞翅目害虫如棉铃虫、菜青虫、烟青虫、小菜蛾、甜菜夜蛾等，鞘翅目害虫，双翅目害虫。

(3) 应用技术 为防治害虫抗性出现，可在防治棉铃虫、小菜蛾等害虫时与其他杀虫剂交替使用。

专利概况 专利 US4980376、EP271923 均已过专利期，不存在专利权问题。

合成方法 以对硝基苯酚为原料，经过如下反应即可制得目的物：

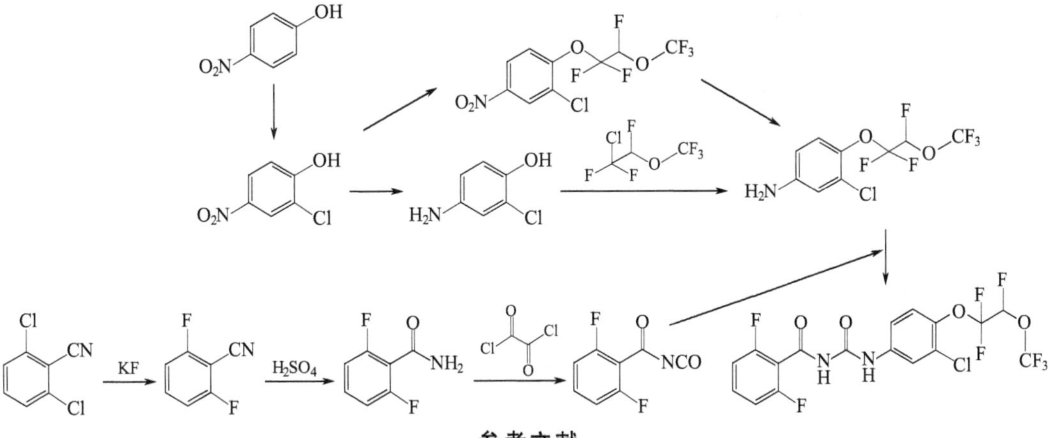

参考文献

[1] Proc Br Crop Prot Conf：Pests Dis，1996，3：1013.

氟乙酸钠 sodium fluoroacetate

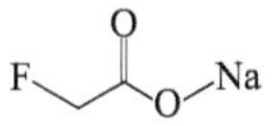

$C_2H_2FNaO_2$，100.0，62-74-8

氟乙酸钠(sodiumfluoroacetate)，商品名称 Yasoknock、Fratol、Ten Eighty、一氟乙酸钠。

其他名称　Compound 1080。最早由 E. R. Kalmbeck 报道其杀鼠活性。

化学名称　氟乙酸钠，sodium fluoroacetate。

理化性质　白色不挥发的粉末，具有吸湿性，易溶于水，微溶于乙醇、丙酮和石油醚。本品在 200℃时分解。

毒性　剧毒，对大多数哺乳动物和鸟类的致死剂量通常都在 10mg/kg 以下，急性经口 LD_{50}（mg/kg）：大鼠 0.22，小鼠 8.0，小鸡约 5，蜘蛛猿 15。本品无特殊气味，毒性大，作用快，在农村使用时要对使用人员进行培训。大鼠 NOAEL（13 周）0.05mg/(kg·d)，ADI（EPA）cRfD 0.00002mg/kg[1993,1995]。

制剂　常见剂型为加苯胺作警戒色的 0.5%水溶液。

作用机理　由于动物体内的酶作用，氟乙酸钠被代谢为高毒的氟代柠檬酸盐，此过程曾被称为"致死合成"（lethal synthesis）。氟代柠檬酸盐在三羧酸循环（TCA）中使代谢中断，而这是产生能量的主要途径。氟代柠檬酸盐有两种作用机制：首先是使代谢柠檬酸盐的乌头酸酶受到抑制，其次是使柠檬酸盐在线粒体壁中的传动机制失活。中毒症状可以延缓到几小时后出现。这将视不同种类的动物而异，受到主要影响的器官是心脏和中枢神经系统。在食草动物中心脏是主要的；而在食肉类动物，主要出现的是中枢神经受到抑制和抽搐；在杂食类动物中，心脏和中枢神经系统的症状均有表现。造成动物死亡的原因可能是呼吸和心脏方面的故障。氟乙酸钠还存在二次毒性的问题。

应用

（1）防治对象　用于防治啮齿类动物，在澳大利亚也用于防治野猪、野狗、野兔。

（2）使用方法　用水溶液配制成毒饵（每 25～50kg 中加液剂 30mL），防治大鼠、鼹鼠及野生啮齿类动物。本品亦可用作内吸性杀虫剂。1945 年起，美国曾大量使用本品防治鼠类和土狼，但因高毒，故禁止一般人员销售和使用，以防发生意外事故。

（3）注意事项　目前还缺少有效的解毒药。通常可先使呕吐，然后给服乙二醇一醋酸酯，亦可用乙醇（50%乙醇 8mL/kg）和 5%醋酸以代替乙二醇一醋酸酯使用。尽早使用其他酒精脱氢酶抑制剂如吡唑或四甲基吡唑，亦将是有用的。

专利概况　专利 JP27003874 早已过专利期，不存在专利权问题。

合成方法　通过如下反应制得目的物：

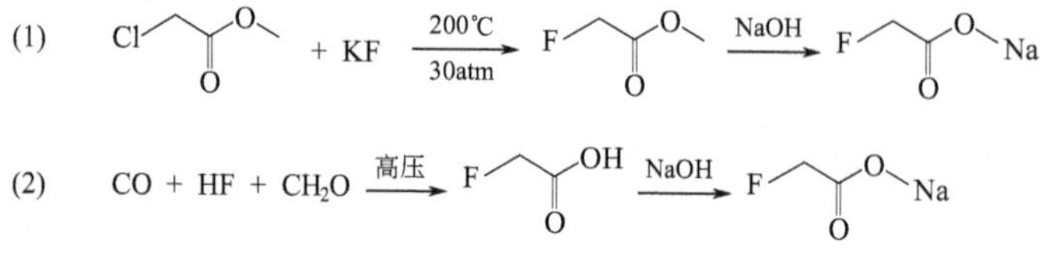

氟蚁腙 hydramethylnon

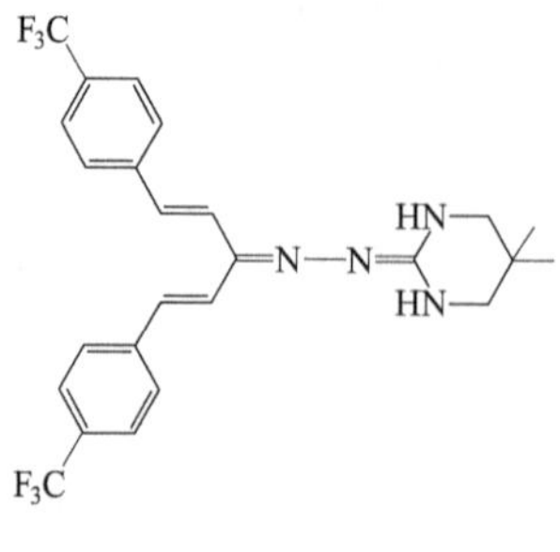

$C_{25}H_{24}F_6N_4$，494.5，67485-29-4

氟蚁腙（hydramethylnon），试验代号　AC217300、BAS315 I、CL217300。商品名称

Amdro PRO、Combat、Siege Gel。其他名称　pyramdron、amidinohydrazone。是由氰胺公司(现属 BASF SE)推广的杀虫剂。

化学名称　5,5-二甲基全氢亚嘧啶-2-酮-4-三氟甲基-α-(4-三氟甲基苯乙烯基)亚肉桂基腙，5,5-dimethylperhydropyrimidin-2-one-4-trifluoromethyl-α-(4-trifluoromethylstyryl)cinnamylidene-hydrazone。

组成　原药含量95%。

理化性质　黄色至棕褐色晶体。熔点 189～191℃，蒸气压＜0.0027mPa(25℃)、＜0.0008mPa(45℃)，$K_{ow}\lg P=2.31$，Henry 常数 7.81×10^{-1}Pa·m³/mol(25℃,计算)，相对密度 0.299(25℃)。水中溶解度(25℃)0.005～0.007mg/L；其他溶剂中溶解度(20℃,g/L)：丙酮 360，乙醇 72，1,2-二氯乙烷 170，甲醇 230，异丙醇 12，二甲苯 94，氯苯 390。原药在原装未开封容器中，25℃稳定 24 个月以上，37℃12 个月，45℃3 个月。见光分解(DT_{50}1h)。水悬浮液 DT_{50}(25℃)：24～33d(pH 4.9)，10～11d(pH 7.03)，11～12d(pH 8.87)。

毒性　急性经口 LD_{50}(mg/kg)：雄大鼠 1131，雌大鼠 1300。兔急性经皮 LD_{50}＞5000mg/kg。对兔或豚鼠皮肤没有刺激，对兔眼睛有刺激，对豚鼠无皮肤致敏性。大鼠吸入 LC_{50}(4h)＞5mg/L 空气(气溶胶或粉尘)。NOEL(mg/kg 饲料)：大鼠(28d)75，大鼠(90d)50，大鼠(2y)50，小鼠(18 月)25；小猎犬(90d)3.0mg/(kg·d)，小猎犬(6 月)3.0mg/(kg·d)。对大鼠和兔无致畸性、无诱变性、无致突变性。

生态效应　急性经口 LD_{50}(mg/kg)：野鸭＞2510，山齿鹑 1828。因该化合物在水中溶解度低，且见光快速分解，所以在正常的野外条件下对鱼无毒。鱼类 LC_{50}(96h,mg/L)：大翻车鱼 1.70，虹鳟鱼 0.16，斑点叉尾鮰 0.10；鲤鱼(24h,48h 以及 72h)分别为 0.67mg/L、0.39mg/L 和 0.34mg/L。水蚤 LC_{50}(48h)1.14mg/L，由于水中溶解度低，在田间条件下没有危害。粉尘在 0.03mg/只时对蜜蜂无毒。

环境行为

(1) 动物　大鼠经口后迅速排泄到尿和粪便中，在山羊(0.2mg/kg 饲料，8d)乳汁中没有检测到任何残留物。奶牛(0.05mg/kg 持续 21d)乳汁中无残留。

(2) 植物　使用 4 个月后杂草中的残余＜0.01mg/L。对种植萝卜、大麦和法国豆的土壤施药，3 个月后发现残留很少。

(3) 土壤/环境　见光迅速分解(DT_{50}＜1h)，砂质土壤中 DT_{50}7d，混合到砂质土壤中 DT_{50}28d。饵剂在日光下迅速分解。低生物富集作用。

制剂　糊剂(PA)，饵剂(RB)。

主要生产商　上海生农生化制品有限公司、常州永泰丰化工有限公司、BASF 及 EastSun 等。

作用机理与特点　胃毒作用非系统性杀虫剂。线粒体复合物Ⅲ的电子转移抑制剂(耦合位点Ⅱ)，抑制细胞呼吸。也就是有效抑制蟑螂体内的代谢系统，抑制线粒体内 ADP 转换成 ATP 的电子交换过程，从而使能量无法转换，造成心跳变慢，呼吸系统衰弱，耗氧量减小，因为细胞得不到足够的能量，最终因弛缓性麻痹而死亡。

应用

(1) 适用作物　主要用于牧场、草地、草坪和非作物区。选择性地用于控制农业蚁和家蚁(尤其是弓背蚁属、虹臭蚁属、小家蚁属、火蚁属、农蚁属以及黑褐大头蚁)，中华拟歪尾蠊(尤其是蠊属、小蠊属、大蠊属以及夏柏拉蟑螂属)，木白蚁科(尤其是楹白蚁属)和鼻白蚁科(尤其是散白蚁属、乳白蚁属以及异白蚁属)的诱饵。由于作用缓慢，可以被工蚁带到巢里杀死蚁后，使用浓度为16g/hm²。

(2) 防治对象　火蚁，螯蠊。

(3) 使用方法　饵剂用量为 1.12～1.68kg/hm²。

专利与登记　专利 US4163102、US4213988 均早已过期，不存在专利权问题。国内仅登记了 95%、98%原药等。

合成方法　4-三氟甲基甲苯侧链溴化后，得到一溴代和二溴代混合物，然后与六次甲基四胺反应，得到4-三氟甲基苯甲醛，再与丙酮缩合，缩合产物与氢化嘧啶基肼类化合物反应，即制得氟蚁腙。反应式如下：

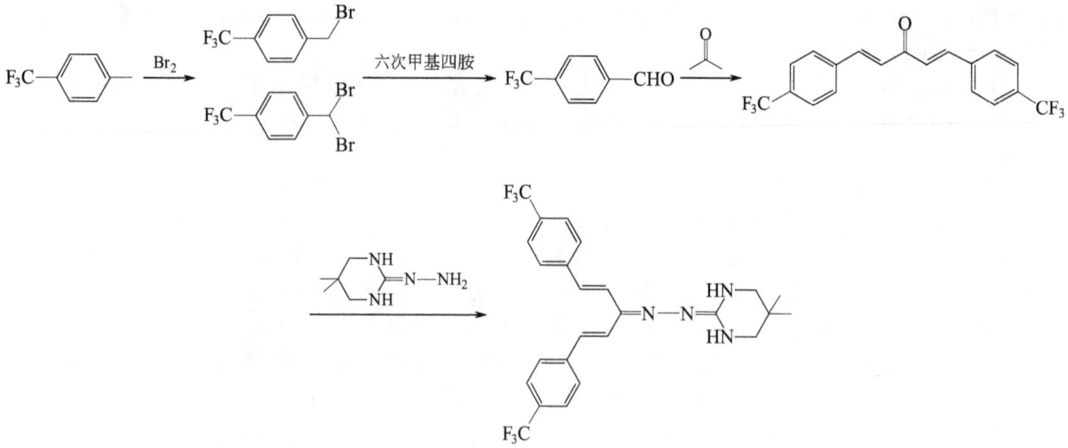

参考文献

[1] 郑晗. 农药, 2009, 48(6): 391-393.

氟幼脲 penfluron

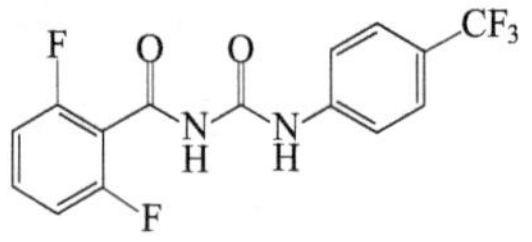

$C_{15}H_9F_5N_2O_2$, 344.2, 35367-31-8

氟幼脲(penfluron), 试验代号 PH -60-44、TH-60-44。是 Duphar 公司研制的杀虫剂。

化学名称 1-(4-三氟甲基苯基)-3-(2,6-二氟苯甲酰基)脲, 1-(2,6-difluorobenzoyl)-3-(α,α, α-trifluoro-p-tolyl)urea。

作用机理 通过干扰几丁质的沉淀使幼虫不能蜕皮或变成畸形死亡, 所以昆虫幼虫中毒缓慢, 直到蜕皮时才表现出来, 并且虫体变大、变黑、膨胀。氟幼脲还能防治蚊、蝇类, 并具有化学不孕作用。

应用 对云杉食心虫有一定的防效, 能有效防治危害藏储物的害虫, 如赤拟谷盗晕和谷斑皮蠹。能防治棉铃象虫的繁殖, 对橘锈螨也有一定防效, 使家蝇卵的成活率下降, 对伊蚊属蚊具有昆虫生长调节作用。氟幼脲对黏虫具有超高杀虫活性, 比甲氨基阿维菌素苯甲酸盐对黏虫的活性高 1 倍, 是值得开发的杀虫剂。

专利概况 专利 DE2123236 早已过专利期, 不存在专利权问题。

合成方法 以对三氟甲基苯胺为起始原料, 合成如下:

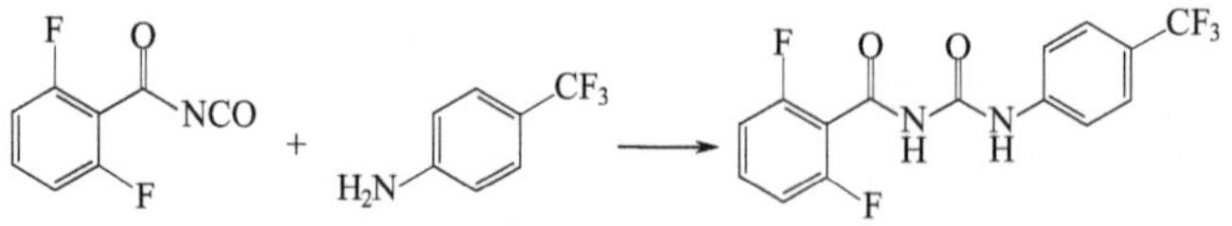

氟唑草胺 profluazol

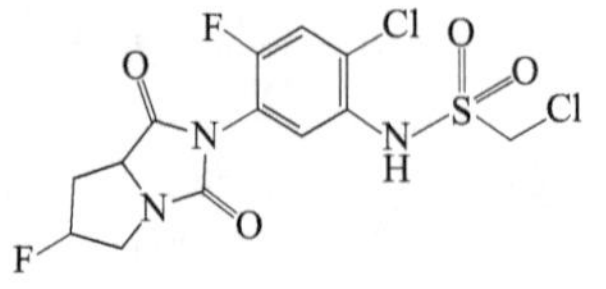

$C_{13}H_{11}Cl_2F_2N_3O_4S$, 414.2, 190314-43-3

氟唑草胺（profluazol），试验代号　DPX-TY029、IN-TY029，是杜邦公司研制的酰亚胺类除草剂。

化学名称　1,2′-二氯-4′-氟-5′-[(6S,7aR)-6-氟-2,3,5,6,7,7a-六氢-1,3-二氧-1H-吡咯并1,2-c]咪唑-2-基]甲基磺酰苯胺，1,2′-dichloro-4′-fluoro-5′-[(6S,7aR)-6-fluoro-2,3,5,6,7,7a-hexahydro-1,3-dioxo-1H-pyrrolo[1,2-c]imidazol-2-yl]methanesulfonanilide。

作用机理　原卟啉原氧化酶抑制剂。

应用　除草剂。

专利概况

专利名称　Herbicidal sulfonamides　专利号　WO9715576　专利申请日　1995-10-25

专利拥有者　DuPont(US)

合成方法　以 2-氟-4-氯苯胺为起始原料，经如下反应式制得目的物：

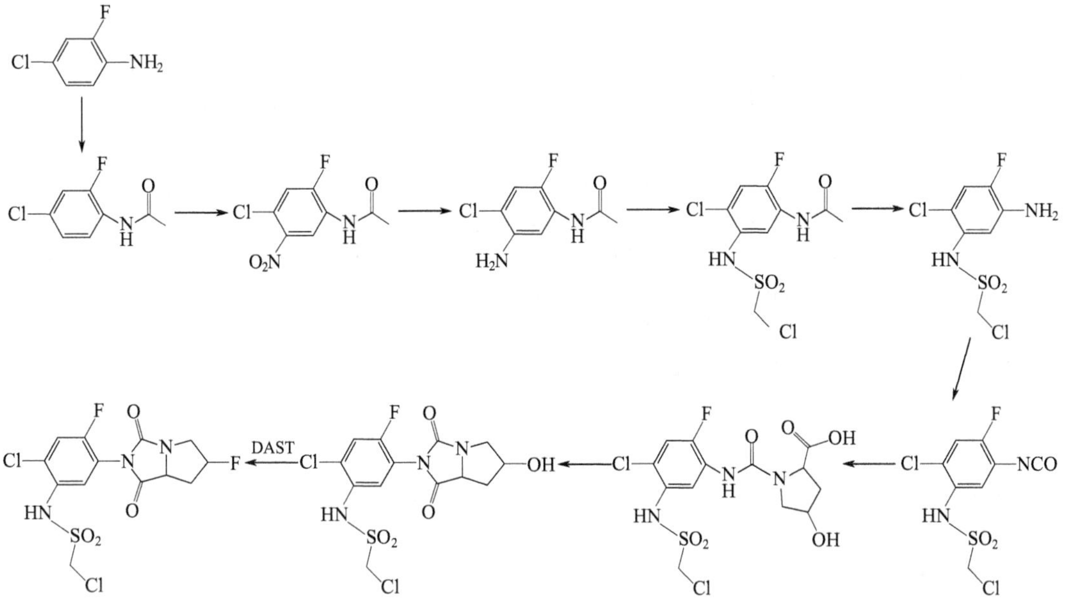

参考文献

[1] Agrow.1999，338：26.

氟唑环菌胺 sedaxane

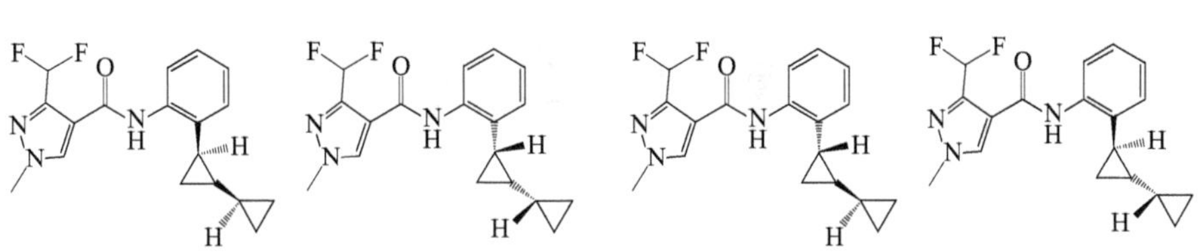

顺式异构体　　　　　　　　　　　反式异构体

C$_{18}$H$_{19}$F$_2$N$_3$O，331.4，874967-67-6(混合物)，599197-38-3(trans-)，599194-51-1(cis-)

氟唑环菌胺（sedaxane），试验代号　SYN524464，商品名称　Cruiser Macc Vibrance Beans、Cruiser Maxx Vibrance、Helix Vibrance、Vibrance Integral、Vibrance Gold、Vibrance XL、VibranceExtreme。是由先正达公司开发的用于种子处理的杀菌剂。

化学名称　两个顺式异构体 2′-[(1RS,2RS)-1,1′-连环丙烷-2-基]-3-(二氟甲基)-1-甲基吡唑-4-羧酰苯胺和两个反式异构体 2′-[(1RS,2SR)-1,1′-连环丙烷-2-基]-3-(二氟甲基)-1-甲基吡唑-

4-羧酰苯胺。两个反式异构体 2′-［（1RS，2RS）-1，1′-bicycloprop-2-yl］-3-（difluoromethyl）-1-methylpyrazole-4-carboxanilide 和两个顺式异构体 2′-［（1RS，2SR）-1，1′-bicycloprop-2-yl］-3-（difluoromethyl）-1-methylpyrazole-4-carboxanilide。

制剂　种子处理剂（氟唑环菌胺，516g/L）。

主要生产商　Syngenta。

作用机理与特点　抑制线粒体呼吸链电子传递功能的复合物Ⅱ（琥珀酸脱氢酶）。

应用

（1）适用作物　谷类、大豆和油菜作物。

（2）防治对象　控制各类作物散黑穗病，以及多种苗期疾病，尤其是立枯病。

专利与登记

专利名称　Pyrazole derivative fungicides

专利号　WO2006015866　专利申请日　2004-8-12

专利拥有者　先正达公司

在其他国家申请的化合物专利：AU2005270320、CA2574293、EP1781102、CN101001526、JP2008509190、EA11163、CN102669104、US20090054233、NO2007001233 等。

目前已在阿根廷、美国、加拿大、法国等取得登记：Vibrance（氟唑环菌胺，516g/L）登记用于小麦、大麦、燕麦、黑麦、大豆和油菜，用于控制各类作物散黑穗病，以及多种苗期疾病，尤其是立枯病。VibranceExtreme（氟唑环菌胺 13.8g/L＋苯醚甲环唑 66.2g/L＋R-甲霜灵 16.6g/L）登记用于谷类，与 Vibrance 相比，其防控谱更广，可防控苗期枯萎病、根腐病和猝倒病等。Cruiser Maxx Vibrance（氟唑环菌胺 8g/L＋苯醚甲环唑 37g/L＋R-甲霜灵 9.5g/L＋噻虫嗪 30.7g/L）登记用于谷类作物，不仅可防控多种种子内生疾病，还能防控欧洲金龟子和线虫。

合成方法　经如下反应制得氟唑环菌胺：

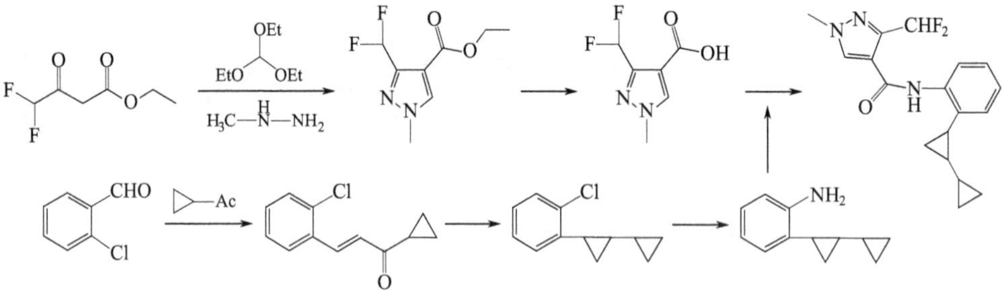

参考文献

[1] The Pesticide Manual. 15th edition. 2009：695-696.

氟唑活化酯 FBT

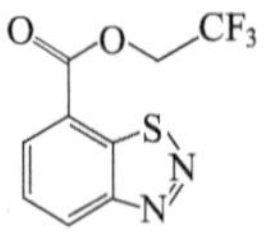

$C_9H_5F_3N_2O_2S$，262.2，864237-81-0

氟唑活化酯，商品名　氟唑活化酯 FBT，其他名称　B2-a。是由华东理工大学和江苏南通泰禾化工有限公司合作开发的植物诱抗剂，于 2015 年获得创制农药类临时登记证。

化学名称　苯并-［1,2,3］-噻二唑-7-甲酸三氟乙酯，2,2,2-trifluoroethyl benzo[d][1,2,3]thiadiazole-7-carboxylate。

理化性质 无气味，浅棕色粉末。熔点 94.5～95.5℃。松密度 0.60g/mL，堆密度 0.84g/mL。易溶于丙酮、乙酸乙酯、二氯甲烷、甲苯等有机溶剂，正己烷 8.5g/L，水 0.03g/L。pH 值 4.6，比旋光度 0（°）·mL/（dm·g），正辛醇-水分配系数（20℃）2.90，饱和蒸气压（25℃）$3.31×10^{-4}$ Pa。水解 $t_{0.5}$：9.74d(4.0)，3.80d(7.0)，2.43h[9.0,25±0.5)℃]；2.51d(4.0)，5.28h(7.0)，1h 消解率＞90%[(50±0.5)℃]。在室温下稳定，不具有燃烧性，在 50～500℃内放热效应小于 500J/g，不具有爆炸危险性，对包装材料无腐蚀性。与水、磷酸二氢铵、铁粉和煤油相混未发现明显反应，不存在氧化-还原/化学不相容性；在 0.1mol/L $KMnO_4$ 溶液中颜色发生变化，存在氧化-还原/化学不相容性。5%氟唑活化酯乳油有芳香族化合物气味，黄褐色透明液体，密度 0.93g/mL，闪点 55.0℃，无爆炸性和腐蚀性。

毒性 原药：大鼠（雌、雄）急性经口 LD_{50}1080mg/kg，大鼠（雌、雄）急性经皮 LD_{50}＞5000mg/kg，大鼠（雌、雄）急性吸入 LC_{50}＞2000mg/m³。对兔眼、兔皮肤无刺激性，对豚鼠致敏性试验为弱致敏。Ames、微核、染色体试验结果均为阴性。

5%乳油：大鼠（雌、雄）急性经口 LD_{50}3160mg/kg，大鼠（雌、雄）急性经皮 LD_{50}＞2000mg/kg，鼠（雌、雄）急性吸入 LC_{50}＞2000mg/m³。对家兔皮肤中度刺激性，对兔眼中度刺激性。对豚鼠致敏性试验为弱致敏。95%原药喂食大白鼠 90d，最大无作用剂量为 54mg/kg，NOAEL：(5.17±1.00) mg/(kg·d)（雄性）、(4.44±1.36) mg/(kg·d)（雌性）。日容许摄取量 ADI 为 0.44mg/(kg·d)。

生态效应 日本鹌鹑 LD_{50}（7d）＞1000mg/kg，LC_{50}（8d）＞2000mg/kg 饲料，斑马鱼 LC_{50}（96h）＞7.19mg/L，蜜蜂 LC_{50}（48h）1711mg/L，家蚕 LC_{50}（96h）＞2003mg/L，大型溞 LC_{50}（48h）＞102mg/L，小球藻 LC_{50}（72h）61.4mg/L，赤子爱胜蚯蚓 LC_{50}（14d）＞100mg/kg 干土。土壤微生物土壤 CO_2 累积释放量抑制率(0～15d,10 倍推荐剂量下)＜50%(杭州土和无锡土)。对玉米赤眼蜂(成虫)安全系数＞10，非洲爪蟾(蝌蚪)LC_{50}（48h）5.39mg/L。

环境行为 黑土中等吸附，K_d46.164；红壤较难吸附，K_d46.164；稻田土难吸附，K_d3.4668。在黑土、红壤、稻田土中均不移动，R_f0.083。土壤降解 $t_{0.5}$：52.9h(红壤)，37.7h(稻田土)，18.3h(黑土)(好氧)；17.9h(红壤)，5.8h(稻田土)，3.7h(黑土)(厌氧)。水解 $t_{0.5}$：2.5d(50℃,pH 4)，5.0h(50℃,pH 7)，0.25h(50℃,pH 9)；9.4d(25℃,pH 4)，4.0d(25℃,pH 7)，1.3h(25℃,pH 9)。纯水中光解 $t_{0.5}$63min。土壤表面光解率＜25%(黑土、红壤、稻田土,7d)。好氧条件下水-沉积物降解试验 $t_{0.5}$：18.6h(池塘水-对照组)，18.3h(池塘体系)，18.8h(湖泊水-处理组)；17.5h(池塘水-处理组)，23.2h(湖泊体系)，10.7h(湖泊水-对照组)。厌氧条件下水-沉积物降解试验 $t_{0.5}$：17.7h(池塘体系)，22.3h(湖泊水-处理组)，16.6h(湖泊水-对照组)；20.8h(湖泊体系)，18.6h(池塘水-处理组)，18.3h(池塘体系)。

制剂 5%乳油。

主要生产商 江苏南通泰禾化工有限公司。

作用机理与特点 ①基因水平：能够诱导一系列与抗病性有关的基因表达，从而诱导植物自身抗病性的产生。②蛋白水平：促使各种与抗病有关的蛋白生成并显著提高一系列与抗病有关酶（β-1-3-葡聚糖酶、几丁质酶等）的活性，而且还能相应地提高与植物抗逆相关的各种过氧化物酶（PAL，SOD，PPO，POD 等）的活性。③次生代谢：诱导并增强植物多种途径的次生代谢，有效提高植物细胞酚类化合物、绿原酸、木质素、单宁等一系列次生代谢物含量水平。④细胞结构：能够诱导植物细胞壁在真菌侵入的部位积累起较厚的胼胝质防护层，从而在细胞结构上阻止真菌的入侵。

应用 氟唑活化酯 FBT 兼具抗病、抗虫特性，特别是通过简单的叶面喷洒，可以有效防治各类土传病害。FBT 对土豆土传病害防治效果尤佳。氟唑活化酯施药浓度在 10～20mg/L，在定植期开始施药，每 7d 施药一次，连续施药 4 次可较好地防治黄瓜霜霉病和白粉病且不会产生药害。

专利与登记

专利名称 苯并噻二唑类化合物及其在植物细胞中的应用

专利号　CN1450057　专利申请日　2003-05-16
专利拥有者　华东理工大学，大连理工大学

目前江苏省南通泰禾化工有限公司的 98％原药及 5％乳油在 2015 年取得临时登记，用于防治黄瓜白粉病，使用剂量为 10～20mg/kg。

合成方法　经如下反应制得氟唑活化酯：

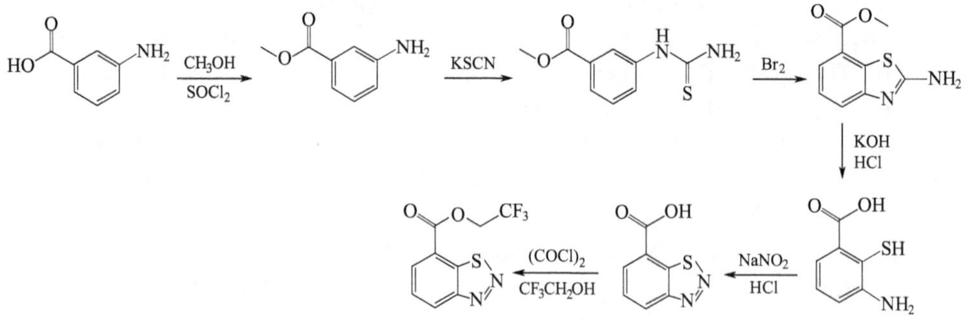

参考文献

[1] 朱正江，等．第七届全国农药创新技术成果交流会成果论文汇编．2014.112-122.

氟唑菌苯胺 penflufen

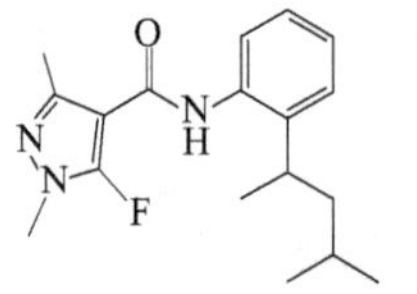

$C_{18}H_{24}FN_3O$，317.4，494793-67-8

氟唑菌苯胺(penflufen)，试验代号　BYF14182，商品名称　EVERGOL Prime、EVERGOL Xtend、EMESTO Quantum、Prosper EverGol。其他名称　EMESTO Prime、EVERGOL Energy、EMESTO Silver、EMESTO Flux、戊苯吡菌胺。是由拜耳公司开发的吡唑酰胺类杀菌剂。

化学名称　N-[2-(1,3-二甲基丁基)苯基]-5-氟-1,3-二甲基-1H-4-吡唑酰胺，2′-[(RS)-1,3-dimethylbutyl]-5-fluoro-1,3-dimethylpyrazole-4-carboxanilide。

理化性质　纯品为无色晶体，熔点 111.1℃。蒸气压 $4.1×10^{-4}$ mPa(20℃)。相对密度 1.21(20℃)，$K_{ow}lgP=3.3$(pH 7,25℃)。Henry 常数 $1.05×10^{-5}$ Pa·m³/mol(pH 6.5,计算)。溶解度：水 10.9mg/L(pH 7,20℃)；其他溶剂中溶解度(25℃,g/L)：甲醇 126，二氯甲烷＞250，甲苯 72，DMSO 162。在中性、酸性、碱性水中及空气和光中稳定。

毒性　大鼠急性经口 LD_{50}＞2000mg/kg；大鼠急性经皮 LD_{50}＞2000mg/kg；24h，3 只兔子中 2 只兔子眼睛变红，一只兔子肿胀，72h 恢复正常。对兔子无皮肤刺激。对豚鼠皮肤无致敏性。大鼠吸入 LC_{50}(4h,20℃)＞2.022mg/L，ADI 0.04mg/kg。

生态效应　鸟类 LD_{50}(mg/kg)：山齿鹑＞4000，金丝雀＞2000。饲喂(mg/kg 饲料)：山齿鹑＞8962，野鸭＞9923。鱼类 LC_{50}(96h,mg/L)：鲤鱼＞0.103，大翻车鱼＞0.45，虹鳟鱼＞0.31，羊头小鱼＞1.15，肥头鲤＞0.116。水蚤 EC_{50}＞4.7mg/L。淡水绿藻 EC_{50}＞5.1mg/L。糠虾 EC_{50}(96h)2.5mg/L，蜜蜂 LD_{50}(24h、48h,μg/只)：经口＞100，接触＞100。其他有益生物 LR_{50}(g/hm²)：捕食性螨＞250；寄生蜂＞250；在 250g/hm² 剂量下可明显监测到其繁殖能力分别减少了 37.2％和 64.3％。

环境行为

（1）动物　在大鼠中通过粪便迅速排出，72h内在粪便和尿液中检测到90％的回收率。经口代谢机理非常复杂，能被代谢为多种产物。在山羊和母鸡中的代谢机制与大鼠类似。通过放射性标记方法，发现在组织器官、奶和鸡蛋中有低残留。

（2）植物　通过放射性标记方法，在土豆、小麦、大豆、水稻中被降解为非常复杂的组分。在土豆、小麦、大豆、水稻等中残留不大于 0.005mg/L。

（3）土壤/环境　土壤中快速降解缓慢，DT_{50} 为 117～458d。50℃在 pH 4.7～9 的水沉降试验中，DT_{50} 为 3.9d 和 93d，整个体系的 DT_{50} 为 301d 和 333d。

制剂　种子处理用水悬剂、悬浮剂。

主要生产商　Bayer。

作用机理与特点　琥珀酸脱氢酶抑制剂。对纹枯病有很好的防治效果，可用作种子处理剂。

应用

（1）适用作物　紫花苜蓿，油菜，谷物，玉米，棉花，马铃薯，水稻，小谷物，大豆，向日葵，块根蔬菜等。

（2）防治对象　防治纹枯病，水稻纹枯病菌，长蠕孢菌。

（3）使用方法　用作种子处理剂。水稻上推荐使用剂量为 1.4～10g/hm²，欧洲对马铃薯的推荐剂量为 50～100g/hm²，北美对马铃薯的推荐使用剂量为 80～160g/hm²；其他作物的使用剂量：豆类 0.0384Lb(a.i.)/英亩、谷物 0.0078lb(a.i.)/英亩、小麦 0.0078lb(a.i.)/英亩、玉米 0.0033lb(a.i.)/英亩、紫花苜蓿 0.00225lb(a.i.)/英亩、棉花 0.0019lb(a.i.)/英亩、油籽作物 0.00123lb(a.i.)/英亩。每年累计使用量不超过 0.143lb(a.i.)/英亩。

专利与登记

专利名称　Preparation of 1H-pyrazole-4-carboxanilides as agricultural fungicides and bactericides

专利号　WO2003010149　专利申请日　2003-02-06

专利拥有者　Bayer

在其他国家申请的化合物专利：AU2002313490、BR2002011482、CN1533380、DE10136065、EP1414803、HU2004001478、IL159839、IN2002MU00619、IN2008MU02533、IN229869、JP2005501044、JP2010195800、KR2009052908、MX2004000622、TW317357、US20040204470、ZA2004000434 等。

氟唑菌苯胺 2011 年在英国获准首次登记，随后在加拿大和美国取得登记。

合成方法　经如下反应制得氟唑菌苯胺：

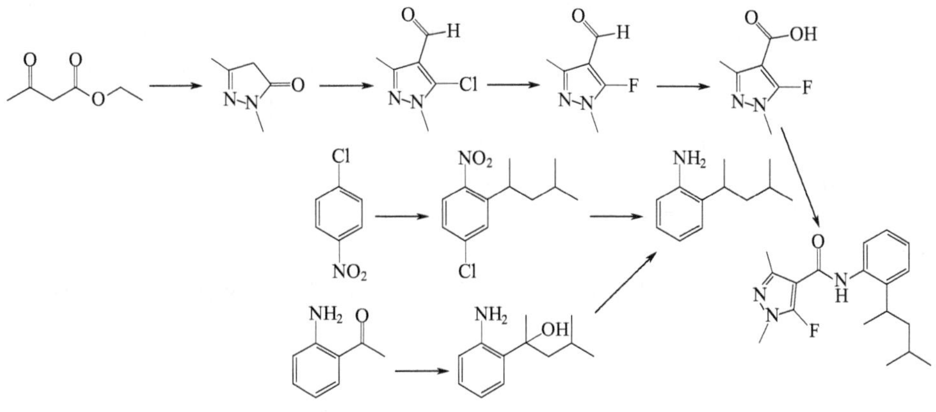

参考文献

［1］The Pesticide Manual. 15th edition. 2009：695-696.

［2］顾林玲. 现代农药，2013，2：44-47.

氟唑菌酰胺 fluxapyroxad

$C_{18}H_{12}F_5N_3O$，381.3，907204-31-3

氟唑菌酰胺(fluxapyroxad)，试验代号　BAS700 F、5094351。商品名称　Adexar、Ceriax、Intrex、Systiva。其他名称　Fydex、Imbrex、Merivon、Priaxor、Morex、Pexan、Sercadis、氟苯吡菌胺。是由 BASF 公司开发的杀菌剂。

化学名称　3 -(二氟甲基)-1-甲基-N-(3′,4′,5′-三氟联苯-2-基)-4-吡唑甲酰胺，3-(difluoromethyl)-1-methyl-N-(3′,4′,5′-trifluorobiphenyl-2-yl)pyrazole-4-carboxamide。

理化性质　纯品为无色晶体，熔点 157℃。相对密度 1.42(20℃)。蒸气压 $2.7×10^{-6}$ mPa (20℃)，$8.1×10^{-6}$ mPa(25℃)。$K_{ow}\lg P=3.1(25℃)$。Henry 常数 $3.028×10^{-7}$ Pa·m³/mol。水中溶解度 3.4mg/L(20℃)；其他溶剂中溶解度(g/L,20℃)：丙酮>250，乙腈 168，二氯甲烷 146，乙酸乙酯 123，甲醇 53.4，甲苯 20.0，正己烷 0.106。pH 4～9 时稳定，不会水解，在中性水中使用人造光照射，不会光解。在空气和光中稳定。pK_a 2.58(计算)。

毒性　大鼠急性经口 LD_{50}>2000mg/kg，大鼠急性经皮 LD_{50}>2000mg/kg，对眼睛无刺激。大鼠吸入 LC_{50}>5.5mg/L。大鼠 NOAEL 数据[mg/(kg·d)]：经口(90d)6.1，经皮(28d)1000。ADI 值 0.02mg/kg，对人无致癌毒性，无遗传毒性。

生态效应　山齿鹑急性经口 LD_{50}>2000mg/kg，山齿鹑饲喂 LC_{50}(5d)>5000mg/kg。鱼类 LC_{50}(96h,mg/L)：虹鳟鱼 0.546，鲤鱼 0.29。水蚤 EC_{50}(48h)6.78mg/L。羊角月牙藻 E_rC_{50} 0.7mg/L，E_yC_{50}(96h)0.36mg/L。其他水生生物(7d,mg/L)：膨胀浮萍 E_rC_{50}(7d)4.32mg/L，E_yC_{50}(7d)=2.41mg/L。蜜蜂 LD_{50}(48h,μg/只)：经口>110.9；接触>100。蚯蚓 LD_{50}>1000mg/kg。

环境行为

(1) 动物　氟唑菌酰胺能迅速被肠道吸收，三天后通过粪便排出，也有少量通过尿液排出。氟唑菌酰胺通过体内代谢系统水解为二苯环部分和吡唑部分。

(2) 植物　氟唑菌酰胺能残留于植物中。代谢机理为通过吡唑环部分的去甲基作用，与葡萄糖苷结合，转化为 3-(二氟甲基)-1H-吡唑-4-羧酸，从而被植物吸收。

(3) 土壤/环境　土壤中 DT_{50}(田间)39～370d，DT_{90}(田间)>1y。在土壤中稳定不水解，K_{Foc} 320～1101mL/g 空气，DT_{50} 0.7d。

制剂　乳油、悬浮剂、种衣剂。

主要生产商　BASF。

作用机理与特点　抑制线粒体呼吸链复合物Ⅱ的琥珀酸脱氢酶，从而抑制真菌孢子萌发、芽管和菌丝生长。

应用

(1) 适用作物　谷物，豆类蔬菜，油籽作物，花生，梨果，核果，根和块茎类蔬菜，果类蔬菜和棉花等。用作叶片和种子处理剂。

(2) 防治对象　大豆叶斑病、叶蛙眼病、叶枯病、大豆锈病。

(3) 使用方法　单次最高使用剂量为 0.09～0.18lb (a.i.)/英亩 (1 英亩=4046.86m²)，最

大季节性使用量为 0.18～0.36lb（a.i.）/英亩，收获前 21d 不能使用。

专利与登记

专利名称　Preparation of pyrazole-4-carboxamides as agricultural fungicides

专利号　WO2006087343　专利申请日　2006-08-24

专利拥有者　BASF

在其他国家申请的化合物专利：AR53019、AU2006215642、BR2006008157、CA2597022、CN101115723、CR9335、DE102005007160、EA15926、EP1856055、IL184806、IN2007KN03068、IN253216、 JP2008530059、 KR2007107767、 MX2007008997、 NZ560208、 US20080153707、ZA2007007854 等。

2011 年在英国上市，用于谷类作物。

合成方法　经如下反应制得氟唑菌酰胺：

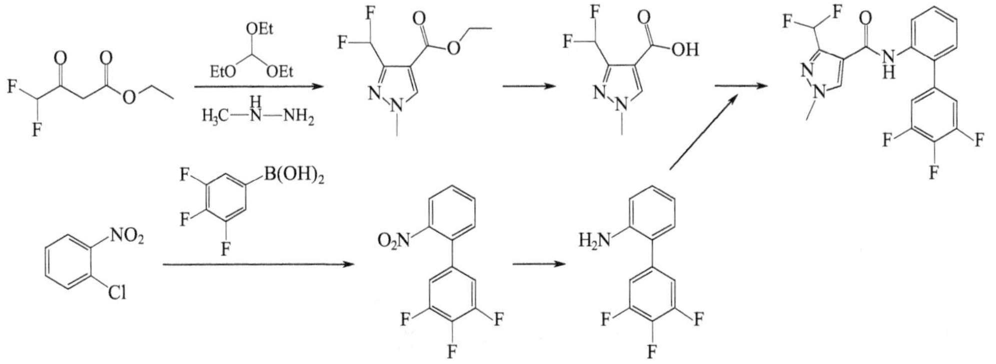

参考文献

[1] The Pesticide Manual. 15th edition，2009，695-696.

福美双 thiram

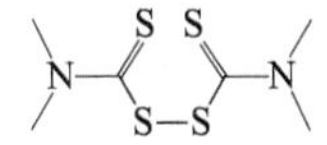

$C_6H_{12}N_2S_4$，240.4，137-26-8

福美双（thiram），试验代号　ENT987。商品名称　Deepest、Flowsan、Gustafson 42S、Hermosan Pomarsol、Pomarsol、Royalflo 42S、Thianosan、Thiraflo、Thiram Granuflo、Thyram Plus、Tiurante。其他名称　Anchor、Gaucho M、Gaucho T、Vitaflo 280、Vitavax 200FF、Zaprawa Funaben T、秋兰姆、阿锐生、赛欧散。是由杜邦公司和拜耳公司开发的杀菌剂。

化学名称　四甲基秋兰姆二硫化物，tetramethylthiuram disulfide 或 bis（dimethylthiocarbamoyl）disulfide.

理化性质　纯品为白色粉末，熔点 144～146℃。蒸气压 2×10^{-2} mPa（25℃）。分配系数 K_{ow} $lgP = 2.1$。相对密度 1.36（20℃）。Henry 常数 1.53×10^{-4} Pa·m³/mol。水中溶解度 16.5mg/L（20℃）；有机溶剂中溶解度（g/L，20℃）：正己烷 0.093，二甲苯 8.3，甲醇 1.91，二氯甲烷 164，丙酮 21.0，乙酸乙酯 8.53。稳定性：在中性或碱性介质中迅速分解；DT_{50}（25℃）：68.5d（pH 5），3.5d（pH 7），小于 1d（pH 9）。pK_a 为 8.19。

毒性 大鼠急性经口 LD_{50}（mg/kg）：雄大鼠3700，雌大鼠1800，小鼠1500～2000，兔210。大鼠急性经皮 LD_{50}＞2000mg/kg，兔急性经皮 LD_{50}＞2000mg/kg；对兔眼睛有中等刺激性，对皮肤无刺激性。在经皮毒性测试中，本品干粉在9％浓度下对人类皮肤会造成轻度红疹。对豚鼠皮肤无致敏性。大鼠吸入 LC_{50}（4h，mg/L 空气）：雄性5.04，雌性3.46。NOEL数据[mg/（kg·d）]：大鼠（2y）1.5，狗（1y）0.75。ADI（JMPR，EC）0.01mg/kg[1992,2003,2004]；（EPA）aRfD 0.0167mg/kg，cRfD 0.015mg/kg[2004]。

生态效应 鸟类急性经口 LD_{50}（mg/kg）：雄性圆颈野鸡673，野鸭＞2800，欧椋鸟＞100，白眉歌鸫＞100。饲喂 LC_{50}（5d，mg/L）：圆颈野鸡＞5000，野鸭＞5000，山齿鹑＞3950，日本鹌鹑＞5000。鱼毒 LC_{50}（96h，mg/L）：大翻车鱼0.13，虹鳟鱼0.046。水蚤 LC_{50}（48h）0.011mg/L。月牙藻 EC_{50}（72h）0.065mg/L。蜜蜂 LD_{50}（经口和接触）＞100μg/只。蠕虫 LC_{50}（14d）540mg/kg 土。

环境行为

（1）动物 代谢迅速，产物广泛。代谢产物可排出体外或与天然成分融为一体。

（2）植物 叶面施肥的结果主要是检测到未改变的福美双，另外还有与葡萄糖苷的共轭，以及进一步的降解和合并。作为种子处理剂的应用结果代谢产物广泛，残留物融入天然组分当中。

（3）土壤/环境 DT_{50}（有氧）4.8d（20℃，四种土壤）。

制剂 30％、40％、45％、50％、60％、70％可湿性粉剂，7.2％、16％、20％悬浮种衣剂，69％水分散粒剂等。

主要生产商 India Pesticides、Sharda、Taminco及江苏宝灵化工股份有限公司等。

作用机理与特点 具有保护作用的杀菌剂。主要用于种子处理和土壤处理。

应用

（1）适宜作物 水稻、大麦、小麦、玉米、豌豆、花椰菜、甘蓝、莴苣、黄瓜、葱、番茄、瓜类、油菜、葡萄等。

（2）防治对象 用于防治多种作物霜霉病、疫病、炭疽病、禾谷类黑穗病、苗期黄枯病、立枯病等。也可用于喷洒，防治一些果树、蔬菜病害。

（3）使用方法

① 种子处理。a. 用50％可湿性粉剂0.5kg拌100kg种子，可防治稻瘟病、稻胡麻叶斑病、稻秧苗立枯病，大、小麦黑穗病，玉米黑穗病。b. 用50％可湿性粉剂0.8kg拌100kg种子，可防治豌豆褐斑病、立枯病。c. 用50％可湿性粉剂0.25kg拌100kg种子，可防治花椰菜、甘蓝、莴苣等立枯病。d. 用50％可湿性粉剂0.3～0.8kg拌100kg种子，可防治黄瓜和葱立枯病。e. 用50％可湿性粉剂0.5kg拌100kg种子，可防治松黄立枯病。f. 50％可湿性粉剂300g拌棉籽100kg，加适量水充分摇匀并立即播种，防治棉花苗期病。

② 土壤处理。a. 每平方米苗床用50％可湿性粉剂4～5g加70％五氯硝基苯4g，再加细土15kg混匀施用，可防治番茄、瓜类幼苗猝倒病、立枯病及烟草和甜菜根腐病。b. 用50％可湿性粉剂100g，处理土壤500kg，做温室苗床处理，防治烟草和甜菜根腐病，番茄、甘蓝黑肿病，瓜类猝倒病、黄枯病。

③ 喷雾。a. 用50％可湿性粉剂500～800倍液喷雾，喷药液量为750～1500kg/hm²，可防治油菜、黄瓜霜霉病。b. 用50％可湿性粉剂500～750倍液喷雾，可防治葡萄白腐病、炭疽病。c. 用50％可湿性粉剂500g，兑水250～400kg，均匀喷雾，防治苹果黑点病、梨黑腥病。

专利与登记 专利US1972961、DE642532均已过专利期，不存在专利权问题。国内登记情况：30％、40％、45％、50％、60％、70％可湿性粉剂，7.2％、16％、20％悬浮种衣剂，69％

水分散粒剂，95％、96％原药等，登记作物为黄瓜、梨树、小麦、苹果树、葡萄等，防治对象为黑星病、霜霉病、赤霉病、白粉病、炭疽病等。美国科聚亚公司在中国登记见表83。

表 83　美国科聚亚公司在中国登记情况

登记名称	登记证号	含量	剂型	登记作物	防治对象	用药量	施用方法
萎锈·福美双	PD111-89	75％	可湿性粉剂	小麦	散黑穗病	187.5～210g/100kg 种子	拌种
				水稻	恶苗病	(1)150～187.5g/100kg 种子；(2)0.75～1.125g/(L水·kg 种子)	(1)拌种；(2)浸种
				水稻	苗期立枯病	150～187.5g/100kg 种子	拌种
萎锈·福美双	PD112-89	400g/L	悬浮剂	小麦	散黑穗病	108.8～131.2g/100kg 种子	拌种
				小麦	调节生长	120g/100kg 种子	
				大麦	调节生长	100～120g/100kg 种子	
				大麦	黑穗病	0.2～0.3L/100kg 种子	
				大麦	条纹病	80～120g/100kg 种子	
				水稻	立枯病	160～200g/100kg 种子	
				水稻	恶苗病	120～160g/100kg 种子	
				棉花	立枯病	500 倍液	
				大豆	根腐病	500 倍液	
				玉米	调节生长	500g/500kg 温床土	
				玉米	苗期茎基腐病	80～120g/100kg 种子	
				玉米	丝黑穗病	160～200g/100kg 种子	

合成方法　具体合成方法如下：

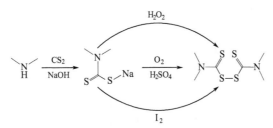

参考文献

[1] The Pesticide Manual. 15th ed. 2009:1132-1133.
[2] 周艺峰,等. 农药,1995,9:8-10.

福美锌 ziram

$C_6H_{12}N_2S_4Zn$，305.8，137-30-4

福美锌(ziram)，商品名称　Crittam、Mezene、Miram、Thionic、Ziram Granuflo。

化学名称　双-(二甲基硫代氨基甲酸)锌，zinc bis(dimethyldithiocarbamate)。

理化性质　纯品为无色粉末，熔点 246℃(工业品为 240～244℃)。蒸气压 $1.8×10^{-2}$ mPa(99％,25℃)。$K_{ow}lgP=1.65$(20℃)。相对密度 1.66(25℃)。水中溶解度(20℃)0.97～18.3mg/L；其他溶剂中溶解度(g/L,20℃)：丙酮2.3，甲醇0.11，甲苯2.33，正己烷0.77。在酸性介质

中很快降解；水解 DT_{50}：$<1h(pH\ 5)$，$18h(pH\ 7)$。

毒性 大鼠急性经口 LD_{50} 2068mg/kg，兔急性经皮 $LD_{50}>2000mg/kg$。对黏膜有刺激，对眼睛有强烈刺激，对皮肤无刺激。大鼠吸入 $LC_{50}(4h)0.07mg/L$ 空气。NOEL：狗 NOAEL(52 周)6mg/kg；大鼠(1y)5mg(a. i.)/(kg·d)；幼鼠(30d)100mg/kg 饲料；狗(13 周)100mg/L 饲料。ADI：(JMPR)0.03mg/kg[2005]；(EC)0.006mg/kg[2004]；(EPA)aRfD 0.005mg/kg，cRfD 0.0012mg/kg[2001]。急性腹腔注射 LD_{50}(mg/kg)：大鼠、豚鼠和兔子 5~73，小鼠 17。

生态效应 山齿鹑急性经口 LD_{50} 97mg/kg，虹鳟鱼 $LC_{50}(96h)>1.9mg/L$，水蚤 $EC_{50}(48h)$ 0.048mg/L，水藻 EC_{50} 0.066mg/L。对蜜蜂无毒，$LD_{50}>100\mu g/$只。蚯蚓 $LC_{50}(7d)190mg/kg$ 土壤。福美锌对不同鸟类为无毒至中等毒性。对欧洲八哥及红翼山鸟的 LD_{50} 为 100mg/kg。2y 的研究表明福美锌对鹌鹑的饮食 LC_{50} 为 3346mg/L。对于鸡雏，有毒剂量为 56mg/kg。福美锌能够使母鸡不能产蛋。在非特定条件下，福美锌能够给鸡雏的体重以及睾丸的发育带来负面影响。对唯一的被试物种——金鱼的研究表明，福美锌对鱼类为中等毒性。其对金鱼的 $LC_{50}(5h)$ 为 5~10mg/L。由于福美锌在水中的溶解度低，所以它具有较低生物浓缩能力。

环境行为

(1) 动物 大鼠经口后 1~2d 内几乎全部降解，7d 后有 1%~2% 的福美锌残留在大鼠的尸体内。

(2) 植物 在植物体内代谢的主要产物为二甲基氨基二硫代羧酸的二甲胺盐；此外还有四甲基硫脲、二硫化碳和硫。二甲基氨基二硫代羧酸能够以其酸的形式存在，以及代谢产物二甲基氨基二硫代羧-β-配糖体、二甲基氨基二硫代羧-α-氨基丁酸和二甲基氨基二硫代羧-α-丙氨酸的形式。

(3) 土壤/环境 在土壤中 DT_{50}(有氧)42h。

制剂 20% 福美锌可湿性粉剂，50% 福美锌可湿性粉剂，65% 福美锌可湿性粉剂，72% 福美锌可湿性粉剂，76% 福美锌可湿性粉剂，7% 福美锌粉剂，10% 福美锌粉剂，15% 福美锌粉剂。

主要生产商 Cerexagri、FMC、India Pesticides、Sharda 及 Taminco 等。

作用机理与特点 主要为接触活性、具有保护作用的杀菌剂。能够驱除鸟类及啮齿目动物。

应用 用作野生动物驱避剂。更多的用于防治水果及蔬菜等作物的斑点病、桃缩叶病、叶片穿孔病、锈病、黑腐病和炭疽病。

专利与登记 专利 US2229562 早已过专利期，不存在专利权问题。国内登记情况：90%、95% 原药，72% 可湿性粉剂等；登记作物为苹果树等；防治对象为炭疽病等。

合成方法 通过如下反应制得目的物：

$$\text{(CH}_3\text{)}_2\text{NH} + CS_2 \xrightarrow{\text{NaOH}} \text{NaS-C(=S)-N(CH}_3\text{)}_2 \xrightarrow{\text{ZnCl}_2} \text{(CH}_3\text{)}_2\text{N-C(=S)-S-Zn-S-C(=S)-N(CH}_3\text{)}_2$$

腐霉利 procymidone

$C_{13}H_{11}Cl_2NO_2$，284.1，32809-16-8

腐霉利(procymidone)，试验代号 S-7131。**商品名称** Cymodin、Prolex、Proroc、Sideral、Sumilex、Sumisclex、Suncymidone。**其他名称** Barrier、Cidonex、Hockey、Kimono、Progress、Promidone、Promilex、Promix、Sumiblend、速克灵、速克利、杀霉利、二甲菌核利。是日本住

友化学工业株式会社开发生产的一种内吸杀菌剂。

化学名称 N-(3,5-二氯苯基)-1,2-二甲基环丙烷-1,2-二羧酰亚胺，N-(3,5-dichlorophenyl)-1,2-dimethylcyclopropane-1,2-dicarboximide。

理化性质 原药为无色或浅棕色结晶。熔点 166～166.5℃（原药 164～166℃），蒸气压：18mPa(25℃)，10.5mPa(20℃)。分配系数 $K_{ow}lgP=3.14$(26℃)，相对密度 1.452(25℃)。水中溶解度 4.5mg/L(25℃)；有机溶剂中溶解度(g/L,25℃)：微溶于乙醇，丙酮180，二甲苯43，氯仿210，二甲基甲酰胺230，甲醇16。通常储存条件下稳定，对光、热和潮湿均稳定。

毒性 大鼠急性经口 LD_{50}(mg/kg)：雄 6800，雌 7700。大鼠急性经皮 $LD_{50}>2500$mg/kg。对兔皮肤和眼睛无刺激作用。大鼠急性吸入 LC_{50}(4h)>1500mg/L。NOEL(mg/kg)：狗 90d 喂养试验无作用剂量为 3000；大鼠 2y 喂养试验无作用剂量为 1000（雄），300（雌）。无致突变和致癌作用。ADI 值：（JMPR）0.1mg/kg[1989]，（EC）0.025mg/kg[2006]，（EPA）0.035mg/kg[1993]。

生态效应 鱼毒 LC_{50}(96h,mg/L)：大翻车鱼10.3，虹鳟鱼7.2。对蜜蜂无毒性。

环境行为

(1) 动物 腐霉利进入动物体内后可迅速完全地通过尿液和粪便排出体外。

(2) 土壤/环境 腐霉利在土壤中降解半衰期为 4～12 周，具体时间取决于土壤中的腐殖质。

制剂 50%可湿性粉剂(速克灵)，30%颗粒熏蒸剂，25%流动性粉剂以及胶悬剂。

主要生产商 Sharda、Sumitomo Chemical、Sundat 及浙江禾益农化有限公司等。

作用机理与特点 抑制菌体内甘油三酯的合成，具有保护和治疗的双重作用。主要作用于细胞膜，阻碍菌丝顶端正常细胞壁合成，抑制菌丝的发育。

应用

(1) 适宜作物与安全性 玉米、黄瓜、番茄、葱类、油菜、葡萄、草莓、桃和樱桃等果树。不要与碱性药剂混用，亦不宜与有机磷农药混配。为确保药效及其经济性，要按规定的浓度范围喷药，不应超量使用。

(2) 防治对象 菌核病和灰霉病。除对多种作物的菌核病、灰霉病有效外，对桃、樱桃等核果类的灰星病、苹果花腐病、洋葱灰腐病等均有良好效果。对稻胡麻斑病、大麦条纹病、瓜类蔓枯病等也有较好的防效。

(3) 应用技术 腐霉利具有很好的保护效果，不仅持效期长，且能阻止病斑发展；因此在发病前进行保护性使用或在发病初期使用均可取得满意效果。使用适期也比较长，它有从叶、根内吸的作用，因此，耐雨水冲刷性好，没有直接喷洒到药剂部分的病害也能被控制，对已经侵入到植物体内深部的病菌也有效。腐霉利与苯并咪唑类药剂的作用机理不同，因此，在苯并咪唑类药剂效果不好的情况下，使用腐霉利有望获得高防效。使用剂量通常为 500～1000g/hm²。

(4) 使用方法 ①防治玉米大、小斑病。每亩每次用 50%腐霉利可湿性粉剂 50～100g(有效成分 25～50g)，于心叶末期至抽丝期喷雾 1～2 次，间隔 7～10d。②防治油菜菌核病。每亩每次用 50%腐霉利可湿性粉剂 30～60g(有效成分 15～30g)，稀释成 2000～3000 倍喷雾。轻病田在始盛花期喷药 1 次，重病田于初花期和盛花期各喷药 1 次。③防治葡萄、番茄、草莓、葱类灰霉病。发病初期每亩每次用 50%腐霉利可湿性粉剂 33～50g(有效成分 16.5～25g)，稀释成 1500～3000 倍液喷雾，喷药 1～2 次，间隔 7～15d。④防治桃、樱桃等果树褐腐病。发病初期用 50%腐霉利可湿性粉剂 1000～2000 倍液或每 100L 水加 50%腐霉利 50～100g(有效浓度 250～500mg/L)喷雾，间隔 7～10d，喷药 1～2 次。⑤防治黄瓜菌核病、灰霉病。发病初期每亩每次用 50%腐霉利可湿性粉剂 33～50g(有效成分 16.5～25g)，稀释成 1500～3000 倍液喷雾，喷药 1～2 次，间隔 7～15d。

专利与登记 专利如 GB1298261、US3903090 等，早已过专利期，不存在专利权问题。国内登记情况：98.5%原药，50%、80%可湿性粉剂，20%、35%悬浮剂，10%、15%烟剂；登记作物为番茄、黄瓜、葡萄、油菜、韭菜；防治对象为灰霉病。日本住友化学株式会社在中国登记情况见表84。

表 84　日本住友化学株式会社在中国登记情况

登记名称	登记证号	含量	剂型	登记作物	防治对象	用药量/(g/hm²)	施用方法
腐霉利	PD256-98	98.5%	原药				
腐霉利	PD74-88	50%	可湿性粉剂	番茄	灰霉病	375~750	喷雾
				黄瓜	灰霉病	375~750	
				葡萄	灰霉病	562.5~1125	
				油菜	菌核病	225~450	

合成方法　腐霉利的制备方法如下：

参考文献

[1] The Pesticide Manual. 15th ed. 2009：930-931.

[2] Japan Pesticide Information，1977，29：16.

[3] 沃解明. 上海化工，1997，2：5-8.

禾草灵 diclofop-methyl

$C_{16}H_{14}Cl_2O_4$，341.2，51338-27-3，71283-65-3(R)，75021-72-6(S)，40843-25-2(酸)

禾草灵（diclofop-methyl），试验代号　Hoe023408、AE F023408。商品名称　Diclosan、Hoegrass、Hoelon、Illoxan、Sperto、Sundiclofop；其他名称　伊洛克桑、麦歌、草扫除、禾草除以及苯氧醚。

禾草灵酸（diclofop），试验代号：Hoe021079。1975 年 P. Langeluddeke 等报道了 diclofop-methyl 的除草性质，由 Hoechst AG(现 Bayer AG)开发。

化学名称　2-[4-(2,4-二氯苯氧基)苯氧基]丙酸甲酯，methyl 2-[4-(2,4-dichlorophenoxy)phenoxy]propionate。

理化性质

（1）禾草灵　无色晶体。熔点 39~41℃。蒸气压(mPa)：0.25(20℃)，7.7(50℃)(蒸气压平衡)。$K_{ow}\lg P=4.58$。Henry 常数 0.219 Pa·m³/mol(计算值,20℃)。相对密度 1.30(40℃)。水中溶解度：0.8mg/L(pH 5.7,20℃)；有机溶剂中溶解度(20℃,g/L)：丙酮、二氯甲烷、二甲基亚砜、乙酸乙酯、甲苯>500，聚乙二醇148，甲醇120，异丙醇51，正己烷50。对光稳定。水中 DT_{50}(25℃)：363d(pH 5)，31.7d(pH 7)，0.52d(pH 9)。

（2）禾草灵酸　黄白色固体。熔点 118~122℃。蒸气压(mPa)：3.1×10^{-6}(20℃)，9.7×10^{-6}(25℃)，1.7×10^{-3}(50℃)(蒸气压平衡)。$K_{ow}\lg P$：2.81(pH 5)，1.61(pH 7)。相对密度 1.4(20℃)。水中溶解度(g/L,20℃)：0.453(pH 5)，122.7(pH 7)，127.4(pH 9)。pK_a 3.43。

毒性

（1）禾草灵　急性经口 LD_{50}(mg/kg)：大鼠 481~693，狗 1600。大鼠急性经皮 LD_{50} >5000mg/kg。大鼠吸入 LC_{50} >1.36mg/L(空气)。无作用剂量(mg/kg)：大鼠(2y)0.1，狗(15 个

（月）0.44。

（2）禾草灵酸 雌大鼠急性经口 LD_{50} 586mg/kg。大鼠急性经皮 LD_{50} 1657mg/kg。

生态效应

（1）禾草灵 日本鹌鹑急性经口 LD_{50}＞10000mg/kg。饲喂 LC_{50}（5d,mg/L）：山齿鹑＞1600，野鸭＞1100。虹鳟鱼 LC_{50}（96h）0.23mg/L。水蚤 LC_{50}（48h）0.23mg/L。藻类 EC_{50}（mg/L）：淡水藻（72h）1.5，羊角月牙藻（120h）0.53。田间条件下使用剂量 1.134kg(a.i.)/hm² 时对蜜蜂无毒。蚯蚓 LC_{50}（14d）＞1000mg/kg 土壤。

（2）禾草灵酸 鱼 LC_{50}（96h,mg/L）：虹鳟鱼 21.9，金鱼 79.9。

环境行为

（1）动物 禾草灵喂食大鼠后，几乎完全吸收，然后迅速排出体外，2d 内约 90％从尿液和粪便排出，无变化，7d 后 90％排出。在动物体内没有积累和残留。单剂量 1.8mg/kg 饲喂，7d 后在动物器官和组织中的残留水平非常低。代谢物与植物中的相同。

（2）植物 禾草灵被植物迅速并完全吸收，无传导。水解相对较快（甜菜 DT_{50} 3d），最初的异构体混合物是水解的游离酸和葡萄糖醛酸和硫酸的共轭物，然后形成 4-(2,4-二氯苯氧基) 苯酚。收获期在小麦、甜菜和大豆中的残留很低，低于或等于最低检测限（0.01～0.1mg/kg）。同样可以用以轮作物。

（3）土壤/环境 土壤中禾草灵代谢为禾草灵酸，然后进一步代谢成 4-(2,4-二氯苯氧基) 苯酚，水解成游离酸和 CO_2。田间不同的土壤实验，DT_{50} 1～57d，DT_{90} 30～281d。灌溉实验表明浸出水平很低。模型统计研究表明对地下水和饮用水的污染可排除，包括在砂质土壤中。土壤吸附 K_{oc} 14000～24400mL/g。

制剂 28％、36％乳油。

主要生产商 Bayer CropScience、Sharda、Sundat、鹤岗市旭祥禾友化工有限公司、捷马化工股份有限公司、山东潍坊润丰化工股份有限公司以及一帆生物科技集团有限公司等。

作用机理与特点 苗后处理剂，主要供叶面喷雾，可被杂草根、茎、叶吸收，但在体内传导性差。根吸收药剂，绝大部分停留在根部，杀伤初生根，只有很少量的药剂传导到地上部。叶片吸收的药剂，大部分分布在施药点上下叶脉中，破坏叶绿体，使叶片坏死，但不会抑制植株生长。对幼芽抑制作用强，将药剂施到杂草顶端或节间分生组织附近，能抑制生长，破坏细胞膜，导致杂草枯死。

应用

（1）适用作物及安全性 小麦、大麦、大豆、油菜、花生、向日葵、甜菜、马铃薯、亚麻等作物。不能用于玉米、高粱、谷子、水稻、燕麦、甘蔗等作物。

（2）防治对象 稗草、马唐、毒麦、野燕麦、看麦娘、早熟禾、狗尾草、画眉草、千金子、牛筋等一年生禾本科杂草。对多年生禾本科杂草及阔叶杂草无效。

（3）使用方法 ①麦田使用。最适宜的施药时期是野燕麦等禾本科杂草 2～4 叶期，防除稗草和毒麦亦可在分蘖开始时施药。施药时期可以不考虑小麦的生育期，重要的是杂草不能被作物覆盖，影响杂草受药。每亩用 36％乳油 120～200mL，兑水叶面喷雾。用量超过 200mL，对小麦有药害。禾草灵防除野燕麦受温度、土壤湿度、土壤有机质含量的影响很小，在黑龙江等北方早春低温、干旱的情况下，药效也很稳定。②甜菜、大豆等阔叶作物使用。在作物苗期、杂草 2～4 叶期，亩用 36％乳油 170～200mL，兑水叶面喷雾。

（4）注意事项 禾草灵不能与苯氧乙酸类除草剂 2,4-滴丁酯、2 甲 4 氯以及麦草畏、灭草松等混用，也不能与氮肥混用，否则会降低药效。喷施禾草灵 5d 前或 7～10d 后，方可使用上述除草剂和氮肥。喷施禾草灵后，接触药液的小麦叶片会出现稀疏的退绿斑，但新长出的叶片完全不会受害。对 3～4 片复叶期的大豆有轻微药害，叶片出现褐色斑点一周后可恢复，对大豆生长无影响。

专利与登记 专利 DE2136828、DE2223894 均早已过专利期。国内主要登记了 95％、97％原药，28％、36％乳油。可用于防除春小麦田（840～1080g/hm²）野燕麦等一年生禾本科杂草。

合成方法 经如下反应制得禾草灵：

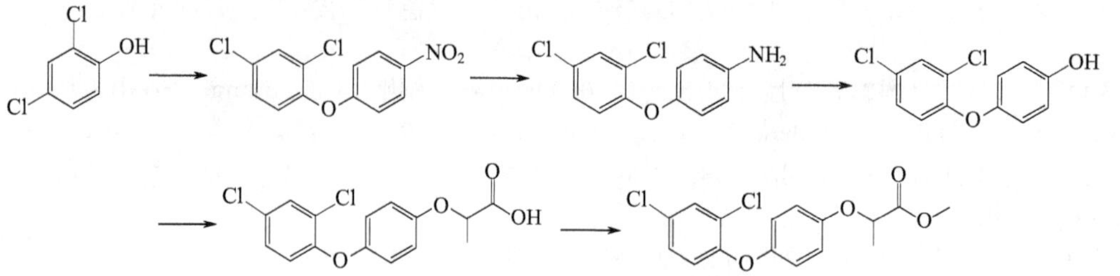

参考文献

[1] 李文箐，等．当代化工，2011，3：317-318.

高 2,4-滴丙酸 dichlorprop-P

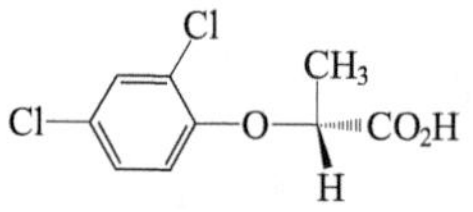

$C_9H_8Cl_2O_3$，235.1，15165-67-0、865363-39-9、618446-52-9(己酯)，104786-87-0(二甲胺盐)，113963-87-4(钾盐)

高 2,4-滴丙酸(dichlorprop-P)，试验代号 BAS044 H、AHM867。商品名称 Camppex、Débroussaillant2D-P、Debroussaillant 3 Voies、Pavanett；是由 BASF 公司开发的芳氧羧酸类除草剂，是 dichlorprop 的旋光活性异构体，于 2004 年转让给 Nufarm 公司。

高 2,4-滴丙酸-2-乙基己酯(dichlorprop-P-2-ethylhexyl)商品名称 Corasil、Brushmaster、Patron、Super Trimec、Turf Weed & Brush Control；高 2,4-滴丙酸二甲胺盐(dichlorprop-P-dimethylammonium)商品名称 Optica Trio、Fixofruit Plus、Chaser Ultra、Duplosan Super、Spoiler、Triamine、Triamine Ⅱ、Triple Threat；高 2,4-滴丙酸钾(dichlorprop-P-potassium)商品名称 Optica DP、Link、Actril 3D、Hymec Triple、UPL Camppex；高 2,4-滴丙酸钠(dichlorprop-P-sodium)商品名称 Mextrol DP、Novergazon。

化学名称

(1) 高 2,4-滴丙酸 (R)-2-(2,4-二氯苯氧基)丙酸,(R)-2-(2,4-dichlorophenoxy)propionic acid。

(2)高 2,4-滴丙酸-2-乙基己酯 (R)-2-(2,4-二氯苯氧基)丙酸-2-乙基酯,2-ethylhexyl(R)-2-(2,4-dichlorophenoxy)propanoate。

理化性质

(1)高 2,4-滴丙酸 纯品为无色晶体，带有微弱的固有气味。熔点 121~123℃(工业品116~120℃)，蒸气压 0.062mPa(20℃)。$K_{ow}\lg P=-0.25$(pH 7,25℃)。Henry 常数 2.471×10^{-5} Pa·m^3/mol(计算值)。相对密度约 1.47(20℃,工业品)。水中溶解度(20℃)0.50g/L(pH 7)。常见有机溶剂中溶解度(g/kg,20℃)：丙酮、乙醇>1000，乙酸乙酯 560，甲苯 46。对光和热稳定。比旋光度$[\alpha]^2{}_1^D+26.6°$。$pK_a 3.67$(20℃)。

(2) 高 2,4-滴丙酸-2-乙基己酯 沸点>300℃，蒸气压 5.4×10^{-1} mPa(20℃)。$K_{ow}\lg P=3.76$(pH 5)，3.81(pH 7)，3.84(pH 9)。Henry 常数 1.06 Pa·m^3/mol。相对密度 1.121(20℃)。水中溶解度<0.17mg/L。

(3) 高 2,4-滴丙酸钠 水中溶解度 660g/L(外消旋物,20℃)。

毒性 高 2,4-滴丙酸：大鼠急性经口 LD_{50} 567mg/kg。大鼠急性经皮 LD_{50}>4000mg/kg，大鼠急性吸入 LC_{50}(4h)>7.4mg/L 空气。大鼠 NOEL(2y)3.6mg/(kg·d)。ADI(EC)0.06mg/kg,

(EPA)aRfD 0.05mg/kg，cRfD 0.036mg/kg。无繁殖毒性。

生态效应 高 2,4-滴丙酸：鹌鹑急性经口 LD$_{50}$ 250～500mg/kg。虹鳟鱼 LC$_{50}$（96h）100～220mg/L。水蚤 EC$_{50}$（48h）＞100mg/L。羊角月牙藻 EC$_{50}$（72h）676mg/L。对蜜蜂无毒，LD$_{50}$（48h）＞25μg/只（二甲胺盐）。蚯蚓 LC$_{50}$（14d）994mg/kg 土壤。

制剂 粉剂、乳油、水剂。

主要生产商 Nufarm B. V. 及 Nufarm UK 等。

作用机理与特点 合成生长素（类似吲哚乙酸）。选择性、系统性、激素型除草剂，经叶片吸收并运输至根部。

应用 苗后、传导型、阔叶杂草除草剂，对春蓼、大马蓼特别有效，也可防除猪殃殃和繁缕，但对扁蓄的防除效果较差。在禾谷类作物上单用时，用量为 1.2～1.5kg（a.i.）/hm^2，或者与其他除草剂混用。也可用于防止苹果落果。高 2,4-滴丙酸-2-乙基己酯还可作为植物生长调节剂使用，来使柑橘增大。

专利概况 专利 AT1005、CA1147348、EP9285、US4310689 等均已过专利期，不存在专利权问题。

合成方法 其合成方法与高 2 甲 4 氯丙酸相似：将 L-2-氯丙酸甲酯和甲醇、33％氢氧化钠水溶液在 40℃下混合，混合液在 90℃搅拌下加入到 2,4-二氯苯酚、氢氧化钠和水的混合液中、反应混合物在 90℃下加热 1h，得到高 2,4-滴丙酸钠，D-异构体含量＞87％，中和即得 2,4-滴丙酸。

高 2 甲 4 氯丙酸 mecoprop-P

C$_{10}$H$_{11}$ClO$_3$，214.6，16484-77-8，97659-39-7（乙酯），66423-09-4（二甲胺），66423-05-0（钾盐），861229-15-4（己酯）

高 2 甲 4 氯丙酸（mecoprop-P），试验代号 BAS037H、G750、RP591066、Nufarm Ltd042969；商品名称 Hyprone-P、Platform S、Super Selective Plus；其他名称 Optica MP、CMPP-P、MCPP-P；是由巴斯夫公司开发的芳氧羧酸类除草剂，是 mecoprop 的旋光活性异构体，于 2004 年转让给 Nufarm 公司。

高 2 甲 4 氯丙酸丁氧基乙酯（mecoprop-P-butotyl）商品名称 Aniten Super、Image、Magestan、Mextra、Mextrol H、Quattro II；高 2 甲 4 氯丙酸二甲胺盐（mecoprop-P-dimethylammonium）商品名称 Optica Trio、Duplosan Super、EndRun、Exelor、Mec Amine D、Optica Combi 等；高 2 甲 4 氯丙酸-2-乙基己酯（mecoprop-P-2-ethylhexyl）商品名称 Dièze；高 2 甲 4 氯丙酸钾盐（mecoprop-P-potassium）商品名称 Optica、Clenecorn Super、Clovotox、Compitox Plus、Duplosan KV、Isomec、Mecomec 等。

化学名称

（1）高 2 甲 4 氯丙酸 （R）-2-(4-氯-邻甲苯氧基)丙酸，（R）-2-[(4-chloro-O-tolyl)oxy] propionic acid。

（2）高 2 甲 4 氯丙酸丁氧基乙酯 （R）-2-(4-氯-邻甲苯氧基)丙酸丁氧基乙酯，2-butoxyethyl (R)-2-(4-chloro-o-tolyloxy)propionate。

(3) 高 2 甲 4 氯丙酸-2-乙基己酯　(R)-2-(4-氯-邻甲苯氧基)丙酸-2-乙基己酯，2-ethylhexyl (R)-2-(4-chloro-o-tolyloxy)propionate。

理化性质

(1) 高 2 甲 4 氯丙酸　纯品为白色晶体，带有微弱的固有气味，熔点 94.6～96.2℃(工业品 84～91℃)。蒸气压 0.23mPa(20℃)，K_{ow}lgP(20℃)=1.43(pH 5)，0.02(pH 7)，−0.18(pH 9)。Henry 常数 $5.7×10^{-5}$ Pa·m³/mol(计算值)。相对密度约 1.31(20℃)。水中溶解度(20℃) 860mg/L(pH 7)。有机溶剂中溶解度(g/kg)：丙酮、乙醚、乙醇＞1000，二氯甲烷 968，己烷 9，甲苯 330。稳定性：对光和热稳定，在 pH 3～9 时稳定。光解 DT_{50}：680h(pH 5)，1019h(pH 7)，415h(pH 9)。比旋光度$[α]_D$：+35.2°(丙酮)，−17.1°(苯)，+21°(氯仿)，+28.1°(乙醇)。简单的盐是左旋的，高 2 甲 4 氯丙酸钠$[α]_D$−14.1°。pK_a 3.68(20℃)。

(2) 高 2 甲 4 氯丙酸丁氧基乙酯　熔点−71℃，沸点＞399℃。蒸气压 1.5mPa(20℃)，K_{ow}lgP=4.36，Henry 常数 0.175Pa·m³/mol，相对密度 1.096(20℃)。水中溶解度 2.7mg/L(pH 7,25℃)。

(3) 高 2 甲 4 氯丙酸-2-乙基己酯　熔点＜20℃，沸点＞230℃，蒸气压 $2.4×10^{-1}$ mPa (20℃)，K_{ow}lgP＞3.77(pH 7)，相对密度 1.0489(20℃)，溶解度＜0.17mg/L(21.5℃)。

毒性　高 2 甲 4 氯丙酸：大鼠急性经口 LD_{50} 431～1050mg/kg。大鼠急性经皮 LD_{50}＞4000mg/kg，大鼠急性吸入 LC_{50}(4h)＞5.6mg/L。对眼睛有严重刺激，对皮肤无刺激、不致敏。大鼠 NOEL(2y)1.1mg/(kg·d)。ADI：(EC)0.01mg/kg，(EPA)最低 aRfD 0.5mg/kg，cRfD 0.01mg/kg。其他：无致癌、致肿瘤、致突变和致畸作用。

生态效应

(1) 高 2 甲 4 氯丙酸　鹌鹑急性经口 LD_{50} 497mg/kg，山齿鹑饲喂 LC_{50}(5d)＞4630mg/kg。鱼 LC_{50}(96h,mg/L)：虹鳟鱼 150～220，大翻车鱼＞100。水蚤 EC_{50}(48h)＞100mg/L，NOEC (21d)50mg/L。藻类 EC_{50}(72h,mg/L)：绿藻 270，羊角月牙藻 500，水华鱼腥藻 23.9。浮萍 EC_{50}(14d)1.6mg/L。对蜜蜂无毒，LD_{50}(接触和经口)＞100μg/只。蚯蚓 LC_{50}(14d)494mg/kg 土壤。对捕食性步甲和双线隐翅虫无害。

(2) 高 2 甲 4 氯丙酸二甲胺盐　山齿鹑饲喂 LC_{50}＞5600mg/kg 饲料，蜜蜂 LD_{50}(48h)＞25μg/只。

环境行为

(1) 动物　哺乳动物经口给药后，高 2 甲 4 氯丙酸代谢后主要以螯合物形式存在于尿中。

(2) 植物　在植物中高 2 甲 4 氯丙酸在甲基处羟基化为 2-羟甲基-4-氯苯氧基丙酸，进一步代谢(羟基化)为芳族酸环也可发生。

(3) 土壤/环境　在土壤中，主要通过微生物降解为 4-氯-2-甲基苯酚，然后通过环的 6 位羟基化而开环。土壤 DT_{50}(有氧)3～13d。

制剂　乳油、水剂。

主要生产商　Nufarm B. V. 及 Nufarm UK 等。

作用机理与特点　属激素型的芳氧基链烷酸类除草剂。合成生长素(类似吲哚乙酸)。选择性、系统性、激素型除草剂，经叶片吸收并运输至根部。

应用　主要用于小麦、大麦、燕麦、牧草种子作物和草地中，于苗后控制阔叶杂草(尤其是猪殃殃、繁缕、苜蓿和大蕉)。通常与其他除草剂组合使用，用量 1.2～1.5kg/hm²。对冬黑麦有轻微药害(虽然这只是暂时的)。

(1) 适宜作物　禾谷类作物、水稻、豌豆、草坪作物和非耕作区作物。

(2) 防除对象　猪殃殃、藜、繁缕、野慈菇、鸭舌草、三棱草、日本蘑草等多种阔叶杂草。

(3) 应用技术　该品种仅对阔叶杂草有效，欲扩大杀草谱要与其他除草剂混用。

（4）使用方法　苗后茎叶处理，使用剂量为 $1.2\sim1.5\text{kg(a.i.)}/\text{hm}^2$。

专利概况　专利 DE2949728 早已过专利期，不存在专利权问题。

合成方法　通过如下反应制得目的物：

或

高氰戊菊酯 esfenvalerate

$C_{25}H_{22}ClNO_3$，419.9，66230-04-4

高氰戊菊酯（esfenvalerate），试验代号　DPX-YB656、OMS3023、S-1844、S-5602A。商品名称　Asana、Adjourn、Fast、Halmark、Mandarin、Stella、Sumi-alfa、Sumi-alpha、Sumidan、Vifen alpha、白蚁灵、来福灵、霹杀高、强福灵、强力农、双爱士。其他名称　fenvalerate-U、alpha-fenvalerate、高效氰戊菊酯、顺式氰戊。由日本住友化学工业公司开发的拟除虫菊酯类（pyrethroids）杀虫剂。

化学名称　(S)-α-氰基-3-苯氧基苄基(S)-2-(4-氯苯基)-3-甲基丁酸酯，(S)-α-cyano-3-phenoxybenzyl(S)-2-(4-chlorophenyl)-3-methylbutyrate。

组成　工业品中总异构体量98%和75%的(S,S)-异构体。

理化性质　无色晶体，工业品为黄棕色黏稠状液体或固体（23℃），熔点38～54℃（工业品），沸点＞360℃（大气压下），闪点256℃。蒸气压为 $1.17\times10^{-6}\text{mPa}$（20℃）。分配系数 $K_{ow}\lg P = 6.24$（pH 7，25℃）。相对密度1.26（4～26℃）。Henry常数 $4.20\times10^{-2}\text{Pa}\cdot\text{m}^3/\text{mol}$（计算值）。水中溶解度0.002mg/L（20℃）；其他溶剂中溶解度（20℃，g/L）：二甲苯、丙酮、氯仿、甲醇、乙醇、N,N-二甲基甲酰胺（DMF）、己烯乙二醇＞450，正己烷77。对光和热较稳定，在pH 5、7、9时水解（25℃）。旋光度 $[\alpha]_D^{25}$ -15.0（甲醇中2.0）。

毒性　大鼠急性经口 $LD_{50}75\sim88\text{mg/kg}$，急性经皮 LD_{50}（mg/kg）：兔＞2000，大鼠＞5000。本品对兔眼睛中等刺激，对兔皮肤轻微刺激。对皮肤无致敏现象。大鼠 NOEL 2mg/kg。ADI：（JMPR）0.02mg/kg[2002]；（EC）0.02mg/kg[2000]；（EPA）0.02mg/kg[1996]。急性 LD_{50} 值随工具、浓度、路线以及物种种类等的不同而有所不同，有时 LD_{50} 值差异显著。动物试验测试，

无致癌性、发育和繁殖毒性。

生态效应 山齿鹑急性经口 LD_{50} 381mg/kg；鸟类 LC_{50}(8d)：山齿鹑＞5620，野鸭5247。对水生动物剧毒，鱼 LC_{50}(96h, μg/L)：黑头呆鱼0.690，大翻车鱼0.26，虹鳟鱼0.26。水蚤 EC_{50}(48h)0.9μg/L，水藻 E_rC_{50} 10μg/L。蜜蜂 LD_{50}(接触)0.017μg/只。

环境行为

(1) 动物 在大鼠和其他动物体内发生快速代谢和消除，主要的代谢作用包括 2′位和4′位羟基的羟基化作用，酯断裂，醇的羟基化和氧化作用，氰基的氧化以及硫酸、甘氨酸和葡萄糖醛酸和酸性代谢物的共轭。同时在苯氧基环的 2′位和4′位羟基的羟基化作用和氰基水解成酰胺与羧基。大多数的羧酸和酚还生成络合物。

(2) 植物 在植物中主要代谢是脱羧氰戊菊酯。酯断裂，氰基水解成酰胺和羧酸，苯氧基 2′位和4′位羟基的羟基化作用，苯氧基 2′位和4′位上的羟基转化为3-苯氧基苯甲酸和3-苯氧基苄醇，以及由此产生的羧酸和醇糖共轭。

(3) 土壤/环境 在砂土(0.38%o.m.)中 Kd(25℃)4.4；砂壤土(pH 7.3,1.1%o.m.)中 Kd(25℃)6.4，DT_{50} 88d；粉砂壤土(pH 5.3,2.0%o.m.)中 K_d(25℃)71，DT_{50} 114d；黏壤土(pH 5.7,0.2%o.m.)中 DT_{50} 287d；黏壤土(pH 6.4,1.5%o.m.)中 K_d(25℃)105，K_{oc} 5300。

制剂 2.5%、5%乳油。

主要生产商 Bharat、Isagro Sumitomo Chemical、Sharda、江苏快达农化股份有限公司及江苏省激素研究所股份有限公司等。

作用机理与特点 钠通道抑制剂。具有触杀和胃毒作用的杀虫剂。它是氰戊菊酯所含 4 个异构体中最高效的一个，杀虫活性比氰戊菊酯高出约 4 倍，同时在阳光下较稳定，且耐雨水淋洗。

应用

(1) 防治作物 棉花、玉米、马铃薯、冬小麦、春大麦、油菜、啤酒花、黄瓜、番茄、苹果、梨。

(2) 防治对象 玉米螟、蚜虫、油菜花露尾甲、甘蓝夜蛾、菜粉蝶、苹果蠹蛾、茶尺蠖、苹果蚜、棉蚜、桃小食心虫、棉铃虫、红铃虫、大豆芽、菜青虫、豆野螟、小绿叶蝉等多种害虫害螨。

(3) 残留量与安全施药 本品不宜与碱性物质混用。喷药应均匀周到，尽量减少用药次数及用药量，而且应与其他杀虫剂交替使用或混用，以延缓抗药性的产生，用药时不要污染河流、池塘、桑园和养蜂场等。

(4) 使用方法 该药剂属于拟虫菊酯类杀虫剂，具有广谱触杀和胃毒特性，无内吸和熏蒸作用，对光稳定，耐雨水冲刷，杀虫活性比氰戊菊酯高约 4 倍。

(5) 应用技术 以喷雾方式使用。①防治棉铃虫和红铃虫。应在卵孵化盛期施药，每亩用 5%乳油 25～35mL，根据虫情可每隔 7～10d 喷药一次。②防治桃小食心虫。在卵孵化盛期或是根据测报，在成虫高峰后 2～3d 施药，用 5%乳油 1500～2500 倍液喷雾，间隔 10～15d 连喷 2～3 次。③防治潜叶蛾。用 5%乳油 4000～6000 倍，间隔 7～10d 连喷 2 次。④防治菜青虫和小菜蛾。在幼虫 3 龄期前喷药，每亩用 5%乳油 15～30mL。⑤防治豆野螟在卵孵化盛期施药，每亩用 5%乳油 20～30mL 兑水喷雾。⑥防治大豆蚜虫。在发生期喷药，每亩用 5%乳油 10～20mL。⑦防治茶尺蠖、茶毛虫和小绿叶蝉等。在幼虫和若虫发生期施用 5%乳油 5000～8000 倍液喷雾，持效期 10～15d，本剂对有机氯、有机磷和氨基甲酸酯类杀虫剂产生抗性的害虫也有效。

专利与登记 专利 DE2335347 早已过专利期，不存在专利权问题。国内登记情况：5%乳油，90%、93%、97%原药，5%水乳剂等；登记作物为甘蓝、苹果树、棉花和小麦等；防治对象为桃小食心虫、蚜虫、棉铃虫和菜青虫等。日本住友化学株式会社在中国登记情况见表85。

表 85　日本住友化学株式会社在中国登记情况

登记证号	含量	剂型	登记范围	防治对象	用药量	施用方法
WP20030006	50g/L	悬浮剂	卫生 卫生	蜚蠊 白蚁	50mg/m² 62.5～125mg/kg	滞留喷雾 土壤处理
PD20080532	50g/L	水乳剂	烟草 烟草 苹果 甘蓝	烟青虫 烟蚜 桃小食心虫 菜青虫	9～18g/hm² 9～18g/hm² 2000～4000 倍液 13.5～22.5g/hm²	喷雾
PD118-90	50g/L	乳油	棉花 苹果树 甘蓝 森林 柑橘树 甜菜 烟草 烟草 大豆 大豆 小麦 小麦 玉米	害虫 桃小食心虫 菜青虫 松毛虫 潜叶蛾 甘蓝夜蛾 烟青虫 蚜虫 蚜虫 食心虫 蚜虫 黏虫 黏虫	16.75～26.25g/hm² 16～25mg/kg 7.5～15g/hm² 5～8mg/kg 6～7mg/kg 7.5～15g/hm² 7.5～11.25g/hm² 7.5～11.25g/hm² 7.5～15g/hm² 7.5～15g/hm² 7.5～11.25g/hm² 7.5～11.25g/hm² 7.5～15g/hm²	喷雾
PD252-98	83%	原药				

合成方法　高氰戊菊酯可由外消旋混合物,即氰戊菊酯拆分制得。将高氰戊菊酯与其光学异构体混合物溶于热的庚烷-甲苯混合溶剂中,然后将溶液冷却至 23～30℃,加入甲醇,混合物再冷却至 -16℃,投入高纯的高氰戊菊酯,并通入氨气,混合物在 -16℃ 下搅拌,并经后处理,得到纯的高氰戊菊酯。

酸部分以 4-氯苯乙腈为原料,在相转移催化剂和氢氧化钠存在下,与 2-氯代丙烷进行烷基化反应,然后水解,制得 3-甲基-2-(对氯苯基)丁酸,反应如下:

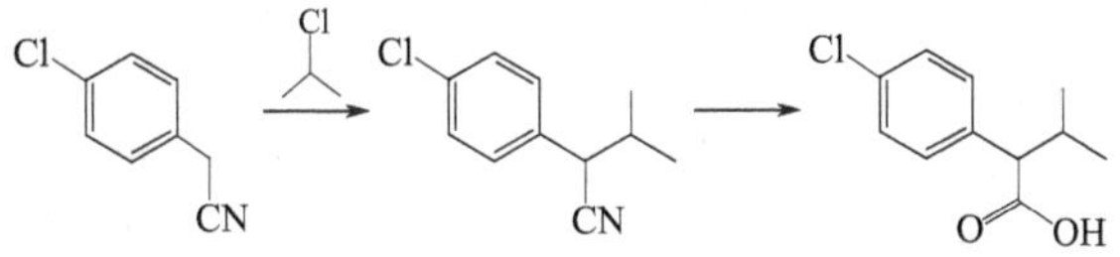

3-苯氧基甲苯氯化后,在六亚甲基四胺存在下,在水溶液或醇中回流,得到间苯氧基苯甲醛,该化合物与氰化钠和醋酸反应,得到间苯氧基-α-羟基苯乙腈。

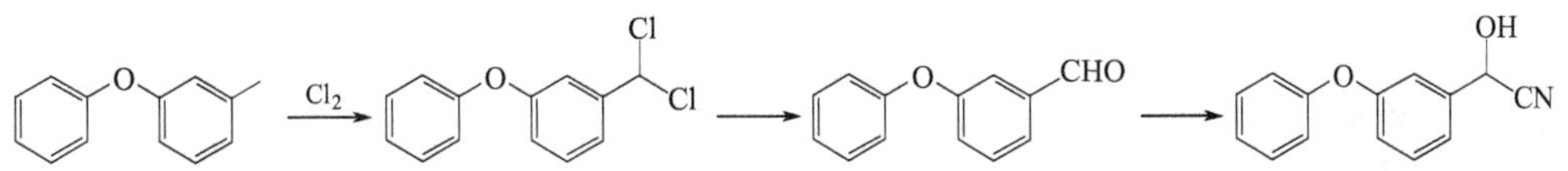

将上述两个中间体继续反应即可得到氰戊菊酯,然后经拆分就可得到高氰戊菊酯。

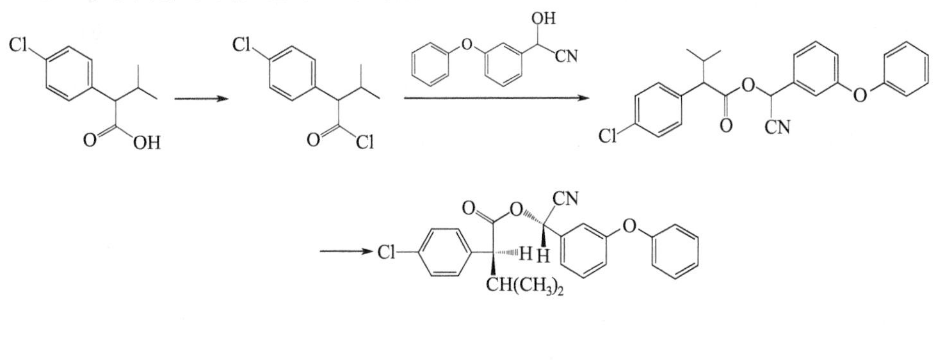

441

高效氟吡甲禾灵 haloxyfop-P-methyl

C$_{16}$H$_{13}$ClF$_3$NO$_4$，375.7，72619-32-0、69806-40-2，69806-34-4、95905-78-5(酸)，87237-48-7(乙酯)

高效氟吡甲禾灵(haloxyfop-P-methyl)，试验代号 Dowco453 ME。商品名称 Verdict；其他名称 精盖草能、精吡氟氯禾灵；是美国陶氏益农公司开发的芳氧苯氧丙酸类除草剂。

氟吡禾灵(haloxyfop)，试验代号 DOWCO453。

氟吡乙禾灵(haloxyfop-etotyl)，试验代号 DOWCO453 EE。商品名称 Gallant。

化学名称

(1) 氟吡甲禾灵 (R)-2-[4-(3-氯-5-三氟甲基-2-吡啶氧基)苯氧基]丙酸甲酯，methyl(R)-2-[4-(3-chloro-5-trifluoromethyl-2-pyridyloxy)phenoxy] propionate。

(2) 氟吡禾灵 (RS)-2-[4-(3-氯-5-三氟甲基-2-吡啶氧基)苯氧基]丙酸，(RS)-2-[4-(3-chloro-5-(trifluoromethyl)-2-pyridyloxy) phenoxy] propionicacid。

(3) 氟吡乙禾灵 (RS)-2-[4-(3-氯-5-三氟甲基-2-吡啶氧基)苯氧基丙酸乙氧基] 乙酯，ethoxyethyl(RS)-2-[4-(3-chloro-5-(trifluoromethyl)-2-pyridyloxy) phenoxy] propionate。

理化性质

(1) 氟吡甲禾灵 无色晶体，熔点 55～57℃，蒸气压 0.80mPa(25℃)，K_{ow}lg$P$=4.07。Henry 常数 3.23×10^{-2}Pa·m^3/mol(计算值)，水中溶解度 9.3mg/L(25℃)；其他溶剂中溶解度(kg/kg,20℃)：乙腈 4.0，丙酮 3.5，二氯甲烷 3.0，二甲苯 1.27。

(2) 氟吡禾灵 无色晶体，熔点 107～108℃，蒸气压<1.33×10^{-3}mPa(25℃)，相对密度 1.64。水中溶解度(mg/L)：43.4(pH 2.6,25℃)，1.590(pH 5)，6.980(pH 9)(均为20℃)。其他溶剂中溶解度(g/L)：丙酮、甲醇、异丙醇>1000，二氯甲烷 459，乙酸乙酯 518，甲苯 118，二甲苯 74，正己烷 0.17。水中 DT$_{50}$：78d(pH 5)，73d(pH 7)，51d(pH 9)。pK_a2.9。

(3) 氟吡乙禾灵 无色晶体，熔点 58～61℃，蒸气压 1.64×10^{-5}mPa(20℃)。K_{ow}lg$P$=4.33(20℃)，相对密度 1.34。水中溶解度(mg/L,20℃)：0.58(非缓冲溶液)，1.91(pH 5)，1.28(pH 9.2)。其他溶剂中溶解度(g/L,20℃)：二氯甲烷 2760，二甲苯 1250，丙酮、乙酸乙酯、甲苯>1000，甲醇 233，异丙醇 52，正己烷 44。在酸、碱条件下会水解。水中 DT$_{50}$(25℃)：33d(pH 5)，5d(pH 7)，几小时(pH 9)。

毒性

(1) 氟吡甲禾灵 大鼠急性经口 LD$_{50}$(mg/kg)：雄性 393，雌性 599。兔子急性经皮 LD$_{50}$>5000mg/kg，对兔皮肤无刺激，对眼睛中度刺激。

(2) 氟吡禾灵 雄大鼠急性经口 LD$_{50}$337mg/kg，兔急性经皮 LD$_{50}$>5000mg/kg。大鼠 NOEL(2y)0.065mg/(kg·d)，对肝无毒性，大鼠 3 代研究 0.005mg/kg(氟吡甲禾灵)。ADI(JM-PR)0.0007mg/kg[2006]；(BfR)0.0003mg/kg[1999]；(EPA)cRfD 0.00005mg/kg[1991](氟吡甲禾灵)。

(3) 氟吡乙禾灵 大鼠急性经口 LD$_{50}$(mg/kg)：雄性 531，雌性 518。急性经皮 LD$_{50}$(mg/kg)：大鼠>2000，兔>5000。对兔皮肤无刺激，对眼睛中度刺激，对豚鼠皮肤无致敏性。大小鼠 NOEL 0.065mg/(kg·d)。

生态效应

(1) 氟吡甲禾灵 野鸭和山齿鹑饲喂 LC$_{50}$(8d)>5620mg/kg 饲料。虹鳟鱼 LC$_{50}$(96h)0.38mg/L，水蚤 LC$_{50}$(48h)4.64mg/L，蜜蜂 LD$_{50}$(接触,48h)>100μg/只。

(2) 氟吡禾灵 野鸭急性经口 LD$_{50}$>2150mg/kg。野鸭和山齿鹑饲喂 LC$_{50}$(8d)>5620mg/kg

饲料。虹鳟鱼 LC_{50}(96h)>800mg/L，水蚤 LC_{50}(48h)96.4mg/L，藻类 EC_{50}(96h)106.5mg/L。

(3) 氟吡乙禾灵　野鸭急性经口 LD_{50}>2150mg/kg，野鸭和山齿鹑饲喂 LC_{50}(8d)>5620mg/kg 饲料。鱼 LC_{50}(96h,mg/L)：黑头呆鱼 0.54，大翻车鱼 0.28，虹鳟鱼 1.18。水蚤 LC_{50}(48h) 4.64mg/L。蜜蜂 LD_{50}(48h,接触和经口)>100μg/只。蚯蚓 LC_{50}(14d)880mg/kg。

环境行为

(1) 氟吡甲禾灵　①动物：在哺乳动物体内氟吡甲禾灵快速水解为相应的母体酸，并转换为 R 异构体，并通过尿和粪便排出体外。②土壤/环境：在土壤中代谢为相应的母体酸，DT_{50} <24h。

(2) 氟吡禾灵　①动物：在反刍动物和鸡体内有95%的口服剂量被排泄出。在反刍动物胃、奶、肝脏以及鸡肝和蛋中有少量的母体化合物存在。②植物：无显著的代谢，主要是与葡萄糖和其他糖类结合。③土壤/环境：在土壤中主要的代谢物是微生物代谢及芳氧桥断裂形成的两个代谢物。次级代谢物主要是侧链丙酸的水解。平均 DT_{50}(实验室,多种土壤,40%MWHC,20℃)约9d。主要的土壤代谢物氟吡禾灵吡啶酮，残留时间较长，DT_{50} 约 200d。田间消散试验研究(欧洲8个地区)氟吡禾灵和氟吡禾灵吡啶酮 DT_{50} 分别为 13d 和 90d。在土壤表面几乎无光解。在水中比较稳定，光解是主要的降解途径，形成各种光解产物。光解 DT_{50}(pH 5 缓冲液)12d。在水-沉积物(黑暗)DT_{50} 约 40d，主要是形成氟吡禾灵吡啶酮及其他几种次生代谢物。

(3) 氟吡乙禾灵　①动物：在哺乳动物体内氟吡乙禾灵快速水解为相应的母体酸，并转换为 R 异构体，并排出体外。②植物：水解成氟吡禾灵，最终残留为氟吡禾灵及其键合物。③土壤/环境：在土壤中氟吡乙禾灵转化成氟吡禾灵，DT_{50}<1d(20℃,在粉砂质黏壤土)。在粉质黏土壤吸附 K_{oc}(pH 7.0,1.97%o.c.)128。

制剂　10.8%乳油。

作用机理与特点　乙酰辅酶 A 羧化酶(ACCase)抑制剂。茎叶处理后药剂能很快被禾本科杂草的叶子吸收，传导至整个植株，积累于植物分生组织，抑制植物体内乙酰辅酶 A 羧化酶，导致脂肪酸合成受阻而杀死杂草。喷洒落入土壤中的药剂易被根部吸收，也能起杀草作用。同等剂量下它比氟吡甲禾灵活性高，药效稳定，受低温、雨水等不利环境条件影响小。杂草在吸收药剂后很快停止生长，幼嫩组织和生长旺盛的组织首先受抑制，施药后48h可观察到杂草的受害症状。首先是芽和节等分生组织部位开始变褐，然后心叶逐渐变紫、变黄，直到全株枯死。老叶表现症状稍晚，在枯萎前先变紫、橙或红。从施药到杂草死亡一般需 6~10d。在低剂量、杂草较大或干旱条件下，杂草有时不会完全死亡，但受药植物生长受到严重的抑制，表现为根尖发黑、地上部短小、结实率极低等。

高效氟吡甲禾灵有如下突出特点：①杀草谱广。高效氟吡甲禾灵对绝大多数禾本科杂草均有很好的防效，特别是在许多禾本科杂草除草剂对大龄一年生禾本科杂草(如 5 叶期以上的大龄稗草、狗尾草、野燕麦、马唐)和多年生禾本科杂草(如狗牙根、芦苇等)防效不好时，使用高效氟吡甲禾灵仍能获得很好的防效。②施药适期长。禾本科杂草从 3 叶至生长盛期均可施药，最佳施药期是杂草 3~5 叶期。③对作物高度安全。高效氟吡甲禾灵对几乎所有的双子叶植物安全，超过正常用量的数倍也不会产生药害。④吸收迅速。施药后 1h 降雨，不会影响药效。⑤传导性好。⑥对后作安全。

应用

(1) 适宜作物与安全性　绝大多数阔叶作物如大豆、棉花、花生、油菜、甜菜、亚麻、烟草、向日葵、豌豆、茄子、辣椒、甘蓝、胡萝卜、萝卜、白菜、马铃薯、芹菜、胡椒、南瓜、西瓜等瓜类、黄瓜、莴苣、菠菜、番茄、韭菜、大蒜、葱、姜等蔬菜，果园、茶园、桑园作物等。对阔叶作物安全。

(2) 防除对象　一年生禾本科杂草如稗草、狗尾草、马唐、野燕麦、牛筋草、野黍、千金子、早熟禾、旱雀麦、大麦属、看麦娘、黑麦草等。多年生禾本科杂草如匍匐冰草、堰麦草、假高粱、芦苇、狗牙根等。对苗后到分蘖、抽穗初期的一年生和多年生禾本科杂草有很好的防除效果，对阔叶草和莎草无效。

（3）应用技术　下雨前1h内不要喷药。与阔叶除草剂混用时可能会发生以下现象：高效氟吡甲禾灵因拮抗作用而药效降低，而阔叶除草剂会因高效氟吡甲禾灵的助剂而增效。通常可通过增加高效氟吡甲禾灵的用量和降低阔叶除草剂的用量来克服。如欲与阔叶除草剂混用，应先进行试验，确定高效氟吡甲禾灵和阔叶除草剂的用量。

①用药时期　从杂草出苗到生长盛期均可施药。在杂草3～5叶期施用效果最好。

②使用剂量　高效氟吡甲禾灵是一种苗后选择性除草剂，防除一年生禾本科杂草，3～4叶期，每亩25～30mL。4～5叶期，每亩30～35mL。5叶期以上，剂量适当酌加。防除多年生禾本科杂草3～5叶期，每亩40～60mL。干旱时，可酌加药量。每亩用水量15～30kg。

③混用　为了扩大杀草谱，可与其他防除阔叶杂草的除草剂如灭草松、乳氟禾草灵、氟磺胺草醚、三氟羧草醚等混用。每亩用10.8%高效氟吡甲禾灵30～35mL加48%灭草松167～200mL（或24%乳氟禾草灵27～33mL或21.4%三氟羧草醚67～100mL或25%氟磺胺草醚70～100mL）。其他不同的组合混用剂量如下：

10.8%高效氟吡甲禾灵每亩30mL加48%异噁草酮50mL加48%灭草松100mL（或21.4%三氟羧草醚40～50mL或24%乳氟禾草灵17mL或25%氟磺胺草醚40～50mL或10%氟胺草酯20mL。10.8%高效氟吡甲禾灵每亩30mL加48%灭草松100mL加21.4%三氟羧草醚40～50mL或25%氟磺胺草醚40～50mL或10%氟胺草酯20mL）。10.8%高效氟吡甲禾灵每亩30mL加24%乳氟禾草灵17mL加48%灭草松100mL。

专利与登记　专利US4840664、EP344746等均早已过专利期，不存在专利权问题。国内登记情况：17%、28%微乳剂，10.8%、108g/L、520g/L乳油，90%、94%、95%、98%原药；登记作物为花生、大豆、油菜等；可防除一年生禾本科杂草。美国陶氏益农公司在中国登记情况见表86。

表86　美国陶氏益农公司在中国登记情况

登记名称	登记证号	含量	剂型	登记作物	防治对象	用药量/(g/hm²)	施用方法
高效氟吡甲禾灵	PD215-97	108g/L	乳油	马铃薯	一年生禾本科杂草	56.7～81	茎叶喷雾
				西瓜	禾本科杂草	56.7～81	茎叶喷雾
				向日葵	一年生禾本科杂草	97.2～162.0	茎叶喷雾
				棉花	一年生禾本科杂草	40.5～48.6	喷雾
				花生	一年生禾本科杂草	32.4～48.6	喷雾
				油菜	一年生禾本科杂草	30～45	喷雾
				大豆	一年生禾本科杂草	48.6～72.9	喷雾
				棉花	芦苇	97.2～145.8	茎叶喷雾
				春大豆	芦苇	97.2～145.8	茎叶喷雾
				甘蓝	一年生禾本科杂草	48.6～64.8	茎叶喷雾
高效氟吡甲禾灵	PD20080662	94%	原药				

合成方法　高效氟吡甲禾灵的合成方法如下：

中间体2,3-二氯-5-三氟甲基吡啶通过如下反应合成：

参考文献

［1］徐强．现代农药，2009，6：18-20.

［2］吴发远．中国西部科技，2011，9：6-8.

高效甲霜灵 metalaxyl-M

$C_{15}H_{21}NO_4$，279.3，70630-17-0

高效甲霜灵（metalaxyl-M），试验代号　CGA329351。商品名称　Apron XL、Folio Gold、Ridomil Gold、Santhal、SL567A。其他名称　mefenoxam、R-metalaxyl、CGA76539。是由汽巴-嘉基公司（现先正达公司）开发的酰胺类杀菌剂。

化学名称　N-(2-甲氧基乙酰基)-N-(2,6-二甲苯基)-D-丙氨酸甲酯或(R)-2-｛［(2,6-二甲苯基)甲氧乙酰基］氨基｝丙酸甲酯。methyl N-(methoxyacetyl)-N-(2,6-xylyl)-D-alaninate 或 methyl(R)-2-｛［(2,6-dimethylphenyl)methoxyacetyl］amino｝propionate。

理化性质　甲霜灵的 R-对映体，纯度≥91%。淡黄色到浅棕色黏稠液体。熔点－38.7℃，沸点270℃（分解）。相对密度1.125（20℃）。蒸气压3.3mPa（25℃）。K_{ow} lg$P$=1.71（25℃），Henry常数$3.5×10^{-5}$Pa•m³/mol。水中溶解度（25℃）26g/L，正己烷中溶解度（25℃）59g/L。易溶于丙酮、乙酸乙酯、甲醇、二氯甲烷、甲苯和正辛醇中。在酸性和中性（DT_{50}＞200d）条件下耐水解，在碱性条件下DT_{50}11d(pH 9,25℃)。闪点179℃。

毒性　急性经口LD_{50}（mg/kg）：雄性大鼠953，雌性大鼠375。大鼠急性经皮LD_{50}＞2000mg/kg。对兔皮肤无刺激，对眼睛有强烈的刺激。对豚鼠皮肤无致敏性。大鼠急性吸入LC_{50}(4h)＞2.29g/L。狗NOEL值(6个月)7.4mg/(kg•d)，大鼠NOEL值(2y)13mg/(kg•d)。ADI值(mg/kg)：(JMPR)0.08[2002,2004]；(EC)0.08[2002]；(EPA)cRfD 0.074[2001]。无"三致"，对繁殖无影响。

生态效应　山齿鹑LD_{50}(14d)981～1419mg/kg，LC_{50}(8d)＞5620mg/kg。虹鳟鱼LC_{50}(96h)＞100mg/L。淡水藻E_rC_{50}(72h)103mg/L。太平洋牡蛎EC_{50}(96h)9.7mg/L。水蚤LC_{50}(48h)＞100mg/L。蜜蜂LD_{50}(48h)＞100μg/只(接触)。蚯蚓LC_{50}(14d)830mg/kg土壤。

环境行为

（1）动物　本品经口，快速地吸收和降解，几乎完全地以尿液和粪便的形式排出。通过脱甲基化作用、酯链的水解、2-(6)-甲基基团的氧化、苯环的羟基化和N-脱甲基化进行新陈代谢，在体内没有高效甲霜灵或者其代谢物的累积。

（2）植物　第一阶段是以多于四种类型的反应(苯环的氧化、甲基的氧化、甲酯的水解、N-脱甲基化反应)进行代谢，第二阶段是大部分的代谢产物与糖进行结合。

（3）土壤/环境　在土壤中 DT_{50} 21d(范围 5～30d)，K_{oc} 45mL/g(范围 30～300mL/g)。

制剂　350g/L 种子处理乳剂

主要生产商　浙江禾本科技有限公司、江苏宝灵化工股份有限公司及 Syngenta 等。

作用机理与特点　核糖体 RNA I 的合成抑制剂。具有保护、治疗作用的内吸性杀菌剂，可被植物的根、茎、叶吸收，并随植物体内水分运转而转移到植物的各器官。

应用

（1）适用作物　豆科作物如豌豆、大豆等，苜蓿、棉花、水稻、玉米、甜玉米、高粱、向日葵、苹果、柑橘、葡萄，牧草、草坪作物，观赏植物，辣椒、胡椒、马铃薯、番茄、草莓、甜菜、胡萝卜、洋葱、南瓜、黄瓜、西瓜等。

（2）防治对象　可以防治霜霉菌、疫霉菌、腐霉菌所引起的病害，如烟草黑胫病、黄瓜霜霉病、白菜霜霉病、葡萄霜霉病、马铃薯晚疫病、啤酒花霜霉病、稻苗软腐病等等。

（3）应用技术　高效甲霜灵是第一个上市的具有立体旋光活性的杀菌剂，是甲霜灵杀菌剂两个异构体中的一个。可用于种子处理、土壤处理及茎叶处理。在获得同等防效的情况下只需甲霜灵用量的一半，增加了对环境和使用者的安全性。同时，高效甲霜灵还具有更快的土壤降解速度。茎叶处理使用剂量为 100～140g(a.i.)/hm²，视作物用量有所差别，如烟草 12g(a.i.)/hm²、葡萄 10g(a.i.)/hm²、马铃薯 100g(a.i.)/hm²。土壤处理使用剂量为 250～1000g(a.i.)/hm²，视作物用量有所差别，如柑橘 1g(a.i.)/hm²、辣椒 1000g(a.i.)/hm²。种子处理使用剂量为 8～300g(a.i.)/100kg 种子，视作物用量有所差别，如棉花 15g(a.i.)/100kg 种子，玉米 70g(a.i.)/100kg 种子，向日葵 105g/100kg 种子，用于防治软腐病时剂量为 8.25～17.5g(a.i.)/100kg 种子。

专利与登记　专利 CH609964 早已过专利期，不存在专利权问题。国内登记情况：3.3％精甲·咯·嘧菌悬浮种衣剂、5％精甲·噁霉灵水剂、10g/L 咯菌·精甲霜悬浮种衣剂、95％精甲霜灵原药、37.5g/L 精甲·咯菌腈悬浮种衣剂、4％精甲霜·锰锌水分散粒剂、350g/L 精甲霜种子处理乳剂、40g/L 精甲·百菌清悬浮剂；登记作物为棉花、水稻、玉米、大豆、黄瓜、辣椒、番茄、花椰菜、西瓜、马铃薯、葡萄、烟草、荔枝、花生、向日葵；防治对象为猝倒病、立枯病、茎基腐病、恶苗病、根腐病、霜霉病、疫病、晚疫病、黑胫病、霜疫霉病、烂秧病等。瑞士先正达作物保护有限公司在中国登记情况见表 87。

表 87　瑞士先正达作物保护有限公司在中国登记情况

登记名称	登记证号	含量	剂型	登记作物	防治对象	用药量	施用方法
噻虫·咯·霜灵	LS20120131	1.7％	悬浮种衣剂	棉花	猝倒病 立枯病 蚜虫	172.5～345g/100kg 种子	种子包衣
噻虫·咯·霜灵 咯菌·精霜灵 咯菌·精霜灵	LS20120132 PD20070345 PD20070345F070095	0.26％ 10g/L 10g/L		玉米	茎基腐病 灰飞虱	108.5～162.8g/100kg 种子	
					茎基腐病 茎基腐病	3.5～5.25g/100kg 种子	
精甲霜灵	PD20070346	91％	原药				
精甲霜灵	PD20070474	350g/L	种子处理乳剂	大豆 花生 棉花 向日葵 水稻	根腐病 根腐病 猝倒病 霜霉病 烂秧病	14～28g/100kg 种子 14～28g/100kg 种子 14～28g/100kg 种子 35～105g/100kg 种子 ①5.25～8.75g/100kg 种子 ②58.3～87.5mg/kg	拌种 拌种 拌种 拌种(晾干后播种) ①拌种 ②浸种

登记名称	登记证号	含量	剂型	登记作物	防治对象	用药量	施用方法
精甲霜·锰锌	PD20080846	4%	水分散粒剂	番茄	晚疫病	1020~1224g/hm²	喷雾
				黄瓜	霜霉病	1020~1224g/hm²	
				花椰菜	霜霉病	1020~1326g/hm²	
				辣椒	疫病	1020~1224g/hm²	
				西瓜	疫病	1020~1224g/hm²	
				葡萄	霜霉病	1020~1224g/hm²	
				荔枝	霜疫霉病	680~850mg/kg	
				烟草	黑胫病	1020~1224g/hm²	
				马铃薯	晚疫病	1020~1224g/hm²	
精甲·咯菌腈	PD20096644	37.5g/L	悬浮种衣剂	水稻	恶苗病	18.75~25g/100kg 种子	种子包衣
				大豆	根腐病		
精甲·百菌清	PD20110690	40g/L	悬浮剂	黄瓜	霜霉病	594~990g/hm²	喷雾
精甲·咯·嘧菌	PD20120464	3.3%	悬浮种衣剂	棉花	猝倒病	25~50g/100kg 种子	种子包衣
				棉花	立枯病	25~50g/100kg 种子	

合成方法　主要有如下两种合成方法：

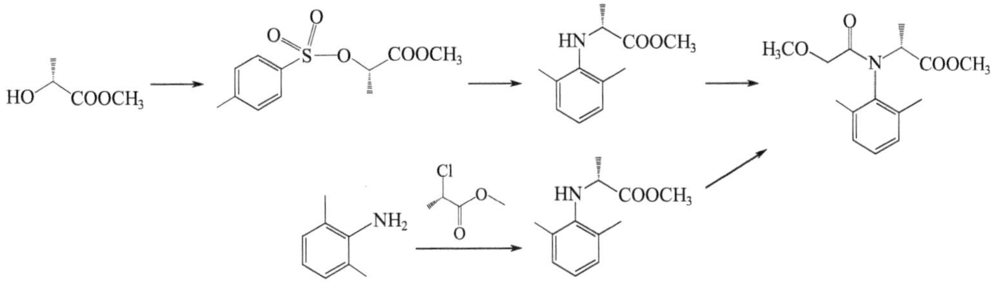

参考文献

[1] The Pesticide Manual. 15th ed. 2009:739-740.

[2] Crop protection,1985,4(4):501-510.

[3] Proc Br Crop Prot Conf:Pests Dis,1996,1:41.

高效麦草伏丙酯 flamprop-M-isopropyl

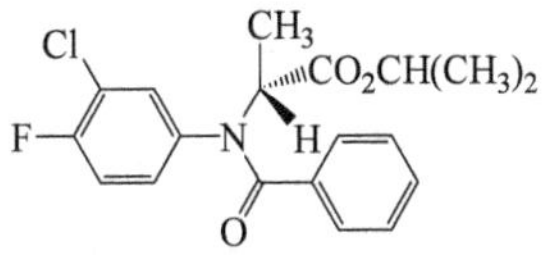

$C_{19}H_{19}ClFNO_3$，363.8，63782-90-1(D)，57973-67-8(L)，52756-22-6(消旋)

高效麦草伏丙酯(flamprop-M-isopropyl)，试验代号　AC901445、CL901445、WL43425。商品名称 Barnon Plus、Cartouche、Commando、Suffix BW。其他名称　L-flamprop-isopropyl、麦草氟异丙酯、异丙草氟安、麦草伏-异丙酯。是由 BASF 公司开发的酰胺类除草剂。

化学名称　N-苯甲酰基-N-(3-氯-4-氟苯基)-D-丙氨酸异丙酯，isopropyl N-benzoyl-N-(3-chloro-4-fluorophenyl)-D-alaninate。

理化性质　原药纯度大于96%，熔点70~71℃。其纯品为白色至灰色结晶体，熔点72.5~74.5℃。蒸气压$8.5×10^{-2}$mPa(25℃)。分配系数 K_{ow} lg$P$=3.69。相对密度1.315。水中溶解度12mg/L(20℃)；其他溶剂中溶解度(g/L,25℃)：丙酮1560，环己酮677，乙醇147，己烷16，二甲苯500。对光、热和pH 2~8稳定。DT_{50}(pH 7)9140d。在碱性(pH >8)水解为麦草伏酸和异丙醇。不易燃。

毒性 大、小鼠急性经口 $LD_{50} > 4000mg/kg$，大鼠急性经皮 $LD_{50} > 2000mg/kg$。对兔眼睛和皮肤无刺激性，对大鼠无吸入毒性。NOEL（90d，mg/kg 饲料）：大鼠 50，狗 30。大鼠急性腹腔注射 $LD_{50} > 1200mg/kg$。

生态效应 山齿鹑急性经口 $LD_{50} > 4640mg/kg$。鱼 LC_{50}（96h，mg/L）：虹鳟鱼 3.19，鲤鱼 2.5。水蚤 EC_{50}（48h）3.0mg/L。藻类 EC_{50}（96h）6.8mg/L。对淡水和海洋甲壳纲动物有中等毒性。蜜蜂 LD_{50}（接触和经口）$> 100\mu g$/只。蚯蚓 $LC_{50} > 1000mg/kg$。对土壤节肢动物无毒。

环境行为

（1）动物 本品经哺乳动物口服后，在 4d 内完全代谢和排泄出体外。

（2）植物 在植物体内，本品水解为具有生物活性的酸，之后进一步转化为无生物活性的共轭化合物。

（3）土壤/环境 产物降解为麦草伏甲酸。

制剂 乳油。

主要生产商 BASF。

作用机理与特点 脂肪酸合成抑制剂。

应用 主要用于麦田苗后防除野燕麦、看麦娘等杂草，使用剂量 $400 \sim 600g$（a.i.）$/hm^2$。

专利概况 专利 GB1437711 和 GB1563210 均已过专利期，不存在专利权问题。

合成方法 通过如下反应制得目的物：

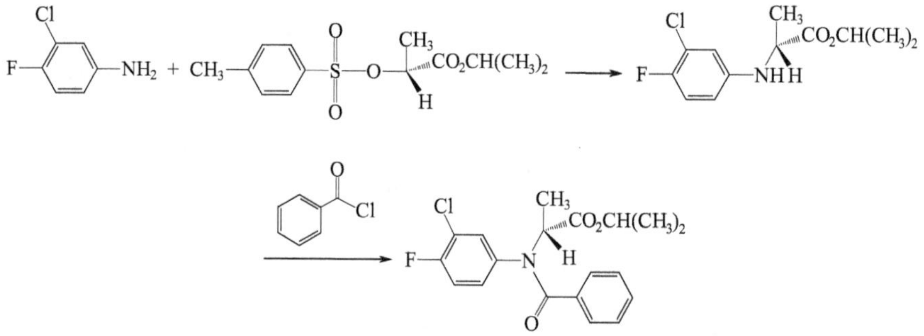

高效麦草伏甲酯 flamprop-M-methyl

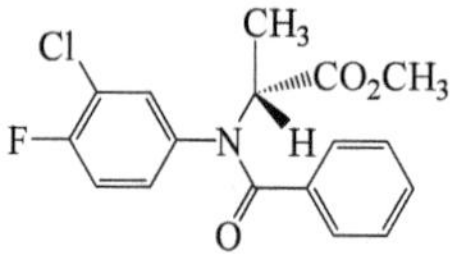

$C_{17}H_{15}ClFNO_3$，335.8，63729-98-6，90134-59-1（D-酸），57353-42-1（L-酸）

高效麦草伏甲酯（flamprop-M-methyl），试验代号 AC901444、CL901444、WL43423。商品名称 MatavenL、D-Mataven、Mataven。是由 BASF 公司开发的酰胺类除草剂。

化学名称 N-苯甲酰基-N-(3-氯-4-氟苯基)-D-丙氨酸甲酯，methyl N-benzoyl-N-(3-chloro-4-fluorophenyl)-D-alaninate。

理化性质

（1）高效麦草伏甲酸 原药纯度 $\geq 93\%$，$K_{ow}\lg P = 3.09$（25℃），pK_a 3.7。

（2）高效麦草伏甲酯 原药纯度 $\geq 96\%$，熔点 81～82℃。其纯品为白色至灰色结晶体，熔点 84～86℃。蒸气压 1.0mPa（20℃）。分配系数 $K_{ow}\lg P = 3.0$。相对密度 1.311（22℃）。水中溶解度 0.016mg/L（25℃）；其他溶剂中溶解度（g/L，25℃）：丙酮 406，正己烷 2.3。对光、热和 pH 2～7 稳定。在碱性（pH＞7）中水解成酸和甲醇。

毒性 急性经口 LD_{50}（mg/kg）：大鼠 1210，小鼠 720。大鼠急性经皮 $LD_{50} > 1800mg/kg$。对

兔眼睛和皮肤无刺激性，对兔皮肤无致敏性，无吸入毒性。NOEL[90d,mg/(kg·d)]：大鼠 2.5，狗 0.5。大鼠急性腹腔注射 LD$_{50}$ 350～500mg/kg。

生态效应 鸟急性经口 LD$_{50}$（mg/kg）：山齿鹑 4640，野鸡、野鸭、家禽、鹧鸪、鸽子均＞1000。虹鳟鱼 LC$_{50}$（96h）4.0mg/L。对水蚤有轻微至中等毒性。藻类 EC$_{50}$（96h）5.1mg/L，对淡水和海洋甲壳纲动物有中等毒性。对蜜蜂、蚯蚓无害。对土壤节肢动物无毒。

环境行为

（1）动物 本品经哺乳动物口服后，在 4d 内完全代谢和排泄出体外。

（2）植物 在植物体内，本品水解为具有生物活性的酸，之后进一步转化为无生物活性的共轭化合物。

（3）土壤/环境 产物降解为麦草伏甲酸。

制剂 乳油。

主要生产商 BASF。

作用机理与特点 脂肪酸合成抑制剂。

应用 主要用于麦田苗后防除野燕麦、看麦娘等杂草，使用剂量为 400～600g(a.i.)/hm^2。

专利概况 专利 GB1437711 和 GB1563210 均已过专利期，不存在专利权问题。

合成方法 通过如下反应制得目的物：

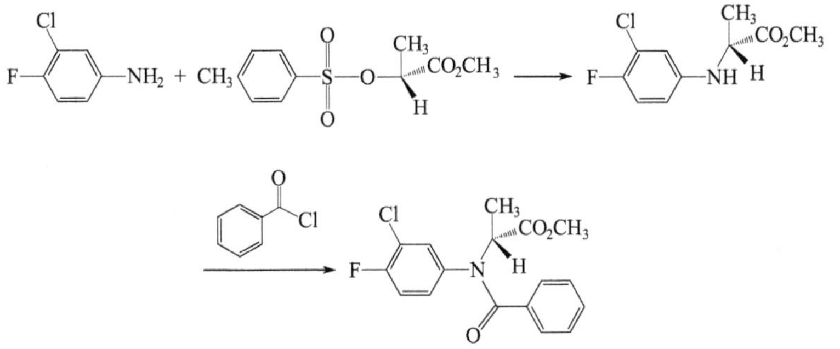

高效异丙甲草胺 *S*-metolachlor

（αRS,1S）-isomers　　（αRS,1R）-isomers

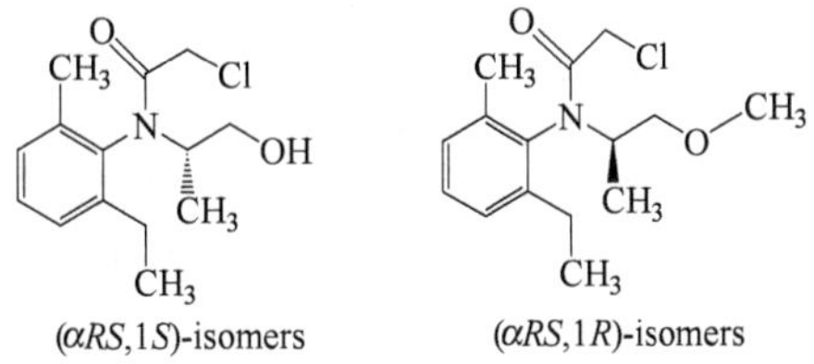

C$_{15}$H$_{22}$ClNO$_2$，283.8，87392-12-9[（αRS,1S）-isomers]，178961-20-1[（αRS,1R）-isomers]

高效异丙甲草胺（S-metolachlor），试验代号 CGA77101[（αRS,1S）-isomers]、CGA77102[（αRS,1S）-isomers]。商品名称 Dual Gold、Dual Magnum。其他名称 Charger Basic、Cinch、Erbifos、Medal、金都尔、精异丙甲草胺。是由诺华公司（现 Syngenta 公司）开发的氯乙酰胺类除草剂。

化学名称 （αRS,1S）-2-氯-6′-乙基-N-(2-甲氧基-1-甲基乙基)乙酰-邻-甲苯胺和（αRS,1R）-2-氯-6′-乙基-N-(2-甲氧基-1-甲基乙基)乙酰-邻-甲苯胺混合物[含量（80%～100%）：（20%～0%）]。（αRS，1S）-2-chloro-6′-ethyl-N-(2-methoxy-1-methylethyl) acet-o-toluidide 和（αRS，1R）-2-chloro-6′-ethyl-N-(2-methoxy-1-methylethyl)acet-o-toluidide 的混合物[含量（80%～100%）：（20%～0%）]。

理化性质 原药为棕色油状液体，有效成分组成：（S）异构体含量为 80%～100%，（R）异构体含量为 20%～0%。纯品为淡黄色至棕色液体；相对密度 1.117(20℃)；熔点 -61.1℃；沸点 100℃（0.001mmHg），334℃（760mmHg）；蒸气压 4.2mPa(25℃)。K_{ow} lgP＝3.05(pH 7，

25℃）。Henry 常数 2.2×10^{-3} Pa·m³/mol。在水中溶解度 480mg/L(pH 7.3,25℃)，与正己烷、甲苯、二氯甲烷、甲醇、正辛醇、丙酮和乙酸乙酯互溶。稳定不水解(pH 4～9,25℃)，闪点 190℃。

毒性 大鼠急性经口 LD_{50} 2600mg/kg。兔急性经皮 LD_{50} ＞2000mg/kg。对兔眼睛和皮肤有轻微刺激性作用，对豚鼠有致敏性。大鼠急性吸入 LC_{50}(4h)＞2.02mg/m³。狗 NOEL(1y)9.7mg/(kg·d)。ADI(EC)0.1mg/kg[2005]。

生态效应 山齿鹑和野鸭急性经口 LD_{50}＞2150mg/kg，山齿鹑和野鸭饲喂 LC_{50}(8d)＞5620mg/L。鱼毒 LC_{50}(96h,mg/L)：虹鳟鱼 1.23，大翻车鱼 3.16。水蚤 LC_{50}(48h)11.24～26.00mg/L。藻类 E_bC_{50}(120h,mg/L)：羊角月牙藻 0.008，中肋骨条藻 0.11。糠虾 LC_{50}(96h)1.4mg/L，浮萍 E_dC_{50}(14d)0.023mg/L，蜜蜂 LD_{50}(mg/只)：经口＞0.085，接触＞0.2。蚯蚓 LC_{50}(14d)570mg/kg 土。

环境行为

(1) 动物 在动物体内迅速、有效地吸收，并能通过粪便和尿液快速排出体外。迅速被鼠肝微粒体氧合酶经脱氯化，O-脱甲基化，侧链氧化，以及与谷胱甘肽 S-转移酶结合。

(2) 植物 包括氯乙酰基与天然产物结合，醚结构的水解和与糖结合的产物。最终代谢产物为极性的、水溶性的和不挥发的。

(3) 土壤/环境 有氧代谢产物为苯胺橉酸和磺酸的衍生物。土壤 DT_{50}(实验室,有氧)7～53d(18 种土壤)，DT_{50}(田间)6～49d(12 种土壤)，DT_{90}(田间)36～165d(12 种土壤)。K_{oc}61～369L/kg，K_d0.3～44.8(15 种土壤,pH 3.4～8.0,o.c.0.2%～19.8%)。

制剂 40%微囊悬浮剂，960g/L 乳油。

主要生产商 Syngenta。

作用机理与特点 高效异丙甲草胺主要是通过阻碍蛋白质的合成而抑制细胞的生长。通过植物的幼芽即单子叶植物的胚芽鞘、双子叶植物的下胚轴吸收向上传导，种子和根也吸收传导，但吸收量较少，传导速度慢。出苗后主要靠根吸收向上传导，抑制幼芽与根的生长。敏感杂草在发芽后出土前或刚刚出土立即中毒死亡，表现为芽鞘紧包着生长点，稍变粗，胚根细而弯曲，无须根，生长点逐渐变褐色、黑色烂掉。如果土壤墒情好，杂草被杀死在幼芽期。如果土壤水分少，杂草出土后随着降雨土壤湿度增加，杂草吸收异丙甲草胺，禾本科草心叶扭曲、萎缩，其他叶皱缩后整株枯死。阔叶杂草叶皱缩变黄整株枯死。

应用 适宜作物和防除对象同异丙甲草胺。不同的是每亩用量为 60～110mL，土壤墒情差时需增加用量，96%高效异丙甲草胺比 72%异丙甲草胺除草效果增加 1.67 倍(理论上)。

专利与登记 专利 US5002606 早已过专利期，不存在专利权问题。国内登记情况：40%微囊悬浮剂，960g/L 乳油，96%原药；登记作物为花生、夏大豆、番茄、洋葱、油菜(移栽田)、烟草、春大豆、夏大豆、大蒜、马铃薯、菜豆、向日葵、西瓜、甜菜、芝麻、甘蓝、棉花、夏玉米；防治对象为一年生禾本科杂草及阔叶杂草。瑞士先正达作物保护有限公司在中国登记情况见表 88。

表88 瑞士先正达作物保护有限公司在中国登记情况

登记名称	登记证号	含量	剂型	登记作物	防治对象	用药量/(g/hm²)	施用方法
精异丙甲草胺	PD20050187	960g/L	乳油	花生	一年生禾本科杂草及部分小粒种子阔叶杂草	648～864	播后苗前土壤喷雾
				夏大豆	部分阔叶杂草	720～1224	播后苗前
				番茄	一年生禾本科杂草及部分阔叶杂草	936～1224(东北地区)；720～936(其他地区)	土壤喷雾播后苗前土壤喷雾

続表

登记名称	登记证号	含量	剂型	登记作物	防治对象	用药量/(g/hm²)	施用方法
精异丙甲草胺	PD20050187	960g/L	乳油	洋葱	一年生禾本科杂草及部分阔叶杂草	756～936	播后苗前土壤喷雾
				油菜(移栽田)	部分阔叶杂草	648～864	移栽前土壤喷雾
				油菜(移栽田)	一年生禾本科杂草	648～864	移栽前土壤喷雾
				烟草	一年生禾本科杂草及部分阔叶杂草	576～1080	土壤喷雾
				春大豆	部分阔叶杂草	864～1224	播后苗前土壤喷雾
				春大豆	一年生禾本科杂草	864～1224	土壤喷雾
				夏大豆	一年生禾本科杂草	720～1224	播后苗前土壤喷雾
				大蒜	一年生禾本科杂草及部分阔叶杂草	756～936	播后苗前土壤喷雾
				马铃薯	一年生禾本科杂草及部分阔叶杂草	土壤有机质含量小于3%，756～936；土壤有机质含量3%～4%，1440～1872	移栽前土壤喷雾
				菜豆	一年生禾本科杂草及部分阔叶杂草	936～1224(东北地区)；720～936(其他地区)	播后苗前土壤喷雾
				向日葵	一年生禾本科杂草及小粒阔叶杂草	1440～1872	播后苗前土壤喷雾
				西瓜	一年生禾本科杂草及部分阔叶杂草	576～936	土壤喷雾
				甜菜	一年生禾本科杂草及部分阔叶杂草	846～1296	播后苗前土壤喷雾
				芝麻	一年生禾本科杂草及部分阔叶杂草	720～936	播后苗前土壤喷雾
				甘蓝	一年生禾本科杂草及部分阔叶杂草	675～810	移栽前土壤喷雾
				花生	部分阔叶杂草	648～864	播后苗前土壤喷雾
				花生	一年生禾本科杂草	648～864	移栽前土壤喷雾
				棉花	一年生禾本科杂草及部分阔叶杂草	720～1224	土壤喷雾

451

登记名称	登记证号	含量	剂型	登记作物	防治对象	用药量/(g/hm²)	施用方法
精异丙甲草胺	PD20050187	960g/L	乳油	夏玉米	一年生禾本科杂草及部分阔叶杂草	720～1224	土壤喷雾
异丙·莠去津	PD20120151	精异丙甲草胺350g/L、莠去津320g/L	悬乳剂	春玉米	一年生禾本科杂草及阔叶杂草	1620～2160	播后苗前土壤喷雾
				夏玉米		1080～1620	
精异丙甲草胺	PD20050188	96%	原药				

合成方法 高效异丙甲草胺的合成方法主要有三种：拆分、利用旋光试剂(乳酸酯法)和定向合成。最佳方法是定向合成。

（1）拆分法 反应式如下：

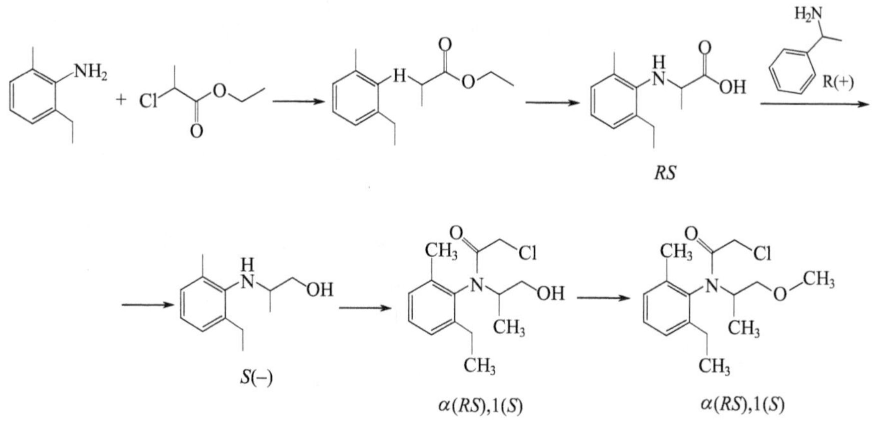

（2）利用旋光试剂(乳酸酯法) 反应式如下：

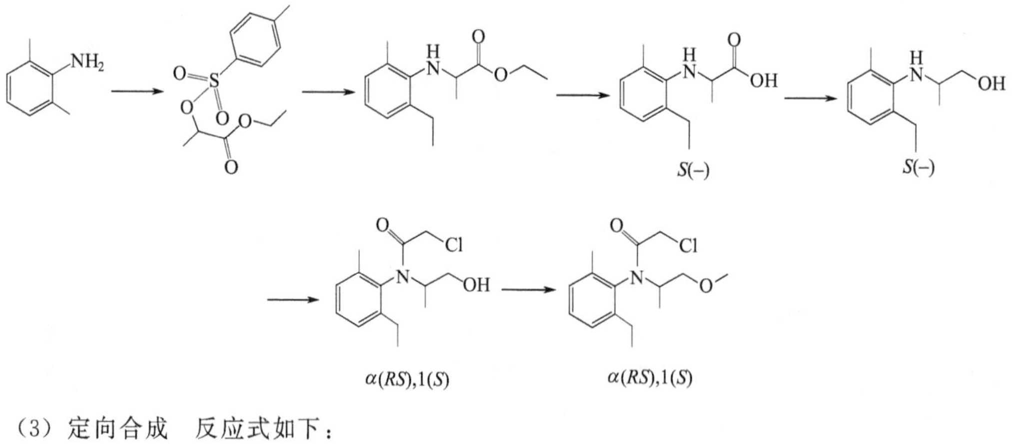

（3）定向合成 反应式如下：

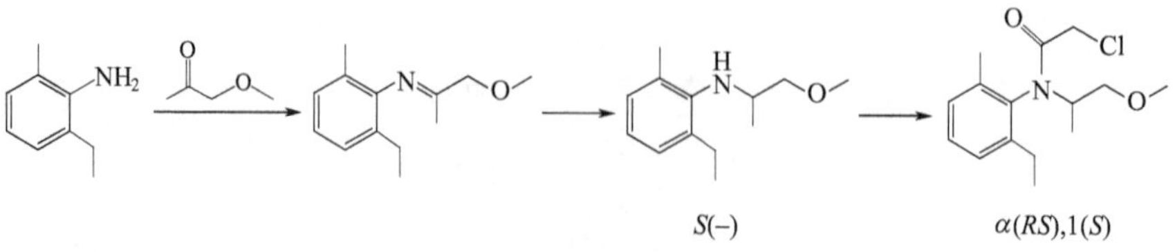

参考文献

[1] 张海滨. 农药科学与管理, 2011, 32(11): 26-29.

[2] 吴明荣，等．中国农药，2010，12：39-42.

庚烯磷 heptenophos

$C_9H_{12}ClO_4P$，250.6，23560-59-0

庚烯磷(heptenophos)，试验代号　AE F002982、Hoe02982、OMS1845；商品名称　蚜螨磷、二环庚磷、Ragadan、Hostaquick。是由 Hoechst　AG公司(现属拜耳公司)开发的。

化学名称　7-氯双环[3.2.0]庚-2,6-二烯-6-基二甲基磷酸酯，7-chlorobicyclo[3.2.0]hepta-2,6-dien-6-yl dimethyl phospnate。

理化性质　浅褐色液体，工业级纯度≥93%，伴有磷酸酯的味道，沸点64℃(0.075mmHg)。蒸气压：65mPa(15℃)，170mPa(25℃)。$K_{ow}lgP=2.32$。Henry常数(Pa·m³/mol)：5.73×10⁻⁵(20℃)，2.33×10⁻⁴(25℃)。相对密度1.28(20℃)。水中溶解度(20℃)2.2g/L。与大多数有机溶剂互溶，如丙酮、甲醇、二甲苯中溶解度>1kg/L(25℃)，正己烷中0.13kg/L。在酸性和碱性介质中水解。闪点165℃(Cleveland,开杯)，152℃(Pensky-Martens,闭杯)。

毒性　急性经口 LD_{50}[mg/(kg·d)]：大鼠96~121，狗500~1000。大鼠急性经皮 $LD_{50}>$2000mg/kg。对眼睛中度刺激。大鼠吸入 LC_{50}(4h)0.95mg/L空气。NOEL(2y,mg/kg饲料)：狗12，大鼠15。ADI为0.002mg/kg(1997)。

生态效应　日本鹌鹑急性经口 LD_{50} 17~55mg/kg饲料。鱼毒 LC_{50}(96h,mg/L)：虹鳟鱼0.056，鲤鱼24。水蚤 LC_{50}(48h)2.2μg/L。水藻 EC_{50}(72h)20mg/L，对蜜蜂有毒。蚯蚓 LC_{50}(14d)98mg/kg干土。对普通草蛉有危害。

环境行为

(1) 动物　大鼠经口给药，在6d时间里新陈代谢的分泌物90%在尿液中，6%在粪便中。

(2) 植物　在4d时间内应用到莴苣中，新陈代谢过程正好相反，水溶性的本品没有任何中间状态的堆积物。

(3) 土壤/环境　在土壤中通过生物降解作用迅速水解，DT_{50}1.4d，DT_{90}4.6d(取决于温度和土壤类型)，在有氧的试验环境下，DT_{50}<4h，DT_{90}40h(20℃)。在水相中以沉淀物的方式降解速度很快，DT_{50}27~77h。

制剂　Hostaquick，乳油[550g(a.i.)/L](农作物用)；Ragadan，乳油(250g/L)，可湿性粉剂(400g/kg)(兽用)，25%、50%乳油，40%可湿性粉剂。

主要生产商　Aventis、Bayer CropScience及Intervet等。

作用机理与特点　胆碱酯酶抑制剂，内吸兼具胃毒、触杀和呼吸系统抑制作用，能快速穿透植物组织，并能在植物体内快速传导，尤其是向顶传导作用明显。用于防治豆蚜，还用于果树蔬菜蚜虫的防治。其最突出的特点是高效、持效短、残留量低，所以最适用于临近收获期防治害虫。

应用

(1) 适用作物　农林牧业作物、温室作物、果树、蔬菜、观赏植物、谷物。

(2) 防治对象　害虫、害螨、线虫、病原菌、杂草及鼠类。主要用来防治刺吸口器害虫的某些双翅目害虫。对猫、狗、羊、猪的体外寄生虫(如虱、蝇、螨和蜱)也有效。

(3) 残留与安全性　本品适用于果树和蔬菜蚜虫的防治，可以喷洒方式使用(一般为5d)，并能从植物表面熏蒸扩散。其最突出的特点是适用于临近收获期防治害虫，不需很长的安全间隔期，喷药后5d即可采食。也是猪、狗、牛、羊和兔等体外寄生虫的有效防治剂。该药能在这些动物体内很快排泄而无残留。

（4）使用方法　本品用于防治哺乳类昆虫（尤其是蚜虫）和一些双翅目昆虫，在水果树上本品的适用浓度为 0.05%；防治棉蚜的适用浓度为 0.1%；48mg/L 药液可杀灭豆蚜 98%；园林植物的适用浓度为 0.05%；温室农作物的适用浓度为 0.05%～0.1%；谷类植物的适用剂量为 0.4～0.5L/hm²。

专利概况　专利 DE1643608、GB1194603、US3600474、US3705240、US3810919 均早已过专利期，不存在专利权问题。

合成方法　可按如下方法合成：

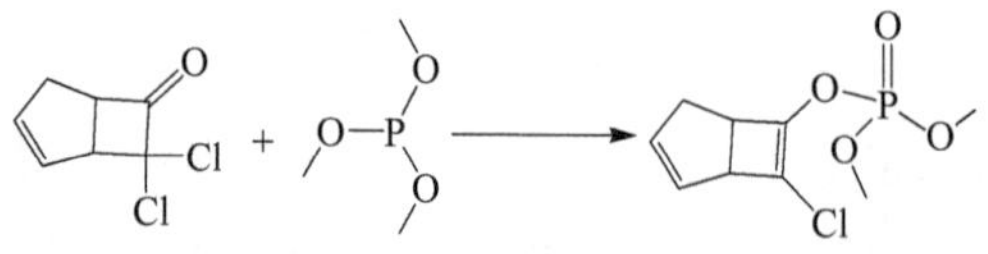

硅氟唑 simeconazole

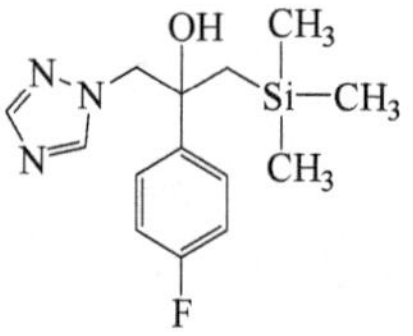

$C_{14}H_{20}FN_3OSi$，293.4，149508-90-7

硅氟唑（simeconazole），试验代号　F-155、SF-9607、SF-9701。商品名称　Mongari、Patchikoron、Sanlit。其他名称　sipconazole。是日本三共化学开发的新型含硅和氟三唑类杀菌剂。

化学名称　（RS)-2-(4-氟苯基)-1-(1H-1,2,4-三唑-1-基)-3-(三甲基硅)丙-2-醇。（RS)-2-(4-fluorophenyl)-1-(1H-1,2,4-triazol-1-yl)-3-(trimethylsilyl)propan-2-ol。

理化性质　纯品为白色结晶状固体。熔点 118.5～120.5℃。蒸气压 5.4×10^{-2} mPa（25℃），$K_{ow}lgP = 3.2$。水中溶解度为 57.5mg/L（20℃）。溶于大多数有机溶剂。

毒性　急性经口 LD_{50}（mg/kg）：雄大鼠 611，雌大鼠 682，雄小鼠 1178，雌小鼠 1018。雄性和雌性大鼠急性经皮 $LD_{50} > 5000$ mg/kg。对兔皮肤和眼睛无刺激。大鼠急性吸入 $LC_{50} > 5.17$ mg/L。ADI 值 0.0085mg/kg。Ames 均为阴性。对大鼠、兔无致畸性。

环境行为　植物：在大米中的代谢主要通过硅甲基的羟基化、硅醇氧化物的代谢以及硅甲基的脱去。羟甲基代谢主要是形成糖甙。

作用机理与特点　主要作用机理是甾醇脱甲基化抑制剂，破坏和阻止病菌的细胞膜重要组成成分麦角甾醇的生物合成，导致细胞膜不能形成，使病菌死亡。由于具有很好的内吸性，因此可迅速地被植物吸收，并在内部传导；具有很好的保护和治疗活性，明显提高作物产量。

应用

（1）适宜作物与安全性　水稻、小麦、苹果、梨、桃、茶、蔬菜、草坪作物等。在推荐剂量下使用，对环境、作物安全。

（2）防治对象　能有效地防治众多子囊菌、担子菌和半知菌所致病害，尤其对各类白粉病、黑星病、锈病、立枯病、纹枯病等具有优异的防效。

（3）使用方法　种子处理，以 4～10g（a.i.)/100kg 处理小麦种子，可有效地防治散黑穗病；以 50～100g（a.i.)/100kg 种子，可防治大多数土传或气传病害，如白粉病、立枯病、纹枯病和网斑病病；使用剂量通常为 25～75g（a.i.)/hm²。茎叶喷雾，使用剂量通常为 50～100g（a.i.)/hm²。

专利与登记　专利 EP537957 早已过专利期，不存在专利权问题。本产品已于 2001 年在日本草坪、水稻和果树登记。

合成方法　以氟苯为原料，经如下反应即可制得目的物：

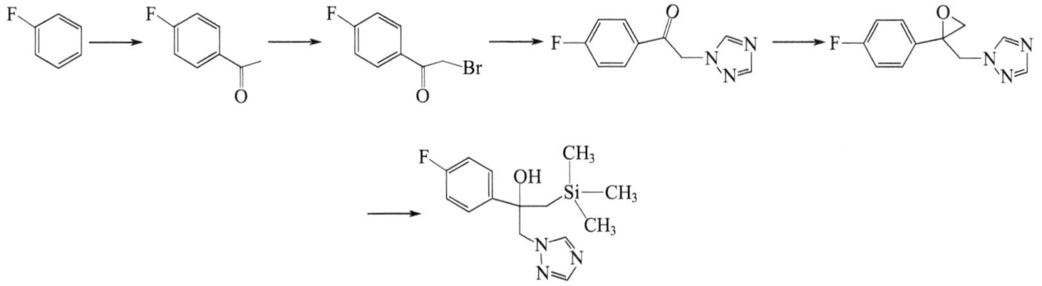

参考文献

[1] Proceedings of the BCPC Conference-Pest & Diseases, 2000：557.
[2] Chemical & pharmaceutical Bulletin, 2000, 48(8)：1148-1153.
[3] Chemical & pharmaceutical Bulletin, 2003, 51(9)：1113-1116.
[4] Bioorganic & Medicinal Chemistry, 2002, 10(12)：4029-4034.

硅噻菌胺 silthiofam

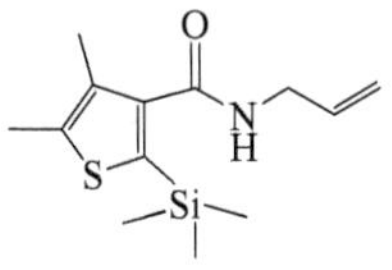

$C_{13}H_{21}NOSSi$，267.5，175217-20-6

硅噻菌胺(silthiofam)，试验代号　Mon65500。商品名称　Latitude。其他名称　silthiofam。是由孟山都公司开发的酰胺类杀菌剂。

化学名称　N-烯丙基-4,5-二甲基-2-(三甲基硅)噻吩-3-羧酰胺。N-allyl-4,5-dimethyl-2-(tri-methylsilyl)thiophene-3-carboxamide。

理化性质　白色颗粒状固体，熔点为 86.1～88.3℃，蒸气压(20℃)8.1×10mPa。K_{ow} lg$P$ = 3.72(20℃)，Henry 常数 $5.4×10^{-1}$ Pa·m³/mol，相对密度 1.07(20℃)。水中溶解度（20℃）39.9mg/L。有机溶剂中的溶解度(20℃,g/L)：正庚烷 15.5，二甲苯、1,2-二氯甲烷、甲醇、丙酮和乙酸乙酯均大于 250。稳定性 DT_{50}(25℃)：61d(pH 5)，448d(pH 7)，314d(pH 9)。

毒性　大鼠急性经口 LD_{50}＞5000mg/kg，大鼠急性经皮 LD_{50}＞5000mg/kg。对兔眼睛和皮肤无刺激。对豚鼠皮肤无致敏性。大鼠急性吸入 LC_{50}＞2.8mg/L。NOEL[mg/(kg·d)]：狗 10(90d)，小鼠 141(18 个月)，大鼠 6.42(2y)。ADI(EC)0.064mg/kg[2003]。Ames 试验、小鼠微核试验呈阴性。

生态效应　山齿鹑急性经口 LD_{50}＞2250mg/kg。饲喂 LC_{50}(5d,mg/kg)：山齿鹑＞5670，野鸭＞5400。鱼 LC_{50}(96h,mg/L)：虹鳟鱼 14，翻车鱼 11。水蚤 EC_{50}(48h)14mg/L。羊角月牙藻 E_bC_{50}(120h)6.7mg/L，E_rC_{50}(120h)16mg/L。蜜蜂 LD_{50}(μg/只)：急性经口＞104，接触＞100。蚯蚓饲喂 LC_{50}(14d)66.5mg/kg 干土。

环境行为

(1) 动物　在 48h 可被迅速吸收(高达 99%)，然后迅速的排出体外(90%,以尿形式排出)。硅噻菌胺在动物体内的代谢主要通过把连有甲基的环氧化成羟基和羧基，再经过烯丙基的双羟化作用氧化脱除烯丙基形成噻吩甲酰胺，最后酰胺水解形成羧酸。

（2）植物　硅噻菌胺在小麦中的代谢最为广泛，代谢的主要产物是碳水化合物，还有一些含量很低的其他代谢产物。

（3）土壤/环境　在中性土壤中的半衰期 DT_{50}（试验值，有氧，20℃）31d（4 种土壤的平均值）。农田中的半衰期 DT_{50}（7 个地点的平均值）为 66d。K_{oc} 173～328mL/g（4 种土壤的平均值）。K_d 1.08～7.49mL/g（4 种土壤的平均值）。

制剂　125g/L 悬浮剂。

主要生产商　Monsanto。

作用机理与特点　具体作用机理尚不清楚，与三唑类、甲氧基丙烯酸酯类的作用机理不同，研究表明其是能量抑制剂，可能是 ATP 抑制剂。具有良好的保护活性，残效期长。

应用

（1）适宜作物及安全性　小麦。对作物、哺乳动物、环境安全。

（2）防治对象　小麦全蚀病。

（3）使用方法　主要作种子处理，使用剂量为 5～40g/100kg 种子。

专利与登记　专利 EP0538231 已过专利期，不存在专利权问题。国内登记情况：125g/L 悬浮剂；登记作物为冬小麦；防治对象为全蚀病。美国孟山都公司在中国登记情况见表 89。

表 89　美国孟山都公司在中国登记情况

登记名称	登记证号	含量	剂型	登记作物	防治对象	用药量	施用方法
硅噻菌胺	PD20080776	125g/L	悬浮剂	冬小麦	全蚀病	20～40g/100kg 种子	拌种
硅噻菌胺	PD20080775	97.7%	原药				

合成方法　以丁酮、氰基乙酸乙酯为起始原料，首先在硫黄存在下合环制中间体噻吩胺，经重氮化制得对应的溴化物；再经水解得羧酸；然后在丁基锂存在下与三甲基氯化硅反应，最后与烯丙基胺酰氨化即得目的物。反应式为：

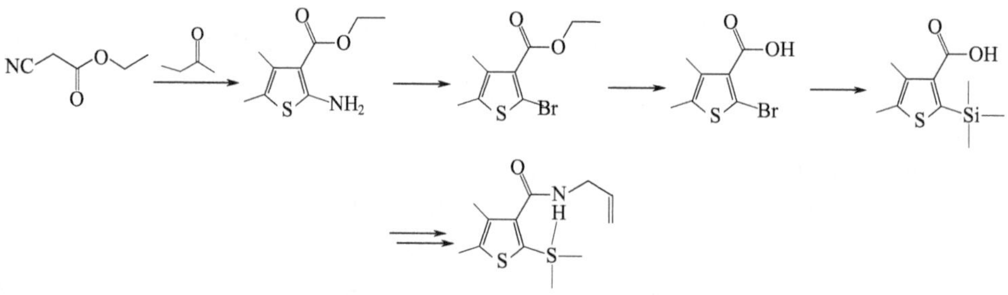

参考文献

[1] Proc Brighton Crop Prot Conf：Pests and Diseases，1998：343.

[2] The Pesticide Manual. 15th ed. 2009，1030-1031.

[3] 张梅凤，等，今日农药，2013，9：34-37.

[4] 李莉，等. 杭州师范大学学报（自然科学版），2011，1：52-55.

禾草敌 molinate

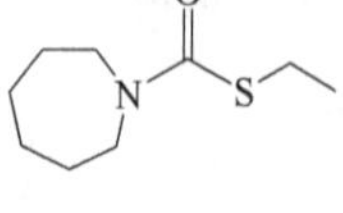

$C_9H_{17}NOS$，187，2212-67-1

禾草敌（molinate），试验代号　R-4572、OMS1373。商品名称　Agro-Dram、Erbitox

Giavone、Giav、Molin、Moltan、Molydyn、Orlate、Sakkimol。是由 Syngenta(先正达)公司开发的氨基甲酸酯类除草剂。

化学名称 N,N-六甲撑硫赶氨基甲酸乙酯，S-ethyl azepane-1-carbothioate 或 S-ethyl per-hydroazepin-1-carbothioate 或 S-ethyl perhydroazepine-1-thiocarboxylate。

理化性质 工业品纯度95%。纯品为具有芳香气味的透明液体，相对密度1.0643(20℃)，熔点<−25℃，沸点277.5~278.5℃，蒸气压500mPa(25℃)，分配系数 $K_{ow} \lg P = 2.86$(pH 7.85~7.94,23℃)。Henry 常数0.687Pa·m^3/mol(25℃)。水中溶解度(非缓冲溶液)1100mg/L。易溶于丙酮、甲醇、乙醇、煤油、乙酸乙酯、正辛醇、二氯甲烷、正己烷、甲苯、氯苯等有机溶剂。室温下2y不分解，120℃下1个月不分解。40℃下在pH 5~9水中对酸碱稳定，对光不稳定。闪点>100℃。

毒性 大鼠急性经口 LD_{50} 483mg/kg，大鼠急性经皮 LD_{50} 4350mg/kg。对兔皮肤和眼睛没有刺激性作用，对豚鼠皮肤无致敏性。大鼠吸入 LC_{50}(4h)1.39mg/kg。大鼠(90d)和狗(1y)1mg/(kg·d)。ADI(EC)0.008mg/kg[2003]；(EPA)aRfD 0.006mg/kg，cRfD 0.001mg/kg[2001]。

生态效应 野鸭急性经口 LD_{50} 389mg/kg，野鸭饲喂 LC_{50}(12d)2500mg/kg 饲料。鱼毒虹鳟鱼 LC_{50}(96h)16.0mg/L，对稻田水沟里的鱼没有什么影响。水蚤 LC_{50}(48h)14.9mg/L。羊角月牙藻 E_bC_{50}(96h)0.22mg/L，E_rC_{50}(96h)0.5mg/L；浮萍 EC_{50}(14d)3.3mg/L，E_bC_{50}(14d)7.7mg/L。蜜蜂急性经口 LD_{50}>11μg/只，蚯蚓 LC_{50}(14d)289mg/kg。

环境行为

(1) 动物 大鼠经口后，禾草敌会在72h内迅速代谢掉。其中约50%被分解成 CO_2，25%通过尿液排出，5%~20%通过粪便排出。

(2) 植物 禾草敌会被迅速地分解成 CO_2 并形成作物能吸收的成分。

(3) 土壤/环境 在土壤中，微生物会分解成乙硫醇、二羟基胺和 CO_2，当土壤中的微生物在有氧分解时 DT_{50} 28d(30℃)；当土壤中的微生物无氧分解时 DT_{50} 159d(20℃)。在稻草田中 DT_{50} 3~35d，土壤吸附 K_d 0.74~2.04L/kg，K_{oc} 121~252L/kg。

制剂 90.9%、96%乳油。

主要生产商 Dongbu Fine、Herbex、Oxon、EMV 及江苏傲伦达科技实业股份有限公司等。

作用机理与特点 类脂(lipid)合成抑制剂(不是 ACC 酶抑制剂)。禾草敌是一种内吸传导型的稻田专用除草剂。施于田中，由于其密度大于水，而沉降在水与泥的界面，形成高浓度的药层。杂草通过药层时，能迅速被初生根，尤其被芽鞘吸收，并积累在生长点的分生组织，阻止蛋白质合成。禾草敌还能抑制 α-淀粉酶活性，阻止或减弱淀粉的水解，使蛋白质合成及细胞分裂失去能量供给。受害的细胞膨大，生长点扭曲而死亡。经过催芽的稻种播于药层之上，稻根向下穿过药层吸收药量少。芽鞘向上生长不通过药层，因而不会受害。症状：杂草受害后幼芽肿胀，停止生长、叶片变厚、色浓，植株矮化畸形，心叶抽不出来逐渐死亡。

应用

(1) 适宜作物 水稻秧田、直播田及插秧本田作物。水稻根吸收后迅速代谢为二氧化碳，具高选择性。但籼稻对其较敏感，剂量过高或喷洒不匀会产生药害，忌发芽稻种浸在药液中。

(2) 防除对象 它对稗草有特效，对1~4叶期的各种生态型稗草都有效，用药早时对牛毛毡及碎米莎草也有效，对阔叶杂草无效。由于禾草敌杀草谱窄，若同时防除其他种类杂草，注意与其他除草剂合理混用。

(3) 应用技术 ①由于禾草敌具有防除高龄稗草、施药适期宽、对水稻极好的安全性及促早熟增产等优点，适用于水稻秧田、直播田及插秧本田。同防除阔叶草除草剂混用，易于找到稻田一次性除草的最佳时机，是稻田一次性除草配方中最好的除稗剂。在新改水田、整地不平地块、水层过深弱苗情况下及早春低温冷凉地区(特别是我国北方稻区)对水稻均安全，并且施药时期同水稻栽培管理时期相吻合。施药时无须放水，省工、省水、省时。②由于禾草敌挥发性很强，因此施药时应注意环境、天气变化，避免大风天施药。施药时应选择早晚温度低时，选择干燥的土或沙混拌毒土、毒沙，随拌随施，避免药液挥发而降低除草效果。稻田气温高、稗草生长旺盛时施药，或气温低、稗草生长代谢缓慢时施药。一定要按照要求保持水层，并适当延长保水时间（10d左右），待杂草死亡后再进行其他栽培管理。毒土、毒肥、毒沙法施药，每亩拌过筛细土或沙10～15kg，均匀撒施。喷雾、浇泼法施药，每亩兑水30～50L，也可利用灌溉水施药。

（4）使用方法　为防除稻田稗草的选择性除草剂，土壤处理、茎叶处理均可。施药适期为稗草萌发至3叶期前，对4叶期稗草仍然有效。在中国华南、华中、华东地区，防除3叶期前稗草，每亩单用96％禾草敌乳油100～150mL；防除4叶期稗草，每亩用96％禾草敌乳油250mL以上。中国华北及东北地区，防除3叶期前稗草每亩单用96％禾草敌乳油166～220mL；防除4叶期稗草，每亩用96％禾草敌乳油250mL以上。

① 秧田除草

a. 旱育秧田　中国东北地区覆膜旱育秧田，水稻出苗后，稗草3叶期前，结合揭膜通风，每亩用96％禾草敌乳油166～200mL或96％禾草敌乳油80～100mL加20％敌稗乳油200～300mL，采用喷雾法施药，施药后覆膜。若防除秧田阔叶杂草，每亩用96％禾草敌乳油166～200mL加48％灭草松100～155mL。

b. 水育秧田　苗期施药，水稻出苗后，稗草2～3叶期，每亩用96％禾草敌乳油166～200mL，毒土法或喷雾法施药均可，施药后保持水层3cm，保水5～7d。

中国西南地区塑料薄膜平铺湿润育苗秧田，在播种当时未施除草剂或施除草剂药效不佳的秧田，可在揭膜建立水层后，稗草2～3叶期，牛毛毡由发生期至增殖初期，每亩用96％禾草敌乳油200mL，毒土法或喷雾法施药均可。

中国中部和南方露地湿润育苗秧田，在秧田建立水层后稗草2～3叶期，每亩用96％禾草敌乳油100～150mL，毒土法施药，主要防除稗草，其次抑制牛毛毡、异型莎草。每亩用96％禾草敌乳油100mL加20％敌稗300mL混用，洒浅水层喷雾，药后1d复水。

中国中部和南方种植早稻和晚稻常采用水育苗方式，从播种到苗床期保持水层，每亩用96％禾草敌乳油150～200mL，毒土法施药，施药后1～3d播种催芽漏白稻种，并在5～7d不排水晒田。

② 直播田除草　a. 出苗后处理水稻出苗后立针期，稗草3叶期前，每亩用96％禾草敌乳油100～133mL加10％苄嘧磺隆15～20g或10％吡嘧磺隆10～15g或10％环丙嘧磺隆13～17g或15％乙氧嘧磺隆10～15g，药土（沙、肥）法或喷雾法施药，施药后保水3～5cm，7～10d。若采用每亩96％禾草敌乳油200～267mL加48％灭草松167～200mL时，施药前需排水，使杂草露出水面，采用喷雾法施药，喷液量为每亩50L。施药后24h灌水，水层3～5cm，保持7～10d。b. 播种前处理田块整平耙细，保持3～5cm水层，每亩用96％禾草敌乳油200～267mL，采用撒药土、泼浇或与肥料混合撒施。1～2d后撒种催芽露白种子，保水7～10d，切勿干水。c. 播前混土处理田块整平后每亩用96％禾草敌乳油200～267mL，混土法施药，施药后立即混土7～10cm，然后灌水3～5cm，1～2d后播下催芽露白种子。

③ 移栽田除草　移栽后10～15d，稗草3叶期前，每亩用96％禾草敌100～133mL加10％苄嘧磺隆13～17g或10％吡嘧磺隆10g或10％环丙嘧磺隆13～17g或15％乙氧嘧磺隆10～15g进行处理。混用时采用喷雾或毒土法。喷雾法每亩喷液量20～50L。采用毒土法较方便，毒土、毒沙每亩至少用5kg。施药后稳定水层3～5cm，保持5～7d。每亩用96％禾草敌乳油200～267mL加48％灭草松167～200mL时，施药前排水，使杂草露出水面进行喷雾。施药后24h灌水，稳定水层3～5cm，保持5～7d。

专利与登记　专利US3198786、US3573031均已过专利期，不存在专利权问题。国内登记情况：90.9％乳油，99％原药；登记作物为水稻；防除对象是稗草和牛毛草。英国先正达公司在中国登记情况见表90。

表90　英国先正达公司在中国登记情况

登记名称	登记证号	含量	剂型	登记作物	防治对象	用药量/(g/hm²)	施用方法
禾草敌	PD27-87	90.9％禾草敌	乳油	水稻	稗草	1995～3000	喷雾或毒土
					牛毛草	1995～3000	喷雾或毒土

合成方法 通过如下反应制得目的物：

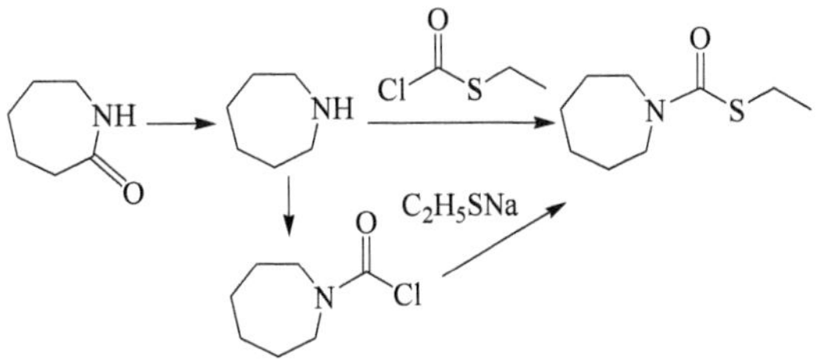

禾草畏 esprocarb

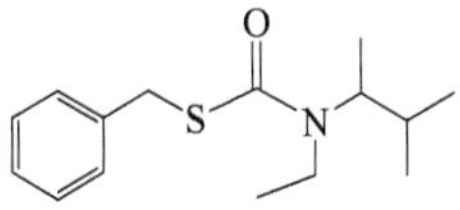

$C_{15}H_{23}NOS$，265.4，85785-20-2

禾草畏（esprocarb），试验代号 ICIA2957、SC-2957。商品名称 Bamban、Gosign、Sparkstar G。是由 Stauffer 公司（现先正达）开发的硫代氨基甲酸酯类除草剂，后于 2004 年售予日本日产化学株式会社。

化学名称 *S*-苄基 1,2-二甲基丙基（乙基）硫代氨基甲酸酯，*S*-benzyl 1,2-dimethylpropyl (ethyl)thiocarbamate。

理化性质 纯品为液体，沸点 135℃ （35mmHg），蒸气压 10.1mPa（25℃），相对密度 1.0353。$K_{ow}\lg P=4.6$，Henry 常数$\leqslant 5.47\times 10^{-1}$ Pa·m³/mol。溶解度：水中 4.9mg/L（20℃），丙酮、乙腈、氯苯、乙醇、二甲苯＞1.0g/kg（25℃）。120℃ 稳定，水中光解 DT_{50} 21d（pH 7,25℃）。

毒性 雌大鼠急性经口 LD_{50} 3700mg/kg，大鼠急性经皮 LD_{50}＞2000mg/kg，对兔皮肤和眼睛中度刺激，对豚鼠皮肤无致敏。大鼠吸入 LC_{50}（4h）＞4.0mg/L 空气。NOEL[mg/(kg·d)]：(2y)大鼠 1.1，(1y)狗 1.0。无致畸性与致突变性。ADI 0.01mg/(kg·d)。

生态效应 日本鹌鹑急性经口 LD_{50}＞2000mg/kg，鲤鱼 LC_{50}（96h）1.52mg/L。

环境行为 土壤/环境：在土中 DT_{50} 30～70d。

制剂 主要为混剂，剂型为颗粒剂。

主要生产商 Nissan。

作用机理 类脂（lipid）合成抑制剂但不是 ACC 酶抑制剂。

应用 禾草畏主要用于水稻田苗前和苗后防除一年生杂草如 2～5 叶期稗草等，使用剂量为 1500～4000g(a.i.)/hm²。少用单剂，常与其他除草剂混用。

专利概况 专利 BE893944、EP732326 等均早已过专利期，不存在专利权问题。

合成方法 禾草畏的合成主要有以下三种方法，反应式如下：

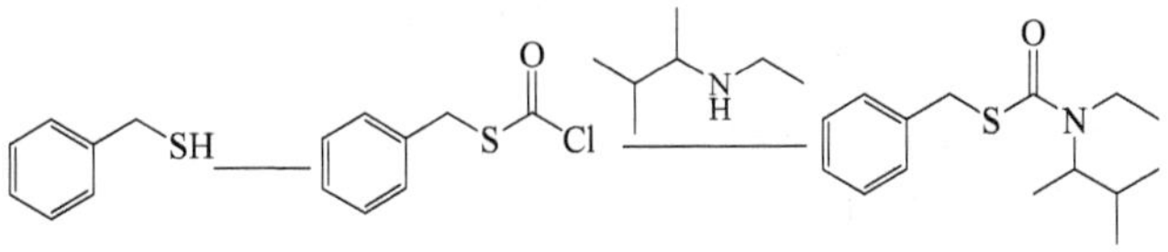

或

参考文献

[1] 日本农药学会志，1990，15（1）：117-120.

红铃虫性诱素 gossyplure

(Z,Z)-   (Z,E)-

$C_{18}H_{32}O_2$，280.5，50933-33-0，53042-79-8(7Z,11E)，52207-99-5(Z,Z)

红铃虫性诱素（gossyplure），试验代号　PP761。商品名称　Checkmate PBW-F、NoMate PBW、PB Rope、PB Rope-L。其他名称　信优灵、hexadecadienyl acetate、PBW、Z7Z11-16Ac、Z7E11 - 16Ac。是棉铃虫蛾的交配信息素。

化学名称　（顺，顺）和（顺，反）-7,11-十六碳二烯基乙酸酯1:1混合物。1:1mixture of(Z, Z)-and(Z,E)-hexadeca-7,11-dien-1-yl acetate。

理化性质　温和而且具有甜味的无色或淡黄色液体，沸点：170～175℃（3mmHg），191～195℃（4.5mmHg），146℃（1mmHg）。蒸气压11mPa。K_{ow} lg$P$＞4。相对密度0.885(20℃)。水中溶解度(25℃)0.2mg/L，能溶于常见有机溶剂。在pH值为5～7范围内稳定。闪点167℃。

毒性　大鼠急性经口 LD_{50}＞5mg/kg。大鼠急性经皮 LD_{50}＞2g/kg，有轻微红斑。大鼠吸入 LC_{50}(4h)＞2.5mg/L。

生态效应　山齿鹑急性经口 LD_{50}＞2000mg/kg，饲喂 LC_{50}(8d)＞5620mg/L。虹鳟鱼 LC_{50}(96h)＞120mg/L。水蚤 LC_{50}(48h)0.70mg/L。对蜜蜂无毒。

环境行为　土壤/环境：在土壤中 DT_{50}1d，水中 DT_{50}7d。

制剂　3mg/20cm、36mg/10cm 药棒，多层缓释剂、胶帽型缓释剂；细粒、玻璃粉、薄片、中空纤维；94%红铃虫性诱素缓释管剂。

主要生产商　Bedoukian、Certis 及 Shin-Etsu 等。

作用机理与特点　红铃虫性诱素是一种外激素类杀虫剂，用于棉田防治棉红铃虫。它是通过对棉红铃虫成虫的交配活动进行干扰迷向，使其不能交配从而控制害虫数量的增长，达到防治的目的。但在棉红铃虫密度大的情况下，由于自然交配机会增多，该药的干扰效果即防治效果尚不理想，因此该药宜作为防治棉红铃虫的辅助药剂使用。

应用　用于防治棉花上棉红铃虫。既可单独使用，也可与杀虫剂混合使用。在棉红铃虫第一、二代始见期，用10cm长的药棒按每亩60～139支（有效成分2.16～5g）悬挂于棉株上部，当药棒中的药液挥发后长度减至3cm以下时，可根据害虫密度适当增挂新的药棒。这样可整季控制棉红铃虫，一般持效期可达3个月。

专利概况　专利 US3919329 早已过专利期，不存在专利权问题。

合成方法　通过如下反应制得目的物：

环苯草酮 profoxydim

$C_{24}H_{32}ClNO_4S$，466.0，139001-49-3

环苯草酮（profoxydim），试验代号　BAS625 H。商品名称　泰穗、Aura、Tetris。其他名称 clefoxidim、clefoxydim。是由 BASF 开发的环己烯二酮类除草剂。

化学名称　2-[1-[2-(4-氯苯氧基)丙氧基亚氨基]丁基]-3-羟基-5-[四氢-2H-噻喃（硫杂）-3-基] 环己-2-烯酮，2-[1-[[2-(4-chlorophenoxy)propoxy]imino]butyl]-3-hydroxy-5-(tetrahydro-2H-thio-pyran-3-yl)-2-cyclohexen-1-one。

理化性质　无色、无味、高黏度液体，150～200℃分解。蒸气压 $1.7×10^{-1}$ mPa（20℃）。相对密度 1.198（20℃）。K_{ow} lg$P$＝3.9（25℃）。Henry 常数 $1.76×10^{-2}$ Pa·m^3/mol。水中溶解度 5.31mg/L（20℃）。其他溶剂中溶解度（g/100g,20℃）：异丙醇 33，丙酮＞70，乙酸乙酯＞70。水中稳定性：在 pH 5 时分解；DT$_{50}$ 140d（pH 7），＞300d（pH 9）。pK_a＞5.91（20℃），闪点 ＞100℃。

毒性　雄鼠和雌鼠急性经口 LD$_{50}$＞5000mg/kg，雄鼠和雌鼠急性经皮 LD$_{50}$＞4000mg/kg，对兔眼睛和皮肤无刺激。大鼠吸入 LC$_{50}$（4h）＞5.2mg/L。大鼠 NOEL 数据 5.0mg/kg。ADI 值 0.05mg/kg，无致突变。

生态效应　山齿鹑急性经口 LD$_{50}$＞2000mg/kg，山齿鹑饲喂 LC$_{50}$（8d）＞5000mg/kg。鱼类 LC$_{50}$（96h,mg/L）：虹鳟鱼 13～18，大翻车鱼 24～36。水蚤 LC$_{50}$（48h）18.1mg/L，鱼腥藻 E$_r$C$_{50}$ （96h）33mg/L。蜜蜂经口和接触 LD$_{50}$（48h）＞200μg/只。对蚯蚓 LC$_{50}$（14d）＞1000mg/kg 土壤，对蚜茧蜂、隐翅虫和烟粉虱有轻微危害。

环境行为

（1）动物　大鼠经口不完全吸收，主要通过尿液和粪便迅速排出，在任何组织和器官没有积累，检测到的代谢物主要通过以下途径：硫醚氧化成相应的砜和亚砜；芳香环的羟基；肟醚和/或苯基醚键的断裂。产生的代谢物通过一相或者结合反应进一步的代谢。

（2）植物　通过氧化、醚的消除和烷氧基侧链的断裂快速地代谢，亚砜是收获的植物中主要代谢产物，在生长过程中，主要代谢物为强极性化合物。

（3）土壤/环境　在阳光照射下培育水稻的土壤中快速降解 DT$_{50}$ 为 3～13d。在有氧和无氧的水/沉积物系统 DT$_{50}$（水）35.6d，DT$_{50}$（沉积物）47.4d；在较低的大气中 $t_{1/2}$≤5.8h。

制剂　20%乳油(Aura)，7.5%乳油(Tetris)。

主要生产商　BASF。

作用机理与特点　环苯草酮是ACCase抑制剂。叶面施药后迅速被植株吸收和转移，在韧皮部转移到生长点，抑制新芽的生长，杂草先失绿，后变色枯死，一般2～3周内完全枯死。

应用　主要用于稻田防除禾本科杂草如稗草、兰马草、马唐、千金子、狗尾草、筒轴茅等，对直播水稻和移栽水稻均安全。使用剂量为50～200g(a.i.)/hm²。在我国田间试验结果表明，用7.5%环苯草酮乳油675mL/hm²茎叶处理，对葡茎剪股颖的防效可达100%；使用环苯草酮和二氯喹啉酸混剂即可同时、有效地防治葡茎剪股颖和稻稗。

专利概况　专利DE4014986早已过专利期，不存在专利权问题。

合成方法　经如下反应制得环苯草酮：

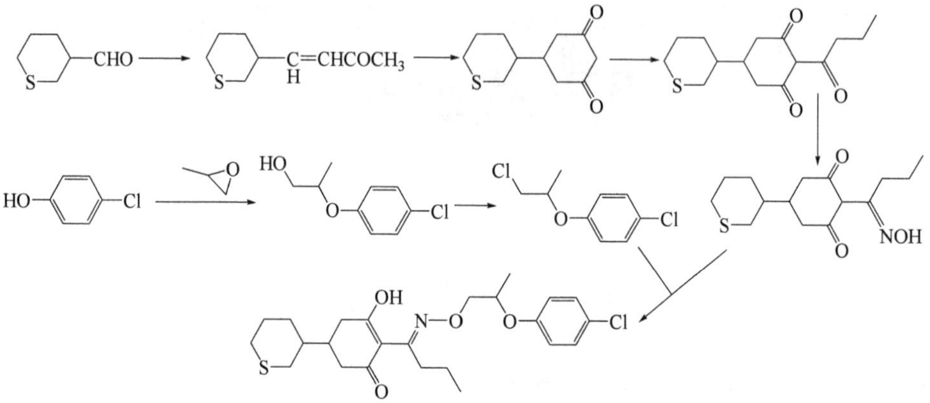

参考文献

[1] 孙洪涛，等.农药，2005，44(12)：558.
[2] Proc Br Crop Prot Conf：Weed，1999：65.

环丙嘧啶酸 aminocyclopyrachlor

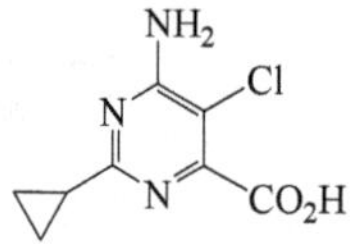

C₈H₈ClN₃O₂，213.6，858956-08-8，858954-83-3(甲酯)，858956-35-1(钾盐)

环丙嘧啶酸(aminocyclopyrachlor)，试验代号　DPX-MAT28(羧酸)、DPX-KJM44(甲酯)。商品名称　Perspective、Plainview、Streamline、Viewpoint。是由杜邦公司报道的新型除草剂。2010年在美国获得首次登记。

化学名称　6-氨基-5-氯-2-环丙基嘧啶-4-羧酸，6-amino-5-chloro-2-cyclopropylpyrimidine-4-carboxylic acid。

理化性质　工业品纯度≥92%，白色无定形固体。熔点140.5℃±0.1℃，蒸气压6.9215×10⁻⁹mPa(20℃)。K_{ow} lg$P$(20℃)：－1.12(非缓冲液)，－1.01(pH 4)，－2.48(pH 7)。Henry常数3.51×10⁻⁷Pa·m³/mol(pH 7，20℃)。相对密度1.4732(20℃)。水中溶解度(g/L，20℃)：2.81(非缓冲液)，3.13(pH 4)，4.20(pH 7)，3.87(pH 9)。有机溶剂中溶解度(g/L)：甲醇36.747，乙酸乙酯2.008，正辛醇1.945，丙酮0.960，乙腈0.651，二氯甲烷0.235，间二甲苯0.005；正

己烷中溶解度 0.0097mg/L。在 pH 4、7 和 9 时稳定，$DT_{50}(25℃)>1y$，$pK_a 4.65(20℃)$。

毒性　大鼠急性经口 $LD_{50}>5000mg/kg$，大鼠急性经皮 $LD_{50}>5000mg/kg$。对兔皮肤无刺激性，对大鼠和豚鼠皮肤无致敏反应；大鼠吸入 $LC_{50}(4h)>5mg/L$，$NOEL[2y,mg/(kg·d)]$：雄大鼠 279，雌大鼠 309。ADI 2.79g/(kg·d)。

生态效应　山齿鹑急性经口 $LD_{50}(14d)>2075mg/(kg·d)$。急性饲喂 $LD_{50}[8d,mg/(kg·d)]$：山齿鹑>1177，野鸭>2423。鱼毒 $LC_{50}(96h,mg/L)$：大翻车鱼>120，虹鳟鱼>122，杂色鳉>129；虹鳟幼鱼 11mg/L。水蚤 LC_{50} 43mg/L，生命周期 NOEC 6mg/L。藻类 $EC_{50}(mg/L)$：羊角月牙藻(72h)>122；(96h)水华鱼腥藻 7.4，中肋骨条藻>120，舟形藻 37。牡蛎 $EC_{50}(96h)>118mg/L$，糠虾 LC_{50}(急性)>122mg/L。蜜蜂 $LD_{50}(48h,\mu g/只)$：经口>112，接触>100。蚯蚓 $LC_{50}(14d)>1000mg/kg$ 干土。

环境行为　土壤/环境：环丙嘧啶酸通过光解和土壤代谢成次级代谢物，最终代谢为二氧化碳和不可提取的残留物从而在环境中消散。不可提取残留物 DT_{50}(实验室,20℃)：120～433d，(旱田)72～128d，(浅且清的明亮的自然水体,pH 6.2)1.2d。K_d 0.0～3.7mL/g，K_{oc} 0.0～143.3mL/g(平均 27.86mL/g)。

主要生产商　杜邦公司。

作用机理与特点　环丙嘧啶酸属生物合成的激素类除草剂，作用方式为叶面喷施，具有内吸活性，通过叶、茎、根吸收传导至木质部和韧皮部，杂草死亡需要几周或几个月，效果显著。

应用

（1）适用作物　环丙嘧啶酸及其甲酯主要用于非农用作物，如裸地、公路、草坪、牧场作物等。

（2）防治对象　阔叶杂草，包括菊科、豆科、藜科、旋花科、茄科、大戟科和一些木本植物，包括红糖槭、桴叶槭、朴木、白柳、美国多花蓝果树、牧豆树和美国榆等。

（3）使用方法　推荐使用剂量 70～350g/hm²，对那些对草甘膦和 ALS 抑制剂产生抗性的杂草（如杉叶藻、地肤、莴苣等）也有很好的防效。可帮助土地管理者有效控制构成火警危险或阻碍交通运输和公用事业关键通道的杂草和灌木。环丙嘧啶酸使用剂量低，可与磺酰脲类除草剂混用，以增加杂草的防除范围。

专利概况

专利名称　Preparation of Herbicidal Pyrimidines

专利号　WO2005063721

专利申请日　2004-12-16

专利拥有者　杜邦公司

在其他国家申请的化合物专利：AU2004309325、CA2548058、EP1694651、CN1894220、BR2004017279、JP2007534649、ZA2006004258、NZ547251、IN2006DN03045、US20070197391、US7863220、KR2006114345、MX2006007033、US20110077156 等。

合成方法　经如下反应制得环丙嘧啶酸：

参考文献

[1] Weed Science, 2010, 58: 103-108.

[2] 赵平. 农药, 2011, 50(11): 834-836.

环丙嘧磺隆 cyclosulfamuron

$C_{17}H_{19}N_5O_6S$，421.4，136849-15-5

环丙嘧磺隆（cyclosulfamuron），试验代号 BAS710 H、AC 322 140。商品名称 Invest、Jin-Qiu、Orysa、Saviour。其他名称 Ichiyonmaru、金秋。是由美国氰氨公司（现 BASF 公司）开发的磺酰脲类除草剂。

化学名称 1-[2-(环丙酰基)苯基氨基磺酰基]-3-(4,6-二甲氧嘧啶-2-基)脲，1-[2-(cyclopropyl-carbonyl)phenylsulfamoyl]-3-(4,6-dimethoxypyrimidin-2-yl)urea。

理化性质 灰白色固体，熔点 149.6～153.2℃（工业品）。相对密度 0.64(20℃)，蒸气压 $2.2×10^{-2}$mPa(20℃，气相饱和法)。$K_{ow}lgP$(25℃)：2.045(pH 5)，1.69(pH 6)，1.41(pH 7)，0.7(pH 8)。水中溶解度(mg/L,25℃)：0.17(pH 5)，6.52(pH 7)，549(pH 9)。在室温下稳定存放 18 个月，36℃时稳定存放 12 个月，45℃时稳定存放 3 个月。在水中 DT_{50}：0.33d(pH 5)，1.68d(pH 7)，1.66d(pH 9)。pK_a5.04。

毒性 大、小鼠急性经口 LD_{50}>5000mg/kg。兔急性经皮 LD_{50}>4000mg/kg。对兔眼睛有轻微刺激性，对兔皮肤无刺激性。大鼠吸入 LC_{50}(4h)>5.2mg/L。NOEL 数据(mg/kg 饲料)：大鼠(2y)1000[50mg/(kg·d)]，狗(1y)100[3mg/(kg·d)]。Ames 试验显示无致突变性。

生态效应 鹌鹑急性经口 LD_{50}>1880mg/kg，饲喂 LC_{50}(8d)>5010mg/L。鱼 LC_{50}(mg/L)：(72h)鲤鱼>50；(96h)虹鳟鱼>7.7，大翻车鱼>8.2。水蚤 LC_{50}(48h)>9.1mg/L。藻类 EC_{50}(72h)0.44μg/L。蜜蜂急性 LD_{50}(24h,μg/只)：接触>106，经口>99。在 892mg/kg 剂量下对蚯蚓无任何副作用。

环境行为

（1）动物 在大鼠体内，环丙嘧磺隆被快速吸收，并以粪便的形式快速排泄出。

（2）植物 在作物中，通过脲桥的水解，形成无活性的化合物。

（3）土壤/环境 对 4 地美国土壤和 4 地日本水稻田土壤研究表明 K_{oc} 为 1440。

制剂 10%环丙嘧磺隆（金秋）可湿性粉剂。

主要生产商 BASF。

作用机理与特点 支链氨基酸（ALS 或 AHAS）合成抑制剂乙酰乳酸合成酶抑制剂。通过抑制必需氨基酸如缬氨酸、异亮氨酸的合成起作用，进而停止细胞分裂和植物生长。选择性来源于植物体内的快速代谢。主要通过植物根系及茎部吸收，传导植物分生组织。环丙嘧磺隆能被杂草根和叶吸收，在植株体内迅速传导，阻碍缬氨酸、异亮氨酸、亮氨酸合成，抑制细胞分裂和生长，敏感杂草根和叶吸收药剂后，在植株体内传导，幼芽和根迅速停止生长，幼嫩组织发黄，随后枯死。杂草吸收药剂到死亡有个过程，一般一年生杂草 5～15d；多年生杂草要长一些，有时施药后杂草仍呈绿色，并未死亡，但已停止生长，失去与作物竞争能力。对 ALS 的抑制活性(IC_{50},mol/L)环丙嘧磺隆(0.9)远高于苄嘧磺隆(18.9)、氯嘧磺隆(6.9)、咪草烟(11.6)。

应用

（1）适宜作物与安全性 水稻、小麦、大麦和草坪作物。对水稻、小麦安全。苗前处理对春大麦安全，而苗后处理对大麦则有轻至中度药害。对地下水和环境无不良影响。

（2）防除对象　主要用于防除一年生和多年生阔叶杂草和莎草科杂草。对禾本科杂草虽有活性，但不能彻底防除。水田：多年生杂草如水三棱、卵穗荸荠、野荸荠、矮慈姑、萤蔺。一年生杂草如异型莎草、莎草、牛毛毡、碎米莎草、繁缕、陌上草、鸭舌草、节节菜以及母草属杂草等。对几种重要的杂草如丁香蓼、稗草、鸭舌草、瓜皮草、日本干屈菜等活性优于吡嘧磺隆和苄嘧磺隆。小麦、大麦田苗前处理：蓝玻璃繁缕、荠菜、药用球果紫堇、一年生山靛、刚毛毛莲菜、阿拉伯婆婆纳等。小麦、大麦田秋季苗后处理：野欧白芥、虞美人、荠菜、药用球果紫堇、常春藤叶婆婆纳等。春季苗后处理：蓝玻璃繁缕、野欧白芥、荠菜、药用球果紫堇、猪殃殃、卷茎蓼等。对猪殃殃的防除效果最佳。

（3）应用技术与使用方法　环丙嘧磺隆主要用于水稻、小麦和大麦等苗前及苗后防除阔叶杂草。

麦田苗后处理，环丙嘧磺隆亩用量为1.6～3.2g(a.i.)。在春季应用效果优于秋季，在春季后期应用效果优于早春，在春季苗后处理时，需用一些植物油作辅助剂，每亩用量为1.6g(a.i.)。在秋季苗后施用，每亩用量为5～6.7g(a.i.)。

① 水田　水稻移栽后2～15d施用，亩用量为3～4g(a.i.)。直播稻田播种后0～12d施用，亩用量为0.6～2.7g(a.i.)。草害严重的地区使用高剂量。当稻田中稗草及多年生杂草或莎草为主要杂草时使用高剂量。直播稻用药时，稻田必须保持潮湿或混浆状态。无论是移栽稻还是直播稻，保持水层有利于药效发挥，一般施药后保持水层3～5cm，保水5～7d。

② 东北、西北地区水稻移栽田　插秧后7～10d施药，直播田播种后10～15d施药，每亩用10%环丙嘧磺隆15～20g。沿海、华南、西南及长江流域，水稻移栽田插秧后3～6d施药，水稻直播田播种后2～7d施药，每亩用10%环丙嘧磺隆10～20g。防除2叶以内的稗草，每亩用10%环丙嘧磺隆30～40g，采用毒土法施药。施后稳定水层2～3cm，保持5～7d。环丙嘧磺隆施后能迅速吸附于土壤表层，形成非常稳定的药层，稻田漏水、漫灌、串灌、降大雨均能获得良好的药效。防除多年生莎草科的藨草、日本藨草、扁秆藨草每亩用10%环丙嘧磺隆40～60g。混用：为了更有效地防除稗草，环丙嘧磺隆可与禾草敌、丁草胺、丁草胺、环庚草醚、莎稗磷、丙炔噁草酮、二氯喹啉酸等混用，通常采用一次性施药，每亩用10%环丙嘧磺隆10～20g加60%丁草胺80～100mL或96%禾草敌100mL或10%环庚草醚20mL或30%莎稗磷40～60mL或80%丙炔噁草酮6g或50%二氯喹啉酸25～30g。由于丁草胺、莎稗磷、环庚草醚等单独一次性施药往往因整地与插秧间隔时间长，稗草叶龄大，药效不佳。而施药提前，对水稻安全性有问题。故将丁草胺、莎稗磷、环庚草醚分两次施药，推迟移栽后施药时间，这样做的好处是不仅对稗草和阔叶杂草药效均好，且对水稻安全。而禾草敌与环丙嘧磺隆混用一次性施药最好。二氯喹啉酸能杀大龄稗草，可作为急救措施。每亩用药量及施药时期如下：

10%环丙嘧磺隆13～17g加10%环庚草醚乳油20～25mL，于水稻移栽后5～7d缓苗后施药。

10%环丙嘧磺隆13～17g加60%丁草胺80mL，于水稻移栽后5～7d缓苗后施药。

10%环丙嘧磺隆13～17g加30%莎稗磷乳油40～60mL，于水稻移栽后5～7d缓苗后施药。

10%环丙嘧磺隆13～17g加96%禾草敌乳油100～150mL，于水稻移栽后10～15d施药。

10%环丙嘧磺隆13～17g加50%二氯喹啉酸可湿性粉剂20～30g，于水稻移栽后稗草3～5叶期施药，施药前2d放浅水层或田面保持湿润，喷雾法施药。

水稻移栽前5～7d，10%环丙嘧磺隆13～17g加10%环庚草醚乳油15～20mL或60%丁草胺乳油80mL或30%莎稗磷乳油40～60mL。水稻移栽后15～20d，环丙嘧磺隆与环庚草醚或丁草胺或莎稗磷再用同样药量混用。

环丙嘧磺隆与丁草胺、环庚草醚、莎稗磷、禾草敌混用可用毒土、毒沙，或结合追肥与尿素混在一起撒施，也可用喷雾法施药。施药后稳定水层3～5cm，丁草胺、莎稗磷、环庚草醚等要注意水层不要淹没心叶，保持水层5～7d只灌不排。

③ 直播田　直播稻田环丙嘧磺隆可与禾草敌、二氯喹啉酸混用。水稻苗后稗草3叶期前，每亩用10%环丙嘧磺隆13～17g加96%禾草敌乳油100～150mL，施药采用毒土、毒沙法。水稻苗后稗草3～5叶期，10%环丙嘧磺隆15～20g加50%二氯喹啉酸可湿性粉剂35～40g。施药前2d放浅水层或保持田面湿润，喷雾法施药，施药后2d放水回田。

专利与登记 专利 EP0463287、US5559234、DE1950768 等均已过专利期，不存在专利权问题。巴斯夫公司在中国登记情况见表 91。

表 91 巴斯夫公司在中国登记情况

登记名称	登记号	含量	剂型	登记作物	防治对象	用药量	施用方法
环丙嘧磺隆	PD349-2001	97.4%	原药				
环丙嘧磺隆	PD350-2001	10%	可湿粉剂	水稻(移栽田)	阔叶杂草	①15～30g/hm²（南方地区）；②30～40g/hm²（北方地区）	撒毒砂或喷雾
				水稻(直播田)	阔叶杂草	①15～30g/hm²（南方地区）；②30～40g/hm²（北方地区）	撒毒砂或喷雾
				水稻（移栽田）	莎草	①15～30g/hm²（南方地区）；②30～40g/hm²（北方地区）	撒毒砂或喷雾
				水稻(直播田)	莎草	①15～30g/hm²（南方地区）；②30～40g/hm²（北方地区）	撒毒砂或喷雾
				水稻（移栽田）	稗草	①15～30g/hm²（南方地区）；②30～40g/hm²（北方地区）	撒毒砂或喷雾
				水稻(直播田)	稗草	①15～30g/hm²（南方地区）；②30～40g/hm²（北方地区）	撒毒砂或喷雾
				冬小麦	阔叶杂草	①30～45g/hm²；②混用金秋 15g/hm² + 补施 743g/hm²	苗后早期茎叶喷雾

合成方法 以邻氨基苯甲酸为起始原料，经磺酰化、酰氯化，再与 γ-丁内酯缩合，制得中间体取代苯胺。嘧啶胺与氯磺酰基异氰酸酯缩合后与取代苯胺反应，处理即得目的物。反应式为：

参考文献

[1] Proc Br Crop Prot Conf-Weed，1993，1：41.
[2] 谭晓军，等.化学与生物工程，2005（2）：47-48.

环丙酰草胺 cyclanilide

$C_{11}H_9Cl_2NO_3$，274.1，113136-77-9

环丙酰草胺(cyclanilide)，试验代号 RPA-090946。商品名称 Finish、Stance。其他名称环丙酸酰胺。是由罗纳普朗克公司(现为拜耳公司)开发的酰胺类植物生长调节剂。

化学名称 1-(2,4-二氯苯氨基羰基)环丙羧酸，1-(2,4-dichloroanilinocarbonyl) cyclopropanecarboxylic acid。

理化性质 纯度≥96%，含有≤0.1%2,4-二氯苯胺。白色粉状固体，熔点195.5℃。蒸气压(mPa)：<0.01(25℃)，$8×10^{-3}$(50℃)。分配系数 K_{ow}lg$P$=3.25(21℃)。Henry 常数≤7.41×10^{-5}Pa·m³/mol。相对密度 1.47(20℃)。水中溶解度(20℃，g/100mL)：0.0037(pH 5.2)，0.0048(pH 7)，0.0048(pH 9)。有机溶剂中溶解度(20℃，g/100mL)：丙酮5.29，乙腈0.50，二氯甲烷0.17，乙酸乙酯3.18，正己烷<0.0001，甲醇5.91，正辛醇6.72，异丙醇6.82。不易光解，在 25℃及 pH 5～9 下不会水解；pK_a3.5(22℃)。

毒性 大鼠急性经口 LD$_{50}$(mg/kg)：雌性 208，雄性 315。兔急性经皮 LD$_{50}$>2000mg/kg。对皮肤轻微刺激且对皮肤有致敏性。大鼠急性吸入 LC$_{50}$(4h)>5.15mg/L。大鼠 NOEL(2y)7.5mg/kg(150mg/L)。ADI(EC)0.0075mg/kg[2005]；(EPA)RfD 0.007mg/kg[1997]。在 Salmonella Reverse Mutation 和 CHO/HGPRT 试验中均为阴性。

生态效应 鸟急性经口 LD$_{50}$(mg/kg)：野鸭>215，山齿鹑 216。鸟饲喂 LC$_{50}$(8d,mg/L 饲料)：野鸭1240，山齿鹑2849。鱼毒 LC$_{50}$(96h,mg/L)：虹鳟鱼>11，大翻车鱼>16，杂色鳉49。水蚤 EC$_{50}$(48h)>13mg/L，月牙藻 EC$_{50}$1.7mg/L。东方生蚝 EC$_{50}$(96h)19mg/L，糠虾 LC$_{50}$(96h)5mg/L，浮萍 EC$_{50}$(14d)>0.22mg/L，鱼腥藻 EC$_{50}$(120h)0.08mg/L。蜜蜂 LD$_{50}$(μg/只)：接触>100，经口 89.5。蚯蚓 LC$_{50}$469mg/kg 干土。

环境行为

(1) 动物 在动物体内主要以母体化合物形式迅速排出体外。

(2) 植物 残留在植物上的主要是未分解的母体化合物。

(3) 土壤/环境 在土壤中有氧的条件下，DT$_{50}$15～49d；田间试验，DT$_{50}$11～45d(欧洲，春播)，33～114d(美国南部，秋播)。主要由土壤微生物降解形成2,4-二氯苯胺，移动性差，不易被淋溶至地下水(平均 K_{oc}346)。在田间研究表明残留主要在 15cm 以上土壤层中。

制剂 仅与其他药剂如乙烯利等混用。

主要生产商 Bayer CropScience。

应用 植物生长调节剂，主要用于棉花、禾谷类作物、草坪和橡胶等。使用剂量为 10～200g(a.i.)/hm²。

专利概述 专利 US4736056 早已过专利期，不存在专利权问题。

合成方法 通过如下反应制得目的物：

环丙酰菌胺 carpropamid

C₁₅H₁₈Cl₃NO, 334.7, 104030-54-8(mixture)，127641-62-7(1R,3S,1R)，127640-90-8(1S,3S,1R)

环丙酰菌胺（carpropamid），试验代号：KTU 3616；商品名称 Arcado、Cleaness、Protega、Win；其他名称：Carrena、Solazas、Zubard、Win Admire；是由拜耳公司开发的酰胺类杀菌剂。

化学组成与名称 主要由以下四种结构组成，其中前两种含量超过 95%，(1R,3S)-2,2-二氯-N-[(R)-1-(4-氯苯基)乙基]-1-乙基-3-甲基环丙酰胺，(1S,3R)-2,2-二氯-N-[(R)-1-(4-氯苯基)乙基]-1-乙基-3-甲基环丙酰胺，(1S,3R)-2,2-二氯-N-[(S)-1-(4-氯苯基)乙基]-1-乙基-3-甲基环丙酰胺，(1R,3S)-2,2-二氯-N-[(S)-1-(4-氯苯基)乙基]-1-乙基-3-甲基环丙酰胺。(1R,3S)-2,2-dichloro-N-[(R)-1-(4-chlorophenyl)ethyl]-1-ethyl-3-methylcyclopropanecarboxamide，(1S,3R)-2,2-dichloro-N-[(R)-1-(4-chlorophenyl)ethyl]-1-ethyl-3-methylcyclopropanecarboxamide，(1S,3R)-2,2-dichloro-N-[(S)-1-(4-chlorophenyl)ethyl]-1-ethyl-3-methylcyclopropanecarboxamide 和 (1R,3S)-2,2-dichloro-N-[(S)-1-(4-chlorophenyl)ethyl]-1-ethyl-3-methylcyclopropanecarboxamide。

理化性质 环丙酰菌胺为非对映异构体的混合物（A：B 大约为 1：1，R：S 大约为 95：5）。纯品为无色结晶状固体（原药为淡黄色粉末）。熔点：AR 为 161.7℃，BR 为 157.6℃。蒸气压：AR 为 $2×10^{-3}$ mPa，BR 为 $3×10^{-3}$ mPa（均在 20℃，气体饱和法，OECD104）。分配系数 K_{ow} lgP ＝AR 4.23，BR 4.28（均在 22℃）。Henry 常数：AR 为 $4×10^{-4}$ Pa·m³/mol，BR 为 $5×10^{-4}$ Pa·m³/mol（均在 20℃）。相对密度 1.17(20℃)。水中溶解度(mg/L,pH 7,20℃)：1.7(AR)，1.9(BR)。有机溶剂中溶解度(g/L,20℃)：丙酮 153，甲醇 106，甲苯 38，己烷 0.9。

毒性 急性经口 LD_{50} (mg/kg)：雄、雌大鼠＞5000，雄、雌小鼠＞5000。雄、雌大鼠急性经皮 LD_{50}＞5000mg/kg。对兔皮肤和眼睛无刺激，对豚鼠皮肤无致敏性。雄、雌大鼠吸入 LC_{50} (4h)＞5000mg/L(灰尘)。大鼠和小鼠 2y 喂养试验无作用剂量为 400mg/kg；狗 1y 喂养试验无作用剂量为 200mg/kg。ADI 值为 0.03mg/kg；(FSC) 为 0.014mg/kg。体内和体外试验均无致突变性。

生态效应 日本鹌鹑饲喂 LD_{50} (5d)＞2000mg/kg。鱼 LC_{50} (mg/L)：鲤鱼(48/72h)5.6，虹鳟鱼(96h)10。水蚤 LC_{50} (3h)410mg/L。栅藻 E_rC_{50} (72h)＞2mg/L，其他水生生物如水蚤（多刺裸腹蚤）LC_{50} (3h)＞20mg/L。蚯蚓 LC_{50} (14d)＞1000mg/kg 干土。

环境行为

(1) 动物 大鼠口服放射性同位素标记的环丙酰菌胺后，很容易通过粪便和尿液排出体外，环丙酰菌胺主要在肝脏通过氧化进行代谢。

(2) 植物 通过土壤（育苗箱中的应用）或营养培养基处理的水稻，环丙酰菌胺由根部吸收，然后运输到芽叶部。水稻中的主要残留物是环丙酰菌胺。

(3) 土壤/环境 环丙酰菌胺在稻田土壤中的主要代谢物是二氧化碳。通过田间和实验室试验，环丙酰菌胺在稻田土壤中的代谢半衰期分别为数周和数月。其同系物的吸附/解吸的研究表明环丙酰菌胺可以归类为低流动物质。环丙酰菌胺在无菌水溶液的缓冲溶液中可以稳定存在，其在天然水中的光降解速率比在无菌水中快得多。

制剂 种子处理剂、育苗箱处理剂、育苗箱浸液剂和喷雾剂。

主要生产商 Bayer CropScience。

作用机理与特点 环丙酰菌胺是内吸、保护性杀菌剂。与现有杀菌剂不同，环丙酰菌胺无杀菌活性，不抑制病原菌菌丝的生长。其具有两种作用方式：抑制黑色素生物合成和在感染病菌后可加速植物抗菌素如稻壳酮 A 和樱花亭的产生，这种抗性机理预示环丙酰菌胺可能对其他病害亦有活性。也即在稻瘟病中，通过抑制从小柱孢酮到 1,3,8-三羟基萘和从柱孢醌到 1,8-二羟基萘的脱氢反应，从而抑制黑色素的形成，也通过增加伴随水稻疫病感染产生的植物抗毒素而提高作物抵抗力。

应用

（1）适宜作物与安全性 水稻，推荐剂量下对作物安全、无药害。

（2）预防对象 稻瘟病

（3）使用方法 环丙酰菌胺主要用于稻田防治稻瘟病。以预防为主，几乎没有治疗活性，具有内吸活性。在接种后 6h 内用环丙酰菌胺处理，可完全控制稻瘟病的侵害，但超过 6h 如 8h 后处理，几乎无活性。在育苗箱中应用剂量为 400g(a. i.)/hm²，茎叶处理剂量为 75～150g(a. i.)/hm²，种子处理剂量 300～400g(a. i.)/t 种子。

专利概况 该化合物首篇专利是由日本 Nihon Tokushu Noyaku Seizo Kk 申请的，后与拜耳合作由拜耳申请了异构体专利。专利 EP0170842、EP0341475 均已过专利期，不存在专利权问题。

合成方法 以丁酸乙酯为起始原料制得中间体取代的环丙酰氯与以对氯苯乙酮为起始原料制备的取代苄胺反应，即得目的物。反应式为：

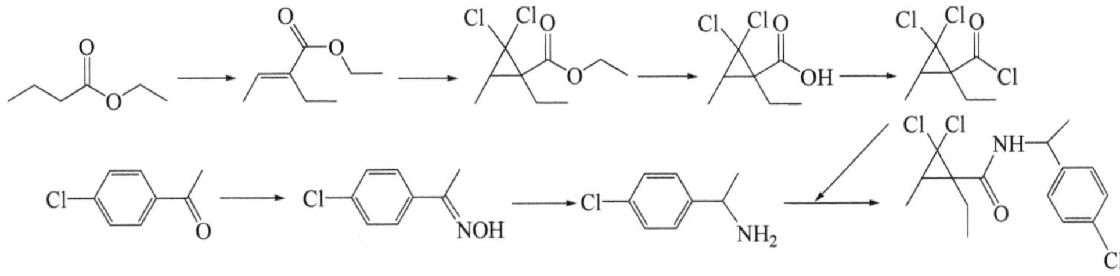

参考文献

[1] The Pesticide Manual. 15th ed. 2009：167-168.

[2] Pestic Sci，1996，47：199.

[3] Agrochemical Japan，1997，72：17.

[4] 马晓东. 农药译丛，1998，1：37.

[5] Proc Br Crop Prot Conf：Pests Dis，1994，2：517.

环丙唑醇 cyproconazole

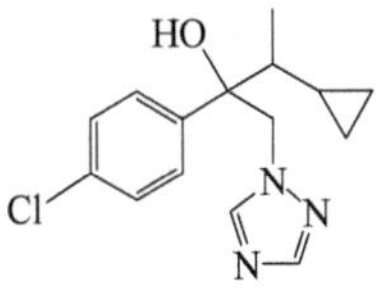

$C_{15}H_{18}ClN_3O$，291.8，94361-06-5

环丙唑醇(cyproconazole)，试验代号 SAN619F。商品名称 Akenaton、Alto、Caddy。其

他名称　Approach Prima、Atemi、Bialor、Caddy Arbo、Cipren、Fort、Menara、Mohawk、Paindor、Sphere、Shandon、Solima、Synchro、Vitocap、环唑醇。是由瑞士山道士公司(现为先正达公司)开发的三唑类杀菌剂。

化学名称　(2RS,3RS;2RS,3SR)-2-(4-氯苯基)-3-环丙基-1-(1H-1,2,4-三唑-1-基) 丁-2-醇，(2RS,3RS;2RS,3SR)-2-(4-chlorophenyl)-3-cyclopropyl-1-(1H-1,2,4-triazol-1-yl) butan-2-ol。

理化性质　环丙唑醇为外消旋混合物，纯品为无色晶体。熔点 $106.2\sim106.9℃$，沸点$>250℃$。蒸气压 2.6×10^{-2} mPa(25℃)。分配系数 K_{ow}lgP=3.1。Henry 常数 5.0×10^{-5} Pa·m^3/mol。相对密度 1.25。水中溶解度 93mg/L(22℃)。有机溶剂中溶解度(g/L,25℃)：丙酮 360，乙醇 230，甲醇 410，二甲基亚砜 180，二甲苯 120，甲苯 100，二氯甲烷 430，乙酸乙酯 240，正已烷 1.3，正辛醇 100。稳定性：115℃开始氧化分解，300℃开始热分解。在 50℃，pH 4～9 条件下稳定存在 5d。

毒性　急性经口 LD_{50} (mg/kg)：雄大鼠 350，雌大鼠 1333，雄小鼠 200，雌小鼠 218。大鼠和兔急性经皮 $LD_{50}>2000$mg/kg。大鼠吸入 LC_{50}(4h)>5.65mg/L 空气。对兔皮肤和眼睛无刺激作用，对豚鼠无皮肤过敏现象。NOEL 数据[mg/(kg·d)]：大鼠 2(2y)，狗 3.2(1y)。ADI 值 0.01mg/kg。在 Ames 试验中无致突变性。

生态效应　山齿鹑急性经口 LD_{50} 131mg/kg。鸟饲喂 LC_{50}(5d,mg/kg)：山齿鹑 856，野鸭 851。鱼类 LC_{50}(96h,mg/L)：鲤鱼 20，虹鳟鱼 19，大翻车鱼 21。水蚤 LC_{50}(48h)>26mg/L。珊藻 EC_{50}0.077mg/L。蜜蜂 LD_{50}(mg/只,24h)：>0.1(接触)，>1(经口)。蚯蚓 LC_{50}(14d)335mg/kg 干土。

环境行为

(1) 动物　哺乳类动物口服本品后在体内迅速被吸收，新陈代谢排出体外 DT_{50} 约 30h。无生物积累。

(2) 植物　本品在大多数作物中的代谢途径相似。主要残留物是环丙唑醇本身。

(3) 土壤/环境　在土壤里本品降解速度适中。无积累和潜在浸析性。水解和光解稳定。土壤 K_{oc}364mL/g。水中 DT_{50} 为 5.6d。

主要生产商　Fertiagro、Syngenta 及苏州恒泰(集团)有限公司等。

作用机理与特点　类固醇脱甲基化(麦角甾醇生物合成)抑制剂。由于具有很好的内吸性，因此可迅速地被植物有生长力的部分吸收，并在内部传导；具有很好的保护和治疗活性。持效期 6 周。

应用

(1) 适宜作物　小麦、大麦、燕麦、黑麦、玉米、高粱、甜菜、苹、梨、咖啡、草坪作物等。

(2) 防治对象　可以防治白粉菌属、柄锈菌属、喙孢属、核腔菌属和壳针孢属菌引起的病害如小麦白粉病、小麦散黑穗病、小麦纹枯病、小麦雪腐病、小麦全蚀病、小麦腥黑穗病、大麦云纹病、大麦散黑穗病、大麦纹枯病、玉米丝黑穗病、高粱丝黑穗病、甜菜菌核病、咖啡锈病苹果斑点落叶病、梨黑星病等。

(3) 使用方法　具有预防、治疗、内吸作用，主要用作茎叶处理。使用剂量通常为 60～100g(a.i.)/hm^2。防治禾谷类作物病害用量为 80g(a.i.)/hm^2，防治咖啡病害用量为 20～50g(a.i.)/hm^2，防治甜菜病害用量为 40～60g(a.i.)/hm^2，防治果树和葡萄病害用量为 10g(a.i.)/hm^2。如以 40～100g(a.i.)/hm^2 可有效地防治禾谷类和咖啡锈病，禾谷类、果树和葡萄白粉病，花生、甜菜叶斑病，苹果黑星病和花生白腐病。防治麦类锈病持效期为 4～6 周，防治白粉病为

3～4 周。

专利与登记　专利 US4664696 早已过专利期，不存在专利权问题。国内仅登记了 95％、98％原药。

合成方法　环丙唑醇的主要合成方法如下：

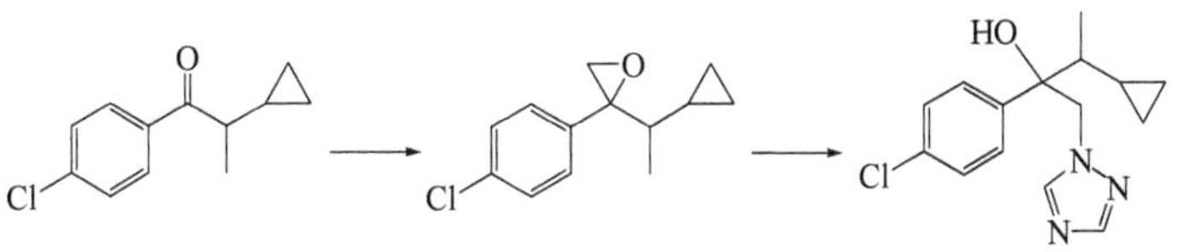

原料可通过如下方法制备：

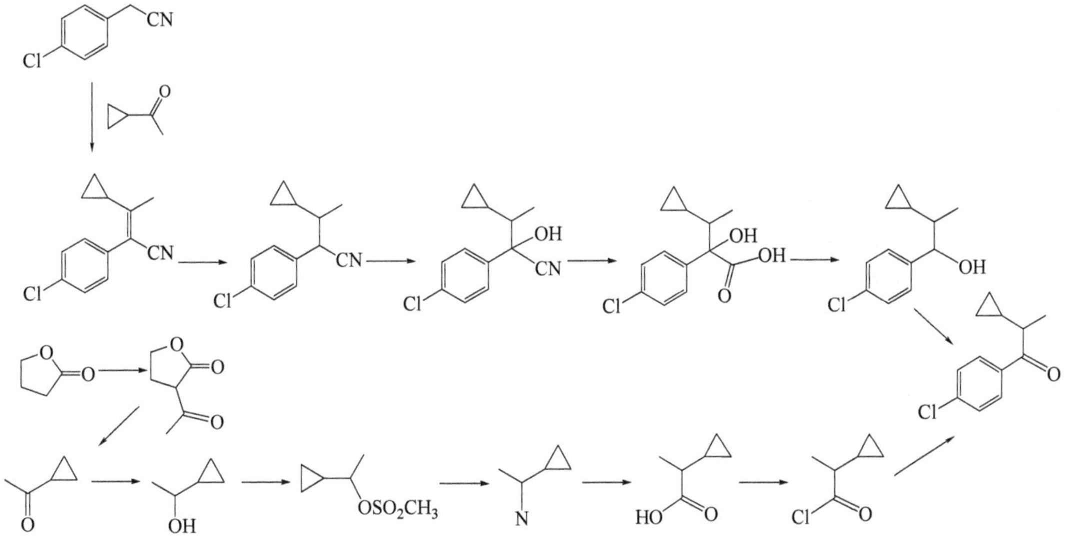

参考文献

[1] Proc Crop Prot Conf Pests & Dis，1986：33.
[2] Proc Crop Prot Conf Pests & Dis，1986：857.
[3] The Pesticide Manual. 15th ed. 2009，287-288.

环虫腈 dicyclanil

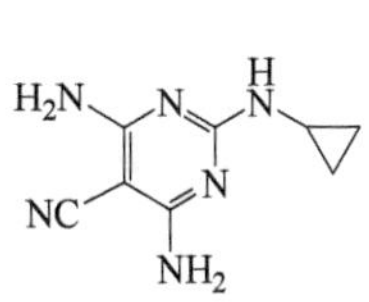

$C_8H_{10}N_6$，190.2，112636-83-6

环虫腈（dicyclanil），试验代号　CGA183893。商品名称　CLIK。其他名称　丙虫啶。是瑞士汽巴-基公司（现属先正达公司）开发的新颖氰基嘧啶类杀虫剂。

化学名称　4,6-二氨基-2-环丙胺嘧啶基-5-甲腈，4,6-diamino-2-cyclopropylaminopyrimidine-5-carbonitrile。

理化性质　本品为白色或淡黄色晶体，熔点为 86～88℃，蒸气压＜$2×10^{-8}$ mPa（20℃）。$K_{ow}\lg P=2.9$。相对密度 1.57（21℃）。溶解度（25℃，g/L）：水 50（pH 7.2），甲醇 4.9。水解 DT_{50} 331d（pH 3.8,25℃），DT_{50}＞1y（pH 6.9,25℃）。

毒性　大鼠急性经口 LD_{50}＞2000mg/kg，大鼠急性经皮 LD_{50}＞2000mg/kg。对大鼠眼睛无刺激性。大鼠吸入 LD_{50}（4h）＞5020mg/m³。ADI/RfD 0.007mg/kg。

生态效应　对鸟类安全，对鱼、水藻有害。对甲壳纲动物有害，对蚯蚓无害。

环境行为

（1）动物　经脱烷基作用将环虫腈转化成无环丙烷的产物。

（2）土壤/环境　在肥沃土壤中，DT_{50}为1.5d（20℃），浸出周期<1d。在自然环境下，不易水解，没有显著挥发性。

制剂　5%悬浮液。

主要生产商　Novartis A H。

作用机理与特点　环虫腈进入虫体内后，可减少害虫产卵量或降低孵化率，阻止幼虫化蛹及变成成虫，是一种干扰昆虫表皮形成的昆虫生长调节剂。该药剂具有很强的附着力，并对体外寄生虫具有良好的持效性。

应用

（1）防治对象　对双翅目、蚤目类害虫有好的专一性。能有效地防治棉花、水稻、玉米、蔬菜等作物的绿盲蝽象、烟芽夜蛾、棉铃象、稻褐飞虱、黄瓜条叶甲、黑尾叶蝉等害虫，并可有效地防治家蝇和埃及伊蚊。用于防治寄生在羊身上的绿头苍蝇（如丝光绿蝇、巴浦绿蝇、黑须污蝇等）。

（2）安全施药　不要接触眼睛和皮肤，一旦与皮肤接触，立即用大量的肥皂水冲洗。如果药品不小心进入眼睛，立即用大量水冲洗，并去医院治疗。

（3）使用方法　根据羊的体重和被蝇叮咬的程度，该药的推荐使用剂量为30～100mg（a.i.）/kg。应用该药的有效保护时间为16～24周。

专利概况　专利EP0244360早已过专利期，不存在专利权问题。

合成方法　两条合成路线如下：

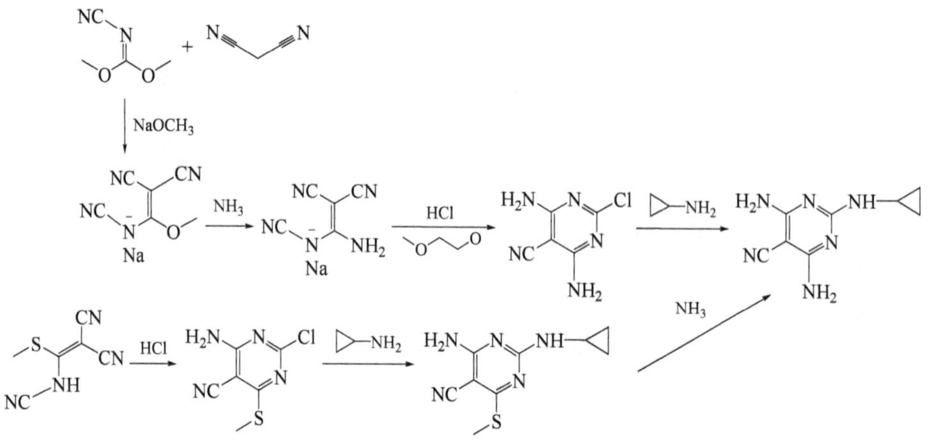

参考文献

[1] 张梅. 世界农药, 2000, 22（1）：55-56.

环虫酰肼 chromafenozide

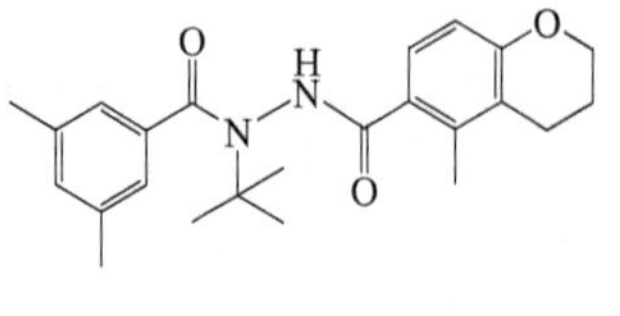

$C_{24}H_{30}N_2O_3$，394.5，143807-66-3

环虫酰肼（chromafenozide），试验代号　ANS-118、CM-001。商品名称　Kanpai、Killat、Matric、phares、Podex、Virtu。是日本化药株式会社和日本三井化学株式会社联合开发的双酰肼类杀虫剂。

化学名称　$2'$-叔丁基-5-甲基-$2'$-(3,5-二甲基苯甲酰基) 色满-6-甲酰肼，$2'$-$tert$-butyl-5-methyl-$2'$-(3,5-xyloyl) chromane-6-carbohydrazide。

理化性质　原药含量≥91%，纯品为白色结晶粉末，熔点 186.4℃，沸点 205～207 (66.7Pa)，蒸气压≤$4×10^{-6}$ mPa(25℃)。相对密度 1.173(20℃)，K_{ow} lg$P=2.7$。Henry 常数 (Pa·m^3/mol)：(pH 4)$1.61×10^{-6}$，(pH 7)$1.97×10^{-6}$，(pH 9)$1.77×10^{-6}$。水中溶解度 (20℃,mg/L)：(pH 4)0.98，(pH 7)0.80，(pH 9)0.89。易溶于极性溶剂。在150℃以下稳定，在缓冲溶液中稳定期为 5d(pH 4.0、7.0、9.0,50℃)，水溶液光解 DT_{50}5.6～26.1d。

毒性　大、小鼠急性经口 LD_{50}＞5000mg/kg。大鼠急性经皮 LD_{50}＞2000mg/kg(雌、雄)。对兔眼轻度刺激，对皮肤无刺激。对豚鼠皮肤有中度致敏性。大鼠吸入 LC_{50}(4h)＞4.68mg/L 空气。NOEL[mg/(kg·d)]：大鼠 NOAEL(2y) 44.0，小鼠(87 周)484.8，狗(1y) 27.2。ADI0.27mg/kg。无"三致"作用。对大鼠、兔的生殖能力无影响。

生态效应　山齿鹑急性经口 LD_{50}＞2000mg/kg，山齿鹑和野鸭急性饲喂 LC_{50}5620mg/L。繁殖 NOEC1000mg/L。鱼类 LC_{50}(96h,mg/L)：虹鳟鱼＞20，斑马鱼＞100。水蚤 LC_{50}(48h)516.71mg/L。水蚤 EC_{50}(72h)1.6mg/L。其他水生物 LC_{50}(mg/L)：多刺裸腹溞(3h)＞100，多齿新米虾(96h)＞200。蜜蜂 LD_{50}(48h,μg/只)：接触＞100，饲喂＞133.2。蚯蚓 LC_{50}(14d)＞1000mg/kg 土。对捕食性螨、黄蜂等有益物种安全。

环境行为

(1) 动物　环虫酰肼作用于大鼠后，在 48h 后被快速排泄，并且在组织和器官内无残留。排泄成分主要是母体化合物。

(2) 植物　在苹果、水稻和大豆中，发现了许多少量的代谢物，但主要排泄物是母体化合物。

(3) 土壤/环境　降解 DT_{50} 为 44～113d(旱地土壤,2 点试验)，22～136d(水稻土,2 点试验)。K_{oc}236～3780。

制剂　5%FL(水悬浮剂)，5%乳油，0.3%DL(低漂散粉剂)。

主要生产商　Mitsui Chemicals Agro 及 Nippon Kayaku 等。

作用机理与特点　蜕皮激素激动剂，能阻止昆虫蜕皮激素蛋白的结合位点，使其不能蜕皮而死亡。由于抑制蜕皮作用，施药后，导致幼虫立即停止进食。当害虫摄入本品后，几小时内即对幼虫具有抑食作用，继而引起早熟性的致命蜕变。这些作用与二苯满类杀虫剂的作用相仿。尝试了用荧光素酶作为"转述基因"(reporter gene)，以调节与蜕皮相关的元素，此法被开发用于对激素活性评价。在此活体试验体系中，发现本品与蜕皮激素、20-羟基蜕皮激素和百日青甾酮有着相仿的转化活性作用。可以认为由该幼虫所显示的症状及此种转化活性作用，本品可能作为一种蜕皮激素激励剂及诱发调节蜕皮基因的转录，从而破坏激素平衡而致效。作用特性及对作物保护的优越性：环虫酰肼是一种新颖的无甾类蜕皮激素激励剂，其可破坏害虫的蜕皮过程，并使害虫引起早熟性致命蜕皮。较之传统的昆虫生长调节剂，这种新颖的昆虫生长调节剂可迅速抑制幼虫取食，从而减少农作物的损失。

应用　主要用于防治水稻、水果、蔬菜、茶叶、棉花、大豆和森林中的鳞翅目幼虫如莎草黏虫、小菜蛾、稻纵卷叶螟、东方玉米螟、茶小卷叶蛾、烟蚜夜蛾等。用量在 5～200g/hm^2。环虫酰肼对鳞翅目类幼虫有着卓著的杀虫活性，并对田间害虫有显著的防治作用。

环虫酰肼对于斜纹夜蛾幼虫及其他鳞翅目害虫的幼虫的任何生长阶段，均呈现出很高的杀虫活性。

专利概况　专利 EP496342 已过专利期，不存在专利权问题。

合成方法　环虫酰肼主要有两种合成方法。

参考文献

[1] 朱莉莉，等．世界农药，2000，22(6)：20-22．

[2] 程志明．世界农药，2007，29（1）：12-17．

[3] The BCPC Conference - Pests & Diseases，2000，1：27-32．

环氟菌胺 cyflufenamid

$C_{20}H_{17}F_5N_2O_2$，412.4，180409-60-3

环氟菌胺(cyflufenamid)，试验代号 NF149。商品名称 Pancho、Pancho TF。是日本曹达公司开发的、用于防治各种作物白粉病的酰胺类杀菌剂。

化学名称 (Z)-N-[α-(环丙基甲氧亚氨)-2,3-二氟-6-(三氟甲基)苄基] 2-苯基乙酰胺。(Z)-N-[α-(cyclopropylmethoxyimino)-2,3-difluoro-6-(trifluoromethyl)benzyl] -2-phenylacetamide。

理化性质 具芳香味的白色固体，熔点 61.5～62.5℃，沸点 256.8℃。相对密度 1.347 (20℃)。蒸气压 $3.54×10^{-2}$ mPa(20℃,气体饱和法)。分配系数 $K_{ow}\lg P=4.70$(25℃,pH 6.75)。Henry 常数 $2.81×10^{-2}$ Pa·m³/mol(20℃,计算值)。溶解度(g/L,20℃)：水 0.014(pH 4)、0.52 (pH 6.5)、0.12(pH 10)；二氯甲烷 902，丙酮 920，二甲苯 658，乙腈 943，甲醇 653，乙醇 500，乙酸乙酯 808，正己烷 18.6，正庚烷 15.7。在 pH 4～7 的水溶液稳定，pH 9 水溶液 DT_{50} 为 288d；水溶液光解 DT_{50} 为 594d。pK_a 为 12.08。

毒性 大(小)鼠急性经口 $LD_{50}>5000mg/kg$，大鼠急性经皮 $LD_{50}>2000mg/kg$。大鼠急性吸入 $LC_{50}(4h)>4.76mg/L$。对兔皮肤无刺激性，对兔眼睛有轻微刺激性，对豚鼠皮肤无致敏性。雄、雌大鼠吸入 $LC_{50}(4h)>4.76mg/L$。狗的 NOEL 值(1y)为 $4.14mg/kg$。ADI 值：BfR 2006 年推荐值为 $0.04mg/kg$；EC 2008 年推荐值为 $0.017mg/kg$；FSC 推荐值为 $0.041mg/kg$。

生态效应 山齿鹑急性经口 $LD_{50}>2000mg/kg$，山齿鹑饲喂 $LC_{50}(5d)>2000mg/kg$。虹鳟鱼 $LC_{50}(96h)>320mg/L$。水蚤 $LC_{50}(48h)>1.73mg/L$。羊角月牙藻 $E_bC_{50}(72h)>0.828mg/L$，$E_rC_{50}(72h)>0.828mg/L$。蜜蜂急性经口 $LD_{50}>1000\mu g/$只。蚯蚓 $LC_{50}(14d)>1000mg/kg$ 干土。其他益虫：小花线虫在 $50mg/L$ 下不受影响。

环境行为

(1) 动物 经口服后，80%以上的环氟菌胺会通过粪便在 48h 内排出体外。环氟菌胺在动物体内的代谢主要有三种途径：N—O 键断裂后的脱酰胺反应可形成胅，然后再脱氨基形成含氟苯甲酰胺；通过重排可以形成 2-环丙基甲氧氨基乙酸；通过甲基化和共轭作用可得到二羟基取代的苯环。

(2) 植物 主要残留物是未降解的环氟菌胺。

(3) 土壤/环境 土壤的 DT_{50}(试验值)7.1～550d(大约 24.1d,6 种土壤类型)。2-苯基乙酰基基团的氧化和开环反应可得到取代的丙二酰胺，2-苯基乙酰基基团的分解也可按照动物体内的第一条代谢途径进行。K_{oc} 值为 1000～2354mL/g(大约 1595mg/L,4 种土壤类型)。

制剂 50g/L 水乳剂，18.5% 水分散粒剂。

主要生产商 Nippon Soda。

作用机理 环氟菌胺通过抑制白粉病菌生活史(也即发病过程)中菌丝上分生的吸器的形成、吸器的生长、次生菌丝的生长和附着器的形成。但对孢子萌发，芽管的延长和附着器形成均无作用。尽管如此，其生物化学方面的作用机理还不清楚。试验结果表明环氟菌胺与吗啉类、三唑类、苯并咪唑类、嘧啶胺类杀菌剂，线粒体呼吸抑制剂，苯氧喹啉等无交互抗性。

应用 室内保护活性试验结果表明对小麦、黄瓜、草莓、苹果、葡萄白粉病的 $EC_{75}(mg/L)$ 分别为 0.2、0.2、0.2、0.8、0.8。大量的生物活性测定结果表明，环氟菌胺对众多的白粉病不仅有优异的保护和治疗活性，而且具有很好的持效活性和耐雨水冲刷活性。尽管其具有很好的蒸气活性和叶面扩散活性，但在植物体内的移动活性则比较差，即内吸活性差。环氟菌胺对作物安全。大田药效结果表明环氟菌胺推荐使用剂量为 $25g/hm^2$；在此剂量下，环氟菌胺对小麦白粉的保护和治疗防效大于 90%，优于苯氧喹啉(quinoxyfen)$150g/hm^2$、丁苯吗啉(fenpropimorph)$750g/hm^2$ 的防效，且增产效果明显。试验结果还表明环氟菌胺与目前使用的众多杀菌剂无交互抗性。试验结果还表明 18.5%WDG(环氟菌胺＋氟菌唑)的活性明显优于单剂。

专利概况

专利名称 Benzamidoxime derivative process for production thereof and agrohorticultural bactericide

专利号 EP0805148

专利申请日 1995-12-18

专利拥有者 Nippon Soda Co(JP)

在其他国家申请的专利：AU4189596、AU702432、BR9510207、CA2208585、HU76989、KR242358、NO309562B、NO972811、PL320793、US5847005、US5942538、CN1070845B、CN1170404 等。

合成方法 以 3,4-二氯三氟甲苯为原料，经如下反应即可制得环氟菌胺：

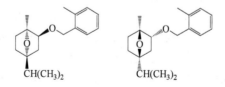

参考文献

[1] The Pesticide Manual. 15th ed. 2009：261-262.
[2] Agrochemicals Japan, 2004, 84：12-14.
[3] 马韵升，等. 农药, 2005, 44（3）：128-129.
[4] 程志明. 世界农药, 2007, 6：1-4.

环庚草醚 cinmethylin

$C_{18}H_{26}O_2$，274.4，87818-31-3[exo-(±)-]，87818-61-9[exo-(+)-]，87819-60-9[exo-(-)-]

环庚草醚(cinmethylin)，试验代号 SD95481、WL95481。商品名称 Argold。是由壳牌（现BASF 公司）公司和美国杜邦公司共同开发的水稻田用除草剂。

化学名称 （1RS,2SR,4SR)-1,4-桥氧-对-孟-2-基-2-甲基苄基醚，(1RS,2SR,4SR)-1,4-epoxy-p-menth-2-yl-2-methylbenzyl ether。

理化性质 纯品外观为深琥珀色液体，密度 1.014g/mL(20℃)，沸点 313℃（760mmHg）。蒸气压 10.1mPa(20℃)，分配系数 K_{ow} lg$P$＝3.84。溶解度(20℃)：水 63mg/L，与大多数有机溶剂互溶。在 145℃以下稳定。25℃，pH 3～11 水溶液中稳定。在空气中发生光催化分解，闪点 147℃。

毒性 大鼠急性经口 LD$_{50}$ 4553mg/kg，大鼠和兔急性经皮 LD$_{50}$＞2000mg/kg。对兔皮肤和眼睛有中度刺激。大鼠急性吸入 LC$_{50}$(4h)3.5mg/L。大鼠 NOEL 30mg/(kg·d)，ADI 0.3mg/kg。

生态效应 山齿鹑急性经口 LD$_{50}$＞1600mg/kg。野鸭和山齿鹑饲喂 LC$_{50}$(5d)＞5620mg/kg饲料。鱼毒 LC$_{50}$(96h，mg/L)：虹鳟鱼 6.6，大翻车鱼 6.4，羊头鲹鱼 1.6。水蚤 LC$_{50}$(48h)7.2mg/L。招潮蟹 LC$_{50}$＞1000mg/L。

环境行为

（1）动物　环庚草醚在羊体内的代谢见 J. Agric 的 *Food Chem*（1989，37：787）。

（2）土壤/环境　在土壤中极易吸收，但在环境中存在相对短暂，在有氧条件条件下在土壤中被分解，DT_{50} 23～75d，取决于土壤结构。在无氧条件下代谢速率变慢，主要是由于微生物分解慢。

制剂　10%、82%乳油，0.15%～0.3%快释剂型和缓释剂型颗粒剂。

主要生产商　BASF。

作用机理与特点　环庚草醚为选择性内吸传导型除草剂，可被敏感植物幼芽和根吸收，经木质部传导到根和芽的生长点，抑制分生组织的生长使植物死亡。

应用

（1）适宜作物与安全性　水稻。水稻对环庚草醚的耐药力较强，进入水稻体内被代谢成羟基衍生物，并与水稻体内的糖苷结合成共轭化合物而失去毒性。另外水稻根插入泥土，生长点在土中还具有位差选择性。当水稻根露在土表或砂质土，漏水田可能受药害。

（2）防除对象　主要用于防除稗草、鸭舌草、慈姑、萤蔺、碎米莎草、异型莎草等。

（3）应用技术　环庚草醚在无水层条件下易被光解和蒸发，因此在漏水田和施药后短期内缺水的条件下除草效果差。在有水层条件下分解缓慢，除草效果好。环庚草醚在水稻田有效期为 35d 左右，温度高持效期短。温度低持效期长。环庚草醚的持效期偏短，故用药期要准。除草的最佳时期是杂草处于幼芽或幼嫩期，草龄越长，效果越差。东北如黑龙江省稗草发生高峰期在 5 月末 6 月初，阔叶杂草发生高峰期在 6 月上旬，插秧在 5 月中下旬，施药应在 5 月下旬至 6 月上旬。在南方稻田，环庚草醚使用剂量每亩超过 2.67g（a.i.）时，水稻可能会出现滞生矮化现象。

（4）使用方法　①稗草 2 叶期以前施药除草效果最好，即水稻插秧后 5～7d，缓苗后。环庚草醚在移栽田主要防除稗草。②环庚草醚与防除阔叶杂草除草剂混用，一次施药可有效地防除稗草和阔叶杂草。施药过早影响阔叶杂草的防除效果。施药过晚或因整地与插秧间隔时间过长，稗草叶龄过大，影响稗草防除效果。为了达到更好的防除效果，最好分两次施药，第一次施药在插秧前 5～7d 单用环庚草醚，结合水整地趁水浑浊，把药施过去，主要用于防除已出土的稗草。第二次施药在插秧后 15～20d，与其他防阔叶杂草的除草剂混用，目的是防除阔叶杂草，兼治后出土的稗草。即使在低温、水深、弱苗等不良环境条件下，仍可获得好的安全性和除草效果。③环庚草醚对水层要求严格，施药时应有 3～5cm 水层，水深不要没过水稻心叶，保持水层 5～7d，只灌不排。注意插秧要标准，不要使水稻根外露。砂质土、漏水田或施药后短期缺水，水源无保证的稻田不要用环庚草醚。

10%环庚草醚乳油一次性施药，每亩用 25～30mL。若与环丙嘧磺隆、乙氧嘧磺隆、吡嘧磺隆、苄嘧磺隆、苯嘧磺隆、醚磺隆等混用，可有效地防除稗草、雨久花、萤蔺、花蔺、异型莎草、牛毛毡、泽泻、慈姑、毋草、水马齿、沟繁缕、白水八角、眼子菜、节节菜、碎米莎草、丁香蓼、狼把草等，对多年生莎草科的扁秆藨草、日本藨草（三江藨草）等有较强的抑制作用。

环庚草醚与防除阔叶杂草除草剂混用一次性施药：每亩用 10%环庚草醚乳油 20～25mL。两次性施药：第一次每亩用 15mL，第二次每亩用 10～15mL。

混用一次性施药，每亩用量：10%环庚草醚 20～25mL 加 10%环丙嘧磺隆 13～17g（或 10%吡嘧磺隆 10g 或 10%苄嘧磺隆 13～17g 或 15%乙氧嘧磺隆 10～15g 或 30%苯嘧磺隆 10g）。

混用两次施药，每亩用量：插秧前 5～7d，10%环庚草醚 15mL。插秧后 15～20d，10%环庚草醚 10～15mL 加 10%环丙嘧磺隆 13～17g 或 10%吡嘧磺隆 10g 或 10%苄嘧磺隆 13～17g 或 15%乙氧嘧磺隆 10～15g 或 30%苯嘧磺隆 10g。

环庚草醚采用毒土、毒沙法施药。毒沙法每亩用湿润的沙（或土）15～20kg 拌匀撒于稻田。喷雾法施药也可，但不如毒土法方便。

专利概况　专利 AU9138082 早已过专利期，不存在专利权问题。

合成方法　通过如下反应制得目的物：

环磺酮 tembotrione

$C_{17}H_{16}ClF_3O_6S$, 440.8, 335104-84-2

环磺酮（tembotrione），试验代号 AE0172747、BYH02815、BYH02940。商品名称 Laudis、Soberan。其他名称 Auxo、Capreno、Laudis Plus、Vios G3。是由拜耳公司研制的三酮类玉米田除草剂，2007 年在澳大利亚首次上市。

化学名称 2-[2-氯-4-甲磺酰基-3-[(2,2,2-三氟乙氧基)甲基]苯甲酰基]环己烷-1,3 二酮，2-[2-chloro-4-mesyl-3-[(2,2,2-trifluoroethoxy)methyl]benzoyl]cyclohexane-1,3-dione。

理化性质 米黄色粉末。工业品纯度≥94%，熔点：123℃（98.9%纯品）。蒸气压 1.1×10^{-5} mPa（20℃）。$K_{ow} \lg P$：－1.37（pH 9，23℃），－1.09（pH 7，24℃），2.16（pH 2，23℃）。Henry 常数 1.71×10^{-10} Pa·m³/mol，相对密度 1.56（20℃）。水中溶解度（20℃，g/L）：0.22（pH 4），28.3（pH 7），29.7（pH 9）；其他溶剂中溶解度（20℃，mg/L）：二甲基亚砜和二氯甲烷＞600，丙酮 300～600，乙酸乙酯 180.2，甲苯 75.7，正己烷 47.6，乙醇 8.2。pK_a 3.2。

毒性 大鼠急性经口 LD_{50}＞2000mg/kg。大鼠急性经皮 LD_{50}＞2000mg/kg。对兔子的眼睛有中度刺激；皮肤无刺激。对豚鼠的皮肤有致敏性（M&K 方法测试），以美国标准对豚鼠的皮肤无致敏性。大鼠急性吸入 LC_{50}＞5.03mg/L。雄鼠 NOAEL 0.04mg/kg。ADI（mg/kg）：aRfD 0.0008，cRfD 0.0004。

生态效应 急性经口 LD_{50}（mg/kg）：野鸭＞292，山齿鹑＞1788。虹鳟鱼急性经口 LC_{50}（96h）＞100mg/L。月牙藻 E_bC_{50}（96h）0.38mg/L，E_rC_{50}（96h）0.75mg/L。浮萍 E_bC_{50}（7d）0.006mg/L，E_rC_{50}（7d）0.008mg/L。蜜蜂 LD_{50}（72h，μg/只）：经口＞92.8，接触＞100。蚯蚓 LC_{50}（14d）＞1000mg/kg 土壤。

环境行为

（1）动物 环磺酮在大鼠体内 24h 内很快被吸收，大于 96%的代谢物主要通过尿液（雌性）和粪便（雄性）排出体外。代谢主要是环己酮环的羟基化。

（2）植物 很快代谢，代谢主要是逐步过程，先是环己酮的羟基化，接着是羟基化环的断裂，最后形成相应的取代苯甲酸。

（3）土壤/环境 在有氧的土壤中迅速降解，DT_{50} 4～56d（平均 13.7d），在水或者有沉淀的体系中，在水相的平均降解时间 DT_{50} 14d。

剂型 油分散剂、悬浮剂。

主要生产商 Bayer CropScience。

作用机理与特点 环磺酮除草活性是通过 4-羟基苯基丙酮酸酯双氧化酶（HPPD）抑制剂来表现出来，4-羟基苯基丙酮酸酯双氧化酶（HPPD）抑制剂是一种螯合物，它能将 Fe(Ⅱ)阳离子包裹到 4-羟基苯基丙酮酸醋双氧化酶(HPPD)离子团内表现活性，如以 HPPD 为基本结构的 α-酮酸化合物一样。它的除草活性不仅表现在有机分子体内部，而且还表现在其他外部性质上，环磺酮在植物体中也具有良好的吸收、运输和代谢稳定性(特别是杂草)。

应用　主要用于防除玉米田、棉花田和稻谷田中的多种禾本科杂草和阔叶杂草，它的单位用药量为 2.25L/hm²。具有光谱的除草活性，主要是一年属狗尾草属和野黎属杂草，也可以有效地防除顽固的阔叶杂草，如耐草甘膦类、耐乙酰乳酸合成酶抑制剂类以及耐麦草畏类杂草。而由 tembotrione 和特丁津复配的制剂(Laudis 1.7L/hm² 和特丁津 0.8L/hm²)产品，具有更好的除草活性。此复配制剂能有效防除奥地利玉米田中已知的所有杂草。对多种杂草有很强的铲除作用，无残留活性，有较强的抗雨水冲刷能力，且除草谱广，能有效防除蓟属、旋花属、婆婆纳属、辣子草属、荨麻属、春黄菊和猪殃殃等杂草。据统计，它对 18 种杂草有 100%、41 种有 95%、56 种有 90%、92 种有 75%的防除效果。可以在作物整个的生长期均保持良好的除草活性，对阔叶杂草进行较好的防控，且不会对大豆等下一茬作物造成危害。

专利与登记

专利名称　Preparation of benzoylcyclohexandiones as herbicides and plantgrowth regulators

专利号　DE19846792

专利申请日　1998-10-10

专利拥有者　Hoechst Schering Agrevo GmbH

在其他国家申请的专利：AT284865、AU9958616、BG105395、BR9914390、CA2346796、CN1269800、CZ301408、HU2001003959、IL142417、IN2001、EP1117639、ES2235511、JP2002527418、MX2001003652、PT1117639、PL199158、RU2237660、SK286797、TR2001001036、TW253445、US6376429、WO2000021924、ZA2001002862 等。

2007 年以来已经相继在澳大利亚、德国、匈牙利、美国、巴西、智利以及克罗地亚等国取得登记或上市。

合成方法　通过如下反应制得目的物：

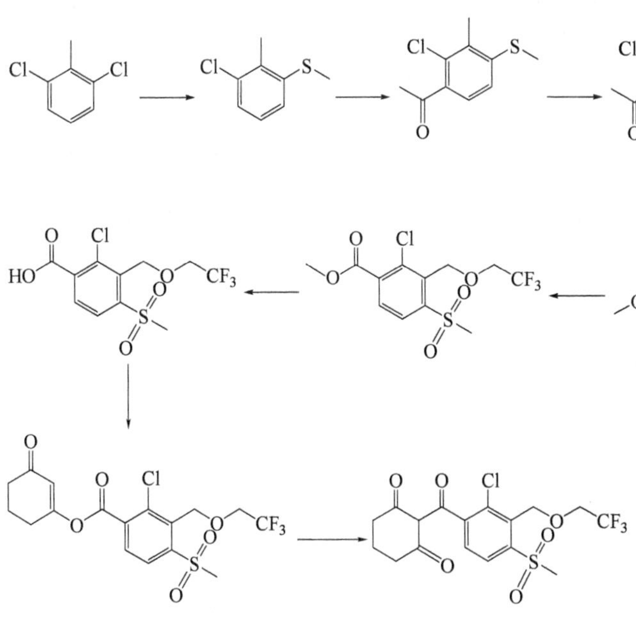

参考文献

[1]　山东农药信息，2009(7)：18-21.

[2]　Bayer CropScience Journal，2009，62 (1)：5-16.

环己磺菌胺 chesulfamide

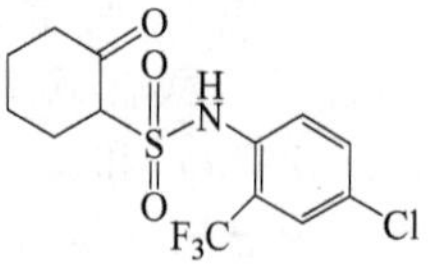

$C_{13}H_{13}ClF_3NO_3S$，355.8，925234-67-9

环己磺菌胺(chesulfamide)，试验代号　CAUWL-2004-L-13。是由中国农业大学于 2004 年发现的新颖杀菌剂，其结构特征是以环己酮为母体，携带一个磺酰胺侧链。

化学名称　N-(2-三氟甲基-4-氯苯基)-2-氧代环己基磺酰胺，N-(2-trifluoromethyl-4-chlorophenyl)-2-oxocyclohexylsulfonamide。

理化性质　白色至浅黄色粉末，熔点 119～120℃，易溶于丙酮、乙酸乙酯，微溶于甲苯、水、甲醇。

毒性　大鼠急性经口 LD_{50}（mg/kg）：1470（雌性），2150（雄性）。大鼠急性经皮 LD_{50}＞2000mg/kg，对眼睛、皮肤无刺激性。

制剂　50％水分散粒剂。江苏南通江山农药化工股份有限公司产品 50％环己磺菌胺水分散粒剂，属磺酰胺类杀菌剂。

作用机理与特点　环己磺菌胺作用于菌丝细胞膜。通过测定它对灰霉菌中生物大分子(DNA 蛋白质多糖和脂类)的影响以及环己磺菌胺与 DNA 的相互作用，发现环己磺菌胺使菌丝中 DNA 和多糖含量降低，而且和 DNA 具有一定的结合作用。通过对环己磺菌胺作用下番茄植株中水杨酸含量及苯丙氨酸解氨酶(PAL)和过氧化物酶(POD)活性变化的研究表明，环己磺菌胺能诱导植株产生系统抗病性，进一步解释了环己磺菌胺的田间药效高于室内生测的结果。环己磺菌胺对于某些抗性菌株(例如抗多菌灵、异菌脲、乙霉威和嘧霉胺的灰霉病)仍表现出良好的活性，说明环己磺菌胺的作用机制有别于这些常用市售杀菌剂。

应用

(1) 适用作物　黄瓜、番茄、油菜等

(2) 防治对象　环己磺菌胺具有广谱的杀菌活性，用于防治番茄灰霉病及油菜菌核病、黄瓜褐斑病、黑星病等。

(3) 使用方法　环己磺菌胺具有较强的预防、治疗和渗透活性，具有较好的持效性。田间试验结果表明对番茄灰霉病防治效果较好，试验剂量下防效为 70％～80％，对番茄安全。适宜在发病初期叶面均匀喷雾，推荐有效成分用量 250～500mg/kg，制剂稀释 1000～2000 倍。

专利与登记

专利名称　2-氧代环烷基磺酰胺及其制备方法和作为杀菌剂的用途

专利号　CN　100486961

　专利申请日　2005-07-20

专利拥有者　中国农业大学

合成方法　经如下反应制得环己磺菌胺：

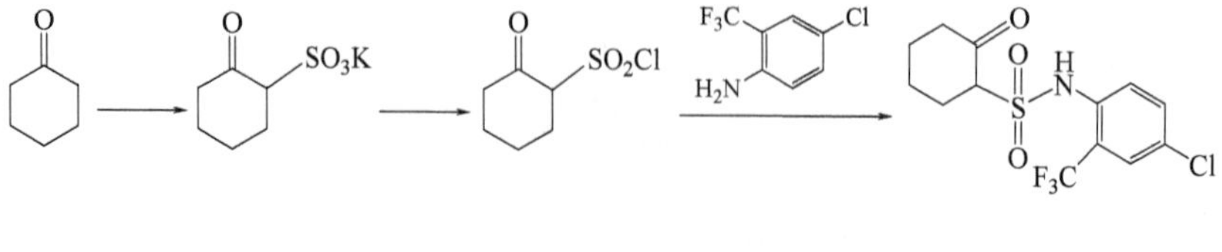

参考文献

[1] 张海滨. 农药, 2012, 4: 287-288.

环嗪酮 hexazinone

$C_{12}H_{20}N_4O_2$, 252.3, 51235-04-2

环嗪酮(hexazinone), 试验代号 DPXA3674。商品名称 Velpar。其他名称 威尔柏、HexaziMax、Hexaron、Pronone、Oustar、Velpar AlfaMax、Velpar K-4、Westar。是由美国杜邦公司开发的三嗪类除草剂。

化学名称 3-环己基-6-二甲基氨基-1-甲基-1,3,5-三嗪-2,4-(1H,3H)-二酮。3-cyclohexyl-6-dimethylamino-1-methyl-1,3,5-triazine-2,4-(1H,3H)-dione。

理化性质 纯品为无色无味晶体, 工业品纯度≥95%。相对密度1.25, 熔点113.5℃(纯度>98%)。蒸馏时分解, 蒸气压0.03mPa(25℃)、8.5mPa(86℃)。K_{ow} lg$P$=1.2(pH 7)。Henry常数2.54×10^{-7}Pa·m^3/mol(25℃)。水中溶解度29.8g/L(pH 7, 25℃)。其他有机溶剂中溶解度(25℃, g/kg): 氯仿3880, 甲醇2650, 苯940, 二甲基甲酰胺836, 丙酮792, 甲苯386, 己烷3。稳定性在pH 5~9的水溶液中, 温度在37℃以下时都稳定。强酸、强碱下分解, 对光稳定。pK_a2.2(25℃)。

毒性 急性经口LD_{50}(mg/kg): 大鼠1100, 豚鼠860。兔急性经皮LD_{50}>5000mg/kg。对兔眼睛有严重的刺激性作用, 对豚鼠皮肤无致敏作用, 大鼠急性吸入LC_{50}(1h)7.48mg/L。NOEL(mg/kg): 大、小鼠(2y)10(200mg/L), 狗(1y)5。ADI(BfR)0.1mg/kg[1989], (EPA)cRfD 0.05mg/kg。

生态效应 山齿鹑急性经口LD_{50}1201mg/kg。鸟饲喂LC_{50}(8d, mg/kg饲料): 山齿鹑>5620, 野鸭>10000。鱼毒LC_{50}(96h, mg/L): 虹鳟鱼>320, 大翻车鱼>370。水蚤LC_{50}(48h)152mg/L。藻类EC_{50}(120h, mg/L): 羊角月牙藻0.007, 水华鱼腥藻0.210。糠虾EC_{50}(14d)0.034mg/L, 对蜜蜂无毒, LD_{50}>60μg/只。

环境行为

(1) 动物 大鼠尿液中的主要代谢物为3-(4-羟基环己基)-6-二甲基氨基-1-甲基-1,3,5-三嗪-2,4-(1H,3H)-二酮、3-环己基-6-甲氨基-1-甲基-1,3,5-三嗪-2,4-(1H,3H)-二酮和3-(4-羟基环己基)-6-甲氨基-1-甲基-1,3,5-三嗪-2,4-(1H,3H)-二酮。

(2) 土壤/环境 土壤和自然水域中发生微生物降解, 三嗪环开环, 放出二氧化碳。在土壤中, DT_{50}根据气候和土壤类型, 在1~6个月之间。

制剂 25%水溶性颗粒剂。

主要生产商 江苏蓝丰生物化工股份有限公司、江阴凯江农化有限公司、Milenia及DuPont等。

作用机理与特点 主要抑制植物的光合作用, 植物根系和叶面都能吸收环嗪酮, 通过木质部传导, 使代谢紊乱, 导致死亡。草本植物在温暖潮湿条件下, 施药后2周内死亡; 若气温低时4~6周才表现药效。木本植物通过根系吸收向上传导到叶片, 阻碍树叶光合作用, 造成树木死亡, 一般情况下3周左右显示药效。在土壤中移动性大, 进入土壤后能被土壤微生物分解, 对松树根部没有伤害。其药效进程是: 杂草受药7d后嫩叶出现枯斑, 至整片叶子出现枯干, 地上部死亡(约两周), 地下根系腐烂, 全过程大约一个月。灌木从嫩叶形成枯斑至烂根历时约为2个月, 非目的树种如乔木受伤后20~30d第1次脱叶, 以后长出新叶又脱掉, 连续3~5次, 地上部在60~120d死亡, 根系到第二年秋天开始腐烂。

应用

(1) 适宜作物　环嗪酮是优良的林用除草剂。用于常绿针叶林，如红松、樟妇松、云杉、马尾松等幼林抚育、造林前除草灭灌、维护森林防火线及林分改造等。

(2) 防除对象　可防除芦苇、窄叶山篙、小叶樟、蕨、野燕麦、蓼、稗、走马芹、狗尾草、蚊子草、羊胡薹草、香薷、黎、铁线莲、轮叶婆婆纳、刺儿菜等。能防除的禾本植物有柳叶绣线菊、刺五加、翅春榆、山杨、珍珠海、水曲柳、橡材、桦、核桃楸等。

(3) 应用技术　①环嗪酮药效发挥与降雨有密切关系。只有土壤湿度合适，才能发挥良好药效。无草穴形成的速度与大小，受降雨量和土壤质地影响较大。使用环嗪酮应与降雨相配合，最好在雨季前用药。整地后造林使用环嗪酮，要注意树种，如常绿针叶树、落叶松等对其敏感应忌用。环嗪酮杀草灭灌谱较西玛津广，可减少抗性植株出现，利于幼树地下根系竞争。②兑水稀释时水温不可过低，否则易有结晶析出，影响药效。③点射药液应落在土壤上，不要射到枯枝落叶层上，以防药物被风吹走。可在药液中加入红、蓝色染料，以标记施药地点。

(4) 使用方法　为茎叶触杀和根系吸收的广谱性除草剂。使用剂量为 $6\sim12kg(a.i.)/hm^2$。

① 造林前整地(除草灭灌)按造林规格定点，如 3300 株/hm^2 等定点，用喷枪点射各点。一年生杂草为主时，每点用 25% 水剂 1mL，多年生杂草为主，伴生少量灌木时用 2mL/点(商品量)。灌木密集林地用药 3mL/点。可用水稀释 $1\sim2$ 倍，也可用制剂直接点射。东北地区在 6 月中旬至 7 月中旬用药，$20\sim45d$ 后形成无草穴。

② 幼林抚育　在距幼树1m 远用药松点射四角，或在行间角点射一点。每点用原药液 $1\sim2mL$。也可将喷枪头改装成喷雾头，在幼树林上方 1m 处进行喷雾处理。平均每株树用药 0.25mL，用水稀释 $4\sim6$ 倍。点射及喷雾处理均在 6 月中下旬或 7 月进行。

③ 消灭非目的树种　在树根周围点射，每株 10cm 胸径树木，点射 $8\sim10mL$ 药剂即可奏效。

④ 维护森林防火道　一般用喷雾法，每公顷用商品量 6L，兑水 $150\sim300L$。对个别残存灌木和杂草，可再点射补足药量。

⑤ 林分改造　为了除去非目的树种，进行幼林抚育，可用航空喷洒环嗪酮颗粒剂方法。其优点是没有飘移，用量省。点射法若离目的树种(针叶树)很近时，可能会发生药害，但顶芽不死，$1\sim2$ 个月后即可恢复，且不影响生长量。

专利与登记　专利 DE2326358、US4178448、US4150225 等早已过了专利期，不存在专利权问题。国内登记情况：60% 可湿性粉剂，25% 可溶液剂，5% 颗粒剂，90% 水分散粒剂，75% 水分散粒剂，98% 原药；登记作物为森林作物、甘蔗；防治对象为一年生杂草、杂灌、灌木等。美国杜邦公司在中国登记情况见表 92。

表 92　美国杜邦公司在中国登记情况

登记名称	登记证号	含量	剂型	登记作物	防治对象	用药量/(g/穴)	施用方法
环嗪酮	PD124-90	25%	可溶液剂	森林作物 森林作物	杂草 灌木	$0.125\sim0.5$	点射
环嗪酮	PD302-99	98%	原药				

合成方法　氰胺与氯甲酸甲酯反应生成氰氨基甲酸甲酯，经甲基化后再与二甲胺加成得 N-甲氧基碳基-N,N',N'-三甲基脒，然后与异氰酸环己酯加成得 N-(N-环己基酰胺-N',N'-二甲基脒)-N-甲基氨基甲酸甲酯，最后用甲醇钠作环合剂环合得环嗪酮。

或通过如下反应制得目的物：

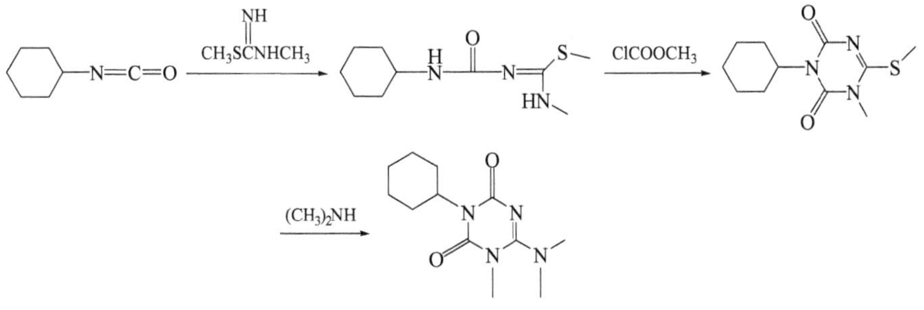

或通过如下反应制得目的物：

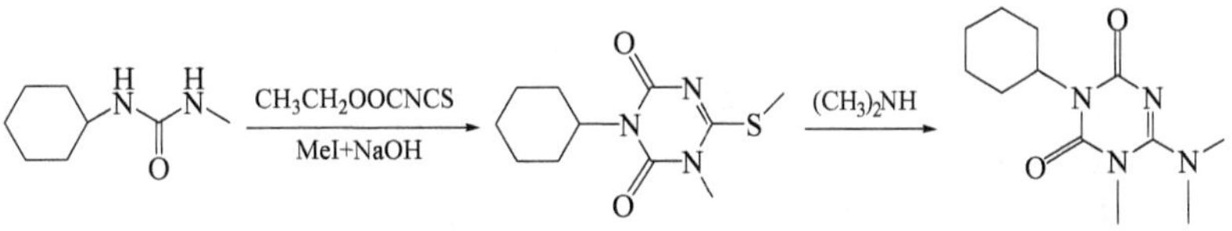

参考文献

［1］ 丁敏. 精细化工原料及中间体，2008，9：36-39.

环戊噁草酮 pentoxazone

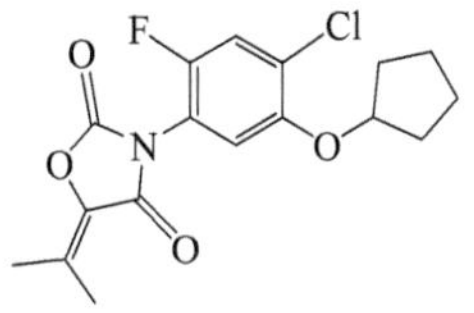

$C_{17}H_{17}ClFNO_4$，353.8，110956-75-7

环戊噁草酮（pentoxazone），试验代号 KPP-314。商品名称 Shokinie、Topgun、Wechser。其他名称 Dohji-guard、Dushone、Focus Shot、Format、Kusabue、Kusa Punch、Sakidori、Staabo、Tema Cut、The-One、Utopia、噁嗪酮。是由 Sagami 化学研究中心发现，日本科研制药株式会社开发的噁唑啉酮类除草剂。

化学名称 3-(4-氯-5-环戊氧基-2-氟苯基)-5-异丙基烯-1,3-噁唑啉-2,4-二酮，3-(4-chloro-5-cyclopentyloxyl-2-fluorophenyl)-5-isopropylidene-1,3-oxazolidine-2,4-dione。

理化性质 纯品为无色、无味、粉状固体，熔点104℃。相对密度1.418(25℃)。蒸气压＜1.11×10^{-2} mPa(25℃)。$K_{ow}\lg P = 4.66$(25℃)。Henry 常数＜1.82×10^{-2} Pa·m^3/mol。水中溶解度(25℃)0.216mg/L。其他溶剂中溶解度(g/L)：甲醇24.8，己烷5.10。对光、热、酸稳定，对碱不稳定。

毒性 雌雄大小鼠急性经口 $LD_{50}>5000$mg/kg，雄、雌大鼠急性经皮 $LD_{50}>2000$mg/kg。对兔眼、皮肤无刺激，对豚鼠皮肤无致敏性。雌雄大鼠吸入 LC_{50}(4h)＞5100mg/m^3。NOEL 数据［mg/(kg·d)］：雄性大鼠6.92，雌性大鼠43.8，雄性小鼠250.9，雌性小鼠190.6，公狗23.1，母狗25.2。无致癌或致畸作用，DNA修复、微核试验及 Ames 试验均为阴性。

生态效应 雌雄山齿鹑急性经口 $LD_{50}>2250$mg/kg。鲤鱼 LC_{50}(96h)21.4mg/L。水蚤 LC_{50}(24h)＞38.8mg/L。月牙藻 EC_{50}(72h)1.31μg/L。蜜蜂 LC_{50}：经口＞458.5mg/L，接触98.7μg/只。蚯蚓 LC_{50}(14d)＞851mg/L。蚕 LC_{50}(96h)＞458.5mg/L。

环境行为

(1) 动物　雌雄大鼠饲喂后 48h 内＞95％通过粪便排泄。

(2) 土壤/环境　土壤中 $DT_{50}<29d$（两地水田,28℃），水中 DT_{50} 1.4d(pH 8.0,20℃)。土壤 K_{oc} 3160。

制剂　8.6％、2.9％悬浮剂和 1.5％颗粒剂。

主要生产商　Kaken。

作用机理　原卟啉原氧化酶抑制剂。

应用

(1) 适宜作物物与安全性　水稻。对水稻极安全，可在水稻插秧前、插秧后或种植时的任意时期内使用。对环境包括地下水无影响。

(2) 防除对象　主要用于防除稗草以及其他部分一年生禾本科杂草、阔叶杂草和莎草等。该药剂于杂草出芽前到稗草等出现第一片叶子期有效，在杂草发生前施药最有效，因其持效期可达 50d。对磺酰脲类除草剂产生抗性的杂草有效。

(3) 使用方法　通常苗前施药，用量为 150～450g(a.i.)/hm²[亩用量为 10～30g(a.i.)]。

专利概况　专利 EP0241559 早已过专利期，不存在专利权问题。

合成方法　以对氟苯酚为起始原料，经多步反应即得目的物。反应式为：

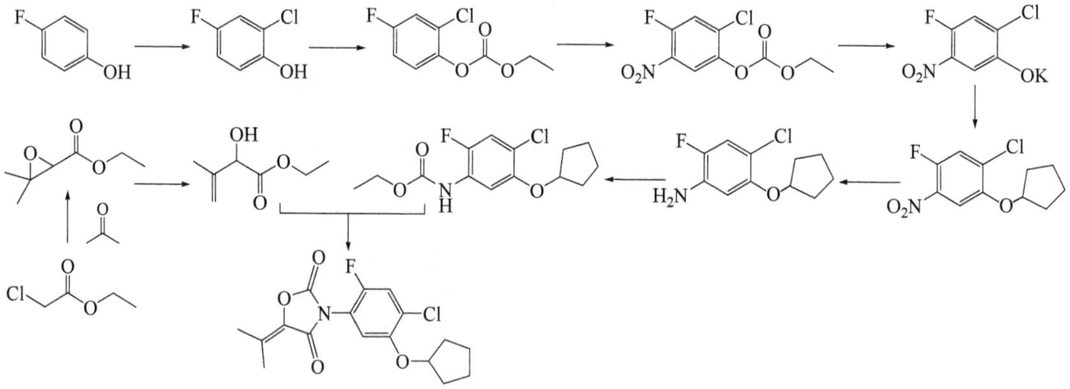

参考文献

[1] 程志明．世界农药,2006,2：15-19.
[2] 程志明．世界农药,2002,2：1-5.

环酰菌胺 fenhexamid

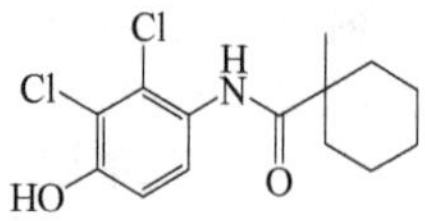

$C_{14}H_{17}Cl_2NO_2$，302.2，126833-17-8

环酰菌胺(fenhexamid)，试验代号　KBR2738、TM402。商品名称　Decree、Elevate、Password、Teldor。其他名称　Diemazine、Lazulie、Tiebblack、Totalex、Vyctor 及 Tala。是由拜耳公司开发的酰胺类杀菌剂。

化学名称　N-(2,3-二氯-4-羟基苯基)-1-甲基环己基甲酰胺，N-(2,3-dichloro-4-hydroxyphenyl)-1-methylcyclohexanecarboxamide。

理化性质　纯品(大于 97％)为白色、粉状固体，无特殊气味。熔点 153℃，沸点 320℃(推算)。相对密度 1.34(20℃)，蒸气压 $4×10^{-4}$ mPa(20℃,推算)。分配系数 K_{ow}lgP=3.51(pH 7,

20℃），Henry常数5×10^{-6}Pa・m^3/mol（pH 7,20℃，计算值）。溶解度（mg/L）：水20（pH 5～7，20℃），二氯甲烷31，异丁醇91，乙腈15，甲苯5.7，正己烷＜0.1。在25℃ pH为5、7、9水溶液中30d内可稳定存在。pK_a值为7.3。

毒性 大小鼠急性经口LD_{50}＞5000mg/kg。大鼠急性经皮LD_{50}＞5000mg/kg。大鼠急性吸入LC_{50}（4h）＞5057mg/kg空气。本品对兔眼睛和皮肤无刺激性。NOEL（饲喂，mg/kg）：大鼠500［雄鼠28mg/（kg・d），雌鼠40mg/（kg・d）］（24个月），小鼠800［雄鼠247.4mg/（kg・d），雌鼠364.8mg/（kg・d）］，狗500［18.3mg/（kg・d）］（12个月）。ADI（mg/kg）：（JMPR）0.2［2005］，（EC）0.2［2001］，（EPA）cRfD 0.17［1999］。无致畸、致癌、致突变作用。

生态效应 山齿鹑急性经口LD_{50}＞2000mg/kg。山齿鹑和野鸭饲喂LC_{50}＞5000mg/L。鱼毒LC_{50}（96h,mg/L）：虹鳟鱼1.34，大翻车鱼3.42。水蚤EC_{50}（48h）＞18.8mg/L。藻类E_rC_{50}（mg/L）：羊角月牙藻（120h）8.81，栅藻（72h）＞26.1。其他水生物：摇蚊NOEC（28d）100mg/L，浮萍EC_{50}（14d）2.3mg/L。蜜蜂LD_{50}（48h）＞200μg/只（经口和接触）。蚯蚓LC_{50}（14d）＞1000mg/kg干土。其他益虫：在2kg/hm^2的剂量下，对捕食螨（盲走螨）、罗夫甲虫（隐翅虫）、瓢虫（七星瓢虫）和寄生蜂（谷物计生蚜虫）无毒性。对微生物无不利影响。

环境行为

（1）动物 所有数据表明残留的环酰菌胺对消费者无安全隐患。环酰菌胺在大鼠体内可被迅速吸收，并且很快能排出体外，在48h体内无累积。环酰菌胺在大鼠体内的大部分代谢物通过粪便排出体外（61％），仅有小部分通过肾脏排出（15％～36％）。

（2）植物 环酰菌胺在所有植物体内的代谢途径相似，在所有的植物样本中，均有相同的活性成分。

（3）土壤/环境 土壤中的DT_{50}≤1d（20℃下4种土壤的平均值）。研究和计算结果表明环酰菌胺在土壤中的渗透力很低，甚至没有，因此不会对地下水造成污染。在无菌条件下，环酰菌胺可以达到水解平衡，但在自然水中，环酰菌胺会迅速分解，并且分解彻底，最终生成二氧化碳，其DT_{50}（计算值）仅为几天。

制剂 50％水分散粒剂，50％悬浮剂，50％可湿性粉剂。

主要生产商 Bayer CropScience。

作用机理 具体作用机理尚不清楚。但大量的研究表明其具有独特的作用机理，与已有杀菌剂苯并咪唑类、二羧酰亚氨类、三唑类、苯胺嘧啶类、N-苯基氨基甲酸酯类等无交互抗性。

应用

（1）适宜作物及安全性 葡萄、硬果、草莓、蔬菜、柑橘、观赏植物等。对作物、人类、环境安全，是理想的综合害物治理用药。

（2）防治对象 各种灰霉病以及相关的菌核病、黑斑病等。

（3）使用方法 本品主要作为叶面杀菌剂使用，其剂量为500～1000g（a.i.）/hm^2，对灰霉病有特效。

专利概况 专利EP0339418早已过专利期，不存在专利权问题。

合成方法 以环己酮、2,3-二氯硝基苯为起始原料，经如下反应制得目的物：

2,3-二氯-4-羟基苯胺也可按以下路线合成：

参考文献

[1] Proc Brighton Crop Prot Conf：Pests and Diseases，1998：327.
[2] The Pesticide Manual. 15th ed. 2009：473-474.
[3] 凌岗，等. 农药，2009，5：333-334.
[4] 黄伟，等. 中国农药，2013，10：35-39.

环氧虫啶 cycloxaprid

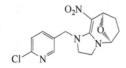

C$_{14}$H$_{15}$ClN$_4$O$_3$，322.8，1281863-13-5

环氧虫啶（cycloxaprid），试验代号　IPPA152616，是由华东理工大学创制后转与上海生农生化制品有限公司开发的新烟碱类杀虫剂。

化学名称　（5S,8R)-1-［(6-氯吡啶-3-基)甲基］-9-硝基-2,3,5,6,7,8-六氢-1H-5,8-环氧咪唑[1,2-a]氮杂䓬，（5S,8R)-1-［(6-chloropyridin-3-yl) methyl］-9-nitro-2,3,5,6,7,8-hexahydro-1H-5,8-epoxyimidazo[1,2-a]azepine。

理化性质　淡黄色粉末状，熔点149～150℃。

毒性　大鼠急性经口 LD$_{50}$（mg/kg）：雌性2330，雄性2710。大鼠（雌雄）急性经皮 LD$_{50}$＞2000mg/kg。大鼠（雌雄）急性吸入 LC$_{50}$（1895±98）mg/m^3。Ames 试验为阴性。蜜蜂48h急性摄入 LC$_{50}$19.18mg/L。对兔皮肤无刺激性，对兔眼睛有轻度刺激性，Ⅰ级弱致敏物，AMES 试验、对小鼠无诱发骨髓嗜多染红细胞微核率增高作用试验、体外培养的小鼠淋巴瘤细胞 L5178Y 的基因致突变试验、体外培养的中国仓鼠肺细胞 CHL 的染色体畸变试验结果均为阴性。

制剂　25％可湿性粉剂。

主要生产商　上海生农生化制品有限公司。

作用机理与特点　新烟碱类杀虫剂，是一类作用于昆虫中枢神经系统的乙酰胆碱受体抑制剂，其独特的作用机制使该类产品与常规杀虫剂之间不存在交互抗性，对哺乳动物毒性低，环境相容性好。国际首例报道对 nAChRs 有明显拮抗作用的高活性化合物。环氧虫啶对麦长管蚜有很好的触杀作用，同时具有良好的根部内吸活性。

应用　环氧虫啶是一种新型的新烟碱杀虫剂，属于高效低毒的绿色农药，主要用来防治刺吸式口器害虫。14 地田间药效试验结果表明，环氧虫啶对水稻褐飞虱、白背飞虱、灰飞虱均高效，对甘蓝蚜虫和黄瓜蚜虫也有良好防效，对稻纵卷叶螟有较好的兼防效果，对棉田烟粉虱活性显著高于吡虫啉。

专利与登记

专利名称　二醛构建的具有杀虫活性的含氮或氧杂环化合物及其制备方法

专利号　CN101747320

专利申请日　2008-12-19

专利拥有者　华东理工大学

在其他国家申请的化合物专利：AU2009328851、BRPI0918359、EP2377845、IL213656、JP2012512191、JP5771150、KR20110097970、KR101392296、RU2011129408、RU2495023、US2011269751、US8563546、WO2010069266。

合成方法　经如下反应制得环氧虫啶：

环氧嘧磺隆 oxasulfuron

$C_{17}H_{18}N_4O_6S$, 406.4, 144651-06-9

环氧嘧磺隆(oxasulfuron)，试验代号 CGA277476。商品名称 Dynam。是由瑞士诺华公司（现先正达公司）开发的磺酰脲类除草剂。

化学名称 2-[(4,6-二甲基嘧啶-2-基)氨基羰基氨基磺酰基]苯甲酸-3-环氧丁酯，oxetan-3-yl 2-[(4,6-dimethylpyrimidin-2-yl)carbamoylsulfamoyl] benzoate。

理化性质 纯品为白色无味结晶体，纯度≥96%。熔点158℃(分解)。相对密度1.41。蒸气压<2×10^{-3} mPa(25℃)。分配系数 K_{ow} lgP：0.75(pH 5)，-0.81(pH 7)，-2.2(pH 8.9)。Henry常数 2.5×10^{-5} Pa·m^3/mol。水中溶解度(25℃,mg/L)：52(pH 5.1)，缓冲溶液63(pH 5.0)，1700(pH 6.8)，19000(pH 7.8)。其他溶剂中溶解度(25℃,mg/L)：甲醇1500，丙酮9300，甲苯320，正己烷2.2，正辛醇99，乙酸乙酯2300，二氯甲烷6900。稳定性 DT$_{50}$(20℃,d)：17.2(pH 5)，22.7(pH 7)，20.0(pH 9)。pK_a5.1。

毒性 大鼠急性经口 LD$_{50}$>5000mg/kg。兔急性经皮 LD$_{50}$>2000mg/kg。大鼠吸入 LC$_{50}$>5.08mg/L空气。对兔眼睛和皮肤无刺激，对豚鼠皮肤致敏。NOEL数据[mg/(kg·d)]：大鼠(2y)8.3，小鼠(1.5y)1.5，狗(1y)1.3。ADI值0.013mg/kg。无致突变和遗传毒性。

生态效应 野鸭和山齿鹑急性经口 LD$_{50}$>2250mg/kg。野鸭和山齿鹑饲喂 LC$_{50}$>5620mg/L。鱼毒 LC$_{50}$(96h,mg/L)：虹鳟鱼>116，大翻车鱼>111。水蚤 EC$_{50}$(48h)>136mg/L。藻 E$_b$C$_{50}$(120h,mg/L)：月牙藻0.145，舟形藻>20。浮萍 EC$_{50}$(7d)0.01mg/L。蜜蜂 LD$_{50}$>25μg/只。蚯蚓 LC$_{50}$(14d)>1000mg/kg。在用量为0.075kg/hm^{2}时对土鳌虫无影响。

环境行为

(1) 动物 大部分的作用剂量(70%～80%)通过尿液排出，在组织体内没有积累，降解 DT$_{50}$约7～14h。嘧啶甲基的水解、氧杂环丁烷的水解和磺酰脲桥的断裂是代谢的主要方式。

(2) 植物 主要的代谢物是糖精(0.002mg/L在成熟的大豆中)；同时形成了少量的丁醇。代谢方式与动物相同。

(3) 土壤/环境 土壤 DT$_{50}$(实验室)5～10d，(土地)<3.2～20d，降解主要通过微生物和水解进行；取决于土壤的酸碱性，有机物质或者土壤的结构，平均 K_{oc}44(5～162,13地土壤)。

制剂 75%悬浮剂。

作用机理与特点　与其他磺酰脲类除草剂一样是乙酰乳酸合成酶（ALS）抑制剂。通过杂草根和叶吸收，在植株体内传导，杂草即停止生长，叶色变黄、变红，而后枯死。

应用

（1）适宜作物与安全性　大豆。环氧嘧磺隆在大豆植株内迅速代谢为无毒物，对大豆安全，加之其残效期短，故对后茬作物亦安全。

（2）防除对象　主要用于防除阔叶杂草。

（3）使用方法　环氧嘧磺隆用于大豆田苗后除草，使用剂量为 $60\sim90g(a.i.)/hm^2$[每亩用量为 $4\sim6g(a.i.)$]。

专利与登记　专利 US5209771 已过专利期，不存在专利权问题。该品种已在阿根廷、巴西、美国和欧洲等销售。

合成方法　以邻氨基苯甲酸为起始原料，经如下反应，即可制得目的物。

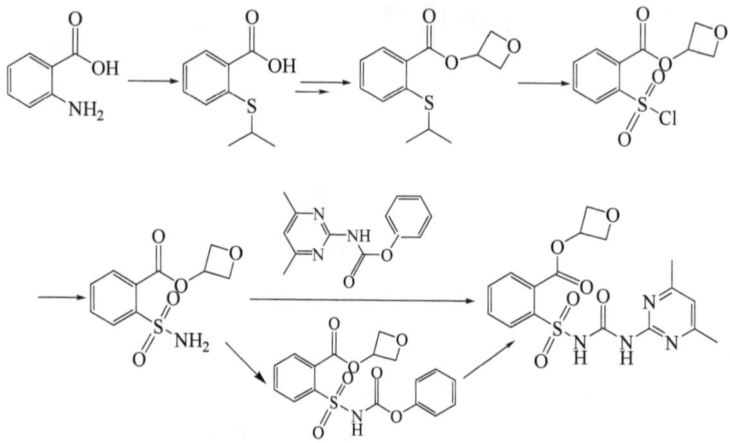

参考文献

[1] Proc Br Crop Prot Conf- Weed，1995，1：79.

[2] 吴忠信. 农药，2008，47(11)：794-796.

环酯草醚 pyriftalid

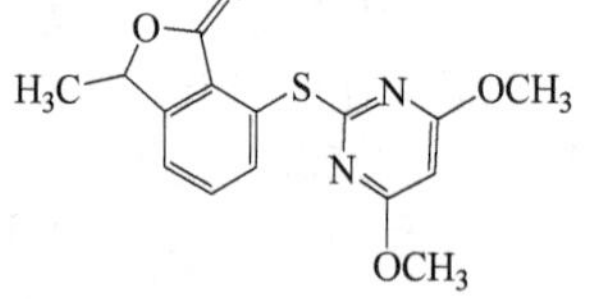

$C_{15}H_{14}N_2O_4S$，318.3，135186-78-6

环酯草醚(pyriftalid)，试验代号　CGA279233。商品名称　ApiroMax、Apiro Star。其他名称　Apiro Fine、Apiro Top、Apiro Top-A。是由先正达公司开发的嘧啶水杨酸类除草剂。

化学名称　(RS)-7-(4,6-二甲氧基嘧啶-2-基硫基)-3-甲基-2-苯并呋喃-1(3H)-酮，(RS)-7-(4,6-dimethoxypyrimidin-2-ylthio)-3-methyl-2-benzofuran-1(3H)-one。

理化性质　白色无味固体，熔点 163.4℃，300℃分解。蒸气压 $2.2\times10^{-5}mPa(25℃)$。K_{ow} $lgP=2.6$。Henry 常数 $3.89\times10^{-6}Pa\cdot m^3/mol(25℃)$。相对密度 1.44。水中溶解度 1.8mg/L(25℃)。其他溶剂中溶解度(g/L,25℃)：丙酮 14，二氯甲烷 99。光解 DT_{50} 1.9～2.0d。

毒性　大鼠急性经口 $LD_{50}>5000mg/kg$。大鼠急性经皮 $LD_{50}>2000mg/kg$。大鼠吸入 LC_{50}

$>5.54mg/L$。NOEL(mg/kg)：大鼠(2y)0.56，小鼠(18个月)20。ADI 0.006mg/kg。

生态效应 日本鹌鹑急性经口 $LD_{50}>2000mg/kg$。虹鳟鱼 $LC_{50} 100mg/L$。水蚤 $LC_{50}(48h)$ $0.83\mu g/L$。淡水藻 $LC_{50} 64mg/L$。蜜蜂 $LD_{50}(\mu g/只)$：接触>100，经口>138.5。蚯蚓 $LC_{50}>$ $982mg/kg$。

环境行为

（1）动物 在动物体内广泛代谢，代谢物质经鉴定有26种之多。代谢主要是通过去甲基化、氧化、羟基化以及甲基化等反应。

（2）植物 没能检测到残留。

（3）土壤/环境 快速降解，$DT_{50} 5\sim20d$。

作用机理 ALS抑制剂。除草活性来源于开环形成的水杨酸。通过根和茎吸收而起作用。在 $100\sim300g/hm^2$ 剂量下能控制水稻田中杂草。

应用 环酯草醚为水稻苗后早期广谱除草剂，专为移栽及直播水稻开发。用于防治水稻田禾本科杂草和部分阔叶杂草，在水稻田，环酯草醚被水稻根尖所吸收，很少一部分会传导到叶片上，少部分药剂会被出芽的杂草叶片所吸收。经室内活性生物试验和田间药效试验，结果表明对移栽水稻田的一年生禾本科杂草、莎草科及部分阔叶杂草有较好的防治效果。用药剂量为187.5 $\sim300g(a.i.)/hm^2$（折成250g/L悬浮剂商品量为 50$\sim$80mL/亩，一般加水 30L 稀释），使用次数为1次。对移栽水稻田的稗草、千金子防治效果较好，对丁香蓼、碎米莎草、牛毛毡、节节菜、鸭舌草等阔叶杂草和莎草有一定的防效。推荐用药量对水稻安全。使用后要注意抗性发展，建议与其他作用机理不同的药剂混用或轮换使用。

专利与登记 专利 WO9105781 已过专利期，不存在专利权问题。瑞士先正达作物保护有限公司在中国登记情况见表93。

表93 瑞士先正达作物保护有限公司在中国登记情况

登记名称	登记证号	含量	剂型	登记作物	防治对象	用药量	施用方法
环酯草醚	PD20102159	96%	原药				
环酯草醚	PD20102201	24.3%	悬浮剂	水稻移栽田	一年生禾本科、莎草科及部分阔叶杂草	187.5$\sim$300g/hm²	茎叶喷雾

合成方法 经如下反应,即可制得目的物：

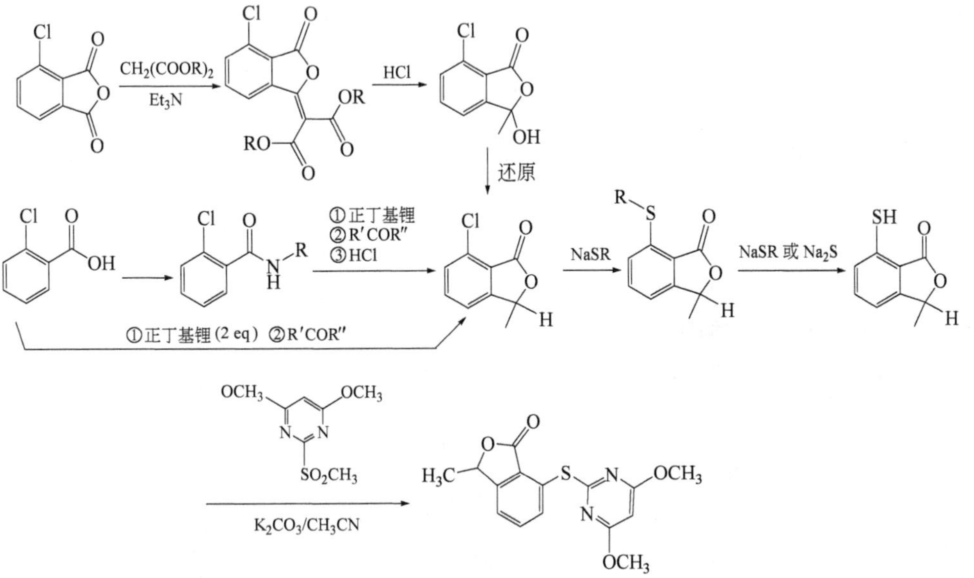

重要中间体 7-巯基-3-甲基异苯并呋喃-$1(3H)$-酮的合成还有以下两种方法：

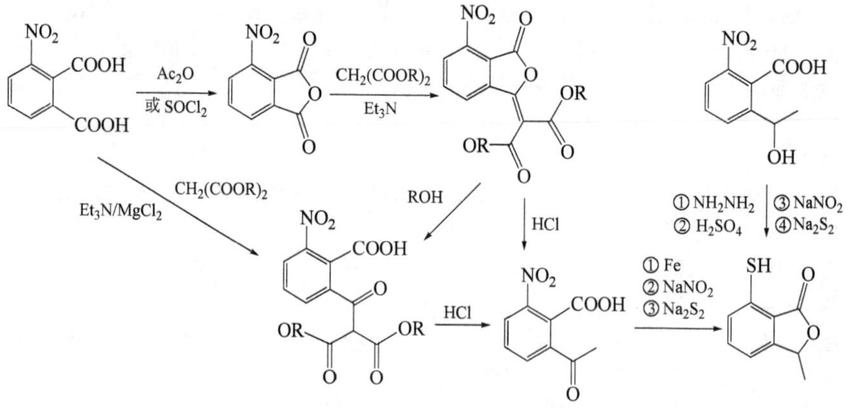

或

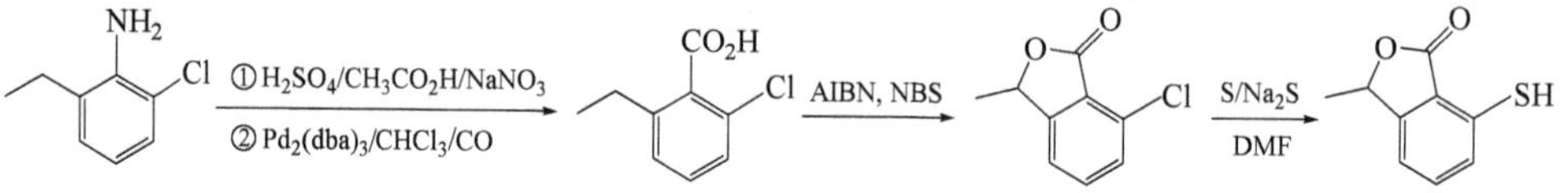

参考文献

[1] 刘长令，农药，2001，8：46．
[2] 刘安昌，世界农药，2010，5：19-21．

磺胺螨酯 amidoflumet

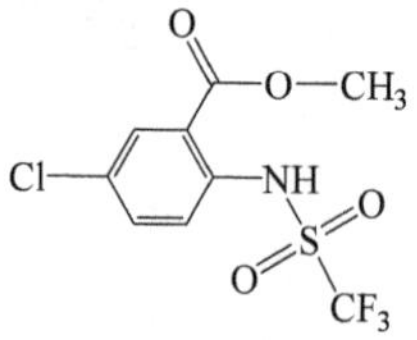

$C_9H_7ClF_3NO_4S$，317.7，84466-05-7

  磺胺螨酯（amidoflumet），试验代号 S1955。是住友化学公司开发的新型苯甲酸酯类杀螨、灭鼠剂。

  化学名称 5-氯-2-｛[（三氟甲基）磺酰]氨基｝苯甲酸甲酯。methyl 5-chloro-2-｛[（trifluoromethyl）sulfonyl] amino｝ benzoate。

  应用 主要用于工业或公共卫生中防除害螨和老鼠如肉食螨和普通灰色家鼠，可用于防治毛毯、床垫、沙发、床单、壁橱等场所的南爪螨。

  专利概况 专利 EP778268、JP57156407 均早已过专利期，不存在专利权问题。

  合成方法 经如下反应制得磺胺螨酯：

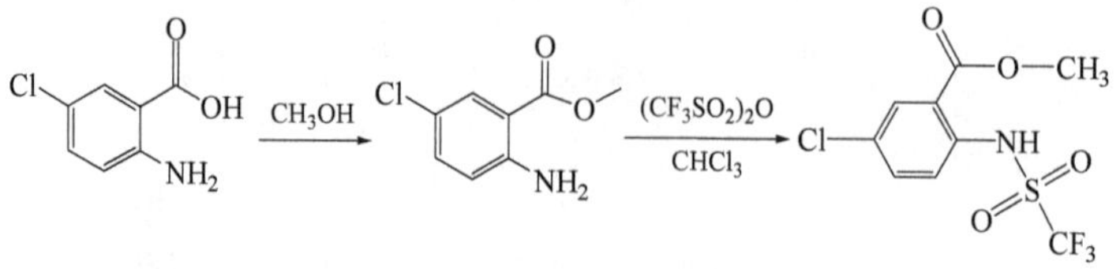

磺苯呋草酮 tefuryltrione

C$_{20}$H$_{23}$ClO$_7$S，442.9，473278-76-1

磺苯呋草酮（tefuryltrione），试验代号　AVH-301、AE198。商品名称　BCH-033、BCH-032、Comet、Get-Star。其他名称　特糠酯酮。是由拜耳公司开发的三酮类除草剂。

化学名称　2-{2-氯-4-甲磺酰基-3-[(*RS*)-四氢呋喃-2-基甲氧基甲基]苄基}环己烷-1,3-二酮，2-[2-chloro-4-mesyl-3-[(*RS*)-tetrahydrofuran-2-ylmethoxymethyl]benzoyl]cyclohexane-1,3-dione。

理化性质　相对密度1.362，沸点685.7℃（760mmHg），闪点368.5℃。

制剂　单剂主要是3%粒剂，另还可与苯噻草胺、四唑酰草胺、双唑草腈形成混剂（表94）。

表94　磺苯呋草酮形成的混剂

有效成分	含量	剂型	商品名称
磺苯呋草酮+苯噻草胺	3%,12%,5.5%,18.3%,6%,20% 3%,12%,5.5%,18.3%,6%,20% 3%,12%,5.5%,18.3%,6%,20%	Granule(GR) Flowable Pack	BCH-033 Possible Flowable Possible Jumbo
磺苯呋草酮+四唑酰草胺	3%,3%,5.8%,5.8%,7.5%,7.5% 3%,3%,5.8%,5.8%,7.5%,7.5% 3%,3%,5.8%,5.8%,7.5%,7.5%	Granule(GR) Suspension Concentrate(SC) Pack	BCH-032 Bodyguard Flowable Bodyguard Jumbo
磺苯呋草酮+双唑草腈			Get Star

作用机理与特点　F2-4-HPPD抑制剂（F2-Inhibition of 4-HPPD），可抑制植物生长中不可或缺的色素的合成，适用于那些对一般的磺酰脲有耐药性的杂草。

应用　主要用于水稻、谷物防除一年和多年生阔叶杂草和莎草。对磺酰脲类除草剂有耐药性的杂草都十分有效。其3%粒剂可用于移栽水稻田，可防除杂草为一年生杂草稻杂草（水稻除外）和牛毛毡、芦苇、矮慈姑、莎草、眼子菜等，施用时间为移栽后15～30d，施用剂量为10kg/hm^2，使用方法为灌施或者洒施。

专利概况

专利名称　Preparation of benzoylcyclohexandiones as herbicides and plant growth regulators

专利号　DE19846792

专利申请日　2000-4-13

专利拥有者　Bayer CropScience

在其他国家申请的化合物专利：BG64949、CA2346796、CN1269800、IL142417、MX2001003652、PL199158、SK286797、US6376429、WO2000021924等。

合成方法　经如下反应制得磺苯呋草酮：

磺草酮 sulcotrione

$C_{14}H_{13}ClO_5S$，328.8，99105-77-8

磺草酮(sulcotrione)，试验代号　ICIA0051、SC0051。商品名称　Mikado、Shado。其他名称　Zeus。是由捷利康公司(先正达公司)开发的三酮类除草剂，于 2000 年将部分销售权转让给了拜耳公司。

化学名称　2-(2-氯-4-甲磺酰基苯甲酰基)环己烷-1,3-二酮，2-(2-chloro-4-mesylbenzoyl)cy-clohexane-1,3-dione。

理化性质　纯品为淡褐色固体，熔点 139℃，工业品纯度 90%，蒸气压＜5×10^{-3} mPa(25℃)。K_{ow}lg$P$＜0(pH 7 和 9)。Henry 常数 9.96×10^{-6}Pa·m^3/mol。水中溶解度为 167mg/L(pH 4.8,20℃)，溶于二氯甲烷、丙酮和氯苯。在水中、日光或避光下稳定，耐热高达 80℃。pK_a3.13(23℃)。

毒性　大鼠急性经口 LD$_{50}$＞5000mg/kg。兔急性经皮 LD$_{50}$＞4000mg/kg。兔皮肤对其吸收率不高，对皮肤无刺激性，对兔眼中度刺激；对豚鼠皮肤强致敏性。大鼠急性吸入 LC$_{50}$(4h)1.6mg/L。大鼠 NOEL 数据(2y)100mg/L[0.5mg/(kg·d)]。ADI(EC)0.0004mg/kg[2008]；(BfR)0.007mg/kg[2006]。对大鼠和兔无致畸作用，且无基因毒性。

生态效应　鸟急性经口 LD$_{50}$(mg/kg)：山齿鹑＞2111，野鸭＞1350。山齿鹑和野鸭饲喂 LC$_{50}$＞5620mg/kg 饲料。鱼类 LC$_{50}$(96h,mg/L)：虹鳟鱼 227，鲤鱼 240。水蚤 EC$_{50}$(48h)＞848mg/L。月牙藻 EC$_{50}$(96h)3.5mg/L。鱼腥藻 E$_r$C$_{50}$(72h)54mg/L。对蜜蜂低毒，蜜蜂 LD$_{50}$(μg/只)：经口＞50，接触＞200。蚯蚓 LC$_{50}$(14d)＞1000mg/kg 土。

环境行为

(1) 动物　通过尿液迅速排出，主要代谢产物为 4-羟基磺草酮。

(2) 植物　形成 2-氯-4-甲磺酰基苯甲酸。

（3）土壤/环境　土壤中迅速降解，实验室 $DT_{50}4\sim90d$；大田 $DT_{50}1\sim11d$，主要代谢产物 2-氯-4-甲磺酰基苯甲酸。$K_{oc}17\sim58$。对土壤微生物无影响。

制剂　26％、30％、38％悬浮剂，15％水剂。

主要生产商　Bayer CropScience 及苏丰山集团有限公司、沈阳科创化学品有限公司以及浙江新农化工股份有限公司等。

作用机理与特点　对羟基苯基丙酮酸酯双氧化酶抑制剂，即 HPPD 抑制剂。其作用特点是杂草幼根吸收传导而起作用，敏感杂草吸收了此药之后，通过抑制对羟基苯基丙酮酸酯双氧化酶的合成，导致酪氨酸的积累，使质体醌和生育酚的生物合成受阻，进而影响到类胡萝卜素的生物合成，杂草出现白化后死亡。

应用

（1）适宜作物与安全性　对冬麦、大麦、冬油菜、马铃薯、甜菜、豌豆和菜豆等安全。

（2）防除对象　玉米田阔叶杂草及禾本科杂草，如马唐、血根草、锡兰稗、洋野黍、藜、茄、龙葵、蓼、酸膜叶蓼等。

（3）应用技术　由于其作用于类胡萝卜素合成，从而排除与三嗪类除草剂的交互抗性，可单用、混用或连续施用防除玉米田杂草。

（4）使用方法　苗后施用，用量为 $200\sim300g(a.i.)/hm^2$［每亩用量 $13\sim20g(a.i.)$］，剂量高达 $900g(a.i.)/hm^2$ 时，对玉米也安全，未发现任何药害，但生长条件较差时，玉米叶会有短暂的脱色症状，对玉米生长和产量无影响。

专利与登记　专利 EP0090262、EP264859 等均早已过专利期，不存在专利权问题。国内登记情况：26％、30％、38％悬浮剂，15％水剂；登记作物为冬、夏玉米田；防治对象均为一年生杂草。

合成方法　磺草酮的合成方法如下：

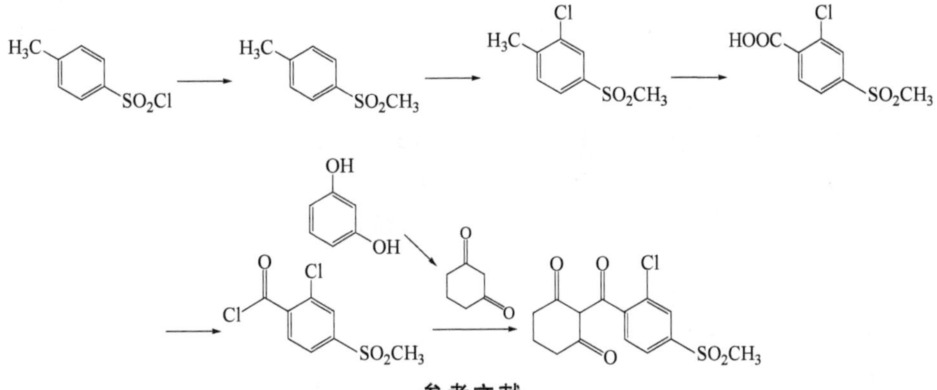

参考文献

［1］Proc Br Crop Prot Conf-Weed，1991；51.

［2］刘前，等. 浙江化工，2011，9：1-4.

［3］郭胜，等. 农药，2001，7：20-21.

磺草唑胺 metosulam

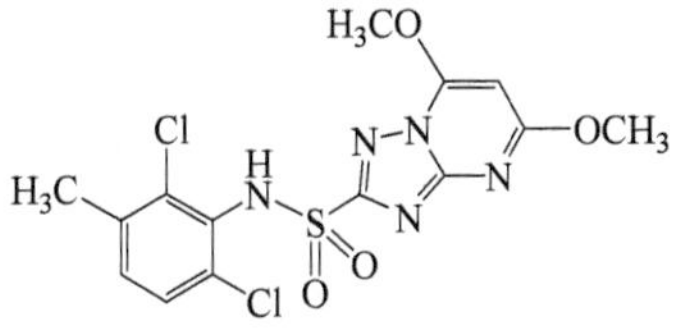

$C_{14}H_{13}Cl_2N_5O_4S$，418.3，139528-85-1

磺草唑胺(metosulam)，试验代号　DE511、XDE511、XRD511。商品名称　Sinal。其他名称　Eclipse、Tacco、甲氧磺草胺。是由道农业科学(Dow Agroscience)公司开发的三唑并嘧啶磺酰胺类除草剂，于2001年转让给了拜耳公司。

化学名称　$2',6'$-二氯-5,7-二甲氧基-$3'$-甲基[1,2,4]三唑并[1,5-a]嘧啶-2-磺酰苯胺，$2',6'$-dichloro-5,7-dimethoxy-$3'$-methyl[1,2,4]triazolo[1,5-a]pyrimidine-2-sulfonanilide。

理化性质　纯品为灰白或棕色固体，熔点210～211.5℃。相对密度1.49(20℃)，蒸气压4×10^{-10}mPa(20℃)。$K_{ow}\lg P$：1.8(pH 4)，0.2(pH 7)，−1.1(pH 9)。Henry常数8×10^{-13}Pa·m^3/mol 水中溶解度为(20℃，mg/L)：200(蒸馏水，pH 7.5)，100(pH 5.0)，700(pH 7.0)，5600(pH 9.0)。其他溶剂中溶解度(g/L)：丙酮，乙腈，二氯甲烷＞0.5，正辛醇，正己烷，甲苯≤0.2。正常储存条件下稳定，高于熔点分解，光解DT_{50}140d。在正常范围下不水解。pK_a4.8。

毒性　大、小鼠急性经口LD_{50}＞5000mg/kg，兔急性经皮LD_{50}＞2000mg/kg。对豚鼠皮肤无致敏性。大鼠急性吸入LC_{50}(4h)＞1.9mg/L。NOEL[mg/(kg·d)]：大鼠(2y) 5，小鼠(1.5y) 1000。ADI值0.01mg/kg。

生态效应　山齿鹑和野鸭急性经口LD_{50}＞2000mg/kg。虹鳟鱼、大翻车鱼、黑头鱼LC_{50}(96h)＞最大溶解量。蚤类LC_{50}(48h)＞最大溶解量。绿藻LC_{50}(72h)75μg/L。对蜜蜂无毒，LD_{50}(48h，μg/只)：＞50(经口)，＞100(接触)。蚯蚓LD_{50}(14d)＞1000mg/L。

环境行为

(1) 动物　口服磺草唑胺后迅速吸收DT_{50}＜1h，在啮齿动物体内广泛代谢，狗体内代谢较少，尿液中代谢产物为3-羟基(脂肪氧化)和5-羟基(邻甲基)。(DT_{50}54～60h啮齿动物，73h狗)。人类和大鼠体外经皮吸收非常低(＜1％，24h)。

(2) 植物　小麦叶面喷施吸收较差(＜5％)所以残留积累很少。代谢通过甲基环的羟基化，得到3-羟甲基代谢物及其配糖，这是其母体分子中的唯一主产。前14d的主要组成部分是母体化合物，之后迅速下降。

(3) 土壤/环境　实验室好氧条件DT_{50}平均值6d(4种土壤)，20℃，40％含水量。田间试验0～10cm土壤DT_{50}平均值25d。磺草唑胺通过5-和7-羟基类似物代谢为N-(2.6-二氯-3-甲基苯基)-1H-1,2,4-三唑-3-磺酰胺和二氧化碳。平均土壤吸附系数(9种土)K_{oc}＜500。磺草唑胺可被杂草通过根部和茎叶快速吸收，而发挥作用。连续两年渗滤试验25g(a.i.)/hm^2，蒸发记录器没有成分＞0.1μg/L。

制剂　悬浮剂、水分散粒剂等。

主要生产商　Bayer CropScience。

作用机理　乙酰乳酸合成酶(ALS)抑制剂。对小麦安全是基于其快速代谢，生成无活性化合物。

应用

(1) 适宜作物与安全性　玉米、小麦、大麦、黑麦等，在推荐剂量下使用对作物安全。

(2) 防除对象　大多数重要的阔叶杂草如猪殃殃、繁缕、藜、西风古、龙葵、蓼等。

(3) 使用方法　磺草唑胺苗后用于小麦、大麦、黑麦田中大多数重要的阔叶杂草如猪殃殃、繁缕等，使用剂量为5～10g(a.i)/hm^2[亩用量为0.33～0.67g(a.i.)]。苗前和苗后使用可防除玉米田中大多数重要的阔叶杂草如藜、西风古、龙葵、蓼等，使用剂量为20～30g(a.i)/hm^2[亩用量为1.33～2.0g(a.i.)]。

专利概况　专利US4818273、EP0434624、US4937350等均早已过专利期，不存在专利权问题。

合成方法　以巯基三唑为起始原料，经如下反应即得目的物：

或经如下反应即得目的物：

参考文献

[1] 张荣. 农药译丛，1997，4：28.

磺菌胺 flusulfamide

$C_{13}H_7Cl_2F_3N_2O_4S$，415.2，106917-52-6

磺菌胺(flusulfamide)，试验代号 MTF-651。商品名称 Nebijin。是由日本三井化学株式会社开发的土壤杀菌剂。

化学名称 2′,4-二氯-α,α,α-三氟-4′-硝基-间甲苯基磺酰苯胺，2′,4-dichloro-α,α,α-trifluoro-4′-nitro-m-toluenesulfonanilide。

理化性质 纯品为浅黄色结晶状固体。熔点 169.7～171.0℃，沸点 250℃(以上分解)。蒸气压 $9.9×10^{-4}$ mPa(40℃)，分配系数 $K_{ow}\lg P$：2.8±0.5(pH 6.5、7.5)，3.9±0.5(pH 2.0)。相对密度 1.75(20℃)。水中溶解度(mg/L,20℃)：501.0(pH 9.0)，1.25(pH 6.3)，0.12(pH 4.0)。有机溶剂(g/L,20℃)：己烷和庚烷 0.06，二甲苯 5.7，甲苯 6.0，二氯甲烷 40.4，丙酮 189.9，甲醇 16.3，乙醇 12.0，乙酸乙酯 105.0。在 150℃时稳定存在，在酸、碱介质中稳定存在，水解 DT_{50}(25℃)＞1y(pH 4、7、9)。在黑暗环境中于 35～80℃能稳定存在 90d。光降解 DT_{50}(25℃)：3.2d(无菌水)，3.6d(天然水)。pK_a 4.89±0.01。

毒性 急性经口 LD_{50}(mg/kg)：雄性大鼠 180，雌性大鼠 132。雄雌大鼠急性经皮 LD_{50}＞2000mg/kg。对兔有轻微眼睛刺激，无皮肤刺激。无皮肤致敏现象。雄雌大鼠急性吸入 LC_{50}(4h) 0.47mg/L。NOEL(mg/kg,1y)：雄狗 0.246，雌狗 0.26。NOEL(mg/kg,2y)：雄大鼠 0.1037，

雌大鼠 0.1323，雄小鼠 1.999，雌小鼠 1.985。ADI 值 0.001mg/kg。无致畸、致突变性。

生态效应　山齿鹑急性经口 LD_{50} 66mg/kg。鲤鱼 LC_{50} 0.302mg/L。水蚤 LC_{50}(48h)0.29mg/L。海藻 E_bC_{50}(72h)2.1mg/L。蜜蜂 LD_{50}>200μg/只。

环境行为　在大鼠体内，代谢产物主要为 4-氯-N-(2-氯-4-羟苯基)-α,α,α-三氟-间甲基苯磺酰胺和 4-氯-α,α,α-三氟-间甲基苯磺酰胺。

主要生产商　Mitsui Chemicals Agro。

作用机理与特点　抑制孢子萌发。对根肿病菌的生长期中有两个作用点，一是在病菌休眠孢子至发芽的过程中发挥作用；二是在土壤根须中的原生质和游动孢子至土壤中次生游动孢子使作物二次感染的过程中发挥作用。

应用

(1)适宜作物与安全性　萝卜、中国甘蓝、甘蓝、花椰菜、硬花甘蓝、甜菜、大麦、小麦、黑麦、番茄、茄子、黄瓜、菠菜、水稻、大豆等。多数作物对推荐剂量（即 0.3％粉剂与 1200kg 土/hm^2 混）的磺菌胺有很好的耐药性。

(2) 防治对象　磺菌胺能有效地防治土传病害，包括腐霉病菌、螺壳状丝囊霉、疮痂病菌及环腐病菌等引起的病害。对根肿病如白菜根肿病具有显著的效果。

(3) 使用方法　主要作为土壤处理剂使用，在种植前以 600～900g(a.i.)/hm^2 的剂量与土壤混合或与移栽土混合。不同类型的土壤中（如砂壤土、壤土、黏壤土和黏土）磺菌胺均能对根肿病呈现出卓著的效果。

专利概况　专利 JP61197553、JP04145060、JP04054161、JP63063652 等均早已过专利期，不存在专利权问题。

合成方法　以邻氯甲苯和对硝基苯胺为原料，通过如下反应即可制得磺菌胺：

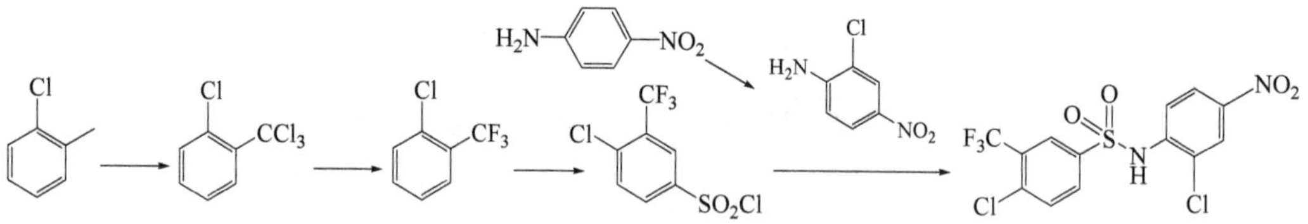

参考文献

[1] The Pesticide Manual. 15th ed. 2009，556-557.
[2] 孙文跃. 农药译丛，1995，5：60-61.

磺菌威 methasulfocarb

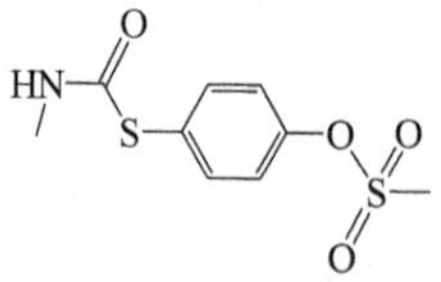

$C_9H_{11}NO_4S_2$，261.3，66952-49-6

磺菌威(methasulfocarb)，试验代号　NK191。商品名称　Kayabest。是由日本化药公司开发的氨基甲酸酯类杀菌剂，并具有植物生长调节活性。

化学名称　甲基硫代氨基甲酸 S-(4-甲基磺酰氧苯基)酯，S-4-methylsulfonyloxyphenylmethylthiocarbamate。

理化性质　纯品为无色晶体，熔点 137.5～138.5℃。水中溶解度 480mg/L，易溶于苯、乙醇和丙酮。对日光稳定。

毒性 大鼠急性经口 LD_{50}（mg/kg）：雄 119，雌 112。小鼠急性经口 LD_{50}（mg/kg）：雄 342，雌 262。大鼠急性吸入 LC_{50}（4h）>0.44mg/L 空气。大、小鼠急性经皮 LD_{50}>5000mg/kg。Ames 试验、染色体畸变和微核试验均为阴性。对小鼠无诱变性，对大鼠无致畸作用。

生态效应 鲤鱼 LC_{50}（48h）1.95mg/L，水蚤 LC_{50}（3h）24mg/L。

制剂 10%粉剂。

主要生产商 Nippon Kayaku。

应用 磺菌威是育苗箱使用的广谱土壤杀菌剂，主要用于防治根腐菌属、镰刀菌属、腐霉属、木霉属、伏革菌属、毛霉属、丝核菌属和极毛杆菌属等病原菌引起的水稻枯萎病。磺菌威还能很有效地控制稻苗急性萎蔫症病害的发生。磺菌威能促进稻苗根系生长和控制植株徒长，因而可以提供高质量的壮苗。用磺菌威处理秧苗的根系生长好，移植后还可以增加新生根的长度，保证稻苗在水田早期阶段继续健康地生长和发育。磺菌威在播种前只需施用 1 次，即把药剂和育苗土壤混合就行。残效期较长，不仅在幼苗期，在中期阶段也有作用。具体使用方法是将 10%粉剂混入土内，剂量为每 5L 育苗土 6~10g，在播种前 7d 之内或临近播种时使用。

专利概况 专利 DE2745229 早已过专利期，不存在专利权问题。

合成方法 磺菌威的合成方法主要有如下三种。

① 以对羟基苯磺酸为原料，先与甲基磺酰氯反应，再与三氯氧磷制得 4-甲磺酸基苯磺酰氯；然后还原得到 4-甲磺酸基苯硫酚，最后与甲基异氰酸酯反应或与光气反应后在与甲胺反应，处理得目的物磺菌威。反应式如下：

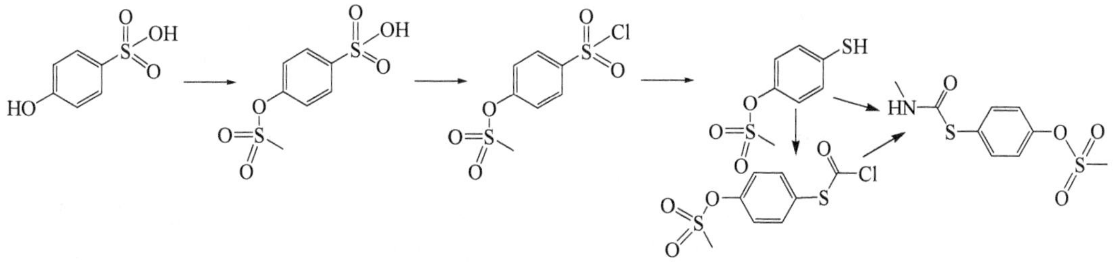

② 以苯酚为原料，先与硫氰酸胺或二氯二硫反应后经还原制得对巯基苯酚，然后与甲基异氰酸酯反应；最后与甲基磺酰氯反应即得目的物。反应式如下：

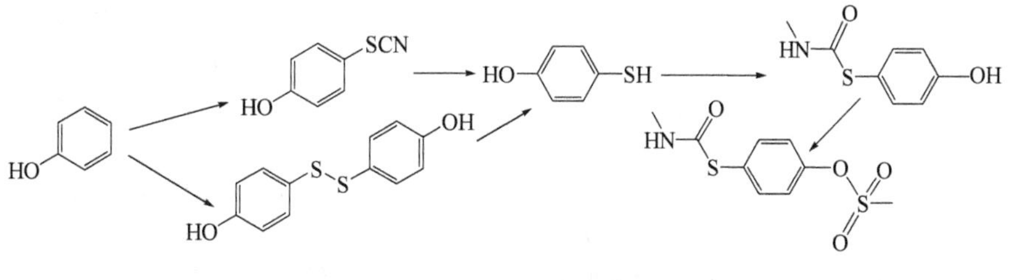

③ 以对氯硝基苯为原料，先与硫化钠反应，再经重氮化制得对巯基苯酚，以后的操作同方法②。反应式如下：

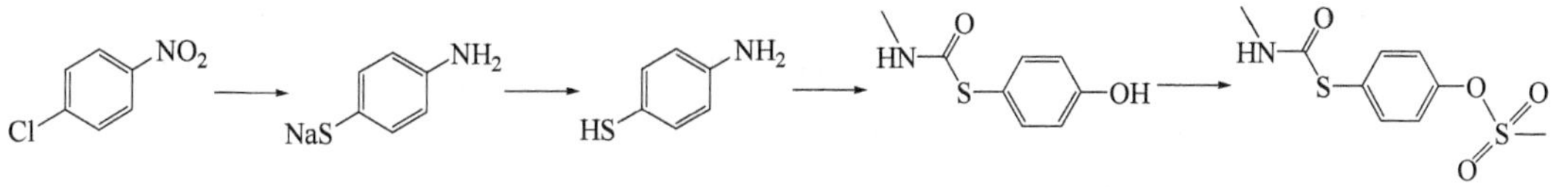

参考文献

[1] The Pesticide Manual. 15th ed. 2009，1244.

[2] Japan pesticide Information，1985，46：17.

[3] 柳庆先. 农药，1992，31(6)：20-21.

磺酰磺隆 sulfosulfuron

C₂H₅ 结构式

$C_{16}H_{18}N_6O_7S_2$，470.5，141776-32-1

磺酰磺隆（sulfosulfuron），试验代号 MON37500、MON37588、TKM19。商品名称 Image、Maverick、Monitor、Munto、Outrider。其他名称 Certainty、Décor、Fateh、Leader、Loxo、Monza、Olando、Safeguard、Sf-10。是由日本武田制药公司研制，并与孟山都公司共同开发的磺酰脲类除草剂。

化学名称 1-(4,6-二甲氧基嘧啶-2-基)-3-(2-乙基磺酰基咪唑[1,2-a]并嘧啶-3-基)磺酰脲，1-(4,6-dimethoxypyrimidin-2-yl)-3-(2-ethylsulfonylimidazo[1,2-a] pyridin-3-yl) sulfonylurea。

理化性质 工业品 ≥98%。纯品为无味白色固体，熔点 201.1～201.7℃。蒸气压 $3.1×10^{-5}$ mPa(20℃)，$8.8×10^{-5}$ mPa(25℃)。$K_{ow}lgP$：0.73(pH 5)，−0.77(pH 7)，−1.44(pH 9)。相对密度 1.5185(20℃)。水中溶解度(20℃，mg/L)：17.6(pH 5)，1627(pH 7)，482(pH 9)。有机溶剂中溶解度(20℃，g/L)：丙酮 0.71，甲醇 0.33，乙酸乙酯 1.01，二氯甲烷 4.35，二甲苯 0.16，庚烷<0.01。稳定性小于 54℃时稳定存在 14d。水解 DT_{50}(25℃)：7d(pH 4)，48d(pH 5)，168d(pH 7)，156d(pH 9)。pK_a3.51(20℃)。

毒性 大鼠急性经口 LD_{50}>5000mg/kg。兔急性经皮 LD_{50}>5000mg/kg。对兔皮肤无刺激性，对兔眼睛有中度刺激性。对豚鼠皮肤无致敏性。无吸入毒性。NOEL 数据[mg/(kg•d)]：大鼠(2y)24.4～30.4，狗(90d)100，小鼠(18 月)93.4～1388.2。ADI(EC)0.24mg/kg[2002]。Ames、CHO/HGPRT、体外染色体试验(中国地鼠)、体外培养的人类淋巴细胞和小鼠微核试验均为阴性。

生态效应 野鸭和山齿鹑急性经口 LD_{50}>2250mg/kg，野鸭和山齿鹑饲喂 LC_{50}(5d)>5620mg/L。鱼毒 LC_{50}(96h,mg/L)：虹鳟鱼>95，鲤鱼>91，大翻车鱼>96，羊头鲦鱼>101。水蚤 EC_{50}(48h)>96mg/L。羊角月牙藻 E_bC_{50}(3d)0.221，E_rC_{50}(3d)0.669；鱼腥藻 EC_{50}(5d)0.77；EC_{50}(5d)：舟形藻>87，中肋骨条藻>103。浮萍 IC_{50}(14d)>1.0μg/L，糠虾 EC_{50}(96h)>106mg/L。蜜蜂 LD_{50}(μg/只)：>30(经口)，>25(经皮)。蚯蚓 LC_{50}(14d)>848mg/kg 土。对锥须步甲、星豹蛛、梨盲走螨以及烟蚜茧等无害。

环境行为 代谢的主要途径是断裂磺酰脲类除草剂与土壤链接，其中氧化脱甲基化作用起着重要的作用。

（1）动物 能广泛地吸收和快速代谢；低剂量时，主要的代谢途径是通过尿排出(77%～87%)；高剂量时，通过粪便排出(55%～63%)。代谢是有限的，组织中会存在微乎其微的产品；代谢出的产品高达 88%的是母分子，其次是脱甲基化作用产物和嘧啶环羟基化作用产物。产品在牲畜体内快速地消除。微量的产品会遗留到奶、蛋、器官和组织中。

（2）植物 小麦中的残留量也是很少的。在未经处理的小麦饲料和稻草中主要的成分是未代谢的磺酰磺隆。主要的代谢产物为磺酰胺，缘自磺酰脲桥的断裂。少量的代谢产物来自氧化脱甲基化作用产生的去甲磺酰磺隆和开环后的胍类似物。

（3）土壤/环境 在土壤中主要的降解途径是磺酰脲部分的水解产生相应的磺酰胺和 2-氨基-4,5-二甲氧基嘧啶。DT_{50}(试验)32d[淤泥中,pH 7.6,0.8%(o.m.)]，35d[砂土中,pH 6.8,1.6%

（o. m.）］，53d［壤质砂土中，pH 5.8,3.9％（o. m.）］；在其他土壤中 DT$_{50}$ 值会更大。光降解也是环境代谢的一种主要形式，DT$_{50}$ 值为 3d，在欧洲的 11 地试验中，裸地中的 DT$_{50}$ 平均值为 24d（11～47d）；DT$_{90}$ 平均值为 261d。代谢迅速，对轮作植物的伤害也是可以预料的，参见 S K Parrish，et al. *Proc Br Crop Prot Conf-Weeds*，1995，1，667. 平均 K_{oc}33；平均 K_d0.36。在河流中 DT$_{50}$ 值为 32d［pH 7.0,1.7％（o. m.）］，池塘中 DT$_{50}$ 值为 20d［pH 7.0,2.9％（o. m.）］（均为20℃）。在河流中 DT$_{50}$19.5d，池塘 16d。通过土壤分散研究和溶解度研究，磺酰磺隆迁移性有限。磺酰磺隆在渗滤液中的浓度经 3 年的研究＜0.01μg/L。

制剂 水分散粒剂。

主要生产商 Sumitomo Chemical。

作用机理 与其他磺酰脲类除草剂一样是乙酰乳酸合成酶（ALS）抑制剂。通过杂草根和叶吸收，在植株体内传导，杂草即停止生长，而后枯死。

应用

（1）适宜作物与安全性 小麦。对小麦安全，是基于其在小麦植株中快速降解。但对大麦、燕麦有药害。

（2）防除对象 一年生和多年生禾本科杂草和部分阔叶杂草，如野燕麦、早熟禾、蓼、风剪股颖等。对众所周知的难除杂草雀麦有很好的效果。

（3）使用方法 主要用于小麦田苗后除草。使用剂量为 10～35g（a. i.）/hm²［亩用量为 0.67～2.34g（a. i.）］。

专利概况 专利 EP0477808 早已过专利期，不存在专利权问题。

合成方法 以 2-氨基吡啶为起始原料，经合环、氯化、醚化（或巯基化、再醚化）、氧化、氯磺化、氨化制得中间体磺酰胺，最后与二甲氧基嘧啶氨基甲酸苯酯反应，制得目的物。反应式为：

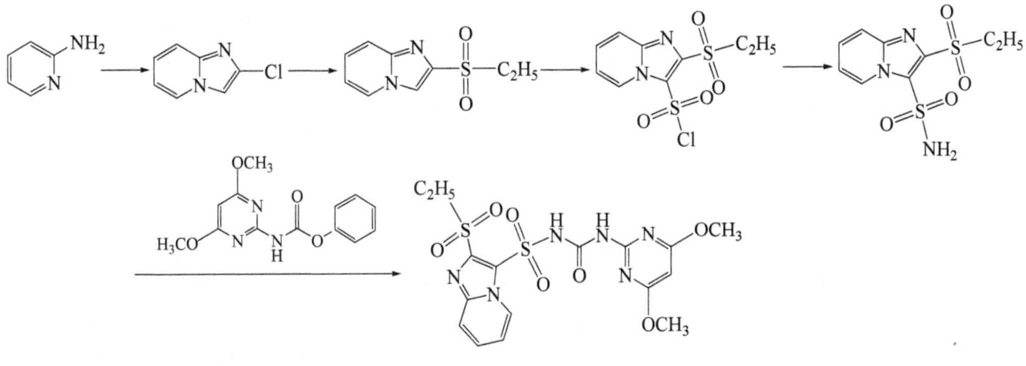

参考文献

［1］ Proc Br Crop Prot Conf-Weed，1995，1：57.
［2］ Proc Br Crop Prot Conf-Weed，1995，1：667.

混杀威 trimethacarb

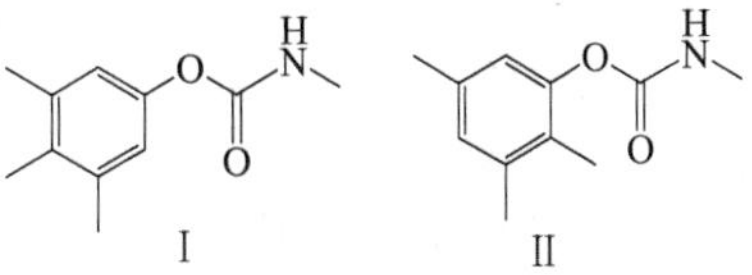

$C_{11}H_{15}NO_2$，193.2，12407-86-2，2686-99-9（Ⅰ），2655-15-4（Ⅱ）

混杀威(trimethacarb)，试验代号 UC27867、SD8530、OMS597。商品名称 Landrin、Broot。最初由壳牌化学有限公司开发，后 Union Carbide Agrochemicals(现属拜耳公司)开发。

化学名称 反应产物含有 3,4,5-三甲苯基甲基氨基甲酸酯(Ⅰ)和 2,3,5-三甲苯基甲基氨基甲酸酯(Ⅱ)，比例在(3.5～5.0)∶1。3,4,5-trimethylphenyl methylcarbamate(Ⅰ)和 2,3,5-trimethylphenylmethylcarbamate(Ⅱ)。

理化性质 浅黄色到褐色结晶固体，熔点 105～114℃，蒸气压 6.8mPa(25℃)，Henry 常数 $2.27×10^{-2}$ Pa·m³/mol(calc.)。水中溶解度(23℃)>58mg/kg，不易溶于有机溶剂。强酸性和强碱性条件下分解，对光稳定。

毒性 大鼠急性经口 LD_{50}130mg/kg。大鼠急性经皮 LD_{50}>2000mg/kg。大鼠 NOEL(2y)值 50mg/L(2.5mg/kg)。ADI/RfD(EPA)0.0025mg/kg[1986]。

生态效应 对鱼有毒。对蜜蜂有毒(喷雾剂)。

环境行为

(1) 动物 氨基甲酸盐类杀虫剂的代谢情况已有综述文献(M. Cool, C. K. Jankowski in *Insedticides*)。

(2) 植物 植物体中的代谢为 3-甲基、4-甲基和 N-甲基的水解。所有的代谢物都络合成糖苷。

(3) 土壤/环境 贫瘠土壤中 DT_{50}约为 60d。

制剂 50%可湿性粉剂、15%颗粒剂。

主要生产商 Drexel 及 Shell 等。

作用机理与特点 抑制昆虫体内的胆碱酯酶。具有胃毒作用，也有一定触杀作用。持效期长。

应用

(1) 适用作物 玉米。

(2) 防治对象 食虫幼虫、软体害虫，如叶蝉、飞虱、蓟马等。在我国主要用于防治地下害虫，对玉米根长角叶甲幼虫十分有效，持效期可达 3 个月。可替代氯制剂防治地下害虫，在土壤中比较稳定，一般用量 0.8～1lb/acre(1lb/acre=1.12kg/hm²)。亦可用于卫生害虫的防治。

(3) 残留量与安全施药 直接应用对植物无害，但对一些谷物的种子有害，其中包括玉米、高粱、小麦和水稻。

(4) 使用方法

① 水稻害虫的防治：a. 稻叶蝉秧田防治。早稻秧田在害虫迁飞高峰期防治，晚稻秧田在秧苗现青每隔 5～7d 用药一次。每亩用 50%混灭威油 100mL，兑水 50～60kg，喷雾；或每亩用 3%混灭威粉剂 1.5～2kg，喷粉。b. 稻蓟马防治。一般掌握在若虫盛孵期防治，防治指标为：秧苗 4 叶期后每百株有虫 200 头以上，或每百株油卵 300～500 粒或叶尖初卷率达 5%～10%。每亩用 50%混灭威油 50～60mL，兑水 50～60kg，喷雾；或每亩用 3%混灭威粉剂 1.5～2kg，喷粉。或加放 15kg 过筛细土，拌匀撒施。

② 棉花害虫的防治 a. 棉蚜防治。苗蚜的指标为：大面积有蚜株率达到 30%，平均单株蚜数近 10 头，以及卷叶株率达到 5%。每亩用 50%混灭威油 38～50mL，兑水 37.5～50kg，喷雾；防治伏蚜每亩用 50%混灭威乳油 100mL，兑水 100kg，喷雾。b. 棉铃虫防治。在黄河流域棉区，当二代、三代棉铃虫发生时，如百株卵量骤然上升，超过 15 粒，或者百株幼虫达到 5 头即开始防治。每亩用 50%混灭威油 100～200mL，兑水 100kg，喷雾；或每亩用 3%混灭威粉剂 1.5～2kg，喷粉。

③ 甘蔗害虫的防治 防治甘蔗蓟马每亩用 50%乳油 60mL，兑水 60kg 喷雾。

④ 茶树害虫的防治 防治茶长白蚧于第一、二代卵孵化盛期到一龄、二龄若虫期前，每亩用 50%混灭威油 250～300mL，兑水 75～100kg，喷雾。

专利概况 专利 BE633282、US3130122 均早已过专利期，不存在专利权问题。

合成方法 通过如下反应制得目的物：

活化酯 acibenzolar

$C_8H_6N_2OS_2$，210.3，135158-54-2

活化酯(acibenzolar)，试验代号 CGA245704。商品名称 Actigard、Bion、Boost。其他名称 acibenzolar-S-methyl、Blockade、Bion M、Bion MX、Daconil Action。是由先正达公司开发的苯并噻二唑羧酸酯类植物活化剂。

化学名称 苯并[1,2,3]噻二唑-7-硫代羧酸甲酯，S-methyl benzo[1,2,3]thiadiazole-7-carbothioate。

理化性质 原药纯度为97%。纯品为白色至米色粉状固体，且具有似烧焦的气味，熔点132.9℃，沸点大约267℃。蒸气压 $4.6×10^{-1}$ mPa(25℃)，分配系数 K_{ow} lg$P$=3.1(25℃)，Henry常数 $1.3×10^{-2}$ Pa·m³/mol(计算值)。相对密度1.54(22℃)。溶解度(25℃，g/L)：水 $7.7×10^{-3}$，甲醇4.2，乙酸乙酯25，正己烷1.3，甲苯36，正辛醇5.4，丙酮28，二氯甲烷160。水解 DT_{50}(20℃)：3.8y(pH 5)，23周(pH 7)，19.4h(pH 9)。

毒性 大鼠急性经口 LD_{50}>2000mg/kg，大鼠急性经皮 LD_{50}>2000mg/kg。对兔眼睛和皮肤无刺激性，对豚鼠皮肤有刺激性。大鼠吸入 LC_{50}(4h)>5000mg/L空气。NOEL值[mg/(kg·d)]：大鼠(2y)8.5，小鼠(1.5y)11，狗(1y)5。ADI值0.05mg/kg，无致畸、致突变、致癌作用。

生态效应 野鸭和山齿鹑 LD_{50}(14d)>2000mg/kg，野鸭和山齿鹑饲喂 LC_{50}(8d)>5200mg/kg。鱼毒 LC_{50}(96h，mg/L)：虹鳟鱼0.4，大翻车鱼2.8。水蚤 LC_{50}(48h)2.4mg/L。蜜蜂 LD_{50}(μg/只)：128.3(经口)，100(接触)。蚯蚓 LC_{50}(14d)>1000mg/kg土壤。

环境行为

(1) 动物 口服后，活化酯被迅速吸收，几乎完全通过尿液和粪便排出。代谢途径(第一阶段反应)是一样的。

(2) 植物 没有任何证据表明活化酯或其代谢产物在体内积累。植物代谢的产物是通过羧酸与糖结合生成的硫代酸酯，或者氧化多聚糖的苯环。

(3) 土壤/环境 土壤 DT_{50}20d，代谢产物完全降解。对土壤具有强吸附和低流动性，K_{oc} 1394mL/g，在水中 DT_{50}<1d。

制剂 50%、63%可湿性粉剂。

主要生产商 Syngenta。

作用机理与特点 多种生物因子和非生物因子可激活植物自身的防卫反应即"系统活化抗性"，从而使植物对多种真菌和细菌产生自我保护作用。植物抗病活化剂，几乎没有杀菌活性。

应用

(1) 适宜作物与安全性 水稻、小麦、蔬菜、香蕉、烟草等。推荐剂量下对作物安全、无药害。

(2) 防治对象 白粉病、锈病、霜霉病等。

(3) 应用技术与使用方法 活化酯可在水稻、小麦、蔬菜、香蕉、烟草等中作为保护剂使用。如在禾谷类作物上，用 30g(a.i.)/hm² 进行茎叶喷雾 1 次，可有效地预防白粉病，残效期可持续 10 周之久，且能兼防叶枯病和锈病。用 12g(a.i.)/hm² 每隔 14d 使用 1 次，可有效地预防烟草霜霉病。同其他常规药剂如甲霜灵、代森锰锌、烯酰吗啉等混用，不仅可提高活化酯的防治效果，而且还能扩大其防病范围。

专利概况　专利 EP313512、EP780372、US5770758 等均早已过专利期，不存在专利权问题。

合成方法　主要有 5 种合成方法：

① 以邻氯间硝基苯甲酸为起始原料，经酯化、醚化、重氮化闭环等一系列反应制得目的物。反应式如下：

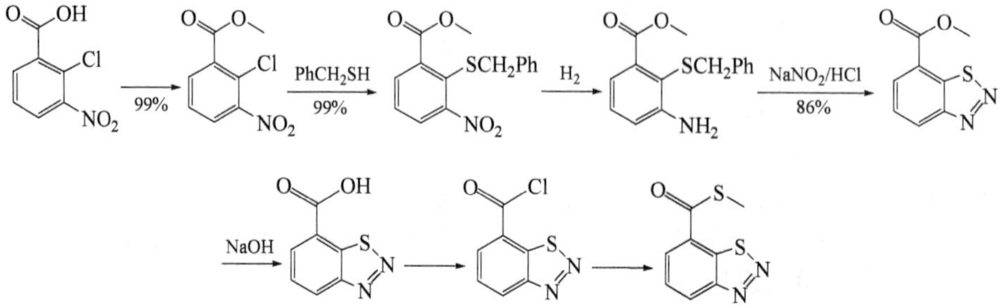

② 以 2-氯-3,5-二硝基苯甲酸为起始原料，经醚化、甲基化、还原得取代苯胺，总收率为 77%；取代苯胺经重氮化合环等一系列反应制得目的物。反应式如下：

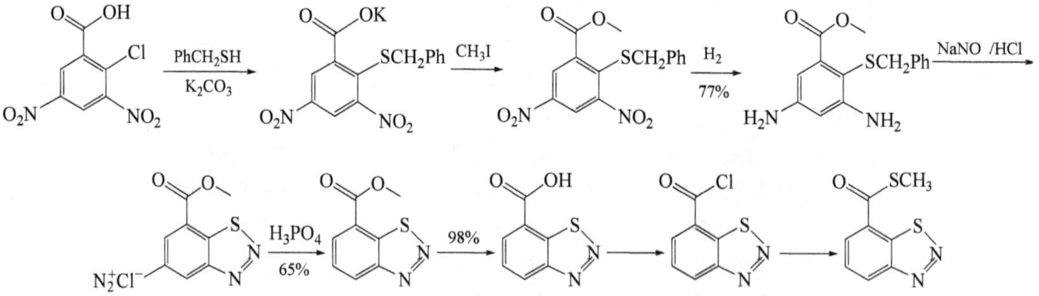

③ 以 2,3-二氯硝基苯为起始原料，经醚化、还原得取代苯胺，然后经氰基化、重氮化合环等一系列反应制得目的物。反应式如下：

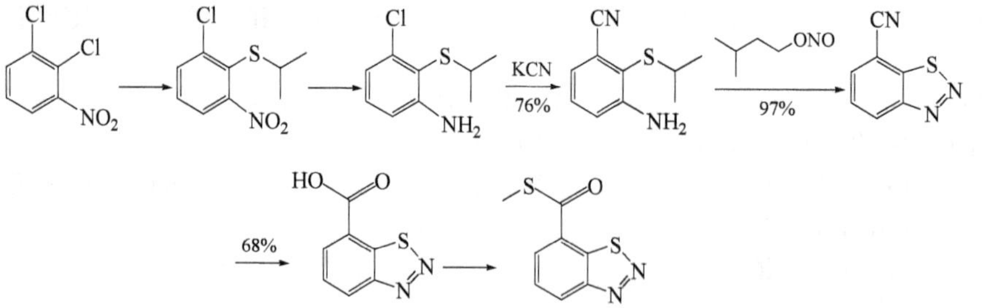

④ 以间甲氧基苯甲酸为起始原料，经脱甲基、还原得环己烯酮酸，收率为 98%；所得中间体与对甲苯磺酰肼缩合，然后与氯化亚砜合环等一系列反应制得目的物。反应式如下：

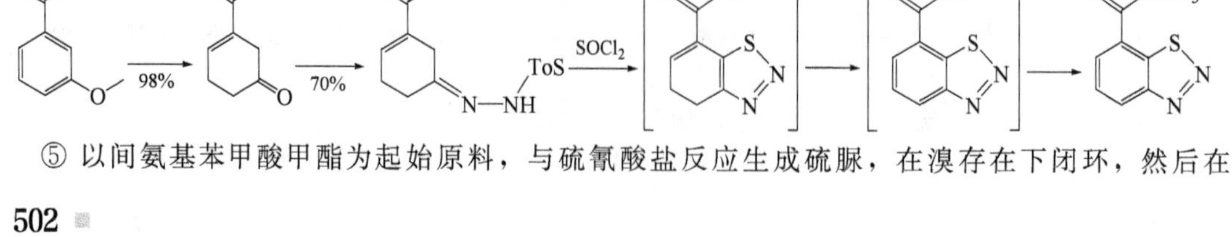

⑤ 以间氨基苯甲酸甲酯为起始原料，与硫氰酸盐反应生成硫脲，在溴存在下闭环，然后在

氢氧化钾作用下重排得到苯并噻二唑羧酸，最后经酰氯化、酯化得目的物。反应式如下：

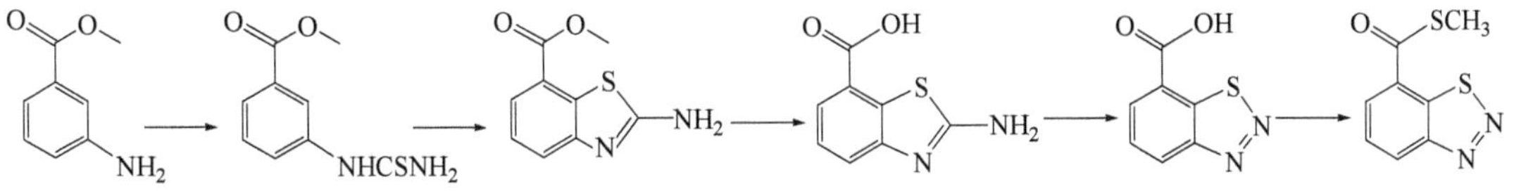

参考文献

[1] The Pesticide Manual. 15th ed. 2009：13-14.
[2] Proc Br Crop Prot Conf：Pests Dis，1996，1：53.
[3] Pestic Sci，1997，50.（4）：275.

激动素 kinetin

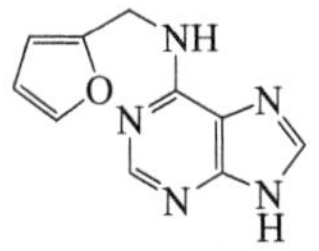

$C_{10}H_9N_5O$，215.2，525-79-1，525-80-4，33446-70-7（曾用）

激动素（kinetin）。**其他名称**　KT、凯尼汀、糠基腺嘌呤、6-(furfurylamino)purine、6-furfu-ryladenine、synthetic cytokinin。**商品名称**　HappyGro、Green Sol 48、Mepex Gin Ou。是由 I. Shapiro 和 B. Kilin 于 1955 年对其化学结构做了确定，并进行了合成。

化学名称　6-糠基氨基嘌呤，6-furfurylaminopurine 或 N-furfuryladenine。

理化性质　纯品为白色无味晶体，熔点 266～267℃。在密闭管中 220℃时升华。相对密度 1.4374(25℃)。水中溶解度 51.0mg/L(25℃)。微溶于甲醇和乙醇。易溶于强酸、碱和冰醋酸。pK_{a_1} 2.7，pK_{a_2} 9.9。

毒性　大鼠及小鼠急性经口 $LD_{50}>$5g/kg，兔子急性经皮 $LD_{50}>$2g/kg，对其皮肤和眼睛有轻微刺激。

主要生产商　Hui Kwang、Stoller、华通(常州)生化有限公司及泰禾集团等。

作用机理与特点　激动素是一类和 6-苄氨基嘌呤类似的低毒植物生长调节剂。具有促进细胞分裂、诱导芽的分化、解除顶端优势、延缓衰老等作用。

应用　以 10～20mg/L 喷洒花椰菜、芹菜、菠菜、莴苣、芥菜、萝卜、胡萝卜等植株或在收获后浸沾植株，能延缓绿色组织中蛋白质和叶绿素的降解，防止蔬菜产品的变质和衰老，达到延迟运输和储藏时间，起到保鲜的作用。处理结球白菜、甘蓝等可加大浓度至 40mg/L 进行处理。

专利概况　专利 JP852659 早已过专利期，不存在专利权问题。

合成方法　通过如下反应制得：

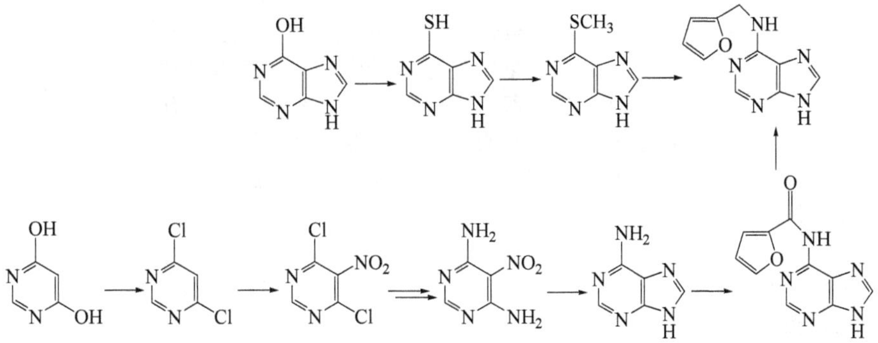

参考文献

[1] J Am Chem Soc, 1955, 77: 2662.
[2] J Am Chem Soc, 1980, 102 (2): 770.
[3] J Agric Food Chem, 1991, 39 (3): 549.

己唑醇 hexaconazole

$C_{14}H_{17}Cl_2N_3O$，314.2，79983-71-4

己唑醇（hexaconazole），试验代号 PP523、ICIA0523。商品名称 Anvil、Canvil、Conazole、Contaf、Estense、Force、Planete、Silicon。其他名称 Blin exa、Conquer、Elexa、Hexar、Hexol、Hilzole、Huivil、Krizole、Nodul、Proseed、Roshan、Samarth、Sitara、Trigger、Vapcovil、Xantho。是由先正达公司开发的三唑类杀菌剂。

化学名称 (RS)-2-(2,4-二氯苯基)-1-(1H-1,2,4-三唑-1-基)-己-2-醇，(RS)-2-(2,4-dichlorophenyl)-1-(1H-1,2,4-triazol-1-yl)hexan-2-ol。

理化性质 原药纯度＞85%。其纯品为无色晶体，熔点 110～112℃，蒸气压 0.018mPa（20℃），相对密度 1.29。分配系数 $K_{ow}lgP = 3.9$(20℃)。Henry 常数 3.33×10^{-4} Pa·m³/mol(计算值)。水中溶解度为 17mg/L(20℃)。其他溶剂中溶解度(g/L,20℃)：二氯甲烷 336，甲醇 246，丙酮 164，乙酸乙酯 120，甲苯 59，己烷 0.8。稳定性：室温放置 6 年稳定；水溶液对光稳定，且不分解；制剂在 50℃以下至少 6 个月内不分解，室温 2 年不分解。在土壤中快速降解。

毒性 急性经口 LD$_{50}$（mg/kg）：雄大鼠 2189，雌大鼠为 6071。大鼠急性经皮 LD$_{50}$＞2000mg/kg。对兔皮肤无刺激作用，但对眼睛有中度刺激作用。大鼠吸入 LC$_{50}$(4h)＞5.9mg/L。NOEL 数据[2y,mg/(kg·d)]：大鼠 10，小鼠 40。ADI 值 0.005mg/kg。

生态效应 山齿鹑急性经口 LD$_{50}$＞4000mg/kg。鱼毒虹鳟鱼 LC$_{50}$(96h)3.4mg/L。水蚤 LC$_{50}$(48h)2.9mg/L。蜜蜂 LD$_{50}$(48h)＞0.1mg/只(经口和接触)。蚯蚓 LC$_{50}$(14d)414mg/kg。

环境行为

(1) 动物 在哺乳动物体内非常容易通过排泄代谢到体外，在器官和组织中无明显残留。

(2) 植物 己唑醇对谷物的代谢细节见 M W Skidmore, et al. *Br Crop Prot Conf-Pests & Dis*, 1990, 3: 1035-1040。

(3) 土壤/环境 实验室试验表明其可以在土壤中迅速降解。

制剂 5%、10%、11%、25%、27%、30%、33%、40%悬浮剂，5%、10%微乳剂，40%、50%水分散粒剂。

主要生产商 Astec、Bharat、Devidayal、Dongbu Fine、Hui Kwang、Punjab、Rallis、Sharda、Sudarshan、Syngenta、安徽华星化工股份有限公司、江苏丰登作物保护股份有限公司、连云港立本农药化工有限公司、利民化工股份有限公司、宁波保税区汇力化工有限公司、苏七洲绿色化工股份有限公司、上海生农生化制品有限公司、泰达集团及盐城利民农化有限公司等。

作用机理与特点 甾醇脱甲基化抑制剂，破坏和阻止病菌的细胞膜重要组成成分麦角甾醇的生物合成，导致细胞膜不能形成，使病菌死亡。具有内吸性、保护和治疗活性。

应用

(1) 适宜作物与安全性 果树如苹果、葡萄、香蕉，蔬菜(瓜果、辣椒等)，花生，咖啡，禾谷类作物和观赏植物等。尽管在推荐剂量下使用，对环境、作物安全；但有时对某些苹果品种有药害。

（2）防治对象　能有效地防治子囊菌、担子菌和半知菌所致病害，尤其是对担子菌纲和子囊菌纲引起的病害如白粉病、锈病、黑星病、褐斑病、炭疽病等有优异的保护和铲除作用。

（3）使用方法　茎叶喷雾，使用剂量通常为15～250g(a.i.)/hm²。以10～20mg/L喷雾，能有效地防治苹果白粉病、苹果黑星病、葡萄白粉病；以20～50mg/L喷雾，可有效防治咖啡锈病或以30g(a.i.)/hm²防治咖啡锈病，效果优于三唑酮[250g(a.i.)/hm²]；以20～50mg/L/hm²可防治花生褐斑病；以15～20mg/L可防治葡萄白粉病和黑腐病。

专利与登记　专利GB2064520早已过专利期，不存在专利权问题。在国内登记情况：5%、10%、11%、25%、27%、30%、33%、40%悬浮剂，5%、10%微乳剂，40%、50%水分散粒剂，95%原药；登记作物为葡萄、水稻、苹果树等；防治对象为白粉病、斑点落叶病和稻曲病等。

合成方法　以间二氯苯为原料，先经酰化反应制得2,4-二氯苯基丁基酮；再与$(CH_3)_3SO^+I^-$反应，得到2-丁基-2-(2,4-二氯苯基)环氧乙烷；最后在碱存在下，与三唑反应，即制得己唑醇。反应式如下：

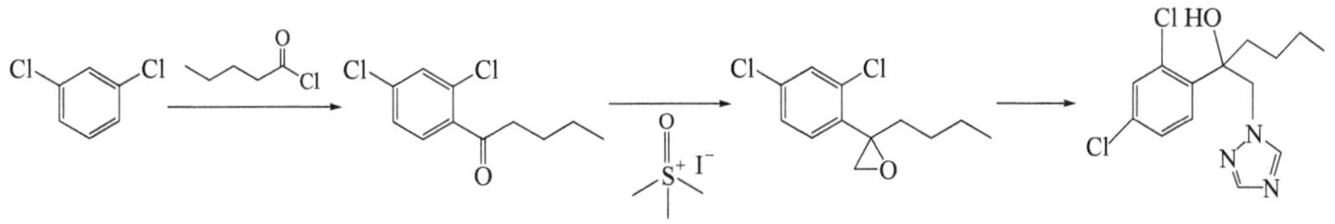

参考文献

[1] Proc Crop Prot Conf-Pests & Dis, 1986：363-370.
[2] The Pesticide Manual. 15th ed：2009，611.

家蝇磷 acethion

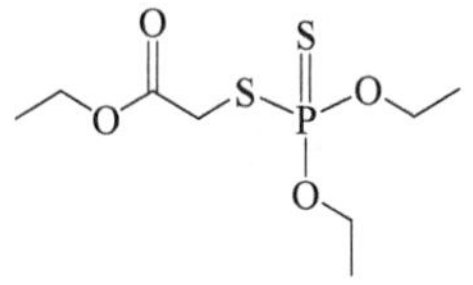

$C_8H_{17}O_4PS_2$，272.3，919-54-0

家蝇磷(acethion)是法国开发的有机磷类杀虫剂。

化学名称　O,O-二乙基-S-(羰乙氧基甲基)二硫代磷酸酯，S-(ethoxycarbonylmethyl)O,O-diethyl phosphorodithioate 或 ethyl(diethoxyphosphinothioylthio)acetate。

理化性质　淡黄色黏稠液体，沸点92℃(0.01mmHg)。相对密度1.176。难溶于水，易溶于大多数有机溶剂。

毒性　大鼠急性经口 LD_{50}1050～1100mg/kg，对温血动物低毒。

作用机理与特点　选择性杀虫剂，对家蝇有良好的作用，杀蝇效果及选择性均比马拉硫磷好。

专利概况　专利 FR1133785、CN1389113、US3047459 均早已过专利期，不存在专利权问题。

合成方法　经如下反应制得家蝇磷：

2 甲 4 氯 MCPA

$C_9H_9ClO_3$，200.6，94-74-6，

2 甲 4 氯（MCPA），试验代号　BAS009H、BAS010H、BAS141H、L065。商品名称　Sun-MCPA、Agritone、Agroxone、Aminex pur、Dicopur M、Kailan、Selectyl、Spear、MCP Ester、百阔净。其他名称　2,4-MCPA、2M-4Kh、metaxon、二甲四氯。1945 年由 R. E. Slade 报道该药剂的植物生长调节活性，后由 ICI Plant Protection Division（现 Syngenta AG）作为除草剂推出。

化学名称　2-甲基-4-氯苯氧乙酸，(4-chloro-2-methylphenoxy)acetic acid。

理化性质　灰白色晶体，有芳香气味（原药）。熔点：119～120.5℃，115.4～116.8℃（99.5%）。蒸气压（mPa）：$2.3×10^{-2}$(20℃)，0.4(32℃)，4(45℃)。$K_{ow}\lg P$(25℃)：2.75(pH 1)，0.59(pH 5)，-0.71(pH 7)。Henry 常数 $5.5×10^{-5}$ Pa·m³/mol（计算值）。相对密度 1.41(23.5℃)。水中溶解度（25℃，g/L）：0.395(pH 1)、26.2(pH 5)、293.9(pH 7)、320.1(pH 9)；有机溶剂中溶解度（25℃，g/L）：乙醚 770、甲苯 26.5、二甲苯 49、丙酮 487.8、正庚烷 5、甲醇 775.6、二氯甲烷 69.2、正辛醇 218.3、正己烷 0.323。对酸很稳定，可形成水溶性碱金属盐和铵盐，遇硬水析出钙盐和镁盐，光解 DT_{50} 24d(25℃)。pK_a 3.73(25℃)。

其他以酯或盐的形式存在。2 甲 4 氯丁氧基乙基酯（MCPA-butotyl）：19480-43-4，300.8，$C_{15}H_{21}ClO_4$，易溶于有机溶剂。2 甲 4 氯二甲基胺盐（MCPA-dimethylammonium）：2039-46-5，245.7，$C_{11}H_{16}ClNO_3$。2 甲 4 氯-2-乙基己基酯（MCPA-2-ethylhexyl）：(4-氯-2-甲基苯氧基)乙酸-2-乙基己基酯，2-ethylhexyl (4-chloro-2-methylphenoxy) acetate，29450-45-1，312.8，$C_{17}H_{25}ClO_3$；原药≥94.5%，褐色非黏稠液体，有强烈的酯气味；熔点 22℃，沸点＞220℃，蒸气压 0.27～13mPa(18～45℃)，$K_{ow}\lg P=6.80$，Henry 常数＞0.676Pa·m³/mol，相对密度 1.0644(23.5℃)，水中溶解度＜$1.25×10^{-1}$mg/L(20℃±1℃)，闪点 159℃（闭杯）。2 甲 4 氯异丙胺盐（MCPA-isopropylammonium）：(4-氯-2-甲基苯氧基)乙酸与丙-2-胺(1:1)的化合物，(4-chloro-2-methylphenoxy)acetic acid, compound with 2-propanamine(1:1)，34596-68-4，259.7，$C_{12}H_{18}ClNO_3$，熔点 259.7℃。2 甲 4 氯钾盐（MCPA-potassium）：5221-16-9，238.7，$C_9H_8ClKO_3$。2 甲 4 氯钠盐（MCPA-sodium）：3653-48-3，222.6，$C_9H_8ClNaO_3$；溶解度(g/L)：水 270，甲醇 340，苯 1。2 甲 4 氯酮胺（MCPA-olamine）：261.7，$C_{11}H_{16}ClNO_4$。

毒性

（1）2 甲 4 氯　大鼠急性经口 LD_{50} 962～1470mg/kg。大鼠急性经皮 LD_{50}＞4000mg/kg，对兔眼睛有严重的刺激性，对皮肤无刺激性。大鼠吸入毒性 LC_{50}(4h)＞6.36mg/L。慢性毒性饲喂试验无作用剂量(2y, mg/L)：大鼠 20[1.25mg/(kg·d)]，小鼠 100[18mg/(kg·d)]。

（2）2 甲 4 氯-2-乙基己基酯　大鼠急性经口 LD_{50}(mg/kg)：雄性 1300，雌性 1800。兔子急性经皮 LD_{50}＞2000mg/kg。对皮肤和眼无刺激性，无致敏性。大鼠吸入 LC_{50}＞4.5mg/L。

生态效应　山齿鹑急性经口 LD_{50}(14d)377mg/kg。野鸭和山齿鹑 LC_{50}(5d)＞5620mg/L。鱼 LC_{50}(96h, mg/L, 2 甲 4 氯盐溶液)：大翻车鱼＞150，鲤鱼 317，虹鳟鱼 50～560。水蚤 EC_{50}(48h)

>190mg/L。羊角月牙藻>392mg/L。蜜蜂 LD_{50}（经口和接触）>200μg/只。蚯蚓 LC_{50} 325mg/kg 干土。2甲4氯二甲胺盐：数据同2甲4氯。2甲4氯-2-乙基己基酯：山齿鹑急性经口 LD_{50} 2250mg/kg，山齿鹑和野鸭饲喂毒性 LC_{50}(5d)>5620mg/L，虹鳟鱼和大翻车鱼 LC_{50}>3.2mg/L，水蚤 EC_{50}(48h)0.28mg/L，藻类 EC_{50}(120h,mg/L)：华鱼腥藻2，舟形藻1.2。

环境行为

（1）动物 大鼠经口摄入2甲4氯后快速吸收且通过尿液几乎全部排出，只有很少部分随粪便排出。只发生中等程度代谢，形成少量的共轭物。

（2）植物 在冬小麦中，2甲4氯的甲基基团发生水解产生2-羟基甲基-4-氯苯氧乙酸，然后进一步降解为苯甲酸，开环。

（3）土壤/环境 土壤中降解为4-氯-2-甲基苯酚，然后环羟基化和开环。经过最初的间隔期后，DT_{50}<7d。使用剂量3kg/hm²，土壤中的残效期为3~4个月。

2甲4氯-2-乙基己基酯：土壤/环境。在天然水和土壤/水中快速水解。

制剂 750g/L 2甲4氯水剂，750g/L 2甲4氯二甲胺盐水剂，56%、85%2甲4氯钠可溶性粉剂，13%2甲4氯钠水剂。

主要生产商 BASF、Dow AgroSciences、澳大利亚纽发姆有限公司、河北昊阳化工有限公司、佳木斯黑龙农药化工股份有限公司、江苏常丰农化有限公司、江苏好收成韦恩农化股份有限公司、江苏辉丰农化股份有限公司、江苏健谷化工有限公司、江苏省常州永泰丰化工有限公司、美国默赛技术公司、山东侨昌化学有限公司、山东潍坊润丰化工股份有限公司以及山东亿星生物科技有限公司等。

作用机理与特点 苯氧乙酸类选择性内吸传导激素型除草剂，主要用于苗后茎叶处理，药剂穿过角质层和细胞质膜，最后传导到各部分，在不同部位对核酸和蛋白质合成产生不同影响，在植物顶端抑制核酸代谢和蛋白质的合成，使生长点停止生长，幼嫩叶片不能伸展，一直到光合作用不能正常进行，传导到植株下部的药剂，使植物茎部组织的核酸和蛋白质的合成增加，促进细胞异常分裂，根尖膨大，丧失吸收养分的能力，造成茎秆扭曲、畸形，筛管堵塞，韧皮部破坏，有机物运输受阻，从而破坏植物正常的生活能力，最终导致植物死亡。

应用 多年来，2甲4氯被广泛用于小麦田、玉米田、水稻田、城市草坪、麻类作物防除一年生或多年生阔叶杂草和部分莎草；与草甘膦混用防除抗性杂草，加快杀草速度作用明显；也有资料介绍，作为水稻脱根剂使用，能提高拔秧功效。用于土壤处理，对一年生禾草及种子繁殖的多年生杂草幼芽也有一定防效。市场常见品种多以单剂和混剂形式出现，其中2甲4氯钠单剂以56%可溶粉剂和13%水剂居多，也有众多与草甘膦、灭草松、唑草酮、异丙隆、氯氟吡氧乙酸、敌草隆、莠灭净、苄嘧磺隆、苯磺隆、溴苯腈、绿麦隆、莠去津做成的混剂品种，开发的剂型涉及可湿性粉剂、水剂、乳油、干悬浮剂、可溶液剂五类。

挥发性、作用速度比2,4-滴低且慢，2甲4氯对禾本科植物的幼苗期很敏感，3~4叶期后抗性逐渐增强，分蘖末期最强，而幼穗分化期敏感性又上升。在气温低于18℃时效果明显变差，对未出土的杂草效果不好。通常用量每亩30~60g(有效成分)。严禁用于双子叶作物。小麦小麦分蘖期至拔节前，每亩用20%2甲4氯水剂150~200mL，兑水40~50kg喷雾，可防除大部分一年生阔叶杂草。水稻水稻栽插半月后，每亩用20%水剂200~250mL，兑水50kg喷雾，可防除大部分莎草科杂草及阔叶杂草。玉米玉米播后苗前，每亩用20%水剂100mL进行土壤处理，也可在玉米4~5叶期，每亩用20%水剂200mL，兑水40kg喷雾，防除玉米田莎草及阔叶杂草。在玉米生长期，每亩用20%水剂300~400mL定向喷雾，对生长较大的莎草也有很好的防除作用。河道清障除灭河道水葫芦宜在防汛前期的5~6月份日最低气温在15℃以上时进行，对株高在30cm以下的水葫芦，可选晴天每亩用20%2甲4氯水剂750mL加皂粉100~200g，或用20%2甲4氯水剂500mL加10%草甘膦水剂1000mL加皂粉100~200g，兑水75kg喷雾；对株高30cm以上的水葫芦，采用上述除草剂兑水100kg喷雾。喷施上述除草剂后气温越高水葫芦死亡越快，死亡率越高，气温越低效果越差。一般于施药后15~20d即全株枯死。

登记情况 国内主要登记了95%、96%2甲4氯原药，92%、95%2甲4氯异辛酯原药，

750g/L 2甲4氯水剂，750g/L 2甲4氯二甲胺盐水剂，56％、85％ 2甲4氯钠可溶性粉剂，13％ 2甲4氯钠水剂。可用于防除水稻移栽田(420～630g/hm²)、水稻直播田(701.25～892.5g/hm²)、小麦田(892.5～1147.5g/hm²)、玉米田(225～337.5g/hm²)阔叶杂草或莎草科杂草。

合成方法 经如下反应制得2甲4氯：

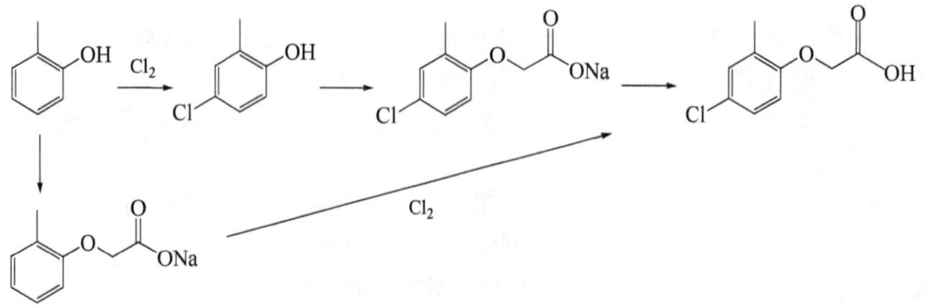

参考文献

[1] 蒙炎生. 安徽化工，1995，3：25-26.

甲氨基阿维菌素苯甲酸盐 emamectin benzoate

B_{1a} R=CH₂CH₃ → R=CH$_2$CH$_3$
B_{1b} R=CH₃ → R=CH$_3$

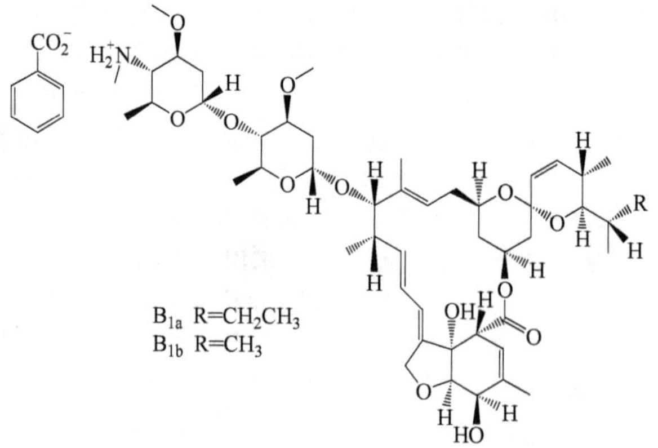

$C_{56}H_{81}NO_{15}(B_{1a})$，$C_{55}H_{79}NO_{15}(B_{1b})$，1008.3($B_{1a}$)，994.2($B_{1b}$)，155569-91-8，137512-74-4(曾用)

甲氨基阿维菌素苯甲酸盐(emamectin benzoate)，试验代号 MK244。其他名称 Banlep、Denim、Proclaim。由默克化学公司(现属先正达公司)开发。

化学名称 (10E,14E,16E)-(1R,4S,5'S,6S,6'R,8R,12S,13S,20R,21R,24S)-6'-[(S)-仲-丁基]-21,24-二羟基-5',11,13,22-四甲基-2-氧-3,7,19-三氧四环[15.6.1.1⁴·⁸.0²⁰·²⁴]二十五烷-10,14,16,22-四烯-6-螺-2'(5',6'-二氢-2'H-吡喃)-12-基-2,6-二脱氧-3-O-甲基-4-O -(2,4,6-脱氧-3-O-甲基-4-甲基胺-α-L-来苏-己吡喃糖基) -α-L-阿拉伯-己吡喃糖苷苯甲酸盐和(10E,14E,16E)-(1R,4S,5'S,6S,6'R,8R,12S,13S,20R,21R,24S)-21,24-二羟基-6'-异丙基-5',11,13,22-四甲基-2-氧-3,7,19-三噁四环[15.6.1.1⁴·⁸.0²⁰·²⁴]二十五烷-10,14,16,22-四烯-6-螺-2'-(5',6'-二氢-2'H-吡喃)-12-基-2,6-二脱氧-3-O-甲基-4-O-(2,4,6-三脱氧-3-O-甲基-4-甲基胺-α-L-来苏-己吡喃糖基) -α-L-阿拉伯-己吡喃糖苷苯甲酸盐。extended von Baeyer nomenclature：(10E,14E,16E)-(1R,4S,5'S,6S,6'R,8R,12S,13S,20R,21R,24S)-6'-[(S)-sec-butyl]-21,24-dihydroxy-5',11,13,22-tetramethyl-2-oxo-(3,7,19-trioxatetracyclo[15.6.1.1⁴·⁸.0²⁰·²⁴]pentacosa-10,14,16,22-tetraene)-6-spiro-2'-(5',6'-dihydro-2'H-pyran)-12-yl-2,6-dideoxy-3-O-methyl-4-O-(2,4,6-trideoxy-3-O-methyl-4-methylamino-α-L-lyxo-hexapyranosyl)-α-L-arabino-hexapyranoside benzoate 和

(10*E*,14*E*,16*E*)-(1*R*,4*S*,5′*S*,6*S*,6′*R*,8*R*,12*S*,13*S*,20*R*,21*R*,24*S*)-21,24-dihydroxy-6′-isopropyl-5′,11,13,22-tetramethyl-2-oxo-(3,7,19-trioxatetracyclo[15.6.1.1^{4,8}.0^{20,24}]pentacosa-10,14,16,22-tetraene)-6-spiro-2′-(5′,6′-dihydro-2′*H*-pyran)-12-yl-2,6-dideoxy-3-*O*-methyl-4-*O*-(2,4,6-trideoxy-3-*O*-methyl-4-methylamino-α-L-*lyxo*-hexapyranosyl)-α-L-*arabino*-hexapyranoside benzoate 或 bridged fused ring systems nomenclature: mixture of (2*aE*,4*E*,8*E*)-(5′*S*,6*S*,6′*R*,7*S*,11*R*,13*S*,15*S*,17*aR*,20*R*,20*aR*,20*bS*)-6′-[(*S*)-*sec*-butyl]-5′,6,6′,7,10,11,14,15,17*a*,20,20*a*,20*b*-dodecahydro-20,20*b*-dihydroxy-5′,6,8,19-tetramethyl-17-oxospiro[11,15-methano-2*H*,13*H*,17*H*-furo[4,3,2-pq][2,6]benzodioxacyclooctadecin-13,2′-[2*H*]pyran]-7-yl 2,6-dideoxy-3-*O*-methyl-4-*O*-(2,4,6-trideoxy-3-*O*-methyl-4-methylamino-α-L-*lyxo*-hexapyranosyl)-α-L-*arabino*-hexapyranoside benzoate and (2*aE*,4*E*,8*E*)-(5′*S*,6*S*,6′*R*,7*S*,11*R*,13*S*,15*S*,17*aR*,20*R*,20*aR*,20*bS*)-5′,6,6′,7,10,11,14,15,17*a*,20,20*a*,20*b*-dodecahydro-20,20*b*-dihydroxy-6′-isopropyl-5′,6,8,19-tetramethyl-17-oxospiro[11,15-methano-2*H*,13*H*,17*H*-furo[4,3,2-pq][2,6]benzodioxacyclooctadecin-13,2′-[2*H*]pyran]-7-yl 2,6-dideoxy-3-*O*-methyl-4-*O*-(2,4,6-trideoxy-3-*O*-methyl-4-methylamino-α-L-*lyx*o-hexapyranosyl)-α-L-arabino-hexapyranoside benzoate。

甲氨基阿维菌素苯甲酸盐由 emamectin B$_{1a}$ 和 emamectin B$_{1b}$ 的苯甲酸盐组成,其中 emamectin B$_{1a}$≥90%,emamectin B$_{1b}$≤10%。

理化性质 纯品为白色粉末,熔点141~146℃,相对密度1.20(23℃)。蒸气压4×10^{-3}mPa(21℃),分配系数 K_{ow}lg$P$=5.0(pH 7,25℃)。Henry常数1.7×10^{-4}Pa•m³/mol(pH 7)。水中溶解度(pH 7,25℃)0.024g/L。稳定性:在25℃时,pH为5、6、7、8时不发生水解;遇光快速降解;pK_a4.18(酸性条件,苯甲酸离子),8.71(碱性条件,甲氨基阿维菌素离子)。

毒性 大鼠急性经口 LD$_{50}$56~63mg/kg。大鼠急性经皮 LD$_{50}$>2000mg/kg。对皮肤无刺激,对眼睛有严重致敏性,无潜在致敏性。大鼠吸入 LC$_{50}$(4h)1.05~0.66mg/L。狗 NOEL(1y)0.25mg/kg。ADI 0.0025mg/kg,无致肿瘤性。

生态效应 急性经口 LD$_{50}$(mg/kg):野鸭76,山齿鹑264。饲喂 LC$_{50}$(8d,mg/L):野鸭570,山齿鹑1318。鱼毒 LC$_{50}$(96h,μg/L):虹鳟鱼174,红鲈鱼1430。水蚤 LC$_{50}$(48h)0.99μg/L。对蜜蜂有毒。由于其快速降解,对大部分益虫无害,接触活性时效<48h。蚯蚓 LC$_{50}$>1000mg/kg干土。

环境行为

(1) 动物 甲维盐虽只有部分代谢,但可快速清理掉(DT$_{50}$经口、注射34~51h),因此无潜在的生物累积。

(2) 植物 对其在莴苣、甘蓝、甜玉米中的代谢进行分析,结果表明其为非内吸性杀虫剂,而且在光照下快速降解为各种复杂的残留物,未代谢的母体化合物是唯一较显著的残留物,残留物含量很低。

(3) 土壤/环境 在土壤中,可很快代谢。

制剂 0.2%甲氨基阿维菌素苯甲酸盐乳油,0.8%~1.2%甲氨基阿维菌素水乳剂,0.1%~10%甲氨基阿维菌素苯甲酸盐悬浮剂,2%~5%甲氨基阿维菌素苯甲酸钠盐水分散粒剂,甲氨基阿维菌素水悬纳米胶囊剂,甲氨基阿维菌素微乳剂。

主要生产商 Hui Kwang、Syngenta、大连瑞泽农药股份有限公司、河北威远生物化工股份有限公司、宏宝集团、泰禾集团、上海丰荣精细化工有限公司、深圳市易普乐生物科技有限公司、江苏七洲绿色化工股份有限公司、山东省京博控股股份有限公司、浙江世佳科技有限公司及浙江海正化工股份有限公司等。

作用机理与特点 本品高效、广谱、持效期长,为优良的杀虫杀螨剂,其作用机理是阻碍害虫运动神经信息传递而使身体麻痹死亡。作用方式以胃毒为主兼有触杀作用,无内吸性能,但能有效渗入施用作物表皮组织,因而具有较长持效期。甲维盐可以增强神经质如谷氨酸和γ-氨基丁酸(GABA)的作用,从而使大量氯离子进入神经细胞,使细胞功能丧失,扰乱神经传导,幼虫在接触后马上停止进食,发生不可逆转的麻痹,在3~4d内达到最高致死率。由于它和土壤结合紧密、不淋溶,在环境中也不积累,可以运动转移,极易被作物吸收并渗透到表皮,对施药作物具有长期持效性,在10d以上又出现第二个杀虫致死率高峰,同时很少受环境因素如风、雨等影响。

应用

(1) 适用作物　蔬菜、果树、烟草、茶树、花卉及大田作物(水稻、棉花、玉米、小麦、大豆等)。

(2) 防治对象　甲维盐对很多害虫有其他农药无法比拟的活性,尤其对鳞翅目、双翅目、蓟马类超高效,如红带卷叶蛾、烟蚜夜蛾、棉铃虫、烟草天蛾、小菜蛾黏虫、甜菜夜蛾、旱地贪夜蛾、纷纹夜蛾、甘蓝银纹夜蛾、菜粉蝶、菜心螟、甘蓝横条螟、番茄天蛾、马铃薯甲虫、墨西哥瓢虫、红蜘蛛、食心虫等。

(3) 残留量与安全施药　在动植物体内残留量低,在土壤中代谢快,在环境中不积累,基本无残留,而且在防治害虫的过程中对益虫没有伤害,有利于对害虫的综合防治,另外扩大了杀虫谱,降低了对人畜的毒性。鱼类、水生生物对该药敏感,对蜜蜂高毒,使用时避开蜜蜂采蜜期,不能在池塘、河流等水面用药或不能让药水流入水域。施药后48h内人、畜不得入内。两次使用的最小间隔期为7d,收获前6d内禁止使用。提倡轮换使用不同类别或不同作用机理的杀虫剂,以延缓抗性的发生。避免在高温下使用,以减少雾滴蒸发和飘移。原药中高毒,制剂低毒(近无毒),中毒后早期症状为瞳孔放大,行动失调,肌肉颤抖,严重时导致呕吐。中毒救治——经口:立即引吐并给患者服用吐根糖浆或麻黄素,但勿给昏迷患者催吐或灌任何东西。抢救时避免给患者使用增强 γ-氨基丁酸活性的药物(如巴比妥、丙戊酸等)。大量吞服时可洗胃。

(4) 应用技术　0.2%甲氨基阿维菌素苯甲酸盐乳油,防治十字花科蔬菜小菜蛾使用剂量50～60mL/亩,采用喷雾方式。

(5) 使用方法　甲氨基阿维菌素推荐使用剂量为5～25g(a.i.)/hm^2,其中防治玉米、棉花、蔬菜上的鳞翅目害虫最高使用剂量为16g(a.i.)/hm^2。防治松树上的害虫使用剂量为5～25g(a.i.)/hm^2。

① 防治棉铃虫　用1%甲氨基阿维菌素乳油833～1000倍液,在田间棉铃虫卵孵化盛期喷雾使用。防治蔬菜小菜蛾,每亩用1%甲氨基阿维菌素乳油15～25mL,在小菜蛾卵孵化盛期至幼虫二龄以前喷雾施药。

② 防治蔬菜甜菜夜蛾　每亩用1%甲氨基阿维菌素乳油30～40mL兑水50kg喷雾一次,在甜菜夜蛾低龄期(幼虫二龄期前)喷雾。

③ 防治稻纵卷叶螟　每亩用1%甲氨基阿维菌素乳油50～60mL,在稻纵卷叶螟卵孵高峰至一、二龄幼虫高峰期施药。

④ 防治棉盲蝽　每亩用1%甲氨基阿维菌素乳油50mL,在棉盲蝽低龄若虫盛发期喷雾。

⑤ 防治桃小食心虫　用1%甲氨基阿维菌素乳油1670倍液,于桃小食心虫卵孵盛期施药。

⑥ 防治玉米螟　每亩用1%甲氨基阿维菌素乳油10.8～14.4mL,于玉米心叶末期,玉米花叶率达到10%时使用,每亩拌10kg细沙,撒入玉米心叶丛最上面4～5个叶片内。

专利与登记　最早由默克化学公司(现属先正达公司)发现并开发。1997年首次在以色列和日本销售。相关专利有 US5399717、GB2282375、FR2772557 等。国内登记情况:0.2%、0.5%、1%、1.5%、5%乳油,90%、95%原药等;登记作物为甘蓝、棉花和十字科蔬菜;防治对象为小菜蛾、菜青虫、甜菜夜蛾、棉铃虫等。先正达作物保护有限公司仅在中国登记了95%原药。

合成方法　从一种天然的土壤放射菌——链霉菌的发酵分离得到。

甲胺磷 methamidophos

$C_2H_8NO_2PS$, 141.1, 10265-92-6

甲胺磷（methamidophos），试验代号　Bayer71628、ENT27396、Ortho9006、SRA5172。商品名称　Giant、Matón、Monitor、MTD-600、Nitofol、Patrole、Pilaron、Rometa、Sniper、Tamaron。其他名称　acephate-met、达马松、多灭磷、克螨隆、托马隆、灭虫螨胺磷、亚西发甲、多灭灵、多灭磷、杀螨隆、克螨隆。是 I. Hammann 报道，由 Chevron Chemical Co. 和 Bayer AG 开发的有机磷类杀虫剂。

化学名称　O,S-二甲基氨基硫代磷酸酯，O,S-dimethylphosphoramidothioate。

理化性质　无色晶体，具有硫醇气味，熔点 45℃。沸点＞160℃，高温分解。闪点约 42℃。蒸气压 2.3mPa（20℃）、4.7mPa（25℃）。相对密度 1.27（20℃）。分配系数 K_{ow} lg$P=-0.8$（20℃）。Henry 常数＜1.6×10^{-6} Pa·m³/mol（20℃）。水中溶解度（20℃）＞200g/L；其他溶剂中溶解度（20℃，g/L）：正己烷 0.1～1，异丙醇＞200，二氯甲烷＞200，甲苯 2～5。正常条件下储存稳定，其水溶液受热在沸腾前即分解，在 pH 3～8 下稳定，遇酸或碱分解。水溶液稳定性 DT_{50}（22℃）：1.8y（pH 4）、110h（pH 7）、72h（pH 9）。光降解速度很慢。

毒性　大鼠急性经口 LD_{50}（mg/kg）：雄 15.6，雌 13.0。兔急性经皮 LD_{50}（mg/kg）：雄 122，雌 69。本品对兔皮肤无刺激，对眼睛有轻微刺激，对豚鼠皮肤无刺激。雄和雌大鼠吸入 LC_{50}（4h）213mg/m³。NOEL 值[mg/(kg·d)]：狗（1y）0.06，大鼠（2y）0.1，小鼠（2y）0.7～0.8。ADI 值：（JMPR）0.004mg/kg，（EC）0.001mg/kg，（EPA）aRfD 0.003mg/kg，cRfD 0.0003mg/kg。

生态效应　山齿鹑急性经口 LD_{50} 10mg/kg。鸟饲喂 LC_{50}（5d，mg/L）：山齿鹑 42，日本鹌鹑 92，野鸭 1302。鱼类 LC_{50}（96h，静态，mg/L）：大翻车鱼 34，虹鳟鱼 25，红鲈 5.6。水蚤 EC_{50}（48h）0.27mg/L。羊角月牙藻 E_rC_{50}（96h，静态）＞178mg/L。对蜜蜂有毒。蚯蚓 LC_{50}（14d）44mg/kg 干土。

环境行为

（1）动物　在大鼠和牛马等动物体内，本品被迅速吸收并均匀分布于所有器官和组织，超过一半以上的甲胺磷被迅速代谢，通过尿和呼吸排出，留在动物体内的甲胺磷通过形成微弱的碳键，转化为内源性化合物，随着这些化合物的自然转变而代谢。在大鼠体内主要通过脱氨基和脱甲基代谢。

（2）植物　对植物根部施药后，本品被迅速吸收，并随着蒸腾作用的流动转移到叶片。植物叶片施药后，吸收也很快，但几乎不能转移到其他部位。

（3）土壤/环境　本品在土壤中降解很快，DT_{50}：田间＜2d，水 5～27d（pH 7），光解可导致进一步的降解，在空气中迅速降解，光解 DT_{50} 0.578d。

制剂　50%乳油，2%粉剂，3%颗粒剂。

主要生产商　ACA、ArystaLifeScience、Bayer CropScience、Crystal、Pilarquim、Reposo、Saeryung、Sundat、Taiwan Tainan Giant、Tekchem、Westrade、杭州庆丰农化有限公司、河北威远生物化工股份有限公司、湖北沙隆达股份有限公司、惠光股份有限公司、江苏蓝丰生物化工股份有限公司、兰溪农药厂、宁波中化化学品有限公司、沙隆达农业科技有限公司、山东华阳农药化工集团有限公司、中国台湾兴农农药业股份有限公司、浙江巨化股份有限公司及浙江菱化实业股份有限公司等。

作用机理与特点　胆碱酯酶的直接抑制剂，具有触杀和胃毒作用的内吸、传导性杀虫剂，具有一定的熏蒸作用，对螨类还有杀卵作用，杀虫范围广，持效期长，对蚜、螨可持效 10d 左右，对飞虱、叶蝉约 15d，对鳞翅目幼虫胃毒作用小于敌百虫，而对蝼蛄、蛴螬等地下害虫防效优于对硫磷。

应用

（1）适用作物　水稻、棉花、大豆、观赏植物、玉米、高粱、小麦、烟草、马铃薯、果树等。

（2）防治对象　能有效防治刺吸口器害虫和咀嚼式口器害虫，如蚜虫、红蜘蛛、粉虱、飞虱、斜纹夜蛾等。对钻蛀性害虫及蝼蛄、蛴螬等地下害虫及对有机磷产生抗性的害虫都有良好的防治效果。

（3）残留量与安全施药　①本品是高毒农药，不能用于蔬菜、烟草、茶叶及中草药材上。使用中应严格执行农药安全使用所规定的安全间隔期及高毒农药安全操作规程。②高温季节不宜采用低容量或超低容量喷雾，以免中毒。③不能与碱性药剂混用；拌种时，对某些高粱品种的种子发芽率略有影响，使用时应先试验。本品在菜花、芹菜、番茄上最大允许残留量为 2mg/kg，在黄瓜、洋白菜、茄子上为 1mg/kg，牛羊肉中为 0.01mg/kg。

（4）使用方法　使用剂量：0.3～1.2kg(a.i.)/hm²。

① 水稻　a.防治二化螟、三化螟的枯心：在卵孵高峰前 1～2d，防治白穗掌握在 5%～10% 破口露穗时，用 50% 乳油 1.5～2L/hm²，兑水喷雾；b.防治稻纵卷叶螟：重点在水稻穗期，于幼虫 1～2 龄高峰期，用 50% 乳油 1～1.5L/hm²，兑水喷雾，一般年份用药一次，大发生年份用药 1～2 次，并适当提早第一次施药时间；c.防治稻飞虱、稻叶蝉：在 2～3 龄若虫期，用 50% 乳油 1.5～2L/hm²，兑水喷雾或泼浇。由于本品对褐稻虱的天敌蜘蛛等杀伤作用较大，连续施药后易导致褐稻虱的再猖獗，因此，应尽量与氨基甲酸酯类农药交替使用；d.防治稻蓟马：在卵孵高峰到叶片出现初卷时，用 50% 乳油 0.75～1L/hm²，兑水常量喷雾，药效期为 7～10d。

② 棉花　a.防治棉蚜、红蜘蛛、蓟马、盲椿象、叶蝉等：用 50% 乳油 2000 倍液或 0.75～1L/hm²，兑水常量喷雾；b.防治棉铃虫、棉红铃虫、斜纹夜蛾等：于卵孵盛期，用 50% 乳油 1～1.5L/hm²，兑水喷雾。

③ 大豆　防治大豆蚜虫、红蜘蛛、造桥虫、尺蠖、蓟马、豆天蛾、多种叶蛾等：用 50% 乳油 1000～1500 倍液或 1～1.5L/hm² 兑水喷雾。

④ 地下害虫　a.防治蝼蛄、蛴螬等：用 50% 乳油 75～100mL，加水 5kg，拌玉米、高粱、小麦等种子 50kg，堆闷 1h，吸干药液后播种；b.防治蟋蟀：用 50% 乳油 450～750mL，拌麦麸 40kg 拌毒饵，或用药 1.5～2L/hm² 与细土 600kg 拌成毒土撒施。

⑤ 其他害虫　a.防治观赏植物上的红蜘蛛、蚜虫、介壳虫、蓟马、卷叶蛾、粉虱等：用 50% 乳油 800～1000 倍液喷雾；b.防治玉米螟：用 3% 颗粒剂 15～22.5kg/hm² 撒于玉米心叶；c.防治麻类作物苗期蚜虫：用 3% 颗粒剂 45～60kg/hm² 拌细土 750kg，撒于播种沟并覆土；d.防治桃小食心虫的越冬幼虫或脱果幼虫，用 3% 颗粒剂 150kg/hm² 撒施地面。

专利概况　专利 DE1210835、DD161051、DE3228868、EP65236 等均早已过专利期，不存在专利权问题。

合成方法　通过如下反应制得目的物：

（1）直接异构法

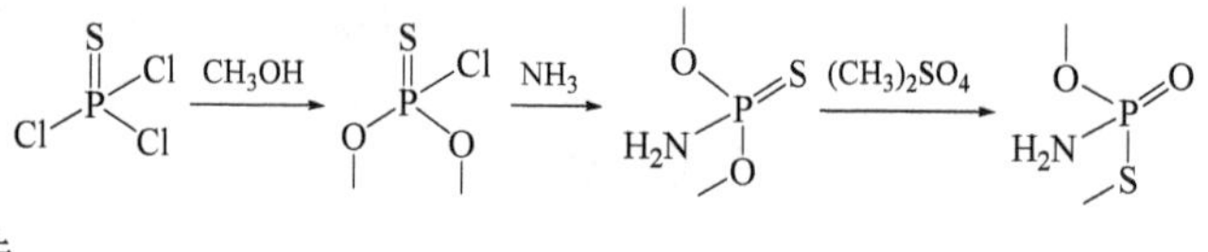

（2）水解异构法

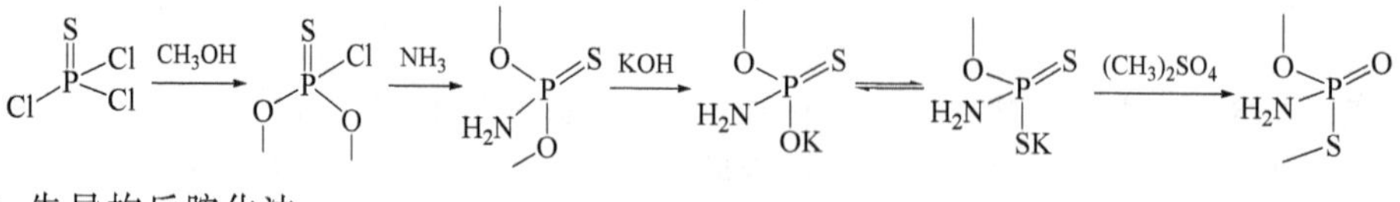

（3）先异构后胺化法

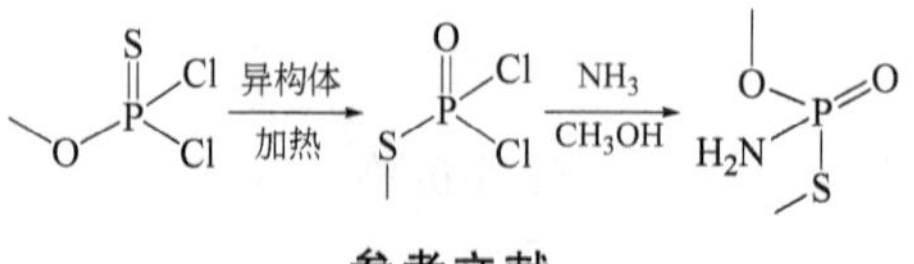

参考文献

[1] 张永钦，等. 湖北化工，1997，3：7-10.
[2] 曹广宏. 广西化工，1992，1：44-48.

甲拌磷 phorate

$$C_7H_{17}O_2PS_3,\ 260.4,\ 298-02-2$$

甲拌磷（phorate），试验代号 AC3911、EI3911、ENT24042。商品名称 Dhan、Foratox、Geomet、Granutox、Hermit、Hilhorate、Kaymet、Molate、phoramate、Qinsha、Thimet、Umet、Uniphor、Vamphor、Vegfru Foratox、Volphor、Zeemet、伏螟、福瑞松、赛美特、三九一一、西梅脱。是美国氰胺公司开发，1954 年商品化的有机磷类杀虫剂。

化学名称 O,O-二乙基 S-乙硫基甲基二硫代磷酸酯，O,O-diethyl S-ethylthiomethyl phosphorodithioate。

组成 原药纯度大于 90%。

理化性质 原药为无色液体，纯度＞90%。熔点＜－15℃，原药沸点 118～120℃（0.8mmHg），蒸气压 85mPa（25℃），K_{ow}lg$P$＝3.92。Henry 常数 $5.9×10^{-1}$Pa·m³/mol（计算值）。相对密度 1.167（原药，25℃）。水中溶解度 50mg/L（25℃），易溶于醇类、酮类、酯类、醚类、脂肪烃、芳香烃、卤代烃、二氧六环、菜籽油和其他有机溶剂中。正常储存 2 年以上不分解，其水溶液遇光分解（DT$_{50}$ 1.1d），在 pH 5～7 稳定性最佳；DT$_{50}$ 3.2d（pH 7），3.9d（pH 9）。闪点＞110℃。

毒性 急性经口 LD$_{50}$（mg/kg）：雄大鼠 3.7，雌大鼠 1.6，小鼠约 6。急性经皮 LD$_{50}$（mg/kg）：雄大鼠 6.2，雌大鼠 2.5，豚鼠 20～30，雄兔 5.6，雌兔 2.9。根据颗粒剂有效成分的浓度、载体类型、试验方法和动物种类，急性经皮 LD$_{50}$[mg（a.i.）/kg]：雄大鼠 98～137（颗粒剂），雌大鼠 93～245（颗粒剂）。大鼠吸入 LC$_{50}$（1h，mg/L）：雄大鼠 0.06，雌大鼠 0.011。狗 NOAEL0.05mg/kg。ADI（JMPR）0.0007mg/kg[2005]；（EPA）aRfD 0.0025，cRfD 0.0005mg/kg[2006]。无致畸、致癌、致突变作用。

生态效应 急性经口 LD$_{50}$（mg/kg）：野鸭 0.62，野鸡 7.1。鱼 LC$_{50}$（96h，mg/L）：虹鳟鱼 0.013，鲇鱼 0.28。对蜜蜂有毒，LD$_{50}$10μg/只（接触）。

环境行为

（1）动物/植物 本品在动物、植物内代谢情况基本一致，首先氧化为亚砜、砜和硫代磷酸酯类似物，进而氢解为二硫代、硫代磷酸。

（2）土壤/环境 在土壤中，先代谢为亚砜、砜及其硫代磷酸酯类似物，随后氢解，在某些情况下，砜可能不分解。土壤 DT$_{50}$约 7～10d。土壤 K_{oc}543。

制剂 2.5%、5%、10%、15%颗粒剂，20%、25%、60%、75%乳油，30%、50%、60%粉粒剂。

主要生产商 Amvac、Gujarat Pesticides、Ralchem、Sharda 及 United Phosphorus 等。

作用机理与特点 甲拌磷为高毒、高效、广谱的内吸性杀虫杀螨剂，具有触杀、胃毒、熏蒸作用，能在植物体内传导，对刺吸式口器和咀嚼式口器害虫都有良好防效，残效期长，是一种优良的种子处理剂。其作用机理为：本品进入植物体后，受植物代谢的影响而转化成毒性更大的氧化物（亚砜、砜），昆虫取食后体内神经组织中的乙酰胆碱酯酶的活性受到抑制，从而破坏了正常的神经冲动传导，导致中毒，直至死亡。本品及其代谢物形成更毒的氧化物，在植物体内能保持较长的时间（1～2 个月，甚至更长）。

应用

（1）适用作物 棉花、甜菜、小麦、高粱、油菜、玉米、十字花科植物和咖啡等。

（2）防治对象　刺吸式害虫、咀嚼式害虫、螨类和某些线虫，如蚜虫、飞虱、蓟马、红蜘蛛、潜叶蝇、拟步行甲、象甲、跳甲、蝼蛄、金针虫等。对鳞翅目幼虫防效较差。

（3）残留量与安全施药　甲拌磷对人畜剧毒，禁止兑水喷雾使用。只准许用于棉花、甜菜、小麦、油菜的种子处理。拌种时要做好防护，不准用手直接接触药剂。长期使用甲拌磷，害虫会产生抗药性，要注意与甲基硫环磷、甲基异柳磷等交替使用。不准用于蔬菜、果树、中药材等作物。甲拌磷在植物体内能保持较长时间，要特别注意残留毒性。食品中甲拌磷最大残留限量：谷类＜0.02mg/kg，蔬菜、水果、食用油不得检出。

（4）具体使用方法

① 小麦　a. 将60%甲拌磷乳油100mL加入到2～3kg水中稀释后，均匀喷洒在50kg种子表面，反复搅拌均匀后，堆闷4～6h，播种（也可每亩用5%甲拌磷颗粒剂2kg与20～25kg细土混合沟施后播种，或每50kg麦种用30%粉剂1～1.5kg拌种），可防治地下害虫和幼苗期的叶蝉、蚜虫及红蜘蛛。b. 将60%甲拌磷乳油200～400mL加入到2～3kg水中稀释后拌种，可防治麦根蝽象。c. 每亩用5%颗粒剂1.5～2.5kg与干土15kg混合均匀撒于地面后播种，或冬小麦返青期结合追肥，每亩沟施5%颗粒剂2.5kg，可防治麦地种蝇。d. 用60%甲拌磷乳油按种子重量的0.3%拌种，可防治小麦粒线虫病。

② 棉花　a. 浸种：用60%甲拌磷乳油0.5kg，加水100kg稀释后，在容器内浸泡50kg棉籽12～24h。浸泡期间用长柄工具每隔1～2h翻种一次，浸完后捞起，再堆闷8～12h，等种子有1/3左右开始萌动时，即可播种。b. 闷种：每50kg棉籽先用温汤浸泡后，用60%甲拌磷乳油0.5kg加水12～25kg的稀释液拌和，再堆闷6～12h，即可播种。c. 拌种：先将棉籽浸泡、闷种，播前再喷洒少量水将棉籽浸湿，按50kg棉籽用30%粉剂1.5～3.0kg拌匀后，堆闷3～4h，即可播种（若以颗粒剂拌种，每50kg棉籽用5%颗粒剂7.5～12.5kg，方法与30%粉剂相同），可防治棉蚜、红蜘蛛、蝼蛄等害虫，药效期可保持到播种后30～40d。

③ 甜菜　每50kg甜菜种子用60%乳油250～350mL，兑水10kg，用喷雾器往种子上喷药液，边喷边翻拌种子，待充分拌匀后，摊开晾干或堆闷数小时后再摊开晾干，然后播种（也可每50kg种子用60%乳油250～350mL，加水50kg的稀释液浸泡，24h后捞出、晾干、播种；或每50kg种子用水7.5～10kg喷拌润湿后，用30%粉剂1.5～2kg进行拌种，堆闷1～2h，摊开晾干后播种），可防治蒙古灰象甲等苗期地下害虫。

④ 玉米　用60%乳油100mL兑少量水稀释后拌25kg种子，拌匀后堆闷3～4h即可播种（或每亩用5%甲拌磷颗粒剂200g，掺细砂或土1.5kg），可防治地下害虫。

⑤ 油菜　先用少量水将种子闷湿，再用30%粉剂拌种，用量为0.9～1.2kg/hm²，可使苗期跳甲的危害减退95%以上。

⑥ 高粱　每公顷用5%颗粒剂5kg，拌于细砂或土15～2kg，每隔垄施药一垄，熏蒸，可防治高粱蚜虫。

⑦ 韩椒　用甲拌磷或呋喃丹混土或拌毒饵诱杀，可防治韩椒苗期地下害虫如蛴螬、蝼蛄等，防治效果可达100%。

⑧ 豌豆　每亩用5%颗粒剂2kg沟施后播种，可防治豌豆田地下害虫。

专利与登记　专利US2586655、US2596076、US2970080、US2759010均早已过专利期，不存在专利权问题。国内登记情况：80%原药，55%乳油，26%粉剂，3%、5%颗粒剂，30%粉粒剂等；登记作物为小麦、棉花和高粱等；防治对象为蚜虫和地下害虫等。

合成方法　经如下反应制得甲拌磷：

参考文献

[1] 史卫国. 河北化工, 1996, 04: 22-24.

甲苯磺菌胺 tolylfluanid

$$H_3C-\text{—}\langle\text{—}\rangle-N\begin{array}{l}SO_2N(CH_3)_2\\SCCl_2F\end{array}$$

$C_{10}H_{13}Cl_2FN_2O_2S_2$，347.3，731-27-1

甲苯磺菌胺（tolylfluanid），试验代号 BAY49854、KUE 13183B。商品名称 Elvaron M、Euparen M、Euparen Multi。其他名称 Elvaron Multi、Jinete、Methyleuparene。是拜耳公司开发的磺酰胺类杀菌剂、杀螨剂。

化学名称 N-二氯氟甲硫基-N′,N′-二甲基-N-对甲苯基（氨基）磺酰胺，N-dichlorofluoromethylthin-N′,N′-dimethyl-N-p-tolylsulfamide。

理化性质 纯品无色无味结晶状固体，熔点93℃。在200℃以上分解，蒸气压0.2mPa（20℃）。相对密度1.52（20℃）。分配系数$K_{ow}\lg P=3.9$（20℃）。Henry常数7.7×10^{-2} Pa·m³/mol（20℃，计算值）。水中溶解度0.9mg/L（20℃）；在有机溶剂中的溶解度（20℃，g/L）：正庚烷54，二甲苯190，异丙醇22，正辛醇16，聚乙二醇56，二氯甲烷、丙酮、乙腈、DMSO、乙酸乙酯＞250。稳定性：DT_{50}11.7d（pH 4,22℃，推测），29.1h（pH 7,22℃，推测），≪10min（pH 9,20℃）。

毒性 大鼠急性经口LD_{50}＞5000mg/kg。大鼠急性经皮LD_{50}＞5000mg/kg。对兔皮肤和眼有刺激性，对豚鼠有致敏性。大鼠急性吸入LC_{50}（4h）0.16～1mg/L，取决于颗粒的大小。大鼠NOEL[mg/(kg·d)]：（两代研究）12（EU,2004）；（两代研究）7.9（美国,1995）；3.6（JMPR,2y研究）。ADI（JMPR）0.08mg/kg（安全系数50）[2002,2003]，（EC）0.1mg/kg（安全系数100）[2006]，（EPA）cRfD 0.026mg/kg[2002]。其他：无诱变性，无致畸性，无致癌性，对繁殖无不良影响。

生态效应 山齿鹑急性经口LD_{50}＞5000mg/kg。山齿鹑饲喂LC_{50}（5d）＞5000mg/kg。虹鳟鱼LC_{50}（96h）0.045mg/L。水蚤LC_{50}（48h,mg/L）：（静态水）0.69，（流动水）0.19。淡水藻E_rC_{50}（72h）＞1.0mg/L。蜜蜂LD_{50}（μg/只）：经口＞197，接触＞196。蚯蚓LC_{50}＞1000mg/kg干土。

环境行为

（1）动物 在动物体内^{14}C-甲苯磺菌胺可被迅速吸收，放射标记的物质也会迅速的排出，在动物的器官和组织中不会累积。甲苯磺菌胺会水解成DMST（dimethylamino sulfotoluidide），随后转变成主要的代谢物4-(二甲基氨基磺酰胺)苯甲酸，然后会与甘氨酸共轭生成4-(二甲基氨基硫化氨基)马尿酸。

（2）植物 在植物中，甲苯磺菌胺会被迅速水解成DMST，随后会进一步的水解和共轭。

（3）土壤/环境 在土壤中甲苯磺菌胺会被迅速水解成DMST，DT_{50}2～11d，然后分解成进一步的产物最终生成CO_2，由于水解迅速，所以在深层的土壤中出现甲苯磺菌胺的可能性很小。

作用机理 非特定的硫醇反应物，抑制呼吸作用。保护性杀菌剂。

应用 主要用于防治葡萄、苹果、草莓、棉花、蔬菜、豆棵作物及观赏植物等各种白粉病、锈病、软腐病、褐斑病、灰霉病、黑星病等病害。防治果树病害，使用剂量为2500g(a.i.)/hm²；防治蔬菜病害，使用剂量为600～1500g(a.i.)/hm²。对某些螨类也有一定的活性，对益螨安全。

专利概况 化合物专利DE1193498早已过专利期，不存在专利权问题。

参考文献

[1] The Pesticide Manual. 15th ed. 2009: 1137-1139.

甲草胺 alachlor

C$_{14}$H$_{20}$ClNO$_2$，269.8，15972-60-8

甲草胺(alachlor)，试验代号　CP50144、MON0144；商品名称：Alanex、Cattch、IntRRo、Lasso、Lazo、Satochlor；其他名称　Alac、Alafal、Alagan、Alfanje、Data、Dipachlor、Faeton、Lacorn、Micro-Tech、Pilarzo、Sete、Top48、拉索、澳特、草不绿；是由孟山都公司开发的氯代乙酰胺类的除草剂。

化学名称　2-氯-2′,6′-二乙基-N-甲氧甲基-乙酰苯胺，2-chloro-2′,6′-diethyl-N-methoxymethylacetanilide。

理化性质　原药纯度93%。纯品为乳白色无味非挥发性结晶体(室温)，黄色至红色液体(＞40℃)。熔点40.5～41.5℃，沸点100℃（0.026kPa）。在105℃时分解，25℃时蒸气压5.5mPa。分配系数K_{ow} lg$P$=3.09(25℃)。Henry常数：3.2×10^{-3} Pa·m^3/mol。相对密度1.1330(25℃)。在水中溶解度为170.31mg/L(pH 7,20℃)，溶于乙醚、丙酮、苯、氯仿、乙酸乙酯、乙醇等有机溶剂，微溶于庚烷中。在pH 5、7和9时稳定，DT$_{50}$＞1y，对紫外线稳定，在105℃分解。闪点：137℃(闭杯)，160℃(开杯)。

毒性　大鼠急性经口LD$_{50}$930～1350mg/kg，兔急性经皮LD$_{50}$13300mg/kg，大鼠急性吸入LC$_{50}$(4h)＞1.04mg/L空气。对兔眼睛和兔皮肤无刺激性，对豚鼠皮肤有致敏作用。NOEL数据[mg/(kg·d)]：大鼠(2y)2.5，狗(1y)≤1。ADI(EPA)cRfD 0.01mg/kg[1993]。对大鼠有致癌性，但对小鼠无致癌性。对机理的研究表明此与预期的暴露量无关。

生态效应　山齿鹑急性经口LD$_{50}$1536mg/kg。山齿鹑和野鸭鱼饲喂LC$_{50}$(5d)＞5620mg/kg饲料。鱼毒LC$_{50}$(96h,mg/L)：大翻车鱼5.8，虹鳟鱼5.3，斑点叉尾鮰2.1，羊头鲦鱼3.9。水蚤EC$_{50}$(48h)13mg/L。羊角月牙藻TL$_{50}$(72h)12μg/L。小龙虾EC$_{50}$(48h)＞320mg/L。蜜蜂LD$_{50}$(48h,μg/只)：接触＞100，经口＞94。蚯蚓LC$_{50}$(14d)387mg/kg干土。

环境行为

(1) 动物　迅速被大鼠肝脏微粒体氧合酶氧化成2,6-二乙基苯胺。在大鼠和小鼠的排泄物中大概有30种代谢物，但是在猴子的排泄物中就少得多。在啮齿类动物和猴子体内的主要代谢路径为，谷胱甘肽取代氯而形成配合物。降解谷胱甘肽配合物而生成大量含硫代谢物，包括半胱氨酸配合物、甲基亚砜和砜。

(2) 植物　通过多种代谢路径如水解/氧化取代氯，N-脱甲基化，芳乙基羟基化和谷胱甘肽取代氯迅速代谢为多种代谢产物，然后生成各种含硫的二级分解产物。

(3) 土壤/环境　在有氧条件下的土壤中，被微生物快速降解。DT$_{50}$7.8d[肥土,pH 7.7,1.9%(o. m.)]，10.9d[砂质壤土,pH 7.4,2.5%（o. m.）]，15.3d[粉砂壤土,pH 5.8,3.4%(o. m.)]，17.1d[黏性壤土,pH 7.5,5.1%(o. m.)]；DT$_{90}$在以上各自条件下为26d、36d、51d和57d。主要的代谢物是为糖醛酸和磺酸。在表面水中28d分解55%。

制剂　48%甲草胺(拉索)乳油。

主要生产商　Crystal、Dongbu Fine、É MV、Makhteshim-Agan、Monsanto、Nortox、Pilarquim、Rainbow、功力化学工业股份有限公司、杭州庆丰农化有限公司、南通江山农药化工股份有限公司、山东滨农科技有限公司、山东科赛基农控股有限公司、山东侨昌化学有限公司及台湾兴农股份有限公司等。

作用机理与特点　甲草胺主要是通过阻碍蛋白质的合成而抑制细胞的生长，即其进入植物体内抑制蛋白酶活性，使蛋白质无法合成，造成芽和根停止生长，使不定根无法形成。如果土壤水分适宜，杂草幼芽期不出土即被杀死。甲草胺被植物幼芽吸收（单子叶植物为胚芽鞘、双子叶植物为下胚轴），吸收后向上传导，种子和根也吸收传导，但吸收量较少，传导速度慢；出苗后主要靠根吸收向上传导。症状为芽鞘紧包生长点，稍变粗，胚根细而弯曲，无须根、生长点逐渐变褐色至黑色烂掉。如土壤水分少，杂草出土后随着雨、土壤湿度增加，杂草吸收药剂后，禾本科杂草心叶卷曲至整株枯死，阔叶杂草叶皱缩变黄，整株逐渐枯死。

应用

（1）适宜作物　大豆、玉米、花生对甲单胺有较强的抗药性，也可在棉花、甘蔗、油菜、烟草、洋葱和萝卜等作物中使用。

（2）防除对象　能有效地防除大多数一年生禾本科、某些阔叶和莎草科杂草。一年生禾本科杂草如狗尾草、早熟禾、看麦娘、稗草、千金子、马唐、稷、野黍、画眉草、牛筋草等。莎草科和阔叶杂草如碎米莎草、异型莎草、反枝苋、马齿苋、藜、柳叶刺蓼、酸模叶蓼、繁缕、菟丝子、荠菜、龙葵、辣子草、豚草、鸭跖草等。

（3）应用技术　①杂草萌发前施药效果好，播后苗前施药应尽量缩短播种与施药的间隔时间。秋起垄播后苗前施药应将已出土的杂草采用机械或其他措施除草。施药后1周内如果降雨或灌溉，有利于发挥除草效能。在干旱而无灌溉的条件下，应采取播前混土法，混土深度以不超过5cm为宜，过深混土将会降低药效。施药之后不要翻动土层，以免破坏土表药层。田间阔叶草发生较多的田块，可以与其他阔叶除草剂混用，提高综合防效。②北方地区施药前一个月应检查药桶中是否有结晶析出，如发现有结晶可将药桶置于15～22℃条件下存放，待其自然溶解。如时间紧，可将药桶放在45℃温水中不停地滚动，不断加热水使水保持恒温，一般3～5h即可恢复原状。或将药桶放入20～22℃室温下不停地滚动24h以上。

（4）使用方法

① 大豆田　施药时期在大豆播前或播后苗前，最好在杂草萌发前；若播后苗前施药应在播后3d内。使用方法为土壤处理。甲草胺药效受土壤质地影响比有机质影响大，土壤有机质在3%以上，砂质土每亩用48%甲草胺乳油350mL，壤质土400mL，黏质土475mL；土壤有机质含量在3%以下，沙质上每亩用48%甲草胺乳油275mL，壤质土350mL，黏质土400mL。施药前最好预测天气情况，施药后15d内有15～20mm以上的降雨，因降雨有利于药效发挥。若施药后干旱无雨，有灌溉条件的可灌水，无灌溉条件则应用机械浅混土2～3cm，且及时镇压（效果比灌水或降雨差）。

盖膜大豆每亩用48%甲草胺乳油250～300mL，兑水30～50L。华北地区夏大豆无地膜施用量每亩用250～300mL，地膜大豆每亩150～200mL。长江流域夏大豆无地膜施用量每亩用100～250mL，地膜夏大豆每亩用125～150mL。

甲草胺对阔叶杂草如蓼防效差，若防除蓼等杂草，最好与嗪草酮或三氟羧草醚混用。

② 玉米田　施药时期在玉米播种前或播后苗前，使用方法为土壤处理。每亩用48%甲草胺乳油150～300mL，兑水40～50L均匀喷雾。因甲草胺对玉米、大豆安全，故适宜于玉米、大豆间种或套种地块除草。若甲草胺与阿特拉津混用，不仅可扩大除草谱，而且可解决阿特拉津的残留问题。

③ 花生田　华北地区花生播种覆土后每亩喷施甲草胺250～300mL，盖膜花生每亩150～200mL。长江流域华南地区无地膜每亩用200～250mL。

④ 棉花田　施药时期与施药量同花生田。

⑤ 蔬菜田　48%甲草胺乳油可适用于番茄、辣椒、洋葱、萝卜等蔬菜，在播种前或移栽前每亩用200mL，兑水40～50L，均匀喷雾。若施药后盖地膜，不仅用药量可减少约30%～50%，而且对一年生禾本科杂草和部分阔叶杂草的防效显著。

专利与登记　专利US3442945、US3547620早已过专利期，不存在专利权问题。国内登记情况：43%、480g/L 乳油，92%、95%、97%原药；登记作物为大豆、棉花、花生等；用于防除一年生禾本科杂草及部分阔叶杂草。美国孟山都公司在中国登记情况见表95。

表95　美国孟山都公司在中国登记情况

登记名称	登记证号	含量	剂型	登记作物	防治对象	用药量/(g/hm²)	施用方法
甲草胺	PD88-88	480g/L	乳油	春大豆	一年生杂草	2520～2880，1800～2160(盖膜)	喷雾
				夏大豆	一年生杂草	1800～2160，1080～1440(盖膜)	喷雾
				花生	一年生杂草	1800～2160，1080～1440(盖膜)	播后芽前或播前土壤处理
				棉花	一年生杂草	1800～2160，1080～1440(盖膜，华北地区)；1440～1800，1080～1440(盖膜,长江流域)	播后芽前或播前土壤处理

合成方法　甲草胺合成方法主要有两种。

（1）亚甲基苯胺法　以 2,6-二乙基苯胺为原料，依次与多聚甲醛、氯乙酰氯、甲醇(在氨存在下反应)即制得目的物。

（2）氯代醚法　2,6-二乙基苯胺与氯乙酸和三氯化磷反应，生成 2,6-二乙基氯代乙酰替苯胺(简称伯酰胺)，甲醇和甲醛和盐酸气反应生成氯甲基醚。最后氯甲醚与伯酰胺在碱性介质中反应得到甲草胺。

甲呋酰胺 fenfuram

$C_{12}H_{11}NO_2$，201.2，24691-80-3

甲呋酰胺(fenfuram)，试验代号　WL22361。商品名称　Pano-ram。是由 Shell 公司研制，安万特公司(现为拜耳公司)开发的呋喃酰胺类杀菌剂。

化学名称　2-甲基呋喃-3-甲酰替苯胺，2-methyl-3-furanilide。

理化性质　原药为乳白色固体，有效成分含量98%，熔点109～110℃。纯品为无色结晶状固体，蒸气压 0.020mPa(20℃)，Henry 常数 4.02×10^{-5} Pa·m³/mol。水中溶解度 0.1g/L(20℃)。有机溶剂中溶解度(g/L,20℃)：丙酮300、环己酮340、甲醇145、二甲苯20。对热和光稳定，中性介质中稳定，但在强酸和强碱中易分解。

毒性 急性经口 LD_{50}（mg/kg）：大鼠 12900，猫 2450。大鼠急性吸入 LC_{50}（4h）>10.3mg/L 空气。对皮肤有轻度刺激作用，对眼睛有严重刺激作用。两年喂养试验无作用剂量大鼠为 10mg/（kg·d）；90d 喂养试验狗为 300mg/（kg·d）。

生态效应 孔雀鱼急性吸入 LC_{50} 11.0mg/L。推荐剂量下对蜜蜂无毒害作用。

环境行为

（1）动物 大鼠经口后，在 16h 内有高达 83% 的甲呋酰胺可通过尿液排出体外。

（2）土壤/环境 在土壤中的半衰期为 42d。

制剂 25% 乳油。

作用机理与特点 甲呋酰胺是一种具有内吸作用的新的代替汞制剂的拌种剂，可用于防治种子胚内带菌的麦类散黑穗病，也可用于防治高粱丝黑穗病。但对侵染期较长的玉米丝黑穗病菌的防治效果差。

应用

（1）适宜作物 小麦、大麦、高粱和谷子等作物。

（2）防治对象 小麦、大麦散黑穗病，小麦光腥黑穗病和网腥黑穗病，高粱丝黑穗病和谷子粒黑穗病。

（3）使用方法 主要用作种子处理，具体方法如下：

① 防治小麦、大麦散黑穗病 每 100kg 的种子用 25% 乳油 200～300mL 拌种。

② 防治小麦光腥黑穗病和网腥黑穗病 每 100kg 的种子用 25% 乳油 300mL 拌种。

③ 防治高粱丝黑穗病 每 100kg 的种子用 25% 乳油 200～300mL 拌种。还可兼治散黑穗病及坚黑穗病。

④ 防治谷子粒黑穗病 每 100kg 的种子用 25% 乳油 300mL 拌种。

专利概况 专利 GB1215066，早已过专利期，不存在专利权问题。

合成方法 以乙酰乙酸乙酯为原料，经如下反应制得甲呋酰胺：

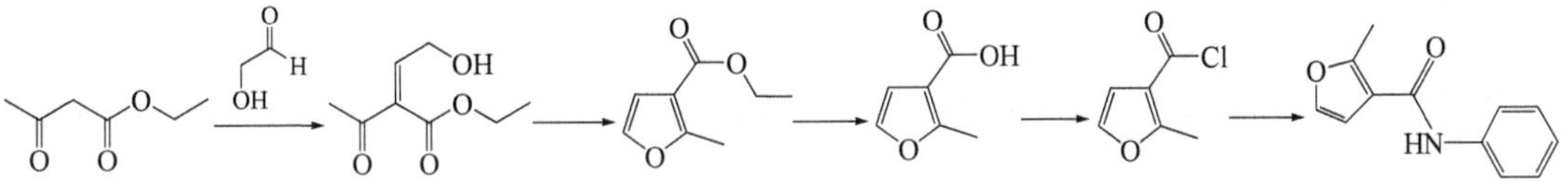

参考文献

[1] The Pesticide Manual. 15th ed. 2009：472-473.

甲磺草胺 sulfentrazone

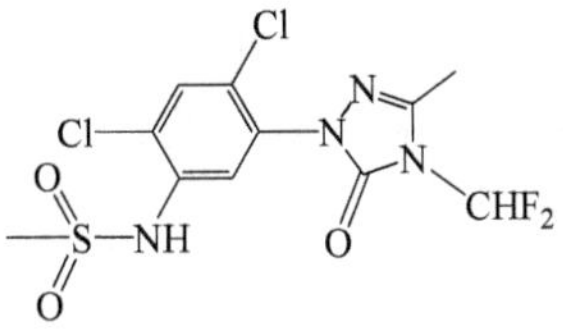

$C_{11}H_{10}Cl_2F_2N_3O_3S$，387.2，122836-35-5

甲磺草胺（sulfentrazone），试验代号 F6285、FMC97285；商品名称 Authority、Boral、Spartan、Authority XL；其他名称 Capaz、Dismiss Turf、Spiral、磺酰三唑酮；是由 FMC 公司开发的三唑啉酮类除草剂。

化学名称 2,4-二氯-5-(4-二氟甲基-4,5-二氢-3-甲基-5-氧-1H-1,2,4-三唑-1-基)甲基磺酰基苯胺，2，4-dichloro-5-(4-difluoromethyl-4，5-dihydro-3-methyl-5-oxo-1H-1，2，4-triazol-1-yl) methanesulfonanilide。

理化性质 纯品为棕黄色固体，熔点121～123℃。相对密度1.21(20℃)。分配系数$K_{ow}\lg P$=1.48(25℃)。蒸气压1.3×10^{-4}mPa(25℃)。水中溶解度为(25℃,mg/g)：0.11(pH 6)、0.78(pH 7)、16(pH 7.5)。可溶于丙酮和大多数极性有机溶剂。不易水解，在水中会迅速光解。离解常数pK_a6.56。

毒性 大鼠急性经口LD$_{50}$2689mg/kg。兔急性经皮LD$_{50}$>2000mg/kg。对兔皮肤无刺激性，对兔眼睛有轻微刺激性，对豚鼠皮肤无致敏性。大鼠急性吸入LC$_{50}$(4h)>2.19mg/L。NOEL[mg/(kg•d)]：急性经口NOAEL 25，慢性NOAEL(繁殖)14，大鼠致畸研究10。ADI(EPA)最低aRfD 0.25mg/kg，cRfD 0.14mg/kg[2003]。在Ames试验、小鼠淋巴瘤和小鼠微核试验中均无致突变性。

生态效应 野鸭急性经口LD$_{50}$>2250mg/kg，野鸭和鹌鹑饲喂LC$_{50}$(8d)>5620mg/kg。鱼LC$_{50}$(96h,mg/L)：大翻车鱼93.8，虹鳟鱼>130。水蚤LC$_{50}$(48h)60.4mg/L。藻EC$_{50}$31.0μg/L，蓝藻EC$_{50}$32.9μg/L。蜜蜂LD$_{50}$>25μg/只。蚯蚓NOEC 3726mg/kg土。

环境行为

(1)动物 在老鼠体内几乎所有的甲磺草胺在72h内被快速吸收，并通过尿液排出。主要的代谢产物是环-羟甲基-甲磺草胺。

(2)植物 大豆中，超过95%的母体甲磺草胺在12h内进行环-羟甲基类似的新陈代谢作用，代谢物形成糖苷或转换为甲磺酸。

(3)土壤/环境 在土壤中稳定(DT$_{50}$18个月)。在水中稳定(pH 5～9)，易发生光解反应(DT$_{50}$<0.5d)。有机质亲和力低(K_{oc}43)，但是这个变化只有在含砂的可移动土壤中。生物蓄积量低。

制剂 38.6%和48%悬浮剂。

主要生产商 FMC。

作用机理 原卟啉原氧化酶抑制剂，即通过抑制叶绿素生物合成过程中原卟啉原氧化酶而引起细胞膜破坏，使叶片迅速干枯、死亡。

应用

(1)适宜作物与安全性 大豆、玉米、高粱、花生、向日葵等。其在土壤中残效期较长，半衰期为110～280d。对下茬禾谷类作物安全，但对棉花和甜菜有一定的药害。

(2)防除对象 一年生阔叶杂草、禾本科杂草和莎草如牵牛、反枝苋、铁苋菜、藜、曼陀罗、宾洲蓼、马唐、狗尾草、苍耳、牛筋草、油莎草、香附子等，对目前较难防除的牵牛、藜、苍耳、香附子等杂草有卓效。

(3)使用方法 播后苗前土壤处理或苗后茎叶处理。使用剂量为350～400g(a.i.)/hm²[每亩用量为23.3～26.7g(a.i.)]，如在大豆播种后苗前，每亩用38.6%的甲磺草胺悬浮剂70～100g加水50kg均匀喷于土壤表面，或拌细潮土40～50kg施于土壤表面。

甲磺草胺与氯嘧磺隆混用具有增效作用，与嗪草酮或氯酯磺草胺(cloransulam-methyl)混用可提高对某些难防杂草的活性，与氟噻草胺(flufenacet)按6:1比例混配应用于玉米田，可提高对某些难防杂草如稗草等的活性。

专利与登记 专利WO8703782早已过专利期，不存在专利权问题。国内登记情况：40%悬浮剂，75%水分散粒剂，95%、91%、90%原药；登记作物为甘蔗；防治对象为一年生杂草。美国富美实公司在中国仅登记了91%的原药，登记号为PD20120232。

合成方法 以2,4-二氯苯胺为起始原料，经多步反应制得目的物。反应式为：

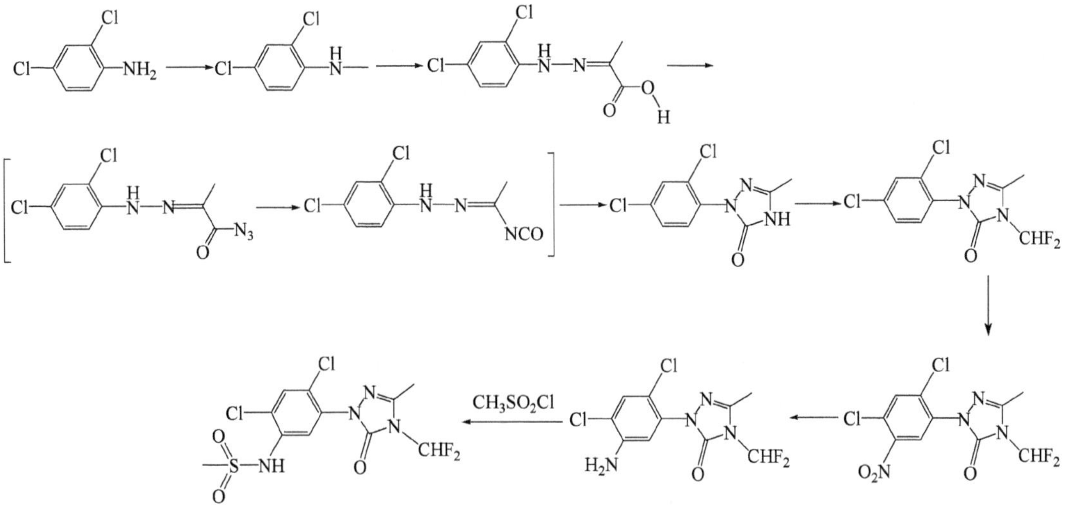

或

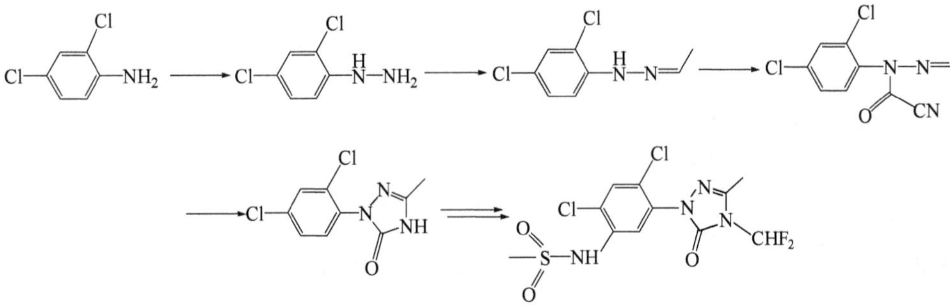

参考文献

[1] 马刚，等.农药译丛，1997，3：64.
[2] Proc Br Crop Prot Conf：Weed，1991，1：77.

甲磺菌胺 TF-991

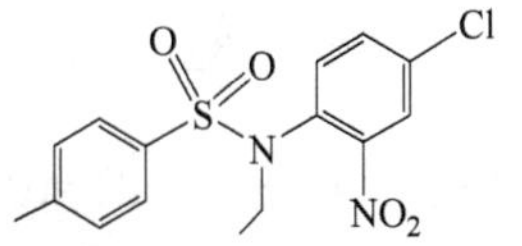

$C_{15}H_{15}ClN_2O_4S$，354.8，304911-98-6

甲磺菌胺（TF-991）是由日本武田药品化学公司（现为住友化学公司）研制开发的磺酰胺类杀菌剂。

应用　主要作为土壤杀菌剂使用。

专利概况

专利名称　N-(2-Chloro-4-nitrophenyl)-benezene-sulfonamide derivative and agricultural fungicide containing same

专利号　WO2000065913

专利申请日　2000-04-27

专利拥有者　Takeda Chemical Industries，Ltd.，Japan

在其他国家申请的化合物专利　AT285175、AU2000043148、BR2000010050、CA2371104、EP1174028、HU2002000894、JP2001026506、MX2001010892、US6586617、US2004023938 等。

合成方法　以对甲苯磺酰氯和邻硝基对氯苯胺为原料，通过如下反应即可制得申磺菌胺：

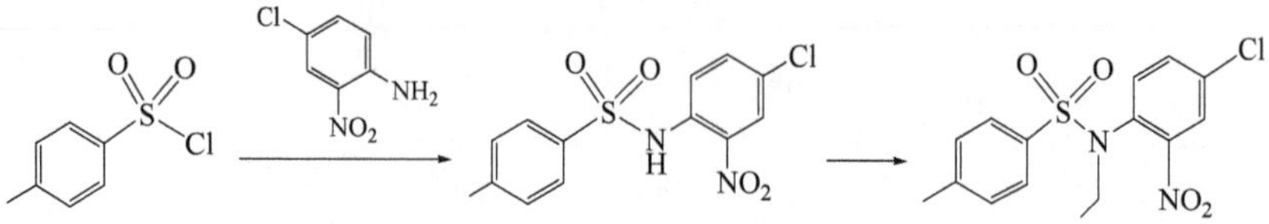

甲磺隆 metsulfuron-methyl

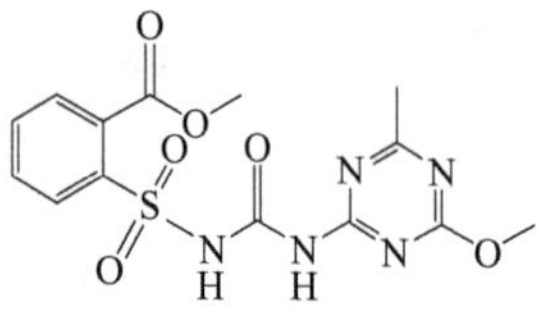

$C_{14}H_{15}N_5O_6S$，381.4，74223-64-6

甲磺隆（metsulfuron-methyl），试验代号　DPX-T6376、IN-T6376。商品名称　Accurate、Allié、Ally、Escort、Gropper、Malban、Metsulsun-M、Nicanor、Retador、Rosulfuron、Stretch、Timefron。其他名称　合力；R. I. doig 等报道。由 E. I. du Pontde Nemours & Co. 引入市场，1984 年首次获得批准。

化学名称　2-(4-甲氧基-6-甲基-1,3,5-三嗪-2-基氨基甲酰氨基磺酰基）苯甲酸甲酯，methyl 2-(4-methoxy-6-methyl-1,3,5-triazin-2-ylcarbamoylsulfamoyl) benzoate。

理化性质　无色晶体（原药灰白色固体），熔点 162℃。蒸气压 3.3×10^{-7} mPa（25℃）。K_{ow} lg$P=0.018$（pH 7，25℃）。Henry 常数 4.5×10^{-11} Pa·m³/mol（pH 7，25℃）。相对密度 1.447（20℃）。水中溶解度（25℃，g/L）：0.548（pH 5），2.79（pH 7），213（pH 9）；有机溶剂中溶解度（25℃，mg/L）：正己烷 5.84×10^{-1}，乙酸乙酯 1.11×10^4，甲醇 7.63×10^3，丙酮 3.7×10^4，二氯甲烷 1.32×10^5，甲苯 1.24×10^3。光解稳定，水解 DT_{50}（25℃）22d（pH 5），pH 7 和 9 稳定。pK_a3.8（20℃）。

毒性　雌雄大鼠急性经口 $LD_{50}>5000$mg/kg。兔急性经皮 $LD_{50}>2000$mg/kg，对皮肤和眼睛无刺激性（兔），无皮肤致敏性（豚鼠）。雌雄大鼠吸入 LC_{50}（4h）>5mg/L（空气）。最大无作用剂量（mg/L）：小鼠（1.5y）5000，大鼠（2y）500[25mg/(kg·d)]，狗（雄性，1y）500，狗（雌性，1y）5000。无致畸作用。

生态效应　野鸭急性经口 $LD_{50}>2510$mg/kg，野鸭和山齿鹑饲喂毒性 LC_{50}（8d）>5620mg/kg。虹鳟鱼和大翻车鱼 LC_{50}（96h）>150mg/L。水蚤 EC_{50}（48h）>120mg/L。绿藻 EC_{50}（72h）0.157mg/L。对蜜蜂无毒，LD_{50}（μg/只）：经口>44.3，接触>50。蚯蚓 $LC_{50}>1000$mg/kg。

环境行为

（1）动物　哺乳动物经口给药后，以甲磺隆形式排出体外，甲氧羰基和磺酰脲的部分仅通过 O-去甲基化和羟基化部分代谢。

（2）植物　在植物体内，经过水解和共轭反应，在几天之内完全降解。除了羟甲基类似物，其他代谢物包括 2-氨基磺酰基苯甲酸甲酯和 2-氨基磺酰基苯甲酸。在谷类植物体内迅速代谢。

（3）土壤/环境　土壤中，甲磺隆通过化学降解和微生物降解而分解。在一定范围内土壤平均 DT_{50} 52d，在酸性土壤中降解快。

制剂　20%、60%水分散粒剂，10%、20%、60%可湿性粉剂，20%可溶粒剂。

主要生产商　DuPont、AgroDragon、Cheminova、AGROFINA、江苏激素研究所股份有限

公司、江苏瑞东农药有限公司、江苏常隆农化有限公司、辽宁省沈阳丰收农药有限公司、沈阳科创化学品有限公司以及江苏天容集团股份有限公司。

作用机理与特点 通过植物的根茎叶吸收，在体内迅速传导，抑制乙酰乳酸合成酶（ALS）活性，导致缬氨酸与异亮氨酸生物合成受阻，从而造成生长受抑制而死亡。抗性作物小麦吸收后，在体内进行苯环羟基化作用，此羟基化产物迅速与葡萄糖形成轭合物，从而丧失活性。本品为高活性、广谱、具有选择性的内吸传导型麦田除草剂。被杂草根部和叶片吸收后，在植株体内传导很快，可向顶部和向基部传导，在数小时内迅速抑制植物根和新梢顶端的生长，3～14d 植株枯死。甲磺隆使用量小，在水中的溶解度很大，可被土壤吸附，在土壤中的降解速度很慢，特别在碱性土壤中，降解更慢。

应用 甲磺隆是现有磺酰脲除草剂中活性最高的品种。适用于各类土壤，进行苗前土壤处理或苗后茎叶喷雾，每公顷用量为有效成分 4.5～7.5g，用于防除禾谷类田间一年生或多年生的多种阔叶杂草如风草、黑麦草、蓼、长春蔓、繁缕、荠菜、虞美人、小野芝麻、荞麦蔓等。干旱条件下进行土壤处理时，喷药后浅混土可提高防治禾本科杂草的效果。甲磺隆对猪殃殃效果不佳。用药量增加可引起作物轻微发黄和矮化，但不影响产量。甲磺隆可与苄嘧磺隆混配成 10% 可湿性粉剂用于防除一年生阔叶杂草和一部分禾本科杂草：①水稻秧田防除阔叶杂草及一年生莎草，于插秧后 5～7d，用 10% 可湿性粉剂 50～70g/亩与适量细土拌成药土或以化肥作载体，混合均匀撒施。②水稻移栽田防除阔叶杂草及一年生莎草，用 10% 可湿性粉剂 40～67g/亩，与适量细土或砂肥混合后均匀撒施或进行粗雾喷雾。③暖季型草坪防除一年生阔叶杂草和一部分禾本科杂草，用 10% 可湿性粉剂 130～170g/亩，兑水 40～50L 进行喷雾。

甲磺隆的残留期长，不应在茶叶、玉米、棉花、烟草等敏感作物田使用。中性土壤小麦田用药 120d 后播种油菜、棉花、大豆、黄瓜等会产生药害，碱性土壤药害更重。因此仅限于长江流域及其以南、酸性土壤（pH <7）、稻麦轮作区的小麦田使用。

专利与登记情况 专利 US4370480 早已过专利期。甲磺隆残效期长，对使用量和使用时间要求很高，并且易对后茬作物产生药害，自 2013 年 12 月 31 日起撤销甲磺隆单剂的登记，自 2015 年 12 月 31 日起禁止在国内销售和使用。自 2015 年 7 月 1 日起撤销甲磺隆原药及复配制剂登记；自 2017 年 7 月 1 日起禁止在国内销售和使用。保留甲磺隆的出口境外使用登记。

合成方法 经如下反应制得甲磺隆：

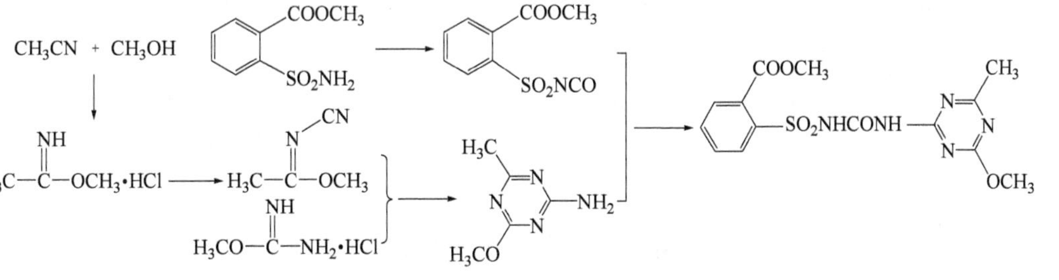

甲基苯噻隆 methabenzthiazuron

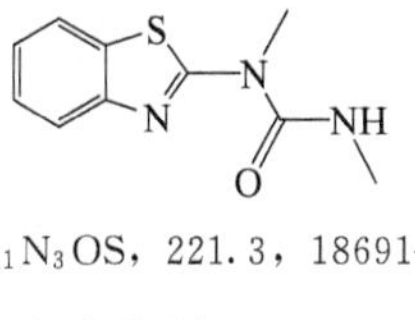

$C_{10}H_{11}N_3OS$，221.3，18691-97-9

甲基苯噻隆（methabenzthiazuron），试验代号 Bayer 74283、S 25128。商品名称 Tribunil。其他名称 methibenzuron、噻唑隆、冬播隆、科播宁、甲苯噻隆；1969 年 H. Hack 报道其除草活性，1968 年由 Bayer AG 开发。

化学名称 1-(1,3-苯并噻唑-2-基)-1,3-二甲基脲，1-(1,3-benzothiazol-2-yl)-1,3-dimethylurea。

理化性质 无色无味晶体。熔点 119～121℃。蒸气压(mPa)：5.9×10^{-3}(20℃)，1.5×10^{-2}(25℃)。$K_{ow}\lg P=2.64$。Henry 常数 2.21×10^{-5} Pa·m³/mol(20℃,计算值)。水中溶解度(20℃)：59mg/L 有机溶剂中溶解度（g/L）：丙酮 115.9、甲醇 65.9、DMF 约 100、二氯甲烷＞200、异丙醇 20～50、甲苯 50～100、己烷 1～2。强酸强碱中不稳定；DT_{50}(22℃)＞1y(pH 4～9)。直接光解速率非常慢(DT_{50}＞1y)；腐殖质能提高光降解速度。

毒性 急性经口 LD_{50}(mg/kg)：大鼠＞5000，小鼠和豚鼠＞2500，兔、猫和狗＞1000。大鼠急性经皮 LD_{50} 5000mg/kg。对兔皮肤和眼睛无刺激。大鼠吸入 LC_{50}(4h)5.12mg/L 空气(粉尘)。NOEL(2y,mg/kg 饲料)：大鼠、小鼠 150，狗 200。

生态效应 虹鳟鱼 LC_{50}(96h)15.9mg/L。水蚤 LC_{50}(4h)30.6mg/L。对蜜蜂无毒。

环境行为

(1) 动物 在大鼠体内^{14}C甲基苯噻隆迅速代谢，放射性标记物随尿液排出，48h 内会代谢 97%。其代谢作用包括侧链水解，环羟基化以及与硫酸酯形成配合物。主要代谢物是 6-羟基-(2-甲基氨基)-苯并噻唑和 6-羟基-N-苯并噻唑基-N-甲基-N'-甲基脲以及它们相应的硫酸酯。

(2) 植物 在数种植物体内发现相同的代谢物。主要代谢物是 1-羟甲基-3-甲基-3-(苯并噻唑-2-基)脲及其配糖体、3-(苯并噻唑-2-基)脲。

(3) 土壤/环境 甲基苯噻隆被土壤强烈吸附，残留活性期约 3 个月。

作用机理与特点 取代脲类除草剂，通过抑制植物光合作物中的希尔反应，达到除草目的。一种芽前、芽后用的防除麦类、豆类中杂草的广谱除草剂，对许多单子叶、双子叶杂草均有良好的防除作用。主要通过根部吸收，杂草在施药后 14～20d 内死亡。

应用 主要用于小麦等冬谷作物，豌豆等豆科作物及洋葱等蔬菜作物，防除阔叶杂草和禾本科杂草。也与其他物质混用于葡萄园和果园。麦田除草用药量 15～22.5g/100m²，豆田除草 14.3～28.5g/100m²。由于药剂主要通过根部吸收，所以施药时土壤应湿润。对由根系繁殖的杂草无效。对后茬作物较安全。不宜施用于春大麦。

专利概况 专利 GB1085430 早已过专利期。

合成方法 在碳酸钠存在下，苯胺与二硫化碳反应生成苯氨基硫代甲酸钠，再与一甲胺反应制得 N-苯基-N'-甲基硫脲。随后与硫酰氯反应生成 2-甲氨基苯并噻唑。最后与异氰酸甲酯反应合成甲基苯噻隆。或将 2-甲氨基苯并噻唑与甲氨基甲酰氯反应，生成甲基苯噻隆。

甲基吡噁磷 azamethiphos

$C_9H_{10}ClN_2O_5PS$, 324.7, 35575-96-3

甲基吡噁磷(azamethiphos)，试验代号 CGA18809、GS40616、OMS1825；商品名称 Alfacron、SFB；其他名称 甲基吡啶磷、甲基吡噁磷、蟑螂宁、氯吡噁唑磷。1977 年由 R. Wyniger 等报道，Ciba-Geigy AG(后 Novartis Crop Protection AG)推出的有机磷杀虫、杀螨剂。

化学名称 O,O-二甲基-S-[(6-氯-2,3-二氢-2-氧-1,3-噁唑[4,5-b]吡啶-3-基)甲基]硫代磷酸酯，S-6-chloro-2,3-dihydro-2-oxo-1,3-oxazolo[4,5-b]pyridin-3-ylmethyl O,O-dimethyl phosphorothioate。

理化性质 纯品为无色晶体。熔点 89℃，20℃蒸气压为 0.0049mPa，K_{ow}lg$P=1.05$，Henry 常数 $1.45×10^{-6}$Pa·m^3/mol（计算值），相对密度 1.60（20℃）。溶解度（20℃）：水 1.1g/L，苯 130g/kg，二氯甲烷 610g/kg，甲醇 100g/kg，正辛醇 5.8g/kg。酸、碱性介质中不稳定，DT$_{50}$（20℃，计算值）：800h(pH 5)，260h(pH 7)，4.3h(pH 9)。闪点＞150℃。

毒性 大鼠急性经口 LD$_{50}$1180mg/kg，急性经皮 LD$_{50}$＞2150mg/kg。对兔皮肤无刺激作用，但对眼睛有轻微刺激作用。大鼠 LC$_{50}$(4h)＞560mg/m^3 空气。NOEL(90d,mg/kg 饲料)：大鼠 20 [2mg/(kg·d)]，狗 10[0.3mg/(kg·d)]。

生态效应 鸟 LD$_{50}$(mg/kg)：山齿鹑 30.2，野鸭 48.4。饲喂 LC$_{50}$(8d,mg/kg)：山齿鹑 860，日本鹌鹑＞1000，野鸭 700。基于急性试验结果，甲基吡噁磷对鸟类高毒，然而亚致死剂量对鸟类有驱避作用，因此对鸟类的风险已大幅降低。鱼 LC$_{50}$(96h,mg/L)：鲶鱼 3，鲫鱼 6，孔雀鱼 8，虹鳟鱼 0.115～0.2，红鲈 2.22。水蚤 LC$_{50}$(48h)：0.67μg/L。对蜜蜂有毒，LD$_{50}$(24h)：＜0.1μg/只(经口)，10μg/只(接触)。

环境行为

（1）动物 在大鼠和山羊体内，2-氨基-3-羟基-5-氯代吡啶与葡萄糖醛酸的配合物是主要的代谢物，相当于 27%～48% 的摄入量，其次是相应的硫酸配合物，3%～20% 的摄入量。

（2）土壤/环境 在砂壤土、有氧条件下，DT$_{50}$约 6h。

主要生产商 Ciba、邯郸市赵都精细化工有限公司。

应用 有机磷杀虫、杀螨剂。有触杀和胃毒作用，具有内吸性，是广谱杀虫剂，其击倒作用快和持效期长，主要用在棉花、果树和蔬菜地以及卫生方面，防治苹果蠹蛾、螨、蚜虫、梨小食心虫、家蝇、蚊子、蟑螂等害虫。剂量为 0.56～1.12kg/hm^2。卫生方面主要用于杀灭厩舍、鸡舍等处的成蝇，也用于居室、餐厅、食品工厂等地灭蝇、灭蟑螂。

专利与登记 专利 BE769051、GB1347373 均早已过专利期。国内仅邯郸市赵都精细化工有限公司登记了 98% 原药。

合成方法 以 2-氨基-5-氯-3-吡啶醇为原料，与光气合环、羟基甲基化、氯化、缩合等反应制得甲基吡噁磷：

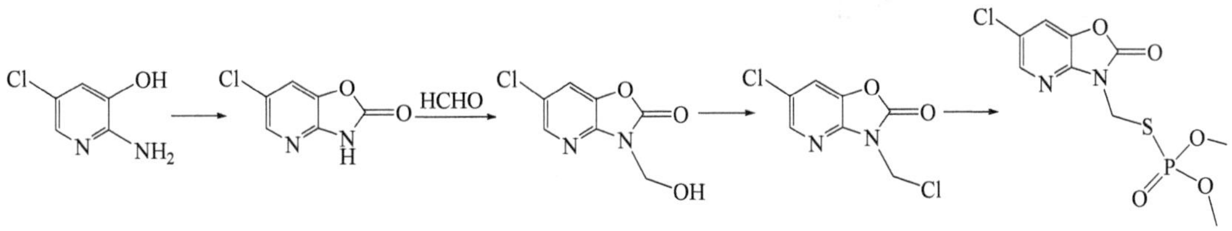

甲基毒虫畏 dimethylvinphos

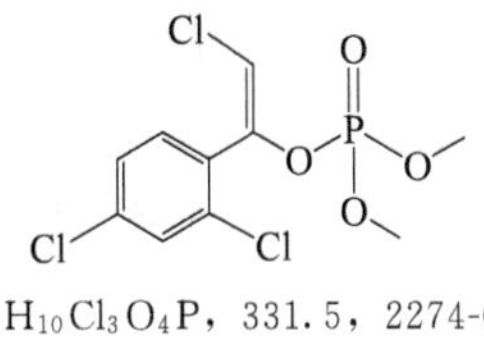

$C_{10}H_{10}Cl_3O_4P$，331.5，2274-67-1

甲基毒虫畏(dimethylvinphos)，试验代号 SD8280、SKI-13；商品名称 Rangado；其他名称 毒虫畏、杀螟畏。由 Shell Kagaku KK(现属 BASF)开发。

化学名称 (Z)-2-氯-1-(2',4'-二氯苯基)乙烯基二甲基磷酸酯，(Z)-2-chloro-1-(2,4-dichlorophenyl) vinyl dimethyl phosphate。

理化性质 本品由＞95.0％的 Z 式异构体和＜2.0％的 E 式异构体组成，灰白色的结晶固体，熔点 69～70℃。蒸气压 1.3mPa(25℃)。相对密度(25℃)1.26。$K_{ow}\lg P=3.12$(25℃)。水中溶解度(20℃)0.13g/L。其他溶剂中溶解度(20℃,g/L)：二甲苯 300～350，丙酮 350～400，正己烷 450～500。稳定性 DT$_{50}$40d(pH 7.0,25℃)。遇光不稳定。

毒性 急性经口 LD$_{50}$(mg/kg)：大鼠 155～210，小鼠 200～220。大鼠急性经皮 LD$_{50}$1360～2300mg/kg；大鼠吸入 LD$_{50}$(4h,mg/m^3)：雄大鼠 970～1186，雌大鼠＞4900。

生态效应 鲤鱼 LC$_{50}$(24h)2.3mg/L，水蚤 LC$_{50}$(24h)0.002mg/L。

制剂 2％粉剂、3％粒剂、2％微粒剂、25％乳油、50％可湿性粉剂。

作用机理与特点 胆碱酯酶抑制剂，具有触杀和胃毒作用，持效中等。作为土壤杀虫剂，用于土壤防治根蝇、根蛆和地老虎，还可以防治牛、羊体外寄生虫，以及用于公共卫生方面，防治蚊幼虫。

应用

(1) 适用作物 水稻、玉米、甘蔗、蔬菜、柑橘、茶树等。

(2) 防治对象 二化螟、黑尾叶蝉、飞虱、稻根蛆、种蝇、萝卜蝇、葱蝇、菜青虫、小菜蛾、菜螟、黄条跳甲、二十八星瓢虫、柑橘卷叶虫、红圆蚧等。

(3) 使用方法 粉剂、微粒剂等以制剂计为 30～40kg/hm^2。乳油用水稀释 750～1500 倍，可湿性粉剂用水稀释 1500～2000 倍喷施。

专利概况 专利早已过专利期，不存在专利权问题。

合成方法 通过如下反应即可制得目的物：

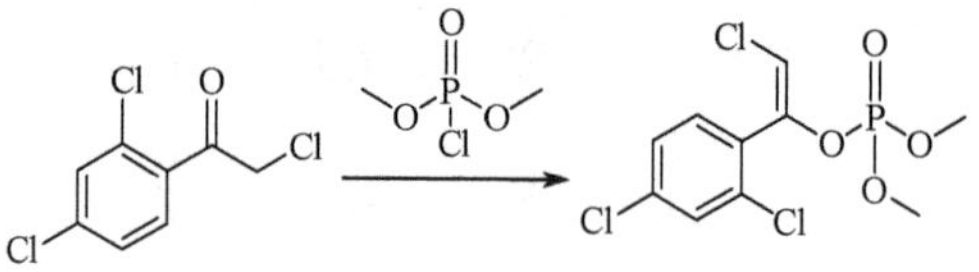

甲基毒死蜱 chlorpyrifos-methyl

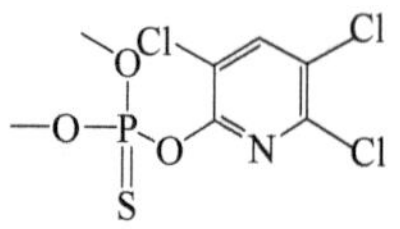

C$_7$H$_7$Cl$_3$NO$_3$PS, 322.5, 5598-13-0

甲基毒死蜱(chlorpyrifos-methyl)，试验代号 Dowco214、ENT27520、OMS1155。商品名称 Fostox CM、Lino、Metidane、Reldan、Pyriban M、Runner M、Vafor。其他名称 甲基氯蜱硫磷、氯吡磷。是 R. H. Rigterink 和 E. E. Kenaga 报道其活性，由 Dow Chemical Co.(现属 Dow AgroSciences)开发的有机磷类杀虫剂。

化学名称 O,O-二甲基-O-3,5,6-三氯-2-吡啶基硫逐磷酸酯，O,O-dimethyl O-3,5,6-trichloro-2-pyridyl phosphorothioate。

理化性质 纯品含量为 97％，白色结晶固体，具有轻微硫醇气味，熔点 45.5～46.5℃。蒸气压 3mPa(25℃)。相对密度 1.64(23℃)。$K_{ow}\lg P=4.24$。Henry 常数 3.72×10^{-1}Pa·m^3/mol(计算值)。水中溶解度(20℃)2.6mg/L，其他溶剂中溶解度(20℃,g/kg)：丙酮＞400，甲醇 190，正己烷 120。水解 DT$_{50}$：27d(pH 4)，21d(pH 7)，13d(pH 9)。水溶液光解 DT$_{50}$：1.8d(0.5y)，

3.8d(1y)。闪点 $182℃$。

毒性　急性经口 LD_{50}(mg/kg)：大鼠>3000，小鼠 $1100\sim2250$，豚鼠 2250，兔 2000。急性经皮 LD_{50}(mg/kg)：大鼠>3700，兔>2000。本品对眼睛和皮肤无刺激。大鼠吸入 LC_{50}(4h)>0.67mg/L。根据血浆胆碱酯酶含量，对狗和大鼠两年饲养试验的无作用剂量为 0.1mg/(kg·d)。ADI 值(mg/kg)：(JMPR)0.01[2001,1992]，(EC)0.01[2005]，(EPA)aRfD 0.01，cRfD 0.001 [2001]。

生态效应　鸟急性经口 LD_{50}(mg/kg)：野鸭>1590，山齿鹑 923。野鸭饲喂 LC_{50}(8d)2500$\sim$5000mg/kg。鱼 LC_{50}(96h,mg/L)：大翻车鱼 0.88，虹鳟鱼 0.41。水蚤 LC_{50}(24h)0.016$\sim$0.025mg/L。羊角月牙藻 EC_{50}(72h)0.57mg/L，小龙虾 LC_{50}(36h)0.004mg/L。本品对蜜蜂毒性很大，LD_{50}0.38μg/只(接触)。蚯蚓 LC_{50}(15d)182mg/kg 土。

环境行为

(1) 动物　经口进入大鼠和其他动物体内的本品迅速代谢，并通过尿排出，其主要代谢物为3,5,6-三氯吡啶-2-醇。

(2) 植物　在植物中没有内吸性，不会通过土壤从根部吸收。

(3) 土壤/环境　土壤中经微生物降解为3,5,6-三氯吡啶-2-醇，然后再降解为有机氯化物和二氧化碳。依据不同的土壤和微生物的活性，其 DT_{50}1.5$\sim$33d，DT_{90}14$\sim$47d。土壤的类型不同，其 K_d3.5$\sim$407mL/g。K_{oc}值比较固定 1190$\sim$8100mL/g。

主要生产商　Aimco、Bhagiradha、Bharat、Devidayal、Dow AgroSciences 及 Sharda 等。

作用机理　胆碱酯酶的直接抑制剂。具有触杀、胃毒和熏蒸作用的非内吸性、广谱杀虫、杀螨剂。

应用

(1) 适用作物　果树、观赏植物、蔬菜、马铃薯、茶、水稻、棉花、葡萄、草莓等。

(2) 防治对象　蚊、蝇，作物害虫，工业和公共卫生上使用可以防治蚊子和蠓虫，也可以用来防治疟疾等疾病。

(3) 残留量与安全施药　储存谷物用量为 6$\sim$10mL/t，叶面施药为 250$\sim$1000g/hm²。

(4) 使用方法　用 5$\sim$15mg/L 剂量处理仓库储粮，能有效控制米象、玉米象、咖啡豆象、拟谷盗、锯谷盗、长解扁谷盗、土耳其扁谷盗、麦蛾、印度谷蛾等 10 多种常见害虫。但鉴于甲基毒死蜱对谷蠹效果不佳，因此，对易发生谷蠹的场合还应加入诸如菊酯类等对谷蠹有效地药剂采用混用的办法，来增加防治效果。施药量为 1000kg 稻谷喷 1000mL(有效浓度 10$\sim$20mg/kg)的药物(或撒 1kg 拌药的砻糠)。采用边倒粮食边喷(撒)药的方法。对谷蠹和螨类、虱的防治效果不理想。

专利与登记　专利 US3244586 早已过专利期，不存在专利权问题。国内登记情况：95%、96%原药，40%乳油等；登记对象为棉花等；防治对象为棉铃虫等。美国陶氏益农公司在中国登记情况见表 96。

表 96　美国陶氏益农公司在中国登记情况

登记名称	登记证号	含量	剂型	登记作物	防治对象	用药量/(g/hm²)	施用方法
甲基毒死蜱	PD20070291	400g/L	乳油	棉花 甘蓝	棉铃虫 菜青虫	600$\sim$1050 360$\sim$480	喷雾
甲基毒死蜱	PD20070290	96%	原药				

合成方法　经如下反应制得甲基毒死蜱：

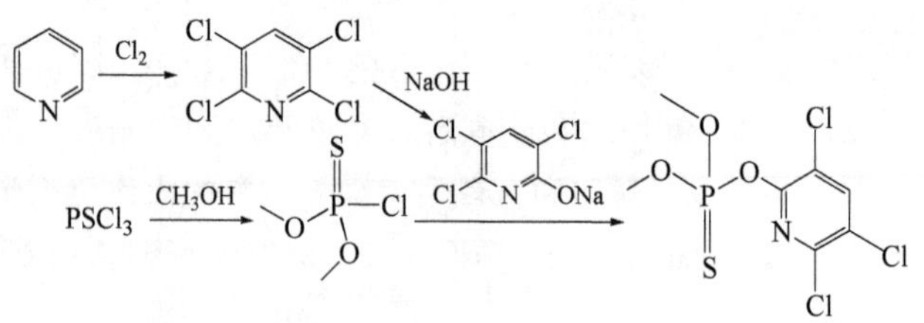

三氯吡啶酚的合成有以下几种方法：

（1）吡啶法

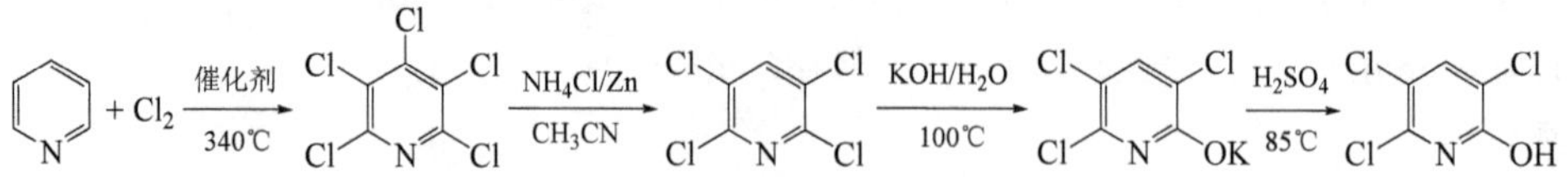

（2）丙烯酰氯法

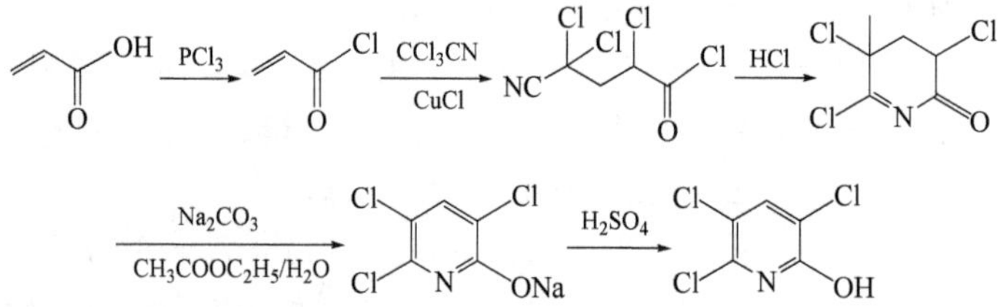

（3）三氯乙酸苯酯法

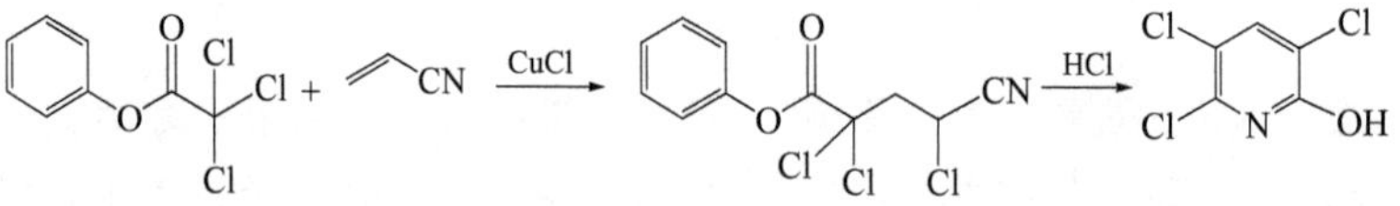

（4）三氯乙酰氯法

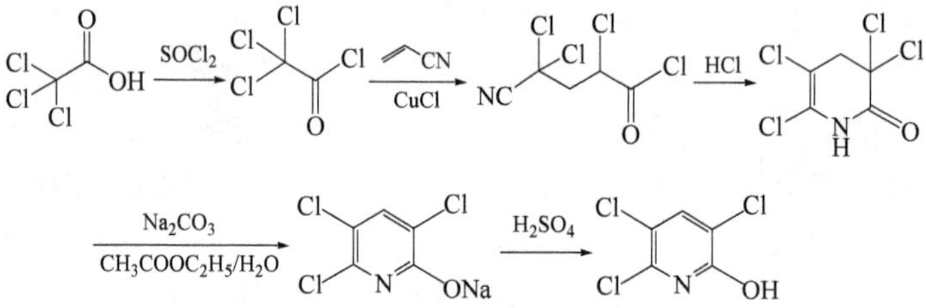

参考文献

[1] 秦琪. 宁波化工，1998，1：17-19.

甲基对硫磷 parathion-methyl

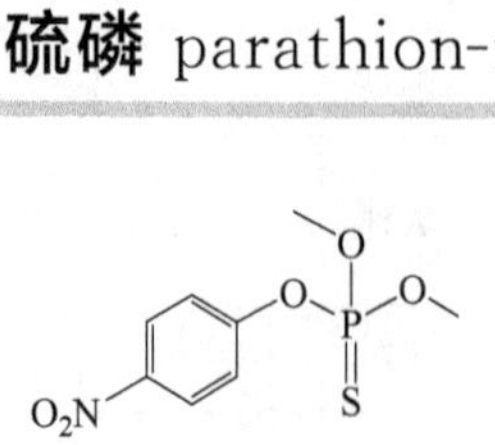

$C_8H_{10}NO_5PS$，263.2，298-00-0

甲基对硫磷（parathion-methyl），试验代号　BAY11405、E-120、ENT17292、OMS213。商品名称 Bratión720、Devithion、Faast、Parashoot、Paratox、Penncap-M、Sweeper、Thionyl、甲基1605。是 G. Schrader 报道，由 Bayer AG 开发的有机磷类杀虫剂。

化学名称　O,O-二甲基-O-4-硝基苯基硫逐磷酸酯，O,O-dimethyl O-4-nitrophenyl phosphorothioate。

理化性质　无色、无味结晶固体（原药为暗褐色液体），熔点 35～36℃（原药约 29℃），沸点 154℃/136Pa。蒸气压：0.2mPa（20℃）、0.41mPa（25℃）。相对密度 1.358（原药 1.20～1.22）（20℃）。$K_{ow}lgP=3.0$。Henry 常数 $8.57×10^{-3}$Pa・m³/mol。水中溶解度（20℃）55mg/L。其他溶剂中溶解度（20℃，g/L）：易溶于大多数有机溶剂，如二氯甲烷、甲苯＞200，正己烷 10～20；不溶于石油醚和某些矿物油。稳定性：在酸性和碱性介质中分解；DT_{50}（25℃）：68d（pH 5）、40d（pH 7）、33d（pH 9）。加热分解成 O,S-二甲基类似物。在水中光降解。闪点＞150℃（原药）。

毒性　急性经口 LD_{50}（mg/kg）：大鼠约 3，雄小鼠约 30，雄和雌兔 19。雄和雌大鼠急性经皮 LD_{50}（24h）约 45mg/kg。本品对兔眼睛和皮肤无刺激，对豚鼠皮肤无致敏性。大鼠吸入 LC_{50}（4h）约 0.17mg/L 空气（气溶胶）。NOEL 值：大鼠（2y）2mg/kg 饲料，小鼠（2y）1mg/kg 饲料，狗（12 个月）0.3mg/（kg・d）。ADI 值：（JMPR）0.003mg/kg；（EPA）aRfD 0.0011mg/kg，cRfD 0.0002mg/kg。

生态效应　野鸭 LC_{50}（5d）1044mg/kg。鱼类 LC_{50}（96h，mg/L）：金枪鱼 6.9，虹鳟鱼 2.7。水蚤 LC_{50}（48h）0.0073mg/L。羊角月牙藻 E_rC_{50} 3mg/L。本品对蜜蜂有毒。蚯蚓 LC_{50} 40mg/kg 干土。

环境行为

（1）动物　经口进入动物体内的本品，在 24h 内通过尿几乎全部排出体内，在人体内的主要代谢物为 4-硝基苯酚和二甲基磷酸酯。

（2）植物　在植物中的代谢物主要是 4-硝基苯酚、4-硝基苯基吡喃葡萄糖和 $P-S$-脱甲基甲基对硫磷。

（3）土壤/环境　本品在土壤中的流动性中等，在微生物存下下，很快降解、氧化、脱甲基化、氢解为硫逐磷酸和 4-硝基苯酚。

制剂　20％、40％、50％乳油，2％、2.5％粉剂。

主要生产商　Agro Chemicals India、Cheminova、Gujarat Pesticides、Tekchem、杭州庆丰农化有限公司、湖北砂隆达农业科技有限公司、湖北仙隆化工股份有限公司、宁波中化化学品有限公司、山东华阳农药化工集团有限公司及深圳易普乐生物科技有限公司等。

作用机理与特点　胆碱酯酶抑制剂，具有触杀、胃毒和熏蒸作用的广谱、非内吸性杀虫、杀螨剂。

应用

（1）适用作物　棉花、水稻、观赏植物、蔬菜、果树、大田作物等。

（2）防治对象　咀嚼和刺吸式口器害虫，红蜘蛛、棉铃虫、蚜虫、蓟马、盲蝽、叶蝉、飞虱、三化螟等，作用范围与对硫磷类似，但对温血动物毒性比它低，无药害。

（3）残留量与安全施药　最大允许残留量：蔬菜 1mg/kg，瓜果 0.2mg/kg，棉籽 0.05mg/kg。

（4）使用方法

① 水稻　a. 螟虫：用 50％乳油 1.5～1.8L/hm²，兑水 6000～7000kg 泼浇，可防治螟虫枯心苗和白穗、萍螟、萍灰螟等害虫；b. 象甲、大螟：用 50％乳油 1000 倍液喷雾，也可用 2.5％粉剂 7.5～15kg/hm² 喷粉，防治水稻害虫。

② 棉花　a. 棉红蜘蛛、棉铃虫、红铃虫：用 50％乳油 1500～2500 倍液（每亩有效成分 15～25g）喷雾；b. 棉蚜、棉蓟马、棉盲蝽：用 50％乳油 1500～2500 倍液（每亩有效成分 15～25g）喷雾。

专利概况　专利 DE814142 已过专利期，不存在专利权问题。

合成方法 经如下反应制得甲基对硫磷：

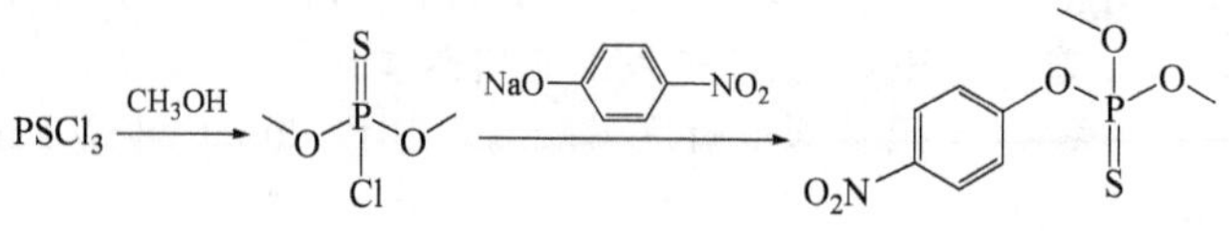

甲基二磺隆 mesosulfuron-methyl

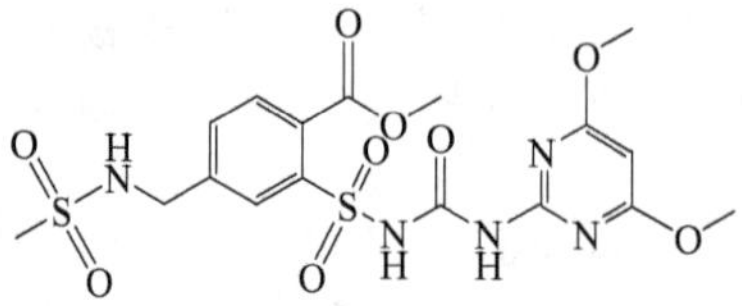

$C_{17}H_{21}N_5O_9S_2$，503.5，208465-21-8，400852-66-6(酸)

甲基二磺隆(mesosulfuron-methyl)，试验代号 AEF130060。其他名称 Absolu、Alister、Archipel、Atlantis、Chevalier、Cossack、Hussarmaxx、Mesomaxx、Neper、Olympus Flex、Osprey、Othello、Rimfire、Sigma 30F、Silverado、甲磺胺磺隆。是由安万特公司(现拜耳公司)开发的新型磺酰脲类除草剂。

化学名称 2-(4,6-二甲氧基嘧啶-2-基氨基羰基)氨基磺酰基-α-(甲基磺酰氨基)-p-甲基苯甲酸甲酯，2-[(4,6-dimethoxypyrimidin-2-ylcarbamoyl)sulfamoyl]-α-(methanesulfonamido)-p-toluic acidmethyl ester。

理化性质 纯品为浅黄色固体，纯度≥93%。熔点 195.4℃(纯品为 189～192℃)。相对密度 1.48，蒸气压 1.1×10^{-8} mPa(25℃)。分配系数 $K_{ow}\lg P=1.39$(pH 5)，-0.48(pH 7)，-2.06(pH 9)。Henry 常数 2.434×10^{-10} Pa•m³/mol(pH 5,20℃)，水中溶解度(20℃,g/L)：7.24×10^{-3}(pH 5)，0.483(pH 7)，15.39(pH 9)；其他溶剂中溶解度(20℃,g/L)：正己烷<0.2，丙酮 13.66，甲苯 0.013，乙酸乙酯 2，二氯甲烷 3.8。对光稳定，非生物水解 DT_{50}(25℃,d)：3.5(pH 4)，253(pH 7)，319(pH 9)。pK_a4.35。

毒性 大鼠急性经口 LD_{50}>5000mg/kg，大鼠急性经口 LD_{50}>5000mg/kg。大鼠吸入 LC_{50}(4h)>1.33mg/L 空气。对兔皮肤无刺激性，眼睛有轻微刺激，对豚鼠的皮肤无致敏性。NOAEL(mg/L)：(18 个月)小鼠 800，(1y)狗 16000。ADI(EC)1.0mg/kg[2003]；cRfD 1.55mg/kg[2004]。无致突变作用。

生态效应 山齿鹑和野鸭急性经口 LD_{50}>2000mg/kg，山齿鹑和野鸭饲喂毒性 LC_{50}>5000mg/kg 饲料。大翻车鱼、虹鳟鱼和红鲈 LC_{50}(96h)100mg/L。水蚤 EC_{50}(静止)>100mg/L。藻 EC_{50}(96h)0.21mg/L。浮萍 EC_{50}(7d)0.6μg/L，蜜蜂 LD_{50}(72h,μg/只)：经口 5.6，接触>13。蚯蚓 LC_{50}(14d)>1000mg/kg 土壤。

环境行为

(1) 动物 23%的药物被适度吸收，24h 内 95%的被排出体外，大于 70%的原料没有改变。

(2) 土壤/环境 主要通过微生物迅速的降解；2-氨基-4,6-二甲氧基嘧啶、4,6-二甲氧基嘧啶-2-脲和甲基二磺隆酸主要是通过有氧代谢；O-去甲基甲基二磺隆主要是通过无氧代谢。土壤 DT_{50}8～68d(平均 39.1d)，平均 K_{foc}92(9 种土壤)，甲基二磺隆和代谢物在土壤中转移不到地下 1m，高于欧盟应用水的标准。

制剂 油分散剂、水分散颗粒剂。

主要生产商 Bayer CropScience。

作用机理 ALS 抑制剂。主要表现在抑制生物体内必需氨基酸如缬氨酸和异亮氨酸的合成，因此阻碍了细胞的分裂和植物的生长，甲基二磺隆可促进稻田杂草的代谢。

应用　可用于芽后早期到中期，防除冬小麦、春小麦、硬质小麦、黑小麦及黑麦田的禾本科杂草和一些阔叶杂草，用量为 15g/hm²，与吡唑解草酯混用，用量为 45g/hm²。

专利与登记

专利名称　Preparation of phenylsulfonylurea-derivative herbicides and plant grouth regulator

专利号　DE433297

专利申请日　1993-10-15

专利拥有者　Hoechst Schering Agrevo GMBH

在其他国家申请的专利：AU698918、CA2174127、CN1135211、CZ9601083、ES2122338、HU74483、JP9503772、US5648315、ZA9408063 等。

拜耳作物科学公司在中国登记情况见表 97。

表 97　拜耳作物科学公司在中国登记情况

登记名称	登记号	含量	剂型	登记作物	防治对象	用药量/(g/hm²)	施用方法
甲基二磺隆	PD20070062	93%	原药				
甲基二磺隆	PD20070051	30g/L	可分散油悬浮剂	冬小麦 冬小麦 冬小麦 冬小麦 冬小麦 冬小麦	一年生禾本科杂草 牛繁缕 部分阔叶草 一年生禾本科杂草 牛繁缕 部分阔叶杂草	9～15.7	茎叶喷雾
二磺·甲碘隆	PD20081445	3.6%	水分散粒剂	冬小麦	一年生禾本科杂草及阔叶杂草	225～375	喷雾
二磺·甲碘隆	PD20121072	1.2%	可分散油悬浮剂	冬小麦	一年生禾本科杂草及阔叶杂草	8.1～13.5	茎叶喷雾

合成方法　经如下反应可制得目的物：

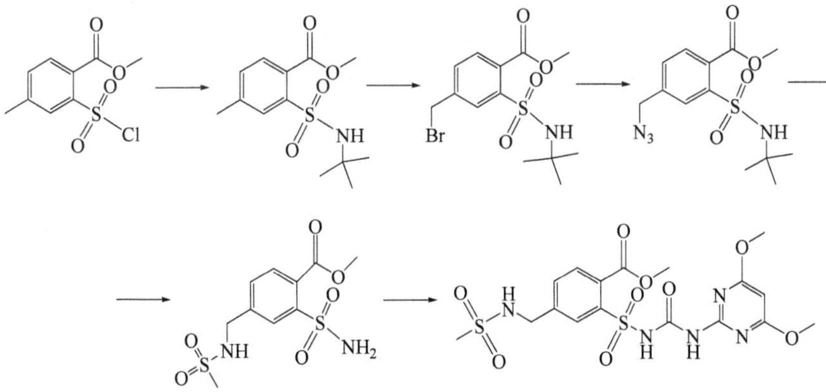

参考文献

［1］刘安昌，等. 武汉工程大学学报，2011，10：1-3.

1-甲基环丙烯 1-methylcyclopropene

C_4H_6，54.1，3100-04-7

甲基环丙烯(1-methylcyclopropene)。商品名称　EthylBloc、FreshStart、Smart-Fresh。其他名称　1-MCP。由 Horticulture 公司(现 Rohm ＆haas 公司的子公司 AgroFresh 公司)开发,1999年在美国首次登记。

化学名称　1-甲基环丙烯,1-methylcyclopropene。

理化性质　原药纯度≥96％,纯品为气体。沸点 4.7℃(计算值),蒸气压 2×10^8 mPa(25℃,计算值),$K_{ow}\lg P=2.4$(pH 7,26℃)。水中溶解度 137mg/L(pH 7,20℃);其他溶剂中溶解度(20℃,g/L):正庚烷 2.45,二甲苯 2.25,乙酸乙酯 12.5,甲醇 11,丙酮 2.40,二氯甲烷 2.0。20℃稳定 28d,在水和高温条件下不稳定,2.4h 内降解 70％以上(pH 4～9,50℃)。

毒性　大鼠急性经口 $LD_{50}>5000$mg/kg。兔急性经皮 $LD_{50}>2000$mg/kg。吸入 $LC_{50}>2.5$mg/L。大鼠吸入 NOEL(90d)9mg/kg(空气中 23.5mg/L)。ADI 0.0009mg/kg,aRfD 0.07mg/kg[2006]。

制剂　熏蒸剂。

作用机理与特点　一种非常有效的乙烯产生和乙烯作用的抑制剂。它通过与乙烯受体优先结合的方式,不可逆的作用于乙烯受体,阻止内源乙烯和外源乙烯与乙烯受体的结合,从而抑制花卉、蔬果等园艺作物后熟或衰老。可很好地延缓成熟、衰老,很好地保持产品的硬度、脆度,保持颜色、风味、香味和营养成分,能有效地保持植物的抗病性,减轻微生物引起的腐烂和减轻生理病害,并可减少水分蒸发、防止萎蔫。果蔬、花卉使用其处理,保鲜期大大地延长。

应用　1-甲基环丙烯使用剂量很小,通常以 μg/m 计算,一般是熏蒸,只要把空间密封 6～12h,然后通风换气,就可以达到储藏保鲜的效果。尤其是呼吸跃变型水果、蔬菜,在采摘后 1～14d 进行熏蒸处理,保鲜期可以延长至少一倍的时间。可使用在多种储藏方式中,如七条库、冷藏车、简易库以及土库等,且还能强烈抑制苹果的虎皮病和梨黑星病等。适用水果类:苹果、梨、猕猴桃、桃、柿子、葡萄、李、杏、樱桃、草莓、哈密瓜、枣(呼吸跃变型的品种,如大荔园枣、陕北狗头枣、灵武长枣)、酸枣;南方的香蕉、番荔枝、芒果、枇杷、杨梅、木瓜、番石榴、杨桃等水果。适用蔬菜类:番茄、西兰花、蒜薹、辣椒、青菜、韭薹、茄子、黄瓜、竹笋、油豆角、小白菜、苦瓜、香菜、马铃薯、莴苣、甘蓝、芥蓝、青花菜、芹菜、青椒、胡萝卜等。适用花卉类:郁金香、六出花属、康乃馨、唐菖蒲、金鱼草、兰花、香石竹、满天星、玫瑰、百合属、风铃草等。

合成方法　由 3-氯-2-甲基丙烯在氨基钠的条件下合成得到 1-甲基环丙烯。

甲基立枯磷 tolclofos-methyl

$C_9H_{11}Cl_2O_3PS$,301.1,57018-04-9

甲基立枯磷(tolclofos-methyl),试验代号　S-3349。商品名称　Rizolex。其他名称　灭菌磷、利克菌。是由日本住友化学公司开发的有机磷类杀菌剂。

化学名称　O-2,6-二氯-对甲苯基 O,O-二甲基硫代磷酸酯,O-2,6-dichloro-p-tolyl O,O-dimethyl phosphorothioate。

理化性质　原药为浅褐色晶体。纯品为无色晶体,熔点 78～80℃,蒸气压 57mPa(20℃),分配系数 $K_{ow}\lg P=4.56$(25℃),水溶解度 1.10mg/L(25℃);有机溶剂中溶解度:正己烷 3.8％,二甲苯 36.0％,甲醇 5.9％。对光、热和潮湿稳定。在酸碱介质中分解。闪点 210℃。

毒性 大鼠急性经口 LD_{50} 5000mg/kg，大鼠急性经皮 LD_{50} >5000mg/kg，对兔皮肤和眼睛无刺激作用。大鼠急性吸入 LC_{50}(4h)>3320mg/m³。狗 NOEL 数据(6 个月)600mg/L(50mg/kg)。ADI 值(mg/kg)：(EC)0.064[2006]，(JMPR)0.07[1994]，(EPA)0.05[1992]。

生态效应 野鸭和山齿鹑急性经口 LD_{50} >5000mg/kg，大翻车鱼 LC_{50}(96h)>720μg/L。

环境行为

(1) 动物 甲基立枯磷在哺乳动物体内可被迅速降解，主要降解途径为氧化脱硫(P =S 双键变为 P =O 双键)，4-甲基的氧化，P—O—Ar、P—O—甲基的断裂。甲基立枯磷可迅速排出体外，在几天之内即可完全排出。

(2) 土壤/环境 甲基立枯磷在土壤中的滞留时间取决于快速生物降解和高稳定性之间的平衡。光解半衰期(每天太阳光光照 8h)DT_{50}：44d(水中)，15～28d(湖水与河水)，<2d(土壤表层,包含蒸发的部分)。主要降解途径为去甲基化和水解，降解产物为 2,6-二氯苯甲醇。

制剂 50%可湿性粉剂，5%、10%、20%粉剂，20%乳油和 25%悬浮剂。

主要生产商 Sumitomo Chemical。

作用机理与特点 通过抑制磷酸的生物合成，从而抑制孢子萌发和菌丝生长。具有保护和治疗性的非内吸性杀菌剂。在叶片处理时由于其蒸发作用，可发现有很弱的内吸性。吸附作用强，不易流失，在土壤中也有一定残效期。

应用

(1) 适宜作物与安全性 马铃薯、甜菜、棉花、花生、蔬菜、谷类、观赏植物、球茎花和草坪作物等。避免与碱性药剂混用。按规定剂量施药，本剂对多数作物无药害。但有时因过量用药，有抑制发芽和抽穗的作用。本土壤杀菌剂可以高剂量直接使用于土壤消毒，而对环境影响甚微。本剂比五氯硝基苯效果好，且像对哺乳动物一样，对鱼和鸟类均低毒。并具有迅速生物降解和较高的物化特性，在土壤深处，又有适宜的持效性。

(2) 防治对象 对半知菌类、担子菌类和子囊菌类等各种病菌均有很强的杀菌活性。可有效地防治由丝核菌属、小菌核属和雪腐病菌引起的各种土壤病害如马铃薯黑痣病和茎溃病，棉苗绵腐病，甜菜根腐病、冠腐病和立枯病，花生茎腐病，观赏植物的灰色菌核腐烂病以及草地的褐芽病等。甲基立枯磷除预防外还有治疗作用，对"菌核"和"菌丝"亦有杀菌活性；对五氯硝基苯产生抗性的苗立枯病菌也有效。

(3) 使用方法 甲基立枯磷可作为种子、块茎或球茎处理剂，也可通过毒土、土壤洒施、拌种、浸渍、叶面喷雾和喷洒种子等方法施用。

① 防治马铃薯茎腐病和黑斑病 5～10kg(a.i.)/hm² 拌土处理或拌种 100～200kg(a.i.)/1000kg。

② 防治棉花苗期立枯病、炭疽病根腐、猝倒病 20%乳油按种子重量的 1%拌种。

③ 防治棉花黄枯萎、瓜类枯萎、茄子黄萎、棉花角斑病等 可用 20%乳油 200～300 倍液发病初期喷施，7～10d 后再补喷 1 次或者用 20%乳油 300～400 倍液灌根，每株灌药液 200～300mL。

专利概况 专利 GB1467561、US4039635 均已过专利期，不存在专利权问题。

合成方法 通过如下反应即可制的目的物：

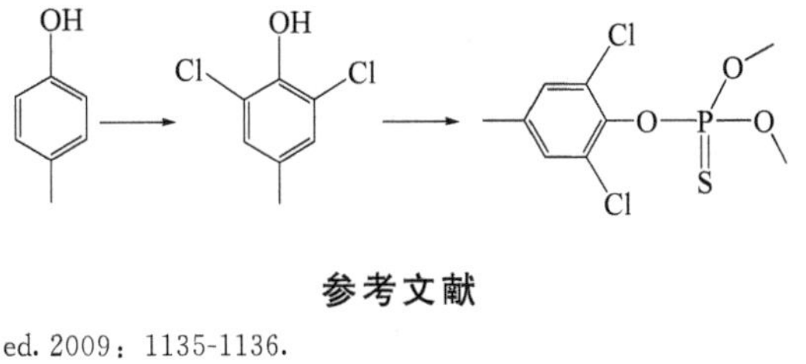

参考文献

[1] The Pesticide Manual. 15th ed. 2009：1135-1136.

[2] 恒存阳. 农药译丛，1983，5：57-60.

[3] Japan Pesticide Information，1982，41：21.

甲基硫菌灵 thiophanate-methyl

$C_{12}H_{14}N_4O_4S_2$，342.4，23564-05-8

甲基硫菌灵(thiophanate-methyl)，试验代号 NF44。商品名称 Alert、Capital、Cercobin、Cycosin、Hilnate、Maxim、Mildothane、Roko、Thyafeta、Tiposi、Topsin M、Vapcotop、Vithi-M、Certeza。其他名称 3336、Cekufanato、Control、Cover、Enovit M、Enovit Metil、Fungitox、imthyl、Neotopsin、OHP 6672、Pilartop-M、Pro-pak、Salvator、Scope、Support、Tee-Off'、T-Methyl E-Ag、T-Methyl E-Pro、Topsin、TSM、托布津 M、甲基流扑净、甲基托布津、桑菲钠。是日本曹达公司开发的杀菌剂。

化学名称 4,4'-(邻苯基)双(3-硫代脲基甲酸二甲酯)，dimethyl 4,4'-(o-phenylene)bis(3-thioallophanate)。

理化性质 纯品为无色结晶固体，熔点 172℃(分解)。蒸气压 0.0095mPa(25℃)。分配系数 $K_{ow}lgP=1.50$。水中溶解度(20℃，g/L)：0.0224(pH 4)，0.0221(pH 5)，0.0207(pH 6)，0.0185(pH 7)，0.0168(pH 7.5)。有机溶剂中溶解度(23℃，g/kg)：丙酮58.1，环己酮43，甲醇29.2，氯仿26.2，乙腈24.4，乙酸乙酯11.9，微溶于正己烷。稳定性：室温下，在中性溶液中稳定，在空气和光下稳定。在酸性溶液中相当稳定，在碱性溶液中不稳定，DT_{50} 24.5h(pH 9，22℃)。制剂在低于50℃时稳定2年以上。pK_a 7.28。

毒性 雄雌大鼠急性经口 $LD_{50}>5000mg/kg$。雄、雌性大鼠急性经皮 $LD_{50}>2000mg/kg$；对皮肤和眼睛无刺激。大鼠吸入 LC_{50}(4h)1.7mg/L 空气。NOEL(2y,mg/kg)：大鼠 8，小鼠 28.7，狗 8。ADI(EC)0.08mg/kg[2005]；(JMPR)0.08mg/kg[1998,2006]；(EPA)最低 aRfD 0.2mg/kg，cRfD 0.08mg/kg[1995,2004]。

生态效应 日本鹌鹑和野鸭急性经口 $LD_{50}>4640mg/kg$。鱼毒 LC_{50}(96h,mg/L)：虹鳟鱼11，鲤鱼>62.9。水蚤 LC_{50}(48h)5.4mg/L，近头状伪蹄形藻 EC_{50}(72h)>25.4mg/L。对蜜蜂无害，LD_{50}(局部)>100μg/只。

环境行为

(1) 动物 大鼠最后一次经口给药后，90min 内 61%通过尿排出，35%通过粪便排出。代谢涉及环化成多菌灵。在鼠体内主要的代谢物是甲基 5-羟基苯并咪唑-2-氨基甲酸酯。植物在植物体内，环化形成多菌灵。

(2) 土壤/环境 在土壤中可留存3~4周。在土壤中及水溶液中，在紫外线的影响下，可环化形成多菌灵。然后降解成2-氨基苯并咪唑和5-羟基-2-氨基苯并咪唑。土壤吸收 K_d 1.2。

制剂 50%、70%可湿性粉剂，36%、50%悬浮剂，30%粉剂，3%涂糊剂等。

主要生产商 Aimco、Dongbu Fine、Nippon Soda、Iharabras、Rallis、Sharda、United phosphorus、海利贵溪化工农药有限公司、江苏永联集团公司、江阴凯江农化有限公司、江苏蓝丰生物化工股份有限公司及泰达集团等。

作用机理与特点 为多菌灵前体化合物，广谱、内吸性苯并咪唑类杀菌剂。具有预防和治疗等作用。它在植物体内通过先转化为多菌灵，再干扰菌有丝分裂中纺锤体的形成，进而影响细胞分裂。

应用

(1) 适宜作物　水稻、麦类、油菜、棉花、甘薯、蔬菜、花卉、苹果、梨、葡萄、桃和柑橘等。

(2) 防治对象　用于防治水稻稻瘟病、纹枯病，麦类赤霉病、小麦锈病、白粉病，油菜菌核病，瓜类白粉病，番茄叶霉病，果树和花卉黑星病、白粉病、炭疽病，葡萄白粉病，玉米大、小斑病，高粱炭疽病、散黑穗病等。

(3) 使用方法

① 果树　在病害发生初期，用70%甲基硫菌灵可湿性粉剂1000~1500倍液，均匀喷雾，间隔10~15d，共喷5~8次，可防治苹果和梨黑星病、白粉病、炭疽病和轮纹病等。

② 蔬菜　在病害发生初期，用70%甲基硫菌灵可湿性粉剂385g(a.i.)/hm^2，兑水均匀喷雾，间隔7~10d，再喷药1次，可防治油菜菌核病；用70%甲基硫菌灵可湿性粉剂482~723g/hm^2，兑水均匀喷雾，间隔7~10d喷药1次，共喷2~3次，可防治瓜类白粉病；用70%甲基硫菌灵可湿性粉剂536~804g(a.i.)/hm^2，兑水均匀喷雾，间隔7~10d喷药1次，连喷药3~4次，可防治番茄叶霉病；用36%甲基硫菌灵悬浮剂692g(a.i.)/hm^2，兑水均匀喷雾，间隔7~10d喷药1次，连喷药3~5次，可防治甜菜褐斑病等病害。

③ 棉花　播种前，用70%甲基硫菌灵可湿性粉剂714g，拌100kg种子，可防治棉花苗期病害。

④ 麦类　播种前，用70%甲基硫菌灵可湿性粉剂143g，兑水4kg，拌种100kg种子，或用有效成分156g，加水156kg，浸100kg麦种，也可每次用甲基硫菌灵562.5~750g(a.i.)/hm^{2}喷雾，喷两次，可防治黑穗病等。

⑤ 水稻　于发病初期或幼穗形成期至孕穗期，用70%甲基硫菌灵1500~2143g/hm^2，兑水喷雾，可防治稻瘟病、纹枯病等。

⑥ 花卉　在发病初期，用50%甲基硫菌灵1200~1875g/hm^2，兑水喷雾，可防治大丽花花腐病，月季褐斑病，海棠灰斑病，君子兰叶斑病及各种炭疽病、白粉病和茎腐病等。

⑦ 葡萄　用70%甲基硫菌灵可湿性粉剂1000~1500倍液喷雾，可防治葡萄白粉病、黑痘病、褐斑病、炭疽病和灰霉病等。

⑧ 柑橘　用70%甲基硫菌灵可湿性粉剂1000~1500倍液喷雾，可防治疮痂病。

⑨ 甘薯　用500~1000mg/L药液浸种10min，或用200mg/L药液浸薯苗基部10min，可控制苗床和大田黑斑病等。

⑩ 油菜　在盛花期，用70%甲基硫菌灵可湿性粉剂1065~1335g/hm^2，兑水均匀喷雾，间隔7~10d，再喷药1次，可防治油菜菌核病。

⑪ 甜菜　在病害盛发前，用70%甲基硫菌灵可湿性粉剂804~1335g/hm^2，兑水均匀喷雾，间隔10~14d，再喷药1次，可防治甜菜褐斑病。

⑫ 大豆　在大豆结荚期，用70%甲基硫菌灵可湿性粉剂855~1065g/hm^2，兑水均匀喷雾，间隔10d后，再喷药1次，可防治大豆灰斑病。

专利与登记　专利DE1806123早已过专利期，不存在专利权问题。国内登记情况：25%、35%、50%悬浮剂，50%、60%、70%可湿性粉剂，95%原药；登记作物分别为小麦、水稻、梨树、苹果树；防治对象为白粉病、稻瘟病、纹枯病、黑星病、轮纹病等。日本曹达公司在中国登记情况见表98~表101。

表98　日本曹达公司在中国登记情况

登记名称	登记证号	含量	剂型	登记作物	防治对象	用药量	施用方法
甲基硫菌灵	PD139-91	500g/L	悬浮剂	水稻 水稻 小麦	稻瘟病 纹枯病 赤霉病	750~1125g/hm^2	喷雾
甲基硫菌灵	PD162-92	3%	糊剂	苹果	腐病烂	—	涂抹斑病
甲基硫菌灵	PD326-2000	90%	原药				

登记名称	登记证号	含量	剂型	登记作物	防治对象	用药量	施用方法
甲基硫菌灵	PD61-88	70%	可湿性粉剂	苹果树 芦笋 水稻 小麦	轮纹病 茎枯病 纹枯病 赤霉病	700～875mg/kg 630～787.5g/hm² 1050～1500g/hm² 750～1050g/hm²	喷雾

表99　新加坡利农私人有限公司在中国登记情况

登记名称	登记证号	含量	剂型	登记作物	防治对象	用药量	施用方法
甲基硫菌灵	PD20030012	95%	原药				
甲基硫菌灵	PD20030016	70%	可湿性粉剂	水稻	纹枯病	1050～1500g/hm²	喷雾

表100　日本化学株式会社在中国登记情况

登记名称	登记证号	含量	剂型	登记作物	防治对象	用药量	施用方法
甲基·乙霉威	PD20070064	65%	可湿性粉剂	番茄	灰霉病	454.5～682.5g/hm²	喷雾

表101　美国默赛技术公司在中国登记情况

登记名称	登记证号	含量	剂型	登记作物	防治对象	用药量	施用方法
甲基硫菌灵	PD20080381	97%	原药				
甲基硫菌灵	PD20084737	70%	可湿性粉剂	小麦	纹枯病	1050～1500g/hm²	喷雾

合成方法　具体合成方法如下：

$$ClCOOCH_3 \xrightarrow{KSCN} SCNCOOCH_3 \longrightarrow$$

参考文献

[1]The Pesticide Manual. 15th ed. 2009；1128-1130.

甲基嘧啶磷 pirimiphos-methyl

$C_{11}H_{20}N_3O_3PS$，305.3，29232-93-7

甲基嘧啶磷(pirimiphos-methyl)，试验代号　OMS1424、PP511。商品名称　A Actell、Actellic、Giustiziere、Quest、Rocket、SunMiphos、Silo-San、Stomophos。其他名称　安得利、保安定、亚特松、甲基虫螨磷、虫螨磷、安定磷。是ICI Plant Protection Division(现属 Syngenta AG)开发的有机磷类杀虫剂。

化学名称　O,O-二甲基-O-(2-二乙氨基-6-甲基嘧啶-4-基)硫代磷酸酯，O-2-diethylamino-6-methylpyrimidin-4-yl O,O-dimethyl phosphorothioate.

理化性质　工业品含量为88%，稻草色液体，熔点15～18℃(工业品)。在蒸馏时分解。蒸气压：2mPa(20℃)，6.9mPa(30℃)，22mPa(40℃)。相对密度：1.17(20℃)，1.157(30℃)。$K_{ow}\lg P=4.2(20℃)$。Henry常数 0.608Pa·m³/mol(计算值)。水中溶解度(20℃，mg/L)：11(pH 5)，10(pH 7)，9.7(pH 9)；与大多数有机溶剂如醇类、酮类、卤代烃互溶。在强酸和碱性中分解，DT_{50}2～117d(pH 4～9，在 pH 7 时最稳定)。其水溶液在阳光下 $DT_{50}<$1h，pK_a4.30，闪点>46℃。

毒性 急性经口 LD_{50}（mg/kg）：大鼠 1414，小鼠 1180。大鼠急性经皮 LD_{50} ＞2000mg/kg。本品对兔眼睛和皮肤有轻微刺激，对豚鼠皮肤中度致敏。大鼠吸入 LC_{50}（4h）＞5.04mg/L（重量测定）。NOEL[2y，mg/（kg·d）]：大鼠 0.4，狗 0.5。无致畸性，在脂肪组织中不累积。ADI：（JMPR）0.03mg/kg[1992，2006]；（EFSA）0.004mg/kg[2005]；（EPA）aRfD 0.015，cRfD 0.0002mg/kg[2006]。

生态效应 鸟急性经口 LD_{50}（mg/kg）：山齿鹑 40，日本鹌鹑 140，野鸭 1695。鱼 LC_{50}（mg/L）：虹鳟鱼 0.64（96h），锦鲤 1.4（48h）。水蚤 EC_{50}（μg/L）：0.21（48h），0.08（21d）。水藻 EC_{50} 1.0mg/L。蜜蜂 LD_{50}（μg/只）：经口 0.22，接触 0.12。蚯蚓 LC_{50}（14d）419mg/kg。

环境行为 本品在动物体内代谢过程为：P—O 键断裂、N-脱烷基化和与嘧啶离去基团代谢物进一步螯合。本品在植物上迅速蒸发，2～3d 后，本品在植物上残留不到 10%，包括降解物 O-2-乙基氨基-6-甲基嘧啶-4-基 O,O-二甲基硫代磷酸酯。在储存的谷物中 DT_{50}＞2 个月。土壤 DT_{50} 4～10d（实验室），K_{oc} 950～8500mL/g（o. c.）。在酸性条件下迅速退化，在中性和碱性条件下相对退化较慢，DT_{50} 2d（pH 4）、7d（pH 5）、117d（pH 7）、75d（pH 9）。在水溶液中迅速光解。在介质中挥发较慢，空气中在光催化氧化下迅速分解。

制剂 2% 粉剂，8%、25%、50% 乳油，500g/L 超低容量液剂，200g/L 微胶囊剂。

主要生产商 Sharda、Sundat、Syngenta、湖南海利化工股份有限公司、宁波保税区汇力化工有限公司及浙江永农化工有限公司等。

作用机理 甲基嘧啶磷是一种对储粮害虫、害螨毒力较大的有机磷杀虫剂，作用机理是胆碱酯酶抑制剂，具有触杀和熏蒸作用的广谱性杀虫、杀螨剂，作用迅速，渗透力强，用量低，持效期长；也能浸入叶片组织，具有叶面输导作用。对防治甲虫和蛾类有较好的效果，尤其是对防治储粮害螨药效较高。

应用

（1）适用作物　蔬菜、观赏植物、甜菜、玉米、水稻、马铃薯、黄瓜、高粱、橄榄、果树等。

（2）防治对象　谷象、米象、玉米象、锯谷盗、锈赤扁谷盗、谷蠹、赤拟谷盗、银谷盗、甲虫、象鼻虫、蛾类和螨类等，也可用于家庭及公共卫生害虫。

（3）残留量与安全施药　为了安全，除使用砻糠载体外，直接喷雾施药后，间隔一段安全期后才能加工供应，一般剂量在 10mg/kg 以下者间隔 3 个月，15mg/kg 间隔 6 个月，20mg/kg 间隔 8 个月。谷物中允许残留量为 10mg/kg。

（4）使用方法　施药方法主要有机械喷雾法、砻糠载体法、超低容量喷雾法、粉剂拌粮法。

作为粮食保护剂，施药剂量为 5～10mg/kg，农户储粮应用，剂量可增加 50%。按每平方米有效成分 250～500mg 的药量处理麻袋，6 个月内可使袋中粮食不受锯谷盗、赤拟谷盗、米谷蠹、粉斑螟和麦蛾的侵害，若以浸渍法处理麻袋，则有效期更长。以喷雾法处理的聚乙烯粮袋和建筑物都有良好的防治效果。用本品处理种子，即使用药量高达 300mg/kg，对稻谷、小麦、玉米、高粱的发芽率无影响。澳大利亚曾以硅藻土作为载体，按 6～7mg/kg 的药量处理小麦，可有效地防治米象和玉米象 9 个月，以其乳油和粉剂处理粮食后，降解速度无明显差别。

专利与登记 专利 GB1019227、GB1204552 均早已过专利期，不存在专利权问题。国内登记情况：90% 原药，55% 乳油，5% 粉剂，20% 水乳剂等；登记范围为稻谷原粮和卫生等；防治对象为蚊、蝇、赤拟谷盗和玉米象等。英国先正达公司在中国登记情况见表 102。

表 102　英国先正达公司在中国登记情况

登记名称	登记证号	含量	剂型	登记范围	防治对象	用药量	施用方法
甲基嘧啶磷	PD85-88	500g/L	乳油	小麦原粮 稻谷原粮	玉米象 玉米象	5～10mg/kg 5～10mg/kg	喷雾 喷雾
甲基嘧啶磷	WP85-88	500g/L	乳油	卫生 卫生	蝇 蚊	2g/m² ①2g/m²（室内） ②300g/hm²（室外）	滞留喷雾 ①滞留喷雾 ②超低量喷雾

合成方法 经如下反应制得甲基嘧啶磷：

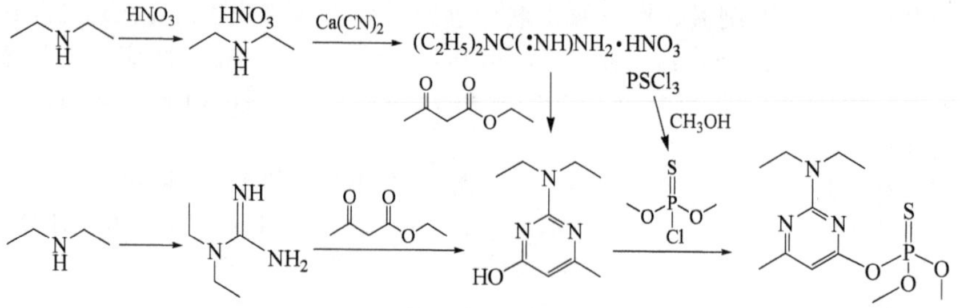

参考文献

[1] 周玉昆，等．农药，2002，1：14-15.

甲基乙拌磷 thiometon

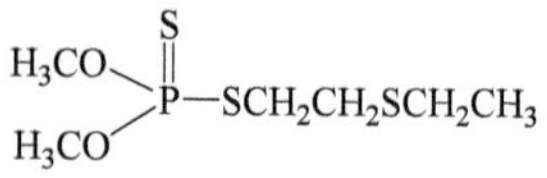

$C_6H_{15}O_2PS_3$，246.3，640-15-3

甲基乙拌磷（thiometon），试验代号　Bayer23129、SAN1831。是 Bayer AG 和 Sandoz AG（现属于先正达公司）共同开发的有机磷类杀虫剂。

化学名称　S-2-乙硫基乙基 O,O-二甲基二硫代磷酸酯，S-2-ethylthioethyl O,O-dimethyl phosphorodithioate。

理化性质　无色油状液体，具有特殊、含硫的有机磷酸酯气味，沸点 110℃（0.1mmHg）。蒸气压 39.9mPa（20℃）。相对密度 1.209（20℃）。$K_{ow}lgP=3.15$（平均值，20℃），Henry 常数 $2.840×10^{-2}Pa·m^3/mol$（计算）。水中溶解度 200mg/L（25℃），易溶于通用的有机溶剂，微溶于石油醚和矿物油。纯品不稳定，在非极性溶剂中非常稳定，在碱性介质中比在酸性介质中更不稳定，DT_{50}：90d（pH 3）、83d（pH 6）、43d（pH 9）（5℃）、25d（pH 3）、27d（pH 6）、17d（pH 9）（25℃），储存寿命大约 2y（25℃）。

毒性　大鼠急性经口 LD_{50}（mg/kg）：雄 73，雌 136。大鼠急性经皮 LD_{50}（mg/kg）：雄 1429，雌 1997。本品对豚鼠皮肤无刺激。大鼠吸入 LC_{50}（4h）1.93mg/L 空气。NOEL 值（2y，mg/kg 饲料）：狗 6，大鼠 2.5。ADI（JMPR）0.003mg/kg[1979]。

生态效应　急性经口 LD_{50}（14d，mg/kg）：雄野鸭 95，雌野鸭 53，雄日本鹌鹑 46，雌日本鹌鹑 60。鱼 LC_{50}（96h，mg/L）：鲤鱼 13.2，虹鳟鱼 8.0（均在静态条件下）。水蚤 LC_{50}（24h）8.2mg/L。绿藻 EC_{50}（96h）12.8mg/L。本品对蜜蜂有毒，LD_{50}（经口）0.56μg/只。蚯蚓 LC_{50}：（7d）43.94mg/kg 土壤，（14d）19.92mg/kg 土壤。

环境行为

（1）动物　本品在大鼠体内几乎全部被代谢并通过尿排出体外，代谢历程为将 P=S 键转化为 P=O 键、将硫化物氧化为亚砜和砜，然后水解为二甲基硫代磷酸。

（2）植物　在植物中，经过氧化和氢解反应，主要代谢物是甲基乙拌磷的砜和亚砜，而 P=O 键变化很少。

（3）土壤/环境　在土壤中，甲基乙拌磷代谢为甲基乙拌磷的亚砜和砜，甲基乙拌磷 K_{oc} 579mL/g（低移动性），DT_{50}<1d，甲基乙拌磷的砜 K_{oc} 52mL/g（流动性很高），DT_{50}<2d。正常情况下，本品及其代谢物在水中不累积，对地下水无影响。

制剂　25%、50%乳油，15%超低容量喷雾剂。

作用机理与特点　胆碱酯酶的直接抑制剂，具有触杀和胃毒作用的内吸性杀虫、杀螨剂。在

使用浓度为 $280 \sim 420 \mathrm{mL/hm^2}$ 剂量下，其内吸活性可持效 $2 \sim 3$ 周。

应用

(1) 适用作物　观赏植物、草莓、果树、芜箐、蔬菜、橄榄、葡萄、甜菜、烟草、棉花等。

(2) 防治对象　刺吸性害虫，主要是蚜类和螨类，如蚜虫、蓟马和红蜘蛛等。

(3) 残留量与安全施药　对苹果的最高残留限量 $3 \mathrm{mg/kg}$。

(4) 使用剂量　$250 \sim 375 \mathrm{g/hm^2}$。

专利概况　专利 DE917668、CH319579 均早已过专利期，不存在专利权问题。

合成方法　经如下反应制得：

$$P \xrightarrow{S} P_4S_{10} \xrightarrow{CH_3OH} \overset{H_3CO}{\underset{H_3CO}{}}\overset{O}{\underset{}{P}}-SH \longrightarrow \overset{H_3CO}{\underset{H_3CO}{}}\overset{S}{\underset{}{P}}-SNa \xrightarrow{ClCH_2CH_2SCH_2CH_3} \overset{H_3CO}{\underset{H_3CO}{}}\overset{S}{\underset{}{P}}-SCH_2CH_2SCH_2CH_3$$

甲硫威 methiocarb

$C_{11}H_{15}NO_2S$，225.3，2032-65-7

甲硫威（methiocarb），试验代号　Bayer37334、ENT25726、H321、OMS93。商品名称　Cobra、Decoy Wetex、Draza、Exit、Huron、Karan、Lupus、Master、Mazda、Mesurol、Rivet、灭赐克、灭旱螺；其他名称　metmercapturon、灭虫威、灭梭威。由 Bayer AG 开发。

化学名称　4-甲硫基-3,5-二甲苯基甲基氨基甲酸酯，4-methylthio-3,5-xylylmethylcarbamate。

理化性质　本品无色结晶，有苯酚气味，熔点 119℃。蒸气压：$0.015 \mathrm{mPa}$（20℃），$0.036 \mathrm{mPa}$（25℃）。相对密度 1.236（20℃）。$K_{ow} \lg P = 3.08$（20℃）。Henry 常数 $1.2 \times 10^{-4} \mathrm{Pa \cdot m^3/mol}$（20℃）。水中溶解度（20℃）$27 \mathrm{mg/L}$；其他溶剂中溶解度（20℃，g/L）：二氯甲烷$>200$，异丙醇 53，甲苯 33，己烷 1.3。在强碱介质中不稳定；水解 DT_{50}（22℃）：$>1y$（pH 4），$<35d$（pH 7），6h（pH 9）。在环境中通过光照可完全降解，DT_{50} 为 $6 \sim 16d$。

毒性　急性经口 LD_{50}（mg/kg）：雄大鼠约 33，雌大鼠约 47，小鼠 $52 \sim 58$，豚鼠 40，狗 25。雌雄大鼠急性经皮 $LD_{50} > 2000 \mathrm{mg/kg}$，对兔的皮肤和眼睛无刺激。大鼠吸入 LC_{50}（4h）：$>0.3 \mathrm{mg/L}$ 空气（气雾剂），$0.5 \mathrm{mg/L}$（粉剂）。NOAEL（2y，mg/kg 饲料）：狗 60（1.5mg/kg），大鼠 200，小鼠 67。ADI（mg/kg）：（EFSA）0.013[2006]，（JMPR）0.02[1998，2005]，（EPA）RfD 0.005[1993]。

生态效应　鸟类急性经口 LD_{50}（mg/kg）：雄野鸭 $7.1 \sim 9.4$，日本鹌鹑 $5 \sim 10$。鸟类对甲硫威有排斥作用。鱼毒 LC_{50}（96h，mg/L）：大翻车鱼 0.754，虹鳟鱼 $0.436 \sim 4.7$，金色圆腹雅罗鱼 3.8。水蚤 LC_{50}（48h）$0.019 \mathrm{mg/L}$。羊角月牙藻 $E_r C_{50}$ $1.15 \mathrm{mg/L}$。对蜜蜂无毒。蚯蚓 $LC_{50} > 200 \mathrm{mg/kg}$ 干土。

环境行为

(1) 动物　经口后在狗和小鼠体内被快速吸收，然后大部分随着尿液、小部分随着粪便排出体外。代谢机制包括水解、氧化和羟基化，接着代谢产物以自由和络合物形式排出。在所有器官中活性持续降低。

(2) 植物　甲硫基被氧化成亚砜和砜，水解成相应的苯硫酚、甲基亚砜苯酚和甲基砜苯酚。

(3) 土壤/环境　土壤中快速降解，主要的代谢物为甲基亚砜苯酚和甲基砜苯酚。

制剂 Mesurol（Bayer），可湿性粉剂［500 或 750g（a.i.）/kg］、粉剂（20g/kg）；Draza（Bayer），饵剂（10~40g/kg）。

主要生产商 Bayer CropScience 及浙江禾田化工有限公司等。

作用机理与特点 具有触杀和胃毒作用非内吸性杀虫和杀螨剂。可作用于软体害虫的神经系统，进入动物体内后，可抑制胆碱酯酶而杀死害虫。

应用

（1）适用作物 谷类作物、柑橘类的水果、油菜、观赏植物、仁果类水果、马铃薯、核果、糖甜菜和蔬菜。

（2）防治对象 食植性的蜱螨目、鞘翅目、双翅目和半翅目。

（3）应用技术 本品为非内吸性杀虫和杀螨剂，以 50~100g（a.i.）/hm^2 对食植性的蜱螨目、鞘翅目、双翅目和半翅目有防效。它也是一个强的杀软体动物剂，以 200g（a.i.）/hm^2 颗粒剂可防治蛞蝓和蜗牛，并且可拌种驱避鸟，以防种子损失。

专利概况 专利 FR1275658、DE1162352 均早已过专利期，不存在专利权问题。

合成方法 可按如下方法合成：

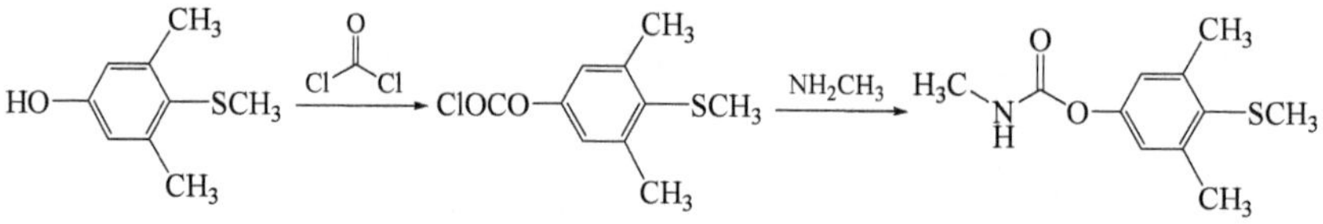

或

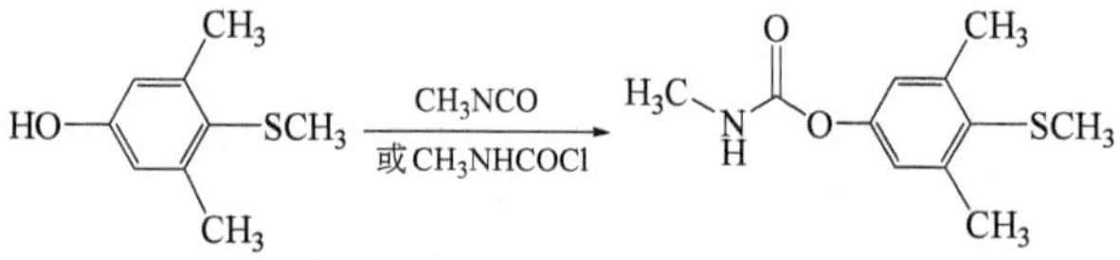

甲咪唑烟酸 imazapic

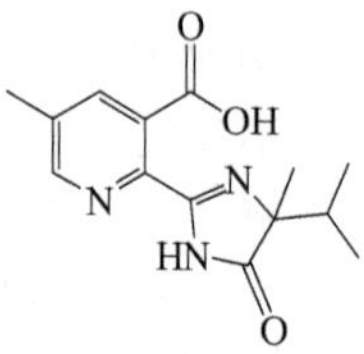

C$_{14}$H$_{17}$N$_3$O$_3$，275.3，104098-48-8，104098-49-9（imazapic-ammonium）

甲咪唑烟酸（imazapic），试验代号 AC263222、CL263222。商品名称 Cadre、Plateau。其他名称 百垄通、高原、甲基咪草烟。是由美国氰胺（现为 BASF）公司开发的咪唑啉酮类除草剂。

化学名称 （RS）-2-(4-异丙基-4-甲基-5-氧-2-咪唑啉-2-基)-5-甲基烟酸，（RS）-2-(4,5-dihydro-4-isopropyl-4-methyl-5-oxoimidazol-2-yl)-5-methylnicotinic acid。

理化性质 纯品为无味灰白色或粉色固体，熔点 204~206℃。蒸气压<1×10^{-2} mPa（60℃）。K_{ow}lg$P$=0.393（pH 4、5、6 缓冲溶液，25℃）。去离子水中溶解度（25℃）2.15g/L，丙酮中溶解度为18.9mg/mL。稳定性：在 25℃稳定存在时间≥24 个月。pK_a 值：pK_a2.0，pK_a3.6，pK_a11.1。

毒性 大鼠急性经口 LD$_{50}$>5000mg/kg。兔急性经皮 LD$_{50}$雌/雄>2000mg/kg。大鼠急性吸入 LC$_{50}$（4h）4.83mg/L 空气。对兔眼睛有中度刺激性，对兔皮肤无轻微刺激性，对豚鼠皮肤无致敏。大鼠 NOEL（90d）20000mg/L［1625mg/（kg·d）］，兔经皮 NOEL（21d）1000mg/kg。致畸 NOEL［mg/（kg·d）］：大鼠1000，兔子500；（胎儿）大鼠1000，兔子700。ADI（EPA）0.50mg/

[1994]。无致突变性、无遗传毒性、无致癌性以及无致畸性。

生态效应 山齿鹑和野鸭急性经口 $LD_{50} > 2150mg/kg$，山齿鹑和野鸭 $LC_{50}(8d) > 5000mg/L$。斑点叉尾鮰、大翻车鱼、虹鳟鱼 $LC_{50}(96h) > 100mg/L$。水蚤 $LC_{50}(48h) > 100mg/L$。EC_{50}（120h，$\mu g/L$）：月牙藻 > 51.7，项圈藻 > 49.9，骨条藻 > 44.1，舟形藻 > 46.4。蜜蜂 LD_{50}（接触）$> 100\mu g/$只。

环境行为

（1）动物 在动物体内没有生物积累；如果摄取后，通过尿液和粪便很快排泄掉。

（2）土壤/环境 在土壤中主要通过微生物降解掉。DT_{50} $31 \sim 410d$，主要取决于土壤和气候条件。水中 $DT_{50} < 8h$；甲咪唑烟酸在阳光下能被分解掉。

制剂 240g/L 水剂。

主要生产商 AGROFINA 及 BASF 等。

作用机理与特点 乙酰乳酸合成酶（ALS）或乙酸羟酸合成酶（AHAs）的抑制剂，即通过抑制植物的乙酰乳酸合成酶，阻止支链氨基酸如缬氨酸、亮氨酸、异亮氨酸的生物合成，从而破坏蛋白质的合成，干扰 DNA 合成及细胞分裂与生长，最终造成植株死亡。在花生中的高选择性，是由于花生体内能快速地脱甲基化和羧基化而解毒（B Tecle, et al. Proc 1997 Br Crop Prot Conf-Weeds, 2, 605）。杂草药害症状为：禾本科草在吸收药剂后 8h 即停止生长，$1 \sim 3d$ 后生长点及节间分生组织变黄，变褐坏死，心叶先变黄紫色枯死。

应用 甲咪唑烟酸主要用于花生田早期苗后除草，对莎草科杂草、稷属杂草、草决明、播娘蒿等具有很好的活性。推荐使用剂量为：$50 \sim 70g(a.i.)/hm^2$ [亩用量为 $3.3 \sim 4.67g(a.i.)$]。在我国推荐使用剂量为：$72 \sim 108g(a.i.)/hm^2$ [亩用量为 $4.8 \sim 7.2g(a.i.)$]。

专利与登记 专利 EP41623 早已过专利期，不存在专利权问题。国内登记情况：240g/L 水剂，97%、98% 原药；登记作物为甘蔗和花生；用于防治莎草、阔叶杂草及一年生禾本科杂草。巴斯夫欧洲公司在中国登记情况见表 103。

表 103 巴斯夫欧洲公司在中国登记情况

登记名称	登记证号	含量	剂型	登记作物	防治对象	用药量/(g/hm²)	施用方法
甲咪唑烟酸	PD20070370	240g/L	水剂	花生	一年生杂草	72~108	喷雾
					莎草	①108~144 ②72~108	①芽前土壤喷雾 ②苗后定向喷雾
				甘蔗	阔叶杂草	①108~144 ②72~108	①芽前土壤喷雾 ②苗后定向喷雾
					莎草及阔叶杂草	①108~144 ②72~108	①芽前土壤喷雾 ②苗后定向喷雾
					一年生禾本科杂草	①108~144 ②72~108	①芽前土壤喷雾 ②苗后定向喷雾
甲咪唑烟酸	PD20070371	96.4%	原药				

合成方法 以丙醛、草酸二乙酯、甲基异丙基酮为起始原料，经一系列反应制得目的物。反应式为：

541

参考文献

[1]熊飞. 科学种养,2011,7:49-50.

甲嘧磺隆 sulfometuron-methyl

C$_{15}$H$_{16}$N$_4$O$_5$S, 364.4, 74222-97-2

甲嘧磺隆(sulfometuron-methyl),试验代号 DPXT5648。商品名称 Oust。其他名称 Mako、Spyder、嘧磺隆。是由杜邦公司开发的磺酰脲类除草剂。

化学名称 2-(4,6-二甲基嘧啶-2-基氨基甲酰基氨基磺酰基)苯甲酸甲酯,methyl 2-(4,6-dimethylpryimidin-2-ylcarbamoylsulfamoyl)benzoate。

理化性质 工业品>93%,纯品为无色固体,熔点203~205℃,蒸气压7.3×10^{-11} mPa (25℃),相对密度1.48。$K_{ow}\lg P$:1.18(pH 5),-0.51(pH 7)。Henry常数1.2×10^{-13} Pa·m^3/mol(25℃)。水中溶解度(25℃)244mg/L(pH 7)。其他溶剂中溶解度(25℃,mg/kg):丙酮3300,乙腈1800,乙酸乙酯650,乙醚60,甲醇550,辛醇140,二氯甲烷15000,二甲亚砜32000,甲苯240,己烷<1。pH 7~9的水溶液中稳定。在pH 5的水溶液中DT$_{50}$大约18d。pK_a5.2。

毒性 雄性大鼠急性经口LD$_{50}$>5000mg/kg,兔急性经皮LD$_{50}$>2000mg/kg。对鼠、兔皮肤有轻微刺激性作用。对兔眼睛有轻微刺激性作用。对豚鼠皮肤无致敏性。大鼠吸入LC$_{50}$(4h)>11mg/L空气。大鼠NOEL(2y)50mg/kg饲料,对大鼠繁殖(二代)饲喂NOEL 500mg/kg饲料。大鼠在1000mg/kg饲料剂量下,兔在300mg/kg饲养剂量下都未致畸。ADI(EPA)aRfD和cRfD(仅喂水)0.275mg/kg[2008]。

生态效应 鸟急性经口LD$_{50}$(mg/kg):野鸭>5000,山齿鹑>5620。虹鳟鱼和大翻车鱼LC$_{50}$(96h)>12.5mg/L。水蚤LC$_{50}$>12.5mg/L,蜜蜂LD$_{50}$(接触)>100μg/只。

环境行为

(1)动物 甲嘧磺隆在动物体内代谢成羟基化的甲嘧磺隆。

(2)土壤/环境 在环境中经微生物作用和水解作用被降解,土壤中DT$_{50}$4周,K_{oc}85。

制剂 10%可溶性粉剂,10%水悬剂。

主要生产商 DuPont、江苏瑞东农药有限公司及江苏瑞邦农药厂有限公司等。

作用机理与特点 甲嘧磺隆属磺酰脲类、内吸传导型、苗前、苗后灭生性除草剂,通过抑制乙酰乳酸合成酶活性,而使植物体内支链氨基酸合成受阻碍,抑制植物和根部生长端的细胞分裂,从而阻止植物生长,植株呈现显著的紫红色。失绿坏死。除草灭灌谱广,活性高,可使杂草根、茎、叶彻底坏死。渗入土壤后发挥芽前活性,抑制杂草种子萌发,叶面处理后立即发挥芽后活性。施药量视土壤类型、杂草、灌木种类而异。残效长达数月甚至一年以上。

应用

(1)适宜作物与安全性 甲嘧磺隆用于林地,开辟森林防火隔离带、伐木后林地清理、荒地垦前、休闲非耕地、道路边荒地除草灭灌。针叶苗圃和幼林抚育对短叶松、长叶松、多脂松、砂生松、湿地松、油松等和几种云杉安全,而对花旗杉、大冷杉、美国黄松有药害,对针叶树以外的各种植物包括农作物、观赏植物、绿化落叶树木如构树、泡桐等均可造成药害。某些针叶树可将甲嘧磺隆代谢为无活性的糖苷,故具有选择性。在低pH、高有机质含量土壤中吸附量大,在碱性土壤中的移动性比在酸性土壤中大,在土壤中因水解或微生物作用而降解。在冻土条件下几乎不发生降解。

（2）防除对象　适用于林木防除一年生和多年生禾本科杂草以及阔叶杂草，对阿拉伯高粱有特效，防除的杂草有丝叶泽兰、羊茅、柳兰、一枝黄花、小飞蓬、六月禾、油莎草、黍、豚草、荨麻叶泽兰、黄香草木樨等。

（3）使用方法　林地、非耕地杂草萌发至草高 10cm 以下，每公顷用 10％甲嘧磺隆可溶性粉剂或 10％甲嘧磺隆水悬剂 3750～7500g，加水 500～750L 作常规均匀喷雾茎叶处理（每亩用 10％甲嘧磺隆可溶性粉剂或 10％甲嘧磺隆水悬剂 250～500g，加水 30～50L 作常规均匀喷雾茎叶处理）。杂草覆盖度高，杂灌多，有机质含量高，偏酸性土壤用药量应适当增加。气温高、湿度大有利于药效发挥。针叶苗圃以蒿属、禾本科杂草、莎草科、蕨科、蓼科、苋科等杂草为主，芽前处理，每公顷用 10％甲嘧磺隆可溶性粉剂或 10％甲嘧磺隆水悬剂 1050～2100g，加水 450～600L 均匀喷雾处理。严格掌握用药剂量，二年油松勿超过有效成分 210g，三年油松勿超过 375g（每亩用 10％甲嘧磺隆可溶性粉剂或 10％甲嘧磺隆水悬剂 70～140g，加水 30～40L 均匀喷雾处理。严格掌握用药剂量，二年油松勿超过有效成分 14g，三年油松勿超过 25g），否则易产生药害。

专利与登记　专利 US4305884 已过专利期，不存在专利权问题。国内登记情况：75％水分散粒剂，10％水悬剂，10％、75％可湿性粉剂等，登记作物为防火隔离带、林地、针叶苗圃、非耕地作物等，防治对象为杂草、杂灌等。美国杜邦公司仅在中国登记了原药。

合成方法　以糖精为原料经如下反应得到产品：

参考文献

[1]　谭晓军.化工中间体，2010，1：49-50.

甲哌鎓 mepiquat chloride

$C_7H_{16}ClN$，149.7，24307-26-4，245735-90-4（五硼酸盐），15302-91-7（鎓离子）

甲哌鎓（mepiquat chloride），试验代号　BAS083 W。其他名称　Bonvinot、Mepex、Pix、Roquat、助壮素、甲哌啶、调节啶、壮棉素、皮克斯、缩节胺。1974 年由 B. Zeeh 等报道其植物生长调节活性，1980 年由 BASF AG（现 BASF SE）在美国推出。

化学名称　1,1-二甲基哌啶氯化铵，1,1-dimethylpiperidinium。

理化性质　无色无味吸湿性晶体。熔点＞300℃，蒸气压＜$1×10^{-11}$ mPa（20℃），$K_{ow}\lg P =$

—3.55(pH 7)，Henry 常数约 3×10^{-17} Pa·m³/mol(20℃)，相对密度 1.166(室温)。水中溶解度 ＞50%(质量分数,20℃)。有机溶剂中溶解度(20℃,g/100mL)：甲醇 48.7，正辛醇 0.962，乙腈 0.280，二氯甲烷 0.051，丙酮 0.002，甲苯、正庚烷和乙酸乙酯＜0.001。水解稳定(30d,pH 值 3,5,7,9,25℃)。光照下稳定。

毒性

(1) 甲哌鎓　大鼠急性经口 LD_{50} 270mg/kg，大鼠急性经皮 LD_{50}＞1160mg/kg，对兔眼睛和皮肤无刺激，大鼠吸入 LC_{50}(7h)＞2.84mg/L 空气。狗 NOEL(1y)58mg/kg。

(2) 甲哌鎓五硼酸盐　大鼠急性经口 LD_{50} 500～1000mg/kg，大鼠急性经皮 LD_{50}＞2000mg/kg，对眼中度刺激，对兔皮肤无刺激，对豚鼠皮肤无致敏性。大鼠吸入 LC_{50}(4h)＞2.63mg/kg。

生态效应　山齿鹑急性经口 LD_{50} 2000mg/kg，野鸭和山齿鹑饲喂 LC_{50}＞5637mg/kg。虹鳟鱼 LC_{50}(96h)＞100mg/L。水蚤 LC_{50}(48h)106mg/L。藻类 $E_b C_{50}$ 和 $E_r C_{50}$(72h)＞1000mg/L。蜜蜂 LD_{50}(48h)：＞107.4g/只(经口)，＞100g/只(接触)。蚯蚓 LC_{50}(14d)319.5mg/kg 干土。

环境行为

(1) 动物　大鼠经口摄入甲哌鎓后，约48%通过尿液排出，38%通过粪便排出，＜1%留在组织中。每个案例中未代谢物含量约占90%。

(2) 土壤/环境　土壤中含水量40%时甲哌鎓 DT_{50} 11～40d(20℃)。

制剂　50g/L、250g/L、50%水剂，10%、98%可溶粉剂。

主要生产商　BASF、Gharda、Rotam、Sharda、安陆市华鑫化工有限公司、江苏省激素研究所股份有限公司、上虞颖泰精细化工有限公司、成都新朝阳作物科学有限公司、河南省安阳市小康农药有限责任公司、江苏省南通金陵农化有限公司、四川国光农化股份有限公司、江苏润泽农化有限公司以及江苏省南通施壮化工有限公司等。

作用机理与特点　甲哌鎓对植物营养生长有延缓作用，甲哌鎓可通过植株叶片和根部吸收，传导至全株，可降低植株体内赤霉素的活性，从而抑制细胞伸长，顶芽长势减弱，控制植株纵横生长，使植株节间缩短，株型紧凑，叶色深厚，叶面积减少，并增强叶绿素的合成，可防止植株旺长，推迟封行等。甲哌鎓能提高细胞膜的稳定性，增加植株抗逆性。它具有内吸性，根据用量和植物不同生长期喷洒，可调节植物生长，使植株坚实抗倒伏，改进色泽，增加产量。它是一种似与赤霉素拮抗的植物生长调节素，用于棉花等植物上。棉花使用甲哌鎓能促进根系发育、叶色发绿、变厚防止徒长、抗倒伏、提高成铃率、增加霜前花，并使棉花品级提高；同时，使株型紧凑、赘芽大大减少，节省整枝用工。

应用

(1) 适用作物　棉花、小麦、水稻、花生、玉米、马铃薯、葡萄、蔬菜、豆类、花卉等农作物。

(2) 防治对象　能促进植物的生殖生长；抑制茎叶疯长、控制侧枝、塑造理想株型，提高根系数量和活力，使果实增重，品质提高。

(3) 使用方法　将甲哌鎓兑水稀释成一定浓度的药液后，喷洒植株。①在甜椒定植后的40d及70d时，用 100mg/kg 的药液，各喷 1 次。②在番茄定植前及初花期，用 100mg/kg 的药液，各喷 1 次。③在黄瓜的花期，用 100～120mg/kg 的药液喷洒，均可促早坐果，提高早期产量。④在花椰菜花球直径为 6cm 时，喷洒 105mg/kg 的甲哌鎓(用96%含量的甲哌鎓)药液，可提高花椰菜采收一致性和产量。⑤可在棉花早期开花阶段(田间出现 8～10 朵白色或黄色花朵)时用 180～240g/hm² 药液喷洒。

(4) 注意事项　①施用甲哌鎓要根据作物生长情况而定，对土壤肥力条件差、水源不足、长势差的地块，要加强田间肥水管理，防止干旱或缺肥。对易早衰的作物品种，应在生长后期喷洒尿素进行根外追肥。②在施用本剂后，要加强水肥管理，方能达到预期效果。应严格掌握使用浓度、用药量及使用时期，避免产生不良影响。若作物被抑制过度，可喷洒 30～500mg/kg 的赤霉素药液。③在低温下，水溶液中易析出结晶体，当温度升高时，结晶又会溶解，不影响使用效果。

专利与登记情况 专利 DE2207575、US3905798 均早已过专利期。国内主要登记了 98% 原药，50g/L、250g/L、50% 水剂，10%、98% 可溶粉剂；可用于调节棉花、玉米、马铃薯、甘薯生长。

合成方法 由哌啶和一氯甲烷合成而得。

甲萘威 carbaryl

$C_{12}H_{11}NO_2$，201.2，63-25-2

甲萘威（carbaryl），试验代号 ENT23969、OMS29、OMS629、UC7744。商品名称 Laivin、Parasin-G、Raid、Sevin、SunSin、Sevidol、西维因、加保利、巴利。其他名称 NMC、胺甲萘、胺甲苯、胺苯萘等。由 H. L. Haynes 报道后由 Union Carbide Corp（现属 Bayer CropScience）开发。

化学名称 1-萘基甲基氨基甲酸酯，1-naphthylmethylcarbamate。

组成 纯度 >99%。

理化性质 本品为无色至浅棕褐色结晶体，熔点 142℃，蒸气压 $4.1×10^{-2}$ mPa（23.5℃），$K_{ow}lgP=1.85$，Henry 常数 $7.39×10^{-5}$ Pa·m³/mol，相对密度 1.232（20℃）。水中溶解度（20℃）120mg/L；其他溶剂中溶解度（25℃，g/kg）：二甲基甲酰胺、二甲基亚砜 400~450，丙酮 200~300，环己酮 200~250，异丙醇 100，二甲苯 100。在中性和弱酸性条件下稳定，碱性介质中分解为 1-萘酚，DT_{50}：12d（pH 7）、3.2h（pH 9）。对光和热稳定。闪点 193℃。

毒性 急性经口 LD_{50}（mg/kg）：雄大鼠 264，雌大鼠 500，兔 710。急性经皮 LD_{50}（mg/kg）：大鼠 >4000，兔 >2000。对兔眼有轻微的刺激，对兔皮肤有中等刺激性。大鼠吸入 LC_{50}（4h）>3.28mg/L 空气。大鼠 NOEL（2y）200mg/kg 饲料[9.6mg/（kg·d）]。ADI：（EFSA）0.0075mg/kg[2006]；（JMPR）0.008mg/kg[2001]；（EPA）aRfD 0.01mg/kg。

生态效应 鸟类急性经口 LD_{50}（mg/kg）：雏野鸭 >2179，雏野鸡 >2000，日本鹌鹑 2230，鸽子 1000~3000。鱼毒 LC_{50}（96h，mg/L）：大翻车鱼 10，虹鳟鱼 1.3，多色鳉 2.2。水蚤 LC_{50}（48h）0.006mg/L。羊角月牙藻 EC_{50}（5d）1.1mg/L。其他水生物 LC_{50}（mg/L）：糠虾（96h）0.0057，牡蛎（48h）2.7。对蜜蜂有毒，LD_{50}（μg/只）：（接触）1，（经口）0.18。蚯蚓 LC_{50}（28d）106~176mg/kg 土壤。对有益的昆虫有毒。

环境行为

（1）动物 甲萘威在动物器官内不会产生积聚，能够迅速代谢成无毒物质 1-奈酚，该物质能和葡萄糖醛酸结合随尿液和粪便排出。

（2）植物 代谢产物是 4-羟基甲萘威、5-羟基甲萘威和羟甲基甲萘威。

（3）土壤/环境 在有氧状态下，1mg/L 甲萘威在砂质土壤中的 DT_{50} 是 7~14d，黏土土壤中是 14~28d。

制剂 25%、85% 可湿性粉剂。

主要生产商 Agrochem、Bayer CropScience、Crystal Drexel、Saeryung、Sundat、海利贵溪化工农药有限公司、湖南海利化工股份有限公司、湖北砂隆达农业科技有限公司及国庆化学股份有限公司等。

作用机理与特点 触杀性、胃毒性杀虫剂，有轻微的内吸特征。

应用

（1）适用作物　应用范围极广，应用作物在 120 种以上。包括芒果、香蕉、草莓、坚果、葡萄树、橄榄树、黄秋葵、葫芦、花生、大豆、棉花、水稻、烟草、谷类、甜菜、玉米、高粱、苜蓿、马铃薯、观赏植物、部分树木等。

（2）防治对象　鳞翅目、鞘翅目、跳甲亚科、叶蝉科、革翅目、盲蝽科、大蚊属等。也可防治蚯蚓和动物体外的寄生虫，用作苹果的生长调节剂。

（3）残留量与安全施药　直接使用时无残留，在一定条件下，对某些种类的梨和苹果产生药害。

（4）使用方法

① 水稻害虫的防治　a. 防治三化螟：在成虫羽化高峰后 3～5d，每亩用 25％可湿性粉剂 200～300g（有效成分，50～75g），兑水 40～60kg 喷雾 1～2 次，效果良好。b. 防治稻叶蝉、稻蓟马、稻飞虱等：用 25％可湿性粉剂 250 倍（有效成分，40～60g/hm²）喷雾。

② 旱粮作物害虫的防治　a. 黏虫：可用 25％可湿性粉剂稀释 500 倍（有效成分，20～30g/hm²）喷雾。b. 麦叶蜂：用 25％可湿性粉剂稀释 200 倍（有效成分，50～75g/hm²）喷雾。c. 吸浆虫：每亩用 5％可湿性粉剂 1.5～2.5kg（有效成分，75～125g）喷粉。d. 玉米螟：用 25％可湿性粉剂 500g（有效成分，125g），拌细土 7.5～10kg，撒施于玉米喇叭口。每株施毒土 1g，或用可湿性粉剂兑水稀释 200 倍灌心叶，每株灌 10mL。

③ 甜菜害虫的防治　防治甜菜夜蛾：用 25％可湿性粉剂稀释 400 倍（有效浓度 625mg/L）喷雾或每亩用 5％粉剂 1.5～2.5kg（有效成分，75～125g）喷粉。

④ 棉花害虫的防治　a. 棉蚜：用 25％可湿性粉剂稀释 500 倍（有效成分，20～30g/hm²）喷雾，需直接喷洒到虫体上。b. 棉铃虫、红铃虫：25％可湿性粉剂稀释 100～200 倍（有效成分，187g/hm²）喷雾。c. 棉叶蝉：25％可湿性粉剂稀释 200～300 倍（有效成分，93.7～62.4g/hm²）喷雾。

⑤ 稻蓟马、造桥虫的防治　25％可湿性粉剂稀释 400～600 倍（有效成分，46.8～31.2g/hm²）喷雾。

⑥ 蔬菜害虫的防治　防治菜青虫：用 25％可湿性粉剂稀释 150 倍（有效成分，66.7g/hm²）喷雾。

⑦ 果树害虫的防治　a. 刺蛾：用 25％可湿性粉剂稀释 200 倍（有效浓度 125mg/L）喷雾。b. 梨小食心虫和桃小食心虫：用 25％可湿性粉剂稀释 400 倍（有效浓度 625mg/L）喷雾。c. 梨蚜、枣尺蠖：可用 25％可湿性粉剂稀释 400～600 倍（有效浓度 312～216mg/L）喷雾。d. 柑橘潜叶蛾：用 25％可湿性粉剂稀释 800～600 倍（有效浓度 312～416mg/L）喷雾。e. 枣龟蜡介：用 50％可湿性粉剂稀释 800～500 倍（有效浓度 625～1000mg/L）喷雾。

专利与登记　专利 US2903478 早已过专利期，不存在专利权问题。国内登记情况：90％、93％、95％、99％原药，25％、85％可湿性粉剂等；登记作物为棉花、烟草、豆类和水稻等；防治对象为红铃虫、蚜虫、烟青虫、飞虱、叶蝉和造桥虫等。

合成方法　甲萘威可按如下方法合成：

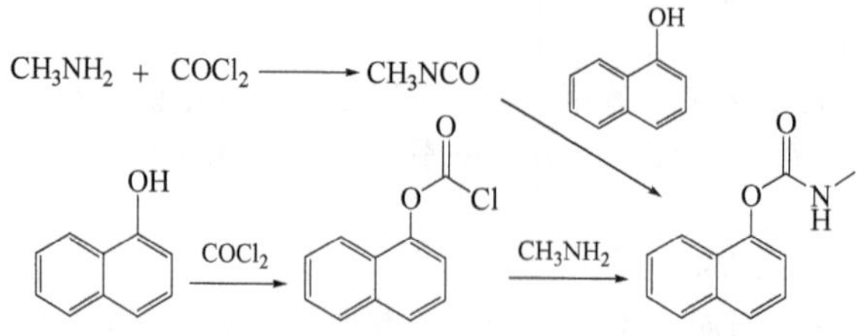

参考文献

[1] 陈明. 江西化工, 2001, 4: 48-51.

甲噻诱胺 methiadinil

$C_8H_8N_4OS_2$，240.0，908298-37-3

甲噻诱胺（methiadinil），试验代号 SZG-7。是南开大学 2005 年自主开发创制的高活性的植物激活剂。

化学名称 N-(5-甲基-1,3-噻唑-2-基)-4-甲基-1,2,3-噻二唑-5-甲酰胺，N-(5-methyl-1,3-thiazol-2-yl)-4-methyl-1,2,3-thiadiazole-5-carboxamide。

理化性质 纯品白色结晶状粉末，工业品为黄色粉末状固体，无味。水中溶解度 18.01mg/L，微溶于乙腈、氯仿、二氯甲烷。熔点 232.5℃，不易燃，无热爆炸性。

毒性 大鼠急性经口 LD_{50}＞5000mg/kg，大鼠急性经皮 LD_{50}＞2000mg/kg，对家兔眼睛为轻度刺激，对家兔皮肤无刺激，对豚鼠皮肤为弱致敏性。25%甲噻诱胺悬浮剂分别对鱼类、蜜蜂、鸟类、赤眼蜂、藻类等测定，评价其环境毒性和安全性结果表明，药剂属于低毒和对环境安全产品。

环境行为 中国农业科学院对 25%甲噻诱胺悬浮剂在烟草烟叶和土壤的最终残留试验结果：以推荐高剂量（250mg/kg）和 1.5 倍推荐高剂量（375mg/kg）于烟草移栽还苗后施药 4 次、5 次，于末次施药后 30d、45d、60d 采集烟叶样品，山东、湖南 2 年 2 地试验结果表明，末次试验 60d 后 2 年 2 地甲噻诱胺的最终残留量为 3.9～12.9mg/kg；以推荐高剂量（250mg/kg）和 1.5 倍推荐离剂量（375mg/kg）于烟草移载还苗后施药 4 次、5 次，于末次施药后 30d、45d、60d 采集土壤样品，山东、湖南 2 年 2 地试验结果表明，分别以 250mg/kg、375mg/kg 施药 4 次、5 次，末次试验 60d 后 2 年 2 地甲噻诱胺的最终残留量为 ND～0.12mg/kg。

制剂 24%、25%悬浮剂。

主要生产商 利尔化学股份有限公司。

作用机理与特点 不仅可以抑制病原真菌菌丝的生长，也可使菌丝畸变，而且还能抑制真菌孢子的萌发，或使孢子产生球状膨大物。50μg/mL 甲噻诱胺兑水稻稻瘟病菌的菌丝生长有微弱的抑制作用，但能显著抑制水稻稻瘟病菌的产孢量，使菌丝严重扭曲。TMV-GFP 试验结果表明，甲噻诱胺具有较好的诱导抗病性，100μg/mL 可以有效地抑制 TMV 的侵染，与对照药 BTH 和 TDL 效果相当，试验结果还表明其对 TMV 的抑制具有时效性，持效期为 3～4 周。

应用

(1) 适用作物 黄瓜、水稻、烟草等

(2) 防治对象 甲噻诱胺具有很好的诱导活性，对烟草病毒病和水稻稻瘟病、黄瓜霜霉病、黄瓜细菌性角斑病等病害防效分别为 40%～70%、30%～40%、30%～70%、30%～40%。一般在作物苗期或未发病之前使用，持效期可达 10～15d。

(3) 使用方法 25%甲噻诱胺悬浮剂田间试验，用 166.7mL/kg、208.3mL/kg 和 250mL/kg 3 个处理剂量，在第 4 次药后 7d，防效分别为 69.03%、70.69%和 73.28%。对烟草病毒病的防治具有较好的效果，与对照药剂 8%宁南霉素水剂用量 80mL/kg 的防效（71.57%）相当。

专利与登记

专利名称 新型[1,2,3]噻二唑衍生物及其合成方法和用途

专利号 CN1810808

专利申请日 2006-02-20

专利拥有者　南开大学

目前在国内登记了原药、单剂，以及混剂(甲诱·吗啉胍)24％悬浮剂，主要用于防治烟草病毒病。使用剂量500～700mg/kg。

合成方法　经如下反应制得甲噻诱胺：

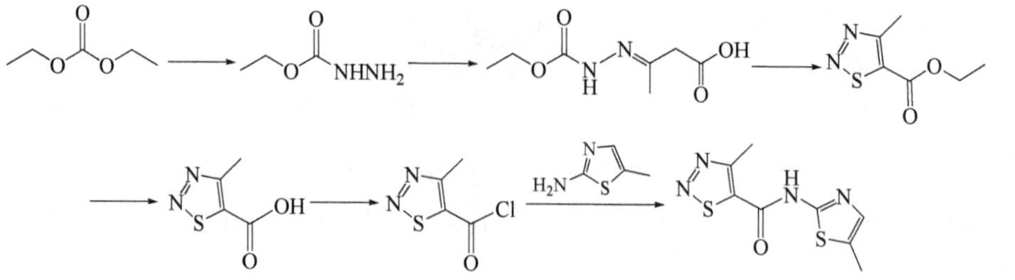

参考文献

[1] 范志金. 第十届全国新农药创制学术交流会论文集，2013：11-13.

甲氰菊酯 fenpropathrin

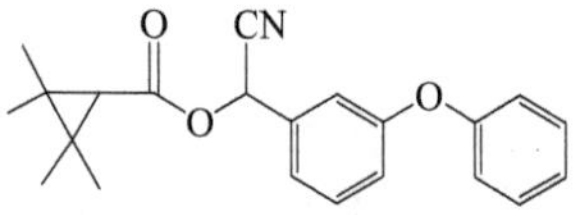

$C_{22}H_{23}NO_3$，349.4，64257-84-7(消旋体)，39515-41-8(没有指明立体化学)

甲氰菊酯(fenpropathrin)，试验代号　S-3206、OMS1999。商品名称　Danitol、Fenprodate、Herald、Meothrin、Rody、Vapcotol、Vimite、灭扫利、芬普宁、灭虫螨、灭扫利、农螨丹。其他名称　杀螨菊酯。是由日本住友化学工业公司开发的拟除虫菊酯类杀虫剂。

化学名称　(RS)-α-氰基-3-苯氧基苄基-2,2,3,3-四甲基环丙烷羧酸酯，(RS)-α-cyano-3-phenoxybenzyl-2,2,3,3-tetramethylcyclopanecarboxylate。

理化性质　工业品为黄色到棕色固体，熔点45～50℃。蒸气压为0.730mPa(20℃)。分配系数$K_{ow}\lg P=6(20℃)$。相对密度1.15(25℃)。水中溶解度(25℃)14.1μg/L；其他溶剂中溶解度(25℃,g/kg)：二甲苯、环己酮1000，甲醇337。在碱性溶液中会分解，暴露在阳光和空气中会导致氧化和失去活性。

毒性　急性经口LD_{50}(mg/kg)：雄大鼠70.6，雌大鼠66.7(玉米油中)。急性经皮LD_{50}(mg/kg)：雄大鼠1000，雌大鼠870，兔＞2000。对兔皮肤无刺激作用，对其眼睛中度刺激，对皮肤无致敏作用。大鼠吸入LC_{50}(4h)＞96mg/m³。狗NOAEL值(1y)100mg/L[2.5mg/(kg·d)]。ADI：(JMPR)0.03mg/kg[1993,2006]；(EPA)cRfD 0.025mg/kg[1994]。无致突变性。

生态效应　野鸭急性经口LD_{50}1089mg/kg。山齿鹑和野鸭饲喂LC_{50}(8d)＞10000mg/kg饲料。大翻车鱼LC_{50}(48h)1.95μg/L。

环境行为　本品主要由光降解，在淡水中DT_{50}2.7周，在土壤中的活性时间约为1～5d。

制剂　10％、20％、30％乳油，5％可湿性粉剂，2.5％、10％悬浮剂，10％微乳剂。

主要生产商　Agrochem、Saeryung、Sumitomo Chemical、大连瑞泽农药股份有限公司、南京红太阳股份有限公司、山东大成农化有限公司及上海中西药业股份有限公司等。

作用机理与特点　杀虫活性高，属神经毒剂，具有触杀和胃毒作用，无内吸作用，有一定的驱避作用，无内吸传导和熏蒸作用。残效期较长，对防治对象有过敏刺激作用，驱避其取食和产卵，低温下也能发挥较好的防治效果。杀虫谱广，对鳞翅目、同翅目、半翅目、双翅目、鞘翅目等多种害虫有效，对多种害螨的成螨、若螨和螨卵有一定的防治效果，可用于虫、螨兼治。

应用

（1）**防治作物**　棉花、蔬菜、果树、茶树、花卉等。

（2）**防治对象**　蚜虫、棉铃虫、棉红铃虫、菜青虫、甘蓝夜蛾、桃小食心虫、柑橘潜叶蛾、茶尺蠖、茶毛虫、茶小绿叶蝉、花卉介壳虫、毒蛾等。

（3）**残留量与安全施药**　①可兼治多种害螨，因易产生抗药性，不作为专用杀螨剂使用。施药时喷雾要均匀，对钻蛀性害虫应在幼虫蛀入作物前施药。②中毒症状：属神经毒剂，接触部位皮肤感到刺痛，但无红斑，尤其口、鼻周围。很少引起全身性中毒。接触量大时也会引起头痛，头昏，恶心呕吐，双手颤抖，重者抽搐或惊厥、昏迷、休克。急救治疗：无特殊解毒剂，可对症治疗；大量吞服时可洗胃；不能催吐。当发现中毒时，应立即抬离施药现场，脱去被污染的衣物，用肥皂和清水洗净皮肤。若溅入人眼睛用清水冲洗，必要时送医院治疗。若误服，注意不要催吐，要让病人静卧，迅速送医院治疗。治疗时可用 30～50g 活性炭放入 85～120mL 水中服用，然后用硫酸钠或硫酸镁按 0.25g/kg 体重的剂量加入 30～170mL 水中作为泻药服用。③由于该药无内吸作用，所以喷药要均匀周到，包括叶的背面等都要毫无遗漏地喷到药液，才能有效消灭害虫。气温低时使用更能发挥其药效。④不要与碱性物质（如波尔多液、石硫合剂等）混合使用，以免降低药效。⑤此药虽有杀螨作用，但不能作为专用杀螨剂使用，只能作替代品种或用于虫螨兼治。⑥施药要避开蜜蜂采蜜季节及蜜源植物，不要在池塘、水源、桑田、蚕室近处喷药。⑦为延缓抗药性产生，提倡尽可能减少用药次数（一年中在一种作物上喷药最多不超过 2 次），或与有机磷等其他杀虫剂、杀螨剂轮换使用或混合使用。⑧安全间隔期：棉花 21d，苹果 14d。苹果、柑橘、茶叶中容许残留量为 5mg/kg。

（4）**使用方法**

① **防治棉花害虫**　a. 棉铃虫：于卵盛孵期施药，每亩用 20% 乳油 30～40mL(a.i.6～8g)，兑水 75～100L，均匀喷雾，持效期 10d 左右。b. 棉红铃虫：于第二、三代卵盛孵期施药，使用剂量及使用方法同棉铃虫。每代用药 2 次，持效期 7～10d。同时可兼治伏蚜、造桥虫、卷叶虫、棉蓟马、玉米螟、盲蝽象等其他害虫。c. 棉红蜘蛛：于成、若螨发生期施药，使用剂量及使用方法同棉铃虫。

② **防治果树害虫**　a. 桃小食心虫：于卵盛期，卵果率达 1% 时施药，用 20% 乳油 2000～3000 倍[67～100mg(a.i.)/L]喷雾，施药次数为 2～4 次，每次间隔 10d 左右。b. 桃蚜：于发生期施药，用 20% 乳油 4000～10000 倍[20～50mg(a.i.)/L]喷雾。也可用于防治苹果瘤蚜和桃粉蚜。c. 山楂红蜘蛛、苹果红蜘蛛：于害螨发生初盛期施药，用 20% 乳油 2000～3000 倍液[67～100mg(a.i.)/L]，持效期 10d 左右。d. 柑橘潜叶蛾：在新梢放出初期 3～6d，或卵孵化期施药，用 20% 乳油 8000～10000 倍液[20～25mg(a.i.)/L]喷雾。根据蛾卵量隔 10d 左右再喷 1 次，杀虫、保梢效果良好。e. 柑橘红蜘蛛：于成、若蛾发生期施药，用 20% 乳油 2000～3000 倍液[67～100mg(a.i.)/L]喷雾。在低温条件下使用，能提高杀螨效果和延长持效期。f. 橘蚜：新梢有蚜株率达 10% 时施药，用 20% 乳油 4000～8000 倍液[25～50mg(a.i.)/L]喷雾，持效期 10d 左右。g. 荔枝蝽象：3 月下旬至 5 月下旬，成虫大量活动产卵期和若虫盛发期各施药 1 次，用 20% 乳油 3000～4000 倍液[50～67mg(a.i.)/L]喷雾。

③ **防治蔬菜害虫**　a. 小菜蛾：2 龄幼虫发生期施药，每亩用 20% 乳油 20～30mL[4～6g(a.i.)]，兑水 30～50L，均匀喷雾，持效期 7～10d。b. 菜青虫：成虫高峰期一周以后，幼虫 2～3 龄期为防治适期，用药量及使用方法同小菜蛾。c. 温室白粉虱：于若虫盛发期施药，每亩用 20% 乳油 10～25mL[2～5g(a.i.)]，兑水 80～120L，均匀喷雾。残效期 10d 左右。d. 二点叶螨：于茄子、豆类等作物上的成、若螨盛发期施药，使用剂量与防治方法同小菜蛾。

④ **防治茶树害虫**　防治茶尺蠖，于幼虫 2～3 龄前施药，用 20% 乳油 8000～10000 倍[20～

25mg(a.i.)/L]喷雾，此剂量还可防治茶毛虫及茶小绿叶蝉。

⑤ 防治花卉害虫　防治花卉介壳虫、榆三金花虫、毒蛾及刺蛾幼虫，在害虫发生期用20%乳油2000～8000倍[25～100mg(a.i.)/L]均匀喷雾。施药应在早晚气温低、风小时进行，晴天上午8时至下午5时，空气相对湿度低于65%，温度高于28℃时应停止施药。

专利与登记　专利GB1356087、US3835176均早已过专利期，不存在专利权问题。国内登记情况：10%、20%乳油，92%、94%、95%原药等，登记作物为甘蓝和苹果树等，防治对象为菜青虫、桃小食心虫和红蜘蛛等。日本住友化学株式会社在中国登记情况见表104。

表104　日本住友化学株式会社在中国登记情况

登记名称	登记证号	含量	剂型	登记作物	防治对象	用药量	施用方法
甲氰菊酯	WP76-2001	20%	乳油	甘蓝	菜青虫	75～90g/hm²	喷雾
				甘蓝	小菜蛾	75～90g/hm²	
				柑橘树	潜叶蛾	20～25mg/kg	
				苹果树	山楂红蜘蛛	100mg/kg	
				棉花	红铃虫	90～120g/hm²	
				棉花	棉铃虫	90～120g/hm²	
				柑橘树	红蜘蛛	67～100mg/kg	
				棉花	红蜘蛛	90～120g/hm²	
				苹果树	桃小食心虫	67～100mg/kg	
				茶树	茶尺蠖	22.5～28.13g/hm²	
甲氰菊酯	PD255-98	91%	原药				

合成方法　主要有如下三种制备方法：

① 2,2,3,3-四甲基环丙烷羧酸酰氯在相转移催化剂存在下，在正庚烷-水中，与3-苯氧基苯甲醛、氰化钠反应，即制得甲氰菊酯。反应如下：

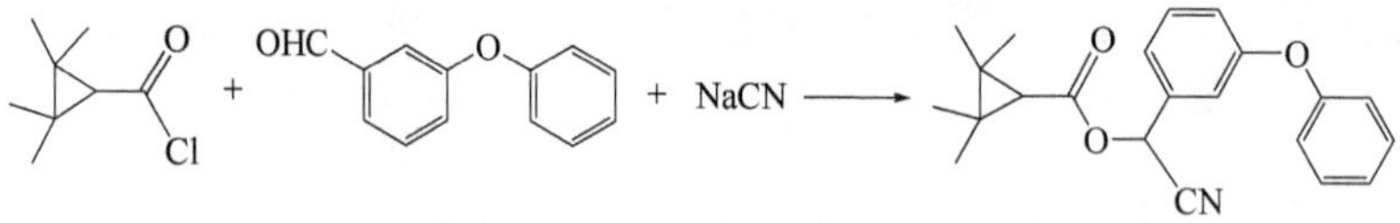

② 2,2,3,3-四甲基环丙烷羧酸用碳酸钾制成钾盐，而后在相转移催化剂存在下，在甲苯中，与α-氰基-3-苯氧基溴苄反应，即制得甲氰菊酯。反应如下：

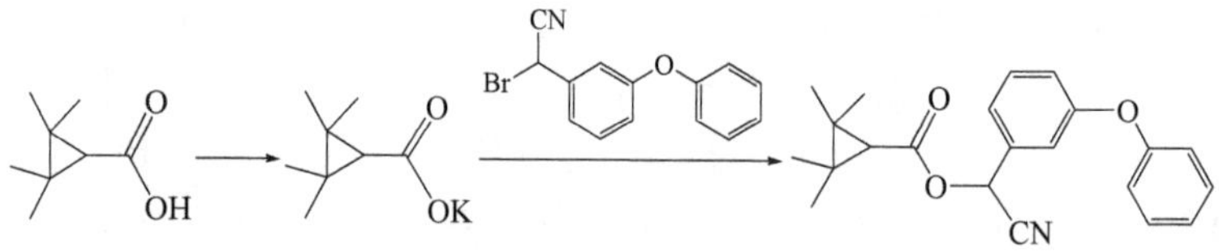

③ 2,2,3,3-四甲基-4-氯环丁酮与3-苯氧基苯甲醛、氰化钾在庚烷-水中，65℃反应，即制得甲氰菊酯。反应如下：

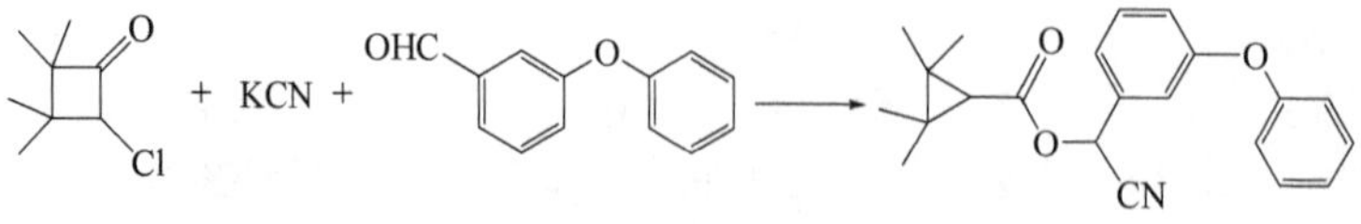

参考文献

[1] 赵成文.化学通报，1992，1：30-31.
[2] 王学勤.化学世界，2000，6：300-302.

甲霜灵 metalaxyl

$C_{15}H_{21}NO_4$，279.3，57837-19-1

甲霜灵（metalaxyl），试验代号 CGA48988。商品名称 Apron、Axanit、Metalasun、Met-amix、Polycote Universal、Ridomil、Subdue、Vacomil-5、Vilaxyl。其他名称 Activate、Aktive、Allegiance、Aster、Barrier、Censor、Cure-Plus、Cyclo Drop、Duet、Galaxy、Krilaxyl、Megasil、MetaStar、Otria 5G、Pilarxil、Rampart、Sebring、Sensor、Task、Zee-Mil。是由 Ciba-Geigy AG（现为先正达公司）开发的杀菌剂。

化学名称 N-(2-甲氧基乙酰基)-N-(2,6-二甲苯基)-DL-丙氨酸甲酯，methyl N-methoxy-acetyl-N-2,6-xylyl-DL-alaninate 或 methyl 2-[[(2,6-dimethylphenyl)methoxyacetyl]amino]propi-onate。

理化性质 本品为白色粉末，熔点 63.5～72.3℃（原药），沸点 295.9℃（101kPa）。蒸气压 0.75mPa(25℃)。分配系数 $K_{ow}\lg P=1.75$(25℃)。Henry 常数 $1.6×10^{-5}$ Pa·m³/mol（计算值）。相对密度(20℃)1.20。水中溶解度 8.4g/L(22℃)；有机溶剂中溶解度(25℃,g/L)：乙醇 400，丙酮 450，甲苯 340，正己烷 11，正辛烷 68。稳定性：300℃以下稳定，室温下，在中性和酸性介质中稳定。水解 DT_{50}（计算值）：(20℃)>200d(pH 1)，115d(pH 9)，12d(pH 10)。pK_a<<0。

毒性 急性经口 LD_{50}(mg/kg)：大鼠 633，小鼠 788，兔 697。大鼠急性经皮 LD_{50}>3100mg/kg，对兔皮肤无刺激性，对兔眼睛有轻微刺激作用，对豚鼠皮肤无致敏性。大鼠急性吸入 LC_{50}(4h)>3600mg/m³。狗 NOEL 7.8[mg/(kg·d)]（6个月）。ADI 值 0.08mg/kg。无致畸、致突变、致癌作用。

生态效应 急性经口 LD_{50}(mg/kg)：日本鹌鹑(7d)923，野鸭(8d)1466。日本鹌鹑、山齿鹑和野鸭饲喂 LC_{50}(8d)>10000mg/kg。虹鳟鱼、鲤鱼、大翻车鱼 LC_{50}(96h)>100mg/L。水蚤 LC_{50}(48h)>28mg/L。海藻 IC_{50}(5d)33mg/L。虾 EC_{50}(96h)25mg/L，东方生蚝 4.6mg/L。对蜜蜂无毒，LD_{50}(48h,μg/只)：>200(接触)，269.3(经口)。蚯蚓 LC_{50}(14d)>1000mg/kg 土。

环境行为

(1) 动物 经口摄入后可迅速被吸收，几乎完全是经尿和粪便排出。代谢过程包括酯键的水解、2-(6)-甲基基团和苯环的氧化以及 N-脱烷基作用。本品及其代谢物在动物体内无残留。

(2) 植物 本品在第一阶段经过四种以上的反应类型代谢形成主要代谢物，在第二阶段，大部分的代谢物与糖形成共轭物。在第一阶段的反应类型有：苯环的氧化，甲基的氧化，甲基酯的分解以及 N-脱烷基化。

(3) 土壤/环境 土壤 DT_{50} 29d。在水中 DT_{50} 22～48d。在水和土壤表面对光稳定。

制剂 5%粒剂，35%种子处理剂。

主要生产商 Agrochem、Astec、Bharat、E-tong、Fertiagro、Punjab、Rallis、Saeryung、Sharda Syngenta、湖北砂隆达农业科技有限公司、江苏宝灵化工股份有限公司、深圳易普乐生物科技有限公司、一帆生物科技集团有限公司及浙江禾本科技有限公司等。

作用机理与特点 高效内吸性杀菌剂，具有保护和治疗作用。可被植物根、茎、叶迅速吸收，并在植物体内运转到各个部位，因而耐雨水冲刷。施药后持效期 10～14d。可作茎叶处理、种子处理和土壤处理。对霜霉病菌、疫霉病菌、腐霉病菌所引起的蔬菜、果树、烟草、油料、棉花、粮食等作物病害的防治有效。

应用

（1）适宜作物　谷子、马铃薯、葡萄、烟草、柑橘、啤酒花、蔬菜等。

（2）防治对象　对多种作物的霜霉病和疫霉病有特效。如马铃薯晚疫病、葡萄霜霉病、啤酒花霜霉病、甜菜疫病、油菜白锈病、烟草黑茎病、柑橘脚腐病、黄瓜霜霉病、番茄疫病、谷子白发病、芋疫病、辣椒疫病以及由疫霉菌引起的各种猝倒病和种腐病等。

（3）使用方法

① 种子处理　a. 谷子：用35％甲霜灵拌种剂200～300g干拌或湿拌100kg种子，可防治谷子白发病。b. 大豆：用35％甲霜灵拌种剂300g干拌100kg种子，可防治大豆霜霉病。

②喷雾　a. 用25％可湿性粉剂480～900g/hm²，兑水750～900kg喷施，可防治黄瓜、白菜霜霉病。b. 用25％可湿性粉剂2.25～3kg/hm²，兑水750～900kg喷施，可防治马铃薯晚疫病和茄绵疫病。

③ 土壤处理　用5％颗粒剂30～37.5kg/hm²或25％可湿性粉剂2kg/hm²，兑水喷淋苗床，可防治烟草黑茎病，蔬菜和甜菜猝倒病。

④ 啤酒花　以1g/L浓度在春季剪枝后喷药，可防治啤酒花霜霉病。

专利与登记　专利BE827671、GB1500581、US4151299均已过专利期，不存在专利权问题。国内登记情况：35％种子处理干粉剂、25％可湿性粉剂、25％悬浮种衣剂；登记作物为谷子、黄瓜、马铃薯、水稻；用于防治白发病、霜霉病、晚疫病等。国外公司在中国登记情况见表105～表109。

表105　新西兰塔拉纳奇化学有限公司在中国登记情况

登记名称	登记证号	含量	剂型	登记作物	防治对象	用药量/(g/hm²)	施用方法
甲霜灵	PD20092701	98％	原药				
甲霜·锰锌	PD20121768	36％	悬浮剂	黄瓜	霜霉病	1300～1600	喷雾

表106　印度联合磷化物有限公司在中国登记情况

登记名称	登记证号	含量	剂型	登记作物	防治对象	用药量/(g/hm²)	施用方法
甲霜·锰锌	PD20097765	72％	可湿性粉剂	黄瓜	霜霉病	1080～2160	喷雾

表107　瑞士先正达作物保护有限公司在中国登记情况

登记名称	登记证号	含量	剂型	登记作物	防治对象	用药量	施用方法
代锌·甲霜灵	PD67-88	58％	可湿性粉剂	黄瓜	霜霉病	675～1050g/hm²	喷雾
35％甲霜灵拌种剂	PD7-85	35％	拌种剂	谷子	白发病	70～105g/100kg种子	拌种

表108　美国科聚亚公司在中国登记情况

登记名称	登记证号	含量	剂型	登记作物	防治对象	用药量/(g/100kg种子)	施用方法
甲霜·种菌唑	PD20120231	4.23％	微乳剂	棉花	立枯病	13.5～18	拌种
				玉米	茎基腐病	3.375～5.4	种子包衣
				玉米	丝黑穗病	9～18	种子包衣

表109　泰国波罗格力国际有限公司在中国登记情况

登记名称	登记证号	含量	剂型	登记作物	防治对象	用药量/(g/hm²)	施用方法
甲霜·锰锌	PD20121621	58％	可湿性粉剂	黄瓜	霜霉病	1305～1566	喷雾

合成方法　可通过如下反应表示的方法制得目的物：

$$CH_3CHClCOOH \longrightarrow CH_3CHClCOOCH_3 \longrightarrow$$

$$CH_3OCH_2CH_2OH \longrightarrow CH_3OCH_2COOH \longrightarrow CH_3OCH_2COCl \longrightarrow$$

参考文献

[1] The Pesticide Manual. 15th ed. 2009：737-739.

甲酰胺磺隆 foramsulfuron

$C_{17}H_{20}N_6O_7S$，452.4，173159-57-4

甲酰胺磺隆(foramsulfuron)，试验代号　AEF130360、AVD44680H。商品名称　Equip、Tribute。其他名称　Fortuna、MaisTer、Meister、Option、甲酰氨基嘧磺隆。是由安万特公司(现拜耳公司)开发的新型磺酰脲类除草剂。

化学名称　1-(4,6-二甲氧基嘧啶-2-基)-3-(2-二甲基氨基羰基-5-甲酰氨基苯基磺酰基)脲，1-(4,6-dimethoxypyrimidin-2-yl)-3-(2-dimethylcarbamoyl-5-formamidophenylsulfonyl)urea。

理化性质　浅肤色固体，纯度≥94％。熔点199.5℃，相对密度1.44(20℃)。蒸气压4.2×10^{-8}mPa(20℃)。分配系数 $K_{ow}\lg P$(20℃)：1.44(pH 2)，0.603(pH 5)，-0.78(pH 7)，-1.97(pH 9)，0.60(蒸馏水，pH 5.5～5.7)。水中溶解度(20℃,g/L)：0.04(pH 5)，3.3(pH 7)，94.6(pH 8)；其他溶剂中溶解度(20℃,g/L)：1,2-二氯乙烷0.185，丙酮1.925，乙酸乙酯0.362，乙腈1.111，正己烷和对二甲苯<0.010，甲醇1.660。对光稳定；水中DT_{50}(20℃)：10d(pH 5)，128d(pH 7)，130d(pH 8)。pK_a4.60(21.5℃)。

毒性　大鼠急性经口LD_{50}>5000mg/kg。大鼠急性经皮LD_{50}>2000mg/kg。对皮肤无刺激作用，对兔的眼睛有轻微刺激性，对豚鼠的皮肤无致敏性。大鼠吸入LC_{50}(4h)>5.04mg/L。NOEL(mg/L饲料)：大鼠NOAEL(2y)20000[雄性849，雌性1135mg/(kg·d)]；(18个月)雄小鼠8000[1115mg/(kg·d)]。兔子NOEL(遗传毒性)50mg/(kg·d)。ADI(EC)0.5mg/kg[2003]，(EPA)cRfD 8.5mg/kg[2001]。无诱导突变作用。

生态效应　野鸭和山齿鹑经口LD_{50}>2000mg/kg，山齿鹑和野鸭饲喂毒性LC_{50}>5000mg/L。大翻车鱼和鲤鱼EC_{50}(96h)>100mg/L。水蚤EC_{50}(48h)100mg/L。藻类EC_{50}(96h,mg/L)：绿藻86.2，蓝绿藻8.1，海洋藻>105。浮萍EC_{50}(96h)0.65μg/L，蜜蜂LD_{50}(μg/只)：经口>163，接触>1.9。蚯蚓LC_{50}>1000mg/kg土壤。在45g/hm^2对蚜茧蜂属有100％的致死率；对其他的节肢动物类低毒。

环境行为

(1) 动物　大鼠经口24h后，91％的药物主要是以母体化合物的形式通过粪便排出。大部分的代谢过程与植物相同。

(2) 植物　在玉米中，代谢主要通过磺酰脲桥的水解形成4-甲酰氨基-N,N-二甲基-2-磺酰胺基苯甲酰氨和 2-氨基-4,6-二甲氧基嘧啶,通过苯环上酰胺的进一步水解为 4-氨基-2-[3-(4,6-二甲氧基吡啶-2-基)磺酰脲基]-N,N-二甲基苯胺,另外的代谢是二甲氧基嘧啶环氧化代谢。这些代谢物质进一步的降解形成极性较大及水溶性物质。在植物体内的残留物很少。

（3）土壤/环境　在土壤中 DT_{50}（有氧）1.5～12.7d。在有水/沉淀的环境中温和地降解,DT_{50} 34～55d。

制剂　2.25%油悬浮剂。

主要生产商　Lonza。

作用机理　ALS 抑制剂,在玉米品种内迅速的代谢。双苯噁唑酸与甲酰胺磺隆混用增加对玉米田的除草谱。施药后 48h 内可看见杂草的部分组织枯萎坏死,接着叶面枯萎坏死,甲酰胺磺隆主要通过叶面吸收,通过秸秆传到植物体内。

应用　苗后茎叶处理,用于防除谷物类及玉米田一年生禾本科和阔叶杂草。亩用量为春玉米 3.3～4.1g(a.i.),夏玉米为 2.7～3.4g(a.i.)。

专利概况

专利名称　Preparation of N-[acylamion(carbamoyl)phenylsulfonyl]-N'-pyrimidinylureas as herbicides and plantgrowth regulators

专利号　DE4415049

专利申请日　1994-04-29

专利拥有者　Hoechst Schering Agrevo GMBH

在其他国家申请的专利：CA2189044、CN1147252、CZ9603130、ES2125012、HU76144、PL317128、RO114894、TR28237、WO9529899、ZA9503436 等。

工艺专利：US5723409 等。

合成方法　以对硝基甲苯为起始原料,首先磺化、氧化、氯化、酯化、氨化、加氢还原、甲酰化,再与三氟乙酸反应脱烷基制得磺酰胺,然后酰胺化最后与二甲氧基嘧啶氨基甲酸苯酯缩合即得目的物。反应式为：

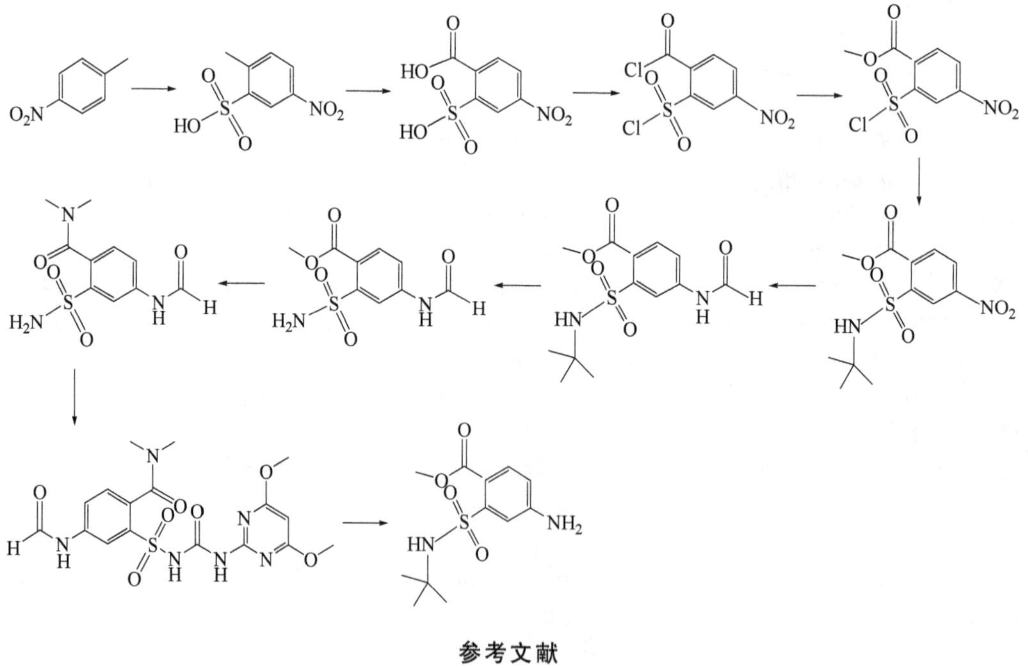

参考文献

[1] The Pesticide Manual. 15th ed. 2009：568-569.
[2] 刘长令,等. 农药,2001,40(11)：46-47.
[3] 张宗俭,等. 世界农药,2002,5：47-48.

甲氧苄氟菊酯 metofluthrin

$C_{18}H_{20}F_4O_3$，360.4，240494-70-6

甲氧苄氟菊酯(metofluthrin)，试验代号　S-1264；商品名称　SumiOne、Eminence、Deck-mate。是日本住友化学开发的拟除虫菊酯类(pyrethroids)杀虫剂。

化学名称　2,3,5,6-四氟-4-(甲氧基甲基)苄基-3-(1-丙烯基)-2,2-二甲基环丙烷羧酸酯，2,3,5,6-tetrafluoro-4-(methoxymethyl)benzyl(*EZ*)(1*RS*,3*RS*;1*RS*,3*SR*)-2,2-dimethyl-3-prop-1-enylcyclopropanecarboxylate。

组成　工业品原药含量93.0%～98.8%，(1*R*)-isomers＞95%，*trans*-isomers＞98%，(*Z*)-isomers＞86%。物化数据与组成有关。

理化性质　原药为浅黄色透明油状液体。沸点334℃，蒸气压1.96mPa(25℃,饱和蒸气压法)。分配系数$K_{ow}\lg P=5.0$(25℃)。相对密度1.21(20℃)。水中溶解度0.73mg/L(pH 7,20℃)。在乙腈、二甲基亚砜、甲醇、乙醇、丙酮、正己烷中能快速溶解。在紫外线照射下分解，在碱性溶液中水解。比旋光度$[\alpha]_D^{20}-23.7°(c=0.02,乙醇)$。闪点＞110℃。

毒性　雄(雌)性大鼠急性经口$LD_{50}＞200mg/kg$。雄(雌)性大鼠急性经皮$LD_{50}＞2000mg/kg$。无刺激性，无致敏性。雄(雌)性大鼠吸入毒性$LD_{50}1000～2000mg/m^3$。

生态效应　野鸭和山齿鹑急性经口$LD_{50}＞2250mg/kg$。野鸭和山齿鹑饲喂$LD_{50}(8d)＞5620mg/L$。鲤鱼$LC_{50}(96h)3.06\mu g/L$。水蚤$EC_{50}(48h)4.7\mu g/L$。藻类$E_rC_{50}(72h)0.37mg/L$。

环境行为　甲氧苄醚菊酯的水解半衰期(25℃)：pH 4～7药物稳定，(pH 9)33d。光解半衰期(pH 4)6d。

制剂　甲氧苄氟菊酯可通过与固体载体、液体载体和气体载体或饵剂进行配制加工，或浸渍进入蚊香或用于电热熏蒸的蚊香片的基料中，可加工成油溶剂、乳油、可湿性粉剂、悬浮剂、颗粒剂、粉剂、气雾剂，挥发性剂型如电热器上用的蚊香，蚊香片和电热器上用的液剂，热熏蒸剂如易燃的熏蒸剂，化学熏蒸剂和多孔的陶瓷熏蒸剂，涂敷于树脂或纸上的不加热挥发性剂型、烟型、超低容量喷布剂和毒饵。

主要生产商　Sumitomo Chemical。

作用机理与特点　钠通道抑制剂。主要是通过与钠离子通道作用，使神经细胞丧失功能，导致靶标害虫死亡。对媒介昆虫具有紊乱神经的作用。以接触毒性杀虫，具有快速击倒的性能。

应用

(1) 防治对象　家庭卫生害虫，特别对蚊子有效。

(2) 残留量与安全施药　含有甲氧苄氟菊酯的树脂制剂至少在8周内能稳定发挥药效。

(3) 应用技术　甲氧苄氟菊酯最大的特点是其在常温的蒸散性高于现有的*d*-烯丙菊酯和右旋炔丙菊酯。根据其特点，可以加工成风扇式和自然蒸散式制剂。风扇式制剂为依靠风扇的风力在室温下即可使有效成分挥散的一种剂型，只需风扇的转动即可。自然蒸散式制剂将有效成分保持于纸或树脂内，不需加热或动力即可使有效成分自然蒸散。由于甲氧苄氟菊酯具有常温蒸散性好、活性高、对人畜十分安全等特点，十分适宜加工成此类剂型。

专利与登记

专利名称　Ester of 2,2-dimethyl-cyclopropanecarboxylic acid and their use as pesticides

专利号　EP939073

专利申请日　1999-02-24

专利拥有者　Sumitomo Chemical Company，Japan

在其他国家申请的化合物专利：AU1214099、AU9912140、AU744432、BR9900788、

CN1229791、 CN1151116、 DE69904249、 ES2189296、 ID22013、 KR2004098611、 MX2000001035、 TW462963、 US6225495、 ZA9900680 等。

该产品在世界 30 余个国家和地区进行了登记，并已获得美国等 20 多个国家的登记。目前，作为理想的蚊子防治药剂，正获得越来越多的国家和地区认可。日本住友化学株式会社在中国的登记了 92.6% 原药。

合成方法　经如下三种路线反应制得甲氧苄氟菊酯：路线一是经 Witting 反应得到甲氧苄氟菊酯，路线二是常规的酯化反应，路线三是经酯交换反应得到产品。

参考文献

[1] 张一宾. 世界农药, 2008, 30 (2): 1-4.
[2] 张梅凤. 山东农药信息, 2008, 6: 47.

甲氧虫酰肼 methoxyfenozide

$C_{22}H_{28}N_2O_3$，368.5，161050-58-4

甲氧虫酰肼（methoxyfenozide），试验代号　RH-2485、RH-112、485。商品名称　Faclon、Intrepid、Prodigy、Runner、雷通。其他名称　甲氧酰肼。是由罗门哈斯公司于 1990 年发现，1996 年公布。陶氏益农公司于 2000 年收购罗门哈斯公司农药部及该产品。

化学名称　N-叔丁基-N'-(3-甲氧基-2-甲苯甲酰基)-3,5-二甲基苯甲酰肼，N-tert-butyl-N'-(3-methoxy-O-toluoyl)-3,5-xylohydrazide。

理化性质　原药含量≥97%，纯品为白色粉末，熔点 206.2~208℃（原药 204~206.6℃），蒸气压＜$1.48×10^{-3}$ mPa(20℃)，$K_{ow}\lg P=3.7$（摇瓶法）。Henry 常数＜$1.64×10^{-4}$ Pa·m³/mol（计算值）。水中溶解度 3.3mg/L；有机溶剂中溶解度(20℃, g/100g)：DMSO 11，环己酮 9.9，丙酮 9.0。在 25℃下储存稳定，pH 为 5、7、9 下水解。

毒性　大小鼠急性经口 LD_{50}＞5000mg/kg，大鼠急性经皮 LD_{50}＞5000mg/kg。对兔眼无刺激，对兔皮肤有轻微刺激，对豚鼠皮肤无致敏性。大鼠吸入 LC_{50}(4h)＞4.3mg/L。NOEL[mg/(kg·d)]：大鼠 10(2y)，小鼠 1020(1.5y)，狗 9.8(1y)。ADI：(EC)0.1mg/kg[2005]，(JMPR)

0.1mg/kg[2003]。Ames试验和一系列诱变和基因毒性试验中呈阴性。

生态效应　山齿鹑急性经口 LD_{50} ＞2250mg/kg。野鸭和山齿鹑饲喂 LC_{50}（8d）＞5620mg/kg 饲料。鱼类 LC_{50}（96h，mg/L）：大翻车鱼＞4.3，虹鳟鱼＞4.2，红鲈＞2.8，黑头呆鱼＞3.8。水蚤 LC_{50}（48h）3.7mg/L。羊角月牙藻 EC_{50}（96h 和 120h）＞3.4mg/L。对蜜蜂在 $100\mu g$/只（经口和接触）均无毒。蚯蚓 LC_{50}（14d）＞1213mg/kg 土。其他有益生物：对大部分物种无毒。

环境行为

（1）动物　通过第二阶段的物质代谢快速吸收。

（2）土壤/环境　池塘水光解 DT_{50} 77d。土壤光谢 DT_{50} 173d，有氧土壤代谢 DT_{50} 336～1100d（4 种土壤类型），田间 DT_{50} 23～268。K_{oc} 200～922mL/g（平均 402mL/g），9 种土壤，K_d 0.93～1.06（平均 0.98）。

制剂　24％悬浮剂。

主要生产商　Dow AgroSciences。

作用机理与特点　一种非固醇型结构的蜕皮激素，模拟天然昆虫蜕皮激素——20-羟基蜕皮激素，激活并附着蜕皮激素受体蛋白，促使鳞翅目幼虫在成熟前提早进入蜕皮过程而又不能形成健康的新表皮。从而导致幼虫提早停止取食、最终死亡。鳞翅目幼虫摄食甲氧虫酰肼后的反应是快速的。一般摄食 4～16h 后幼虫即停止取食，出现中毒症状。有记录表明甲氧虫酰肼与鳞翅目激素受体蛋白的亲和力大约是虫酰肼与蜕皮激素受体蛋白亲和力的 6 倍，是 20-羟基蜕皮酮本身的 400 倍，这毫无疑问地解释了甲氧虫酰肼为什么对鳞翅目幼虫有较高的杀虫活性，同样由于甲氧虫酰肼对非鳞翅目幼虫的蜕皮受体蛋白亲和力较低（例如与黑尾果蝇的亲和力仅为 20-羟基蜕皮酮与该蜕皮激素受体亲和力的一半），也解释了甲氧虫酰肼为什么对非鳞翅目昆虫有较低杀虫活性。对于双酰肼类杀虫剂的杀虫机理，人们多从生物角度来研究，通过观察害虫在蜕皮过程中的异常而说明害虫致死原因。Retnakaran 等以虫酰肼（tebufenozide）为例，使用电子显微镜观察了正常的蚜虫和受药的蚜虫蜕皮过程，分别测定了 20-羟基蜕皮激素与虫酰肼的含量对蚜虫蜕皮过程的影响。正常蜕皮过程，20-羟基蜕皮激素随着时间的增长而增大，诱使某些早期基因表达，在大约开始 6.5d 时达到浓度最高点（25pg/mL），随后含量开始急剧下降，到 8d 时降为零。对蚜虫表皮蛋白非常重要的 mRNA 在没有 20-羟基蜕皮激素时才能表达出来。而甲氧虫酰肼进入昆虫体后，在昆虫蜕皮开始时的含量很高，随着昆虫的新陈代谢含量持续降低，到 3d 时蚜虫停止进食与排泄，致使甲氧虫酰肼基本保持衡量（20mg/mL），这使得 mRNA 无法表达，羽化激素没有产生，因此蜕皮缺乏桥环薄层，无法骨质化和暗化，从而导致蚜虫死亡。

甲氧虫酰肼具有根部内吸活性，特别是对于水稻和其他的单子叶植物。稻苗用甲氧酰肼溶液 24h 浸根处理后转移至没经药剂处理的土壤中，结果表明对粉夜蛾有持续 48d 的残留活性。然而像绝大多数双酰肼杂环化合物一样，甲氧虫酰肼无明显叶面内吸活性。

甲氧虫酰肼以高剂量应用（为使 90％靶标害虫死亡剂量的 18～1500 倍）仍然对非鳞翅目昆虫如鞘翅目昆虫、同翅目昆虫、螨、线虫很安全。同样，实验室和田间的研究表明：在正常田间剂量下，不会对非鳞翅目益虫（如蜜蜂）和捕食性昆虫造成危害。因而甲氧虫酰肼和虫酰肼一样对鳞翅目害虫有高度的选择性，有利于害虫综合治理。

应用

（1）适用作物　蔬菜（瓜类、茄果类）、苹果、玉米、棉花、葡萄、猕猴桃、核桃、花卉、甜菜、茶叶及大田作物（水稻、高粱、大豆）等作物。

（2）防治对象　鳞翅目害虫。尤其对幼虫和卵有特效。对益虫、益螨安全，具有触杀、根部内吸等活性。

（3）残留量与安全施药　美国拟制定的甲氧虫酰肼个体残留许可限量：柑橘果 10 组及区域注册的柑橘油：100mg/L；干豌豆种：2.5mg/L；石榴：0.6mg/L；爆花玉米豆：0.05mg/L；爆米花玉米秆：125mg/L。

（4）应用技术

① 防治夜蛾类害虫　通过小区和大田试验，发现甲氧虫酰肼对秋季白菜上甜菜夜蛾有突出的防治效果，药量 20mL/亩，药后 24h 防效就达到 90％以上，以后逐天提高，第 7d 达到 98％以上。陈永兵等的田间试验结果表明，25％甲氧虫酰肼悬浮剂 20mL/亩对甜菜夜蛾有优良的防治效果，药 2d，5d 防效为 89％，药后 11d 防效仍在 80％以上。2001～2002 年在河南洛阳两年的田间试验显示，24％甲氧虫酰肼悬浮剂 4000 倍液喷雾防治甜菜夜蛾，药后 1d 和 7d 防效都

在80%以上，药后3d达到防治高峰、防效均在90%以上。

② 防治水稻害虫　近年，人们尝试将甲氧虫酰肼用于防治水稻害虫。通过田间试验表明，24%甲氧虫酰肼悬浮剂15~30mL/667m² 对稻纵卷叶螟和二化螟均有良好的控制效果。2004年在安徽潜山县的田间小区试验结果表明，24%甲氧虫酰肼悬浮剂15mL/亩防治稻纵卷叶螟药后20d保叶效果为89.7%；2005年在浙江仙居对稻纵卷叶螟的试验结果是，24%甲氧虫酰肼悬浮剂20mL/亩、25mL/亩的保叶效果，药后7d分别为76.7%和79.9%，药后15d分别为88.8%和90.8%。对二化螟的防治效果：2004年在浙江温岭和江西两地的试验表明，24%甲氧虫酰肼悬浮剂30mL/亩可较好控制二化螟的危害，保苗效果分别为97.6%和75.3%。2005年于四川眉山的示范试验结果表明，24%甲氧虫酰肼悬浮剂15mL/亩可有效控制二化螟的危害，保苗效果为95.1%，螟害率降低到0.2%，而对照区的螟害率为4.1%。

③ 防治苹果害虫　在苹果害虫防治上，周玉书等报道24%甲氧虫酰肼悬浮剂对苹果棉褐带卷蛾越冬出蛰幼虫和第1代幼虫均有很好的药效，其3000~8000倍液处理防治效果为87%~99%，田间有效控制期达15d以上，可有效地控制该虫为害。尤其是甲氧虫酰肼对卷叶虫苞内的各龄幼虫均有很好的杀灭作用，即使在棉褐带卷蛾幼虫危害盛期田间大量形成虫苞以后使用，也能获得理想的效果。在一般虫口密度条件下，于苹果花后越冬幼虫出蛰盛末期和第1代幼虫危害盛期各喷施1次，可有效地控制其全年危害。从经济、药效等各角度考虑，推荐使用剂量为5000~6000倍液。

专利与登记　专利US5344958已过专利期，不存在专利权问题。国内登记情况：97.6%、98.5%原药，240g/L、24%悬浮剂等；登记作物为甘蓝、苹果树和水稻等；防治对象为小卷叶蛾、甜菜夜蛾和二化螟等。美国陶氏益农公司在中国登记情况见表110。

表110　美国陶氏益农公司在中国登记情况

登记名称	登记证号	含量	剂型	登记作物	防治对象	用药量	施用方法
甲氧虫酰肼	PD20050197	240g/L	悬浮剂	苹果树	小卷叶蛾	48~80mg/kg	喷雾
				水稻	二化螟	70~100g/hm²	喷雾
				甘蓝	甜菜夜蛾	36~72g/hm²	喷雾
甲氧虫酰肼	PD20050206	97.6%	原药				

合成方法　以叔丁基肼和2,6-二氯甲苯为原料，经过一系列反应，即可制得目的物。反应式如下：

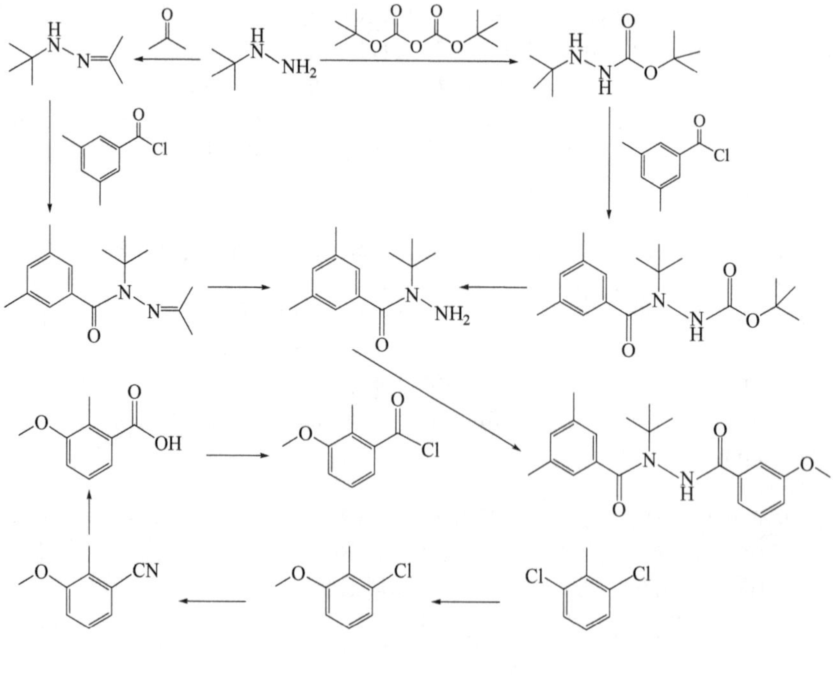

558

参考文献

[1]朱丽梅.世界农药,2001,23(6)：50-54.

[2] 邵敬华.现代农药,2003,2：12-14.

甲氧咪草烟 imazamox

$C_{15}H_{19}N_3O_4$，305.3，114311-32-9，247057-22-3(imazamox-ammonium)

甲氧咪草烟（imazamox），试验代号　AC299263、BAS720H、CL299263。商品名称Sweeper；其他名称　Altorex、Jin dou、Powergizer、Pulsar、金豆；是由美国氰胺（现为BASF）公司开发的咪唑啉酮类除草剂。铵基咪草啶酸（imazamox-ammonium）。商品名称　Beyond、Raptor、Clearcast。

化学名称　(RS)-2-(4-异丙基-4-甲基-5-氧-2-咪唑啉-2-基)-5-甲氧基甲基烟酸，(RS)-2-(4-isopropyl-4-methyl-5-oxo-2-imidazolin-2-yl)-5-methoxymethylnicotinic acid。

理化性质　原药纯度为97.4%。纯品为无味灰白色固体。熔点165.5～167.2℃（纯度99.5%），166.0～166.7℃（工业品）。蒸气压＜$1.3×10^{-2}$mPa(25℃)。$K_{ow}lgP$：－1.03(pH 5)，－2.4(pH 7)，0.73(pH 5,6)。Henry常数＜$9.76×10^{-7}$Pa·m³/mol，相对密度1.39(20℃)，水中溶解度(25℃,g/L)：116(pH 5)，＞626(pH 7)，＞628(pH 9)，去离子水4160mg/L(20℃)；其他溶剂中溶解度(g/100mL)：丙酮2.93，乙酸乙酯1，甲醇6.7，甲苯0.22，己烷0.0007。在pH 4和7的水中稳定，DT_{50}192d(pH 9,25℃)。水中光解DT_{50}7h。pK_a：2.3，3.3，10.8。不可燃，无爆炸性或氧化性。

毒性　雌雄兔急性经口LD_{50}＞5000mg/kg。雌雄大鼠急性经皮LD_{50}＞4000mg/kg。大鼠急性吸入LC_{50}(4h)＞6.3mg/L。对兔眼睛有轻微刺激，对兔皮肤中等刺激，对豚鼠皮肤无致敏性。母狗NOEL(1y)1156mg/(kg·d)。ADI(EC)9.0mg/kg[2003]；(EPA)11.65mg/kg[1997]。Ames、微核以及CHO/HGPRT试验均为阴性。

生态效应　急性经口LD_{50}(14d,mg/kg)：山齿鹑＞1846，野鸭＞1950。山齿鹑和野鸭饲喂毒性LC_{50}＞5572mg/kg饲料。鱼LC_{50}(96h,mg/L)：虹鳟鱼122，大翻车鱼119。水蚤LC_{50}(48h)122mg/L；藻类EC_{50}(120h)＞0.037mg/L；浮萍EC_{50}(14d)0.011mg/L；蜜蜂LD_{50}(μg/只)：(48h,经口)＞40，(72h,接触)＞25。蚯蚓LC_{50}＞901mg/kg土。研究表明对非靶标节肢动物物种安全。

环境行为

(1) 动物　大鼠用药后，主要以原药的形式通过尿液和粪便排泄掉。

(2) 植物　在植物体内的代谢过程是经脱甲基化作用形成醇，氧化成羧酸。

(3) 土壤/环境　在土壤中有氧降解成无除草活性的代谢物；也能在水中光解；在土壤中光解很慢，实验室DT_{50}12～207d（平均值44d）(20℃)。K_{oc}2～374（平均值67）。田间DT_{50}5～41d，pH和施药时间对降解速度无影响。甲氧咪草烟具有流动性，但是在土壤端土壤代谢物仅有适度的流动性，在田间浸出非常有限。

制剂　0.8%、4%、12%水剂，70%水分散剂和水溶性粒剂。在我国推广的是4%水剂即金豆。

主要生产商　BASF。

作用机理与特点　乙酰乳酸合成酶(ALS)或乙酸羟酸合成酶(AHAs)的抑制剂，即通过抑制植物的乙酰乳酸合成酶，阻止支链氨基酸如缬氨酸、亮氨酸、异亮氨酸的生物合成，从而破坏蛋白质的合成，干扰DNA合成及细胞分裂与生长，最终造成植株死亡。在大豆和花生中的高选择性，是由于在大豆和花生体内能快速地脱甲基化和羰基化而解毒(B Tecle, et al. Proc 1997 Br Crop Prot Conf-Weeds, 2, 605)。甲氧咪草烟为苗前苗后除草剂，具有触杀和残留活性，经茎叶和根系吸收后，传导至生长点。杂草药害症状为：禾本科杂草首先生长点及节间分生组织变黄，变褐坏死，心叶先变黄紫色枯死。

应用

(1) 适宜作物与安全性　大豆、花生。按推荐剂量使用时，对大豆和花生安全。

(2) 后茬作物的安全性　甲氧咪草烟是咪唑啉酮类除草剂中短残留品种，施药后土壤中的药剂绝大部分分解失效，因而对绝大多数后茬作物安全，在一年一熟地区的轮作中，不会伤害后茬作物，但当混作、间种及复种时，则需考虑不同作物的敏感性及间隔时期：甲氧咪草烟以50g (a.i.)/hm^{2}剂量使用时，种植大麦、冬小麦、春小麦所需间隔时间为4个月。种植玉米、水稻(不含苗床)、棉花、谷子、向日葵、烟草、马铃薯、西瓜所需间隔时间为12个月。种植油菜、甜菜所需间隔时间为18个月。

(3) 防除对象　可防除大多数禾本科杂草和阔叶杂草。阔叶杂草如苘麻、铁苋菜、田芥、藜、狼把草、猪殃殃、牵牛花、宝盖草、田野勿忘我、蓼、龙葵、婆婆纳等。禾本科杂草和莎草科杂草如野燕麦、雀麦、早熟禾、千金子、稷、看麦娘、细弱马唐、灯心草、铁荸荠等。

(4) 应用技术　①甲氧咪草烟应在大豆出苗后两片真叶展开至第二片三出复叶展开这一段时期用药，同时要注意禾本科杂草应在2～4叶期，阔叶杂草应在2～7cm高。防除苍耳应在苍耳4叶期前施药，对未出土的苍耳药效差。防除鸭跖草2叶期施药最好，3叶期以后施药药效差。②施药前要注意天气预报，施药后应保持1h内无雨。施药后2d内遇10℃以下低温，大豆对其代谢能力降低，易造成药害，在北方低洼地及山间冷凉地区不宜使用甲氧咪草烟。土壤水分适宜，杂草生长旺盛及杂草幼小时用低剂量，干旱条件及难防除杂草多时用高剂量。③应选择早晚气温低、湿度大时施药。夜间施药效果最好，一般晴天8～9时以前、16～17时以后施药效果好。当空气相对湿度低于65%或大风天应停止施药，施药时风速不能高于4m/s，在有风条件下，人工喷雾不要随意降低喷头高度，将全田施药变成苗带施药，造成局部药量加大，易使大豆受害。④采用垄沟定向喷雾的方法可提高对大豆的安全性。喷药时可将喷头对准垄沟，使相邻的两个喷幅的边缘在大豆的茎基部交叉(防苗眼杂草)，这样可减少对大豆叶片着药量，在不良环境条件下，提高对大豆的安全性。

(5) 使用方法　甲氧咪草烟主要用于大豆田及花生田苗后除草，亩用量低于咪草烟等除草剂，为2.3～3g(a.i.)。每亩用4%水剂75～83mL，使用低剂量时须加入喷液量2%的硫酸铵，人工喷雾每亩25～50L，拖拉机喷雾13L，均有明显增效作用。

(6) 混用　北方大豆田如黑龙江省多年使用除草剂，杂草群落发生变化，难治杂草如苍耳、龙葵、野燕麦、野黍、鼬瓣花、问荆、鸭跖草、苣荬菜、刺儿菜、大刺儿菜、芦苇等增多。从大豆的安全性及除草效果考虑，甲氧咪草烟可与咪唑乙烟酸、异噁草酮、氟磺胺草醚、灭草松、乳氟禾草灵、三氟羧草醚等混用。当问荆、苣荬菜、刺儿菜、鸭跖草危害严重时，甲氧咪草烟可与异噁草酮、灭草松混用。当鸭跖草、苣荬菜、问荆危害严重时，甲氧咪草烟可与氟磺胺草醚混用。当鸭跖草、龙葵危害严重时，甲氧咪草烟可与三氟羧草醚混用。当龙葵、鸭跖草、苣荬菜危害严重时，甲氧咪草烟可与乳氟禾草灵混用。具体混配组合及亩用量如下：4%甲氧咪草烟50mL加5%咪唑乙烟酸50mL或48%异噁草酮50mL或25%氟磺胺草醚40～50mL或48%灭草松100mL或21.4%三氟羧草醚40～50mL或24%乳氟禾草灵20mL。

专利与登记　专利EP0254951已过专利期，不存在专利权问题。巴斯夫欧洲公司在中国登记情况见表111。

表 111　巴斯夫欧洲公司在中国登记情况

登记名称	登记证号	含量	剂型	登记作物	防治对象	用药量	施用方法
甲氧咪草烟	PD20080474	4%	水剂	大豆	一年生杂草	45～50g/hm²	播后苗前土壤喷雾
甲氧咪草烟	PD20080473	97%	原药				

合成方法　甲氧咪草烟的合成方法较多,在此仅举三例。

① 以甲氧基丙醛、草酸二乙酯、甲基异丙基酮为起始原料,经一系列反应制得目的物。反应式为:

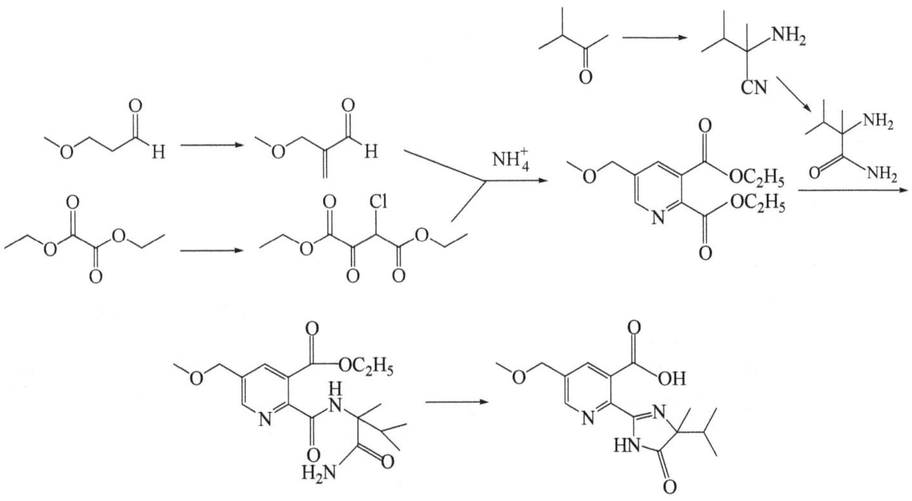

② 以丙醛为起始原料,与甲醛缩合,闭环,卤化,甲氧基化等一系列反应制得目的物。反应式如下:

X=Cl 或 Br

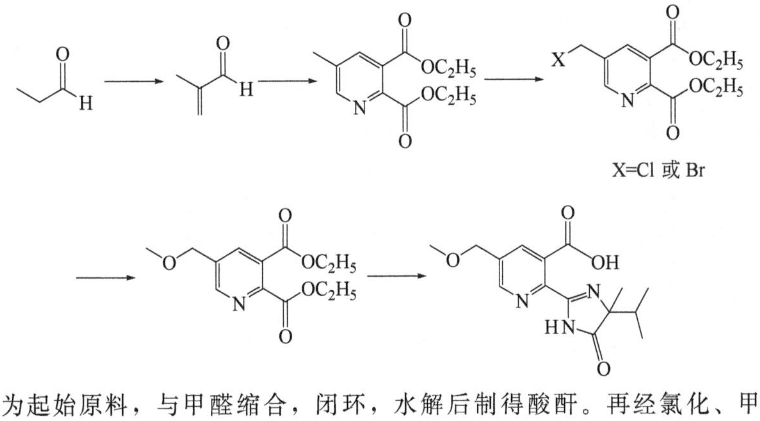

③ 以丙醛为起始原料,与甲醛缩合,闭环,水解后制得酸酐。再经氯化、甲氧基化等一系列反应制得目的物。反应式如下:

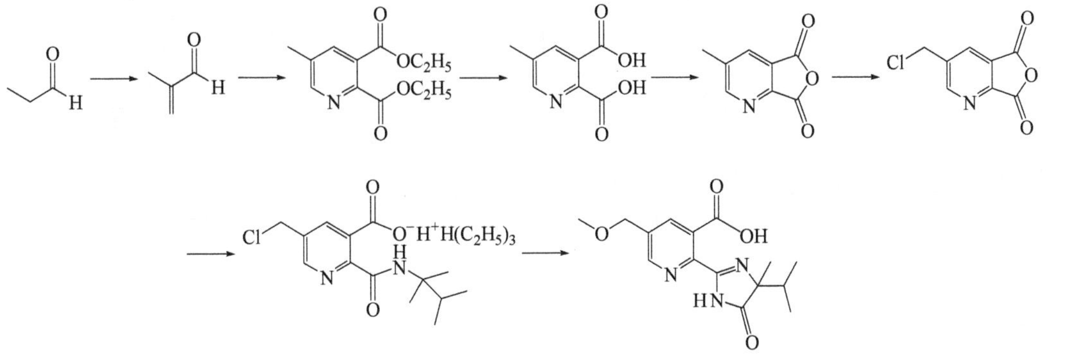

参考文献

[1] 毕强. 现代农药, 2007, 2: 10-14.
[2] 亦冰. 世界农药, 2006, 4: 52.

甲氧噻草胺 thenylchlor

$C_{16}H_{18}ClNO_2S$, 323.8, 96491-05-3

甲氧噻草胺(thenylchlor)，试验代号　NSK-850。商品名称　Bazooka 1kiro51、Kingdom、Kusamets、Onebest、Papika A、Papika A 1 Kilo、PapikaL、Shocker。是由日本 Tokuyama 公司开发的氯乙酰胺类除草剂。

化学名称　2-氯-N-(3-甲氧基-2-噻酚基甲基)-2′,6′-二甲基乙酰苯胺，2-chloro-N-(3-methoxy-2-thienyl)-2′,6′-dimethylacetanilide。

理化性质　原药纯度为≥95%。纯品为有硫黄味的白色固体，熔点72～74℃，沸点173～175℃（0.5mmHg）。相对密度1.19(25℃)。蒸气压2.8×10⁻⁵ Pa(25℃)。分配系数 $K_{ow} lgP$ = 3.53(25℃)。水中溶解度为11mg/L(20℃)。在正常条件下储存稳定，加热到260℃分解。在紫外线照射下分解(400nm,8h)。在 pH 3～8 的条件下稳定。闪点224℃。

毒性　大(小)鼠急性经口 LD_{50} >5000mg/kg。大鼠急性经皮 LD_{50} >2000mg/kg。大鼠急性吸入 LC_{50}(4h)>5.67mg/L。大鼠 NOEL 值为 6.84mg/(kg·d)。

生态效应　山齿鹑急性经口 LD_{50} >2000mg/kg。鲤鱼 TLm(48h)0.76mg/L。水蚤 LC_{50}(4h)>100mg/L。蜜蜂 LD_{50}(96h)>100μg/只。蚯蚓 LD_{50}(14d)>1000mg/L。

环境行为　在土壤中 K_{oc} 480～2846。

制剂　乳油、颗粒剂、可湿性粉剂。

主要生产商　SDS Biotech K.K. 及 Tokuyama 等。

作用机理与特点　主要是通过阻碍蛋白质的合成而抑制细胞的分裂。药剂通过植物幼芽吸收，进入植物体内抑制蛋白酶合成，芽和根停止生长，不定根无法形成，最终导致枯死。

应用　主要用于稻田苗前防除一年生禾本科杂草和多数阔叶杂草，对稗草(二叶期以前,包括二叶期)有特效。使用剂量为180～270g(a.i.)/hm²[亩用量为12～18g(a.i.)]。

专利概况　专利 US4802907 已过专利期，不存在专利权问题。

合成方法　以丙烯酸乙酯、巯基乙酸乙酯为起始原料，经加成、合环等一系列反应制得中间体羟基噻酚羧酸酯。再经烷基化、还原等反应制得取代的苯胺。最后与氯乙酰氯反应即得目的物。反应式为：

解草安 flurazole

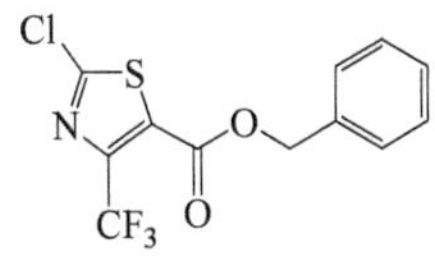

$C_{12}H_7ClF_3NO_2S$，321.7，72850-64-7

解草安(flurazole)，试验代号　MON4606。商品名称　Screen。其他名称　解草胺。是由孟山都公司开发的除草剂解毒剂。

化学名称　2-氯-4-三氟甲基-1,3-噻唑-5-羧酸苄酯或 2-氯-4-三氟甲基噻唑-5-羧酸苄酯，benzyl 2-chloro-4-trifluoromethyl-1,3-thiazole-5-carboxylate 或 benzyl 2-chloro-4-trifluoromethylthiazole-5-carboxylate。

理化性质　原药为黄色或棕色固体，纯度为98%。其纯品为无色结晶体，有轻微的甜味。熔点51~53℃，蒸气压 $3.9×10^{-2}$ mPa(25℃)。Henry 常数 $2.51×10^{-2}$ Pa·m³/mol(计算值)。相对密度0.96(原药)。溶解度(25℃)：水0.5mg/L，溶于大部分有机溶剂中，包括酮类、醇类、苯类。93℃以下稳定，闪点392℃(原药)。

毒性　大鼠急性经口 $LD_{50}>5000$mg/kg，兔急性经皮 $LD_{50}>5010$mg/kg。对兔皮肤无刺激性作用，对眼睛有轻微刺激性作用，对豚鼠皮肤无致敏性。通过接触没发现不良效应。NOEL(90d)：狗≤300mg/(kg·d)，大鼠≤5000mg/kg 饲料。

生态效应　山齿鹑急性经口 $LD_{50}>2510$mg/kg，山齿鹑和野鸭饲喂 $LC_{50}(5d)>5620$mg/L。鱼毒 LC_{50}(96h,mg/L)：鲤鱼1.7，虹鳟鱼8.5，大翻车鱼11。水蚤 $LC_{50}(48h)6.3$mg/L。

环境行为　土壤/环境：在土壤中迅速降解，形成易溶于水的代谢物。主要是微生物的分解，化学分解占次要地位。

主要生产商　Monsanto。

应用　噻唑羧酸类除草剂安全剂，以2.5g/kg种子剂量处理，可保护高粱等免受甲草胺、异丙甲草胺损害。

专利概况　专利 EP0064353、US4437875、US4251261、DE2919511 等均早已过专利期，不存在专利权问题。

合成方法　经如下反应制得解草安：

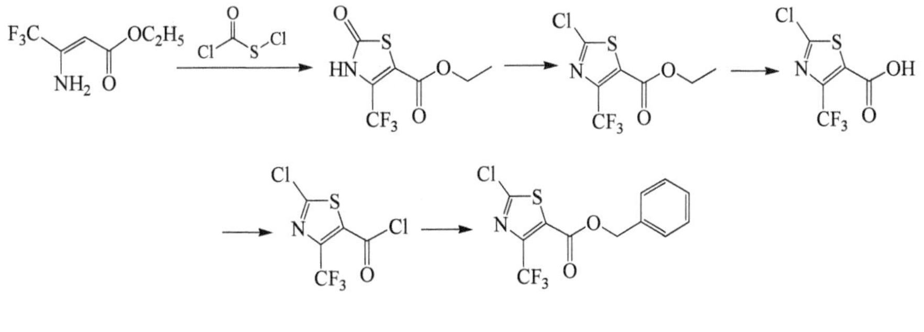

解草啶 fenclorim

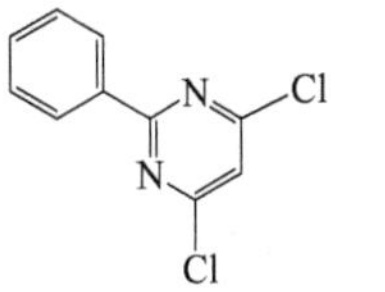

$C_{10}H_6Cl_2N_2$，225.1，3740-92-9

解草啶（fenclorim），试验代号 CGA123407。商品名称 Sofit、Sofit N。是由 Ciba Gergy 公司（现先正达公司）开发的除草剂解毒剂。

化学名称 4,6-二氯-2-苯基嘧啶，4,6-dichloro-2-phenylpyrimidine。

理化性质 纯品为无色晶体，熔点 96.9℃，蒸气压 12mPa（20℃）。密度 1.5g/cm³（20℃），分配系数 $K_{ow}lgP=4.17$。Henry 常数：1.1Pa·m³/mol（计算值）。溶解度（20℃）：水 2.5mg/L，丙酮 14%，环己酮 28%，二氯甲烷 40%，甲苯 35%，二甲苯 30%，己烷 4%，甲醇 1.9%，正辛醇 4.2%，异丙醇 1.8%。400℃以下稳定，在中性、酸性和弱碱介质中稳定。pK_a4.23。

毒性 急性经口 LD_{50}（mg/kg）：大鼠＞5000，小鼠＞2500。大鼠急性经皮 LD_{50}＞2000mg/kg。对兔皮肤和眼睛无刺激性作用，对豚鼠皮肤有致敏性。大鼠急性吸入 LC_{50}（4h）2.9mg/L 空气。NOEL[mg/（kg·d）]：（2y）大鼠 10.4，小鼠 113；（1y）狗 10.0；（90d）大鼠 100。对大、小鼠无潜在致癌性。ADI 0.104mg/（kg·d）。

生态效应 日本鹌鹑急性经口 LD_{50}＞500mg/kg，日本鹌鹑 LC_{50}＞10000mg/L。鱼毒 LC_{50}（96h，mg/L）：虹鳟鱼 0.6，鲶鱼 1.5。水蚤 LC_{50}（48h）2.2mg/L。水藻 IC_{50}20.9mg/L。对蜜蜂无毒，LD_{50}＞20μg/只（经口）、＞1000mg/L（接触）。蚯蚓 LC_{50}（14d）＞62.5mg/kg。

环境行为

（1）动物 在动物体内可快速代谢为极性化合物，然后排出体外。在组织中无积累残留物。

（2）植物 在植物中易代谢为极性化合物。在收获植物时，无残留。

（3）土壤/环境 在土壤中，DT_{50}17～35d。本品及其代谢物被土壤强烈吸附[K_{oc}720～1506μg(a.i.)/g 有机碳]。土壤光解 DT_{50}136d，在土壤中不会溢出。

主要生产商 杭州庆丰农化有限公司及 Syngenta 等。

应用 嘧啶类除草剂安全剂，用来保护湿播水稻不受丙草胺的侵害，一般以 100～200g（a.i.）/hm² 与丙草胺（比例为 1∶3）混合使用（热带和亚热带条件下，而在温带的比例为 1∶2）。对水稻的生长无影响，当将丙草胺施到根茎上、施至枝叶上时，除草作用有些延迟。当施除草剂之前将其施于水稻上也有效。田间试验表明，在安全剂吸收后 2d，施除草剂效果最好，而丙草胺施用 1～4d 再施，则在很大程度上影响作物的恢复。

专利概况 专利 EP55693、US4493726 均已过专利期，不存在专利权问题。

合成方法 解草啶按以下方法合成：

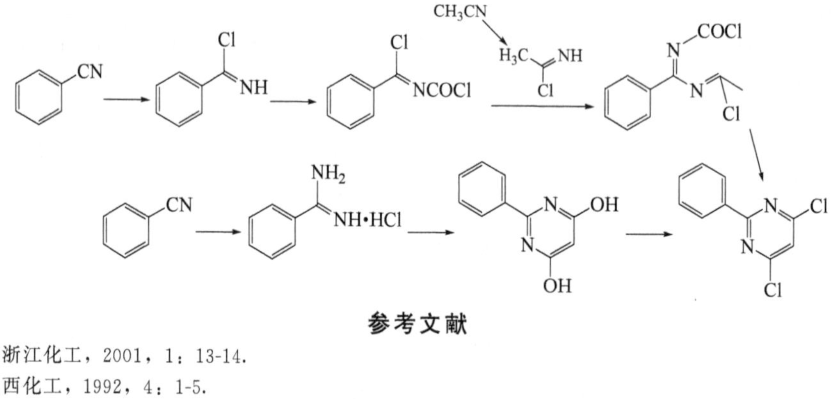

参考文献

[1] 卢贵平．浙江化工，2001，1：13-14.

[2] 谭东．广西化工，1992，4：1-5.

解草喹 cloquintocet-mexyl

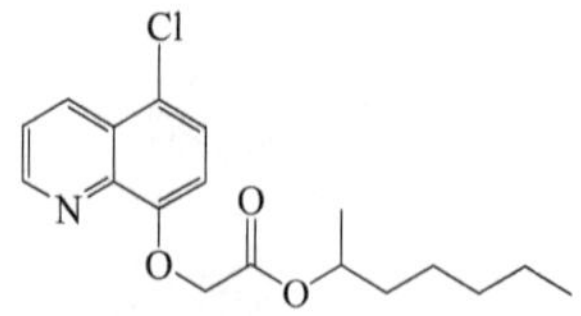

$C_{18}H_{22}ClNO_3$，335.8，99607-70-2，88349-88-6（解草酸）

解草喹（cloquintocet-mexyl），试验代号 CGA185072。商品名称 Axial、Celio、Horizon、PowerFlex、Topik。是由 Ciba-Geigy 公司(现先正达公司)开发的除草剂解毒剂。

化学名称 （5-氯喹啉-8-基氧）乙酸（1-甲基己）酯，1-methylhexyl(5-chloroquinolin-8-yloxy) acetate。

理化性质 纯品为无色固体，熔点 69.4℃（原药 61.4～69.0℃），沸点 100.6℃，蒸气压 18mPa(805℃)。分配系数 $K_{ow}\lg P = 5.20(25℃)$。Henry 常数 $3.02 \times 10^{-3} Pa \cdot m^3/mol$（计算值）。密度 $1.05g/cm^3(20℃)$。在水中溶解度(25℃,mg/L)：0.54(pH 5.0)，0.60(pH 7.0)，0.47(pH 9.0)。有机溶剂中的溶解度(25℃,g/L)：乙醇 190，丙酮 340，甲苯 360，正己烷 11，正辛醇 140。在酸和中性介质中稳定；在碱中水解；$DT_{50}(25℃)133.7d(pH 7)$。$pK_a 3.5～4$，弱碱。解草酸分配系数 $K_{ow}\lg P = -0.7(25℃)$。

毒性 急性经口 $LD_{50}(mg/kg)$：大鼠＞5000，小鼠＞2000。大鼠急性经皮 LD_{50}＞2000mg/kg，对兔皮肤和兔眼睛无刺激性，对豚鼠皮肤可能致敏。大鼠急性吸入 $LC_{50}(4h)$＞0.935mg/L 空气。NOEL[mg/(kg·d)]：大鼠(2y)4，小鼠(18 个月)106.5，狗(1y)44。ADI 值(BfR) 0.04mg/kg。

生态行为 对鸟类无毒，山齿鹑和野鸭急性经口 LD_{50}＞2000mg/kg。对鱼类无毒，LC_{50}(96h,mg/L)：虹鳟鱼和鲤鱼＞76、大翻车鱼＞51，鲶鱼 14。藻类 EC_{50}(96～120h,mg/L)：淡水藻 0.63，微囊藻 2.5，舟形藻 1.7。水蚤 $LC_{50}(48h)$＞0.82mg/L。微囊藻 $E_bC_{50}(96h)$ NOEC 0.6mg/L，淡水藻 $EC_{50}(72h)$NOEC＞2.20mg/L。对蜜蜂无毒，LC_{50}(48h,经口和接触)＞100μg/只。蚯蚓 LC_{50}＞1000mg/kg。

环境行为

(1) 动物/植物 在动物和植物体内水解为游离酸。

(2) 土壤/环境 在土壤中，迅速降解为游离酸，$DT_{50}0.5～2.4d$。经过几周至几个月，酸进一步降解和矿化。本品和它的主要代谢物具有很慢的土壤流动性，被土壤强烈吸附以及具有很小的淋洗风险。在自然水系中，DT_{50}(母体化合物)＜1d。

剂型 乳油，可湿性粉剂。

主要生产商 Syngenta。

应用 炔草酯(clodinafop-propargyl)的安全剂。解草喹与炔草酯(1∶4)混用于禾谷类作物中除草。通过改善植物对除草剂炔草酯的接纳度，加速炔草酯在谷物中的解毒作用(Kreuz et al. Z Naturforsch,1991,46c,901-905)。

专利概况 专利 EP0094349、US4902340、US5102445 均已过专利期，不存在专利权问题。

合成方法 经如下反应制得目的物：

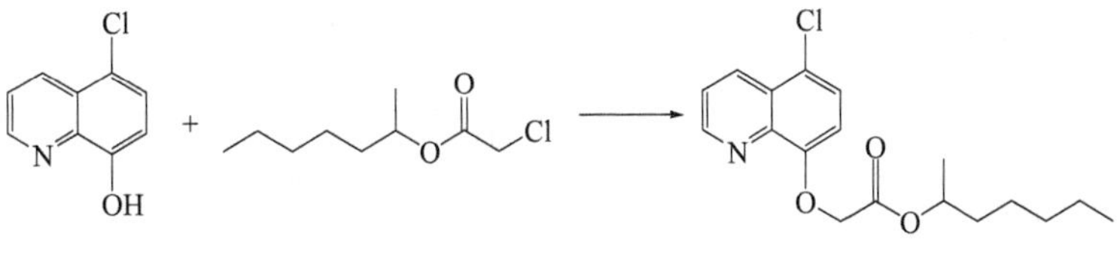

解草酮 benoxacor

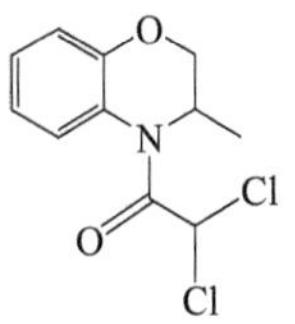

$C_{11}H_{11}Cl_2NO_2$，260.1，98730-04-2

解草酮(benoxacor)，试验代号 CGA154281。商品名称 Bicep Ⅱ Magnum、Camix、Dual Ⅱ Magnum。是由瑞士 Ciba Geigy 公司(现先正达公司)开发的除草剂解毒剂。

化学名称 (RS)-2,2-二氯-1-(3-甲基-2,3-二氢-4H-1,4-苯并噁嗪-4-基) 乙酰或(RS)-4-二氯乙酰基-3,4-二氢-3-甲基-2H-1,4-苯并噁嗪，(RS)-2,2-dichloro-1-(3-methyl-2,3-dihydro-4H-1,4-benzoxazine-4-yl) ethanone 或(RS)-4-dichloroacetyl-3,4-dihydro-3-methyl-2H-1,4-benzoxazine。

理化性质 纯品为白色无气味的结晶粉末，熔点 104.5℃，蒸气压 1.8mPa(25℃)。分配系数 $K_{ow} \lg P = 2.6$(25℃)。Henry 常数 1.2×10^{-2} Pa·m³/mol(25℃,计算值)。相对密度 1.49(21℃)。水中溶解度(25℃)38mg/L。其他溶剂中溶解度(25℃,g/L)：丙酮 270，二氯甲烷 460，乙酸乙酯 200，己烷 6.3，甲醇 45，正辛醇 18，甲苯 120。在 260℃时开始分解。在酸性介质中稳定，在碱性介质中水解；土壤中 DT_{50}：50d(pH 7)，13~19d(pH 9,11)。在水溶液中发生光降解($DT_{50} < 1h$,pH 7,自然光)。

毒性 大鼠急性经口 $LD_{50} > 5000$mg/kg，兔急性经皮 $LD_{50} > 2010$mg/kg，对兔皮肤和兔眼睛无刺激性，对豚鼠皮肤可能致敏。大鼠急性吸入 LC_{50}(4h)> 2.0mg/L 空气。NOEL[mg/(kg·d)]：大鼠(2y)0.5，小鼠(1.5y)4.2。ADI 值：(EPA)cRfD 0.004mg/kg[1998]，(公司建议值)0.005mg/kg。

生态效应 鸟急性经口 LD_{50}(mg/kg)：山齿鹑> 2000，野鸭> 2150。鱼毒 LC_{50}(96h,mg/L)：虹鳟鱼 2.4，鲤鱼 10.0，大翻车鱼 6.5，鲶鱼 1.4。水蚤 EC_{50}(48h)11.5mg/L。藻类 EC_{50}(mg/L)：绿藻(72h)0.63；(96h)蓝藻 39，舟形藻 15.7。蜜蜂 LD_{50}(48h)(经口和接触)$> 100\mu g$/只，蚯蚓 LC_{50}(14d)> 1000mg/kg。

环境行为

(1) 动物 在动物体内代谢为水溶性的共轭物，随后为芳香物羟基化，脱乙酰化和还原脱氯作用。

(2) 植物 在植物体内，可以发现一种主要代谢物和几种小分子，主要代谢物在动物代谢研究中也可以观察到。

(3) 土壤/环境 DT_{50}(20℃)1~5d。K_{oc} 42~176mL/g。在土壤中解草酮通过形成不能代谢的残留(67%~79%,103d;54%~57%,365d)迅速分散，随后通过微生物降解矿化(48%~49%,365d)。土壤 DT_{50}(20℃)约 1~5d，平均 K_{oc} 218mL/g(42~340mL/g)，有一定的流动性，在水生系统中，主要是通过形成不能代谢的残留消散掉，残留物 DT_{50} 2.4d。

主要生产商 Syngenta。

应用 氯代酰胺类除草剂安全剂。在正常和不利环境条件下，能增加玉米对异丙甲草胺的耐药性。以 1 份兑 30 份异丙甲草胺在种植前或苗后使用，不影响异丙甲草胺对敏感品系的活性。

专利概况 专利 US4601745、EP149974 均已过专利期，不存在专利权问题。

合成方法 合成反应式如下：

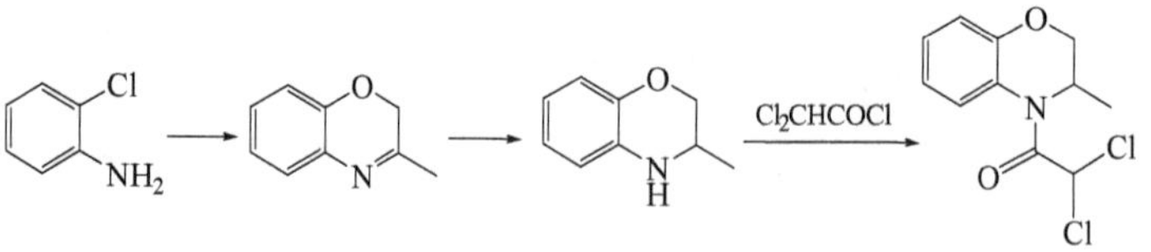

解草唑 fenchlorazole-ethyl

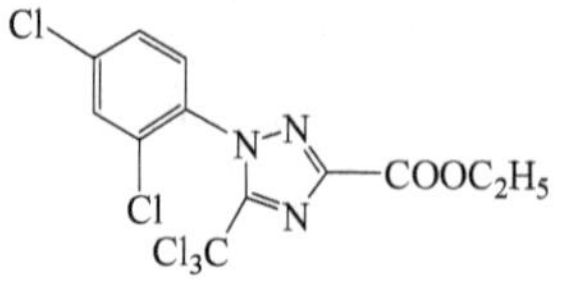

$C_{12}H_8Cl_5N_3O_2$，403.5，103112-35-2，103112-36-3(酸)

解草唑（fenchlorazole-ethyl），试验代号　Hoe070542，Hoe072829（酸）。是 Hoechst　A.G（现为拜耳公司）开发的除草剂解毒剂。

化学名称　1-(2,4-二氯苯基)-5-三氯甲基-1H-1,2,4-三唑-3-羧酸乙酯，ethyl 1-(2,4-dichlorophenyl)-5-trichloromethyl-1H-1,2,4-triazole-3-carboxylate。

理化性质　白色无味固体，熔点 108～112℃，蒸气压 8.9×10^{-4} mPa（20℃）。Henry 常数 3.71×10^{-4} Pa·m³/mol（20℃，计算值）。相对密度 1.7（20℃）。水中溶解度 0.9mg/L（20℃，pH 4.5）。有机溶剂中的溶解度（20℃，g/L）：丙酮 360，二氯甲烷＞500，正己烷 2.5，甲醇 27，甲苯 270。水溶液中水解 DT_{50}：115d（pH 5），5.5d（pH 7），0.079d（pH 9）。

毒性　急性经口 LD_{50}（mg/kg）：大鼠＞5000，小鼠＞2000。大鼠和兔急性经皮 LD_{50}＞2000mg/kg。对兔皮肤和眼睛无刺激性作用，对豚鼠皮肤无致敏性。大鼠急性吸入 LC_{50}（4h）＞1.52mg/L。NOEL（mg/kg 饲料）：（90d）大鼠 1280，雄小鼠 80，雌小鼠 320；（1y）狗 80。ADI（BfR）0.0025mg/kg[1991]。

生态效应　野鸭急性经口 LD_{50}＞2400mg/kg。虹鳟鱼 LC_{50}（96h）0.08mg/L。水蚤 LC_{50}（48h）1.8mg/L。对蜜蜂无害，LC_{50}（48h）＞300μg/只。

制剂　主要与噁唑禾草灵一起使用。

应用　解草唑的作用是加速噁唑禾草灵在植株中的解毒作用，可改善小麦、黑麦等对噁唑禾草灵的耐药性，对禾本科杂草的敏感性无明显影响。其在各种气候条件和农业生产条件下的田间试验证实，对鼠尾看麦娘、燕麦、风草和菵草等许多禾本科杂草有相当高的除草活性。外消旋体异构体和有效异构体的最低剂量分别为 120～180g(a.i.)/hm²、60～90g(a.i.)/hm²，施药时间从禾本科杂草的 3 叶期至 1～2 结节期均可。防除禾本科杂草时，不影响噁唑禾草灵的除草活性。无论苗前或苗后施用，均无除草活性，剂量高达 10kg/hm² 也无除草活性。

专利概况　专利 DE3525205 早已过专利期，不存在专利权问题。

合成方法　解草唑的合成方法主要两种：

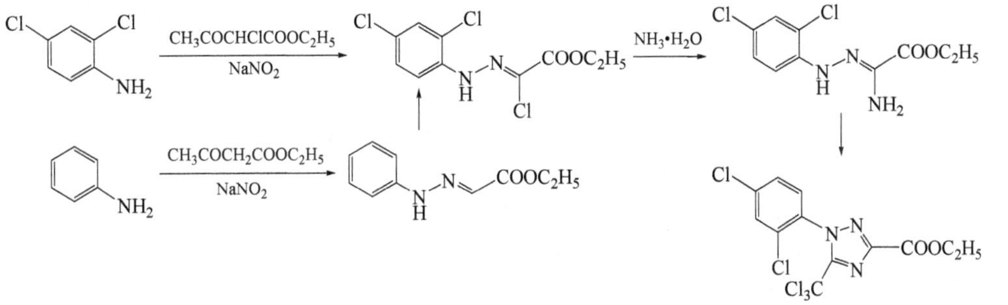

参考文献

[1] 庞怀林.湖南化工，2000，1：14-15.

腈苯唑 fenbuconazole

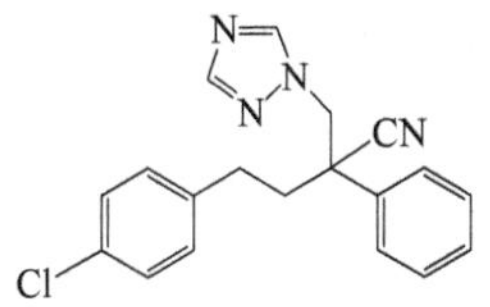

$C_{19}H_{17}ClN_4$，336.8，114369-43-6

腈苯唑（fenbuconazole），试验代号 RH-7592、RH-57592。商品名称 Enable、Impala、Indar。其他名称 Kruga、Karamat、Nordika、Simitar、应得、唑菌腈。是由 Rohm & Haas 公司（现为 Dow AgroSciences）开发的三唑类杀菌剂。

化学名称 4-(4-氯苯基)-2-苯基-2-(1H-1,2,4-三唑-1-基甲基) 丁腈，4-(4-chlorophenyl)-2-phenyl-2-(1H-1,2,4-triazol-1-ylmethyl) butyronitrile。

理化性质 纯品为白色固体，熔点 126.5～127℃。蒸气压 $3.4×10^{-1}$ mPa(25℃，蒸气压力平衡)，分配系数 K_{ow} lg$P$=3.23(25℃)。相对密度 1.27(20℃)。水中溶解度(25℃)：3.77mg/L。有机溶剂中溶解度(20℃,g/L)：丙酮、1,2-二氯乙烷＞250，乙酸乙酯 132，甲醇 60.9，正辛醇 8.43，二甲苯 26.0，正庚烷 0.0677。稳定性：在无菌条件下稳定存在 30d(pH 7,25℃)。在模拟日照无菌条件下稳定存在 30d(pH 7 和 9,25℃)。300℃以下稳定。

毒性 大鼠急性经口 LD_{50}＞2000mg/kg，大鼠急性经皮 LD_{50}＞5000mg/kg。原药对兔眼睛和皮肤无刺激作用，制剂(乳油)兔皮肤和眼睛有严重的刺激作用。大鼠急性吸入 LC_{50}(4h)＞2.1mg/L 空气。繁殖毒性 NOEL 6.4mg/(kg•d)，生育毒性 NOEL 30mg/(kg•d)。对后代无致畸影响。NOAEL 基于慢性喂养和致癌试验的数据为 3mg/(kg•d)。ADI(JMPR)0.03mg/kg〔1997〕；(EC)0.006mg/kg (推荐值)〔2005〕；(EPA)0.03mg/kg〔1993〕。在各种试验中无诱变性。

生态效应 鸟饲喂 LC_{50}(mg/kg 饲料)：山齿鹑 4050(8d)，2150(21d)；野鸭(8d)2110。鱼毒 LC_{50}(96h,mg/L)：大翻车鱼 0.68，虹鳟鱼 1.5，羊头鱼 1.8。虹鳟鱼慢性 NOEC(21d)0.32mg/L。黑头呆鱼 ELS NOEC 0.082mg/L，FLC NOEC 0.023mg/L。水蚤急性 EC_{50} 2.3mg/L，慢性 NOEC 值为 0.078mg/L。藻类：月牙藻 EC_{50}(5d)0.51mg/L，淡水藻 E_bC_{50}(72h)0.13mg/L。其他水生生物：摇蚊属慢性 NOEC 值 1.73mg/L。蜜蜂 LC_{50}(96h,空气接触)＞0.29mg/只。蚯蚓 LC_{50}(14d)＞1000mg/kg 土。其他有益品种：实验室条件下对芽茧蜂属、中华通草蛉、七星瓢虫和盲走螨属无害。

环境行为

(1) 动物 在山羊和母鸡体内，腈苯唑主要通过以下三种途径代谢：①苄基碳的氧化导致硫酸或葡糖甘酸共轭形成内酯；②氯苯基环的氧化；③三唑环的取代形成三唑丙氨酸。

(2) 植物 在花生、小麦和桃子中，腈苯唑主要通过以下三种途径代谢：①苄基碳的氧化形成酮和内酯等氧化降解产物；②邻位三唑环的碳原子被取代形成三唑丙氨酸和三唑乙酸乙酯；③氯苯基环上 3 位的共轭化和羟基化。

(3) 土壤/环境 DT_{50}(实验室条件下,有氧,20℃)33～306d，形成 1,2,4-三唑和二氧化碳。大田试验条件下，双相 DT_{90}＞1y。累积试验表明：在重复应用过程中残余物未出现累积现象。土壤吸附 K_{oc} 2185～9043mL/g，对水和光稳定。但是在河流和供水体系中可迅速消散，DT_{50} 为 3～5d(实验室条件下,20℃)。腈苯唑具有极低的蒸气压力，风洞研究证实其不会大量存在于空气当中。空气中 DT_{50} 为 13h。

制剂 24%悬浮剂。

主要生产商 Dow AgroSciences 及 Fertiagro 等。

作用机理与特点 甾醇脱甲基化抑制剂。内吸传导型杀菌剂，能抑制病原菌菌丝的伸长，阻止已发芽的病菌孢子侵入作物组织。在病菌潜伏期使用，能阻止病菌的发育，在发病后使用，能使下一代孢子变形，失去继续传染能力，对病害既有预防作用又有治疗作用。

应用

(1) 适宜作物与安全性 禾谷类作物、水稻、甜菜、葡萄、香蕉、桃、苹果等。

（2）防治对象　腈苯唑对禾谷类作物的壳针孢属、柄锈菌属和黑麦喙孢，甜菜上的甜菜生尾孢，葡萄上的葡萄孢属、葡萄球座菌和葡萄钩丝壳，核果上的丛梗孢属，果树如苹果黑星菌等以及对大田作物、水稻、香蕉、蔬菜和园艺作物的许多病害均有效；（如香蕉叶斑病等）。

（3）使用方法　腈苯唑既可作叶面喷施，也可作种子处理剂。防治禾谷类作物病害使用剂量为 $75 \sim 125g(a.i.)/hm^2$，防治油菜病害使用剂量为 $60 \sim 75g(a.i.)/hm^2$，防治甜菜病害使用剂量为 $65 \sim 280g(a.i.)/hm^2$，防治花生病害使用剂量为 $75 \sim 150g(a.i.)/hm^2$，防治水稻病害使用剂量为 $50 \sim 150g(a.i.)/hm^2$，防治葡萄病害使用剂量为 $30 \sim 45g(a.i.)/hm^2$，防治果树病害使用剂量为 $50 \sim 75g(a.i.)/hm^2$，防治蔬菜病害使用剂量为 $50 \sim 100g(a.i.)/hm^2$，防治草坪病害使用剂量为 $75 \sim 250g(a.i.)/hm^2$。具体应用如下：

① 防治香蕉叶斑病　在香蕉下部叶片出现叶斑之前或刚出现叶斑，用24％乳油 400 倍液，每隔 7～14d 喷雾 1 次，连续使用多次（但不要超过 4 次），对香蕉叶面有良好的保护作用。在台风雨季来临或叶斑出现时，用24％乳油 1000 倍液或每 100L 水加 24％乳油 100mL，每隔 7～14d 喷雾 1 次，连续用 2～3 次对香蕉叶斑病有良好的治疗作用。

② 防治桃树褐腐病　在桃树发病前或发病始期喷药，用24％乳油 2500～3000 倍液或每 100L 水加 24％乳油 33.3～40mL 喷雾。

专利与登记　专利 DE3721786 早已过专利期，不存在专利权问题。国内登记情况：24％悬浮剂，登记作物为桃树、香蕉，防治对象为桃褐腐病、叶斑病。美国陶氏益农公司在中国登记情况见表 112。

表 112　美国陶氏益农公司在中国登记情况

登记名称	登记证号	含量	剂型	登记作物	防治对象	用药量	施用方法
腈苯唑	PD240-98	24％	悬浮剂	香蕉 桃树 水稻	叶斑病 桃褐腐病 稻曲病	200～350mg/kg 75～96mg/kg 54～72g/hm²	喷雾 喷雾 喷雾

合成方法　腈苯唑的合成方法主要有以下两种。反应式如下：

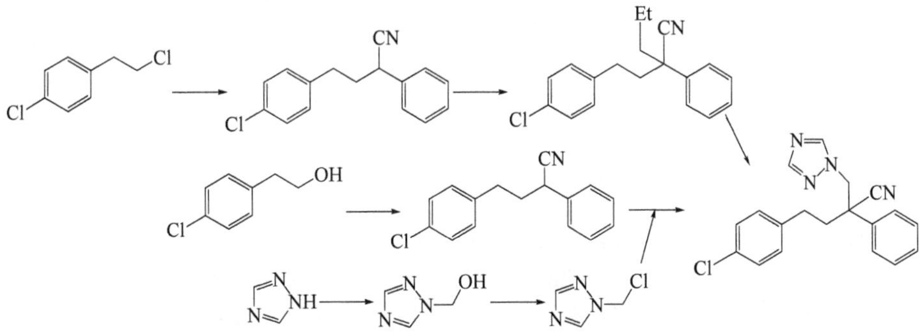

中间体制备方法如下：

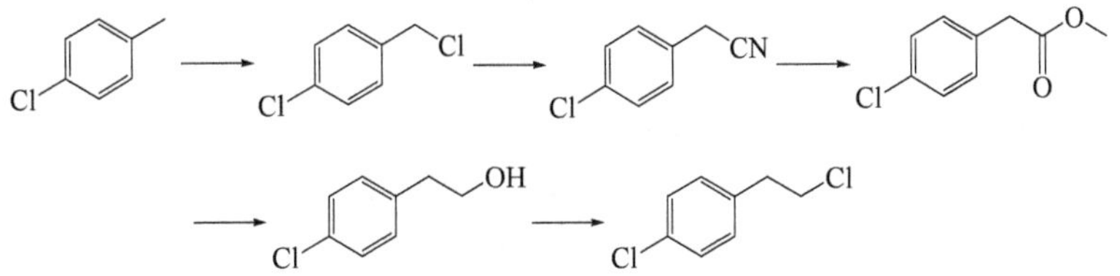

参考文献

[1] Proc Brighton Crop Prot Conf-Pests & Diseases. 1988:33.

[2] The Pesticide Manual. 15th ed. 2009:468-469.

腈吡螨酯 cyenopyrafen

$C_{24}H_{31}N_3O_2$，393.5，560121-52-0

腈吡螨酯(cyenopyrafen)，试验代号 NC-512。商品名称 Starmite。是由日产化学公司研制的新型吡唑类杀螨剂，与现有杀虫杀螨剂无交互抗性。

化学名称 （E)-2-(4-叔丁基苯基)-2-氰基-1-(1,3,4-三甲基吡唑-5-基）烯基 2,2-二甲基丙酸酯，(E)-2-(4-*tert*-butylphenyl)-2-cyano-1-(1,3,4-trimethylpyrazol-5-yl) vinyl 2,2-dimethylpropionate。

理化性质 白色固体，纯度＞96%，熔点106.7～108.2℃。蒸气压5.2×10^{-4}mPa(25℃)。$K_{ow}lgP=5.6$。Henry常数3.8×10^{-5}Pa·m³/mol(计算值)。相对密度1.11(20℃)。水中溶解度(20℃)0.30mg/L。54℃下14d内稳定。水溶液DT_{50}0.9d(pH 9,25℃)。

毒性 大鼠急性经口LD_{50}＞5000mg/kg。大鼠急性经皮LD_{50}＞5000mg/kg。大鼠吸入LC_{50}(4h)＞5.01mg/L。大鼠NOEL 5.1mg/(kg·d)。ADI 0.05mg/(kg·d)。

生态效应 山齿鹑急性经口LD_{50}＞2000mg/kg。虹鳟鱼LC_{50}(96h)18.3μg/L。水蚤LC_{50}(48h)2.94μg/L(极限溶解度)。绿藻E_bC_{50}(72h)＞0.03mg/L。蜜蜂LD_{50}(48h)＞100μg/只(经口和接触)。蚯蚓LD_{50}(14d)＞1000mg/kg土。在15g/100L下对捕食螨、绿色草蜻蛉、花臭虫、蜜蜂以及大黄蜂无活性。

环境行为

（1）动物 在动物体内主要通过粪便迅速降解(大约120h内降解95%～99%)，没有生物富集作用。

（2）植物 在植物体内缓慢降解。

（3）土壤/环境 在土壤和水中迅速降解，田地土壤中的DT_{50}2～5d，DT_{90}5～15d。K_{oc}较高，在4730～16900范围内。

制剂 悬浮剂。

主要生产商 Nissan。

作用机理与特点 触杀型杀螨剂。通过代谢成羟基形式活化，产生药性。这种羟基形式在呼吸电子传递链上通过扰乱复合物Ⅱ(琥珀酸脱氢酶)达到抑制线粒体的效能。

应用 可有效控制水果、柑橘、茶叶、蔬菜上的各种害螨，施药剂量为15g/100L，叶面喷施。

专利概况

专利名称 Preparation of ethylene derivatives pesticides.

专利号 US6063734

专利申请日 1998-10-23

专利拥有者 Nissan Chemical Industries

目前公开或授权的专利：CN1763003、EP1360901、JP2003342262、JP4054992、JP2008001715、US6462049、US38188、US20030216394、US7037880、US20070049495、US7566683、WO9740009、ZA9703563等。

工艺专利：CN1768042、CN1763003、EP1983830、JP2009524620、JP2003201280、US20090221423、US20060178523、US6063734、WO2007085565、WO2004087674等。

合成方法 4-叔丁基苯乙腈和1,3,4-三甲基吡唑-5-甲酸酯在醇钠的作用下发生缩合反应，然后在三乙胺的作用下再与新戊酰氯反应生成产品。

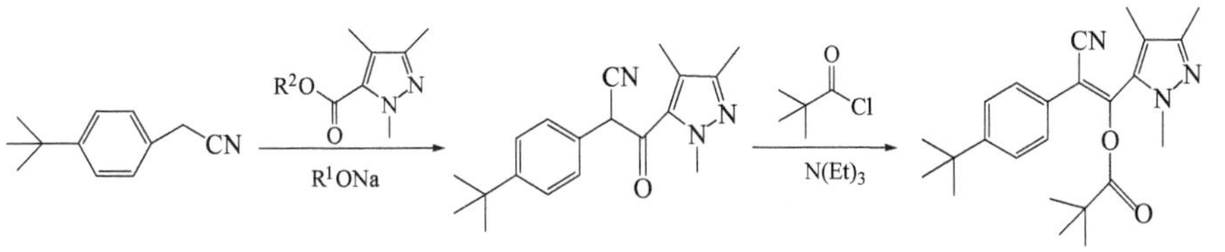

中间体的制备方法如下：

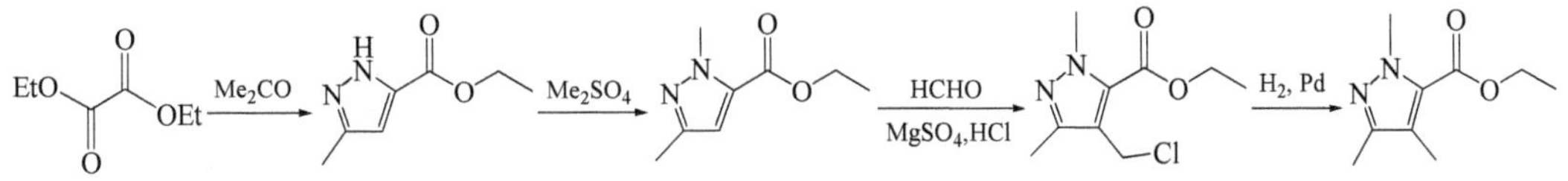

参考文献

[1] 赵平. 农药，2012，10；750-751.

腈菌唑 myclobutanil

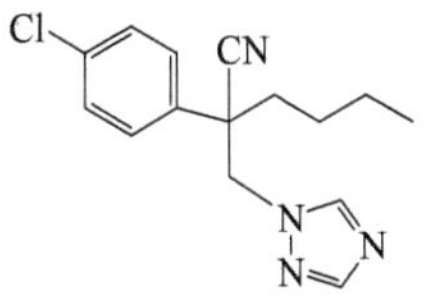

$C_{15}H_{17}ClN_4$，288.8，88671-89-0

腈菌唑（myclobutanil），试验代号 RH-3866。商品名称 Laredo、Mytonil、Nova、Pudong、Rally、Sun-Ally、Systhane。其他名称 Aristocrat、Boon、Duokar、Eagle、Ganzo、Latino、Makuro、Masalon、Mycloss、Mycloss Fort、Nu-Flow、Pilarsys、Secret、Spera、Thiocur。是由 Rohm & Haas（现为道农业科学）公司开发的三唑类杀菌剂。

化学名称 2-对氯苯基-2-(1H-1,2,4-三唑-1-基甲基) 己腈或 2-(4-氯苯基)-2-(1H-1,2,4-三唑-1-基甲基) 己腈。2-p-chlorophenyl-2-(1H-1,2,4-triazol-1-ylmethyl) hexanenitrile 或 2-(4-chlorophenyl)-2-(1H-1,2,4-triazol-1-ylmethyl) hexanenitrile。

理化性质 原药为淡黄色固体，熔点 70.9℃。沸点 390.8℃ (97.6kPa)。蒸气压 0.213mPa (25℃)。分配系数 $K_{ow}\lg P=2.94$(pH 7～8,25℃)，Henry 常数 4.33×10^{-4} Pa·m³/mol。水中溶解度(20℃,mg/L)：124(pH 3)，132(pH 7)，115(pH 9～11)；可溶于一般的有机溶剂(20℃,g/L)：丙酮、乙酸乙酯、甲醇、1,2-二氯乙烷＞250，二甲苯 270，正庚烷 1.02。在水中，在 25℃下稳定性(pH 4～9)，对光稳定。

毒性 大鼠急性经口 LD_{50}(mg/kg)：雄性 1600，雌性 1800。兔急性经皮 LD_{50}＞5000mg/kg。对兔和大鼠皮肤无刺激作用，但对其眼睛有严重刺激作用；对豚鼠皮肤无致敏作用。大鼠吸入 LC_{50} 5.1mg/L。NOEL[mg/(kg·d)]：狗饲喂(90d)56，大鼠繁殖毒性 16；大鼠基于慢性喂养、致癌和生殖研究 NOAEL 2.5。ADI(JMPR)0.03mg/kg[1992]，(EC)0.025mg/kg，(EPA)cRfD 0.025mg/kg[1995]。对大鼠、兔无致畸、致突变作用。Ames 试验为阴性。

生态效应 山齿鹑急性经口 LD_{50} 510mg/kg，山齿鹑和野鸭饲喂 LC_{50}(8d)＞5000mg/kg。鱼毒 LC_{50}(96h,mg/L)：大翻车鱼 4.4，虹鳟鱼 2.0；黑头呆鱼 ELS NOEC 1.0mg/L。水蚤 LC_{50}(48h)17mg/L。淡水藻 EC_{50}(96h)0.91mg/L，沉积物栖息生物 NOEC(摇蚊幼虫)5.0mg/L。对蜜蜂无毒，经口 LD_{50}＞171μg（Systhane20EW）/只［＞33.9μg（a.i.）/只］，接触 200μg（Systhane20EW）/只［＞39.6μg（a.i.）/只］。蚯蚓：急性 LC_{50} 99mg/kg；繁殖 NOEC＞10.3mg/kg。其他有益生物：实验室研究表明对蚜茧蜂、豹蛛属和七星瓢虫无害。

环境行为

（1）动物　在牛和母鸡体内腈菌唑通过氧化途径代谢，侧链进行非芳族羟基化形成醇，进一步氧化成酮、羧酸，环化为内酯或形成共轭硫酸盐。

（2）植物　腈菌唑在葡萄、苹果、甜菜中通过两种途径代谢：a. 侧链非芳族羟基化形成醇，与糖共轭并降解；b. 三环唑取代形成噻唑丙氨酸。

（3）土壤/环境　DT_{50}（实验室，有氧，20℃）192～574d（平均354d）形成小分子代谢产物。野外条件下（德国，初夏）DT_{50}9～33d（平均23d），DT_{90}>1y。积累研究表明，残留物不积累。土壤吸附 K_{oc}224～920mL/g（平均517mL/g）。水解光解稳定，在河流与池塘水系统中迅速消散，从水中到沉积物中 DT_{50}4～20d（实验室，20℃）。腈菌唑具有非常低的蒸气压，在风洞研究中证实，空气中不会大量存在。大气 DT_{50}7.6h（光化学氧化降解建模研究）。

制剂　25%乳油。

主要生产商　Dow AgroSciences、Nagarjuna Agrichem、Sharda、安徽省池州新赛德化工有限公司、惠光股份有限公司、上海中西药业有限公司、沈阳科创化学品有限公司、泰达集团及一帆生物科技集团有限公司等。

作用机理与特点　腈菌唑是一类具保护和治疗活性的内吸性三唑类杀菌剂。主要对病原菌的麦角甾醇的生物合成起抑制作用，对子囊菌，担子菌均具有较好的防治效果。该剂持效期长，对作物安全，有一定刺激生长作用。

应用

（1）适宜作物与安全性　苹果、梨、核果、葡萄、葫芦、园艺观赏作物，小麦、大麦、燕麦、棉花和水稻等。对作物安全。

（2）防治对象　白粉病、黑星病、腐烂病、锈病等。

（3）使用方法　可用于叶面喷洒和种子处理。使用剂量通常为30～60g(a. i.)/hm²。

① 防治小麦白粉病，每亩每次用25%乳油8～16g[2～4g(a. i.)]，一般加水75～100kg，相当于6000～9000倍液，混合均匀后喷雾。于小麦基部第一片叶开始发病即发病初期开始喷雾，共施药两次，两次间隔10～15d。持效期可达20d。还可用拌种方法防治小麦黑穗病、网腥黑穗病等土壤传播的病害，100kg种子拌药25%乳油25～40mL。

② 防治梨树、苹果树黑星病、白粉病、褐斑病、灰斑病，可用25%乳油6000～10000倍液均匀喷雾，喷液量视树势大小而定。

专利与登记　专利EP0145294早已过专利期，不存在专利权问题。国内登记情况：12.5%微乳剂，45%可湿性粉剂，94%、95%原药等；登记作物为荔枝树、梨树、黄瓜、苹果树及葡萄等；防治对象为炭疽病、黑星病及白粉病等。美国陶氏益农公司在中国登记情况见表113。

表113　美国陶氏益农公司在中国登记情况

登记名称	登记证号	含量	剂型	登记作物	防治对象	用药量	施用方法
腈菌唑	PD20070199	40%	可湿性粉剂	荔枝树 梨树 黄瓜 苹果树 葡萄	炭疽病 黑星病 白粉病 白粉病 炭疽病	66.7～100mg/kg 8000～10000 倍液 45～60g/hm² 6000～8000 倍液 66.7～100mg/kg	喷雾
腈菌唑	PD20070200	94%	原药				

合成方法　可通过如下反应制得：

572

或

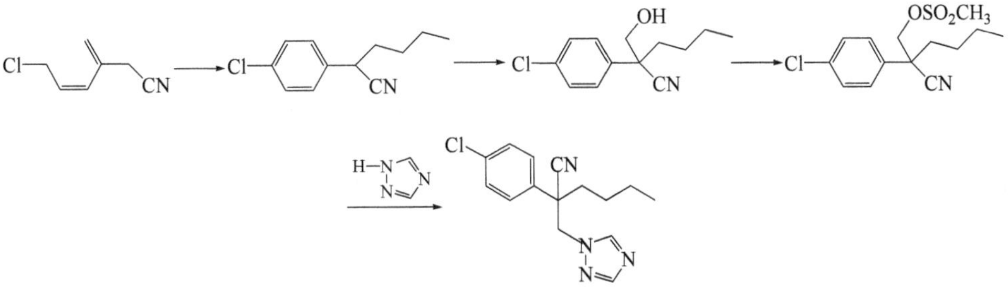

或

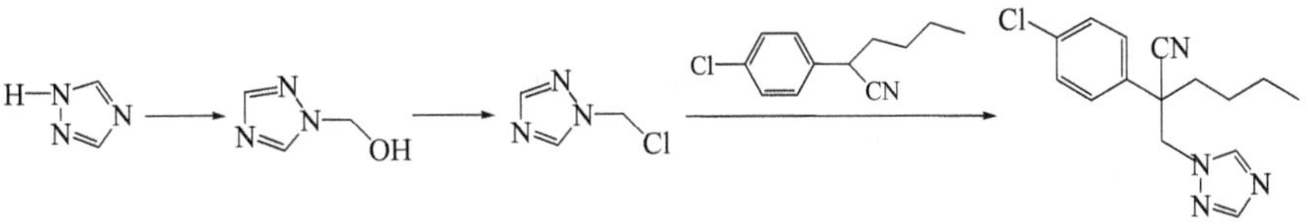

参考文献

[1] 李翔. 农药,2001,3:11.

精吡氟禾草灵 fluazifop-P-butyl

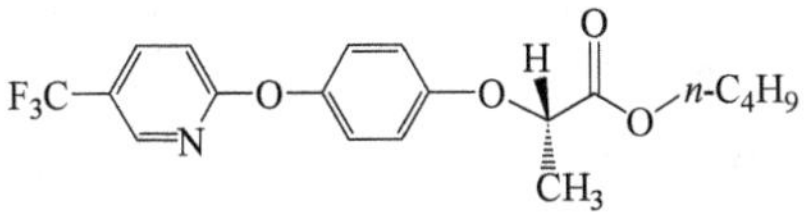

$C_{19}H_{20}F_3NO_4$，383.4，79241-46-6，83066-88-0(酸)

精吡氟禾草灵(fluazifop-P-butyl)，试验代号 PP005、ICIA0005、SL-118。商品名称 Venture、Vesuvio。其他名称 Campus Top、Citadel、Flufop、Fusilade、Fusilade 2000、Fusilade DX、Hache Uno Super、Listo、Lobby、Meltemi、Onecide P、Ornamec、精稳杀得。是日本石原产业公司(现为 ISK 生物技术公司)研制，并与 ICI(现为 Syngenta 公司)共同开发的芳氧苯氧丙酸类除草剂。

化学名称 (R)-2-[4-(5-三氟甲基-2-吡啶氧基)苯氧基] 丙酸丁酯，butyl(R)-2-[4-(5-trifluoromethyl-2-pyridyloxy)phenoxy] propionate。

理化性质

(1) 精吡氟禾草灵 原药纯度≥90%，R 构型异构体含量97%，S 构型异构体含量3%。外观为褐色液体。纯品为无色液体，相对密度 1.22(20℃)。熔点−15℃，沸点154℃ (2.7Pa)，理论上在100℃就开始分解。25℃时蒸气压 4.14×10^{-1} mPa。分配系数 $K_{ow} \lg P = 4.5(20℃)$。Henry 常数 1.1×10^{-2} Pa·m³/mol。20℃水中溶解度为 1.1mg/L，可与丙酮、乙酸乙酯、甲醇、己烷、甲苯、二甲苯、二氯甲烷等有机溶剂混溶。对紫外线稳定。水解 DT_{50}：78d(pH 7)，29h (pH 9)。水溶液光解 DT_{50} 6d(pH 5)，$pK_a < 1$。

(2) 精吡氟禾草灵酸 浅黄色，玻璃状物。玻璃状物时熔点 4℃，蒸气压 7.9×10^{-4} mPa (20℃)。$K_{ow} \lg P$：3.1(pH 2.6,20℃)，−0.8(pH 7,20℃)。Henry 常数 3×10^{-7} Pa·m³/mol(计算值)。纯水中溶解度 780mg/L(20℃)。在 pH 5、7 和 9 时无明显水解(25℃)，pK_a 2.98。

毒性 大鼠急性经口 LD_{50}(mg/kg)：雄性 3680，雌性 2451。兔急性经皮 $LD_{50} > 2000$mg/kg。

大鼠急性吸入 $LC_{50}(4h)>5200mg/L$。对兔皮肤和眼睛无刺激，对豚鼠皮肤无致敏。NOEL[mg/(kg·d)]：大鼠 NOAEL(2y)0.47；狗(91d)25，大鼠(90d)9.0；大鼠多代研究 0.9。ADI(BfR)0.01mg/kg[2001]；(EPA)aRfD 0.5mg/kg，cRfD 0.0074mg/kg[2005]。无遗传毒性。

生态效应

(1) 精吡氟禾草灵　野鸭急性经口 $LD_{50}>3500mg/kg$。虹鳟鱼 $LC_{50}(96h)1.3mg/L$。水蚤 $EC_{50}(48h)>1.0mg/L$。舟形藻 $E_bC_{50}(72h)>0.51mg/L$。浮萍 $EC_{50}(14d)>1.4mg/L$。对蜜蜂无毒，蜜蜂(经口和接触)$LD_{50}>0.2mg/$只，蚯蚓 $LC_{50}>1000mg/kg$。

(2) 精吡氟禾草灵酸　虹鳟鱼 $LC_{50}(96h)117mg/L$，水蚤 $EC_{50}(48h)240mg/L$。羊角月牙藻 $EC_{50}(72h)>56mg/L$。

环境行为

(1) 精吡氟禾草灵　①动物：在哺乳动物体内，精吡氟禾草灵被代谢为相应的酸，快速排出体外。②植物：迅速水解成相应的酸，然后再部分结合，醚键断裂给出吡啶酮和丙酸代谢物，或者进一步降解或者再结合。③土壤/环境：快速代谢成相应的酸；在潮湿的土壤中快速降解，$DT_{50}<24h$。主要降解产物是相应的酸，继续水解为 5-三氟甲基吡啶-2-酮和 2-(4-羟基苯氧基)丙酸，这两种降解产物继续降解，直到生成 CO_2。

(2) 精吡氟禾草灵酸　土壤/环境：实验室土壤(40%MHC，pH 5.3~7.7)，DT_{50} 2~9d (20℃)，田间 $DT_{50}<4$ 周。K_{oc} 39~84。

制剂　15%乳油。

主要生产商　Ishihara Sangyo、Syngenta、黑龙江佳木斯农药化工有限公司、山东滨农科技有限公司、山东绿霸化工股份有限公司、台湾兴农有限公司、泰达集团及浙江永农化工有限公司等。

作用机理与特点　乙酰辅酶 A 羧化酶(ACCase)抑制剂，是内吸传导型茎叶处理除草剂，有优良的选择性。对禾本科杂草具有很强的杀伤作用，对阔叶作物安全。杂草吸收药剂的部位主要是茎和叶，但施入土壤中的药剂通过根也能被吸收。进入植物体的药剂水解成酸的形态，经筛管和导管传导到生长点及节间分生组织，干扰植物 ATP(三磷酸腺苷)的产生和传递，破坏光合作用和抑制禾本科植物茎节和根、茎、芽的细胞分裂，阻止其生长。由于它的吸收传导性强，可达地下茎，因此对多年生禾本科杂草也有较好的防除作用。一般在施药后48h即可出现中毒症状，首先是停止生长，随之在芽和节的分生组织出现枯斑，心叶和其他部位叶片逐渐变成紫色和黄色，枯萎死亡。精吡氟禾草灵药效发挥较慢，一般要15d后才能杀死一年生杂草。杂草种类和生长大小不同时，耐药性也有差异。在低剂量下或禾草生长较大、干旱条件下，不能完全杀死杂草，但对残留株有强烈的抑制作用。根尖发黑、地上部生长短小、结实率减少。

应用

(1) 适宜作物　大豆、甜菜、棉花、油菜、马铃薯、亚麻、豌豆、蚕豆、菜豆、烟草、西瓜、花生、阔叶蔬菜等多种作物及果树、林业苗圃、幼林等。由于精吡氟禾草灵在土壤中降解速度较快，故几乎无残留问题。

(2) 防除对象　主要用于防除一年生和多年生禾本科杂草如稗草、野燕麦、狗尾草、金色狗尾草、牛筋草、看麦娘、千金子、画眉草、雀麦、大麦属、黑麦属、稷属、早熟禾、狗牙根、双穗雀稗、假高粱、芦苇、野黍、白茅、匍匐冰草等。

(3) 应用技术　①在土壤水分、空气相对湿度、温度较高时有利于杂草对精吡氟禾草灵的吸收和传导。长期干旱无雨、低温和空气相对湿度低于 65%时不宜施药。一般选早晚施药，上午10 时至下午 3 时不应施药。施药前要注意天气预报，施药后 2h 内应无雨。长期干旱如近期有雨，待雨过后田间土壤水分和湿度改善后再施药，或有灌水条件的在灌水后施药，虽然施药时间拖后，但药效比雨前或灌水前施药好。②杂草叶龄小用低剂量，叶龄大用高剂量。在水分条件好的情况下用低剂量，在干旱条件下用高剂量。③在单子叶、阔叶、莎草科杂草混生地块，由于单子叶杂草得以防除，阔叶杂草生长增多，可能会影响产量。需与阔叶杂草除草剂混用或先后使用。

（4）施药时期　阔叶作物苗后，禾本科杂草3～6叶期。

（5）使用方法　苗后除草，使用剂量为75～115g(a.i.)/hm²[亩用量为5～7.6g(a.i.)]。

① 大豆田　防除2～3叶期一年生禾本科杂草每亩用15%精吡氟禾草灵33～50mL。防除4～5叶期一年生禾本科杂草，每亩用50～67mL。防除5～6叶期一年生禾本科杂草，每亩用67～80mL。防除多年生禾本科杂草如20～60cm高的芦苇，15%精吡氟禾草灵用飞机喷洒每亩用83mL，用拖拉机喷雾机和人工背负式喷雾器喷洒每亩用133mL。

混用：在阔叶草与禾本科杂草混生大豆田，可与氟磺胺草醚、三氟羧草醚、灭草松、异噁草酮混用，与乳氟禾草灵、克莠灵等分期间隔一天施药，两种防阔叶杂草的除草剂降低用药量与精吡氟禾草灵混用对大豆安全，药效稳定，特别是在不良条件下，大豆生长发育不好仍有好的安全性。混用配方每亩用药量如下：

a.15%精吡氟禾草灵40mL加48%异噁草酮50mL加48%灭草松100mL或24%乳氟禾草灵17mL或21.4%三氟羧草醚40～50mL或25%氟磺胺草醚40～50mL。

b.15%精吡氟禾草灵50～67mL加48%灭草松167～200mL或25%氟磺胺草醚67～100mL。

c.15%精吡氟禾草灵50～67mL加48%灭草松100mL加25%氟磺胺草醚40～50mL。

精吡氟禾草灵与防阔叶杂草除草剂混用最好在大豆2片复叶、杂草2～4叶期施药，防除鸭跖草一定要在3叶期以前施药。精吡氟禾草灵与异噁草酮、灭草松或氟磺胺草醚混用，不但对一年生禾本科、阔叶杂草有效，而且对多年生阔叶杂草如问荆、苣荬菜、刺儿菜、大蓟等有效。

② 油菜田　精吡氟禾草灵在各种栽培型冬油菜田中，防除看麦娘效果显著。于看麦娘出齐苗达1～1.5分蘖时，每亩用15%乳油50～67mL，茎叶喷雾处理。

③ 甜菜田　杂草3～5叶期，每亩用15%精吡氟禾草灵乳油50～100mL，在一年生禾本科杂草地块可获得较好防效。在单双子叶草混生地，15%精吡氟禾草灵乳油50～67mL加16%甜菜宁乳油400mL，可较好地防除野燕麦、旱稗、藜、苋等阔叶及禾本科杂草。

④ 西瓜田　一年生禾本科杂草3～5叶期，每亩用15%精吡氟禾草灵乳油50～67mL，茎叶喷雾处理。

⑤ 花生田　花生苗后2～3叶期，每亩用15%精吡氟禾草灵乳油50～66.7mL，加水30L，茎叶喷雾。防除禾本科杂草效果显著，结合一次中耕除草，可控制全生育期杂草。在单双子叶混生情况下，精吡氟禾草灵乳油50～66.7mL与阔叶枯45%乳油150mL，或48%灭草松液剂100mL混用，可以兼治马唐、牛筋草、藜、反枝苋等单双子叶杂草。

⑥ 果园、林业苗圃　一般在杂草4～6叶期，每亩用15%精吡氟禾草灵乳油66.7～100mL。提高剂量到130～160mL，对多年生芦苇、茅草等有较好效果；一年生杂草、禾本科杂草幼小时施药效果佳。

⑦ 亚麻田　在单子叶杂草为主地块，每亩用15%精吡氟禾草灵乳油66.7～100mL，在亚麻4～6叶期加水30L喷洒。防除旱稗、野燕麦、毒麦、狗尾草等效果好，对残株也有抑制作用。但亚麻田杂草往往是单子叶杂草与鸭跖草、藜、蓼等阔叶杂草混生。每亩用15%精吡氟禾草灵乳油50～66.7mL与56%2甲4氯原粉50g混用。施药时期同单用，防除单双子叶效果显著。亚麻可能会受到轻微短期抑制，但恢复快，后期生长迅速，仍可提高亚麻等级及产量。

专利与登记　专利DE2812571早已过专利期，不存在专利权问题。国内登记情况：15%、150g/L乳油，登记作物大豆、花生、棉花等，用于防除一年生禾本科杂草。日本石原产业株式会社在中国登记情况见表114。

表 114　日本石原产业株式会社在中国登记情况

登记名称	登记证号	含量	剂型	登记作物	防治对象	用药量/(g/hm²)	施用方法
精吡氟禾草灵	PD91-89	150g/L	乳油	大豆 甜菜 花生 棉花	多年生禾本科杂草	112.5～150 112.5～150 112.5～150 75～150	喷雾
				冬油菜 甜菜 花生 棉花 大豆	一年生禾本科杂草	90～150 112.5～150 112.5～150 75～150 112.5～150	喷雾
精吡氟禾草灵	PD286-99	52%	母液				
精吡氟禾草灵	PD20060196	85.7%	原药				

合成方法　精吡氟禾草灵的主要合成方法如下：

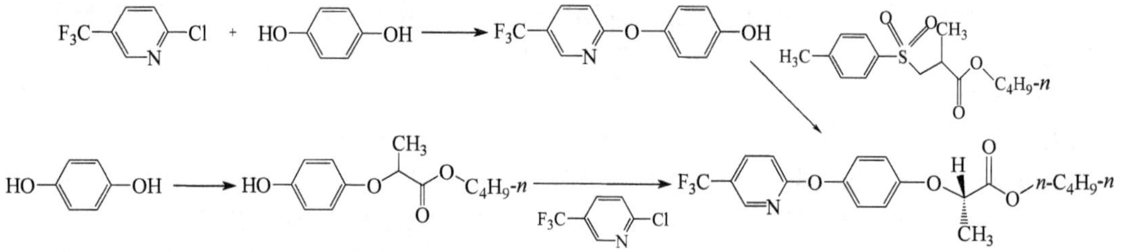

中间体 2-氯-5-三氟甲基吡啶制备方法如下：

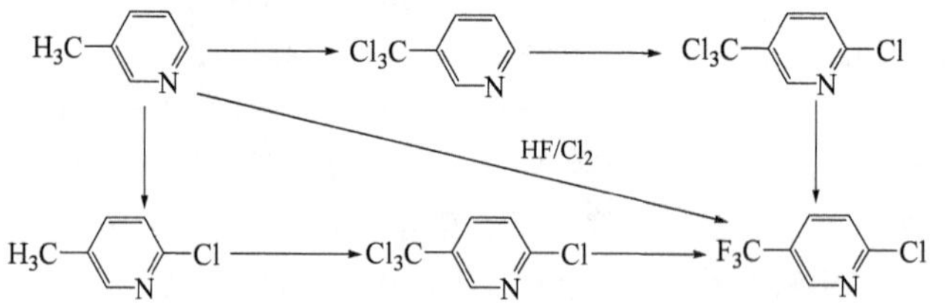

参考文献

[1] 黄筱玲. 农药，1989，1：1-2.
[2] 李瑞军. 农药，2007，5：305-306.
[3] 陆阳. 世界农药，2009，1：32-34.

精噁唑禾草灵 fenoxaprop-P-ethyl

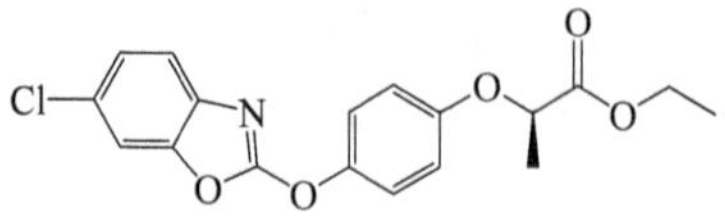

$C_{18}H_{16}ClNO_5$，361.8，71283-80-2，113158-40-0(酸)

精噁唑禾草灵(fenoxaprop-P-ethyl)，试验代号　AE F046360、Hoe046360。商品名称　Foxtrot、Furore Super、Masaldo、Sunfenoxa-P-ethyl。其他名称　Acclaim Super、Bugle、Depon Super、Felmon、Jupiter、Option Ⅱ、Orion、Ralon、Rumpas、Silverado、Starice、Triumph、Whip 360、Whip Super、骠马、威霸。是由德国 Hoechst AG(现拜耳)公司开发的芳氧羧酸类除草剂。精噁唑禾草灵酸(fenoxaprop-P)试验代号　为 Hoe 088406、AE F088406。

化学名称 (*R*)-2-[4-(6-氯-苯并噁唑-2-基氧基)苯氧基]丙酸乙酯，ethyl(*R*)-2-[4-(6-chloro-benzoxazol-2-yloxy)phenoxy] propionate。

理化性质

(1) 精噁唑禾草灵 原药外观为米色至棕色无定形的固体，纯度88%，略带芳香气味。纯品为白色无味固体，时相对密度1.3 (20℃)，熔点89~91℃。蒸气压5.3×10^{-4}mPa(20℃)。分配系数$K_{ow}\lg P=4.58$。Henry常数2.74×10^{-4}Pa·m³/mol(计算值)。水中溶解度0.7mg/L(pH 5.8,20℃)。其他溶剂中溶解度(20℃,g/L)：丙酮、甲苯、乙酸乙酯>200，甲醇43。50℃储藏90d稳定，见光不分解。水解DT_{50}(25℃)：2.8d(pH 4)，19.2d(pH 5)，23.2d(pH 7)，0.6d(pH 9)。

(2) 精噁唑禾草灵酸 浅色，弱辛辣，细粉末状物。熔点155~161℃，蒸气压3.5×10^{-2}mPa，$K_{ow}\lg P=1.83\sim0.24$(pH 5~9)，Henry常数1.91×10^{-7}Pa·m³/mol(pH 7.0,计算值)。相对密度1.5(20℃)。水中溶解度(20℃,g/L)：0.27(pH 5.1)，61(pH 7.0)。其他溶剂中溶解度(20℃,g/L)：丙酮80，甲苯0.5，乙酸乙酯36，甲醇34。

毒性 急性经口LD_{50}（mg/kg）：大鼠3150~4000，小鼠>5000。大鼠急性经皮LD_{50}>2000mg/kg，大鼠急性吸入LC_{50}(4h)>1.224mg/L空气。NOEL[mg/(kg·d)]：大鼠(90d)0.75(10mg/L)，小鼠1.4(10mg/L)，狗15.9(400mg/L)。ADI(EC)0.01mg/kg[2008]。

生态效应 山齿鹑急性经口LD_{50}>2000mg/kg。鱼LC_{50}(96h,mg/L)：大翻车鱼0.58，虹鳟鱼0.46。水蚤LC_{50}(48h,mg/L)：0.56(pH 8.0~8.4)，2.7(pH 7.7~7.8)。珊藻LC_{50}(72h)>0.51mg/L。蜜蜂LC_{50}(μg/只)：口服>199，接触>200。蚯蚓LC_{50}(14d)>1000mg/kg土。

环境行为

(1) 植物 精噁唑禾草灵经对应的酸水解为6-氯-2,3-二氢苯并噁唑-2-酮。

(2) 土壤/环境 快速代谢成相应的酸；土壤中半衰期DT_{50}1~10d。

制剂 6.9%水乳剂，10%乳油，6.9%浓乳剂。

主要生产商 Bayer CropScience、Cheminova、Sharda、Sundat、安徽丰乐农化有限责任公司、安徽华星化工股份有限公司、江苏省激素研究所股份有限公司、江阴凯江农化有限公司、捷马集团、泰达集团及浙江海正化工股份有限公司等。

作用机理与特点 乙酰辅酶A羧化酶（ACCase）抑制剂。精噁唑禾草灵属选择性、内吸传导型苗后茎叶处理剂。有效成分被茎叶吸收后传导到叶基、节间分生组织、根的生长点，迅速转变成苯氧基的游离酸，抑制脂肪酸生物合成，损坏杂草生长点、分生组织，作用迅速，施药后2~3d内停止生长，5~7d心叶失绿变紫色，分生组织变褐，然后分蘖基部坏死，叶片变紫逐渐枯死。在耐药性作物中分解成无活性的代谢物而解毒。

精噁唑禾草灵(不加解毒剂)应用

(1) 适用作物 大田作物如豆类、花生、油菜、棉花、亚麻、烟草、甜菜、马铃薯、苜蓿属植物、向日葵、巢菜、甘薯，蔬菜如茄子、黄瓜、大蒜、洋葱、胡萝卜、芹菜、甘蓝、花椰菜、香菜、南瓜、菠菜、番茄、芦笋，果园作物如苹果、梨、李、草莓、扁桃、樱桃、柑橘、可可、咖啡、无花果、菠萝、覆盆子、红醋栗、茶、葡萄，以及多种其他作物如各种药用植物、观赏植物、芳香植物、木本植物等。

(2) 防除对象 每亩用3.45~4.14g(a.i.)可防除的杂草有看麦娘、鼠尾看麦娘、草原看麦娘、凤剪股颖、野燕麦、自生燕麦、不实燕麦、被粗伏毛燕麦、具绿毛臂形草、车前状臂形草、阔叶臂形草、褐色蒺藜草、有刺蒺藜草、多指虎尾草、埃及龙爪草、升马唐、芒稷、稗、非洲蟋蟀草、蟋蟀草、大画眉草、弯叶画眉草、智利画眉草、细野黍、野黍、皱纹鸭嘴草、稻李氏禾、多名客千金子、簇生千金子、毛状黍、簇生黍、大黍、稷、秋稷、特克萨斯稷、具刚毛狼尾草、普通早熟禾、狗尾草、大狗尾草、枯死状狗尾草、轮生狗尾草、绿色狗尾草、白绿色粗壮狗尾草、紫绿色粗壮狗尾草、野高粱、种子繁殖的假高粱、轮生花高粱、普通高粱、酸草、芦节状香蒲、自生玉米等。每亩用4.83g(a.i.)可防除的杂草有沼泽生剪股颖、细弱剪股颖、匍茎剪股颖、俯仰马唐、平展马唐、马唐、有缘毛马唐、蓝马唐、止血马唐、大麦、羊齿叶状乱草、金狗尾草、苏丹草、有疏毛雀稗、罗氏草、假高粱等。每亩用 5.52g(a.i.) 可防除的杂草有狗牙根、邵氏雀稗、黑麦属、狼把草、芒属、海滨雀稗等。

（3）应用技术　用于大豆、花生防除禾本科杂草施药时期长，但以早期生长阶段（杂草 3～5 叶期）处理最佳。在单双子叶杂草混生地与防除双子叶杂草的除草剂混用，须经可混性试验确认无拮抗作用，对作物安全，方可混用。适宜的土壤湿度及温度可增进精噁唑禾草灵杀草作用，若极端干旱或遇寒潮低温对杂草和作物生长不利，应推迟到条件改善后施药，霜冻期勿用。一般施药后 3h 便能抗雨淋。

（4）使用方法

① 大豆田　在大豆 2～3 片复叶、禾本科杂草 2 叶期至分蘖 9 期，每亩用 6.9% 精噁唑禾草灵浓乳剂 50～70mL，兑水人工喷雾喷液量每亩 20～30L，拖拉机 7～10L，飞机 1.3～3.3L。用扇形喷头背负式喷雾器均匀喷雾到茎叶，雾滴 0.2～0.3mm，防除一年生禾本科杂草药效显著，对大豆安全。

② 花生田　在花生 2～3 叶期，禾本科杂草 3～5 叶期，每亩用 6.9% 精噁唑禾草灵浓乳剂 45～60mL，人工喷雾喷液量每亩 20～30L，茎叶喷雾处理，对马唐、稗草、牛筋草、狗尾草等一年生禾本科杂草有良好防效，对花生安全。

③ 油菜田　施药时期为油菜 3～6 叶期，一年生禾本科杂草 3～5 叶期。冬油菜每亩用 6.9% 精噁唑禾草灵浓乳剂 40～50mL。春油菜每亩 50～60mL。

④ 棉花田　主要用于防除一年生禾本科杂草，使用剂量为 50～100g(a.i.)/hm²。

⑤ 阔叶蔬菜　6.9% 精噁唑禾草灵浓乳剂已在十字花科蔬菜登记，防除一年生禾本科杂草，每亩推荐用量为 40～50mL，作茎叶喷雾处理。

混用：在大豆田精噁唑禾草灵可以和灭草松、氟磺胺草醚、乳氟禾草灵、三氟羧草醚等除草剂混用，使用时期为大豆苗后禾本科杂草 3～5 叶期、阔叶杂草 2～4 叶期。

精噁唑禾草灵与灭草松混用时对大豆安全性好，每亩用 6.9% 精噁唑禾草灵 50～70mL 或 8.05% 精噁唑禾草灵 40～60mL 加 48% 灭草松水剂 167～200mL 可有效地防除禾本科杂草和苍耳、刺儿菜、大蓟、反枝苋、酸模叶蓼、柳叶刺蓼、藜、苣荬菜、苘麻、豚草、旋花属、狼把草、1～2 叶期的鸭跖草等一年生和多年生阔叶杂草。

精噁唑禾草灵与氟磺胺草醚混用一般安全性较好，在高温或低湿地排水不良、田间长期积水、病虫危害影响大豆生育的条件下，大豆易产生较重触杀性药害，一般 10～15d 恢复，不影响产量，每亩用 6.9% 精噁唑禾草灵浓乳剂 50～70mL 或 8.05% 精噁唑禾草灵乳油 40～60mL 加 25% 氟磺胺草醚水剂 67～100mL 可有效地防除禾本科杂草和苘麻、狼把草、反枝苋、藜、龙葵、苍耳、酸模叶蓼、柳叶刺蓼、香薷、水棘针、苣荬菜等一年生和多年生阔叶杂草。

精噁唑禾草灵与乳氟禾草灵混用，乳氟禾草灵用常量，精噁唑禾草灵用高量，两种药剂混用可防除禾本科杂草和苍耳、苘麻、龙葵、铁苋菜、狼把草、香薷、水棘针、反枝苋、地肤、藜、鸭跖草、酸模叶蓼、柳叶刺蓼、卷茎蓼等阔叶杂草。每亩用 6.9% 精噁唑禾草灵 50～70mL 或 8.05% 精噁唑禾草灵 40～60mL 加 24% 乳氟禾草灵乳油 23～27mL。

精噁唑禾草灵与三氟羧草醚混用表现为三氟羧草醚触杀性药害症状，一般不影响产量。可有效地防除禾本科杂草和龙葵、酸模叶蓼、柳叶刺蓼、卷茎蓼、节蓼、反枝苋、铁苋菜、鸭跖草（3 叶期以前）、水棘针、藜（2 叶期以前）、苘麻、苍耳（2 叶期以前）、香薷、狼把草等一年生阔叶杂草，对多年生阔叶杂草有抑制作用。每亩用 6.9% 精噁唑禾草灵 50～70mL 或 8.05% 精噁唑禾草灵 40～60mL 加 21.4% 三氟羧草醚水剂 67～80mL。

精噁唑禾草灵与灭草松、氟磺胺草醚、乳氟禾草灵、三氟羧草醚等混用，在水分、相对湿度较好时用低剂量，在干旱条件下用高剂量。

精噁唑禾草灵与另外两种防阔叶杂草的除草剂三元混用，不仅可以扩大杀草谱、药效好，而且对大豆安全。6.9% 精噁唑禾草灵每亩 40～50mL 或 8.05% 精噁唑禾草灵 30～40mL 加 48% 异噁草酮 50mL 加 25% 氟磺胺草醚 40～50mL 或 48% 灭草松 100mL 或 24% 乳氟禾草灵 17mL 或 21.4% 三氟羧草醚 40～50mL。6.9% 精噁唑禾草灵每亩 50～70mL 或 8.05% 精噁唑禾草灵 40～

50mL 加 24%乳氟禾草灵 17mL 加 25%氟磺胺草醚 40~50mL 或 48%灭草松 100mL 或 44%克萎灵 133mL。

应用

精噁唑禾草灵（加解毒剂）：

（1）适用作物　小麦。

（2）防除对象　看麦娘、野燕麦、硬草、日本看麦娘、稗草、狗尾草、网草等恶性禾本科杂草。

（3）应用技术　可与多种防阔叶杂草除草剂混用，如苯磺隆、噻吩磺隆、2,4-滴丁酯、酰嘧磺隆、异丙隆、溴苯腈等。不能与灭草松、麦草畏、激素类盐制剂（如 2 甲 4 氯钠盐）等混用。施药应选早晚风小时进行，晴天上午 8 时至下午 5 时、空气相对湿度低于 65%、气温高于 28℃、风速 4m/s 以上时应停止施药。在干旱条件下用高剂量，水分适宜杂草小时用低剂量。喷液量每亩人工 30~50L，拖拉机 7~10L，飞机 2~3L。

（4）使用方法　冬小麦田防除看麦娘等一年生禾本科杂草于看麦娘 3 叶期至分蘖期，每亩用 6.9%精噁唑禾草灵（加解毒剂）水乳剂 45~55mL，或 10%精噁唑禾草灵（加解毒剂）30~40mL，加水 300~600L，茎叶喷雾处理 1 次。春小麦防除野燕麦为主的禾本科杂草，于春小麦 3 叶期至拔节前，每亩用 6.9%精噁唑禾草灵（加解毒剂）水乳剂 40.7~58mL 作茎叶喷雾处理。或用 10%精噁唑禾草灵（加解毒剂）乳油 30~40mL 于春小麦 3~5 叶期作茎叶喷雾处理，其药效与 6.9%精噁唑禾草灵（加解毒剂）水乳剂相近，对小麦安全。

混用　冬小麦田防除看麦娘及阔叶杂草，每亩用 6.9%精噁唑禾草灵（加解毒剂）水乳剂 45~55mL 或 10%精噁唑禾草灵（加解毒剂）乳油 30~40mL 加 75%异丙隆 80~100g（冬季）或 100~150g（春季）。6.9%精噁唑禾草灵（加解毒剂）水乳剂每亩用 45~55mL 或 10%精噁唑禾草灵（加解毒剂）乳油每亩用 30~40mL 加 75%苯磺隆 1~1.7g 或 50%酰嘧磺隆水分散粒剂 3~4g。春小麦防除野燕麦及阔叶杂草，每亩用 6.9%精噁唑禾草灵（加解毒剂）水乳剂 50~70mL 或 10%精噁唑禾草灵（加解毒剂）乳油 35~45mL 加 22.5%溴苯腈乳油 133mL 或 72%2,4-滴丁酯 50mL。6.9%精噁唑禾草灵（加解毒剂）水乳剂每亩用 50~70mL 或 10%精噁唑禾草灵（加解毒剂）乳油每亩 35~45mL 加 75%噻吩磺隆（或苯磺隆）1~1.2g 或 75%苯磺隆 0.5~0.6g 加 75%噻吩磺隆 0.5~0.6g 或 50%酰嘧磺隆水分散粒剂 3.5~4g。

专利与登记　专利 BE873844 早已过专利期，不存在专利权问题。国内登记情况：6.9%、7.5%、69g/L 水乳剂，10%、80.5g/L、100g/L 乳油，登记作物为冬小麦、春小麦、花生、大豆等，可防除看麦娘、野燕麦等禾本科杂草。德国拜耳作物科学公司在中国登记情况见表 115。

表 115　德国拜耳作物科学公司在中国登记情况

登记名称	登记证号	含量	剂型	登记作物	防治对象	用药量/（g/hm²）	施用方法
精噁唑禾草灵	PD20070158	100g/L	乳油	春小麦	一年生禾本科杂草	60~75	茎叶喷雾
				冬小麦	一年生禾本科杂草	45~75	茎叶喷雾
精噁唑禾草灵	PD20070161	92%	原药				

合成方法　精噁唑禾草灵的合成方法主要有下列三种：

中间体 2,6-二氯苯并噁唑的合成：

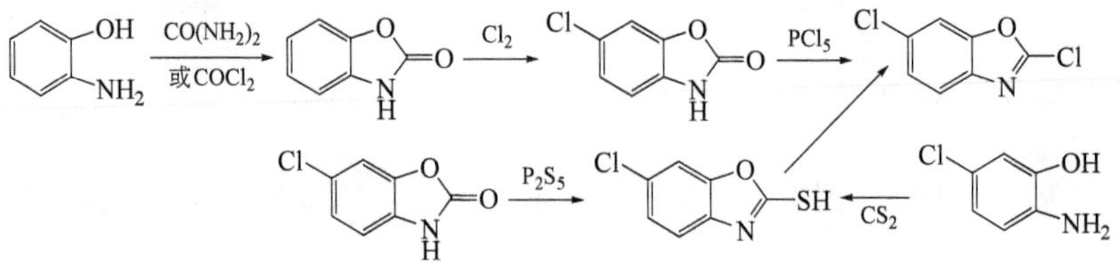

参考文献

[1] Proc Br Crop Prot Conf：Weeds, 1989, 2：717.
[2] 李文. 农药, 2008, 10：718-719.

精喹禾灵 quizalofop-P-ethyl

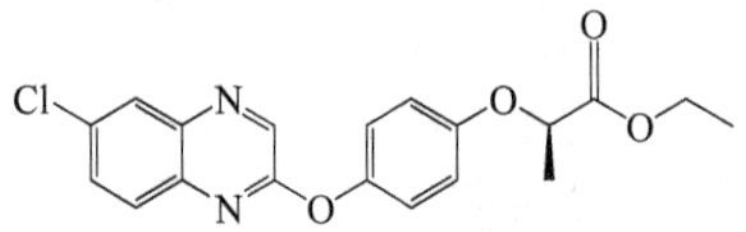

$C_{19}H_{17}ClN_2O_4$，372.8，100646-51-3，94051-08-8(酸)

精喹禾灵（quizalofop-P-ethyl），试验代号　DPX-79376、D(＋)NC-302。商品名称　Assure II、CoPilot、Leopard、Mostar、Pilot D、Pilot Super、Targa D＋、Targa Super。其他名称 Briton、Etamine、Formula Super、Gaicaoling、HerbanLPU、Matador、Nervure Super、Omega、Sceptre、Sheriff、Sorti、Targa Prestige、精禾草克。是由日本日产化学工业公司开发的芳氧基苯氧羧酸类除草剂。喹禾灵（quizalofop-ethyl），试验代号　NCI-96683、NC-302、FBC-32 197、DPX-Y6202、EXP3864。商品名称　Targa、Spectrum。

化学名称　（R）-2-[4-(6-氯喹喔啉-2-基氧)苯氧基]丙酸乙酯。ethyl(R)-2-[4-(6-chloroquinoxalin-2-yloxy)phenoxy]propionate。

理化性质

（1）喹禾灵　无色晶体，熔点 91.7~92.1℃，沸点 220℃（0.2mmHg），蒸气压 8.65×10^{-4} mPa(20℃)，$K_{ow}\lg P = 4.28$(23℃±1℃,蒸馏水)，Henry 常数 1.07×10^{-3} Pa·m³/mol(20℃)。相对密度 1.35(20℃)。水中溶解度 0.3mg/L(20℃)，其他溶剂中溶解度(20℃,g/L)：苯 290，二甲苯 120，丙酮 111，乙醇 9，正己烷 2.6。在 50℃稳定 90d，在有机溶剂中 40℃稳定 90d。见光不稳定(DT$_{50}$ 10~30d)。在 pH 3~7 稳定。

（2）精喹禾灵　纯品为白色无味结晶固体，熔点 76.1~77.1℃，相对密度 1.36，沸点 220℃(26.6Pa)。蒸气压 1.1×10^{-4} mPa(20℃)。分配系数 $K_{ow}\lg P = 4.61$(23℃±1℃)。Henry 常数 6.7×10^{-5} Pa·m³/mol(计算值)。水中溶解度 0.61mg/L(20℃)，其他溶剂中溶解度(g/L)：丙酮、乙酸乙酯、二甲苯＞250，1,2-二氯乙烷＞1000(22~23℃)，甲醇 34.87，正庚烷 7.168(20℃)。精喹禾灵在高温和有机溶剂中稳定。在中性和酸性条件下稳定。在碱性条件下不稳定，在 pH 9 缓冲溶液中 DT$_{50}$＜1d。在有机溶剂和高温下稳定。20℃旋光度为＋35.9°。

毒性

（1）喹禾灵　急性经口 LD$_{50}$（mg/kg）：雄大鼠 1670，雌大鼠 1480，雄小鼠 2360，雌小鼠 2350。大小鼠急性经皮 LD$_{50}$＞5000mg/kg。对兔眼和皮肤无刺激，对豚鼠皮肤无致敏性。大鼠吸入 LC$_{50}$(4h)5.8mg/L。NOEL[mg/(kg·d)]：大鼠(104 周)0.9，小鼠(78 周)1.55，狗(52 周)13.4。ADI(BfR)0.01mg/kg[2003]，(EPA)cRfD 0.009mg/kg[1988]。对大鼠和兔无致突变和致畸性。

（2）精喹禾灵　急性经口 LD_{50}（mg/kg）：雄小鼠 1753，雌小鼠 1805。大鼠 NOEL（90d）7.7mg/(kg·d)。ADI(EC)0.009mg/kg[2008]。

生态效应

（1）喹禾灵　野鸭和山齿鹑急性经口 LD_{50}＞2000mg/kg。鱼 LC_{50}（96h，mg/L）：虹鳟鱼 10.7，大翻车鱼 2.8。水蚤 LC_{50}（96h）2.1mg/L，绿藻 EC_{50}（96h）＞3.2mg/L，蜜蜂 LD_{50}（接触）＞50μg/只。

（2）精喹禾灵　野鸭和山齿鹑急性经口 LD_{50}＞2000mg/kg，虹鳟鱼 LC_{50}（96h）＞0.5mg/L。水蚤 LC_{50}（48h）0.29mg/L，蚯蚓 LC_{50}＞1000mg/kg。

环境行为

（1）喹禾灵　①动物：哺乳动物经口后，母体化合物会迅速代谢，几乎所有的施用剂量主要通过尿在 3d 内排出体外。②植物：在阔叶植物中的吸收和流动均有限，大多数母体化合物停留在叶子上。在处理过的叶子上主要是没有变化的母体化合物。③土壤/环境：在土壤中会快速降解为喹禾灵酸，DT_{50}＜1d。

（2）精喹禾灵　①动物：降解过程与喹禾灵一致。②植物：降解过程与喹禾灵一致。③土壤/环境：在土壤中，快速降解为相应的酸，半衰期 DT_{50}≤1d。

制剂　10.8% 水乳剂，5%、8.8%、10%、15%、50g/L 乳油，20% 水分散粒剂。

主要生产商　AGROFINA、Nissan、Sharda、安徽丰乐农化有限责任公司、安徽华星化工股份有限公司、湖北砂隆达农业科技有限公司、济南健丰化工有限公司、江苏丰山集团有限公司、江苏长青农化股份有限公司、江苏瑞东农药有限公司、江苏省激素研究所股份有限公司、江苏腾龙集团、南通江山农药化工股份有限公司、青岛瀚生生物科技股份有限公司、山东京博控股股份有限公司、泰达集团及浙江海正化工股份有限公司等。

作用机理与特点　乙酰辅酶 A 羧化酶（ACCase）抑制剂。通过杂草茎叶吸收，在植物体内向上和向下双向传导，积累至顶端及中间分生组织，抑制细胞脂肪酸合成，使杂草坏死。精喹禾灵是一种高选择性的旱田茎叶处理剂，在禾本科杂草和双子叶作物间有高度的选择性，对阔叶作物田的禾本科杂草有很好的防效。精喹禾灵与喹禾灵相比，提高了被植物吸收的速度和在植株内的移动性，所以作用速度更快，药效更加稳定，不易受雨水、气温及湿度等环境条件的影响。

应用

（1）适用作物与安全性　大豆、甜菜、油菜、棉花、花生、马铃薯、亚麻、豌豆、蚕豆、烟草、西瓜、向日葵、阔叶蔬菜等多种作物及果树、林业苗圃、幼林、苜蓿等。精喹禾灵在土壤中降解半衰期在 1d 之内，降解速度快，主要以微生物降解为主。精喹禾灵药效较喹禾灵提高了近一倍，亩用量减少，对环境更加安全。

（2）防除对象　主要用于防除一年生和多年生禾本科杂草如野燕麦、稗草、狗尾草、金狗尾草、马唐、野黍、牛筋草、看麦娘、画眉草、千金子、雀麦、大麦属、多花黑麦草、毒麦、稷属、早熟禾、双穗雀稗、狗牙根、白茅、匍匐冰草、芦苇等。

（3）应用技术　①施药时期为阔叶作物苗后，禾本科杂草 3～5 叶期。②杂草叶龄小、生长茂盛、水分条件好时用低剂量，杂草叶龄大及在干旱条件下用高剂量。③土壤水分、空气相对湿度较高时，有利于杂草对精喹禾灵的吸收和传导。长期干旱无雨、低温和空气相对湿度低于 65% 时不宜施药。一般选早晚施药，上午 10 时至下午 3 时不应施药。施药前应注意天气预报，施药后 2h 内应无雨。长期干旱和近期有雨，待雨后田间土壤水分和湿度改善后再施药或有灌水条件的在灌水后再施药。虽然施药时间拖后，但药效比雨前或灌水前施药好。

（4）使用方法　阔叶作物苗后茎叶处理。防除一年生禾本科杂草每亩用 5% 精喹禾灵 50～70mL，防除金狗尾草、野黍每亩用 60～70mL，防除多年生芦苇等杂草每亩用 100～133mL。

为降低成本、扩大杀草谱，在大豆苗后精喹禾灵可与灭草松、三氟羧草醚、氟磺胺草醚等混用。混用不但对一年生禾本科和阔叶杂草有效，而且对多年生阔叶杂草如问荆、苣荬菜、刺儿菜、大蓟等亦有效。特别是在不良环境条件下，大豆生长发育不良时混剂对大豆仍有好的安全性。精喹禾灵与防阔叶杂草除草剂混用最好在大豆苗后 2 片复叶期、杂草 2～4 叶期施药，防除鸭跖草需在 3 叶期前施药。混用配方如下：

5％精喹禾灵每亩　50～70mL 加 48％灭草松水剂 160～200mL（或 21.4％三氟羧草醚水剂 70～100mL 或 25％氟磺胺草醚水剂 70～100mL）。

5％精喹禾灵每亩　40mL 加 48％异噁草酮乳油 50mL 加 24％乳氟禾草灵乳油 17mL（或 21.4％三氟羧草醚水剂 40～50mL 或 48％灭草松水剂 100mL）。

5％精喹禾灵每亩 50～70mL 加 48％灭草松水剂 100mL 加 25％氟磺胺草醚水剂 40～50mL。

专利与登记　专利 US4565782 早已过专利期，不存在专利权问题。国内登记情况：10.8％水乳剂，5％、8.8％、10％、15％、50g/L 乳油，20％水分散粒剂，95％原药；登记作物为大豆、油菜、棉花、花生等；可防除一年生禾本科杂草。日本日产化学工业株式会社在中国登记情况见表 116。

表 116　日本日产化学工业株式会社在中国登记情况

登记名称	登记证号	含量	剂型	登记作物	防治对象	用药量/(g/hm²)	施用方法
精喹禾灵	PD205-95	50g/L	乳油	棉花	一年生禾本科杂草	37.5～60	喷雾
				花生		37.5～60	
				油菜		37.5～60	
				芝麻		37.5～45	
				大白菜		30～45	
				大豆		37.5～60	
				西瓜		30～45	

合成方法　精喹禾灵主要的合成如下：

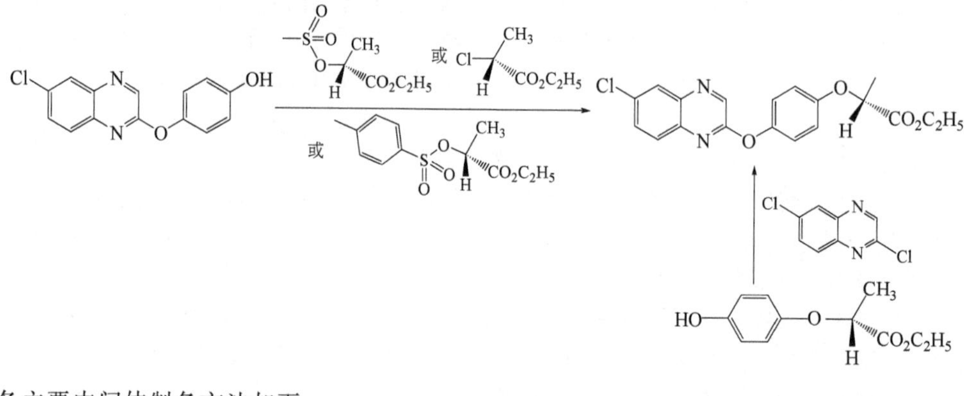

各主要中间体制备方法如下：

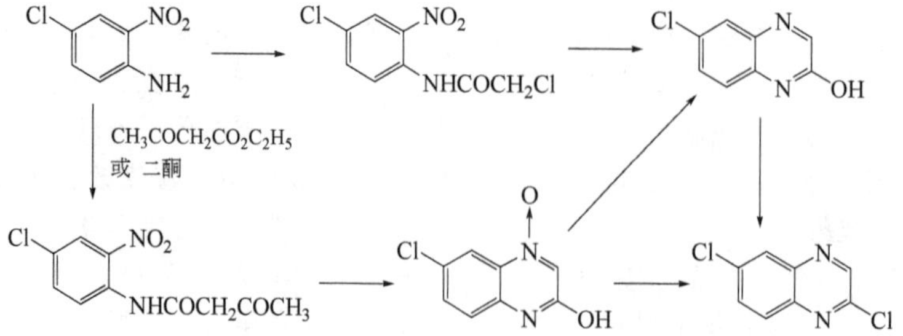

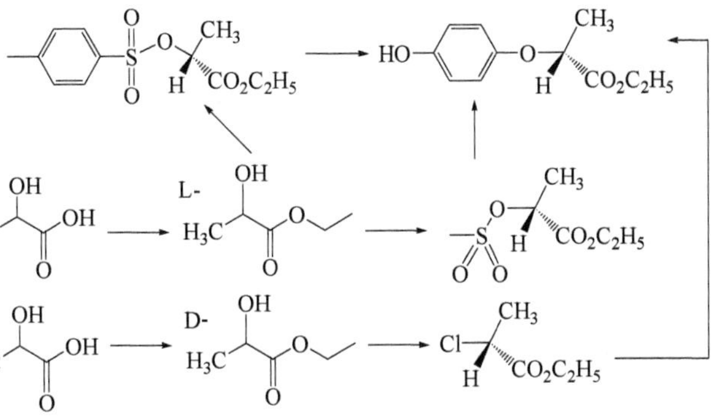

参考文献

[1] 日本农药学会志，1985，10（1）：69-73.
[2] 周康伦，等．农药，2011，6：402-403.

井冈霉素 jinggangmycin

　　井冈霉素(jinggangmycin)是由我国上海农药研究所研制开发的水溶性抗生素-葡萄糖甙类杀菌剂。

　　组成　井冈霉素的化学结构与有效霉素（validamycin）基本一致，有效霉素有效成分仅一种；而井冈霉素为多组分抗生素，共有 A、B、C、D、E 等 6 个组分，其中，A 和 B 的比例较大，产品的主要活性物质为井冈霉素 A 和井冈霉素 B。

　　理化性质　纯品为无色、无味，易吸湿性固体，熔点 130～135℃（分解）。蒸气压：室温下可忽略不计。溶解度：易溶于水，溶于甲醇、二甲基甲酰胺和二甲基亚砜，微溶于乙醇和丙酮，难溶于乙醚和乙酸乙酯。在 pH 值 4～5 时较稳定，在 0.2mol/L 硫酸中 105℃，10h 分解，能被多种微生物分解失活。

　　毒性　大小鼠急性经口 LD_{50} 均大于 2000mg/kg，皮下注射 LD_{50} 均大于 1500mg/kg。5000mg/kg 涂抹大鼠皮肤无中毒反应。对鱼类低毒，鲤鱼 LC_{50}（96h）＞40mg/L。

　　制剂　3％、5％水剂，2％、3％、4％、5％、12％、15％、17％可溶性粉剂，0.33％粉剂，2％可湿性粉剂。

　　主要生产商　浙江省桐庐汇丰生物科技有限公司。

　　作用机理与特点　具有很强的内吸杀菌作用，主要干扰和抑制菌体细胞正常生长，并导致死亡。是防治水稻纹枯病的特效药，50mg/L 浓度的防效可达 90％以上，特效期可达 20d 左右。在水稻任何生育期使用都不会引起药害。

　　应用

　　(1) 适宜作物　水稻、麦类、蔬菜、人参、玉米、豆类、棉花和瓜类等。

　　(2) 防治对象　水稻纹枯病和稻曲病；麦类纹枯病；棉花、人参、豆类和瓜类立枯病；玉米大斑病、小斑病。

　　(3) 使用方法

　　① 水稻在水稻孕穗到始穗期，以 50mg/L 有效浓度对稻株中、下部着重喷雾，间隔 10～15d 喷药 1 次，共喷两次，可防治水稻纹枯病。一般喷药后 4h 遇雨，基本不影响药效。

　　② 棉花、蔬菜、人参等用 5％井冈霉素水剂 500～1000 倍液浇灌，可防治棉花、蔬菜、人参等的立枯病。

　　③ 玉米以 50mg/L 有效浓度均匀喷雾，可防治玉米大斑病、小斑病。

　　④ 麦类采用拌种法。取 5％水剂 600～800mL，兑少量的水，用喷雾器均匀喷在 100kg 麦种上，边喷边搅拌，拌完堆闷数小时后播种，可防治麦类纹枯病。

(4) 注意事项

① 可与除碱以外的多种农药混用。

② 属抗菌素类农药,应存放在阴凉干燥处,并注意防腐、防霉、防热。

③ 粉剂在晴朗天气可早、晚两头趁露水未干时喷施,夜间喷施效果尤佳,阴雨天可全天喷施,风力大于 3 级时不宜喷粉。

④ 存放于阴凉、干燥的仓库中,并注意防霉、防热、防冻。

⑤ 保质期 2 年,保质期内粉剂如有吸潮结块现象,溶解后不影响药效。

登记情况　国内登记了 3%、5%、10%、20%可溶性粉剂,3%、5%、10%水剂。登记作物均为水稻,防治病害为纹枯病。

参考文献

[1] 汤少云. 湖北植保, 2010, 4: 47-48.

[2] 林志楷. 亚热带植物科学, 2013, 3: 279-282.

久效磷 monocrotophos

$C_7H_{14}NO_5P$, 223.2, 6923-22-4, 919-44-8(Z), 2157-98-4[(E)+(Z)混合物]

久效磷(monocrotophos),试验代号　C1414、SD9129、OMS834、ENT27129。商品名称 Agrodrin、Aimocron、Croton、Devimono、Hilcron、Monitor、Monocrown、Monodhan、Mono-drin、Monostar、Pilardrin、铃杀、纽瓦克、亚素灵。是由 Ciba AG 和 Shell Chemical Co.(现 BASF)开发的有机磷类杀虫剂。

化学名称　(E)-2-(甲基氨基甲酰基)-1-甲基乙烯基磷酸二甲酯,dimethyl(E)-1-methyl-2-(methylcarbamoyl)vinyl phosphate 或 3-dimethoxyphosphinoyloxy-N-methylisocrotonamide。

理化性质　工业级含量≥75%,纯品含量为无色,吸湿晶体(工业品是深棕色半固态),熔点 54~55℃(工业品 25~35℃)。蒸气压 $2.9×10^{-1}$ mPa(20℃),$9.8×10^{-1}$ mPa(单独研究)。相对密度 1.22(20℃)。$K_{ow}lgP=-0.22$(计算值)。溶解度(20℃):水中 100%溶解,甲醇 100%,丙酮 70%,正辛醇 25%,甲苯 6%,难溶于煤油和柴油。在大于 38℃时分解,大于 55℃,发生热分解反应,20℃水解,DT_{50}:96d(pH 5)、66d(pH 7)、17d(pH 9),在短链醇溶剂中不稳定。遇惰性材料分解(进行色谱分析时应注意)。

毒性　大鼠急性经口 LD_{50}(mg/kg):雄 18,雌 20。急性经皮 LD_{50}(mg/kg):兔 130~250,雄大鼠 126,雌大鼠 112。对兔眼睛和皮肤无刺激。大鼠吸入 LC_{50}(4h)0.08mg/L 空气。NOEL 值(2y,mg/kg 饲料):大鼠 0.5[0.025mg/(kg·d)],狗 0.5[0.0125mg/(kg·d)]。ADI(JMPR) 0.0006mg/kg[1995]。

生态效应　鸟类急性经口 LD_{50}(14d,mg/kg):野鸭 4.8,雄日本鹌鹑 3.7,雄山齿鹑 0.94,鸡 6.7,雏野鸡 2.8,鹧鸪 6.5,鸽子 2.8,麻雀 1.5。鱼毒 LC_{50}(mg/L):(48h)虹鳟鱼 7;(24h)虹鳟鱼 12,大翻车鱼 23。水蚤 LC_{50}(24h)0.24μg/L。其他水生物 LC_{50}(96h,mg/L):钩虾鲀 0.3,沼虾 1.9,美洲牡蛎>1。对蜜蜂有较高毒性,LD_{50}(mg/只):经口 0.028~0.033,接触 0.025~0.35。

环境行为　在植物、动物或是土壤中的新陈代谢详见 Beynon,K I 的 *Residue Rev*(1973,47:55)。哺乳动物经口摄入以后,其中 60%~65%会在 24h 内主要以尿液的方式排出体外。在土壤中快速地降解,DT_{50}(实验室)1~5d。

制剂 40%、50%乳油，20%、40%、50%、60%水剂，5%颗粒剂。

主要生产商 ACA、Agro Chemicals India、Coromandel、Crystal、Gujarat Pesticides、India Pesticides、Makhteshim-Agan、Nagarjuna Agrichem、Ralchem、Sabero、Sharda、Taiwan Tainan Giant、United Phosphorus Hindustan、功力化学工业股份有限公司、惠光股份有限公司及南通江山农药化工股份有限公司等。

作用机理与特点 久效磷是一种高效内吸性有机磷杀虫剂、杀螨剂，具有很强的触杀和胃毒作用。杀虫谱广，速效性好，残留期长，能快速穿透植物组织，对刺吸、咀嚼和蛀食性的多种害虫有效。作用机制为抑制昆虫体内的乙酰胆碱酯酶。久效磷还有一定的杀卵作用。

应用

（1）适用作物 棉花、水稻、大豆、森林等。

（2）防治对象 对刺吸式、咀嚼式口器和蛀食性多种作物害虫均有高效。对已产生抗药性的蚜、螨药效尤为突出。可防治棉花上的蚜虫、红蜘蛛、棉铃虫、红铃虫、造桥虫、斜纹夜蛾、棉叶蝉、盲蝽象、小地老虎，水稻的螟虫、纵卷叶螟、稻飞虱、叶蝉、稻蓟马、稻苞虫、稻螟蛉、蚜虫及麦、油菜、玉米、豆类、茄、烟草、果树、森林等作物害虫。

（3）残留量与安全施药 国家或联合国粮农组织（FAO）和世界卫生组织（WHO）对久效磷农药在食品中最高残留限量（MRL）为：糙米 0.05mg/kg，棉籽油 0.05mg/kg，蛋（去壳）、羊、猪、家禽肉和内脏 0.02mg/kg，奶制品 0.02mg/kg，大豆、土豆、甜菜、萝卜 0.05mg/kg，咖啡豆、棉籽、洋葱、胡萝卜、玉米粒 0.1mg/kg，菜花、柑橘类 0.2mg/kg，苹果、啤酒花、豌豆、蚕豆、洋白菜 1mg/kg。

（4）应用技术 防治螨类和刺吸性害虫的剂量为 250～500g/hm²；防治鳞翅目幼虫的剂量为 500～1000g/hm²，持效期为 1～2 周。在寒冷地区，久效磷对某些品种的苹果（Golden Delicious 和 Ananas Reinete）、李子、桃和高粱产生药害。

（5）使用方法

① 棉花害虫的防治 棉铃虫主要防治棉田二、三代幼虫，在卵孵盛期，每亩用 40%乳油 50～80mL，兑水 75kg，均匀喷雾。棉蚜每亩用 40%乳油 25～37.5mL，兑水 40～60kg，对叶背均匀喷雾，也可用药液涂茎法，即用 40%乳油 0.5～1kg，兑水 40kg，用棉球捆在筷子的一端，蘸药液涂在棉苗茎的红绿交界处，药带宽约 1～2cm。棉红蜘蛛防治药量及喷雾方法同棉蚜。棉红铃虫防治适用期为各代发蛾及产卵盛期，用药量和使用方法同棉铃虫。

② 水稻害虫的防治 二化螟在蚁螟孵化高峰前后 3d 施药，每亩用 40%乳油 50～100mL，兑水 50～75kg 喷雾。三化螟在孵化高峰前 1～2d 施药，用药量和使用方法同二化螟。稻纵卷叶螟在幼虫 1～2 龄高峰期，每亩用 40%乳油 40～60mL，兑水 60～75kg 喷雾，稻飞虱、稻叶蝉在 2～3 龄若虫盛发期施药。每亩用 40%乳油 50mL，兑水 100kg 喷雾。稻蓟马在若虫盛孵期防治，每亩用 40%乳油 30～60mL，兑水 60～75kg 喷雾。

③ 大豆害虫的防治 大豆食心虫在成虫盛发期到幼虫入荚前防治。每亩用 40%乳油 60～80mL，兑水 60～80kg 均匀喷雾。豆荚螟在大豆结荚期间成虫盛发期或卵孵化盛期前防治，用药量和使用方法同大豆食心虫。

④ 森林害虫的防治 防治松树介壳虫、松毛虫，春、秋两季用久效磷原液，夏季稀释 1～5 倍涂松树干或打孔注入，效果良好。

（6）注意事项 ①不能与碱性农药混用，食用作物收获前 10d 停止用药。②此药对高粱易产生药害，使用时要慎重。③本品对蜜蜂有毒，应避免在开花期用药。④施药时应穿戴防护面具，禁止饮食和吸烟。药液溅到皮肤上应立即用清水和肥皂清洗。如误服应引吐，并送医院治疗。解毒剂为阿托品或解磷啶，或两种解毒剂合并进行治疗。

专利概况 专利 BE552284、GB829576 均早已过专利期，不存在专利权问题。

合成方法 经如下反应制得久效磷：

参考文献

[1] 于昌和. 丹东化工，1995，4：13-14.

久效威 thiofanox

$C_9H_{18}N_2O_2S$，218.3，39196-18-4

久效威（thiofanox），试验代号　DS15647。商品名称　虫螨肟、Benelux、Dacamox。是 R. L. Schauer 报道其活性，由 Diamond Shamroch Chemical Co.（现属 Bayer CropScience）开发。

化学名称　(*EZ*)-1-(2,2-二甲基-1-甲硫基甲基亚丙基氨基氧)-*N*-甲基甲酰胺，(*EZ*)-3,3-dimethyl-1-methylthiobutanone *O*-methylcarbamoyloxime 或 (*EZ*)-1-(2,2-dimethyl-1-methylthiomethylpropylideneaminooxy)-*N*-methylformamide。

理化性质　本品为无色固体，有刺激味。熔点 56.5～57.5℃。蒸气压 22.6mPa(25℃)。水中溶解度(22℃)5.2g/L，易溶于氯化物和芳香烃、酮类和非极性溶剂，微溶于脂肪烃。在正常温度下储藏稳定，在 pH 5～9(<30℃)时适当水解，强酸和碱性条件下分解。

毒性　大鼠急性经口 LD_{50} 为 8.5mg/kg。兔急性经皮 LD_{50} 为 39mg/kg。大鼠和猎犬 90d 饲喂试验的无作用剂量分别为 1.0mg/(kg·d)、4.0mg/(kg·d)，胆碱酯酶抑制作用临床症状持续 3～4h。大鼠摄食 100mg/kg，对体重增加无影响。

生态效应　鸟类急性经口 LD_{50}(mg/kg)：野鸭 109，鹌鹑 43。鱼毒 LC_{50}(96h,mg/L)：虹鳟鱼 0.13，大翻车鱼 0.33。直接应用对蜜蜂无毒。

环境行为

(1) 动物　氨基甲酸盐类杀虫剂的代谢情况已有综述文献。

(2) 植物　植物中的代谢情况与土壤中相同。药物经根部吸收后药效持效期至少为 8 周。

(3) 土壤/环境　土壤中甲硫基迅速氧化成亚砜和砜基，水溶性的代谢物进一步降解。

制剂　Dacamox　颗粒剂[50g(a.i.)/kg、100g(a.i.)/kg、150g(a.i.)/kg]；Dacamox ST，种子处理剂(429g/L)。

主要生产商　ISK Biotech 及 Bayer CropScience 等。

作用机理与特点　胆碱酯酶抑制剂，内吸性杀虫剂和杀螨剂。

应用

(1) 适用作物　棉花、马铃薯、花生、油菜、甜菜、水稻、谷类作物、烟草及观赏植物等。

(2) 防治对象　多种食叶害虫和螨类。

(3) 使用方法　防治豆类叶蝉、蓟马、红蜘蛛等，每亩用 5% 颗粒剂 1.4～2.6kg 沟施；防治花生蓟马、马铃薯蚜虫、叶蝉、叶甲，每亩用 5% 颗粒剂 1.5～4.0kg 沟施。在我国推荐使用情况如下：内吸性杀虫和杀螨剂。当用作土壤或种子处理剂时，能防治食叶和土壤害虫。以 0.4～1.0kg(a.i.)/hm² 施到甜菜上，可防治甜菜蛾、甜菜隐食甲、甜菜跳甲、桃蚜和甜菜泉蝇；以 1～3kg(a.i.)/hm² 施用到马铃薯上，可防治蚕豆微叶蝉、茄跳甲属、马铃薯叶甲和长管蚜属。

专利概况 专利 GB1573955、DE2717040 均早已过专利期，不存在专利权问题。

合成方法 可按如下方法合成：

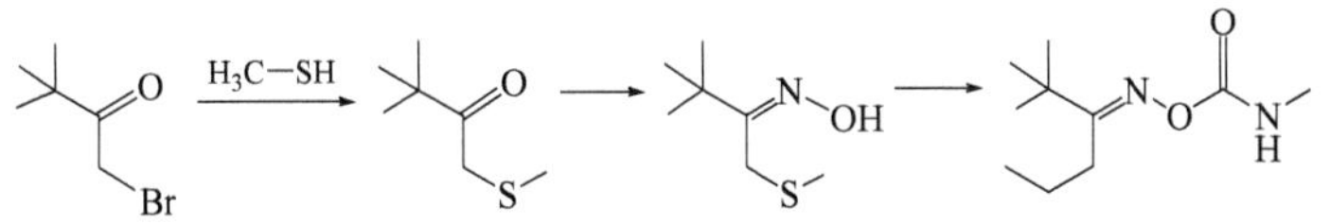

参考文献

[1] J Agric Food Chem，1977，25：1376.
[2] J Agric Food Chem，1975，23：963.

菌核净 dimethachlon

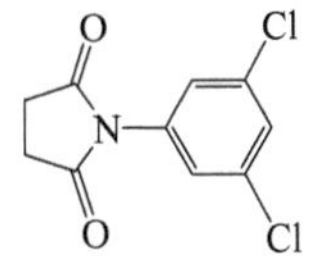

$C_{10}H_7Cl_2NO_2$，244.1，24096-53-5

菌核净(dimethachlon)，试验代号 S-47127。商品名称 Ohric。是由住友化学开发的酰亚胺类杀菌剂。

化学名称 N-3,5-二氯苯基丁二酰亚胺。N-(3,5-dichlorophenyl) succinimide 或 N-(3,5-dichlorophenyl) maleinimide.

理化性质 纯品为白色鳞片状结晶，熔点 137.5～139℃。易溶于丙酮、四氢呋喃、二甲基亚砜等有机溶剂，可溶于甲醇、乙醇，难溶于正己烷、石油醚，几乎不溶于水。原粉为淡棕色固体，常温下储存有效成分含量变化不大。遇酸较稳定，遇碱和日光照射易分解，应储存于遮光阴凉的地方。

毒性 急性经口 LD_{50}（mg/kg）：雄性大鼠 1688～2552，雄性小鼠 1061～1551，雌性小鼠 800～1321。大鼠急性经皮 LD_{50}＞5000mg/kg。大鼠经口无作用剂量为 40mg/(kg·d)。鲤鱼 LC_{50}（48h）为 55mg/L。

制剂 40%可湿性粉剂。

主要生产商 湖北楚盛威化工有限公司及上海谱振生物科技有限公司等。

应用

（1）适宜作物 油菜、烟草、水稻、麦类等。

（2）防治对象 油菜菌核病、烟草赤腥病、水稻纹枯病、麦类赤霉病、白粉病，也可用于工业防腐等。

（3）使用方法 ①防治油菜菌核病：每亩用 40%可湿性粉剂 100～150g，加水 75～100kg。在油菜盛花期第 1 次用药，隔 7～10d 再以相同剂量处理 1 次，喷于植株中下部。②防治烟草赤腥病：每亩用 40%可湿性粉剂 187.5～337.5g，于烟草发病时喷药，每隔 7～10d 喷药 1 次。③防治水稻纹枯病：每次每亩用 40%可湿性粉剂 200～250g，兑水 100kg，于发病初期开始喷药，每次间隔 1～2 周，共防治 2～3 次。

专利与登记 专利 DE1812206 早已过专利期，不存在专利权问题。国内登记情况：40%可湿性粉剂，96%原药；登记作物为烟草、油菜、水稻等；防治对象为赤星病、菌核病、纹枯病等。

合成方法 3,5-二氯苯胺和丁二酸酐缩合后脱水即得目的物，反应式如下：

参考文献

参考文献

参考文献

[1] Agr Biol Chem, 1972, 2: 318.

糠菌唑 bromuconazole

$C_{13}H_{12}BrCl_2N_3O$，377.1，116255-48-2

糠菌唑(bromuconazole)，试验代号　LS860263、LS850646、LS850647。商品名称　Granit、Vectra。其他名称　Fongral、Soleil。是拜耳公司开发的三唑类杀菌剂。

化学名称　有两个异构体，分别为 LS850646 和 LS850647，(2RS,4RS：2RS,4SR)比例为54：46。1-[(2RS,4RS；2RS,4SR)-4-溴-2-(2,4-二氯苯基) 四氢呋喃-2-基] -1H-1,2,4-三唑，1-[(2RS,4RS；2RS,4SR)-4-bromo-2-(2,4-dichlorophenyl) tetrahydrofurfuryl] -1H-1,2,4-triazole。

理化性质　原药纯度≥96%。纯品为白色粉状固体，熔点 84℃。蒸气压：LS850646 0.3×10^{-2} mPa，LS850647 0.1×10^{-2} mPa(25℃)。分配系数 K_{ow} lg$P$=3.24(20℃)。Henry 常数 LS850646 1.05×10^{-5} Pa•m³/mol，LS850647 1.57×10^{-5} Pa•m³/mol(25℃)。相对密度1.72。水中溶解度(25℃，mg/L)：LS850646(单独)72，(在 LS820663)49；LS850647(单独)24，(在LS820663)24。在 pH 5~9 范围内水溶性与 pH 值无关。稳定性：DT_{50} 18d(pH 为 4 的缓冲溶液，模拟日照的条件下)。

毒性　急性经口 LD_{50}(mg/kg)：大鼠365，小鼠1151。大鼠急性经皮 LD_{50}＞2000mg/kg。大鼠急性吸入 LC_{50}(4h)＞5mg/L 空气。对兔皮肤和眼睛无刺激作用。对豚鼠无皮肤过敏现象，无致突变作用。

生态效应　山齿鹑和野鸭急性经口 LD_{50}＞2150mg/kg。山齿鹑和野鸭饲喂 LC_{50}(8d)＞5000mg/L。鱼毒 LC_{50}(96h,mg/L)：虹鳟鱼1.7，大翻车鱼3.1。水蚤急性经口 LD_{50}(48h,流动通过)＞8.9mg/L。月牙藻 EC_{50}(96h)2.1mg/L。在 100μg/只和 500μg/只(经口和直接接触)剂量下对蜜蜂安全。对蚯蚓无害。其他有益品种：对非靶标的节肢动物无害，如寄生蜂、肉食性和植物性捕食者等。

环境行为

(1) 动物　在动物(大鼠、奶牛、母鸡)体内代谢产物广泛。在大鼠体内检测到将近60种不同的代谢产物。其中57%的结构已被证实。无证据显示这些化合物在以上物种器官和组织中累积。

(2) 植物　在谷类作物中的代谢特征是极性代谢产物残留物的形成和共轭化。萃取得到的母体化合物已被证实为其主要成分。在粮食作物中，无个别代谢特例＞0.01mg/kg。在苹果中检测到大约23种不同代谢产物，含量最多的仅为 0.04mg/kg。

(3) 土壤/环境　在实验室和田间试验条件下，糠菌唑在土壤中显示出极低流动度。大田损耗研究显示本品在土壤中的降解速度比实验室的预期结果更迅速。

主要生产商　Sumitomo Europe。

588

作用机理与特点 类固醇脱甲基化(麦角甾醇生物合成)抑制剂。内吸性杀菌剂，能迅速被植物有生长力的部分吸收并主要向顶部转移。

应用

(1) 适宜作物 小麦、大麦、燕麦、黑麦、玉米、葡萄、蔬菜、果树、草坪作物、观赏植物等。

(2) 防治对象 可以防治由子囊菌纲、担子菌纲和半知菌类病原菌引起的大多数病害，尤其是对链格孢属或交链孢属、镰刀菌属、假尾孢属、尾孢属和球腔菌属引起的病害如白粉病、黑星病等有特效。

(3) 使用方法 具有预防、治疗、内吸作用，主要用作茎叶处理。使用剂量通常为20～300g(a.i.)/hm²。

专利概况 专利EP258161早已过专利期，不存在专利权问题。

合成方法 以间二氯苯为原料，经如下反应即可制的目的物：

参考文献

[1] The Pesticide Manual. 15th ed. 2009：134-135.

糠醛 furfural

C₅H₄O₂，96.1，98-01-1

糠醛(furfural)。**商品名称** CropGuard、MultiGuard Protect。1995年由Illovo Sugar Ltd开发，2006年由Agriguard Company，LLC在美国登记。

化学名称 糠醛，2-furancarboxaldehyde。

理化性质 沸点161.7℃，蒸气压3.47×10⁵mPa(20℃)，相对密度1.16。溶解度：水中7.81g/100mL，溶于乙醇、甲醇、乙醚、丙酮、二甲苯、正辛醇、乙酸乙酯。pH 5、7、9时稳定。

毒性 大鼠急性经口LD₅₀＞102mg/kg。大鼠急性经皮92mg/kg。

生态效应 鸟LD₅₀(mg/kg)：野鸭360.5，鹌鹑278.5。鱼LC₅₀(mg/L)：虹鳟鱼3.06，大翻车鱼5.8。蜜蜂LD₅₀(μg/只)：经口＞100，接触＞81。蚯蚓LC₅₀ 406.18mg/kg。

环境行为 土壤/环境：土壤中迅速降解，DT₅₀＜1d。砂质土壤中有很高的迁移性，K_{oc} 52～57。有机质含量较低的砂土中迁移性低，K_{oc} 607(o.c. 0.06%)。

主要生产商 Illovo。

应用 可用作杀线虫剂，直接作用于线虫的角质层。另外作为熏蒸消毒剂，防治线虫和病原菌。

合成方法 糠醛最初从砻糠中得到，农副产品中多含多缩戊糖经水解脱水即生成糠醛。许多农作物的茎、皮、籽壳都含有多缩戊糖，因此都能用作制造糠醛的原料。生产时，将玉米芯、棉籽壳或甘蔗渣等原料用硫酸和水蒸气处理，然后经水蒸气蒸馏、分层、减压蒸馏，即可得纯度达99%的产品。糠醛的收率与原料、酸的种类和浓度及其他条件有关，通常与理论收率相差较大。工业上制造糠醛主要有两种方法。加压法适合大规模生产，是将原料与稀硫酸在加压下蒸煮，用高压或过热蒸汽带出反应产物，经分馏后得糠醛成品；常压法是将原料与食盐等无机盐及稀硫酸共煮并同时蒸出糠醛。

抗倒胺 inabenfide

$C_{19}H_{15}ClN_2O_2$，338.8，82211-24-3

抗倒胺(inabenfide)，试验代号　CGR-811。商品名称　Seritard。是由 Chugai pharmaceutical Co.，Ltd 开发的植物生长调节剂。

化学名称　4′-氯-2′-(α-羟基苄基)异烟酰替苯胺，4′-chloro-2′-(α-hydroxybenzyl)isonicotinan-ilide。

理化性质　纯品为淡黄色至无色晶体，熔点 210～212℃，蒸气压 0.063mPa(20℃)。分配系数 $K_{ow}\lg P=3.13$。水中溶解度(30℃)1mg/L，其他溶剂中溶解度(30℃，g/L)：丙酮 3.6，乙酸乙酯 1.43，乙腈 0.58，氯仿 0.59，二甲基甲酰胺 6.72，乙醇 1.61，甲醇 2.35，己烷 8×10^{-4}，四氢呋喃 1.61。对光和热稳定，对碱稍不稳定。水解率(2 周，40℃)：16.2%(pH 2)，49.5%(pH 5)，83.9%(pH 7)，100%(pH 11)。

毒性　大、小鼠急性经口 $LD_{50}>15000mg/kg$，大、小鼠急性经皮 $LD_{50}>5000mg/kg$。对兔皮肤和眼睛无刺激性，对豚鼠皮肤无致敏性。大鼠吸入 $LC_{50}(4h)>0.46mg/L$ 空气。NOEL：兔和大鼠的 3 代试验表明无致畸作用，狗和大鼠 2 年和 6 个月试验表明无副作用。

生态效应　鱼毒 $LC_{50}(48h，mg/L)$：鲤鱼 >30，鳉鱼 11。水蚤 $LC_{50}(3h)>30mg/L$。

环境行为　本品在大鼠体内的主要代谢物是 4-羟基抗倒胺。在植物体上代谢为抗倒胺的酮化合物。在日本稻田 DT_{50} 约 4 个月。

制剂　5%、6%颗粒剂，50%可湿性粉剂。

主要生产商　Eiko Kasei。

作用机理与特点　抑制水稻植株赤霉素的生物合成。对水稻具有很强的选择性抗倒伏作用，而且无药害。主要通过根部吸收。大鼠体内的代谢主要通过尿液以葡萄糖醛酸化偶合物形式排泄，给药后 48h 内几乎能排泄完全。在动物组织和器官中无累积趋势。在水稻植株、土壤和天然水中的代谢几乎与在大鼠体内所研究的结果一致。

应用　在漫灌条件下，以 1.5～2.4kg/hm² 施用于土表，能极好地缩短稻秆长度，通过缩短节间和上部叶长度，从而提高其抗倒伏能力。应用后，虽每穗谷粒数减少，但谷粒成熟率提高，千粒重和每平方米穗数增加，使实际产量增加。

专利概况　专利 EP48998、US4377407、JP6341393 均早已过专利期，不存在专利权问题。

合成方法　制备方法主要有下述两种：

① 以异烟酸、2-氨基-5-氯二苯甲酮为原料，经下列反应制得抗倒胺。

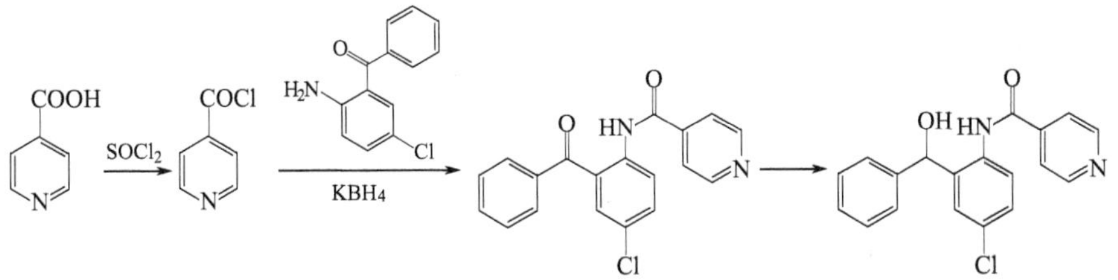

② 以对氯苯胺和苯甲醛为原料，经下列反应制得抗倒胺。

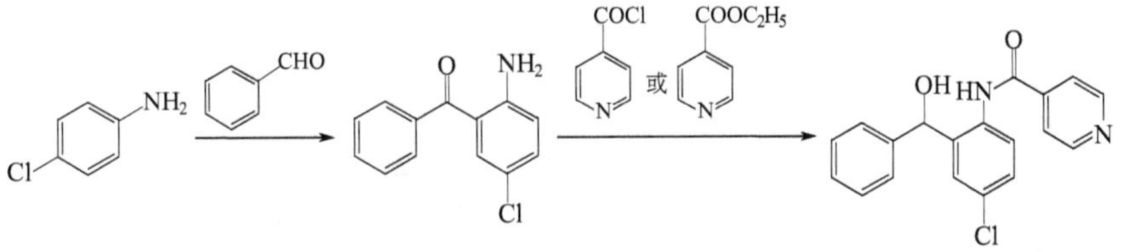

参考文献

[1] Japan Pesticide Information，1987，51：23-26.
[2] 日本农药学会志，1987，12（2）：261-264.
[3] 日本农药学会志，1987，12（3）：509-512.
[4] 日本农药学会志，1987，12（4）：599-608.
[5] 日本农药学会志，1988，13（2）：391-394.
[6] 日本农药学会志，1990，15（2）：283-296.

抗倒酯 trinexapac-ethyl

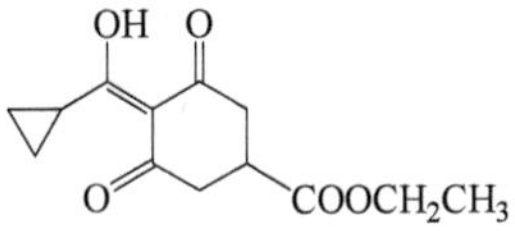

$C_{13}H_{16}O_5$，252.3，95266-40-3，104273-73-6（酸）

抗倒酯（trinexapac-ethyl），试验代号　CGA163935。商品名称　Clipless、Moddus、Palisade、Primo Maxx。其他名称　Tesoro、T-Pac E-Pro、挺立。是汽巴-嘉基（现先正达公司）开发的植物生长调节剂。抗倒酸试验代号　CGA179500。

化学名称　4-环丙基（羟基）亚甲基-3,5-二氧代环己烷羧酸乙酯，ethyl 4-cyclopropyl (hydroxy)methylene-3,5-dioxocyclohexanecarboxylate。

理化性质

（1）抗倒酯　原药纯度≥95%，黄色至红棕色的有轻微甜味的液体（30℃）或固液混合（20℃）。纯品为白色无味固体，熔点36～36.6℃，沸点>270℃。蒸气压2.16mPa（25℃）。K_{ow} lg$P$：1.5（pH 5），−0.29（pH 6.9），−2.1（pH 8.9）（均25℃）。Henry常数$5.4×10^{-4}$Pa·m³/mol。相对密度1.215（20℃）。水中溶解度（25℃，g/L）：1.1（pH 3.5），2.8（pH 4.9），10.2（pH 5.5），21.1（pH 8.2）。25℃时，乙醇、丙酮、甲苯、正辛醇中溶解度为100%，正己烷中溶解度为5%。在沸点时仍稳定，在正常的环境条件下（pH 6～7,25℃）对光解和水解稳定。在碱性条件下不太稳定。pK_a=4.57。闪点133℃。

（2）抗倒酸　熔点144.4℃，沸点220℃，蒸气压$2.3×10^{-3}$mPa（25℃），K_{ow}lg$P$=1.8（pH 2），相对密度1.41（20℃）。水中溶解度（g/L）：13（pH 5.0），200（pH 6.8），260（pH 8.4）。有机溶剂中溶解度（g/L）：丙酮95，乙酸乙酯37，甲醇84，正辛醇17。pK_a：pK_{a_1}5.32，pK_{a_2}3.93。

毒性 大鼠急性经口 $LD_{50}>2000mg/kg$。大鼠急性经皮 $LD_{50}>4000mg/kg$。对兔皮肤和眼睛无刺激性，对豚鼠皮肤无致敏性。大鼠急性吸入 $LC_{50}(48h)>5.69mg/L$。$NOEL[mg/(kg \cdot d)]$：大鼠(2y)115，小鼠(1.5y)912，狗(1y)31.6。$ADI(EC)0.32mg/kg[2006]$。

生态效应 野鸭和山齿鹑急性经口 $LD_{50}>2000mg/kg$。野鸭和山齿鹑饲养饲喂 $LC_{50}(5d)>5200mg/kg$ 饲料。鱼毒 $LC_{50}(96h,mg/L)$：虹鳟鱼68，鲤鱼57，大翻车鱼>130，鲶鱼35。水蚤 $EC_{50}(48h)>142mg/L$。藻类 $EC_{50}(mg/L)$：月牙藻(72h)27，鱼腥藻(96h)26.4。浮萍 $E_bC_{50}(7d)$ 8.8mg/L。蜜蜂急性经口和接触 $LD_{50}>200\mu g/$只。蚯蚓 $LC_{50}>93mg/kg$。

环境行为

（1）动物 在老鼠、山羊和鸡体内，90%的酸类代谢物在24h内排出体外。植物快速地分解为相应的酸类代谢物。

（2）土壤/环境 在土壤中，酯快速地分解为酸。$DT_{50}<1d$(需氧,20℃)。进一步的代谢过程快速进行，$DT_{50}40d(20℃)$；在4~8周内，50%的代谢物降解为二氧化碳。抗倒酯吸附于土壤：$K_d1.5\sim16$，$K_{oc}140\sim600$。抗倒酯在 pH 5~7 条件下耐水解，在 pH 9($DT_{50}8d$)时不稳定；抗倒酯相应的酸在 pH 7 和 9 下耐水解，在 pH 5($DT_{50}27d$,25℃)中等稳定。两者均易光降解，在中性条件下 DT_{50}：酯10d，酸16d。在实验室的水系统中，DT_{50}：抗倒酯约为5d，其对应的酸13d。

制剂 乳油、可湿性粉剂等。

主要生产商 Cheminova 及 Syngenta 等。

作用机理与特点 赤霉素生物合成抑制剂。通过降低赤霉素的含量，控制作物生长。

应用 植物生长调节剂。施于叶部，可转移到生长的枝条上，可减少节间的伸长。在禾谷类作物、甘蔗、油菜、蓖麻、水稻、向日葵和草坪上施用，明显抑制生长。使用剂量通常为100~500g(a.i.)/hm²。以 100~300g(a.i.)/hm² 使用于禾谷类作物和冬油菜，苗后施用可防止倒伏和改善收获效率。以 150~500g(a.i.)/hm² 使用于草坪，减少修剪次数。以 100~250g(a.i.)/hm² 用于甘蔗，作为成熟促进剂。

专利与登记 专利 EP126713、US4693745 均早已过专利期，不存在专利权问题。国内登记情况：94%、96%、97%、98%抗倒酯原药，250g/L 抗倒酯乳油，11.3%抗倒酯可溶液剂。登记作物为小麦、高羊茅。

合成方法 经如下反应制得目的物：

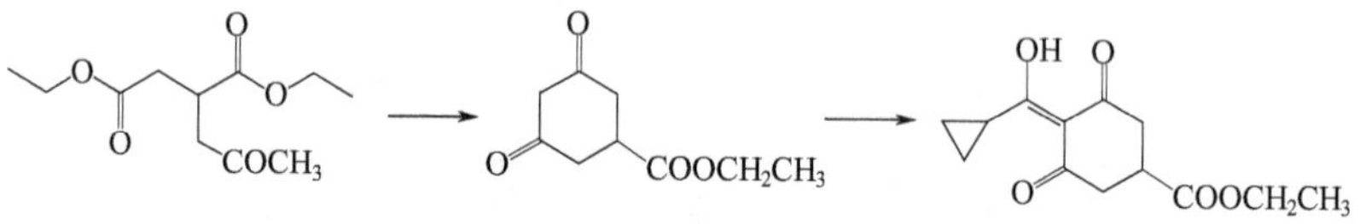

参考文献

[1] Proc Brighton Crop Prot Conf, 1989, 1：83.
[2] Pestic Sci, 1994, 41 (3)：259-267.

抗蚜威 pirimicarb

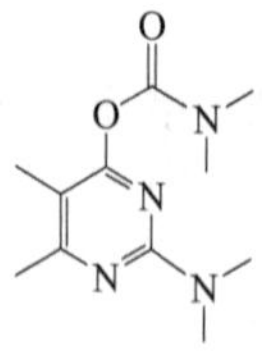

$C_{11}H_{18}N_4O_2$，238.3，23103-98-2

抗蚜威(pirimicarb)，试验代号　ENT27766、OMS1330、PP062。商品名称　Abol、Aphox、Okapi、Panzher、phantom、Piriflor、Pirimor、Tomba、派烈脉、派嘧威、比加普、辟蚜雾。其他名称　抗芽威、灭定威。是由 ICI Agrochemicals(现属先正达公司)开发的一种杀虫剂。

化学名称　2-二甲氨基-5,6-二甲基嘧啶-4-基二甲基氨基甲酸酯,2-dimethylamino-5,6-dime-thylpyrimidin-4-yl dimethylcarbamate。

组成　工业品纯度95%。

理化性质　原药为白色无臭结晶体,熔点91.6℃。蒸气压 4.3×10^{-1} mPa(20℃)。相对密度 1.18(25℃),1.21(25℃,原药)。$K_{ow} \lg P = 1.7$(未电离的)。Henry常数(Pa·m³/mol):2.9×10^{-5}(pH 5.2),3.3×10^{-5}(pH 7.4)。水中溶解度(20℃,g/L):3.6(pH 5.2),3.1(pH 7.4),3.1(pH 9.3);丙酮、甲醇、二甲苯中溶解度＞200g/L(20℃)。在一般的储藏条件下稳定性＞2y,pH 4~9(25℃)不发生水解,水溶液对紫外线不稳定,DT_{50}＜1d(pH 5,7 或 9),pK_a 为4.44(20℃),弱碱性。

毒性　急性经口 LD_{50}(mg/kg):雌大鼠142,小鼠107。急性经皮 LD_{50}(mg/kg):大鼠＞2000,兔＞500。对兔皮肤和眼睛有微弱刺激。对豚鼠皮肤有中度致敏性。雌大鼠吸入 LC_{50}(4h) 0.86mg/L。NOEL[mg/(kg·d)]:狗慢性 NOEL 3.5,雄大鼠3.7,雌大鼠4.7。无致癌性,无繁殖毒性。ADI(EC)0.035mg/kg[2006];(JMPR)0.02mg/kg[1982,2004,2006]。

生态效应　鸟类急性经口 LD_{50}(mg/kg):野鸭28.5,山齿鹑20.9。鱼毒 LC_{50}(96h,mg/L):虹鳟鱼79,大翻车鱼55,黑头呆鱼＞100。水蚤 EC_{50}(48h)0.017mg/L。水藻 EC_{50}(96h)140mg/L。其他水生物 EC_{50}(48h,mg/L):静水椎实螺19,对钩虾48,摇蚊60。对蜜蜂无毒性,LD_{50}(24h,μg/只):经口4,接触53。蚯蚓 LC_{50}(14d)＞60mg/kg。对弹尾目无毒。

环境行为

(1) 动物　动物体内主要代谢产物为2-二甲氨基-5,6-二甲基-4-羟基嘧啶,2-甲氨基-5,6-二甲基-4-羟基嘧啶,2-氨基-5,6-二甲基-4-羟基嘧啶和2-二甲氨基-6-羟甲基-5-甲基-4-羟基嘧啶。

(2) 土壤/环境　土壤 DT_{50} 29~143d(实验室)、1~13d(田地),太阳光加速其在土壤和水中的降解。在酸性、中性和碱性的条件下稳定,地表水 DT_{50} 36~55d(实验室),从土壤和叶子中挥发出的物质能有效地被空气中的氧化物质光解。

制剂　25%、50%可湿性粉剂,25%、50%水分散粒剂。

主要生产商　Syngenta、大连瑞泽农药股份有限公司、江苏永联集团公司、江阴农药厂及江阴凯江农化有限公司等。

作用机理与特点　选择性杀虫剂,具有触杀、胃毒和破坏呼吸系统的作用。植物根部吸收,通过木质部转移。叶子渗透,但不会发生大面积扩散。

应用

(1) 适用作物　大豆、小麦、玉米、甜菜、油菜、烟草等多种作物及果树、蔬菜、林业作物等。

(2) 防治对象　蚜虫。

(3) 残留量与安全施药　FAO/WHO 规定的最高残留限量如下:蔬菜 1.0mg/kg,谷类 0.05mg/kg,果树 0.05~1mg/kg,马铃薯 0.05mg/kg,大豆 1.0mg/kg,油菜籽 0.2mg/kg。收获前停止用药的安全间隔期为 7~10d。

(4) 应用技术　由于抗蚜威对温度敏感,当20℃以上时有熏蒸作用;15℃以下时,基本上无熏蒸作用,只有触杀作用;15~20℃,熏蒸作用随温度上升而增强。因此在低温时,喷雾更要均匀周到,否则影响防治效果。抗蚜威用量少,雾滴直径小,喷药时应选无风、温暖的天气,以提高药效。避免大风天施药,药液飘移或挥发降低药效。人工喷液量每亩 30~50L,拖拉机喷液量每亩 7~13L,飞机喷液量每亩 15~50L。若天气干旱、空气相对湿度低时用高量;土壤水分条件好、空气相对湿度高时用低量。喷雾时空气相对湿度应大于 5%、温度低于 30℃、风速小于 4m/s、空气相对湿度小于 65% 时应停止作业。

50%抗蚜威可湿性粉剂的使用方法：

① 蔬菜蚜虫的防治 防治白菜、甘蓝、豆类蔬菜上的蚜虫，每亩用50%可湿性粉剂10～18g(有效成分,5～9g)，兑水30～50kg喷雾。

② 烟草蚜虫的防治 防治烟草、麻苗上的蚜虫，每亩用50%可湿性粉剂10～18g(有效成分,5～9g)，兑水30～60kg喷雾。

③ 油料作物上蚜虫的防治 防治油菜、花生、大豆上的蚜虫，每亩用50%可湿性粉剂6～8g(有效成分,3～4g)，兑水30～60kg喷雾。

④ 粮食作物上蚜虫的防治 防治小麦、高粱上的蚜虫，每亩用50%可湿性粉剂6～8g(有效成分,3～4g)，兑水50～100kg喷雾。

在我国推荐使用情况：选择性防治禾谷、果树、观赏植物和蔬菜上的蚜虫，并可有效地防治有机磷产生抗性的桃蚜。本品具有速效性和熏蒸、内吸作用，从根部吸收转移到木质部。

专利与登记 专利GB1181657早已过专利期，不存在专利权问题。

国内登记情况：95%、96%原药，25%、50%可湿性粉剂，25%、50%水分散粒剂等。登记作物为甘蓝、小麦和烟草等，防治对象为蚜虫和烟蚜等。英国先正达有限公司在中国登记情况见表117。

表117 英国先正达有限公司在中国登记情况

登记名	登记证号	含量	剂型	登记作物	防治对象	用药量/(g/hm²)	施用方法
抗蚜威	PD38-87	50%	可湿性粉剂	甘蓝 烟草 大豆 油菜 小麦	蚜虫	75～135 120～165 75～120 90～150 75～150	喷雾
抗蚜威	PD87-88	50%	水分散粒剂	甘蓝 烟草 大豆 油菜 小麦	蚜虫	75～135 120～165 75～120 90～150 75～150	喷雾

合成方法 由石灰氮制单氰胺，再同二甲胺盐酸盐制1,1-二甲基胍。将乙酰乙酸乙酯甲基化可得α-甲基乙酰乙酸乙酯，再按下列反应制备：

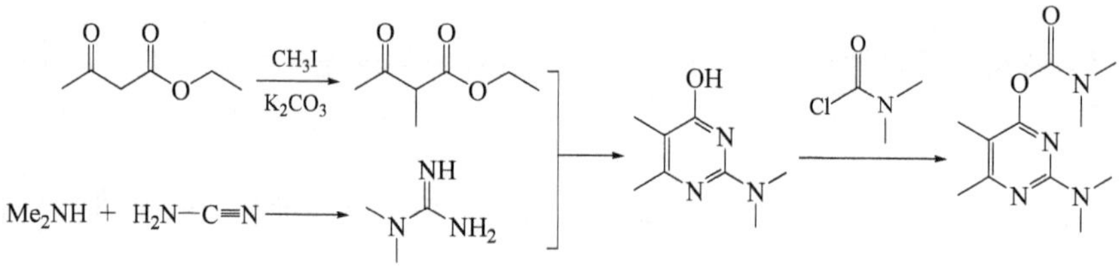

参考文献

[1] 姚晓萍. 农药译丛, 1991, 5：31-33.
[2] 霍秀玲. 广西化工, 1993, 1：68.

克百威 carbofuran

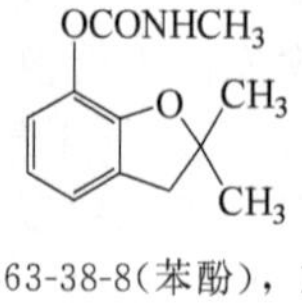

$C_{12}H_{15}NO_3$，221.3，1563-66-2，1563-38-8(苯酚)，17781-16-7(3-ketocarbofuran phenol)

克百威（carbofuran），试验代号　BAY70143、D1221、ENT27164、FMC10242、OMS864。商品名称 Agrofuran、Anfuran、Carbodan、Carbosect、Carbosip、Cekufuran、Chinufur、Curaterr、Diafuran、Furacarb、Furadan、Fury、Huifuran、Kunfu、Lucarfuran、Pilarfuran、Pilfuran、Rampar、Reider、Sunfuran、Terrafuran、Vapcodan、Victor、Vifuran、Weldan、呋喃丹、大扶农、咔吧呋喃。是由FMC和拜耳公司共同开发的一种杀螨、杀虫、杀线虫剂。

化学名称　甲氨基甲酸(2,3-二氢-2,2-二甲基苯并呋喃-7-基)酯，2,3-dihydro-2,2-dimethyl-benzofuran-7-ylmethylcarbamate。

理化性质　纯品为无色结晶，熔点153～154℃（原药150～152℃）。相对密度(20℃)1.18。蒸气压：0.031mPa(20℃)，0.072mPa(25℃)。分配系数 K_{ow} lg$P$=1.52(20℃)。水中溶解度(mg/L)：320(20℃)，351(25℃)。有机溶剂中溶解度(20℃,g/L)：二氯甲烷＞200，异丙醇20～50，甲苯10～20。在碱性介质中不稳定，在酸性、中性介质中稳定，150℃以下稳定，水解DT_{50}(22℃)：≫1y(pH 4)，121d(pH 7)，31h(pH 9)。

毒性　急性经口LD_{50}(mg/kg)：雄、雌大鼠8，狗15，小鼠14.4。雄、雌大鼠急性经皮LD_{50}(24h)＞2000mg/kg，对兔皮肤和眼睛中度刺激。雄、雌大鼠吸入LC_{50}(4h)0.075mg/L空气。NOEL(mg/kg饲料)：大鼠和小鼠(2y)20，狗(1y)10[0.5mg/(kg·d)]。ADI：(JMPR)0.001mg/kg[2008]；(EFSA)0.001mg/kg[2006]；(EPA)aRfD 0.00024mg/kg[2008]。

生态效应　日本鹌鹑急性经口LD_{50}2.5～5mg/kg，日本鹌鹑LC_{50}60～240mg(asGR5)/kg，原药LC_{50}0.7～8mg/kg，取决于载体。鱼LC_{50}(96h,mg/L)：虹鳟鱼22～29，大翻车鱼1.75，金鱼107～245；原药LC_{50}7.3～362.5μg/L，取决于载体。水蚤LC_{50}(48h)38.6μg/L，对蜜蜂有毒。

环境行为

(1) 动物　克百威在大鼠体内主要通过水解和氧化代谢，大鼠喂饲24h后，72%通过尿，2%通过粪便排出体外，其中43%是通过水解代谢的。尿中95%是以键合物的形式代谢的，主要的代谢物是没有氨基甲酸酯的3-克百威乙酮酚以及3-羟基克百威，这些代谢物都是以自由基形式存在。

(2) 植物　克百威快速代谢为3-羟基克百威以及克百威乙酮。

(3) 土壤/环境　土壤中DT_{50}30～60d，通过在土壤中被微生物降解，主要代谢物为二氧化碳，K_{oc}22。

制剂　3%颗粒剂，10%悬浮种衣剂。

主要生产商　Agrochem、Dongbu Fine、Dow AgroSciences、FMC、Makhteshim-Agan、Pilarquim、Saeryung、Sundat、Taiwan Tainan Giant、湖北砂隆达农业科技有限公司、湖南海利化工股份有限公司、惠光股份有限公司、国庆化学股份有限公司、深圳市易普乐生物科技有限公司、兴农股份有限公司及郑州砂隆达农业科技有限公司等。

作用机理与特点　克百威是氨基甲酸酯类广谱性内吸杀虫、杀线虫剂，具有触杀和胃毒作用。其毒理机制为抑制乙酰胆碱酯酶，但与其他氨基甲酸酯类杀虫剂不同的是，它与胆碱酯酶的结合不可逆，因此毒性高。克百威能被植物根系吸收，并能输送到植株各器官，在叶部积累较多，特别是叶缘，在果实中含量较少，当害虫咀嚼和刺吸带毒植物的叶汁或咬食带毒组织时，害虫体内乙酰胆碱酯酶受到抑制，引起害虫神经中毒死亡。在土壤中半衰期为30～60d。稻田水面撒药，残效期较短，施于土壤中残效期较长，在棉花和甘蔗田药效可维持40d左右。

应用

(1) 适宜作物　甘蔗、棉花、水稻、大豆、茶树、玉米、马铃薯、香蕉、谷物、咖啡、烟草等。

(2) 防治对象　对多种刺吸口器和咀嚼口器害虫有效，如稻螟、稻飞虱、稻蓟马、稻叶蝉、稻瘿蚊、水稻潜叶蝇、水稻象甲、稻蚊、棉蚜、棉蓟马、地老虎、烟草夜蛾、烟蚜、烟草根结线虫、烟草潜叶蛾、蔗螟、金针虫、甘蔗蚜虫、甘蔗蓟马、甘蔗线虫、大豆蚜、大豆根潜蝇、大豆胞囊线虫、花生蚜、斜纹夜蛾、根结线虫，甜菜及油菜等多种作物幼苗期跳甲、象甲、蓟马、蚜虫等，果树桃小食心虫、枣步曲等。

（3）应用技术　在稻田施用克百威，不能与敌稗、灭草灵等除草剂同时混用，施用敌稗应在施用克百威前 3～4d 进行，或在施用克百威 1 个月后施用。

（4）使用方法

① 防治大豆害虫包括大豆胞囊线虫。可在播种沟内施药，每亩用 3％颗粒剂 2.2～4.4kg，施药后覆土。3％克百威颗粒剂在北方可与肥料混合，与大豆种子分箱进行条播，对大豆安全，可有效地防治地老虎、蛴螬、潜根蝇、跳甲等害虫。在大豆胞囊线虫中等以下发生地块用克百威颗粒剂对第一代胞囊线虫有好的驱避作用，表现出明显的增产效果，但连续使用大豆胞囊线虫数量会明显增加，当胞囊线虫发生达中等以上时，克百威不能再用，最有效的办法是轮作。

② 防治花生蚜、斜纹夜蛾及根结线虫。可在播种期采取带状施药的方法，带宽 30～40cm，每亩用 3％颗粒剂 4～5kg，施药后翻入 10～15cm 中。在花生成株期，可侧开沟施药，每 10m 长沟内施 3％颗粒剂 33g，然后覆土。

③ 防治棉花棉蚜、棉蓟马、地老虎及线虫等。可根据各地区的条件选用以下方法：a. 播种沟施药在棉花播种时，每亩用 3％颗粒剂 1.5～2.0kg，与种子同步施入播种沟内，使用机动播种机带有定量下药装置施药，则既准确又安全。b. 根侧追施一般采用沟施或穴施方法进行追施，沟施每亩用 3％颗粒剂 2～3kg，距棉株 10～15cm 沿垄开沟，深度为 5～10cm，施药后即覆土。穴施以每穴施 3％颗粒剂 0.5～1.0g 为宜，在追施后如能浇水，效果更好，一般在施药 4～5d 后才能发挥药效。c. 种子处理棉种要先经硫酸或泡沫硫酸脱绒，每千克棉种用 35％克百威种子处理剂 28mL（有效成分 9.8g）加水混合拌种。

④ 防治烟草夜蛾、烟蚜、烟草根结线虫以及烟草潜叶蛾等，并防治小地老虎、蝼蛄等地下害虫。a. 苗床期施药每平方米用 3％颗粒剂 15～30g，均匀撒施于苗床上面，然后翻入土中 8～10cm，移栽烟苗前 1 周，须再施药 1 次，施于土面，然后浇水以便把克百威有效成分淋洗到烟苗根区，可保护烟苗移栽后早期不受虫危害。b. 本田施药移栽烟苗时在移栽穴内施 3％颗粒剂 1～1.5g。

⑤ 防治甘蔗蔗螟、金针虫、甘蔗蚜虫、甘蔗蓟马及甘蔗线虫等。均可采取土壤施药法，于播种沟内施颗粒剂，每亩用 3％颗粒剂 2.2～4.4kg，施药后覆土。

⑥ 防治水稻害虫如稻螟、稻飞虱、稻蓟马、稻叶蝉、稻瘿蚊、水稻潜叶蝇、稻水象甲、稻摇蚊等。可采用以下方法：a. 根区施药在播种或插秧前，每亩用 3％颗粒剂 2.5～3.0kg，残效期可达 40～50d。亦可在晚稻秧田播种前施用，对稻瘿蚊防治效果尤佳。b. 水面施药每亩用 3％颗粒剂 1.5～2.0kg，掺细土 15～20kg 拌匀，均匀撒施水面，保持浅水，同时可兼治蚂蝗。为增加撒布的均匀度，可将上述用药量的克百威颗粒剂与 10 倍量的半干土混合均匀，配制成毒土，随配随用，均匀撒施于水面。在保水好时，持效期可达 30d。c. 播种沟施药在陆稻种植区，3％颗粒剂与稻种同步施入播种沟内，每亩用药量为 2.0～2.5kg。d. 旱育秧水稻在插秧前 7～10d 向秧田撒施 3％颗粒剂，每亩用（秧田）7～10kg，即每平方米秧田撒施 3％颗粒剂 10～15g，可防治本田发生的水稻潜叶蝇。

⑦ 防治玉米、甜菜、油菜害虫。可用 3％颗粒剂，于玉米喇叭口期按照 3～4 粒/株的剂量逐株滴入玉米叶心（喇叭口），可达到良好的防虫效果。玉米每千克种子用 35％克百威种子处理剂 28mL（有效成分 9.8g），加水 30mL 混合拌种，可有效地防治地下害虫。

35％克百威种子处理剂用于甜菜、油菜等多种作物拌种，防治幼苗期跳甲、象甲、蓟马、蚜虫等多种害虫。具有黏着力强、展着均匀、不易脱落、成膜性好、干燥快、有光泽、缓释等优点。35％克百威种子处理剂拌甜菜种子每千克种子用 23～28mL，加 40～50mL 水混合均匀后拌种。用水量多少根据甜菜种子表面而定，甜菜种子经过加工表面光滑时少用水，未经加工表面粗糙时多加水，以拌均匀为标准。如兼防甜菜立枯病可加 50％福美双可湿性粉剂 8g 加 70％土菌消可湿性粉剂 5g 加增产菌浓缩液 5mL 混合拌种。拌药最好用拌药机，操作员一定要穿戴防护用具。油菜每千克种子用 35％克百威种子处理剂 23～28mL，加水 30～40mL 加 50％福美双可湿性粉剂 8g 加 70％土菌消可湿性粉剂 5g 加增产菌浓缩液 5mL 混合拌种，可做到病虫兼治，培育壮苗。

⑧ 防治果树桃小食心虫、枣步曲等害虫。于春季越冬幼虫或羽化成虫出土前 1 周左右，在树下以树干为中心 1m 半径的区域内按每株果树 100～200g 的用量，将 3% 克百威颗粒剂撒在树周土表，然后浅锄覆盖，可有效控制上述害虫的危害。

专利与登记 专利 DE1493646、US3474170 均早已过专利期，不存在专利权问题。国内登记情况：3% 颗粒剂，75% 母药，96%、97%、98% 原药，90% 母粉，10% 悬浮种衣剂；登记作物为棉花、水稻、甘蔗和花生；防治对象为蚜虫和根结线虫等。美国富美实公司在中国登记情况见表 118。

表 118　美国富美实公司在中国登记情况

登记名	登记证号	含量	剂型	登记作物	防治对象	用药量	施用方法
克百威	PD11-86	3%	颗粒剂	棉花	蚜虫	675～900g/hm²	条施
				水稻	害虫	900～1350g/hm²	撒施
				甘蔗	害虫	1350～2250g/hm²	沟施
				花生	根结线虫	1800～2250g/hm²	条施、沟施
克百威	PD-78-88	350g/L	悬浮种衣剂	棉花	蚜虫	种子重量的 1%	种子处理
				甜菜	地下害虫	种子重量的 1%	种子处理
				玉米	地下害虫	种子重量的 0.7%～1%	种子处理
克百威	PD234-98	85%	母药				
克百威	PD289-99	95%	原药				

合成方法　可通过如下反应制得产品：

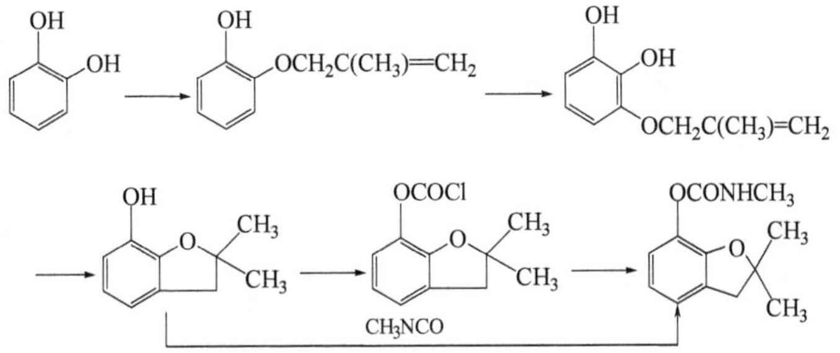

或

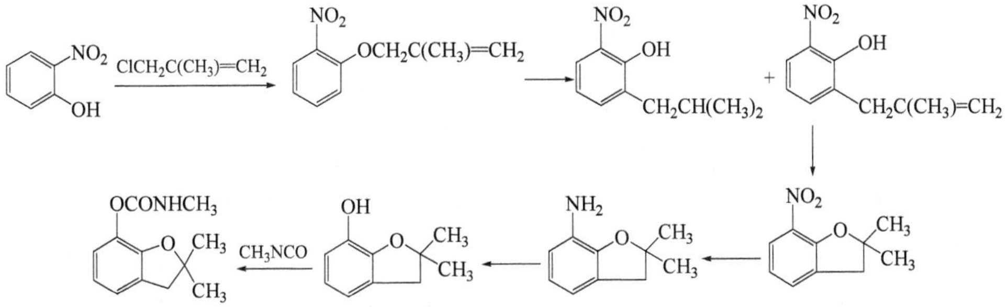

克菌丹 captan

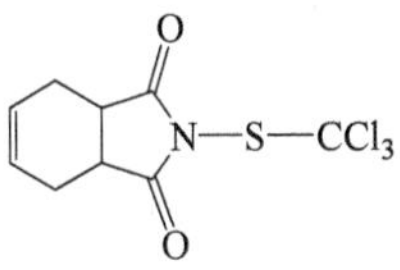

$C_9H_8Cl_3NO_2S$，300.6，133-06-2

克菌丹（captan），试验代号　SR406。商品名称　Capone、Captaf、Criptan、Dhanutan、Merpan。其他名称　盖普丹。是由 Chevron 化学公司开发的杀菌剂。

化学名称　N-(三氯甲硫基)环己-4-基-1,2-二甲酰亚胺，N-(trichloromethylthio) cyclohex-4-ene-1,2-dicarboximide。

理化性质　工业品为无色到米色无定形固体，带有刺激性气味。纯品为无色结晶固体，熔点178℃(tech.，175～178℃)。蒸气压<1.3×10^{-3} Pa(25℃)。分配系数 K_{ow} lg$P = 2.8$(25℃)。Henry 常数(Pa·m³/mol)：3×10^{-4}(pH 5)，2×10^{-4}(pH 7)。相对密度 1.74(26℃)。溶解度(g/L)：水 0.0033(25℃)，丙酮 21，二甲苯 20，氯仿 70，环己酮 23，二氧六环 47，苯 21，甲苯6.9，异丙醇 1.7，乙醇 2.9，乙醚 2.5；不溶于石油醚。在中性介质中分解缓慢，在碱性介质中分解迅速。DT_{50}(20℃)：32.4h(pH 5)，8.3h(pH 7)，<2min(pH 10)。热 DT_{50}：>4y(80℃)，14.2d(120℃)。

毒性　大鼠急性经口 LD_{50} 9000mg/kg。兔急性经皮 LD_{50}>4500mg/kg。对兔皮肤中度刺激，对兔眼睛重度损伤。大鼠吸入毒性 LC_{50}>0.668mg/L。粉尘能引起呼吸系统损伤。NOEL 数据[2y,mg/(kg·d)]：大鼠 2000，狗 4000。无致畸、致突变、致癌作用。ADI 值（mg/kg）：(JMPR)0.1；(EC)0.1；(EPA)aRfD 0.1，cRfD 0.13。

生态效应　急性经口 LD_{50}(mg/kg)：野鸭和野鸡>5000，山齿鹑 2000～4000。在 100mg/kg下对椋鸟和红翅黑鹂无毒。鱼类 LC_{50}(96h,mg/L)：大翻车鱼 0.072，厚唇石鲈 0.3，蛙鱼 0.034。水蚤 LC_{50}(48h)7～10mg/L。对水生无脊椎动物中等毒性。蜜蜂 LD_{50}(μg/只)：91(经口)，788(接触)

环境行为

(1) 动物　在哺乳动物体内，由于细胞中巯基化合物的影响，三氯部分发生断裂，裂分为三硫代氨基甲酸酯、硫光气和四氢酞酰亚胺。

(2) 土壤/环境　土壤 K_d 3～8d(pH 4.5～7.2)；DT_{50} 约为 1d(25℃,pH 4.5～7.2)。

制剂　50%可湿性粉剂，80%水分散粒剂。

主要生产商　Agro Chemicals India、ArystaLifeScience、Bharat、Crystal、Drexel、India Pesticides、Makhteshim-Agan、Rallis、Sharda、宁波市镇海恒达农化有限公司及浙江禾本科技有限公司等。

作用机理与特点　具有保护和治疗作用的非内吸性杀菌剂。

应用

(1) 适宜作物　果树、番茄、马铃薯、蔬菜、玉米、水稻、麦类和棉花等。

(2) 防治对象　番茄、马铃薯疫病，菜豆炭疽病，黄瓜霜霉病，瓜类炭疽病、白粉病，洋葱灰霉病，芹菜叶枯病，白菜黑斑病、白斑病，蔬菜幼苗立枯病，苹果疮痂病、苦腐病、黑星病、飞斑病，梨黑星病，柑橘棕腐病，葡萄霜霉病、黑腐病、褐斑病，麦类锈病、赤霉病，水稻苗立枯病、稻瘟病，烟草疫病等。此外，拌种可防治苹果黑星病，梨黑星病，葡萄白粉病和玉米病害。与五氯硝基苯混用，可防治棉花苗期病害。

(3) 使用方法　主要用于茎叶喷雾。

① 防治多种蔬菜的霜霉病、白粉病、炭疽病，西红柿和马铃薯早疫病、晚疫病，用 500～800 倍液喷雾，于发病初期开始每隔 6～8d 喷 1 次，连喷 2～3 次。

② 防治多种蔬菜的苗期立枯病、猝倒病，按每亩苗床用药粉 0.5kg，对干细土 15～25kg 制成药土，均匀与土壤表面上掺拌。

③ 防治菜豆和蚕豆炭疽病、立枯病、根腐病，用 400～600 倍液喷雾，于发病初期每隔 7～8d 喷 1 次，连喷 2～3 次。

专利与登记　专利 US2553770、US2653155 等均早已过专利期，不存在专利权问题。国内登记情况：50%可湿性粉剂，80%水分散粒剂，92%、95%、97%克菌丹原药；登记作物为番茄、黄瓜、辣椒、葡萄、苹果、梨树、草莓、柑橘；防治对象为早疫病、叶霉病、炭疽病、霜霉病、轮纹病、黑星病、灰霉病、树脂病等。以色列马克西姆化学公司在中国登记情况见表119。

表 119　以色列马克西姆化学公司在中国登记情况

登记名称	登记证号	含量	剂型	登记作物	防治对象	用药量	施用方法
克菌丹	PD20080465	92%	原药				
克菌丹	PD20080466	50%	可湿性粉剂	番茄	叶霉病	937.5～1406.25g/hm²	喷雾
				番茄	早疫病		
				黄瓜	炭疽病		
				辣椒	炭疽病		
				草莓	灰霉病	833.3～1250mg/kg	喷雾
				梨树	黑星病	714～1000mg/kg	
				苹果	轮纹病	625～1250mg/kg	
				葡萄	霜霉病	833～1250mg/kg	
克菌丹	PD20101127	80%	水分散粒剂	柑橘	树脂病	800～1333mg/kg	喷雾
克菌·戊唑醇	PD20120820	80g/L	悬浮剂	葡萄	白腐病	267～400mg/kg	喷雾
				葡萄	霜霉病		
				葡萄	炭疽病		
				苹果树	轮纹病		

合成方法　以 4,5-邻环己烯二甲酰亚胺钾盐合成目标产物：

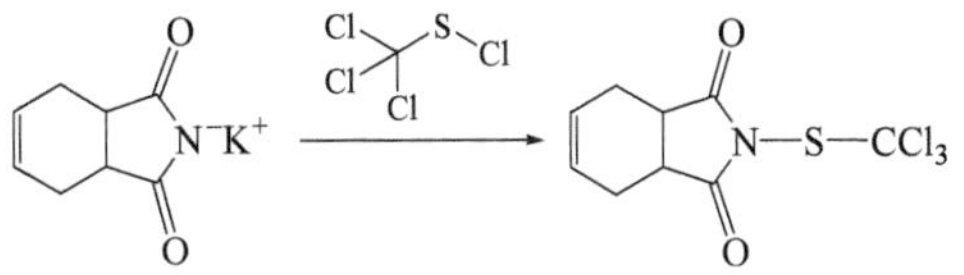

参考文献

[1]　The Pesticide Manual. 15th ed. 2009：154-156.

喹草酸 quinmerac

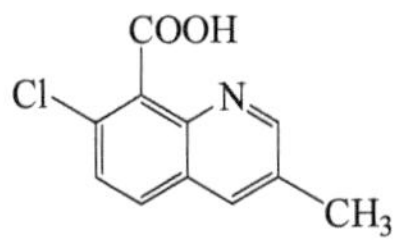

C₁₁H₈ClNO₂，221.6，90717-03-6

$C_{11}H_8ClNO_2$，221.6，90717-03-6

喹草酸(quinmerac)，试验代号　BAS518H。商品名称　Gavelan、Nimbus。其他名称　氯甲喹啉酸。是由巴斯夫公司开发的杂环喹啉羧酸类除草剂。

化学名称　7-氯-3-甲基喹啉-8-羧酸，7-chloro-3-methylquinoline-8-carboxylic acid。

理化性质　纯品为无色无味晶体，熔点 239℃，相对密度 1.49。蒸气压<0.01mPa(20℃)，分配系数 $K_{ow}lgP=-1.11$(pH 7)。Henry 常数<$9.9×10^{-6}$ Pa·m³/mol。水中溶解度(20℃)：223mg/L(去离子水)，240g/L(pH 9)。其他溶剂中溶解度(20℃,g/kg)：丙酮、二氯甲烷 2，乙醇 1，正己烷、甲苯、乙酸乙酯<1。pK_a4.32(20℃)。对光、热稳定，在 pH 3～9 条件下稳定，pK_a4.32(20℃)。

毒性　大鼠急性经口 LD_{50}>5000mg/kg，大鼠急性经皮 LD_{50}>2000mg/kg。对兔皮肤和眼睛无刺激性作用。大鼠急性吸入 LC_{50}(4h)>5.4mg/L。喂饲试验 NOAEL 数据(mg/kg)：大鼠(1y)404，狗(1y)8，小鼠(78 周)38。ADI 值 0.08mg/kg。无致突变性、无致畸性、无致癌性。

生态效应　山齿鹑急性经口 LD_{50}>2000mg/kg。鱼 LC_{50}(96h,mg/L)：虹鳟鱼 86.8，鲤鱼>

100。水蚤 LC_{50}(48h)148.7mg/L。绿藻 EC_{50}(72h)>48.5mg/L。对蜜蜂无危害，LD_{50}(经口或接触)>200μg/只，蚯蚓 LC_{50}>2000mg/kg 土壤。

环境行为

(1) 动物　大鼠仅有少量代谢物形成。

(2) 植物　在油菜，小麦和甜菜体内的代谢情况参阅 E Keller. IUPAC 7th Int Congr Pestic Chem，1990，2：154。

(3) 土壤/环境　DT_{50}：（室内）28~85d(20℃)，（田间）3~33d。K_{oc}19~185。

制剂　50%可湿性粉剂。

主要生产商　BASF。

作用机理　喹啉羧酸类激素型除草剂。可被植物的根和叶吸收，向顶和向基转移。

应用

(1) 适宜作物与防除对象　喹草酸主要用于禾谷类作物、油菜和甜菜中，防除猪殃殃、婆婆纳和其他杂草。伞型科作物对其非常敏感。

(2) 使用方法　苗前和苗后除草。禾谷类作物使用剂量为 250~1000g(a.i.)/hm²[亩用量为16.7~66.7g(a.i.)]，油菜使用剂量为 16.7~50g(a.i.)/亩，甜菜使用剂量为 0.25kg(a.i.)/hm²[亩用量为16.7g(a.i.)]。与绿麦隆混用[800g＋绿麦隆 2000g(a.i.)/hm²] 对猪殃殃、常春藤婆婆纳、鼠尾看麦娘的防效达 97%~98%。与异丙隆混用[0.6~0.75kg(a.i.)/hm²] 也有很好效果。

专利概况　专利 DE3233089 早已过专利期，不存在专利权问题。

合成方法　有如下三种合成方法：

① 以 3-氯-2-甲基苯胺、甲基丙烯醛为原料，经如下反应制得目的物：

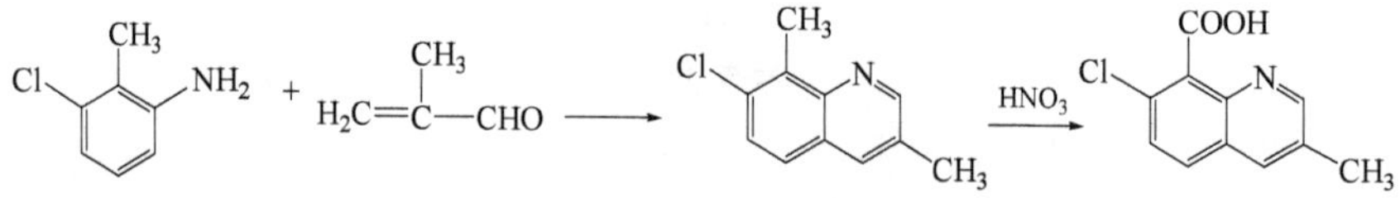

② 以 7-氯-3,8-二甲基喹啉为原料，经如下反应制得目的物：

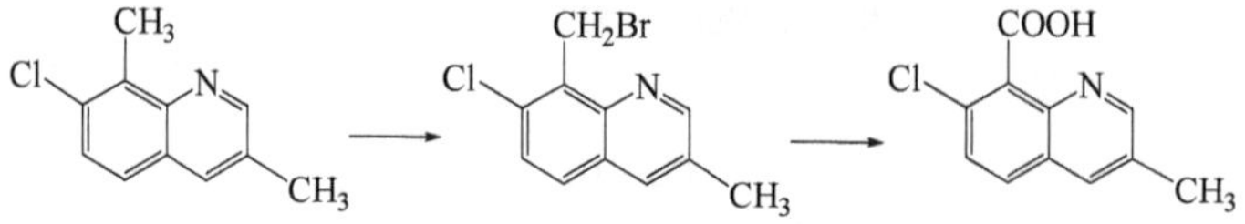

③ 以 6-氯-2-氨基苯甲酸、甲基丙烯醛为原料，经如下反应制得目的物：

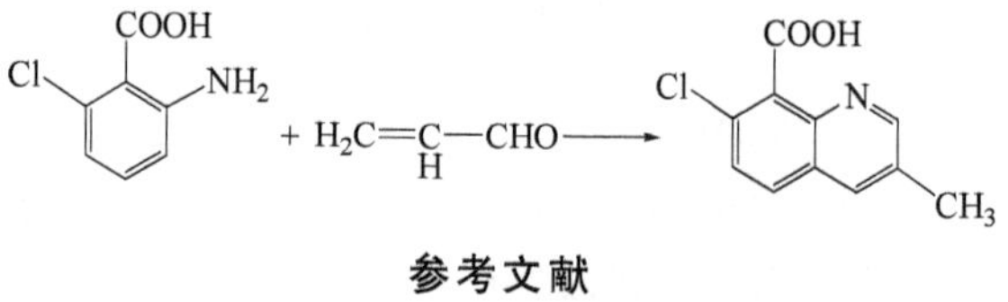

参考文献

[1] Proc Br Crop Prot Conf：Weeds，1985：63.

喹禾糠酯 quizalofop-P-tefuryl

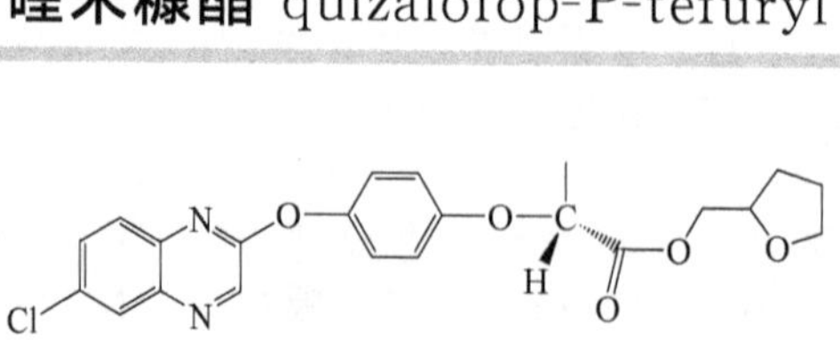

$C_{22}H_{22}N_2O_5$，394.2，119738-06-6

喹禾糠酯(quizalofop-P-tefuryl)，试验代号　UBIC4874。商品名称　Panarex、Pantera、Rango、Sotus。其他名称　喷特、糠草酯。是 Uniroyal Chemical Co.(现 Chemtura Corp)开发的除草剂。

化学名称　（±)-四氢呋喃基-(R)-2-[4-(6-氯喹喔啉-2-基氧)苯氧基]丙酸，(RS)-2-tetra-hydrofuranylmethyl(R)-2-[4-[(6-chloro-2-quinoxalinyl)oxy]phenoxy]propanoate。

理化性质　两种异构体比例50∶50，纯品为白色无味结晶固体,工业品为橙色蜡状固体。熔点 58.3℃,在213℃沸腾之前分解,蒸气压 7.9×10^{-3} mPa(25℃)(气体饱和度法)。$K_{ow} \lg P = 4.32$ (25℃)，Henry 常数$< 9.0 \times 10^{-4}$ Pa•m³/mol(计算值,25℃)。相对密度 1.34(20.5℃)。水中溶解度 3.1mg/L(pH 4.4 和 pH 7.0,25℃)；其他有机溶剂中溶解度(25℃,mg/L)：甲苯 652，正己烷 12，甲醇 64。在水-饱和空气中稳定≥14d(55℃)，包装剂型稳定≥2y(25℃)。光解 DT_{50}：25.3h (氙弧灯)，2.4h(氙气灯)。在水中 DT_{50}(22℃)：8.2d(pH 5.1)，18.2d(pH 7.0)，7.2h(pH 9.1)。比旋光度$[\alpha]_D$：+31.9°，工业品+28°～+32°。pK_a1.25(25℃)，闪点 132℃。表面张力 69.3mN/m(21℃)。

毒性　大鼠急性经口 LD_{50}1012mg/kg，兔急性经皮 LD_{50}>2000mg/kg。对兔眼中度刺激，对皮肤无刺激，在 Buehler 试验中对皮肤无致敏，但在 M&K 测试中对皮肤有致敏性。大鼠吸入 LC_{50}(4h)>3.9mg/L 空气。在慢性致瘤的饲养研究中 NOEL[mg/(kg•d)]：大鼠(2y)1.3，小鼠(1.5y)1.7，狗(1y)25～30。ADI(EC)0.013mg/kg。

生态效应　山齿鹑和野鸭急性经口 LD_{50}>2150mg/kg，山齿鹑和野鸭 LC_{50}(8d)>5000mg/L。鱼 LC_{50}(96h,mg/L)：虹鳟鱼 0.51，大翻车鱼 0.23。水蚤 LC_{50}(48h)>1.5mg/L。月牙藻 E_bC_{50} 和 E_rC_{50}(72h)>1.9mg/L。舟形藻 E_bC_{50}(72h)0.6mg/L，E_rC_{50}(72h)1.3mg/L，浮萍 EC_{50}(14d)2.1mg/L。蜜蜂 LD_{50}(48h,μg/只)：经口 16.8，接触>100。蚯蚓 LC_{50}(14d)>500mg/kg 干土。在实验室条件下，40g/L 乳油对敏感有益节肢动物如烟蚜茧和梨盲走螨有害，对普通草蛉中度伤害，对相关肉食动物如捕食性步甲、豹蛛、以及隐翅甲无害。研究表明，使用喹禾糠酯不会对有益生物产生长期影响。暴露在 0.133mg/kg 干土中对碳或氮矿化后土壤微生物无显著影响。

环境行为

(1) 动物　通过水解、羟基化及键合作用广泛的代谢。

(2) 植物　迅速水解成喹禾灵羧酸。

(3) 土壤/环境　DT_{50}(实验室,有氧)0.1～0.9d，DT_{90}(实验室,有氧)0.2～3.1d，DT_{50}(实验室,厌氧)0.63d。田间消散研究，喹禾糠酯施用完后(450～900g/hm²)的残留时间减少为<LOQ(20μg/kg)3～31d，这也说明其不会在土壤中积累。在浸出试验中没有数据表明其有柱浸出和时间残留，地下水浸出>0.1μg/L，在整个系统的水/沉积物 DT_{50}0.24～4.8h，DT_{90}0.72～<24h。

制剂　40g/L 乳油。

主要生产商　AGROFINA、Sharda、Nissan、安徽丰乐农化有限责任公司、安徽华星化工股份有限公司、湖北砂隆达农业科技有限公司、济南健丰化工有限公司、江苏长青农化股份有限公司、江苏丰山集团有限公司、江苏瑞东农药有限公司、江苏省激素研究所股份有限公司、南通江山农药化工股份有限公司、江苏腾龙集团、青岛瀚生生物科技股份有限公司、山东京博控股股份有限公司、泰达集团及浙江海正化工股份有限公司等。

作用机理与特点　乙酰辅酶 A 羧化酶(ACCase)抑制剂。茎叶处理后能很快被禾本科的杂草茎叶吸收，传导至整个植株的分生组织，抑制脂肪酸的合成，阻止发芽和根茎生长而杀死杂草。喷特在杂草体内持效期较长，喷药后杂草很快停止生长，3～5d 心叶基部变褐，5～10d 杂草出现明显变黄坏死，14～21d 内整株死亡。

应用

(1) 适用作物与安全性　大豆、花生、马铃薯、棉花、油菜、甜菜、马铃薯、亚麻、豌豆、蚕豆、向日葵、西瓜、棉花、苜蓿、阔叶蔬菜及果树、林业苗圃、幼林等。在土壤中半衰期小于

6h，在土壤中不淋溶。在动物体中吸收较快，并很快代谢为氢氧化物，对环境无任何不良影响。

（2）防除对象　阔叶作物田中一年生和多年生禾本科杂草如稗草、狗尾草、金狗尾草、野燕麦、马唐、看麦娘、硬草、千金子、牛筋草、雀麦、棒头草、剪股颖、画眉草、野黍、大麦属、多花黑麦属、䅟属、狗牙根、白茅、匍匐冰草、芦苇、双穗雀稗、龙爪茅、假高粱等。

（3）应用技术　阔叶作物苗后禾本科杂草3～5叶期，全田施药或苗带施药均可。喷液量为人工每亩23～30L，拖拉机5～10L。土壤水分、空气相对湿度较高时有利于杂草对除草剂的吸收。长期干旱无雨、低温和空气相对湿度低于65%时不宜施药。一般选择早晚气温低、湿度高、风小时施药。晴天9～16时不宜施药，药后1h内应无雨。长期干旱，近期无雨，待雨后田间水分和湿度改善后再施药或有灌水条件的灌水后再施药。

（4）使用方法　喹禾糠酯是一种新型、高效、广谱的苗后防除禾本科杂草除草剂，在一年生禾本科杂草3～5叶期，每亩用4%喹禾糠酯乳油40～70mL。对多年生杂草芦苇、狗牙根、假高粱等，每亩用80～120mL。

大豆田混用技术　为防除阔叶杂草，大豆2片复叶期，杂草2～4叶期，推荐喹禾糠酯与三氟羧草醚、乳氟禾草灵、灭草松、克莠灵、氟磺胺草醚等混用。喹禾糠酯常规用量，48%灭草松每亩66.7～200mL，21.4%三氟羧草醚每亩66.7～100mL，24%乳氟禾草灵每亩33mL，25%氟磺胺草醚（氟磺胺草醚）每亩66.7～100mL，44%克莠灵每亩133mL。

油菜田应用　喹禾糠酯与草除灵乙酯混用防效彻底，推荐剂量下无药害。

专利与登记　专利EP288275、EP323747、EP383613等均早已过专利期，不存在专利权问题。国内登记情况：95%原药，40g/L乳油；登记作物为油菜、大豆等；可防除一年生禾本科杂草。美国科聚亚公司在中国登记情况见表120。

表120　美国科聚亚公司在中国登记情况

登记名称	登记证号	含量	剂型	登记作物	防治对象	用药量/(g/hm²)	施用方法
喹禾糠酯	PD20082529	40g/L	乳油	油菜田	一年生禾本科杂草	30～48	茎叶喷雾
				大豆田		36～48	茎叶喷雾
喹禾糠酯	PD20082530	95%	原药				

合成方法　喹禾糠酯包括中间体的合成方法类似精喹禾灵，可参考精喹禾灵的合成方法：

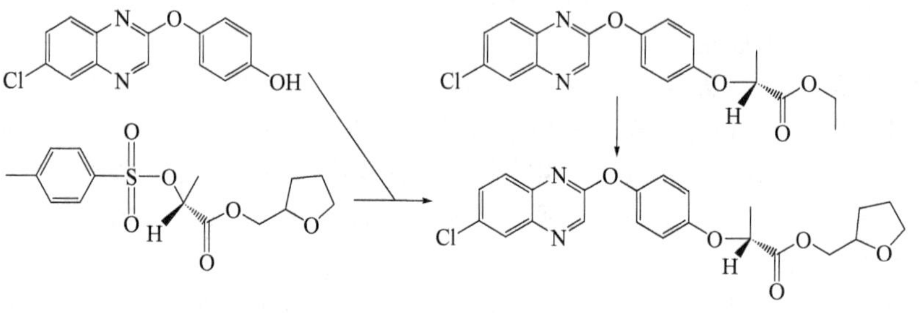

参考文献

[1] 葛发祥. 安徽化工，2001，3：37-38.

喹菌酮 oxolinic acid

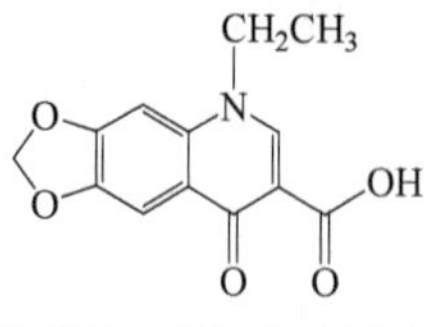

$C_{13}H_{11}NO_5$，261.2，14698-29-4

喹菌酮(oxolinic acid)，试验代号 S-0208。商品名称 Starner。其他名称 噁喹酸。是由日本住友化学株式会社开发的用于种子处理的杀菌剂。

化学名称 5-乙基-5,8-二氢-8-氧化[1,3]二氧戊环并[4,5-g]喹啉-7-羧酸，5-ethyl-5,8-dihydro-8-oxo[1,3]dioxolo[4,5-g]quinoline-7-carboxylic acid。

理化性质 工业品为浅棕色结晶固体。纯品为无色结晶固体，熔点＞250℃。相对密度1.5～1.6(23℃)，蒸气压＜0.147mPa(100℃)。溶解度：在水中为3.2mg/L(25℃)，在正己烷、二甲苯、甲醇中＜10g/kg(20℃)。

毒性 急性经口 LD_{50}(mg/kg)：雄性大鼠630，雌性大鼠570。雄性和雌性大鼠急性经皮 LD_{50}＞2000mg/kg，本品对兔皮肤和眼睛无刺激。急性吸入 LC_{50}(4h,mg/L)：雄性大鼠2.45，雌性大鼠1.70。

生态效应 鲤鱼 LC_{50}(48h)＞10mg/L。

环境行为 动物：新陈代谢的细节，见 Crew, et al, *Xenobiotica*，1971，1：193。

制剂 1%超微粉剂、20%可湿性粉剂。

主要生产商 Sumitomo Chemical。

作用机理与特点 一种喹啉类杀菌剂，抑制细菌孢分裂时必不可少的 DNA 复制而发挥其抗菌活性，具有保护和治疗作用。

应用

(1) 适宜作物与安全性 水稻、白菜和苹果等。

(2) 防治对象 用于水稻种子处理，防治极毛杆菌和欧氏植病杆菌，如水稻颖枯细菌病菌、内颖褐变病菌、叶鞘褐条病菌、软腐病菌、苗立枯细菌病菌、马铃薯黑茎病、软腐病、火疫病，苹果和梨的火疫病、软腐病，白菜软腐病。

(3) 使用方法 以1000mg/L浸种24h，或以10000mg/L浸种10min，或20%可湿性粉剂以种子重量的0.5%进行种子包衣，防效均在97%以上。与各种杀菌剂桶混时，在稀释后10d内均在足够的防效。以300～600g(a.i.)/hm² 进行叶面喷雾，可有效防治苹果和梨的火疫病和软腐病。在抽穗期以300～600g(a.i.)/hm² 进行叶面喷雾，可有效防治水稻粒腐病。对大白菜软腐病也有很好的保护和治疗作用。

参考文献

[1] The Pesticide Manual，15th ed. 2009：853-854.

喹硫磷 quinalphos

$C_{12}H_{15}N_2O_3PS$, 298.3, 13593-03-8

喹硫磷(quinalphos)，试验代号 Bay77049、ENT27394、SAN6538、SAN6626。商品名称 Deviquin、Hilquin、Max、Quinaal、Quinatox、Quinguard、Rambalux、Starlux、Vazra。其他名称 喹噁磷、喹噁硫磷、克铃死、爱卡士。是 K. J. Schmidt 和 L. hammann 报道其活性，由 Bayer AG 和 Sandoz AG(现属先正达公司)开发的有机磷类杀虫剂。

化学名称 O,O-二乙基-O-(2-喹喔啉基)硫逐磷酸酯，O,O-diethyl O-quinoxalin-2-yl phosphorothioate。

理化性质 无色结晶固体，熔点31～32℃，沸点142℃(0.0003mmHg，分解)，蒸气压0.346mPa(20℃)。相对密度1.235(20℃)，$K_{ow}lgP=4.44$(23℃,10～100mg/L level)。水中溶解

度 17.8mg/L(22~23℃)，其他溶剂中溶解度：正己烷 250g/L(23℃)，易溶于甲苯、二甲苯、乙醚、乙酸乙酯、丙酮、乙腈、甲醇、乙醇，微溶于石油醚(23℃)。纯品在室温条件下稳定 14d，液体原药在正常储存条件下分解，必须放在含有稳定剂且适宜的非极性有机溶剂中。制剂是稳定的(在 25℃以下，保质期平均为 2y)。易水解，DT_{50}(25℃,17mg/L 和 2.5mg/L)：23d(pH 3)，39d(pH 6)，26d(pH 9)。

毒性　雄大鼠急性经口 LD_{50}71mg/kg，雄大鼠急性经皮 LD_{50}1750mg/kg，本品对兔眼睛和皮肤无刺激。大鼠吸入 LC_{50}(4h)0.45mg/L 空气。大鼠 NOEL(2y)3mg/kg 饲料(基于胆碱酯酶的抑制剂)。ADI(EPA)cRfD 0.0005mg/kg[1992]。对大鼠和兔无致畸作用，无致突变作用。在大鼠、小鼠和狗体内具有胆碱酯酶抑制剂的作用。

生态效应　鸟急性经口 LD_{50}(14d,mg/kg)：日本鹌鹑 4.3，野鸭 37。饲喂 LC_{50}(8d,mg/kg)：野鸭 220，鹌鹑 66。鱼 LC_{50}(96h,mg/L)：鲤鱼 3.63，虹鳟鱼 0.005。水蚤 LC_{50}(48h)0.66μg/L。对蜜蜂高毒：蜜蜂 LD_{50}(μg/只)：经口 0.07，接触 0.17。蚯蚓 LC_{50}(mg/kg 土)：188(7d)，118.4(14d)。

环境行为　经口进入大鼠体内的本品，被迅速吸收，代谢为 2-羟基喹喔啉(包括纯品和螯合物)，并在很短的时间内排出，其中尿(约 87%)，胆汁(约 13%)。植物中，在 14d 内，1/3 被叶面吸收，进入植物内，同时 2/3 被蒸发掉。主要代谢物为 2-羟基喹喔啉(包括纯品和螯合物)。土壤中在有氧条件下迅速分解，DT_{50}21d(o. m. 2.6%，pH 6.8,18~22℃)。氢解产物为 2-羟基喹喔啉，其在土壤中不富积，进一步降解为极性代谢物和二氧化碳。Freundlich K 25~320mg/kg(o. m. 1.1%~35.5%)。

制剂　20%、48%乳油，25%可湿性粉剂，30%超低容量液剂，5%颗粒剂，1.5%粉剂。

主要生产商　Bharat、DooYang、Ficom、Gharda、Gujarat、Gujarat Pesticides、Hikal、India Pesticides、Sharda 及 United Phosphorus 等。

作用机理　胆碱酯酶的直接抑制剂。具有触杀、胃毒作用，无内吸和熏蒸作用，在植物上有良好的渗透性，杀虫谱广，有一定的杀卵作用，在植物上降解速度快，残效期短。

应用

(1) 适用作物　水稻、柑橘、烟草、蔬菜、茶树、棉花、白菜、花生、豌豆、咖啡、观赏植物等。

(2) 防治对象　二化螟、三化螟、稻苞虫、稻纵卷叶螟、稻叶蝉、稻飞虱、柑橘蚜、柑橘介壳虫、柑橘潜叶蛾、菜青虫、斜纹叶蛾、烟青虫、棉铃虫、小绿叶蝉、茶尺蠖、棉蚜、棉蓟马等。

(3) 残留量与安全施药　允许最大残留量 2mg/kg，在收获前 14d 停止用药。

(4) 使用方法　使用剂量：250~500g(a. i.)/hm²(乳油)，0.75~1.0kg(a. i.)/hm²(颗粒剂)。

① 水稻　a. 稻纵卷叶螟：在卵盛孵期至幼龄期(低龄期)，用 25%乳油 2.25~3L/hm²，兑水 750~900kg，均匀喷雾。b. 二化螟：在螟卵孵化初盛期，用 25%乳油 1.5~2L/hm²，兑水 1125kg，均匀喷雾；825~1125g/hm² 拌细土 300~600kg 均匀撒施。c. 三化螟：防治枯心苗掌握在卵孵化高峰前 1~2d 施药，防治白穗在水稻破口露穗时用药，防治指标在 5%~10%破口露穗。用 25%乳油 1.65L/hm²，兑水 1125kg，进行喷雾，防治对象田三化螟卵块达 450~750 块/hm²。d. 稻瘿蚊：中晚稻秧田在成虫盛发期内，播种后 6~8d，用 25%乳油 2.25~3L/hm²，兑水 600~1350kg，均匀喷雾，间隔 7~9d 再施药一次，或用 5%颗粒剂 22.5kg/hm² 进行撒施，施药时，田中要有水层，若种田无水则要加大水量 2~3 倍喷雾。e. 稻飞虱、稻叶蝉：在若虫盛发高峰期及短翅成虫出现初期，用 25%乳油 1.5~2.1L/hm²，兑水 1050kg，均匀喷雾，或用 5%颗粒剂 15~22.5kg/hm² 进行均匀撒施。f. 黏虫：在低龄幼虫期，用 25%乳油 1.8L/hm²，兑水 750kg，均匀喷雾。g. 稻蓟马：在秧苗 4 叶期后每百株有虫 200 头以上，或叶尖初卷率达 5%~10%，本田分蘖期每百株有虫 300 头以上或叶尖的初卷率达 10%左右，用 25%乳油 1.5~2L/hm²，兑水 1125kg，均匀喷雾；825~1125g/hm² 拌细土 300~600kg 均匀撒施。

② 柑橘　a. 柑橘潜叶蛾：在成虫盛发期放稍后 3～7d，新叶被害率约 10％时，用 25％乳油 600～700 倍液，加杀虫单结晶或巴丹原粉 2000～2500 倍液，或加 25％杀虫双水剂 700 倍液，均匀喷雾，间隔 5～7d 再施药一次。b. 橘蚜：在新稍有蚜株率达 20％时，用 25％乳油 500～750 倍液，均匀喷雾，重点喷施有蚜植株。c. 介壳虫：在若、幼蚧盛发期，用 25％乳油 500～750 倍液，加 0.5％～1％机油乳剂或茶麸柴油乳膏喷雾。

③ 烟草在幼虫低龄期，用 25％乳油 2.1～2.55L/hm²，兑水 900～1125kg，均匀喷雾，可防治烟青虫；对发生在烟草上的其他各种害虫，斜纹叶蛾等鳞翅目幼虫，均可用 25％乳油 2.1～2.55L/hm²，兑水 900～1125kg，均匀喷雾，进行防治。

④ 棉花　a. 棉蚜：在大面积平均有蚜株率达到 30％，平均单株蚜数 10 头，或蚜害卷叶株率达到 5％时，用 25％乳油 750～900mL/hm²，兑水 750kg，均匀喷雾。b. 棉蓟马：在棉苗 4～6 片真叶时，百株有虫 15～30 头时，用 25％乳油 1～1.5L/hm²，兑水 900kg，均匀喷雾。c. 棉铃虫：当百株卵量骤然上升，达到 15～20 粒以上，或百株有幼虫 5～10 头时，用 25％乳油 2～2.5L/hm²，兑水 1125kg，均匀喷雾。

⑤ 茶树　a. 小绿叶蝉：在若虫盛发期，用 25％乳油 700～1000 倍液，或用 25％乳油 2.25～3L/hm²，兑水 900～1125kg，均匀喷雾。b. 茶尺蠖：在幼虫低龄期，用 25％乳油 700～1000 倍液，或用 25％乳油 2.25～3L/hm²，兑水 900～1125kg，均匀喷雾。c. 长白介、红蜡介：在卵孵化盛末期，用 25％乳油 700～1000 倍液，或用 25％乳油 2.25～3L/hm²，兑水 900～1125kg，均匀喷雾。

⑥ 蔬菜　在幼虫低龄期，用 25％乳油 900～1200mL/hm²，兑水 750～900kg，均匀喷雾可防治菜青虫、斜纹叶蛾。

专利与登记　专利 BE681443、DE1545817 均早已过专利期，不存在专利权问题。国内登记情况：10％、25％乳油、70％原药等；登记作物为水稻和柑橘树等；防治对象为介壳虫和稻种卷叶螟等。

合成方法　经如下反应制得喹硫磷：

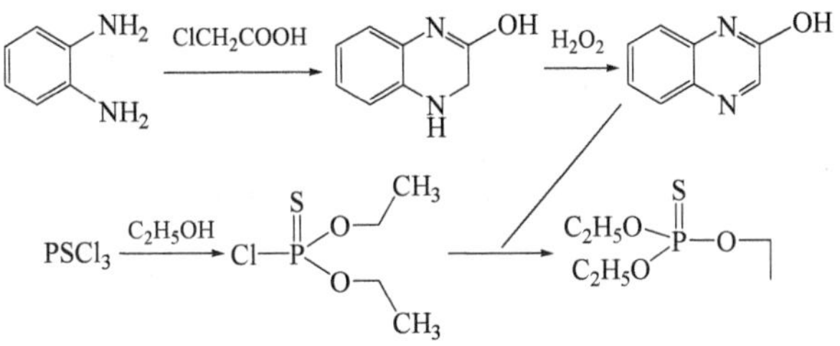

参考文献

[1] 金小弟 . 江苏农药，1995，2：15-18.
[2] 李富新 . 农药，1999，11：15-17.

喹螨醚 fenazaquin

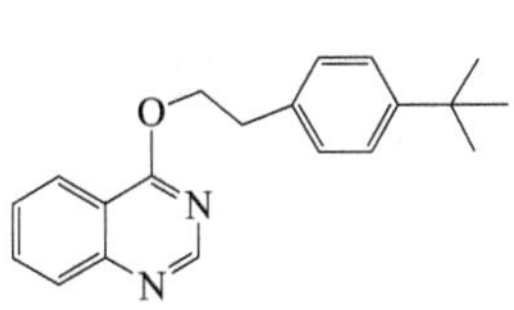

$C_{20}H_{22}N_2O$，306.4，120928-09-8

喹螨醚（fenazaquin），试验代号　DE436、EL-436、lilly193136、XDE436、XRD-562。商品名称 Boramae、Demitan、Magister、Magus、Matador、Pride、Pride Ultra、Totem、Turkoise、

螨即死。是由 C. Longhurst 等报道，由 DowElanco（现属 Dow AgroSciences）开发的喹唑啉类杀螨剂。

化学名称 4-叔丁基苯乙基喹唑啉-4-基醚，4-*tert*-butylphenethyl quinazolin-4-yl ether。

理化性质 纯品无色晶体，熔点 77.5～80℃，蒸气压 $3.4×10^{-6}Pa$(25℃)。相对密度 1.16。$K_{ow}\lg P=5.51$(20℃)。Henry 常数 $4.74×10^{-3}Pa\cdot m^3/mol$(计算值)。水中溶解度(20℃,mg/L)：0.102(pH 5,7)，0.135(pH 9)；其他溶剂中溶解度(20℃,g/L)：三氯甲烷>500，甲苯 500，丙酮 400，甲醇 50，异丙醇 50，乙腈 33，正己烷 33。水溶液中(pH 7,25℃)DT_{50} 为 15d。制剂外观为透明琥珀色液体，闪点 69℃，相对密度 0.99～1.01。有芳香烃气味，在酸性条件下不稳定。

毒性 急性经口 LD_{50}(mg/kg)：雄大鼠 134，雌大鼠 138，雄小鼠 2449，雌小鼠 1480。兔急性经皮 LD_{50}>5000mg/kg。对兔眼睛轻度刺激，对皮肤无刺激、致敏。大鼠吸入 LC_{50}(4h) 1.9mg/L 空气。NOEL 0.5mg/kg。ADI：（BfR）0.005mg/kg；（EPA）aRfD 0.1mg/kg，cRfD 0.05mg/kg。无明显致突变、致畸、致癌性。

生态效应 鸟急性经口 LD_{50}(mg/kg)：山齿鹑 1747，野鸭>2000。山齿鹑、野鸭急性饲喂 LC_{50}>5000mg/L。鱼类 LC_{50}(96h,μg/L)：虹鳟鱼 3.8，大翻车鱼 34.1。水蚤 LC_{50}(48h)4.1μg/L。蜜蜂 LD_{50}8.18μg/只(接触)。蚯蚓 LC_{50}(14d)1.93mg/kg 土壤。

环境行为

（1）动物 经口后经过 168h 大部分以粪便的形式排出体外，约 0.5%～1.6%留在动物尸体内，代谢涉及醚键的消除，形成 4-羟基喹啉及羧酸衍生物。其他在生物体内的转变包括烷基侧链上的甲基氧化为醇，随后通过羟基化代谢为烷基醚或羧酸，然后进一步通过喹啉环的 2 位进行羟基化

（2）土壤/环境 在土壤中 DT_{50} 约 45d。K_{oc}(标化分配系数)：砂质肥土 15800，黏质肥土 42100。K_d(土壤吸收系数)：砂土 54，黏质肥土 487。

制剂 18%悬浮剂，95g/L 乳油。

主要生产商 上海谱振生物科技有限公司。

作用机理与特点 喹螨醚是近年推出的新型专用杀螨剂。喹螨醚具有触杀及胃毒作用，可作为电子传递体取代线粒体中呼吸链的复合体Ⅰ，从而占据其与辅酶 Q 的结合位点导致害螨中毒。对成虫具有很好的活性，也具有杀卵活性，阻止若虫的羽化。在中国试验证明，喹螨醚对苹果害螨、柑橘红蜘蛛等害螨的各种螨态如夏卵、幼若螨和成螨都有很高的活性。药效发挥迅速，控制期长。

应用

（1）适用作物 扁桃(杏仁)、苹果、柑橘、棉花、葡萄和观赏植物以及蔬菜等。

（2）防治对象 喹螨醚有效地防治真叶螨、全爪螨和红叶螨，以及紫红短须螨。还可防治近年为害上升的苹果二斑叶螨(白蜘蛛)，尤其对卵效果更好。目前已知可用来防治苹果红蜘蛛、山楂叶螨、柑橘红蜘蛛和加憷叶螨等，在台湾等地喹螨醚主要用来防治二斑叶螨等。

（3）残留量与安全用药 在土壤中 DT_{50} 为 45d。喹螨醚对蜜蜂和水生生物低毒，但最好避免在植物花期和蜜蜂活动场所施药。若误入眼睛，应立即用清水连续冲洗 15min，咨询医务人员；若误服应立即就医，是否需要引吐由医生根据病情决定；若粘在皮肤上，应立即用肥皂和清水冲洗 15min，如仍有刺激感，立即就医。

（4）应用技术 施药应选早晚气温较低、风小时进行，要喷洒均匀。在干旱条件下适当提高喷液量有利于药效发挥。晴天上午 8 时至下午 5 时、空气相对湿度低于 65%、气温高于 28℃时应停止施药。使用剂量为 10～25g/100L。

（5）使用方法 在 10～25g/hm² 剂量下可有效防治扁桃(杏仁)、苹果、柑橘、棉花、葡萄和观赏植物上的真叶螨、全爪螨和红叶螨，以及紫红短须螨等。

在我国使用情况：防治苹果红蜘蛛，在若螨开始发生时，用 10%喹螨醚 4000 倍液或每 100L 水加 10%喹螨醚 25mL(有效浓度 25mg/L)喷雾，有效期 40d。防治柑橘红蜘蛛，在若螨开始发生时，用 10%喹螨醚 2000～3000 倍液或每 100L 水加 10%喹螨醚 33～50mL(有效浓度 33～

50mg/L)喷雾。有效期 30d 左右。

专利与登记 专利 EP326329、EP380264 等早已过专利期，不存在专利权问题。国内登记情况：18％悬浮剂，99％原药，95g/L 乳油等；登记作物为苹果树等；防治对象为红蜘蛛等。

合成方法 喹螨醚以邻氨基苯甲酸为原料，与甲酰胺回流制得 4-羟基喹唑啉，氯化得到含 4-氯喹唑啉盐酸盐的混合物，然后与 4-叔丁基苯乙醇回流反应，得到 4-[2-(4-叔丁基苯基)乙氧基]喹唑啉盐酸盐，中和后即得本品。反应式如下：

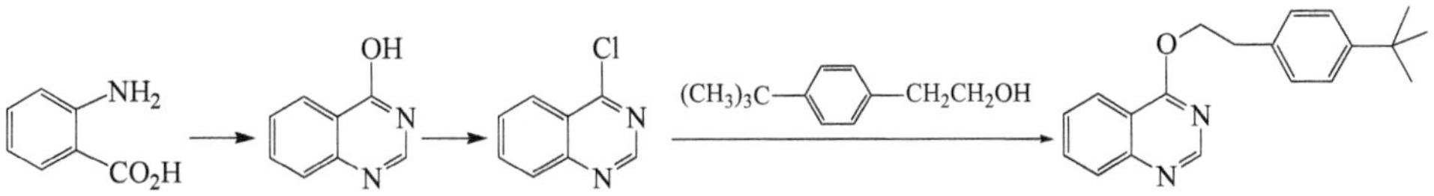

参考文献

[1] 周艳丽. 农药科学与管理，2005，6：33-34.

乐果 dimethoate

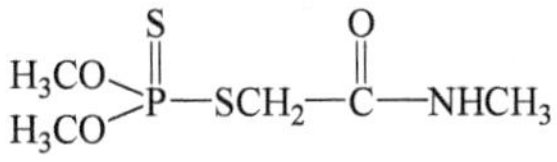

$C_5H_{12}NO_3PS_2$，229.3，60-51-5

乐果(dimethoate)，试验代号 BAS152J、CME103、EI12880、ENT24650、L395、OMS94、OMS111。商品名称 Alkedo、Bi58、Danadim、Devigon、Diadhan、Dimethate、Dimezyl、Efdacon、Hermootrox、Killgor、Laition、Perfekthion、Robgor、Rogor、Romethoate、Stinger、Tara909、Teeka、Vidithoate、大灭松。是由 E. I. Hoegberg 和 J. T. Cassaday 报道其活性，由American Cyanamid Co.、BASF AG、Boehringr Sohn(现属 BASF AG)、Montecatini S. p. A.(现属Isagro S. p. A.)开发和生产的有机磷类杀虫剂。

化学名称 O,O-二甲基 S-甲基氨基甲酰甲基二硫代磷酸酯，O,O-dimethyl S-methylcarbamoylmethyl phosphorodithioate。

组成 原药含量 95％。

理化性质 无色结晶固体(工业品为白色固体球)，熔点 49～52℃(纯度为 99.4％)，沸点117℃（0.1mmHg），蒸气压 0.25mPa(25℃)。相对密度 1.31(20℃，纯度 99.1％)。$K_{ow}lgP =$ 0.704。Henry 常数 $1.42×10^{-6}Pa·m^3/mol$。水中溶解度 39.8g/L(pH 7,25℃)，易溶于大多数有机溶剂，如醇类、酮类、甲苯、苯、氯仿、二氯甲烷＞300g/kg，四氯化碳、饱和烷烃、正辛醇＞50g/kg(20℃)。在 pH 2～7 介质中稳定，在碱性介质中分解，DT_{50}4.4d(pH 9)。光稳定性DT_{50}＞175d(pH 5)。受热分解为 O,S-二甲基类似物。pK_a2.0(20℃)。表面张力 69.5mN/m。

毒性 急性经口 LD_{50}(mg/kg)：大鼠 387，小鼠 16，兔 300，豚鼠 350。大鼠急性经皮 LD_{50}＞2000mg/kg。对兔眼睛和皮肤无刺激。大鼠吸入 LC_{50}(4h)＞1.6mg/L 空气。NOEL 值[mg/(kg·d)]：大鼠(2y)0.23，狗(1y)0.2，人(39d)0.2。ADI(mg/kg)：(JMPR,PSD)0.002[1996,2001,2003]；(EC)0.001[2007]；(EPA)aRfD 0.013，cRfD 0.0022[2006]。

生态效应 急性经口 LD_{50}(mg/kg)：野鸭 42，山齿鹑 10.5，日本鹌鹑 84，雉鸡 14.1。LC_{50}(mg/L)：野鸭 1011，山齿鹑 154，日本鹌鹑 346，雉鸡 396。鱼 LC_{50}(96h,mg/L)：虹鳟鱼 30.2，大翻车鱼 17.6。水蚤 EC_{50}(48h)2mg/L，NOEC(24h)1mg/L。羊角月牙藻 E_bC_{50}(72h)90.4mg/L，E_rC_{50}(72h)90.4mg/L，NOEC(72h)30.5mg/L。本品对蜜蜂有毒，LD_{50}(μg/只)：经口 0.15，接触 0.2。蚯蚓 LC_{50}31mg/kg 干土。对其他有益生物 LR_{50}(g/hm²)：梨盲走螨(7d)2.24，溢管蚜茧

蜂(48h)0.014。

环境行为 本品在土壤、水、植物中的半衰期很短，正常使用，对空气、食物或水污染很小。

(1) 动物 哺乳动物体内的降解规律与植物体内相同。

(2) 植物 在植物体内有以下代谢途径：氧化为氧乐果，氧乐果的 *O*-去甲基化和 *N*-去甲基化形成 *O*-去甲基 *N*-去甲基氧乐果，酰胺键水解形成乐果羧酸及进一步降解为 *O,O*-二甲基二硫代磷酸，去甲基化或重排为 *O*-去甲基乐果或 *O*-去甲基异乐果，氧乐果的去甲基化反应生成 *O*-去甲基氧乐果和酰胺键的进一步水解为 *O*-去甲基氧乐果羧酸。氧乐果被归类为有毒的强胆碱酯酶抑制剂，且在环境中表现出同乐果一样的快速降解效果。

(3) 土壤/环境 吸附和脱附常数与粉砂土含量呈线性关系。K_{oc}16.25～51.88(砂土/壤砂土)。需氧 DT_{50}2～4.1d。光解 DT_{50}7～16d(土壤表面)。污染地下水的可能性很小。

制剂 25%、40%、50%乳油，30%可溶性粉剂。

主要生产商 Agrochem、Cheminova、Drexel、Lucava、Mico、Nortox、Rallis、Sundat、United Phosphorus、安徽省池州新赛德化工有限公司、福建三农化学农药有限责任公司、湖北砂隆达农业科技有限公司、湖南海利化工股份有限公司、江苏腾龙集团、浙江华兴化学农药有限公司及郑州砂隆达农业科技有限公司等。

作用机理与特点 胆碱酯酶的直接抑制剂，杀虫谱广，对害虫和螨类有强烈的触杀和一定的胃毒作用，进入虫体内能氧化成毒性更高的氧化乐果，对害虫的毒力随气温升高而增强。持效期一般 4～5d。

应用

(1) 适用作物 观赏作物、谷类、咖啡、棉花、林木、果树（柑橘、葡萄）、橄榄树、根甜菜、马铃薯、豆类、茶树、烟草和蔬菜。

(2) 防治对象 刺吸式口器、咀嚼式口器害虫及植食性螨类，包括蚜虫、叶螨、蓟马、叶蝉、飞虱、红蜘蛛、叶跳甲、粉虱、林木虱和潜叶蝇、实蝇等双翅目害虫以及水稻螟虫、棉盲蝽象、果树实心虫、介壳虫等。也用于畜舍中苍蝇的防治。

(3) 残留量与安全施药 一般使用下对作物安全，但对某些品种的核桃、松树、桃、枣、杏、梅、柑橘、柠檬、啤酒花、番茄、棉花、高粱、菜豆、烟草等作物有药害，对某些品种的苹果和花卉可引起锈斑。蔬菜、果品、茶叶、烟草的收获前禁用期不同，蔬菜为 5～10d，茶叶为7d，小麦、高粱等粮食作物不少于 10d。本品对畜、禽经口毒性较高，喷过药剂的田边 7～10d 内不可放牧；沾染药剂的种子不可喂饲家禽。乐果在土壤中半衰期只有 2～4d，不宜用作土壤处理。

(4) 应用技术 乐果可对农场建筑墙面滞留性喷雾，以防治家蝇，杀虫作用相对较慢，持效期可达 8 周。乐果纯品还能用于体表喷雾、肌肉注射或经口以防治家畜体内外双翅目寄生虫。

(5) 使用方法

① 棉花 a. 在蚜株率达 30%，单株蚜数平均近 10 头，卷叶率达 5%时，用 40%乳油750mL/hm²，或 50%乳油 600mL/hm²，兑水 900kg 喷雾，可防治棉蚜；b. 在棉田 4～6 真叶时，100 株有虫 15～30 头时，用 40%乳油 750mL/hm²，或 50%乳油 600mL/hm²，兑水 900kg 喷雾，可防治蓟马；c. 在 100 株虫数达到 100 头以上，或棉叶尖端开始变黄时，用 40%乳油 750mL/hm²，或 50%乳油 600mL/hm²，兑水 900kg 喷雾，可防治棉叶蝉。防治蚜虫和红蜘蛛要重点喷洒叶背，使药液接触虫体才有效。

② 水稻 每亩用 40%乐果乳油 75mL，或用 50%乳油 50mL，兑水 75～100kg 喷雾。可有效防治灰飞虱、白背飞虱、褐飞虱、叶蝉、蓟马等害虫。

③ 蔬菜 用 40%乳油 750mL/hm²，或 50%乳油 600mL/hm²，兑水 900kg 喷雾，可防治菜蚜、茄子红蜘蛛、葱蓟马、豌豆潜叶蝇等。

④ 烟草 用 40%乳油 900mL/hm²，或 50%乳油 750mL/hm²，兑水 900kg 喷雾，可防治烟蚜虫、烟蓟马、烟青虫。

⑤ 果树　a. 用 50％乳油 1000～2000 倍液喷雾，可防治苹果叶蝉、梨星毛虫、木虱；b. 用 40％乳油 800 倍喷雾，可防治柑橘红蜡介、柑橘广翅蜡蝉。

⑥ 茶树　用 40％乳油 1000～2000 倍液喷雾，可防治茶橙瘿螨、茶绿叶蝉。

⑦ 花卉　a. 用 30％可溶性粉剂 1500～3000 倍液喷雾可防治瘿螨、木虱、实蝇、盲蝽；b. 用 40％乳油 2000～3000 倍液喷雾，可防治蚧壳虫、刺蛾和蚜虫等。

⑧ 香蕉　用 40％乳油 800～1000 倍液喷雾，可防治多种蚜虫、卷叶虫、斜纹夜蛾、花蓟马和网蝽等。

专利与登记　专利 US2494283、DE1076662、GB791824 均早已过专利期，不存在专利权问题。国内登记情况：40％、50％乳油，80％、85％、90％、96％、98％原药，1.5％粉剂等；登记作物为蔬菜、柑橘树、苹果树、棉花和烟草等；防治对象为螨、蚜虫和鳞翅目幼虫等。

合成方法　经如下反应制得乐果：

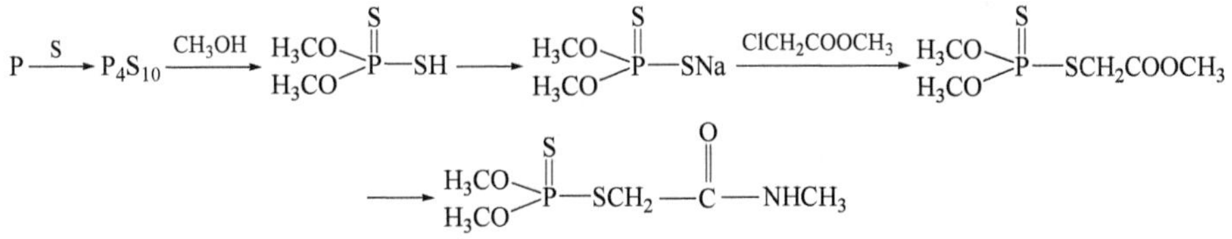

雷皮菌素 lepimectin

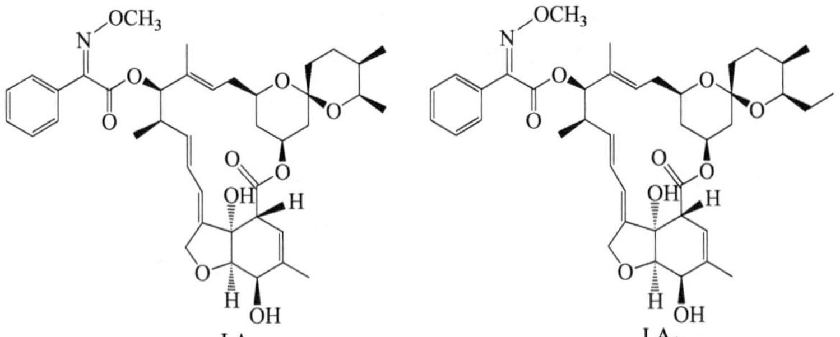

LA₃　　LA₄

$C_{40}H_{51}NO_{10}$(LA₃)，705.8(LA₃)，$C_{41}H_{53}NO_{10}$(LA₄)，719.9(LA₄)，171249-05-1(LA₄)，171249-10-8(LA₃)

雷皮菌素(lepimectin)，商品名称　Aniki。是日本三共农药公司开发的抗生素类杀虫剂。

化学名称　(10E,14E,16E)-(1R,4S,5′S,6R,6′R,8R,12R,13S,20R,21R,24S)-6′-乙基-21，24-二羟基-5′，11，13，22-四甲基-2-氧代-(3,7,19-三噁四环[15.6.1.1⁴,⁸.0²⁰,²⁴]二十五烷-10，14，16，22-四烯)-6-螺-2′-(四氢吡喃)-12-基(Z)-2-甲氧亚氨-2-苯乙酸酯和(10E,14E,16E)-(1R,4S,5′S,6R,6′R,8R,12R,13S,20R,21R,24S)-21,24-二羟基-5′，6′，11,13,22-五甲基-2-氧代-(3,7,19-三噁四环[15.6.1.1⁴,⁸.0²⁰,²⁴]二十五烷-10,14,16,22-四烯)-6-螺-2′-(四氢吡喃-12-基(Z)-2-甲氧亚氨-2-苯乙酸酯，或(2aE,4E,8E)-(5′S,6S,6′R,7R,11R,13R,15S,17aR,20R,20aR,20bS)-6′-乙基-3′,4′,5′,6,6′,7,10,11,14,15,17a,20,20a,20b-十四氢-20，20b-二氢-5′,6,8,19-四甲基-17-氧代螺(11,15-甲撑-2H,13H,17H-糠[4,3,2-pq][2,6]苯并二噁环十八英-13,2′-[2H]吡喃)-7-基(Z)-2-甲氧亚胺-2-苯乙酸酯和(2aE,4E,8E)-(5′S,6S,6′R,7R,11R,13R,15S,17aR,20R,20aR,20bS)-3′,4′,5′,6,6′,7,10,11,14,15,17a,20,20a,20b-十四氢-20,20b-二羟基-5′,6,6′,8,19-五甲基-17-氧代螺(11,15-甲撑-2H,13H,17H-糠[4,3,2-pq][2,6]苯并二噁环十八英-13,2′-[2H]吡喃)-7-基(Z)-2-甲氧亚胺-2-苯乙酸酯。80％～100％(10E,14E,16E)-(1R,4S,5′S,6R,6′R,8R,12R,13S,20R,21R,24S)-6′-ethyl-21,24-dihydroxy-5′,11,13,22-

tetramethyl-2-oxo-(3,7,19-trioxatetracyclo[15.6.1.1^{4,8}.0^{20,24}]pentacosa-10,14,16,22-tetraene)-6-spiro-2'-(tetrahydropyran)-12-yl(Z)-2-methoxyimino-2-phenylacetate 和 20%～0%（10E,14E,16E)-(1R,4S,5'S,6R,6'R,8R,12R,13S,20R,21R,24S)-21,24-dihydroxy-5',6',11,13,22-pentamethyl-2-oxo-(3,7,19-trioxatetracyclo[15.6.1.1^{4,8}.0^{20,24}]pentacosa-10,14,16,22-tetraene)-6-spiro-2'-(tetrahydropyran)-12-yl(Z)-2-methoxyimino-2-phenylacetate 的混合物或 80%～100%（2aE,4E,8E)-(5'S,6S,6'R,7R,11R,13R,15S,17aR,20R,20aR,20bS)-6'-ethyl-3',4',5',6,6',7,10,11,14,15,17a,20,20a,20b-tetradecahydro-20,20b-dihydroxy-5',6,8,19-tetramethyl-17-oxospiro(11,15-methano-2H,13H,17H-furo[4,3,2-pq][2,6]benzodioxacyclooctadecin-13,2'-[2H]pyran)-7-yl(Z)-2-methoxyimino-2-phenylacetate 和 20%～0%（2aE,4E,8E)-(5'S,6S,6'R,7R,11R,13R,15S,17aR,20R,20aR,20bS)-3',4',5',6,6',7,10,11,14,15,17a,20,20a,20b-tetradecahydro-20,20b-dihydroxy-5',6,6',8,19-pentamethyl-17-oxospiro(11,15-methano-2H,13H,17H-furo[4,3,2-pq][2,6]benzodioxacyclooctadecin-13,2'-[2H]pyran)-7-yl(Z)-2-methoxyimino-2-phenylacetate 的混合物。

组成 LA$_4$ 取代物含量为 80%～100%，LA$_3$ 取代物含量为 0%～20%。

理化性质 产品纯度≥90%，白色晶体粉末，熔点：LA$_3$ 154～156℃，LA$_4$ 152～154℃，蒸气压(80℃,mPa)：LA$_3$<2.97×10^{-3}，LA$_4$<4.78×10^{-3}。K_{ow}lg$P$(25℃)：LA$_3$ 6.5，LA$_4$ 7.0。相对密度：LA$_3$<1.068，LA$_4$<1.173(20℃±1℃)。水中溶解度(20℃±0.5℃,mg/L)：LA$_3$ 0.10347，0.04679。有机溶剂中溶解度(20℃,g/L)：LA$_3$ 甲苯、二氯甲烷、丙酮、甲醇和乙酸乙酯>250，正庚烷 4.43；LA$_4$ 甲苯、二氯甲烷、丙酮和甲醇>250，乙酸乙酯 226.9，正庚烷 0.89。水解 DT$_{50}$(25℃)：LA$_3$ 71.6d(pH 4)，71.6d(pH 7)，56.8d(pH 9)；LA$_4$ 75.2d(pH 4)，86.0d(pH 7)，97.1d(pH 9)。

毒性 急性经口 LD$_{50}$(mg/kg)：雄大鼠 984，雌大鼠 1210，雄小鼠 1870。雄、雌大鼠急性经皮 LD$_{50}$>2000mg/kg。对兔眼轻微刺激，对兔皮肤无刺激，对豚鼠皮肤有致敏性。雌大鼠吸入 LC$_{50}$(4h)>5.15mg/kg。NOEL[mg/(kg·d)]：雄大鼠 2.02，雌大鼠 2.57。ADI 0.02mg/(kg·d)。

生态效应 鸟急性经口 LD$_{50}$(mg/kg)：雌雄山齿鹑>2000，雌雄野鸭>2000。鱼 LC$_{50}$(96h,μg/L)：虹鳟鱼 2.6，鲤鱼 8.6。水蚤 EC$_{50}$(48h,流动)0.13mg/L，羊角月牙藻 E$_b$C$_{50}$(72h)>1mg/L，蜜蜂 LD$_{50}$(96h,μg/只)：经口 3.23，接触 1.9。蚯蚓 LC$_{50}$(14d)918mg/L。

环境行为

(1) 动物 至少 33% 被吸收，主要通过羟基化代谢，在动物体内广泛分布，并通过粪便完全消除。

(2) 植物 主要通过光解进行代谢。

(3) 土壤/环境 土壤中 DT$_{50}$ 53～59d。

制剂 1% 乳油、可湿性粉剂。

主要生产商 Mitsui Chemicals Agro。

应用

(1) 适用对象 柑橘、草莓、番茄、茶、葡萄、苹果、梨、萝卜、葱、莴苣、白菜、卷心菜、茄子等。

(2) 防治对象 燕尾蝶、夜盗虫、桃毛兽、卷叶虫等。

(3) 残留量与安全施药 雷皮菌素主要代谢物为 2-甲氧亚胺-2-苯乙酸。

专利概述

专利名称 Oximegroup-containingmilbemycin derivative

专利号 JP2008143818

专利申请日 2006-12-08

专利拥有者 SANKYO AGROKK

合成方法 雷皮菌素为弥拜菌素衍生物。弥拜菌素是从土壤微生物-链霉菌(*Streptomyces*

hygroscopicus subsp. *Aureolacrimosus*)的发酵物中提取而得到。

利谷隆 linuron

$C_9H_{10}Cl_2N_2O_2$，249.1，330-55-2

利谷隆（linuron），试验代号　DPX-Z0326、AEF002810、Hoe02810。商品名称　Afalon、Afalox、Linex、Linurex、Lorox、Siolcid。其他名称　直西龙；1962 年由 K. Hartel 报道其除草活性。由 E. I. du Pont de Nemours & Co. 和 Hoechst AG（现 Bayer AG）推出。

化学名称　3-（3,4-二氯苯基）-1-甲氧基-1-甲基脲，3-（3,4-dichlorophenyl）-1-methoxy-1-methylurea。

理化性质　原药纯度≥94％。纯品为无色结晶体，熔点 93～95℃，蒸气压（mPa）：0.051（20℃）、7.1（50℃）。$K_{ow}lgP=3.00$，Henry 常数 $2.0×10^{-4}$ Pa·m³/mol（20℃），相对密度 1.49（20℃）。水中溶解度：63.8mg/L（20℃，pH 7）；其他溶剂中溶解度（25℃，g/kg）：丙酮 500，苯、乙醇 150，二甲苯 130。在熔点下以及中性介质中稳定，在酸或碱性介质及升高温度条件下水解。

毒性　大鼠急性经口 $LD_{50}1500～5000mg/kg$，急性经皮 $LD_{50}>2000mg/kg$。对兔皮肤有轻度刺激，对豚鼠无致敏性。大鼠急性吸入 LC_{50}（4h）$>4.66mg/L$ 空气。2y 饲喂试验表明大鼠和狗无作用剂量为 125mg/kg 饲料。

生态效应　野鸭和日本鹌鹑 LC_{50}（8d）$>5000mg/kg$ 饲料。鱼毒 LC_{50}（96h，mg/L）：虹鳟鱼 3.15，鲶鱼>4.9。蜜蜂 LD_{50}（经口）$>1600μg/$只。蚯蚓 $LC_{50}>1000mg/kg$ 土壤。

环境行为

（1）动物　主要代谢物为去甲基化和去甲氧基化产物。

（2）植物　植物体内代谢亦通过去甲基化和去甲氧基化。

（3）土壤/环境　生物降解是利谷隆在土壤中消解的主要因素。大田 $DT_{50}2～5$ 个月（Kempson-Jones F，Hance R J. Pestic Sci,1979,10:449）。土壤中 $DT_{50}38～67d$。土壤吸收 $K_{oc}500～600$。

制剂　50％可湿性粉剂。

主要生产商　DuPont、Makhteshim-Agan、江苏快达农化股份有限公司、江苏瑞邦农药厂有限公司。

作用机理与特点　脲类除草剂，光合作用抑制剂。选择性芽前、芽后脲类除草剂。具有内吸和触杀作用。主要通过杂草的根部吸收，也可被叶片吸收。

应用

（1）适用作物　大豆、玉米、高粱、棉花、马铃薯、胡萝卜、芹菜、水稻、小麦、花生、甘蔗、葡萄等果树以及苗圃作物等。

（2）防治对象　稗草、牛筋草、狗尾草、马唐、蓼、藜、马齿苋、鬼针草、苋菜、猪殃殃、眼子菜、豚草等。

（3）使用方法　大豆、玉米、高粱地，每公顷用 50％可湿性粉剂 2250～3000g 进行苗前土壤处理；或用 1200g 加 1500g 48％甲草胺乳油喷雾土壤处理；也可与异丙甲草胺、毒草胺混用；大豆田还可与氯乐灵混用土壤处理。大豆田使用，要求播种深度为 4～5cm，过浅易产生药害。棉田使用，每公顷用 50％可湿性粉剂 1875～2250g 进行播后苗前土壤处理，过量，易产生药害。冬小麦田使用，播后苗前每公顷用 1500～1950g 喷雾土壤处理。水稻田，每公顷用 1200～1500g 防治眼子菜。苗后茎叶处理，药液中加入 0.6％表面活性剂，喷药位置不得超过作物高度的 1/3，防止药液落到作物叶面上产生药害。

（4）注意事项　土壤有机质含量低于1%或高于5%的田块不宜使用；砂性重，雨水多的地区不宜使用。敏感作物有甜菜、向日葵、甘蓝、莴苣、甜瓜、小萝卜、烟草、茄子、辣椒等。喷雾器具使用后要清洗干净。

专利与登记　专利 DE1028986、GB852422 均早已过专利期。国内仅登记了 97%原药。

合成方法　由 3,4-二氯苯胺制得 3,4-二氯苯异氰酸酯后与硫酸羟胺反应生成 3,4-二氯苯羟基脲，然后与硫酸二甲酯反应制得利谷隆。

藜芦碱 sabadilla

cevadine (i) R=

veratridine (ii) R=

$C_{32}H_{49}NO_9(i)$，$C_{36}H_{51}NO_{11}(ii)$，591.7(i)，673.8(ii)，8051-02-3，62-59-9(i)，71-62-5(ii)

藜芦碱(sabadilla)。**商品名称**　veratrine、cevadine。**其他名称**　砂巴藜芦。1970 年就开始使用。

化学名称　$4\beta,12,14,16\beta,17,20$-六羟基-$4a,9$-环氧瑟烷-$3\beta$-基［(Z)-2-甲基丁-2-烯酸酯］(i)；$4\beta,12,14,16\beta,17,20$-六羟基-$4a,9$-环氧瑟烷-3,4-二甲氧基苯甲酸酯(ii)。$4\beta,12,14,16\beta,17,20$-hexahydroxy-$4a,9$-epoxycevan-$3\beta$-yl［(Z)-2-methylbut-2-enoate］(i)，$4\beta,12,14,16\beta,17,20$-hexahydroxy-$4a,9$-epoxycevan-$3\beta$-yl-3,4-dimethoxybenzoate(ii)。

组成　藜芦碱 sabadilla 中杀虫成分为 veratrine，其中组分 i 与组分 ii 的比例为 2:1。

理化性质　熔点：140~155℃(veratrine)，208~210℃(i)，167~184℃(ii)。蒸气压：$9.8×10^{-9}$Pa(20℃)、$2.5×10^{-8}$Pa(25℃)。$K_{ow}lgP=4.65$。Henry 常数 $6×10^{-5}$Pa·m³/mol。水中溶解度 555mg/L(veratrine)，12.5g/L(pH 8.07)(ii)，易溶于乙醇、醚、氯仿，微溶于甘油，不溶于己烷。稳定性两组分遇空气、光不稳定，在 pH >10 分解。旋光率$[\alpha]_D^{21}$ +10.7°(c=6.0,乙醇)(i)；$[\alpha]_D^{21}$ +7.2°(c=3.9,乙醇)(ii)。pK_a9.54(ii)。

毒性　大鼠急性经口 LD$_{50}$ 4000mg/kg，吸入对黏膜有刺激性，有催嚏作用。大鼠 NOAEL(90d)11mg/kg。

生态效应　对益虫无害。

环境行为　在空气和光照下迅速分解，残留低。动物通过皮肤迅速吸收。

制剂　0.5%藜芦碱醇溶液、煤油溶液、粉剂。

主要生产商　Dunhill。

作用机理与特点　具有触杀和胃毒作用。神经细胞钠通道抑制剂。药剂经虫体表皮或吸食进入消化系统后，造成局部刺激，引起反射性虫体兴奋，继之抑制虫体感觉神经末梢，进而抑制中枢神经而致害虫死亡。

应用

(1) 适用作物 大田农作物，果林如柑橘、鳄梨等，蔬菜。

(2) 防治对象 蓟马、棉蚜、棉铃虫、菜青虫。

(3) 残留量与安全施药 本品对人、畜毒性低，不污染环境，低残留，药效可持续 10d 以上。易光解，应在避光、干燥、通风、低温条件下储存。不可与强酸、碱性制剂混用。

(4) 应用技术 防治棉蚜，在棉蚜百株卷叶率达 5％、有蚜株率为 30％以上和每叶片有 30～40 头棉蚜时施药。防治棉铃虫，在棉铃虫卵孵盛期施药，本品对 1～3 龄幼虫效果较好，4 龄以上幼虫效果较差。防治甘蓝菜青虫，当甘蓝处在莲座期，菜青虫处于低龄幼虫阶段时施药。

(5) 使用方法 在世界范围内藜芦碱推荐使用剂量为 20～100g/hm²。用于柑橘、鳄梨上蓟马的防治。

防治棉蚜，每公顷用商品量 1125～1500mL(有效成分 5.6～7.5g)，加水 600L 喷雾，持效期可控制在 14d 以上。

防治棉铃虫，使用剂量及施药方法同棉蚜。

防治甘蓝菜青虫，每公顷用商品量 1125～1500mL(有效成分 5.6～7.5g)，加水 600L 喷雾，持效期可控制在 14d 以上。

专利与登记 藜芦碱不存在专利问题。在我国登记了 0.5％可溶液剂，登记用于防治甘蓝、棉花、茶树等的菜青虫、棉铃虫、棉蚜、茶橙瘿螨等，使用剂量为 5.625～7.5g/hm²。

合成方法 从中、南美洲野生百合科植物沙巴藜芦中萃取，大约 20 种以上，最常用的是 *Schoenocaulon officinal* Grey，其种子中含 2％～2.5％藜芦碱，可用煤油萃取。一般将沙巴藜芦的种子或其萃取物在 150℃处理或用碳酸钠处理，以提高毒力。据称亦可从蒜藜芦(*Veratrum album*)中提取。

联苯吡菌胺 bixafen

$C_{18}H_{12}Cl_2F_3N_3O$，414.2，581809-46-3

联苯吡菌胺(bixafen)，试验代号 BYF00587。商品名称 Aviator235 Xpro、Siltra Xpro、Skyway Xpro。其他名称 Input Xpro、Variano Xpro、Zantara，是由德国拜耳作物科学有限公司开发的吡唑酰胺类杀菌剂。

化学名称 N-(3′,4′-二氯-5-氟联苯-2-基)-3-(二氟甲基)-1-甲基-1H-吡唑-4-甲酰胺。N-(3′,4′-dichloro-5-fluoro[1,1′-biphenyl]-2-yl)-3-(difluoromethyl)-1-methyl-1H-pyrazole-4-carbox amide。

理化性质 白色粉末。熔点 142.9℃，蒸气压 4.6×10^{-5} mPa(20℃)，$K_{ow}\lg P = 3.3$(20℃)，相对密度 1.51(20℃)，水中溶解度 0.49mg/L(pH 7,20℃)。对光和水稳定(pH 4～9)。

毒性 大鼠急性经口 LD_{50} >5000mg/kg。大鼠经皮 LD_{50} >2000mg/kg。对大鼠皮肤和眼睛无刺激。对小鼠淋巴结没有潜在的致敏作用。大鼠吸入 LC_{50} >5.383mg/L。NOAEL[mg/(kg·

d）〕：大鼠2，小鼠6.7。ADI（EC推荐值）0.02mg/kg。

生态效应　山齿鹑急性经口 $LD_{50}>2000mg/kg$。鱼 LC_{50}（96h，mg/L）：虹鳟鱼0.095，黑头呆鲦鱼0.105。水蚤 EC_{50}（48h）1.2mg/L，近头状伪蹄形藻 E_rC_{50}（72h）0.0965mg/L。蜜蜂 LD_{50}（μg/只）：（经口）>121.4，（接触）>100。蚯蚓 LC_{50}（14d）>1000mg/kg。其他有益生物 LR_{50}（g/hm²）：捕食螨244，蚜茧蜂244，普通草蛉246（实验室扩展试验）。

环境行为

（1）动物　大鼠及幼鼠对联苯吡菌胺的吸收、消化和排泄（主要是粪便）很快。没有发现在动物体内有残留积聚。通过对蛋鸡和哺乳山羊的代谢分解研究显示在动物组织、哺乳和蛋中含有较高含量未分解母体结构。大鼠、家禽和反刍动物的主要代谢反应是在吡唑环上的去甲基化，导致联苯吡菌胺-去甲基。

（2）植物　研究作物为春小麦和大豆。主要降解过程为去甲基化，酰胺裂解，苯胺羟基化和共轭。所有的研究结果表明联苯吡菌胺始终是主要组成部分。主要代谢产物是吡唑环上去甲基化的联苯吡菌胺。

（3）土壤/环境　实验室中研究表明联苯吡菌胺在土壤中降解缓慢和无流动性。阳光照射可能会使一小部分联苯吡菌胺在土壤表面降解。所有研究土壤没有检测到主要的代谢物。在黑暗的实验室测试条件下的有氧和无氧条件下土壤中联苯吡菌胺的半衰期为1y。在整个欧洲的实地消散研究联苯吡菌胺的 DT_{50} 为200d（几何平均值）。联苯吡菌胺在环境条件下被认为是水解稳定的，且在水中不易光解。在有氧条件下，在两个水/沉积物系统，水相中 DT_{50} 值分别为22.5d和25.5d（最合适的动力学）。由于观察限制不能确定整个系统的准确的 DT_{50}、DT_{90} 值。

作用机制　线粒体抑制剂，扰乱复合体Ⅱ在呼吸作用中的电子传递功能，对琥珀酸脱氢酶有抑制作用。

应用　用于叶斑病和叶锈病的防治，并有望成为杀菌剂抗性治理的重要品种。联苯吡菌胺与丙硫菌唑的混剂具有"无与伦比"、长效、广谱的病害防治效果。用于冬小麦、黑麦和黑小麦，推荐剂量为1.25L/hm²，大麦1L/hm²。该产品用于控制小麦病害中的叶疱病（壳针孢属）和叶锈病。该混剂对植物生理有积极的作用，可增强抗逆性，提高产量。该混剂结合了一个专利乳剂配方和叶面防护，以改善作物覆盖率和耐雨性。

专利与登记

专利名称　Preparation of N-1,1'-biphenyl-2-yl-1H-pyrazole-4-carboxamides asmicrobicides

专利号　WO2003070705

　专利申请日　　2003-02-06

专利拥有者　Bayer CropScience AG

在其他国家申请的化合物专利：DE10215292、IN2003MU00135、IN216586、CA2476462、AU2003246698、BR2003007787、EP1490342、CN1646494、CN100503577、JP2005530694、JP4611636、NZ534710、RU2316549、IL163467、AT491691、ES2356436、KR1035422、ZA2004006487、MX2004007978、CR7439、US20060116414、US7329633、US20080015244、US7521397 等。

该品种于2011年上市。目前已经在澳大利亚、智利、爱沙尼亚、德国、爱尔兰、立陶宛、乌克兰和英国取得登记。产品主要有 Aviator Xpro〔bixafen75g（a.i.）/L＋prothioconazole 150g（a.i.）/L〕、Skyway Xpro〔bixafen75g（a.i.）/L＋prothioconazole 100g（a.i.）/L＋tebuconazole 100g（a.i.）/L〕和 Zantara〔bixafen 50g（a.i.）/L＋tebuconazole 166g（a.i.）/L〕。公司期望其潜在销售额超过4.3亿美元。

合成方法　可按如下方法合成：

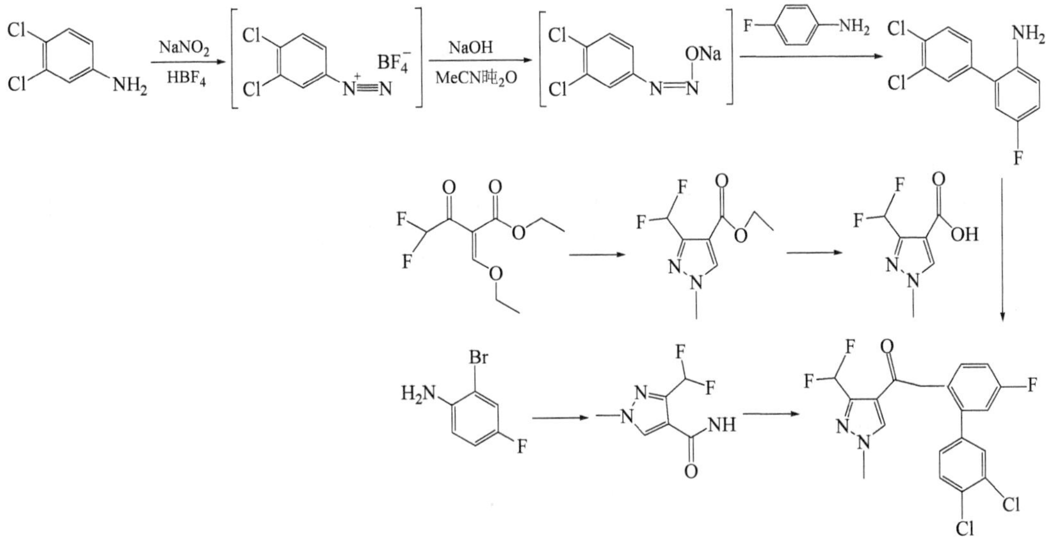

联苯肼酯 bifenazate

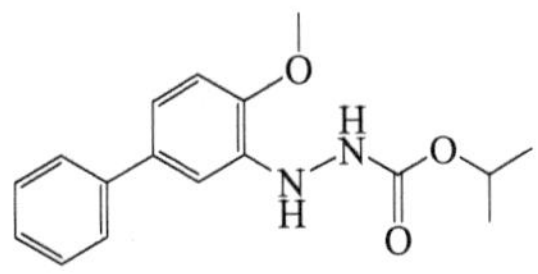

C₁₇H₂₀N₂O₃，300.4，149877-41-8

$C_{17}H_{20}N_2O_3$，300.4，149877-41-8

联苯肼酯（bifenazate），试验代号 D2341、NC-1111。商品名称 Acramite、Enviromite、Floramit、Mito-kohne、Vigilant。是由 M. A. Dekeyser 等于 1996 年报道，由 Uniroyal 公司发现并由 Uniroyal 公司和 Nissan 公司联合开发，于 2000 年上市的联苯肼类杀螨剂。

化学名称 3-(4-甲氧基联苯基-3-基)肼基甲酸异丙酯，isopropyl 3-(4-methoxybiphenyl-3-yl) carbazate。

理化性质 工业纯>95%。纯品为白色、无味晶体。熔点 123～125℃，在 240℃分解，蒸气压 $3.8×10^{-4}$ mPa（25℃）。相对密度 1.31。$K_{ow}\lg P=3.4$（25℃，pH 7）。Henry 常数 $1.01×10^{-3}$ Pa·m³/mol。水中溶解度（20℃，pH 值不确定）2.06mg/L；其他溶剂中溶解度（g/L，25℃）：甲醇 44.7，乙腈 95.6，乙酸乙酯 102，甲苯 24.7，正己烷 0.232。在 20℃下稳定（储存期大于 1y）；水溶液中 DT_{50}（25℃）：9.10d（pH 4），5.40d（pH 5），0.80d（pH 7），0.08d（pH 9）；光照 DT_{50} 17h（25℃，pH 5）。pK_a12.94（23℃）。闪点≥110℃。表面张力（22℃）64.9mN/m。

毒性 大鼠急性经口 LD_{50}>5000mg/kg。大鼠急性经皮 LD_{50}（24h）>5000mg/kg，大鼠吸入 LC_{50}（4h）>4.4mg/L。本品对兔眼睛和皮肤轻微刺激，对豚鼠皮肤无致敏性。NOEL[90d，mg/（kg·d）]：（90d）雄大鼠 2.7，雌大鼠 3.2，雄狗 0.9，雌狗 1.3；（1y）公狗 1.014，母狗 1.051；（2y）雄大鼠 1.0，雌大鼠 1.2；（78 周）雄小鼠 1.5，雌小鼠 1.9。ADI：（JMPR）0.01mg/kg；（EC）0.01mg/kg；（FSC）0.01mg/kg。Ames 阴性，对大鼠、兔无致突变、致畸性，对大鼠、小鼠无致癌性。

生态效应 山齿鹑急性经口 LD_{50} 1142mg/kg，鸟饲喂 LC_{50}（5d，mg/kg）：山齿鹑 2298，野鸭 726。鱼类 LC_{50}（96h，mg/L）：虹鳟鱼 0.76，大翻车鱼 0.58。水蚤 EC_{50}（48h）0.50mg/L，中肋骨

条藻 E_bC_{50}(72h)0.30mg/L，羊角月牙藻 E_rC_{50}(96h)0.90mg/L。东方牡蛎 EC_{50}(96h)0.42mg/L。蜜蜂 LD_{50}(48h,μg/只)：>100(经口)，8.5(接触)。蚯蚓 LC_{50}(14d)>1250mg/kg 土壤。联苯肼酯对淡水鱼和软体动物高急性毒性。联苯肼酯对捕食螨如钝绥螨属、静走螨属无药害。对草蛉、丽蚜小蜂和步行虫无药害。

环境行为

（1）动物　对于动物，该产品的生物药效率很低，大部分随粪便排泄掉。吸收量由使用剂量决定（10mg/kg 为 80%～85%，1000mg/kg 为 22%～29%），吸收的剂量发生氧化作用转化为相应的含氮化合物，水解掉的代谢物主要以硫酸盐或葡萄糖苷酸络合物的形式随尿液排掉。

（2）植物　大部分残留物停留在植物的表面和皮层，在这里大部分不会被代谢，有痕量的残留物能穿透皮层而被代谢，这类似于动物。

（3）土壤/环境　在需氧性土壤中 DT_{50} 为 7h；在厌氧性土壤中 DT_{50}<1d。在各种类型的土壤介质中既没有联苯肼酯也没有其降解产物滤到，K_{oc}1778。在天然水中 DT_{50} 为 45min；在土壤中的扩散 DT_{50}≤5d。由于联苯肼酯被认为在水中和土壤中不会转移或长期停留，所以对地下水和地表水的水体污染率极低。

制剂　悬浮剂、水分散粒剂、可湿性粉剂。

主要生产商　Chemtura。

作用机理与特点　联苯肼酯是一种新型选择性叶面喷雾用杀螨剂、非内吸性杀螨剂。它是一种专用杀螨剂，主要防治活动期叶螨，但对一些其他螨类，尤其对二斑叶螨具有杀卵作用。实验室研究表明，联苯肼酯对捕食性益螨没有负面影响。其作用机理为对螨类的中枢神经传导系统的一种 γ-氨基丁酸(GABA)受体的独特作用。对螨的各个发育阶段有效，具有杀卵活性和对成螨的击倒活性(48～72h)。对捕食性螨影响极小，非常适合于害虫的综合治理。对植物没有毒，效力持久。

应用

（1）适宜作物　柑橘、葡萄、果树、蔬菜、棉花、玉米和观赏植物等。

（2）防治对象　食叶类螨虫如全爪螨、二点叶螨的各个阶段。

（3）应用技术　本品为优良的杀螨剂，与其他杀虫剂无交互抗性。

（4）使用方法　在世界范围内联苯肼酯推荐使用剂量为 0.15～0.75kg/hm²。用药后 3d 内对于靶标害螨有击倒效用，并能持续 30d。本品不宜连续使用，建议与其他类型药剂轮换使用。

专利与登记

专利名称　Insecticidal phenylhydrazine derivatives

专利号　WO9310083

专利申请日　1992-11-17

专利拥有者　Uniroyal Chem Co. Inc.

在其他国家申请的化合物专利：AU670927、AU9331374、AT148104、BR9206803、CA2123885、CN1075952、CN1033699、EP641316、ES2097372、FI942355、FI120340、HU219189、HU68639、IL103828、JP07502267、JP2552811、NO9401876、PL171968B、RO112860、RU2109730、SK282306、ZA9208915、US5367093、US5438123 等。

工艺专利：WO9817637、US6093843、WO2001032599、US6706895 等。

国内登记情况：43%悬浮剂，97%原药等；登记作物为苹果树等；防治对象为红蜘蛛等。美国科聚亚公司在中国登记了97%原药及43%悬浮剂，用于防治苹果树上的红蜘蛛，用药量为160～240mg/kg。

合成方法　联苯肼酯的合成可以联苯酚为原料，经硝化、甲基化、还原得到联苯胺，再经重氮化，还原得到联苯肼，最后与氯甲酸异丙酯反应即得产品：

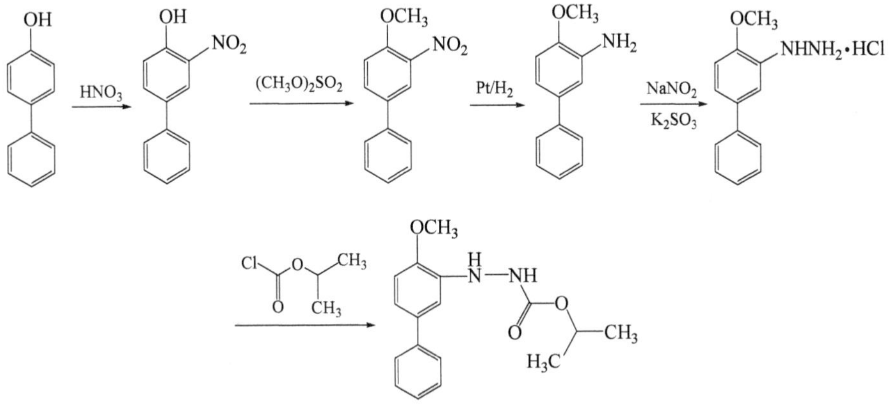

参考文献

[1] 王元元. 精细化工中间体，2011，6：8-10.

联苯菊酯 bifenthrin

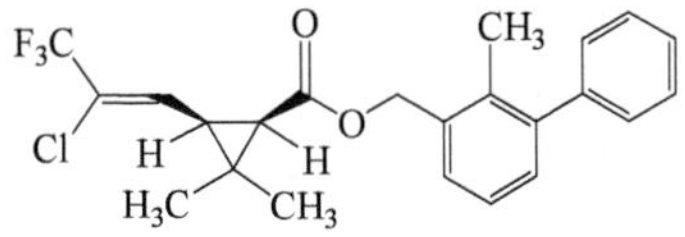

(Z)-(1R)-cis-

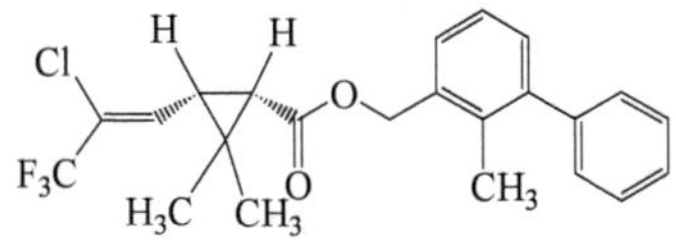

(Z)-(1S)-cis-

$C_{23}H_{22}ClF_3O_2$，422.9，82657-04-3

联苯菊酯（bifenthrin），试验代号 FMC54800、OMS3024。商品名称 Annex、Aripyreth、Astro、Bifenquick、Bifenture、Milord、SmartChoice、Sun-bif、Talstar、Wudang 等。其他名称氟氯菊酯、天王星、虫螨灵、毕芬宁。是 FMC 公司开发的拟除虫菊酯类杀虫剂。

化学名称 （Z）-(1RS,3RS)-2,2-二甲基-3-(2-氯-3,3,3-三氟-1-丙烯基)环丙烷羧酸-2-甲基-3-苯基苄酯或（Z）-(1RS)-cis-2,2-二甲基-3-(2-氯-3,3,3-三氟-1-丙烯基)环丙烷羧酸-2-甲基-3-苯基苄酯，2-methylbiphenyl-3-ylmethyl(Z)-(1RS,3RS)-3-(2-chloro-3,3,3-trifluoroprop-1-enyl)-2,2-dimethylcyclopropanecarboxylate 或 2-methylbiphenyl-3-ylmethyl(Z)-(1RS)-cis-3-(2-chloro-3,3,3-trifluoroprop-1-enyl)-2,2-dimethylcyclopropanecarboxylate。

组成 产品中顺式异构体含 97%，反式异构体含 3%。

理化性质 黏稠液体、结晶或蜡状固体。熔点 57～64.6℃，沸点 320～350℃。蒸气压 $1.78×10^{-3}$ mPa(20℃)，$K_{ow}lgP>6$，相对密度 1.210(25℃)。溶解度：水中<1μg/L(20℃)，溶于丙酮、氯仿、二氯甲烷、乙醚和甲苯，微溶于己烷和甲醇。在 25℃和 50℃可稳定储存 2y(工业品)。在自然光下，DT_{50} 为 255d。pH ＝5～9(21) 条件下，可稳定储存 21d。闪点 165℃(敞口杯)，151℃(闭口杯)。

毒性 大鼠急性经口 LD_{50} 为 54.5mg/kg。兔急性经皮 $LD_{50}>2000mg/kg$。对兔皮肤和眼睛无刺激作用，对豚鼠皮肤不致敏。大鼠吸入 LC_{50}(4h)1.01mg/L。NOEL[mg/(kg·d)]：狗(1y) 1.5，大鼠和兔无致畸作用剂量分别为≤2、8。ADI：（JMPR）0.02mg/kg[1992]；（EU）

617

0.015mg/kg[2012]；（EPA）cRfD 0.015mg/kg[1988]。

生态效应 鸟类急性经口 LD_{50}（mg/kg）：山齿鹑 1800，野鸭 2150。饲喂 LC_{50}（8d,mg/kg 饲料）：山齿鹑 4450，野鸭 1280。鱼类 LC_{50}（96h,mg/L）：大翻车鱼 0.000269，虹鳟鱼 0.00015。水蚤 LC_{50}（48h）0.00016mg/L。在水中溶解度小，但对土壤的亲和力大，所以在田间对水生生物系统影响很小。水藻 EC_{50} 和 E_rC_{50} ＞8mg/L。摇蚊幼虫 NOEC（28d）0.00032mg/L。蜜蜂 LD_{50}（μg/只）：经口 0.1，接触 0.01462。蚯蚓 LC_{50}＞16mg/kg 干土。其他有益物种 LR_{50}（g/hm²）：蚜茧蜂 8.1，草蜻蛉 5.1。

环境行为

（1）动物 动物口服后药物大部分可以排泄掉，48h 内可以排泄完全。发生广泛的代谢、羟基化和螯合。

（2）植物 体内广泛代谢，其中 50%～80% 发生水解。最主要的代谢物是 4'-羟基联苯菊酯。

（3）土壤/环境 土壤 DT_{50}（实验室）53～192d（平均 106d），K_{oc} 1.31×10⁵～3.02×10⁵。

制剂 4%、18%、20% 微乳剂，2.5%、25g/L 乳油。

作用机理 作用于害虫的神经系统，通过作用于钠离子通道来干扰神经作用。联苯菊酯是拟除虫菊酯类杀虫、杀螨剂，具有触杀、胃毒作用。无内吸、熏蒸作用。杀虫谱广，作用迅速，在土壤中不移动，对环境较为安全，持效期较长。

应用

（1）适用作物 棉花、果树、蔬菜、茶树等。

（2）防治对象 潜叶蛾、食心虫、卷叶蛾、尺蠖等鳞翅目幼虫，粉虱、蚜虫、叶蝉、叶蛾、瘿螨等害虫、害螨，具体应用技术见表 121。

表 121 联苯菊酯具体应用技术

作物	害虫	施药量及具体操作
棉花	棉铃虫	卵孵盛期施药,每亩用 2.5% 乳油 80～140mL[2～3.5g(a.i.)],药后 7～10d 内杀虫保蕾效果良好。此剂量也可用于防治棉红铃虫,防治适期为第二、三代卵孵盛期,每代用药 2 次
	棉红蜘蛛、棉蚜、造桥虫、卷叶虫、蓟马等(专用于防治棉蚜,剂量可减半)	成、若蛾发生期施药,每亩用 2.5% 乳油 120～160mL[3～4g(a.i.)],持效期 12d 左右
果树	桃小食心虫	卵孵盛期施药,用 2.5% 乳油 833～2500 倍液或每 100L 水加 2.5% 联苯菊酯 40～120mL(有效浓度 10～30mg/L)喷雾,整季喷药 3～4 次,可有效控制其危害,持效期 10d 左右
	苹果红蜘蛛	苹果花前或花后,成、若螨发生期施药,当每片叶平均达 4 头螨时施药,用 2.5% 乳油 833～2500 倍液或每 100L 水加 2.5% 40～120mL(有效浓度 10～30mg/L)喷雾。在螨口密度较低的情况下,持效期在 24～28d。东北果区于开花前施药,既控制叶螨,又能很好地控制苹果瘤蚜危害
	山楂红蜘蛛	在苹果树上,成、若螨发生期,当螨口密度达到防治指标时施药,用 2.5% 乳油 833～1250 倍液或每 100L 水加 2.5% 80～120mL(有效浓度 20～30mg/L)喷雾。可在 15～20d 内有效控制其危害
	柑橘潜叶蛾	于新梢初期施药,用 2.5% 乳油 833～1250 倍液或每 100L 水加 2.5% 80～120mL(有效浓度 20～30mg/L)喷雾,新梢抽发不齐或蚜量大时,隔 7～10d 再喷 1 次,可起到良好的杀虫保梢作用
	柑橘红蜘蛛	成、若螨发生初期施药,用 2.5% 乳油 833～1250 倍液或每 100L 水加 2.5% 80～120mL(有效浓度 20～30mg/L)喷雾,持效期 10d 左右,低温下使用可延长持效期,而高温时防治效果不佳

作物	害虫	施药量及具体操作
蔬菜	茄子红蜘蛛	成、若螨发生期，每亩用 2.5％乳油 120～160mL(a.i.3～4g)，可在 10d 内控制其危害
	白粉虱	白粉虱发生初期，生口密度不高时(2 头左右/株)施药，温室栽培黄瓜、番茄每亩用 2.5％ 80～100mL(a.i.2～2.5g)，露地栽培每亩用 2.5％联苯菊酯 100～160mL(a.i.2.5～4g)喷雾
	菜蚜、菜青虫、小菜蛾等多种食叶害虫	于发生期施药，每亩用 2.5％乳油 50～60mL(a.i.1.25～1.5g)喷雾。可控制蚜虫危害，持效期 15d 左右
茶树	茶尺蠖、茶毛虫	于幼虫 2～3 龄发生期施药，每亩用 2.5％乳油 30～40mL(a.i.0.75～1g)兑水喷雾。此剂量也可用于黑霉蛾的 4～5 龄幼虫防治
	茶小绿叶蝉	于发生期，每百叶有 5～6 头虫时施药，每亩用 2.5％乳油 80～100mL (a.i.2～2.5g)兑水喷雾，持效期 7～10d。此剂量也可在第一代卵孵化盛期末防治黑刺粉虱，效果较好
	茶短须螨、茶跗线螨	于成、若螨发生期，每叶 4～8 头螨时施药，每亩用 2.5％乳油 40～60mL (a.i.1～1.5g)兑水喷雾

（3）注意事项 ①施药时要均匀周到，尽量减少连续使用次数，尽可能与有机磷等杀虫剂轮用，以便减缓抗性的产生。②不要与碱性物质混用，以免分解。③对蜜蜂、家蚕、天敌、水生生物毒性高，使用时特别注意不要污染水塘、河流、桑园等。④低气温下更能发挥药效，故建议在春秋两季使用该药。⑤人体每日允许摄入量(ADI)为 0.04～0.05mg/kg。在茶叶上，使用联苯菊酯应遵守中国控制茶叶上残留的农药合理使用准则(国家标准 GB 8321.2—2000)。

专利与登记 专利 GB2085005 早已过专利期，不存在专利权问题。国内登记情况：93％、94％、95％、96％原药，4％、18％、20％微乳剂，2.5％、25g/L 乳油等；登记作物为茶树、小麦、棉花等；防治对象为茶小绿叶蝉、红蜘蛛、棉铃虫等。美国富美实公司在中国登记情况见表 122。

表 122 美国富美实公司在中国登记情况

登记名称	登记证号	含量	剂型	登记作物	防治对象	用药量	施用方法
联苯菊酯	PD291-99	90％	原药				
联苯菊酯	PD96-89	25g/L	乳油	棉花	红铃虫	30～52.5g/hm²	喷雾
					棉铃虫	30～52.5g/hm²	
					棉红蜘蛛	45～60g/hm²	
				茶树	茶毛虫	7.5～15g/hm²	
					茶尺蠖	7.5～15g/hm²	
					茶小绿叶蝉	30～37.5g/hm²	
					粉虱	30～37.5g/hm²	
					象甲	45～52.5g/hm²	
					黑刺粉虱	30～37.5g/hm²	
				柑橘树	潜叶蛾	7.5～10mg/kg	
					红蜘蛛	20～30mg/kg	
				苹果树	桃小食心虫	20～30mg/kg	
					叶螨	20～30mg/kg	
				番茄(保护地)	白粉虱	7.5～15g/hm²	

登记名称	登记证号	含量	剂型	登记作物	防治对象	用药量	施用方法
联苯菊酯	PD81-88	100g/L	乳油	柑橘树	红蜘蛛	20~30mg/kg	喷雾
					潜叶蛾	7.5~10mg/kg	
				茶树	茶尺蠖	7.5~15g/hm²	
					茶小绿叶蝉	30~37.5g/hm²	
					粉虱	30~37.5g/hm²	
					茶毛虫	7.5~15g/hm²	
					象甲	45~52.5g/hm²	
				苹果树	桃小食心虫	20~30mg/kg	
					叶螨	20~30mg/kg	
				棉花	红铃虫	30~52.5g/hm²	
					红蜘蛛	45~60g/hm²	
					棉铃虫	30~52.5g/hm²	
				番茄(保护地)	白粉虱	7.5~15g/hm²	

合成方法　通过如下反应即可制得目的物：

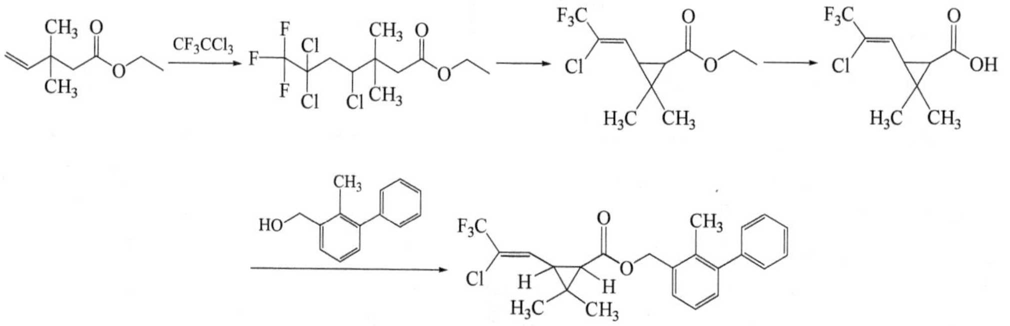

参考文献

[1] 王爱芬.白蚁科技,2000,2:3-10.

联苯三唑醇 bitertanol

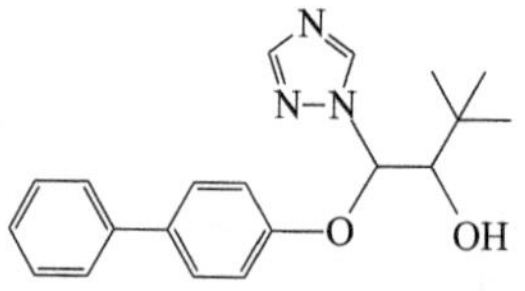

$C_{20}H_{23}N_3O_2$，337.4，55179-31-2

　　联苯三唑醇(bitertanol)，试验代号　BAY KWG0599。商品名称　Baycor、Baycoral、Proclaim、Zeus；其他名称　Argiletum、Baymat、Titanol、双苯三唑醇、百柯；是由拜耳公司开发的三唑类杀菌剂。

　　化学名称　1-(双苯-4-基氧)-3,3-二甲基-1-(1H-1,2,4-三唑-1-基)丁-2-醇，1-(biphenyl-4-yloxy)-3,3-dimethyl-1-(1H-1,2,4-triazol-1-yl)butan-2-ol。

　　理化性质　联苯三唑醇是由两种非对映异构体组成的混合物。对映体A：(1R,2S)+(1S,2R)；对映体B：(1R,2R)+(1S,2S)；A:B=8:2。联苯三唑醇原药为带有气味的白色至棕褐色结晶，纯品外观为白色粉末。熔点：A 138.6℃，B 147.1℃，A与B共晶118℃。蒸气压：A 2.2×10^{-7} mPa，B 2.5×10^{-6} mPa(均在20℃)。分配系数 $K_{ow}\lg P$：4.1(A)，4.15(B)(均在20℃)。Henry常数：2×10^{-8} Pa·m³/mol(A)，5×10^{-7} Pa·m³/mol(B)(均在20℃)。相对密度

1.16(20℃)。水中溶解度(20℃,不受 pH 值影响,mg/L)：2.7(A)，1.1(B)，3.8(混晶)。有机溶剂中溶解度(20℃,g/L)：二氯甲烷＞250，异丙醇 67，二甲苯 18，正辛醇 53(取决于 A 和 B 的相对数量)。稳定性：在中性、酸性和碱性介质中稳定；25℃时半衰期＞1y(pH 4、7 和 9)。

毒性 急性经口 LD_{50}(mg/kg)：大鼠＞5000，小鼠 4300，狗＞5000。大鼠急性经皮 LD_{50}＞5000mg/kg。对兔皮肤无刺激，对兔眼睛有轻微刺激作用。对皮肤无致敏性。大鼠吸入 LC_{50}(4h，mg/L 空气)：＞0.55(浮质)，＞1.2(尘埃)。NOEL(mg/kg 饲料)：(2y)大小鼠 100，(12～20 个月)狗 25。ADI(JMPR)0.01mg/kg[1998]；(EPA)0.002mg/kg。

生态效应 鸟类急性经口 LD_{50}(mg/kg)：山齿鹑＞776，野鸭＞2000。LC_{50}(5d,mg/L)：野鸭＞5000，山齿鹑 808。鱼毒 LC_{50}(96h,mg/L)：虹鳟鱼 2.14，大翻车鱼 3.54。水蚤 LC_{50}(48h)＞1.8～7mg/L。月牙藻 E_rC_{50} 6.52mg/L。蜜蜂 LD_{50}(μg/只)：经口＞104.4，接触＞200。蚯蚓 LC_{50}(14d)＞1000mg/kg 干土。

环境行为

(1) 动物 母体化合物的排泄和生物转化主要通过粪便迅速排出体外。联苯三唑醇在体内无潜在的积累。

(2) 植物 植物组织中的联苯三唑醇的浓度可以忽略。在处理过的植物果实和叶子的表面可以检测到活性成分。

(3) 土壤/环境 联苯三唑醇在水中少量光解。在水环境 DT_{50} 是 1 个月到 1 年。土壤降解迅速，二氧化碳是主要代谢产物。在土壤中流动性低。

制剂 25％可湿性粉剂。

主要生产商 Bayer CropScience、Saeryung 及盐城利民农化有限公司等。

作用机理与特点 联苯三唑醇是类甾醇类去甲基化抑制剂，是具保护和治疗活性的叶面杀菌剂。通过抑制麦角固醇的生物合成，从而抑制孢子萌发、菌丝体生长和孢子形成。

应用

(1) 适宜作物与安全性 水果(香蕉等)、观赏植物、蔬菜、花生、谷物、大豆和茶等。水中直接光解，土壤中降解，对环境安全。

(2) 防治对象 白粉病、叶斑病、黑斑病以及锈病等。

(3) 使用方法 防治水果的疤和黑斑病，用药量 156～938g(a.i.)/hm²。防治观赏植物锈病和白粉病，用药量 125～500g(a.i.)/hm²。防治玫瑰叶斑病，用药量 125～750g(a.i.)/hm²。防治香蕉病害，用药量 105～195g(a.i.)/hm²。作为种子处理剂用于控制小麦(4～38g/dt)和黑麦(19～84g/dt)的黑穗病等病害；还可与其他杀菌剂混合防治萌发期种子白粉病。

专利与登记 专利 US3952002 早已过专利期，不存在专利权问题。国内登记情况：97％原药，25％可湿性粉剂；登记作物为花生；防治对象为叶斑病。德国拜耳作物科学公司在中国仅登记了 97％原药。

合成方法 以取代硝基苯和频那酮为原料，经如下反应制得目的物：

链霉素 streptomycin

$C_{21}H_{39}N_7O_{12}$，581.6，57-92-1，3810-74-0（硫酸链霉素）

链霉素（streptomycin）。商品名称　Aastrepto；其他名称　Blamycin、Cuprimicin17、Paush-amycin、Streptrol；是 Novartis 开发的水溶性抗生素-葡萄糖甙类杀菌剂。

硫酸链霉素（streptomycin sesquisulfate），商品名称：Agrept、AS-50、Bac-Master、Agrimy-cin17；其他名称：Agri-Mycin、Firewall、Krosin、Plantomycin；是 Novartis 开发的水溶性抗生素-葡萄糖甙类杀菌剂。

化学名称　O-2-脱氧-2-甲基氨基-α-L-吡喃葡萄糖基-(1→2)-O-5-脱氧-3-C-甲酰基-α-L-来苏呋喃糖苷-(1→4)-N^1，N^3-双（氨基亚氨基甲基）-D-链霉胺或 1,1′-[1-L-(1,3,5/2,4,6)-4-[5-脱氧-2-O-(2-脱氧-2-甲基氨基-α-L-吡喃葡萄糖基)-3-C-甲酰基-α-L-来苏呋喃糖苷氧基]-2,5,6-三羟基环己基-1,3-基烯] 双胍。20℃O-2-deoxy-2-methylamino-α-L-glucopyranosyl-(1→2)-O-5-deoxy-3-C-formyl-α-L-lyxofuranosyl-(1→4)-N^1，N^3-diamidino-D-streptamine 或 1,1′-[1-L-(1,3,5/2,4,6)-4-[5-deoxy-2-O-(2-deoxy-2-methylamino-α-L-glucopyranosyl)-3-C-formyl-α-L-lyxofuranosyloxy]-2,5,6-trihydroxycyclohex-1,3-ylene]diguanidine.

理化性质

（1）链霉素　稳定性在 pH 2～9 下稳定,对强酸和强碱不稳定。

（2）硫酸链霉素　浅灰色易潮湿的粉末。溶解度（g/L）：水＞20(pH 7,28℃)，乙醇 0.9，甲醇＞20，石油醚 0.02。稳定性：稳定，易吸潮。比旋光度$[\alpha]_D^{25}$ −84°。

毒性

（1）链霉素　小鼠急性经口 LD_{50}＞10000mg/kg。急性经皮 LD_{50}（mg/kg）：雄小鼠 400，雌小鼠 325，可引起过敏性皮肤反应。大鼠 NOEL（2y）5mg/kg。ADI（mg/kg）：0.05（JECFA，1997），0.05(cRfD ,2006)。腹腔注射急性毒性 LD_{50}（mg/kg）：雄鼠 340，雌鼠 305。

（2）硫酸链霉素　急性经口 LD_{50}（mg/kg）：大鼠 9000，小鼠 9000，仓鼠 400。

生态效应　对鸟类无毒，对鱼有轻微的毒性，对蜜蜂无毒。

环境行为　动物很难吸收，不被代谢，大部分以本品形式经尿和粪便排出。

制剂　15％～20％可湿性粉剂，0.1％～8.5％粉剂。

主要生产商　河北省石家庄曙光制药厂。

作用机理与特点　链霉素对许多革兰氏染色阴性或阳性细菌有效，可有效地防治植物的细菌性病害。

应用

（1）适宜作物　苹果、梨、烟草、蔬菜等。

（2）防治对象　用于防治苹果、梨火疫病，烟草野火病、蓝霉病、白菜软腐病，番茄细菌性斑腐病、晚疫病，马铃薯种薯腐烂病、黑茎病，黄瓜角斑病、霜霉病，菜豆霜霉病、细菌性疫病，芹菜细菌性疫病，芝麻细菌性叶斑病等。

（3）使用方法　在病害发生初期，用 4000～5000 倍液均匀喷雾，间隔 7d 喷药 1 次，共喷2～3 次，可有效地防治黄瓜角斑病、菜豆细菌性疫病、白菜软腐病等。用 1000～1500 倍液，可防治马铃薯疫病；用 $1000\sim1500$ 倍液，可防治柑橘溃疡病。

登记情况 国内登记了 72% 可溶性粉剂，登记作物为大白菜、柑橘树和水稻，防治对象为软腐病、溃疡病、白叶枯病等。

合成方法 从 Streptomyces griseus、Streptomyces bikiensis 或 Streptomyces mashuensis 的培养基分离出来。制成三盐酸盐或三硫酸盐。

参考文献

[1] The Pesticide Manual. 15th ed. 2009：1053-1054.

林丹 lindane

$C_6H_6Cl_6$，290.8，58-89-9(gamma-HCH)

林丹(lindane)，**商品名称** Devilin；**其他名称** 混合异构体为 benzene hexachloride、BHC、HCH、hexachloran、hexaklor、HKhTsH，丙体异构体为 gamma-HCH、gamma-BHC、gamma benzene hexachloride、gamma-HKhTsH、高丙体六六六、灵丹；A. Dupire 和 M. Racourt 于 1942 年，R. E. Slade 于 1945 年分别报道了林丹的杀虫活性，其杀虫活性主要是由于 gamma-HCH 的存在，捷利康(现属 Syngenta AG)将 gamma-HCH 商品化。

化学名称 $1\alpha,2\alpha,3\beta,4\alpha,5\alpha,6\beta$-六氯环己烷。$1\alpha,2\alpha,3\beta,4\alpha,5\alpha,6\beta$-hexachlorocyclohexane。

组成 含 $\geqslant99\%$ 丙体异构体的 HCH。HCH 由苯在紫外线照射下氯化反应制成，没有确切的物理性质。通过 HCH 选择结晶离析出 Gamma-HCH 即林丹。

理化性质 无色晶体，熔点 $112.86℃$，蒸气压 $4.4mPa(24℃)$，$K_{ow}lgP=3.5$。Henry 常数 $0.15Pa\cdot m^3/mol$(计算值)。相对密度 $1.88(20℃)$。水中溶解度(pH 5,25℃)$8.52mg/L$。其他溶剂中溶解度(g/L,20℃)：丙酮>200，甲醇 $29\sim40$，二甲苯>250，乙酸乙酯<200，正己烷 $10\sim14$。$180℃$ 以下对光、空气和酸极其稳定，遇碱脱氯化氢。

毒性 急性经口 LD_{50} 值随着试验条件，尤其是载体的改变而改变，大鼠为 $88\sim270mg/kg$，小鼠为 $59\sim246mg/kg$。动物幼崽尤其敏感。大鼠急性经皮 LD_{50} $900\sim1000mg/kg$。对兔皮肤和眼有刺激性。大鼠吸入 LC_{50}(4h)为 $1.56mg/L$(气溶胶)。NOEL(2y,mg/kg 饲料)：大鼠 25，狗 50。ADI/RFD(JMPR)为 $0.005mg/kg$(林丹)。(EPA)aRfD $0.06mg/kg$，cRfD $0.0047mg/kg$。饮用水指导值为 $2mg/L$。

生态效应 山齿鹑急性经口 LD_{50} 为 $120\sim130mg/kg$，饲喂 LC_{50}(mg/kg 饲料)：山齿鹑 919，野鸭 695。鱼类 LC_{50}(96h,mg/L)：虹鳟鱼 $0.022\sim0.028$，大翻车鱼 $0.05\sim0.063$。水蚤 LC_{50}(48h)$1.6\sim2.6mg/L$(静态)。水藻 EC_{50}(120h)$0.78mg/L$。蜜蜂 LD_{50}(μg/只)：经口 0.011，接触 0.23。蚯蚓 LC_{50} $68mg/kg$ 土。

环境行为 林丹经大鼠经口摄入后，迅速被运送到不同的器官和组织，其中主要被输送到脂肪组织，但是要在代谢成极性代谢物和高水溶性的共轭体后才可以迅速排出。林丹首先被转变成低氯化、不饱和代谢物，如五氯环己烯(PCCH)，然后是作为最终极性代谢物的氯代酚类、以葡萄糖醛酸、谷胱甘肽和硫酸衍生物的形式被排出体外。在器官和组织中的半衰期为 $2\sim4d$。在昆虫体内，也会形成 PCCH。植物经根吸收后，会产生氯代酚类。

制剂 DP、EC、FU、GR、LS、SC、UL、WP。

主要生产商 Agro Chemicals India、India Pesticides、Inquinosa 及 Sharda 等。

作用机理与特点 丙体六六六是六六六原粉中具有最强杀虫活性的异构体，一般在六六六原粉中含丙体 12%～14%，经过分离提纯制成高丙体，含丙体 99%，称为林丹。林丹属于有机氯杀虫剂，杀虫谱广，具有胃毒触杀及微弱的熏蒸活性，是胆碱酯酶抑制剂，作用于神经膜上，使昆虫动作失调、痉挛、麻痹至死亡。对昆虫呼吸酶亦有一定作用。

应用

(1) 防治作物及场所　作物和土壤等。

(2) 防治对象　控制多种植食性和土壤害虫、公共卫生害虫和动物体外寄生虫。广泛用于农作物(控制的害虫包括：蚜虫，鞘翅目、象甲科、倍足纲、双翅目、鳞翅目、综合纲和缨翅目幼虫)、仓库储存的产品和储藏室、公共卫生方面的应用(控制蟑螂、蚊、蝇和蚤)以及种子处理(通常和杀菌剂混用)。按照要求使用无药害，但是当叶部用药时对瓜类和绣球花有药害。

(3) 残留量与安全施药　本品遇碱易分解，不得与碱性农药混用。对鱼类毒性较大，不得用于防治水生作物害虫。对瓜类、马铃薯等作物易产生药害，严禁使用。有的人对此药特别敏感，不宜参加喷药、配药等工作，保存时避免与食物接触。中毒症状：急性中毒，嘴部麻木，感到刺痛、厌食、流涎、恶心、呕吐、腹泻、中枢神经兴奋引起肌肉震颤；慢性中毒，食欲不振、呕吐、恶心、头痛、全身不适，有时出现局部刺激症状，如眼膜发炎流泪、皮肤发炎、发生皮疹等。

(4) 使用方法　林丹(gamma-HCH)对很多害虫有强胃毒作用、高触杀毒性和一些熏蒸活性，对广范围的土壤栖身和食植性昆虫包括危害公共卫生的害虫、其他的害虫和一些动物寄生虫等有效。可以叶面喷雾、土壤施用和种子处理，通常与杀菌剂混用。防治小麦吸浆虫有特效，具有防效高、兼治对象多、持效期长、成本低等优点。每亩用 6% 林丹 1kg 土壤处理或 75g 喷雾处理最为经济有效。

专利概况 专利 GB504569 早已过专利期，不存在专利权问题。

合成方法 林丹由六六六原粉经选择结晶而制得。

磷胺 phosphamidon

$C_{10}H_{19}ClNO_5P$，299.7，13171-21-6，23783-98-4(反式)，297-99-4(顺式)

磷胺(phosphamidon)，试验代号　C570、ENT25515、OMS1325。商品名称　Aimphon、Dhanucron、Don、Hiton、Kinadon、Mashidon、Midon、phosron、Pilarcron、赐未松、大灭虫、迪莫克；于 1956 年开发的机磷杀虫剂。

化学名称 (*EZ*)-2-氯-2-二乙基氨基甲酰-1-甲基乙烯基二甲基磷酸酯，(*EZ*)-2-chloro-2-di-ethylcarbamoyl-1-methylvinyl dimethyl phosphate 或(*EZ*)-2-chloro-3-dimethoxyphosphinoyloxy-*N*, *N*-diethyl but-2-enamide。

理化性质 本品为淡黄色液体，熔点 162℃ (1.5mmHg)，94℃ (0.04mmHg)。蒸气压 2.2mPa(25℃)。相对密度 1.21(25℃)。$K_{ow}lgP=0.79$。易溶于水、丙酮、二氯甲烷、甲苯以及一些其他的常用有机溶剂(脂肪族碳氢化合物除外)，例如正己烷 32g/L(25℃)。碱性条件下快速水解。20℃时水解半衰期：60d(pH 5)，54d(pH 7)，12d(pH 9)。

毒性 大鼠急性经口 LD$_{50}$ 17.9～30mg/kg。急性经皮 LD$_{50}$ (mg/kg)：大鼠 374～530，兔 267。对皮肤有轻微的刺激，对兔眼睛中度刺激。大鼠吸入 LC$_{50}$(4h,mg/L 空气)：大鼠 0.18，小

鼠 0.033。NOEL 值[2y,mg/(kg·d)]：大鼠 1.25，狗 0.1。ADI：(JMPR)0.0005mg/kg[1986]；(EPA)0.0002mg/kg[1987]。

生态效应 鸟类急性经口 LD_{50}(mg/kg)：日本鹌鹑 3.6～7.5，野鸭 3.8。日本鹌鹑 LC_{50}(8d)90～250mg/L。鱼类 LC_{50}(96h,mg/L)：虹鳟鱼 7.8，黑头呆鱼 100。水蚤 LC_{50}(48h)0.01～0.22mg/L。对蜜蜂和甲壳纲动物有较高毒性。

环境行为 哺乳动物经口摄入后，85%～90%或是全部的剂量会在 24h 内以尿的形式排泄掉。完整的新陈代谢包括酰氨基的氧化脱烷基化作用和磷酯键水解这两个过程。在植物、动物、土壤中都能观察到其新陈代谢与分解。在植物体内，从酰氨基上分离出乙基，与此同时，处于侧链和磷原子间的酯键水解断裂并且也会发生脱氯作用进一步降解为小碎片。

制剂 Dimecron，液剂(200g/L、500g/L 或 1000g/L)。

主要生产商 Aimco、India Pesticides、Pilarquim、Sharda、Sudarshan、United phosphorus 及惠光股份有限公司等。

作用机理与特点 高效、高毒、广谱、内吸性杀虫剂和杀螨剂，以胃毒为主，也有较强的触杀作用。可经由叶片和根部吸收。

应用

(1) 防治对象 可防治多种刺吸口器和咀嚼口器害虫，对棉蚜、棉红蜘蛛等棉花害虫有较高的防治效果，对稻叶蝉、稻飞虱、稻螟虫等有优良的杀伤效果，对甘蔗螟虫、大豆食心虫、梨小食心虫等也有较好的防治效果。

(2) 残留量与安全施药 联合国规划署(1974)保护水生生物淡水中农药的最大允许浓度 0.03μg/L。原粮中最高允许残留量为 0.1mg/kg。

(3) 使用方法 如防治棉蚜、红蜘蛛、盲蝽象、棉叶蝉、棉蓟马、造桥虫、卷叶虫、刺蛾等，用 50%水剂 7.5～10.5mL/100m²，兑水 7.5～10.5kg；防治棉红铃虫、棉铃虫、玉米螟、金刚钻，在卵孵盛期，用 50%水剂 10.5～15mL/100m²，兑水 10.5～15kg 喷雾；防治稻叶蝉、稻飞虱、稻纵卷叶螟、稻苞虫，用 50%水剂 15～22.5mL/100m²，兑水 7.5kg 喷雾。磷胺属高毒、强内吸药剂，不能用于蔬菜、烟草、茶叶等作物，对高粱、桃树易发生药害。

专利概况 专利 BE552284、GB829576 均早已过专利期，不存在专利权问题。

合成方法 经如下反应制得磷胺：

$$PCl_3 \ + \ CH_3OH \ + \ NH_2COONH_4 \xrightarrow[-5\sim15℃]{\text{二氯乙烷}} P(OCH_3)_3 \ + \ NH_4Cl \ + \ CO_2$$

磷虫威 phosphocarb

$C_{13}H_{20}NO_5PS$，333.3，126069-54-3

磷虫威(phosphocarb)，试验代号 BAS-301；是由 BASF 公司开发的一种有机磷类杀虫剂。

化学名称 (RS)-{O-乙基-O-[2-(甲基氨基甲酰基氧)苯基] S-丙基硫代磷酸酯} 或(RS)-2-[乙氧基(丙硫基)磷酸氧基] 苯基甲基氨基甲酸酯，(RS)-{O-ethyl-O-[2-(methylcarbamoyloxy)phenyl] S-propyl phosphorothioate} 或(RS)-2-[ethoxy(propylthio) phosphinoyloxy] phenyl methylcarbamate。

理化性质 洋红色晶体，熔点 182.3℃。蒸气压 1.3×10^{-4} mPa(25℃)。$K_{ow} \lg P = 4.1$(25℃)。Henry 常数 1.97×10^{-4} Pa·m³/mol(计算值)。相对密度 1.51(20℃)。水中溶解度(pH 5,22℃)2.5μg/L；其他溶剂中溶解度(25℃,g/L)：二氯甲烷 37，丙酮 9.3，己烷 1，乙醇 0.5。对光、热、空气、酸碱稳定。水溶液 DT_{50}：248h(pH 5)，34h(pH 7)，4h(pH 9)。不易燃。

应用 广谱、内吸性杀虫剂。主要用于水稻、蔬菜、果树及其他作物，防治线虫及半翅目、鞘翅目、双翅目和某些鳞翅目害虫。

专利概况 专利 DE3732527 早已过专利期，不存在专利权问题。

合成方法 可经如下反应制得磷虫威：

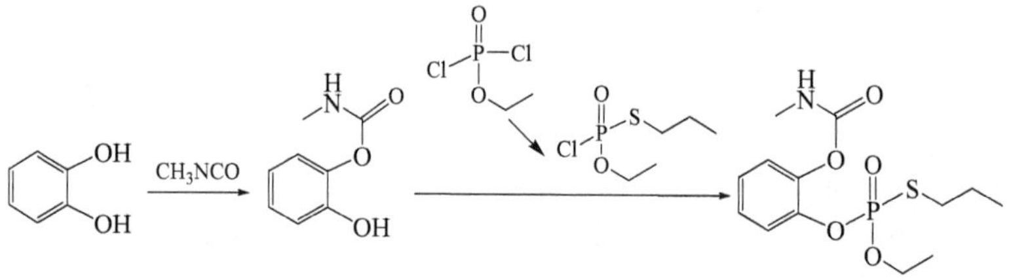

磷化锌 zinc phosphide

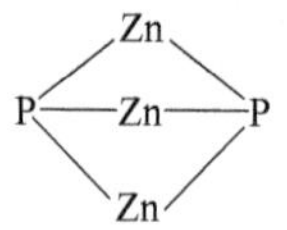

Zn₃P₂，258.1，1314-84-7

磷化锌（zinc phosphide）。商品名称 Agzinphos、Arrex、Commando、Eraze、Fokeba、Prozap Mole and Gopher、Ratol、Ratil、Ratron、Ratron Giftweizen、Rattekal plus、Rattle、Stutox、Zinc-Tox、耗鼠尽；于 1740 年由 Marggral 合成，1911～1912 年在意大利首次用于防治野鼠，1930 年用于防治家栖鼠类。

化学名称 磷化锌，zinc phosphide。

理化性质 无定形灰黑色粉末，有大蒜味，纯品中含磷 24%。含锌 76%，工业品纯度为 80%～95%。相对密度为 4.65。熔点 740℃。蒸气压在干燥状态下可以忽略不计。不溶于乙醇和水，可溶于碱、苯、二硫化碳等有机溶剂中。干燥条件下稳定，潮湿空气中慢慢分解出令人不愉快的气味。遇水分解，但作用很缓慢。遇酸分解，放出剧毒的磷化氢气体。浓硝酸能将磷化锌氧化，并发生大爆炸。

毒性 急性经口 LD_{50}(mg/kg)：大鼠 45.7，羊 60～70。兔急性经皮 LD_{50} 2000～5000mg/kg。本品对兔眼睛和皮肤无刺激。NOEL(mg/kg)：大鼠急性 2.0，大鼠经口 NOAEL(90d) 0.1。ADI：(EPA)aRfD 0.02mg/kg，cRfD 0.0001mg/kg[1997,2003]。

生态效应 鸟类急性经口 LD_{50}(mg/kg)：野鸭 37.5，山齿鹑 13.5，雉鸡 9。对于家禽致死剂量 7～17mg/kg。鱼类 LC_{50}(mg/L)：大翻车鱼 0.8，虹鳟鱼 0.5。

环境行为 通过肺进入动物体内并广泛分布，以次磷酸盐、亚磷酸盐的形式通过尿排出动物体外，或以未变化的磷化氢的形式通过肺排出动物体外。在植物体内磷化氢经过氧化变为磷酸。土壤：在空气中经过氧化反应 DT_{50} 为 5h，在无光条件下约为 28h。在土壤中迅速降解。

制剂　触杀粉、糊剂、饵剂、饵棒。

主要生产商　United Phosphorus。

作用机理与特点　杀鼠剂，与胃酸作用产生磷化氢，磷化氢进入血液危害鼠的肝，肾和心脏。中毒动物 24h 内即可死亡，是急性杀鼠品种。初次使用适口性较好，中毒未死个体再遇此药时则明显拒食。对其他哺乳动物和禽类有较高的毒性，中毒鼠尸体内残留的磷化氢可引起食肉动物二次中毒。

应用

(1) 防治对象　野鼠等。

(2) 使用方法

① 灭鼠：常规使用配制毒饵为主。防治家栖鼠种，宜选用 1%～2% 有效成分含量；防治野栖鼠种。毒饵中的有效成分含量可提高至 2%～3%。在配制毒饵时选择鼠类喜食的饵料，以提高磷化锌毒饵的适口性。应注意避免在一年内重复使用，做到与其他杀鼠剂合理交替使用。交替时间应在 1 年以上。例如在大面积扑灭鼠患时，可采用磷化锌毒饵普遍投饵，发挥其灭鼠速度快、成本低优点。接着进行扫灭残鼠，可选用抗凝血杀鼠剂，发挥慢性杀鼠剂易于全歼害鼠的特点。从而最终达到投资小，见效快、灭鼠效果好的目的。在防治家鼠时，可以使用前饵技术，即先投放无毒饵，待鼠自由取食 2～3d 后，改换成磷化锌毒饵，这样可以消除鼠类的戒备心理，大幅度提高毒饵取食率。与不投前饵相比，取食率提高两倍，灭鼠效果提高 20% 以上。磷化锌不溶于水，溶于油类，配制毒饵时常使用约 3% 的植物油作为黏着剂(油也有诱鼠作用)。a. 磷化锌小麦毒饵：将小麦(或大米等)49 份用水泡膨胀，稍晾干后泡拌适量的花生油，加入磷化锌 1 份充分搅拌均匀，即为 2% 的磷化锌小麦诱饵。防治家鼠，每个房间投 2～3 堆，每堆 3～5g。注意毒饵应放在鼠类活动频繁而家畜不常去的地方。防治野栖鼠类，可按洞投放毒饵，每个洞旁投 5g，亦可采用 3m×3m 投一堆，每堆 5g 的等距离投放方式。b. 磷化锌红薯毒饵：将红薯(或胡萝卜、苹果等)去皮，切成 1g 左右的小块，按饵料重量的 1%～3% 加入磷化锌，搅拌均匀即可使用。在食源丰富、水源缺乏的场合此种毒饵效果较好，投饵方法同上。c. 磷化锌毒糊：磷化锌 5～10 份、白面 10 份、水 80 份，食用油、葱花、盐少许。油热后倒入葱花、盐爆炒至发香，倒入水、面，边烧边搅成浆状，稍凉后加药物拌匀即成 5%～10% 磷化锌毒糊。用玉米穗轴(或草团、纸团等)一端蘸毒糊，塞入鼠洞内，鼠出洞时被迫啃食毒糊中毒而死。防治家鼠、野鼠效果都很好，而且鼠大部分死于洞内，不易引起中毒事故。

② 灭虫：磷化锌不仅可以灭鼠，还可在仓库中作为熏蒸剂使用，防治米象、谷蠹、麦蛾、拟谷盗及棉红铃虫等多种仓库害虫。使用原理为用磷化锌与硫酸或盐酸反应产生的磷化氢气体来杀死害虫。配制方法：把 10 份水装入容器中，慢慢加入 1.2 份浓硫酸，边加边搅拌，充分散热，待酸溶液冷却后，再将纸袋包好的 1 份磷化氢投入，即可产生毒气(切记不可先放浓硫酸后加水)。在粮仓中每立方米容积用 5～7g 磷化锌，施药时要根据仓库大小设施药点，密闭熏蒸 5～6d，然后打开窗门通风散气。

(3) 残留量与安全施药　① 配制毒饵要在室外顺风操作，防止吸入药物粉尘及逸散的磷化氢气体。工作时要戴口罩和手套，要用木棒搅拌，不可用手，以免中毒。工作后要立即用肥皂洗手洗脸。② 磷化锌及配制好的毒饵遇湿会不断放出有毒的磷化锌气体，必需密封装好。毒饵尽量投放到隐蔽的地方。既可使鼠取食时有较强的安全感，又可避免家畜、家禽误食。残留毒饵要及时回收，鼠尸集中深埋处理。③ 配制毒饵时应在容器下面垫上一层纸，配完后将纸烧掉。毒饵容器要专用。为防止猫、狗等中毒可在毒饵中掺入吐酒石，其配方为：磷化锌 40g，吐酒石 7g，食物 1000g 混合均匀即可。猫狗等吃了此种毒饵会引起呕吐，免被毒死。但老鼠吃后仍可中毒死亡。④ 收集死鼠时，应备专用铁通或袋子(里面最好放点石灰)，将收集的死鼠烧掉或者深埋。磷化锌应储存于干燥的地方，避免高温或与酸类物质接触。⑤ 人体中毒后会有头疼、恶心、腹泻、咽干、低热、气短、四肢无力、全身麻木症状，严重者抽搐、休克。常伴有严重的心、肝、肾损害，病人多死于肝、肾功能衰竭或脑水肿。人畜误食磷化锌，应立即服用催吐药剂、洗胃。可服用 0.1%硫酸铜溶液，每隔 5～10min 一汤匙，直至引起呕吐为止，呕吐后再服轻泻盐（内服硫酸钠 25g）。禁忌服用蛋白水、牛奶、脂肪和油类物质。要采用对症治疗，注意保护肝、心、肾。

专利概况　专利 GB461997、US2117158、DE923999 均早已过专利期，不存在专利权问题。

合成方法　经如下反应制得磷化锌：

$$P + Zn \xrightarrow{\text{燃烧}} Zn_3P_2$$

硫丙磷 sulprofos

C$_{12}$H$_{19}$O$_2$PS$_3$，322.4，35400-43-2

硫丙磷（sulprofos），试验代号　NTN9306、BAY123234；商品名称　Bolstar、Helothio；其他名称　甲丙硫磷、保达、虫螨消、棉铃磷；是 G. Zoebelein 报道，由 Bayer AG. 开发的有机磷类杀虫剂。

化学名称　O-乙基 O-4-(甲硫基)苯基 S-丙基二硫代磷酸酯，O-ethyl O-4-(methylthio) phenyl S-propyl phosphorodithioate。

理化性质　无色油状物（原药黏稠液体），具硫醇气味，熔点-15℃（原药），沸点 125℃（1Pa）。蒸气压：0.084mPa(20℃)、0.16mPa(25℃)。相对密度 1.20(20℃)。分配系数 K_{ow}lg$P$ =5.48。Henry 常数 8.74×10^{-2}Pa·m^3/mol(20℃,计算值)。水中溶解度(20℃)0.31mg/L；其他溶剂中溶解度(20℃,g/L)：异丙醇 400～600，二氯甲烷、正己烷、甲苯＞1200。缓冲溶液水解 DT$_{50}$(22℃)：26d(pH 4)、151d(pH 7)、51d(pH 9)。本品在水中及土壤表面遇光分解，在日光下，2d 以内分解 50%。闪点 64℃。

毒性　急性经口 LD$_{50}$(mg/kg)：雄大鼠 304，雌大鼠 176，雄和雌小鼠约 1700。大鼠急性经皮 LD$_{50}$(mg/kg)：雄 5491，雌 1064。本品对兔皮肤无刺激，对眼睛中度刺激，对豚鼠皮肤无致敏性。雄、雌大鼠吸入 LC$_{50}$(4h)＞4130μg/L 空气。NOEL 值(2y,mg/kg 饲料)：大鼠 6，小鼠 2.5，狗 10。ADI 值 0.003mg/kg。

生态效应　山齿鹑急性经口 LD$_{50}$47mg/kg。山齿鹑饲喂 LC$_{50}$(5d)99mg/kg 饲料。鱼类 LC$_{50}$(96h,mg/L)：大翻车鱼 11～14，虹鳟鱼 23～38。水蚤 LC$_{50}$(48h)0.83～1μg/L。羊角月牙藻 E$_r$C$_{50}$64mg/L。

环境行为　经口进入大鼠体内的本品，在 24h 内，约 92%被排出体内，其主要代谢物为氧化物、酚、砜和亚砜。植物中的代谢物主要为砜和亚砜，氧化物和酚只是少数。土壤对本品吸附性很强，不同类型的土壤，其半衰期为几天到几周，主要降解物为砜和亚砜。

制剂　50%、720g(a.i.)/L 乳油，720g(a.i.)/L 超低容量液剂。

主要生产商　Bayer　CropScience。

作用机理与特点　胆碱酯酶的直接抑制剂。具有触杀和胃毒作用的非内吸性杀虫剂，杀虫谱广。

应用

(1) 适用作物　棉花、大豆、烟草、蔬菜、番茄、玉米等。

(2) 防治对象　鳞翅目、缨翅目、双翅目、棉铃虫等多种害虫。推荐用量 7.5～10.5g (a.i.)/100m^2。

专利概况　专利 NL6508899 早已过专利期，不存在专利权问题。

合成方法　通用合成路线三个：

方法 1：

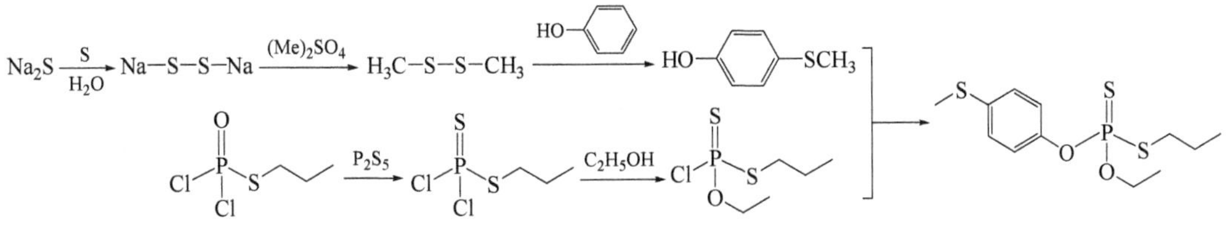

方法 2：

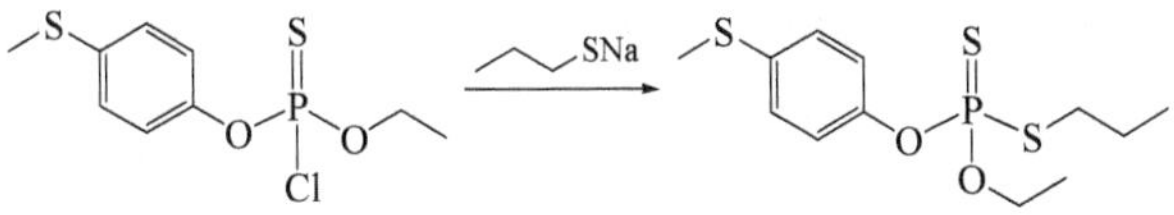

方法 3：

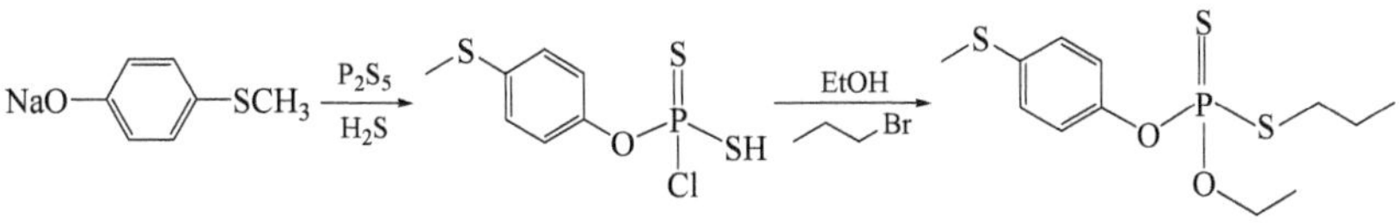

硫代 2 甲 4 氯乙酯 MCPA-thioethyl

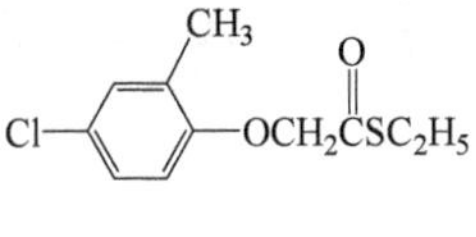

$C_{11}H_{13}ClO_2S$，244.5，25319-90-8

　　硫代 2 甲 4 氯乙酯（MCPA-thioethyl），试验代号　HOK-7501；商品名称　HF Calibra；其他名称　芳米大、酚硫杀、禾必特、2 甲 4 氯硫代乙酯、2 甲 4 氯乙硫酯；是由日本北兴化学工业公司开发的苯氧羧酸类除草剂。

　　化学名称　（2-甲基-4-氯苯氧基）硫代乙酸乙酯，S-ethyl 4-chloro-o-tolyloxythioacetate。

　　理化性质　工业品纯度 92%，为棕色结晶。纯品为白色针状结晶，熔点 41～42℃，沸点 165℃（7mmHg）。蒸气压 21mPa（20℃）。$K_{ow}\lg P = 4.05$。水中溶解度 2.3mg/L（20℃）。有机溶剂中溶解度（25℃，g/L）：丙酮和二甲苯＞1000，己烷 290。在酸性介质中稳定，在碱性介质中不稳定；水中 DT_{50}（25℃）：22d（pH 7），2d（pH 9）。200℃以下稳定。

　　毒性　急性经口 LD_{50}（mg/kg）：雄、雌大鼠分别为 790 和 877，雄、雌小鼠分别为 811 和 740。雄性小鼠急性经皮 LD_{50}＞1500mg/kg，工业品对兔皮肤和眼睛（24h）无刺激。大鼠急性吸入 LC_{50}（4h）＞44mg/m³。NOEL（mg/kg 饲料）：大鼠和小鼠 300（90d），大鼠 100（2y），小鼠 20（2y）。对大鼠无繁殖毒性、致畸、致突变作用。大鼠急性腹腔注射 LD_{50}（mg/kg）：雄性 530，雌性 570。

　　生态效应　日本鹌鹑急性经口 LD_{50}＞3000mg/kg。鲤鱼 LC_{50}（48h）2.5mg/L。水蚤 LC_{50}（6h）4.5mg/L。蜜蜂接触 LD_{50}＞40μg/只。

　　制剂　乳油、颗粒剂。

作用机理与特点　合成生长素(与吲哚乙酸相似)。选择性、系统性、激素型除草剂,经叶和根吸收,可传导。集中在分生组织区域,并抑制其生长。

应用

(1) 适用作物　小麦、水稻。其安全性高于 2,4-滴丁酯。

(2) 防除对象　苗后除草剂,防除对象为一年生及部分多年生阔叶杂草如播娘蒿、香薷、繁缕、藜、泽泻、柳叶刺蓼、荠菜、刺儿菜、野油菜、问荆等。

(3) 应用技术　①硫代 2 甲 4 氯乙酯对双子叶作物有药害,若施药田块附近有油菜、向日葵、豆类等双子叶作物,喷药一定要留保护行。如果有风,则不应在上风口喷药。②小麦收获前 30d 停止使用。

(4) 使用方法　用于冬、春小麦田,于小麦 3～4 叶期(杂草长出较晚或生长缓慢时,可推迟施药,但不能超过小麦分蘖末期)施药,每亩用 20%硫代 2 甲 4 氯乙酯乳油 130～150mL,兑水 15～30L 茎叶喷雾。水稻田防除阔叶杂草,每亩用 20%硫代 2 甲 4 氯乙酯乳油 130～200mL,兑水 20～50L 茎叶喷雾。或者每亩用含量为 1.4%颗粒剂 2～2.66kg。

专利概况　专利 US3708278、GB1263169 均已过专利期,不存在专利权问题。

合成方法　经如下反应即得目的物:

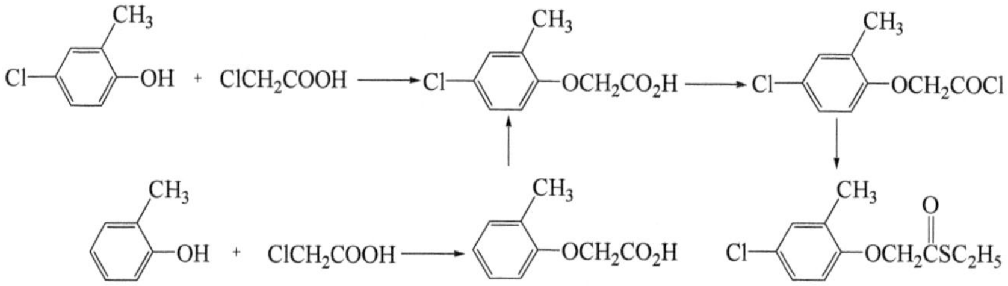

硫丹 endosulfan

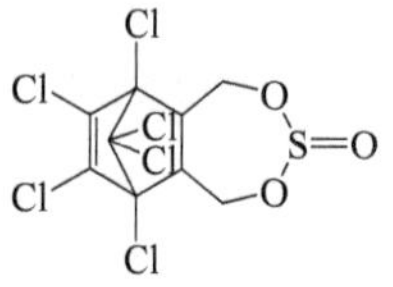

$C_9H_6Cl_6O_3S$, 406.9, 115-29-7, 959-98-8(α), 33213-65-9(β)

硫丹(endosulfan),试验代号　ENT23979、FMC5462、Hoe02671、OMS204(α)、OMS205(β)、OMS570。商品名称　Algodán350、Davonil、Devisulfan、Endocel、Endodhan、Endosol、Endostar、Hildan、Mentor、Parrysulfan、Shado、Speed、Thionex;由 W. Finkenbrink 报道,在美国由 Hoechst AG(现属 Bayer CropScience)和 FMC Corp 开发的有机氯类杀螨剂。

化学名称　(1,4,5,6,7,7-六氯-8,9,10-三降冰片-5-烯-2,3-亚基双亚甲基) 亚硫酸酯;6,7,8,9,10,10-六氯-1,5,5a,6,9,9a-六氢-6,9-亚甲基-2,4,3-苯并二氧硫庚 3-氧化物。(1,4,5,6,7,7-hexachloro-8,9,10-trinorborn-5-en-2,3-ylenebismethylene) sulfite、6,7,8,9,10,10 exachloro 1,5,5a,6,9,9a-hexahydro-6,9-methano-2,4,3-benzodioxathiepine 3-oxide。

组成　硫丹是两种立体异构体的混合物:α-endosulfan, endosulfan(Ⅰ),立体化学 3α,5$a\beta$,6α,9α,9$a\beta$,含量 64%～67%;β-endosulfan, endosulfan(Ⅱ),立体化学 3α,5aa,6β,9β,9aa,含量 9%～32%。

理化性质　无色晶体,原药颜色为奶油色到棕色,多数为米色。原药熔点≥80℃,α-硫丹 109.2℃,β-硫丹 213.3℃。α-异构体与 β-异构体的比例为 2:1 时,蒸气压为 0.83mPa(20℃)。

$K_{ow}\lg P$：α-硫丹 4.74，β-硫丹 4.79（两者 pH 均为 5）。Henry 常数：α-硫丹 1.48，β-硫丹 0.07（均为 Pa·m³/mol，22℃，计算值）。相对密度：原药 1.8(20℃)。原药水中溶解度(22℃)：α-硫丹为 0.32mg/L，β-硫丹为 0.33mg/L；其他溶剂中溶解度(20℃)：二氯甲烷、乙酸乙酯、甲苯中均为 200mg/L，乙醇中约为 65mg/L，己烷中约为 24mg/L。稳定性：对日光稳定，在酸和碱的水溶液中缓慢水解为二醇和二氧化硫。

毒性 大鼠急性经口 LD_{50}(mg/kg)：70(水相悬浮剂)，110(原药油剂)，76(原药 α-异构体)，240(β-异构体)；狗急性经口 77mg/kg(原药)。急性经皮 LD_{50}(mg/kg)：兔 359，雄大鼠>4000，雌大鼠 500。大鼠吸入 LC_{50}(4h，mg/L)：雄大鼠为 0.0345，雌大鼠为 0.0126。NOEL 值[mg/(kg·d)]：大鼠(2y)0.6(15mg/L 饲料)，狗(1y)0.57(10mg/L 饲料)。ADI：(JMPR)0.006mg/kg[1998，2006]；(EPA)aRfD 0.015mg/kg，cRfD 0.006mg/kg[1994，2002]。

生态效应 鸟类急性经口 LD_{50}(mg/kg)：野鸭为 205～245，环颈雉为 620～1000。金色圆腹雅鱼 LC_{50}(96h)0.002mg/L。对野生生物无害。水蚤 LC_{50}(48h)75～750μg/L。绿藻 EC_{50}(72h)>0.56mg/L。在田间施用时，剂量为 1.6L/hm²(560g/hm²)对蜜蜂无害。蚯蚓 NOEC 0.1mg/kg 干土。

环境行为

(1) 动物 主要靠粪便排出体外，大多数的放射性物质在最初的 48h 内被排泄出，排泄出的量取决于剂量水平、剂量和异构体数，具有物种特异性迹象。残留的硫丹在肾脏中富集而非脂肪中。肾脏排泄发生在 DT_{50}7d，长期喂饲后没有迹象表明在肾脏富集。硫丹在哺乳动物器官中迅速代谢成低毒代谢物和极性结合物。

(2) 植物 毒理学角度调查发现动物中也有植物代谢物(主要是硫丹硫酸盐)。50%的残留物在 3～7d 内消失(取决于作物种类)。

(3) 土壤/环境 土壤中硫丹(α 和 β)降解的 DT_{50}30～70d。发现的主要代谢物是硫丹硫酸盐，硫丹硫酸盐降解得更慢，因此，田间所有硫丹(α 和 β 硫丹以及硫丹硫酸盐)最重要代谢物的 DT_{50} 是 5～8 个月。不会被浸出，K_{oc}3000～20000，K_d<3%。

制剂 乳油[161g(a.i.)/L、357g(a.i.)/L 和 480g(a.i.)/L]，可湿性粉剂(164g/kg、329g/kg、470g/kg)，粉剂(30～47g/kg)，颗粒剂(10g/kg、30g/kg、40g/kg 或 50g/kg)，超低容量液剂(242g/L、497g/L 或 604g/L)，微囊悬浮剂。

主要生产商 Aako、Bharat、Coromandel、Drexel、Excel Crop Care、Gujarat Pesticides、Hindustan、Lucava、Makhteshim-Agan、Milenia、Nortox、Sharda、江苏安邦电化有限公司及江苏快达农化股份有限公司等。

作用机理与特点 GABA 受体氯通道复合物的拮抗剂。具触杀、胃毒和熏蒸多种作用的非系统性杀虫剂。非内吸性的触杀和胃毒杀虫剂。

应用

(1) 适用作物 柑橘、苹果、梨树及其他果树，蔬菜，茶树，棉花，大豆，花生等。

(2) 防治对象 可控制吸吮、咀嚼和钻孔的害虫以及许多作物上的螨虫。棉蚜、食心虫、瘤蚜、潜叶蛾、梨木虱、介壳虫、梨二叉蚜、毛虫、蜢象、蚜虫、尺蠖、卷叶蛾、叶蝉、毒蛾、天牛、瘿蚊、多种螨类、茶尺蠖、茶细蛾、小绿叶蝉、蓟马、茶蚜、棉蚜、棉铃虫、斜纹夜蛾、造桥虫、菜青虫、小菜蛾、菜蚜、甘蓝夜蛾、瓢虫。还控制舌蝇。

(3) 残留量与安全施药 喷药时避免吸入口鼻和接触皮肤，施药后用肥皂清洗并漱口；不能与强酸强碱农药混用；对鱼高毒，药液避免流入鱼塘、河流，谨慎清洗喷雾器和处理废弃物；食用作物、饲料作物收获前 3 周停止用药；存于阴凉干燥处，避免儿童接触，避免与食物、种子、饲料混放。

(4) 使用方法 梨树，1500～2500 倍液均匀喷雾；其他果树，1500～2500 倍液均匀喷雾；茶树，45～130mL 兑水喷雾；棉花，60～130mL 兑水喷雾；蔬菜，30mL 均匀喷雾。

专利与登记 专利 DE1015797、US2799685、GB810602 均早已过专利期，不存在专利权问题。国内登记情况：94%、96%原药，35%乳油等；登记作物为棉花；防治对象为棉铃虫等。德国拜耳作物科学公司在中国登记 350g/L 乳油，用于防治烟草上的烟青虫和烟蚜，使用剂量为

$350\sim525g/hm^2$，防治棉花上的棉铃虫，使用剂量为$525\sim870g/hm^2$。

合成方法 通过如下反应制得目的物：

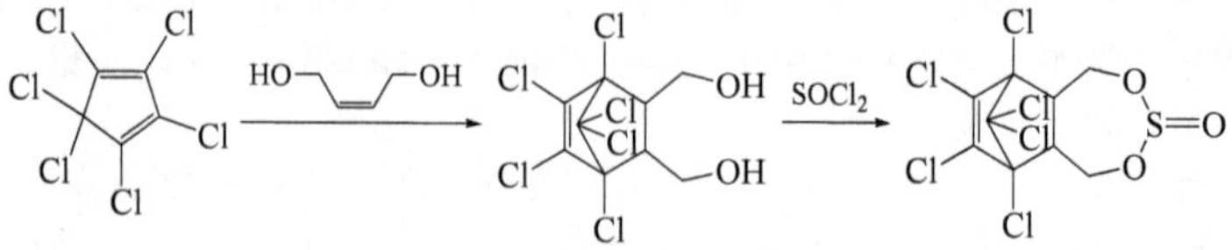

参考文献

[1] 丁中．农药，2001，6：18-21．

硫氟肟醚 sufluoxime

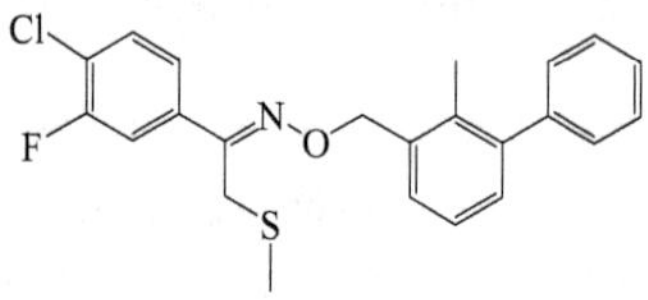

$C_{23}H_{21}ClFNOS$，413.9，860028-12-2

硫氟肟醚（sufluoxime），试验代号 HNPC-A2005。是湖南化工研究院自主设计、合成创制出的具有自主知识产权的非酯拟除虫菊酯类新型杀虫剂。

化学名称 （Z）（3-氟-4-氯苯基）（1-甲硫基乙基）酮肟 O-（2-甲基-3-苯基）苄基醚，（Z）（3-fluoro-4-chlorophenyl）（methylthiomethyl）ketoxime O-（2-methyl-3-phenylbenzyl）ether。

理化性质 无色结晶固体。熔点$71.0\sim71.2℃$。易溶于丙酮、环己酮、二甲苯、三氯甲烷等有机溶剂，难溶于蒸馏水和 pH 为$5\sim9$的缓冲液，对光和热稳定。

毒性 原药大鼠（雌、雄）急性经口$LD_{50}>4640mg/kg$，大鼠（雌、雄）急性经皮$LD_{50}>2150mg/kg$，对兔眼、皮肤无刺激性。对豚鼠无致敏性。大鼠亚慢（急）性毒性最大无作用剂量为$4.38mg/(kg \cdot d)$（雌）和$2.32mg/(kg \cdot d)$（雄）。Ames、微核、染色体试验结果均为阴性。

生态效应 斑马鱼$LC_{50}（96h）>16.0mg/L$，蜜蜂$LC_{50}（48h）>9.08mg/L$，鹌鹑$LC_{50}（7d）\gg950mg/kg$，家蚕$LC_{50}（2y）>0.441mg/L$。

制剂 10%悬浮剂。

主要生产商 湖南海利化工股份有限公司。

应用 对菜青虫、蚜虫、叶蝉、茶毒蛾、茶尺蠖等多种害虫具有良好的杀虫活性。室内生测结果表明，硫氟肟醚对黏虫、蚜虫和叶蝉等多种害虫具有优异的胃毒、触杀和综合毒力，且在试验过程中还发现该化合物具有对昆虫击倒作用快的特点，但内吸和熏蒸作用较弱。对菜青虫、菜蚜和小菜蛾的温室栽培模拟防治试验也得到了类似的结果。田间试验结果证实，硫氟肟醚对菜青虫和茶毛虫具有良好的防治效果。施用剂量为75g（a.i.）$/hm^2$时，药后3d硫氟肟醚对菜青虫和茶毛虫的防治效果分别达到93%和82%以上，且对有益天敌昆虫和作物安全。

专利与登记

专利名称 杀生物的烷基-取代（杂）-芳基-酮肟-O-醚及中间体酮、肟类化合物及其制备方法

专利号 CN1288002

专利申请日 1999-09-10

专利拥有者 湖南化工研究院

目前湖南海利化工股份有限公司在国内登记了原药及其10%悬浮剂，可用于防治茶毛虫（$90\sim135g/hm^2$）。

合成方法 经如下反应制得硫氟肟醚：

参考文献

[1] 柳爱平. 精细化工中间体. 2011, 5: 1-6.

硫黄 sulfur

S

S_x，32.1，7704-34-9

硫黄（sulfur），试验代号 BAS17501F、SAN7116。商品名称 Mastercop、Sulfacob、Triangle Brand。其他名称 AgriTec、Basic、Bioram、Calda Bordalesa、Comac、Copper-Z、Earthtec、Göztaşi、Kay Tee、King、Komeen、phyton-27、Rice-Cop、Rifle 4-24 R、Siaram、Tennessee Brand。是由巴斯夫和先正达公司开发的杀菌、杀螨剂。

化学名称 硫，sulfur。

理化性质 纯品为黄色粉末，有几种同素异形体。熔点：114℃（斜方晶体112.8℃，单斜晶体119℃）。沸点444.6℃。蒸气压：0.527mPa（30.4℃）（斜方晶体），8.6mPa（59.4℃）。相对密度2.07（斜方晶体）。难溶于水，结晶状物溶于二硫化碳中，无定形物则不溶于二硫化碳中，不溶于乙醚和石油醚中，溶于热苯和丙酮中。

毒性 大鼠急性经口 LD_{50}>5000mg/kg。大鼠急性经皮>2000mg/kg。对皮肤和眼睛有刺激性。大鼠吸入 LD_{50}>5430mg/m³。对人和畜几乎无毒。

生态效应 日本鹌鹑（8d）急性经口 LD_{50}>5000mg/L。对鱼无毒。水蚤 LC_{50}（48h）>665mg/L。海藻 EC/LC_{50}>232mg/L。对蜜蜂无毒。蚯蚓 LC_{50}（14d）>1600mg/L。

环境行为

（1）植物 主要通过微生物还原代谢。

（2）土壤/环境 土壤环境中不溶于水，不会污染到地下水。当氧化为硫酸时，在土壤和水中从农药中产生的硫酸根离子相比较于自然产生的硫酸盐是微不足道的。

制剂 91%粉剂，50%悬浮剂，80%水分散粒剂。

主要生产商 Agrochem、BASF、Cerexagri、Crystal、Drexel、Excel Crop Care、FMC、Gujarat Pesticides、Punjab、Sharda、Sulphur Mills、Syngenta 及浙江中山化工集团股份有限公司等。

作用机理与特点 呼吸抑制剂，作用于病菌氧化还原体系细胞色素 b 和 c 之间电子传递过程，夺取电子，干扰正常"氧化-还原"。具有保护和治疗作用。

应用

（1）适宜作物 小麦、甜菜、蔬菜如黄瓜、茄子等，果树如苹果、李、桃、葡萄、柑橘、枸杞等。

（2）防治对象 用于防治小麦白粉病、锈病、黑穗病、赤霉病，瓜类白粉病，柑橘锈病，苹果、李、桃黑星病，葡萄白粉病等，除了具有杀菌活性外，硫黄还具有杀螨作用，如用于防治柑橘锈螨等。

（3）使用方法 防治果树病害等推荐用量为 1.75~6.25kg(a.i.)/hm²，其中，防治葡萄病害等推荐用量为 1.75~4kg(a.i.)/hm²；防治麦类病害等推荐用量为 6kg(a.i.)/hm²；防治甜菜病害等推荐用量为 1.5kg(a.i.)/hm²，防治柑橘病害等推荐用量为 6kg(a.i.)/hm²，防治蔬菜等病害推荐用量为 1.2kg(a.i.)/hm²。具体如下：

① 防治小麦白粉病　每亩每次用有效成分 125～250g，兑水均匀喷雾，间隔 10d 左右喷药 1 次，共喷药 2 次。

② 防治瓜类白粉病　每次用有效成分 1875～3750g/hm²，兑水均匀喷雾，喷 3 次。

③ 防治柑橘锈病　用 1667～3333mg/L 有效浓度药液喷雾，共喷 2～3 次。

④ 防治枸杞锈螨　每次用 1500mg/L 浓度药液喷药，喷 4～6 次。

登记情况　国内登记情况：99.5% 原药，91% 粉剂，50% 悬浮剂，80% 水分散粒剂等。登记作物为黄瓜、柑橘树、苹果树、桃树、西瓜等。防治对象为白粉病、疮痂病、褐斑病等。国外公司在中国登记情况见表 123。

表 123　国外公司在中国登记情况

公司名称	登记名称	登记证号	含量	剂型	登记作物	防治对象	用药量	施用方法
德国斯杜宁公司	硫黄	PD20110108	80%	水分散粒剂	柑橘树	疮痂病	300～500 倍液	喷雾
美国仙农有限公司	硫黄	PD20110108	80%	水分散粒剂	黄瓜	白粉病	220～2600g/hm²	喷雾
巴斯夫欧洲公司	硫黄	PD20070492	99%	原药	—	—	—	—
	硫黄	PD20110108	80%	水分散粒剂	黄瓜 柑橘树 苹果树 桃树 西瓜	白粉病 疮痂病 白粉病 褐斑病 白粉病	2400～2800g/hm² 300～500 倍液 500～1000 倍液 800～1600mg/kg 2800～3200g/hm²	喷雾

硫双威 thiodicarb

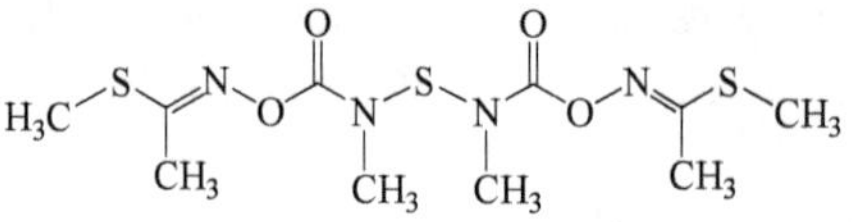

$C_{10}H_{18}N_4O_4S_3$，354.5，59669-26-0

硫双威（thiodicarb），**试验代号**　AI3-29311、CGA45156、OMS3026、RPA80600 M、UC80502、UC51762。**商品名称**　EXP3、Fluxol、Futur、Larbate、Larvin、Minavin、Securex、Semevin、Skipper、Spiro、Sundicarb、Toro、灭索双、拉维因。**其他名称**　硫敌克、硫双灭多威、双灭多威。由 Union Carbide（现属 Bayer CropScience）开发。

化学名称　(3EZ,12EZ)-3,7,9,13-四甲基-5,11-二氧杂-2,8,14-三硫代-4,7,9,12-四氮杂十五烷-3,12-二烯-6,10-二酮，(3EZ,12EZ)-3,7,9,13-tetramethyl-5,11-dioxa-2,8,14-trithia-4,7,9,12-tetraazapentadeca-3,12-diene-6,10-dione。

理化性质　原药含有效成分 94%，外观为无色结晶。熔点 172.6℃。蒸气压 22.7×10^{-3} mPa（25℃）。相对密度 1.47（20℃）。$K_{ow} \lg P = 1.62$（25℃）。Henry 常数 4.31×10^{-2} Pa·m³/mol（25℃）。水中溶解度（25℃）22.19μg/L；其他溶剂中溶解度（25℃，g/L）：丙酮 5.33，甲苯 0.92，乙醇 0.97，二氯甲烷 200～300。在 60℃ 以下稳定，其水悬液在日光照射下分解，pH 6 稳定，pH 9 迅速水解，pH 3 缓慢水解（DT_{50} 为 9d）。

毒性　急性经口 LD_{50}(mg/kg)：大鼠 66（水中）、120（玉米油中），狗 > 800，猴子 > 467。兔急性经皮 LD_{50} > 2000mg/kg，对兔的皮肤和眼睛有轻微刺激。大鼠吸入 LC_{50}(4h)0.32mg/L 空气。NOEL[2y,mg/(kg·d)]：大鼠 3.75，小鼠 5.0。ADI：(EFSA)0.01mg/kg[2005]；(JMPR)0.03mg/kg[2000]；(EPA)RfD 0.03mg/kg[1998]。

生态效应　日本鹌鹑急性经口 LD_{50} 2023mg/kg。野鸭 LC_{50} 5620mg/kg 饲料。鱼毒 LC_{50}（96h，mg/L）：大翻车鱼 1.4，虹鳟鱼＞3.3。水蚤 LC_{50}（48h）0.027mg/L。若直接喷到蜜蜂上稍有毒性，但喷药残渣干后无危险。

环境行为

（1）动物　在大鼠体内快速降解为灭多威，继而快速转化为灭多威肟、亚砜和砜肟，这些不稳定中间体转化成乙腈和二氧化碳后通过呼吸和随着尿液排出；一小部分乙腈进一步降解为乙酰胺、醋酸和二氧化碳。

（2）植物　主要代谢产物为灭多威、乙腈和二氧化碳。

（3）土壤/环境　土壤中在有氧和绝氧条件下通过水解和光解形式进行多种降解。主要降解产物为灭多威和灭多威肟。土壤中硫双威 DT_{50} 3～8d（视土壤种类而异）。

制剂　Larvin 悬浮剂（250g/L 或 375g/L）、水分散粒剂（800g/kg）、可湿性粉剂（750g/kg）；Nirral 悬浮剂（375g/L）。

主要生产商　Bayer CropScience、Fertiagro、Saeryung 及中化宁波（集团）有限公司等。

作用机理与特点　胆碱酯酶抑制剂，主要是胃毒作用，并具有一定的触杀作用。

应用

（1）适用作物　棉花、果树、蔬菜、谷物（如水稻、玉米）等。

（2）防治对象　棉铃虫、红铃虫、卷叶蛾类、食心虫类、菜青虫、夜盗虫、斜纹夜蛾、甘蓝夜蛾、马铃薯块茎蛾、茶细蛾、茶小卷叶蛾等。

（3）残留量与安全施药　对高粱和棉花的某些品种有轻微药害。

（4）应用技术　为了防止棉铃虫在短时间内对该药剂产生抗药性，应注意避免连续使用该药或与灭多威交替使用。建议每一季棉花上使用最多不超过 3 次。对蚜虫、螨类、蓟马等刺吸式口器害虫作用不显著，同时防治这类害虫时，可与其他有机磷、菊酯类等农药混用，但要严格掌握不能与碱性物质混合使用。

在棉铃虫产卵比较集中、孵化相对整齐的情况下，在卵孵化盛期施药，以发挥其优秀杀卵活性的特点。每亩每次用 75％硫双威可湿性粉剂 20～30g 或 37.5％硫双威悬浮剂 40～60mL（有效成分，15～22.5g），兑水进行常规喷雾，7d 后根据田间残虫情况确定是否进行二次用药。在棉铃虫发生不整齐的情况下，应根据幼虫生口、虫龄调查结果，掌握在防治指标上下的低龄幼虫期用药，每亩每次用 75％硫双威可湿性粉剂 30～45g 或 37.5％硫双威悬浮剂 60～90mL（有效成分，22.5～33.8g），兑水进行常规喷雾，施药后 5～7d 调查残生量，确定二次用药间隔期。二代棉铃虫发生期间，防治重点是保护生长点，喷雾时应注意喷头罩顶。

（5）使用方法　①棉铃虫、棉红铃虫的防治：于卵孵盛期进行防治，每亩用 75％可湿性粉 50～100g，兑水 50～100kg 喷雾；②二化螟、三化螟的防治：每亩用 75％可湿性粉 100～150g，兑水 100～150kg 喷雾。

在我国推荐使用情况如下：0.23～1.0kg/hm² 剂量能防治棉花、大豆、玉米等作物上的棉铃虫、黏虫、卷叶蛾等，作为种子处理剂用量 2.5～10g/kg，持效期 7～10d。

专利与登记　专利 US4382957 早已过专利期，不存在专利权问题。国内登记情况：95％原药，350g/L、375g/L 悬浮剂，25％、75％可湿性粉剂，80％水分散粒剂；登记作物为甘蓝和棉花等；防治对象为菜青虫和棉铃虫等。德国拜耳作物科学公司在中国登记情况见表 124。

表 124　德国拜耳作物科学公司在中国登记情况

登记号	登记证号	含量	剂型	登记作物	防治对象	用药量/(g/hm²)	施用方法
硫双威	PD173-93	75％	可湿性粉剂	棉花	棉铃虫	337.5～506.25	喷雾
硫双威	PD248-98	375g/L	悬浮剂	棉花			
硫双威	PD231-98	95％	原药				

合成方法　目标物可通过如下三种方法合成：

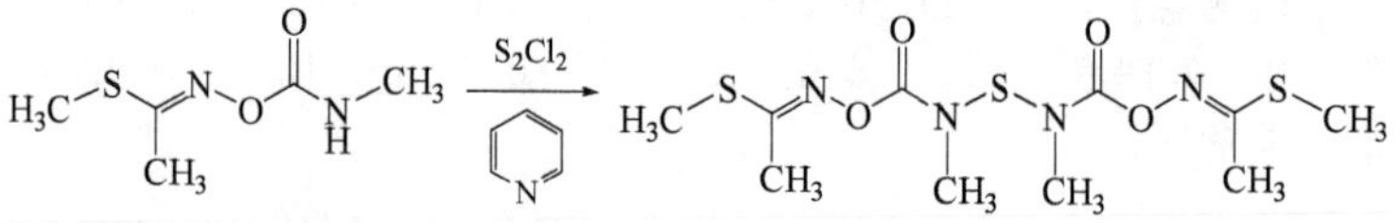

也可用 SCl_2 或 SCl_2-S_2Cl_2 作原料，收率达 91.3%。

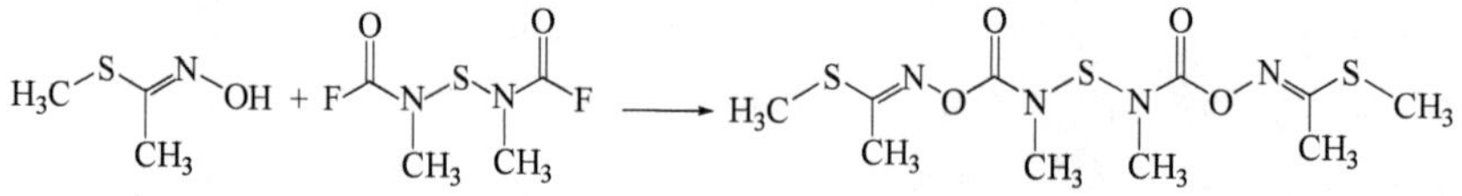

收率 92%。

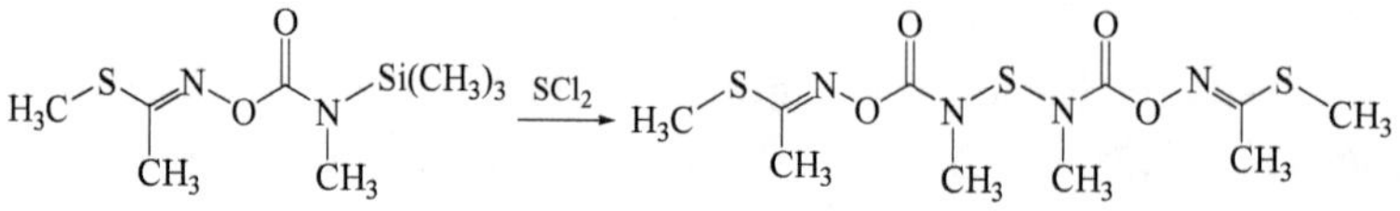

收率 60%。

参考文献

[1] 邢晓东. 农药, 1997, 2; 33-34.
[2] Proc Br Crop Prot Conf; Pests Dis, 1981, 3; 687.

硫酸铜 copper sulfate

$CuSO_4 \cdot 5H_2O$

$CuH_{10}O_9S$, 249.7, 7758-99-8, 7758-98-7(无水)

硫酸铜(copper sulfate)。**商品名称** Mastercop、Sulfacob、Triangle Brand、Vikipi。其他名称 AgriTec、Basic、Bioram、blue vitriol、blue stone、blue copperas、Calda Bordalesa、Comac、copper sulphate、Copper-Z、cupric sulphate、Earthtec、Göztasi、Kay Tee、King、Komeen、phyton-27、Rice-Cop、Rifle 4-24 R、SeClear、Siaram、Tennessee Brand。是一种无机盐类杀菌剂。

化学名称 硫酸铜，copper(Ⅱ)sulfate。

理化性质 蓝色结晶，熔点 147℃（脱水），沸点 653℃（分解）。无挥发性，相对密度(15.6℃)2.286。水中溶解度(g/kg)：148(0℃)，230.5(25℃)，335(50℃)，736(100℃)。有机溶剂中溶解度：甲醇156g/L(18℃)，不溶于大多数有机溶剂，溶于甘油中呈翡翠绿色。稳定性：暴露在空气中缓慢风化，在30℃下失去2分子结晶水，250℃下成为无水硫酸铜，与碱性溶液作用能产生不同颜色的沉淀。

毒性 因经口摄入时会引起呕吐，故其急性经口 LD_{50} 无法测定。对皮肤有严重刺激，大鼠吸入 LC_{50} 1.48mg/kg。对人、畜毒性低，可作催吐剂，对皮肤刺激严重。大鼠吸入 LC_{50} 1.48mg/L 空气。NOEL 值：在饲养试验中，大鼠 500mg/kg 饲料体重减轻；1000mg/kg 饲料对肝脏、肾及其他器官有伤害。ADI 铜化合物 0.5mg/kg。

生态效应 对鸟比对其他动物毒性低，最低致死量 LD_{50} (mg/kg)：鸽子 1000，鸭子 600。对鱼毒性低。水蚤 EC_{50} (14d)2.3mg/L，NOEC 0.10mg/L。对蜜蜂无毒。

主要生产商 Freeport-McMoRan、Ingeniería Industrial 及 Sulcosa 等。

作用机理与特点 铜离子被萌发的孢子吸收，当达到一定浓度时，就可以杀死孢子细胞，从而起到杀菌作用；但此作用仅限于阻止孢子萌发，即仅有保护作用。

应用

(1) 适宜作物 麦类、果树、水稻、马铃薯、蔬菜、经济作物等。

(2) 防治对象 马铃薯疫病、夏疫病，番茄疫病、鳞纹病，水稻纹枯病，小麦褐色雪腐病，柑橘黑点病、白粉病、疮痂病、溃疡病，瓜类霜霉病、炭疽病等。

(3) 使用方法

① 用 500～1000 倍液浸种，可防治水稻烂秧病和绵腐病。

② 用硫酸铜、肥皂和水(按 1∶4∶800)制成药液喷雾，可防治黄瓜霜霉病。

③ 用 250～500 倍液喷雾，可防治大麦褐斑病、坚黑穗病，小麦腥黑穗病等。

④ 用 500～1000 倍液喷雾，可防治马铃薯晚疫病。

硫酰氟 sulfuryl fluoride

F_2O_2S, 102.1, 2699-79-8

硫酰氟(sulfuryl fluoride)，商品名称 ProFume、Vikane。是由陶氏益农公司开发的熏蒸剂和杀线虫剂。

化学名称 硫酰氟，sulfuryl fluoride。

理化性质 纯品为无色无味气体，熔点 −136.7℃，沸点 −55.2℃（760mmHg）。相对密度（20℃）1.36。蒸气压 1.7×103kPa（21.1℃）。$K_{ow}\lg P=0.14$（20℃），水中溶解度 750mg/kg（25℃,1atm）；有机溶剂中溶解度（25℃,L/L）：乙醇 0.24～0.27，甲苯 2.0～2.2，四氯化碳 1.36～1.38。对光稳定，在干燥条件下在 500℃下均稳定，在碱性水溶液中可迅速水解，但在水中不易水解。

毒性 大鼠急性经口 LD$_{50}$ 100mg/kg。对兔皮肤和眼睛无刺激性。大鼠吸入 LC$_{50}$（4h,mg/L）：雄大鼠 1122，雌大鼠 991。兔吸入 NOAEL（90d）8.5mg/kg。ADI：（JMPR）0.01mg/kg[2005]，（EPA）cRfD 0.003mg/kg[2004]。

生态效应 虹鳟鱼 LC$_{50}$（96h）0.89mg/L，水蚤 EC$_{50}$（48h）0.62mg/L，羊角月牙藻 EC$_{50}$（72h）0.58mg/L，对蜜蜂和蚯蚓均有毒。

环境行为 土壤/环境：不会对臭氧层造成破坏，由于其高蒸气压，所以在土壤与空气中比较平衡，在水中可以迅速水解，形成氟代硫酸盐和氟离子。DT$_{50}$：3d（pH 5.9），18min（pH 8.1），1.8min（pH 9.2）。

主要生产商 Dow AgroSciences。

应用 主要用作木材、建筑物、运载工具和木制品的熏蒸。可防治众多种类的害虫。

专利与登记 专利 US2875127、US3092458 均早已过期，不存在专利权问题。国内仅登记了 99％、99.8％原药等。

硫线磷 cadusafos

$C_{10}H_{23}O_2PS_2$，270.4，95465-99-9

硫线磷（cadusafos），试验代号 FMC67825。商品名称 Apache、Rugby。其他名称 Ebufos、克线丹。是美国 FMC Corp 发现并开发的新型有机磷类杀虫剂。

化学名称 S,S-二仲丁基-O-乙基二硫代磷酸酯，S,S-di-sec-butyl O-ethyl phosphorodithioate。

理化性质 原药≥88%，无色至淡黄色液体，沸点112～114℃（0.8mmHg），蒸气压1.2×10^2mPa(25℃)，分配系数 K_{ow} lg$P$=3.9。相对密度1.054(20℃)。溶解度：水248mg/L，与丙酮、乙腈、二氯甲烷、乙酸乙酯、甲苯、甲醇、异丙醇和庚烷互溶。在50℃以下稳定，在光照条件下，DT_{50}<115d。闪点129.4℃。

毒性 急性经口LD_{50}(mg/kg)：大鼠37.1，小鼠71.4。兔急性经皮LD_{50}11mg/kg。对兔眼睛和皮肤无刺激。对皮肤可能会有致敏性。大鼠吸入LC_{50}(4h)0.026mg/L空气。NOEL(mg/kg饲料)：大鼠(2y)1，公狗(1y)0.001，母狗(1y)0.005，狗NOAEL(14d)0.02；致癌试验(2y)雄小鼠0.5，雌小鼠1。ADI：(JMPR)0.0003mg/kg[1991]；(EFSA)0.0004mg/kg[2006]；(EPA)aRfD 0.0002mg/kg，cRfD 0.00001mg/kg[2000]；(FSC)0.00025mg/kg[2005]。

生态效应 鸟类急性经口LD_{50}(mg/kg)：山齿鹑16，野鸭230。鱼LC_{50}(96h,mg/L)：虹鳟鱼0.13，大翻车鱼0.17。水蚤LC_{50}(48h)1.6μg/L。水藻EC_{50}(96h)5.3mg/L。蜜蜂LD_{50}1.86～2.07μg/只，蚯蚓LC_{50}(14d)72mg/kg土。

环境行为 进入到动物体内的本品被迅速吸收、代谢，并通过尿和粪便排出体外。最终代谢产物为磷酸和磺酸。土壤中DT_{50}11～15d(不同土壤有差异)。K_{oc}144～351。

制剂 3%微胶囊，10%、20%颗粒剂。

主要生产商 FMC。

作用机理与特点 胆碱酯酶的直接抑制剂，能使乙酰胆碱(神经传递物质)发生分解的乙酰胆碱酯酶具有阴离子酯分解部位，在正常情况下，应在神经系统中分解出乙酸和胆碱。而在硫红磷存在下失去分解作用而使未分解的乙酰胆碱大量聚焦在神经经胞间的神经键上，使接受过量刺激并引起麻痹和中毒而死亡，即通过抑制乙酰胆碱酯酶的活性素显示杀虫、杀线虫活性。它是一种触杀性杀线虫剂和杀虫剂，无熏蒸作用，具有施用方便、用量少、毒性低等特点。

应用

(1) 适用作物 香蕉、咖啡、玉米、花生、甘蔗、柑橘、烟草、马铃薯、大豆、菠萝、葫芦科植物和麻类作物。

(2) 防治对象 它既能防除植物寄生性线虫，又能防除多种土壤害虫，具有触杀作用，对根结线虫和穿孔线虫防治效果很高，对孢囊线虫防效较低。可有效地防治根结线虫、穿孔线虫、短体线虫、纽带线虫、螺旋线虫、刺线虫、拟环线虫等，对孢囊线虫效果较差。此外，对鞘翅目的许多昆虫如金针虫、马铃薯麦蛾也有防治效果。

(3) 残留量与安全施药 硫线磷原药对人畜无致癌性，但对人畜高毒，对小麦、大豆、番茄和甜菜有一定的植物毒性。微胶囊化以后对动物的急性经口毒性与原药相比显著下降。在砂壤土和黏土中半衰期为40～60d。低温使用容易发生药害。甘蔗、柑橘最大残留量0.005mg/kg。

(4) 应用技术 一般在播种时或作物生长期施用，可采用沟施、穴施或撒施等方法。使用剂量3～10kg/hm^2。

① 防治西芹根结线虫病。种植前土壤处理，即植前10～15d，用10%硫线磷撒施或沟(穴)施30～90kg/hm^2，施后淋水，覆土，踏实。

② 防治香蕉线虫。每丛用10%颗粒剂20～30g，施药时先将香蕉丛周围的土壤疏松3～5cm深，再将药剂均匀地撒施在离香蕉假茎30～50cm以内的土中，然后覆土压实，8个月后施药一次。

③ 防治烟草线虫。苗床处理：1m^{2}床上撒施10%颗粒剂5～15g，混匀即可，移栽期穴施，移栽时直接施于穴内或圈施于幼苗周围，每株1～2g。大田施药：种植全田撒施或沟施，使用剂量为10%颗粒剂30～60kg/hm^2。

④ 防治马铃薯线虫。用10%颗粒剂15～22.5kg/hm^2，播种时沟施或穴施。为延长对线虫的控制期，可分两次施药，即在种植时施一半药量，培土时再施入另一半药。

⑤ 防治花生线虫。用10%颗粒剂22.5～45kg/hm^{2}沟施，先施药后播种，随施随种。

⑥ 防治柑橘、甘蔗、麻类线虫。用10%颗粒剂45～60kg/hm^2，施药时将树冠下的表土3～

5cm 疏松，均匀地撒施，随即覆土。

⑦ 防治大豆、玉米线虫。用 10%颗粒剂 15～22.5kg/hm²，播种时沟施或穴施。

⑧ 防治咖啡线虫。定植时每株施用 5～10g，定植后每株施用 5～15g，4～6 个月施用一次。

⑨ 防治葡萄线虫。用 10%颗粒剂 45～75kg/hm² 宽带侧施。

专利与登记 专利 CN1137526、CN87100525、US6440443、EP235056 均早已过专利期，不存在专利权问题。美国富美实公司在中国登记情况件表 125。

表 125　美国富美实公司在中国登记情况

登记名称	登记证号	含量	剂型	登记作物	防治对象	用药量/(g/hm²)	施用方法
硫线磷	PD176-93	10%	颗粒剂	柑橘树 甘蔗 甘蔗	根结线虫 二点褐金龟 线虫	6000～12000 2000～3000 3000～6000	沟施或撒施 沟施 沟施
硫线磷	PD20083434	92%	原药				
硫线磷	PD335-2000	92%	原药				

合成方法 经如下反应制得硫线磷：

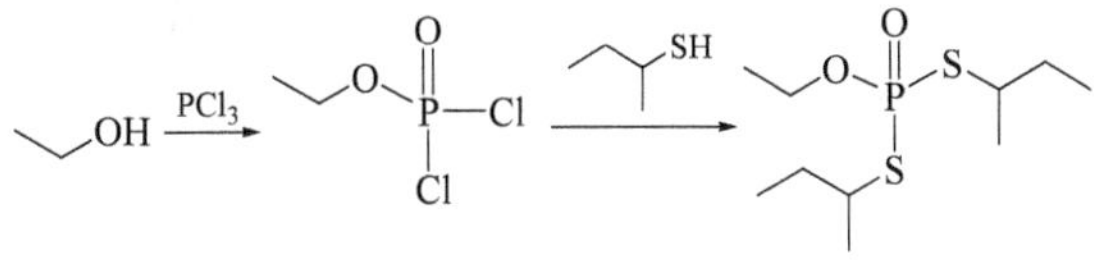

咯菌腈 fludioxonil

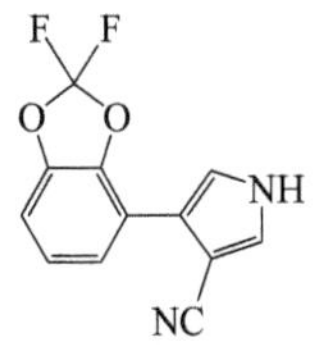

$C_{12}H_6F_2N_2O_2$，248.2，131341-86-1

咯菌腈（fludioxonil），试验代号　CGA173506。商品名称　Atlas、Cannonball、Celest、Géoxe、Graduate、Maxim、Medallion、Saphire、Savior、Scholar。其他名称　氟咯菌腈。是由 Ciba-Geigy AG 公司（现先正达公司）开发的吡咯类杀菌剂。

化学名称　4-(2,2-二氟-1,3-苯并二氧-4-基)吡咯-3-腈，4-(2,2-difluoro-1,3-benzodioxol-4-yl)pyrrole-3-carbonitrile。

理化性质　纯品为淡黄色结晶状固体，熔点 199.8℃。相对密度 1.54(20℃)；蒸气压 3.9×10^{-4}mPa(20℃)。分配系数 K_{ow}lg$P$=4.12(25℃)，Henry 常数 5.4×10^{-5}Pa·m³/mol(计算值)。水中溶解度 1.8mg/L(25℃)；其他溶剂溶解度(25℃,g/L)：丙酮 190，甲醇 44，甲苯 2.7，正辛醇 20，己烷 0.01。25℃，pH 5～9 条件下不发生水解。离解常数：pK_{a_1}<0，pK_{a_2}大约为 14.1。

毒性　大、小鼠急性经口 LD_{50}>5000mg/kg。大鼠急性经皮 LD_{50}>2000mg/kg。本品对兔眼睛和皮肤无刺激。大鼠急性吸入 LC_{50}(4h)>2600mg/m³ 空气。NOEL 数据[mg/(kg·d)]：大鼠 40(2y)，小鼠 112(1.5y)，狗 3.3(1y)。ADI：0.4mg/(kg·d)[2004,2006]；(EC)0.37mg/kg [2007]；(EPA)0.03mg/kg[1995]。无致畸性、致突变性、致癌性。

生态效应　山齿鹑和野鸭的急性经口 LD_{50}>2000mg/kg，山齿鹑和野鸭饲喂 LC_{50}>5200mg/L。鱼毒 LC_{50}(96h,mg/L)：大翻车鱼 0.74，鲶鱼 0.63，鲤鱼 1.5，虹鳟鱼 0.23。水蚤 LC_{50}(48h) 0.4mg/L。淡水藻 EC_{50}(72h)0.93mg/L，月牙藻 E_bC_{50} 0.025mg/L。蜜蜂 LD_{50}(48h,经口和接触)：>100μg/只。蚯蚓 LC_{50}(14d)>1000mg/kg 干土。对有益节肢动物低风险。

环境行为

(1) 动物　在动物体内经胃肠道快速吸收进入体循环。大部分经粪便能快速排出体外。咯菌腈主要代谢途径是2-位吡咯环的氧化，小部分是苯环的羟基化。所有的代谢物主要以葡糖苷酸的形式代谢出。

（2）植物　在植物体内主要的分解过程是吡咯环的氧化、吡咯环开环和吡咯烷羧酸的形成。通常，咯菌腈代谢的组分多于10～15个。

（3）土壤/环境　在土壤中消散的主要方式是土壤与残余物的结合。经叶和种子处理使用后，DT_{50}约14d和26～54d。在浸出和吸附/解吸试验中，证明咯菌腈是固定在土壤中。在水中光解DT_{50}为9～10d(自然全光照)。

制剂　50%水分散粒剂，10%粉剂，50%可湿性粉剂等。

主要生产商　Syngenta。

作用机理　咯菌腈的作用机理与拌种咯相同，在渗透信号转导中抑制促蛋白激酶。非内吸性杀菌剂，植物体吸收后疗效有限。主要抑制分生孢子的萌发，在较小程度上，抑制萌发管和菌丝的生长。作为种子处理剂，用于谷物和非谷物作物上，在2.5～10g/100kg时，能有效地控制镰刀菌、丝核菌、腥黑粉菌属、核腔菌属、核腔菌属、壳针孢属等病害。作为叶面杀菌剂，能用于葡萄、核果类、蔬菜、观赏性植物，在250～500g/hm²下，有效控制葡萄孢属、链核盘菌属、菌核病、链格孢属等病害。通过抑制葡萄糖磷酰化有关的转移，并抑制真菌菌丝体的生长，最终导致病菌死亡。作用机理独特，与现有杀菌剂无交互抗性。非内吸性、广谱杀菌剂。

应用

（1）适宜作物　小麦、大麦、玉米、豌豆、油菜、水稻、观赏作物、硬果、蔬菜、葡萄和草坪作物等。

（2）作物安全性　推荐剂量下对作物安全、无药害。

（3）防治对象　作为叶面杀菌剂：用于防治雪腐镰孢菌、小麦网腥黑腐菌、立枯病菌等，对灰霉病有特效；作为种子处理剂：主要用于谷物和非谷物类作物中防治种传和土传病菌如链格孢属、壳二孢属、曲霉属、镰孢菌属、长蠕孢属、丝核菌属及青霉属菌等。具体病害如下：小麦腥黑穗病、雪腐病、雪霉病、纹枯病、根腐病、全蚀病、颖枯病、秆黑粉病；大麦条纹病、网斑病、坚黑穗病、雪腐病；玉米青枯病、茎基腐病、猝倒病；棉花立枯病、红腐病、炭疽病、黑根病、种子腐烂病；大豆立枯病、根腐病(镰刀菌引起)；花生立枯病、茎腐病；水稻恶苗病、胡麻叶斑病、早期叶瘟病、立枯病；油菜黑斑病、黑胫病；马铃薯立枯病、疮痂病；蔬菜枯萎病、炭疽病、褐斑病、蔓枯病。

（4）使用方法　主要用作种子处理剂，使用剂量为2.5～10g/100kg种子；也可用于茎叶处理，防治苹果树、蔬菜、大田作物和观赏作物病害使用剂量为250～500g(a.i.)/hm²；防治草坪病害使用剂量为400～800g(a.i.)/hm²；防治收获后水果病害使用剂量为30～60g(a.i.)/hm²。种子处理操作及具体使用方法如下：

① 手工拌种　准备好桶或塑料袋，将咯菌腈用水稀释(一般稀释到1～2L/100kg种子，大豆0.6～0.9L/100kg种子，充分混匀后倒入种子上，快速搅拌或摇晃，直至药液均匀分布到每粒种子上(根据颜色判断)。若地下害虫严重可加常用拌种剂混匀后拌种。

② 机械拌种　根据所采用的拌种机械性能及作物种子，按不同的比例把咯菌腈加水稀释好即可拌种。例如国产拌种机一般药种比为1：60，可将咯菌腈加水稀释至1660mL/100kg(大豆1mL/100kg种子以内)；若采用进口拌种机，一般药种比为1：(80～120)，将咯菌腈加水调配至800～1250mL/100kg种子的程度即可开机拌种。

大麦、小麦、玉米、花生、马铃薯：每100kg种子用2.5%咯菌腈100～200mL或10%咯菌腈25～50mL(有效成分2.5～5g)；

棉花：每100kg种子用2.5%咯菌腈100～400mL，或10%咯菌腈25～100mL(a.i.2.5～10g)；

大豆：每100kg种子用2.5%咯菌腈200～400mL，或10%咯菌腈50～100mL(a.i.5～10g)；

水稻：每100kg种子用2.5%咯菌腈200～800mL，或10%咯菌腈50～200mL(a.i.5～20g)；

油菜：每100kg种子用2.5%咯菌腈600mL或10%咯菌腈150mL(a.i.15g)；

蔬菜：每100kg种子用2.5%咯菌腈400～800mL或10%咯菌腈100～200mL(a.i.10～20g)。

专利与登记　专利 EP206999、EP333661、EP386681 等均早已过专利期，不存在专利权问题等。国内登记情况：63%水分散粒剂；登记作物为芒果树；防治对象为炭疽病。瑞士先正达作物保护有限公司在中国登记情况见表126。

表 126　瑞士先正达作物保护有限公司在中国登记情况

登记名称	登记证号	含量	剂型	登记作物	防治对象	用药量	施用方法
苯醚/咯菌腈	PD20120807F090107	4.8%	悬浮种衣剂	小麦	散黑穗病	5～15g/100kg	种子包衣
咯菌腈	PD20095400	50%	可湿性粉剂	观赏菊花	灰霉病	83.3～125mg/kg	喷雾
噻虫/咯/霜灵	LS20120132F120025	29%	悬浮种衣剂	玉米	茎基腐病灰飞虱	108.5～162.8g/100kg	种子包衣
精甲/咯/嘧菌	PD20120464F100029	11%	悬浮种衣剂	棉花	猝倒病立枯病	25～50g/100kg	种子包衣
环嘧/咯菌腈	PD20120252F120026	62%	水分散粒剂	观赏百合	灰霉病	186～558g/hm²	喷雾
咯菌腈	PD20050195	95%	原药				

合成方法　咯菌腈的合成方法主要有以下两种：

① 以取代的苯甲醛为起始原料，经缩合、闭环即得目的物。反应式如下：

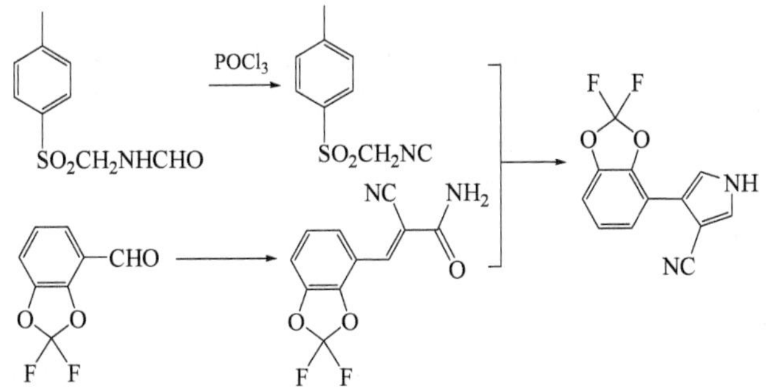

② 以硝基苯酚为起始原料，经醚化、氟化、还原制得中间体取代的苯胺，再经重氮化与丙烯腈反应，最后闭环即得目的物。反应式如下：

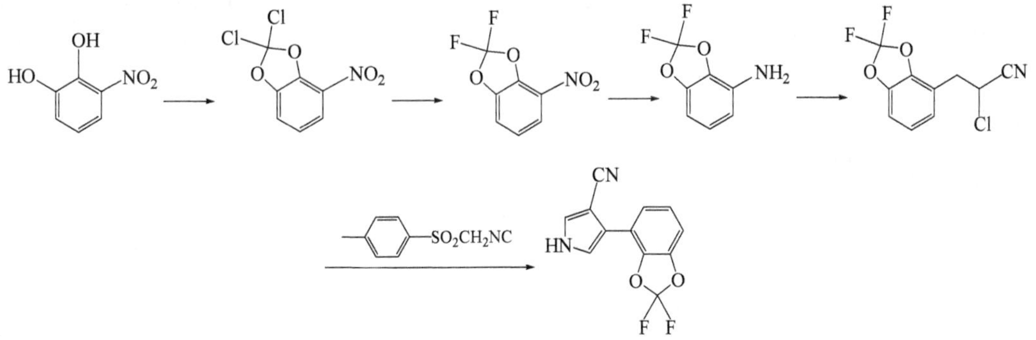

参考文献

[1]Proc Br Crop Prot Conf;Pests Dis. 1990;399.
[2]The Pesticide Manual. 15th ed. 2009;520.

咯喹酮 pyroquilon

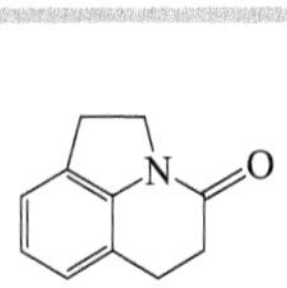

$C_{11}H_{11}NO$，173.2，57369-32-1

咯喹酮(pyroquilon)，试验代号　CGA49104。商品名称　Coratop、Fongarene。其他名称

Coratop Jumbo、Digital Coratop、Fongorene、4-lilolidone。是由辉瑞制药公司发现、并由汽巴-嘉基(现先正达)公司开发的内吸杀菌剂，于 1987 年上市。

化学名称 1,2,5,6-四氢吡咯[3,2,1-*ij*]喹啉-4-酮，1,2,5,6-tetrahydropyrrolo[3,2,1-*ij*] quinolin-4-one。

理化性质 纯品为白色结晶状固体。熔点 112℃，蒸气压 5mPa(25℃)，分配系数 $K_{ow}lgP=$ 1.6，Henry 常数 $1.9×10^{-4}Pa·m^3/mol$。相对密度 1.29(20℃)。溶解度(20℃,g/L)：水 4，丙酮 125，苯 200，二氯甲烷 580，异丙醇 85，甲醇 240。不易水解，320℃高温也能稳定存在。

毒性 急性经口 LD_{50}(mg/kg)：大鼠 321，小鼠 581。大鼠急性经皮 $LD_{50}>3100mg/kg$。对兔皮肤无刺激作用，对眼睛有轻微刺激作用。对豚鼠皮肤致敏。大鼠吸入 LC_{50}(4h)$>5100mg/m^3$。NOEL[mg/(kg·d)]：大鼠 22.5，小鼠 1.5(2y)，狗 60.5(1y)。ADI 0.015mg/kg。无致突变、致畸和致癌作用，对繁殖无影响。

生态效应 鸟急性经口 LD_{50}(8d,mg/kg)：日本鹌鹑 794，小鸡 431。鱼毒 LC_{50}(96h,mg/L)：鲶鱼 21，虹鳟鱼 13，河鲈 20，古比鱼 30。水蚤 LC_{50}(48h)60mg/L。对珊藻无影响。对蜜蜂无毒害作用，LD_{50}(μg/只)：>20(口服)，>1000(接触)。

环境行为

(1) 动物 动物口服后，咯喹酮会被广泛地代谢，并通过尿液和粪便的形式排出。残留在组织里的药物含量非常低，而且没有证据表明咯喹酮和其代谢物会在动物体内累积。

(2) 植物 在稻田中主要的代谢物是 3,4-二氢-4-羟基-2-氧代喹啉-8-乙酸和两个醋酸衍生物。

(3) 土壤/环境 DT_{50}：(粉砂土)2 周，(砂壤土)18 周。K_d1.3～42μg/g 土壤，土壤中具有轻微流动性，在水中光解 DT_{50}10d。

制剂 2%、5%颗粒剂，50%可湿性粉剂。

主要生产商 Syngenta。

作用机理与特点 黑色素生物合成抑制剂，内吸性杀菌剂。咯喹酮由稻株根部迅速吸收，向顶输导至叶和稻穗花序组织。以毒土、种子处理和水中撒施方式施用后，药剂很快被稻根吸收。叶面施用后，咯喹酮被叶面迅速吸收，并在叶内向顶输导。咯喹酮在活体上防治病害的活性大大高于其在离体上对稻瘟病病原的菌丝体生长的抑制效果。产生这一作用主要是基于对稻瘟病菌附着胞中黑色素生物合成的抑制作用，这样就防止了附着胞穿透寄主表皮细胞。病斑产生的分生孢子也可大为减少。作用方式：内吸性杀真菌剂。用量：秧苗时 1.2kg/hm²，在田地中广泛的应用量为 1.5～2kg/hm²。

应用 主要用于水稻，按推荐剂量使用，未观察到严重的或持久的不良影响。防治对象与使用方法见表 127。

表 127　咯喹酮的防治对象与施用方法

商品名	剂型和有效成分/%	适用作物	防治病害	施用说明		
				方法	剂量	施药时间
Coratop 5G*	颗粒剂 5	稻	稻瘟病(叶瘟、穗颈瘟)	撒施水中	1.5～2.0kg (a.i.)/hm²	(叶瘟)首次出现叶瘟前 0～10d(稻颈瘟)抽穗前 5～30d
Coratop 2G	颗粒剂 2	稻	稻瘟病 (叶瘟)	育苗箱撒施	0.1～0.2kg(a.i.) /1800cm² 育苗箱	(叶瘟)移植前 0～2d
				育苗箱毒土		(叶瘟)播种前
Fongorene50WP	可湿性粉剂 50	直播稻		种子处理	4g(a.i.)/kg 种子	播种前

专利概况 专利 GB1394373 已过专利期，不存在专利权问题。

合成方法 通过如下反应即可制得目的物：

参考文献

[1] The Pesticide Manual. 15th ed. 2009：999-1000.
[2] Japan Pesticide Information，1986，46：27.

螺虫乙酯 spirotetramat

$C_{21}H_{27}NO_5$，373.5，203313-25-1，382608-10-8(未区分异构体)

螺虫乙酯(spirotetramat)，试验代号 BYI08330。商品名称 Movento、Ultor、亩旺特。是由拜耳作物科学公司开发的季酮酸衍生物类杀虫剂。

化学名称 顺-4-(乙氧基羰基氧基)-8-甲氧基-3-(2,5-二甲苯基)-1-氮杂螺[4,5]-癸-3-烯-2-酮，cis-4-(ethoxycarbonyloxy)-8-methoxy-3-(2,5-xylyl)-1-azaspiro[4.5]dec-3-en-2-one.

理化性质 原药外观为白色粉末，无特别气味，制剂外观具芳香味白色悬浮液。熔点142℃，在235℃分解，无沸点。蒸气压：5.6×10^{-6} mPa(20℃)，1.5×10^{-5} mPa(25℃)。K_{ow} lg$P$2.51(pH 4 和 7)，2.50(pH 9)。相对密度 1.23(纯品)，1.22(原药)。水中溶解度 29.9mg/L(20℃,pH 7)。其他溶剂中溶解度(20℃,g/L)：正己烷 0.055，二氯甲烷＞600，二甲基亚砜200～300，甲苯60，丙酮100～120，乙酸乙酯67，乙醇44。在30℃稳定性≥1y。水解 DT_{50}(25℃)：32.5d(pH 4)，8.6d(pH 7)，0.32d(pH 9)，形成相应的更不易水解的烯醇。pK_a10.7。

毒性 大鼠急性经口 LD_{50}＞2000mg/kg。大鼠急性经皮 LD_{50}＞2000mg/kg。大鼠吸入 LC_{50}＞4183mg/m³。对兔皮肤无刺激作用，对兔眼睛有刺激作用。对豚鼠皮肤有致敏性。NOEL[mg/(kg•d)]：大鼠母体和发育毒性 NOAEL 140，兔母体毒性10，兔发育毒性160，雄性大鼠慢性毒性13.2。ADI(EPA)aRfD 1.0mg/kg，cRfD 0.05mg/kg[2008]。无基因毒性和致畸性。

生态效应 生态友好，根据推荐的方法使用，对环境有机体无副作用。山齿鹑急性经口 LD_{50}＞2000mg/kg，野鸭饲喂 LC_{50}(5d)＞475mg/(kg•d)。鱼 LC_{50}(96h,mg/L)：虹鳟鱼 2.54，大翻车鱼 2.20。水蚤 EC_{50}(4h)＞42.7mg/L。羊角月牙藻 E_rC_{50}(72h)8.15mg/L。摇蚊幼虫 LC_{50}(48h)1.38mg/L。蜜蜂 LD_{50}(48h,μg/只)：经口 107.3，接触＞100。蚯蚓 LC_{50}(14d)＞1000mg/kg 干土。有益生物 LR_{50}(g/hm²)：捕食螨为 0.333，寄生蜂 114.7。

环境行为 环境友好，根据推荐的方法使用，对环境无副作用。

(1) 动物 大鼠、产蛋鸡和哺乳羊经口吸收快且完全，排泄主要通过肾脏迅速而且完全。在大鼠器官组织中，与螺虫乙酯相关的残留物浓度很低，在牛奶、鸡蛋以及可食用的牲畜器官组织没有残留。在大鼠和牲畜体内代谢方法相似，酯基断裂形成的烯醇是主要的代谢物，其他可以识别的代谢物是由烯醇衍生的，通过与苷氨酸结合或氧化脱掉 8-甲氧基上的甲基。

(2) 植物 在所有调查的作物(苹果 、棉花、生菜和马铃薯)中的代谢方式是类似的，在苹果的果实和树叶、棉绒、生菜和马铃薯叶中的主要残留物是母体化合物，在棉花籽和马铃薯茎中的主要残留物是螺虫乙酯水解的烯醇，其他重要的代谢物包括烯醇与葡糖苷酸的结合物，酮羟基和单羟基代谢物。多年土壤残留，在每个轮作作物(小麦、瑞士甜菜、大头菜)的吸收和代谢本质上是相似的，但在靶标作物上的残留是相当不同的，酮羟基代谢物是主要被吸收的残留物，代谢得到酮羟基乙醇、脱甲基酮羟基、脱甲基二羟基及与葡萄糖结合物。代谢物的化学结构及名称见 *EPA Fact Sheet*。

（3）土壤/环境　土壤中 DT_{50}：<1d（螺虫乙酯），5～23d（代谢物）。母体化合物及代谢物对地下水无污染。对微生物矿化无副作用。水中 DT_{50}（有氧）<1d，（厌氧）3d。水中光解 DT_{50} 3d。土壤 K_d 4.39mg/L，K_{oc} 289mg/L，中等移动性。

制剂　22.4%、14.5%悬浮剂，15.3%乳油。

主要生产商　Bayer CropScience。

作用机理与特点　一种新型季酮酸衍生物类杀虫剂，杀虫谱广，持效期长。它是通过干扰昆虫的脂肪生物合成导致幼虫死亡，降低成虫的繁殖能力。由于其独特的作用机制，可有效地防治对现有杀虫剂产生抗性的害虫，同时可作为烟碱类杀虫剂抗性管理的重要品种。螺虫乙酯是迄今唯一具有在木质部和韧皮部双向内吸传导性能的现代杀虫剂。该化合物可以在整个植物体内上下移动，抵达叶面和树皮，从而防治如生菜和白菜内叶上隐藏的及果树皮上的害虫。这种独特的内吸性可以保护新生芽、叶和根部，防止害虫的卵和幼虫生长。双向内吸传导性意味着害虫没有安全的可以隐藏的地方，防治作用更加彻底。

应用　螺虫乙酯240g/L悬浮剂经田间药效试验对柑橘介壳虫有较好的防效，用药量：有效成分浓度48～60mg/kg（制剂稀释4000～5000倍液）。使用方法为喷雾。表现较好的速效性，持效期30d左右。在推荐的使用剂量范围内对作物安全，未见药害发生。合理使用建议：在<60mg/kg剂量下，最多施药1次，安全间隔期为40d。

螺虫乙酯可用于多种作物如棉花、大豆、柑橘、热带果树、坚果、葡萄、啤酒花、土豆和蔬菜等防治各种刺吸式口器害虫，如蚜虫、蓟马、木虱、粉蚧、粉虱和介壳虫等。例如蔬菜上的烟粉虱、温室粉虱、棉蚜、桃蚜、甘蓝蚜，仁果类核果类果树上的玫瑰苹果蚜、豆蚜、桃蚜、光管舌尾蚜、苹果棉蚜、榆蛎蚧、梨园蚧、桑白蚧、猕猴桃松突圆蚧、草莓蚜虫、大戟长管蚜（表128）。其对重要益虫如瓢虫、食蚜蝇和寄生蜂具有良好的选择性。

表128　螺虫乙酯在作物上的应用

作物	防治害虫	剂量/[g(a.i.)/hm²]
结实的蔬菜：番茄、辣椒、茄子、黄瓜、西瓜、甜瓜	西瓜烟粉虱、温室白粉虱、桃蚜、棉蚜、番茄木虱	45～90
芸薹属蔬菜：花椰菜、青花菜、抱子甘蓝、甘蓝	甘蓝蚜、桃蚜、萝卜蚜、欧洲甘蓝粉虱	55～90
生菜（外地和温室）	莴苣蚜、桃蚜、茶藨苦菜蚜、囊柄瘿棉蚜、茄粗额蚜	55～90
青豆（温室）	蚜虫、粉虱	75～144
洋葱	葱蓟马	75
块茎蔬菜：马铃薯、草莓（外地和温室）	蚜虫、木虱、粉虱、马铃薯块茎蛾	66～90
棉花	蚜虫、白粉虱、螨类、棉蚜、烟粉虱	90
柑橘：橙子、橘子、柠檬、酸橙	红圆蚧、康片蚧、丝绒粉虱、橘粉蚧、常春藤圆盾蚧	60～175g/(hm²mCH)(mCH为每米林冠高度)，最大：0.288
梨果水果：苹果、梨、柑橘	玫瑰苹果蚜、豆蚜、苹果棉蚜、榆蛎蚧、梨园蚧、梨木虱、梨黄木虱	45～175g/(hm²mCH)(mCH为每米林冠高度)，最大：0.225
核果类：桃、杏、油桃、李子、樱桃	光管舌尾蚜、桃蚜、桑白蚧、梨园蚧、玫瑰苹果蚜	45～175g/(hm²mCH)(mCH为每米林冠高度)，最大：0.225
坚果	蚜虫、粉介壳虫、根瘤蚜	88～154
啤酒花	蛇麻疣额蚜、二斑叶螨	90～150
葡萄	粉介壳虫、根瘤蚜	75～132
热带水果：芒果、鳄梨、荔枝、木瓜、番石榴	刺吸害虫、芒果白轮蚧	288，最大耗水量：3000L
香蕉	介壳虫、粉虱	60～225
猕猴桃	盾蚧	96

专利与登记

专利名称　Preparation of 3-phenylheterocycloalkyl-2,4-dione enols as herbicides and pesticides

专利号　DE19602524

专利申请日　1996-01-25

专利拥有者　Bayer A. G.

在其他国家申请的化合物专利：AU9663042、AU709848、BR9609250、CN1198154、CN1173947、EP837847、ES2180786、HU9802866、JP11508880、JP4082724、RU2195449、TW476754、US6110872、US6511942、US20030171219、US6933261、US20050038021、US7256158、WO9701535、ZA9605465 等。

工艺专利：DE10239479、DE102005008021、DE102006022821、DE102006057037、WO9736868、WO9805638、WO9948869、WO2001074770、DE10231333 等。

螺虫乙酯已在 69 个国家和地区提交登记。2008 年螺虫乙酯已成功在美国、加拿大、奥地利、新西兰、摩洛哥、土耳其和突尼斯登记。国内登记情况：22.4%悬浮剂等；登记作物为柑橘树、番茄等；防治对象为烟粉虱、介壳虫等。德国拜耳作物科学公司在中国登记情况见表129。

表 129　德国拜耳作物科学公司在中国登记情况

登记名称	登记证号	含量	剂型	登记作物	防治对象	用药量	施用方法
螺虫乙酯	PD20110281	22.4%	悬浮剂	番茄 柑橘树	烟粉虱 介壳虫	$72\sim108\text{g/hm}^2$ $48\sim60\text{mg/kg}$	喷雾 喷雾
螺虫乙酯	PD20110188	96%	原药				

合成方法　经如下反应制得螺虫乙酯：

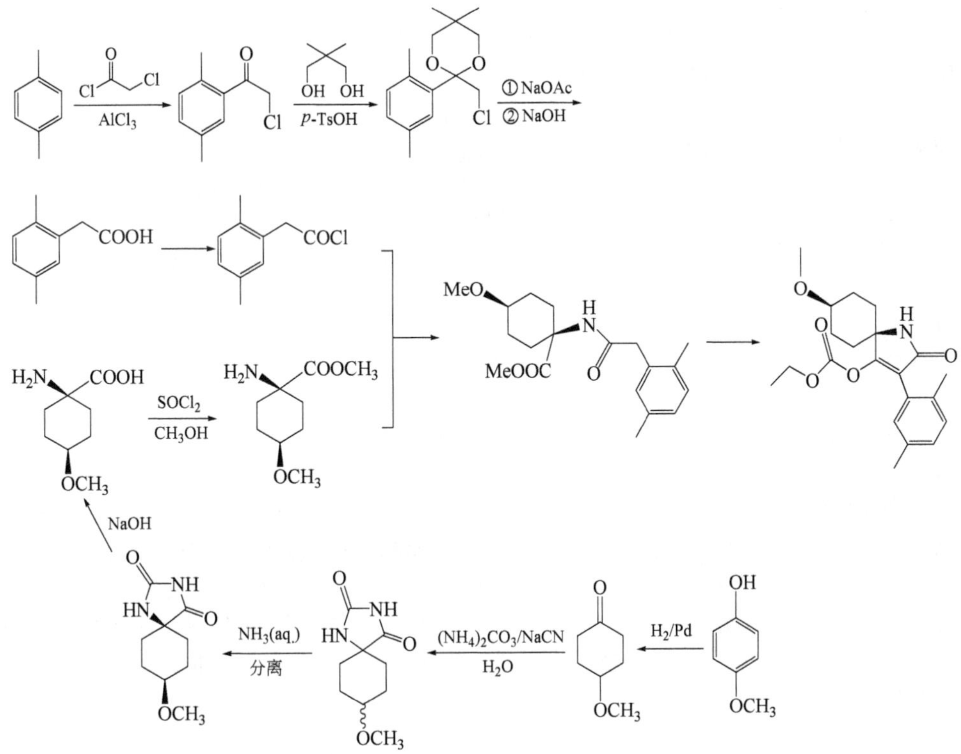

参考文献

[1]师文娟. 农药,2010,49(4):250-251.

[2]张建功. 中国农药,2012,4:32-35.

[3]李杜. 农药科学与管理,2012,8:18-21.

[4]叶萱.世界农药,2011,5:54-55.

螺虫酯 spiromesifen

$C_{23}H_{30}O_4$，370.5，283594-90-1

螺虫酯(spiromesifen)，试验代号 BSN2060，商品名：Abseung、Cleazal、Danigetter、Forbid、Oberon、Judo；其他名称 螺甲螨酯、特虫酮酯；是 R. Nauen 等报道其活性，由 Bayer CropScience 开发的季酮酸酯类杀虫剂。

化学名称 3-(2,4,6-三甲苯基)-2-氧代-1-氧杂螺[4.4]-壬-3-烯-4-基 3,3-二甲基丁酸酯，3-mesityl-2-oxo-1-oxaspiro[4.4]non-3-en-4-yl 3,3-dimethylbutyrate。

理化性质 原药纯度≥96.5%，外观为无色粉末，熔点 96.7～98.7℃。蒸气压 7×10^{-3} mPa (20℃)。$K_{ow}\lg P = 4.55$(非缓冲液,20℃)。Henry 常数 2×10^{-2} Pa·m³/mol(20℃,计算值)。相对密度 1.13(20℃)。水中溶解度 0.13mg/L(pH 4～9,20℃)。其他溶剂中溶解度(20℃,g/L)：正庚烷 23，异丙醇 115，正辛醇 60，聚乙二醇 22，二甲亚砜 55，二甲苯、1,2-二氯乙烷、丙酮、乙酸乙酯和乙腈均>250。水解 DT_{50}：53.3d(pH 4)，24.8d(pH 7)，4.3d(pH 9)(25℃)；2.2d(pH 4)，1.7d(pH 7)，2.6h(pH 9)(50℃)。

毒性 雌雄大鼠急性经口 LD_{50}>2500mg/kg。雌雄大鼠急性经皮 LD_{50}>2000mg/kg。对兔皮肤、眼睛无刺激，对皮肤有致敏性。大鼠吸入 LC_{50}(4h)>4.87mg/L。NOAEL 小鼠(90d 和 18 个月)分别为 3.2mg/(kg·d)和 3.3mg/(kg·d)。无神经毒性及致突变性。

生态效应 山齿鹑急性经口 LD_{50}>2000mg/kg；山齿鹑、野鸭饲喂 LC_{50}(5d)>5000mg/kg。鱼急性 LC_{50}(96h,mg/L)：虹鳟鱼 0.016，大翻车鱼>0.034。水蚤 EC_{50}(48h)>0.092mg/L。羊角月牙藻 E_bC_{50} 及 E_rC_{50}(96h)>0.094mg/L。摇蚊 NOEC(28d)0.032mg/L。蜜蜂 LD_{50}(μg/只)：经口>790，接触>200。蚯蚓 LC_{50}>1000mg/kg 干土。对捕食性螨有轻微至中等毒性。对瓢虫无害。

环境行为

（1）动物 在动物体内迅速被吸收，但是不能被完全吸收(48%)。分布广泛、代谢迅速，在 72h 内几乎全部被排泄。

（2）植物 最初通过螺虫酯烯醇去酯化，随后羟基化和螯合。残留主要是螺虫酯及螺虫酯烯醇。

（3）土壤/环境 土壤中，DT_{50} 2.6～17.9d，降解过程首先为去酯化，接着为 4-甲基基团的氧化而得到羧酸代谢物；在一些环境下，这些代谢物比螺虫酯降解更为缓慢，DT_{50} 分别为 8.8～101.6d 和 1.7～224d。浓度计测量表明母分子没有浸出问题，K_{oc} 30900mL/g(est)；两个代谢物的流动性好像非常好，K_{oc} 分别为 1.2～8.3 和 3。然而，沉积物中耗散的主要途径是通过吸收螺虫酯。土壤、地下水的残留物主要是螺虫酯、螺虫酯烯醇和代谢物；沉积物中的残留物主要是螺虫酯及其烯醇。

制剂 240g/L悬浮剂。

主要生产商 Bayer CropScience。

作用机理 类脂生物合成抑制剂。抑制白粉虱、螨类发育和繁殖的非内吸性杀虫、杀螨剂，同时具有杀卵作用。影响粉虱和螨虫的生长及变态相关的生长调节体系，破坏脂质的生物合成，尤其对幼虫阶段有较好的活性，同时还可以产生卵巢管闭合作用，降低螨虫和粉虱成虫的繁殖能力，大大减少产卵数量，对成虫施药后致死需要 3～4d。螺虫酯能有效地防治对吡丙醚产生抗性的粉虱，与灭虫威复配能有效地防治具有抗性的粉虱。与任何常用的杀虫剂、杀螨剂无交互抗性。通过室内和田间试验证明螺虫酯对有益生物是安全的，并且适合害虫综合防治，残效优异，植物相容性好，对环境安全。

应用

（1）适用作物　主要用于棉花、玉米，葫芦、胡椒、西红柿、草莓、甘蓝和其他蔬菜，观赏植物。

（2）防治对象　粉虱（白粉虱）和叶螨等。

（3）使用剂量　100～150g(a.i.)/hm²。

（4）交互抗性　在棉花田里用 2 龄的粉虱幼虫作抗性的生物测定。螺虫酯与吡虫啉（imidacloprid）相比对棉粉虱的 2 龄幼虫更有效。螺虫酯与有机磷酸酯类（organophosphates）、氨基甲酸酯类（carbamates）、硫丹（endosulfan）、除虫菊酯类（pyrethroids）等杀虫剂无交互抗性。对吡丙醚产生抗性的棉粉虱并不对螺虫酯产生抗性。以二斑叶螨为靶标，进行交互抗性研究，结果表明螺虫酯与常用的杀螨剂如哒螨酮（pyridaben）、唑螨酯（fenpyroximate）、阿维菌素（abamectin）、噻螨酮（hexythiazox）、四螨嗪（clofentezine）、三氯杀螨（dicofol）、有机磷酸酯类（organophosphates）等杀螨剂没有交互抗性。

（5）室内试验　粉虱（如棉粉虱）和叶螨（如二斑叶螨）属于对农业和园艺业危害很大的刺吸类害虫。它们对市售的多数杀虫剂和杀螨剂已产生了抗性。螺虫酯能有效地控制棉粉虱的各幼虫期，用很小的剂量就能控制 1～3 龄的幼虫。茎叶处理能显著地降低棉粉虱雌成虫的繁殖能力。试验结果显示：随着剂量的增加，产卵的数量急剧减少：8μg/mL 可以减少 60% 的卵，40μg/mL 可以减少 90% 的卵，200μg/mL 可以减少 90%～98% 的卵。螺虫酯也显示了很好的杀螨活性，并能防治叶螨的各个发育期，对幼虫阶段的作用较成虫更明显。芸豆用螺虫酯进行茎叶处理，试验结果表明螺虫酯对二斑叶螨幼螨各发育阶段及卵孵化期（2d、4d）的 LC_{50} 为 0.1mg/L，对休眠期和雌成虫的 LC_{50} 为 0.5～1.0mg/L。

（6）田间试验　在世界各地的不同气候条件下进行田间试验，发现螺虫酯对粉虱和叶螨都有很好的防效。24% 螺虫酯悬浮剂对粉虱表现出很好的防治效果：处理剂量为 96g(a.i.)/hm²、120g(a.i.)/hm²、144g(a.i.)/hm²，第 3～7d 对棉粉虱的防效分别为 75%、74%、80%，第 8～14d 对棉粉虱的防效分别为 76%、77%、82%，第 15～21d 对棉粉虱的防效分别为 70%、71%、90%。24% 螺虫酯悬浮剂对叶螨表现出很好的杀螨活性：处理剂量为 96g(a.i.)/hm²、144g(a.i.)/hm²、192g(a.i.)/hm²，第 3～7d 对二斑叶螨的防效分别为 92%、92%、85%，第 8～14d 对二斑叶螨的防效分别为 95%、95%、96%，第 15～21d 对红蜘蛛的防效分别为 94%、98%、96%，第 22～28d 对二斑叶螨的防效分别为 92%、97%、95%。

专利与登记

专利名称　Use of 2,3-dihydro-2-oxo-5,5-tetramethylene-3-(2,4,6-trimethylphenyl)-4-furyl 3, 3-dimethylbutanoate to control whitefly

专利号　DE19901943

专利申请日　1999-01-20

专利拥有者　Bayer AG(Ger)

目前公开的或授权的专利：AT249741、AU2541500、BR20007583、CN1174676、CO5210900、EP1152662、ES2202051、ID30160、IL143868、JP2002535254、PT1152662、TR200102120、US6436988、WO2000042850、ZA200105107 等。

工艺专利：DE102006016641、DE102007001866、WO2008083950、WO2001068625 等。

首次在印度尼西亚和英国获准上市。印度尼西亚防治茶叶和苹果短须螨属和红蜘蛛，在美国准备登记的作物为棉花、玉米，葫芦、胡椒、西红柿、草莓、甘蓝和其他蔬菜等。

合成方法　经如下反应制得螺虫酯：

螺环菌胺 spiroxamine

$C_{18}H_{35}NO_2$，297.5，118134-30-8

螺环菌胺(spiroxamine)，试验代号　KWG4168。商品名称　Impulse、Prosper、Falcon460。其他名称 Accrue、Aquarelle、Hoggar、Neon、Torch、Zenon。是由拜耳公司公司开发成功的取代胺类杀菌剂。于1997年开始上市销售。

化学名称　8-叔丁基-1,4-二氧螺[4.5]癸烷-2-基甲基(乙基)(丙基)胺。8-*tert*-butyl-1,4-dioxaspiro[4.5]decan-2-ylmethyl(ethyl)(propyl)amine。

理化性质　组成螺环菌胺是两个异构体A(*cis*,49%~56%)和B(*trans*,51%~44%)组成的混合物。原药为棕色液体，纯品为淡黄色液体，熔点<-170℃(异构体A和异构体B)，沸点120℃(分解)。蒸气压(20℃,mPa)：A 4，B 5.7。$K_{ow}lgP$：1.28(pH 3)，2.79(pH 7)，4.88(pH 9)(A)；1.41(pH 3)，2.98(pH 7)，5.08(pH 9)(20℃)(B)。Henry常数(pH 7,20℃,计算值,Pa•m³/mol)：A $2.5×10^{-3}$，B $5.0×10^{-3}$。A和B相对密度0.930(20℃)。水中溶解度(20℃,mg/L)：A、B混合物>$200×10^3$(pH 3)；A 470(pH 7)，14(pH 9)；B 340(pH 7)，10(pH 9)。A、B混合物在正己烷、甲苯、二氯甲烷、异丙醇、正辛醇、聚乙二醇、丙酮和DMF溶解度均>200g/L(20℃)。对水解和光解均稳定，临时光解DT_{50}50.5d(25℃)，pK_a6.9，闪点147℃。

毒性　大鼠急性经口LD_{50}(mg/kg)：雄性约595，雌性550~560。大鼠急性经皮LD_{50}(mg/kg)：雄性>1600，雌性约1068。对兔眼睛无刺激，对兔皮肤有严重的刺激。在刺激浓度下对皮肤亦有致敏性。大鼠吸入LC_{50}(4h,mg/m³)：雄性大约2772，雌性大约1982。NOEL值(mg/kg饲料)：大鼠(2y)70，小鼠(2y)160，狗(1y)75。AOEL(EU)0.015mg/(kg•d)，ADI值0.025mg/kg。无致畸作用，对遗传无影响。

生态效应　山齿鹑LD_{50}565mg/kg，山齿鹑和野鸭饲喂LC_{50}>5000mg/kg。鱼毒LC_{50}(96h,静态,mg/L)：虹鳟鱼18.5，大翻车鱼7.13。水蚤EC_{50}(48h,mg/L)：(静态)6.1，(动态)3.0。淡水藻E_rC_{50}(72h)0.012mg/L，E_bC_{50}(72h)0.0032mg/L；月牙藻E_rC_{50}(120h)0.01943mg/L，E_bC_{50}0.00542mg/L。蜜蜂LD_{50}(48h,μg/只)：>100(经口)，4.2(接触)。蚯蚓LC_{50}(14d)>1000μg/kg干土。扩展试验表明在$2×750g/hm^2$对星豹蛛、锥须步甲属以及瓢虫等昆虫无害，盲走螨和蚜茧蜂是最敏感群体，田间对葡萄的研究表明对盲走螨无害。

环境行为

(1) 动物　对大鼠，生物运动学和新陈代谢研究表明：对带有放射性标记物的螺环菌胺有一个明显的高度吸收（超过 70％），随后就是在体内快速消除（＞97％，口服 48h）。这些放射标记物从血浆到周围细胞快速地分散。在所有剂量下，主要的代谢物是氧化叔丁基成相应的羧酸。对山羊和母鸡，具有放射标记物的螺环菌胺残留在组织、器官和奶中都相对比较少，这主要是因为快速地分解，新陈代谢的途径也主要通过氧化叔丁基成相应的酸，或者氨基的脱烷基化，最终的结果是脱乙基和脱丙基的螺环菌胺衍生物，通过动物组织研究表明，羧酸作为代谢产物出现。

（2）植物　在春小麦、葡萄和香蕉中可进行广泛地新陈代谢，氧化位置主要是叔胺，但也有少部分的氧化位置是叔丁基。一些代谢物会通过脱烷基化的形式出现，或者以分裂缩酮的方法形成。对植物新陈代谢的研究表明，结构未发生改变的螺环菌胺是残留物的主要成分。

（3）土壤/环境　在土壤中迅速降解，最终生成 CO_2；代谢的主要途径是叔丁基的氧化以及氨基的去烷基化作用，脱烷基化合物或进一步氧化成相应的酸或者降解成对应的酮。土壤 DT_{50}（实验室和田地）35～64d。这些留在土壤和空气中的残渣是相应的母体化合物。在 pH 9 的条件下对水解作用相对稳定，在水中直接的光解并不是明显的降解途径。K_{oc} 659～6417mL/g。在水/沉淀物研究表明：螺环菌胺不会直接沉积，在上层水中 DT_{50} 12～13h。螺环菌胺会在水/沉淀物的系统中彻底地分解，最终生成 CO_2。在水中的残余物除了定量的母体化合物就是其 N-氧化物。

制剂　25％、50％、80％乳油。

主要生产商　Bayer CropScience。

作用机理与特点　甾醇生物合成抑制剂，主要抑制 C14 脱甲基化酶的合成。螺环菌胺是一种新型、内吸性的叶面杀菌剂，对白粉病特别有效。作用速度快且持效期长，兼具保护和治疗作用。

应用

（1）适宜作物与安全性　小麦和大麦；推荐剂量下对作物安全、无药害。

（2）防治对象　小麦白粉病和各种锈病；大麦云纹病和条纹病。

（3）使用方法　既可以单独使用，又可以和其他杀菌剂混配以扩大杀菌谱。使用剂量为375～750g(a.i.)/hm²。防治谷类白粉病使用剂量为 500～750g/hm²，防治葡萄白粉病使用剂量400g/hm²，防治香蕉叶斑病和褐缘灰斑病使用剂量 320g/hm²。

专利概述　专利 DE3735555 早已过专利期，不存在专利权问题。

合成方法　以对叔丁基苯酚为起始原料，加氢还原后与氯甲基乙二醇或丙三醇反应，再经氯化（或与磺酰氯反应），最后胺化制得目的物。反应式如下：

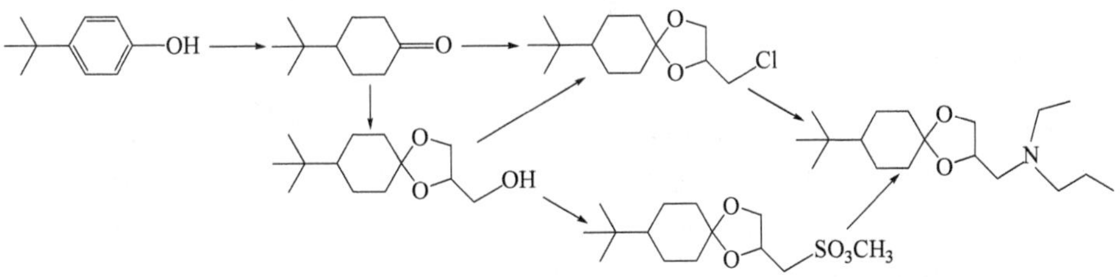

参考文献

[1] The Pesticide Manual，15th ed. 2009：1049-1051.
[2] Proc Br Crop Prot Conf：Pests Dis，1996，1：47.

螺螨酯 spirodiclofen

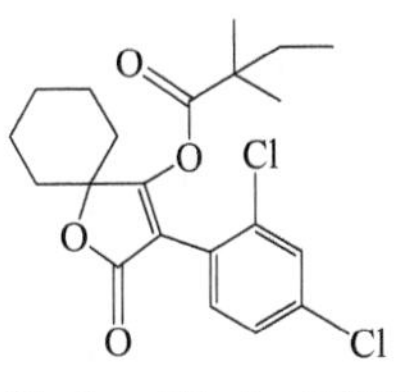

$C_{21}H_{24}Cl_2O_4$，411.3，148477-71-8

螺螨酯(spirodiclofen)，试验代号　BAJ2740。商品名称　Bolido、Daniemon、Ecomite、Envidor、Sinawi、螨危、螨威多。是拜耳公司研制并开发的季酮酸类杀螨剂。

化学名称　3-(2,4-二氯苯基)-2-氧代-1-氧杂螺[4.5]-癸-3-烯-4-基-2,2-二甲基丁酸酯，3-(2,4-dichlorophenyl)-2-oxo-1-oxaspiro[4.5]dec-3-en-4-yl-2,2-dimethylbutyrate。

理化性质　原药纯度≥96.5%，纯品为白色粉末，无特殊气味。熔点94.8℃，蒸气压<3×10^{-4}mPa(20℃)。K_{ow} lg$P$=5.8(pH 4)，5.1(pH 7)(室温)。Henry常数 $2×10^{-3}$Pa•m³/mol，相对密度1.29。水中溶解度(20℃，μg/L)：(pH 4)50，(pH 7)190。其他溶剂中溶解度(20℃，g/L)：正庚烷20，聚乙二醇24，正辛醇44，异丙醇47，DMSO 75，丙酮、二氯甲烷、乙酸乙酯、乙腈和二甲苯>250。水解 DT_{50}(20℃)：119.6d(pH 4)，52.1d(pH 7)，2.5d(pH 9)。

毒性　大鼠急性经口 LD_{50}>2500mg/kg(雌、雄)。大鼠急性经皮 LD_{50}>2000mg/kg(雌、雄)。对兔眼、皮肤无刺激。原药和悬浮剂对豚鼠无皮肤敏感性。大鼠吸入 LC_{50}(4h)>5000mg/m³。狗 NOAEL(12个月)1.45mg/kg。ADI：(EC)0.015mg/kg[2007]，(EPA)cRfD 0.0065mg/kg[2005]。对大鼠和兔无致畸作用。大鼠二代繁殖试验表明无繁殖毒性、基因毒性和致突变性。

生态效应　山齿鹑急性经口 LD_{50}>2000mg/kg，山齿鹑和野鸭饲喂 LC_{50}(5d)>5000mg/kg饲料。虹鳟鱼 LC_{50}(96h)>0.035mg/L，水蚤 EC_{50}(48h)>0.051mg/L。羊角月牙藻 E_bC_{50} 和 E_rC_{50}(96h)>0.06mg/L。摇蚊幼虫 NOEC(28d)0.032mg/L。蜜蜂 LD_{50}(μg/只)：经口>196，接触>200。蚯蚓 LC_{50}>1000mg/kg干土。

环境行为

(1) 动物　迅速被动物体吸收，广泛分布于动物体各部位，并在48h内排出体外。在大鼠和反刍动物体内代谢首先发生酯键的断裂，然后羟基化为环己烷环。在大鼠体内，继续发生烯醇环断裂，从而形成2,4-二氯扁桃酸环己酯，进一步进行代谢。残留物由螺螨酯烯醇组成。

(2) 植物　在应用的作物中，代谢较少，其发生方式与在大鼠体内一致。残留物主要为螺螨酯本身。

(3) 土壤/环境　DT_{50} 0.5~5.5d，土壤代谢(有氧)DT_{50} 10~64d。没有渗漏问题。K_{oc} 31037~238000。脱脂化(螺螨酯烯醇)形成的主要代谢产物流动性很强，然而模拟研究表明并不存在于地下水中。地表水和沉淀中残留物由螺螨酯和螺螨酯烯醇组成，土壤和地下水中残留物还包括由羟基化和还原呋喃环的代谢物以及2,4-二氯苯甲酸。

制剂　悬浮剂、水分散粒剂和可湿性粉剂。

主要生产商　Bayer CropScience。

作用机理与特点　具有触杀作用，没有内吸性。主要抑制螨的脂肪合成，阻断螨的能量代谢，对螨的各个发育阶段都有效，杀卵效果特别优异，同时对幼若螨也有良好的触杀作用。虽然不能较快地杀死雌成螨，但对雌成螨有很好的绝育作用。雌成螨触药后所产的卵有96%不能孵化，死于胚胎后期。它与现有杀螨剂之间无交互抗性，适用于用来防治对现有杀螨剂产生抗性的有害螨类。低毒、低残留、安全性好。在不同气温条件下对作物非常安全，对人畜及作物安全、低毒。适合于无公害生产。

应用

(1) 适用作物　柑橘、葡萄等果树和茄子、辣椒、番茄等茄科作物。

(2) 防治对象　红蜘蛛、黄蜘蛛、锈螨虱、茶黄螨、朱砂叶螨和二斑叶螨等，对梨木虱、榆蛎盾蚧以及叶蝉类等害虫也有很好的兼治效果。

(3) 应用技术　①均匀喷雾：该产品通过触杀作用防治害螨的卵、幼若螨和雌成螨，没有内吸性，因此药剂兑水喷雾时，要尽可能喷雾均匀，确保药液喷施到叶片正反两面及果实表面，最大限度地发挥其药效。②施用时间：防治柑橘全爪螨，建议在害螨为害前期施用，以便充分发挥螺螨酯持效期长的特点。③施用次数：螺螨酯在柑橘生长季节内最好只施用一次，与其他不同杀螨机理的杀螨剂轮换使用，既能有效地防治抗性害螨，同时降低叶螨对螺螨酯产生抗性的风险。

春季用药方案1：当红蜘蛛、黄蜘蛛的危害达到防治指标(每叶虫卵数达到10粒或每叶若虫3~4头)时，使用螺螨酯4000~5000倍(每瓶100mL兑水400~500kg)均匀喷雾，可控制红蜘蛛、黄蜘蛛50d左右。此后，若遇红蜘蛛、黄蜘蛛虫口再度上升，使用一次速效性杀螨剂(如哒螨灵、克螨特、阿维菌素等)即可。

春季用药方案 2：当红蜘蛛、黄蜘蛛发生较早达到防治指标时，先使用 1～2 次速效性杀螨剂(如哒螨灵、克螨特、阿维菌素等)，5 月上旬左右，使用螺螨酯 400～5000 倍液(每瓶 100mL 兑水 400～500kg)喷施一次，可控制红蜘蛛、黄蜘蛛 50d 左右。

秋季用药：9～10 月红蜘蛛、黄蜘蛛虫口上升达到防治指标时，使用螺螨酯 4000～5000 倍液再喷施一次或根据螨害情况与其他药剂混用，即可控制到柑橘采收，直至冬季清园。

（4）注意事项 ①如果在柑橘全爪螨为害的中后期使用，为害成螨数量已经相当大，由于螺螨酯杀卵及幼螨的特性，建议与速效性好、残效短的杀螨剂，如阿维菌素等混合使用，既能快速杀死成螨，又能长时间控制害螨虫口数量的恢复。②考虑到抗性治理，建议在一个生长季(春季、秋季)，螺螨酯的使用次数最多不超过两次。③螺螨酯的主要作用方式为触杀和胃毒，无内吸性，因此喷药要全株均匀喷雾，特别是叶背。④建议避开果树开花时用药。

专利与登记 专利 DE4216814 已过专利期，不存在专利权问题。

从 2002 年开始，已在多个国家登记注册，2006 年在加拿大登记用于防治果树害螨。2004 年螺螨酯在中国获得在柑橘上的临时登记(登记证号：LS20042173)，当年在南方 8 个省的柑橘区做了 18 个点的示范试验，结果证明它对柑橘全爪螨具有出色的防治效果。2005 年螺螨酯开始在国内销售。国内登记情况：98% 原药，20%、240g/L 悬浮剂，40% 水乳剂等；登记作物为柑橘树等；防治对象为红蜘蛛等。德国拜耳作物科学公司在中国登记情况见表 130。

表 130 德国拜耳作物科学公司在中国登记情况

商品名	登记证号	含量	剂型	登记作物	防治对象	用药量	施用方法
螺螨酯	LS20082644	240g/L	悬浮剂	棉花	红蜘蛛	$36～72g/hm^2$	喷雾
				苹果树	红蜘蛛	40～60mg/kg	喷雾
				柑橘树	红蜘蛛	40～60mg/kg	喷雾
螺螨酯	PD20070378	240g/L	悬浮剂	柑橘树	红蜘蛛	40～60mg/kg	喷雾
螺螨酯	PD20070353	95.5%	原药				

合成方法 经如下反应制得螺螨酯：

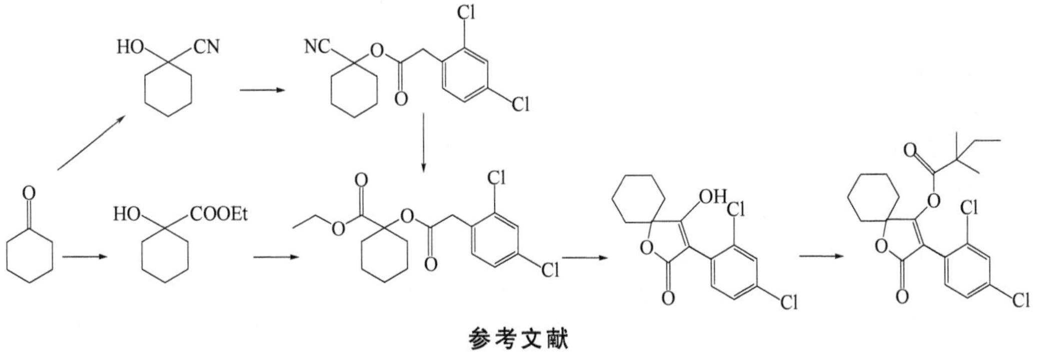

参考文献

[1] Proceedings of the Brighton Crop Protection Conference：Pests and Diseases，2000，1：53.

[2] 陆一夫．精细化工中间体，2009，39(2)：19-21.

[3] 李新．农药，2011，9：680-681.

绿草定 triclopyr

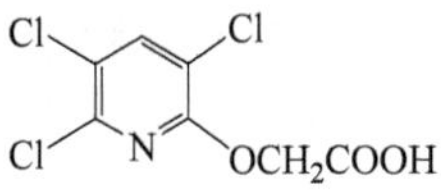

$C_7H_4Cl_3NO_3$，256.6，55335-06-3，64700-56-7(丁氧基乙酯)，57213-69-1(三乙基铵盐)

绿草定（triclopyr），试验代号 Dowco233。商品名称 Luoxyl、Trident。其他名称 Maxim、Tribel、Triptic、Uni-Lon、盖灌能、盖灌林、定草酯、三氯吡氧乙酸。是由道农科开发的吡啶氧羧酸类除草剂。三氯吡氧乙酸丁氧基乙酯（triclopyr-butotyl），试验代号 M4021。商品名称 Garlon4、Garlon XRT、Grando、Invader、Melasma、Pathfinder Ⅱ、Remedy、Tahoe 4E、Tarlon、Timbrel、Trilone、Turflon Ester；triclopyr-triethylammonium。其他名称 绿草定-2-丁氧基乙酯。

化学名称 3,5,6-三氯-2-吡啶氧乙酸，3,5,6-trichloro-2-pyridinyloxyacetic acid。

理化性质 纯品为无色固体，分解温度208℃，熔点150.5℃。相对密度1.85(21℃)。蒸气压0.2mPa(25℃)。分配系数 $K_{ow}\lg P$：0.42(pH 5)，-0.45(pH 7)，-0.96(pH 9)。Henry常数 9.77×10^{-5} Pa·m³/mol(计算值)。水中溶解度(20℃,g/L)：0.408(纯净水)，7.69(pH 5)，8.10(pH 7)，8.22(pH 9)。其他溶剂中溶解度(g/L)：丙酮581，甲苯19.2，乙腈92.1，二氯甲烷24.9，甲醇665，乙酸乙酯271，已烷0.09。正常条件下储藏稳定、不水解，光照下光解 $DT_{50}<12h$，pK_a3.97。三氯吡氧乙酸丁氧基乙酯，Henry常数 2.50×10^{-2} Pa·m³/mol；三氯吡氧乙酸三乙铵盐，Henry常数 1.16×10^{-9} Pa·m³/mol。

毒性 大鼠急性经口 LD_{50}(mg/kg)：雄性692，雌性577。兔急性经皮 $LD_{50}>2000$mg/kg，对兔皮肤无刺激性，对兔眼睛有轻度刺激性。大鼠 LC_{50}(4h)>256mg/L。NOEL[2y,mg/(kg·d)]：大鼠3，小鼠35.7。ADI(EC)0.03mg/kg[2006]；(EPA)RfD 0.05mg/kg，代谢物 RfD 0.03mg/kg[1997]。

生态效应 野鸭急性经口 LD_{50}1698mg/kg，饲喂 LC_{50}(8d,mg/kg)：野鸭>5000，日本鹌鹑3278，山齿鹑2935。鱼 LC_{50}(96h,mg/L)：虹鳟鱼117，大翻车鱼148。水蚤 LC_{50}(48h)133mg/L。藻类 EC_{50}(5d)45mg/L。对蜜蜂无毒，接触 $LD_{50}>100\mu$g/只。

环境行为

(1) 动物 动物口服后，主要经尿液排出体外。

(2) 植物 DT_{50} 为 3～10d，主要代谢物为3,5,6-三氯-2-甲氧基吡啶。

(3) 土壤/环境 在微生物作用下，快速降解。根据土壤和气候条件的不同，半衰期不同，平均 DT_{50}46d。主要降解产物是3,5,6-三氯-2-吡啶醇(DT_{50} 为 30～90d)，伴随有少量的3,5,6-三氯-2-甲氧基吡啶。K_{oc}约59mL/g；K_d 约87mL/g(新样品)，225mL/g(老样品)。

制剂 61.6%绿草定(盖灌能)乳油。

主要生产商 Agriphar、Aimco、Bhagiradha、Bharat、Devidayal、Dow AgroSciences、Gharda、Punjab、Sharda、河北凯迪农业化工企业集团、利尔化学股份有限公司、浙江禾本科技有限公司及浙江永农化工有限公司等。

作用机理与特点 作用于核酸代谢，使植物产生过量的核酸，使一些组织转变成分生组织，造成叶片、茎和根生长畸形，储藏物质耗尽，维管束组织被栓塞或破裂，植株逐渐死亡。绿草定是一种传导型除草剂，它能很快被叶面和根系吸收，并且传导到植物全身，用来防除针叶树幼林地中的阔叶杂草和灌木，在土壤中能迅速被土壤微生物分解，半衰期为46d。

应用

(1) 适宜作物 通常用于造林前除草灭灌，维护防火线，培育松树及林木改造。

(2) 防除对象 水花生、胡枝子、榛材、蒙古柞、黑桦、椴、山杨、山刺玫、榆、蒿、柴胡、地榆、铁线莲、婆婆纳、蕨、槭、柳、珍珠梅、草木犀、唐松草、蚊子草、走马芹、玉竹、柳叶绣菊、红丁香、金丝桃、山梅花、山丁子、稠李、山梨、香薷等。

(3) 应用技术 ①本剂为阔叶草除草剂，对禾本科及莎草科杂草无效，用药 2h 后无雨药效较佳。②使用时不可喷及阔叶作物如叶菜类、茄科作物等，以免产生药害。③喷药后约 3～7d 即可看见杂草心叶部发生卷曲现象，此时杂草即已无法生长。顽固阔叶杂草连根完全死亡约需30d，杂灌木死亡时间较长。④杂灌木密集处，可采用低容量喷雾。⑤本剂可用于防除废弃的香蕉、菠萝。不可用于生长季中茶园、香蕉及菠萝。

(4) 使用时间 杂草和灌木叶面充分展开，生长旺盛阶段。

（5）使用方法　喷雾法兑水量 150～300L/hm²，低容量喷雾兑水 10～32L/hm²。幼林抚育用商品量 1.5L/hm²（有效成分 1kg/hm²），造林前及防火线用商品量 3～6kg。用柴油稀释 50 倍喷洒于树干基部，可防除非目的树种，进行林分改造。在离地面 70～90cm 喷洒，桦、柞、椴、杨胸径在 10～20cm，每株用药液 70～90mL。喷药后 6d 桦树 70％叶变黄，13d 后喷洒桦树全部死亡。杨树用药后 13d 全部呈现药害，其中 80％干枯，41d 后杨树全部死亡。柞树有部分出现药害，84d 后杨、桦树干基部树皮腐烂变黑。此外，对某些特定杂草和灌木的防除方法如表 131。

表 131　绿草定对特定杂草和灌木的防除方法

每亩每次用药量	稀释倍数	使用范围	注意事项
267mL	每公顷稀释水量 600L	非耕地杂草：水花生、豆花香菇草、墨菜、节节花等阔叶杂草	① 杂草生长旺盛期（开花期）均匀喷施于茎叶上。 ② 应于下次耕作前 40～50d 施用
200～267mL	稀释 100 倍	造林地杂草：葛藤、火炭母草及其他藤类杂草	① 杂草生长旺盛时，将药剂均匀喷洒于杂草的叶面 ② 施药时不要将葛藤或火炭母草割除。 ③ 以微粒喷雾器喷施 ④ 若用动力微粒喷雾器，以原液喷施即可 ⑤ 限用与柳杉、红松等造林地
267mL	稀释 300 倍	沟渠杂草：布袋莲	① 布袋莲生长旺盛至开花期，将药液均匀喷施于布袋莲叶面。 ② 不可喷及附近作物，以免发生药害

绿草定对于松树和云杉的剂量非常严，超过 1kg/hm² 将有不同程度药害发生，有的甚至死亡。预防方法可以用喷枪定量穴喷，以防超量。用药后影响其种子形成，推迟发育阶段。降雨对其药效影响最大，用药 2h 后降雨将不影响药效。使用绿草定的药害症状是，灌木在一周后相继出现褐斑、叶枯黄、整枝死亡、烂根、倒地，形成很短的残骸。受害较轻的叶扭曲、变黄，大部分阔叶草扭曲，尤其是走马芹最严重，对禾本科杂草小叶樟有一定的抑制作用。

专利与登记　专利 US2862952 早已过专利期，不存在专利权问题。国内登记情况：45％乳油、70％可溶粉剂、480g/L 乳油；登记作物为森林作物、免耕油菜田作物和非耕地作物；防治对象为灌木和阔叶杂草等。美国陶氏益农公司在中国登记情况见表 132。

表 132　美国陶氏益农公司在中国登记情况

登记名称	登记证号	含量	剂型	登记作物	防治对象	用药量/(g/hm²)	施用方法
三氯吡氧乙酸	PD153-92	480g/L	乳油	森林作物 森林作物	灌木 阔叶杂草	1999.5～3000	喷雾

合成方法　通过如下反应制得目的物：

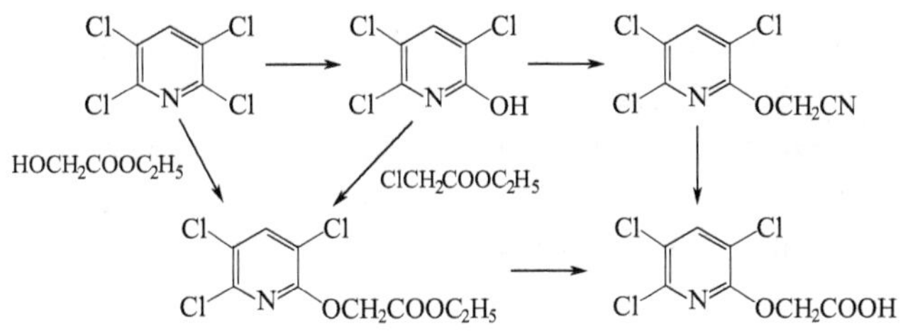

或

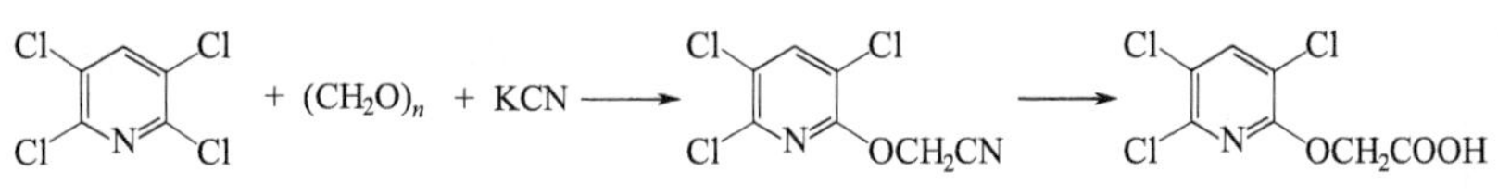

参考文献

[1] 周曙光. 杭州化工，2006，2：8-10.

氯氨吡啶酸 aminopyralid

$C_6H_4Cl_2N_2O_2$，207.0，150114-71-9，566191-89-7(aminopyralid-triisopropanolammonium)

氯氨吡啶酸(aminopyralid)，试验代号 DE-750、GF-839、XDE-750、XR-750。商品名称 Chaparral、ClearView、Hotshot、Mileway、pharaoh、Restore、Simplex。其他名称 氨草啶是道化学开发的一种新型吡啶羧酸类除草剂。aminopyralid-triisopropanolammonium 商品名称 CleanWave、ForeFront、Milestone。

化学名称 4-氨基-3,6-二氯吡啶-2-羧酸，4-amino-3,6-dichloro-2-pyridinecarboxylic acid。

理化性质 灰白色粉末，熔点 163.5℃，工业品纯度≥92%。相对密度 1.72(20℃)。蒸气压：2.59×10^{-5} mPa(25℃)(EC DAR)，9.52×10^{-6} mPa(20℃)。K_{ow} lg$P$：0.201(无缓冲水，19℃)，-1.75(pH 5)，-2.87(pH 7)，-2.96(pH 9)。Henry 常数 9.61×10^{-12} Pa·m³/mol(pH 7,20℃)。水中溶解度(g/L)：2.48(无缓冲水,18℃)，205(pH 7.0)。其他溶剂中的溶解度(g/L)：丙酮 29.2，乙酸乙酯 4，甲醇 52.2，1,2-二氯乙烷 0.189，二甲苯 0.043，庚烷<0.010。在 pH 5、7 和 9，20℃31d 稳定；pK_a2.56。

毒性 大鼠急性经口 LD_{50}>5000mg/kg；大鼠急性经皮 LD_{50}>5000mg/kg；对兔眼睛有刺激，皮肤无刺激。对豚鼠皮肤无致敏性，雄鼠急性吸入 LC_{50}>5.5mg/L。NOEL：每天 50mg/kg 对大鼠慢性组合喂养和致癌性研究，NOAEL[90d,mg/(kg·d)]：雌鼠 1000，雄鼠 500，母狗 232，公狗 282，小鼠 1000；兔子发育 NOAEL 26mg/kg。ADI/RfD(JMPR)0.9mg/kg[2007]；(EC)0.26mg/kg[2008]，无致癌性，Ames 试验及 CHO/HGPRT 试验中无致突变性，无致畸性。

生态效应 山齿鹑急性经口 LD_{50}>2250mg/kg，鹌鹑和鸭子经口 LC_{50}>5620mg/kg。鱼 LC_{50}(96h,mg/L)：虹鳟鱼>100，羊头鱼>120。水蚤 EC_{50}(48h)>100mg/L。藻类 EC_{50}(72h,mg/L)：河水绿藻 30，河水蓝藻 27。舟形藻 E_bC_{50}(72h)18mg/L，浮萍 EC_{50}>88mg/L，东方牡蛎 EC_{50}(48h)>89mg/L，糖虾 LC_{50}(96h)>100mg/L。蜜蜂 LD_{50}(48h,mg/只)：经口>120，接触>100。对蚯蚓 LC_{50}(14d)>1000mg/kg，710mg/kg 土壤。其他有益物种：硅藻类 EC_{50}(72h)1.52mg/L。对益虫和非目标土壤低毒或者无毒。

环境行为

(1) 动物 在 24h 内大鼠体内 74%~93% 的物质以母体的形式排出体外。

(2) 植物 通过结合形成糖类物质。

(3) 土壤/环境 在土壤中首先被有氧微生物降解，DT_{50}(实验室,20℃)：18~143d(平均 67d)，(土地)8~35d(平均 25d)。最主要的代谢物为二氧化碳。土地 DT_{90}26~116d(平均 84d)。K_d0.03~0.72mL/g，K_{oc}0.0~38.9mL/g(平均 10.8mL/g)。

制剂 油乳剂。

主要生产商 南京森贝伽生物科技有限公司。

作用机理与特点 氯氨吡啶酸属植物生长调节剂型除草剂，它能迅速进入植物体内被茎叶吸收。对易受感染的植物种属，主要刺激分生组织细胞拉长、早熟、衰老，从而导致生长中断和迅速坏死。尽管目前市场上有多种产品可以控制这些杂草，但是氯氨吡啶酸的不同之处在于它是多年来除草剂市场开发出的主要用于草坪除草的第一个新品种，而且它能在用药后 12~18 个月内有效地控制这些杂草，还能与活性好的除草剂混配使用，且具有较高的选择性。

应用 文献报道氯氨吡啶酸是目前开发的活性最好的卤代吡啶类除草剂，数百次的试验结果表明，在2L/hm² 剂量下，氯氨吡啶酸对危害草坪和草皮的钝叶酸模（*Rumex obtusi-folius*）、邹叶酸模（*R. crispus*）、丝路蓟（*Cirsium arvense*）、欧洲蓟（*C. vulgare*）、异株荨麻（*Urtica dioica*）、匍枝毛茛（*Ranunculus repens*）、蒲公英（*Taraxacum officinable*）和繁缕（*Stellaria media*）等众多杂草具有很好的防除效果。这些杂草如果不防除，就会造成极大的损失，如在英国大蓟（*Cirsium* spp.）寄生的草地就有 $1.10 \times 10^8 \text{hm}^2$，相当于每年损失100t的干饲料。10%的土地被酸模（*Rumex* spp.）覆盖就能导致损失10%的青储饲料。即使在高于推荐剂量两倍的剂量下使用该除草剂，对新或老草坪依然安全，不仅选择性高，且长期（用药后12～18个月）有效。

专利与登记

专利名称 Preparation of 4-aminopicolinates as herbicides

专利号 WO0151468

专利申请日 2001-01-12

专利拥有者 Dow Agrosciences

在其他国家申请的专利：US6297197、CA2396874、EP1246802、EP1498413、ZA2002005557、BR2001007649、AU760286、NZ520244、JP2003519685、RU2220959、NO2002003370 等。

美国陶氏益农公司在中国登记情况见表133。

表133 美国陶氏益农公司在中国登记情况

登记名称	登记证号	含量	剂型	登记作物	防治对象	用药量/(g/hm²)	施用方法
氯氨吡啶羧酸	LS20130008	21%	水剂	草原牧场作物(禾本科)	阔叶杂草	78.8～110.3	喷雾
氯氨吡啶羧酸	LS20130026	91.65	原药				

合成方法 以二氯吡啶羧酸酯为起始原料，经下列反应即可制得氯氨吡啶酸：

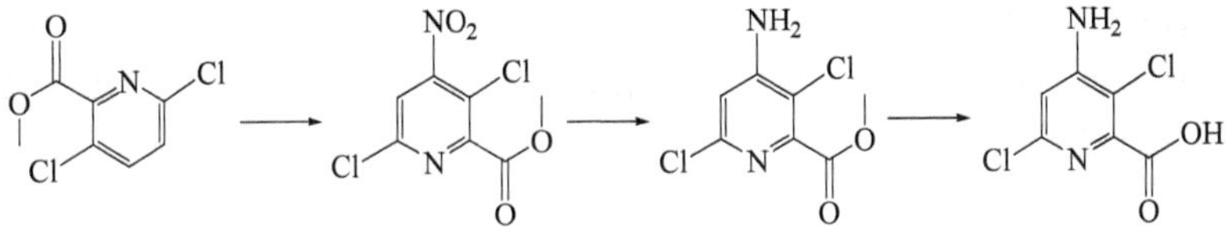

参考文献

[1] The Pesticide Manual. 15th ed. 2009：34-35.
[2] 付群梅. 世界农药，2007，1：52-54.

氯苯胺灵 chlorpropham

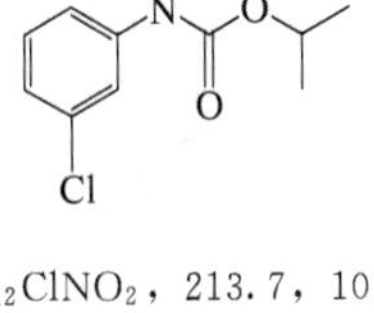

$C_{10}H_{12}ClNO_2$，213.7，101-21-3

氯苯胺灵（chlorpropham），试验代号 ENT18060。商品名称 Barsprout、Batalex Novo、BL 500、Chlorpham、Cidorm、Comrade、Croptex Pewter、Decco270、Decco Aerosol、Germex、Gro-Stop、Jupiter、Keimhemmer、Neo-Stop、Neo Stop、Oorja、Prevenol、Pro-Long、Sprout

Nip、Spud-Nic、Tuberite、Warefog。其他名称　戴科、戴科马铃薯抑芽剂。是由 Columbia-Southern Chemical Corp 开发的植物生长调节剂。

化学名称　3-氯苯基氨基甲酸异丙酯，isopropyl 3-chlorophenyl carbamate。

理化性质　原药纯度为 98.5%，熔点 38.5～40℃。纯品为无色晶体，熔点 41.4℃，沸点 256～258℃，相对密度 1.180(30℃)。25℃在水中溶解度为 89mg/L，可与低级醇、芳烃和大多数有机溶剂混溶，在矿物油中有中等溶解度，如 100g/kg 煤油。对紫外线稳定，150℃以上分解。在酸和碱性介质中缓慢分解。

毒性　大鼠急性经口 LD_{50} 4200mg/kg，大鼠急性经皮 LD_{50} >2000mg/kg，对兔皮肤和眼睛无刺激，对豚鼠皮肤无致敏性。NOEL[mg/(kg·d)]：狗经口 NOAEL(60周)5，大鼠经皮 NOAEL(28d)30，小鼠 LOAEL(78周)33，大鼠 LOAEL(2y)24。ADI：(JMPR)0.05mg/kg[2005]；(EC)0.05mg/kg[2004]；(EPA)aRfD　2.5mg/kg，cRfD　0.05mg/kg[2002]。

生态效应　野鸭急性经口 LD_{50} >2000mg/kg，饲喂 LC_{50} >5170mg/kg 饲料，繁殖毒性 NOEC>1000mg/kg 饲料。鱼毒 LC_{50}(mg/L)：(48h)大翻车鱼 12，巴司鱼 10；(96h)虹鳟鱼 7.5。水蚤 EC_{50}(48h)4mg/L，羊角月牙藻 EC_{50}(96h)3.3mg/L，舟形藻 E_bC_{50} 1.0mg/L。浮萍 E_bC_{50} 1.67mg/L。对蜜蜂毒性低，LD_{50}(μg/只)：经口 466，接触 89。蚯蚓 LC_{50} 66mg/kg，在 4.8kg/hm² 对有益节肢动物有害。

环境行为

(1) 动物　动物经口后主要代谢途径是氯苯胺灵对位羟基化，然后生成氯苯胺灵硫酸酯和一些氯苯胺灵的异丙基羟基化物。

(2) 土壤/环境　在土壤中经微生物分解为 3-氯苯胺，最后分解为二氧化碳，DT_{50} 约 65d(15℃)、30d(29℃)。

制剂　33%、40%、80%乳油，4%、5%、8%颗粒剂，0.7%、2.5%粉剂，49.65%气雾剂。

主要生产商　Aceto、Hermania、Hodogaya、Isochem、Kemfine 及 United Phosphorus Ltd 等。

作用机理与特点　一种植物生长调节剂，通过马铃薯表皮或芽眼吸收，在薯块内传导，强烈抑制 β-淀粉酶活性，抑制植物 RNA、蛋白质合成，干扰氧化磷酸化和光合作用，破坏细胞分裂；同时氯苯胺灵也是一种高度选择性苗前或苗后早期除草剂，能被禾本科杂草芽鞘吸收，以根部吸收为主，也可以被叶片吸收，在体内可向上、向下双向传导。

应用

(1) 适用作物　马铃薯、果树、小麦、玉米、大豆、向日葵、水稻、胡萝卜、菠菜、甜菜等。

(2) 使用方法　马铃薯抑芽在收获的马铃薯损伤自然愈合后，出芽前(不论是否过了休眠期)的任何时间均可施用于成熟、健康、表面干燥的马铃薯上，或把药混细土均匀撒于马铃薯上，用量为 0.7%氯苯胺灵粉剂 1.4～2.1kg/t 马铃薯。

专利与登记　专利 US2695225 早已过专利期，不存在专利权问题。国内登记情况：99%原药，2.5%粉剂；登记作物为马铃薯；防治对象为抑制出芽等。美国仙农有限公司在中国登记情况见表 134。

表 134　美国仙农有限公司在中国登记情况

登记名称	登记证号	含量	剂型	登记作物	防治对象	用药量	施用方法
氯苯胺灵	PD20081113	2.5%	粉剂	马铃薯	抑制出芽	10～15g/1000kg	撒施或喷粉
氯苯胺灵	PD20081114	99%	原药				
氯苯胺灵	PD20093161	49.65%	热雾剂	马铃薯	抑制出芽	30～40mg/kg	热雾

合成方法　由间-氯苯胺与氯甲酸异丙酯或异丙醇与间-氯苯基异氰酸酯反应制得：

或

参考文献

[1] 李守强. 甘肃科学学报，2009，2:61-63.

氯苯嘧啶醇 fenarimol

$C_{17}H_{12}Cl_2N_2O$，331.2，60168-88-9

氯苯嘧啶醇(fenarimol)，试验代号 EL-222。商品名称 Rimidin、Rubigan、Vintage。其他名称 Genius、Rubimol、Takamol、乐比耕。是由美国陶氏益农公司开发的具有保护、铲除、治疗和内吸活性的嘧啶类杀菌剂。

化学名称 (RS)-2,4′-二氯-α-(嘧啶-5-基)苯基苄醇。($\pm$)-2,4′-dichloro-α-(pyrimidin-5-yl) benzhydryl alcohol。

理化性质 原药纯度为98%。纯品为白色结晶状固体，熔点117～119℃。蒸气压0.065mPa (25℃)，分配系数$K_{ow}lgP=3.69$(pH 7,25℃)，Henry常数1.57×10^{-3}Pa·m³/mol(计算值)。相对密度1.40。水中溶解度13.7mg/L(pH 7,25℃)；有机溶剂中溶解度(20℃,g/L)：丙酮151，甲醇98.0，二甲苯33.3，易溶于大多数有机溶剂中，但仅微溶于己烷。阳光下迅速分解，水溶液中DT_{50}12h。大于或等于52℃(pH 3～9)时水解稳定。

毒性 急性经口LD_{50}(mg/kg)：大鼠2500，小鼠4500，狗>200。兔急性经皮LD_{50}> 2000mg/kg，对兔皮肤无刺激，对眼睛中度刺激。对豚鼠皮肤无致敏性。大鼠在2.04mg/L空气中1h无不利影响。大鼠和小鼠2y喂养无作用剂量分别为25mg/kg饲料和600mg/kg饲料。ADI (JMPR)0.01mg/kg[1995]，(EC)0.01mg/kg[2006]；(EPA)0.065mg/kg[1987]。

生态效应 山齿鹑急性经口LD_{50}>2000mg/kg。鱼毒LC_{50}(96h,mg/L)：大翻车鱼5.7，虹鳟鱼4.1。水蚤EC_{50}(48h)0.82mg/L，NOEC 0.30mg/L。淡水藻E_rC_{50}5.1mg/L，NOEC 0.59mg/L，羊角月牙藻E_rC_{50}1.5mg/L，NOEC 0.59mg/L。蜜蜂LD_{50}(48h,μg/只)：>10(口服)，>100(接触)。对蚯蚓、梨盲走螨、蚜茧蜂、食性步甲和普通草蛉无害。

环境行为

(1) 动物 哺乳动物中，氯苯嘧啶醇经口后迅速被排出。

(2) 植物 光解形成众多代谢物。

(3) 土壤/环境 在有氧条件下的实验室土壤中DT_{50}>365d[28%砂土，14.7%泥土，57.3%淤泥，2.3%(o.m.)，pH 6.1]。田间DT_{50}14～130(平均79)d，K_{oc}500～992(平均734)L/kg，K_d1.5～11.9(平均6.7)L/kg，取决于土壤类型。水解作用稳定，但是光照下，水解迅速，DT_{50}

4～12h。

制剂 6％可湿性粉剂。

主要生产商 上海谷研实业有限公司。

作用机理与特点 麦角甾醇生物合成抑制剂，即通过干扰病原菌甾醇及麦角甾醇的形成，从而影响正常生长发育。不能抑制病原菌孢子的萌发，但是能抑制病原菌菌丝的生长、发育，致使其不能侵染植物组织。氯苯嘧啶醇是一种用于叶面喷洒具有保护、铲除和治疗活性的内吸性杀菌剂。可以与一些杀菌剂、杀虫剂、生长调节剂混合使用。

应用

（1）适用作物与安全性 果树如石榴、核果、栗、梨、苹果、葡萄、梅、芒果树等，草莓、葫芦、茄子、胡椒、番茄、甜菜、花生、玫瑰和其他园艺作物等；正确使用无毒害作用，过量会引起叶子生长不正常和呈暗绿色。

（2）防治对象 白粉病、黑星病、炭疽病、黑斑病、褐斑病、锈病、轮纹病等多种病害。

（3）应用技术与使用方法 主要用于防治苹果白粉病、梨黑星病、葡萄和蔷薇的白粉病等多种病害，并可以与一些杀菌剂、杀虫剂、生长调节剂混合使用。使用间隔期为 10～14d。可与多种杀菌剂桶混。

① 苹果黑星病、炭疽病的防治 在发病初期以 30～40mg/L 进行叶面喷雾，喷药液量要使果树达到最佳的覆盖效果，间隔 10～14d，施药 3～4 次。

② 梨黑星病、锈病的防治 在发病初期，以 30～40mg/L 进行叶面喷雾，喷药液量要使果树达到最佳覆盖效果。间隔 10～14d，施药 3～4 次。

③ 葫芦科白粉病的防治 在病害发生初期开始喷药，每次每亩用 6％可湿性粉剂 15～30g 兑水喷雾，间隔期 10～15d，共施药 3～4 次。

④ 花生黑斑病、褐斑病、锈病的防治 在病害发生初期开始喷药，每次每亩用 6％可湿性粉剂 30～50g 兑水喷雾，间隔期 10～15d，施药 3～4 次。

⑤ 梨轮纹病的防治 落花后或幼果初形成前开始施药，以后每隔 10d 施药 1 次，用 6％可湿性粉剂 4000 倍液均匀喷雾。开花期请勿施药；果实形成期间如干旱无雨则无须施药；采收前 5d 停止施药。

⑥ 苹果白粉病的防治 发病初期开始施药，每隔 10～14d 施药 1 次，连续 3～4 次。用 6％可湿性粉剂 8000 倍液均匀喷雾。采收前 5d 停止使用。

⑦ 瓜类白粉病的防治 发病初期开始施药，以后每隔 10d 施药 1 次。每亩用 6％可湿性粉剂 5g(有效成分 0.3g)，兑水 40～50L 均匀喷雾。采收前 5d 停止使用。

⑧ 葡萄白粉病的防治 发病初期开始施药，每隔 10d 施药 1 次，共 4 次。用 6％可湿性粉剂 8000 倍液均匀喷雾。采收前 9d 停止使用。

⑨ 芒果白粉病的防治 发病初期开始施药，以后每隔 10d 施药 1 次，到幼果形成初期为止，共施 2～4 次。用 6％可湿性粉剂 4000 倍液均匀喷雾。采收前 6d 停止使用。

⑩ 梅白粉病的防治 开花前开始施药，每隔 20d 施药 1 次，共施 5 次。用 6％可湿性粉剂 4000 倍液均匀喷雾。梅树开花盛期请勿使用；采收前 6d 停止使用。

专利概述 最早专利为 GB1218623，早已过专利期，不存在专利权问题。

合成方法 以氯苯和邻氯苯甲酰氯为原料，经多步反应即得目的物。反应式如下：

参考文献

[1] The Pesticide Manual. 15th ed. 2009：465-466.

氯吡嘧磺隆 halosulfuron-methyl

$C_{13}H_{15}ClN_6O_7S$, 434.8, 100784-20-1, 135397-30-7（羧酸）

氯吡嘧磺隆（halosulfuron-methyl），试验代号 NC-319、A-841101、Mon-12000。商品名称 Manage、Permit、Sandea、Sempra。其他名称 Inpool、Nongirang、Sedgehammer、Servian、Shadow。是由日产化学公司研制，与孟山都公司共同开发的磺酰脲类除草剂。

化学名称 3-氯-5-(4,6-二甲氧基嘧啶-2-基氨基羰基氨基磺酰基)-1-甲基吡唑-4-羧酸甲酯，methyl 3-chloro-5-(4,6-dimethoxypyrimidin-2-ylcarbamoylsulfamoyl)-1-methylpyrazole-4-carboxylate。

理化性质 纯品为白色粉状固体，熔点175.5～177.2℃。相对密度1.618(25℃)，蒸气压＜1.33×10^{-2} mPa(25±1℃)。$K_{ow} \lg P = -0.0186$(pH 7,23℃±2℃)。水中溶解度(20℃,g/L)：0.015(pH 5)，1.65(pH 7)；其他溶剂中溶解度(20℃,g/L)：甲醇1.62。在常规条件下储存稳定，pK_a 3.44(22℃)。

毒性 急性经口LD_{50}(mg/kg)：大鼠8866，小鼠11173。大鼠急性经皮LD_{50}＞2000mg/kg。大鼠急性吸入LC_{50}(4h)＞6.0mg/L。对兔皮肤和眼睛无刺激性，对豚鼠的皮肤无致敏性。NOEL [mg/(kg·d)]：(104周)雄大鼠108.3，雌大鼠56.3；(18个月)雄小鼠410，雌小鼠1215；(1y)雌、雄狗10。ADI(EPA)aRfD 0.5mg/kg，cRfD 0.1mg/kg[2000]。

生态效应 山齿鹑急性经口LD_{50}＞2250mg/kg，山齿鹑和野鸭饲喂毒性LC_{50}(5d)＞5620mg/kg。鱼LC_{50}(96h,mg/L)：大翻车鱼＞118，虹鳟鱼＞131。水蚤EC_{50}(48h)＞107mg/L。藻类EC_{50}(5d,mg/L)：绿藻0.0053，蓝绿藻0.158。其他水生动植物EC_{50}(96h,流动,mg/L)：牡蛎116，小虾米106。浮萍IC_{50}(14d)0.038μg/L。蜜蜂接触LD_{50}＞100μg/只。蚯蚓LC_{50}＞1000mg/kg土。

环境行为

(1) 动物 在大鼠体内迅速通过尿液和粪便排出，大部分的代谢物是去甲基的氯吡嘧磺隆。进一步的代谢是通过去甲基化或者水解嘧啶环产生部分单、双羟基化产物。

(2) 植物 主要的代谢产物是3-氯-1-甲基-5-吡唑磺酰氨基-4-酸(脲桥断裂和酯基水解)。

(3) 土壤/环境 在土壤中代谢很广泛。在酸性土壤中主要通过水解磺酰脲桥断裂形成氨基嘧啶和3-氯磺酰胺酯代谢物，进一步水解形成酸。在碱性土壤中，磺酰脲连接处的重排和缩合然后嘧啶环开环是重要的代谢途径。在酸性和碱性实验土壤中，矿化作用产生的二氧化碳分别达到9％和62％，1y后DT_{50}＜18d。通过试验吸收和降解研究显示氯吡嘧磺隆有潜在的稳定移动性，由于土壤的快速消耗其移动是有限的。

制剂 5％、50％可湿性粉剂，75％水分散粒剂。

主要生产商 Nissan、江苏省激素研究所股份有限公司及泰达集团等。

作用机理 与其他磺酰脲类除草剂一样是乙酰乳酸合成酶(ALS)抑制剂。通过杂草根和叶吸收，在植株体内传导，杂草即停止生长，而后枯死。

应用

(1) 适宜作物与安全性 对小麦、玉米、水稻、甘蔗、草坪等安全。因其在作物体中迅速代谢为无害物，故对作物安全。作为玉米田除草剂应同解毒剂 MON13900 一起使用。

（2）防除对象　阔叶杂草和莎草科杂草如苘麻、苍耳、曼陀罗、豚草、反枝苋、野西瓜苗、蓼、马齿苋、龙葵、草决明、牵牛、香附子等。

（3）使用方法　苗前及苗后均可施用。苗前施用剂量 70～90g(a.i.)/hm²[亩用量为 4.7～6g(a.i.)]，苗后为 18～35g(a.i.)/hm²[亩用量为 1.2～2.4g(a.i.)]。玉米田苗前使用应同解毒剂 MON13900 一起使用，减少对玉米的伤害。

专利与登记　专利 JP60208977 早已过专利期，不存在专利权问题。国内登记情况：95％原药和 75％的水分散粒剂；登记作物为番茄田；防治对象为阔叶杂草和莎草科杂草。日本日产化学株式会社在中国登记情况见表 135。

表 135　日本日产化学株式会社在中国登记情况

登记名称	含量	剂型	登记作物	防治对象	用药量/(g/hm²)	施用方法
氯吡嘧磺隆	75％	水分散粒剂	夏玉米	香附子	33.75～45	茎叶喷雾
氯吡嘧磺隆	97％	原药				

合成方法　氯吡嘧磺隆的合成方法很多，仅举两例：

① 以除草剂吡嘧磺隆（NC-311）为起始原料，在合适的催化剂存在下于二氯甲烷等溶剂中氯化即得氯吡嘧磺隆。反应式如下：

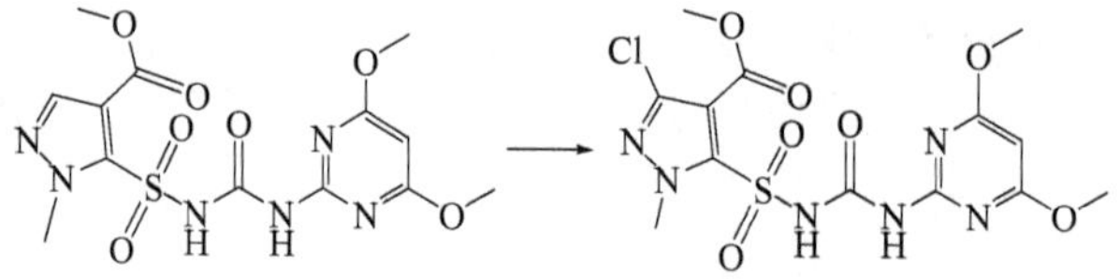

② 以 3,5-二氯-1-甲基吡唑-4-羧酸甲酯为起始原料，经巯基化、氯磺化、氨化即得磺酰胺，再与氯甲酸乙酯反应，最后与二甲氧基嘧啶胺缩合得目的物。反应式为：

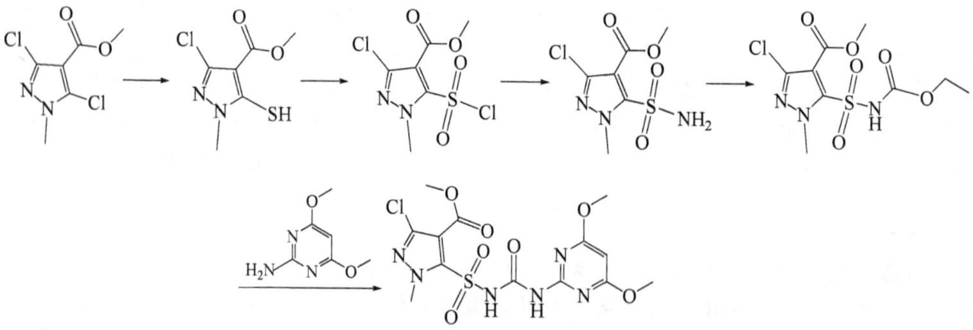

中间体 3,5-二氯-1-甲基吡唑-4-羧酸甲酯可以通过多种途径制备，如：

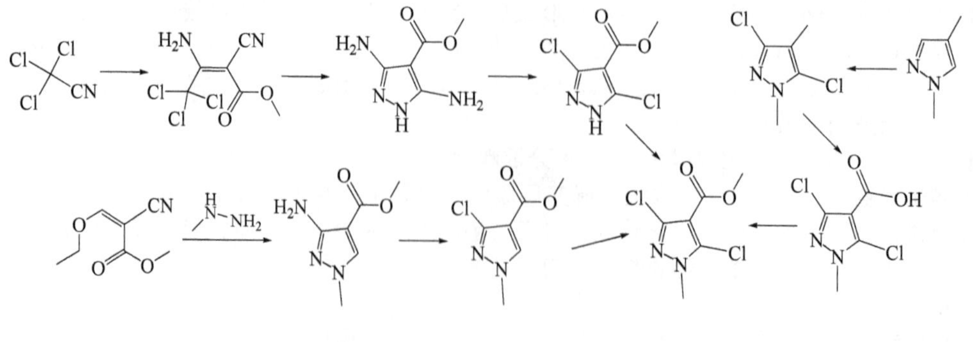

参考文献

[1] 苏江涛. 农药, 2010, 5: 332-333.
[2] 易思齐. 世界农药, 2000, 22 (1): 41-45.

氯虫苯甲酰胺 chlorantraniliprole

$C_{18}H_{14}N_5O_2BrCl_2$，483.2，500008-45-7

氯虫苯甲酰胺（chlorantraniliprole），试验代号 DPX-E2Y45；商品名称 Aceleepryn、Altacor、Coragen、DermacorX100、Ferterra、Premio、Prevathon、康宽、普尊、奥德腾；其他名称：Durivo、氯虫酰胺；是由杜邦研制并与先正达共同开发的新型作用机制的双酰胺类杀虫剂。

化学名称 3-溴-4'-氯-1-(3-氯-2-吡啶基)-2'-甲基-6'-(甲氨基甲酰基)吡唑-5-甲酰苯胺，3-bromo-4'-chloro-1-(3-chloro-2-pyridyl)-2'-methyl-6'-(methylcarbamoyl)pyrazole-5-carboxanilide。

理化性质 原药含量≥93%，相对密度1.5189(20℃)。纯品为白色结晶，熔点208~210℃（工业品200~202℃)，蒸气压 2.1×10^{-8}mPa(25℃)、6.3×10^{-9}mPa(20℃)，$K_{ow}\lg P = 2.76$(pH 7,20℃)，Henry 常数 3.2×10^{-9} Pa·m³/mol(20℃)。水中溶解度 0.9~1.0mg/L(pH 4~9，20℃)；有机溶剂中溶解度(g/L)：丙酮3.4，乙腈0.71，乙酸乙酯1.14，二氯甲烷2.48，甲醇1.71。水中 DT_{50}10d(pH 9,25℃)，pK_a10.88±0.71。

毒性 雌雄大鼠急性经口 LD_{50}>5000mg/kg，雌雄大鼠急性经皮 LD_{50}>5000mg/kg，雌雄大鼠吸入 LC_{50}(4h)>5.1mg/L。对兔皮肤无刺激性，对豚鼠、小鼠皮肤无致敏性。NOAEL(18个月，雄小鼠)：158mg/kg。ADI 1.58mg/kg。Ames 试验无致突变性。

生态效应 山齿鹑急性经口毒性 LD_{50}>2250mg/kg，山齿鹑和野鸭饲喂 LC_{50}(5d)>5620mg/kg 饲料。鱼 LC_{50}(96h,mg/L)：虹鳟鱼>13.8，大翻车鱼>15.1。水蚤 EC_{50}>0.0116mg/L，羊角月牙藻 EC_{50}>2mg/L，浮萍 EC_{50}>2mg/L。蜜蜂 LD_{50}(μg/只)：经口>104，接触>4。蚯蚓 LC_{50}>1000mg/kg。多年来，大量室内和田间研究结果表明，氯虫苯甲酰胺在田间使用剂量下对主要寄生蜂、天敌和传粉昆虫几乎无不良影响(死亡率0~30%)，具有对有益节肢动物的良好选择性。安全性较高的寄生蜂包括部分赤眼蜂、茧蜂、跳小蜂和蚜小蜂，天敌包括草蛉、瓢虫、姬蜂、花蝽、长蝽和植绥螨等种属的益虫，传粉昆虫主要是蜜蜂。烟蚜茧和捕食性螨 LR_{50}>750g/hm²。

环境行为

(1) 动物 体外代谢通过 N-甲基的水解、甲基的脱去，甲苯上甲基的水解以及因失去水合环形成喹唑啉酮(quinazolinone)衍生物。

(2) 植物 在头茬作物及轮作作物上基本上看不到其降解，在土壤残留中主要看到的还是氯虫苯甲酰胺。

(3) 土壤/环境 降解 DT_{50}<2~12 个月，作物残茬能缩短其半衰期，在土壤中有固着性，流动性较差，降解主要是化学作用，主要的降解产物没有活性且能渗漏。

制剂 Coragen 18.4%悬浮剂、Altacor 35%水分散粒剂；另外还有 18.4%悬浮剂、0.33%颗粒剂、0.16%颗粒剂、0.133%颗粒剂。

主要生产商 DuPont。

作用机理与特点 该类杀虫剂具有全新作用机理，激活鱼尼丁受体，使受体通道非正常长时间开放，导致无限制钙离子释放，钙库衰竭，肌肉麻痹，最终死亡。药剂主要作用途径以胃毒为主，施药后药液内吸传导性均匀分布在植物体内，害虫取食后迅速停止取食，慢慢死亡；有一定触杀性，但不是主要杀虫途径；对出孵幼虫有强力杀伤性，害虫出孵咬破卵壳接触卵面药剂中毒而死。害虫死亡过程：快速停止取食→活力丧失→回吐→肌肉麻痹→显著抑制生长→72h内死亡。①有很强的渗透性和内吸传导性。②持效性好和耐雨水冲刷。③比目前大多数在用杀虫剂有更长和更稳定特点。④环境友好。

应用 截至2007年底，杜邦公司已累计完成了超过3500次田间试验和400多项规范性研究，表明了氯虫苯甲酰胺的高效安全，据称其几乎对所有重要的鳞翅目害虫均具有优良的防效。使用剂量10～100g/hm²。

（1）适用作物 水果、蔬菜、棉花、马铃薯、水稻、观赏性植物、草坪作物。

（2）防治对象 黏虫（亚热带黏虫、草地黏虫、黄条黏虫、西部黄条黏虫）、棉铃虫、番茄蠹蛾、番茄小食心虫、天蛾、庭园网螟、马铃薯块茎蛾、小菜蛾、粉纹夜蛾、菜青虫、欧洲玉米螟、亚洲玉米螟、甜瓜野螟、瓜绢螟、瓜野螟、烟青虫、夜蛾、甜菜夜蛾、苹果蠹蛾、桃小食心虫、梨小食心虫、蔷薇斜条卷叶蛾、苹小卷叶蛾、斑幕潜叶蛾、金纹细蛾、水稻螟虫、二化螟、三化螟、大螟、稻纵卷叶螟、稻水象甲、稻瘿蚊、黑尾叶蝉、胡椒象甲、螺痕潜蝇、美洲斑潜蝇、烟粉虱、马铃薯象甲等。

（3）安全施药 ①苹果上安全采收间隔期14d，每季最多使用2次；水稻上安全采收间隔期7d，每季作物最多使用3次；甘蓝上安全采收间隔期1d，每季最多使用3次。②对鱼中毒，要远离河塘等水域用药，禁止在河塘等水体中清洗施药器具；对鸟和蜜蜂低毒，蜜源作物花期禁用；对家蚕剧毒，蚕室禁用，桑园附近慎用。③使用后之空袋可在当地法规容许下焚毁或深埋。④为避免产生抗性，一季作物，使用本品不得超过3次；且连续使用本品后需轮换使用其他不同作用机制的杀虫剂。⑤使用本品时应穿戴防护服和手套，避免吸入药液。施药期间不可吃东西和饮水，施药后应及时洗手和洗脸。

应用技术和使用方法见表136。

表136 应用技术和使用方法

剂型	防治对象	用药方法
50 SC	27～40g（a.i.）/hm²；甘蓝小菜蛾和甜菜夜蛾；花椰菜/小菜蛾和甜菜夜蛾	①施用时期：卵孵高峰期用药；若发生严重，可于7d后，重复喷药一次，推荐采收间隔期1d。 ②使用方法：兑水，稀释至1000倍，茎叶均匀喷雾，亩用水量45kg
35% WG	苹果树/金纹细蛾：17500倍；苹果树/桃小食心虫：8750倍	①施用时期：蛾量急剧上升时，即刻使用本产品。提前1～2d使用，效果更好。连续用药时，推荐采收间隔期为14d。 ②使用方法：茎叶均匀喷雾，保证足够喷液量（常规亩用水量200kg）
200 SC	40g（a.i.）/hm²；水稻/二化螟和稻纵卷叶螟	①施用时期：对稻纵卷叶螟，卵孵高峰期用药；若发生严重，可于14d后，重复喷药一次。推荐采收间隔期7d。对二化螟，卵孵高峰期至水稻枯鞘株率达1%～3%时用药。 ②使用方法：兑水茎叶均匀喷雾，亩用水量30kg

（4）注意事项 ①由于该农药具有较强的渗透性，药剂能穿过茎部表皮细胞层进入木质部，从而沿木质部传导至未施药的其他部位。因此在田间作业中，用弥雾或细喷雾效果更好。但当气温高、田间蒸发量大时，应选择早上10点以前，下午4点以后用药，这样不仅可以减少用药液量，也可以更好地增加作物的受药液量和渗透性，有利于提高防治效果。②为避免该农药抗药性的产生，一季作物或一种害虫宜使用2～3次，每次间隔时间在15d以上。③该农药在我国登记时还有不同的剂型、含量及适用作物，用户在不同的作物上应选用该农药的不同含量和剂型。④康宽不能在桑树上使用。

专利与登记

专利名称 Arthropodicidal anthranilamides

专利号　　WO03015519
专利申请日　　2002-08-13
专利拥有者　　Du Pont

在其他国家公开的或授权的专利：AU2002355953、BR2002012023、CA2454485、CN1678192、　CN100391338、　EP1416797、　EG23419、　EP1944304、　HU2006000675、IN2005MN00444、IN2004MN00015、JP2005041880、JP4334445、JP2004538328、JP3729825、MX2004001320、NZ530443、RU2283840、TW225774、US20070225336、US20040198984、US7232836、ZA2004000033、ZA2004000034、ZA2003009911等。

工艺专利：AU2004247738、　AU2003257028、　AU2007275836、　BR2003013341、BR2004011195、CA2656357、CN1671703、CN100422177、CN101550130、CN100376565、CN1805950、　EP2044002、　EP1631564、　EP1549643、　ES2293040、　IN2008DN10098、IN2005DN05088、　JP2007501867、JP2006501203、KR2009031614、MX2009000572、US20060241304、US7276601、US20050215785、US7339057、WO2009121288、WO2008010897、WO2004011447、WO2004111030、ZA2005008771等。

2007年首次在菲律宾获准登记并销售。随后在美国、加拿大、奥地利、德国、希腊、匈牙利、意大利、葡萄牙、罗马尼亚获得登记，主要用于水果和蔬菜上，在澳大利亚则登记用于几乎所有的作物。国内登记情况：95％原药，10％悬浮剂等；登记作物为水稻等；防治对象为稻纵卷叶螟等。杜邦公司和瑞士先正达作物保护有限公司在中国登记情况见表137和表138。

表137　杜邦公司在中国登记情况

登记名称	登记证号	含量	剂型	登记作物	防治对象	用药量	施用方法
氯虫苯甲酰胺	LS20080811	35％	水分散粒剂	苹果树	金纹细蛾 桃小食心虫	14～20mg/kg 35～50mg/kg	喷雾
氯虫苯甲酰胺	LS20081443	5％	悬浮剂	甘蓝	甜菜夜蛾 小菜蛾	22.5～41.25g/hm²	喷雾
氯虫苯甲酰胺	PD20100677	200g/L	悬浮剂	水稻	稻纵卷叶螟 二化螟 三化螟	15～30g/hm²	喷雾
氯虫苯甲酰胺	PD20100676	95.3％	原药				

表138　瑞士先正达作物保护有限公司在中国登记情况

登记名称	登记证号	含量	剂型	登记作物	防治对象	用药量/(g/hm²)	施用方法
氯虫·噻虫嗪	LS20083279	噻虫嗪 200g/L、 氯虫苯甲酰胺 100g/L	悬浮剂	小青菜	黄条跳甲 小菜蛾	125～150	喷淋或灌根
氯虫·噻虫嗪	LS20083124	噻虫嗪 20％、氯 虫苯甲酰胺 20％	水分散粒剂	水稻	褐飞虱 稻纵卷叶螟	36～48	喷雾
氯虫·高氯氟	LS20100082	高效氯氟氰菊酯 4.7％、氯虫苯甲 酰胺9.3％	微囊悬浮-悬浮剂	番茄 辣椒	棉铃虫 蚜虫 蚜虫 烟青虫	22.5～45	喷雾

合成方法　氯虫苯甲酰胺的合成目前报道的主要有两种方法：一是形成噁嗪酮环再开环，二是光气合环开环然后再与 M-1 反应。

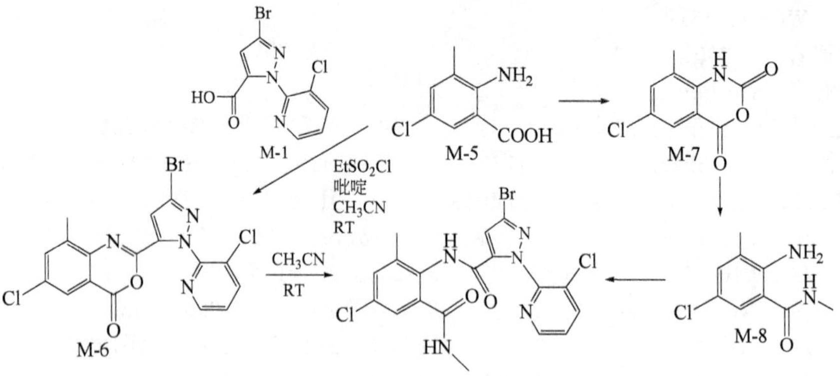

（1）重要原料 2,3-二氯吡啶的合成

① 2,3,6-三氯吡啶还原法

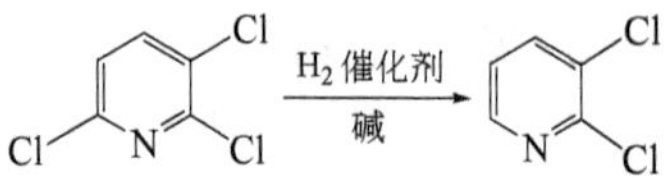

② 2-氯吡啶合成法

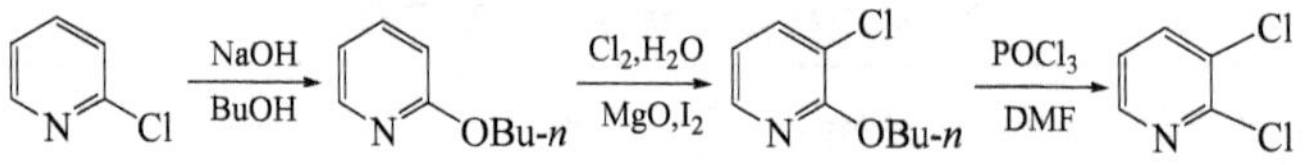

③ 3-氯吡啶合成法

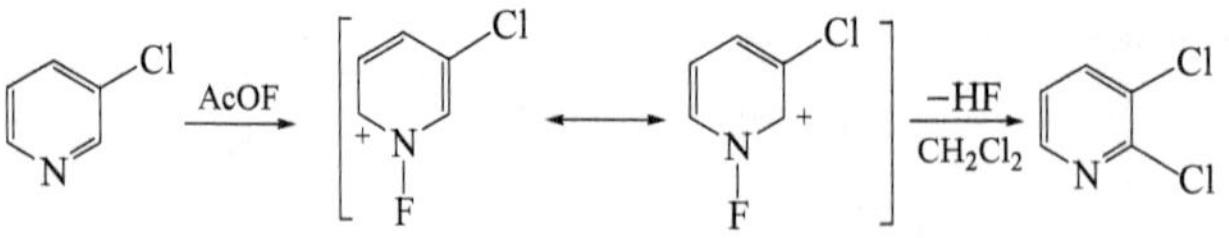

④ 3-氨基吡啶合成法

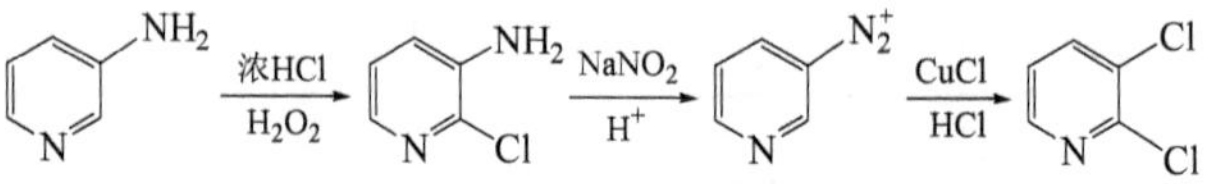

或

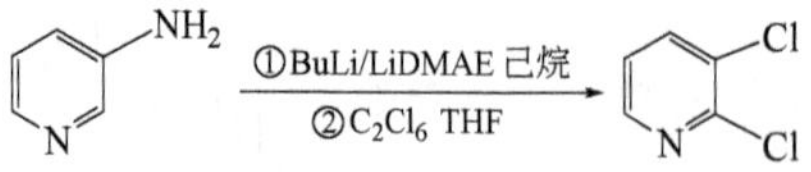

⑤ 2-氯烟酸法

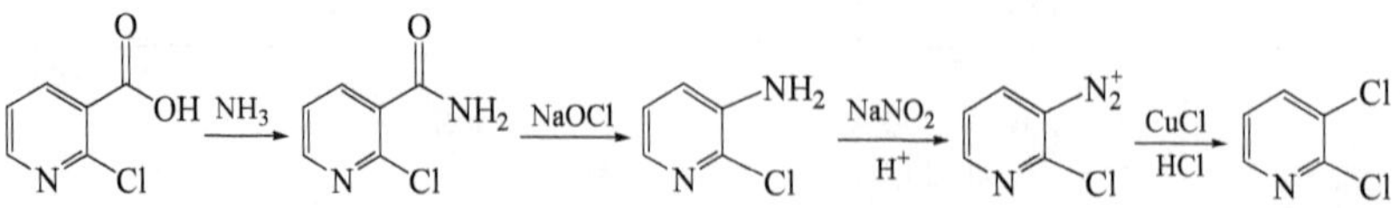

（2）关键中间体 M-1 的合成　主要有两种方法：①以吡唑为原料，首先与 N,N-二甲基磺酰氯反应生成 N,N-二甲基氨磺酰基吡唑，然后在正丁基锂存在下在 $-60℃$ 下溴化，然后与三氟乙酸酐室温反应脱去 N,N-二甲基磺酰基，后与 2,3-二氯吡啶在 DMF 中反应得到吡啶基吡唑，然后再在正丁基锂存在且 $-60℃$ 下通入 CO_2 得到 M-1。②直接形成带有取代基的吡唑环，然后经

溴化、氧化、成酸三步完成。其中合环目前报道的有两种方法：一是以马来酸二乙酯为原料，二是以马来酸酐为原料。

（3）关键中间体 M-5 的合成　主要有三种路线：①以 2-甲基-4-氯苯胺为起始原料；②以 2-氨基-3-甲基苯甲酸为原料，在 NCS 作用下氯化；③以 2-氨基-3-甲基苯甲酸为起始原料在双氧水和浓盐酸的作用下制得。

参考文献

[1] 王艳军. 农药，2010，3：170-173.
[2] 闫潇敏. 世界农药，2009，6：20-23.
[3] 冯忖. 精细化工中间体，2008，5：19-21.
[4] 徐尚成. 现代农药，2008，5：8-11.
[5] 张奉志. 农药研究与应用，2010，2：14-15.
[6] 黄一波. 现代农药，2012，4：11-14.
[7] 陈一芬. 现代农药，2009，6：726-728.

氯虫酰肼 halofenozide

$C_{18}H_{19}ClN_2O_2$，330.8，112226-61-6

氯虫酰肼(halofenozide)，试验代号　RH-0345、CL290816。商品名称　Grub Stop、Mach2。是由美国氰胺公司(现属巴斯夫公司)和罗门哈斯公司(现属 Dow AgroSciences 公司)于 1998 联合开发的双酰肼类杀虫剂。

化学名称　N-叔丁基-N'-(4-氯苯甲酰基)苯甲酰肼，N-*tert*-butyl-N'-(4-chlorobenzoyl) benzohydrazide。

理化性质　纯品为白色固体，熔点>200℃，蒸气压<$1.3×10^{-2}$mPa(25℃)，相对密度0.38，K_{ow}lg$P$=3.22。水中溶解度12.3mg/L(25℃)；其他溶剂中溶解度：异丙醇3.1%，环己酮15.4%，芳烃溶剂0.01%~1%。在热、光和水中稳定；水解DT_{50}：310d(pH 5)，481d(pH 7)，226d(pH 9)。

毒性　急性经口LD_{50}(mg/kg)：大鼠2850，小鼠2214。大鼠和兔急性经皮LD_{50}>2000mg/kg。对兔眼睛中等刺激，对兔皮肤无刺激性，对豚鼠皮肤无致敏性。大鼠吸入LC_{50}>2.7mg/L。NOEL[90d,mg/(kg·d)]：狗3.8，大鼠5.7。对诱变性和遗传性试验为阴性。

生态效应　山齿鹑急性经口LD_{50}>2250mg/kg，鸟急性饲喂LC_{50}(mg/L)：山齿鹑4522，野鸭>5000。鱼类LC_{50}(mg/L)：大翻车鱼>8.4，虹鳟鱼>8.6，鲦鱼>8.8。水蚤LC_{50}3.6mg/L。水藻EC_{50}0.82mg/L。其他水生物EC_{50}(mg/L)：虾3.7，软体动物1.2。蜜蜂LD_{50}(接触)>100μg/只。蚯蚓LC_{50}>980mg/kg。

环境行为　土壤/环境：池塘水光解DT_{50}为10d。有氧DT_{50}54~468d(9种土质)，340~845d(3种砂壤土壤)，分散土壤DT_{50}42~267d；草坪DT_{50}3~77d；土壤光解DT_{50}129d，K_{oc}224~279。

制剂　目前氯虫酰肼在美国以商品名MACH2出售，剂型为颗粒剂，其中氯虫酰肼含量为1.5%。该产品还可制成水剂、油剂、粉剂、可湿性粉剂、乳油、颗粒剂、熏蒸剂和烟雾剂。

主要生产商　Dow AgroSciences。

作用机理与特点　该化合物具有独特的作用方式，可促使鳞翅目害虫提前蜕皮。可降低幼虫血淋巴中蜕皮激素的浓度，使蜕皮过程无法完成，新表皮不能骨质化和暗化。而且虫被处理后肠自行挤出，血淋巴和蜕皮液流失，导致虫体失水、皱缩，乃至死亡。这类药剂抑制蜕皮作用可发生在昆虫自然蜕皮前的任何时间，而苯甲酰脲类的作用则发生在被处理虫的自然蜕皮过程中。1988年K. D. Wing首次研究发现，非甾醇蜕皮激素类杀虫剂和蜕皮激素一样作用于蜕皮激素受体(EcR)。在昆虫体内，激活的蜕皮激素进入靶细胞，与细胞内的受体蛋白相结合，这种激素-受体复合体与特定的DNA序列-激素反应元相结合，调节特定基因的转录。类似于天然昆虫蜕皮激素(20E)，非甾醇蜕皮激素类杀虫剂作用于EcR的同时，阻碍了在Na^+，K^+-ATP调节传输中起重要作用的乌木苷的合成，从而阻碍了神经和肌肉上钾通道的传导。与RH-5992、RH-2485相比，RH-0345对鳞翅目的活性较低，但对鞘翅目活性却很高，有着与众不同的土壤内吸作用，对金龟子幼虫和土壤害虫有很好的杀灭效果。

应用

(1)适用作物　蔬菜、茶树、果树、观赏植物及水稻等作物。

(2)防治对象　日本甲虫、欧洲金龟子、东方甲虫、南部蒙面金龟子以及鳞翅目幼虫，如地老虎、棉铃虫、菜青虫、小菜蛾等。

(3)残留量与安全施药　1.0~2.0lb/a(1lb/a=1.12kg/hm²)用于草坪。

(4)应用技术　15%氯虫酰肼对稻纵卷叶螟各龄幼虫有效，但以在2~3龄期用药宜每亩用药8mL，兑水量45~50kg/亩，均匀细喷雾；兑水时一定要用二次稀释法配制药液，即先将药剂配母液(药剂用少量水先化开搅匀)，再兑水稀释，充分搅拌均匀喷施，这是发挥其药效的关键。

(5)活性研究　对蔬菜、棉花及谷物中的鳞翅目害虫如烟草天蛾、云杉色卷蛾、秋黏虫、玉米穗蛾、甜菜夜蛾、棉贪夜蛾和莎草黏虫，以及鞘翅目如马铃薯甲虫、日本丽金龟等具有很高的生物活性。

Guy Smagghe等人研究表明，对棉贪夜蛾经试验，氯虫酰肼达到50%死亡率的剂量为44.8mg/L，而RH-5849为105mg/L。N. Soltain等研究了氯虫酰肼对*Tenebriomolitor*蛹的杀虫活性，试验结果表明第3天、第4天时，10μg/L氯虫酰肼诱使的蜕皮浓度分别为常规的160%和

190%，且同 RH-0345 混用有助于提高二者的杀虫活性。

专利概况　专利 EP228564 早已过专利期，不存在专利权问题。

合成方法　双酰肼类化合物的合成方法早有报道，综合各种文献，主要有以下两种：

（1）烷基肼分步酰化法

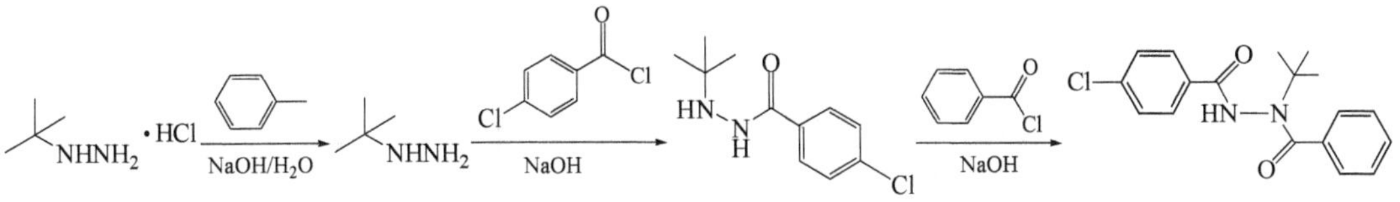

（2）烷基肼保护酰化法

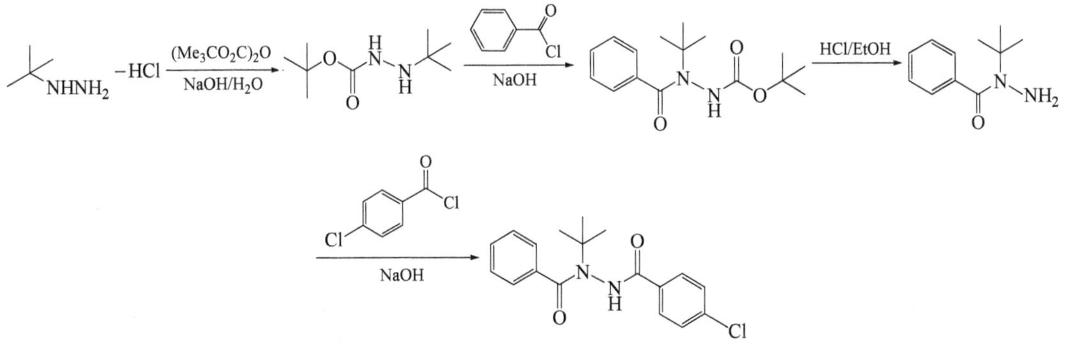

参考文献

［1］Proceedings of the Brighton Crop Protection Conference-Pests and diseases，1996：307-449.

［2］李巍巍．浙江化工，2003，34(10)：3-6.

氯啶菌酯 triclopyricarb

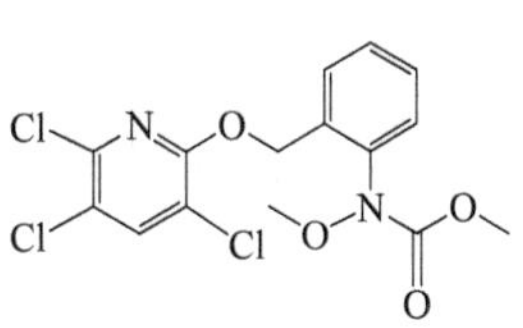

$C_{15}H_{13}Cl_3N_2O_4$，391.6，902760-40-1

氯啶菌酯(triclopyricarb)，试验代号　SYP-7017。是由沈阳化工研究院有限公司开发的杀菌剂。

化学名称　N-甲氧基-N-［2-［（3,5,6-三氯-2-吡啶氧基）基］苯基］甲酸甲酯，methyl N-methoxy-2-(3,5,6-trichloro-2-pyridyloxymethyl)carbanilate。

理化性质　原药（＞95％）为灰白色无味粉末，熔点 94～96℃，相对密度 1.352，酸度 ＜0.04％（以硫酸计）。溶解度：甲醇 14g/L，甲苯 323g/L，丙酮 219g/L，四氢呋喃 542g/L，水 0.084mg/L。分配系数 $K_{ow}\lg P=3.99$(25℃)，蒸气压 $0.059×10^{-3}$Pa(25℃)。在酸性条件中不稳定，在碱性(pH 9)并于高温(50℃)条件下易分解。其极限撞击能(J)＞10，为不爆炸性物；燃点 268.4℃，不易燃。具有氧化性，但无腐蚀性。

毒性　大鼠急性经口 LD_{50}（雌、雄）为 5840mg/kg，大鼠急性经皮 LD_{50}（雌、雄）＞2150mg/kg，大鼠急性吸入 LC_{50}（雌、雄）＞5000mg/kg。对家兔眼睛和皮肤有轻度刺激性，同时有弱致敏性。在 Ames 基因突变、染色体突变、微核试验及畸形试验中该剂均为阴性。对大鼠 13 周喂饲

NOEL：雌性（51.6±2.9）mg/(kg·d)，雄性（61.1±4.7）mg/(kg·d)。

生态效应 对非靶标生物和环境相容性好，对作物安全。

环境行为 鹌鹑 LD_{50}＞2150mg/kg，鹌鹑饲喂 LC_{50}＞2000mg/kg，斑马鱼 LC_{50}（96h）2.21mg/L，大型水蚤 LC_{50}（48h）0.0837mg(a.i.)/L，绿藻 EC_{50}（72h）0.54mg(a.i.)/L，蜜蜂急性经口 LC_{50}（48h）2680.6mg/L，蜜蜂急性接触 LD_{50}（48h）＞100μg/只。对家蚕 LC_{50}（96h）1001.7mg/L。

制剂 15％乳油，15％水乳剂。

主要生产商 江苏宝灵化工股份有限公司

作用机理与特点 线粒体呼吸抑制剂，通过抑制细胞色素 b 和 c 之间电子转移中线粒体的呼吸而致效。

应用 高效广谱低毒杀菌剂，具有预防及治疗作用，对由子囊菌、担子菌及半知菌引起的小麦白粉病、稻瘟病、稻曲病、瓜类白粉病、番茄白粉病、苹果锈病、西瓜炭疽病、花卉白粉病等多种病害表现出优异的防治效果。

专利与登记

专利名称 *N*-(2-取代苯基)-*N*-甲氧基氨基甲酸酯类化合物及其制备与应用

专利号 CN1814590

专利申请日 2005-02-06

专利拥有者 沈阳化工研究院

在其他国家申请的化合物专利：EP1845086、US7666884、WO2006081759。

国内登记了15％乳油、15％水乳剂、95％原药以及与戊唑醇的15％悬浮剂，主要登记作物为水稻、油菜及小麦，用于防治水稻稻瘟病、稻曲病、油菜菌核病及小麦白粉病。

合成方法 经如下反应制得：

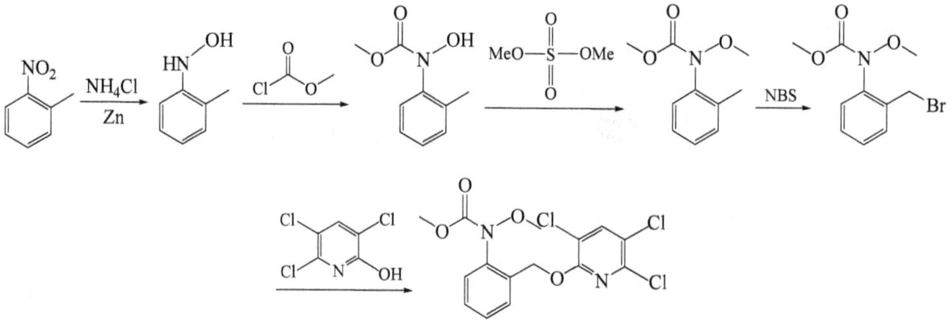

参考文献

[1] 虞卉. 世界农药，2012，34（2）：54-55.

[2] 李轲轲. 新农业，2011，7：48-50.

氯氟草醚 ethoxyfen-ethyl

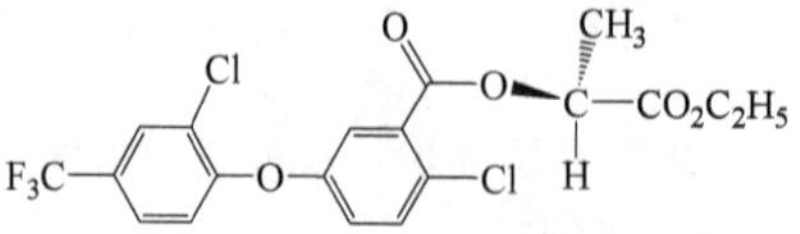

$C_{19}H_{15}Cl_2F_3O_5$，450.1，131086-42-5

氯氟草醚(ethoxyfen-ethyl)，试验代号 HC-252。商品名称 Buvirex。其他名称 氯氟草醚乙酯。是由匈牙利 Budapest 化学公司开发的二苯醚类除草剂。

化学名称 O-[2-氯-5-(2-氯-α,α,α-三氟对甲苯基氧)苯甲酰基]-L-乳酸乙酯,ethyl O-[2-chloro-5-(2-chloro-α,α,α-trifluoro-p-toyloxy)benzoyl]-L-lactate。

理化性质 纯品为棕色,黏稠状液体。易溶于丙酮、甲醇和甲苯等有机溶剂。

毒性 急性经口 LD_{50}(mg/kg):雄大鼠 843,雌大鼠 963,雄小鼠 1269,雌小鼠 1113。急性经皮 LD_{50}(mg/kg):大鼠>5000,兔>2000。对兔皮肤无刺激性,对兔眼睛有中度刺激性。大鼠急性吸入 LC_{50}(14d,mg/L 空气):雄性 9679,雌性 9344。致突变性、致畸性。

环境行为 土壤/环境:氯氟草醚为触杀型除草剂,在土壤及作物中无残留。

制剂 24%乳油。

作用机理与特点 原卟啉原氧化酶抑制剂。触杀型除草剂。施药后15d内杂草即可死亡,大龄草即停止生长,最终死亡。

应用 氯氟草醚主要用于苗后防除大豆、小麦、大麦、花生、豌豆等中阔叶杂草如猪殃殃、苘麻、西风古、苍耳等十多种杂草。防除杂草最佳期是 2~5 叶期。使用剂量为 10~30g(a.i.)/hm²[亩用量为 0.6~2g(a.i.)]。

专利概况 专利 DE3943015 早已过专利期,不存在专利权问题。

合成方法 主要有如下三种方法:

① 以 3,4-二氯三氟甲苯为起始原料,经醚化、碱解、酰氯化,再经酯化即得目的物。反应式为:

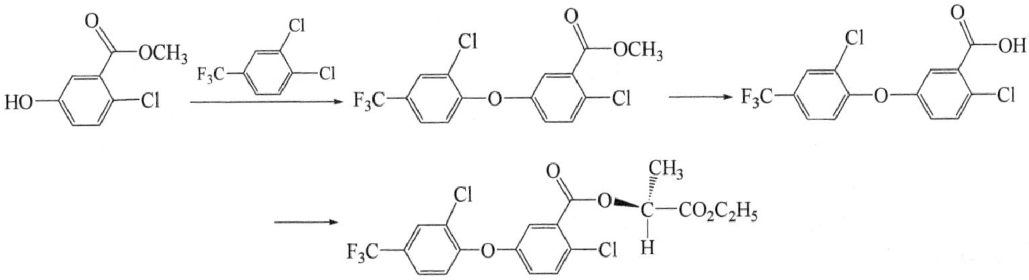

② 以 3,4-二氯三氟甲苯为起始原料,经醚化、硝化、酯化、还原制得对应的苯胺,再经重氮化制得对应的氯化物,最后经水解、酰氯化、酯化即得目的物。反应式为:

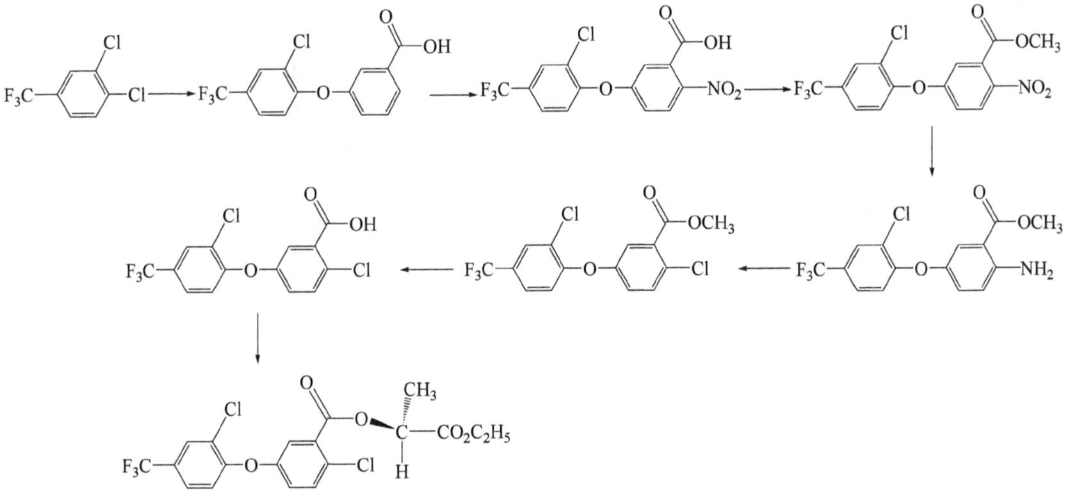

③ 以 3,4-二氯三氟甲苯为起始原料,经醚化、氯化、酰氯化,再经酯化即得目的物。反应式为:

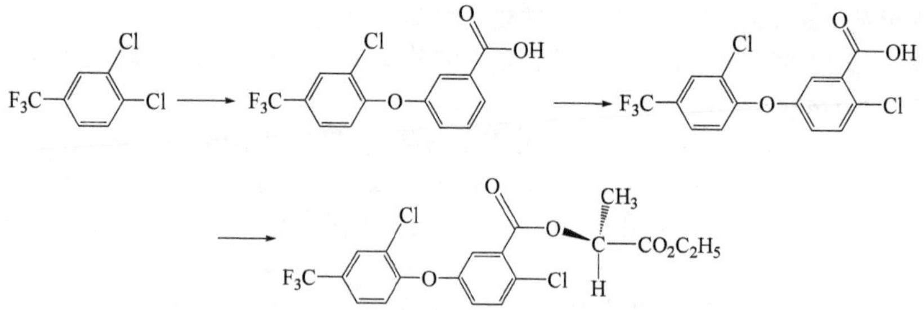

[1] Proc Br Crop Prot Conf: Weed, 1991, 1: 83.
[2] 王兆栋, 等. 江苏农药, 2001, 4: 19-20.

氯氟醚菊酯 meperfluthrin

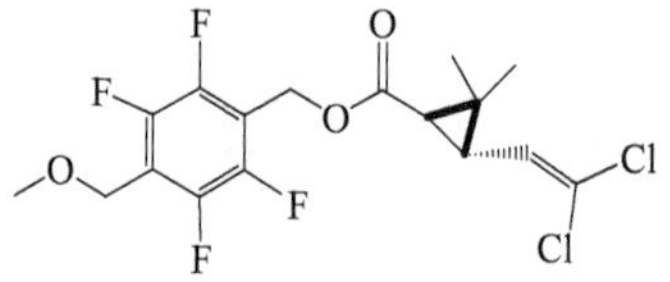

$C_{17}H_{16}Cl_2F_4O_3$, 415.2, 915288-13-0

氯氟醚菊酯(meperfluthrin)是江苏扬农和优士化学共同开发的拟除虫菊酯类杀虫剂。

化学名称 2,3,5,6-四氟-4-甲氧甲基苄基(1R,3S)-3-(2,2-二氯乙烯基)-2,2-二甲基环丙烷羧酸酯, 2,3,5,6-tetrafluoro-4-(methoxymethyl)benzyl(1R,3S)-3-(2,2-dichlorovinyl)-2,2-dimethyl-cyclopropanecarboxylate 或 2,3,5,6-tetrafluoro-4-(methoxymethyl)benzyl(1R)-$trans$-3-(2,2-di-chlorovinyl)-2,2-dimethylcyclopro-panecarboxylate。

理化性质 纯品为淡灰色至淡棕色固体, 熔点 72~75℃, 蒸气压 4.75×10^{-5} Pa(25℃)、686.2Pa(200℃), 密度 1.2329g/mL, 难溶于水, 易溶于甲苯、氯仿、丙酮、二氯甲烷、二甲基甲酰胺等有机溶剂中。在酸性和中性条件下稳定, 但在碱性条件下水解较快。在常温下可稳定储存 2y。

毒性 大鼠急性经口 LD_{50} > 500mg/kg, 属低毒。

应用

(1) 用途 本品为吸入和触杀型杀虫剂, 对蚊、蝇等卫生害虫具有卓越的击倒和杀死活性。

(2) 使用方法 将本品于高于其熔点的温度(80℃)加热保温, 待其熔化后, 取 1kg 原药加入 49kg 煤油或乙醇等溶剂(根据需要可不加增效剂), 配成 2% 浓度的原药溶液。取用 200~300g 配制的溶液喷涂于空白盘香上制作成蚊香, 烘干或晾干后包装。一般每盒蚊香(60 盘,10kg 坯料)需用原药 5g 左右, 对蚊虫具有很高的击倒活性。或者加入二甲苯或酯类有机溶剂和适量乳化剂(根据需要可添加适量增效剂), 制成 15% 左右的可溶性浓剂(SL)或乳油(EC)等制剂, 按需取用可用于制作杀虫喷雾剂或蚊香和电热蚊香液。

(3) 残留量与安全施药

① 操作时应佩带防毒口罩, 穿戴防护服等, 工作现场禁止吸烟、进食和饮水。密闭操作, 局部排风。

② 不可用中碳钢、镀锌铁皮材料装载。

③ 如出现泄漏, 隔离泄漏污染区, 周围设警告标志, 不要直接接触泄漏物, 用砂土吸收, 铲入铁桶, 运至废物处理场所。被污染地面用肥皂或洗涤剂刷洗, 经稀释的污水放入废水系统。

④ 皮肤接触应立即脱去污染的衣物, 用肥皂及清水彻底冲洗。

⑤ 误入眼中应立即拉开眼睑, 用流动的清水冲洗 15min, 就医。

⑥ 若吸入, 立即转移至空气清新处, 严重者给予吸氧并就医。

⑦ 误服立即送医院。

⑧ 本品尚无特效解毒剂，若摄入量大，病人十分清醒，可用吐根糖浆诱吐，还可在服用的活性炭泥中加入山梨醇。

⑨ 储存于阴凉、通风的仓库内。远离火种、热源，专人保管防止受潮和雨淋，防止阳光曝晒。

⑩ 保持容器密封，不能与食物、种子、饲料等混装、混运。

⑪ 操作现场不得吸烟、饮水、进食。搬运时要轻装轻卸，防止包装及容器损坏。分装和搬运作业要注意个人防护。

专利与登记

专利名称　Process for preparation of optical active pyrethroids compound and its application for prevention and control of sanitary insect pests

专利号　CN101306997

专利申请日　2008-07-07

专利拥有者　江苏扬农和优士化学

该类结构在早期专利中曾有涉及，目前公开的或授权的相关专利：EP54360、AU8178241、AU544081、JP57123146、JP01050216、JP02000126、JP02048532、US4370346、GB2066810、US4405640、IL77195、US4429153、CA1181768、US4551546、US4868209、JP2005298477、CN1669419、JP2006321795、CN100545144、WO2009132526、CN101473842、CN101508647、CN101524084、CN101543225、CN101580471、CN101632381、CN101632379、CN101632378 等。

国内登记情况：5%、6%母药，90%原药等。

合成方法　通过如下反应即可制得目的物：

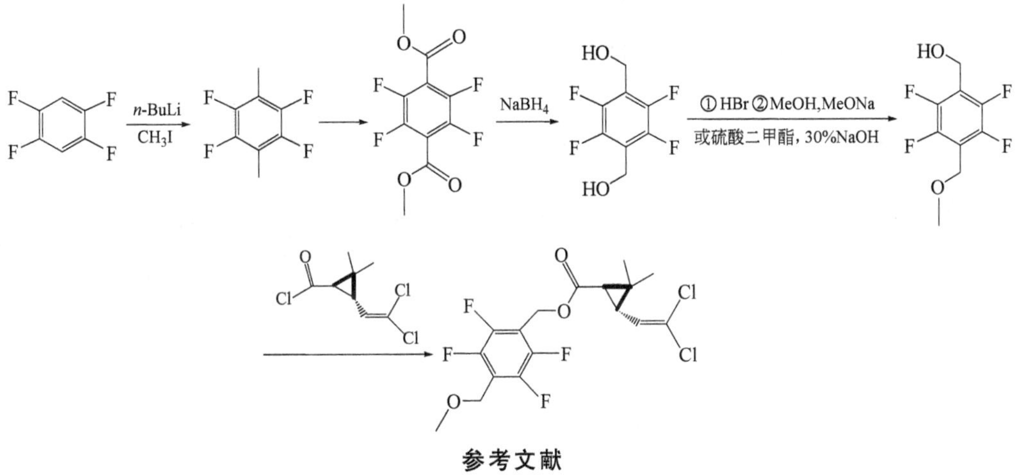

参考文献

[1] 戚明珠．中华卫生杀虫药械，2010，3：172-174.

氯氟氰虫酰胺 cyhalodiamide

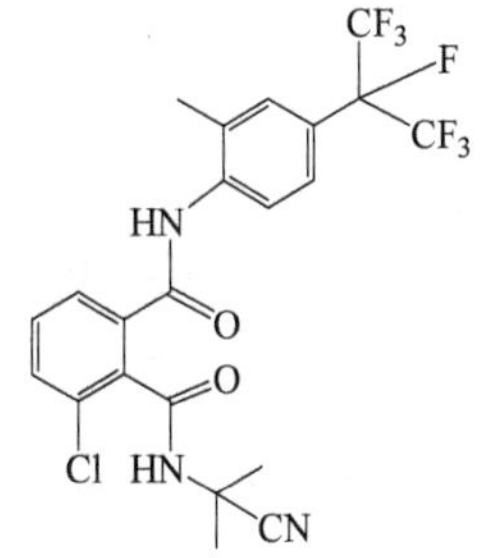

$C_{22}H_{17}ClF_7N_3O_2$，523.8，1262605-53-7

氯氟氰虫酰胺(cyhalodiamide)，试验代号　ZJ4042。是由浙江省化工研究院有限公司自主开发的邻苯二甲酰胺类新型杀虫剂，目前河北艾林国际贸易有限公司获得了氯氟氰虫酰胺全球 10 年独家代理权。

化学名称　3-氯-N^1-(2-甲基-4-七氟异丙基苯基)-N^2-(1-甲基-1-氰基乙基)邻苯二甲酰胺，3-chloro-N'-(1-cyano-1-methylethyl)-N-｛4-[1，2，2，2-tetrafluoro-1-(trifluoromethyl)ethyl]-O-tolyl｝phthalamide。

理化性质　白色粉末，熔点 215.6～218.8℃。松密度 0.198g/mL，堆密度 0.338g/mL，水溶性 $2.76×10^{-4}$ g/L(20℃，pH 6)。溶剂中溶解度(g/L)：乙酸乙酯 19.875，正己烷 $4.0902×10^{-3}$，三氯甲烷 2.3921，乙醇 9.4141，丙酮 39.644，甲醇 34.987。

制剂　5％乳油，20％悬浮剂。另外可与甲维盐以及阿维菌素复配成 10％或 20％悬浮剂。

应用　登记作物为水稻、棉花、蔬菜、果蔬、茶叶和烟草。主要防治菜青虫、小菜蛾、甜菜夜蛾、斜纹夜蛾、二化螟、三化螟、稻纵卷叶螟、棉铃虫。尤其是针对水稻螟虫的防治，效果非常理想。

专利概况

专利名称　一种含氰基的邻苯二甲酰胺类化合物、制备方法和作为农用化学品杀虫剂的用途

专利号　CN101935291

专利申请日　2010-09-13

专利拥有者　中化蓝天，浙江化工研究院

在其他国家申请的化合物专利：WO2012034472、IN2013MN00150。

工艺专利：CN104650064

合成方法　通过如下反应制得目的物：

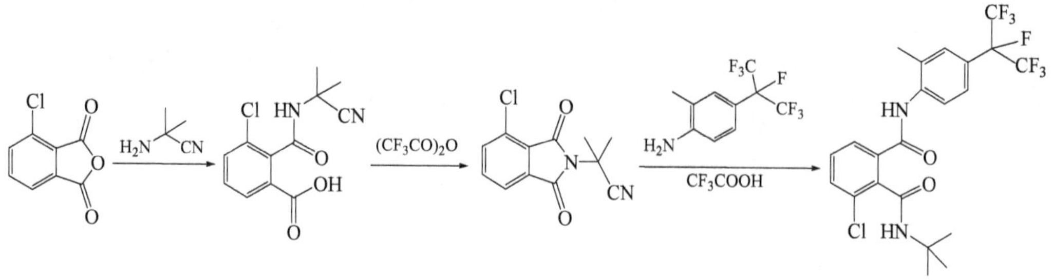

高效氯氟氰菊酯 lambda-cyhalothrin

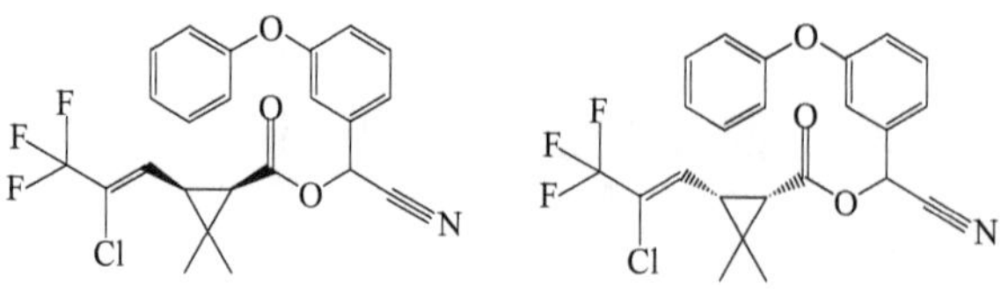

$C_{23}H_{19}ClF_3NO_3$，449.9，91465-08-6

高效氯氟氰菊酯(lambda-cyhalothrin)，试验代号　ICIA0321、OMS3021、PP321。商品名称 Aakash、Cyhalosun、Icon、Jayam、Kalatt、Karate、Lambdathrin、Marathon、Phoenix、Pyrister、SFK、Warrior、功夫。其他名称　γ-三氟氯氰菊酯。是英国 ICI 公司开发的拟除虫菊酯类杀虫剂。

化学名称　本品是一个混合物，含等量的(S)-α-氰基-3-苯氧基苄基(Z)-(1R,3R)-3-(2-氯-3,3,3-三氟丙烯基)-2,2-二甲基环丙烷羧酸酯和(R)-α-氰基-3-苯氧基苄基(Z)-(1S,3S)-3-(2-氯-3,

3,3-三氟丙烯基)-2,2-二甲基环丙烷羧酸酯，或者含等量的(S)-α-氰基-3-苯氧基苄基(Z)-(1R)-cis-3-(2-氯-3,3,3-三氟丙烯基)-2,2-二甲基环丙烷羧酸酯和(R)-α-氰基-3-苯氧基苄基(Z)-(1S)-cis-3-(2-氯-3,3,3-三氟丙烯基)-2,2-二甲基环丙烷羧酸酯。(S)-α-cyano-3-phenoxybenzyl(Z)-(1R,3R)-3-(2-chloro-3,3,3-trifluoroprop-1-enyl)-2,2-dimethylcyclopropanecarboxylate 和 (R)-α-cyano-3-phenoxybenzyl(Z)-(1S,3S)-3-(2-chloro-3,3,3-trifluoroprop-1-enyl)-2,2-dimethylcyclopropanecarboxylate 或(S)-α-cyano-3-phenoxybenzyl(Z)-(1R)-cis-3-(2-chloro-3,3,3-trifluoropropenyl)-2,2-dimethylcyclopropanecarboxylate 和(R)-α-cyano-3-phenoxybenzyl(Z)-(1S)-cis-3-(2-chloro-3,3,3-trifluoropropenyl)-2,2-dimethylcyclopropanecarboxylate(1:1)。

组成　工业品纯度为81%。

理化性质　该药剂为无色固体(工业品为深棕或深绿色含固体黏稠物)。熔点49.2℃(工业品为47.5～48.5℃)。在常压下不会沸腾。蒸气压2×10^{-4}mPa(20℃)，2×10^{-1}mPa(60℃，内插法计算值)。分配系数K_{ow}lg$P=7$(20℃)。Henry常数2×10^{-2}Pa·m³/mol。相对密度1.33(25℃)。水中溶解度0.005mg/L(pH 6.5,20℃)，其他溶剂中溶解度(20℃)：在丙酮、甲醇、甲苯、正己烷、乙酸乙酯中溶解度均大于500g/L。稳定性：对光稳定。在15～25℃条件下储藏，至少可稳定存在6个月。pK_a＞9。闪点83℃(工业品,Pensky-Martens 闭杯)。

毒性　急性经口 LD$_{50}$(mg/kg)：雄大鼠79，雌大鼠56。大鼠急性经皮 LD$_{50}$(24h)632～696mg/kg。对兔皮肤无刺激性，对兔眼睛有一定的刺激作用，对豚鼠皮肤无致敏性；大鼠吸入 LC$_{50}$(4h)0.06mg/L 空气；狗 NOEL(1y)0.5mg/(kg·d)。ADI：(EC)0.005mg/kg[2000]；(EPA)cRfD 0.001mg/kg[1997]；(JMPR)0.02mg/(kg·d)[2006]。在 Ames 试验中无致突变作用。

生态效应　野鸭急性经口 LD$_{50}$＞3950mg/kg。鹌鹑饲喂 LC$_{50}$＞5300mg/kg。在卵或组织中无残留；鱼类 LC$_{50}$(96h,μg/L)：大翻车鱼0.21，虹鳟鱼0.36。由于该药剂在水中能够被快速地吸附、降解，所以使它对水生生物的毒性大为降低；水蚤 EC$_{50}$(72h,μg/L)：水中0.26，水/沉积物31。羊角月牙藻 E$_r$C$_{50}$(96h)＞1000μg/L。蜜蜂 LD$_{50}$(ng/只)：经口909，接触38。蚯蚓 LC$_{50}$＞1000mg/kg 土。对一些非靶标生物有毒性。在田间条件下毒性降低，并能快速恢复正常。

环境行为

(1) 动物　大鼠食入该药剂后，很快随尿液和粪便排出。药物酯官能团水解后形成的两大基团形成结合的极性基团。

(2) 植物　高效氯氟氰菊酯在棉花和大豆叶子中的代谢机理参见 D A French, J P Leahey. *Proc Br Crop Prot Conf-Pests Dis*，1990，3：1029-1034。

(3) 土壤/环境　该药剂在土壤中快速地降解。微生物降解 DT$_{50}$为23～82d，土壤中 DT$_{50}$为6～40d。土壤对其有很强的吸附作用，且在有机物质中会大量沉积，K_{oc} 330000。高效氯氟氰菊酯及其降解产物在土壤中的溶淋作用很低；在水生态系统中快速消散。在实验室水沉降系统中，水表面药剂消散 DT$_{50}$为5～11h。在围隔试验中 DT$_{50}$＜3h。原药会在水生态系统中快速大量的降解。在实验室水沉降系统中，DT$_{50}$为7～15h，在围隔试验中 DT$_{50}$＜3h，DT$_{90}$＜3d。

制剂　24%、52%可湿性粉剂，2.5%、20%、26%乳油，2.5%、13%、24%微囊悬浮剂。

主要生产商　Astec、Agrochem、Bharat、Bioquest、Gujarat Agrochem、Heranba Coromandel、Meghmani、Rotam、Sharda、Syngenta、安徽华星化工股份有限公司、华通(常州)生化有限公司、丰荣精细化工有限公司、江苏春江农化有限公司、江苏丰登作物保护股份有限公司、江苏丰山集团有限公司、江苏瑞东农药有限公司、江苏扬农化工集团有限公司、江苏省激素研究所股份有限公司、宁波保税区汇力化工有限公司、苏州恒泰(集团)有限公司及郑州砂隆达农业科技有限公司等。

作用机理与特点　该药剂作用于昆虫神经系统，通过与钠离子通道作用破坏神经元功能，杀死害虫。其具有触杀和胃毒作用，无内吸作用，对害虫具有趋避作用，且能够快速击倒害虫，持效期长。

应用

(1) 适用作物　谷物、啤酒花、观赏植物、土豆、蔬菜、大麦、白菜、马铃薯、棉花等。

(2) 防治对象　蚜虫、科罗拉多甲虫、蓟马、鳞翅目幼虫、鞘翅目幼虫和成虫、公共卫生害虫等。

（3）残留量与安全施药　欧盟登记具体残留标准如下：杏 0.2mg/kg、大麦 0.05mg/kg、豆 0.02mg/kg（可食部分、无核、无皮）、椰菜 0.1mg/kg、芽甘蓝 0.05mg/kg、结球甘蓝 0.2mg/kg、花椰菜 0.1mg/kg、芹菜 0.3mg/kg、谷物 0.02mg/kg（其他除外）、黄瓜 0.1mg/kg、（无核）葡萄干 0.1mg/kg、茄子 0.5mg/kg、水果 0.02mg/kg（其他除外）、醋栗莓 0.1mg/kg、柚子 0.1mg/kg、葡萄 0.2mg/kg、柠檬 0.2mg/kg、莴苣 1mg/kg、中国柑橘 0.2mg/kg、瓜类（西瓜除外）0.05mg/kg、油桃 0.2mg/kg、橙子 0.1mg/kg、桃子 0.2mg/kg、豌豆 0.20mg/kg（全果）、豌豆 0.20mg/kg（可食部分、无核、无皮）、甜椒 0.1mg/kg、仁果类水果 0.1mg/kg、马铃薯 0.02mg/kg（所有异构体之和）、南瓜 0.05mg/kg、核果类水果 0.10mg/kg（其他除外）、草莓 0.5mg/kg、西红柿 0.1mg/kg、蔬菜 0.02mg/kg（其他除外）、笋瓜 0.05mg/kg。

本品对鱼和蜜蜂剧毒，远离河塘等水域施药，周围蜜源作物花期禁用，蚕室及桑园附近禁用，天敌放飞区域禁用。

（4）应用技术　本品对以昆虫为媒介的植物病毒有良好的控制作用，用量为 $2\sim5g/hm^2$。同时也用于公共卫生害虫的防治。本品还可用于防治鳞翅目幼虫、鞘翅目幼虫和成虫。在防治棉铃虫时连续使用本品易产生抗性，要注意与其他作用机制不同农药交替和轮换使用，防止棉铃虫抗性的增强。应在棉铃虫卵孵盛期或低龄幼虫盛发期施药，以后视虫情发生情况，7d 后可再施药 1 次。2 龄棉铃虫的卵多产在棉株顶部的嫩叶上，喷药时应以保护棉株顶尖为重点，集中喷在顶部的叶片上。4 龄棉铃虫的卵多产在边心上，应重点施药在群尖上，以保护幼蕾不受害为主。不得与碱性农药等物质混用。

（5）使用方法

① 棉虫和棉花苗期蚜虫　每亩用 2.5% 乳油 10～20mL，伏蚜用 25～35mL，对棉铃虫、红铃虫、玉米螟、金刚钻等用 40～60mL，兑水喷雾，同时可兼治棉小造桥虫、卷叶蛾、棉象甲、棉盲蝽象，能控制棉红蜘蛛的发生数量不急剧增加。但对拟除虫菊酯杀虫剂已经产生较高抗性的棉蚜、棉铃虫等效果不佳。

② 蔬菜害虫　对菜蚜每亩用 2.5% 乳油 10～20mL，对菜青虫每亩用 2.5% 乳油 15～25mL，对黄守瓜每亩用 2.5% 乳油 30～40mL，对小菜蛾（非抗性种群）、斜纹夜蛾、甜菜夜蛾、甘蓝夜蛾、烟青虫、菜螟等每亩用 2.5% 乳油 40～60mL，兑水喷雾。目前我国南方很多菜区的小菜蛾对该药已有较高耐药性，一般不宜再用该剂防治。对温室白粉虱，用 2.5% 乳油 1000～1500 倍液喷雾。对茄红蜘蛛、辣椒跗线螨用 2.5% 乳油 1000～2000 倍液喷雾，可起到一定抑制作用，但持效期短，药后虫口回升较快。

③ 果虫　对果树各种蚜虫用 2.5% 乳油 4000～5000 倍液喷雾。防治柑橘潜叶蛾，在新梢初放期或卵孵盛期，用 2.5% 乳油 2000～4000 倍液喷雾，可兼治橘蚜和其他食叶害虫；隔 10d 再喷药 1 次。防治介壳虫，在 1～2 龄若虫期，用 2.5% 乳油 1000～2000 倍液喷雾。防治苹果蠹蛾、小卷叶蛾、袋蛾和梨小食心虫、桃小食心虫、桃蛀螟等，用 2.5% 乳油 2000～3000 倍液喷雾。防治果树上的叶螨、锈螨，使用低浓度药液喷雾只能抑制其发生数量不急剧增加，使用 2.5% 乳油 1500～2000 倍液喷雾，对成、若螨的药效期约 7d，但对卵无效。应与杀螨剂混用，防效更佳。

④ 茶尺蠖、茶毛虫、刺蛾、茶细蛾、茶蚜等　用 2.5% 乳油 4000～6000 倍液喷雾。对茶小绿叶蝉，在若虫期用 2.5% 乳油 3000～4000 倍液喷雾。对茶橙瘿螨、叶瘿螨，在螨初发期用 1000～1500 倍液喷雾。

⑤ 麦田蚜虫　每亩用 2.5% 乳油 15～20mL；对黏虫亩用 2.5% 乳油 20～30mL，兑水喷雾。

⑥ 大豆食心虫、豆荚螟、豆野螟　在大豆开花期、幼虫蛀荚之前，每亩用 2.5% 乳油 20～30mL，兑水喷雾。防治造桥虫、豆天蛾、豆芜菁等害虫，每亩用 2.5% 乳油 40～60mL，兑水喷雾。防治油菜蚜虫、甘蓝夜蛾、菜螟，用 2.5% 乳油 3000～4000 倍液喷雾，每亩喷药液 30～50kg。防治红花蚜虫，亩用 2.5% 乳油 15～20mL，兑水 20～30kg 喷雾。

⑦ 烟草蚜　亩用 2.5% 乳油 30～40mL，兑水喷雾。

专利与登记　专利 EP107296、EP106469 均早已过专利期，不存在专利权问题。国内登记情况：95％、96％、98％原药，24％、52％可湿性粉剂，2.5％、20％、26％乳油，2.5％、13％、24％微囊悬浮剂等；登记作物为柑橘树、棉花、玉米、甘蓝、烟草、小麦等；防治对象为潜叶蛾、茶尺蠖、蚜虫、棉铃虫、黏虫等。先正达有限公司在中国登记情况见表139。

表 139　先正达有限公司在中国登记情况

登记证号	含量	剂型	登记范围	防治对象	用药量	施用方法
LS20083255	100g/L	种子处理微囊悬浮剂	玉米	蛴螬	20～30g/100kg 种子	种子包衣
PD80-88	25g/L	乳油	烟草	烟青虫	5.63～7.5mg/kg	喷雾
			叶菜	菜青虫	6.25～12.5mg/kg	
			叶菜	蚜虫	6～10mg/kg	
			柑橘树	潜叶蛾	4.2～6.2mg/kg	
			棉花	棉红蜘蛛	常规用量下抑制作用	
			大豆	食心虫	5.63～7.5g/mh²	
			果菜	食心虫	6.25～12.5mg/kg	
			叶菜	菜青虫	6.25～12.5mg/kg	
			叶菜	菜红蜘蛛	常规用量下抑制作用	
			果菜	菜红蜘蛛	常规用量下抑制作用	
			茶树	茶小绿叶蝉	15～30g/hm²	
			苹果树	红蜘蛛	常规用量下抑制作用	
			梨树	梨小食心虫	5～8.3mg/kg	
			梨树	红蜘蛛	常规用量下抑制作用	
			棉花	棉蚜	3.75～7.5g/hm²	
			棉花	红铃虫	7.5～22.5g/hm²	
			荔枝树	蝽象	6.25～12.5mg/kg	
			小麦	麦蚜	4.5～7.5g/hm²	
			苹果树	桃小食心虫	5～6.3mg/kg	
			茶树	茶尺蠖	3.75～7.5g/hm²	
			果菜	蚜虫	6～10mg/kg	
			棉花	棉铃虫	7.5～22.5g/hm²	
			小麦	黏虫	4.5～7.5g/hm²	
WP27-96	10％	可湿性粉剂	卫生	蚊 蝇 蜚蠊	10～20mg/m²	滞留喷洒
WP62-99	25g/L	微囊悬浮剂	卫生	蚊 蝇 蜚蠊	10～20mg/m²	滞留喷洒
PD217-97	40％	母药				
PD218-97	81％	原药				

合成方法　高效氯氟氰菊酯是通过分离氟氯氰菊酯得到的，分离方法参见 EP107296A1。氯氟菊酰氯的合成方法：

氟氯氰菊酯的合成：

$$\xrightarrow{\text{差相异构}}$$

精高效氯氟氰菊酯 *gamma*-cyhalothrin

$C_{23}H_{19}ClF_3NO_3$，449.9，76703-62-3

精高效氯氟氰菊酯（*gamma*-cyhalothrin），试验代号 DE-225、GCH、XDE-225、XR-225。商品名称 Archer Plus、Declare、Fentrol、Fighter Plus、Nexide、Proaxis、Prolex、Vantex、Rapid、Stallion、Trojan。是 20 世纪 80 年代初期开发的拟除虫菊酯类杀虫剂。

化学名称 （S）-α-氰基-3-苯氧基苄基（Z）-(1R,3R)-3-(2-氯-3,3,3-三氟丙烯基)2,2-二甲基环丙烷羧酸酯，（S）-α-cyano-3-phenoxybenzyl（Z）-(1R,3R)-3-(2-chloro-3,3,3-trifluoroprop-1-enyl)-2,2-dimethylcyclopropanecarboxylate。

组成 工业品中含量≥98%。

理化性质 白色晶体，熔点为 55.5℃。蒸气压为 $3.45×10^{-4}$ mPa（20℃）。分配系数 K_{ow} lg$P$=4.96（19℃）。相对密度 1.32。在水中溶解度（20℃）$2.1×10^{-3}$ mg/L。在 245℃ 时分解。DT_{50} 1155d（pH 5），136d（pH 7），1.1d（pH 9）。水中光解 DT_{50} 10.6d（北纬 40°夏季）。

毒性 急性经口 LD_{50}（mg/kg）：雄大鼠＞50，雌大鼠 55。急性经皮 LD_{50}（mg/kg）：雄大鼠＞1500，雌大鼠 1643。对豚鼠皮肤有致敏性。大鼠吸入 LC_{50}（mg/L）：雄大鼠 0.040，雌大鼠 0.028。ADI 值（BfR）0.005mg/kg[2006]。

生态效应 山齿鹑急性经口 LD_{50}＞2000mg/kg；饲喂 LC_{50}（mg/kg 饲料）：野鸭 4430，山齿鹑 2644。鱼 LC_{50}（96h,mg/L）：虹鳟鱼 72.1～170，大翻车鱼 35.4～63.1。水蚤 EC_{50}（48h）45～99mg/L。羊角月牙藻 EC_{50}（96h）＞285mg/L。蜜蜂 LD_{50}（接触）0.005μg/只。蚯蚓 LC_{50}（14d,mg/kg 土）：60g/L 剂型＞1300，150g/L 剂型＞1000。

环境行为 精高效氯氟氰菊酯对鸟、蚯蚓和水生植物毒性相对较低，但是对鱼类和水生无脊椎动物有剧毒。精高效氯氟氰菊酯是所有采样的首要残留部分，酯裂解是主要的机理，其代谢物在植物中形成。酯裂解被认为是一个解毒的过程，所形成的代谢产物具有生物活性归因于精高效氯氟氰菊酯。在土壤中，精高效氯氟氰菊酯在有氧条件下容易降解，主要降解产物为矿物质，不易浸出，并通过酯裂解形成，因此不考虑有关的毒性，DT_{50}（281g/hm² 施用量）：32d（壤土）、51d（粉土壤）；DT_{50}（401g/hm²）：37d（壤土）、28d（粉土壤）。K_d（平均）346，K_{oc}（平均）86602。在水中，K_d 和 K_{oc} 值表明精高效氟氯氰菊酯将吸附在沉积物/水体系中，DT_{50} 27d（天然水）、

136d(pH 7)、1.1d(pH 9)；在 pH 5 时稳定。有氧水中代谢（沉积物和池塘水系统，25℃）DT_{50} 40d。

主要生产商 Cheminova。

作用机理与特点 钠通道抑制剂。主要是阻断害虫神经细胞中的钠离子通道，使神经细胞丧失功能，导致靶标害虫麻痹、协调差，最终死亡。具有触杀和胃杀作用，无内吸作用。

应用 本品为拟除虫菊酯类杀虫剂，防治多种作物上的多种害虫，特别是咀嚼式和内吸式昆虫如控制鳞翅目幼虫，鞘翅目幼虫和成虫，蚜虫和蓟马；也可防治动物身上的寄生虫。

专利与登记 专利 EP106469 早已过专利期，不存在专利权问题。国内登记情况：98%原药，1.5%微囊悬浮剂等；登记作物为甘蓝等；防治对象为菜青虫等。丹麦科麦农公司在中国登记了 98%原药和 1.5%微囊悬浮剂，登记用于防除甘蓝的菜青虫，用药量 $5.625\sim7.875g/hm^2$。

合成方法 通过如下反应即可制得目的物：

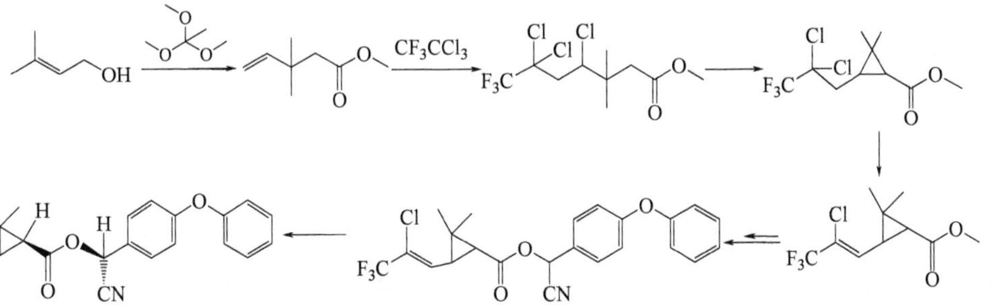

氯化苦 chloropicrin

CCl_3-NO_2

CCl_3NO_2，164.4，76-06-2

氯化苦（chloropicrin）。商品名称 Chlopic80、Chlor-O-Pic、Dojoupicrin、Dorochlor。其他名称 氯苦、三氯硝基甲烷、氯化苦味酸、硝基氯仿。自 1908 年以来，该品种一直被当作杀虫剂使用。

化学名称 三氯硝基甲烷，trichloronitromethane。

理化性质 纯品为具有催泪性无色液体，熔点−64℃，沸点 112.4℃（757mmHg）。蒸气压 3.2kPa(25℃)。Henry 常数 3.25×10^2 Pa·m^3/mol(25℃，计算值)。相对密度 1.6558(20℃)。水中溶解度(g/L)：2.27(0℃)，1.62(25℃)；能与大多数有机溶剂混溶，如丙酮、苯、乙醇、甲醇、二硫化碳、乙醚、四氯化碳等。在酸性介质中稳定，在碱性介质中不稳定。不可燃。

毒性 大鼠急性经口 LD_{50} 250mg/kg。对兔皮肤有强烈刺激性。空气中浓度为 0.008mg/L 时可以明显觉察，空气中浓度为 0.016mg/L 时可以引起咳嗽及流泪，而当浓度为 0.12mg/L 时，暴露 30∼60min 可以致命。将猫、豚鼠和兔暴露于含氯化苦 0.8mg/L 空气中，20min 即致死。

生态效应 鲤鱼 TLm(48h)0.168mg/L。水蚤 LC_{50}(3h)0.91mg/L。在 100mg/L 浓度下，测试期中未发现对被供试鸡雏产生负面影响。对鱼类有毒害。对哺乳动物及无脊椎动物等非靶标生物有毒害。在按照说明使用的情况下，其他有机体不易接触氯化苦。

环境行为 土壤/环境：氯化苦在大气中光解，大部分降解为 CO_2，在日光照下 DT_{50} 4d(计算值)。

制剂 99.5%氯化苦液剂。

主要生产商 Mitsui Chemicals Agro、Niklor、Nippon Kayaku 及大连达凯染料化工进出口有限公司等。

作用机理与特点 非特异性、多位点抑制剂，熏蒸剂。氯化苦易挥发，扩散性强，挥发度随温度上升而增大。它所产生的氯化苦气体密度比空气大五倍。其蒸气经昆虫气门进入虫体，水解成强酸性物质，引起细胞肿胀和腐烂，并可使细胞脱水和蛋白质沉淀，造成生理机能破坏而死。

用氯化苦灭鼠，是因其气体密度比空气大，能沉入洞道下部杀灭害鼠。氯化苦气体在鼠洞中一般能保持数小时，随后被土壤吸收而失效。杀鼠的毒理作用机制主要是刺激呼吸道黏膜。它的蒸气被肺脏吸收，损伤毛细血管和上皮细胞，使毛细血管渗透性增加、血浆渗出，形成肺水肿。最终由于肺脏换气不良，造成缺氧，心脏负担加重，而死于呼吸衰竭。

氯化苦对皮肤及黏膜的刺激性很强，易诱致流泪、流鼻涕，故人畜中毒先兆易被察觉，因此使用此药比较安全。氯化苦在光的作用下可发生化学变化，毒性随之降低，在水中能迅速水解为强酸物质，对金属和动植物细胞均有腐蚀作用。

应用 氯化苦对常见的储粮害虫如米象、米蛾、拟谷盗以及豆象等都有良好的杀伤力，但对螨卵和休眠期的螨效果较差。对储粮微生物也有一定的抑制作用。氯化苦除不可熏蒸成品粮、花生仁、芝麻、棉籽、种子粮(安全水分标准以内的豆类除外)，其他粮食均可使用，但地下粮仓不宜采用。

使用纯度 98% 的氯化苦，处理空间用量为 $20 \sim 30 g/m^3$，处理粮堆用量为 $35 \sim 70 g/m^3$，处理器材用量为 $20 \sim 30 g/m^3$。施药后密闭时间至少 3h，一般应达 5d。其气体极易被储粮强烈吸附，而且不消散，熏蒸后的散气时间一般应掌握在 $5 \sim 7 d$，最少 3d。具有通风设备的仓库，应当充分利用。熏蒸时最低平均气温应在 15℃ 以上。

氯化苦可与二氧化碳混合熏蒸。用药量为氯化苦 $15 \sim 20 g/m^3$，二氧化碳 $20 \sim 40 g/m^3$。投药时可先按上述方法施氯化苦，然后在仓外施入二氧化碳。密闭时间不得少于 72h。

氯化苦熏蒸灭鼠时，按鼠洞的复杂程度及土质的情况，每洞使用 $5 \sim 10 g$，特殊的鼠洞使用剂量可至 50g 以上。在消灭黄鼠时，每洞 $5 \sim 8 g$，黄毛鼠每洞 $4 \sim 5 g$，砂土鼠每洞 5g，旱獭则需 $50 \sim 60 g$。

氯化苦药液可以直接注入鼠洞内使用，也可以将其倒在干畜粪上、草团上、烂棉团上投入鼠洞内。投毒者应站在旁风位置，以防吸入毒气。药剂投入鼠洞后应立即堵洞，先用草团，石块等物塞住洞口，然后用细土封严实。

仓库、船舶的熏蒸灭鼠，一般用量为 $10 \sim 30 g/m^3$。将门窗、气孔全部密封，将氯化苦喷洒在地面上，或者喷洒在麻袋、纸板等物体上，然后悬挂在仓库上层，氯化苦蒸气自上而下，分布更为均匀，密封时间一般为 $48 \sim 72 h$，启封后通风排毒，并收集鼠尸。

专利与登记 不存在专利问题。国内登记情况：99.5% 液剂等；登记作物为棉花、花生、甜瓜、茄子或草莓等；防治对象为枯萎病、黄萎病、姜瘟病和根腐病等。

合成方法 综合国内外文献报道，合成农药氯化苦主要有以下几种方法：

(1) 苦味酸法(三硝基酚)

$$2C_6H_2(NO_2)_3OH + Ca(OH)_2 \longrightarrow [C_6H_2(NO_2)_3O]_2Ca + 2H_2O$$

$$[C_6H_2(NO_2)_3O]_2Ca + 22Cl_2 + 18Ca(OH)_2 \longrightarrow 6CCl_3NO_2 + 13CaCl_2 + 6CaCO_3 + 20H_2O$$

将苦味酸加入白灰乳浊液中，使之形成黄色透明的苦味酸钙盐溶液，再在白灰浆中通入氯气或加入漂白粉溶液氯化，生成氯化苦，再用水蒸气直接蒸馏法蒸出。苦味酸法生产氯化苦，根据上述反应方程式，苦味酸中碳元素的利用率只有 50%，而氯元素的利用率仅 40%，再加上苦味酸生产过程中，产生大量的废酸及污水，难以治理，我国和日本一直用此法生产，现该法正逐渐被其他工艺所取代。

(2) 三氯乙烯法 用沸点为 86～90℃ 的三氯乙烯，硝化，再用次氯酸钙和白灰氯化，制得氯化苦。由于其副产多，收率为 60%，氯化苦含量仅 70%～80%，生产时间不长就停止。

(3) 三氯苯法 三氯苯经硝化、水解，再和次氯酸盐氯化蒸馏得氯化苦。经与苦味酸法比较，产品质量较差、成本高、"三废"无法处理而被弃用。

(4) 三氯甲烷法

$$CHCl_3 + HNO_3 \longrightarrow CCl_3NO_2 + H_2O$$

从化学反应角度看，只要加上一个硝基就生成氯化苦是一个最理想的方法。从反应产物看除氯化苦外就是水，无污染物产生。原料甲烷从天然气中分离出来，三氯甲烷得到也较容易，关键是三氯甲烷的硝化必须在高温和压力下进行，如工业化工艺能打通，是一条极为理想的路线。

（5）硝基甲烷法

$$CH_3NO_2 + 3NaClO \longrightarrow CCl_3NO_2 + 3NaOH$$

硝基甲烷在氢氧化钠存在下，通入氯气，生成氯化苦、氯化钠和水，工艺简单、产品质量纯度高、无污染物产生。

氯磺隆 chlorsulfuron

$C_{12}H_{12}ClN_5O_4S$，357.8，64902-72-3

氯磺隆（chlorsulfuron）试验代号　DPX4189、W4189；商品名：Glean、Granonet、Lasher、Megaton、Telar；其他名称　绿黄隆；由 P. G. Jensen 于 1980 年报道，由 E. I. du Pont de Nemours & Co. 于 1982 年在美国上市。

化学名称　1-(2-氯苯基磺酰)-3-(4-甲氧基-6-甲基-1,3,5-三嗪-2-基)脲，1-(2-chlorophenyl-sulfonyl)-3-(4-methoxy-6-methyl-1,3,5-triazin-2-yl)urea。

理化性质　白色结晶固体。熔点 170～173℃（纯品 98%）。蒸气压（mPa）：1.2×10^{-6}（20℃）；3×10^{-6}（25℃）。$K_{ow}\lg P = -0.99$（pH 7）。Henry 常数（Pa·m³/mol，20℃，计算值）：5×10^{-10}（pH 5），3.5×10^{-11}（pH 7），3.2×10^{-12}（pH 9）。相对密度 1.48。溶解度（g/L）：水 0.876（pH 5），12.5（pH 7），134（pH 9）（20℃）；0.59（pH 5），31.8（pH 7）（25℃）；二氯甲烷 1.4，丙酮 4，甲醇 15，甲苯 3，正己烷<0.01（25℃）。干燥条件对光稳定，192℃分解。水解 DT_{50}：23d（pH 5,25℃），>31d（pH >7）。pK_a 3.4。

毒性　急性经口 LD_{50}（mg/kg）：雄大鼠 5545，雌大鼠 6293。兔急性经皮 LD_{50} 3400mg/kg。对兔眼睛中度刺激，对皮肤无刺激性，对豚鼠皮肤无致敏性。大鼠吸入 LC_{50}（4h）>5.9mg/L（空气）。无作用剂量（mg/kg 饲料）：小鼠 500，大鼠 100（2y）；狗（1y）2000。

生态效应　野鸭和山齿鹑急性经口 LD_{50} >5000mg/kg，野鸭和山齿鹑饲喂 LC_{50}（8d）>5000mg/L。鱼类 LC_{50}（96h,mg/L）：虹鳟鱼>250，大翻车鱼>300。水蚤 EC_{50}（48h）>112mg/L。羊角月牙藻 EC_{50} 50μg/L。蜜蜂 LD_{50}（接触）>100μg/只。蚯蚓 LC_{50} >2000mg/kg。

环境行为　土壤/环境：通过生物（微生物）和非生物（水解）途径，在土壤中降解和失活，然后将微生物彻底降解为低分子量化合物。pH 值越低水解速率越快。实验室研究中平均土壤半衰期为 66d（20℃），田间大约 36d。K_{oc} 33.6mL/g，pH 值越低和有机碳（OC）含量越高吸附越强。

制剂　80%可湿性粉剂，20%、75%干胶悬剂。

主要生产商　DuPont、江苏常隆农化有限公司、江苏天容集团股份有限公司、江苏激素研究所股份有限公司及辽宁省沈阳丰收农药有限公司。

作用机理与特点　内吸、超高效磺酰脲类除草剂，侧链氨基酸合成抑制剂。药剂被杂草叶面或根系吸收后，可传导到植株全身，通过抑制乙酰乳酸酶的活性，阻碍支链氨基酸、缬氨酸和亮氨酸的合成，从而使细胞分裂停止，植株失绿，枯萎而死。

应用　适用于小麦、大麦等作物田，防除小麦、大麦等作物田的阔叶杂草和部分一年生禾本科杂草，可彻底防除藜、蓼、苋、田旋花、田蓟、母菊、珍珠菊、酸模、苘麻、曼陀罗、猪殃殃等阔叶杂草以及狗尾草、黑麦草、早熟禾、小根蒜等禾本科杂草。对甘蔗、啤酒花敏感，对野燕麦、龙葵效果不佳。芽前或芽后早期使用，一般在秋季作物播后芽前或春季杂草芽后施药，更宜芽后叶面处理。用 0.15～0.6g/100m²，兑水喷雾。与绿麦隆、异丙隆混用效果良好。对后茬敏感的作物有玉米、油菜等，药量超过 0.6g 对后茬水稻也略有影响。特别需要注意的是氯磺隆高效且残效期长，使用量要严格控制，不能随意加大，以免对后茬作物产生不良影响。

专利与登记　专利 US4127405 早已过专利期。氯磺隆由于残效期长，对使用量和使用时间要求很高，并且易对后茬作物产生药害，国内自 2013 年 12 月 31 日起撤销氯磺隆所有产品的登记，自 2015 年 12 月 31 日起禁止在国内销售和使用。

合成方法　经如下反应制得氯磺隆：

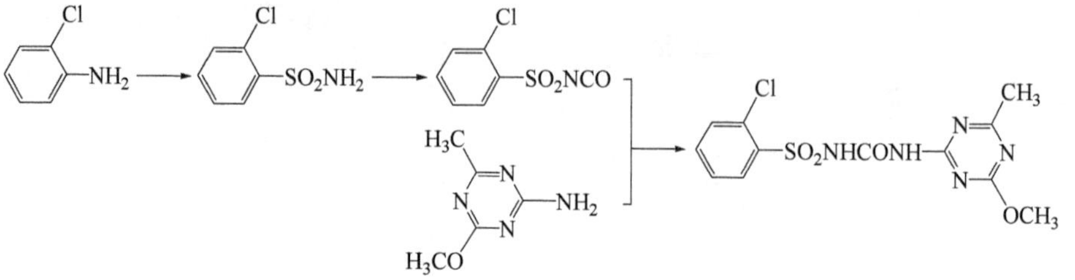

参考文献

[1] 黄兴盛. 天津化工，1989，1：46.

氯甲硫磷 chlormephos

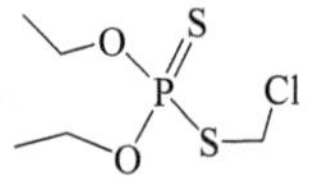

$C_5H_{12}ClO_2PS_2$，234.7，24934-91-6

氯甲硫磷(chlormephos)，试验代号　MC2188。商品名称　Dotan。是 F. Colliot 等报道其活性，由 Murphy Chemical Ltd. 和 Rhone-Poulenc Phytosanitaire(后属 Aventis CropScience)共同开发的有机磷类杀虫剂，并于 2000 年转让给 Calliope(现属 Arysta LifeScience Corporation)。

化学名称　S-氯甲基-O,O-二乙基二硫代磷酸酯，S-chloromethyl O,O-diethyl phosphorodithioate。

组成　工业品纯度 90%～93%。

理化性质　无色液体，沸点 81～85℃（0.1mmHg）。蒸气压 7.6×103mPa(30℃)。相对密度 1.260(20℃)。水中溶解度 60mg/L(20℃)，与大多数有机溶剂互溶。室温条件下，在中性、弱酸性介质中稳定，但在 80℃条件下于稀酸、稀碱中分解。在碱性介质中迅速分解。

毒性　雌大鼠急性经口 LD_{50} 7mg/kg。急性经皮 LD_{50}（mg/kg）：大鼠 27，兔＞1600。大鼠 NOEL(90d)0.39mg/kg 饲料。

生态效应　鹌鹑急性经口 LD_{50} 260mg/kg。对鱼有毒，小丑鱼 LC_{50} 1.5mg/L。对蜜蜂有毒。

环境行为　经口进入大鼠体内的本品，在 24h 内，代谢完全，通过尿排出体外，代谢物为二乙基磷酸酯和二甲基硫代磷酸酯。在土壤中，本品转化为乙硫磷。

制剂　5%颗粒剂。

主要生产商　上海纪宁实业有限公司。

作用机理与特点　胆碱酯酶的直接抑制剂。具有触杀兼胃毒作用，无内吸活性。

应用

（1）适用作物　玉米、甘蔗、马铃薯、烟草、甜菜。

（2）防治对象　金针虫、蛴螬及倍足亚纲害虫等。

（3）具体应用　以 2～4kg(a.i.)/hm² 剂量作土壤处理剂，撒施，能有效地防治金针虫、蛴螬和倍足亚纲害虫。以 0.3～0.4kg(a.i.)/hm² 剂量施药，可防治玉米和甜菜田蛴螬和金针虫。

专利概况　专利 GB1258922、GB817360、GB902795 均早已过专利期，不存在专利权问题。

合成方法　经如下反应制得氯甲硫磷：

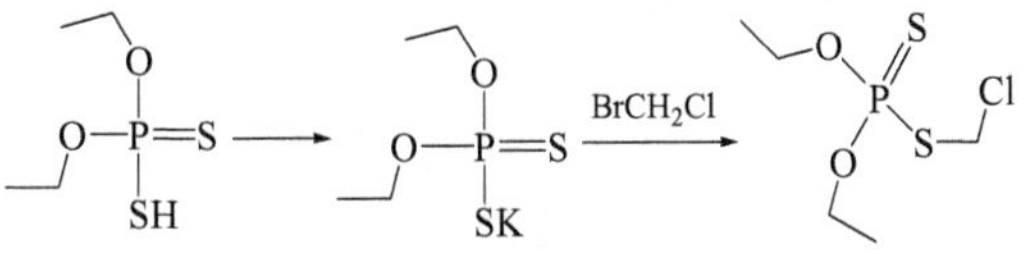

参考文献

[1] Phosphorus and Sulfur and the Related Elements，1981，10（2）：133-137.

[2] Phosphorus and Sulfur and the Related Elements，1981，10（2）：183-184.

[3] Phosphorus and Sulfur and the Related Elements，1981，11（3）：323-324.

氯菊酯 permethrin

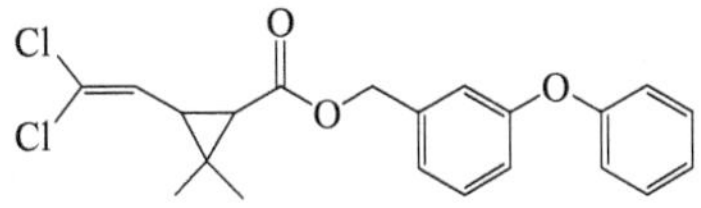

$C_{21}H_{20}Cl_2O_3$，391.3，52645-53-1，61949-77-7(trans)，51877-74-8(bio)，54774-47-9[(1S)-trans-]，
61949-76-6(cis)，54774-45-7[(1R)-cis-]，54774-46-8[(1S)-cis-]

氯菊酯（permethrin），试验代号　FMC33297、LE79-519、OMS1821、PP557、WL43479。商品名称　Agniban、Ambush、Dragnet、Dragon、Eksmin、Mikrem、Onesol、Outflank、Perate、Perkill、Permetiol、Permit、Permost、Persect、Pounce、Prelude、Sanathrin、Signor、Sunper、Talcord、克死诺、百灭灵、神杀、毕诺杀、闯入者。是 FMC 公司开发的拟除虫菊酯类杀虫剂。

化学名称　3-苯氧基苄基(1RS,3RS;1RS,3SR)-3-(2,2-二氯乙烯基)-2,2-二甲基环丙烷羧酸酯。3-phenoxybenzyl(1RS,3RS;1RS,3SR)-3-(2,2-dichlorovinyl)-2,2-dimethyl cyclopropanecarboxylate 或 3-phenoxybenzyl(1RS)-cis-trans-3-(2,2-dichlorovinyl)-2,2-dimethylcyclopropanecarboxylate。

理化性质　氯菊酯是两个异构体的混合物，通常情况下，顺反异构比例约为 40：60，但在一些产品中也有顺反异构比例约为 25：75。工业品为黄棕色至棕色液体，在室温下有时析出部分结晶，熔点 34～35℃，顺式异构体熔点为 63～65℃，反式异构体熔点为 44～47℃，沸点：200℃（0.1mmHg），＞290℃（760mmHg）。蒸气压：顺式异构体为 $2.9×10^{-3}$ mPa(25℃)，反式异构体为 $9.2×10^{-4}$ Pa(25℃)。$K_{ow}lgP=6.1(20℃)$。Henry 常数：顺式异构体为 $5.8×10^{-3}$ Pa·m³/mol(25℃,计算值)，反式异构体为 $2.8×10^{-3}$ Pa·m³/mol(25℃,计算值)。相对密度为 1.29（20℃）。水中溶解度(mg/L)：$6×10^{-3}$(pH 7,20℃)，顺式异构体 0.20(25℃)，反式异构体 0.13（25℃）。其他溶剂中溶解度(25℃,g/kg)：二甲苯和正己烷＞1000，甲醇258。对热稳定(在 50℃稳定存在 2y 以上)，在酸性介质比在碱性介质中更稳定。25℃，pH 5，7 时，稳定。其最适 pH约为 4，DT_{50} 为 50d(pH 9)。在实验室研究中，发现有一些光化学降解现象，但田间数据表明不影响其生物活性。闪点：＞100℃（开杯），131℃（闭杯）。

毒性　氯菊酯的经口 LD_{50} 值取决诸如这些因素：载体、顺/反比例、试验品系及其性别、年龄和发育阶段等因素，故报道的值有明显的不同。顺/反异构比例约为 40：60 的经口 LD_{50}（mg/

kg)：大鼠 430～4000，小鼠 540～2690；比例约为 20：80 的经口 LD_{50} 6000mg/kg。急性经皮 LD_{50}（mg/kg）：大鼠＞2500，兔＞2000。对兔的眼睛和皮肤中度刺激，对皮肤中度致敏。大、小鼠吸入 LC_{50}（3h）＞685mg/m³ 空气（个别研究报告给出的数据＞13800mg/m³）。NOEL 值（2y）5mg/（kg·d）。ADI（JMPR）0.05mg/kg[1999，2002]，（EPA）aRfD 0.25mg/kg，cRfD 0.25mg/kg[2006]。无致突变、致畸、致癌作用。

生态效应　顺/反异构比例约为 40：60 的鸟类经口 LD_{50}（mg/kg）：鸡＞3000，野鸭＞9800，日本鹌鹑＞13500。鱼类 LC_{50}（μg/L）：虹鳟鱼（96h）2.55，虹鳟鱼（48h）5.4，大翻车鱼（48h）1.8。水蚤 LC_{50}（48h）0.6μg/L。对蜜蜂有毒，LD_{50}（24h，μg/只）：（经口）0.098，（接触）0.029。

环境行为　在推荐量下氯菊酯对环境是低毒的，在哺乳动物中其酯键水解，变成糖苷而降解掉，它在土壤和水中迅速降解，土壤中 DT_{50}＜38d（pH 4.2～7.7，o.m. 1.3%～51.3%）。

制剂　10%、24%乳油，5%超低容量剂，25%可湿性粉剂。

主要生产商　Agriphar、Agrochem、Agro-Chemie、Aimco、Atabay、BASF、Bharat、Bilag、Bioquest、Coromandel、Devidayal、Gujarat Agrochem、FMC、Meghmani、Heranba、PHP Santé、Sharda、Sundat、Tagros、United Phosphorus、Sumitomo Chemical、Syngenta、江苏扬农化工集团有限公司及上海中西药业股份有限公司等。

作用机理与特点　氯菊酯是研究较早的一种不含氰基结构的拟除虫菊酯类杀虫剂，是菊酯类农药中第一个出现适用于防治农业害虫的光稳定性杀虫剂。其作用方式以触杀和胃毒为主，并有杀卵和拒避活性，无内吸熏蒸作用。杀虫谱广，在碱性介质及土壤中易分解失效。

应用

（1）适用范围　棉花、蔬菜、茶叶、果树以及公共卫生和牲畜。

（2）防治对象　棉花害虫：棉蚜、棉叶蝉、棉铃虫等；果树害虫：桃蚜、橘蚜、梨小食心虫、桃小食心虫等；蔬菜：菜青虫、菜蚜虫、小菜蛾、黄条跳甲、猿叶虫等；茶、烟草害虫：茶蔗蚜、烟夜蛾、茶枝尺蠖、茶黄毒蛾、茶小卷夜蛾、茶蚕等；林木害虫：马尾松松毛虫、槐蚜、白杨尺蛾、杨树金花虫等。

（3）残留量与安全施药　棉花中的鳞翅目、鞘翅目害虫施药剂量为 100～150g/hm²，对于果树施药剂量为 25～50g/hm²，蔬菜类施药剂量为 40～70g/hm²，烟草和其他作物施药剂量为 50～200g/hm²。200mg（a.i.）/m² 能有效地杀死动物皮外寄生虫，后效控制期＞60d。200mg/kg 羊毛，能作为羊毛的防腐剂。100mg（a.i.）/m² 能有效地控制蜚蠊目、双翅目、膜翅目害虫和其他的蠕虫等，后效控制期＞120d。对植物本身没有危害，但对某些观赏性植物可能有害。其应用技术见表 140。

表 140　氯菊酯应用技术

适应范围	害虫	施药量
棉花	棉铃虫、红铃虫、造桥虫、卷叶虫	用 10%乳油 1000～1250 倍液喷雾
	棉蚜	于发生期用 10%乳油 2000～4000 倍液喷雾，可有效控制苗蚜。防治伏蚜需增加使用剂量
蔬菜	菜青虫、小菜蛾	于 3 龄前进行防治，用 10%乳油 1000～2000 倍液喷雾。同时可兼治菜蚜
果树	柑橘潜叶蛾	于放梢初期用为 10%乳油 1250～2500 倍液喷雾，同时可兼治橘等柑橘害虫，对柑橘害螨无效
	桃小食心虫	于卵孵盛期、当卵果率达 1%时进行防治，用 10%乳油 1000～2000 倍液喷雾。同样剂量，同样时期，还可以防治梨小食心虫，同时兼治卷叶蛾及蚜虫等果树害虫，但对叶螨无效
茶树	茶尺蠖、茶细蛾、茶毛虫、茶刺蛾	于 2～3 龄幼虫盛发期，以 2500～5000 倍液喷雾，同时兼治绿叶蝉、蚜虫

适应范围	害虫	施药量
烟草	桃蚜、烟青虫	于发生期间用 10～20mg/kg 药液均匀喷雾
卫生	家蝇	于栖息场所用 10% 乳油 0.01～0.03mL/m³ 喷洒,可有效杀灭苍蝇
	蚊子	在蚊子活动场所用 10% 乳油 0.01～0.03mL/m³ 喷雾。对于幼蚊,可将 10% 乳油兑成 1mg/L,在幼蚊孳生的水坑内喷洒,可有效杀灭孑孓
	蟑螂	于蟑螂活动场所的表面作滞留喷雾,使用剂量为 0.008g/m²
	白蚁	于易受白蚁危害的竹、木器表面作滞留喷雾,或灌注蚁穴,使用 10% 乳油 800～1000 倍液

专利与登记 专利 GB1413491 早已过专利期,不存在专利权问题。国内登记情况:90%、94%、95% 原药,10%、24% 乳油,5% 超低容量剂,25% 可湿性粉剂等;登记对象为室内;防治对象为蚊、蝇等。美国富美实公司在国内登记了 92% 原药和 380g/L 乳油,用于防治跳蚤,用药量 150～300mg/m²。日本住友化学株式会社在国内登记了 90% 原药。拜耳有限责任公司在国内登记了氯菊·烯丙菊水乳剂(氯菊酯 102.6g/L 和 S-生物烯丙菊酯 1.4g/L),用于室内防治蚊子,用药量 1.3mg/m³。

合成方法 经如下反应制得:

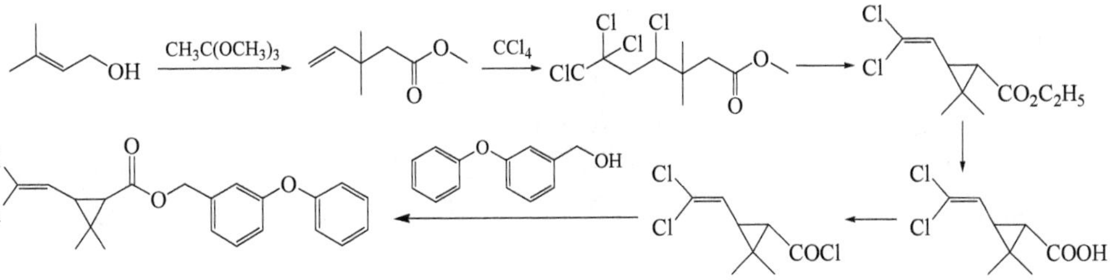

绿麦隆 chlorotoluron

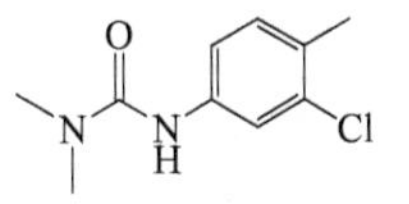

$C_{10}H_{13}ClN_2O$, 212.7, 15545-48-9

绿麦隆(chlorotoluro 或 chlortoluron),试验代号 C2242。商品名称 Chlortophyt、Lentipur、Tolurex。其他名称 chlorotoluron。由 Y. L'Hermite 等于 1969 年报道,Ciba AG(现 Syngenta AG)推出。

化学名称 3-(3-氯-4-甲基苯基)-1,1-二甲基脲,3-(3-chloro-p-tolyl)-1,1-dimethylurea。

理化性质 白色粉末。熔点 148.1℃。蒸气压 0.005mPa(25℃)。$K_{ow} lgP = 2.5$(25℃)。Henry 常数 1.44×10^{-5} Pa·m³/mol(计算值)。相对密度 1.40(20℃)。水中溶解度:74mg/L(25℃);其他溶剂中溶解度(25℃,g/L)丙酮 54,二氯甲烷 51,乙醇 48,甲苯 3.0,正己烷 0.06,正辛醇 24,乙酸乙酯 21。对热和紫外线稳定,在强酸和强碱条件下缓慢水解,DT_{50}(计算值)>200d(pH 5、7、9,30℃)。

毒性 大鼠急性经口 LD_{50}>5000mg/kg。大鼠急性经皮 LD_{50}>2000mg/kg。对兔皮肤和眼睛无刺激性,对豚鼠皮肤无致敏性。大鼠吸入 LC_{50}(4h)>5.3mg/L。无作用剂量(2y,mg/L):大鼠 100[4.3mg/(kg·d)],小鼠 100[11.3mg/(kg·d)]。

生态效应 鸟饲喂 LC_{50}(8d,mg/L):野鸭>6800,日本鹌鹑>2150,野鸡>10000。鱼 LC_{50}(96h,mg/L):虹鳟鱼 35,大翻车鱼 50,鲫鱼>100,孔雀鱼>49。水蚤 LC_{50}(48h)67mg/L。淡

水藻 EC_{50}(72h)0.024mg/L。蜜蜂 LD_{50}(48h,经口、接触)$>$100μg/只。蚯蚓 $LC_{50}>$1000mg/kg。

环境行为

(1) 动物　哺乳动物经口摄入，24h 内通过尿液和粪便排出。主要代谢途径是 N-脱甲基化和接下来环上的甲基氧化为羟甲基和羧甲基衍生物。

(2) 植物　冬小麦植株体内代谢物为 3-氯对甲苯胺、3-(3-氯-4-甲基苯基)-1-甲基脲和 1-(3-氯-4-甲基苯基)脲。

(3) 土壤/环境　土壤中 DT_{50}30～40d，水中 42d。

制剂　25％可湿性粉剂。

主要生产商　江苏快达农化股份有限公司。

作用机理与特点　一种选择性内吸传导型脲类除草剂，主要通过杂草的根系吸收，并有叶面触杀作用，是杂草光合作用电子传递抑制剂，使杂草饥饿而死亡。施药后 3d，杂草开始表现中毒症状，叶片褪绿，叶尖和心叶相继失绿，约 10d 整株干枯而死亡，在土壤中的持效期 70d 以上。主要作播后苗前土壤处理，也可在麦苗三叶期时作茎叶处理。

应用

(1) 适用作物　麦类、棉花、玉米、谷子、花生等作物。

(2) 防治对象　看麦娘、早熟禾、野燕麦、繁缕、猪殃殃、藜、婆婆纳等多种禾本科及阔叶杂草。对田旋花、问荆、锦葵等杂草无效。

(3) 使用方法　绿麦隆可与禾草丹、丁草胺、苯达松、麦草畏混用，以扩大杀草谱。土壤湿度大时有利于药效的发挥，如遇干旱应浇水后再施药。0℃以下低温不利于药效的发挥，还易发生药害。油菜、蚕豆、高粱、谷子、豌豆、蔬菜、苜蓿对绿麦隆敏感，严禁在这些作物上应用。喷药时不要重喷或漏喷，以免影响药效或造成药害。大蒜栽后苗前施药，可以选用绿麦隆、异丙隆、乙草胺、农思它、大惠利、施田补等药剂化除。每亩用 25％绿麦隆可湿性粉剂 300g 喷雾，可以防除牛繁缕、看麦娘等一年生禾本科杂草和阔叶杂草。绿麦隆药效期长、效果好，但大面积应用安全性较差，使用剂量高时对蒜头产量有影响，频繁使用对后作水稻等有影响，减量与果尔混用可以提高安全性。①麦田使用　播种后出苗前，每亩用 25％可湿性粉剂 250～300g 或 25％绿麦隆可湿性粉剂 150g 加 50％杀草丹乳油 150mL，兑水 50kg，均匀喷布土表。或拌细潮土 20kg 均匀撒施土表。出苗后 3 叶期以前，每亩用 25％可湿性粉剂 200～250g，兑水 50kg，均匀喷布撒布土表。麦苗 3 叶期以后不能用药，易产生药害。②棉田使用　播种后出苗前，每亩用 25％可湿性粉剂 250g，兑水 35kg 均匀喷布土表。③玉米、高粱、大豆田使用　播种后出苗前，或者玉米 4～5 叶期施药，每亩用 25％可湿性粉剂 200～300g，兑水 50kg 均匀喷布土表。

(4) 注意事项　①绿麦隆水溶性差，施药时应保持土壤湿润，否则药效差。②绿麦隆在土壤中残效时间长，对后茬敏感作物，如水稻，可能有不良影响。应严格掌握用药量和用药时间。③喷雾器具使用后要清洗干净。

专利与登记　专利 BE728267、GB1255258 均早已过专利期。国内主要登记了 95％原药、90％水分散粒剂，25％可湿性粉剂。可用于防除大麦田、小麦田、玉米田一年生杂草，使用剂量为北方地区 1500～3000g/hm²，南方地区 1500～3000g/hm²，施用方法为播后苗前或苗期喷雾。

合成方法　经如下反应制得绿麦隆：

氯嘧磺隆 chlorimuron-ethyl

$C_{15}H_{15}N_4O_6S$，414.8，90982-32-4

氯嘧磺隆（chlorimuron-ethyl），试验代号 DPX-F6025。商品名称 Classic、Darban、Sponsor、Tirimiron、Twister。其他名称 Douqingliang、Garbor、Glicincas、Kloben、Pilarclas、Qurin、Skirmish、Smart、豆磺隆。是由杜邦公司开发的磺酰脲类除草剂。

化学名称 2-[（4-氯-6-甲氧基嘧啶-2-基）氨基甲酰基氨基磺酰基]苯甲酸乙酯，ethyl 2-(4-chloro-6-methoxypyrimidin-2-ylcarbamoylsulfamoyl)benzoate。

理化性质 无色晶体。工业品含量＞95％。熔点181℃，相对密度1.51(25℃)。蒸气压 4.9×10^{-7} mPa(25℃)，分配系数 $K_{ow}lgP = 0.11$ (pH 7)。Henry常数 1.7×10^{-10} Pa·m³/mol(pH 7)。在水中溶解度(mg/L,25℃)：9(pH 5)，1200(pH 7)。在有机溶剂中溶解度不大。在pH 5，25℃的水溶液中 DT_{50} 17～25d。pK_a 4.2。

毒性 大鼠急性经口 LD_{50} (mg/kg)：雄性4102，雌性4236。兔急性经皮 LD_{50} ＞2000mg/kg。对兔眼睛和皮肤无刺激性，对豚鼠皮肤无致敏性。大鼠吸入 LC_{50} (4h)＞5mg/L空气。NOEL数据：雄性大鼠(2y)250mg/kg饲料[12.5mg/(kg·d)]，雄性狗(1y)250mg/kg饲料[6.25mg/(kg·d)]；大鼠繁殖（2代）250mg/kg饲料；大鼠致畸变30mg/kg，兔致畸变15mg/kg。ADI值0.090mg/kg。

生态效应 野鸭急性经口 LD_{50} (14d)＞2510mg/kg，野鸭和山齿鹑饲喂 LC_{50} ＞5620mg/L。鱼 LC_{50} (96h,mg/L)：虹鳟鱼＞1000，大翻车鱼＞100。水蚤 LC_{50} (48h)1000mg/L。浮萍 E_bC_{50} 0.45μg/L，E_rC_{50} 45μg/L，EC_{50}（以叶计数）0.27μg/L。小龙虾 LC_{50} ＞1000mg/L。蜜蜂 LD_{50} (48h)＞12.5μg/只。蚯蚓 LC_{50} ＞4050mg/kg。

环境行为

（1）动物 氯嘧磺隆在母鸡体内快速、广泛降解。通过HPLC法在排泄物中检测到18种代谢成分。

（2）植物 大豆中的残留量低于0.01mg/L。

（3）土壤/环境 土壤中的 K_d：＞1.60(pH 4.5,5.6％o.m.)，0.28(pH 5.8,4.3％o.m.)，＜0.03(pH 6.5,2.1％o.m.)，＜0.03(pH 6.6,1.1％o.m.)。

制剂 20％氯嘧磺隆可湿性粉剂。

主要生产商 AGROFINA、Cheminova、DuPont、Nortox、Sharda、大连瑞泽农药股份有限公司、江苏瑞东农药有限公司、江苏瑞邦农药厂有限公司、江苏省激素研究所股份有限公司、捷马集团、沈阳科创化学品有限公司及苏州恒泰(集团)有限公司等。

作用机理与特点 支链氨基酸(ALS或AHAS)合成抑制剂，通过抑制必需氨基酸的生物合成起作用，例如缬氨酸、异亮氨酸，进而停止细胞分裂和植物生长。作物的选择性源自于植物的多肽结合和脱脂化代谢途径。

应用

（1）适宜作物与安全性 主要用于大豆田除草。玉米耐药性次之。小麦、大麦、棉花、花生、高粱、苜蓿、芥菜耐药性差。向日葵、水稻、甜菜的耐药性最差。在大豆、花生田施药，72h后发现大豆植株内对氯嘧磺隆代谢作用最大。其选择性与其在植物体内的代谢速度有关。该药在离体植物叶片内代谢的半衰期：大豆1～3h，苍耳、反枝苋大于30h。

（2）防除对象　主要用于防除阔叶杂草，对幼龄禾本科杂草仅起一定的抑制作用。敏感的杂草有苍耳、狼把草、鼬瓣花、香薷、苘麻、反枝苋、鬼针草、藜、大叶藜、本氏蓼、卷茎蓼、野薄荷、苣荬菜、刺儿菜等。对小叶藜、蓟、问荆及幼龄禾本科杂草有抑制作用。耐药性杂草有繁缕、鸭跖草、龙葵。

（3）应用技术　①氯嘧磺隆在土壤中移动性较大，与土壤的类型关系很大。除草效果在很大程度上取决于土壤酸碱度和有机质含量。pH值越大，活性就越低。土壤中有机质含量越高，活性就越低，用药量就越多。②该药不宜采用超低量或航空喷雾。重喷会出现药害。③该药在土壤中的持留期较长，后茬不宜种植甜菜、水稻、马铃薯、瓜类、蔬菜、高粱和棉花等作物。④土壤pH＞7地块不宜使用此药，有机质含量＞6％地块不宜作土壤处理。土壤营养缺乏或弱苗或病、虫及其他除草剂造成伤害时，不宜使用该药。低洼易涝地不宜使用。⑤氯嘧磺隆使用后遇到持续低温及多雨（12℃以下），或高温（30℃以上）时，可能会出现药害症状，尤其是积水地块作茎叶处理。高温作茎叶处理时，应酌情减少用药量。喷液量一般每公顷为450～750L。⑥夏大豆产区应经过试验，取得经验后再推广应用。

（4）使用方法　用于春大豆播后苗前土壤处理，或大豆出苗后茎叶处理。土壤处理的安全性好于苗后茎叶处理。土壤处理时，每亩用20％氯嘧磺隆可湿性粉剂5～7.5g，或5％可湿性粉剂20～30g，加水30～40L，均匀喷雾。苗后茎叶处理时，一般于大豆第一片三出复叶完全展开时施药，每亩用20％氯嘧磺隆可湿性粉剂3～5g，加水35L喷雾。苗带处理应酌情减少用药量。

（5）混用　与乙草胺混用作土壤处理，每亩用20％氯嘧磺隆可湿性粉剂5～7.5g与乙草胺混匀后（加水35L）均匀喷雾。一般每亩用50％乙草胺乳油100～200mL（有效成分50～100g）。还可与嗪草酮、异噁草酮等二元或三元混用，亦与吡氟禾草灵、稀禾定、禾草克、吡氟氯禾灵可轮换（搭配）使用，两药使用的间隔期为5～7d。桶混可能有拮抗作用。

专利与登记　专利US4394506、DE4341454、JP0116770、EP246984等早已过专利期，不存在专利权问题。国内登记主要有25％、50％可湿粉剂，25％、75％水分散颗粒剂，96％原药。美国杜邦公司在中国仅登记了97.8％的氯嘧磺隆原药。

合成方法　以糖精为主要原料，首先在浓硫酸存在下与乙醇反应制得磺酰胺，然后与光气反应制得磺酰基异氰酸酯，最后与4-氯-6-甲氧基嘧啶胺缩合即得目的物。反应式如下：

[1] 李斌. 农药, 1995, 10：36-37.

氯氰菊酯 cypermethrin

$C_{22}H_{19}Cl_2NO_3$，416.3，52315-07-8，69865-47-0，86752-99-0（曾用）

氯氰菊酯（cypermethrin），试验代号　FMC30980、LE79-600、NRDC149、OMS2002、PP383、WL43467。商品名称　Agrotrina、Alfa、Arrifo、Arrivo、Basathrin、Cekumetrin、Cymbush、Cymperator、Cynoff、Cyperguard、Cypersan、Cypra、Cyproid、Cyrux、Cythrine、Devicyper、Drago、Grand、Hilcyperin、Kecip、Kruel、Lacer、Mortal、Ranjer、Ripcord、Rocyper、Signal、Starcyp、Sunmerin、Suraksha、Termicidin、Visher、灭百可、兴棉宝、安绿宝、赛波凯、保尔青、轰敌、多虫清、百家安。是由 M. E. Elliott 最先报道，Ciba-Geigy AG、ICI　Agrochemicals、Mitchell　Cotts 和 Shell　International　Chemical　Co. Ltd. 开发的杀虫剂。

化学名称　(RS)-α-氰基-(3-苯氧苄基)($1RS$,$3RS$;$1RS$,$3SR$)-3-(2,2-二氯乙烯基)-1,1-二甲基环丙烷羧酸酯，或者(RS)-α-氰基-(3-苯氧苄基)($1RS$)-顺-反-3-(2,2-二氯乙烯基)-1,1-二甲基环丙烷羧酸酯。(RS)-α-cyano-3-phenoxybenzyl-($1RS$,$3RS$;$1RS$,$3SR$)-3-(2,2-dichlorovinyl)-2,2-dimethylcyclopropanecarboxylate 或(RS)-α-cyano-3-phenoxybenzyl-($1RS$)-cis-$trans$-3-(2,2-dichlorovinyl)-2,2-dimethylcyclopropanecarboxylate。

组成　工业品纯度 90%。

理化性质　该产品为无味晶体(工业品室温条件下为棕黄色的黏稠液体)，熔点 61～83℃(根据异构体的比例)，蒸气压 2.0×10^{-4} mPa(20℃)。分配系数 K_{ow} lg$P$ = 6.6。Henry 常数 2.0×10^{-2} Pa·m^3/mol。相对密度 1.24(20℃)。水中溶解度 0.004mg/L(pH 7)；其他溶剂中溶解度(g/L, 20℃)：丙酮、氯仿、环己酮、二甲苯＞450，乙醇 337，己烷 103。在中性和弱酸性条件下相对稳定，在 pH 4 条件下相对最稳定。在碱性条件下分解。DT$_{50}$ 1.8d(pH 9, 25℃)，在 pH 5～7(20℃)稳定。在光照条件下相对稳定。在 220℃以下热力学稳定。不易燃易爆。

毒性　急性经口 LD$_{50}$(mg/kg)：大鼠 250～4150(工业品 7180)，小鼠 138。急性经皮经 LD$_{50}$(mg/kg)：大鼠＞4920，兔＞2460。对兔皮肤和眼睛有轻微的刺激性，对皮肤有弱致敏性。大鼠吸入 LC$_{50}$(4h) 2.5mg/L。NOEL 数值(2y, mg/kg)：狗 5，大鼠 5。ADI：(JMPR) 0.02mg/kg [2006]；(EC) 0.05mg/kg [2005]；(JECFA) 0.05mg/kg [1996]；(JMPR) 0.05mg/kg [1981]；(EPA)aRfD 0.1mg/kg，cRfD 0.06mg/kg[2006]。已报道的氯氰菊酯急性经口数值根据载体、样品的顺反异构比例、性别、年龄、进食程度等的不同而明显不同。

生态效应　鸟类急性经口 LD$_{50}$(mg/kg)：野鸭＞10000，野鸡＞2000。山齿鹑亚慢饲喂 LC$_{50}$(5d)＞5620mg/kg 饲料。鱼类 LC$_{50}$(96h, μg/L)：虹鳟鱼 0.69，红鲈鱼 2.37；正常的农药用量对鱼不存在危害。水蚤 LC$_{50}$(48h) 0.15μg/L。实验室测试对蜜蜂高毒，但是在推荐使用剂量下对蜜蜂不存在危害；LD$_{50}$(24h, μg/只)：经口 0.035，接触 0.02。蚯蚓 LC$_{50}$＞100mg/kg 土。对弹尾类动物无毒。

环境行为　生物降解快，并且降解物在土壤和水的表面浓度非常低。在土壤中 DT$_{50}$ 60d(细砂壤土)，先水解掉酯键，在进一步水解和氧化降解。在田地里耗散很快，与 pH 值无关，K_{oc} 26492～144652，K_f 821～1042。在河流水中，快速降解，DT$_{50}$ 5d，在空气中光氧化降解 DT$_{50}$ 3.47h。

制剂　乳剂和可湿性粉剂。

主要生产商　Agriphar、Agrochem、Agro-Chemie、Aimco、Ankur、Atabay、Bharat、Bilag、Bioquest、Coromandel、Devidayal、Dhanuka、Ficom、FMC、Gharda、Gujarat Agrochem、Gujarat Pesticides、Heranba、Krishi Rasayan、Lucava、Meghmani、Isagro、Punjab、Rallis、Rotam、Sabero、Sharda、Sundat、Tagros、United Phosphorus、安徽华星化工股份有限公司、江苏丰山集团有限公司、巴斯夫、广西田园生化股份有限公司、杭州庆丰农化有限公司、湖北沙隆达农业科技有限公司、江苏扬农化工集团有限公司、南京红太阳集团公司、青岛海利尔药业集团、上海中西药业股份有限公司、先正达及郑州沙隆达农业科技有限公司等。

作用机理与特点　作用于昆虫的神经系统，通过阻断钠离子通道来干扰神经系统的功能。杀虫方式为触杀和胃毒。此药具有触杀和胃毒作用，也有拒食作用。在处理过的作物上降解物也有好的活性。杀虫谱广、药效迅速，对光、热稳定，对某些害虫的卵具有杀伤作用。用此药防治对有机磷产生抗性的害虫效果良好，但对螨类和盲蝽防治效果差。该药残效期长，正确使用时对作物安全。

　　应用　作为杀虫剂应用范围较广,特别是用来防治水果(葡萄)、蔬菜(土豆,黄瓜,莴苣,辣椒,西红柿)、谷物(玉米,大豆)、棉花、咖啡、观赏性植物、树木等作物类的鳞翅目、鞘翅目、双翅目、半翅目和其他类的害虫。也用来防治蚊子、蟑螂、家蝇和其他公共卫生害虫。也用作动物体外杀虫剂,用来防治甲虫、蚜虫和棉花、水果、蔬菜等田地间农作物以及观赏性植物上的鳞翅目害虫。此产品同样用于森林和公共卫生方面。剂量 7.5～30g/hm² 不等。对鳞翅目幼虫效果良好,对同翅目、半翅目等害虫也有较好防效,但对螨类无效,适用于棉花、果树、茶树、大豆、甜菜等作物。

　　(1) 使用方法

　　① 棉花害虫的防治　棉蚜发生期,用10%乳油兑水喷雾,使用剂量为每亩15～30mL。棉铃虫于卵孵盛期,棉红铃虫于第二、三代卵孵盛期进行防治,使用剂量为每亩30～50mL。

　　② 蔬菜害虫的防治　菜青虫、小菜蛾于3龄幼虫前进行防治,使用剂量为20～40mL,或者用2000～5000倍药液。使用剂量为每亩30～50mL。

　　③ 果树害虫的防治　柑橘潜叶蛾于放梢初期或卵孵盛期,用10%乳油2000～4000倍液兑水喷施。同时可兼治橘蚜、卷叶蛾等。苹果桃小食心虫在卵果率0.5%～1%或卵孵盛期,用10%乳油2000～4000倍液进行防治。

　　④ 茶树害虫的防治　茶小绿叶蝉于若虫发生期、茶尺蠖于3龄幼虫期前进行防治,用10%氯氰菊酯乳油兑水2000～4000倍喷洒。

　　⑤ 大豆害虫的防治　用10%乳油,每亩35～40mL,可以防治豆天蛾、大豆食心虫、造桥虫等,效果较理想。

　　⑥ 甜菜害虫的防治　防治对有机磷类农药和其他菊酯类农药产生抗性的甜菜夜蛾,用10%氯氰菊酯乳油1000～2000倍液防治效果良好。

　　⑦ 花卉害虫的防治　10%乳油使用浓度15～20mg/L可以防治月季、菊花上的蚜虫。

　　(2) 注意事项　①不要与碱性物质混用。②药品中毒参见溴氰菊酯。③注意不可污染水域及饲养蜂蚕场地。④人体每日最大允许摄入量为 0.6mg/(kg·d)。

　　专利与登记　专利 DE2326077 早已过专利期,不存在专利权问题。英国先正达有限公司、巴斯夫欧洲公司在中国登记情况见表141和表142。

表 141　英国先正达有限公司在中国登记情况

登记名称	登记证号	含量	剂型	登记作物	防治对象	用药量/(g/hm²)	施用方法
氯氰菊酯	PD14-86	100g/L	乳油	棉花 蔬菜	害虫 害虫	45～60 30～45	喷雾

表 142　巴斯夫欧洲公司在中国登记情况

登记名称	登记证号	含量	剂型	登记作物	防治对象	用药量/(g/hm²)	施用方法
氯氰菊酯	PD10-85	100g/L	乳油	果菜 叶菜 柑橘树 棉花	害虫 害虫 害虫 害虫	37.5～52.5 37.5～52.5 37.5～52.5 45～60	喷雾

　　合成方法　中间体二氯菊酸的合成方法:

　　① 模拟法　3-甲基-2-丁烯醇与原乙酸酯在磷酸催化下于140～160℃缩合,并进行 Claisen 重排,生成3,3-二甲基-戊烯酸乙酯,再与四氯化碳在过氧化物存在下反应生成3,3-二甲基-4,6,6,6-四氯己烯酸乙酯,然后在甲醇钠存在下脱氯化氢,环合生成二氯菊酸乙酯,再经皂化反应生成菊酸。

② Farkas 法　三氯乙醛与异丁烯反应生成 1,1,1-三氯-4-甲基-3-戊烯-2-醇和 1,1,1-三氯-4-甲基-4-戊烯-2-醇。该混合物在与乙酸酐反应经乙酰化，锌粉还原，对甲基苯磺酸催化异构化得到含共轭双键的 1,1-二氯-4-甲基-1,3-戊二烯，再与重氮乙酸乙酯在催化剂存在下反应，生成二氯菊酸酯。

③ Sagami-Kuraray 法　此方法是 Sagami-Kuraray 法与 Farkas 法的结合。

④ 该路线是利用 Witting 试剂与相应的菊酸甲醛衍生物反应，得到二氯菊酸酯，再经皂化反应得到二氯菊酸。

氯氰菊酯的合成方法：
① 二氯菊酸与二氯亚砜反应生成菊酰氯，再与 α-氰基-间苯氧基苄醇作用得到氯氰菊酯。

② 将间苯氧基苯甲醛、二氯菊酰氯溶于适量的溶剂中，剧烈搅拌下，保持温度在 20℃ 以下，滴加氰化钠、碳酸钠和相转移催化剂的水溶液，滴毕升温 45～50℃ 反应 5h，得到相应的氯氰

菊酯。

③ 间苯氧基苯甲醛与亚硫酸氢钠反应生成相应的磺酸盐，然后与菊酰氯、氰化钠、相转移催化剂条件下反应生成氯氰菊酯。

④ 间苯氧基苯乙腈与溴作用得到相应的 α-溴代取代乙腈，再与二氯菊酸盐反应生成氯氰菊酯。

zeta-氯氰菊酯 *zeta*-cypermethrin

$C_{22}H_{19}Cl_2NO_3$，416.3，52315-07-8

zeta-氯氰菊酯(*zeta*-cypermethrin)，试验代号　FMC56701、F56701、F701。商品名称　Furia、Furie、Fury、Minuet、Mustang Max、Mustang、Respect、百家安。其他名称　Z-氯氰菊酯、六氯氰菊酯。是富美实公司开发的拟除虫菊酯类杀虫剂。

化学名称　(S)-α-氰基-3-苯氧苄基(1RS,3RS;1RS,3SR)-3-(2,2-二氯乙烯基)-2,2-二甲基环丙烷羧酸酯立体异构体的混合物，(S)(1RS,3RS)-异构体与(S)(1RS,3SR)-异构体的组成比从45%～55%变化到55%～45%。或者(S)-α-氰基-3-苯氧苄基(1RS)-顺-反-3-(2,2-二氯乙烯基)-2,2-二甲基环丙烷羧酸酯(异构体的比例同前)。(S)-α-cyano-3-phenoxybenzyl(1RS,3RS;1RS,3SR)-3-(2,2-dichlorovinyl)-2,2-dimethylcyclopropanecarboxylate，(S)-(1RS,3RS)异构体与 (S)-(1RS,3SR)异构体的组成比从45%～55%变化到55%～45%，或立体异构体的混合物(S)-α-cyano-3-phenoxybenzyl(1RS)-*cis-trans*-3-(2,2-dichlorovinyl)-2,2-dimethylcyclopropanecarboxylate(异构体的比例同前)。

组成(S)(1RS,3RS)-异构体与(S)(1RS,3SR)-异构体比例为45%～55%到55%～45%。

理化性质　本品为深棕色黏稠液体，熔点－22.4℃，在分解之前沸腾，沸点＞360℃

（760mmHg），闪点 181℃（密闭环境下）。蒸气压为 2.5×10^{-4} mPa（25℃）。分配系数 $K_{ow}lgP=5\sim6$。Henry 常数为 2.31×10^{-3} Pa·m³/mol。相对密度为 1.219（25℃）。溶解度：水中为 0.045mg/L（25℃），易溶于大多数有机溶剂。在 50℃ 可稳定保存 1 年。光解 DT_{50}（水溶液）20.2～36.1d（pH 7）。水解 DT_{50}：稳定（pH 5），25d（pH 7,25℃），1.5h（pH 9,50℃）。

毒性 大鼠急性经口 LD_{50} 269～1264mg/kg，兔急性经皮 LD_{50}＞2000mg/kg。雌大鼠吸入 LC_{50}（4h）2.5mg/L。狗 NOEL 值（1y）5mg/（kg·d）。ADI：（JMPR）0.02mg/kg[2006]；（EC）0.04mg/kg[2008]；（BfR）0.05mg/kg[2004]。

生态效应 野鸭急性经口 LD_{50}＞10248mg/kg，鱼 LC_{50} 0.69～2.37μg/L（与鱼的种类有关）。水蚤 EC_{50}（48h）0.14μg/L，伪蹄形藻 E_rC_{50}＞0.248mg/L。摇蚊幼虫 NOEC 值（28d）0.0001mg/L。野外条件下对蜜蜂无毒。正常条件下对蚯蚓无毒，LC_{50}（14d）75mg/kg 土壤。

环境行为 对于哺乳动物，在 24h 之后 78% 通过尿液和粪便排出，在 96h 之后 97% 被排出。在一般的肥沃情况下 DT_{50} 31.1d（$n=17$）。无流动性，能强烈地吸附在有机物上，K_{oc} 18326～285652。

制剂 3%、180g/L 水乳剂，181g/L 乳油。

主要生产商 FMC。

作用机理与特点 作用于昆虫的神经系统，通过阻断钠离子通道来干扰神经系统的功能。杀虫方式为触杀和胃杀。此药具有触杀和胃毒作用。杀虫谱广、药效迅速，对光、热稳定，对某些害虫的卵具有杀伤作用。用此药防治对有机磷产生抗性的害虫效果良好，但对螨类和盲蝽防治效果差。该药残效期长，正确使用时对作物安全。

应用

(1) 适用范围 棉花、果树、茶树、大豆、甜菜等作物，森林和公共卫生方面。

(2) 防治对象 鞘翅目、蚜虫和小菜蛾等害虫。森林和卫生害虫。

(3) 使用剂量 7.5～30g(a.i.)/hm²。

(4) 残留量与安全施药 Z-氯氰菊酯残留的许可限量（mg/L）：琉璃苣种 0.2；蓖麻植物精油 0.4；蓖麻植物籽 0.2；木樟树种精油 0.2；干橘浆 1.8；柑橘油 4.0；海甘蓝籽 0.2；萼距花（*Cuphea*）种 0.2；蓝蓟（*Echium*）种 0.2；大戟种精油 0.4；大戟（*Euphorbia*）种 0.2；晚樱草精油 0.4；晚樱草种 0.2；亚麻种 0.2；柑橘果 10 种 0.35；金合欢种 0.2；兔耳芥末种 0.2；荷荷芭精油 0.4；荷荷芭种 0.2；*Lesquerella* 种 0.2；银扇草（*Lunaria*）种 0.2；绣丝菊籽种 0.2；马利筋种 0.2；芥末子 0.2；*Niger* 种精油 0.4；*Niger* 种 0.2；蓝花子种 0.2；黄秋葵 0.2；罂粟种 0.2；野稻谷 1.5；玫瑰果精油 0.4；玫瑰果子 0.2；红花种 0.2；芝麻子 0.2；紫苑（*Stokes aster*）精油 0.4；紫苑（*Stokes aster*）子精油 0.2；花萝卜种 0.2；西门木种精油 0.4；西门木种 0.2；茶油料植物精油 4；茶油料植物种 0.2；斑鸠菊属（*Vernonia*）植物精油 0.4；及斑鸠菊属（*Vernonia*）植物种 0.2。

专利与登记 专利 DE2326077 早已过专利期，不存在专利权问题。国内登记情况：3% 水乳剂，88% 原药等；登记作物为棉花和十字花科蔬菜等；防治对象为蚜虫和棉铃虫等。美国富美实公司在中国登记情况见表 143。

表 143 美国富美实公司在中国登记情况

登记证号	含量	剂型	登记范围	防治对象	用药量	施用方法
WP20090032	180g/L	水乳剂	卫生 卫生 卫生	蚊 蕈蠓 蝇	10～20mg/m² 15～25mg/m² 10～20mg/m²	滞留喷雾 滞留喷雾 滞留喷雾
PD20060031	181g/L	乳油	棉花 十字花科蔬菜	棉铃虫 蚜虫	45～60g/hm² 45～60g/hm²	喷雾 喷雾
PD20050157	88%	原药				

高效反式氯氰菊酯 *theta*-cypermethrin

(R)(1S)-*trans*-　　　　　　　(S)(1R)-*trans*-

$C_{22}H_{19}Cl_2NO_3$，416.3，71697-59-1，65732-07-2[(R)(1S)-]，83860-31-5[(S)(1R)-]

高效反式氯氰菊酯(*theta*-cypermethrin)，试验代号　SK80。商品名称　Neostomosan。其他名称　sigma-cypermethrin、tau-cypermethrin。是20世纪80年代初期开发的拟除虫菊酯类(Pyrethroids)杀虫剂。

化学名称　对映体(R)-α-氰基-3-苯氧基苄基(1S,3R)-3-(2,2-二氯乙烯基)-2,2-二甲基环丙烷羧酸酯和(S)-α-氰基-3-苯氧基苄基(1R,3S)-3-(2,2-二氯乙烯基)-2,2-二甲基环丙烷羧酸酯按1∶1组成，或者对映体(R)-α-氰基-3-苯氧基苄基(1S)-反-3-(2,2-二氯乙烯基)-2,2-二甲基环丙烷羧酸酯和(S)-α-氰基-3-苯氧基苄基(1R)-反-3-(2,2-二氯乙烯基)-2,2-二甲基环丙烷羧酸酯按1∶1组成。(R)-α-cyano-3-phenoxybenzyl(1S,3R)-3-(2,2-dichlorovinyl)-2,2-dimethylcyclopropanecarboxylate 和(S)-α-cyano-3-phenoxybenzyl(1R,3S)-3-(2,2-dichlorovinyl)-2,2-dimethylcyclopropanecarboxylate 比例1∶1，或(R)-α-cyano-3-phenoxybenzyl(1S)-*trans*-3-(2,2-dichlorovinyl)-2,2-dimethylcyclopropanecarboxylate 和(S)-α-cyano-3-phenoxybenzyl(1R)-*trans*-3-(2,2-dichlorovinyl)-2,2-dimethylcyclopropanecarboxylate 比例1∶1。

组成　本品由高效反式氯氰菊酯的消旋体(S)(1R)-反式异构体和(R)(1S)-反式异构体按1∶1组成。工业品中异构体含量＞95％(一般＞97％)相应立体异构体。

理化性质　白色结晶粉状固体，熔点81～87℃(峰值83.3℃)。蒸气压1.8×10⁻⁴ mPa(20℃)。相对密度1.33(理论)，密度0.66g/mL(晶体粉末)(20℃)。水中溶解度114.6μg/L(pH 7,25℃)。其他溶剂中溶解度(20℃,mg/mL)：异丙醇为18.0，二异丙醚为55.0，正己烷为8.5。在150℃以下均稳定，在水中DT_{50}(25℃)：50d(pH 3、5、6)，20d(pH 7)，18d(pH 8)，10d(pH 9)。

毒性　急性经口LD_{50}(mg/kg)：雄大鼠7700，雌大鼠3200～7700，雄小鼠136，雌小鼠106。大鼠急性经皮LD_{50}＞5000mg/kg。对兔眼睛和皮肤有轻微的刺激，对豚鼠皮肤无致敏性。无致突变作用。

生态效应　山齿鹑急性经口LD_{50} 98mg/kg。LC_{50}(5d,mg/L)：野鸭5620，山齿鹑808。虹鳟鱼LC_{50}(96h)0.65mg/L。蜜蜂LD_{50}(48h,μg/只)：经口23.33，接触1.34。蚯蚓LC_{50}(14d)＞1250mg/kg土。在30～50g(a.i.)/hm²剂量下对有益生物、动物等很少或无副作用。

制剂　乳油(4.5％)，可湿性粉剂(5.0％)，胶悬剂以及气雾剂等。

主要生产商　Agro-Chemie。

作用机理与特点　钠离子通道抑制剂。主要是阻断害虫神经细胞中的钠离子通道，使神经细胞丧失功能，导致靶标害虫麻痹、协调差，最终死亡。

应用　高效反式氯氰菊酯是氯氰菊酯的高效反式异构体。毒性低，杀虫效力高。加工乳油或其他剂型，用于防治蚊、蝇、蜚蠊等卫生害虫和牲畜害虫，以及蔬菜、茶树等多种农作物上的多种害虫。

专利与登记　专利US4845126、EP0215010、HU198373、DE2326077均早已过专利期，不存在专利权问题。国内登记情况：5％、20％乳油，95％原药等；登记作物为棉花和十字花科蔬菜等；防治对象为蚜虫和棉铃虫等。

高效氯氰菊酯 *beta*-cypermethrin

(R)-alcohol (1S)-cis-acid

(R)-alcohol (1S)-trans-acid

(S)-alcohol (1R)-cis-acid

(S)-alcohol (1R)-trans-acid

$C_{22}H_{19}Cl_2NO_3$，416.3，52315-07-8，72204-43-4[(S)(1R)-顺式异构体]，
65731-84-2[(R)(1S)-顺式异构体]，83860-31-5[(S)(1R)-反式异构体]，65732-07-2[(R)(1S)-反式异构体]

高效氯氰菊酯(*beta*-cypermethrin)，试验代号　AT0IABO3、CHINOIN0619200、OMS3068。商品名称　Akito、Betamethrate、Chinmix、Kuaikele、Cyperil S、Greenbeta、高灭灵、三敌粉、无敌粉、卫害净。其他名称　asymethrin、乙体氯氰菊酯。是 Chinoin Pharmaceutical & Chemical Works Co.，Ltd 开发的拟除虫菊酯类杀虫剂。

化学名称　对映体(R)-α-氰基-3-苯氧苄基-(1S,3S)-3-(2,2-二氯乙烯基)-2,2-二甲基环丙烷羧酸酯和(S)-α-氰基-3-苯氧苄基-(1R,3R)-3-(2,2-二氯乙烯基)-2,2-二甲基环丙烷羧酸酯以及对映体(R)-α-氰基-3-苯氧苄基-(1S,3R)-3-(2,2-二氯乙烯基)-2,2-二甲基环丙烷羧酸酯和(S)-α-氰基-3-苯氧苄基-(1R,3S)-3-(2,2-二氯乙烯基)-2,2-二甲基环丙烷羧酸酯按2∶3组成的混合物；对映体(S)-α-氰基-3-苯氧苄基-(1R)-顺-3-(2,2-二氯乙烯基)-2,2-二甲基环丙烷羧酸酯和(R)-α-氰基-3-苯氧苄基-(1S)-顺-3-(2,2-二氯乙烯基)-2,2-二甲基环丙烷羧酸酯以及(S)-α-氰基-3-苯氧苄基-(1R)-反-3-(2,2-二氯乙烯基)-2,2-二甲基环丙烷羧酸酯和(R)-α-氰基-3-苯氧苄基-(1S)-反-3-(2,2-二氯乙烯基)-2,2-二甲基环丙烷羧酸酯按2∶3组成的混合物。对映体(R)-α-cyano-3-phenoxybenzyl(1S,3S)-3-(2,2-dichlorovinyl)-2,2-dimethylcyclopropanecarboxylate 和(S)-α-cyano-3-phenoxybenzyl(1R,3R)-3-(2,2-dichlorovinyl)-2,2-dimethylcyclopropanecarboxylate 以及对映体(R)-α-cyano-3-phenoxybenzyl(1S,3R)-3-(2,2-dichlorovinyl)-2,2-dimethylcyclopropanecarboxylate 和(S)-α-cyano-3-phenoxybenzyl(1R,3S)-3-(2,2-dichlorovinyl)-2,2-dimethylcyclopropanecarboxylate 比例为 2∶3，或对映体(S)-α-cyano-3-phenoxybenzyl(1R)-cis-3-(2,2-dichlorovinyl)-2,2-dimethylcyclopropanecarboxylate 和(R)-α-cyano-3-phenoxybenzyl(1S)-cis-3-(2,2-dichlorovinyl)-2,2-dimethylcyclopropanecarboxylate 以及(S)-α-cyano-3-phenoxybenzyl(1R)-trans-3-(2,2-dichlorovinyl)-2,2-dimethylcyclopropanecarboxylate 和(R)-α-cyano-3-phenoxybenzyl(1S)-trans-3-(2,2-dichlorovinyl)-2,2-dimethylcyclopropanecarboxylate 比例为 2∶3。

组成　对映体(S)(1R)-cis 和(R)(1S)-cis 以及对映体(S)(1R)-trans 和(R)(1S)-trans 按2∶3组成的混合物。工业级高效氯氰菊酯含量为95%(一般>97%)相应立体异构体。

理化性质　工业品为白色到浅黄色晶体，熔点63.1～69.2℃(异构体比例即使变化1%,熔点都有所不同)。沸点 (286.1±0.06)℃ (97.4kPa)，蒸气压$1.8×10^{-4}$ mPa(20℃)，分配系数 K_{ow} $lgP=4.7±0.04$。相对密度1.336±0.0050(20℃)。水中溶解度(pH 7,μg/L)：51.5(5℃)，93.4(25℃)，276.0(35℃)。其他溶剂中溶解度(20℃,mg/mL)：异丙醇11.5，二甲苯349.8，二氯甲烷3878，丙酮2102，乙酸乙酯1427，石油醚13.1。在150℃对空气和太阳光稳定，在中性和弱酸性的介质中稳定，在强碱性的介质中水解。DT_{50}(25℃)：50d(pH 3、5、6)，40d(pH 7)，20d （pH 8），15d（pH 9）。

毒性 急性经口 LD_{50}（mg/kg）：雌大鼠166，雄大鼠178，雌小鼠48，雄小鼠43。大鼠急性经皮 $LD_{50}>5000$ mg/kg，对兔皮肤和眼睛中度刺激，对豚鼠皮肤无致敏性。大鼠吸入 LC_{50}（4h）1.97mg/L。NOEL（mg/kg饲料）：大鼠（2y）250，大鼠（90d）100；对大鼠和兔无致畸性，对3代繁殖大鼠350，在2y的致癌性研究中，大鼠500。ADI值0.05mg/kg。在Ames、SCE以及微核试验中为阴性。

生态效应 5%制剂。鸟急性经口 LD_{50}（mg/kg）：山齿鹑8030，野鸡3515。野鸡和山齿鹑饲喂 LC_{50}（8d）>5000 mg/kg饲料。鱼毒 LC_{50}（96h，mg/L）：鲤鱼0.028，鲇鱼0.015，草鲤0.035。在正常田间条件下，对鱼没有危害。水蚤 LC_{50}（96h）0.00026mg/L。羊角月牙藻 LC_{50} 56.2mg/L。蜜蜂 LD_{50}：经口（48h）0.0018mg（a.i.）/只，接触（24h）0.085L/hm²，但在田间条件下，采用正常剂量对蜜蜂无伤害。

环境行为 土壤 DT_{50} 10d。水中 DT_{50} 1.2d。

制剂 乳油（4.5%），可湿性粉剂（5.0%）；胶悬剂以及气雾剂等。

主要生产商 Agro-Chemie、安徽华星化工股份有限公司、安徽丰乐农化有限责任公司、广西田园生化股份有限公司、江苏丰山集团有限公司、江苏扬农化工集团有限公司及山东大成农化有限公司等。

作用机理与特点 作用于神经系统的杀虫剂，通过作用于钠离子通道扰乱神经的功能。作用方式为非内吸性的触杀和胃毒。

应用 用于公共卫生杀虫剂和兽用杀虫剂。在植物保护中，对棉花、蔬菜、果树等作物上的鳞翅目、半翅目害虫等有极好的作用。杀虫谱广、击倒速度快，杀虫活性较氯氰菊酯高。适用于防治棉花、蔬菜、果树、茶树、森林等多种植物上的害虫及卫生害虫。防治各种松毛虫、杨树舟蛾和美国白蛾：在2~3龄幼虫发生期，用4.5%乳油4000~8000倍液喷雾，飞机喷雾每公顷用量60~150mL。防治成蚊及家蝇成虫：每平方米用4.5%可湿性粉剂0.2~0.4g，加水稀释250倍，进行滞留喷洒。防治蟑螂：在蟑螂栖息地和活动场所每平方米用4.5%可湿性粉剂0.9g，加水稀释250~300倍，进行滞留喷洒。防治蚂蚁：每平方米用4.5%可湿性粉剂1.1~2.2g，加水稀释250~300倍，进行滞留喷洒。

注意事项 高效氯氰菊酯中毒后无特效解毒药，应对症治疗。对鱼及其他水生生物高毒，应避免污染河流、湖泊、水源和鱼塘等水体。对家蚕高毒，禁止用于桑树上。

专利与登记 专利HU198612、EP208758、US4963584、DE2326077均早已过专利期，不存在专利权问题。国内登记情况：10%水乳剂，95%、97%、99%原药，4.5%乳油等；登记作物为棉花和蔬菜等；防治对象为棉蚜、棉铃虫、菜青虫、小菜蛾和菜蚜等。

合成方法 由普通氯氰菊酯在催化剂存在条件下经差向异构而得，普通氯氰菊酯合成方法如下：

① 二氯菊酸与二氯亚砜反应生成菊酰氯，再与α-氰基-间苯氧基苄醇作用得到氯氰菊酯。

② 将间苯氧基苯甲醛，二氯菊酰氯溶于适量的溶剂中，剧烈搅拌下，保持温度在20℃以下，滴加氰化钠、碳酸钠和相转移催化剂的水溶液，滴毕升温45~50℃反应5h，得到相应的氯氰菊酯。

③ 间苯氧基苯甲醛与亚硫酸氢钠反应生成相应的磺酸盐，然后与菊酰氯、氰化钠、相转移催化剂条件下反应生成氯氰菊酯。

④ 间苯氧基苯乙腈与溴作用得到相应的 α-溴代取代乙腈，再与二氯菊酸盐反应生成氯氰菊酯。

顺式氯氰菊酯 *alpha*-cypermethrin

(S)(1R)-cis-   (R)(1S)-cis-

$C_{22}H_{19}Cl_2NO_3$，416.3，67375-30-8

顺式氯氰菊酯（*alpha*-cypermethrin），试验代号　BAS310 I、FMC63318、FMC39391、OMS3004、WL85871。商品名称　Bestox、Concord、Fastac、Fendona、Renegade、快杀敌、高效安绿宝、奋斗呐、高效灭百可、虫毙王、奥灵、百事达。其他名称　alfoxylate、alphamethrin、alfamethrin、高效氯氰菊酯。是壳牌国际化工有限公司（现属 BASF 公司）开发的拟除虫菊酯类（pyrethroids）杀虫剂。

化学名称　由消旋体(S)-α-氰基-3-苯氧苄基-(1R,3R)-3-(2,2-二氯乙烯基)-2,2-二甲基环丙烷羧酸酯和(R)-α-氰基-3-苯氧苄基-(1S,3S)-3-(2,2-二氯乙烯基)-2,2-二甲基环丙烷羧酸酯组成，或者由消旋体(S)-α-氰基-3-苯氧苄基-(1R)-顺-3-(2,2-二氯乙烯基)-2,2-二甲基环丙烷羧酸酯和(R)-α-氰基-3-苯氧苄基-(1S)-顺-3-(2,2-二氯乙烯基)-2,2-二甲基环丙烷羧酸酯组成。英文化学名称（S)-α-cyano-3-phenoxybenzyl(1R,3R)-3-(2,2-dichlorovinyl)-2,2-dimethylcyclopropanecarboxylate 和(R)-α-cyano-3-phenoxybenzyl(1S,3S)-3-(2,2-dichlorovinyl)-2,2-dimethylcyclopropane-carboxylate，或(S)-α-cyano-3-phenoxybenzyl(1R)-cis-3-(2,2-dichlorovinyl)-2,2-dimethylcyclopro-panecarboxylate 和(R)-α-cyano-3-phenoxybenzyl(1S)-cis-3-(2,2-dichlorovinyl)-2,2-dimethylcyclo-propanecarboxylate。

组成　工业顺式氯氰菊酯含量＞90%，通常的含量＞95%。

理化性质　本品为无色晶体（工业品白色至灰色粉末，具有微弱的芳香气味），熔点 81.5℃（97.3%），沸点 200℃（9.3Pa），蒸气压 2.3×10^{-2} mPa(20℃)。分配系数 K_{ow} lg$P$＝6.94（pH 7）。相对密度 1.28(22℃)。水中溶解度(20℃，μg/L)：0.67(pH 4)，3.97(pH 7)，4.54(pH 9)，

1.25(两倍水稀释)。其他溶剂中溶解度(21℃,g/L):正己烷6.5,甲苯596,甲醇21.3,异丙醇9.6,乙酸乙酯584,正己烷>0.5,与二氯甲烷、丙酮互溶(>10^3)。在中性或酸性介质中非常稳定,在强碱性介质中水解DT_{50}:(pH 4,50℃)大于10d,(pH 7,20℃)101d,(pH 9,20℃)7.3d。高于220℃分解。田间数据表明实际上对空气是稳定的。

毒性 大鼠急性经口LD_{50}57mg/kg(在玉米油中)。大鼠、兔急性经皮LD_{50}>2000mg/kg。对兔眼睛有轻微刺激作用。大鼠吸入毒性LC_{50}(4h,经鼻呼吸)>0.593mg/L(最高浓度下)。狗NOEL(1y)>60mg/kg[1.5mg/(kg·d)]。ADI:(JMPR)0.02mg/kg[2006];(JECFA)0.02mg/kg[1996];(EC)0.015mg/kg[2004]。无诱变作用。对中枢神经系统和周围神经运动有毒性。3d内在一定剂量下引起的神经行为改变是可逆的。急性大鼠试验中NOAEL为4mg/kg(玉米油中);4周大鼠经口试验中NOAEL数值10mg/kg(DMSO中)。该药剂可能导致感觉异常。

生态效应 山齿鹑性急经口LD_{50}>2025mg/kg,山齿鹑LC_{50}>5000mg/kg饲料,对山齿鹑的繁殖毒性NOEC(20周)150mg/kg饲料。虹鳟鱼LC_{50}(96h)2.8μg/L。在田间条件下,由于在水中快速地分解,对鱼类无毒害影响。早期生命阶段测试中NOEC(34d)为0.03μg/L。水蚤EC_{50}(48h)为0.1~0.3μg/L,水藻EC_{50}(96h)>100μg/L,摇蚊属幼虫NOEC(28d)0.024μg/L。小鼠艾氏腹水癌(EAC)为0.015μg/L。对蜜蜂有毒,LD_{50}(24h)0.059μg/只,LC_{50}(24h)0.033μg/只,在田间条件下,对蜜蜂无毒。蚯蚓LD_{50}(14d)>100mg/kg人工土壤。300g/hm^2处理剂量下对蚯蚓繁殖无影响。对其他有益生物的影响,死亡率(施药剂量):梨盲走螨>85%(15g/hm^2);豹蛛属<30%(0.21g/hm^2和0.6g/hm^2),60%(1.5g/hm^2),100%(30g/hm^2);隐翅虫21%(1.2g/hm^2),在0.7g/hm^2下,无影响。LR_{50}(g/hm^2):花蝽0.1,溢管蚜茧蜂0.9。

环境行为 虽然对鱼高毒,但在田间条件下,由于药剂在水中快速消散,所以对鱼无毒性。

(1)动物 见氯氰菊酯。清除时间7.8d。经过28d净化,在有机组织中残留量为最高值的8%。

(2)土壤/环境 在土壤中降解,在肥沃的土壤中DT_{50}13周。

制剂 10%乳油(防治棉红铃虫、棉铃虫、甘蓝菜青虫等),5%种子处理可分散粉剂(防治蚊、蝇、虫等卫生害虫),5%乳油(百事达,防治鳞翅目、同翅目等多种害虫),5%悬浮剂(可以杀灭蟑螂、蚊子、苍蝇等多种有害生物)。

作用机理与特点 通过阻断在神经末梢的钠离子通道的钠离子信号传递到神经冲动,从而阻断蛋白运动到轴突。通常这种中毒导致快速击倒和死亡。非内吸性具有触杀和胃毒作用的杀虫剂。以非常低的剂量作用于中央和周边的神经系统。神经轴突毒剂,可引起昆虫极度兴奋、痉挛、麻痹,并产生神经毒素,最终可导致神经传导完全阻断,也可引起神经系统以外的其他细胞组织产生病变而死亡。具有杀卵活性。在植物上有良好的稳定性,能耐雨水冲刷。顺式氯氰菊酯为一种生物活性较高的拟除虫菊酯类杀虫剂,它是由氯氰菊酯的高效异构体组成。其杀虫活性约为氯氰菊酯的1~3倍,因此单位面积用量更少,效果更高。

应用

(1)适用作物 棉花、大豆、玉米、甜菜、小麦、果树、蔬菜、茶树、花卉、烟草等。

(2)防治对象 刺吸式和咀嚼式害虫特别是鳞翅目、同翅目、半翅目、鞘翅目等多种害虫,也用于公共卫生害虫蟑螂、蚊子等,还用作动物体外杀虫剂。

(3)残留量与安全施药 5%顺式氯氰菊酯乳油对棉花每季最多使用次数为3次,安全间隔期为14d。对茶叶每季最多使用次数为1次,安全间隔期为7d;10%顺式氯氰菊酯乳油对棉花每季最多使用次数为3次,安全间隔期为7d。对菜叶每季最多使用次数为3次。安全间隔期为3d。对黄瓜每季最多使用次数为2次,安全间隔期为3d。对柑橘每季最多使用次数为3次,安全间隔期为7d。

欧盟登记具体残留标准如下:杏2mg/kg(所有异构体之和),芦笋0.1mg/kg(所有异构体之和),大麦0.2mg/kg(所有异构体之和),豆0.50mg/kg(全果/所有异构体之和),茎果0.5mg/kg(所有异构体之和),谷物0.05mg/kg(其他除外/所有异构体之和),樱桃1mg/kg(所有异构体之和），柑橘类植物 2mg/kg（所有异构体之和），葫芦科类 0.2mg/kg（所有异构体之和），水果 0.05mg/kg（其他除外/所有异构体之和），果菜（茄科）0.5mg/kg（所有异构体之和），大蒜 0.1mg/kg（所有异构体之和），葡萄 0.5mg/kg（所有异构体之和），芸苔 0.05mg/kg（所有异构体之和），莴苣 2mg/kg（所有异构体之和），油桃 2mg/kg（所有异构体之和），燕麦 0.2mg/kg（所有异构体之和），洋葱 0.1mg/kg（所有异构体之和），桃子 2mg/kg（所有异构体之和），豌豆 0.50mg/kg（全果/所有异构体之和），李子 1mg/kg（所有异构体之和），仁果类水果 1mg/kg（所有异构体之和），蔬菜 0.05mg/kg（其他除外/所有异构体之和）。

（4）应用技术

① 防治棉花害虫　a. 蚜虫，于发生期，每亩用 5% 顺式氯氰菊酯乳油 20～30mL（1.0～1.5g）兑水喷雾，间隔 10d 喷药 1 次，连续喷 2～3 次即可控制蚜虫。b. 棉铃虫，于卵盛孵期，每亩用 5% 顺式氯氰菊酯乳油 25～40mL[1.25～2.0g(a.i)]兑水喷雾。c. 棉红铃虫，于第二、三代卵盛孵期，每亩用 5% 顺式氯氰菊酯乳油 20～40mL[1.0～2.0g(a.i)]兑水喷雾。每代喷药 2～3 次，每次间隔 10d 左右。d. 棉盲蝽、二十八星瓢虫，于害虫发生期用 5% 顺式氯氰菊酯乳油兑水均匀喷雾，使用剂量为每亩 20～40mL[1.0～2.0g(a.i)]。

② 防治大豆食心虫　在大豆食心虫成虫发生盛期每亩用 5% 顺式氯氰菊酯乳油 20～30mL[1.0～1.5g(a.i)]兑水喷雾，可有效防治大豆食心虫。用此方法还可有效防治大豆卷叶螟。

③ 防治蔬菜害虫　a. 菜蚜，于发生期每亩用 5% 顺式氯氰菊酯乳油 10～20mL[0.5～1.0g(a.i)]兑水喷雾，持效期 10d 左右。b. 菜青虫，3 龄幼虫盛发期，每亩用 5% 顺式氯氰菊酯乳油 10～20mL[0.5～1.0g(a.i)]兑水喷雾，持效期 7～10d。c. 小菜蛾，2 龄幼虫盛发期，每亩用 5% 顺式氯氰菊酯乳油 10～20mL[0.5～1.0g(a.i)]兑水喷雾。d. 黄守瓜，每亩用 5% 顺式氯氰菊酯乳油 10～20mL[0.5～1.0g(a.i)]兑水喷雾，可以防治黄守瓜、黄曲条跳甲、菜螟等害虫，效果显著。

④ 防治果树害虫　a. 柑橘潜叶蛾，于新梢发出 5d 左右，用 5% 顺式氯氰菊酯乳油 5000～10000 倍液或每 100L 水加 5% 顺式氯氰菊酯 10～20mL[5～10mg(a.i.)/L]喷雾，隔 5～7d 再喷 1 次，保梢效果良好。b. 柑橘红蜡蚧，若虫盛发期，用 5% 顺式氯氰菊酯乳油 1000 倍液或每 100L 水加 5% 顺式氯氰菊酯 100mL[50mg(a.i.)/L]喷雾，防效一般可达 80% 以上。c. 荔枝蝽象，在成虫交尾产卵前和若虫发生期各施一次药，用 5% 乳油 2500～4000 倍液或每 100L 水加 5% 顺式氯氰菊酯 25～50mL[12.5～20mg(a.i.)/L]均匀喷雾。如采用飞机喷药，每亩用 5% 乳油 15～25mL 兑水 2～3L，航速 160～170km/h，距树冠 5～10m 高度作业。d. 荔枝蒂蛀虫，荔枝收获前约 10～20d 施药 2 次，地面喷雾用 5% 顺式氯氰菊酯乳油 2000～3000 倍液或每 100L 水加 5% 顺式氯氰菊酯 33～50mL（有效浓度 16.7～25mg/L）。飞机施药则每亩用 5% 顺式氯氰菊酯 16mL[0.8g(a.i)]，按飞机常规喷雾。e. 桃小食心虫，卵盛孵期，用 5% 乳油 3000 倍液或每 100L 水加 5% 顺式氯氰菊酯 33mL（有效浓度 16.7mg/L）喷雾。根据发生情况，间隔 15～20d 喷 1 次。梨小食心虫用同样方法进行防治。亦可兼治其他叶面害虫。f. 桃蚜，于发生期用 5% 顺式氯氰菊酯乳油 1000 倍液或每 100L 水加 5% 顺式氯氰菊酯 100mL（50mg/L）喷雾。

⑤ 防治茶树害虫　a. 茶尺蠖，于 3 龄幼虫前，用 5% 顺式氯氰菊酯乳油 5000～10000 倍液或每 100L 水加 5% 顺式氯氰菊酯 10～20mL[5～10mg(a.i.)/L]喷雾。用同样有效浓度还可以防治茶毛虫、茶卷叶蛾、茶刺蛾等。b. 茶小绿叶蝉，若虫盛发期前，用 5% 顺式氯氰菊酯乳油 3400～5000 倍液或每 100L 水加 5% 顺式氯氰菊酯 20～30mL[10～15mg(a.i.)/L]喷雾。

⑥ 防治花卉害虫　防治菊花、月季花等花卉蚜虫，用 5% 顺式氯氰菊酯乳油 5000～10000 倍液或每 100L 水加 5% 顺式氯氰菊酯 10～20mL[5～10mg(a.i.)/L]喷雾。

棉花、大豆、蔬菜喷液量每亩人工 20～50L，拖拉机 10L，飞机 1～3L。施药选早晚气温低、风小时进行。晴天上午 8 时至下午 5 时，空气相对湿度低于 65%，温度高于 28℃ 时停止施药。

专利与登记　专利 EP67461 早已过专利期，不存在专利权问题。国内登记情况：90%、92%、93%、95%、97% 原药，5%、10% 水乳剂，3%、50g/L、100g/L 乳油等；登记作物为棉花、荔枝树、甘蓝、豇豆等；防治对象为棉铃虫、菜青虫、大豆卷叶螟、蒂蛀虫等。巴斯夫欧洲公司在中国登记情况见表144。

表144　巴斯夫欧洲公司在中国登记情况

登记证号	含量	剂型	登记范围	防治对象	用药量	施用方法
PD39-87	100g/L	乳油	甘蓝	菜青虫	$7.5\sim15g/hm^2$	喷雾
			甘蓝	小菜蛾	$7.5\sim15g/hm^2$	
			黄瓜	蚜虫	$7.5\sim15g/hm^2$	
			柑橘树	潜叶蛾	$5\sim10mg/kg$	
			棉花	红铃虫	$10\sim20g/hm^2$	
			棉花	棉铃虫	$10\sim20g/hm^2$	
			豇豆	大豆卷叶螟	$15\sim19.5g/hm^2$	
WP20080030	100g/L	悬浮剂	卫生	蜚蠊	$20\sim30mg/m^2$	滞留喷雾
			卫生	蝇	$10\sim20mg/m^2$	
			卫生	蚊	$10\sim20mg/m^2$	
WP29-96	15g/L	悬浮剂	卫生	蚊	$10\sim20mg/m^2$	滞留喷雾
			卫生	蝇	$10\sim20mg/m^2$	
			卫生	蜚蠊	$20\sim30mg/m^2$	
PD20080229	93%	原药				
WP20080050	250g/L	母药				

合成方法　主要有如下两种方法制得顺式氯氰菊酯
方法1：
① 合成(±)-顺反二氯菊酸

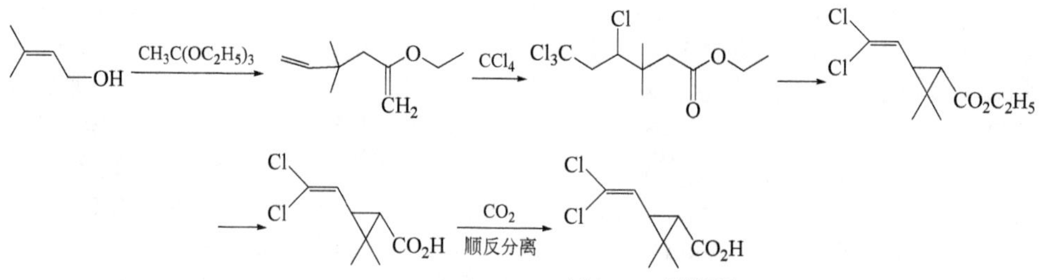

[(±)-*cis*-二氯菊酸]

或以异丁烯、四氯化碳、丙烯酸为原料制得α-卤代环丁酮，再于碱性物质存在下发生Favor-skii重排生成顺式二氯菊酸。

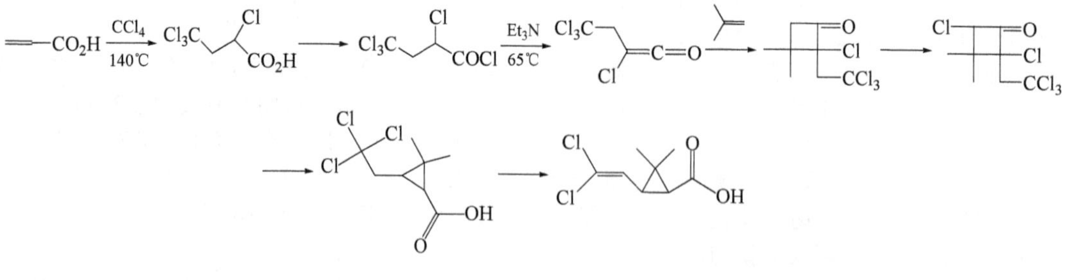

② 合成(±)-顺式氯氰菊酯

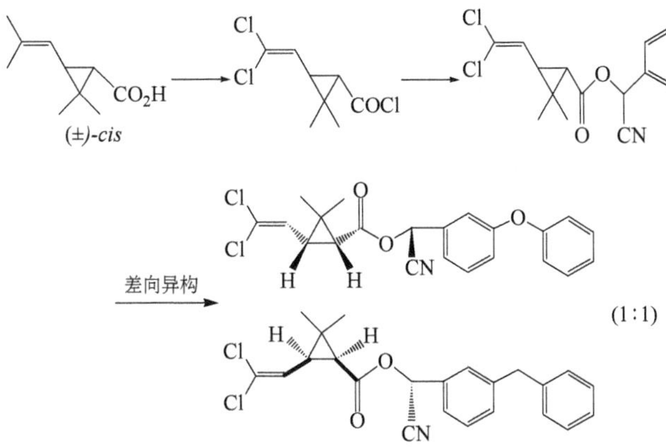

方法 2：

3-(2,2-二氯乙烯基)-2,2-二甲基环丙烷羧酸（Ⅰ）（顺：反＝1：1）分别经碘/碳酸氢钠、锌-乙酸处理，得到顺式-Ⅰ，即顺-3-(2,2-二氯乙烯基)-2,2-二甲基环丙烷羧酸。其与 α-氰基-3-苯氧基苄醇或者 α-氰基-3-苯氧基对甲苯磺酸酯反应得到顺式氯氰菊酯，即外消旋体顺式混合物。反应式如下：

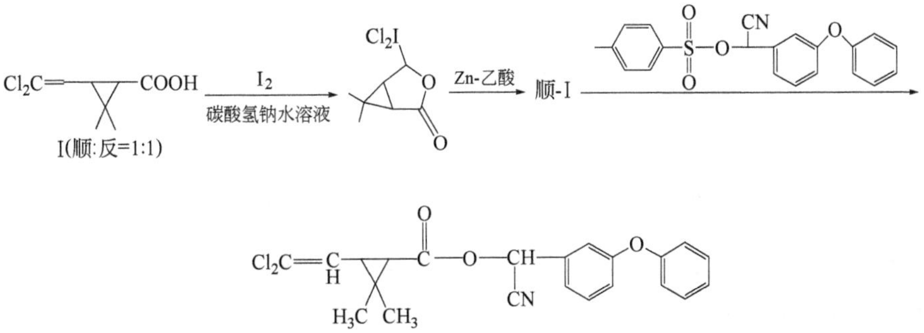

外消旋体顺式混合物（Ⅱ）1(R、S)-顺-α(R,S) 4 个；外消旋体顺式混合物结晶拆分，得 1R-顺-α-(S) 和 1S-顺-α(R) 的 1：1 产物。

氯醛糖 chloralose

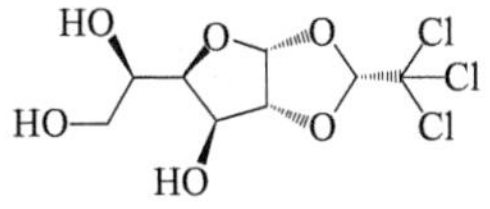

C$_8$H$_{11}$Cl$_3$O$_6$，309.5，15879-93-3(α-异构体)，16376-36-6(β-异构体)

氯醛糖(chloralose)。商品名称 Alphabied。其他名称 glucochloralose、杀鼠糖、灭雀灵、三氯乙醛化葡萄糖。为鸟类驱避剂和杀鼠剂。

化学名称 (R)-1,2-O-(2,2,2-三氯亚乙基)-α，D-呋喃(型)葡萄糖。(R)-1,2-O-(2,2,2-tri-chloroethylidene)-α-D-glucofuranose。

组成 以 β-异构体形式存在。

理化性质 纯品为结晶粉末，熔点 187℃(β-异构体 227～230℃)。蒸气压在室温可忽略。水中溶解度(15℃)4.4g/L，可溶于醇类、乙醚和冰醋酸，微溶于氯仿，不溶于石油醚，β-异构体在水、乙醇和乙醚中溶解度小于 α-异构体。稳定性：在酸或碱性条件下转化为葡萄糖和三氯乙醛。

旋光度$[\alpha]_D^{22}=+19°$。

毒性 大鼠急性经口 LD_{50} 400mg/kg；小鼠急性经口 LD_{50} 32mg/kg。

生态效应 鸟类急性经口 LD_{50} 32～178mg/kg。

环境行为 动物：氯醛糖在动物体内代谢为三氯乙醛，三氯乙醛经氧化生成三氯乙酸，经还原生成三氯乙醇；三氯乙醛的氧化或还原反应使得氯醛糖具有催眠的作用。毒饵使用浓度为4%～8%。对人、畜没有危险。

制剂 浓饵剂(CB)，毒饵(RB)。

作用机理与特点 麻醉剂，使鸟类易于被其他方法杀死。灭鼠剂，通过延迟新陈代谢和将体温降低到致死极限而发挥作用。能够被快速代谢，因而不会累积。

应用 用作灭鼠剂(尤其是小鼠)，毒饵中有效成分含量为4%。本品对体型较大的鼠类效果差，故不推荐应用于杀灭大鼠。也用作鸟类的驱避剂和麻醉剂。

专利概况 专利 EP242135 早已过专利期，不存在专利权问题。

合成方法 在酸催化下浓缩葡萄糖和三氯乙醛得到。

氯噻啉 imidaclothiz

$C_7H_8ClN_5O_2S$，261.7，105843-36-5

氯噻啉(imidaclothiz)，试验代号 JS-125。是江苏省南通江山农药化工股份有限公司开发的一种新烟碱类杀虫剂。

化学名称 (*EZ*)-1-(2-氯-1,3-噻唑-5-基甲基)-N-硝基亚咪唑烷-2-基胺，(*EZ*)-1-(2-chloro-1,3-thiazol-5-ylmethyl)-N-nitroimidazolidin-2-ylideneamine。

理化性质 工业品为浅黄色至米白色固体粉末，熔点146.8～147.8℃。堆积密度0.8976g/cm³。溶解度(25℃,g/L)：水5，乙腈50，二氯甲烷20～30，甲苯0.6～1.5，丙酮50，甲醇25，二甲基亚砜260，DMF 240。96%原药对热比较稳定，在65～105℃下储存14d分解率在1.31%以下。

毒性 急性经口 LD_{50} (mg/kg)：雌大鼠1620，雄大鼠1470，雌小鼠90，雄小鼠126；对雌、雄大鼠急性经皮 LD_{50} ＞2000mg/kg。对家兔的皮肤和眼睛均没有刺激性。Ames试验结果为阴性；对小鼠骨髓嗜多染红细胞微核试验及睾丸初级精母细胞染色体畸变分析结果均为阴性；对豚鼠皮肤变态反应(致敏)试验结果为弱致敏物。大鼠喂饲原药3个月的最大无作用剂量为1.5mg/(kg·d)，若以100倍安全系数计，则其每天容许摄入量(ADI)为0.015mg/kg。

制剂 10%可湿性粉剂，40%水分散粒剂。

作用机理与特点 氯噻啉是一种作用于烟酸乙酰胆碱酯酶受体的内吸性杀虫剂，其作用机理是对害虫的突触受体具有神经传导阻断作用，与烟碱的作用机理相同。以实验室饲养的蚕豆蚜为测试对象，采用综合毒力测试法(浸茎加浸渍法)、浸渍法、浸茎法等三种方法，对氯噻啉进行毒力测定比较。结果表明，氯噻啉有较强的触杀和内吸活性，内吸活性高于触杀活性，综合毒力(LC_{50} 0.5185mg/L)高于单项触杀毒力(LC_{50} 0.7353mg/L)或内吸毒力(LC_{50} 0.7627mg/L)。

应用

(1) 适用作物 可广泛用于水稻、小麦、蔬菜、烟草、棉花、果树、茶树等作物。

(2) 防治对象 可用于防治吮吸式口器害虫，如蚜虫、叶蝉、飞虱、蓟马、粉虱及其抗性品系，同时对鞘翅目、双翅目和鳞翅目害虫也有效，尤其对水稻二化螟、三化螟毒力比其他烟碱类杀虫剂高。室内生测，在供试的 16 种农业害虫中，有 15 种害虫对氯噻啉 10%可湿性粉剂较敏感，其中花蓟马对其最敏感，其次依次为禾缢管蚜、蚕豆蚜、麦长管蚜、三化螟、桃赤蚜、二化螟、棉蚜、稻蓟马、萝卜蚜、梨木虱、白背飞虱、褐飞虱、绿盲蝽，菜蟥对其敏感性较差。室内试验氯噻啉 10%可湿性粉剂对褐稻虱初孵若虫的 LC_{50} 为 1.22mg/L，LC_{90} 为 14.57mg/L。

（3）残留量与安全施药　该药速效和持效性好，一般低龄若虫高峰期施药，持效期在 7d 以上。在常规用药量范围内对作物安全，对有益生物如瓢虫等天敌杀伤力较小。

（4）使用方法与应用技术　①防治白粉虱、飞虱，最好在低龄若虫高峰期施药。②氯噻啉不受温度高低限制，克服了啶虫脒、吡虫啉等产品在温度较低时防效差的缺点。③亩用水量 30～50kg，稀释时要充分搅拌均匀。

专利与登记　Okazawa 等人对该类杀虫剂进行 QSAR 分析时提到过该化合物，Tomizawa 在讨论结构的微小变化对杀虫剂选择性影响时对该物质进行了分析，Yomamoto 在讨论有机物结构对杀虫剂的贡献时也分析了相应的物质。此外，Sirinyan 在其专利"防治人类螨虫和寄生昆虫的水乳剂制备方法"中也提到了该物质。但国外对该物质的研究主要停留在实验室阶段，南通江山农药化工股份有限公司在国内率先作为农用杀虫剂开发并已商品化，并已申请了 3 个相关专利（专利申请号：01127068.3、01127099.3 和 02100295.9）。1999 年初开始试验，2002 年 10 月获得氯噻啉原药和 10%可湿性粉剂登记。

专利名称　Heterocyclic compounds
专利号　EP192060
专利申请日　1985-01-17
专利拥有者　Nihon Tokushu Noyaku Seizo K. K. (JP)
国内登记情况：95%原药，10%可湿性粉剂，40%水分散粒剂等；登记作物为柑橘树、茶树、小麦、水稻、甘蓝、番茄等；防治对象为白粉虱、蚜虫、飞虱、小绿叶蝉等。

合成方法　经如下反应制得氯噻啉：

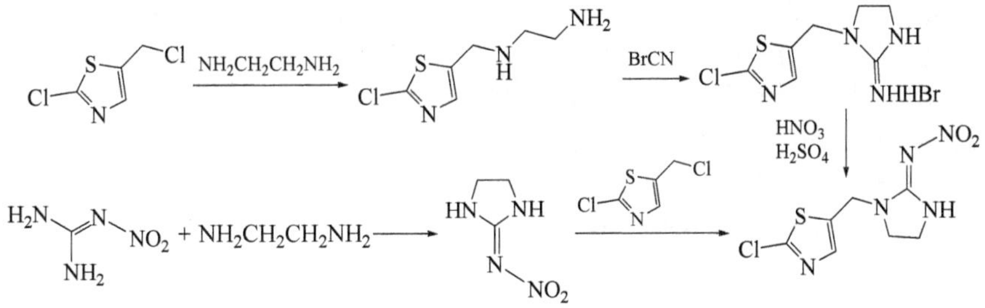

参考文献

[1] 戴宝江. 世界农药，2005，27(6)：46-47.
[2] 施永兵. 江苏化工，2004，32(3)：19-21.

氯鼠酮 chlorophacinone

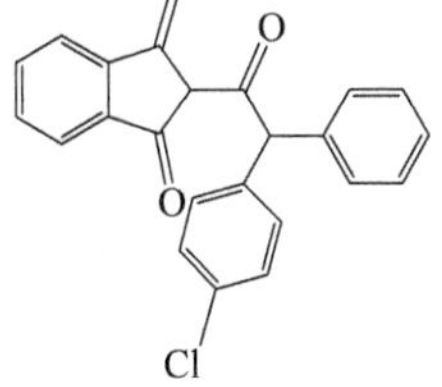

$C_{23}H_{15}ClO_3$，374.8，3691-35-8

氯鼠酮（chlorophacinone），试验代号 LM91。商品名称 Caïd、Chlorocal、Drat、Endorats、Frunax C、Ground Force、Mufac、Redentin、Ratox、Ratron C、Ratron Feldmausköder、Raviac、Rozol、Spyant、Trokat。其他名称 可伐鼠、氯敌鼠、鼠顿停。由 lipha S. A. 开发的灭鼠剂。

化学名称 2-[2-(4-氯苯基)-2-苯基乙酰基] 茚满-1,3-二酮，2-[2-(4-chlorophenyl)-2-phenylacetyl] indan-1,3-dione。

理化性质 本品为淡黄色晶体，熔点为 140℃，蒸气压 1×10^{-4} mPa（25℃）。体积密度 0.38g/cm³（20℃）。水中溶解度（20℃）100mg/L；易溶于甲醇、乙醇、丙酮、乙酸、乙酸乙酯、苯和油；微溶于己烷和乙醚；其盐溶于碱溶液。很稳定且抗风化。pK_a 为 3.40（25℃）。

毒性 大鼠急性经口 LD_{50} 6.26mg/kg。对兔皮肤和眼睛无刺激，在皮肤上有轻微的吸收作用。大鼠吸入 LC_{50}（4h）9.3μg/L。人服用剂量 20mg 后，血凝血酶含量在 2～4d 后下降到 35%，在没治疗情况下 8d 可以恢复。

生态效应 鸟类 LC_{50}（30d, mg/L）：山齿鹑 95，野鸭 204。鱼类 LC_{50}（96h, mg/L）：虹鳟鱼 0.35，大翻车鱼 0.62。水蚤 LC_{50}（48h）0.42mg/L。在推荐剂量下对蜜蜂无危险。蚯蚓 LC_{50} > 1000mg/L。

环境行为 哺乳动物经口后，90% 在 48h 内以代谢产物形式经粪便排出体外。四种类型土壤的参数变化范围：K_d（吸附）80～1000，K_d（解吸）57～579，K_{oc} 15556～135976。

制剂 主要剂型有饵块、触杀粉、糊剂、饵剂、饵棒。

主要生产商 Dr Tezza、Laboratorios Agrochem、Merck Santé 及 Reanal 等。

作用机理与特点 阻止凝血酶原形成，使氧化磷酸化解偶联。氯鼠酮以其毒性毒力强大的特点而不同于同类品种。这一特点更适宜一次性投毒防治害鼠，克服了多次投饵费工、用饵量大、灭鼠成本较高的不足。氯鼠酮是唯一易溶于油的抗凝血杀鼠剂，因此易浸入饵料中，所以不会因雨淋而减弱毒性，适合野外灭鼠使用。狗对氯鼠酮较敏感，但对人畜家禽均较安全。

应用

（1）防治对象 褐家鼠等。

（2）残留量与安全施药 ①应将药剂放于阴凉干燥处，远离食品不让儿童接触。空包装不得再作他用。②应收集死鼠并深埋。③中毒者应经口维生素 K_1 或作静脉注射 10～20mg。

（3）使用方法 抗凝血性的杀鼠剂。单次剂量为 50mg/kg 毒饵时从第 5 天开始杀褐家鼠。通常使用剂量为 50～250mg/kg 毒饵。不会导致拒食。

专利概况 专利 US3153612、FR1269638 均早已过专利期，不存在专利权问题。

合成方法 通过如下反应制得目的物：

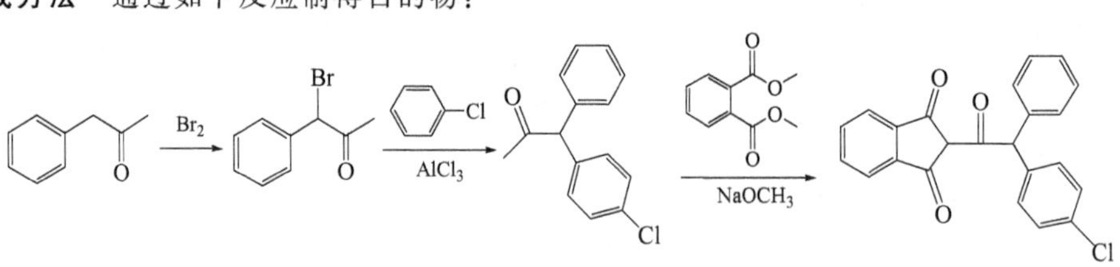

氯酰草膦 clacyfos

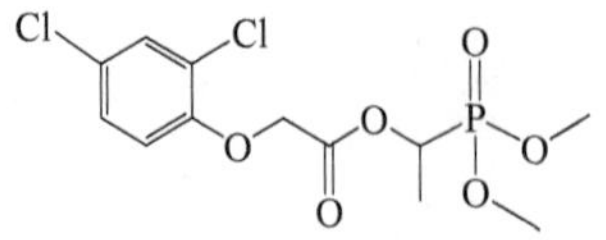

$C_{12}H_{15}Cl_2O_6P$，357，215655-76-8

氯酰草膦（clacyfos），试验代号 HW-02。是华中师范大学开发的丙酮酸脱氢酶系的强抑制剂，能有效防除玉米、麦田、草坪、果园和茶园的阔叶杂草及部分单子叶杂草。

化学名称 1-(二甲氧基)乙基 2-(2,4-二氯苯氧基) 乙酸甲酯，(1RS)-1-(dimethoxyphosphi-noyl)ethyl(2,4-dichlorophenoxy) acetate.

理化性质 工业品纯度 93%，黄色液体，沸点 195℃，>250℃分解；溶解度(25℃,g/L)：水 0.97，正己烷 4.31，与丙酮、乙醇、氯仿、甲苯、二甲苯混溶。分配系数(正辛醇/水,25℃) 1.55×10^2。稳定性：常温下对光、热稳定，在一定的酸、碱强度下易分解。30%乳油常温储存 2y 稳定。

毒性 大鼠急性经口 LD_{50}(mg/kg)：雄性 1711，雌性 1467。大鼠急性经皮 $LD_{50} > 2000$mg/kg，对兔皮肤、眼睛为轻度刺激性，对豚鼠皮肤为弱致敏性。大鼠 90d 亚慢性喂养试验最大无作用剂量为 1.5mg/(kg•d)，Ames 试验、小鼠骨髓细胞微核试验、小鼠睾丸细胞染色体畸变试验 3 项致突变试验均为阴性，未见致突变作用。氯酰草膦 30%乳油大鼠急性经口 $LD_{50} > 2000$mg/kg，大鼠急性经皮 $LD_{50} > 2150$mg/kg；对兔皮肤无刺激性，对兔眼睛轻度刺激性，对豚鼠皮肤弱致敏。

生态效应 30%乳油。斑马鱼 LC_{50}(96h)21.79mg/L，鹌鹑急性经口 LD_{50}(mg/kg)：雄性 1999.9，雌性 1790.0。蜜蜂急性经口 $LD_{50} > 100\mu g$/只，家蚕 LC_{50}(食下毒叶法,48h)>10000mg/L(药液浓度)。

制剂 30%乳油。

作用机理与特点 激素类除草剂，具有内吸传导性，作用机理为丙酮酸脱氢酶系抑制剂。

应用 30%乳油经室内活性测定试验和田间药效试验结果表明对草坪(高羊茅)中的阔叶杂草有较好的防治效果。使用药量为有效成分 405～540g/hm²。于草坪(高羊茅)中的杂草 2～4 叶期茎叶喷雾。对一年生阔叶杂草，如反枝苋、铁苋菜、苘麻等有较好的防效。对草坪(高羊茅)安全。

专利概况

专利名称 具有除草活性的取代苯氧乙酰氧基烃基膦酸酯及制备

专利号 CN1197800

专利申请日 1997-04-30

专利拥有者 华中师范大学

合成方法 经如下反应即得目的物：

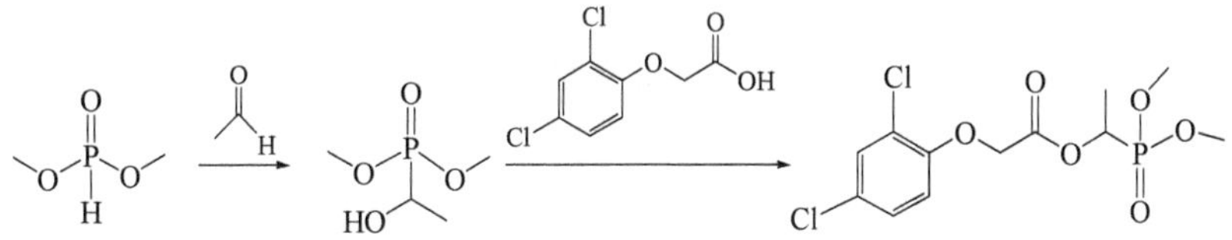

参考文献

[1] 农药科学与管理，2008，29（4）：58.

氯硝胺 dicloran

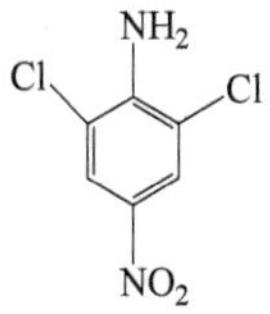

$C_6H_4Cl_2N_2O_2$，207.0，99-30-9

氯硝胺(dicloran)，试验代号 RD6584、SN107682、U-2069。商品名称 Botran、Dicloroc。其他名称 DCNA、ditranil、Fungiclor、Marisan、Strale。是 Boots 研制、拜耳公司开发的苯胺

类杀菌剂。现在由 Kuo Ching 和 Luosen 等公司生产。

化学名称 2,6-二氯-4-硝基苯胺，2,6-dichloro-4-nitroaniline。

理化性质 纯品黄色结晶固体，纯度≥97%，熔点 195℃。蒸气压：0.16mPa(20℃)，0.26mPa(25℃)。分配系数 K_{ow}lg$P=2.8$(25℃)。Henry 常数 $8.4×10^{-3}$Pa·m³/mol(计算值)。相对密度 0.28(堆积)。水中溶解度 6.3mg/L(20℃)；有机溶剂中溶解度 (20℃，g/L)：丙酮 34，二氧六环 40，氯仿 12，乙酸乙酯 19，苯 4.6，二甲苯 3.6，环己烷 0.06。稳定性：对水解(pH 5~9)和氧化作用稳定，在 300℃以下稳定，在水中(pH 7.1)，DT_{50}41h(λ>290nm)。

毒性 急性经口 LD_{50}(mg/kg)：大鼠 4040，小鼠 1500~2500，豚鼠 1450。急性经皮 LD_{50}(mg/kg)：兔>2000，小鼠>5000。大鼠急性吸入 LC_{50}(1h)>21.6mg/L(75%可湿性粉剂)。NOEL(2y,mg/kg 饲料)：大鼠 1000，狗 100，小鼠 175。ADI(JMPR)0.01mg/kg[1998,2003]，(EPA)aRfD 0.05mg/kg，cRfD 0.0025mg/kg[2006]。

生态效应 鸟类急性经口 LD_{50}(mg/kg)：山齿鹑 900，野鸭>2000。饲喂 LC_{50}(5d,mg/kg 饲料)：山齿鹑 1435，野鸭 5960。鱼毒 LC_{50}(96h,mg/L)：虹鳟鱼 1.6，大翻车鱼 37，金鱼 32。水蚤 LC_{50}(48h)2.07mg/L。蜜蜂 LC_{50}(48h)0.18mg/只(接触)。蚯蚓 LC_{50}(14d)885mg/kg 土。

环境行为

(1) 动物 大鼠经口后，氯硝胺会被快速地分解，并以尿液的形式排出，排出物是硫酸盐结合的 4-氨基-3,5-二氯苯酚。

(2) 植物 在植物中，主要的分解产物是 4-氨基-3,5-二氯苯酚，4-氨基-2,6-二氯乙酰苯胺和 4-氨基-2,6-二氯苯胺。

(3) 土壤/环境 微生物降解主要生成 4-氨基-2,6-二氯苯胺。在土壤中 DT_{50}39~78d(砂壤土，pH 6.3~7.1，有机物 0.7%~3.4%)；K_{oc}760(砂土，pH 6.0，有机碳 0.48%)，1062(砂壤土，pH 5.2，有机碳 1.45%)，在湿土中 DT_{50}(需氧型)<3d。

制剂 75%可湿性粉剂。

主要生产商 Laboratorios Agrochem、Luosen 及国庆化学股份有限公司等。

作用机理 作为脂质过氧化剂来抑制细胞膜的生物合成。作用方式：防护杀菌剂，可以使菌丝畸变，不过对孢子的生长也有点反作用。应用：用于葡萄孢属、链核盘菌属、根霉属菌、菌核病和坚果上的核菌。

应用 主要用于防治果树、蔬菜、观赏植物及大田作物的各种灰霉病、软腐病、菌核病等。使用剂量为 0.8~3.0kg(a.i.)/hm²。

专利概况 专利 GB845916 已过专利期，不存在专利权问题。

参考文献

[1] The Pesticide Manual. 15th ed. 2009：345-346.

氯溴虫腈 chlorfenapyr

$C_{15}H_{10}BrCl_2F_3N_2O$，442.0，890929-78-9

氯溴虫腈(chlorfenapyr)，试验代号 HNPC-A3061。是湖南化工研究院自主设计、合成创制出的具有自主知识产权的吡咯类新型杀虫剂，于 2003 年发现，2015 年获农业部农药临时登记。

化学名称 4-溴-1-[(2-氯乙氧基)甲基]-2-(4-氯苯基)-5-三氟甲基-1H-吡咯-3-腈，4-bromo-1-[(2-chloroethoxy)methyl]-2-(4-chlorophenyl)-5-(trifluoromethyl)-1H-pyrrole-3-carbonitrile。

理化性质 白色结晶固体。熔点 109.5~110.0℃。易溶于丙酮、乙醚、二甲苯、四氢呋喃等有机溶剂，不溶于蒸馏水，对光和热稳定。

毒性 大鼠（雌、雄）急性经口 $LD_{50} > 681mg/kg$，大鼠（雌、雄）急性经皮 $LD_{50} > 2000mg/kg$，大鼠（雌、雄）急性吸入 $LD_{50} > 2000mg/kg$。对兔眼、兔皮肤无刺激性。对豚鼠无致敏性。大鼠亚慢（急）性毒性最大无作用剂量为 $5mg/(kg \cdot d)$（雌）和 $2.5mg/(kg \cdot d)$（雄）。Ames、微核、染色体试验结果均为阴性。

生态效应 斑马鱼 LC_{50}（72h）0.49mg/L，蜜蜂 LC_{50}（48h）13.54mg/L，蜜蜂 LD_{50}（48h）$0.68\mu g$/只，鹌鹑 LC_{50}（8d）$>2030mg/kg$，鹌鹑 LD_{50}（7d）640mg/kg，家蚕 LC_{50}（96h）64.63mg/L，斜生栅藻 EC_{50}（72h）10.10mg/L，蚯蚓急性毒性 LC_{50}（14d）$>100mg/kg$ 干土，土壤微生物急性毒性为最低，赤眼蜂急性毒性（24h）安全系数2.15。

制剂 10%悬浮剂。

主要生产商 湖南海利化工股份有限公司。

作用机理与特点 氯溴虫腈是一种杀虫剂前体，其本身对昆虫无毒杀作用。昆虫取食或接触后，在昆虫体内氯溴虫腈在多功能氧化酶的作用下转变为具体杀虫活性的化合物，其靶标是昆虫体细胞中的线粒体。使细胞合成因缺少能量而停止生命功能，打药后害虫活动变弱，出现斑点，颜色发生变化，活动停止，昏迷，瘫软，最终导致死亡。

应用

（1）适用作物 萝卜、白菜、甘蓝等。

（2）防治对象 对鳞翅目、同翅目、鞘翅目等目中的70多种害虫都有极好的防效，尤其对蔬菜抗性害虫中的小菜蛾、甜菜夜蛾、斜纹夜蛾、美洲斑潜蝇、豆野螟、蓟马、红蜘蛛等有特效。

（3）使用方法 氯溴虫腈田间推荐使用剂量因作物种类和防治对象不同而异，通常为12～120g（a.i.）/hm^2。氯溴虫腈在田间条件下稳定，持效期因作物而异，一般为7～20d。

专利与登记

专利名称 溴虫腈及其类似物的制备方法

专利号 CN101591284

专利申请日 2009-06-29

专利拥有者 湖南化工研究院

目前湖南海利化工股份有限公司在国内登记了原药及其10%悬浮剂，可用于防治斜纹夜蛾（12～18g/hm^2）。

合成方法 经如下反应制得氯溴虫腈：

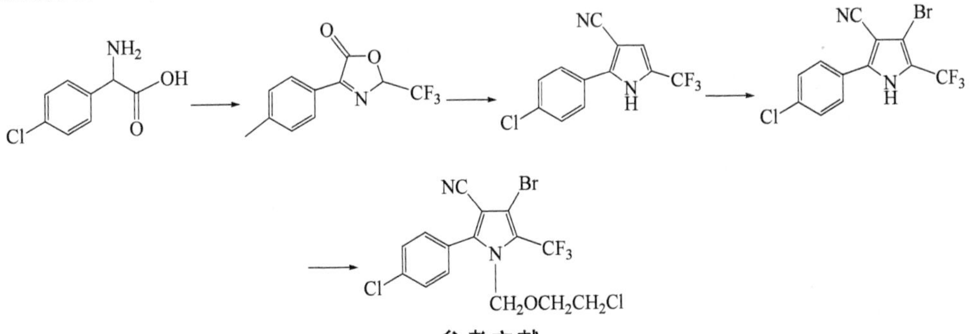

参考文献

[1] 欧晓明. 第七届全国新农药创制学术交流会，2007：7-12.

氯氧磷 chlorethoxyfos

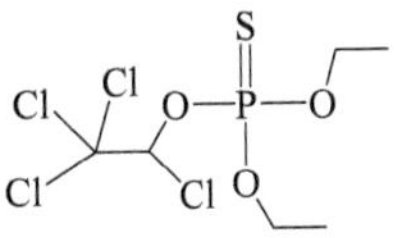

$C_6H_{11}Cl_4O_3PS$，336.0，54593-83-8

氯氧磷(chlorethoxyfos)，试验代号　DPX43898、SD208304、WL208304。商品名称　Fortress、SmartChoice。其他名称　土虫磷、地虫磷。是 I. A. Watkinson 和 D. W. Sherrod 最初报道其活性，后由美国杜邦公司开发于 1995 年在美国登记，并于 2000 年转让给 Amvac Chemical Corp。

化学名称　O,O-二乙基-O-1,2,2,2-四氯乙基硫逐磷酸酯，（±）O,O-diethyl(RS)-O-(1,2,2,2-tetrachloroethyl) phosphorothioate。

理化性质　原药含量 88%，沸点 110～115℃（0.8mmHg）。蒸气压约 106mPa(20℃)。分配系数 $K_{ow} \lg P = 4.59(25℃)$。Henry 常数 35Pa·m³/mol。相对密度 1.41(20℃)。水中溶解度＜1mg/L[工业品 3mg/L(20℃)]，溶于乙腈、氯仿、乙醇、正己烷、二甲苯。室温稳定 18 个月以上，55℃稳定 2 周（在含 504mg/L Fe₂O₃ 的洁净不锈钢储存）。DT₅₀(25℃)：4.3d(pH 5)，59d(pH 7)，72d(pH 9)。闪点＞230℃。

毒性　急性经口 LD₅₀(mg/kg)：雌大鼠 1.8，雄大鼠 4.8。急性经皮 LD₅₀(mg/kg)：雌兔 12.5，雄兔 18.5。对兔眼中度刺激，但眼睛接触为高毒。对兔皮肤无刺激性，对豚鼠皮肤无致敏性。大鼠吸入 LC₅₀(4h)0.58mg/L(8mg/m³)，属于剧毒。NOEL[mg/(kg·d)]：雄小鼠 0.18，雌小鼠 0.21，雄大鼠 0.18，雌大鼠 0.25，公狗 0.063，母狗 0.065。无致畸性、致突变性和致癌性。

生态效应　山齿鹑急性经口 LD₅₀ 28mg/kg。鱼 LC₅₀(96h,mg/L)：虹鳟鱼 0.10，大翻车鱼 0.0023，食蚊鱼 0.00047。水蚤 LC₅₀(48h)0.00041mg/L。

环境行为　进入动物体内的本品，主要代谢物为二氧化碳和生物合成中间体，如丝氨酸、甘氨酸及甘氨酸聚合物。在植物内降解为三氯乙酸和草酸。土壤中残留降解 DT₅₀(25℃)（实验室研究)7d，20d，田间土壤中 DT₅₀ 2～3d，K_d 33～98。

制剂　7.5%～20% 颗粒剂。

主要生产商　Amvac。

作用机理与特点　广谱土壤杀虫剂，具有熏蒸作用。

应用

（1）适用作物　玉米、蔬菜。

（2）防治对象　可防治玉米上的所有害虫，对叶甲、叶蛾、叩甲特别有效。在疏苗时，以低剂量施用，能有效防治南瓜十二星叶甲幼虫和小地老虎及金针虫。对蔬菜的各种蝇科有极好的活性。

（3）使用方法　防治叶甲害虫，用颗粒剂 0.56kg/hm²，沟施或带施。防治小地老虎，用颗粒剂 3.7～4.5kg/hm²，沟施或带施。

专利概况　专利 US2873228、DE4336307、EP160344 均已过专利期，不存在专利权问题。

合成方法　经如下反应制得氯氧磷：

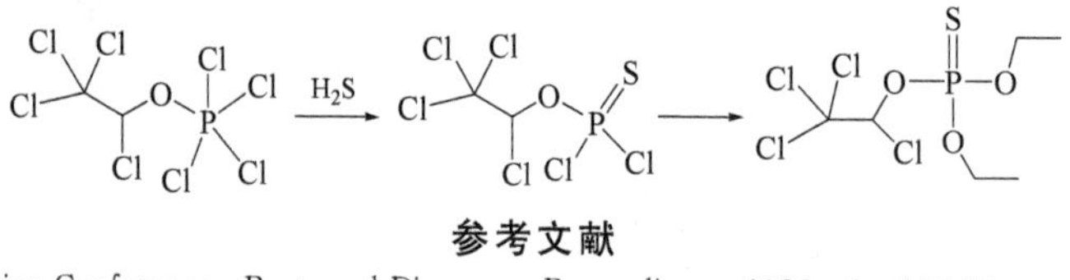

参考文献

[1] British Crop Protection Conference：Pests and Diseases, Proceedings, 1986, 1：107-13.
[2] Journal fuer Praktische Chemie(Leipzig), 1977, 319(5)：723-6.

氯酯磺草胺 cloransulam-methyl

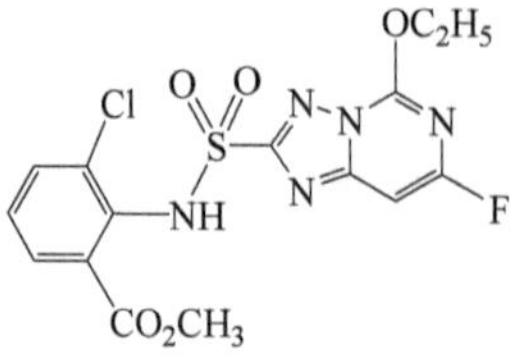

$C_{15}H_{13}ClFN_5O_5S$，429.8，147150-35-4，159518-97-5(酸)

氯酯磺草胺(cloransulam-methyl)，试验代号 XDE-565。商品名称 First Rate、Python、Pacto。其他名称 Authority First、Frontrow、Gangster、Sonic。是由道农业科学(Dow Agroscience)公司开发的三唑并嘧啶磺酰胺类除草剂。

化学名称 3-氯-2-(5-乙氧基-7-氟[1,2,4]三唑[1,5-c]嘧啶-2-基磺酰氨基) 苯甲酸甲酯或 3-氯-2-(5-乙氧基-7-氟[1,2,4]三唑[1,5-c]嘧啶-2-基磺酰基) 氨基苯甲酸甲酯，methyl 3-chloro-2-(5-ethoxy-7-fluoro[1,2,4]triazolo[1,5-c]pyrimidine-2-ylsulfonamido) benzoate 或 methyl 3-chloro-2-(5-ethoxy-7-fluoro[1,2,4]triazolo[1,5-c]pyrimidine-2-ylsulfonyl) anthranilate。

理化性质 纯品为灰白色固体，熔点 $216 \sim 218^{\circ}C$。相对密度 $1.538(20^{\circ}C)$。蒸气压 4×10^{-11} mPa$(25^{\circ}C)$。$K_{ow}lgP$：0.268(蒸馏水)，1.12(pH 5)，-0.365(pH 7)，-1.24(pH 8.5)。水中溶解度$(25^{\circ}C, mg/L)$：3(pH 5.0)，184(pH 7.0)；其他溶剂中溶解度(mg/L)：丙酮 4360，乙腈 5500，二氯甲烷 6980，乙酸乙酯 980，甲醇 470，正己烷 <10，辛醇 <10，甲苯 14。水解稳定性：稳定(pH 5)，缓慢分解(pH 7)，迅速水解(pH 9)。水中光解 DT_{50} 22min。pK_a 4.81$(20^{\circ}C)$。

毒性 大鼠急性经口 $LD_{50}>5000mg/kg$。兔急性经皮 $LD_{50}>2000mg/kg$，对兔皮无刺激性，对豚鼠皮肤无致敏性。大鼠急性吸入 LC_{50}(4h)$>3.77mg/L$。NOEL 数据[mg/(kg·d)]：狗(1y) 5，雄小鼠(90d)50。ADI(EPA)RfD 0.1mg/kg。微核试验及 CHO 试验均为阴性。

生态效应 山齿鹑急性经口 $LD_{50}>2250mg/kg$，山齿鹑和野鸭饲喂 $LC_{50}>5620mg/L$ 饲料。鱼类 LC_{50}(96h, mg/L)：虹鳟鱼>86，大翻车鱼>295。水蚤 LC_{50}(48h)$>163mg/L$，月牙藻 EC_{50} 0.00346mg/L。其他水生生物 LC_{50}(mg/L)：(96h)草虾>121，(48h)东部牡蛎>111。蜜蜂 LD_{50} (接触)$>25\mu g$/只。蚯蚓 NOEC(14d)$>859mg/kg$ 土。对其他有益生物无毒。

环境行为

(1) 动物 雌大鼠口服后主要通过尿液排泄，雄大鼠通过尿液和粪便排泄，72h 后在组织液中仅有$<0.1\%$的残留。

(2) 土壤/环境 在水中迅速光解 DT_{50} 22min(pH 7)，在土壤表层光解 DT_{50} 30$\sim$70d，在有氧土壤中降解明显 DT_{50} 9$\sim$13d，厌氧条件下 DT_{50} 16d。虽然氯酯磺草胺及其降解产物在土壤表面短期残留，其化学物质有可能渗入土壤及地下水，土壤 30$\sim$45cm 中有残留。

剂型 水分散粒剂。

主要生产商 Dow AgroSciences。

作用机理 属于乙酰乳酸合成酶(ALS)抑制剂。氯酯磺草胺是磺酰胺类除草剂。经杂草叶片、根吸收，累积在生长点，抑制乙酰乳酸合成酶(ALS)，影响蛋白质的合成，使杂草停止生长而死亡。用于大豆田茎叶喷雾，防除阔叶杂草。

应用

(1) 适宜作物与安全性 大豆，在推荐剂量下使用对大豆安全。氯酯磺草胺在大豆中的半衰期小于 5h，在阴冷潮湿的条件下施药有可能会对作物产生药害，通常条件下土壤中的微生物可对其进行降解。对后茬作物的影响：施药后间隔 3 个月可安全种植小麦和大麦；间隔 10 个月后，可安全种植玉米、高粱、花生等；间隔 22 个月以上，可安全种植甜菜、向日葵、烟草等。氯酯磺草胺对作物的安全性非常好，早期药害表现为发育不良，但对产量没有影响，后期没有明显的药害。

(2) 防除对象 主要用于防除大多数重要的阔叶杂草，如苘麻、豚草、三裂豚草、苍耳、裂叶牵牛、向日葵等。

(3) 使用方法 苗前和苗后土壤处理用于防除阔叶杂草，为扩大杀草谱还可与其他除草剂混合施用。施药时期为大豆的 1$\sim$4 叶期或杂草 2$\sim$10in (1in=2.54cm) 高，使用剂量为 42$\sim$53g (a.i.)/hm²。于鸭跖草 3$\sim$5 叶期，大豆第 1 片 3 出复叶后施药，使用药量为 25.2$\sim$31.5g(a.i.)/hm²，施药方法为茎叶喷雾。

专利概况 专利 EP0343752 早已过专利期，不存在专利权问题。

合成方法 以氨基氰、丙二酸二乙酯为起始原料，经多步反应制得 2-乙氧基-4,6-二氟嘧啶。2-乙氧基-4,6-二氟嘧啶首先与水合肼反应，再与二硫化碳合环、重排、氯磺化后与取代苯胺反应，处理即得目的物。反应式如下：

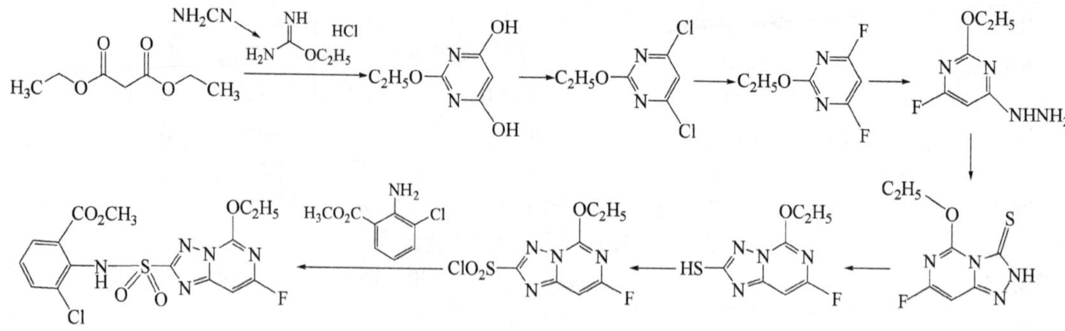

参考文献

[1] 张明娜. 新农业，2011，7：52.

氯唑磷 isazofos

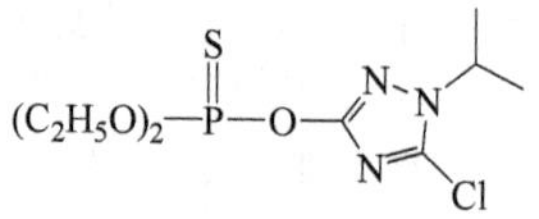

$C_9H_{17}ClN_3O_3PS$，313.7，42509-80-8

氯唑磷（isazofos），试验代号　CGA12223。商品名称　Brace、Miral、TriumpH、Victor。其他名称　米乐尔、异唑磷、异丙三唑硫磷。是由 Ciba-Geigy AG（现属先正达公司）开发的有机磷杀虫剂、杀线虫剂。

化学名称　O-5-氯-1-异丙基-1H-1,2,4-三唑-3-基 O,O-二乙基硫逐磷酸酯，O-5-chloro-1-isopropyl-1H-1,2,4-triazol-3-yl O,O-diethyl phosphorothioate。

理化性质　本品为黄色液体，熔点120℃（36Pa），相对密度（20℃）1.23，蒸气压 7.45mPa（20℃），$K_{ow}lgP=2.99$，Henry 常数 1.39×10^{-2} Pa·m³/mol。水中溶解度 168mg/L（20℃），与有机溶剂如苯、氯仿、己烷和甲醇等互溶。在中性和弱酸性介质中稳定，在碱性介质中不稳定。水解 DT_{50}（20℃）：85d（pH 5）、48d（pH 7）、19d（pH 9）。200℃以下稳定。

毒性　大鼠急性经口 LD_{50} 40～60mg/kg（原药）。急性经皮 LD_{50}（mg/kg）：雄大鼠＞3100，雌大鼠118。对兔皮肤有中等刺激性，对兔眼睛有轻微刺激作用。大鼠吸入 LC_{50}（4h）0.24mg/L 空气。NOEL（90d，mg/kg 饲料）：大鼠 2[0.2mg/(kg·d)]，狗 2[0.05mg/(kg·d)]。

生态效应　鸟急性经口 LD_{50}（mg/kg）：野鸭 61，山齿鹑 11.1。山齿鹑 LC_{50}（8d）81mg/L。鱼毒 LC_{50}（96h，mg/L）：虹鳟鱼 0.008，鲤鱼 0.22，大翻车鱼 0.01。水蚤 LC_{50}（48h）0.0014。对蜜蜂有毒。

环境行为　在动物、植物体内可通过尿液迅速排出体外，在土壤中 DT_{50} 10d。

制剂　2%、3%、5%、10%颗粒剂，50%微囊悬浮剂，50%乳油。

主要生产商　Ciba-Geigy 及 Novartis 等。

作用机理与特点　抑制乙酰胆碱酯酶的活性，主要干扰线虫神经系统的协调作用而死亡。具有内吸、触杀和胃毒作用。

应用

（1）适宜作物　水稻、甘蔗、柑橘、凤梨、蔬菜、烟草、豆类、香蕉、花生、玉米、牧草、观赏植物等。

（2）防治对象　用于防治根结、胞囊、穿孔、半穿刺、茎、纽带、螺旋、刺、盘旋、针、长针、毛刺、矮化、肾形、剑、轮等线虫。此外，也可防治稻螟、稻飞虱、稻瘿蚊、稻蓟马、蔗螟、蔗龟、金针虫、玉米螟、瑞典麦秆蝇、胡萝卜茎蝇、地老虎、切叶蚁等害虫。

（3）使用方法　可作叶面喷洒，也可作土壤处理或种子处理，用来防治茎叶害虫及根部线虫。使用剂量为 $0.5\sim2kg(a.i.)/hm^2$。具体如下：

① 防治甘蔗害虫　用3%颗粒剂 $60\sim90kg/hm^2$，在种植时沟施。

② 防治香蕉线虫　用3%颗粒剂 $67.5\sim90kg/hm^2$，在香蕉根部表土周围撒施，施药后混土。

③ 防治水稻螟虫　在螟虫盛孵期，或卵孵高峰到低龄若虫期，用3%颗粒剂 $15\sim18kg/hm^2$，直接撒施。

④ 防治花生、胡萝卜线虫　用3%颗粒剂 $67.5\sim97.6kg/hm^2$，在种植时沟施。

专利与登记　专利 GB1419431 早已过专利期，不存在专利权问题。瑞士先正达作物保护有限公司在中国登记情况见表145。

表 145　瑞士先正达作物保护有限公司在中国登记情况

登记名称	登记证号	含量	剂型	登记作物	防治对象	用药量/(g/hm²)	施用方法
氯唑磷	PD206-95	3%	颗粒剂	甘蔗	蔗螟 蔗龟	2250～2700	沟施
				水稻	飞虱 稻瘿蚊 三化螟	450	撒毒土

合成方法　可通过如下反应表示的方法制得目的物：

参考文献

[1] 柳庆先. 农药，1994，4：6-17.

马拉硫磷 malathion

$$C_{10}H_{19}O_6PS_2，330.3，121-75-5$$

马拉硫磷（malathion），试验代号　EI4049、ENT17034、OMS1。商品名称　Devimalt、Dustrin、Eagle、Hilmala、Hilthion、Kemavert、Malac、Malathane、Maltox、MLT、Sumady、Ultration、马拉松、防虫磷、粮虫净、粮泰安、马拉赛昂。是 G. A. Johnson 等人报道其活性，由 American Cyanamid Co. 开发的有机磷类杀虫剂。

化学名称　S-1,2-双（乙氧基羰基）乙基-O,O-二甲基二硫代磷酸酯，diethyl(dimethoxyphosphinothioylthio)succinate 或 S-1,2-bis(ethoxycarbonyl)ethyl O,O-dimethyl phosphorodithioate。

组成 原药纯度约为 95%。

理化性质 原药为透明的琥珀色液体，熔点 2.85℃，沸点 156～157℃（0.7mmHg），蒸气压 5.3mPa(30℃)，相对密度 1.23(25℃)。$K_{ow}\lg P=2.75$。Henry 常数 $1.21\times10^{-2}\text{Pa}\cdot\text{m}^3/\text{mol}$。水中溶解度 145mg/L(25℃)；与大多数有机溶剂互溶，如醇类、酯类、酮类、醚类、芳香烃类，不溶于石油醚和某些矿物油，在庚烷中的溶解度为 65～93g/L。在中性溶液介质中稳定，在强酸、碱性介质中分解。水解 DT_{50}(25℃)：107d(pH 5)，6d(pH 7)，0.5d(pH 9)。闪点 163℃。

毒性 急性经口 LD_{50}(mg/kg)：大鼠 1375～5500，小鼠 775～3320。急性经皮 LD_{50}(24h，mg/kg)：兔 4100～8800，大鼠>2000。大鼠吸入 LC_{50}(4h)>5.2mg/L。在大鼠 2y 试验中，仅在 500mg/L[29mg/(kg·d)] 时观察到对血浆和红细胞的胆碱酯酶的抑制作用。ADI：(EFSA) 0.03mg/kg[2006]；(JMPR)0.3mg/kg[1997,2003]；(EPA)aRfD 0.14mg/kg，cRfD 0.07mg/kg [2006]。

生态效应 山齿鹑急性经口 LD_{50} 359mg/kg，饲喂 LC_{50}(5d,mg/kg 饲料)：山齿鹑 3500，红颈野鸡 4320。鱼 LC_{50}(96h,μg/L)：大翻车鱼 54，虹鳟鱼 180，三刺鱼 21.7。水蚤 EC_{50}(48h) 1.0μg/L。水藻 EC_{50}(72h)13mg/L。对蜜蜂有毒，LD_{50} 0.27μg/只(接触)。蚯蚓 LC_{50} 613mg/kg 土壤。烟蚜茧 LR_{50}　0.062g/hm²。

环境行为 在环境中，马拉硫磷被迅速降解。本品进入动物体内后，在 24h 内，大部分通过粪便和尿排出体外。在肝脏微粒体酶作用下，马拉硫磷通过氧化脱硫变为马拉氧磷，马拉硫磷和马拉氧磷被体内的羧酸酯酶水解。在昆虫体内，代谢涉及羧化物和二硫代磷酸酯的水解及氧化为马拉氧磷。进入植物体内以后，通过去酯化变为相应的单羧酸或二羧酸，然后裂解为琥珀酸，并随后纳入植物成分。在正常情况下，7d 内 99%被分解，土壤 DT_{50} 约为 1d，主要代谢物为马拉硫磷单羧酸、马拉硫磷二羧酸，其降解 DT_{50}<3d。

制剂 25%、45%、50%、70%乳油，1.2%、1.8%粉剂。

主要生产商 Agro Chemicals India、Agrochem、Bharat、Cheminova、Devidayal、Ficom、Gujarat Pesticides、Hindustan、Lucava、Sharda、Tekchem、江苏好收成韦恩农药化工有限公司、宁波保税区汇力化工有限公司及宁波中化化学品有限公司等。

作用机理与特点 本品系高效、低毒、广谱有机磷类杀虫剂。具有触杀和胃毒作用，也有一定的熏蒸和渗透作用，对害虫击倒力强，无内吸作用，残效期短。进入虫体后氧化成马拉氧磷，从而更能发挥毒杀作用，马拉硫磷毒性低、残效期短，但其药效受温度影响较大，高温时效果好。

应用

(1) 适用作物　水稻、小麦、棉花、蔬菜、茶树、果树、豆类、农田牧草、林木、烟草、桑树等作物。

(2) 防治对象　刺吸式和咀嚼式害虫，如飞虱、叶蝉、蓟马、蚜虫、黏虫、盲蝽象、叶跳虫、黄条跳甲、象甲、长白蚧，蝽象、食心虫、造桥虫、蝗虫、菜青虫、豆天蛾、豆芫菁、红蜘蛛、刺蛾、巢蛾、蠹蛾、粉蚧、茶树尺蠖、毛虫、蚧虫、松毛虫、杨毒蛾、尺蠖等，也可用于防治仓库害虫。

(3) 残留量与安全施药　对高粱、瓜、豆类和梨、葡萄、樱桃等一些品种易发生药害，应慎用。对人、畜低毒，对作物安全，对鱼类中毒，对天敌和蜜蜂高毒。加拿大有害生物管理局(PMRA)已经证实，在居民区大规模使用有机磷杀虫剂马拉硫磷灭蚊对操作者和旁人不会产生风险，条件是使用超低量剂型和采取一些预防。

(4) 应用技术　气温低时马拉硫磷杀虫毒力下降，可适当提高施药量或用药浓度。马拉硫磷对多种叶面为害的咀嚼式口器和刺吸式口器害虫有良好效果，可采用乳油兑水喷雾或粉剂喷粉，用于防治水稻、棉花、大豆、蔬菜、果树、茶树、桑树、林木等作物上的鳞翅目、鞘翅目幼虫、蚜、螨蚧，以及水稻叶蝉、飞虱、蓟马，果树蝽象，茶黑刺粉虱，油菜叶蜂等。PMRA 已经规定，在居民区只有马拉硫磷的超低量(ULV)剂型可以用于灭蚊。地面施用目前登记的最大用量为 60.8g(a.i.)/hm²，空中施用必需限制在 260g(a.i.)/hm²。由于旁人暴露的不可接受水平，不再允许使用非 ULV 剂型和更高的施用量。

（5）具体使用方法

① 蔬菜害虫的防治　每亩用 45％乳油 85～120mL，兑水均匀喷雾，可防治各种蔬菜蚜虫、黄条跳甲、茄子和菜豆红蜘蛛。使用时应注意高浓度时能对某些十字花科蔬菜、豇豆、瓜类蔬菜产生一定的药害。

② 水稻害虫的防治　用 45％乳油 1000 倍液喷雾，每亩喷液量 75～100kg，防治稻叶蝉、稻飞虱。

③ 麦类、豆类作物害虫的防治　用 45％乳油 1000 倍液喷雾，防治麦类黏虫、蚜虫、麦叶蜂，用 45％乳油 1000 倍液喷雾，每亩喷液量 75～100kg　可防治大豆食心虫、大豆造桥虫、豌豆象、豌豆和管蚜、黄条跳甲。

④ 棉花害虫的防治　用 45％乳油 1500 倍液喷雾，可防治棉叶跳虫、盲蝽象。

⑤ 果树害虫的防治　用 45％乳油 1500 倍液喷雾，可防治果树上各种刺蛾、巢蛾、粉介壳虫、蚜虫、瘤蚜、柑橘蚜、椿象、叶螨、叶蝉、木虱、刺蛾、卷叶蛾、食心虫、介壳虫、毛虫等害虫。用 50％乳油 1000 倍液喷雾，防治苹果、梨、桃树上的蚜虫，对叶蝉有特效。用 45％马拉硫磷乳油 1200～1800 倍均匀喷雾，可防治苹果黄蚜、梨星毛虫等害虫。

⑥ 茶树害虫的防治　用 45％马拉硫磷乳油 500～800 倍液，可防治茶尺蠖、茶黄象甲、长白蚧、茶圆蚧，同时也可防治黑毒蛾等害虫。

⑦ 林木害虫的防治　用 25％马拉硫磷油剂 2250～3720mL/hm²，进行超低容量喷雾或喷烟，可防治尺蠖、松毛虫、毒蛾等害虫。

⑧ 储粮害虫的防治　用 1.8％马拉硫磷粉剂按每吨粮食 1000～2000g 粉剂撒施拌粮，可防治仓储原粮、种子上的玉米象、麦蛾、谷蠹、拟谷盗等害虫。

⑨ 菇棚害虫的防治　用 50％马拉硫磷 1000～1500 倍液喷雾，可防治蓟马，防效可达 80％～90％。

⑩ 卫生害虫的防治　用 45％乳油 250 倍液，按 100～200mL/m² 用药，可防治苍蝇；用 45％乳油 160 倍液按 100～150mL/m² 用药，可防治臭虫；用 45％乳油 250 倍液按 50mL/m² 用药可防治蟑螂。

专利与登记　专利 US2578652 早已过专利期，不存在专利权问题。国内登记情况：1.2％粉剂，45％乳油，90％原药等；登记作物为水稻、棉花和十字花科蔬菜等；防治对象为黄条跳甲和飞虱等。

合成方法　经如下反应制得马拉硫磷：

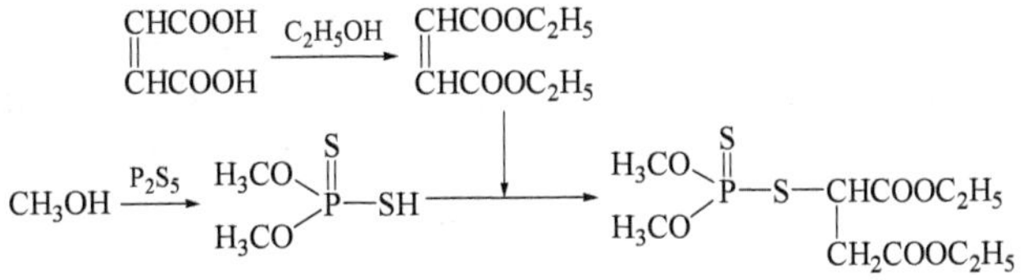

麦草畏 dicamba

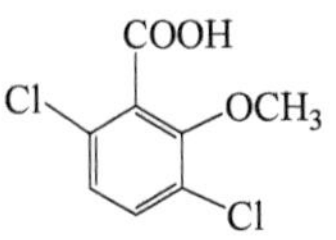

$C_8H_6Cl_2O_3$，221.0，1918-00-9

麦草畏(dicamba)，试验代号 SAN837 H、Velsicol58-CS-11。商品名称 Camba、Camelot、Dicamax、Diptyl、Mondin、Reset、Suncamba、Tracker、Vision。其他名称 百草敌。是由 Velsicol Chemical Corp. 开发，后由 Sandoz AG(现先正达公司)生产和推向市场。在美国和加拿大由巴斯夫市场化。

麦草畏丁氧基乙酯(dicamba-butotyl)，商品名称 Broadsword、Nu-Shot；麦草畏二甘醇胺盐(dicambadiglycolamine salt)，商品名称 Clarity、Fuego、Vanquish；麦草畏二甲胺盐(dicamba-dimethylammonium)，商品名称 Banvel、Diablo、Diedro、Joker、Kamba 500、Rifle、Samba、Sivel、Sterling、Tolan；麦草畏二乙醇胺盐(dicamba-diolamine 或 dicamba-diethanolammonium)，商品名称 Banvel Ⅱ；麦草畏异丙胺盐(dicamba-isopropylammonium)，商品名称 CoStarr、Fallow Star；麦草畏钾盐(dicamba-potassium)，商品名称 Cepedic、Dicambazine、Di-Farmon R、Dockmaster、Foundation、HighLoad Mircam、Hyban-P、Hycamba Plus、Hygrass-P、Hysward-P、Marksman、Mazide Selective；麦草畏钠盐(dicamba-sodium)，商品名称 Banvel SGF、Cadence；麦草畏三乙醇胺(dicamba-trolamine 或 dicamba-triethanolammonium)，商品名称 Banvine。

化学名称

(1) 麦草畏 3,6-二氯-2-甲氧基苯甲酸，3,6-dichloro-2-methoxybenzoic acid 或 3,6-dichloro-O-anisic acid。

(2) 麦草畏丁氧基乙酯 2-丁氧基乙基 -3,6-二氯-邻茴香酸盐，2-butoxyethyl 3,6-dichloro-o-anisate。

(3) 麦草畏二甘醇胺盐 3,6-dichloro-2-methoxybenzoic acid，2-(2-aminoethoxy)ethanol salt (1:1)，CAS 登录号为[104040-79-1]。

麦草畏二甲胺盐分子量 266.1，分子式 $C_{10}H_{13}Cl_2NO_3$，CAS 登录号 2300-66-5；麦草畏二乙醇胺盐分子量 326.2，分子式 $C_{12}H_{17}Cl_2NO_5$，CAS 登录号 25059-78-3；麦草畏异丙胺盐分子量 280.2，分子式 $C_{11}H_{15}Cl_2NO_3$，CAS 登录号 55871-02-8；麦草畏钾盐分子量 259.1，分子式 $C_8H_5Cl_2KO_3$，CAS 登录号 10007-85-9；麦草畏钠盐分子量 243.0，分子式 $C_8H_5Cl_2NaO_3$，CAS 登录号 1982-69-0；麦草畏三乙醇胺分子量 370.2，分子式 $C_{14}H_{21}Cl_2NO_6$，CAS 登录号 53404-29-8。

理化性质 原药为淡黄色结晶固体，纯度 85%，其余的多为 3,5-二氯-邻甲氧基苯甲酸。纯品为白色颗粒状固体，相对密度 1.488(25℃)，熔点 114～116℃，沸点>230℃。蒸气压 1.67mPa(25℃,计算值)。分配系数 $K_{ow}lgP=-0.55$(pH 5)、-1.88(pH 6.8)、-1.9(pH 8.9)(OECD 105)。Henry 常数 $1.0\times10^{-4}Pa\cdot m^3/mol$。在水中溶解度(25℃,g/L)：6.6(pH 1.8)，>250(pH 4.1,6.8,8.2)。其他有机溶剂中的溶解度(25℃,g/L)：甲醇、乙酸乙酯和丙酮>500，甲苯 180，二氯甲烷 340，己烷 2.8，辛醇 490。原药在正常状态下稳定，不易氧化和水解。在酸和碱中稳定。在约 200℃时分解。水光解 DT_{50} 14～50d。pK_a 1.87。

毒性

(1) 麦草畏 大鼠急性经口 LD_{50} 1707mg/kg。兔急性经皮 LD_{50}>2000mg/kg。对兔眼睛有强烈的刺激性和腐蚀性，对兔皮肤无刺激性，对豚鼠皮肤无致敏性。吸入 LC_{50}(4h,mg/L)：雄大鼠 4.464，雌大鼠 5.19。NOEL 数据：大鼠(2y)400mg/kg(成长过程中)；母狗(1y)52mg/(kg·d)。对成长过程中的 NOEL(mg/kg)：兔子 150，大鼠 160。ADI(EC)0.3mg/kg[2008]；(EPA)aRfD 1.0mg/kg，cRfD 0.45mg/kg[2006]。无致突变性。

(2) 麦草畏二甘醇胺盐 大鼠急性经口 LD_{50} 3512mg/kg，兔急性经皮 LD_{50}>2000mg/kg，对兔眼睛有中度刺激，对兔皮肤无刺激性，对豚鼠皮肤无致敏性。

(3) 麦草畏二甲胺盐 大鼠急性经口 LD_{50} 1267mg/kg。

(4) 麦草畏钠 盐雌鼠急性经口 LD_{50} 4600mg/kg。

生态效应 野鸭急性经口 LD_{50} 1373mg/kg，山齿鹑急性经口 LD_{50} 216mg/kg。野鸭和山齿鹑

饲喂 LC_{50}（8d）＞10000mg/kg 饲料。虹鳟鱼和大翻车鱼 LC_{50}（96h）135mg/L。水蚤 LC_{50}（48h）120.7mg/L，羊角月牙藻 LC_{50}＞3.7mg/L，浮萍 EC_{50}（14d）＞3.8mg/L。对蜜蜂无毒，蜜蜂 LD_{50}（经口和接触）＞100μg/只。蚯蚓 LC_{50}（14d）＞1000mg/kg 土。

环境行为

（1）动物　动物经口后，本品在尿中很快消失，一部分作为氨基酸共轭物。

（2）植物　在植物体内的降解速率取决于不用的物种。在小麦中，主要代谢物为 5-羟基-2-甲氧基-3,6-二氯苯甲酸，同时，3,6-二氯水杨酸也是代谢物之一。

（3）土壤/环境　在土壤中，微生物降解，主要代谢物为 3,6-二氯水杨酸。在正常条件下迅速代谢，DT_{50}＜14d，K_{oc}242～2930 取决于土壤。

制剂　48%水剂。

主要生产商　ACA、AGROFINA、BASF、Gharda、江苏扬农化工集团有限公司、江苏省激素研究所股份有限公司、上海中西制药有限公司及浙江升华拜克生物股份有限公司等。

作用机理与特点　激素类除草剂。麦草畏具有内吸传导作用，对一年生和多年生阔叶杂草有显著防除效果。麦草畏用于苗后喷雾，药剂能很快被杂草的叶、茎、根吸收，通过韧皮部及木质部上下传导，多集中在分生组织及代谢活动旺盛的部位，阻碍植物激素的正常活动，从而使其死亡。用后一般 24h 阔叶杂草即会出现畸形卷曲症状，15～20d 死亡。

应用

（1）适宜作物与安全性　小麦、玉米、芦苇、谷子、水稻等。麦草畏在土壤中经微生物较快分解后消失。禾本科植物吸收药剂后能很快地进行代谢分解使之失效，故表现较强的抗药性。对小麦、玉米、谷子、水稻等禾本科作物比较安全。

（2）防除对象　一年生及多年生阔叶杂草如猪殃殃、大巢菜、荞麦蔓、藜、繁缕、牛繁缕、播娘蒿、苍耳、田旋花、刺儿菜、问荆、萹蓄、香薷、鳢肠、荠菜、蓼等 200 多种阔叶杂草。

（3）应用技术　麦草畏在正常施药后，小麦、玉米苗初期有匍匐、倾斜或弯曲现象，一般经 1 周后即可恢复正常。小麦 3 叶期以前拔节以后及玉米抽雄花前 15d 内禁止使用麦草畏。大风天不宜喷施麦草畏，以防随风飘移到邻近的阔叶作物上，伤害阔叶作物。麦草畏是内吸传导型除草剂，茎叶处理时，较低剂量即可收到较好的除草效果，若喷液量过多，或雾滴过大，药液在杂草表面造成淋漓，浪费药剂，除草效果下降。每亩喷液量，机引喷雾器 15L，人工背负喷雾器 20～27L。土壤处理时，每亩喷雾量，机引喷雾器 13～27L，人工背负喷雾器 20～33L。麦草畏飘移虽比 2,4-滴小，但在确定雾滴时也应考虑飘移问题，不宜使用飞机喷雾。作业时要注意风向、风速，大风天停止作业，一般上午 10 时至下午 3 时气温高时也停止作业。定点、定量加药、加水，往复核对，地块结清，如果发现与设计的工作参数不符，要根据情况调整。麦草畏对小麦、玉米较安全，正确使用不会有药害问题。出现药害有 3 个原因，一是施药过晚，二是用药量过大，三是作业不标准。小麦受害症状是，植株倾斜或弯曲，出现倒伏，一般 5～10d 可恢复正常，严重的出现畸形穗或不结实。玉米受害症状是，苗前施药的使玉米根系增多，地上部生长受抑制，叶变窄。苗后施药的支撑根变扁，叶片葱叶状，茎脆弱。为了提高防除杂草效果，避免产生药害，一定要严格掌握用药量，并保证田间作业质量和适期喷洒。

孟山都耐麦草畏转基因大豆、棉花作物品种已获得美国农业部批准，耐麦草畏作物的商业化种植将大幅推升麦草畏需求，麦草畏市场有望进一步扩大。

（4）使用方法

① 小麦田　单用麦草畏时，每亩用 48%麦草畏 15～20mL。提倡冬前用药，在小麦 4 叶期以后杂草基本出齐时喷雾，每亩喷水量 20～30L，以均匀周到为原则，防止重喷和漏喷。当气温下降到 5℃以下时应停止喷药，因为在 5℃以下，杂草和小麦进入越冬期，生长和生化活动缓慢，麦草畏在小麦体内积累下来不易降解，开春以后易形成"葱管"。如果冬前没有及时施药，可在来年开春，小麦和杂草进入旺长期时补施，但必须在小麦幼穗分化以前即拔节以前施药，拔节后应严禁喷药，以免造成药害。麦草畏与 2,4-滴丁酯、2 甲 4 氯混用既有增效作用，又可减少 2,4-滴丁酯飘移，可有效地防除卷茎蓼、地肤、猪毛菜、刺儿菜、大

蓟、猪殃殃、麦蓝菜、春蓼、鼬瓣花、田旋花等对 2,4-滴有抗性的杂草。混用后药量要比单用时低：

小麦 3～5 叶期，每亩用 48％麦草畏水剂 13mL 加 72％ 2,4-滴丁酯乳油 33mL，或麦草畏 20mL 加 33mL 2.4-滴丁酯；每亩用 48％麦草畏 13mL 加 20％ 2 甲 4 氯水剂 133mL（或 56％ 2 甲 4 氯可湿性粉剂 47g），或 48％麦草畏 20mL 加 20％ 2 甲 4 氯水剂 100mL。

② 玉米田　可以单用，也可与其他除草剂混用。

单用时每亩用 48％麦草畏水剂 30mL。在玉米 4～10 叶期施药安全、高效。如果进行土壤封闭处理，应注意不让麦草畏药液与种子接触，以免发生伤苗现象。玉米种子的播种深度不少于 4cm，玉米 10 叶以后进入雄花孕穗期（雄花抽出前 15d）应停止施药，防止药害。施药后 20d 内不宜铲趟土。为了兼治单子叶杂草，可与 72％异丙甲草胺乳油或 4％烟嘧磺隆悬浮剂混用。与异丙甲草胺混用时每亩用 48％麦草畏 30mL 加 72％异丙甲草胺乳油 75～200mL，在玉米播后苗前，或苗后早期杂草一叶一心前喷雾。与烟嘧磺隆混用时，每亩用 48％麦草畏 30mL 加 4％烟嘧磺隆悬浮剂 30～50m，在玉米 3～6 叶期杂草 3～5 叶时喷雾。

专利与登记　专利 US3013054 已过专利期，不存在专利权问题。国外登记情况：480g/L、48％水剂，70％水分散粒剂，70％可溶粒剂，80％、90％、95％、97.5％、98％原药；登记作物为小麦、玉米、非耕地作物；防治对象为一年生阔叶杂草。瑞士先正达作物保护有限公司在中国登记情况见表 146。

表 146　瑞士先正达作物保护有限公司在中国登记情况

登记名称	登记证号	含量	剂型	登记作物	防治对象	用药量/(g/hm²)	施用方法
麦草畏	PD319-99	80％	原药				
麦草畏	PD97-89	480g/L	水剂	芦苇 玉米 小麦	阔叶杂草	210～540 190～280 144～195	喷雾

合成方法　通过如下反应制得目的物：

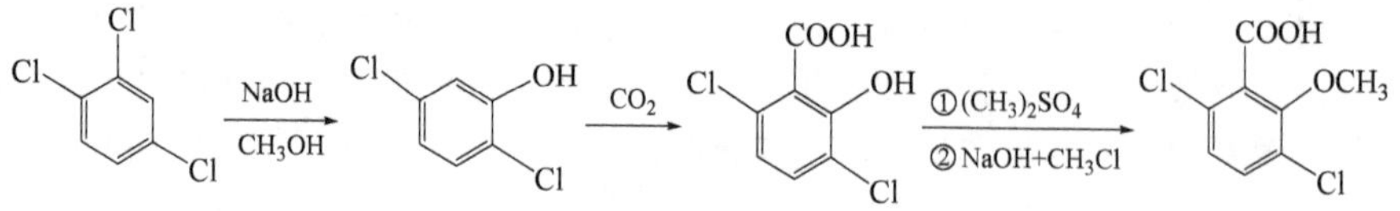

麦穗宁 fuberidazole

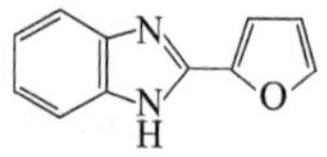

$C_{11}H_8N_2O$，184.2，3878-19-1

麦穗宁（fuberidazole），**试验代号**　Bayer 33172、W VII/117。**商品名称**　Baytan Combi、Baytan Secur、Baytan Spezial、Baytan Universa。**其他名称**　furidazol，furidazole。是拜耳公司开发的一种苯并咪唑类内吸性杀菌剂。

化学名称　2-(2-呋喃基)苯并咪唑，2-(2'-furyl)benzimidazolee。

理化性质　纯品为浅棕色无味结晶状固体，熔点 292℃（分解）。蒸气压 $9×10^{-4}$ mPa(20℃)，$2×10^{-3}$ mPa(25℃)。$K_{ow}lgP=2.67(22℃)$，Henry 常数 $2×10^{-6}$ Pa·m³/mol(20℃)。溶解度(g/L,20℃)：水 0.22(pH 4)、0.07(pH 7)，1,2-二氯乙烷 6.6，甲苯 0.35，异丙醇 31。土壤中可快速降解 DT_{50} 5.8～14.7d。

毒性　急性经口 LD_{50}(mg/kg)：雄大鼠约 336，小鼠约 650。大鼠急性经皮 LD_{50}＞2000mg/kg。对兔眼睛和皮肤无刺激，对豚鼠皮肤无刺激，大鼠急性吸入 LC_{50}(4h)＞0.3mg/L 空气。NOEL(2y,mg/kg 饲料)：雄大鼠 80，雌大鼠 400，狗 20，小鼠 100。ADI(BfR)0.0036mg/kg

[2006]；(EC)0.0072mg/kg[2008]。

生态效应 日本鹌鹑 LD_{50} 750mg/kg，日本鹌鹑饲喂 LC_{50}(5d)＞5000mg/kg 饲料。鱼毒 LC_{50}(96h,mg/L)：大翻车鱼 4.3，虹鳟鱼 0.91。水蚤 EC_{50} 4.7mg/L。月牙藻 E_rC_{50} 12.1mg/L。蜜蜂 LD_{50}(μg/只)：＞187.2(经口)，＞200(接触)。蚯蚓 LC_{50}＞1000mg/kg 土。26g/hm² 剂量施药条件下对烟蚜茧和山楂叶螨无影响。

环境行为

(1) 动物 在大鼠体内中，麦穗宁分布广泛，在 72h 内通过尿液和粪便完全排出体外。新陈代谢 97%以上是通过羟基化，然后通过键合或呋喃环开环或氧化。

(2) 植物 利用蒸渗仪处理春小麦种子的平行试验表明，植物幼苗吸收了约 10%，然而随着幼苗的生长吸收率下降到 1%～2%。

(3) 土壤/环境 在不同的土壤环境中的迁移率较低。降解迅速 DT_{50} 5.8～14.7d，DT_{90} 19.3～49d。水中直接光解有助于麦穗宁在环境中消除，DT_{50}＜1d。在植物中未能发现挥发到空气中的母体化合物或降解产物。

主要生产商 Bayer CropScience。

作用机理与特点 通过与 β-微管蛋白结合抑制有丝分裂。具有内吸传导作用。

应用 内吸性杀菌剂。主要作种子处理，用于防治镰刀菌属病害如小麦黑穗病、大麦条纹病等。使用剂量为 4.5g(a.i.)/100kg 种子。

专利概况 化合物专利 DE1209799，早已过专利期，不存在专利权问题。

合成方法 以邻苯二胺和呋喃甲酰氯为起始原料，经如下反应即得目的物。

参考文献

[1] The Pesticide Manual. 15th ed. 2009：578-579.

咪鲜胺 prochloraz

$C_{15}H_{16}Cl_3N_3O_2$，376.7，67747-09-5

咪鲜胺(prochloraz)，**试验代号** BTS40542。**商品名称** Eyetak40、Gladio、Master、Mirage、Sportak、Sunchloraz。**其他名称** Abavit、Ascurit、Atak、Charge、Dogma、Fugran、Octave、Panache、Pilarsport、Piper、Poraz、Prelude、咪鲜安。是由 Boots Co. Ltd 公司研制，艾格福公司(现为拜耳公司)开发的咪唑类杀菌剂。

化学名称 N-丙基-N-[2-(2,4,6-三氯苯氧基)乙基]咪唑-1-甲酰胺或 1-[N-丙基-N-[2-(2,4,6-三氯苯氧基)乙基]]氨基甲酰基咪唑，N-propyl-N-[2-(2,4,6-trichlorophenoxy)ethyl]imidazole-1-carboxamide 或 1-[N-propyl-N-[2-(2,4,6-trichlorophenoxy)ethyl]]carbamoylimidazole。

理化性质 纯品为无色、无味结晶固体,熔点 46.3～50.3℃(纯度＞99%),沸点 208～210℃(0.2mmHg,分解)。蒸气压：1.5×10^{-1} mPa(25℃)，9.0×10^{-2} mPa(20℃)。K_{ow} lg$P$＝3.53,

Henry 常数 1.64×10^{-3} Pa·m³/mol(计算值)。相对密度 1.42。水中溶解度 34.4mg/L(25℃);其他溶剂中溶解度(25℃,kg/L):丙酮 3.5,正已烷 7.5×10^{-3},氯仿、乙醚、甲苯、二甲苯 2.5。稳定性:在 pH 7 和 20℃条件下的水中稳定,遇强酸、强碱或长期处于高温(200℃)条件下不稳定。闪点 160℃。本品为碱性,pK_a 3.8。

毒性 急性经口 LD_{50}(mg/kg):大鼠 1023,小鼠 1600~2400。大鼠急性经皮 LD_{50} > 2100mg/kg,对兔眼和皮肤轻微刺激。大鼠吸入 LC_{50}(4h) > 2.16mg/L 空气。狗 NOEL 4mg/(kg·d)(2y),AOEL(EU)0.02mg/(kg·d)。ADI(JMPR)0.01mg/kg[1983,2001,2004];(EPA) cRfD 0.009mg/kg[1989],(EU)0.01mg/(kg·d)[2011]。

生态效应 鸟急性经口 LD_{50}(mg/kg):山齿鹑 662,野鸭 > 1954。鹌鹑和野鸭饲喂 LC_{50}(5d) > 5200mg/kg。鱼 LC_{50}(96h,mg/L):虹鳟鱼 1.5,大翻车鱼 2.2。水蚤 LC_{50}(48h)4.3mg/L。月牙藻 E_bC_{50}(72h)0.1mg/L,E_rC_{50} 1.54mg/L。其他水生生物 EC_{50}(96h,mg/L):东部牡蛎 0.95,糠虾 0.77。蜜蜂 LD_{50}(48h,μg/只):接触 141,经口 > 101。蚯蚓 LC_{50} 1000mg/kg。对有益节肢动物低毒。

环境行为

(1) 动物 在所有研究的物种中,口服给药后,咪鲜胺通过咪唑环的裂解迅速代谢排出体外。接触皮肤后吸收量低,血浆和组织中的残留物被迅速排出体外。

(2) 植物 植物主要代谢产物为咪唑环裂解形成的 N-甲酰基-N′-1-丙基-N-[2-(2,4,6-三氯苯氧基)乙基]脲。或发生共轭反应,降解成 N-丙基-N-[2-(2,4,6-三氯苯氧基)乙基]脲。其他代谢产物包括 2-(2,4,6-三氯苯氧基)乙醇、2-(2,4,6-三氯苯氧基)乙酸、2,4,6-三氯酚以及上述的结合物。只有少部分没有代谢的咪鲜胺存在。

(3) 土壤/环境 在土壤中降解为易挥发代谢产物(不依赖于 pH 值)。咪鲜胺吸附在土壤颗粒中,不容易浸出,K_d:152(砂质壤土),256(粉砂质黏壤土)。在进一步的研究中,平均 K_{oc} 1463。对土壤微生物低毒,但对土壤真菌有抑制作用。野外条件下 DT_{50} 5~37d。

制剂 25%乳油、45%水乳剂。

主要生产商 Fertiagro、Sundat、杭州庆丰农化有限公司、红太阳集团有限公司、江苏辉丰农化股份有限公司、南通江山农药化工股份有限公司、上海中西制药有限公司及沈阳科创化学品有限公司等。

作用机理与特点 咪唑类广谱杀菌剂,是通过抑制甾醇的生物合成而起作用。尽管其不具有内吸作用,但具有一定的传导性能,对水稻恶苗病、芒果炭疽病、柑橘青霉病及炭疽病和蒂腐病、香蕉炭疽病及冠腐病等有较好的防治效果,还可以用于水果采后处理,防治储藏期病害。另外通过种子处理,对禾谷类许多传和土传真菌病害有较好活性。单用时,对斑点病、霉腐病、立枯病、叶枯病、条斑病、胡麻叶斑病和颖枯病有良好的防治效果,与姜芴灵或多菌灵混用,对腥黑穗病和黑粉病有极佳防治效果。在土壤中主要降解为易挥发的代谢产物,易被土壤颗粒吸附,不易被雨水冲刷。对土壤中的生物低毒,但对某些土壤中的真菌有抑制作用。

应用

(1) 适用对象 水稻、麦类、油菜、大豆、向日葵、甜菜、柑橘、芒果、香蕉、葡萄和多种蔬菜、花卉等。

(2) 防治对象 水稻恶苗病、稻瘟病、胡麻叶斑病;小麦赤霉病;大豆炭疽病、褐斑病;向日葵炭疽病;甜菜褐斑病;柑橘炭疽病、蒂腐病、青绿霉病;黄瓜炭疽病、灰霉病、白粉病;荔枝黑腐病;香蕉叶斑病、炭疽病、冠腐病;芒果黑腐病、轴腐病、炭疽病等病害。

(3) 应用技术与使用方法

① 防治水稻恶苗病 在不同地区用法不同。长江流域及长江以南地区,用 25%咪鲜胺乳油 2000~3000 倍液或每 100L 水加 25%咪鲜胺 33.2~50mL(有效浓度 83.3~125mg/L),调好药液浸种 1~2d,然后取出稻种用清水进行催芽。黄河流域及黄河以北地区,用 25%咪鲜胺乳油 3000~4000 倍液或每 100L 水加 25%咪鲜胺 25~33.2mL(有效浓度 62.5~83.3mg/L),调好药液浸种 3~5d,然后取出稻种用清水进行催芽。在东北地区,用 25%咪鲜胺乳油 3000~5000 倍

液或每100L水加25％咪鲜胺20～33.2mL（有效浓度50～83.3mg/L），调好药液浸种5～7d，浸种时间长短是根据温度而定，低温时间长，温度高时间短，在黑龙江用咪鲜胺药液浸种的时间是和播种催芽前用水浸泡种子的时间一致。即5～7d，然后将浸过的种子催芽。

② 防治水稻稻瘟病　在黑龙江省，7月下旬至8月上旬，水稻"破肚"出穗前和扬花前后，每亩用25％咪鲜胺乳油40～60mL（有效成分10～15g），加水20L，用人工喷雾器喷洒1～2次，防治穗颈稻瘟病。病轻时喷1次即可，发病重的年份在第1次喷药后间隔7d再喷1次。结合喷施液面肥磷酸二氢钾、增产菌一起喷洒效果更好，防病效果可达78％～88.5％，可使水稻增加千粒重，减少秕粒率，增加产量。除防治稻瘟病外，也可兼防水稻胡麻斑病等其他病害。

③ 防治柑橘病　用25％咪鲜胺乳油500～1000倍液或每100L水加25％咪鲜胺100～200mL（有效浓度250～500mg/L），在采果后防腐保鲜处理。常温药液浸果1min后捞起晾干，可以防治柑橘炭疽病、蒂腐病、青绿霉病。

④ 防治芒果炭疽病　用25％咪鲜胺乳油500～1000倍液或每100L水加25％咪鲜胺100～200mL（有效浓度250～500mg/L），采收前在芒果花蕾期至收获期喷洒5次。

⑤ 芒果保鲜　用25％咪鲜胺乳油250～500倍液或每100L水加25％咪鲜胺200～400mL（有效浓度500～1000mg/L），当天采收的果实，当天用药处理完毕，常温药液浸果1min后捞起晾干。

⑥ 防治小麦赤霉病　在黑龙江省，6月下旬至7月上旬，小麦抽穗扬花期，每亩用25％咪鲜胺乳油53～66.7mL（有效成分13.25～16.7g），喷雾，拖拉机悬挂喷雾器喷雾（播种时留出链轨道）每亩喷药液量10～13L；飞机喷洒，每亩喷洒药液量1～3L。防治小麦赤霉病的同时也可兼治穗部和叶部根腐病及叶部多种叶枯性病害。可以结合叶面追肥一起进行喷洒，经济效益十分显著。

⑦ 防治甜菜褐斑病　在7月下旬甜菜叶上出现第一批褐斑时，每亩用25％咪鲜胺乳油80mL（有效成分20g），加水25L喷1次，隔10d再喷1次，共喷2～3次。播种前800～1000倍液浸种。在块根膨大期每亩用25％咪鲜胺乳油150mL（有效成分37.5g）喷洒1次，可增产增收，经济效益十分显著。

⑧ 45％咪鲜胺水乳剂的使用方法　主要用于防治香蕉炭疽病、冠腐病。香蕉防腐保鲜处理：常温药液浸果1min，捞起晾干，再行包装。香蕉八成熟效果更佳。

⑨ 咪鲜胺锰络合物的使用方法（50％咪鲜胺可湿性粉剂）

a. 防治褐腐病和褐斑病　第一种方法：第1次施药在覆土前，每平方米用50％咪鲜胺可湿性粉剂0.8～1.2g，兑水1L，均匀拌土。第2次施药在每二潮菇转批后，每平方米菇床用50％咪鲜胺可湿性粉剂0.8～1.2g，兑水1L，均匀喷施于菇床上。第二种方法：第一施药在覆土后5～9d，每平方米菇床用50％咪鲜胺可湿性粉剂0.8～1.2g，兑水1L，均匀喷施在菇床上。第2次施药在第二潮菇转批后，每平方米菇床用50％咪鲜胺可湿性粉剂0.8～1.2g，兑水1L，均匀喷施在菇床上。

b. 柑橘采收后防腐处理　挑选当天采收无伤口和无病斑的柑橘，并用清水洗去果面上的灰尘和药迹，然后放入咪鲜胺1000～2000倍（有效浓度250～500mg/L）药液中浸1～2min，捞起晾干，在通风条件室温储藏，可防治柑橘青霉病、绿霉病、炭疽病、蒂腐病，延长储藏时间。如能单果包装，效果更佳。

c. 防治芒果炭疽病　芒果花蕾期和始花期各喷药1次，以后每隔7d喷1次，采果前10d再喷1次，从花蕾期至收获期喷药5～6次。咪鲜胺喷洒浓度为1000～2000倍（有效浓度250～500mg/L），可有效防治炭疽病的危害。

d. 芒果采收后浸果处理防炭疽病　挑选当天采收无伤口和无病斑的芒果，并用清水洗去果面上的灰尘和药迹，然后放入咪鲜胺500～1000倍（有效浓度500～1000mg/L）药液中浸1～2分钟，捞起晾干，在通风条件室温储藏，可以抑制炭疽病的危害，延长储藏时间。如能单果包装，效果更佳。

e. 防治黄瓜炭疽病　每亩用50％咪鲜胺可湿性粉剂25～50g（有效成分12.5～25g），加水30

～50L，液面喷施。发病初期开始施药，以后每隔 7～10d 施药 1 次。

专利概况 专利 AU491880 早已过专利期，不存在专利权问题。

合成方法 以三氯苯酚为起始原料，经醚化、胺化，再与光气反应，后与咪唑反应处理即得目的物。或以三氯苯酚为起始原料，经醚化、胺化，再与碳酰二咪唑反应，即得咪鲜胺。反应式如下：

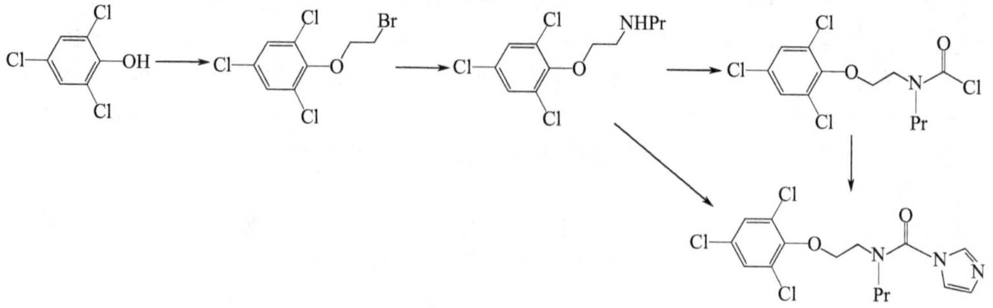

参考文献

[1] Br Crop Prot Conf Pests Dis，1977，2：593．

咪唑菌酮 fenamidone

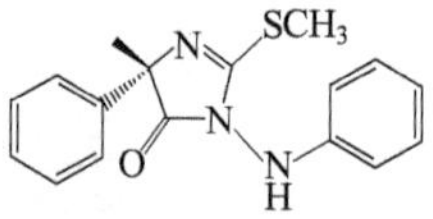

$C_{17}H_{17}N_3OS$，311.4，161326-34-7

咪唑菌酮(fenamidone)，试验代号 RPA-407213、RPA405803、RYF319。商品名称 Consento、Reason、Sereno、Verita。其他名称 Censor。是由安万特公司(现为拜耳公司)公司开发的新颖咪唑啉酮类杀菌剂。

化学名称 （S)-1-苯氨基-4-甲基-2-甲硫基-4-苯基咪唑啉-5-酮或(S)-5-甲基-2-甲硫基-5-苯基-3-苯氨基-3,5-二氢咪唑-4-酮，（S)-1-anilino-4-methyl-2-methylthio-4-phenylimidazolin-5-one 或 (S)-5-methyl-2-methylthio-5-phenyl-3-phenylamino-3,5-dihydroimidazol-4-one。

理化性质 纯品为白色羊毛状粉末，无典型的气味。工业品纯度≥97.5％。熔点137℃，相对密度1.288。蒸气压 $3.4×10^{-4}$ mPa(25℃)，分配系数 $K_{ow}\lg P=2.8$(20℃)，Henry 常数 $0.5×10^{-5}$ Pa•m^3/mol(20℃)。水中溶解度 7.8mg/L(20℃)。在有机溶剂中的溶解度(20℃,g/L)：丙酮250，乙腈86.1，二氯甲烷330，甲醇43，正辛醇9.7。水解 DT_{50}(25℃,无菌)：41.7d(pH 4)，411d(pH 7)，27.6d(pH 9)。光解 DT_{50}25.7h(相当于 5d,夏日太阳光)。表面张力72.9mN/m(20℃)。

毒性 大鼠急性经口 LD_{50}(mg/kg)：雄＞5000，雌2028。大鼠急性经皮 LD_{50}＞2000mg/kg，对兔皮肤和眼睛无刺激性，对豚鼠皮肤无刺激性。大鼠吸入 LC_{50}(4h)2.1mg/L。大鼠 NOEL[2y，mg/(kg•d)]：雌性3.6，雄性7.1。ADI 0.03mg/kg。Ames 和微核试验测试为阴性，对大鼠和兔无致畸性。无生殖、发育、致癌效应。

生态效应 山齿鹑急性经口 LD_{50}＞2000mg/kg，山齿鹑和野鸭饲喂 LC_{50}(8d)＞5200mg/kg，虹鳟鱼和大翻车鱼 LC_{50}(96h)0.74mg/L。水蚤 EC_{50}(48h)0.05mg/L，NOEC(21d)0.0125mg/L。栅藻 E_bC_{50}3.84mg/L；E_rC_{50}(72h)12.29mg/L。摇蚊 NOEC 0.05mg/L。蜜蜂 LD_{50}(96h,μg/只)：经口＞159.8，接触74.8。蚯蚓 LC_{50}(14d)25mg/kg。对盲走螨属、中华通草蛉无害。对蚜茧蜂属有害。

环境行为

(1) 动物 对于哺乳动物，低剂量（3mg/kg）时，雌性和雄性对咪唑菌酮吸收较好，代谢步骤为：①氧化、还原和水解；②共轭。大部分剂量会通过胆汁途径快速排泄。高剂量时，吸收率低，50%～60%的母体化合物存在于粪便中。

(2) 植物 植物中的代谢途径在所有作物中相似；大部分残留物是咪唑菌酮，唯一重要的代谢物是RPA405862，是由侧链甲硫基的水解形成。

(3) 土壤/环境 水解遵循一级反应动力学，通过放射性研究发现，共产生三种水解产物，均超过10%。水溶液中，咪唑菌酮容易光解。DT_{50}（实验室，有氧，4种土壤）5.9d，代谢物的DT_{50}可以达到160d。大田平均DT_{50}8.5d；代谢物的DT_{50}可以达到97d。平均K_{oc}388。活性物质被认为不容易降解，不易挥发，因此在空气中不能检测到。

制剂 50%悬浮剂。

主要生产商 Bayer CropScience。

作用机理与特点 咪唑菌酮和噁唑菌酮以及甲氧基丙烯酸酯类杀菌剂的作用机理是相似的，通过在氢化辅酶Q-细胞色素C氧化还原酶水平上抑制电子转移来抑制线粒体呼吸，咪唑菌酮即（S）-对映体活性比（R）-对映体高得多。保护和治疗性杀菌剂，具有一定的内吸传导活性。

应用 叶面杀菌剂，治疗卵菌纲引起的病害，例如葡萄、蔬菜白粉病，包括霜霉属、单轴霉属、假霜霉属以及有治病疫属引起的病害（75～150g/hm²）。还可以作为种子处理剂和土壤浇灌，控制病害。还可用于抑制其他病害，包括链格孢属引起的病害，以及叶斑病、白粉病和锈病。

(1) 适用作物 小麦，棉花，葡萄，烟草，草坪作物，向日葵，玫瑰，马铃薯、番茄等各种蔬菜。

(2) 防治对象 各种霜霉病、晚疫病、疫霉病、猝倒病、黑斑病、斑腐病等。

(3) 应用技术 咪唑菌酮主要用于叶面处理，使用剂量为75～150g(a.i.)/hm²。同乙磷铝等一起使用具有增效作用。咪唑菌酮在温室内对卵菌纲病原菌防治效果见表147。

表147 温室内咪唑菌酮防治系列卵菌纲病原菌的类型、应用和活性水平

病原菌	寄主植物	应用类型	LC_{90}
葡萄霜霉病	葡萄	叶面保护剂	3.6mg(a.i.)/L
		24h治疗	50～80mg(a.i.)/L
		穿叠片内吸	15mg(a.i.)/L
		叶面抗孢子剂	150mg(a.i.)/L
疫霉病	马铃薯/番茄	叶面保护剂	25～200mg(a.i.)/L
莴苣盘梗霉	莴苣	叶面保护剂	12mg(a.i.)/L
烟草霜霉	烟草	叶面保护剂	37mg(a.i.)/L
古巴假霜霉	黄瓜	幼苗淋沥到叶面保护	0.2mg(a.i.)/株
单轴霉	向日葵	幼苗淋沥到叶面保护	0.25～0.5mg(a.i.)/株
蚕豆霜霉	豌豆	幼苗淋沥到叶面保护	0.2～0.4mg(a.i.)
腐霉	水稻	种苗箱淋沥(200箱/hm²)	200mg(a.i.)/箱
腐霉	玉米	种子处理	12～25g(a.i.)/100kg
瓜果腐霉	棉花	种子处理	50～100g(a.i.)/100kg

咪唑菌酮对马铃薯和番茄晚疫病生活周期的各阶段均有活性，因而在保护剂用量减少的混剂喷雾7d防治马铃薯和番茄晚疫病时表现出很高的防效，且效果不受环境影响。

其他田间试验结果表明咪唑菌酮单剂或与乙膦铝等混合使用防治卵菌类病害效果优异。此外对一些非藻菌类病原菌也有很好的效果。

专利概况 专利EP0629616已过专利期，不存在专利权问题。

合成方法 以苯乙酮为起始原料，经与氰化钠反应、水解得中间体氨基酸，再与二硫化碳反

应后甲基化，然后与苯肼反应，合环即得目的物。反应式为：

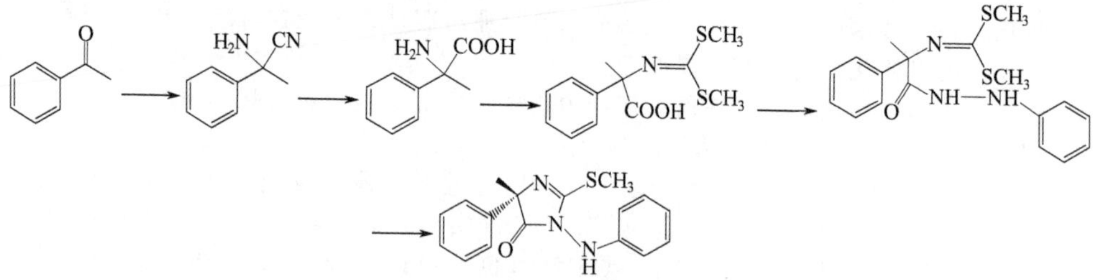

参考文献

[1] Proc Br Crop Prot Conf：Pests Dis，1998，2：2319.

咪唑喹啉酸 imazaquin

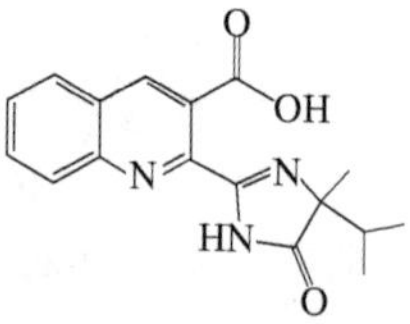

$C_{17}H_{17}N_3O_3$，311.3，81335-37-7，81335-47-9（咪唑喹啉酸铵盐）

咪唑喹啉酸（imazaquin），试验代号　AC252214、BAS725 H、CL252214。商品名称 Scepter、Topgan。其他名称　Soyaquim、灭草喹。是由美国氰胺（现为 BASF）公司开发的咪唑啉酮类除草剂。咪唑喹啉酸铵盐（imazaquin-ammonium），试验代号　BAS725 03H。商品名称 Cycocel。其他名称　Image。

化学名称　（RS）-2-（4-异丙基-4-甲基-5-氧-2-咪唑啉-2-基）喹啉-3-羧酸，（RS）-2-（4-isopropyl-4-methyl-5-oxo-2-imidazolin-2-yl）quinoline-3-carboxylic acid。

理化性质　咪唑喹啉酸原药纯度＞95％。纯品为粉色刺激性气味固体，熔点219～224℃（分解），沸点354℃。蒸气压＜0.013mPa（60℃）。$K_{ow}lgP=0.34$（pH 7,22℃）。Henry 常数 $3.7×10^{-12}$ Pa·m^3/mol（20℃）。相对密度1.35（20℃）。水中溶解度60～120mg/L（25℃）；其他溶剂中溶解度（g/L,25℃）：二氯甲烷14，DMF 68，DMSO 159，甲苯0.4。pK_a 为3.8。在45℃放置3个月稳定。室温暗处下放置2y稳定，紫外线照射下迅速降解。咪唑喹啉酸铵盐水中溶解度 160g/L（pH 7,20℃），水解 DT_{50}＞30d。

毒性　急性经口 LD_{50}（mg/kg）：雌/雄大鼠＞5000，雌小鼠＞2363。雌/雄兔急性经皮LD_{50}＞2000mg/kg。大鼠急性吸入 LC_{50}（4h）5.7mg/L 空气。对兔眼睛无刺激性，对兔皮肤有中度刺激性，对豚鼠皮肤无致敏性。大鼠 NOEL（90d）10000mg/L（830.6mg/kg 饲料），大鼠（2y）500mg/kg。ADI（EC）0.25mg/kg[2008]，（EPA）cRfD 0.25mg/kg[1990]。无致癌性、致突变性及致畸性。

生态效应　山齿鹑和野鸭急性经口 LD_{50}＞2150mg/kg。山齿鹑和野鸭饲喂 LC_{50}（8d）＞5000mg/kg 饲料。鱼毒 LC_{50}（96h,mg/L）：斑猫鳉320，大翻车鱼410，虹鳟鱼280。水蚤 LC_{50}（48h）280mg/L。藻类 EC_{50}（mg/L）：月牙藻21.5，项圈藻18.5。蜜蜂 LD_{50}（经口和接触）＞100μg/只。蚯蚓 LC_{50}＞23.5mg/kg 土。

环境行为

（1）动物　咪唑喹啉酸在大鼠体内代谢缓慢。经口摄入后，在2d内几乎所有的化合物以原药的形式通过尿液排泄掉，不会在血液和器官中积累。

（2）植物　在大豆体内咪唑啉酮环开环形成无活性的化合物，被大豆快速地代谢掉。

（3）土壤/环境　咪唑喹啉酸在土壤中通过微生物和光解作用而被慢慢降解，由于环境条件不同，有些残留活性成分会持续几周甚至几个月。$DT_{50}60d$，$K_{oc}20$。

制剂　5%水剂。

主要生产商　BASF、Cynda、Milenia、Nortox及沈阳科创化学品有限公司。

作用机理与特点　乙酰乳酸合成酶（ALS）或乙酸羟酸合成酶（AHAs）的抑制剂，即通过抑制植物的乙酰乳酸合成酶，阻止支链氨基酸如缬氨酸、亮氨酸、异亮氨酸的生物合成，从而破坏蛋白质的合成，干扰DNA合成及细胞分裂与生长，最终造成植株死亡（Shaner D L，et al. Plant physiol，1984，76：545）。在大豆中的高选择性是由于咪唑喹啉酸的开环而快速解毒（Tecle B，Proc Br Crop Prot Conf-Weeds，1997，2：，605）。通过植株的叶与根吸收，在木质部与韧皮部传导，积累于分生组织中。茎叶处理后，敏感杂草立即停止生长，经2～4d后死亡。土壤处理后，杂草顶端分生组织坏死，生长停止，而后死亡。

应用

（1）适用作物　大豆，也可用于烟草、豌豆和苜蓿。较高剂量会引起大豆叶片皱缩、节节缩短，但很快恢复正常，对产量没有影响。随着大豆生长，抗性进一步增强，故出苗后晚期处理更为安全。在土壤中吸附作用小，不易水解，持效期较长。

（2）防除对象　主要用于防除阔叶杂草如苘麻、刺苞菊、苋菜、藜、猩猩草、春蓼、马齿苋、黄花稔、苍耳等，禾本科杂草如臂形草、马唐、野黍、狗尾草、止血马唐、西米稗、蟋蟀草等，以及其他杂草如鸭跖草铁荸荠等。

（3）使用方法　大豆种植前、苗前和苗后均可使用，剂量为70～250g(a.i.)/hm²[亩用量为4.67～16.7g(a.i.)]。其异丙胺盐还可作为非选择性除草剂，用于铁路、公路、工厂、仓库及林业除草，剂量为500～2000g(a.i.)/hm²[亩用量为33.3～133.3g(a.i.)]。加入非离子型表面活性剂可提高除草效果，也可与苯胺类除草剂如二甲戊乐灵混用。

专利与登记　专利US4798619早已过专利期，不存在专利权问题。国内登记情况：5%、7.5%水剂；登记作物为春大豆田；防治对象为一年生阔叶杂草、一年生杂草。

合成方法　以苯胺、丁烯二酸二乙酯、甲基异丙基酮为起始原料，经一系列反应制得目的物。反应式为：

咪唑乙烟酸 imazethapyr

$$C_{15}H_{19}N_3O_3,289.3,81385-77-5,101917-66-2(铵盐)$$

咪唑乙烟酸（imazethapyr），试验代号　AC263499、CL263499。商品名称　Sunimpyr、Vezir。其他名称　Imizet、Perfect、Spinnaker、Viper、Zaphir、金咪唑乙烟酸、普杀特、豆草特、咪草烟。是由美国氰胺（现为 BASF）公司开发的咪唑啉酮类除草剂。其铵盐形式通用名称：imazethapyr-ammonium。商品名称　Hammer、Newpath、Overtop、Pivot、Pursuit、Verosil，其他商品名称　Contour、Clean Sweep、Elite、Steel。

化学名称　(RS)-5-乙基-2-(4-异丙基-4-甲基-5-氧-2-咪唑啉-2-基)烟酸。(RS)-5-ethyl-2-(4-isopropyl-4-methyl-5-oxo-2-imidazolin-2-yl)nicotinic acid。

理化性质　纯品外观为白色无味结晶体，熔点 $169\sim173℃$。沸点 180℃分解，相对密度 $1.10\sim1.12(21℃)$。蒸气压 $<0.013mPa(60℃)$。$K_{ow}lgP(25℃)$：1.04（pH 5），1.49（pH 7），1.20（pH 9）。Henry 常数 $2.69\times10^{-6}Pa\cdot m^3/mol$。溶解度（25℃，g/L）：水 1.4，丙酮 48.2，甲醇 105，甲苯 5，二氯甲烷 185，异丙醇 17，辛烷 0.9。光照下快速分解，DT_{50} 约 $2.1d$（pH 7,22～24℃）。pK_a 值：$pK_{a_1}2.1$，$pK_{a_2}3.9$。

毒性　雌/雄大鼠、小鼠急性经口 $LD_{50}>5000mg/kg$，兔急性经皮 $LD_{50}>2000mg/kg$。对兔皮肤无刺激性，对眼有可逆刺激性。大鼠吸入 LC_{50}（mg/L 空气）：3.27（分析），4.21（重量分析）。NOEL[mg/(kg·d)]：大鼠（2y）>500，狗（1y）>25。ADI（EPA）cRfD 0.25mg/kg[1990]。Ames 试验中无致突变性。

生态效应　山齿鹑和野鸭急性经口 $LD_{50}>2150mg/kg$，山齿鹑和野鸭饲喂 LC_{50}（8d）>5000mg/kg。鱼毒 LC_{50}（96h,mg/L）：大翻车鱼 420，虹鳟鱼 340，斑点叉尾鮰 240。水蚤 LC_{50}（48h）>1000mg/L。月牙藻 NOEL 50mg/L。蜜蜂 LD_{50}（48h,μg/只）：经口>24.6，接触>100。蚯蚓 LC_{50}（14d）>15.7mg/kg 土壤。

环境行为

（1）动物　大鼠口服后，95%的咪唑乙烟酸在 48h 内经过尿和粪便代谢掉。48h 后，在血液、肝脏、肾脏、肌肉和脂肪组织中残留量<0.01mg/L。

（2）植物　在大豆、玉米、苜蓿体内很快代谢掉。在植物体内主要的代谢途径是吡啶的 5-位乙基 α 碳原子的氧化羟基化。

（3）土壤/环境　DT_{50}（有氧条件,20℃）158d，光降解 DT_{50}（pH 7,22～24℃）2.1d。

制剂　50g/L 水剂。

主要生产商　ACA、AGROFINA、BASF、Fertiagro、Nortox、Sharda、大连瑞泽农药股份有限公司、江苏宝灵化工股份有限公司、江苏长青农化股份有限公司、江苏省激素研究所股份有限公司、南通江山农药化工股份有限公司、山东先达农化股份有限公司、上海美林康精细化工有限公司及沈阳科创化学品有限公司等。

作用机理　乙酰乳酸合成酶（ALS）或乙酰羟酸合成酶（AHAs）的抑制剂，通过根、茎、叶吸收，并在木质部和韧皮部传导，积累于植物分生组织内，抑制乙酰羟酸合成酶的活性，影响缬氨酸、亮氨酸、异亮氨酸的生物合成，破坏蛋白质合成，使植物生长受抑制而死亡。在大豆和花生中的高选择性，由于在大豆和花生体内能快速地脱甲基化和羧基化而解毒(Tecle B,et al. Proc Br Crop Prot Conf-Weeds,1997,2:605)。

应用

(1) 适用作物　大豆，因咪唑乙烟酸在大豆体内快速分解，半衰期仅 1～6d，故对大豆安全。敏感作物有甜菜、白菜、莴苣、茄子、辣椒、大葱、番茄、马铃薯、亚麻、向日葵、高粱、甜玉米、爆裂玉米、西瓜、香瓜、南瓜(白瓜子)等。

(2) 防除对象　主要用于防除众多的一年生和多年生禾本科杂草以及阔叶杂草如稗草、狗尾草、金狗尾草、野燕麦(高剂量)、马唐、柳叶刺蓼、酸膜叶蓼、苍耳、香薷、水棘针、苘麻、龙葵、野西瓜苗、藜、小藜、荠菜、鸭跖草(3 叶期以前)、反枝苋、马齿苋、豚草、曼陀罗、地肤、粟米草、野芥、狼把草、刺儿菜、蓟、苣荬菜等。

(3) 应用技术　①最好在杂草萌发将近出土时，大豆苗后应不晚于 2 片复叶施药。大豆 3 片复叶期施药生长受抑制，20d 后才能恢复正常生长。施药过晚，大豆生长正常，药害不明显，但结荚少。②如在低温、多雨低洼地，长期积水、病虫危害、大豆生长发育不良条件下，大豆苗后过晚施药会加重药害。苗后茎叶处理不能进行超低容量喷雾，因药液浓度过高对大豆有药害。③咪唑乙烟酸药效主要受水分影响。播后苗前或播前土壤处理受风和干旱影响而降低药效，对禾本科杂草的药效影响大于阔叶杂草。在干旱条件下土壤处理，对禾本科药效差。秋施或播后苗前施后用旋转锄混土，起垄播种大豆的施药后培 2cm 左右的土，在干旱条件可获稳定的药效。苗后施药受降雨、水分、温度影响，在土壤水分、空气相对湿度适宜时，有利于药效发挥。长期干旱、高温、空气相对湿度低于 65% 时，由于水剂本身加工剂型的缺点，影响杂草对药剂的吸收和传导，又会增加其飘移和挥发损失。因此苗后茎叶处理应选早晚气温低、湿度大时施药，夜间施药效果最好，8～9 时以前、16～17 时以后施药为好。空气相对湿度低于 65% 时应停止施药。④施用咪唑乙烟酸时若加入喷液量 0.03% 的 YZ901 或每亩 15mL 的 AA-921 农用增效剂，则具有抗雨水冲刷的性能、减少飘移损失，在水分好的条件下还有明显的增效作用。这样做的好处还有：不仅可减少咪唑乙烟酸用药量 10%～20%，而且在干旱条件下可获得稳定的药效。⑤喷雾飘移虽不危害柳树、松树、杨树等树木，但可危害地边的玉米，使玉米植株矮化、不孕、穗小、籽粒少，通常减产 50%。更严重的是飘移使小麦、油菜、高粱、水稻、西瓜、马铃薯、茄子、大葱、辣椒、番茄、白菜等致死。甜菜特别敏感，微量即可致死。在大豆地块小，周围敏感作物多时，不推荐大豆苗后用飞机喷洒。苗后施药时应注意风速风向，不要飘移到敏感作物造成药害。咪唑乙烟酸在土壤中的降解受 pH、温度、水分等条件影响，随 pH 增加降解加快，在北方高寒地区降解缓慢。如在黑龙江省 pH <6.5 的土壤中，咪唑乙烟酸每亩用有效成分 5～6.6g，在土壤中残留药害西部、北部重于南部、东部地区。施药后第一年西部、北部，咪唑乙烟酸每亩用有效成分 5g 可以种植大豆、小麦、玉米。每亩用咪唑乙烟酸有效成分 6g 以上时，玉米可能受害。东部、南部地区可以种植大豆、玉米、小麦，不能种植油菜、水稻、蔬菜等，甚至不能用施过咪唑乙烟酸的土作水稻、甜菜、蔬菜的育秧苗床土。⑥咪唑乙烟酸与其他除草剂混用秋施，第二年春季可播种大豆，不能改种其他作物。适用于大豆、小麦、玉米轮作地区。

(4) 使用方法　咪唑乙烟酸主要用于大豆播前、播后苗前土壤处理，或苗后早期茎叶处理。

① 大豆播前或播后苗前土壤处理　每亩用 5% 咪唑乙烟酸水剂 100～135mL，土壤质地疏松、有机质含量低及低洼地土壤水分好用低药量，反之则用高药量。喷液量如下：人工背负式喷雾器每亩 20～33L，拖拉机喷雾机每亩 13L 以上，飞机 1.75～3.3L。人工施药应选扇型喷嘴，顺垄逐垄施药，定喷雾压力、喷头距地面高度和行走速度，不能忽高忽低，忽快忽慢，不能左右甩动，以保证施药均匀。

② 苗后茎叶处理　用药量为每亩 5% 咪唑乙烟酸水剂 100mL，防除龙葵每亩用 5% 咪唑乙烟酸水剂 67mL。全田施药或苗带施药均可。喷液量如下：人工背负式喷雾器每亩 10～13L，拖拉机喷雾机每亩 10L。

③ 混用

a. 苗前土壤处理：咪唑乙烟酸可与乙草胺、异丙甲草胺、灭草猛、异噁草酮、氟乐灵、二甲戊乐灵等混用，这样不仅可扩大杀草谱，减少对后茬作物的影响，而且克服了咪唑乙烟酸在干旱条件下对禾本科杂草药效差的缺点。混用时亩用药量如下：5% 咪唑乙烟酸 50～67mL 加 48% 氟乐灵 67～100mL 或 33% 二甲戊乐灵 167～200mL 或 88% 灭草猛 100～133mL 或 90% 乙草胺 70

～100mL 或 72％异丙甲草胺或异丙草胺 67～133mL 或 48％异噁草酮 50～67mL。5％咪唑乙烟酸 50～67mL 加 48％异噁草酮 40～50mL 加 90％乙草胺 70～80mL。

咪唑乙烟酸与氟乐灵、灭草猛秋施药效好于春施。咪唑乙烟酸与灭草猛混用对鸭跖草的药效好于氟乐灵与咪唑乙烟酸混用，均可有效地防除野燕麦。咪唑乙烟酸与灭草猛、氟乐灵混用施药后需与灭草猛、氟乐灵一样及时混土。秋施药增加 10％左右的药量，咪唑乙烟酸与异噁草酮混用增加对鸭跖草、问荆、香薷、苣荬菜、刺儿菜、大蓟等杂草的药效，咪唑乙烟酸与乙草胺混用增加对鼬瓣花、菟丝子、野燕麦、鸭跖草香薷等杂草的防除效果。咪唑乙烟酸与异丙甲草胺混用可提高对鸭跖草、菟丝子等杂草的防除效果。咪唑乙烟酸与乙草胺、异噁草酮三药相混，可提高对野燕麦、鸭跖草、香薷、鼬瓣花、问荆、大蓟、苣荬菜、刺儿菜等杂草的药效。

b. 苗后茎叶处理：咪唑乙烟酸在大豆苗后早期与其他除草剂混用，不仅可扩大杀草谱，降低咪唑乙烟酸用药量，而且可减少对后茬作物的影响，下列配方供试验示范，每亩用药量如下：

5％咪唑乙烟酸 60～67mL 加 10％氟胺草酯 20mL。

5％咪唑乙烟酸 33mL 加 25％氟磺胺草醚 40～50mL 加 12.5％稀禾定 50mL。

5％咪唑乙烟酸 33～40mL 加 21.4％三氟羧草醚 40～50mL 加 48％异噁草酮 40～50mL 或 24％克阔乐 17mL。

④ 秋施药技术　咪唑乙烟酸秋施是防除第二年春季杂草的有效措施，比春季施药对大豆等作物安全，药效可提高 5％～10％，特别是对鸭跖草、野燕麦等难治杂草更有效。比春施增产 5％～8％。三垄栽培秋施药是同秋施肥、秋起垄相配套的新技术。咪唑乙烟酸秋施最好与灭草猛、异丙甲草胺、乙草胺、异噁草酮、二甲戊乐灵等除草剂混用，不仅可降低咪唑乙烟酸用药量，而且扩大杀草谱。

施药时期：秋季 9 月中下旬，气温降到 10℃以下，即可施药。最好在 10 月中下旬气温降到 5℃以下至封冻前施药。

专利与登记　专利 US4798619 早已过专利期，不存在专利权问题。国外登记情况：50g/L、100g/L、5％、7.5％、10％、15％、16％、20％、25％、32％水剂，70％可湿性粉剂，16％颗粒剂，5％、16.8％、18％、20％、38％微乳剂，405g/L、20％、30％、34.5％、36％、40％乳油，70％可溶粉剂；登记作物为春大豆、大豆；防治对象为一年生杂草。巴斯夫欧洲公司在中国登记情况见表148。

表 148　巴斯夫欧洲公司在中国登记情况

登记名称	登记证号	含量	剂型	登记作物	防治对象	用药量	施用方法
咪唑乙烟酸	PD172-93	50g/L	水剂	大豆	一年生杂草	75～100.5g/hm²	土壤喷雾处理
咪唑乙烟酸	PD20070442	98％	原药				

合成方法　咪唑乙烟酸的合成方法很多，最佳方法如下：

参考文献

[1] 程志明. 农药,2001,9:9-12.
[2] 唐庆红. 上海化工,1998,13:31-33.

弥拜菌素 milbemectin

milbemycin A₃:R=—CH₃
milbemycin A₄:R=—CH₂CH₃

$C_{31}H_{44}O_7(A_3)$，$C_{32}H_{46}O_7(A_4)$，528.7(A_3)，542.7(A_4)，51596-10-2(A_3)，51596-11-3(A_4)

弥拜菌素(milbemectin)，试验代号 B-41、E-187、SI-8601。商品名称 Koromite、Matsuguard、Mesa、Milbeknock、Ultiflora、密灭汀。是由日本三共化学公司开发的抗生素类杀虫、杀螨剂。

化学名称 (10E,14E,16E,22Z)-(1R,4S,5′S,6R,6′R,8R,13R,20R,21R,24S)-21,24-二氢-5′,6′11,13,22-五甲基-3,7,19-三氧四环[15.6.1.1⁴,⁸.0²⁰,²⁴]二十五烷-10,14,16,22-四烯-6-螺-2′-四氢吡喃-2-酮(milbemectin A₃)，(10E,14E,16E,22Z)-(1R,4S,5′S,6R,6′R,8R,13R,20R,21R,24S)-6′-乙基-21,24-二氢-5′,11,13,22-四甲基-3,7,19-三氧四环[15.6.1.1⁴,⁸.0²⁰,²⁴]二十五烷-10,14,16,22-四烯-6-螺-2′-四氢吡喃-2-酮(milbemectin A₄)。mixture of 70%(10E,14E,16E)-(1R,4S,5′S,6R,6′R,8R,13R,20R,21R,24S)-6′-ethyl-21,24-dihydroxy-5′,11,13,22-tetramethyl-(3,7,19-trioxatetracyclo[15.6.1.1⁴,⁸.0²⁰,²⁴]pentacosa-10,14,16,22-tetraene)-6-spiro-2′-(tetrahydropyran)-2-one and 30%(10E,14E,16E)-(1R,4S,5′S,6R,6′R,8R,13R,20R,21R,24S)-21,24-dihydroxy-5′,6′,11,13,22-pentamethyl-(3,7,19-trioxatetracyclo[15.6.1.1⁴,⁸.0²⁰,²⁴]pentacosa-10,14,16,22-tetraene)-6-spiro-2′-(tetrahydropyran)-2-one，或 bridged fused ring systems nomenclature：mixture of 70%(2aE,4E,8E)-(5′S,6R,6′R,11R,13R,15S,17aR,20R,20aR,20bS)-6′-ethyl-3′,4′,5′,6,6′,7,10,11,14,15,17a,20,20a,20b-tetradecahydro-20,20b-dihydroxy-5′,6,8,19-tetramethylspiro(11,15-methano-2H,13H,17H-furo[4,3,2-pq][2,6]benzodioxacyclooctadecin-13,2′-[2H]pyran)-17-one and 30%(2aE,4E,8E)-(5′S,6R,6′R,11R,13R,15S,17aR,20R,20aR,20bS)-3′,4′,5′,6,6′,7,10,11,14,15,17a,20,20a,20b-tetradecahydro-20,20b-dihydroxy-5′,6,6′,8,19-pentamethylspiro(11,15-methano-2H,13H,17H-furo[4,3,2-pq][2,6]benzodioxacyclooctadecin-13,2′-[2H]pyran)-17-one。

组成 弥拜菌素由同系物 milbemectin A₃ 和 milbemectin A₄ 以 3:7 组合而成。

理化性质 原药纯度≥95%，纯品为白色粉末。熔点：A_3 212~215℃，A_4 212~215℃。密度(25℃)：A_3 1.1270，A_4 1.265。蒸气压(20℃)1.3×10⁻⁵ mPa。K_{ow} lgP：A_3 5.3，A_4 5.9。Henry 常数<9.93×10⁻⁴ Pa·m³/mol。水中溶解度(20℃,mg/L)：A_3 0.88，A_4 7.2。有机溶剂中溶解度：A_3 甲醇 64.8，乙醇 41.9，丙酮 66.1，乙酸乙酯 69.5，苯 143.1，正己烷 1.4；A_4 甲醇 458.8，乙醇 234.0，丙酮 365.3，乙酸乙酯 320.4，苯 524.2，正己烷 6.5。水解 DT_{50}：A_4 11.6d(pH 5)，260d(pH 7)，226d(pH 9)。

毒性 急性经口 LD_{50}(mg/kg)：雄大鼠 762，雌大鼠 456，雄小鼠 324，雌小鼠 313。大、小鼠急性经皮 LD_{50}>5000mg/kg。对兔皮肤和眼睛无刺激性，对豚鼠皮肤无致敏性。大鼠吸入 LC_{50}(4h,mg/kg)：雄性 1.90，雌性 2.80。NOEL[mg/(kg·d)]：雄大鼠 6.81，雌大鼠 8.77，雄

小鼠18.9，雌小鼠19.6。ADI(EC)0.03mg/kg[2005]，(FSC)0.03mg/kg。无致畸、致突变、致癌作用。

生态效应 鸟 LD_{50} (mg/kg)：公鸡660，母鸡650，日本雄鹌鹑1005，日本雌鹌鹑968。鱼 LC_{50} (96h, μg/L)：虹鳟鱼4.5，鲤鱼17。水蚤 EC_{50} (4h, 流动)0.011mg/L。羊角月牙藻 E_bC_{50} (120h) $>$ 2mg/L。蜜蜂 LD_{50} (μg/只)：经口0.46，接触0.025。蚯蚓 LC_{50} (14d)61mg/L。

环境行为

(1) 动物 在动物体内47%被吸收、分配，最终以粪便的形式消除，主要以氢氧化物的形式代谢。

(2) 土壤环境 DT_{50} 16~33d。A_4K_{oc} 2840dm³/kg。

制剂 1%弥拜菌素乳油、可湿性粉剂。

作用机理与特点 γ-氨基丁酸抑制剂，作用于外围神经系统。通过提高弥拜菌素与γ-氨基丁酸的结合力，使氯离子流量增加，从而发挥杀菌、杀螨活性。对各个生长阶段的害虫均有效，作用方式为触杀和胃杀，虽内吸性较差，但具有很好的传导活性。对作物安全，对节肢动物影响小，和现有杀螨剂无交互抗性，是对害虫进行综合防治和降低抗性风险的理想选择。

应用

(1) 适用作物 蔬菜(茄子等)，水果(苹果、梨、草莓、柑橘等)，茶叶、松树等。

(2) 防治对象 朱砂叶螨、二斑叶螨、神泽氏叶螨、柑橘红蜘蛛、苹果红蜘蛛、柑橘锈壁虱，对线虫如松材线虫也有效。

(3) 残留量与安全施药 在土壤中 DT_{50} 16~33d。对皮肤轻度刺激，对鱼剧毒，禁用水域、空中施药或大面积使用。

(4) 应用技术 对害虫的各个阶段均有效。活性与阿维菌素相似，但毒性低，比阿维菌素安全。

(5) 使用方法 在世界范围内弥拜菌素推荐使用剂量为5.6~28g/hm²。1%弥拜菌素乳油防治神泽氏叶螨，每公顷用药1kg，稀释1000倍，害螨发生时施药，接收前6d停止施药。1%弥拜菌素乳油防治柑橘红蜘蛛每公顷用药1.3kg，稀释1500倍，害虫密度每叶达5只时，施药一次，接收前6d停止施药。1%弥拜菌素乳油防治梨二点叶螨，每公顷用药0.6~0.8kg，稀释1500倍，叶螨发生时施药一次，隔14d再施药一次，接收前6d停止施药。1%弥拜菌素乳油防治度枣轮斑病，每公顷用药0.6~0.8kg，稀释1500倍，叶螨发生时施药一次，接收前6d停止施药。1%弥拜菌素乳油防治十字花科蔬菜蚜虫，每公顷用药0.5~0.7kg，稀释1500倍，害虫发生时施药一次，隔7d再施药一次，接收前6d停止施药。1%弥拜菌素乳油防治水蜜桃二点叶螨，每公顷用药2kg，稀释1000倍，害虫发生时施药一次，接收前15d停止施药。

专利概述 专利JP49014624早已过专利期，不存在专利权问题。

合成 弥拜菌素是从土壤微生物——链霉菌(*streptomyces hygroscopicus* subsp. *aureolacrimosus*)的发酵物中提取而得到。

参考文献

[1] J Pesticide Sci，1994，19：245-247.

醚苯磺隆 triasulfuron

$C_{14}H_{16}ClN_5O_5S$, 410.8, 82097-50-5

醚苯磺隆(triasulfuron)，试验代号 CGA131036。商品名称 Logran。其他名称 Nugran、Uni-Star、醚苯黄隆。是由诺华公司开发的磺酰脲类除草剂。

化学名称 1-[2-(2-氯乙氧基)苯基磺酰基]-3-(4-甲氧基-6-甲基-1,3,5-三嗪-2-基)脲，1-[2-(2-chloroethoxy)phenylsulfonyl]-3-(4-methoxy-6-methyl-1,3,5-triazin-2-yl) urea。

理化性质 白色粉状固体，熔点 187.9～189.2℃，蒸气压＜$2×10^{-3}$ mPa(25℃)。$K_{ow}lgP=$ 1.1(pH 5.0)，-0.59(pH 6.9)，-1.8(pH 9.0)(25℃)。Henry 常数＜$8×10^{-5}$ Pa•m^3/mol(pH 5.0,25℃,计算值)。相对密度 1.5。水中溶解度(25℃,mg/L)：32(pH 5)，815(pH 7)，13500(pH 8.4)；其他溶剂中溶解度(25℃,mg/L)：丙酮 14000，二氯甲烷 36000，乙酸乙酯 4300，乙醇 420，正辛醇 130，正己烷 0.04，甲苯 300。pK_a4.64(20℃)。水解 DT_{50}31.3d(20℃,pH 5)。

毒性 大(小)鼠急性经口 LD_{50}＞5000mg/kg，大鼠急性经皮 LD_{50}＞2000mg/kg。对兔皮肤和眼睛无刺激，对豚鼠皮肤致敏。大鼠吸入 LC_{50}(4h)＞5.18mg/L 空气。大鼠 NOEL[mg/(kg•d)]：经口 14.5(90d)，经皮 100。ADI(EC)0.01mg/kg[2000]，(EPA)cRfD 0.01mg/kg[1991]。

生态效应 鹌鹑与野鸭急性经口 LD_{50}＞2150mg/kg。虹鳟鱼、鲤鱼、鲶鱼、鲈鱼、大翻车鱼 LC_{50}(96h)＞100mg/L。水蚤 LC_{50}(96h)＞100mg/L。藻类 EC_{50}(5～14d,mg/L)：月牙藻 0.035，栅藻 0.77，项圈藻 1.7，直舟形藻＞100。圆蛤类 EC_{50}(48h)56mg/L，对蜜蜂无毒，LD_{50}(经口与接触)＞100μg/只。蚯蚓 LC_{50}(14d)＞1000mg/kg 土。

环境行为

(1) 动物 主要以母药的形式通过尿液排出体外。

(2) 植物 在小麦中首先通过羟基化代谢(磺酰脲桥)，其次是各种羟基代谢产物与葡萄糖共轭。牧草 DT_{50}3d。秸秆和谷物在收获时无残留。

(3) 土壤/环境 在土壤中的代谢行为取决于土壤类型、pH，特别是温度和水分含量。粉质土壤、黏土和砂土平均 DT_{50}19d。

制剂 75％水分散粒剂，10％可湿性粉剂。

主要生产商 Fertiagro、Syngenta、大连瑞泽农药股份有限公司、广州市禾盛达化工有限公司、江苏快达农化股份有限公司、江苏省激素研究所股份有限公司、江苏瑞邦农药厂有限公司、江苏瑞东农药有限公司、宁波保税区汇力化工有限公司、沈阳丰收农药有限公司、沈阳科创化学品有限公司、苏州恒泰集团有限公司及泰达集团等。

作用机理 支链氨基酸(ALS 或 AHAS)合成抑制剂。被根、叶吸收后，迅速转移到分生组织，在敏感作物体内能抑制缬氨酸、亮氨酸和异亮氨酸的生物合成而阻止细胞分裂，使敏感植物停止生长，在受药后 1～3 周内死亡。它的选择性来源于在作物体内快速地代谢。磺酰脲类化合物选择性代谢参见 Koeppe M K, Brown H M . *Agro-Food-Industry*, 1995, 6：9-14。

应用

(1) 适宜作物 小粒禾谷类作物如小麦、大麦等。

(2) 防除对象 可防除一年生阔叶杂草和某些禾本科杂草如三色堇和猪殃殃等。

(3) 使用方法 用量通常为 5～10g(a.i.)/hm^2[每亩 0.33～0.67g(a.i.)]，苗后施用，特殊地区在植前拌土或芽前施用。春季施药，对阔叶杂草以及禾本科杂草和双子叶杂草防效尤佳。还可与溴苯腈或 2 甲 4 氯，绿麦隆或异丙隆混用，增加防除效果和范围。

专利与登记 专利 EP44809 早已过专利期，不存在专利权问题。国内登记情况：75％水分散粒剂及 10％可湿性粉剂等。

合成方法 邻氯乙氧基苯磺酰胺与光气反应制成相应的异氰酸酯，再与 2-氨基-4-甲氧基-6-甲基均三嗪反应，即制得醚苯磺隆。反应式如下：

中间体邻氯乙氧基苯磺酰胺的合成方法如下：

① 以邻氨基苯酚为起始原料经重氮化、磺化得邻羟基苯磺酰氯，再经氨化并与 2-氯乙基对甲苯磺酸反应而得目的物。

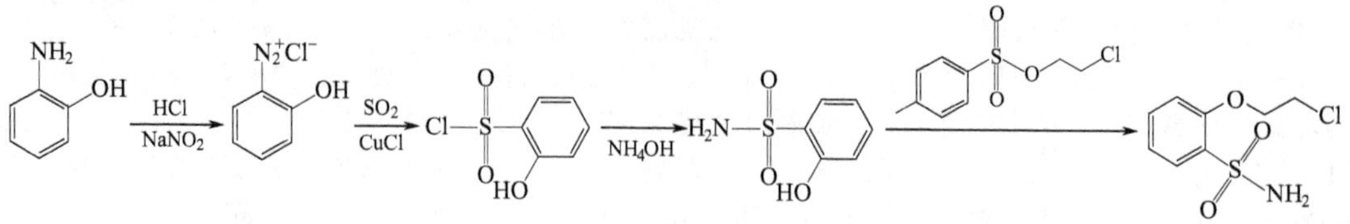

② 以对氯硝基苯为起始原料，经磺化、醚化、氯化、氨化、还原再重氮化脱氨基而得目的物。

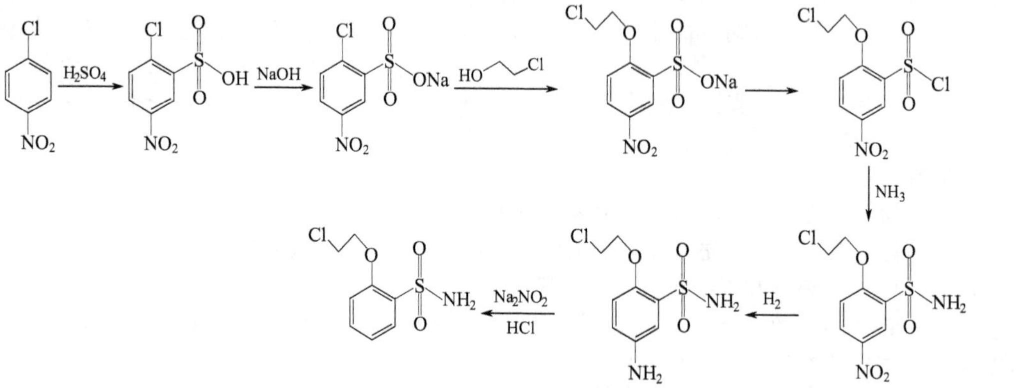

③ 以 2-羟基乙氧基对氯苯为起始原料，经氯化、磺化、再氯化、氨化、再经脱氯而得目的物。

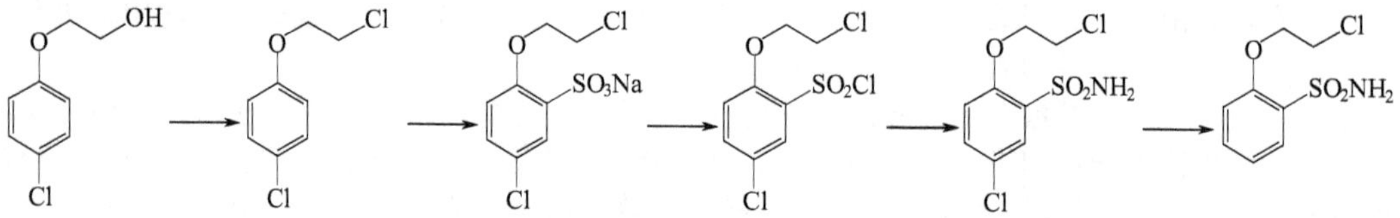

中间体 2-氨基-4-甲氧基-6-甲基均三嗪的合成：

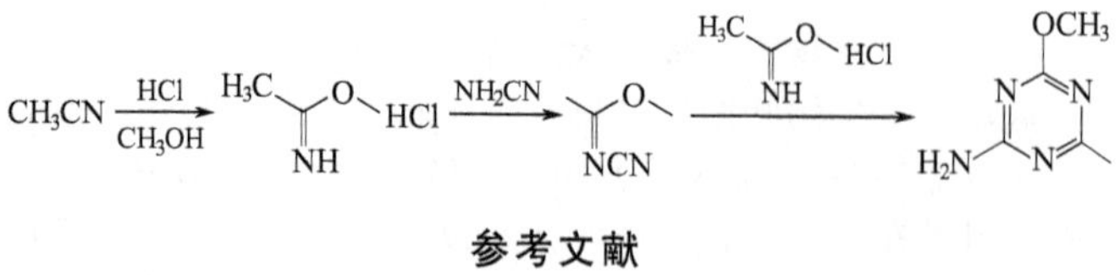

参考文献

[1] Proc Br Crop Prot Conf-Weed, 1985, 1: 55.

醚磺隆 cinosulfuron

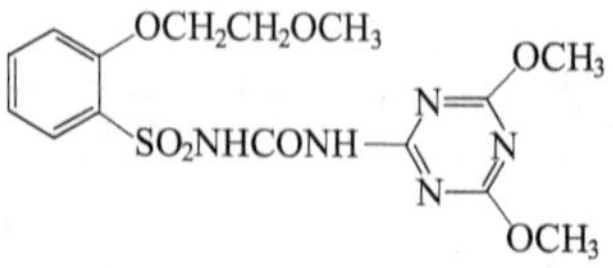

$$C_{15}H_{19}N_5O_7S, 413.4, 94593-91-6$$

醚磺隆(cinosulfuron)，试验代号　CGA142 464。商品名称　Apiro Ace、PIPSET。其他名称　莎多伏、甲醚磺隆、耕夫。是由汽巴-嘉基公司(现先正达公司)开发的磺酰脲类除草剂。

化学名称　1-(4,6-二甲氧基-1,3,5-三嗪-2-基)-3-[2-(2-甲氧基乙氧基)苯基磺酰基]脲，1-(4,6-dimethoxy-1,3,5-triazin-2-yl) -3-[2-(2-methoxyethoxy)phenylsulfonyl] urea。

理化性质　纯品为无色粉状结晶体，熔点 127.0～135.2℃，相对密度 1.47(20℃)。蒸气压＜0.01mPa(25℃)。分配系数 $K_{ow}\lg P = 2.04$(pH 2.1,25℃)。Henry 常数＜1×10^{-6} Pa·m^3/mol (pH 6.7)。在水中的溶解度(25℃,mg/L)：120(pH 5)，4000(pH 6.7)，19000(pH 8.1)。在有机溶剂中的溶解度(25℃,mg/L)：丙酮 36000、乙醇 1900，甲苯 540，正辛醇 260，正己烷＜1。加热至熔点以上即分解，在 pH 7～10 时无明显分解现象。在 pH 3～5 时水解。pK_a 4.72。

毒性　大小鼠急性经口 LD$_{50}$＞5000mg/kg，大鼠急性经皮 LD$_{50}$＞2000mg/kg，对兔皮肤和眼睛无刺激性，对豚鼠皮肤无致敏作用。大鼠吸入 LC$_{50}$(4h)＞5mg/L 空气。NOEL(mg/L)：(2y)大鼠 400，小鼠 60；(1y)狗 2500。

生态效应　日本鹌鹑急性经口 LD$_{50}$＞2000mg/kg。虹鳟鱼 LC$_{50}$(96h)＞100mg/L。水蚤 LC$_{50}$(48h)2500mg/L。淡水藻 EC$_{50}$(72h)4.8mg/L。对蜜蜂无毒，LD$_{50}$(经口和接触)＞100μg/只。蚯蚓 LC$_{50}$(14d)1000mg/kg。

环境行为

(1) 动物　甲氧基的水解和磺酰脲桥的断裂。24h 内 80％～100％的醚磺隆被快速排出体外。

(2) 植物　通过磺酰脲桥的断裂而快速降解。

(3) 土壤/环境　在土壤中，环上氧脱甲基化，通过磺酰脲桥的锻炼形成相应的苯酚、单羟基或双羟基三嗪，降解形成结合残留和 CO$_2$。DT$_{50}$：20d(实验室土壤)，3d(水稻田土壤)。无潜在的生物积累。K_{oc}20，表明醚磺隆可能有滤出效果，然而，纵向数据说明，快速地降解作用阻止了滤出现象。在自然条件下的水稻田中，光解作用使醚磺隆快速消散，土壤的吸附使残留量更少。

制剂　20％醚磺隆(莎多伏)水分散粒剂、10％醚磺隆可湿粉剂。

主要生产商　Fertiagro、Syngenta 及江苏安邦电化有限公司等。

作用机理与特点　支链氨基酸(ALS 或 AHAS)合成抑制剂乙酰乳酸合成酶抑制剂。通过抑制必需氨基酸的合成起作用，列如缬氨酸、异亮氨酸，进而停止细胞分裂和植物生长。选择性来源于植物体内的快速代谢。主要通过植物根系及茎部吸收，传导植物分生组织。用药后，中毒的杂草不会立即死亡，但生长停止，5～10d 后植株开始黄化、枯萎，最后死亡。

应用

(1) 适宜作物与安全性　可用于移植、直接播种、湿种、干种的水稻田，使用量 20～80g/hm^2。也可用于热带植物。可以与草坪除草剂一起使用，扩大杂草谱。适宜作物为水稻。在水稻体内，有效成分能通过脲桥断裂、甲氧基水解、脱氨基及苯环水解后与蔗糖轭合等途径，最后代谢成无毒物。醚磺隆在水稻叶片中半衰期为 3d，在水稻根中半衰期小于 1d，所以醚磺隆对水稻安全。但由于醚磺隆水溶性大于 3.7g/L 水，在漏水田中可能会随水集中到水稻根区，从而对水稻造成药害。

(2) 防除对象　异型莎草、鸭舌草、水苋菜、牛毛毡、圆齿尖头草、矮慈姑、野慈姑、萤蔺、花蔺、尖瓣花、雨久花、泽泻、繁缕、鳢肠、丁香蓼、眼子菜、浮叶眼子菜、母草、藨草、仰卧藨草、扁秆藨草等。

(3) 应用技术　①醚磺隆适用于移栽稻田防除阔叶杂草和莎草，对单子叶杂草无效。②施药时间为插秧后 5～15d，秧苗已转青时施药。施药时田间要有 3～5cm 水层，药后要保持水层 3～5d，防止串灌。③为了做到一次施药控制全季杂草可与杀稗剂混用，通常与 50％丙草胺乳油混用，南方稻区每亩用 50％丙草胺 30～40mL 加 20％醚磺隆 4～5g，北方稻区用丙草胺 50～60mL 加 20％醚磺隆 6～8g。配药时先将计划用药配成母液，按比例混配后再稀释。醚磺隆对恶性杂草眼子菜、矮慈姑在推荐剂量下就可获得良好的效果，如果防除扁秆藨草，则需二次用药，第一次每亩用 1.6～2.0g(a.i.)，10～15d 后施第二次药，每亩用药 1.2～2.0g(a.i.)。④如果因除草需要，在水直播田使用醚磺隆时应在 3～4 叶以后，每亩用药 1.2～1.6g(a.i.)，采用喷雾法或药土(沙)法施用；水稻 3 叶以前不宜使用。⑤北方因水田稗草发生高峰期在 5 月末到 6 月初，阔叶杂草发生高峰期在 6 月中下旬，若采用旱育稀植栽培技术，插秧时间在 5 月 15～30 日，插前整地时间在稗草发生高峰期前，施药时间在 5 月末 6 月初，与阔叶杂草发生时间相距 15～20d 加之醚磺隆在水田持效期长达 1 个月以上，因此对阔叶杂草有好的药效。⑥北方醚磺隆在水稻移栽后 5～7d 可与丁草胺、环庚草醚、莎稗磷混用，或移栽后 10～15d 与禾草敌混用，常采用毒土、毒肥、毒砂法施药。若与二氯喹啉酸混用可再拖后些，与二氯喹啉酸混用时采用喷雾法施药。而丁草胺、环庚草醚、莎稗磷等往往因整地与插秧间隔时间过长，稗草叶龄大，药效不佳。若施药提前，则对水稻不安全。而将丁草胺、环庚草醚、莎稗磷分两次施药，既对稗草和阔叶杂草防效均好，又对水稻安全。二氯喹啉酸防除大稗草也可作为急救措施。⑦由于醚磺隆的水溶性高，所以施药后田间不能串灌以防药剂流失影响效果。为保持 3～5d 的水层，可以灌水，不能排水。亦不宜用于渗漏性大的稻田，因为有效成分会随水渗漏，集中到根区，导致药害。

(4) 使用方法　苗后茎叶处理，也可采用药土(沙)法。喷雾时要求喷水量要足，以每亩 30～40L 水为宜，要求喷雾均匀周到。采用药土(沙)法可先用少量的水将计划用药量稀释成母液，与 15～20kg 细土(砂)充分拌匀，后撒施。每亩用量为 1～5.5g(a.i.)。南方稻区每亩用 1～1.2g(a.i.)，北方稻区 1.6～2.0g(a.i.)。

为扩大对阔叶杂草的防除效果，可同如下药剂混用：

每亩用 20%醚磺隆 10g 加 60%丁草胺 75～80mL，水稻移栽后 5～7d，水稻缓苗后施药。每亩用 20%醚磺隆 10g 加 30%莎稗磷 50～60mL，水稻移栽后 5～7d，水稻缓苗后施药。每亩用 20%醚磺隆 10g 加 10%环庚草醚 15～20mL，水稻移栽后 5～7d，水稻缓苗后施药。每亩用 20%醚磺隆 10g 加 96%禾草敌 100mL，水稻移栽后 10～15d 施药。每亩用 20%醚磺隆 10g 加 50%二氯喹啉酸 27～40g，水稻移栽后稗草 3～5 叶期施药，施药前 2d 放浅水层或田面保持湿润，喷雾法施药。水稻移栽前 3～5d，每亩用 60%丁草胺 80～100mL。水稻移栽后 15～20d 后，每亩用 60%丁草胺 80～100mL 加 20%醚磺隆 10g 混用。水稻移栽前 3～5d，每亩用 30%莎稗磷 50～60mL。水稻移栽后 15～20d，每亩用 30%莎稗磷 40～50mL 加 20%醚磺隆 10g 混用。水稻移栽前 3～5d，每亩用 10%环庚草醚 15～20mL。水稻移栽后 15～20d，每亩用 20%醚磺隆 10g 加 10%环庚草醚 10～15mL 混用。

专利与登记　专利 US4479821、EP44807 均早已过专利期，不存在专利权问题。国内登记情况：92%原药，10%、25%可湿粉剂；登记作物水稻移栽田；防治对象为阔叶杂草和莎草。

合成方法

(1) 中间体 2-甲氧基乙氧基苯磺酰胺的合成

① 以邻氯苯磺酰胺为起始原料，经与溴化苄、乙二醇单甲醚反应再脱保护基而得目的物。

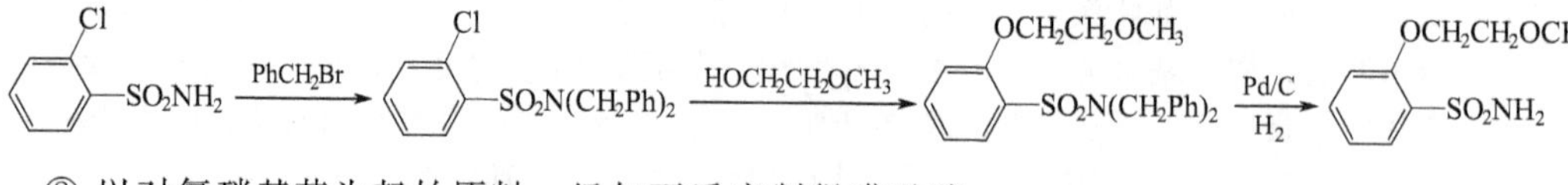

② 以对氯硝基苯为起始原料，经如下反应制得磺酰胺：

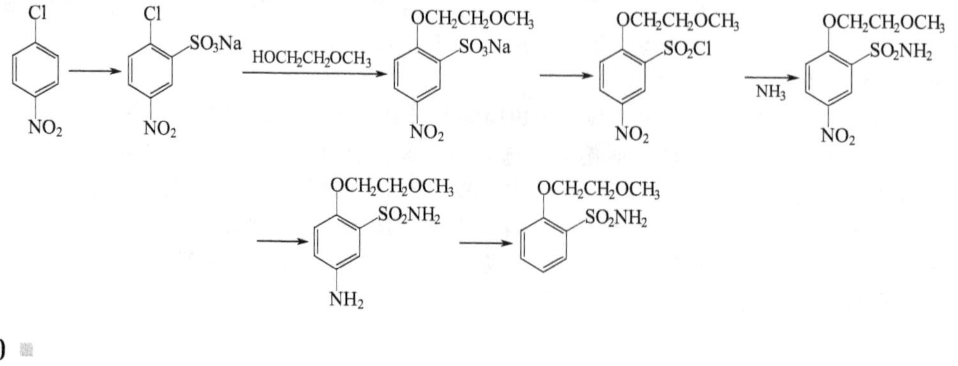

（2）4,6-二甲氧三嗪-2-胺的合成

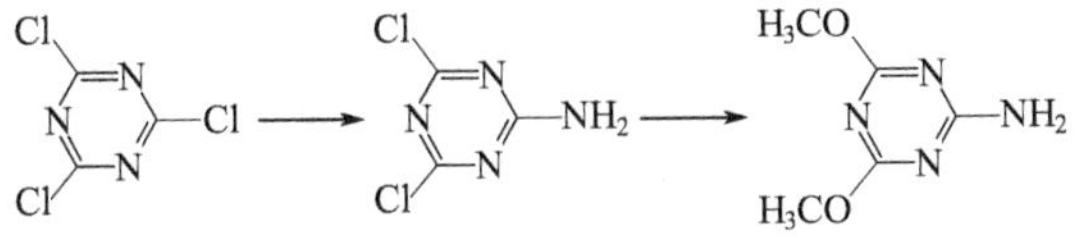

（3）醚磺隆合成　经由 2-甲氧基乙氧基苯磺酰胺与光气反应生成 2-甲氧基乙氧基苯磺酰基异氰酸酯，与相应的三嗪胺缩合即得。

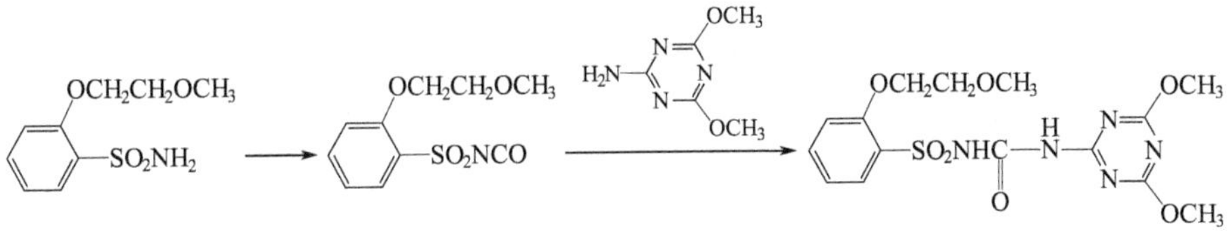

参考文献

［1］农化市场十日讯，2010，4：27.

醚菌胺 dimoxystrobin

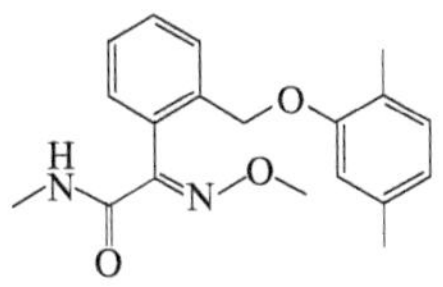

$C_{19}H_{22}N_2O_3$，326.4，149961-52-4

醚菌胺（dimoxystrobin），试验代号　BAS 505F。商品名称　Honor、Picto、Swing Gold。其他名称　二甲苯氧菌胺。由日本盐野义公司研制，并与 BASF 共同开发的 strobilurins 类杀菌剂。

化学名称　(E)-2-(甲氧亚氨基)-N-甲基-2-[α-(2,5-二甲基苯氧基)-o-甲苯基]乙酰胺。(E)-2-(methoxyimino)-N-methyl-2-[α-(2,5-xyloxy)-o-tolyl] acetamide。

理化性质　工业品纯度≥98%，纯品白色结晶固体，熔点 138.1～139.7℃，相对密度 1.235（25℃）。蒸气压 $6×10^{-4}$ mPa(25℃)。分配系数 $K_{ow}lgP=3.59$(pH 6.5)。水中溶解度(20℃,mg/L)：4.3(pH 5.7)，3.5(pH 8)。在有机溶剂中的溶解度：二氯甲烷>250，N，N-二甲基甲酰胺 200～250，丙酮 67～80，乙腈 50～57，乙酸乙酯 33～40，甲苯 20～25，甲醇 20～25，异丙醇、正庚烷、正辛醇和橄榄油均<10。在 pH 4～9、50℃条件下的水溶液中 30d 内可稳定存在。

毒性　大鼠急性经口 LD_{50}>5000mg/kg，大鼠急性经皮 LD_{50}>2000mg/kg。对兔皮肤有刺激性，对兔眼睛无刺激性。对豚鼠皮肤无致敏性。大鼠急性吸入 LC_{50} 1.3mg/L。大鼠 NOAEL（mg/kg）：(90d)3，(7d)4。ADI 0.0044mg/kg。

生态效应　山齿鹑急性经口 LD_{50}>2000mg/kg。山齿鹑和野鸭饲喂 LC_{50}(5d)>5000mg/kg。虹鳟鱼 LC_{50}(96h)>0.04mg/L。水蚤 EC_{50}(48h)0.039mg/L。浮萍 E_bC_{50}0.017mg/L。蜜蜂 LD_{50}(48h,μg/只)：>79(经口)，>100(接触)。

环境行为

（1）动物　醚菌胺进入大鼠体内后可被迅速吸收，并且可被快速完全排出体外。

（2）土壤/环境　醚菌胺在土壤中的半衰期 DT_{50} 2～39d，K_{oc} 196～935。

主要生产商　BASF。

作用机理　线粒体呼吸抑制剂即通过抑制在细胞色素 b 和 c_1 间电子转移从而抑制线粒体的呼吸。对 C14-脱甲基化酶抑制剂、苯甲酰胺类、二羧酰胺类和苯并咪唑类产生抗性的菌株有效。具有保护、治疗、铲除、渗透、内吸活性。

应用　广谱、内吸性杀菌剂，主要用于防治白粉病、霜霉病、稻瘟病、纹枯病等等。

专利概况　EP596692、EP644183 已过专利期，不存在专利权问题。

合成方法　醚菌胺的合成方法较多，此处仅介绍 3 种。

① 以邻甲基苯甲酸为起始原料，经一系列反应制得中间体苄溴，再与 2,5-二甲苯酚反应，最后与甲胺反应即得醚菌胺。

② 以苯酐为起始原料，经还原并与邻甲酚反应制得酸，酰氯化制得中间体酰氯，再经几步反应即得醚菌胺。

③ 以邻二甲苯为起始原料，氯化分离得到邻二氯苄，再经醚化等多步反应即得醚菌胺。

参考文献

[1] Pesticide Science, 1999, 55(7)：681-686.
[2] Pesticide Science, 1999, 55 (3)：347-349.

醚菌酯 kresoximmethyl

C$_{18}$H$_{19}$NO$_4$，313.4，143390-89-0

醚菌酯（kresoximmethyl），试验代号　BAS490F。商品名称　Allegro、Ardent、Candit、Cygnus、Discus、Kenbyo、Kresoxy、Mentor、Sovran、Stroby。其他名称　翠贝、苯醚菌酯。是德国巴斯夫公司开发的 strobilurins 杀菌剂。

化学名称　（E）-2-甲氧亚氨基-[2-（邻甲基苯氧基甲基）苯基] 乙酸甲酯。methyl（E）-2-methoxyimino-[2-（o-tolyloxymethyl）phenyl] acetate。

理化性质　纯品为白色结晶状固体，熔点 101.6~102.5℃，310℃分解，相对密度 1.258（20℃）。蒸气压 2.3×10^{-6}Pa（20℃）。K_{ow}lg$P$=3.4（pH 7,25℃）。Henry 常数 3.6×10^{-4}Pa•m^3/mol（20℃）。水中溶解度 2mg/L（20℃）。有机溶剂中的溶解度（20℃,g/L）：正庚烷 1.72，甲醇 14.9，丙酮 217，乙酸乙酯 213，二氯甲烷 939。水解半衰期 DT$_{50}$：34d（pH 7），7h（pH 9），在 25℃，pH 5 条件下相对稳定。无 pK_a 值，大致范围 2~12。

毒性　大鼠急性经口 LD$_{50}$＞5000mg/kg。大鼠急性经皮 LD$_{50}$＞2000mg/kg。大鼠吸入 LC$_{50}$（4h）＞5.6mg/L。对兔眼睛和皮肤无刺激性。NOEL：（3 个月）雄大鼠 2000mg/L[146mg/（kg•d）]，雌大鼠 500mg/L[43146mg/（kg•d）]；（2y）雄大鼠 36，雌大鼠 48mg/（kg•d）。ADI：（EU）0.4mg/（kg•d）[2011]，（JMPR）0.4mg/kg[1998]，（EPA）RfD 0.36mg/kg[1998]。在 Ames 试验中为阴性，无致畸性。

生态效应　尽管醚菌酯的同系物对水生生物有害，但是大田试验和生态研究表明醚菌酯在推荐剂量下使用时对水生生物无破坏性的伤害。鹌鹑经口 LD$_{50}$（14d）＞2150mg/kg。山齿鹑和野鸭饲喂 LC$_{50}$（8d）＞5000mg/L。鱼毒 LC$_{50}$（96h,mg/L）：虹鳟鱼 0.19，大翻车鱼 0.499。水蚤 EC$_{50}$（48h）0.186mg/L。纤维藻 EC$_{50}$（0~72h）63μg/L。蜜蜂 LD$_{50}$（48h,μg/只）：＞20（接触），14（经口）。蚯蚓 LC$_{50}$（14d）＞937mg/kg。

环境行为

（1）动物　动物经口后会迅速分布全身各处，并能迅速排出体外（2d 内可排出 90%），无生物累积。主要通过粪便和尿液排出体外。

（2）植物　在即将收获的谷物和梨果类水果中的残留量＜0.05mg/kg，在葡萄和蔬菜中的残留量＜1mg/kg。

（3）土壤/环境　醚菌酯在有氧土壤中可被迅速降解，也可经有氧或厌氧水生生物降解，降解半衰期 DT$_{50}$＜1d（土壤中），DT$_{90}$（实验室）＜3d，主要的降解产物是其相应的酸。K_{oc}219~372（醚菌酯），17~24（相应的酸）。但是蒸渗研究发现在蒸渗液中醚菌酯及其代谢产物的含量很低。

制剂　50%水分散粒剂。

主要生产商　BASF。

作用机理　线粒体呼吸抑制剂即通过抑制在细胞色素 b 和 c$_1$ 间电子转移从而抑制线粒体的呼吸。对 C14-脱甲基化酶抑制剂、苯甲酰胺类、二羧酰胺类和苯并咪唑类产生抗性的菌株有效。具有保护、治疗、铲除、渗透、内吸活性。具有很好的抑制孢子萌发作用。

应用

（1）适宜作物　禾谷类作物、水稻、马铃薯、苹果、梨、南瓜、葡萄等。

（2）对作物安全性　推荐剂量下对作物安全、无药害，对环境安全。

（3）**防治对象** 对子囊菌纲、担子菌纲、半知菌类和卵菌亚纲等致病真菌引起的大多数病害具有保护、治疗和铲除活性。

（4）**使用方法** 醚菌酯是一种广谱杀菌剂，且持效期长。对苹果和梨黑星病、白粉病有很好的防效，使用剂量为 $50\sim100g$(a.i.)$/hm^2$。对葡萄霜霉病、白粉病亦有很好的防效，使用剂量为 $100\sim150g$(a.i.)$/hm^2$。对小麦锈病、颖枯病、网斑病等有很好的活性，使用剂量为 $200\sim250g$(a.i.)$/hm^2$。对稻瘟病、甜菜白粉病和叶斑病、马铃薯早疫病和晚疫病、南瓜疫病也有防效，使用剂量为 $100\sim400g$(a.i.)$/hm^2$。

专利与登记 专利 EP0253213 早已过专利期，不存在专利权问题。国内登记情况：10%、30%、40%悬浮剂，30%水乳剂，30%、50%、60%、80%水分散粒剂，30%、50%、60%可湿性粉剂，95%原药；登记作物：小麦、苹果树、番茄、黄瓜、葡萄；防治对象为斑点落叶病、白粉病、早疫病等。巴斯夫欧洲公司在中国登记情况见表149。

表 149　巴斯夫欧洲公司在中国登记情况

登记名称	登记号	含量	剂型	登记作物	防治对象	用药量	施用方法
醚菌·啶酰菌	PD20101017	醚菌酯 100g/L 啶酰菌 200g/L	悬浮剂	黄瓜	白粉病	$202.5\sim270g/hm^2$	喷雾
				甜瓜	白粉病	$202.5\sim270g/hm^2$	
				草莓	白粉病	$112.5\sim225g/hm^2$	
				苹果	白粉病	$75\sim150mg/kg$	
醚菌酯	PD20070124	醚菌酯 50%	水分散粒剂	草莓	白粉病	$100\sim166.7mg/kg$	喷雾
				苹果	斑点落叶病	$125\sim166.7mg/kg$	
				苹果树	黑星病	$5000\sim7000$ 倍液	
				梨树	黑星病	$100\sim166.7mg/kg$	
				黄瓜	白粉病	$100\sim150g/hm^2$	
醚菌酯	PD2007015	94%	原药				

合成方法 合成方法较多，部分方法如下：

① 以邻甲基苯酚、邻溴苄溴为起始原料，经如下反应制得目的物：

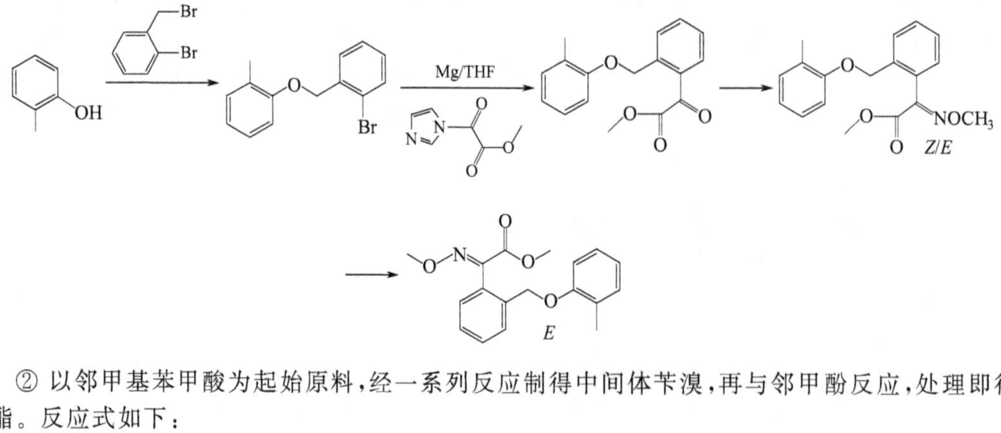

② 以邻甲基苯甲酸为起始原料，经一系列反应制得中间体苄溴，再与邻甲酚反应，处理即得醚菌酯。反应式如下：

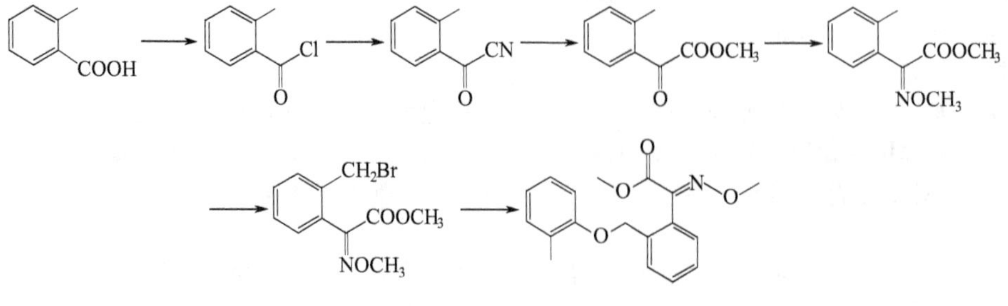

③ 以邻甲基苯乙酸为起始原料,经一系列反应制得中间体苄溴,再与邻甲酚反应,处理即得醚菌酯。反应式如下:

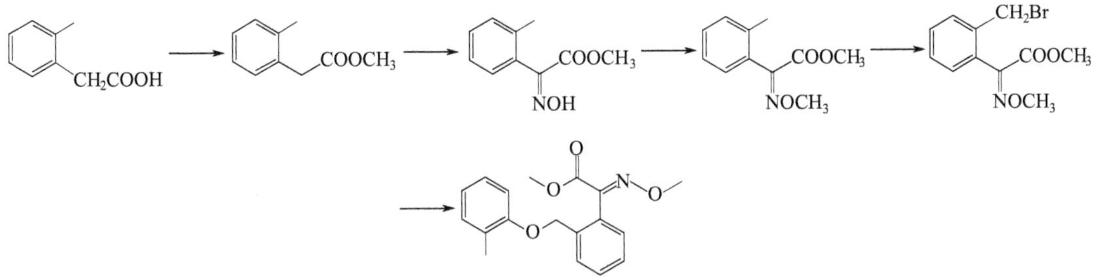

④ 以邻甲基苯甲醛为起始原料,首先与氰化钠反应,再经水解、氧化、甲氧胺成肟、溴化、醚化等一系列反应即可制得目的物醚菌酯。反应式如下:

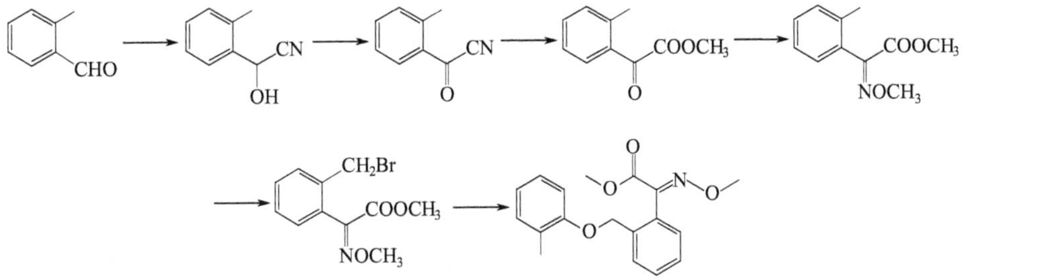

⑤ 以苯酐为起始原料,经还原、氯化与酰氯化制得中间体酰氯,再经几步反应后与邻甲酚反应,得醚菌酯,反应式如下:

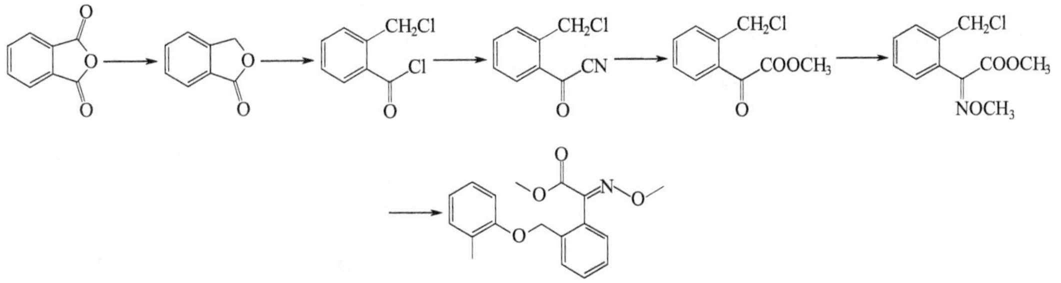

⑥ 以苯酐为起始原料,经还原并与邻甲酚反应制得酸,酰氯化制得中间体酰氯,再经几步反应即得醚菌酯,反应式如下:

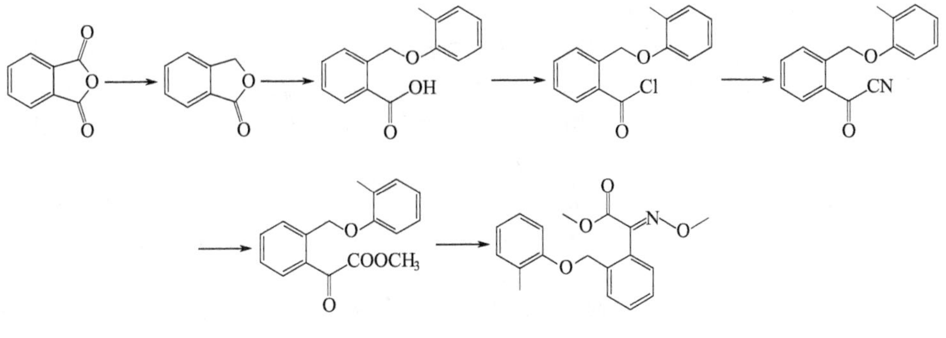

⑦ 以邻甲基苯腈为起始原料,经如下反应即可得到醚菌酯,反应式如下:

参考文献

[1] Proc Br. Crop Prot Conf:Pests Dis,1992,1:403.
[2] 魏兴辉. 浙江化工,2013,2:7-9.

嘧苯胺磺隆 orthosulfamuron

$C_{16}H_{20}N_6O_6S$, 424.4, 213464-77-8

嘧苯胺磺隆(orthosulfamuron),试验代号 IR5878。商品名称 Flamma、Kelion、Percutio、Pivot、Strada、Vortex。是由意大利意赛格公司研发的磺酰脲类除草剂。

化学名称 1-(4,6-二甲氧基嘧啶-2-基)-3-[(2-二甲氨基甲酰)苯氨基磺酰]脲,2-[[[[(4,6-dimethoxy-2-pyrimidinyl)amino]carbonyl]amino]sulfonyl]amino]-N,N-dimethylbenzamide。

理化性质 白色粉末,时有结块。工业品纯度>98%。熔点157℃。在达到沸点之前分解。蒸气压≤$1.116×10^{-1}$mPa(20℃),$K_{ow}lgP$:2.02(pH 4),1.31(pH 7),<0.3(pH 9)。Henry常数<$7.6×10^{-5}$Pa·m³/mol(pH 7,20℃),相对密度1.48(22.0℃)。水中溶解度(20℃,mg/L):26.2(pH 4),629(pH 7),38900(pH 8.5);在其他溶剂中溶解度(20℃,g/L):丙酮19.5,乙酸乙酯3.3,1,2-二氯乙烷56.0,甲醇8.3,正庚烷0.00023,二甲苯0.1298。稳定性:在54℃时稳定性≥14d;水解DT_{50}(50℃):0.43h(pH 4),35h(pH 7),8d(pH 9);DT_{50}(25℃):8h(pH 5),24d(pH 7),228d(pH 9)。

毒性 大鼠、小鼠、兔子急性经口 LD_{50}>5000mg/kg。大鼠急性经皮 LD_{50}>5000mg/kg。对兔眼睛和皮肤无刺激性,对豚鼠皮肤无致敏性。空气吸入 LC_{50}(4h)大鼠>2.190mg/L空气(最高有效成分)。NOEL数据[mg/(kg·d)]:大鼠(2y)5;雄小鼠100,雌小鼠1000(18个月);狗(1y)75。ADI值cRfD 0.05mg/kg。对鼠和兔子没有致突变性、基因毒性、致癌性和致畸性。

生态效应 山齿鹑和野鸭急性经口 LD_{50}>2000mg/kg。山齿鹑和野鸭饲喂 LC_{50}(5d)>5000mg/L。鱼 LC_{50}(96h,mg/L):虹鳟鱼>122,大翻车鱼>142,斑马鱼>100。水蚤 EC_{50}(48h)>100mg/L。藻类 E_bC_{50}(72h,mg/L):淡水绿藻41.4,淡水蓝绿藻1.9。浮萍 E_bC_{50}(7d)0.327μg/L。LC_{50}(96h,mg/L):杂色鳉>123,摇蚊>122,(流动)太平洋牡蛎>97。蜜蜂 LD_{50}(48h,μg/只):经口>109.4,接触>100。蚯蚓 LC_{50}>1000mg/kg干土。

环境行为

(1) 动物 迅速通过肠道吸收,同位素检测90%的代谢物24h内通过尿液排出,48h内通过粪便排出,不受性别和剂量的影响。大多数代谢主要是通过O-脱甲基作用,N-脱甲基作用和水解消除磺酰脲键。

（2）植物　在水稻和稻秆中没有发现重要的残留物。

（3）土壤/环境　在两处水稻田中（砂土地 pH 6.3，o.c.0.7%；粉砂黏土地 pH 6.2，o.c.7.2%）DT_{50}分别为 10d 和 21d，DT_{90}分别为 33d 和 72d。

剂型　50%水分散粒剂。

主要生产商　Isagro。

作用机理与特点　嘧苯胺磺隆属于胺磺酰脲类除草剂，通过抑制杂草的乙酰乳酸合成酶（ALS），阻止植物支链氨基酸的合成，从而阻止杂草蛋白质的合成，使杂草细胞分裂停止，最后杂草枯死。该药可经叶、根吸收。经田间药效试验表明，对水稻田稗草、莎草及阔叶杂草有较好的防效。

应用　主要作用于水稻中一年和多年生阔叶草和莎草。有效成分用药量为 60～75g(a.i.)/hm^2（折成 50%水分散粒剂商品量为 120～150g/hm^2 或 8～10g/亩）；最佳施药时期在水稻插秧后 5～7d；使用方法为茎叶喷雾或毒土法。生长季施药 1 次；对低龄杂草防效较明显；在南方稻田使用，对水稻存在一定程度抑制和失绿现象，2 周后可恢复。在推荐的使用剂量下[150g(a.i.)/hm^2 以下]对当茬水稻和水稻田主要后茬作物安全。水稻收割后，广西、湖南、湖北等省后茬种植萝卜、马铃薯、小麦、油菜、甘蓝、大蒜，黑龙江省、辽宁省后茬种植大豆、玉米、甜菜等，未发现异常。

专利与登记

专利名称　Preparation of aminosulfonylureas with herbicidal activity

专利号　WO9840361

专利申请日　1998-03-09

专利拥有者　Isagro Ricerca S. R. L

在其他国家申请的专利：CA2283570、AU9868306、EP971902、BR9808327、JP2001516347、JP4351741、AT211133、ES2165151、PT971902、CN1129585、IL131855、MX9908373、US6329323、CN1446806 等。

国内登记情况：50%水分散粒剂；登记作物为水稻；防治对象为稗草、莎草及阔叶杂草。

合成方法　具体合成方法如下：

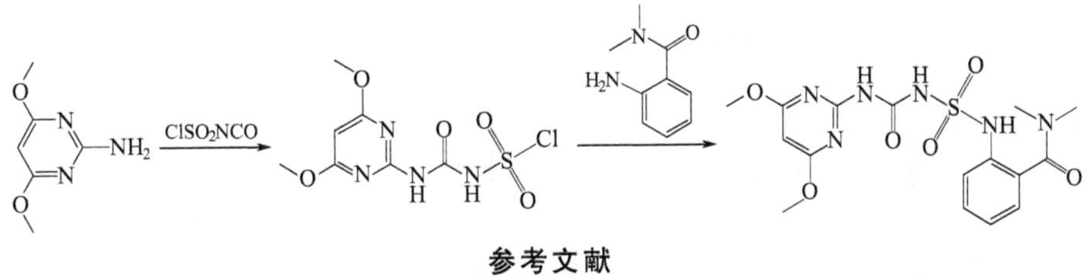

参考文献

[1] 农药科学与管理，2009，30(11)：60.

嘧草硫醚 pyrithiobac-sodium

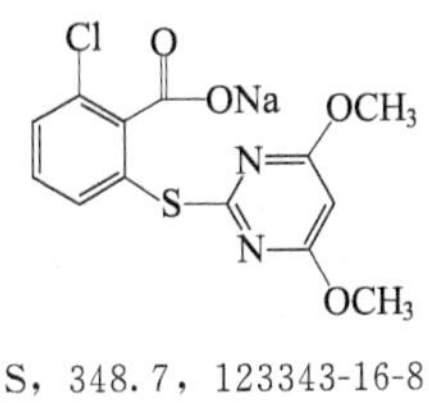

$C_{13}H_{10}ClN_2NaO_4S$，348.7，123343-16-8，123342-93-8(酸)

嘧草硫醚(pyrithiobac-sodium)，试验代号 KIH-2031、DPX-PE350。商品名称 Staple。其他名称 Staple Plus、嘧硫草醚。是由日本组合化学株式会社和庵原化学株式会社研制，由日本组合化学株式会社、庵原化学株式会社和杜邦公司共同开发的嘧啶水杨酸类除草剂。

化学名称 2-氯-6-(4,6-二甲氧基嘧啶-2-基硫)苯甲酸钠盐，2-chloro-6-(4,6-dimethoxypyrim-idin-2-ylthio)benzoic acid sodium salt。

理化性质 原药纯度＞93%。纯品为白色固体，熔点233.8～234.2℃(分解)，蒸气压$4.80×10^{-6}$mPa(25℃)。K_{ow}lg$P$(20℃)：0.6(pH 5)，−0.84(pH 7)。相对密度1.609。水中溶解度(20℃，g/L)：264(pH 5)，705(pH 7)，690(pH 9)，728(蒸馏水)。其他溶剂中溶解度(20℃，mg/L)：丙酮812，甲醇$270×10^3$，二氯甲烷8.38，正己烷10，甲苯5.05，乙酸乙酯205。在pH 5～9，27℃水溶剂中32d稳定，54℃加热储存15d稳定。水中光解DT_{50}(25℃，氙灯)：11d(pH 5)，13d(pH 7)，15d(pH 9)。pK_a 2.34。

毒性 大鼠急性经口LD_{50}(mg/kg)：雄性3300，雌性3200。兔急性经皮LD_{50}＞2000mg/kg。对兔皮肤无刺激性，对兔眼睛有刺激性。大鼠吸入LC_{50}(4h)＞6.9mg/L。NOEL数据[mg/(kg·d)]：(2y)雄大鼠58.7，雌大鼠278；(78周)雄小鼠217，雌小鼠319。ADI值(EPA)0.6mg/kg。无致突变性、致畸性及致癌性。

生态效应 山齿鹑急性经口LD_{50}＞2250mg/kg。野鸭和山齿鹑饲喂LC_{50}(5d)＞5620mg/kg饲料。鱼类LC_{50}(96h，mg/L)：大翻车鱼＞930，虹鳟鱼＞1000，羊头鲦鱼＞145。水蚤LC_{50}(48h)＞1100mg/L。羊角月牙藻EC_{50}(5d)107μg/L，NOEC值22.8μg/L。牡蛎LC_{50}(96h)＞130mg/L。蜜蜂LD_{50}(接触，48h)＞25μg/只。

环境行为

(1) 动物 大鼠口服和静脉注射5mg/kg后大于90%放射性标记的嘧草硫醚在48h内以尿液和粪便的形式排出体外，主要代谢产物是O-去甲基的衍生物。鸡和山羊10mg/L喂食后通过大便排出体外，O-去甲基衍生物是主要代谢产物，两个物种在肾脏中残留均≤0.06mg/L，在肝脏，肌肉和脂肪中残留更少。

(2) 植物 嘧草硫醚在棉花叶片中迅速降解，叶面喷施62d后无残留，代谢产物为单去甲基与葡萄糖的共轭产物，棉种皮中未发现残留。

(3) 土壤/环境 嘧草硫醚在土壤中通过微生物和光化学降解，DT_{50}60d(粉质土)；K_d0.32(砂质土)，0.6、038、0.75(3种粉质土壤)。

剂型 水分散粒剂。

主要生产商 Fertiagro及Kumiai等。

作用机理 乙酰乳酸合成酶(ALS)抑制剂，通过阻止氨基酸的生物合成而起作用。

应用

(1) 适宜作物与安全性 棉花。对棉花安全，是基于其在棉花植株中快速降解。

(2) 防除对象 一年生和多年生禾本科杂草和大多数阔叶杂草。对众所周知的难除杂草如各种牵牛、苍耳、苘麻、刺黄花稔、田菁、阿拉伯高粱等有很好的防除效果。

(3) 使用方法 主要用于棉花田苗前及苗后除草。土壤处理和茎叶处理均可，使用剂量为35～105g(a.i.)/hm²[亩用量为2.3～7g(a.i.)]。苗后需同表面活性剂等一起使用。

专利概况 专利EP315889、US5149357、EP346789等均早已过专利期，不存在专利权问题。

合成方法 主要有如下两种方法：

① 以3-氯-2-甲基-硝基苯为原料，经氧化制得羧酸，再经还原，重氮化制得中间体巯基苯甲酸，最后与中间体4,6-二甲氧基-2-甲基磺酰基嘧啶缩合即得目的物。

② 以 3-氯-2-甲基-硝基苯为原料，经氧化制得羧酸，再经还原制得中间体氨基苯甲酸，最后经重氮化与中间体 2-甲基磺酰基-4,6-二甲氧基嘧啶缩合即得目的物。

参考文献

[1] Proc Br Crop Prot Conf-Weed，1995，1：57.
[2] 日本农药学会志，1996，21（3）：293-303.

嘧草醚 pyriminobac-methyl

$C_{17}H_{19}N_3O_6$，361.4，136191-64-5，136191-56-5（酸）

嘧草醚（pyriminobac-methyl），试验代号 KIH-6127、KUH-920。商品名称 Hieclean、Topgun。其他名称 Format、Patful、Patful Ace、Prosper。由日本组合化学株式会社开发的嘧啶水杨酸类除草剂。

化学名称 2-(4,6-二甲氧基-2-嘧啶氧)-6-(1-甲氧基亚氨乙基)苯甲酸甲酯，methyl 2-(4,6-dimethoxy-2-pyrimidinyloxy)-6-(1-methoxyiminoethyl)benzoate。

理化性质 原药纯度>93%，(E)式占 75%～78%，(Z)式占 21%～11%。纯品为白色粉状固体(原药为浅黄色颗粒状固体)，熔点 105℃[纯(Z)式 70℃，纯(E)式 106.8℃]。沸点(E)式 237.4℃，(Z)式 235.9℃ (1333Pa)。蒸气压(25℃)：(Z)式 $2.681×10^{-2}$ mPa，(E)式 $3.5×10^{-2}$ mPa。分配系数 K_{ow}LgP(20℃)：(E)式 2.51，(Z)式 2.11。相对密度(20℃)：(E)式 1.3868，(Z)式 1.2734。溶解度(20℃,g/L)：(E)式：水 0.00925，甲醇 14.6，正己烷 0.456，甲苯 64.6，丙酮 117，二氯甲烷 510，乙酸乙酯 45.0；(Z)式：水 0.175，甲醇 14.0，正己烷 4.11，甲苯 852～1250，丙酮 584，二氯甲烷 2460～3110，乙酸乙酯 1080～1370。在水中对光、热稳定，在 150℃不会分解，在 22℃和 55℃均可稳定存在 14d。水中光解 DT_{50}：(E)式：天然水 231d，蒸馏水 491；(Z)式：天然水 178d，蒸馏水 301d。

毒性 大鼠急性经口 LD_{50}>5000mg/kg。大鼠急性经皮 LD_{50}>2000mg/kg。对兔皮肤和兔眼睛均有轻微的刺激性。对豚鼠皮肤有致敏性。大鼠吸入 LC_{50}(4h,14d)5.5mg/L 空气。NOEL 数据[mg/(kg·d)，2y]：雄大鼠 0.9，雌大鼠 1.2，雄小鼠 8.1，雌小鼠 9.3。ADI 值 0.02mg/kg。无致突变性、致畸性。

生态效应 山齿鹑急性经口 LD_{50}>2000mg/kg。山齿鹑和野鸭饲喂 LC_{50}(5d)>5200mg/kg 饲料。鱼毒 LC_{50}(96h,mg/L)：鲤鱼>59.8，虹鳟鱼 21.2。水蚤 EC_{50}(48h)>3.8mg/L。月牙藻 E_bC_{50}(72h)20.6mg/L。蜜蜂 LD_{50}(72h,经口与接触)>200μg/只。蚯蚓 LC_{50}(14d)>1000mg/kg 土。家蚕 NOEL 值>200μg/只。

环境行为

(1) 动物 几乎所有的 ^{14}C 标记的产品通过尿和粪便排出。有很多代谢物可以检测到。

(2) 植物 有 10%浓度的 ^{14}C 嘧草醚分散在(4 叶期，水稻)植物体内，收获期残留大都在稻秆。

(3) 土壤/环境 K_{oc}[(E)式] 425～1270，[(Z)式] 215～636。

制剂 10%可湿性粉剂，0.1%水分散粒剂。

主要生产商 Kumiai。

作用机理 乙酰乳酸合成酶(ALS)抑制剂，通过阻止支链氨基酸的生物合成而起作用。选择性内吸除草剂，通过茎叶吸收，在植株体内吸传导，杂草即停止生长，而后枯死。

应用

(1) 适宜作物与安全性 水稻。在推荐剂量下，对所有水稻品种具有优异的选择性，并可在水稻生长的各个时期施用。

(2) 防除对象 稗草(苗前至 4 叶期的稗草)。

(3) 使用方法 苗后茎叶处理，使用剂量为 30～90g(a.i.)/hm²[亩用量为 2～5g(a.i.)]。持效期长达 50d。如 30g(a.i.)/hm²[亩用量 2g(a.i.)]与苄嘧磺隆 51g(a.i.)/hm²[亩用量 3.4g(a.i.)]混用，对大龄稗草活性高于两者单独施用，且不影响苄嘧磺隆防除莎草和阔叶杂草。

专利与登记 专利 EP0435170 早已过专利期，不存在专利权问题。国内登记情况：10%可湿性粉剂；登记作物为水稻(移栽田)、水稻(直播田)；防治对象为稗草。日本组合化学工业株式会社在中国登记情况见表 150。

表 150 日本组合化学工业株式会社在中国登记情况

登记名称	登记证号	含量	剂型	登记作物	防治对象	用药量/(g/hm²)	施用方法
嘧草醚	PD20086020	10%	可湿性粉剂	水稻(移栽田) 水稻直播(田)	稗草	30～45	药土法
嘧草醚	PD20086021	97%	原药				

合成方法 以 2-羟基-6-乙酰基苯甲酸甲酯起始原料，与甲氧基胺反应后，再与 2-甲基磺酰基-4,6-二甲氧基嘧啶反应即得目的物。反应式为：

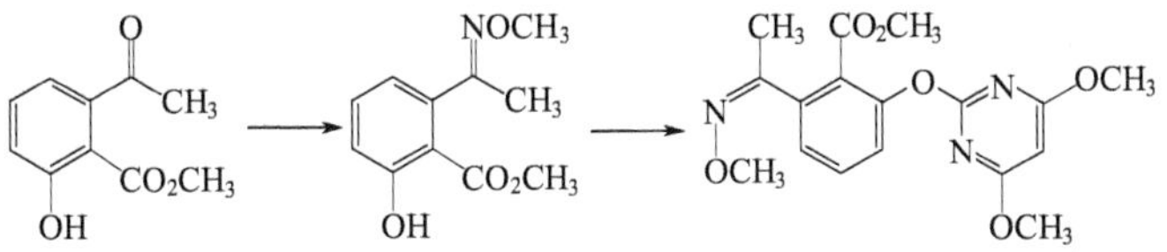

2-羟基-6-乙酰基苯甲酸甲酯的合成方法较多，最佳的合成路线如下：以苯酐为起始原料，经硝化制得硝基苯酐。再与甲醇反应后，与氯化亚砜进行酰氯化。然后与丙二酸二乙酯反应、脱羧、酯化。最后经还原、重氮化水解即得 2-羟基-6-乙酰基苯甲酸甲酯。反应式为：

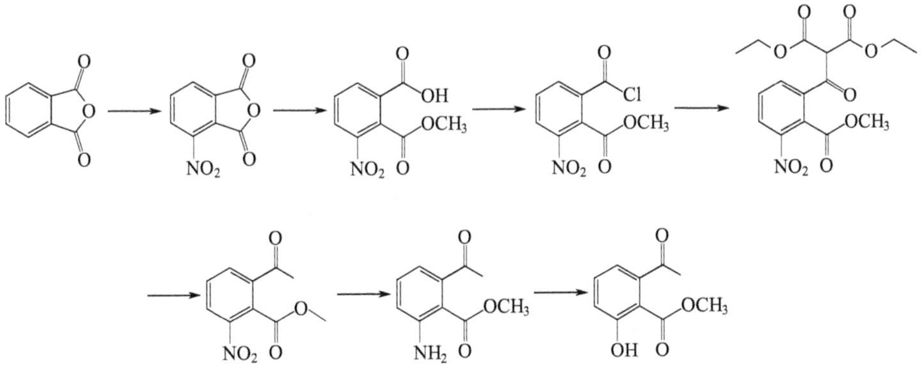

参考文献

[1] 程志明. 世界农药, 2003, 1: 1-6.

嘧虫胺 flufenerim

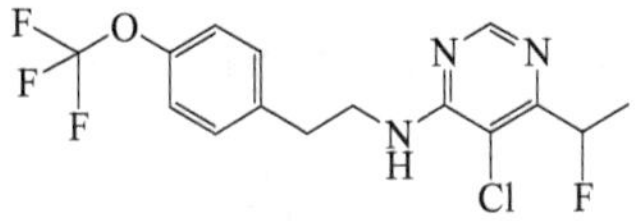

C$_{15}$H$_{14}$ClF$_4$N$_3$O，363.7，170015-32-4

嘧虫胺(flufenerim)，试验代号 S-1560、UR-50701。商品名称 Miteclean。是日本宇部兴产在继杀螨剂嘧螨醚(pyrimidifen)开发之后，推出的又一个新型嘧啶类杀虫剂，现由住友化学开发。

化学名称 [5-氯-6-[(RS)-1-氟乙基]嘧啶-4-基][4-(三氟甲氧基)苯乙基]胺。[5-chloro-6-[(RS)-1-fluoroethyl]pyrimidin-4-yl][4-(trifluoromethoxy)phenethyl]amine。

应用 用于番茄、胡椒、菠萝、蔬菜等作物防治象甲、蚧类害虫。

专利概况

专利名称 Preparation of 4-(phenethylamino)pyrimidines as pesticides.

专利号 EP665225

专利申请日 1995-01-27

专利拥有者 Ube Industries(JP)

在其他国家申请的化合物专利：JP07258223、JP2995726、US5498612 等。

工艺专利：JP11049759、JP3887893、JP11012253、JP10251105、JP10036355 等。

合成方法 可通过以下反应制得嘧虫胺：

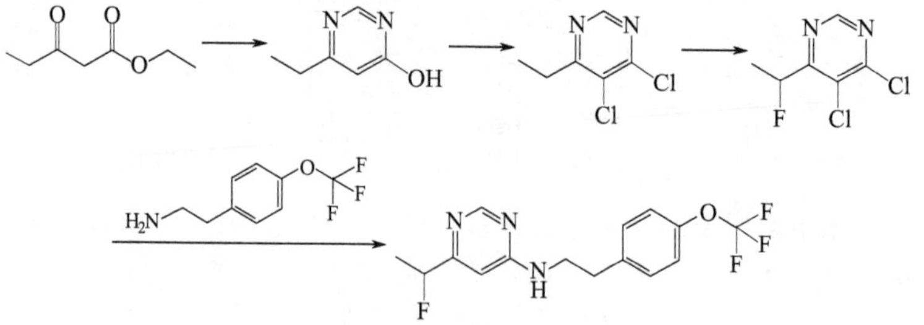

中间体的制备如下：

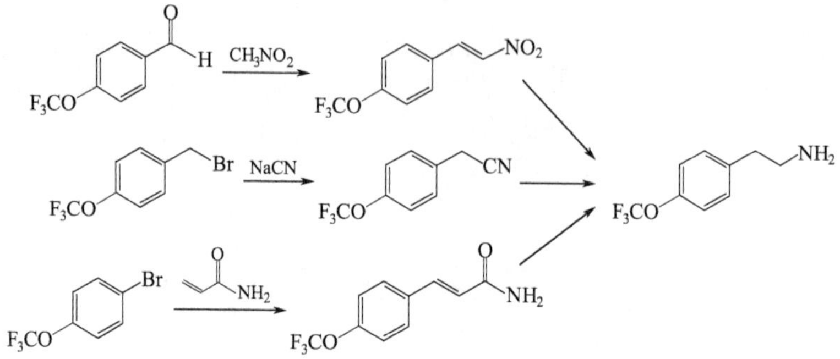

嘧啶肟草醚 pyribenzoxim

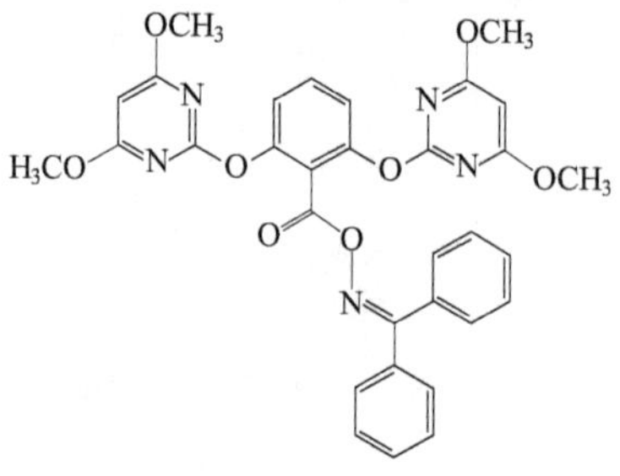

$C_{32}H_{27}N_5O_8$，609.6，168088-61-7

嘧啶肟草醚（pyribenzoxim），试验代号 LGC-40863。商品名称 Kiljabi Gold、Pyanchor。其他名称 Solito、韩乐天。是由韩国 LG 公司开发的嘧啶醚类除草剂。

化学名称 O-[2,6-双[（4,6-二甲氧基-2-嘧啶基）氧基]苯甲酰基]二苯酮肟，benzophenone O-[2,6-bis[(4,6-dimethoxy-2-pyrimidinyl)oxy]benzoyl]oxime。

理化性质 纯品为无味白色固体。熔点 128～130℃。蒸气压$<9.9\times10^{-1}$mPa。$K_{ow}\lg P=3.04$。水中溶解度（25℃）3.5mg/L。

毒性 大鼠和小鼠急性经口 $LD_{50}>5000$mg/kg。大鼠急性经皮 $LD_{50}>2000$mg/kg。对兔眼无刺激性，对豚鼠皮肤无致敏性。无致畸、致癌、致突变作用。

生态效应 水蚤 LC_{50}（48h）>100mg/L。藻类 EC_{50}（96h）>100mg/L。蜜蜂 LD_{50}（24h）>100mg/L。

环境行为 土壤/环境：在土壤中无流动性并能快速降解。在砂质壤土或黏质土的浸出试验中，在 0～10cm 人造土层间，有大于 90% 嘧啶肟草醚会积累。砂质壤土中 K_{oc}（pH 4.3，o.c.1.7%）5.19×10^5，在黏质土中（pH 4.8，o.c.1.6%）5.15×10^5，在黏土中（pH 5.9，

o. c. 2.5％)8.57×10^4，在粉砂壤土中(pH 7.7，o. c. 0.8％)2.47×10^6；Freundlich K 分别为 8820、8340、2100、20654。田间 DT_{50} 7d.

制剂 1％、10％乳油，还有可湿性粉剂和水分散粒剂。

主要生产商 LG。

作用机理与特点 乙酰乳酸合成酶(ALS)抑制剂。嘧啶肟草醚的选择性在于代谢速率不同。嘧啶肟草醚可被植物的茎叶吸收，在体内传导，抑制敏感植物氨基酸的合成。敏感杂草吸收药剂后，幼芽和根停止生长，幼嫩组织如心叶发黄，随后整株枯死。杂草吸收药剂至死亡有一个过程，一般一年生杂草 5～15d，多年生杂草要长一些。

应用

(1) 适宜作物与安全性 水稻(移栽田、直播田和抛秧田)和小麦。对水稻和小麦安全。在土壤中可快速降解，故对地下水无影响。对环境亦安全。对下茬轮作也无影响。在低温条件下施药过量水稻会出现叶黄、生长受抑制，1d 后可恢复正常生长，一般不影响产量。

(2) 防除对象 可防除众多的禾本科杂草和阔叶杂草。禾本科杂草如看麦娘、马唐、稗草、狗尾草、早熟禾、千金子、狗牙根等。阔叶杂草如苘麻、田皂角、反枝苋、大狼把草、决明、藜、田旋花、猪殃殃、马齿苋、羊蹄、蓼、田菁、龙葵、繁缕、蒲公英、三色堇、欧洲苍耳。莎草科杂草牛毛毡、鸭舌草、日本藨草、异型莎草、水莎草等。对稗草活性尤佳。

(3) 使用方法 具有广谱的除草活性，苗后茎叶处理(毒土、毒沙无效)，使用剂量为 30g (a.i.)/hm^2[亩用量为 2g(a.i.)]。水稻移栽田播后，抛秧田抛后，直播田苗后稗草 3.5～4.5 叶期为施药期，每亩用 1％嘧啶肟草醚 250～350mL(有效成分 2.5～3.5g)，一年生杂草用低剂量，多年生杂草用高剂量。施药前排水，使杂草露出水面再喷雾。喷液量每亩人工 30～40L。选风小、晴天、气温较高时施药，施药后 1～2d 再灌水入田，且 1 周内水层保持 5～7cm。

专利与登记 专利 EP0658549、CA2194080 等均早已过专利期，不存在专利权问题。国内登记情况：9％微乳剂，5％乳油；登记作物为水稻(直播田)，水稻 (移栽田)；防治对象为一年生杂草、稗草、阔叶杂草。国外公司在中国登记情况见表 151 和表 152。

表 151 瑞士先正达作物保护有限公司在中国登记情况

登记名称	登记证号	含量	剂型	登记作物	防治对象	用药量/(g/hm²)	施用方法
嘧肟.丙草胺	LS20100098	30.6％	乳油	水稻 (移栽田)	多种一年生杂草	东北：384～480；其他：288～384	茎叶喷雾
				水稻 (直播田)	多种一年生杂草	288～384	

表 152 韩国 LG 生命科学有限公司在中国登记情况

登记名称	登记证号	含量	剂型	登记作物	防治对象	用药量/(g/hm²)	施用方法
嘧啶肟草醚	PD20101262	95％	原药				
嘧啶肟草醚	PD20101271	5％	乳油	水稻 (移栽田)	稗草	30～37.5(南方地区)；37.5～45(东北地区)	茎叶喷雾
				水稻 (移栽田)	阔叶杂草		
				水稻 (移栽田)	一年生杂草		
				水稻 (直播田)	稗草		
				水稻 (直播田)	阔叶杂草		
				水稻 (直播田)	一年生杂草		

合成方法 以 2,6-二羟基苯甲酸为起始原料，经酯化、酰氯化与肟反应，得中间体(Ⅰ)。中间体(Ⅰ)在碳酸钾存在下与 4,6-二甲氧基-2-甲基磺酰基嘧啶反应，即得目的物。反应式为：

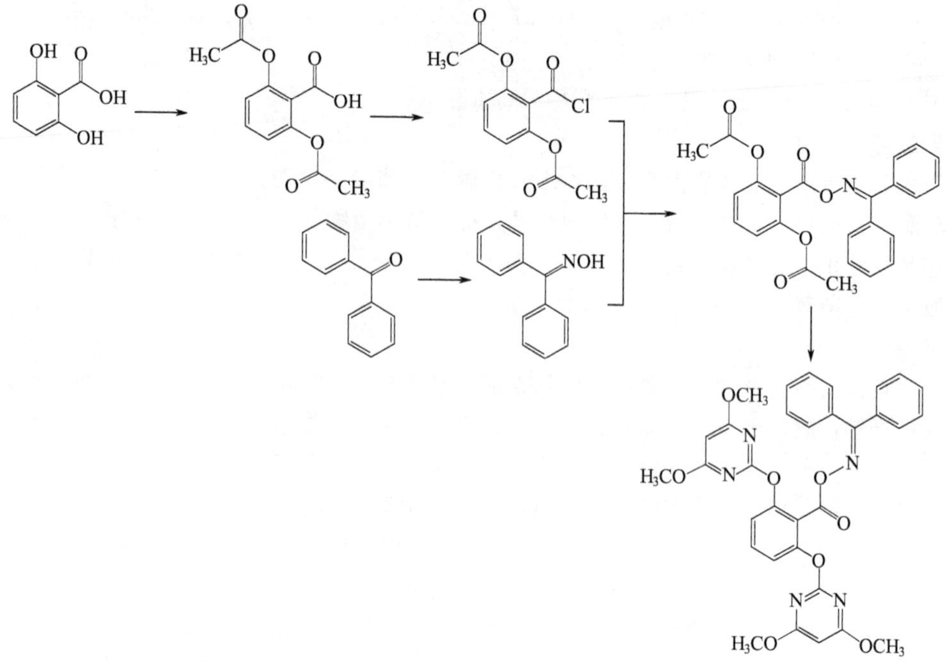

或通过如下反应制得：

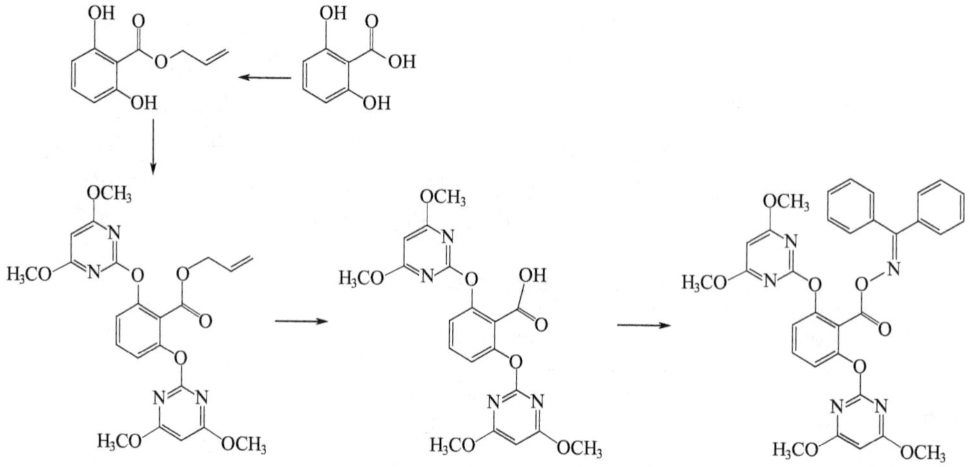

参考文献

［1］ Proc Br Crop Prot Conf-Weed 1997，1：43.
［2］ Pesticide Sci，1997，51：109.
［3］ 田志高. 现代农药，2011，4：27-29.

嘧菌胺 mepanipyrim

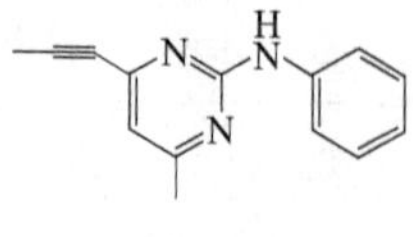

$C_{14}H_{13}N_3$，223.3，110235-47-7

嘧菌胺（mepanipyrim），试验代号 KUF-6201、KIF-3535。商品名称 Cockpit、Frupica、Japica。其他名称 Broadone。是由日本组合化学株式会社和庵原化学工业株式会社共同开发的嘧啶类杀菌剂。

化学名称 N-(4-甲基-6-丙-1-炔基嘧啶-2-基)苯胺，N-(4-methyl-6-prop-1-ynylpyrimidin-2-yl)aniline。

理化性质 原药纯度为＞96％。纯品为无色结晶状固体或粉状固体，熔点132.8℃。相对密度1.205(20℃)，蒸气压2.32×10^{-2}mPa(25℃)。K_{ow}lgP=3.28(20℃)。Henry常数为1.67×10^{-3}Pa·m^3/mol(计算值)。水中溶解度为3.1mg/L(20℃)。有机溶剂溶解度(20℃,g/L)：丙酮139，甲醇15.4，正己烷2.06。在pH 4～9范围内，水溶液DT_{50}＞1y。

毒性 大鼠、小鼠急性经口LD_{50}＞5000mg/kg。大鼠急性经皮LD_{50}＞2000mg/kg，对兔皮肤和眼睛无刺激作用，对豚鼠皮肤无过敏性。Ames试验无诱变。大鼠急性吸入LC_{50}(4h)＞0.59mg/L。NOEL数据[2y,mg/(kg·d)]：雄大鼠2.45，雌大鼠3.07，雄小鼠56，雌小鼠68。ADI值0.02mg/kg。对大鼠、兔无致诱变、致畸性。

生态效应 山齿鹑和野鸭急性经口LD_{50}＞2250mg/kg，山齿鹑和野鸭饲喂LC_{50}(5d)＞5620mg/kg饲料。鱼毒LC_{50}(96h,mg/L)：虹鳟鱼0.74，大翻车鱼3.8，鲤鱼4.68。水蚤EC_{50}(48h)0.63mg/L。羊角月牙藻EC_{50}(72h)1.2mg/L。蜜蜂LC_{50}：＞1000mg/L(经口)，＞100μg/只(接触)。蚯蚓LC_{50}(14d)＞1000mg/kg土。家蚕EC_{50}＞800mg/L。NOEL：南方小花蝽400mg/L，普通草蛉6000g/hm^2，长毛捕植800g/hm^2。

主要生产商 Kumiai。

作用机理 嘧菌胺具有独特的作用机理，即抑制病原菌蛋白质分泌，包括降低一些水解酶水平，据推测这些酶与病原菌进入寄主植物并引起寄主组织的坏死有关。甲基嘧菌胺同三唑类、二硫代氨基甲酸酯类、苯并咪唑类及乙霉威等无交互抗性，因此其对敏感或抗性病原菌均有优异的活性。

应用

(1) 适宜作物 观赏植物、蔬菜、果树（如葡萄）等。

(2) 作物安全性 对作物安全、无药害。

(3) 防治对象 黑腥病、白粉病及各种灰霉病。

(4) 使用方法 无内吸活性。茎叶喷雾。防治苹果和梨上的黑星病，黄瓜、葡萄、草莓和番茄灰霉病，桃梨等褐腐病等，使用剂量为200～750g(a.i.)/hm^2；防治黄瓜、玫瑰、草莓白粉病，使用剂量为140～600g(a.i.)/hm^2。

专利概况 专利EP224339早已过专利期，不存在专利权问题。

合成方法 嘧菌胺的合成方法是以苯胍为原料经一系列反应制得目的物，反应式如下：

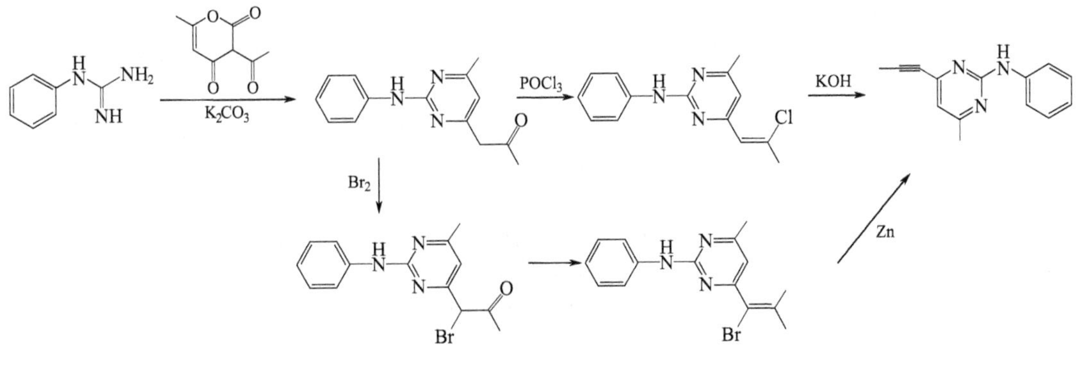

参考文献

[1] Proc Br Crop Prot Conf：Pests Dis，1990：415.

[2] The Pesticide Manual. 15th ed. 2009：726-727.

[3] 林学圃.农药译丛,1998,1:30-36.
[4] 吴振华.安徽化工,1998,5:30-31.
[5] 朱丽华.世界农药,2004,5:18-24.

嘧菌环胺 cyprodinil

C$_{14}$H$_{15}$N$_3$,225.3,121552-61-2

嘧菌环胺(cyprodinil),试验代号　CGA219417。商品名称　Chorus、Koara、Radius、Stereo、Switch、Unix。其他名称　环丙嘧菌胺。是由汽巴嘉基公司(现先正达公司)开发的嘧啶胺类杀菌剂。

化学名称　4-环丙基-6-甲基-N-苯基嘧啶-2-胺,4-cyclopropyl-6-methyl-N-phenylpyrimidin-2-amine。

理化性质　纯品为粉状固体,有轻微气味,熔点 75.9℃。相对密度 1.21(20℃)。蒸气压(25℃):5.1×10^{-4}Pa(结晶状固体 A),4.7×10^{-4}Pa(结晶状固体 B)。分配系数(25℃)K_{ow}lg$P$:3.9(pH 5),4.0(pH 7),4.0(pH 9)。溶解度(25℃,g/L):水中 0.020(pH 5)、0.013(pH 7)、0.015(pH 9),乙醇 160,丙酮 610,甲苯 440,正己烷 26,正辛醇 140。离解常数 pK_a=4.44。稳定性:DT$_{50}$≫1y(pH 4～9,25℃),水中光解 DT$_{50}$21d(蒸馏水)、13d(pH 7.3)。

毒性　大鼠急性经口 LD$_{50}$＞2000mg/kg,大鼠急性经皮 LD$_{50}$＞2000mg/kg。大鼠急性吸入 LC$_{50}$(4h)＞1200mg/L 空气。本品对兔眼睛和皮肤无刺激。NOEL 数据[mg/(kg·d)]:大鼠(2y) 3,小鼠(1.5y)196,狗(1y)65。ADI 值 0.03mg/kg。Ames 试验呈阴性,微核及细胞体外试验呈阴性,无"三致"。

生态效应　野鸭和山齿鹑急性经口 LD$_{50}$＞2000mg/kg,野鸭和山齿鹑饲喂 LC$_{50}$＞5200mg/L。鱼毒 LC$_{50}$(96h,mg/L):虹鳟鱼 2.41,鲤鱼 1.17,大翻车鱼 2.17。水蚤 LC$_{50}$(48h)0.033mg/L。蜜蜂 LD$_{50}$(48h,经口和接触)＞100μg/只。蚯蚓 LC$_{50}$(14d)＞192mg/kg 土。

环境行为

(1) 动物　动物口服后,嘧菌环胺快速被吸收,几乎完全消除在尿液和粪便中。新陈代谢主要是苯环的 4-羟基化和嘧啶环 5-羟基化,然后结合。组织残留量通常很低,没有证据显示嘧菌环胺或其代谢产物有残留或积累。

(2) 植物　新陈代谢主要是嘧啶环 6-甲基处的羟基化,以及苯环和嘧啶环的羟基化,其次是糖的结合。

(3) 土壤/环境　在正常土壤湿度和温度下,复合消散的 DT$_{50}$20～60d,这是残留物的主要消耗途径。浸出和吸附/解吸试验表明,该化合物在土壤中无流动性。水中光解 DT$_{50}$13.5d。

主要生产商　Syngenta。

作用机理　蛋氨酸生物合成和真菌水解酶分泌抑制剂。同三唑类、咪唑类、吗啉类、二羧酰亚胺类、苯基吡咯等类杀菌剂无交互抗性。内吸性杀菌剂,经叶面喷洒后吸收到植物体内,通过组织运输并在木质部向顶传导。抑制内外叶面的渗透和菌丝的生长。

应用

(1) 适宜作物　小麦、大麦、草莓、果树 (如葡萄)、蔬菜、观赏植物等。

(2) 对作物安全性　对作物安全、无药害。

(3) 防治对象　灰霉病、白粉病、黑星病、网斑病、颖枯病以及小麦眼纹病等。

（4）使用方法　嘧菌环胺具有保护、治疗、叶片穿透及根部内吸活性。叶面喷雾或种子处理，也可作大麦种衣剂用药。叶面喷雾剂量为 $150\sim750g(a.i.)/hm^2$，种子处理剂量为 $5g(a.i.)/100kg$ 种子。

专利与登记　专利 EP310550 早已过专利期，不存在专利权问题。国内登记情况：99％原药，50％、63％水分散粒剂，50％可湿性粉剂；登记作物为芒果树、苹果树和葡萄；防治对象为炭疽病、斑点落叶病和灰霉病。瑞士先正达公司在中国登记情况见表 153。

表 153　瑞士先正达公司在中国登记情况

登记名称	登记证号	含量	剂型	登记作物	防治对象	用药量/(g/hm²)	施用方法
嘧环·咯菌腈	PD20120252	62％	水分散粒剂	观赏百合	灰霉病	186～558	喷雾
嘧环·咯菌腈	PD20120252F120026	62％	水分散粒剂	观赏百合	灰霉病	186～558	喷雾
嘧菌环胺	PD20120245	98％	原药				

合成方法　嘧菌环胺的合成方法与嘧霉胺相似，此处仅举一例：以苯胺、氰氨、环丙酰氯为起始原料，经如下反应即得目的物：

参考文献

[1] Proc Br Crop Prot Conf；Pests Dis，1994，2：501.
[2] The Pesticide Manual. 15th ed. 2009：289-290.
[3] Pesticide Sci，1994，42：163.
[4] 柴宝山. 农药，2007，6：377-378.
[5] 何永梅. 农化市场十日讯，2011，28：328.

<h1 align="center">嘧菌酯 azoxystrobin</h1>

$C_{22}H_{17}N_3O_5$，403.4，131860-33-8

嘧菌酯(azoxystrobin)，试验代号　ICIA5504。商品名称　Amistar、Heritage、Ortiva。其他名称　Abound、Bankit、Landgold Strobilurin 250、Priori、Quo Vadis、阿米西达、安灭达。是捷利康(现先正达)公司开发的 strobilurins 类似物，第一个登记注册的 strobilurins 类似物。

化学名称　(E)-2-［2-［6-(2-氰基苯氧基)嘧啶-4-基氧］苯基］-3-甲氧基丙烯酸甲酯，methyl (E)-2-［2-［6-(2-cyanophenoxy)pyrimidin-4-yloxy]phenyl］-3-metoxyacrylate。

理化性质　原药为棕色固体，纯度＞93％［含≤2.5％(Z)-异构体］。熔点 114～116℃。纯品为白色结固体，熔点 116℃，沸点＞345℃。相对密度 1.34，蒸气压 1.1×10^{-7} mPa(20℃)。分配系数 $K_{ow}lgP=2.5$(20℃)，Henry 常数 7.3×10^{-9} Pa·m³/mol(计算值)。水中溶解度 6.7mg/L(pH 7，20℃)；有机溶剂中的溶解度(20℃，g/L)：已烷 0.057，正辛醇 1.4，甲醇 20，甲苯 55，丙酮 86，乙酸乙酯 130，乙腈 340，二氯甲烷 400。水溶液中光解 DT_{50}8.7～13.9d(pH 7)。

毒性 （雄、雌）大鼠、小鼠急性经口 $LD_{50} > 5000mg/kg$，大鼠急性经皮 $LD_{50} > 2000mg/kg$，对兔皮肤和兔眼睛有轻微刺激作用。对豚鼠皮肤无致敏性。大鼠急性吸入 LC_{50}（mg/L 空气）：雄 0.96，雌 0.69。大鼠 NOEL 18mg/（kg·d）。ADI（JMPR）0.2mg/kg，（EC）0.1mg/kg[1998]，（EPA）RfD 0.18mg/kg[1997]。无致畸、致突变、致癌作用。嘧菌酯对大鼠生育无影响，对胎儿或婴儿的生长发育也没有影响。

生态效应 野鸭和山齿鹑经口 $LD_{50} > 2000mg/kg$，山齿鹑和野鸭 LC_{50}（5d）$> 5200mg/kg$ 饲喂。鱼 LC_{50}（96h,mg/L）：虹鳟鱼 0.47，鲤鱼 1.6，大翻车鱼 1.1，杂色鳉 0.66。水蚤 EC_{50}（48h）0.28mg/L。藻 EC_{50}（mg/L）：羊角月牙藻（120h）0.12，硅藻（72h）0.014。其他水生物：糠虾 LC_{50}（96h）0.055mg/L，东方牡蛎 EC_{50}（48h）1.3mg/L，浮萍 EC_{50}（14d）3.2mg/L，摇蚊幼虫的 NOEC（25d）0.2mg/L。蜜蜂 LD_{50}（μg/只）：>25（经口），>20（接触）。蚯蚓 LC_{50}（14d）283mg/kg 干土。其他益虫 LR_{50}（g/hm²）：捕食螨>1500，寄生蜂>100。在推荐剂量下于田间施用对其他非靶标生物均无不良影响。

环境行为

（1）动物 通过同位素标记法，嘧菌酯在大鼠体内大部分不存留，通过粪便排出体外，只有少部分存留在大鼠体内。在高于 10% 的给药剂量下嘧菌酯在动物体内的主要代谢产物是嘧菌酯酸连接的葡萄糖醛酸。在山羊和鸡体内嘧菌酯也可被迅速排出体外，只有少量会残留在奶、肉或蛋中。

（2）植物 在小麦、葡萄和花生植株内，大部分嘧菌酯可被代谢，但其残留（高于 10%）主要是嘧菌酯原药，嘧菌酯在以上三种植物体内的代谢途径大致相同。

（3）土壤/环境 嘧菌酯在土壤中的降解半衰期 DT_{50}（试验值）70d（20℃条件下几何平均值）；避光条件下，嘧菌酯在土壤中的降解半衰期 $DT_{50} > 120d$，降解产物有 6 种鉴定出了结构，27% 的降解产物是二氧化碳。在农田中的降解速率更快，DT_{50}（几何平均值，SFO）28d，DT_{90} 94d（最佳值，HS 动力学条件下 DT_{50} 13d，DT_{90} 236d）。嘧菌酯在土壤中的光解半衰期 DT_{50} 11d。嘧菌酯在土壤中的流动性中等，其 K_{foc} 平均值约为 430。农田土壤降解研究表明无论是嘧菌酯原药还是其降解产物在 15cm 以下土壤中都检测不到。在水-沉积物体系内（20℃，避光），嘧菌酯在水相中的降解半衰期平均值 DT_{50} 6.1d（SFO），在水-沉积物体系中的降解半衰期平均值 DT_{50} 214d（SFO）。嘧菌酯在大气中的降解属于羟基自由基机理（AOP 模型），降解半衰期 DT_{50} 2.7h。

制剂 25%、80% 水分散粒剂，25% 悬浮剂，21% 悬浮种衣剂。

主要生产商 Cheminova 及 Syngenta 等。

作用机理与特点 线粒体呼吸抑制剂，即通过抑制在细胞色素 b 和 c_1 间电子转移从而抑制线粒体的呼吸。细胞核外的线粒体主要通过呼吸为细胞提供能量（ATP），若线粒体呼吸受阻，不能产生 ATP，细胞就会死亡。作用于线粒体呼吸的杀菌剂较多，但甲氧基丙烯酸酯类化合物作用的部位（细胞色素 b）与以往所有杀菌剂均不同，因此对甾醇抑制剂、苯基酰胺类、二羧酰胺类和苯并咪唑类产生抗性的菌株有效。

应用

（1）适宜作物与安全性 禾谷类作物（如水稻）、花生、葡萄、马铃薯、蔬菜、咖啡、果树（柑橘、苹果、香蕉、桃、梨等）、草坪作物等，推荐剂量下对作物安全、无药害，但对某些苹果品种有药害。对地下水、环境安全

（2）防治对象 嘧菌酯具有广谱的杀菌活性，对几乎所有真菌纲（子囊菌纲、担子菌纲、卵菌纲和半知菌类）病害如白粉病、锈病、颖枯病、网斑病、黑腥病、霜霉病、稻瘟病等数十种病害均有很好的活性。

（3）使用方法 嘧菌酯为新型高效杀菌剂，具有保护、治疗、铲除、渗透、内吸活性。可用于茎叶喷雾、种子处理，也可进行土壤处理。施用剂量根据作物和病害的不同为 $25\sim400g$（a.i.）/hm²，通常使用剂量为 $100\sim375g$（a.i.）/hm²。如在 25g（a.i.）/100L 剂量下，对葡萄霜霉病有很好的预防作用；在 12.5g（a.i.）/100L 剂量下，对葡萄白粉病有很好的防治效果；在 12.5g（a.i.）/100L 剂量下，对苹果黑腥病有很好的防治效果，活性优于氟硅唑；在 200g（a.i.）/hm² 剂

量下，对马铃薯疫病有预防作用。

专利与登记　专利名 EP　0382375 早已过专利期，不存在专利权问题。国内登记情况：20％、25％、50％、60％、80％水分散粒剂，250g/L、25％、30％悬浮剂，95％、96％、96.5％、97％、97.5％、98％原药；登记作物为黄瓜、葡萄、草坪作物、荔枝、西瓜、芒果、水稻等；防治对象为霜霉病、纹枯病、稻瘟病、褐斑病。国外公司在中国登记情况见表154～表156。

表154　先正达作物保护有限公司在中国登记情况

登记名称	登记证号	含量	剂型	登记作物	防治对象	用药量	施用方法
嘧菌酯	PD20070203	50％	水分散粒剂	草坪作物 草坪作物	枯萎病 褐斑病	$200～400g/hm^2$ $200～400g/hm^2$	喷雾
嘧菌酯	PD20060032	93％	原药				
嘧菌酯	PD20060033	250g/L	悬浮剂	番茄 黄瓜 辣椒 黄瓜 黄瓜 黄瓜 番茄 番茄 辣椒 冬瓜 冬瓜 柑橘 柑橘 丝瓜 大豆 人参 马铃薯 荔枝 芒果 西瓜 马铃薯 马铃薯 花椰菜 菊科和蔷薇科观赏花卉 葡萄 葡萄 葡萄 香蕉	早疫病 霜霉病 炭疽病 蔓枯病 白粉病 黑星病 晚疫病 叶霉病 疫病 霜霉病 炭疽病 疮痂病 炭疽病 霜霉病 锈病 黑斑病 早疫病 霜疫霉病 炭疽病 炭疽病 晚疫病 黑痣病 霜霉病 白粉病 霜霉病 白腐病 黑痘病 叶斑病	$90～120g/hm^2$ $120～180g/hm^2$ $120～180g/hm^2$ $225～337.5g/hm^2$ $225～337.5g/hm^2$ $225～337.5g/hm^2$ $225～337.5g/hm^2$ $225～337.5g/hm^2$ $150～270g/hm^2$ $180～337.5g/hm^2$ $180～337.5g/hm^2$ $208.3～312.5mg/kg$ $208.3～312.5mg/kg$ $180～337.5g/hm^2$ $150～225g/hm^2$ $150～225g/hm^2$ $112.5～187.5g/hm^2$ $150～200mg/kg$ $150～200mg/kg$ $150～300mg/kg$ $56.25～75g/hm^2$ $135～225g/hm^2$ $150～270g/hm^2$ $100～250mg/kg$ $1000～2000$ 倍液 $200～300mg/kg$ $200～300mg/kg$ $166.7～250mg/kg$	喷雾
丙环·嘧菌酯	LS20110194	丙环唑11.7％、嘧菌酯7％	悬乳剂	玉米 玉米 香蕉	小斑病 大斑病 叶斑病	$150～210g/hm^2$ $150～210g/hm^2$ $160～267mg/kg$	喷雾
精甲·嘧菌酯	LS20130114	精甲霜灵10.6％、嘧菌酯28.4％	悬乳剂	非食用玫瑰 草坪作物	霜霉病 腐霉枯萎病	$175.5～351g/hm^2$ $292.5～585g/hm^2$	喷雾

登记名称	登记证号	含量	剂型	登记作物	防治对象	用药量	施用方法
苯甲·嘧菌酯	PD20110357	苯醚甲环唑125g/L 嘧菌酯200g/L	悬浮剂	西瓜 西瓜 香蕉 水稻 水稻	蔓枯病 炭疽病 叶斑病 稻瘟病 纹枯病	146.25~243.75g/hm² 146.25~243.75g/hm² 162.25~217mg/kg 146.25~243.75g/hm² 97.5~146.25g/hm²	喷雾
嘧菌·百菌清	PD20102063	百菌清500g/L 嘧菌酯60g/L	悬浮剂	番茄 辣椒 西瓜	早疫病 炭疽病 蔓枯病	630~1008g/hm² 672~1008g/hm² 630~1008g/hm²	喷雾

表 155　美国世科姆公司在中国登记情况

登记名称	登记证号	含量	剂型	登记作物	防治对象	用药量	施用方法
嘧菌酯	LS20130086	20%	水分散粒剂	黄瓜 葡萄 水稻	霜霉病 霜霉病 纹枯病	120~240g/hm² 125~250mg/kg 120~240g/hm²	喷雾 喷雾 喷雾
甲·嘧·甲霜灵	LS20130251	甲基硫菌灵6%、甲霜灵3%、嘧菌酯3%	悬浮种衣剂	水稻	噁苗病	60~180g/100kg种子	种子包衣
苯甲·嘧菌酯	LS20130292	苯醚甲环唑12%、嘧菌酯18%	悬浮剂	香蕉	叶斑病	200~250mg/kg	喷雾
霜脲·嘧菌酯	LS20130328	嘧菌酯10%、霜脲氰50%	水分散粒剂	葡萄	霜霉病	400~500mg/kg	喷雾
戊唑·嘧菌酯	LS20130332	嘧菌酯25%、戊唑醇50%	水分散粒剂	水稻	纹枯病	112.5~168.75g/hm²	喷雾
氟胺·嘧菌酯	LS20130333	氟酰胺10%、嘧菌酯10%	水分散粒剂	水稻	纹枯病	210~300g/hm²	喷雾

表 156　美国默赛技术公司在中国登记情况

登记名称	登记证号	含量	剂型	登记作物	防治对象	用药量	施用方法
嘧菌酯	PD20111160	250g/L	悬浮剂	黄瓜 马铃薯	霜霉病 晚疫病	167~312.5mg/kg 56.25~75g/hm²	喷雾
嘧菌酯	PD20121614	98%	原药				

合成方法　以水杨醛或邻羟基苯乙酸为起始原料制得中间体(Ⅰ)，再与二氯嘧啶、取代苯酚反应即得目的物，或二氯嘧啶(Ⅱ)与取代苯酚(Ⅲ)反应后与中间体(Ⅰ)反应制得目的物。

中间体(Ⅰ)的合成，反应式如下：

中间体（Ⅱ）的合成，反应式如下：

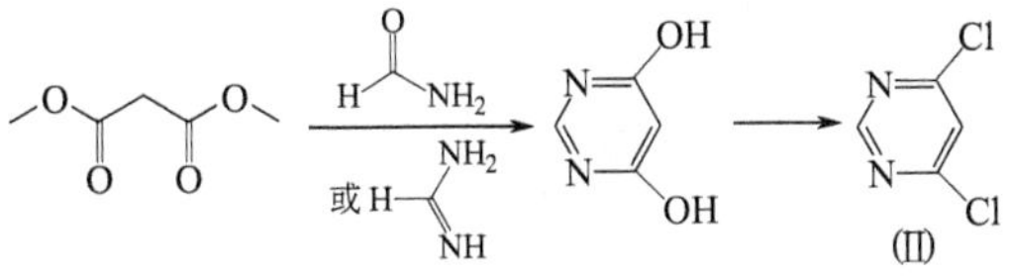

中间体（Ⅲ）的合成，反应式如下：

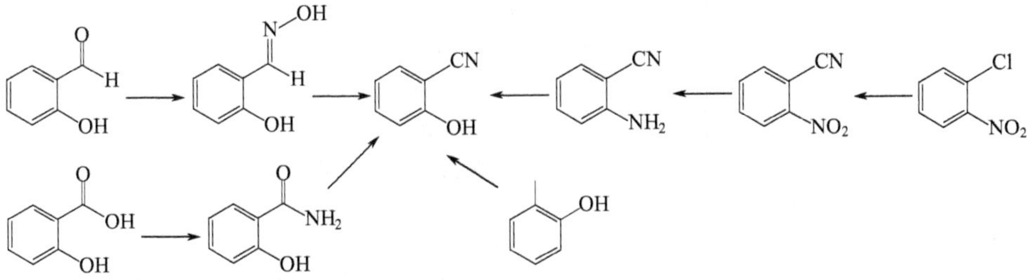

目的物合成的反应式如下：

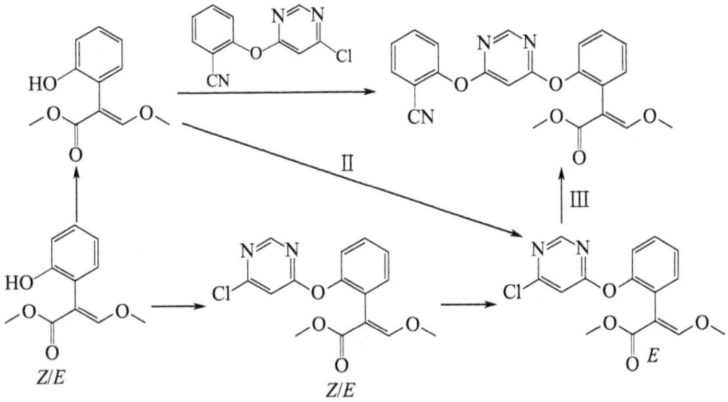

参考文献

[1] 刘长令，等. 世界农药，2002，1：46-49.
[2] 董捷，等. 精细化工中间体，2007，2：25-27.
[3] 余志强，等. 山东农药信息，2010，7：27-28.
[4] 杨朋，等. 世界农药，2013，1：26-28.
[5] 周二鹏，等. 安徽农业科学，2011，22：13603-13605.
[6] Godwin J R，Proc Br Crop Prot Conf：Pests Dis，1992，1：435.

嘧菌腙 ferimzone

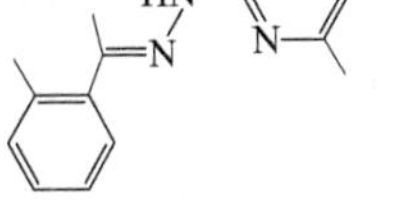

$C_{15}H_{18}N_4$，254.3，89269-64-7

嘧菌腙（ferimzone），试验代号 TF164，商品名：Blasin。是由日本武田药品工业公司开发的嘧啶腙类杀菌剂。

化学名称 (Z)-2'-甲基乙酰苯4,6-二甲基嘧啶-2-基腙,(Z)-2'-methylacetophenone 4,6-dimethylpyrimidin-2-ylhydrazone。

理化性质 纯品为无色晶体,熔点 175~176℃,蒸气压 4.11×10^{-3} mPa(20℃),相对密度 1.185。$K_{ow}\lg P=2.89$(25℃),Henry 常数 6.45×10^{-6} Pa·m³/mol(计算值)。溶解度:水 162mg/L(30℃),溶于乙腈、氯仿、乙醇、乙酸乙酯、二甲苯。稳定性:对日光稳定,在中性和碱性溶液中稳定。

毒性 急性经口 LD_{50}(mg/kg):雄大鼠725,雌大鼠642,雄小鼠590,雌小鼠542。大鼠急性经皮 $LD_{50}>2000$mg/kg,大鼠急性吸入 LC_{50}(4h)3.8mg/L。

生态效应 鸟急性经口 LD_{50}(mg/kg):山齿鹑>2250,野鸭>292。山齿鹑和野鸭饲喂 $LC_{50}>$5620mg/L。鲤鱼 LC_{50}(96h)20mg/L。水蚤 EC_{50}(48h)6.2mg/L,月牙藻 E_bC_{50}(72h)4.4mg/L。多刺裸腹溞 LC_{50}(24h)>40mg/L。蜜蜂 LD_{50}(经口)>140μg/只。

环境行为 土壤/环境:土壤中,DT_{50}3~14d(取决于土壤类型)。

制剂 30%可湿性粉剂。

主要生产商 Dongbu Fine 及 Sumitomo Chemical 等。

应用 主要用于防治水稻上的稻尾孢、稻长蠕孢和稻梨孢等病原菌引起的病害如稻瘟病。使用剂量为 600~800g(a.i.)/hm²(DL剂型)或125g(a.i.)/hm²(SC),茎叶喷雾。

专利概况 专利 EP19450 早已过专利期,不存在专利权问题。

合成方法 以乙酰丙酮为原料,制得 4,6-二甲基-2-肼基嘧啶,再与 2-甲基苯基甲基酮缩合,处理即得目的物。反应式如下:

参考文献

[1] The Pesticide Manual. 15th ed. 2009:497-498.
[2] 日本农药学会志,1990,15(1):13-22.

嘧螨胺 pyriminostrobin

$C_{23}H_{18}Cl_2F_3N_3O_4$,528.3,1257598-43-8

嘧螨胺(pyriminostrobin),试验代号 SYP-11277。是由沈阳化工研究院研制的甲氧基丙烯酸酯类杀螨剂。

化学名称 (E)-2-[2-[[2-(2,4-二氯苯氨基)-6-(三氟甲基)嘧啶-4-基氧基]甲基]苯基]-3-甲氧基丙烯酸甲酯。(E)-methyl 2-[2-[[2-(2,4-dichlorophenylamino)-6-(trifluoromethyl)pyrimidin-4-

yloxy]methyl]phenyl]-3-methoxyacrylate。

理化性质　原药为白色固体。熔点 120～121℃。

毒性　雌、雄大鼠急性经口 $LD_{50}>5000mg/kg$。雌、雄大鼠急性经皮 $LD_{50}>2000mg/kg$。对兔皮肤、眼睛无刺激作用。Ames 试验为阴性。

制剂　目前试验剂型为 5% 可湿性液剂。

应用　主要用于防治果树如苹果、柑橘等中的多种螨类如苹果红蜘蛛、柑橘红蜘蛛等。使用剂量为 10～100g(a.i.)/hm²。

专利概况

专利名称　*E*-type phenyl acrylic ester compounds containing substituted anilino pyrimidine group and uses thereof

专利号　CN101906075

专利申请日　2009-06-05

专利拥有者　沈阳化工研究院

在其他国家申请的化合物专利：WO2010139271、US2012035190、JP2012528803、EP2439199、CN102395569。

合成方法　以 2,4-二氯苯胺为起始原料，与单氰胺反应制得取代苯胍，再与三氟乙酰乙酸乙酯合环得到嘧啶醇，然后与甲氧基丙烯酸甲酯的氯苄缩合得到嘧螨胺：

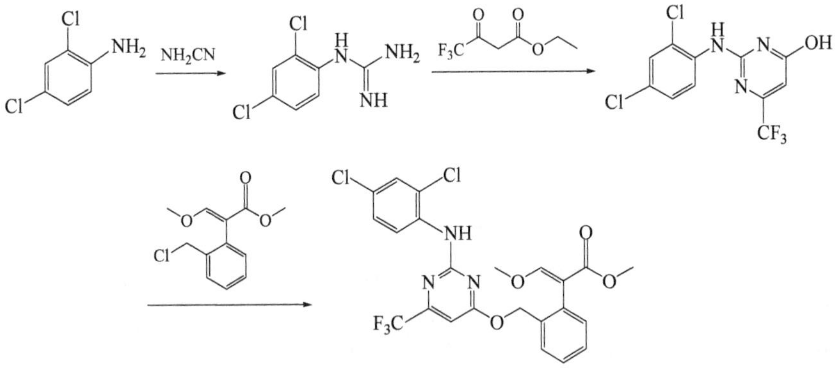

参考文献

[1] 柴宝山. 农药，2011，5：325-326.

嘧螨醚 pyrimidifen

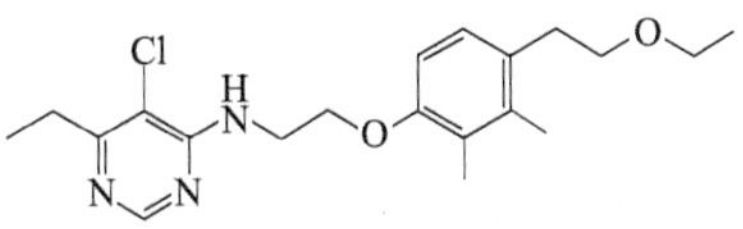

$C_{20}H_{28}ClN_3O_2$，377.9，105779-78-0

嘧螨醚(pyrimidifen)，试验代号　E-787、SU-8801、SU-9118。商品名称　Miteclean。是由日本三共公司与宇部工业公司于 1995 年联合开发的嘧啶胺类杀虫剂。

化学名称　5-氯-*N*-[2-[4-(2-乙氧基乙基)-2,3-二甲基苯氧基]乙基]-6-乙基嘧啶-4-胺，5-chloro-*N*-[2-[4-(2-ethoxyethyl)-2,3-dimethylphenoxy]ethyl]-6-ethylpyrimidin-4-amine。

理化性质　纯品为无色晶体。熔点 69.4～70.9℃。蒸气压 1.6×10^{-4} mPa(25℃)。$K_{ow}\lg P=4.59(23℃\pm1℃)$。Henry 常数 2.79×10^{-5} Pa·m³/mol(25℃，计算值)。相对密度 1.22(20℃)。水中溶解度 2.17mg/L(25℃)。在酸性或碱性条件下稳定。

毒性 急性经口 LD_{50}（mg/kg）：雄大鼠 148，雌大鼠 115，雄小鼠 245，雌小鼠 229。雌雄大鼠急性经皮 LD_{50} ＞2000mg/kg。

生态效应 野鸭急性经口 LD_{50} 445mg/kg。野鸭 LC_{50} ＞5200mg/L。鲤鱼 LC_{50}（48h）0.093mg/L。蜜蜂 LD_{50}（μg/只）：经口 0.638，接触 0.660。

制剂 悬浮剂、可湿性粉剂。

主要生产商 江苏绿利来股份有限公司。

应用 主要用于防治果树、梨树、蔬菜、茶等叶螨。对蔬菜中的小菜蛾也有很好的活性。

专利概况 专利 EP196524、JP03005466、JP2588969 等早已过专利期，不存在专利权问题。

合成方法 可通过以下反应制得嘧螨醚：

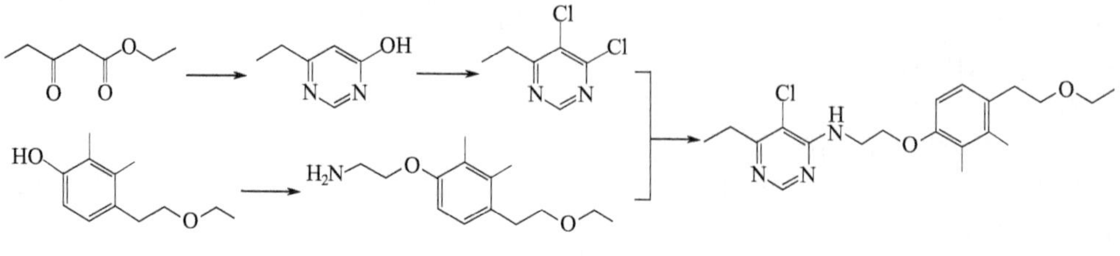

嘧螨酯 fluacrypyrim

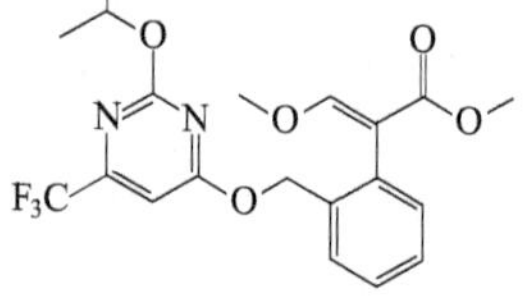

$C_{20}H_{21}F_3N_2O_5$，426.4，229977-93-9，178813-81-5（未标明异构体）

嘧螨酯（fluacrypyrim），试验代号 NA-83。商品名称 Titaron、天达农。是由巴斯夫公司研制、日本曹达公司开发的第一个甲氧基丙烯酸酯类杀螨剂。

化学名称 （E）-2-［α-［2-异丙氧基-6-（三氟甲基）嘧啶-4-基氧基］-邻甲苯基］-3-甲氧基丙烯酸甲酯。methyl（E）-2-［α-［2-isopropoxy-6-（trifluoromethyl）pyrimidin-4-yloxy］o-tolyl］-3-methoxyacrylate。

理化性质 原药为白色无味固体。熔点 107.2～108.6℃。蒸气压 $2.69×10^{-3}$ mPa（20℃）。$K_{ow}lgP=4.51$（pH 6.8，25℃）。Henry 常数 $3.33×10^{-3}$ Pa·m³/mol（20℃，计算值）。相对密度 1.276。水中溶解度（pH 6.8，20℃）$3.44×10^{-4}$ g/L；其他溶剂中溶解度（20℃，g/L）：二氯甲烷 579，丙酮 278，二甲苯 119，乙腈 287，甲醇 27.1，乙醇 15.1，乙酸乙酯 232，正己烷 1.84，正庚烷 1.60。在 pH 4 和 7 稳定，DT_{50} 574d（pH 9）。水溶液光解 DT_{50} 26d。

毒性 雌、雄大鼠急性经口 LD_{50} ＞5000mg/kg。雌、雄大鼠急性经皮 LD_{50} ＞2000mg/kg。对兔皮肤无刺激作用，对兔眼睛有轻微刺激作用。雌、雄大鼠吸入 LC_{50}（4h）＞5.09mg/L。NOEL（mg/kg）：（24 个月）雄大鼠 5.9，雌大鼠 61.7；（18 个月）雄小鼠 20，雌小鼠 30；（12 个月）公、母狗 10。ADI（FSC）0.059mg/kg。

生态效应 山齿鹑急性经口 LD_{50} ＞2250mg/kg，LC_{50} ＞5620mg/L。鲤鱼 LC_{50}（96h）为 0.195mg/L。水蚤 LC_{50}（48h）为 0.094mg/L。羊角月牙藻 E_bC_{50}（72h）为 0.0173mg/L，E_rC_{50}（72h）为 0.14mg/L。蜜蜂：LC_{50}（经口）＞300mg/L，LD_{50}（接触）＞10μg/只。蚯蚓 LC_{50} 23mg/kg 土壤。在 400mg/L 时对具瘤神蕊螨无害。

制剂 目前推广的制剂为 30％水悬浮剂。

作用机理 线粒体呼吸抑制剂，即通过抑制细胞色素 b 和 c_1 间的电子传递从而抑制线粒体的呼吸。细胞核外的线粒体主要通过呼吸为细胞提供能量（ATP），若线粒体呼吸受阻，不能产生

ATP，细胞就会死亡。

应用 主要用于防治果树如苹果、柑橘、梨等中的多种螨类如苹果红蜘蛛、柑橘红蜘蛛等。在柑橘中应用的浓度为 30% 水悬浮剂稀释 3000 倍，在苹果和其他果树如梨中应用的浓度为 30% 水悬浮剂稀释 2000 倍，喷液量根据果树的不同、防治螨类的不同差异较大，使用剂量为 10～200g(a. i.)/hm²。在柑橘和苹果收获前 7d 禁止使用，在梨收获前 3d 禁止使用。嘧螨酯除对螨类有效外，在 250mg/L 的剂量下对部分病害也有较好的活性。嘧螨酯虽属低毒产品，但对鱼类毒性较大，因此应用时要特别注意，勿将药液扩散至江河湖泊以及鱼塘。

专利概况

专利名称　Preparation of methyl 2-[[(2-alkoxy-6-trifluoromethylpyrimidin-4-yl)oxymethylene]phenyl]methoxyacrylate pesticides

专利号　DE4440930

专利申请日　1994-11-17

专利拥有者　BASF AG.

在其他国家申请的化合物专利：AT172196、AU9538714、AU698417、BG63499、BR9509786、CA2204039、CN1164228、CN1100764、CZ288259、EP792267、ES2124597、HU77094、HU215791、IL115899、 IN1995MA01449、 JP10508860、 JP3973230、 PL183426、 RU2166500、 SK281783、US5935965、WO9616047 等。

工艺专利：JP2001220382、WO2000040537、US20040152894 等。

合成方法 通过如下反应制得目的物：

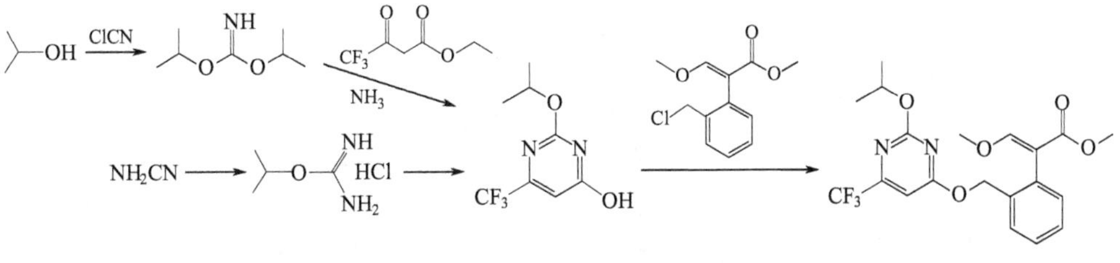

参考文献

[1]刘长令. 世界农药,2002,24(4):44-45.
[2]黄素青. 农药,2005,44(2):81-83.
[3]刘若霖. 农药,2009,48(3):169-171.
[4]陆阳. 化工中间体,2010,(3):47-51.

嘧霉胺 pyrimethanil

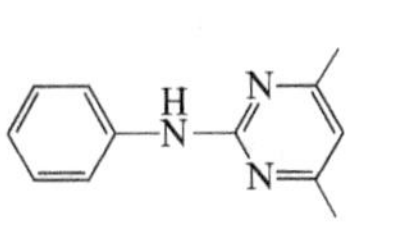

$C_{12}H_{13}N_3$，199.3，53112-28-0

嘧霉胺(pyrimethanil)，试验代号　SN-100309、ZK100309。商品名称　Assors、Mythos、Scala、pH ilabuster。其他名称　Cezar、Penbotec、Pyrus、Siganex、施佳乐、甲基嘧菌胺。是由德国艾格福公司(现拜耳公司)开发的嘧啶胺类杀菌剂。

化学名称 N-(4,6-二甲基嘧啶-2-基)苯胺，N-(4,6-dimethylpyrimidin-2-yl)aniline。

理化性质 纯品为无色结晶状固体，熔点 96.3℃，相对密度 1.15(20℃)，蒸气压 2.2×10^{-3} Pa(25℃)。分配系数 $K_{ow} \lg P = 2.84$(pH 6.1,25℃)，Henry 常数为 3.6×10^{-3} Pa·m³/mol(计算值)。水中溶解度 0.121g/L(pH 6.1,25℃)；有机溶剂中溶解度(20℃,g/L)：丙酮 389，乙酸乙

酯 617，甲醇 176，二氯甲烷 1000，正己烷 23.7，甲苯 412。离解常数 pK_a 3.52，弱碱性(20℃)。在一定 pH 范围内在水中稳定，54℃下 14d 不分解。

毒性 急性经口 LD_{50}(mg/kg)：大鼠 4150～5971，小鼠 4665～5359。大鼠急性经皮 $LD_{50}>$ 5000mg/kg，大鼠急性吸入 LC_{50}(4h)>1.98mg/L。本品对兔眼睛和皮肤无刺激性，对豚鼠皮肤无刺激性。大鼠 NOEL[mg/(kg·d)]：5.4(90d)，17(2y)。ADI：(JMPR)0.2mg/kg[2007]；(EC)0.17mg/kg[2006]；(EPA)0.2mg/kg[1995]。对大鼠和兔子无致诱变和致畸作用。

生态效应 野鸭和山齿鹑急性经口 $LD_{50}>2000$mg/kg。野鸭和山齿鹑饲喂 LC_{50}(5d)$>$ 5200mg/kg 饲料。鱼毒 LC_{50}(96h,mg/L)：虹鳟鱼 10.6，鲤鱼 35.4。水蚤 LC_{50}(48h)2.9mg/L。水藻 E_bC_{50}(9h)1.2mg/L，E_rC_5(9h)5.84mg/L。蜜蜂 $LD_5>100\mu$g/只(经口和接触)。蚯蚓 LC_{50}(14d)625mg/kg 干土。在田间良好的农药实施条件下，对非靶标节肢动物的种群数量无影响。

环境行为

(1) 动物 在检查的所有物种中，快速吸收、代谢和排出，甚至在重复剂量时，没有发现药物积累。通过酚醛衍生物的氧化推进新陈代谢，葡萄糖苷酸或硫酸盐配合物作为排泄物排出。

(2) 植物 少量代谢发生在水果中，残留的成熟度只由不变的母体化合物决定。由于这个原因，提出了直接测定嘧霉胺本身作为测定作物残留的监控方法。

(3) 土壤/环境 在实验室研究的 DT_{50} 27～82d，田间研究表明，在土壤中能迅速降解，DT_{50}7～54d；2-氨基-(4,6-二甲基)嘧啶为主要的土壤代谢产物。K_{oc}265～751。地下水浸出，表现出低电位，现场研究表明，轻微的运动可使嘧霉胺进入更深层次的土壤。随着进一步降解，嘧霉胺迅速从表层水消失，适度地吸附到沉积物上。

制剂 40%悬浮剂(每升含有效成分 400g)。

主要生产商 Agriphar、BASF、Bayer CropScience、安徽池州新赛德化工有限公司、利民化工股份有限公司、连云港市金囤农化有限公司、江苏丰登作物保护股份有限公司、江苏快达农化股份有限公司、山东京博控股股份有限公司及山东亿嘉农化有限公司等。

作用机理与特点 嘧霉胺是一种新型杀菌剂，属苯氨基嘧啶类。其作用机理独特，即抑制病原菌蛋白质分泌，包括降低一些水解酶水平，据推测这些酶与病原菌进入寄主植物并引起寄主组织的坏死有关。嘧霉胺同三唑类、二硫代氨基甲酸酯类、苯并咪唑类及乙霉威等无交互抗性，因此其对敏感或抗性病原菌均有优异的活性。由于其作用机理与其他杀菌剂不同，因此，嘧霉胺对常用的非苯氨基嘧啶类杀菌剂已产生抗药性的灰霉病菌尤其有效。嘧霉胺同时具有内吸传导和熏蒸作用，施药后迅速到达植株的花、幼果等喷药无法到达的部位杀死病菌，药效更快、更稳定。嘧霉胺的药效对温度不敏感，在相对较低的温度下施用，其效果没有变化。

应用

(1) 适宜作物 番茄、黄瓜、韭菜等蔬菜以及苹果、梨、葡萄、草莓和豆类作物。

(2) 防治对象 对灰霉病有特效。可防治黄瓜灰霉病、番茄灰霉病、葡萄灰霉病、草莓灰霉病、豌豆灰霉病、韭菜灰霉病等。还可用于防治梨黑星病、苹果黑星病和斑点落叶病。

(3) 使用方法 嘧霉胺具有保护、叶片穿透及根部内吸活性，治疗活性较差，因此通常在发病前或发病初期施药。用药量通常为 600～1000g(a.i.)/hm²。在我国防治黄瓜、番茄时，每亩用 40%嘧霉胺悬浮剂 25～95mL。喷液量一般人工每亩 30～75L，黄瓜、番茄植株大用高药量和高水量，反之植株小用低药量和低水量。每隔 7～10d 用药 1 次，共施 2～3 次。一个生长季节防治灰霉病需施药 4 次以上时，应与其他杀菌剂轮换使用，避免产生抗性。露地黄瓜、番茄施药一般应选早晨风小、气温低时进行。晴天上午 8 时至下午 5 时、空气相对湿度低于 65%、气温高于 28℃时应停止施药。

专利与登记 虽然该产品化合物没有专利权问题，但制剂特别是混剂多有专利权。国内登记情况：26%、40%、70%、80%水分散粒剂，20%、25%、30%、40%、50%、80%可湿性粉剂，20%、25%、30%、37%、40%、400g/L 悬浮剂，95%、96%、98%原药，25%乳油；登记作物为黄瓜、番茄、葡萄；防治对象为灰霉病。德国拜耳公司在中国登记情况见表 157。

表 157　德国拜耳公司在中国登记情况

登记名称	登记证号	含量	剂型	登记作物	防治对象	用药量	施用方法
嘧霉胺	PD20060014	400g/L	悬浮剂	番茄 黄瓜 葡萄	灰霉病 灰霉病 灰疫病	$375\sim562.5g/hm^2$ $375\sim562.5g/hm^2$ $1000\sim1500$ 倍液	喷雾
嘧霉胺	PD20060013	98%	原药				
嘧霉胺	PD20060014F040137	400g/L	悬浮剂	番茄 黄瓜 葡萄	灰霉病 灰霉病 灰疫病	$375\sim562.5g/hm^2$ $375\sim562.5g/hm^2$ $1000\sim1500$ 倍液	喷雾

合成方法　嘧霉胺的合成方法主要有如下四种：

① 以脲、乙酰丙酮为起始原料，经两步反应即得目的物。反应式为：

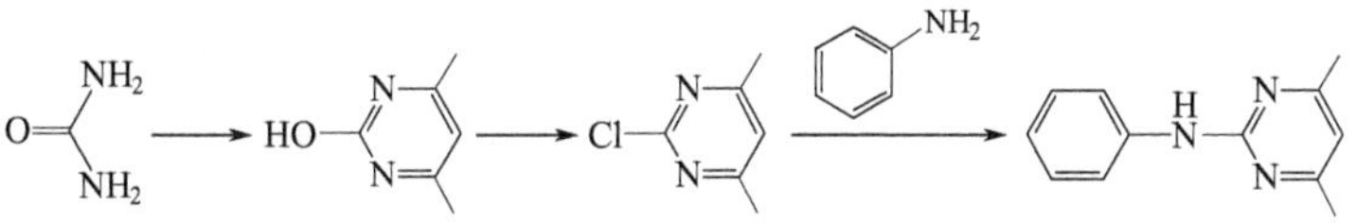

② 以硫脲为起始原料，经甲基化、氧化、取代、水解制得目的物。反应式为：

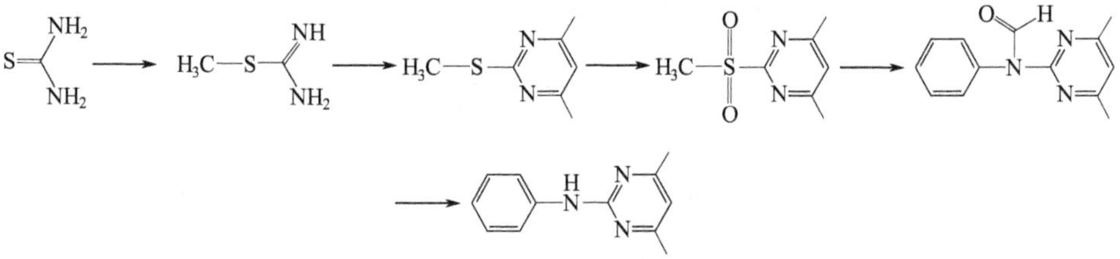

③ 以硫脲为起始原料，经甲基化、取代、合环即制得目的物。反应式为：

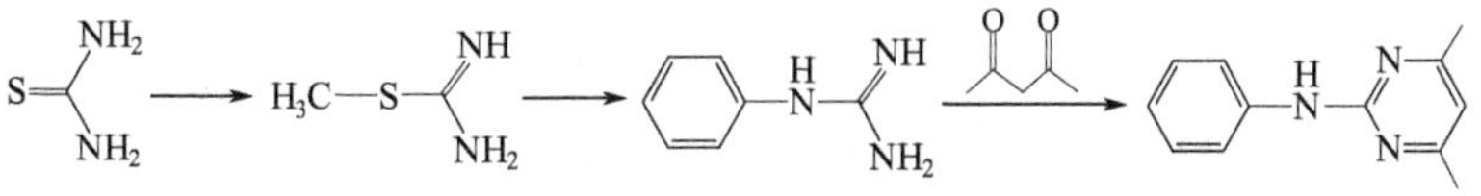

④ 以苯胺和氨基氰为起始原料，经加成、取代、合环即制得目的物。反应式为：

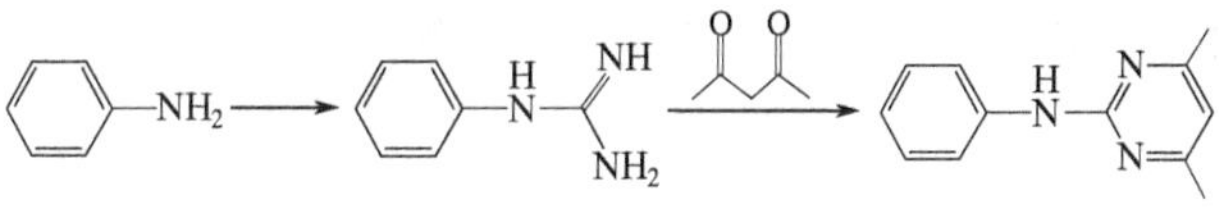

参考文献

［1］Proc Br Crop Prot Conf；Pests Dis，1992，1：395.

［2］The Pesticide Manual . 15th ed. 2009：993-995.

［3］周艳丽. 山东农药信息，2005，12：23.

［4］Pesticide Sci，1994，42：163.

棉铃威 alanycarb

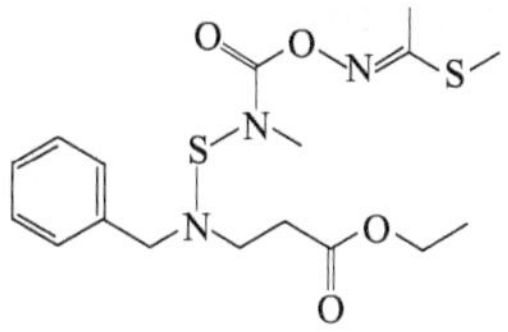

$C_{17}H_{25}N_3O_4S_2$，399.5，83130-01-2

棉铃威（alanycarb），试验代号　OK-135。商品名称　Onic、Orion、Rumbline、农虫威。其

杀蚜活性最初由 F. L. C. Baranyovits 和 R. Ghosh 报道，后由先正达公司引进，在 1970 年商品化。

化学名称　(*Z*)-*N*-苄基-*N*-[[甲基(1-甲硫基亚乙基氨基-氧羰基)氨基]硫]-β-丙氨酸乙酯，ethyl(*Z*)-*N*-benzyl-*N*-[[methyl(1-methylthioethylideneaminooxycarbonyl)amino]thio]-β-alaninate。

理化性质　纯品为晶体，熔点 46.6～47.0℃。蒸气压＜0.0047mPa(20℃)。相对密度 1.29(20℃)。$K_{ow}lgP=3.57\pm0.06$。水中溶解度(20℃)29.6mg/L，甲苯、二氯甲烷、甲醇、丙酮、乙酸乙酯中溶解度均≫1000g/L。100℃以下稳定，54℃时 30d 分解 0.2%～1.0%，中性和弱碱条件下稳定，酸性和强碱性下不稳定，在日光下的玻璃板上的 DT_{50} 为 6h。

毒性　雄大鼠急性经口 LD_{50} 440mg/kg。雄大鼠急性经皮 LD_{50}＞2000mg/kg，对兔眼睛微弱刺激，对兔皮肤无刺激性。大鼠吸入 LC_{50}(4h)＞205mg/m³ 空气。大鼠 NOEL(2y)30mg/kg 饲料，ADI 0.011mg/kg。在大鼠和兔 Ames 试验中为阴性，无致突变性。

生态效应　鸟类 LC_{50}(8d,mg/L)：山齿鹑 3553，野鸭＞5000。鲤鱼 LC_{50}(48h)2.19mg/L，水蚤 EC_{50}(48h)0.0185mg/L，水藻 E_rC_{50}(0～72h)＞19.9mg/L，蜜蜂 LD_{50} 0.674μg/只。

环境行为

(1) 动物　棉铃威在老鼠体内可以直接或通过灭多威快速代谢成灭多威肟，该物质会继续分解为不稳定的中间体。这些中间体被转化成乙腈和二氧化碳后通过呼吸和随着尿液排出。

(2) 植物　N—S 键断裂产生的灭多威经过中间体灭多威肟进一步代谢成醋酸和乙腈，最终降解为二氧化碳。

(3) 土壤/环境　土壤中 DT_{50} 1～2d。化学或微生物作用棉铃威快速降解成灭多威，形成的灭多威进一步降解成为灭多威肟，最终分解成二氧化碳。

制剂　乳油和可湿性粉剂。

主要生产商　Otsuka。

作用机理与特点　具有触杀，胃毒作用。

应用

(1) 适用作物　蔬菜、葡萄、棉花、烟草、蔓生植物、柑橘。

(2) 防治对象　鞘翅目、缨翅目、半翅目、缨翅目和鳞翅目害虫。

(3) 使用方法　防治棉铃虫，每亩用 40% 棉铃威乳油 50～100g 兑水 50～100kg 均匀喷雾。防治蔬菜上的蚜虫，烟草上的烟青虫，推荐剂量为每亩用 40% 乳油 50～100g，兑水 50～100kg 均匀喷雾。

在我国推荐使用情况如下：可作叶面喷雾、土壤处理和种子处理。对葡萄上的鞘翅目、半翅目、鳞翅目和缨翅目害虫有效。防治蚜虫喷雾 300～600g(a.i.)/hm²，葡萄缀穗蛾喷雾 400～800g/hm²，仁果(蚜虫)和烟草(烟青虫)喷雾 300～600g/hm²，蔬菜土壤处理 0.9～9.0kg/hm²，种子处理为 0.4～1.5kg/100kg 种子。防治棉铃虫、大豆毒蛾、卷叶蛾、小地老虎和甘蓝夜蛾用 300～600g/hm²。

专利概况　专利 GB2110206、US4444786、JP8924144、BE892302 均早已过专利期，不存在专利权问题。

合成方法　$CH_3C(SCH_3)NOC(O)NHCH_3$ 与 $ClSN(CH_2CH_2COOC_2H_5)CH2C_6H5$ 及三乙胺在二氯甲烷中反应 2h，即制得棉铃威。反应式如下：

参考文献

[1] 黄硕. 精细化工中间体, 2006, 36 (2): 36-37.

棉隆 dazomet

$C_5H_{10}N_2S_2$, 162.3, 533-74-4

棉隆 (dazomet), 试验代号 BAS00201N、Crag Fungicide 974、N-521。商品名称 Basamid、Dacorn、Dazom、Fongosan、Temozad。其他名称 必速灭。是由 Union Carbide 公司开发的杀菌、杀虫、杀线虫和除草剂。

化学名称 3,5-二甲基-1,3,5-噻二唑烷-2-硫酮或四氢-3,5-二甲基-1,3,5-噻二唑-2-硫酮, 3,5-dimethyl-1,3,5-thiadiazinane-2-thione 或 tetrahydro-3,5-dimethyl-1,3,5-thiadiazine-2-thione。

理化性质 纯品为无色结晶(工业品为接近白色到黄色的固体,带有硫黄的臭味),原药纯度 ≥94%,熔点 104~105℃(分解,工业品)。蒸气压: 0.58mPa(20℃), 1.3mPa(25℃)。分配系数 $K_{ow}\lg P = 0.63$(pH 7), Henry 常数 2.69×10^{-5} Pa·m³/mol。相对密度 1.36。水中溶解度(20℃) 3.5g/L; 其他溶剂中溶解度(20℃,g/kg): 环己烷 400, 氯仿 391, 丙酮 173, 苯 51, 乙醇 15, 乙醚 6。35℃以下稳定, 50℃以上稳定性与温度和湿度有关。水解作用(25℃)DT_{50}: 6~10h(pH 5), 2~3.9h(pH 7), 0.8~1h(pH 9)。

毒性 大鼠急性经口 LD_{50} 519mg/kg。大鼠急性经皮 LD_{50} >2000mg/kg, 粉剂制剂对兔皮肤和眼睛有刺激性, 对豚鼠无致敏性。大鼠吸入 LC_{50}(4h)8.4mg/L 空气。NOEL[mg/(kg·d)]: 大鼠(90d)1.5, 狗(1y)1, 大鼠(2y)0.9。ADI: (BfR)0.015mg/kg, (EPA)0.0035mg/kg。无致畸、致癌、致突变性。

生态效应 山齿鹑急性经口 LD_{50} 415mg/kg, 鸟 LC_{50}(mg/kg 饲料): 山齿鹑 1850, 野鸭 >5000。虹鳟 LC_{50}(96h)0.16mg/L。水蚤 EC_{50}(48h)0.3mg/L。羊角月牙藻 EC_{50}(96h)1.0mg/L。恶臭假单胞菌 EC_{10}(17h)1.8mg/L。直接接触对蜜蜂无毒, LD_{50}(μg/只): >10(经口), >50(接触)。对蚯蚓有害(用作土壤杀菌剂)。

环境行为

(1) 植物 随着在草莓上的使用,没有残留,>0.01mg/L 的棉隆或其降解物异氰酸甲酯、二甲基或单甲基硫脲。

(2) 土壤/环境 土壤中 DT_{50}<1d, 水中 DT_{50}<10h(pH >5)。在土壤潮湿的条件下,降解

为异氰酸甲酯、甲醛、硫化氢和甲胺。

制剂　主要产品或制剂有微粒剂、98%颗粒剂。

主要生产商　Kanesho Soil Treatment(toll manufacture by BASF)及浙江海正化工股份有限公司等。

作用机理与特点　利用降解产品来非选择性地抑制酶，分解成异氰酸甲酯而起作用，作为播前土壤熏蒸剂使用。广谱熏蒸性杀线剂，兼治土壤真菌、地下害虫及杂草。易于在土壤及基质中扩散，不会在植物体内残留，杀线虫作用全面而持久。

应用

(1) 适宜作物　花生、蔬菜、草莓、烟草、茶、果树、林木等。

(2) 防治对象　用于温室、苗床、育种室、混合肥料、盆栽植物基质及大田等土壤处理，能有效地防治作物的短体、纽带、肾形、矮化、针、剑、垫刃、根结、胞囊、茎等属的线虫。此外对土壤昆虫、真菌和杂草亦有防治效果。

(3) 应用技术　棉隆可用于温室、苗床、育种室、混合肥料、盆栽植物基质及大田等土壤处理。施药前先将土壤翻松。花生、蔬菜、草莓、烟草等用98%～100%棉隆药量视泥土深度而定，如混土20cm深，所需药量一般每亩7000～10000g(每平方米10.5～15g)。花卉每平方米需30～40g。棉隆施后必须充分与土壤混拌，大面积可沟施，施后覆土或撒施，用耕耘机混土使药入土15～20cm，间隔4～5d用耕耘机充分翻动土壤，松土通气，1～2d后播种。苗床、温室先将土壤翻松，每平方米加3L水使药剂稀释喷洒，然后翻搅土壤7～10cm，使药剂与土壤充分混合，以洒水封闭或覆盖塑料薄膜，过一段时间松土通气，然后播种。棉隆施入土壤后，受湿度、温度及土壤结构影响甚大，为了保证获得良好的药效和避免产生药害，土壤温度应保持在6℃以上，以12～18℃最适宜，土壤含水量保持在40%以上。

(4) 使用方法　①花生、蔬菜田：砂质土73.5～88.2kg(a.i.)/hm²，黏质土88.2～103.2kg(a.i.)/hm²。撒施或沟施，深度20cm，施药后立即覆土，过一段时间后松土通气，然后播种，可有效地防治金针虫和其他土壤害虫，并抑制许多种杂草生长。②花卉：每平方米用98%颗粒剂30～40g进行土壤处理，将药剂混入20cm深的土壤中，施药后立即覆土，可防治花卉线虫。

专利与登记　该产品专利早已过期。国内登记情况：98%原药，98%颗粒剂等；登记作物为番茄、草莓、花卉等；防治对象为线虫等。

合成方法　可通过如下反应表示的方法制得目的物：

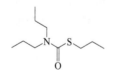

$$CH_3NH_2 + HCHO + CS_2 \longrightarrow$$

灭草敌 vernolate

$C_{10}H_{21}NOS$，203.3，1929-77-7

灭草敌(vernolate)，试验代号　R-1607。商品名称　Reward、Saverit、Savirox、Vernam。其他名称　灭草猛、卫农、灭草丹。由Stauffer Chemical公司(后变为Zeneca Agrochemicals)开发。

化学名称　S-丙基二丙基硫代氨基甲酸酯，S-propyl dipropylcarbamothioate。

理化性质　原药纯度99.9%，为透明具有芳香气味的液体，沸点150℃(30mmHg)，蒸气压 1.39Pa(25℃)。溶解度：水中（20℃）90mg/L；溶于丙酮、乙醇、煤油、4-甲基戊-2-酮、二甲苯。$K_{ow}\lg P(20℃)=3.84$。<200℃下稳定，$DT_{50}13d(pH\ 7,40℃)$。光照下分解。27℃下土壤中的 $DT_{50}8\sim16d$，4℃下>64d。闪点 121℃。本品会使一些塑料软化或变质。

毒性 大鼠急性经口 LD_{50}（mg/kg）：雄大鼠 1500，雌大鼠 1550。兔急性经皮 LD_{50}>5000mg/kg，对皮肤和眼睛无刺激。51 周饲喂试验表明，大鼠无作用剂量 5mg/(kg·d)。

生态效应 鹌鹑饲喂 LD_{50}(7d)12000mg/kg。鱼毒 LC_{50}(96h,mg/L)：虹鳟鱼 9.6，大翻车鱼 8.4。0.011mg/只剂量下对蜜蜂无毒。

环境行为

（1）植物 快速代谢为二氧化碳和自然界存在的植物成分。

（2）土壤/环境 在土壤中通过微生物代谢为硫醇、氨基物、异丙醇和二氧化碳。DT_{50}：8～16d(27℃)，(4℃)>64d。

制剂 50%、88%乳油。

作用机理与特点 一种选择性土壤处理剂。在杂草种子发芽出土过程中，通过幼芽和根系吸收，并在植物体内传导，通过抑制脂肪代谢等生理过程而抑制杂草的生长。受害杂草多在出土前的幼苗期生长点被破坏而死亡，少数受害轻的杂草虽能出土，但幼叶卷曲变形、茎肿大，不能正常生长。大豆和花生也能吸收该药剂，并能转移到叶和茎中，但能迅速代谢为无害的成分，因此对大豆、花生安全。本药具有挥发性，喷药后应立即混入土层中，也可在施药后适当灌水，多雨地区在降雨前后施药，利用雨水将有效成分带入土中，以便杂草的根吸收。该药在土壤中降解速度取决于温度、土壤类型、湿度和微生物活性，在正常条件下，21～26℃时，土壤中半衰期大约为 2 周，到收获时已完全分解，对后茬作物无影响。

应用 防除和田中禾本科和阔叶杂草。

（1）适用作物 花生、大豆以及甘蔗等。

（2）防治对象 稗草、马唐、狗尾草、牛筋草、野燕麦、藜、苋、马齿苋、苘麻等一年生禾本科和阔叶杂草，对香附子、油莎草等莎草科杂草也有较好的防除效果。

（3）使用方法 ①露地花生播种前施药，每亩用 88%乳油 150～200mL，兑水 40kg，喷施后马上进行浅混土，混土深度以 3～5cm 为宜。在施药后也可以立即播种。②地膜花生应在覆膜前施药，施药后覆膜，扎孔播种。用药量应适当少于露地栽培田。③大豆田在播种前，每亩用 88%乳油：砂质土壤175mL、壤土地225mL、黏土地265mL，兑水40kg，喷施后马上进行混土，深度以 10～15cm 为宜。施药后立即播种大豆，播种深度为 3～4cm，如果大豆播种过深，可能会产生药害。④甘蔗田每亩用 88%乳油 200～266mL，兑水 40kg 喷雾，浅植田地种植前施药，深植田(15cm 以上)可在播种后施药。

（4）注意事项 ①灭草敌挥发性强，施药后应立即混土，混土之后要镇压土壤并保墒。②大豆在发芽时如果遇低温，因生长缓慢易发生药害，症状为叶片皱缩不展、不平滑，发生药害时灌水 1 次促使幼苗生长，可使药害消除，逐渐恢复正常生长。

专利与登记 专利 US2913327 早已过专利期。

合成方法 N,N-二丙基氨基甲酰氯与丙硫醇钠反应制得灭草敌，或由二丙胺与氧硫化碳及硫酸二丙酯反应制得灭草敌。

灭草环 tridiphane

$C_{10}H_7Cl_5O$，320.4，58138-08-2

灭草环(tridiphane)，试验代号 Dowco356。商品名称 Nelpon、Tandem。是由美国陶氏益农公司开发的除草剂。

化学名称 (RS)-2-(3,5-二氯苯基)-2-(2,2,2-三氯乙基)环氧乙烷，(RS)-2-(3,5-dichlorophenyl)-2-(2,2,2-trichloroethyl)oxirane。

理化性质 无色晶体，熔点 42.8℃。蒸气压 29mPa(25℃)。分配系数 K_{ow} lg$P$ = 4.34，Henry 常数 5.16Pa·m³/mol(计算值)。水中溶解度 1.8mg/L(25℃)；其他溶剂中溶解度(25℃，kg/kg)：丙酮9.1，二氯甲烷7.1，甲醇0.98，二甲苯4.6，氯苯5.6。水解 DT_{50} 80d(pH 5～9，35℃)。闪点 46.7℃。

毒性 大鼠急性经口 LD_{50} 1743～1918mg/kg。兔急性经皮 LD_{50} 3536mg/kg。对兔眼睛和皮肤有中等程度刺激性，对皮肤有潜在致敏性。大鼠 NOEL(2y)3mg/(kg·d)，ADI 0.003mg/kg。

生态效应 野鸭急性经口 LD_{50} ＞2510mg/kg。野鸭和山齿鹑饲喂 LC_{50}(8d)5620mg/kg 饲料。鱼毒 LC_{50}(96h,mg/L)：虹鳟鱼 0.53，大翻车鱼 0.37。

环境行为 在有氧的条件下，土壤 DT_{50} 26d。

制剂 48%或50%乳油。

应用 灭草环为内吸性除草剂。主要用于防除玉米、水稻、草坪禾本科杂草及部分阔叶杂草。施药适期为作物苗期。使用剂量为 500～800g(a.i.)/hm²。通常与三嗪类除草剂混用(桶混)。

专利概况 专利 US4211549、EP81351 均已过专利期，不存在专利权问题。

合成方法 通过如下反应制得目的物：

灭草隆 monuron

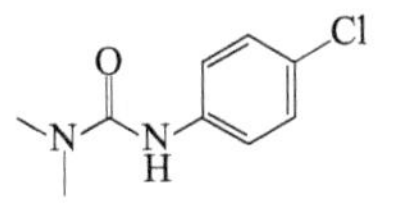

$C_9H_{11}ClN_2O$，198.7，150-68-5，140-41-0(三氯乙酸盐)

灭草隆(monuron)，试验代号　GC-2996。商品名称　Telvar、Urox。其他名称　蒙纽郎；H. C. Bucha 和 C. W. Todd 报道了灭草隆的除草活性，后由杜邦公司开发。灭草隆三氯乙酸盐(monuron-TCA)也叫季草隆。

化学名称　3-(4-氯苯基)-1,1-二甲基脲，3-(4-chlorophenyl)-1,1-dimethylurea。

理化性质　灭草隆和季草隆纯品为结晶固体。熔点 174～175℃(季草隆 78～81℃)，蒸气压 0.067mPa(25℃)(灭草隆)。$K_{ow}lgP=1.46$，2.12。Henry 常数 5.79×10^{-5} Pa·m³/mol(25℃，计算值)。相对密度 1.27(20℃)。灭草隆溶解度：水 230mg/L(25℃)；丙酮 52g/kg(27℃)；微溶于石油和极性有机溶剂。季草隆溶解度(室温)．水 918mg/L，1,2-二氯乙烷 400g/kg，甲醇 177g/kg，二甲苯 91g/kg。185～200℃分解，pH 7 室温下水解速率可以忽略不计，但是在高温和酸碱环境下，水解速率增大。

毒性　大鼠急性经口 LD_{50} 3600mg/kg。季草隆：大鼠急性经口 LD_{50} 2300～3700mg(玉米油)/kg。使用灭草隆接触或擦拭豚鼠皮肤，无刺激性和致敏性。季草隆对皮肤和黏膜有刺激性。大鼠和狗 NOEL 250～500mg/kg 饲料。

环境行为　在潮湿土壤中可缓慢降解。

主要生产商　DuPont，Allied。

作用机理与特点　光合作用抑制剂，通过根吸收，防除杂草。

应用　主要用于土壤处理，防除葡萄、甘蔗、棉花和大田作物中的单子叶和双子叶杂草。

专利概况　专利 US2655445、GB　691403、GB692589、US2782112、US2801911 均早已过专利期。

合成方法　灭草隆是由对氯苯胺、光气和二甲胺为原料合成制得：

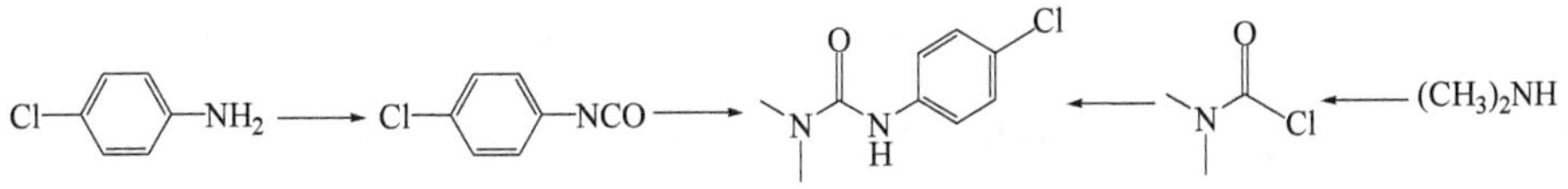

灭草松 bentazone

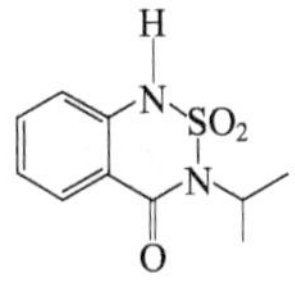

$C_{10}H_{12}N_2O_3S$，240.3，25057-89-0，50723-80-3(钠盐)

灭草松(bentazone)，试验代号　BAS351H。商品名称　Adagio、Banir、Bazano、Blast、Er-bazone、Pilartazone、Suntazone、Troy。其他名称　排草丹、苯达松、噻草平、bendoxide、benta-zone。是由巴斯夫公司开发的苯并噻二嗪酮类除草剂。灭草松钠盐(bentazone-sodium)，试

验代号　BAS35107-H。商品名称 Basagran、Basagran Forte、Basamais、Rezult B。

化学名称　3-异丙基-1H-苯并-2,1,3-噻二嗪-4-酮-2,2-二氧化物, 3-isopropyl-1H-2,1,3-benzothiadiazin-4(3H)-one 2,2-dioxide。

理化性质　纯品为白色无味结晶，熔点 138℃，200℃ 时分解。蒸气压 5.4×10^{-3} mPa (20℃)。分配系数 K_{ow}lg$P$：0.77(pH 5)、−0.46(pH 7)、−0.55(pH 9)。Henry 常数 7.167×10^{-5} Pa·m³/mol。相对密度为 1.41(20℃)。水中溶解度为 570mg/L(pH 7,20℃)；在有机溶剂中溶解度(20℃,g/L)：丙酮 1387，甲醇 1061，乙酸乙酯 582，二氯甲烷 206，正庚烷 0.5×10^{-3}。pK_a3.3(24℃)。在酸、碱介质中不易水解，日光下分解。钠盐水中溶解度 2.3×10^6 mg/L。

毒性　急性经口 LD_{50}(mg/kg)：大鼠＞1000，狗＞2500，兔 750，猫 500。大鼠急性经皮 LD_{50}＞2500mg/kg。对兔皮肤和兔眼睛有中度刺激性，对皮肤有致敏性。大鼠急性吸入 LC_{50}(4h)＞5.1mg/L 空气。NOEL(mg/kg)：(1y)狗 13.1；(2y)大鼠 10；(90d)大鼠 25，狗 10；(78 周)小鼠 12。ADI(EC) 0.1mg/kg[2000]；(JMPR) 0.1mg/kg[1998,1999,2004]；(EPA) cRfD 0.03mg/kg[1994,1998]。钠盐急性经口 LD_{50}(mg/kg)：雄大鼠 1480，雌小鼠 1336。

生态效应　山齿鹑急性经口 LD_{50}1140mg/kg。山齿鹑和野鸭饲喂 LC_{50}(5d)＞5000mg/L。虹鳟鱼和大翻车鱼 LC_{50}(96h)＞100mg/L。水蚤 LC_{50}(48h)125mg/L，绿藻 EC_{50}(72h)47.3mg/L，对蜜蜂无毒，蜜蜂 LD_{50}(经口)＞100μg/只。蚯蚓 LC_{50}(14d)＞1000mg/kg 土。对地面甲虫类如隐翅甲、锥须步甲和椿象以及草蛉等无害。

环境行为

(1) 动物　通过对三种不同的物种的研究表明，灭草松在动物体内代谢的很不完全。母体化合物是主要的代谢物，只产生少量的羟基化的灭草松，并未检测到有共轭形式的存在。

(2) 植物　主要的代谢产物是邻氨基苯甲酸的衍生物，主要的代谢物是 6-和 8-的羟基衍生物。这类的衍生物会共轭形成糖类，以配糖体的形式存在。

(3) 土壤/环境　在土壤中，会有羟基化合物短暂存在，随后就会被进一步降解。在光照的条件下，灭草松会被广泛分解，最终分解成 CO_2。灭草松在土壤中易分解，在刚采集的田野的土壤中，DT_{50}(20℃)14d。在实验室的分解研究表明，在有生物活性的土壤中 DT_{50}17.8d，DT_{50}(田野中)约为 12d，DT_{90}44d，K_{oc}13.3～176mL/g(42mL/g)，这些指示数据都具有移动性，当我们按照农药安全使用法应用时，灭草松的降解速度会更快，根据溶度计研究表明，平均每年沥出液中药品的含量＜0.1μg/L。

制剂　48％液剂，5％灭草松水剂，50％可湿性粉剂。

主要生产商　ACA、BASF、High Kite、江苏绿利来股份有限公司、江苏省激素研究所股份有限公司、苏州恒泰集团有限公司及泰达集团等。

作用机理与特点　光合作用抑制剂。灭草松是触杀型具选择性的苗后除草剂，用于苗期茎叶处理，通过叶片接触而起作用。旱田使用，先通过叶面渗透传导到叶绿体内抑制光合作用。大豆在施药后 2h 二氧化碳同化过程开始受抑制，4h 达最低点，叶下垂，但大豆可代谢灭草松，使之降解为无活性物质，8h 后可恢复正常。如遇阴雨低温，恢复时间延长，对敏感植物施药后 2h 二氧化碳同化过程受抑制，到 11h 全部停止，叶萎蔫变黄，最后导致死亡。水田使用，既能通过叶面渗透又能通过根部吸收，传导到茎叶，又可强烈抑制杂草光合作用和水分代谢，造成营养饥饿，使生理机能失调而致死。

应用

(1) 适宜作物　大豆、玉米、水稻、花生、小麦、菜豆、豌豆、洋葱、甘蔗等。灭草松在这些作物体内被代谢为活性弱的糖轭合物而解毒，对作物安全。施药后 8～16 周灭草松在土壤中可被微生物分解。

(2) 防除对象　主要用于防除莎草科和阔叶杂草，对禾本科杂草无效。①旱田杂草如苍耳、反枝苋、凹头苋、刺苋、马齿苋、野西瓜苗、猪殃殃、向日葵、刺儿菜、苣荬菜、大蓟、狼把草、鬼针草、酸模叶蓼、柳叶刺蓼、节蓼、辣子草、野萝卜、猪毛菜、刺黄花稔、苘麻、繁缕、曼陀罗、藜、小藜、龙葵、鸭跖草(1～2 叶期效果好,3 叶期以后药效明显下降)、豚草、荠菜、遏蓝菜、芥菜、野芥、旋花属、蒿属、芸薹属等多种阔叶杂草。②水田中可防除多年生深根性杂草如慈姑、矮慈姑、三棱草、萤蔺、雨久花、泽泻、白水八角、母草、牛毛毡、异型莎草、水莎草、荆三棱、扁秆藨草、日本藨草、鸭舌草、鸭跖草、狼把草等。

（3）应用技术　①旱田使用灭草松应在阔叶杂草及莎草出齐幼苗时施药，喷洒均匀，使杂草茎叶充分接触药剂。稻田防除三棱草、阔叶杂草，一定要在杂草出齐、排水后喷雾，均匀喷在杂草茎叶上，2d后灌水，效果显著，否则影响药效。②灭草松在高温晴天活性高、除草效果好，反之阴天和气温低时效果差。在高温或低湿地排水不良、低温高湿、长期积水、病虫危害等对大豆生育不良的环境条件下，易对大豆造成药害。施药后8h内应无雨。在极度干旱和水涝的田间不宜使用灭草松，以防发生药害。③施药应选早晚气温低、风小时进行，晴天上午9时至下午3时应停止施药，大风天不要施药，施药时风速不宜超过5m/s。

（4）使用方法　水稻田防除阔叶杂草及莎草等每亩以50～100g(a.i.)喷雾，小麦田防除阔叶杂草每亩以50g(a.i.)喷雾，大豆田防除阔叶杂草每亩以50～100g(a.i.)喷雾，甘薯、茶园防除阔叶杂草每亩以50～100g(a.i.)喷雾，草原牧场防除阔叶杂草每亩以100～125g(a.i.)喷雾。具体使用方法如下：

① 大豆田　茎叶处理，使用适期为大豆苗后1～3片复叶期，阔叶杂草3～5叶期，一般株高5～10cm。每亩用48%灭草松100～200mL或25%灭草松水剂200～400mL，兑水30～40kg。土壤水分适宜、杂草出齐、生长旺盛和杂草幼小时用低剂量，干旱条件下或杂草大及多年生阔叶杂草多时用高剂量。灭草松对苍耳特效，48%灭草松防除苍耳每亩用67～133mL。灭草松分期施药效果好，如48%灭草松每亩用200mL分两次施，每次每亩用100mL，间隔10～15d。施药后应保证8h无雨。全田施药每亩用200mL。苗带施药每亩用药量为110mL。

混用：为了防除稗草、野燕麦、狗尾草、金狗尾草、野黍、马唐、牛筋草等禾本科杂草，灭草松可与精吡氟氯禾灵、稀禾定、精噁唑禾草灵等除草剂混用，每亩用药量如下：48%灭草松167～200mL加10.8%精吡氟氯禾灵30～35mL或12.5%稀禾定85～100mL或15%精吡氟禾草灵50～67mL或5%精喹禾灵50～67mL或6.9%精噁唑禾草灵50～60mL或8.05%精噁唑禾草灵40～50mL。

为扩大杀草谱，灭草松可与防除阔叶杂草除草剂混用，各自用量减半再与防除禾本科杂草除草剂混用。每亩用量如下：48%灭草松100mL加48%异噁草酮40～50mL加15%精吡氟禾草灵40mL混用（或12.5%稀禾定50～70mL或5%精喹禾灵40mL或10.8%精吡氟氯禾灵30mL），对大豆安全，对一年生禾本科和阔叶杂草有效，对多年生的芦苇、苣荬菜、刺儿菜、大蓟、问荆有效。对鸭跖草也有较好的药效，对大豆安全。或48%灭草松100mL加21.4%三氟羧草醚40～50mL可提高对龙葵、藜、苘麻、鸭跖草等防除效果，降低三氟羧草醚用量，增加对大豆安全性。

② 水稻田　水直播田、插秧田均可使用。视杂草类群、水稻生长期、气候条件而定。施药适期于秧田水稻2～3叶期，直播田播后30～40d，插秧田插后20～30d，最好在杂草多数出齐、3～5叶期施药。每亩用48%灭草松133～200mL或25%灭草松水剂300～400mL，加水30L。防除一年生阔叶杂草用低量，防除莎草科杂草用高量，喷液量每亩20L。施药前排水，使杂草全部露出水面，选高温、无风、晴天喷药。施药后4～6h药剂可渗入杂草体内。施药后1～2d再灌水入田，恢复正常管理。防除莎草科杂草和阔叶杂草效果显著，对稗草无效。若田间稗草和三棱草都严重，可与其他除草剂先后使用或混用，苗前用除稗草剂处理，余下莎草和阔叶杂草用灭草松防除，可采用灭草松与禾草敌、敌稗、二氯喹啉酸等混用：

水稻旱育秧田或湿润育秧田：主要防除稗草和旱生型阔叶杂草。稗草2～3叶期，每亩用48%灭草松100～150mL加20%敌稗600～1000mL混用。

水稻移栽田老稻田：阔叶杂草、莎草科杂草危害严重，与稗草同时发生，水稻移栽后10～15d、稗草3叶期前，每亩用48%灭草松167～200mL加96%禾草敌200mL。水稻移栽15d后，稗草3～8叶期可与二氯喹啉酸混用，每亩用48%灭草松200mL加50%二氯喹啉酸33～53g。稗草叶龄小，二氯喹啉酸用低量，稗草叶龄大二氯喹啉酸用高量。施药前2d排水，田面湿润或浅水层均可，采用喷雾法施药，施药后 2～3d 放水回田，1 周内稳定水层 2～3cm。

水稻直播田老稻田：莎草科杂草、阔叶杂草和稗草危害严重，稗草 3 叶期以前，灭草松与禾草敌混用，稗草 3 叶期以后灭草松与二氯喹啉酸混用，施药方法及用量同移栽田。

③ 麦田　南方在小麦 2 叶 1 心至 3 叶期，杂草如猪殃殃、麦家公等阔叶杂草 1 叶至两轮叶期，每亩用 48% 灭草松 100～22mL，喷液量每亩 30～40kg。北方在小麦苗后，阔叶杂草 2～4 叶期施药。也可与 2 甲 4 氯混用。

④ 花生田　防除花生田苍耳、反枝苋、凹头苋、蓼、马齿苋、油莎草等阔叶杂草和莎草，于杂草 2～5 叶期，每亩用 48% 灭草松水剂 100～200mL，喷液量每亩 30～40L，茎叶处理。

专利与登记　专利 US3708277、DE1542836 均已过专利期，不存在专利权问题。在中国登记情况：38%、42% 微乳剂，40%、54%、440g/L 水剂；登记作物为大豆；防除对象为是一年生阔叶类杂草和莎草科杂草。巴斯夫欧洲公司在中国登记情况见表 158。

表 158　巴斯夫欧洲公司在中国登记情况

登记名称	登记证号	含量	剂型	登记作物	防治对象	用药量/(g/hm²)	施用方法
灭草松	PD20080470	400g/L	可溶液剂	水稻（移栽田） 水稻（直播田） 水稻（直播田） 水稻（移栽田）	莎草科杂草 莎草科杂草 阔叶杂草 阔叶杂草	920～1150	喷雾

合成方法　灭草松的制备方法如下：

参考文献

[1]　周善波. 江苏农药，2000，4：18-20.

灭虫隆 chloromethiuron

$C_{10}H_{13}ClN_2S$，228.7，28217-97-2

灭虫隆(chloromethiuron)，试验代号　CGA13444、C-9140。商品名称　Dipofene、螟蛉畏。其他名称　灭虫脲。是由瑞士 Ciba-Geigy 公司开发的硫脲类杀螨剂。

化学名称　3-(4-氯邻甲苯基)-1,1-二甲基(硫脲)，3-(4-chloro-*o*-tolyl)-1,1-dimethyl(thiourea)。

理化性质　纯品为无色晶体，熔点 175℃。蒸气压 0.0011mPa(20℃)。Henry 常数 5.03×10^{-6} Pa·m³/mol(计算值)。相对密度 1.34(20℃)。水中溶解度 50mg/L(20℃)。其他溶剂中溶解度(20℃，g/kg)：丙酮 37，二氯甲烷 40，己烷 0.05，异丙醇 5。水溶液稳定性 DT_{50} 1y(5<pH<9)。

毒性　大鼠急性经口 LD_{50} 2500mg/kg，大鼠急性经皮 LD_{50} >2150mg/kg，对兔皮肤无刺激，对眼睛有刺激。NOEL(90d，mg/kg 饲料)：大鼠 10[1mg/(kg·d)]，狗为 50[2mg/(kg·d)]。

生态效应　虹鳟鱼、大翻车鱼、鲤鱼 LC_{50}(96h)>49mg/L。

作用机理与特点　几丁质抑制剂，通过干扰几丁质的合成进而影响真菌的生长。

应用

（1）适用范围　家畜等。

（2）防治对象　一种高效、低毒、广谱的杀虫剂。主要用于防治家畜身上的扁虱，包括对其他杀螨剂产生抗性的扁虱。对蜱螨、水稻二化螟、棉铃虫、红铃虫也有很好的防治效果。

（3）使用方法　以 1.8g(a.i.)/L 浸洗牛、羊、马和狗，可防治各种扁虱。

专利概况　专利 BE678543、GB1138714 均早已过专利期，不存在专利权问题。

合成方法　如下两种方法可制得灭虫隆：

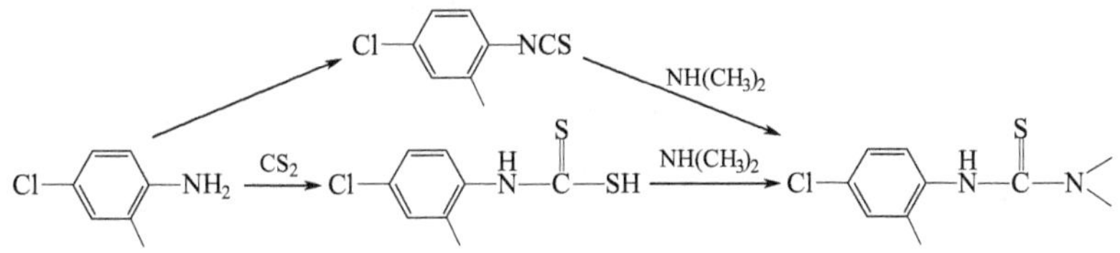

参考文献

[1] Proc World Vet Congr, 20 th. 1975：659.

灭除威 XMC

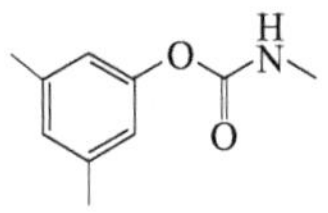

$C_{10}H_{13}NO_2$，179.2，2655-14-3

灭除威(XMC)，试验代号　H-69。商品名称　Cosban、Macbal、Maqbal、二甲威。是由日本北兴化学工业株式会社和日本保土谷化学工业株式会社开发。

化学名称　3,5-二甲基苯基甲基氨基甲酸酯，3,5-xylyl methylcarbamate。

理化性质　本品为无色晶体，熔点 99℃（工业品），沸点 239.7℃，蒸气压 6.88mPa(25℃)，相对密度 1.16(20℃)，$K_{ow}\lg P=2.3(25℃)$，Henry 常数 2.33×10^{-3}Pa·m³/mol(25℃)。水中溶解度(25℃)0.53g/L；溶于大部分有机溶剂(25℃,g/L)：丙酮和乙醇＞100，二甲苯 67，溶于环己酮和 3,5,5-三甲基环己-2-烯酮。在碱性介质中快速水解，在中性和弱酸水溶液条件下相对稳定，对光和在＜90℃稳定。

毒性　急性经口 LD_{50}(mg/kg)：大鼠 542，兔 445，小鼠 245。对兔皮肤无刺激性。大鼠吸入 LC_{50}1.02mg/L。大鼠和小鼠 NOEL(90d)值 230mg/(kg·d)。ADI 0.0034mg/kg。

生态效应　鸟类 LD_{50}(14d,mg/kg)：鹌鹑 188，野鸭 1637。鲤鱼 LC_{50}(48h)＞40mg/L。水蚤 EC_{50}(3h)0.055mg/L。藻类 EC_{50}(72h)12.3mg/L。蜜蜂 LD_{50}(48h,μg/只)：经口 0.095，接触 0.53。蚯蚓 LD_{50}(14d)45.4mg/kg 干土。

环境行为

（1）动物　昆虫体内代谢机制主要是苯环和环甲基取代基的水解。

（2）土壤/环境　土壤中水解成 3,5-二甲基苯酚和 N-甲基氨基甲酸。

制剂　EC[200g(a.i.)/L]、WP(500g/kg)、DP(20g/kg)、MG(30g/kg)。

作用机理与特点　作用机制和其他氨基甲酸酯杀虫剂类似，主要为触杀作用，具有较快的击倒作用，能抑制动物体内胆碱酯酶。

应用

（1）适用作物　水稻、茶叶。

（2）防治对象　叶蝉、飞虱。

（3）残留量与安全施药　防治水稻叶蝉、稻飞虱及茶树青大叶蝉，用量通常为 $600\sim1200g$ (a. i.)/hm^2。

（4）使用方法　①水稻害虫：防治水稻黑尾叶蝉、褐稻虱、北背飞虱及灰飞虱等，在若虫高峰期，每公顷使用2%粉剂 $30\sim45kg$ 喷粉，或每公顷使用50%可湿性粉剂 $1500\sim2250g$，兑水常量针对性喷雾。防治水稻负泥虫，每公顷使用3%颗粒剂 $30\sim37.5kg$。②茶树害虫：在茶小绿叶蝉低龄若虫期，使用50%可湿性粉剂 1000 倍液常量喷雾；或每公顷使用2%粉剂 $30\sim45kg$ 喷粉。防治茶长白蚧，在若虫孵化盛末期，每公顷使用50%可湿性粉剂 $3750\sim4500g$，兑水常量喷雾。③棉花害虫：防治棉花苗期蚜虫，棉苗 $1\sim3$ 叶，蚜害指数达 250 时，或棉苗 $4\sim6$ 叶，蚜害指数达到 $350\sim400$ 时，每公顷使用50%可湿性粉剂 $600\sim750g$，兑水常量喷雾。防治棉花叶蝉，在叶蝉低龄若虫盛期，每公顷使用50%可湿性粉剂 $750\sim1125g$，兑水常量喷雾。

专利概况　专利 DE1188589 早已过专利期，不存在专利权问题。

合成方法　通过如下反应即可制得目的物：

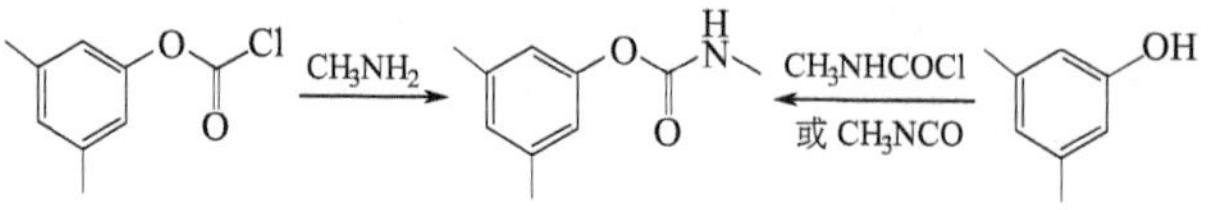

灭多威 methomyl

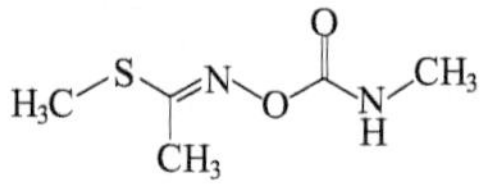

$C_5H_{10}N_2O_2S$, 162.2, 16752-77-5

灭多威（methomyl），试验代号　DPX-X1179、OMS1196。商品名称　Agrinate、Astra、Avance、Dunet、Killon、Kuik、Lannate、Lann WDK、Matador、Metholate、Methomex、Methosan、Moscacid、Nudrin、Pilarmate、Sathomyl、Sutilo、快灵、灭虫快、灭多虫、纳乃得、万灵。其他名称　乙肟威、灭索威。是 G. A. Roodhans 和 N. B. Joy 报道，由 E. I. du Pont de Nemours & Co. 开发。

化学名称　S-甲基-N-（甲基氨基甲酰氧基）硫代乙酰亚胺酸酯，S-methyl N-(methylcarbamoyloxy)thioacetimidate.

理化性质　本品为（Z）和（E）-异构体的混合物（前者占优势），无色结晶，稍带硫黄臭味。熔点 78～79℃。蒸气压 0.72mPa(25℃)。相对密度 1.2946(25℃)。$K_{ow} \lg P = 0.093$。Henry 常数 $2.1\times10^{-6}Pa \cdot m^3/mol$。水中溶解度(25℃)57.9g/L；其他溶剂中溶解度(25℃，g/kg)：丙酮 730，乙醇 420，甲醇 1000，甲苯 30，异丙醇 220。在 pH 5 和 7，25℃可稳定 30d，水溶液中 DT_{50} 30d(pH 9,25℃)，140℃下稳定。在日光下暴露 120d 稳定。

毒性　大鼠急性经口 LD_{50} (mg/kg)：雄性 34，雌性 30。雄兔和雌兔急性经皮 $LD_{50} > 2000mg/kg$。对兔眼睛中度刺激，对豚鼠皮肤无致敏性。对大鼠的吸入毒性 LC_{50} (4h)0.258mg/kg 空气。NOEL(2y, mg/kg)：大鼠 100（2.5mg/kg），小鼠 50，狗 100。ADI 值（mg/kg）：(JMPR)0.02，(EFSA)0.0025，(EPA)cRfD 0.008。在活体上进行测试没有发现致突变、致癌及影响生殖性。

生态效应　鹌鹑急性经口 LD_{50} 24.2mg/kg，LC_{50} (8d,mg/kg 饲料)：鹌鹑 5620，野鸭 1780。鱼毒 LC_{50} (96h,mg/L)：虹鳟鱼 2.49，大翻车鱼 0.63。水蚤 LC_{50} (48h)17µg/L。羊角月牙藻 EC_{50} (72h)>100mg/L。对蜜蜂有毒，LD_{50} (µg/只)：经口 0.28、接触 0.16，但是药干后，对蜜蜂无害。蚯蚓 LC_{50} (14d)21mg/kg 干土。直接使用时对无脊椎动物没有危害。

环境行为

（1）动物　进入动物体内的本品被迅速吸收和转化为羟甲基灭多威、肟、亚砜、亚砜肟，这些不稳定的中间体转化为乙腈和二氧化碳，可以通过呼吸和尿液排出体外。三种代谢途径主要为谷胱甘肽 S-甲基的取代以及转化成硫醚氨基酸衍生物以及灭多威氨基甲酸酯水解成肟醚，并进一步代谢成二氧化碳；以及肟进行贝克曼重排形成乙腈。另外的一些小代谢物还有乙酸、乙酰胺、硫氰酸盐以及硫酸盐的共轭肟。

（2）植物　在叶子上的 DT_{50} 是 $3\sim5d$，与天然植物组分结合迅速降解为乙腈和二氧化碳。近期研究表明其代谢与在动物中相似。

（3）土壤/环境　在土壤中迅速降解，$20℃$ 下在湿度为 $pF2\sim2.5$，酸度为 $pH=5.1\sim7.8$ 和 $1.2\sim3.6$ 的土壤中 $DT_{50}4\sim8d$，在地下水中样品 $DT_{50}<0.2d$。$K_{oc}72$。

制剂　可溶粉剂[$900g(a.i.)/kg$]，可溶液剂（$220g/L$）。

主要生产商　ArystaLifeScience、Bayer CropScience、Crystal、Dongbu Fine、Dow Agro-Sciences、Makhteshim-Agan、Rotam Saeryung、安徽华星化工股份有限公司、海利贵溪化工农药有限公司、青岛瀚生生物科技股份有限公司、广州市禾盛达化工有限公司、湖北砂隆达股份有限公司、国度化学股份有限公司、郑州兰博尔科技有限公司、山东华阳农药化工集团有限公司、台湾兴农有限公司、泰达集团、盐城利民农化有限公司、浙江华兴化学农药有限公司及浙江菱化集团有限公司等。

作用机理与特点　胆碱酯酶抑制剂，具有胃毒和触杀作用的内吸性杀虫剂和杀螨剂。

应用

（1）适用作物　禾谷类作物、柑橘、棉花、大田作物、葡萄、玉米、观赏植物、仁果类、糖甜菜和蔬菜等。

（2）防治对象　跳甲亚科、蚜科、半翅类、双翅目、同翅目、鞘翅目和鳞翅目害虫。

（3）残留量与安全施药　由于灭多威施用后降解快，经 $4\sim5d$ 测不到残留。

（4）应用技术　灭多威挥发性强，有风天气不要喷药，以免飘移，引起中毒。不要与碱性物质混用。

（5）使用方法　用 90%水溶性粉剂防治蚜虫及鳞翅目害虫的幼虫时，应用浓度可用 $3000\sim4000$ 倍，即 5g 灭多威剂加水 15kg，若用 20%乳油，浓度为 $1000\sim2000$ 倍，于害虫为害初期对茎叶喷施，每亩喷施药液量为 $50\sim70kg$，每隔 $5\sim7d$ 喷施一次，根据作物的生长情况，喷施 $2\sim3$ 次。

在我国推荐使用情况如下：棉花推荐使用剂量 $90\sim120mL/hm^2$；蔬菜推荐使用剂量 $90\sim120mL/hm^2$；花生、大豆推荐使用剂量 $100\sim300mL/hm^2$；甜菜推荐使用剂量 $100\sim300mL/hm^2$（均为 20%乳油兑水 $100\sim300kg$ 喷雾）。

专利与登记　专利 US3576834、US3639633 均早已过专利期，不存在专利权问题。

国内登记情况：24%可溶液剂，98%原药，20%、40%、90%可溶粉剂，10%可湿性粉剂，20%乳油；登记作物为烟草和水稻等；防治对象为烟青虫、棉铃虫、烟蚜和棉蚜等。美国杜邦公司在中国登记情况见表159。

表159　美国杜邦公司在中国登记情况

登记名	登记证号	含量	剂型	登记作物	防治对象	用药量	施用方法
灭多威	PD133-91	24%	水溶性液剂	茶树	茶小绿叶蝉	$342\sim450g/hm^2$	喷雾
				烟草	烟蚜	$180\sim270g/hm^2$	喷雾
				棉花	棉蚜	$270\sim360g/hm^2$	喷雾
				柑橘树	橘蚜	$120\sim240mg/kg$	喷雾
				甘蓝	菜青虫	$300\sim360g/hm^2$	喷雾
				柑橘树	潜叶蛾	$200\sim300mg/kg$	喷雾
				棉花	棉铃虫	$270\sim360g/hm^2$	喷雾
				烟草	烟青虫	$180\sim270g/hm^2$	喷雾
				甘蓝	蚜虫	$300\sim360g/hm^2$	喷雾
灭多威	PD280-99	98%	原药				

合成方法　主要原料是乙醛肟、甲硫醇、甲基异氰酸酯及氯气。其制备过程如下：

$$H_3C-CH=N-OH \longrightarrow H_3C-C(Cl)=N-OH \xrightarrow{CH_3SH} H_3C-S-C(CH_3)=N-OH \longrightarrow H_3C-S-C(CH_3)=N-O-C(=O)-NH-CH_3$$

灭菌丹 folpet

$C_9H_4Cl_3NO_2S$，296.6，133-07-3

　　灭菌丹(folpet)，商品名称　Chelai、Foldan、Folpan。是由 Chevron 化学公司开发的杀菌剂。现由以色列马克西姆公司(现 ADAMA)生产和销售。

　　化学名称　N-(三氯甲硫基)邻苯二甲酰亚胺，N-(trichloromethylthio)phthalimide 或 N-(trichloromethanesulfenyl)ph thalimide。

　　理化性质　纯品为无色结晶固体(工业品为黄色粉末)，熔点 178～179℃。蒸气压 $2.1×10^{-5}$ Pa(25℃)。分配系数 K_{ow} lg$P$=3.11。Henry 常数 $7.8×10^{-3}$ Pa·m^3/mol(计算值)。相对密度 1.72(20℃)。水中溶解度 0.8mg/L(室温)。有机溶剂中溶解度(25℃，g/L)：四氯化碳 6，甲苯 26，甲醇 3。在干燥储存条件下稳定，在室温、潮湿条件下缓慢分解，在浓碱、高温条件下迅速分解。不易燃。

　　毒性　大鼠急性经口 LD_{50}＞9000mg/kg。兔急性经皮 LD_{50}＞4500mg/kg；本品对兔黏膜有刺激作用，其粉尘或雾滴接触到眼睛、皮肤或吸入均能使局部受到刺激。对豚鼠皮肤有刺激性。大鼠吸入 LC_{50}(4h)1.89mg/L。在大鼠的饲料中拌入 800mg/(kg·L)，饲养一年，在组织病理上或肿瘤发病率上与对照组比均无明显差别，饲养一年无作用剂量为[mg/(kg·d)]：狗 325，小鼠 450。用 1000mg/kg 药量喂养大鼠连续三代对繁殖无影响，对仓鼠、猴子或大鼠的试验中没有出现致畸现象。ADI 值(mg/kg)：(JMPR)0.1；(EC)0.1；(EPA)aRfD 0.1，cRfD 0.09。

　　生态效应　野鸭急性经口 LD_{50}＞2000mg/kg。对鱼高毒。水蚤 EC_{50}＞1.46mg/L。海藻 E_bC_{50} 和 E_rC_{50}＞10mg/L。实际条件下因其在水中的不稳定性导致其对水生生物无毒。对蜜蜂无伤害，LD_{50}(μg/只)：＞236(经口)，＞200(接触)。对蚯蚓无伤害。对七星瓢虫有轻度毒性，对赤眼蜂、草蛉、隐翅虫、缢管蚜茧蜂等无害。

　　环境行为

　　(1) 动物　主要代谢产物为邻苯二甲酰亚胺、邻苯二甲酸和邻氨甲酰苯甲酸。

　　(2) 植物　代谢同动物。

　　(3) 土壤/环境　DT_{50}(土壤)4.3d；DT_{50}(水中)＜0.7h。土壤对其吸附性很强，吸附 K_{oc} 304～1164；不能被过滤。

　　制剂　50%可湿性粉剂。

　　主要生产商　India Pesticides、Makhteshim-Agan、宁波市镇海恒达农化有限公司及浙江禾本科技有限公司等。

　　作用机理与特点　具有保护作用的叶面喷施杀菌剂。

　　应用

　　(1) 适宜作物与安全性　马铃薯、齐墩果属植物、观赏植物、葫芦、葡萄等多种作物。在推荐剂量下对作物安全、无药害。

　　(2) 防治对象　马铃薯晚疫病、白粉病、叶锈病和叶斑点病以及葡萄的一些病害等。

（3）使用方法　保护性杀菌剂。使用剂量 2.24～11.2kg(a.i.)/hm²。①防治瓜类及其他蔬菜霜霉病、白粉病，马铃薯和西红柿早疫病、晚疫病，用 50％可湿性粉剂 500～600 倍液喷雾。②防治豇豆白粉病、轮纹病，用 50％可湿性粉剂 600～800 倍液喷雾。一般 1 周左右喷 1 次，连续 2～3 次。

（4）注意事项　①不能与碱性及杀虫剂的乳油、油剂混用。②对人的黏膜有刺激性，施药时应注意。③西红柿使用浓度偏高时，易产生药害，配药时要慎重。

专利与登记　专利 US2553770、US2553771、US2553776 等早已过专利期，不存在专利权问题。国内仅登记了 95％灭菌丹原药。

合成方法　以邻苯二甲酰亚胺钾盐合成目标产物：

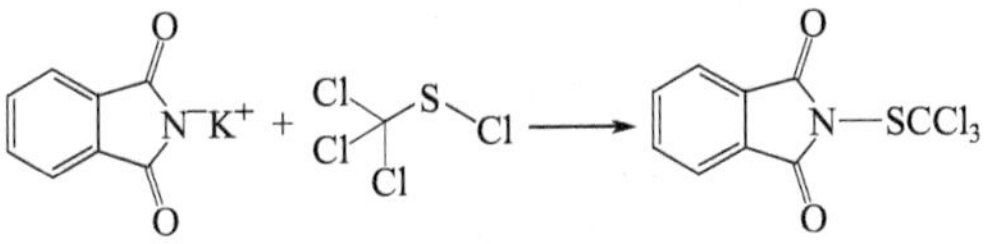

参考文献

[1] The Pesticide Manual. 15th ed. 2009：564-566.

灭菌唑 triticonazole

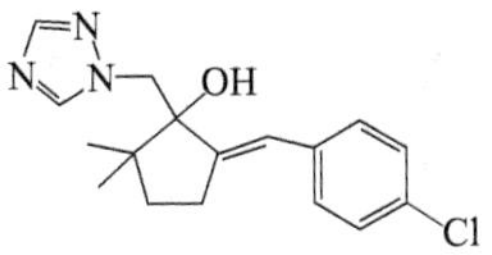

$C_{17}H_{20}ClN_3O$，317.8，131983-72-7

灭菌唑（triticonazole），试验代号　FR2641277。商品名称　Charter F2、Real、Rubin TT。其他名称　Alios、Charter、Premis、Premis 25。是由罗纳-普朗克公司（现拜耳公司）研制和开发的三唑类杀菌剂，目前授权 BASF 公司在欧洲等地销售。

化学名称　（RS）-（E）-5-(4-氯亚苄基)-2,2-二甲基-1-(1H-1,2,4-三唑-1-基甲基) 环戊醇，（RS）-（E）-5-(4-chlorobenzylidene)-2,2-dimethyl-1-(1H-1,2,4-triazol-1-ylmethyl) cyclopentanol。

理化性质　原药纯度为 95％。纯品（cis-和 $trans$-混合物）为无味、白色粉状固体，熔点 137～141℃。相对密度 1.21(20℃)，蒸气压＜1×10^{-5} mPa(50℃)。分配系数 K_{ow} lg$P=3.29$(20℃)。Henry 常数＜3×10^{-5} Pa·m³/mol(计算值)。水中溶解度 9.3mg/L(20℃)，pH 值对其影响不大。当温度达到 180℃开始分解。

毒性　大鼠急性经口 LD$_{50}$＞2000mg/kg。大鼠急性经皮 LD$_{50}$＞2000mg/kg，对兔皮肤和眼无刺激。大鼠吸入 LC$_{50}$＞5.6mg/L 空气。NOEL 值[mg/(kg·d)]：雄性大鼠慢性 29.4，雌性大鼠慢性 38，狗 2.5。ADI(EC)0.025mg/kg[2006]。

生态效应　山齿鹑急性经口 LD$_{50}$＞2000mg/kg，饲喂山齿鹑和野鸭 LC$_{50}$＞5200mg/(kg·d)。对虹鳟鱼毒性很低，LC$_{50}$＞3.6mg/L；水蚤 LC$_{50}$(48h)＞9mg/L。羊角月牙藻 EC$_{50}$(96h)＞1.0mg/L。蜜蜂 LD$_{50}$(经口和接触)＞100μg/只。蚯蚓 LC$_{50}$(14d)＞1000mg/kg。对非靶标节肢动物无严重副作用。

环境行为

（1）动物　在大鼠体内 7d 内，90％可通过粪便排出体外。

（2）植物　代谢产物为二羟基代谢物和其他。

（3）土壤/环境　土壤中的代谢主要是羟基化，土壤 pH 不会影响降解速度和途径，DT_{50} 151～429d(实验室，22～25℃)；DT_{50} 96～267d(田地)。

制剂　25g/L悬浮种衣剂等。

主要生产商　BASF。

作用机理与特点　甾醇生物合成中 C14 脱甲基化酶抑制剂。主要用作种子处理剂。

应用

（1）适宜作物　禾谷类作物、玉米、豆科作物、果树如（苹果）等。

（2）对作物安全性　推荐剂量下对作物安全、无药害。

（3）防治对象　镰孢(酶)属、柄锈菌属、麦类核腔菌属、黑粉菌属、腥黑粉菌属、白粉菌属、圆核腔菌、壳针孢属、柱隔孢属等引起的病害如白粉病、锈病、黑腥病、网斑病等。

（4）使用方法　主要用于防治禾谷类作物、玉米、豆科作物、果树病害，对种传病害有特效。可种子处理、也可茎叶喷雾，持效期长达 4～6 周。种子处理时通常用量为 2.5g(a.i.)/100kg 小麦种子或 20g(a.i.)/100kg 玉米种子；茎叶喷雾时用量为 60g(a.i.)/hm²。

专利与登记　专利 EP378953 早已过专利期，不存在专利权问题。国内登记情况：25g/L悬浮种衣剂；登记作物为小麦；防治对象为腥黑穗病、散黑穗病。巴斯夫欧洲公司在中国登记情况见表 160。

表 160　巴斯夫欧洲公司在中国登记情况

登记名称	登记证号	含量	剂型	登记作物	防治对象	用药量	施用方法
灭菌唑	PD20070367	95％	原药	—	—		
灭菌唑	PD20070366	25g/L	悬浮种衣剂	小麦	腥黑穗病 散黑穗病	2.5～5g/100kg 种子	拌种

合成方法　以二甲基环戊酮为起始原料，与对氯苯甲醛缩合；再与碘代三甲基亚砜(由碘甲烷与二甲基亚砜制得)反应生成取代的环氧丙烷；最后与三唑反应，处理即得灭菌唑。反应式如下：

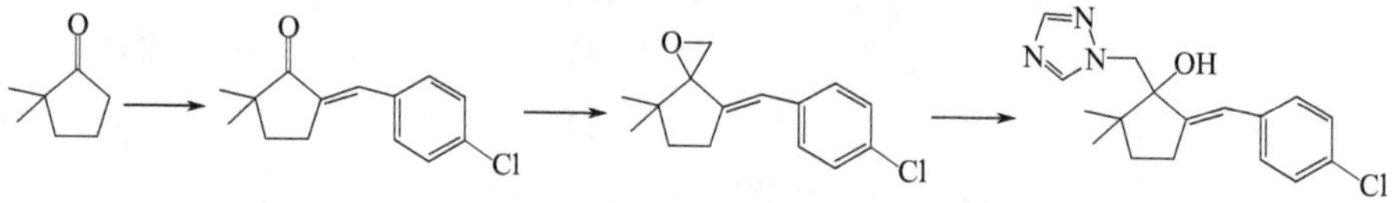

灭螨醌 acequinocyl

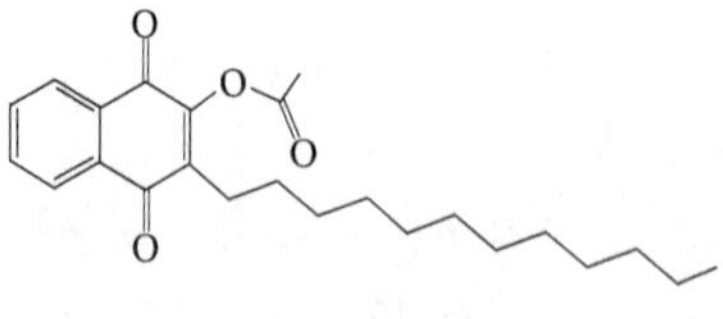

$C_{24}H_{32}O_4$，384.5，57960-19-7

灭螨醌(acequinocyl)，试验代号　AC-145、AKD-2023、DPX-3792、DPX-T3792。商品名称

Cantack、Kanemite、Shuttle。**其他名称**　亚螨醌；最早由 E. I. du Pont de Nemours 与 Agro-Kanesho Co. Ltd. 于 1999 年在日本和韩国登记。

化学名称　3-十二烷基-1,4-二氢-1,4-二氧-2-乙酸萘酯,3-dodecyl-1,4-dihydro-1,4-dioxo-2-naphthyl acetate。

理化性质　工业品纯度≥96%。纯品为黄色粉末,熔点 59.6℃,200℃分解,蒸气压 $1.69×10^{-3}$ mPa(25℃)。密度 1.15(25℃)。分配系数 K_{ow} lg$P$＞6.2(25℃)。Henry 常数 $9.7×10^{-2}$ Pa·m^3/mol。水中溶解度(20℃)6.69μg/L；其他溶剂中溶解度(20℃,g/L)：正己烷 44,甲苯 450,二氯甲烷 620,丙酮 220,甲醇 7.8,DMF 190,乙酸乙酯 290,异丙醇 29,乙腈 28,DMSO 25,辛醇 31,乙醇 23,二甲苯 730。在 200℃时分解。水解 DT_{50}(暗处)：74d(pH 4,25℃),53h(pH 7,25℃),76min(pH 9,25℃)。水中光解 DT_{50}14min(pH 5,25℃)。

毒性　急性经口 LD_{50}(mg/kg)：大鼠＞5000,小鼠＞5000。大鼠急性经皮 LD_{50}＞2000mg/kg。大鼠吸入 LC_{50}＞0.84mg/L。对兔眼睛和皮肤有轻微刺激性。对豚鼠皮肤无致敏性。NOEL [mg/(kg·d)]：大鼠(2y)9.0,小鼠(80 周)2.7,狗(52 周)5。ADI：(EFSA)0.023mg/kg[2007],(EPA)aRfD 0.304mg/kg,cRfD 0.027mg/kg[2004]。无生殖毒性(大鼠)、无发育影响(大鼠,兔),无致癌(大鼠,小鼠)、致突变性(Ames 试验、DNA 修复与染色体试验)。

生态效应　野鸭和日本鹌鹑急性经口 LD_{50}≥2000mg/kg。野鸭和日本鹌鹑饲喂 LD_{50}(5d)＞5000mg/L。鱼类 LC_{50}(96h,mg/L)：鲤鱼＞100,虹鳟鱼＞33,红鲈鱼＞10,大翻车鱼＞3.3,斑马鱼＞6.3。水蚤 LC_{50}(48h)0.0039mg/L。藻类 EC_{50}(72h)抑制细胞增长＞100mg/L,EC_{50}(72h)增长率减慢＞100mg/L。糠虾 LC_{50}(96h)0.93μg/L,蚊＞100mg/L。蜜蜂 LD_{50}(48h,经口和接触)＞100μg/只。蚯蚓 LC_{50}＞1000mg/kg 土壤。对草蛉、蜘蛛、隐翅虫、甲壳虫、寄生蜂均无害。

环境行为

(1) 动物　灭螨醌能很快被胆汁吸收,但很快水解为葡萄糖共轭苷酸随粪便排出,灭螨醌和其代谢产物在老鼠的任何组织或器官没有积累。

(2) 植物　不向植物的组织内渗透,大部分残留在水果的表面或者皮上,主要残留物是母体化合物。

(3) 土壤/环境　能在土壤中迅速地通过脱去乙酰基进行代谢,最后氧化为 CO_2。DT_{50}(有氧)(pH 5.9～8.1,20℃)1.7～3.8d,DT_{90}5.8～14.4d,K_{oc}(4 土壤类型)33900～123000。DT_{50}在水中(pH 7.4,20℃)0.7d；DT_{90}2.4d 研究表明,灭螨醌在土壤中的转移性能较差,不易渗透到地下水,从而污染水体。

制剂　悬浮剂,不能与碱性产品同时使用。

主要生产商　Agro-Kanesho。

作用机理与特点　本品为萘醌衍生物,主要为触杀型杀螨剂,兼具摄食毒性。在螨体内水解成 2-十二烷基-3-羟基-1,4-萘醌,并与线粒体中的电子转移通道上的 Q_o 位点相结合,从而抑制电子传递。

应用

(1) 适用作物　柑橘、苹果、梨、桃、樱桃、甜瓜、黄瓜、茶、观赏性植物、蔬菜。

(2) 防治对象　柑橘全爪螨,叶螨,瘿螨。

(3) 应用技术　该杀螨剂无内吸性,对多种螨的卵、幼虫、若虫有卓效。

(4) 使用方法　对玫瑰和凤仙花属植物可用 15.8% 的悬浮剂稀释至 27.2g(a.i.)/378L 水进行喷洒,喷洒应全面覆盖,且直到有"水滴"形成。或用 27.2～56.7g(a.i.)兑水 378L 对其他果树进行施药。对玫瑰和凤仙花属一个生长周期内的最大用量是 136g(a.i.)/hm^2；其他果树的最大用量为 272g(a.i.)/hm^2。为避免抗性的产生,不推荐连续用药。

(5) 注意事项　不能通过灌溉法施药；储存或弃置时谨防误食或污染食物和水体；洗涤施药器具时避免污染水体。

专利概况　专利 DE2520739、GB1518750、US2553647 均早已过专利期,不存在专利权问题。

合成方法 灭螨醌可由如下反应制备：利用 4-取代的苯基乙酰乙酸乙酯在酸性条件下关环得到萘环，氧化得醌，进一步与乙酰氯反应得到目标产物。

灭螨猛 chinomethionat

$C_{10}H_6N_2OS_2$，234.3，2439-01-2

灭螨猛（chinomethionat），试验代号 Bayer36205、Bayer SAS 2074。商品名称 Morestan、Morestan VP。是由拜耳公司开发的杀菌杀螨剂。

化学名称 6-甲基-1,3-二硫戊环并[4,5-b]喹喔啉-2-酮或 S,S-(6-甲基喹喔啉-2,3-二基) 二硫代碳酸酯，6-methyl-1,3-dithiolo[4,5-b]quinoxalin-2-one 或 S,S-(6-methylquinoxaline-2,3-diyl) dithiocarbonate。

理化性质 纯品为淡黄色结晶状固体，熔点 170℃。蒸气压 0.026mPa(20℃)。分配系数 K_{ow} lg$P$＝3.78(20℃)，Henry 常数 6.09×10^{-3} Pa·m³/mol（计算值）。相对密度 1.556(20℃)。水中溶解度 1mg/L(20℃)。有机溶剂中溶解度(20℃,g/L)：甲苯 25，二氯甲烷 40，己烷 1.8，异丙醇 0.9，环己酮 18，DMF 10，石油醚 4；溶于热的甲苯和二氧六环。在常温下相对稳定，在碱性介质中分解；DT_{50}(22℃)：10d(pH 4)，80h(pH 7)，225min(pH 9)。

毒性 急性经口 LD_{50}(mg/kg)：雄大鼠 2541，雌大鼠 1095。大鼠急性经皮 LD_{50}＞5000mg/kg，对兔皮肤有轻度刺激，对兔眼睛有强烈刺激。大鼠吸入 LC_{50}(4h,mg/L 空气)：雄＞4.7，雌＞2.2。NOEL 数据(mg/kg 饲料)：大鼠 40(2y)，雄小鼠 270(2y)，雌小鼠＜90(2y)，狗 25(1y)。ADI 值 0.006mg/kg。

生态效应 山齿鹑急性经口 LD_{50} 196mg/kg。山齿醇和野鸭饲喂 LC_{50}(5d)分别为 2409mg/kg饲料和＞5000mg/kg 饲料。鱼类 LC_{50}(96h,mg/L)：虹鳟鱼 0.131，大翻车鱼 0.0334，金色圆腹雅罗鱼 0.24。对蜜蜂无毒，LD_{50}＞100μg/只。蚯蚓 LC_{50}(14d)＞1320mg/kg。

环境行为

（1）动物 在大鼠试验中，经口后，灭螨猛迅速代谢，约 90% 在 3d 之内随粪便和尿液在排出。主要代谢物是灭螨猛磺酸(二甲基巯基喹喔啉-6-羧酸)，及其共轭化合物。

（2）植物 在水果上应用后，果肉中无渗透的原药和代谢产物。唯一检测到的代谢物是二羟基甲基喹喔啉二巯基化物。

（3）土壤/环境 K_{oc} 45～90(从砂壤土到高有机质土壤的 3 种土壤类型)，标准土壤 DT_{50} 1～3d。

作用机理与特点 选择性非内吸性触杀型杀菌剂，具有保护和铲除活性。

应用 用于控制水果(包括柑橘类)、观赏植物、葫芦、棉花、咖啡、茶、烟草、核桃、蔬菜和温室作物的白粉病和螨，及蜡栗和黑醋栗的白粉病。对某些品种的苹果、梨、黑醋栗、玫瑰及观赏植物有药害。

专利概况 专利 DE1100372、BE580478 早已过专利期，不存在专利权问题。

合成方法 以对甲苯胺为原料，经如下反应即制得目的物：

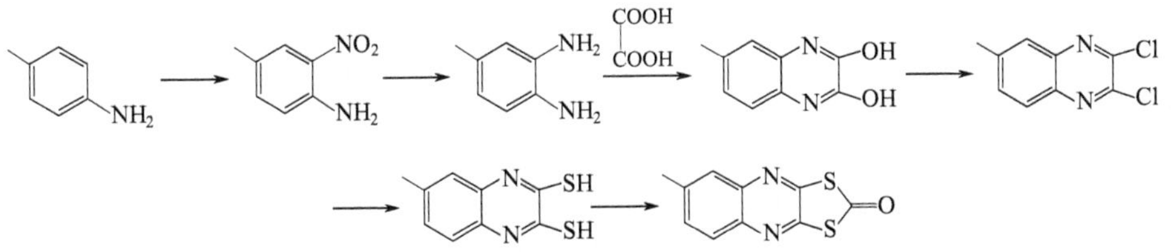

参考文献

[1] The Pesticide Manual. 15th ed. 2009：173-174.

灭杀威 xylylcarb

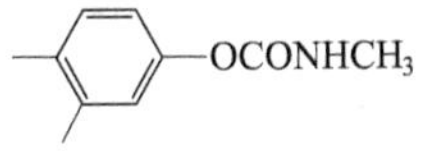

$C_{10}H_{13}NO_2$，179.2，2425-10-7

灭杀威(xylylcarb)，试验代号 S-1046、S-21046。商品名称 Meobal。由 R. L. Metcalf 等人最早报道，由住友化学公司开发。

化学名称 3,4-二甲苯基甲基氨基甲酸酯，3,4-xylyl methylcarbamate。

理化性质 本品为无色固体，熔点 79～80℃（工业品为 71.5～76℃），蒸气压（25℃）121mPa。水中溶解度(20℃)580mg/L；其他溶剂中溶解度(g/kg)：乙腈 930，环己酮 770，二甲苯 134。在碱性介质中水解。

毒性 大鼠急性经口 LD_{50}(mg/kg)：雄 375，雌 325。大鼠急性经皮 LD_{50}>1000mg/kg。

制剂 乳油[300g(a.i.)/L]，可湿性粉剂(500g/kg)，粉剂(20g/kg)。

作用机理与特点 非内吸性杀虫剂，和其他氨基甲酸酯类杀虫剂相同，主要是对动物体内胆碱酯酶有抑制作用。

应用 本品用于防治水稻和茶叶上的叶蝉科、飞虱科和果树上的蚧科，用量约为 40g (a.i.)/hm²。

合成方法 通过如下反应即可制得目的物：

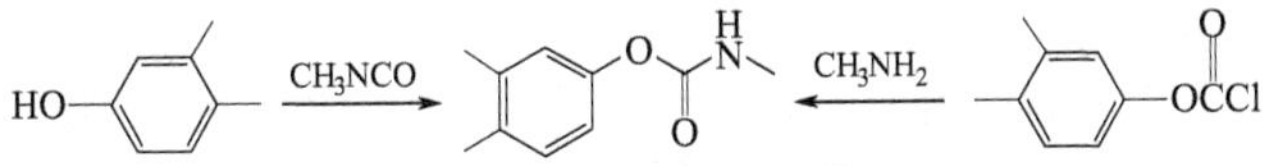

参考文献

[1] 日本农药学会志，1981，55：1237.
[2] 日本农药学会志，1978，3：119.

灭瘟素 blasticidin-S

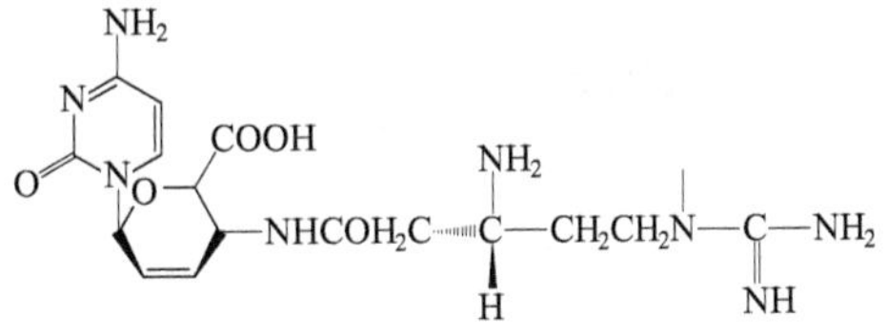

$C_{17}H_{26}N_8O_5$，422.4，2079-00-7

灭瘟素(blasticidin-S)，试验代号 BAB、BABS、BcS-3。商品名称 Bla-S。其他名称 勃拉益斯、稻瘟散、杀稻瘟菌素、保米霉素。是由 Kaken Chemical Co.，Ltd、Kumiai Chemical Industry Co.，Ltd 和 Nihon Nohyaku Co.，Ltd 开发的核苷酸类杀菌剂。

化学名称 1-(4-氨基-1,2-二氢-2-氧代嘧啶-1-基)-4-[(S)-3-氨基-5-(1-甲基胍基)戊酰氨基]-1,2,3,4-四脱氧-β-D-别呋喃糖醛酸，1-(4-amino-1,2-dihydro-2-oxopyrimidin-1-yl)-4-[(S)-3-amino-5-(1-methylguanidino)valeramido]-1,2,3,4-tetradeoxy-β-D-erythro-hex-2-enopyranuronic acid。

理化性质 纯品为无色、无定形粉末(工业品为浅棕色固体)，熔点 235～236℃(分解)。溶解度(20℃,g/L)：水＞30，乙酸＞30；不溶于丙酮、苯、四氯化碳、氯仿、环己烷、二氧六环、乙醚、乙酸乙酯、甲醇、吡啶和二甲苯。在 pH 5～7 时稳定，在 pH＜4 和碱性条件下不稳定，在光照的条件下稳定。旋光率$[\alpha]_D^{11}$ +108.4°(c=1.0 水中)；pK_{a_1} 2.4，pK_{a_2} 4.6，pK_{a_3} 8.0，pK_{a_4}＞12.5。

毒性 急性经口 LD_{50}(mg/kg)：雄性大鼠 56.8，雌性大鼠 55.9，雄性小鼠 51.9，雌性小鼠 60.1。大鼠急性经皮 LD_{50}＞500mg/kg。对兔眼睛有重度刺激。大鼠 NOEL(2y)1mg/kg 饲料。无致突变性。

生态效应 鲤鱼 LC_{50}(96h)＞40mg/L，水蚤 LC_{50}(3h)＞40mg/L。

环境行为

(1) 动物 在大鼠体内几乎所有的灭瘟素会在 24h 内通过尿液和粪便的形式排出。

(2) 植物 包霉素是主要的代谢物。

(3) 土壤/环境 在土壤中 DT_{50}＜2d。

制剂 0.0008%可湿性粉剂，1%、2%乳油。

作用机理与特点 蛋白质合成抑制剂，具有保护、治疗及内吸活性。对细菌、酵母以及植物真菌均有活性，尤其是对水稻稻瘟病菌和啤酒酵母(孢子萌发菌丝生长和孢子形成)均有抑制氨基酸进入蛋白质的作用，施用于水稻等作物后，经内吸传导到植物体内，显著地抑制稻瘟病蛋白质的合成乃至菌丝生长，使肽键拉长，转移肽转移酶的活性。由于药物是从病原菌的侵入口和伤口渗透的，附着在水稻植株上的灭瘟素容易被日光分解，而土壤和稻田中的各种微生物又都能使灭瘟素活性消失，因为落到水田中的药剂则被土壤表面吸附，故不必担心地下水受其污染。被土壤表面吸附的药剂，容易被微生物分解，更不必担心对环境的污染和残留毒性，因此，其治疗效果优于预防效果。对一些病毒(如烟草花叶病毒,水稻条纹病毒等)也有效，可以破坏病毒体核酸的形成。

应用

(1) 适宜作物 水稻。

(2) 防治对象 对细菌、真菌都有效，尤其是对抗真菌选择毒力特别强。主要用于防治水稻稻瘟病、叶瘟、稻头瘟、谷瘟等，防治效果一般达到 80%以上，还能降低水稻条纹病毒的感染率，对水稻胡麻叶斑病、小粒菌核病及烟草花叶病有一定的防治效果。

(3) 使用方法 在秧苗发病之前至初见病斑时，施药 1～2 次，每次间隔 7d 左右。主要用于茎叶喷雾，使用剂量 500～1000 倍液。

参考文献

[1] The Pesticide Manual. 15th ed. 2009：1208.

灭线磷 ethoprophos

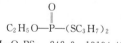

$C_8H_{19}O_2PS_2$，242.3，13194-48-4

灭线磷(ethoprophos)，试验代号 VC9-104；商品名称 Ethop、Etoprosip、Mocagro、Mocap、Sanimul、Soccer、Vimoca、Yishoufeng、普伏松、益收宝。其他名称　灭克磷、丙线磷、茎线磷。是 S. J. Locascio 报道其活性，由 Mobil Chemical Co. 和 Rhone-Poulenc Agrochimie(现属 Bayer AG)先后开发的有机磷类杀虫剂。

化学名称　O-乙基-S,S-二丙基二硫代磷酸酯，O-ethyl S,S-dipropyl phosphorodithioate。

理化性质　淡黄色液体，沸点 86～91℃（0.2mmHg），蒸气压为 46.5mPa(26℃)，$K_{ow}\lg P$ =3.59(21℃)，相对密度 1.094(20℃)。溶解度(20℃)：水 700mg/L，丙酮、环己烷、乙醇、二甲苯、1,2-二氯乙烷、乙醚、石油醚、乙酸乙酯＞300g/kg。在中性、弱酸性介质中稳定，在碱性介质中分解很快。在 pH 7 的水中、100℃以下稳定。闪点 140℃(闭口)。

毒性　急性经口 LD_{50}(mg/kg)：大鼠 62，兔 55。兔急性经皮 LD_{50} 26mg/kg。对兔眼睛和皮肤有刺激。大鼠吸入 LC_{50} 123mg/m³。ADI：(JMPR，EFSA) 0.0004mg/kg[1999,2004,2006]；(EPA)aRfD 0.00025mg/kg，cRfD 0.0001mg/kg[2001]。

生态效应　急性经口 LD_{50}(mg/kg)：野鸭 61，鸡 5.6。鱼 LC_{50}(96h，mg/L)：虹鳟鱼 13.8，大翻车鱼 2.1，金鱼 13.6。当直接施用时对蜜蜂没有危害。

环境行为　在大鼠体内的主要代谢物是 O-乙基-S-丙基硫代磷酸，其毒性小于灭线磷本身。本品在植物(如扁豆和玉米)中代谢迅速，代谢物为无毒的甲基丙基硫醚、甲基丙基亚砜及甲基丙基砜。灭线磷无内吸性，它只停留在植物根部，不能传输到植物的地上部分。在含腐植酸的土壤(pH 4.5)中的 DT_{50} 约为 87d，在砂土(pH 7.2～7.3)中约为 14～28d。Freundlich K 1.08(砂土，o. m. 1.0％)，1.24（砂土，o. m. 1.98％），2.10（粉质壤土，o. m. 2.3％），3.78（粉质黏土，o. m. 4.1％）。

制剂　5％、10％、10.33％颗粒剂，40％乳油。

主要生产商　Bayer CropScience、DooYang 及江苏丰山集团有限公司等。

作用机理与特点　胆碱酯酶的直接抑制剂，作用方式为触杀，为无内吸性的杀螨、杀虫剂。在土壤内或水层下可在较长时间内保持药效，不易流失分解，可杀灭线虫，迅速高效、残效期长，是一种优良的土壤杀虫剂。

应用

(1) 适用作物　花生、香蕉、大豆、辣椒、胡椒、番茄、甘薯、黄瓜、西瓜、芹菜、韭菜、葱蒜等各种蔬菜、瓜果。

(2) 防治对象　水稻稻瘿纹、花生根结线虫、红薯茎线虫病、蝼蛄、蛴螬、地老虎、金针虫、根蛆(韭蛆、葱蛆、蒜蛆)等各种根结线虫、胞囊线虫以及地下害虫，具有显著的杀灭作用。尤其在防治稻瘿蚊方面有特效。

(3) 残留量与安全施药　施入土壤中作物的地上部位不存在农药残留。在蔬菜、果树、茶叶、中草药材上不得使用或限制使用。对玉米和饲料的允许残留量为 0.02mg/L，日本对蔬菜中灭线磷农残标准为 0.005mg/L。

(4) 应用技术　对大多数作物的使用剂量为 1.6～6.6kg(a.i.)/hm²。灌根在作物生长期，使用 40％乳油兑水稀释 1800～2800 倍顺根定向浇灌。土壤处理用 20％颗粒剂拌半干细土，均匀搅拌成毒土，作物移栽时沟施或穴施。可防治蔬菜根结线虫，花生根结线虫，水稻稻瘿蚊、二化螟、三化螟。

专利与登记　专利 US3268393、US3112244 均早已过专利期，不存在专利权问题。国内登记情况：95％原药，5％、10％颗粒剂，40％乳油等；登记作物为花生、水稻和甘薯等；防治对象为根结线虫和茎线虫病等。

合成方法　经如下反应制得灭线磷：

$$C_2H_5OH \longrightarrow C_2H_5O-\overset{\displaystyle O}{\underset{\displaystyle Cl}{P}}-Cl \xrightarrow{n\text{-}C_3H_7SH} C_2H_5O-\overset{\displaystyle O}{P}-(SC_3H_7)_2$$

参考文献

[1] 李立新. 安徽化工，2000，6：29-30.

灭锈胺 mepronil

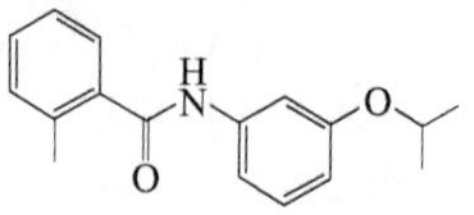

$C_{17}H_{19}NO_2$，269.3，55814-41-0

灭锈胺(mepronil)，试验代号　B1-2459、KCO-1。商品名称　Basitac。其他名称　纹达克。是由日本组合化学工业公司开发的酰胺类杀菌剂。

化学名称　3′-异丙氧基-o-甲苯甲酰替苯胺，3′-isopropoxy-o-toluanilide。

理化性质　本品为无色晶体，熔点91.4℃。沸点276.5℃/3990Pa。蒸气压$2.23×10^{-2}$ mPa (25℃)。分配系数K_{ow}lg$P$=3.66(pH 7.0,20℃)。相对密度1.138(20℃)。水中溶解度8.23mg/L(20℃)；有机溶剂中溶解度(20℃,g/L)：丙酮>500，甲醇380，正己烷1.37，甲苯160，二氯甲烷>500，乙酸乙酯379。稳定性：在150℃下稳定。水解DT_{50}>1y(pH 4,7和9,25℃)。在普通水中DT_{50}6.6d，在蒸馏水中DT_{50}4.5d(25℃,50W/m²,300～400nm)。

毒性　大、小鼠急性经口LD_{50}>10000mg/kg。大鼠和兔急性经皮LD_{50}>10000mg/kg，对兔皮肤和眼睛无刺激性，对豚鼠皮肤无过敏反应。大鼠急性吸入LC_{50}(6h)>1.32mg/L空气。NOEL数据[2y,mg/(kg·d)]：雄大鼠5.9，雌大鼠72.9，雄小鼠13.7，雌小鼠17.8。ADI值0.05mg/kg。对大鼠和兔无致突变、致畸作用。

生态效应　山齿鹑和野鸭急性经口LD_{50}>2000mg/kg。鱼毒LC_{50}(96h,mg/L)：虹鳟鱼10，鲤鱼7.48。水蚤EC_{50}(48h)4.27mg/L。月牙藻(72h)E_bC_{50}2.64mg/L。蜜蜂急性经口LD_{50}(mg/只)：>0.1(经口)，>1(接触)。

环境行为

(1) 动物　作用于大鼠的几乎所有剂量在96h内通过尿和粪便排出。

(2) 植物　作用于水稻叶鞘或叶子上的几乎所有^{14}C仍在所处理的部位，只有一些移动。发现了五种代谢物。

(3) 土壤/环境　在盐碱土壤中DT_{50}46d(火山砂土壤,pH 6.8,TC 1.47%)，50.5d(冲积土,pH 6.5,TC 1.18%)。

制剂　3%粉剂，40%悬浮剂，75%可湿性粉剂。

主要生产商　Kumiai及浙江新农化工股份有限公司等。

作用机理与特点　高效内吸性杀菌剂，持效期长，无药害，可在水面、土壤中施用，也可用于种子处理。本品也是良好的木材防腐、防霉剂。对由担子菌引起的病害有特效。

应用

(1) 适宜作物　水稻、黄瓜、马铃薯、小麦、梨和棉花等。

(2) 防治对象　用于防治由担子冈菌引起的病害，如水稻、黄瓜和马铃薯上的立枯丝核菌，小麦上的隐匿柄锈菌和肉孢核瑚菌等。

(3) 使用方法　喷雾，以75～150g(a.i.)/hm²施用，可防治水稻纹枯病、小麦根腐病和锈病、梨树锈病、棉花立枯病等。

专利概况　专利DE2434430早已过专利期，不存在专利权问题。

合成方法　可通过如下反应表示的方法制得目的物：

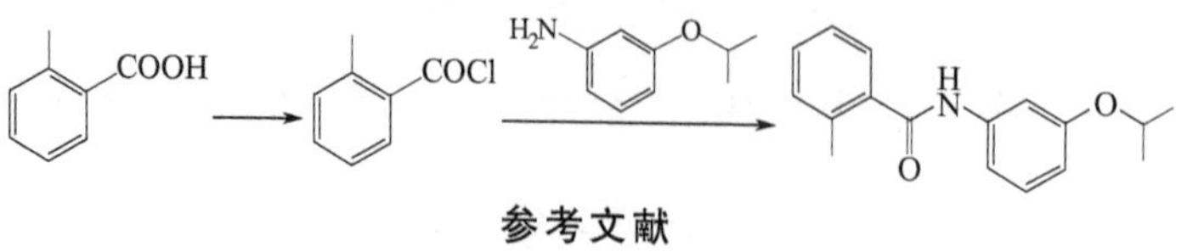

参考文献

[1] The Pesticide Manual. 15th ed. 2009：729-730.

灭蚜磷 mecarbam

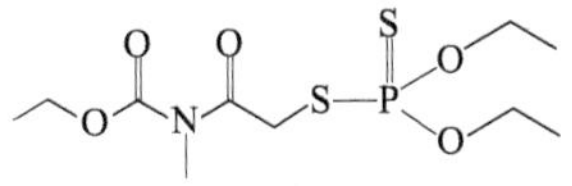

C$_{10}$H$_{20}$NO$_5$PS$_2$，329.4，2595-54-2

灭蚜磷(mecarbam)，试验代号　P 474、MC 474。商品名称　Murfotox。其他名称　灭蚜蜱。是 M. Pianka 报道其活性，由 Murphy Chemical Ltd(现属 Dow AgroSciences)开发的有机磷类杀虫剂。

化学名称　S-(N-乙氧羰基-N-甲基氨基甲酰甲基)O,O-二乙基二硫代磷酸酯，S-(N-ethoxycarbonyl-N-methylcarbamoylmethyl)O,O-diethyl phosphorodithioate 或 ethyl(diethoxyphosphinothioylthio)acetyl(methyl)carbamate。

理化性质　工业品纯度≥85%，淡黄色至浅棕色油状物(工业品是浅黄色到棕色油状物)。沸点 144℃(0.02mmHg)。室温条件蒸气压可以忽略不计，相对密度 1.222(20℃)。水中溶解度<1g/L(室温)，芳烃化合物<50g/kg(室温)，易溶于醇类、酯类、酮类和芳烃、卤代烃溶剂中(室温)。在 pH 3 以下水解。

毒性　急性经口 LD$_{50}$(mg/kg)：大鼠 36～53，小鼠 106。大鼠急性经皮 LD$_{50}$>1220mg/kg。大鼠吸入毒性 LC$_{50}$(6h)0.7mg/L 空气。NOEL：每天以 1.6mg/kg 饲养大鼠 0.5y，无致病影响，但每天以 4.56mg/kg 喂养，其生长速度稍有减慢。ADI(JMPR)值 0.002mg/kg[1986]。

生态效应　对蜜蜂有毒。

环境行为　本品在动物体内的代谢途径为氢解、氧化、羰酰基部分降解，O-脱乙基化作用是次要的代谢途径。本品在土壤中仅存 4～6 周。

制剂　400g/L、500g/L、680g/L、900g/L 乳油，25%可湿性粉剂，15g/kg、40g/kg 粉剂，5%石油油剂等。

作用机理与特点　胆碱酯酶的直接抑制剂。略有内吸性的杀虫、杀螨剂，具有触杀和胃毒作用，持效期长。

应用

(1) 适用作物　果树、水稻、棉花、蔬菜、橄榄、柑橘、洋葱和胡萝卜等。

(2) 防治对象　蚜蝉科、半翅目害虫等。

(3) 残留量与安全施药　欧盟关于茶叶中灭蚜磷最高残留限量为 0.05mg/kg(1999 年)。收获前禁用期为 14d。

(4) 使用方法　以 0.6g(a.i.)/100L 剂量可防治蚜和其他半翅目、橄榄蝇和其他果蝇；以 15g(a.i.)/100L 剂量可防治叶蝉科、稻瘿蚊、甘蓝、葱、胡萝卜和芹菜的种蝇幼虫等。

专利概况　专利 GB867780 早已过专利期，不存在专利权问题。

合成方法　经如下反应制得灭蚜磷：

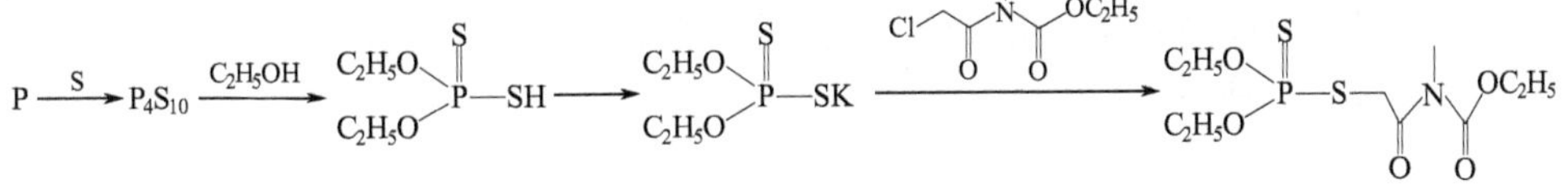

灭蝇胺 cyromazine

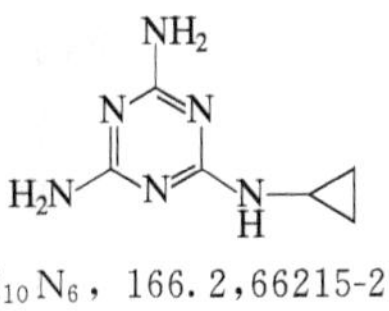

C$_6$H$_{10}$N$_6$，166.2，66215-27-8

灭蝇胺（cyromazine），试验代号　CGA72662。商品名称　Armor、Cirogard、Citation、Cliper、Cyromate、Custer、Cyrogard、Garland、Genialroc、Jet、Kavel、Manga、Neporex、Patron、Saligar、Sun-Larwin、Trigard、Trivap、Vetrazine。是由 Ciba-Geigy（现属先正达公司）开发得三嗪类的昆虫生长调节剂。

化学名称　N-环丙基-1,3,5-三嗪-2,4,6-三胺，N-cyclopropyl-1,3,5-triazine-2,4,6-triamine。

理化性质　无色晶体，熔点 224.9℃，蒸气压 4.48×10^{-4} mPa（25℃），$K_{ow} \lg P = -0.069$（pH 7.0），Henry 常数 5.8×10^{-9} Pa·m³/mol（25℃），密度 1.35（20℃）。水中溶解度 13g/L（pH 7.1，25℃）；其他溶剂溶解度（g/kg，25℃）：甲醇 17，丙酮 1.4，正辛醇 1.5，二氯甲烷 0.21，甲苯 0.011，己烷 <0.001。在室温到 150℃ 之间不会分解，70℃ 以下 28d 内未观察到水解。pK_a5.22，弱碱性。

毒性　大鼠急性经口 $LD_{50} > 3920$mg/kg，大鼠急性经皮 $LD_{50} > 3100$mg/kg。大鼠吸入 LC_{50}（4h）3.6mg/L 空气。对兔眼睛和皮肤无刺激性。NOEL（2y，mg/kg 饲料）：大鼠 300，小鼠 50。ADI：（JMPR，EU）0.06mg/kg[2006,2007]；（EPA）cRfD 0.075mg/kg[1991]。

生态效应　鸟类急性经口 LD_{50}（mg/kg）：山齿鹑 1785，日本鹌鹑 2338，北京鸭 >1000，野鸭 >2510。大翻车鱼、鲤鱼、鲶鱼和虹鳟鱼 LC_{50}（96h）>100mg/L。水蚤 LC_{50}（48h）>100mg/L。水藻 LC_{50}124mg/L。对成年蜜蜂无毒，无作用接触量为 5μg/只。蚯蚓 LC_{50} >1000mg/kg。对其他有益的生物安全。

环境行为

（1）动物　大鼠体内可快速以母体化合物形式排出体外。

（2）植物　在植物中快速代谢，主要代谢产物是三聚氰胺。

（3）土壤/环境　灭蝇胺和其主要代谢产物三聚氰胺在土壤中具有一定的流动性。试验表明，灭蝇胺能有效地被生物降解。

制剂　Neporex，可溶性粉剂（500g/kg），可溶粒剂（20g/kg）；Vetrazine，可溶性粉剂（500g/kg）用于防治羊身上的绿蝇属幼虫；Trigard，悬浮剂（100g/kg），可湿性粉剂（750g/kg），用于观赏植物。

主要生产商　Gilmore、Syngenta、大连瑞泽农药股份有限公司、丰荣精细化工有限公司及沈阳科创化学品有限公司等。

作用机理与特点　灭蝇胺有强内吸传导作用，为几丁质合成抑制剂，能诱使双翅目幼虫和蛹在形态上发生畸变，成虫羽化不全，或受抑制，这说明是干扰了蜕皮和化蛹。无论是经口还是局部施药对成虫均无致死作用，但经口摄入后观察到卵的孵化率降低。所涉及的生物化学过程还在研究中。在植物体上，灭蝇胺有内吸作用，施到叶部有很强的传导作用，施到土壤中由根部吸收，向顶传导。作物耐药性：在田间使用剂量下，对推荐使用的任何一种作物及品种均无药害。灭蝇胺能够有效控制种植业和养殖业中双翅目昆虫及部分其他昆虫，也有用来灭蚊或杀螨的报道，养殖业中的使用原理是将这种几乎不能够被动物器官吸收利用降解的药物通过动物的排泄系统排泄到动物粪尿中，抑制杀灭蝇蛆等养殖业害虫在粪尿中的繁殖存活。

应用

（1）适用作物　芹菜、瓜类、番茄、莴苣、蘑菇、土豆、观赏植物。

（2）防治对象　双翅目幼虫、苍蝇、叶虫（潜蝇）、美洲斑潜蝇等。

（3）使用方法　75~225g/hm² 叶面喷施用于控制，蔬菜（如芹菜、瓜类、番茄、莴苣、蘑菇、土豆）和观赏植物叶虫（斑潜蝇），或者 190~450g/hm² 浸湿或灌溉。可以喷射、药浴及拌于饲料中等方式使用。以 1g（a.i.）/L 浸泡或喷淋，可防治羊身上的丝光绿蝇；加到鸡饲料（5mg/kg）中，可防治鸡粪上蝇幼虫，也可在蝇繁殖的地方 0.5g/m² 进行局部处理；以 0.15~0.3g/L 浓度防治观赏植物和蔬菜上的潜叶蝇；以 15g/100L 喷洒菊花叶面，可防治斑潜蝇属 *L. trifolii*；以 75g/100m² 防治温室作物（黄瓜、番茄）潜叶蝇。以 650g/hm² 颗粒剂单独处理土壤，要防治潜蝇，持效期 80d 左右。

（4）应用技术 Cyromazine 对有关的潜蝇品种（不考虑对其他杀虫剂的抗性）有高效，它的高度选择性适用于综合治理，尤其在温室。防治潜蝇具体使用剂量如下。豆类、胡萝卜、芹菜、瓜类、莴苣、洋葱、豌豆、青椒、马铃薯、番茄：$12\sim30g(a.i.)/100L$ 或 $75\sim225g(a.i.)/hm^2$，根据作物大小而定。花卉中石竹属、菊属、大丁草属、丝石竹属等：$10\sim22.5g(a.i.)/100L$ 全部喷雾或 $100\sim250g(a.i.)/hm^2$。

该产品可采用地面和空中设备施于叶面，推荐的土壤施用剂量为 $200\sim1000g(a.i.)/hm^2$，预期用较高剂量持效期可达 8 周。

用 $75g(a.i.)/hm^2$ 的药剂间隔 7d 进行 4 次叶面喷雾（$1000\sim2000L/hm^2$），对温室作物（黄瓜、番茄）上的潜蝇有良好的防效。

该药还可以用于土壤中，用颗粒剂 $650g(a.i.)/hm^2$ 进行一次处理，防治潜蝇效果达 80d 以上，相当于叶面喷雾总量 $1300g(a.i.)/hm^2$（每隔两周喷雾一次）。在另一试验中，用 $300g(a.i.)/hm^2$ 进行三种土壤处理防治效果至少有 31d。

Leibee(1985) 开发了一种防治 L.trifolii 幼虫的杀虫剂生物评价方法，此法用于选出田间收集此类昆虫的灭蝇胺抗性品系。对 14 个世代中的 9 个世代进行 LD_{50} 测定（6mg 有效成分/L），结果表明没有抗性发生。

专利与登记

专利 GB1587573 早已过专利期，不存在专利权问题。国内登记情况：10％、30％悬浮剂，30％、50％、75％、80％可湿性粉剂，20％、50％可溶粉剂，80％、60％水分散粒剂，97％、98％原药等；登记作物为黄瓜和菜豆；防治对象为美洲斑潜蝇等。瑞士先正达作物保护有限公司在中国登记了 95％原药及 75％可湿性粉剂用于防治花卉上的美洲斑潜蝇，$150\sim225g/hm^2$。

合成方法 灭蝇胺有如下三种合成路线。

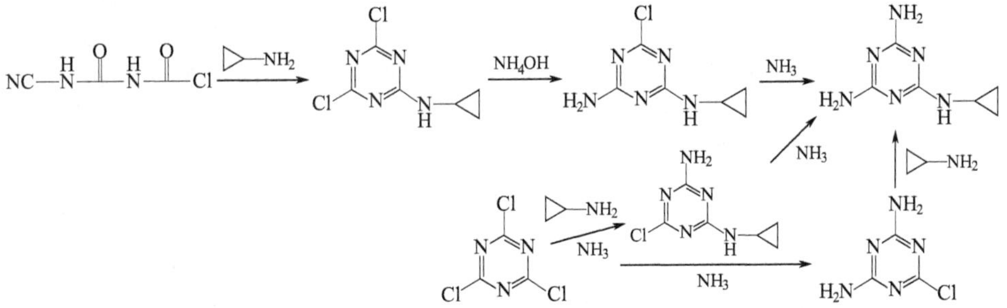

参考文献

[1] 陈静波，等. 云南大学学报（自然科学版），2008，30（4）：392-395.
[2] 卞中才，等. 江苏农药，2000，2：12-13.

灭幼脲 chlorbenzuron

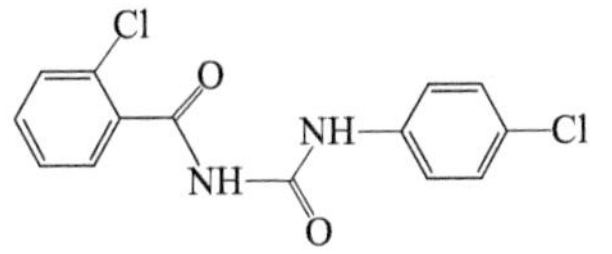

$C_{14}H_{10}N_2O_2Cl_2$，309.1，57160-47-1

灭幼脲(chlorbenzuron)。**其他名称**　灭幼脲3号、苏脲一号、一氯苯隆；属苯甲酰脲类杀虫剂。该品种主要由国内厂家生产。

化学名称　1-(2-氯苯甲酰基)-3-(4-氯苯基)脲或1-邻氯苯甲酰基-3-(4-氯苯基)脲，1-(2-chlorobenzoyl)-3-(4-chlorophenyl)urea 或 2-chloro-N-[(4-chlorophenyl)carbamoyl] benzamide。

理化性质　纯品为白色结晶，熔点199～201℃，不溶于水，100mL丙酮中能溶解1g，易溶于DMF和吡啶等有机溶剂。难溶于水、乙醇、苯中，易溶于二甲基亚砜中。遇碱和较强的酸易分解，常温下储存稳定，对光热较稳定。

毒性　大鼠急性经口 LD_{50} ＞20000mg/kg，小鼠急性经口 LD_{50} ＞2000mg/kg，对鱼类低毒，对天敌安全。对益虫和蜜蜂等膜翅目昆虫和森林鸟类几乎无害。但对赤眼蜂有影响。对虾、蟹等甲壳动物和蚕的生长发育有害。

环境行为　灭幼脲在环境中能降解，在人体内不积累，对哺乳动物、鸟类、鱼类无毒害。

制剂　阿维·灭幼脲(18％～30％)，粉剂或悬浮剂。灭幼·吡虫啉(25％可湿性粉剂)，哒螨·灭幼脲(30％可湿性粉剂)，高氯·灭幼脲(15％悬浮剂)，哒螨·灭幼脲(30％可湿性粉剂)。杀蟑胶饵4.5％胶饵，杀蟑饵剂2.5％毒饵。

作用机理与特点　灭幼脲类杀虫剂不同于一般杀虫剂，它的作用位点多，目前报道的作用机制主要有下面几种：①抑制昆虫表皮形成。这是研究最多和最深入的作用机制。灭幼脲属于昆虫表皮几丁质合成抑制剂，属于昆虫生长调节剂的范畴。主要通过抑制昆虫的蜕皮而杀死昆虫，对大多数需经蜕皮的昆虫均有效。主要表现属胃毒作用，兼有一定的触杀作用，无内吸性。最近的生化试验证实灭幼脲能刺激细胞内 cAMP 蛋白激活酶活性，抑制钙离子的吸收，影响胞内囊泡的离子梯度，促使某种蛋白酶磷化，从而抑制蜕皮激素和几丁质的合成。其作用特点是只对蜕皮过程的虫态起作用，幼虫接触后，并不立即死亡，表现出拒食、身体缩小、待发育到蜕皮阶段才致死，一般需经过2d后开始死亡，3～4d达到死亡高峰。成虫接触药液后，产卵减少，或不产卵，或所产卵不能孵化。残效期长达15～20d。②导致成虫不育。通过饲毒和局部点滴方法，用灭幼脲处理雌成虫，发现灭幼脲影响许多昆虫的繁殖能力，使其不能产卵或产卵量少。对雌成虫无影响或影响较小。在灭幼脲处理的棉象甲雌成虫体内，发现DNA合成明显受到抑制，RNA及蛋白质的合成未受影响。③干扰体内激素平衡。昆虫变态是在保幼激素和蜕皮激素的合理调控下完成的。用灭幼脲处理黏虫和小地老虎，均发现灭幼脲使虫体内保幼激素含量增高，蜕皮激素水平下降，导致昆虫不能蜕皮变态。④抑制卵孵化。⑤影响多种酶系影响中肠蛋白酶的活力。此外还发现灭幼脲对环核苷酸酶、谷氨酸-丙酮酸转化酶、淀粉酶、酚氧化酶等有抑制作用，所有这些均可导致害虫发育失常。

应用

(1) 适用作物　小麦、谷子、高粱、玉米、大豆、水稻，以及蔬菜、果树等

(2) 防治对象　对鳞翅目幼虫表现属很好的杀虫活性。大面积用于防治松毛虫、舞毒蛾、美国白蛾等森林害虫以及桃树潜叶蛾、茶黑毒蛾、茶尺蠖、菜青虫、甘蓝夜蛾、小麦黏虫、玉米螟、蝗虫及毒蛾类、夜蛾类等鳞翅目害虫。地蛆，蝇蛆，蚊子幼虫。

(3) 残留量　最大残留限量应符合以下标准：小麦3mg/kg，谷子3mg/kg，甘蔗类蔬菜3mg/kg。

(4) 应用技术　①灭幼脲对幼虫有很好防效，以昆虫孵化至3铃前幼虫为好，尤对1～2龄幼虫防效最佳，虫龄越大，防效越差。灭幼脲的残效期较长，一次用药有30d的防效，所以使用时，宜早不宜迟，尽可能将害虫消灭在幼小状态。②本药于施药3～5d后药效才明显，7d左右出现死亡高峰。忌与速效性杀虫剂混配，使灭幼脲类药剂失去了应有的绿色、安全、环保作用和意义。③灭幼脲悬浮剂有沉淀现象，使用时要先摇匀后加少量水稀释，再加水至合适的浓度，搅匀后喷用。在喷药时一定要均匀。④灭幼脲类药剂不能与碱性物质混用，以免降低药效，和一般酸性或中性的药剂混用药效不会降低。

(5) 使用方法　①防治森林松毛虫、舞毒蛾、舟蛾、天幕毛虫、美国白蛾等食叶类害虫用25％悬浮剂2000～4000倍均匀喷雾，飞机超低容量喷雾每公顷450～600mL，在其中加入

450mL 的尿素效果会更好。②防治农作物黏虫、螟虫、菜青虫、小菜蛾、甘蓝夜蛾等害虫，用 25% 悬浮剂 2000～2500 倍均匀喷雾。③防治桃小食心虫、茶尺蠖、枣步曲等害虫，用 25% 悬浮剂 2000～3000 倍均匀喷雾。④防治枣、苹果、梨等果树的舞毒蛾、刺蛾、苹果舟蛾、卷叶蛾等害虫，可在害虫卵孵化盛期和低龄幼虫期，喷布 25% 灭幼脲 3 号胶悬剂 1500～2000 倍，不但杀虫效果良好，而且可显著增强果树的抗逆病性，提高产量，改善果实品质。⑤防治桃小食心虫、梨小食心虫，可在成虫产卵初期，幼虫蛀果前，喷布 25% 灭幼脲 3 号胶悬剂 800～1000 倍，其防治效果超过桃小灵及 50% 对硫磷乳油 1500 倍液。⑥防治棉铃虫、小菜蛾、菜青虫、潜叶蝇等抗性害虫，可在成虫产卵盛期至低龄幼虫期喷洒 25% 灭幼脲 3 号胶悬剂 1000 倍。⑦防治梨木虱、柑橘木虱等害虫，可在春、夏、秋各次新梢抽发季节，若虫发生盛期，喷布 25% 灭幼脲 3 号胶悬剂 1500～2000 倍。

专利与登记 该化合物不存在专利权问题。国内登记情况：20%、25% 悬浮剂，25% 可湿性粉剂，95%、96% 原药等；登记作物为甘蓝、松树、苹果和林木等；防治对象为金纹细蛾、美国白蛾、菜青虫和松毛虫等。

合成方法 通过如下反应制得目的物：

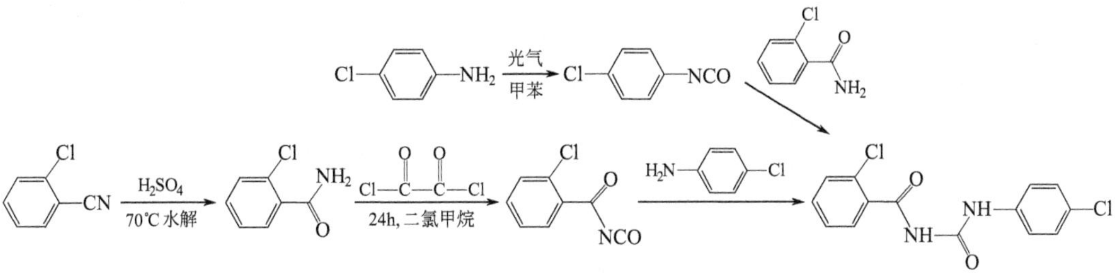

灭藻醌 quinoclamine

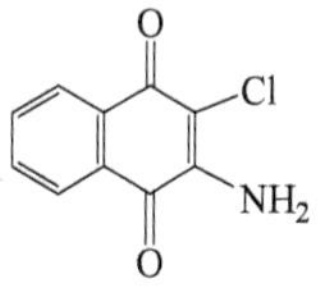

$C_{10}H_6ClNO_2$，207.6，2797-51-5

灭藻醌(quinoclamine)，试验代号 06K。商品名称 Mogeton。其他名称 ACNQ、氨氯萘醌；最早由 Uniroyal Inc.(现 Chemtura Corp.，该公司已不再生产或销售该产品)开发，作为灭藻剂、杀菌剂及除草剂，1972 年由 Agro-KaneshoCo.，Ltd. 引入日本。

化学名称 2-氨基-3-氯-1，4-萘醌，2-amino-3-chloro-1,4-naphthoquinone。

理化性质 黄色晶体。熔点 202℃。蒸气压 0.03mPa(20℃)。相对密度 1.56(20℃)。$K_{ow}lgP$ = 1.58(25℃)。Henry 常数 $3.11×10^{-4}$ Pa•m³/mol(20℃，计算值)。水中溶解度(20℃)0.02g/L；其他溶剂中溶解度：己烷 0.03，甲苯 3.14，二氯甲烷 15.01，丙酮 26.29，甲醇 6.57，乙酸乙酯 15.49，乙腈 12.97，甲基乙基酮 21.32。250℃仍稳定。水溶液水解 DT_{50}：>1y(pH 4,25℃)，767d(pH 7,25℃)，148d(pH 9,25℃)。光解 DT_{50}：60d(蒸馏水)，31d(天然水)。

毒性 急性经口 LD_{50}(mg/kg)：雄大鼠 1360，雌大鼠 1600，雄小鼠 1350，雌小鼠 1260。大鼠急性经皮 LD_{50}>5000mg/kg。对兔眼睛有中等刺激性，对兔皮肤无刺激性。对豚鼠皮肤无致敏性。大鼠吸入 LC_{50}(4h)>0.79mg/L 空气。雄大鼠(2y)NOEL 5.7mg/(kg•d)。

生态效应 鲤鱼 LC_{50}(48h)0.7mg/L，斑马鱼 LC_{50}(96h)0.65mg/L。水蚤 LC_{50}(3h)>10mg/

L。海藻 E$_r$C$_{50}$22.25mg/L。蜜蜂 LD$_{50}$（接触）＞40μg/只。蚯蚓 LC$_{50}$125～250mg/kg 土。对溢管蚜茧蜂和畸螯螨无害。

环境行为

（1）动物　本品能被动物迅速吸收并几乎完全通过尿液和粪便排出，母体化合物是主要残留物。脱氯和乙酰化是主要的代谢途径。

（2）植物　水稻通过根吸收并传导到叶子。主要残留物是母体化合物，代谢方式是脱氯。

（3）土壤/环境　土壤 DT$_{50}$19～28d。灭藻醌通过脱氯代谢，最后氧化成二氧化碳。

制剂　250g/kg 可湿性粉剂，90g/kg 颗粒剂。

主要生产商　Agro-Kanesho。

作用机理与特点　属苯醌类触杀型杀藻剂和除草剂，对萌发出土后的杂草有效，通过抑制植物光合作用使杂草枯死。药剂施于水中才能发挥除草作用，土壤处理无效。

应用　一般用于水稻田防除藻类和杂草。也用于花盆内的观赏植物及草坪，防除苔藓。

（1）适用范围　水稻、莲、工业输水管、储水池等。

（2）防治对象　萍、藻及水生杂草。

（3）使用方法　在苗后的田地中灌水后施药，2～4kg/hm^2。对萍、藻类有卓效，对一些一年生和多年生杂草亦有效。也作杀菌剂用于防腐漆中。

（4）注意事项　砂质土壤不可使用。在土壤中的移动性较小。灌水施药后两周不可排水或灌水。

合成方法　灭藻醌一般是由 2,3-二氯萘醌与氨水或者氨气在醇中反应得到。

萘吡菌胺 isopyrazam

syn-epimer　　　　　*anti*-epimer

C$_{20}$H$_{23}$F$_2$N$_3$O，359.4，683777-13-1(*syn*-)，683777-14-2(*anti*-)，881685-58-1(未指明)

萘吡菌胺（isopyrazam），**试验代号**　SYN520453、SYN534969（syn-isomer）、SYN534968（anti-isomer）。**商品名称**　Bontima、Reflect、Reflect Xtra、Seguris Flexi、Seguris；其他名称 Embrelia、Reflect Top、Symetra。是由先正达公司开发的保护性杀菌剂。

化学名称　*syn*-isomers：3-（二氟甲基）-1-甲基-N-[（1RS，4SR，9RS）-1，2，3，4-四氢化-9-异丙基-1，4-亚甲基萘-5-基]吡唑-4-甲酰胺；*anti*-isomers：3-（二氟甲基）-1-甲基-N-[（1RS，4SR，9SR）-1，2，3，4-四氢化-9-异丙基-1，4-亚甲基萘-5-基]吡唑-4-甲酰胺；amixture of 2 *syn*-isomers：3-(difluoromethyl)-1-methyl-N-[(1RS，4SR，9RS)-1，2，3，4-tetrahydro-9-isopropyl-1，4-methanonaphthalen-5-yl]pyrazole-4-carboxamide and 2 *anti*- isomers 3-(difluoromethyl)-1-methyl-N-[(1RS，4SR，9SR)-1，2，3，4-tetrahydro-9-isopropyl-1，4-methanonaphthalen-5-yl]pyrazole-4-carboxamide。

理化性质　无色粉末。熔点：130.2℃（SYN534969）、144.5℃（SYN534968）。沸点：SYN534969＞261℃（分解），SYN534968＞274℃（分解）。蒸气压：SYN534969 2.4×10^{-7} mPa（20℃），5.6×10^{-7}mPa(25℃)；SYN534968 2.2×10^{-7}mPa(20℃)，5.7×10^{-7}mPa(25℃)。K$_{ow}$ lg$P$：SYN534969 4.1(25℃)，SYN534968 4.4(25℃)。因为都是中性分子，所以 pH 对 tgP 无影响。Henry 常数：SYN534969 1.9×10^{-4}Pa·m^3/mol，SYN534968 3.7×10^{-5}Pa·m^3/mol。相对密度 SYN520453 1.332(25℃)。水中溶解度(25℃,mg/L)：SYN534969 1.05，SYN534698 0.55。

其他溶剂中溶解度（SYN520453，g/L）：丙酮 314，二氯甲烷 330，正己烷 17，甲醇 119，甲苯 77.1。稳定性：在 pH 4、5、7 和 9，50℃ 时 5d 内不会水解。无论是 SYN534969 还是 SYN534968 在 pH 1.0～12.0 未能测算 pK_a 值。

毒性　雌性大鼠急性经口 $LD_{50}>2000mg/kg$。大鼠急性经皮 $LD_{50}>5000mg/kg$。大鼠吸入 $LC_{50}>5.28mg/L$。NOEL[mg/(kg·d)]：大鼠 5.5(2y)，狗 25(1y)。ADI 0.055mg/(kg·d)。无遗传毒性。

生物效应　山齿鹑急性经口 $LD_{50}>2000mg/kg$，饲喂 $LC_{50}>5620mg/kg$ 饲料。鱼 LC_{50}(96h, mg/L)：虹鳟鱼 0.066，鲤鱼 0.026。水蚤 EC_{50}(48h)0.044mg/L。月牙藻 E_bC_{50}(72h)2.2mg/L。蜜蜂 LD_{50}(48h,μg/只)：>192(经口)，>200(接触)。蚯蚓 LC_{50}1000mg/kg 干土。

环境行为

（1）动物　大鼠服用萘吡菌胺后，经过广泛地代谢作用，其中的二环-异丙基部位经过羟基化作用会在体内有很大的保留，其次经过进一步的氧化作用，形成了羧酸或是产生多个羟基与随后形成的葡萄糖醛酸或硫酸盐组成共轭化合物。动物口服正常吸收的量是初始口服的 85%，萘吡菌胺不显示任何潜在的生物体内积累。

（2）植物　研究发现，在水果、绿叶作物和谷类的初级新陈代谢中，有大量不变的萘吡菌胺残留。新陈代谢在这三种有代表性的作物中是大致相同的，主要的代谢途径是：异丙基部分的羟基化、双环部位的羟基化和代谢产物的进一步的羟基化。

（3）土壤/环境　萘吡菌胺的实验室 DT_{50} 值可以不同，平均值为 257d。一般形成两个主代谢产物。相当数量未能排泄的残留物在一年后被发现，但是最后试验结束后萘吡菌胺的残留物被证明是高达 23% 是以二氧化碳形式释放出。在大田条件下，萘吡菌胺在土壤中的降解显著增加，因为 13 项试验结果证明了 DT_{50} 的平均值为 77d。两个主要代谢产物只有非常低的残留在这些试验中测得，这些通常是在前 10cm 的土壤中。萘吡菌胺在浸出和吸附/解吸试验证明是其土壤中无流动性。

主要生产商　Syngenta。

作用机理　通过扰乱琥珀酸脱氢酶在呼吸电子传递链中的作用（SDHI 抑制剂），抑制线粒体功能。

应用　具有广谱活性，对多种作物上的多种病害均具有杰出的防治性能，对三唑类和甲氧基丙烯酸酯类抗性品系病菌高效，尤其对壳针孢属（*septoria*）真菌十分高效，如对小麦锈病和大麦锈腐病的防效均优于氟环唑。该杀菌剂以保护作用为主，但在田间试验中亦显示出一定的治疗作用，其持效期长，施药 7 周后仍表现出明显效果，保护期比三唑类杀菌剂长两周左右。

专利与登记

专利名称　Synergistic fungicidal compositions comprising pyrazole derivatives

专利号　WO2006037632

专利申请日　2005-10-6

专利拥有者　Syngenta Participations AG

在其他国家申请的专利：MY145628、AU2005291423、CA2580245、CA2790809、AR52313、EP1802198、CN101035432、CN100539843、JP2008515834、BR2005016575、CN101611711、CN101611712、CN101611713、CN101611714、CN101611715、CN101622993、CN101622994、EA13074、NZ553940、SG168556、AT503385、PT1802198、EP2347655、ES2364158、IL181961、IN2007DN02069、ZA2007002278、NO2007001611、MX2007003636、CR9028、EG25251、US20070244121、US8124566、US20070265267、US8124567、KR2007102478 等。

萘吡菌胺已在英国、美国登记上市，商品名为 Bontima（isopyrazam 62.5g/L 和 cyprodinil 187.5g/L），主要用于冬大麦和春大麦上的病害防治。

合成方法　经如下反应制得目的物：

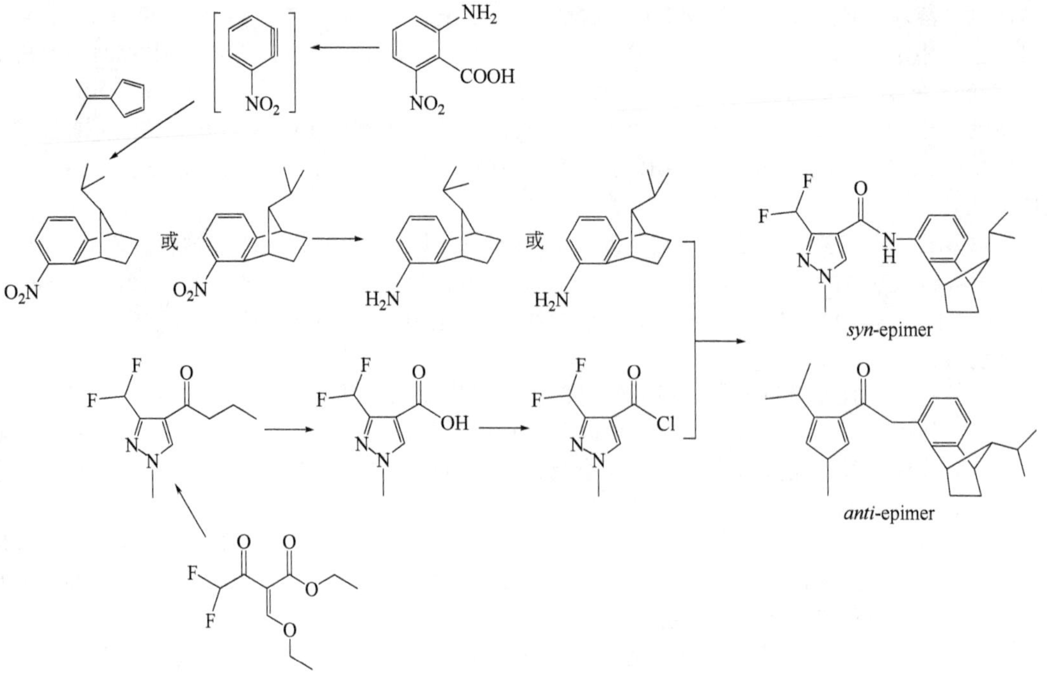

萘肽磷 naftalofos

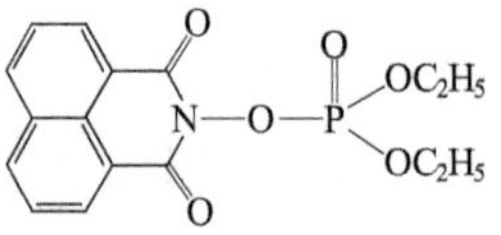

C₁₆H₁₆NO₆P，349.3，1491-41-4

$C_{16}H_{16}NO_6P$，349.3，1491-41-4

萘肽磷(naftalofos)，其他名称　驱虫膦。是有机磷类杀虫剂杀虫剂。

化学名称　萘二甲酰亚胺氧基磷酸二乙酯，diethyl naphthalimidooxyphosphonate。

理化性质　白色至类白色结晶，熔点177～181℃。不溶于水，微溶于乙腈和多数有机溶剂，可溶于二氯甲烷。

毒性　急性经口 LD_{50}（mg/kg）：雄大鼠75，雌大鼠70，小鼠50，鸡43。大鼠急性经皮 LD_{50} 140mg/kg。

作用机理与特点　内吸性杀虫剂。萘肽磷属中等驱虫谱的有机磷类化合物。

应用　主要对牛、羊皱胃和小肠寄生线虫有效，对大肠寄生虫通常无效。用法与用量：内服牛、羊50mg/kg，马35mg/kg。

（1）羊　萘肽磷75mg/kg剂量，对捻转血矛线虫、普通奥斯特线虫、蛇形圆线虫和栉状古伯线虫和第5期幼虫特别有效，但对幼龄期虫体几乎无效。特别值得强调的是，对山羊、绵羊的血矛线虫，即使减量至25mg/kg，驱除率仍达90%～100%。

（2）牛　萘肽磷对牛的驱虫谱大致与羊相似，一次灌服50～70mg/kg，可消除所有血矛线虫，对古柏线虫和蛇形毛圆线虫成疗效超过95%。对艾氏毛圆线虫（87%）和奥氏奥斯特线虫（78%）驱除效果较差；对辐射食道口线虫效果不定（22%～100%）。喂饲萘肽磷10mg/(kg·d)，连用6d，对血矛线虫和毛首线虫有效，但对古柏线虫，必需增量至20mg，连用6d。

（3）马　35mg/kg萘肽磷能成功地驱除驹的马副蛔虫，但对其他虫种无效。

注意事项：①萘肽磷安全范围很窄，牛、羊应用治疗量有时亦出现精神委顿、食欲丧失、流涎等副作用，但动物多能在 2～5d 内自行耐过。遇大剂量出现的严重中毒症状，必须及时应用阿托品和解磷定。②鸡对禁肽磷敏感，两倍治疗量即致死，不用为宜。

专利概况　专利 GB1116917、US3484520 均早已过专利期，不存在专利权问题。

合成方法　经如下反应制得萘肽磷：

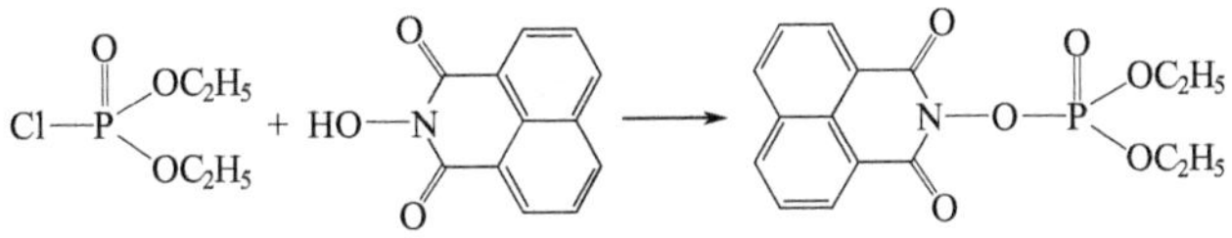

宁南霉素 ningnanmycin

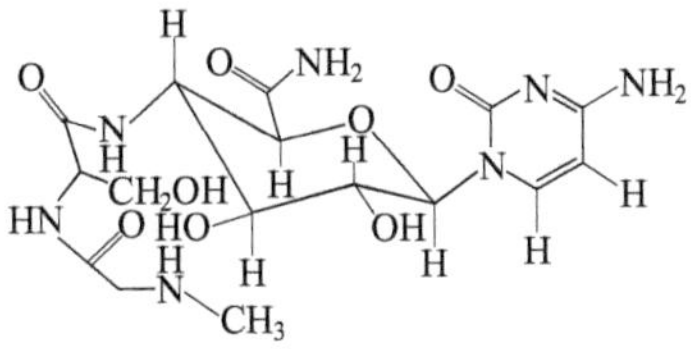

$C_{16}H_{23}N_7O_8$，441.4

宁南霉素(ningnanmycin)，是中国科学院成都生物研究所经历七五、八五、九五国家科技攻关并研制成功的专利技术产品，这种菌是在四川省宁南县土壤中分离得到，为首次发现的胞嘧啶核苷肽型新抗生素，故将其命名为宁南霉素。于 1993 年发现，2014 年获农业部农药正式登记。

化学名称　1-(4-肌氨酰胺-L-丝氨酰胺-4-脱氧-β-D-吡喃葡萄糖醛酰胺)胞嘧啶。

理化性质　白色粉末(游离碱)易溶于水，可溶于甲醇，难溶于苯、丙酮等。酸性条件下稳定，碱性条件下易分解失活。

毒性　对大小鼠急性经口 LD_{50} 5492～6845mg/kg，小鼠急性经皮 LD_{50}＞1000mg/kg，无致癌、致畸、致突变作用，无蓄积作用。

制剂　2%、4%、8%水剂，10%可溶粉剂，29%可湿性粉剂，25%、30%悬浮剂。

主要生产商　德强生物股份有限公司。

应用

(1) 适用作物　水稻、烟草、苹果、黄瓜等。

(2) 防治对象　可应用于防治烟草、番茄、辣椒病毒病，黄瓜白粉病，条纹叶枯病，苹果斑点落叶病，大豆根腐病。

(3) 使用方法　宁南霉素主要用于喷雾，也可拌种。喷雾时从发病前或发病初期开始用药，每亩药液量 50kg，喷药应均匀、周到，按照间隔期，可使用 2～3 次，用于防治水稻条纹叶枯病时，每亩使用 2%水剂 200～330g；用于防治烟草病毒病时，每亩使用 8%水剂 42～62.5g；用于防治番茄病毒病时，每亩使用 8%水剂 75～100g；用于防治辣椒病毒病时，每亩使用 8%水剂 75～104g；用于防治水稻黑条矮缩病时，每亩使用 8%水剂 45～60g；用于防治黄瓜白粉病时，每亩使用 10%可溶粉剂 50～75g；用于防治苹果斑点落叶病时，用 8%水剂 2000～3000 倍液喷雾；用于防治大豆根腐病时，每亩使用 2%水剂 60～80g 拌种。

专利与登记

专利名称　一种抗生素新农药——宁南霉素

专利号　CN1093869

专利申请日　1993-04-23

专利拥有者　中国科学院成都生物研究所；国家中医药管理局四川抗菌素工业研究所

目前德强生物股份有限公司在国内登记了原药及其 10%悬浮剂，可用于防治黄瓜白粉病（75～112.5g/hm²）；4%的宁南•氟菌唑可湿性粉剂用于防治黄瓜白粉病（63～87g/hm²）；5%的宁南·嘧菌酯悬浮剂用于防治草坪褐斑病（225～300g/hm²）和黄瓜霜霉病（112.5～150.5g/hm²）；2%的宁南·戊唑醇可湿性粉剂用于防治香蕉叶斑病（150～250g/hm²）；2%的宁南霉素水剂用于防治大豆根腐病（18～24g/hm²）和水稻条纹叶枯病（60～100g/hm²）；8%的宁南霉素水剂用于防治番茄病毒病（90～120g/hm²）、辣椒病毒病（90～125g/hm²）、苹果斑点落叶病（26.7～40g/hm²）、水稻黑条矮缩病（54～72g/hm²）、烟草病毒病（50～75g/hm²）。

参考文献

[1] 胡厚芝，陈家任. 精细与专用化学品，2003，11（1）：20-21.

萘氧丙草胺 napropamide

$C_{17}H_{21}NO_2$，271.4，41643-35-0（R），41643-36-1（S），15299-99-7（RS）

萘氧丙草胺（napropamide）。试验代号 R-7465。商品名称 AC 650、Devrinol。其他名称 Naproguard、Razza、大惠利、敌草胺、草萘胺，是由 Stauffer Chemical Co.（现先正达公司）开发的芳氧羧酸类除草剂。萘氧丙草胺-M（napropamide-M）是其 R 异构体由印度联合磷化（UPL）报道。

化学名称 （RS）-N,N-二乙基-2-(1-萘氧基)-丙酰胺，（RS）-N,N-diethyl-2-(1-naphthyloxy)propi-onamide。

理化性质 原药纯度为92%～96%，棕色固体，熔点68～70℃。纯品为无色结晶体，熔点74.8～75.5℃，沸点316.7℃（100.56kPa），相对密度1.1826。蒸气压0.023mPa（25℃）。分配系数 $K_{ow}\lg P=3.3$（25℃），Henry常数 $8.44×10^{-4}$ Pa·m³/mol（计算值）。水中溶解度（25℃）7.4mg/L。其他溶剂中溶解度（20℃，g/L）：煤油45，丙酮、乙醇>1000，己烷15，二甲苯555。稳定性：100℃储藏16h稳定。在40℃，pH 4～10情况下不水解。光照下分解，DT_{50} 25.7min。闪点>104℃。

毒性 大鼠急性经口 LD_{50}（mg/kg）：雄>5000，雌4680。急性经皮 LD_{50}（mg/kg）：兔>4640，豚鼠>2000。对兔皮肤无刺激性，对兔眼睛有中度刺激性。对豚鼠皮肤无致敏性。大鼠急性吸入 LC_{50}（4h）>5mg/L空气。NOEL[mg/(kg·d)]：大鼠（2y）30，狗（90d）40；大鼠和兔子的遗传试验1000；大鼠的多代试验30。ADI值（EC）0.3mg/kg [2008]，（BfR）0.1mg/kg [2005]，（EPA）cRfD 0.12mg/kg [2005]。

生态效应 山齿鹑急性经口 LD_{50}>2250mg/kg。鱼 LC_{50}（96h,mg/L）：虹鳟鱼9.4，大翻车鱼13～15，金鱼>10。水蚤 EC_{50}（48h）24mg/L。小球藻 EC_{50}（96h）4.5mg/L。浮萍 E_bC_{50}（14d）0.237mg/L。蜜蜂 LD_{50}>100μg/只。蚯蚓 LC_{50}>799mg/kg土。其他有益生物：在1.24kg/hm²剂量下对捕食性步甲和狼蛛无伤害。

环境行为

（1）动物 经口服后，萘氧丙草胺在哺乳动物体内会迅速广泛地被代谢。大部分代谢物通过尿液和粪便排出体外。在家禽体内也有类似的代谢。

（2）植物 在植物体内能够通过环羟基化和 N-脱烷基化进行代谢，然后再与糖反应生成水溶性代谢物。

（3）土壤/环境 在土壤中的吸附系数 K_{oc} 600（在208～1170范围内变化）。在有氧试验条件下，萘氧丙草胺在土壤中的降解速率很慢，降解半衰期 DT_{50} 230～670d（30℃），但是在北美/德国的试验田中的降解半衰期为 DT_{50} 46～131d。光降解是萘氧丙草胺在土壤中降解的重要机制。

在土壤中的代谢物如下：1-萘氧丙酸，2-(α-萘氧)-N-乙基-N-羟乙基丙酰胺，2-(α-萘氧)-N-乙基丙酰胺，2-(α-萘氧)丙酸，2-羟基-1,4-萘醌，1,4-萘醌和邻苯二甲酸。

制剂 50%悬浮剂、颗粒剂、水分散粒剂、乳油。

主要生产商 Dongbu Fine、United Phosphorus Ltd 及江苏快达农化股份有限公司等。

作用机理 细胞分裂抑制剂。(R)(−)异构体对某些杂草的活性是(S)(＋)异构体的8倍。

应用

(1) 适宜作物 芦笋、白菜、柑橘、菜豆、油菜、青椒、向日葵、烟草、西红柿、禾谷类作物、树木、葡萄和草坪作物，豌豆和蚕豆对其亦有较好的耐药性。

(2) 防除对象 主要用于防除一年生和多年生禾本科杂草及主要的阔叶杂草。也可防除禾谷类作物、树木、葡萄和草坪中阔叶杂草如母菊、繁缕、蓼、婆婆纳和堇菜等杂草。但要防除早熟禾则需与其他除草剂混用。

(3) 使用方法 土壤处理，使用剂量为 2000～4000g(a.i.)/hm²。施药后如 2d 内无雨则应灌溉。

专利与登记 专利 US3480671、US3718455 均已过专利期，不存在专利权问题。国内登记情况：50%可湿性粉剂，20%乳油，50%水分散粒剂，96%原药；登记作物为烟草、西瓜、大蒜、甜菜、棉花、油菜；防治对象为一年生禾本科杂草及部分阔叶杂草。印度联合磷化物有限公司在中国登记情况见表 161。

表 161　印度联合磷化物有限公司在中国登记情况

登记名称	登记证号	含量	剂型	登记作物	防治对象	用药量/(g/hm²)	施用方法
敌草胺	PD20097433	94%	原药				
敌草胺	PD201-95	50%	水分散粒剂	烟草	一年生禾本科杂草部分阔叶杂草	1500～1995	喷雾
				西瓜	阔叶杂草一年生禾本科杂草	1125～1500	

合成方法 萘氧丙草胺的合成方法主要有两种：

① 以 α-萘酚为起始原料，首先与 α-氯丙酸反应，再经酰氯化，最后与二乙胺反应，处理后得目的物。反应式如下：

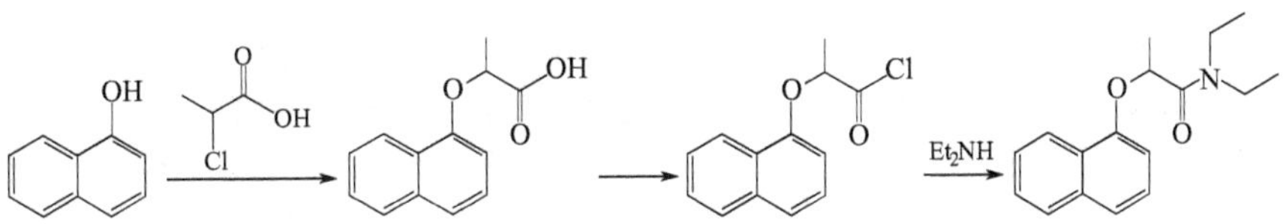

② 以 α-氯丙酸为起始原料，首先经酰氯化，再与二乙胺反应，最后与 α-萘酚反应，即得到目的物。反应式如下：

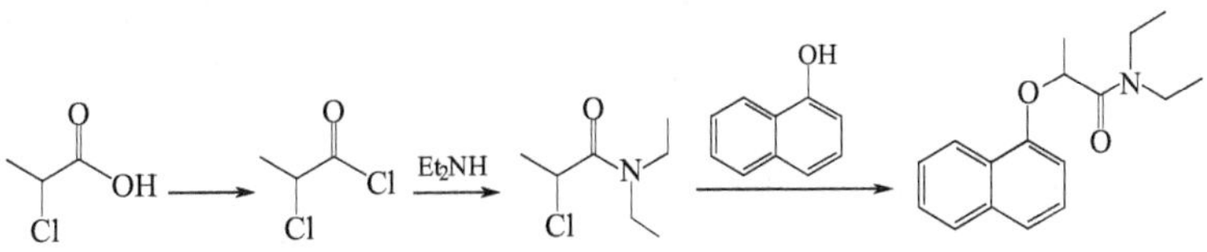

参考文献

[1] J. Agric. Food Chem，1975，23(5)：1008.

哌草丹 dimepiperate

$$C_{15}H_{21}NOS, 263.4, 61432-55-1$$

哌草丹(dimepiperate)，试验代号 MY-93、MUW-1193；商品名称 Yukamate；其他名称优克稗、哌啶酯。由日本三菱油化公司(现为日本三菱化学集团，后售予日本农药株式会社)和Rhêne-Poulenc Yuka Agro KK(现拜耳公司)共同开发的硫代氨基甲酸酯类除草剂。

化学名称 S-(α,α-二甲基苄基)哌啶-1-硫代甲酸酯或 S-1-甲基-1-苯基乙基哌啶-1-硫代甲酸酯，S-(α,α-dimethylbenzyl) piperidine-1-carbothioate 或 S-1-methyl-1-phenylethylpiperidine-1-carbothioate。

理化性质 蜡状固体，熔点 $38.8 \sim 39.3℃$，沸点 $164 \sim 168℃$ ($0.75mmHg$)，蒸气压 $0.53mPa(30℃)$。分配系数 $K_{ow}\lg P=4.02$，相对密度 $1.08(25℃)$。水中溶解度$(25℃)20mg/L$；其他溶剂中溶解度$(25℃, kg/L)$：丙酮 6.2，氯仿 5.8，环己酮 4.9，乙醇 4.1，己烷 2.0。$30℃$下稳定 $1y$ 以上，当干燥时日光下稳定，其水溶液在 $pH\ 1$ 和 $pH\ 14$ 稳定。

毒性 急性经口 $LD_{50}(mg/kg)$：雄大鼠 946，雌大鼠 959，雄小鼠 4677，雌小鼠 4519。大鼠急性经皮 $LD_{50}>5000mg/kg$。对兔眼睛和皮肤无刺激性作用，对豚鼠皮肤无致敏性。大鼠吸入 $LC_{50}(4h)>1.66mg/L$。大鼠 $NOEL(2y)0.104mg/kg$，$ADI\ 0.001mg/kg$。对大鼠和兔无致畸性，大鼠两代繁殖试验未见异常。

生态效应 鸟急性经口 $LD_{50}(mg/kg)$：雄日本鹌鹑 >2000，母鸡 >5000。鱼毒 $LC_{50}(48h, mg/L)$：鲤鱼 5.8，虹鳟鱼 5.7。水蚤 $LC_{50}(3h)40mg/L$。

环境行为

(1) 植物 稗草对哌草丹的吸收和转移都要比水稻明显得多。

(2) 土壤/环境 在水稻中急剧降解，$DT_{50}<7d$。

制剂 7%颗粒剂，50%乳油。

作用机理与特点 哌草丹为类脂(lipid)合成抑制剂(不是 ACC 酶抑制剂)，属内吸传导型稻田选择性除草剂。哌草丹是植物内源生长素的拮抗剂，可打破内源生长素的平衡，进而使细胞内蛋白质合成受到阻碍，破坏细胞的分裂，致使生长发育停止。药剂由根部和茎叶吸收后传导至整个植株，茎叶由浓绿变黄、变褐、枯死，此过程约需 $1\sim2$ 周。

应用

(1) 适宜作物与安全性 水稻(秧田、插秧田、直播田、旱直播田)。哌草丹在稗草和水稻体内的吸收与传递速度有差异，此外能在稻株内与葡萄糖结成无毒的糖苷化合物，在稻田中迅速分解($7d$ 内分解 50%)，这是形成选择性的生理基础。哌草丹在稻田大部分分布在土壤表层 $1cm$之内，这对移植水稻来说，也是安全性高的因素之一。土壤温度、环境条件对药效影响作用小。由于哌草丹蒸气压低、挥发性小，因此不会对周围的蔬菜作物造成漂移危害。此外，对水层要求不甚严格，土壤饱和态的水分就可得到较好的除草效果。

(2) 防除对象 防除稗草及牛毛草，对水田其他杂草无效。对防除 2 叶期以前的稗草效果突出，应注意不要错过施药适期。当稻田草相复杂时，应与其他除草剂如 2 甲 4 氯、灭草松、苄嘧磺隆等混合使用。

(3) 使用方法 使用剂量通常为 $750\sim1000g(a.i.)/hm^2$。

① 水稻秧田 旱育秧或湿育秧苗，施药时期可在播种前或播种覆土后，每亩用 50%乳油 $150\sim200mL$，兑水 $25\sim30mL$ 进行床面喷雾。水育秧田可在播后 $1\sim4d$，采用毒土法施药，用药量同上。薄膜育秧的用药量应适当降低。

② 插秧田　施药时期为插秧后 3～6d，稗草 1.5 叶期前，每亩用 50％乳油 150～260mL，兑水喷雾或拌成毒土撒施，施药后保持 3～5cm 的水层 5～7d。

③ 水直播田　施药时期可在水稻播种后 1～4d 施药，施药剂量及方法同插秧田。哌草丹对只浸种不催芽或催芽种子都很安全，不会发生药害。

④ 水稻旱田　施药时期可在水稻出苗后，稗草 1.5～2.5 叶期与敌稗混用。每亩用 50％哌草丹乳油 200mL 加 20％敌稗乳油 500～750mL，兑水 30～40L 茎叶喷雾，对稗草、马唐等有很好的防除效果。在阔叶杂草较多的稻田，可与苄嘧磺隆或吡嘧磺隆混用；其用药为每亩 50％哌草丹乳油 150～200mL 加 10％苄嘧磺隆或 10％吡嘧磺隆可湿性粉剂 13.3～20g，施药应在稗草 1.0～2.0 叶期。混用后，对稗草、节节菜、鸭舌草等稻田杂草有很好的防除效果。

专利与登记　专利 JP7698331 已过专利期，不存在专利权问题。国内登记情况：17.2％可湿性粉剂；登记作物为水稻；防除对象是一年生单双子叶杂草。

合成方法　哌草丹主要有以下三种合成方法，反应式如下

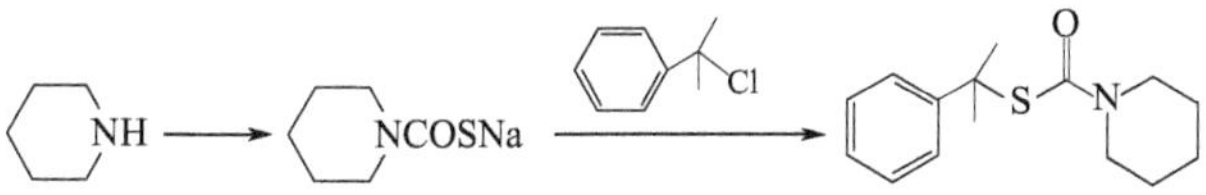

或

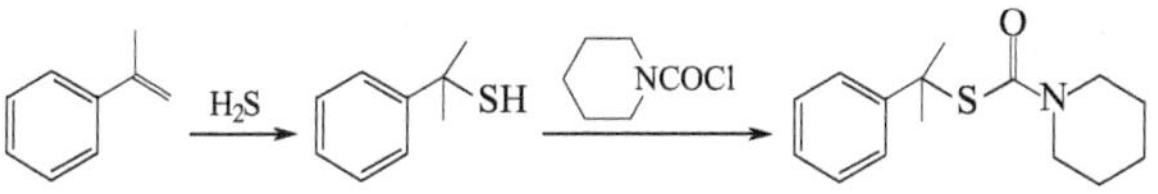

或

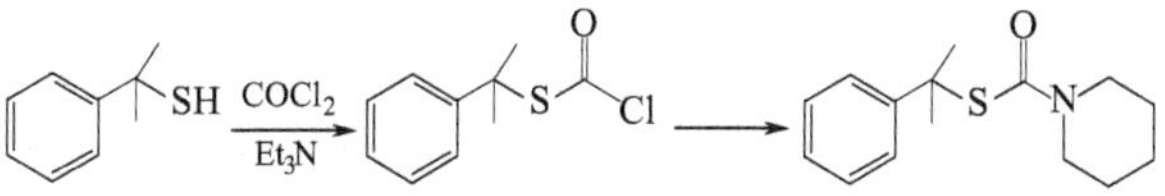

哌虫啶 paichongding

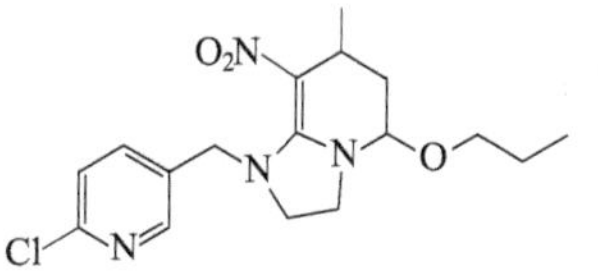

$C_{17}H_{23}ClN_4O_3$，366.8，948994-16-9

哌虫啶（paichongding），试验代号　IPP-4。是克胜集团联手华东理工大学共同研制的新烟碱类杀虫剂。

化学名称（5RS,7RS;5RS,7SR）-1-(6-氯-3-吡啶基甲基)-1,2,3,5,6,7-六氢-7-甲基-8-硝基-5-丙氧基咪唑并 [1,2-a] 吡啶，（5RS,7RS;5RS,7SR）-1-(6-chloro-3-pyridylmethyl)-1,2,3,5,6,7-hexahydro-7-methyl-8-nitro-5-propoxyimidazo [1,2-a] pyridine。

理化性质　淡黄色粉末，熔点 130.2～131.9℃。蒸气压 200mPa(20℃)。水中溶解度 0.6g/L(25℃)。其他溶剂中溶解度(25℃,g/L)：乙腈 50，二氯甲烷 55。

毒性　对雌、雄大鼠急性经口 LD_{50}＞5000mg/kg；对雌、雄大鼠急性经皮 LD_{50}＞5150mg/kg；经试验对家兔眼睛、皮肤均无刺激性，对豚鼠皮肤有弱致敏性。对大鼠亚慢(91d)经口毒性试验表明：最大无作用剂量为 30mg/(kg·d)，对雌、雄小鼠微核或骨髓细胞染色体无影响，对骨髓细胞的分裂也未见明显的抑制作用，显性致死或生殖细胞染色体畸变结果是阴性，Ames 试

验结果为阴性。

生态效应　对鸟类低毒。对斑马鱼急性毒性为低毒；对家蚕急性毒性为低毒；对蜜蜂低毒，其风险性为中风险，使用中注意对蜜蜂的影响。

制剂　10%悬浮剂。

作用机理与特点　其杀虫机理主要是作用于昆虫神经轴突触受体，阻断神经传导作用。哌虫啶具有很好的内吸传导功能，施药后药剂能很快传导到植株各个部位。对各种刺吸式害虫具有杀虫速度快、防治效果高、持效期长、广谱、低毒等特点。

应用

（1）适用作物　果树、小麦、大豆、蔬菜、水稻和玉米等多种作物。

（2）防治对象　主要用于防治同翅目害虫，对稻飞虱具有良好的防治效果，防效达90%以上，对蔬菜蚜虫的防效达94%以上，明显优于已产生抗性的吡虫啉。目前登记主要用于防治水稻上的稻飞虱，10%悬浮剂推荐剂量为$37.5 \sim 52.5 g/hm^2$，使用方法为喷雾。

专利概况　专利EP296453(1988年)中曾公开过作为杀虫剂应用的六氢咪唑［1,2-a］吡啶类化合物。

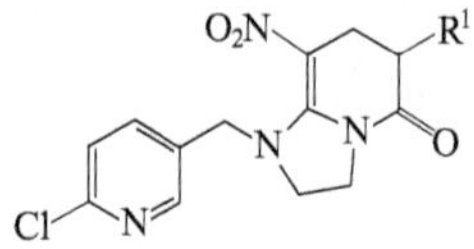

华东理工大学2004年申请了与已有专利报道的化学结构不同的新颖的六氢咪唑［1,2-a］吡啶类化合物专利CN1631887，其通式中包含了哌虫啶，但没有具体公开化合物哌虫啶的结构；中国专利CN1631887的同族专利包括EP1826209、JP2008520595、US20070281950。后来又申请了有关制备方法专利WO2007101369和CN101045728，其中均具体公开了哌虫啶的化学结构及其制备方法。

合成方法　以硝基甲烷或二氯乙烯为原料，经多步反应制得目标物，具体反应如下：

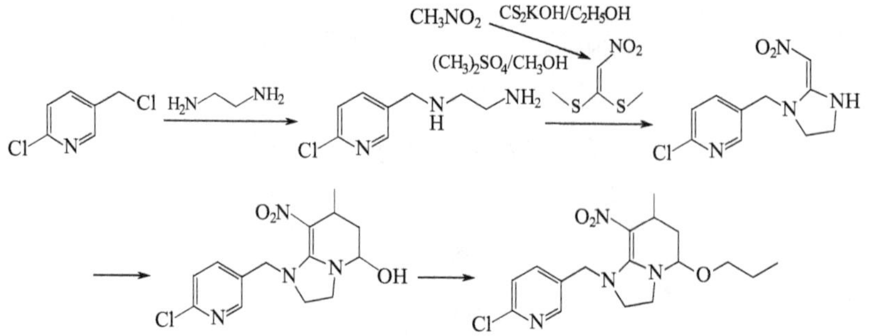

参考文献

［1］徐晓勇.世界农药，2009，31(4)：52.
［2］李璐.现代农药，2009，8(2)：16-19.
［3］吴重言.现代农药，2012,6；7-11.

扑草净 prometryn

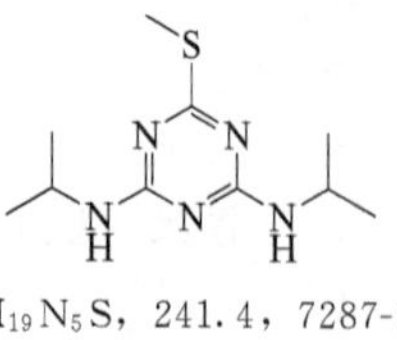

$C_{10}H_{19}N_5S$，241.4，7287-19-6

扑草净（prometryn），试验代号 G 34 161；商品名称 Caparol、Gesagard、Prometrex；其他名称 扑蔓尽、割草佳、扑灭通。由 H. Gysin 报道，由 J. R. Geigy S. A. (现 Syngenta AG)引入市场。

化学名称 N^2,N^4-二异丙基-6-甲硫基-1,3,5-三嗪-2,4-二胺，N^2,N^4-diisopropyl-6-methylthio-1,3,5-triazine-2,4-diamine。

理化性质 纯品为白色粉末。熔点 118～120℃，沸点>300℃ (100kPa)，蒸气压 0.165mPa (25℃)，$K_{ow}lgP = 3.1$(25℃)，Henry 常数 $1.2×10^{-3}$ Pa·m³/mol(计算值)，相对密度 1.15 (20℃)。水中溶解度 33mg/L(pH 6.7,22℃)；其他溶剂中溶解度(25℃,g/L)：丙酮 300，乙醇 140，正己烷 6.3，甲苯 200，正辛醇 110。20℃在中性、弱酸或弱碱条件下对水解稳定，热酸、热碱条件下稳定，紫外线照射分解。pK_a4.1，弱碱性。

毒性 大鼠急性经口 LD_{50}>2000mg/kg。急性经皮 LD_{50}(mg/kg)：大鼠>3100，兔>2020。对兔皮肤和眼睛有轻微刺激。对豚鼠皮肤无致敏性。大鼠急性吸入 LC_{50}(4h)>2170mg/m³。最大无作用剂量(2y)：狗 3.75mg/kg；雄大鼠 29.5mg/(kg·d)，雌大鼠 37.3mg/(kg·d)，小鼠 100mg/kg。ADI(EPA)cRfD 0.04mg/kg。

生态效应 鸟饲喂 LC_{50}(8d,mg/kg)：山齿鹑>5000，野鸭>4640。鱼毒 LC_{50}(96h,mg/L)：虹鳟鱼 5.5，大翻车鱼 6.3。水蚤 LC_{50}(48h)：12.66mg/L。羊角月牙藻 EC_{50}(5d)：0.035mg/L。对蜜蜂无毒；LD_{50}(μg/只)：>99(经口)，>130(接触)。蚯蚓 LC_{50}(14d)153mg/kg 土壤。

环境行为

(1) 动物 在大鼠和兔体内代谢参见 Boehme C，Baer F，Food Cosmet. Toxicol，1967，5：23。

(2) 植物 可被耐受性植物代谢，并且在较小程度上被敏感植物代谢，通过甲硫基氧化成羟基代谢物，以及侧链的脱烷基化进行代谢。在植物中的降解一般是缓慢的。

(3) 土壤/环境 在土壤中，扑草净通过微生物降解(甲硫基氧化成羟基代谢物，以及侧链的脱烷基化进行)消解，并形成不可提取残余物(120d 后 24%～49%)。土壤中 DT_{50}(田间)50d (14～158d)。K_{oc}262mL/g(113～493mL/g)，表明在土壤中迁移性低。在水生系统的降解是由微生物引起的，进一步通过微生物降解和悬浮物以及底沉积物的吸附而消解，从而导致形成不可提取的残留物(268d 后 26%～35%)。扑草净从水相中的消解 DT_{50}5.3d 和 10.9d，从整个系统中消解 DT_{50}110～236d。

制剂 25%泡腾颗粒剂，50%、500g/L悬浮剂，25%、40%、50%可湿性粉剂。

主要生产商 Syngenta、KSA、Makhteshim-Agan、Oxon、安徽中山化工有限公司、吉林市绿盛农药化工有限公司、昆明农药有限公司、山东滨农科技有限公司、山东大成农化有限公司、山东侨昌化学有限公司、山东胜邦绿野化学有限公司、山东潍坊润丰化工股份有限公司、浙江省长兴第一化工有限公司以及浙江中山化工集团股份有限公司。

作用机理与特点 水旱地两用的选择性均三嗪类除草剂。内吸选择性除草剂。可经根和叶吸收并传导至绿色叶片内抑制光合作用，中毒杂草产生失绿症状，逐渐干枯死亡。对刚萌发的杂草防效最好，杀草谱广，可防除一年生禾本科杂草及阔叶杂草。

应用

(1) 适用范围 大豆、花生、向日葵、棉花、小麦、甘蔗、果园、茶园以及胡萝卜、芹菜、韭菜、香菜、茴香等菜田及水稻田。对玉米敏感不宜使用。

(2) 防治对象 眼子菜、鸭舌草、牛毛草、节节菜、四叶萍、野慈姑、异型莎草、藻、马唐、狗尾草、稗草、看麦娘、千金子、野苋菜、马齿苋、车前草、藜、蓼、繁缕等一年生禾本科及阔叶草。

(3) 使用方法 ①旱田使用棉花播种前或播种后出苗前，每亩用 50%可湿性粉剂 100～150g 或每亩用 48%氟乐灵乳油 100mL 与 50%扑草净可湿性粉剂 100g 混用，克水 30kg 均匀喷雾于地表，或混细土 20kg 均匀撒施，然后混土 3cm 深，可有效防除一年生单、双子叶杂草。花生、大豆、播种前或播种后出苗前，每亩用 50%可湿性粉剂 100～150g，克水 30kg，均匀喷雾土表。谷子播后出苗前，每亩用 50%可湿性粉剂 50g，兑水 30kg，土表喷雾。麦田于麦苗 2～3 叶期，杂草 1～2 叶期，每亩用 50% 可湿性粉剂 75～100g，兑水 30～50kg，作茎叶喷雾处理，可防除繁缕、看麦娘等杂草。胡萝卜、芹菜、大蒜、洋葱、韭菜、茴香等在播种时或播种后出苗前，每亩用 50% 可湿性粉剂 100g，兑水 50kg 土表均匀喷雾，或每亩用 50% 扑草净可湿性粉剂 50g 与 25% 除草醚乳油 200mL 混用，效果更好。②果树、茶园、桑园使用在一年生杂草大量萌发初期，土壤湿润条件下，每亩用 50% 可湿性粉剂 250～300g，单用或减半量与甲草胺、丁草胺等混用，克水均匀喷布土表层。③对稻田使用水稻移栽后 5～7d，每亩用 50% 可湿性粉剂 20～40g，或 50% 扑草净可湿性粉剂加 25% 除草醚可湿性粉剂 400g，拌湿润细砂土 20kg 左右，充分拌匀，在稻叶露水干后，均匀撒施全田。施药时田间保持 3～5cm 浅水层，施药后保水 7～10d。水稻移栽后 20～25d，眼子菜叶片由红变绿时，北方每亩用 50% 可湿性粉剂 65～100g，南方用 25～50g，拌湿润细土 20～30kg 撒施。水层保持同前。

（4）注意事项　①严格掌握施药量和施药时间，否则易产生药害。②有机质含量低的砂质和土壤，容易产生药害，不宜使用。③施药后半月不要任意松土或耘耥，以免破坏药层影响药效。④喷雾器具使用后要清洗干净。

专利与登记　专利 CH337019、GB 814948 均早已过专利期。国内主要登记了 80%、90%、95% 原药，25% 泡腾颗粒剂，50%、500g/L 悬浮剂，25%、40%、50% 可湿性粉剂。可用于防除麦田（375～562.5g/hm²）、水稻（150～900g/hm² 或 187.5～562.5g/hm²）、茶园（1875～3000g/hm²）、成年果园（875～3000g/hm²），甘蔗田（750～1125g/hm²）、大豆田（750～1125g/hm²）、谷子田（375g/hm²）、花生田（750～1125g/hm²）、棉花田（750～1125g/hm²）、苗圃（1875～3000g/hm²）、苎麻（50～1125g/hm²）部分禾本科及阔叶杂草等。

合成方法　经如下反应制得扑草净：

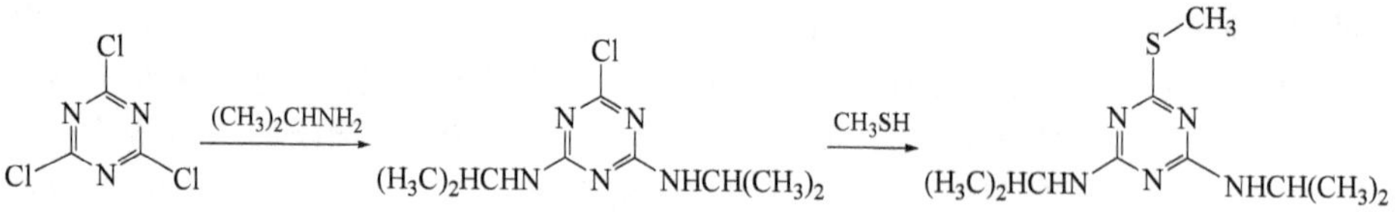

七氟菊酯 tefluthrin

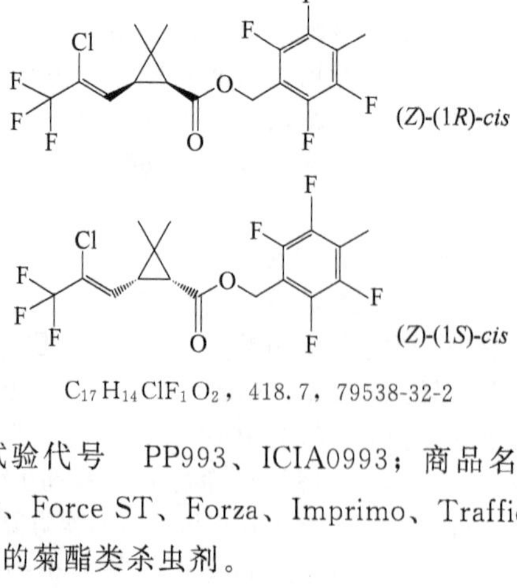

$C_{17}H_{14}ClF_1O_2$，418.7，79538-32-2

七氟菊酯（tefluthrin），试验代号　PP993、ICIA0993；商品名称　Force、Fireban；其他商品名称　Evict、Forca、Force、Force ST、Forza、Imprimo、Traffic。是由 A. R. Jutsum 等报道，由 ICI 公司（现属先正达）开发的菊酯类杀虫剂。

化学名称　2,3,5,6-四氟-4-甲基苄基(1RS,3RS)-3-[(Z)-2-氯-3,3,3-三氟丙-1-烯基]-2,2-二

甲基环丙烷羧酸酯或 2,3,5,6-四氟-4-甲基苄基(1RS)-cis-3-[(Z)-2-氯-3,3,3-三氟丙-1-烯基]-2,2-二甲基环丙烷羧酸酯。2,3,5,6-tetrafluoro-4-methylbenzyl(1RS,3RS)-3-[(Z)-2-chloro-3,3,3-trifluoroprop-1-enyl]-2,2-dimethylcyclopropanecarboxylate 或 2,3,5,6-tetrafluoro-4-methylbenzyl(1RS)-cis-3-[(Z)-2-chloro-3,3,3-trifluoroprop-1-enyl]-2,2-dimethylcyclopropanecarboxylate。

组成 纯度 92%。

理化性质 纯品为无色固体,工业品为白色。纯品熔点 44.6℃,工业品熔点 39~43℃,沸点 156℃(1mmHg)。蒸气压:8.4mPa(20℃),50mPa(40℃)。$K_{ow} \lg P = 6.$(20℃),Henry 常数 2×10^2 Pa·m³/mol(计算值),相对密度 1.48g/mL(25℃)。水中溶解度(纯水和缓冲液,pH 5.0 和 9.2,20℃)0.02mg/L。其他溶剂中溶解度(21℃,g/L):丙酮、二氯甲烷、乙酸乙酯、正己烷、甲苯>500,甲醇 263。在 15~25℃ 时,稳定 9 个月以上;在 50℃ 时,稳定 84d 以上;其水溶液(pH 7)暴露到日光下,31d 分解 27%~30%;在 pH 5 和 pH 7,水解>30d;在 pH 9,30d 水解 7%。pK_a>9,闪点 124℃。

毒性 急性经口 LD_{50}(mg/kg):雄大鼠 22,雌大鼠 35。急性经皮 LD_{50}(mg/kg):雄大鼠 316,雌大鼠 177。对兔眼睛和皮肤有轻微刺激,对豚鼠皮肤无致敏性。吸入 LC_{50}(4h,mg/L):雄大鼠 0.05,雌大鼠 0.04。狗 NOEL(1y)0.5mg/(kg·d)。ADI:(BfR)0.005mg/kg [2011];(EPA)0.005mg/kg [2010];EU 0.005mg/(kg·d)。

生态效应 急性经口 LD_{50}(mg/kg):野鸭>3960,山齿鹑 730。亚急性饲喂 LC_{50}(5d,mg/kg):野鸭 2317,山齿鹑 10500。鱼 LC_{50}(96h,mg/L):虹鳟鱼 60,大翻车鱼 130。EC_{50}(mg/L):水蚤 70(48h),羊角月牙藻>1.05。蜜蜂 LD_{50}:(接触)280mg/只,(经口)1880mg/只。蚯蚓 LC_{50}(28d)1mg/kg 土。

环境行为

(1)动物 参照七氟菊酯在山羊体内的代谢情况(Pestic Sci,1989,25:375)。

(2)植物 在推荐量下(最小检出量 0.01mg/kg),在主要作物中都没有残留。

(3)土壤/环境 DT_{50} 150d(5℃)、24d(20℃)、17d(30℃),主要取决于其挥发性。在土壤中有很强的吸附性,七氟菊酯及其代谢物在土壤中不会溢出,不易水解,在水生体系中会迅速分散,在水-沉积物的水表层 DT_{50}<1d。

主要生产商 Syngenta 及江苏省激素研究所股份有限公司等。

作用机理 通过与钠离子通道的交互作用扰乱神经功能,为触杀和熏蒸类杀虫剂,也可以用作一些成年鞘翅目类昆虫的驱避剂。

应用

(1)防治对象 防治鞘翅目和栖息在土壤中的鳞翅目和某些双翅目害虫。在 12~150g(a.i.)/hm² 剂量下,可广谱地防治土壤节肢动物,包括南瓜十二星甲、金针虫、跳甲、金龟子、甜菜隐食甲、地老虎、玉米螟、瑞典麦秆蝇等土壤害虫。

(2)使用方法 颗粒剂和液剂用于玉米和甜菜。施药方法灵活,可用普通设备撒粒剂、表土和沟施或种子处理。

玉米中防治长角叶甲时按主要标准药剂特丁磷、呋喃丹施用量的 1/10 施用,其药效就与标准药剂相等。以 112g/hm² 粒剂撒施。

小麦中防治麦种蝇和瑞典麦秆蝇,以 0.4~0.6g/kg 种子剂量处理种子。

七氟菊酯对鳞翅目害虫玉米螟的防治:粒剂对几个国家的玉米螟都有良好的防效。对双翅目害虫的防治：七氟菊酯以 0.2g(a.i.)/kg 种子剂量处理种子，可显著减少麦种蝇和瑞典麦秆蝇对小麦的危害，以 0.4～0.6g(a.i.)/kg 种子剂量处理种子，可增加玉米出苗率和减少种蝇的危害。

（3）注意事项　产品储于低温通风房间，勿与食品、饲料等混置，勿让孩童接近。使用时戴护目镜和面罩，避免皮肤接触和吸入粉尘。处理后要用水冲洗眼睛和皮肤；如有刺激感，可敷药物治疗。发生误服，给患者饮 1～2 杯温开水，以手指探喉催吐，并送医院诊治。

专利概况　专利 EP31199 早已过专利期，不存在专利权问题。

合成方法　以 CF_3CCl_3 为原料，与 $CH_2{=}CHC(CH_3)_2CH_2CO_2C_2H_5$ 加成反应后，经环合、脱氯化氢、水解转变成酰氯化合物，最后与 2,3,5,6-四氟-4-甲基苄醇反应，即制得七氟菊酯。反应式如下：

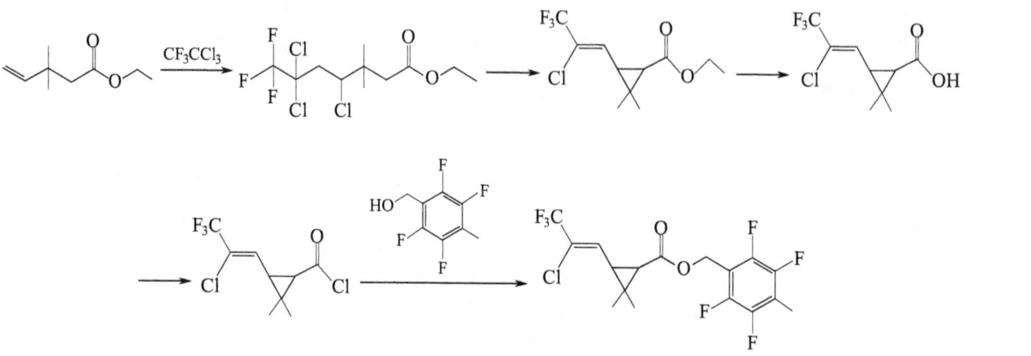

8-羟基喹啉 8-hydroxyquinoline sulfate

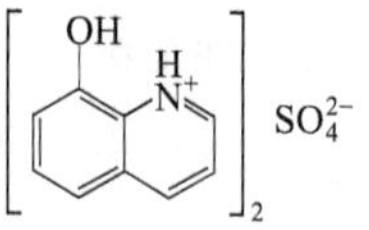

$C_{18}H_{16}N_2O_6S$，388.4，134-31-6，12557-04-9(硫酸钾盐)，14534-95-3(曾用)

8-羟基喹啉(8-hydroxyquinoline sulfate)，商品名称　Beltanol，Cryptonol Liquide(硫酸钾盐)；其他名称　quinosol、Bacseal、喹诺苏。是由先正达公司开发的杀菌剂。目前由 Probelte 公司生产。

化学名称　8-羟基喹啉，双(8-羟基喹啉)硫酸盐，bis(8-hydroxyquinolinium)sulfate。羟基喹啉硫酸钾盐，potassium hydroxyquinoline sulphate。

理化性质　8-羟基喹啉，纯品为淡黄色晶状固体，熔点 175～178℃。蒸气压几乎为 0。水中溶解度 300g/L(20℃)。稍溶于甘油，难溶于醇，几乎不溶于乙醚。游离碱微溶于水，易溶于热乙醇、丙酮、氯仿和苯。盐和碱非常稳定，能与许多金属离子形成微溶的盐。

羟基喹啉硫酸钾盐组成：英国药典委员会(BPC)认为羟基喹啉硫酸钾盐为 8-羟基喹啉一水硫酸盐 $[(C_9H_7NO)_2 \cdot H_2SO_4 \cdot H_2O]$ (50.6%～52.6%)和硫酸钾 (K_2SO_4) (29.5%～32.5%)的等摩尔混合物，计算参考无水原料。但是请注意，化学文摘(CA)用羟基喹啉硫酸钾盐代表 8-羟基喹啉硫酸氢盐(酯)([14534-95-3])的钾盐。状态为黄白色固体，熔点 172～184℃。溶解性：易溶于水；热的乙醇能将 8-羟基喹啉硫酸盐溶解，但是留下硫酸钾；不溶于乙醚。稳定性：碱能使 8-羟基喹啉游离出来，而游离的 8-羟基喹啉能使重金属沉淀。

毒性　8-羟基喹啉。急性经口 LD_{50} (mg/kg)：大鼠 1250，小鼠 500。大鼠急性经皮 $LD_{50}>$ 4000mg/kg(67%水溶性粉剂)。ADI 0.15mg/kg。

生态效应 对鸟、鱼无毒。按指示使用对蜜蜂无毒。

环境行为 在哺乳动物体内代谢涉及与葡萄糖醛酸的共轭。口服给药后，约 95% 在 24～36h 内被排出体外，主要以代谢物存在于尿液中。

作用机理与特点 内吸性杀真菌和杀细菌剂。

应用 控制嫁接葡萄的灰霉病菌（*Botrytis cinerea*）。也可控制土传病害（如立枯病），用于蔬菜和观赏植物种子床的土壤消毒。还可作为园艺上的一般消毒剂。

合成方法 以邻氨基苯酚为原料，经如下反应即制得目的物：

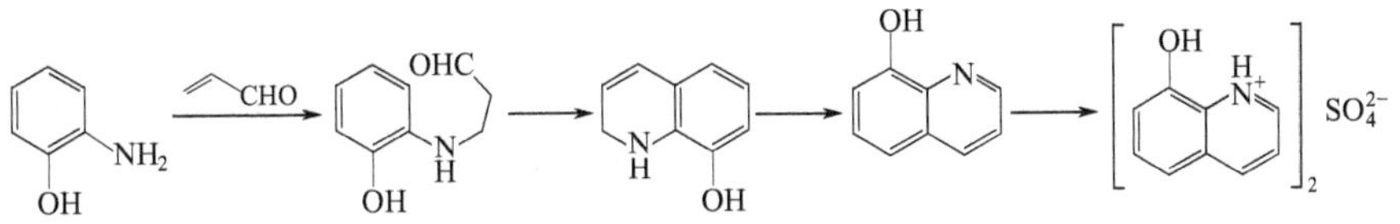

参考文献

[1] The Pesticide Manual. 15th ed. 2009：626-627.

嗪氨灵 triforine

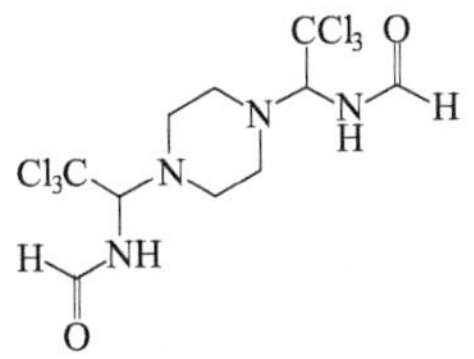

$C_{10}H_{14}Cl_6N_4O_2$，435.0，26644-46-2

嗪氨灵（triforine），试验代号 AC902194、SC-581211；商品名称 Saprol；其他名称 Denarin、Funginex、嗪胺灵。是由 Cela GmbH（现巴斯夫公司）开发的哌嗪类杀菌剂，在 2005 年将其出售给了住友化学株式会社。

化学名称 *N*,*N*′-[哌嗪-1,4-二双[（三氯甲基）亚甲基]]二甲酰胺或 1,1′-哌嗪-1,4-二双-[*N*-(2,2,2-三氯乙基)甲酰胺]，*N*,*N*′-[piperazine-1,4-diylbis[(trichloromethyl)methylene]]diformamide 或 1,1′-piperazine-1,4-diyldi-[*N*-(2,2,2-trichloroethyl)formamide]。

理化性质 纯品为白色至浅棕色结晶固体，纯度＞97%。熔点 155℃（分解）。蒸气压 8×10 mPa（25℃），$K_{ow} \lg P = 2.2$（20℃），Henry 常数 2.8Pa·m³/mol，相对密度 1554（20℃）。水中溶解度 12.5mg/L（20℃,pH 7～9）；有机溶剂中溶解度（20℃,g/L）：DMF 330，DMSO 476，*N*-甲基吡咯烷酮 476，丙酮 33，甲醇 47，二氯甲烷 24；在四氢呋喃中可溶，在二氧六环和环己酮中微溶，不溶于苯，石油醚和环己烷。稳定性：在 148.6℃ 以下稳定，在 151℃ 分解。在水中暴露在紫外线或日光下会分解。DT_{50}（pH 5～9）约 2.6～3.1d，pK_a 10.6（强碱）。

毒性 急性经口 LD_{50}（mg/kg）：大鼠＞16000，小鼠＞6000，狗＞2000。兔和大鼠急性经皮 LD_{50}＞10000mg/kg。大鼠吸入 LC_{50}（4h）＞4.5mg/L。NOEL（2y,mg/kg 饲料）：大鼠 200，狗 100。ADI/RfD 0.02mg/kg [1997]，确认没有饲喂危害。大鼠急性腹腔 LD_{50}＞4000mg/kg。

生态效应 山齿鹑急性经口 LD_{50}＞5000mg/kg，野鸭饲喂 LC_{50}（5d）＞4640mg/kg。虹鳟鱼、大翻车鱼 LC_{50}（96h）＞1000mg/L。水蚤 LC_{50}（48h）117mg/L。珊藻 EC_{50} 380mg/L。在 60g（a.i.）/100L 剂量下对蜜蜂不会有危害。对蚯蚓低毒，LD_{50}＞1000mg/kg。对有益的节肢动物、膜翅目昆虫、捕食性螨、甲虫、红鳌蛛、普通草蛉、蠼螋等无害，对弯角瓢虫成虫有轻微伤害。

环境行为

（1）动物　在动物体内嗪胺灵会被迅速和彻底的吸收，并通过肾脏排毒，嗪氨灵和其代谢物不会在动物体内累积。

（2）植物　在大麦，豆类和番茄中，通过叶子的作用，嗪氨灵会随着叶子的飘落从落叶转移到新植物中。在植物中嗪氨灵会被分解成一批极性代谢产物。

（3）土壤/环境　在土壤中 DT_{50} 23.9d、DT_{90} 79.3d（20℃，pH 7.7），在砂壤土中土壤吸附常数 K 0.861，在环境中不会累积。

主要生产商　Sumitomo Corp。

作用机理　麦角甾醇抑制剂。具有保护、治疗、铲除、内吸作用。能迅速被根、茎、叶吸收，并输送到植株各部位。

应用　主要用于防治禾谷类作物、蔬菜、果树、草坪、花卉等白粉病、锈病、黑星病等。

专利概况　专利 US 5141940、CA1318246 均已过专利期，不存在专利权问题。

合成方法　以甲醛和三氯乙醛为原料，经如下反应即制得目的物：

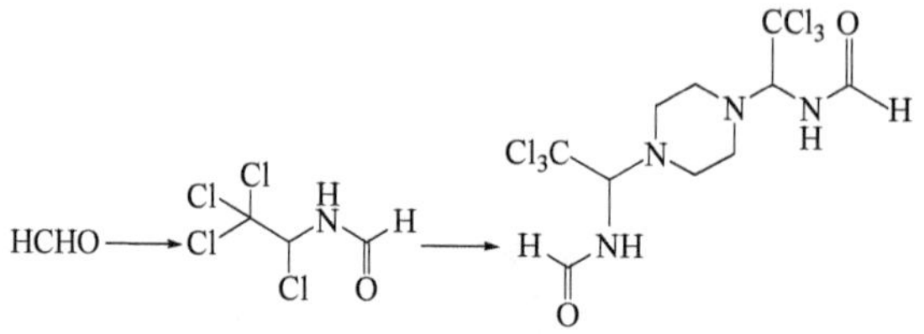

参考文献

[1] The Pesticide Manual. 15th ed. 2009：1177-1178

嗪草酮 metribuzin

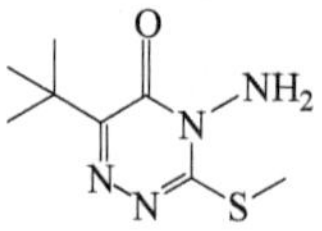

$C_8H_{14}N_4OS$，214.3，21087-64-9

嗪草酮（metribuzin），试验代号　Bayer 94337、Bayer 6159H、Bayer 6443H、DIC 1468、DPX-G2504。商品名称　Aliso、Axiom、Hilmetri、Lexone、Major、Metiroc、Metrizin、Metrozin、Mistral、Sencor、Sentry、Subuzin、Vapcor。其他名称　Arena、Barrier、Citation、Dimetric、Encore、Feinzin、Krizin、Maya、Meter、Metriphar、Niber、Pomozin、Premercas、Python、Senagro、Sencoral、Sencorex、Senior、Sentek、Tata Metri、Tomacor、Tribu、TriCor、Tuberon、Uni-Mark、Valtor、赛克、立克除、赛克津、特丁嗪。是由拜耳公司与杜邦公司共同开发的三氮苯类除草剂。

化学名称　4-氨基-6-叔丁基-4,5-二氢-3-甲硫基-1,2,4-三嗪-5-酮，4-amimo-6-tert-butyl-4,5-dihydro-3-methylthio-1,2,4-triazin-5-one。

理化性质　纯品为白色、有轻微气味结晶体，熔点126℃，沸点132℃（2Pa），蒸气压0.058mPa（20℃），相对密度1.26（20℃）。分配系数 $K_{ow}\lg P=1.6$（20℃，pH 5.6），Henry常数 $1\times10^{-5}Pa\cdot m^3/mol$。水中溶解度1.05g/L（20℃）；有机溶剂中溶解度（20℃，g/L）：二甲基亚砜、丙酮、乙酸乙酯、二氯甲烷、乙腈、异丙醇、聚乙二醇>250，苯220，二甲苯60，正辛醇54。在紫外线照射下相对稳定，20℃时在稀酸、稀碱条件下稳定。DT_{50}（37℃）6.7h（pH 1.2）；DT_{50}（70℃）：569h（pH 4），47d（pH 7），191h（pH 9）。在水中会迅速光解 DT_{50} <1d，正常光照情况下在土壤表面 DT_{50} 14～25d。

毒性 急性经口 LD_{50}（mg/kg）：雄性大鼠 510，雌性大鼠 322，小鼠约 700，豚鼠约 250，猫 >500。大鼠急性经皮 LD_{50} >20000mg/kg。对兔眼睛和皮肤无刺激性。大鼠吸入 LC_{50}（4h）>0.65mg/L 空气（灰尘）。NOEL（2y，mg/kg）：狗 3.4（100mg/kg 饲料），雄大鼠 1.3（30mg/L）。ADI（EC）0.013mg/kg [2007]，（EPA）cRfD 0.013mg/kg [1997]。

生态效应 鸟急性经口 LD_{50}（mg/kg）：山齿鹑 164，野鸭 460～680。鱼毒 LC_{50}（96h，mg/L）：虹鳟鱼 74.6，金雅罗鱼 141.6，红鲈鱼 85。水蚤 LC_{50}（48h）49.6mg/L 羊角月牙藻 E_rC_{50} 0.021mg/L。对蜜蜂无毒，LD_{50} 35μg/只。蚯蚓 LC_{50} 331.8mg/kg 干土。

环境行为

（1）动物 哺乳动物中，98％会在经口后 96h 内消除，在粪便和尿液中含量大约相同。

（2）植物 植物中，嗪草酮经过脱氨基作用，进一步分解，与水发生配合。

（3）土壤/环境 在土壤中，嗪草酮迅速分解，微生物分解是主要的分解机制，由光解作用和挥发造成的损失可以忽略不计。土壤中，DT_{50} 约为 1～2 个月；池塘水中，DT_{50} 约为 7d。降解涉及脱氨基作用，然后进一步分解，降解成水溶性物质。

制剂 70％可湿性粉剂，75％干悬浮剂。

主要生产商 Bayer CropScience、Bharat、DuPont、Feinchemie Schwebda、Rallis、大连瑞泽农药股份有限公司、江苏恒隆作物保护有限公司、江苏七洲绿色化工股份有限公司、泰达集团及龙灯集团等。

作用机理与特点 嗪草酮被杂草根系吸收随蒸腾流向上部传导，也可被茎、叶吸收在体内作有限地传导。通过抑制敏感植物的光合作用发挥杀草活性，施药后各敏感杂草萌发出苗不受影响，出苗后叶片褪绿，最后营养枯竭而致死。症状为叶绿变黄或火烧状，整个叶可变黄，但叶脉常常残留有淡绿色即间隔失绿。

应用

（1）适应作物及安全性 甘蔗、大豆、马铃薯、番茄、苜蓿、芦笋、羽扇豆、咖啡等作物。由于大豆苗期的耐药安全性差，嗪草酮对大豆只宜作萌芽前处理。用药量过大或低洼地排水不良、田间积水、高湿低温、病虫危害造成大豆生长发育不良条件下，可造成大豆药害，轻者叶片浓绿、皱缩，重者叶片失绿、变黄、变褐坏死，下部叶片先受影响，上部叶一般不受影响。嗪草酮在土壤中的持效期受气候条件、土壤类型影响，一般条件下半衰期为 28d 左右，对后茬作物不会产生药害。

（2）防除对象 主要用于防除一年生的阔叶杂草和部分禾本科杂草，对多年生杂草效果不好。防除阔叶杂草如蓼、藜、苋、荠菜、小野芝麻、萹蓄、马齿苋、野生萝卜、田芥菜、苦荬菜、苣荬菜、繁缕、牛繁缕、荞麦草、香薷等有极好的效果，对苘麻、苍耳、鲤肠、龙葵则次之。对部分单子叶杂草如狗尾草、马唐、稗草、野燕麦、毒麦等有一定的效果，约为 32％～77％。在单子叶杂草危害严重的地块，嗪草酮可与多种除草剂如氟乐灵、甲草胺、敌草胺、丁草胺、乙草胺等混合使用。另有文献报道嗪草酮苗前每亩用有效成分 23g，可防除早熟禾、看麦娘、鬼针草、狼把草、矢车菊、黎、小黎、野芝麻、柳穿鱼、野芥菜、荠菜、反枝苋、遏蓝菜、马齿苋、繁缕、锦葵、萹蓄、酸模叶蓼、春蓼等。苗前每亩用有效成分 35g 可防除马唐、三色堇、水棘针、香薷、曼陀罗、铁苋菜、刺苋、绿苋、鼬瓣花、柳叶刺蓼、独行菜、苣荬菜等。苗前每亩用有效成分 47g 可防除鸭跖草、苘麻、狗尾草、稗草、卷茎蓼、苍耳等。

（3）应用技术 ①嗪草酮可作苗前或苗后处理。在播种前或播种后苗前作土壤处理。也可在播前、播后苗前或移栽前进行喷雾处理，若在作物苗期使用易产生药害而引起减产。②土壤具有适当的温度有利于根的吸收，若土壤干燥应于施药后浅混土。作为苗后处理除草效果更为显著，剂量要酌情降低，否则会对阔叶作物产生药害。③土壤有机质及结构对嗪草酮的除草效能及作物对药的吸收有影响，有机质含量少于 2％的砂质土不宜使用嗪草酮。若土壤含有大量黏质土及腐殖质，药量要酌情提高，反之减少。温度对嗪草酮的除草效果及作物安全性亦有一定影响，温度低的地区用量高，温度高的地区用量低。④pH 值等于或大于 7.5 及前茬种玉米用过阿特拉津的地块不要用嗪草酮。⑤大豆出苗前 3～5d 不要施药，施过嗪草酮的大豆不要趟蒙头土，否则在低洼地遇大雨会淋溶造成大豆药害。

（4）使用方法

① 大豆田　施药时期为大豆播前或播后到出苗前 3～5d，施药方法为土壤处理。亦可在大豆播前混土，或土壤水分适宜时作播后苗前土壤处理。嗪草酮使用量与土壤质地，有机含量和温度有关。壤土每亩用 70% 嗪草酮可湿性粉剂 40～53.3g，黏土每亩用 70% 嗪草酮可湿性粉剂 53.3～67g。有机质含量 2%～4% 时，砂土每亩用 70% 嗪草酮可湿性粉剂 40g，壤土每亩用 70% 嗪草酮可湿性粉剂 53.3～67g，黏土每亩用 70% 嗪草酮可湿性粉剂 67～83.3g。有机质含量在 4% 以上，砂土每亩用 70% 嗪草酮可湿性粉剂 67g，壤土每亩用 70% 嗪草酮粉剂 67～83.3g，黏土每亩用 70% 嗪草酮可湿性粉剂 83.3～95.3g。我国东北春大豆一般每亩用嗪草酮 70% 可湿性粉剂 50～76g，或嗪草酮 75% 干悬浮剂 46.7～71g，播后苗前加水 30kg 土表喷雾。若土壤干燥应浅混土，1 次用药或将药量分半两次施用，播前至播后苗前处理，我国山东、江苏、河南、安徽及南方等省夏大豆通常土壤属轻质土，温暖湿润，有机质含量低，一般每亩用嗪草酮 70% 可湿性粉剂 23～50g，或用 75% 嗪草酮干悬浮剂 21.3～46.7g，加水 30kg 于播后苗前作土表处理。

禾本科杂草多的大豆田不宜单用嗪草酮，应当与防除禾本科杂草的除草剂混用，或分期搭配使用。播前可与氟乐灵、灭草猛等混用，施药后混土 5～7cm。或播种后出苗前与异丙甲草胺、甲草胺等混用。或出苗前用嗪草酮，苗后用稀禾定、吡氟禾草灵、吡氟氯禾灵、禾草克等任一种苗后茎叶处理剂。混用如下：

a. 嗪草酮与氟乐灵混用有增效作用，既降低用药成本，又提高对大豆的安全性。两种药剂混用可有效地防除野燕麦、稗草、狗尾草、金狗尾草、早熟禾、狼把草、鬼针草、雀麦、马唐、牛筋草、千金子、大画眉草、马齿苋、反枝苋、繁缕、藜、小藜、龙葵、鼬瓣花、猪毛菜、酸模叶蓼、柳叶刺蓼、卷茎蓼、鸭跖草、苍耳、香薷、水棘针等一年生杂草。70% 嗪草酮与 48% 氟乐灵混用每亩用药量分别为：土壤有机质 2%～3% 的壤质土、黏质土 20～27g 加 70mL。土壤有机质 3%～5% 用 33g 加 100mL。土壤有机质 5%～10% 用 33～40g 加 133mL 或 50g 加 70mL。在低温高湿条件下，氟乐灵对大豆根生长抑制严重，对产量有影响，在此条件下不推荐使用氟乐灵。

b. 嗪草酮与灭草猛混用，不仅降低了嗪草酮用药量，而且增加了对大豆的安全性。混用还有效地防除稗草、野燕麦、马唐、早熟禾、雀麦、锦葵、反枝苋、鼬瓣花、田菁、豚草、大画眉草、黑麦草、狗尾草、金狗尾草、鸭跖草、狼把草、鬼针草、苘麻、香薷、藜、小藜、龙葵、水棘针、遏蓝菜、猪毛菜、酸模叶蓼、柳叶刺蓼、萹蓄、地肤等一年生杂草。70% 嗪草酮与 88% 灭草猛混用每亩用药量分别为：有机质 2%～3% 壤质土、黏质土 20～27g 加 100mL（有效成分 88g）。土壤有机质 3%～5% 用 27～33g 加 133mL。土壤有机质 5%～8% 用 33～40g 加 167mL。低洼地、水分好，特别是白浆土地嗪草酮用低剂量。岗地、水分少的地嗪草酮用高剂量。

c. 嗪草酮与异丙甲草胺或异丙草胺混用对大豆安全，可有效地防除苍耳、稗草、狗尾草、金狗尾草、牛筋草、画眉草、黑麦草、虎尾草、豚草、狼把草、鬼针草、鼬马唐、鼠尾看麦娘、早熟禾、鸭跖草、菟丝子、苘麻、野黍、稷、反枝苋、凹头苋、马齿苋、龙葵、地肤、冬葵、藜、小藜、酸模叶蓼、柳叶刺蓼、卷茎蓼、节蓼、萹蓄、辣子草、小荨麻、小飞蓬、宝盖草、香薷、水棘针、猪毛菜、风花菜、遏蓝菜、堇菜、鳢肠、野甘菊、小野芝麻等一年生杂草。70% 嗪草酮与 72% 异丙甲草胺或异丙草胺混用每亩用药量：土壤有机质 2%～3% 壤质土、黏质土 20～27g 加 100mL。土壤有机质 3%～5% 用 27～33g 加 133mL。土壤有机质 5% 以上用 33～40g 加 133～167mL。

d. 嗪草酮与乙草胺或乙草胺混用可有效地防除野燕麦、稗草、狗尾草、金狗尾草、马唐、看麦娘、早熟禾、千金子、菟丝子、牛筋草、稷、猪毛菜、地肤、龙葵、苍耳、苘麻、反枝苋、马齿苋、铁苋菜、遏蓝菜、荠菜、藜、小藜、酸模叶蓼、柳叶刺蓼、卷茎蓼、节蓼、萹蓄、繁缕、野西瓜苗、香薷、水棘针、狼把草、鬼针草、鼬瓣花等一年生杂草。70% 嗪草酮加 90% 乙草胺混用每亩用药量：土壤有机质 2%～3% 壤质土用 20～27g 加 90% 乙草胺 85mL（有效成分 76.5g），黏质土 33g 加 90% 乙草胺 95mL。土壤有机质 3%～6% 砂质土用 20～28g 加 90% 乙草胺

185mL，壤质土 33g 加 90％乙草胺 95mL，黏质土 33g 加 90％乙草胺 100mL。土壤有机质 6％以上用 40g 加 90％乙草胺 125mL。

e. 嗪草酮与甲草胺混用对大豆安全，可有效地防除稗草、金狗尾草、马唐、牛筋草、菟丝子、早熟禾、苘麻、龙葵、稷、毛线稷、反枝苋、马齿苋、凹头苋、刺黄花稔、鸭跖草、狼把草、鬼针草、豚草、酸模叶蓼、柳叶刺蓼、卷茎蓼、节蓼、萹蓄、香薷、水棘针、轮生粟米草、锦葵、荠菜、遏蓝菜、田菁、醉浆草、铁苋菜、野芥菜、猪毛菜、地肤、藜、小藜、苍耳、风花菜、鼬瓣花等一生禾本科和阔叶杂草。70％嗪草酮与 48％甲草胺混用每亩用药量：土壤有机质 2％以上的砂质土 20～27g 加 300mL，壤质土 27～33g 加 365mL，黏质土 33～40g 加 467mL。土壤有机质低于 0.5％或低于 2％的砂质土、砂壤土不推荐使用嗪草酮及其混合制剂。

f. 嗪草酮与异噁草酮混用，降低了异噁草酮用量，解决了异噁草酮对下茬作物的影响问题，弥补了异噁草酮对苋菜、铁苋菜防效差的缺点。混用后可有效地防除稗草、狗尾草、金狗尾草、早熟禾、看麦娘、萹蓄、水棘针、遏蓝菜、反枝苋、马齿苋、繁缕、苍耳、锦葵、狼把草、鬼针草、酸模叶蓼、柳叶刺蓼、卷茎蓼、节蓼、香薷、苘麻、龙葵、藜、小藜、鸭跖草、野芥菜、野芝麻等一年生禾本科和阔叶杂草，对多年生的刺儿菜、大蓟、问荆、苣荬菜等有较强的抑制作用。70％嗪草酮与 48％异噁草酮混用每亩用药量分别为：20～40g 和 53～67mL。

g. 70％嗪草酮每亩降低到 20～27g 与其他两种除草剂混用，既解决了其对某些敏感大豆品种的药害，及在低温高湿、病虫危害严重等不良条件下对大豆的药害问题，又对后作安全，药效还稳定。

每亩用 70％嗪草酮 20～27g 加 72％异丙甲草胺或异丙草胺 100～200mL 加 75％噻吩磺隆 1g 或加 48％异噁草酮 40～50mL。

每亩用 70％嗪草酮 20～27g 加 88％灭草猛 11～133mL 加 48％异噁草酮 40～50mL 或加 90％乙草胺 70～80mL 或加 50％丙炔氟草胺 4～6g。

每亩用 70％嗪草酮 20～27g 加 90％乙草胺 90～125mL 加 48％异噁草酮 40～50mL 或 75％噻吩磺隆 1g。

每亩用 70％嗪草酮 20～27g 加 50％丙炔氟草胺 4～6g 加 90％乙草胺 90～100mL。

上述 3 种药剂混用均可有效地防除野燕麦、稗草、马唐、狗尾草、金狗尾草、牛筋草、画眉草、鸭跖草、酸模叶蓼、柳叶刺蓼、卷茎蓼、节蓼、萹蓄、香薷、龙葵、荠菜、遏蓝菜、苍耳、苘麻、反枝苋、马齿苋、野西瓜苗、繁缕、鼬瓣花、水棘针、狼把草、鬼针草等一年生杂草。

② 玉米田　嗪草酮可用于土壤有机质大于 2％、pH 低于 7 的玉米田，可与甲草胺、乙草胺、异丙草胺、异丙甲草胺、阿特拉津等除草剂混用。在 pH 大于 7 和土壤有机质低于 2％的条件下，播后苗前施药遇大雨易造成淋溶药害，药害症状在玉米第四片叶开始出现，首先叶尖变黄，重者可造成死苗。在玉米播后苗前，嗪草酮与上述除草剂混用每亩用药量如下：

a. 70％嗪草酮与 40％阿特拉津混用土壤有机质 2％～3％，70％嗪草酮用 27～33g 加 40％阿特拉津 133～167mL。土壤有机质 3％～5％，70％嗪草酮用 33～53g 加 40％阿特拉津 167～200mL。

b. 嗪草酮与甲草胺混用壤质土 70％嗪草酮用 33～40g 加 48％甲草胺 200～330mL 黏质土 70％嗪草酮用 40～47g 加 48％甲草胺 330～365mL。

c. 嗪草酮与乙草胺混用土壤有机质 2％～3％，70％嗪草酮用 27～33g 加 50％乙草胺 167mL，或 90％乙草胺 100mL。土壤有机质 3％以上，70％嗪草酮用 33～50g 加 50％乙草胺 167～200mL 或 90％乙草胺 90～110mL。

d. 70％嗪草酮与异丙甲草胺或异丙草胺混用土壤有机质 2％～3％，70％嗪草酮用 27～33g 加 72％异丙甲草胺或异丙草胺 100～133mL。土壤有机质 3％以上，70％嗪草酮用 33～53g 加 72％异丙甲草胺或异丙草胺 133～167mL。

在土壤有机质较高、干旱条件下用高剂量，采用播前混土或播后苗前混土施药法可获得稳定的药效。如田间有多年生的苣荬菜、刺儿菜、问荆等或其他一年生阔叶杂草，北方每亩加 72％ 2,4-滴丁酯 50mL。玉米 3～5 叶期，阔叶杂草 2～4 叶期，每亩用 70％嗪草酮 5.3～6.6g 加 4％烟嘧磺隆 50～67mL（有效成分 2～2.68g），可防除一年生和多年生阔叶杂草。

③ 马铃薯田 嗪草酮在马铃薯苗前及杂草萌后施用，使用剂量见表162。

表162 嗪草酮在马铃薯田使用剂量

土壤类型有机质含量	70%嗪草酮用量（有效成分，g/亩）
粉质土（砂土）小于1%	不宜使用
轻质土（砂壤土）1%～2%	25～35g（17.5～24.5）
中质土（壤土）1.5%～4%	35～50g（24.6～35）
重质土（黏土）3%～6%	50～75g（35～52.2）

马铃薯出苗到苗高10cm期间施药，每亩用70%嗪草酮40～67g（有效成分28～47g）。

④ 甘蔗田 甘蔗种植后出苗前，每亩用70%嗪草酮70g，或甘蔗苗后株高1m以上定向喷雾。

⑤ 番茄田 施药时期为番茄直播田4～6叶期，移栽番茄在移栽前或移栽缓苗后进行土壤处理，用药量参照马铃薯田除草。嗪草酮在土壤中的持久性视气候条件及土壤类型，持效期可达90～100d，一般对后茬作物不会产生药害。

⑥ 苜蓿田 多年生苜蓿在春季杂草出苗前施药，每亩用70%嗪草酮100～200g。喷液量人工每亩30～50L，拖拉机15L以上。

专利与登记 专利BE697083、US3905801均早已过专利期，不存在专利权问题。国内登记情况：50%可湿性粉剂，70%可湿性粉剂，70%水分散粒剂，75%水分散粒剂，44%悬浮剂，90%原药，93%原药，95%原药；登记作物为大豆；防治对象为一年生阔叶杂草。德国拜耳公司在中国登记情况见表163。

表163 德国拜耳公司在中国登记情况

登记名称	登记证号	含量	剂型	登记作物	防治对象	用药量	施用方法
嗪草酮	PD83-88	70%	可湿性粉剂	大豆	一年生阔叶杂草	345～795g/hm²	喷雾
嗪草酮	PD20060140	91%	原药				

合成方法 嗪草酮主要合成方法如下：

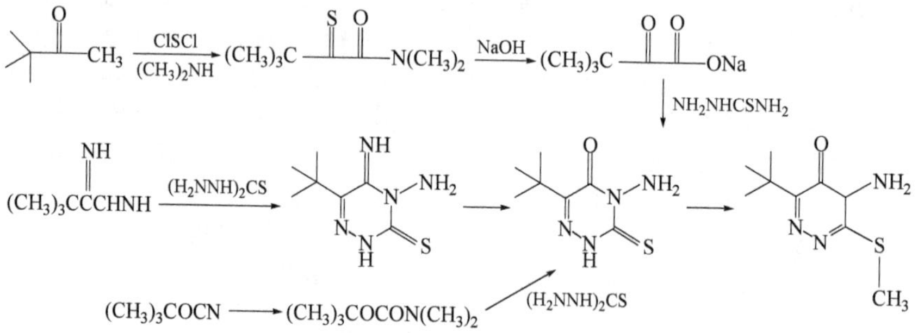

参考文献

[1] 秦裕基. 农药，1993，1：8-9.

氢氧化铜 copper hydroxide

$$Cu(OH)_2$$

CuH_2O_2，97.6，20427-59-2

氢氧化铜（copper hydroxide），商品名称 Champ、Coprodate、Coproxide、Funguran OH、

Hidrocob、Kentan、Kocide、Nu-Cop、Rame Azzurro、Spin Out、Sulcox OH、Vitra；其他名称Blue Shield、Champion、Champion、Copperflow、Copstar、CungFu、Cupravit Blue、CuPRO、Cuproflo、Cupsil、Danis、Ekoram、GX-569、Gypsy、Hidrocobre、Hidroflow、Hidroxiluq、Hydro、Hydroflow、Iram、Kados、KOP Hydroxide、K-Pool、K-Tea、Parasol、Patrol、Zetaram 2000。是美国固信公司开发生产的以保护作用为主，兼有治疗活性的一种无机铜杀菌剂。

化学名称　氢氧化铜，copper(Ⅱ)hydroxide。

理化性质　纯品为蓝绿固体，纯度至少573g/kg。分解无熔点，$K_{ow}\lg P=0.44$，相对密度3.717(20℃)。水中溶解度5.06×10^{-4}g/L(pH 6.5,20℃)；其他溶剂中溶解度(μg/L)：正庚烷7010，对二甲苯15.7，1,2-二氯乙烷61.0，异丙醇1640，丙酮5000，乙酸乙酯2570。稳定性：Cu^{2+}作为一个单独的离子，不能转移到溶液中，相关的代谢产物不同于传统有机农药传统代谢方式。50℃以上脱水，140℃分解。

毒性　大鼠急性经口LD_{50}489～1280mg/kg(原药)。兔急性经皮LD_{50}＞3160mg/kg，对兔眼睛刺激严重，对皮肤中等刺激。大鼠吸入LC_{50}(4h)＞0.56mg/L。NOEL 16～17mg Cu/(kg·d)，ADI(JECFA 评价)0.5mg/kg [1982]，(WHO)0.5mg/kg [1998]，(EC)0.15mg Cu/kg [2007]。

生态效应　野鸭急性经口LD_{50}223mg Cu/kg。野鸭饲喂LC_{50}(8d)219.7mg Cu/(kg·d)。虹鳟鱼LC_{50}(96h)10mg Cu/L。水蚤EC_{50}(48h)0.0422mg Cu/L。藻类EC_{50}22.5mg Cu/L。蜜蜂LD_{50}(μg Cu/只)：经口49.0，接触42.8。蚯蚓LC_{50}(14d)＞677.3mg/kg 土壤。

环境行为

(1) 动物　铜是一种必不可少的元素，是在哺乳动物中的稳态控制下的。

(2) 植物　铜是必需的元素，并在植物中的稳态控制下。

(3) 土壤/环境　铜是一种化学元素，因此不能被降解或转化为相关的代谢物。在土壤中主要是被强烈吸附，形成多种土壤物质，从而限制了土壤中游离铜离子的数量和它的生物可利用度。游离铜离子的量主要与 pH 值和土壤中溶解的有机碳量有关。在酸性土壤中，铜离子比在中性或碱性土壤会有更大的浓度。铜一般不会渗透进入饱和区。在水中无水解性和光解性。铜迅速与矿物颗粒结合，形成一种不溶性的无机盐或与有机质结合。因为铜在自然环境温度下无挥发性，所以不会出现在空气中。

制剂　77%可湿性粉剂，53.8%、61.4%干悬浮剂。

主要生产商　Agri-Estrella、DuPont、Erachem Comilog、IQV、Isagro、Nufarm SAS、Spiess-Urania、Sulcosa 及浙江禾本科技有限公司等。

作用机理与特点　它的杀菌作用主要靠铜离子，铜离子被萌发的孢子吸收，当达到一定浓度时，就可以杀死孢子细胞，从而起到杀菌作用；但此作用仅限于阻止孢子萌发，即仅有保护作用。

应用

(1) 适宜作物　柑橘、水稻、花生、十字花科蔬菜、胡萝卜、番茄、马铃薯、芹菜、葱类、辣椒、茶树、菜豆、黄瓜、茄子、葡萄、西瓜、香瓜等。

(2) 防治对象　用于防治柑橘疮痂病、树脂病、溃疡病、脚腐病，水稻白叶枯病、细菌性条斑病、白叶枯病、稻瘟病、纹枯病，马铃薯早疫病、晚疫病，十字花科蔬菜黑斑病、黑腐病，胡萝卜叶斑病，芹菜细菌性斑点病、早疫病、斑枯病，茄子早疫病、炭疽病、褐斑病，菜豆细菌性疫病，葱类紫斑病、霜霉病，辣椒细菌性斑点病，黄瓜细菌性角斑病，香瓜霜霉病、网纹病，葡萄黑痘病、白粉病、霜霉病，花生叶斑病茶树炭疽病、网纹病等。

(3) 使用方法

① 防治葡萄霜霉病、黑痘病、穗轴褐枯病等　用 53.8%干悬浮剂 800～1000 倍液，在 75%落花后进行第 1 次用药，间隔 10～15d 用药 1 次，雨季到来时或果实进入膨大期，间隔 7～10d 用药 1 次，连续用药 3～4 次。

② 防治柑橘溃疡病、疮痂病等　在发病前或发病初期，用 53.8%干悬浮剂 800～1000 倍液，间隔 10d 用药 1 次，连续施药 3～4 次。

③ 防治水稻细菌性条斑病、白叶枯病、稻瘟病、纹枯病和稻曲病等　在发病前或发病初期，用 53.8% 干悬浮剂 900～1100 倍液，连续用药 2 次。

④ 防治番茄溃疡病、早疫病、晚疫病等　在发病前或发病初期，用 53.8% 干悬浮剂 800～1000 倍液，间隔 7d 再用药 1 次。

⑤ 防治人参锈腐病、根病等　在人参出土前，用 53.8% 干悬浮剂 900～1100 倍液，全床喷雾，间隔 7d，早春施药 2～3 次，夏季雨多时用药 3～4 次。

⑥ 防治香蕉叶斑病　在发病前或发病初期，用 53.8% 干悬浮剂 800～1000 倍液，间隔 7～10d 用药 1 次，共用药 3～4 次。

⑦ 防治西瓜、甜瓜炭疽病　在秧苗嫁接成活后，用 53.8% 干悬浮剂 1000 倍液。

⑧ 防治荔枝霜疫病　在发病前或发病初期，用 53.8% 干悬浮剂 900～1000 倍液，间隔 10d，用药 3～4 次。

⑨ 防治白菜软腐病、白斑病等　在大白菜连座期，用 53.8% 干悬浮剂 800～1000 倍液进行喷雾或淋灌，间隔 7d，连续用药 2～3 次。

氰草津 cyanazine

$C_9H_{13}ClN_6$，240.7，21725-46-2

氰草津（cyanazine），试验代号 WL 19 805、SD 15 418、DW 3418；商品名称　Bladex、Fortrol；其他名称　百得斯、草净津、草津净。1967 年由 W. J. hughes 等报道，后由 Shell Research Ltd（现 BASF SE）开发。

化学名称　2-(4-氯-6-乙氨基-1,3,5-三嗪-2-基氨基)-2-甲基丙腈，2-(4-chloro-6-ethylamino-1,3,5-triazin-2-ylamino)-2-methylpropionitrile。

理化性质　原药为白色结晶固体。熔点 167.5～169℃（原药 166.5～167℃）。蒸气压 2×10^{-4} mPa(20℃)。$K_{ow} \lg P = 2.1$。相对密度 1.29(20℃)。水中溶解度 171mg/L(25℃)；其他溶剂中溶解度(25℃,g/L)：甲基环己酮、氯仿 210，丙酮 195，乙醇 45，苯、正己烷 15，四氯化碳＜10。对热(75℃,100h 之后分解率 1.8%)、光和水解(5≤pH≤9)稳定，强酸、强碱中分解。pK_a 0.63。

毒性　急性经口 LD_{50}(mg/kg)：大鼠 182～334，小鼠 380，兔 141。急性经皮 LD_{50}(mg/kg)：大鼠＞1200，兔＞2000。对兔皮肤和眼睛无刺激性。大鼠吸入 LC_{50}＞2460mg/m³ 空气(粉尘)。无作用剂量(2y,mg/kg 饲料)：大鼠 12，狗 25。

生态效应　急性经口 LD_{50}(mg/kg)：野鸭＞2000，鹌鹑 400。鱼毒 LC_{50}(mg/L)：小丑鱼(48h)10，黑头呆鱼(96h)16。水蚤 LC_{50}(48h)42～106mg/L。藻类 EC_{50}(96h)＜0.1mg/L。对蜜蜂无毒；LD_{50}(μg/只)：局部＞100(原药在丙酮中)，经口＞190(原药粉尘)。

环境行为

(1) 动物　大鼠和狗经口摄入，4d 内氰草津迅速代谢而消失。

(2) 植物　在植株内氰基水解为羧基，氯原子被羟基取代(Beynon K I,et al. Pestic Sci,1972,3:293-305)。

(3) 土壤/环境　土壤中微生物在一个生长周期内将其降解。代谢途径类似于植物体内。土壤中 DT_{50} 约为 2 周(idem,ibid,1972,3:293-305,379-401)。

制剂　50%、80%可湿性粉剂，43%、50%胶悬剂，15%颗粒剂。

主要生产商　山东大成农化有限公司。

作用机理与特点　选择性内吸传导型除草剂，主要被根部吸收，叶部也能吸收，通过抑制光合作用，使杂草枯萎而死亡。而玉米本身含有一种酶能分解氰草津，因此氰草津对玉米安全。持效期 2～3 个月。对后茬种植小麦无影响。除草活性与土壤有机质含量和质地有密切关系。有机质多或为黏土则除草剂用量也需适当增加。在沙性重，有机质含量少时易出现药害。杀草广谱，能防除大多数一年生禾本科杂草及阔叶杂草。

应用
(1) 适用作物　玉米、豌豆、蚕豆、马铃薯、甘蔗、棉花等作物。
(2) 防治对象　多种禾本科杂草和阔叶杂草。
(3) 使用方法　①玉米播种后出苗前使用每亩用 80% 可湿性粉剂 150～200g，或 43% 胶悬剂 200～300mL，克水 20～30kg，对土表均匀喷雾处理。②玉米出苗后使用玉米 3～4 叶期，杂草 2～5 叶期，每亩用 80% 可湿性粉剂 100～167g，或 43% 胶悬剂 186～360mL，兑水 20～30kg 喷雾。
(4) 注意事项　①沙性重、有机质含量少于 1% 的田块不能使用。以免对作物产生药害。②玉米 4 叶期后使用，易产生药害，所以玉米长到 5 叶后就不能再使用了。③喷雾具使用后要反复清洗干净。

专利与登记　专利 GB1132306 早已过专利期。国内主要登记了与硝磺草酮复配的 48% 悬浮剂，茎叶喷雾用于玉米田，825～1237.5g/hm² 防除一年生杂草。与莠去津的 30% 悬浮剂防除一年生杂草，茎叶喷雾用于春玉米田，1350～1710g/hm²；播后苗前土壤喷雾用于夏玉米田，900～1350g/hm²。与乙草胺 40% 悬浮剂防除一年生杂草，播后苗前土壤喷雾用于夏玉米田，1110～1200g/hm²。

合成方法　经如下反应制得氰草津：

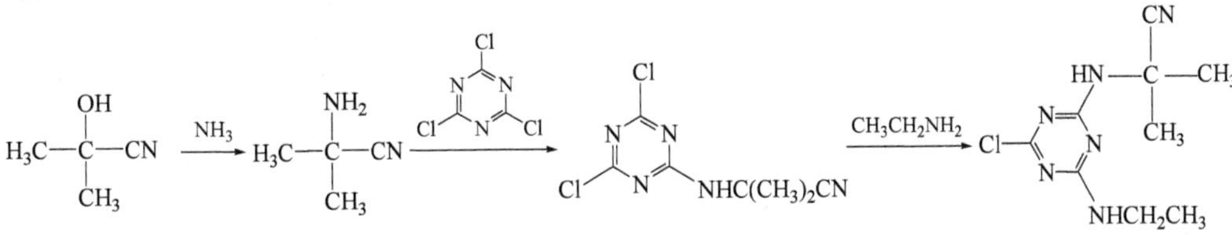

氰氟草酯 cyhalofop-butyl

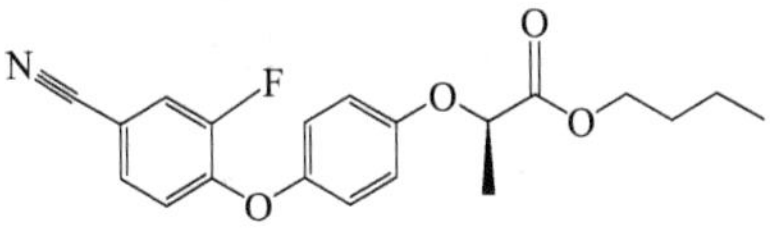

$C_{20}H_{20}FNO_4$，357.4，122008-85-9，122008-78-0(酸)

氰氟草酯(cyhalofop-butyl)，试验代号　DE-537、DEH112、EF 1218、NAF-541、XDE-537、XRD-537；商品名称　Claron、Cleaner、Clincher。其他名称　Barnstorm、Cranstand、千金、腈氟禾草灵。是道农科开发的苯氧羧酸类除草剂。

化学名称　(R)-2-[4-(4-氰基-2-氟苯氧基)苯氧基] 丙酸丁酯，butyl(R)-2-[4-(4-cyano-2-fluorophenoxy)phenoxy] propionate。

理化性质　纯品为白色结晶体，纯度 96.5%，产品主要为 R 异构体。熔点 49.5℃，沸点＞270℃(分解)，相对密度为 1.172(20℃)。蒸气压 $5.3×10^{-2}$ mPa(25℃)。分配系数 $K_{ow}lgP=3.31$(25℃)。Henry 常数 $9.51×10^{-4}$ Pa•m³/mol(计算值)。水中溶解度(20℃，mg/L)：0.44(非缓冲液)，0.46(pH=5)，0.44(pH 7)。其他溶剂中溶解度(20℃，g/L)：乙腈＞250，正庚烷 6.06，正辛醇 16.0，二氯甲烷＞250，甲醇＞250，乙酸乙酯＞250，丙酮＞250。pH 4 时稳定，pH 7 时慢慢水解。在 pH 1.2 或 pH 9 可快速分解。pK_a3.80(酸)，闪点 122℃(闭杯)。

毒性　雌、雄大(小)鼠急性经口 LD_{50}＞5000mg/kg。雌雄大鼠急性经皮 LD_{50}＞2000mg/kg。对兔皮肤和眼睛无刺激性，对豚鼠皮肤无致敏性。大鼠急性吸入 LC_{50}(4h)5.63mg/L 空气。

NOEL 数据[mg/(kg·d)]：雄大鼠 0.8，雌大鼠 2.5。ADI(EC)0.003mg/kg [2002]，(EPA) cRfD 0.01mg/kg [2002]。无致突变性、致畸性、致癌性、繁殖毒性。

生态效应 氰氟草酯对鱼类和水生生物的高毒性可以通过快速降解为低毒代谢物而减轻。山齿鹑和野鸭急性经口 LD_{50}＞5620mg/kg，山齿鹑和野鸭饲喂 LC_{50}(5d)＞2250mg/L。鱼 LC_{50}(96h,mg/L)：大翻车鱼 0.76，虹鳟鱼＞0.49。藻类 EC_{50}(mg/L)：羊角月牙藻＞1(72h)，舟形藻 0.64～1.33；土壤和植物中的残留物对羊角月牙藻无毒。其他水生生物 EC_{50}(mg/L)：东部牡蛎 0.52，钩虾 0.81。蜜蜂(经口和接触)LD_{50}＞100μg/只，NOEC＞100μg/只，蚯蚓 LD_{50}(14d)＞1000mg/kg。

环境行为

(1) 动物 大鼠、狗、反刍动物和家禽直接水解成酸。不同动物体内，酸还可以进一步转化为其他代谢物，然后酸和其他的降解产物快速被排出体外。氰氟草酯及其代谢物在牛奶、鸡蛋和组织中的残留较低。

(2) 植物 水稻抗性的产生是由于无活性二元酸(DT_{50}＜10h)和随后极性、非极性代谢物的生成。敏感禾本科杂草的敏感性是由于氰氟草酯快速降解为具除草活性的一元酸的缘故。

(3) 土壤/环境 室内和田间试验研究结果表明氰氟草酯在土壤和沉淀物/水中快速代谢成相应的酸；在田间条件下，土壤中半衰期 DT_{50}2～10h，沉淀物/水中＜2h。相应地氰氟草酯酸在土壤中半衰期 DT_{50}＜1d，沉淀物/水中 7d。土壤吸附作用研究表明氰氟草酯相对稳定。平均 K_{oc} 5247，平均 K_d 57.0(4 种土壤)。

制剂 10%乳油。

作用机理与特点 氰氟草酯是芳氧苯氧丙酸类除草剂中唯一的对水稻具有高度安全性的品种，和该类其他品种一样，其也是内吸传导性除草剂。由植物体的叶片和叶鞘吸收，韧皮部传导，积累于植物体的分生组织区，抑制乙酰辅酶 A 羧化酶(ACCase)，使脂肪酸合成停止，细胞的生长分裂不能正常进行，膜系统等含脂结构破坏，最后导致植物死亡。从氰氟草酯被吸收到杂草死亡比较缓慢，一般需要 1～3 周。杂草在施药后的症状如下：4 叶期的嫩芽萎缩，最后枯干致死。3 叶期生长迅速的叶子则在数天后停止生长，叶边缘多少出现萎黄，导致死亡。2 叶期的老叶变化极小，保持绿色。在同期的分蘖上也可观察到这些症状。

应用

(1) 适宜作物与安全性 水稻(移栽和直播)，对水稻等具有优良的选择性，选择性基于不同的代谢速度，在水稻体内，氰氟草酯可被迅速降解为对乙酰辅酶 A 羧化酶无活性的二酸态，因而其对水稻具有高度的安全性。因其在土壤中和典型的稻田水中降解迅速，故对后作安全。

(2) 防除对象 主要用于防除重要的禾本科杂草。氰氟草酯不仅对各种稗草(包括大龄稗草)高效，还可防除千金子、马唐、双穗雀稗、狗尾草、狼尾草、牛筋草、看麦娘等。对莎草科杂草和阔叶杂草无效。

(3) 应用技术 尽管氰氟草酯对水稻等具有优良的选择性，但不宜用作土壤处理(毒土或毒肥法)。其与部分阔叶除草剂混用时有可能会表现出拮抗作用，表现为氰氟草酯药效降低。与氰氟草酯混用无拮抗作用的除草剂有异噁草酮、杀草丹、丙草胺、二甲戊乐灵、丁草胺、二氯喹啉酸、噁草酮、氟草烟。氰氟草酯与 2,4-滴、2 甲 4 氯、磺酰脲类以及灭草松、绿草定能等混用时可能会有拮抗现象发生，可通过调节氰氟草酯用量克服。如需防除阔叶杂草及莎草科杂草，最好施用氰氟草酯 7d 后再施用其他阔叶除草剂。水层管理：施药时，土表水层＜1cm 或排干(土壤水分为饱和状态)可达最佳药效，杂草植株 50%高于水面也可达到较理想效果。旱育秧田或旱直播田，施药时田间持水量饱和可保证杂草生长旺盛，从而保证最佳药效。施药后 24～48h 灌水，防止新杂草萌发。干燥情况下应酌量增加用量。

(4) 使用方法 苗后茎叶处理，使用剂量为 50～100g(a.i.)/hm² [亩用量为 50～100g (a.i.)]。秧田：每亩用氰氟草酯 30～40mL，克水 30kg，于杂草 2～3 叶期喷雾。直播田或本田：每亩用氰氟草酯 40～60mL，克水 30kg，于杂草 2～3 叶期喷雾。

专利与登记 专利 EP0302203 早已过专利期，不存在专利权问题。

国内登记情况：15%微乳剂，20%可分散油悬浮剂，10%、15%、20%乳油，10%、15%水乳剂，100g/L、180g/L 乳油；登记作物均为水稻(直播、插秧)；用于防除千金子、稗草等禾本科杂草。美国陶氏益农公司在中国登记情况见表 164。

表 164　美国陶氏益农公司在中国登记情况

登记名称	登记证号	含量	剂型	登记作物	防治对象	用药量/(g/hm²)	施用方法
氰氟草酯	PD20060041	100g/L	乳油	水稻（秧田）	稗草	75～105	喷雾
				水稻（秧田）	部分禾本科杂草		
				水稻（秧田）	千金子		
				水稻（直播田）	部分禾本科杂草		
				水稻（直播田）	千金子		
				水稻（直播田）	稗草		
五氟·氰氟草	PD20120363	60g/L	可分散油悬浮剂	水稻（直播田）	千金子	90～120	茎叶喷雾
				水稻（直播田）	稗草及部分阔叶杂草和莎草	90～120	茎叶喷雾
氰氟草酯	PD20060040	95%	原药				

合成方法　以对氯苯甲酸为起始原料，经如下反应即得目的物：

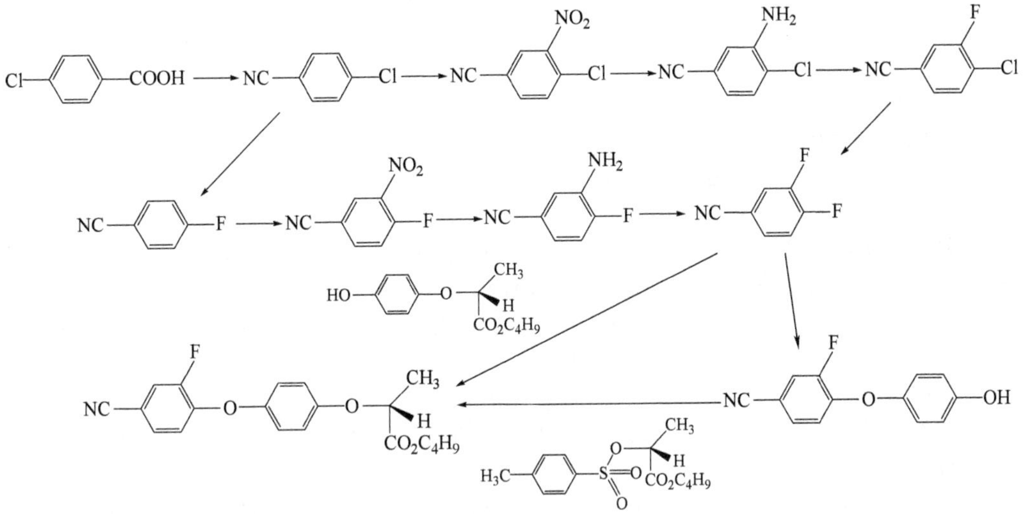

参考文献

[1] 顾丹. 世界农药，2000，3：55.

[2] 罗亮明. 农药研究与应用，2007，1：23-25.

[3] 闫潇敏. 世界农药，2007，2：43-45.

[4] 张继旭. 农药，2010，5：329-331.

氰氟虫腙 metaflumizone

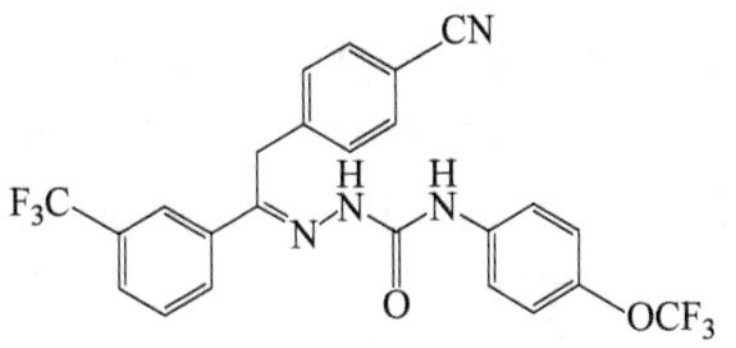

$C_{24}H_{16}F_6N_4O_2$，506.4，139968-49-3

氰氟虫腙(metaflumizone)。试验代号　BAS　3201(BASF)、NNI-0250、R-28153；商品名

称 Accel Flowable、Accel-King、Alverde、Siesta、Verismo。是德国巴斯夫公司和日本农药公司联合开发的一种全新的化合物，属于缩氨基脲类杀虫剂。

化学名称 $(E＋Z)$-2-［2-(4-氰基苯基)-1-(3-三氟甲基苯)亚乙基］-N-(4-三氟甲氧基苯)联氨羰草酰胺，90%～100%(E)-2′-［2-(4-cyanophenyl)-1-(α,α,α-trifluoro-m-tolyl)ethylidene］-4-(trifluoromethoxy)carbanilohydrazide 和 10%～0%(Z)-2′-［2-(4-cyanophenyl)-1-(α,α,α-trifluoro-m-tolyl)ethylidene］-4-(trifluoromethoxy)carbanilohydrazide。

理化性质 组成原药含量≥94.5%(E 型异构体≥90%,Z 型异构体≤10%)。纯品为白色晶体粉末状。熔点：E 型异构体 197℃，Z 型异构体 154℃，E 型、Z 型异构体的混合物熔程介于 133℃和 188℃之间。蒸气压(mPa,20℃)：(EZ)-异构体 1.24×10^{-5}，(E)-异构体 7.94×10^{-7}，(Z)-异构体 2.42×10^{-4}，(EZ)-异构体 3.41×10^{-5}。分配系数 $K_{ow}\lg P=5.1$(E 型异构体)，4.4(Z 型异构体)。Henry 常数：(EZ)-异构体 3.5×10^{-3} Pa·m³/mol(计算值)。相对密度(20℃)：(EZ)-异构体 1.433，(E)-异构体 1.446，(Z)-型异构体 1.461。水中溶解度(20℃,mg/L)：(EZ)-异构体 1.79×10^{-3}，(E)-异构体 1.07×10^{-3}，(Z)-型异构体 1.87×10^{-3}。其他溶剂中溶解度(20℃,g/L)：正己烷 0.085，甲苯 4.0，二氯甲烷 98.8，丙酮 153.3，甲醇 14.1，乙酸乙酯 179.8，乙腈 63.0。水解 DT_{50}(25℃)：6.1d(pH 4)，29.3d(pH 5)，稳定(pH 7～9)。水中光解 DT_{50}(蒸馏水 25℃)3.7～7.1d。

毒性 雌雄大鼠急性经口 $LD_{50}>5000$mg/kg。雌雄大鼠急性经皮 $LD_{50}>5000$mg/kg。对兔眼睛、皮肤无刺激性，对豚鼠皮肤无致敏性。大鼠吸入 $LC_{50}>5.2$mg/L。雌雄大鼠 NOEL 值(2y) 30mg/kg，AOEL 0.001mg/(kg·d)。ADI：(BfR)0.12mg/kg ［2006］，(EU)0.001mg/(kg·d) ［2011］。无致突变、致畸、致癌性。

生态效应 山齿鹑和野鸭急性经口 $LD_{50}>2025$mg/kg；LC_{50}(5d,mg/L)：山齿鹑 997，野鸭 1281。鱼类 LC_{50}(μg/L,96h)：虹鳟鱼>343，大翻车鱼>349；斑点叉尾鲴和鲤鱼 LC_{50}(96h,水/沉积物)：>300μg/L(水)，>1mg/L(沉积物)。水蚤 EC_{50}(48h)>331μg/L。羊角月牙藻 E_bC_{50} (72h)>0.313mg/L。糠虾 EC_{50}(96h)>289μg/L。蜜蜂 LD_{50}(μg/只)：(96h)经口>2.43，接触 (48h)>106(US EPA 备忘录)；接触(96h,EU 备忘录)≥1.65。蚯蚓 LC_{50}(14d)>1000mg/kg 土壤。对小花蝽、草蛉、赤眼蜂、姬猎蝽、长蝽以及捕植螨等这类重要的有益昆虫影响很小。

环境行为

(1) 动物 在大鼠、哺乳期的山羊和蛋鸡中显示出低的内吸性生物利用度。经口后总吸收剂量小于服用剂量的 10%。主要的排出途径分别是粪便>90%，胆汁<5%，尿液<0.5%。氰氟虫腙在体内分散得相对较快并且被广泛代谢。器官、脂肪或者肝脏中含有最高浓度的残留物，其次是肾脏和血液/血浆/肌肉。脂肪中排出的 $t_{1/2}$ 为 1～2 周。

(2) 植物 在棉花、西红柿以及卷心菜的代谢研究中，母体化合物被认为是最重要的残留物。主要的降解产物通过水解断裂形成。

(3) 土壤/环境 在大多数情况下，氰氟虫腙在环境中降解的相当迅速。在水中和地面降解的主要途径是光解。土壤吸收强，因而不易流动。有氧土壤代谢 DT_{50}35.6～198d(平均 78d)，陆地消散 DT_{50}4.3～27d，水 $DT_{50}<$1d，沉淀物 $DT_{50}>$378d，水中 DT_{50}27d。

制剂 240g/L悬浮剂。

主要生产商 BASF 及 Nihon Nohyaku。

作用机理与特点 氰氟虫腙是一种全新作用机制的杀虫剂，通过附着在钠离子通道的受体上，阻碍钠离子通行，与菊酯类或其他种类的化合物无交互抗性。该药主要是通过害虫取食进入其体内发生胃毒杀死害虫，触杀作用较小，无内吸作用。该药对于各龄期的靶标害虫、幼虫有都较好的防治效果，昆虫取食后该药进入虫体，通过独特的作用机制阻断害虫神经元轴突膜上的钠离子通道，使钠离子不能通过轴突膜，进而抑制神经冲动使虫体过度放松、麻痹，15min～12h 后（取决于害虫的种类），害虫开始瘫痪，即停止取食，1～72h 内死亡。从表现出症状到死亡的时间取决于害虫的种类。

氰氟虫腙虽然是一种摄食活性的杀虫剂，但是与所有的对照药剂相比，仍具有较好的初始活性(击倒作用)。温度对氰氟虫腙的活性没有直接的影响,但是有间接的影响,主要由于幼虫在温暖的条件下进食会更活跃,更多的活性成分会进入到害虫体内,因而氰氟虫腙杀虫的速度会快一些。该药具有良好的耐雨水冲刷性。药效试验表明,氰氟虫腙240SC剂型在防治马铃薯叶甲时,施药后1h就具有明显的耐雨水冲刷效果。低蒸气压使得其在田间熏蒸作用效果很低。

田间试验表明,该药具有很好的持效性,持效期在7~10d左右。在一般的侵害情况下,氰氟虫腙1次施药就能较好地控制田间已有的害虫种群,在严重及持续的害虫侵害压力下,在第一次施药7~10d后,需要进行第2次施药以保证对害虫的彻底防治。

氰氟虫腙能够以中等的速度穿入双子叶植物的角质层和薄片组织,大约有一半滞留在上表皮或表皮的蜡质层(角质)中,这表明该药剂没有表现出明显越层运动。试验分析表明氰氟虫腙不会从处理过的叶片传导到植物的其他部分,也没有在叶片的沉降点处表现出明显的向周边辐射扩散运动。因此氰氟虫腙在叶片表面只有中等的渗透活性,在植物的绿色组织及根部无内吸传导性。

对有益生物的选择性在综合防治上,有益生物作为多种害虫的天敌发挥着重要的作用。评价杀虫剂好坏除看其对靶标害虫的效果外,对有益生物是否低毒也是一个重要的指标。氰氟虫腙在110~196g(a.i.)/hm²剂量范围内,对多种天敌非常安全,在推荐剂量[240g(a.i.)/hm²]下,对天敌也表现出毒性低、较安全的特点。氰氟虫腙对有益生物影响很小,低毒,对环境友好。

应用　氰氟虫腙对咀嚼和咬食的昆虫种类鳞翅目和鞘翅目具有明显的防治效果(表165),如常见的种类有稻纵叶螟、甜菜夜蛾、棉铃虫、棉红铃虫、菜粉蝶、甘蓝夜蛾、小菜蛾、菜心野螟、小地老虎、水稻二化螟等,对卷叶蛾类的防效为中等;氰氟虫腙对鞘翅目害虫叶甲类如马铃薯叶甲防治效果较好,对跳甲类及种子象的防效为中等;氰氟虫腙对缨尾目、螨类及线虫无任何活性。该药在防治蚂蚁、白蚁、红火蚁、蝇及蜂螂等非作物害虫方面很有潜力。

氰氟虫腙可以广泛地防治鳞翅目和鞘翅目幼虫的所有生长阶段,而与使用剂量多少无明显的关系。大量的田间试验证实该药对鳞翅目和鞘翅目幼虫的所有生长阶段(也包括鞘翅目的成虫)都有很好的防治效果。因此氰氟虫腙可以被灵活地应用于害虫发生的所有时期。但对鳞翅目和鞘翅目的卵及鳞翅目的成虫无效。

氰氟虫腙应用剂量为240mg/L。每个生长季节最多使用两次,安全间隔期为7d,在辣椒、莴苣、白菜、花椰菜、黄瓜、西红柿、菜豆等蔬菜上的安全间隔期为0~3d;在西瓜、朝鲜蓟上的安全间隔期为3~7d;在甜玉米上的安全间隔期为7d;在马铃薯、玉米、向日葵、甜菜上的安全间隔期为14d;在棉花上的安全间隔期为21d。

氰氟虫腙和现有的杀虫剂无交互抗性,与IRAC分类列表中的所有其他类别化合物均不同。茚虫威也是一种钠离子通道阻碍剂,这两种化合物在IRAC分类列表中同属22组。这两种化合物尽管作用机制相似但又不完全一样。氰氟虫腙和茚虫威分别属于不同的化合物类型,前者属于缩氨基脲类化合物,后者属于含杂环的羧酸酯类化合物。茚虫威是一种活性前体化合物,必须经过昆虫的代谢才能转化成为有活性的化合物;而氰氟虫腙本身具有杀虫活性,不需要昆虫代谢激活,在高抗害虫种群(包括对有机磷类、氨基甲酸酯类、菊酯类、吡唑类、苯甲酰脲类、吡咯类及茚虫威等有抗性的种群)进行试验表明,没有发现交叉抗性现象。氰氟虫腙在钠离子通道上的具体附着位点正在进一步的试验研究中。

初步的试验表明氰氟虫腙防治对菊酯类产生抗性的害虫种类比另外一种钠离子通道阻碍剂茚虫威更有效,这表明尽管两种化合物都是钠离子通道阻碍剂,但氰氟虫腙和茚虫威的作用机制还是有差别的。

表165　氰氟虫腙对部分害虫的生物活性谱

作物	防治对象	用药量/(mg/L)	防治效果
马铃薯	马铃薯叶甲	60	+++
辣椒/番茄	棉铃虫	220~240	+++
	甜菜夜蛾	240	+++

作物	防治对象	用药量/(mg/L)	防治效果
辣椒/番茄	弧翅夜蛾	240	+++
瓜类	甜菜夜蛾	240	++(+)
	棉铃虫	240	+++
	甘蓝夜蛾	240	+++
	菜心野螟	240	+++
莴笋	小地老虎	220~260	+++
	弧翅夜蛾	240	+++
	甜菜夜蛾	240	+++
	棉铃虫	220~240	+++
韭菜/豆类	弧翅夜蛾	220~240	+++
草莓	粗草莓根耳象	224	+++
棉花	棉铃虫	220~240	+++
	棉红铃虫	240	+++
甜菜	甘蓝夜蛾	220~240	+++
玉米	野螟	240	+++
烟草	毛跳甲	200	++(+)

注：+++防效好，++(+)防效中等到好。

专利与登记　专利 EP462456 已过专利期，不存在专利权问题。国内登记情况：22%悬浮剂，96%原药等；登记作物为甘蓝和水稻等；防治对象为甜菜夜蛾、小菜蛾和稻纵卷叶螟等。巴斯夫欧洲公司在中国登记情况见表166。

表 166　巴斯夫欧洲公司在中国登记情况

登记名称	登记证号	含量	剂型	登记作物	防治对象	用药量/(g/hm²)	施用方法
氰氟虫腙	PD20101191	22%	悬浮剂	甘蓝 甘蓝	甜菜夜蛾 小菜蛾	216~288 252~288	喷雾
氰氟虫腙	PD20101190	96%	原药				

合成方法　通过如下反应制得目的物：

参考文献

[1] 李鑫. 农药，2007，46(11)：774-776.
[2] 刘广雷. 河北农业科学，2009，8：61-63.

氰霜唑 cyazofamid

$C_{13}H_{13}ClN_4O_2S$，324.8，120116-88-3

氰霜唑(cyazofamid)。试验代号　IKF-916、BAS 545F；商品名称　Docious、Mildicut、Ranman；其他名称　氰唑磺菌胺、cyamidazosulfamid、Milicut、Greenwork。是由日本石原产业公司研制，与 BASF 公司共同开发的咪唑类杀菌剂。

化学名称　4-氯-2-氰基-N,N-二甲基-5-对甲苯基咪唑-1-磺酰胺，4-chloro-2-cyano-N,N-dimethyl-5-p-tolylimidazole-1-sulfonamide。

理化性质　纯品乳白色无味粉状，工业品含量≥93.5%。熔点为 152.7℃。相对密度 1.446 (20℃)。蒸气压 $1.33×10^{-2}$ mPa(25℃)。分配系数 $K_{ow}lgP=3.2$(25℃)，Henry 常数$<4.03×10^{-2}$ Pa·m³/mol(20℃，计算值)。水中溶解度(20℃，mg/L)：0.121(pH 5)，0.107(pH 7)，0.109 (pH 9)。有机溶剂的溶解性(20℃，g/L)：丙酮 41.9，甲苯 5.3，二氯甲烷 101.8，正己烷 0.03，乙醇 1.54，乙酸乙酯 15.63，辛醇 0.25，乙腈 29.4，异丙醇 0.39。水中 DT_{50}(20℃)：24.6d(pH 4)，27.2d(pH 5)，24.8d(pH 7)。

毒性　大、小鼠急性经口 $LD_{50}>5000$mg/kg。大鼠急性经皮 $LD_{50}>2000$mg/kg。本品对兔眼睛和皮肤无刺激性。对豚鼠皮肤无致敏性。大鼠吸入 $LC_{50}>5.5$g/L。雄性大鼠 NOAEL 17mg/(kg·d)。ADI(EC)0.17mg/kg [2003]；(EPA)aRfD 1.0mg/kg，cRfD 0.95mg/kg [2004]；(FSC)0.17mg/kg [2004]。Ames 试验、REC 试验、染色体畸变以及微核试验结果呈阴性。

生态效应　鹌鹑和野鸭急性经口 $LD_{50}>2000$mg/kg。鹌鹑和鸭饲喂 $LC_{50}>5000$mg/L。鱼毒 LC_{50}(96h,mg/L)：鲤鱼>0.14，虹鳟鱼>0.51。水蚤 EC_{50}(48h)>0.14mg/L(在水中可以达到很高的浓度)。半角月牙藻 E_bC_{50}(72h)0.025mg/L。蜜蜂 LD_{50}(μg/只)：>151.7(经口)，>100(接触)。蚯蚓急性 LC_{50}(14d)>1000mg/kg。对蚜茧蜂属、盲走螨属、中华通草蛉、豆天蛾无害。

环境行为

(1) 动物　经口后会被迅速吸收，90%氰霜唑在 24h 内以粪便和尿液的形式排出体内。排泄物主要是未变化的氰霜唑和 4-(4-氯-2-氰基咪唑-5-基)苯甲酸。

(2) 植物　氰霜唑很难从土壤中吸收，叶敷时吸收也不好(番茄)。主要的残留成分是未改变的母体化合物。

(3) 土壤/环境　在土壤中快速降解，半衰期为 3～5d。主要的最终代谢物为 4-氯-5-对甲苯基咪唑-2-羧酸。在含氧水环境中的半衰期为 10～18d，主要的代谢物为 4-氯-5-对甲苯基咪唑-2-腈。土壤中的 K_{oc} 为 736～2172。

制剂　10%悬浮剂、40%颗粒剂。

主要生产商　Ishihara Sangyo。

作用机理　线粒体呼吸抑制剂。氰霜唑和 strobilurin 类杀菌剂均是线粒体呼吸链中复合体Ⅲ (泛醌细胞色素 c 还原剂)。但是氰霜唑抑制细胞色素 bc1 上的 Qi(泛醌还原位点)，strobilurin 类杀菌剂抑制细胞色素 bc1 上的 Qo(泛醌氧化位点)。对生化酶的敏感性的不同产生选择性。可用于叶和土壤保护性杀菌剂,有残留放射性和耐阴性,具有一定的传导作用和治疗作用,对卵菌所有生长阶段均有作用,对对甲霜灵产生抗性或敏感的病菌均有活性。

应用

(1) 适宜作物及对作物的安全性　马铃薯、葡萄、番茄、蔬菜(黄瓜、白菜、洋葱、莴苣)、草坪作物。对作物、人类、环境安全。

(2) 防治对象　霜霉病、疫病如黄瓜霜霉病、葡萄霜霉病、番茄晚疫病、马铃薯晚疫病等

(3) 使用方法　氰霜唑具有很好的保护活性,持效期长,且耐雨水冲刷。也具有一定的内吸和治疗活性。本品既可用于茎叶处理,也可用于土壤处理(防治草坪和白菜病害)。使用剂量为 $60\sim100g(a.i.)/hm^2$。

专利与登记　专利 BR8801098、EP705823 等早已过专利期,不存在专利权问题。国内登记情况:100g/L 的悬浮剂;登记作物为马铃薯、葡萄、西瓜、黄瓜、荔枝树等;防治对象为霜霉病、晚疫病等。日本石原株式会社在中国登记情况见表 167。

表 167　日本石原株式会社在中国登记情况

登记名称	登记号	含量	剂型	登记作物	防治对象	用药量	施用方
氰霜唑	PD20050191	100g/L	悬浮剂	西瓜	疫病	$80\sim100g/hm^2$	喷雾
				荔枝树	霜疫霉病	$40\sim50mg/kg$	
				番茄	晚疫病	$80\sim100g/hm^2$	
				黄瓜	霜霉病	$80\sim100g/hm^2$	
				马铃薯	晚疫病	$48\sim60g/hm^2$	
				葡萄	霜霉病	$40\sim50mg/kg$	
氰霜唑	PD20050203	93.5%	原药				

合成方法　以对甲基苯乙酮为起始原料,经氯化,再与羟胺缩合、与乙二醛合环制得中间体取代的咪唑;然后经氯化脱水制得中间体取代的氰基咪唑,最后与二甲氨基磺酰氯反应即得目的物。反应式为:

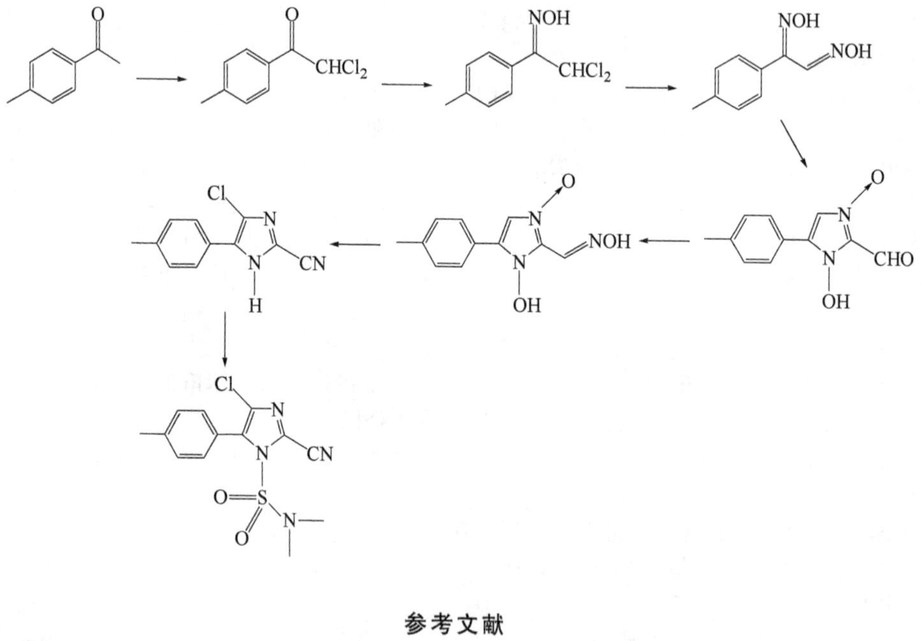

参考文献

[1]Proc Brighton Crop Prot Conf;Pests and Diseases,1998;351.

[2]李志念. 农药,2002,3;46-47.

[3]程志明. 世界农药,2005,27(3):1-4.

[4]许诚. 农药科学与管理,2009,10;40-41

氰戊菊酯 fenvalerate

$$C_{25}H_{22}ClNO_3，419.9，51630-58-1$$

氰戊菊酯(fenvalerate)。试验代号 S-5602、WL 43775、OMS2000；商品名称 Agrocidin、Cegah、Devifen、Fencur、Fendust、Fenero、Fenirate、Fen X、First、Fenkill、Fenny、Fenrate、Fenval、Fist、Fyrate、Gilfen、Hilfen、Kilpes、Krifen、Molfen、Newfen、Parryfen、Parry Fen、Sanvalerate、Shamiethrin、Starfen、Suarate、Sumicidin、Sumitox、Tatafen、Tribute、Triumph card、Valor、Valour、Vapcocidin、Vifenva、Vapcolerate、杀灭速丁、百虫灵、速灭杀得、丰收苯、虫畏灵、分杀、芬化利、军星10号、杀灭虫净；其他名称 速灭菊酯、杀灭菊酯、中西杀灭菊酯、敌虫菊酯、异戊氰菊酯、戊酸氰醚酯、速灭菊酯。是日本住友公司开发的拟除虫菊酯类(pyrethroids)杀虫剂。

化学名称 (RS)-α-氰基-3-苯氧苄基(RS)-2-(4-氯苯基)-3-甲基丁酸酯，(RS)-α-cyano-3-phenoxybenzyl(RS)-2-(4-chlorophenyl)-3-methylbutyrate。

组成 氰戊菊酯工业品纯度为92.1%。

理化性质 氰戊菊酯工业品为黏稠黄色或棕色液体，在室温条件下，有时会出现部分晶体。熔点39.5~53.7℃(纯品)。蒸馏时分解。蒸气压$1.92×10^{-2}$ mPa(20℃)。分配系数$K_{ow}lgP=5.01$(23℃)。相对密度1.175(25℃)。水中溶解度<10μg/L(25℃)；其他溶剂中溶解度：正己烷53，二甲苯≥200，甲醇84。对水和热稳定。在酸性介质中相对稳定，但在碱性介质中迅速水解。闪点230℃。

毒性 大鼠急性经口LD_{50} 451mg/kg，急性经皮LD_{50}(mg/kg)：兔1000~3200，大鼠>5000。对兔皮肤和眼睛有轻微刺激作用。大鼠吸入LC_{50}>101mg/m³。大鼠NOEL值(2y)250mg/kg饲料。ADI：(EMEA)0.0125mg/kg [2002]；(JMPR)0.02mg/kg [1986]；(EPA)cRfD 0.025mg/kg [1992]。

生态效应 鸟类急性经口LD_{50}(mg/kg)：家禽>1600，野鸭9932。鸟类饲喂LC_{50}(mg/kg)：山齿鹑>10000，野鸭5500。虹鳟鱼LC_{50}(96h)0.0036mg/L。对蜜蜂有毒，LD_{50}(接触)0.23μg/只。

环境行为 原药及其降解产物快速地降解和分解作用，降低了它们的毒性以及在土壤中的溶淋作用。虽然在实验室条件下药剂对鱼和蜜蜂高毒，但是在田间条件下由于沉积物的吸附作用及药品的驱避作用，其对生物的影响显著减小。该报告的结论是在建议条件下使用此药剂对环境的风险不大。

(1) 动物 在哺乳动物体内，经口给药后，氰戊菊酯迅速地降解。在6~14d内高达96%的降解产物通过粪便排到体外。

(2) 植物 氰戊菊酯通过酯键裂解成两部分，接着在苯氧的2位和4位羟基化，同时氰基水解成酰胺和羧基。形成酸和酚大多数转化为苷。

(3) 土壤/环境 在水介质中，化合物酯键断裂。在光照条件下，发生脱羧反应，并伴随离去基团重组。土壤中DT_{50}为75~80d。

制剂 乳油、悬浮剂、可湿性粉剂。

主要生产商 Agrochem、Aimco、Ankur、Bharat、Coromandel、Dhanuka、Ficom、Gharda、Gujarat、Gujarat Pesticides、Krishi Rasayan、Rallis、SC Enviro Agro、Sharda、Sumitomo Chemical、United Phosphorus、杭州庆丰农化有限公司、红太阳集团有限公司、江苏丰山集团有限公司、江苏瑞东农药有限公司、江苏省激素研究所股份有限公司、青岛海利尔集团、山东大成农化有限公司及上海中西制药有限公司等。

作用机理与特点　该药剂为拟除虫菊酯类杀虫剂和杀螨剂。主要作用于神经系统，为神经毒剂，通过与钠离子通道作用，破坏神经元的功能。该药剂具有触杀和胃毒作用，无内吸和熏蒸作用。杀虫谱广，能够作用于对有机氯杀虫剂、有机磷杀虫剂和氨基甲酸酯类杀虫剂产生抗性的害虫。

应用

(1) 适用作物　水果、橄榄、啤酒花、坚果、蔬菜、棉花、油菜、向日葵、苜蓿、谷类、玉米、高粱、土豆、甜菜、花生、大豆、烟草、甘蔗、观赏植物等。

(2) 防治对象　防治咀嚼、刺吸和钻柱类害虫(鳞翅目、双翅目、直翅目、半翅目和鞘翅目等)如：玉米螟、蚜虫、油菜花露尾甲、甘蓝夜蛾、菜粉蝶、苹果蠹蛾、苹蚜、棉蚜、桃小食心虫等。还用于防治飞行和爬行的公共卫生害虫、家畜圈内害虫及动物体外寄生物。

(3) 残留量与安全施药　20%氰戊菊酯乳油对棉花每季最多使用次数为3次，安全间隔期为7d。对叶菜每季最多使用次数为3次，安全间隔期为12d。对大豆每季最多使用次数为1次，安全间隔期为10d。对苹果每季最多使用次数为3次，安全间隔期为14d。对柑橘每季最多使用次数为3次，安全间隔期为7d。对茶叶每季最多使用次数为1次，安全间隔期为10d。氰戊菊酯在中国具体残留标准如下：甘蓝类蔬菜0.5mg/kg，棉籽油0.1mg/kg，水果0.2mg/kg，果菜类蔬菜0.2mg/kg，叶菜类蔬菜0.5mg/kg，瓜菜类蔬菜0.2mg/kg，花生0.1mg/kg，块根类蔬菜0.05mg/kg，大豆0.1mg/kg，小麦粉0.2mg/kg。

(4) 应用技术　在害虫、害螨并发的作物上使用此药，由于对螨无效，对天敌毒性高，易造成害螨猖獗，所以要配合杀螨剂；不要与碱性农药等物质混用；对蜜蜂、鱼虾、家蚕等毒性高，使用时注意不要污染河流、池塘、桑园、养蜂场所。

(5) 使用方法

① 棉花害虫的防治　棉铃虫于卵孵盛期、幼虫蛀蕾铃之前施药，每亩用20%乳油25～50mL兑水喷雾。棉红铃虫在卵孵盛期也可用此浓度进行有效防治。同时可兼治红蜘蛛、小造桥虫、金刚钻、卷叶虫、蓟马、盲蝽等害虫。棉蚜每亩用20%乳油10～25mL，对伏蚜则要增加用量。

② 果树害虫的防治　柑橘潜叶蛾在各季新梢放梢初期施药，用20%乳油5000～8000倍喷雾。同时兼治橘蚜、卷叶蛾、木虱等。柑橘介壳虫于卵孵盛期用20%乳油2000～4000倍液喷雾。

③ 蔬菜害虫的防治　菜青虫2～3龄幼虫发生期施药，每亩用20%乳油10～25mL。小菜蛾在3龄前用20%乳油15～30mL/亩进行防治。

④ 大豆害虫的防治　防治食心虫于大豆开花盛期、卵孵高峰期施药，每亩用20%乳油20～40mL，能有效防止豆荚被害，同时可兼治蚜虫、地老虎。

⑤ 小麦害虫的防治　防治麦蚜、黏虫、于麦蚜发生期、黏虫2～3龄幼虫发生期施药，用20%乳油3000～4000倍液喷雾。

⑥ 防治枣树、苹果等果树的桃小食心虫、梨小食心虫、刺蛾、卷叶虫等　在成虫产卵期间，于初孵幼虫蛀果前喷洒3000倍20%氰戊菊酯乳油，可杀灭虫卵、幼虫，防止蛀果，其残效期可维持10～15d，保果率高。

⑦ 防治螟蛾、叶蛾等　在幼虫出蛰危害初期喷洒2000～3000倍20%氰戊菊酯乳油，杀虫保叶效果好，还可兼治蚜虫、木虱等。

⑧ 防治叶蝉、潜叶蛾等　在成虫产卵初期喷布4000～5000倍20%乳油液，杀虫保叶效果良好。

⑨ 防治枣树、苹果等果树的食叶性害虫刺蛾类、天幕毛虫、苹果舟蛾等　在低龄幼虫盛发期、集中危害时喷洒20%乳油2000～5000倍液。

在中国推荐使用情况见表168。

表168　氰戊菊酯在中国推荐使用情况

登记作物	防治对象	用药量	施用方法
小麦	蚜虫	$187.5\sim262.5g/hm^2$	喷雾
十字花科蔬菜	菜青虫	$90\sim120g/hm^2$	喷雾
苹果树	桃小食心虫	$80\sim100mg/kg$	喷雾
棉花	害虫	$75\sim150g/hm^2$	喷雾
柑橘树	潜叶蛾	$16\sim25mg/kg$	喷雾
大豆	豆荚螟	$60\sim120g/hm^2$	喷雾
大豆	食心虫	$60\sim90g/hm^2$	喷雾
大豆	蚜虫	$30\sim60g/hm^2$	喷雾
叶菜类蔬菜	害虫	$60\sim120g/hm^2$	喷雾
苹果树	桃小食心虫	$50\sim100mg/kg$	喷雾
甘蓝	菜青虫	$150\sim225g/hm^2$	喷雾
玉米	玉米螟	$300\sim375g/hm^2$	喷雾

专利与登记　专利 GB 1439615、US 4062968 均早已过专利期,不存在专利权问题。国内登记情况:20%、25%、40%乳油等;登记作物为棉花和十字花科蔬菜;防治对象为菜青虫、蚜虫和棉铃虫等。日本住友化学株式会社在中国登记情况见表169。

表169　日本住友化学株式会社在中国登记情况

登记名称	登记证号	含量	剂型	登记作物	防治对象	用药量	施用方法
氰戊菊酯	PD17-86	20%	乳油	棉花	害虫	$75\sim150g/hm^2$	喷雾
				柑橘树	潜叶蛾	$16\sim25mg/kg$	喷雾
				大豆	豆荚螟	$60\sim120g/hm^2$	喷雾
				大豆	食心虫	$60\sim90g/hm^2$	喷雾
				大豆	蚜虫	$30\sim60g/hm^2$	喷雾
				叶菜类蔬菜	害虫	$60\sim120g/hm^2$	喷雾
				苹果树	桃小食心虫	$50\sim100mg/kg$	喷雾
氰戊菊酯	PD253-98	95.6%	原药				

合成方法　经如下反应制得氰戊菊酯:

方法1:α-异丙基对氯苯乙酸用氯化试剂氯化,然后与 3-苯氧基苯甲醛及氰化钠水溶液反应制得氰戊菊酯。国外有文献报道一步法采用正庚烷、石油醚、苯、甲苯作溶剂,使用相转移催化剂 TEBA 等,国内采用无溶剂法。

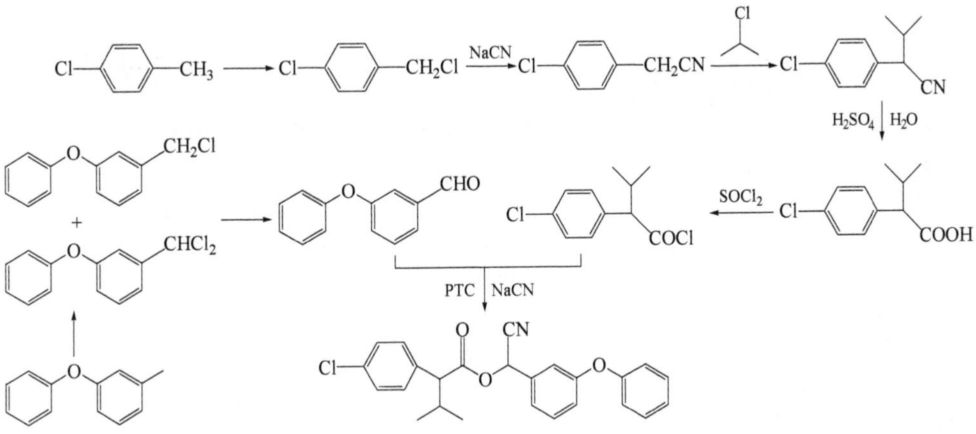

方法2:α-羟基磺酸盐法。由 3-苯氧基苯甲醛与亚硫酸氢钠反应生成相应磺酸盐,该磺酸盐

直接与氰化钠水溶液作用生成氰醇，并随即与 α-异丙基对氯苯乙酰氯反应，生成氰戊菊酯。

参考文献

[1] 曹广宏. 农药, 1990, 2: 21-22.

氰烯菌酯 phenamacril

$C_{12}H_{12}N_2O_2$, 216.1, 3336-69-4, 39491-78-6 (Z)

氰烯菌酯 (phenamacril)。试验代号　JS 399-19。是由江苏农药研究所于 1998 年创制开发的一种氰基丙烯酸酯类杀菌剂。

化学名称　2-氰基-3-苯基-3-氨基丙烯酸乙酯，ethyl 3-amino-2-cyano-3-phenylacrylate。

理化性质　纯品为白色或淡黄色固体，原药含量≥95%，熔点 117~119℃（纯品）、123~124℃，蒸气压 $4.5×10^{-5}$ Pa。难溶于甲苯、石油醚等非极性溶剂；易溶于氯仿、丙酮、二甲亚砜、二甲基甲酰胺等极性溶剂。

毒性　原药。大鼠（雌、雄）急性经口 $LD_{50}>5000mg/kg$，大鼠（雌、雄）急性经皮 $LD_{50}>2150mg/kg$，对兔眼、兔皮肤无刺激性。对豚鼠致敏性试验为弱致敏。Ames、微核、染色体试验结果均为阴性。大鼠 13 周饲喂无作用剂量：（44.10±3.04）mg/(kg·d)（雄性），（47.01±3.07）mg/(kg·d)（雌性）。

25%悬浮剂。大鼠（雌、雄）急性经口 $LD_{50}>5000mg/kg$，大鼠（雌、雄）急性经皮 $LD_{50}>2000mg/kg$，对家兔皮肤无刺激性，对兔眼轻度至中度刺激。对豚鼠致敏性试验为弱致敏。斑马鱼 $LC_{50}(96h)>12.4mg/L$，蜜蜂 $LC_{50}(48h)>5000mg/L$，鹌鹑 $LD_{50}(7d)>450mg/kg$，家蚕 LC_{50}（2 龄）$>5000mg/kg$ 桑叶。

生态效应　斑马鱼 $LC_{50}(96h)7.70mg/L$，蜜蜂 $LC_{50}(48h)436mg/L$，鹌鹑 $LD_{50}(7d)321mg/kg$ 体重，家蚕 LC_{50}（二龄）536mg/kg 桑叶。

环境行为　氰烯菌酯在江西红壤中的降解半衰期为 6~12 个月，在太湖水稻土和东北黑土中的降解半衰期为 3~6 个月。在 25℃时 pH 5、pH 7、pH 9 条件下，水解半衰期均大于 3 个月，具有较强的化学稳定性，较难水解。在 1000W 氙灯光源下，氰烯菌酯在水中及土壤中难光解。氰烯菌酯在江西红壤、太湖水稻土与东北黑土中的属较难吸附性，在太湖水稻土与东北黑土中具中等吸附性。在江西红壤、太湖水稻土、东北黑土中的移动分配系数 R_f 值分别为 0.39、0.27、0.27，在江西红壤具有中等移动性，在太湖水稻土与东北黑土中属不易移动性。氰烯菌酯在玻璃表面（空气）、水相和土壤表面的挥发率均小于 1%，属难挥发性。氰烯菌酯在鱼体中的 BCF8 小于 10，为弱生物富集性农药。氰烯菌酯 25%悬浮剂按推荐剂量 3kg/hm²（有效成分 0.75kg/hm²）和高剂量（推荐量的 2 倍）使用，间隔期 21d，小麦籽粒残留量为未检出 [（<0.003mg/kg）~0.012mg/kg]；间隔期 28d，小麦籽粒残留量为未检出 [（<0.003mg/kg）~0.008mg/kg]。间

隔 21d，土壤残留量为 0.233～0.486mg/kg；间隔 28d，土壤残留量为 0.085～0.311mg/kg。氰烯菌酯在小麦上使用后 21～28d，收获的小麦籽粒未检出药剂残留。

制剂　25%悬浮剂。

主要生产商　江苏省农药研究所股份有限公司。

作用机理与特点　作用机制独特，初步推测，氰烯菌酯作用于禾谷镰孢菌肌球蛋白-5。氰烯菌酯具有优异的保护和治疗作用。能强烈抑制引起麦类赤霉病的禾谷镰孢菌（*Fusarium graminearum*）和引起水稻恶苗病的串珠镰孢菌（*Fusarium moniliforme*）的菌丝生长和发育。研究表明，氰烯菌酯在离体条件下对禾谷镰孢菌抗多菌灵菌株及野生敏感菌株的菌丝生长均有很高的抑制活性，平均 EC_{50} 值分别为 $(0.117\pm0.036)\mu g/mL$ 和 $(0.107\pm0.020)\mu g/mL$。氰烯菌酯可降低禾谷镰孢菌敏感菌株分生孢子的萌发速率，影响其萌发方式，使芽管从分生孢子基部和中间细胞萌发的比率增加；同时氰烯菌酯使敏感菌株分生孢子膨大、畸形，并使其芽管肿胀、扭曲，明显抑制其芽管的伸长生长。但氰烯菌酯对抗性菌株分生孢子芽管伸长的抑制作用很小，致畸作用不明显。

氰烯菌酯具有内吸及向顶传导活性，可以被植物根部、叶片吸收，在植物导管或木质部以短距离运输方式向上输导。灌根处理发现，氰烯菌酯可以通过小麦根部吸收，并向上输导，但输导速度较慢，分布比较均匀。叶面处理试验表明，氰烯菌酯可被叶片吸收、滞留，并具有向叶片顶端的输导性，但向叶片基部的输导能力较差，在叶片间的跨层输导性也较差。研究人员测定，氰烯菌酯能在防病的同时大幅降低小麦穗粒中的毒素含量；而多菌灵则在防病的同时刺激小麦穗粒产生超量的赤霉毒素。并且，氰烯菌酯还通过大幅减少超氧自由基、降低过氧化产物 MDA（丙二醛）、提高抗氧化酶活性、延缓作物衰老、增加叶绿素等，来增强作物的抗逆性，提高作物产量。大田试验表明，氰烯菌酯可提升小麦产量 13% 以上。经研究推断，氰烯菌酯以质外体运转体系在小麦植株上分布，而禾谷镰孢菌主要危害小麦的穗部，造成穗腐，因此用该药剂进行小麦赤霉病的防治时应该重视适期施药，并尽可能使药剂喷洒到穗部。氰烯菌酯具有很好的保护作用，在遇到穗期高温时，小麦边抽穗及边扬花的情况下，可以把用药时间提前到齐穗期。同时氰烯菌酯的治疗作用优异，因此若遇到发病重的年份，即便麦穗已经发病，也可以通过增加施药次数，控制病情发展。

应用

（1）**适用作物**　小麦、棉花、水稻、西瓜、香蕉等

（2）**防治对象**　镰刀菌引起的小麦赤霉病、棉花枯萎病、香蕉巴拿马病、水稻恶苗病、西瓜枯萎病及各类作物的枯萎病、根腐病、立枯病等根茎部病害。

（3）**使用方法**　25%氰烯菌酯 SC 登记用于防治小麦赤霉病和水稻恶苗病，喷雾防治小麦赤霉病的有效成分用量为 375～750g/hm²；浸种防治水稻恶苗病的有效成分用量为 83.3～125mg/kg。

氰烯菌酯防治小麦赤霉病时主要采用叶面喷雾的方法。而小麦穗部结构决定了药剂雾滴难在穗上沉积和扩散，因此在田间进行施药防治时，推荐采用弥雾喷洒或细雾喷洒。建议一般年份在齐穗期开始用药，重病年份始花期开始喷药。施药次数为 1～2 次，赤霉病中等偏重发生时，可施药 2 次，用药间隔期为 7～10d；重发年份也可以用 3 次药。手动喷液量为 750kg/hm²；弥雾喷液量为 600kg/hm²。氰烯菌酯对小麦安全。

使用氰烯菌酯浸种对水稻整个生长期不会产生不良影响，对水稻恶苗病兼具保护和治疗作用。25%氰烯菌酯 SC 浸种处理对水稻恶苗病的防治效果较好，在晚稻苗期、分蘖末期与穗期均表现出高于对照药剂的防效，在穗期差异更为明显。生产上，以相同浓度浸种，对水稻恶苗病的防效与咪鲜胺相当。25%氰烯菌酯 SC 浸种处理剂量为 1∶（3000～4000），当浸种温度为 15～20℃时，浸种时间以 48～72h 为宜。

专利与登记

专利名称　2-氰基-3-取代苯基丙烯酸酯类化合物、组合物及其制备方法以及在农作物杀菌剂上的应用

专利号　CN1317483

专利申请日　2001.05.08

专利拥有者　江苏省农药研究所

另外还申请了其他组合专利以及工艺专利：ZL200410014097.8（CN1279817C，申请于 2004 年 2 月 18 日），含有化合物 2-氰基-3-氨基-3-苯基丙烯酸乙酯的杀菌组合物；ZL200410065145.6（CN100393211C，申请于 2004 年 10 月 27 日），防治水稻恶苗病的农药组合物；ZL200610125921.6（CN100435635C，申请于 2004 年 2 月 18 日），2-氰基-3-氨基-3-苯基丙烯酸乙酯防治农作物病害的应用；ZL200710020277.0（CN101019536B，申请于 2007 年 3 月 16 日），含 2-氰基-3-氨基丙烯酸乙酯与丙环唑的杀菌组合物及其用途；ZL200810235717.9（CN101417962B，2008 年 12 月 4 日申请），2-氰基-3-氨基丙烯酸酯衍生物的制备方法。

江苏省农药研究所股份有限公司登记了 25％氰烯菌酯悬浮剂，用于防治小麦赤霉病和水稻恶苗病，喷雾防治小麦赤霉病的有效成分用量为 375～750g/hm²；浸种防治水稻恶苗病的有效成分用量为 83.3～125mg/kg。另外也登记了 48％氰烯·戊唑醇悬浮剂，喷雾防治小麦赤霉病的有效成分用量为 288～432g/hm²。该产品还可用于防治小麦白粉病、小麦纹枯病等麦类病害，对小麦生长具有部分调节增产作用。另外，陕西上格之路生物科学有限公司还登记了 20％氰烯·已唑醇悬浮剂，喷雾防治小麦白粉病的有效成分用量为 240～420g/hm²，喷雾防治小麦赤霉病的有效成分用量为 240～330g/hm²。

江苏省绿盾植保农药实验有限公司登记了 20％氰烯·杀螟丹可湿性粉剂（10％杀螟单＋10％氰烯菌酯），通过浸种，可以防治水稻恶苗病和干尖线虫病，施用剂量 125～250mg/kg。

合成方法　以苯甲醛或苯腈为起始原料经如下反应制得氰烯菌酯：

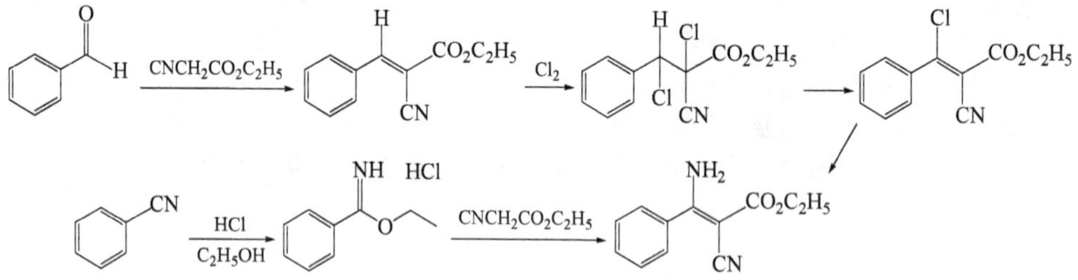

参考文献

[1] 柏亚罗. 中国农药，2015，4：74-81.

[2] 刁亚梅，等. 植物保护，2007，4：121-123.

[3] 曹庆亮，等. 现代农药，2014，6：11-12.

[4] 郎玉成，等. 世界农药，2007，5：52-53.

驱蚊灵 aime thyl carbate

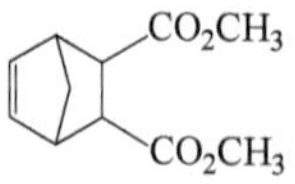

$C_{11}H_{14}O_4$，210.2，5826-73-3

化学名称　顺-双环［2,2,1］庚烯(5)-2,3-二甲酸二甲酯，cis-bicyclo［2,2,1］heptene(5)-2,3-dimethyldicarboxylate。

理化性质　纯品为无色结晶或无色油状液体，熔点 38℃。工业品熔点为 32℃；沸点 110℃（15mmHg），129～130℃（9mmHg）；相对密度 1.1642(25℃)，1.1637(35℃)；折射率 n_{25}^D

1.4829，n_{20}^{D}1.4852。水中溶解度（35℃）1.32g/100mL，可溶于甲醇、乙醇、苯、二甲苯等有机溶剂，溶于酯类。

毒性　大鼠急性经口 LD_{50} 1000mg/kg，大鼠急性经皮 LD_{50}（90d）＞4.0mg/kg。对黏膜只有轻微的刺激性。

制剂　30％溶液，50％乳剂。

应用　驱避蚊类，特别是伊蚊。驱蚊效率较高，30％溶液驱蚊有效时间在南方为6h（东北约为2.5h），50％乳剂的有效时间在东北地区为3h。

专利概况　专利 AT224101 早已过专利期，不存在专利权问题。

合成方法　通过如下反应制得目的物：

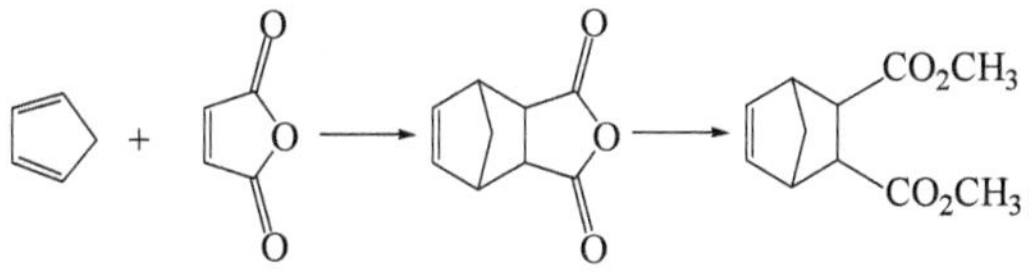

炔丙菊酯 prallethrin

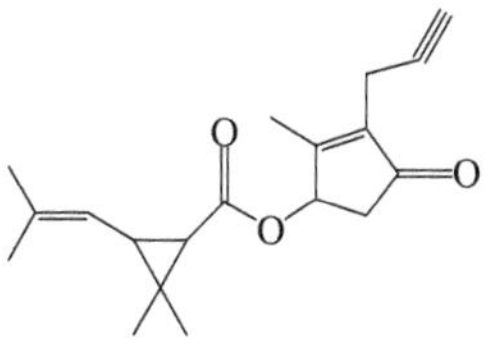

$C_{19}H_{24}O_3$，300.4，23031-36-9

炔丙菊酯（prallethrin）。试验代号　OMS3033、S-4068SF；商品名称　Etoc、益多克。是 Sumitomo 公司开发的拟除虫菊酯类杀虫剂。

化学名称　（RS）-2-甲基-4-氧代-3-（丙-2-炔基）-环戊-2-烯基（1RS,3RS；1RS,3SR）-2,2-二甲基-3-（2-甲基丙-1-烯基）环丙烷羧酸酯或（1RS,3RS；1RS,3SR）-2,2-二甲基-3-（2-甲基丙-1-烯基）环丙烷羧酸-（RS）-2-甲基-4-氧代-3-（丙-2-炔基）-环戊-2-烯酯或（RS）-2-甲基-4-氧代-3-（丙-2-炔基）-环戊-2-烯基（1RS）-cis-trans-2,2-二甲基-3-（2-甲基丙-1-烯基）环丙烷羧酸酯或（1RS）-cis-trans-2,2-二甲基-3-（2-甲基丙-1-烯基）环丙烷羧酸-（RS）-2-甲基-4-氧代-3-（丙-2-炔基）-环戊-2-烯基酯。（RS）-2-methyl-4-oxo-3-prop-2-ynylcyclopent-2-enyl（1RS,3RS；1RS,3SR）-2,2-dimethyl-3-（2-methylprop-1-enyl）cyclopropanecarboxylate 或（RS）-2-methyl-4-oxo-3-prop-2-ynylcyclopent-2-enyl（1RS）-cis-trans-2,2-dimethyl-3-（2-methylprop-1-enyl）cyclopropanecarboxylate。

理化性质　产品为黄色至黄棕色的液体，沸点为 313.5℃（760mmHg），蒸气压＜0.013mPa（23.1℃），相对密度 1.03（20℃），K_{ow} lgP＝4.49（25℃），Henry 常数＜4.8×10⁻⁴ Pa·m³/mol。溶解度：水 8mg/L（25℃），正己烷、甲醇、二甲苯＞500g/kg（20～25℃）。在通常的储存条件下能稳定存在至少 2y。闪点 139℃。

毒性　急性经口 LD_{50}（mg/kg）：雄大鼠 640，雌大鼠 460。大鼠急性经皮 LD_{50}＞5000mg/kg，对兔眼和皮肤无刺激作用，对豚鼠皮肤无致敏性。大鼠吸入 LC_{50}（4h,mg/m³）：雄大鼠 855，雌大鼠 658。狗 NOEL（1y）5mg/kg，ADI 0.05mg/kg。

生态效应　鸟类急性经口 LD_{50}（mg/kg）：山齿鹑 1171，野鸭＞2000。山齿鹑、野鸭饲喂 LC_{50}＞5620mg/L。鱼类 LC_{50}（96h,mg/L）：虹鳟鱼 0.012，大翻车鱼 0.022。水蚤 EC_{50}（48h）0.0062mg/L。水藻 E_bC_{50}（72h）2.0mg/L。

环境行为　能够被土壤迅速吸收。在阳光下土壤中的降解半衰期为 25d，水中的降解半衰期为 13.6h。

制剂 气雾剂、乳油、水乳剂、蚊香。

主要生产商 Endura、Sumitomo Chemical 及江苏扬农化工股份有限公司等。

作用机理与特点 通过作用于钠离子通道来干扰神经作用。该产品是一种高效、低毒、低残留的卫生用拟除虫菊酯杀虫剂，具有强烈触杀和击倒作用，致死活性比同构型烯丙菊酯高 4 倍以上，对蟑螂有突出的驱赶作用。

应用

（1）防治对象 主要用于防治家蝇、蚁、蚊虫、虱、蟑螂等家庭害虫，还适用于防治猫、狗等宠物身体上寄生的跳蚤、体虱等害虫，也可和其他药剂混配作农场、畜舍、牛奶房喷射剂，用于防治飞翔害虫。

（2）使用方法 加工成蚊香、电热蚊香、液体蚊香和喷雾剂，防治家蝇、蚊虫、虱、蟑螂等家庭害虫，推荐使用量如下：（以有效成分计）蚊香，含本品 0.05%；电热蚊香，含本品 10mg/片，控制电加热器中心温度 125～135℃；液体蚊香，含本品 0.66%，配加适量稳定剂，缓释剂；气雾剂，含本品 0.05%～0.2%，配加适量增效剂和乳化剂。

（3）使用储存注意事项 ①避免与食品、饲料混置。②处理原油最好用口罩、手套防护，处理完毕后立即清洗，若药液溅上皮肤，用肥皂及清水清洗。③用后空桶不可在水源、河流、湖泊洗涤，应销毁掩埋或用强碱液浸泡数天后清洗回收使用。④本品应在避光、干燥、阴冷处保存。

专利与登记 不存在专利权问题。国内登记情况：10% 母药，90% 原药。

合成方法 经如下反应合成：以 2-甲基呋喃为原料，经甲酰化反应、格氏反应、两步重排和酯化反应制得。

炔苯酰草胺 propyzamide

$C_{12}H_{11}Cl_2NO$, 256.1, 23950-58-5

炔苯酰草胺（propyzamide），试验代号 RH 315；商品名称 Kerb、Solitaire；其他名称 拿草特、戊炔草胺。1969 年由 Rohm & haas Co.（现在的 Dow AgroSciences）引入市场。

化学名称 3,5-二氯-N-（1,1-二甲基丙炔基）苯甲酰胺，3,5-dichloro-N-(1,1-dimethylpropynyl)benzamide。

理化性质 纯品无色无味粉末。熔点 155～156℃。蒸气压 0.058mPa（25℃）。$K_{ow}lgP = 3.3$。

Henry 常数 9.90×10^{-4} Pa·m^3/mol(计算值)。溶解度：水 15mg/L(25℃)，甲醇、异丙醇 150g/L，环己酮、甲基乙基酮 200g/L，二甲基亚砜 330g/L。中度溶于苯二甲苯和四氯化碳，微溶于石油醚。熔点以上分解，土壤覆膜易降解，光照条件下 DT$_{50}$ 13～57d，溶液中 28d(pH 5～9，20℃)分解率<10%。

毒性 急性经口 LD$_{50}$(mg/kg)：雄大鼠 8350，雌大鼠 5620，狗>10000。兔急性经皮 LD$_{50}$>3160mg/kg，对兔皮肤和眼睛有轻微刺激。大鼠空气吸入毒性 LC$_{50}$>5.0mg/L。NOEL(2y,mg/kg)：大鼠 8.46，狗 300，大鼠 200，小鼠 13。

生态效应 急性经口 LD$_{50}$(mg/kg)：日本鹌鹑 8770，野鸭>14。山齿鹑和野鸭饲喂毒性 LC$_{50}$(8d)>10000mg/L。鱼 LC$_{50}$[96h,mg(a.i.)/L]：虹鳟鱼>4.7，鲤鱼>5.1。水蚤 LC$_{50}$(48h)>5.6mg(a.i.)/L。对蜜蜂没有伤害，LD$_{50}$>100μg(a.i.)/只。蚯蚓 LC$_{50}$>346mg/L。

环境行为 动物和植物中代谢情况请参见 Yih R Y, et al. J Agric Food Chem, 1971, 19: 314-324；Fisher J D. ibid, 1974, 22: 606-608；Cantier J M, et al. Pestic Sci, 1986, 17: 235。土壤/环境：土壤中 DT$_{50}$(25℃)约为 30d，在土壤中进一步代谢参见动物代谢的文献。以 1～4kg/hm^2 剂量施用后，在土壤中残效期 2～6 个月。K_{oc} 800，K_d 0.04(0.01% o. m., pH 6.6)～72.2(16.9% o. m., pH 6.8)(Pedersen H J, et al. Pestic Sci, 1995, 44: 131)。

制剂 50%可湿性粉剂。

主要生产商 Dow AgroSciences、CCA Biochemical、Fertiagro、河北中化滏恒股份有限公司、湖南比德生化科技有限公司、江苏绿叶农化有限公司、江苏省南通嘉禾化工有限公司。

作用机理与特点 一种内吸传导选择性酰胺类除草剂，其作用机理是通过根系吸收传导，干扰杂草细胞的有丝分裂。主要防治单子叶杂草，对阔叶作物安全。在土壤中的持效期可达 60d 左右。可有效控制杂草的出苗，即使出苗后，仍可通过芽鞘吸收药剂死亡。一般播后芽前比芽后早期用药效果好。

应用 选择性芽后除草剂。适用于小粒种子豆科作物、花生、大豆、马铃薯、莴苣和某些果园经济作物的杂草和某些多年生杂草如野燕麦、宿根高粱、马唐、稗、早熟禾等，用量为 0.5～2kg/hm^2(折成 50%可湿性粉剂商品量为 200～267g/亩)，加水 40L 稀释，使用方法为土壤喷雾。使用时注意土壤的有机质含量，当有机质含量过低时，则当减少使用剂量。要避免因雨水或灌水而造成淋溶药害。在推荐的试验剂量下，对莴苣安全，对其他作物及有益生物未见不良影响。

专利与登记 专利 GB 1209068、US 3534098、US 3640699 均早已过专利期。国内仅登记了 97%、98%原药。

合成方法 由 3,5-二氯苯甲酸做成酰氯后与 1,1-二甲基丙炔基胺反应生成炔苯酰草胺。

参考文献

[1] 农药科学与管理，2008，29(6)：58.

炔草酯 clodinafop-propargyl

$C_{17}H_{13}ClFNO_4$，349.8，105512-06-9，105511-96-4（外消旋），114420-56-3（酸）

炔草酯（clodinafop-propargyl）。试验代号　CGA 184927；商品名称　Horizon NG、Moolah、Ravenas、NextStep NG；其他名称　Discover、Jhatka、Sartaj、顶尖、炔草酸。是汽巴-嘉基公司（现先正达公司）开发的苯氧羧酸类除草剂。

化学名称　（R）-2-［4-(5-氯-3-氟-2-吡啶氧基)苯氧基］丙酸丙炔酯，propargyl(R)-2-［4-(5-chloro-3-fluoro-2-pyridyloxy)phenoxy］propionate。

理化性质　（R）-异构体纯品为无色晶体，熔点 59.5℃（原药 48.2～57.1℃），相对密度为 1.35(20℃)。沸点 100.6℃(0.082Pa)。蒸气压 3.19×10^{-3} mPa(25℃)。分配系数 $K_{ow}\lg P = 3.9$(25℃)。Henry 常数 2.79×10^{-4} Pa•m³/mol。水中溶解度为 4.0mg/L(pH 7,25℃)。其他溶剂中溶解度(25℃,g/L)：甲醇 180，甲苯＞500，丙酮＞500，正己烷 7.5，正辛醇 21。汞弧灯照射在蒸馏水中 $t_{0.5}=3.2$h(25℃)。

毒性　急性经口 LD_{50}(mg/kg)：雄大鼠 1202，雌大鼠 2785，小鼠＞2000。大鼠急性经皮 LD_{50}＞2000mg/kg。对兔眼和皮肤无刺激性，对豚鼠皮肤有致敏性。大鼠急性吸入 LC_{50}(4h) 2.325mg/m³。NOEL 数据(mg/kg)：雄大鼠(2y)0.32，雄小鼠(1.5y)1.1。狗 NOEL(1y)3.3mg/(kg•d)。ADI(EC)0.003mg/kg［2006］；(EPA) 最低 aRfD 0.05mg/kg，cRfD 0.0003mg/kg［2000］。

生态效应　鸟 LD_{50}(8d,mg/kg)：野鸭＞2000，山齿鹑 1455。鱼 LC_{50}(96h,mg/L)：鲤鱼 0.43，虹鳟鱼 0.39，鲶鱼 0.46。水蚤 LC_{50}(48h)＞60mg/L。藻类 EC_{50}(72～120h,mg/L)：淡水藻＞1.7，铜绿微囊藻＞65.5，舟形藻 6.8。浮萍 EC_{50}＞2.4mg/L。蜜蜂 LD_{50}(48h,经口和接触)＞100μg/只。蚯蚓 LC_{50} 210mg/kg。

环境行为

（1）动物　在动物体内水解成相应的酸，经尿液和粪便排出体外。

（2）植物　在植物体内迅速降解成主要代谢物酸的衍生物。

（3）土壤/环境　在土壤中快速降解成游离酸(DT_{50}＜2h)，然后分解为苯环或者嘧啶基，吸附在土壤中，矿化。游离酸在土壤中移动，进一步降解，DT_{50} 5～20d。

制剂　15％微乳剂，15％可湿性粉剂，15％水乳剂，8％、24％乳油。

主要生产商　Bharat、Cheminova、Chemtura、Fertiagro 及 Syngenta 等。

作用机理与特点　乙酰辅酶 A 羧化酶(ACCase)抑制剂，内吸传导性除草剂，由植物体的叶片和叶鞘吸收，韧皮部传导，积累于植物体的分生组织内，抑制乙酰辅酶 A 羧化酶(ACCase)，使脂肪酸合成停止，细胞的生长分裂不能正常进行，膜系统等含脂结构破坏，最后导致植物死亡。从炔草酯被吸收到杂草死亡比较缓慢，一般需要 1～3 周。

应用　和解草喹(cloquintocet-mexyl)以 1:4 比例混用于禾谷类作物中防除禾本科杂草如鼠尾看麦娘、燕麦、黑麦草、早熟禾、狗尾草等。混剂使用剂量为 40～80g(a.i.)/hm²。

专利与登记　专利 US4505743 早已过专利期，不存在专利权问题。国内登记情况：15％微乳剂，15％可湿性粉剂，15％水乳剂，8％、24％乳油；登记作物均为小麦；防治对象为禾本科杂草。瑞士先正达作物保护有限公司在中国登记情况见表 170。

表 170　瑞士先正达作物保护有限公司在中国登记情况

登记名称	登记证号	含量	剂型	登记作物	防治对象	用药量/(g/hm²)	施用方法
炔草酯	PD20096826	15％	可湿性粉剂	冬小麦 春小麦	部分禾本科杂草 部分禾本科杂草	45～67.5 30～45	茎叶喷雾
唑啉•炔草酯	PD20102141	5％	乳油	冬小麦 春小麦	禾本科杂草 禾本科杂草	30～60 45～75	
炔草酯	PD20096825	95％	原药				

合成方法　经如下反应制得目的物：

参考文献

[1] Proc Br Crop Prot Conf: Weeds, 1989, 1: 71.

[2] 陈强, 精细化工中间体, 2005, 2: 35-36.

[3] 张梅凤, 今日农药, 2009, 1: 17-18.

炔螨特 propargite

$C_{19}H_{26}O_4S$, 350.5, 2312-35-8

炔螨特(propargite)。试验代号　DO 14、ENT 27 226；商品名称　Akbar、Allmite、Dictator、Omite、SunGite；其他名称　力克螨、克螨特、奥美特、螨除净、丙炔螨特。是Uniroyal Inc公司(现属 Crompton Corp.)在1969年开发的有机硫杀螨剂。

化学名称　2-(4-叔丁基苯氧基)环己基丙-2-炔基亚硫酸酯，2-(4-*tert*-butylphenoxy)cyclohexyl prop-2-ynyl sulfite。

理化性质　工业品纯度＞87%，为深琥珀色油状黏性液体。常压下210℃分解。蒸气压0.04mPa(25℃)。相对密度1.12(20℃)。$K_{ow}lgP＝5.70$。Henry常数$6.4×10^{-2}Pa·m^3/mol$(计算值)。水中溶解度(25℃)0.215mg/L，易溶于甲苯、己烷、二氯甲烷、甲醇、丙酮等有机溶剂，不能与强酸、强碱相混。水解DT_{50}：66.30d(25℃,pH 7)，9.0d(40℃,pH 7)，1.10d(25℃,pH 9)，0.2d(40℃,pH 9)；在pH 4时稳定；光解DT_{50}6d(pH 5)；在空气中DT_{50}2.155h。$pK_a＞12$。闪点71.4℃。

制剂由有效成分克螨特、乳化剂和低脂肪醇组成。外观为浅至黑棕色黏性液体，相对密度1.080，沸点99℃，闪点28℃，20℃时蒸气压为2666Pa。易燃，乳化性良好，不宜与强酸、强碱类物质混合，通常条件下储存2y不变质。

毒性　大鼠急性经口LD_{50}2843mg/kg。兔急性经皮$LD_{50}＞4000$mg/kg。大鼠吸入LC_{50}(4h)为0.05mg/L。本品对兔眼睛和皮肤有严重刺激性。对豚鼠皮肤无致敏性。NOEL[mg/(kg·d)]：狗(1y)4；SD大鼠LOAEL(2y)3。SD大鼠NOAEL(28d)2mg/kg。ADI：(JMPR)0.01mg/kg[1999, 2006]；(EPA)aRfD 0.08mg/kg，cRfD 0.04mg/kg [2001]。急性腹腔注射LC_{50}(mg/kg)：雄大鼠260，雌大鼠172。大鼠亚急性经口无作用剂量为40mg/kg，大鼠慢性经口无作用剂量300mg/kg，狗慢性吸入无作用剂量为900mg/kg。无诱变性和致癌作用。NOEL(1y)狗 4mg/(kg·d)；LOAEL(2y)基于空肠肿瘤发生率，SD大鼠3mg/(kg·d)，Wistar大、小鼠未见肿瘤发生。NOAEL(28d)SD大鼠2mg/kg，表明细胞增殖是致癌的原因，而且有极限剂量。ADI

(JMPR)0.01mg/kg。

生态效应 野鸭急性经口 LD_{50}＞4640mg/kg。饲喂 LC_{50}(5d,mg/kg 饲料)：野鸭＞4640，山齿鹑3401。鱼类 LC_{50}(96h,mg/L)：虹鳟鱼0.043，大翻车鱼0.081。水蚤 LC_{50}(48h)0.014mg/L。羊角月牙藻 LC_{50}(96h)＞1.08mg/L(在测试最高浓度下没有影响)。草虾 LC_{50}(96h)0.101mg/L。蜜蜂 LD_{50}(48h,μg/只)：47.92(接触)，＞100(经口)。蚯蚓 LC_{50}(14d)378mg/kg 土壤。和田间几年的残留物接触1周或者1d的情况下，对安德森氏钝绥螨，小花蝽，赤眼蜂无副作用(因此对于人类无长期影响)；与叶子上的新的残留物接触，对普通草蛉无副作用。

环境行为

(1) 动物 在哺乳动物中，炔螨特在亚硫酸酯连接点水解为1-[4-(1,1-二甲乙基)苯氧]-2-环己醇，然后其叔丁基侧链再进行水解。其代谢物也有叔丁基的氧化物或硫酸盐，以及环己基团氧化物。

(2) 植物 虽然炔螨特无内吸和渗透传导作用，但也有一小部分剂量能渗入植物的外层，进行和动物体内相同的代谢过程。在大部分水果中，炔螨特主要停留在植物表面，随着叶子剥落，其含量降低。在果肉中只发现痕量的残留。

(3) 土壤/环境 DT_{50} 40～67d(需氧土壤，pH 6.0～6.9，o.c.1.0％～2.55％，22～25℃)，$\lg K_{oc}$ 3.6～3.9，在累积研究和田间分散研究中未发现过滤物。水-沉积物研究 DT_{50} 1.7～2.5d(水相)，18.3～22.5d(整个系统)。空气 DT_{50} 2.155h。

制剂 乳油(570g/L、720g/L 或 790g/L)，可湿性粉剂(300g/L)。

主要生产商 AGROFINA、Chemtura、Dongbu Fine、DooYang、Hegang Heyou、Sundat、大连瑞泽农药股份有限公司、江苏丰山集团有限公司、青岛瀚生生物科技股份有限公司、浙江东风化工有限公司、浙江禾田化工有限公司及浙江永农化工有限公司等。

作用机理与特点 线粒体 ATPase 抑制剂，通过破坏正常的新陈代谢和修复从而达到杀螨目的。炔螨特是一种低毒广谱性有机硫杀螨剂，具有触杀和胃毒作用，无内吸和渗透传导作用。对成螨、若螨有效，杀卵效果差。炔螨特在世界各地已经使用了30多年，至今没有发现抗药性，这是由于螨类对炔螨特的抗性为隐性多基因遗传，故很难表现。炔螨特在任何温度下都是有效的，而且在炎热的天气下效果更为显著，因为气温高于27℃时，炔螨特有触杀和熏蒸双重作用。炔螨特还具有良好的选择性，对蜜蜂和天敌安全，而且药效持久，又毒性很低，是综合防治的首选良药。炔螨特无组织渗透作用，对作物生长安全。

应用

(1) 适用作物 苜蓿、棉花、薄荷、马铃薯、苹果、柑橘、杏、茄、园艺作物、大豆、无花果、桃、高粱、樱桃、花生、辣椒、葡萄、梨、草莓、茶、梅、番茄、柠檬、胡桃、谷物、瓜类、蔬菜等。

(2) 防治对象 各种螨类，对其他杀螨剂较难防治的二斑叶螨(苹果白蜘蛛)、棉花红蜘蛛、山楂叶螨等有特效，可控制30多种害螨。

(3) 残留量与安全施药 炔螨特除不能与波尔多液及强碱性药剂混用外，可与一般的其他农药混合使用。收获前21d(棉)、30d(柑橘)停止用药。在炎热潮湿的天气下，幼嫩作物喷洒高浓度的克螨特后可能会有轻微的药害，使叶片皱曲或起斑点，但这对作物的生长没有影响。炔螨特对皮肤有轻微刺激，无人体中毒报道。施药时要戴面罩及手套，以免接触大量药剂。当药物溅到皮肤或衣物上时，要用肥皂和清水冲洗，并换衣物。当溅到眼中时，应立即用大量清水冲洗。如误服，请饮大量牛奶、清水，并携本产品标签就医。本品无特殊解毒剂，可对症治疗。室内存放避免高温曝晒。

(4) 应用技术 防治棉花害虫红蜘蛛，6月底以前，在害螨扩散初期施药。防治果树害虫柑橘红蜘蛛，于春季始盛发期施药，平均每叶有螨约2～4头时施药，可重点挑治或全面防治。防治柑橘锈壁虱，当有虫叶片达20％或每叶平均有虫2～3头时开始防治，隔20～30d再防治1次。炔螨特对柑橙新梢嫩幼果有药害，尤其对甜橙类较重，其次是柑类，对橘类较安全。因此，应避免在新梢期用药。在高温下用药对果实也容易产生日灼病，还会影响脐部附近褪绿。所以，用药要注意，不得随意提高浓度。防治苹果红蜘蛛、山楂红蜘蛛，在苹果开花前后、幼若螨盛发期，平均每叶螨数3~4头，7月份以后平均每叶螨数6~7头时施药。防治茶树害虫茶树瘿螨、茶橙瘿螨，在茶叶非采摘期施药，点片发生中心防治，发生高峰期全面防治。防治蔬菜害虫如茄、豇豆红蜘蛛，在害螨盛发期施药。

（5）使用方法　在世界范围内炔螨特在行间作物上推荐使用剂量为0.75~1.8kg/hm²，在多年生果树和坚果作物上叶面喷雾剂量为5.5kg/hm²。炔螨特是触杀性农药，无组织渗透作用，故需彻底喷洒作物叶片两面及整个果实表面。

防治棉花害虫红蜘蛛，每亩用73%炔螨特乳油40~80mL（有效成分29~58g），兑水30~50L均匀喷雾。防治果树害虫柑橘红蜘蛛，用73%乳油2000~3000倍液或每100L水加73%炔螨特33~50mL（有效浓度243~365mg/L）喷雾。防治柑橘锈壁虱，用药量及使用方法同柑橘红蜘蛛。防治苹果红蜘蛛、山楂红蜘蛛，用73%炔螨特乳油2000~3000倍液或每100L水加73%炔螨特33~50mL（有效浓度243~365mg/L），均匀喷雾。药后7~10d的防效在90%左右。防治茶树害虫茶树瘿螨、茶橙瘿螨，用73%炔螨特乳油1500~2000倍液或每100L水加73%炔螨特50~67mL（有效浓度365~487mg/L）喷雾，药效15d左右。防治蔬菜害虫如茄、豇豆红蜘蛛，每亩用73%炔螨特乳油30~50mL（有效成分22~37g），兑水75~100L，均匀喷雾。喷液量一般苹果树每亩250~300L，柑橘树200~250L。

专利与登记　专利US 3272854、US 3463859、NL6406854均早已过专利期，不存在专利权问题。国内登记情况：30%水乳剂，25%、40%、57%、73%乳油，90%、90.6%、92%原药等；登记作物为柑橘树、苹果树和棉花等；防治对象为螨和叶螨等。美国科聚亚公司在中国登记情况见表171。

表 171　美国科聚亚公司在中国登记情况

登记名称	登记证号	含量	剂型	登记作物	防治对象	用药量	施用方法
炔螨特	PD102-89	57%	乳油	柑橘树	螨	243~365mg/kg	喷雾
				棉花	螨	273.75~383.25g/hm²	喷雾
				苹果树	叶螨	243~365mg/kg	喷雾
炔螨特	PD29-87	73%	乳油	柑橘树	螨	243~365mg/kg	喷雾
				棉花	螨	273.75~383.25g/hm²	喷雾
				苹果树	叶螨	243~365mg/kg	喷雾
炔螨特	PD261-98	90.6%	原药				

合成方法　经如下反应制得炔螨特：

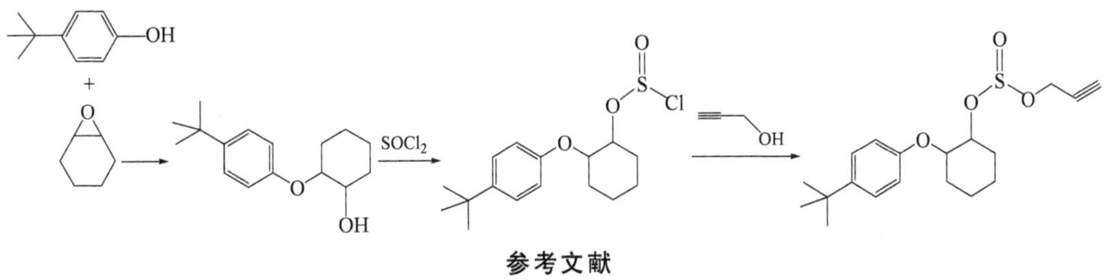

参考文献

[1] 李伟男. 山东教育学院学报,2009,05:77-79.

炔咪菊酯 imiprothrin

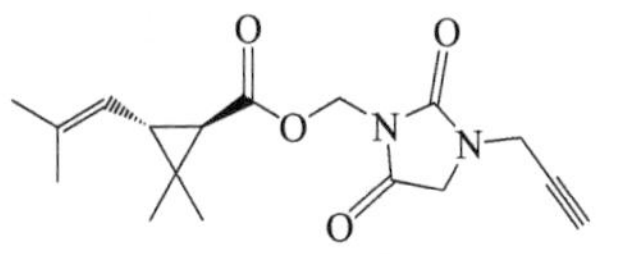

$C_{17}H_{22}N_2O_4$，318.4，72963-72-5

炔咪菊酯(imiprothrin)。试验代号 S-41311；商品名称 Pralle、捕杀雷、强力；其他名称胺唑菊酯。是日本住友化学开发的拟除虫菊酯类杀虫剂。

化学名称 (1R,S)-顺，反式菊酸-[2,5-二氧-3-(2-丙炔基)]-1-咪唑烷基甲基酯或(1R,S)-顺反式-2,2-二甲基-3-(2-甲基-1-丙烯基)环丙烷羧酸-[2,5-二氧-3-(2-丙炔基)]-1-咪唑烷基甲基酯。20％的 2,5-dioxo-3-prop-2-ynylimidazolidin-1-ylmethyl(1R,3S)-2,2-dimethyl-3-(2-methylprop-1-enyl)cyclopropane-carboxylate 和 80％的 2,5-dioxo-3-prop-2-ynylimidazolidin-1-ylmethyl(1R,3R)-2,2-dimethyl-3-(2-methylprop-1-enyl)cyclopropanecarboxylate 的混合物。

理化性质 工业品为琥珀色黏稠液体，略微有甜味。蒸气压 1.8×10^{-3} mPa(25℃)。分配系数 $K_{ow}\lg P = 2.9$(25℃)。Henry 常数 6.33×10^{-6} Pa·m³/mol。相对密度 1.1(20℃)。水中溶解度 93.5mg/L(25℃)。水解 DT_{50}：<1d(pH 9)，59d(pH 7)，稳定(pH 5)。在 6r/min 和 12r/min 黏度为 60cP。闪点 141℃。

毒性 急性经口 LD_{50}(mg/kg)：雄大鼠 1800，雌大鼠 900。雌雄大鼠急性经皮 $LD_{50} >$ 2000mg/kg。对兔皮肤和眼睛无刺激性，对豚鼠皮肤无致敏性。雌雄大鼠吸入毒性 LC_{50}(4h)$>$ 1200mg/m³。大鼠 NOEL(13 周)100mg/kg 饲料，兔发育 NOEL 30mg/kg。

生态效应 野鸭和山齿鹑饲喂 LC_{50}(8d)$>$5620mg/L。鱼 LC_{50}(96h,mg/L)：大翻车鱼 0.07，虹鳟鱼 0.038。水蚤 EC_{50}(48h)0.051mg/L。水藻 $E_b C_{50}$(72h)3.1mg/L。

制剂 50.5％炔咪菊酯母液。

主要生产商 Sumitomo Chemical 及江苏扬农化工集团有限公司等。

作用机理与特点 该药剂作用于昆虫神经系统，通过与钠离子通道作用扰乱神经元功能，杀死害虫。最突出的作用特点就是对卫生害虫具有速效性，即卫生害虫一接触到药液，就会立刻被击倒，尤其对蟑螂有非常优异的击倒作用，兼治蚊、蝇。其击倒效果高于传统的拟除虫菊酯如胺菊酯(是胺菊酯的 10 倍)和益多克(是益多克的 4 倍)等。

应用 对家居害虫蟑螂和其他爬行害虫能快速击倒。

(1) 防治对象 主要用于防治蟑螂、蚊、家蝇、蚂蚁、跳蚤、尘螨、衣鱼、蟋蟀、蜘蛛等害虫和有害生物。

(2) 应用技术 炔咪菊酯单独使用时杀虫活性不高，当与其他拟除虫菊酯类的致死剂(例如苯氰菊酯、苯醚菊酯、氯菊酯、氯氰菊酯等)混配时，其杀虫活性大大提高。在高档的气雾剂配方中是首选原料。可作单独的击倒剂并配合致死剂使用，通常用量为 0.03％～0.05％；个别使用至 0.08％～0.15％，可广泛与常用的拟除虫菊酯类配合使用，如苯氰菊酯、苯醚菊酯、氯氰菊酯、益多克、益必添、S-生物丙烯菊酯等。本品主要用于气雾剂和喷射剂等卫生杀虫剂的配制，在气雾剂中建议用 95％以上的 PBO 及十四烷酸异丙酯作增效剂和助溶剂。

专利与登记 专利 GB2224654 早已过专利期，不存在专利权问题。国内登记情况：50％、50.5％母药，90％、93％原药等。日本住友化学株式会社在中国登记了 93％原药和 50％母药。

合成方法 菊酸合成方法：

(1) 重氮乙酸酯法 以丙酮、乙炔为原料反应，在经还原、脱水生成 2,5-二甲基-2,4-己二烯，然后与重氮乙酸酯反应、皂化、调酸即得菊酸。

（2）二环辛酮法：二环辛酮与羟氨反应得到相应的肟，再用五氯化磷开环脱水生成腈，经水解制得菊酸。

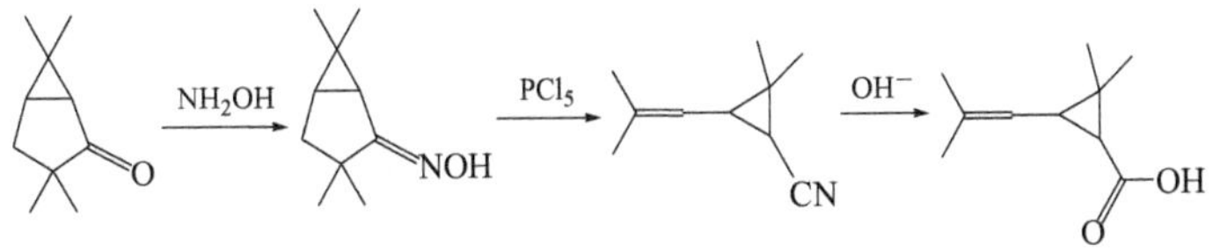

（3）原醋酸乙酯法　异丁酰氯与异丁烯在三氯化铝催化下反应，再经硼氢化钠还原，然后与原醋酸乙酯反应得到 3,3,6-三甲基庚烯-［4］-酸乙酯，再加卤素，脱氯化氢成环得到菊酸乙酯，且以反式构体为主。

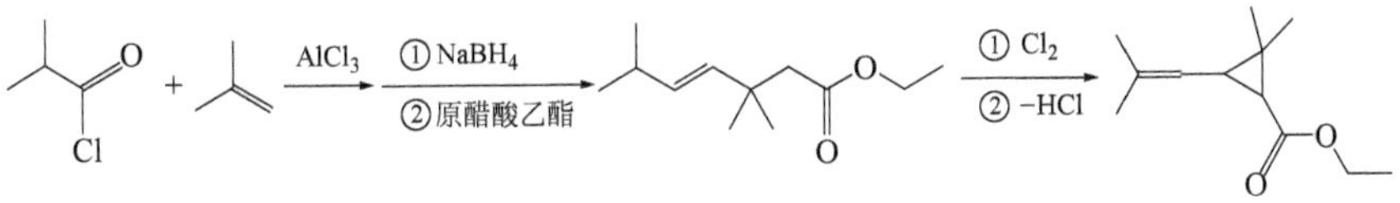

（4）甲基丙烯醇法　在 -10℃ 下，将 3-氯-3-甲基-1-丁炔加到 2-甲基丙烯醇和叔丁醇钾的混合溶液中，并在此温度下反应 3h，得到 45% 环化产物，该产物溶于乙醚中，于金属钠和液氨中还原。在 0℃ 下，将还原产物与三氧化铬一起加到干燥的吡啶中，在 15～20℃ 反应 24h，然后滴加几滴水，将反应混合物再搅拌 4h，得到 75% 3：1(反式：顺式)菊酸。

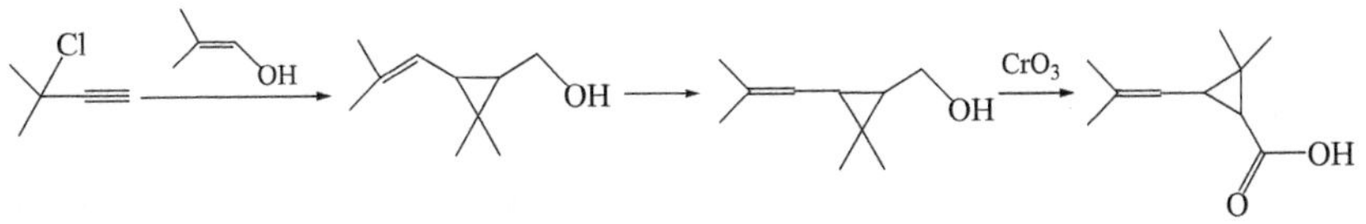

（5）Witting 合成方法

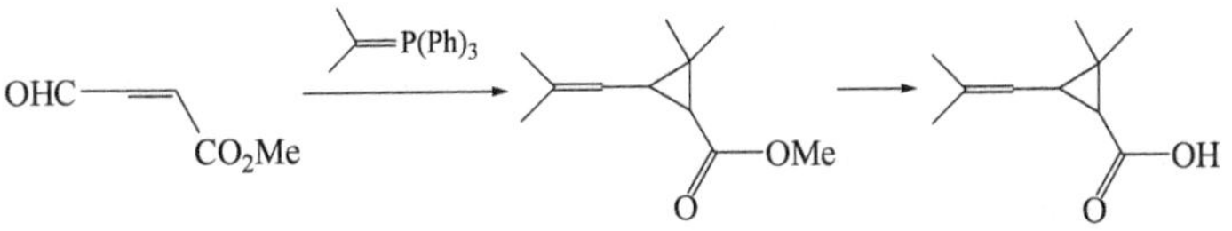

（6）Corey 路线　利用二苯硫异亚丙基和不饱和羰基化合物在 -20～70℃ 于氮气保护下反应，使异亚丙基加成到碳碳双键上形成环丙烷类衍生物，得到(±)反式菊酸酯。

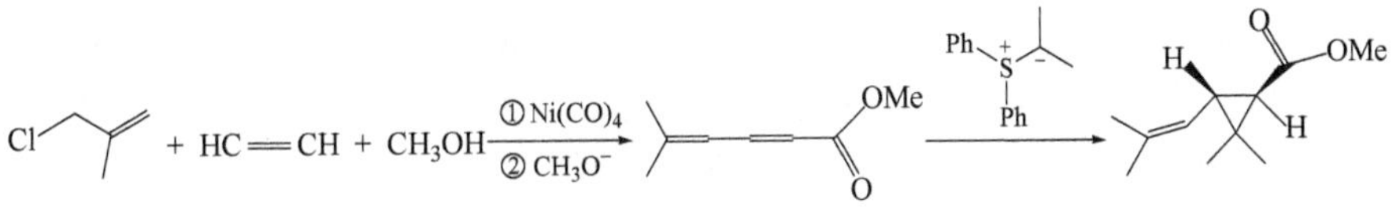

（7）其他合成方法

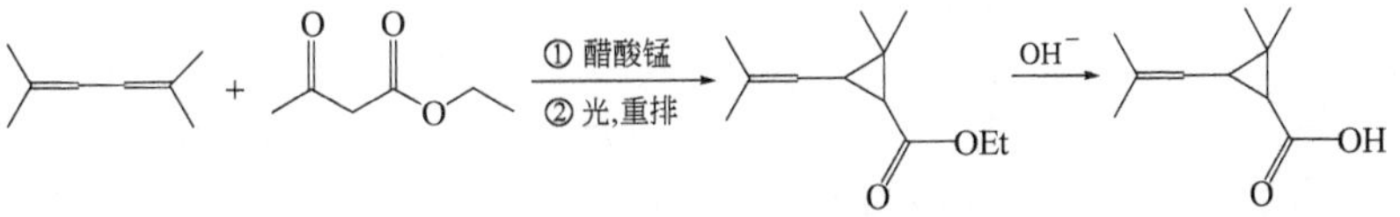

炔咪菊酯经如下反应制得：1mol A 和 1.2mol B 用丙酮溶解后，向其中滴加 1.6mol 三乙胺，搅拌，控制温度在 15～20℃。滴加完后反应回流 2h 至反应完全。冷却后，过滤掉三乙胺盐酸盐。将滤液中加入 3 倍量的苯，拌样后过柱得产品。

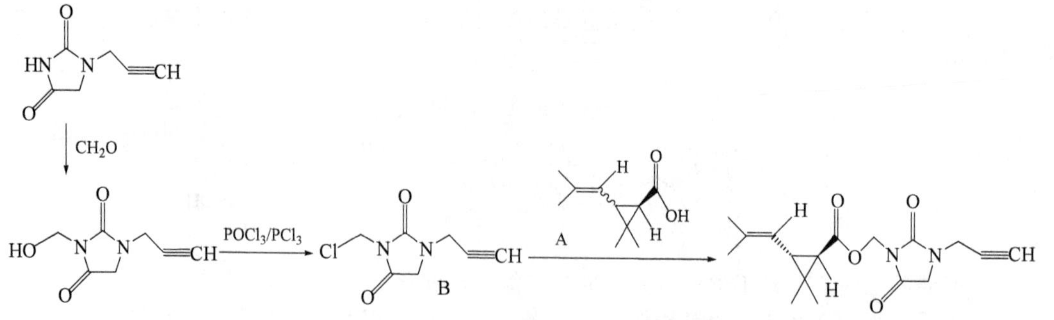

参考文献

[1] Synthesis，1982(11)：955-956.
[2] Pesticide Science，1998，52（1）：21-28.

乳氟禾草灵 lactofen

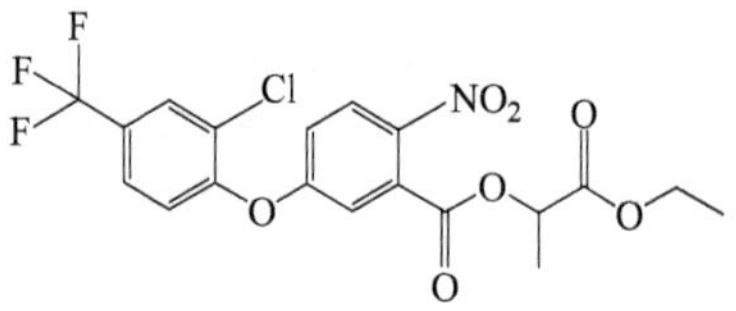

$C_{19}H_{15}ClF_3NO_7$，461.8，77501-63-4

乳氟禾草灵(lactofen)。试验代号　PPG-844；商品名称　Cobra、Naja；其他名称　克阔乐、Phoenix、V10086。是由 PPG Industries 公司研制开发的二苯醚类除草剂。

化学名称　O-［5-(2-氯-α,α,α-三氟-对甲苯氧基)-2-硝基苯甲酰]-DL-乳酸乙酯，ethyl O-［5-(2-chloro-α,α,α-trifluoro-p-tolyloxy)-2-nitrobenzoyl]-DL-lactate。

理化性质　工业品纯度 74%～79%。纯品为深棕色至黄褐色，熔点 44～46℃。相对密度 1.391(25℃)，蒸气压 9.3×10^{-3}mPa(20℃)。Henry 常数 4.56×10^{-3}Pa·m^3/mol(20℃，计算值)。水中溶解度<1mg/L(20℃)。在室温下 6 个月不会分解。闪点 93℃。

毒性　大鼠急性经口 LD_{50}>5000mg/kg，兔急性经皮 LD_{50}>2000mg/kg，制剂对兔眼有严重刺激，大鼠急性吸入 LC_{50}（4h）>5.3mg/L。狗 NOAEL 0.79mg/kg。ADI：aRfD 0.5mg/kg，cRfD 0.008mg/kg。

生态效应　鹌鹑急性经口 LD_{50}>2510mg/kg。野鸭和鹌鹑饲喂 LC_{50}（5d）>5620mg/L。虹鳟鱼和大翻车鱼 LC_{50}（96h）>100μg/L。水蚤 LD_{50} 100μg/L。蜜蜂 LD_{50}（接触）>60μg/只。

环境行为　土壤/环境：微生物降解，DT_{50} 3～7d。K_{oc} 10000。

制剂　24%、240g/L 乳油。

主要生产商　Milenia、Valent、江苏长青农化股份有限公司、宁波保税区汇力化工有限公司及青岛瀚生生物科技股份有限公司等。

作用机理与特点　原卟啉原氧化酶抑制剂。苗前、苗后均有除草活性。施药后通过植物茎叶吸收，在体内进行有限的传导，通过破坏细胞膜的完整性而导致细胞内含物的流失，最后使杂草干枯死亡。在充足光照条件下，施药后 2～3d，敏感的阔叶杂草叶片出现灼伤斑，并逐渐扩大，整个叶片变枯，最后全株死亡。

应用

(1) 适宜作物与安全性　大豆、花生。在土壤中易被微生物降解。大豆对乳氟禾草灵有耐药性，但在不利于大豆生长发育的环境条件下，如高温、低洼地排水不良及低温、高湿、病虫危害等，易造成药害，症状为叶片皱缩，有灼伤斑点，一般1周后大豆恢复正常生长，对产量影响不大。

（2）防除对象　主要用于防除一年生阔叶杂草如苍耳、苘麻、龙葵、鸭跖草、豚草、狼把草、鬼针草、辣子草、艾叶破布草、粟米草、地锦草、猩猩草、野西瓜苗、水棘针、香薷、铁苋菜、马齿苋、反枝苋、凹头苋、刺苋、地肤、荠菜、田芥菜、遏蓝菜、蔓陀罗、藜、小藜、大果田菁、刺黄花稔、鳢肠、节蓼、柳叶刺蓼、卷茎蓼、酸模叶蓼等。在干旱条件下对苘麻、苍耳、藜的药效明显下降。

（3）应用技术　①苗后早期施药被杂草茎叶吸收，抑制光合作用，充足的光照有助于药效发挥。全田施药或苗带施药均可。②施药后，大豆茎叶可能出现枯斑式黄化现象，但这是暂时接触性药斑，不影响新叶的生长。1～2周便恢复正常，不影响产量。③杂草生长状况和气候都可影响乳氟禾草灵的活性。乳氟禾草灵对4叶期前生长旺盛的杂草活性高。当气温、土壤、水分有利于杂草生长时施药，药效得以充分发挥，反之低温、持续干旱影响药效。施药后连续阴天，没有足够的光照，也影响药效的迅速发挥。空气相对湿度低于65%、土壤水分少、干旱及温度超过27℃时不应施药。施药后最好半小时不降雨，以免影响药效。施药要选早晚气温低、风小时进行，上午9时到下午3时停止施药。大风天不要施药，施药时风速不要超过5m/s。④施药要坚持标准作业，喷雾要均匀。用药量过高或遇不良环境条件，如低洼地、排水不良、低温、高湿、田间长期积水、病虫危害等造成大豆生长发育不良，大豆易产生药害。

（4）使用方法　选择性苗后茎叶处理除草剂。

① 大豆田施药时期为大豆苗后1～2片复叶期、阔叶杂草2～4叶期、大多数杂草出齐时进行茎叶处理。过早施药由于杂草出苗不齐，后长出的杂草还需再施一遍或采取其他灭草措施。过晚杂草抗药性增强，需增加用药量，药效不佳。每亩用24%乳氟禾草灵乳油30～35mL。杂草小、水分适宜用低剂量，杂草大、水分条件差用高剂量。人工背负式喷雾喷液量每亩20～30L，拖拉机牵引的喷雾机每亩用13L。不能用超低容量或低容量喷雾。

混用：乳氟禾草灵可与精噁唑禾草灵、精吡氟氯禾灵、烯禾啶、异噁草酮、精吡氟禾草灵等混用。

乳氟禾草灵与精噁唑禾草灵混用，若乳氟禾草灵用常量，精噁唑禾草灵用高量，结果是混剂药效降低。若降低乳氟禾草灵用量，混剂药效好，虽表现出乳氟禾草灵触杀性药害，但一般不影响产量，每亩用24%乳氟禾草灵23～27mL加6.9%精噁唑禾草灵50～70mL或8.05%精噁唑禾草灵40～60mL。

乳氟禾草灵与精吡氟氯禾灵混用，药害轻，可有效地防除禾本科杂草和一年生阔叶杂草。每亩用24%乳氟禾草灵27mL加10.8%精吡氟氯禾灵30～35mL。

乳氟禾草灵与烯禾啶混用，药效增加，药害较重，但对产量无影响；最好降低乳氟禾草灵用药量。与烯禾啶混用能有效地防除禾本科和一年生阔叶杂草。每亩用24%乳氟禾草灵20～27mL加12.5%烯禾啶机油乳剂83～100mL。

将乳氟禾草灵和另一种防阔叶杂草除草剂降低用药量再与防禾本科杂草除草剂混用，不仅对大豆安全性好，杀草谱宽，而且在不良环境条件下还对大豆安全。推荐下列配方：

24%乳氟禾草灵乳油17mL加48%异噁草酮乳油50mL加15%精吡氟禾草灵乳油40mL（或5%精喹禾灵乳油40mL或10.8%精吡氟氯禾灵乳油30mL或6.9%精噁唑禾草灵浓乳剂40～47mL或8.05%精噁唑禾草灵乳油30～40mL）。

24%乳氟禾草灵乳油17mL加48%灭草松100mL加12.5%烯禾啶机油乳油85～100mL（或15%精吡氟禾草灵乳油50～67mL或5%精喹禾灵乳油50～67mL或10.8%精吡氟氯禾灵乳油35mL或6.9%精噁唑禾草灵浓乳剂50～70mL或8.05%精噁唑禾草灵乳油40～60mL）。

24%乳氟禾草灵乳油17mL加25%氟磺胺草醚水剂40～50mL加12.5%烯禾啶机油乳油83～100mL（或15%精吡氟禾草灵乳油50～67mL或5%精喹禾灵乳油50～67mL或6.9%精噁唑禾草灵浓乳剂50～70mL或8.05%精噁唑禾草灵乳油40～60mL）。

② 花生田施药时期为花生1～2.5片复叶期，阔叶杂草2叶期，大部分阔叶草出齐苗后施

药。在华北及南方地区，夏花生每亩用 25～30mL。根据不同杂草种类，请按当地植保部门推荐用药量。

专利与登记　专利 EP0020052 早已过专利期，不存在专利权问题。国内登记情况：24%、240g/L 乳油，80%、95%原药；登记作物为大豆、花生；防治对象为一年生阔叶杂草。

合成方法　主要有如下三种：

① 三氟羧草醚与 2-氯丙酸乙酯在碱存在下反应制得乳氟禾草灵。

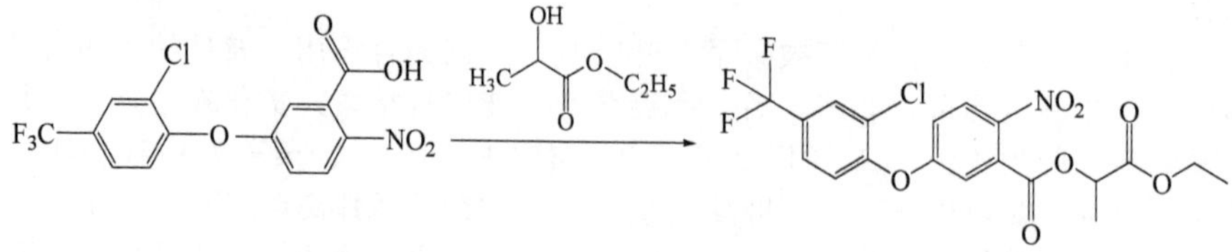

② 三氟羧草醚首先酰氯化，再与乳酸乙酯反应制得乳氟禾草灵。

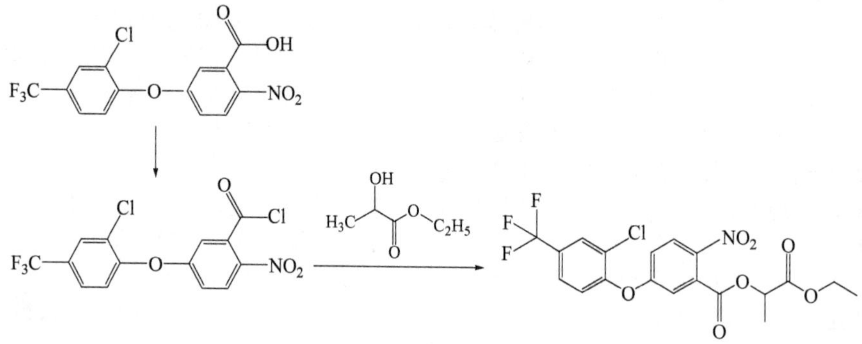

③ 后硝化。

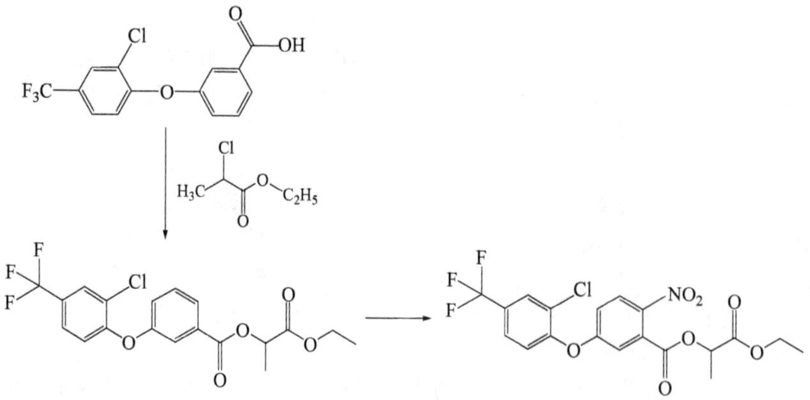

参考文献

[1] 孙克. 农药，1996，2：17

噻苯隆 thidiazuron

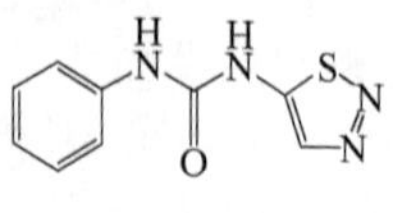

$C_9H_8N_4OS$，220.2，51707-55-2

噻苯隆(thidiazuron)。试验代号　SN 49 537；商品名称　Abridor、Dropp、Daze、Freefall、Reveal、Revent、Separate、Takedown。其他名称　脱叶灵、脱落宝、脱叶脲；是由 Schering AG（现 Bayer AG）开发的植物生长调节剂。

化学名称　1-苯基-3-(1,2,3-噻二唑-5-基)脲，1-phenyl-3-(1,2,3-thiadiazol-5-yl)urea。

理化性质　纯品为无色无味结晶体，熔点 $210.5\sim212.5℃$（分解）。蒸气压 4×10^{-6} mPa（25℃）。分配系数 $K_{ow}\lg P=1.77$（pH 7.3）；Henry 常数 2.84×10^{-8} Pa·m³/mol。水中溶解度 31mg/L（25℃，pH 7）；其他溶剂中溶解度：甲醇 4.20，二氯甲烷 0.003，甲苯 0.400，丙酮 6.67，乙酸乙酯 1.1，己烷 0.002。光照下能迅速转化成光异构体 1-苯基-3-(1,2,5-噻二唑-3-基)脲。在室温条件下，pH $5\sim9$ 不易水解，54℃/14d 储存不分解。pK_a 8.86。

毒性　急性经口 LD_{50}（mg/kg）：大鼠>4000，小鼠>5000。急性经皮 LD_{50}（mg/kg）：大鼠>1000，兔>4000。大鼠急性吸入 LC_{50}（4h）>2.3mg/L 空气。对兔眼睛有中度刺激性，对兔皮肤无刺激性作用，对豚鼠皮肤无致敏性。NOEL(mg/kg)：狗 NOAEL(1y)3.93，大鼠(2y)8；在大鼠 2y 致畸和三代繁殖的研究试验中无明显影响。ADI(EPA)cRfD 0.0393mg/kg，大鼠急性腹腔注射 LD_{50} 4200mg/kg。无致突变作用。

生态效应　日本鹌鹑急性经口 LD_{50}>3160mg/kg。山齿鹑和野鸭饲喂 LC_{50}(8d)>5000mg/kg。鱼毒 LC_{50}(96h,mg/L)：虹鳟鱼>19，大翻车鱼>32。水蚤 LC_{50}(48h)>10mg/L。对蜜蜂无毒。蚯蚓 LC_{50}(14d)>1400mg/kg。

环境行为

(1) 动物　在老鼠和山羊体内，代谢主要是通过苯环的羟基化和水溶性共轭物的形成的形式进行。经口服后，代谢物在 96h 内以尿液和粪便形式排出体外。

(2) 植物　只有少量的残留物（通常<0.1mg/kg）存在于棉籽里。

(3) 土壤/环境　极易被土壤吸附。在土壤中 DT_{50}：$26\sim144$d（需氧），28d（厌氧）。在土壤中微生物降解过程部分受影响。

制剂　50%、80%可湿性粉剂，50%悬浮剂，0.1%可溶液剂。

主要生产商　AGROFINA、Bayer CropScience、江苏安邦电化有限公司、江苏辉丰农化股份有限公司、江苏省激素研究所股份有限公司及江苏瑞东农药有限公司等。

作用机理与特点　该产品是一种新型高效植物生长调节剂，具有极强的细胞分裂活性，能促进植物的光合作用，提高作物产量，改善果实品质，增加果品耐储性。在棉花种植上作脱落剂使用，被棉株叶片吸收后，可及早促使叶柄与茎之间的分离组织自然形成而落叶，有利于机械收棉花并可使棉花收获提前 10d 左右，有助于提高棉花等级。

应用　噻苯隆的落叶效果取决于一系列因素及其相互作用。主要因素是温度、空气、相对湿度以及施药后降雨情况。气温高、湿度大时效果好。使用剂量与植株高矮和相对密度有关。我国中部地区春播棉花，在 9 月末施药前 5d 至施药后 15d，平均气温 $21.9\sim14.5℃$，空气相对湿度 $78\%\sim89\%$，棉桃开裂 70%、每亩 5000 株的条件下，每亩施用 50%噻苯隆可湿性粉剂 100g（有效成分 50g），进行全株叶面处理。施药后 10d 开始落叶，吐絮增多，15d 达到高峰，20d 有所下降。上述处理剂量有利于作物提前收获和早播冬小麦，而且对后茬作物生长无影响。此外，在葡萄开花期开始施药，亩喷药液 75kg（稀释 $175\sim250$ 倍），均匀喷雾。

专利与登记　专利 DE2506690、DE2214632 均早已过专利期，不存在专利权问题。国内登记情况：95%、97%、98%原药，50%、80%可湿性粉剂，50%悬浮剂，0.1%可溶液剂；登记作物为棉花、黄瓜、甜瓜、葡萄。德国拜耳作物科学公司在中国登记情况见表172。

表172　德国拜耳作物科学公司在中国登记情况

登记名称	登记证号	含量	剂型	登记作物	防治对象	用药量	施用方法
噻苯隆	PD20050146	98%	原药				
噻苯·敌草隆	PD20090444	360g/L	悬浮剂	棉花	脱叶	$72.9\sim97.2$g/hm²	茎叶喷雾

合成方法 目前常用的有如下两种方法:

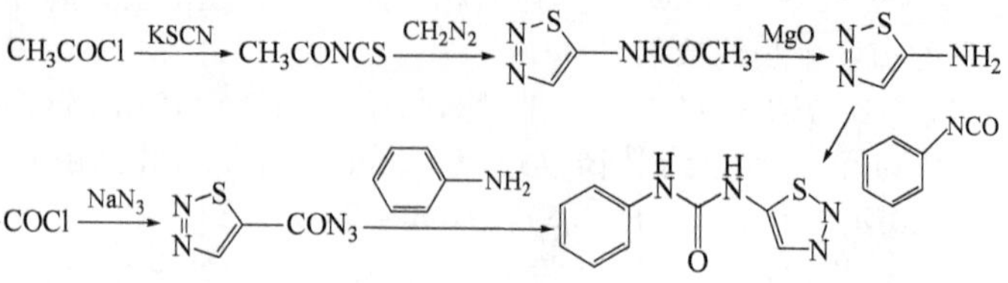

参考文献

[1] J Agric Food Chem,1978,26(2):486-494.

噻草啶 thiazopyr

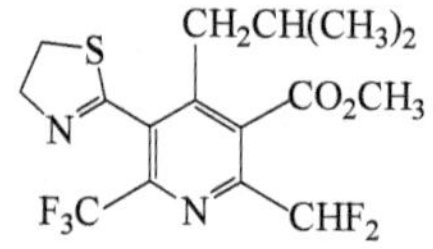

$C_{16}H_{17}F_5N_2O_2S$, 396.4, 117718-60-2

噻草啶(thiazopyr)。试验代号 MON 13200、RH-123652;商品名称 Mandate、Visor。是由孟山都公司研制,罗门哈斯公司(现道农科)开发的吡啶类除草剂。

化学名称 2-二氟甲基-5-(4,5-二氢-1,3-噻唑-2-基)-4-异丁基-6-三氟甲基烟酸甲酯,methyl 2-difluoromethyl-5-(4,5-dihydro-1,3-thiazol-2-yl)-4-isobutyl-6-trifluoromethylnicotinnate。

理化性质 工业品含量93%,纯品为具硫黄味的浅棕色固体,熔点77.3～79.1℃。蒸气压0.27mPa(25℃)。分配系数K_{ow}lg$P$=3.89(21℃)。相对密度1.373(25℃)。水中溶解度2.5mg/L(20℃)。有机溶剂中溶解度(20℃,g/100mL):甲醇28.7,己烷3.06。水中光解DT_{50}15d。碱中水解DT_{50}64d(pH 9),3394d(pH 7),稳定(pH 4,5)。

毒性 大鼠急性经口LD_{50}>5000mg/kg。兔急性经皮LD_{50}>5000mg/kg。对兔皮肤无刺激,对兔眼睛有轻微刺激。对豚鼠皮肤无致敏性。大鼠急性吸入LC_{50}(4h)>1.2mg/L空气。NOEL[mg/(kg·d)]:(2y)大鼠0.36,(1y)狗0.5。ADI(EPA)RfD 0.008mg/kg。无诱变性、遗传毒性及致畸作用。

生态效应 山齿鹑急性经口LD_{50}1913mg/kg,山齿鹑和野鸭饲喂LC_{50}(5d)>5620mg/kg。鱼LC_{50}(96h,mg/L):大翻车鱼3.4,虹鳟鱼3.2,羊头鱼2.9;黑头呆鱼生命周期内NOEC 0.092mg/L。水蚤LC_{50}(48h)6.1mg/L。藻类EC_{50}(mg/L):月牙藻0.04,鱼腥藻2.6,骨条藻0.094。其他水生生物EC_{50}(mg/L):东部牡蛎0.82,糠虾2.0。浮萍IC_{50}(14d)0.035mg/L。蜜蜂LD_{50}>100μg/只。蚯蚓LC_{50}(14d)>1000mg/kg土壤。其他有益生物:在实验室研究中,对蜘蛛无害,对捕食螨、甲虫稍微有害,对寄生蜂有中度危害。

环境行为

(1)动物 迅速广泛地代谢并被排出体外。通过硫和碳的氧化和氧化脱脂作用被大鼠肝脏氧化。大翻车鱼的生物富集系数220,排出迅速,14d内98%被排出体外。

(2)植物 对几个物种的研究表明,噻草啶的代谢首先发生在二氢噻唑环,被植物氧化酶氧化成砜、亚砜、羟基衍生物和噻唑,同时还被脱脂成羧酸。

(3)土壤/环境 土壤中,通过微生物和水解来降解。对美国多个地区的土壤消解研究表明平均DT_{50}64d(8～150d)。垂直移动性很小,只有18ft(1ft=0.3048m)以下的几个检测值。单酸代谢产物也限制了正常使用下的垂直移动。土壤中光解不显著,水溶液中DT_{50}15d,表明污染地表水的潜力有限。

制剂 乳油、颗粒剂、可湿性粉剂。

主要生产商 Dow AgroSciences。

作用机理与特点 抑制细胞分裂，破坏纺锤体微管的形成。症状包括抑制根生长和分生组织肿胀，也可能会出现胚轴或茎节肿胀，种子萌发不受影响。

应用 果树、甘蔗、菠萝、紫花苜蓿和森林等苗前用除草剂，主要用于防除一年生禾本科杂草和某些阔叶杂草，使用剂量一般为 0.1～0.56kg/hm²。

专利概况 专利 EP278944 早已过专利期，不存在专利权问题。

合成方法 以三氟乙酰乙酸乙酯和异丁醛为起始原料，首先闭环生成取代的吡喃，经氨化、脱水，并与 DBU 反应得到取代的吡啶二羧酸酯。再经碱解、酸化、酰氯化制得取代的吡啶二酰氯，并与甲醇酯化，生成单酯。然后与乙醇氨制成酰胺，并与五硫化二磷反应生成硫代酰胺。最后闭环得到目的物。反应式为：

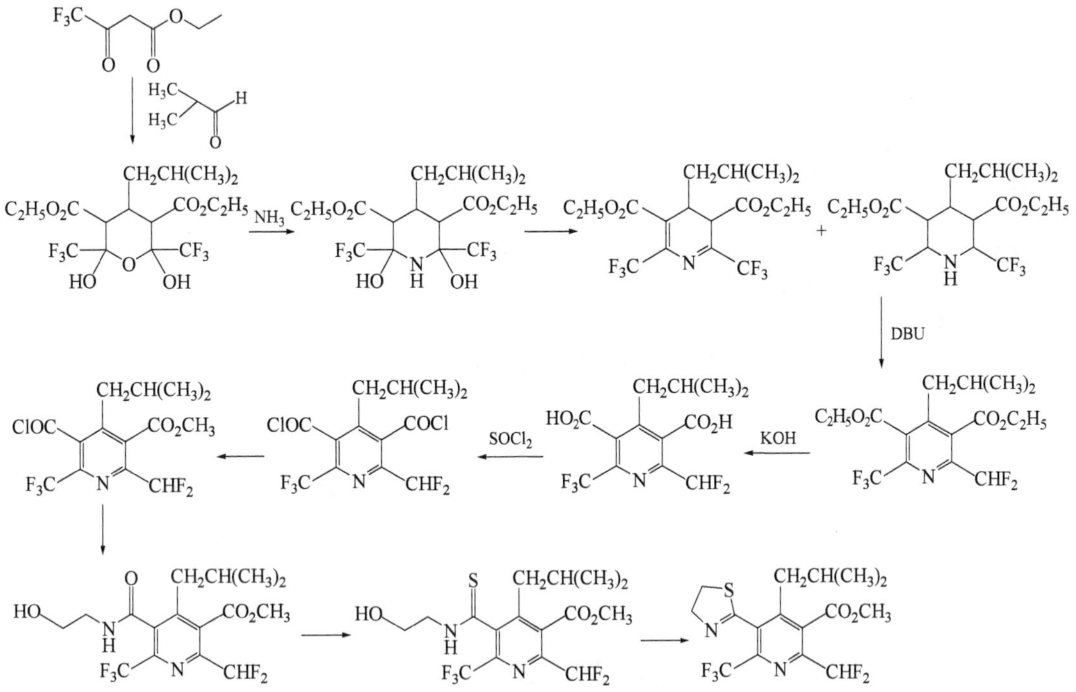

噻草酮 cycloxydim

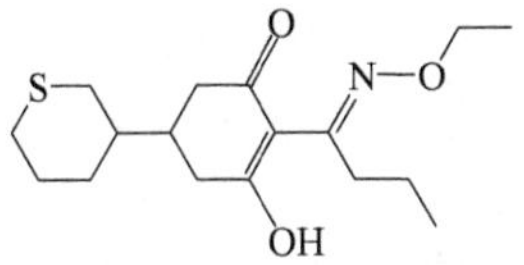

$C_{17}H_{27}NO_3S$, 325.5, 101205-02-1, 99434-58-9(异构体)

噻草酮(cycloxydim)。试验代号 BAS 517H；商品名称 Focus、Laser、Stratos；其他名称 Focus 10、Focus Plus、Focus Ultra、Laser Ultra、Stratos Ultra。是由 BASF 公司开发的除草剂。

化学名称 (RS)-2-[1-(乙氧亚氨基)丁基]-3-羟基-5-噻烷-3-基环己-5-烯酮，(RS)-2-[1-(ethoxyimino)butyl]-3-hydroxy-5-thian-3-ylcyclohex-2-enone。

理化性质 原药黄色具芳香气味的固体，熔点以上为深褐色。纯品为无色无味结晶体，熔点 $37.1\sim41.2$℃，蒸气压 0.01mPa(20℃)，相对密度 1.165(20℃)。分配系数 K_{ow}lg$P$ 约 1.36(pH 7，25℃)；Henry 常数 6.1×10^{-5}Pa·m³/mol。溶解度：水 53mg/L(pH 4.3，20℃)；丙酮、甲醇、二氯甲烷、乙酸乙酯、甲苯>250g/L(20℃)，正己烷 29g/kg(20℃)。室温放置 1y 稳定，30℃以上不稳定，200℃分解。DT$_{50}$氩气下 20000 lx(模拟光照，$15\sim20$℃)>192h，空气中 80000 lx(模拟光照，20℃)0.8h。pK_a 4.17，闪点 89.5℃。

毒性 大鼠急性经口 LD$_{50}$ 3940mg/kg，大鼠急性经皮 LD$_{50}$$>2000$mg/kg。对兔眼睛和皮肤无刺激性。大鼠急性吸入 LC$_{50}$(4h)>5.28mg/L。NOEL[mg/(kg·d)]：大鼠(1.5y)7，大鼠(2y)32。ADI 值 0.07mg/kg。无"三致"。

生态效应 鹌鹑急性经口 LD$_{50}$$>2000$mg/kg。鱼毒 LC$_{50}$($96$h，mg/L)：虹鳟鱼 215，大翻车鱼>100。水蚤 LC$_{50}$(48h)>71mg/L，羊角月牙藻 EC$_{50}$ 44.9mg/L。浮萍 EC$_{50}$ 81.7mg/L；对蜜蜂无毒，LD$_{50}$$>100$μg/只；蚯蚓 LC$_{50}$$>1000$mg/kg 土。

环境行为 在动物、植物、土壤和环境中，能够通过氧化、结合、重排、羟基化、还原成醚迅速分解。DT$_{50}$(实验室)<1d(20℃)，$K_{oc}$$<10\sim183$。

主要生产商 BASF。

作用机理与特点 ACCase 抑制剂。茎叶处理后经叶迅速吸收，传导到分生组织，使其细胞分裂遭到破坏，抑制植物分生组织的活性，使植株生长延缓。在施药后 $1\sim3$ 周内植株褪绿坏死，随后叶干枯而死亡。

应用 选择性苗后除草剂，用于防除阔叶作物棉花、亚麻、油菜、马铃薯、大豆、甜菜、向日葵和蔬菜田中一年生和多年生禾本科杂草，如野燕麦、鼠尾看麦娘、黑麦草、自生禾谷类、大剪股颖等。通常使用剂量为 $100\sim250$g(a.i.)/hm²[亩用量 $6.67\sim16.67$g(a.i.)]。

专利概况 专利 US4422864 早已过专利期，不存在专利权问题。

合成方法 经如下反应即可制得噻草酮：

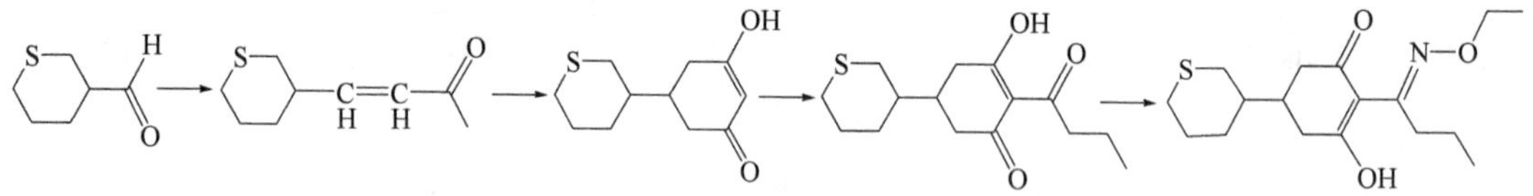

噻虫胺 clothianidin

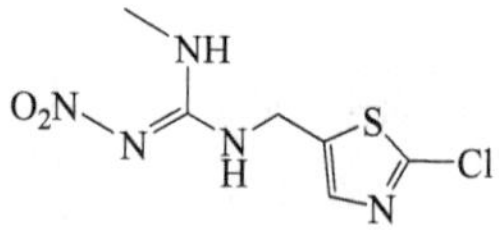

$C_6H_8ClN_5O_2S$，249.7，210880-92-5，205510-53-8(曾用)

噻虫胺(clothianidin)。试验代号 TI-435；商品名称 Apacz、Arena、Belay、Clutch、Dantotsu、Deter、Focus、Fullswing、Poncho、Titan、Santana。是日本武田公司发现，由武田(现属住友化学株式会社)和拜耳公司共同开发的内吸性、广谱性新烟碱类杀虫剂。

化学名称 (E)-1-[(2-氯-$1,3$-噻唑-5-基)甲基]-3-甲基-2-硝基胍，(E)-1-(2-chloro-$1,3$-thiazol-5-ylmethyl)-3-methyl-2-nitroguanidine。

理化性质 原药含量不低于 95%。纯品为无色、无味粉末，熔点 176.8℃。蒸气压 3.8×10^{-8}mPa(20℃)、1.3×10^{-7}mPa(25℃)。相对密度 1.61(20℃)。分配系数 K_{ow}lg$P=0.7$(25℃)，Henry 常数 2.9×10^{-11}Pa·m³/mol(20℃)。水中溶解度(20℃，g/L)：0.304(pH 4)，0.340(pH 10)。有机溶剂中溶解度(25℃，g/L)：正庚烷<0.00104，二甲苯 0.0128，二氯甲烷 1.32，甲醇

6.26，辛醇 0.938，丙酮 15.2，乙酸乙酯 2.03。在 pH 5 和 7(50℃)条件下稳定。DT_{50} 1401d(pH $=9,20℃$)，水中光解 DT_{50} 3.3h(pH 7,25℃)。pK_a(20℃)11.09。

毒性 急性经口 LD_{50} (mg/kg)：雄和雌大鼠>5000，小鼠 425。雄和雌大鼠急性经皮 LD_{50} > 2000mg/kg。对兔皮肤无刺激性，对兔眼睛有轻微刺激，对豚鼠皮肤无致敏性。雄和雌大鼠吸入 LC_{50} (4h)>6141mg/m³。NOEL 值[mg/(kg•d)]：雄大鼠(2y)27.4，雌大鼠(2y)9.7，雄狗(1y) 36.3，雌狗(1y)15.0。ADI(EC，FSC)0.097mg/kg[2006]；(EPA)aRfD 0.25mg/kg，cRfD 0.098mg/kg[2009]；(JMPR)0~0.1mg/kg，aRfD 0.6mg/kg[2010]。对大鼠和小鼠无致突变和致癌作用，对大鼠和兔无致畸作用。

生态效应 急性经口 LD_{50} (mg/kg)：山齿鹑>2000，日本鹌 430，山齿鹑和野鸭饲喂 LC_{50} (5d)>5200mg/L。鱼 LC_{50} (96h,mg/L)：虹鳟鱼>100，鲤鱼>100，大翻车鱼>120。水蚤 EC_{50} (48h)>120mg/L。淡水藻 E_rC_{50} (72h)>270mg/L，羊角月牙藻 E_bC_{50} (96h)55mg/L。糠虾 LC_{50} (9h)0.053mg/L，东方牡蛎 EC_{50} (96h)129.1mg/L，摇蚊幼虫 EC_{50} (48h)0.029mg/L。对蜜蜂有毒，LD_{50} (μg/只)：经口 0.00379、接触>0.0439。蚯蚓 LC_{50} (14d)13.2mg/kg 土。

环境行为

(1) 动物 在大鼠体内容易吸收和排出体外，氧化脱甲基化作用和在噻唑和硝基亚氨基之间的 C—N 键断裂是新陈代谢受限。

(2) 土壤/环境 DT_{50} (有氧)148~1155d。具有持久和移动性，并有可能浸到地下水和通过流到地表进行运输。K_{oc} 84~345。

制剂 50%水分散粒剂，16%水溶性粒剂，0.5%、1%颗粒剂和 0.15%粉剂。

主要生产商 Bayer CropScience 及 Sumitomo Chemical 等。

作用机理与特点 噻虫胺属新烟碱类广谱杀虫剂。其作用机理是结合位于神经后突触的烟碱乙酰胆碱受体。噻虫胺是一种活性高、具有内吸性、触杀和胃毒作用的广谱杀虫剂，对刺吸式口器害虫和其他害虫均有效。

应用

(1) 适用作物 水稻、蔬菜、果树、玉米、油菜籽、马铃薯、烟草、甜菜、棉花、茶叶、草皮和观赏植物等。

(2) 防治对象 可有效防治半翅目、鞘翅目和某些鳞翅目等害虫，如蚜虫、叶蝉、蓟马、白蝇、柯罗拉多马铃薯甲虫、水稻跳甲、玉米跳甲、小地虎、种蝇、金针虫及蛴螬等害虫。种子处理剂 PonchoBeta(噻虫胺＋beta-氟氯氰菊酯)，主要用于甜菜防治土传害虫和病毒媒介。

(3) 残留量与安全施药 加拿大拟修改食品药物法规，确定噻虫胺最高残留限量：大田玉米、乳类品、爆玉米粒、油菜籽及带穗轴去皮甜玉米粒，0.01mg/kg。日本厚生劳动省对食品中的杀虫剂-噻虫胺可湿粉(Clothianidin)拟订最大残留限量(MRLs)，覆盖产品：肉及可食用内脏、乳制品、可食用蔬菜及某些根和块茎、可食用水果和坚果、茶及香料、谷类、含油种子及油果、各种种子。

(4) 使用方法 噻虫胺可茎叶处理、水田处理、土壤处理和种子处理。茎叶处理、水田处理使用剂量为 50~100g/hm²，土壤处理使用剂量为 150g/hm²，种子处理使用剂量为 200~400g/100kg 种子。该产品使欧洲玉米主要害虫金针虫的防治提高到持久、有效的新水平。防治番茄烟粉虱使用剂量为 45~60g(a.i.)/hm²(折成 50%水分散粒剂商品剂量为 6~8g/667m²，加水稀释)，于烟粉虱发生初期开始喷雾，每生长季最多喷药 3 次，安全间隔期为 7d。推荐使用剂量下未见药害产生，对作物安全。

专利与登记 专利 EP376279 已过专利期，不存在专利权问题，另外还有工艺专利如 CN1243739、CN1051728、DE19806469、EP0869120、EP375907、EP425978、EP446913、JP2000281665、US5166164、US5238949、US6252072 等。

Arysta 生命科学公司的美国分公司 Arvesta 已经获得噻虫胺在美国和墨西哥的专有销售权，用于土壤和叶面处理，已经获得噻虫胺在美国用于草坪(Arena)和观赏植物(Celero)的批准。还由 Arvestn 代理以商品名 Clutch 在北美作为叶面和土壤处理剂使用，Clutch 已在墨西哥登记用于马铃薯、烟草和观赏植物。在北美，已批准用于美国和加拿大的玉米与木薯的种子处理。噻虫胺已在英国糖或饲料用甜菜上登记注册，主要用作种子处理。噻虫胺已在美国和加拿大获准用于种子处理剂，商品名为 Poncho。2003 年拜耳的 Poncho 种子处理剂销售额为 4 亿欧元(4.6 亿美元)。

国内登记情况：95％、96.5％、98％原药，20％悬浮剂，50％水分散粒剂等；登记作物为番茄和水稻等；防治对象为烟粉虱和稻飞虱等。日本住友化学株式会社在中国登记了 50％水分散粒剂用于防治番茄上的烟粉虱，使用剂量为 45～60g/hm²。

合成方法 经如下反应制得噻虫胺：

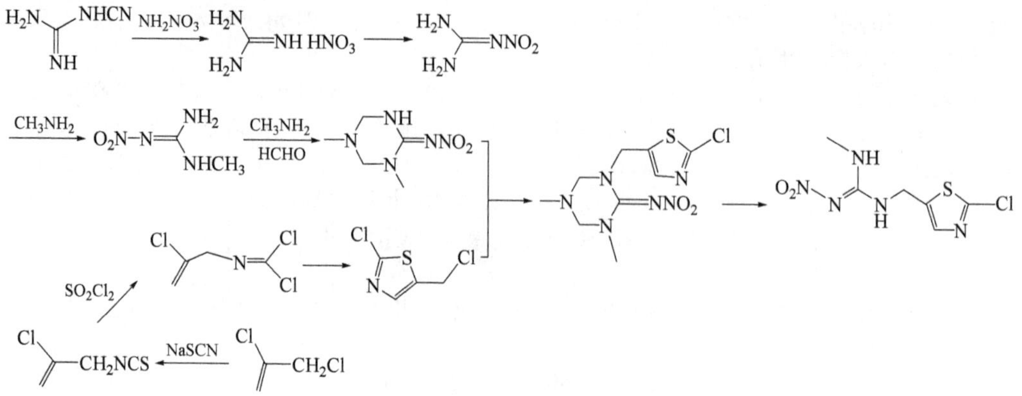

参考文献

[1] 程志明. 世界农药，2004，6：1-3.

[2] 张明媚，农药，2010，2：94-96.

[3] 李海屏. 农药研究与应用，2012,2：56.

噻虫啉 thiacloprid

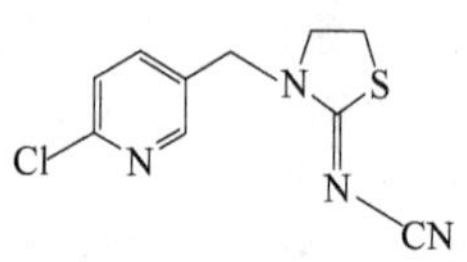

C₁₀H₉ClN₄S, 252.7, 111988-49-9

$C_{10}H_9ClN_4S$, 252.7, 111988-49-9

噻虫啉(thiacloprid)。试验代号 YRC2894；商品名称 Alanto、Bariard、Biscaya、Calypso。是 A. Elber 等人报道其活性，由德国拜耳农化公司和日本拜耳农化公司合作开发，1999 年在 Brazil 首先登记的另一个广谱、内吸性新烟碱类(neonicotinoid)杀虫剂。

化学名称 (Z)-3-(6-氯-3-吡啶甲基)-1,3-噻唑啉-2-亚基氰胺，(Z)-3-(6-chloro-3-pyridylmethyl)-1,3-thiazolidin-2-ylidenecyanamide。

理化性质 黄色结晶粉末，含量≥97.5％，熔点 136℃，沸点＞270℃(分解)。蒸气压 3.0×10^{-7} mPa(20℃)。$K_{ow}lgP$：0.74(未缓冲的水)，0.73(pH 4)，0.73(pH 7)，0.74(pH 9)。Henry 常数 4.1×10^{-10} Pa·m³/mol(计算值)，相对密度 1.46。水中溶解度：185mg/L(20℃)；有机溶剂中溶解度(20℃，g/L)：正己烷＜0.1，二甲苯 0.30，二氯甲烷 160，正辛醇 1.4，正丙醇 3.0，丙酮 64，乙酸乙酯 9.4，聚乙二醇 42，乙腈 52，二甲基亚砜 150。在 pH 5～9，25℃稳定。

毒性 大鼠急性经口 LD_{50} (mg/kg)：雄 621～836，雌 396～444。雄和雌大鼠急性经皮 LD_{50}＞2000mg/kg，对兔眼睛和皮肤无刺激性，对豚鼠皮肤无致敏性。大鼠吸入 LC_{50}(4h,鼻吸入,mg/m³ 空气)：雄＞2535，雌 1223。大鼠 NOEL(2y) 1.23mg/(kg·d)(25mg/L)。ADI：(JMPR)0.01mg/kg [2006]；(EC)0.01mg/kg [2004]；(EPA)aRfD 0.01mg/kg，cRfD 0.004mg/kg [2003]。无致癌性，对

大鼠和兔无生长发育毒性，无遗传或潜在致突变性。

生态效应 急性经口 LD$_{50}$（mg/kg）：日本鹌鹑 49，山齿鹑 2716；LC$_{50}$（8d,mg/L）：山齿鹑 5459，日本鹌鹑 2500。鱼 LC$_{50}$（96h,mg/L）：虹鳟鱼 30.5，大翻车鱼 25.2。水蚤 EC$_{50}$（48h,20℃）≥85.1mg/L。淡水藻 E$_r$C$_{50}$（72h,20℃）97mg/L，羊角月牙藻 EC$_{50}$＞100mg/L。蜜蜂 LD$_{50}$（μg/只）：经口 17.32，接触 38.83。蚯蚓 LC$_{50}$（14d,20℃）105mg/kg。

环境行为

（1）动物 迅速并完全地被动物胃肠道吸收并快速而独立地分布于大鼠的器官和组织，大部分代谢物主要通过尿和粪便排出，在大鼠体内无任何累积的迹象。包括母体化合物，26 种代谢物通过尿和粪便排出，通过噻唑啉环氧化、噻唑啉环和氰氨基团羟基化、噻唑啉环开环和亚甲基桥氧化断裂促进代谢。山羊体内的代谢物主要通过尿排出，奶中的量很少，家禽也一样，蛋中的量很少。

（2）植物 喷洒在马铃薯、苹果、棉花和小麦，以及在育苗箱中处理水稻及其他近似作物，其代谢物基本相同。母体化合物在收获时通常是主要的成分，母体化合物的水解、氧化、共轭是主要的降解途径。

（3）土壤/环境 DT$_{50}$（6 种土壤）7～12d，本品在土壤（6 种土壤）中流动较慢。平均值 K_{oc} 615（6 种土壤）。

制剂 颗粒剂、油悬浮剂、悬浮剂、悬浮乳剂、水分散粒剂。

主要生产商 Bayer CropScience 及 Cheminova 等。

作用机理与特点 作用机理与其他传统杀虫剂有所不同。它主要作用于昆虫神经接合后膜，通过与烟碱乙酰胆碱受体结合，干扰昆虫神经系统正常传导，引起神经通道的阻塞，造成乙酰胆碱的大量积累，从而使昆虫异常兴奋、全身痉挛、麻痹而死。具有较强的内吸、触杀和胃毒作用，与常规杀虫剂如拟除虫菊酯类、有机磷类和氨基甲酸酯类没有交互抗性，因而可用于抗性治理，是防治刺吸式和咀嚼式口器害虫的高效药剂之一。具有用量少、速效好、活性高、持效期长等特点。与常规杀虫剂如拟除虫菊酯、有机磷类和氨基甲酸酯类没有交互抗性，因此可用于抗性治理。其在土壤半衰期短，对鸟类、鱼和多种有益节肢动物安全。既可用于茎叶处理，也可以进行种子处理。

应用

（1）适用作物 果树、棉花、蔬菜、甜菜、马铃薯、水稻和观赏植物等。

（2）防治对象 该品种对果树、棉花、蔬菜、甜菜、马铃薯、水稻和观赏植物上的刺吸式口器害虫如蚜虫、叶蝉、粉虱等有优异的防效，对各种甲虫（如马铃薯甲虫、苹花象甲、稻象甲）和鳞翅目害虫如苹果树上的潜叶蛾和苹果蠹蛾也有效。

（3）残留量与安全施药 在推荐剂量下使用对作物安全，无药害。

（4）使用方法 茎叶喷雾处理和种子处理。使用剂量：根据作物、虫害及使用方法的不同为 48～216g（a.i.）/hm^2。

专利与登记 专利 EP235725 早已过专利期，不存在专利权问题，另还有相关工艺专利如 EP1024140 及 EP1518459 等。该品种于 2000 年商品化，噻虫啉以商品名 Calypso 在世界范围内登记，2000 年开始在巴西、欧洲、日本和美国等地推广应用。目前已在 20 多个国家获得登记，用量为 48～180g/hm^2。FMC 公司已在北美、南美（阿根廷、乌拉圭、巴拉圭和玻利维亚除外）、在英国、西班牙和葡萄牙销售此产品。

国内登记情况：95％、98％原药，1％、1.5％、2％、3％微囊悬浮剂，40％、48％悬浮剂，20％、36％、50％、70％水分散粒剂；登记作物为黄瓜、水稻、甘蓝、松树、柳树和其他林木等；防治对象为稻飞虱、蓟马、天牛和蚜虫等。

合成方法 经如下反应制得噻虫啉：

参考文献

[1] Proceedings of the Brighton Crop Protection Conference-Pests and diseases，2000，1：21.

[2] 谢心宏，农药，2001，1：41-42.

[3] 张品，精细化工中间体，2010，6：23-26.

噻虫嗪 thiamethoxam

$C_8H_{10}ClN_5O_3S$, 291.7, 153719-23-4

噻虫嗪（thiamethoxam）。试验代号 CGA 293343；商品名称 Actara、Adage、Agita、Anant、Cruiser、Centric、Click、Digital Flare、Flagship、Maxima、Meridian、Platinum、Renova、Spora、Sun-Vicor、T-Moxx；其他名称 阿克泰、快胜。是汽巴-嘉基公司（现属先正达）发现，R. Senn 等人报道其活性，1997 年由 New Zealand 开发的新烟碱类（neonicotinoid）杀虫剂。

化学名称 3-(2-氯-1,3-噻唑-5-基甲基-)-5-甲基-1,3,5-噁二嗪-4-亚基（硝基）胺，3-(2-chloro-1,3-thiazol-5-ylmethyl)-5-methyl-1,3,5-oxadiazinan-4-ylidene(nitro)amine。

理化性质 结晶粉末，熔点 139.1℃，蒸气压 $6.6×10^{-6}$ mPa（25℃）。K_{ow} lg$P$ = —0.13（25℃）。Henry 常数 $4.70×10^{-10}$ Pa·m³/mol（计算值）。相对密度 1.57（20℃）。水中溶解度 4.1g/L（25℃）；有机溶剂中溶解度（g/L）：丙酮 48，乙酸乙酯 7.0，二氯甲烷 110，甲苯 0.680，甲醇 13，正辛醇 0.620，正己烷＜0.001。在 pH 5 条件下稳定，DT_{50}：640d（pH 7）、8.4d（pH 9）。

毒性 大鼠急性经口 LD_{50}1563mg/kg，大鼠急性经皮 LD_{50}＞2000mg/kg。对兔眼睛和皮肤无刺激性，对豚鼠皮肤无致敏性。大鼠吸入 LC_{50}（4h）＞3720mg/m³。NOEL(mg/L)：小鼠 NOAEL（90d）10[1.4mg/(kg·d)]，狗(1y)150[4.05mg/(kg·d)]。ADI(EC)0.026mg/kg [2006]，（公司建议）0.041mg/kg。

生态效应 急性经口 LD_{50}（mg/kg）：山齿鹑1552，野鸭576。山齿鹑和野鸭饲喂 LC_{50}（5d）＞5200mg/kg。鱼 LC_{50}（96h，mg/L）：虹鳟鱼＞100，大翻车鱼＞114，红鲈＞111。水蚤 LC_{50}（48h）＞100mg/L。绿藻 EC_{50}（96h）＞100mg/L。糠虾 LC_{50}（96h）6.9mg/L，东方牡蛎 EC_{50}＞119mg/L。蜜蜂 LD_{50}（μg/只）：经口0.005，接触0.024。蚯蚓 LC_{50}（14d）＞1000mg/kg 土。

环境行为

（1）动物 迅速并完全被动物体吸收，快速分布于动物体各部位，并快速排出体外。动物的毒代动力学和新陈代谢不受给药方式、剂量、前处理、部位或性别影响。在大鼠、小鼠、山羊和母鸡身体上的代谢途径相同。

（2）植物 通过对六种不同植物的根、叶和种子处理研究发现，其降解、代谢是相似的。

（3）土壤/环境 DT_{50}7～109d（37种土壤，平均值32.3d）。K_{oc}32.5～237mL/g（o.c.）［25种土壤，平均值68.4mL/g（o.c.）］。光解加速土壤降解。酸性条件下在水中稳定，碱性条件下水解。地表水 DT_{50}7.9～39.5d（实验室，黑暗，7种水-沉积物系统，平均值21.5d）。迅速发生光水解。不在生物体内积累。不发生大量挥发，主要通过光化学氧化在空气中降解。

制剂 15%可湿性粉剂，25%水分散粒剂，24%悬浮剂，1%颗粒剂，70%种子处理剂，35%悬浮种衣剂。

主要生产商 Syngenta。

作用机理与特点 其作用机理与吡虫啉相似，高效、低毒、杀虫谱广，由于更新的化学结构及独特的生理生化活性，可选择性抑制昆虫神经系统烟酸乙酰胆碱酯酶受体，进而阻断昆虫中枢神经系统的正常传导，造成害虫出现麻痹而死亡。不仅具有良好的胃毒、触杀活性、强内吸传导性和渗透性，而且具有更高的活性、更好的安全性、更广的杀虫谱及作用速度快、持效期长等特点，而且与第一代新烟碱类杀虫剂如吡虫啉、啶虫脒、烯啶虫胺等无交互抗性，是取代那些对哺乳动物毒性高、有残留和环境问题的有机磷、氨基甲酸酯类、拟除虫菊酯类、有机氯类杀虫剂的最佳品种。既能防治地下害虫，又能防治地上害虫。既可用于茎叶处理和土壤处理，又可用于种子处理。

应用

（1）适用范围 茎叶处理和土壤处理：芸薹属作物、食叶和食果的蔬菜、马铃薯、水稻、棉花、落叶果树、咖啡、柑橘、烟叶、大豆等；种子处理：玉米、高粱、谷类、甜菜、油菜、棉花、菜豆、马铃薯、水稻、花生、小麦、向日葵等。也可用于动物和公共卫生苍蝇的防治。

（2）防治对象 可有效防治鳞翅目、鞘翅目、缨翅目害虫，对同翅目害虫有高效。如各种蚜虫、叶蝉、粉虱、飞虱、稻飞虱、粉蚧、蛴螬、金龟子幼虫、马铃薯甲虫、跳甲、线虫、地面甲虫、潜叶蛾等。

（3）残留量与安全施药 在推荐剂量下，对作物、环境安全，无药害。

（4）使用方法 使用剂量为10～200g/hm²。除了可用于传统的叶面喷雾以外，还特别适合用于种苗的土壤灌根处理，使用剂量为2～200g（a.i.）/hm²；又可用于种子处理，使用剂量为4～400g（a.i.）/100kg。用2.5g（a.i.）/100L喷雾即可防治食叶和食果的蔬菜中各种蚜虫，用25g（a.i.）/100L喷雾即可防治落叶水果中多种蚜虫，防治棉花害虫使用剂量为30～100g（a.i.）/hm²，防治稻飞虱使用剂量为6～12g（a.i.）/hm²；用40～315g（a.i.）/100kg剂量处理玉米种子，可有效地防治线虫、蚜属、杆蝇、黑异蔗金龟等害虫，使用合理的推荐剂量能给幼苗带来超过1个月以上的保护。

① 防治柑橘粉虱、白粉虱 噻虫嗪25%水分散粒剂2500、5000倍液的防效（施药后1d）分别为98%和86.11%；具有速效、持效和高效的特点，实际用7500倍液，就可达到理想防效。而10%吡虫啉乳油2500倍液的防效为71.71%。

② 防治番茄白粉虱 在温室白粉虱发生初期，在番茄根部须根密布区用木棍打洞，用水量30kg/100m²，将药稀释后用喷雾器去掉喷头等量浇灌。噻虫嗪25%水分散粒剂移栽后灌根处理对温室白粉虱有良好的防效，持续时间可达21d以上，且在试验剂量内对番茄安全无药害，可以大面积推广应用。推荐应用剂量为3～4.5g/100m²。

③ 防治稻飞虱　在若虫发生初盛期进行喷雾，用噻虫嗪 25% 水分散粒剂 1.6～3.2g/667hm²，兑水 30～40kg，直接喷在叶面上，可迅速传导到水稻全株。一季作物最多施用 2 次，安全间隔期 28d。

④ 防治梨木虱　噻虫嗪 25% 水分散粒剂 10000 倍，或每亩果园用 6g 噻虫嗪 25% 水分散粒剂（有效成分 1.5g）进行喷雾，一季作物最多施用 4 次，安全间隔期 14d。

⑤ 防治苹果树蚜虫　用噻虫嗪 25% 水分散粒剂 5000～10000 倍液或每亩用 5～10g 噻虫嗪 25% 水分散粒剂进行叶面喷雾，一季作物最多施用 4 次，安全间隔期 14d。

⑥ 防治烟蚜　在移栽前灌根一次（噻虫嗪 25% 水分散粒剂 4000 倍液）或在烟蚜发生期喷雾（噻虫嗪 25% 水分散粒剂 10000～12000 倍液）防治一次，持效期在 20d 左右，并且对烟株和天敌安全。

⑦ 防治棉花蓟马　每亩用噻虫嗪 25% 水分散粒剂 13～26g（有效成分 3.25～6.5g）进行喷雾。

⑧ 防治柑橘潜叶蛾　噻虫嗪 25% 水分散粒剂 3000～4000 倍液，或每亩用噻虫嗪 25% 水分散粒剂 15g（有效成分 3.75g）进行喷雾。

⑨ 防治瓜类白粉虱　用噻虫嗪 25% 水分散粒剂 2500～5000 倍液，或每亩用噻虫嗪 25% 水分散粒剂 10～20g（有效成分 2.5～5g）进行喷雾，一季作物最多施用 2 次，安全间隔期 3d。

⑩ 防治蚂蚁　噻虫嗪 0.01% 胶饵，施用方法：投放。

专利与登记　专利 EP580553 已过专利期，不存在专利权问题。另有相关工艺专利如 CN100379731、CN1261420、CN1654460、CN1084171、CN1053905、WO9710226、WO9827074、WO9832747 等。

该品种 1997 年进入新西兰市场用于玉米种子处理，1998 年进入南非、巴西、印尼及拉丁美洲市场，用于防治棉花、蔬菜、水稻、果树及大豆等作物上的蚜虫、粉虱、飞虱、甲虫和象甲等害虫。并获得了在美国、日本、巴拉圭、摩洛哥、南非、波兰、罗马尼亚、印度尼西亚和韩国等国家的产品登记，如 25% 噻虫嗪水分散粒剂、70% 噻虫嗪种子处理可分散粉剂等。其中噻虫嗪是先正达公司在欧洲、美国和亚太地区同步推出的新一代杀虫剂，2000 年在中国取得临时登记，因其高效、低毒、内吸等特点，正成为防治温室白粉虱的首选药剂。目前已在世界近 30 个国家、20 多种作物上进行开发应用。

国内登记情况：98% 原药，30%、70% 种子处理悬浮剂，21% 悬浮剂，25% 可湿性粉剂，25%、40%、50% 水分散粒剂；登记作物为棉花、油菜、水稻、玉米和马铃薯等；防治对象为稻飞虱、苗期蚜虫、黄条跳甲、灰飞虱和蚜虫等。瑞士先正达作物保护有限公司在中国登记情况见表 173。

表 173　瑞士先正达作物保护有限公司在中国登记情况

登记名称	登记证号	含量	剂型	登记范围	防治对象	用药量	施用方法
噻虫嗪	PD20060003	25%	水分散粒剂	番茄	白粉虱	①26.25～56.25g/hm²②62.5～125mg/kg，30～50mg/株	①苗期（定植前 3～5d）喷雾②灌根
				节瓜	蓟马	30～56.25g/hm²	喷雾
				十字花科蔬菜	白粉虱	①26.25～56.25g/hm²②62.5～125mg/kg，30～50mg/株	①苗期（定植前 3～5d）喷雾②灌根
				辣椒	白粉虱	①26.25～56.25g/hm²②62.5～125mg/kg，30～50mg/株	①苗期（定植前 3～5d）喷雾②灌根

登记名称	登记证号	含量	剂型	登记范围	防治对象	用药量	施用方法
噻虫嗪	PD20060003	25%	水分散粒剂	茄子	白粉虱	①26.25～56.25g/hm² ②62.5～125mg/kg，30～50mg/株	①苗期（定植前3～5d)喷雾 ②灌根
				花卉	蓟马	30～56.25g/hm²	喷雾
				棉花	白粉虱	26.25～56.25g/hm²	
				棉花	蓟马	30～56.25g/hm²	
				马铃薯	白粉虱	30～56.25g/hm²	
				甘蔗	棉蚜	20.8～25mg/kg	
				花卉	蚜虫	15～22.5g/hm²	
				葡萄	介壳虫	50～62.5mg/kg	
				烟草	蚜虫	15～30g/hm²	
				油菜	蚜虫	15～30g/hm²	
				黄瓜	白粉虱	37.5～46.88g/hm²	
				茶树	茶小绿叶蝉	15～22.5g/hm²	
				西瓜	蚜虫	30～37.5g/hm²	
				水稻	稻飞虱	7.5～15g/hm²	
				柑橘树	蚜虫	20.8～25mg/kg	
				油菜	黄条跳甲	37.5～56.25g/hm²	
				柑橘树	介壳虫	50～62.5mg/kg	
				棉花	蚜虫	15～30g/hm²	
噻虫嗪	PD20060002	70%	种子处理可分散粉剂	棉花	苗期蚜虫	210～420g/100kg 种子	拌种
				玉米	灰飞虱	70～210g/100kg 种子	种子包衣
噻虫嗪	LS20100100	21%	悬浮剂	观赏菊花	蚜虫	30～50mL/株，2000～4000	灌根
				观赏玫瑰	蓟马	倍液 54～72g/hm²	喷雾
杀蚁胶饵	WL20080221	0.01%	胶饵	卫生	蚂蚁	—	投放

合成方法　经如下反应制得噻虫嗪：

参考文献

[1]Pest Manag Sci,2001,57(10)：906-913.

[2] Pest Manag Sci, 2001, 57 (2)：165-176.

[3] 陶贤鉴．现代农药，1999，38(6)：42-43.

[4] Proc Br Crop Pron Conf-Pest Dis, 1998, 1：27.

[5] 程霞．世界农药，2001，4：17-25

噻吩磺隆 thifensulfuron-methyl

$C_{12}H_{13}N_5O_6S_2$，387.4，79277-27-3

噻吩磺隆(thifensulfuron-methyl)。试验代号 DPX-M6316、M6316；商品名称 Harass、Harmony Extra、Harmony、Nimble、Pinnacle；其他名称 Treaty、Volta、阔叶散、宝收、噻磺隆。是由杜邦公司开发的磺酰脲类除草剂。

化学名称 3-(4-甲氧基-6-甲基-1,3,5-三嗪基-2-基氨基羰基氨基磺酰基)噻吩-2-羧酸甲酯，methyl 3-(4-methoxy-6-methyl-1,3,5,triazin-2-yl-carbamoylsulfamoyl)thiophen-2-carboxylate.

理化性质 原药纯度大于＞96%。纯品为无色无味结晶体，熔点176℃(工业品171.1℃)。蒸气压(25℃)$1.7×10^{-5}$mPa。$K_{ow}\lg P$：1.06(pH 5)，0.02(pH 7)，0.0079(pH 9)。Henry常数：$9.7×10^{-10}$Pa·m³/mol(pH 7,25℃)。相对密度1.580(20℃)。水中溶解度(25℃,mg/L)：223(pH 5)，2240(pH 7)，8830(pH 5)。其他溶剂中溶解度(25℃,g/L)：正己烷＜0.1，邻二甲苯0.212，乙酸乙酯3.3，甲醇2.8，乙腈7.7，丙酮10.3，二氯甲烷23.8。水解DT_{50}(25℃)：4～6d(pH 5)，180d(pH 7)，90d(pH 9)。pK_a 4.0(25℃)。

毒性 大鼠急性经口LD_{50}＞5000mg/kg，兔急性经皮LD_{50}＞2000mg/kg。对皮肤和眼睛无刺激性，对皮肤无致敏性。大鼠吸入LC_{50}(4h)＞7.9mg/L空气。NOEL(mg/kg饲喂)：NOAEL大鼠(90d)100，大鼠(2y)500；大鼠(2代)繁殖研究2500。大鼠致畸研究NOAEL 200mg/(kg·d)。ADI(EC)0.01mg/kg [2001]，(EPA)cRfD 0.013mg/kg [1991]，(公司建议)0.026mg/kg。在Ames试验及其他三种致突变试验中均无致突变作用。

生态效应 野鸭急性经口LD_{50}＞2510mg/kg，野鸭和日本鹌鹑饲喂LC_{50}(8d)＞5620mg/kg饲料。鱼类LC_{50}(96h,mg/L)：虹鳟鱼410，大翻车鱼520。水蚤LC_{50}(48h)970mg/L。绿藻NOEC(120h)15.7mg/L。浮萍EC_{50}(14d)值为0.0016mg/L。对蜜蜂无毒，蜜蜂LD_{50}(48h,局部)＞12.5μg/只。蚯蚓LC_{50}＞2000mg/kg。烟蚜茧和梨盲走螨LR_{50}＞82g(a.i.)/hm²。

环境行为

(1) 动物 动物口服以后，70%～75%未分解的噻吩磺隆通过尿和粪便排出体外。主要的代谢机理是酯基的水解、杂环上的脱酸反应以及磺酰脲基团的水解等。

(2) 植物 在小麦和玉米内，残余物消散迅速，主要是脲桥的断裂和三嗪环上甲氧基的分解，噻吩环上酯基的水解。

(3) 土壤/环境 噻吩磺隆在土壤中的被微生物降解，化学水解和光解速度很快，DT_{50}＜1～7d，DT_{90}＜1～50d。

作用机理与特点 噻吩磺隆为乙酰乳酸合成酶(ALS)抑制剂，从而阻止植物体内的细胞分裂及其生长程序的执行。噻吩磺隆是一种内吸传导型苗后选择性除草剂，主要通过叶面吸收，在土壤中没有活性。能很好地防除谷物、玉米和牧场中的一年生杂草。谷物被处理后可能会导致暂时的停止生长和叶面上颜色的变化。

主要生产商 Cheminova、DuPont、安徽丰乐农化有限公司、江苏瑞东农药有限公司、江苏瑞邦农药厂有限公司及江苏腾龙集团有限公司等。

制剂 75%干悬浮剂和75%可湿性粉剂(阔叶散、宝收)。

842

应用

(1) 适宜作物与安全性 冬小麦、春小麦、硬质小麦、大麦、燕麦、玉米、大豆等。由于噻吩磺隆在土壤中有氧条件下能迅速被微生物分解，在处理后30d即可播种下茬作物（对下茬作物无害）。正常剂量下对禾谷类作物如小麦、大麦、燕麦和玉米及大豆安全。

(2) 防除对象 一年生和多年生阔叶杂草如苘麻、龙葵、香薷、问荆、凹头苋、反枝苋、马齿苋、臭甘菊、藜、萹草、春蓼、本氏蓼、卷茎蓼、酸模叶蓼、桃叶蓼、鼬瓣花、鸭舌草、猪殃殃、婆婆纳、播娘蒿、地肤、野蒜、牛繁缕、繁缕、王不留行、遏蓝菜、猪毛菜、芥菜、荠菜等，对田蓟、田旋花、野燕麦、狗尾草、雀麦、刺儿菜及禾本科杂草等无效。

(3) 应用技术 在同一田块里，每一作物生长季中噻吩磺隆的亩用量以不超过32.5g(a.i.)/hm^2〔亩用量为2.2g(a.i.)〕为宜，残留期30～60d。当作物处于不良环境时（如严寒、干旱、土壤水分过饱和及病虫危害等），不宜施药，否则可能产生药害。噻吩磺隆可与禾谷地用的杀虫剂混用或按先后顺序施用。但在不良环境下（如干旱等），噻吩磺隆与有机磷杀虫剂（如对硫磷）混用或按先后顺序施用，可能有短暂的叶片变黄或药害。所以，在大面积施用前应先进行小规模试验。噻吩磺隆亦不能与马拉硫磷混用。在药液中加入0.2%～0.5%的非离子型表面活性剂（如中性洗衣粉）有助降低药量及提高药效。

(4) 使用方法 防除一年生阔叶杂草，用量为9～40g(a.i.)/hm^2〔亩用量通常为0.6～2.7g(a.i.)〕，并加入0.2%～0.5%（体积分数）非离子表面活性剂于作物2叶期至开花期、杂草高度或直径小于10cm、生长旺盛但未开花以及作物冠层无覆盖杂草的时期进行苗后喷药。用量、环境条件及杂草种类不同，其持效期也不一样，但不超过30d。

防除野蒜，亩用量为0.6～2.3g(a.i.)。大豆1复叶至开花前，阔叶草2～4叶期喷药，用量为0.55～0.8g(a.i.)。小麦2叶至拔节期，阔叶草2～4叶期，用量1.0～1.5g(a.i.)。玉米3～7叶期，阔叶草3～4叶期，用量为0.8～1.2g(a.i.)。以上均兑水20～50L/亩，进行茎叶喷雾。

现混现用（桶混）：在大豆田，噻吩磺隆可与稀禾定、吡氟禾草灵、吡氟氯禾灵及禾草克等混用，在小麦田，噻吩磺隆可与2,4-滴、2甲4氯等混用，亩用量为噻吩磺隆0.67～0.8g(a.i.)加2,4-滴或2甲4氯18～36g(a.i.)。防除野燕麦，噻吩磺隆可与野燕枯或2,4-滴丙酸甲酯混用；防除狗尾草，噻吩磺隆可与2,4-滴丙酸甲酯混用。

专利与登记 专利EP30142早已过专利期，不存在专利权问题。国内登记情况：98%悬乳剂，25%、15%、75%、20%、72%、39%、10%、70%、55%、20%可湿性粉剂，75%、55%水分散粒剂，50%、43.6%、81%、48%乳油，75%干悬浮剂，83%微乳剂等；登记作物为花生、冬小麦、春玉米、夏玉米、春大豆、夏大豆，防除对象为一年生杂草、一年生阔叶杂草等。美国杜邦公司在中国登记情况见表174。

表174 美国杜邦公司在中国登记情况

登记名称	登记证号	含量	剂型	登记作物	防治对象	用药量/(g/hm^2)	施用方法
噻吩磺隆	PD387-2003	95%	原药				
噻吩磺隆	PD388-2003	75%	水分散粒剂	玉米	一年生阔叶杂草	①15～20（华北地区）20～25（东北地区）②8～15（华北地区）15～20（东北地区）	①芽前土壤喷雾处理 ②苗后茎叶喷雾
				大豆	一年生杂草	①15～20（华北地区）②20～25（东北地区）11.25～15+乙草胺600～750（华北地区）15～18.75+乙草胺11	播前或播后苗前土壤喷雾
				大豆	一年生阔叶杂草	①15～20（华北地区）②20～25（东北地区）11.25～15+乙草胺600～750（华北地区）15～18.75+乙草胺11	播前或播后苗前土壤喷雾

合成方法 以丙烯腈为起始原料，经多步反应制得噻吩磺隆。反应式如下：

[1] 陆阳等.农药科学与管理，2006，5；32-35.

噻氟菌胺 thifluzamide

$C_{13}H_6Br_2F_6N_2O_2S$，528.1，130000-40-7

噻氟菌胺(thifluzamide)。试验代号 Mon24000、RH-130753；商品名称 Greatam G、Ika-ruga、Pulsor；其他名称 trifluzamide、满穗、噻呋酰胺。是美国孟山都公司研制并于 1993 年在中国申请了该化合物及其组合物的发明专利，1994 年美国罗门哈斯公司(现陶氏益农公司)购买了这项专利，并使之商品化。2010 年日产化学又购买了陶氏益农的噻氟菌胺杀菌剂业务。

化学名称 2',6'-二溴-2-甲基-4'-三氟甲氧基-4-三氟甲基-1,3-噻唑-5-甲酰胺，2',6'-dibromo-2-methyl-4'-trifluoromethoxy-4-trifluoromethyl-1,3-thiazole-5-carboxanilide。

理化性质 纯品为白色至浅棕色粉状固体，熔点 177.9～178.6℃。蒸气压(20℃)1.008×10^{-6}mPa。分配系数 $K_{ow}\lg P=4.16$(pH 7)。Henry 常数 3.3×10^{-7}Pa·m³/mol(pH 5.7，20℃)。相对密度 2.0(26℃)。水中溶解度(20℃,mg/L)：1.6(pH 5.7)，7.6(pH 9)。在 pH 5.0～9.0 时耐水解。水中光解 DT$_{50}$3.6～3.8d。pK_a 11.0～11.5(20℃)。闪点＞177℃。

毒性 大鼠急性经口 LD$_{50}$＞6500mg/kg，兔急性经皮 LD$_{50}$＞5000mg/kg。对兔眼睛和皮肤有轻微刺激；对皮肤无致敏性。大鼠急性吸入 LC$_{50}$(4h)＞5g/L。NOEL 值[mg/(kg·d)]：大鼠1.4，小鼠9.2，狗10。ADI 值：RfD 0.014mg/kg。Ames 试验呈阴性，小白鼠微核试验为阴性。

生态效应 山齿鹑和野鸭经口 LD$_{50}$＞2250mg/kg。山齿鹑和野鸭饲喂 LC$_{50}$(5d)＞5620mg/L。鱼毒 LC$_{50}$(96h,mg/L)：大翻车鱼 1.2，虹鳟鱼 1.3，鲤鱼 2.9。水蚤 EC$_{50}$(48h)1.4mg/L。绿藻 EC$_{50}$1.3mg/L。蜜蜂 LD$_{50}$：经口＞1000mg/L，接触＞100μg/只。蚯蚓 LC$_{50}$＞1250mg/kg。

环境行为

(1) 动物 本品代谢主要通过五种方式排出体外。

(2) 植物 噻氟菌胺主要是以母体结构残留于叶子中。

(3) 土壤/环境 在土壤中微生物降解缓慢，土壤 DT$_{50}$(实验室,需氧,25℃)992～1298d。在土壤中移动缓慢。K_{oc}404～981(7 种土壤)。光解 DT$_{50}$95～155d(实验室,25℃)。不容易通过水解作用进行降解；光解 DT$_{50}$18～27d(实验室,pH 7,25℃)；在稻田水中 DT$_{50}$3～4d。

制剂　25%可湿性粉剂，24%、240g/L悬浮剂。

主要生产商　Dow AgroSciences 及 Nissan 等。

作用机理与特点　琥珀酸酯脱氢酶抑制剂，即在真菌三羧酸循环中抑制琥珀酸酯脱氢酶的合成。可防治多种植物病害，特别是担子菌丝核菌属真菌所引起的病害，同时具有很强的内吸传导性。含氟农药中的 C—F 键的键能(450～485kJ/mol)由于比 C—H 键的键能(410kJ/mol)大，因此在生化过程中其竞争能力很强，一旦与底物或酶结合就不易恢复。

应用

(1) 适宜作物　水稻、禾谷类作物、其他大田作物如花生、棉花和甜菜、马铃薯和草坪作物等。

(2) 对作物安全性　推荐剂量下对作物安全、无药害。

(3) 防治(预防)对象　对丝核菌属、柄锈菌属、黑粉菌属、腥黑粉菌属、伏革菌属和核腔菌属等担子菌纲致病真菌有活性，如对担子菌纲真菌引起的病害——立枯病等有特效。

(4) 应用技术　噻氟菌胺具有广谱的杀菌活性，克服了当前市场上用于防治黑粉菌的许多药剂对作物不安全的特点，在种子处理防治系统性病害方面将发挥更大的作用。一般处理叶面可有效防治丝核菌、锈菌和白绢病菌引起的病害；处理种子可有效防治黑粉菌、腥黑粉菌和条纹病菌引起的病害。噻氟菌胺对藻状菌类没有活性。对由叶部病原物引起的病害，如花生褐斑病和黑斑病效果不好。

(5) 使用方法　噻氟菌胺既可用于水稻、禾谷类作物和草坪作物等的茎叶处理，使用剂量为 125～250g(a.i.)/hm^2；又可用于禾谷类作物和非禾谷类作物拌种处理，使用剂量为 7～30g(a.i.)/100kg 种子；具有广谱活性且防效优异。对稻纹枯病有优异的防效，茎叶喷雾处理或施颗粒剂(抽穗前 50～20d)，用量分别为 130g(a.i.)/hm^2、140g(a.i.)/hm^2，活性优于用量为 330g(a.i.)/hm^2、560g(a.i.)/hm^2 的戊菌隆。田间药效试验结果表明对禾谷类锈病有很好的活性，使用剂量为 125～250g(a.i.)/hm^2。以 7～30g(a.i.)/100kg 种子进行种子处理，对黑粉菌属和小麦网腥黑粉菌亦有很好的防效。对花生枝腐病和锈病有活性[280～560g(a.i.)/100kg 种子]。对马铃薯茎溃疡病有很好的效果[50g(a.i.)/100kg 种子]，活性优于戊菌隆和甲基立枯磷。

具体使用方法如下：

① 防治水稻纹枯病　施药适期为水稻分蘖末期至孕穗初期，每亩用 23%噻氟菌胺 14～25mL，加水 40～60L 喷雾。既可用于叶面施药，也可用于种子处理和土壤处理等多种施药方法。

② 防治花生白绢病和冠腐病　在处理已被白绢病和冠腐病严重感染的花生时，噻氟菌胺表现出较好的治疗效果，效果可达 50%～60%，并有明显的增产效果。一般施用量为每亩 4.6g(a.i.)时产生防治效果，施用量达到每亩 18.6g(a.i.)时，有较一致和稳定的防治效果和增产作用。早期施药 1 次可以抑制整个生育期的白绢病，晚期施药会因病害已经发生造成一定的产量损失，需要多次施药才可奏效。噻氟菌胺在防治由立枯丝核菌引起的花生冠腐病时，要求比防治白绢病更高的剂量。一般播种后 45d 施用每亩 3.7～4g(a.i.)，并在 60d 时同剂量再施用 1 次方才奏效。

③ 防治草坪褐斑病　噻氟菌胺对由立枯丝核菌引起的草坪褐斑病有很好的效果，且防效持久。

④ 防治水稻纹枯病　噻氟菌胺对大田和直播田水稻纹枯病的防治可以采用两种方式施药。一是水面撒施颗粒剂，另一种是秧苗实行叶面处理。直播田在穗分化后 7～14d 叶面喷施每亩 14～18g(a.i.)，1 次用药就可取得良好效果。

⑤ 防治棉花立枯病　由立枯丝核菌与溃疡病菌共同引起的立枯病是棉花苗期的重要病害。噻氟菌胺的长残效和内吸性在这一病害上表现卓越。与五氯硝基苯(PCNB)相比不仅效果好而且用量仅为 1/5～1/3。

专利与登记　专利 US5045554、EP861833、EP791588 及 US5837721 等均早已过专利期，不存在专利权问题。国内登记情况：240g/L 噻呋酰胺悬浮剂；登记作物为水稻；防治对象为纹枯病等。日本日产化学工业株式会社在中国登记情况见表 175。

表 175 日本日产化学工业株式会社在中国登记情况

登记名称	登记证号	含量	剂型	登记作物	防治对象	用药量	施用方法
噻呋酰胺	PD20070128	96%	原药				
噻呋酰胺	PD20070127	240g/L	悬浮剂	水稻	纹枯病	45.3～81.5g/hm²	喷雾

合成方法 以三氟乙酰乙酸乙酯为起始原料，经氯化、合环、水解、氯化制得酰氯，此酰氯与以对三氟甲氧基苯胺为起始原料制得的 2,6-二溴-4-三氟甲氧基苯胺反应即得目的物。

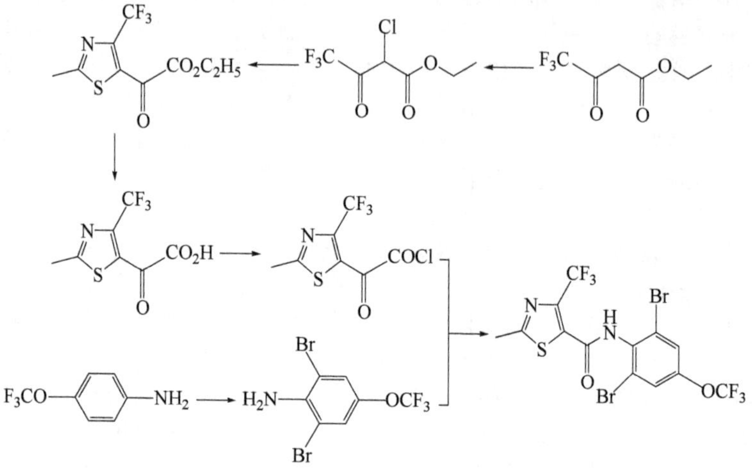

参考文献

[1] The Pesticide Manual. 15th ed. 2009：1119-1120.
[2] Proc Br Crop Prot Conf：Pests Dis，1992，1：427.
[3] 崔凯，等. 应用化工，2013，8：1454-1456.
[4] 刘刚. 农化市场十日讯，2013，23：31.

噻节因 dimethipin

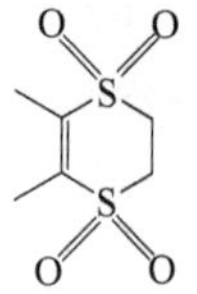

$C_6H_{10}O_4S_2$，210.3，55290-64-7

噻节因（dimethipin）。试验代号 N 252；商品名称 Harvade、Lintplus；是由 Uniroyal Chemical Co.（现 Chemtura Corp）开发的植物生长调节剂。

化学名称 2,3-二氢-5,6-二甲基-1,4-二噻因-1,1,4,4-四氧化物，2,3-dihydro-5,6-dimethyl-1,4-dithiine 1,1,4,4-tetraoxide。

理化性质 纯品为白色结晶固体，熔点 167～169℃，蒸气压 0.051mPa（25℃）。分配系数 $K_{ow}lgP = -0.17$（24℃）。Henry 常数 2.33×10^{-6} Pa·m³/mol。密度 1.59g/cm³（23℃）。溶解度（25℃，g/L）：水 4.6，乙腈 180，甲苯 8.979，甲醇 10.7。在 pH 3、6 和 9 条件下（25℃）稳定；1y（20℃），14d（55℃），光照（25℃）≥7d 时均稳定。pK_a10.88，弱酸。

毒性 大鼠急性经口 LD_{50} 500mg/kg，兔急性经皮 LC_{50} 5000mg/kg。对兔眼睛刺激性严重，对兔皮肤无刺激性，对豚鼠弱智致敏。大鼠吸入 LC_{50}(4h)1.2mg/L。NOEL 数据[mg/(kg·d)]：大鼠(2y)2，狗(2y)25；ADI(JMPR)0.02mg/kg [1999，2004]，(EPA)cRfD 0.02mg/kg [1990，2005]。

生态效应 野鸭和山齿鹑饲喂 LC_{50}(8d)>5000mg/L。野鸭 LC_{50} 896mg/kg。鱼毒 LC_{50}(96h，mg/L)：虹鳟鱼52.8，大翻车鱼20.9，杂色鲫17.8。水蚤 LC_{50}(48h)21.3mg/L。月牙藻 EC_{50} 5.12mg/L，糠虾 LC_{50}(96h)13.9mg/L，蜜蜂 LD_{50}>100μg/只(25%制剂)，蚯蚓 LC_{50}(14d)>39.4mg/L(25%制剂)。

环境行为 本品在植物中不会分解；土壤中 DT_{50} 104～149d，K_d 0.092，K_{oc} 3.27。

制剂 50%可湿性粉剂、0.5kg/L 流动剂(Harvade 5F)。

作用机理与特点 植物生长调节剂，可使棉花、苗木、橡胶树和葡萄树脱叶。还能促进早成熟，并能降低收获时亚麻、油菜、水稻和向日葵种子的含水量。

应用 作为脱叶和干燥时的用量一般为 0.84～1.34kg(a.i.)/hm²。若用于棉花脱叶，施药时间为收获前 7～14d，棉铃 80%开裂时进行，用量 0.28～0.56kg(a.i.)/hm²。若用于苹果树脱叶，在收获前 7d 进行。若用于水稻和向日葵种子的干燥，宜在收获前 14～21d 进行。

专利概况 专利 US3920438 早已过专利期，不存在专利权问题。

合成方法 通过如下反应制得目的物：

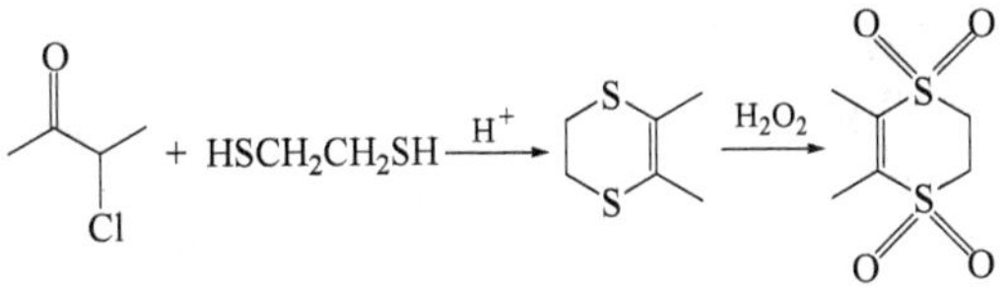

噻菌灵 thiabendazole

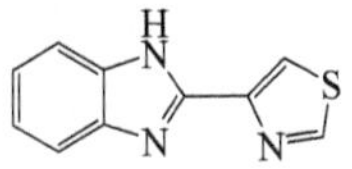

$C_{10}H_7N_3S$，201.3，148-79-8

噻菌灵(thiabendazole)。试验代号 MK-360；商品名称 Hykeep、Mertect、Tecto、Thiabensun；其他名称 Apl-Lustr、Chem-Tek、Deccosalt、Storite、Xédazole；是先正达公司开发的一种苯并咪唑类内吸性杀菌剂。

化学名称 2-(噻唑-4-基)苯并咪唑或 2-(1,3-噻唑-4-基)苯并咪唑，2-(thiazol-4-yl)benzimidazole 或 2-(1,3-thiazol-4-yl)benzimidazole。

理化性质 纯品为白色无味粉末，熔点 297～298℃，蒸气压 5.3×10⁻⁴mPa(25℃)。$K_{ow}\lg P$ =2.39(pH 7)，Henry 常数 3.7×10⁻⁸Pa·m³/mol。相对密度 1.3989。溶解度(20℃，g/L)：水 0.16(pH 4)、0.03(pH 7)、0.03(pH 10)，丙酮 2.43，1,2-二氯乙烷 0.81，正庚烷<0.01，甲醇 8.28，1,2-二氯乙烷 0.81，丙酮 2.43，乙酸乙酯 1.49，正辛醇 3.91。稳定性：在酸、碱、水溶液中稳定。DT_{50} 29h(pH 5)。pK_{a_1} 4.73，pK_{a_2} 12.00。

毒性 急性经口 LD_{50}(mg/kg)：小鼠 3600，大鼠 3100，兔≥3800。兔急性经皮 LD_{50}>2000mg/kg，对兔眼睛和皮肤无刺激性，对豚鼠皮肤无刺激性，大鼠吸入 LC_{50}>0.5mg/kg，大鼠 NOAEL(2y)10mg/(kg·d)，ADI(JECFA，JMPR，EC)0.1mg/kg [1997，2001，2002，2006]，(EPA)aRfD 0.1mg/kg，cRfD 0.1mg/kg [2002]。

生态效应 山齿鹑急性经口 LD_{50}>2250mg/kg，山齿鹑和野鸭饲喂 LC_{50}(5d)>5620mg/kg 饲料。鱼毒 LC_{50}(96h，mg/L)：大翻车鱼 19，虹鳟鱼 0.55。水蚤 EC_{50}(48h)0.81mg/L。月牙藻 EC_{50}(96h)9mg/L，NOEC 3.2mg/L。其他水生生物 LC_{50}(96h，mg/L)：糠虾 0.34，牡蛎>0.26。

对蜜蜂无害。蚯蚓 $LC_{50}>1000mg/kg$ 土。对隐翅甲、盲走螨、草蛉无害，对烟蚜茧有轻微害处。

环境行为

(1) 动物　口服给药时，噻菌灵被迅速吸收，24h 内大于 90％通过粪便(25％)和尿液(65％)消除掉。而且可以迅速分布于身体各个部分，心、肺、脾、肾和肝中分布最多。该产品在体内最多 7d 就可完全清除掉。噻菌灵的代谢主要是 5 位的羟基化以及与葡萄糖和硫酸盐的键合共轭作用。

(2) 植物　所有作物的残留物在作物收获前后均为母体噻菌灵。

(3) 土壤/环境　土壤 $DT_{50}>1y(1mg/kg,$ 恶劣的条件下$)$，$33d(20℃，40％$ 的 MWC，$0.1mg/kg$ 土$)$，$120d(20℃，40％MWC，1mg/kg$ 土$)$。水的光解 $DT_{50}29h(pH\ 5)$。

制剂　40％、60％、90％可湿性粉剂，45％悬浮剂。

主要生产商　Hikal、Laboratorios Agrochem、Syngenta、Sundat、江苏省激素研究所股份有限公司及山东侨昌化学有限公司等。

作用机理与特点　噻菌灵作用机制是抑制真菌线粒体的呼吸作用和细胞繁殖，与苯菌灵等苯并咪唑药剂有正交互抗药性。具有内吸传导作用，根施时能向顶传导，但不能向基传导。抗菌活性限于子囊菌、担子菌、半知菌，而对卵菌和接合菌无活性。

应用

(1) 适宜作物　各种蔬菜和水果，如柑橘、香蕉、葡萄、芒果、苹果、梨、草莓、甘蓝、芹菜、甜菜、芦笋、荷兰豆、马铃薯、花生等。

(2) 防治对象　柑橘青霉病、绿霉病、蒂腐病、花腐病、草莓白粉病、灰霉病，甘蓝灰霉病，芹菜斑枯病、菌核病，芒果炭疽病，苹果青霉病、炭疽病、灰霉病、黑星病、白粉病等。

(3) 使用方法　可茎叶处理、也可作种子处理和茎部注射。

① 柑橘储藏防腐　柑橘采收后用 $500\sim5000mg/L$ 药液浸果 $3\sim5min$，晾干装筐，低温保存，可以控制青霉病、绿霉病、蒂腐病、花腐病的危害。

② 香蕉储运防腐　香蕉采收后，用 $750\sim1000mg/L$ 的药液浸果，$1\sim3min$ 后捞出晾干装箱，可以控制储运期间烂果。

③ 防治葡萄灰霉病　收获前用 $900\sim1350mg/L$ 药液喷雾。

④ 防治芒果炭疽病　收获后用 $1000\sim2500mg/L$ 药液浸果。

⑤ 防治苹果和梨的青霉病、炭疽病、灰霉病、黑星病、白粉病　收获前每亩用有效成分 $30\sim60g$，兑水喷雾。

⑥ 防治草莓白粉病、灰霉病　收获前每亩用有效成分 $30\sim60g$，兑水喷雾。

⑦ 防治甘蓝灰霉病　收获后用 $675mg/L$ 药液浸沾。

⑧ 防治芹菜斑枯病、菌核病　收获前每亩用有效成分 $18\sim40g$，兑水喷雾。

⑨ 防治甜菜、花生叶斑病　每亩用有效成分 $13\sim27g$，兑水喷雾。

⑩ 防治马铃薯储藏期坏腐病、干腐病、皮斑病和银皮病　将 45％的噻菌灵悬浮剂 90mL 稀释至 $1\sim2L$，然后对马铃薯进行喷雾。

专利与登记　化合物专利 US3017415，早已过专利期，不存在专利权问题。国内登记情况：45％、15％、450g/L 悬浮剂，98.5％原药等；登记作物为柑橘、香蕉、蘑菇、葡萄、苹果树等；防治对象为绿霉病、黑痘病、轮纹病、青霉病、冠腐病、褐腐病等。瑞士先正达作物保护有限公司在中国登记情况见表 176。

表 176　瑞士先正达作物保护有限公司在中国登记情况

登记名称	登记证号	含量	剂型	登记作物	防治对象	用药量(mg/kg)	施用方法
噻菌灵	PD20070316	500g/L	悬浮剂	柑橘	绿霉病	$833\sim1250$	浸果 1min
				柑橘	青霉病	$833\sim1250$	
				香蕉	冠腐病	$500\sim750$	
				蘑菇	褐腐病	① 1：$(1250\sim2500)$ (药料比)	① 拌样
						② $0.5\sim0.75g/m^2$	② 喷雾

合成方法 以邻苯二胺、氯代丙酮酸乙酯为起始原料，经如下反应即得目的物。

参考文献

[1] The Pesticide Manual. 15th ed. 2009：1109-1110.

噻菌铜 thiodiazole-copper

$C_4H_4CuN_6S_4$，327.9，3234-61-5

噻菌铜(thiodiazole-copper)，是浙江龙湾化工有限公司自行创制发明具有自主知识产权的噻唑类新型杀菌剂，于1998年发现，2013年获农业部农药临时登记。

化学名称 2-氨基-5-巯基-1,3,4-噻二唑铜，[(5-amino-1,3,4-thiadiazol-2-yl)thio] copper。

毒性 20%悬浮剂大鼠(雌、雄)急性经口 $LD_{50}>5050mg/kg$，大鼠(雌、雄)急性经皮 $LD_{50}>2150mg/kg$。对豚鼠无致敏性。大鼠亚慢(急)性毒性最大无作用剂量为 20.16mg/(kg·d)(雌)和 2.5mg/(kg·d)(雄)。Ames、微核、染色体试验结果均为阴性。

生态效应 20%悬浮剂对斑马鱼的毒性较低，在田间喷雾使用的喷雾浓度为400mg/L，对鱼类安全，对蜜蜂的胃杀毒性 $LD_{50}>2000mg/L$，触杀毒性 $LD_{50}>3250mg/L$，鹌鹑 $LD_{50}>2000mg/kg$，家蚕 $LD_{50}(3龄)>3250mg/L$。

制剂 20%悬浮剂。

主要生产商 浙江龙湾化工有限公司。

作用机理与特点 噻菌铜是由两个基团组成。一是噻唑基团，在植物体外对细菌抑制力差，但在植物体内却是高效的治疗剂。药剂在植株的孔纹导管中，细菌受到严重损害，其细胞壁变薄，继而瓦解，导致细菌死亡。在植株中的其他两种导管(螺纹导管和环导管)中的部分细菌受到药剂的影响，细胞并不分裂，病情暂被抑制住，但细菌实际未死亡，待10d左右，药剂的残效期过去后，细菌又重新繁殖，病情又重新开始发展。二是铜离子，具有既杀细菌又杀真菌的作用。药剂中的铜离子与病原菌细胞膜表面上的阳离子(H^+、K^+等)交换，导致病菌细胞膜上的蛋白质凝固杀死病菌；部分铜离子渗透进入病原菌细胞内，与某些酶结合，影响其活性，导致机能失调，病菌因而衰竭死亡。总之，在两个基团的共同作用下，杀菌更彻底，防治效果更好，防治对象更广泛。

应用

(1) 适用作物 水稻、瓜类、蔬菜、果树等。

(2) 防治对象 番茄溃疡病、青枯病，茄子褐纹病、黄萎病，豇豆枯萎病，大葱软腐病，大蒜紫斑病，白菜类软腐病、大白菜细菌性角斑病、细菌性叶枯病，甘蓝类细菌性黑斑病、冬瓜疫病、枯萎病，南瓜白粉病、斑点病，黄瓜立枯病、猝倒病、霜霉病、叶枯病、黑星病、细菌性角斑病、细菌性叶枯病，甜瓜黑星病、叶枯病，苦瓜枯萎病、西瓜细菌性角斑病、枯萎病、蔓枯病、细菌性基腐病，苹果斑点落叶病，桃树流胶病等。

(3) 使用方法 防治西瓜枯萎病：每亩用20%噻菌铜悬浮剂75～100g喷雾。防治大白菜软腐病：每亩用20%噻菌铜悬浮剂75～100g喷雾。防治水稻白叶枯病：每亩用20%噻菌铜悬浮剂100～130g喷雾。安全间隔期为3d，每季使用不超过3次。防治水稻细菌性条斑病：每亩用20%噻菌铜悬浮剂125～160g喷雾。安全间隔期为3d，每季使用不超过3次。防治黄瓜角斑病：每亩用20%噻菌铜悬浮剂83～166g喷雾。安全间隔期为3d，每季使用不超过3次。

专利与登记

专利名称   主克白叶枯病的杀菌剂

专利号   CN1227224

专利申请日   1999-01-11

专利拥有者   浙江龙湾化工有限公司

目前浙江龙湾化工有限公司在国内登记了原药及其 20％悬浮剂，可用于防治白菜软腐病（225～3000g/hm²）、番茄叶斑病（270～450g/hm²）、柑橘疮痂病（300～500g/hm²）、柑橘溃疡病（300～700g/hm²）、黄瓜角斑病（250～500g/hm²）、兰花软腐病（400～666.7g/hm²）、棉花苗期立枯病（200～300g/100kg 种子）、水稻白叶枯病（300～390g/hm²）、水稻细菌性条斑病（375～480g/hm²）、西瓜枯萎病（225～300g/hm²）、烟草青枯病（300～700g/hm²）、烟草野火病（300～390g/hm²）。

合成方法   经如下反应制得噻菌铜：

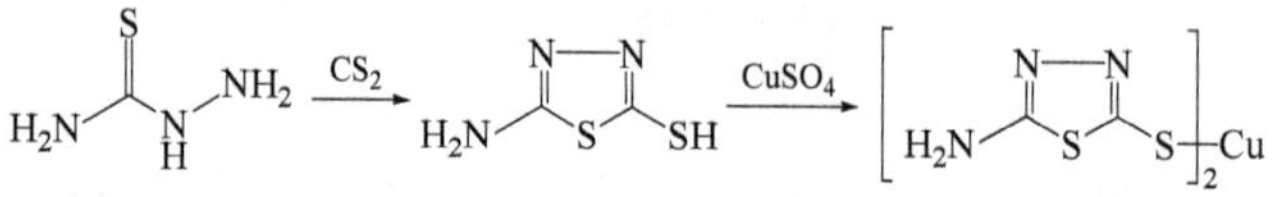

参考文献

[1] 陈勇兵，第七届全国新农药创制学术交流会，2007，13-15.

噻螨酮 hexythiazox

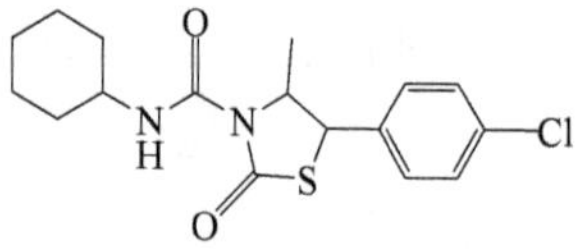

$C_{17}H_{21}ClN_2O_2S$, 352.9，78587-05-0

噻螨酮(hexythiazox)。试验代号   NA-73；商品名称   Ferthiazox、Maiden、Matacar、Nissorun、Onager、Ordoval、Savey、Vittoria、Zeldox；其他名称   塞螨酮、除螨威、合赛多、己噻唑、尼索朗；最初由 T. Yamada 报道其杀螨活性，后由日本曹达公司引进，1985 年在日本获得注册。

化学名称   （4RS，5RS）-5-(4-氯苯基)-N-环己基-4-甲基-2-氧代-1,3-噻唑烷-3-羧酰胺，(4RS,5RS)-5-(4-chlorophenyl)-N-cyclohexyl-4-methyl-2-oxo-1,3-thiazolidine-3-carboxamide。

理化性质   无色晶体，熔点 108.0～108.5℃。蒸气压 0.001333mPa(20℃)。$K_{ow}lgP=2.75$。Henry 常数 $1.19×10^{-2}$ Pa·m³/mol(计算值)。相对密度 1.2829(20℃)。水中溶解度（20℃）0.5mg/L；其他溶剂中溶解度(20℃,g/L)：氯仿 1379，二甲苯 362，甲醇 206，丙酮 160，乙腈 28.6，己烷 4。对光、热、空气、酸碱稳定。温度低于 300℃时稳定。光照其水溶液 $DT_{50}=16.7d$。水溶液在 pH 5、7、9 时稳定。

毒性   大鼠急性经口 $LD_{50}>2000$mg/kg。大鼠急性经皮 $LD_{50}>2000$mg/kg。对兔眼睛和皮肤无刺激性，对豚鼠皮肤无致敏性。大鼠吸入 $LC_{50}(4h)>2$mg/L 空气。NOEL 值（mg/kg）：大鼠(2y)23.1，狗（1y）2.87，大鼠（90d）70。ADI：（JMPR）0.03mg/kg ［1991］，（EPA）cRfD 0.025mg/kg ［1988］。无致畸作用，无突变作用。

生态效应   鸟类急性经口 LD_{50}(mg/kg)：野鸭>2510，日本鹌鹑>5000。野鸭和山齿鹑饲喂 LC_{50}(8d)>5620mg/L 饲料。鱼类 LC_{50}（96h,mg/L）：虹鳟鱼>300，大翻车鱼 11.6，鲤鱼 14.1。水蚤 LC_{50}(48h)0.36mg/L。羊角月牙藻 E_rC_{50}(72h)>72mg/L。对蜜蜂无毒，接触 $LD_{50}>200\mu g$/只。

环境行为

（1）动物   在尿液及粪便中的主要代谢物为 5-(4-氯苯基)-N-(顺-4-羟基环己基)-4-甲基-反-

2-氧代噻唑烷-3-羧酰胺。

(2) 植物　在植物体上残留主要成分仍是噻螨酮，还有少部分水解产物。

(3) 土壤/环境　在黏壤土中 DT_{50} 为 8d(15℃)。在土壤中，经过氧化变为对应的含有羟基和羰基的化合物。K_{oc} 8449。

制剂　3％阿维·噻螨酮微乳剂，5％噻螨酮乳油，12.5％噻螨·哒螨灵乳油，7.5％甲氰·噻螨酮乳油，5％噻螨酮可湿性粉剂，22.5％螨醇·噻螨酮乳油，22％噻酮·炔螨特乳油等。

主要生产商　Nippon Soda 及 Fertiagro 等。

作用机理与特点　本品是一种噻唑烷酮类具有触杀和胃毒功能的新型非系统杀螨剂。对植物表皮层具有较好的穿透性，但无内吸传导作用。对多种植物害螨具有强烈的杀卵、杀幼螨特性，对成螨无效，但对接触到药液的雌成虫所产的卵具有抑制孵化的作用。本品属于非感温型杀螨剂，在高温或低温时使用的效果无显著差异，持效期长，药效可保持 50d 左右。由于没有杀成螨活性，故药效发挥较迟缓。该药对叶螨防效好，对锈螨、瘿螨防效较差。

应用

(1) 适用作物　柑橘、苹果、棉花和山楂等。

(2) 防治对象　红蜘蛛。

(3) 应用技术　施药应选早晚气温低、风小时进行，晴天上午 9 时至下午 4 时应停止施药。气温超过 28℃、风速超过 4m/s、空气相对湿度低于 65％应停止施药。

(4) 使用方法

① 防治柑橘红蜘蛛　在春季螨害始盛发期，平均每叶有螨 2～3 头时，用 5％乳油或 5％可湿性粉剂 1500～2500 倍液，相当于 20～33mg(a.i.)/L，均匀喷雾。

② 防治苹果红蜘蛛　在苹果开花前后，平均每叶有螨 3～4 头时，用 5％乳油或 5％可湿性粉剂 1500～2000 倍液[25～33mg(a.i.)/L]，均匀喷雾。

③ 防治山楂红蜘蛛　在越冬成虫出蛰后或害螨发生初期防治，用药量及使用方法同防治苹果红蜘蛛。

④ 防治棉花红蜘蛛　6 月底以前，在叶螨点片发生及扩善初期用药，每亩用 5％乳油 60～100mL 或 5％可湿性粉剂 60～100g，相当于 3～5g 有效成分，兑水 75～100L，在发生中心防治或全面均匀喷雾。

有关混剂的应用如下。防治柑橘红蜘蛛：5％噻螨酮乳油 25～33.3mg/kg，5％噻螨酮可湿性粉剂 20～33.3mg/kg，7.5％甲氰·噻螨酮乳油 75～100mg/kg，22.5％螨醇·噻螨酮乳油 150～225mg/kg，12.5％甲氰·噻螨酮乳油 50～62.5mg/kg，6.8％阿维·噻螨酮乳油 22.67～34mg/kg，10％阿维·噻螨酮乳油 20～33.3mg/kg，36％噻酮·炔螨特乳油 180～240mg/kg。防治苹果红蜘蛛：22.5％螨醇·噻螨酮乳油 150～225mg/kg，3％噻螨酮水乳剂苹果树 20～30mg/kg。防治苹果二斑叶螨：22％噻酮·炔螨特乳油 137.5～275mg/kg，以上施药方式均为喷雾。

专利与登记　专利 DE3037105、GB2059961、US4442116 均早已过专利期，不存在专利权问题。国内登记情况：5％乳油，5％可湿性粉剂，95％、97％、98％原药等；登记作物为柑橘树等；防治对象为红蜘蛛等。日本曹达公司在中国登记情况见表 177。

表 177　日本曹达公司在中国登记情况

登记名称	登记证号	含量	剂型	登记作物	防治对象	用药量	施用方法
噻螨酮	PD122-90	5％	乳油	苹果树	苹果红蜘蛛	25～30mg/kg	喷雾
				苹果树	山楂红蜘蛛	25～30mg/kg	喷雾
				柑橘树	红蜘蛛	25mg/kg	喷雾
				棉花	红蜘蛛	37.5～49.5g/hm²	喷雾
噻螨酮	PD123-90	5％	可湿性粉剂	柑橘树	红蜘蛛	25～30mg/kg	喷雾
噻螨酮	PD311-99	97％	原药				

合成方法　主要有如下两种合成方法：

(1) 对氯苯甲醛路线　以对氯苯甲醛为起始合成原料，先制得赤式-1-对氯苯基-2-氨基丙醇，再与氯磺酸反应制得赤式-1-对氯苯基-2-氨基-丙基硫酸酯，然后赤式-1-对氯苯基-2-氨基-丙基硫酸酯与二硫化碳环合，所得产物经双氧水氧化制得反式-5-(4-氯苯基)-4-甲基噻唑烷酮，最后噻唑烷酮与环己基异氰酸酯缩合得到目标产物噻螨酮。

（2）对氯苯丙酮路线　以对氯苯丙酮为起始原料，先进行酮肟化反应生成肟化物，然后经催化氢化还原为醇胺物，再同二硫化碳、苄基氯经缩合和重排反应生成缩合物，再经环合反应而生成反式噻唑烷酮，后者再同异氰酸环己酯进行加成而得到最终产物噻螨酮。该合成工艺的总收率以对氯苯丙酮起算达71%，所得原药含量达98%以上。

参考文献

[1] Tetrahedron：Asymmetry，2006，17（3）：372-376.
[2] 楼江松. 农药，2008，5：328-329.
[3] 徐尚成. 农药，1989，1：43-45.

噻嗪酮 buprofezin

$C_{16}H_{23}N_3OS$，305.4，69327-76-0，953030-84-7

噻嗪酮（buprofezin）。试验代号　NNI750、PP618；商品名称　Applaud、Maestro、Podium、Profezon、Sunprofezin、Viappla、优乐得；其他名称　布洛飞、布芬净、稻虱净、扑虱灵、噻唑酮、稻虱灵；是日本农药株式会社开发的噻二嗪酮类杀虫剂。

化学名称　（Z）-2-叔-丁亚氨基-3-异丙基-5-苯基-1,3,5-噻二嗪-4-酮，（Z）-2-*tert*-butylimino-3-isopropyl-5-phenyl-1,3,5-thiadiazinan-4-one。

理化性质　白色结晶固体，熔点104.6～105.6℃。相对密度1.18(20℃)，蒸气压4.2×10^{-2} mPa(20℃)，$K_{ow}\lg P = 4.93$(pH 7)，Henry 常数 2.80×10^{-2} Pa·m³/mol。水中溶解度（mg/L）：0.387(20℃)，0.46(pH 7,25℃)；在有机溶剂中溶解度（g/L）：丙酮253.4，二氯甲烷586.9，甲

苯 336.2，甲醇 86.6，正庚烷 17.9，乙酸乙酯 240.8，正辛醇 25.1。对酸、碱、光、热稳定。

毒性 急性经口 LD$_{50}$（mg/kg）：雄大鼠 2198，雌大鼠 2355，雌雄小鼠＞10000。大鼠急性经皮 LD$_{50}$＞5000mg/kg。对兔皮肤和眼睛无刺激性，对豚鼠皮肤中度刺激，无皮肤致敏性。大鼠吸入 LC$_{50}$＞4.57mg/L 空气。NOEL[mg/(kg·d)]：雄大鼠 0.9，雌大鼠 1.12；ADI：（JMPR）0.01mg/kg [1999]；（EFSA）0.01mg/kg [2008]；（EPA）aRfD 0.67mg/kg，cRfD 0.006mg/kg [1998]。无致癌和致突变性。

生态效应 雌雄山齿鹑急性经口 LD$_{50}$＞2000mg/kg；鱼 LC$_{50}$（96h,mg/L）：鲤鱼 0.527，虹鳟鱼＞0.33。水蚤 EC$_{50}$（48h）＞0.42mg/L，羊角月牙藻 E$_b$C$_{50}$（72h）＞2.1mg/L。蜜蜂 LD$_{50}$（μg/只）：经口（48h）＞163.5，接触（72h）＞200。对其他食肉动物无直接影响。

环境行为

（1）动物 在动物体内广泛代谢，在反刍动物和家禽几乎所有组织中均能发现含量较少的残留物。

（2）植物 在多数植物体内可进行有限的新陈代谢，代谢包括叔丁基离去的羟基化或氧化，以及随后的杂环开环。

（3）土壤/环境 DT$_{50}$（25℃）104d（淹没条件下，粉砂质黏壤土，o.c.3.8%，pH＞6.4），80d（旱地条件下，砂壤土，o.c.2.4%，pH 7.0）。

制剂 25%可湿性粉剂（Applaud WP，250g/kg）。

主要生产商 Dongbu Fine、Nihon Nohyaku、江苏傲伦达科技实业股份有限公司、江苏百灵农化有限公司、中国化工集团公司、泰达集团、宁夏三喜科技有限公司、江苏安邦电化有限公司、捷马集团及江苏七洲绿色化工股份有限公司等。

作用机理与特点 噻嗪酮是一种抑制昆虫生长发育的新型选择性杀虫剂，触杀作用强，也有胃毒作用。作用机制为抑制昆虫几丁质合成和干扰新陈代谢，致使若虫蜕皮畸形或翅畸形而缓慢死亡。一般施药 3～7d 才能看出效果，对成虫没有直接杀伤力，但可缩短其寿命，减少产卵量，并且产出的多是不育卵，幼虫即使孵化也很快死亡。对半翅目的飞虱、叶蝉、粉虱及介壳虫类害虫有良好防治效果，药效期长达 30d 以上。对天敌较安全，综合效应好。

应用

（1）适用作物 水稻、小麦、茶、柑橘、马铃薯、番茄、蔬菜（如黄瓜）等，不能用于白菜、萝卜。

（2）防治对象 对同翅目的飞虱、叶蝉、粉虱、棉粉虱、稻褐飞虱、橘粉蚧、红圆蚧、油橄榄黑盔蚧等有良好的防治效果，对某些鞘翅目害虫和害螨具有持久的杀幼虫活性。可有效地防治水稻上的飞虱、叶蝉，马铃薯上的叶蝉等。

（3）残留量与安全施药 我国最大允许残留量为 0.3mg/kg，日本推荐的最大残留限量（MRL）为糙米 0.3mg/kg。该药使用时应先兑水稀释再均匀喷雾，不可用毒土法。药液不宜直接接触白菜、萝卜，否则将出现褐斑及绿叶白化等药害。

（4）使用方法 叶面喷雾，50～600g(a.i.)/hm²；叶面喷粉，450～600g/hm²；浸水处理，600～800g/hm²。25%可湿性粉剂 375～750g/hm² 剂量能防治水稻和蔬菜上的飞虱、叶蝉、温室粉虱等，800～1000g/hm² 能防治果树及茶树上的介壳虫。

（5）应用技术 该药持效期为 35～40d，对天敌安全，当虫口密度高时，应与速效杀虫剂混用。

① 防治水稻害虫 a. 稻飞虱、叶蝉类：在主害代低龄若虫始盛期喷药 1 次，每亩用 25%噻嗪酮可湿性粉剂 20～30g（有效成分 5～7.5g），兑水 5～10L，低容量喷雾或兑水 40～50L 常量喷雾，重点喷植株中下部。b. 褐飞虱：在大发生前一代的若虫高峰期喷药 1 次，可有效控制大发生世代的危害。药后 10d 褐飞虱防效为 97%～99%。在褐飞虱主害代若虫高峰始期施药还可兼治白背飞虱、叶蝉。

② 防治果树害虫 防治柑橘矢尖蚧，于若虫盛孵期喷药 1～2 次，两次喷药间隔 15d 左右，喷雾浓度以 25%噻嗪酮可湿性粉剂 1500～2000 倍液或每 100L 水加 25%噻嗪酮 50～67g（有效浓

度 125～166mg/L)为宜。

③ **防治茶树害虫** 防治茶小绿叶蝉，于 6～7 月若虫高峰前期或春茶采摘后，用噻嗪酮 25% 可湿性粉剂 750～1500 倍液或每 100L 水加 25% 噻嗪酮 67～133g(有效浓度 166～333mg/L)喷雾，间隔 10～15d 喷第 2 次。亦可将 25% 噻嗪酮可湿性粉剂 1500～2000 倍液或每 100L 水加 25% 噻嗪酮 50～67g(有效浓度 125～166mg/L)液与高氰戊菊酯(5EC)8000 倍液(有效浓度 6.2mg/L)混用。喷雾时应先喷茶园四周，然后喷中间。

专利与登记 该化合物不存在专利权问题。国内登记情况：37%、40% 悬浮剂，20%、25%、65%、75% 可湿性粉剂，90%、95%、98.5%、99% 原药等；登记作物为水稻和柑橘树等；防治对象为稻飞虱等。日本农药株式会社在中国登记情况见表 178。

表 178　日本农药株式会社在中国登记情况

商品名	登记证号	含量	剂型	登记作物	防治对象	用药量	施用方法
噻嗪酮	PD304-99	99%	原药				
噻嗪酮	PD98-89	25%	可湿性粉剂	柑橘树 茶树 水稻	矢尖蚧 小绿叶蝉 飞虱	125～250mg/kg 166～250mg/kg 75～112.5mg/kg	喷雾

合成方法 以 N-甲基苯胺、叔丁醇为原料，经如下反应制得目的物。

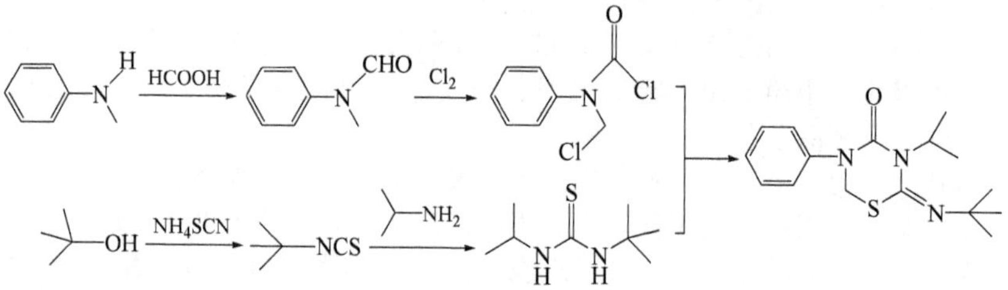

参考文献

[1] Proc. Br. Crop Prot. Conf － Pests Dis, 1981, 1：59.
[2] 孙致远. 农药, 1998, 2：13-14.
[3] 高秦东. 农药, 1992, 4：47-48.

噻鼠灵 difethialone

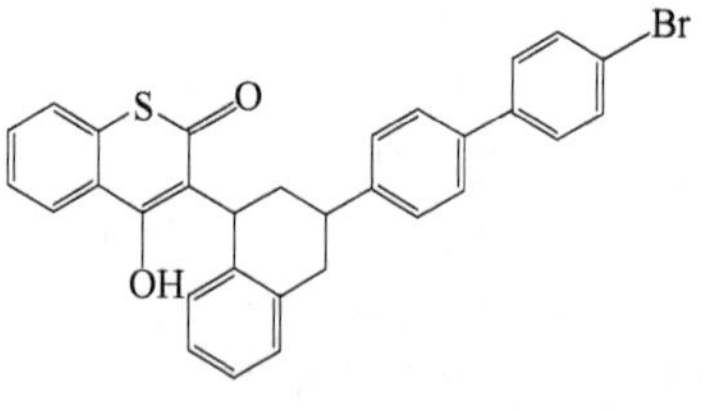

$C_{31}H_{23}BrO_2S$, 539.5, 104653-34-1

噻鼠灵 (difethialone)。试验代号　LM 2219、OMS 3053；商品名称　Frap；其他名称 Baraki、BlueMax、FirstStrike、Frap、Generation、Hombre、Rodilon；由 J. C. Lechevin 报道，1989 年法国由 lipha 引进。

化学名称　3-［(1RS,3RS；1RS,3SR)-3-(4′-溴联苯-4-基)-1,2,3,4-四氢-1-萘基]-4-羟基-1-苯并硫杂环己烯-2-酮,其外消旋物(1RS,3RS)对(1RS,3SR)的比例为(15～0)：(85～100)。3-［(1RS,3RS；1RS,3SR)-3-(4′-bromobiphenyl-4-yl)-1,2,3,4-tetrahydro-1-naphthalenyl]-4-hydroxy-1-benzothi-in-2-one。

组成　(1RS,3RS)：(1RS,3SR)为(15～0)：(85～100)。

理化性质 白色，略带浅黄色粉末。熔点 233～236℃，25℃时的蒸气压为 0.074mPa (25℃)，$K_{ow}\lg P=5.17$，Henry 常数 1.02×10^{-1} Pa·m³/mol，密度为 1.3614(25℃)。水中溶解度(25℃)0.39mg/L；其他溶剂中溶解度(20～25℃,g/L)：乙醇 0.7，甲醇 0.47，环己烷 0.2，氯仿 40.8，DMF 332.7，丙酮 4.3。

毒性 急性经口 LD_{50}(mg/kg)：大鼠 0.56，小鼠 1.29，狗 4，猪 2～3。急性经皮 LD_{50}(mg/kg)：雄大鼠 7.9，雌大鼠 5.3。对兔皮肤无刺激性，对兔眼睛中等刺激。大鼠吸入 LC_{50}(4h)5～19.3μg/L。90d 饲养试验发现除了抑制维生素 K 活性之外没有其他毒性。无致突变、致畸作用。ADI 0.1mg/kg。

生态效应 山齿鹑急性经口 LD_{50} 0.264mg/kg。鸟 LC_{50}(mg/L)：山齿鹑(5d)0.56，野鸭(30d)为 1.94。鱼类 LC_{50}(96h,μg/L)：虹鳟鱼 51，大翻车鱼 75。水蚤 EC_{50}(48h)为 4.4μg/L。

环境行为

(1) 动物 大鼠取食噻鼠酮后在血液中的半衰期较短，肝脏肿的半衰期较长。在粪便中难以见到代谢产物。

(2) 土壤/环境 强吸附于土壤中，吸附数据分为四种类型：K_d(吸附)2.3×10^5～2.4×10^7；$K_{oc}1.0\times10^8$～5.3×10^9；K_d(解吸)1.6×10^5～1.8×10^6；$K_{oc}5.4\times10^7$～3.9×10^8。

主要生产商 Merck Santé。

应用 本品属抗凝血杀鼠剂，对灭鼠灵抗性或敏感鼠类有杀灭活性，限专业人员使用。

专利概况 专利 US4585786 早已过专利期，不存在专利权问题。

合成方法 4-羟基-2H-1-苯并噻喃-2-酮与 3-(4′溴-4-联苯基)-1,2,3,4-四氢-1-萘醇，在含有硫酸的醋酸中，于 110℃反应 3h，缩合后即制得本产品。反应式如下：

噻酮磺隆 thiencarbazone-methyl

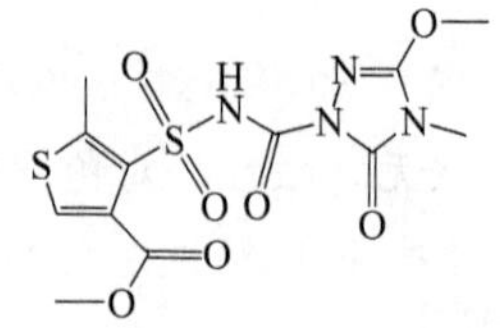

$C_{12}H_{14}N_4O_7S_2$，390.4，317815-83-1

噻酮磺隆(thiencarbazone-methyl)。试验代号　BYH 18636；商品名称　Corvus；其他名称 Adengo、Capreno、Tribute Total、酮脲磺草吩酯；是由拜耳公司开发的三唑类除草剂。

化学名称　甲基 4-［(4,5-二氢-3-甲氧基-4-甲基-5-氧-1H-1,2,4-三唑-1-基)羰基磺酰基］-5-甲基噻吩-3-羧酸酯，methyl 4-［(4,5-dihydro-3-methoxy-4-methyl-5-oxo-1H-1,2,4-triazol-1-yl) carbonylsulfamoyl］-5-methylthiophene-3-carboxylate。

理化性质　熔点 206℃。蒸气压 $9×10^{-11}$ mPa(20℃，推测)。K_{ow}lg$P$：-0.13(pH 4,24℃)，-1.98(pH 7,24℃)，-2.14(pH 9,23℃)。相对密度 1.51(4℃)。水中溶解度(20℃,g/L)：0.072(蒸馏水)，0.172(pH 4)，0.436(pH 7)，0.417(水,pH 9)；其他溶剂中溶解度(20℃,g/ L)：丙酮 9.54，乙醇 0.23，二氯甲烷 100~120，二甲亚砜 29.15，乙酸乙酯 2.19，正己烷 0.00015，甲苯 0.19。pK_a 3.0。

毒性　大鼠急性经口 LD_{50}＞2000mg/kg。大鼠急性经皮 LD_{50}＞2000mg/kg。对皮肤和眼睛无刺激性。大鼠吸入毒性＞2.018mg/L。

主要生产商　Bayer CropScience。

应用　用于防治阔叶杂草。杂草萌发期用量为 15~45g/hm²。在玉米田，可与其他除草剂和安全剂混用。在小麦田，杂草萌发期用量为 5g/hm²，并与安全剂混用。

专利概况

专利名称　Preparation of thien-3-ylsulfonylamino(thio)carbonyltriazolin(thi)ones as herbicides

专利号　DE19933260

专利申请日　1999-7-15

专利拥有者　Bayer A.G.

合成方法　通过如下方法合成噻酮磺隆：

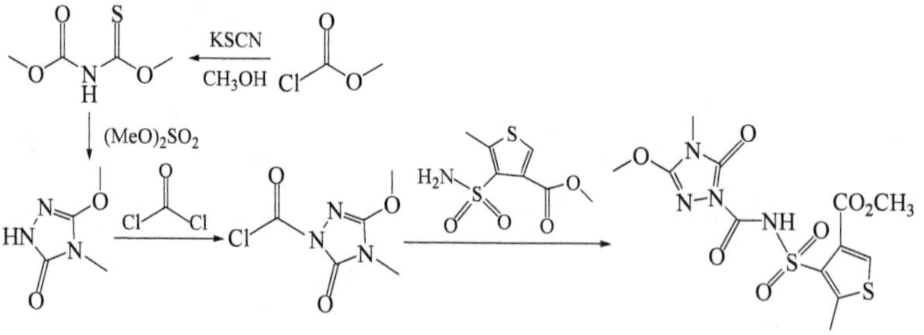

噻酰菌胺 tiadinil

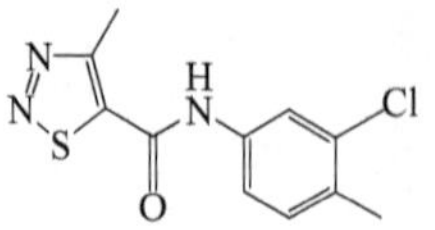

$C_{11}H_{10}ClN_3OS$，267.7，223580-51-6

噻酰菌胺(tiadinil)。试验代号 R-4601、NNF-9850;商品名称 Apply、V-Get;是日本农药株式会社开发的噻二唑酰胺类杀菌剂。

化学名称 $3'$-氯-$4,4'$-二甲基-$1,2,3$-噻二唑-5-甲酰苯胺。$3'$-chloro-$4,4'$-dimethyl-$1,2,3$-thiadiazole-5-carboxanilide。

理化性质 原药含量$\geqslant95\%$,淡黄色晶体。熔点 $112.2℃$。蒸气压 1.03×10^{-3} mPa$(25℃)$。$K_{ow}lgP=3.68(25℃)$。相对密度 $1.47(20℃)$。水中溶解度 13.2mg/L$(25℃)$;其他溶剂中溶解度$(20℃,g/L)$:甲醇124,丙酮434,甲苯11.8,二氯甲烷156,乙酸乙酯198。在酸性和碱性条件下$(pH 4\sim9)$稳定存在。

毒性 大鼠急性经口 $LD_{50}>6147$mg/kg,大鼠急性经皮 $LD_{50}>2000$mg/kg。对兔皮肤和眼睛无刺激性。对豚鼠皮肤无致敏性。大鼠吸入 $LC_{50}(4h)>2.48$mg/L。NOEL 值(mg/kg):雄大鼠$(2y)19.0$,雌大鼠$(2y)23.2$;雄小鼠$(78$ 周$)196$,雌小鼠$(78$ 周$)267$;雌雄狗$(1y)4$。ADI 值0.04mg/kg。

生态效应 急性经口 LD_{50}(mg/kg):雄性山齿鹑7.4,雌性山齿鹑10.1,雄性和雌性野鸭>25。山齿鹑饲喂 $LC_{50}(8d)212.4$mg/L。鱼类 $LC_{50}(96h,$mg/L$)$:鲤鱼7.1,虹鳟鱼3.4。水蚤 $LC_{50}(48h)1.6$mg/L。月牙藻 $E_bC_{50}(72h)1.18$mg/L。蚯蚓 $LC_{50}(14d)>1000$mg/kg 土壤。

环境行为 土壤 DT_{50}(稻田条件下)$3\sim5d$。$K_{oc}998\sim1264$。

制剂 6%颗粒剂。

主要生产商 Nihon Nohyaku。

作用机理与特点 该药剂本身对病菌的抑制活性较差,其作用机理主要是阻止病菌菌丝侵入邻近的健康细胞,并能诱导产生抗病基因。叶鞘鉴定法计算稻瘟病对水稻叶鞘细胞侵入菌丝的伸展度和观察叶鞘细胞试验可以观察到该药剂对已经侵入细胞的病菌的抑制作用并不明显,但病菌的菌丝很难侵入邻近的健康细胞,说明该药剂本身对稻瘟病病菌的抑制活性较弱,但可以有效阻止病菌菌丝对邻近健康细胞的侵害,阻止病斑的形成。进一步的研究表明,水面施药 7d 时,可以发现噻酰菌胺对 PBZ1、RPR1 和 PAL-ZB8 等基因有明显的诱导作用,说明噻酰菌胺可以提高水稻本身的抗病能力。

应用

(1)适宜作物 水稻等。

(2)防治对象 主要用于稻田防治稻瘟病。对其他病害如褐斑病、白叶枯病、纹枯病以及芝麻叶枯病等也有较好的防治效果。此外,对白粉病、锈病、晚疫病或疫病、霜霉病等也有一定的效果。

(3)应用技术 该药剂有很好的内吸性,可以通过根部吸收,并迅速传导到其他部位,适于水面使用,持效期长,对叶稻瘟病和穗稻瘟病都有较好的防治效果。在稻瘟病发病初期使用,使用时间越早效果越明显。在移植当日处理对叶稻瘟病的防除率都在 90% 以上,移植 100d 后,防除率仍可维持在原水平。此外,该药剂受环境因素影响较小,如移植深度、水深、气温、水温、土壤、光照、施肥和漏水条件等。用药期较长,在发病前 $7\sim20d$ 均可。

(4)使用方法 在温室条件下,以 10g(a.i.)/hm^2 施药一周后,用稻梨孢的孢子悬浮液喷雾接种,对稻瘟病有 90% 的防治效果;在 100g(a.i.)/hm^2 剂量下,其防效可达到 98%。在 20mg/kg 剂量下,对黄瓜霜霉病的防效为 65%,200mg/kg 剂量下的防效为 96%。小区试验中,在 400mg/kg 剂量下,对小麦白粉病有 100% 的防效。考虑到对稻瘟病以外的病害的防治和环境条件等影响因素,该药剂在大田条件下推荐的使用剂量为 1800g(a.i.)/hm^2。

专利概况

专利名称 Controller for agricultural and horticultural disease damage and its use

专利号 JP8325110

专利申请日 1996-03-31

专利拥有者 Nippon Nohyaku Co Ltd

在其他国家申请的化合物专利 AU4322297、AU725138、CN1232458、EP0930305、

US6194444、WO9814437 等。

工艺专利 JP 11140064、WO9923084 等。

合成方法 噻酰菌胺可通过如下两种方法合成。

参考文献

[1] The Pesticide Manual. 15th ed. 2009：1134-1135.

噻唑菌胺 ethaboxam

$C_{14}H_{16}N_4OS_2$，320.4，162650-77-3

噻唑菌胺(ethaboxam)。试验代号 LGC-30473；商品名称 Guardian；是 LG 生命科学公司(原 LG 化学有限公司)开发的噻唑酰胺类杀菌剂。

化学名称 (RS)-N-(α-氰基-2-噻吩甲基)-4-乙基-2-(乙氨基)噻唑-5-甲酰胺，(RS)-N-(α-cy-ano-2-thenyl)-4-ethyl-2-(ethylamino)thiazole-5-carboxamide。

理化性质 纯品为白色晶体粉末，无固定熔点，在 185℃熔化过程中已分解。蒸气压为 8.1$\times 10^{-5}$Pa(25℃)。分配系数 K_{ow}lg$P$：2.89(pH 7)，2.73(pH 4)。相对密度 1.28(24℃)。水中溶解度(mg/L)：4.8(20℃)，12.4(25℃)；其他溶剂中溶解度(20℃,g/L)：二甲苯 0.14，正辛醇 0.37，1,2-二氯乙烷 2.9，乙酸乙酯 11，甲醇 18，丙酮 40，正庚烷 0.00039。在室温，pH 7 条件下的水溶液稳定，pH 4 和 9 时 DT$_{50}$分别为 89d 和 46d。pK_a3.6。

毒性 大、小鼠(雄/雌)急性经口 LD$_{50}$＞5000mg/kg。大鼠(雄/雌)急性经皮 LD$_{50}$＞5000mg/kg。大鼠(雄/雌)急性吸入 LD$_{50}$(4h)＞4.89mg/L。对兔眼睛无刺激性，对兔皮肤无刺激性，对豚鼠皮肤无致敏性。NOEL 大鼠 30mg/kg；慢性和致癌性 NOAEL：大鼠 5.5mg/kg，ADI(EPA) aRfD 0.3mg/kg，cRfD 0.055mg/kg [2006]，无潜在诱变性，对兔、大鼠无潜在致畸性。

生态效应 山齿鹑急性经口 LD$_{50}$＞5000mg/kg。鱼 LC$_{50}$(96h,mg/L)：大翻车鱼＞2.9，黑头带鱼＞4.6，虹鳟鱼 2.0。藻类 EC$_{50}$(120h)＞3.6mg/L。多刺裸腹溞 EC$_{50}$(48h)0.33mg/L。蜜蜂 LD$_{50}$＞100μg/只。蚯蚓 LD$_{50}$＞1000mg/L。

环境行为 动物：48h 内大部分的药物通过粪便(66%～74%)和尿液排出，120h 后服用剂量的少数(小于 1%的剂量)停留在大鼠的组织中。

制剂 25%可湿粉剂。

主要生产商 LG 及 Sumitomo Chemical 等。

作用机理 噻唑菌胺对疫霉菌生活史中菌丝体生长和孢子的形成两个阶段有很高的抑制效果，但对疫霉菌孢子囊萌发、孢囊的生长以及游动孢子几乎没有任何活性，这种作用机制是区别于同类其他杀菌剂作用机制，进一步阐明其生化作用机理的研究在进行中。

抗性与交叉抗性 通过紫外线照射和多次诱变因素试验以促使疫霉菌和辣椒疫霉对噻唑菌胺产生突变的抗性，但没有抗性出现。噻唑菌胺对霜霉菌最小抑菌浓度（MIC）为 $0.1\sim10.0mg/L$，通常为 $0.3\sim3.0mg/L$。对九种抗甲霜灵（MIC>100mg/L）的疫霉菌菌株和八种抗甲霜灵（MIC>200mg/L）的辣椒疫霉菌株进行试验，发现它们对噻唑菌胺都是敏感的，噻唑菌胺的 MIC 值为 $0.1\sim5mg/L$。最新研究结果表明，对甲氧基丙烯酸酯类（strobins）杀菌剂如对醚菌酯（kresoxim-methyl）产生抗性的假霜霉菌株对噻唑菌胺非常敏感。噻唑菌胺能有效地防治对苯基酰胺类（phenylamides）和甲氧基丙烯酸酯类杀菌剂有抗性的病害。

应用

（1）适宜作物　葡萄、马铃薯以及瓜类等。

（2）防治对象　卵菌纲病原菌引起的病害如葡萄霜霉病和马铃薯晚疫病等。

（3）使用方法　温室和田间大量试验结果表明，噻唑菌胺对卵菌纲类病害如葡萄霜霉病、马铃薯晚疫病、瓜类霜霉病等具有良好的预防、治疗和内吸活性。根据使用作物、病害发病程度，其使用剂量通常为 $100\sim250g$（a.i.）/hm^2，在此剂量下活性优于霜脲氰[120g（a.i.）/hm^2]与代森锰锌[1395g（a.i.）/hm^2]以及烯酰吗啉[150g（a.i.）/hm^2]与代森锰锌[1334g（a.i.）/hm^2]组成的混剂。20%噻唑菌胺可湿粉剂在大田应用时，施药时间间隔通常为 $7\sim10d$，防治葡萄霜霉病、马铃薯晚疫病时推荐使用剂量分别为 200g（a.i.）/hm^2、250g（a.i.）/hm^2。

专利与登记 专利 EP0639574 已过专利期，不存在专利权问题。噻唑菌胺已在韩国、日本以及欧盟等地登记上市。

合成方法 以丙酰乙酸乙酯、噻酚-2-甲醛为原料，通过如下反应即可制得噻唑菌胺：

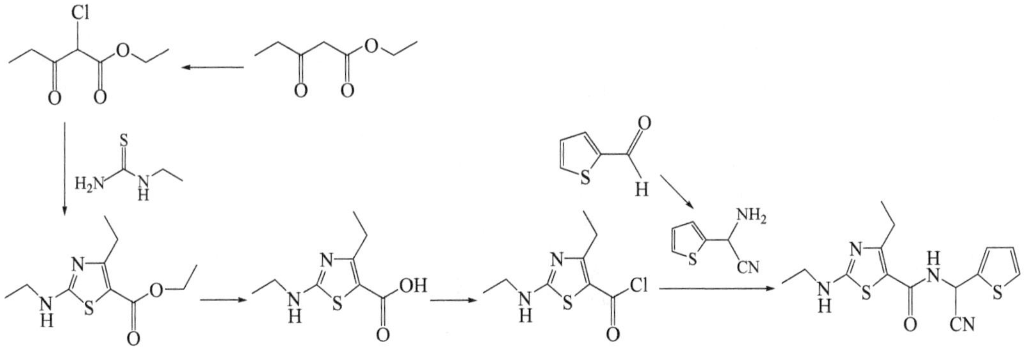

参考文献

[1] The Pesticide Manual. 15th ed. 2009：435-436.

[2] The Proceeding of the BCPC Conference-Pests & Disease, 2002：377.

[3] 夏禹. 世界农药, 2005, 4：13-17.

[4] 朱伟清, 等. 世界农药, 2003, 3：45-47.

噻唑磷 fosthiazate

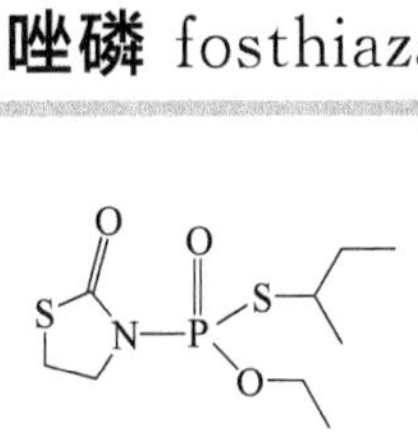

$C_9H_{18}NO_3PS_2$，283.3，98886-44-3

噻唑磷（fosthiazate）。试验代号　IKI 1145；其他名称　线螨磷；商品名称　Cierto、Eclahra、Eclesis、Nemathorin、Shinnema；是由日本石原产业公司研制，现由日本石原和先正达公司共同开发的硫代磷酸酯类杀虫、杀线虫剂。

化学名称　（RS)-S-仲丁基 O-乙基 2-氧代-1,3-噻唑啉-3-基硫代磷酸酯或（RS)-3-［仲丁硫基（乙氧基）硫代磷酰基］-1,3-噻唑啉-2-酮。（RS)-S-sec-butyl O-ethyl 2-oxo-1,3-thiazolidin-3-ylphosphonothioate 或（RS)-3-［sec-butylthio(ethoxy)phosphinoyl］-1,3-thiazolidin-2-one。

理化性质　工业品纯度≥93.0%，纯品为澄清无色液体（工业上为浅金色液体），沸点198℃（0.5mmHg）。蒸气压 $5.6×10^{-1}$ mPa(25℃)。分配系数 K_{ow} lg$P$=1.68。Henry 常数 $1.76×10^{-5}$ Pa·m^3/mol。相对密度(20℃)1.234。水中溶解度(20℃)9.85g/L；其他溶剂中溶解度：正己烷15.14g/L(20℃)，与二甲苯、N-甲基吡咯烷酮和异丙醇互溶。水中 DT_{50} 3d(pH 9,25℃)。闪点127.0℃。

毒性　急性经口 LD_{50}（mg/kg）：雄大鼠73，雌大鼠57。急性经皮 LD_{50}（mg/kg）：雄大鼠2372，雌大鼠853。对兔眼睛和皮肤无刺激性，对豚鼠皮肤有致敏性。大鼠吸入 LC_{50}（4h,mg/L）：雄大鼠0.832，雌大鼠0.558。NOEL［mg/(kg·d)］：狗（90d 和 1y）0.5，大鼠（2y）0.42(10.7mg/L)（EU Rev. Rep.），大鼠（2y）0.05（EPA Fact Sheet）。ADI：（EC）0.004mg/kg，（EPA)aRfD 0.0004mg/kg，cRfD 0.00017mg/kg。

生态效应　鸟急性经口 LD_{50}（mg/kg）：野鸭20，鹌鹑16.38。饲喂 LC_{50}（mg/L）：野鸭339，鹌鹑139。鱼类 LC_{50}（96h,mg/L）：虹鳟鱼114，大翻车鱼171。水蚤 EC_{50}（48h)0.282mg/L。羊角月牙藻 NOEC(5d)＞4.51mg/L。其他水生生物 EC_{50}（mg/L）：东方牡蛎14.1，糖虾0.429。蜜蜂 LD_{50}（48h,μg/只）：0.61(经口)，0.256(接触)。蚯蚓 LC_{50}（14d)209mg/kg干土。

环境行为

（1）动物　迅速并大部分被吸收，90%以上被排泄，48h内主要通过尿液和空气排泄。大部分通过噻唑啉酮开环、水解及氧化过程等代谢。

（2）土壤/环境　陆地田间逸散 DT_{50} 10～17d。有氧土壤中 DT_{50} 45d，厌氧降解水-沉积物 DT_{50} 37d，平均值 K_{foc} 59。

制剂　乳油，细粒剂等。

主要生产商　Ishihara Sangyo。

作用机理与特点　胆碱酯酶抑制剂，具有优异的杀线虫活性和显著的内吸杀虫活性，对传统的杀虫剂具有抗药性的各种害虫，也具有强的杀灭能力。

应用

（1）适宜作物　蔬菜、马铃薯、番茄、香蕉和棉花等。

（2）防治对象　用于防治各种线虫、蚜虫、螨、牧草虫等，对家蝇也具有活性。

（3）使用方法　通过土壤浸润处理。使用剂量为 2.0～5.0kg(a.i.)/hm^2。

专利与登记　专利 US4590182 早已过专利期，不存在专利权问题。国内登记情况：75%乳油，20%水乳剂，93%、96%、98%原药，10%悬浮剂等；登记作物为黄瓜或番茄；防治对象为根结线虫。

合成方法　可通过如下反应表示的方法制得目的物：

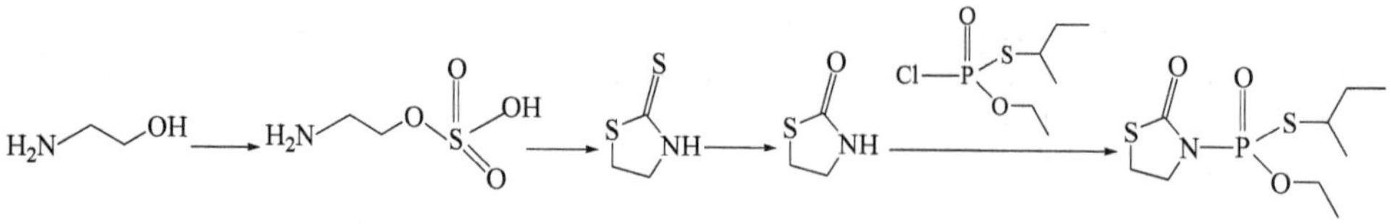

噻唑锌 zinc thiazole

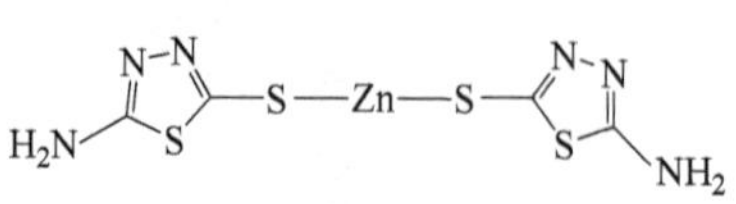

C$_4$H$_4$N$_6$S$_4$Zn，329.7，3234-62-6

噻唑锌(zinc thiazole)，是浙江新农化工公司 1999 年开始自主研发并取得中国专利的噻二唑类有机锌的新农药。

化学名称 双［(5-氨基-1,3,4-噻二唑-2-基)硫］锌，bis［(5-amino-1,3,4-thiadiazol-2-yl)thio］zinc。

理化性质 原药为灰白色粉末，纯品为白色结晶，熔点＞300℃，不溶于水和有机溶剂。稳定性：遇碱分解，在中性、弱碱性条件下稳定；在高温下能燃烧。

毒性 大鼠急性经口 LD_{50}＞5000mg/kg，对大鼠急性经皮 LD_{50}＞2000mg/kg，对家兔眼和皮肤无刺激性，对皮肤无致敏作用。

制剂 20%、30%悬浮剂。

主要生产商 浙江新农化工公司。

作用机理与特点 噻唑锌的结构含有两个活性基团。一是噻唑基团，虽然在植物体外对细菌无抑制力，但在植物体内却有高效的治疗作用，该药剂在植株的孔纹导管中，使细菌的细胞壁变薄，继而瓦解，致细菌死亡。二是锌离子，具有既杀真菌、又杀细菌的作用。药剂中的锌离子与病原菌细胞膜表面上的阳离子(H^+、K^+ 等)交换，导致病菌细胞膜上的蛋白质凝固，起到杀死病菌的作用；部分锌离子渗透进入病原菌细胞内，与某些酶结合，也会影响其活性，导致机能失调，病菌因而衰竭死亡。在这两个活性基团的共同作用下，杀灭病菌更彻底，防治效果更好，防治对象更广泛。

应用 噻唑锌是一种完全区别于铜制剂的有机锌的化合物，对水稻、果树、蔬菜等 50 多种作物的细菌性病害有较好的防治效果，是防治农作物细菌性病害的新一代高效、低毒、安全的农用杀菌剂。对水稻、果树、蔬菜作物的细菌性病害防治效果优秀，对部分真菌病害的预防、保护和控制效果也比较理想，持效期达 14～15d。

目前在浙江、广东、云南、山东等 28 个省市广泛应用于蔬菜、水稻和部分果树类作物，显示出优异的防治效果。试验表明，20%噻唑锌 SC 对黄瓜角斑病的防效为 80.11%～90.4%(对比药剂防效为 77.54%)，施药后病情指数相比空白对照的 32.45 已降低至 3.12～6.45。对白菜软腐病的收获前防效为 73.6%～79.3%(对比药剂防效为 67.4%)。对烟草野火病的防效为 61.78%～67.2%(对比药剂防效为 60.2%)。

40%春雷霉素•噻唑锌 SC(商品名：碧锐)，其中添加生物溶菌酶成为"双专利"的新型杀菌剂，对作物细菌性病害和稻瘟病等真菌性病害有特效；具备多重作用机制和多个作用位点、内吸双向传导和正反渗透层移活性，可全方位、高效力、彻底杀灭各类细菌，全面、持久保护作物。试验结果表明，施用 40%春雷霉素•噻唑锌 SC 在水稻上，用量 40～50g/亩，对稻瘟病防效达到 90%以上，效果好于 40%稻瘟灵药剂。用在柑橘、桃树和番茄等作物上，表现出对病害有较好防治效果：叶片浓绿、减少日灼果、果实表面光滑、着色均匀、果型大小一致、显著提高果实外观品质。

噻唑锌对水稻细菌性病害有较好的防治效果。两次药后 14d 调查结果表明，对水稻白叶枯病，20%噻唑锌 SC 225～375g/hm² 防治效果均极显著高于 20%叶枯唑 WP 300g/hm² 的防治效果；对水稻细菌性条斑病，20%噻唑锌 SC 300～375g/hm² 防治效果极显著高于 20%叶枯唑 WP 300g/hm² 的防治效果，225g/hm² 防治效果与 20%叶枯唑 WP 300g/hm² 的防治效果相当。

专利与登记

专利名称 噻二唑类金属络合物及其制备方法和用途

专利号 CN1308070

专利申请日 2000-12-15

专利拥有者 浙江新农化工有限公司

目前国内主要是浙江新农化工有限公司登记了 20%、30%悬浮剂：防治柑橘溃疡病 400～600mg/kg，防治黄瓜细菌性角斑病 375～450g/hm²，防治水稻细菌性条斑病 300～450g/hm²，防治烟草野火病 360～510g/hm²。40%戊唑•噻唑锌悬浮剂可用于防治水稻纹枯病 360～420g/hm²，50%嘧酯•噻唑锌悬浮剂用于防治黄瓜霜霉病 300～450g/hm²。40%春雷霉素•噻唑锌悬浮剂防治水稻稻瘟病 240～300g/hm²。

合成方法 经如下反应制得噻唑锌：

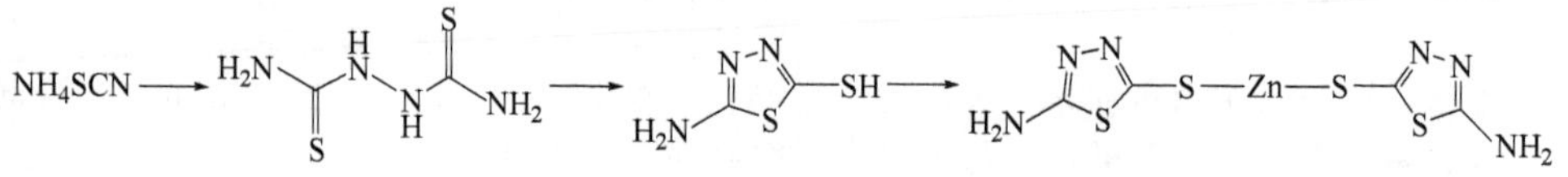

参考文献

[1] 魏方林. 世界农药，2008，2：47-48.

三氟苯嘧啶 triflumezopyrim

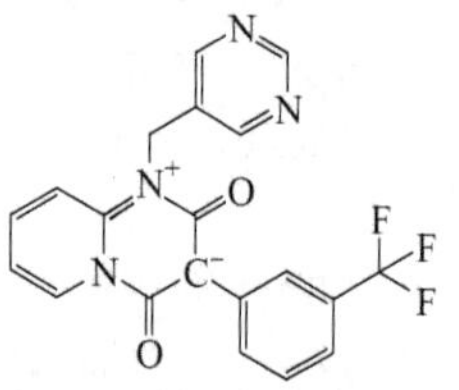

$C_{22}H_{20}F_3NO_5$，435.4，875775-74-9

三氟苯嘧啶（triflumezopyrim），试验代号 DPX-RAB55 和 ZDI-2501，商品名为 Pyraxalt™、佰靓珑®等，是杜邦公司开发的介离子类杀虫剂。

化学名称 2,4-二氧-1-(5-嘧啶甲基)-3-[3-三氟甲基苯基]-2H-吡啶并[1,2-a]嘧啶内盐。3,4-dihydro-2,4-dioxo-1-(pyrimidin-5-ylmethyl)-3-(α,α,α-trifluoro-m-tolyl)-2H-pyrido[1,2-a]pyrimidin-1-ium-3-ide。

毒性 山齿鹑急性经口毒性 LD_{50} 为 2109 mg/kg，低毒；山齿鹑短期饲喂毒性 $LD_{50}>935$ mg/kg，低毒；鱼类急性毒性 $LC_{50}>100$mg/L，低毒；蚤类急性毒性 $EC_{50}>122$mg/L，低毒；蜜蜂急性接触毒性 LD_{50} 为 0.39μg/蜂，高毒；蜜蜂急性经口毒性 LD_{50} 为 0.51μg/蜂，高毒。

制剂 10%悬浮剂。

应用 广谱、高效、持效期长，对鳞翅目、同翅目等多种害虫均具有很好的防效，可用于棉花、水稻、玉米和大豆等作物。对水稻飞虱、叶蝉等具有很好的防效，特别是对褐飞虱表现出很高的防效，而且持效期很长，对天敌安全。田间药效试验也表明 10%悬浮剂用量 13.3～16.7 g/hm²，对稻飞虱有较好的防治效果，防效为 94.55%～99.80%，速效性一般，持效性良好，药后21d，防效保持在 90.98%以上，在试验剂量范围内对水稻安全。推荐使用方法为卵孵化盛期至低龄若虫高峰期喷雾施药。

专利概况

专利名称 Preparation and use of mesoionic pesticides and mixtures containing them for control of invertebrate pests

专利号 WO2011017351 **专利申请日** 2010-08-03

专利拥有者 E. I. du Pont de Nemours and Company.

在其他国家申请的化合物专利：CA2768702、AU2010279591、KR2012059523、EP2461685、CN102665415、JP2013501065、ZA2012000395、AR77790、US20120115722、MX2012001661 等。

工艺专利：WO2013090547、WO2012092115、WO2011017351 等。

杜邦已经向全球多个重要市场递交了三氟苯嘧啶的登记资料，公司希望能在中国、韩国和菲律宾首先取得登记。目前，三氟苯嘧啶已在中国进入登记公示阶段。因此，中国将成为该产品的首发地。目前登记产品为 10％三氟苯嘧啶悬浮剂和 94％三氟苯嘧啶原药。登记防治水稻稻飞虱，叶面喷雾，有效成分用药量为 $15\sim22.5g/hm^2$（即 $1\sim1.5$ g/亩）。

合成方法 通过如下反应制得目标物：

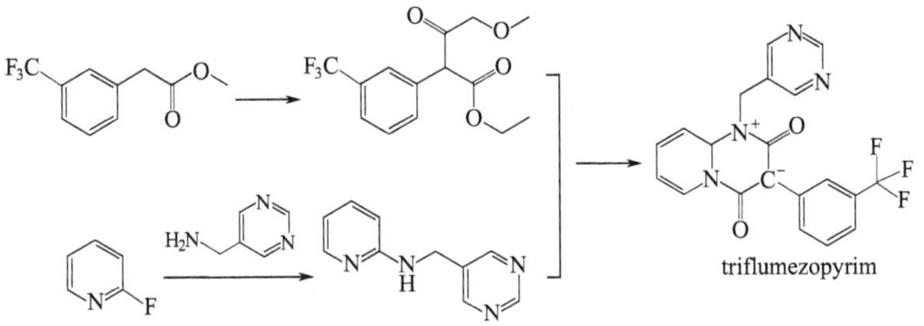

triflumezopyrim

三苯锡 fentin

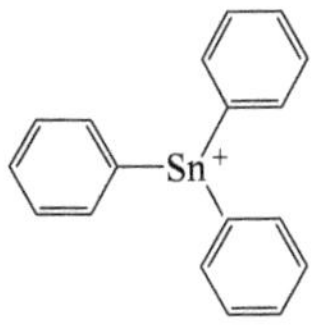

$C_{18}H_{15}Sn$，350.0，668-34-8，900-95-8(fentin acetate)，76-87-9(fentin hydroxide)

三苯锡(fentin)。试验代号 ENT 25208V、Hoe 02824、P1940、OMS1020，化学名称三苯基锡，triphenyltin。

另外三苯基锡还形成盐：

三苯基乙酸锡(fentin acetate)。试验代号 AEF 002782、HOE 002782。其他名称 TPTA，化学名称为三苯基锡乙酸盐，triphenyltin(Ⅵ)acetate。

三苯基氢氧化锡(fentin hydroxide)。试验代号 AEF 029664、HOE 029664。商品名称 Super-Tin、Agri-Tin、Duter'、Mertin。其他名称 TPTH，化学名称羟基三苯锡，triphenyltin(Ⅵ)hydroxide。

理化性质 三苯基乙酸锡 工业品含量不低于 94％。无色结晶体，熔点 121～123℃(工业品为 118～125℃)，蒸气压 1.9mPa(50℃)。$K_{ow}lgP=3.54$。Henry 常数 2.96×10^{-4} Pa·m^3/mol(20℃)。相对密度 1.5(20℃)。水中溶解度(pH＝5,20℃)9mg/L；其他溶剂中溶解度(20℃,g/L)：乙醇 22，乙酸乙酯 82，己烷 5，二氯甲烷 460，甲苯 89。干燥时稳定。有水时转化为羟基三苯锡。对酸碱不稳定(22℃)，$DT_{50}<3h$(pH＝5、7 或 9)。在日光或氧气作用下分解。闪点（185±5)℃(敞口杯)。三苯基氢氧化锡 工业品含量不低于 95％。无色结晶体，熔点 123℃，蒸气压 3.8×10^{-6} mPa(20℃)。$K_{ow}lgP=3.54$。Henry 常数 6.28×10^{-7} Pa·m^3/mol(20℃)。相对密度 1.54(20℃)。水中溶解度(pH＝7,20℃)1mg/L，随 pH 值减小溶解度增大；其他溶剂中溶解度(20℃,g/L)：乙醇 32，异丙醇 48，丙酮 46，聚乙烯乙二醇 41。室温下黑暗处稳定。超过 45℃开始分子间脱水，生成二、三苯锡基醚，二、三苯锡基醚在低于 250℃稳定。在光照条件下缓慢分解为无机锡及一苯基锡或二苯基锡的化合物，在紫外线照射下分解速度加快。闪点 174℃(敞口杯)。

毒性 三苯锡 每日允许摄入量(JMPR)0.0005mg/kg。三苯基乙酸锡 大鼠急性经口 LD_{50}140～298mg/kg。兔急性经皮 LD_{50}127mg/kg，对皮肤及黏膜有刺激。大鼠吸入 LC_{50}(4h,mg/L空气)：雄 0.044，雌 0.069。狗 NOEL(2y)4mg/kg 饲料。ADI(ECCO)0.0004mg/kg。三苯基氢氧化锡 大鼠急性经口 LD_{50}150～165mg/kg。兔急性经皮 LD_{50}127mg/kg，对皮肤及黏膜有刺激。

大鼠吸入 LC_{50}(4h)0.06mg/L 空气。大鼠 NOEL(2y)4mg/kg 饲料。ADI：(ECCO)0.0004mg/kg [2001]；(EPA)aRfD 0.003，cRfD 0.0003mg/kg [1999]。

环境行为 三苯基乙酸锡 鹌鹑 LD_{50}77.4mg/kg。呆鲦鱼 LC_{50}(48h)0.071mg/L。水蚤 LC_{50}(48h)10μg/L。水藻 LC_{50}(72h)32μg/L。制剂对蜜蜂无毒。蚯蚓 LD_{50}(14d)128mg/kg。三苯基氢氧化锡 山齿鹑 LC_{50}(8d)38.5mg/kg 饲料。呆鲦鱼 LC_{50}(48h)0.071mg/L。水蚤 LC_{50}(48h)10μg/L。水藻 LC_{50}(72h)32μg/L。对蜜蜂无毒。蚯蚓 LD_{50}(14d)128mg/kg。

环境行为 土壤/环境 在土壤中乙酸三苯锡和羟基三苯锡分解为无机锡及一苯基锡或二苯基锡的化合物。DT_{50} 20d(实验室)。

制剂 三苯基乙酸锡：可湿性粉剂；三苯基氢氧化锡：悬浮剂、可湿性粉剂。

作用机理 三苯基乙酸锡：多靶点抑制剂，能够阻止孢子成长，抑制真菌的代谢。三苯基氢氧化锡：具有保护治疗作用的非内吸性杀菌剂。

应用 本品可用作拒食剂，也可用作杀菌剂。防治马铃薯早、晚疫病(200～300g/hm²)、甜菜叶斑病(200～300g/hm²)以及大豆炭疽病(200g/hm²)。

专利概况 专利 US3499086、DE950970 均早已过专利期，不存在专利权问题。

合成方法 通过如下反应制得目的物：

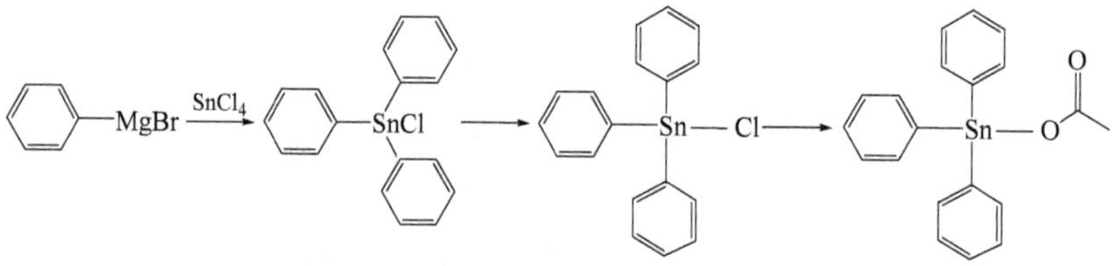

三氟啶磺隆 trifloxysulfuron

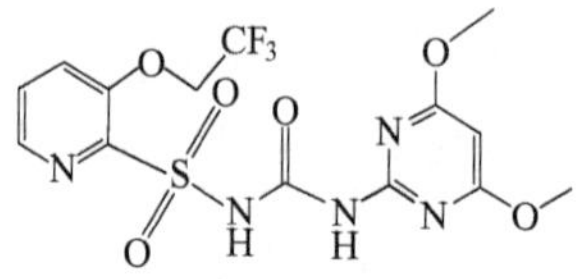

$C_{14}H_{14}F_3N_5O_6S$，437.4，145099-21-4，199119-58-9(钠盐)

三氟啶磺隆(trifloxysulfuron)。试验代号 CGA 292230，三氟啶磺隆钠(trifloxysulfuron-sodium)。试验代号 CGA 362622。商品名称 Envoke、Krismat。其他名称 Monument、英飞特，是由先正达公司开发的新型磺酰脲类除草剂。主要以钠盐形式销售。

化学名称 三氟啶磺隆 1-(4,6-二甲氧基嘧啶-2-基)-3-[3-(2,2,2-三氟乙氧基)-2-吡啶磺酰基]脲，1-(4,6-dimethoxypyrimidin-2-yl)-3-[3-(2,2,2-trifluoroethoxy)-2-pyridylsulfonyl] urea。

三氟啶磺隆钠 N'-(4,6-二甲氧基嘧啶-2-基)-N-[3-(2,2,2-三氟乙氧基)-2-吡啶磺酰] 亚氨基氨基甲酸钠，Sodium N'-(4,6-dimethoxypyrimidin-2-yl)-N-[3-(2,2,2-trifluoroethoxy)-2-pyridylsulfonyl] imidocarbamate。

理化性质 三氟啶磺隆钠 白色到灰白色粉末，熔点 170.2～177.7℃，蒸气压<1.3×10⁻³ mPa(25℃)。K_{ow}lgP：1.4(pH 5)，-0.43(pH 7)(25℃)。Henry 常数 2.6×10⁻⁵ Pa·m³/mol，相对密度 1.63(21℃)。水中溶解度 25.5g/L(pH 7.6,25℃)；其他溶剂中溶解度(25℃,g/L)：丙酮 17，乙酸乙酯 3.8，甲醇 50，二氯甲烷 0.79，己烷和甲苯中<0.001。水解 DT_{50}(25℃,d)：6 (pH 5)，20(pH 7)，21(pH 9)；水中光解 DT_{50}14～17d(pH 7,25℃)。pK_a4.76(20℃)。

毒性 三氟啶磺隆钠盐 大鼠急性经口 LD_{50}>5000mg/kg，大鼠经皮 LD_{50}>2000mg/kg。对

兔的皮肤和眼睛无刺激。对豚鼠皮肤无致敏性。大鼠吸入 LC_{50}(4h)＞5.03mg/L。NOEL[mg/(kg·d)]：NOAEL 大鼠(2y)24，小鼠(1.5y)为 112，狗(1y)为 15；ADI 0.15mg/kg。水指导值 0.45mg/L(公司建议)。无致突变性、无遗传毒性、无致畸性、无生殖危害、无神经毒性。

生态效应 三氟啶磺隆钠盐对大多数有机体是没有伤害的，只对绿藻和某些水生植物是高毒的。野鸭和山齿鹑 LD_{50}＞2250mg/kg，野鸭和山齿鹑饲喂 NOEC 为 5620mg/L。虹鳟鱼和大翻车鱼 LC_{50}(96h)＞103mg/L，水蚤 EC_{50}(48h)＞108mg/L，藻类 EC_{50}(120h,mg/L)：舟形藻＞150，骨条藻 80，项圈藻 0.28，淡水藻类 0.0065；东方生蚝 EC_{50}(96h)＞103mg/L；蜜蜂 LD_{50}(48h)(经口和接触)＞25μg/只；蚯蚓急性 LC_{50}(14d)＞1000mg/kg 土壤。对盲走螨属、蚜茧蜂属没有伤害；对土壤中的微生物没有影响。

环境行为 在有机体和环境中能快速吸收和分解，无积累趋势。

(1) 动物 能快速地吸收和排出体外(70％经尿液，6％经粪便)。7d 后，剩余的残留量小于服用量的 0.3％，代谢方式主要有氧化脱甲基化、桥的断裂、葡萄糖醛酸苷结合作用。

(2) 植物 在植物体内代谢途径主要有 Smile 重排、各种水解、氧化和缩合反应；在作物(甘蔗茎、棉籽)中有低的残留物。

(3) 土壤/环境 土壤吸收 K_{oc}29～584mL/cm^3，取决于土壤类型和酸碱性，随时间增加吸附增强。在土壤中水解 DT_{50}(20℃,40％ MWC,在各种土壤中)49～78d。有氧条件下水解 DT_{50} 7～25d。

制剂 10％三氟啶磺隆可湿性粉剂，75％三氟啶磺隆水分散粒剂，11％可分散油悬浮剂。

主要生产商 Syngenta。

作用机理和特点 三氟啶磺隆是一种磺酰脲类除草剂，抑制植物中支链氨基酸(缬氨酸、亮氨酸、异亮氨酸)合成所必需的乙酰乳酸合酶(AIS)的活性。三氟啶磺隆对乙酰乳酸合酶的抑制会使整个植株表现为生长停止、缺绿、顶端分生组织死亡，最后导致整个植株在 1～3 周后死亡。杂草的茎叶和根部都可吸收三氟啶磺隆，并且经过木质部和韧皮部快速转移至嫩枝、根部和顶端分生组织。一些杂草如大爪龙、苍耳等对三氟啶磺隆特别敏感，在处理几天后即死亡。棉花对三氟啶磺隆的吸收和代谢方式与杂草不同，被棉花植株吸收的三氟啶磺隆大部分被固定在棉花叶片中不能移动并且被迅速代谢掉，所以三氟啶磺隆对棉花无药害。

应用 主要用于防除阔叶杂草和莎草科杂草。对苣荬菜(苦苣菜)、藜(灰菜)、小藜、灰绿藜、马齿苋、反枝苋、凹头苋、绿穗苋、刺儿菜、刺苞果、豚草、鬼针草、大龙爪、水花生、野油菜、田旋花、打碗花、苍耳、醴肠(旱莲草)、田菁、胜红蓟、羽芒菊、臂形草、大戟、酢浆草(酸咪咪)等阔叶杂草具有很好的防除效果；对香附子(三棱草)有特效；对马唐、旱稗、牛筋草、狗尾草、假高粱等禾本科杂草防效较差。

棉花 5 叶以后或株高 20cm 以上时，一般用量为 75％三氟啶磺隆水分散粒剂本品 1.5～2.5g/亩，或 10％三氟啶磺隆可湿性粉剂 15～20g/亩，兑水 20～30kg，均匀喷雾杂草茎叶，喷药时尽量避开棉花心叶(主茎生长点)。

甘蔗生长期，杂草 3～6 叶期，一般用量为 75％三氟啶磺隆水分散粒剂本品 1.5～2.5g/亩，或 10％三氟啶磺隆可湿性粉剂 15～20g/亩，兑水 20～30kg，均匀喷雾杂草茎叶，甘蔗对本品具有较强的耐药性，以推荐剂量的 2 倍施用于甘蔗田，仍未出现药害。

专利与登记 专利 WO9216522 已过专利期，不存在专利权问题。国内登记情况：11％可分散油悬浮剂，登记作物为暖季型草坪；防治对象为莎草及阔叶杂草，部分禾本科杂草。瑞士先正达作物保护有限公司在中国登记情况见表 179。

表 179 瑞士先正达作物保护有限公司在中国登记情况

登记名称	登记证号	含量	剂型	登记作物	防治对象	用药量、(g/hm²)	施用方法
三氟啶磺隆钠盐	LS20110040	11％	可分散油悬浮剂	暖季型草坪暖季型草坪	莎草及阔叶杂草部分禾本科杂草	32.4～48.6	茎叶喷雾

合成方法 经如下反应可制得目的物：

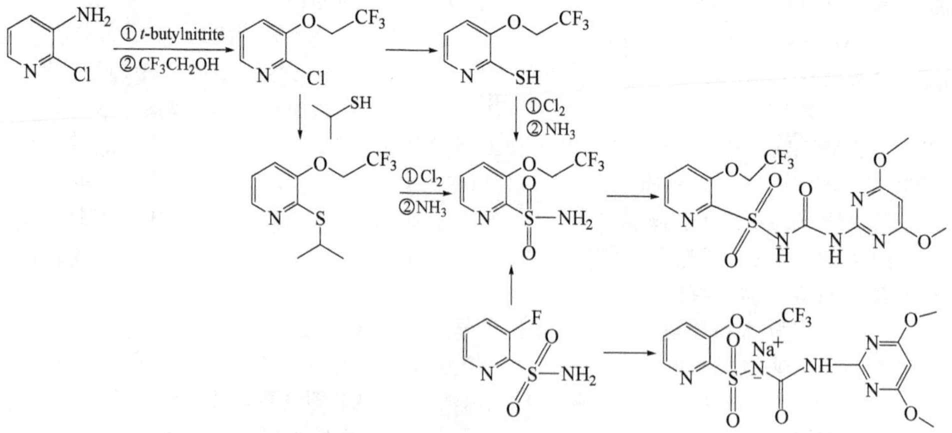

[1] 张宗俭等. 农药, 2002, 5：40-41.

三氟甲吡醚 pyridalyl

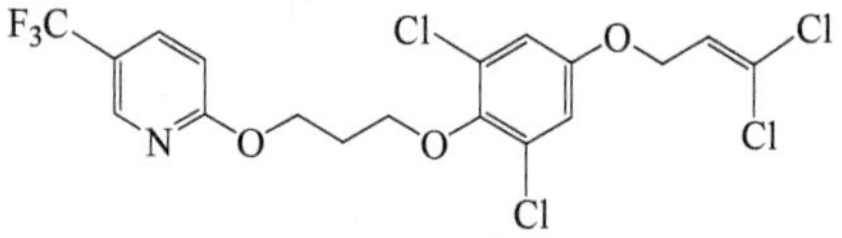

$C_{18}H_{14}Cl_4F_3NO_3$，491.1，179101-81-6

三氟甲吡醚(pyridalyl)。试验代号　S-1812，商品名：Plea、Pleo、Sumipleo、速美效、宽帮1号。其他名称　pyridaryl、啶虫丙醚，是日本住友化学株式会社开发的新型含吡啶基团的二氯丙烯醚类杀虫剂。

化学名称　2,6-二氯-4-(3,3-二氯丙烯基)苯基-3-[5-(三氟甲基)-2-吡啶氧基]丙醚，2,6-dichloro-4-(3,3-dichloroallyloxy)phenyl-3-[5-(trifluoromethyl)-2-pyridyloxy] propylether。

理化性质　外观为黄色液体，有香味。熔点＜-17℃，沸点227℃(分解)，相对密度(20℃) 1.44，蒸气压(20℃)6.24×10⁻⁵mPa，$K_{ow}lgP$=8.1(20℃)。水中溶解度$0.15×10^{-9}$(20℃)；有机溶剂中溶解度：正辛醇、乙腈、二甲基甲酰胺、正己烷、二甲苯、氯仿、丙酮、乙酸乙酯为＞1000，甲醇＞500。在酸性、碱性溶液(pH 5、7、9缓冲液)中稳定。pH=7缓冲液中半衰期为4.2～4.6d。闪点111℃。

毒性　大鼠(雄、雌)急性经口、经皮LD₅₀＞5000mg/kg。大鼠吸入LC₅₀(4h)＞2.01mg/L，对家兔眼睛有轻度刺激性，对皮肤无刺激性；对豚鼠皮肤有致敏性。2代大鼠NOAEL 2.80mg/(kg·d)。ADI(FSC)0.028mg/kg [2004]，(EPA)0.034mg/kg [2008]。

生态效应　鸟饲喂LC₅₀(mg/L)：山齿鹑1133，野鸭＞5620。虹鳟鱼急性LC₅₀(96h) 0.50mg/L，水蚤EC₅₀(48h)3.8mg/L，中肋骨条藻EC₅₀(72h)＞150μg/L，蜜蜂LD₅₀(48h，经口和接触)＞100μg/只。蚯蚓LC₅₀＞2000mg/kg土。对多种有益节肢动物低毒。在100mg/L对稻螟赤眼蜂、普通草蛉、异色瓢虫、东亚小花蝽及智利小植绥螨无害。蚜茧蜂、梨盲走螨的LR₅₀(48h)分别＞457.6g(a.i.)/hm²、600g(a.i.)/hm²。

环境行为

(1) 动物　大鼠和山羊经口啶虫丙醚后，主要通过粪便排出体外。代谢主要是二氯丙烯醚键的断裂。

(2) 植物　对国内甘蓝、马铃薯和草莓施药后，在植物体内流动性不明显，植物体内的部分

866

代谢也是部分的二氯丙烯醚键的断开。

（3）土壤环境　土壤中 DT_{50} 93～182d；降解主要是二氯丙烯醚键的断开，然后是苯酚的甲基化，同时断裂成吡啶酚，土壤中无流动性，K_d 2473～3848，K_{oc} 402000～2060000。

制剂　10％、48％、50％乳油，35％可湿性粉剂，10％悬浮剂。

主要生产商　Sumitomo Chemical。

作用机理与特点　其化学结构独特，属二卤丙烯类杀虫剂。不同于现有的其他任何类型的杀虫剂，对蔬菜和棉花上广泛存在的鳞翅目害虫具有卓效活性。同时，它对许多有益的节肢动物影响最小，所以有望成为害虫综合治理项目中的得力成员。该化合物对小菜蛾的敏感品系和抗性品系也表现出高的杀虫活性。除此之外，啶虫丙醚对蓟马和双翅目的潜叶蝇也具有杀虫活性。

应用

（1）适用作物　甘蓝、萝卜、莴苣、茄子、青椒、洋葱、草莓、果树、棉花等。

（2）防治对象　小菜蛾、小菜粉蝶、甘蓝菜蛾、斜纹夜蛾、棉铃虫、棕榈蓟马、烟蓟马、稻纵卷叶螟等。

（3）残留量　叶类蔬菜4组，不包括芸苔类：20mg/L；芸苔，头、茎，亚组5A：3.5mg/L；果类蔬菜8组：1mg/L；绿芥末：30mg/L；绿芜菁：30mg/L。

（4）应用技术　使用药量为有效成分75～105g/hm²（折成100g/L乳油商品量为50～70mL/亩，一般兑水50kg稀释），于小菜蛾低龄幼虫期开始喷药。在推荐的试验剂量下未见对作物产生药害，对作物安全。

（5）使用方法　喷雾。持效期为7d左右，耐雨水冲刷效果好。

在日本，啶虫丙醚已经或正在登记用于防治农业上的害虫。田间药效试验结果表明：10％啶虫丙醚对小菜蛾防治效果优良，使用150g(a.i.)/hm²和112.5g(a.i.)/hm²处理，在施药后3d的防效分别为91.58％、89.46％，10d达到96.81％、95.94％，均明显高于对照药剂2％甲氨基阿维菌素苯甲酸盐乳油、5％氟虫腈SC和2.5％溴氰菊酯乳油的防效。说明啶虫丙醚100g/L乳油对大白菜、甘蓝的小菜蛾有较好的防治效果。

啶虫丙醚对鳞翅目害虫的生物活性与耐药性见表180、表181。

表180　啶虫丙醚对鳞翅目害虫的生物活性

名称	生长阶段	试验方法	DAT	LC_{50}/[mg(a.i.)/L]
稻纵卷叶螟	L3	喷雾	5	1.55
棉铃虫	L3	浸叶	5	1.36
烟夜蛾	L2	浸叶	5	3.23
烟芽夜蛾	L2	浸叶	5	4.29
甘蓝夜蛾	L3	喷雾	5	1.98
甜菜夜蛾	L3	喷雾	5	0.93
斜纹夜蛾	L3	喷雾	5	0.77
菜青虫	L2	喷雾	5	3.02
小菜蛾	L3	浸叶	3	4.48

L2和L3为昆虫发育的二、三阶段。

表181　小菜蛾对不同农药品种的耐药性比较

杀虫剂	类别	LC_{50}/[mg(a.i.)/L]	
		耐药性	敏感性
啶虫丙醚		2.6	4.7
氟氯氰菊酯	拟除虫菊酯	>500	3.7
甲基嘧啶磷	有机磷	>450	12
定虫隆	苯甲酰脲	>25	3.4

注意事项：该药(折成有效成分)对蜜蜂为低毒，鸟为低(或中等)毒，鱼为高毒，家蚕为中等

毒。对天敌及有益生物影响较小。本剂对蚕有影响，勿喷洒在桑叶上，在桑园及蚕室附近禁用。注意远离河塘等水域施药，禁止在河塘等水域中清洗药器具，不要污染水源。

专利与登记

专利名称　Dihalopropene compounds，insecticidal/acaridial agents containing same，and intermediates for their production.

专利号　WO9611909

专利申请日　1995-10-12

专利拥有者　Sumitomo Chemical Co

国内登记情况：91%原药、10.5%乳油等，登记作物为甘蓝等，防治对象为小菜蛾等。日本住友化学株式会社在中国登记情况见表182。

表 182　日本住友化学株式会社在中国登记情况

商品名	登记证号	含量	剂型	登记作物	防治对象	用药量/(g/hm²)	施用方法
三氟甲吡醚	LS20071624	100g/L	乳油	大白菜 甘蓝	小菜蛾 小菜蛾	75～105	喷雾
三氟甲吡醚	LS20071625	91%	原药				

合成方法　可通过如下反应制得目的物：

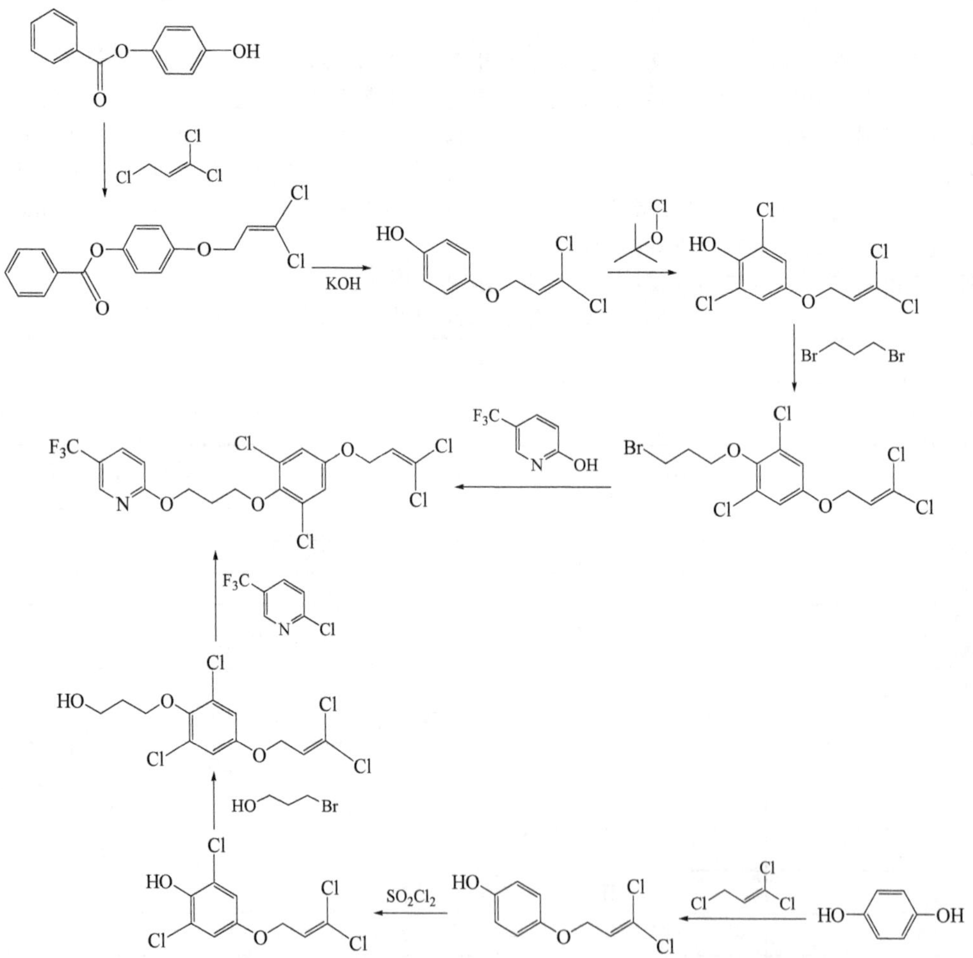

参考文献

[1] The BCPC Conference-Pests & Diseases，2002，1：33-38.

[2] 程志明. 世界农药，2004，26（4）：6-10.

[3] 陶圣如. 浙江化工，2003，1：19.

三氟甲磺隆 tritosulfuron

C$_{13}$H$_9$F$_6$N$_5$O$_4$S，445.3，142469-14-5

三氟甲磺隆(tritosulfuron)。**商品名称** Tooler、Certo Plus。**其他名称** Algedi、Arrat、Biathlon、Callam、Conquerant、Narak，是由巴斯夫公司开发的新型磺酰脲类除草剂。

化学名称 1-(4-甲氧基-6-三氟甲基-1,3,5-三嗪-2-基)-3-(2-三氟甲基苯基磺酰基)脲，1-(4-methoxy-6-trifluoromethyl-1,3,5-triazin-2-yl)-3-(2-trifluoromethylbenzenesulfonyl)urea。

理化性质 白色固体。熔点167～169℃，蒸气压<1×10^{-2} mPa(20℃)。K_{ow}lg$P$：2.93(pH=2.7)，2.85(pH=4)，0.62(pH=7)，-2.38(pH=10)。Henry 常数 1.012×10^{-4} Pa·m^3/mol(计算)。相对密度 1.687(20℃)。水中溶解度(20℃)：38.6mg/L(pH=4.7)，78.3g/L(pH=10.2)；其他溶剂中溶解度(20℃,g/L)：甲醇23，二氯甲烷25，乙腈92，丙酮250～300。在340～360℃稳定；水解 DT$_{50}$(25℃)：48d(pH=4)，>62d(pH=4)，18d(pH=9)。无光解，pK_a4.69(20℃)。

毒性 大鼠急性经口 LD$_{50}$>4700mg/kg，大鼠急性经皮 LD$_{50}$>2000mg/kg，大鼠吸入 LC$_{50}$>75.4mg/L。ADI(EC)0.06mg/kg [2008]。

生态效应 山齿鹑急性经口 LD$_{50}$>2000mg/kg，山齿鹑饲喂 LC$_{50}$(5d)>981mg/(kg·d)。虹鳟鱼 LC$_{50}$(96h)>100mg/L，水蚤 EC$_{50}$(48h)>100mg/L，近头状伪蹄形藻 E$_b$C$_{50}$(72h)230μg/L，蜜蜂 LD$_{50}$(48h)>200μg/只，蚯蚓 LC$_{50}$>1000mg/kg。

环境行为 土壤/环境 DT$_{50}$(实验室,20℃)16～32d，DT$_{50}$(田间)3～21d；K_{oc}4～11mL/g(动力学控制 K_{oc}7～64mL/g)。三氟甲磺隆在土壤中几乎不吸收，降解很快。不会存在于土壤表层，在土壤中共有四种代谢方式。

制剂 可湿性粉剂。

作用机理 支链的氨基酸合成(ALS或AHAS)抑制剂。抑制必需氨基酸缬氨酸和异亮氨酸的生物合成，从而阻止细胞分裂和植物生长。

应用 能控制谷物田中广泛的阔叶杂草。

专利概况 专利 DE4038430 已过专利期，不存在专利权问题。

合成方法 经如下反应可制得目的物：

三氟氯氰菊酯 cyhalothrin

$C_{23}H_{19}ClF_3NO_3$，449.9，68085-85-8

三氟氯氰菊酯(cyhalothrin)。试验代号 ICI 146814、OMS 2011、PP563。商品名称 Cyhalon、Grenade、功夫、空手道。其他名称 功夫菊酯、三氟氯氰菊酯、氯氟氰菊酯，是先正达公司开发的拟除虫菊酯类杀虫剂。

化学名称 (RS)-α-氰基-3-苯氧苄基(Z)-(1RS,3RS)-3-(2-氯-3,3,3-三氟丙烯基)-2,2-二甲基环丙烷羧酸酯或(Z)-(1RS,3RS)-3-(2-氯-3,3,3-三氟丙烯基)-2,2-二甲基环丙烷羧酸-[(RS)-α-氰基-3-苯氧苄基]酯，(RS)-α-氰基-3-苯氧苄基(Z)-(1RS)-cis-3-(2-氯-3,3,3-三氟丙烯基)-2,2-二甲基环丙烷羧酸酯或(Z)-(1RS)-cis-3-(2-氯-3,3,3-三氟丙烯基)-2,2-二甲基环丙烷羧酸-[(RS)-α-氰基-3-苯氧苄基]酯。(RS)-α-cyano-3-phenoxybenzyl(Z)-(1RS,3RS)-3-(2-chloro-3,3,3-trifluoroprop-1-enyl)-2,2-dimethylcyclopropanecarboxylate，(RS)-α-cyano-3-phenoxybenzyl(Z)-(1RS)-cis-3-(2-chloro-3,3,3-trifluoropropenyl)-2,2-dimethylcyclopropanecarboxylate。

组成 工业品纯度90%，由两个异构体组成，其中顺式异构体含量为95%。

理化性质 黄色到褐色黏稠液体(工业品)。大气压条件下不能沸腾，蒸气压0.0012mPa(20℃)，$K_{ow}lgP=6.9$(20℃)。Henry常数$1×10^{-1}Pa·m^3/mol$(20℃，计算值)。相对密度1.25(25℃)。溶解度：在水中为0.0042mg/L(pH 5,20℃)，在丙酮、二氯甲烷、甲醇、乙醚、乙酸乙酯、正己烷、甲苯中>500g/L(20℃)。在黑暗中50℃条件下，储存4y不会变质，不发生构型转变。对光稳定，光下储存20个月损失小于10%。在275℃下分解。光照下在pH 7~9的水中会缓慢水解，pH>9时，水解更快。闪点为204℃(工业品，Pensky-Martens闭口杯)。

毒性 急性经口LD_{50}(mg/kg)：雄大鼠243，雌大鼠144，豚鼠>5000，兔>1000。急性经皮LD_{50}(mg/kg)：雄大鼠1000~2500，雌大鼠200~2500，兔>2500。对眼睛有中度刺激作用。对兔的皮肤无刺激作用，对豚鼠皮肤中度致敏。大鼠吸入LC_{50}(4h)>0.086mg/L。NOEL：在2.5mg/(kg·d)剂量下饲喂大鼠2y，饲喂狗0.5y，无明显作用。ADI：(EMEA)0.005mg/kg[2001]；(JECFA)0.005mg/kg [2004]；(JMPR)0.02mg/kg [1984]；(EPA)cRfD 0.005mg/kg[1988]。其他：无证据表明其有致癌、诱变或干扰生殖作用。没有发现其对胎儿有影响。可能会引起使用者面部过敏，但是暂时的，可以完全治愈。

生态效应 野鸭急性经口LD_{50}>5000mg/kg；虹鳟鱼LC_{50}(96h)0.00054mg/L；水蚤LC_{50}(48h)0.38μg/L。蜜蜂LD_{50}(接触)0.027μg/只。

环境行为 动物 大鼠经口三氟氯氰菊酯会迅速随尿液和粪便排出。醚结构水解的两部分都形成极性复合物。土壤/环境 土壤中DT_{50}4~12周，河水中日光下DT_{50}约20d。三氟氯氰菊酯在土壤中的溢出及降解产物均微不足道。

制剂 10%水乳剂，20%微乳剂，26%、25g/L、50g/L乳油等。

主要生产商 湖北沙隆达股份有限公司及Syngenta等。

作用机理 三氟氯氰菊酯是新一代低毒高效拟除虫菊酯类杀虫剂，具有触杀、胃毒作用，无内吸作用。同其他拟除虫菊酯类杀虫剂相比，其化学结构式中增添了 3 个氟原子，使三氟氯氰菊酯杀虫谱更广、活性更高，药效更为迅速，并且具有强烈的渗透作用，增强了耐雨性，延长了持效期。三氟氯氰菊酯药效迅速，用量少，击倒力强，低残留，并且能杀灭那些对常规农药如有机磷产生抗性的害虫。对人、畜及有益生物毒性低，对作物安全，对环境安全。害虫对三氟氯氰菊酯产生抗性缓慢。

应用

(1) 适用作物　大豆、小麦、玉米、水稻、甜菜、油菜、烟草、瓜类、棉花、果树、蔬菜、林木等。

(2) 防治对象　三氟氯氰菊酯可防治鳞翅目、双翅目、鞘翅目、缨翅目、半翅目、直翅目的麦蚜、大豆蚜、棉蚜、瓜蚜、菜蚜、烟蚜、烟青虫、菜青虫、小菜蛾、魏虫、草地螟、大豆食心虫、棉铃虫、棉红铃虫、桃小食心虫、苹果卷叶蛾、柑橘潜叶蛾、茶尺蠖、茶小绿叶蝉、水稻潜叶蝇等 30 余种主要害虫，对害螨也有较好的防效，但对螨的使用剂量要比常规用量增加 1～2 倍。

(3) 残留量与安全施药　由于三氟氯氰菊酯亩用量少，喷液最低，雾滴直径小，因此施药时应选择无风或微风、气温低时进行；飞机作业更应注意选择微风时施药，避免大风天及高温时施药，防止药液飘移或挥发而降低药效，造成无效作业。若虫情紧急，施药时气温高，应适当加大用药量及喷液量，保证防虫效果。人工喷液量每亩 15～30L，拖拉机喷液量每亩 7～10L，飞机喷液量每亩 1～3L。天气干旱、空气相对湿度低时用高量；土壤水分条件好、空气相对湿度高时用低量。喷雾时空气相对湿度应大于 65%、温度低于 30℃、风速小于 4m/s，空气相对湿度小于 65% 时应停止作业。

应用技术详见表 183。

表 183　三氟氯氰菊酯应用技术

作物	害虫	施药量及操作
棉花	棉铃虫、红铃虫	于 2～3 代卵孵盛期施药，每亩用 2.5% 三氟氯氰菊酯乳油 25～60mL (a.i.0.63～1.5g)，兑水喷雾。根据虫口发生量，每代可连续喷药 3～4 次，持效期 7～10d，同时可兼治棉盲蝽、棉角甲
	棉蚜	于蚜虫发生期，苗期蚜虫每亩用 2.5% 三氟氯氰菊酯乳油 10～20mL (a.i.0.25～0.5g)，伏蚜用 2.5% 三氟氯氰菊酯乳油 20～30mL(a.i.0.5～0.75g)，持效期 7～10d
	棉红蜘蛛	于成、若螨发生期施药，按上述常规用药量可以控制红蜘蛛的发生量，如每亩用 a.i.1.5～3g 的高剂量，可以在 7～10d 之内控制叶螨的危害，但效果不稳定。一般不要将此药作为专用杀螨剂，只能在杀虫的同时兼治害螨
果树	柑橘潜叶蛾	于新梢初放期或潜叶蛾卵盛期施药，用 2.5% 三氟氯氰菊酯乳油 4000～8000 倍液 (有效浓度 3.13～6.25mg/L) 喷雾。当新叶被害率仍在 10% 时，每隔 7～10d 施药 1 次，一般 2～3 次即可控制潜叶蛾危害，保梢效果良好，并可兼治卷叶蛾
	柑橘介壳虫、柑橘矢尖蚧、吹绵蚧	若虫发生期施药，用 2.5% 三氟氯氰菊酯乳油 1000～3000 倍液 (有效浓度 8.3～25mg/L) 兑水喷雾
	柑橘蚜虫	于发生期施药，用 2.5% 三氟氯氰菊酯乳油 5000～10000 倍液 (有效浓度 2.5～5mg/L)，均匀喷雾，持效期一般可达 7～10d
	柑橘叶蛾	于发生期，用 2.5% 三氟氯氰菊酯乳油 1000～2000 倍液 (有效浓度 12.5～25mg/L) 喷雾，一般可以控制红蜘蛛、锈蜘蛛的危害，但持效期短。由于天敌被杀伤，药后虫口很快回升，故最好不要专用于防治叶蛾
	苹果蠹蛾	低龄幼虫始发期或开花坐果期，用 2.5% 三氟氯氰菊酯乳油 2000～4000 倍液 (有效浓度 6.25～12.5mg/L) 喷雾，还可以防治小卷叶蛾
	桃小食心虫	卵孵盛期，用 2.5% 三氟氯氰菊酯乳油 3000～4000 倍液 (有效浓度 6.3～8.3mg/L) 兑水均匀喷雾，每季 2～3 次，还可以防治苹果上的蚜虫

作物	害虫	施药量及操作
蔬菜	小菜蛾、甘蓝夜蛾、斜纹夜蛾、烟青虫、菜螟	1~2龄幼虫发生期,每亩用2.5%三氟氯氰菊酯乳油20~40mL(a.i.0.5~1g)兑水喷雾
	菜青虫	2~3龄幼虫发生期,每亩用2.5%三氟氯氰菊酯乳油15~25mL(a.i.0.375~0.62g)兑水均匀喷雾,持效期在7d左右
	菜蚜	蚜虫发生期,每亩用2.5%三氟氯氰菊酯乳油8~20mL(a.i.0.2~0.5g),均可控制叶菜蚜虫、瓜蚜的危害,持效期7~10d
	茄红蜘蛛、辣椒跗线螨	每亩用2.5%三氟氯氰菊酯乳油30~50mL(a.i.0.75~1.25g),兑水均匀喷雾,可以起到一定抑制作用,但持效期短,药后虫口数量回升较快
茶树	茶尺蠖、茶毛虫、茶小卷叶蛾、茶小绿叶蝉(防治此虫要用稍高剂量)	2~3龄幼虫发生期,用2.5%三氟氯氰菊酯乳油4000~10000倍液(有效浓度2.5~6.25mg/L)兑水喷雾,或2.5%乳油10~40mL(a.i.0.25~1g)兑水喷雾。持效期7d左右
	茶叶瘿螨、茶橙瘿螨	发生期施药,用2.5%三氟氯氰菊酯乳油2000~3000倍(有效浓度8.3~12.5mg/L)兑水喷雾,可以起到一定抑制作用,但持效期短,且效果不稳定
大田作物	玉米螟	防治时期为玉米抽穗期,防治指标是100株有卵30块以上,每亩用2.5%三氟氯氰菊酯乳油15~25mL(a.i.0.375~0.625g),兑水10~15L喷雾
	大豆食心虫	防治时期为成虫盛发期,连续3d 100m(双行)蛾量达100头以上。每亩用25%三氟氯氰菊酯乳油20~30mL(a.i.0.5~0.75g),兑水10~15L喷雾
	大豆蚜虫	防治时期为蚜虫盛发期,防治指标是每株有蚜10头以上,每亩用25%三氟氯氰菊酯乳油10~20mL(a.i.0.25~0.5g),兑水10~15 L喷雾
	黏虫、草地螟	防治关键时期为幼虫3龄以前,防治指标是1~2龄幼虫每平方米10头以上,3~4龄幼虫每平方米30头以上,每亩用2.5%三氟氯氰菊酯乳油10~20mL(a.i.0.25~0.5g),兑水10~15L喷雾

(4) 注意事项 ①此药为杀虫剂,兼有抑制害螨作用,因此不要作为杀螨剂专用于防治害螨。②由于在碱性介质及土壤中易分解,所以不要与碱性物质混用以及作土壤处理剂使用。③对鱼、虾、蜜蜂、家蚕高毒,因此使用时不要污染鱼塘、河流、蜂场、桑园。④三氟氯氰菊酯的人体每日允许摄入量(ADI)为0.02mg/kg,比利时规定在作物中的最高残留量(MRL)分别为:棉籽、马铃薯0.01mg/kg,蔬菜1mg/kg。

专利与登记 专利AU 521136、US 4183948、GB 2000764均早已过专利期,不存在专利权问题。国内登记情况:10%水乳剂,20%微乳剂,26%、25g/L、50g/L乳油,等,登记作物为棉花、茶树、烟草等,防治对象为烟青虫、棉铃虫、茶小绿叶蝉、蚜虫等。

合成方法 经如下方法合成:

参考文献

[1] 王美秀. 中华卫生杀虫药械，2002,3：10-13.

三氟羧草醚 acifluorfen

acifluorfen   acifluorfen-sodium

$C_{14}H_7ClF_3NO_5$，361.7，50594-66-6 $C_{14}H_6ClF_3NNaO_5$，383.6，62476-59-9

三氟羧草醚(acifluorfen)。商品名称　Doble、Galaxy、Storm。其他名称　杂草焚。三氟羧草醚钠盐(acifluorfen-sodium)。试验代号　BAS 9048.H、MC 10978、RH-6201。商品名称　Blazer。其他名称　Ultra Blazer，是由美孚(Mobil Chemical Co)和罗门哈斯公司(Rohm & Hass Co)开发的二苯醚类除草剂。

化学名称　三氟羧草醚　5-(2-氯-α,α,α-三氟-对甲苯氧基)-2-硝基苯甲酸，5-(2-chloro-α,α,α-trifluoro-p-tolyloxy)-2-nitrobenzoic acid。

三氟羧草醚钠盐　5-(2-氯-α,α,α-三氟-对甲苯氧基)-2-硝基苯甲酸钠盐，sodium 5-(2-chloro-α,α,α-trifluoro-p-tolyloxy)-2-nitrobenzoate。

理化性质　三氟羧草醚　纯品为浅棕色固体，熔点142～160℃。相对密度1.546。蒸气压<0.01mPa(20℃)。水中溶解度(23～25℃,工业品)120mg/L。常见有机溶剂中溶解度(25℃,g/kg)：丙酮600，二氯甲烷50，乙醇500，煤油和二甲苯<10。稳定性：235℃分解，在pH=3～9(40℃)下稳定。在紫外线下分解，DT_{50}大约110h。

三氟羧草醚钠盐　工业品通常为44%[质量分数(a.i.)]的水溶液。纯品为淡黄色并带有轻微的防腐剂气味。熔点274～278℃(分解)，蒸气压<0.01mPa(25℃)，K_{ow}lg$P$=1.19(pH=5,25℃)，Henry常数<6.179×10⁻⁹Pa·m³/mol(25℃,计算值)。相对密度0.4～0.5。水中溶解度(25℃,g/100g)：62.07(非缓冲液)，60.81(pH=7)，60.71(pH=9)。有机溶剂中溶解度(25℃,g/100mL)：辛醇5.37，甲醇64.15，己烷中<5×10⁻⁵。水溶液中20～25℃放置2y稳定。pK_a3.86±0.12。

毒性　三氟羧草醚钠盐　急性经口LD_{50}(工业品水溶液,mg/kg)：大鼠1540，雌小鼠1370，兔1590。兔急性经皮LD_{50}>2000mg/kg，对兔皮肤有中等刺激性，对兔眼睛有强刺激性作用(工业品水溶液)。大鼠急性吸入LC_{50}(4h)>6.91mg/L空气(水剂)。NOEL值：大鼠NOAEL(2代)1.25mg/kg，小鼠NOEL为7.5mg/L(工业品水溶液)。ADI(EPA)aRfD 0.2，最低cRfD为0.013mg/kg。其他：在Ames试验和小鼠淋巴瘤试验中未观察到致突变性。

生态效应　三氟羧草醚钠盐　山齿鹑急性经口LD_{50}325mg/kg，山齿鹑和野鸭LC_{50}(8d)>5620mg/kg饲料。鱼类LC_{50}(96h,mg/L)：虹鳟鱼为17，大翻车鱼62。水蚤EC_{50}(48h)77mg/L。藻类EC_{50}(μg/L)：羊角月牙藻>260，鱼腥藻>350。草虾EC_{50}(96h)189mg/L。该产品不会对蜜蜂产生影响。蚯蚓LC_{50}(14d)>1800mg/kg培养基。其他有益生物：对固氮菌最低抑制浓度>1000mg/L，对枯草芽孢杆菌最低抑制浓度为1000mg/L。

环境行为

(1) 动物　大鼠经口摄入后，快速且几乎完全被吸收和代谢。多个应用计量不会引起累积效应。皮肤吸收很低。三氟羧草醚钠盐被认定对水生和陆生的野生动物没有实质性的危害。

(2) 植物　在植物体内不能传导，在表面或接近表面的地方降解，DT_{50}约为1周。代谢迅速和广泛，主要通过氨化、羟基化和羰基化作用。

(3) 土壤/环境　原药将适度快速降解，DT_{50} 为 108d(粉质壤土)、200d(壤土)，主要形成结合的残留物和高极性代谢产物。通过微生物作用进行降解，也在土壤表面光解。在土壤中不发生累计。吸附 K_{oc} 为 44～684，K_d 值 0.13～1.98；解吸的 K_{oc} 为 131～1955，K_d 为 0.39～4.6。三氟羧草醚在水中黑暗情况下是稳定的，但在光中迅速降解，半衰期约为 2h，生成物主要为二氧化碳。

制剂　21.4％水剂。

主要生产商　大连瑞泽农药股份有限公司、江苏长青农化股份有限公司、宁波保税区汇力化工有限公司、青岛瀚生生物科技股份有限公司及上海美林康精细化工有限公司等。

作用机理与特点　原卟啉原氧化酶抑制剂。三氟羧草醚苗后早期处理，可被杂草茎、叶吸收，作用方式为触杀，能促使气孔关闭，借助于光发挥除草活性，增高植物体温度引起坏死，并抑制线粒体电子的传递，以引起呼吸系统和能量生产系统的停滞，抑制细胞分裂使杂草死亡。进入大豆体内，可被迅速代谢，因此能选择性防除阔叶杂草。在普通土壤中不会渗透进入深土层，能被土壤中微生物和日光降解成二氧化碳。

应用

(1) 适宜作物与安全性　大豆、花生、水稻。杂草和大豆间的选择性主要由三氟羧草醚的用量决定，其次是大豆品种，因此施药要坚持标准作业，喷雾要均匀。用药量过高或遇不良环境条件，如低洼地、排水不良、低温高湿、田间长期积水、病虫害等造成大豆生长发育不良，大豆易受药害，轻者叶片皱缩，出现枯斑，严重时整个叶片枯焦。一般 1～2 周恢复正常，严重时可造成贪青晚熟。因其在土壤中半衰期为 30～60d，故对后茬作物安全。

(2) 防除对象　主要用于防除一年生阔叶杂草如龙葵、豚草、苘麻、卷茎蓼、酸模叶蓼、柳叶刺蓼、节蓼、藜、苍耳、铁苋菜、反枝苋、凹头苋、刺苋、马齿苋、曼陀罗、鸭跖草、粟米草、鬼针、狼把草、水棘针、裂叶牵牛、圆叶牵牛、香薷草等，对多年生的苣荬菜、刺儿菜、大蓟、问荆等亦有较强的抑制作用。

(3) 应用技术　①施药适期为大豆苗后 3 片复叶期以前，阔叶杂草 2～4 叶期，一般株高 5～10 厘米。施药过晚，大豆 3 片复叶期以后施药药效不好，不仅对苍耳、藜、鸭跖草效果不佳，而且大豆抗性减弱，加重药害，导致减产。②大豆生长在不良的环境中，如遇干旱、水淹、肥料过多或土壤中含过多盐碱、霜冻、最高日温低于 21℃ 或土温低于 15℃ 均不宜施用三氟羧草醚，以免造成药害。③土壤温度、水分适宜的条件下施药效果好，空气相对湿度低于 65％、土壤干旱、最高日温低于 21℃ 或土壤温度低于 15℃ 不宜施药。温度超过 27℃ 也不宜施药。施药后最好 6h 不降雨，以免影响药效。施药要选早晚气温低、风小时进行，上午 9 时至下午 3 时停止施药。

(4) 使用方法　三氟羧草醚是触杀型苗后用除草剂，大豆田使用剂量为 380～420g(a.i.)/hm^2［亩用量为 25.3～28g(a.i.)］，花生田使用剂量为 600g(a.i.)/hm^2［亩用量为 40g(a.i.)］，水稻田使用剂量为 180～320g(a.i.)/hm^2［亩用量为 12～21.4g(a.i.)］。大豆田每亩用 21.4％三氟羧草醚 67～100mL，每亩喷液量人工背负式喷雾器 20～33L，拖拉机喷雾机每亩 13L。不能用超低容量喷雾器或背负式机动喷雾器等进行超低容量喷雾或低容量喷雾。人工施药应选扇形喷头，不能左右甩动施药，以保证喷洒均匀。为扩大杀草谱，提高对大豆的安全性，大豆苗前用氟乐灵、灭草猛、异丙甲草胺、甲草胺等处理，苗后早期配合使用三氟羧草醚，或药后与防除禾本科杂草的吡氟氯禾灵、吡氟禾草灵等先后使用。

为提高对苣荬菜、刺儿菜、大蓟、问荆、藜、苍耳、鸭跖草等阔叶杂草的防除活性，可与灭草松混用。每亩用药量为 21.4％三氟羧草醚 50mL 加 48％灭草松 100mL。

三氟羧草醚也可与某些防除禾本科杂草的除草剂混用，提高对禾本科杂草的防除效果。三氟羧草醚与精吡氟氯禾灵、精喹禾灵混用，对大豆药害不增加，药效亦好。每亩用药量为 21.4％三氟羧草醚 67～100mL 加 10.8％精吡氟氯禾灵 30～35mL 或 5％精喹禾灵 50～67mL。三氟羧草醚不可与禾草克混用，两者混用对大豆药害加重。三氟羧草醚与烯禾啶机油乳剂混用对大豆药害略有增加，最好间隔一天分期施药。为抢农时，在环境及气候好的条件下也可混用，每亩用 21.4％三氟羧草醚 67～100mL 加 12.5％烯禾啶 83～100mL。三氟羧草醚还可与精噁唑禾草灵、烯草酮、喹禾糠酯等混用。

近年试验，将三氟羧草醚和另一种防阔叶草除草剂降低用量再与防禾本科杂草除草剂混用，在不良环境条件下，对大豆安全性好，杀草谱广，推荐下列配方供试验示范。

每亩用 21.4% 三氟羧草醚 33～40mL 加 12.5% 烯禾啶 50～67mL(或 15% 精吡氟禾草灵 35～40mL 或 10.8% 精吡氟氯禾灵 20～25mL 或 5% 精禾草 35～40mL)加 48% 异噁草酮 40～50mL。

每亩用 21.4% 三氟羧草醚 33～40mL 加 10.8% 精吡氟氯禾灵 30～35mL 加 48% 灭草松 100mL。

每亩用 21.4% 三氟羧草醚 33～40mL 加 48% 灭草松 100mL 加 12.5% 烯禾啶 85～100mL(或 5% 精禾草 50～67mL 或 15% 精吡氟禾草灵 50～67mL)。

专利与登记 专利 DE2311638 早已过专利期，不存在专利权问题。

国内登记情况：14.8%、21.4%、40% 水剂，28% 微乳剂，登记作物为大豆，主要用于防除阔叶杂草。印度联合磷化物有限公司在中国登记情况见表 184。

表 184　印度联合磷化物有限公司在中国登记情况

登记名称	登记证号	含量	剂型	登记作物	防治对象	用药量/(g/hm²)	施用方法
氟醚·灭草松	PD171-92	三氟羧草醚 80g/L+灭草松 360g/L	水剂	大豆	阔叶杂草	825～975	喷雾
三氟羧草醚	PD65-88	21.4%	水剂	大豆	阔叶杂草	360～480	

合成方法 三氟羧草醚合成方法主要有两种，主要原料为 3,4-二氯三氟甲苯、间羟基苯甲酸及间甲酚。

方法 1：以 3,4-二氯三氟甲苯、间羟基苯甲酸为起始原料，醚化，再与硝酸反应即得目的物。反应式如下。

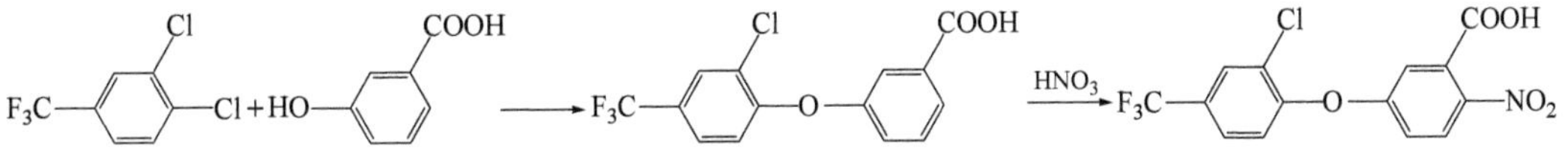

方法 2：以 3,4-二氯三氟甲苯、间甲酚为起始原料，首先经醚化，再氧化，最后硝化得目的物。反应式如下。

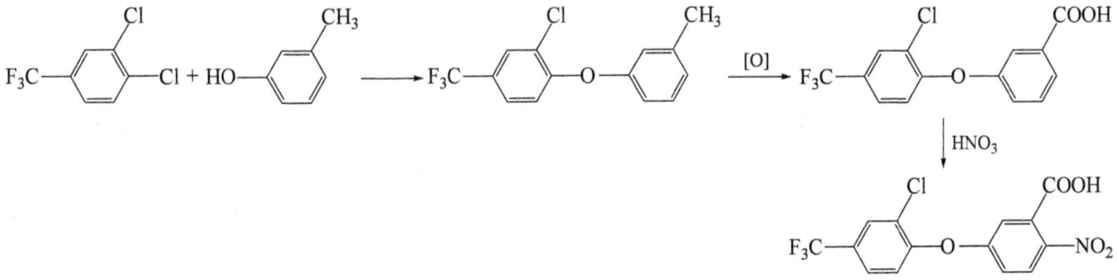

参考文献

[1] 王中洋. 化工中间体，2012，12：53-56
[2] 张海滨. 浙江化工，2005，1：19-20

三氟吲哚丁酸酯 TFIBA

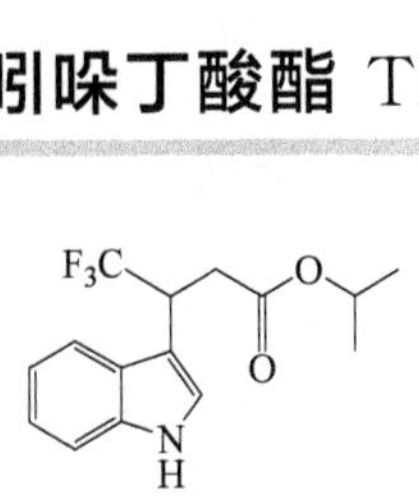

$C_{15}H_{16}F_3NO_2$，299.4，164353-12-2

三氟吲哚丁酸酯(TFIBA)是由日本政府工业研究公司开发的植物生长调节剂。

化学名称 1H-吲哚-3-丙酸-β-三氟甲基-1-甲基乙基酯，1H-Indole-3-propanoic acid-β-(trifluoromethyl)-1-methylethyl ester。

应用 植物生长调节剂，能促进作物根系发达，从而达到增产目的，主要用于水稻、豆类、土豆等。此外，还能提高水果甜度，降低水果中的含酸量，且对人安全。

专利概况 专利 JP07133204 已过专利期，不存在专利权问题。

合成方法 通过如下反应制得目的物：

参考文献

[1] Nagoya Kogyo Gijutsu Kenkyusho Hokoku, 1997, 46 (2): 53-60.
[2] J Ferment Bioeng, 1996, 82 (4): 355-360.

三环锡 cyhexatin

$C_{18}H_{34}OSn$，385.2，13121-70-5

三环锡(cyhexatin)。试验代号 Dowco 213、ENT 27 395-X、OMS 3029。商品名称 Acarmate、Acarstin、Guaraní、Mitacid、Oxotin、Sipcatin、Sunxatin、Triran Fa、杀螨锡、普特丹。最早由 W. E. Allison 等于 1968 年报道其具杀螨活性，随后由 Dow Chemical Co 和 M & T Chemicals Inc 联合开发。由 Dow Chemical Co 推广。

化学名称 三环己基锡氢氧化物，tricyclohexyltin hydroxide。

理化性质 纯品为无色晶体。蒸气压可忽略(25℃)。$K_{ow}\lg P = 4.86$。水中溶解度(25℃)＜1mg/L；其他溶剂中溶解度(25℃,g/kg)：氯仿 216，甲醇 37，二氯甲烷 34，四氯化碳 28，苯 16，甲苯 10，二甲苯 3.6，丙酮 1.3。水溶液在 100℃内的弱酸性(pH=6)至碱性条件下稳定，在紫外线作用下分解。

毒性 急性经口 LD_{50}(mg/kg)：大鼠 540，兔 500～1000，豚鼠 780。兔急性经皮 LD_{50}＞2000mg/kg。本品对兔眼睛有刺激性。NOEL 值[2y,mg/(kg·d)]：狗 0.75，小鼠 3，大鼠 1。ADI：(JMPR)0.003mg/kg；(EPA)aRfD 0.005mg/kg，cRfD 0.0025mg/kg。

生态效应 小鸡急性经口 LD_{50} 650mg/kg。饲喂 LC_{50}(8d,mg/kg 饲料)：野鸭 3189，山齿鹑 520。鱼类 LC_{50}(24h,mg/L)：大口鲈鱼 0.06，金鱼 0.55。在推荐剂量下对蜜蜂无毒(经皮 LD_{50} 0.032mg/只)。在推荐剂量下对大部分捕食性螨和天敌昆虫以及蜜蜂无害。

环境行为 在土壤中代谢生成二环己基锡氢氧化物、环己基氢氧化锡和无机锡化合物。紫外线能促进其分解。

制剂 25.5%可湿性粉剂，60%悬浮液，15%三环锡+5%三氯杀螨砜悬浮混剂。

主要生产商 Cerexagri、Chemia、Fertiagro、Oxon、Sundat、浙江禾本科技有限公司及浙江华兴化学农药有限公司等。

作用机理与特点 氧化磷酸化抑制剂，通过干扰 ATP 的形成起作用。无内吸性的触杀性杀螨剂。

应用

(1) 适用作物　仁果、核果、葡萄、坚果、草莓、蔬菜及观赏植物等作物。

(2) 防治对象　对大多植食性螨类的不同阶段(成、幼螨)均有优异防效。

(3) 残留量与安全施药　对落叶果树、藤类、蔬菜及户外观赏植物无药害；对柑橘类(不成熟的果实和嫩叶)、温室观赏植物和蔬菜有轻微药害(通常形成局部斑点)。

(4) 使用方法　一般使用剂量为 20～30g(a.i.)/100L，对有机磷抗性螨有效。

专利概况　专利 US3264177、US3389048、WO9211249 均早已过专利期，不存在专利权问题。

合成方法　环己基锡氯与四氯化锡和金属钠反应得三环己基锡氯化物，再与碱反应即生成三环锡。

参考文献

[1] Proceedings of the Brighton Crop Protection Conference-Pests and diseases，1996，307：449.

[2] J Econ Entomol，1968，61：1254.

三环唑 tricyclazole

$C_9H_7N_3S$, 189.2, 41814-78-2

三环唑(tricyclazole)。试验代号　EL-291。商品名称　Agni、Beam、Bim、Mask、Tizole。其他名称　比艳、三赛唑、克瘟灵、克瘟唑、Baan、Blaster、Blastin、Oryzae、Pilarblas、Samar、Tric、Trikaal、Venda，是 Eli Lilly & Co(现美国陶氏益农公司)开发的三唑类内吸保护性杀菌剂。

化学名称　5-甲基-1,2,4-三唑并 [3,4-b] [1,3] 苯并噻唑，5-methyl-1,2,4-triazolo [3,4-b] [1,3] benzothiazole。

理化性质　纯品为结晶固体，熔点 184.6～187.2℃，沸点 275℃。蒸气压 5.86×10^{-4} mPa (20℃)，分配系数 $K_{ow} \lg P = 1.42$，Henry 常数(20℃)1.86×10^{-7} Pa·m³/mol。相对密度 1.4 (20℃)。水中溶解度 0.596g/L(20℃)；有机溶剂中溶解度(20℃,g/L)：丙酮 13.8，甲醇 26.5，二甲苯 4.9。52℃(试验最高贮存温度)稳定存在。对紫外线照射相对稳定。

毒性　急性经口 LD_{50}(mg/kg)：大鼠 314，小鼠 245，狗 >50。对兔急性经皮 $LD_{50} >$ 2000mg/kg。对兔眼睛有轻度刺激，对兔皮肤无刺激现象。大鼠急性吸入 LC_{50}(1h)0.146mg/L 空气。NOEL(mg/kg)：大鼠 9.6，小鼠 6.7(2y)，狗 5(1y)。大鼠三代繁殖毒性 3mg/kg，ADI 0.03mg/kg。

生态效应　野鸭和山齿鹑急性经口 $LD_{50} >$100mg/kg。鱼 LC_{50}(96h,mg/L)：大翻车鱼 16，虹鳟鱼 7.3，小金鱼 13.5，鲤鱼 21。水蚤 LC_{50}(48h)>20mg/L，NOEC(21d)0.96mg/L。藻类 EC_{50}(96h)9.3mg/L，NOEC(96h)4mg/L。

环境行为

(1) 动物　迅速而广泛地代谢。

(2) 植物　在植物中主要的分解途径是生成羟甲基类似物。

(3) 土壤/环境　K_d：4（沙壤土，pH＝6.5，有机物 1.5％），45（沃土，pH 5.7，有机物 3.1％），21（黏壤土，pH 7.4，有机物 1.9％），22（粉砂质黏壤土，pH 5.7，有机物 4.1％）。

主要生产商　Dow AgroSciences、Nagarjuna Agrichem、Ihara、Sudarshan、Tagros、安徽华星化工股份有限公司、湖北沙隆达股份有限公司、江苏丰登作物保护股份有限公司、江苏长青农化股份有限公司、江苏瑞东农药有限公司及浙江禾益农化有限公司等。

制剂　75％可湿性粉剂，30％悬浮剂，1％、4％粉剂，20％溶胶剂。

作用机理与特点　黑色素生物合成抑制剂，通过抑制从 scytalone 到 1,3,8-三羟基萘和从 vermelone 到 1,8-二羟基萘的脱氢反应，抑制黑色素的形成。抑制孢子萌发和附着胞形成，从而有效地阻止病菌侵入和减少稻瘟病菌孢子的产生。三环唑是一种具有较强内吸性的保护性三唑类杀菌剂，能迅速被水稻根、茎、叶吸收，并输送到植株各部位。持效期长，药效稳定。三环唑抗雨水冲刷力强，喷药 1h 后遇雨不须补喷药。

应用

(1) 适宜作物　水稻。

(2) 防治对象　稻瘟病。

(3) 使用方法　①叶瘟防治应力求在稻瘟病初发阶段普遍蔓延之前施药，一般地块如发病点较多，有急性型病斑出现，或进入田间检查时比较容易见到病斑，则应全田施药。对生育过旺、土地过肥、排水不良以及品种为高度易感病型的地块，在症状初发时（有病斑出现）应立即全田施药。每亩用 75％可湿性粉剂 22g，兑水 20～50L，全田喷施。②穗瘟防治应着重保护抽穗期。在水稻拔节末期至抽穗初期（抽穗率 5％以下）时，凡叶瘟有一定程度发生，在地里容易看到叶瘟病斑的田块，不论品种和天气情况如何都应施药。叶瘟发生严重的地块可分别在孕穗末期和齐穗期各施可湿性粉剂 1 次。每亩用 75％可湿性粉剂 26g，兑水 20～50L 进行全田施药；采用人工机动喷雾器，每亩用 75％三环唑 26g，兑水 3～5L，全田施药。航空施药，于水稻抽穗初期至水稻孕穗末期，结合追肥（磷酸二氢钾等），每亩用 75％可湿性粉剂 26g，兑水 1L 进行喷雾。施药应选早晚风小、气温低时进行。晴天上午 8 时至下午 5 时、空气相对湿度低于 65％、气温高于 28℃、风速超过 4m/s 时应停止施药。采用田间叶面喷药应在采收前 25d 停止用药。

专利与登记　专利 GB1419121 已过期，不存在专利权问题。国内登记情况：75％、50％、45％、20％可湿性粉剂，45％、40％、20％悬浮剂，95％、96％、97％原药。登记作物为水稻，防治对象为稻瘟病。

合成方法　通过如下反应制得三环唑：

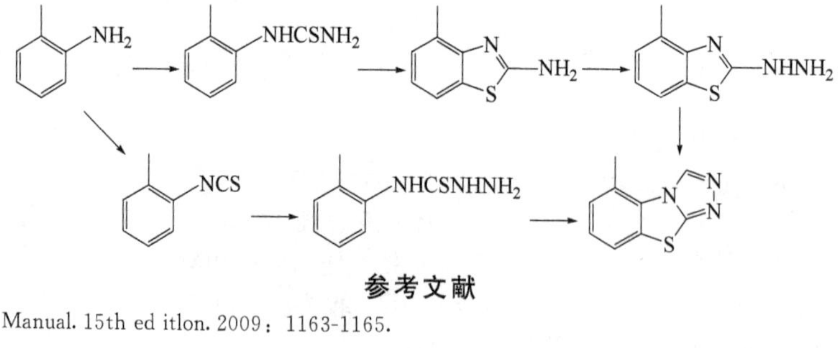

参考文献

[1] The Pesticide Manual. 15th ed itlon. 2009：1163-1165.

三氯杀螨醇 dicofol

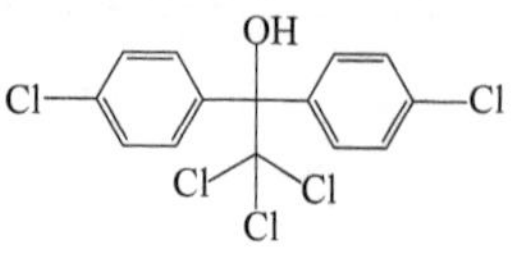

$C_{14}H_9Cl_5O$，370.5，115-32-2

三氯杀螨醇（dicofol）。试验代号　ENT 23648、FW-293。商品名称　Acarin、AK 20、Cekudifol、Dimite、Hilfol、Kelthane、Lairaña、Might、Mitigan、开乐散。由 J. S. Barker & F. B. Maugham 于 1956 年报道的杀螨剂，罗门哈斯（现为 Dow AgroSciences）将其商品化，1957 年首先在美国上市。

化学名称　2,2,2-三氯-1,1-双(4-氯苯基)乙醇，2,2,2-trichloro-1,1-di-(4-chlorophenyl)ethanol。

组成　工业品纯度为 95%，由 80% 的三氯杀螨醇和 20% 的 1-(2-氯苯基)-1-(4-氯苯基)-异构体组成。

理化性质　纯品为无色固体（工业品为棕色黏稠油状物），熔点 78.5～79.5℃，沸点 193℃（360mmHg，1mmHg=0.133kPa）（工业品），蒸气压 0.053mPa（25℃）（工业品），分配系数 K_{ow} lg$P$=4.30，Henry 常数 2.45×10^{-2}Pa·m³/mol（计算值），相对密度 1.45（25℃）（工业品）。水中溶解度（25℃）0.8mg/L；其他溶剂中溶解度（25℃，g/L）：丙酮、乙酸乙酯、甲苯 400，甲醇 36，己烷、异丙醇 30。对酸稳定，但在碱性介质中不稳定，水解为 4,4′-二氯二苯酮和氯仿。DT_{50}：85d（pH 5），64～99h（pH 7），26min（pH 9）。其 2,4′-异构体水解得更快。光照下降解为 4,4′-二氯二苯酮。在温度为 80℃时稳定。可湿性粉剂对溶剂和表面活性剂敏感，这些也许会影响其杀螨活性及产生药害。闪点 193℃（敞口杯）。

毒性　急性经 LD_{50}（mg/kg）：雄大鼠 595，雌大鼠 578，兔 1810。急性经皮 LD_{50}（mg/kg）：大鼠＞5000，兔＞2500。大鼠吸入 LC_{50}（4h）＞5mg/L 空气。大鼠 NOEL（2y）为 5mg/kg 饲料［雄 0.22mg/(kg·d)，雌 0.27mg/(kg·d)］；两代繁殖研究表明，对大鼠的 NOEL 为 5mg/kg 饲料［0.5mg/(kg·d)］。狗 1y 饲喂试验的 NOEL 为 30mg/kg 饲料［0.82mg/(kg·d)］；小鼠 13 周试用的 NOEL 为 10mg/L［2.1mg/(kg·d)］。ADI：（JMPR）0.002mg/kg［1992］；（EPA）aRfD 0.05mg/kg，cRfD 0.0004mg/kg［1998］。

生态效应　鸟类 LC_{50}（5d，mg/L）：山齿鹑 3010，日本鹌鹑 1418，环颈雉 2126，野鸭 1651。蛋壳质量和繁殖研究表明鸟 NOEL（mg/kg 饲料）：美国茶隼 2，野鸭 2.5，山齿鹑 110。鱼 LC_{50}（96h，mg/L）：斑点叉尾鮰 0.3，大翻车鱼 0.51，黑头呆鱼 0.183，红鲈 0.37；虹鳟鱼 LC_{50}（24h）0.12mg/L。鱼 NOEL（mg/L）：黑头呆鱼 0.0045，虹鳟鱼 0.0044。水蚤 LC_{50}（48h）0.14mg/L。栅藻 EC_{50}（96h）0.075mg/L。其他水生生物：糠虾 LC_{50}（96h）0.06mg/L，牡蛎 EC_{50} 0.15mg/L，招潮蟹 EC_{50} 64mg/L，无脊椎动物 EC_{50} 0.19mg/L。对蜜蜂无毒，LD_{50}（μg/只）：接触＞50，经口＞10。蚯蚓 LC_{50}（mg/L）：（7d）43.1，（14d）24.6。

环境行为

（1）动物　大鼠经口，4,4′-二氯二苯酮和 2,2′-二氯-1,1′-二(氯苯基)乙醇是主要代谢物。在产卵鸡和乳用羊体内发现了相同的代谢物。

（2）植物　在植物体内的主要代谢物是 4,4′-二氯二苯酮。

（3）土壤/环境　土壤光降解 DT_{50}（粉砂壤土）30d。水中光降解 DT_{50}（pH=5，敏感条件）1～4d，（不敏感条件）15～93d。在粉砂壤土中新陈代谢（需氧）要 61d（2,4′-异构体 7d），（厌氧）16d。土壤吸附 K_{oc} 8383（砂土），8073（砂壤土），5868（粉砂壤土），5917（黏壤土）。田间降解 DT_{50} 60～100d。未发现母体或代谢物的迁移。在所有过程中，二氯二苯酮都是主要降解产物。

制剂　粉剂、乳油、悬浮剂、可湿性粉剂。

主要生产商　Dow AgroSciences、Hindustan、Makhteshim-Agan、江苏扬农化工集团有限公司及山东大成农化有限公司等。

作用机理与特点　三氯杀螨醇是一种杀螨谱广、杀虫活性较高、对天敌和作物表现安全的有机氯杀螨剂。该药为神经毒剂，对害螨具有较强的触杀作用，无内吸性，对成、若螨和卵均有效，是我国目前常用的杀螨剂品种。该药分解较慢，作物重施药一年后仍有少量残留。可用于棉花、果树、花卉等作物防治多种害螨。由于多年使用，在一些地区害螨对其已产生不同程度的抗药性，在这些地区要适当提高使用浓度。

应用 非内吸性杀螨剂，几乎无杀虫活性。可控制许多农作物(包括水果、花卉、蔬菜和大田作物)的多种植食性螨(包括柑橘全爪螨、锈螨、叶螨和伪叶螨)，建议用量为 $0.50\sim2.0kg/hm^2$。按说明使用时无药害，但用于茄子和梨可能使其受到损害。

(1) 使用方法

棉花红蜘蛛：6月底以前，在害螨扩散初期或成若螨盛发期，每亩20%乳油37.5～75mL(有效成分7.5～15g)，兑水75kg喷雾。对已产生抗性的红蜘蛛，每亩用20%乳油75～100mL(有效成分15～20g)，兑水75kg喷雾。

苹果红蜘蛛、山楂红蜘蛛：在苹果开花前后，幼若螨盛发期，平均每叶有螨3～4头，7月份以后平均每叶有螨6～7头时防治，用20%乳油600～1000倍液(有效浓度200～333mg/L)喷雾。

柑橘红蜘蛛：在春梢大量抽发期及幼若螨盛发期施药，用20%乳油800～1000倍液(有效浓度200～250mg/L)喷雾。

柑橘锈壁虱：于始盛发期，害螨尚未转移危害果实前，用20%乳油1000～1500倍液(有效浓度133～200mg/L)均匀喷雾。

花卉红蜘蛛：可根据害螨发生情况进行防治，用20%乳油1000～3000倍液(有效浓度67～200mg/L)喷雾。

(2) 注意事项 ①本品不能与碱性药物混用。②不宜用于茶树、食用菌、蔬菜、瓜类、草莓等作物。③在柑橘、苹果等采收前45d，应停止用药。④苹果的红玉等品种对该药容易产生药害，使用时要注意安全。

专利与登记 专利US2812280、US2812362、US3102070、US3194730均早已过专利期，不存在专利权问题。国内登记情况：20%乳油、20%水乳剂、80%原药等，登记作物为苹果树和棉花等，防治对象为红蜘蛛等。

合成方法 可通过如下反应制得目的物：

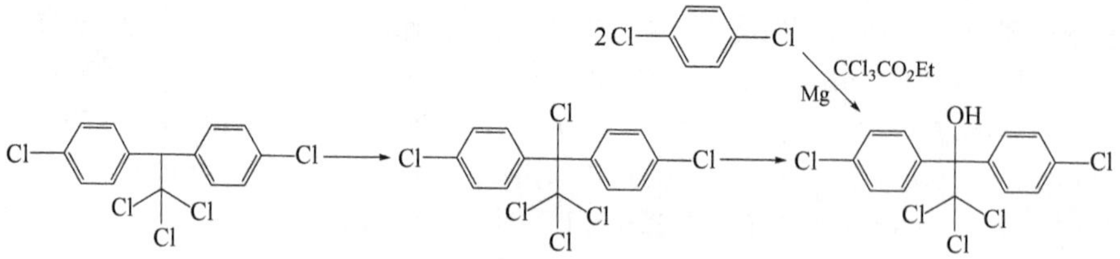

三氯杀螨砜 tetradifon

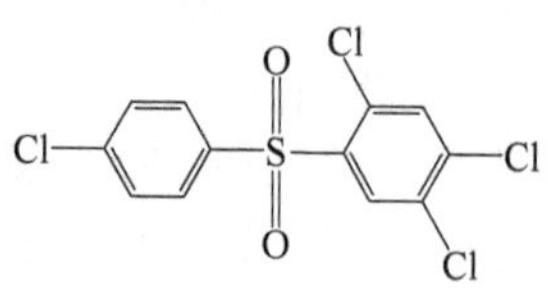

$C_{12}H_6Cl_4O_2S$, 356.0, 116-29-0

三氯杀螨砜(tetradifon)。试验代号 ENT 23737、V-18。商品名称 Suntradifon、涕滴恩、天地红、太地安、退得完，由 H.O. Huisman 于1955年报道的杀螨剂，后被 N V Philips-Roxane (现为 Chemtura Corp)开发。

化学名称 4-氯苯基-2,4,5-三氯苯砜，4-chlorophenyl-2,4,5-trichlorophenyl sulfone 或 2,4,4',5-tetrachlorodiphenyl sulfone。

组成 工业级三氯杀螨砜的纯度95%。

理化性质 无色晶体(工业品为接近白色的粉末，有弱芳香气味)。熔点146℃(纯品，tech. ≥

144℃）。蒸气压 9.4×10^{-7} mPa（25℃）。分配系数 $K_{ow}\lg P=4.61$。Henry 常数 1.46×10^{-4} Pa·m^3/mol。相对密度 1.68（20℃）。水中溶解度（20℃）0.078mg/L；其他溶剂中溶解度（20℃，g/L）：丙酮 67.3，甲醇 3.46，乙酸乙酯 67.3，己烷 1.52，二氯甲烷 297，二甲苯 105。非常稳定，即使在强酸、强碱中，对光和热也稳定，耐强氧化剂。

毒性 雄大鼠急性经口 LD_{50}＞14700mg/kg。兔急性经皮 LD_{50}＞10000mg/kg。对皮肤无刺激，对眼睛有轻微刺激（兔）。大鼠吸入 LC_{50}（4h）＞3mg/L 空气。NOEL 值：2y 饲喂研究表明，大鼠的 NOAEL 为 300mg/kg 饲料。两代研究表明，大鼠繁殖 NOEL 为 200mg/kg 饲料。对大鼠和兔无致畸作用。不会诱导有机体突变。ADI 0.015mg/kg［2002］，急性腹腔注射 LD_{50}（mg/kg）：大鼠＞2500，小鼠＞500。

生态效应 山齿鹑、日本鹌鹑、野鸭饲喂 LC_{50}（8d）＞5000mg/kg 饲料。鱼 LC_{50}（96h，μg/L）：大翻车鱼 880，河鲶 2100，虹鳟鱼 1200。水蚤 LC_{50}（48h）＞2mg/L。羊角月牙藻 EC_{50}（96h）＞100mg/L。按说明使用对蜜蜂不会有危险；蜜蜂 LD_{50}（接触）＞1250μg/只。蚯蚓 LD_{50}＞5000mg/kg。其他有益物种：正常含量下对红蜘蛛的天敌无害。

环境行为 环境卫生标准（EHC）报告称在建议剂量下使用对环境没有危险。

（1）动物 大鼠单一剂量经口后，在 48h 内 70% 经胆随粪便排出。

（2）植物 无内吸性；三氯杀螨砜在植物体内不能代谢。

（3）土壤/环境 能和土壤/胡敏酸复合物产生强烈的不可逆转的键合作用；在土壤中几乎不能传导。

制剂 乳油。

作用机理与特点 氧化磷酸化抑制剂，抑制 ATP 形成的干扰物。非内吸性杀螨剂。通过植物组织渗入，持效期长。对卵和各阶段的非成螨均有触杀活性，也能通过使雌螨不育或导致卵不孵化而间接发挥作用。

应用 对大量植食性螨类的幼虫和卵都有活性。可用于许多水果和作物，包括柑橘、蔬菜、棉花、啤酒花、茶叶及花卉。对大多数农作物，推荐剂量为 0.0125%～0.015% 活性成分；在棉花上的使用剂量为 150～300g/hm²。除了对一些观赏植物如大丽花、榕树、西瑟斯、报春花、长寿花和一些玫瑰品种有药害外，在推荐剂量下使用无药害。注意事项：①不能用三氯杀螨砜杀冬卵。②当红蜘蛛危害重，成螨数量多时，必须与其他药剂混用，效果才好。③该药对柑橘锈螨无效。

专利与登记 专利 NL81359、US2812281 均早已过专利期，不存在专利权问题。国内登记情况：10% 乳油、95% 原药等，登记作物为苹果树等，防治对象为红蜘蛛等。

合成方法 可通过如下反应制得目的物：

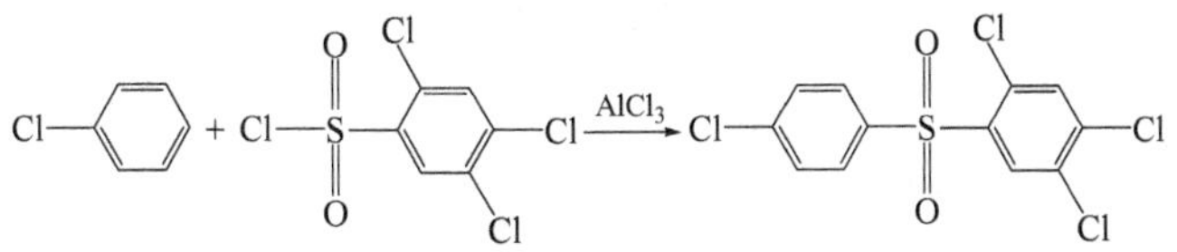

三嗪氟草胺 triaziflam

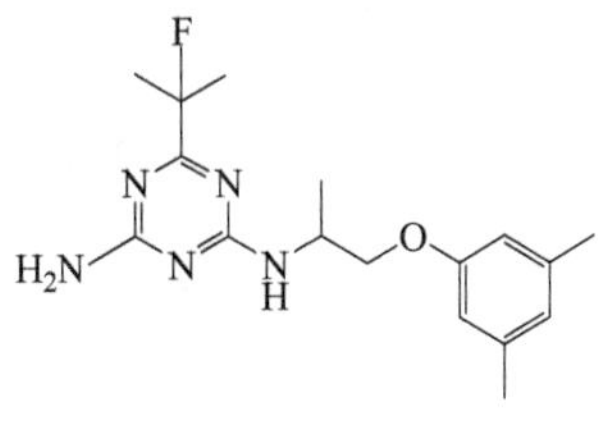

$C_{17}H_{24}FN_5O$, 333.4, 131475-57-5

三嗪氟草胺(triaziflam)。试验代号　IDH-1105，是 Idemitsu Kosan 公司开发的三嗪胺类除草剂。

化学名称　(*RS*)-*N*-[2-(3,5-二甲基苯氧基)-1-甲基乙基]-6-(1-氟-1-甲基乙基)-1,3,5-三嗪-2,4-二胺，(*RS*)-*N*-[2-(3,5-dimethylphenoxy)-1-methylethyl]-6-(1-fluoro-1-methylethyl)-1,3,5-triazine-2-4-diamine。

毒性　ADI 0.004mg/kg。

主要生产商　Idemitsu Kosan。

应用　主要用于稻田苗前和苗后防除禾本科杂草和阔叶杂草。三嗪氟草胺可作用于多个位点（抑制光合作用、微管形成及纤维素形成），具有全新的除草机制，这个特点有利于延缓杂草抗性的形成。它的推荐使用量 100～200g（a.i.）/hm²、250g（a.i.）/hm²。

专利与登记　专利 EP509544 已过专利期，不存在专利权问题。2006 年开始登记上市。

合成方法　经如下反应制得：

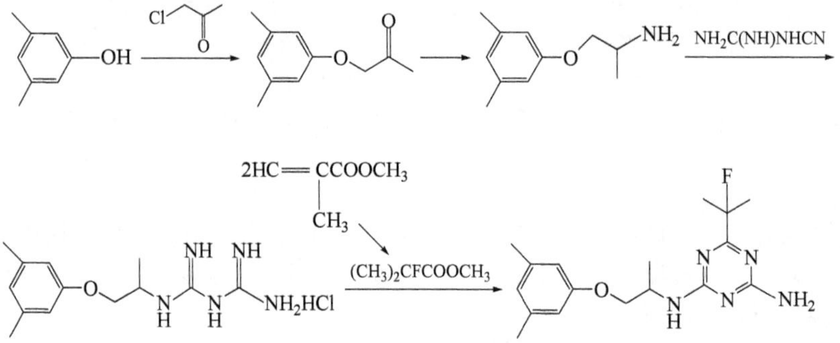

三唑醇 triadimenol

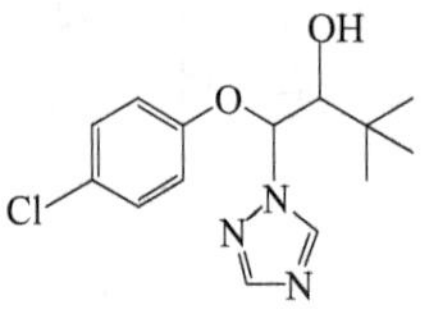

$C_{14}H_{18}ClN_3O_2$,295.8, 55219-65-3(1*RS*,2*RS*;1*RS*,2*SR*), 89482-17-7(1*RS*,2*SR*), 82200-72-4(1*RS*,2*RS*)

三唑醇(triadimenol)。试验代号　BAY KWG 0519。商品名称　Bayfidan、Baytan、Euro、Noidio、Shavit、Triadim、Vydan。其他名称　Atrizan、Back、Baytan 30、Baytan、Garbinol、irade Süper、Merit、Prodimenol、Ruste、Superol、Tarot，是由拜耳公司开发的三唑类杀菌剂。

化学名称　(1*RS*,2*RS*;1*RS*,2*SR*)-1-(4-氯苯氧基)-3,3-二甲基-1-(1*H*-1,2,4-三唑-1-基)丁-2-醇，(1*RS*,2*RS*;1*RS*,2*SR*)-1-(4-chlorophenoxy)-3,3-dimethyl-1-(1*H*-1,2,4-triazol-1-yl)butan-2-ol。

组成和理化性质　三唑醇是非对映异构体 A、B 的混合物，A 代表(1*RS*,2*SR*)，B 代表(1*RS*,2*RS*)，A∶B=7∶3。纯品为无色结晶状固体且带有轻微特殊气味。熔点：A 138.2℃，B 133.5℃，A＋B 共晶 110℃(原药 103～120℃)。蒸气压：A $6×10^{-4}$ mPa，B $4×10^{-4}$ mPa(20℃)。相对密度：A 1.237，B 1.299。分配系数 K_{ow}lg$P$：A 3.08，B 3.28(25℃)。Henry 常数(Pa·m³/mol,20℃)：A $3×10^{-6}$，B $4×10^{-6}$。水中溶解度(20℃,mg/L)：A 62，B 33。有机溶剂中溶解

度(20℃,g/L)：二氯甲烷 200～500，异丙基乙醇 50～100，正己烷 0.1～1，甲苯 20～50。两个非对映异构体对水解稳定；半衰期 DT_{50}(20℃)＞1y(pH 4,7 或 9)。

毒性　急性经口 LD_{50}(mg/kg)：大鼠 700，小鼠 1300。大鼠急性经皮 LD_{50}＞5000mg/kg。对兔皮肤和眼睛无刺激作用。大鼠急性吸入 LC_{50}(4h)＞0.95mg/L 空气。NOEL(2y,mg/kg 饲喂)：大鼠和小鼠 125[5mg/(kg·d)]，狗 600[15mg/(kg·d)]，雄小鼠 80[11mg/(kg·d)]，雌小鼠 400[91mg/(kg·d)]。ADI(mg/kg)：(JMPR)0.03 [2004，2007]，(EC)0.05 [2008]。无致畸、致突变作用。

生态效应　山齿鹑急性经口 LD_{50}＞2000mg/kg。鱼毒 LC_{50}(96h,mg/L)：虹鳟鱼 21.3，大翻车鱼 17.4。水蚤 LC_{50}(48h)51mg/L。月牙藻 E_rC_{50}3.738mg/L，绿门藻 E_bC_{50}9.6mg/L。对蜜蜂无毒。蚯蚓 LC_{50}781mg/kg 干土。

环境行为

(1) 动物　大鼠体内三唑醇的代谢主要是叔丁基部分氧化成相应的醇，然后形成羧酸。这些化合物中的一小部分是共轭的。羟基氧化成相应的酮(三唑酮)，随后叔丁基部分发生氧化。

(2) 植物　在种子处理和喷洒处理之后，植物体内发生的最重要的分解为各种糖类化合物的共轭(尤其是己糖)和叔丁基氧化。产生的伯醇同样也部分共轭。种子处理后，1,2,4-三唑进入土壤中水解，被植物的根带入体内或与多种内源物质共轭最终进入植物体内。

(3) 土壤/环境　在土壤中，三唑醇是三唑酮的降解产物，其降解速度取决于微生物活性。第一步是叔丁基氧化，然后叔丁基部分快速降解和三唑环断裂；之后经水解、裂解最终形成 4-氯酚。三唑醇的对映体以不同的速率代谢(T Clark,et al. Proc Br Crop Prot Conf-Pests Dis,1986：475.)。DT_{50}(实验室)砂壤土 57d，粉砂壤土 178d。

制剂　10%、15%、25%干拌种剂、17%、25%湿拌种剂、25%胶悬拌种剂等。

主要生产商　Bayer CropSciences、Makhteshim-Agan、Sharda、江苏七洲绿色化工股份有限公司、泰达集团及盐城利民农化有限公司等。

作用机理与特点　抑制赤霉素和麦角固醇的生物合成进而影响细胞分裂速率。具传导性、保护、治疗和铲除活性的内吸杀菌剂。可通过茎、叶吸收，在新生组织中稳定运输，但在老化、木本组织中运输不稳定。

应用

(1) 适宜作物　禾谷类作物如春大麦、冬大麦、冬小麦、春燕麦、冬黑麦、玉米、高粱，蔬菜，观赏园艺植物，咖啡，葡萄，烟草，甘蔗，香蕉和其他作物。特别适用于处理秋、春播谷类作物。

(2) 防治对象　白粉病、锈病、网斑病、条纹病、叶斑病、黑穗病、根腐病、雪腐病等。

(3) 应用技术　三唑醇单剂防治麦类根腐病是有效的，若添加麦穗宁，所得复配试剂防治病害效果更加显著，特别是用在春播作物上，三唑醇对于白粉病的防治效果尤为卓越。在发病率较高的情况下，条播后 12～16 周间，低剂量的处理区药效相对逊色，但对大麦白粉病的防效大多数是比较理想的。秋季播种的谷物，在播后 30～35 周，经过了冬季和早春，直到 5～6 月仍有持续药效。在各种试验中，三唑醇对锈病均显示活性，对春大麦的锈病最为有效，偶尔发生的黄锈病也可得到有效控制。然而，褐锈病的防治较为困难。若在早期发现白粉病，处理小区间未受干扰的情况下，用 37.5g 三唑醇处理 100kg 麦种，可以使产量增加 18.5%。

(4) 使用方法　三唑醇是一类广谱、内吸、可在植物体内传导的杀菌剂，可作为种子处理剂，对危害麦类的主要种传播病和茎叶病害都有良好的防治效果。对麦类白粉病和叶斑病的防效期很长，但对那些生长期长达 10 个月的秋播作物，为防治晚期侵染的病害和特殊的锈病，尚须酌情增加 1 次茎叶喷洒。作为喷雾剂使用时，香蕉和禾谷类作物平均用药量为 100～150g(a.i.)/hm²，咖啡保护用量为 125～250g(a.i.)/hm²，治疗用量为 250～500g(a.i.)/hm²，葡萄、梨果、核果和蔬菜用量为 25～125g(a.i.)/hm²。作为种子处理剂使用时，用药量为 20～60g(a.i.)/100kg 禾谷类作物种子，30～60g(a.i.)/100kg 棉花种子。具体应用如下：

防治麦类锈病和白粉病，每 100kg 种子用 10%的干拌种剂 300～375g 拌种。

麦类黑穗病的防治，每100kg种子用25%的干拌种剂120～150g拌种。

玉米丝黑穗病的防治，每100kg种子用10%干拌种剂600～750g拌种。

高粱丝黑穗病的防治，每100kg种子用25%的干拌种剂60～90g拌种。

专利与登记　专利 DE2324010 早已过专利期，不存在专利权问题。但某些制剂专利仍有效。国内登记情况：15%可湿性粉剂，25%干拌剂，25%乳油，95%、97%原药，等。登记作物为小麦，防治对象为白粉病、纹枯病，等。德国拜耳作物科学公司仅在中国登记了97%原药。

合成方法　以频那酮为原料，制得三唑酮，后经还原得到三唑醇，反应式如下：

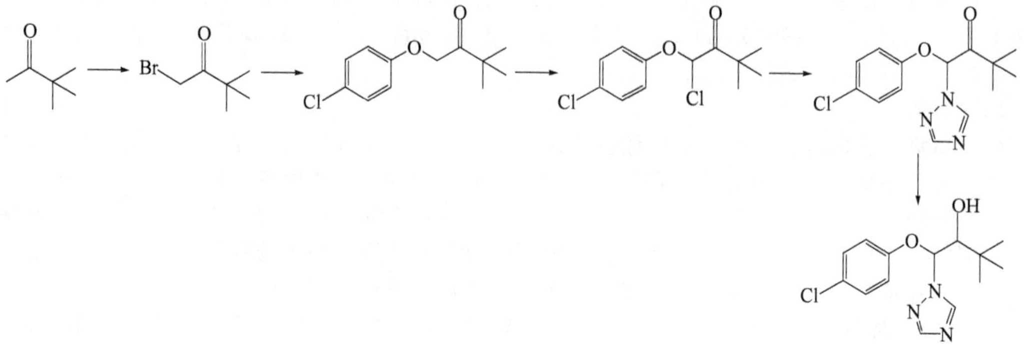

参考文献

[1] 江燕敏. 农药译丛，1982，6：46-50.

[2] 李煜昶. 农药，1993，1：20.

三唑磷 triazophos

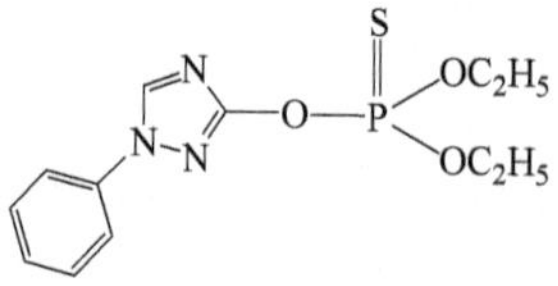

$C_{12}H_{16}N_3O_3PS$，313.3，24017-47-8

三唑磷（triazophos）。**试验代号**　AEF 002960、Hoe 002960。**商品名称**　Current、Hostathion、March、Rider、Triumph、Try、特力克。**其他名称**　三唑硫磷。是 M. Vulic 等人报道其活性，由 Hoechst AG（现属 Bayer CropSciences）开发，并于 1973 年商品化的有机磷类杀虫剂。

化学名称　O,O-二乙基-O-1-苯基-1H-1,2,4-三唑-3-基硫代磷酸酯，O,O-diethyl- O-1-phenyl-1H-1,2,4-triazol-3-yl phosphorothioate。

理化性质　工业品纯度≥92%，淡黄色至深棕色液体，有典型的磷酸酯气味。熔点 0～5℃，沸点 140℃（分解）。蒸气压：0.39mPa（30℃），13mPa（55℃）。相对密度 1.24（20℃），$K_{ow}lgP=$3.34。水中溶解度（pH 7，20℃）39mg/L，丙酮、二氯甲烷、甲醇、异丙醇、乙酸乙酯和聚乙烯醇中溶解度（20℃）均>500g/L，正己烷溶解度（20℃）11.1g/L。对光稳定，在酸性和碱性介质中水解，140℃以上分解。

毒性　急性经口 LD$_{50}$[mg/(kg·d)]：大鼠 57～59，320<狗<500。大鼠急性经皮 LD$_{50}$>2000mg/kg。本品对兔眼睛和皮肤无刺激。大鼠吸入 LC$_{50}$（4h）0.531mg/L 空气。两年饲养试验表明，大鼠的无作用剂量为 1mg/kg 饲料，狗的无作用剂量为 0.3mg/kg 饲料，但对胆碱酯酶有抑制作用。ADI（JMPR）0.001mg/kg ［2002，2007］。

生态效应　山齿鹑急性经口 LD$_{50}$ 8.3mg/kg，LC$_{50}$（8d）152mg/kg 饲料。鲤鱼 LC$_{50}$（96h）5.5mg/L。水蚤 EC$_{50}$（48h）0.003mg/L。水藻 LC$_{50}$（96h）1.43mg/L。本品对蜜蜂有毒，急性经口 LD$_{50}$ 0.055μg/只。蚯蚓 LC$_{50}$（14d）187mg/kg 干土。

环境行为　进入动物体内的本品 75%～94% 通过尿液排出，代谢物 DT$_{50}$＜1d；在棉花中，本品的降解物为 1-苯基-3-羟基-1,2,4-三唑。土壤中：DT$_{50}$（需氧）6～12d，DT$_{90}$ 39～114d；DT$_{50}$（实验室）7～46d，DT$_{90}$ 109～181d。水中：迅速降解，DT$_{50}$（在水中降解）＜3d，（在水中沉淀物中降解）＜11d，DT$_{90}$（生态系统降解）＜47d。

制剂　40% 乳油，2%、5% 颗粒剂。

主要生产商　Bayer CropSciences、Lanxi、Meghmani、Sudarshan、安徽池州新赛德化工有限公司、安徽华星化工股份有限公司、福建三农化学农药有限责任公司、湖北沙隆达股份有限公司、江苏宝灵化工股份有限公司、江苏长青农化股份有限公司、江苏丰山集团有限公司、江苏好收成韦恩农药化工有限公司、连云港立本农药化工有限公司、沙隆达郑州农药有限公司、浙江东风化工有限公司、浙江新农化工股份有限公司及浙江永农化工有限公司等。

作用机理与特点　胆碱酯酶抑制剂，广谱、高效，具有触杀和胃毒作用的非内吸性杀虫、杀螨剂。并可渗透到植物组织内，持效期长。

应用

（1）适用作物　水稻、棉花、大豆、橄榄、油棕榈树、蔬菜、观赏植物、果树、油菜、玉米、豌豆、咖啡、草莓等。

（2）防治对象　鳞翅目害虫，以及红蜘蛛、蚜虫等。尤其对植物线虫和松毛虫的作用更为显著。

（3）使用方法　防治谷类作物上的蚜虫，使用剂量为 320～600g(a.i.)/hm^2；防治果实上的蚜虫，使用剂量为 75～125g(a.i.)/hm^2；水稻用 40% 乳油 1.5L/hm^2，兑水 100kg 喷雾，可防治二化螟、三化螟、蓟马，药效可持续 7d 以上；棉花用 40% 乳油配重的有效浓度 0.1% 的药液喷雾，可防治棉蚜、棉铃虫、棉红蜘蛛、红铃虫；蔬菜用 5% 颗粒剂 100kg/hm^2，可防治金针虫；用 5% 颗粒剂 0.6g/植株，可防治双翅目幼虫；果树用有效浓度 25g(a.i.)/hm^2 喷雾，可防治果树上的蚜虫；谷类作物，用 40% 乳油 320～600g(a.i.)/hm^2，可防治谷类作物上的蚜类；在种植前，用 40% 乳油 1～2kg(a.i.)/hm^2 混入土壤中，可防治地老虎和其他夜蛾。

专利与登记　专利 DE1670876、DE1299924、US3686200 均早已过专利期，不存在专利权问题。国内登记情况：15% 微乳剂，20%、40%、60% 乳油，85%、90% 原药等，登记作物为棉花和水稻等，防治对象为棉铃虫和二化螟等。

合成方法　经如下反应制得三唑磷：

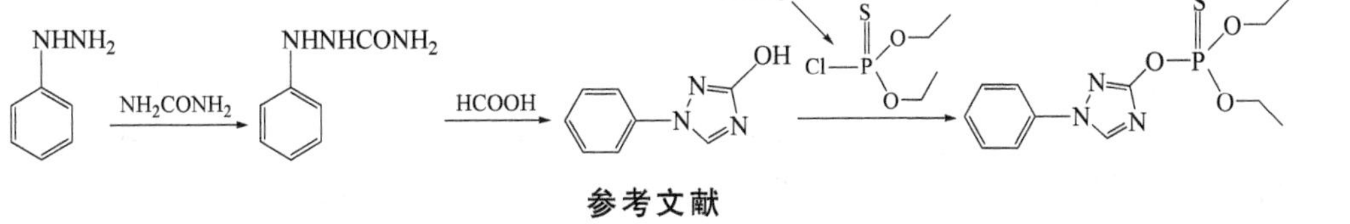

参考文献

[1] 郑志明. 农药. 2001,40（2）：14.

三唑酮 triadimefon

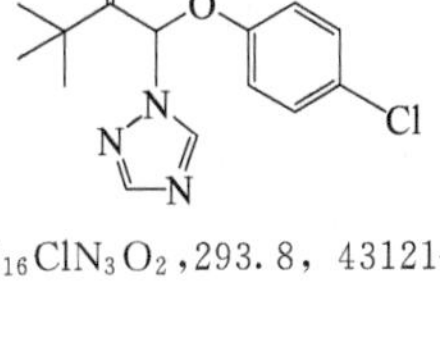

C$_{14}$H$_{16}$ClN$_3$O$_2$，293.8，43121-43-3

三唑酮(triadimefon)。试验代号　BAY 129128、BAY MEB 6447。商品名称　Amiral、Bayleton、Tilitone、Rofon。其他名称　百里通、粉锈宁，是拜耳公司开发的三唑类杀菌剂。

化学名称　1-(4-氯苯氧基)-3,3-二甲基-1-(1H-1,2,4-三唑-1-基)丁-2-酮，1-(4-chlorophenoxy)-3,3-dimethyl-1-(1H-1,2,4-triazol-1-yl)butan-2-one。

理化性质　纯品为无色结晶固体，有轻微的特殊气味。熔点82.3℃。蒸气压0.02mPa(20℃)，0.06mPa(25℃)。分配系数K_{ow}lg$P$=3.11。Henry常数$9×10^{-5}$Pa·m³/mol(20℃)。相对密度1.283。水中溶解度(20℃)64mg/L；有机溶剂中溶解度(20℃,g/L)：除脂肪族外，溶于大多数有机溶剂，二氯甲烷、甲苯＞200，异丙醇99，正己烷6.3。稳定性：不易水解，DT_{50}(25℃)＞30d(pH 5,7和9)。

毒性　急性经口LD_{50}(mg/kg)：大鼠和小鼠1000，兔250～500，狗＞500。大鼠急性经皮LD_{50}＞5000mg/kg。对兔皮肤和眼睛中等刺激性。大鼠急性吸入LC_{50}(4h,mg/L空气)：3.27(粉尘)，＞0.46(悬浮粒子)。NOEL数据(2y,mg/kg饲料)：大鼠300，小鼠50，狗330。ADI值0.03mg/kg。

生态效应　山齿鹑急性经口LD_{50}＞2000mg/kg，饲喂毒性LC_{50}(5d,mg/kg饲料)：野鸭＞10000，山齿鹑＞4640。鱼毒LC_{50}(96h,mg/L)：大翻车鱼11，虹鳟鱼4.08。水蚤LC_{50}(48h)7.16mg/L。水藻E_rC_{50}2.01mg/L。

环境行为

(1) 动物　经口服，在2～3d内，83%～96%以原药的形式通过尿液和粪便排出。代谢主要发生在肝脏，大部分代谢物为三唑醇以及相应的葡萄糖醛酸共轭物。在血浆中的半衰期为2.5h。

(2) 植物　植物内羰基还原成羟基形成三唑醇。

(3) 土壤/环境　羰基还原成羟基形成三唑醇。本品在砂壤土中DT_{50}为18d，壤土6d。K_{oc}300。

制剂　15%、20%、25%可湿性粉剂，10%、12.5%、20%乳油，10%粒剂，等。

主要生产商　AGROFINA、Bayer CropSciences、红太阳集团有限公司、湖北沙隆达股份有限公司、江苏七洲绿色化工股份有限公司、江苏省激素研究所股份有限公司、泰达集团及盐城利民农化有限公司等。

作用机理与特点　通过强烈抑制麦角甾醇的生物合成，改变孢子的形态和细胞膜的结构，致使孢子细胞变形，菌丝膨大，分枝畸形，直接影响到细胞的渗透性，从而使病菌死亡或受抑制。其具有很强的内吸性，被植物各部分吸收后，能在植物体内传导，药剂被根系吸收后向顶部传导能力很强，对病害具有预防、铲除和治疗作用。除卵菌纲真菌外，对子囊菌亚门、担子菌亚门、半知菌亚门的病原菌等均具有很强的生物活性。

应用

(1) 适宜作物　玉米、麦类、高粱、瓜类、烟草、花卉、果树、豆类、水稻等。

(2) 防治对象　用于防治麦类(大、小麦)条锈病、白粉病、全蚀病、白秆病、纹枯病、叶枯病、根腐病、散黑穗病、坚黑穗病、丝黑穗病、光腥黑穗病等；玉米圆斑病、纹枯病；水稻纹枯病、叶黑粉病、云形病、粉黑粉病、叶尖枯病、紫秆病等；大豆、梨、苹果、葡萄、山楂、黄瓜等的白粉病；韭菜灰霉病、甘薯黑斑病、大蒜锈病、杜鹃瘿瘤病、向日葵锈病等。

(3) 使用方法

1) 种子处理　①小麦、大麦病害的防治。用有效成分30g拌100kg种子，可防治散黑穗病、光腥黑穗病、黑穗病、白秆病、锈病、根腐病、叶枯病和全蚀病等。②玉米病害的防治。用有效成分80g拌100kg种子，可防治玉米丝黑穗病等。③高粱病害的防治。用有效成分40～60g拌100kg种子，可防治高粱丝黑穗病、散黑穗病和坚黑穗病等。

2) 喷雾　①麦类病害的防治。以有效成分131.25g/hm²，兑水均匀喷施，可防治小麦、大麦、燕麦和稞麦的锈病、白粉病、云纹病和叶枯病等。②水稻病害的防治。用105～135g(a.i.)/hm²，兑水均匀喷施，可防治稻瘟病、叶黑粉病、叶尖枯病等。③瓜类病害的防治。用50g

（a. i.）/hm²，兑水均匀喷施，可防治白粉病。④蔬菜病害的防治。用有效浓度 125mg/L 的药液，均匀喷施，可防治菜豆、蚕豆等白粉病。⑤果树病害的防治。用 5000～10000mg/L 药液喷雾，可防治苹果、梨、山楂等白粉病。⑥花卉病害的防治。在发病初期，用 50mg/L 有效浓度的药液喷施，可有效地防治白粉病、锈病等。⑦烟草病害的防治。在病害盛发期，用 18.75～37.5g（a. i.）/hm²，兑水均匀喷雾，可防治白粉病。

专利与登记　专利 DE2201063 早已过专利期，不存在专利权问题。

国内登记情况：15%、25%、30%、33%、40%、60%可湿性粉剂，20%悬浮剂，20%乳油，95%原药；登记作物分别为小麦、水稻、玉米，防治对象为赤霉病、白粉病、稻瘟病、纹枯病、锈病、丝黑穗病等。美国默赛技术公司在中国登记情况见表 185。德国拜耳仅在中国登记了 96%原药。

表 185　美国默赛技术公司在中国登记情况

登记名称	登记证号	含量	剂型	登记作物	防治对象	用药量/(g/hm²)	施用方法
三唑酮	PD20070439	25%	可湿性粉剂	小麦	白粉病锈病	112.5～131.25	喷雾
三唑酮	PD20070459	95%	原药				

合成方法　具体合成方法如下：

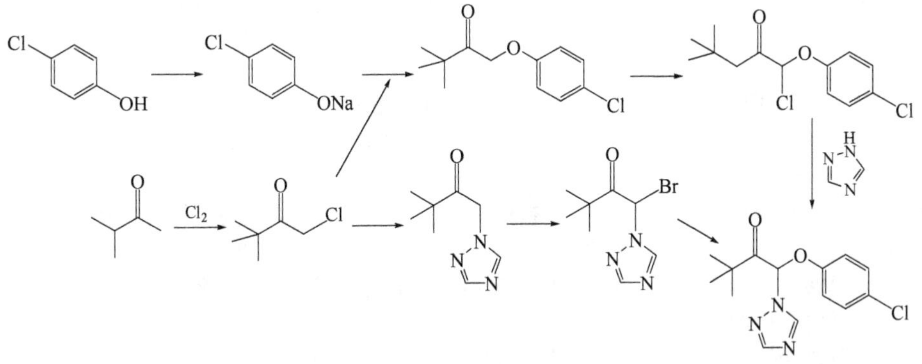

参考文献

[1] The Pesticide Manual. 15th edition. 2009：1145-1146.

三唑锡 azocyclotin

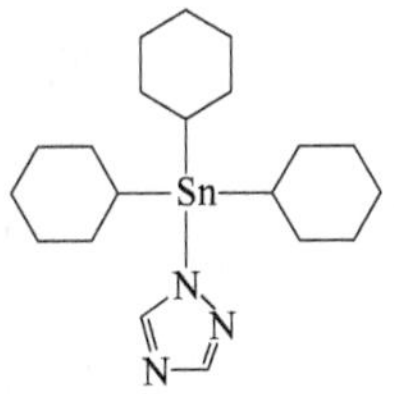

$C_{20}H_{35}N_3Sn$，436.2，41083-11-8

三唑锡（azocyclotin）。试验代号　BAY BUE 1452。商品名称　Caligur、Clairmait、Mulino、Peropal、倍乐霸，是由 W. Kolbe 报道、Bayer AG 公司开发的杀螨剂。

化学名称　三(环己基)-1H-1,2,4-三唑-1-基锡，tri(cyclohexyl)-1H-1,2,4-triazol-1-yltin, 1-tricyclohexylstannanyl-1H- [1,2,4] triazole。

理化性质 纯品为无色晶体。熔点 210℃（分解）。相对密度 1.335(21℃)。蒸气压 2×10^{-8} mPa(20℃)，6×10^{-8} mPa(25℃)。$K_{ow}\lg P=5.3$(20℃)。Henry 常数 3×10^{-7} Pa•m³/mol(20℃)（计算）。水中溶解度(20℃)0.12mg/L；其他溶剂中溶解度(20℃,g/L)：二氯甲烷 20～50，异丙醇 10～50，正己烷 0.1～1，甲苯 2～5。DT_{90}(20℃)<10min(pH=4,7,9)。pK_a5.36，弱碱性。

毒性 急性经口 LD_{50}(mg/kg)：雄大鼠 209，雌大鼠 363，豚鼠 261，小鼠 870～980。大鼠急性经皮 LD_{50}>5000mg/kg。对兔皮肤强刺激，对兔眼睛腐蚀性刺激。大鼠吸入 LC_{50}(4h)0.02mg/L 空气。NOEL 值（2y，mg/kg 饲料）：大鼠 5，小鼠 15，狗 10。ADI（JMPR）0.003mg/kg。

生态效应 日本鹌鹑急性经口 LD_{50}(mg/kg)：雄 144，雌 195。鱼类 LC_{50}(96h,mg/L)：虹鳟鱼 0.004，金雅罗鱼 0.0093。水蚤 LC_{50}(48h)0.04mg/L。羊角月牙藻 EC_{50}(96h)0.16mg/L。对蜜蜂无毒，LD_{50}>100μg/只(500SC)。蚯蚓 LC_{50}(28h)806mg/kg(25WP)。

环境行为

（1）动物 通过水解代谢，形成 1,2,4-三唑和三环己基锡氢氧化物，可进一步氧化为二环己锡氧化物。

（2）植物 其代谢产物包括 1,2,4-三唑、三环己基锡氢氧化物、二环己锡氧化物。

（3）土壤/环境 在土壤中半衰期从几天到很多周不等，取决于土壤类型。

制剂 25％可湿性粉剂。

作用机理 三唑锡为氧化磷酰化抑制剂，可阻止 ATP 的形成。为触杀作用较强的广谱性杀螨剂，可杀灭若螨、成螨和夏卵，对冬卵无效。

应用

（1）适用作物 苹果、柑橘、葡萄、蔬菜、棉花、蛇麻。

（2）防治对象 苹果全爪螨、山楂红蜘蛛、柑橘全爪螨、柑橘锈壁虱、二点叶螨、棉花红蜘蛛。

（3）残留量与安全用药 对光和雨水有较好的稳定性，持效期较长。在常用浓度下对作物安全。每季作物最多使用次数：苹果为 3 次，柑橘为 2 次。安全间隔期：苹果为 14d，柑橘为 30d。最高残留限量(MRL 值)均为 2mg/kg。该药剂不可与碱性药剂如波尔多液或石硫合剂等药剂混用。亦不宜与百树菊酯混用。

药剂应贮藏在干燥、通风和儿童接触不到的地方。一般情况下，该药对使用者不会造成严重伤害。所以，只要按照安全操作规定用药，不会出现严重中毒现象。若不慎中毒，其症状为头痛、头晕、四肢麻木等。出现中毒时，应立即离开施药现场，脱去被污染的衣服，用清水和肥皂洗净皮肤，误服者应催吐、洗胃。

（4）应用技术 防治苹果红蜘蛛，该害螨危害新红星、富士、国光等苹果品种，在 7 月中旬以前，平均每叶有 4～5 头活动螨；或 7 月中旬以后，平均每叶有 7～8 头活动螨时即应防治。山楂红蜘蛛防治重点时期是越冬雌成螨上芽危害和在树冠内膛集中的时期。防治指标为平均每叶有 4～5 头活动螨。防治柑橘全爪螨，当气温在 20℃，平均每叶有螨 5～7 头时即应防治，喷雾处理。防治柑橘锈壁虱，在春末夏初害螨尚未转移危害果实前。防治葡萄叶螨，在叶螨始盛发期喷雾。防治茄子红蜘蛛，根据害螨发生情况而定。

（5）使用方法 防治苹果红蜘蛛用 25％三唑锡可湿性粉剂 1000～1330 倍液或每 100L 水加 25％三唑锡 7～100g(有效浓度 188～250mg/L)喷雾。防治山楂红蜘蛛用 25％三唑锡可湿性粉剂 1000～1330 倍液或每 100L 水加三唑锡 75～100g(有效浓度 188～250mg/L)喷雾。防治柑橘全爪螨用 25％三唑锡可湿性粉剂 1500～2000 倍液或每 100L 水加 25％三唑锡 50～66.7g(有效浓度 125～167mg/L)。防治柑橘锈壁虱使用 25％三唑锡可湿性粉剂 1000～2000 倍液或每 100L 水加 25％三唑锡 50～100g(有效浓度 125～250mg/L)喷雾。防治葡萄叶螨用 25％三唑锡可湿性粉剂 1000～1500 倍液或 100L 水加 25％三唑锡 66.7～100g(有效浓度 166.7～250mg/L)喷雾。防治茄子红蜘蛛每亩用 25％三唑锡可湿性粉剂 40～80g(有效成分 10～20g)。

专利与登记 专利 DE2143252、DE2261455、GB1319889 等早已过专利期，不存在专利权问题。国内登记情况：20%、30%悬浮剂，95%原药，25%、70%可湿性粉剂，10%乳油等，登记作物为苹果树和柑橘树等，防治对象为红蜘蛛等。

合成方法 通过如下反应即可制得目的物：

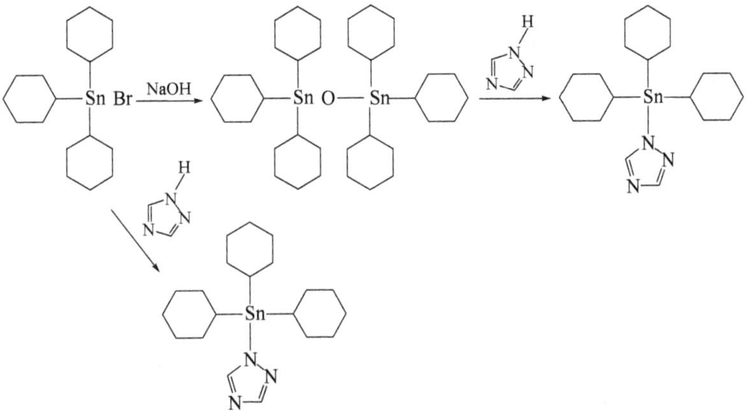

参考文献

[1] Pflanzenschutz-Nachr(Engl. Ed.)，1977，30：325.
[2] 马东升等. 黑龙江大学自然科学学报，1997，2：90-91.
[3] 吴桂本等. 植物保护，1991，3：39-40.

杀草丹 thiobencarb

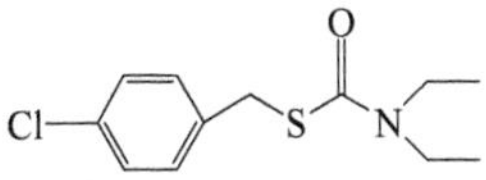

$C_{12}H_{16}ClNOS$，257.8，28249-77-6

杀草丹（thiobencarb）。试验代号 B-3015、IMC 3950。商品名称 Abolish、Banner、Bolero、Saturn、Saturno、Siacarb、Sunicarb。其他名称 禾草丹、灭草丹、稻草完、稻草丹、benthiocarb，是由日本组合化学公司和 Chevron Chemical Company LLC 共同开发的硫代氨基甲酸酯类除草剂。

化学名称 N,N-二乙基硫代氨基甲酸对氯苄酯，S-4-chlorobenzzyl diethylthiocarbamate。

理化性质 原药纯度＞92%。纯品外观为无色液体，相对密度 1.167（20℃），沸点 155.3℃（133Pa），熔点 3.3℃。蒸气压 2.39mPa（23℃），$K_{ow}\lg P=4.23$（pH=7.4，20℃）。20℃时在水中溶解度为 16.7mg/L，丙酮、甲醇、正己烷、甲苯、二氯甲烷和乙酸乙酯＞500g/L。在 150℃下稳定，在水中稳定，水解 DT_{50}＞1y（25℃，pH=4，7 和 9）。水中光解 DT_{50}（25℃）：3.6d（天然水），3.7d（蒸馏水），闪点＞100℃。

毒性 急性经口 LD_{50}（mg/kg）：雄大鼠 1033，雌大鼠 1130，雄小鼠 1102，雌小鼠 1402。兔、大鼠急性经皮 LD_{50}＞2000mg/kg，对兔皮肤和眼睛没有刺激性作用，大鼠急性吸入 LC_{50}（4h）2.43mg/L。NOEL[mg/（kg·d）]：（2y）雄大鼠 0.9，雌大鼠 1；（1y）狗 1。ADI（EPA）cRfD 0.01mg/kg [1992，1997]；（FSC）0.009mg/kg [2007]。无致癌性、致突变性和致畸性。

生态效应 鸟急性经口 LD_{50}（mg/kg）：母鸡 2629，山齿鹑 7800，野鸭＞10000。山齿鹑、野鸭饲喂 LC_{50}（8d）＞5000mg/kg 饲料。鱼毒 LC_{50}（96h，mg/L）：鲤鱼 0.98，虹鳟鱼 1.1；黑头呆鱼

NOEC 0.026mg/L。水蚤 LC$_{50}$（48h）1.1mg/L，NOEC（21d）0.072mg/L。月牙藻 E$_b$C$_{50}$（72h）0.038mg/L，E$_r$C$_{50}$（24～72h）0.020mg/L；其他藻类 EC$_{50}$（120h，mg/L）：水华鱼腥藻＞3.1，舟型藻 0.38，羊角月牙藻 0.017，中肋骨条藻 0.073。浮萍 EC$_{50}$（14d）0.99mg/L。蜜蜂急性经口 LC$_{50}$＞100μg/只。蚯蚓 LC$_{50}$（14d）874mg/L（在土壤中）。其他有益生物 LR$_{50}$（g/hm^2）：（48h）七星瓢虫＞4000，烟蚜茧 440；（7d）捕食性螨梨育走螨 3370。

环境行为

（1）动物　杀草丹主要通过肝脏生物分解成相应的亚砜。

（2）土壤/环境　杀草丹会被土壤迅速吸收，不会直接浸出。降解主要是通过微生物分解，在土壤中通过挥发和光降解损失很少，在有氧条件下 DT$_{50}$ 2～3 周，在厌氧条件下 DT$_{50}$ 6～8 个月，K_{oc} 3170。

制剂　50%、90%乳油，10%颗粒剂，25%速溶乳粉。

主要生产商　Kumiai 及江苏傲伦达科技实业股份有限公司等。

作用机理与特点　类脂（lipid）合成抑制剂，但不是 ACC 酶抑制剂。杀草丹是一种内吸传导型的选择性除草剂。抑制 α-淀粉酶的生物合成过程，使发芽种子中的淀粉水解减弱或停止，使幼芽死亡。主要通过杂草的幼芽和根吸收，对杂草种子萌发没有作用，只有当杂草萌发后吸收药剂才起作用。

应用

（1）适宜作物　主要用于稻田除草（移栽稻田和秧田），还能用于大麦、油菜、紫云英、蔬菜地除草。

（2）防除对象　主要用于防除稗草、异型莎草、牛毛毡、野慈姑、瓜皮草、萍类等，还能防除看麦娘、马唐、狗尾草、碎米莎草等。稗草二叶期前使用效果显著，三叶期效果明显下降，持效期为 25～35d，并随温度和土质变化。杀草丹在土壤中能随水移动，一般淋溶深度 122cm。

（3）应用技术　①杀草丹在秧田使用，边播种、边用药或在秧苗立针期灌水条件下用药，对秧苗都会发生药害，不宜使用。稻草还田的移栽稻田，不宜使用杀草丹。②杀草丹对 3 叶期稗草效果下降，应掌握在稗草 2 叶 1 心前使用。③晚播秧田播前使用，可与呋喃丹混用，能控制秧田期虫、草危害。杀草丹与 2 甲 4 氯、苄嘧磺隆、西草净混用，在移栽田可兼除瓜皮草等阔叶杂草。④杀草丹不可与 2,4-滴混用，否则会降低杀草丹除草效果。

（4）使用方法　①秧田期使用应在播种前或秧苗 1 叶 1 心至 2 叶期施药。早稻秧田每亩用 50%杀草丹乳油 150～200mL，晚稻秧田每亩用 50%杀草丹乳油 125～150mL，兑水 50kg 喷雾。播种前使用保持浅水层，排水后播种。苗期使用浅水层保持 3～4d。②移栽稻田使用一般在水稻移栽后 3～7d，田间稗草处于萌动高峰至 2 叶期前，每亩用 50%杀草丹乳油 200～250mL，兑水 50kg 喷雾或用 10%杀草丹颗粒剂 1～1.5kg 混细潮土 15kg 或与化肥充分拌和，均匀撒施全田。③麦田、油菜田使用一般在播后苗前，每亩用 50%杀草丹乳油 200～250mL 做土壤喷雾处理。

专利概况　专利 BP1259471、JP65740、US3582314 均已过专利期，不存在专利权问题。

合成方法　杀草丹的合成方法主要有以下两种，反应式为：

或

890

杀草隆 daimuron

$C_{17}H_{20}N_2O$，268.4，42609-52-9

杀草隆(daimuron)。试验代号 K-223、SK-23。商品名称 Showrone。其他名称 莎扑隆，是由日本昭和电工公司(现为 SDS 生物技术公司)开发的脲类除草剂。

化学名称 1-(1-甲基-1-苯基乙基)-3-对甲苯基脲或 1-(α,α-二甲基苄基)-3-对甲苯基脲，1-(1-methyl-1-phenylethyl)-3-p-tolylurea 或 1-(α,α-dimethylbenzyl)-3-p-tolylurea。

理化性质 纯品为无色针状结晶，熔点 203℃，蒸气压 4.53×10^{-4} mPa(25℃)。$K_{ow}lgP=2.7$。相对密度 1.116(20℃)。水中溶解度 0.79mg/L(20℃)；其他溶剂中溶解度：甲醇 12，丙酮 16，己烷 0.03，苯 0.5。在 pH=4～9 内及在加热和紫外线照射下稳定。

毒性 大、小鼠急性经口 LD_{50}>5000mg/kg，大鼠急性经皮 LD_{50}>2000mg/kg。大鼠吸入 LC_{50}(4h)3250mg/m³。狗 NOEL(1y)30.6mg/kg 饲料，其他动物 NOEL[90d,mg/(kg·d)]：雄大鼠 3118，雌大鼠 3430，雄小鼠 1513，雌小鼠 1336。对大鼠 2 代研究表明对其无繁殖影响。在 1000mg/kg 剂量下对大鼠和兔无致畸性。ADI 值：0.3mg/kg。

生态效应 山齿鹑急性经口 LD_{50}>2000mg/kg，山齿鹑饲喂 LC_{50}(5d)>5000mg/L。鲤鱼 LC_{50}(48h)>40mg/L。水蚤 LC_{50}(3h)>40mg/L。

环境行为 土壤/环境 水稻田土壤中 DT_{50} 约为 50d。

制剂 50%、75%、80%可湿性粉剂，7%颗粒剂。

主要生产商 Kajo 及 SDS Biotech KK 等。

作用机理与特点 该药不似其他取代脲类除草剂能抑制光合作用，而是细胞分裂抑制剂。抑制根和地下茎的伸长，从而抑制地上部分的生长。

应用

(1) 适宜作物 主要用于水稻，亦可用于棉花、玉米、小麦、大豆、胡萝卜、甘薯、向日葵、桑树、果树等。

(2) 防除对象 主要用于防除扁杆藨草、异型莎草、牛毛草、萤蔺、日照飘拂草、香附子等莎草科杂草，对稻田稗草也有一定的效果，对其他禾本科杂草和阔叶草无效。

(3) 使用方法 主要用于水稻苗前和苗后早期除草，仅适宜与土壤混合处理。土壤表层处理或杂草茎叶处理均无效。使用剂量为 450～2000g(a.i.)/hm² [亩用量为 30～133.4g(a.i.)]。旱地除草用药量应比水田用量高一倍。防除水田牛毛草，每亩须用 50～100g。在犁、耙前将每亩药量拌细土 15kg，撒到田里，再耙田，还可以在稻田耘稻前撒施，持效期 40～60d。水稻秧田使用防除异型莎草、牛毛草等浅根性莎草；先做好粗秧板，每公顷用 50%莎扑隆可湿粉 1500～3000g，拌细潮土 300kg 左右，制成毒土均匀撒施在粗秧板上，然后结合做平秧板，把毒土均匀混入土层，混土深度为 2～5cm，混土后即可播种。若防除扁杆藨草等深根性杂草或在移栽水稻田使用，必须加大剂量，每公顷用 50%可湿粉 5000～6000g。制成毒土撒施于翻耕后基本耕平的土表，并增施过磷酸钙或饼肥，再混土 5～7cm，随后平整稻田，即可做成秧板播种或移栽。

专利概况 专利 JP7335454 早已过专利期，不存在专利权问题。

合成方法 以 α-甲基苯乙烯、对氯苯胺为原料，经如下反应制得目的物：

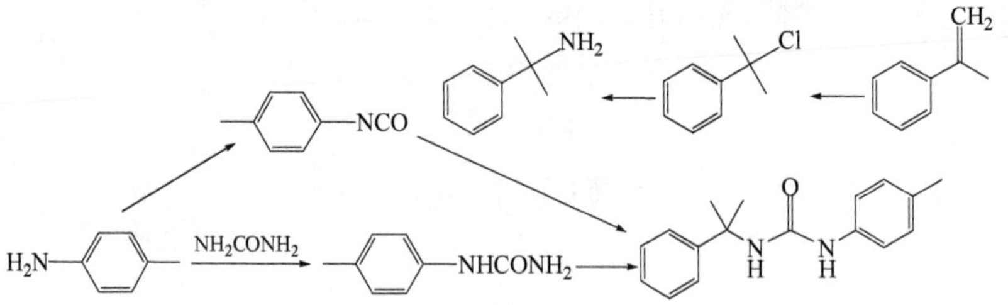

杀虫单 thiosultap-monosodium

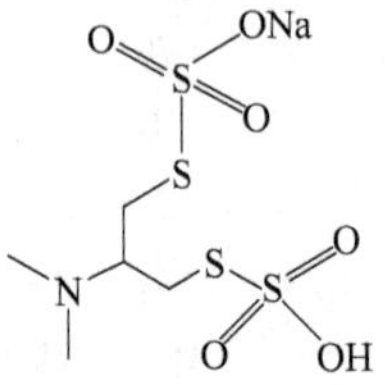

$C_5H_{12}NO_6S_4Na$，333.4，29547-00-0

　　杀虫单（thiosultap-monosodium），商品名称 Mineshaxing。其他名称 monosultap，是我国贵州化工研究院等开发的沙蚕毒素类杀虫剂，但专利中早已存在。

　　化学名称 S,S'-(2-二甲氨基-1,3-丙二基)双硫代硫酸单钠盐，sodium hydrogen S,S'-(2-dimethylamino-1,3-propanediyl)bis(thiosulfate)。

　　理化性质 白色针状结晶，熔点 142～143℃，工业品为无定形颗粒状固体或白色、淡黄色粉末，有吸湿性。水中溶解度 1335mg/L(20℃)，易溶于热乙醇，微溶于甲醇、DMF、DMSO 等有机溶剂，不溶于苯、丙酮、乙醚、氯仿等溶剂。常温下稳定，在 pH=5～9 时能稳定存在，在强酸、强碱下容易分解，分解为杀蚕毒素。

　　毒性 急性经口 LD_{50}（mg/kg）：雄大鼠 451，雄小鼠 89.9，雌小鼠 90.2。大鼠急性经皮 LD_{50}>1000mg/kg。对兔眼和皮肤无明显刺激作用。在试验条件下，未见致突变作用，无致癌、致畸作用。杀虫单对鱼低毒，白鲢鱼 LC_{50}(48h)21.38mg/L。对鸟类、蜜蜂无毒。

　　制剂 3.6%颗粒剂。

　　主要生产商 安徽华星化工股份有限公司、湖南海利化工股份有限公司及、江苏安邦电化有限公司、江苏丰登作物保护股份有限公司等。

　　作用机理与特点 杀虫单是人工合成的沙蚕毒素的类似物，进入昆虫体内迅速转化为沙蚕毒素或二氢沙蚕毒素。该药为乙酰胆碱竞争性抑制剂，具有较强的触杀、胃毒和内吸传导作用，对鳞翅目害虫的幼虫有较好的防治效果。该药主要用于防治甘蔗、水稻等作物上的害虫。

　　应用

　　(1) 适用作物　甘蔗、蔬菜、水稻等。

　　(2) 防治对象　甘蔗螟虫、水稻二化螟、三化螟、稻纵卷叶螟、稻蓟马、飞虱、叶蝉、菜青虫、小菜蛾等。

　　(3) 应用技术　①使用颗粒剂时要求土壤湿润。②该药属于沙蚕毒素衍生物，对家蚕有剧毒，使用时要特别小心，防止药液污染蚕和桑叶。③杀虫单对棉花有药害，不能在棉花上混用。④该药不能与波尔多液、石硫合剂等碱性物质使用。⑤该药易溶于水，贮藏时应注意防潮。⑥本品在作物上持效期为 7～10d，安全间隔期为 30d。

　　(4) 使用方法　①防治水稻害虫　防治水稻二化螟、三化螟、稻纵卷叶螟每公顷用 3.6%颗粒剂 45～60kg(有效成分 1620～2160g)撒施；或每公顷用 90％原粉 600～830g(有效成分 540～747g)，加水 1500L 喷雾。防治枯心虫，可在卵孵化高峰后 6～9d 用药。防治稻纵卷叶螟可在螟卵孵化高峰期用药。②防治甘蔗害虫　防治甘蔗条螟、二点螟可在甘蔗苗期、螟卵孵化盛期施药。每公顷用 3.6％颗粒剂 60～75kg(有效成分 2160～2700g)根区施药。③防治蔬菜害虫　如菜青虫、小菜蛾等，每亩用 90％杀虫单原粉 35～50g 兑水均匀喷雾。

专利与登记　专利 DE2341554 早已过专利期，不存在专利权问题。国内登记情况：80％、90％、95％可溶粉剂，95％原药，等，登记作物为水稻等，防治对象为螟虫、二化螟和稻纵卷叶螟。

合成方法　通过如下反应制得目的物：

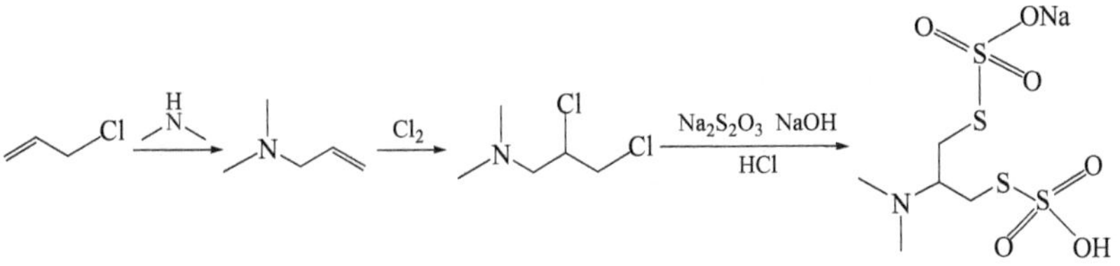

杀虫环 thiocyclam

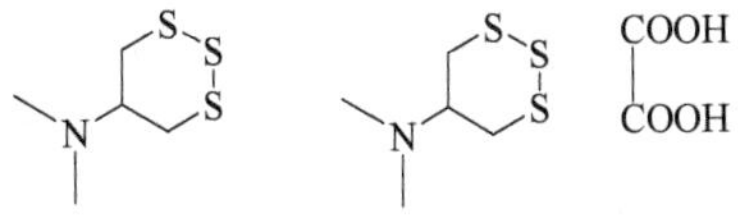

杀虫环　　　杀虫环草酸盐

$C_5H_{11}NS_3$，181.3,31895-21-3　$C_7H_{13}NO_4S_3$，271.4，31895-22-4

杀虫环(thiocyclam)。试验代号　SAN 155I。商品名称　Evisect、Leafguard、SunTHO、易卫杀。其他名称　硫环杀、虫噻烷、甲硫环、类巴丹及杀虫环草酸盐(thiocyclam oxalate)，均由瑞士山道士公司(现属先正达公司)开发。

化学名称　杀虫环　N,N-二甲基-1,2,3-三硫杂环己-5-基胺，N,N-dimethyl-1,2,3-trithian-5-ylamine。杀虫环草酸盐　N,N-二甲基-1,2,3-三硫杂环己-5-基氨基草酸盐　(1∶1)，N,N-dimethyl-1,2,3-trithian-5-ylamine oxalate(1∶1)。

理化性质　杀虫环草酸盐　无色无味固体，熔点 125～128℃。蒸气压 0.545mPa(20℃)。相对密度 0.6。$K_{ow}\lg P=-0.07$(pH 值不定)。Henry 常数 1×10^{-8} Pa·m³/mol。水中溶解度(g/L)：84(pH<3.3,23℃)，44.1(pH 3.6,20℃)，16.3(pH 6.8,20℃)。有机溶剂(g/L,23℃)：二甲基亚砜 92，甲醇 17，乙醇 1.9，乙腈 1.2，丙酮 0.5，乙酸乙酯、氯仿<1，甲苯、正己烷<0.01。储存期间稳定，DT_{50}(20℃)>2y，见光分解，地表水 DT_{50} 2～3d，水解 DT_{50}(25℃)：0.5y(pH 5)，5～7d(pH 7～9)。pK_{a_1} 3.95，pK_{a_2} 7.20。

毒性　杀虫环草酸盐　急性经口 LD_{50}(mg/kg)：大鼠雄 399，大鼠雌 370，雄小鼠 273。大鼠急性经皮 LD_{50}(mg/kg)：雄性 1000，雌性 880。对皮肤和眼睛无刺激。大鼠吸入 LC_{50}(1h)>4.5mg/L 空气。NOEL(2y,mg/kg 饲料)：大鼠 100，狗 75。杀虫环 ADI(BfR)0.0125mg/kg。

生态效应　鹌鹑急性经口 LD_{50} 3.45mg/kg，鹌鹑饲喂 LC_{50}(8d)340mg/kg 饲料。鱼 LC_{50}(96h,mg/L)：鲤鱼 1.01，虹鳟鱼 0.04。水蚤 LC_{50}(48h)0.02mg/L。绿藻 EC_{50}(72h)0.9mg/L。对蜜蜂中毒，LD_{50}(96h,μg/只)：经口 2.86，局部接触 40.9。

环境行为

(1) 植物　降解情况与土壤相似。

（2）土壤/环境　杀虫环草酸盐以沙蚕毒素及其氧化物的形式，被降解为更小的分子。光下降解更快。土壤中 DT_{50} 1d（pH=6.8,22℃）。

制剂　50%、90%可溶性粉剂，50%可湿性粉剂，50%乳油，2%粉剂，5%颗粒剂，10%微粒剂，等。

主要生产商　Sundat。

作用机理与特点　杀虫环草酸盐是沙蚕毒素类衍生物，属神经毒剂，其主要中毒机理与其他沙蚕毒素类农药相似，也是由于在体内代谢成沙蚕毒素而发挥毒力作用，其作用机制是占领乙酰胆碱受体，阻断神经突触传导，害虫中毒后表现麻痹直至死亡。但毒效表现较为迟缓，中毒轻的个体还有复活的可能，与速效农药混用可以提高击倒力。

应用

（1）适用作物　水稻、玉米、马铃薯、柑橘、苹果、梨、茶叶等。

（2）防治对象　杀虫环草酸盐对鳞翅目和鞘翅目害虫有特效，常用于防治二化螟、三化螟、大螟、稻纵卷叶螟、玉米螟、草青虫、小菜蛾、菜蚜、马铃薯甲虫、柑橘潜叶蛾、苹果潜叶蛾、梨星毛虫等水稻、蔬菜、果树、茶树等作物的害虫。也可用于防治寄生线虫，如水稻白尖线虫；对一些作物的锈病等也有一定的防治效果。

（3）残留量与安全施药　国家规定杀虫环在糙米中的最高残留限量（MRL）为 0.1mg/kg。在水稻上的最大允许残留量为 0.2mg/L（瑞士）。推荐剂量下对绝大多数作物安全，但特殊情况下对某些苹果有药害。

（4）应用技术　杀虫环草酸盐对家蚕毒性较大，蚕桑产区应该谨慎使用。棉花、苹果、豆类的某些品种对杀虫环草酸盐表现敏感，不宜使用。水田施药后应该注意避免让田水流入鱼塘，以防鱼类中毒，据《农药合理使用准则》规定，水稻使用50%杀虫环草酸盐可湿性粉剂，每次的最高用药量为 1500g/hm² 兑水喷雾，全生育期内最多只能使用 3 次，其安全间隔期（末次施药距收获的天数）为 15d。药液接触皮肤后应立即用清水洗净。杀虫环草酸盐对个别人可造成皮肤过敏反应，引起皮肤丘疹，应加注意，但一般过几个小时后症状即可消失。

（5）使用方法

① 水稻害虫的防治　a. 三化螟：防治葳心苗在卵化高峰前 1～2d 施药，防治白穗应掌控在 5%～10%破口露时用药，50%杀虫环草酸盐湿性粉剂 750g/hm²（含有效成分 375g/hm²），兑水 900kg，喷雾；或用50%杀虫环草酸盐乳油 0.9～1.5L/hm²（含有效成分 450～750g/hm²）兑水 900kg，喷雾。同时施药期也应注意保持 3～5cm 田水 3～5d，以利于药效的充分发挥。b. 稻纵卷叶螟（又名稻纵卷叶虫,俗称刮青虫、马叶虫、白叶虫），防治重点是在水稻穗期在幼虫 1～2 龄高峰期施药。一般年份用药 1 次，大发生年份用药 1～2 次，并提早第一次施药时间，用50%杀虫环草酸盐可湿性粉剂 450g/hm²（含有效成分 225g/hm²）兑水 900kg，喷雾，或用50%杀虫环草酸盐乳油 0.9～1.5L/hm²（含有效成分 450～750g/hm²）兑水 900kg，喷雾。c. 二化螟：防治枯鞘和枯心病，一般年份在孵化高峰期前后 3d 内用药，大发生年份在孵化高峰期 2～3d 用药；防治虫伤株、枯孕穗和白穗，一般年份在蚁螟孵化始盛期至孵化高峰期用药，在大发生年份以两次用药为宜。用可湿性粉剂 900g/hm²（含有效成分 450g/hm²），兑水 900kg，喷雾。防治稻蓟马，用50%杀虫环草酸盐可湿性粉剂 750g/hm²，兑水 450～600kg，喷雾。

② 防治玉米螟、玉米蚜等　用50%杀虫环草酸盐可湿性粉剂 375g/hm²，兑水 600～750kg 于心叶期喷雾，也可采用25%药粉兑适量水成母液，再与细砂 4～5g 拌匀制成毒砂，以每株 1g 左右撒施于心叶内，或以 50 倍稀释液用毛笔涂于玉米果穗下一节的茎秆。

③ 防治菜青虫、小菜蛾、甘蓝夜蛾、菜蚜、红蜘蛛等　用50%杀虫环草酸盐可湿性粉剂 750g/hm²，兑水 600～750kg，喷雾。

④ 防治马铃薯甲虫　用50%杀虫环草酸盐可湿性粉剂 750g/hm²，兑水 600～750kg，喷雾

⑤ 防治柑橘潜叶蛾　在柑橘新梢萌芽后，用50%杀虫环草酸盐可湿性粉剂 1500 倍稀释液喷雾。防治梨星毛虫、桃蚜、苹果蚜、苹果红蜘蛛等，用 2000 倍稀释液喷雾。

专利与登记　该化合物专利已过期，不存在专利权问题。国内登记情况：87.5%、90%原

药，50%可溶粉剂，等，登记作物为水稻等，防治对象为稻纵卷叶螟、二化螟和三化螟等。日本化药株式会社在中国登记情况见表186。

表 186　日本化药株式会社在中国登记情况

商品名	登记证号	含量	剂型	登记作物	防治对象	用药量 /(g/hm²)	施用方法
杀虫环	PD44-87	50%	可溶性粉剂	水稻	稻纵卷叶螟 二化螟 三化螟	375～750	喷雾

合成方法　有以下几种合成方法,其中以杀虫单(单内盐)为中间体生产杀虫环的工艺流程比较简单,其主要原料有杀虫单、硫化钠、草酸、甲醛、甲苯、氯化钠、无水乙醇等。主要反应步骤如下:

(1)

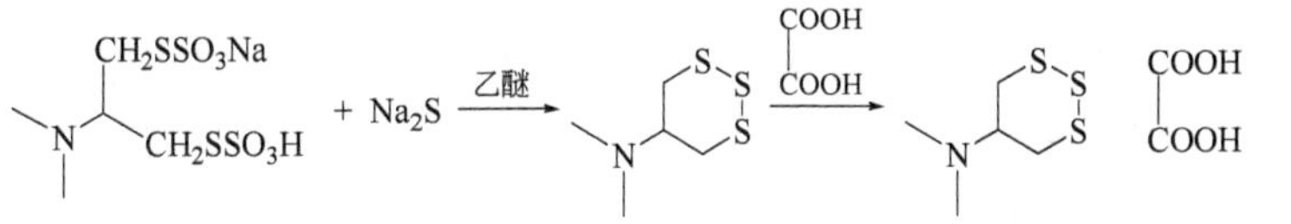

(2)

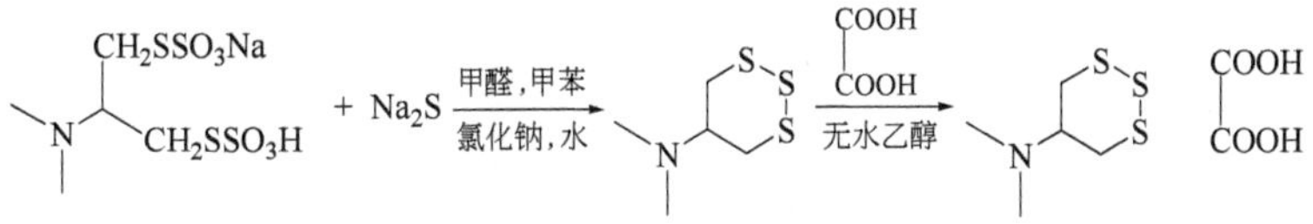

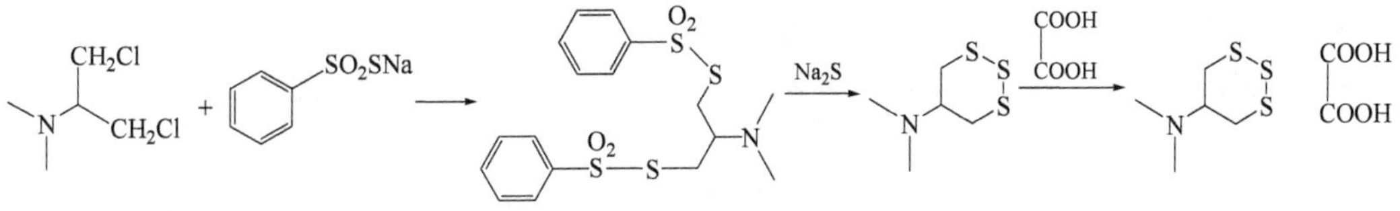

(4)

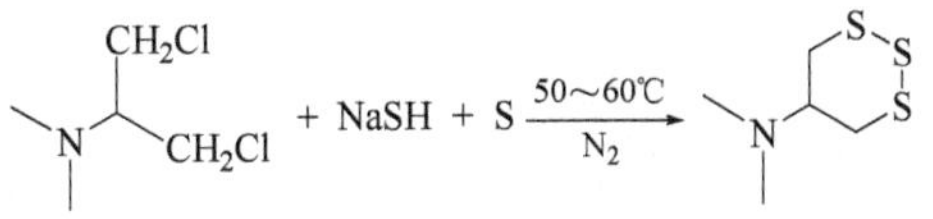

杀虫磺 bensultap

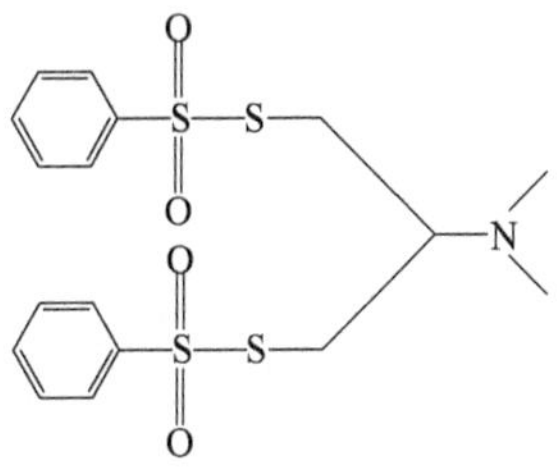

$C_{17}H_{21}NO_4S_4$，431.6，17606-31-4

杀虫磺(bensultap)。试验代号　TI-1671(Takeda)、TI-78(Takeda)。商品名称　Ruban,是1979 年由日本武田化学工业公司(现属住友化学公司)开发的沙蚕毒素类杀虫剂。

化学名称 S,S'-［2-（二甲氨基）］双硫代苯磺酸酯，S,S'-2-dimethylaminotrimethylene di（benzenethiosulfonate）。

理化性质 淡黄色结晶性粉末，略有特殊气味。熔点 81.5～82.9℃。蒸气压＜$1×10^{-2}$mPa（20℃）。Henry 常数＜$9.6×10^{-3}$Pa·m³/mol（20℃）。相对密度 0.791（20℃）。K_{ow} lg$P$＝2.28（25℃）。水中溶解度 0.448mg/L（20℃）。其他溶剂中溶解度（20℃，g/L）：正己烷 0.319，甲苯 83.3，二氯甲烷＞1000，甲醇 10.48，乙酸乙酯 149。稳定性：pH＜5，150℃下，是稳定的；但在中性或碱性溶液中水解（DT_{50}≤15min，pH 5～9）。

毒性 急性经口 LD_{50}（mg/kg）：雄大鼠 1105，雌大鼠 1120，雄小鼠 516，雌小鼠 484。兔急性经皮 LD_{50}＞2000mg/kg，对兔眼轻微刺激，对皮肤无刺激。大鼠吸入 LC_{50}（4h）＞0.47mg/L 空气。NOEL（90d，mg/kg 饲料）：大鼠 250，雄小鼠 40，雌小鼠 300。NOEL［2y，mg/（kg·d）］：大鼠 10，小鼠 3.4～3.6。急性腹腔注射 LD_{50}（mg/kg）：雄大鼠 503，雌大鼠 438，雄小鼠 442，雌小鼠 343。无"三致"。

生态效应 山齿鹑急性经口 LD_{50} 311mg/kg，大鼠吸入 LC_{50}（mg/kg 饲料）：山齿鹑 1784，野鸭 3112。鱼类 LC_{50}（48h，mg/L）：鲤鱼 15，孔雀鱼 17，金鱼 11，虹鳟鱼 0.76；LC_{50}（72h，mg/L）：鲤鱼 8.2，孔雀鱼 16，金鱼 7.4，虹鳟鱼 0.76。水蚤 LC_{50}（6h）40mg a.i.（制剂）/L。对蜜蜂低毒，LC_{50}（48h）25.9μg/只。

环境行为 土壤/环境 不同土壤 DT_{50} 3～35d 不等，取决于土壤类型。DT_{50} 7d（实验室旱地条件）。

制剂 Bancol 50 可湿性粉剂，500g（a.i.）/kg。

主要生产商 Sumitomo Chemical 及宁波市镇海恒达农化有限公司等。

作用机理与特点 杀虫磺为触杀和胃毒型杀虫剂。模拟天然沙蚕毒素，抑制昆虫神经系统突触，通过占据产生乙酰胆碱的突触膜的位置来阻止突触发射信息，能从根部吸收。

应用

（1）适用作物 果树如苹果、桃树、柑橘类、葡萄等，棉花、甜玉米、马铃薯、水稻、茶叶、油菜、青菜。

（2）防治对象 鞘翅目、鳞翅目害虫，如茶卷叶蛾、马铃薯甲虫、茶黄茶蓟马、水稻螟虫、稻纵卷叶螟、水稻稻叶甲虫；东方玉米螟、根象鼻虫、龟甲虫、藤蔓飞蛾、棉铃象甲、苹果蠹蛾、水疱蛾、苹果叶虫、菜青虫、白蝴蝶幼虫、钻石背蛾、芸薹属甲虫。

（3）应用 通常使用剂量为 0.25～1.5kg/hm²。防治水稻二化螟、三化螟，用 50% 可湿性粉剂 5～10g/100m²，兑水泼浇或喷雾，撒毒土亦可，于卵孵盛期施药，必要时可施两次，施药时宜保持 3cm 左右的水层。防治菜蚜、菜青虫、小菜蛾等蔬菜害虫，用可湿性粉剂 5～10g/100m² 兑水 50～100kg 喷雾。

专利概况 本化合物已过专利期，不存在专利权问题。

合成方法 用如下方法进行合成

据报道，国外采用固态硫代苯磺酸钠与 N,N-二甲基-1,2-二氯丙胺在乙醇中反应，可以得到纯度很高的产品，但操作步骤较多，溶剂用量较大，国内也做过类似探索。

参考文献

[1] J Am Chem Soc，1955，77：1568.

[2] 王淑英等. 浙江工业大学学报，2006，34（1）：62-64.

杀虫双 thiosultap-disodium

$C_5H_{11}O_6S_4Na_2$，355.3，52207-48-4

杀虫双（thiosultap-disodium）。**商品名称**　Helper、Pilarhope、Vinetox，1974 年贵州省化工研究院在试制杀螟丹基础上与有关单位协作研究的、具有链状结构的人工合成沙蚕毒类杀虫剂，但化合物专利中早已存在。

化学名称　S,S'-（2-二甲氨基-1,3-丙二基）双硫代硫酸双钠盐，disodium S,S'-（2-dimethyl-amino-1,3-propanadiyl）bis（thiosulfate）。

理化性质　纯品为白色针状固体，熔点 142～143℃，蒸气压 $1.3×10^{-5}$ mPa，相对密度 1.3～1.35，易吸湿，易溶于水，能溶于乙醇、甲醇、二甲基甲酰胺、二甲基亚砜等有机溶剂，微溶于丙酮，不溶于乙酸乙酯和乙醚。在强酸、碱性条件下易分解。

毒性　急性经口 LD_{50}（mg/kg）：雄大鼠 680，雌大鼠 520，雄小鼠 200，雌小鼠 235。兔、鼠急性经皮 LD_{50} 448.3mg/kg。对兔皮肤和眼睛无明显刺激作用。大鼠吸入 LC_{50}（6h）＞0.83mg/kg，NOEL[mg/（kg·d）]：大鼠（2y）20，小鼠（1.5y）30。ADI 0.025mg/kg。

生态效应　鱼 TLm（48h，mg/L）：鲢鱼 8.7，鲤鱼 9.2。蜜蜂中毒，对蚕有毒，五代幼虫 LD_{50} 0.221μg/d，LOED $1.7×10^{-8}$～$1.7×10^{-6}$ μg/d（取决于季节）。

制剂　18.29%水剂，3.5%颗粒剂，3.6%大颗粒剂。

主要生产商　安徽华星化工股份有限公司、湖北沙隆达股份有限公司、湖南海利化工股份有限公司及旺世集团等。

作用机理与特点　属神经毒剂，具有胃毒、触杀、内吸传导和一定的杀卵作用。杀虫双是一种有机杀虫剂。它是参照环形动物沙蚕含有的"沙蚕毒素"的化学结构合成的沙蚕毒素的类似物，所以也是一种仿生杀虫剂。杀虫双对害虫具有较强的触杀和胃毒作用，并兼有一定的熏蒸作用。它是一种神经毒剂，能使昆虫的神经对于外界的刺激不产生反应。因而昆虫中毒后不发生兴奋现象，只表现瘫痪麻痹状态。据观察，昆虫接触和取食药剂后，最初并无任何反应，但表现出迟钝、行动缓慢、失去侵害作物的能力，终止发育、虫体软化、瘫痪，直至死亡。杀虫双有很强的内吸作用，能被作物的叶、根等吸收和传导。通过根部吸收的能力，比叶片吸收要大得多。据有关单位用放射性元素测定，杀虫双被作物的根部吸收，一天即可以分布到植株的各个部位，而叶片吸收要经过 4d 才能传送到整个地上部分。但不论是根部吸收还是叶部吸收，植株各部分的分布是比较均匀的。

应用

（1）**适用作物**　对水稻、小麦、玉米、豆类、蔬菜、柑橘、果树、茶叶、林木等作物的主要害虫均有优良的防治效果。

（2）**防治对象**　杀虫谱较广，对水稻大螟、二化螟、三化螟、稻纵卷叶螟、稻苞虫、叶蝉、稻蓟马、负泥虫、菜螟、菜青虫、黄条跳甲、桃蚜、梨星毛虫、柑橘潜叶蛾等鳞翅目、鞘翅目、半翅目、缨翅目等多种咀嚼式口器害虫、刺吸式口器害虫、叶面害虫和钻蛀性害虫有效。

（3）残留量与安全施药　在常用剂量下，对人畜安全，对作物无药害。每季水稻使用次数不得超过3次，安全间隔期为15d；对蚕有很强的毒杀作用，柑橘、番茄等对杀虫双较敏感，使用浓度不得低于300倍液；对马铃薯、豆类、高粱、棉花会产生药害，甘蔗、白菜等十字花科蔬菜幼苗在夏季高温下对杀虫双敏感，使用时应注意。

（4）应用技术　加工成水剂、颗粒剂等剂型使用。用于水稻、蔬菜、果树、茶树、甜菜、油菜、甘蔗等作物地防治水稻螟虫、稻蓟马、稻苞虫、稻蝗、菜青虫、黄守瓜、蚜虫、黄条跳甲、小菜蛾、菜螟、柑橘潜叶蛾、柑橘达摩凤蝶、苹果钻心虫、苹果螨、梨小食心虫、梨星毛虫、梨蚜、桃蚜、茶毛虫、茶小绿叶蝉、甜菜白带螟、油菜青虫、油菜蚜虫、玉米螟、大螟、玉米铁甲虫、甘蔗条螟、甘蔗蓟马、甘蔗飞虱等。一些作物对杀虫双敏感，如豆类、棉花等不宜使用。十字花科蔬菜幼苗也较敏感，在夏季高温及植株生长幼弱时不宜使用。

（5）使用方法

防治黏虫，每亩用29％水剂200mL（60g有效成分），兑水75kg，喷雾；防治大豆蚜虫则用29％水剂150mL。防治柑橘潜叶蛾、柑橘锈壁虱、蚜虫、苹果红蜘蛛，分别用有效液度500～555mg/L、555～625mg/L、555mg/L、300～375mg/L，喷雾。

水稻害虫的防治　施药方法采用喷雾、毒土、泼浇和喷粗雾都可以，5％、3％杀虫双颗粒剂每亩用1～1.5kg直接撒施，防治二化螟、三化螟、大螟和稻纵卷叶螟的药效，与25％水剂0.2kg的药效无明显差异。使用颗粒剂的优点是功效高且方便，风雨天气也可以施药，还可以减少药剂对桑叶的污染和对家蚕的毒害。颗粒剂的残效期可达30～40d。

① 稻蓟马　每亩用25％的杀虫双水剂0.1～0.2kg（有效成分25～50g），用药后1d的防效可达90％，用药量的多少主要影响残效期，用量多，残效期长。秧田期防治稻蓟马，每亩用25％杀虫双水剂0.15kg（有效成分37.5g），加水50kg喷雾，用药1次就可控制其危害。大田期防治稻蓟马每亩用25％杀虫双水剂0.2kg（有效成分50g），加水50～60kg喷雾，用药1次也可基本控制其危害。

② 稻纵卷叶螟、稻苞虫　每亩用25％杀虫双水剂0.2kg（有效成分50g），兑水50～60kg喷雾，防治这两种害虫的效果都可以达到95％以上，一般用药1次即可控制危害。杀虫双对稻纵卷叶螟的3、4龄幼虫有很强的杀伤作用，若把用药期推迟到3龄高峰期，在田间出现零星白叶时用药，对4龄幼虫的杀虫率在90％以上，同时可以更好地保护寄生天敌。另外，杀虫双防治稻纵卷叶螟还可采用泼浇、毒土或喷粗雾等方法，都有很好效果，可根据当地习惯选用。连续使用杀虫双时，稻纵卷叶螟会产生抗性，应加以注意。

③ 二化螟、三化螟、大螟　每亩用25％杀虫双水剂0.2kg（有效成分50g），防效一般达到90％以上，药效期可维持在10d以上，第12d后仍有60％的效果。对4、5龄幼虫，如果每亩用25％杀虫双水剂0.3kg（有效成分75g），防效可达80％。防治枯心病，在螟卵孵化高峰后6～9d用药。

柑橘害虫的防治　①柑橘潜叶蛾　25％杀虫双水剂对潜叶蛾有较好的防治效果，但柑橘对杀虫双比较敏感。一般以加水稀释600～800倍（312～416mg/L）喷雾为宜。隔7d左右喷施第二次，可收到良好的保梢效果。柑橙放夏梢时，仅施药一次即比常用有机磷效果好。②柑橘达摩凤蝶用25％杀虫双500倍（500mg/L）稀释液喷雾。防效达100％，但不能兼治害螨，对天敌纯绥螨安全。

蔬菜害虫的防治　用25％杀虫双水剂200mL（有效成分50g），加水75kg稀释，在小菜蛾和白粉蝶（菜青虫）幼虫3龄前喷施，防效均可达90％以上。

甘蔗害虫的防治　在甘蔗苗期条螟卵盛孵期施药，每亩用25％杀虫双水剂250mL（有效成分62.5g），用水稀释300kg淋甘蔗苗，或稀释50kg喷洒，间隔一周再施一次，对甘蔗螟和大螟枯心苗有80％以上的防治效果，同时也可以兼治甘蔗蓟马。

专利概况　专利DE2341554早已过专利期，不存在专利权问题。

合成方法　通过如下反应即可得到目的物：

参考文献

[1] 任四方. 农药，1990，4：6-9.

杀虫畏 tetrachlorvinphos

$C_{10}H_9Cl_4O_4P$，366.0，22248-79-9，22350-76-1(E)-异构体，961-11-5mixed(Z)-异构体+(E)-异构体

杀虫畏(tetrachlorvinphos)。试验代号　SD 8447。商品名称　Appex、Debantic、Gardcide、Gardona、Rabon、Rabond。其他名称　甲基杀螟威、杀虫威。由 R. R. Whetsone 报道，美国 Shell Chemical Co.(现属 BASF 公司)开发的有机磷(organophosphorus)类杀虫剂。

化学名称　(Z)-2-氯-1-(2,4,5-三氯苯基)乙烯基磷酸二甲酯，(Z)-2-chloro-1-(2,4,5-trichlorophenyl)vinyl dimethyl phosphate。

组成　由 Z 体组成。

理化性质　无色结晶固体，工业品含量 98%，熔点 94～97℃。蒸气压 0.0056mPa(20℃)；Henry 常数 1.86×10^{-4} Pa·m³/mol(计算)。水中溶解度 11mg/L(20℃)；其他溶剂中溶解度(20℃，g/kg)：丙酮<200，氯仿、二氯甲烷 400，二甲苯<150。在<100℃稳定，缓慢氢解(50℃)；DT_{50}：54d(pH 3)，44d(pH 7)，80h(pH 10.5)。

毒性　急性经口 LD_{50}(mg/kg)：大鼠 4000～5000，小鼠 2500～5000。兔急性经皮 LD_{50}>2500mg/kg。大鼠 NOAEL 4.23mg/kg。NOEL(2y，mg/kg 饲料)值：大鼠 125，狗 200。大鼠以 1000mg/(kg·d)饲料饲养，对后代繁殖无影响。

生态效应　鸟类急性经口 LD_{50}(mg/kg)：石鸡鹧鸪和绿头鸭>2000，其他鸟类 1500～2600。鱼 LC_{50}(24h)(不同种类的鱼)0.3～6mg/L。对蜜蜂有毒。

环境行为　进入动物体内的本品，几天后即可降解完全，如在狗和大鼠的尿液中，可测到本品的代谢物 2,4,5-三氯苯基乙二醇葡萄苷酸、葡萄苷酸衍生物、2,4,5-三氯苯乙醇酸和 2-氯-1-(2,4,5-三氯苯基)乙烯甲基氢磷酸酯。在动物奶和身体组织中未发现本品及代谢物。

制剂　10%、20%乳油，50%、70%可湿性粉剂，70%悬浮剂，5%颗粒剂。

作用机理与特点　胆碱酯酶的直接抑制剂，系触杀和胃毒作用的杀虫、杀螨剂，击倒速度快，无内吸性。

应用

(1) 适用作物　棉花、玉米、水稻、小麦、烟草、豆类、亚麻、蔬菜、高粱、南瓜、木槿、泡桐、万寿菊、果树等。

(2) 防治对象　对鳞翅目害虫和多种鞘翅目害虫防效高。也用于防治家蝇和外寄生虫及果

树、林木类害虫。

（3）使用方法　果树、林木用 0.03%～0.1% 浓度喷雾，可防治果树上鳞翅目和双翅目害虫，如松毛虫、国槐尺蛾幼虫、芒果横纹尾夜蛾、蚜虫、黄星蝗等；防治棉花、水稻、玉米、豆类、小麦等作物上的鳞翅目害虫，如水稻二化螟、蓟马、棉蚜、玉米黏虫、玉米螟、小麦黏虫、皮蓟马等，以及棉红蜘蛛，使用剂量：0.75～2kg(a.i.)/hm²；防治烟草上的鳞翅目害虫，如烟夜蛾，使用剂量：0.5～1.5kg(a.i.)/hm²；防治蔬菜上的鳞翅目和鞘翅目害虫，如油菜种蝇，使用剂量：240～960g(a.i.)/hm²。

专利与登记　专利 US3102842 早已过专利期，不存在专利权问题。国内仅登记了 98% 原药。

合成方法　中间体 M 的合成方法：方法 1 是二氯酰氯法，方法 2 是乙酰氯法。方法 1 步骤简单且合成收率高（49%）。经如下反应制得杀虫畏：

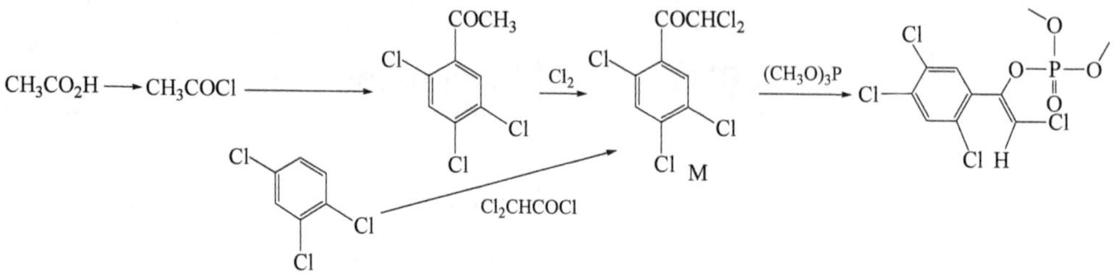

参考文献

[1] 肖传健. 湖北化工，1996，1：42-43.
[2] 黄锦霞. 农药，1991，4：21-23.

杀铃脲 triflumuron

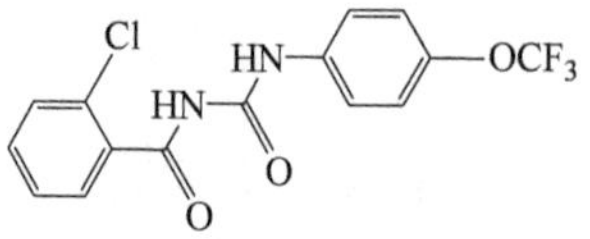

$C_{15}H_{10}ClF_3N_2O_3$，358.7，64628-44-0

杀铃脲（triflumuron）。**试验代号**　SIR 8514、OMS 2015。**商品名称**　Alsystin、Baycidal、Certero、Intrigue、Joice、Khelmit、Poseidon、Rufus、Soystin、Startop、Starycide。**其他名称**　杀虫隆、三福隆，是拜耳公司开发的苯甲酰脲类杀虫剂。

化学名称　1-(2-氯苯甲酰基)-3-(4-三氟甲氧基苯基)脲，1-(2-chlorobenzoyl)-3-(4-trifluoro-methoxyphenyl)urea。

理化性质　无色粉末，熔点 195℃，蒸气压 4×10^{-5} mPa（20℃），相对密度 1.445（20℃），$K_{ow}\lg P = 4.91$（20℃）。水中溶解度 0.025mg/L（20℃）；其他溶剂中溶解度（20℃，g/L）：二氯甲烷 20～50，异丙醇 1～2，甲苯 2～5，正己烷 <0.1。中性和酸性溶液中稳定，碱液中水解 DT_{50}（22℃）：960d(pH 4)，580d(pH 7)，11d(pH 9)。

毒性　急性经口 LD_5（mg/kg）：雄、雌大小鼠 >5000，狗 >1000。雄、雌大鼠急性经皮 LD_{50} >5000mg/kg，对兔皮肤和眼睛无刺激，对豚鼠皮肤无致敏性。大鼠吸入 LC_{50}（mg/L 空气）：雄、雌大鼠 >0.12(烟雾剂)，>1.6(粉末)。NOEL（mg/kg 饲料）：大、小鼠(2y)20，狗(1y)20。推荐的 ADI 0.007mg/kg [2007]。

生态效应　山齿鹑急性经口 LD_{50} 561mg/kg。鱼类 LC_{50}（96h,mg/L）：虹鳟鱼 >320，圆腹雅罗鱼 >100。水蚤 LC_{50}（48h）0.225mg/L。斜生栅藻 E_rC_{50}（96h）>25mg/L。对蜜蜂有毒。蚯蚓 LC_{50}（14d）>1000mg/kg。其他有益生物：对成虫无影响，对幼虫有轻微影响，对食肉螨安全。

环境行为

（1）动物 标记的杀铃脲的 2-氯苯甲酰基基团在大鼠体内代谢时水解断裂。代谢物只有 2-氯苯环并且被部分羟基化和共轭。相应地，在标识 4-三氟甲氧基苯基基团的试验中，仅发现含有 4-三氟甲氧基苯基环的代谢物，并且被部分羟基化。

（2）植物 喷施后的苹果、大豆、马铃薯中，杀铃脲只是少量代谢，代谢产物与动物体内代谢物组成相同。对残留物进行分析，确定在收获作物体内含有杀铃脲母体化合物。

（3）土壤/环境降解 在实验室测试中，杀铃脲在土壤中降解得较快，受 3～5 个因素的影响降解得更快。没有植物的土壤中反复使用 3y，土壤中无药物累积现象。在对森林实际应用中，土壤中的残留浓度一直很低，几个月后降低至检测限以下。代谢产物 对 2-氯苯位置进行标记的杀铃脲，112d 后，一半降解为二氧化碳，放射物和土壤结合（土壤中，112d 后应用的杀铃脲中标记的 2-氯苯甲酰基基团 50％降解为二氧化碳，20％的放射物和土壤结合）。对 4-三氟甲氧基苯基进行标记的杀铃脲，代谢更加缓慢，但是结合残留物的比例明显增加。代谢物主要靠微生物降解，并且只包含一种环结构的化合物。

制剂 5％、20％、40％悬浮剂，5％乳油。

主要生产商 Bayer CropSciences、E-tong、Rotam、Sundat 及河北威远生物化工股份有限公司等。

作用机理与特点 杀铃脲属苯甲酰脲类的昆虫生长调节剂，是非内吸性的具有胃毒作用的杀虫剂，略有触杀作用，仅适用于防治咀嚼式口器昆虫，因为它对吸管型昆虫无效（除木虱属和橘芸锈螨）。杀铃脲阻碍幼虫蜕皮时外骨骼的形成。幼虫的不同龄期对杀铃脲的敏感性未发现大的差异，所以它可在幼虫所有龄期应用。杀铃脲还有杀卵活性，在用药剂直接接触新产下的卵或将药剂施入处理的表面时，发现幼虫的孵化变得缓慢。杀铃脲毒杀作用的专一性在于其有缓慢的初始作用，持效期长。对绝大多数动物和人类无毒害作用，且能被微生物分解。虽然杀铃脲对昆虫的作用机理与除虫脲相类似，但是许多研究者认为，其不仅是甲壳质合成抑制剂，而且还具有与保幼激素相似的活性。

应用

（1）适用作物 玉米、棉花、大豆、蔬菜、果树、林木。

（2）防治对象 棉铃虫、金纹细蛾、菜青虫、小菜蛾、小麦黏虫、松毛虫等鳞翅目和鞘翅目害虫，以及地中海蜡实蝇、马铃薯叶甲和棉花上的海灰翅夜蛾。

（3）使用方法 防治对象和使用方法同除虫脲，但对棉铃虫有效。杀虫活性高，杀卵效果好。以悬浮剂兑水喷雾使用，防治棉铃虫亩用有效成分 5～8g。

蟓象五龄幼虫对杀铃脲的局部作用表现出非常高的灵敏性。通过对药剂的接触毒性试验研究，结果表明，该药剂具有高的杀卵效果，即在药剂的浓度等于 0.0325％时，观察到卵完全被致死。发现第二龄和第三龄鳞翅目幼虫比第五龄幼虫对杀铃脲更敏感。以 0.13％和 0.065％杀铃脲溶液处理时，引起它们的生存能力降低分别为 100％和 53.6％。

对大菜粉蝶和菜蛾以及西纵色卷蛾具有高的效果且有防治白蚁和许多其他昆虫的效果。对三种益虫：北美草蛉（脉翅目：草蛉科）、*Acholla multispinosa*（半翅目：猎蝽科）和 *Maerocentrus ancylivorus*（膜翅目：茧蜂科）显示出高的毒性。无论是局部处理，还是与药剂处理的叶片接触，都引起北美草蛉极高的死亡率和交替龄期蜕皮的抑制。

有关杀铃脲对医学和兽医学意义的昆虫的研究比农业害虫少得多。杀铃脲对一些种的蟓显示出高的效果。现已证明，杀铃脲对家蝇具最大生物活性。对不同发育阶段的家蝇用药剂进行处理，无论是悬浮剂 SC480 还是可湿性粉剂 WP-25，都在对卵和 1 龄幼虫作用时，达到最大的效果。在卵与被药剂处理的表面接触时，杀铃脲的杀卵活性不高：悬浮剂剂量为 $625\mu g/g$ 和 $2500\mu g/g$ 时，杀卵活性相似地为 3.0％和 9.1％。这些结果是出乎意料的，因为以 $0.1～1\mu g/g$ 剂量，该药剂对蚊虫卵的杀卵活性高是众所周知的。以高剂量（$2500\mu g/g$，$2250\mu g/g$ 和 $625\mu g/g$）杀铃脲处理家蝇的蛹被，使成虫产卵量仅减少 35％～36.5％。在与用 0.5％悬浮剂处理的纸接触时，孵出的百分数为 6.1％～30.8％，这一差别可能是因为成虫选自数量不同的两组幼虫。一些研究者还报道了杀铃脲对螫蝇成虫前发育阶段的类似作用。

许多研究者报道了杀铃脲对不同种蚊虫高的生物活性，同时证明，杀铃脲的毒杀作用的特征与除虫脲和其他脲的苯甲酰苯基类似物相似。

专利与登记　专利 DE2601780 早已过专利期，不存在专利权问题。国内登记情况：5%、20%、40%悬浮剂，5%乳油，97%原药等，登记作物为甘蓝、苹果树和柑橘树等，防治对象为潜叶蛾、小菜蛾、金纹细蛾和菜青虫等。

合成方法　反应式如下

参考文献

[1] 齐振华. 农药译丛, 1992, 14 (2): 63-65.

杀螺胺 niclosamide

$C_{13}H_8Cl_2N_2O_4$，327.1，50-65-7，1420-04-8(杀螺胺乙醇胺)

　　杀螺胺(niclosamide)。**试验代号**　Bayer 25648、Bayer 73、SR 73。**商品名称**　Bayluscide、Aquadin。**其他名称**　百螺杀、氯螺消、贝螺杀、氯硝柳胺。由 R. Gö & E. Schraufstätter 于 1958年在第6届国际热带医学和疟疾大会上首先报告了该化合物并申请了专利，并通过试验验证该品种可防治钉螺。另外，Bayer AG 公司报道其铵盐也具有防治钉螺的性质。另外其还以乙醇胺形式商品化，中文通用名称杀螺胺乙醇胺，英文通用名称 niclosamide-olamine（niclosamide-2-hydroxyethylammonium），商品名称 Bayluscide、Trithin N。

　　化学名称　2',5-二氯-4'-硝基水杨酰苯胺，2',5-dichloro-4'-nitrosalicyl anilide。

　　组成　工业品纯度≥96%(FAO Specification)。

　　理化性质　杀螺胺　纯品为无色晶体，工业品纯度≥96%，为淡黄色或绿色粉末。熔点230℃。蒸气压 8×10^{-8} mPa(20℃)。$K_{ow}\lg P=5.95$(pH≤4)，5.86(pH 5)，5.63(pH 5.7)，5.45(pH 6)，4.48(pH 7)，3.30(pH=8)，2.48(pH 9.3)。Henry 常数(Pa·m³/mol, 20℃, 计算)：5.2×10^{-6}(pH 4)，1.3×10^{-7}(pH 7)，6.5×10^{-10}(pH 9)。水中溶解度(20℃, mg/L)：0.005(pH 4)，0.2(pH 7)，40(pH 9)；能溶于常见有机溶剂，如乙醇和乙醚。在 pH=5~8.7，$pK_a=5.6$ 时稳定。杀螺胺乙醇胺　工业品纯度≥95%，黄色晶体(工业品为黄色或棕色粉末)，熔点208℃，蒸气压 3.9×10^{-3} mPa(20℃)，溶解度同杀螺胺。

　　毒性　杀螺胺　大鼠急性经口 LD_{50} ≥5000mg/kg。大鼠急性经皮 LD_{50} >1000mg/kg(EC250)。对兔眼有强烈刺激，对兔皮肤长期接触有刺激。大鼠吸入 LC_{50}(1h)为 20mg/L(空气)。NOEL(mg/kg 饲料)：雄大鼠 2000，雌大鼠 8000，小鼠 200(2y)；狗 100(1y)。ADI 3mg/kg。无致突变性和胚胎毒性。杀螺胺乙醇胺　大鼠急性经口 LD_{50}≥5000mg/kg，大鼠急性经皮 LD_{50}>2000mg/kg(WP 70)，大鼠吸入 LC_{50}(4×1h)3630~8224mg/m³ 空气(WP 70)。

　　生态效应　野鸭 LD_{50}≥500mg/kg。圆腹雅罗鱼 LC_{50}(96h)0.1mg/L。水蚤 LC_{50}(48h)0.2mg/

L。羊角月牙藻 E_rC_{50} 5mg/L。对蜜蜂无显著致死效应。

环境行为

（1）动物　大鼠经口，^{14}C 杀螺胺在大鼠体内进行代谢，其尿液中的主要代谢产物为 2′,5-二氯-4′-氨基水杨酰苯胺（[10558-45-9]）及一些互变异构体。其粪便中虽然含有大量的 2′,5-二氯-4′-氨基水杨酰苯胺，但其主要成分为未转化的杀螺胺。杀螺胺的存在不仅仅是因为其没有被吸收，还因为在肠道内微生物产生的 β-葡糖苷酸酶的作用下，将胆汁中的杀螺胺的共振异构体转化为杀螺胺。也有研究表明杀螺胺在皮肤试验时吸收非常少，^{14}C 杀螺胺在对猪和大鼠皮肤试验后，通过放射线在它们的尿液和粪便中分别检测到含量<2%以及10%的 ^{14}C 杀螺胺。另外，在受药区域又检测到已恢复的、含量20%的杀螺胺。杀螺胺及其 2-氨基乙醇盐对鱼的试验表明，杀螺胺迅速地以葡糖苷酸共振异构体的形式排泄，生物放大效应并不明显。

（2）土壤/环境　在稻田的水中，杀螺胺能够快速地按照一级动力学降解，其 DT_{50} 为 0.3d。收获时，杀螺胺在叶子、茎和谷粒上的残留均低于 0.03mg/kg 的检出限，这表明在作物上使用杀螺胺作为杀软体动物剂不会产生持久残留，不会破坏稻田的生态系统。^{14}C 杀螺胺的水溶液在长波紫外线的照射下，14d 后即有95%的杀螺胺降解。但在缓冲溶液（pH 值为 5、6.9、8.7）中，56d 后并未发现其降解；在池塘水中（pH 值为 7.8）也未发现其降解。

制剂　70%杀螺胺可湿性粉剂、25%杀螺胺悬浮剂等。

主要生产商　Bayer CropSciences 及苏州市罗森助剂有限公司等。

作用机理及特点　具有内吸性和胃毒活性的杀软体动物剂。

应用　一种强的杀软体动物剂。对螺类的杀虫效果很好，高于五氯酚钠 5～8 倍，且对人畜等哺乳动物的毒性很小。用于水处理，在田间浓度下对植物无毒，并可在 0.25～1.5kg/hm² 的剂量下有效防治稻谷上的福寿螺（*Pomacea canaliculata*）；并可通过杀死淡水中相关宿主从而有效防治人类的血吸虫病和片吸虫病。此外，还可防治绦虫病（兽药用）。水稻田防治福寿螺，施药量 315～420g/hm²，喷雾处理。在沟渠防治钉螺，施药量 1～2g/m³，浸杀处理。

专利与登记　专利 DE1126374、US3079297、US3113067 均早已过专利期，不存在专利权问题。国内登记情况：98%原药、70%可湿性粉剂等，登记作物为水稻等，防治对象为福寿螺等。

合成方法　可经以下两条途径合成杀螺胺。

杀螨素 tetranactin

$C_{44}H_{72}O_{12}$，793.1，33956-61-5

杀螨素（tetranactin）。其他名称　四抗菌素、杀螨抗生素，是一种抗生素类的杀螨剂。

化学名称　[1R(1R＊,2R＊,5R＊,7R＊,10S＊,11S＊,14S＊,16S＊,19R＊,20R＊,23R＊,

$25R*,28S*,29S*,32S*,34S*)]$ -5 14,23,32-tetraethyl-2,11,20,29-tetramethyl-4,13,22,31,37,38,39,40-octaoxapentacyclo $[32,2,1,1^{7,10},1^{16,19},1^{25,28}]$ tetracontane-3,12,21,30-tetrone。

理化性质 熔点 111~112℃。水中溶解度(25℃)0.02g/L；其他溶剂中溶解度(25℃,g/L)：丙酮 56，甲醇 17，苯 387，二甲苯 243，己烷 8。在 pH=2~13 时，室温下稳定，对紫外线不稳定。

毒性 小鼠急性经口 LD_{50} >15000mg/kg。小鼠急性经皮 LD_{50} >10000mg/kg。对兔皮肤和眼睛具有轻微刺激。

作用机理与特点 通过穿透线粒体膜脂肪层的阳离子的渗透起作用，具触杀作用。

应用 可控制果树上的蜘蛛幼虫。适用于苹果、柑橘、梨、棉花、茶、蔬菜、花卉等防治多种螨类。对捕食螨和其他益虫无影响。与巴沙和有机磷混用，能提高杀螨素的杀螨效力，而且改进其残留杀卵的效果。

专利概况 专利 EP192060 早已过专利期，不存在专利权问题。

合成方法 通过如下反应制得目的物：

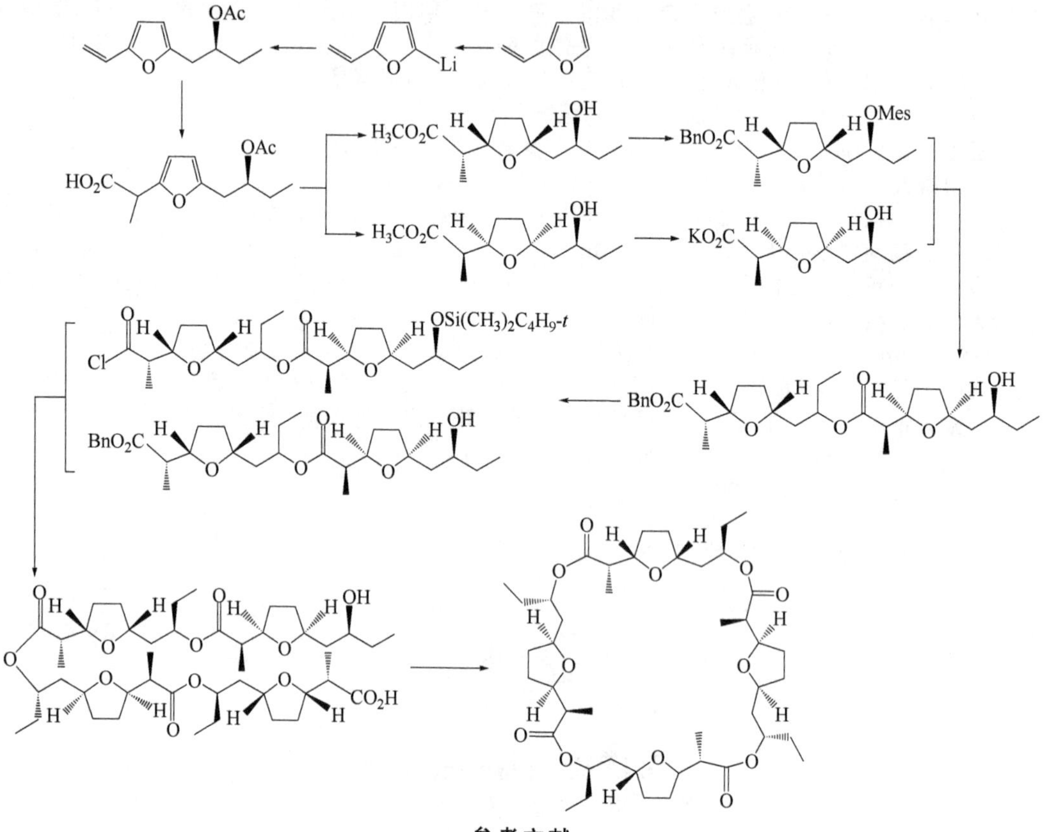

参考文献

[1] Synthesis, 1986 (12)：986-992.

杀螟丹 cartap

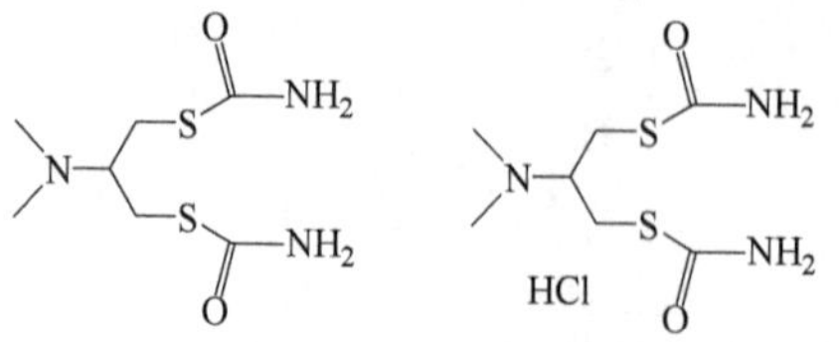

杀螟丹
$C_7H_{15}N_3O_2S_2$, 237.3, 15263-53-3

杀螟丹盐酸盐
$C_7H_{16}ClN_3O_2S_2$, 273.8, 15263-52-2

杀螟丹（cartap）。试验代号　TI-1258。商品名称　Grip、Huitap、Kaardo、Pilartap、Vartap、巴丹，是 Takeda Chemical Industries（现属住友化学公司）开发的沙蚕毒素类杀虫剂。以盐酸盐形式商品化，通用名称杀螟丹盐酸盐，英文通用名称：cartaphydrochloride。商品名称 Agdan、Beacon、Caldan、Capsi、Cartex、Cartox、Cartriz、Carvan、Ferdan、Herald、Hilcartap、Josh、Kritap、Megatap、Mikata、Padan、Paddy、Parryratna、Sanvex、Suntap、Seda、Tadan、Thiobel、Vicarp 等。

化学名称　杀螟丹　1,3-二（氨基甲酰硫基）-2-二甲基氨基丙烷，1,3-di-(carbamoylthio)-2-dimethylaminopropane 或 S,S'-(2-dimethylaminotrimethylene)bis(thiocarbamate)。杀螟丹单盐酸盐 1,3-二（氨基甲酰硫）-2-二甲基氨基丙烷盐酸盐，1,3-di-(carbamoylthio)-2-dimethylaminopropane hydrochloride 或 S,S'-(2-dimethylaminotrimethylene)bis(thiocarbamate)hydrochloride。

理化性质　杀螟丹　白色粉末，熔点 187～188℃，蒸气压（25℃）$2.5×10^{-2}$mPa，在正己烷、甲苯、氯仿、丙酮和乙酸乙酯中的溶解度＜0.01g/L，在甲醇中溶解度为 16g/L，在 150℃时可以稳定存在。杀螟丹盐酸盐　白色晶体，有特殊臭味，具有吸湿性，熔点 179～181℃，蒸气压可以忽略，在水中的溶解度为 200g/L（25℃），微溶于甲醇、乙醇，不溶于丙酮、乙醚、乙酸乙酯、氯仿、苯和正己烷等。在酸性条件下稳定，在中性及碱性条件下水解。

毒性　杀螟丹盐酸盐　急性经口 LD_{50}（mg/kg）：雄大鼠 345，雌大鼠 325，雄小鼠 150，雌小鼠 154。小鼠急性经皮 LD_{50}＞2000mg/kg，对兔皮肤和眼睛无刺激，大鼠吸入 LC_{50}（6h）＞0.54mg/L。NOEL[mg/(kg·d)]：大鼠（2y）10，小鼠（1.5y）11。

生态效应　杀螟丹盐酸盐　对鲤鱼的 LC_{50}（mg/L）：1.6（24h），0.77（48h）。多刺裸腹蚤 LC_{50}（24h）12.5～25mg/L，对蜜蜂有中等毒性。

环境行为　对于动物的影响如老鼠，在其体内羰基碳被水解，发生硫甲基衍生物的脱甲基作用。在组织内无积累现象，能迅速随尿液排出。土壤中 DT_{50} 为 3d。

制剂　25%、50%可溶性粉剂，2%、4%、10%粉剂，5%、3%颗粒剂。

主要生产商　Dongbu Fine、Hui Kwang、Fertiagro、Punjab、Saeryung、Sumitomo Chemical、Sundat、安徽华星化工股份有限公司、福建三农化学农药有限责任公司、国度化学股份有限公司、湖北沙隆达股份有限公司、宁波市镇海恒达农化有限公司及江苏安邦电化有限公司等。

作用机理与特点　杀螟丹是沙蚕毒素的一种衍生物，胃毒作用强，同时具有触杀和一定的拒食和杀卵作用，杀虫谱广，能用于防治鳞翅目、鞘翅目、半翅目、双翅目等多种害虫和线虫。对捕食性螨类影响小。其毒理机制是阻滞神经细胞点在中枢神经系统中的传递冲动作用，使昆虫麻痹，对害虫击倒较快，有较长的残效期。沙蚕毒素是存在于海生环节动物异足索沙蚕（Lumbriconereis heteropoda Marenz)体内的一种有杀虫活性的有毒物质。沙蚕毒素的作用主要是影响胆碱能突触的传递，其作用方式可以归纳为四种：①对 N 型受体的胆碱能阻断作用。②对 Ach 释放的抑制作用。③对胆碱酯酶（ChE）的抑制作用。④对 M 型受体的类胆碱能阻断作用。此外，沙蚕毒素对昆虫的其他生理活动如呼吸率等也有一定的影响。

应用

（1）适用作物　水稻、茶树、甘蔗、蔬菜、玉米、马铃薯、小麦、甜菜、棉花、生姜、板栗、葡萄、柑橘类水果等。

（2）防治对象　梨小食心虫、潜叶蛾、茶小绿叶蝉、稻飞虱、叶蝉、稻瘿蚊、小菜蛾、菜青虫、跳甲、玉米螟、二化螟、三化螟、稻纵卷叶螟、马铃薯块茎蛾。

（3）残留量与安全施药　①对蚕毒性大，在桑园附近不要喷洒。沾附了药液的桑叶不可让蚕吞食。②皮肤沾附药液，会有痒感，喷药时请尽量避免皮肤沾附药液，并于喷药后仔细洗净接触药液部位。③杀螟丹药性虽较低，但施用时仍须戴安全防具，如不慎吞服应立即反复洗胃，从速就医。

（4）使用方法　在实际应用中主要使用的是杀螟丹盐酸盐，通常使用剂量为 0.4～1.0kg/hm^2。防治稻飞虱、小菜蛾、菜青虫等害虫，在 2～3 龄若虫高峰期施药，每亩用 50%的可溶性粉剂 50～100g，兑水 50～60kg 喷雾。

（5）应用技术

① 防治水稻害虫　a.防治二化螟、三化螟在卵孵化高峰前1～2d施药，每亩用50%杀螟丹盐酸盐可溶性粉剂75～100g(有效成分37.5～50g)，或98%杀螟丹盐酸盐每亩用35～50g，兑水喷雾。常规喷雾每亩喷药液40～50L，低容量喷雾每亩喷药液7～10L。b.稻纵卷叶螟防治重点在水稻穗期，在幼虫1～2龄高峰期施药，一般年份用药1次，大发生年份用药1～2次，并适当提前第一次施药时间。每亩用50%杀螟丹盐酸盐可溶性粉剂100～150g(有效成分50～75g)，兑水50～60L喷雾，或兑水600L泼浇。c.稻苞虫在3龄幼虫前防治，用药量及施药方法同稻纵卷叶螟。d.防治稻飞虱、稻叶蝉在2～3龄若虫高峰期施药，每亩用50%杀螟丹盐酸盐可溶性粉剂50～100g(有效成分25～50g)，兑水50～60L喷雾，或兑水600L泼浇。e.对于稻瘿蚊要抓住苗期害虫的防治，防止秧苗带虫到本田，掌握在成虫高峰期到幼虫盛孵期施药。用药量及施药方法同稻飞虱。

② 防治蔬菜害虫　a.防治小菜蛾、菜青虫在2～3龄幼虫期施药，每亩用50%杀螟丹盐酸盐可溶性粉剂25～50g(有效成分12.5～25g)，兑水50～60L喷雾。b.黄条跳甲防治重点是作物苗期，幼虫出土后，加强调查，发现危害立即防治。用药量及施药方法同小菜蛾。c.二十八星瓢虫在幼虫盛孵期和分散危害前及时防治，在害虫集中地点挑治，用药量及施药方法同小菜蛾。

③ 防治茶树害虫　a.茶尺蠖在害虫第1、2代的1～2龄幼虫期进行防治。用98%杀螟丹盐酸盐1960～3920倍液或每100L水加98%杀螟丹盐酸盐25.5～51g；或用50%可溶性粉剂1000～2000倍液(有效浓度250～500mg/L)均匀喷雾。b.茶细蛾在幼虫未卷苞前进行防治，将药液喷在上部嫩叶和成叶上，用药量同茶尺蠖。c.茶小绿叶蝉在田间第一次高峰出现前进行防治。用药量同茶尺蠖。

④ 防治甘蔗害虫　在甘蔗螟卵盛孵期，每亩用50%可溶性粉剂137～196g或98%杀螟丹盐酸盐70～100g(有效成分68～98g)，兑水50L喷雾，或兑水300L淋浇蔗苗。间隔7d后再施药1次。此用药量对条螟、大螟均有良好的防治效果。

⑤ 防治果树害虫　a.防治柑橘潜叶蛾在柑橘新梢期施药，用50%杀螟丹盐酸盐可溶性粉剂1000倍液或每100L水加50%杀螟丹盐酸盐100g(有效浓度500mg/L)喷雾。每隔4～5d施药1次，连续3～4次，有良好的防治效果。b.桃小食心虫在成虫产卵盛期、卵果达1%时开始防治。用50%杀螟丹盐酸盐可溶性粉剂1000倍液或每100L水加50%杀螟丹盐酸盐100g(有效浓度500mg/L)喷雾。

⑥ 防治旱粮作物害虫　a.玉米螟防治适期应掌握在玉米生长的喇叭口期和雄穗即将抽发前，每亩用98%杀螟丹盐酸盐51g或50%杀螟丹盐酸盐100g(有效成分50g)，兑水50L喷雾。b.防治蝼蛄用50%可溶性粉剂拌麦麸(1：50)制成毒饵施用。c.防治马铃薯块茎蛾在卵孵盛期施药，每亩用50%杀螟丹盐酸盐可溶性粉剂100～150g(有效成分50～75g)，或98%杀螟丹盐酸盐50g(有效成分49g)，兑水50L，均匀喷雾。

专利与登记　专利GB1126204早已过专利期，不存在专利权问题。国内登记情况：50%、95%、98%可溶粉剂，4%颗粒剂，97%、98%原药，登记作物为甘蓝、柑橘树、茶树、甘蔗、水稻和白菜等，防治对象为菜青虫、潜叶蛾、茶小绿叶蝉、螟虫、二化螟和小菜蛾等。日本武田药品工业株式会社在中国登记情况见表187。

表187　日本武田药品工业株式会社在中国登记情况

登记名称	登记证号	含量	剂型	登记作物	防治对象	用药量	施用方法
	PD20-86	50%	可溶性粉剂	水稻	螟虫	300～750g/hm²	喷雾
	PD324-2000	97%	原药				
杀螟丹盐酸盐	PD72-88	98%	可溶性粉剂	甘蔗	螟虫	100～150mg/kg	喷雾
				柑橘树	潜叶蛾	500～550mg/kg	喷雾
				茶树	茶小绿叶蝉	490～650mg/kg	喷雾
				水稻	二化螟	588～882g/hm²	喷雾
				甘蓝	小菜蛾	441～735g/hm²	喷雾
				甘蓝	菜青虫	441～588g/hm²	喷雾
				白菜	菜青虫	441～588g/hm²	喷雾
				白菜	小菜蛾	441～735g/hm²	喷雾

合成方法 通过如下反应即可得到目的物：

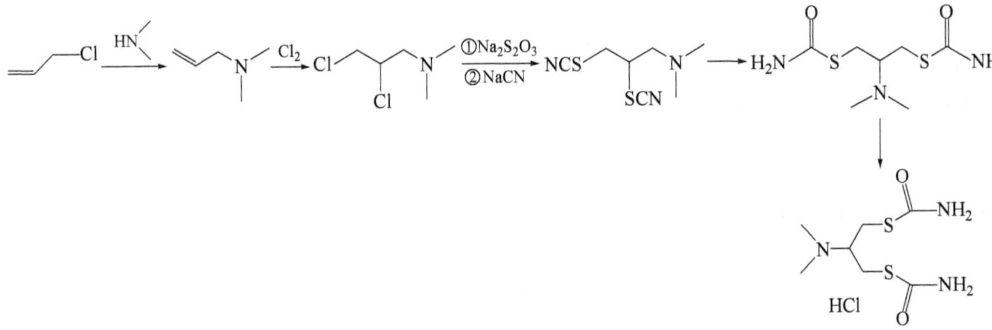

参考文献

[1]农药译丛,1984,6(5):40-46.

杀螟腈 cyanophos

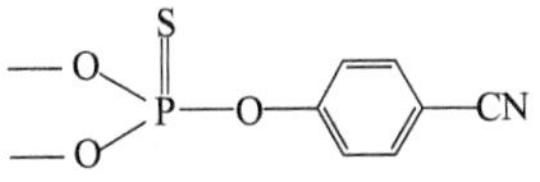

$C_9H_{10}NO_3PS$, 243.2,2636-26-2

杀螟腈(cyanophos)。**试验代号** OMS 226、OMS 869、S-4084。**商品名称** Cyanox。是 Y. Nishizawa 报道其活性，由 Sumitomo Chemical Co Ltd 开发的有机磷类杀虫剂。

化学名称 O-(4-氰基苯基)O,O-二甲基硫代磷酸酯，O-4-cyanophenyl O,O-dimethyl phosphorothioate 或 4-(dimethoxyphosphinothioyloxy)benzonitrile。

理化性质 黄色至略带红色液体，沸点 190℃(分解)。蒸气压 3.63mPa(20℃)。相对密度 1.255~1.265(25℃)。K_{ow} lg$P$ = 2.65(室温)。水中溶解度(30℃)46mg/L。其他溶剂中溶解度(20℃)：甲醇、丙酮、氯仿均大于 50%，正己烷中溶解度 13.6g/L(20℃)。闪点 104℃。

毒性 大鼠急性经口 LD$_{50}$(mg/kg)：雄 710，雌 730。大鼠急性经皮 LD$_{50}$>2000mg/kg。大鼠吸入 LC$_{50}$(4h)>1500mg/m^3。

生态效应 鲤鱼 LC$_{50}$(96h)8.2mg/L。水蚤 EC$_{50}$(48h)97μg/L。水藻 EC$_{50}$(72h)4.8mg/L。本品对蜜蜂有毒。

制剂 5%、50%乳油，40%可湿性粉剂，30%超低容量液剂，3%粉剂，1%液剂。

主要生产商 Fertiagro 及 Sumitomo Chemical 等。

作用机理与特点 胆碱酯酶抑制剂，具有触杀、胃毒和内吸作用的杀虫剂，杀虫速度快，残效期长。

应用

(1) 适用作物 水稻、蔬菜、茶树、大豆、棉花、玉米、甜菜等。

(2) 防治对象 稻纵卷叶螟、稻叶蝉、稻飞虱、蓟马、稻苞虫、黏虫、蚜虫、菜青虫、蝗虫、黄条跳甲、茶尺蠖、黑刺粉虱及红蜘蛛等。

(3) 残留量与安全施药 对瓜类易产生药害，不宜使用。

(4) 使用方法 水稻在虫卵盛孵期，用 50%乳油 1.5~2kg/hm^2，加水 750~1000kg 喷雾，可防治二化螟、三化螟、稻纵卷叶螟、稻苞虫、蓟马、叶蝉等害虫。或用 2%粉剂 10~15kg 配成毒土撒施，可很好防治稻苞虫、稻螟、稻叶蝉、稻蓟马等，或用 2%粉剂 30kg/hm^2 拌匀撒施，对防治稻纵卷叶螟的 4 龄幼虫效果很好。蔬菜用 50%乳油 1.5~2kg/hm^2，加水 750~1000kg 喷雾,可防治蔬菜蚜虫、菜青虫、黏虫、黄条跳甲、红蜘蛛等害虫。茶树用 50％乳油 800～1200 倍液喷雾,可防治小绿叶蝉、茶尺蠖、黑刺粉虱等害虫。森林用 50％乳油 500 倍液,灌注虫孔(每孔灌注 3～10mL)可防治木蠹蛾。大豆、棉花、玉米用 2％粉剂 30～40kg/hm² 喷粉,可防治大豆食心虫、棉铃虫和玉米螟等。甜菜用 50％乳油 800～1000 倍液,喷施 750～1000kg/hm²,可防治甜菜叶蛾。此外,也可用来防治蟑螂、苍蝇、蚊子等卫生害虫。

专利概况 专利 JP405852、JP415199、US3150040、US3792132 均早已过专利期,不存在专利权问题。

合成方法 经如下反应制得杀螟腈:

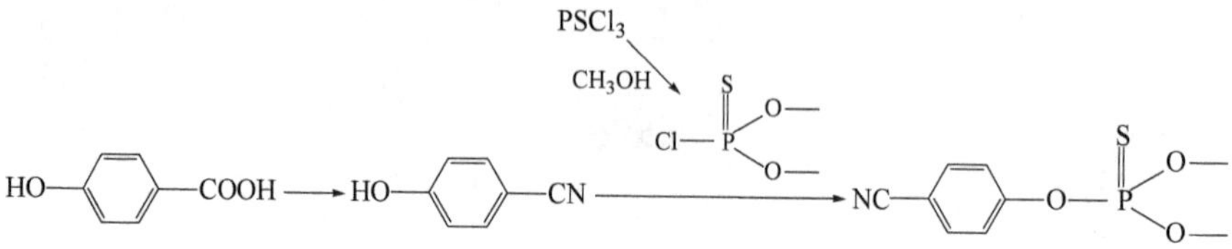

杀螟硫磷 fenitrothion

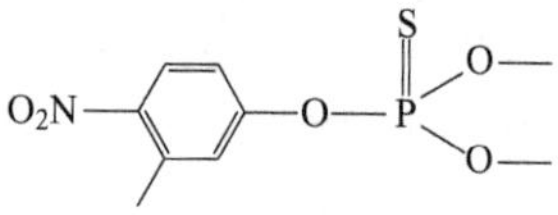

$C_9H_{12}NO_5PS$,277.2,122-14-5

杀螟硫磷(fenitrothion)。试验代号　AC 47300、Bayer 41831、ENT 25715、OMS 43、OMS 223、S-5660、S-1102A。商品名称　Cekutrotion、Fenhex、Fenicaps、Fentroth、Folithion、Rocstar、Shamel、Sumithion、Sunifen、Visumit。其他名称　杀虫松、杀螟松、速灭虫、速灭松、灭蟑百特、苏米硫磷、福利松、住硫磷、灭蛀磷、诺毕速灭松、扑灭松。是 Y. Nishizawa 等报道其活性,由 Sumitomo Chemical Co Ltd 开发,随后由 Bayer AG 和 Amreican Cyanamid Co 相继投产的有机磷类杀虫剂。

化学名称　O,O-二甲基 O-4-硝基-间甲苯基硫代磷酸酯,O,O-dimethyl O-4-nitro-m-tolyl phosphorothioate。

理化性质　黄棕色液体,熔点 0.3℃,沸点 140～145℃(0.1mmHg,分解),蒸气压 18mPa(20℃),相对密度 1.328(25℃),$K_{ow} \lg P = 3.43(20℃)$。溶解度:水中(30℃)14mg/L,正己烷24g/L(20℃),异丙醇 138g/L(20℃),易溶于醇类、酯类、酮类、芳香烃类、氯化烃类有机溶剂。正常储存稳定,$DT_{50}(22℃)$:108.8d(pH=4),84.3d(pH=7),75d(pH=9)。闪点 157℃。

毒性　大鼠急性经口 LD_{50}(mg/kg):雄 1700,雌 1720。大鼠急性经皮 LD_{50}(mg/kg):雄810,雌 840。本品对兔眼睛和皮肤无刺激。大鼠吸入 LC_{50}(4h)>2210mg/m³(气溶胶)。NOEL值(mg/kg 饲料):大鼠和小鼠(2y)10,狗(1y)50。ADI 值(mg/kg):(JMPR)0.006,(EFSA)0.005,(EPA)aRfD 0.13,cRfD 0.0013。无"三致"。

生态效应　急性经口 LD_{50}(mg/kg):鹌鹑 23,野鸭>259。LC_{50}(mg/L,96h):鲤鱼 3.55,大翻车鱼 2.5,虹鳟鱼 1.3。水蚤 EC_{50}(48h)0.0045mg/L。羊角月牙藻 EC_{50}(72h)2.3mg/L。对蜜蜂有毒。对非靶标节肢动物高毒。

环境行为　进入大鼠、兔和小鼠体内的本品,3d 后,90％通过尿液和粪便排出,其主要代谢物为杀螟硫磷过氧化物和 3-甲基-4-硝基苯酚。喷在植物上的本品,在 2 周内,70％～85％被代谢,DT_{50}4d,主要代谢物为 3-甲基-4-硝基苯酚、二甲基硫代磷酸和硫代磷酸。土壤 DT_{50}12～

28d(土壤表面)，DT$_{50}$4～20d(土壤下面)，主要代谢物为：3-甲基-4-硝基苯酚和二氧化碳(土壤表面)，杀螟硫磷氨基化物(土壤下面)。

制剂 50％、65％乳油，40％可湿性粉剂，2％、3％、5％粉剂，1.25kg/L超低容量液剂。

主要生产商 Agrochem、Sundat、Sumitomo Chemical、宁波保税区汇力化工有限公司、宁波明日化工集团有限公司及宁波中化化学品有限公司等。

作用机理与特点 胆碱酯酶抑制剂，具有触杀、胃毒作用的非内吸性杀虫剂，杀虫谱广，亦有一定渗透作用。

应用

(1) 适用作物 大麦、玉米、水稻、蔬菜、茶树、果树、棉花、甜菜、观赏植物等。

(2) 防治对象 玉米象、赤拟谷盗、锯谷盗、长蠹谷盗、锈赤扁谷盗、稻螟虫、稻飞虱、稻叶蝉、棉蚜、棉造桥虫、菜蚜、卷叶虫、大豆食心虫、茶小绿叶蝉、苹果叶蛾、桃小食心虫、柑橘潜叶蛾和介壳虫类，以及家庭卫生害虫和WHO所列的有害昆虫等。

(3) 残留量与安全施药 前南斯拉夫规定本品在烟草上的允许残留量为0.5mg/kg，联合国规定本品在其他作物如苹果、莴苣等上的允许残留量为0.5mg/kg。前南斯拉夫规定本品在烟草上的安全间隔期为15d。本品对十字花科蔬菜和高粱作物较敏感，不宜使用。不能与碱性农药混用。

(4) 使用方法

果树 ①苹果叶蛾、梨星毛虫：在幼虫发生期，用50％乳油1000倍液喷雾。②桃小食心虫：在幼虫始蛀期，用50％乳油1000～1500倍液喷雾。③介壳虫类：在若虫期，用50％乳油800～1000倍液喷雾。④柑橘潜叶蛾：用50％乳油2000～3000倍液喷雾。

棉花 ①棉蚜、棉造桥虫、金刚钻：用50％乳油0.75～1L/hm²，兑水750～1000kg喷雾。②棉铃虫：于卵孵盛期，用50％乳油0.75～1.5L/hm²，兑水750～900kg喷雾。

茶树 茶小绿叶蝉：若虫高峰期前，兔甲介在蚧虫卵盛孵末期，用50％乳油0.75～1L/hm²，兑水1000～1500kg喷雾。

水稻 稻螟虫、稻飞虱、稻叶蝉：用50％乳油0.75～1L/hm²，兑水750～1000kg喷雾。

油料作物 大豆食心虫：在成虫盛发期到幼虫入荚前，用50％乳油0.9L/hm²，兑水750～900kg喷雾。

蔬菜 菜蚜、卷叶虫：在虫发生期，用50％乳油0.75～1L/hm²，兑水750～900kg喷雾。

旱粮作物 甘薯小象甲虫：在成虫发生期，用50％乳油1～1.5L/hm²，兑水750～900kg喷雾。

专利与登记 专利BE594669、BE596091均早已过专利期，不存在专利权问题。国内登记情况：75％、85％、93％原药，40％可湿性粉剂，45％、50％乳油，等，登记作物为果树、茶树、棉花、水稻和甘薯等，防治对象为卷叶蛾、毛虫、食心虫、小绿叶蝉、棉铃虫、红铃虫、螟虫、叶蝉和小象甲等。日本住友化学株式会社在中国登记情况见表188。

表188 日本住友化学株式会社在中国登记情况

登记名称	登记证号	含量	剂型	登记作物	防治对象	用药量/(g/hm²)	施用方法
杀螟硫磷	PD254-98	93％	原药				
杀螟硫磷	PD62-88	50％	乳油	水稻	稻纵卷叶螟 三化螟	365～750	喷雾

杀扑磷 methidathion

C$_6$H$_{11}$N$_2$O$_4$PS$_3$, 302.3, 950-37-8

杀扑磷（methidathion）。试验代号　ENT27193、GS13005、OMS844。商品名称 Advathion、Agrocid、Concorde、Datimethion、Mediatex、Oleo Supracide、Oleo Ultracide、Siacide、Sunmeda、Supracide、Supradate、Suprathion、Suspect、Ultracide、Ultracidin。其他名称　速扑杀、甲噻硫磷、灭达松、速蚧克。是 H. Grob 等报道其活性，由 J R Geigy S A（现属 Syngenta AG）开发的有机磷类杀虫剂。

化学名称　S-2,3-二氢-5-甲氧基-2-氧代-1,3,4-噻二唑-3-基甲基 O,O-二甲基二硫代磷酸酯，S-2,3-dihydro-5-methoxy-2-oxo-1,3,4-thiadiazol-3-ylmethyl O,O-dimethyl phosphorodithioate 或 3-dimethoxy phosphinothioylthiomethyl-5-methoxy-1,3,4-thiadiazol-2(3H)-one。

理化性质　无色结晶固体，熔点 39～40℃，沸点 99.9℃（1.3Pa）。蒸气压 2.5×10^{-1} mPa（20℃）。相对密度 1.51（20℃）。K_{ow} lg$P$＝2.2（OECD 107）。Henry 常数 3.3×10^{-4} Pa·m^3/mol（计算）。水中溶解度（25℃）200mg/L；其他溶剂中的溶解度（20℃，g/L）：乙醇 150，丙酮 670，甲苯 720，正己烷 11，正辛醇 14。本品在碱性和强酸介质中迅速分解，DT$_{50}$（25℃）30min（pH 13）。在中性和弱酸性介质中相对比较稳定。

毒性　急性经口 LD$_{50}$（mg/kg）：大鼠 25～54，小鼠 25～70，兔 63～80，豚鼠 25。急性经皮 LD$_{50}$（mg/kg）：兔 200，大鼠 297～1663。本品对兔眼睛和皮肤无刺激，对豚鼠皮肤无致敏性。人以 0.11mg/kg 的剂量经口在 42d 无反应。大鼠吸入 LC$_{50}$（4h）140mg/m^3 空气。NOEL[2y,mg/(kg·d)]：大鼠 0.2（4mg/kg 饲料），狗 0.25。ADI（mg/kg）：JMPR 0.001，（EPA）aRfD 0.002，cRfD 0.0015。

生态效应　野鸭急性经口 LD$_{50}$ 23.6～28mg/kg，山齿鹑 LC$_{50}$（8d）224mg/L。鱼 LC$_{50}$（96h，mg/L）：虹鳟鱼 0.01，大翻车鱼 0.002。水蚤 EC$_{50}$（48h）7.2μg/L。羊角月牙藻 EC$_{50}$（72h）22mg/L。蜜蜂 LD$_{50}$（μg/只）：经口 190，触杀 150。蚯蚓 LC$_{50}$（14d）5.6mg/kg 土壤。短期内对大多数有益节肢动物有害。对来自无污染环境的有益生物有一定的残留影响。

环境行为　本品在哺乳动物体内迅速代谢和排出体外。在植物中，其代谢途径为：酯键分解、杂环断裂，最后氧化为二氧化碳。本品及其代谢物在土壤中流动慢，在土壤和水中，经过化学、光照和生物过程迅速降解。DT$_{50}$ 3～18d（实验室和田间）。

制剂　20%、40%乳油，20%、40%可湿性粉剂，25%超低容量液剂。

主要生产商　Fertiagro、Makhteshim-Agan、Sharda、Sundat、Syngenta、青岛瀚生生物科技股份有限公司、泰达集团、浙江永农化工有限公司及浙江世佳科技有限公司等。

作用机理与特点　胆碱酯酶抑制剂，具有触杀、胃毒作用的非内吸性杀虫、杀螨剂。可通过叶片渗透防治卷叶虫。药效发挥较慢，不易挥发，在植物上持效期为 14d，随后代谢为可迅速水解的硫代磷酸酯。

应用

（1）适用作物　果树、棉花、甜菜、向日葵、核桃、玉米、蔬菜、马铃薯、油菜、烟草等。

（2）防治对象　能有效地防治咀嚼式和刺吸式口器害虫，还有蜘蛛螨虫，尤其是对介壳虫具有特效。

（3）残留量与安全施药　不可与碱性农药混用，对核果类应避免在花后期施用，在果园中喷药浓度不可过高，否则会引起褐色叶斑。

（4）使用方法

柑橘 ①柑橘矢尖蚧、糠片蚧、蜡蚧的雌蚧：用40％乳油800～1000倍液喷雾，间隔20d再喷药一次，对若蚧用1000～3000倍液喷雾即可。②柑橘褐圆蚧：根据褐圆蚧在4～5月份危害叶片枝条和6～7月份若虫和成虫兼上果危害的特点，在5月中旬和7月中旬用40％乳油1500倍液各喷药一次，防治效果可达85％～96％。③柑橘粉疥：在若虫期，用40％乳油1000～2000倍液喷雾。④柑橘红蜡蚧：在红蜡卵孵化盛期和孵化末期，用有效浓度400～600mg/kg各喷药一次，可达到理想防治效果，即喷药后20d防效仍达100％，30d后亦可达98.5％。使用本品在花前施药，对越冬昆虫和刚孵化的幼虫及即将孵化的卵都有效，一般喷药一次即可。

棉花 ①棉蚜、棉叶蝉、棉盲蝽：用40％乳油450～900mL/hm² 兑水喷雾。②棉铃虫、红铃虫：用40％乳油1.5～3L/hm² 兑水喷雾。

专利与登记 专利BE623246、GB1008451均早已过专利期，不存在专利权问题。国内登记情况：40％乳油、95％原药等，登记作物为柑橘树等，防治对象为介壳虫等。

合成方法 经如下反应制得杀扑磷：

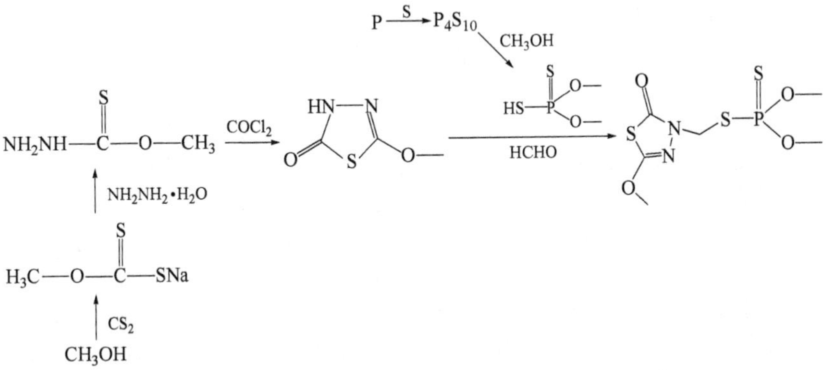

参考文献

[1] 苏荫田. 广西化工，1998，3；30-32.
[2] 黄振东. 农药，1999，3；11.

杀鼠灵 warfarin

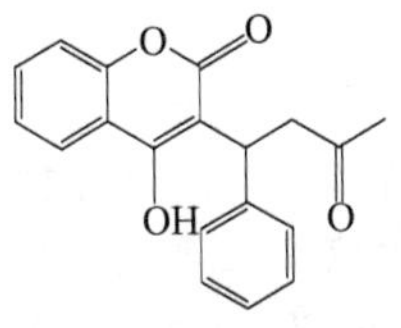

$C_{19}H_{16}O_4$，308.3，81-81-2，5543-58-8[(R)-]，5543-57-7[(S)-]

杀鼠灵（warfarin）。**商品名称** Compact、Contrax Cuma、Cumix、Grey Squirrel Bait、Musal、Ratron Fertigköder、Ratron Streumittel、Rodex、Sewarin。**其他名称** coumaphene、灭鼠灵、华法林，由K. P. link等报道了本品抗凝剂的性质。

化学名称 4-羟基-3-(3-氧代-1-苯基丁基)-2H-1-苯并吡喃-2-酮，(RS)-4-hydroxy-3-(3-oxo-1-pH enylbutyl)coumarin或3-(α-acetonylbenzyl)-4-hydroxycoumarin。

理化性质 外消旋体为无色晶体。熔点161～162℃，蒸气压为1.5×10^{-3}mPa。水中溶解度

(20℃)17mg/L；其他溶剂中溶解度(20℃,g/L)：极微溶于苯、乙醚、环己烷，中等溶于甲醇、乙醇、异丙醇，丙酮65，氯仿56，二氧六环100。在碱性液中形成水溶性的钠盐；25℃时溶解度400g/L，不溶于有机溶剂。本品有一个不对称的碳原子，形成2个异构体，即S-异构体和R-异构体，工业品为异构体的混合物。稳定性很高，在强酸中稳定。pK_a值是酸性的。

毒性　急性经口 LD_{50}(mg/kg)：大鼠186，小鼠374。急性经口 LD_{50}[5d,mg/(kg·d)]：大鼠1，猪1，猫3，狗3，牛200。ADI(EPA)cRfD 0.0003mg/kg。能抑制血液凝固造成器官损伤，在指导剂量下使用对人畜有轻微危害，使用时要小心谨慎，对幼猪敏感。

生态效应　对鸟类、家禽毒性相对较低。

环境行为　在哺乳动物中存在4,6,7-羟基香豆素和8-羟基香豆素。

制剂　追踪粉剂[10g(a.i.)/kg]用于洞穴和通道，浓饵剂(1g/kg和5g/kg)与适宜的蛋白质丰富的引饵混合。

主要生产商　Dr Tezza 及 Laboratorios Agrochem 等。

作用机理与特点　杀鼠灵属于4-羟基香豆素类的抗凝血灭鼠剂，是第一种用于灭鼠的慢性药物。作用与抗凝血药剂的机理基本相同，主要包括两方面：一是破坏正常的凝血功能，降低血液的凝固能力。药剂进入机体后首先作用于肝脏，对抗维生素K1，阻碍凝血酶原的生成。二是损害毛细血管，使血管变脆，渗透性增强。所以鼠服药后体虚弱、怕冷、行动缓慢，鼻、爪、肛门、阴道出血，并有内出血发生，最后由于慢性出血不止死亡。

应用

(1) 防治对象　褐家鼠、小家鼠、黄胸鼠、大仓鼠、黑线仓鼠、黑线姬鼠等。

(2) 残留量与安全施药　①使用杀鼠灵毒饵应注意充分发挥其慢性毒力强的特点，必须多次投饵，使鼠每天都能吃到毒饵，间隔时间最多不要超过48h，以免产生耐药性。②杀鼠灵对禽类比较安全，适宜在养禽场和动物园防治褐家鼠。③本品应储存在阴凉、干燥的场所，注意防潮。④配制毒饵时应加入容易辨认的染料，即警戒色，以防人、畜误食中毒，一般选用红色或蓝色的食品色素。⑤收集的鼠尸应予以深埋，防止污染。⑥中毒症状：腹痛、背痛、恶心、呕吐、鼻衄、齿龈出血、皮下出血、关节周围出血、尿血、便血等全身广泛性出血，持续出血可引起贫血，导致休克。在急救过程中要注意保持病人安静，用抗菌素预防合并感染，且须对症治疗。维生素K1，是有效的解毒剂。

(3) 使用方法　杀鼠灵的急性毒力低于慢性毒力，多次服药后毒力增强。所以灭鼠时常用低浓度毒饵连续多次投饵的方法。饱和投饵法适合于防治家栖鼠。杀鼠灵适口性很好，一般不产生拒食，中毒鼠虽已出血，行动艰难，但仍会取食毒饵，所以只要放好诱饵，保证足够的投饵量，就能达到满意的效果。①毒饵配制：市场上出售的多是含量2.5%的母粉，常用的毒饵浓度为0.005%～0.025%消灭家鼠，0.05%消灭野鼠。用1份2.5%的杀鼠灵母粉加99份饵料(先将饵料与3%的植物油混合)，拌匀，即配成0.025%的毒饵。如果2.5%的母粉1次配成0.025%的毒饵不易拌匀，可以先配成0.5%的母粉，即1份2.5%的母粉加4份稀释剂，然后再用1份0.5%母粉加上19份饵料(先与3%的植物油混合)，即配成0.025%的毒饵。用1份2.5%的杀鼠母粉，加入499份饵料(先与3%植物油混合)，充分拌匀即成0.005%的毒饵。最好使用逐步稀释的方法配制，以便均匀。②毒饵的投放：适于使用饱和投饵法灭家栖鼠，即把毒饵放在鼠经常活动的地方，一般15m² 的房间内沿墙根放3～4堆，每堆10～15g。第一天投饵，第二天检查鼠取毒饵情况，毒饵全被消耗的，投饵量须加倍，部分被消耗的补充至原投饵量。这样连续投放直至不再被鼠取食为止(一般5～7d，有的可达10～15d)，说明投饵量达到了饱和。防治褐家鼠宜用0.005%～0.025%浓度，防治黄胸鼠和小家鼠宜用0.025%～0.05%浓度。在以小家鼠为主的场所，根据小家鼠活动范围较小而且少量多次取食的特点，应适当增加投饵点，减少每个投饵点投饵量，每堆5～10g为宜。也可用0.5%～1%的杀鼠灵毒粉作为舔剂灭鼠。

专利与登记　专利 US2427578 早已过专利期，不存在专利权问题。国内登记情况：97%、98%原药，0.025%、0.05%毒饵，2.5%母药等，登记对象为卫生等，防治对象为田鼠、老鼠等。

合成方法 通过如下反应制得目的物：

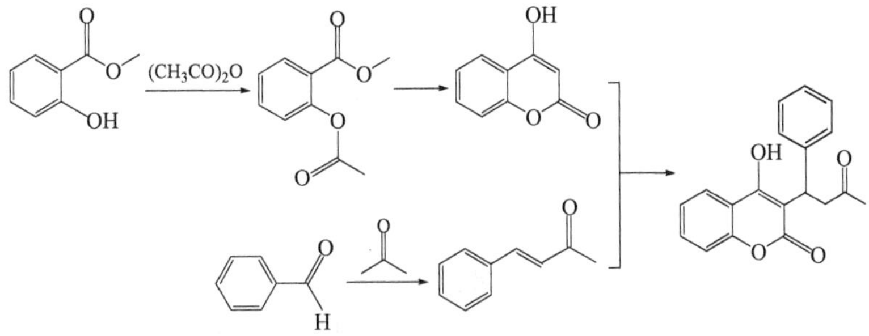

杀鼠醚 coumatetralyl

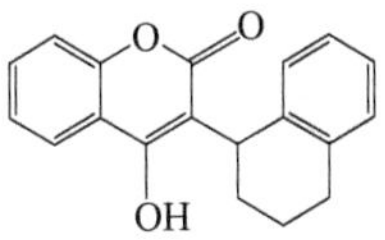

$C_{19}H_{16}O_3$，292.3，5836-29-3

杀鼠醚（coumatetralyl）。**商品名称** Racumin、Ratryl。**其他名称** 立克命、毒鼠萘、追踪粉、杀鼠萘、克鼠立、鼠毒死，是由 G. Hermann 和 S. Hombrecher 报道、Bayer 开发的杀鼠剂。

化学名称 4-羟基-3-(1,2,3,4-四氢-1-萘基)香豆素，4-hydroxy-3-(1,2,3,4-tetrahydro-1-naphthyl)coumarin。

理化性质 纯品为无色或淡黄色晶体，熔点 172～176℃（原药 166～172℃），蒸气压 8.5×10^{-6} mPa(20℃)。$K_{ow}\lg P=3.46$，Henry 常数 1×10^{-7} Pa·m³/mol(pH＝5,20℃)。水中溶解度(20℃,mg/L)：4(pH 4.2)，20(pH 5)，425(pH 7)；100～200g/L(pH 9)。可溶于 DMF，易溶于乙醇、丙酮，微溶于苯、甲苯、乙醚。二氯甲烷中为 50～100g/L，异丙醇中为 20～50g/L。碱性条件下形成盐。在 ≤150℃ 下稳定，在水中 5d 不水解(25℃)，$DT_{50}>1y$(pH 4～9)，水溶液暴露在日光或紫外线下迅速分解，DT_{50} 为 1h。$pK_a 4.5～5$。

毒性 急性经口 LD_{50}（mg/kg）：大鼠 16.5，小鼠 >1000，兔 >500。对大鼠的亚慢性经口 LD_{50}(5d)为 0.3mg/(kg·d)。大鼠急性经皮 LD_{50} 100～500mg/kg。吸入 LC_{50}(4h,mg/m³)：大鼠 39，小鼠 54。在指导剂量下使用对人畜危险轻微，但对幼猪敏感。

生态效应 日本鹌鹑急性经口 $LC_{50}>2000$mg/kg，母鸡饲喂 LC_{50}(8d)>50mg/(kg·d)。鱼类 LC_{50}(96h,mg/L)：孔雀鱼约 1000，虹鳟鱼 48，圆腹雅罗鱼 67。水蚤 LC_{50}(48h)>14mg/L。水藻 $E_rC_{50}>18$mg/L，E_bC_{50}(72h)15.2mg/L。

环境行为 土壤/环境 BBA-标准土壤 2.2(有氧条件)；在 90d 内有 51% 矿化。

制剂 追踪粉剂或浓饵剂。

主要生产商 Bayer CropSciences 及 Dr Tezza 等。

作用机理与特点 杀鼠醚的有效成分能破坏凝血机能，损害微血管引起内出血。鼠类服药后出现皮下出血、内脏出血、毛疏松、肤色苍白、动作迟钝、衰弱无力等症，3～6d 后衰竭而死，中毒症状与其他抗凝血药剂相似。据报道，杀鼠醚可以有效地杀灭对杀鼠灵产生抗性的鼠。这一点不同于同类杀鼠剂而类似于第二代抗凝血性杀鼠剂，如大隆、溴敌隆等。需要多次喂食来达到致死作用。

应用

（1）防治对象 广谱杀鼠剂，对家栖鼠类和野栖鼠类都具有很好的防效。

（2）使用方法　杀鼠醚 0.75% 追踪粉以用于配制毒饵为主，亦可直接撒在鼠洞、鼠道，铺成均匀厚度的毒粉，使鼠经过时粘上药粉。当鼠用舌头清除身上黏附的药粉时引起中毒。毒饵一般采用黏附法或者混合法配制。①黏附法配制毒饵：可取颗粒状饵料 19 份，拌入食用油 0.5 份，使颗粒饵料被一层油膜，最后加入 1 份 0.75% 杀鼠醚追踪粉搅拌均匀。也可以将小麦、玉米碎粒、大米等饵料浸湿后倒入药剂拌匀。②混合法配制毒饵：可取面粉 19 份、0.75% 杀鼠醚追踪粉 1 份，二者拌匀后用温水和成面团制成颗粒或块状，晾干即可。上述毒饵中有效成分含量为 0.0375%，与市售毒饵一致。自配毒饵时亦可加入蔗糖、鱼骨粉、食用油等引诱物质，还可以用曙红、红墨水等染色，以示与食物的不同，避免人畜及鸟类误食。防治家栖鼠类，可采用一次性投饵，沿地埂、水渠、田间小路等距投饵，每隔 5m 投一堆，每堆 5～10g 毒饵。对黑线姬鼠、褐家鼠黄毛鼠的杀灭效果良好。防治达乌尔黄鼠，可按洞投饵，每个洞口旁投 15～20g。对于长爪沙鼠每个洞口处投放 5～10g 毒饵即可。一次性投饵难以得到最理想的防效，如果在第 1 次投饵后的 15d 左右补充投饵 1 次防治效果可达 100%，此即间隔式投饵方法。第二次投饵无须普遍投放，只需在鼠迹明显的洞旁、地角或第 1 次投饵时取食率高的饵点处投放，以免造成浪费。

专利与登记　专利 DE1079382、US2952689 均早已过专利期，不存在专利权问题。国内登记情况：98% 原药，0.75% 追踪粉剂，0.0375% 毒饵，3.75%、7.5% 母药，等，登记对象为室内、室外等，防治对象为家鼠、田鼠等。

合成方法　由 4-羟基香豆素与 α-萘满醇缩合制得。

杀线威 oxamyl

$C_7H_{13}N_3O_3S$, 219.3, 23135-22-0

杀线威（oxamyl）。**试验代号**　DPX-D1410。**商品名称**　Fertiamyl、Oxamate、Sunxamyl、Vacillate、Vydate、Vydagro。**其他名称**　thioxamyl，是由杜邦公司开发的杀虫、杀螨剂。

化学名称　N,N-二甲基-2-甲基氨基甲酰氧基亚氨基-2-（甲硫基）乙酰胺，N,N-dimethyl-2-methylcarbamoyloxyimino-2-(methylthio)acetamide。

理化性质　纯品为略带硫臭味的无色结晶，熔点 100～102℃，变为双晶型熔点为 108～110℃。相对密度（25℃）0.97。蒸气压 0.051mPa（25℃）。$K_{ow}\lg P=-0.44$（pH 5）。Henry 常数 3.9×10^{-8}Pa·m³/mol。水中溶解度 280g/L（25℃）；有机溶剂中溶解度（25℃，g/kg）：甲醇 1440，乙醇 330，丙酮 670，甲苯 10。固态和制剂稳定，水溶液分解缓慢。在通风、光照及在碱性介质中，可加快其分解速度。土壤中 DT_{50}：>31d（pH 5），8d（pH 7），升高温度条件下 3h（pH 9）。

毒性　急性经口 LD_{50}（mg/kg）：雄大鼠 3.1，雌大鼠 2.5。急性经皮 LD_{50}（mg/kg）：雄兔 5027，雌兔>2000。对兔皮肤无刺激性，对豚鼠皮肤无致敏性。大鼠吸入 LC_{50}（4h）0.056mg/L 空气。NOEL 值（2y，mg/kg 饲料）：大鼠 50［2.5mg/(kg·d)］，狗 50。ADI/RfD（JMPR）0.009mg/kg，（EC）0.001mg/kg，（EPA）aRfD 0.001mg/kg。无致突变、致癌性，亦无繁殖和发育毒性。

生态效应　鸟急性经口 LD_{50}（mg/kg）：雄野鸭 3.83，雌野鸭 3.16，山齿鹑 9.5。鸟饲喂

$LC_{50}(8d,mg/L)$：山齿鹑 340，野鸭 766。鱼毒 $LC_{50}(96h,mg/L)$：虹鳟鱼 4.2，大翻车鱼 5.6。水蚤 $LC_{50}(48h)0.319mg/L$。羊角月牙藻 $EC_{50}(72h)3.3mg/L$。对蜜蜂有毒，$LD_{50}(\mu g/只)$：经口 $0.078\sim0.11$，接触 $0.27\sim0.36$。蚯蚓 $LC_{50}(14d)112mg/L$。残留对蚜茧蜂、梨盲走螨、小花蝽无害，在土壤中浓度 $\leqslant3mg/L$ 对隐翅虫、椿象、豹蛛有不到 30% 的危害。

环境行为

（1）动物　在大鼠体内，水解为肟的代谢物(methyl N-hydroxy-N',N'-dimethyl-1-thiooxamimidate)或经 N,N-二甲基-1-氰基甲酰胺代谢为 N,N-二甲基草酸乙酯,其中 70% 的代谢物随尿液和粪便排出。

（2）植物　在植物体内，本品水解为相应的肟类代谢物，接着和葡萄糖结合，最终分解为天然产品。

（3）土壤/环境　在土壤中快速降解，DT_{50} 约为 7d，在地下水中 DT_{50}（实验室研究条件）：20d（厌氧条件），$20\sim400d$（需氧条件）。$K_{oc}25$。

制剂　24% 可溶性液剂，10% 颗粒剂。

主要生产商　EastSun、Fertiagro、杜邦、秦禾集团、宁波保税区汇力化工有限公司及宁波中化化学品有限公司等。

作用机理与特点　通过根部或叶部吸收，在作物叶面喷药可向下疏导至根部，其杀虫作用是抑制昆虫体内的乙酰胆碱酯酶。

应用

（1）适宜作物　马铃薯、柑橘、大豆、蔬菜、花生、烟草、棉花、甜菜、草莓、苹果及观赏植物等。

（2）防治对象　蚜科、叶甲科、叶蝉科、鳞翅目、斑潜蝇属、叶螨科、缨翅目、根疣线虫属等害虫。

（3）使用方法　叶面喷雾，使用剂量为 $0.28\sim1.12kg(a.i.)/hm^2$。土壤处理，使用剂量为 $3\sim6kg(a.i.)/hm^2$。

专利概况　专利 US3530220、US3658870 均早已过专利期，不存在专利权问题。

合成方法　可通过如下反应制得目的物：

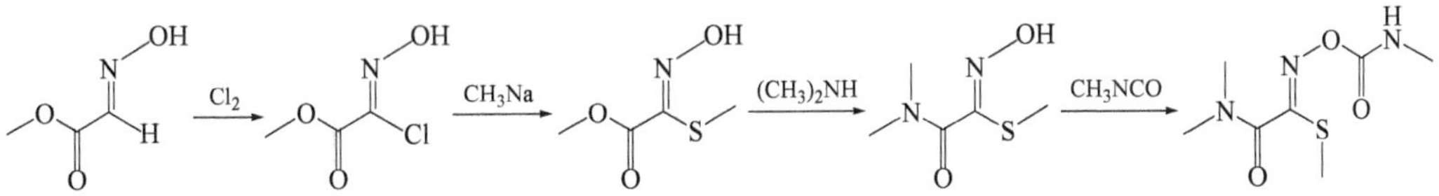

参考文献

[1] 郭胜. 农药，2003，1：11.
[2] 刘志立. 精细化工中间体，2003，3：48-49.

杀雄啉 sintofen

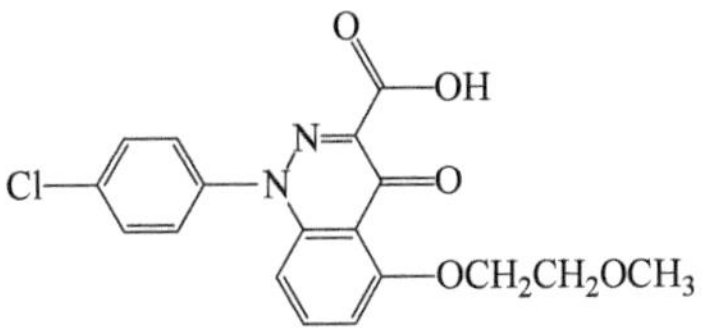

$C_{18}H_{15}ClN_2O_5$，374.8，130561-48-7

杀雄啉(sintofen)。试验代号　SC 2053。商品名称　Croisor。其他名称　cintofen、津奥啉，是由 Hybrinova S A(现 Du Pont)开发的苯并哒嗪类小麦用杀雄剂。2002 年售予 Saaten Union Recherche S A R L。

化学名称 1-(4-氯苯基)-1,4-二氢-5-(2-甲氧乙氧基)-4-酮喹啉-3-羧酸，1-(4-chlorophenyl)-1,4-dihydro-5-(2-methoxyethoxy)-4-oxocinnoline-3-carboxylic acid。

理化性质 工业品纯度98.0%，为淡黄色粉末，熔点261.03℃。蒸气压 1.1×10^{-3} mPa (25℃)。$K_{ow} \lg P = 1.44 \pm 0.06$ (25℃±1℃)。Henry 系数 7.49×10^{-5} Pa·m^3/mol。相对密度 1.461(20℃)。水中溶解度<5mg/L(20℃)。其他有机溶剂中溶解度(20℃,g/L)：甲醇、丙酮和甲苯<0.005，1,2-二氯乙烷 0.01～0.1。在水溶液中稳定，DT_{50}>365d(50℃,pH=5、7 和 9)。pK_a 7.6。

毒性 大鼠急性经口 LD_{50}>5000mg/kg。大鼠急性经皮 LD_{50}>2000mg/kg。大鼠急性吸入 LC_{50}(4h)>7.34mg/L。大鼠 NOEL 值(2y)12.6mg/(kg·d)。ADI 值 0.126mg/kg。

生态效应 野鸭和山齿鹑急性经口 LD_{50}>2000mg/kg。山齿鹑 LC_{50}(8d)>5000mg/L。鱼毒 LC_{50}(96h,mg/L)：虹鳟鱼 793，大翻车鱼 1162。水蚤 EC_{50}(48h)331mg/L。月牙藻 EC_{50}(96h) 11.4mg/L。蜜蜂 LD_{50}(48h,经口和接触)>100μg/只。蚯蚓 LC_{50}(14d)>1000mg/L。

环境行为

(1) 动物 在哺乳动物体内主要以尿液的形式快速排出体外。

(2) 植物 小麦代谢研究表明残留的代谢物为 SC 3095 [1-(4′-氯苯基)-1,4 二氢-5-(2″-羟乙氧基)-4-酮喹啉-3-羧酸]。

(3) 土壤/环境 在土壤中缓慢分解，DT_{50}(实验室)130～329d(20℃)。不易浸出，K_{oc}376～18848。在 pH=5、7 和 9 时，不易发生水解作用。在无菌水的沉淀系统中(实验室,20℃)，从水中快速消失；DT_{50} 6.7～20.1d，主要以沉淀物的形式消散，在整个系统中 DT_{50}>105d。

制剂 33%水剂。

作用机理与特点 促进谷类杂交。

应用 小麦用杀雄剂。使用剂量为900～1500g(a.i.)/hm^2。

专利与登记 专利 US5332716 早已过专利期，不存在专利权问题。国内仅登记了98%杀雄嗪原药。

合成方法 以 2,6-二氯苯甲酰氯、乙酰乙酸乙酯、对氯苯胺、乙二醇单甲醚为原料，经如下反应即得目的物：

杀雄嗪酸 clofencet

$C_{13}H_{11}ClN_2O_3$，278.7，129025-54-3，82697-71-0(钾盐)

杀雄嗪酸(clofencet)。试验代号　FC 4001、ICIS 0754、MON 21200、MON 21233、RH 754、RH0754。商品名称　Detasselor、Genesis。其他名称　金麦斯，是由 Rohm & Haas Co(现 Dow AgroSciences)开发的哒嗪类小麦用杀雄剂。

化学名称　2-(4-氯苯基)-3-乙基-2,5-二氢-5-氧哒嗪-4-羧酸，2-(4-chlorophenyl)-3-ethyl-2,5-dihydro-5-oxopyridazine-4-carboxylic acid。

理化性质　纯品为固体，熔点为 269℃(分解)。蒸气压<$1×10^{-2}$mPa(25℃)。分配系数 K_{ow} lg$P$=−2.2(25℃)。Henry 常数<$5.7×10^{-9}$Pa·m³/mol(25℃)。相对密度 1.44(20℃)。水中溶解度(23℃,g/L)：>552，>655(pH 5)，>696(pH 7)，>658(pH 9)。其他溶剂中溶解度(24℃,g/L)：甲醇 16，丙酮<0.5，二氯甲烷<0.4，甲苯<0.4，乙酸乙酯<0.5，正己烷<0.6。54℃条件下，稳定性可达 14d，在 pH 5、7、9 的缓冲溶液中稳定，水溶液对光解中等稳定，DT_{50}值随着 pH 值增大而增大。pK_a2.83(20℃)。

毒性　大鼠急性经口 LD_{50}(mg/kg)：雄性 3437，雌性 3150。大鼠急性经皮 LD_{50}>5000mg/kg。对兔皮肤无刺激性，对兔眼睛有刺激性作用。大鼠急性吸入 EC_{50}3.8mg/L 空气。狗 NOEL(1y)5mg/(kg·d)。ADI 0.06mg/kg。

生态效应　急性经口 LD_{50}(mg/kg)：野鸭>2000，鹌鹑>1414。野鸭和鹌鹑饲喂 LC_{50}(5d)>4818mg/L。鱼毒 LC_{50}(96h,μg/L)：虹鳟鱼>990，大翻车鱼>1070。水蚤 EC_{50}>1193mg/L。海藻 E_bC_{50}(96h)141mg/L，E_rC_{50}374mg/L。蜜蜂 LD_{50}(接触和经口)>100μg/只。蚯蚓 EC_{50}>1000mg/L。

环境行为　用 ^{14}C 跟踪，进入大鼠体内的本品被迅速吸收，在 24h 内，78%以上的代谢物通过尿液排出体外，未被代谢的本品也主要残留在尿液中。7d 后，本品在组织中的残留量小于 1%。本品在小麦中代谢物很少，80%以上的残留物在小麦种子中，70%以上在麦秆里。本品在土壤中代谢很慢，在砂壤土(pH 6,4.5%有机质)和粉砂壤土(pH 7.7,2.4%有机质)中，1y 后，约 70%的本品还残留在土壤中；本品对光稳定，光照 30~32d 后，74%~81%未分解，其水溶液(pH 5、7、9)DT_{50}20~28d。

应用　小麦用杀雄剂，使用剂量为 3~5kg(a.i.)/hm²。

专利概况　专利 DE69028922、EP0489845 早已过专利期，不存在专利权问题。

合成方法　以对氯苯肼为起始原料，首先与乙醛酸缩合，制成酰氯。再与丙酰乙酸乙酯环合即得目的物。反应式如下：

申嗪霉素 phenazine-1-carboxylic acid

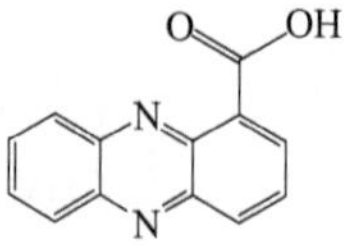

$C_{13}H_8N_2O_2$，224.2，2538-68-3

申嗪霉素（phenazine-1-carboxylic acid），是由上海交通大学和上海农乐生物制品股份有限公司自主研发的一种新型微生物源农药。从作物根际土壤中筛选出多株自生细菌从中分离出荧光假单胞菌株 M18。

化学名称　吩嗪-1-羧酸，phenazine-1-carboxylic acid。

理化性质　熔点 241～242℃。溶于醇、醚、氯仿、苯，微溶于水，在偏酸性及中性条件下稳定。

毒性　大鼠急性经口 LD_{50}＞5000mg/kg，大鼠急性经皮 LD_{50}＞5000mg/kg。

制剂　1%悬浮剂。

主要生产商　上海农乐生物制品股份有限公司。

作用机理与特点　申嗪霉素属于芳香杂环族吩嗪类化合物，该类化合物具有抗菌、抗肿瘤和抗寄生虫活性。其抗菌活性至少有两方面的机理：一是此类化合物在病原菌细胞内被还原的过程中会产生有毒的超氧离子和过氧化氢，能够氧化谷胱甘肽和转铁蛋白，产生高细胞毒性的羟自由基；二是由于吩嗪类化合物能够被 NADH 还原，成为电子传递的中间体，扰乱了细胞内正常的氧化还原稳态（NADH/NAD$^+$ 比率等），影响能量的产生，从而抑制微生物的生长。目前有关申嗪霉素更深入的抗菌作用机理尚不明确。其主要作用方式为喷雾施药，保护植株，防止病菌侵入，药剂无内吸性，并能促进植物生长，杀菌谱较广。

应用

（1）适用作物　黄瓜、水稻、辣椒、小麦、西瓜等。

（2）防治对象　有效防治水稻、小麦、蔬菜等作物上的枯萎病、蔓枯病、疫病、纹枯病、稻曲病、稻瘟病、霜霉病、条锈病、菌核病、赤霉病、炭疽病、灰霉病、黑星病、叶斑病、青枯病、溃疡病、姜瘟及土传病害。

（3）使用方法　①防治枯萎病、蔓枯病、立枯病、猝倒病、根腐病：每亩用一瓶（45mL）申嗪霉素 1000 倍稀释，灌根处理。②防治疫病、白粉病、霜霉病：每亩用一瓶（45mL）申嗪霉素 1000 倍稀释，喷雾施用。

专利与登记

专利名称　吩嗪-1-羧酸生产菌培养基及吩嗪-1-羧酸制备方法

专利号　CN1369566

专利申请日　2002-02-08

专利拥有者　上海交通大学，上海农乐生物制品股份有限公司

目前在国内登记了原药及 1%悬浮剂，主要用于防治黄瓜灰霉病（15～18g/hm²），黄瓜霜霉病（15～18g/hm²），辣椒疫病（50～120mL/亩或 7.5～18g/hm²），水稻稻曲病（9～

13.5g/hm²），水稻稻瘟病（9～13.5g/hm²），水稻纹枯病（50～70mL/亩或 4.5～10.5/hm²），西瓜枯萎病（500～1000 倍液，灌根），小麦全蚀病（1～2g/100kg 种子，拌种），小麦赤霉病（15～18g/hm²）。

莎稗磷 anilofos

$C_{13}H_{19}ClNO_3PS_2$，367.8，64249-01-0

莎稗磷（anilofos）。试验代号　Hoe 30374。商品名称　Aloujing、Anilgard、Aniloguard、Anilodhan、Anilotox、Arozin、Control-H、Foster、Klipp、Nidan、Torch，是由 Hoechst AG 公司（现拜耳公司）开发的硫代磷酸酯类除草剂。

化学名称　S-4-氯-N-异丙基苯氨基甲酰基甲基 O,O-2-二甲二硫代磷酸酯，S-4-chloro-N-isorpropylcarbaniloymethyl O,O-dimethylphosphorodithioate。

理化性质　纯品为白色结晶固体，熔点 50.5～52.5℃，相对密度 1.27（25℃），蒸气压 2.2mPa（60℃），$K_{ow}lgP=3.81$。水中溶解度 13.6mg/L（20℃）；其他溶剂中溶解度（g/L）：丙酮、氯仿、甲苯＞1000，苯、乙醇、乙酸乙酯、二氯甲烷＞200，己烷 12。在 150℃分解，对光不敏感，在 22℃，pH＝5～9 时稳定。

毒性　大鼠急性经口 LD_{50}（mg/kg）：雄性 830，雌性 472。大鼠急性经皮 LD_{50}＞2000mg/kg，大鼠急性吸收 LC_{50}（4h）26mg/L 空气。对兔皮肤和黏膜有轻微刺激。

生态效应　鸟 LD_{50}（mg/kg）：日本雌鹌鹑 2339，日本雄鹌鹑 3360，公鸡 1480，母鸡 1640。鱼毒 LC_{50}（96h，mg/L）：金鱼 4.6，虹鳟鱼 2.8。水蚤 LC_{50}（3h）＞56mg/L，蜜蜂 LD_{50}（接触）0.66μg/只。

环境行为　土壤/环境　主要分解成磷酸类化合物，最终分解成氯苯胺和 CO_2，DT_{50}30～45d（23℃）。

制剂　30%乳油，1.5%和 2%颗粒剂。

主要生产商　Gharda、连云港立本农药化工有限公司及山东滨农科技有限公司等。

作用机理与特点　细胞分裂抑制剂。杀稗磷为内吸传导选择型除草剂。药剂主要通过植物的幼芽和地中茎被吸收，抑制细胞分裂与生长。杂草受药后生长停止，叶片深绿，有时脱色，叶片变短而厚，极易折断，心叶不易抽出，最后整株枯死。它在土壤中的持效期为 20～40d。

应用

（1）适宜作物　主要是水稻，也能在棉花、油菜、玉米、小麦、大豆、花生、黄瓜田中安全使用。

（2）防除对象　主要防除一年生禾本科杂草和莎草科杂草如马唐、狗尾草、蟋蟀草、野燕麦、苋、稗草、千金子、鸭舌草、水莎草、异型莎草、碎米莎草、节节菜、藨草、飘拂草和牛毛毡等。对阔叶杂草防效差。对正在萌发的杂草效果最好。对已长大的杂草效果较差。

（3）应用技术　①旱育秧苗对莎稗磷的耐药性与丁草胺相近，轻度药害一般在 3～4 周消失，对分蘖和产量没有影响。②水育秧苗即使在较高剂量时也无药害，若在栽后 3d 前施药，则药害很重，直播田的类似试验证明，苗后 10～14d 施药，作物对莎稗磷的耐药性差。③颗粒剂分别施在 1cm、3cm、6cm 水深的稻田里，施药后水层保持 4～5d，对防效无影响。④乳油或与 2,4-滴桶混喷雾在吸足水的土壤上，当施药时排去稻田水，24h 后再灌水，其除草效果提高很多。⑤施药后，田间水层保持 7d 以上，10d 内勿使田间药水外流和淹没稻苗心叶。

（4）使用方法　莎稗磷是内吸性传导型的选择性除草剂。可采用毒沙、毒土或喷雾法施药。杂草萌发至1叶1心或水稻移栽后4～7d进行处理，用药量为乳油300～400g(a.i.)/hm²［亩用量为20～26.7g(a.i.)］或颗粒剂450g(a.i.)/hm²［亩用量为30g(a.i.)］。

1）水田　莎稗磷毒沙法每亩可用湿润细沙（或土）15～20kg，拌匀撒于稻田。喷雾法用人工背负式喷雾器，每亩用水量15～20L。施药后水层控制在3～5cm，使水层不淹没稻苗，保持7～10d只灌不排。

稗草2叶期以前施药除草效果最好。一般在水稻插秧后5～10d施药。东北如黑龙江省稗草发生高峰期在5月末6月初，阔叶杂草发生高峰期在6月上中旬，插秧在5月中下旬，施药在5月下旬和6月上旬。莎稗磷和防除阔叶杂草的除草剂混用，一次施药防除田间禾本科和阔叶杂草。施药过早影响阔叶杂草防除效果，施药过晚影响稗草防除效果，最好分两次施药：第一次施药在插秧前5～7d，单用莎稗磷，重点防除田间已出土稗草。第二次施药在插秧后15～20d，混用其他除草剂，重点防除阔叶杂草兼治后出土的稗草。在低温、水深、弱苗等不良环境条件下，仍可获得良好的安全性和防效。一次性施药时，每亩用30%莎稗磷乳油50～100mL，莎稗磷与乙氧嘧磺隆、醚磺隆、环丙嘧磺隆、吡嘧磺隆、苄嘧磺隆混用，可以扩大杀草谱，增加对狼把草、泽泻、扁秆藨草等多种阔叶杂草和莎草科杂草的防除效果。莎稗磷与以上除草剂混用一次施用或分两次施用防除杂草种类多、效果好。在旱改水稻田或新开稻田，第一次施药（插秧前）可以单用莎稗磷。第二次（插秧后15～20d）再与其他除草剂混用。

混用一次性施药，每亩用30%莎稗磷50～60mL加15%乙氧嘧磺隆10～15g或10%环丙嘧磺隆13～17g或10%吡嘧磺隆10g或20%醚磺隆10g或10%苄嘧磺隆13～17g。

混用二次性施药，插秧前5～7d，每亩用30%莎稗磷50～60mL和插秧后15～20d，30%莎稗磷40～50mL加15%乙氧嘧磺隆10～15g或10%环丙嘧磺隆13～17g或20%醚磺隆10g或10%吡嘧磺隆10g或10%苄嘧磺隆13～17g。

当阔叶杂草及莎草科杂草多时，乙氧嘧磺隆、环丙嘧磺隆、吡嘧磺隆、苄嘧磺隆、醚磺隆用高剂量。

2）旱田　在播后苗前或苗后中耕后施药，使用剂量为0.45～0.75kg(a.i.)/hm²［亩用量为30～50g(a.i.)］，喷雾或撒施毒土。

专利与登记　专利DE2604225、US4140774等均已过专利期，不存在专利权问题。国内登记情况：15%、20%、38%、50%可湿性粉剂，30%乳油，36%微乳剂，登记作物为水稻，可防除一年生杂草。印度格达公司在中国仅登记了90%原药，德国拜耳作物科学公司在中国登记情况见表189。

表189　德国拜耳作物科学公司在中国登记情况

登记名称	登记证号	含量	剂型	登记作物	防治对象	用药量/(g/hm²)	施用方法
莎稗磷	PD20050150	300g/L	乳油	水稻移栽田 水稻移栽田	一年生禾本 科杂草	225～270（长江以南） 270～315（长江以北）	喷雾或药土
莎稗磷	PD20050149	90%	原药		莎草		

合成方法　以4-氯苯胺为原料，经如下反应制得目的物：

参考文献

[1] 邵志武. 农药, 1989, 3: 7-8.

生物苄呋菊酯 bioresmethrin

C$_{22}$H$_{26}$O$_3$, 338.4, 28434-01-7

生物苄呋菊酯(bioresmethrin)。试验代号　AI3-27622、ENT27622、FMC18739、NRDC107、OMS3043、RU 11484。商品名称　Chrysron Forte、Isathrin。其他名称　*d*-resmethrin、(＋)-*trans*-resmethrin、右旋反式灭菊酯、右旋反式苄呋菊酯、右旋反灭虫菊酯。是M. Elliott 等报道，由 Fisons Ltd、FMC Corp、Roussel Uclaf（现属 Bayer CropSciences）及Wellcome Foundation 开发的拟除虫菊酯类杀虫剂。

化学名称　5-苄基-3-呋喃基甲基(1*R*, 3*R*)2, 2-二甲基-3-(2-甲基丙-1-烯基)环丙烷羧酸酯或(1*R*, 3*R*)2, 2-二甲基-3-(2-甲基丙-1-烯基)环丙烷羧酸-5-苄基-3-呋喃基甲酯。5-benzyl-3-furylmethyl(1*R*, 3*R*)-2, 2-dimethyl-3-(2-methylprop-1-enyl)cyclopropanecarboxylate 或 5-benzyl-3-furylmethyl(＋)-*trans*-chrysanthemate 或 5-benzyl-3-furylmethyl(1*R*)-*trans*-2, 2-dimethyl-3-(2-methylprop-1-enyl)cyclopropanecarboxylate。

组成　纯品纯度(两个异构体总量)93％，其中(1*R*)反式异构体含量90％，顺式异构体含量≤3％。右旋苄呋菊酯含有≥95％(1*R*)异构体，反式异构体含量≥75％。

理化性质　原药是一种黏性的黄褐色液体，静置后变成固体。工业右旋苄呋菊酯是无色至黄色液体，室温下部分为晶体。固体熔点为 32℃，分解温度＞180℃。蒸气压：18.6mPa(25℃)，原药 *d*-resmethrin 0.45mPa(20℃)。相对密度：1.050(20℃)，*d*-resmethrin 1.040(25℃)。K_{ow} lg$P$＞4.7。溶解度：水＜0.3mg/L(25℃)，可溶于乙醇、丙酮、氯仿、二氯甲烷、乙酸乙酯、甲苯和正己烷，在乙二醇中＜10g/L。在紫外线下，高于180℃分解，在碱性条件下容易水解，易被氧化。生物苄呋菊酯在紫外线下分解，在碱性条件下水解。旋光率 $[\alpha]_D^{20}$ -5°～9°(100g/L 乙醇)。闪点约 92℃。

毒性　急性经口 LD$_{50}$(mg/kg)：大鼠 7070～8000，大鼠 5000(溶解在玉米油中)；雄大鼠450，雌大鼠 680(工业品生物苄呋菊酯)。急性经皮 LD$_{50}$(mg/kg)：雌大鼠＞10000，兔＞2000。大鼠吸入 LC$_{50}$(mg/L 空气)：(4h)5.28，(24h)0.87；(4h)1.56(原药)。NOEL(mg/kg 饲料)：大鼠 1200(90d)，狗＞500(90d)，大鼠 50(2y)[3mg/(kg·d)]。在 4000mg/kg 饲喂条件下，大鼠耐受 60d。在每天 200mg/kg 剂量下，喂养妊娠的大鼠 6～15d，没有发现畸形和胎儿毒死现象。同样在每天 240mg/kg 剂量下，喂养妊娠的白兔 6～18d，也没有发现上述现象。ADI(JMPR)0.03mg/kg [1991]。无致癌性、致突变性及致畸性。

生态效应　鸡急性经口 LD$_{50}$＞10000mg/kg。鱼 LC$_{50}$(mg/L)：(96h)虹鳟鱼 0.00062，大翻车鱼 0.0024，哈利鱼 0.014，古比鱼 0.5～1；(48h)哈利鱼 0.018，古比鱼 0.5～1。尽管实验室测试表明对鱼类高毒，但在一定剂量下没有表现出对环境的伤害，这归因于在土壤中它能迅速降解。水蚤 LC$_{50}$(48h)0.0008mg/L，对蜜蜂高毒，LD$_{50}$(μg/只)：(经口)2，(接触)6.2。

环境行为

(1) 动物　在大鼠体内的代谢是通过氧化作用、酯裂解及螯合作用分解为异丁基甲基基团。

(2) 植物　在西红柿、黄瓜表面上检测到很少的生物苄呋菊酯的降解产物，而且生物苄呋菊酯在黄瓜表面比在西红柿表面降解得快。

(3) 土壤/环境　可被土壤强烈吸收。

主要生产商　Agro-Chemie 及 Sumitomo Chemical 等。

作用机理与特点　通过作用于钠离子通道来干扰神经作用。作用方式为触杀。

应用　本品杀虫活性高，对哺乳动物极低毒。对家蝇的毒力要比除虫菊酯高 55 倍，比二嗪磷高 5 倍。一般来说，它比苄呋菊酯的其他 3 个异构体（左旋反式体、右旋顺式体和左旋顺式体）的活性都高，稳定性亦好。

（1）防治对象　主要用于防治卫生害虫如蚊、蝇、蟑螂，粮食害虫，果树和浆果害虫，等。

（2）应用技术　防治蚊成虫，飞机喷射 0.5％柴油剂，50mL/hm²；防治家蝇，室内喷射 2mg/m²；防治蟑螂，0.3％油剂接触喷射；防治粉虱、桃蛾等用量 2mg/m²。

专利与登记　专利 GB1168797、GB1168798、GB1168799 均早已过专利期，不存在专利权问题。日本住友化学株式会社在中国仅登记了 93％原药。

合成方法　经如下反应制得：

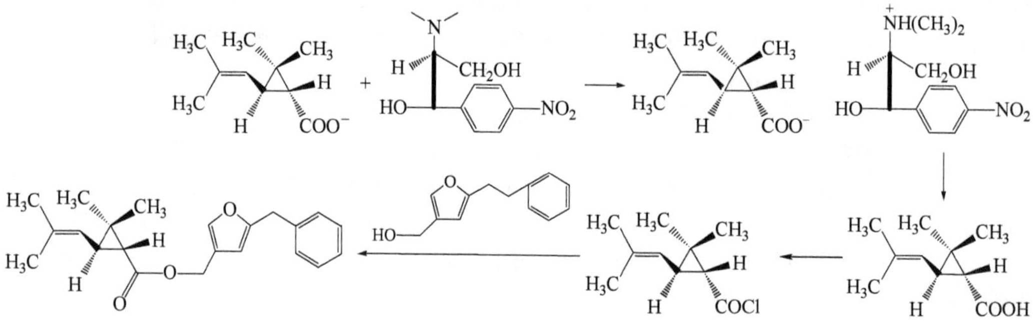

生物烯丙菊酯 bioallethrin

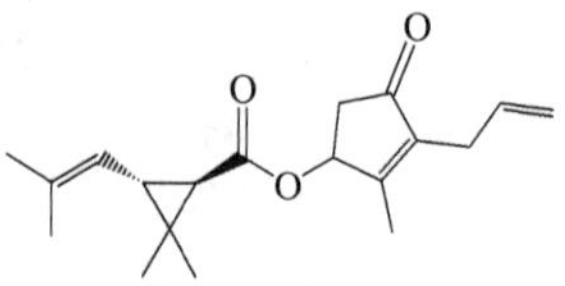

$C_{19}H_{26}O_3$，302.4，584-79-2

生物丙烯菊酯（bioallethrin）。**试验代号**　EA 3054、RU11705、ENT 16275、OMS 3044、OMS 3034。**商品名称**　Allevol、Bioallethrine、Contra Insect Universal、Delicia Delifog Py-Aerosol、Delicia Delifog Py-Aerosol 61，是由拜耳公司开发的拟除虫菊酯类杀虫剂。

化学名称　(R,S)-3-烯丙基-2-甲基-4-氧代环戊-2-烯基$(1R,3R)$-2,2-二甲基-3-(2-甲基-1-丙烯基)环丙烷羧酸酯。(RS)-3-allyl-2-methyl-4-oxocyclopent-2-enyl$(1R,3R)$-2,2-dimethyl-3-(2-methylprop-1-enyl)cyclopropanecarboxylate 或 (RS)-3-allyl-2-methyl-4-oxocyclopent-2-enyl（＋）-*trans*-chrysanthemate 或 (RS)-3-allyl-2-methyl-4-oxocyclopent-2-enyl$(1R)$-*trans*-2,2-dimethyl-3-(2-methylprop-1-enyl)cyclopropanecarboxylate。

组成　生物烯丙菊酯中异构体总含量 93％（质量比），其中反式异构体含量 90％，顺式异构体含量 3％。*d-trans* 中 90％（质量比）是生物烯丙菊酯。

理化性质　生物烯丙菊酯是一种橙黄色黏稠液体，*d-trans* 是琥珀色黏稠液体。在 −40℃ 未观察到结晶，沸点 165～170℃（0.15mmHg）。蒸气压为 43.9mPa（25℃）。$K_{ow}\lg P=4.68$（25℃）。Henry 常数为 2.89Pa·m³/mol（计算）。相对密度 1.012（20℃）。溶解度：在水中为 4.6mg/L（25℃），能与丙酮、乙醇、氯仿、乙酸乙酯、己烷、甲苯、二氯甲烷完全互溶（20℃）。遇紫外线分解。在水溶液中 DT_{50}：1410.7d（pH 5），547.3d（pH 7），4.3d（pH 9）。比旋光度 $[\alpha]_D^{20}$ 为 $-22.5°\sim-18.5°$（50g/L，甲苯）。闪点为 87℃。

毒性　急性经口 LD_{50}（mg/kg）：雄大鼠 709，雌大鼠 1042；雄大鼠 $425\sim575$mg *d-trans*/kg，雌大鼠 $845\sim875$mg *d-trans*/kg。兔急性经皮 $LD_{50}>3000$mg/kg。大鼠吸入 LC_{50}（4h）2.5mg/L 空气。大鼠 NOEL（90d）750mg/kg 饲料。ADI（EPA）0.005mg/kg [1987]。无致突变、致癌、致胚胎中毒或致畸作用。

生态效应　山齿鹑急性经口 LD_{50} 2030mg/kg。对鱼类高毒，LC_{50}（96h）（静态、流动试验，μg/L）：银鲑 22.2、9.4，硬头鳟 17.5、9.7，叉尾鮰 >30.1、27，黄金鲈鱼 9.9。水蚤 LC_{50}（96h）0.0356mg/L。

环境行为　[^{14}C-酸]-生物烯丙菊酯在单一剂量 200mg/kg 或 100mg/kg 下施药于大鼠，在处理后 $2\sim3$d 内很容易被代谢至尿液和粪便中。[^{14}C-醇]-生物烯丙菊酯在 pH＝5 的缓冲剂中降解成 allethrolene，dihydroxyallethrolene、二氧化碳和一系列低产率极性产品作为光解化学进程的结果。没有观察到 *cis/trans* 异构体。光照和黑暗条件下样品的实际和推算 DT_{50} 分别为 48.8h 和 1447h。

制剂　美国 MGK 公司的商品生物丙烯菊酯为含有 90%（a.i.）的浓制剂，用以加工喷射剂和气雾剂。

主要生产商　Agro-Chemie、Endura、江苏扬农化工股份有限公司及宁波保税区汇力化工有限公司等。

作用机理与特点　钠通道抑制剂。主要是阻断害虫神经细胞中的钠离子通道，使神经细胞丧失功能，导致靶标害虫麻痹、协调差，最终死亡。无内吸作用，具有触杀、胃杀作用。

应用　生物烯丙菊酯是一种强接触、非系统、无残留的杀虫剂，具有快速击倒性，主要用于防治家庭害虫（蟑螂、蚊和蝇科）和杀虫线圈[0.15%～0.2%（a.i.）]、垫子（40mg/个）和电热汽化器[3%～5%（a.i.）.30mL/30 夜]，应用时与其他杀虫剂和胡椒基丁醚混合使用。(S)-环戊烯基异构体是更有效的形式。主要用于住房、餐厅等喷杀蝇蚊，此外亦可用以制造蚊香和电热蚊香片。在处理工业原油或高含量的制剂时，须佩戴护目镜、手套和口罩；在车间或室内接触一般制剂时，不需要防护。

专利与登记　专利 US3159535、GB678230 早已过专利期，不存在专利权问题。国内登记情况：总酯含量 93%，右旋反式体含量 90%；总酯 93%，有效体含量 90% 原药；0.4%、0.48%、0.65% 气雾剂，0.3% 蚊香，50mg/片电热蚊香片，等，登记作物为卫生等，防治对象为蚊、蝇、蜚蠊、蚂蚁等。

合成方法　生物丙烯菊酯可由如下方法制得：

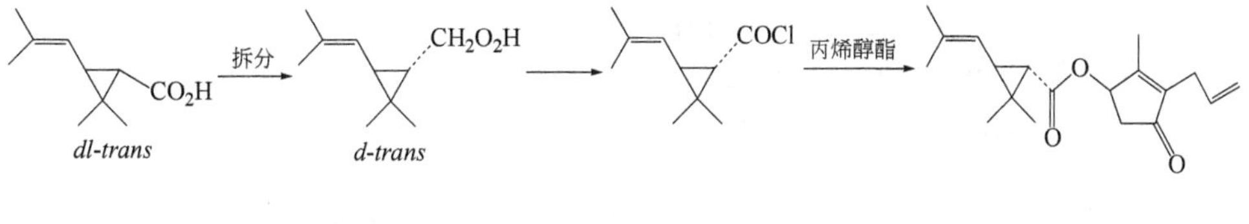

虱螨脲 lufenuron

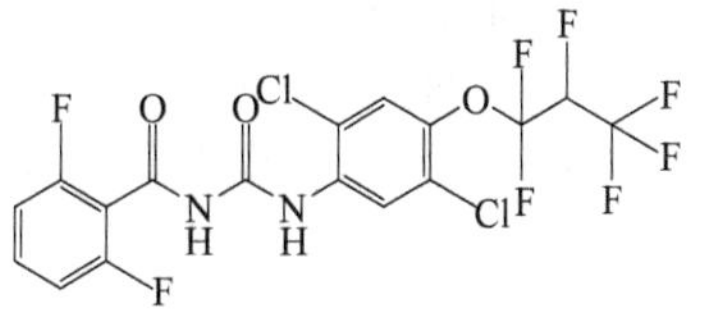

$C_{17}H_8Cl_2F_8N_2O_3$，511.2，103055-07-8

虱螨脲（lufenuron）。试验代号 CGA 184699。商品名称 美除、Adress、Axor、Fuoro、Luster、Manyi、Match、Program、Sorba、Zyrox，是由 Ciba-Geigy（现属 Syngenta AG）开发的苯甲酰脲类杀虫杀螨剂。

化学名称 (RS)-1-［2,5-二氯-4-(1,1,2,3,3,3-六氟丙氧基)苯基］-3-(2,6-二氟苯甲酰基)脲，(RS)-1-［2,5-dichloro-4-(1,1,2,3,3,3-hexafluoropropoxy)phenyl］-3-(2,6-difluorobenzoyl)urea。

理化性质 纯品为无色晶体，熔点 168.7～169.4℃。蒸气压 $<4\times10^{-3}$ mPa（25℃）。相对密度 1.66（20℃）。K_{ow} lg$P=5.12$（25℃）。Henry 常数 $<4.4\times10^{-2}$ Pa·m³/mol。水中溶解度 0.048mg/L（25℃）；其他溶剂中溶解度（25℃，g/L）：乙醇 52，丙酮 460，甲苯 66，正己烷 0.1，正辛醇 8.2，二氯甲烷 84，乙酸乙酯 330，甲醇 52。pH=5 和 7 稳定（25℃），DT_{50}512d（pH=9，25℃）。$pK_a>8$。

毒性 大鼠急性经口 $LD_{50}>2000$mg/kg，大鼠急性经皮 $LD_{50}>2000$mg/kg，对兔眼睛和皮肤无刺激。对豚鼠皮肤有潜在致敏性。大鼠吸入 LC_{50}（4h，20℃）>2.35mg/L。大鼠 NOEL（2y）2mg/(kg·d)。ADI 值 0.015mg/kg。

生态效应 山齿鹑和野鸭急性经口 $LD_{50}>2000$mg/kg，山齿鹑和野鸭饲喂 LC_{50}（8d）>5200mg/kg 饲料。鱼类 LC_{50}（96h，mg/L）：虹鳟鱼 >73，鲤鱼 >63，大翻车鱼 >29，鲶鱼 >45。对水蚤有毒，EC_{50}（48h）1.1μg/L。绿藻 EC_{50}（72h）10mg/L。蜜蜂经口 $LC_{50}>197$μg/只，涂抹 $LD_{50}>200$μg/只。蚯蚓急性 LC_{50}（14d）>1000mg/kg。

环境行为

(1) 动物 主要消除途径是随粪便排出，同时伴随微量降解。

(2) 植物 在研究的目标农作物（棉花、番茄）中，没有发现明显的代谢现象。

(3) 土壤/环境 虱螨脲在有氧并有生物活性的土壤中快速降解，DT_{50} 为 9.4～83.1d。虱螨脲表现出对土壤颗粒很强的吸附性，平均 K_{oc}38mg/go. c.。

制剂 10%悬浮剂，50g/L、5%乳油。

主要生产商 E-tong、Syngenta 及江苏中旗作物保护股份有限公司等。

作用机理与特点 甲壳质合成抑制剂。有胃毒作用，能使幼虫脱皮受阻，并且停止取食致死。用药后，首次作用缓慢，有杀卵功能，可杀灭新产虫卵，施药后 2～3d 可以看到效果。对蜜蜂和大黄蜂低毒，对哺乳动物低毒，蜜蜂采蜜时可以使用。相比有机磷、氨基甲酸酯类农药更安全，可作为良好的混配剂使用，对鳞翅目害虫有良好的防效。低剂量使用，仍然对毛毛虫有良好防效，对花蓟马幼虫有良好防效；可阻止病毒传播，可有效控制对菊酯类和有机磷有抗性的鳞翅目害虫。药剂有选择性，持效期长，对后期土豆蛀茎虫有良好的防治效果，能显著增产。施药期较宽，害虫各虫态（龄）均可施用，以产卵初期至幼虫 3 龄前使用为佳，可获得最好的杀虫效果。注意事项：在作物旺盛生长期和害虫世代重叠时可酌情增加喷药次数，应在新叶显著增加时或间隔 7～10d 再次喷药，以确保新叶得到最佳保护；在一般情况下，高龄幼虫受药后虽能见到虫子，但虫密度大大减小，并逐渐停止危害作物，3～5d 后虫子死亡，因此无须补喷其他药剂。

应用

(1) 适用作物 玉米、蔬菜、柑橘、棉花、马铃薯、葡萄、大豆等。适合于综合虫害治理。药剂不会引起刺吸式口器害虫再猖獗，对益虫的成虫和捕食性蜘蛛作用温和。

(2) 防治对象 防治甜菜夜蛾、斜纹夜蛾、甘蓝夜蛾、小菜蛾、棉铃虫、豆荚螟、瓜绢螟、烟青虫、蓟马、锈螨、柑橘潜叶蛾、飞虱、马铃薯块茎蛾等，可作为抗性治理的药剂使用，也可作为卫生用药，还可用于防治动物如牛等的害虫。

(3) 使用方法 通常使用剂量为 10～50g(a. i.)/hm²。对于卷叶虫、潜夜蝇、苹果锈螨、苹果蠹蛾等，可用有效成分 5g 兑水 100kg 进行喷雾。对于番茄夜蛾、甜菜夜蛾、花蓟马、西红柿、棉铃虫、土豆蛀茎虫、西红柿锈螨、茄子蛀果虫、小菜蛾等，可用 3～4g 有效成分兑水 100kg 进行喷雾。

5%虱螨脲乳油对苹果苹小卷叶蛾有良好的防治效果，1000～2000 倍液第 2 次施药后 15d 的防效仍达 89％以上，对苹果树安全。

虱螨脲对棉铃虫具有较强的杀卵作用：在 50mg/L 浓度下，棉铃虫 1 日龄卵死亡率达到 87.3％；对棉铃虫 2～5 龄幼虫具有较高的胃毒活性，其 LC_{50} 分别为 0.7434mg/L、1.9669mg/L、2.0592mg/L 和 2.6945mg/L。田间试验结果表明，在卵高峰期至初孵期用药，对棉铃虫有较好的防治效果，药后 7d，用 50g/L 虱螨脲 EC 450mL/hm²、600mL/hm² 防治效果分别为 89.3％、90.2％。

专利与登记 专利 EP0179022 早已过专利期，不存在专利权问题。国内登记情况：10％悬浮剂，50g/L，5％乳油，96％、98％原药，等，登记作物为柑橘、菜豆、番茄、棉花、甘蓝、马铃薯和苹果等，防治对象为潜叶蛾、锈壁虱、豆荚螟、甜菜夜蛾、马铃薯块茎蛾、棉铃虫和小卷叶蛾等。瑞士先正达作物保护有限公司在中国登记情况见表 190。

表 190　瑞士先正达作物保护有限公司在中国登记情况

登记名称	登记证号	含量	剂型	登记作物	防治对象	用药量	施用方法
虱螨脲	PD20070344F080002	50g/L	乳油	菜豆	豆荚螟	30～37.5g/hm²	喷雾
				番茄	棉铃虫	37.5～45g/hm²	喷雾
				甘蓝	甜菜夜蛾	22.5～30g/hm²	喷雾
				柑橘	潜叶蛾	20～33.3mg/kg	喷雾
				柑橘	锈壁虱	20～33.3mg/kg	喷雾
				苹果	小卷叶蛾	25～50mg/kg	喷雾
				棉花	棉铃虫	37.5～45g/hm²	喷雾
				马铃薯	马铃薯块茎蛾	30～45g/hm²	喷雾
虱螨脲	PD20070343	96％	原药				

合成方法 经如下反应制得虱螨脲：

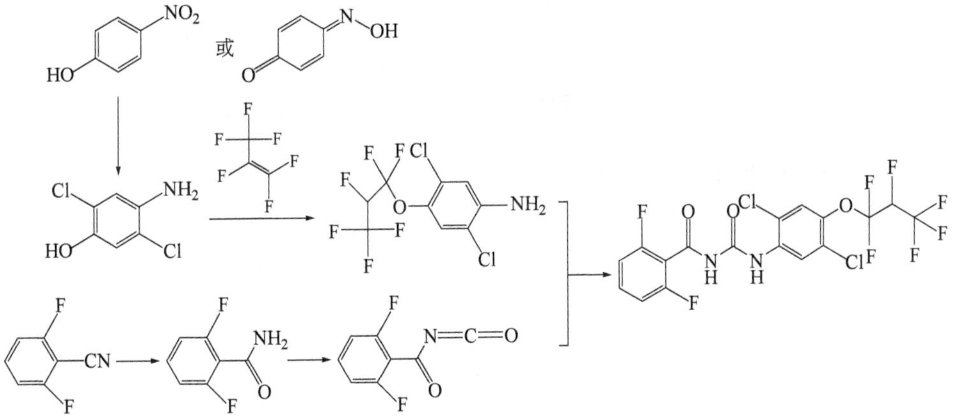

参考文献

[1] 孙凌莉. 浙江化工，2011，3：5-7.

十二环吗啉 dodemorph

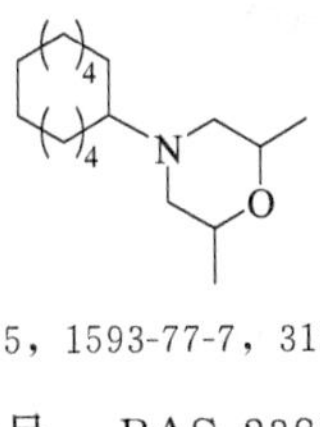

$C_{18}H_{35}NO$，281.5，1593-77-7，31717-87-0(乙酸盐)

十二环吗啉（dodemorph）。**试验代号** BAS 238F。**商品名称** Meltatox、Meltaumittel、

Milban，是 BASF 公司开发的吗啉类杀菌剂。

6 化学名称 4-环十二烷基-2,6-二甲基吗啉，4-cyclododecyl-2,6-dimethylmorpholine。

理化性质 十二环吗啉 含有顺-2,6-二甲基吗啉约 60%，反-2,6-二甲基吗啉约 40%。反式异构体为无色油状物，以顺式异构体为主的产品为带有特殊气味的无色固体。熔点 71℃，沸点 190℃ (1mmHg)。蒸气压：顺式异构体 0.48mPa(20℃)。K_{ow}lg$P$=4.14(pH 7)。Henry 常数 1.35×10^{-3} Pa·m^3/mol(20℃，计算)；顺式异构体水中溶解度(20℃)<100mg/kg；顺式异构体其他溶剂中溶解度 (20℃，g/L)：氯仿>1000，乙醇 50，丙酮 57，乙酸乙酯 185。稳定性：对热、光、水稳定。pK_a8.08。
十二环吗啉乙酸盐 无色固体，熔点 63~64℃，沸点 315℃ (101.3 kPa)。蒸气压 12mPa(20℃)，K_{ow}lg$P$：2.52(pH 5)、4.23(pH 9)，Henry 常数 0.008 Pa·m^3/mol。相对密度 0.93。水中溶解度(25℃，mg/L)：763(pH 5)，520(pH 7)，2.29(pH 9)；其他溶剂中溶解度(20℃，g/kg)：苯、氯仿>1000，环己烷 846，乙酸乙酯 205，乙醇 66，丙酮 22。稳定性：在密闭容器中稳定期 1y 以上。在 50℃稳定 2y 以上，在中性、中等强度碱或酸中稳定。在高温下分解易燃。

毒性 十二环吗啉乙酸盐 大鼠急性经口 LD$_{50}$（mg/kg）：雄 3944，雌 2465。大鼠急性经皮 LD$_{50}$>4000mg/kg(42.6%乳油)。对兔皮肤与眼睛有很强的刺激性。大鼠急性吸入 LC$_{50}$(4h) 5mg/L 空气(乳油)。ADI(EC)0.082mg/kg ［2008］。

生态效应 十二环吗啉乙酸盐 鱼 LC$_{50}$(96h，mg/L)：虹鳟鱼 2.2，古比鱼 40。水蚤 LC$_{50}$ (48h)1.8mg/L。月牙藻 E$_r$C$_{50}$(72h)1.1mg/L。对蜜蜂无害，LD$_{50}$（μg/只）：（经口）>138.8，（接触）>100。蚯蚓 LC$_{50}$(14d)>1000mg/kg。

环境行为 土壤/环境 土壤中，100d 后仍有 23%未代谢的残留物、18%矿化物，没有发现相关的代谢产物。DT$_{50}$26~73d。K_{oc}4200~48000。

制剂 40%乳油。

主要生产商 BASF 及江苏飞翔集团等。

作用机理与特点 麦角固醇生物合成抑制剂，抑制甾醇的还原和异构化反应。十二环吗啉乙酸盐为具有保护和治疗活性的内吸性杀菌剂，通过叶和根以传导的方式被吸收。

应用 主要用于防治玫瑰及其他观赏植物、黄瓜及其他作物等的白粉病。它对瓜叶菊和秋海棠有药害。

专利概况 化合物专利 DE1198125 已过专利期，不存在专利权问题。

合成方法 十二环吗啉及其醋酸盐的制备方法如下：

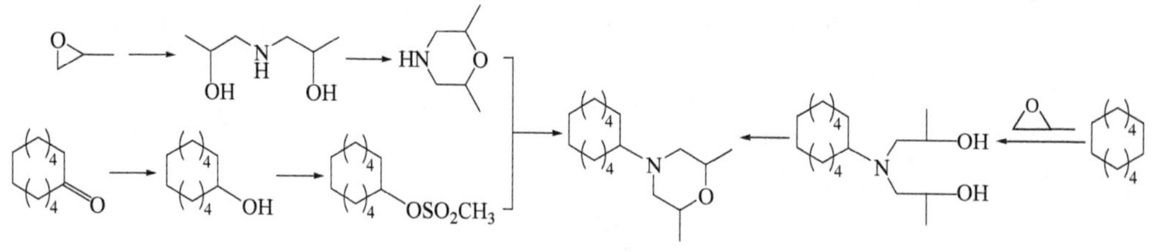

参考文献

［1］ The Pesticide Manual. 15th edition. 2009：414.
［2］ Angew chem, 1965, 77：327.

十三吗啉 tridemorph

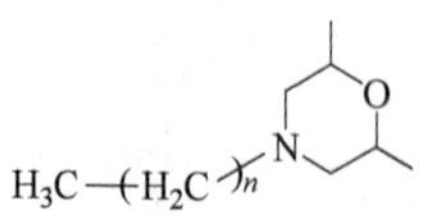

n=10，11，12（60%~70%）或 13
C$_{19}$H$_{39}$NO(大约)，297.5(大约)，81412-3-3，24602-86-6(4-tridecyl)

十三吗啉（tridemorph）。试验代号　BASF220F。商品名称　Calixin、Calixin 86、Vanish。其他名称　克啉菌。是由德国巴斯夫公司开发的广谱性内吸杀菌剂。

化学名称　2,6-二甲基-4-十三烷基吗啉，2,6-dimethyl-4-tridecylmorpholine。

理化性质　虽为2,6-二甲基-4-十三烷基吗啉，但现已发现本品主要由4-C_{11}～C_{14}烷基-2,6-二甲基吗啉同系物组成，其中4-十三烷基异构体含量为60%～70%，另外C_9和C_{15}同系物含量为0.2%，2,5-二甲基异构体含量为5%。纯品为黄色油状液体，具有轻微氨味，沸点134℃(0.4mmHg，原药)。蒸气压12mPa(20℃)，$K_{ow}\lg P=4.20$(pH 7,22℃)。Henry常数为3.2 Pa·m^3/mol(计算)。相对密度0.86。溶解度：水1.1mg/L(pH 7,20℃)，能与乙醇、丙酮、乙酸乙酯、环己烷、乙醚、氯仿、橄榄油、苯互溶。稳定性：50℃以下稳定，紫外灯照射20mg/kg的水溶液，16.5h水解50%，pK_a 6.5(20℃)，闪点142℃。

毒性　大鼠急性经口LD_{50}480mg/kg，大鼠急性经皮LD_{50}>4000mg/kg，对兔眼睛和皮肤无刺激，大鼠急性吸入LC_{50}(4h)4.5mg/L，NOEL(2y,mg/kg)：雌性大鼠2，雄性大鼠4.5，狗1.6。ADI(EPA)aRfD 0.02mg/kg，cRfD 0.01mg/kg [2005]。

生态效应　鸟急性经口LD_{50}(mg/kg)：山齿鹑1388，野鸭>2000。虹鳟鱼LC_{50}(96)3.4mg/L，水蚤LC_{50}(48h)1.3mg/L。藻类EC_{50}(96h)0.28mg/L。蜜蜂LD_{50}(24h)>200μg/只，蚯蚓LC_{50}(14d)880mg/kg。

环境行为

(1) 动物　大鼠口服十三吗啉后，能很快吸收，并在两天内几乎完全通过尿液和粪便代谢掉。

(2) 植物　收获时谷物中的残留量<0.05mg/kg。代谢过程主要是4-烷基链的氧化和吗啉的开环。

(3) 土壤/环境　土壤中DT_{50}（室内）13～130d(20℃)，DT_{50}（田间）11～34d(20℃)；K_{oc}2500～10000。

制剂　75%乳油，860g/L、86%油剂。

主要生产商　BASF、Fertiagro、Hermania、龙灯集团、江苏飞翔集团、上海美林康精细化工有限公司、上海生农生化制品有限公司及浙江世佳科技有限公司等。

作用机理与特点　十三吗啉主要是作为麦角固醇生物合成抑制剂，抑制甾醇的还原和异构化反应。是一种具有保护和治疗作用的广谱性内吸杀菌剂，能被植物的根、茎、叶吸收，对担子菌、子囊菌和半知菌引起的多种植物病害有效。

应用

(1) 适用作物　小麦，大麦，黄瓜，马铃薯，豌豆，香蕉，茶树，橡胶树。

(2) 防治对象　小麦和大麦白粉病、叶锈病和条锈病，黄瓜、马铃薯、豌豆白粉病，橡胶树白粉病，香蕉叶斑病。

(3) 使用方法　推荐使用剂量为200～750g(a.i.)/hm^2。

防治小麦白粉病　在发病初期施药，每亩用75%十三吗啉33mL(有效成分24.8g)喷雾，喷液量人工每亩20～30L、拖拉机每亩10L、飞机每亩1～2L。

防治香蕉叶斑病　在发病初期施药，每亩用75%十三吗啉40mL(有效成分30g)，加水50～80L喷雾。

防治茶树茶饼病　在发病初期施药，每亩用75%十三吗啉13～33mL(有效成分9.75～24.8g)，加水58～80L喷雾。

防治橡胶树红根病和白根病　在病树基部四周挖一条15～20cm深的环形沟，每一病株用75%十三吗啉乳油20～30mL兑水2000mL，先用1000mL药液均匀地淋灌在环形沟内，覆土后将剩下的1000mL药液均匀地淋灌在环形沟内。按以上方法，每6个月施药1次，共4次。

专利与登记　化合物专利DE1164152已过专利期，不存在专利权问题。国内登记情况：750g/L乳油，860g/L、86%油剂，登记作物橡胶树，防治对象红根病。巴斯夫欧洲公司在中国登记为750g/L乳油，登记证号PD135-91，登记作物橡胶树，防治对象红根病，施用方法淋灌，用药量 15～22.5g/株。

合成方法 十三吗啉可通过如下反应制得：

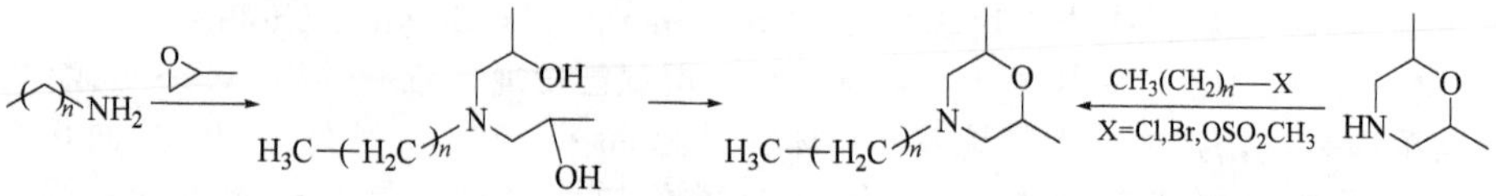

参考文献

[1] The Pesticide Manual. 15th edition. 2009：1165.

鼠得克 difenacoum

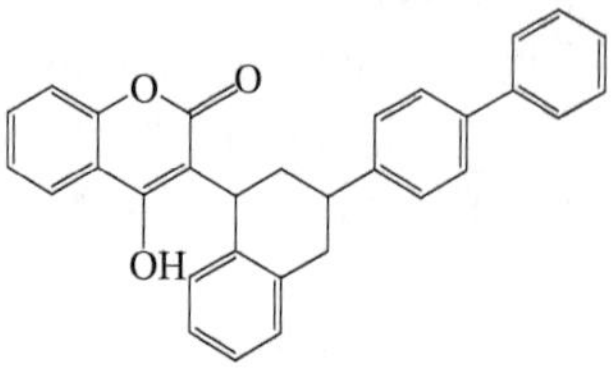

$C_{31}H_{24}O_3$，444.5，56073-07-5

鼠得克（difenacoum）。**试验代号** PP 580、WBA 8107。**商品名称** Bonirat、Frunax Mäuseköder、Kemifen、Neokil、Neosorexa、Ratak、Ratzenmice Baits、Sakarat D、Ratak、Rataway、Ratron DCM、Ratron Mäuseköder、Sorexa D、Sorexa Gel、Sorkil。**其他名称** 联苯杀鼠萘、敌拿鼠、鼠得克。由 M. Hadler(J Hyg,1975,74：441.)报道，由 Sorex(London)Ltd 开发之后由 ICI Agrochemicals(现属先正达公司)开发，于 1976 年商品化。

化学名称 3-(3-联苯-4-基-1,2,3,4-四氢-1-萘基)4-羟基香豆素，3-(3-biphenyl-4-yl-1,2,3,4-tetrahydro-1-naphthyl)-4-hydroxycoumarin。

组成 纯度＞90%。

理化性质 纯品为无色无味晶体，熔点 215～217℃，蒸气压 0.16mPa(45℃)。$K_{ow}\lg P＞7$。相对密度 1.27(21.5℃)。水中溶解度(20℃，mg/L)：$31×10^{-3}$(pH 5.2)，2.5(pH 7.3)，84(pH 9.3)；其他溶剂中溶解度(25℃，g/L)：微溶于乙醇，丙酮、氯仿＞50，乙酸乙酯 2，苯 0.6。水解 DT_{50}：稳定(pH 5)，1000d(pH 7)，80d(pH 9)。水溶液光分解 DT_{50}：0.14d(pH 5)，0.34d(pH 7)，0.3d(pH 9)。pK_a 4.5。

毒性 急性经口 LD_{50}(mg/kg)：雄大鼠 1.8，雌大鼠 2.45，雄小鼠 0.8，兔 2.0，雌豚鼠 50，猪＞50，猫＞100，狗＞50。对雄大鼠的亚急性经口 LD_{50}(5d)为 0.16mg/kg。急性经皮 LD_{50}(mg/kg)：雄大鼠 27.4，雌大鼠 17.2，兔 1000。对兔的眼睛、皮肤无刺激性，对豚鼠皮肤无致敏性。雌雄大鼠吸入 $LC_{50}≥0.0036mg/L$。兔 NOAEL 0.005mg/kg。

生态效应 鸡急性经口 $LD_{50}＞50mg/kg$，虹鳟鱼 LC_{50}(96h)0.1mg/L，水蚤 LC_{50}(48h)0.52mg/L。

环境行为

(1) 动物 鼠得克主要通过胃肠道、皮肤及呼吸系统吸收。经口给药后，主要的消除路线是通过粪便排出。在肝脏中发现鼠得克及母体化合物和代谢产物。反式异构体的代谢与消除比顺式异构体快。

(2) 土壤/环境 DT_{50}(平均)290d(146～439d)。在土壤 30cm 深处不会溢出。

制剂 Sorexa CD3 Concentrate(＋维生素 D3)(Sorex)，Sorexa CD Concentrate(＋维生素 D2)(Sorex)。

主要生产商 Dr Tezza、Laboratorios Agrochem 及 Sorex 等。

作用机理与特点　第二代慢性杀鼠剂，抑制抗凝血因子Ⅱ、Ⅶ、Ⅸ和Ⅹ合成中依赖维生素 K 的反应步骤。与其他抗凝血剂相同。

应用　防治对象和使用方法：鼠得克和溴鼠灵类似，除能杀灭抗性的屋顶鼠和小家鼠外，还能杀灭其他多种鼠类。鼠得克对第 1 代抗凝血性杀鼠剂产生抗性的鼠有显著的杀灭效果。此外，由于它的急性毒力高，往往只需使用含 0.005% 有效成分的毒饵，投药一次即可奏效。试验中未出现二次毒性问题。表 191 列出本品和其他几种杀鼠剂对不同动物达到 LD_{50} 所需的毒饵量，以做比较。

表 191　杀鼠剂对不同动物的 LD_{50}

	体重 /kg	各种杀鼠剂毒饵量/g					
		磷化锌 (2.5%)	氟乙酸钠 (0.25%)	灭鼠优 (2%)	灭鼠灵 (0.025%)	鼠得克 (0.005%)	大隆 (0.005%)
大鼠	0.25	0.45	0.25	0.06	58	9	1.4
小鼠	0.025	—	0.17	0.12	37	0.4	0.2~0.43
兔	1.0	—	—	>15	3200	40	5.8
猪	50	40~80	60~80	1250	200~1000	40000	500~2000
狗	5	4~8	0.12~0.4	>125	400~5000	5000	25~100
猫	2	1.6~3.2	0.24~0.4	6.2	48~320	4000	1000
小鸡	1	0.8~1.2	4~1.2	35.5	4000	1000	200~2000
羊	25	—	—	—	—	750000	—

注：括号内的数字为毒饵中含该杀鼠剂的有效成分。

专利概况　专利 GB1458670 早已过专利期，不存在专利权问题。

合成方法　通过如下反应制得目的物：

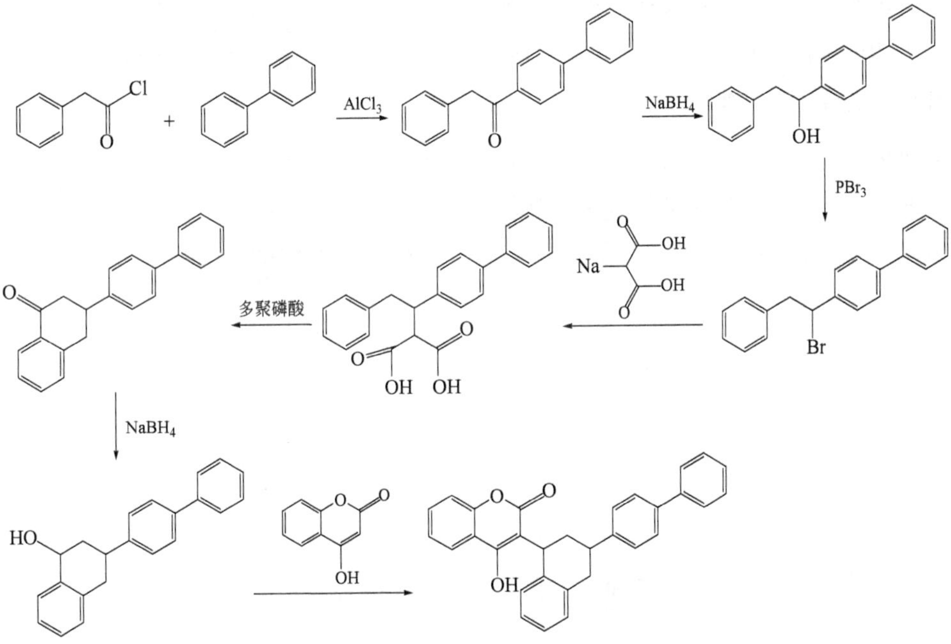

鼠完 pindone

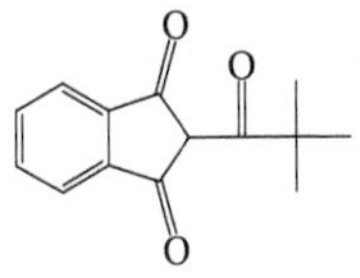

$C_{14}H_{14}O_3$，230.3，83-26-1

鼠完(pindone)。商品名称　Pival、Pivalyn。其杀虫活性是由 L. B. Kilgore 等在 1942 年报道的，后被 Kilgore Chemical Co 开发为茚满二酮类杀鼠剂。

化学名称　2-(2,2-二甲基-1-氧代丙基)-1H-茚-1,3(2H)-二酮或 2-异戊酰-1,3-茚满二酮，2-(2,2-dimethyl-1-oxopropyl)-1H-indene-1,3(2H)-dione。

理化性质　黄色晶体，熔点为 108.5～110.5℃，蒸气压很低，水中溶解度(25℃)18mg/L，可溶于大多数有机溶剂，溶解在碱液或氨中得到亮黄色盐。很稳定。

毒性　急性经口 LD_{50}(mg/kg)：大鼠 280，兔 150～170，狗 75～100。慢性经口 LD_{50}[mg/(kg·d)]：兔 0.52，狗 2.5，绵羊＞12。

生态效应　鸟饲喂 LC_{50}(8d,mg/kg)：野鸭 250，山齿鹑 1560。鱼类 LC_{50}(96h,mg/L)：大翻车鱼 1.6，虹鳟鱼 0.21。

制剂　浓饵剂、触杀粉、饵剂等。

作用机理与特点　抗凝血剂，通过阻止凝血素的形成来抑制血液凝结。

应用

(1) 防治对象　挪威大鼠、屋顶鼠、小家鼠、欧洲野兔等。

(2) 使用方法　用于控制大鼠和小鼠，在饵料中的含量为 250mg/kg。饲喂后无怯饵现象。能够使作为诱饵的谷物免受害虫的侵袭和细菌的侵染。可与其他杀鼠剂混用。本品最初报道有杀虫防霉性质，其后发现它具有抗凝血作用，即作为杀鼠剂开发，以 0.025% 有效成分毒饵防治挪威大鼠、屋顶鼠和小家鼠，据说其药效优于灭鼠灵，在澳大利亚被用于防治欧洲野兔。

专利概况　专利 US2880132 早已过专利期，不存在专利权问题。

合成方法　在苯中，用钠作缩合剂，由邻苯二甲酸酯与特异酮缩合制得。

双苯噁唑酸 isoxadifen-ethyl

$C_{18}H_{17}NO_3$，295.3，134605-64-4，209866-92-2(羧酸)

双苯噁唑酸(isoxadifen-ethyl)。试验代号　AEF 122006、AEF 129431(羧酸)。商品名称

Fortuna、Laudis、Laudis Plus、MaisTer、Option、Realm Q、Resolve Q、Ricestar、Status、Soberan、Turbo，是由拜耳公司研制的异噁唑类安全剂。

化学名称　4,5-二氢-5,5-二苯基-1,2-噁唑-3-羧酸乙酯，ethyl 4,5-dihydro-5,5-diphenyl-1,2-oxazole-3-carboxylic acid。

毒性　ADI(BfR)0.03mg/kg［2002］。

主要生产商　Bayer CropSciences。

作用机理与特点　通过减小母体除草剂的传导性来增加甲酰胺磺隆在玉米田施用的安全性。

应用　用作玉米和水稻田的除草剂安全剂。

专利概况　专利 DE4331448 早已过专利期，不存在专利权问题。

合成方法　经如下反应制得目的物：

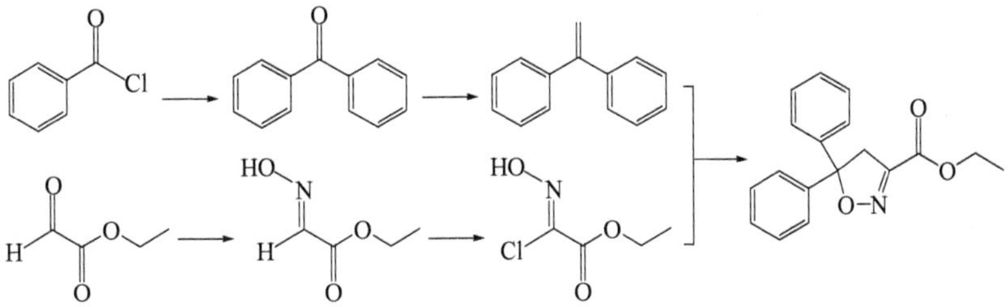

双苯嘧草酮 benzfendizone

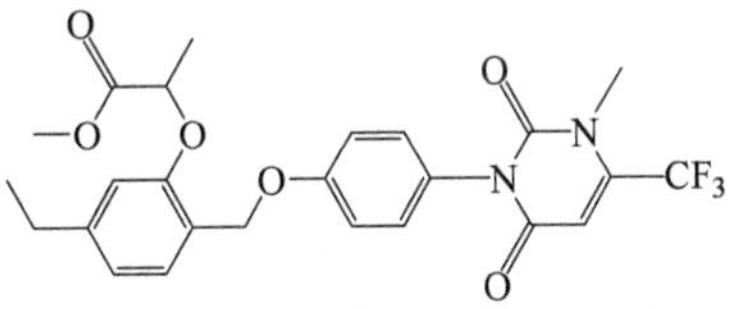

$C_{25}H_{25}F_3N_2O_6$，506.5，158755-95-4

双苯嘧草酮(benzfendizone)。试验代号　F 3686、FMC 143686，是 FMC 公司开发的脲嘧啶类除草剂。

化学名称　2-[5-乙基-2-[4-(1,2,3,6-四氢-3-甲基-2,6-二氧-4-三氟甲基嘧啶-1-基)苯氧基甲基]苯氧基]丙酸甲酯，methyl 2-[5-ethyl-2-[4-(1,2,3,6-tetrahydro-3-methyl-2,6-dioxo-4-trifluoromethylpyrimidin-1-yl)phenoxymethyl]phenoxy]propionate。

作用机理　原卟啉原氧化酶抑制剂。

应用　除草剂。用于苗后防除禾本科杂草和阔叶杂草。

专利概况　专利 US5262390 已过专利期，不存在专利权问题。

合成方法　以间乙基苯酚和对甲氧基苯胺为起始原料，经如下反应制得目的物：

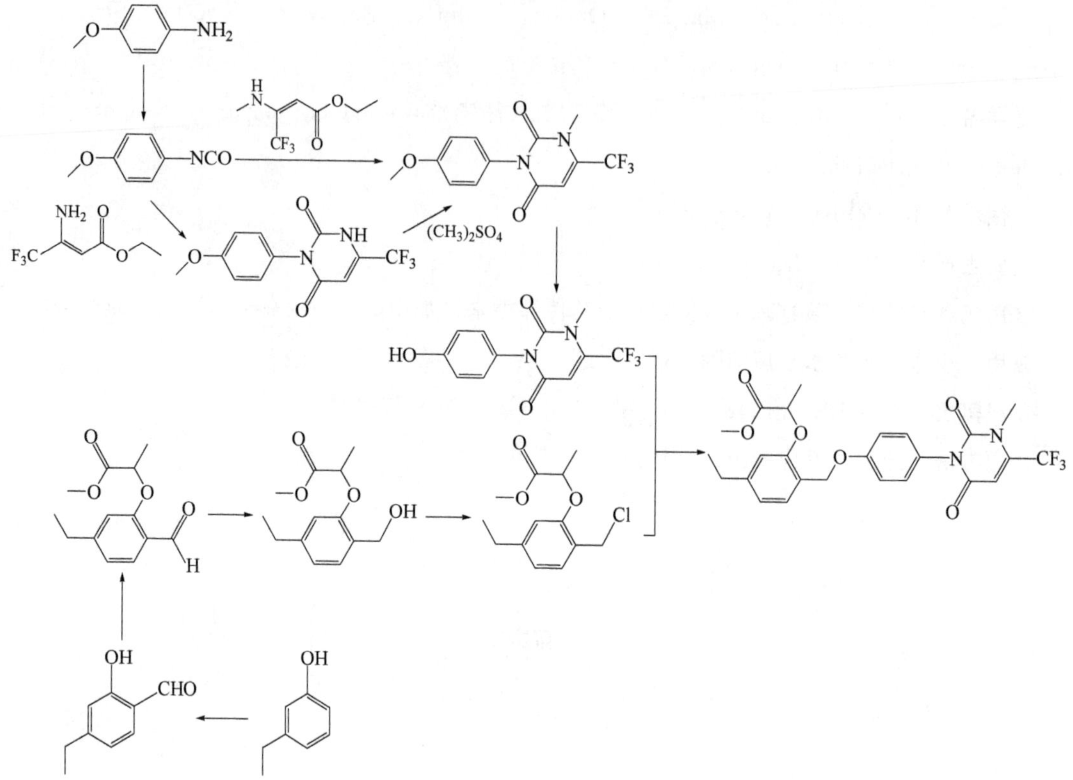

或通过如下反应制得目的物：

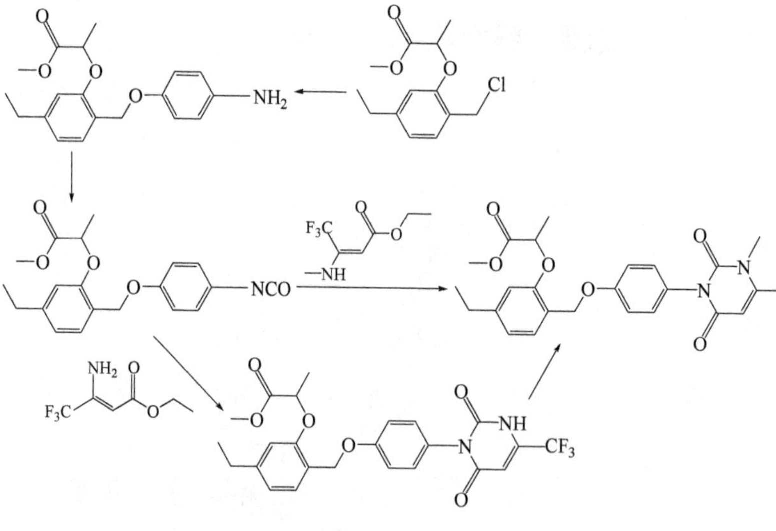

双丙氨酰膦 bilanafos

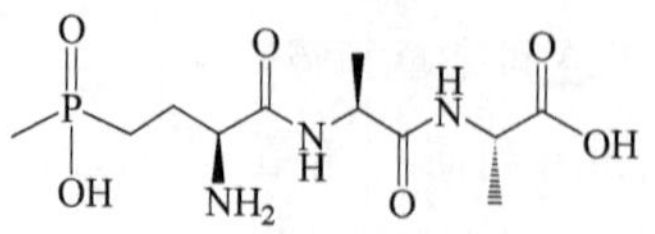

$C_{11}H_{22}N_3O_6P$, 323.3, 35599-43-4, 71048-99-2(钠盐)

双丙氨酰膦（bilanafos）。试验代号　MW-801、SF-1293。其他名称　bialaphos，是由 K. Tachibana 等报道该发酵产物的除草活性，并由日本明治制果公司开发的有机磷类除草剂，为生物农药。以钠盐形式商品化。试验代号　MW-851、SF-1293Na，通用名称：bilanafos-sodium。商品名称　Herbie。其他名称　好必思。

化学名称　4-[羟基（甲基）膦酰基]-L-高氨丙酰-L-丙氨酰-L-丙氨酸，4-[hydroxy（methyl）phosphinoyl]-L-homoalanyl-L-alanyl-L-alanine。

理化性质　双丙氨酰膦，旋光度 $[\alpha]_D^{25}-34°$（10g/L 水溶液）。双丙氨酰膦钠盐为无色粉末，熔点约 160℃（分解）。水中溶解度 687g/L；其他溶剂中溶解度（g/L）：甲醇＞620，丙酮、己烷、甲苯、二氯甲烷和乙酸乙酯＜0.01。在 pH＝4、7 和 9 的水溶液中稳定。

毒性　双丙氨酰膦钠盐大鼠急性经口 LD_{50}（mg/kg）：雄性 268，雌性 404；大鼠急性经皮＞3000。对兔眼睛和皮肤无刺激性作用。大鼠急性吸入 LC_{50}（mg/L）：雄性 2.57，雌性 2.97。亚慢性毒性研究表明其无毒副作用。无致癌性、无致突变性、无致畸性。Ames 和 Rec 试验无致突变性。

生态效应　双丙氨酰膦钠盐小鸡急性经口 LD_{50}＞5000mg/kg，鲤鱼 LC_{50}（48h）＞1000mg/L，水蚤 LC_{50}（3h）＞5000mg/L，对蚯蚓、微生物均无影响。

环境行为

（1）动物　小鼠口服后主要代谢成草铵膦并通过粪便排出体外。

（2）土壤/环境　在土壤和水中易分解。

制剂　32%水剂。

主要生产商　Meiji Seika。

作用机理与特点　双丙氨酰膦属膦酸酯类除草剂，是谷酰胺合成抑制剂。通过抑制植物体内谷酰胺合成酶，导致氨的积累，从而抑制光合作用中的光合磷酸化。因在植物体内主要代谢物为草铵膦（glufosinate）的 L-异构体，故显示类似的生物活性。

应用

（1）适用范围　果园、菜园、免耕地及非耕地。在土壤中的 DT_{50} 为 20～30d，80% 在 30～45d 内降解。

（2）防除对象　主要用于非耕地，防除一年生、某些多年生禾本科杂草和某些阔叶杂草如荠菜、猪殃殃、雀舌草、繁缕、波波纳、冰草、看麦娘、野燕麦、藜、莎草、稗草、早熟禾、马齿苋、狗尾草、车前、蒿、田旋花、问荆等。

（3）应用技术　双丙胺酰膦进入土壤中即失去活性，只宜做茎叶处理。除草作用比草甘膦快，比百草枯慢。易代谢和生物降解，因此使用安全。半衰期 20～30d。主要用于果园和蔬菜的行间除草，使用剂量为 1000～3000g（a. i.）/hm²。如防除苹果、柑橘和葡萄园中一年生杂草，32%SL 用量为 5～7.5L/hm²；防除多年生杂草用量为 7.5～10L/hm²；防除蔬菜田中一年生杂草用量为 3～5L/hm²。

专利概况　专利 DE2236599、JP63251086、JP8021754 等早已过专利期，不存在专利权问题。

合成方法　吸水链霉菌（*Streptomyces hygroscopicus*）SF-1293 在含有丙三醇、麦芽、豆油及痕迹量氯化钴、氯化镍、磷酸二氢钠的培养液中，与 DL-2-氨基-4-甲基膦基丁酸一起在 28℃ 下振摇 96h，培养物离心后，滤液用活性炭脱色，并经色谱柱分离，即制得双丙氨酰膦。

参考文献

[1] 日本农药学会志，1986，11 (2)：297.
[2] 日本农药学会志，1987，12 (1)：105.
[3] 日本农药学会志，1987，12 (2)：353.

双草醚 bispyribac-sodium

$C_{19}H_{17}N_4NaO_8$，452.4，125401-92-5，125401-75-4(酸)

双草醚（bispyribac-sodium）。试验代号 KIH-2023，KUH-911，V-10029。商品名称 Ectran、Grass-short、Nominee、Paladin、Short-keep、Sunbishi。其他名称 农美利、双嘧草醚、Regiment、Velocity、Tradewind，是由组合化学公司开发的嘧啶水杨酸类除草剂。

化学名称 2,6-双(4,6-二甲氧嘧啶-2-氧基)苯甲酸钠，sodium 2,6-bis(4,6-dimethoxypyrimidin-2-yloxy)benzoate。

理化性质 原药纯度>93％。其纯品为白色粉状固体，熔点223～224℃，蒸气压 5.05×10^{-6} mPa(25℃)。分配系数 $K_{ow} lgP(23℃) = -1.03$(23℃)。Henry 常数 3×10^{-11} Pa·m³/mol。相对密度1.47。溶解度(20℃,g/L)：水68.7(蒸馏水)，甲醇25；其他溶剂中溶解度(25℃,mg/L)：乙酸乙酯 6.1×10^{-2}，正己烷 8.34×10^{-3}，丙酮1.4，甲苯<1×10^{-6}，二氯甲烷1.3。稳定性：223℃分解，在水中 DT_{50}(pH 7,9,25℃)>1y，(pH 4,25℃)88d；水中光解 DT_{50}(25℃,1.53W/m²,260～365nm)：42d(天然水)，499d(蒸馏水)。pK_a 3.35(20℃)。

毒性 急性经口 LD_{50}(mg/kg)：雄大鼠4111，雌大鼠>2635，雌、雄小鼠3524。大鼠急性经皮 LD_{50}>2000mg/kg。对兔皮肤无刺激性，对兔眼睛有轻微刺激性。大鼠吸入 LC_{50}(4h)4.48mg/L。NOEL[mg/(2y,kg·d)]：雄大鼠1.1，雌大鼠1.4，雄小鼠14.1，雌小鼠。ADI值：0.011mg/kg。Ames 试验无致突变性，对大鼠和家兔无致畸性。生态效应山齿鹑急性经口 LD_{50}>2250mg/kg。野鸭和山齿鹑饲喂 LC_{50}(5d)>5620mg/(kg·d)。鱼急毒 LC_{50}(96h,mg/L)：大翻车鱼和虹鳟鱼>100，鲤鱼>952。黑头呆鱼 NOEC(32d)10mg/L。水蚤 LC_{50}(48h)>100mg/L，NOEC(21d)110mg/L。月牙藻 EC_{50}(mg/L)：(72h)1.7，(120h)3.4；NOEC 0.625mg/L。浮萍属藻类 E_rC_{50}(7d)0.0204mg/L。蜜蜂 LD_{50}>200μg/只(经口,48h)，LC_{50}(接触)>7000mg/L 喷雾。蚯蚓 LC_{50}(14d)>1000mg/kg 土。家蚕 LC_{50}>1000mg/L。小黑花椿象 LC_{50}(48h)>300g/hm²。

环境行为

(1) 动物 大鼠服用7d后，大于95％剂量通过尿液和粪便排出体外。

(2) 植物 在水稻5叶期施药，并用 ^{14}C 标记，收获时约10％分布于秸秆与根部。

(3) 土壤/环境 土壤中，DT_{50}<10d(淹没和旱地条件下)。

制剂 10％悬浮剂和水剂。

主要生产商 AGROFINA、Kumiai、Fertiagro、山东侨昌集团及浙江禾本科技有限公司等。

作用机理 乙酰乳酸合成酶(ALS)抑制剂，通过阻止支链氨基酸的生物合成起作用。通过茎、叶和根吸收，并在植株体内传导，杂草即停止生长，而后枯死。

应用

(1) 适宜作物与安全性 水稻，在推荐剂量下，对水稻品种具有优异的选择性。该品种在大多数土壤和气候条件下效果稳定，可与其他农药混用或连续使用。

（2）防除对象　一年生和多年生杂草，特别对稗草等杂草有优异的活性：如车前臂形草、芒稷、阿拉伯高粱、异型莎草、碎米莎草、萤蔺、紫水苋、假马齿苋、鸭趾草、栗米草、大马唐、瓜皮草等。

（3）使用方法　主要用于直播水稻苗后除草，对1～7叶期的稗草均有效，3～6叶期防效尤佳，使用剂量为15～45g(a.i.)/hm²［亩用量为1～3g(a.i.)］。

专利与登记　专利EP0321846早已过专利期，不存在专利权问题。

国内登记情况：10%、15%、20%、27.5%、40%、100g/L悬浮剂，10%、20%可分散油悬浮剂，20%、30%、40%、80%可湿性粉剂，登记作物为水稻田（直播），防治对象为一年生杂草、部分多年生杂草。日本组合化学工业株式会社在中国登记情况见表192。

表192　日本组合化学工业株式会社在中国登记情况

登记名称	登记证号	含量	剂型	登记作物	防治对象	用药量/(g/hm²)	施用方法
双草醚	PD20040014	100g/L	悬浮剂	水稻田（直播）	稗草莎草阔叶杂草	① 22.5～30+(0.03%～0.1%展着剂)（南方地区） ② 30～37.5+(0.03%～0.1%展着剂)（北方地区）	喷雾
双草醚	PD20040015	93%	原药				

合成方法　以2,6-二羟基苯甲酸为起始原料，首先酯化，再与4,6-二甲氧基-2-甲基磺酰基嘧啶进行醚化，最后碱解（或还原后与氢氧化钠等反应）即得目的物。反应式如下：

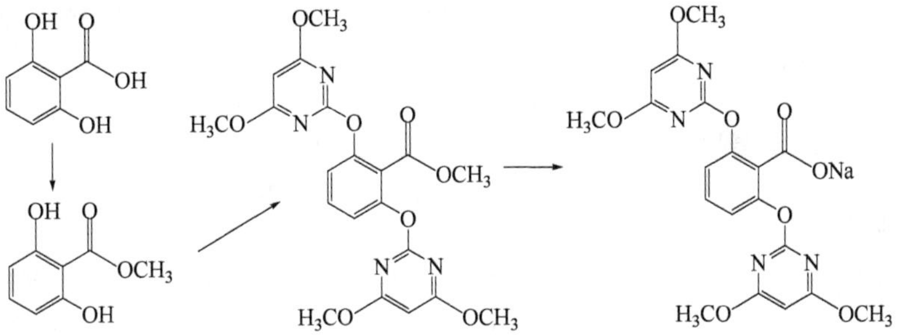

2,6-二羟基苯甲酸可经如下反应制得：

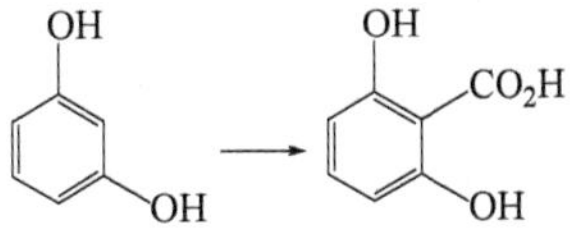

参考文献

[1] Proc Br Crop Prot. Conf-Weed, 1995, 1：61.
[2] 李元祥. 精细化工中间体, 2008, 4：21-24.
[3] 程志明. 世界农药, 2004, 2：11-15.

双氟磺草胺 florasulam

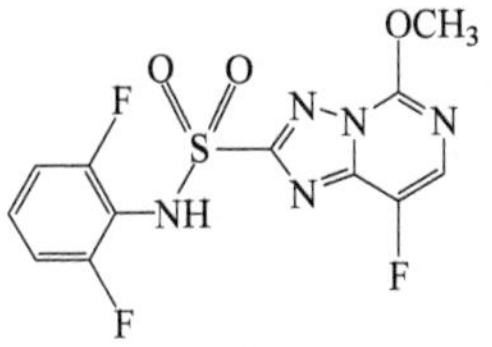

$C_{12}H_8F_3N_5O_3S$，359.3，145701-23-1

双氟磺草胺（florasulam）。试验代号　DE-570。商品名称　Boxer、Nikos、Primus、Frontline、PrePass、Spectrum、Axial TBC、Spitfire。其他名称　Broadsmash、EF-1343，是由道农业科学（Dow Agrosciences）公司开发的三唑并嘧啶磺酰胺类除草剂。

化学名称　$2',6'$-二氟-5-乙氧基-8-氟 [1,2,4] 三唑 [1,5-c] 嘧啶-2-磺酰苯胺，$2',6'$-difluoro-5-ethoxy-8-fluoro [1,2,4] triazolo [1,5-c] pyrimidine-2-sulfonanilide。

理化性质　纯品熔点 $193.5 \sim 230.5 ℃$，相对密度 1.53。蒸气压 $1 \times 10^{-2} mPa(25℃)$。$K_{ow} lgP = -1.22(pH 7)$。Henry 常数 $4.35 \times 10^{-7} Pa \cdot m^3/mol(pH=7,20℃)$。水中溶解度（$20℃$，g/L）：0.121（纯品，pH=5.6~5.8），0.084（pH 5），6.36（pH 7），94.2（pH 9）。其他溶剂溶解度（20℃，g/L）：正庚烷 0.019×10^{-3}，二甲苯 0.227，正辛醇 0.184，二氯甲烷 3.75，甲醇 9.81，丙酮 123，乙酸乙酯 15.9，乙腈 72.1。水解稳定性（25℃）30d（pH 5 和 pH 7），$DT_{50} 100d$（pH 9）。pK_a 4.54。

毒性　大鼠急性经口 $LD_{50} > 6000mg/kg$，兔急性经皮 $LD_{50} > 2000mg/kg$。对兔眼睛、皮肤无刺激性，对豚鼠皮肤无致敏性。急性吸入 $LC_{50}(4h) > 5mg/L$。NOEL[mg/(kg·d)]：大、小鼠（90d）100，狗（1y）5，大鼠（2y）10，小鼠（2y）50。ADI(EC)0.05mg/kg [2002]；（EPA）cRfD 0.05mg/kg [2007]。遗传毒性试验和 Ames 试验均为阴性。

生态效应　鹌鹑急性经口 LD_{50} 1046mg/kg。鹌鹑和野鸭饲喂 $LC_{50}(5d) > 5000mg/kg$ 饲料。鱼类 $LC_{50}(96h,mg/L)$：虹鳟鱼 >96，大翻车鱼 >98。水蚤 $LC_{50}(48h) > 292mg/L$，藻类 $E_r C_{50}(72h)8.94\mu g/L$。浮萍 $EC_{50}(14d)1.18\mu g/L$。蜜蜂 $LD_{50}(48h) > 100\mu g$/只（经口和接触）。蚯蚓 $LC_{50}(14d) > 1320mg/kg$。

环境行为

（1）动物　口服后迅速吸收，24h 内 91% 主要通过尿液排泄，排泄物为双氟磺草胺。

（2）土壤/环境　实验室环境下通过有氧微生物迅速降解为 5-羟基化合物，$DT_{50} < 5d$，$DT_{90} < 16d$，之后嘧啶环开环 $DT_{50} 7 \sim 31d$，$DT_{90} 33 \sim 102d$，其次转化为三唑-3-磺酰胺，最终转化为二氧化碳和土壤残留物。在田间试验中 $DT_{50} 2 \sim 18d$。水中厌氧 $DT_{50} 13d$，水中需氧 $DT_{50} 3d$，土壤吸附系数 $K_d 0.13mL/g$（英国砂质黏土），0.33mL/g（美国沙土），$K_{oc} 2 \sim 69$（平均 22）。测渗仪研究表明，无论是双氟磺草胺还是其降解产物渗透到地下水值均未超过欧盟规定值。

制剂　5%悬浮液。

主要生产商　Dow AgroSciences。

作用机理　乙酰乳酸合成酶（ALS）抑制剂。双氟磺草胺是三唑并嘧啶磺酰胺类超高效除草剂，是内吸传导型除草剂，可以传导至杂草全株，因而杀草彻底，不会复发。在低温下药效稳定，即使是在 2℃ 时仍能保证稳定药效，这一点是其他除草剂无法比拟的。用于小麦田防除阔叶杂草。双氟磺草胺杀草谱广，可防除麦田大多数阔叶杂草，包括猪殃殃（茜草科）、麦家公（紫草科）等难防杂草，并对麦田中最难防除的泽漆（大戟科）有非常好的抑制作用。

应用　双氟磺草胺主要用于苗后防除冬小麦、玉米田阔叶杂草如猪殃殃、繁缕、蓼属杂草、菊科杂草等，使用剂量为 $3 \sim 10g(a.i.)/hm^2$。

冬小麦田含双氟磺草胺除草剂的施药时期及方法：

（1）58g/L 双氟·唑嘧胺 SC（双氟磺草胺 25g/L+唑嘧磺草胺 33g/L）

施药量（商品量/计）：10mL 兑水 30~40L/亩茎叶喷雾。

防除杂草：播娘蒿、荠菜、繁缕等阔叶杂草。

施药时期及方法：小麦出苗后杂草 3~6 叶期。

（2）58g/L 双氟·唑嘧胺 SC+50% 异丙隆 WP。

施药量（商品量/计）：10mL+150g 兑水 30~40L/亩，茎叶喷雾。

防除杂草：猪殃殃、播娘蒿、荠菜、繁缕等阔叶杂草；看麦娘、硬草等禾本科杂草。

施药时期及方法：杂草 2~4 叶期冬前施药为佳。

（3）58g/L 双氟·唑嘧胺 SC+6.9% 骠马 EC。

施药量(商品量/计)：10mL＋50mL 兑水 30～40L/亩，茎叶喷雾。

防除杂草：猪殃殃、播娘蒿、荠菜、繁缕等阔叶杂草；看麦娘、野燕麦等禾本科杂草。

施药时期及方法：杂草 3～6 叶期。骠马在杂草 2 叶期至第 2 节出现均可施药，但以分蘖中期施药效果好，用药量随防除杂草种类而异，以看麦娘为主时，亩用 6.9％EC 40～50mL，以野燕麦为主时，亩用 50～60mL。土壤湿度大时用药量酌减。

专利与登记　专利 EP0343752、US5163995 已过专利期，不存在专利权问题。国内登记情况：459g/L 悬乳剂，58g/L 悬乳剂，175g/L 悬乳剂。登记作物均为冬小麦田，防治对象为阔叶杂草。美国陶氏益农公司在中国登记情况见表 193。

表 193　美国陶氏益农公司在中国登记情况

登记名称	登记证号	含量	剂型	登记作物	防治对象	用药量/(g/hm²)	施用方法
双氟·滴辛酯	PD20060012	459g/L	悬乳剂	冬小麦田	阔叶杂草	206.4～275.2	茎叶喷雾
双氟磺草胺	PD20060026	97％	原药	—	—	—	—
	PD20060027	50g/L	悬浮剂	冬小麦田	阔叶杂草	3.75～4.5	茎叶喷雾
双氟·唑嘧胺	PD20070111	58g/L	悬浮剂	冬小麦田	阔叶杂草	7.875～11.8	喷雾
	PD20070112	175g/L	悬浮剂	冬小麦田	阔叶杂草	7.875～11.8	茎叶喷雾

合成方法　以 5-氟尿嘧啶和 2,6-二氟苯胺为起始原料，经多步反应得到：

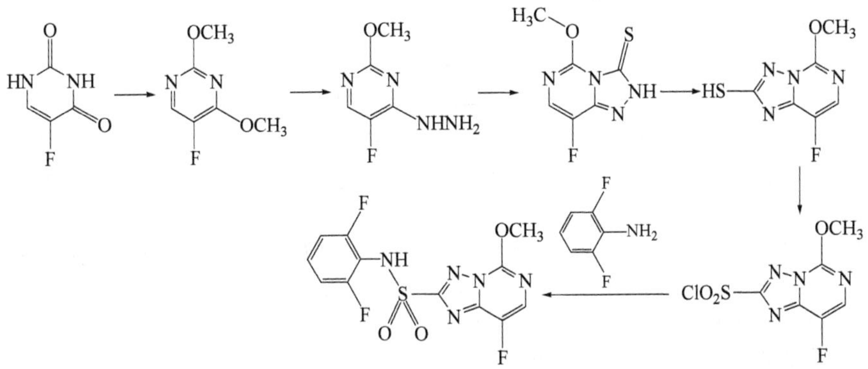

参考文献

[1] The BCPC Conference-Weeds，1999，1：74-80.
[2] 张梅凤等. 今日农药，2011，7：28-30.
[3] 王胜得等. 农药科学与管理，2010，11：18-20.
[4] 苏少泉. 今日农药，2001，4：53-54.

双环磺草酮 benzobicyclon

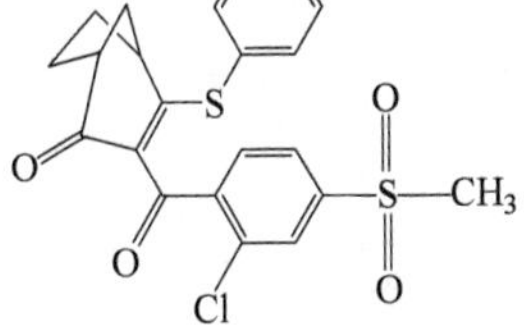

$C_{22}H_{19}ClO_4S_2$，447.0，156963-66-5

双环磺草酮(benzobicyclon)。**试验代号**　SAN-1315H、SB-500。**商品名称**　Kusa Kont、Prekeep、ShowAce、Sunshine、SiriusExa。**其他名称**　Broadcut、Focus Sho、Longshot、Oukus、

Plus-one、Smart、SiriusTarbo SC、Tobikiri，是 SDS 生物技术公司研制的三酮类除草剂。

化学名称　3-(2-氯-4-甲基磺酰基苯甲酰基)-2-苯硫基双环［3.2.1］辛-2-烯-4-酮，3-(2-chloro-4-mesylbenzoyl)-2-phenylthiobicyclo［3.2.1］oct-2-en-4-one。

理化性质　纯品浅黄色无味结晶体，熔点 187.3℃。相对密度 1.45(20.5℃)，蒸气压 $<5.6\times10^{-2}$ mPa(25℃)。$K_{ow}\lg P=3.1$(20℃)。水中溶解度 0.052mg/L(20℃)。150℃以内热稳定，水解迅速。

毒性　大、小鼠急性经口 $LD_{50}>5000$ mg/kg。大鼠急性经皮 $LD_{50}>2000$ mg/kg，对兔皮肤无刺激。大鼠急性吸入 LC_{50}(4h)>2720 mg/m³。ADI 0.034mg/(kg·d)。

生态效应　山齿鹑和野鸭 $LD_{50}>2250$ mg/kg，山齿鹑和野鸭饲喂 LC_{50}(5d)>5620 mg/kg。鲤鱼 LC_{50}(48h)>10 mg/L。水蚤 LC_{50}(3h)>1 mg/L。月牙藻 EC_{50}(72h)>1 mg/L。蜜蜂 LD_{50}(经口和接触)$>200\mu g$/只。

制剂　5.7%悬浮剂、3%颗粒剂。

主要生产商　SDS Biotech K K。

作用机理　HPPD 抑制剂。双环磺草酮可使杂草出现明显的白化症状，特别是药剂处理后在新叶上也有此现象。通常的白化型除草剂能使敏感型杂草出现明显的白化症状，具有枯死的特点。它们主要作用于光合成色素中的类胡萝卜素的生化合成，导致其含量下降。

应用　主要用于水稻(直播或移栽)田防除稗草、莎草科杂草，苗前或早期苗后使用。使用剂量为 200~300g(a.i.)/hm²［亩用量为 13.3~20g(a.i.)］。

作为水稻田除草剂，双环磺草酮具有杀草谱广的特点，特别对具芒碎米莎草科等重要杂草具卓效。单剂标准剂量为 300g(a.i.)/hm²，混剂标准剂量为 200g(a.i.)/hm²，其在水稻与杂草间的选择性极高，对稗草、鸭舌草、陌上菜类等一年生阔叶杂草；萤蔺、水莎草、牛毛毡等具芒碎米莎草科杂草；水竹草、稻状稗壳草、假稻、匍茎剪股颖、眼子草等难除杂草等大量杂草均有效。

该药剂特别对水田重要杂草，即长期以来难以防除的萤蔺有卓效。其杀草速度较缓，但在杂草发生前至 5 叶期的很长的时间内均十分有效，且对高叶龄的花茎伸长期杂草，能完全抑制花芽的形成，从而破坏次年种子的更新。再则，其持效期为 6 周以上，甚至达到 8 周。

同时，该药剂亦为防除从水田沟畔侵入本田的多年生杂草假稻的唯一有效药剂，对于磺酰脲类除草剂的抗性杂草，双环磺草酮由于作用机理不同，也呈现了很高的活性。

专利概况　专利 JP0625144、US5525580 等均已过专利期，不存在专利权问题。

合成方法　通过如下反应制得目的物：

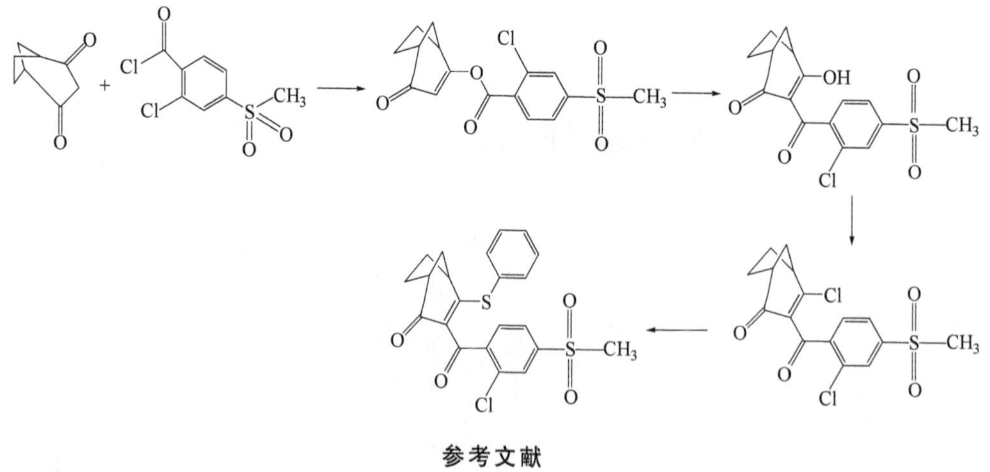

参考文献

［1］张一宾. 世界农药，2006，28（2）：9-14.

双甲脒 amitraz

$C_{19}H_{23}N_3$，293.4，33089-61-1

双甲脒（amitraz）。试验代号 BTS 27419、ENT 27967、OMS 1820。商品名称 Akaroff、Bemisit、Byebye、Dani-cut、Manfe、Mit、Mitisan、Mitac、Opal、Parsec、Rotraz、Sender、Sunmitraz、Tac Plus、Taktic、Teomin、Tetranyx、Tudy、Vapcozin、Wrest、阿米拉兹、三亚螨。其他名称 双虫脒、双二甲咪、果螨杀、杀伐螨，是 1973 年由 Boots Company Ltd（现属拜耳公司）开发的杀螨剂。

化学名称 N'-(2,4-二甲基苯基)-N-[[(2,4-二甲基苯基)亚氨基]甲基]-N'-甲基亚甲氨基胺或 N-甲基双(2,4-二甲苯亚氨基甲基)胺，N-methylbis(2,4-xylyliminomethyl)amine。

理化性质 白色或淡黄色晶体，熔点为 86～88℃，蒸气压 0.34mPa(25℃)。$K_{ow}\lg P=5.5$ (25℃，pH 5.8)，Henry 常数 1.0 Pa·m³/mol，相对密度 1.128(20℃)。溶解度：水中＜1mg/L (20℃)，溶于大多数有机溶剂，丙酮、甲苯、二甲苯中＞300g/L。水解 DT_{50}(25℃)：2.1h(pH 5)，22.1h(pH 7)，25.5h(pH 9)，紫外线对稳定性几乎无影响，pK_a 4.2，呈弱碱性。

毒性 急性经口 LD_{50}(mg/kg)：大鼠 650，小鼠＞1600。急性经皮 LD_{50}(mg/kg)：兔＞200，大鼠＞1600。大鼠吸入 LD_{50}(6h)＞65mg/L 空气。NOEL 值：在 2y 的饲养试验中，大鼠无害作用剂量为 50～200mg/L 饲料，狗 0.25mg/(kg·d)，对人的 NOEL 值＞0.125mg/(kg·d)，ADI：(SCFA)0.003mg/kg [2003]；(JMPR)0.01mg/kg [1998]；(EPA)aRfD 0.0125mg/kg [2006]，cRfD 0.0025mg/kg [1988]。在环境中迅速降解，但在饮用水中在可测量浓度下不会降解。

生态效应 山齿鹑 LD_{50} 788mg/kg，鸟 LC_{50}(8d,mg/kg)：野鸭 7000，日本鹌鹑 1800。鱼类 LC_{50}(96h,mg/L)：虹鳟鱼 0.74，大翻车鱼 0.45；由于双甲脒很容易水解，在水体系中毒性很低。水蚤 LC_{50}(48h)0.035mg/L。羊角月牙藻 EC_{50}＞12mg/L。对蜜蜂和肉食性昆虫低毒。蜜蜂 LD_{50}(接触)为 50μg/只(制剂)。蚯蚓 LC_{50}(14d)＞1000mg/kg。

环境行为 在动物体内能快速降解，以 4-氨基-3-甲基苯甲酸和少量的 N-(2,4-二甲苯基)-N'-甲基甲脒的形式代谢。在植物体内能快速降解为 N-(2,4-二甲苯基)-N'-甲基甲脒和少量的 N-(2,4-二甲苯基)甲酰胺。在土壤中能很快进行有氧代谢，在土壤中 DT_{50}＜1d，在酸性土壤中降解更迅速，并且非常容易被土壤吸附。K_{oc} 1000～2000。

制剂 20%乳油。

主要生产商 Arysta LifeScience、Milenia、Sundat、丰荣精细化工有限公司、湖北沙隆达股份有限公司、江苏百灵农化有限公司、江苏恒隆作物保护有限公司、江苏绿利来股份有限公司、苏州恒泰集团有限公司、上海中西制药有限公司及泰达集团等。

作用机理与特点 双甲脒系广谱杀螨剂，主要是抑制单胺氧化酶的活性。具有触杀、拒食、驱避作用，也有一定的内吸、熏蒸作用。

应用

(1) 适用作物 主要用于果树、蔬菜、茶叶、棉花、大豆、甜菜等作物。

(2) 防治对象 防治叶螨和瘿螨等多种害螨，对同翅目害虫如梨黄木虱、橘黄粉虱等也有良好的药效，还对梨小食心虫及各类夜蛾科害虫的卵有效。对蚜虫、棉铃虫、红铃虫等害虫，有一定的效果。对成、若螨、夏卵有效，对冬卵无效。在兽用方面主要用于防治家畜的珠形纲、蠕形螨科、蚤目、兽羽虱科寄生虫和蜜蜂的大蜂螨，包括对其他兽用杀蜱螨剂产生抗性的蜱螨也十分有效。该药在毛发中可保持很长时间，可防治所有生育期的寄生虫。

（3）残留量与安全施药　在柑橘收获前 21d 停止使用，最高使用量 1000 倍液。棉花收获前 7d 停止使用，最高使用量 200mL（20％双甲脒乳油）/亩。如皮肤接触后，应立即用肥皂和水冲洗干净。

（4）应用技术　双甲脒在高温晴朗天气使用，气温低于 25℃时，药效较差。不宜和碱性农药（如波尔多液、石硫合剂等）混用。在温度较高时使用，对辣椒和梨可能产生药害。不要与对硫磷混合用于苹果树或梨树，以免产生药害。使用方法与在我国推荐使用情况如下：

① 果、茶树害螨的防治　苹果叶螨、柑橘红蜘蛛、柑橘锈螨、木虱，用 20％乳油 1000～1500 倍液喷雾。

② 茶树害螨的防治　防治茶半跗线螨，用有效浓度 150～200mg/kg 药液喷雾。

③ 蔬菜害螨的防治　茄子、豆类红蜘蛛，用 20％乳油 1000～2000 倍液喷雾。西瓜、冬瓜红蜘蛛，用 20％乳油 2000～3000 倍液喷雾。

④ 棉花害螨的防治　防治棉花红蜘蛛，用 20％乳油 1000～2000 倍液喷雾。同时对棉铃虫、红铃虫有一定兼治作用。

⑤ 牲畜体外蜱螨及其他害螨的防治　牛、羊等牲畜蜱螨处理药液 50～1000mg/kg。牛疥癣病用药液 250～500mg/kg 全身涂擦、涮洗。环境害螨用 20％乳油 4000～5000 倍液喷雾。

专利与登记　专利 GB1327935、DE2061132 均早已过专利期，不存在专利权问题。

该药已在阿根廷、日本、美国、瑞士、英国、丹麦等 20 多个国家登记，登记作物为柑橘、棉花等。国内登记情况：95％、97％、98％原药，10％、20％、200g/L 乳油，等，登记作物为柑橘树、梨树、苹果树、棉花等，防治对象为螨、红蜘蛛、梨木虱、介壳虫、苹果叶螨等。日本爱利思达生命科学株式会社在中国登记情况见表 194。

表 194　日本爱利思达生命科学株式会社在中国登记情况

商品名	登记证号	含量	剂型	登记作物	防治对象	用药量	施用方法
双甲脒	PD9-85	200g/L	乳油	柑橘树	螨	$130\sim200mg/kg$	喷雾
				苹果树	山楂红蜘蛛	$130\sim200mg/kg$	喷雾
				梨树	梨木虱	$166\sim250mg/kg$	喷雾
				棉花	棉红蜘蛛	$60\sim120g/hm^2$	喷雾
				柑橘树	介壳虫	$130\sim200mg/kg$	喷雾
				苹果树	苹果叶螨	$130\sim200mg/kg$	喷雾

合成方法　经如下反应制得双甲脒：

方法 1：单甲脒法

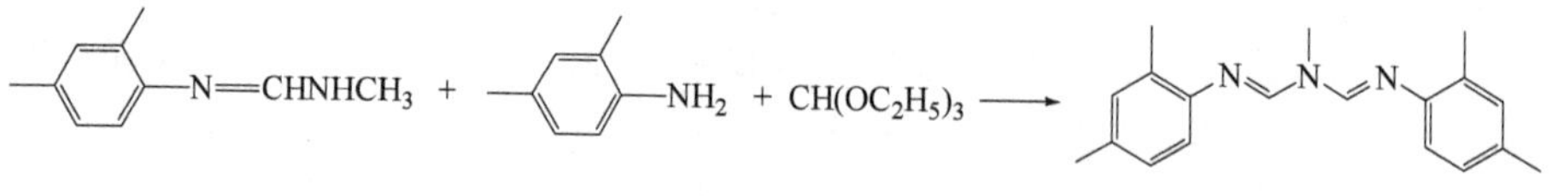

方法 2：亚胺酸酯法

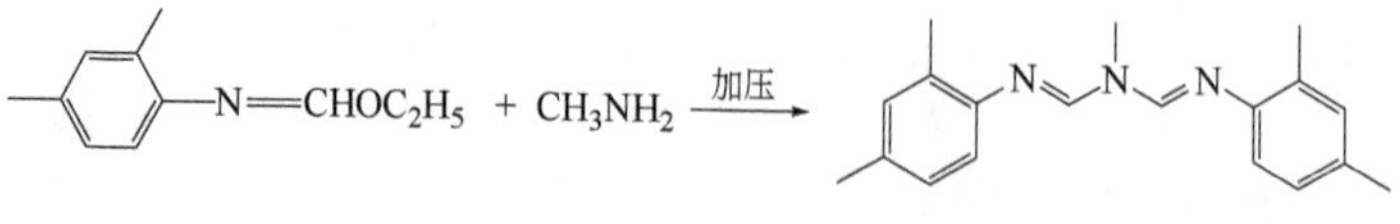

方法 3：酰替苯胺法

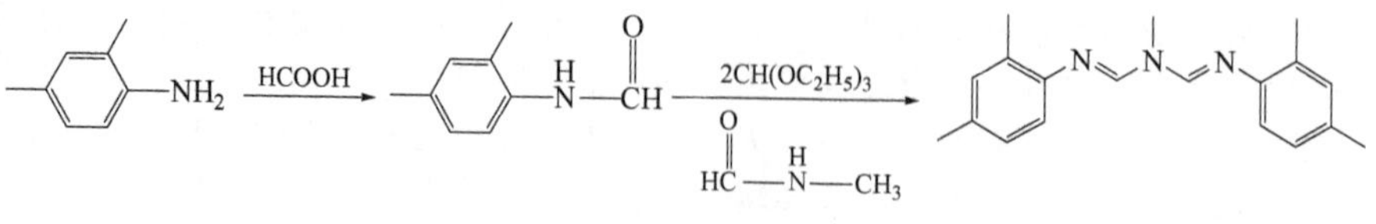

方法 4：一步法

参考文献

[1] 许彤倩. 浙江工业大学学报，1995，23(1):8-15.
[2] 石鸿昌. 农药，1999，38(2):9-11.

双硫磷 temephos

$C_{16}H_{20}O_6P_2S_3$，466.5，3383-96-8

双硫磷(temephos)。**试验代号** AC52160、BAS 317 I、ENT27165、OMS786。**商品名称** Abate、Abathion、Biothion、Emeltenmiddel、Lypor、Sunmephos、Temeguard、TIOK、Temetox、Temovap。**其他名称** 硫甲双磷、替美福司、硫双苯硫磷，是 American Cyanamid Co（现属 BASF）开发的有机磷类杀虫剂。

化学名称 O,O,O',O'-四甲基 O,O'-硫代-双-对苯亚基二硫代磷酸酯，O,O,O',O'-tetramethyl O,O'-thiodi-p-phenylene bis(phosphorothioate) 或 O,O,O',O'-tetramethyl O,O'-thiodi-p-phenylene diphosphorothioate。

组成 原药纯品含量大于 90%。

理化性质 无色结晶固体（原药棕色黏稠液体），熔点 30.0～30.5℃。沸点 120～125℃（分解）。蒸气压 $8×10^{-3}$ mPa(25℃)。相对密度 1.32（原药）。$K_{ow}lgP=4.91$，Henry 常数 $1.24×10^{-1}$Pa·m³/mol(25℃，计算)。水中溶解度(25℃)0.03mg/L；溶于常用的有机溶剂，如乙醚、芳香烃和卤代烃化合物，正己烷 9.6g/L。在强酸和碱性条件下分解，在 pH 5～7 稳定，49℃以上分解。

毒性 大鼠急性经口 LD_{50}(mg/kg)：雄 4204，雌>10000。急性经皮 LD_{50}(24h,mg/kg)：兔 2181，大鼠>4000。本品对兔眼睛和皮肤无刺激。大鼠吸入 LC_{50}(4h)4.79mg/L 空气。大鼠 NOEL 值(2y)300mg/kg 饲料。对人施以 256mg/人、64mg/人剂量在 5d、28d 后均无中毒现象。

生态效应 鸟饲喂 LC_{50}(5d,mg/kg 饲料)：野鸭 1200，野鸡 170。虹鳟鱼 LC_{50}(mg/L)：(96h)9.6，(24h)31.8。直接接触对蜜蜂高毒，LD_{50}1.55μg/只(接触)。

环境行为 本品在温血动物体内的降解很少，大部分未经变化通过动物的尿液和粪便排出。尿液中另一部分代谢物为硫酸酯的配合物。在植物上可氧化为亚砜，只有少量降解为砜、单正磷酸盐或双正磷酸盐，再进一步降解就较缓慢。本品在土壤中的半衰期为 12d，它和亚砜的混合物在土壤中的半衰期<30d。土壤吸附系数：肥沃沙地 73，砂壤土 130，粉砂壤土 244，肥土 541。

制剂 10%、20%、50%乳油，50%可湿性粉剂，1%、2%、5%颗粒剂，2%粉剂。

主要生产商 Aimco、BASF、Bharat、Bioquest、Devidayal、Ficom、Gharda、Heranba、PHP Santé、Sharda、Sundat、丰荣精细化工有限公司及宁波保税区汇力化工有限公司等。

作用机理与特点 胆碱酯酶的直接抑制剂，无内吸性。具有强烈的触杀作用，它的最大特点是对蚊和蚊蚋幼虫有特效，残效期长。当水中药液浓度为 1mg/kg 时，37d 后，仍能在 12h 后

100％杀死蚊幼虫。具有高度选择性，适于杀灭水塘、下水道、污水沟中的蚊蚋幼虫。稳定性好，残效期长。

应用

(1) 适宜作物　水稻、棉花、玉米、花生等。

(2) 防治对象　蚊虫、黑蚋、库蠓、摇蚊等的幼虫和成虫。对防治人体上的虱，狗、猫身上的跳蚤亦有效。还能防治水稻、棉花、玉米、花生等作物上的多种害虫，如黏虫、棉铃虫、稻纵卷叶螟、卷叶蛾、地老虎、小造桥虫和蓟马等。

(3) 残留量与安全施药　①本品对鸟类和虾有毒，养殖这类生物地区禁用；②本品对蜜蜂有毒，果树开花期禁用。

(4) 使用方法　用2％颗粒剂3.75～7.5kg/hm²，可防治死水、浅湖、林区、池塘中的蚊类；用2％颗粒剂15kg/hm²，可防治沼泽地、湖水区等有机物较多的水源中或潮湿地上的蚊类。用5％颗粒剂7.5kg/hm²，可防治污染严重的水源中的蚊类。防治地老虎、柑橘上的蓟马和牧草上的盲蝽属害虫，每亩用5％颗粒剂1～1.5kg。用50％乳油45～75g/hm²，兑水喷洒，可防治孑孓，但对有机磷抗性强的地区，应用高剂量，必要时重复喷洒。60％乳剂，将乳剂稀释为0.2％浓度用以喷洒。或按二百万分之一加入水中，1h后幼虫可全部死亡。遇强碱（如石灰等）易分解失效。此外，用50％　1000倍液喷雾，还可防治黏虫、棉铃虫、卷叶虫、稻纵卷叶螟、小地老虎、小造桥虫等害虫，效果良好。

专利与登记　专利BE648531、GB1039238、US3317636均早已过专利期，不存在专利权问题。国内登记情况：90％原药、1％颗粒剂等，登记对象为卫生，防治对象为孑孓。

合成方法　经如下反应制得双硫磷：

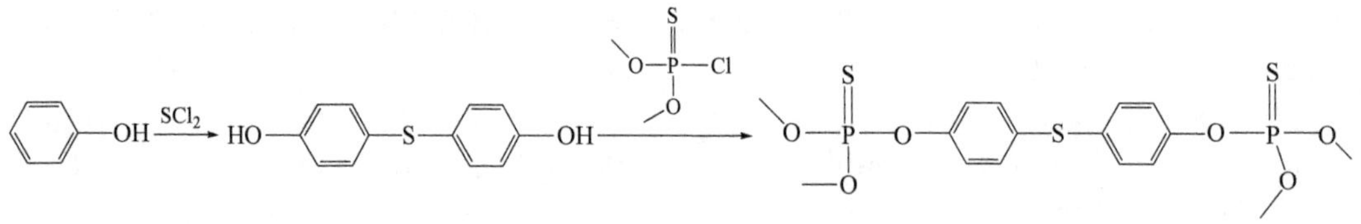

双氯磺草胺 diclosulam

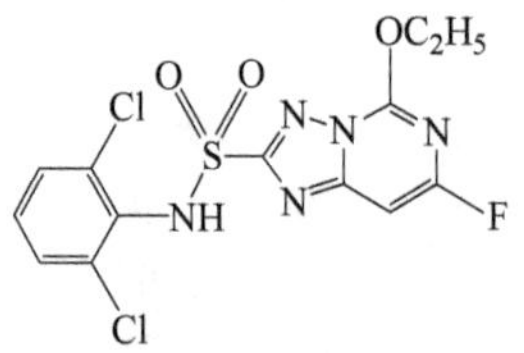

$C_{13}H_{10}Cl_2FN_5O_3S$，406.2，145701-21-9

双氯磺草胺（diclosulam）。试验代号　DE-564、XDE-564。商品名称　Crosser、Spider、Strongram，是由道农业科学（Dow AgroSciences）公司开发的三唑并嘧啶磺酰胺类除草剂。

化学名称　2′,6′-二氯-5-乙氧基-7-氟［1,2,4］三唑［1,5-c］嘧啶-2-磺酰苯胺，2′,6′-dichloro-5-ethoxy-7-fluoro［1,2,4］triazolo［1,5-c］pyrimidine-2-sulfonanilide。

理化性质　纯品为灰白色固体，熔点218～221℃，相对密度1.602（20℃）。蒸气压6.67×10^{-10}mPa（25℃）。分配系数$K_{ow}lgP = 0.85$（pH 7）。水中溶解度为6.32μg/mL（20℃）。其他溶剂中溶解度（20℃，g/100mL）：丙酮0.797，乙腈0.459，二氯甲烷0.217，乙酸乙酯0.145，甲醇0.0813，辛醇0.00442，甲苯0.00588。在50℃可稳定28d，pK_a 4.0（20℃）。

毒性　大鼠急性经口$LD_{50} > 5000$mg/kg，大鼠急性经皮$LD_{50} > 2000$mg/kg。对豚鼠皮肤无致

敏性。大鼠吸入 LC_{50}(4h)>5.04mg/L。大鼠 NOEL(2y)5mg/(kg·d)。ADI cRfD 0.05mg/kg[2000]。

生态效应 山齿鹑急性经口 LD_{50}>2250mg/kg，山齿鹑和野鸭饲喂 LC_{50}(5d)>5620mg/L。鱼类 LC_{50}(96h,mg/L)：虹鳟鱼>110，大翻车鱼>137，羊头鱼>120。水蚤 LC_{50}(48h)72mg/L，NOEC 5.66mg/L，LOEC 9.16mg/L。藻类 EC_{50}(14d,μg/L)：绿藻 1.6，蓝藻 83；NOEC(μg/L)：绿藻 1.6，蓝藻 561。其他水生生物 LC_{50}(96h,mg/L)：草虾>120，东部牡蛎>120；浮萍 EC_{50}1.16μg/L。蜜蜂 LD_{50}(48h,接触)>25mg/只。蚯蚓 LC_{50}(14d)>991mg/kg 土。对有益生物无毒或有轻微毒性。

环境行为

(1) 动物 主要代谢方式为乙氧基的去烷基化作用和磺酰胺链的水解。

(2) 土壤/环境 主要通过微生物降解，对土壤 pH 值有微弱影响。在各种土壤中 DT_{50}值 33~65d，土壤吸附系数 K_{oc}90。不会污染地下水。

制剂 水分散粒剂。

主要生产商 Dow AgroSciences。

作用机理 乙酰乳酸合成酶(ALS)抑制剂。可被杂草通过根部和茎叶快速吸收，从而发挥作用。

应用 主要用于大豆、花生田苗前、种植前土壤处理，防除阔叶杂草。对大豆、花生安全是基于其快速代谢，生成无活性化合物。其在大豆植株中半衰期为3h。使用剂量为：大豆 26~35g (a.i.)/hm^2，花生 17.5~26g(a.i.)/hm^2。

专利概况 专利 EP0343752、US5163995、US5201938 等均已过专利期，不存在专利权问题。

合成方法 通过如下反应即得目的物：

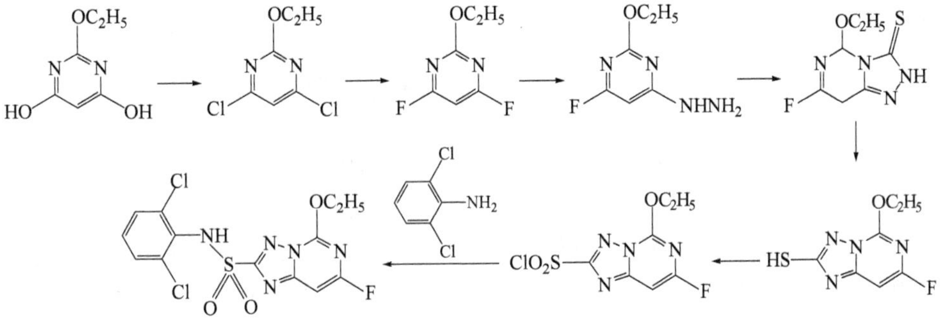

双氯氰菌胺 diclocymet

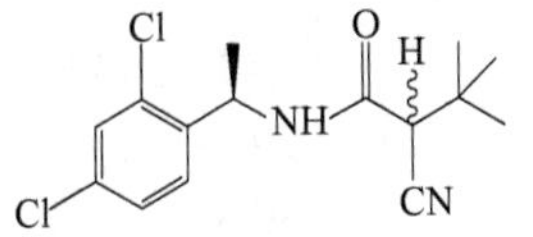

C$_{15}$H$_{18}$Cl$_2$N$_2$O，313.2，139920-32-4

双氯氰菌胺(diclocymet)。试验代号 S-2900。商品名称 Delaus，是由日本住友化学株式会社开发的酰胺类杀菌剂。

化学名称 (RS)-2-氰基-N-[(R)-1-(2,4-二氯苯基)乙基]-3,3-二甲基丁酰胺，(RS)-2-cyano-N-[(R)-1-(2,4-dichlorophenyl)ethyl]-3,3-dimethylbutyramide。

理化性质 纯品为淡黄色晶体，熔点 $154.4\sim156.6℃$。蒸气压 $0.26mPa(25℃)$。$K_{ow}\lg P=3.97(25℃)$。Henry 常数 $1.28\times10^{-2}Pa\cdot m^3/mol(25℃)$。相对密度 $1.24(23℃)$。水中溶解度 $(25℃)6.38\mu g/mL$。

毒性 大鼠（雄、雌）急性经口 $LD_{50}>5000mg/kg$，大鼠（雄、雌）急性经皮 $LD_{50}>2000mg/kg$。大鼠吸入 $LC_{50}(4h)>1180mg/L$。

生态效应 鲤鱼 $LC_{50}(96h)>8.8mg/L$。水蚤 $EC_{50}(72h)3.4mg/L$。

制剂 3%颗粒剂，0.3%粉剂，7.5%悬浮剂。

主要生产商 Sumitomo Chemical。

作用机理与特点 黑色素生物合成抑制剂。通过抑制脱水酶起作用。

应用 内吸性杀菌剂，主要用于防治稻瘟病。使用剂量通常为 $112.5\sim300g/hm^2$。

专利概况 专利 JP63072663 早已过专利期，不存在专利权问题。

合成方法 以间二氯苯为原料，经如下反应即制得目的物：

参考文献

[1] The Pesticide Manual. 15th edition. 2009：340.

[2] Pesticide Science，1999，55(6)：649-650.

双炔酰菌胺 mandipropamid

$C_{23}H_{22}ClNO_4$，411.9，374726-62-2

双炔酰菌胺(mandipropamid)。试验代号 NOA 446510。商品名称 Pergado MZ、Pergado C、Pergado F、Pergado R、Revus、Revus Top、Revus Opti，是由先正达公司研制的酰胺类杀菌剂。

化学名称 (RS)-2-(4-氯苯基)-N-［3-甲氧基-4-(丙-2-炔氧基)苯乙基］-2-(丙-2-炔氧基)乙酰胺，（RS）-2-（4-chlorophenyl)-N-［3-methoxy-4-（prop-2-ynyloxy）phenethyl］-2-（prop-2-ynyloxy)acetamide。

理化性质 纯品为淡黄色粉末，熔点 $96.4\sim97.3℃$，蒸气压 $<9.4\times10^{-4}mPa(25\sim50℃)$。分配系数 $K_{ow}\lg P=3.2$，亨利系数 $<9.2\times10^{-5}Pa\cdot m^3/mol(25℃$，计算值)，密度($22℃)1.24g/L$。水中的溶解度 $4.2mg/L(25℃)$；有机溶剂中的溶解度($25℃$,g/L)：正己烷 0.042，正辛醇 4.8，甲苯 29，甲醇 66，乙酸乙酯 120，丙酮 300，二氯甲烷 400。在 pH=4~9 内稳定。

毒性 大鼠（雌/雄)急性经口 $LD_{50}>5000mg/kg$，大鼠（雌/雄)急性经皮 $LD_{50}>5050mg/kg$。大鼠（雌/雄)急性吸入 $LC_{50}>5000mg/kg$。对兔眼和皮肤无刺激性，对豚鼠无致敏性。NOEL 数据[1y,mg/(kg·d)]：狗 5，大鼠 15。对大鼠和小鼠无致癌性。ADI 值（EPA）慢性参考剂量 0.05mg/kg [2008]。无三致。

生态效应 山齿鹑急性经口 $LD_{50}>2250mg/kg$。虹鳟鱼 $LC_{50}(96h)>2.9mg/L$。水蚤 $LC_{50}(48h)7.1mg/L$。羊角月牙藻 $EC_{50}(96h)>2.5mg/L$。其他水生物 $EC_{50}(mg/L)$：亚洲牡蛎(96h) 0.97，浮萍(7d)>6.8。蜜蜂 LD_{50}（接触和经口)>200μg/只。蚯蚓 $LC_{50}>1000mg/kg$ 干土。对节

肢动物的毒性非常低。

环境行为

（1）动物　在大鼠体内，双炔酰菌胺可被迅速吸收，并且很快排出体外；双炔酰菌胺在大鼠体内的代谢主要通过糖酯化作用和 O-脱烷基化法脱去一个或两个炔丙基基团。

（2）土壤/环境　双炔酰菌胺的光解半衰期 DT_{50} 1.7d（pH 7,25℃），在试验田中光解半衰期的平均值为 17d（2～29d），K_{oc} 的平均值为 847mL/g（405～1294mL/g）；双炔酰菌胺在土壤中降解的半衰期 DT_{50}（实验数据,20℃,有氧）为 53d，厌氧降解半衰期要长些，在试验田中的降解半衰期为 20d。

制剂　250g/L悬浮剂、23.4%悬浮剂。

主要生产商　Syngenta。

作用机理与特点　双炔酰菌胺为酰胺类杀菌剂。其作用机理为抑制磷脂的生物合成，对绝大多数由卵菌引起的叶部和果实病害均有很好的防效。对处于萌发阶段的孢子具有较高的活性，并可抑制菌丝生长和孢子形成。可以通过叶片被迅速吸收，并停留在叶表蜡质层中，对叶片起保护作用。

应用

（1）适宜作物与安全性　葡萄、番茄、辣椒、西瓜、荔枝树、马铃薯。对作物和环境安全。

（2）防治对象　霜霉病、晚疫病、疫病、霜疫霉病。

（3）使用方法　经室内活性测定和田间药效试验，结果表明双炔酰菌胺 250g/L悬浮剂对荔枝霜疫霉病有较好的防治效果。用药剂量为 125～250mg/kg（折成 250g/L悬浮剂的 1000～2000 倍药液），于发病初期开始均匀喷雾，开花期、幼果期、中果期、转色期各喷药 1 次。推荐剂量下对荔枝树生长无不良影响，未见药害发生。

专利与登记

专利名称　Preparation of novel phenyl propargyl ethers as agrochemical fungicides

专利号　WO2001087822

专利申请日　2001-05-15

专利拥有者　Syngenta Participations A G，Switz

在其他国家申请的专利：AT271031、BR2001010810、CA2406088、EG22695、EP1282595、JP2003533502、US6683211、ZA2002009266 等。

在国内的登记情况：23.4%悬浮剂，440g/L双炔·百菌清混剂悬浮剂。登记作物：葡萄、番茄、辣椒、西瓜、荔枝树、马铃薯、黄瓜。防治对象：霜霉病、疫病、霜疫霉病等。

瑞士先正达作物保护有限公司在中国登记情况见表195。

表195　瑞士先正达作物保护有限公司在中国登记情况

登记名称	登记证号	含量	剂型	登记作物	防治对象	用药量/(g/hm²)	施用方法
双炔酰菌胺	PD20102138	93%	原药				
双炔·百菌清	PD20120438	440g/L	悬浮剂	黄瓜	霜霉病	660～990	喷雾
双炔酰菌胺	PD20102139	23.4%	悬浮剂	马铃薯	晚疫病	75～150	喷雾
				西瓜	疫病	112.5～150	
				辣椒	疫病	112.5～150	
				荔枝树	霜疫霉病	125～250	
				葡萄	霜霉病	125～167	
				番茄	晚疫病	112.5～150	

合成方法 以对氯苯甲醛为起始原料，经如下反应即得目的物。反应式为：

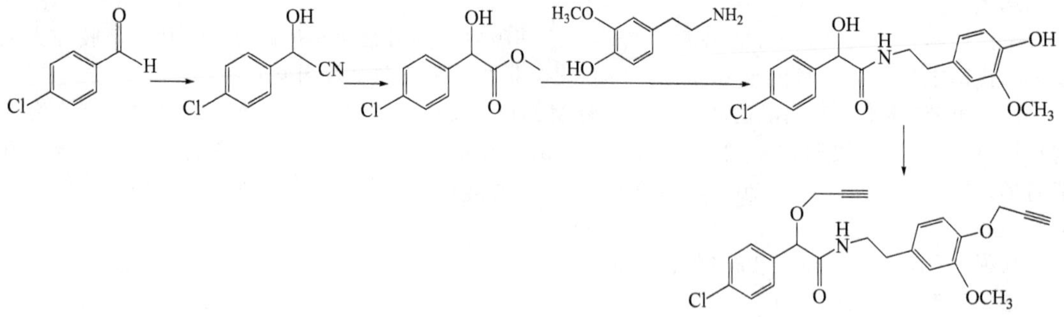

参考文献

[1] The Pesticide Manual. 15th edition. 2009；705-706.

[2] 迟会伟. 农药，2007，46（1）；52-54.

[3] 崔国崴. 世界农药，2009，31(6)；48-49.

双三氟虫脲 bistrifluron

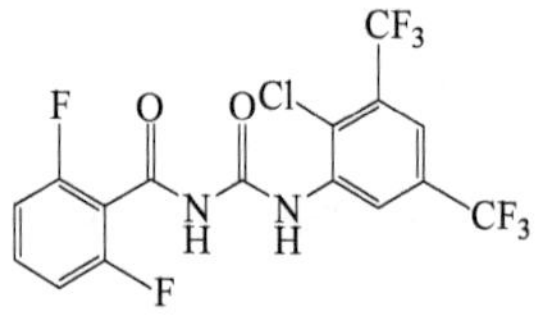

$C_{16}H_7ClF_8N_2O_2$，446.7，201593-84-2

双三氟虫脲(bistrifluron)。试验代号 DBI-3204。商品名称 Hanaro，是韩国东宝化学公司开发的甲壳质合成抑制剂，于 2006 年在韩国上市。

化学名称 1-[2-氯-3,5-双(三氟甲基)苯基]-3-(2,6-二氟苯甲酰基)脲，1-[2-chloro-3,5-bis(trifluoromethyl)phenyl]-3-(2,6-difluorobenzoyl)urea。

理化性质 白色粉状固体，熔点 172～175℃，蒸气压 $2.7×10^{-3}$ mPa(25℃)，$K_{ow}\lg P = 5.74$。Henry 常数 $<4×10^{-2}$ Pa·m³/mol。水中溶解度(25℃)<0.03mg/L。其他溶剂中溶解度(25℃，g/L)：甲醇 33，二氯甲烷 64，正己烷 3.5。室温下，pH 5～9 时稳定。pK_a 9.58±0.46(25℃)。

毒性 雄、雌大鼠急性经口 $LD_{50}>5000$mg/kg。雄、雌大鼠急性经皮 $LD_{50}>2000$mg/kg。对兔皮肤无刺激，对兔眼睛有轻微刺激。NOEL：(13 周)大鼠亚慢毒性>1000mg/kg，亚慢经皮毒性 1000mg/kg，致畸毒性>1000mg/kg。Ames 试验、染色体畸变和微核试验均呈阴性。

生态效应 山齿鹑和野鸭急性经口 $LD_{50}>2250$mg/kg。鱼类 LC_{50}(48h，mg/L)：鲤鱼>0.5，鳟鱼>10。蜜蜂 LD_{50}(48h，接触)$>100\mu$g/只。蚯蚓 LC_{50}(14d)32.84mg/kg。

制剂 10％悬浮剂和 10％乳油。

主要生产商 Dongbu HiTek。

作用机理与特点 双三氟虫脲对昆虫有显著的生长发育抑制作用，对白粉虱有特效。该化合物抑制昆虫甲壳质形成，影响内表皮生成，使昆虫不能顺利蜕皮而死亡。

应用

（1）适用作物 蔬菜、茶叶、棉花等。

（2）防治对象 粉虱，如白粉虱和烟粉虱；鳞翅目害虫，如甜菜夜蛾、小菜蛾和金纹细蛾。

（3）应用 75～150g/hm² 防治蔬菜上的鳞翅目害虫和小菜蛾，10～400g/hm² 用于果树都有很好杀虫效果；50～100g/hm² 防治粉虱效果很好；100～400g/hm² 用于苹果树，75～150g/hm² 用于柿子树都有很好效果。

总体来说以 75～400g(a.i.)/hm² 用量用于防治蔬菜和果树的绝大多数鳞翅目和粉虱害虫，对作物、天敌、人畜和环境高度安全。目前其制剂 10％SC、10％EC 正在韩国使用。

活性研究表明双三氟虫脲杀虫谱广，如鳞翅目害虫、椿象和甲虫等。实验室生物活性数据如表 196 所示。

表 196　双三氟虫脲室内生物活性

害虫	LD_{50}/LC_{50}	测试方法
小菜蛾(2 龄幼虫)	0.22μg/mL	浸叶法
斜纹夜蛾(2 龄幼虫)	0.02μg/mL	浸叶法
贪夜蛾(2 龄幼虫)	0.07μg/mL	浸叶法
菜青虫(2 龄幼虫)	0.37μg/mL	浸叶法
烟青虫(2 龄幼虫)	0.7μg/mL	浸叶法
美国白蛾(2 龄幼虫)	0.82μg/mL	浸叶法
黏虫(2 龄幼虫)	0.66μg/mL	浸叶法
帕尔皮塔籼稻(3 龄幼虫)	<0.01μg/mL	浸叶法
菜心螟(3 龄幼虫)	3.6μg/mL	浸叶法
棉褐带卷蛾(1 龄幼虫)	3.5μg/mL	浸叶法
温室粉虱(3 龄若虫)	<1μg/mL	喷雾
Eurydema rugosa(5 龄若虫)	13.6μg/g	外用/局部滴旋
悬铃木方翅网蝽(3 龄幼虫)	51.1μg/mL	喷雾
豆缘蝽(5 龄幼虫)	0.26μg/g	外用/局部滴旋
马铃薯瓢虫(3 龄幼虫)	1.3μg/mL	浸叶法
家蝇(3 龄幼虫)	38μg/g	人工饲喂
淡色库蚊(3 龄幼虫)	0.07μg/mL	浸泡试验
德国蟑螂/德国姬蠊(2 龄幼虫)	0.25μg/g	外用/局部滴旋

双三氟虫脲的抗性因子远远小于有机磷类杀虫剂如丙硫磷。

试验将双三氟虫脲和某些商品化品种在 75～150g(a.i.)/hm² 下对鳞翅目昆虫(贪夜蛾)和小菜蛾杀虫活性进行了比较。结果显示双三氟虫脲在 50～100g(a.i.)/hm² 下对温室白粉虱表现出很好的活性。双三氟虫脲在 100～400g(a.i.)/hm² 下对苹果树金纹小潜细蛾和在 200～400g(a.i.)/hm² 下对柿子树的柿举肢蛾有很好效果。

专利概况

专利名称 2-Chloro-3,5-bis(trifluoromethyl)phenyl benzoyl urea derivative and process for preparing the same

专利号 WO9800394

专利申请日 1997-06-25

专利拥有者 Hanwha Corporation

在其他国家申请的化合物专利：AT198738、CN1225626、CN1077101、DE69703935、EP0912502、ES2153202、IN186299、JP2000514782、US6022882 等。

合成方法 经如下反应即得目的物。反应式为：

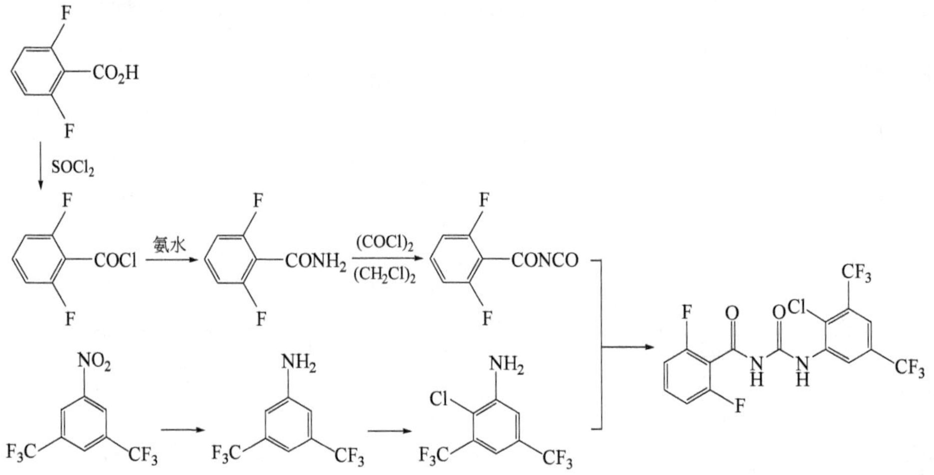

参考文献

[1] The BCPC Conference-Pests and Diseases，2000：41-44.

双唑草腈 pyraclonil

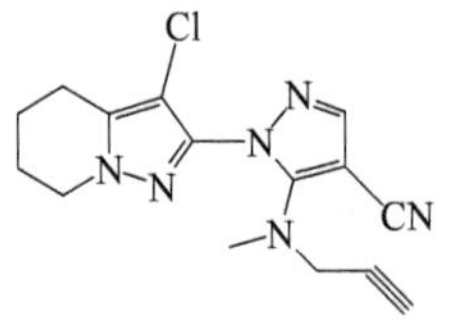

$C_{15}H_{15}ClN_6$，314.8，158353-15-2

双唑草腈(pyraclonil)。试验代号 AEB 172391。商品名称 Comet、Get-Star、Ginga、SiriusExa、Sunshine。其他名称 Ippon D，是 Hoechst Schering AgrEvo GmbH 公司研制的双吡唑类除草剂。

化学名称 1-(3-氯-4,5,6,7-四氢吡唑并[1,5-a]吡啶-2-基)-5-[甲基(丙-2-炔基)氨基]吡唑-4-腈，1-(3-chloro-4,5,6,7-tetrahydropyrazolo[1,5-a]pyridin-2-yl) -5-[methyl(prop-2-ynyl)amino] pyrazole-4-carbonitrile。

应用 水稻田除草剂。

专利概况 专利 WO9408999、DE19613752 等均已过专利期，不存在专利权问题。

合成方法 主要有如下两种方法：

方法1：以 5-氯戊酰氯、1,2-二氯乙烯、水合肼和丙二腈为起始原料，经如下反应制得目的物。

方法2：以2-氰基亚甲基吡喃、水合肼、丙二腈为起始原料，经如下反应制得目的物。

参考文献

[1] 葛发祥.安徽化工，2012,6：17-18.

霜霉威 propamocarb

$C_9H_{21}ClN_2O_2$，224.7，24579-73-5

　　霜霉威（propamocarb）。试验代号　AEB 066752、SN 66752、Zk66752。商品名称　Banol、Previcur N、Previcur、Proplant、Promo、Tattoo。其他名称　丙酰胺，是Schering AG（现为拜耳公司）开发的氨基甲酸酯类杀菌剂。

　　化学名称　非盐酸盐　3-（二甲基氨基）丙基氨基甲酸丙酯。propyl 3-(dimethylamino)propyl-carbama。

理化性质　盐酸盐　霜霉威的饱和水溶液浓度为780g/L。为无色带有淡淡芳香味的吸湿性晶体。熔点64.2℃，蒸气压$3.8×10^{-2}$mPa(20℃)，分配系数$K_{ow}lgP=-1.21$(pH 7)。Henry常数$1.7×10^{-8}$Pa·m³/mol(20℃)。相对密度1.085。水中溶解度＞500g/L(pH＝1.6～9.6,20℃)。有机溶剂中溶解度(20℃,g/L)：正己烷＜0.01，甲醇656，二氯甲烷＞626，甲苯0.14，丙酮560.3，乙酸乙酯4.34。稳定性：不易水解和光解且能耐400℃高温。pK_a 9.3(20℃)。闪点400℃。表面张力71.98mN/m(20℃)。

毒性　盐酸盐　急性经口LD_{50}(mg/kg)：大鼠2000～2900，小鼠2650～2800，狗1450。大鼠和小鼠急性经皮LD_{50}＞3000mg/kg。对兔皮肤和眼睛无刺激作用。对豚鼠皮肤无致敏性。大鼠急性吸入LC_{50}(4h)＞5.54mg/L空气。NOEL数据：2y喂养试验无作用剂量大鼠为1000mg/kg，狗为3000mg/kg。无致突变作用。ADI值：(JMPR)0.4mg/kg［2005，2006］，(EC)0.29mg/kg［2007］，(EPA)cRfD 0.11mg/kg［1995］。

生态效应　盐酸盐　山齿鹑和野鸭急性经口LD_{50}＞1842mg/kg。山齿鹑和野鸭饲喂LC_{50}＞962mg/kg。鱼毒LC_{50}(96h,mg/L)：大翻车鱼＞92，虹鳟鱼＞99。水蚤LC_{50}(48h)106mg/L。羊角月牙藻E_rC_{50}(72h)＞85mg/L。其他水生生物：亚洲牡蛎EC_{50}(96h)43.9mg/L，糠虾LC_{50}(96h)105mg/L。蜜蜂LD_{50}(μg/只)：(经口)＞84，(接触)＞100。蚯蚓LC_{50}(14d)＞660mg/kg土。其他有益生物：对缢管蚜茧蜂、捕食性螨、四叶草、七星瓢虫、豆天蛾和捕植性螨无害。

环境行为

(1) 动物　霜霉威经动物口服后能够迅速被吸收，并且能够很快通过尿液排出体外(在24h内，排出量＞90%)。主要降解途径为氧化和水解。

(2) 植物　在植物体内几乎不降解。

(3) 土壤/环境　在土壤中经过一个短暂的滞后期，会迅速通过微生物降解，DT_{50}＜30d，DT_{90}＜70d。霜霉威主要残留于土壤上层(4～20cm)，并且几乎不会向下渗透。在水溶液中可以稳定存在，但是有水生微生物存在时会迅速降解。霜霉威可被吸附，但很难被解吸。

制剂　72.2%和66.5%霜霉威(盐酸盐)水剂。

主要生产商　Agria、Agriphar、Bayer CropSciences、Synthesia、重庆双丰化工有限公司、大连瑞泽农药股份有限公司、江苏宝灵化工股份有限公司、江苏蓝丰生物化工股份有限公司、上海中西制药有限公司、一帆生物科技集团有限公司及浙江禾本科技有限公司等。

作用机理与特点　主要抑制病菌细胞膜成分的磷脂和脂肪酸的生物合成，抑制菌丝生长、孢子囊的形成和萌发。霜霉威属内吸传导性杀菌剂，当用作土壤处理剂时，能很快被根吸收并向上输送到整个植株。当用作茎叶处理时，能很快被叶片吸收并分布在叶片中，在30min内就能起到保护作用。该药还可用于无土栽培、浸泡块茎和球茎、制作种衣剂等。因其作用机理与其他杀菌剂不同，与其他药剂无交互抗性，尤其对常用杀菌剂已产生抗药性的病菌有效。

应用

(1) 适宜作物与安全性　适用于黄瓜、番茄、甜椒、莴苣、马铃薯、烟草、草莓、草坪、花卉等。霜霉威在黄瓜等蔬菜作物上的安全间隔期为3d。在推荐剂量下，不论使用方法如何，在作物的任何生长期都十分安全，并且对作物根、茎、叶的生长有明显的促进作用。

(2) 防治对象　对卵菌纲真菌有特效，可有效防治多种作物的种子、幼苗、根、茎、叶部由卵菌纲引起的病害如霜霉病、猝倒病、疫病、晚疫病、黑胫病等。霜霉威不推荐用于防治葡萄霜霉病。

(3) 使用方法

① 防治苗期猝倒病和疫病　播种前或播种后、移栽前或移栽后均可施用，每平方米用72.2%水剂5～7.5mL加2～3L水稀释灌根。

② 防治霜霉病、疫病等　在发病前或初期，每亩用72.2%水剂60～100mL加30～50L水喷雾，每隔7～10d喷药1次。为预防和治理抗药性，推荐每个生长季节使用霜霉威2～3次，与其他不同类型的药剂轮换使用。

专利与登记　专利DE1567169、DE1643040早已过专利期，不存在专利权问题。国内登记情况：90%、95%、96%原药，722g/L、35%水剂，登记作物为黄瓜、甜椒、烟草等，防治对象为黑胫病、霜霉病、猝倒病等。国外公司在国内登记情况见表197～表198。

表197　德国拜耳作物科学公司在中国的登记情况

登记名称	登记证号	含量	剂型	登记作物	防治对象	用药量	施用方法
霜霉威盐酸盐	PD20070231	霜霉威盐酸盐69%	原药				
氟菌·霜霉威	PD20090012	霜霉威盐酸盐625g/L，氟吡菌胺62.5g/L	悬浮剂	番茄黄瓜	晚疫病霜霉病	618.8～773.4g/hm²	喷雾
				甜椒	疫病	775.5～1164g/hm²	喷雾
霜霉威盐酸盐	PD225-97	霜霉威盐酸盐722g/L	水剂	黄瓜	疫病	3.6～5.4g/m²	苗床浇灌
				黄瓜	猝倒病	3.6～5.4g/m²	苗床浇灌
				黄瓜	霜霉病	649.8～1083g/hm²	喷雾

表198　比利时农化公司在中国的登记情况

登记名称	登记证号	含量	剂型	登记作物	防治对象	用药量/(g/hm²)	施用方法
霜霉威盐酸盐原药	PD20070010	97%	原药				
霜霉威盐酸盐	PD20070009	722g/L	水剂	黄瓜甜椒	霜霉病疫病	649.8～1083 775.5～1164	喷雾

合成方法　以丙烯腈为原料，通过如下反应制得目的物：

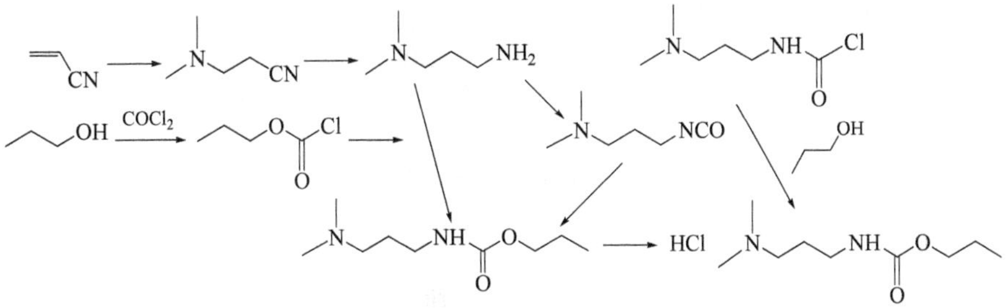

参考文献

[1] The Pesticide Manual. 15th edition. 2009：941-943.

霜脲氰 cymoxanil

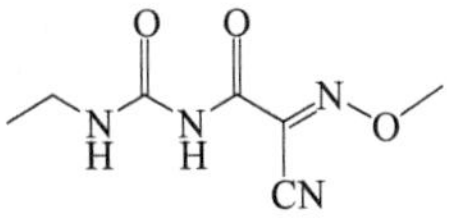

$C_7H_{10}N_4O_3$，198.2，57966-95-7

霜脲氰（cymoxanil）。试验代号　DPX-T3217。商品名称　Aktuan、Asco、Aviso、Betofighter、Cuprosate 45、Cuprosate Gold、Cuprosate Super、Curtine-V、Curzate、Cymopur、Duett Combi、Duett M、Equation Pro、Fobeci、Harpon、Micexanil、Quadris、Sunmoxanil、Tanos、Texas。其他名称　Bioxan、Bloper、Cimoxpron、Ramesse、Shelter、Sipcam C50、Vironex 30、Vitene，是由杜邦公司开发的一种脲类杀菌剂。

化学名称　1-(2-氰基-2-甲氧基亚氨基乙酰基)-3-乙基脲，1-(2-cyano-2-methoxyiminoacetyl)-3-ethylurea。

理化性质　纯品为无色无味结晶固体，纯度>97%，熔点160～161℃（纯品159～160℃）。蒸气压0.15mPa(20℃)。分配系数$K_{ow}lgP$：0.59(pH 5)，0.67(pH 7)。Henry常数$3.8×10^{-5}$ Pa·m³/mol(pH 7)，$3.3×10^{-5}$Pa·m³/mol(pH 5)。相对密度1.32(25℃)。水中溶解度890mg/

L(pH 5,20℃)；有机溶剂中溶解度(20℃,g/L)：正己烷 0.037，甲苯 5.29，乙腈 57，乙酸乙酯 28，正辛醇 1.43，甲醇 22.9，丙酮 62.4，二氯甲烷 133。水解半衰期 DT_{50}：148d(pH 5)，34h(pH 7)，31min(pH 9)。水中光解 DT_{50} 1.8d(pH 5)。pK_a 9.7(分解)。

毒性　大鼠急性经口 LD_{50}(mg/kg)：雄性 760，雌性 1200。兔急性经皮 LD_{50}＞2000mg/kg。对兔眼睛无刺激作用，对皮肤有轻度刺激作用。对豚鼠无皮肤过敏现象。雄、雌大鼠吸入 LC_{50}(4h)＞5.06mg/L。NOEL[2y,mg/(kg3.0·d)]：雄性大鼠 4.1，雌性大鼠 5.4，雄性小鼠 4.2，雌性小鼠 5.8，雌、雄狗 30。ADI(EC)0.013mg/kg [2008]；(BfR)0.03mg/kg [2006]；(EPA)RfD 0.013mg/kg [1998]。

生态效应　山齿鹑和野鸭急性经口 LD_{50}＞2250mg/kg，山齿鹑和野鸭饲喂 LC_{50}(8d)＞5620mg/kg。鱼 LC_{50}(96h,mg/L)：虹鳟鱼 61，大翻车鱼 29，普通鲤鱼 91，小羊头鱼＞47.5。水蚤 LC_{50}(48h)27mg/L。月牙藻 EC_{50}(5d)1.21mg/L，鱼腥藻 EC_{50} 231×10^{-9}，东方牡蛎 LC_{50}(96h)＞46.9mg/L。草虾 LC_{50}(96h)＞44.4mg/L。对蜜蜂无毒，LD_{50}(48h,接触)＞25μg/只，LC_{50}(48h,经口)＞1000mg/L。蚯蚓 LC_{50}(14d)＞2208mg/kg 土。

环境行为

(1) 动物　在大鼠体内，霜脲氰很容易通过肠道被吸收，大部分的药物会通过尿液排出，代谢途径是霜脲氰水解并逐步降解成甘氨酸。

(2) 植物　先降解成谷氨酸然后再合成天然产物(蛋白质和淀粉)。

(3) 土壤/环境　在实验室土壤中，DT_{50} 0.75～1.6d(5 种土壤,pH＝5.7～7.8,有机物 0.8%～3.5%)；在田野中，DT_{50}(裸地)0.9～9d，水中研究表明 DT_{50}＜1d，K_{oc} 38～237，霜脲氰在土壤中具有流动性，在四种土壤类型中吸附常数 K_{oc} 0.29～2.86。

主要生产商　Agria、Du Pont、Oxon、Sharda、河北凯迪农药化工企业集团、利民化工股份有限公司、上海中西制药有限公司及苏州恒泰集团有限公司等。

作用机理与特点　霜脲氰是具有保护性的杀菌剂。主要是阻止病原菌孢子萌发，对侵入寄主内的病菌也有杀伤作用。具有保护、治疗和内吸作用，对霜霉病和疫病有效。单独使用霜脲氰药效期短，与保护性杀菌剂混配，可以延长持效期。

应用

(1) 适宜作物　黄瓜、葡萄、辣椒、马铃薯、番茄等。

(2) 防治对象　霜霉病和疫病等。

(3) 使用方法　单独使用推荐剂量为 200～250g(a.i.)/hm²。防治黄瓜霜霉病：在黄瓜霜霉病发生之前或发病初期开始喷药，每隔 7d 喷药 1 次，连续喷药 3～4 次。根据黄瓜苗的大小，掌握好喷液量，使上、下叶面均匀沾附药液为佳。通常与其他杀菌剂混用。

专利与登记　专利 US3957847 已过专利期，不存在专利权问题。国内登记情况：25%、36%、40%、42%、50%、60%、72%、85%可湿性粉剂，18%、36%悬浮剂，52.5%、70%水分散粒剂，22%烟剂，94%、96%、97%、98%原药。登记作物为黄瓜、辣椒。防治对象为霜霉病、疫病。

合成方法　以乙胺、氰乙酸为原料，经如下反应即可制得霜脲氰：

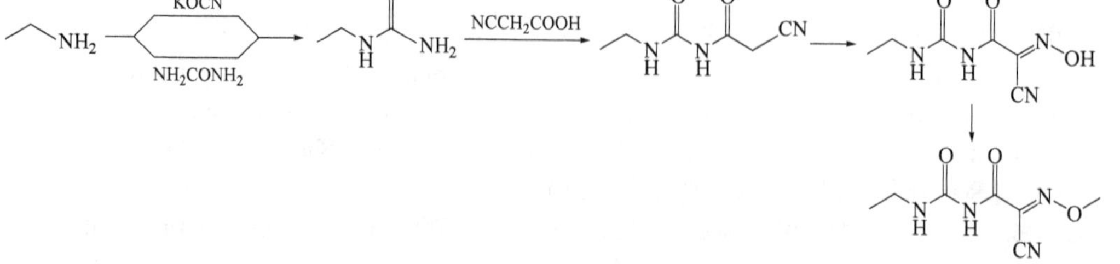

参考文献

[1] The Pesticide Manual，15th edition. 2009：275-276.

水胺硫磷 isocarbophos

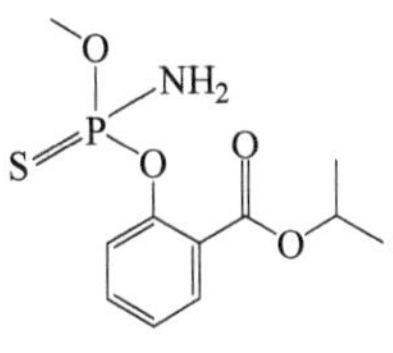

$C_{11}H_{16}NO_4PS$，288.0，24353-61-5.

水胺硫磷（isocarbophos），试验代号 Bayer-93820。其他名称 optunal、isocarbofos、羧胺磷，1967 年由 Bayer AG 开发。

化学名称 O-甲基-O-（2-异丙氧基羧基苯基）硫代磷酰胺，isopropyl O-(methoxyaminothio-phosphoryl)salicylate。

理化性质 纯品为无色片状结晶，熔点 45～46℃，不溶于水和石油醚，溶于乙醇、乙醚、苯、丙酮及乙酸乙酯等有机溶剂。原药为茶褐色黏稠油状液体，呈酸性，在放置过程中能逐渐析出结晶，有效成分含量 85%～90%，常温下储存稳定。

毒性 大鼠急性经口 LD_{50} 28.5mg/kg。大鼠急性经皮 LD_{50} 447mg/kg。

生态效应 对蜜蜂毒性高。

环境行为 植物在棉花体内代谢为 1 种次级毒性物质、O-类似物和数种无毒物质。

制剂 35%、40%乳油水剂，80%可溶粉剂。

主要生产商 湖北仙隆化工股份有限公司以及河北威远生化农药有限公司。

作用机理与特点 对害虫、害螨具有触杀、胃毒及内渗作用，还具有很强的杀卵作用。在昆虫体内首先被氧化成毒性更大的水胺氧磷，抑制昆虫体内乙酰胆碱酯酶。速效性好，也有相当持效，叶面喷雾持效期可达 7～14d。但在土壤中持效性差，易于分解。

应用 本品是一种广谱性有机磷杀虫、杀螨剂，兼有杀卵作用。对蛛形纲中的螨类、昆虫纲中的鳞翅目、同翅目昆虫具有很好的防治作用。主要用于防治水稻、棉花害虫，如红蜘蛛、介壳虫、香蕉象鼻虫、花蓟马、卷叶螟、斜纹夜蛾等。其为高毒农药，禁止用于果、菜、烟、茶、中草药植物上。水稻害虫的防治：二化螟、三化螟、稻瘿蚊用 40%乳油 800～1000 倍液喷雾。稻蓟马、稻纵卷叶螟用 40%乳油 1200～1500 倍液喷雾。棉花害虫的防治：棉花红蜘蛛、棉蚜用 40%乳油 1000～3000 倍液喷雾。棉铃虫、棉红铃虫用 40%乳油1000～2000 倍液喷雾。

专利与登记情况 专利 DE2135349、DE2340080 均早已过专利期。国内主要登记了 95%原药，35%、40%乳油，可用于防治棉花红蜘蛛、棉铃虫（300～600g/hm²），水稻蓟马、螟虫（450～1200g/hm²），水稻象甲（105～210g/hm²）。

合成方法 以水杨酸为原料合成：

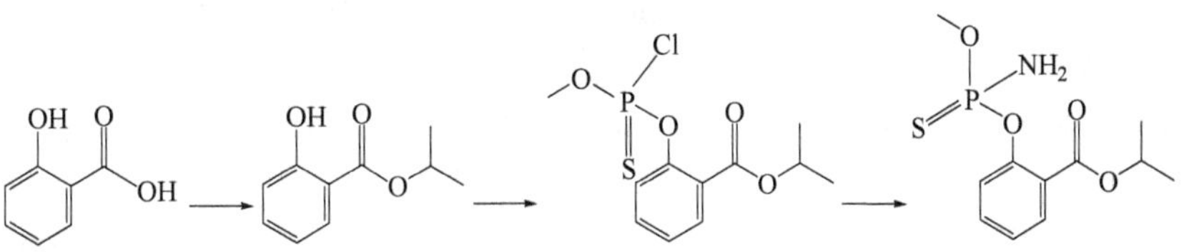

顺式苄呋菊酯 cismethrin

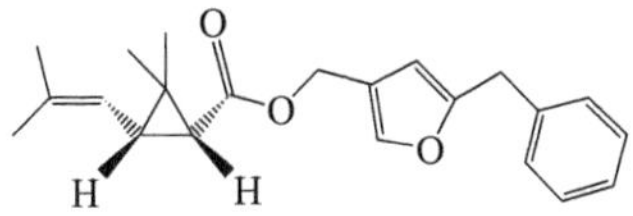

$C_{22}H_{26}O_3$，338.4，10453-86-8（未标明异构体），35764-59-1,31182-61-3（曾用）

顺式苄呋菊酯（cismethrin）。试验代号　FMC 17370、NRDC 104、NRDC 119、OMS 1206、OMS 1800、SBP 1382。商品名称　Chrysron、Scourge、Stald-Chok、Termout，是由 M. Elliott 报道的具有很好杀虫活性的拟除虫菊酯类杀虫剂。

化学名称　5-苄基-3-呋喃甲基-(1R,3S)-2,2-二甲基-3-(2-甲基丙-1-烯基)环丙烷羧酸酯或(1R,3S)-2,2-二甲基-3-(2-甲基丙-1-烯基)环丙烷羧酸-5-苄基-3-呋喃甲酯，5-苄基-3-呋喃甲基-(1R)-cis-2,2-二甲基-3-(2-甲基丙-1-烯基)环丙烷羧酸酯或(1R)-cis-2,2-二甲基-3-(2-甲基丙-1-烯基)环丙烷羧酸-5-苄基-3-呋喃甲酯。5-benzyl-3-furylmethyl (1R, 3S)-2, 2-dimethyl-3-(2-methylprop-1-enyl) cyclopropanecarboxylate 或 5-benzyl-3-furylmethyl(1R)-cis-2, 2-dimethyl-3-(2-methylprop-1-enyl)cyclopropanecarboxylate.

组成　20%～30%(1RS)-cis-isomers 和 70%～80%(1RS)-$trans$-isomers。

理化性质　纯品为无色晶体，工业品为黄褐色蜡状固体。熔点 56.5℃〔纯(1RS)-反式异构体〕，分解温度＞180℃，蒸气压＜0.01mPa(25℃)，K_{ow}lg$P$=5.43(25℃)，Henry 常数＜8.93×10^{-2}Pa·m³/mol(计算)，相对密度为 0.958～0.968(20℃)、1.035(30℃)。水中溶解度 37.9μg/L(25℃)，其他溶剂中溶解度(m/v,20℃)：丙酮约 30%，在氯仿、二氯甲烷、乙酸乙酯、甲苯中＞50%，二甲苯＞40%，乙醇、正辛醇约 6%，正己烷约 10%，异丙醚约 25%，甲醇约 3%。耐高温、耐氧化，暴露在空气中、光照下会迅速分解，比除虫菊酯分解慢。碱性条件下不稳定。旋光度 [α]$_D$−1°～+1°，闪点 129℃。

毒性　大鼠急性经口 LD$_{50}$＞2500mg/kg。大鼠急性经皮 LD$_{50}$＞3000mg/kg。对皮肤和眼睛无刺激性。对豚鼠皮肤无致敏性。大鼠吸入 LC$_{50}$(4h)＞9.49g/m³ 空气。大鼠 NOEL(90d)＞3000mg/kg。按 100mg/(kg·d)剂量饲喂兔，50mg/(kg·d)剂量饲喂小鼠或 80mg/(kg·d)剂量饲喂大鼠，没有发现致畸现象。对大鼠进行 112 周高达 5000mg/L 的试验，没有发现致癌作用；对小鼠进行 85 周高达 1000mg/L 的试验，没有发现致癌作用。ADI 0.035mg/kg。无致癌、致畸及致突变性。

生态效应　加利福尼亚鹌鹑急性经口 LD$_{50}$＞2000mg/kg。对鱼类有毒；LC$_{50}$(96h,μg/L)：黄鲈 2.36，红鲈 11，大翻车鱼 17。水蚤 LC$_{50}$(48h)3.7μg/L，基围虾 LC$_{50}$(96h)1.3μg/L。对蜜蜂有毒；LD$_{50}$：(经口)0.069μg/只，(接触)0.015μg/只。

环境行为

(1) 动物　顺式苄呋菊酯在母鸡体内的新陈代谢主要是酯水解、氧化作用及螯合作用。

(2) 植物　^{14}C 标记的顺式苄呋菊酯在温室番茄、温室莴苣及大田小麦体内的新陈代谢表明其可快速降解，施药 5d 后无残留，多数代谢产物残留量很低。

主要生产商　Agro-Chemie、Bharat 及 Sumitomo Chemical 等。

作用机理与特点　通过作用于钠离子通道来干扰神经作用。作用方式为触杀，无内吸作用。

应用　顺式苄呋菊酯和生物苄呋菊酯作为触杀气雾，对带喙伊蚊、埃及伊蚊、尖音库蚊、四斑按蚊和淡色按蚊雌虫成虫的毒力，一般要高出有机磷类杀虫剂 1～2 个数量级。以轻油为介质做非热气雾喷射，可有效地防治黑斑伊蚊成虫。以本品 0.01mg/kg 浓度，可防治埃及伊蚊、尖音库蚊和淡色按蚊的 4 龄幼虫。在大田水池中，以 0.28kg/hm² 的剂量，能防治环喙库蚊的幼虫和蛹。在实验柜中喷 0.1%本品油剂，对成蚊的 KT$_{50}$ 为 3.7min，24h 的死亡率为 98%。本品和氯菊酯对狗血红扇蜱若虫最为有效，浸在药液中 24h 的平均致死浓度，前者为 0.3mg/kg，后者为 0.47mg/kg，药效高于氯菊酯。

专利概况　专利 GB1168797、GB1168798、GB1168799 均早已过专利期，不存在专利权问题。

合成方法　经如下反应制得：

四氟苯菊酯 transfluthrin

$C_{15}H_{12}Cl_2F_4O_2$，371.1，118712-89-3

四氟苯菊酯(transfluthrin)，试验代号　NAK 4455。商品名称　Baygon、Bayothrin。其他名称　benfluthrin，是拜耳公司开发的拟除虫菊酯类杀虫剂。

化学名称　2,3,5,6-四氟苄基(1R,3S)-3-(2,2-二氯乙烯基)-2,2-二甲基环丙烷羧酸酯或(1R,3S)-3-(2,2-二氯乙烯基)-2,2-二甲基环丙烷羧酸-2,3,5,6-四氟苄酯或2,3,5,6-四氟苄基(1R)-trans-3-(2,2-二氯乙烯基)-2,2-二甲基环丙烷羧酸酯或(1R)-trans-3-(2,2-二氯乙烯基)-2,2-二甲基环丙烷羧酸-2,3,5,6-四氟苄酯。2,3,5,6-tetrafluorobenzyl(1R,3S)-3-(2,2-dichlorovinyl)-2,2-dimethylcyclopropanecarboxylate 或 2,3,5,6-tetrafluorobenzyl (1R)-trans-3-(2,2-dichlorovinyl)-2,2-dimethylcyclopropanecarboxylate。

理化性质　产品为无色晶体，纯品纯度92%，熔点为32℃，沸点为135℃（0.1mbar，1bar ＝100kPa），蒸气压 $4×10^{-1}$ mPa(20℃)，$K_{ow}lgP＝5.46(20℃)$，Henry 常数 2.6 Pa·m³/mol。密度 1.5072g/cm³(23℃)。溶解度(g/L)：水 $5.7×10^{-5}$(20℃)，有机溶剂＞200。在 200℃ 加热 5h 不分解。在纯净水中 DT_{50}(25℃)：＞1y(pH 5)，＞1y(pH 7)，14d(pH 9)。比旋光度 $[\alpha]_D^{29}+15.3°(c＝0.5,CHCl_3)$。

毒性　急性经口 LD_{50}(mg/kg)：雄/雌大鼠＞5000，雄小鼠 583，雌小鼠 688。雄/雌大鼠急性经皮 LD_{50}(24h)＞5000mg/kg。雌雄大鼠吸入 LC_{50}(4h)＞513mg/m³ 空气。NOEL(2y,mg/L)：雄/雌大鼠 20，雄/雌小鼠 100。

生态效应　鸟类急性经口 LD_{50}(mg/kg)：鹌鹑和金丝雀＞2000，母鸡＞5000。鱼类 LC_{50}(96h,μg/L)：圆腹雅罗鱼 1.25，虹鳟鱼 0.7。水蚤 LC_{50}(48h)0.0017mg/L，羊角月牙藻 EC_{50}(96h)＞0.1mg/L。

环境行为

（1）动物　四氟苯菊酯能降解成酸和苄醇。

（2）土壤/环境　四氟苯菊酯能降解成酸和苄醇，在水中 DT_{50}：2d(光照)，8d(黑暗)。

制剂 超低容量液剂、烟剂、电热蚊香液、蚊香、熏蒸剂等。

主要生产商 Bayer CropSciences、Bilag 及江苏扬农化工股份有限公司等。

作用机理 作用于神经末梢的钠离子通道，从而引起害虫的死亡。作用特点为吸入、触杀。

应用 四氟苯菊酯属于广谱杀虫剂，能有效防治卫生害虫和储藏害虫，对双翅目昆虫如蚊类有快速击倒作用，且对蟑螂、臭虫有很好的残留效果。可用于蚊香、气雾杀虫剂、电热片蚊香等多种制剂中。

专利与登记 专利 DE2714042、DE3705224 均早已过专利期，不存在专利权问题。国内登记情况：1.5%电热蚊香液，92%、98.5%原药，登记对象为卫生，防治对象为蚊。拜耳有限责任公司在我国仅登记 98.5%原药，日本阿斯制药株式会社在我国登记了 300mg/片、500mg/片用于卫生防蚊。

合成方法 以四氟苯二甲腈为起始原料合成产品四氟苯菊酯，路线如下：

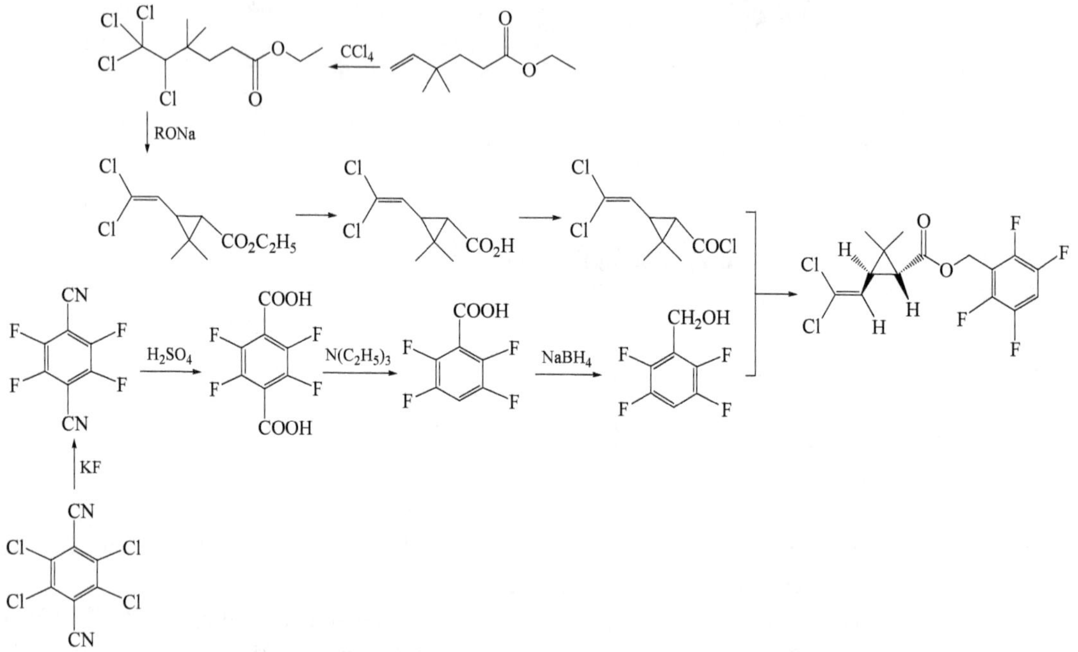

参考文献

[1] 陈建海. 农药，2005，44(7)：312-313.

[2] 何上虹. 上海预防医学杂志，2000，12(11)：518-519.

四氟甲醚菊酯 dimefluthrin

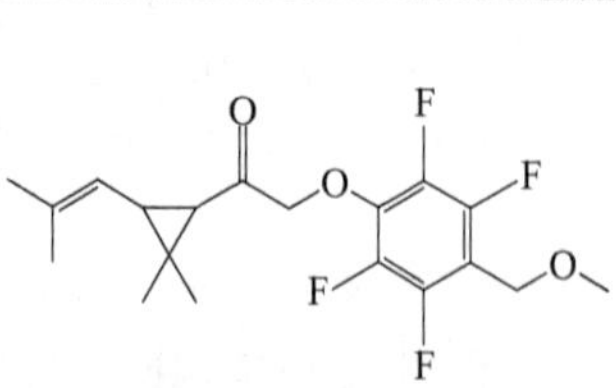

$C_{19}H_{22}F_4O_3$，374.4，271241-14-6

四氟甲醚菊酯(dimefluthrin)，试验代号 S-1209，是日本住友化学开发的拟除虫菊酯类杀虫剂。

化学名称 2,3,5,6-四氟-4-(甲氧基甲基)苄基(1RS,3RS;1RS,3SR)-2,2-二甲基-3-(2-甲基-1-丙烯基)环丙烷羧酸酯或 2,3,5,6-四氟-4-(甲氧基甲基)苄基(1RS)-cis，trans-2,2-二甲基-3-(2-甲基-1-丙烯基)环丙烷羧酸酯。2,3,5,6-tetrafluoro-4-(methoxymethyl)benzyl(1RS,3RS;1RS,

$3SR$)-2,2-dimethyl-3-(2-methylprop-1-enyl)cyclopropanecarboxylate 或 2,3,5,6-tetrafluoro-4-(me thoxymethyl)benzyl(1RS)-cis,trans-2,2-dimethyl-3-(2-methylprop-1-enyl)cyclopropanecarboxy-late。

理化性质 原药外观为淡黄色透明液体，具有特异气味。沸点为 $134 \sim 140℃$（26.7Pa）。密度为 1.18g/mL。蒸气压为 0.91mPa（25℃）。易与丙酮、乙醇、己烷、二甲基亚砜混合。

毒性 急性经口 LD_{50}：雄大鼠 2036mg/kg，雌大鼠 2295mg/kg。大鼠急性经皮 LD_{50} 2000mg/kg。无致癌作用。

生态效应 本品对鱼类、蜂和蚕毒性高，蚕室及其附近禁用。

作用机理与特点 该药剂为拟除虫菊酯类杀虫剂。主要作用于神经系统，为神经毒剂，通过与钠离子通道作用，破坏神经元的功能。

应用

（1）防治对象 淡色库蚊、家蝇等。

（2）安全施药 使用时注意通风，注意防火安全；避光、避高温、避受潮；勿与食品、种子、饮料、饲料及易燃易爆品混放。在我国推荐用电热加温或点燃来防蚊。

专利与登记

专利名称 Pyrethroid compounds and composition for controlling pest containinf the same

专利号 EP1004569

专利申请日 1999-10-13

专利拥有者 Sumitomo chemical company, limited chuo-ku, Osaka(JP)

在其他国家申请的化合物专利：BR9905640、CN1092490、CN1254507、DE69906014、EG21991、ES2190164、ID25752、IN206172、JP3690215、JP2001011022、KR2000035232、TW529911、MX9909958、US6294576 等。

国内登记情况：5%、6%母药，95%原药等。日本住友化学株式会社在中国登记了 95% 原药及 5%、6% 母药。

合成方法 经如下反应制得四氟甲醚菊酯：

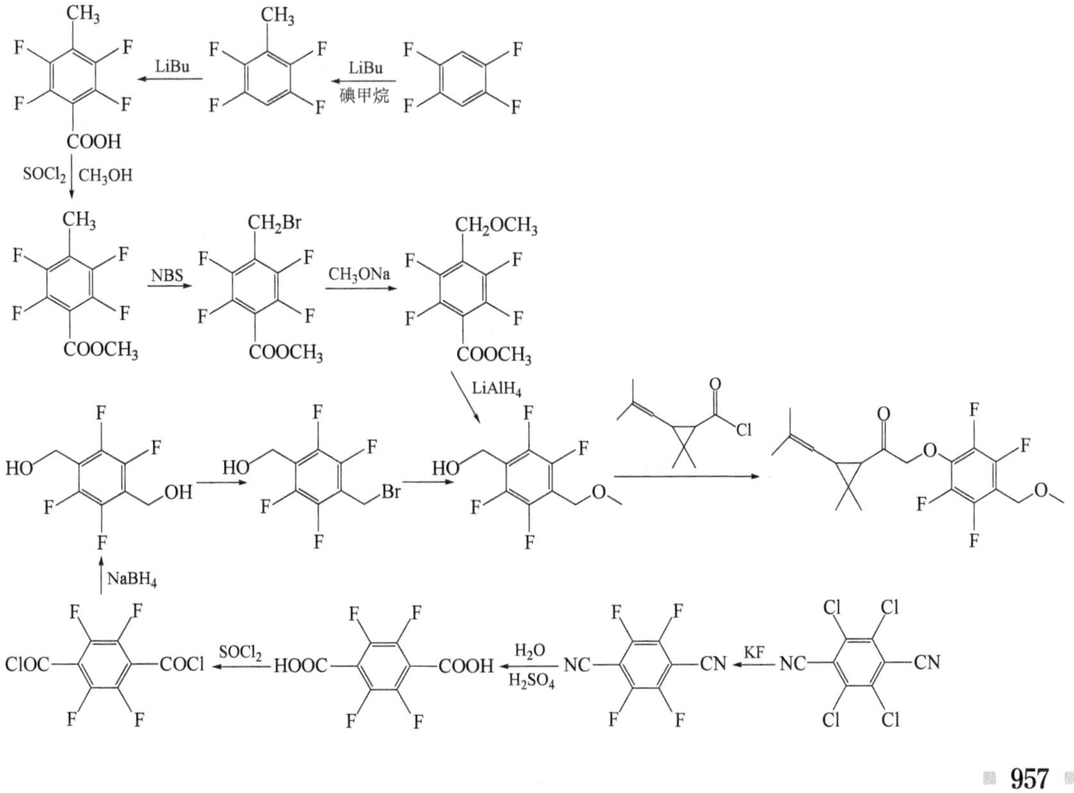

957

参考文献

[1] 陈建海. 农药, 2005, 44(9): 405-406.

四氟醚菊酯 tetramethylfluthrin

$C_{17}H_{20}F_4O_3$, 348.3, 84937-88-2

四氟醚菊酯(tetramethylfluthrin), 商品名称　尤士菊酯, 最早由英国帝国化学报道, 我国扬农公司开发的菊酯类杀虫剂。

化学名称　2,2,3,3-四甲基环丙烷羧酸-2,3,5,6-四氟-4-甲氧甲基苄基酯, 2,3,5,6-tetrafluoro-4-(methoxymethyl)benzyl 2,2,3,3-tetramethyl-cyclopropanecarboxylate。

理化性质　工业品为淡黄色透明液体, 沸点为110℃(0.1mPa), 闪点为138.8℃, 熔点为10℃, 相对密度 d_4^{28} 为1.5072, 难溶于水, 易溶于有机溶剂。在中性、弱酸性介质中稳定, 但遇强酸和强碱能分解, 对紫外线敏感。

应用　该产品为吸入和触杀型杀虫剂, 也用作驱避剂, 是速效杀虫剂, 对蚊虫有卓越的击倒效果, 其杀虫毒力是右旋烯丙菊酯的17倍以上。可防治蚊、苍蝇、蟑螂和白粉虱。建议用量: 在盘式蚊香中的含量为0.02%~0.05%。

专利与登记　专利EP60617早已过专利期, 不存在专利权问题。国内登记情况: 5%母药、90%原药等。

合成方法　可经如下方法制得四氟醚菊酯。

四氟醚唑 tetraconazole

$C_{13}H_{11}Cl_2F_4N_3O$, 372.1, 112281-77-3

四氟醚唑(tetraconazole)，试验代号　M 14360、TM 415。商品名称　Arpège、Buonjiorno、Concorde、Defender、Domark、Emerald、Eminent、Gréman、Hokuguard、Juggler、Lospel、Soltiz、Thor、Timbal。其他名称　Concorde、Defender、Eminente、Greman、Mogran、Salvatore、Timbal、氟醚唑，由 Montedison S p A(现为 Isagro S p A)公司开发的三唑类杀菌剂。

化学名称　(±)-2-(2,4-二氯苯基)-3-(1H-1,2,4-三唑-1-基)丙基 1,1,2,2-四氟乙基醚，(RS)-2-(2,4-dichlorophenyl)-3-(1H-1,2,4-triazol-1-yl)propyl 1,1,2,2-tetrafluoroethyl ether。

理化性质　原药为黄色或棕黄色液体。纯品为无色黏稠油状物，熔点 6℃，沸点 240℃(分解，但没有沸腾)。相对密度 1.432(21℃)。蒸气压 0.018mPa(20℃)。分配系数 K_{ow}lg$P$=3.56(20℃)。Henry 常数 $3.6×10^{-4}$Pa·m³/mol(计算)。水中溶解度(20℃,pH 7)为 183.8mg/L。可快速溶解于丙酮、二氯甲烷、甲醇。稳定性：水溶液对日光稳定，在 pH 4~9 时不会发生水解。

毒性　急性经口 LD_{50}(mg/kg)：雄大鼠 1248，雌大鼠 1031。大鼠急性经皮 LD_{50}>2000mg/kg。对兔眼睛有轻微刺激性，对兔皮肤无刺激性，对豚鼠皮肤无刺激性。大鼠吸入 LC_{50}(4h)>3.66mg/L。NOEL 数据[mg/(kg·d)]：大鼠 LOAEL 3.9(2y)，NOAEL 0.5(2y)；公狗 2.95(1y)，母狗 3.33(1y)，NOAEL 0.7(1y)。ADI(EC)0.004mg/kg [2008]；(EPA)最低 aRfD 0.225，cRfD 0.0073mg/kg [2005]。无三致。

生态效应　鸟急性经口 LD_{50}(mg/kg)：山齿鹑 132，野鸭>63；饲喂 LC_{50}(5d,mg/kg)：山齿鹑 650，野鸭 422。鱼毒 LC_{50}(96h,mg/L)：大翻车鱼 5.8，虹鳟鱼 5.1。水蚤 LC_{50}(48h)3mg/L。其他水生生物 EC_{50}(96h,mg/L)：东部牡蛎 1.1，糠虾 0.42。浮萍 E_rC_{50} 0.56mg/L，E_bC_{50} 0.88mg/L。蜜蜂 LD_{50}(48h)>130μg/只(经口)。蚯蚓 LC_{50}(14d)71mg/kg 土。

环境行为

(1) 动物　动物口服后，四氟醚唑很容易被吸收，在体内无明显的代谢和排泄过程。大鼠尿液中的主要代谢产物为 1,2,4-三唑。

(2) 植物　在植物体内代谢物比较多。已确定的代谢产物是四氟醚唑酸、四氟醚唑醇、三唑胺和三唑乙酸。

(3) 土壤/环境　在土壤中没有积累。在土壤中无浸出现象。K_{oc}531~1922(4 种土壤类型)。

主要生产商　Isagro。

作用机理与特点　甾醇脱甲基化抑制剂。由于具有很好的内吸性，因此可迅速被植物吸收，并在内部传导，具有很好的保护和治疗活性。持效期 6 周。

应用

(1) 适宜作物　禾谷类作物如小麦、大麦、燕麦、黑麦等，果树如香蕉、葡萄、梨、苹果等，蔬菜，甜菜，观赏植物等。

(2) 防治对象　可以防治白粉菌属、柄锈菌属、喙孢属、核腔菌属和壳针孢属菌引起的病害如小麦白粉病、小麦散黑穗病、小麦锈病、小麦腥黑穗病、小麦颖枯病、大麦云纹病、大麦散黑穗病、大麦纹枯病、玉米丝黑穗病、高粱丝黑穗病、瓜果白粉病、香蕉叶斑病、苹果斑点落叶病、梨黑星病和葡萄白粉病等。

(3) 使用方法　既可茎叶处理，也可做种子处理。

茎叶喷雾：用于防治禾谷类作物和甜菜病害，使用剂量为 100~125g(a. i.)/hm²；用于防治葡萄、观赏植物、仁果、核果病害，使用剂量为 20~50g(a. i.)/hm²；用于防治蔬菜病害，使用剂量为 40~60g(a. i.)/hm²；用于防治甜菜病害，使用剂量为 60~100g(a. i.)/hm²。

做种子处理：通常使用剂量为 10~30g/100kg 种子。

专利与登记　专利 JP62169773 早已过专利期，不存在专利权问题。

国内登记情况：4%水乳剂、95%原药，登记作物为草莓，防治对象为白粉病。意大利意赛格公司在中国登记情况见表 199。

表 199　意大利意赛格公司在中国登记情况

登记名称	登记证号	含量	剂型	登记作物	防治对象	用药量 /(g/hm²)	施用方法
四氟醚唑	PD20070129	94%	原药				—
四氟醚唑	PD20070130	4%	水乳剂	草莓	白粉病	30～50	喷雾

合成方法　以 2,4-二氯苯乙酸乙酯为原料，经多步反应制得目的物，反应式如下：

参考文献

［1］ Proc Brighton Crop Prot Conf Pests Dis，1988：49.
［2］ Journal of Agricultural and Food Chemistry，2000.48(6)：2547-2555.

四聚乙醛 metaldehyde

$C_8H_{16}O_4$，176.2，37273-91-9，108-62-3(四聚体)，9002-91-9(均聚物)

四聚乙醛(metaldehyde)，商品名称　Cekumeta、Deadline、Hardy、Metason。其他名称多聚乙醛、密达、蜗牛敌、蜗牛散、甲环氧醛、灭蜗灵，可杀死蛞蝓等软体动物，最初由 G. W. Thomas 报道。

化学名称　2,4,6,8-四甲基-1,3,5,7-四氧基环辛烷(四聚乙醛)，r-2,c-4,c-6,c-8-tetramethyl-1,3,5,7-tetroxocane 或 2,4,6,8-tetramethyl-1,3,5,7-tetraoxacyclooctane。

组成　其为乙醛的四聚体，有时也会含有乙醛的均聚体。

理化性质　纯品为结晶粉末。熔点 246℃。沸点 112～115℃(升华，部分解聚)。蒸气压 6.6×10^3 mPa(25℃)。K_{ow} lg$P$=0.12。Henry 常数 3.5 Pa·m³/mol(计算)。相对密度 1.27(20℃)。水中溶解度(20℃)为 222mg/L，其他溶剂中溶解度(20℃，mg/L)：甲苯 530，甲醇 1730。高于112℃升华，部分解聚。闪点 50～55℃(封口杯)。

毒性　急性经口 LD_{50}(mg/kg)：大鼠 283，小鼠 425。大鼠急性经皮 LD_{50}＞5000mg/kg。对兔眼无刺激。对豚鼠的皮肤无致敏性。大鼠吸入 LC_{50}(4h)＞15mg/L 空气。狗 NOAEL10mg/kg。ADI：(EPA)aRfD 0.75，cRfD 0.1mg/kg。无致畸、致突变性。

生态效应　鹌鹑急性经口 LD_{50} 170mg/kg，饲喂 LC_{50}(8d)3460mg/L。虹鳟鱼 LC_{50}(96h)＞75mg/L。水蚤 EC_{50}(48h)＞90mg/L。水藻 EC_{50}(96h)为 73.5mg/L。蜜蜂 LD_{50}(μg/只)：＞87(经口)，＞113(接触)。蚯蚓 LC_{50}＞1000mg/L。对捕食性螨和烟蚜茧等均无害。

对鸟类的影响：曾报道在使用四聚乙醛的区域，有鸟类死亡的现象。接触四聚乙醛的家禽有刺激性兴奋、发抖、肌肉痉挛、腹泻、呼吸急促等症状。对水中有机体的影响：对水中有机体无影响。对其他有机体的影响：含4%四聚乙醛小药丸诱饵对野生动物有毒害作用。在按照说明使用时，含6%四聚乙醛小药丸诱饵对蜜蜂无毒害作用。含四聚乙醛小药丸诱饵对狗有吸引作用，并可使狗死亡。宠物等须控制远离施药及储存区域。

环境行为　土壤/环境　在微生物作用下分解为水和二氧化碳。

制剂　主要剂型有GB、RB、颗粒等。制剂有30%聚醛·甲萘威粉剂、6%四聚乙醛颗粒剂、6%聚醛·甲萘威颗粒剂、80%四聚乙醛可湿性粉剂、26%四聚·杀螺胺悬浮剂、10%四聚乙醛颗粒剂、5%四聚乙醛颗粒剂、6%聚醛·甲萘威毒饵、40%四聚乙醛悬浮剂等。

主要生产商　Fertiagro、Laboratorios Agrochem、Lonza、上海生农生化制品有限公司、江苏省激素研究所股份有限公司、浙江华兴化学农药有限公司及浙江菱化实业股份有限公司等。

作用机理与特点　具有触杀和胃毒活性的杀软体动物剂。四聚乙醛能够使目标害虫分泌大量的黏液，不可逆转地破坏它们的黏液细胞，进而因脱水而死亡。

应用

(1) 适用作物　水稻、蔬菜、烟草、棉花、花卉等。

(2) 防治对象　福寿螺、蜗牛、蛞蝓等软体动物。

(3) 残留量与安全施药　对鱼等水生生物较安全，也不被植物体吸收，不会在植物体内积累，但仍应避免过量使用污染水源，造成水生动物中毒。

(4) 应用技术　水稻田在插秧后1d撒施，7d内保水2～5cm，每季最多施3次即可。

种苗地，应在种子刚发芽时即撒施。移栽地，在移栽后即施药。在气温25℃左右时施药防效好。低温(15℃以下)或高温(35℃以上)，影响螺、蜗牛等取食与活动，防效不佳。

(5) 使用方法　主要用于水稻田防治福寿螺和用于蔬菜、烟草、棉花、花卉等旱地作物田防治蛞蝓。一般每亩用量为24～33g，相当于5%颗粒剂480～666g或6%颗粒剂400～550g，合50～70颗粒/m^3。

防治蜗牛：在旱地，30%聚醛·甲萘威粉剂，施药量1125～2250g/hm^2，毒饵撒施；6%聚醛·甲萘威毒饵，施药量585～630g/hm^2，撒施；十字花科蔬菜，6%四聚乙醛颗粒剂，施药量360～620g/hm^2，撒施；80%四聚乙醛可湿性粉剂，施药量300～480g/hm^2，喷雾；玉米田：6%聚醛·甲萘威颗粒剂，施药量540～675g/hm^2，撒施；甘蓝，施药量600～750g/hm^2，撒施；小白菜，5%四聚乙醛颗粒剂，施药量360～495g/hm^2，撒施。

防治钉螺：在沟渠，26%四聚·杀螺胺悬浮剂，施药量0.52～1.04g/m^3，浸杀；在滩涂，26%四聚·杀螺胺悬浮剂，施药量0.52～1.04g/m^3，喷洒；40%四聚乙醛悬浮剂，施药量1～2g/m^3，喷洒。

专利与登记　不存在专利权问题。国内登记情况：40%悬浮剂，6%颗粒剂，98%、99%原药，80%可湿性粉剂，等，登记作物为小白菜和甘蓝等，防治对象为蜗牛等。瑞士龙沙有限公司在中国登记情况见表200。

表200　瑞士龙沙有限公司在中国登记情况

登记名称	登记证号	含量	剂型	登记作物	防治对象	用药量 /(g/hm²)	施用方法
四聚乙醛	PD393-2003	98%	原药				
四聚乙醛	PD394-2003	6%	颗粒剂	棉花 棉花 蔬菜 蔬菜 水稻 烟草 烟草	蛞蝓 蜗牛 蛞蝓 蜗牛 福寿螺 蛞蝓 蜗牛	360～490	撒施
四聚乙醛	WL20080333	40%	悬浮剂	滩涂	钉螺	1～2	喷洒

合成方法 乙醛自身缩合就得到四聚乙醛，同时放出大量的热。反应式如下：

主反应：

$$4CH_3CHO \xrightarrow{H^+} \text{（八元环结构）} + 1066.8kJ/kg$$

副反应：

$$3CH_3CHO \xrightarrow{H^+} \text{（六元环结构）} + 806.4kJ/kg$$

乙醛聚合属于阳离子型聚合反应。常用质子酸或路易斯酸催化。在不同催化剂和不同反应条件下，乙醛的聚合产物是不同的。不但生成三聚乙醛和四聚乙醛，还生成线性高聚物。抑制线性高聚物的生成，主要是控制乙醛缩聚时的链增长反应。当反应进行到聚合物链长为 3～4 个乙醛时，必须使闭环生成六元环和八元环的环化速度大于链增长的速度。一旦链增长到由 5 个乙醛组成时，反应就大大有利于线性高聚物的生成。因此，选择合适的催化剂、溶剂和反应条件，以利于环状低聚乙醛产物的生成是至关重要的。

在聚合反应过程中，大部分乙醛生成了液态的三聚乙醛。因此，必须使三聚乙醛解聚，重新释放出乙醛，在反应体系中循环使用。解聚通常在酸催化下进行。常用的酸催化剂是硫酸、对甲苯磺酸等。

四氯苯酞 phthalide

$C_8H_2Cl_4O_2$，271.9，27355-22-2

四氯苯酞(phthalide)，试验代号 KF-32、Bayer 96610。商品名称 Blasin、Hinorabcide、Rabcide。其他名称 热必斯，由日本吴羽化学株式会社开发的杀菌剂。

化学名称 4,5,6,7-四氯苯酞，4,5,6,7-tetrachlorophthalide。

理化性质 纯品为无色结晶固体，熔点 212～212.6℃。蒸气压 3×10^{-3} mPa(23℃)。分配系数 $K_{ow}lgP=3.17$。Henry 常数 3.3×10^{-4} Pa·m³/mol(计算)，水中溶解度 0.46mg/L(25℃)；有机溶剂中溶解度(25℃,g/L)：四氢呋喃 19.3，苯 16.8，二氧六环 14.1，丙酮 0.61，乙醇 1.1。稳定性：在 pH=2(2.5mg/L 水溶液)稳定 12h，弱碱中 DT_{50} 约 10d(pH 6.8,5～10℃,2mg/L 水溶液)，12h 有 15%开环(pH 10,25℃,2.5mg/L 水溶液)，对热和光稳定。

毒性 大鼠和小鼠急性经口 $LD_{50}>10000mg/kg$。大鼠和小鼠急性经皮 $LD_{50}>10000mg/kg$。对兔眼及皮肤无刺激性。大鼠急性吸入 $LC_{50}(4h)>4.1g/m^3$。NOEL(2y,mg/kg 饲料)：大鼠 2000，小鼠 100。急性腹腔 $LD_{50}(mg/kg)$：雄鼠 9780，雌鼠 15000，小鼠 10000。

生态效应 对母鸡无作用剂量(mg/kg)：1.5(7d)，15(3d)。小鲤鱼 $LC_{50}(48h)>320mg$ (a.i.)(原药)，135mg(a.i.)(50%可湿性粉剂)。水蚤 $LC_{50}(3h)>40mg/L$。羊角月牙藻 EC_{50} (96h)>1000mg/L。对蜜蜂无害，$LD_{50}(接触)>0.4mg/只$。蚯蚓 $LC_{50}(14d)>2000mg/kg$ 干土。

环境行为

（1）动物　在大鼠体内主要的代谢物是 2-羟甲基-3,4,5,6-四氯苯甲酸和它的氧化产物。

（2）植物　在水稻田中可形成 4,7-二氯苯酞和 4,6,7-三氯苯酞。

（3）土壤/环境　在土壤中主要的代谢产物是 2-羟甲基-3,4,5,6-四氯苯甲酸及其氧化产物。

制剂　30％、50％可湿性粉剂，25％粉剂，20％悬浮剂。

主要生产商　Sumitomo Chemical 及江苏扬农化工股份有限公司等。

作用机理与特点　保护性杀菌剂。在稻株表面能有效地抑制附着孢子形成，阻止菌丝入侵，具有良好的预防作用，但在稻株体内，对菌丝的生长没有抑制作用，但能抑制病菌的再侵染。

应用　主要用于防治水稻叶枯病和稻瘟病。使用剂量为 $200\sim400g(a.i.)/hm^2$。50％可湿性粉剂 64～100g 兑水 40～50kg 喷雾可防治叶枯病。抽穗前 3～5d 每亩用 50％可湿性粉剂 75～100g 兑水 75kg 喷雾可防治穗茎瘟。

专利概况　化合物专利 JP575584、DE1643347 已过专利保护期，不存在专利权问题。

合成方法　以苯酐或邻二甲苯为原料，经如下反应即可制得目的物：

[1] The Pesticide Manual. 15th edition. 2009：904-905.
[2] Jpn Pestic Inf，1977，16：73.

四氯虫酰胺（SYP-9080）

$C_{17}H_{10}BrCl_4N_5O_2$，534.9，1104384-14-6

四氯虫酰胺，试验代号　SYP-9080。商品名称　9080TM，是中化农化与沈阳化工研究院联合开发的我国第一个拥有自主知识产权的双酰胺类杀虫剂。

化学名称　3-溴-N-[2,4-二氯-6-(甲氨基甲酰基)苯基]-1-(3,5-二氯-2-吡啶基)-1H-吡唑-5-甲酰胺。

理化性质　白色至灰白色固体，熔点 189～191℃。易溶于 N,N-二甲基甲酰胺、二甲基亚砜，可溶于二氧六环、四氢呋喃、丙酮，光照下稳定。

毒性　雄大鼠急性经口 $LD_{50}>5000mg/kg$，雌、雄大鼠急性经皮 $LD_{50}>2000mg/kg$，对家兔眼睛、皮肤均无刺激性，豚鼠皮肤变态反应试验为阴性，Ames 试验、小鼠骨髓细胞微核试验、小鼠睾丸细胞染色体畸变试验均为阴性。

制剂　10％悬浮剂。

主要生产商　沈阳科创化学品有限公司。

作用机理与特点　作用机制与氯虫苯甲酰胺一样，均为鱼尼丁受体激活剂，与现有的其他作用方式的杀虫剂无交互抗性。具有渗透性强、内吸传导性好、杀虫谱广、持效期长等特点。

应用

（1）适用作物　水稻及蔬菜等。

（2）防治对象　二化螟、玉米螟、黏虫、小菜蛾、甜菜夜蛾等鳞翅目害虫。

（3）应用技术　生产上使用时应选择在水稻稻纵卷叶螟低龄若虫发生高峰期及时用药，其经济适宜制剂量为每亩 10% 四氯虫酰胺悬浮剂 30～40mL，视水稻生育期兑水 30～50kg，均匀喷雾。当稻纵卷叶螟发生量大、田间虫龄复杂时，应适当加大用药量，以确保防治效果。

专利与登记

专利名称　1-取代吡啶基-吡唑酰胺类化合物及其应用

专利号　CN101333213

专利申请日　2008-07-07

专利拥有者　中国中化集团公司；沈阳化工研究院

在其他国家申请的化合物专利：WO2010003350、EP2295425、CN102015679、IN2010MN02187、PH 12010502385、US20110046186、US8492409、CN101747318 等。

工艺专利：CN102020633。

国内登记情况：2014 年取得了临时登记，沈阳科创化学品有限公司登记了 95% 原药及 10% 悬浮剂，沈阳化工研究院（南通）化工科技发展有限公司登记了 10% 悬浮剂，均是用于防治水稻上的稻纵卷叶螟，用药量 15～30g/hm^2。

合成方法　经如下反应制得四氯虫酰胺：

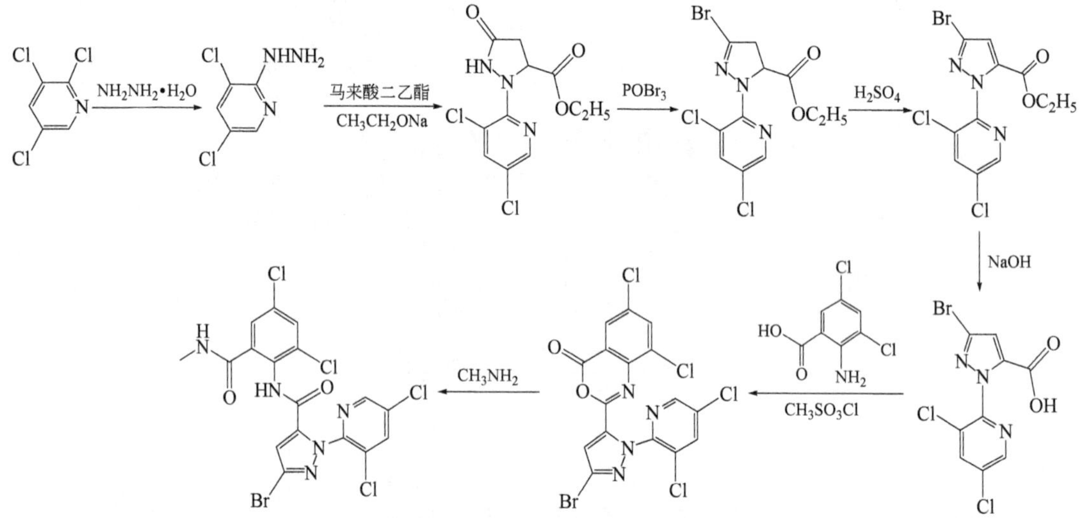

参考文献

[1] 李斌. 现代农药，2014，3：17-20.

四螨嗪 clofentezine

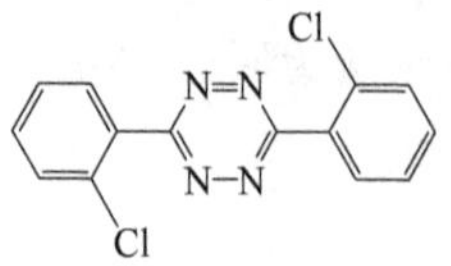

$C_{14}H_8Cl_2N_4$，303.1，74115-24-5

四螨嗪（clofentezine），试验代号　NC-21314。商品名称　Acaristop、Agristop、Antarctic、

Apollo、Apollo Plus、Apor、Cara、Niagara、Saran、阿波罗。其他名称　bisclofentezin、克芬螨、螨死净、克落芬，最初由 K. M. G. Bryan 等报道其杀螨活性，P. J. Brooker 等报道其构效关系，由 FBC 公司（现为 Bayer CropSciences 公司）引进，之后在 2001 年转让给 Makhteshim-Agan Industries（现 ADAMA）。

化学名称　3,6-双(2-氯苯基)-1,2,4,5-四嗪，3,6-bis(2-chlorophenyl)-1,2,4,5-tetrazine。

理化性质　洋红色晶体，熔点 183.0℃。蒸气压 1.4×10^{-4} mPa(25℃)。K_{ow} lg$P = 4.1$(25℃)。相对密度 1.52(20℃)。水中溶解度(pH 5,22℃)2.5μg/L；其他溶剂中溶解度(25℃,g/L)：二氯甲烷 37，丙酮 9.3，二甲苯 5，乙醇 0.5，乙酸乙酯 5.7。22℃时对光、热、空气稳定，易水解。水溶液 DT_{50}：248h(pH 5)、34h(pH 7)、4h(pH 9)。水溶液暴露在自然光下 7d 内即可完全光解。不易燃。

毒性　大鼠急性经口 $LD_{50} > 5200$mg/kg。大鼠急性经皮 $LD_{50} > 2100$mg/kg。对皮肤及眼无刺激。大鼠吸入 LC_{50}(4h)>9mg/L 空气。NOEL(mg/kg 饲料)：大鼠(2y)40(2mg/kg)，狗(1y)50(1.25mg/kg)。ADI：(JMPR)0.02mg/kg，(EC)0.02mg/kg，(EPA)cRfD 0.013mg/kg。

生态效应　鸟急性经口 LD_{50}(mg/kg)：野鸭 >3000，山齿鹑 >7500。野鸭和山齿鹑饲喂 LC_{50}(8d)>4000mg/kg。鱼类 LC_{50}(96h,mg/L)：虹鳟鱼 >0.015，大翻车鱼 >0.25。水蚤 LC_{50}(48h)>1.45μg/L。在溶解度范围内对毬毛栅藻及其他水生生物无毒。蜜蜂 LD_{50}[μg(a.i.)/只]：>252.6(经口)，>84.5(接触)。对蚯蚓无毒，$LC_{50} > 439$mg(a.i.)/kg 土壤。

环境行为

(1) 动物　通过羟基化过程代谢，并以甲硫基取代环上的氯原子。口服后，于 24~48h 后经尿液或粪便排出。

(2) 植物　代谢研究发现，萃取液中主要的成分为未代谢的四螨嗪，少量(4%)的 2-氯苄腈，是四螨嗪光解的主要产物。

(3) 土壤/环境　在土壤中四螨嗪的主要降解产物为 2-氯苯甲酸，最终降解为二氧化碳；根据土壤类型的不同，四螨嗪在土壤中的 DT_{50}16.8~132d(15~25℃)。然而，在实验室中未发生浸出现象。在水中，四螨嗪的水解及光解产物为 2-氯苄腈及少量其他化合物。由于四螨嗪在水中的溶解度很低，很难测定其土壤吸收量。

制剂　主要有 10%阿维·四螨嗪悬浮剂、10%四螨·哒螨灵悬浮剂、20.8%阿维·四螨嗪悬浮剂、12%四螨·哒螨灵可湿性粉剂、10%四螨嗪可湿性粉剂、20%四螨嗪悬浮剂、5.1%阿维·四螨嗪可湿性粉剂、20%四螨·三唑锡悬浮剂、80%四螨嗪水分散粒剂、25%四螨·三唑锡可湿性粉剂、45%四螨·苯丁锡悬浮剂、75%四螨嗪水分散粒剂等。

主要生产商　Makhteshim-Agan、杭州庆丰农化有限公司、江苏宝灵化工股份有限公司及山东华阳农药化工集团有限公司等。

作用机理与特点　本品为触杀型有机氮杂环类杀螨剂，对人、畜低毒，对鸟类、鱼虾、蜜蜂及捕食性天敌较为安全。对螨卵有较好防效，对幼螨也有一定活性，对成螨效果差，持效期长，一般可达 50~60d，但该药作用较慢，一般用药 2 周后才能达到最高杀螨活性，因此使用该药时应做好螨害的预测预报。

应用

(1) 适用作物　果树、瓜类、棉花、茶树等作物。

(2) 防治对象　害螨。

(3) 残留量与安全施药　对天敌安全；对肉食性螨虫及有益昆虫无药效；会对温室玫瑰花有轻微损伤；会在白色或浅色花朵的花瓣上留下粉红色的印迹。

(4) 应用技术　防治苹果叶螨应掌握在苹果开花前，越冬卵初孵期施药。防治山楂红蜘蛛，应在苹果落花后，越冬待成螨产卵高峰期施药。防治桔全爪螨，在早春柑橘发芽后，春梢长至 2~3cm，越冬卵孵化初期施药。防治锈壁虱应在发生初期施药。施药剂量上限为 0.3kg/hm²，施药量取决于当地实际的储水量。

(5) 使用方法　防治苹果害螨，用 20%悬浮剂 2000~2500 倍液，或 10%可湿性粉剂 1000~

1500 倍液[80～100mg(a.i.)/kg]，一般施一次药即可控制螨害。防治柑橘害螨，用 10%悬浮剂 1600～2000 倍液，或 10%可湿性粉剂 800～1000 倍液[100～125mg(a.i.)/kg]，持效期一般可达 30d。

10%可湿性粉剂和 25%悬浮剂防治柑橘红蜘蛛的使用浓度为 100～125mg/L。防治苹果树叶螨、红蜘蛛的使用浓度为 85～100mg/L。

另外，在西班牙、以色列、智利和新西兰用于防治苹果和其他果树树冠上的螨类。在果园或葡萄园用 0.04%的 50%乳油在冬卵孵化前喷药，能防治整个季节的食植性叶螨。在 4y 大田试验中，按 500g/L、400g/L 剂量施 2 次，可防治苹果和桃树的榆全爪螨。总之，该药对榆全爪螨（苹果红蜘蛛）有特效，持效期长，主要用作杀卵剂，对幼龄期螨有一定的防效，对捕食性螨和益虫无影响，用于苹果、观赏植物、豌豆、柑橘、棉花，在开花期前、后各施一次。

专利与登记 专利 EP5912、US5587370、US5455237 等均已过专利期，不存在专利权问题。国内登记情况：20%、40%悬浮剂，95%、96%、98%原药，10%、20%可湿性粉剂等，登记作物为柑橘树、苹果树和梨树等，防治对象为红蜘蛛等。

合成方法 经如下反应制得四螨嗪：

方法 1：邻氯苯甲酰氯法

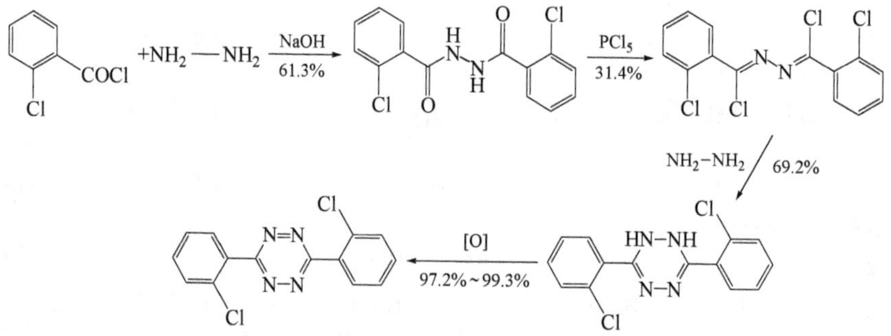

方法 2：邻氯苯甲醛法

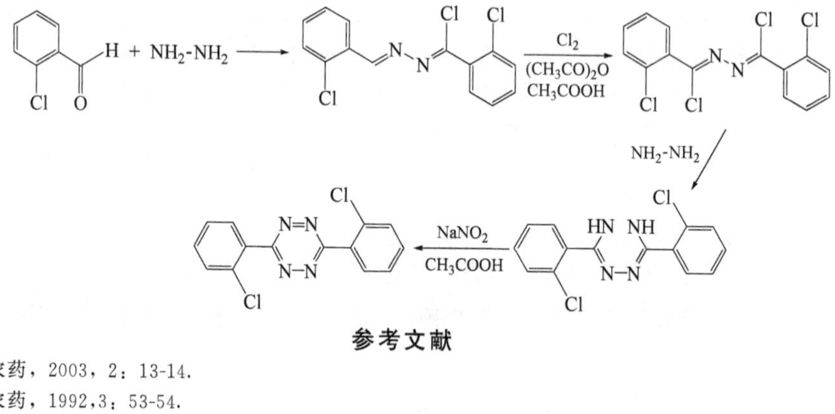

参考文献

[1] 饶国武. 农药，2003，2：13-14.
[2] 张树炳. 农药，1992,3；53-54.

四溴菊酯 tralomethrin

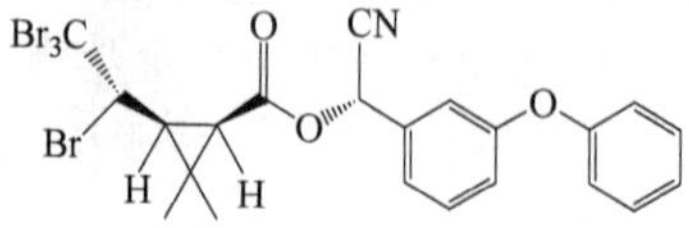

$C_{22}H_{19}Br_4NO_3$，665.0，66841-25-6

四溴菊酯(tralomethrin)，试验代号　HAG 107、NU 831、OMS 3048、RU 25474，通用名称　tralomethrin。商品名称　Saga、Scout、Scout-Xtra、Stryker、Tracker、Tralate、Tralox，是 Roussel Uclaf 公司(现属拜耳公司)开发的一种拟除虫菊酯类杀虫剂。

化学名称　(S)-α-氰基-3-苯氧苄基(1R,3S)-2,2-二甲基-3-[(RS)-1,2,2,2-四溴乙基]环丙烷羧酸酯，(S)-α-cyano-3-phenoxybenzyl(1R,3S)-2,2-dimethyl-3-[(RS)-1,2,2,2-tetrabromoethyl]cyclopropane-carboxylate 或(S)-α-cyano-3-phenoxybenzyl(1R)-cis-2,2-dimethyl-3-[(RS)-1,2,2,2-tetrabromoethyl]cyclo-propanecarboxylate。

组成　实验室等级的四溴菊酯有效成分＞93％，为一对活性非对应异构体，比例为 60∶40。

理化性质　工业品为黄色至米黄色树脂状固体。熔点为 138～148℃，25℃时蒸气压为 $4.8×10^{-6}$ mPa(25℃)，20℃时相对密度为 1.7，$K_{ow} lgP = 5(25℃)$。溶解度：水 80μg/L，丙酮、二氯甲烷、甲苯、二甲苯＞1000g/L，二甲基亚砜＞500g/L，乙醇＞180g/L。在 50℃时能稳定存在 6 个月，在酸性介质中能减少水解和差向异构化。

毒性　急性经口 LD_{50}(mg/kg)：大鼠 99～3000，狗＞500。兔急性经皮 LD_{50}＞2000mg/kg，对兔皮肤和眼睛中度刺激。大鼠吸入 LC_{50}(4h)＞0.40mg/L 空气。NOEL[2y，mg/(kg·d)]：大鼠 0.75，小鼠 3，狗 1。ADI(EPA)cRfD 0.0075mg/kg [1990]。对大鼠和兔无致诱变性和致畸性。

生态效应　鹌鹑急性经口 LD_{50}＞2510mg/kg。鸟饲喂 LC_{50}(8d，mg/kg 饲料)：野鸭 7716，鹌鹑 4300。鱼类 LC_{50}(96h，mg/L)：虹鳟鱼 0.0016，大翻车鱼 0.0043。水蚤 LC_{50}(48h)38mg/L。蜜蜂 LD_{50}(接触)0.12μg/只。在田间对蜜蜂无明显伤害。

环境行为

(1) 动物/植物　四溴菊酯能够转变为溴氰菊酯，从而进一步降解。

(2) 土壤/环境　在土壤中极易被吸收 DT_{50} 64～84d，K_d 197～8784，K_{oc} 43796～675667，在各种土壤中十分稳定，不易流动。

制剂　乳油、悬浮剂、可湿性粉剂等。

主要生产商　Bayer CropSciences、红太阳集团有限公司及江苏扬农化工股份有限公司等。

作用机理　拟除虫菊酯类杀虫剂，具有触杀和胃毒作用，性质稳定，持效长，对个别害虫的毒力活性，甚至高于溴氰菊酯。

应用

(1) 适用作物　大麦、小麦、大豆、咖啡、棉花、果树(苹果树、梨树、桃树等)、玉米、油菜、水稻、烟草、蔬菜(茄子、白菜、黄瓜等)。

(2) 防治对象　鞘翅目、同翅目、直翅目及鳞翅目等害虫，如草地夜蛾、棉叶夜蛾、玉米螟、梨豆夜蛾、烟蚜、菜蚜、菜青虫、黄地老虎、温室粉虱、苹果小卷蛾、蚜虫、灰翅夜蛾等。

(3) 残留量与安全施药　用量为 7.5～20g/hm²。如果在害虫危害时期使用，可以保护大多数作物不受半翅目害虫危害。土壤表面喷洒 5～10g/hm² 可以防治地老虎和切根害虫。本品可有效地防治家庭卫生害虫、仓储害虫以及侵蚀木材害虫。

(4) 应用技术　在棉花、甜玉米、油料作物和其他作物上使用时，为在数周内将昆虫的虫口密度保持在控制水平以下，需要多次用药，并建议在最初的第 1 次、第 2 次用药时，应采用中等到偏高于推荐量的剂量。这将使得在植物上持留的药剂，足以防治严重的害虫。当虫害密度已处于控制水平以下时，通常使用低于推荐量的剂量，就足以防治轻到中度的害虫(见表 201)。

表 201　四溴菊酯应用技术

作物	害虫	用量(有效成分)/(g/hm²)
棉花	棉叶夜蛾	5～7.5
	草地夜蛾	21
	棉铃虫	14.4～17

作物	害虫	用量（有效成分）/(g/hm²)
果树	苹果小卷夜蛾、苹果蚜等 梨木虱、梨潜蛾 桃潜蛾桃蚜、梨小食心虫等 橘斑花金鱼	0.75～1.25 0.75～3.25 0.5～2.25 0.37～0.75
蔬菜	实夜蛾属、灰翅夜蛾属 木薯粉虱 菜蚜虫 温室粉虱	10～14.5 18～21 17.5～22.5 18.75
作物害虫	麦长管蚜、麦云卷蛾 草地夜蛾 高粱瘦蝇	7～12.5 10.8 6.3～7.2

专利概况　专利 FR2364884 早已过专利期，不存在专利权问题。

合成方法　经如下反应制得：

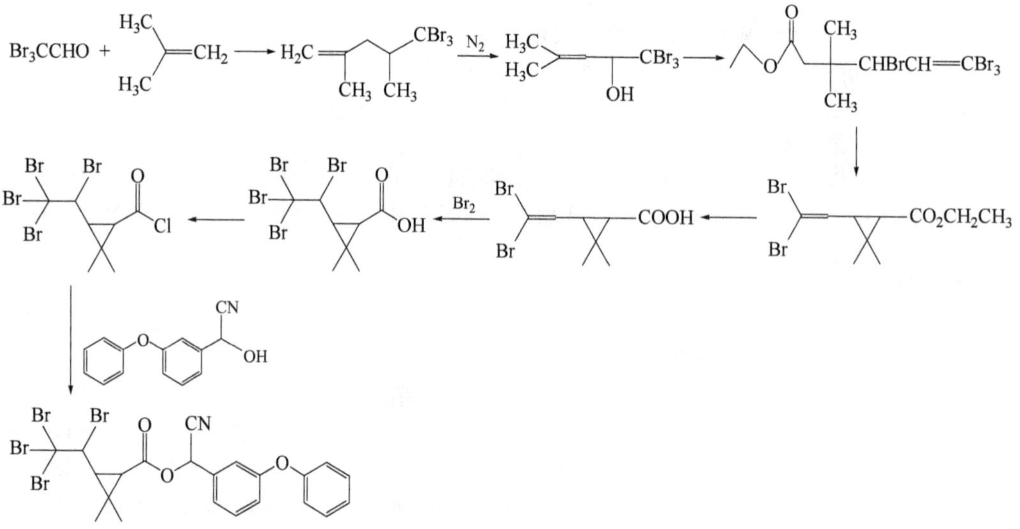

四唑嘧磺隆 azimsulfuron

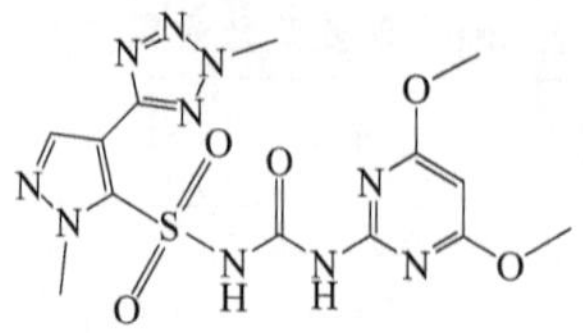

$C_{13}H_{16}N_{10}O_5S$，424.4，120162-55-2

四唑嘧磺隆(azimsulfuron)。试验代号　A8947、DPXA-8947、IN-A8947、JS-458。商品名称 Gulliver。其他名称　康宁、康利福、Apiro Top-A、Broadcut、Inebrite、Masakari A Jumbo、Papika A、Papika A 1 Kilo，是由杜邦公司开发的磺酰脲类除草剂。

化学名称　1-(4,6-二甲氧基嘧啶-2-基)-3-［1-甲基-4-(2-甲基-2H-四唑-5-基)吡唑-5-基磺酰基］脲，1-(4,6-dimethoxypyrimidin-2-yl)-3-［1-methyl-4-(2-methyl-2H-tetrazol-5-yl)pyrazol-5-ylsulfonyl］urea。

理化性质　纯品为白色粉末状固体，有酚醛气味，工业品含量＞98％。熔点170℃。相对密度1.12(25℃)。蒸气压4×10^{-6}mPa(25℃)。$K_{ow}\lg P$：4.43(pH 5)，0.043(pH 7)，0.008(pH 9)(25℃)。Henry常数(计算，Pa·m^3/mol)：8×10^{-9}(pH 5)，5×10^{-10}(pH 7)，9×10^{-11}(pH 9)。水中溶解度(20℃，mg/L)：72.3(pH 5)、1050(pH 7)、6536(pH 9)；其他溶剂中溶解度(25℃，g/L)：乙腈13.9，丙酮26.4，甲醇2.1，甲苯1.8，正己烷＜0.2，乙酸乙酯13，甲苯1.8，二氯甲烷65.9。pK_a3.6。水中DT_{50}(25℃)：89d(pH 5)、124d(pH 7)、132d(pH 9)。其分解主要通过磺酰脲桥的断裂，产生四唑基吡唑磺酰胺和氨基二甲氧基嘧啶。光照水溶液中DT_{50}(25℃)：103d(pH 5)，164d(pH 7)，225d(pH 9)(25℃)。

毒性　大鼠急性经口LD_{50}＞5000mg/kg，大鼠急性经皮LD_{50}＞2000mg/kg。大鼠急性吸入LC_{50}(4h)＞5.94mg/L。对兔眼睛和皮肤无刺激性，对豚鼠皮肤无致敏。NOEL［mg/(kg·d)］：雄性大鼠34.3，雄性狗17.9。ADI 0.1mg/kg。无致突变、遗传、致癌毒性。

生态效应　野鸭和山齿鹑急性经口LD_{50}＞2250mg/kg。山齿鹑和野鸭饲喂LC_{50}(8d)＞5260mg/kg。鱼毒LC_{50}(96h，mg/L)：鲤鱼＞300，虹鳟鱼154，大翻车鱼＞1000。水蚤EC_{50}(48h)＞941mg/L，NOEC(21d)＞5.4mg/L。羊角月牙藻EC_{50}12μg/L。浮萍EC_{50}0.8μg/L。蜜蜂LD_{50}(48h，μg/只)：经口＞25，接触＞1000。蚯蚓LC_{50}(14d)＞1000mg/kg。

环境行为

(1) 动物　大鼠口服后，大于95％的四唑嘧磺隆在2d内排泄出来，60％～73％是以未代谢的形式排出体外的。主要的代谢途径是O-脱甲基化、嘧啶环的羟基化以及随后与O的键合。嘧啶开环断裂形成胍作为代谢物可以被检测到，另外吡唑和四唑环上的N-脱甲基化以及磺酰脲桥的断裂也是其代谢的次要途径。

(2) 植物　可迅速代谢。在成熟期的植物组织中能找到少量的母体化合物。

(3) 土壤/环境　对淹没土壤和好氧土壤中四唑嘧磺隆的降解行为进行研究发现其代谢方式主要是间接的光解和土壤降解以及化学水解作用。降解产物已被确认。在收获季节，0～50cm的土层没有可检测到的残留物。

制剂　75％悬浮剂。

主要生产商　Du Pont。

作用机理　乙酰乳酸合成酶(ALS)抑制剂。通过杂草根和叶被吸收，在植株体内传导，杂草即停止生长，而后枯死。

应用

(1) 适宜作物与安全性　水稻。四唑嘧磺隆在水稻植株内迅速代谢为无毒物，对水稻安全

(2) 防除对象　主要用于防除稗草、阔叶杂草和莎草科杂草如北水毛花、异型莎草、紫水苋菜、眼子菜、花蔺、欧泽泻等。

(3) 使用方法　主要用于水稻苗后施用，使用剂量为8～25g(a.i.)/hm^2［亩用量为0.53～1.67g(a.i.)］。如果与助剂一起使用，用量将更低。四唑嘧磺隆对稗草和莎草的活性高于苄嘧磺隆，若两者混用，增效明显，混用后，即使在遭大水淋洗、低温情况下，除草效果仍很稳定。

专利概况　专利EP204513早已过专利期，不存在专利权问题。

合成方法　以丙二腈为起始原料，与原甲酸三甲酯反应后与甲肼缩合制得中间体吡唑胺，再与叠氮化钠反应，经甲基化、重氮化、磺酰化、胺化，然后与碳酸二苯酯反应，最后与二甲氧基嘧啶氨嘧啶缩合。或磺酰胺与二甲氧基嘧啶氨基甲酸苯酯缩合，处理即得目的物。反应式为：

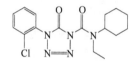

参考文献

[1] Proc Br Crop Prot Conf-Weed，1995，1：65.

[2] 冯化成．世界农药，2001，23（1）：53.

[3] 王玉柱．安徽化工，2011，4：10-12.

四唑酰草胺 fentrazamide

$C_{16}H_{20}ClN_5O_2$，349.8，158237-07-1

　　四唑酰草胺（fentrazamide），试验代号　BAY YRC 2388、NBA 061、YRC 2388。商品名称 Innova、Lecs、Lecspro、拜田净。其他名称　Dongsimae、四唑草胺，是由日本拜耳株式会社发现，由拜耳公司开发的四唑啉酮类除草剂。

　　化学名称　4-[2-氯苯基]-5-氧-4,5-二氢-四唑-1-羧酸环己基-乙基-酰胺，4-(2-chlorophenyl)-N-cyclohexyl-N-ethyl-4,5-dihydro-5-oxo-1H-tetrazole-1-carboxamide。

　　理化性质　纯品为无色结晶体，熔点79℃。蒸气压5×10^{-5}mPa(20℃)。分配系数$K_{ow}lgP=3.6(20℃)$。Henry 常数7×10^{-6} Pa·m³/mol。相对密度 1.3(20℃)。水中溶解度 2.3mg/L(20℃)；其他溶剂中溶解度(20℃，g/L)：异丙醇 32，正庚烷 2.1，二氯甲烷和二甲苯>250。$DT_{50}(25℃)$(pH 5)>300d，(pH 7)>500d，(pH 9)约 70d。光解稳定性DT_{50}(25℃)：20d(纯水)，10d(天然水)。

　　毒性　大鼠急性经口LD_{50}>5000mg/kg。大鼠急性经皮LD_{50}>5000mg/kg。对兔眼睛和兔皮肤无刺激性，对豚鼠无致敏性。大鼠急性吸入LC_5>5000mg/m³。NOEL 数据（mg/kg）：大鼠10.3，小鼠28，狗 0.52。ADI 值 0.005mg/kg。无致突变性和致畸性。

　　生态效应　日本鹌鹑和山齿鹑急性经口LD_{50}(14d)>2000mg/kg。鱼类LC_{50}(96h,mg/L)：鲤鱼 3.2，虹鳟鱼 3.4。水蚤LC_{50}(24h)>10mg/L。绿藻EC_{50}(24h)6.04μg/L，对藻类无长期影响，恢复快。其他水生生物LC_{50}(96h,mg/L)：青虾 6.5，蚬蚌>100。蜜蜂LD_{50}(经皮)>150μg/只。蚯蚓LC_{50}(14d)>1000mg/kg 干土。家蚕 NOEC 100mg/L。

　　环境行为

　　（1）动物　动物体内主要代谢途径是通过母体化合物水解进行生物转化。

　　（2）植物　在水田中研究水稻代谢，在任何植株中没有检测到母体化合物。

(3) 土壤/环境　在稻田中，四唑酰草胺能在水中迅速水解，然后在浸水土壤中彻底降解和矿化。在现场和实验室条件下的稻田中，四唑酰草胺半衰期的计算范围在几天到几周。基于 K_{oc} 值，四唑酰草胺在土壤中是非流动性的。

制剂　50%可湿性粉剂。

主要生产商　Bayer CropSciences。

作用机理与作用特点　细胞分裂抑制剂。其可被植物的根、茎、叶吸收并传导到根和芽顶端的分生组织，抑制其细胞分裂，生长停止，组织变形，使生长点、节间分生组织坏死，心叶由绿变紫，基部变褐色而枯死，从而发挥除草作用。

应用

(1) 适宜作物与安全性　水稻(移栽田、抛秧田、直播田)，不仅对水稻安全，而且具良好的毒理、环境和生态特性。

(2) 防除对象　禾本科杂草(稗草、千金子)、莎草科杂草(异型莎草、牛毛毡)和阔叶杂草(鸭舌草)等，对主要杂草稗草、莎草有卓效。

(3) 应用技术　使用毒土法时，须保证土壤湿润即田间有薄水层，以保证药剂能均匀扩散。施药后，田间水层不可淹没水稻心叶。为了扩大除草谱(防除多年生莎草科杂草和某些难防除的阔叶杂草)，可与苄嘧磺隆、杀草隆、唑吡嘧磺隆等中的一种或两种混用。

(4) 使用方法　水稻直播苗后、移栽田插秧后 0～10d、抛秧田抛秧后 0～7d，在稗草苗前至 3 叶期施药，毒土法或喷雾均可。通常使用剂量为 200～300g(a.i.)/hm^2 [亩用量为 13.3～20g(a.i.)]。

专利概况　专利 EP0612735、EP0726259 等均已过专利期，不存在专利权问题。

合成方法　以邻氯苯胺为起始原料，首先制成异氰酸酯，与叠氮化物反应制得中间体四唑啉酮，最后与氨基甲酰氯缩合，处理即得目的物。反应式为：

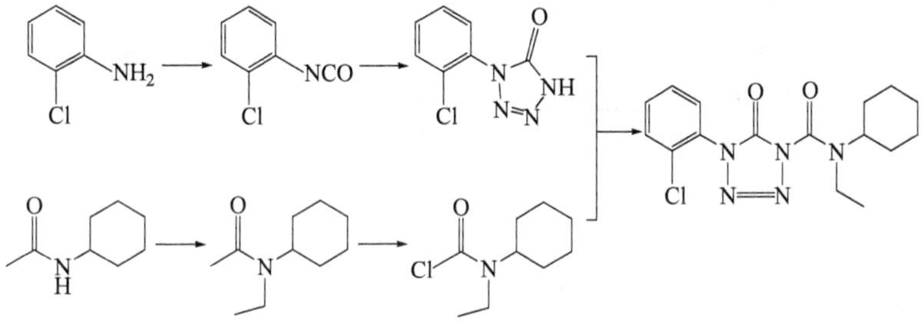

参考文献

[1] Proc Br Crop Prot Conf-Weed，1997，1：67.

[2] 陈亮. 世界农药，2003，1：46-47.

[3] 程志明. 世界农药，2005，2：5-8.

苏云金素 thuringiensin

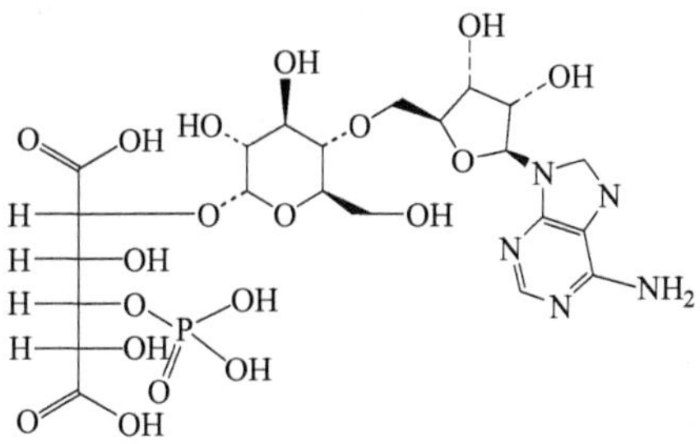

$C_{22}H_{32}N_5O_{19}P$，701.5，23526-02-5

苏云金素(thuringiensin)。其他名称　β-外毒素，是苏云金芽孢杆菌(*Bacillus thuringiensis*，简称 Bt)中的有效成分，属于抗生素类杀虫剂。

化学名称　2-[(2*R*,3*R*,4*R*,5*S*,6*R*)-5-[[(2*S*,3*R*,4*S*,5*S*)-5-(6-氨基-9*H*-嘌呤-9-基)-3,4-二羟基四氢呋喃-2-基]甲氧基]-3,4-二羟基-6-(羟甲基)四氢-2*H*-吡喃-2-基氧]-3,5-二羟基-4-(膦酰基氧基)己二酸。2-[(2*R*,3*R*,4*R*,5*S*,6*R*)-5-[[(2*S*,3*R*,4*S*,5*S*)-5-(6-amino-9*H*-purin-9-yl)-3,4-dihydroxytetrahydrofuran-2-yl]methoxy]-3,4-dihydroxy-6-(hydroxymethyl)tetrahydro-2*H*-pyran-2-yloxy]-3,5-dihydroxy-4-(phosphonooxy)hexanedioic acid。

理化性质　对紫外线、酸、碱稳定。

毒性　小鼠急性经口 LD_{50} 18mg/kg。

生态效应　对哺乳动物有较强的毒性，可能致突变。

环境行为　在环境中可能有较长的残留期。清水 DT_{50} 433h。水稻 DT_{50} 182h。白菜 DT_{50} 330h。

作用机理与特点　苏云金素是 DNA 依赖性的 RNA 聚合酶抑制剂，与 ATP 结构类似，其与 ATP 竞争酶的结合位点，从而造成害虫死亡，与杀虫特异性强和在环境中易降解的杀虫晶体蛋白有极强的互补作用。具有广谱杀虫活性。

应用

(1) 适用作物　蔬菜、果树、棉花等

(2) 防治对象　脉翅目、双翅目、膜翅目、等翅目、鳞翅目、直翅目、半翅目、蚜虫、线虫、螨虫、家蝇等。

专利概况　苏云金芽孢杆菌(*Bacillus thuringiensis*，简称 Bt)1901 年由日本生物学家 S. Ishiwata 从家蚕中发现，1915 年德国 Berliner 从地中海粉螟分离并命名，美国 1928 年启动了防治玉米螟计划，1929 年第一次大田应用，1938 年法国第一个产品 Sporeine 面世，20 世纪 50 年代许多国家进行了商业化生产，从发现该菌至今已有整整 115 年历史。其制备、制剂或剂型专利有 CN101475948、CN1411726、CN1403000、US6221223、US6268183 等。

合成方法　苏云金素是苏云金芽孢杆菌(*Bacillus thuringiensis*)部分血清型的菌株在生长过程中分泌到体细胞外的一种次生代谢产物。

速灭磷 mevinphos

$C_7H_{13}O_6P$，224.1，7786-34-7[(*Z*)-+(*E*)-]，26718-65-0[(*E*)-]，338-4-4[(*Z*)-]

速灭磷(mevinphos)，试验代号　ENT 22374、OS-2046。商品名称　Phosdrin、灭虫螨未磷、磷君、美文松、自克威、免得烂，最初由美国壳牌化学公司(现属 BASF)开发，后在 2001 年由 Amvac Chemical 继续开发。

化学名称　(*EZ*)-3-(二甲氧基磷酰氧基)丁-2-烯酸甲酯。(*EZ*)-2-methoxycarbonyl-1-methyl-vinyl dimethyl phosphate 或 methyl(*EZ*)-3-(dimethoxy-phosphinoyloxy)but-2-enoate。

理化性质　工业品含>60%(*E*)-型体和大约 20%(*Z*)-型体。纯品为无色液体，熔点：(*E*)式 21℃，(*Z*)式 6.9℃。沸点 99~103℃(0.3mmHg)。蒸气压(20℃)17mPa。$K_{ow} \lg P = 0.127$。相对密度：1.24(20℃)，(*E*)式 1.235，(*Z*)式 1.245。几乎能与水和大多数有机溶剂混溶，如乙醇、酮类、芳香烷烃、氯化烷烃，微溶于脂肪烷烃、石油醚、轻石油和二硫化碳。在室温下稳定，但在碱性液中分解；DT_{50}：120d(pH 6)，35d(pH 7)，3d(pH 9)，1.4h(pH 11)。

毒性 大鼠急性经口 LD_{50}（mg/kg）：大鼠 3~12，小鼠 7~18。急性经皮 LD_{50}（mg/kg）：大鼠 4~90，兔 16~33。对兔眼睛和皮肤中度刺激。大鼠吸入 LC_{50}（1h）0.125mg/L 空气。NOEL 值（2y，mg/kg 饲料）：大鼠 4，狗 5。ADI：0.0008mg/kg［1997］，（EPA）aRfD 0.001，cRfD 0.00025mg/kg［2000］。

生态效应 鸟类急性经口 LD_{50}（mg/kg）：野鸭 4.63，鸡 7.52，野鸡 1.37。鱼毒 LC_{50}（48h，mg/L）：虹鳟鱼 0.017，大翻车鱼 0.037。对蜜蜂有毒，LD_{50} 0.027μg/只。

环境行为

（1）动物 哺乳动物经口，在 3~4d 的时间内代谢物随尿液和粪便排出。

（2）植物 在植物体内迅速降解为毒性较低的磷酸二甲酯和磷酸，其中（E）-异构体的转换比（Z）-异构体快。

制剂 乳油［300g(a.i.)/L］、可湿性粉剂（500g/kg）、粉剂（20g/kg）、微粒剂（20g/kg）。

主要生产商 Amvac、Comlets 及 Hui Kwang 等。

作用机理与特点 胆碱酯酶抑制剂，对各类害虫和螨类都具有触杀、胃毒和呼吸系统抑制作用，并具有内吸性、残效期短的特点。

应用

（1）适用作物 水稻、茶叶、水果。

（2）防治对象 叶蝉科、飞虱科和果树上的蚧科。

（3）使用方法 通常用量约为 40g(a.i.)/L。防治棉蚜，每亩用 40%乳油 50~75mL，兑水 50~100kg 喷雾。防治棉铃虫，每亩用 40%乳油 75~100mL 兑水 50~100kg 喷雾。防治叶螨、菜青虫，用 40%乳油 2000 倍稀释液喷雾。

专利概况 专利 US2685552 早已过专利期，不存在专利权问题。

合成方法 可按如下方法合成：

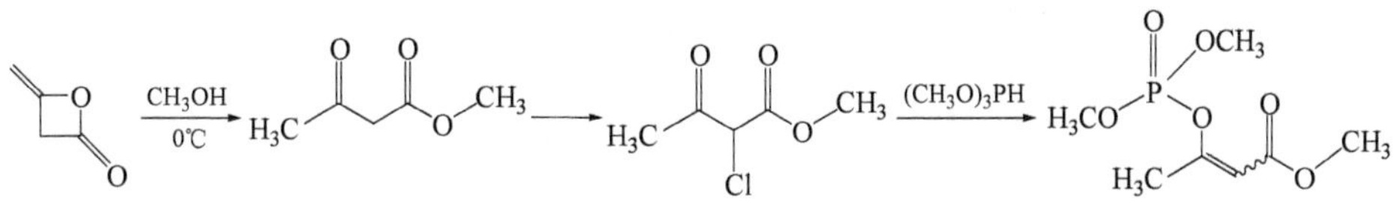

参考文献

［1］ Nihon Noyaku Gakkaishi, 1978, 3：119.

［2］ Nippon Nogei kagaku Kaishi, 1981, 55：1237.

速灭威 metolcarb

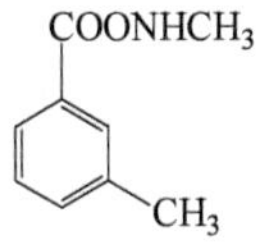

$C_9H_{11}NO_2$，165.2，1129-41-5

速灭威（metolcarb），试验代号 C-3。商品名称 Metacrate、Tsumacide、治灭虱，是由日本农药公司（已不再生产或销售该杀虫剂）和住友化学公司开发的。

化学名称 间甲苯基甲基氨基甲酸酯，m-tolylmethylcarbamate。

理化性质 无色固体，熔点 76~77℃、74~75℃（工业品），蒸气压 145mPa（20℃）。水中溶解度（30℃）2.6g/L；溶于极性有机溶剂；其他溶剂中溶解度（g/kg）：环己酮 790（30℃），二甲苯 100（30℃），甲醇 880（室温）。在非极性溶剂中溶解度较小。

毒性 急性经口 LD_{50}（mg/kg）：雄大鼠 580，雌大鼠 498，小鼠 109。大鼠急性经皮 LD_{50} >

2000mg/kg。大鼠吸入 LC$_{50}$为 0.475mg/L 空气。

生态效应 对鱼类低毒。

制剂 乳油[300g(a.i.)/L]、可湿性粉剂(500g/kg)、粉剂(20g/kg 或 30g/kg)。

作用机理与特点 对哺乳动物，与其他氨基甲酸酯杀虫剂的作用机理是相同的，主要是与乙酰胆碱酯酶的反应，酶被抑制后，即出现中毒症状。

应用

(1) 适用作物 水稻、柑橘、洋葱、棉花等。

(2) 防治对象 叶蝉、稻飞虱及其他稻米上的刺吸口器害虫及柑橘属果树桔粉蚧、洋葱蓟马、地中海实蝇、红铃虫、棉花蚜虫。

(3) 使用方法

① 水稻害虫的防治 在稻飞虱、稻叶蝉若虫盛发期，每亩用 20% 乳油 125～250mL(有效成分 25～50g)，或 25% 可湿性粉剂 125～200g(有效成分 31～62.5g)，兑水 300～400kg 泼浇，或兑水 100～150kg 喷雾，3% 粉剂每亩用 2.5～3kg(有效成分 75～90g)直接喷粉。

② 棉花害虫的防治 棉蚜、棉铃虫每亩用 25% 可湿性粉剂 200～300 倍液(有效成分 83～125g)喷雾。棉叶蝉每亩用 3% 粉剂 2.5～3kg(有效成分 75～90g)直接喷粉。

③ 茶树害虫的防治 在茶蚜虫、茶小绿叶蝉、茶长白介壳虫、鬼甲介壳虫、黑粉虱 1 龄若虫期，使用 25% 可湿性粉剂 600～800 倍液(有效成分 42～31g)喷雾。

④ 柑橘害虫的防治 防治柑橘锈壁虱用 20% 乳油或 25% 可湿性粉剂 400 倍液(有效成分 625～500mg/L)喷雾。

专利概况 专利 DE1205763 早已过专利期，不存在专利权问题。国内登记情况：25%、70% 可湿性粉剂，20% 乳油，90%、95%、98% 原药，等，登记作物为水稻等，防治对象为飞虱等。

合成方法 可按如下方法合成：

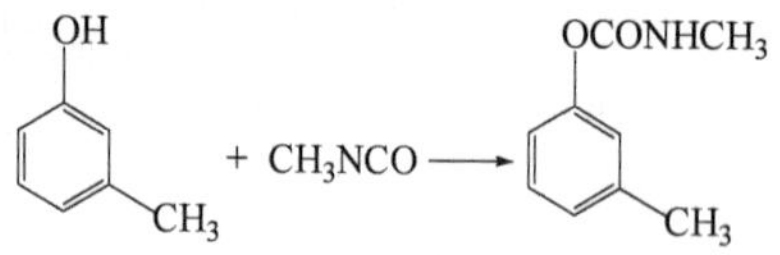

特丁津 terbuthylazine

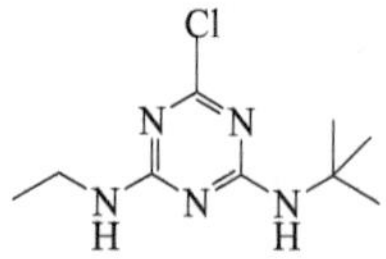

C$_9$H$_{16}$ClN$_5$，229.7，5915-41-3

特丁津(terbuthylazine)，试验代号 GS 13529。商品名称 Click、Tyllanex。其他名称 Gardoprim、草净津，1966 年由 A. Gast 等报道其除草活性，J R Geigy S A 公司开发。

化学名称 N^2-叔丁基-6-氯-N^4-乙基-1,3,5-三嗪-2,4-二胺，N^2-*tert*-butyl-N^4-ethyl-6-chloro-1,3,5-triazine-2,4-diamine。

理化性质 纯品无色粉末，熔点 175.5℃，蒸气压 0.09mPa(25℃)，K_{ow}lg$P$=3.4(25℃)，Henry 常数 2.3×10^{-3}Pa·m^3/mol(计算值)，相对密度 1.22(22℃)。水中溶解度：9mg/L(pH 7.4,25℃)；其他溶剂中溶解度 (25℃，g/L)：丙酮 41，乙醇 14，正辛醇 12，正己烷 0.36。DT$_{50}$(25℃)：73d(pH 5)，205d(pH 7)，194d(pH 9)，阳光照射下 DT$_{50}$>40d。

毒性 大鼠急性经口 LD$_{50}$1590mg/kg。大鼠急性经皮 LD$_{50}$＞2000mg/kg。对皮肤和眼睛无刺激，对皮肤无致敏性。大鼠吸入 LC$_{50}$(4h)＞5.3mg/L。无作用剂量［mg/(kg·d)］：狗(1y)0.4，大鼠(1y)0.35，小鼠(2y)15.4。

生态效应 野鸭和鹌鹑急性经口 LD$_{50}$＞1000mg/kg；鸭和鹌鹑饲喂 LC$_{50}$(8d)＞5620mg/kg。LC$_{50}$(96h,mg/L)：虹鳟鱼2.2，大翻车鱼52，鲤鱼和鲶鱼7.0。水蚤 LC$_{50}$(48h)69.3mg/L。铜在淡水藻 EC$_{50}$(72h)0.016～0.024mg/L。蜜蜂经口和接触 LD$_{50}$＞200μg/只。蚯蚓 LC$_{50}$(14d)＞1000mg/kg 土壤。

环境行为

(1) 动物 特丁津经口给药进入哺乳动物体内后，70%～80%在24h内随尿液和粪便排出，48h内几乎全部排出体外。脱乙基代谢物迅速形成，接着是叔丁基部位的一个甲基氧化而形成共轭物。代谢物都迅速被排出体外。

(2) 植物 在三嗪类耐受植物(如玉米)中，特丁津迅速水解形成羟基特丁津。形成的脱乙基化和羟基脱乙基化代谢物的总量取决于植物种类。

(3) 土壤/环境 在好氧土壤中，主要消解途径是微生物降解与由脱乙基和羟基化形成代谢物，最终环裂解并形成不可提取的残留物(98d 后8%～27%)。DT$_{50}$平均值17.4d(6.5～149d,9种土壤)。土壤吸附中等，K_{foc}224(162～333,12 个土样)，K_{foc}3.0(0.3～25.2,12 个土样)。特丁津仅有轻微迁移，在水-沉淀物体系中，特丁津在整个系统中消解 DT$_{50}$33～73d。

主要生产商 Syngenta、Dow AgroSciences、KSA、Makhteshim-Agan、Oxon、Rainbow 以及山东潍坊润丰化工股份有限公司。

作用机理与特点 光系统Ⅱ受体部位的光合电子传递抑制剂。选择性除草剂，通过根部和叶片的吸收后，通过木质部向顶传导，并富集在顶端分生组织。

应用 用于防除大多数杂草，芽前施用，也可选择性地防除柑橘、玉米和葡萄园杂草。本品主要通过植株的根吸收，用于防除大多数杂草。芽前施用，高粱田中用量1.2～1.8kg(a.i.)/hm^2，也可选择性地防除柑橘、玉米和葡萄园杂草。与特丁通混用可防除苹果、柑橘和葡萄园中多年生杂草，与溴酚肟混用50～80g/亩(有效成分)，可广谱防除冬或春禾谷类作物田中阔叶杂草，推荐用量50～80g/亩(有效成分)。

专利与登记 专利 BE540590、GB814947 均早已过专利期。国内仅山东潍坊润丰化工股份有限公司登记了97%原药。

合成方法 由三聚氯氰分别与叔丁基胺及乙胺在缚酸剂作用下反应生成。

特丁硫磷 terbufos

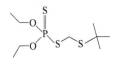

C$_9$H$_{21}$O$_2$PS$_3$，288.4，13071-79-9

特丁硫磷(terbufos)，试验代号 AC 92100、ENT 27920。商品名称 Counter、Cyanater、Hunter、Pilarfox、Sunbufos、Terborox、Lucater、Plydax、Terfos。其他名称 叔丁硫磷、抗得安、特丁甲拌磷、特丁三九一一、特丁磷。是 E. B. Fagan 报道其活性，由美国氰胺(现属 BASF)公司开发、1974 年商品化的有机磷类杀虫剂。

化学名称 S-叔丁硫基甲基 O,O-二乙基二硫代磷酸酯，S-*tert*-butylthiomethyl O,O-diethyl phosphorodithioate。

组成 原药含量85%以上。

理化性质 淡黄色液体，具有硫醇气味。熔点−29.2℃。沸点69℃（0.01mmHg）。蒸气压34.6mPa(25℃)。$K_{ow}\lg P=2.77$。Henry常数2.2Pa·m³/mol(计算)。相对密度1.11(20℃)。水中溶解度4.5mg/L(27℃)；易溶于丙酮、醇类、卤代烃、芳香烃等大多数有机溶剂，约300g/L。常温储存稳定2y以上，120℃以上分解，工业品DT_{50} 2～3d(pH 4～9)。闪点88℃。

毒性 急性经口LD_{50}(mg/kg)：雄大鼠1.6，雌大鼠5.4。急性经皮LD_{50}(mg/kg)：大鼠9.8，兔1。对眼睛和皮肤有刺激。大鼠吸入LC_{50}[4h,mg(a.i.)/L空气]：雄大鼠0.0061，雌大鼠0.0012。NOAEL[1y,对胆碱酯酶的抑制,mg/(kg·d)]：雄大鼠0.028，雌大鼠0.036。ADI：(JMPR)0.0006mg/kg [2003]；(EPA)aRfD 0.0003，cRfD 0.00005mg/kg [2006]。

生态效应 鹌鹑急性经口LD_{50} 15mg/kg。饲喂LC_{50}(8d,mg/kg饲料)：野鸭185，红颈野鸡145。鱼类LC_{50}(96h,mg/L)：虹鳟鱼0.01，大翻车鱼0.004。对蜜蜂有毒，LD_{50} 4.1μg/只(接触)。当为颗粒剂时，应限制其暴露。

环境行为 在动物、植物体及土壤中容易生物降解，不积累在食物链和环境中，DT_{50}(土壤)9～27d。

制剂 5%、10%、15%颗粒剂。

主要生产商 Amvac、DooYang、Sharda、United phosphorus及龙灯集团等。

作用机理与特点 胆碱酯酶的直接抑制剂，是一种高效、速效、广谱的杀虫、杀螨剂，具有内吸、胃毒和熏蒸作用。因毒性高，只作土壤处理剂和拌种用。持效期长。

应用

(1) 适用作物 玉米、甜菜、甘蓝、棉花、水稻。

(2) 防治对象 叶甲幼虫、甜菜根斑蝇、甘蓝根花蝇、葱蝇、金针虫、马陆、么蚰科、红蜘蛛、蚜虫、蓟马、叶蝉、螟虫等。

(3) 残留量与安全施药 不适宜在叶面喷雾，不能与皮肤和碱性物质直接接触。在花生作物田施药时，先将药剂施入播种沟内，覆盖少量土后再播入花生种，使药剂与种子隔离，以避免发生药害。安全间隔期：最后一次施药距收获期3个月。

(4) 使用方法 只作土壤处理剂和拌种用，使用剂量0.25～2kg/hm²。如防治花生田蛴螬，使用剂量为5%颗粒剂1800～2250g/hm²，沟施。

专利概况 专利US2586655、EP547546均早已过专利期，不存在专利权问题。

合成方法 经如下反应制得特丁硫磷：

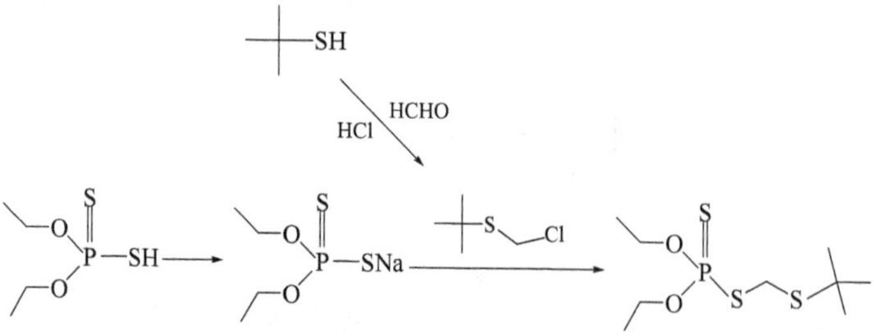

涕灭威 aldicarb

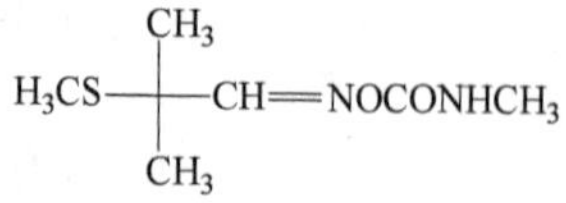

$C_7H_{14}N_2O_2S$, 190.3, 116-06-3

涕灭威(aldicarb)。试验代号 AI3-27093、ENT 27093、OMS771、UC21149。商品名称

Temik、Bolster、铁灭克、丁醛肟威。是由 Union CarbiDE Corp(现属拜耳公司)开发的杀虫、杀螨、杀线虫剂。

化学名称 (*EZ*)-2-甲基-2-(甲硫基)丙醛-*O*-甲基氨基甲酰基肟，(*EZ*)-2-methyl-2-(methylthio)propionaldehyde *O*-methylcarbamoyloxime。

理化性质 纯品为无色结晶固体，熔点 98～100℃(原药)。相对密度(25℃)1.2。蒸气压(3.87±0.28) mPa(20℃)。水中溶解度(pH 7,20℃)4.93g/L；易溶于大多数有机溶剂(25℃,g/L)：丙酮 350，二氯甲烷 300，苯 150，二甲苯 50。在中性、酸性和弱碱性介质中稳定，遇强碱分解，100℃以下稳定，遇氧化剂迅速转变为亚砜，再进一步氧化为砜很慢。不易燃。

毒性 大鼠急性经口 LD_{50} 0.93mg/kg。雄兔急性经皮 LD_{50} 20mg/kg。大鼠吸入 LD_{50}(4h) 0.0039mg/L 空气，NOAEL 0.03mg/kg，ADI(JMPR) 0.003mg/kg [1995]，(EPA) cRfD 0.001mg/kg [1993]。

生态效应 野鸭急性经口 LD_{50} 1mg/kg，山齿鹑 LC_{50}(8d)71mg/kg 饲料。鱼 LC_{50}(96h)：虹鳟>0.56mg/L，翻车鱼 72μg/L。水蚤 LC_{50}(21h)0.18mg/L，NOAEL 35μg/L。羊角月牙藻 E_rC_{50}(96h)1.4mg/L。蜜蜂高毒(有效接触的情况下)，LD_{50} 0.285μg/只，但是在使用时由于该化合物做成产品后剂型为粒剂，和土壤混在一起，不会和蜜蜂接触，因此不会对蜜蜂造成伤害。蚯蚓 LC_{50}(14d)16mg/kg 土壤。

环境行为

(1) 动物 在大鼠、狗、牛体内迅速被完全吸收，24h 内超过 80% 的涕灭威随尿液排出体外，在 3～4d 内则有超过 96% 的涕灭威被排出体外。在进一步的新陈代谢中，涕灭威被氧化为相应的砜和亚砜。

(2) 植物 在植物体内，涕灭威被氧化为相应的砜和亚砜，由于亚砜在植物体内具有很高的可溶性，因此它的活性(胆碱酯酶抑制剂)往往要比涕灭威高出 10～20 倍，进一步代谢，涕灭威最终会变成肟、腈、酰胺、酸以及醇类物质，这些物质仅仅以共轭的形式存在于植物体内。

(3) 土壤/环境 实验室环境下，涕灭威被氧化成亚砜，以及进一步氧化成砜，其 DT_{50} 2～12d，田间试验中，涕灭威以及亚砜、砜类化合物的 DT_{50} 0.5～2 个月，DT_{90} 2.5～4.7 个月。实验室进行吸附研究，涕灭威 K_{oc} 21～68，其亚砜化合物 K_{oc} 13～48，其砜类化合物 K_{oc} 11～32，这表明这三种物质都较难进入地下水。涕灭威的水解很难发生，因为在 pH 8.5、15℃ 下，其半衰期仅有 170d。光解 DT_{50}=4.1d(25℃)，在水沉淀系统中，DT_{50}(涕灭威及其砜、亚砜)=5.5d，其主要途径是氨基甲酸酯基团的丢失，涕灭威的亚砜和砜化合物为次要产物(<3%)，并且在水沉淀系统中迅速降解，其 DT_{50} 分别为 5d 和 4d。由于涕灭威蒸气压较低并且迅速被土壤吸收，因此不可能通过空气污染环境。

制剂 颗粒剂。

主要生产商 Bayer CropSciences。

作用机理与特点 抑制昆虫乙酰胆碱酯酶，具有触杀、胃毒和内吸作用。涕灭威施于土壤中，通过作物根部被吸收，经木质部传导到植物地上部分各组织和器官而起作用。涕灭威进入动物体内，由于其结构上的甲氨基甲酰肟和乙酰胆碱类似，能阻碍胆碱酯酶的反应，因而，涕灭威是一种强烈的胆碱酯酶抑制剂。昆虫或螨接触了涕灭威后，表现出典型的胆碱酯酶受阻症状，但对线虫的作用机制目前尚不完全清楚。

应用

(1) 适宜作物 甜菜、马铃薯、棉花、玉米、花生、甘薯、观赏植物和林木等。

(2) 防治对象 蚜虫、蓟马、叶蝉、椿象、螨类、粉虱和线虫等。

(3) 应用技术 涕灭威属于高毒农药，只限于作物沟施或穴施，在播种时施用或出苗后根侧土中追施。

(4) 使用方法 播种沟、带或全面处理(种植前或种植时均可)以及芽后旁施处理。使用剂量为 0.34～11.25kg(a.i.)/hm²。具体如下：

① 防治蚜虫、螨类等　a. 沟施法　在作物移栽或播种前，每亩用15%涕灭威颗粒剂300～400g，掺细沙土5～10kg，拌匀后按垄开沟，将药沙均匀施入沟内，然后播种或移苗、覆土。b. 穴施法　在作物移栽或播种前，每亩用15%涕灭威颗粒剂250～300g，掺细沙2kg，在作物苗移栽时，先将药沙用匀施入穴中，然后将苗移入，并覆土、浇水。c. 根侧追施法　在作物生长期间，每亩用15%涕灭威颗粒剂400～800g与细土混匀，撒播在距植株20～40cm周围，用耙将药粒耙入土内，再用水浇灌。

② 防治花生根结线虫　每亩用15%涕灭威颗粒剂1.1～1.3kg与细土混匀，在花生播种时开沟施用，沟深10～12cm，将药均匀施于沟内，覆薄土后播种，避免种子与药剂直接接触而产生药害。

③ 防治大豆胞囊线虫　每亩用15%涕灭威颗粒剂670～1000g与细土混匀，在大豆播种前开沟施用。如土壤过干，应预先潜水整地再施药。

④ 防治柑橘根结线虫　将柑橘树冠下表土耙开3～5cm，每亩用15%涕灭威颗粒剂4～6kg与细土混匀后均匀撒施，覆土、浇水。

专利与登记　专利US3217037早已过专利期，不存在专利权问题。国内登记情况：80%原药、5%颗粒剂等，登记作物为棉花、花生、甘薯、烟草和月季等，防治对象为红蜘蛛、蚜虫、烟蚜和茎线虫病等。德国拜耳公司在中国登记情况见表202。

表202　德国拜耳公司在中国登记情况

登记名	登记证号	含量	剂型	登记作物	防治对象	用药量/(g/hm²)	施用方法
涕灭威	PD43-87	15%	颗粒剂	棉花	蚜虫	450～900	沟施、穴施
				棉花	红蜘蛛	450～900	沟施、穴施
				花卉	螨	1995～3000	根施
				花卉	蚜虫	1995～3000	根施
				花生	线虫	2250～3000	沟施
				烟草	烟蚜	499.5	穴施

合成方法　可通过如下反应制得目的物：

$$ClC(CH_3)_2CH_2NO \xrightarrow{CH_3SNa} CH_3SC(CH_3)_2C{=}NOH \xrightarrow{CH_3NCO} H_3CS-\underset{CH_3}{\overset{CH_3}{C}}-CH{=}NOCONHCH_3$$

（式中 C=NOH 下方有 H）

甜菜安 desmedipham

$C_{16}H_{16}N_2O_4$，300.3，13684-56-5

甜菜安（desmedipham），**试验代号**　EP 475、SN 38107、ZK 14494。**商品名称**　Betanal AM、Kemifam。**其他名称**　Alphanex、Betanex、Don、Orrja、Synbetan D。是由 Schering AG（现拜耳公司）开发的氨基甲酸酯类除草剂。

化学名称　3-苯基氨基甲酰氧基苯氨基甲酸乙酯，ethyl 3-phenylcarbamoyloxyphenylcarbamate 或 ethyl 3′-phenylcarbamoyloxycarbanilate 或 3-ethoxycarbonylaminophenylphenylcarbamate。

理化性质　工业品纯度97.5%，纯品为无色结晶，熔点120℃，蒸气压$4×10^{-5}$mPa(25℃)。分配系数$K_{ow}\lg P=3.39$(pH 5.9)，Henry常数$4.3×10^{-7}$Pa·m³/mol，相对密度0.536（堆积密度）、0.620（松密度）。水中溶解度(20℃)7mg/L(pH 7)；易溶于极性溶剂，有机溶剂中溶解度(20℃,g/L)：丙酮400，异佛尔酮400，苯1.6，氯仿80，二氯甲烷17.8，乙酸乙酯149，己烷

0.5，甲醇 180，甲苯 1.2。在酸性环境中稳定，在中性和碱性环境中易水解。在 70℃下能保持 2y，在 pH 3.8、波长≥280nm 的光照下，水溶液 DT_{50} 224h；水解作用 DT_{50}：70d（pH 5），20h（pH 7），10min（pH 9）。

毒性　急性经口 LD_{50}（mg/kg）：大鼠＞10250，小鼠＞5000。兔急性经皮 LD_{50}＞4000mg/kg，对皮肤无致敏，大鼠吸入 LC_{50}（4h）＞7.4mg/L。在 2y 的饲养试验中，大鼠无作用剂量 3.2mg/kg 饲料，小鼠 22mg/kg，对大鼠急性吸入 LC_{50}（4h）＞7.4mg/L。NOEL[2y，mg/（kg·d）]：大鼠 3.2，小鼠 22。ADI（EC）0.03mg/kg（基于大鼠 2y 研究）[2004]，（EPA）RfD 0.04mg/kg [1996]。

生态效应　山齿鹑和野鸭 LC_{50}（14d）＞2000mg/kg，野鸭和山齿鹑饲喂 LC_{50}（8d）＞5000mg/kg 饲料。鱼毒 LC_{50}（96h，mg/L）：虹鳟鱼 1.7，大翻车鱼 3.2。水蚤 LC_{50}（48h）1.88mg/L。藻类 IC_{50}（72h）0.061mg/L。对蜜蜂无毒，LD_{50}＞50μg/只。蚯蚓 LC_{50}（14d）＞466.5mg/kg 干土。

环境行为

（1）动物　动物口服后，80％的甜菜安和其衍生物会在 24h 内通过尿液代谢掉，水解成 N-（3-羟苯基）氨基甲酸乙酯，并结合成葡萄酸酐和一些硫化物，这是新陈代谢的主要途径。

（2）植物　在甜菜内 N-（3-羟苯基）氨基甲酸乙酯是主要的代谢物，进一步代谢成间氨基酚。

（3）土壤/环境　DT_{50} 约 34d，DT_{90}＜115d，由于甜菜安会进行更进一步的代谢，因此甜菜安不会在土壤中累积，也不会被下一茬的作物吸收，由于其优良的理化性质，因此不会对地下水造成污染。K_{oc} 1500。

制剂　16％乳油。

主要生产商　Bayer CropSciences、Sharda、Synthesia、United Phosphorus、江苏好收成韦恩农药化工有限公司、江苏省激素研究所股份有限公司、浙江东风化工有限公司及浙江永农化工有限公司等。

作用机理　光合作用抑制剂（inhibition of photosynthesis at photosystem Ⅱ）。

应用　苗后用于甜菜作物，特别是糖甜菜田中除草，使用剂量为 800～1000g（a.i.）/hm²。其他用法同甜菜宁。

专利与登记　专利 GB1127050 已过专利期，不存在专利权问题。

国内登记情况：16％乳油，登记作物为甜菜，防治对象为一年生阔叶杂草。德国拜耳作物科学公司在中国登记情况见表 203。

表 203　德国拜耳作物科学公司在中国登记情况

登记名称	登记证号	含量	剂型	登记作物	防治对象	用药量/(g/hm²)	施用方法
甜菜安·宁	PD186-94	甜菜安 80g/L、甜菜宁 80g/L	乳油	甜菜	一年生阔叶杂草	795～975	喷雾

合成方法　以间氨基苯酚为起始原料，与氯甲酸乙酯反应，再与苯基异氰酸酯缩合即得目的物。反应式如下：

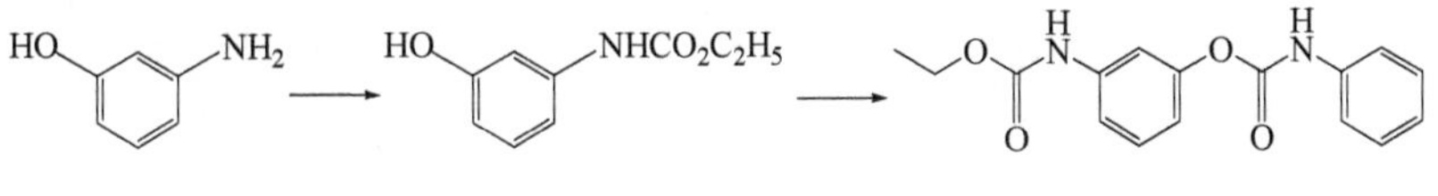

甜菜宁 phenmedipham

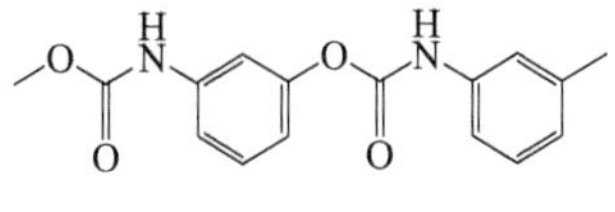

$C_{16}H_{16}N_2O_4$，300.3，13684-63-4

甜菜宁(phenmedipham)。试验代号　EP-452、SN 38584、ZK 15320。商品名称　Asket、Beetup、Beta、Betanal、Betapost、Betasana、Crotale、Herbasan、Kontakt、Mandolin、Spinaid、凯米丰。其他名称　Betanal Flo、Betosip、Dancer、Fasnet、Kemifam、MSS Protrum G、Tanke。是由 Schering AG(现为拜耳公司)开发的氨基甲酸酯类除草剂。

化学名称　3-(3-甲基氨基甲酰氧)苯氨基甲酸甲酯，methyl 3-(3-methylcarbaniloyloxy)carbanilate 或 3-methoxycarbonylaminophenyl 3′-methylcarbanilate。

理化性质　工业品纯度>97%，熔点 140~144℃。纯品为无色结晶，熔点 143~144℃，蒸气压 $7×10^{-7}$ mPa(25℃)，$K_{ow}\lg P=3.59$(pH 3.9)，Henry 常数 $5×10^{-8}$ Pa·m³/mol，相对密度 0.34~0.54(20℃)。水中溶解度(20℃，mg/L)：4.7(室温)，1.8(pH 3.4,20℃)。可溶于极性溶剂，有机溶剂中溶解度(20℃，g/L)：丙酮、环己酮约 200，苯 2.5，氯仿 20，二氯甲烷 16.7，乙酸乙酯 56.3，己烷约 0.5，甲醇约 50，甲苯 0.97，2,2,4-三甲基戊烷 1.16。在 200℃以上稳定，在酸性环境中稳定，在中性及碱性环境中会水解，DT_{50}(22℃)：50d(pH 5)，14.5h(pH 7)，10min(pH 9)。280nm 照射溶液(pH 3.8)DT_{50}9.7d，pK_a<0.1。

毒性　急性经口 LD_{50}(mg/kg)：大鼠和小鼠>8000，狗和豚鼠>4000。急性经皮 LD_{50}(mg/kg)：大鼠 2500，兔 1000，对皮肤无致敏性，大鼠急性吸入 LC_{50}(4h)>7.0mg/L。NOEL(mg/kg 饲料)：大鼠 NOAEL(2y)60[3mg/(kg·d)]，大鼠(90d)150[13mg/(kg·d)]。ADI(EC)0.03mg/kg [2004]，(EPA)cRfD 0.24mg/kg [2005]。大鼠急性腹腔注射 LD_{50}>5000mg/kg。

生态效应　鸟急性经口 LD_{50}(mg/kg)：鸡>2500，野鸭>2100。野鸭和山齿鹑饲喂 LC_{50}(8d)>6000mg/kg 饲料。鱼类 LC_{50}(96h,mg/L)：虹鳟鱼 1.4~3，大翻车鱼 3.98，蓝三角鱼 16.5(15.9%乳油)。水蚤 LC_{50}(72h)3.8mg/L。藻类 IC_{50}(96h)0.13mg/L。对蜜蜂无毒，LD_{50}(μg/只)：经口>23，接触 50。蚯蚓 EC_{50}(14d)>156mg/kg 土。

环境行为

(1) 动物　动物口服后，99%会在 72h 内随尿液排出体外。主要水解成 N-(3-羟基苯基)氨基甲酸甲酯，并以结合成葡萄酸酐和硫酸盐类化合物作为主要的代谢方式。

(2) 植物　N-(3-羟基苯基)氨基甲酸甲酯是植物中的主要代谢物。

(3) 土壤/环境　在土壤中 DT_{50} 约 25d，DT_{90} 约 108d。代谢物主要包括 N-(3-羟苯基)氨基甲酸甲酯和间氨基酚，然后和土壤部分结合。甜菜宁不会在土壤中累积，也不会被下一茬的作物吸收，由于有良好的理化性质，不会对地下水造成污染。K_{oc}2400。

制剂　16%乳油。

主要生产商　Bayer CropSciences、Sharda、Synthesia、United Phosphorus、江苏好收成韦恩农药化工有限公司、江苏省激素研究所股份有限公司、浙江东风化工有限公司及浙江永农化工有限公司等。

作用机理与特点　光合作用抑制剂(inhibition of photosynthesis at photosystem Ⅱ)。甜菜宁为选择性苗后茎叶处理剂。对许多甜菜田中阔叶杂草有良好的防除效果，对甜菜高度安全。杂草通过茎叶吸收，传导到各部分。其主要作用是阻止合成三磷酸腺苷和还原型烟酸胺腺嘌呤磷酸二苷之前的希尔反应中的电子传递作用，从而使杂草的光合同化作用遭到破坏。

应用

(1) 适宜作物　甜菜作物特别是糖甜菜，草莓。甜菜对进入体内的甜菜宁可进行水解代谢，使之转化为无害化合物，从而获得选择性。甜菜宁药效受土壤类型和湿度影响较小。

(2) 防除对象　大部分阔叶杂草如藜属、豚草属、牛舌草、鼬瓣花、野芝麻、野萝卜、繁缕、荞麦蔓等，但是苋、蓼等双子叶杂草耐药性强，对禾本科杂草和未萌发的杂草无效。主要通过叶面吸收，土壤施药作用小。

(3) 使用方法　苗后用于甜菜作物，特别是糖甜菜田中除草，在大部分阔叶杂草发芽后和 2~4 真叶期前用药，亩用量为 66.7g(a.i.)，一次性用药或低量分次施药。在气候条件不好、干旱、杂草出苗不齐的情况下宜低量分次施药。也可用于草莓田除草。一次施药的剂量为每亩用

16％凯米丰或 Betanal 乳油 330～400mL，低量分次施药推荐每亩用商品量 200mL，每隔 7～10d 重复喷药一次，共 2～3 次，每亩兑水 20L 均匀喷雾，高温高湿有助于杂草叶片吸收本药。可与其他防除单子叶杂草的除草剂(如稀禾定等)混用，以扩大杀草谱。

专利与登记　专利 GB1127050 早已过专利期，不存在专利权问题。

国内登记情况：16％乳油，96％、97％原药，登记作物为甜菜，预防对象为一年生阔叶杂草。德国拜耳作物科学公司在中国登记情况见表 204。

表 204　德国拜耳作物科学公司在中国登记情况

登记名称	登记证号	含量	剂型	登记作物	防治对象	用药量/(g/hm²)	施用方法
甜菜安·宁	PD186-94	甜菜安 80g/L、甜菜宁 80g/L	乳油	甜菜	一年生阔叶杂草	795～975	喷雾
甜菜宁	PD20102052	97％	原药				

合成方法　以间氨基苯酚为起始原料，与氯甲酸甲酯反应，再与间甲基苯基异氰酸酯缩合即得目的物。反应式如下：

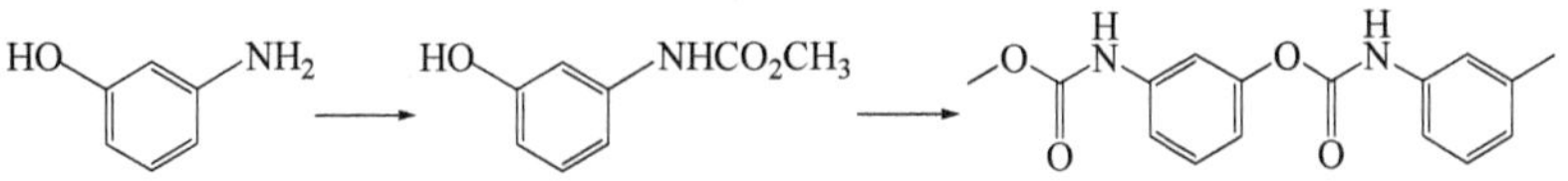

调吡脲 forchlorfenuron

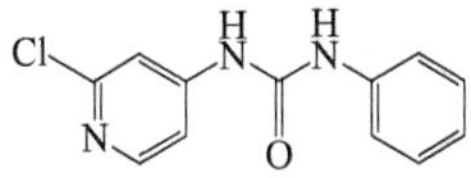

$C_{12}H_{10}ClN_3O$，247.7，68157-60-8

调吡脲(forchlorfenuron)，试验代号　4PU-30、CN-11-3183、KT-30、SKW 20010、V-3183。**商品名称**　Caplit、Fulmet、Prestige、Sitofex。**其他名称**　施特优、吡效隆。是由 Kyowa Hakko Kogyo Co Ltd 和 Sandoz Crop Protection Corp 共同开发的植物生长调节剂。

化学名称　1-(2-氯-4-吡啶基)-3-苯基脲，1-(2-chloro-4-pyridyl)-3-phenylurea。

理化性质　工业品纯度≥97.8％。纯品为白色至灰白色结晶粉末，熔点 165～170℃。蒸气压 $4.6×10^{-5}$ mPa(25℃)。分配系数 $K_{ow}lgP=3.2$(20℃)。Henry 常数 $2.9×10^{-7}$ Pa·m³/mol。相对密度 1.3839(25℃)。在水中的溶解度为 39mg/L(pH 6.4,21℃)；其他溶剂中溶解度(g/L)：甲醇 119，乙醇 149，丙酮 127，氯仿 2.7。对光和热稳定。在 25℃、pH 值为 5、7 和 9 时，30d 不水解，pK_a：pK_{a_1} 2.5，pK_{a_2} 12.25。

毒性　急性经口 LD_{50}(mg/kg)：雄大鼠 2787，雌大鼠 1568，雄小鼠 2218，雌小鼠 1783。兔急性经皮 LD_{50}＞2000mg/kg。对眼睛有中等程度刺激，对皮肤无刺激；对皮肤无致敏。大鼠吸入 LC_{50}(4h)：在饱和空气中无死亡。NOEL：大鼠(2y)7.5mg/(kg·d)，兔发育≥100mg/kg。ADI (EC)0.05mg/kg [2006]；(EPA)aRfD 1mg/kg，cRfD 0.07mg/kg [2004]。

生态效应　山齿鹑急性经口 LD_{50}＞2250mg/kg。山齿鹑饲喂试验(5d)LC_{50}＞5600mg/L。鱼毒 LC_{50}(mg/L)：虹鳟鱼(96h)9.2；鲤鱼(48h)8.6，金鱼(48h)10～40。水蚤 LC_{50}(48h)8.0mg/L，月牙藻 E_bC_{50}(72h)3.3mg/L，浮萍 IC_{50} 16.35mg/L，蜜蜂经接触 LD_{50}＞25 μg/只。蚯蚓 LC_{50}＞1000mg/kg。

环境行为

(1) 动物　在大鼠体内调吡脲迅速被吸收和代谢，16h 内一半的标记化合物随尿液和粪便排出体外。标记的代谢物中有一部分是母体化合物，大部分是键合物，形成调吡脲硫酸盐。

（2）土壤/环境　除了在水中已光解外在其他消散途径中均稳定。沙壤土黑暗中 DT_{50} 578d，在沉积物/水体系中稳定，在土壤中无流动性或有中度流动性，K_{ads} 2～20，K_{oc} 852～3320（平均1763，4 种土壤）；K_d 5.79～39.84。

制剂　0.1%液剂。

主要生产商　Green Plantchem、Kyowa、重庆双丰化工有限公司、华通(常州)生化有限公司及泰达集团等。

作用机理　新型植物生长调节剂，具有高活性的苯脲类细胞分裂素物质。它可促进植物生长、早熟，延缓作物后期叶片的衰老，增加产量。

应用　调吡脲可以影响植物芽的发育，能加速细胞有丝分裂，促进细胞增大和分化，防止果实和花的脱落，主要表现在以下几个方面。

（1）促进植物的生长。调比脲有增加新芽，加速芽的形成，促进茎、叶、根、果生长的功能。用于烟草种植可以使叶片肥大而增产。

（2）能促进结果。可以增加西红柿、茄子、苹果等水果和蔬菜的产量。脐橙于生理落果期用500 倍液喷施树冠或用 100 倍液涂果梗盘。猕猴桃谢花后 20～25d 用 50～100 倍液浸渍幼果。葡萄于谢花后 10～15d 用 10～100 倍液浸渍幼果，可提高坐果率，果实膨大，单果重增加。

（3）改善蔬果和加速落叶作用。可增加蔬果产量，提高质量，使果实大小均匀。就棉花和大豆而言，落叶可以使收获易行。

（4）浓度高时可用作除草剂。

（5）其他作用：促进棉花干枯、增加甜菜和甘蔗糖分等。

专利概况　专利 JP54081275、DE2843722、US4193788 均早已过专利期，不存在专利权问题。

合成方法　调吡脲的制备大致有以下几条路线：

（1）2-氯-4-氨基吡啶与异氰酸苯酯反应

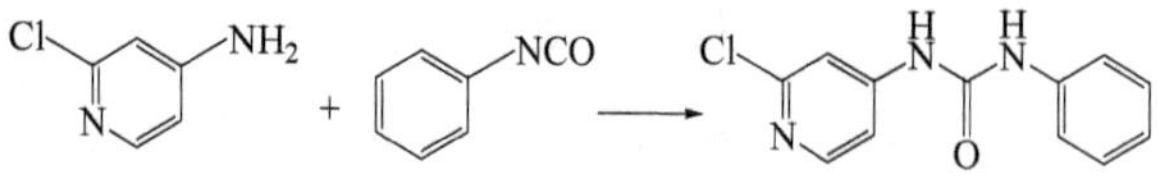

（2）2-氯-4-吡啶基异氰酸酯与苯胺反应

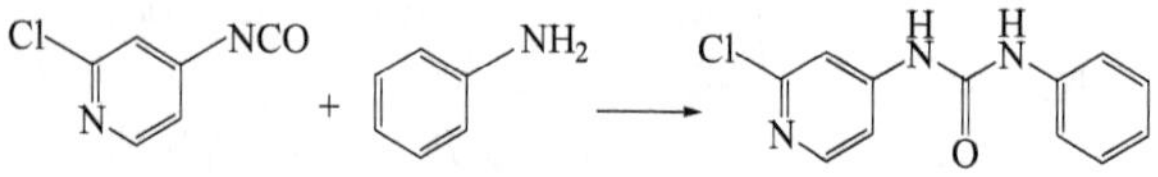

（3）2-氯异烟酸、叠氮化合物与苯胺在干燥器皿中反应

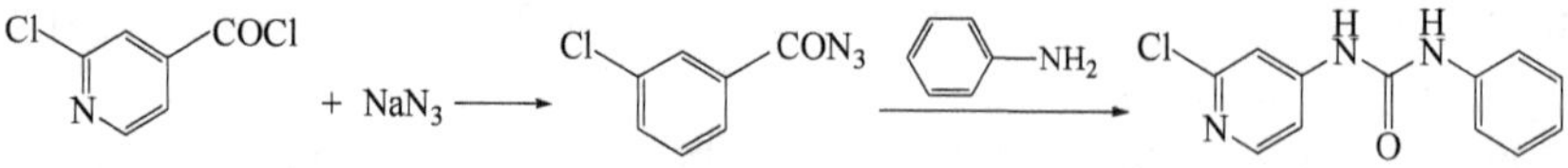

上述三条路线中以第一条最为实用，该路线的关键是制备中间体 2-氯-4-氨基吡啶：

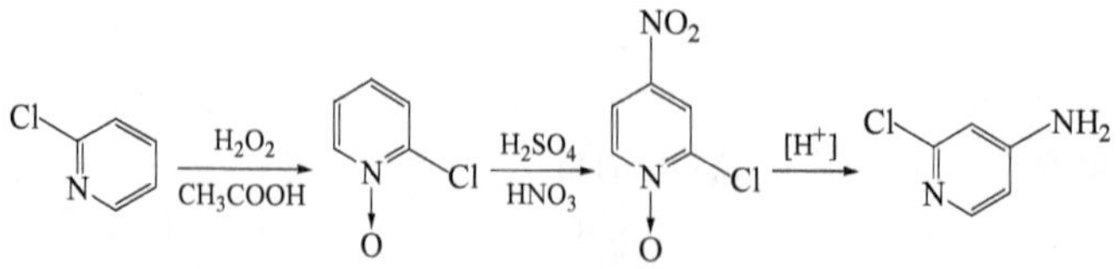

参考文献

[1] Phytochemistry, 1978, 17(8): 1201-1207.

调果酸 cloprop

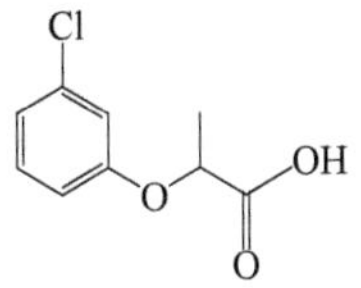

C$_9$H$_9$ClO$_3$，200.6，101-10-0

调果酸（cloprop），商品名称　Fruitone CPA、Swellpine。其他名称　3-CPA、Fruitone-CPA、Peachthim，是由 Amchem Chemical Co（现拜耳公司）开发的芳氧基链烷酸类植物生长调节剂。

化学名称（±）-2-(3-氯苯氧基)丙酸，（±）-2-(3-chlorophenoxy)propionic acid。

理化性质　原药略带酚味，熔点 114℃。纯品为无色无味结晶粉末，熔点 117.5～118.1℃。在室温下无挥发性。溶解度（22℃，g/L）：水 1.2，丙酮 790.9，二甲基亚砜 2685，乙醇 710.8，甲醇 716.5，异辛醇 247.3(22℃)；苯 24.2，甲苯 17.6，氯苯 17.1(24℃)；二乙二醇 390.6，二甲基甲酰胺 2354.5，二氧六环 789.2(24.5℃)。本品相当稳定。

毒性　大鼠急性经口 LD$_{50}$（mg/kg）：雄性 3360，雌性 2140。兔急性经皮 LD$_{50}$＞2000mg/kg。对兔眼睛有刺激性，对皮肤无刺激性。大鼠于 1h 内吸入 200mg/L 空气，无中毒现象。NOEL 数据：狗(90d)12.5mg/kg，小鼠(1.88y)6000mg/kg 饲料，大鼠(2y)8000mg/kg 饲料。ADI(EPA)0.0125mg/kg。

生态效应　野鸭和山齿鹑饲喂 LC$_{50}$(8d)＞5620mg/kg。鱼毒 LC$_{50}$(96h,mg/L)：虹鳟鱼 21，大翻车鱼 118。

制剂　水剂。

作用机理　调果酸为芳氧基链烷酸类植物生长调节剂。

应用　以 240～700g(a.i.)/hm^2 剂量使用，不仅可增加菠萝(凤梨)果实大小，而且可使李属果实皮变薄。

专利概况　专利 US2957760 早已过专利期，不存在专利权问题。

合成方法　间氯苯酚与 α-氯代丙酸在碱水中回流 13h，处理即制得本产品。反应如下：

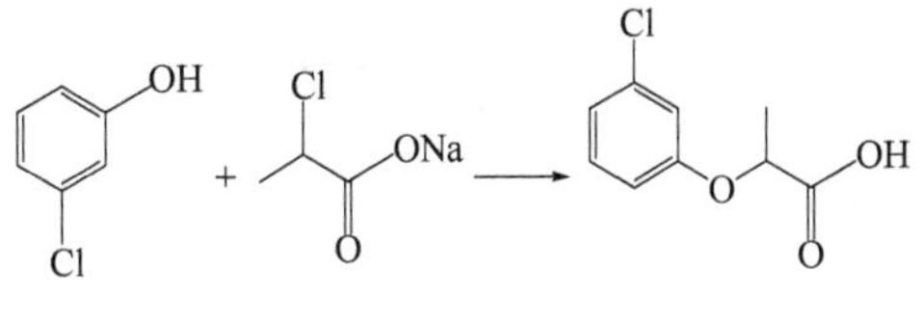

调环酸钙 prohexadione-calcium

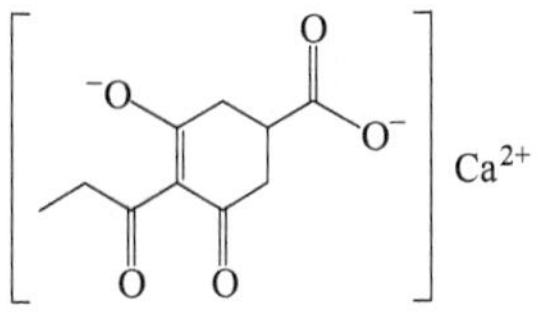

C$_{10}$H$_{10}$CaO$_5$，250.3，127277-53-6，88805-35-0(酸)

调环酸钙（prohexadione-calcium），试验代号　BAS 125W、BX-112、KIM-112、KUH-833。商品名称　Vivful、Viviful。是由日本组合化学工业公司开发的植物生长调节剂。钙盐(1∶1)形

式由日本组合化学和井原化学工业有限公司开发，并于 1994 年引进日本。

化学名称　3,5-二氧代-4-丙酰基环己烷羧酸钙，calcium 3-oxido-5-oxo-4-propionylcyclohex-3-enecarboxylate。

理化性质　无味的白色粉末固体，熔点＞360℃。蒸气压 1.74×10^{-2} mPa(20℃)。$K_{ow}\lg P = -2.90$(20℃)。Henry 系数 1.92×10^{-5} Pa·m³/mol。相对密度 1.435。溶解度(20℃,mg/L)：水中 174，甲醇 1.11，丙酮 0.038，正己烷＜0.003，甲苯 0.004，乙酸乙酯＜0.01，异丙醇 0.105，二氯甲烷 0.004。在 180℃下稳定。水解 DT_{50}：＜5d(pH 4,20℃)，21d(pH 7,20℃)，81d(pH 9,25℃)。水中光解 DT_{50}(29~34℃,0.25W/m²)：6.3d(天然水)，2.7d(蒸馏水)。pK_a5.15。

毒性　大、小鼠急性经口 LD_{50}＞5000mg/kg，大鼠急性经皮 LD_{50}＞2000mg/kg。对兔皮肤无刺激性，对兔眼睛有轻微刺激性。大鼠急性吸入 LC_{50}(4h)＞4.21mg/L 空气。无作用剂量为[mg/(kg·d)]：(2y)雄大鼠 93.9，雌大鼠 114，雄小鼠 279、雌小鼠 351；(1y)公狗和母狗 20。ADI 值：(EU)0.2mg/(kg·d) [2011]；(EPA)cRfD 0.8mg/kg [2000]。对老鼠和兔子无致畸、致突变性。

生态效应　野鸭和山齿鹑急性经口 LD_{50}＞2000mg/kg，野鸭和山齿鹑饲喂 LC_{50}(5d)＞5200mg/kg 饲料。鱼毒 LC_{50}(96h,mg/L)：鲤鱼＞110，虹鳟鱼和大翻车鱼＞100。水蚤 EC_{50}(48h)＞100mg/L，NOEC(21d)＞100mg/L。月牙藻 E_bC_{50}(72h)＞100mg/L。NOAEC/NOAEL 值(mg/L)：骨藻和月牙藻 1.1，鱼腥藻 1.2。EC_{50} 值(mg/L)：东方牡蛎 117，浮萍和舟形藻 1.2。糠虾 NOAEC 值 125mg/L。蜜蜂 LD_{50}(经口和接触)＞100μg/只。蚯蚓 LC_{50}(14d)＞1000mg/kg 土。家蚕 NOEL＞800mg/L。隐翅虫和普通草蛉 NOEL＞5000g(10%WG)/hm²。蚜茧蜂 LR_{50}＞5000g(10%WG)/hm²，梨育走螨＞7500g(10%WG)/hm²。

环境行为

(1) 动物　在老鼠、山羊和母鸡体内，大约 90% 的被 ^{14}C 标记的游离酸代谢物主要随尿液和粪便排出体外。

(2) 植物　应用于植物的调环酸最终降解为天然物质。

(3) 土壤/环境　土壤 DT_{50}＜1~4d(20℃)，K_{oc}82~307。

制剂　悬浮剂、水分散粒剂、可湿性粉剂等。

主要生产商　Kumiai。

作用机理与特点　赤霉素生物合成抑制剂。降低赤霉素的含量，控制作物旺长。

应用　主要用于禾谷类作物如小麦、大麦、水稻以及花生、花卉、草坪等控制旺长，使用剂量为 75~400g(a.i.)/hm²。

专利与登记　专利 EP123001、US4678496 均早已过专利期，不存在专利权问题。国内登记情况：5% 调环酸钙泡腾片剂，85% 调环酸钙原药，登记作物为水稻。

合成方法　以丁烯二羧酸酯为原料，经加成、环化、酰化等反应即制得目的物：

土菌灵 etridiazole

$C_5H_5Cl_3N_2OS$，247.5，2593-15-9

土菌灵（etridiazole）。**试验代号** OM 2424。**商品名称** Terrazole。**其他名称** Aaterra、Dwell、Koban、Pansoil、Terraguard、Terraclor Super X、Terra-Coat L-205N、Terramaster、Truban，是由有利来路化学公司（Uniroyal Chemical Co）开发的噻二唑类杀菌剂。

化学名称 5-乙氧基-3-三氯甲基-1,2,4-噻二唑，ethyl 3-trichloromethyl-1,2,4-thiadiazol-5-yl ether。

理化性质 纯品为淡黄色液体，具有微弱的持续性臭味，原药为暗红色液体。熔点 22℃，沸点 113℃（0.5kPa），蒸气压 1430mPa（25℃），相对密度 1.497（25℃）。$K_{ow}lgP=3.37$，Henry 常数 3.03Pa·m³/mol。溶解度（25℃，mg/L）：水中 117，溶于乙醇、甲醇、芳香族碳氢化合物、乙腈、正己烷、二甲苯。稳定性：在 55℃ 下稳定 14d；在日光、20℃ 下，连续暴露 7d，分解 5.5%～7.5%。水解 DT_{50}：12d（pH 6,45℃），103d（pH 6,25℃）。pK_a2.77，弱碱，闪点 110℃。

毒性 急性经口 LD_{50}（mg/kg）：雄性大鼠 1141，雌性大鼠 945，兔 799。兔急性经皮 LD_{50}＞5000mg/kg，对兔皮肤无刺激，对兔眼有轻微刺激。大鼠急性吸入（4h）LC_{50}＞5mg/kg。NOEL [mg/(kg·d)]：大鼠（2y）4，雄狗 3.1（1y），雌狗 4.3。ADI aRfD 0.15mg/kg，cRfD 0.016mg/kg [2000]。

生态效应 鸟急性经口 LD_{50}（mg/kg）：山齿鹑 560，野鸭 1640。饲喂 LC_{50}（8d,mg/kg）：山齿鹑＞5000，野鸭 1650。鱼毒 LC_{50}（96h,mg/L）：虹鳟鱼 2.4，大翻车鱼 3.27。水蚤 LC_{50}（48h）3.1mg/L。水蚤 LC_{50}（48h）3.1mg/L。藻类 E_bC_{50}（mg/L）：月牙藻 0.3（72h），鱼腥藻 0.42（120h），舟状藻 0.43，骨条藻 0.38。其他水生物 LC_{50}（96h,mg/L）：小虾米 2.5，牡蛎 3.0。蜜蜂 LD_{50}＞100μg/只。蚯蚓 LC_{50}（14d）247mg/kg 干土。其他益虫 对大多数节肢动物无害。

环境行为

（1）动物 对哺乳动物施用的药物，其代谢物是 3-羧基-5-乙氧基-1,2,4-噻二唑，可溶于水中。在大鼠的尿液中，其主要代谢物为 3-羧基-5-乙氧基-1,2,4-噻二唑，次要代谢物是 N-乙酰基-S-(5-乙氧基-1,2,4-噻二唑基-3-基-甲基)-L-半胱氨酸。

（2）植物 三氯甲基部分被迅速转化为酸或者醇，乙氧基水解形成羟乙基。一些植物可将土菌灵转化为自然产物。

（3）土壤/环境 土壤 DT_{50}（在实验室粉砂土壤中，25℃）：（有氧）9.5d，（无氧）3d。土壤消耗 在沙土中，DT_{50}1 周，土壤吸收 K_f 8.2（沙土）、5.06（粉砂壤土）。K_{oc}349（沙土），323（粉砂壤土）。

制剂 30%、35%可湿性粉剂，25%、40%、44%乳油，4%粉剂。

主要生产商 Chemtura。

作用机理与特点 具有保护和治疗作用的触杀性杀菌剂。

应用

（1）适宜作物 棉花、果树、花生、观赏植物、草坪

（2）防治对象 镰孢属、疫霉属、腐霉属和丝核菌属真菌引起的病害。

（3）使用方法 主要用作种子处理剂，使用剂量为 18～36g(a.i.)/100kg 种子；也可土壤处

理，使用剂量为 $168\sim445g(a.i.)/hm^2$。若与五氯硝基苯混用可扩大杀菌谱。

专利概况　化合物专利 US3260588、US3260725 早已过专利期，不存在专利权问题。国内仅登记了 96％原药。

合成方法　以甲硫醇、乙腈为原料，经如下反应，即可制得目的物：

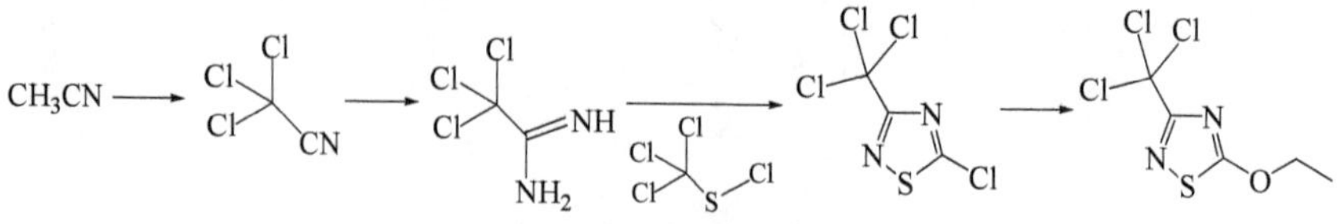

参考文献

[1] The Pesticide Manual. 15th edition. 2009：456-457.

威百亩 metam

$$CH_3NHCS_2H$$

$C_2H_5NS_2$，107.2，144-54-7，39680-90-5(铵盐)，137-41-7(钾盐)，137-42-8(钠盐)，6734-80-1(二水合物)

威百亩(metam)，试验代号　N-869；威百亩铵盐(metam-ammonium)，商品名称　Ipam；威百亩钾盐(metam-potassium)，商品名称　Busan 1180、K-Pam、Tamifume、Greensan、Sectagon K54；威百亩钠盐(metam-sodium)，其他名称　SMDC，商品名称　Arapam、BUSAN 1020、Busan 1236、Discovery、Nemasol、Unifume、Vapam。是由 Stauffer Chemical Co(现属先正达公司)和杜邦公司开发的杀线虫、杀真菌和除草剂。

化学名称　甲基二硫代氨基甲酸，methyldithiocarbamic acid。

理化性质　威百亩钠盐　本品的二水合物为白色结晶，熔点以下就分解。无蒸气压。分配系数 $K_{ow}lgP<1(25℃)$。相对密度 1.44(20℃)，水中溶解度 722g/L(20℃)，有机溶剂中溶解度：丙酮、乙醇、石油醚、二甲苯<5g/L，难溶于大多数有机溶剂。浓溶液稳定，稀释后不稳定，遇酸和重金属分解，其溶液暴露于光线下 DT_{50} 1.6h(pH 7,25℃)。水解 DT_{50}(25℃)：23.8h(pH 5)，180h(pH 7)，45.6h(pH 9)。

毒性(钠盐)急性经口 LD_{50}(mg/kg)：大鼠 896，小鼠 285。在土壤中形成的异硫氰酸甲酯对大鼠急性经口 LD_{50} 97mg/kg。兔急性经皮 LD_{50} 1300mg/kg，对兔眼睛有中等刺激性，对兔皮肤有损伤，皮肤或器官与其接触应按烧伤处理。大鼠吸入 LC_{50}(4h)>2.5mg/L 空气，大鼠暴露 65d 无危害，NOEL 0.045mg/L 空气。NOEL(mg/kg)：狗(90d)1，小鼠(2y)1.6。ADI：(BfR) 0.001mg/kg [2006]，(EPA)0.01mg/kg [1994]。无繁殖毒性、致癌性。

生态效应　山齿鹑急性经口 LD_{50} 500mg/kg。野鸭和日本鹌鹑饲喂 LC_{50}(5d)>5000mg/kg 饲料。鱼类 LC_{50}(96h,mg/L)：古比鱼 4.2，大翻车鱼 0.39，虹鳟鱼 35.2。水蚤 EC_{50}(48h)2.3mg/L，水藻 EC_{50}(72h)0.56mg/L。直接作用对蜜蜂无毒。

环境行为　在土壤中分解为硫代异氰酸甲酯，DT_{50} 23min～4d。

制剂　38.2％可溶性液剂，32.7％、48％水溶液。

主要生产商　Amvac、Lainco、Taminco 及 Tessenderlo Kerley 等。

作用机理与特点　其活性是由于本品分解成异硫氰酸甲酯而产生的，具有熏蒸作用。

应用　主要用于蔬菜田防治土壤病害、土壤线虫、杂草。

专利与登记　专利 US2766554、US2791605、GB789690 均早已过期，不存在专利权问题。国内登记情况：35％、42％水剂等，登记作物为番茄和黄瓜等，防治对象为根结线虫等。

合成方法　可通过如下反应制得目的物：

$$CH_3NH_2 + CS_2 \xrightarrow{\text{NaOH}} CH_3NHCS_2H$$

维生素 D₂ ergocalciferol

C₂₈H₄₄O, 396.7, 50-14-6

维生素 D_2（ergocalciferol），商品名称　Sorexa CD(Sorex)。其他名称　vitamin D2、ercalciol。在 1960 年由 H. H. Inhoffen 报道了其特性，由 M. Hadler 报道其杀鼠活性，1978 Sorex ltd(现属 Sorex International)将其商品化。

化学名称　(3β,5Z,7E,22E)-9,10-闭联麦角甾-5,7,10(19),22-四烯-3-醇。(5Z,7E,22E)-(3S)-9,10-secoergosta-5,7,10(19),22-tetraen-3-ol。

理化性质　无色晶体，熔点为 115～118℃。水中溶解度(室温)为 50mg/L；其他溶剂中溶解度(g/L)：丙酮 69.5、苯 10、己烷 1。在碱性介质中稳定；对光、空气和酸不稳定；超过 120℃将发生不可逆转的反应，生成维生素的 10α-异构体和 9β-异构体。比旋光度：　$[\alpha]_D$ 为 +103°～107°。

毒性　急性经口 LD_{50}(mg/kg)：大鼠 56，小鼠 23.7。大鼠亚慢性经口 LD_{50}(5d)7mg/(kg · d)。对家畜相对安全。

环境行为　维生素 D 的活性归因于代谢转化产物，在哺乳类动物钙磷代谢过程中扮演着主要角色，同时也受肽类激素降血钙素和甲状旁腺激素的影响。它们提高肠对钙的吸收，参与钙和磷在肠中的运输以及动员骨钙。钙化醇首先在肝脏中形成 25-羟基化衍生物，然后在肾脏中进一步被羟基化形成 1,25-二羟基衍生物和 24(R),25-二羟基衍生物。

制剂　主要剂型有饵块、浓饵剂、饵剂等。可与其他灭鼠剂混用。

主要生产商　Sorex。

作用机理与特点　必需的天然维生素，高剂量可导致维生素过多症，主要症状为血钙过多和血清胆固醇增加。作用迅速，鼠类在服毒 2d 后即出现食欲不振、腹泻、口渴等中毒症状，至 7d 后死亡，而一般抗凝血类杀鼠剂使鼠服毒后至死亡，往往需要 1～2 周时间。

应用

(1) 防治场所　食品仓库、禽舍等室内。

(2) 防治对象　小家鼠、褐家鼠、黑家鼠等。

(3) 残留量与安全施药　①骨化醇在有水的情况下不稳定，因此不能用湿润的饵料配制毒饵。②由于作用快，亦鼠进食至死剂量所需时间减少，因此在首次投放毒饵时必须过量。③如果用骨化醇毒饵杀灭大鼠，建议先释放前饵(除了不含骨化醇外，其他组分须与毒饵完全相同的饵料)。

(4) 使用方法　本品原为预防或治疗佝偻病的维生素，20 世纪 70 年代发现以 0.1%骨化醇与 0.05%灭鼠灵合用，能有效杀灭对抗凝血剂有抗性的小家鼠、褐家鼠和黑家鼠，故以本品作为抗凝血剂的增效剂。随后又发现用骨化醇单独配制的毒饵，鼠易接受，灭鼠效果和与抗凝血剂合用者相同。单用骨化醇在毒饵中的最低适用浓度为 0.1%。本品对小家鼠的杀灭效果极好，对褐家鼠效果差。试验表明，它对黑家鼠亦能有效杀灭。

专利概况　专利 GB1371135、DE2310636 均早已过专利期，不存在专利权问题。

合成方法　通过如下反应制得目的物：

高压汞灯照射

萎锈灵 carboxin

$C_{12}H_{13}NO_2S$，235.3，5234-68-4

萎锈灵(carboxin)，试验代号　D 735。商品名称　Hiltavax、Kemikar、Vitavax。是由美国 Uniroyal 公司开发的内吸性酰胺类杀菌剂。

化学名称　5,6-二氢-2-甲基-1,4-氧硫环己烯-3-甲酰苯胺，5,6-dihydro-2-methyl-1,4-oxathi-ine-3-carboxanilide。

理化性质　原药纯度为97%。纯品为白色结晶，两种晶体结构的熔点分别为91.5～92.5℃ 和98～100℃。蒸气压0.025mPa(25℃)。分配系数 $K_{ow}\lg P=2.3(25℃)$，Henry 常数 $3.24×10^{-5}$ Pa·m³/mol(计算值)。相对密度1.36。水中溶解度0.147g/L(20℃)；有机溶剂中溶解度(20℃，g/L)：丙酮221.2，甲醇89.33，乙酸乙酯107。25℃下，pH 5、7和9时不水解。水溶液(pH 7) 光照下半衰期 DT_{50} 1.54h。pK_a＜0.5。

毒性　大鼠急性经口 LD_{50} 2864mg/kg。兔急性经皮 LD_{50}＞4000mg/kg，对兔眼睛和皮肤无刺激作用。大鼠急性吸入 LC_{50}(4h)＞4.7mg/L 空气。大鼠2y 喂养试验无作用剂量1mg/kg。ADI (BfR)0.01mg/kg [1995]，(EPA)cRfD 0.008mg/kg [2004]。

生态效应　鸟类山齿鹑急性经口 LD_{50} 3302mg/kg，野鸭和山齿鹑饲喂 LC_{50}(8d)＞5000mg/kg。鱼毒 LC_{50}(96h,mg/L)：虹鳟鱼2.3，大翻车鱼3.6。水蚤 EC_{50}(48h)＞57mg/L。月牙藻 EC_{50}(5d)0.48mg/L。浮萍 EC_{50}(14d)0.92mg/L。推荐剂量下对蜜蜂无害，LD_{50}(经口和接触)＞100μg/只。蚯蚓 LC_{50}(14d)500～1000mg/L。

环境行为

(1) 动物　萎锈灵在大鼠体内大部分能代谢，代谢物主要随尿液排出体外，很少一部分通过粪便排出。尿液中的主要代谢产物是4-羟基萎锈灵亚砜及其葡糖苷酸。

(2) 植物　萎锈灵在植物体内可被氧化为亚砜和砜。

(3) 土壤/环境　在土壤中的半衰期 DT_{50}＜1d(20℃)。K_{oc} 99。

制剂　20%乳油。

主要生产商　AGROFINA、Chemtura、Hindustan、Kemfine、Sundat、安徽丰乐农化有限责任公司及上海生农生化制品有限公司等。

作用机理与特点　萎锈灵为选择性内吸杀菌剂，它能渗入萌芽的种子，杀死种子内的病菌。萎锈灵对植物生长有刺激作用，并能使小麦增产。

应用

(1) 适宜作物与安全性　小麦、大麦、燕麦、水稻、棉花、花生、大豆、蔬菜、玉米、高粱等多种作物以及草坪等。20%萎锈灵乳油100倍液对麦类可能有轻微危害，药剂处理过的种子不可食用或用作饲料。

(2) 防治对象　萎锈灵为选择性内吸杀菌剂，主要用于防治由锈菌和黑粉菌在多种作物上引起的锈病和黑粉(穗)病，对棉花立枯病、黄萎病也有效。可防治高粱散黑穗病、丝黑穗病、玉米丝黑穗病、麦类黑穗病、麦类锈病、谷子黑穗病以及棉花苗期病害。

（3）注意事项　勿与碱性或酸性药品接触。

（4）使用方法　主要用于拌种，推荐用量为 50～200g(a.i.)/100kg 种子。

① 防治高粱散黑穗病、丝黑穗病、玉米丝黑穗病每 100kg 种子用 20%萎锈灵乳油 500～1000mL 拌种。

② 防治麦类黑穗病每 100kg 种子用 20%萎锈灵乳油 500mL 拌种。

③ 防治麦类锈病每 100kg 种子用 20%萎锈灵乳油 187.5～375mL 兑水喷雾，每隔 10～15d 喷药 1 次，共喷两次。

④ 防治谷子黑穗病每 100kg 种子用 20%萎锈灵乳油 800～1250mL 拌种或闷种。

⑤ 防治棉花苗期病害每 100kg 种子用 20%萎锈灵乳油 875mL 拌种。防治棉花黄萎病可用萎锈灵 250mg/L 灌根，每株灌药液约 500mL。

专利与登记　专利 US3249499、US3393202、US3454391 均已过专利期，不存在专利权问题。国内登记情况：98%原药，97.9%原药，萎锈·福美双 400g/L 悬浮剂，萎·克·福美双 25%悬浮种衣剂，萎锈·福美双 400g/L 悬浮种衣剂，吡·萎·福美双 63%干粉种衣剂，吡·萎·多菌灵16%干粉种衣剂。登记作物：玉米、棉花、小麦。防治对象：丝黑穗病、立枯病、恶苗病、条纹病、根腐病等。美国科聚亚公司在中国登记情况见表 205。

表 205　美国科聚亚公司在中国登记情况

登记名称	登记证号	含量	剂型	登记作物	防治对象	用药量 /(g/100kg 种子)	施用方法
萎锈灵	PD262-98	97.9%	原药				
福美双	PD112-89	400g/L	悬浮剂	玉米	苗期茎基腐病	80～120	拌种
				小麦	散黑穗病	108.8～131.2	
				小麦	调节生长	120	
				大麦	调节生长	100～120	
				棉花	立枯病	160～200	
				水稻	立枯病	160～200	
				水稻	恶苗病	120～160	
				大麦	黑穗病	0.2～0.3①	
				大麦	条纹病	80～120	
				玉米	调节生长	120	
				大豆	根腐病	140～200	
				玉米	丝黑穗病	160～200	
	PD111-89	75%	可湿性粉剂	小麦	散黑穗病	187.5～210	拌种
				水稻	恶苗病	150～187.5①	拌种
						0.75～1.125②	浸种
				水稻	苗期立枯病	150～187.5①	拌种

① L/100kg 种子。

② g/L 水 （kg 种子）。

合成方法　萎锈灵主要的合成方法有如下两种。

（1）以乙酰乙酸乙酯为原料，先氯化，后经如下反应制得目的物：

(2) 以双乙烯酮为原料，首先与苯胺反应，经如下反应制得目的物：

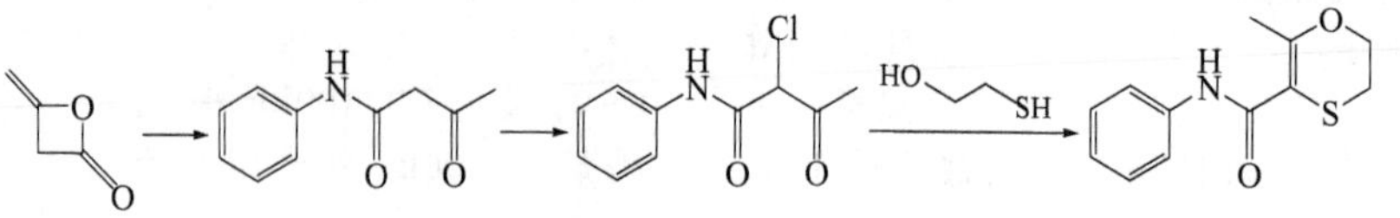

参考文献

[1] The Pesticide Manual. 15th edition；2009，164-165.

[2] 丁丽等. 新农药，2002，1：32.

喔草酯 propaquizafop

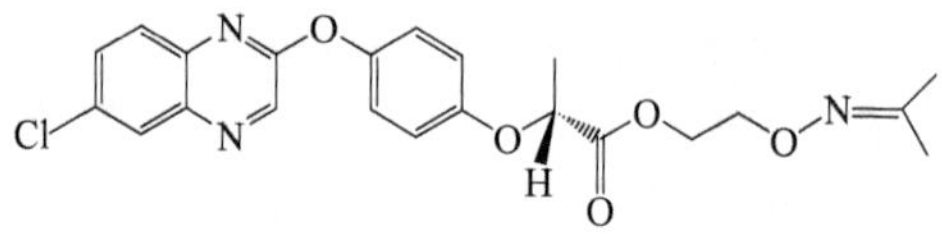

$C_{22}H_{22}ClN_3O_5$，443.9，111479-05-1

喔草酯（propaquizafop），试验代号　CGA 233380、Ro 17-3664/000。商品名称　Agil、Prilan。其他名称　Claxon、Correct、Falcon、PQF 100、Rebel Ⅱ、Shogun、噁草酸。是由诺华公司（现 Syngenta 公司）开发的苯氧羧酸类除草剂。

化学名称　（R）-2-［4-(6-氯喹喔啉-2-基氧)苯氧基］丙酸(2-异亚丙基氨基氧乙)酯，2-iso-propylideneamino-oxyethyl(R)-2-［4-(6-chloroquinoxalin-2-yloxy)phenoxy］propionate.

理化性质　纯品为无色晶体(工业品为橘黄色或棕色粉末)，熔点 66.3℃，260℃分解。相对密度 1.35(20℃)，蒸气压 $4.4×10^{-7}$ mPa(25℃)。分配系数 K_{ow} lg $P=4.78$(25℃)。Henry 常数 $9.2×10^{-8}$ Pa·m³/mol。水中溶解度(25℃)0.63g/m³；其他溶剂中溶解度(25℃,g/L)：丙酮、二氯甲烷、乙酸乙酯、甲苯>500，甲醇76，正辛醇30，正己烷11。室温下，密闭容器中稳定≥2y；水解 DT_{50}(25℃)：10.5d(pH 5)，32d(pH 7)，12.9h(pH 9)。对紫外线稳定。pK_a 2.3。

毒性　急性经口 LD_{50}(mg/kg)：大鼠>5000，小鼠3009。大鼠急性经皮 LD_{50}>2000mg/kg，对兔皮肤和眼睛无刺激性，豚鼠开放上皮试验无致敏性，最大剂量下有致敏性。大鼠急性吸入 LC_{50}(4h)2.5mg/L 空气。NOEL［mg/(kg·d)］：大小鼠(2y)1.5，狗(1y)20。ADI(BfR)0.015mg/kg［2004］。无致突变、致畸性及繁殖毒性。

生态效应　鸟 LD_{50}(mg/kg)：山齿鹑>2000，野鸭>2198。野鸭与山齿鹑饲喂 LC_{50}(5d)>6593mg/L。鱼类 LC_{50}(96h,mg/L)：虹鳟鱼1.2，鲤鱼0.19，大翻车鱼0.34。水蚤 EC_{50}(48h)>2.1mg/L。羊角月牙藻 EC_{50}(96h)>2.1mg/L。浮萍 NOEC(7d)>1.5mg/L。蜜蜂 LD_{50}(48h,μg/只)：经口>20，接触>200。蚯蚓 LC_{50}(14d)>1000mg/kg 土。对其他有益节肢动物无风险。

环境行为

(1) 动物　经口后，快速被吸收并经粪便和尿液排出体外。消除半衰期15.6～27.2h，在大鼠体内全部代谢，粪便和尿液中主要代谢物是母体化合物的丙酸，然后进一步氧化和降解。喔草酯及其代谢物在体内组织中不累积。

(2) 植物　植物(大豆、甜菜和棉花)通过根和叶吸收。母体化合物主要被降解为丙酸。

(3) 土壤/环境　快速被土壤微生物降解。在各种类型土壤中半衰期 DT_{50}(实验室,20℃)<3d，主要代谢物 DT_{50}7～39d。春耕后田间母体化合物及代谢物 DT_{50}15～26d。实验室和田间试验研究表明喔草酯及代谢物在土壤和地下水中不会积累。在水中(水/沉积物)DT_{50}<1d，主要代谢物 DT_{50}27～39d。

制剂 乳油。

主要生产商 AGROFINA 及 Makhteshim-Agan 等。

作用机理与特点 乙酰辅酶 A 羧化酶（ACCase）抑制剂，一种苗后选择性除草剂，茎叶处理后能很快被禾本科杂草的叶子吸收，传导至整个植株，积累于植物分生组织，抑制植物体内乙酰辅酶 A 羧化酶，导致脂肪酸合成受阻而杀死杂草。可迅速被植株的叶和根吸收，并转移至整个植株。苗后施药 4d 后，敏感的禾本科杂草停止生长，施药后 7～12d，植株组织发黄或发红，再经 3～7d 枯死。从施药到杂草死亡一般 10～20d。

应用

（1）适宜作物与安全性 大豆、棉花、油菜、甜菜、马铃薯、花生和蔬菜等。高剂量下大豆叶有退绿或灼烧斑点，但对产量不会产生影响。

（2）防除对象 主要用于防除众多的一年生和多年生禾本科杂草如阿拉伯高粱、匍匐冰草、狗牙根等。

（3）使用技术 苗后选择性除草剂，防除一年生禾本科杂草，视杂草种类，施用剂量为60～120g(a.i.)/hm²，防除多年生杂草时，施用剂量为 140～280g(a.i.)/hm²。在相对低温下，也具有良好的防除活性，在杂草幼苗期和生长期施药防效最好，且作用迅速。添加助剂可提高防效 2～3倍，施药后 1h 降雨对防效无影响。

专利概况 专利 US4435207、EP276741 等均已过专利期，不存在专利权问题。

合成方法 邻硝基-对氯苯胺用氯乙酰氯酰化后，在钯催化下加氢还原，还原产物经环合、氯化，制得 2,6-二氯代喹喔啉，然后与对苯二酚反应，生成物与相应的对甲苯磺酸酯反应，即制得喔草酯。反应式如下：

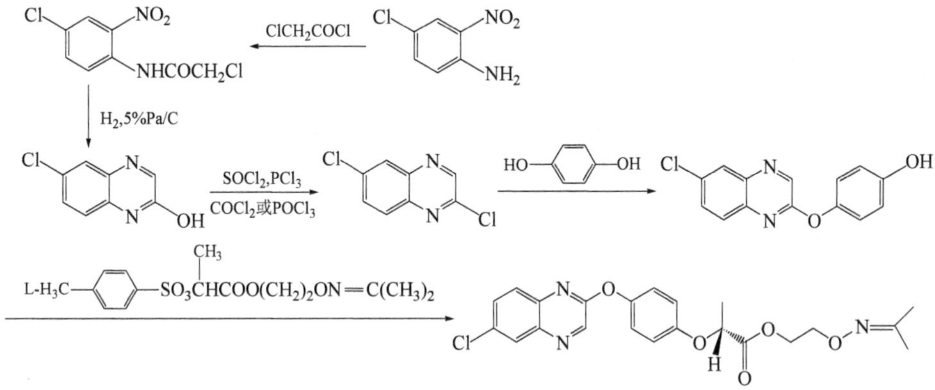

参考文献

[1] Proc British Crop Protection Conference Weeds，1987，1：55.

肟草胺 fluxofenim

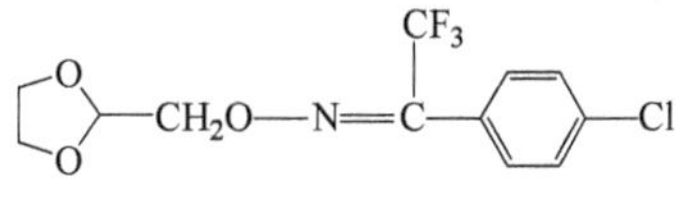

$C_{12}H_{11}ClF_3NO_3$，309.7，88485-37-4

肟草胺(fluxofenim)，试验代号 CGA 133205。商品名称 Concep Ⅲ。是由汽巴嘉基公司（现 Syngenta 公司）开发的肟醚类安全剂。

化学名称 4′-氯-2,2,2-三氟乙酰苯 O-1,3-二噁戊环-2-基甲基肟，4′-chloro-2,2,2-trifluoro-acetophenone O-1,3-dioxolan-2-ylmethyloxime。

理化性质 纯品为无色油状物，有顺反两种异构体。沸点94℃（0.1mmHg）。蒸气压 38mPa(20℃)。分配系数 $K_{ow}\lg P=2.9$。Henry常数 3.92×10^{-1} Pa·m³/mol。相对密度 1.36 (20℃)。水中溶解度30mg/L(20℃)，与多数有机溶剂互溶（丙酮、甲醇、甲苯、己烷、辛醇）。200℃ 以上稳定。在水中稳定（＞300d,pH 5～9,50℃）。闪点＞93℃。

毒性 大鼠急性经口 LD_{50}670mg/kg。大鼠急性经皮 LD_{50}1544mg/kg。对皮肤和眼睛无刺激 性作用。对皮肤无致敏性。大鼠急性吸入 LC_{50}(4h)＞1.2mg/L。NOEL[90d,mg/(kg·d)]：大鼠 1(10mg/L)，狗 20。

生态效应 鸟类山齿鹑和野鸭急性经口 LD_{50}＞2000mg/kg，山齿鹑饲喂 LC_{50}(8d)＞5620mg/ L。鱼类 LC_{50}(96h,mg/L)：虹鳟鱼 0.86，大翻车鱼 2.5。水蚤 LC_{50}(48h)0.22mg/L。

环境行为 动物 大鼠体内可快速吸收并通过尿液和粪便迅速地排出，在组织内有很少残 留。新陈代谢主要是通过二氧戊环的水解以及随后的氧化进行的，最后是肟醚的裂解。

制剂 乳油。

主要生产商 Syngenta。

应用 肟醚类除草剂安全剂。该安全剂保护高粱不受异丙甲草胺的危害，以 0.3～0.4g (a. i.)/kg 做种子处理，可迅速渗入种子，其作用是加速异丙甲草胺的代谢，可保持高粱对异丙 甲草胺的耐药性，若混剂中存在 1,3,5-三嗪类，可增加防除阔叶杂草的活性。

专利概况 专利 US4530716、EP89313 均已过专利期，不存在专利权问题。

合成方法 4-三氟乙酰基氯苯与盐酸羟胺反应，生成相应的肟化合物，该肟化合物与 2-(溴 甲基)-1,3-二氧戊烷反应，即制得肟草胺。反应式如下：

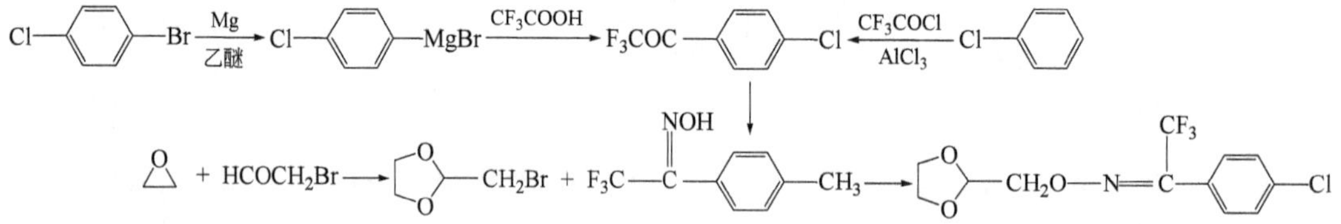

肟菌酯 trifloxystrobin

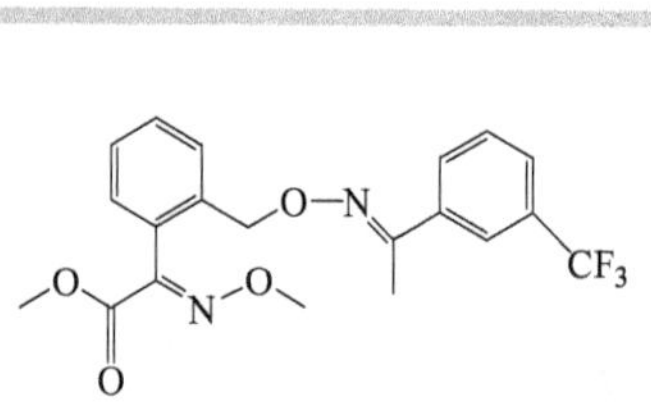

$C_{20}H_{19}F_3N_2O_4$，408.4，141517-21-7

肟菌酯(trifloxystrobin)，试验代号 CGA 279202。商品名称 Flint、Fox、Nativo、Sphere、 Stratego。其他名称 Compass、Consist、Gem、Sphere Max、Swift、Tega、Trilex、Twist、 Zato 等。是先正达公司研制的、德国拜耳公司开发的甲氧基丙烯酸酯类杀菌剂。

化学名称 (E)-甲氧亚氨-[(E)-α-[1-(α,α,α-三氟-间甲苯基)乙亚氨氧]-邻甲苯基] 乙酸 甲酯，methyl(E)-methoxyimino-[(E)-α-[1-(α,α,α-trifluoro-m-tolyl) ethylideneaminooxy] -o-tolyl] acetate。

理化性质 含量＞96%，白色无味固体，熔点为72.9℃，沸点大约312℃(285℃开始分解)。 蒸气压 3.4×10^{-3} mPa(25℃)。分配系数 $K_{ow}\lg P=4.5$(25℃)。Henry常数 2.3×10^{-3} Pa·m³/mol (25℃,计算)。相对密度 1.36(21℃)。水中溶解度 610μg/L(25℃)。在有机溶剂中的溶解度 (25℃,g/L)：丙酮、二氯甲烷和乙酸乙酯中大于500，正己烷11，甲醇76，正辛醇18，甲苯

500。稳定性：水解 DT_{50} 为 27.1h(pH 9)，11.4 周(pH 7)。在 pH 5 条件下稳定(20℃)，水溶液的光解 DT_{50} 1.7d(pH 7,25℃)、1.1d(pH 5,25℃)。

毒性 大鼠急性经口 $LD_{50}>5000mg/kg$，大鼠急性经皮 $LD_{50}>2000mg/kg$。大鼠吸入 $LC_{50}>4650mg/m^3$。本品对兔眼睛和皮肤无刺激，可能导致接触性皮肤过敏。大鼠 NOEAL(2y) 9.8mg/(kg·d)。ADI 值 0.04mg/kg。无致畸、致癌、致突变作用，对遗传亦无不良影响。

生态效应 鸟类急性经口 LD_{50}(mg/kg)：山齿鹑>2000，野鸭>2250。山齿鹑和野鸭饲喂 $LC_{50}>5050mg/L$。鱼毒 LC_{50}(96h,mg/L)：虹鳟鱼 0.015，大翻车鱼 0.054。水蚤 LC_{50}(48h) 0.016mg/L。珊藻 E_bC_{50} 0.0053mg/L。其他水生生物：在实验室条件下对水生生物有毒，但本品在生态环境中可迅速消散，在室外条件下对水生生物低风险。蜜蜂 LD_{50}(48h,经口和接触)>200μg/只。蚯蚓 LC_{50}(14d)>1000mg/kg 土壤。

环境行为

(1) 动物 肟菌酯在动物体内迅速被吸收(48h 内吸收 60%)，通过尿液和粪便排出体外(48h 内排泄掉 96%)。新陈代谢主要途径是脱甲基、氧化和共轭作用。

(2) 植物 本品在大多数作物中的代谢途径相似。基于小麦、苹果、黄瓜、甜菜的新陈代谢数据，肟菌酯被认为是以植物为来源的食品和饲料商品的主要残留物。

(3) 土壤/环境 在土壤和地表水中可迅速降解。土壤 DT_{50} 为 4.2～9.5d。K_{oc} 1642～3745。水中 DT_{50} 为 0.3～1d，DT_{90} 为 4～8d。

制剂 75%水分散粒剂等。

主要生产商 Bayer CropSciences。

作用机理与特点 线粒体呼吸抑制剂，与吗啉类、三唑类、苯氨基嘧啶类、苯基吡咯类、苯基酰胺类如甲霜灵无交互抗性。由于肟菌酯具有广谱、渗透、快速分布等性能，作物吸收快，加之其具有向上的内吸性，故耐雨水冲刷性能好、持效期长，因此被认为是第二代甲氧基丙烯酸酯类杀菌剂。肟菌酯主要用于茎叶处理，保护活性优异，具有一定的治疗活性，且活性不受环境影响，应用最佳期为孢子萌发和发病初期阶段，但对黑腥病各个时期均有活性。

应用

(1) 适宜作物及安全性 小麦(小麦、大麦、黑麦和黑小麦)、葡萄、苹果、花生、香蕉、蔬菜等。肟菌酯对作物安全，因其在土壤、水中可快速降解，故对环境安全。

(2) 防治对象 肟菌酯具有广谱的杀菌活性。除对白粉病、叶斑病有特效外。对锈病、霜霉病、立枯病、苹果黑腥病亦有很好的活性。文献报道肟菌酯还具有杀虫活性(EP0373775)。

(3) 应用技术 肟菌酯主要用于茎叶处理，根据不同作物、不同的病害类型，使用剂量也不尽相同，通常使用剂量为 3～200g(a.i.)/hm²。100～187g(a.i.)/hm² 即可有效地防治麦类病害如白粉病、锈病等，50～140g(a.i.)/hm² 即可有效地防治各类果树、蔬菜病害。还可与多种杀菌剂混用如与双脲氰以(12.5+12)g(a.i.)/100L 剂量混配，可有效防治霜霉病。

专利与登记 专利 EP0460575 已过专利期，不存在专利权问题。国内登记情况：75%水分散粒剂，登记作物为黄瓜、番茄、辣椒、西瓜、马铃薯、水稻等，防治对象为白粉病、炭疽病、早疫病、白粉病、炭疽病、稻瘟病、稻曲病等。德国拜耳作物科学公司在中国登记情况见表 206。

表 206 德国拜耳作物科学公司在中国登记情况

登记名称	登记证号	含量	剂型	登记作物	防治对象	用药量/(g/hm²)	施用方法
肟菌·戊唑醇	PD20102160	戊唑醇50%、肟菌酯25%	75%水分散粒剂	黄瓜	白粉病	112.5～168.75	喷雾
				黄瓜	炭疽病		
				番茄	早疫病		
				水稻	稻曲病		

登记名称	登记证号	含量	剂型	登记作物	防治对象	用药量/(g/hm²)	施用方法
肟菌·戊唑醇	PD20102160	戊唑醇50%，肟菌酯25%	75%水分散粒剂	水稻 水稻	纹枯病 稻瘟病	168.75～225	喷雾
				西瓜 辣椒	炭疽病 炭疽病	112.5～168.75	喷雾
				柑橘树 苹果树	疮痂病 炭疽病 斑点落叶病 褐斑病	125～187.5①	喷雾
				香蕉	叶斑病 黑星病	166.75～300①	喷雾
肟菌酯	PD20102161	96%	原药				

① 表示 mg/kg。

合成方法 肟菌酯合成方法很多，部分方法如下。

方法1：以邻甲基苯甲酸为起始原料，经一系列反应制得中间体苄溴，再与间三氟甲基苯乙酮肟反应，处理即得目的物。反应式如下：

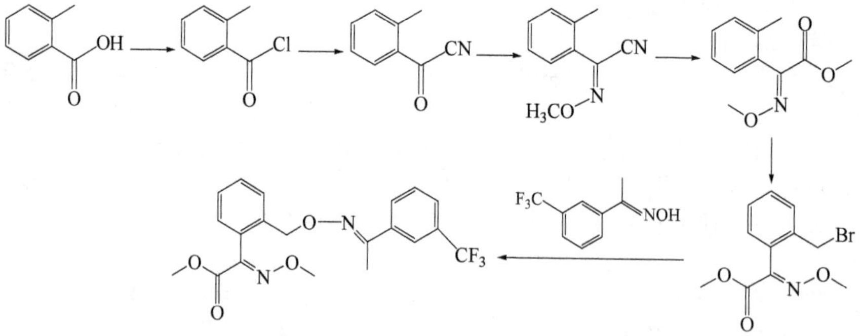

方法2：以苯酐为起始原料，经还原、氯化与酰氯化制得中间体酰氯（Ⅰ），再经几步反应制得中间体苄氯（Ⅱ），最后与间三氟甲基苯乙酮肟反应，处理即得目的物。反应式如下：

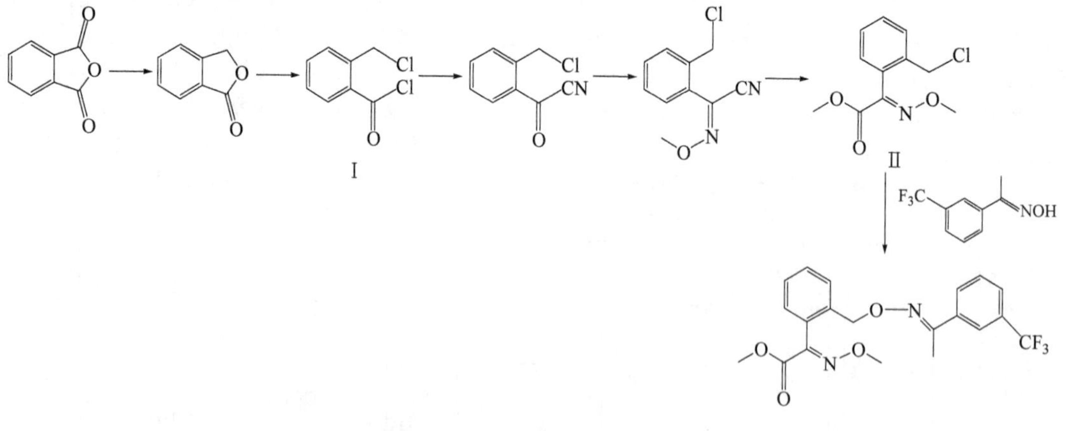

方法3：以 N,N-二甲基苄胺和草酸二甲酯为起始原料，经三步反应制得中间体苄氯，最后与间三氟甲基苯乙酮肟反应，处理即得目的物。反应式如下：

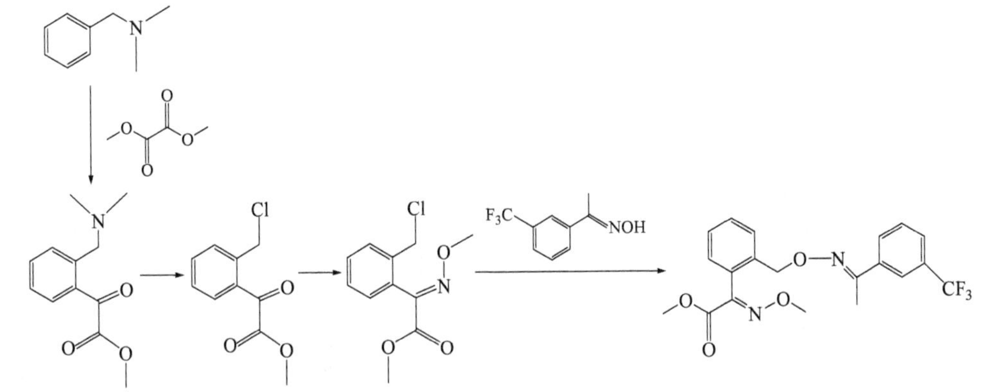

方法 4：以邻甲基苯乙酮为原料，经氧化、肟化、溴化、醚化，处理即得目的物。反应式如下：

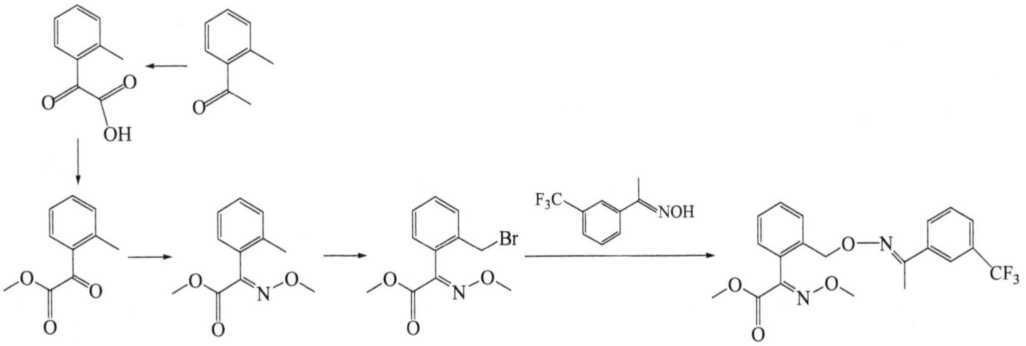

中间体肟的制备方法如下：

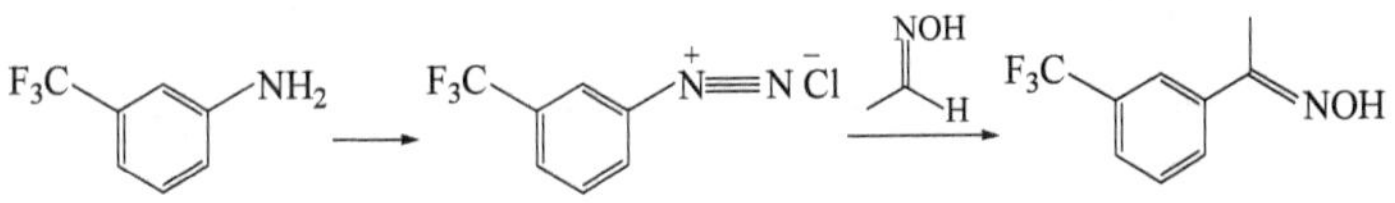

参考文献

[1] The Pesticide Manual. 15th edition. 2009：1167-1169.
[2] Proc Br Crop Prot Conf-Pests Dis，1998：375.
[3] 陆翠军等. 农药，2011，3：187-191.

肟醚菌胺 orysastrobin

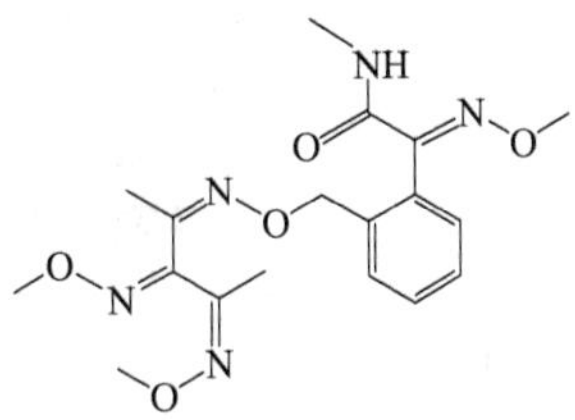

$C_{18}H_{25}N_5O_5$，391.4，248593-16-0

肟醚菌胺（orysastrobin），试验代号　BAS 520F。商品名称　Arashi。其他名称　Arashi

Dantotsu、ArashiPrince，是由 BASF 公司研制的甲氧基丙烯酸酯类杀菌剂。

化学名称　2-［(*E*)-甲氧亚氨基]-2-［(*3E*,*6E*)-2-5-［(*E*)-甲氧亚氨基]-4,6-二甲基-2,8-二氧代-3,7-二氮壬-3,6-二烯苯基]-*N*-甲基乙酰胺，(2*E*)-2-(methoxyimino)-2-［2-［(*3E*,*5E*,*6E*)-5-(methoxyimino)-4,6-dimethyl-2,8-dioxa-3,7-diazanona-3,6-dienyl]phenyl]-*N*-methylacetamide。

理化性质　纯品为白色结晶状固体，熔点 98.4～99℃；蒸气压 2×10^{-6} mPa(25℃)、7×10^{-4} mPa(20℃)。分配系数 $K_{ow}\lg P=2.36$(20℃)。相对密度 1.296。水中溶解度 80.6mg/L(20℃)。

毒性　大鼠(雄、雌)急性经口 LD_{50} 356mg/kg。大鼠(雄、雌)急性经皮 $LD_{50}>2000$mg/kg。急性吸入 LC_{50}(mg/L)：雄大鼠 4.12，雌大鼠 1.04。经兔试验对眼睛和皮肤无刺激，对豚鼠皮肤无致敏性。NOEAL：大鼠(2y)5.2mg/(kg·d)。ADI 值 0.052mg/kg。

生态效应　山齿鹑急性经口 $LD_{50}>2000$mg/kg。虹鳟鱼 LC_{50}(96h)0.89mg/L，水蚤 LC_{50}(24h)1.3mg/L。月牙藻 E_bC_{50}(72h)为 7.1mg/L。蜜蜂 NOEC 值$>142\mu g$/只，蚯蚓 $LC_{50}>$1000mg/kg。

环境行为　土壤/环境　肟醚菌胺在土壤中降解 DT_{50} 为 51～58d；K_{oc} 17.9～146。在水中水解 $DT_{50}>365$d；光分解 DT_{50} 为 0.8d。

制剂　7.0% 水稻育苗箱用颗粒剂，3.3% 颗粒剂

主要生产商　BASF。

作用机理与特点　通过抑制病原菌细胞微粒体中呼吸途径之一的电子传递系统内的细胞色素 b 和 C1 间的作用而致效。其对病原菌生活环上的孢子发芽、附着器形成具有抑制作用，阻碍侵入到水稻体内的稻瘟病菌纹枯病菌丝的生长，控制发病茎株的增加，对一些对其他杀菌剂产生抗性的菌株有效且持效性好，但如没有与孢子或附着器直接接触则效果较差。

应用　主要应用于防治水稻稻瘟病和纹枯病(见表 207)。

表 207　含有肟醚菌胺品种的有效成分及含量、施药时间及适用范围

品种	有效成分及含量	施药时间	适用范围
Amshi Dantotsu SBP	肟醚菌胺 7.0% + 噻虫胺 1.5%	移栽前 3d、移植当天	水稻(育苗箱)：稻瘟病、纹枯病、稻飞虱、黑尾叶蝉、稻水象甲、水稻负泥虫
Arashi Prince SBP10	肟醚菌胺 7.0% + 氟虫腈 1.0%	移植当天	水稻(育苗箱)：稻瘟病、纹枯病、稻飞虱、黑尾叶蝉、稻水象甲、水稻负泥虫、稻纵卷叶螟、二化螟
Arashi Prince SBP6	肟醚菌胺 7.0% + 氟虫腈 0.6%	移栽前 3d、移植当天	水稻(育苗箱)：稻瘟病、纹枯病、稻飞虱、黑尾叶蝉、稻水象甲、水稻负泥虫、稻纵卷叶螟、二化螟
Arashi Carzento 粒剂 Arashi 粒剂	肟醚菌胺 7.0%+丁硫克百威 3.0% + 肟醚菌胺 3.3%	移栽前 3d、移植当天发病前 10d 和初发水稻抽穗前 1d 至收获前 21d 内禁止施药移栽前 3d、移植当天	水稻(育苗箱)：稻瘟病、稻水象甲、水稻负泥虫；水稻：稻瘟病

专利与登记　专利 DE19539324 已过专利期，不存在专利权问题。目前主要是在日本和韩国登记，用于防治水稻上的病害。

合成方法　经如下多步反应即可制得肟醚菌胺：

参考文献

[1] The Pesticide Manual. 15th edition. 2009：840-841.

[2] 冯化成. 世界农药，2008，4：49-50.

[3] 颜范勇. 农药，2010，7：514-518.

五氟磺草胺 penoxsulam

$C_{16}H_{14}F_5N_5O_5S$, 483.4, 219714-96-2

五氟磺草胺(penoxsulam)，试验代号 DASH-001、DASH-1100、DE-638、X638177、XDE-638、XR-638。商品名称 Granite、Topshot、Viper。其他名称 Bengala、Cherokee、Clipper、Fencer、Galleon、Grasp、Quantum、Rainbow、Ricer、Salcho-Daecheop、Triumph、稻杰。是由道农业科学(Dow Agro Sciences)公司开发的三唑并嘧啶磺酰胺类除草剂。2004 年在土耳其首次登记销售。

化学名称 3-(2,2-二氟乙氧基)-N-(5,8-二甲氧基[1,2,4]三唑[1,5-c]嘧啶-2-基)-α,α,α-三氟甲苯基-2-磺酰胺，3-(2,2-difluoroethoxy)-N-(5,8-dimethoxy-[1,2,4]triazolo[1,5-c]pyrimidin-2-yl)-α,α,α-trifluorotoluene-2-sulfonamide。

理化性质 原药为灰白色固体，纯度 98%，有发霉气味。相对密度 1.61(20℃)。熔点 212℃，蒸气压 9.55×10^{-11} mPa(25℃)。K_{ow}lgP = −0.354(缓冲水，19℃)。水中溶解度(19℃，g/L)：0.0049(纯水)，0.00566(pH 5)，0.408(pH 7)，1.46(pH 9)。其他溶剂(19℃，g/L)：丙酮20.3，甲醇 1.48，辛醇 0.035，DMSO 78.4，NMP 40.3，1,2-二氯乙烷 1.99，乙腈 15.3。水解稳定。光解 DT_{50} 2d。储存稳定性 >2y。pK_a 5.1。不易燃易爆。

毒性 对大鼠急性经口 LD_{50} >5000mg/kg，对兔急性经皮 LD_{50} >5000mg/kg，对兔眼睛中度刺激，对皮肤有轻微刺激性。对豚鼠皮肤无致敏性。大鼠急性吸入 LC_{50} >3.5mg/L(最高浓度)，NOEL 值[mg/(kg·d)]：大鼠 500(孕鼠)，1000(胚胎胎儿)。ADI(EPA)cRfD 0.147mg/kg[2004]。在 Ames、CHO-HGPRT、微核试验及淋巴瘤细胞试验中均无致突变性。

生态效应 对鱼、鸟及陆地和水生无脊椎动物低毒，对水生植物低或中度毒性。鸟类(LD_{50}，mg/kg)：野鸭 >2000，山齿鹑 >2025。饲喂 LC_{50}(8d，mg/L)：野鸭 >4310，山齿鹑 >4411。鱼类 LC_{50}(96h，mg/L)：鲤鱼 >101，大翻车鱼 >103，虹鳟鱼 >102，银汉鱼 >129。黑头鱼 NOEC(36d)10.2mg/L。水蚤 EC_{50}(24h 和 48h) >98.3mg/L。藻类 EC_{50}(mg/L)：淡水硅藻 >49.6，蓝

藻 0.49(120h)；(96h)淡水绿藻 0.086。浮萍 EC_{50}(14d)0.003mg/L。蜜蜂 LD_{50}：(48h，经口)＞110μg/只；(48h，接触)＞100μg/只。蚯蚓 LC_{50}(7d 和 14d)＞1000mg/kg。其他有益生物 LR_{50}(温室试验，g/hm²)：捕食螨 7.46，寄生蜂和绿草蛉＞40。扩展的实验室测试40g/hm² 下捕食螨死亡率 0，繁殖力的影响 8.2%；寄生蜂死亡率 0，繁殖力的影响 26%。土壤微生物效应浓度＞500g/hm²。

环境行为

(1) 动物　迅速排出体外，在体内几乎无积累。

(2) 植物　温室植物苗后喷施，DT_{50}：籼稻 0.6d，粳稻 1.4d，稗草 4.4d。五氟磺草胺首先代谢为 5-羟基衍生物，在收获的水稻中未发现其残留物(检测限 0.002mg/kg)。

(3) 土壤/环境　在水中的降解主要是光解和生物降解，水中光解 DT_{50} 2d，土壤光解 DT_{50} 19d。全球条件下，水播稻田条件 DT_{50}(平均)14.6d(13～16d)。旱播稻田条件 DT_{50}(平均)14.6d (13～16d)。欧盟水播稻田野外条件 DT_{50}(平均)5.9d(5.6～6.1d)。土壤中主要通过微生物降解，实验室 DT_{50}：(有氧，20℃)32d(22～28d)，(厌氧，20℃)6.6d。在水中或陆地环境中移动性均很强，但不能长久存在，共能产生 11 个主要降解产物，其中一些比五氟磺草胺的存在更持久。

制剂　25g/L、60g/L 可分散油悬浮剂。

主要生产商　Dow AgroSciences。

作用机理　五氟磺草胺为传导型除草剂，经茎叶、幼芽及根系吸收，通过木质部和韧皮部传导至分生组织，抑制植株生长，使生长点失绿，处理后 7～14d 顶芽变红，坏死，2～4 周植株死亡；为强乙酰乳酸合成酶抑制剂，药效较慢，需一定时间杂草才逐渐死亡。

应用

(1) 适宜作物与安全性　五氟磺草胺适用于水稻的旱直播田、水直播田、秧田以及抛秧、插秧栽培田。五氟磺草胺对水稻十分安全，2005 年与 2006 年在美国对 10 个水稻品种于 2～3 叶期以 70g(a.i.)/hm² 剂量喷施，结果是稻株高度、抽穗期及产量均无明显差异，表明所有品种均有较强抗耐性。当超高剂量时，早期对水稻根部的生长有一定的抑制作用，但迅速恢复，不影响产量。

(2) 防除对象　可有效防除稗草(包括对敌稗、二氯喹啉酸及抗乙酰辅酶 A 羧化酶具抗性的稗草)、千金子以及一年生莎草科杂草，并对众多阔叶杂草有效，如沼生异蕊花(*Heteranthera limosa*)、鳢肠(*Eclipta prostrata*)、田菁(*Sesbania exaltata*)、竹节花(*Commelina diffusa*)、鸭舌草(*Monochoria vaginalis*)等。持效期长达 30～60d，一次用药能基本控制全季杂草危害。同时，其亦可防除稻田中抗苄嘧磺隆杂草，且对许多阔叶及莎草科杂草与稗草等具有残留活性，但对千金子杂草无效，如需防治，可与氰氟草酯混用。为目前稻田用除草剂中杀草谱最广的品种。

(3) 使用方法　用量为 15～30g(a.i.)/hm²。旱直播田于芽前或灌水后，水直播田于苗后早期应用；插秧栽培在插秧后 5～7d 施药。施药方式可采用喷雾或拌土处理。

专利与登记

专利名称　N-([1,2,4]triazoloazinyl)benzenesulfonamide and pyridinesulfonamide compounds and their use as herbicides

专利号　US5858924

专利申请日　1996-09-24

专利拥有者　Dow Agrosciences LLC(US)

国内登记情况：25g/L 可分散油悬浮剂，登记作物为水稻田、水稻秧田，防治对象为一年生杂草。美国陶氏益农公司在中国登记情况见表 208。

表 208　美国陶氏益农公司在中国登记情况

登记名称	登记证号	含量	剂型	登记作物	防治对象	用药量 /(g/hm²)	施用方法
五氟磺草胺	PD20070349	98%	原药				

登记名称	登记证号	含量	剂型	登记作物	防治对象	用药量 /(g/hm²)	施用方法
五氟磺草胺	PD20070350	25g/L	可分散	水稻秧田	一年生杂草	12.5～17.5	茎叶喷雾
	LS20130039	22%	油悬浮剂	水稻田	一年生杂草	① 稗草 2～3 叶期 15～30 ② 稗草 2～3 叶期 22.5～37.5	① 茎叶喷雾 ② 毒土法
			悬浮剂	移栽水稻田	一年生杂草	18～32.4	茎叶喷雾
五氟·氰氟草	PD20120363	60g/L	可分散油悬浮剂	直播水稻田	稗草及部分阔叶杂草和莎草	90～120	茎叶喷雾

合成方法 通过如下反应即得目的物。

参考文献

[1] 曹燕蕾. 现代农药，2006，5(6)：32-34.
[2] 苏少泉. 世界农药，2008，5：48-49.

五氯酚 pentachlorophenol

C_6HCl_5O，266.3，87-86-5，131-52-2(五氯酚钠)，3772-94-9(月桂酸五氯苯酯)

五氯酚(pentachlorophenol)及五氯酚钠(sodium pentachlorophenoxide)，商品名称 Biocel SP 85。在 1936 年被报道可作木材防腐剂，之后又发现其具有消毒的功能。

化学名称 五氯苯酚、五氯酚钠、月桂酸五氯苯酯英文名分别为 pentachlorophenol、sodium pentachlorophenoxide、pentachlorophenyl laurate。

理化性质 五氯酚是具有酚味的无色晶体(工业品为黑灰色)，熔点 191℃(工业品为 187～189℃)，沸点 309～310℃(分解)。蒸气压 16 Pa(100℃)。$K_{ow}lgP=5.1$(25℃，未电离)。相对密度 1.98(22℃)。水中溶解度(30℃)80mg/L，能溶于大多数有机溶剂，如在丙酮中的溶解度为 215g/L(20℃)，微溶于四氯化碳和石蜡，其钠盐、钙盐和镁盐均溶于水。相对稳定，不吸潮。

pK_a 为 4.71。不可燃。五氯酚钠从水中结晶出来（带一分子结晶水）。水中溶解度（25℃）为 330g/L。不溶于石油醚。

毒性 五氯酚大鼠急性经口 LD_{50} 210mg/kg。对兔皮肤（固体和水溶液＞10g/L）、眼睛及黏膜有刺激。狗及大鼠喂饲 3.9～10mg/d，70～190d 后无死亡。ADI（EPA）cRfD 0.03mg/kg。五氯酚钠大鼠急性经口 LD_{50} 140～280mg/kg。

生态效应 五氯酚 鱼类急性 LC_{50} ＜1mg/L。五氯酚钠 虹鳟及褐鳟 LC_{50}（48h）＝0.17mg/L。

环境行为

（1）动物 雌性大鼠主要的代谢物为四氯苯酚、二苯酚和氢醌。

（2）土壤/环境 在环境中残留时间比较长。

制剂 65%五氯酚钠可溶性粉剂。

主要生产商 Excel Crop Care。

应用 防治钉螺：用 65%五氯酚钠可溶粉剂，在滩涂，施药量 15～20g/m²，喷洒；在沟渠，施药量 5～8g/m³，浸杀；另外，由于五氯酚对人畜、水生生物高毒，动物试验发现对生殖、肝和肾有影响，并且也含有高毒致癌物质二噁英。因此，1995 年 3 月被确定列入 PIC 名单，8 个国家已禁用，2 个严格限用，我国从 1982 年起规定五氯酚仅为防腐用。

其他用途 ①五氯酚：主要用于防治白蚁，防止木材腐烂；作除草剂使用时，一般用 80%五氯酚原粉 200～300 倍液，加 3～5˚Be石硫合剂于果树冬剪清园后，对树体表面和树干周围喷布，能有效杀灭越冬病菌，减少次年病害菌源。②五氯酚钠：非选择性接触型除草剂、收获前的脱叶剂，木材防腐剂，还可用于杀灭血吸虫的中间宿主钉螺，防治血吸虫病；亦可用作消毒剂。农田灭螺除草、鱼塘清塘灭菌首选 65%五氯酚钠。

水稻田：五氯酚钠对福寿螺有触杀作用。在插秧（抛秧）前 2～3d，每亩使用 65%五氯酚钠 250～400g，兑水 10 倍或溶解后拌土，均匀喷撒于田面。水深 3～4cm 为宜，保持 3～7d 不排水。可杀灭表层及稀泥深层的福寿螺，同时杀灭泥中的病原体，以及蚂蝗等泥土中的害虫，并兼具除杂草作用。用药后同时达到几个效果，这是五氯酚钠的优点。

清鱼塘：五氯酚钠是一种高效、多功能清塘剂，其作用比石灰作清塘药的功效高 10 倍以上。可清除池塘中的杂鱼、杂草和软体动物，而且能杀灭池水及淤泥中的病原体（包括细菌、真菌、寄生虫等）等一切敌害生物，防治鱼、虾、蟹病的发生和流行。清塘时每亩水深 1m 的水面用 65%五氯酚钠 3kg（冬季），加水搅拌溶解均匀泼在塘底即可。

合成方法 五氯酚可通过如下两种方法制备。

方法 1：六氯苯水解制得五氯酚，反应式如下：

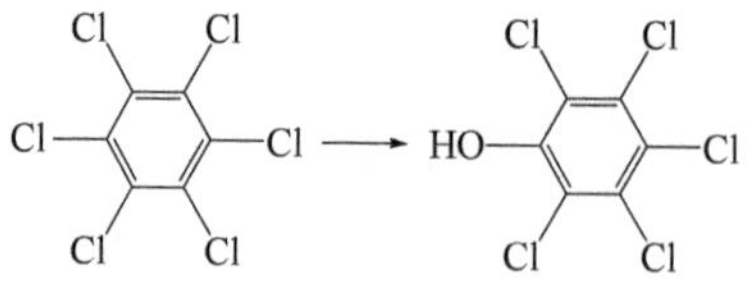

方法 2：以苯酚为原料经氯化得到五氯酚。将苯酚加入氯化反应釜内，在铝催化剂存在下，通入氯气进行氯化反应，即得五氯酚。

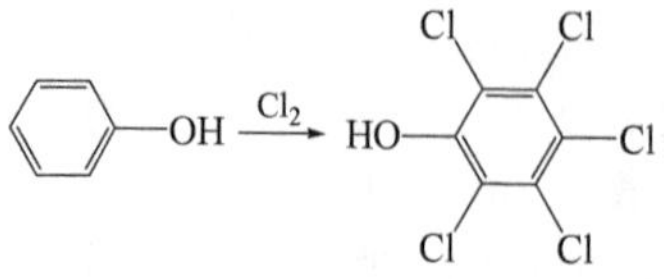

五氯酚钠的制备：五氯酚与氢氧化钠反应即可得到五氯酚钠，反应式如下：

五氯硝基苯 quintozene

$C_6Cl_5NO_2$，295.3，82-68-8

五氯硝基苯(quintozene)。商品名称 Blocker、Terraclor。其他名称 Agromin、Brassicol、Control、Par-Flo、Seedcole、TerraCoat LT-2N、Tritisan、Turfcide、Win-Flo。是由 IGFarbenindustrie AG(现拜耳公司)开发的杀菌剂。

化学名称 五氯硝基苯，pentachloronitrobenzene。

理化性质 纯品为无色针状结晶(原药为灰黄色结晶状固体，纯度 99%)。熔点 143～144℃(原药 142～145℃)，沸点 328℃(少量分解)。蒸气压 12.7mPa(25℃)。分配系数 $K_{ow}lgP=5.1$。相对密度 1.907(21℃)。水中溶解度(20℃)0.1mg/L；有机溶剂中溶解度(20℃,g/L)：甲苯1140，甲醇20，庚烷30。稳定性：对热和酸介质稳定，在碱性介质中分解。暴露在空气中 10h 以后，表面颜色发生变化。

毒性 大鼠急性经口 LD_{50} >5000mg/kg。兔急性经皮 LD_{50} >5000mg/kg。对兔皮肤无刺激性，对兔眼睛有轻微刺激性。大鼠吸入 LC_{50} (4h)>1.7mg/L。NOEL 数据[mg/(kg·d)]：大鼠(2y,致癌试验)1，狗(1y,喂饲)3.75。ADI 值 0.01mg/kg(含有<0.1%六氯硝基苯的五氯硝基苯)。

生态效应 野鸭 LD_{50} 2000mg/kg，野鸭和山齿鹑饲喂 LC_{50} (8d)>5000mg/L。鱼毒 LC_{50} (96h,mg/L)：虹鳟鱼 0.55，大翻车鱼 0.1。水蚤 LC_{50} (48h)0.77mg/L。其他水生生物 LC_{50} (96h,mg/L)：小虾米 0.012，牡蛎 0.029。蜜蜂 LD_{50} (接触)>100μg/只。

环境行为

(1) 动物 在哺乳动物体内，主要代谢途径为母体化合物通过尿液或粪便排出体外。大鼠、绵羊和猴子的主要代谢产物是五氯苯胺(通过硝基还原得到)，其他代谢物包括五氯苯酚、五氯甲硫基苯、五氯苯、二甲基四氯苯、甲基五氯苯基硫醚和 N-乙酰基-S-五氯苯基半胱氨酸。

(2) 植物 五氯硝基苯在植物体内可转变成五氯苯胺、五氯甲硫基苯和各种氯代苯基甲砜基化合物和亚砜基化合物。

(3) 土壤/环境 在土壤中残留，DT_{50} 4～10 个月，部分通过挥发从土壤中消失，生物降解产物主要是五氯苯胺和五氯甲硫基苯。吸附 K_{oc} 6030(砂壤土)，2966(沙土)；解吸附 K_{oc} 9584(沙壤土)，3285(沙土)。

制剂 75%可湿性粉剂、24%乳油等。

主要生产商 Amvac。

作用机理与特点 五氯硝基苯属有机氯保护性杀菌剂。主要用作土壤和种子处理剂。对多种蔬菜的苗期病害及土壤传染的病害有较好的防治效果。

应用

(1) 适宜作物 棉花、小麦、高粱、马铃薯、甘蓝、莴苣、胡萝卜、黄瓜、菜豆、大蒜、葡萄、桃、梨、水稻等。

（2）防治对象　用于防治小麦腥黑穗病、秆黑粉病，高粱腥黑穗病，马铃薯疮痂病、菌核病，棉花立枯病、猝倒病、炭疽病、褐腐病、红腐病，甘蓝根肿病，莴苣灰霉病、菌核病、基腐病、褐腐病，胡萝卜、糖萝卜和黄瓜立枯病，菜豆猝倒病、丝菌核病，大蒜白腐病，番茄及胡椒的南方疫病，葡萄黑豆病，桃、梨褐腐病，等。如喷雾对水稻纹枯病也有极好的防治效果。

（3）使用方法　防治以上病害，既可茎叶处理，又可拌种，也可做土壤处理。茎叶处理使用剂量为 $1\sim1.5$kg(a.i.)/hm^2；种子处理使用剂量为 $1\sim1.5$kg(a.i.)/100kg 种子；土壤处理使用剂量为 $1\sim1.5$kg(a.i.)/100m^2。

专利与登记　专利 DE682048 早已过专利期，不存在专利权问题。国内登记情况：20%、40%、45% 粉剂，15%、20%、25% 悬浮种衣剂，40% 可湿性粉剂，40% 种子处理干粉剂，95% 原药等，登记作物为棉花、茄子、西瓜等，防治对象为红腐病、苗期立枯病、猝倒病、炭疽病、枯萎病等。

合成方法　具体合成方法如下：

参考文献

[1] 庄友加．天津化工，1989；3：5.
[2] 王秀琪．农药工业，1979，2：43-47.

戊菌隆 pencycuron

$C_{19}H_{21}ClN_2O$，328.8，66063-05-6

戊菌隆(pencycuron)。试验代号　NTN 19701。商品名称　Gaucho M、Monceren、Monceren G、Monceren IM、Prestige、Vicuron，其他商品名称　Cerenturf、Curon、Cycuron、Pency、Trotis。是由日本农药公司研制的、与拜耳公司共同开发的脲类杀菌剂。

化学名称　1-(4-氯苄基)-1-环戊烷基-3-苯基脲，1-(4-chlorobenzyl)-1-cyclopentyl-3-phenyl-lurea。

理化性质　纯品为无色无味结晶状固体，纯度>98%，熔点 128℃(异构体 A)、132℃(异构体 B)。蒸气压 5×10^{-7}mPa(20℃)；分配系数 $K_{ow}\lg P=4.7$(20℃)，Henry 常数 5×10^{-7}Pa•m^3/mol(20℃)。相对密度 1.22(20℃)。水中溶解度 0.3mg/L(20℃)；有机溶剂溶解度(20℃，g/L)：二氯甲烷 250，正辛醇 16.7，正庚烷 0.23。水解 DT$_{50}$ 64~302d(25℃)。在水中和土表光解。

毒性　大鼠急性经口 LD$_{50}$>5000mg/kg。大鼠和小鼠急性经皮 LD$_{50}$(24h)>2000mg/kg。大鼠吸入 LC$_{50}$(4h,mg/m^3 空气)：>268(气雾)，>5130(灰尘)。对兔皮肤和眼睛无刺激性，无皮肤过敏现象。大鼠 NOAEL(2y)1.8mg/kg，ADI 0.018mg/kg。无致畸、致突变、致癌作用。

生态效应　山齿鹑 LD$_{50}$>2000mg/kg。鱼毒 LC$_{50}$(96h,mg/L)：虹鳟鱼>690(11℃)，大翻车鱼 127(19℃)。水蚤 EC$_{50}$(48h)0.27mg/L。淡水藻 E$_r$C$_{50}$(72h)1mg/L。对蜜蜂安全，LD$_{50}$(μg/

只）：经口＞98.5，接触＞100。蚯蚓 LC_{50}（14d）＞1000mg/kg 干土。25kg/hm² 下对步行虫、甲虫无毒，在实际情况下，对土壤微生物组织无消极影响。

环境行为

（1）动物　大鼠在经口后，超过74％都会在3d内通过尿液和粪便排出，排泄物为戊菌隆或其代谢产物。11种代谢产物已经被确定［I Ueyama. J Agric Food Chem，1982，30（6）：1061-1067.］。主要代谢途径包括苯基羟基化成不同二醇和三醇化合物，随后形成硫酸盐和葡萄糖醛酸结合物。

（2）植物　在植物体内降解程度较低。其主要的代谢途径可能是羟基化代谢（部分是键合作用）。

（3）土壤/环境　化合物在土壤中的行为特点为浸出和吸附运动均较轻微。实验室内研究表明在土壤中可有效降解。根据测定的 DT_{50}，该化合物在稳定程度上为中等稳定。主要代谢物为对氯苄胺和对氯苄基甲酰胺的衍生物。

制剂　25％可湿性粉剂，1.5％粉剂和12.5％干拌种剂。

主要生产商　Bayer CropSciences、江苏飞翔集团及浙江禾益农化有限公司等。

作用特点　戊菌隆是一种非内吸的保护性杀菌剂，持效期长，对立枯丝核菌属有特效，尤其对水稻纹枯病有卓效，同时还能有效地防治马铃薯立枯病和观赏作物的立枯丝核病。该药剂对其他土壤真菌如腐霉菌属和镰刀菌属引起的病害效果不佳，为同时兼治土传病害，应与能防治土传病害的相应杀菌剂混用。按规定剂量使用，本剂显示了良好的植物耐药性。

应用　戊菌隆虽无内吸性，但对立枯丝核菌引起的病害有特效，且使用极方便：茎叶处理、种子处理、灌浇土壤或混土处理均可。不同作物拌种用量如下：马铃薯15～25g/100kg，水稻15～25g/100kg，棉花15～25g/100kg，甜菜15～25g/100kg。

防治水稻纹枯病，茎叶处理使用剂量为150～250g(a.i.)/hm²。或在纹枯病初发生时喷第1次药，20d后再喷第2次药。每次每亩用25％可湿性粉剂50～66.8g(有效成分12.5～16.7g)对水100kg喷雾。用1.5％无飘移粉剂以500g/100kg处理马铃薯，可有效防治马铃薯黑茎病。

专利概述　专利 DE2732257 早已过专利期，不存在专利权问题。

合成方法　戊菌隆的合成方法主要有以下两种：

方法1：4-氯苄基环戊基胺与苯基异氰酸酯反应，处理即得目的物。反应式如下：

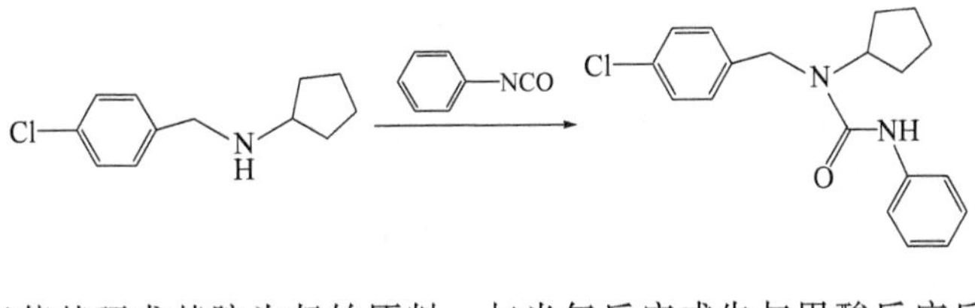

方法2：以4-氯苄基环戊基胺为起始原料，与光气反应或先与甲酸反应后经氯化制得取代的氨基甲酰氯，最后与苯胺缩合处理即得目的物。反应式如下：

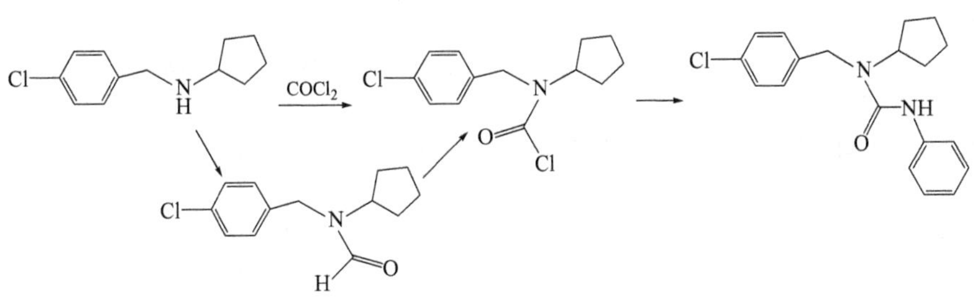

起始原料4-氯苄基环戊基胺可通过如下反应制得：

参考文献

[1] The Pesticide Manual. 15th edition. 2009：871-872.

[2] Japan Pesticide Information, 1986, 48：16.

[3] 张振明. 农药, 2003, 11：19-20.

戊菌唑 penconazole

$C_{13}H_{15}Cl_2N_3$，284.2，66246-88-6

戊菌唑（penconazole），试验代号 CGA 71818。商品名称 Dallas、Pentos、Topas。其他名称 Blin Pen、Donna、Douro、Noidio Gold、Ofir、Omnex、Radar、Relax、Topagro、Topaz、Topaze、Trapez。是由汽巴-嘉基（现先正达）公司开发的三唑类杀菌剂。

化学名称 1-(2,4-二氯苯基-β-丙基苯乙基)-1H-1,2,4-三唑，1-(2,4-dichloro-β-propylphen-ethyl)-1H-1,2,4-triazole。

理化性质 纯品为白色粉状固体，熔点 60.3～61℃。沸点：>360℃，99.2℃（1.9 Pa）。蒸气压：0.17mPa（20℃），0.37mPa（25℃）。相对密度 1.3。分配系数 K_{ow}lg$P$ = 3.72（pH 5.7，20℃）。Henry 常数 $6.6×10^{-4}$Pa·m³/mol（计算）。水中溶解度为 73mg/L（25℃）。其他溶剂中溶解度（25℃，g/L）：乙醇 730，丙酮 770，正辛醇 400，甲苯 610，正己烷 24。pH 1～13 水解稳定；加热到 350℃稳定。

毒性 急性经口 LD_{50}（mg/kg）：大鼠 2125，小鼠为 2444。大鼠急性经皮 LD_{50}>3000mg/kg。对兔皮肤和眼睛无刺激作用，对豚鼠皮肤无致敏性。大鼠吸入 LC_{50}（4h）>4000mg/m³。NOEL 数据[mg/(kg·d)]：大鼠 7.3（2y），小鼠 0.71（2y），狗 3.0（1y）。ADI（JMPR）0.03mg/(kg·d) [1992]，(EFSA)0.03mg/(kg·d) [2008]。无三致。

生态效应 山齿鹑和野鸭急性经口 LD_{50}>1590mg/kg；山齿醇和野鸭饲喂 LC_{50}（5d）>5620mg/kg 饲料。鱼毒 LC_{50}（96h，mg/L）：虹鳟鱼 1.3，鲤鱼 3.8。水蚤 EC_{50}（48h）6.7mg/L。月牙藻 EC_{50}（3d）1.7mg/L。蜜蜂 LD_{50}（经口和局部接触）>200μg/只。蚯蚓 LC_{50}（14d）>1000mg/kg。

环境行为

（1）动物 经口后，戊菌唑几乎全部通过尿液和粪便排出体外。体内残留不明显，也没有证据证明其在体内积累。

（2）植物 代谢的途径为丙基侧链的羟基化，形成共轭的葡萄糖苷，或代谢为三唑胺和三唑丙氨酸。

（3）土壤/环境 土壤 DT_{50}（有氧,20～25℃,实验室）61～188d，（田间）67～107d；在土壤中无流动性，正常情况 K_{oc}（ads）786～4120mL/g。在水生体系中，水中 DT_{50} 2～3d（吸附到沉积物,）沉积物 505～>706d。在水中无明显的水解和光解。主要降解途径是氧化脂肪侧链及两个环系统之间的桥链的断裂，从而形成 1,2,4-三唑。

主要生产商 Syngenta、江苏七洲绿色化工股份有限公司、宁波保税区汇力化工有限公司、浙江禾本科技有限公司、上海美林康精细化工有限公司、苏州恒泰集团有限公司、泰达集团及中化江苏有限公司等。

作用机理与特点 甾醇脱甲基化抑制剂，破坏和阻止病菌的细胞膜重要组成成分麦角甾醇的生物合成，导致细胞膜不能形成，使病菌死亡。由于具有很好的内吸性，因此可迅速被植物吸收，并在植物内部传导，具有很好的保护和治疗活性。

应用

（1）适宜作物与安全性 果树如苹果、葡萄、梨、香蕉，蔬菜和观赏植物等。在推荐剂量下使用，对环境、作物安全。

（2）防治对象 能有效地防治子囊菌、担子菌和半知菌所致病害，尤其对白粉病、黑腥病等具有优异的防效。

（3）使用方法 茎叶喷雾，使用剂量通常为 $25\sim75$g(a.i.)/hm²。

专利与登记 专利 GB1589852 早已过专利期，不存在专利权问题。国内登记情况：20％水乳剂。登记作物为观赏菊花，防治对象为白粉病。

合成方法 以 2,4-二氯甲苯为原料，经如下反应即可制得目的物：

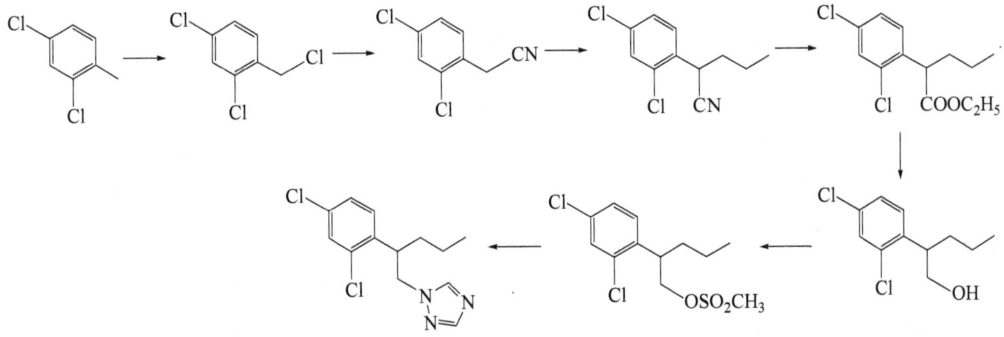

参考文献

[1] The Pesticide Manual. 15th edition. 2009：869-870.
[2] Pestic Sci, 1991,31 (2)：185.

戊唑醇 tebuconazole

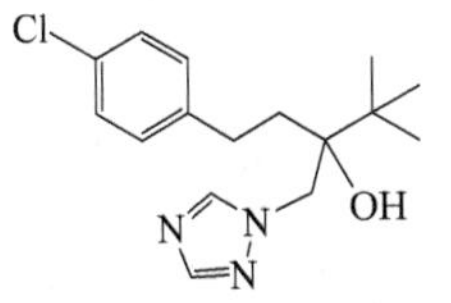

$C_{16}H_{22}ClN_3O$，307.8，107534-96-3

戊唑醇(tebuconazole)，试验代号 HWG 1608。商品名称 Elite、Eraliscur、Folicur、Horizon、Metacil、Orius、Raxil、Riza、Sparta、Sparta、Tomcat。其他名称 ethyltrianol、fenetrazole、terbuconazole、terbutrazole。是由拜耳公司开发研制的具内吸、保护、治疗和铲除活性的三唑类杀菌剂。

化学名称 (RS)-1-对氯苯基-4,4-二甲基-3-(1H-1,2,4-三唑-1-基甲基)戊-3-醇，(RS)-1-p-chlorophenyl-4,4-dimethyl-3-(1H-1,2,4-triazol-1-ylmethyl)pentan-3-ol。

理化性质 外消旋混合物，纯品为无色晶体(原药为浅褐色粉末)。熔点105℃。蒸气压 1.7×10^{-3} mPa(20℃)。分配系数 K_{ow} lgP = 3.7(20℃)，Henry 常数 1×10^{-5} Pa·m³/mol(20℃)。

相对密度 1.25。水中溶解度 36mg/L(pH 5～9,20℃),有机溶剂中溶解度(g/L,20℃):二氯甲烷 >200,异丙醇、甲苯 50～100,已烷<0.1。水解半衰期 DT_{50}>1y(pH 4～9,22℃)。

毒性 急性经口 LD_{50}(mg/kg):雄大鼠 4000,雌大鼠 1700,小鼠 3000。大鼠急性经皮 LD_{50}>5000mg/kg。对兔皮肤无刺激性,对眼睛有中度刺激。大鼠吸入 LC_{50}(4h):0.37mg/L(空气),>5.1mg/L(灰尘)。NOEL(2y,mg/kg 饲料):大鼠 300,狗 100,小鼠 20。ADI(JMPR) 0.03mg/kg [1994],(EC)0.03mg/kg [2008],(EPA)0.03mg/kg [1999]。

生态效应 鸟急性经口 LD_{50}(mg/kg):雄日本鹌鹑 4438,雌日本鹌鹑 2912,山齿鹑 1988。饲喂 LC_{50}(5d,mg/kg 饲料):野鸭>4816,山齿鹑>5000。鱼毒 LC_{50}(96h,mg/L):虹鳟鱼 4.4,大翻车鱼 5.7。水蚤 LC_{50}(48h)4.2mg/L。月牙藻 E_rC_{50}(72h,静止)3.80mg/L。摇蚊虫 EC_{50}(28d) 2.51mg/L。蜜蜂 LD_{50}(48h,μg/只):>83(经口),>200(接触)。蚯蚓急性 LC_{50}(14d)1381mg/kg 干土。在高达 375g/hm^2 剂量下施用时对其他有益昆虫均无不利影响,如地面甲虫(成虫和幼虫)、瓢虫(七星瓢虫)。

环境行为

(1) 动物 在大鼠服药 3d 后,超过 99%的戊唑醇通过粪便和尿液排出体外。在哺乳期的山羊、产蛋期内鸡体的,戊唑醇主要是通过羟基化和共轭代谢。

(2) 植物 代谢研究表明,戊唑醇作为最主要的代谢物残留在葡萄、花生和谷物秸秆中。在谷物中,三唑丙氨酸是主要的代谢产物。研究数据表明,在植物体内的 DT_{50} 7～12d(谷物)。

(3) 土壤/环境 研究表明戊唑醇在土壤中的降解速度比较缓慢。在大田条件下,降解速度大大加快,而且长期(3～5y)的研究表明不会在土壤中累积。因为土壤深层检测设有残留,且吸附/脱附研究表明其在土壤中为低流动性,所以其不会造成地下水的污染。在自然水域,发生水解和间接光解;在池塘研究中,化合物在水中消散 DT_{50} 4～6 周,低蒸气压和强大的吸附能力导致其在空气中挥发度较低。

制剂 2%干拌剂、2%湿拌剂、6%胶悬剂、25%水乳剂、43%悬浮剂。

主要生产商 AGROFINA、Astec、Cheminova、Dongbu Fine、EastSun、Fertiagro、Hui Kwang、Milenia、Nagarjuna Agrichem、Nortox、Punjab、Sundat、Tagros、安徽华星化工股份有限公司、拜耳、江苏丰登作物保护股份有限公司、江苏省激素研究所股份有限公司、江苏七洲绿色化工股份有限公司、龙灯集团、宁波保税区汇力化工有限公司、宁波中化化学品有限公司、沙隆达郑州农药有限公司、山东华阳农药化工集团有限公司、上海艾农国际贸易有限公司、上海生农生化制品有限公司、沈阳科创化学品有限公司、苏州恒泰集团有限公司、泰达集团、盐城利民农化有限公司及中化江苏有限公司等。

作用机理与特点 麦角甾醇生物合成抑制剂。能迅速被植物有生长力的部分吸收并主要向顶部转移。不仅具有杀菌活性,还可促进作物生长,使之根系发达、叶色浓绿、植株健壮、有效分蘖增加,从而提高产量。

应用

(1) 适宜作物 小麦、大麦、燕麦、黑麦、玉米、高粱、花生、香蕉、葡萄、茶树、果树等。

(2) 防治对象 可以防治白粉菌属、柄锈菌属、喙孢属、核腔菌属和壳针孢属菌引起的病害如小麦白粉病、小麦散黑穗病、小麦纹枯病、小麦雪腐病、小麦全蚀病、小麦腥黑穗病、大麦云纹病、大麦散黑穗病、大麦纹枯病、玉米丝黑穗病、高粱丝黑穗病、大豆锈病、油菜菌核病、香蕉叶斑病、茶饼病、苹果斑点落叶病、梨黑星病和葡萄灰霉病等。

(3) 使用方法 戊唑醇主要用于重要经济作物的种子处理或叶面喷雾。以 250～375g(a.i.)/ hm^2 进行叶面喷雾可用于防治禾谷类作物锈病、白粉病、网斑病、根腐病及麦类赤霉病等,若以 20～30g/t 进行种子处理,可防治腥黑粉菌属和黑粉菌属菌引起的病害,如可彻底防治大麦散黑穗病、燕麦散黑穗病、小麦网腥黑穗病、光腥黑穗病及种传的轮斑病等。用 125g(a.i.)/hm^2 喷雾,可防治花生褐斑病和轮斑病,用 100～250g(a.i.)/hm^2 喷雾,可防治葡萄灰霉病、白粉病以及香蕉叶斑病和茶树茶饼病。

混用　戊唑醇可以与其他一些杀菌剂如抑霉唑、福美双等制成杀菌剂混剂使用，也可以与一些杀虫剂如呋喃丹、甲基异柳磷、辛硫磷等混用，制成包衣剂拌种用以同时防治地上、地下害虫和土传、种传病害。任何与杀虫剂混用的混剂在进入大规模商业化应用前，必须进行严格的混用试验，以确认其安全性与防治效果。

2％戊唑醇（立克秀）湿拌种剂的应用：主要用于防治小麦散黑穗病、小麦纹枯病、小麦全蚀病、小麦腥黑穗病、玉米丝黑穗病、高粱丝黑穗病、大麦散黑穗病、大麦纹枯病等。

使用剂量　一般发病情况下，每10kg小麦种子用药10g，病害大发生情况下或土传病害严重的地区，每10kg小麦种子用药15g；每10kg玉米或高粱种子用药30g，病害大发生情况下或土传病害严重的地区，每10kg玉米或高粱种子用药60g。

拌种方法　①人工拌种使用　用2％戊唑醇湿拌种剂拌种时，先按推荐剂量称量出所需戊唑醇的量，再按10kg种子用水0.15～0.2L的比例，称出所需水量，并将所称药剂用所称水混成糊状，最后将所需种子倒入并充分搅拌，务必使每粒种子都均匀地沾上药剂，拌好的种子放在阴凉处晾干后即可播种。②机械化拌种　防治小麦黑穗病时1kg拌种剂加15.5L水，处理1000kg种子。防治小麦纹枯病、全蚀病时1.5kg拌种剂加15.25L水，处理1000kg种子；防治玉米丝黑穗病时4kg拌种剂加14L水，处理1000kg种子，或6kg拌种剂加13L水，处理1000kg种子。在特制的或含有搅拌装置的预混桶内，加入所需量的水，再将所需量的戊唑醇慢慢倒入水中，静置3min，待戊唑醇被水浸湿后，再开动搅拌装置使之成匀浆状液，在供药包衣期间，必须保持戊唑醇浆液的搅动状态。用戊唑醇包衣或拌种处理的种子，在播种时要求将土地耙平，播种深度一般在3～5cm为宜。出苗可能稍迟，但不影响生长并很快恢复正常。

6％戊唑醇（立克秀）种子处理胶悬剂的应用：6％戊唑醇种子处理胶悬剂只适用于机械化拌种。用于防治小麦散黑穗病、小麦纹枯病、小麦全蚀病、小麦腥黑穗病、玉米丝黑穗病、高粱丝黑穗病、大麦散黑穗病、大麦纹枯病等。

用药量与具体操作　33.33～50mL/100kg小麦种子，133.33～200mL/100kg玉米或高粱种子。在特制的或含有搅拌装置的预混桶内，加入所需量的水，再将所需量的药剂慢慢倒入水中，静置3min，待药剂被水浸湿后，开动搅拌装置使之成匀浆状液。在供药包衣期间，必须保持戊唑醇浆液的搅动状态。

播种用戊唑醇包衣或拌种处理的种子，在播种时要求将土地耙平，播种深度一般在3～5cm为宜，出苗可能稍迟，但不影响生长并很快恢复正常。

43％戊唑醇（菌力克）悬浮剂的应用：主要用于防治苹果斑点落叶病和梨黑星病，通常在发病初期开始喷药。防治苹果斑点落叶病时，每隔10d喷药1次，春季共喷药3次，或秋季喷药2次，用43％戊唑醇悬浮剂5000～8000倍液或每100L水加43％戊唑醇12.5～20mL喷雾。防治梨黑星病时，每隔15d喷药1次，共喷药4～7次，用43％戊唑醇悬浮剂3000～5000倍液或每100L水加43％戊唑醇20～33.3mL喷雾。

25％戊唑醇（富力库）水乳剂的应用：主要用于防治香蕉叶斑病。通常在叶片发病初期开始喷药，每隔10d喷药1次，共喷药4次，用25％戊唑醇水乳剂1000～1500倍液或每100L水加25％戊唑醇67～100mL喷雾。

专利与登记　专利DE3018866早已过专利期，不存在专利权问题。国内登记情况：2％湿拌种剂，25％可湿性粉剂，12.5％水乳剂，95％原药，等。登记作物为香蕉、花生、梨树、苹果树等。防治对象为斑点落叶病、黑星病、叶斑病、丝黑穗病等。国外公司在中国登记情况见表209～表211。

表 209　德国拜耳作物公司在中国登记情况

登记名称	登记证号	含量	剂型	登记作物	防治对象	用药量	施用方法
戊唑醇	PD20050014	60g/L	种子处理悬浮剂	小麦	散黑穗病	1.8～2.7g/100kg种子	种子包衣
				小麦	纹枯病	3～4g/100kg种子	
				玉米	丝黑穗病	6～12g/100kg种子	
				高粱	丝黑穗病	6～9g/100kg种子	

登记名称	登记证号	含量	剂型	登记作物	防治对象	用药量	施用方法
戊唑醇	PD20050216	430g/L	悬浮剂	水稻	稻曲病	64.6~96.75g/hm²	喷雾
				苹果树	斑点落叶病	61.4~86mg/kg	
				苹果树	轮纹病	3000~4000倍液	
				梨树	黑星病	108.5~143.3mg/kg	
				大白菜	黑斑病	125~150g/hm²	
				黄瓜	白粉病	64.6~96.75g/hm²	
戊唑醇	PD20081918	250g/L	水乳剂	香蕉树	叶斑病	167~250mg/kg	喷雾
肟菌·戊唑醇	PD20102160	75%	水分散粒剂	黄瓜	白粉病	112.5~168.75g/hm²	喷雾
				黄瓜	炭疽病	112.5~168.75g/hm²	
				番茄	早疫病	112.5~168.75g/hm²	
				苹果树	褐斑病	125~187.5mg/kg	
				西瓜	炭疽病	112.5~168.75g/hm²	
				香蕉	黑星病	166.75~300mg/kg	
				辣椒	炭疽病	112.5~168.75g/hm²	
				马铃薯	早疫病	112.5~168.75g/hm²	
				水稻	稻曲病	112.5~168.75g/hm²	
				水稻	纹枯病	112.5~168.75g/hm²	
				水稻	稻瘟病	168.75~225g/hm²	
				柑橘树	疮痂病	125~187.5mg/kg	
				苹果树	斑点落叶病	125~187.5mg/kg	
				柑橘树	炭疽病	125~187.5mg/kg	
				香蕉	叶斑病	166.75~300mg/kg	
戊唑醇	PD366-2001	95%	原药				

表 210　以色列马克西姆化学公司在中国登记情况

登记名称	登记证号	含量	剂型	登记作物	防治对象	用药量	施用方法
戊唑醇	PD20080205	97.5%	原药				
戊唑醇	PD20091184	250g/L	水乳剂	小麦	锈病	75~125g/hm²	喷雾
				葡萄	白腐病	100~125mg/kg	
				苹果树	斑点落叶病	100~125mg/kg	
				梨树	黑星病	100~125mg/kg	
				香蕉	叶斑病	167~250mg/kg	
				花生	叶斑病	100~125mg/kg	
戊唑·咪酰胺	PD20094928	400g/L	水乳剂	小麦	小麦赤霉病	120~150g/hm²	喷雾
				香蕉	黑星病	266.7~400mg/kg	
戊唑醇	PD20096584	6%	悬浮种衣剂	玉米	丝黑穗病	6~12g/100kg种子	种子包衣
				小麦	散黑穗病	1.8~2.7g/100kg种子	
戊唑醇	PD20098352	430g/L	悬浮剂	梨树	黑星病	72~108mg/kg	喷雾
				苹果树	斑点落叶病	72~108mg/kg	

表 211　美国科聚亚公司公司在中国登记情况

登记名称	登记证号	含量	剂型	登记作物	防治对象	用药量	施用方法
戊唑醇	PD20092477	80g/L	悬浮种衣剂	玉米	丝黑穗病	8~12g/100kg种子	种子包衣
				小麦	散黑穗病	2~2.8g/100kg种子	

合成方法　以对氯苯甲醛和频那酮为起始原料，经加成、还原加氢等四步反应即制得戊唑醇。反应式如下：

参考文献

[1] Proc Br Crop Prot Conf Pests and Dis，1986：41-46.
[2] 郭胜等．精细与专用化学品，2001，6：19-20.

芬丁酯 flurenol-butyl

$C_{14}H_{10}O_3$，226.2，467-69-6(flurenol)；$C_{18}H_{18}O_3$，282.3 2314-09-2(flurenol-butyl)

芬丁酯(flurenol-butyl)，试验代号 EMD-IT-3233。其他名称　抑草丁。1964 年 G. Schneider 报道了芬-9-羧酸对植物的生长调节作用，芬丁酯(flurenol-butyl)由 E Merk(现 BASF SE)开发。

化学名称　9-羟基芬-9-羧酸丁酯，butyl 9-hydroxy-9H-fluorene-9-carboxylate。芬丁酯-酸(flurenol)，9-羟基芬-9-羧酸，9-hydroxy-9H-fluorene-9-carboxylic acid。

理化性质　芬丁酯　无色晶体，熔点 71℃，蒸气压 3.1×10^2 mPa(25℃)。K_{ow} logP＝3.7，相对密度 1.15(20℃)。溶解度(20℃)：水中 36.5mg/L，丙酮 1.45mg/L，苯 950mg/L，四氯化碳 550m/L，环己烷 35g/L，乙醇 700g/L，甲醇 1.5kg/L，异丙醇 250g/L。

芬丁酯-酸 226.2，$C_{14}H_{10}O_3$，K_{ow}lg$P$＝1.32(未标明 pH 值)，pK_a 1.09。芬丁酯-二甲铵盐 10532-56-6，试验代号　EMD-IT-4030，271.3，$C_{16}H_{17}NO_2$。芬丁酯-甲酯 1216-44-0，240.3，$C_{15}H_{12}O_3$。

毒性　芬丁酯　急性经口 LD_{50}(mg/kg)：大鼠＞10000，小鼠＞5000。大鼠急性经皮 LD_{50}＞10000mg/kg。对皮肤和眼睛无刺激。大鼠 NOEL(78d)1000mg/kg。芬丁酯-酸　急性经口 LD_{50}(mg/kg)：大鼠＞6400，小鼠＞6315。大鼠急性经皮 LD_{50}＞10000mg/kg。NOEL [mg/(L·d)]：大鼠(117d)10000，狗(119d)10000。

生态效应　芬丁酯　鱼毒 LC_{50}(96h,mg/L)：虹鳟鱼约 12.5，鲤鱼约 18.2。水蚤 LC_{50}(24h) 86.7mg/mL，蜜蜂接触 LD_{50} 约 0.10mg/只。蚯蚓 LC_{50}＞2000mg/kg。芬丁酯-酸　虹鳟鱼 LC_{50} (96h)318mg/L，水蚤 LC_{50}(24h)86.7mg/mL。

环境行为

(1) 动物　大鼠经口给药后，70％～90％药物在 24h 内主要通过尿液排出。

(2) 植物　在植物体内通过微生物完全降解。

(3) 土壤/环境　在土壤和水中，通过微生物快速、完全降解。DT_{50}：土壤约 1.5d，水中 1～4d。在 0.5％～2.6％有机碳和 pH6～7.6 条件下土壤吸附系数 K_f1.6～5.0mg/kg。

制剂　12.5％浓乳剂。

应用 芴丁酯通过植物根、叶被吸收而导致对植物生长的抑制作用,有内吸性,能使植株矮化,亦适用于除草。作为除草剂主要与苯氧羧酸类除草剂一起使用,起增效作用。另外芴丁酯还可以作为桃树化学疏除剂。

专利概况 专利 GB1051652、GB1051653 均已过专利期。

合成方法 一般由菲醌在碱性条件下得到芴丁酯-酸,再酯化得到芴丁酯:

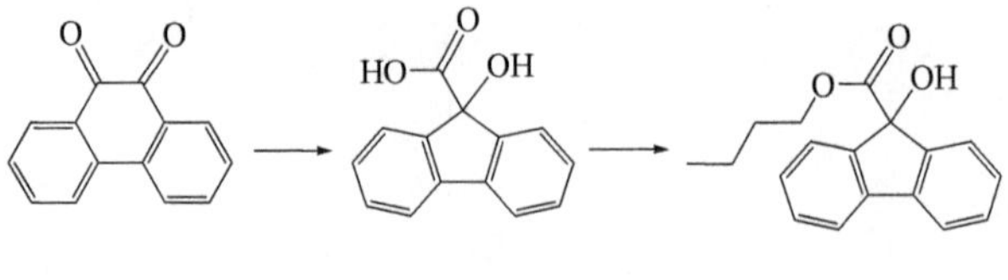

西玛津 simazine

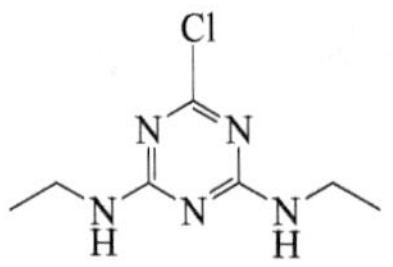

$$C_7H_{12}ClN_5,\ 201.7,\ 122\text{-}34\text{-}9$$

西玛津(simazine),试验代号 G 27692,商品名 Amizina、Gesatop、Princep、Sanasim、Simanex、Simatrex、Simatylone LA、Visimaz。其他名称 Gesatop、Weedex、西玛嗪、田保净、西玛三嗪。1956 年由 A. Gast 等报道除草活性。J R Geigy S A 公司开发。

化学名称 6-氯-N^2,N^4-二乙基-1,3,5-三嗪-2,4-二胺,6-chloro-N^2,N^4-diethyl-1,3,5-triazine-2,4-diamine。

理化性质 纯品为无色粉末。225.2℃分解,蒸气压 2.94×10^{-3} mPa(25℃),$K_{ow}\lg P = 2.1$(25℃),Henry 常数 5.6×10^{-5} Pa·m³/mol(计算值),相对密度 1.33(22℃)。水中溶解度 6.2mg/L(pH 7,20℃);其他溶剂中溶解度(25℃,mg/L):乙醇 570,丙酮 1500,甲苯 130,正辛醇 390,正己烷 3.1。中性、弱酸性和弱碱性条件下相对稳定。强酸强碱条件下快速水解,DT_{50}(20℃,计算值):8.8d(pH 1),96d(pH 5),3.7d(pH 13)。紫外线照射分解(约 90%,96h)。pK_a 1.62(20℃)。

毒性 大、小鼠急性经口 LD_{50} >5000mg/kg。大鼠急性经皮 LD_{50} >3100mg/kg。对兔皮肤和眼睛无刺激性。无致敏性。大鼠急性吸入 LC_{50}(4h)>5.5mg/L。无作用剂量:大鼠(2y)0.5mg/(kg·d),狗(1y)0.7mg/(kg·d),小鼠(95 周)5.7mg/(kg·d)。

生态效应 鸟急性经口 LD_{50}(mg/kg):野鸭>2000,日本鹌鹑 4513。鸟饲喂 LC_{50}(mg/kg):野鸭(8d)>10000,日本鹌鹑(5d)>5000。鱼毒 LC_{50}(96h,mg/L):大翻车鱼 90,虹鳟鱼>100,鲫鱼>100,孔雀鱼>49。水蚤 LC_{50}(mg/L):>100(48h),0.29(21d)。藻类 EC_{50}(mg/L):淡水藻 0.042(72h),羊角月牙藻 0.26(5d)。蜜蜂 LD_{50}(48h,经口、局部)>99μg/只。蚯蚓 LC_{50}(14d)>1000mg/kg。

环境行为

(1) 动物 本品经口给药进入哺乳动物体内后,65%~97%在 24h 内消解为脱乙基代谢物。在大鼠体内,低剂量给药时主要通过尿液排泄,高剂量时转为通过粪便排出。排泄迅速(48h,90%)。主要代谢物为脱乙基西玛津和双-二甲基西玛津(二氨基氯化三嗪)。

(2) 植物 在耐受性植物中容易降解为无除草活性的 6-羟基衍生物和氨基酸缀合物,羟基西玛津通过侧链的烷基化反应及环上产生的氨基的水解进一步降解,最后生成二氧化碳。对于敏感植物,未降解的西玛津会引起萎黄和死亡。

（3）土壤/环境　在所有条件下，主要代谢物为脱乙基西玛津和羟基西玛津。土壤微生物降解率浮动较大：DT_{50} 27～102d(平均49d)，温度和土壤湿度是影响降解率的主要因素。K_{oc} 103～277(平均160)；K_d 0.37～4.66(12个土样)。在大田环境下，西玛津滤渗可能性较低。不容易发生直接光解；在光敏剂如腐植酸的存在下，则有可能发生非光解。

制剂　90％水分散粒剂，40％胶悬剂，50％悬浮剂，50％可湿性粉剂。

主要生产商　山东潍坊润丰化工股份有限公司、山东胜邦绿野化学有限公司、吉林市绿盛农药化工有限公司、浙江省长兴第一化工有限公司、浙江中山化工集团股份有限公司、安徽中山化工有限公司以及山东滨农科技有限公司。

作用机理与特点　内吸选择性除草剂，能被植物根部吸收并传导。易被土壤吸附在表层，形成毒土层，浅根性杂草幼苗根系吸收到药剂即被杀死。对根系较深的多年生或深根杂草效果较差。可用于玉米、甘蔗、高粱、茶树、橡胶等作物田地及果园、苗圃除防由种子繁殖的一年生或越年生阔叶杂草和多数单子叶杂草；对由根茎或根芽繁殖的多年生杂草有明显的抑制作用；适当增大剂量也用于森林防火道、铁路路基沿线、庭院、仓库存区、油罐区、贮木场等作灭生性除草剂。

应用

（1）适用范围　玉米地、高粱地、甘蔗地、茶园、橡胶及果园、苗圃。

（2）防治对象　狗尾草、画眉草、虎尾草、莎草、苍耳、鳢肠、青葙、灰菜、野西瓜苗、罗布麻、马唐、蟋蟀草、稗草、三棱草、荆三棱、苋菜、地锦草、藜等一年生阔叶草和禾本科杂草。

（3）使用方法　①玉米、高粱、甘蔗地于播种后出苗前使用每亩用40％西马津胶悬剂200～500mL，兑水40kg，土表均匀喷雾。②茶园、果园一般在4～5月份使用，田间杂草处于萌发盛期出土前，进行土壤处理，每亩用40％胶悬剂185～310mL，或50％可湿性粉剂150～250g，兑水40kg左右，土表均匀喷雾。

（4）注意事项　①西玛津残效期长，可持续12个月左右。对后茬敏感作物有不良影响，对小麦、大麦、棉花、大豆、水稻、十字花科蔬菜等有药害。②西玛津的用药量受土壤质地、有机质含量、气温高低影响很大。一般气温高、有机质含量低、砂质土用量少，药效好，但也易产生药害。反之用量要高。③喷雾器具用后要反复清洗干净。

专利与登记情况　专利BE540590、GB894947均早已过专利期。国内主要登记了85％、95％、98％原药，90％水分散粒剂，50％悬浮剂，50％可湿性粉剂。用于防除玉米田(春玉米 2160～2700g/hm²；夏玉米田 1620～2160g/hm²)、甘蔗田(1125～1875g/hm²)、茶园(1125～1875g/hm²)、公路、森林防火道、铁路(0.8～2g/m²)、梨园、苹果园(1800～3000g/hm²)一年生杂草。均为播后苗前土壤喷雾或喷于地表。

合成方法　由三嗪氯氰与乙胺在酸接受体存在下反应而得。如果以水为反应介质，则在0℃左右加料，然后在70℃保温搅拌2h。如果反应在三氯乙烯等溶剂中进行，则反应温度为30～50℃。

烯丙苯噻唑 probenazole

$C_{10}H_9NO_3S$，223.2，27605-76-1

烯丙苯噻唑(probenazole)，商品名称 Oryzemate。其他名称 烯丙异噻唑。是日本明治制果公司开发的异噻唑类杀细菌和杀真菌剂。

化学名称 3-烯丙氧基-1,2-苯并异噻唑-1,1-二氧化物，3-allyloxy-1,2-benz［d］isothiazole 1,1-dioxide。

理化性质 纯品为无色结晶固体，熔点138～139℃。溶解度：微溶于水(150mg/L)，易溶于丙酮、二甲基甲酰胺和氯仿，微溶于甲醇、乙醇、乙醚和苯，难溶于正己烷和石油醚。

毒性 急性经口 LD_{50}（mg/kg）：大鼠2030，小鼠2750～3000。大鼠急性经皮 $LD_{50}>$ 5000mg/kg。大鼠慢性毒性研究 NOEL 110mg/kg。对大鼠无致突变、无致畸作用(600mg/kg饲料)。

生态效应 鱼 LC_{50}(48h,mg/L)：鲤鱼6.3，日本鳉鱼＞6.0。

环境行为 土壤/环境 在土壤中 $DT_{50}<$24h(沉积土和火山土)。

制剂 0.3％～0.4％粒剂。

主要生产商 Meiji Seika 及 Saeryung 等。

作用机理与特点 水杨酸免疫系统促进剂。在离体试验中，稍有抗微生物活性，处理水稻，促进根系的吸收，保护作物不受稻瘟病病菌和稻白叶枯病菌的侵染。

应用

(1) 适宜作物 水稻。

(2) 防治对象 稻瘟病、白叶病。

(3) 使用方法 通常在移植前以粒剂［2.4～3.2kg(a.i.)/hm²］施于水稻或者1.6～2.4g/育苗箱(30cm×60cm×3cm)。如以750g(a.i.)/hm²防治水稻稻瘟病，其防效可达97％。

专利与登记 专利早已过专利期，不存在专利权问题。在中国仅登记了95％原药。日本明治制果药业株式会社登记情况见表212。

表212 日本明治制果药业株式会社登记情况

登记名称	登记证号	含量	剂型	登记作物	防治对象	用药量/(g/hm²)	施用方法
烯丙苯噻唑	PD20090005	95％	原药				
烯丙苯噻唑	PD20090006	8％	颗粒剂	水稻	稻瘟病	2000～4000	撒施

合成方法 以糖精为原料，经氯化、醚化即可制得目的物：

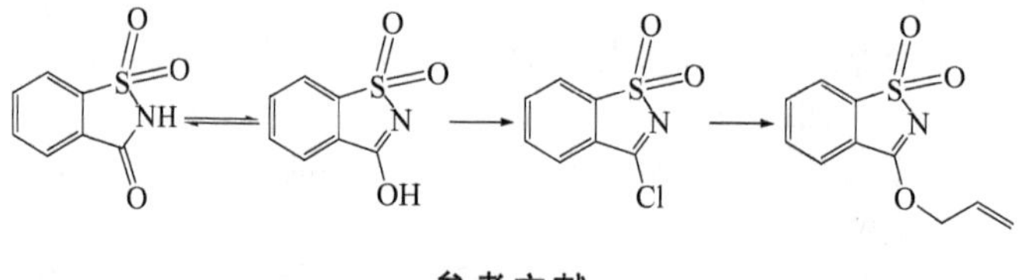

参考文献

［1］ The Pesticide Manual. 15th edition. 2009：927.

［2］ 张一宾. 现代农药，2012，1：13-14.

烯丙菊酯 allethrin

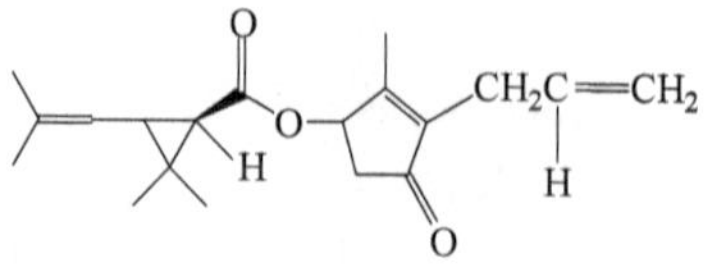

$C_{19}H_{26}O_3$，302.4，584-79-2，137-98-4(曾用)

烯丙菊酯(allethrin)。试验代号 ENT 17510、OMS 468。商品名称 Pynamin Forte、

Pynamin、毕那命、亚烈宁。其他名称　丙烯除虫菊、烯丙菊酯、右旋反式烯丙菊酯。由 Sumitomo 公司开发的拟除虫菊酯类杀虫剂。

化学名称　(RS)-2-甲基-3-烯丙基-4-氧代-环戊-2-烯基(1R,3R;1R,3S)-2,2-二甲基-3-(2-甲基丙-1-烯基)-环丙烷羧酸酯，(RS)-3-allyl-2-methyll-4-oxocyclopent-2-enyl(1R,3R;1R,3S)-2,2-dimethyl-3-(2-methylprop-1-enyl)cyclopropanecarboxylate 或 (RS)-3-allyl-2-methyl-4-oxocyclopent-2-enyl(+)-cis-trans-chrysanthemate 或 (RS)-3-allyl-2-methyl-4-oxocyclopent-2-enyl(1R)-cis-trans-2,2-dimethyl-3-(2-methylprop-1-enyl)cyclopropanecarboxylate。

组成　右旋烯丙菊酯由 95% 顺式异构体和 75% 反式异构体组成。

理化性质　原药是淡黄色液体，沸点为 281.5℃(760mmHg)。蒸气压为 0.16mPa(21℃)。$K_{ow}\lg P = 4.96$(室温)。相对密度 1.01(20℃)。溶解度：难溶于水，正己烷中 0.655g/mL，甲醇中 72mL/mL(均在 20℃)。在紫外灯下分解，在碱性介质中易水解。闪点为 130℃。

毒性　急性经口 LD_{50}(mg/kg)：雄大鼠 2150，雌大鼠 900。急性经皮 LD_{50}(mg/kg)：雄兔 2660，雌兔 4390。大鼠吸入 $LC_{50} > 3875mg/m^3$ 空气。

生态效应　野鸭和山齿鹑 LC_{50}(8d)均为 5620mg/kg。鲤鱼 LC_{50}(96h)0.134mg/L。水蚤 LC_{50}(48h)8.9μg/L，水藻 E_bC_{50}(72h)2.9μg/L。

环境行为　在哺乳动物的肝脏和昆虫的体内，菊酸部分末端的两个甲基之一，可以被氧化成羟基，并进一步变成羧基，仅发现有少量酯键断裂。

制剂　0.19%～0.2% 丙烯菊酯气雾剂，0.05%～0.1% 丙烯菊酯气雾剂，在制剂中一般加入适当的增效剂，除此之外还有油剂、粉剂、可湿性粉剂、乳油、油剂或水剂喷射剂。能与增效剂和其他杀虫剂混用，做成飞机喷雾剂、气溶胶以及蚊香、电热蚊香片等。

主要生产商　Bilag、Endura、Sumitomo Chemical、江苏扬农化工股份有限公司、宁波保税区汇力化工有限公司及上海中西制药有限公司等。

作用机理与特点　通过扰乱昆虫体内的神经元与钠通道之间的相互作用而作用于昆虫的神经系统，因而引起激烈的麻痹作用，倾仰落下，直至死亡。属于具有触杀、胃杀和内吸性的非系统性杀虫剂。具有强烈的触杀作用，击倒快。

应用

(1) 防治对象　用于防治家蝇、蚊虫、蟑螂、臭虫、虱子等家庭害虫，也可与其他药剂混配作为农场、畜舍和奶牛喷射剂，以及防治飞行和爬行昆虫。还适用于防治猫、狗等寄生在体外的跳蚤和体虱。

(2) 残留量与安全施药　本药剂为扰乱轴突传导的神经毒剂。①接触部位皮肤感到刺痛，但无红斑，尤其在口、鼻周围。很少引起全身性中毒。接触量大时也会引起头痛、头昏、恶心呕吐、双手颤抖，重者抽搐或惊厥、昏迷、休克。②无特殊解毒剂，可对症治疗，大量吞服时可洗胃，不能催吐。③对鱼有毒，不要在池塘、湖泊或小溪中清洗器具或处理剩余物。在原粮中烯丙菊酯残留量规定为 2mg/kg。

(3) 使用方法　现场大规模喷射，剂量为 0.55kg(a.i.)/hm²，家庭用气雾剂喷雾，剂量为 21g/m³，蚊香配方中本品含量一般在 0.3%～0.6% 之间。制剂中添加增效剂后，可提高杀虫活性。

专利与登记　专利早已过专利期，不存在专利权问题。国内登记情况：0.2%、0.8% 气雾剂，0.2%、0.3% 蚊香等，登记作物为卫生，防治对象为蚊、蝇、蜚蠊等。日本住友化学株式会社仅在国内登记了 90% 原药。

合成方法　将 2,2-二甲基-3-(2,2-二甲基乙烯基)-环丙烷羧酰氯与 2-烯丙基-4-羟基-3-甲基环戊-2-烯-1-酮在吡啶等缚酸剂存在下，在溶剂中反应制得烯丙菊酯。

烯草胺 pethoxamid

$C_{16}H_{22}ClNO_2$, 295.8, 106700-29-2

烯草胺(pethoxamid)，试验代号 TKC-94、ASU 96520 H。商品名称 Koban、Successor、Successor 600。由 S Kato 等报道，由 Tokuyama Corp 发现，由 Tokuyama 和 Stähler International GmbH & Co KG 开发。

化学名称　2-氯-N-(2-乙氧乙基)-N-(2-甲基-1-苯基丙烯-1-基)乙酰胺，2-chloro-N-(2-ethoxyethyl)-N-(2-methyl-1-phenylprop-1-enyl)acetamide。

理化性质　原药含量≥94%。纯品为白色无味晶状固体(原药为红棕色晶状固体)。熔点37～38℃。沸点141℃(0.15torr，1torr=133.322Pa)。蒸气压0.34mPa(25℃)。K_{ow} lg$P$=2.96。Henry常数$7.6×10^{-6}$Pa·m³/mol(25℃)。相对密度1.19。水中溶解度0.401g/L(20℃)。有机溶剂中溶解度(20℃，g/kg)：丙酮、1,2-二氯乙烷、乙酸乙酯、甲醇和二甲苯>250，正庚烷117。在pH 4、5、7、9(50℃)时稳定。闪点182℃(1015mbar)。

毒性　大鼠急性经口 LD_{50} 983mg/kg。小鼠急性经皮 LD_{50}>2000mg/kg。对兔皮肤和眼睛无刺激。对豚鼠皮肤有致敏性。小鼠吸入 LC_{50}(4h)>4.16mg/L。大鼠 NOEL [1mg/(kg·d)]：(90d)7.5，(2y)25。无致癌、致畸、致突变作用。

生态效应　山齿鹑急性经口 LD_{50} 1800mg/kg。山齿鹑饲喂 LC_{50}>5000mg/L。鱼毒 LC_{50}(96h，mg/L)：虹鳟鱼2.2，大翻车鱼6.6。水蚤 EC_{50}(48h)23mg/L。藻类 E_bC_{50}：羊角月牙藻(72h)1.95μg/L；水华鱼腥藻(96h)10mg/L。羊角月牙藻 E_rC_{50}(72h)3.96μg/L。浮萍 E_bC_{50}(14d，静态)7.9μg/L。蜜蜂经口和接触(48h)LD_{50}>200μg/只。蚯蚓 LC_{50}(14d)435mg/kg。

环境行为

（1）动物　吸收率大于90％，在体内广泛分布。在96h内超过90％主要通过粪便排出。主要代谢途径有共轭、脱乙基化和氧化成亚砜和砜类。

（2）植物　代谢途径为谷胱甘肽共轭，在收获的作物中未检测到残留。

（3）土壤/环境　在水/沉积物中DT_{50}5.1～10d。在土壤中DT_{50}（有氧）：5.4～7.7d(20℃，实验室)，4.4～22.0d(田间)。K_{oc}94～619，K_d7.8～17.3。降解过程和植物中的一样。

制剂　60％乳油。

主要生产商　Cheminova、Tokuyama。

作用机理与特点　内吸性除草剂，通过根部和嫩芽吸收。烯草胺在分子水平上精确的作用机制还不清楚，但研究表明，烯草胺是细胞分裂抑制剂，其作用机理可能是抑制与长烷基链脂肪酸生物合成有关的酶的活性，并主要影响链的延长。也就是说，烯草胺抑制植物体内长烷基链脂肪酸如油酸在非酯部分的结合。

应用　烯草胺是一种在土壤表面使用的长效兼内吸性除草剂，对禾本科杂草如稗、马唐、狗尾草防效很高，对阔叶杂草如反枝苋、藜、马齿苋、田旋花、龙葵、桃叶蓼、卷茎蓼、地锦等也有很高的防效。烯草胺是一种新型的玉米和大豆田高效除草剂，用量为1.0～2.4kg（a.i.）/hm^2。烯草胺使用剂量通常为2L/hm^2（商品量）加水200～400L[即1.2kg(a.i.)/hm^2]。每种作物推荐只使用一次。大豆田推荐在苗前使用，玉米田可在作物苗前或苗后早期使用。在这两种作物田中，都应当在杂草萌芽前或出苗后早期用药。烯草胺的持效期因土壤湿度的不同在8～10周左右。由于在田间试验中未发现明显的残留，按推荐方法使用，在喷药和下茬作物种植之前不需要有时间间隔。为了增加防效推荐与其他除草剂品种如阿特拉津、特丁津和除草通混用。

专利概况　专利EP206251早已过专利期。

合成方法　经如下反应制得烯草胺：

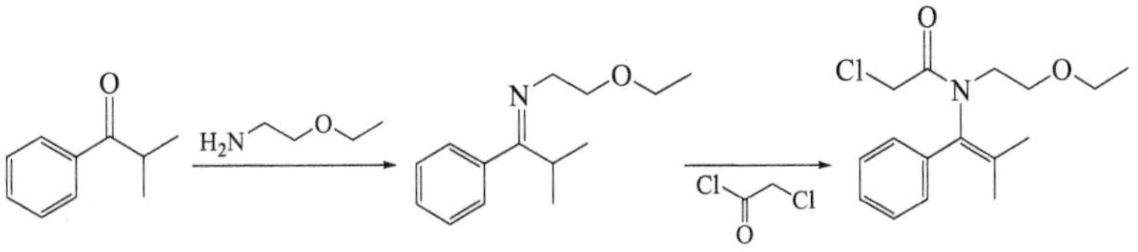

烯草酮 clethodim

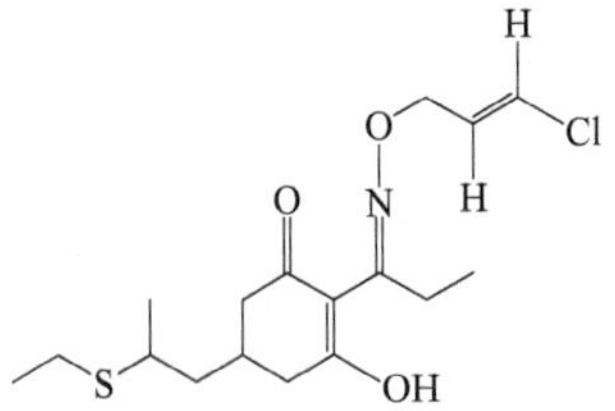

$C_{17}H_{26}ClNO_3S$，359.9，99129-21-2

烯草酮(clethodim)，试验代号　RE-45601。商品名称　Platinum、Select。其他名称　赛乐特、收乐通、阔旺、Arrow、Centurion、Conclude Xtra G、Envoy、Foly、Intensity、Ogive、Prism、Section、Sequence、Shadow、Trigger。是由Chevron公司研制的环己烯二酮类除草剂。

化学名称　(5RS)-2-［(E)-1-［(2E)-3-氯烯丙氧基亚氨基］丙基］-5-［(2RS)-2-(乙硫基)丙基]-3-羟基环己-2-烯酮，(5RS)-2-［(E)-1-［(2E)-3-chloroallyloxyimino] propyl］-5-［(2RS)-2-(ethylthio)propyl］-3-hydroxycyclohex-2-en-1-one。

理化性质　原药外观为淡黄色黏稠液体，加热至沸点即分解。工业品纯度＞91％。纯品为透明、琥珀色液体，沸点下分解，相对密度1.14(20℃)。蒸气压<1×10^{-2}mPa(20℃)，溶于大多数有机溶剂。水解DT$_{50}$：28d(pH 5)，300d(pH 7)，310d(pH 9)；水中光解DT$_{50}$(缓冲体系,pH=5,7和9)：1.7~9.6d(无光敏剂)，0.5~1.2d(带光敏剂)。

毒性 急性经口LD$_{50}$(mg/kg)：雄大鼠1630，雌大鼠1360，雄小鼠2570，雌小鼠2430。兔急性经皮LD$_{50}$>5000mg/kg。对兔皮肤有中度刺激，对豚鼠皮肤无致敏性。大鼠急性吸入LC$_{50}$(4h)>3.9mg/L。NOEL[mg/(kg·d)]：小鼠30，大鼠16，狗1。ADI(JMPR)0.01mg/kg[1999]，(EPA)0.01mg/kg [1998]，(Canada)0.16mg/kg。

生态效应 山齿鹑急性经口LD$_{50}$>2000mg/kg。野鸭饲喂LC$_{50}$>6000mg/kg。鱼毒LC$_{50}$(96h,mg/L)：虹鳟鱼67，大翻车鱼>120。蜜蜂LD$_{50}$(接触)>100μg/只。蚯蚓LC$_{50}$454mg/kg土，NOEL 316mg/kg土。

环境行为

(1) 动物 代谢产物主要是砜和亚砜。

(2) 植物 代谢产物为砜、亚砜和硫代甲基亚砜。

(3) 土壤/环境 有氧DT$_{50}$1~3d，K_d0.08~1.6(5种土壤类型)

制剂 12%、24%乳油。

主要生产商 Arysta LifeScience、大连瑞泽农药股份有限公司、广州市禾盛达化工有限公司、江苏长青农化股份有限公司、江苏省激素研究所股份有限公司、山东先达农化股份有限公司、沈阳科创化学品有限公司、一帆生物科技集团有限公司及浙江海正化工股份有限公司等。

作用机理及特点 ACCase抑制剂。烯草酮是内吸传导型茎叶处理除草剂，有优良的选择性。对禾本科杂草具有很强的杀伤作用，对双子叶作物安全。茎叶处理后经叶迅速吸收，传导到分生组织，在敏感植物中抑制支链脂肪酸和黄酮类化合物的生物合成而起作用，使其细胞分裂遭到破坏，抑制植物分生组织的活性，使植株生长延缓。在施药后1~3周内植株褪绿坏死，随后叶干枯而死亡。

应用

(1) 适用作物与安全性 油菜、棉花、烟草、甜菜、花生、亚麻、马铃薯、向日葵、甘薯、红花、油棕、紫花苜蓿、白三叶草、圆葱、辣椒、番茄、菠菜、芹菜、韭菜、莴苣、大蒜、萝卜、南瓜、黄瓜、西瓜、草莓、豆类、葡萄、柑橘、苹果、梨、桃、菠萝等。对禾本科作物如大麦、小麦、玉米、水稻、高粱等不安全。在抗性植物体内可迅速降解，从而丧失活性。

(2) 防除对象 主要用于防除一年生和多年生禾本科杂草及阔叶作物田中自生的禾谷类作物如稗草、马唐、早熟禾、野燕麦、狗尾草、多花千金子、狗牙根、龙牙茅、看麦娘、蓼、特克萨斯稷、宽叶臂形草、牛筋草、蟋蟀草、罗氏草、红稻、毒麦、野高粱、假高粱、野黍、自生玉米、芦苇等。对双子叶植物、莎草活性很小或无活性。

(3) 应用技术 ①最佳施药时期为大豆2~3片复叶期，一年生禾本科杂草3~5叶期，多年生禾本科杂草于分蘖后。②喷药时注意喷头朝下，对杂草进行充分、全面、均匀的喷洒。长期干旱、低温(15℃以下)、空气相对湿度低于65%时不要施药。水分适宜、空气相对湿度大、杂草生长旺盛时宜施药，最好在晴天上午喷洒。③飞机施药时注意不要飘移到小麦、水稻、玉米等禾本科作物田，以免造成药害。防除阿拉伯高粱、狗牙根、白茅、芦苇等多年生杂草时使用高剂量。④在单、双子叶杂草混生地，烯草酮应与其他防除双子叶杂草的药剂混用或先后使用，混用前应经试验确认两药剂的可混性，以免产生拮抗，降低对禾本科杂草的防效或增加作物药害。⑤烯草酮施药后杂草死亡需要时间较长，施药后3~5d杂草虽未死亡，叶子可能仍呈绿色，但抽心叶可拔出，即有除草效果，不要急于再施除草剂。

(4) 使用方法 苗后茎叶处理，防除一年生杂草使用剂量为50~100g(a.i.)/hm^2[亩用量为3.3~6.7g(a.i.)]，防除多年生杂草使用剂量为80~150g(a.i.)/hm^2[亩用量为5.3~10g(a.i.)]。在大豆2~3片复叶期，一年生禾本科杂草3~5叶期，每亩用12%烯草酮乳油35~40mL。油菜播种或移植后，禾本科杂草2~4叶期，每亩用12%烯草酮乳油30~40mL。在禾本科杂草4~7叶期，雨季来临田间湿度大，用较低剂量也能获得好的药效。水分适宜、空气相对湿度大、杂草生长旺盛，有利于烯草酮的吸收和传导。施药后间隔 1h 降雨不会影响药效。

（5）混用　在大豆田烯草酮可与氟胺草酯、氟磺胺草醚、三氟羧草醚、乳氟禾草灵、灭草松混用，可增加对阔叶杂草的防除效果。烯草酮若与两种防除阔叶杂草的除草剂混用，可增加对难治杂草如苣荬菜、鸭趾草、刺儿菜、苍耳、龙葵、大蓟、问荆、苘麻等的药效，尤其重要的是在不良环境条件下对大豆安全、药效稳定。每亩混用比例如下：

12％烯草酮 30～35mL 加 10％氟胺草酯 20～30mL 或 25％氟磺胺草醚 70～100mL 或 24％乳氟禾草灵 27～33mL 或 21.4％三氟羧草醚 70mL 或灭草松 100mL 加 10％氟胺草酯 20mL。12％烯草酮 20～30mL 加 48％异噁草酮乳油 50mL 加 48％异噁草酮 50mL 加 25％氟磺胺草醚 40～50mL。12％烯草酮 30～35mL 加 25％氟磺胺草醚 40～50mL 加 48％灭草松 100mL。12％烯草酮 20～30mL 加 48％异噁草酮 50mL 加 24％乳氟禾草灵 17mL。

24％烯草酮乳油使用方法与 12％烯草酮乳油相似，用量是后者的一半。

在其他作物上使用方法参看大豆田和油菜田。

专利与登记　专利 BE891190 早已过专利期，不存在专利权问题。国内登记情况：8％、16％、21％、37％可分散油悬浮剂，30％、32％、24％、13％、12％、22％、22.5％、26％、240g/L、120g/L 乳油，94％、90％、95％、93％原药，37％、70％母药，37％、70％母液。登记作物为大豆、油菜、绿豆、红小豆。防治对象为一年生杂草。日本爱利思达公司在中国登记情况见表 213。

表 213　日本爱利思达公司在中国登记情况

登记名称	登记证号	含量	剂型	登记作物	防治对象	用药量/(g/hm²)	施用方法
烯草酮	PD210-96	120g/L	乳油	油菜	一年生禾	54～72	喷雾
				大豆	本科杂草	63～72	茎叶喷雾
烯草酮	PD188-94	240g/L	乳油	油菜	一年生禾本科杂草	单用：90～108；混用：43.2～86.4＋用水量 0.125％植物油助剂	喷雾
				大豆		单用：97.5～144；混用：57～72＋Amigo 0.125％喷液量或 400～500mL/hm²	茎叶喷雾

合成方法　其合成方法如下：

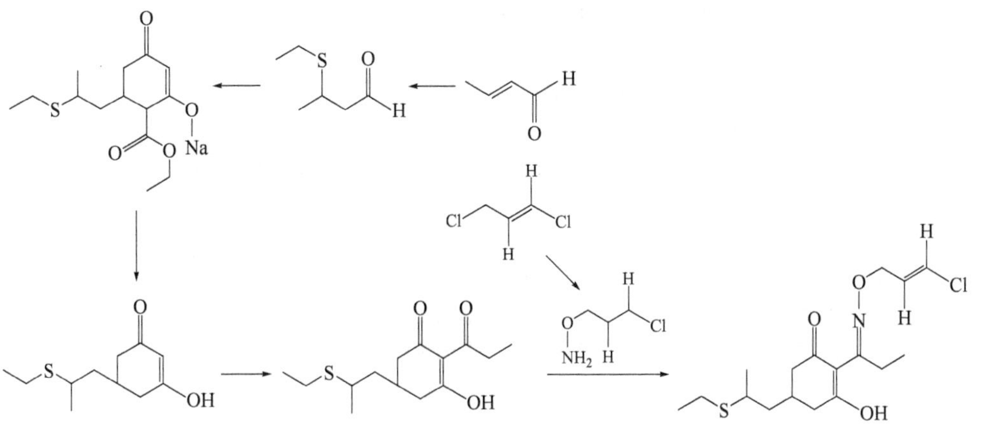

参考文献

[1] 孙光强. 现代农药, 2011, 1：24-26.
[2] 郭林华. 现代农药, 2006, 1: 5-8.

烯虫炔酯 kinoprene

$C_{18}H_{28}O_2$，276.4，42588-37-4，53023-55-5（曾用），65733-20-2（S-）

烯虫炔酯(kinoprene)，试验代号　ENT 70531、SB 716、ZR 777，商品名称　Altodel、Enstar、Enstar Ⅱ、抑虫灵。(S)-烯虫炔酯商品名称　Enstar Ⅱ(Wellmark)，是 20 世纪 70 年代开发的昆虫生长调节剂。

化学名称　烯虫炔酯　丙-2-炔基-(E,E)-(RS)-3,7,11-三甲基十二碳-2,4-二烯酸酯，prop-2-ynyl(E,E)-(RS)-3,7,11-trimethyldodeca-2,4-dienoate。(S)-烯虫炔酯　丙-2-炔基(E,E)-(S)-3,7,11-三甲基十二碳-2,4-二烯酸酯，prop-2-ynyl(E,E)-(S)-3,7,11-trimethyldodeca-2,4-dienoate。

理化性质　烯虫炔酯　含量 93%，产品为琥珀色液体，带有淡淡的水果味。沸点 134℃(0.1mmHg)，蒸气压 0.96mPa(20℃)，$K_{ow}lgP=5.38$。Henry 常数 3.43Pa·m³/mol。相对密度 0.918(25℃)。水中溶解度 0.211mg/L(25℃)，能溶于大部分有机溶剂。在无光条件下储存稳定，闪点 40.5℃。

(S)-烯虫炔酯　含量 93%，产品为琥珀色液体，带有淡淡的水果味。沸点 134℃(0.1mmHg)。蒸气压 0.96mPa(20℃)，$K_{ow}lgP=5.38$。Henry 常数 3.43Pa·m³/mol。相对密度 0.918(25℃)。在水中的溶解度 0.515mg/L(25℃)，能溶于大部分有机溶剂，在无光条件下储存稳定，旋光率 $[\alpha]_D^{20}+3.87°$。闪点 40.5℃。

毒性　烯虫炔酯　大鼠急性经口 $LD_{50}>5000$mg/kg，兔急性经皮 $LD_{50}>9000$mg/kg，大鼠吸入 $LC_{50}(4h)>5.36$mg/L。(S)-烯虫炔酯　大鼠急性经口 LD_{50} 1649mg/kg，兔急性经皮 $LD_{50}>2000$mg/kg，对兔的眼睛和皮肤有中度刺激，对豚鼠皮肤有致敏性。大鼠吸入 $LC_{50}(4h)>5.36$mg/L；NOEL(90d,mg/L)：大鼠 1000，狗 900。

生态效应　烯虫炔酯　北美山齿鹑急性经口 $LD_{50}>2250$mg/L，虹鳟鱼 $LC_{50}(96h,流动)>20$mg/L，水蚤 $LC_{50}(48h)>0.11$mg/L，蜜蜂 LD_{50} 35μg/只。(S)-烯虫炔酯　生态效应数据与烯虫炔酯相同。

环境行为　在土壤中不稳定，光照下易分解。

主要生产商　Wellmark。

作用机理与特点　本品作为保幼激素类似物，可以抑制害虫的生长发育，是一种昆虫生长调节剂，能阻止害虫的正常生长，影响害虫器官的形成、卵的孵化和导致雌虫不育。在昆虫的生长和成熟关键时期，其体内保幼激素的正常生物化学水平起着平衡作用。昆虫生长调节剂通过接触和吸收起作用。保幼激素的作用方式主要是抑制正常昆虫的生长导致不完全蛹化，以及使成虫不育和卵不能孵化。

外消旋的烯虫炔酯已不再使用。(S)-烯虫炔酯用于温室、阴凉处和机床房屋，用来控制树木、观赏草本和苗床植物，特别是猩猩木上的同翅目和双翅目害虫。使用浓度在 150～300mL/1858m²，靶标害虫包括蚜虫、粉虱、粉蚧、真菌小蠓虫。在外国猩猩木的苞片上发现药害，但对树叶安全。

应用

(1) 适用作物　外消旋的烯虫炔酯已被停用，(S)-烯虫炔酯主要用于控制温室里的木质和草本类观赏性植物和花坛花草上的同翅目和双翅目害虫，特别是一品红上的害虫。

(2) 防治对象　同翅目、双翅目害虫，如蚜虫、粉虱、柑橘小粉蚧、水蜡虫、甲虫、蚊科害虫等。

（3）使用方法　植物叶片喷洒或是根部灌药，每 $1858m^2$ 用药 $150\sim300mL$。

专利概况　专利 DE2162821、US4021461、US3904662 等均已过专利期，不存在专利权问题。

合成方法　可用 3,7-二甲基辛醛与丙-2-炔基-4-（二乙氧基磷酰基）-2-烯-3-甲基丁酯反应制取。

烯虫乙酯 hydroprene

$C_{17}H_{30}O_2$,266.4，41096-46-2(E,E)-，65733-18-9$(2E,4E,7S)$-，65733-19-9(E,E)-(R)-

烯虫乙酯（hydroprene），试验代号　ENT-70459、OMS 1696、SAN 814、ZR 512。商品名称 Biopren BH、Gentrol、增丝素、蒙五一二，是一种昆虫生长调节剂。

化学名称　烯虫乙酯(E,E)-(RS)-3,7,11-三甲基十二碳-2,4-二烯酸乙酯，ethyl(E,E)-(RS)-3,7,11-trimethyldodeca-2,4-dienoate。S-烯虫乙酯 ethyl(E,E)-(S)-3,7,11-trimethyl-dodeca-2,4-dienoate。

理化性质　烯虫乙酯　原药纯度 96%，琥珀色液体，沸点 174℃（19mmHg）、138～140℃（1.25mmHg），蒸气压 40mPa(25℃)，闪点 148℃，$K_{ow}\lg P=3.06$，相对密度 0.892(25℃)，水中溶解度为 2.5mg/L(25℃)，溶于普通有机溶剂，在普通储存条件下至少稳定 3y 以上，对紫外线敏感。

S-烯虫乙酯　原药纯度 96%，琥珀色液体，有蜡状味，沸点 282.3℃（97.2kPa），蒸气压 40mPa(25℃)，$K_{ow}\lg P=6.5$，相对密度 0.889(20℃)，水中溶解度 2.5mg/L(25℃)，在丙酮、正己烷、甲醇中溶解度＞500g/L(20℃)，在正常储存条件下至少稳定 3y 以上，对紫外线敏感。$[\alpha]_D+4°$，闪点 148℃（闭杯），260℃（自燃）。动力黏度 12.8mPa/s(20℃)，6.3mPa/s(40℃)；运动黏度 14.3mm²/s(20℃)，7.1mm²/s(40℃)。表面张力 54.4mN/m。

毒性　烯虫乙酯　急性经口 LD$_{50}$（mg/kg）：大鼠＞5000，狗＞10000。急性经皮 LD$_{50}$（mg/kg）：大鼠＞5000，兔＞510。大鼠 NOEL(90d)50mg/(kg·d)，ADI(EPA)0.1mg/kg［1990］。无致突变性和致畸性。

S-烯虫乙酯　大鼠急性经口 LD$_{50}$＞5050mg/kg，兔急性经皮 LD$_{50}$＞5050mg/kg，对皮肤轻微刺激，对眼睛无刺激，对豚鼠皮肤无致敏性。大鼠急性吸入 LC$_{50}$＞2.14mg/L，大鼠 NOEL(90d)50mg/(kg·d)。无致突变性和致畸性。

生态效应　烯虫乙酯　虹鳟鱼 LC$_{50}$(96h)＞0.50mg/L，水蚤 EC$_{50}$(48h)0.13mg/L，羊角月牙藻 EC$_{50}$(24～72h)6.35mg/mL。蜜蜂成虫 LD$_{50}$（经口和接触）＞1000μg/只，幼虫 0.1μg/只。

S-烯虫乙酯　鱼 LC$_{50}$(96h,mg/L)：虹鳟鱼＞0.5，斑马鱼＞100。水蚤 EC$_{50}$(48h)0.49mg/L；藻类 EC$_{50}$(24～72h)：淡水藻 6.35mg/mL，羊角月牙藻 22mg/L。

环境行为　在植物体内该化合物的降解主要涉及酯的水解，在土壤中也能快速降解，DT$_{50}$仅几天。

制剂　乳剂，颗粒剂。

主要生产商 Bábolna Bio 及 Wellmark 等。

作用机理与特点 保幼激素抑制剂，抑制幼虫的发育成熟。

应用

(1) 适用作物 棉花、果树、蔬菜等。

(2) 防治对象 鞘翅目害虫、半翅目害虫、同翅目害虫、鳞翅目害虫，对蜚蠊有极好的防治效果。

(3) 残留量与安全施药 本农药为昆虫保幼激素类似物，对高等动物无害。对靶标对象有高度的选择性，在使用前做好有效浓度试验。最好在低龄时期使用。

(4) 使用方法 喷液，对多种害虫有效，对德国蜚蠊有极好的效果，对梨黄木虱也有效。

专利概况 专利 US4021461 早已过专利期，不存在专利权问题。

合成方法 经如下方法合成烯虫乙酯：

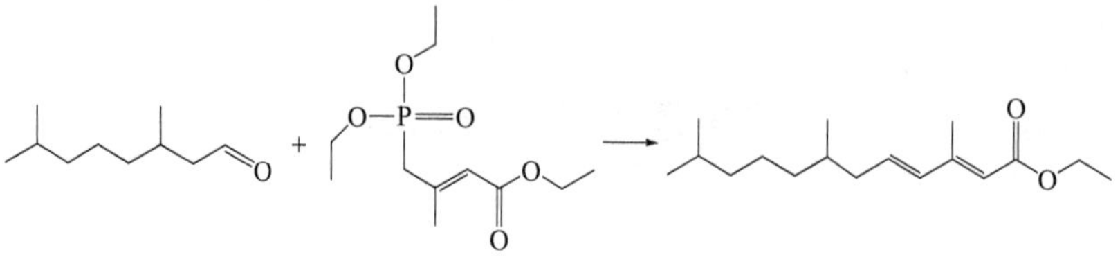

参考文献

[1] J Agric Food Chem, 1973, 21: 354.

烯虫酯 methoprene

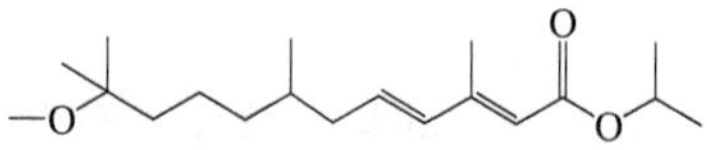

$C_{19}H_{34}O_3$, 310.5, 40596-69-8 [(E,E)-], 41205-06-5[(E,E)-(R)-], 65733-16-6(S), 65733-17-7[(E,E)-(R)-]

烯虫酯(methoprene)，试验代号 OMS 1697、SAN 800、ZR 515。商品名称 Biopren BM、Extinguish Plus，是由 Zoecon Crop 开发的昆虫生长调节剂。其 S 构型(S)-烯虫酯。试验代号 SAN 810。商品名称 Altosid、Apex、Biopren BM、Biosid、Diacon II、Extinguish、Kabat、Precor、Protect、Strike。由于其作用机理不同于以往作用于神经系统的传统杀虫剂，故具有毒性低、污染少、对天敌和有益生物影响小等优点，且这类化合物与昆虫体内的激素作用相同或结构类似，所以一般难以产生抗性，能杀死对传统杀虫剂具有抗性的害虫，因此被誉为"第三代农药"。

化学名称 烯虫酯 (E,E)-(RS)-11-甲氧基-3,7,11-三甲基十二碳-2,4-二烯酸异丙酯，isopropyl(E,E)-(RS)-11-methoxy-3,7,11-trimethyldodeca-2,4-dienoate。(S)-烯虫酯 (E,E)-(S)-11-甲氧基-3,7,11-三甲基十二碳-2,4-二烯酸异丙酯，isopropyl(E,E)-(S)-11-methoxy-3,7,11-trimethyldodeca-2,4-dienoate。

理化性质 烯虫酯含量 94%，淡黄色液体，有水果气味，沸点 256℃、100℃(0.05mmHg)，相对密度 0.924(20℃)、0.921(25℃)。$K_{ow}lgP>6$。溶于大多数的有机溶剂。在水、有机溶剂、酸或碱中稳定存在。对紫外线敏感。闪点 136℃。(S)-烯虫酯含量 94%，淡黄色液体，有水果气味，沸点 279.9℃(97.2kPa)，蒸气压：0.623mPa(20℃)、1.08mPa(25℃)(克努曾压力计)。$K_{ow}lgP>6$。相对密度：0.924(20℃)，0.921(25℃)。水中溶解度(mg/L)：6.85(20℃)，0.515(25℃)；溶于大多数有机溶剂，比如丙酮和正己烷>500g/L[(20±1)℃]，甲醇>450g/L[(20±1)℃]。在水、有机溶剂、酸或碱中稳定存在。对紫外线敏感。比旋度 $[\alpha]_D^{20}+5.64°$。闪点 147℃(封闭容器中电弧加热)，自燃温度 263℃。动力黏度 51.3mPa/s(20℃)，17.8mPa/s(40℃)；运动黏度 55.3mm²/s(20℃)，19.2mm²/s(40℃)。表面张力 50.1mN/m。

毒性 ①烯虫酯大鼠急性经口 LD$_{50}$>10000mg/kg，兔急性经皮 LD$_{50}$>2000mg/kg。对兔眼

睛无刺激，对兔皮肤中度刺激，对豚鼠皮肤无致敏性。NOEL（mg/L）：大鼠（2y）1000，小鼠（1.5y）1000。小鼠600mg/kg或兔200mg/kg时后代无畸形现象。500mg/L饲料下大鼠3代内无繁殖毒性。ADI/RfD：（JMPR）0.09mg/kg [2001]，（EPA）cRfD 0.4mg/kg [1991]。②（S）-烯虫酯大鼠急性经口$LD_{50}>5050$mg/kg，兔急性经皮$LD_{50}>5050$mg/kg。对兔皮肤轻微刺激，对豚鼠皮肤无致敏性。大鼠吸入$LC_{50}>2.38$mg/L。NOEL[mg/（kg·d）]：狗NOAEL（90d）100，大鼠（90d）<200，大鼠致畸NOAEL 1000，兔胚胎NOAEL 100。ADI（JMPR）0.05mg/kg [2001]。无诱变性，无染色体断裂现象。

生态效应 烯虫酯 鸡饲喂LC_{50}（8d）>4640mg/kg。大翻车鱼LC_{50}（96h）$370×10^{-9}$。羊角月牙藻EC_{50}（48～96h）1.33mg/mL。对水生双翅目昆虫有毒。对成年蜜蜂无毒，LD_{50}（经口或接触）>1000μg/只。蜜蜂幼虫致敏感量0.2μg/只。（S）-烯虫酯 鱼LC_{50}（μg/kg）：大翻车鱼>370，虹鳟鱼760。斑马鱼LC_{50}（96h）4.26mg/L，NOEC 1.25mg/L。水蚤EC_{50}（48h）0.38mg/L。羊角月牙藻EC_{50}（48～96h）1.33mg/mL，E_rC_{50}（72h）2.264mg/mL。

环境行为

（1）动物 哺乳动物中次代谢产物胆固醇已经被确定。

（2）植物 在植物体中，代谢主要包括酯的水解、邻甲基化以及4位双键氧化裂解。在苜蓿、大米中，主要代谢产物为7-methoxycitronellal。

（3）土壤/环境 在土壤中快速降解，在好氧和厌氧条件下DT_{50}为10d，主要产物是CO_2。

制剂 Altosid SR-10，悬浮剂（103g/L）；Altosid Briquet，饵剂（80g/kg）；Apex 5E、Diacon、Dianex、Precor 5E，乳油（600g/L）；Kabat，可溶液剂（醇为基础）（41g/L）；防治室内植物上的昆虫和螨类的喷雾剂，Pharoid，浓饵剂（100g/kg）；Precor，气雾剂（115g/kg）。

主要生产商 Bábolna Bio及Wellmark等。

作用机理与特点 保幼激素类似物，抑制昆虫成熟过程。用于卵或幼虫，抑制其蜕变为成虫。可以用作烟叶保护剂，是一种人工合成的昆虫流毒的类似物，干扰昆虫的蜕皮过程。它能干扰烟草甲虫、烟草粉螟的生长发育过程，使成虫失去繁殖能力，从而有效地控制储存烟叶害虫种群增长。

应用

（1）适用范围 用于公共卫生、储存、食品处理、加工及储存场所，以及植物（包括温室植物）、仓库烟草和烟草工厂。

（2）防治对象 双翅目害虫、蚂蚁、鞘翅目害虫、同翅目害虫、蚤类、蚊子幼虫、苍蝇、甲虫、烟草飞蛾、菊花叶虫、仓库害虫等。

（3）应用技术 药效在蚊子幼虫的后期阶段发挥，效果更好。对水生无脊椎动物有毒，使用时避免污染水域。不能与油剂和其他农药混合使用。①防治烟草甲虫，在发生危害期间，用4.1%烯虫酯可溶性液剂4000～5000倍液均匀喷雾。②防治蚊蝇，特别是洪水退后的防疫工作，每亩用4.1%烯虫酯可溶性液剂2.7～6.7mL，兑水后喷雾。③防治角蝇，可将药剂混在饲料中，然后饲喂牲畜。

专利概况 专利DE2202021早已过专利期，不存在专利权问题。

合成方法 用丙酮、香茅醛和溴乙酸异丙酯为原料，经Reformatskii反应和苯硫酚催化的双键顺反异构化反应等得到烯虫酯。

参考文献

[1] J Agric Food Chem, 1973, 21: 354.

[2] 周容. 有机化学, 2008, 28 (3): 436-439.

烯啶虫胺 nitenpyram

C$_{11}$H$_{15}$ClN$_4$O$_2$, 270.7, 120738-89-8, 150824-47-8(*E* 构型)

烯啶虫胺(nitenpyram), 试验代号 CGA 246916、TI-304。商品名称 Bestguard、Capstar、Program A、Takestar。是 1989 年由日本武田公司开发的新烟碱类杀虫剂。

化学名称 (*E*)-*N*-(6-氯-3-吡啶甲基)-*N*-乙基-*N′*-甲基-2-硝基亚乙烯基二胺, (*E*)-*N*-(6-chloro-3-pyridylmethyl)-*N*-ethyl-*N′*-methyl-2-nitrovinylidenediamine。

理化性质 纯品为浅黄色晶体, 熔点 82℃。蒸气压 1.1×10^{-6} mPa(20℃)。K_{ow} lg$P$ = -0.66(25℃)。相对密度 1.4(26℃)。水中溶解度 >590g/L(20℃, pH 7); 有机溶剂中溶解度(g/L, 20℃): 二氯甲烷和甲醇>1000, 氯仿 700, 丙酮 290, 乙酸乙酯 34.7, 甲苯 10.6, 二甲苯 4.5, 正己烷 0.00470。在 150℃稳定, 在 pH 3、5、7 时稳定。DT$_{50}$(pH 9,25℃)69h。pK_{a_1} 3.1, pK_{a_2} 11.5。

毒性 急性经口 LD$_{50}$(mg/kg): 雄大鼠 1680, 雌大鼠 1575, 雄小鼠 867, 雌小鼠 1281。大鼠急性经皮 LD$_{50}$>2000mg/kg, 对兔眼睛有轻微刺激, 对兔皮肤无刺激, 对豚鼠无致敏性。大鼠吸入 LC$_{50}$(4h)>5.8g/m^3 空气。NOEL 值[mg/(kg·d)]: 雄大鼠(2y)129, 雌大鼠(2y)53.7; 雄、雌狗(1y)60。对大鼠和小鼠无致癌和致畸性, 对大鼠繁殖性能没有影响, 无致突变(4 次试验)。

生态效应 鸟急性经口 LD$_{50}$(mg/kg): 山齿鹑>2250, 野鸭 1124。山齿鹑和野鸭饲喂 LC$_{50}$(5d)>5620mg/L。鱼 LC$_{50}$(mg/L): 鲤鱼>1000(96h), 虹鳟鱼>10(48h)。水蚤 LC$_{50}$(24h)>10000mg/L。羊角月牙藻 E$_b$C$_{50}$(72h)26mg/L, NOEC(120h)6.25mg/L。蚯蚓 LC$_{50}$(14d)32.2mg/kg。

环境行为 DT$_{50}$1~15d(不同类型的土壤)。

制剂 水剂、颗粒剂、可溶性粉剂。

主要生产商 Sumitomo Chemical 及连云港立本农药化工有限公司等。

作用机理与特点 与其他的新烟碱类杀虫剂相似, 其作用机理为抑制乙酰胆碱酯酶活性, 主要作用于昆虫神经, 对害虫的突触受体具有神经阻断作用, 在自发放电后扩大隔膜位差, 并使突触隔膜刺激下降, 结果导致神经的轴突触隔膜电位图通道刺激殆失。此试验系用美洲大蠊进行。对害虫具有触杀和胃毒作用, 并具有很好的内吸活性。具有卓越的内吸和渗透作用, 低毒、低残留、高效、残效期长、无交互抗性、对作物无药害、使用安全。对各种蚜虫、粉虱、水稻叶蝉和蓟马有优异防效, 对传统杀虫剂具有抗性的害虫也有良好的活性, 与某些害虫对其产生抗药性的农药如有机磷、氨基甲酸酯、杀蚕毒类混配后具有增效和杀虫杀螨效果, 并可获得新的耐抗药性农药品种。既可用于茎叶处理, 也可以进行土壤处理。以 100mg/L 施用效果可持续半个月, 对各种作物均无药害。

应用

(1) 适用作物 水稻、蔬菜、果树和茶树等。

(2) 防治对象 用于防治刺吸口器类害虫, 可有效地防治农作物和果树上的蚜虫类、飞虱、蓟马、叶蝉及半翅目害虫等。

（3）使用方法　在推荐剂量下使用对作物安全，无药害。根据作物、虫害及使用方法的不同，其使用剂量为 15～400g(a.i.)/kg。在水稻上使用 15～75g/hm²（茎叶喷雾）、75～100g/hm²（粉尘）或 300～400g/hm²（土壤处理）。还可以用于猫狗的跳蚤防治。

防治柑橘树蚜虫：使用烯啶虫胺 10%水剂或 10%可溶液剂，用药量 20～25mg/kg，喷雾。

烯啶虫胺具体防治不同作物上害虫及其用药量见表 214。

表 214　烯啶虫胺具体防治不同作物上害虫及用药量

剂型	作物	害虫	稀释倍数[喷洒体积/(L/hm²)]
10%水剂	水稻	半翅目害虫、黑尾叶蝉	1：2000～4000(600～1500)
	黄瓜	蚜虫、蓟马	1：1000(1500～3000)
	茄子	蚜虫、蓟马	1：1000(1500～3000)
	番茄	粉虱	1：1000(1500～3000)
	日本萝卜	蚜虫	1：1000(1500～3000)
	马铃薯	蚜虫	1：1000(1500～3000)
	甜瓜	蚜虫	1：1000(1500～3000)
	西瓜	蚜虫	1：1000(1500～3000)
	桃	蚜虫	1：1000(2000～7000)
	苹果	蚜虫	1：1000(2000～7000)
	梨	蚜虫	1：1000(2000～7000)
	葡萄	茶黄蓟马、葡萄叶蝉	1：1000(2000～7000)
	茶	茶黄蓟马、茶绿叶蝉	1：1000(2000～4000)
1%颗粒剂	水稻	半翅目害虫、稻绿叶蝉	30～40kg/hm²
	黄瓜	蚜虫	1～2g/株
		蓟马	2g/株
	茄子	蚜虫、蓟马	1～2g/株
	番茄	蚜虫、粉虱	2g/株
	甜瓜	蚜虫	2g/株
	西瓜	蚜虫	2g/株
0.25%粉剂	水稻	半翅目害虫、稻绿叶蝉	30～40kg/hm²

专利与登记　专利 EP302389、EP375613 等已过专利期，不存在专利权问题。

该品种 1995 年在日本获得登记。目前国内登记情况：95%原药，5%、10%、20%水剂，15%、20%、30%、40%可湿性粉剂，25%、50%可溶粉剂等，登记作物为棉花、水稻等，防治对象为蚜虫、飞虱等。

合成方法　经如下反应制得烯啶虫胺：

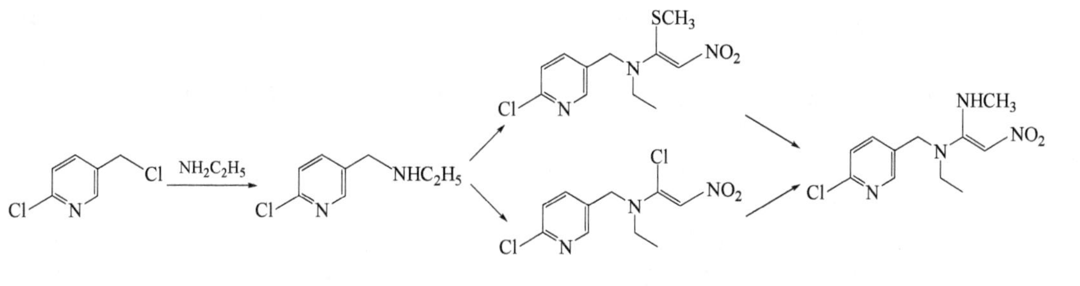

参考文献

[1] 陶玉成. 现代农药，2010，3：23-24.
[2] 王党生. 农药，2002，41(10)：43-44.

烯禾啶 sethoxydim

$C_{17}H_{29}NO_3S$，327.5，74051-80-2，71441-80-0

烯禾啶(sethoxydim)，试验代号 BAS 90520H、NP-55、SN 81742。商品名称 Conclude G、Manifest G、Nabu、Poast、Prestige、Rezult G、Torpedo、Ultima 160、Vantage。其他名称 稀禾定、拿捕净、稀禾啶、硫乙草丁、硫乙草灭、乙草丁、西杀草。是由日本曹达公司开发的环己烯酮类除草剂。

化学名称 (±)-(EZ)-2-(1-乙氧基亚氨基丁基)-5-[2-(乙硫基)丙基]-3-羟基环己-2-烯酮，(±)-(EZ)-2-(1-ethoxyiminobutyl)-5-[2-(ethylthio)propyl]-3-hydroxycyclohex-2-enone。

理化性质 纯品为油状无味液体，相对密度 1.043(25℃)，沸点＞90℃ （3×10⁻⁵ mmHg），蒸气压＜0.021mPa(25℃)。$K_{ow}lgP$: 3.51(pH 5)，1.65(pH 7)，-0.03(pH 9)。水中溶解度 104.4mg/L(20℃)。溶于多数常见有机溶剂，如在丙酮、苯、乙酸乙酯、己烷、甲醇中溶解度＞1kg/kg(20℃)。商品化产品在常规储存条件下可稳定存在至少 2y。10mg/L 浓度(用氙灯照射)条件下 12h/d，DT_{50}5.5d(pH 8.7,25℃)。

毒性 急性经口 LD_{50}(mg/kg)：雄大鼠 3200，雌大鼠 2676，雄小鼠 5600，雌小鼠 6300。大、小鼠急性经皮 LD_{50}＞5000mg/kg，对兔皮肤和眼睛无刺激性作用，对皮肤无致敏性。大鼠急性吸入 LC_{50}(4h)＞6.28mg/L 空气。NOEL 数据[2y,mg/(kg·d)]：大、小鼠分别为 18.2 和 13.7。ADI 值 (mg/kg)：(EPA)aRfD 1.8，cRfD 0.14 [2005]，(FSC)0.14。

20％烯禾啶(拿捕净)乳油 大鼠急性经口 LD_{50} 为 4000mg/kg，急性经皮 LD_{50}＞5000mg/kg，急性吸入 LC_{50}(4h)4mg/L。对兔皮肤、眼睛无刺激性。

12.5％烯禾啶(拿捕净)乳油 大鼠急性经口 LD_{50} 为 4635～5929mg/kg，急性经皮 LD_{50}＞5000mg/kg，急性吸入 LC_{50}(4h)＞5mg/L。对家兔眼、皮肤无刺激性作用。

生态效应 野鸭急性经口 LD_{50}＞2510mg/kg。日本鹌鹑急性饲喂 LD_{50}＞5000mg/L。鱼类 LC_{50}(48h,mg 工业品/L)：鲤鱼 73，虹鳟鱼 30。水蚤 LC_{50}(48h)＞100mg/L，羊角月牙藻 E_rC_{50}＞100mg/L，蜜蜂 LD_{50}经口＞1000mg/ (L·只)，接触＞10μg/只。

环境行为

(1) 动物 大鼠经口后，48h 内有 78.5％随尿液排出，20.1％随粪便排出。

(2) 植物 在大豆中，母体分子被氧化、结构重排、形成共轭化合物。代谢产物的转化是非常迅速的。

(3) 土壤/环境 15℃下在土壤中 DT_{50}＜1d。代谢涉及分子重排、氧化和共轭过程。

制剂 12.5％、20％和 25％烯禾啶乳油。

主要生产商 BASF、Nippon Soda、山东先达农化股份有限公司、沈阳科创化学品有限公司及一帆生物科技集团有限公司等。

作用机理与特点 ACCase 抑制剂。烯禾啶为选择性强的内吸传导型茎叶处理剂，能被禾本科杂草茎叶迅速吸收，并传导到顶端和节间分生组织，使其细胞分裂遭到破坏。生长点和节间分生组织开始坏死，受药植株 3d 后停止生长，5d 心叶手拔易抽出，7d 后新叶褪色或出现花青素色，基部变褐色枯死，10～15d 整株枯死。

应用

(1) 适宜作物与安全性　大豆、棉花、油菜、甜菜、花生、马铃薯、亚麻、阔叶蔬菜、果树、苗圃植物等。烯禾啶在禾本科与双子叶植物间选择性很高，对几乎所有阔叶作物安全，但对大多数单子叶作物(除圆葱、大蒜等外)有药害。

(2) 防除对象　稗草、野燕麦、马唐、牛筋草、狗尾草、臂形草、黑麦草、看麦娘、野黍、稷属、旱雀麦、自生玉米、自生小麦、假高粱、狗牙根、芦苇、冰草、白茅等一年生和多年生禾本科杂草。

(3) 应用技术　①施药适期应在大豆、油菜、西瓜、甜瓜等苗后禾本科杂草3～5叶期。禾本科杂草4～7叶期雨季来临，田间湿度大，用较低剂量也能获得好的药效。水分适宜、空气相对湿度大、杂草生长旺盛，有利于烯禾啶的吸收和传导。施药应选早晚气温低时进行，中午气温高时应停止施药。大风天不要施药，施药时风速不要超过5m/s。飞机施药时注意不要飘移到小麦、玉米、水稻等禾本科作物田，以免造成药害。施药前要注意天气预报，施药后须间隔2～3h降雨才不影响药效。在空气相对湿度大的条件下也可进行超低容量喷雾。②在单双子叶杂草混生地，烯禾啶应与其他防除阔叶草的药剂混用，如氟磺胺草醚、灭草松等，以免除去单子叶草后，造成阔叶草过分生长。干旱或杂草较大时杂草的抗药性强，用药量应适当增加，防除多年生禾本科杂草也应适当增加用药剂量。③烯禾啶与防阔叶杂草除草剂混用最好于大豆2片复叶期、杂草2～4叶期施药，采用较大喷液量如人工背负式喷雾器每亩20～33L。④烯禾啶施药后杂草死亡有一个时间过程，通常需要10～15d，所以施药后不要急于再施其他除草剂或采取其他除草措施。

(4) 使用方法　苗后茎叶处理，防除一年生杂草使用剂量为200～250g(a.i.)/hm²〔亩用量为13.3～16.7g(a.i.)〕，防除多年生杂草使用剂量为200～500g(a.i.)/hm²〔亩用量为13.3～33.4g(a.i.)〕。

① 大豆田　12.5%烯禾啶机油乳剂或20%烯禾啶乳油，防除一年生禾本科杂草2～3叶期每亩用67mL，4～5叶期每亩用100mL，6～7叶期每亩用133mL。在干旱条件下，12.5%烯禾啶使用方法同上。20%烯禾啶乳油在一年生禾本科杂草2～3叶期每亩用100mL，4～5叶期每亩用133mL，6～7叶期每亩用167mL。20%烯禾啶每亩加入0.13～0.17L柴油能提高药效，可减少20%～30%烯禾啶用药量。防除多年生禾本科杂草，3～5叶期每亩12.5%烯禾啶机油乳剂或20%烯禾啶乳油200～330mL。若用飞机施药，因其比人工及地面机械喷洒均匀，故可适当降低用药量。

混用　在大豆田烯禾啶可与三氟羧草醚、乳氟禾草灵、灭草松、氟磺胺草醚等防除阔叶杂草的除草剂混用。烯禾啶机油乳剂与三氟羧草醚混用对大豆药害略有增加，最好间隔一天分期施药，为抢农时在环境及气候好的条件下也可混用，每亩用12.5%烯禾啶83～100mL加21.4%三氟羧草醚水剂67～100mL。烯禾啶与乳氟禾草灵混用药害加重，但药效增加，也可降低乳氟禾草灵用药量，每亩用12.5%烯禾啶83～100mL加24%乳氟禾草灵乳油26.7mL。烯禾啶与灭草松混用对大豆安全性好，每亩用12.5%烯禾啶83～100mL加灭草松水剂167～200mL。两种防阔叶杂草的除草剂降低用药量与烯禾啶混用对大豆安全，药效稳定，尤其是在不良条件下，大豆生长发育不好时仍有好的安全性。每亩混用配方如下：

12.5%烯禾啶83～100mL加21.4%三氟羧草醚水剂33～50mL加25%氟磺胺草醚水剂33～50mL(或10%氟胺草酯乳油20mL或48%灭草松水剂100mL)。

12.5%烯禾啶83～100mL加24%乳氟禾草灵乳油17mL加25%氟磺胺草醚水剂33～50mL(或48%灭草松水剂100mL)。

12.5%烯禾啶50～70mL加48%异噁草酮乳油40～50mL加21.4%三氟羧草醚水剂33～50mL(或24%乳氟禾草灵乳油17mL或48%氟磺胺草醚水剂33～50mL或48%灭草松水剂100mL)。

② 甜菜田　每亩用20%烯禾啶66.7～133.3mL，或用12.5%烯禾啶66.7～100mL，兑水20～40L茎叶喷雾。在单、双子叶杂草混生的甜菜田，可与300～400mL甜菜宁或杀草敏混用。

③ 棉花、亚麻田　每亩用20%烯禾啶85～100mL，或用12.5%烯禾啶66.4～100mL，兑水

喷雾。在亚麻田可与2甲4氯50mL混用，可防除亚麻田中的单、双子叶杂草。

④ 油菜田　每亩用20%烯禾啶100～120mL，或用12.5%烯禾啶60～100mL，兑水喷雾。烯禾啶还可以用于西瓜、芝麻、阔叶蔬菜田及果园等防除禾本科杂草。

专利与登记　专利 US4249937 早已过专利期，不存在专利权问题。国内登记情况：12.5%和25%乳油，94%、95%和96%原药，登记作物为大豆、亚麻、棉花、甜菜、油菜、花生等，用于防除一年生禾本科杂草。日本曹达公司在中国登记情况见表215。

表 215　日本曹达公司社在中国登记情况

登记名称	登记证号	含量	剂型	登记作物	防治对象	用药量	施用方法
烯禾啶	PD3-86	20%	乳油	甜菜 花生 大豆 棉花 油菜 亚麻	一年生禾本科杂草	$300g/hm^2$ $199.5\sim300g/hm^2$ $300\sim600g/hm^2$ $300\sim600mg/kg$ $199.5\sim360mg/kg$ $195\sim300mg/kg$	喷雾
烯禾啶	PD20096139	50%	母药				

合成方法　文献报道其合成方法主要有两种。

方法1：乙氧胺法。

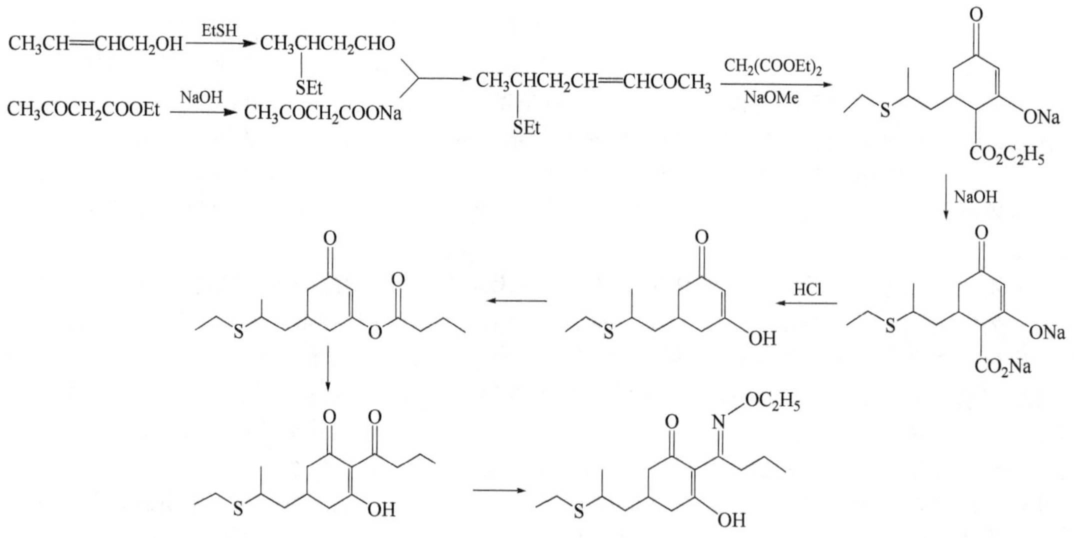

方法2：羟肟酸法。

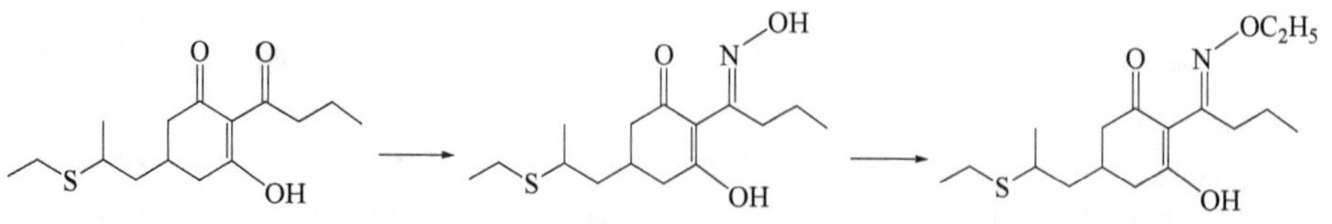

参考文献

[1] Japan Pesticide Information，1978，35：24-26.

[2] Japan Pesticide Information，1982，41：18-21.

烯肟菌胺 fenaminstrobin

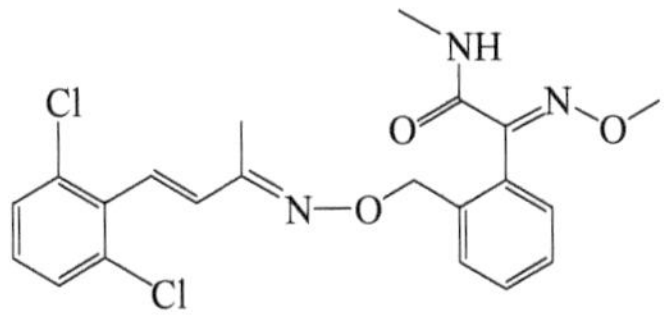

$C_{21}H_{21}Cl_2N_3O_3$，434.3，366815-39-6

烯肟菌胺（fenaminstrobin），试验代号 SYP-1620，是沈阳化工研究院研制的甲氧基丙烯酸酯类杀菌剂。

化学名称 (E,E,E)-N-甲基-2-[[[[[1-甲基-3-(2,6-二氯苯基)-2-丙烯基]亚氨基]氧基]甲基]苯基]-2-甲氧基亚氨基乙酰胺，$(2E)$-2-[2-[(E)-[$(2E)$-3-(2,6-dichlorophenyl)-1-methylprop-2-enylidene]aminooxymethyl]phenyl]-2-(methoxyimino)-N-methylacetamide。

理化性质 纯品为白色固体粉末或晶体，熔点 131～132℃。易溶于乙腈、丙酮、乙酸乙酯及二氯乙烷，在 DMF 和甲苯中有一定溶解度，在甲醇中溶解度约为 2%，不溶于石油醚、正己烷等非极性有机溶剂及水，在强酸、强碱条件下不稳定。

毒性 原药急性经口 $LD_{50}>4640mg/kg$（雌、雄），急性经皮 $LD_{50}>2150mg/kg$（雌、雄），对兔眼有中度刺激，无皮肤刺激性。细菌回复突变试验（Ames）、小鼠嗜多染红细胞微核试验、小鼠睾丸精母细胞染色体畸变试验均为阴性。大鼠 13 周饲喂给药最大无作用剂量[mg/(kg·d)]：雄性 106.01±9.31，雌性 112.99±9.12。

作用机理及特点 烯肟菌胺作用于真菌的线粒体，药剂通过与线粒体电子传递链中复合物Ⅲ（Cyt bc1 复合物）的结合，阻断电子由 Cyt bc1 复合物流向 Cyt c，破坏真菌的 ATP 合成，从而起到抑制或杀死真菌的作用。

应用

（1）活性特点 大量的生物学活性研究表明：烯肟菌胺杀菌谱广、活性高、具有预防及治疗作用，与环境生物有良好的相容性，对由鞭毛菌、接合菌、子囊菌、担子菌及半知菌引起的多种植物病害有良好的防治效果，对白粉病、锈病防治效果卓越。

（2）防治对象 可用于防治小麦锈病、小麦白粉病、水稻纹枯病、稻曲病、黄瓜白粉病、黄瓜霜霉病、葡萄霜霉病、苹果斑点落叶病、苹果白粉病、香蕉叶斑病、番茄早疫病、梨黑星病、草莓白粉病、向日葵锈病等多种植物病害。同时，对作物生长性状和品质有明显的改善作用，并能提高产量。

专利与登记

专利名称 Unsaturated oximino ether fungicide

专利号 CN 1309897

专利申请日 2000-02-24

专利拥有者 沈阳化工研究院

该杀菌剂同时在国外申请了专利 US6303818、WO2002012172、AU2001081200，但专利拥有者为美国陶氏益农公司。国内登记情况：5%乳油、98%原药、20%悬浮剂，登记作物为黄瓜、小麦、水稻等，防治对象为白粉病、锈病、纹枯病、稻瘟病、稻曲病等。

合成方法 以 2,6-二氯苯甲醛为原料经如下反应合成烯肟菌胺。

参考文献

[1] 司乃国. 新农业，2010，1：47-48.

烯肟菌酯 enoxastrobin

C$_{22}$H$_{22}$ClNO$_4$，399.9，238410-11-2

烯肟菌酯（enoxastrobin）。试验代号　SYP-Z071，是沈阳化工研究院与美国罗门哈斯公司（现陶氏益农）共同研制的甲氧基丙烯酸酯类杀菌剂，也是国内开发的第一个甲氧基丙烯酸酯类杀菌剂。

化学名称　α-[2-[[[[4-(4-氯苯基)-丁-3-烯-2-基]亚氨基]氧基]甲基]苯基]-β-甲氧基丙烯酸甲酯，methyl（E）-2-[2-[[[[3-(4-chlorophenyl) 1-methyl-2-propenylidene] amino] oxy] methyl] phenyl]-3-methoxyacrylate。

理化性质　结构中存在顺、反异构体（Z体，E体），原药为Z体和E体的混合体。原药（含量≥90%）外观为棕褐色黏稠状物。熔点99℃（E体）；易溶于丙酮、三氯甲烷、乙酸乙酯、乙醚，微溶于石油醚，不溶于水。对光、热比较稳定。

毒性　原药急性经口 LD$_{50}$（mg/kg）：雄大鼠1470，雌大鼠1080，急性经皮 LD$_{50}$＞2000mg/kg，对眼睛有轻度刺激，对皮肤无刺激性，皮肤致敏性为轻度。致突变试验：Ames 试验、小鼠骨髓细胞染色体试验、小鼠睾丸细胞染色体畸变试验均为阴性。雄、雌大鼠（13周）亚慢性喂饲试验无作用剂量分别为47.73mg/(kg·d)和20.72mg/(kg·d)。25%乳油急性经口 LD$_{50}$（mg/kg）：雄大鼠926，雌大鼠750。急性经皮 LD$_{50}$＞2150mg/kg，对眼睛有中度刺激性，对皮肤无刺激性，皮肤致敏性为轻度。

生态效应　25%乳油对斑马鱼 LC$_{50}$（96h）为0.29mg/L；雄性、雌性鹌鹑 LD$_{50}$（7d）分别为837.5mg/kg和995.3mg/kg；蜜蜂 LD$_{50}$＞200μg/只；桑蚕 LC$_{50}$＞5000mg/L。该制剂对鱼高毒，使用时应远离鱼塘、河流、湖泊等。

制剂　25%乳油。

作用机理与特点　该药为真菌线粒体的呼吸抑制剂，其作用机理是通过与细胞色素 bc1 复合体结合，抑制线粒体的电子传递，从而破坏病菌能量合成，起到杀菌作用。具有显著的促进植物生长、提高产量、改善作物品质的作用。

应用

（1）活性特点　杀菌谱广，杀菌活性高，具有预防及治疗作用，是第一类能同时防治白粉病和霜霉疫病的药剂，同时还对黑星病、炭疽病、斑点落叶病等具有非常好的防效。毒性低、对环境具有良好的相容性。与现有的杀菌剂无交互抗性。

（2）防治对象　对由鞭毛菌、结合菌、子囊菌、担子菌及半知菌引起的多种植物病害有良好的防治效果。对黄瓜、葡萄霜霉病、小麦白粉病等有良好的防治效果。

（3）应用　经田间药效试验表明，25％烯肟菌酯乳油对黄瓜霜霉病防治效果较好，每亩用有效成分6.7～15g，于发病前或发病初期喷雾，用药3～4次，间隔7d左右喷1次药，对黄瓜生长无不良影响，无药害发生。

专利与登记

国内专利名称　不饱和肟醚类杀虫、杀真菌剂

专利号　CN1191670

专利申请日　1998-02-10

专利拥有者　化工部沈阳化工研究院；美国罗门哈斯公司

国外专利名称　Unsaturated oxime ethers and their use as fungicides and insecticides

专利号　EP936213

专利申请日　1999-01-26

专利拥有者　Rohm & Haas(US)

在其他国家申请的专利：AU1544899、BR9900561、DE69906170、JP11315057、US6177462等。

国内登记情况：25％、28％可湿性粉剂，18％悬浮剂，25％乳油，90％原药；登记作物为黄瓜、小麦、葡萄、苹果等，防治对象为霜霉病、赤霉病、斑点落叶病等。

合成方法　以邻二甲苯和对氯苯甲醛为原料，经如下反应制得目的物。

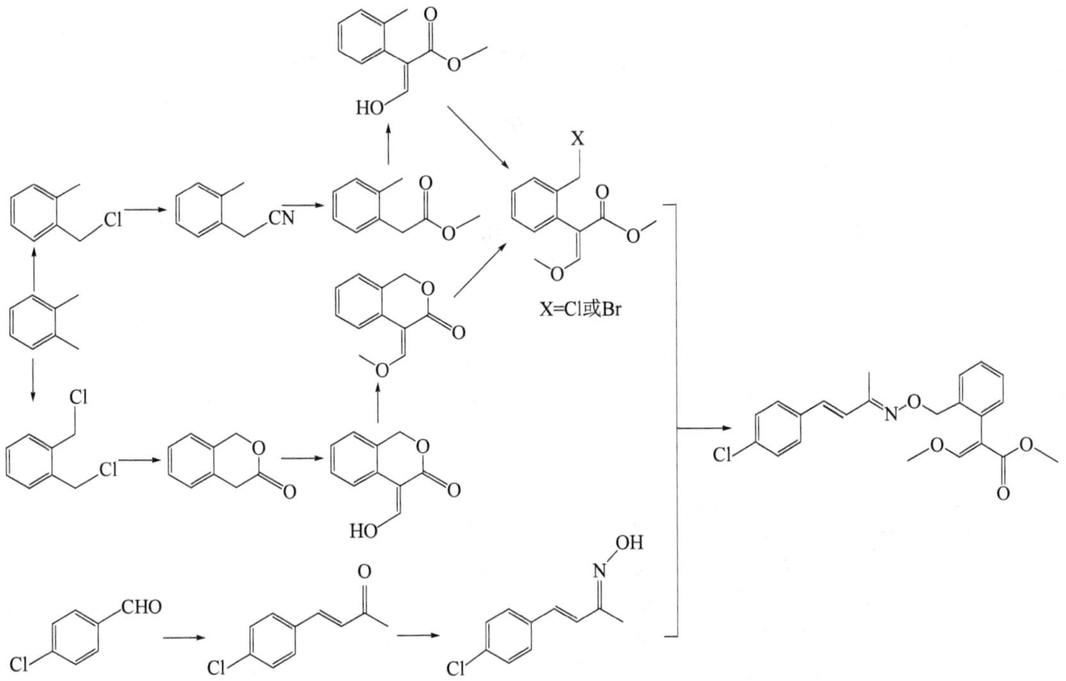

参考文献

［1］司乃国．新农业，2010，7：44-45.

［2］孙克．现代农药，2013，1：17-19.

烯酰吗啉 dimethomorph

(E)-   (Z)-

$C_{21}H_{22}ClNO_4$，387.9，110488-70-5

烯酰吗啉（dimethomorph），试验代号 AC 336379、BAS 550F、CL 183776、CL 336379、CME 151、SAG 151、WL 127294。商品名称 Acrobat、Festival、Forum、Paraat、Sunthomorph、Solide。其他名称 安克。是由壳牌公司（现巴斯夫）开发的一种内吸性杀菌剂。

化学名称 (E,Z)-4-[3-(4-氯苯基)-3-(3,4-二甲氧基苯基)丙烯酰]吗啉，(E,Z)-4-[3-(4-chlorophenyl)-3-(3,4-dimethoxyphenyl)acryloyl]morpholine。

理化性质 该产品顺、反两种异构体的比例大约为1∶1，为无色结晶状固体，熔点125.2～149.2℃。(E)-型异构体熔点136.8～138.3℃，(Z)-型异构体熔点166.3～168.5℃。(E)-型异构体蒸气压9.7×10^{-4} mPa(25℃)，(Z)-型异构体蒸气压1×10^{-3} mPa(25℃)。分配系数 K_{ow} lgP (20℃)：2.63(E)，2.73(Z)。Henry系数(Pa·m³/mol)：(E)-型异构体5.4×10^{-6}，(Z)-型异构体2.5×10^{-5}。密度1318kg/m³(20℃)。水中溶解度(20℃，mg/L)：81.1(pH 4)、49.2(pH 7)、41.8(pH 9)。有机溶剂中溶解度(g/L)：正己烷0.076(E)、0.036(Z)、甲苯39(E)、10.5(Z)、二氯甲烷296(E)、165(Z)、乙酸乙酯39.9(E)、8.4(Z)、丙酮84.1(E)、16.3(Z)、甲醇31.5(E)、7.5(Z)。混合异构体在有机溶剂中溶解度(mg/L)：正己烷0.11、甲醇39、乙酸乙酯48.3、甲苯49.5、丙酮100、二氯甲烷461。稳定性：正常情况下，耐水解，对热稳定。暗处可稳定存放5y以上。光照条件下，顺、反两种异构体可互相转变。pK_a -1.305。

毒性 大鼠急性经口LD_{50}(mg/kg)：3900(E,Z)，>5000(Z)，4472(E)。大鼠急性经皮LD_{50}>2000mg/kg。对兔眼睛或皮肤无刺激作用，对豚鼠皮肤无致敏性。大鼠吸入LC_{50}(4h)>4.2mg/L空气。大鼠2y饲喂无作用剂量为200mg/kg [9mg/(kg·d)]。狗1y饲喂无作用剂量为450mg/kg。在大鼠和小鼠2y研究试验中无致癌性。ADI值(mg/kg)：(JMPR)0.2 [2007]；(EC)0.05 [2007]；(EPA)RfD 0.1 [1998]。

生态效应 野鸭和山齿鹑急性经口LD_{50}>2000mg/kg。野鸭饲喂LC_{50}(5d)>5200mg/L。鱼毒LC_{50}(96h,mg/L)：大翻车鱼>25，鲤鱼14，虹鳟鱼6.2。水蚤EC_{50}(48h)>10.6mg/L。淡水藻EC_{50}(96h)>29.2mg/L。蜜蜂LD_{50}(48h,μg/只)：>32.4(经口)，>102(触杀)。蚯蚓EC_{50}>1000mg/kg土。

环境行为

（1）动物 在大鼠体内，本品大部分通过二甲氧基苯环部分的脱甲基化反应进行降解，一小部分是以吗啉环氧化的方式进行降解，代谢产物主要随粪便排出体外。

（2）植物 在植物体内唯一明显的残留组分是母体化合物。

（3）土壤/环境 土壤适度流动(K_d2.09～11.67mL/g，K_{oc}290～566)，有氧土壤代谢DT_{50}41～96d(20℃)，土壤分解DT_{50}34～53d，水/沉淀物DT_{50}5～15d(水中)，16～59d(整个系统)。

制剂 50%水分散颗粒剂，混剂69%可湿性粉剂(烯酰吗啉＋代森锰锌)。

主要生产商 BASF、安徽丰乐农化有限责任公司、江苏长青农化股份有限公司、上海丰荣精细化工有限公司、山东京博农化有限公司、山东先达化工有限公司、山东亿嘉农化有限公司及沈阳丰收农药有限公司等。

作用机理与特点 烯酰吗啉是一种具有好的保护和抑制孢子萌发活性的作用的内吸性杀菌

剂。通过抑制卵菌细胞壁的形成而起作用。只有 Z 型异构体有活性，但由于在光照下两异构体可迅速相互转变，平衡点 80%。尽管 Z 型异构体在应用上与 E 型异构体是一样的，但烯酰吗啉在田间总有效体仅为总量的 80%。

应用

（1）适宜作物　黄瓜、葡萄、马铃薯、荔枝、辣椒、十字花科蔬菜、烟草、苦瓜等。

（2）防治对象　黄瓜霜霉病、辣椒疫病、马铃薯晚疫病、葡萄霜霉病、烟草黑胫病、十字花科蔬菜霜霉病、荔枝霜疫霉病等。

（3）使用方法　烯酰吗啉推荐使用剂量为 $150\sim450\mathrm{g}(\mathrm{a.i.})/\mathrm{hm}^2$。为了降低抗性产生的概率，通常与保护性杀菌剂混用如 69% 烯酰吗啉-锰锌等。

防治黄瓜、苦瓜、十字花科蔬菜霜霉病，每亩用 69% 烯酰吗啉-锰锌 100～133g。防治辣椒疫病、葡萄霜霉病、烟草黑胫病、马铃薯晚疫病，每亩用 69% 烯酰吗啉-锰锌 133～167g。防治荔枝霜疫霉病，每亩用 69% 烯酰吗啉-锰锌 167g。防治黄瓜、辣椒、苦瓜、马铃薯、烟草、十字花科蔬菜病害时喷液量为每亩 60～80L，葡萄每亩 150～200L，荔枝每亩 80～100L。在发病之前或发病初期喷药，每隔 7～10d 喷 1 次，连续喷药 3～4 次。

专利与登记　专利 EP0120321 早已过专利期，不存在专利权问题。国内登记情况：80% 烯酰吗啉水分散粒剂、9% 烯酰·锰锌水分散粒剂、25% 烯酰吗啉微乳剂、20% 烯酰吗啉悬浮剂、25% 烯酰吗啉悬浮剂、15% 烯酰·乙膦铝可湿性粉剂、10% 烯酰吗啉悬浮剂、15% 烯酰·丙森锌可湿性粉剂、35% 烯酰·醚菌酯水分散粒剂、40% 烯酰吗啉悬浮剂、50% 烯酰·霜脲氰分散粒剂、7.5% 烯酰·丙森锌可湿性粉剂、80% 烯酰吗啉可湿性粉剂、20% 烯酰·异菌脲悬浮剂、15% 烯酰·丙森锌可湿性粉剂、8% 烯酰·百菌清悬浮剂、9% 烯酰·锰锌可湿性粉剂、96% 烯酰吗啉原药、8% 烯酰·福美双可湿性粉剂、12.5% 烯酰·百菌清烟剂，登记作物为黄瓜、葡萄，防治对象为霜霉病等。巴斯夫欧洲公司在中国登记情况见表 214。

表 214　巴斯夫欧洲公司在中国登记情况

登记名称	登记证号	含量/%	剂型	登记作物	防治对象	用药量/(g/hm²)	施用方法
烯酰吗啉	PD20070341	96	原药				
烯酰吗啉	PD20070342	50	可湿性粉剂	黄瓜	霜霉病	225～300	
				烟草	黑胫病	202.5～300	
				辣椒	疫病	225～300	喷雾
烯酰·吡唑酯	PD20093402	18.7	水分散粒剂	黄瓜	霜霉病	210～350	
				甜瓜	霜霉病	210～350	
				马铃薯	晚疫病 早疫病	210～350	
				辣椒	疫病	280～350	

合成方法　文献报道了多种方法合成目的物，如下的方法是较佳的。

参考文献

[1] Proceedings of the Brighton Crop Protection Conference-Pests and diseases. 1988：17.

[2] The Pesticide Manual. 15th edition. 2009: 377-378.

烯效唑 uniconazole

C

$C_{15}H_{18}ClN_3O$，291.8，83657-22-1，83657-17-4[(E)-(S)-$(+)$-]，83657-16-3[(E)-(R)-$(-)$-]，76714-83-5[(E)-]。

烯效唑(uniconazole)试验代号　S-07、S-327、XE-1019；商品名称　Unik。烯效唑-P(uniconazole-P)试验代号　S-3307 D；商品名称　Lomica、Prunit、Sumagic、Sumiseven、Sunny。是由日本住友化学工业公司和 Valent 开发的植物生长调节剂。

化学名称　(E)-(RS)-1-(4-氯苯基)-4,4-二甲基-2-(1H-1,2,4-三唑-1-基)戊-1-烯-3-醇，(E)-(RS)-1-(4-chlorophenyl)-4,4-dimethyl-2-(1H-1,2,4-triazol-1-yl)pent-1-en-3-ol。

理化性质　烯效唑　纯品为白色结晶，熔点 147～164℃。蒸气压 8.9mPa(20℃)。$K_{ow}lgP=$3.67(25℃)。相对密度 1.28(21.5℃)。水中溶解度 8.41mg/L(25℃)；有机溶剂中溶解度(25℃，g/kg)：己烷0.3，甲醇88，二甲苯7，易溶于丙酮、乙酸乙酯、氯仿和二甲基甲酰胺。在正常储存条件下稳定。

烯效唑-P　纯品为白色结晶，熔点 152.1～155.0℃。蒸气压 5.3mPa(20℃)，相对密度 1.28(25℃)。水中溶解度 8.41mg/L(25℃)；有机溶剂中溶解度(25℃,g/kg)：己烷0.2，甲醇72。在正常储存条件下稳定。闪点 195℃。

毒性　烯效唑　狗 NOEL(1y)2mg/kg，ADI 值 0.2mg/kg。烯效唑-P 急性经口 LD_{50} (mg/kg)：雄大鼠 2020，雌大鼠 1790。大鼠急性经皮 LD_{50}＞2000mg/kg，大鼠吸入 LC_{50} (4h)＞2750mg/m³。对兔皮肤无刺激性，对兔眼睛有轻微刺激性。

生态效应　烯效唑-P　鱼毒 LC_{50}(96h，mg/L)：虹鳟鱼 14.8，鲤鱼 7.64。蜜蜂急性接触 LD_{50}＞20μg/只。

制剂　5%烯效唑乳油，5%烯效唑可湿性粉剂。

主要生产商　江苏七洲绿色化工股份有限公司、泰达集团、盐城利民农化有限公司及住友化学株式会社等。

作用机理与特点　三唑类广谱植物生长调节剂，是赤霉素合成抑制剂。对草本或木本单子叶或双子叶植物均有强烈的抑制生长作用。主要抑制节间细胞的伸长，延缓植物生长。药液被植物的根吸收，在植物体内进行传导。茎叶喷雾时，可向上内吸传导，但没有向下传导的作用。此外，还是麦角甾醇生物合成抑制剂，它有四种立体异构体。现已证实，E 型异构体活性最高，它的结构与多效唑类似，只是烯效唑有碳双链，而多效唑没有，这是烯效唑比多效唑持效期短的一个原因。同时烯效唑 E 型结构的活性是多效唑的 10 倍以上。若烯效唑的四种异构体混合在一起，则活性大大降低。

应用　烯效唑适用于大田作物、蔬菜、观赏植物、果树和草坪等，可喷雾和土壤处理，具有矮化植株作用，通常不会产生畸形。此外，还用于观赏植物，降低植株高度，促进花芽形成，增加开花。用于树和灌木，减少营养生长。用于水稻，降低植株高度和抗倒伏。

(1) 观赏植物以 10～200mg/L 喷雾，以 0.1～0.2mg/盆浇灌，或于种植前以 10～100mg/L

浸根(球茎、鳞茎)数小时。水稻以 10～100mg/L 喷雾，以 10～50mg/L 进行土壤处理。小麦、大麦以 10～100mg/L 溶液喷雾。草坪以 0.1～1kg/hm² 进行喷雾或浇灌。施药方法有根施、喷施及种芽浸渍等。具体应用如下：

(2) 水稻 经烯效唑处理的水稻具有控长促蘖效应和增穗增产效果。早稻浸种浓度以 500～1000 倍液为宜；晚稻的常规粳稻、糯稻等杂交稻浸种以 833～1000 倍液为宜，种子量和药液量比为 1：(1～1.2)。浸种 36～48h，杂交稻为 24h，或间歇浸种，整个浸种过程中要搅拌 2 次，以便使种子受药均匀。

(3) 小麦 烯效唑拌(闷)种，可使分蘖提早，年前分蘖增多(单株增蘖 0.5～1 个)，成穗率高。一般按每公顷播种量 150kg 计算，用 5％烯效唑可湿性粉剂 4.5g，加水 22.5L，用喷雾器喷施到麦粒上，边喷雾边搅拌，手感潮湿而无水流，经稍摊晾后直接播种。或置于容器内堆闷 3h 后播种，如播种前遇雨，未能及时播种，即摊凉伺机播种，无不良影响，但不能耽误过久。播种后注意浅覆土。也可在小麦拔节前 10～15d，或抽穗前 10～15d，每公顷用 5％烯效唑可湿性粉剂 400～600g，加水 400～600L，均匀喷雾。

(4) 大豆 于大豆始花期喷雾，每公顷用 5％可湿性粉剂 450～750g，加水 450～750L 均匀喷雾，对降低大豆花期株高、增加结荚数、提高产量有一定效果。

专利与登记 专利 US4203995、GB2004276、US4435203 均早已过专利期，不存在专利权问题。国内登记情况：5％烯效唑乳油，5％烯效唑可湿性粉剂，2％甲戊·烯效唑乳油，0.75％芸苔·烯效唑水剂，90％烯效唑原药；登记作物为水稻、草坪、烟草、油菜、花生、小麦。

合成方法 烯效唑制备方法较多，最佳方法如下：以频那酮为起始原料，经氯化/溴化，制得一氯/溴频那酮，然后在碱存在下，与 1,2,4-三唑反应，生成 α-三唑基频那酮，再与对氯苯甲醛缩合，得到 E-酮和 Z-酮混合物；Z-酮通过胺催化剂异构化成 E-异构体(E-酮)，然后用硼氢化钠还原，即得烯效唑。反应式如下：

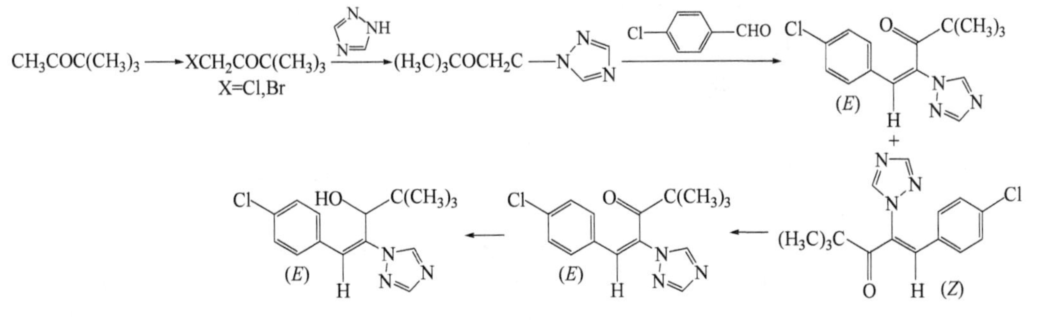

参考文献

[1] 日本农药学会志，1987，12 (4)：627-634.

[2] 日本农药学会志，1991,16 (2)：211-221.

烯唑醇 diniconazole

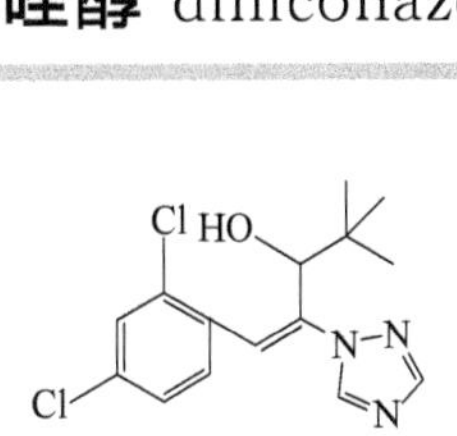

$C_{15}H_{17}Cl_2N_3O$，326.2，83657-24-3

烯唑醇(diniconazole)，试验代号 S-3308L、XE-779。商品名称 Spotless、Sumi-8。其他名称 Alyans、Dinizol、Embassador、Kalinomix、Kopa、Mastil、Nemesis、Shilituo、速保利，是日本住友化学工业株式会社开发生产的三唑类广谱内吸性杀菌剂。

化学名称 (E)-(RS)-1-(2,4-二氯苯基)-4,4-二甲基-2-(1H-1,2,4-三唑-1-基)戊-1-烯-3-醇，(E)-(RS)-1-(2,4-dichlorophenyl)-4,4-dimethyl-2-(1H-1,2,4-triazol-1-yl)pent-1-en-3-ol。

理化性质 原药为白色结晶状固体，熔点 134~156℃，蒸气压 2.93mPa(20℃)、4.9mPa(25℃)。分配系数 $K_{ow}\lg P=4.3$(25℃)，相对密度 1.32(20℃)。 水中溶解度 4mg/L(25℃)；有机溶剂中溶解度(25℃，g/kg)：丙酮95，甲醇95，二甲苯14，正己烷0.7。在光、热和潮湿条件下稳定。

毒性 大鼠急性经口 LD_{50} (mg/kg)：雄大鼠 639，雌大鼠 474。大鼠急性经皮 LD_{50}＞5000mg/kg。对兔眼睛有轻微刺激性，对兔皮肤无刺激作用。对豚鼠皮肤无致敏性。大鼠吸入 LC_{50}(4h)＞2770mg/L。ADI 值 0.007mg/kg。

生态效应 鸟类急性经口 LD_{50}(mg/kg)：山齿鹑 1490，野鸭＞2000。野鸭饲喂 LC_{50}(8d) 5075mg/kg。鱼毒 LC_{50}(96h，g/L)：虹鳟鱼 1.58，日本鳉鱼 6.84，鲤鱼 4.0。蜜蜂急性接触 LD_{50}＞20μg/只。

环境行为

(1) 动物 大鼠经口后在体内可迅速通过甲基叔丁基的羟基化代谢。7d 之内，52%~87% 的烯唑醇随粪便排出体外，13%~46%随尿液排泄掉。

(2) 植物 在谷类作物中的半衰期约为几个星期。

制剂 2%、2.5%、5%、12.5%可湿性粉剂，5%乳油，5%拌种剂。

主要生产商 江苏七洲绿色化工股份有限公司、上海艾农国际贸易有限公司、沈阳丰收农药有限公司、泰达集团、盐城利民农化有限公司及住友化学株式会社等。

作用机理与特点 烯唑醇属三唑类杀菌剂，在真菌的麦角甾醇生物合成中抑制 14α-脱甲基化作用，引起麦角甾醇缺乏，导致真菌细胞膜不正常，最终真菌死亡，持效期长久。对人畜、有益昆虫、环境安全。具有保护、治疗、铲除作用的广谱性杀菌剂，对于囊菌、担子菌引起的多种植物病害如白粉病、锈病、黑粉病、黑星病等有特效。另外，还对尾孢霉、球腔菌、核盘菌、菌核菌、丝核菌引起的病害有良效。

应用

(1) 适宜作物与安全性 玉米、小麦、花生、苹果、梨、黑穗醋栗、咖啡、蔬菜、花卉等。推荐剂量下对作物安全。本品不可与碱性农药混用。

(2) 防治对象 可防治子囊菌、担子菌和半知菌引起的许多真菌病害。对子囊菌和担子菌有特效，适用于防治麦类散黑穗病、腥黑穗病、坚黑穗病、白粉病、条锈病、叶锈病、秆锈病、云纹病、叶枯病、玉米、高粱丝黑穗病、花生褐斑病、黑斑病、苹果白粉病、锈病、梨黑星病、黑穗醋栗白粉病以及咖啡、蔬菜等的白粉病、锈病等病害。

(3) 使用方法 烯唑醇具有保护、治疗、铲除和内吸向顶传导作用，常用作种子处理剂防治种传病害。具体使用如下：

① 防治小麦黑穗病 每100kg 小麦种子用 12.5%烯唑醇可湿性粉剂 240~640g 拌种，可按各地习惯，湿拌或干拌均可。

② 防治小麦白粉病、条锈病 每100kg 种子用 12.5%烯唑醇可湿性粉剂 120~160g 拌种。

③ 防治小麦白粉病、条锈病、叶锈病、秆锈病、云纹病、叶枯病 感病前或发病初期每亩用 12.5%烯唑醇可湿性粉剂 12~32g，兑水喷雾。

④ 防治黑穗醋栗白粉病 感病初期用 12.5%烯唑醇可湿性粉剂 2500~4000 倍液喷雾。

⑤ 防治苹果白粉病、锈病 感病初期用 12.5%烯唑醇可湿性粉剂 3125~6250 倍液喷雾。

⑥ 防治梨黑星病　感病初期用12.5%烯唑醇可湿性粉剂3125～6250倍液喷雾。

⑦ 防治花生褐斑病、黑斑病　感病初期每亩用12.5%烯唑醇可湿性粉剂16～48g，兑水喷雾。

专利与登记　专利DE2838847、EP262589、DE3010560等均已过专利期，不存在专利权问题。国内登记情况：12%、12.5%、17.5%、18%、30%可湿性粉剂，10%、15%、25%乳油，80%、85%、95%、96%原药等，登记作物为花生、小麦、梨树等，防治对象为叶斑病、白粉病、黑星病等。

合成方法　以甲基叔丁基甲酮、2,4-二氯苯甲醛为原料，经如下反应即可制得烯唑醇：

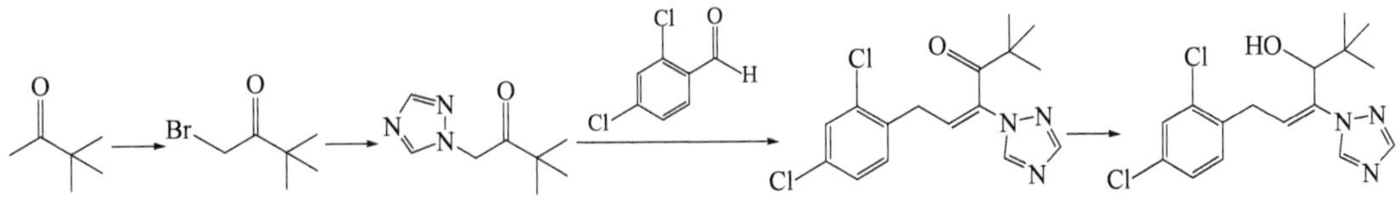

参考文献

[1] The Pesticide Manual. 15th edition. 2009：314.

[2] 毕强．上海化工，1997，4：7-10.

[3] 夏红英．农药，2001，12：12-14.

[4] 傅定一．农药，2002，2：10-12.

[5] 傅定一．农药，2002，9：6-9.

高效烯唑醇 diniconazole-M

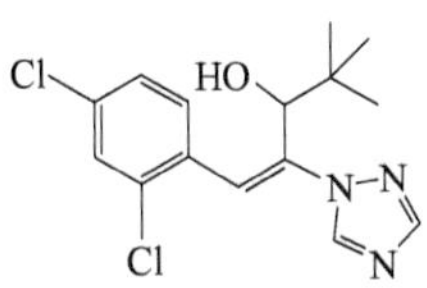

$C_{15}H_{17}Cl_2N_3O$，326.2，83657-18-5

高效烯唑醇(diniconazole-M)是日本住友化学工业株式会社开发的三唑类广谱内吸性杀菌剂，为烯唑醇的单一光活性有效体。

化学名称　(E)-(R)-1-(2,4-二氯苯基)-4,4-二甲基-2-(1H-1,2,4-三唑-1-基)戊-1-烯-3-醇，(E)-(R)-1-(2,4-dichlorophenyl)-4,4-dimethyl-2-(1H-1,2,4-triazol-1-yl)pent-1-en-3-ol。

理化性质　原药为无色结晶状固体，熔点169～170℃。

主要生产商　江苏七洲绿色化工股份有限公司、上海艾农国际贸易有限公司、沈阳丰收农药有限公司、泰达集团、盐城利民农化有限公司及住友化学株式会社等。

作用机理　与烯唑醇一样为麦角甾醇生物合成抑制剂。

应用　与烯唑醇一样，但活性高于烯唑醇。

专利与登记　专利US4435203已过专利期，不存在专利权问题。

国内登记情况：12.5%、27%、47%可湿性粉剂，74.5%原药，登记作物为梨树，防治对象为黑星病。日本住友化学株式会社在中国登记情况见表217。

表217　日本住友化学株式会社在中国登记情况

登记名称	登记证号	含量	剂型	登记作物	防治对象	用药量/(g/100kg种子)	施用方法
R-烯唑醇	PD183-93	5%	种子处理干粉剂	玉米	丝黑穗病	60～90	拌种
				高粱	丝黑穗病	15～20	干拌

合成方法　主要有如下两种。

（1）以烯唑醇为原料，经如下反应制得：

(2) 以烯唑醇中间体酮为原料，在手性试剂如（＋）-2-N,N-dimethylamino-1-phenylethanol、（＋）-N-methylephedrine、（＋）-2-N-benzyl-N-methylamino-1-phenylethanol 存在下，经不对称还原反应即可制得高收率如 98％的高效烯唑醇。

参考文献

[1] The Pesticide Manual. 15th edition. 2009：384-385.

酰嘧磺隆 amidosulfuron

$C_9H_{15}N_5O_7S_2$，369.4，120929-37-7

酰嘧磺隆(amidosulfuron)，试验代号 AEF 075032、Hoe 075032。商品名称 Gratil。其他名称 Adret、Druid、Eagle、Grodyl、Hoestar、Legion、Pursuit、Squire、Tosca、好事达。是由安万特公司(现拜耳公司)开发的磺酰脲类除草剂。

化学名称 1-(4,6-二甲氧基嘧啶-2-基)-3-甲磺酰基(甲基)氨基磺酰基脲，1-(4,6-dimethoxy-pyrimidin-2-yl)-3-mesyl(methyl)sulfamoylurea。

理化性质 纯品为白色颗粒状固体，熔点 160～163℃，相对密度 1.5(20℃)。蒸气压 2.2×10^{-2}mPa(25℃)，分配系数 K_{ow} lg$P$(20℃)＝1.63(pH 2)，亨利常数 5.34×10^{-4} Pa・m³/mol(20℃)。水中溶解度(20℃,mg/L)：3.3(pH 3)、9(pH 5.8)、13500(pH 10)；其他溶剂中溶解度(20℃,g/L)：异丙醇 0.099，甲醇 0.872，丙酮 8.1。在密封容器中可稳定存在 2y(25℃±5℃)，在水中 DT_{50}(20℃)：＞33.9d(pH 5)，＞365d(pH 7,9)。pK_a 3.58。

毒性 大、小鼠急性经口 LD_{50}＞5000mg/kg，大鼠急性经皮 LD_{50}＞5000mg/kg。大鼠吸入 LC_{50}(4h)＞1.8mg/L 空气。雄大鼠 NOEL(2y)400mg/L 饲料[19.45mg/(kg・d)]。ADI 值 0.2mg/kg。无致癌、致畸、致突变性。

生态效应 野鸭和山齿鹑急性经口 LD_{50}＞2000mg/kg。虹鳟鱼 LC_{50}(96h)＞320mg/L。水蚤

LC_{50}(48h)36mg/L。栅藻 E_bC_{50}(72h)47mg/L。蜜蜂急性经口 $LD_{50}>1000\mu g$/只。蚯蚓 LC_{50}(14d) >1000mg/kg。

环境行为

（1）动物　在大鼠体内主要代谢途径是 O-脱甲基化。

（2）土壤/环境　在土壤中可以被微生物降解，DT_{50} 3～29d，降解和 pH 值无关，但和土壤中生物活性有关。

制剂　50%水分散粒剂。

作用机理与特点　乙酰乳酸合成酶（ALS）抑制剂。通过杂草根和叶被吸收，在植株体内传导，杂草即停止生长、叶色褪绿、而后枯死。施药后的除草效果不受天气影响，效果稳定。低毒、低残留、对环境安全。

应用

（1）适用范围与安全性　禾谷类作物田如春小麦、冬小麦、硬质小麦、大麦、裸麦、燕麦等，以及草坪和牧场。因其在作物中迅速代谢为无害物，故对禾谷类作物安全，对后茬作物如玉米等安全。因该药剂不影响一般轮作，施药后若作物遭到意外毁坏（如霜冻），可在15d后改种任何一种春季谷类作物如大麦、燕麦等或其他替代作物如马铃薯、玉米、水稻等。

（2）防除对象　可有效防除麦田多种恶性阔叶杂草如猪殃殃、播娘蒿、荠菜、苋、苣荬菜、田旋花、独行菜、野萝卜、本氏蓼、皱叶酸模等。对猪殃殃有特效。

（3）应用技术　施药时期为小麦2～4叶至旗叶期，杂草2～8叶期之间。在小麦2～4叶至旗叶期，杂草齐苗后2～5叶期且生长旺盛时，为最佳施药时期。其活性高，施药量低，每亩用药量只需1.5～2g(a.i.)，对猪殃殃为主的麦田阔叶杂草防效好。可混性好，可与精噁唑禾草灵(加解毒剂)等除草剂混用，一次性解除草害。也可与苯磺隆等防阔叶除草剂混用，扩大杀草谱。

（4）使用方法　作物出苗前、杂草2～5叶期且生长旺盛时施药，使用剂量为30～60g (a.i.)/hm² [亩用量为2～4g(a.i.)]。在中国，茎叶喷雾，冬小麦亩用量为1.5～2g(a.i.)，春小麦亩用量为1.8～2g(a.i.)(或冬小麦每亩用50%酰嘧磺隆水分散粒剂3～4g，春小麦每亩用50%酰嘧磺隆水分散粒剂3.5～4g)。若天气干旱、低温或防除6～8叶的大龄杂草，通常采用药量上限。若在防除猪殃殃等敏感杂草时，即使施药期推迟至杂草6～8叶期，亦可取得较好的除草效果。

混用　酰嘧磺隆可与多种除草剂混用，例如在防除小麦田看麦娘、野燕麦、猪殃殃、播娘蒿等禾本科和阔叶草混生杂草时，与精噁唑禾草灵(加解毒剂)按常量混用，可一次性解除草害。也可与2甲4氯、苯磺隆等防除阔叶杂草的除草剂混用，扩大杀草谱。

每亩用50%酰嘧磺隆水分散粒剂3g加6.9%精噁唑禾草灵(加解毒剂)水乳剂50mL可防除阔叶杂草和禾本科杂草。

每亩用50%酰嘧磺隆水分散粒剂2g加20%2甲4氯水剂150～180mL或75%苯磺隆0.7～0.8g可防除阔叶杂草。

专利与登记　专利 EP0467251、US5374752、EP467252、EP560178、EP507093 等均已过专利期，不存在专利权问题。国内登记情况：国内公司只有原药登记。拜耳公司在中国登记情况见表218。

表 218　拜耳公司在中国登记情况

登记名称	登记号	含量	剂型	登记作物	防治对象	用药量/(kg/hm²)	施用方法
酰嘧磺隆	PD20060042	97%	原药				
酰嘧·甲碘隆	PD20060044	酰嘧磺隆5%，甲基碘磺隆钠盐1.25%	水分散粒剂	冬小麦田	一年生阔叶杂草	9.38～18.75	茎叶喷雾
酰嘧·甲碘隆	PD20060044 F090089	酰嘧磺隆5%，甲基碘磺隆钠盐1.25%	水分散粒剂	冬小麦田	一年生阔叶杂草	9.38～18.75	茎叶喷雾

合成方法　以甲基磺酰氯、氯磺酰基异氰酸酯、二甲氧基嘧啶胺为起始原料，通过如下反应即可制得目的物。

参考文献

[1] Proc Br Crop Prot Conf-Weed，1995，2：707.

线虫磷 fensulfothion

$C_{11}H_{17}O_4PS_2$，279.3，115-90-2

　　线虫磷（fensulfothion），试验代号　Bayer 25 141、S 767。商品名称　Dasanit、Terracur、Terracur P。其他名称　DMSP、丰索磷。是由 Bayer AG 开发的杀线虫剂。

　　化学名称　O,O-二乙基 O-4-甲基亚硫酰基苯基硫化磷酸酯，O,O-diethyl O-4-methylsulfinylphenyl phosphorothioate。

　　理化性质　纯品为黄色油状液体，沸点 138～141℃（0.01mmHg）。相对密度 1.202，蒸气压 4mPa，$K_{ow}\lg P=2.23$。水中溶解度 1.54g/L，与二氯甲烷、丙二醇和大多数有机溶剂互溶。易被氧化成砜并迅速转化成 O,S-二乙基异构体。

　　毒性　急性经口 LD_{50}（mg/kg）：雄大鼠 4.7～10.5，雌大鼠 2.2，豚鼠 9。急性经皮 LD_{50}（在二甲苯中，mg/kg）：雄大鼠 30，雌大鼠 3.5。雄大鼠吸入 LC_{50}（1h）0.113mg/L 空气。大鼠 NOEL（16 个月）1mg/kg 饲料。ADI：（JMPR）0.0003mg/kg [1982]，（EPA）0.00025mg/kg [1989]。

　　生态效应　山齿鹑急性经口 LD_{50} 40mg/kg，鸟饲喂 LC_{50}（5d,mg/kg 饲料）：山齿鹑 35，野鸭 43。鱼类 LC_{50}（96h,mg/L）：虹鳟鱼 8.8，大翻车鱼 0.12，金色圆腹雅罗鱼 6.8。对蜜蜂无毒。

　　环境行为　在植物中线虫磷非常容易被氧化。

　　制剂　60%液剂，25%可湿性粉剂，2.5%、5%、10%水分散粒剂等。

　　应用　主要用于香蕉、可可树、禾谷类、咖啡树、棉花、柑橘、马铃薯、草莓、烟草、番茄和草皮等防治游离线虫、孢囊线虫和根瘤线虫等。通常为土壤处理。

　　专利概况　专利 DE1101406、US3042703 均早已过专利期，不存在专利权问题。

合成方法 可通过如下反应制得目的物：

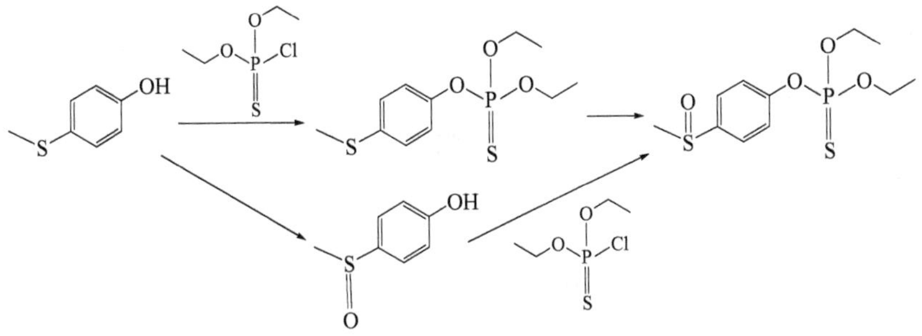

消螨通 dinobuton

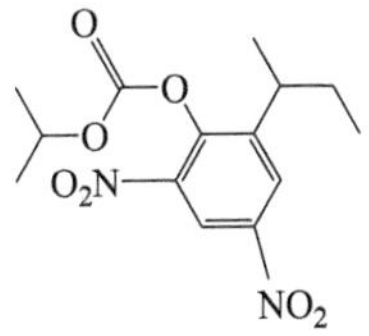

$C_{14}H_{18}N_2O_7$，326.3，973-21-7

消螨通（dinobuton），试验代号 ENT 27244、MC 1053、OMS 1056。商品名称 Acarelte。由 Murphy Chemical Ltd 推广，随后由 Keno Gard AB（现为 Bayer CropSciences）生产，是二硝基苯酚类杀螨剂。

化学名称 2-仲丁基-4,6-二硝基苯基异丙基碳酸酯，2-*sec*-butyl-4,6-dinitrophenyl isopropyl carbonate。

理化性质 原药含量97%。本品为淡黄色结晶，熔点为61～62℃（原药58～60℃），蒸气压＜1mPa（20℃）。K_{ow} lg$P$ = 3.038。Henry 系数＜3Pa・m³/mol（20℃，计算）。相对密度 0.9 （20℃）。水中溶解度（20℃）0.1mg/L，溶于脂肪烃、乙醇，极易溶于低碳脂肪酮类和芳香烃。中性和酸性环境中稳定存在，碱性环境中水解。600℃以下稳定存在，不易燃。

毒性 急性经口 LD$_{50}$（mg/kg）：小鼠 2540，大鼠 140。急性经皮 LD$_{50}$（mg/kg）：大鼠＞5000，兔＞3200。NOEL 值[mg/(kg・d)]：狗 4.5，大鼠 3～6。作为代谢刺激剂而起作用，高剂量能引起体重的减轻。

生态效应 母鸡急性经口 LD$_{50}$150mg/kg。

环境行为 土壤中残留时间短。

制剂 50%可湿性粉剂，30%乳剂，浓气雾剂。

作用机理与特点 对螨作用迅速，接触性杀螨、杀菌剂。

应用

（1）适用作物 苹果、梨、核果、葡萄、棉花、蔬菜（温室和大田）、观赏植物、草莓等作物。

（2）防治对象 消螨通为非内吸性杀螨剂，也是防治白粉病的杀真菌剂。推荐用于温室和大田，防治红蜘蛛和白粉病（0.5%有效成分），但在此浓度下对温室内番茄、某些品种的蔷薇和菊花有药害。可防治柑橘、落叶果树、棉花、蔬菜等上的植食性螨类，还可防治棉花、苹果和蔬菜的白粉病。

(3) 使用方法　用药量为 0.05%（有效成分）。防治柑橘红蜘蛛和锈壁虱，使用 50% 可湿性粉剂 1500～2000 倍液喷雾，使用 50% 水悬浮剂 1000～1500 倍液喷雾；防治落叶果树、棉花、胡瓜上的红蜘蛛，使用 50% 粉剂 1000～1500 倍液喷雾；防治棉花、苹果和蔬菜的白粉病，使用 50% 粉剂或水剂 1500～2000 倍液喷雾。

专利概况　专利 GB941709 早已过专利期，不存在专利权问题。

合成方法　通过如下反应制得目的物：

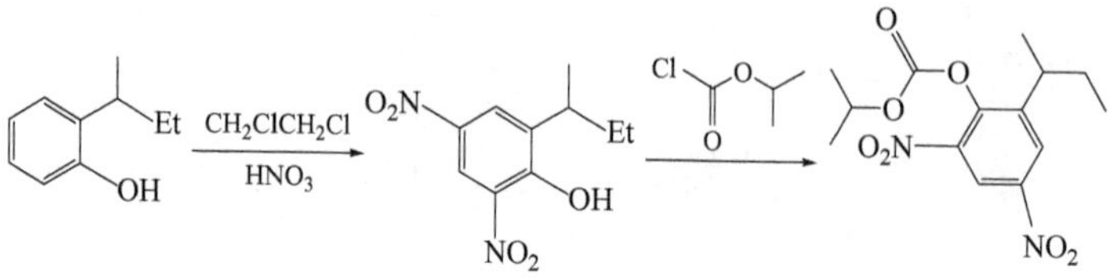

硝虫硫磷

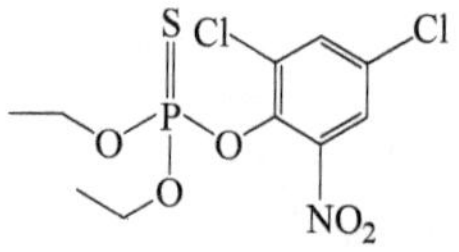

$C_{10}H_{12}Cl_2NO_5PS$，360.2，171605-91-7

硝虫硫磷（试验代号 89-1），是由四川省化学工业研究设计院研制的防治柑橘介壳虫的高效、低残留有机磷杀虫剂，杀虫谱广，残留低。

化学名称　O,O-二乙基-O-（2,4-二氯-6-硝基苯基）硫代磷酸酯，O-2,4-dichloro-6-nitrophenyl O,O-diethyl phosphorothioate。

理化性质　纯品为无色晶体，熔点 31℃，原药为棕色油状液体，相对密度 1.4377，几乎不溶于水，在水中溶解度（24℃）60mg/kg，易溶于有机溶剂，如醇、酮、芳烃、卤代烷烃、乙酸乙酯及乙醚等溶剂。

毒性　原药大鼠急性经口 LD_{50} 212mg/kg。无致突变、致癌、致畸作用。对鱼有中等毒性，对鸟、蜂、蚕安全。

作用机理与特点　触杀、胃毒和强渗透杀虫作用。

应用

(1) 适用作物　小麦、棉花、茶叶、柑橘、蔬菜、水稻等作物。

(2) 防治对象　主要是用于防治柑橘介壳虫，尤其对柑橘矢尖蚧有特效，防效高达 90% 以上，速效性好，持效期长达 20 多天。还可防治红蜘蛛、水稻蓟马、飞虱、蔬菜烟青虫等 10 多种茶叶、柑橘、蔬菜、水稻等作物上的害虫。对作物安全。

(3) 使用方法　在每年的 4～7 月柑橘矢尖蚧幼虫发生期，用 30% 硝虫硫磷乳油 750～1000 倍液喷雾，间隔 15d 左右再施药 1 次，即可取得良好的防治效果。除碱性农药外，硝虫硫磷乳油可与其他多种农药混合使用。硝虫硫磷乳油属中毒农药品种，在柑橘采收前 20d 应停止用药。

（4）药效试验　硝虫硫磷对柑橘矢尖蚧的田间药效试验表明：30％硝虫硫磷乳油在幼蚧发生期施药对柑橘矢尖蚧有较好的防治效果，其防效与药剂浓度呈正相关，速效性好，持效期3周以上，与对照药剂40％速扑杀1000倍液防效相当，且较40％速扑杀速效性好，显著高于常规治蚧药剂氧乐果和机油乳剂，对作物安全。

专利与登记

专利名称　O,O-二烷基-O-(2,4-二氯-6-硝基苯基)硫代磷酸酯化合物的合成及其制法和用途

专利号　CN1089612

专利申请日　1993-1-12

专利拥有者　四川省化学工业研究设计院

国内登记情况：30％乳油、90％原药等。登记作物为柑橘树等，防治对象为矢尖蚧。

合成方法　采用酰化催化剂，以氢氧化钠作缚酸剂，将乙基氯化物与2,4-二氯-6-硝基酚在甲苯溶液中进行缩合反应，生成硝虫硫磷，该工艺路线在1000升反应中进行投料生产，合成收率在95％～98％之间，产品纯度达90％以上。

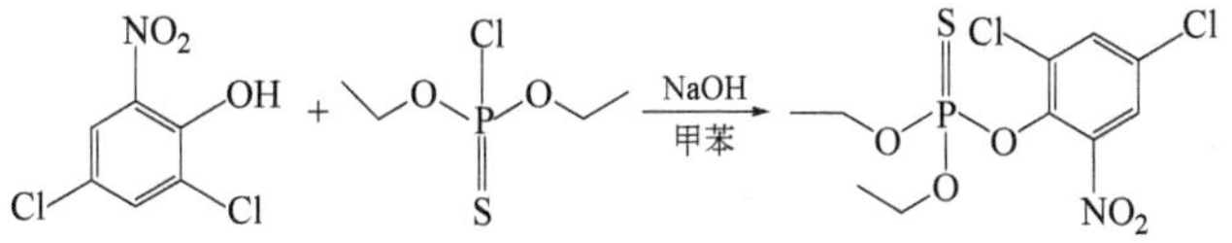

参考文献

[1] 万积秋.现代农药，2002，18（1）：14-15.

硝磺草酮 mesotrione

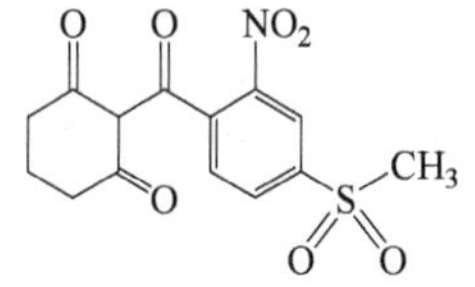

$C_{14}H_{13}NO_7S$，339.3，104206-82-8

硝磺草酮（mesotrione），试验代号　ZA 1296。商品名称　Calaris、Callisto、Camix、Callisto Xtra、Halex GT。其他名称　米斯通、甲基磺草酮、Halex。是先正达公司开发的三酮类除草剂。

化学名称　2-(4-甲磺酰基-2-硝基-苯甲酰基)环己烷-1,3-二酮，2-(4-mesyl-2-nitrobenzoyl)cyclohexane-1,3-dione。

理化性质　纯品为淡黄色固体，熔点165℃，工业品纯度92％，蒸气压＜5.69×10^{-3} mPa（20℃）。$K_{ow}lgP = 0.11$（缓冲水），0.9(pH 5)，＜-1(pH 7，9)。Henry＜5.1×10^{-7} Pa·m³/mol（20℃），相对密度1.49(20℃)。20℃水中溶解度(g/L)：0.16（非缓冲液），2.2(pH 4.8)，15(pH 6.9)，22(pH 9)。其他溶剂中溶解度(20℃,g/L)：乙腈117，丙酮93.3，二氯甲烷66.3，乙酸乙酯18.6，甲醇4.6，甲苯3.1，二甲苯1.6，正庚烷＜0.5。水溶液中稳定(pH 4～9,在25℃和50℃)。pK_a 3.12。

毒性　大鼠(雄、雌)急性经口 LD_{50}＞5000mg/kg。大鼠(雄、雌)急性经皮 LD_{50}＞2000mg/kg。

对兔皮肤、眼有中度刺激，对豚鼠皮肤无致敏性。大鼠（雄、雌）吸入 LC_{50}（4h）>4.75mg/L。NOEL[0.034mg/(kg·d)]：（90d）大鼠 0.24，小鼠 61.5；（2y）大鼠 7.7；（多代繁殖）小鼠 1472，大鼠 0.3。ADI（mg/kg）：（EC）0.01，aRfD 0.02，AOEL 0.015；（EPA）cRfD 0.007mg/kg [2001]。

生态效应　山齿鹑急性经口 LD_{50}>2000mg/kg。山齿鹑和野鸭饲喂 LD_{50}>5200mg/kg。鱼 LC_{50}（96h,mg/L）：大翻车鱼和虹鳟鱼>120，鲤鱼>97.1。水蚤 LC_{50}/EC_{50}（48h,静止）>900mg/L。羊角月牙藻 EC_{50}（120h）3.5mg/L。浮萍 LC_{50}（14d）0.0077mg/L。蜜蜂 LD_{50}（100g/L 制剂,μg/只）：经口>11，接触>100。蚯蚓 LD_{50}（14d）>2000mg/kg。

环境行为

（1）主要通过动物、植物和土壤代谢，包括 MNBA（4-甲磺酰基-2-硝基苯甲酸）和 AMBA（2-氨基-4-甲磺酰基苯甲酸）。动物广泛吸收（72h 内约 70%），广泛分布和主要通过尿液排泄（72h 高达 70%）。部分通过羟基化代谢。

（2）土壤/环境　在有氧的土壤，主要通过微生物迅速分解消散，广泛被矿化（120d 后 38%～81%）。平均 DT_{50}（实验室,有氧）12.7d（3.2～50,22 种土壤）；DT_{50}（实验室,厌氧）4～14d（1 种土壤），DT_{90} 12d；DT_{50}（实验室,厌氧）6～27d（17 种土壤），DT_{90} 20～89d。土壤光解 13～29d。在田间快速消散，平均 DT_{50}（田间）4d（2～14d,24 种土壤），pH 值越大降解速度越快。甲基磺草酮的吸附与 pH 值呈负相关，与土壤有机碳呈正相关。K_{Foc} 19～170（8 种土壤,pH 5.1～8.2,o.c.0.53%～3.31%）；K_{oc} 29～390，K_d 0.2～5.2（31 种土壤,pH 4.6～8,o.c.0.58～2.46%）；与 pH 值呈负相关，与土壤有机碳呈正相关。在水中，甲基磺草酮主要是通过形成不可萃取的残留物快速消散。

制剂　48%悬浮剂，10%水剂。

主要生产商　Syngenta。

作用机理与特点　HPPD 抑制剂。HPPD 可将氨基酸络氨酸转化为质体醌。质体醌是八氢番茄红素去饱和酶的辅助因子，是类胡萝卜素生物合成的关键酶。使用甲基磺草酮 3～5d 内植物分生组织出现黄化症状随之引起枯斑，两星期后遍及整株植物。具有弱酸性，在大多数酸性土壤中，能紧紧吸附在有机物质上；在中性或碱性土壤中，以不易被吸收的阴离子形式存在。温度高，有利于甲基磺草酮药效发挥，施药后 1h 下雨，对甲基磺草酮药效无影响。在 0℃ 条件下，150g/hm² 甲基磺草酮对稗草基本无效；25℃ 条件下，对稗草防效为 40%，表现为叶片白化，但继续生长；35℃ 条件下，对稗草有良好的防效，稗草叶片白化、萎蔫、逐步坏死。硝磺草酮容易在植物木质部和韧皮部传导。具有触杀作用和持效性。

应用

（1）适宜作物与安全性　玉米，不仅对玉米安全，而且对环境、后茬作物安全。

（2）防除对象　广谱除草剂，可防除如苘麻、苍耳、刺苋、藜属杂草、荸草、地肤、蓼属杂草、芥菜、稗草、龙葵、繁缕、马唐等多种杂草。对磺酰脲类除草剂产生抗性的杂草有效。

（3）使用方法　苗前和苗后均可使用。单独使用时剂量：苗前 100～225g(a.i.)/hm²[亩用量 6.67～15g(a.i.)]；苗后 70～150g(a.i.)/hm²[亩用量 4.6～10g(a.i.)]。为扩大除草谱苗前除草可与乙草胺混用，苗后除草可与烟嘧磺隆混用。

① 甲基磺草酮土壤处理在 150g/hm² 时，对大部分供试阔叶杂草防效达 90%，对禾本科杂草防效达 80%以上。甲基磺草酮的生物活性约为同类药剂磺草酮的 2 倍。

② 甲基磺草酮茎叶处理在 100g/hm² 时，对阔叶杂草的防效可达 90%，对禾本科杂草的防效达 70%。甲基磺草酮茎叶处理的生物活性约为同类药剂磺草酮的 3 倍。

③ 甲基磺草酮混配莠去津增加甲基磺草酮对禾本科杂草的药效，加入莠去津后能明显提高对禾本科杂草的防效，降低甲基磺草酮用量。

专利与登记　专利 EP0186118 早已过专利期，不存在专利权问题。国内登记情况：15%可分散油悬浮剂和 95%原药，登记作物为玉米，防治对象为一年生阔叶杂草及禾本科杂草。

合成方法　甲基磺草酮的合成方法如下：

参考文献

[1] Proc Br Crop Prot. Conf-Weed, 1999；105.

[2] 苏少泉. 农药，2004，43（5）；193-195.

[3] 高爽. 农药，2004，43（10）；469-471

辛硫磷 phoxim

$C_{12}H_{15}N_2O_3PS$，298.3，14816-18-3

辛硫磷（phoxim），试验代号 BAY 5621、Bayer 77488、BAY SRA 7502、OMS 1170。商品名称 Baythion、Volaton、Nongshu、Valexon、Volathion、巴赛松。其他名称 拜辛松、倍腈松、倍氰松、仓虫净、腈肟磷、肟磷、肟硫磷。是 A. Wyboy 和 I. Hammann 报道其活性，由 Bayer AG 公司开发的有机磷类杀虫剂。

化学名称 O,O-二乙基-α-氰基苄基亚氨基氧硫代磷酸酯，O,O-diethyl α-cyanobenzylidene-aminooxyphosphonothioate 或 2-(diethoxyphosphinothioyloxyimino)-2-phenylacetonitrile。

理化性质 纯品为黄色液体（工业品为红棕色油状液体），熔点$<-23℃$，蒸馏分解，蒸气压 0.18mPa（20℃），相对密度 1.18（20℃），分配系数 $K_{ow}\lg P = 4.104$（非缓冲水），Henry 常数 $1.58×10^{-2}$ Pa·m^3/mol（计算）。水中溶解度 3.4mg/L，在二甲苯、异丙醇、乙二醇、正辛醇、乙酸乙酯、二甲基亚砜、二氯甲烷、乙腈、丙酮中溶解度均大于 250g/L，正庚烷 136g/L，微溶于脂肪烃、蔬菜油和矿物油。DT_{50}（22℃）：26.7d（pH 4）、7.2d（pH 7）、3.1d（pH 9）。在正常储存条件下分解缓慢，遇紫外线逐渐分解。

毒性 大鼠急性经口 $LD_{50}>2000$mg/kg，大鼠急性经皮 $LD_{50}>5000\mu L$/kg。本品对兔眼睛和皮肤无刺激。大鼠吸入 LC_{50}（4h）>4.0mg/L 空气（气溶胶）。NOEL 值（mg/kg 饲料）：大鼠（2y）15，小鼠（2y）1，公狗（1y）0.3，母狗（1y）0.1。ADI（JECFA）值 0.004mg/kg [1999]。

生态效应 母鸡急性经口 LD_{50} 40mg/kg。鱼 LC_{50}（96h，mg/L）：虹鳟鱼 0.53，大翻车鱼 0.22。水蚤 LC_{50}（48h）0.00081mg/L（80% 预混料）。本品对蜜蜂通过接触和呼吸产生毒性。

环境行为 在动物体内降解很快，几乎 97% 的代谢物（在 24h 内产生）通过粪便和尿液排出体外。在棉花上，通过光解，其降解物为 O,O-二乙基-S-α-氰基苄基亚氨基硫代磷酸酯和四乙基二磷酸酯。土壤中通过光解和异构化，代谢很快，最后代谢物为四乙基二磷酸酯和二硫代四乙基磷酸酯。

制剂 45%、50%乳油，1.5%、3%、4%、5%颗粒剂。

主要生产商 Bayer CropSciences、Makhteshim-Agan、Nufarm、Sundat、湖北沙隆达股份有

限公司、江苏长青农化股份有限公司、江苏辉丰股份有限公司、沙隆达郑州农药有限公司及浙江禾本科技有限公司等。

作用机理与特点　胆碱酯酶抑制剂，高效、低毒、低残留、广谱的硫代磷酸酯类杀虫杀螨剂。当害虫接触药液后，神经系统麻痹中毒、停食导致死亡。对害虫具有强烈的触杀和胃毒作用，对卵也有一定的杀伤作用，无内吸作用，击倒力强，药效不持久，对磷翅目幼虫很有效。在田间因对光不稳定，很快分解，残留危险小，但在土壤中较稳定，残效期可达1个月以上，尤其适用于土壤处理，杀灭地下部分幼虫。本品对黄条跳甲有特殊药效。

应用

（1）适用作物　小麦、水稻、玉米、棉花、果树、蔬菜、大豆、茶、桑、烟草、林木等。

（2）防治对象　蚜虫、蓟马、叶蝉、根蛆、烟青虫、飞虱、粉虱、介壳虫、叶螨及多种鳞翅目幼虫，对大龄鳞翅目幼虫也有效。对多种地下害虫、贮粮害虫、卫生害虫有防效。

（3）残留量与安全施药　本品对高等动物低毒，对鱼有毒，对蜜蜂及害虫天敌赤眼蜂、瓢虫等毒性较强。对蜜蜂有接触、熏蒸毒性，对七星瓢虫的卵、幼虫、成虫均有杀伤作用。本品见光易分解，为避免有效成分在光照下分解，叶面施药应在夜晚或傍晚进行。不能与碱性物质混合使用。该药对黄瓜、菜豆、甜菜等敏感，容易产生药害，所以使用时要注意作物安全。高粱对其敏感，不宜喷撒使用。玉米田只能用颗粒剂防治玉米螟，不要喷雾防治蚜虫、黏虫等。安全间隔期为5d。

（4）使用方法

茎叶喷雾　用50%乳油1000～1500倍液喷雾，可防治小麦蚜虫、麦叶蜂、菜蚜、菜青虫、小菜蛾、棉蚜、棉铃虫、红铃虫、地老虎、蓟马、黏虫、稻苞虫、稻纵卷叶螟、叶蝉、大豆蚜虫、果树上的蚜虫、苹果小卷叶蛾、梨星毛虫、葡萄斑叶蝉、尺蠖、粉虱、烟青虫、松毛虫等。具体用法如：每亩用50%乳油40～80mL，兑水喷雾，可防治棉田蚜虫；每亩用40%乳油75～100mL，加水45kg喷雾，或用40%乳油1000～1500倍液喷雾，可防治烟草烟青虫；每亩用20%乳油600倍喷雾，可防治稻苞虫、稻纵卷叶螟、叶蝉、飞虱、稻蓟马、棉铃虫、红铃虫、地老虎、小灰蝉、松毛虫等；用50%乳油2000倍液喷洒，可防治苗木、苗圃地下害虫。辛硫磷对烟青虫幼虫的毒力很强，特别对高龄幼虫仍有很高的毒力。使用辛硫磷时应该注意的是，由于药剂见光分解快且药效期短，对卵的孵化还有刺激作用，所以在各代烟青虫发生盛期单独用辛硫磷防治效果并不好，可采用辛硫磷与其他药剂混用，以延长药效，提高防治效果。

拌种　①花生用50%乳油500g，加水3～5kg，拌种250～500kg，可防治蛴螬；②小麦用50%乳油100～165mL，兑水5～7.5kg，拌麦种50kg，可防治蛴螬、蝼蛄；③玉米用50%乳油100～165mL，兑水3.5～5kg，拌玉米种50kg，可防治蛴螬、蝼蛄，保苗效果好，可持续20d以上；④还用于高粱、谷子及其他作物种子，用于防治地下害虫。

土壤处理　①在花生生长期，用50%乳油1000倍液，每墩灌浇50kg，可防治蛴螬。②水稻用50%乳油3.75kg/hm²，加适量水化开，拌375～450kg细土施用，可防治稻田蚯蚓。③韭菜每亩用5%辛硫磷颗粒剂2kg，掺些细土撒于韭菜根附近再覆土，或用50%辛硫磷乳油800倍液灌根，或用50%辛硫乳油800倍液与Bt乳剂400倍液混合灌根均可，先扒开韭菜附近表土，将喷雾器的喷头去掉旋水片后对准韭根喷浇，随即覆土。如需结合灌溉施药，应适当增加用量，先将药剂稀释成母液后随灌溉水施入田里，可防治根蛆。④蔬菜每亩用50%辛硫磷乳油100mL，兑水250kg，于叶菜收获后播种整地前进行土壤淋湿处理，或采用500～600倍液灌根处理，可有效防治黄条跳甲。⑤用50%辛硫磷乳油800～1000倍液灌根，可防治蔗龟等地下害虫。

灌浇和灌心　①用50%乳油1000倍液灌浇，可防治地老虎，15min后即有中毒幼虫爬出地面。②玉米用50%乳油500倍液或2000倍液灌心，可防治玉米螟，或用50%乳油1kg，拌直径2mm左右的炉渣或河沙15kg，配成1.6%毒沙，在玉米心叶末期，以3.75～5kg/hm²毒沙施入喇叭口中，防治玉米螟效果好。③在花生生长期，用50%乳油1000～1500倍液，每墩灌药液50～100mL或墩旁沟施，可防治蛴螬，防效在90%以上。④用50%乳油2000倍液灌根，可防治茄科（定植缓苗后）、韭菜、葱、蒜等田中的蛴螬、根蛆等，效果也很好。

防治贮粮害虫　将辛硫磷配成 $1.25\sim2.5\,mg/kg$ 药液均匀拌粮后堆放，可防治米象、拟谷盗等贮粮害虫。用 50% 乳油 $2g$，加水 $1kg$，配成药液，以超低量电动喷雾，可喷仓 $30\sim40\,cm^2$，对米象、赤拟谷盗、长角谷盗、谷蠹等害虫均有很好的防效。

防治卫生害虫　用 50% 乳油 $500\sim1000$ 倍液喷洒家畜厩舍，防治卫生害虫效果好，对家畜安全。

专利与登记　专利 BE678139、DE1238902 均早已过专利期，不存在专利权问题。国内登记情况：40%、70%乳油，1.5%、3%、5%、10%颗粒剂，87%原药，等，登记作物为花生和棉花等，防治对象为棉铃虫和地下害虫等。

合成方法　经如下反应制得辛硫磷：

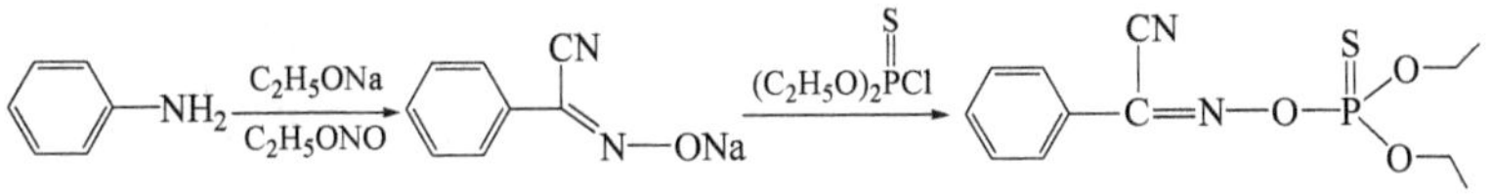

辛噻酮 octhilinone

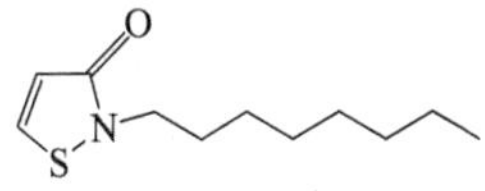

$C_{11}H_{19}NOS$，213.3，26530-20-1

辛噻酮(octhilinone)，试验代号　RH 893。商品名称　Pancil-T。是由 Rohm & Haas 公司（现为 Dow AgroSciences）开发的杀细菌、真菌剂，多用作木材、涂料等防腐剂。

化学名称　2-辛基噻唑-3(2H)-酮，2-octylisothiazol-3(2H)-one。

理化性质　纯品为淡金黄色透明液体，具有弱的刺激气味。沸点 $120\,℃$（$0.01\,mmHg$），蒸气压 $4.9\,mPa(25℃)$。$K_{ow}\lg P=2.45(24℃)$。Henry 常数 $2.09\times10^{-3}\,Pa\cdot m^3/mol$。蒸馏水中溶解度($25℃$)：$0.05\%$；其他溶剂中溶解度(g/L)：甲醇和甲苯中$>800$，乙酸乙酯$>900$，己烷 64。对光稳定。

毒性　大鼠急性经口 $LD_{50}1470\,mg/kg$，兔急性经皮 $LD_{50}4.22\,mL/kg$。对大鼠、兔皮肤和眼睛无刺激性。大鼠急性吸入($4h$)$LC_{50}0.58\,mg/L$。NOEL 18 个月饲喂研究，在 $887\,mg/L[150\,mg/(kg\cdot d)]$下对大鼠无致癌性。

生态效应　鸟急性经口 LD_{50}(mg/kg)：山齿鹑 346，野鸭>887。山齿和野鸭饲喂 LC_{50}(8d)：$>5620\,mg/L$。鱼毒 LC_{50}(96h,mg/L)：大翻车鱼 0.196，小鱼 0.14，虹鳟鱼 0.065，鲶鱼 0.177。水蚤 LC_{50}(48h)$0.18\,mg/L$。

环境行为　土壤/环境　河流试验测定显示在有限剂量为每公顷 $1\,mg/L$ 时一个月内 $40\%\sim100\%$的细菌被灭绝。药物被黏土和土壤吸收。在鱼体内没有累积，活性污泥试验，最初有限剂量仅有 1% 在淤泥中发现。

制剂　1% 糊剂(Pancil-T)。

主要生产商　Dow AgroSciences。

应用　本品主要用作杀真菌剂、杀细菌剂和伤口保护剂。如用于苹果、梨及柑橘类树木作伤口涂擦剂，可防治各种疫霉病、黑斑病等真菌及细菌病害。目前主要用于木材、涂料防腐等。

参考文献

[1] The Pesticide Manual. 15th edition. 2009：832-833.

溴苯腈 bromoxynil

C$_7$H$_3$Br$_2$NO，276.2，1689-84-5，3861-41-4（丁酯溴苯腈），56634-95-8
（庚酯溴苯腈），1689-99-2（辛酰溴苯腈），2961-68-4（溴苯腈钾盐）

溴苯腈（bromoxynil），试验代号　M & B 10064、ENT 20852；商品名称　Alpha Bromotril P、Bromotri、Bromoxone、Mutiny、Milhotril、Tramplin；其他名称　伴地农。丁酯溴苯腈（bromoxynilbutyrate），商品名称　ButryFlow；其他名称丁酯溴苯草腈，庚酯溴苯腈（bromoxynilheptanoate）；试验代号 AE 0503060；商品名称　Huskie、Infinity、Pardner。辛酰溴苯腈（bromoxyniloctanoate），试验代号　M & B 10731、16272 RP、AEF 065321；商品名称　Brominal、Bromox、Bromoxan、Buctril、Emblem；其他名称　溴苯腈辛酸酯，溴苯腈钾盐（bromoxynil-potassium）；商品名称 Astalavista、Swipe-p。是由 May & Baker Ltd 和 Amchem Products Inc（现均为拜耳公司）开发的苯腈类除草剂。

化学名称　3,5-二溴-4-羟基苯腈，3,5-dibromo-4-hydroxybenzonitrile 和 3,5-dibromo-4-hydroxyphenyl cyanide。

理化性质

溴苯腈　原药为褐色固体，纯度97%，熔点188～192℃。纯品为白色固体，熔点194～195℃（升华温度为135℃/0.15mmHg）。270℃分解，蒸气压 1.7×10^{-1} mPa（25℃）。分配系数 K_{ow}lg$P$=1.04（pH 7）。Henry 常数 5.3×10^{-4} Pa·m^3/mol（计算）。相对密度2.31。水中溶解度（pH 7,25℃）89～90mg/L；其他溶剂中溶解度（25℃,g/L）：二甲基甲酰胺 610，四氢呋喃 410，丙酮、环己酮170，甲醇90，乙醇70，苯10，矿物油<20。在稀酸稀碱中稳定，在紫外线下稳定。在熔点下热稳定。pK_a 3.86。

丁酯溴苯腈　相对分子质量389.1，分子式 C$_{14}$H$_{15}$Br$_2$NO$_2$，工业品为淡黄色蜡状化合物，纯品为白色粉末，熔点44.1℃，沸点185℃，蒸气压<1×10^{-4}mPa（40℃）。分配系数 K_{ow}lg$P$=5.4（pH 7,25℃）。Henry 常数 2×10^{-3} Pa·m^3/mol。相对密度 1.632（20℃）。水中溶解度（pH 7）0.08mg/L；其他溶剂中溶解度（20℃,g/L）：丙酮1113，二氯甲烷851，甲醇553，甲苯838，庚烷562。在水光解的条件下分解为苯酚，DT$_{50}$18h。中等程度水解，DT$_{50}$ 5.3d（pH 7）、4.1d（pH 9）。

辛酰溴苯腈　相对分子质量403.0，分子式 C$_{15}$H$_{17}$Br$_2$NO$_2$，纯品为白色粉末，原药为浅黄色粉末，熔点45.3℃，180℃时分解。蒸气压<1×10^{-4}mPa（40℃）。分配系数 K_{ow}lg$P$=5.9（pH 7,25℃）。Henry 常数 1.8×10^{-3} Pa·m^3/mol（计算）。相对密度 1.638。水中溶解度（pH 7,25℃）0.03mg/L；其他溶剂中溶解度（20～25℃,g/L）：氯仿800，N,N-二甲基甲酰胺700，乙酸乙酯847，环己酮550，四氯化碳500，正丙醇120，丙酮1215，乙醇100。在水光解的条件下迅速分解为苯酚，DT$_{50}$4～5h。中等程度水解，DT$_{50}$：11d（pH 7），1.7d（pH 9）。

溴苯腈钾盐　相对分子质量315.0，分子式 C$_7$H$_2$Br$_2$KNO，熔点360℃。水中溶解度（20～25℃）61g（a.e.）/L，其他溶剂中溶解度（20～25℃,g/L）：丙酮70，20%丙酮溶液240，四氢糠醇260。钠盐：水中溶解度（20～25℃）61g（a.e.）/L，其他溶剂中溶解度（20～25℃,g/L）：四氢糠醇430，甲氧基乙醇310，20%丙酮溶液150，丙酮80。

毒性

溴苯腈　急性经口 LD$_{50}$（mg/kg）：大鼠 81～177，小鼠 110，兔子 260，狗 100。急性经皮

LD_{50}(mg/kg)：大鼠＞2000，兔子 3660。对兔皮肤和眼睛无刺激性作用，对豚鼠皮肤有致敏性。大鼠急性吸入 LC_{50}(4h)0.15～0.38mg/L。NOEL：（2y）大鼠 200mg/L；（1y）狗 1.5mg/kg，小鼠 1.3mg/kg。ADI（EC）0.01mg/kg，（EPA）cRfD 0.015mg/kg。

丁酯溴苯腈　大鼠急性经口 LD_{50} 116mg/kg。大鼠急性经皮 LD_{50}＞2000mg/kg，对兔皮肤或眼睛无刺激性作用，对豚鼠皮肤有致敏性。大鼠急性吸入 LC_{50} 1216mg/m³。

庚酯溴苯腈　急性经口 LD_{50}（mg/kg）：雄大鼠 362，雌大鼠 291。大鼠急性经皮 LD_{50}＞2000mg/kg，对兔皮肤和眼睛无刺激性作用，对豚鼠皮肤有致敏性。吸入 LC_{50}（mg/L）：雄大鼠 0.81，雌大鼠 0.72。也有报道大鼠 LC_{50} 为 1.48mg/L。小鼠 NOEL（1.5y）10mg/L。ADI 0.01mg/kg。

辛酰溴苯腈　急性经口 LD_{50}（mg/kg）：雄大鼠 247～400，雌大鼠 238～396，小鼠 306，兔 325。急性经皮 LD_{50}（mg/kg）：大鼠＞2000，兔 1675。对兔皮肤和眼睛无刺激性作用，对豚鼠皮肤有致敏性。吸入 LC_{50}（mg/L）：雄大鼠 0.81，雌大鼠 0.72。NOEL[mg/（kg·d）]：狗（90d）1.3，（1y）1.43。ADI（EC）0.01mg/kg，（EPA）cRfD 0.02mg/kg。

溴苯腈钾盐　急性经口 LD_{50}（mg/kg）：大鼠 130，小鼠 100。大鼠 NOEL（90d）16.6mg/（kg·d）。ADI（EC）0.01mg/kg，（EPA）cRfD 0.015mg/kg。

生态效应

溴苯腈　山齿鹑急性经口 LD_{50} 217mg/kg。亚急性饲喂 LC_{50}（5d,mg/L）：山齿鹑 2080，野鸭 1380。大翻车鱼 LC_{50}（96h）29.2mg/L。水蚤 LC_{50}（48h）12.5mg/L。藻类 EC_{50}（mg/L）：（96h）淡水藻 44，月牙藻 0.65；（72h）舟型藻 0.12。浮萍 LC_{50}（14d）0.033mg/L。蜜蜂 LD_{50}（48h,μg/只）：接触 150，经口 5。蚯蚓 LD_{50}（14d）45mg/kg。

丁酯溴苯腈　虹鳟鱼 LC_{50}（96h）0.0322mg/L。水蚤 EC_{50}（48h）0.208mg/L。藻类：E_bC_{50}（96h）0.56mg/L，E_rC_{50}（72h）0.75mg/L。

庚酯溴苯腈　山齿鹑急性经口 LD_{50} 379mg/kg，饲喂 LC_{50} 4525mg/kg 饲料。大翻车鱼 LC_{50}（96h）0.029mg/L。水蚤 LC_{50}（48h）0.031mg/L。淡水藻 EC_{50}（120h）44mg/L。浮萍 EC_{50}（14d）0.21mg/L，蚯蚓 LD_{50} 为 29mg/kg 土。

辛酰溴苯腈　急性经口 LD_{50}（mg/kg）：山齿鹑 170，野鸭 2350。亚急性饲喂 LC_{50}（5d,mg/L）：山齿鹑为 1315，野鸭为 2150。鱼毒 LC_{50}（96h,mg/L）：大翻车鱼 0.06，虹鳟鱼 0.041。水蚤 LC_{50}（48h）0.046mg/L。藻类 EC_{50}（mg/L）：（96h）淡水藻 1；（120h）月牙藻 0.22，舟形藻 0.043。浮萍 LC_{50}（14d）＞0.073mg/L。蜜蜂 LD_{50}（μg/只）：（48h,接触）＞100；（96h,经口）＞119.8，蚯蚓 LD_{50} 96.7mg/kg 土。

溴苯腈钾盐同溴苯腈。

环境行为

（1）动物　见植物。

（2）植物　在植物和动物体内的代谢为酯和氰基基团的水解，伴随脱溴的发生。

（3）土壤/环境　在土壤中，DT_{50}＜1d。通过水解和脱溴降解为毒性较小的物质如羟基苯甲酸。

制剂　22.5%乳油。

主要生产商　Bayer CropSciences、Makhteshim-Agan、Nufarm、湖北沙隆达股份有限公司、江苏长青农化股份有限公司、江苏辉丰股份有限公司、沙隆达郑州农药有限公司及浙江禾本科技有限公司等。

作用机理与特点　溴苯腈是用于小麦、玉米等作物田做茎叶处理的一种苯腈类选择性触杀型苗期除草剂，主要在杂草苗期经阔叶类敏感杂草的叶片接触吸收而起作用。敏感杂草叶片接触吸收了此药之后，在体内进行有限传导，通过抑制光合作用和蛋白质合成而影响杂草体内的一系列生理与生化过程，迅速促使叶片褪绿和产生褐斑，最终导致细胞组织坏死而使全株枯萎。

应用

（1）适宜作物与安全性　小麦、大麦、黑麦、玉米、高粱、甘蔗、水稻、陆稻、亚麻、葱、蒜、韭菜、草坪及禾本科牧草等。溴苯腈的有效成分在土壤中的半衰期为 10～15d，对后茬作物安全。

（2）防除对象　专用于防除阔叶杂草，可有效地防除旱作物田里的藜、猪毛菜、地肤、播娘蒿、蓼、萹蓄、卷茎蓼、龙葵、母菊、矢车菊、豚草、千里光、婆婆纳、苍耳、鸭跖草、野罂粟、麦家公、麦瓶草和水稻田里的疣草、水竹叶等。

（3）应用技术　施药时遇到 8℃ 以下低温天气，除草效果可能降低。遇到 35℃ 以上高温或高湿天气，对作物安全性可能有影响。施药后至少 6h 无雨才能保证药效的发挥。溴苯腈已被广泛地单独使用或与 2,4-滴丁酯、2 甲 4 氯、麦草畏、禾草灵、野燕枯、阿特拉津、烟嘧磺隆等一些除草剂混合使用。

（4）使用方法

1）小麦田　在小麦 3～5 叶期、大部分阔叶杂草开始旺盛生长的 4 叶期，每亩用 22.5% 溴苯腈乳油 100～150mL，加水配成药液均匀喷雾。此外，每亩还可用 22.5% 溴苯腈 80～100mL 加 72% 2,4-滴丁酯乳油 40mL，或 56% 2 甲 4 氯原粉 50g，加水喷施。应当注意的是这两种混合剂只能在小麦 3～5 叶期（分蘖盛期）施用，错过此期容易造成药害。为了兼治野燕麦，可在野燕麦 3～4 叶期每亩用 22.5% 溴苯腈乳油 100～150mL 加 36% 禾草灵乳油 170～200mL，或加 64% 野燕枯可湿性粉剂 120～150g 混配。

2）玉米田　在玉米 4～8 叶期，春玉米田每亩用 22.5% 溴苯腈乳油 100～120mL，夏玉米田每亩用 22.5% 溴苯腈乳油 80～100mL，加水配成药液均匀喷施于杂草茎叶。为了兼治稗、马唐等禾本科杂草，可采用溴苯腈与乙草胺、异丙草胺、异丙甲草胺等酰胺类除草剂分期搭配使用，或与阿特拉津、烟嘧磺隆等同期混施。以溴苯腈与乙草胺等分期搭配使用，春玉米田是在播后苗前，每亩先用 50% 乙草胺乳油 200～270mL，或 72% 异丙甲草胺或异丙草胺 100～230mL，或 90% 乙草胺 100～170mL，加水配成药液均匀喷施于地表，然后等玉米长到 4～8 叶、多数阔叶杂草长到 4 叶时，每亩再用 22.5% 溴苯腈乳油 100～130mL，加水配成药液均匀喷施。夏玉米田与春玉米田的差别是把乙草胺和溴苯腈的用量分别减到 100～130mL 和 80mL。以溴苯腈与阿特拉津混用，春玉米田是在玉米 4～6 叶期、杂草 2～4 叶期，每亩 22.5% 溴苯腈乳油 100mL 和 38% 阿特拉津悬浮剂 250mL，加水配成药液均匀喷施。夏玉米田，将溴苯腈和阿特拉津的用量分别减到 80mL 和 130mL 即可。

在小麦与玉米间、套作的地块上，也可用溴苯腈做防除阔叶杂草的处理。玉米叶片着上溴苯腈药液之后，或多或少要产生一些触杀型灼斑，但不会影响玉米的正常生长和产量。

喷液量，苗前每亩 50～130L，拖拉机 15L 以上，飞机 2～3.3L。苗后，每亩 45～130L，拖拉机 7～10L。

3）水稻田　近年通过试验表明，以溴苯腈与扑草净混用，可有效地防除比较难防除的疣草。基本用法是在水稻移栽后 20～30d、疣草长到 4～6 叶时，每亩用 22.5% 溴苯腈乳油 70～80mL 加 25% 扑草净可湿性粉剂 30～40g，加水 30～45L 配成药液均匀喷施到疣草茎叶上。在施药的前一天要把稻田里的水彻底排净，施药后须间隔 12h 无雨，并在 24h 后灌水，恢复正常水层管理。

4）亚麻田　在亚麻长到 5～10cm 高时，每亩用 22.5% 溴苯腈乳油 80mL，加水 30～45L 配成药液均匀喷施。用量超过推荐标准或延至亚麻孕蕾后施用，均不安全。

实际应用的多为辛酰溴苯腈，使用方法同上。

专利与登记　专利 GB1067033、US3397054、US4332613 均已过专利期，不存在专利权问题。国内登记了溴苯腈：97% 原药，80% 可溶性粉剂，可以防除小麦和玉米田的多种一年生阔叶杂草。同时还登记了辛酰溴苯腈：92%、95%、97% 原药，25%、30% 乳油，可以防除小麦田、玉米田、大蒜田中的一年生阔叶杂草。

合成方法　通过如下反应制得溴苯腈：

或

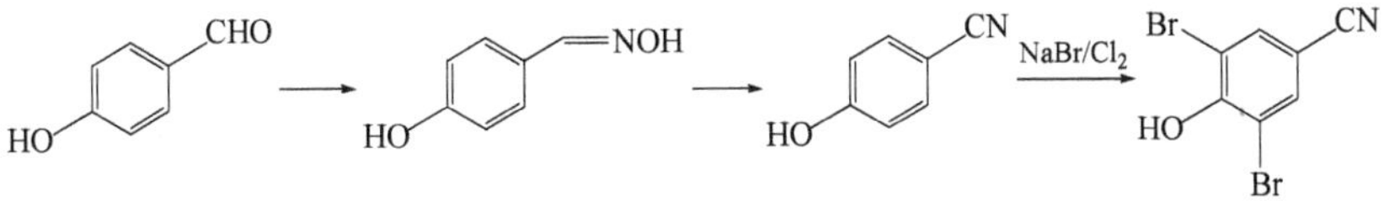

或

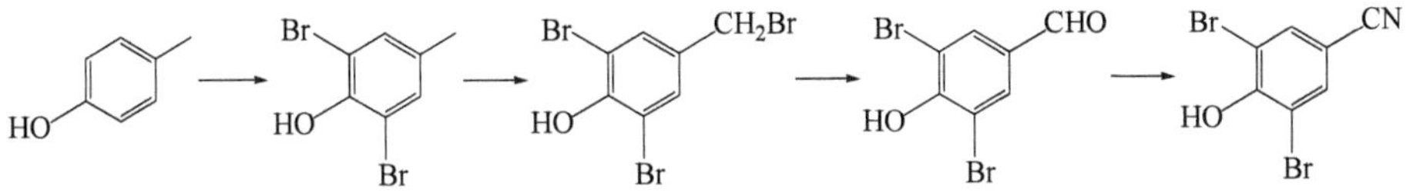

或

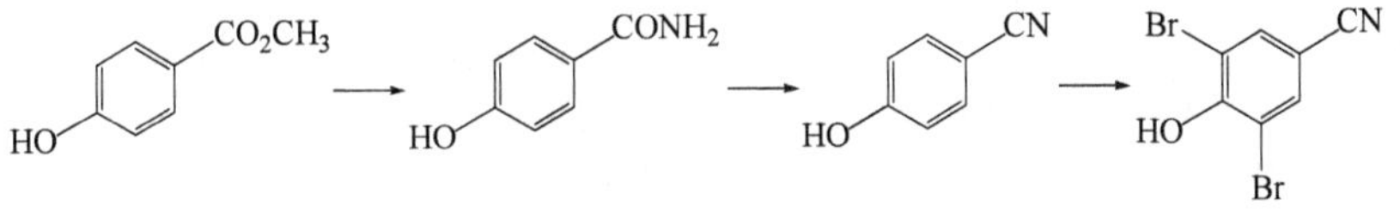

或

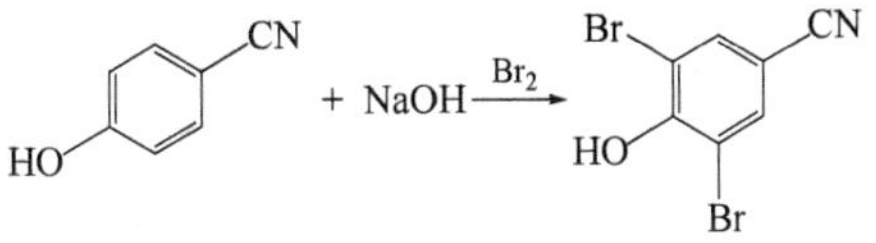

辛酰溴苯腈的合成方法为：

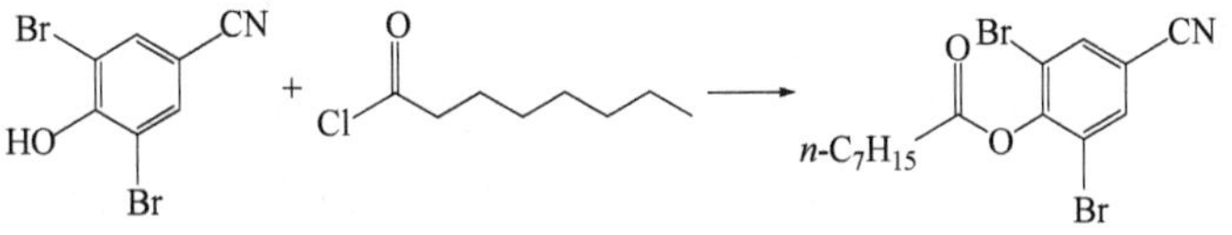

溴虫腈 chlorfenapyr

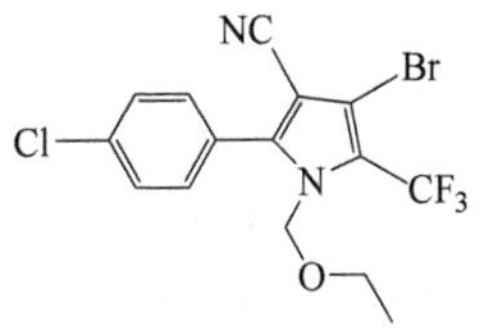

$C_{15}H_{11}BrClF_3N_2O$，407.6，122453-73-0

溴虫腈(chlorfenapyr)，试验代号　AC 303630、BAS 306 I、CL 303630、MK-242。商品名称 Alert、Bombora、Chu-Jin、Grizli、Intrepid、Kotetsu、Lepido、Mythic、phantom、Pylon、Pirate、Pylonga、Rampage、Secure、Stalker、除尽。其他名称　虫螨腈、咯虫尽、溴虫清、氟唑虫清。是由美国 American Cyanamid Co(现属 BASF SE)开发的新型杂环类杀虫、杀螨剂。

化学名称　4-溴-2-(4-氯苯基)-1-(乙氧基甲基)-5-(三氟甲基)吡咯-3-腈，4-bromo-2-(4-chlorophenyl)-1-ethoxymethyl-5-trifluoromethylpyrrole-3-carbonitrile。

理化性质　白色固体，熔点为 101～102℃。蒸气压＜1.2×10^{-2} mPa(20℃)。K_{ow} lg$P$ = 4.83。相对密度 0.355(24℃)。水中溶解度(pH 7,25℃)0.14mg/L。其他溶剂中溶解度(25℃,g/ 100mL)：己烷 0.89，甲醇 7.09，乙腈 68.4，甲苯 75.4，丙酮 114，二氯甲烷 141。稳定性，在

空气中稳定，DT$_{50}$0.88d(10.6h,计算)，水中(直接光降解)DT$_{50}$4.8～7.5d。在水中稳定(pH＝4、7和9)。

毒性 急性经口 LD$_{50}$(mg/kg)：雄大鼠441，雌大鼠1152，雄小鼠45，雌小鼠78。兔急性经皮 LD$_{50}$＞2000mg/kg。对兔眼睛有中等刺激，对兔皮肤无刺激。大鼠吸入 LC$_{50}$1.9mg/L 空气。NOEL 值[mg/(kg·d)]：慢性经口和致癌性 NOAEL(80 周)2.8(20mg/L)，大鼠饲喂毒性 NOAEL(52 周)2.6(60mg/L)。ADI(ECCO)0.015mg/kg[1999]，(EPA)RfD 0.003mg/kg[1997]。Ames、CHO/HGPRT、大鼠微核以及程序外 DNA 合成试验等均为阴性。

生态效应 鸟急性经口 LD$_{50}$(mg/kg)：野鸭10，山齿鹑34。鸟 LC$_{50}$(8d,mg/L)：野鸭9.4，山齿鹑132。鱼 LC$_{50}$(μg/L)：鲤鱼500(48h)；虹鳟鱼7.44，大翻车鱼11.6(96h)。水蚤 LC$_{50}$(96h)6.11μg/L，羊角月牙藻 EC$_{50}$132μg/L，蜜蜂 LD$_{50}$0.2μg/只，蚯蚓 NOEC(14d)8.4mg/kg。

环境行为

(1) 动物 在大鼠体内 24h 60％以上的溴虫腈主要通过粪便排出。被吸收的部分经 N-脱烷基化作用、脱卤作用、羟基化和共轭作用进行代谢。原药和少量的代谢物在鸡蛋、牛奶以及脂肪和肝脏等组织中被发现。在母鸡和山羊中的新陈代谢与大鼠相似，然而，在这些物种中，80％的溴虫腈能迅速排出体外，未被排出的残留物存在于肾脏和肝脏中。在饮食规定的最大剂量中，所有残留物均小于 0.01mg/L。溴虫腈是唯一有效的残留成分。

(2) 植物 在棉花、柑橘、番茄、莴苣和马铃薯中，溴虫腈通过脱烷基或者脱溴作用产生毒性较小的代谢物。母体代谢物是主要的残渣。

(3) 土壤/环境 溴虫腈是主要的残留物，通过脱溴作用产生低毒代谢物是降解的主要路线，脱烷基化作用不是土壤中的主要降解路线。K_{oc}＞10000mL/g，表明溴虫腈主要存在于土壤中。在水中 DT$_{50}$(直接光降解)4.8～7.5d；pH 4、7 和 9 时，对水稳定。

制剂 10％、20％乳油，5％、10％、24％的悬浮剂。

主要生产商 BASF、Fertiagro、上海丰荣精细化工有限公司、深圳市宏宝化工有限公司及郑州沙隆达农业科技有限公司等。

作用机理与特点 具有胃毒和触杀作用的杀虫、杀螨剂。在植物中表现出良好的传导性，但是内吸性较差。溴虫腈是一种杀虫剂前体，其本身对昆虫无毒杀作用。昆虫取食或接触溴虫腈后，在昆虫体内，溴虫腈在多功能氧化酶的作用下转变为具有杀虫活性的化合物，其靶标是昆虫体细胞中的线粒体。使细胞合成因缺少能量而停止生命功能，打药后害虫活动变弱，出现斑点，颜色发生变化，活动停止，昏迷，瘫软，最终死亡。

应用

(1) 适用作物 棉花、蔬菜、甜菜、大豆、柑橘、葡萄、茶树、果树及观赏作物等，推荐剂量下对作物无药害。

(2) 防治对象 对钻蛀、吮吸和咀嚼式害虫以及螨类有优异的防治效果，尤其对具有抗性小菜蛾和甜菜夜蛾等有特效，其中包括对氨基甲酸酯、有机磷和菊酯类杀虫剂产生抗性的害虫和害螨。实验室和田间试验表明，该药剂对 1 龄、3 龄拟除虫菊酯抗性烟蛾保持两个世系的活性。可有效防治棉花、番茄、茄子、马铃薯、芹菜和糖用甜菜作物上的豆卫矛蚜、棉铃虫、潜蝇属、马铃薯块茎蛾、甜菜夜蛾、棉红蜘蛛和棉叶波纹夜蛾、番茄蠹蛾等害虫。除对番茄蠹蛾、夜蛾科害虫的用量为 0.25kg/hm^2 外，其余均以 0.125kg/hm^2 用量防治。日本主要用于蔬菜、茶树、果树上的鳞翅目、半翅目及朱砂叶螨及抗性严重害虫的防治，50mg/L 浓度下即可获得满意的杀螨效果，并具有良好的持效性。

杀虫活性 实验室试验结果表明，溴虫腈防治亚热带黏虫三龄幼虫和烟芽夜蛾一龄幼虫的效果与氟氰菊酯相当，防治烟芽夜蛾三龄幼虫和棉红蜘蛛成螨的效果优于氟氰菊酯。室内浸叶试验结果表明，溴虫腈防治西方马铃薯叶蝉混合群体的活性约为氟氰菊酯的 1/2。

杀螨活性 通过药剂前处理和后处理螨的侵染试验，比较溴虫腈与三氯杀螨醇、三环锡的杀螨活性。侵染前处理的 LC$_{50}$ 值表明，溴虫腈的杀螨活性分别为三氯杀螨醇和三环锡的 9 倍和 3.5 倍。侵染后处理结果表明，溴虫腈杀螨活性分别为三氯杀螨醇和三环锡的 14 倍和 2.5 倍左右。

结果还表明，该化合物对防治有机磷抗性普通红叶螨是高效的。

作物内吸活性　溴虫腈用于水稻防治草地夜蛾一龄幼虫与呋喃丹相比有较好的根内吸活性。水稻秧裸根浸渍在含溴虫腈和呋喃丹的 Hoagland's 培养液内（另含 1％丙酮和 0.1％EMU-LPHOR＊EL620 乳化剂），置于有高强度光照的温室中，7～15d 后，将叶子切离并置于 9cm 塑料培养皿中，皿底内放有湿润的 Watman No.1 滤纸，然后加入 10 条一龄草地夜蛾幼虫，3d 后检查死亡率。在上述条件下，溴虫腈的活性至少是呋喃丹的 10 倍以上。它还具有较好的内吸残留活性，浓度 3mg/L，吸收 15d 后防效达 100％；而呋喃丹仅为 4％。

田间药效　对抗小菜蛾幼虫的活性：小菜蛾幼虫在世界上许多地区对主要杀虫剂如有机氯、有机磷、氨基甲酸酯、拟除虫菊酯、苯甲酰苯基脲类和苏云金杆菌等已经产生抗性。在菲律宾，用溴虫腈在甘蓝上对小菜蛾幼虫（通常商品杀虫剂已不能防治）进行了田间药效评价。溴虫腈施药量 0.1kg(a.i.)/hm² 的防治效果优于 teflubenzuron＋溴氰菊酯[施药量(0.045＋0.025)kg(a.i.)/hm²]。施 teflubenzuron＋溴氰菊酯的小区，幼虫虫口密度平稳增加；经各种剂量溴虫腈处理的小区，幼虫虫口密度呈下降趋势，每株幼虫数小于 1。

对莴苣上鳞翅目幼虫的活性：溴虫腈室内研究的卓越性能，在美国加利福尼亚田间防治几种鳞翅目幼虫试验中也得到了证实。该化合物被配成 240g/L 乳油，对莴苣叶面施药，使用单嘴顶端喷雾器，每公顷施药 375L。相同剂量时，溴虫腈防治甜菜夜蛾和烟芽夜蛾的效果优于氯氰菊酯；对甘蓝粉纹夜蛾的防效与氯氰菊酯相当。由施药后至少 10d 的数据也可证实溴虫腈具有中等的残留活性。

专利与登记　专利 EP312723 早已过专利期，不存在专利权问题。国内登记情况：94.5％、95％原药，10％、21％、30％悬浮剂，10％微乳剂，等，登记作物为甘蓝、黄瓜、苹果、茄子、茶树等，防治对象为小菜蛾、朱砂叶螨、斜纹夜蛾、蓟马、金纹细蛾、甜菜夜蛾、茶小绿叶蝉等。

合成方法　制备溴虫腈主要有如下四种方法：

方法 1：

方法 2：

方法 3：

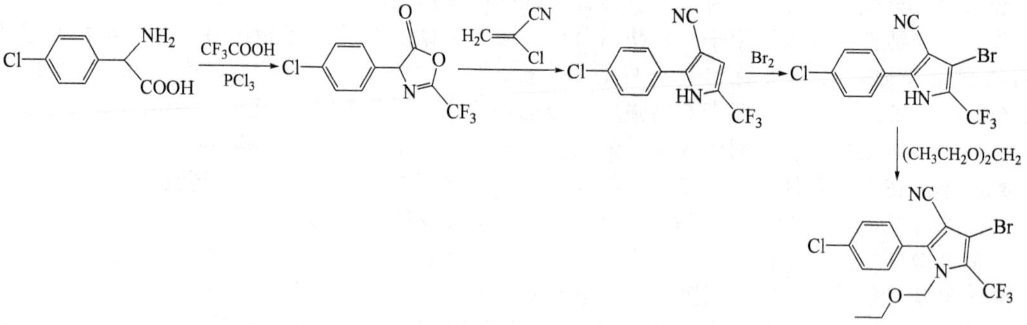

方法4：

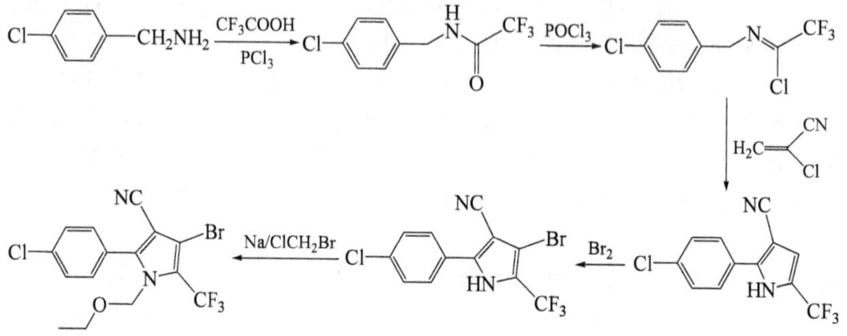

参考文献

[1] 陶贤鉴. 农药译丛, 1998, 20 (5): 15-17.

溴敌隆 bromadiolone

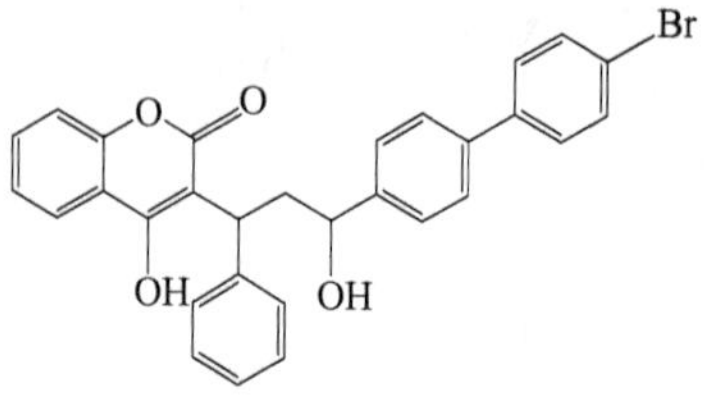

$C_{30}H_{23}BrO_4$，527.4，28772-56-7

溴敌隆（bromadiolone），试验代号 LM 637。商品名称 Aldiol、Broma-D、Lafar、Maki、Sakarat Bromabait、Super Caïd、乐万通。由 M. Grand 报道该杀鼠剂，LiphaS A 开发。

化学名称 3-［3-(4′-溴联苯-4-基)-3-羟基-1-苯丙基］-4-羟基香豆素，3-［3-(4′-bromobiphe-nyl-4-yl)3-hydroxy-1-phenylpropyl］-4-hydroxylcoum-arin。

组成 两种非对映异构体的混合物。纯度 97%。

理化性质 原药（纯度 97%）为黄色粉末。熔点：196～210℃(96%)，172～203℃±0.5℃(98.8%,DSC)（两种非对映异构体的混合物）。蒸气压(20℃) 0.002mPa。K_{ow} lg$P$：>5.00℃(pH=5)，3.80(pH 7)，2.47(pH 9)（均 25℃±1℃）。相对密度 1.45(20.5℃±0.5℃)。水中溶解度(20℃±0.5℃,g/L)：>1.14×10^{-4}(pH 5)，2.48×10^{-3}(pH 7)，0.180(pH 9)；其他溶剂中溶解度(20℃,g/L)：DMF 730，乙酸乙酯 25，乙醇 8.2，易溶于丙酮，微溶于氯仿，几乎不能溶于乙醚和环己烷。在 150℃以下稳定。闪点 218℃。

毒性 急性经口 LD$_{50}$(mg/kg)：大鼠 1.31，小鼠 1.75，兔 1，狗>10，猫>25。急性经皮

1052

LD_{50}(mg/kg)：兔 1.71，大鼠 23.31。大鼠吸入 LC_{50} < 0.02mg/L。NOEL 值：兔 NOAEL(90d) 0.5μg/(kg·d)。NOAEL(生殖与发育毒性,2y)大鼠 5μg/(kg·d)。其他：非致突变，非致染色体断裂，没发现致畸。

生态效应 日本鹌鹑急性经口 LD_{50} 134mg/kg。虹鳟鱼 LC_{50}(96h)2.89mg/L，NOEC(96h) 1.78mg/L。水蚤 EC_{50}(48h)5.79mg/L；NOEC(48h)1.25mg/L。藻类 E_rC_{50}(72h)1.14mg/L；E_yC_{50}(72h)0.66mg/L。在指导剂量下对蜜蜂无毒。蚯蚓 LC_{50} > 1054mg/kg 干土。

环境行为

（1）动物 主要通过胆汁排出。

（2）土壤/环境 浸润作用与土壤中黏土和有机物的含量呈负相关关系。以陈置砂壤土作为模拟土柱和土层的研究表明，溴敌隆残留在上层土壤的比例为 97%，滤出液含 0.1%。

制剂 饵剂(50mg/kg)由浓饵剂[0.25g(a.i.)/L]或干粉制备。

主要生产商 Agreen、Bábolna Bio、Bell、Dr Tezza、Laboratorios Agrochem、Merck Santé、Rallis 及 Tecomag 等。

作用机理与特点 第二代慢性杀鼠剂，阻止凝血素的形成。作用于肝脏，对抗维生素 K1，降低血液凝固能力，阻碍凝血酶原的产生，破坏正常的血凝功能，损害毛细血管，使管壁渗透性增强。中毒鼠死于大出血。

应用

（1）防治对象 防除家栖鼠、野栖鼠及其他鼠类。

（2）应用技术 ①溴敌隆灭鼠效果很好，是国家推广使用的产品，但在害鼠对第一代抗凝血性杀鼠剂未产生抗性之前，不宜大面积推广。一旦发生抗性，使用该药会更好地发挥其特点。②避免药剂接触眼睛、鼻、口或皮肤，投放毒饵时不可饮食或抽烟。施药完毕后，施药者应彻底清洗接触药剂部位。溴敌隆轻微中毒症状为眼或鼻分泌物带血、皮下出血或大小便带血，严重中毒症状包括多处出血、腹背剧痛和神智昏迷等。如发生误服中毒，不要给中毒者服用任何东西，不要使中毒者呕吐，应立即求医治疗。对溴敌隆有效的解毒药是维生素 K_1，具体用法为：a. 静脉注射 5mg/kg 维生素 K_1，需要时重复 2~3 次，每次间隔 8~12h。b. 经口 5mg/kg 维生素 K_1，共 10~15d。c. 输 200mL 的柠檬酸酸化血液。

（3）使用方法 溴敌隆液剂可直接使用，液剂按需要配成不同浓度的毒饵，现配现用，配制方法如下：0.25%溴敌隆液剂常规使用每千克液剂可配制 50kg 毒饵。取 1kg 液剂兑水 5kg 配制成溴敌隆稀释液，将小麦、大米、玉米碎粒等谷物 50kg 直接倒入溴敌隆稀释液中，待谷物将药水吸收后摊开稍加晾晒即可。如果选用萝卜、马铃薯块配制毒饵，可将饵料先晾晒至发蔫，然后按比例加入 0.25%溴敌隆液剂，充分搅拌均匀。实践证明，毒饵保持一定的水分对提高鼠类取食率是十分有利的，现场配制的毒饵一般比工厂化生产的毒饵适口性好的原因就在于此。防治家栖鼠种，可采用 1 次投饵或间隔式投饵。每间房 5~15g 毒饵。如果家栖鼠种以小家鼠为主，布放毒饵的堆数应适当多一些，每堆 2g 左右即可，间隔式投饵需要进行两次投饵，可在第 1 次投饵后 7~10d 检查毒饵取食情况予以补充。在院落中投放毒饵宜在傍晚进行，可沿院墙四周，每 5m 投放一堆，每堆 3~5g，次日清晨注意回收毒饵，以免家畜、家禽误食。防治野栖鼠毒饵有效成分用量可适当提高，一般采用取 1 次性投放的方式。对高原鼢鼠，毒饵有效成分含量可提高至 0.02%。防治长爪沙鼠可使用 0.01%的毒饵，每洞 1g，也可以使用常规的 0.005%毒饵，每洞 2g。防治达乌尔黄鼠使用 0.005%毒饵，每洞 20g，也可采用 0.0075%毒饵，每洞 15g。此外，还可以沿田埂、池边、地堰投毒饵，每 5m 投一堆，每堆 5g，或者每 5m×10m 投一堆，每堆 5g。

专利与登记 专利 FR96651、US3764693、GB1252088 均早已过专利期，不存在专利权问题。国内登记情况：98%原药、0.005%毒饵、0.5%母药等，登记对象为室内、室外等，防治对象为家鼠、田鼠等。

合成方法 通过如下反应制得目的物:

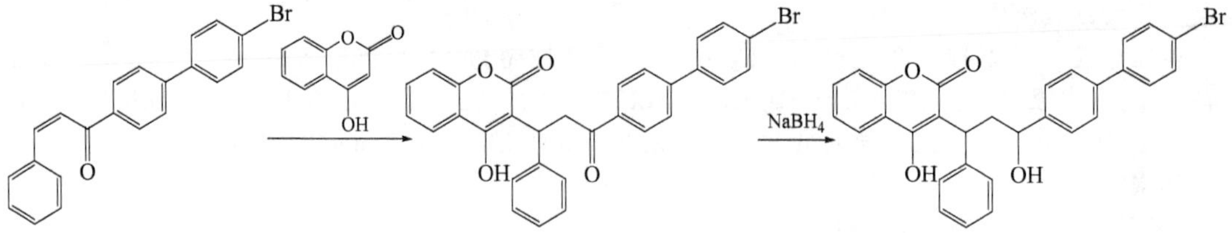

溴丁酰草胺 bromobutide

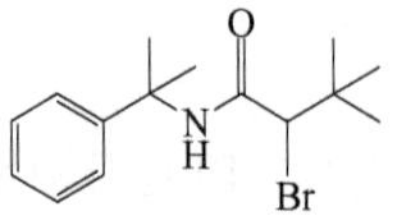

$C_{15}H_{22}BrNO$, 312.3, 74712-19-9

溴丁酰草胺(bromobutide),试验代号 S-4347。商品名称 Sumiherb、Shokinie、Topgun。是由日本住友公司开发的酰胺类除草剂。

化学名称 2-溴-N-(α,α-二甲基苄基)-3,3-二甲基丁酰胺,2-bromo-N-(α,α-dimethylbenzyl)-3,3-dimethylbutyramide。

理化性质 原药为无色至黄色晶体。熔点179.5℃,蒸气压5.92×10^{-2} mPa(25℃)。$K_{ow}lgP$=3.46(25℃),Henry常数6.53 Pa·m³/mol(计算)。水中溶解度3.54mg/L(25℃);其他溶剂中溶解度(25℃,g/L):二甲苯4.7,甲醇35,正己烷0.5。在正常储存条件下稳定。

毒性 大鼠急性经口LD_{50}>500mg/kg,大鼠急性经皮LD_{50}>5000mg/kg。

生态效应 鲤鱼LC_{50}(48h)>5mg/L,水蚤EC_{50}(48h)>5mg/L,水藻E_rC_{50}(72h)>5mg/L。

制剂 颗粒剂。

主要生产商 住友化学株式会社。

作用机理 细胞分裂抑制剂,对光合作用和呼吸作用稍有影响。

应用

(1)适宜作物与安全性 水稻等,在水稻和杂草间有极好的选择性。

(2)防除对象 主要防除一年生和多年生禾本科杂草、莎草科杂草如稗草、鸭舌草、母草、节节菜、细杆萤蔺、牛毛毡、铁荸荠、水莎草和瓜皮草等,对部分阔叶杂草亦有效。

(3)使用方法 以1500~2000g(a.i.)/hm²剂量苗前或苗后施用,能有效防除上述杂草。即使在低于100~200g(a.i.)/hm²剂量下,对细杆萤蔺仍有很高的防效。若与某些除草剂如苯噻酰草胺等混用对稗草、瓜皮草的防除效果极佳。

专利概况 专利US4288244早已过专利期,不存在专利权问题。

合成方法 以α-甲基苯乙烯为起始原料,制得α,α-二甲基溴(氯)化苄。再与氨气反应制得α,α-二甲基苄胺,最后与3,3-二甲基-2-溴-丁酰氯反应,处理即得溴丁酰草胺。反应式如下:

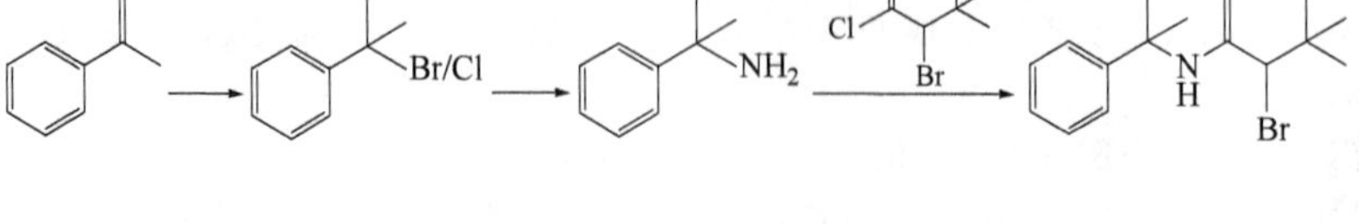

参考文献

[1] 日本农药学会志，1983，8（3）：301-313.
[2] 日本农药学会志，1983，8（4）：429-433.

溴甲烷 methyl bromide

$$CH_3Br$$

CH_3Br，94.9，74-83-9

溴甲烷（methyl bromide），商品名称　Meth-O-Gas 100、Brom-76、Bro-Mean、Brom-O-Gas、Dowfume G、Metabrom、Metabrom 98、Tribrom、Tri-Pan。其他名称　溴灭泰。是由 Dow Chemical Co 开发的具有熏蒸作用的杀虫、杀线虫剂。也具有杀菌、除草和杀鼠作用。

化学名称　溴甲烷，bromomethane。

理化性质　室温下，纯品为无色、无味气体，在高浓度下具有氯仿气味。熔点－93℃，沸点 3.6℃。蒸气压 190kPa（20℃），$K_{ow} \lg P = 1.91$（25℃），相对密度 1.732（0℃）。水中溶解度 17.5g/L（20℃），与冰水形成水合物，可溶于低级醇、醚、酯、酮、芳香族碳氢化合物、卤代烷、二硫化碳等大多数有机溶剂。在水中水解很慢，在碱性介质中水解很快。不易燃。

毒性　大鼠急性经口 $LD_{50} < 100$mg/kg。液体能烧伤眼睛和皮肤。大鼠吸入 LC_{50}（4h）3.03mg/L 空气。对人类高毒，临界值为 0.019mg/L 空气。大鼠 NOAEL 2.2mg/（kg·d）；ADI：（JMPR）1.0mg/kg［1966］，1.0mg/kg［1988］，（EPA）最低 aRfD 0.014，cRfD 0.02mg/kg［2005］。在许多国家都要求接受过培训的人员方可使用。

生态效应　山齿鹑急性经口 LD_{50} 73mg/kg。虹鳟鱼 LC_{50}（96h）3.9mg/L。水蚤 EC_{50}（48h）2.6mg/L。对蜜蜂无伤害。

环境行为　在动物与植物中代谢结构不完全明了，主要是形成无机溴离子。土壤/环境　残留物主要是溴离子和溴甲烷。

制剂　压缩气体制剂。

主要生产商　Albemarle、Chemtura 及 Nippoh 等。

作用机理与特点　溴甲烷进入生物体后，另一部分由呼吸系统排出，另一部分在体内积累引起中毒，直接作用于中枢神经系统和肺、肾、肝及心血管系统引起中毒。具有强烈的熏蒸作用，能杀死各种害虫的卵、幼虫、蛹和成虫。沸点低，汽化快，在冬季低温条件下也能熏蒸，渗透力很强。

应用

（1）适宜作物与安全性　水稻、麦类、豆类、蘑菇等。重要用途还有防治仓储、温室害物。若喷在作物上，则有药害。

（2）防治对象　土壤熏蒸可防治青枯病、立枯病、白绢病等以及杀灭丝核菌属、根瘤菌属、疫霉属、核盘菌属、小核菌属、蜜环菌属、棘壳孢属、青霉属、逆茎点霉属、轮枝孢属、镰刀菌属、木霉属、长喙壳属、壳球孢属等真菌。除了具有杀菌活性外，还具有杀虫、杀线虫、除草、杀鼠作用。

（3）使用方法　①仓库熏蒸使用剂量 40～80g/L，密闭时间 48～72h。②土壤熏蒸使用剂量 100～150g/L，密闭时间 72h。

专利与登记　该产品专利早已过期。国内仅登记了 99% 原药。

合成方法　具体合成方法如下：

$$CH_3OH \xrightarrow[\text{或 } Br_2]{NaBr/H_2SO_4} CH_3Br$$

溴螨酯 bromopropylate

$C_{17}H_{16}Br_2O_3$，428.1，18181-80-1

溴螨酯（bromopropylate），试验代号　ENT 27552、GS 19851。商品名称　Acarol、Bromolate、Folbex VA、Mitene、SunPropylate、螨代治。1967 年 H. Grob 等报道了其杀螨活性，J R Geigy S A(现属 Syngenta　AG)将其商品化。

化学名称　4,4′-二溴二苯乙醇酸异丙酯，isopropyl 4,4′-dibromobenzilate。

理化性质　纯品为白色晶体。熔点 77℃。蒸气压 6.8×10^{-3} mPa(20℃)。分配系数 $K_{ow} \lg P = 5.4$，Henry 常数 $< 5.82 \times 10^{-3}$ Pa·m^3/mol(计算)。相对密度为 1.59(20℃)。水中溶解度(20℃) < 0.5mg/L；其他溶剂中溶解度(20℃,g/kg)：丙酮 850，二氯甲烷 970，二噁烷 870，苯 750，甲醇 280，二甲苯 530，异丙醇 90。在中性或弱酸性介质中稳定。DT_{50} 34d(pH 9)。

毒性　大鼠急性经口 $LD_{50} > 5000$mg/kg。大鼠急性经皮 $LD_{50} > 4000$mg/kg，对兔皮肤有轻微刺激但对兔眼睛无刺激。大鼠吸入 $LC_{50} > 4000$mg/kg。NOEL(mg/kg 饲料)：大鼠(2y)为 500[约 25mg/(kg·d)]，小鼠(1y)1000[约 143mg/(kg·d)]。ADI 值 0.03mg/kg。

生态效应　日本鹌鹑急性经口 $LD_{50} > 2000$mg/kg。鸟饲喂 LC_{50}(8d,mg/kg 饲料)：北京鸭 600，日本鹌鹑 1000。鱼类 LC_{50}(96h,mg/L)：虹鳟鱼 0.35，大翻车鱼 0.5，鲤鱼 2.4。水蚤 LC_{50}(48h)0.17mg/L。羊角月牙藻 EC_{50}(72h)> 52mg/L。对蜜蜂无毒，LC_{50}(24h)183μg/只。蚯蚓 LC_{50}(14d)> 1000mg/kg 土壤。对落叶果树、柑橘属果树和酒花上的花蝽、盲蝽、瓢虫、草蛉、褐蛉、隐翅虫、步甲、食蚜蝇和长足虻的成虫和若虫安全。对肉食性螨的潜在危害可通过避免早季喷药来降到最低。

环境行为

(1) 动物　溴螨酯在动物体内被迅速有效地排泄。通过异丙基酯裂解和氧化成小分子进行代谢。氧化形成的代谢物为 3-羟基齐酸盐和结合物。

(2) 植物　对溴螨酯进行的 ^{14}C 标记研究表明几乎没有渗入叶片或果实。降解缓慢。

(3) 土壤/环境　在土壤中的主要代谢产物是 4,4-二溴二苯乙醇酸。在土壤中的传导性差。

制剂　乳油。

主要生产商　浙江禾本科技有限公司及中化宁波(集团)有限公司等。

作用机理与特点　氧化磷酸化作用抑制剂，干扰 ATP 的形成(ATP 合成抑制剂)。触杀、长效的非系统性杀螨剂。

应用　可用于控制仁果、核果、柑橘类的水果、葡萄、草莓、啤酒花、棉花、大豆、瓜类、蔬菜和花卉上的各个时期的叶螨、瘿螨；在 $25 \sim 50$g/hm^2 下，应用于柑橘、仁果、核果、葡萄、茶树、蔬菜和花卉；在 $500 \sim 750$g/hm^2 下，应用于棉花。也可以用来控制蜂箱中的寄生螨。药害：对一些苹果、李子和观赏植物有轻微药害。

(1) 残留量与安全施药　①果树收获前 21d 停止使用。②在蔬菜和茶叶采摘期禁止用药。③因该药无内吸作用，使用时药液必须均匀全面覆盖植株。④害螨对该药和三氯杀螨醇有交互抗性，使用时要注意。⑤要贮于通风阴凉干燥处，温度不超过 35℃，贮藏期可达 3y。⑥使用时应注意操作安全，避免药液溅到身上，使用后用清水清洗全身。如药液溅到眼里，应用大量的清水反复冲洗。⑦本品无专用解毒剂，应对症治疗。

(2) 应用技术　本品为触杀剂。触杀性较强，无内吸作用。杀螨谱广，持效期长，对成、若螨和卵均有较好的触杀作用。

（3）使用方法　①果树害螨的防治：柑枯红蜘蛛，在春梢大量抽发期，第一个螨高峰前，平均每叶螨数 3 头左右时，用 50%乳油 1500～2500 倍液喷雾。柑橘锈壁虱，当有虫叶片达到 20%或每叶平均有虫 2～3 头时开始防治，20～30d 后螨密度有所回升时，再防治 1 次。用 50%乳油 2000 倍液喷雾，重点防治中心虫株。苹果红蜘蛛、山楂红蜘蛛，在苹果开花前后，成若螨盛发期，平均每叶螨数 4 头以下，用 50%乳油 1000～1300 倍液，均匀喷雾。②棉花害螨的防治：在 6 月底以前，害螨扩散初期，每亩用 50%乳油 25～40mL，兑水 50～75kg，均匀喷雾。③蔬菜害螨的防治：防治危害各类蔬菜的叶螨，可在成、若螨盛发期，平均每叶螨数 3 头左右，每亩用 50%乳油 20～30mL，兑水 50～75kg，均匀喷雾。④茶叶害螨的防治：在害螨发生期用 50%乳油 2000～4000 倍液，均匀喷雾。⑤花卉害螨的防治：防治菊花二叶螨，于始盛发期用 50%乳油 1000～1500 倍液，均匀喷雾。

专利与登记　专利 FR1504969 早已过专利期，不存在专利权问题。国内登记情况：92%、95%原药、500g/L 乳油等，登记作物为苹果和柑橘树等，防治对象为红蜘蛛等。瑞士先正达作物保护有限公司在中国登记情况见表 219。

表 219　瑞士先正达作物保护有限公司在中国登记情况

登记名称	登记证号	含量	剂型	登记作物	防治对象	用药量/(mg/kg)	施用方法
溴螨酯	PD53-87	500g/L	乳油	柑橘树	螨	330～500	喷雾
				苹果树	螨	250～500	喷雾

合成方法　经如下反应制得目的物：

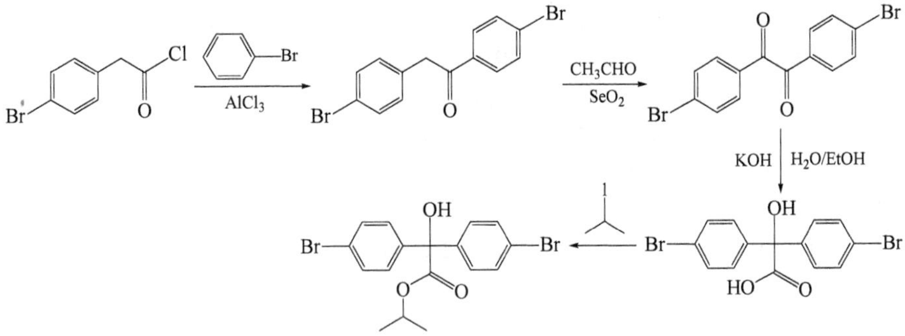

溴氰虫酰胺 cyantraniliprole

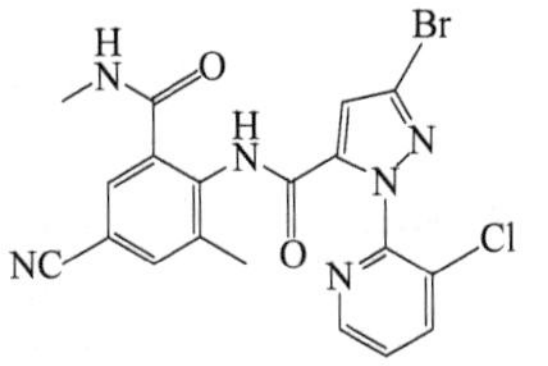

$C_{19}H_{14}BrClN_6O_2$，473.7，736994-63-1

溴氰虫酰胺（cyantraniliprole），试验代号　DPX-HGW86。商品名称　Altriset、Benevia、Exirel、Routine Quattro Box Granule、Verimark。其他名称　氰虫酰胺。是杜邦公司继氯虫苯甲酰胺（chlorantraniliprol）后报道的另一个新型氨基苯甲酰胺类杀虫剂，与氯虫苯甲酰胺相比溴氰虫酰胺具有更广的杀虫活性。

化学名称　3-溴-1-(3-氯-2-吡啶基)-4′-氰基-2′-甲基-6′-(甲氨基甲酰基)吡唑-5-甲酰胺，3-bromo-1-(3-chloro-2-pyridyl)-4′-cyano-2′-methyl-6′-(methylcarbamoyl)pyrazole-5-carboxanilide。

理化性质　纯品为白色固体，含量 96.7%；熔点 224℃。$K_{ow}\lg P=1.94\pm0.11$，Henry 常数 $1.7\times10^{-13}\,Pa\cdot m^3/mol$，相对密度 1.3835(20℃)，水中溶解性 14.24mg/L(20℃)。水解 $DT_{50}<$ 1d(pH 9)；光解 DT_{50}：0.233d(纬度 40°夏季)，4.12d(纬度 60°冬季)。pK_a 8.87(20℃)。

毒性　雌性大鼠急性经口 $LD_{50}>5000mg/kg$，急性经皮 $LD_{50}>5000mg/kg$(雄性和雌性)，雌性和雄性大鼠吸入 $LC_{50}>5.2mg/L$。NOAEL[90d,mg/(kg·d)]：雄性大鼠 168，雌性大鼠 6.9，雄性小鼠 1091.8，雌性小鼠 1344.1，公狗 3.1，母狗 3.5。慢性 NOEL[mg/(kg·d)]：雄性大鼠 8.31，雌性大鼠 106.6，雄性小鼠 768.8，雌性小鼠 903.8，公狗 5.7，母狗 6。ADI 0.057mg/(kg·d)。

生态效应　对哺乳动物、鸟和鱼非常安全。斑胸草雀和山齿鹑急性经口 $LD_{50}>2250mg/kg$，鸟 LC_{50}[5d,mg/(kg·d)]：山齿鹑 >1343，野鸭 >2583。鱼 LC_{50}(5d,mg/L)：虹鳟鱼 >12.6，大翻车鱼 >13，斑猫鲨 >10，羊头鱼 >12。水蚤 EC_{50}(48h)0.0204mg/L；藻 EC_{50}(mg/L)：羊角月牙藻(72h)>13，水华鱼腥藻 >15(96h)，舟形藻 >14，肋骨条藻 >10。蜜蜂 LD_{50}(μg/只)：经口 >0.1055μg/只，接触 >0.0934。蚯蚓 LC_{50}(14d)>1000mg/kg 干土。

环境行为　土壤/环境　平均 DT_{50}32.4d，在有氧水沉积物上的降解比在土壤中的降解更快。在有氧水沉积物上的 DT_{50}25d，在有氧粉砂质沉积物中 DT_{50}3.87d。在厌氧水沉积物中降解迅速，DT_{50}2.1d，在整个系统中 DT_{50}11.9d。水中光解很快，$DT_{50}<$1d。

主要剂型　100g/L 油分散剂，100g/L、200g/L 悬乳剂。

主要生产商　Du Pont。

作用机理与特点　溴氰虫酰胺对害虫肌肉的鱼尼丁受体有着更好的选择性的作用机制，具有较好的内吸性。对非靶标的节肢类动物有很好的选择性，具有非常好的环境安全性。

应用　溴氰虫酰胺除了对半翅目害虫(包括飞虱等)有优异的活性外，对鳞翅目、双翅目害虫、果蝇、甲虫、牧草虫、蚜虫、叶蝉及象鼻虫等也具有很好的活性。室内和田间的试验表明其对主要的飞虱有非常优异的活性，包括 B 型和 Q 型烟粉虱等。使用剂量 $10\sim100g(a.i.)/hm^2$。主要用于蔬菜和果树。由于溴氰虫酰胺具有内吸活性，因此可以采用很多方法施药，包括喷雾、灌根、土壤混施、种子处理及其他方式。

专利与登记

专利名称　Preparation of cyano anthranilamideinsecticides.

专利号　WO2004067528

专利申请日　2004-01-21

专利拥有者　Du Pont

该专利同时申请了其他国家专利，其公开的或授权的专利：AU2004207848、BR2004006709、CA2512242、CN1829707、CN100441576、EP1599463、MD2005000219、MD3864、JP3764895、JP2006515602、ZA2005005310、NZ541112、RU2343151、EG23536、JP2006028159、JP3770500、JP2006290862、US20060111403、US7247647、IN2005DN03008、MX2005007924、KR2007036196、KR921594、US20070264299 等。

杜邦公司在中国登记情况见表 220。

表 220　杜邦公司在中国登记情况

登记名称	登记证号	含量	剂型	登记作物	防治对象	用药量/(g/hm²)	施用方法
溴氰虫酰胺	LS20120327	10%	可分散油悬浮剂	小白菜	黄条跳甲	36~42	喷雾
				小白菜	蚜虫	45~60	喷雾
				小白菜	小菜蛾	15~21	喷雾
				小白菜	斜纹夜蛾	15~21	喷雾
				小白菜	菜青虫	15~21	喷雾
				大葱	美洲斑潜蝇	21~36	喷雾
				大葱	蓟马	23~36	喷雾
				大葱	甜菜夜蛾	17~27	喷雾
溴氰虫酰胺	LS20120327	94%	原药				

合成方法 目前报道的溴氰虫酰胺的合成路线主要有如下两种：一是先把氰基上去，然后利用光气法先合环再开环；二是先形成噁嗪酮环再上氰基然后开环。

参考文献

[1] 杨桂秋. 世界农药，2012,6：19-21.
[2] 柴宝山. 农药，2010，3：167-169.

溴氰菊酯 deltamethrin

$C_{22}H_{19}Br_2NO_3$，505.2，52918-63-5

溴氰菊酯(deltamethrin)。试验代号 AEF 032640、OMS 1998、NRDC 161、RU22 974。商品名称 Butox、Decasyn、Decis、Delta、Deltajet、Deltamix、Deltarin、Keshet、Kordon、K-Othrine、Rocket、Shastra、Sundel、Thrust、Videci、K-Othrine Pronto Uso、敌杀死、凯素灵。其他名称 Decamethrin，是 Roussel Uclaf(现属 Bayer CropSciences AG)开发的拟除虫菊酯类杀虫剂。

化学名称 (S)-α-氰基-3-苯氧基苄基(1R,3R)-3-(2,2-二溴乙烯基)-2,2-二甲基环丙烷羧酸酯或(S)-α-氰基-3-苯氧基苄基(1R)-顺-3-(2,2-二溴乙烯基)-2,2-二甲基环丙烷羧酸酯。(S)-α-cyano-3-phenoxybenzyl(1R,3R)-3-(2,2-dibromovinyl)-2,2-dimethylcyclopropanecarboxylate 或 (S)-α-cyano-3-phenoxybenzyl(1R)-cis-3-(2,2-dibromovinyl)-2,2-dimethylcyclopropanecarboxylate。

理化性质 原药含量为 98.5%，只有一个异构体。纯品为无色晶体，熔点 100～102℃。25℃时蒸气压为 1.24×10^{-5} mPa，Henry 系数 3.13×10^{-2} Pa·m³/mol，相对密度 0.55g/cm³(25℃)，K_{ow}lgP=4.6(25℃)。水中溶解度＜0.2μg/L(25℃)；其他有机溶剂中溶解度(20℃,g/L)：1,4-二氧六环 900，环己酮 750，二氯甲烷 700，丙酮 500，苯 450，二甲基亚砜 450，二甲苯 250，乙醇 15，异丙醇 6。在空气中稳定(温度＜190℃稳定存在)，在紫外线和日光照射下酯键发生断裂并且脱去溴。其在酸性介质中比在碱性介质中稳定。DT₅₀ 2.5d(pH 9,25℃)。比旋光度

$[\alpha]_D +61°(40g/L 苯溶液)。$

毒性 急性经口 LD_{50}(mg/kg)：大鼠 87～5000(取决于载体及研究条件)，狗>300。大鼠和兔的急性经皮 LD_{50}>2000mg/kg，对皮肤无刺激性，对兔的眼睛有中度刺激。大鼠吸入 LC_{50}(6h)为 0.6mg/L 空气。NOEL 值(2y,mg/kg)：小鼠 16，大鼠 1，狗 1。ADI：(EC)0.01mg/kg [2003]；(JMPR)0.01mg/kg [2000]；(EPA)0.01mg/kg [1987]。对小鼠、大鼠、兔无致畸、致突变作用。

生态效应 山齿鹑急性经口 LD_{50}>2250mg/kg，山齿鹑饲喂 LC_{50}(8d)>5620mg/kg 饲料。鸟 NOEL[mg/(kg·d)]：野鸭 70，山齿鹑 55。实验室条件下对鱼有毒，LC_{50}(96h,μg/L)：虹鳟鱼 0.91，大翻车鱼 1.41；自然条件下对鱼无毒。水蚤 LC_{50}(48h)0.56μg/L。羊角月牙藻 EC_{50}(96h)>9.1mg/L。对蜜蜂有毒，LD_{50}(ng/只)：经口 23，接触 12。蚯蚓 LC_{50}(14d)>1290mg/kg 土壤。在实验室得出的低的 LD_{50} 和 LC_{50} 值，对野外生态系统没有危害。

环境行为

(1) 动物 经口进入大鼠体内的本品被迅速吸收并且在 24h 内完全排出，等量的溴氰菊酯排到尿液和粪便中，在器官、组织和酮体中残留低，脂肪中残留高，无迹象表明有富集作用。苯环被羟基化，酯键水解，酸部分被降解为葡萄糖甘酸和甘氨酸。

(2) 植物 植物叶和根对其没有吸收，在植物体中没有主要代谢物。

(3) 土壤/环境 在 1～4 周之内被微生物降解，实验室 DT_{50}(实验室有氧条件下,25℃)18～35d,(厌氧条件下,25℃)32～105d；DT_{90}(实验室有氧条件下,25℃)58～117d，在田间 DT_{50} 8～28d。土壤光解 DT_{50} 9d。对土壤微生物系统和氮循环没有影响。K_d 3790～30000，K_{oc} 4.6×10^5～1.63×10^7 cm^3/g，证实土壤胶体对其有很强的吸附而且不会有渗出的危险。在天然光敏性物质存在的水体表面容易迅速降解，DT_{50} 4d。在水/沉淀系统中，从水到沉淀中的吸收是最重要的耗散路线，DT_{50}(耗散)<1d，DT_{50}(整个系统,实验室条件下,pH 8～9.1)40～90d。在天然水体中降解或耗散的主要路线是悬浮固体以及水生植物的沉淀吸收，通过化学或光化学转变成不活泼的立体异构体，水解后再氧化转型产品。

制剂 粉剂、乳油、水分散粒剂等。

主要生产商 Agrochem、Bharat、Bilag、Bioquest、Devidayal、Gharda、Heranba、Meghmani、PH P Santé、Sharda、Sundat、Tagros、Isagro、拜耳、大连瑞泽农药股份有限公司、江苏扬农化工集团有限公司、龙灯集团、南京红太阳集团及郑州沙隆达农业科技有限公司等。

作用机理 溴氰菊酯具有很强的杀虫活性，以触杀和胃毒作用为主，无内吸及熏蒸作用，但对害虫有一定的驱避与拒食作用。杀虫谱广，击倒速度快，对鳞翅目幼虫杀伤力大，但对螨类基本无效。

应用

(1) 适用作物 粮、棉、油、果、蔬、茶等各种农作物及经济林木。

(2) 防治对象 可防治鳞翅目、鞘翅目、直翅目、半翅目等 260 多种常见农林害虫。在中国主要用于防治棉铃虫、棉红铃虫、小地老虎、菜青虫、斜纹夜蛾、桃小食心虫、苹果卷叶蛾、茶尺蠖、小绿叶蝉、大豆食心虫、黏虫、蚜虫、柑橘潜叶蛾、荔枝蝽象、柑蔗螟虫、蝗虫、松毛虫等近 30 种重要农林害虫。

(3) 残留量与安全施药 以下作物喷洒药液量每亩人工喷洒为 30～50L，拖拉机 7～10L，飞机 1～3L。也可以用低容量喷雾。喷药时应选择早、晚、风小、气温低时进行，晴天上午 8 点至下午 5 点，空气相对湿度低于 65%，气温高于 28℃时应停止喷药，否则效果不好。

溴氰菊酯应用技术可见表 221。

表 221 溴氰菊酯应用技术

作物	害虫	用药量及具体操作
棉花	棉铃虫、棉红铃虫、棉盲蝽、棉蚜	每亩用 2.5%乳油 30～50mL(a.i.0.75～1.25g)，兑水 45～60L 喷雾。若与有机磷杀虫剂进行桶混，用量可减半。棉铃虫发生季节内最好用 2～3 次，杀虫保铃(蕾)效果好

作物	害虫	用药量及具体操作
蔬菜	菜青虫、非抗性小菜蛾幼虫等	每亩用 2.5% 乳油 25～40mL(a.i.0.63～1g)，兑水 30～45L，能有效控制其危害，控制期长达 10～15d。同时能较好地兼治斜纹夜蛾、蚜虫、黄条跳甲、黄守瓜等害虫
果树	桃小食心虫、梨小食心虫和桃蛀螟	卵孵盛期和幼虫蛀果前，即卵果率达到 1%～1.5% 时，用 2500 倍稀释液或每 100L 水加 2.5% 敌杀死 40mL(有效浓度 10mg/L)喷雾防治。每亩苹果树的用水量不少于 150L。第一次喷药后隔 7～10d 再喷 1 次，可有效控制食心虫类害虫的蛀果率在 0.5% 以下
	荔枝蝽象	在其越冬出蛰后到第一代成虫出现前，用 2.5% 敌杀死 2500～3000 倍液或每 100L 水加 2.5% 敌杀死 32～40mL(有效浓度 8～10mg/L)喷雾，要求喷雾周到
	柑橘潜叶蛾	新梢放梢初期(3cm 长)施药，用 2.5% 敌杀死 1666～2500 倍液或每 100L 水加 25% 敌杀死 40～60mL(有效浓度 10～15mg/L)喷雾。若为害严重，隔 7～10d 再喷 1 次
茶树	茶尺蠖、茶毛虫	在幼虫 2～3 龄用 2.5% 敌杀死 3000 倍液或每 100L 水加 2.5% 敌杀死 33mL(有效浓度 8mg/L)喷雾，此剂量还可防治茶小巷叶蛾、茶蓑蛾、扁刺蛾、茶蚜等
	茶小绿叶蝉	在成、若虫盛发期，用 2.5% 敌杀死 2500～3000 倍液或每 100L 水加 2.5% 敌杀死 32～40mL(有效浓度 8～10mg/L)喷雾
烟草	烟青虫	低龄幼虫发生期，每亩用 2.5% 敌杀死 25～40mL(a.i.0.63～1g)喷雾，能有效防治烟青虫的危害
旱粮及其他作物	小麦、玉米、高粱上的黏虫	于幼虫 3 龄前施药，每亩用 2.5% 敌杀死 20～40mL(a.i.0.5～1g)
	麦蚜	在穗蚜发生初期，每亩用 2.5% 敌杀死 15mL(有效成分 0.38g)喷雾
	大豆食心虫、豆荚螟	在大豆开花结荚期或卵孵化高峰期用药，每亩用 2.5% 敌杀死 25～40mL(a.i.0.63～1g)
	玉米螟	玉米抽雄率 10%、每 100 株有玉米螟卵 30 块时施药。每亩用 2.5% 敌杀死 20mL(a.i.0.5g)
	大豆蚜虫、蓟马	大豆每株有蚜虫 10 头以上，2～3 片复叶每株有蓟马 20 头或顶叶皱缩时，每亩用 2.5% 敌杀死 15～20mL(a.i.0.38～0.5g)
	水稻负泥虫	水稻苗期，叶片上出现面虫时，每亩用 2.5% 敌杀死 20～30mL(a.i.0.5～0.75g)
	大豆、甜菜、亚麻、向日葵、苜蓿等作物的草地螟	每百株有幼虫 30～50 头时，大部分幼虫在 3 龄期，每亩用 2.5% 敌杀死 15～20mL(a.i.0.38～0.5g)
	甜菜、油菜跳甲	在甜菜、油菜拱土出苗期，每亩用 2.5% 敌杀死 15～20mL(a.i.0.38～0.5g)
	甘蓝夜蛾	最佳防治时期是在甘蓝夜蛾幼虫 3 龄以前，每亩用 2.5% 敌杀死 15～20mL(a.i.0.38～0.5g)。对 3 龄以上的幼虫，用量增加到每亩 20～25mL(a.i.0.5～0.63g)
	松毛虫	每亩用 2.5% 敌杀死 25～60mL(a.i.0.63～1.5g)
	东亚飞蝗	在 3～4 龄蝗蝻期，每亩荒滩(河滩)用 2.5% 敌杀死 20～25mL(a.i.0.5～0.63g)

专利与登记 专利 GB1413491 早已过专利期，不存在专利权问题。

国内登记情况：2.5％、0.6％乳油，98％、98.5％原药等，登记作物为苹果树和十字花科蔬菜等，防治对象为蚜虫和桃小食心虫等。国外公司在国内登记情况见表222～表223。

表 222 德国拜耳作物科学公司在中国登记情况

商品名	登记证号	含量	剂型	登记作物	防治对象	用药量	施用方法
	PD20040031	98.5％	原药				
溴氰菊酯	PD20080883	25g/L	乳油	十字花科蔬菜	蚜虫	$15\sim18.75g/hm^2$	喷雾
					菜青虫	$15\sim18.75g/hm^2$	
				柑橘树	潜叶蛾	$10\sim16.7mg/kg$	
					蚜虫	$8.3\sim12.5mg/kg$	
				苹果树	桃小食心虫	$10\sim16.7mg/kg$	
					蚜虫	$10\sim16.7mg/kg$	
				梨树	梨小食心虫	$8.3\sim10mg/kg$	
				荔枝	椿象	$7.14\sim8.33mg/kg$	
				茶树	茶小绿叶蝉	$7.5\sim11.25g/hm^2$	
				棉花	棉铃虫	$15\sim18.75g/hm^2$	
					蚜虫	$15\sim18.75g/hm^2$	
				烟草	烟青虫	$7.5\sim11.25g/hm^2$	
				油菜	蚜虫	$5.625\sim9.375g/hm^2$	
				小麦	黏虫	$3.75\sim5.625g/hm^2$	
					蚜虫	$5.625\sim9.375g/hm^2$	
				荒地	飞蝗	$11.25\sim18.75g/hm^2$	
				大豆	食心虫	$7.5\sim9.375g/hm^2$	
溴氰·氟虫腈	PD20070532	氟虫腈25g/L、溴氰菊酯10g/L	乳油	玉米	玉米螟	$7.375\sim11.25g/hm^2$	拌毒砂、土撒喇叭口
					菜青虫	$15.75\sim26.25g/hm^2$	
				甘蓝	小菜蛾	$15.75\sim26.25g/hm^2$	喷雾
					蚜虫	$21\sim26.25g/hm^2$	
溴氰菊酯	PD1-85	25g/L	乳油	森林	松毛虫	①$4\sim7mg/kg$ ②$10\sim20mg/kg$	①喷雾②弥雾、涂药环
				大白菜	主要害虫	$7.5\sim15g/hm^2$	喷雾
				烟草	烟青虫	$7.5\sim9g/hm^2$	
				大豆	食心虫	$6\sim9g/hm^2$	
				荒地	飞蝗	$10.5\sim12g/hm^2$	
				茶树	害虫	$3.75\sim7.5g/hm^2$	
				柑橘树	害虫	$5\sim10mg/kg$	
				苹果树	害虫	$5\sim10mg/kg$	
				梨树	梨小食心虫	$5\sim10mg/kg$	
				小麦	害虫	$3.75\sim5.63g/hm^2$	
				荔枝树	蝽象	$5\sim8.3mg/kg$	
				油菜	蚜虫	$3.75\sim7.5g/hm^2$	
				玉米	蚜虫	$3.75\sim7.5g/hm^2$	
				玉米	玉米螟	$7.5\sim10.5g/hm^2$	拌毒砂、土撒喇叭口
				花生	蚜虫	$7.5\sim9.375g/hm^2$	喷雾
					棉铃虫	$9.375\sim11.25g/hm^2$	
				谷子	黏虫	$7.5\sim9.375g/hm^2$	
				棉花	主要害虫	$7.5\sim15g/hm^2$	

表 223　巴斯夫欧洲公司在中国登记情况

商品名	登记证号	含量	剂型	登记作物	防治对象	用药量/(g/hm²)	施用方法
氯氰菊酯	PD10-85	100g/L	乳油	果菜 叶菜 柑橘树 棉花	害虫	37.5～52.5 37.5～52.5 37.5～52.5 45～60	喷雾

合成方法　经如下反应制得：

差向异构

溴鼠胺 bromethalin

$C_{14}H_7Br_3F_3N_3O_4$，577.9，63333-35-7

　　溴鼠胺(bromethalin)，试验代号　EL-614、OMS 3020。商品名称　Assault、Cy-Kill、Fastrac、Gunslinger、Rampage、Ratximus、Talpirid、Trounce。其他名称　溴甲灵、鼠灭杀灵。在1979 年由 B. A. Dreikorn 等报道，先是 Eli lilly & Co(现属 Dow AgroSciences)后来又由其他公司将其商品化的灭鼠剂。

　　化学名称　N-甲基-N-(2,4,6-三溴苯基)-2,4-二硝基-6-(三氟甲基)苯胺，α，α，α-trifluoro-N-methyl-4,6-dinitro-N-(2,4,6-tribromophenyl)-o-toluidine。

　　理化性质　本品为淡黄色晶体，熔点为 150～151℃。蒸气压为 0.013mPa(25℃)。水中溶解度<0.01mg/L；其他溶剂中溶解度(g/L)：二氯甲烷 300～400，氯仿 200～300，甲醇 2.3～3.4，重芳烃石脑油 1.2～1.3。正常条件下具有良好的储存稳定性；在紫外线下分解。

　　毒性　急性经口 LD_{50}(mg/kg)：鼠和猫为 2(工业品,1,2-丙二醇中)，小鼠和狗为 5。雄兔急性经皮 LD_{50} 1000mg/kg。大鼠吸入 LC_{50}(1h)0.024mg/L 空气。狗和大鼠 NOEL 值(90d)0.025mg/(kg·d)。

　　环境行为　动物　在大鼠体内的主要代谢途径是 N-去甲基化。

　　制剂　0.1%可溶性制剂，0.005%毒饵。

　　主要生产商　Bell

　　作用机理与特点　溴鼠胺中毒可分为急性和慢性两类。急性中毒一般在 18h 内出现，主要为震颤，1～2 次阵发性痉挛的症状，然后出现衰竭而死亡。这些症状出现原因是用工业溴鼠胺的可溶性制剂喂食，其剂量为 LD_{50} 值的 2 倍或 2 倍以上，或取食了大量的毒饵。慢性中毒表现为嗜睡、后腿乏力、肌肉麻痹失去弹性，症状发生原因是 1 次摄入 LD_{50} 的量或多次摄入较小剂量以及喂食致死剂量的毒饵。亚致死剂量喂饲试验表明，一旦停止摄食，受试动物即可恢复正常。溴鼠胺的作用机制是阻碍中枢神经系统线粒体上的氧化磷酸化作用，减少 ATP 的形成及导致

Na^+-K^+ ATP 酶的活性下降。液体积聚可由髓鞘之间液流充盈的液泡证实。空泡的形成则导致脑压和神经轴突压的增加，引起神经冲动传导的阻滞，最后麻痹死亡。鼠类停止摄入溴鼠胺后 7d，脑压即恢复正常；若使用肾上腺素，则脑压可迅速下降。

应用

(1) 防治对象　室内和室外的大鼠、小鼠、褐家鼠等。

(2) 残留量与安全施药　①溴甲灵中毒，尚无特效解毒剂。②在配制、投放毒饵时，要注意安全操作，并防止人畜误食中毒。③误食中毒应立即送医院催吐、洗胃。由鼠灭杀灵中毒引起的脑水肿，可用利尿剂和肾上腺素进行缓解，重症患者可静脉滴注高渗利尿药使脑压下降。

(3) 使用方法　用于控制室内和室外的大鼠和小鼠，对耐抗血凝杀鼠剂的啮齿类有效。不会引起怯饵。溴鼠胺是一种对共栖鼠类可 1 次剂量使用的高效杀鼠剂。鼠类在取食了致死剂量以后，即拒绝摄食，常在 2～3d 死亡。采用含 0.005% 的毒饵(美国常以 65% 玉米粉、25% 燕麦片、5% 糖和 5% 玉米油调制)，以有效地灭杀栖息在各种不同环境的褐家鼠和小家鼠。这种毒饵对鼠的适口性好，未发现拒食现象。在动物食料丰富、鼠类容易取得食物的地方，溴鼠胺毒饵同样能被良好地接受。溴鼠胺的投毒期通常在 7～30d(其中褐家鼠平均为 14d，小鼠为 16d)，均已获得良好的杀灭效果。鼠摄食了致死剂量的溴鼠胺后不会对其他食肉动物引起二次中毒。毒饵投放的场所和时机是有效灭鼠的关键。毒饵投放量大约只需抗凝灭鼠剂毒饵的 1/3，不需要连续投放。一般每周投药 1 次，直到无鼠取食为止。因为溴鼠胺不同于抗凝血灭鼠剂，中毒的鼠不会再摄食毒饵。

专利概况　专利 DE2642148 早已过专利期，不存在专利权问题。

合成方法　通过如下反应制得目的物：

方法 1：

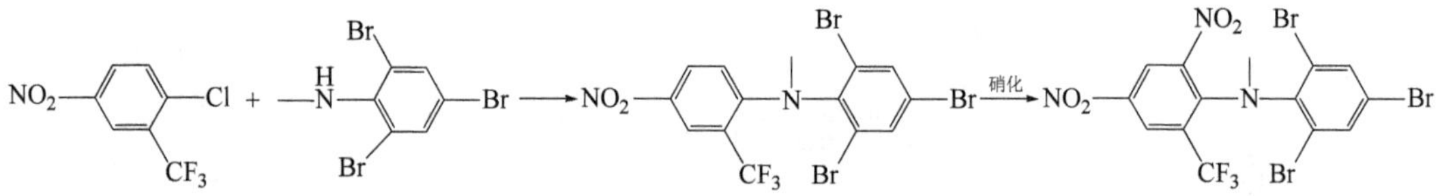

方法 2：

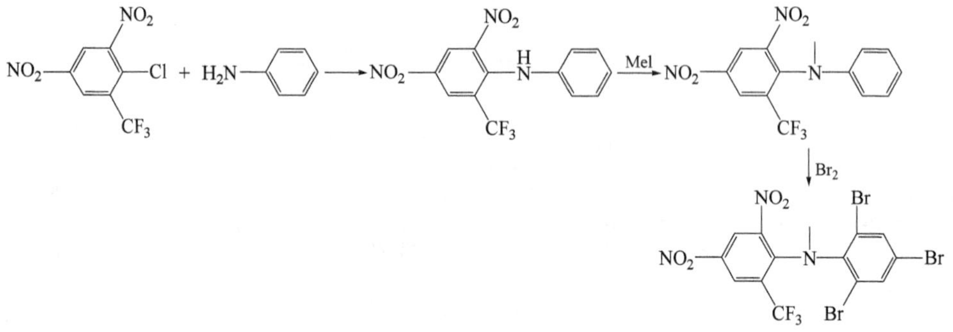

参考文献

[1] Proc Brighton Crop Protection Conference，1979，2：491.

溴鼠灵 brodifacoum

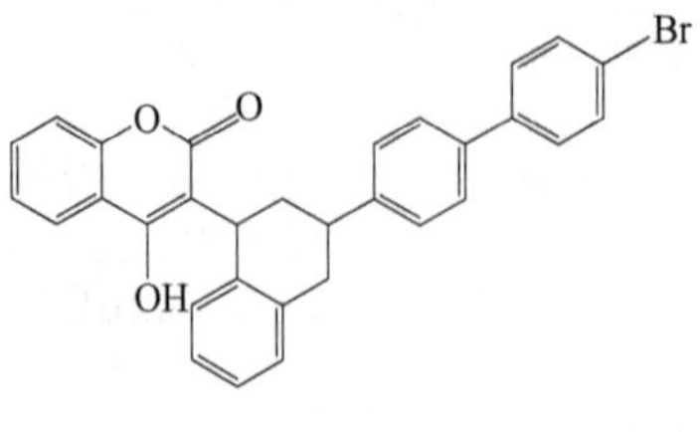

$C_{31}H_{23}BrO_3$，523.4，56073-10-0，66052-95-7(曾用)

溴鼠灵（brodifacoum），试验代号 PP 581、WBA 8119。商品名称 Brobait、Brodi-F、Brodifacoum Rat & Mouse Bait、Broditop、Klerat、Nofar、Talon、大隆。由 R. Redfern 等报道该杀鼠剂，由 Sorex(London)Ltd 和 ICI Agrochemical S 开发和发展，1978 年商品化。

化学名称 3-［3-(4′-溴联苯-4-基)-1,2,3,4-四氢-1-萘基］-4-羟基香豆素，3-［3-(4′-bromo-biphenyl-4-yl)-1,2,3,4-tetrahydro-l-naphthyl］-4-hydroxycoumarin。

组成 纯度＞95％。正反异构体比例范围（50∶50）～（80∶20）。

理化性质 纯品为白色粉末，工业品为白色至浅黄褐色粉末，熔点 228～232℃，蒸气压≪0.001mPa(20℃)。$K_{ow}\lg P=8.5$，$clg p = 6.2$。Henry 常数＜$2×10^{-3}$ Pa·m^3/mol(pH 7)。相对密度 1.42(25℃)。水中溶解度(20℃,mg/L)：$3.8×10^{-3}$(pH 5.2)，0.24(pH 7.4)，10(pH 9.3)；其他溶剂中溶解度(g/L)：丙酮 23，二氯甲烷 50，甲苯 7.2。本品为弱酸性，不易形成水溶性盐类。在 50℃下稳定，在直接日光下 30d 无损耗，溶液在紫外线照射下可降解。

毒性 急性经口 LD_{50}(mg/kg)：雄大鼠 0.4，雄兔 0.2，雄小鼠 0.4，雌豚鼠 2.8，猫 25，狗 0.25～3.6。急性经皮 LD_{50}(mg/kg)：雌大鼠 3.16，雄大鼠 5.21。对兔皮肤和眼睛有轻微刺激，对豚鼠皮肤中度致敏。大鼠吸入 LC_{50}(4h, μg/L 空气)：雄大鼠 4.86，雌大鼠 3.05。大鼠 NOAEL(90d)0.001mg/kg。

生态效应 鸟类急性经口 LD_{50}(mg/kg)：日本鹌鹑 11.6，鸡 4.5，野鸭 0.31。鸟饲喂 LC_{50}(40d,mg/kg)：野鸭 2.7，海鸥 0.72。鱼类 LC_{50}(96h,mg/L)：大翻车鱼 0.165，虹鳟鱼 0.04。水蚤 LC_{50}(48h)＞0.04mg(a.i.)/L。羊角月牙藻 E_rC_{50}(72h)＞0.27mg/L。蚯蚓 LC_{50}(14d)＞99mg/kg 干土。

环境行为

(1) 动物 在哺乳动物中形成羟基香豆素。

(2) 土壤/环境 土壤(pH 5.5～8)有氧、浸没条件下 K_{oc}(平均)50000，14000～106000；K_d(平均)1040，625～1320。DT_{50}＞12 周。泄漏的可能性很小（＜2％）。在 pH 5、7 和 9 时不易水解(20℃)。

主要生产商 Syngenta。

作用机理与特点 溴鼠隆是第二代抗凝血杀鼠剂，靶谱广、毒力强大、居抗凝血剂之首。具有急性和慢性杀鼠剂的双重优点，既可以作为急性杀鼠剂、单剂量使用防治鼠害；又可以采用小剂量、多次投饵的方式达到较好消灭老鼠的目的。溴鼠隆适口性好，不会产生拒食作用，可以有效地杀死对第一代抗凝血剂产生抗性的鼠类。毒理作用类似于其他抗凝血剂，主要是阻碍凝血酶原的合成，损害微血管，导致大出血而死。中毒潜伏期一般在 3～5d。猪狗鸟类对溴鼠隆较敏感，对其他动物比较安全。

应用

(1) 防治对象 本品为间接抗凝血性杀鼠剂，与许多其他抗凝血性杀鼠剂相比（如灭鼠灵和鼠完），本品在较低剂量下即可杀灭褐家鼠、黑家鼠、台湾鼹鼠、明达那玄鼠及啮齿类，如用其他抗凝血剂难杀灭的仓鼠。本品药效极强，鼠一次摄食本品 50mg/kg 饵料的一部分，即能致死。

(2) 应用技术 ①在鼠没有产生抗药性的情况下，应当首先选用杀鼠灵和敌鼠钠第一代抗凝血剂。鼠类一旦产生抗药性后再使用溴鼠灵较为恰当。②溴鼠灵为高毒杀鼠剂，应小心使用，勿在可能污染食物和饲料的地方使用。有二次中毒现象，所有死鼠应烧掉或深埋，勿使其他动物取食死鼠。③原罐储存、紧密封盖，放于远离儿童、家畜、家禽处，避免阳光直射及冰冻。④如果误服溴鼠灵毒饵(几小时内)可用干净的手指插入喉咙引吐，并立即送往医院。应按下述用量服维生素 K_1：成人每日 40mg，分次服用；儿童每日 20mg，分次服用。但要注意应在医生指导下服用解毒药，经口、肌肉注射或者缓慢静脉注射均可。最好检测前凝血酶素倍数和红血素含量。病人应留院接受医生观察直至前凝血酶素倍数恢复正常，或直至不再流血为止。

(3) 使用方法 采用黏附法，0.1％溴鼠灵粉剂以 1∶19 配制毒饵。饵料可视鼠种、环境的不同合理选用。颗粒状毒饵适合在室内及北方干燥地区使用，蜡块毒饵则更适合南方多雨、潮湿的环境，在稻田、下水道、低洼潮湿的农田使用，具有不怕霉变、不影响鼠类取食的特点。防治家栖鼠种可采用一次性投饵法或者间隔式投饵法。一次性投饵法可视鼠密度高低，每间房布 1～3 个饵点，每个饵点 2～5g 毒饵量。间隔式投饵是在一次性投饵的基础上，一周后补充投饵量，以保证所有个体都能吃到毒饵，取得较好的杀灭效果。防治野栖鼠种一次性投饵就可奏效。饵点可沿田埂、地垄设置，每 5m 布一个，也可以按 5m×10m 设一个饵点。每个饵点投 5g 毒饵，采用这两种投饵方法防治毛鼠、黑线姬鼠、大仓鼠等野栖鼠种效果很好。防治达乌尔黄鼠每洞投 7～10g 毒饵，灭洞率 90％以上。云南、四川等地使用大隆蜡块毒饵，沿田埂每 5m 投放 2g，间隔一周后重复投放 1 次防治褐家鼠、黄胸鼠、黑线姬鼠、高山姬鼠等农田害鼠效果亦佳。经各地区试验表明，大隆除能有效地杀灭有抗性的屋顶鼠和小家鼠外还能杀灭其他多种鼠类。关于二次毒性问题，已有试验表明，当家畜取食中毒的死鼠后，很少有二次毒性出现，此结论亦已为大量田间试验证实。

专利与登记 专利 GB1458670 早已过专利期，不存在专利权问题。国内登记情况：98％原药、0.005％毒饵、0.5％母药等，登记对象为室内、室外等，防治对象为家鼠、田鼠等。

合成方法 通过如下反应制得目的物：

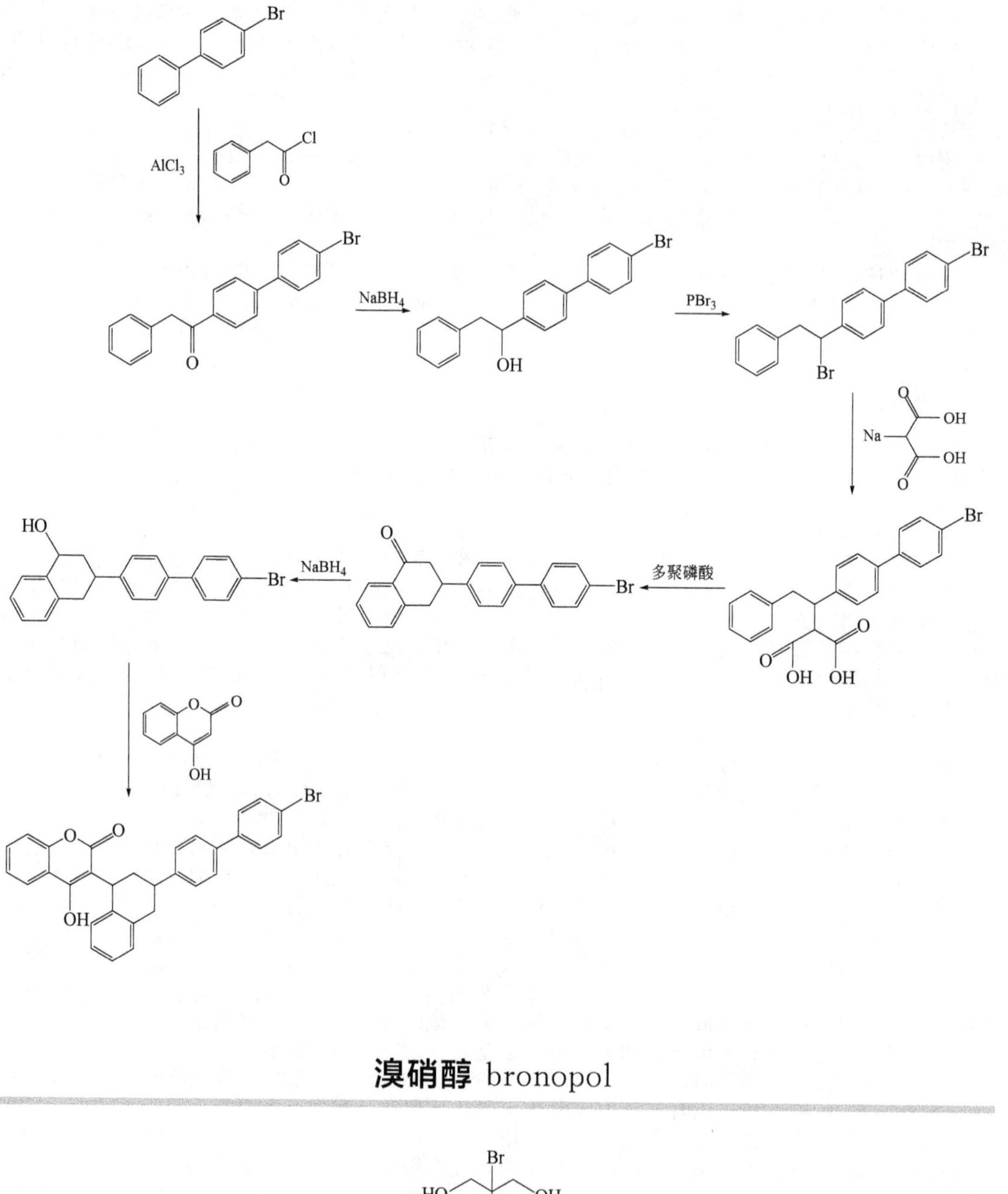

溴硝醇 bronopol

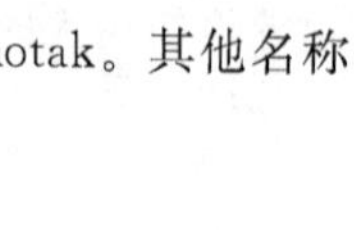

$C_3H_6BrNO_4$，200.0，52-51-7

溴硝醇（bronopol）。商品名称 Bronotak。其他名称 Bactrinashak。是由 Boots 公司（现拜耳公司）开发的杀细菌剂。

化学名称 2-溴-2-硝基丙-1,3-二醇,2-bromo-2-nitropropane-1,3-diol。

理化性质 纯品为无色至浅黄棕色固体,熔点 130℃。蒸气压 1.68mPa(20℃)。Henry 常数 1.34×10^{-6} Pa·m³/mol(计算)。水中溶解度(22℃)为 250g/L。有机溶剂中溶解(23~24℃,g/L):乙醇 500,异丙醇 250,丙二醇 143,甘油 10,液态石蜡<5;与丙酮、乙酸乙酯互溶,微溶于二氯甲烷、苯、乙醚,不溶于正己烷和石油醚。稳定性:具有轻微的吸湿性,在正常的储藏条件下稳定,但在铝制的容器中不稳定。

毒性 急性经口 LD_{50}(mg/kg):大鼠 180~400,小鼠 250~500,狗 250。大鼠急性经皮 LD_{50}>1600mg/kg。大鼠急性吸入 LC_{50}(6h)>5mg/L。对兔眼睛和兔皮肤有中度刺激。大鼠吸入(4h)>3.33mg/L。大鼠 NOEL(72d)1000mg/(kg·d),ADI/RfD(EMEA)0.02mg/kg[2001];(EPA)cRfD 0.1mg/kg[1995]。

生态效应 野鸭急性经口 LD_{50} 510mg/kg。虹鳟鱼 LC_{50}(96h)20mg/L。水蚤 LC_{50}(48h)1.4mg/L。

环境行为

(1)动物 动物口服以后,溴硝醇会被迅速吸收和分解掉,主要通过尿液排出,主要的分解产物经鉴定为 2-硝基丙烷-1,3-二醇。

(2)植物 在土豆田中,以 12 克/吨的剂量喷药,在 6 个月后的残余量<0.1mg/kg。在块茎处进行生物化学降解,生成 2-硝基丙烷-1,3-二醇。

主要生产商 DooYang。

作用机理 氧化细菌酶中巯基,抑制脱氢酶的活性从而导致细胞膜不可逆转的损害。

应用 做种子处理,主要用于防治多种植物病原细菌引起的病害:可用于防治水稻恶苗病、棉花黑臂病和细菌性凋枯病。

专利与登记 专利 GB 1193954 已过专利期,不存在专利权问题。国内登记情况:95%原药,20%可湿性粉剂。登记作物为水稻。防治对象为恶苗病。

参考文献

[1] The Pesticide Manual,15th edition. 2009:135-136.

蚜灭磷 vamidothion

$C_8H_{18}NO_4PS_2$,287.3,2275-23-2

蚜灭磷(vamidothion),试验代号 10465 RP、ENT 26613、NPH 83。商品名称 Asystin Z、Kilval、Kilvar、Trucidor、Vamidoate。是 J. Desmoras 报道其活性,由法国 Rhone-Poulenc Agrochimie(现属拜耳公司)开发的有机磷类杀虫剂。

化学名称 O,O-二甲基-S-2-(1-甲基氨基甲酰基乙硫基)乙基硫代磷酸酯,O,O-dimethyl S-2-(1-methylcarbamoylethylthio)ethylphosphorothioate 或 2-(2-dimethoxyphosphinoylthioethylthio)-N-methylpropionamide。

理化性质 无色针状结晶(工业品为白色蜡状固体),熔点约 43℃(工业品 40℃)。蒸气压可忽略不计(20℃)。水中溶解度 4kg/L,苯、甲苯、甲乙酮、乙酸乙酯、乙腈、二氯甲烷、环己酮、氯仿中溶解度约 1kg/L,几乎不溶于环己烷和石油醚。室温下轻微分解,但在有机溶剂(如甲乙酮、环己酮)中稳定,在强酸或碱性介质中分解。

毒性 急性经口 LD_{50}(mg/kg):雄大鼠 100~105,雌大鼠 64~67,小鼠 34~37。砜急性经口 LD_{50}(mg/kg):雄大鼠 160,小鼠 80。急性经皮 LD_{50}(mg/kg):小鼠 1460,兔 1160。大鼠吸入 LC_{50}(4h)1.73mg/L 空气。以 50mg/kg 饲料或 100mg/kg 饲料喂养大鼠 90d,对其生长无影响。

ADI（JMPR）值 0.008mg/kg ［1988］。

生态效应　山鸡急性经口 LD_{50} 35mg/kg。斑马鱼 LC_{50}（96h）590mg/L。金鱼在 10mg/L 浓度中活 14d 无影响。水蚤 EC_{50}（48h）0.19mg/L。本品对蜜蜂有毒性。

环境行为　本品在动物体内氧化为砜和亚砜，之后 P—S 和 S—C 键断裂，生成水溶性代谢物。喷洒在植物上的药液，在数小时内代谢为亚砜，脱甲基化、氢解为磷酸。20d 后，植物上所有的毒性残留物均是以亚砜的形式存在。在土壤中 DT_{50} 1～1.5d(需氧,22℃)。

制剂　40％乳油，400g/L 溶液。

作用机理与特点　胆碱酯酶的直接抑制剂，属于内吸性杀虫、杀螨剂，持效期长，对苹果棉蚜有特效。在植物内，本品代谢成相应的亚砜，其生物活性类似于本品，但其持效期较长。

应用

（1）适用作物　苹果、柑橘、葡萄、栗、桃、李、蔬菜、茶、水稻、棉花、桑、蔷薇、菊花、石竹等。

（2）防治对象　刺吸式口器害虫，如蓟马、飞虱、水稻黑蝽象、康氏粉蚧、螨、欧洲红螨、桃蚜、甘蓝蚜、马铃薯蚜、二斑叶螨、苹果绵蚜等。

（3）使用方法　以 0.37～0.5g(a.i.)/L 能防治苹果、梨、桃、李、水稻、棉花等作物上的刺吸式口器害虫。

苹果　第一次防治适期是苹果落花后，用 40％蚜灭磷乳油 1500～2000 倍液喷雾，可有效防治绵蚜，或者采用 5 倍药液涂环防治一次。第二次用药是苹果采收后，10 月下旬或 11 月上旬，用 40％蚜灭磷乳油 1500～2000 倍液喷药一次，可有效地杀灭根绵蚜，能大大减轻来年五六月份间的绵蚜危害。

丹参　40％蚜灭磷 1000～1500 倍液喷雾，可有效防治蚜虫。

专利概况　专利 BE575106、EP2090170、CN1097092 均早已过专利期，不存在专利权问题。

合成方法　经如下反应制得蚜灭磷：

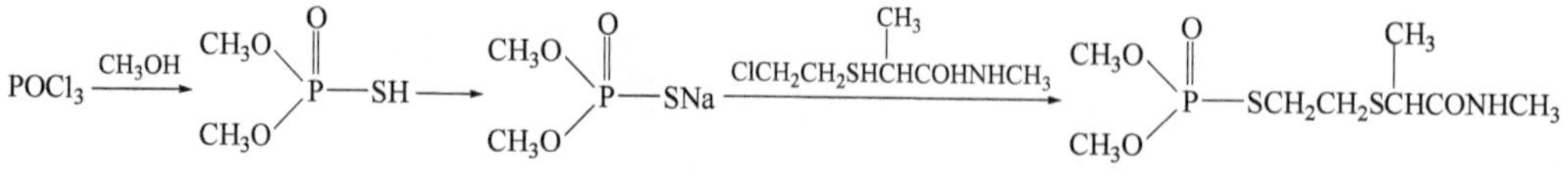

亚胺硫磷 phosmet

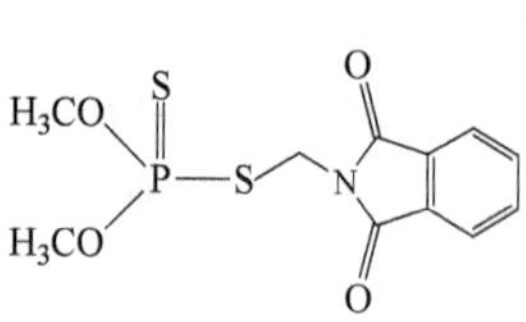

$C_{11}H_{12}NO_4PS_2$，317.3，732-11-6

亚胺硫磷（phosmet），试验代号　ENT 25705、OMS 232、R-1504。商品名称　Barco、Faster、Fosdan、Foslete、Fosmedan、Imidan、Inovitan、Prolate、Prolate、Suprafos。其他名称亚胺磷、酞胺硫磷、益灭松。是 B. A. Butt 和 J. C. Keller 报道其活性，Staffer Chemical Co（现属先正达公司）开发，现由 Gowan Company 和其他公司销售的有机磷类杀虫剂。

化学名称　O,O-二甲基-S-酞酰亚氨基甲基二硫代磷酸酯，O,O-dimethyl S-phthalimidomethyl phosphorodithioate 或 N-(dimethoxyphosphinothioylthiomethyl)phthalimide。

理化性质 工业品纯度为92%，无色结晶固体（工业品为灰白色或粉色蜡状固体），熔点72.0～72.7℃（工业品66～69℃），蒸气压0.065mPa（25℃），$K_{ow}lgP=2.95$，Henry常数8.25×10^{-4}Pa·m³/mol（计算）。水中溶解度（25℃）25mg/L，其他溶剂中溶解度（25℃,g/L）：丙酮650，苯600，甲苯300，甲基异丁基酮300，二甲苯250，甲醇50，煤油5。在碱性介质中分解很快，在酸性介质中相对稳定，DT_{50}（20℃）：13d（pH 4.5）、<12h（pH 7）、<4h（pH 8.3），100℃以上分解，其水溶液或放置玻璃杯中遇光分解。闪点>106℃。

毒性 大鼠急性经口LD_{50}（mg/kg）：雄113，雌160。兔急性经皮LD_{50}>5000mg/kg。对兔眼睛和皮肤中度刺激，对豚鼠皮肤无刺激。雄大鼠和雌大鼠吸入LC_{50}（4h）1.6mg/L空气（70%可湿性粉剂）。NOEL值（2y）：大鼠和狗均为40mg/kg饲料（2.0mg/kg）。无致癌和致畸作用。ADI值（mg/kg）：（JMPR）0.01 [1998，2003，2007]，（EC）0.003 [2007]，（EPA）aRfD 0.045，cRfD 0.011 [2006]。

生态效应 鸟LC_{50}（5d,mg/kg饲料）：山齿鹑507，野鸭>5000。鱼LC_{50}（96h,mg/L）：大翻车鱼0.07，虹鳟鱼0.23。水蚤LC_{50}（48h）8.5μg/L。蜜蜂LD_{50}0.001mg/只。

环境行为 在动物体内，代谢为邻氨甲酰苯甲酸、酞酸及其酞酸衍生物，并通过尿液排出。在植物中迅速降解为无毒代谢物。在土壤中迅速降解。

制剂 8%可溶性液剂，12.5%、50%、70%可湿性粉剂，5%粉剂，20%、25%、50%乳油，等。

主要生产商 General Química及湖北仙隆化工股份有限公司等。

作用机理与特点 胆碱酯酶的直接抑制剂。非内吸、触杀性有机磷杀虫、杀螨剂，对植物组织有一定的渗透性，残效期长。

应用

（1）适用作物 水稻、棉花、果树、蔬菜、大豆、柑橘、茶树、马铃薯、观赏植物、玉米等。

（2）防治对象 蚜虫、叶蝉、飞虱、粉虱、蓟马、潜蝇、盲蝽象、一些介壳虫、鳞翅目害虫等多种刺吸式口器和咀嚼式口器害虫及叶螨类，对叶螨类的天敌安全。也可用作杀动物体外寄生虫药。

（3）残留量与安全施药 茶树收获前禁用期10d，其他作物20d。乳油低温储存时常有结晶析出，施药前可置40～50℃温水浴中加热溶解，摇匀后使用，一般不影响药效。

（4）使用方法 使用剂量0.5～1kg(a.i.)/hm²。

水稻 ①在水稻穗期，幼虫1～2龄高峰期，用25%乳油2L/hm²，兑水750～1000kg均匀喷雾，可防治稻纵卷叶螟。②在若虫盛发期，用25%乳油2L/hm²，兑水750～1000kg均匀喷雾，可防治稻叶蝉、稻飞虱、稻蓟马。

棉花 ①用25%乳油750mL/hm²，兑水1000kg均匀喷雾，可防治棉蚜。②用25%乳油1.5～2L/hm²，兑水1000kg均匀喷雾，可防治棉铃虫、棉红蜘蛛、红铃虫。

果树 ①在果树开花前后，用25%乳油1000倍液，均匀喷雾，可防治苹果叶螨。②在幼虫发生期，用25%乳油600倍液，均匀喷雾，可防治苹果卷叶蛾、天幕毛虫。③在1龄若虫期，用25%乳油600倍液，均匀喷雾，可防治柑橘介壳虫。

蔬菜 ①用25%乳油500mL/hm²，兑水500～700kg均匀喷雾，可防治菜蚜。②在幼虫3龄期，用25%乳油250倍液浇根，可防治地老虎。

此外，还可用药液喷涂体表，防治羊虱、角蝇、牛皮蝇等家畜寄生虫。

专利与登记 专利US2767194早已过专利期，不存在专利权问题。国内登记情况：20%乳油、95％原药等，登记作物为水稻、大豆、柑橘树、棉花、白菜和玉米等，防治对象为食心虫、棉铃虫、螨、蚜虫和菜青虫等。

合成方法 通过如下反应即可制得目的物：

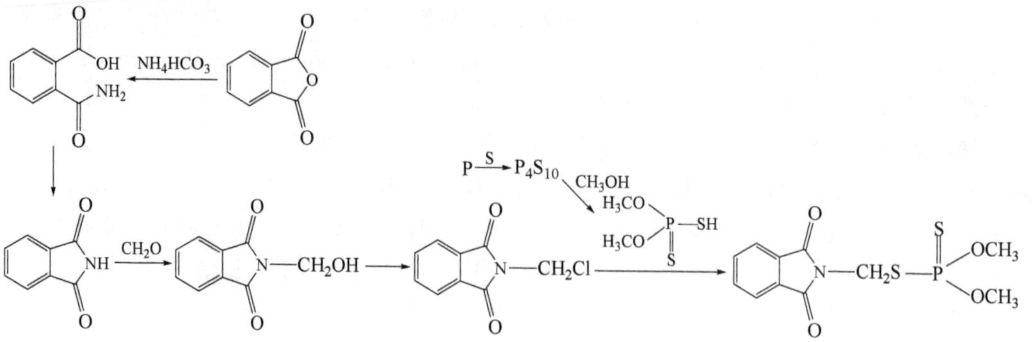

亚胺唑 imibenconazole

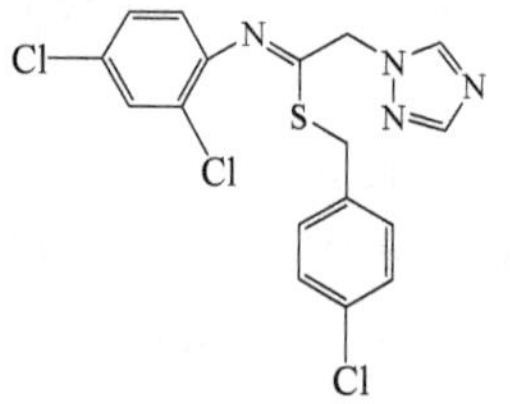

$$C_{17}H_{13}Cl_3N_4S，411.7，86598-92-7$$

亚胺唑（imibenconazole），试验代号 HF-6305、HF-8505。商品名称 Manage、Manage-Trebon。其他名称 Hwaksiran。是由日本北兴化学工业公司开发三唑类杀菌剂。

化学名称 4-氯苄基 N-2,4-二氯苯基-2-(1H-1,2,4-三唑-1-基)硫代乙酰胺酯，4-chlorobenzyl N-(2,4-dichlorophenyl)-2-(1H-1,2,4-triazol-1-yl)thioacetamidate。

理化性质 纯品为浅黄色晶体，熔点 89.5~90℃，蒸气压 $8.5×10^{-5}$ mPa(25℃)。分配系数 $K_{ow}lgP=4.94$。水中溶解度 1.7mg/L(20℃)；有机溶剂中溶解度(25℃,g/L)：丙酮 1063，甲醇 120，二甲苯 250，苯 580。在弱碱性介质中稳定，在酸性和强碱性介质中不稳定；25℃时，DT_{50} <1d(pH 1)，14.5d(pH 5)，186d(pH 7)，62.1d(pH 9)，<1d(pH 13)。

毒性 急性经口 LD_{50}(mg/kg)：雄大鼠 2800，雌大鼠 3000，雄、雌小鼠＞5000。雄、雌大鼠急性经皮＞2000mg/kg。对兔眼睛有轻微刺激作用，对皮肤无刺激作用。对豚鼠皮肤有轻微过敏现象。大鼠急性吸入 LC_{50}(4h)＞1020mg/L。大鼠两年定量喂养试验无作用剂量为 100mg/kg。无致突变作用。

生态效应 山齿鹑和野鸭急性经口 LD_{50}＞2250mg/kg。鱼 LC_{50}(96h,mg/L)：大翻车鱼 1，虹鳟鱼 0.67，鲤鱼 0.84。水蚤 LC_{50}(96h)＞100mg/L。蜜蜂 LD_{50}(μg/只)：＞125(经口)，＞200(接触)。蚯蚓 LC_{50}(14h)＞1000mg/kg 土。

环境行为

(1) 动物 大鼠经口后能够迅速代谢和消除。主要代谢产物是 2′,4′-二氯-(1H-1,2,4-三唑基-1)乙酰苯胺。

（2）植物　主要应用于葡萄和苹果，其代谢、降解都很快，主要代谢产物是 $2', 4'$-二氯-$(1H$-$1,2,4$-三唑基-$1)$乙酰苯胺。

（3）土壤/环境　可以快速降解：DT_{50}（实验室）$4\sim20d$，（田间）$1\sim28d$。$K_{oc} 2813\sim23391$。

制剂　5%、15%可湿性粉剂。

主要生产商　Hokko。

作用机理与特点　主要作用机理是破坏和阻止病菌的细胞膜重要组成成分麦角甾醇的生物合成，从而破坏细胞膜的形成，导致病菌死亡。亚胺唑是新型广谱杀菌剂，具有保护和治疗作用。喷到作物上后能快速渗透到植物体内，耐雨水冲刷。

应用

（1）适宜作物与安全性　水果、蔬菜、果树、禾谷类作物和观赏植物等。在推荐剂量下使用，对环境、作物安全。

（2）防治对象　能有效地防治子囊菌、担子菌和半知菌所致病害如桃、日本杏、柑橘树疮痂病，梨黑星病、锈病，苹果黑星病、锈病、白粉病、轮斑病，葡萄黑痘病，西瓜、甜瓜、烟草、玫瑰、日本卫矛、紫薇白粉病，花生褐斑病，茶炭疽病，玫瑰黑斑病，菊、草坪锈病，等。尤其对柑橘疮痂病、葡萄黑痘病、梨黑星病具有显著的防治效果。对藻类真菌无效。

（3）应用技术　亚胺唑属唑类广谱杀菌剂，是叶面内吸性杀菌剂，土壤施药不能被根吸收。田间试验表明，以 $2.5\sim7.5g$(a.i.)$/100L$ 能有效防治苹果黑星病；以 $7.5g$(a.i.)$/100L$ 能有效防治葡萄白粉病；以 $15g$(a.i.)$/100kg$ 处理小麦种子，能防治小麦网腥黑粉菌；在 $120g/100kg$ 种子剂量下对作物仍无药害。每亩喷药液量一般为 $100\sim300$ L，可视作物大小而定，以喷至作物叶片湿透为止。

（4）使用方法　亚胺唑推荐使用剂量为 $60\sim150g$(a.i.)$/hm^2$。具体使用方法如下：

① 防治柑橘疮痂病　用 5%亚胺唑 $600\sim900$ 倍液或每 $100L$ 水加 5%亚胺唑 $111\sim167g$，喷药适期为第 1 次在春芽刚开始萌发时进行；第 2 次在花落 2/3 时进行，以后每隔 $10d$ 喷药 1 次，共喷 $3\sim4$ 次（$5\sim6$ 月份多雨和气温不高的年份要适当增加喷药次数）。

② 防治葡萄黑痘病　用 5%亚胺唑 $800\sim1000$ 倍液或每 $100L$ 水加 5%亚胺唑 $100\sim125g$，于春季新梢生长达 $10cm$ 时喷第 1 次药（发病严重地区可适当提早喷药），以后每隔 $10\sim15d$ 喷药 1 次，共喷 $4\sim5$ 次。遇雨水较多时，要适当缩短喷药间隔期和增加喷药次数。

③ 防治梨黑星病　用 5%亚胺唑 $1000\sim1200$ 倍液或每 $100L$ 水加 5%亚胺唑 $83\sim100g$，于发病初期开始喷药，每隔 $7\sim10d$ 喷药 1 次，连续喷 $5\sim6$ 次，不超过 6 次。

专利与登记　专利 DE32238306 早已过专利期，不存在专利权问题。

在国内登记情况：5%、15%可湿性粉剂，登记作物为梨树和苹果树等，防治对象为黑星病、黑痘病等。日本北兴化学工业株式会社在中国登记情况见表224。

表 224　日本北兴化学工业株式会社在中国登记情况

登记名称	登记证号	含量	剂型	登记作物	防治对象	用药量/(mg/kg)	施用方法
亚胺唑	PD276-99	15%	可湿性粉剂	梨树	黑星病	$43\sim50$	喷雾
亚胺唑	PD283-99	5%	可湿性粉剂	苹果树	斑点落叶病	$71.4\sim83.3$	喷雾
				柑橘树	疮痂病	$55.6\sim83.3$	
				葡萄	黑痘病	$62.5\sim83.3$	
				青梅	黑星病	$62.5\sim83.3$	
				梨树	黑星病	$43\sim50$	

合成方法　以 2,4-二氯苯胺为原料，经酰胺化等四步反应制得酰胺唑。反应式如下：

参考文献

[1] The Pesticide Manual. 15th edition. 2009：643.
[2] Proc Brighton Crop Prot Conf Pests Dis. 1988：519.

亚砜磷 oxydemeton-methyl

$C_6H_{15}O_4PS_2$，246.3，301-12-2

亚砜磷（oxydemeton-methyl），试验代号 Bayer 21097、ENT 24964、R 2170。商品名称 Aimcosystox、Dhanusystox。其他名称 emeton-S-methyl sulfoxide、ossidemeton-metile、ODM、亚砜吸磷、甲基一〇五九亚砜、砜吸硫磷、甲基内吸磷亚砜，是 G. Schrader 报道其活性，由 Bayer AG 开发的有机磷类杀虫剂。

化学名称 S-2-乙基亚磺酰基乙基 O,O-二甲基硫代磷酸酯，S-2-ethylsulfinylethyl O,O-dimethyl phosphorothioate。

理化性质 无色液体，熔点＜−20℃，沸点106℃（0.01mmHg）。蒸气压3.8mPa(20℃)。相对密度1.289(20℃)。$K_{ow}\lg P=-0.74(21℃)$。Henry常数＜1×10^{-5} Pa·m³/mol（计算）。与水互溶，溶于大多数有机溶剂，不溶于石油醚。在酸性介质中分解很慢，在碱性介质中水解很快。DT_{50}(22℃)：107d(pH 4)，46d(pH 7)，2d(pH 9)。闪点113℃。

毒性 大鼠急性经口 LD_{50} 约50mg/kg，大鼠急性经皮 LD_{50} 约130mg/kg。对兔眼睛和皮肤中度刺激(50%甲基异丁基酮溶液)。雌大鼠吸入 LC_{50}(4h)427mg/m³(50%甲基异丁基酮溶液)。NOEL(mg/kg 饲料)：(2y)大鼠1，小鼠约30；(1y)狗0.25。ADI：(EFSA)0.0003mg/kg[2006]；(JMPR)0.0003mg/kg[1989]；(EPA)aRfD 0.008mg/kg，cRfD 0.00013mg/kg[2006]。无胚胎毒性、无致突变性。

生态效应 山齿鹑 LD_{50} 34～37mg/kg。鸟 LC_{50}(5d,mg/kg 饲料)：野鸭＞5000，山齿鹑434。鱼 LC_{50}(96h,mg/L)：虹鳟鱼17，金枪鱼447.3，大翻车鱼1.9。水蚤 LC_{50}(48h)0.19mg/L。羊角月牙藻 E_rC_{50} 49mg/L。对蜜蜂有毒。蚯蚓 LC_{50} 115mg/kg 干土。

环境行为 在动物体内代谢很快，48h内几乎99%通过尿液排出体外。在植物内通过氧化和氢解代谢也很快，除了氧化为具有活性的甲基内吸磷外，主要的代谢反应为水解及随后的二聚反应。在土壤中代谢途径为亚砜氧化为砜，以及侧链的氧化和氢解，很快代谢为二甲基磷酸和磷酸。

制剂 25%乳油、50%可溶性液剂。

主要生产商 DooYang。

作用机理与特点 胆碱酯酶的直接抑制剂，是一种胃毒、触杀、内吸性杀虫剂，击倒速度快。

应用

（1）适用作物　蔬菜、谷物、果树、观赏植物。

（2）防治对象　蚜虫、叶蜂、刺吸式害虫。

（3）残留量与安全施药　收获前禁用期为 21d，最大允许残留量为 0.75mg/kg。对某些观赏植物可能会产生药害，尤其是当与其他农药混用时。

（4）使用方法　应用范围类似于甲基内吸磷，亚砜磷是甲基内吸磷的代谢产物，一般使用剂量为 $0.3 \sim 0.8 kg/hm^2$。

专利概况　专利 DE947368、US2963505 均早已过专利期，不存在专利权问题。

合成方法　经如下反应制得亚砜磷：

$$C_2H_5SCH_2CH_2Cl + HS-P(=O)(OCH_3)(OCH_3) \longrightarrow C_2H_5SCH_2CH_2S-P(=O)(OCH_3)(OCH_3) \xrightarrow{H_2O_2} (H_3C-O)(H_3C-O)P(=O)-SCH_2CH_2SC_2H_5$$

烟碱 nicotine

$C_{10}H_{14}N_2$，162.2，54-11-5，54-11-5(硫酸烟碱)

烟碱（nicotine），商品名：No-Fid、Stalwart、XL-All Insecticide，是一种天然杀虫剂。1690年用烟草萃取液来杀虫，1828 年首次从烟草中分离出来，1843 年提出其化学式并于 1893 年确定其结构，1904 年 A. Pictet 和 Crepieux 成功利用合成的方式得到烟碱。

化学名称　(S)-3-(1-甲基吡咯烷-2-基)吡啶，(S)-3-(1-methylpyrrolidin-2-yl)pyridine。

组成　粗生物碱提取物中的主要成分为(S)-(−)-烟碱，同时含有少量其他生物碱。

理化性质　纯品为无色液体（在光照和空气中迅速变黑），熔点−80℃，沸点 246～247℃，蒸气压 5.65Pa(25℃)，$K_{ow}lgP=0.93(25℃)$，相对密度 1.01(20℃)。60℃ 以下与水互溶形成水合物，210℃ 以上时易溶于乙醚、乙醇和大多数有机溶剂。在空气中迅速变为黑色黏稠状物质，遇酸成盐。旋光度 $[\alpha]_D^{20}-161.55°$，离解度 $pK_{a_1}3.1$，$pK_{a_2}8.2$，闪点 101℃。

毒性　大鼠急性经口 $LD_{50}50\sim60mg/kg$，兔急性经皮 $LD_{50}50mg/kg$。皮肤接触和吸入对人均有毒性。人的致命口服剂量为 40～60mg。

生态效应　对鸟有毒，虹鳟鱼幼鱼 $LC_{50}4mg/L$，水蚤 $LC_{50}4mg/L$，对蜜蜂有毒，但有趋避效果。

环境行为　易为皮肤吸收，在光照下和空气中极易降解。

制剂　粉剂、熏蒸剂、水溶性液剂。植物碱原药（含 95%～98%）；40%～50%硫酸烟碱（使用时须用肥皂或碱稀释以释放出烟碱）；水不溶性烟碱盐；3%～5%粉剂；烟草烟熏粉剂。

作用机理与特点　对害虫有胃毒、触杀、熏蒸作用，并有杀卵作用，无内吸性。属神经系统乙酰胆碱受体抑制剂，麻醉神经，是一种典型的神经毒剂。小剂量兴奋中枢神经系统，增强呼吸，增高血压；大剂量通过受体的持久去极化而阻抑烟碱型受体，有抑制和麻痹神经的作用，作用方式为显著抑制害虫呼吸系统，同时有轻微触杀和胃毒作用。也可用于密闭空间（温室等）熏蒸。烟碱的蒸气可从虫体的任何部分浸入体内而发挥毒杀作用。

应用

（1）适用作物　蔬菜、果树、茶叶、棉花、水稻等作物。

（2）防治对象　蚜虫、蓟马、蟓象、卷叶虫、菜青虫、潜叶蛾以及水稻的三化螟、飞虱、叶蝉、斑潜蝇等。

（3）残留量与安全用药　烟碱易挥发，故残效期很短，而它的盐类（如硫酸烟碱）较稳定，残效较长。由于烟碱对人高毒，所以配药或施药时都应遵守通常的农药施药保护规则，做好个人防护。①烟碱对蜜蜂有毒，使用时应远离养蜂场所。②药液稀释时，加入一定量的肥皂或石灰，能提高药效。③急救治疗措施：误服或中毒可用清水或盐水彻底冲洗肠胃。如丧失意识，开始时可吞服活性炭，清洗肠胃。禁服吐根糖浆。无解毒剂，对症治疗。④烟碱易挥发，烟草粉必须密闭存放，配成的药液立即使用。⑤烟碱对人毒性较高，配药时应戴橡皮手套。

（4）使用方法　①蚜虫：防治棉花上的蚜虫，使用 10% 烟碱乳油 75～105g/hm²（有效成分），喷雾；防治菜豆上的蚜虫，使用量为 30～40g/hm²，喷雾；②斑潜蝇：使用 10% 烟碱乳油 75～105g/hm²（有效成分），喷雾，有效防治蚕豆上的斑潜蝇。③烟青虫：使用 10% 烟碱乳油 75～112.5g/hm²（有效成分）兑水喷雾。

生产中一般直接使用烟草喷粉或喷雾。1）喷粉法：每亩用烟草粉末 2～3kg 直接喷粉。2）喷雾法：①烟草水。烟草粉末加适量清水浸泡 1d，滤去烟渣按每千克烟草粉末兑水 10～15kg 或每千克烟茎配烟筋水 6～8kg 的比例稀释，直接喷雾。②烟草石灰水法。烟草粉末 1kg，生石灰 0.5kg，水 40kg，先用 10kg 热水浸泡烟草粉末半小时，用手揉搓水中烟叶，然后把烟叶捞出，放在另外 10kg 清水中再揉搓，直到没有较浓的汁液揉出为止，将两次揉搓液合到一块，另将 0.5kg 生石灰加 10kg 水配成石灰乳，滤去残渣。在使用前，将烟叶和石灰乳混合，再加 10kg 水，搅匀后即可喷雾。③插烟基。将晒干的烟叶切成约 4cm 长小段，或将废烟叶结成烟索切成小段，插在三化螟为害的枯心群禾苗旁，可毒杀三化螟幼虫，防治其转株为害。

专利与登记　烟碱不存在专利问题。在我国登记使用情况见表 225。

表 225　烟碱在中国登记使用情况

商品名	登记证号	含量	剂型	登记作物	防治对象	用药量	施用方法
烟碱	PD20100680	90%	原药				
烟碱	LS20081629	1.2%	烟剂	松树	松毛虫	180～360g/hm²	点燃放烟
烟碱·苦参碱	PD20100678	1.2%	乳油	甘蓝	菜青虫	7.2～9g/hm²	喷雾
烟碱·苦参碱	PD20101216	12%	水剂	柑橘树	矢尖蚧	5～10mg/kg	喷雾
氯氰·烟碱	PD20101431	4%	水乳剂	甘蓝	蚜虫	60～120g/hm²	喷雾

合成方法　长期以来人们用烟草提取物来防治刺吸式害虫，现已被烟碱制成品及其硫酸盐取代。其制备方法为将烟叶磨成细粉，加入石灰乳，使其呈碱性，烟碱则游离出来，然后再加煤油过滤。硫酸烟碱则是将烟草细粉加入石油，再加硫酸，充分搅拌，滤去残物，用石油析出，即得硫酸烟碱。也可以通过如下反应制得：

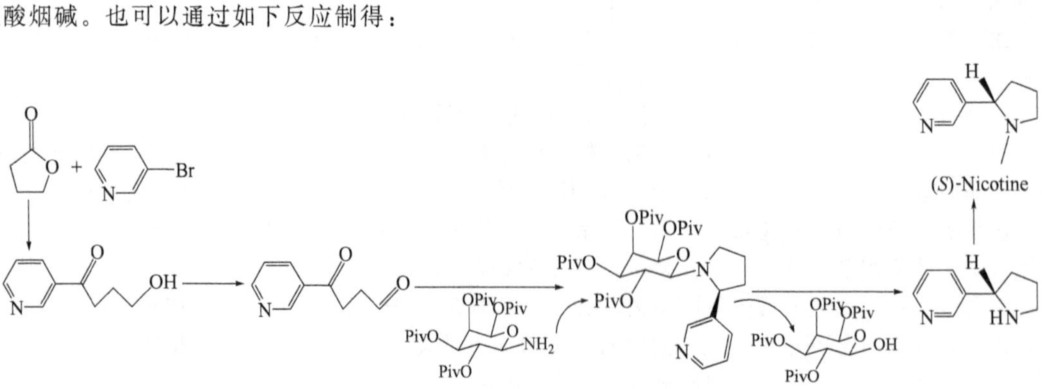

参考文献

[1] Pestic Sci, 1996, 47：265.

烟嘧磺隆 nicosulfuron

$$C_{15}H_{18}N_6O_6S, 410.4, 111991-09-4$$

烟嘧磺隆（nicosulfuron），试验代号 DPX-V9636、MU-495、SL-950。商品名称 Accent、Fertinico、Milagro、Nic-It、Nostoc。其他名称 Akizon、Amaize、Crew、Dasul、Elite、Ghibli、Grassate、Lama、Mistral、Motivell、Nico M、Nisshin、Onehope、Pampa、Primero、Samson、Sanson、玉农乐、烟磺隆。是由日本石原株式会社开发的磺酰脲类除草剂。

化学名称 1-(4,6-二甲氧基嘧啶-2-基)-3-(3-二甲基氨基甲酰吡啶-2-基磺酰)脲 或 2-(4,6-二甲氧基嘧啶-2-基氨基羰基磺酰基)-N,N-二甲基烟酰胺。1-(4,6-dimethoxypyrimidin-2-yl)-3-(3-dimethylcarbamoyl-2-pyridylsulfonyl)urea 或 2-(4,6-dimethoxypyrimidin-2-ylcarbamoylsulfamoyl)-N,N-dimethylnicotinamide。

理化性质 纯品为无色晶体，熔点 169～172℃（工业品，140～161℃），蒸气压＜8×10^{-7} mPa(25℃)。分配系数 $K_{ow}\lg P$：－0.36(pH 5)，－1.8(pH 7)，－2(pH 9)。Henry 常数 1.48×10^{-11}Pa·m³/mol。相对密度 0.313。水中溶解度 7.4g/L(pH 7)；其他溶剂中溶解度(25℃,g/kg)：丙酮 18，乙醇 4.5，氯仿、二甲基甲酰胺 64，乙腈 23，二氯甲烷 160，己烷＜0.02，甲苯 0.37。pK_a 4.6(25℃)。稳定性：水解 DT_{50} 15d(pH 5)，pH＝7、9 时稳定。闪点＞200℃。

毒性 大鼠（雄、雌）急性经口 LD_{50}＞5000mg/kg，大鼠（雄、雌）急性经皮 LD_{50}＞2000mg/kg。对兔眼睛中等刺激，对兔皮肤无刺激。对豚鼠的皮肤无致敏性，75％制剂对眼睛无刺激。大鼠吸入 LC_{50}(4h)5.47mg/L。狗 NOAEL(1y)125mg/kg，ADI(EC)2.0mg/kg [2007]，(EPA)cRfD 1.25mg/kg [2004]，Ames 无致突变。

生态效应 山齿鹑急性经口 LD_{50}＞2000mg/kg，山齿鹑和野鸭饲喂毒性 LC_{50}＞5000mg/L。虹鳟鱼 LC_{50}(96h)65.7mg/L，水蚤 LC_{50}(48h)＞90mg/L。绿藻 NOEC(96h)100mg/L。浮萍 LC_{50}(14d)0.0032mg/L，蜜蜂接触 LD_{50}＞76μg/只，饲喂 LC_{50}(48h)＞1000mg/L，NOEC 500mg/L，蚯蚓 LC_{50}(14d)＞1000mg/kg。

环境行为

(1) 动物 山羊，作用剂量为 60mg/L 时，在组织和奶中发现＜0.1mg/L 的代谢物质，其代谢物不会在生物体内累积。磺酰脲桥的水解和羟基化是代谢的主要途径。

(2) 植物 在玉米内迅速降解，DT_{50} 1.5～4.5d，在所有的作物中代谢剩余物＜0.02mg/L，磺酰脲桥水解变成吡啶磺酰胺和嘧啶胺，在嘧啶环上羟基化是代谢的主要方式。

(3) 土壤/环境 土壤 DT_{50}（有氧）26d(pH 6.1,有机物 5.1％,25℃)。砂质壤土，K_d(25℃)0.16(pH 6.6,有机物 1.1％)～1.73(pH 5.4,有机物 4.3％)。光解 DT_{50}：（土壤）60～67d；（水）14～19d(pH 5)，200～250d(pH 7)，180～200d(pH 9)。分离研究表明：土壤 DT_{50} 24～43d(20℃)；DT_{90} 80～143d(20℃)，K_d 0.05～0.7。水中 DT_{50} 15d(pH 5,20℃)。

制剂 40g/L悬浮剂，40g/L、8%、20%、21%等可分散油悬浮剂，80%可湿性粉剂。

主要生产商 AGROFINA、Cheminova、Fertiagro、Ishihara Sangyo、Nortox、Sharda、Sundat、杜邦、安徽丰乐农化有限责任公司、江苏丰山集团有限公司、江苏瑞东农药有限公司、龙灯集团、沈阳科创化学品有限公司及泰达集团等。

作用机理与特点 内吸传导型除草剂，烟嘧磺隆可被植物的茎叶和根部吸收并迅速传导，通过抑制植物体内乙酸乳酸合成酶的活性，阻止支链氨基酸缬氨酸、亮氨酸与异亮氨酸的合成，进而阻止细胞分裂，使敏感植物停止生长。杂草受害症状为心叶变黄、失绿、白化，然后其他叶由上到下依次变黄。一般在施药后3～4d可以看到杂草受害症状，一年生杂草1～3周死亡，6叶以下多年生阔叶杂草受抑制，停止生长、失去同玉米的竞争能力。高剂量也可使多年生杂草死亡。

应用

（1）适用作物与安全性 玉米。不同玉米品种对烟嘧磺隆的敏感性有差异，其安全性顺序为马齿型＞硬质玉米＞爆裂玉米＞甜玉米。一般玉米2叶期前及10叶期以后，对该药敏感。甜玉米或爆裂玉米对该剂敏感，勿用。对后茬小麦、大蒜、向日葵、苜蓿、马铃薯、大豆等无残留药害。但对小白菜、甜菜、菠菜等有药害。在粮菜间作或轮作地区，应在做好对后茬蔬菜的药害试验后才可使用。

（2）防除对象 稗草、龙葵、香薷、野燕麦、问荆、蒿属、苍耳、苘麻、鸭跖草、狗尾草、金狗尾草、狼把草、马唐、牛筋草、野黍、柳叶刺蓼、酸模叶蓼、卷茎蓼、反枝苋、大蓟、水棘针、荠菜、风花菜、遏蓝菜、刺儿菜、苣荬菜等一年生杂草和多年生阔叶杂草。对黎、小黎、地肤、鼬瓣花、芦苇等亦有较好的药效。

（3）应用技术 ①施药时期为玉米苗后3～5叶期，一年生杂草2～4叶期，多年生杂草6叶期以前，大多数杂草出齐时，除草效果最佳，且对玉米也安全。杂草小、水分好时烟嘧磺隆用低量；杂草较大、干旱条件下用高量。②烟嘧磺隆不但有好的茎叶处理活性，而且有土壤封闭杀草作用，因此施药不能过晚，过晚杂草大，抗性增强。在土壤水分、空气温度适宜时，有利于杂草对烟嘧磺隆的吸收传导。长期干旱、低温和空气相对湿度低于65%时不宜施药。一般应选早晚气温低、风小时施药。干旱时施药最好加入表面活性剂。长期干旱如近期有雨，待雨后田间湿度改善再施药，或有灌水条件的灌后再施药；尽管施药时间拖后，但除草效果会比雨前施药好。施药6h后下雨，对药效无明显影响，不必重喷。③与2,4-滴丁酯混用时，应避免药液飘移到附近其他阔叶作物上，而且喷雾器要专用。用有机磷药剂处理过的玉米对该药敏感，两药剂的使用间隔期为7d左右。烟嘧磺隆可与菊酯类农药混用。

（4）使用方法 玉米田苗后施用，使用剂量通常为35～70g(a.i.)/hm²［亩使用量通常为2.3～4.7g(a.i.)］。在我国4%烟嘧磺隆每亩推荐用量为50～100mL。为减少用量、降低成本、扩大杀草谱，可与2,4-滴丁酯、阿特拉津等混用。每亩用4%烟嘧磺隆67L加72%2,4-滴丁酯20mL或加38%阿特拉津83mL，若加入表面活性剂不仅可增加药效，而且在干旱条件下仍可获得稳定的除草效果，同时可达到减少用药量、降低成本的目的。据有关文献报道烟嘧磺隆与嗪草酮苗后混用亦具有良好的药效及安全性：每亩用70%嗪草酮7g加4%烟嘧磺隆50～67mL。

专利与登记 专利EP0232067、EP0237292、EP353944等均已过专利期，不存在专利权问题。在中国登记情况：40g/L悬浮剂，40g/L、8%、20%、21%等可分散油悬浮剂，80%可湿性粉剂，登记作物为玉米，防治对象为一年生杂草。日本石原产业株式会社登记情况见表226。

表 226　日本石原产业株式会社登记情况

登记名称	含量	剂型	登记作物	防治对象	用药量/(g/hm²)	施用方法
烟嘧磺隆	80%	可湿性粉剂	春玉米田	一年生单、双子叶杂草	40~60	喷雾
			夏玉米田	一年生单、双子叶杂草	40~60	喷雾
烟嘧磺隆	40g/L	可分散油悬浮剂	玉米田	一年生杂草	40~60	茎叶喷雾
烟嘧磺隆	90%	原药				

合成方法　烟嘧磺隆的主要合成方法如下：

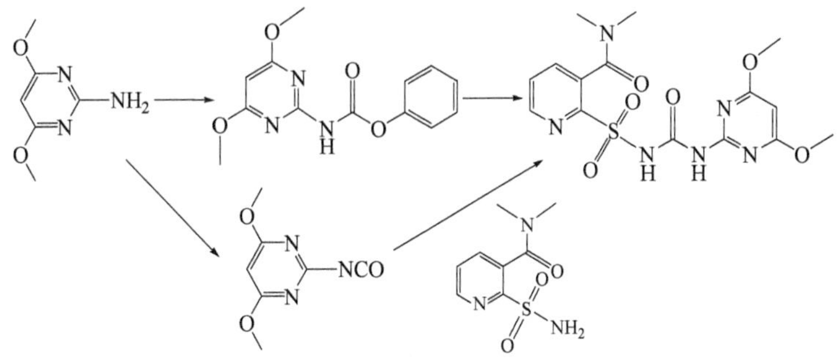

或

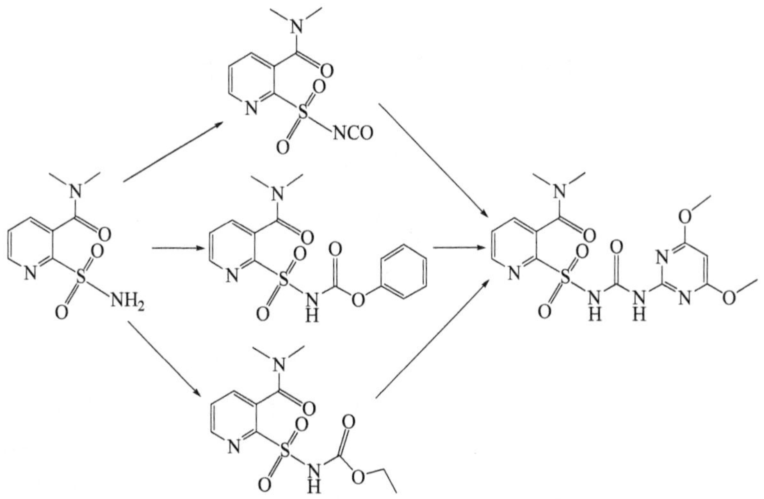

中间体磺酰胺的合成主要有下列几种方法：

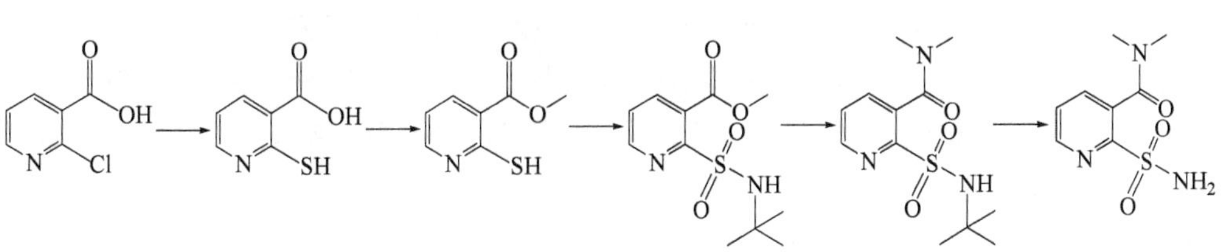

或

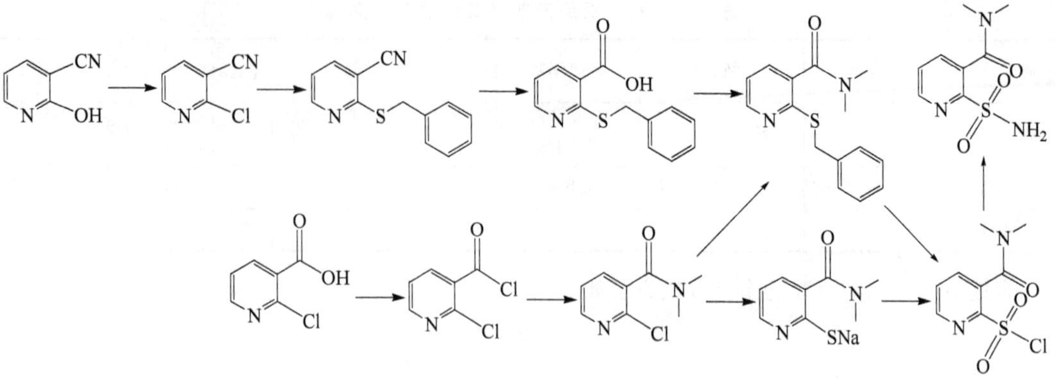

或

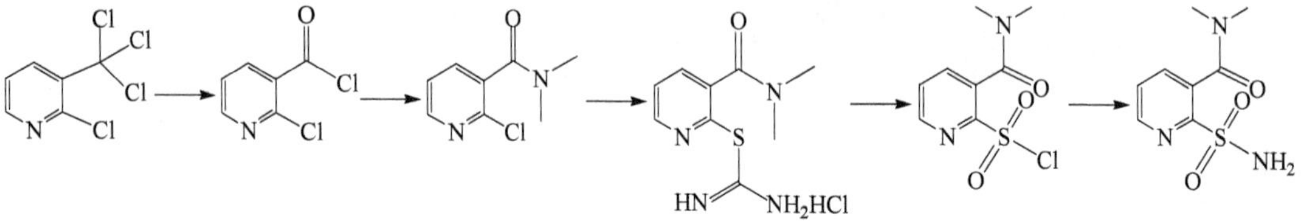

参考文献

[1] 孙健. 化学与生物工程, 2011, 9: 47-48.
[2] 雷艳. 农药研究与应用, 2010, 3: 19-21.
[3] 徐加利. 山东农药信息, 2007, 7: 22-25.

氧化萎锈灵 oxycarboxin

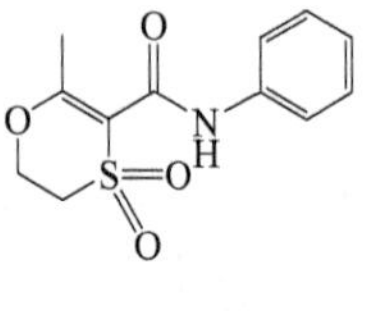

$C_{12}H_{13}NO_4S$, 267.3, 5259-88-1

氧化萎锈灵(oxycarboxin), 试验代号 F 461。商品名称 Plantvax。其他名称 oxycarboxine、莠锈散。由 B. von. Schmeling 和 M. Kulka 报道, 由 Uniroyal Inc.(现 Chemtura 集团)于 1975 年推出。

化学名称 5,6-二氢-2-甲基-1,4-氧硫杂芑-3-甲酰替苯胺 4,4-二氧化物, 5,6-dihydro-2-methyl-1,4-oxathi-ine-3-carboxanilide 4,4-dioxide。

理化性质 原药含量>97%。白色固体, 原药为棕灰色固体。熔点 127.5~130℃。蒸气压 <$5.6×10^{-3}$mPa(25℃)。K_{ow}lg$P$=0.772。Henry 常数<$1.07×10^{-6}$Pa·m³/mol(计算值)。相对密度 1.41g/cm³。水中的溶解度 1.4g/L(25℃)。有机溶剂中溶解度(25℃): 丙酮 83.7g/L, 己烷 8.8mg/L。55℃稳定 18d。水解 DT_{50}44d(pH6,25℃)。

毒性 急性经口 LD_{50}(mg/kg): 雄大鼠 5816, 雌大鼠 1632。兔急性经皮 LD_{50}>5000mg/kg。对兔眼睛有轻微刺激性, 对皮肤无刺激性。大鼠吸入 LC_{50}>5000mg/L。NOEL [2y, mg/(kg·d)]: 大鼠 15, 狗 75。

生态效应　野鸭 LD$_{50}$1250mg/kg。鸟饲喂 LC$_{50}$(8d,mg/L)：野鸭＞4640，山齿鹑＞10000。鱼 LC$_{50}$(96h,mg/L)：虹鳟鱼 19.9，大翻车鱼 28.1。水蚤 LC$_{50}$(48h)69.1mg/L。近具刺链带藻 EC$_{50}$(96h)19.0mg/L。蜜蜂 LD$_{50}$(接触)＞181μg/只。

环境行为　土壤有氧代谢：在沙壤土中 DT$_{50}$2.5～8 周。四个被确定的代谢物，每个都＜11％，所有产物都打开氧硫芑环，大部分剩余的代谢物都形成紧密的土壤结合残留物。

制剂　5％液剂，75％可湿性粉剂。

主要生产商　Chemtura。

作用机理与特点　通过干扰在呼吸电子传递链中的复合体Ⅱ(琥珀酸脱氢酶)来抑制线粒体功能。具有铲除作用的内吸性杀菌剂。

应用　防治观赏植物(特别是天竺葵、菊花、石竹和玫瑰)的锈病，对谷物、蔬菜的锈病有效，兼具预防和治疗作用。

专利概况　专利 US3399214、US3402241、US3454391 均早已过专利期。

合成方法　将萎锈灵用双氧水氧化而得。将 235.2g 萎锈灵加入 90mL 冰醋酸中，边搅拌边加热，当温度达 100℃时，使之糊状化。然后冷却至 70℃，搅拌下滴加 250mL 双氧水，先控制温度为 70～75℃，后控制在 90～95℃下反应。冷却，析出固体物，过滤、水洗、干燥得粗品，用甲醇重结晶得纯的氧化萎锈灵。

氧化亚铜 cuprous oxide

Cu$_2$O

Cu$_2$O，143.1，1317-39-1

氧化亚铜(cuprous oxide)，商品名称　Copper Nordox、Cupra-50、Cúprox。其他名称 brown copper oxide、red copper oxide、AG Copp 75、Chem Copp 50、Cuproluq、Oxicor、Oxirex，是一种无机类杀菌剂。

化学名称　氧化亚铜，copper(Ⅰ)oxide 或 dicopper oxide。

理化性质　含有 86％ Cu$^+$。红棕色粉末，熔点 1235℃，沸点 1800℃。蒸气压可忽略不计。难溶于水和有机溶剂，溶于稀无机酸、氨水和氨盐的水溶液。稳定性：暴露在潮湿空气中，氧化亚铜易氧化，转化为碳酸铜。

毒性　大鼠急性经口 LD$_{50}$1500mg/kg。大鼠急性经皮 LD$_{50}$＞2000mg/kg，对皮肤有中等刺激性。大鼠吸入(4h)5mg/L 空气。狗 NOEL(1y)15mg Cu/(kg·d)，ADI(JECFA 评价)0.5mg/kg [1982]，(EC)0.15mg Cu/kg [2007]。羊和牛均会对铜类物质敏感，故牲畜不能食用新喷药的田间食物。

生态效应　对鸟无伤害。鱼毒 LC$_{50}$(48h,mg/L)：小金鱼 60，金鱼 150，小孔雀鱼 50。水蚤 LC$_{50}$(48h)18.9μg/L。蜜蜂 LD$_{50}$＞25μg/只。正常条件下使用和培养室内研究表明，对蚯蚓无害。

环境行为

(1) 动物　铜是一个必不可少的元素，是在哺乳动物中的稳态控制下的。

(2) 植物　植物抵抗铜积累和转移到茎、叶或种子。生长在铜含量高达 1000mg/L 土壤中的植物相比在正常土壤中铜含量只有轻微的提高。

(3) 土壤/环境　铜强烈吸附到表面的矿物和有机质上，因此土壤迁移率很低。在水中，铜离子具有强烈的形成复合物或被吸附的倾向，其次是沉淀。在沉积物中，铜与有机物或硫化物反应，这些反应降低生物利用度。

制剂 50%、86.2%可湿性粉剂，50%粒剂。

主要生产商 Chemet、Ingeniería Industrial、Nordox 及 Sulcosa 等。

作用机理与特点 氧化亚铜是保护性杀菌剂，它的杀菌作用主要靠铜离子，铜离子被萌发的孢子吸收，当达到一定浓度时，就可以杀死孢子细胞，从而起到杀菌作用；但此作用仅限于阻止孢子萌发，即仅有保护作用。

应用

(1) 适宜作物 菠菜、甜菜、番茄、胡椒、豌豆、南瓜、菜豆和甜瓜等。

(2) 防治对象 用于防治菠菜、甜菜、番茄、果树、胡椒、豌豆、南瓜、菜豆和甜瓜的白粉病、叶斑病、枯萎病、疫病、疮痂病及瘤烂病、黄瓜、葡萄霜霉病、番茄早疫病等病害。

(3) 使用方法

① 防治柑橘溃疡病 在春梢和秋梢发病前，用 86.2%可湿性粉剂 800～1200 倍液，均匀喷雾，间隔 7～10d 喷药 1 次，连续喷药 3～4 次。

② 防治黄瓜霜霉病、辣椒疫病 在发病前或发病初期，用 86.2%可湿性粉剂 2100～2775g/hm^2，兑水均匀喷雾，间隔 7～10d 喷药 1 次，连续喷药 3～4 次。

③ 防治番茄早疫病 在发病前或发病初期，用 86.2%可湿性粉剂 1140～1455g/hm^2，兑水均匀喷雾，间隔 7～10d 喷药 1 次，连续喷药 3～4 次。

④ 防治葡萄霜霉病 在发病前或发病初期，用 86.2%可湿性粉剂 800～1200 倍液，均匀喷雾，间隔 10d 左右喷药 1 次，共喷 3～4 次。

合成方法 铜盐溶液在还原剂存在下的加碱沉淀或金属铜的电解氧化。

氧环唑 azaconazole

$C_{12}H_{11}Cl_2N_3O_2$，300.1，60207-31-0

氧环唑(azaconazole)，试验代号 R 028644。商品名称 Nectec。其他名称 戊环唑，是比利时 Janssen 公司开发的三唑类杀菌剂。

化学名称 1-[[2-(2,4-二氯苯基)-1,3-二氧环戊-2-基] 甲基]-1H-1,2,4-三唑，1-[[2-(2,4-dichlorophenyl)-1,3-dioxolan-2-yl] methyl]-1H-1,2,4-triazole。

理化性质 纯品为棕色粉状固体。熔点 112.6℃。蒸气压 8.6×10^{-3} mPa(20℃)。分配系数 K_{ow} lg$P$=2.17(pH 6.4,23℃±1℃)。Henry 常数 8.60×10^{-6} Pa·m^3/mol(计算)。相对密度 1.511(23℃)。水中溶解度(20℃)300mg/L，有机溶剂中溶解度(20℃,g/L)：丙酮 160，己烷 0.8，甲醇 150，甲苯 79。稳定性：≤220℃稳定；正常贮存条件下对光稳定，但其丙酮溶液不稳定。在 pH 4～9 时无显著性水解。

毒性 急性经口 LD$_{50}$(mg/kg)：大鼠 308，小鼠 1123，狗 114～136。大鼠急性经皮 LD$_{50}$＞2560mg/kg。大鼠急性吸入 LC$_{50}$(4h)＞0.64mg/L 空气(5%和 1%剂型)。对兔皮肤和眼睛有轻微刺激作用。大鼠 NOEL 值 2.5mg/(kg·d)。

生态效应 鸟类环颈鹦鹉急性吸入 LC$_{50}$(5d)＞5000mg/kg。虹鳟鱼 LC$_{50}$(96h)为 42mg/L，水蚤 LC$_{50}$(96h)86mg/L。

作用机理与特点 类固醇脱甲基化(麦角甾醇生物合成)抑制剂。内吸性杀菌剂，能迅速被植物有生长力的部分吸收并主要向顶部转移。

应用 氧环唑主要用于木材防腐，也可用作蘑菇消毒剂和在贮存果实或蔬菜时杀灭有害病菌。使用剂量为 1～25g(a.i.)/L。

专利概况 专利早已过专利期，不存在专利权问题。

合成方法 以 2,4-二氯苯乙酮为原料，经如下反应即可制得目的物：

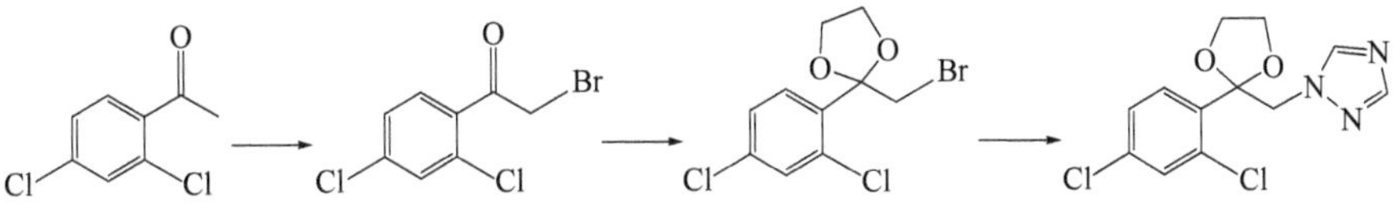

参考文献

[1] The Pesticide Manual. 15th edition. 2009：52-53.

氧乐果 omethoate

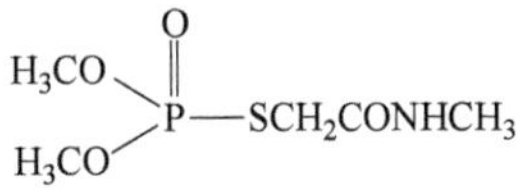

$C_5H_{12}NO_4PS$, 213.2, 1113-02-6

氧乐果(omethoate)，试验代号 Bayer 45432、S 6876。商品名称 Folimat、Dimethoxon、Le-mat、Safast、欧灭松、华果、克蚧灵。其他名称 dimethoate-met。是 R. Santi 和 P. dePietri-Tonelli 报道其活性，由 Bayer AG 开发的有机磷类杀虫剂。

化学名称 O,O-二甲基 S-甲基氨基甲酰基甲基硫代磷酸酯，O,O-dimethyl S-methylcarbamoylmethyl phosphorothioate 或 2-dimethoxyphosphinoylthio-N-methylacetamide。

理化性质 无色液体，具有硫醇气味，熔点－28℃(工业品)，沸点约 135℃(分解)，闪点 128℃(工业)，蒸气压 3.3mPa(20℃)，相对密度 1.32(20℃)。分配系数 $K_{ow}\lg P=-0.74(20℃)$。与水、醇类、酮类和烃类互溶，微溶于乙醚，几乎不溶于石油醚。遇碱分解，在酸性介质中分解很慢；$DT_{50}(22℃)$：102d(pH 4)、17d(pH 7)、28h(pH 9)。在 135℃分解。

毒性 大鼠急性经口 LD_{50} 约 25mg/kg。急性经皮 LD_{50}(24h,mg/kg)：雄大鼠 232，雌大鼠约 145。本品对兔皮肤无刺激性，对兔眼睛有轻微刺激性。大鼠吸入 LC_{50}(4h)约 0.3mg/L(气溶胶)。NOEL 值：大鼠(2y)0.3mg/L，小鼠(2y)10mg/L，狗(1y)0.025mg/kg。ADI 值(EFSA) 0.0003mg/kg [2006]。

生态效应 鸟类急性经口 LD_{50}(mg/kg)：雄日本鹌鹑 79.7，雌日本鹌鹑 83.4。鱼类 LC_{50} (96h,mg/L)：金枪鱼 30，虹鳟鱼 9.1。水蚤 LC_{50}(48h)0.022mg/L。羊角月牙藻 E_rC_{50}167.5mg/ L。本品对蜜蜂有毒。蚯蚓 LC_{50}46mg/kg 干土。

环境行为 本品在动物体内不累积，其主要代谢物 O-脱甲基氧乐果和 N-甲基-2-二硫代甲基乙酰胺通过尿液排出。本品在植物内代谢很快，主要是 P—S 键的脱甲基化和氢解，代谢物为 3-羟基-3-[(2-甲基氨基-2-氧代-乙基)硫代]丙酸及其氧化物。本品在土壤中流动很快，但降解也非常快。DT_{50}仅几天。主要代谢物是二氧化碳。

制剂 10%、40%乳油。

主要生产商 杭州庆丰农化有限公司、湖北沙隆达股份有限公司、山东大成农化有限公司、郑州沙隆达农业科技有限公司及中化集团等。

作用机理与特点 胆碱酯酶的直接抑制剂，具有内吸、触杀和一定胃毒作用，具有击倒力快、高效、广谱、杀虫、杀螨等特点。在低温下仍能保持杀虫活性，特别适合防治越冬的蚜虫、螨类、木虱和蚧类等。

应用

(1) 适用作物 棉花、观赏植物、水稻、林木、果树、小麦、烟草和蔬菜等。

(2) 防治对象 咬食、刺吸、钻蛀、刺伤产卵危害粮、棉、果树、林木、蔬菜等的害虫以及螨、蚧等。对蚜虫、飞虱、叶蝉、介壳虫、鳞翅目幼虫有效，尤其对啤酒花上的害虫、小麦地种蝇特别有效。对乐果和其他有机磷农药产生了抗性的害虫有明显效果。对某些食叶性和钻蛀性害虫亦可防治。

（3）残留量与安全施药　本品为有机磷农药，不可与碱性物质混用。氧乐果对其他作物的药害与乐果相同，使用时务必注意。安全间隔为蔬菜 10d，茶叶 6d，果树 15d。氧乐果的杀虫作用与乐果有很多相似之处，但氧乐果的杀虫力更强：①氧乐果在低温条件下使用的效果比乐果好，适用于防治早期低温时烟草苗床的害虫。②氧乐果对害虫有很强的触杀和内吸作用，对人畜高毒，比乐果高 4~5 倍。使用时要严格操作。在常用浓度下对作物安全。啤酒花、菊科植物、某些高粱品种及烟草、枣树、桃、杏、梅树、橄榄、无花果、柑橘等作物，对稀释倍数在 1500 倍以下的氧乐果乳剂敏感，使用时要先做药害试验，才能确定使用浓度。作物允许残留量为 2mg/L。

（4）使用方法

① 水稻　用 40%乳油 1500 倍液喷雾，可防治稻叶蝉、稻飞虱、稻纵卷叶螟、稻蓟马等。

② 棉花　用 40%乳油 1500~2000 倍液喷雾，可防治棉蚜、红蜘蛛、叶蝉、盲蝽象。

③ 果树　用 40%乳油 1500~2000 倍液喷雾，可防治苹果瘤蚜、苹果蚜、苹果叶螨、山楂叶螨等果树害虫，与三氯杀螨醇混用，防治叶螨时效果更好；用 40%乳油 1000~2000 倍液，可防治红蜘蛛；用 40%乳油 1000~1500 倍液，可防治橘蚜；用 40%乳油 1000~1200 倍液喷雾，可防治矢尖蚧、糠片蚧、褐圆蚧。

④ 蔬菜　用 40%乳油 1500~2000 倍液喷雾，可防治菜蚜、红蜘蛛。

⑤ 烟草　用 40%氧乐果乳油加水 1200~2000 倍液喷施，可防治烟蚜、烟草蛀茎蛾、烟蓟马、烟青虫等害虫。

⑥ 森林　在松树干离地 100cm 处用镰刀刮去粗皮，宽 20cm，随即每株用油刷将 40%乳油 4.7mL 兑少量水涂在韧皮部上。也可在松树干离地 100cm 处用木工凿打孔深达木质部，每株注入 40%乳油 2.3mL，可防治松干介壳虫。

专利与登记　专利 DE1251304 早已过专利期，不存在专利权问题。

国内登记情况：10%、18%、40%乳油，70%、92%原药等，登记作物为棉花、水稻、小麦和林木等，防治对象为松毛虫、螨、蚜虫、飞虱和稻纵卷叶螟等。

合成方法　经如下反应制得氧乐果：

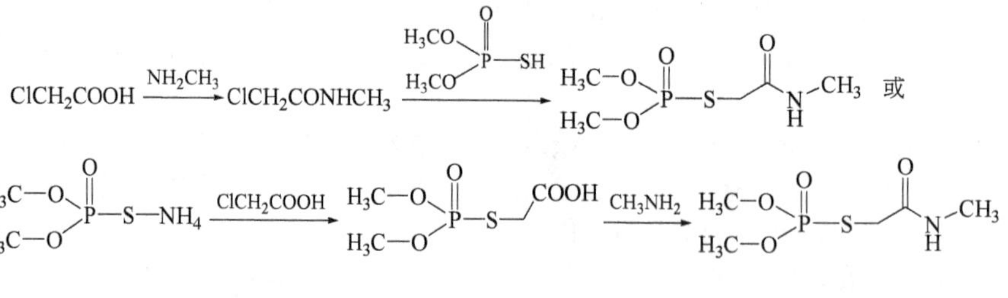

氧氯化铜 copper oxychloride

$$3Cu(OH)_2 \cdot CuCl_2$$
$$Cl_2Cu_4H_6O_6，427.1，1332-40-7$$

氧氯化铜（copper oxychloride）。**商品名称**　Beni Dou、Blitox、Cobox、Cobre Lainco、Copper Force、Coprantol、Coptox、Cupravit、Cuprex、Cuprocaffaro、Cuprokylt、Cuprozin、Curenox、Deutsh Bordeaux A、Devicopper、Dhanucop、Flowbrix、Hilcopper、Miedzian、Nucop、Ossiclor、Recop、Sulcox、Sun-Co。**其他名称**　copper chloride hydroxide、Afrocobre、Agrinose、Agro-Bakir、Aviocaffaro、Blue Diamond、Borzol Combi、Cekucobre、Champ、Cobreluq、COC、CO-PAC、Copperag、Coppertol、Copter、Coupradin、Cubre Corte、Cupagrex、Cuprenox、Cuprital、

Cuproflow、Cuprosan、Cuprossina、Cuprox、Cuprox-Blue、Cuproxina、Dong oxyclorua、Drycop、Faecu、Festline Bakir、Funguran、Gypso、Iperion、Kopernico、KOP-OXY、Neoram、Ossirame、Oxicob、Oxycure、Oxydul、Pasta Caffaro、Ramin、Top Gun、Trucop、Trust、Ugecupric、Viricuivre、Yucca、Zetaram 20，是一种无机类杀菌剂。

化学名称 氧氯化铜，dicopper chloride trihydroxide 或 copper oxychloride。

理化性质 蓝绿色粉末，含 Cu^{2+} 57%。熔点 240℃（分解）。蒸气压（20℃）忽略不计。相对密度 3.64(20℃)，水中溶解度 1.19×10^{-3} g/L(pH 6.6)；其他溶剂中溶解度（mg/L）：甲苯<11，二氯甲烷<10，正己烷<9.8，乙酸乙酯<11，甲醇<8.2，丙酮<8.4。稳定性：Cu^{2+} 作为一个单独的离子，不能转移到溶液中，相关的代谢产物不同于传统有机农药。从某种意义上来说，铜离子不会发生水解和光解，在碱性介质中受热分解形成氧化铜，放出少量氯化氢。

毒性 大鼠急性经口 LD_{50} 950～1862mg/kg。大鼠急性经皮 LD_{50} ＞2000mg/kg。大鼠吸入 LC_{50}(4h)＞2.83mg/L。NOEL 16～17mg Cu/(kg·d)。ADI（JECFA 评价）0.5mg/kg ［1982］，(WHO)0.5mg/kg ［1998］，(EC)0.15mg Cu/kg ［2007］。

生态效应 山齿鹑饲喂 LC_{50}(8d)167.3mg Cu/(kg·d)。虹鳟鱼 LC_{50}(96h)0.217mg Cu/L。水蚤 LC_{50}(48h)0.29mg Cu/L。藻类 E_bC_{50} 56.3mg Cu/L，E_rC_{50}＞187.5mg Cu/L。蜜蜂 LD_{50}（μg Cu/只）：经口 18.1，接触 109.9。蚯蚓 LC_{50}(14d)＞489.6mg/kg 土壤。

环境行为

(1) 动物 铜是一个必不可少的元素，是在哺乳动物中的稳态控制下的。

(2) 植物 铜是必需的元素，并在植物中的稳态控制下。

(3) 土壤/环境 铜是一种化学元素，因此不能进一步被降解或转化为相关的代谢物。在土壤中，铜主要被土壤强烈吸附，从而限制了土壤溶液中的游离铜离子的数量和它的生物利用性。游离铜离子的量主要由 pH 值和土壤中溶解的有机碳的量控制。在酸性土壤中，铜离子浓度比在中性或碱性土壤中更大。铜不会渗透进入已饱和的区域。在水中无水解性和光解性。铜迅速与矿物颗粒结合，形成一种不溶性无机盐或有机物结合的沉淀。因为铜在自然环境温度下无挥发性，所以不会出现在空气中。

制剂 30%悬浮剂，10%、25%粉剂，50%可湿性粉剂。

主要生产商 Agria、Agri-Estrella、Atar do Brasil、Erachem Comilog、Hindustan、Hokko、Ingeniería Industrial、IQV、Isagro、Manica、Montanwerke、Rallis、Sharda、Spiess-Urania、Sulcosa、Tagros 及浙江禾益农化有限公司等。

作用机理与特点 当药剂喷在植物表面后，形成一层保护膜，在一定湿度条件下，释放出铜离子，铜离子被萌发的孢子吸收，当达到一定浓度时，就可以杀死孢子细胞，从而起到杀菌作用；但此作用仅限于阻止孢子萌发，即仅有保护作用。

应用

(1) 适宜作物 麦类、瓜类、水稻、马铃薯、番茄、苹果、柑橘等。

(2) 防治对象 用于防治马铃薯疫病、夏疫病，番茄疫病，鳞纹病，水稻纹枯病、白叶枯病，小麦褐色雪腐病，柑橘黑点病、白粉病、疮痂病、溃疡病，瓜类霜霉病、炭疽病等。

(3) 使用方法 同波尔多液，还可撒粉。使用剂量 2.24～5.6kg(a.i.)/hm²。

野燕枯 difenzoquatmetilsulfate

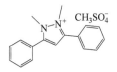

$C_{18}H_{20}N_2O_4S$，360.4，43222-48-6

野燕枯(difenzoquat metilsulfate)，试验代号 AC 84777、CL 84777、BAS 450H。商品名称 Avenge。其他名称 difenzoquat methyl sulfate、草吡唑、燕麦枯、野麦枯、双苯唑快。1973年由 T. R. Ohare 等报道除草活性，由 American Cyanamid 公司(现巴斯夫公司)开发。

化学名称 1,2-二甲基-3,5-二苯基-1H-吡唑硫酸甲酯，1,2-dimethyl-3,5-diphenyl-1H-pyrazolium methyl sulfate。

理化性质 无色、吸湿性结晶。熔点 156.5～158℃。蒸气压<1×10^{-2} mPa(25℃)。K_{ow} lg$P$：0.648(pH 5)、−0.62(pH 7)、−0.32(pH 9)。相对密度 0.8(25℃)。水中溶解度817g/L(25℃)；其他溶剂中溶解度(25℃,g/L)：二氯甲烷 360，氯仿 500，甲醇 558，1,2-二氯乙烷 71，异丙醇 23，丙酮 9.8，二甲苯、庚烷<0.01；微溶于石油醚、苯和二噁烷。水溶液对光稳定，DT_{50}28d。对热稳定，弱酸条件下稳定，在强酸和氧化条件下分解。pK_a约 7。闪点>82℃。

毒性 急性经口 LD_{50}(mg/kg)：雄大鼠 617，雌大鼠 373，雄小鼠 31，雌小鼠 44。雄兔急性经皮 LD_{50}3540mg/kg。对兔皮肤中度刺激，对眼睛重度刺激。大鼠急性吸入 LC_{50}(4h,mg/L)：雌 0.36，雄 0.62。狗 NOEL(1y)20mg/kg。

生态效应 山齿鹑 LC_{50}(8d)>4640mg/kg 饲料，野鸭 LC_{50}(8d)>10388mg/kg 饲料。鱼毒 LC_{50}(96h,mg/L)：大翻车鱼 696，虹鳟鱼 694。水蚤 LC_{50}(48h)2.63mg/L。对藻类毒性大。蜜蜂 LD_{50}36μg/只(接触)。

环境行为

(1) 动物 大鼠经口摄入的野燕枯甲硫酸盐以未变化的形式随尿液和粪便排出。

(2) 植物 野燕枯甲硫酸盐在植物体内无明显代谢作用，只是通过光解去甲基作用分解为单甲基吡唑。

(3) 土壤/环境 被土壤强烈吸附，K_d约为 400，K_{oc}约为 30000，无明显微生物降解。土壤中 DT_{50}约为 3 个月。

制剂 64%可溶性粉剂，65%可湿性粉剂。

主要生产商 BASF 公司及陕西农大德力邦科技股份有限公司。

作用机理与特点 选择性苗后除草剂，主要防除野燕麦，药剂施于野燕麦叶片上后，吸收转移到叶心，作用于生长点，破坏野燕麦的细胞分裂和野燕麦顶端、节间分生组织中细胞的分裂和伸长，从而使其停止生长，最后全株枯死。

应用 用于防除大麦、小麦和黑麦田的野燕麦时一般在芽后 3～5 叶期使用 64%可溶性粉剂 11.3～22.5g/100m²，兑水 7.5kg 喷雾。

专利与登记 专利 BE 792801、US 3882142 均早已过专利期。国内仅陕西农大德力邦科技股份有限公司登记了96%原药。

合成方法 经如下反应制得野燕枯：

野燕畏 tri-allate

$C_{10}H_{16}Cl_3NOS$, 304.7, 2303-17-5

野燕畏(tri-allate)，试验代号 CP23426。商品名称 Avadex、Avadex BW、Avadex Excel、Buckle、Far-Go、Fortress、Parnass C、Pyradex T。其他名称 野麦畏。是由 Monsanto 公司开发的硫代氨基甲酸酯类除草剂

化学名称 S-2,3,3-三氯烯丙基-二异丙基硫代氨基甲酸酯，S-2,3,3-trichloroallyl di-isopropylthiocarbamate。

理化性质 原药纯度为96%。纯品为深黄或棕色固体，熔点29~30℃。相对密度1.273 (25℃)，沸点117℃（40mPa），蒸气压(25℃)为16mPa。分配系数 K_{ow} lg$P$=4.6。Henry常数 1.22 Pa·m³/mol。25℃时在水中溶解度为4mg/L，易溶于多数有机溶剂如丙酮、乙醚、乙酸乙酯、乙醇、苯和庚烷。常温条件下稳定，在 pH 4~7(50℃)时不发生水解。DT$_{50}$：2.2d(50℃)，9d(40℃)，52d(25℃)(均 pH 9)。对光稳定，分解温度>200℃，闪点>150℃(闭杯)。

毒性 大鼠急性经口 LD$_{50}$ 为1100mg/kg，兔急性经皮 LD$_{50}$ 为8200mg/kg，对兔皮肤和兔眼睛有轻度刺激性作用。对皮肤无致敏性。大鼠急性吸入 LC$_{50}$(12h)>5.3mg/L。NOEL(mg/kg饲料)：大鼠(2y)50(折合2.5mg/kg)，小鼠(2y)20(折合3.9mg/kg)；狗 NOEL(1y)2.5mg/kg。Ames试验为阴性，无致突变、致癌作用。ADI：(EC)0.025mg/kg [2008]；(EPA)最低 aRfD 0.05mg/kg，cRfD 0.025mg/kg [2000]。

生态效应 山齿鹑急性经口 LD$_{50}$ 为2251mg/kg，野鸭和山齿鹑饲喂 LC$_{50}$(8d)>5620mg/kg 饲料。鱼 LC$_{50}$(96h,mg/L)：虹鳟鱼1.2，大翻车鱼1.3。水蚤 LC$_{50}$(48h)0.43mg/L，羊角月牙藻 EC$_{50}$(96h)0.12mg/L，对蜜蜂无毒，对土壤微生物无危害。

环境行为

(1) 动物 野燕畏在大鼠体内的代谢主要有三个途径：S-氧化生成硫酸类化合物、S-氧化/还原成硫醇衍生物和2,3,3-三氯丙烯基硫醇上的 C-氧化。

(2) 植物 2,3,3-三氯丙烯基硫酸是可检测到的主要代谢物。

(3) 土壤/环境 主要通过微生物代谢，如果不在土壤中聚合，挥发也会损失掉部分的野草畏。新陈代谢主要是通过水解形成二羟基胺、CO$_2$ 和硫醇基因。硫醇的生成主要是通过巯基交换转化成相应的醇。DT$_{50}$(土壤)8~11周，(水)3~15d，K_{oc}2400。

制剂 40%乳油。

主要生产商 江苏傲伦达科技实业股份有限公司及泰禾集团等。

作用机理与特点 类酯(lipid)合成抑制剂但不是 ACC 酶抑制剂。野燕麦在萌芽通过土层时，主要由芽鞘或第一片子叶吸收药剂，并在体内传导，生长点部位最为敏感，影响细胞的有丝分裂和蛋白质的合成，抑制细胞伸长，芽鞘顶端膨大，鞘顶空心，致使野燕麦不能出土而死亡。出苗后的野燕麦，由根部吸收药剂，野燕麦吸收药剂中毒后，停止生长，叶片深绿，心叶干枯而死亡。

应用

(1) 适宜作物与安全性 小麦、大麦、青稞、油菜、豌豆、蚕豆、亚麻、甜菜、大豆等。野麦畏在土壤中主要被土壤微生物分解，故对环境和地下水安全。播种深度与药效、药害关系很大。小麦萌发24h后便有分解野麦畏的能力，而且随生长发育抗药性逐渐增强，因而小麦有较强

的耐药性。如果小麦种子在药层之中直接接触药剂，则会产生药害。

（2）防除对象　野燕麦、看麦娘、黑麦草等杂草。野麦畏挥发性强，其蒸气对野燕麦也有作用，施后要及时混土。

（3）应用技术　野麦畏有挥发性，施药后马上混土，如间隔4h后混土，除草效果显著降低。如相隔24h后混土，除草效果只有50%左右。土壤湿度适宜，土壤疏松，药土混合作用良好，药效高，药害轻。若田间过于干旱，地表板结，翻耕形成大土块，既影响药效，也影响小麦出苗。若田间过于潮湿，则影响药土混合的均匀程度。药剂处理以后至小麦出苗前，如遇大雨雪造成表土板结，应注意及时耙松土表，以减轻药害，利于保苗。

（4）使用方法　野麦畏主要用作防除野燕麦类杂草的选择性土壤处理剂。

小麦、大麦、青稞田

① 播前施药深混土处理　适用于干旱多风的西北、东北、华北等春麦区。对小麦、大麦、青稞较安全，药害伤苗一般不超过1%，不影响基本苗。在小麦、大麦、青稞播种之前，将地整平，每亩用40%野麦畏乳油150～200mL，兑水20～40L，混合均匀后喷洒于地表。或尿素每亩8～10kg，与野麦畏混匀后撒施。施药后要求在2h内进行混土，混土深度为8～10cm（播种深度为5～6cm），以拖拉机圆盘耙或手扶拖拉机旋耕器混土最佳。如混土过深（14cm）除草效果差。混土浅（5～6cm）对小麦、青稞药害加重。混土后播种小麦、青稞。

② 播后苗前浅混土处理　一般适用于播种时雨水多、温度较高、土壤潮湿的冬麦区。在小麦、大麦等播种后、出苗前施药，每亩用40%野麦畏乳油200mL兑水喷雾，或拌潮湿沙土撒施。施药后立即浅混土2～3cm，以不耙出小麦种、不伤害麦芽为宜。施药后如遇干旱，除草效果往往较差。

③ 小麦苗期处理　适用于有灌溉条件的麦区。在小麦3叶期（野燕麦2～3叶期），结合田间灌水或利用降大雨的机会，每亩用40%野麦畏乳油200mL，同尿素（每亩6～8kg）或潮细沙20～30kg混均匀后撒施，随施药随灌水。这种处理对已出苗的野燕麦有强烈的抑制作用，同时对土中正在萌发的野燕麦亦能起到杀芽作用。

④ 秋季土壤结冻前处理　适用于东北、西北严寒地区，在10～11月份土壤开始结冻20d前，每亩用40%野麦畏乳油225mL，兑水喷雾或配成药土撒施。施药后立即混土8～10cm，第二年春按当地农时播种，除草效果可达90%。

大豆、甜菜田施药时期为播种前，每亩用40%野麦畏乳油160～200mL，兑水20～40L喷雾或撒毒土，施药后立即混土5～7cm，然后播种。

专利概况　专利US3330821、US3330642均已过专利期，不存在专利权问题。

合成方法　通过如下反应制得目的物：

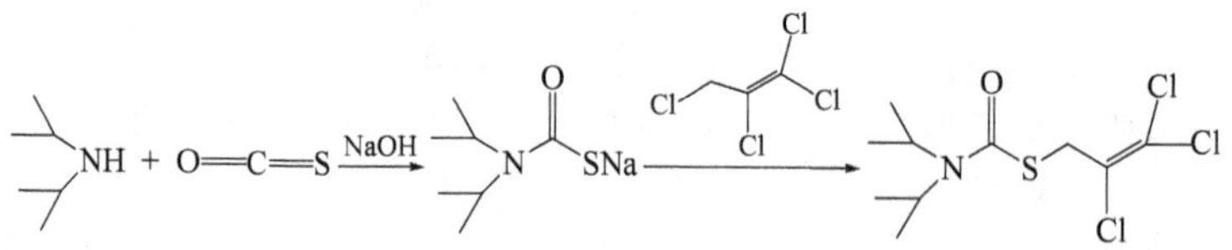

叶菌唑 metconazole

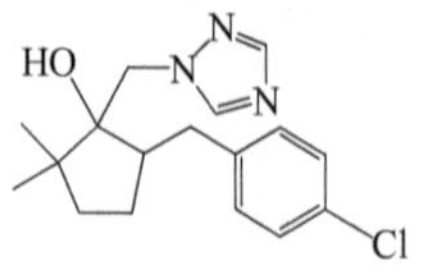

$C_{17}H_{22}ClN_3O$，319.8，125116-23-6

叶菌唑(metconazole)，试验代号　AC 189635、AC 900768、KNF-S-474、WL136184、WL 147281，商品名称：Caramba。其他名称　Cinch、Cinch Pro、Juventus 90、Quash、Shibabijin、Sirocco、Sunorg、Sunorg Pro、Tourney、Work Up。是由日本吴羽化学工业公司研制，并与美国氰胺(现为 BASF)公司共同开发的新型广谱三唑类杀菌剂。

化学名称　(1RS,5RS;1RS,5SR)-5-(4-氯苄基)-2,2-二甲基-1-(1H-1,2,4-三唑-1-基甲基)环戊醇，(1RS,5RS;1RS,5SR)-5-(4-chlorobenzyl)-2,2-dimethyl-1-(1H-1,2,4-triazol-1-ylmethyl) cyclopentanol。

理化性质　纯品(cis-和$trans$-混合物)为白色、无味结晶状固体，cis-活性高。熔点110～113℃(原药：100～108.4℃)，沸点大约285℃。相对密度1.307(20℃)，蒸气压 1.23×10^{-5} Pa (20℃)。分配系数 K_{ow} lg$P$ = 3.85(25℃)。溶解度(20℃)：水 15mg/L，甲醇 235g/L，丙酮 238.9g/L。有很好的热稳定性和水解稳定性。

毒性　大鼠急性经口 LD_{50} 660mg/kg，大鼠急性经皮＞2000mg/kg。大鼠吸入 LC_{50}(4h)＞5.6mg/L。本品对兔皮肤无刺激，对兔眼睛有轻微刺激，无皮肤过敏现象。喂养试验无作用剂量[mg/(kg·d)]：大鼠 4.8(104 周)，狗 11.1(52 周)，小鼠 5.5(90d)，大鼠 6.8(90d)，狗 2.5 (90d)。Ames 试验呈阴性。

生态效应　山齿鹑急性经口 LD_{50} 790mg/kg。野鸭 LC_{50}＞5200mg/kg。鱼 LC_{50}(96h,mg/L)：虹鳟鱼 2.2～4，普通鲤鱼 3.99。水蚤 LC_{50}(48h)3.6～4.2mg/L。对蜜蜂几乎无毒，经口 LD_{50} (24h)90μg/只。对蚯蚓无毒。

环境行为

(1) 动物　大鼠14d连续经口给药，在最后一次给药的4d内，15%～30%通过尿液排出，65%～82%通过粪便排出。主要代谢产物是单羟基和多羟基代谢产物、邻羟基苯基和羧基代谢产物，以及混合官能团的代谢产物。

(2) 植物　代谢产物主要成分为母体化合物、三唑丙氨酸和三唑乙酸。

(3) 土壤/环境　K_{oc} 值在 726～1718(5 种土壤类型)。pH 值对其无影响。

制剂　60g/L水乳剂。

主要生产商　Kureha。

作用机理与特点　叶菌唑是一种新型、广谱内吸性杀菌剂。为角甾醇生物合成中 C_{14} 脱甲基化酶抑制剂。虽然作用机理与其他三唑类杀菌剂一样，但活性谱差别较大。两种异构体都有杀菌活性，但顺式活性高于反式。叶菌唑杀真菌谱非常广泛，且活性极佳。叶菌唑田间施用对谷类作物壳针孢、镰孢霉和柄锈菌植病有卓越效果。叶菌唑同传统杀菌剂相比，剂量极低，防治谷类植病范围却很广。

应用

(1) 适宜作物　小麦、大麦、燕麦、黑麦、小黑麦等作物。

(2) 防治对象　主要用于防治小麦壳针孢、穗镰刀菌、叶锈病、黄锈病、白粉病、颖枯病；大麦矮形锈病、白粉病、喙孢属；黑麦喙孢属、叶锈病；燕麦冠锈病；小黑麦(小麦与黑麦杂交)叶锈病、壳针孢。对壳针孢属和锈病活性优异。兼具优良的保护及治疗作用。对小麦的颖枯病特别有效，预防、治疗效果俱佳。

(3) 使用方法　既可茎叶处理又可做种子处理。茎叶处理：30～90g(a.i.)/hm²，持效期5～6周。种子处理：使用剂量为2.5～7.5g(a.i.)/100kg 种子。

专利与登记　专利 US4938792 早已过专利期，不存在专利权问题。已在欧洲如法、英、德等多国登记。

合成方法 叶菌唑的合成方法主要有以下两种：

方法1：以异丙腈为起始原料，经如下反应制得目的物。

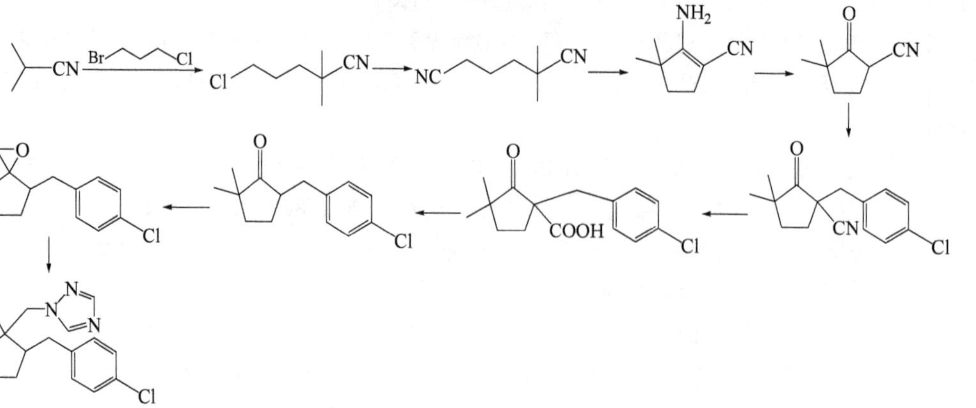

方法2：以二甲基环戊酮为起始原料，与碳酸二甲酯反应，经烷基化、脱羧；再与碘代三甲基亚砜(由碘甲烷与二甲基亚砜制得)生成取代的环氧丙烷；最后与三唑反应，处理即得叶菌唑。反应式如下：

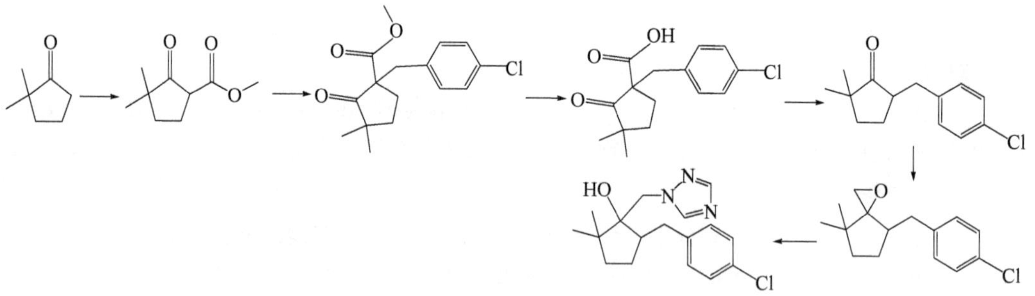

参考文献

[1] The Pesticide Manual. 15th edition. 2009：749-751
[2] Proc Br Crop Prot Conf-Pests Dis，1992，1：419
[3] 邬柏春. 世界农药，2001,3：52-53.

叶枯酞 tecloftalam

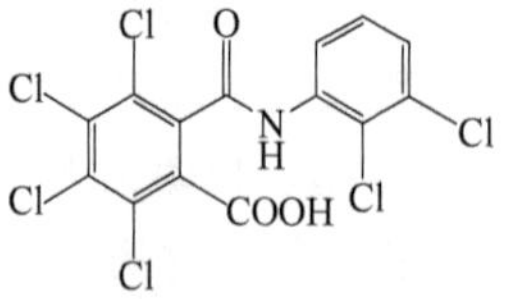

C₁₄H₅Cl₆NO₃，447.9，76280-91-6

叶枯酞（tecloftalam），试验代号 F-370、SF-7306、SF-7402。商品名称 Shirahagen-S、Shiragen。是由日本三井化学株式会社开发的一种防治水稻细菌性病害的内吸性杀菌剂。

化学名称 3,4,5,6-四氯-N-(2,3-二氯苯基)酞氨酸或2′,3,3′,4,5,6-六氯酞氨酸，3,4,5,6-

tetrachloro-*N*-(2,3-dichlorophenyl)phthalamic acid 或 2′,3,3′,4,5,6-hexachlorophthalanilic acid。

理化性质 纯品为白色粉末，熔点 198～199℃。蒸气压 8.16×10^{-3} mPa(20℃)。分配系数 $K_{ow} \lg P = 2.17$。水中溶解度 14mg/L(26℃)，有机溶剂中溶解度(g/L)：丙酮 25.6，苯 0.95，二甲基甲酰胺 162，二氧六环 64.8，乙醇 19.2，乙酸乙酯 8.7，甲醇 5.4，二甲苯 0.16。见光或紫外线分解，强酸性介质中水解，碱性或中性环境中稳定。

毒性 急性经口 LD_{50} (mg/kg)：雄大鼠 2340，雌大鼠 2400，雄小鼠 2010，雌小鼠 2220。急性经皮 LD_{50} (mg/kg)：大鼠＞1500，小鼠＞1000。大鼠吸入 LC_{50} (4h)＞1.53mg/L。NOEL 数据 [mg/(kg·d)]：雄大鼠 52.2，雌大鼠 5.8。ADI(FSC)0.058mg/kg。无致癌、致畸、致突变性，对于繁殖无负效应。

生态效应 鲤鱼 LC_{50} (48h)30mg/L。水蚤 LC_{50} (3h)300mg/L。

环境行为 叶枯酞在土壤中从苯甲酸环上脱氯的速率 DT_{50} 为 4～10d。

制剂 5％和10％可湿性粉剂、1％粉剂。

作用机理与特点 叶枯酞的预防和治疗活性甚为独特。它不能灭杀水稻白叶枯病的病原菌，但能抑制病原菌在植株中繁殖，阻碍这些细菌在导管内转移，并减弱细菌的致病力。用叶枯酞处理茎叶的水稻较未处理的，细菌造成的损害要小得多。细菌接触药剂的时间越长，损害越小。表明叶枯酞能减慢病菌的繁殖速度，延长其生活周期，甚至在细菌从植株上分离后叶枯酞亦能有一定时间的残效。在田间即使是水稻白叶枯病严重发生的田块，叶枯酞亦有很高的药效和稳定的控制作用。用药 2d，即可观察到病菌数量减少；用药后 3d，病菌繁殖明显受控；用药 20d 后，病菌数降到未用药对照区的 1/10。

应用

(1) 适宜作物与安全性 水稻。推荐剂量下对作物安全，在土壤和作物中残留量低于其检出限量 0.01mg/L。

(2) 防治对象 叶枯酞是一种高效、低毒、低残留的防治水稻白叶枯病(由野油菜黄单胞菌叶枯病菌引起的)的杀菌剂。它可抑制细菌在稻体上的繁殖，能有效地控制大面积严重发生的病害。

(3) 使用方法 通常在抽穗前 1～2 周施药为宜。获得最佳效果的施药方法为水稻抽穗前 10d 首次用药，一周后第二次用药。若预测由于台风、潮水而爆发病害，则应在爆发前或恰在爆发时再增加施药。在最适时间施药，以 50mg/L 的浓度即可达到 100mg/L 的防治效果。叶枯酞的推荐用量为 300～400g/hm² 或 10％可湿性粉剂(浓度为 50～100mg/L)，喷洒量为 1200～1500L/hm²。1％粉剂使用烟粉量为 30～40kg/hm²。

专利概况 化合物专利早已过专利期，不存在专利权问题。

合成方法 叶酞枯可以苯酐和 2,3-二氯苯胺为起始原料制得。于惰性溶剂中加入四氯苯酐和 2,3-二氯苯胺，在室温下或稍加热搅拌，再将反应物从溶剂中析出，即可得叶酞枯。反应式如下：

中间体四氯苯酐的合成主要是苯酐通入氯气得到：

中间体 2,3-二氯苯胺的合成是以邻二氯苯为起始原料，经硝化、分离、还原得到：

参考文献

[1] The Pesticide Manual. 15th edition, 2009：1080.
[2] Japan Pesticide Information，1985，46：25.
[3] 日本农药学会志，1981，6：3.

叶枯唑 bismerthiazol

$C_5H_6N_6S_4$，278.4，79319-85-0

叶枯唑（bismerthiazol），试验代号　川化-018。商品名称　叶青双、噻枯唑、叶枯宁。1984年由浙江省温州市工科所和温州市农科所等合作研究成功。

化学名称　N,N'-双（5-巯基-[1,3,4]-噻二唑-2-基）甲基二胺或 N,N'-甲撑-双（2-氨基-5-巯基-1,3,4-噻二唑）。N,N'-bis(5-mercapto-[1,3,4]thiadiazol-2-yl)methanediamine。

理化性质　纯品为白色长方柱状结晶或浅黄色疏松细粉，原药为浅褐色粉末。熔点（190±1）℃。溶于二甲基甲酰胺（DMF）、二甲基亚砜、吡啶、乙醇和甲醇等有机溶剂，微溶于水。化学性质稳定。

毒性　急性经口 LD_{50}（原药，mg/kg）：大鼠 3160～8250，小鼠 3480～6200。无致畸、致突变和致癌性，对人、畜未发现过敏、皮炎等现象。大鼠 1 年饲养无作用剂量为 0.25mg/kg。

制剂　20%、25%可湿性粉剂。

作用机理与特点　内吸性低毒杀菌剂。主要用于防治植物细菌性病害，是防治水稻白叶枯病、水稻细菌性条斑病、柑橘溃疡病的优良药剂。具有预防和治疗效果，内吸性强、持效期长、药效稳定，对作物无药害。噻枯唑具有诱导受体植物水稻产生抗病性的作用，能使水稻体内脂质过氧化程度加强，刺激水稻体内产生 O-2，阻止白叶枯病菌侵入。用 O-2 清除剂（甘露醇、抗坏血酸）处理水稻能显著降低噻枯唑的保护作用。噻枯唑也能直接作用于水稻白叶枯病菌，抑制菌体生长，表现出治疗作用。

应用　细菌性病害防治专用药剂，对水稻白叶枯病、水稻细菌性条斑病、大白菜软腐病、番茄青枯病、马铃薯青枯病、番茄溃疡病、柑橘溃疡病、核果类果树（桃、杏、李、梅等）细菌性穿孔病等细菌性病害均具有很好的防治效果。主要用于防治水稻白叶枯病、水稻细菌性条斑病、柑橘溃疡病。

使用方法　噻枯唑主要通过喷雾防治病害，有时也可用于灌根。

防治水稻白叶枯病、水稻细菌性条斑病：在发病初期和始穗期，秧田在 4～5 叶期，每亩用 20%可湿性粉剂 125g，兑水 75～100kg，叶面喷雾，施药两次（间隔 7～10d）为宜；或者 25%可湿性粉剂 100～150g，兑水 40～50kg，叶面喷施。

防治柑橘溃疡病：一般是喷 25%可湿性粉剂 500～800 倍液。苗木和幼树，在夏、秋梢长

1.5～3cm、叶片刚转绿时(新芽萌发后 20～30d)各喷药 1 次；成年结果树在谢花后 10d、30d、50d 各喷药 1 次；若遇台风天气，应在风雨过后及时喷药保护嫩梢和幼树。一般采用常量的叶面喷雾，使用东方红弥雾机防治效果更佳，不适宜拌毒土施药。

防治小麦黑颖病：每亩用 25% 可湿性粉剂 100～150g，兑水 50～70kg，于发病初期开始喷药，过 7～10d 再喷 1 次。

防治姜瘟：在挖取老姜后，用 25% 可湿性粉剂 1500 倍液淋蔸。

防治番茄及马铃薯青枯病：需要灌根防治病害，在病害发生前或发生初期开始灌药，一般使用 15% 可湿性粉剂 300～400 倍液，或 20% 可湿性粉剂 400～500 倍液，或 25% 可湿性粉剂 500～600 倍液，每株浇灌药液 150～250mL，顺茎基部浇灌。

专利与登记　专利早已过专利期，不存在专利权问题。国内主要登记了 20% 可湿性粉剂，可用于防治水稻白叶枯病($300～375g/hm^2$)、大白菜软腐病($300～450g/hm^2$)。

合成方法　具体合成方法如下：

$$NH_2NH_2 \longrightarrow (NH_2NH_2)_2H_2SO_4 \longrightarrow NH_2NH_2CSNH_2 \longrightarrow$$

参考文献

[1] 沈光斌. 农药学学报，2001,3：35-39.

伊维菌素 ivermectin

22,23-dihydroavermectinB$_{1a}$

22,23-dihydroavermectinB$_{1b}$

$C_{48}H_{74}O_{14}$（B_{1a}）、$C_{47}H_{72}O_{14}$（B_{1b}），875.1（B_{1a}）、861.1（B_{1b}），70288-86-7、70161-11-4（B_{1a}）、70209-81-3（B_{1b}）

伊维菌素（ivermectin）。**商品名称** Cardomec、Cardotek-30、Eqvalan、Heartgard-30、Ivomec、Ivomec－F、Ivomec-P、Mectizan、MK-933、Oramec。是由 Merk 公司开发的抗生素类杀虫剂。

化学名称 (10E,14E,16E)-(1R,4S,5'S,6R,6'R,8R,12S,13S,20R,21R,24S)-6'-［(S)-异-丁基］-21,24-二羟基-5',11,13,22-四甲基-2-氧代-3,7,19-三氧四环［15.6.1.1^{4,8}.0^{20,24}］二十五-10,14,16,22-四烯-6-螺-2'-(四氢吡喃)-12-基 2,6-二脱氧-4-氧-(2,6-二脱氧-3-氧-甲基-α-L-阿拉伯糖-己吡喃糖)-3-氧-甲基-α-L-阿拉伯糖-己吡喃糖苷和(10E,14E,16E)-(1R,4S,5'S,6R,6'R,8R,12S,13S,20R,21R,24S)-21,24-二羟基-6'-异丙基-5',11,13,22-四甲基-2-氧代-3,7,19-三氧四环［15.6.1.1^{4,8}.0^{20,24}］二十五-10,14,16,22-四烯-6-螺-2'-(5',6'-二烯-2'H-吡喃)-12-基 2,6-二脱氧-4-氧-(2,6-二脱氧-3-氧-甲基-α-L-阿拉伯糖-己吡喃糖)-3-氧-甲基-α-L-阿拉伯糖-己吡喃糖苷的混合物。mixture of(10E,14E,16E)-(1R,4S,5'S,6R,6'R,8R,12S,13S,20R,21R,24S)-6'-［(S)-sec-butyl］-21,24-dihydroxy-5',11,13,22-tetramethyl-2-oxo-(3,7,19-trioxatetracyclo[15.6.1.1^{4,8}.0^{20,24}]pentacosa-10,14,16,22-tetraene)-6-spiro-2'-(tetrahydropyran)-12-yl 2,6-dideoxy-4-O-(2,6-dideoxy-3-O-methyl-α-L-$arabino$-hexopyranosyl)-3-O-methyl-α-L-$arabino$-hexopyranoside and(10E,14E,16E)-(1R,4S,5'S,6R,6'R,8R,12S,13S,20R,21R,24S)-21,24-dihydroxy-6'-isopropyl-5',11,13,22-tetramethyl-2-oxo-(3,7,19-trioxatetracyclo［15.6.1.1^{4,8}.0^{20,24}]pentacosa-10,14,16,22-tetraene)-6-spiro-2'-(tetrahydropyran)-12-yl 2,6-dideoxy-4-O-(2,6-dideoxy-3-O-methyl-α-L-$arabino$ hexopyranosyl)-3-O-methyl-α-L-$arabino$-hexopyranoside 或 bridged fused ring systems nomenclature：mixture of(2aE,4E,8E)-(5'S,6S,6'R,7S,11R,13R,15S,17aR,20R,20aR,20bS)-6'-［(S)-sec-butyl］-3',4',5',6,6',7,10,11,14,15,17a,20,20a,20b-tetradecahydro-20,20b-dihydroxy-5',6,8,19-tetramethyl-17-oxospiro［11,15-methano-2H,13H,17H-furo［4,3,2-pq］［2,6］benzodioxacyclooctadecin-13,2'-［2H］pyran］-7-yl 2,6-dideoxy-4-O-(2,6-dideoxy-3-O-methyl-α-L-$arabino$-hexopyranosyl)-3-O-methyl-α-L-$arabino$-hexopyranoside and(2aE,4E,8E)-(5'S,6S,6'R,7S,11R,13R,15S,17aR,20R,20aR,20bS)-3',4',5',6,6',7,10,11,14,15,17a,20,20a,20b-tetradecahydro-20,20b-dihydroxy-6'-isopropyl-5',6,8,19-tetramethyl-17-oxospiro（11,15-methano-2H,13H,17H-furo［4,3,2-pq］［2,6］benzodioxacyclooctadecin-13,2'-［2H］pyran）-7-yl 2,6-dideoxy-4-O-(2,6-dideoxy-3-O-methyl-α-L-$arabino$-hexopyranosyl)-3-O-methyl-α-L-$arabino$-hexopyranoside。

组成 原药中组分 B_{1a} 的含量≥80％，组分 B_{1b} 的含量≤20％。

理化性质 原药为白色或微黄色结晶粉末。熔点 155℃。溶解度：水 4mg/L，丁醇 30g/L。稳定性好。

毒性 大鼠急性经口 LD_{50}（mg/kg）：雄 11.6，雌 24.6～41.6。小鼠急性经口 LD_{50}（mg/kg）：幼 2.3，雄 42.8～52.8，雌 44.3～52.8。对皮肤、眼睛有轻微刺激。无诱变效应。

环境行为 在动物体内残留时间较长。人 DT_{50} 10～12h。90％通过粪便代谢掉，1％通过尿液排掉。由于其蒸气压较低，不易挥发，因此对空气影响小。在水中溶解度小，因此对水源不会造成污染。伊维菌素和土壤结合紧密，不会污染地下水源，在土壤中代谢受温度影响较大，夏天 1～2 周，冬天则需要 52 周。光降解 DT_{50} 12～19h。

制剂 5％注射针剂。

作用机理 伊维菌素通过与氯离子通道结合，阻止氯离子的正常运转来发挥作用。伊维菌素的作用靶体为昆虫外周神经系统内的 r-氨基丁酸(GABA)受体。它能促进 r-氨基丁酸从神经末梢释放，增强 r-氨基丁酸与细胞膜上受体的结合，从而使进入细胞的氯离子增加，细胞膜超极化，导致神经信号传递受抑，致使麻痹、死亡。

应用

（1）适用作物 奶牛、狗、猫、马、猪、羊等。

（2）防治对象 动植物体内寄生虫、盘尾丝虫、线虫、昆虫、螨虫等。

（3）残留量与安全用药　如吸入喷洒雾滴，将病人移到空气新鲜地方。如病人呼吸困难，最好进行口对口人工呼吸。如吞服，立即请医生或到毒物控制中心诊治。立即给病人喝一至两杯开水，并用手指伸入喉咙后部引发呕吐，直至呕吐液澄清为止。如果病人昏迷，切勿引发呕吐或喂服任何东西。如皮肤接触，脱去沾有药液的衣服，用肥皂和水洗涤沾有药液的部位。如果刺痛未止，应找医生诊治。如果溅入眼内，用大量清水冲洗，立即请医生诊治。

（4）应用技术　伊维菌素主要用作兽用驱虫药，使用时应该注意用药剂量，必须准确给药。

（5）使用方法　主要通过针剂注射。使用伊维菌素注射液对家畜如兔、猪等进行驱虫。

对猪驱虫方法如下：仔猪阶段（45 日龄），此时猪体质较弱，是易感染寄生虫的时期，每10kg 猪体重用伊维菌素粉剂（每袋 5g，含伊维菌素 10mg）1.5g 拌料内服。架子猪阶段（90 日龄）和育肥阶段（135 日龄左右），按 50kg 猪体重用 1.5mL 伊维菌素注射液（每 mL 含伊维菌素 10mg）。

专利与登记　伊维菌素属于阿维菌素的衍生产品，美国默克公司于 1981 年将伊维菌素作为兽用驱虫药投入市场。专利 US4333925 早已过专利期，不存在专利权问题。国内登记情况：0.5%乳油，95%原药，登记作物为甘蓝，防治对象为小菜蛾。

合成方法　阿维菌素由一种真菌——链霉菌（*Streptomyces avermitils*）发酵产生，伊维菌素由阿维菌素（Avermectin B_1）以威尔金森均相催化剂经过选择性加氢制得。

乙拌磷 disulfoton

$C_8H_{19}O_2PS_3$，274.4，298-04-4

乙拌磷（disulfoton），试验代号　Bayer 19639、ENT 23347、S 276。商品名称　Disyston、Di-Syston。其他名称　dithiodemeton、dithiosystox、thiodemeton。是由 G. Schrader 报道其活性，由 Bayer 和 Sandoz（后属 Novartis Crop Protection AG）相继开发的有机磷类杀虫剂。

化学名称　O,O-二乙基-S-2-乙硫基乙基二硫代磷酸酯，O,O-diethyl -S-2-ethylthioethyl phosphorodithioate。

理化性质　无色油状物，带有特殊气味，工业品为淡黄色油状物，熔点＜－25℃，沸点128℃（1mmHg）。蒸气压 7.2mPa（20℃）、13mPa（25℃）、22mPa（30℃）。分配系数 $K_{ow}\lg P=3.95$。Henry 常数 7.9×10^{-2} Pa·m^3/mol（20℃）。相对密度 1.144（20℃）。水中溶解度 25mg/L（20℃），与正己烷、二氯甲烷、异丙醇、甲苯互溶。正常储存稳定，在酸性、中性介质中很稳定，在碱性介质中分解，DT_{50}（22℃）：133d（pH 4），169d（pH 7），131d（pH 9）。光照 DT_{50} 1～4d。闪点 133℃（工业品）。

毒性 急性经口 LD_{50}（mg/kg）：雄、雌大鼠 2～12，雄、雌小鼠 7.5，母狗约 5。急性经皮 LD_{50}（mg/kg）：雄大鼠 15.9，雌大鼠 3.6。对兔眼睛和皮肤无刺激。大鼠吸入 LC_{50}（4h，mg/L）：雄大鼠约 0.06，雌大鼠约 0.015（气溶胶）。NOEL（mg/kg）：大鼠急性饲喂 NOAEL（1d）0.25，狗慢性饲喂 NOAEL（1y）0.013。ADI：（JMPR）0.0003mg/kg［1991，1996］；（EPA）aRfD 0.0025mg/kg，cRfD 0.00013mg/kg［2002］。

生态效应 山齿鹑急性经口 LD_{50} 39mg/kg，饲喂 LC_{50}（5d，mg/kg 饲料）：野鸭 692，山齿鹑 544。鱼 LC_{50}（96h，mg/L）：翻车鱼 0.039，虹鳟鱼 3。水蚤 LC_{50}（48h）0.013～0.064mg/L。水藻 EC_{50}（72h）＞4.7mg/L，对蜜蜂有毒，取决于使用剂量。

环境行为

（1）动物 ^{14}C 标记的乙拌磷会被迅速吸收、代谢，代谢物主要通过尿液排出体外。主要的代谢物为乙拌磷的砜和亚砜，随后它们氧化成相应的类似物及二甲硫磷。

（2）植物 乙拌磷会被迅速吸收代谢，主要代谢物与动物相同。

（3）土壤/环境 在土壤中乙拌磷快速降解，代谢物与植物和动物相同，在土壤中不易流动。

制剂 5%、10%颗粒剂，50%干拌种剂。

主要生产商 Bayer CropSciences 及 Fertiagro 等。

作用机理与特点 胆碱酯酶的直接抑制剂。具有内吸活性的杀虫、杀螨剂，通过根部吸收，传导到植物各部分，持效期长。

应用

（1）适用作物 马铃薯、蔬菜、玉米、水稻、烟草、果树、高粱、观赏植物、棉花、坚果。

（2）防治对象 蚜虫、蓟马、介壳虫、黄蜂等。

（3）使用方法 用 50%干拌种剂 0.5kg，加水 25kg，拌棉种 50kg，堆闷 12h 后播种；或用 50%干拌种剂 0.5kg，加水 75kg，搅匀后放入 45kg 棉种，浸 14 小时左右，定时翻动几次，捞出、晾干后播种；或用 5%颗粒剂 30kg/hm²，在棉苗长出 2～3 片真叶时开沟施入棉苗旁土中。高剂量使用会伤害种子。

专利概况 专利 DE917668、DE947369、US2759010 均早已过专利期，不存在专利权问题。

合成方法 经如下反应制得乙拌磷：

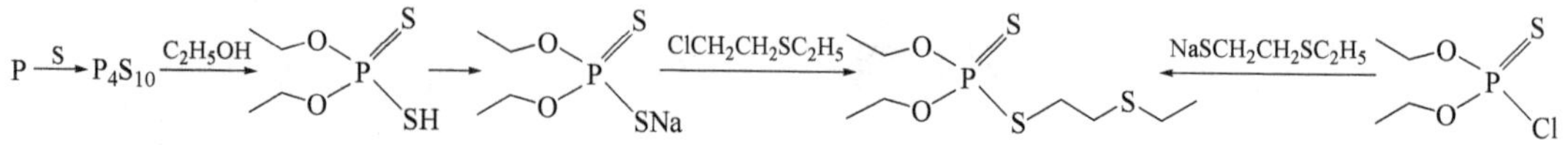

乙草胺 acetochlor

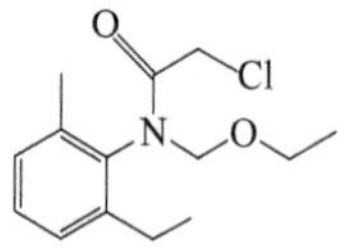

$C_{14}H_{20}ClNO_2$，269.8，34256-82-1

乙草胺（acetochlor），**试验名称** Mon 097。**商品名称** Degree、Guards、Harness、Suncetochlor。**其他名称** Acetocas、Benefit、Breakfree、Cadence、Cengaver、Channel、Confidence、Curagrass、First Act、Guardian、Kestrel、Relay、Shengnongshi、Shengnongxiu、Sprint、Vault、Wenner、Warrant、消草安、刈草胺。是由 Monsanto 公司和捷利康公司共同开发的氯代乙酰胺类除草剂。

化学名称 2-氯-N-乙氧甲基-6′-乙基乙酰-邻甲苯胺，2-chloro-N-ethoxymethyl-6′-ethylacet-o-toluidide。

理化性质 原药纯度＞92%，外观呈红葡萄酒色或黄色至琥珀色。纯品外观为透明黏稠液体，熔点10.6℃，沸点172℃（5mmHg）。蒸气压(mPa)：$2.2×10^{-2}$(20℃)，$4.6×10^{-2}$(25℃)。分配系数 $K_{ow}lgP = 4.14$(20℃)。相对密度：1.1221(20℃)。水中溶解度282mg/L(20℃)，易溶于甲醇、1,2-二氯乙烷、对二甲苯、正己烷、丙酮和乙酸乙酯。20℃放置2y稳定。闪点160℃（闭杯）。

毒性 大鼠急性经口 LD_{50} 2148mg/kg。兔急性经皮 LD_{50} 4166mg/kg。大鼠急性吸入 LC_{50} (4h)＞3mg/L空气。对兔眼睛有轻微的刺激性，对兔皮肤无刺激性。对豚鼠皮肤有潜在致敏作用。NOEL数据[mg/(kg·d)]：大鼠(2y)11，狗(1y)2。ADI(EC建议)0.011mg/kg，(EPA)cRfD 0.02mg/kg。

生态效应 鸟急性经口 LD_{50}(mg/kg)：山齿鹑928，野鸭＞2000。山齿鹑和野鸭饲喂 LC_{50} (5d)＞5620mg/kg。鱼毒 LC_{50}(96h,mg/L)：大翻车鱼1.3，虹鳟鱼0.36，羊头鲦鱼2.4。水蚤 LC_{50}(48h)8.6mg/L。藻类 E_rC_{50}(μg/L)：(72h)羊角月牙藻0.52，中肋骨条藻21；(5d)硅藻2.3，鱼腥藻110。糠虾 EC_{50}(96h)2.4mg/L，浮萍 E_bC_{50}(7d)3.6g/L，E_rC_{50}(7d)7.4μg/L。蜜蜂 LD_{50}(48h,μg/只)：接触＞200，经口＞100。蚯蚓 LC_{50}(14d)211mg/kg。

环境行为

(1) 动物 在大鼠体内容易代谢并排出体外。

(2) 植物 在玉米和大豆上迅速吸收并于发芽时代谢。在植物体内，乙草胺通过几条路线代谢，包括水解/氧化取代氯、N-脱烷基化和谷胱甘肽取代氯，然后再形成各种含硫的二级分解产物。

(3) 土壤/环境 土壤吸收，很少渗出。由微生物降解，DT_{50} 8～18d。主要代谢产物是氯乙酰氧化形成的水溶性酸，或谷胱甘肽共轭及分解代谢形成的含硫氨基酸，如磺酸和亚磺基乙酸。

制剂 50%、900g/L乳油，50%微乳剂，48%水乳剂。

主要生产商 ÉMV、Fertiagro、Sundat、大连瑞泽农药股份有限公司、道农科、杭州庆丰农化有限公司、孟山都、济南科赛基农化工有限公司、江苏常隆化工有限公司、江苏绿利来股份有限公司、江苏腾龙集团、南通江山农药化工股份有限公司、山东滨农科技有限公司、山东华阳农药化工集团有限公司、山东侨昌化学有限公司、山东潍坊润丰化工有限公司、苏州恒泰医药化工有限公司、新沂中凯农用化工有限公司、郑州沙隆达农业科技有限公司及中化集团等。

作用机理与特点 乙草胺主要是通过阻碍蛋白质的合成来抑制细胞的生长，即乙草胺进入植物体内抑制蛋白酶的合成，使幼芽、幼根停止生长。禾本科杂草表现为心叶卷曲萎缩，其他叶皱缩，整株枯死。阔叶杂草叶皱缩变黄，整株枯死。乙草胺可被植物的幼芽吸收，如单子叶植物的胚芽鞘、双子叶植物的下胚轴，吸收后向上传导。种子和根也可吸收传导，但吸收量较少，传导速度慢。出苗后主要靠根吸收向上传导。如果田间水分适宜，幼芽未出土即被杀死。如果土壤水分少，杂草出土后随土壤湿度增大，吸收药剂而起作用。

应用

(1) 适宜作物与安全性 大豆、花生、玉米、插秧水稻、移栽油菜、棉花、甘蔗、马铃薯、蔬菜(白菜、萝卜、甘蓝、花椰菜、番茄、辣椒、茄子、芹菜、胡萝卜、莴苣以及豆科蔬菜等)、柑橘、葡萄等。大豆等耐药性作物吸收乙草胺后在体内迅速代谢为无活性物质，在正常条件下对作物安全，在低温条件下对大豆等作物的生长有抑制作用，叶皱缩，根减少。持效期1.5个月，在土壤中通过微生物降解，对后茬作物无影响。

(2) 防除对象 主要用于防除一年生禾本科杂草和某些阔叶杂草。禾本科杂草如稗草、狗尾草、马唐、牛筋草、稷、看麦娘、早熟禾、千金子、硬草、野燕麦、臂形草、棒头草等，阔叶杂草如藜、小藜、反枝苋、铁苋菜、酸模叶蓼、柳叶刺蓼、节蓼、卷茎蓼、鸭跖草、狼把草、鬼针草、菟丝子、萹蓄、香薷、繁缕、野西瓜苗、水棘针、鼬瓣花等。

(3) 应用技术 乙草胺活性很高，用药量不宜随意增大。有机质含量高，新土壤或干旱情况下，建议采用较高剂量。反之，有机质含量低、砂壤或降雨、灌溉情况下，建议采用下限剂量。喷施药剂前后，土壤宜保持湿润，以确保药效。多雨地区注意雨后排水，排水不良地块，大雨后积水会妨碍作物出苗，出现药害。地膜栽培使用乙草胺除草时，应在覆膜前施药。地膜栽培施用乙草胺时，可比同类露地栽培方式减少1/3用药量。乙草胺对麦类、谷子、高粱、黄瓜、菠菜等作物较敏感，不宜施用。

（4）使用方法

① 大豆田　乙草胺可在大豆播前或播后苗前施药，也可秋施，秋施最好在气温降至5℃以下到封冻前进行，如在东北10月施药，第二年春天播种大豆、玉米、油菜等作物。通常土壤耕层0～5cm是杂草发芽出土的土层，苗前除草剂只有进入该土层才能有效地除草。苗前除草剂可经如下两种途径进入杂草萌发土层：一是靠雨水或灌溉将除草剂带入土壤，二是靠机械混土，方法二不如雨水或灌溉使除草剂在土壤中分布均匀。在干旱条件下采用混土法施药，用机械耙地混土，可获得稳定的药效。在北方平播大豆多春季施药，施药时期为播前，施药后最好浅混土，耙深4～6cm。播后苗前施药在干旱条件下可用旋转锄进行浅混土，起垄播种大豆的播前采用混土，施药法同秋施，施药混土后起垄播种大豆。播后苗前施药后也可培土2cm左右，随后镇压。土壤有机质含量在6%以下，每亩用90%乙草胺乳油95～115mL（有效成分85.5～103.5g）。

土壤有机质含量6%以下，有机质对乙草胺影响较小。用量主要受土壤质地影响，砂质土、低洼地水分多用低剂量，岗地水分少用高剂量。土壤有机质含量6%以上，每亩用90%乙草胺乳油115～150mL，用药量随有机质含量增加而提高。

混用：乙草胺与嗪草酮、丙炔氟草胺混用可提高对苍耳、龙葵、苘麻等阔叶杂草的药效。乙草胺与异噁草酮、唑嘧磺草胺、噻吩磺隆（阔叶散）等混用可提高对龙葵、苍耳、苘麻、刺儿菜、苣荬菜、问荆、大蓟等阔叶杂草的药效。乙草胺与咪唑乙烟酸混用可增加对龙葵、苘麻、苍耳等阔叶杂草的药效。混用配方如下：

每亩用90%乙草胺100～150mL加50%丙炔氟草胺8～12g（或75%噻吩磺隆1～1.33g或48%异噁草酮53～67mL或70%嗪草酮20～40g或50%嗪草酮28～56g或加80%唑嘧磺草胺4g）。

每亩用90%乙草胺70～100mL加50%丙炔氟草胺4～6g加48%异噁草酮40～50mL。

每亩用90%乙草胺70～100mL加5%咪唑乙烟酸50～67mL。

每亩用90%乙草胺100～150mL加48%异噁草酮40～50mL加75%噻吩磺隆0.7～1g。

每亩用90%乙草胺70～100mL加88%灭草猛100～133mL加70%嗪草酮20～27g（或48%异噁草酮40～50mL）。

每亩用90%乙草胺60～95mL加48%异噁草酮40～50mL加5%咪唑乙烟酸40mL。

每亩用90%乙草胺100～130mL加75%噻吩磺隆0.7～1.0g加70%嗪草酮20～27g（或50%丙炔氟草胺4～6g）。

每亩用90%乙草胺100～140mL加48%异噁草酮40～50mL加80%唑嘧磺草胺2g。

秋施乙草胺方法：乙草胺与其他除草剂混用秋施是防除农田杂草的有效措施之一，比春施对大豆、玉米、油菜等安全性好、药效好，特别是对难治杂草如野燕麦等更有效，且比春施增产5%～10%。秋施药是同秋施肥、秋起垄、大豆三垄栽培、玉米大双覆相配套的新技术。

② 玉米田　乙草胺在玉米田用药量、使用时期、方法同大豆。

混用：乙草胺在玉米田可与噻吩磺隆（阔叶散）、2,4-滴丁酯、嗪草酮等混用。阿特拉津在苗前施药往往受土壤有机质影响，不但用量大不经济，而且其残留物还危害下茬作物和污染地下水源，同时常受干旱影响效果不佳，因此不推荐用阿特拉津做土壤处理。混用配方如下：

每亩用90%乙草胺100～150mL加72%噻吩磺隆1～1.3g（或72% 2,4-滴丁酯70～100mL或80%唑嘧磺草胺4g）。

每亩用90%乙草胺80～130mL加70%嗪草酮27～54g（适用于有机质含量高于2%的土壤）。

每亩用90%乙草胺50～80mL加38%阿特拉津100～200mL或50%草净津130～200g（适用于土壤有机质含量低于5%的地块）。

③ 花生田　施药时期同大豆、玉米。

用药量华北地区每亩用 60~80mL。长江流域、华南地区每亩用 40~60mL。

④ 油菜田　北方直播油菜田：可在播前或播后苗前施药，也可秋施。每亩用 90% 乙草胺 80~150mL。根据土壤有机质含量和质地确定用药量。土壤质地黏重、有机质含量高用高剂量；土壤疏松、有机质含量低用低剂量。使用方法同大豆。移栽油菜田：移栽前或移栽后每亩用乙草胺 45mL，兑水 40~50L 均匀喷施，移栽后喷施时，应避免或减少直接喷在作物叶片上。

⑤ 棉花田　地膜棉于整地播种后，再喷药盖膜，华北地区每亩用 50~60mL。长江流域 40~50mL。新疆地区 80~100mL。露地直播棉用药量宜提高 1/3。

⑥ 甘蔗田　甘蔗种植后土壤处理，喷施乙草胺每亩用 80~100mL。

⑦ 插秧水稻田　30d 以上大秧苗插后 3~5d，稗草出土前至 1.5 叶前，每亩用 50% 乙草胺 10~15mL 拌细土均匀喷施、田间浅水层 3~5cm，保水 5~7d，只补不排。主要用于防除稗草及部分阔叶杂草。常与苄嘧磺隆混用。

专利与登记　专利 US3442945、US3547620 早已过专利期，不存在专利权问题。

国内登记情况：50%、900g/L 乳油，50% 微乳剂，48% 水乳剂，登记作物为油菜田、花生田、玉米田、大豆田和马铃薯田，防治对象为一年生禾本科杂草和部分阔叶杂草等。美国孟山都公司在中国登记情况见表 227。

表 227　美国孟山都公司在中国登记情况

登记名称	登记证号	含量	剂型	登记作物	防治对象	用药量	施用方法
乙草胺	PD243-98	900g/L	乳油	大豆田	部分阔叶杂草	1350~1890g/hm²（东北地区），810~1350g/hm²（其他地区）	土壤喷雾处理
				花生田	一年生禾本科杂草及部分阔叶杂草	780~1275g/hm²	土壤喷雾处理
				玉米田	一年生禾本科草及部分阔叶杂草	1350~1620g/hm²（东北地区），810~1350g/hm²（其他地区）	喷雾
				棉花田	一年生禾本科草及部分阔叶杂草	①810~945g/hm²（南疆），②945~1080g/hm²（北疆），③810~1080g/hm²（其他地区）	①播前土壤喷雾处理，②播后苗前土壤喷雾处理，③移栽前使用农达做土壤喷雾处理
				油菜田	一年生禾本科杂草及部分阔叶杂草	540~810mg/kg	移栽后土壤喷雾处理
				大豆田	一年生禾本科杂草	1350~1890g/hm²（东北地区），810~1350g/hm²（其他地区）	土壤喷雾处理

合成方法　乙草胺合成方法主要有两种：

（1）甲叉苯胺法　以 2,6-甲乙基苯胺为原料，依次与多聚甲醛、氯乙酰氯、乙醇（氨存在下反应）即制得目的物。

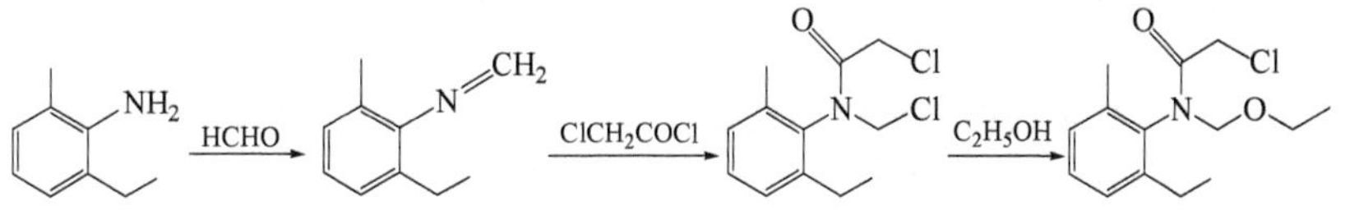

（2）氯代醚法　2,6-甲乙基苯胺与氯乙酸和三氯化磷反应，生成2,6-甲乙基氯代乙酰替苯胺，乙醇与聚甲醛反应（在盐酸存在下）得到氯甲基乙基醚，最后2,6-甲乙基氯代乙酰替苯胺与氯甲基乙基醚在碱性介质中反应，得到乙草胺。

乙虫腈 ethiprole

$C_{13}H_9Cl_2F_3N_4OS$，397.2，181587-01-9

乙虫腈（ethiprole），试验代号　RPA 107382。商品名称　Curbix、Kirappu、Kirapu。是罗纳-普朗克公司（现属 Bayer AG）开发的吡唑类杀虫剂。

化学名称　5-氨基-1-(2,6-二氯-α,α,α-三氟-对甲苯基)-4-乙基亚磺酰基吡唑-3-腈，5-amino-1-(2,6-dichloro-α,α,α-trifluoro-p-tolyl)-4-ethylsulfinylpyrazole-3-carbonitrile。

理化性质　纯品外观为白色无特殊气味晶体粉末，蒸气压（25%）9.1×10^{-8} Pa，水中溶解度（20℃）为 9.2mg/L，K_{ow} lg$P=2.9$（20℃），中性和酸性条件下稳定。乙虫腈原药质量分数≥94%，外观为浅褐色结晶粉末。有机溶剂中的溶解度（20℃，g/L）：丙酮中 90.7，甲醇中 47.2，乙腈中 24.5，乙酸乙酯中 24，二氯甲烷中 19.9，正辛醇中 2.4，甲苯中 1，正庚烷中 0.004。

毒性　大鼠急性经口 LD$_{50}$＞7080mg/kg，急性经皮 LD$_{50}$＞2000mg/kg，大鼠吸入 LC$_{50}$＞5.21mg/L；对兔皮肤和眼睛无刺激性；对豚鼠皮肤无致敏性；大鼠90d亚慢性喂养毒性试验最大无作用剂量：雄大鼠为 1.2mg/(kg·d)，雌大鼠为 1.5mg/(kg·d)；致突变试验：Ames 试验、小鼠骨髓细胞微核试验、体外哺乳动物细胞基因突变试验、体外哺乳动物细胞染色体畸变试验等4项致突变试验结果均为阴性。100g/L悬浮剂大鼠急性经口和经皮 LD$_{50}$＞5000mg/kg，大鼠吸入 LC$_{50}$＞4.65mg/L；对兔皮肤和眼睛均无刺激性；对豚鼠皮肤无致敏性。兔 NOAEL（23d）0.5mg/(kg·d)。ADI(FSC)0.005mg/kg。

生态效应　乙虫腈 100g/L 悬浮剂　虹鳟鱼 LC$_{50}$（96h）2.4mg/L，鹌鹑 LD$_{50}$＞1000mg/kg，蜜蜂接触 LD$_{50}$（48h）0.067μg(a.i.)/只，经口 LD$_{50}$（48h）0.0151μg(a.i.)/只，家蚕 LD$_{50}$（2龄，96h）21.7mg/L，蚯蚓 LC$_{50}$（14d）＞1000mg 制剂/kg 土壤。

环境行为

（1）动物　大鼠经口后主要通过粪便快速代谢，代谢途径主要包括砜基的氧化和还原以及氰基水解。

（2）土壤/环境　含氧丰富的土壤中 DT$_{50}$5d；在需氧层中主要是通过亚砜基团氧化成砜类衍生物降解，亚砜化合物逐渐减少。在需氧土壤中，淤泥和砂壤土中 DT$_{50}$为 71d 和 30d；主要是通过亚砜的氧化和氰基的水解降解，形成甲酰胺类衍生物。在厌氧土壤中，DT$_{50}$11.2d，在 4 种类型土壤中，降解主要是通过亚砜基团的减少和氰基的水解作用，K_{ads} 1.56～5.56、K_{oc} 50.5～163、K_f 1.48～5.93、K_{foc} 53.9～158。

制剂　0.5%颗粒剂，10%悬浮剂。

主要生产商　Bayer CropSciences。

作用机理与特点　乙虫腈是一个广谱杀虫剂，其杀虫机制在于阻碍昆虫 γ-氨基丁酸（GABA）控制的氯化物代谢，干扰氯离子通道，从而破坏中枢神经系统（CNS）的正常活动，使昆虫致死。对某些品系的白蝇也有效，对螨类害虫有很强的活性。在日本，蚜虫和蓟马对现有杀虫剂已开始产生抗性，而乙虫腈与主要产品没有交互抗性。在害虫抗性管理计划中，可把它作为锐劲特和其他杀虫剂的配伍品种。可用于种子处理或叶面喷洒。

应用

（1）适用作物　水稻、果树、蔬菜、棉花、苜蓿、花生、大豆和观赏植物。

（2）防治对象　在低用量下对多种咀嚼式口器与刺吸式口器害虫有效，可有效防治蓟马、木虱、盲蝽、象甲、橘潜叶蛾、蚜虫、光蝉和蝗虫等。

（3）使用方法　用药剂量为 45～60g(a.i.)/hm²，于稻飞虱低龄若虫高峰期对稻株部位全面喷雾，施药次数 1～2 次。该药的速效性较差，持效期可达 14d 左右。推荐剂量下对作物安全，未见药害产生。对捕食性天敌，如小花蝽、龟文瓢虫等基本无影响。

在日本正在开发两种剂型。一种是 10%悬浮剂，用于水稻防治螨和光蝉，用于苹果、梨和柑橘防治蚜虫、蓟马和螨，用于茶防治蓟马，用于马铃薯、茄子、黄瓜和西红柿防治蚜虫，使用 1000～2000 倍稀释液。另一种剂型是 0.5%颗粒剂，使用量为 60～90kg/hm²，用于萝卜防治土壤传播害虫和跳甲，用于甜菜、马铃薯防治土壤传播害虫。

此外，乙虫腈也可用于非农业市场，例如谷物储存和家用市场，目前进一步试验正在进行中。

专利与登记

专利名称　Preparation of 5-amino-1-aryl-3-cyano-4-ethylsulfinylpyrazoles as presticides

专利号　DE19653417

专利申请日　1995-12-20

专利拥有者　Rhône-Poulenc　Agrochimie（FR）

国内登记情况：95%原药、30%悬乳剂等，登记作物为水稻等，防治对象为稻飞虱等。德国拜耳作物科学公司在中国登记了 94%原药和 100g/L 悬浮剂，用于防治水稻田稻飞虱，使用剂量为 45～60g/hm²。

合成方法　经如下反应制得乙虫腈：

方法 1

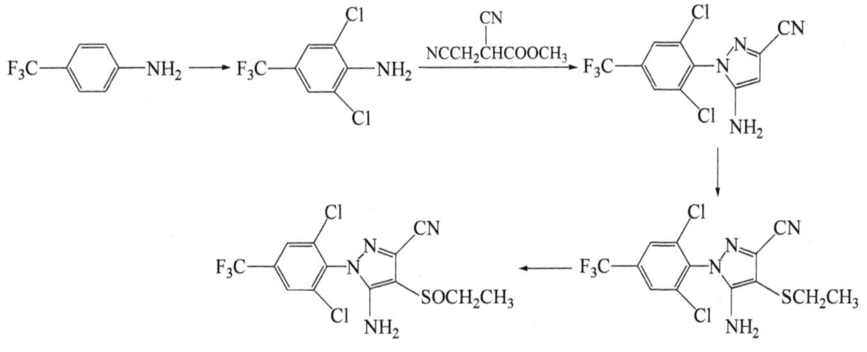

方法2

参考文献

[1] Journal of Agricultural and Food Chemistry, 2003, 51(24): 7055-7061.

乙呋草磺 ethofumesate

$C_{13}H_{18}O_5S$, 286.3, 26225-79-6

乙呋草磺(ethofumesate), 试验代号 AEB 049913、NC 8438、SN 49913、ZK 49913。商品名称 Ardee、Boxer、Burakosat、Colorado、Etho、Ethosat、Ethosin、Ethotron、Fumesin、Keeper、Kemiron、Kubist、Nortron、Prograss、Poa Constrictor、Salute、Sirio、Stapler、Stemat、Tramat。其他名称 乙氧呋草黄。是由 Fisons Ltd(拜耳公司)开发的除草剂。

化学名称 (RS)-2-乙氧基-2,3-二氢-3,3-二甲基苯并呋喃-5-基甲磺酸, (RS)-2-ethoxy-2,3-dihydro-3,3-dimethylbenzofuran-5-ylmethanesulfonate。

理化性质 纯品为无色结晶固体, 熔点 70~72℃(原药 69~71℃), 蒸气压 0.12~0.65mPa(25℃)。相对密度 1.29(20℃), K_{ow} lg$P$ = 2.7(pH 6.5~7.6, 25℃)。Henry 常数 6.8×10^{-3} Pa·m³/mol。溶解度(25℃, g/L): 水 0.05, 丙酮、二氯甲烷、二甲亚砜、乙酸乙酯 >600, 甲苯、对二甲苯 300~600, 甲醇 120~150, 乙醇 60~75, 异丙醇 25~30, 己烷 4.67。在 pH 7、9 的水溶液中稳定, pH 5, DT_{50} 为 940d。水溶液光解 DT_{50} 为 31h。空气中降解, DT_{50} 为 4.1h。

毒性 大小鼠性经口 LD_{50} >5000mg/kg。大鼠急性经皮 LD_{50} >2000mg/kg。对兔眼睛、皮肤无刺激性, 对皮肤无致敏性。大鼠急性吸入 LC_{50}(4h) >3.97mg/L 空气。NOEL(mg/kg): 大鼠 NOAEL(2y)7, 兔子 NOAEL 30, 大鼠慢性 NOAEL 127。ADI(EC)0.07mg/kg [2002]; (EPA) aRfD 0.3mg/kg, cRfD 1.3mg/kg [2005]。

生态效应 鸟急性经口 LD_{50}(mg/kg): 山齿鹑 >8743, 野鸭 >3552。饲喂 LC_{50}[8d, mg/(kg·d)]: 野鸭 >1082, 山齿鹑 >839。鱼毒 LC_{50}(96h, mg/L): 大翻车鱼 12.37~21.2, 虹鳟鱼 >11.92~20.2, 锦鲤 10.92。水蚤 EC_{50}(48h)13.52~22.0mg/L。藻类 EC_{50} 3.9mg/L, 东方生蚝 EC_{50}(96h)1.7mg/L, 糠虾 LC_{50}(96h)5.4mg/L。蜜蜂 LC_{50}(接触和经口) >50μg/只, 蚯蚓 LC_{50} 134mg/kg 土。其他有益生物 LD_{50}: 双线隐翅虫 >1250mg/kg, 捕食性步甲和草蛉 >2000g/hm²。

环境行为

(1) 动物　主要代谢物是内酯和游离酸的含氧化合物。

(2) 植物　乙呋草磺主要分解成 2-羟基衍生物和 2-含氧衍生物、甲磺酸和 CO_2。

(3) 土壤/环境　乙呋草磺在土壤中被微生物分解成短暂存在的化合物，然后这类化合物会完全转化成土壤结构物质，矿物质和 CO_2。光降解也会发生，DT_{50} $10\sim122d$(实验室)和 $84\sim407d$(田地)。通过土壤条件的演示表明：乙呋草磺在土壤中既不会累积也不会被随后的作物吸收，它会被土壤适度地吸收(平均 K_{oc} 203)，不过土壤溶度计表明大部分的土壤残留物会集中在少于三十厘米深的土层中，因此不会污染地下水。

主要生产商　Gujarat Agrochem、Punjab、Sharda、United phosphorus、拜耳、江苏好收成韦恩农药化工有限公司、江苏省激素研究所股份有限公司及浙江永农化工有限公司等。

应用　乙呋草磺为苗前和苗后均可使用的除草剂，可有效地防除许多禾本科和阔叶杂草，土壤中持效期较长。以 $1000\sim2000g$(a.i.)/hm^2 剂量，防除甜菜、草皮、黑麦草和其他牧场中杂草。甜菜地中用量 $1000\sim3000g$(a.i.)/hm^2，与其他甜菜地用触杀型除草剂桶混的推荐剂量为 $500\sim2000g$(a.i.)/hm^2。草莓、向日葵和烟草基于不同的施药时期对该药有较好的耐受性，洋葱的耐药性中等。

专利与登记　专利 GB1271659 已过专利期，不存在专利权问题。国内登记情况：20%乳油，96%原药；登记作物为甜菜田，防除对象为部分阔叶杂草。

合成方法　以苯醌和异丁醛为原料，经如下反应制得目的物：

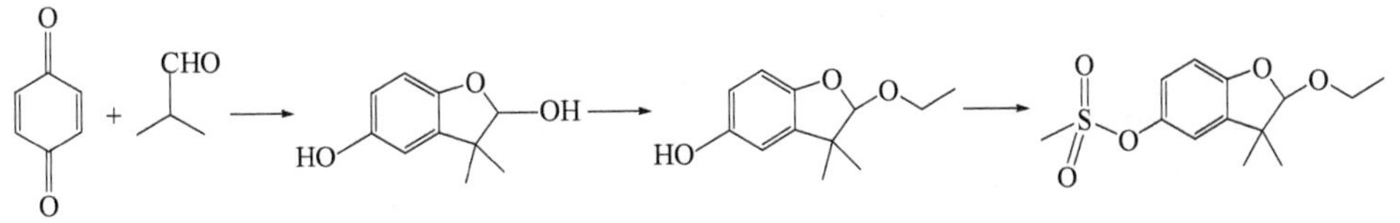

乙基多杀菌素 spinetoram

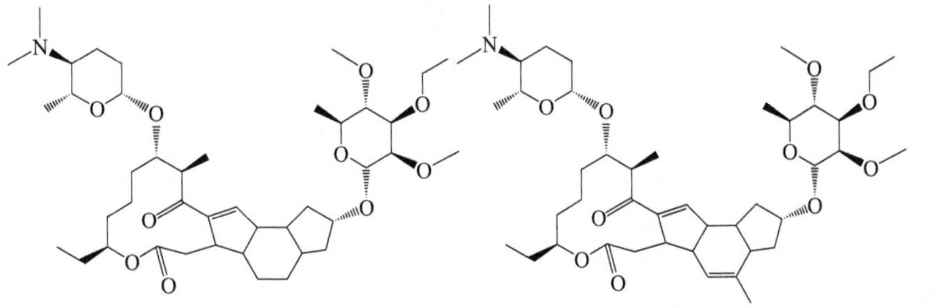

XDE-175-J，$C_{42}H_{69}NO_{10}$，748.0，187166-40-1 XDE-175-L，$C_{43}H_{69}NO_{10}$，760.0，187166-15-0

乙基多杀菌素(spinetoram)，试验代号　XR-175，XDE-175。商品名称　Delegate、Radiant，是由美国陶氏益农公司开发的大环内酯类抗生素杀虫剂。

化学名称　主要成分(2R,3aR,5aR,5bS,9S,13S,14R,16aS,16bR)-2-(6-脱氧-3-氧乙基-2,4-二氧甲基-α-L-吡喃甘露糖苷氧)-13-［(2R,5S,6R)-5-(二甲氨基)四氢-6-甲基吡喃-2-基氧］-9-乙基-2,3,3a,4,5,5a,5b,6,9,10,11,12,13,14,16a,16b-十六氢-14-甲基-1H-不对称-吲丹烯基［3,2-d］氧杂环十二烷-7,15-二酮；次要成分(2S,3aR,5aS,5bS,9S,13S,14R,16aS,16bS)-2-(6-脱氧-3-氧乙基-2,4-二氧甲基-α-L-吡喃甘露糖苷氧)-13-［(2R,5S,6R)-5-(二甲氨基)四氢-6-甲基吡喃-2-基氧］-9-乙基-2,3,3a,5a,5b,6,9，10,11,12,13,14,16a,16b-十四氢-4,14-二甲基-1H-不对称-吲丹烯基［3,2-d］氧杂环十二烷-7,15-二酮。mixture of 50%～90%(2R,3aR,5aR,5bS,9S,13S,14R,16aS,16bR)-2-(6-deoxy-3-O-ethyl-2,4-di-O-methyl-α-L-mannopyranosyloxy)-13-

[(2R,5S,6R)-5-(dimethylamino)tetrahydro-6-methylpyran-2-yloxy]-9-ethyl-2,3,3a,4,5,5a,5b, 6, 9, 10, 11, 12, 13, 14, 16a, 16b-hexadecahydro-14-methyl-1H-as-indaceno [3, 2-d] oxacyclododecine-7,15-dione and 10%～50%(2R,3aR,5aS,5bS,9S,13S,14R,16aS,16bS)-2-(6-deoxy-3-O-ethyl-2,4-di-O-methyl-α-L-mannopyranosyloxy)-13-[(2R,5S,6R)-5-(dimethylamino) tetrahydro-6-methylpyran-2-yloxy]-9-ethyl-2,3,3a,5a,5b,6,9,10,11,12,13,14,16a,16b-tetra-decahydro-4,14-dimethyl-1H-as-indaceno [3,2-d] oxacyclododecine-7,15-dione 或 extended von Baeyer nomenclature：mixture of 50%～90%(1S,2R,5R,7R,9R,10S,14R,15S,19S)-7-(6-deoxy-3-O-ethyl-2,4-di-O-methyl-α-L-mannopyranosyloxy)-15-[(2R,5S,6R)-5-(dimethylamino)tetra-hydro-6-methylpyran-2-yloxy]-19-ethyl-14-methyl-20-oxatetracyclo [10.10.0.0^{2,10}.0^{5,9}] docos-11-ene-13,21-dione and 10%～50%(1S,2S,5R,7R,9S,10S,14R,15S,19S)-7-(6-deoxy-3-O-ethyl-2,4-di-O-methyl-α-L-mannopyranosyloxy)-15-[(2R,5S,6R)-5-(dimethylamino) tetrahydro-6-methylpyran-2-yloxy]-19-ethyl-4,14-dimethyl-20-oxatetracyclo [10.10.0.0^{2,10}.0^{5,9}] docosa-3,11-diene-13,21-dione。

组成　主要组分为 70%～90%，次要组分 10%～30%。

理化性质　灰白色固体。熔点：XDE-175-J 为 143.4℃，XDE-175-L 为 70.8℃。相对密度 1.1485(20.2℃)。蒸气压(20℃)：XDE-175-J 为 5.3×10^{-2} mPa，XDE-175-L 为 2.1×10^{-2} mPa。XDE-175-J 分配系数 K_{ow}lg$P$：2.44(pH 5)，4.09(pH 7)，4.22(pH 9)；XDE-175-L 分配系数 K_{ow}lg$P$：2.94(pH 5)，4.49(pH 7)，4.82(pH 9)。水中溶解度(mg/L,20℃)：XDE-175-J 423 (pH 5)，11.3(pH 7)，8(pH 9)，6.27(pH 10)；XDE-175-L 1630(pH 5)，4670(pH 7)，1.98 (pH 9)，0.706(pH 10)。有机溶剂中溶解度(20℃,g/L)：甲醇＞250，丙酮＞250，二甲苯＞250，1,2-二氯乙烷＞250，乙酸乙酯＞250，正己烷 61，正辛醇 132。稳定性(25℃)：XDE-175-J 在 pH 5、7 和 9 不易水解；XDE-175-L 在 pH 5 和 7 时不易水解，在 pH 9 时 DT$_{50}$ 为 154d。光稳定性：XDE-175-J DT$_{50}$(pH 7,40℃)为 0.5d，XDE-175-L DT$_{50}$(pH＝7,40℃)为 0.3d。pK_a (25℃)：XDE-175-J 为 7.86；XDE-175-L 为 7.59。

毒性　大鼠急性经口 LD$_{50}$＞5000mg/kg，急性经皮 LD$_{50}$＞5000mg/kg，大鼠吸入 LC$_{50}$＞5.5mg/L，无致突变、致癌以及致畸性。

生态效应　山齿鹑和野鸭急性经口 LD$_{50}$＞2250mg/kg，野鸭和山齿鹑急性饲喂 LC$_{50}$＞5620mg/L。鱼类 LC$_{50}$(96h,mg/L)：虹鳟鱼＞3.46，大翻车鱼 2.69。水蚤 LC$_{50}$(48h)＞3.17mg/L。对蜜蜂有毒，但施药 3h 后，残留在叶片上的药剂对蜜蜂无毒。蚯蚓 LC$_{50}$(96h)＞1000mg/kg 土。对包括大眼长椿、姬蜂、瓢虫、草蜻蛉在内的节肢动物影响很小。

环境行为

(1) 动物　主要针对哺乳期的山羊和产卵鸡进行了代谢研究，95%的残留物通过动物粪便代谢，主要代谢产物为谷胱甘肽轭合物，以母体或 N-脱甲基化和 O-脱乙基化的大环内酯类化合物，和各自去糖化结构，以及母体结构中主要成分 J 的羟基络合物等，次要成分 L 的糖苷配基发生硫酸化和葡萄糖醛酸苷结合作用，主要代谢产物为母体结构的半胱氨酸络合物。

(2) 植物　主要有三种代谢途径，第一种途径为 N-脱甲基化、N-甲酰化代谢物；第二种途径为大环内酯断裂，进而代谢得到一系列小分子；第三种途径是针对主要成分 J 的代谢，得到 3-氧-脱乙基代谢物。

(3) 土壤/环境　在实验室条件下 XDE-175-J 和 XDE-175-L 代谢很快，半衰期分别为 21d 和 13d，在田间代谢更快，半衰期分别为 4d 和 2d。主要代谢物为 N-脱甲基化产物，还有 N-脱甲基化-N-亚硝化产物、N-丁二酰产物及其他少量产品。在土壤中吸附性能好，故环境残留少，水中溶解少，对地下水几乎无影响。在水中通过光解快速代谢，进而降解为更小的分子，XDE-175-J 和 XDE-175-L 在水中的半衰期分别为 0.5d 和 0.3d，在 pH 5～9 时 XDE-175-J 不水解，在 pH 5～7 时 XDE-175-L 不水解，但在 pH 9 时慢慢降解，半衰期为 154d。空气在空气中的代谢途径还没有确定，由于其较低的蒸气压和亨利系数，因此预测其光化学氧化的半衰期为 0.02～0.03h。

制剂　水分散颗粒剂(Delegate)，悬浮剂(Radiant、Exalt)。

主要生产商　Dow AgroSciences。

作用机理与特点　多杀菌素杀虫剂的新品种，作用机理和多杀菌素相同，都是烟碱乙酰胆碱受体，通过改变氨基丁酸离子通道和烟碱的作用功能进而刺激害虫神经系统。持效期长，杀虫谱广，用量少。但作用部位不同于烟碱或阿维菌素。通过触杀或口食，引起系统瘫痪。杀虫速度可与化学农药相媲美，非一般的生物杀虫剂可比。

应用

(1) 适用作物　十字花科作物、蔬菜、果树(苹果、梨、柑橘等)、核果、葡萄、玉米、大豆、甘蔗、草莓和棉花等。

(2) 防治对象　防除鳞翅目害虫(如苹果卷叶蛾、梨小食心虫、东方果蛾、黏虫、甜菜夜蛾、甘蓝银纹夜蛾、葡萄卷叶蛾、葡萄小卷蛾、大豆夜蛾和粉纹夜蛾等)、牧草虫(如西花蓟马、烟蓟马)、飞虫(如斑潜蝇)、潜叶虫、苹果蛆、大豆尺蠖、螟蛉虫、棉铃虫、烟青虫、玉米螟、地老虎、泡菜虫等，可防治果树飞虫(如苹果实蝇、橘小实蝇等)，也可防治飞虱(如梨木虱等)。它能够有效控制果树和坚果上的主要虫害，尤其是果树上的主要害虫——苹果蠹蛾。

(3) 残留量与安全用药　本产品是从放射菌代谢物中提纯出来的生物源杀虫剂，毒性极低，在环境中残留量少，环境兼容性好。使用时应穿长衣、长裤、袜子等，并且配备专门的工具进行施药。如溅入眼睛，立即用大量清水连续冲洗15min。作业后用肥皂和清水冲洗暴露的皮肤，被溅及的衣服必须洗涤后才能再用。如误服，立即就医，是否需要引吐由医生根据病情决定。存放时将本商品存放于阴凉、干燥、安全的地方，远离粮食、饮料和饲料。清洗施药器械或处置废料时，应避免污染环境。

(4) 应用技术　防治棉铃虫、烟青虫，在棉铃虫处于低龄幼虫期施药。防治小菜蛾在甘蓝莲座期、小菜蛾处于低龄幼虫期时施药。防治甜菜夜蛾于低龄幼虫期施药。防治蓟马在蓟马发生期使用。

(5) 使用方法　用量30～120g(a.i.)/hm²，视具体环境而定。

专利与登记

专利名称　Selective reduction of spinosyn factors 3′-O-ethyl-spinosyn J(Et-J)and 3′-O-ethyl-spinosyn L(Et-L)to spinetoram

专利号　US20080108800

专利申请日　2007-11-02

专利拥有者　Dow(US)

该杀虫剂在美国、加拿大、墨西哥、韩国、马来西亚、巴基斯坦和新西兰获得注册。乙基多杀菌素(Spinetoram)是多杀菌素杀虫剂的第二代产品，且具有比多杀菌素更广的杀虫活性。

国内登记情况：60g/L悬浮剂，81.2%原药；登记作物为甘蓝和茄子等，防治对象为小菜蛾、蓟马和甜菜夜蛾等。美国陶氏益农在中国登记情况见表228。

表228　美国陶氏益农在中国登记情况

登记名称	登记证号	含量	剂型	登记作物	防治对象	用药量	施用方法
乙基多杀菌素	LS20091099 F100019	60g/L	悬浮剂	甘蓝	小菜蛾	20～40mL/亩	喷雾
				甘蓝	甜菜夜蛾	18～36g/hm²	喷雾
乙基多杀菌素	LS20091099	25g/L	悬浮剂	茄子	蓟马	9～18g/hm²	喷雾
				甘蓝	小菜蛾	20～40mL/mg/亩	喷雾
乙基多杀菌素	LS20091058	81.2%	原药				

合成方法　从放射杆菌 *Saccharopolyspora spinosa* 发酵产品中分离得到 Spinosyn J 和 Spinosyn L，后经催化加氢得到产品 Spinetoram。

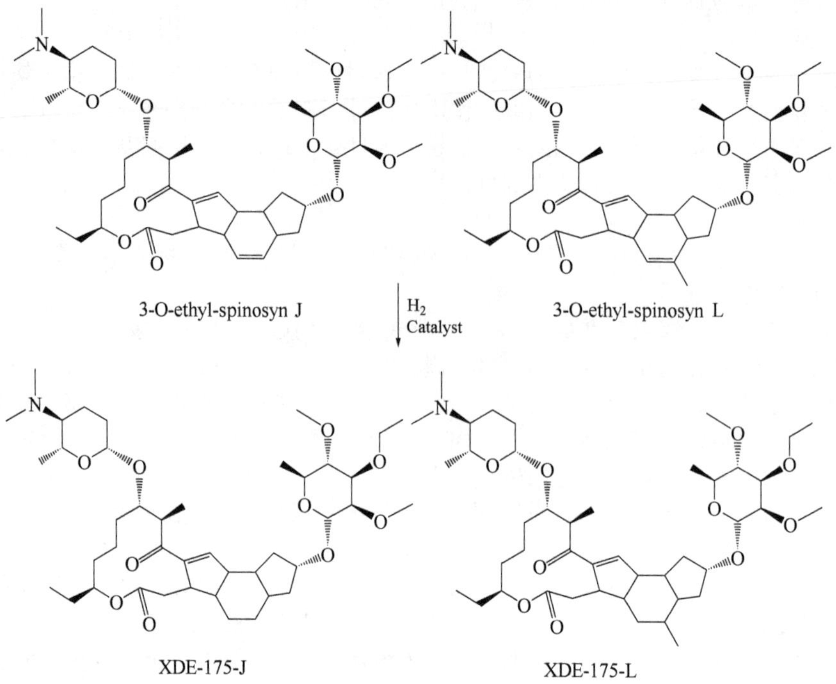

3-O-ethyl-spinosyn J

H₂
Catalyst

3-O-ethyl-spinosyn L

XDE-175-J

XDE-175-L

参考文献

[1] International Journal of Systematic Bacteriology, 1990, 40: 34-39.
[2] Review in Toxicology, 1998, 2: 133-146.

乙菌利 chlozolinate

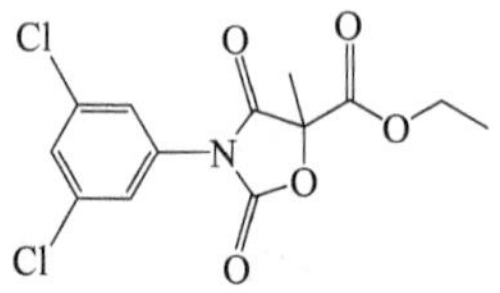

$C_{13}H_{11}Cl_2NO_5$, 332.1, 84332-86-5

乙菌利(chlozolinate), 试验代号 M 8164。商品名称 Manderol、Serinal。是由意大利 Montedison 公司(现为 Isagro 公司)开发的 3,5-二氯苯胺类杀菌剂。

化学名称 (*RS*)-3-(3,5-二氯苯基)-5-甲基-2,4-二氧代-1,3-噁唑啉-5-羧酸乙酯, ethyl(*RS*)-3-(3,5-dichlorophenyl)-5-methyl-2,4-dioxo-1,3-oxazolidine-5-carboxylate。

理化性质 纯品为白色无味固体, 熔点 112.6℃。相对密度 1.441(20℃)。蒸气压 0.013mPa (25℃, 饱和蒸气法)。$K_{ow}lgP=3.15$(22℃), Henry 系数 $2.29×10^{-3}$ Pa·m³/mol(25℃, 计算值)。水中溶解度 2mg/L(25℃), 有机溶剂中溶解度(22℃, g/kg): 乙酸乙酯、丙酮、二氯乙烷>250, 乙醇 13, 正己烷 2, 二甲苯 60。稳定性: 在氮气保护下不高于 250℃可稳定存在, 对光稳定, 水溶液中的水解环境 pH 5~9。

毒性 急性经口 LD_{50}(mg/kg): 大鼠>4500, 小鼠>10000。大鼠急性经皮 LD_{50}>5000mg/kg。本品对兔眼睛和皮肤无刺激。对豚鼠无致敏性。无致畸、致突变、致癌作用。大鼠急性吸入 LC_{50}(4h)>10mg/L 空气。NOEL[mg/(kg·d)]: 大鼠(90d)200, 狗(1y)200。ADI(ECCO) 0.1mg/kg [1999]。

生态效应 鹌鹑和野鸭急性经口 $LD_{50}>4500mg/kg$。虹鳟鱼 LC_{50}（96h）$>27.5mg/L$。水蚤 LC_{50}（48h）$1.18mg/L$。羊角月牙藻 EC_{50}（96h）$30mg/L$。蜜蜂急性经口 $LD_{50}>100mg/$只。2倍的推荐使用剂量下对智利捕植螨无害。

环境行为

（1）动物 乙菌利很容易被动物吸收、代谢，然后排出体外。在大鼠的尿液中检测到的代谢物有：3-（3,5-二氯苯基）-5-甲基噁唑-2,4-二酮，N-（3,5-二氯苯基）-2-羟基丙酰胺，O-1-羧乙基-N-3,5-二氯苯基氨基甲酸盐和 N-［3,5-二氯-2（或4）-羟基苯基］-2-羟基丙酰胺及其硫酸盐和葡糖甘酸络合物。

（2）植物 乙菌利在植物体内通过水解和脱羧可得到与动物体内相同的代谢产物。

（3）土壤/环境 乙菌利在淤泥壤土、砂壤土和黏土中可发生水解、脱羧，有氧条件下的半衰期 $DT_{50}<7h$。

作用机理与特点 抑制菌体内甘油三酯的合成，具有保护和治疗的双重作用。主要作用于细胞膜，阻碍菌丝顶端正常细胞壁的合成，抑制菌丝的发育。

应用 主要用于防治灰葡萄孢和核盘菌属以及观赏植物的某些病害。推荐用于葡萄、草莓防治灰葡萄孢，还可防治核果和仁果类桃褐腐核盘菌和果产核盘菌、蔬菜上的灰葡萄孢和核盘菌属；使用剂量通常为 $750\sim1000g(a.i.)/hm^2$。也可防治禾谷类叶部病害和种传病害，如小麦腥黑穗病、大麦和燕麦的散黑穗病，还可防治苹果黑星病和玫瑰白粉病等。

专利概况 专利 DE2906574 早已过专利期，不存在专利权问题。

合成方法 由甲基溴化镁与丙酮二酸二乙酯在四氢呋喃中反应制得甲基丙醇二酸二乙酯，再与3,5-二氯苯基异氰酸酯反应，处理即得乙菌利。反应式如下：

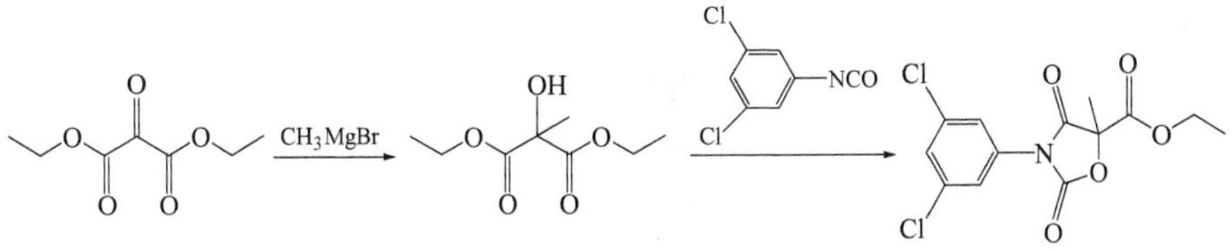

参考文献

[1] The Pesticide Manual. 15th edition. 2009：1216.

乙膦铝 fosetyl-aluminium

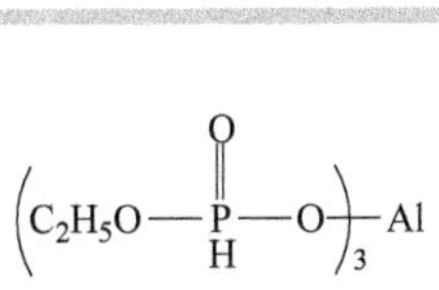

$C_6H_{18}AlO_9P_3$，354.1，39148-24-8

乙膦铝（fosetyl-aluminium），试验代号 LS 74783\RP 32545。商品名称 Alitte、Fitonette、Fosim、Fostar、Manaus、Valete、Vialphos、Mikal、Profiler、Verita。其他名称 Alfil、Alfosetil、efosite、Alliagro、Avi、Chipco Signature、Contender、Epal、Etylit、Fesil、Flanker、Fosbel、Fosetal、Kelly、Linebacker、Pilarfarm、Plant Care、疫霉灵、疫霜灵、三乙膦酸铝、藻菌磷。是由罗纳-普朗克公司（现拜耳公司）开发的杀菌剂。

化学名称 三-（乙基膦酸）铝，aluminium tris-O-ethylphosphonate。

理化性质 原药纯度≥96%，纯品为白色粉末（原药为白色略黄色粉末）。熔点215℃。分配系数 $K_{ow}\lg P$（23℃）$=-2.7\sim-2.1$。相对密度（20℃）：1.529（99.1%），1.54（97.6%）。水中溶解度（20℃，$pH=6$）$111.3g/L$；有机溶剂中溶解度（20℃，mg/L）：甲醇807，丙酮6，乙酸乙酯<

1. 稳定性：遇强酸、碱分解，DT_{50} 为 5d(pH 3)，13.4d(pH 13)。276℃以上分解。耐光性 DT_{50} 为 23 日照小时。pK_a 4.7(20℃)。

毒性 大鼠急性经口 LD_{50}＞7080mg/kg。大鼠、兔急性经皮 LD_{50}＞2000mg/kg；对皮肤无刺激性。大鼠吸入 $LC_{50}(4h)$＞5.11mg/L 空气。狗 NOAEL(2y)300mg/(kg·d)。ADI 值：3mg/kg(EC 2006)；2.5mg/kg(EPA 2003)。无致畸、致突变、致癌作用。

生态效应 山齿鹑急性经口 LD_{50}＞8000mg/kg。山齿鹑和野鸭饲喂 $LC_{50}(5d)$＞20000mg/L 饲料。鱼类 LC_{50}(96h,mg/L)：虹鳟鱼＞122，大翻车鱼＞60。水蚤 $LC_{50}(48h)$＞100mg/L。绿藻 $EC_{50}(90h)$21.9mg/L。摇蚊 NOEC(21d)100.2mg/L。蜜蜂 LD_{50}(96h,μg/只)：经口＞461.8，接触＞1000。蚯蚓 $LC_{50}(14d)$＞1000mg/kg。

环境行为

(1) 动物 乙膦铝在动物体内几乎可被全部吸收，经过一系列新陈代谢的转化，最终代谢产物为 CO_2 和磷酸，分别以呼吸和尿液的形式排出体外。

(2) 植物 乙膦铝在植物体内的代谢过程通过醋酸乙酯的水解来实现。磷酸为主要的代谢产物。

(3) 土壤/环境 在土壤中，乙膦铝在需氧和厌氧的条件下都具有极短的半衰期，可迅速损耗代谢掉。DT_{50}(有氧)20～90min。在微生物富集的水相或沉淀物体系中，乙膦铝可迅速被降解；DT_{50}14～40h。

主要生产商 Cheminova、Isochem、山东大成农化有限公司及上海科味浓国际贸易有限公司等。

应用

(1) 适宜作物 黄瓜、白菜、胡椒、洋葱、椰菜、莴苣、啤酒花、烟草、棉花、橡胶树、观赏植物、苹果、菠萝、柑橘、葡萄等。

(2) 防治对象 用于防治莴苣霜霉病，葡萄霜霉病，菠萝心腐病，柑橘根腐病、茎溃疡和流胶病，鳄梨根腐病和茎腐病、杨梅根茎腐病、红髓病，以及胡椒、观赏植物、苹果、洋葱、黄瓜、椰菜等由霜霉菌或疫霉菌引起的病害。

(3) 使用方法

① 防治白菜霜霉病 在病害初发时，每次用 40％可湿性粉剂 8.25～11.25kg/hm²，兑水均匀喷雾，间隔期为 10d，喷 2～3 次。

② 防治黄瓜霜霉病 在病害初发时，每次用 40％可湿性粉剂 2.8kg/hm²，兑水均匀喷雾，间隔期为 10d，喷 4 次。

③ 防治烟草黑茎病 在病害初发时，每次用 40％可湿性粉剂 11.25kg/hm²，兑水均匀喷雾，间隔期为 7～10d，喷 2～3 次，或每株以有效成分 0.8g，加水灌根。

④ 防治棉花疫病 在病害初发时，每次用 40％可湿性粉剂 2.8～5.6kg/hm²，兑水均匀喷雾，间隔期为 7～10d，喷 2～3 次。

⑤ 防治橡胶割面溃疡病等 用 40％可湿性粉剂加水配成 4g/L 有效浓度的药液，涂抹切口。

专利概况 专利 FR2254276 已过期，不存在专利权问题。

合成方法 经如下方法制得乙膦铝：

$$C_2H_5OH \xrightarrow{PCl_3} C_2H_5O-\overset{O}{\underset{H}{P}}-OH \xrightarrow{Al(OH)_3} \left(C_2H_5O-\overset{O}{\underset{H}{P}}-O\right)_3 Al$$

或

$$C_2H_5O-\overset{O}{\underset{H}{P}}-OC_2H_5 \xrightarrow{H_3PO_4} C_2H_5O-\overset{O}{\underset{H}{P}}-OH \xrightarrow{NH_3 \cdot H_2O} C_2H_5O-\overset{O}{\underset{H}{P}}-ONH_4 \xrightarrow{Al_2(SO_4)_3} \left(C_2H_5O-\overset{O}{\underset{H}{P}}-O\right)_3 Al$$

参考文献

[1] The Pesticide Manual. 15th edition. 2009：575-576.

[2] 李朝波. 山东化工, 2012, 12：89-91.

[3] 冷颖. 黑龙江日化, 1997, 4：13.

乙硫苯威 ethiofencarb

C₁₁H₁₅NO₂S, 225.3, 29973-13-5

乙硫苯威（ethiofencarb），试验代号 BAY 108594、HOX 1901。商品名称 Arylmate、Croneton。其他名称 治蚜威、乙硫甲威、苯虫威、杀虫丹。是 J. Hammann & H. Hoffmann 报道其活性，1974 年由 Bayer AG 开发。

化学名称 α-乙硫基-邻甲苯基氨基甲酸酯，α-ethylthio-*o*-tolylmethylcarbamate。

理化性质 无色结晶固体（工业品为带有类似硫醇气味的黄色油状物）。熔点 33.4℃，蒸馏时分解。蒸气压：0.45mPa（20℃），0.94mPa（25℃），26mPa（50℃）。相对密度（20℃）1.231。$K_{ow}\lg P = 2.04$。Henry 常数 5.63×10^{-5} Pa·m³/mol（20℃）。水中溶解度（20℃）1.8g/L，其他溶剂中溶解度（20℃，g/L）：二氯甲烷、异丙醇、甲苯＞200，正己烷 5～10。中性和酸性介质中稳定，碱性条件下水解。在异丙醇/水（1:1）体系中，DT₅₀（37～40℃）：330d（pH=2），450h（pH=7），5min（pH=11.4）。水溶液在光照下快速光解。闪点 123℃。

毒性 急性经口 LD₅₀（mg/kg）：雌雄大鼠约 200，雌雄小鼠约 240，母狗＞50。大鼠急性经皮 LD₅₀ 为＞1000mg/kg，对兔皮肤和眼睛无刺激，对豚鼠皮肤无致敏性。大鼠吸入 LC₅₀（4h）＞0.2mg/L 空气（气雾剂）。NOEL（2y, mg/kg 饲料）：大鼠 330，小鼠 600，狗 1000。ADI/RfD 值（JMPR）0.1mg/kg。

生态效应 急性经口 LD₅₀（mg/kg）：日本鹌鹑 155，野鸭 140～275。鱼毒 LC₅₀（96h, mg/L）：虹鳟鱼 12.8，金色圆腹雅罗鱼 61.8。水蚤 LC₅₀（48h）0.22mg/L。羊角月牙藻 E$_r$C₅₀ 43mg/L。对蜜蜂有毒。蚯蚓 LC₅₀ 262mg/kg 干土。

环境行为

（1）动物 动物体内 ¹⁴C-乙硫苯威被快速排出。主要代谢产物是乙硫苯威亚砜和砜、乙硫苯威苯酚及相应的亚砜和砜。

（2）植物 植物体内代谢产物包括乙硫苯威亚砜和砜以及水解产物乙硫苯威苯酚亚砜和砜，这些物质以络合物形式存在。

（3）土壤/环境 在土壤中乙硫苯威具有相对较快的迁移速率，但很快被降解为它的亚砜和砜结构以及水解为相应的苯酚乙硫苯威。

制剂 乳油[500g(a.i.)/L]、水乳剂（100g/L）；颗粒剂（50mg/kg 和 100mg/kg）。

作用机理与特点 胆碱酯酶抑制剂，具有触杀和胃毒作用的内吸性杀虫剂。可被叶片和根部吸收。

应用

（1）适用作物 小麦、果树、蔬菜、甜菜、啤酒花、马铃薯、观赏植物等。

（2）防治对象 各种蚜虫。

（3）应用技术 乙硫苯威最后一次施药距收获期为桃、梅 30d，苹果、梨 21d，大豆、萝卜、白菜 7d，黄瓜、茄子、番茄、辣椒 4d，柑橘 100d。此药有良好的选择性，对一些寄生蜂无影响，对多种作物安全，可以和大多数杀虫剂及杀菌剂混用。

（4）使用方法

① 25%乙硫苯威乳油防治小麦蚜虫　在小麦孕穗期，当虫净率达30%，百净虫口在150头以上，应立即进行田间喷药。每公顷用商品量1250～1500mL(有效成分，312.5～375g)，兑水750～900L，进行常规喷雾，持效期5～7d，两次用药间隔期以10d为宜。

② 25%乙硫苯威乳油防治桃蚜　在桃树发芽后至开花前，蚜虫越冬卵大部分孵化时喷第一次药；落花后，蚜虫迁飞扩散大量繁殖前，喷第二次药；秋季10月间，蚜虫迁回果树产卵前再喷一次药。用25%灭蚜威乳油500～1000倍(有效浓度250～500mg/kg)喷雾，持效期可维持5～7d，若连续两次施药，间隔期以7d为宜。该药对蚜虫天敌毒性低。

防治马铃薯、烟草、菊花蚜虫，每亩用10%颗粒剂66～100kg行施或沟施进行土壤处理。防治蔬菜蚜虫，每亩用10%颗粒剂1.3～2.0kg沟施或行施。防治萝卜蚜虫，每亩用2%粉剂2～2.66kg喷粉。防治其他各种作物上的蚜虫，用50%乳油1000倍液进行喷雾。

在我国推荐使用情况如下：土壤和叶面施用的内吸性杀虫剂，以约50g(a.i.)/hm² 对蚜科特别有效。可在禾谷类作物、棉花、果树、玉米、观赏植物、马铃薯、糖甜菜、烟草和蔬菜上使用。

专利概况　专利DE1910588、BE746649均早已过专利期，不存在专利权问题。

合成方法　以苯酚为原料，经如下反应即可制得目的物：

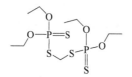

参考文献

[1] 郭胜. 湖北化工，1996 (4)：21-22.

乙硫磷 ethion

$$C_9H_{22}O_4P_2S_4, 384.5, 563-12-2$$

乙硫磷(ethion)，试验代号　ENT 24105、FMC 1240。商品名称　Challenge、Deviastra、Dhanumit、Ethanox、Heron、Match、MIT 505。其他名称　益赛昂、易赛昂、乙赛昂、蚜螨立死。是美国FMC开发的有机磷类杀虫剂。

化学名称　O,O,O',O'-四乙基-S,S'-亚甲基双(二硫代磷酸酯)，O,O,O',O'-tetraethyl S, S'-methylene bis(phosphorodithioate)。

理化性质　无色至琥珀色液体，熔点-15～-12℃，沸点164～165℃ (0.3mmHg)，蒸气压0.2mPa(25℃)，分配系数$K_{ow}\lg P=4.28$。Henry常数$3.85×10^{-2}$Pa·m³/mol(计算)，相对密度1.22(工业品1.215～1.23)(20℃)。水中溶解度2mg/L(25℃)，溶于大多数有机溶剂，如丙酮、甲醇、乙醇、二甲苯、煤油、石油。在酸性、碱性溶液中易分解，DT_{50}390d(pH 9)，暴露在空气中，被慢慢氧化。闪点176℃。

毒性　急性经口LD_{50}(mg/kg)：大鼠208(纯品)、21(工业品)，小鼠和豚鼠40～45。急性经皮LD_{50}(mg/kg)：大鼠838，豚鼠和兔915(工业品兔1084)。大鼠吸入LC_{50}(4h)0.45mg/L(工业品)。NOEL数值[2y, mg/(kg·d)]：大鼠0.2，狗0.06(2.5mg/kg饲料)。ADI：(JMPR)

0.002mg/kg［1990］；（EPA）急性/慢性 RfD 0.0005mg/kg［1989，2001］。

生态效应 鸟类急性经口 LD_{50}（mg/kg）：鹌鹑 128，鸭＞2000。对鱼有毒，平均致死浓度 0.72mg/L(24h)、0.52mg/L(48h)。水蚤 EC_{50}(48h)0.056μg/L。对蜜蜂有毒。

环境行为 在动物体内代谢途径是先氧化成硫代磷酸酯，随后脱烷基化和氢解。在植物体内由水引起缓慢降解，而不是植物代谢降解。土壤中 DT_{50} 90d。

制剂 480g/L、960g/L、50%乳油，25%可湿性粉剂，5%、8%、10%颗粒剂，4%粉剂。

主要生产商 Bharat、Hikal、Krishi Rasayan、Ralchem、Sharda 及 United phosphorus 等。

作用机理与特点 胆碱酯酶的直接抑制剂，非内吸性的杀虫、杀螨剂，具有触杀作用。可作为有机磷药剂中的轮换药剂。

应用

（1）适用作物 果树、水稻、蔬菜、观赏植物、棉花、玉米、高粱、草莓。

（2）防治对象 蚜虫、红蜘蛛、棉蜘蛛、棉蚜、飞虱、叶蝉、黄蜂、蓟马、蝇、蚧类、鳞翅目幼虫、盲蝽象等。对螨卵也有一定的杀伤作用。

（3）残留量与安全施药 为了安全、减少残留，在作物收获前 30～60d 禁止使用本品，联合国粮农组织和世界卫生组织建议乙硫磷人体每日允许摄入量为 5μg/kg，蔬菜种允许残留量为 0.3mg/kg，棉籽油 0.5mg/kg，茶叶 3mg/kg。

（4）具体应用如下：

水稻害虫，用 50%乳油 2000～2500 倍液，于蓟马发生初期喷雾，可有效防治稻飞虱、稻蓟马。残效期 10d 左右，安全间隔期应控制在 1 个月以上。

棉花害虫，用 50%乳油 1500～2000 倍液，于成、若螨发生期或螨卵盛孵期施药，可有效防治棉红蜘蛛、叶蝉、盲蝽等害虫，残效期 15d 左右；1000～1500 倍液，于苗期蚜虫发生期施药，可有效防治棉蚜，持效期为 15～20d。

果树害虫，用 50%乳油 1000～1500 倍液喷雾，喷至淋洗状态，可防治食叶害虫、叶螨、木虱、柑橙锈壁虱等。

茶树害虫，秋茶结束后，立即喷 50%乳油 1000～1200 倍液，可防治害螨类，如茶跗线螨、茶短须螨。

专利概况 专利 GB872221、US2873228 均早已过专利期，不存在专利权问题。

合成方法 经如下反应制得乙硫磷：

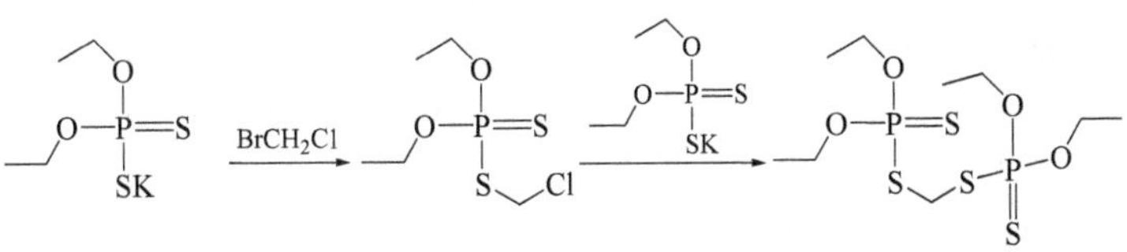

乙螨唑 etoxazole

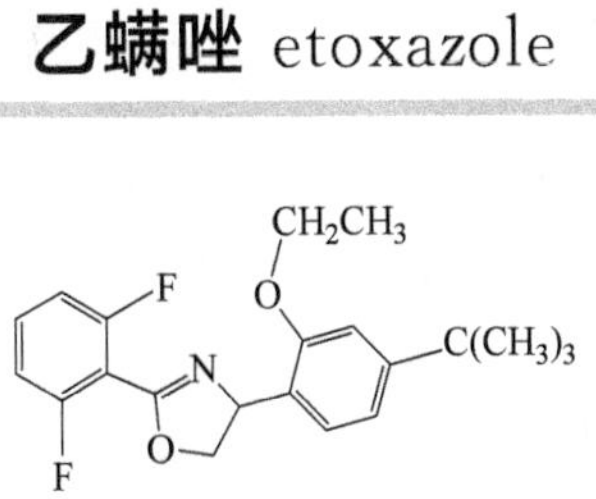

$C_{21}H_{23}F_2NO_2$，359.4，153233-91-1

乙螨唑（etoxazole），试验代号 S-1283、YI 5301。商品名称 Baroque、Biruku、Bornéo、Paramite、Secure、Swing、Tetrasan、Zeal、Zoom、来福禄。其他名称 依杀螨。是由日本

Yashima Chemical 公司于 1994 年发现，由 T. Ishida 报道，并由 Yashima 和 Sumitomo 联合开发的杀螨剂。

化学名称　(RS)-5-叔丁基-2-［2-(2,6-二氟苯基)-4,5-二氢-1,3-噁唑-4-基］苯乙醚，(RS)-5-*tert*-butyl-2-［2-(2,6-difluorophenyl)-4,5-dihydro-1,3-oxazol-4-yl］pH enetole。

理化性质　工业品纯度为 93%～98%。纯品为白色晶体粉末，熔点 101～102℃。蒸气压 7.0×10^{-3} mPa(25℃)。相对密度 1.24(20℃)。K_{ow} lgP=5.59(25℃)，Henry 常数 3.6×10^{-2} Pa·m³/mol(计算)。水中溶解度(20℃)75.4μg/L；其他溶剂中溶解度(20℃,g/L)：甲醇 90，乙醇 90，丙酮 300，环己酮 500，乙酸乙酯 250，二甲苯 250，正己烷、正庚烷 13，乙腈 80，四氢呋喃 750。DT_{50}(20℃)：9.6d(pH 4)，约 150d(pH 7)，约 190d(pH 9)。在 50℃下储存 30d 不分解。闪点 457℃。

毒性　雌雄大、小鼠急性经口 LD_{50}＞5000mg/kg，雌雄大鼠急性经皮 LD_{50}＞2000mg/kg。本品对兔眼睛和皮肤无刺激，对豚鼠皮肤无致敏性。雌雄大鼠吸入 LC_{50}＞1.09mg/L。大鼠 NOEL 值(2y)4.01mg/(kg·d)。ADI：(EC)0.04mg/kg，(EPA)cRfD 0.046mg/kg。Ames 为阴性。

生态效应　野鸭急性经口 LD_{50}＞2000mg/kg。山齿鹑亚急性经口 LD_{50}(5d)＞5200mg/L 饲料。鱼类 LC_{50}：(96h)大翻车鱼 1.4g/L，日本鲤鱼＞0.89g/L；(48h)日本鲤鱼＞20mg/L，虹鳟鱼＞40mg/L。水蚤 LC_{50}(3h)＞40mg/L。羊角月牙藻 EC_{50}＞1mg/L。蜜蜂 LD_{50}＞200μg/只(经口和接触)。对水生节肢动物的蜕皮有破坏作用。蚯蚓 NOEL(14d)＞1000mg/L。

环境行为

(1) 动物　施药 48h 后，60%被吸收，在 7d 内，通过粪便几乎完全被排出。代谢广泛，主要是 4,5-二氢噁唑的羟基化以及叔丁基链的断裂和羟基化。

(2) 土壤/环境　在日本的冲积土壤中，DT_{50} 19d，DT_{90} 90d。K_{oc}＞5000。K_f66～131，对四种土壤(0.6%～2.4%，pH 4.3～7.4)K_{foc}4910～11000(平均 6650)。

制剂　110g/L 悬浮剂。

主要生产商　Kyoyu。

作用机理与特点　触杀型杀螨剂，甲壳质抑制剂。属于 2,4-二苯基噁唑衍生物类化合物，是一种选择性杀螨剂。主要是抑制螨卵的胚胎形成以及从幼螨到成螨的蜕皮过程，从而对螨从卵、幼虫到蛹的不同阶段都有优异的触杀性。但对成虫的防治效果不是很好。试验证明，乙螨唑乳油稀释 2500 倍后对卵的孵化和 1 龄若虫的蜕皮都有抑制作用。孵化出的幼虫也在 1～2d 内死亡。试验结果表明，乙螨唑乳油对皮刺螨的药效长达 50d 以上。

应用　乙螨唑对柑橘、棉花、苹果、花卉、蔬菜等作物的叶螨、始叶螨、全爪螨、二斑叶螨、朱砂叶螨等螨类有卓越防效。具有内吸性，对多种叶螨的卵、幼虫、若虫有卓效，对成螨无效。但能阻止成螨产卵。最佳的防治时间是害螨危害初期。本药剂耐雨性强，持效期长达 50d。对环境安全，对有益昆虫及益螨无危害或危害极小。由于在碱性条件下易分解，不能和波尔多液混用。

使用方法　防治柑橘、仁果、蔬菜和草莓上的食草类螨虫，使用剂量为 50g/hm²。在茶叶上的使用剂量为 100g/hm²。建议在螨数量较少时期用药。在作物周期内或六个月内，最多施药两次。每次可用 10～20g 有效成分用 380L 水稀释后全面喷药。严禁采用灌溉或化学灌溉法施药。该药应与其他类的杀螨剂轮换使用来防治害虫。用药后 12h 内，应禁止人员进入用药区。此外，乙螨唑对蚕毒性较高，在喷洒时应尽量防止飞散附着于桑树或相关场所。11%乙螨唑(SC)登记使用剂量为 5000～7500 倍液。

专利与登记　专利 EP0639572 已过专利期，不存在专利权问题。国内登记情况：110g/L 悬浮剂、93%原药等，登记作物为柑橘树等，防治对象为红蜘蛛等。日本住友化学株式会社在中国也仅登记了 93％原药和 110g/L 悬浮剂，用于防治柑橘树上的红蜘蛛，使用剂量为 14.7～22mg/kg。

合成方法 乙螨唑可由如下反应制备：

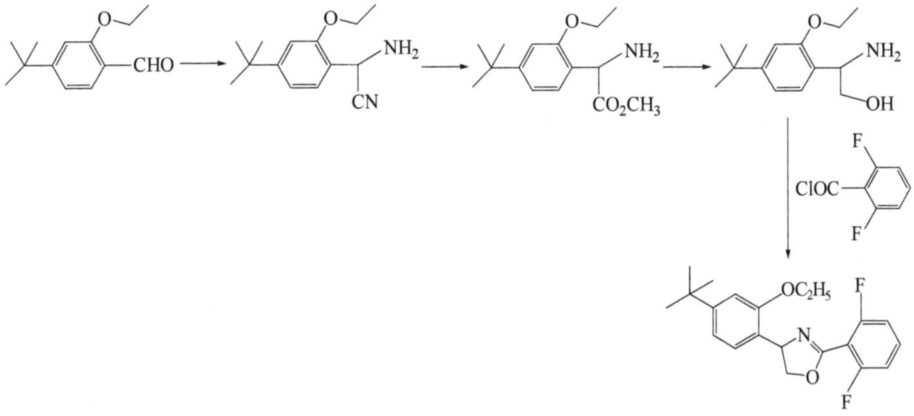

参考文献

[1] 戴炜锷. 浙江化工，2009(7)：7-9.

乙霉威 diethofencarb

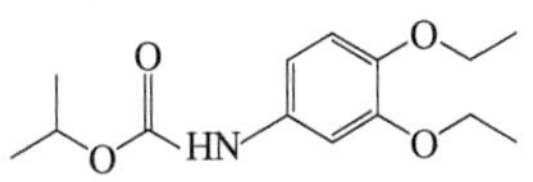

$C_{14}H_{21}NO_4$，267.3，87130-20-9

乙霉威（diethofencarb），试验代号 S-165。商品名称 Sumico。其他名称 Frugico、Powmil、Powmyl。由日本住友化学公司开发的氨基甲酸酯类杀菌剂。

化学名称 3,4-二乙氧基苯基氨基甲酸异丙酯，isopropyl 3,4-diethoxycarbanilate。

理化性质 原药为无色至浅褐色固体。纯品为白色结晶，熔点 100.3℃。蒸气压 9.44×10^{-3} mPa(20℃)。分配系数 $K_{ow} \lg P = 3.02$(25℃)，Henry 常数 9.17×10^{-5} Pa·m³/mol(计算值，25℃)。相对密度 1.19。水中溶解度 27.64mg/L(25℃)。有机溶剂中的溶解度(20℃,g/kg)：己烷 1.3，甲醇 101，二甲苯 30。闪点 140℃。

毒性 大鼠急性经口 $LD_{50} > 5000mg/kg$，大鼠急性经皮 $LD_{50} > 5000mg/kg$。大鼠急性吸入 $LC_{50}(4h) > 1.05mg/L$。ADI 值(BfR)0.43mg/kg [2002]。Ames 试验无诱变作用。

生态效应 山齿鹑和野鸭急性经口 $LD_{50} > 2250mg/kg$。虹鳟鱼 $LC_{50}(96h) > 18mg/L$，水蚤 $LC_{50}(3h) > 10mg/L$，蜜蜂接触 $LC_{50}20\mu g$/只。

环境行为

(1) 动物 大鼠口服¹⁴C 标记的乙霉威后，在 7d 之内有 98.5％～100％的¹⁴C 排出体外。在大鼠体内的主要代谢途径为 4-乙氧基的脱乙基化反应、氨基甲酸酯键的断裂、乙酰化以及葡萄糖醛酸与硫酸盐的络合。

(2) 植物 在植物体内很容易降解。

(3) 土壤/环境 在土壤中很容易降解，有氧条件下降解半衰期 $DT_{50} < 1～6d$，在无氧条件下降解很慢。

制剂 25％可湿粉剂。

主要生产商 江苏蓝丰生物化工股份有限公司、山东亿嘉农化有限公司及住友化学株式会社等。

作用方式与特点 通过叶和根吸收，并通过在胚芽管中抑制细胞的分裂使灰霉病得到抑制。具有保护和治疗作用。

应用

（1）**适宜作物** 蔬菜如黄瓜、番茄、洋葱、莴苣，草莓，甜菜，葡萄，等。

（2）**防治对象** 能有效地防治对多菌灵产生抗性的灰葡萄孢病菌引起的葡萄和蔬菜灰霉病。

（3）**使用方法** 茎叶喷雾，使用剂量通常为 $250\sim500g(a.i.)/hm^2$ 或 $250\sim500mg(a.i.)/L$。具体使用方法如下：$12.5mg/L$ 喷雾，防治黄瓜灰霉病、茎腐病；$50mg/L$ 喷雾，防治甜菜叶斑病，其防效均为 100%；25% 可湿粉剂，以 $125mg/L$ 防治番茄灰霉病。用于水果保鲜防治苹果青霉病时，加入 $500mg/L$ 硫酸链霉素和展着剂浸泡 $1min$，用量为 $500\sim1000mg/L$，防效为 95%。

专利与登记 专利 US4608385 早已过专利期，不存在专利权问题。国内登记情况：95% 原药，25%、50%、65% 可湿性粉剂，26%、66% 水分散粒剂。登记作物：番茄、黄瓜。日本住友化学株式会社在中国登记情况见表 229。

表 229 日本住友化学株式会社在中国登记情况

登记名称	登记证号	含量	剂型	登记作物	防治对象	用药量/(g/hm²)	施用方法
乙霉威	PD20070063	乙霉威 95%	原药				
甲硫·乙霉威	PD20070064	甲基硫菌灵 52.5%、乙霉威 12.5%	可湿性粉剂	番茄	灰霉病	454.5～682.5	喷雾

合成方法 以邻苯二酚为原料，经醚化、硝化、还原制得二乙氧基苯胺，再与氯甲酸异丙酯缩合，即得目的物。反应式如下：

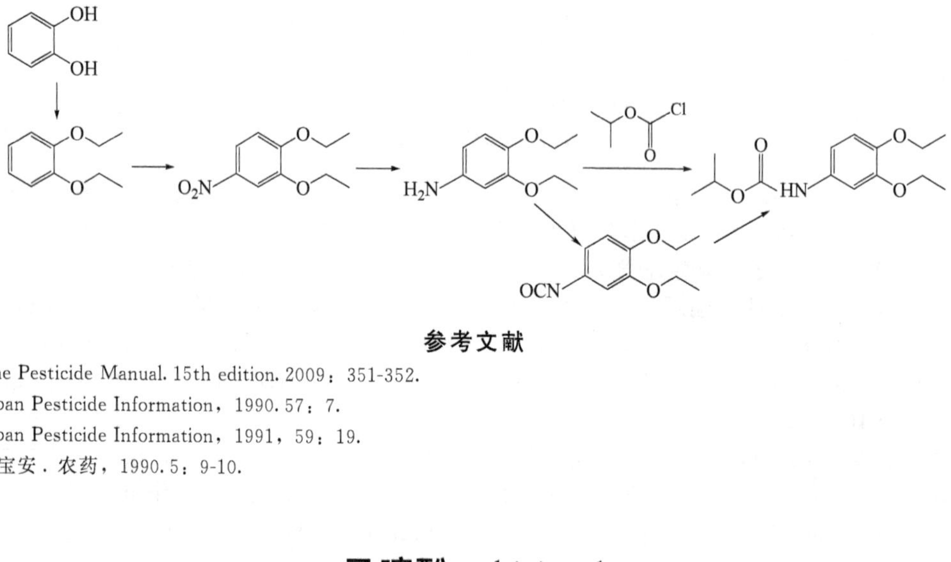

参考文献

[1] The Pesticide Manual. 15th edition. 2009：351-352.

[2] Japan Pesticide Information，1990.57：7.

[3] Japan Pesticide Information，1991，59：19.

[4] 宋宝安. 农药，1990.5：9-10.

乙嘧酚 ethirimol

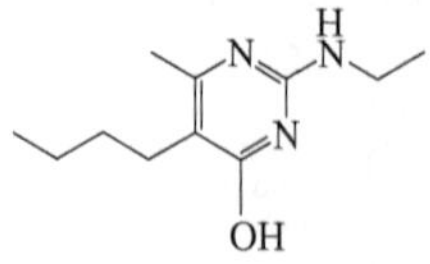

$C_{11}H_{19}N_3O$，209.3，23947-60-6

乙嘧酚(ethirimol)，试验代号　PP 149。商品名称　Milcurb Super、Milgo、Milstem。是由先正达公司开发的嘧啶类杀菌剂。

化学名称　5-丁基-2-乙氨基-6-甲基嘧啶-4-醇，5-butyl-2-ethylamino-6-methylpyrimidin-4-ol。

理化性质　原药纯度为97%。纯品为无色结晶状固体，熔点159~160℃（大约140℃软化）。蒸气压0.267mPa(25℃)。分配系数 K_{ow} lg$P$＝2.3(pH 7,20℃)。Henry 常数(20℃,Pa•m³/mol)：≤$2×10^{-4}$(pH 5.2)，$4×10^{-4}$(pH 7.3)，$4×10^{-4}$(pH 9.3)。相对密度 $1.21×10^{-4}$(25℃)。水中溶解度(20℃,mg/L)：253(pH 5.2)，150(pH 7.3)，153(pH 9.3)。有机溶剂中溶解度(20℃,g/kg)：氯仿150，乙醇24，丙酮5。在暗处对高温、酸和碱稳定。水溶液暴露于光照下和空气中 DT_{50} 约为21d。pK_a5。

毒性　急性经口 LD_{50}(mg/kg)：雌大鼠6340，小鼠4000，雌豚鼠500~1000，雄兔1000~2000。大鼠急性经皮 LD_{50}＞2000mg/kg。对兔皮肤无刺激性，对兔眼睛有中度刺激性，对豚鼠皮肤无致敏性。大鼠急性吸入 LC_{50}(4h)＞4.92mg/L。NOEL 数据[2y,mg/(kg•d)]：大鼠200，狗30。无致癌或致畸性。ADI 值(mg/kg)：(BfR)0.1 [1989]；(EPA)0.05。

生态效应　母鸡急性经口 LD_{50} 4000mg/kg。鱼类 LC_{50}(96h,mg/L)：成年褐鳟鱼20，虹鳟鱼66。水蚤 LC_{50}(48h)53mg/L。蜜蜂经口 LD_{50} 1.6mg/只。

环境行为

（1）动物　大鼠经口后，代谢途径主要是丁基的羟基化，随尿液排出体外。

（2）植物　在植物体内，乙嘧酚可快速降解为2-氨基-5-丁基-6-羟基-4-甲基嘧啶，DT_{50} 约为3d。

（3）土壤/环境　土壤中 DT_{50} 14~140d(o. m. 1%~10.1%,pH 7.8~8.1)。

制剂　乳油、悬浮剂。

作用机理与特点　腺嘌呤核苷脱氨酶抑制剂。内吸性杀菌剂，具有保护和治疗作用。可被植物根、茎、叶迅速吸收，并在植物体内运转到各个部位。

应用　主要用于防治禾谷类作物白粉病。茎叶处理，使用剂量为250~350g(a. i.)/hm²。种子处理，使用剂量为4g(a. i.)/kg种子。也可用于防治葫芦的白粉病。

专利概况　专利 GB1182584、GB1337389、DE2109880、DE2308858 等均已过专利期，不存在专利权问题。

合成方法　以硫脲或氨基氰为原料，经如下反应即可制得目的物：

参考文献

[1] The Pesticide Manual. 15th edition. 2009：1230.

乙嘧酚磺酸酯 bupirimate

$C_{13}H_{24}N_4O_3S$, 316.4，41483-43-6

乙嘧酚磺酸酯（bupirimate），试验代号 PP588。商品名称 Nimrod。由英国 ICI Plant Protection Division(现先正达公司)开发，后卖给了以色列马克西姆公司(现 ADAMA)。

化学名称 5-丁基-2-乙氨基-6-甲基嘧啶-4-基二甲氨基磺酸酯，5-butyl-2-ethylamino-6-methylpyrimidin-4-yl dimethylsulfamate。

理化性质 原药纯度为 90%，浅棕色蜡状固体。熔点 50～51℃。沸点 232℃。蒸气压 0.1mPa(25℃)。分配系数 K_{ow} lg$P$ = 3.9。Henry 常数 1.4×10^{-3} Pa·m³/mol(计算)。相对密度 1.2(20℃)。水中溶解度 13.06mg/L(pH 7,20℃)，可溶解于大多数有机溶剂(石蜡除外)。在弱碱条件下稳定存在，在弱酸条件下容易分解，在水溶液中紫外线照射下快速分解。在超过 37℃ 的储存条件下变质。pK_a 4.4。闪点>50℃。

毒性 大鼠、小鼠、兔和豚鼠急性经口 LD_{50}>4000mg/kg。大鼠急性经皮 LD_{50} 4800mg/kg。对兔皮肤和兔眼睛无刺激性，对豚鼠皮肤有中度致敏性。大鼠急性吸入 LC_{50}(4h)>0.035mg/L。NOEL 数据[mg/(kg·d)]：大鼠 100(2y)，大鼠 1000(90d)，狗 15(90d)。ADI 值 0.05mg/kg。

生态效应 急性经口 LD_{50}(mg/kg)：鹌鹑>5200，鸽子>2700。山齿鹑和野鸭饲喂 LC_{50}(5d)>10000mg/kg。虹鳟鱼 LC_{50}(96h)1.4mg/L。水蚤 LC_{50}(48h)7.3mg/L。蜜蜂 NOEL 值(mg/只)：0.05(接触)，0.2(经口)。

环境行为

(1) 动物 经口后，在 24h 内 68% 的本品随尿液排出体外，在 10d 内 77% 的本品随尿液排出体外，21% 的本品随粪便排出体外。

(2) 土壤/环境 在土壤中，主要代谢产物是乙菌定。土壤 DT_{50} 35～90d。

制剂 乳油、可湿性粉剂等。

主要生产商 Makhteshim-Agan。

作用机理与特点 腺嘌呤核苷脱氨酶抑制剂。内吸性杀菌剂，具有保护和治疗作用。可被植物根、茎、叶迅速吸收，在植物体内运转到各个部位，并耐雨水冲刷。施药后持效期 10～14d。

应用

(1) 适宜作物 果树、蔬菜、花卉等观赏植物、大田作物。

(2) 安全性 对某些草莓、苹果、玫瑰等品种有药害。

(3) 防治对象 各种白粉病，如苹果、葡萄、黄瓜、草莓、玫瑰、甜菜白粉病。

(4) 使用方法 茎叶处理，使用剂量为 150～375g(a.i.)/hm²。

专利与登记 专利 GB1400710 早已过专利期，不存在专利权问题。国内登记情况：25% 微乳剂，97% 原药，登记作物为黄瓜，用于防治白粉病。

合成方法 以硫脲或氨基氰为原料，经如下反应即可制得目的物：

参考文献

[1] The Pesticide Manual. 15th edition. 2009: 136-137.

乙氰菊酯 cycloprothrin

$C_{26}H_{21}Cl_2NO_4$，482.4，63935-38-6

乙氰菊酯（cycloprothrin），试验代号 GH-414、NK-8116、OMS 3049。商品名称 Cyclosal、赛乐收。其他名称 稻虫菊酯、杀螟菊酯。是由澳大利亚联邦科学和工业研究组织研究开发的拟除虫菊酯类杀虫剂。

化学名称 (R,S)-α-氰基-3-苯氧苄基(RS)-2,2-二氯-1-(4-乙氧基苯基)环丙烷羧酸酯，(RS)-α-cyano-3-phenoxybenzyl(RS)-2,2-dichloro-1-(4-ethoxyphenyl)cyclopropanecarboxylate。

理化性质 原药为黄色至棕色黏稠液体，熔点 1.8℃，沸点为 140～145℃(0.001mmHg)。蒸气压为 3.11×10^{-2} mPa(80℃)。$K_{ow}lgP=4.19$。相对密度 1.3419(25℃)。溶解度：在水中为 0.032mg/L(20℃)，易溶解于大多数有机溶剂，但只适度溶于脂肪烃。在≤150℃时可稳定存在，对光稳定。

毒性 大、小鼠急性经口 $LD_{50}>5000$mg/kg，大鼠急性经皮 $LD_{50}>2000$mg/kg。工业品对眼睛和皮肤无刺激作用，2%颗粒剂和1%粉剂中度刺激。大鼠吸入 $LC_{50}(4h)>1.5$mg/L 空气。大鼠 NOEL(101 周)20mg/L。在大鼠生命期内无致畸、致癌、致突变性及繁殖毒性。

生态效应 鸟类急性经口 LD_{50}(mg/kg)：日本鹌鹑>5000，母鸡>2000。鲤鱼 $LC_{50}(96h)>$ 7.7mg/L。水蚤 $LC_{50}(48h)0.27$mg/L。水藻 $EC_{50}(72h)2.38$mg/L。蜜蜂 $LD_{50}(48h,\mu g/只)$：经口 0.321，接触 0.432。

环境行为

(1) 动物 连续给大鼠喂饲本药品试验表明，乙氰菊酯能迅速、完全地随尿液和粪便排出。

(2) 植物 在植物体内没有积累。

(3) 土壤/环境 当乙氰菊酯在模拟水稻田应用时，水稻植株对它的吸收随时间增加而增加，在 7d 内达到最大值。当浓度非常低时，在粮食中未发现乙氰菊酯。

制剂 10%浓乳剂，0.5%、1%粉剂，2%颗粒剂，10%乳油。

主要生产商 安徽华星化工股份有限公司及 Nippon Kayaku 等。

作用机理与特点 钠通道抑制剂。主要是阻断害虫神经细胞中的钠离子通道，使神经细胞丧失功能，导致靶标害虫麻痹、协调性差，最终死亡。是一种低毒拟除虫菊酯类杀虫剂，以触杀作用为主，有一定的胃毒作用，无内吸和熏蒸作用。本品杀虫谱广，除主要用于水稻害虫的防治外，还可用于其他旱地作物、蔬菜和果树等害虫的防治，具有驱避和拒食作用，对植物安全。

应用

(1) 防治作物 水稻、蔬菜、果树、茶树等作物。

(2) 防治对象 水稻象甲、螟虫、黑尾叶蝉、菜青虫、斜纹夜蛾、蚜虫、大豆食心虫、茶小卷叶蛾、茶黄蓟马、果树食心虫、柑橘潜叶蛾、桃小食心虫、棉铃虫等鳞翅目、鞘翅目、半翅目、缨翅目等多种害虫。

(3) 残留量与安全施药 该药为触杀性杀虫剂，对蜜蜂、蚕有毒，施药时应注意避免在桑园、养蚕区施药。

（4）应用技术

日本化药公司开发的新型颗粒剂最适用于防治水稻象甲，施药后先沉于稻田底部，又很快浮至水面，颗粒剂中的载体和黏着剂溶解后，释放出有效成分，在水面上杀死水稻象甲成虫和新孵化的幼虫，几天后有效成分沉至水层底部，在土壤表面形成一有效成分层，能杀死转至水稻根部的水稻象甲幼虫。

乙氰菊酯应用技术可见表 230。

表 230　乙氰菊酯应用技术

作物名称	防治对象	用药量
水稻	水稻二化螟、稻苞虫、黑尾叶蝉、稻根象、稻负泥虫、稻鳞象甲	$50\sim300g(a.i.)/hm^2$
玉米	玉米螟、黏虫、根蚜	$100\sim200g(a.i.)/hm^2$
马铃薯	叶甲、二十八星瓢虫、长管蚜	$50\sim200g(a.i.)/hm^2$
白菜	小菜蛾、黏虫、银纹夜蛾、菜蚜	$50\sim200g(a.i.)/hm^2$
大豆	小卷蛾、豆荚斑螟、茎瘿蚊、豆绿蝽	$100\sim200g(a.i.)/hm^2$
棉花	埃及金刚钻、阳蓟马属、棉红铃虫、夜蛾类、面粉虱、面小叶蝉	$50\sim200g(a.i.)/hm^2$
茶	褐带卷蛾、茶黄蓟马、茶长卷蛾、茶细蛾	$50\sim100g(a.i.)/hm^2$
苹果	潜叶蝇、桃小食心虫、梨小食心虫、面褐带卷蛾、菜绿蚜	$100mg/kg$
梨	桃小食心虫、梨潜蛾、二叉蚜	$100mg/kg$
柑橘	橘潜叶蛾、茶黄蓟马	$50\sim100mg/kg$
羊	绿蝇属	$2g/头$

专利概况　化合物专利早已过专利期，不存在专利权问题。

合成方法　在四氯化碳中，3-苯氧基苯甲醛与过量的丙酮氰醇在三乙胺存在下于 20℃ 反应 1h，得到 3-苯氧基-α-氰基苄醇，然后与 1-(4-乙氧基苯基)-2,2-二氯环丙烷羧酸在吡啶中与氯化亚砜反应生成的酰氯反应，制得乙氰菊酯：

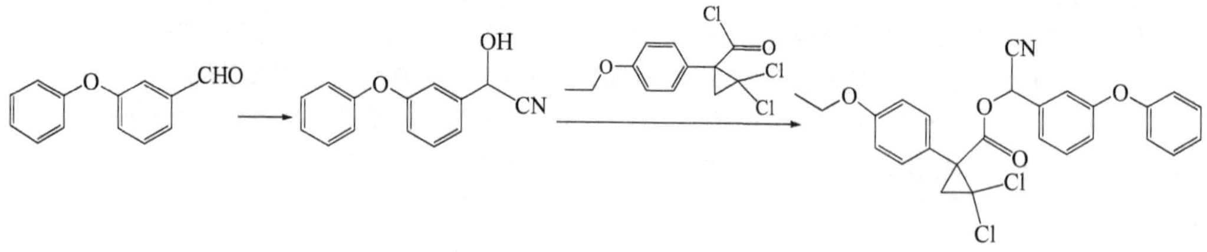

1-(4-乙氧基苯基)-2,2-二氯环丙烷羧酸按下列反应制备：

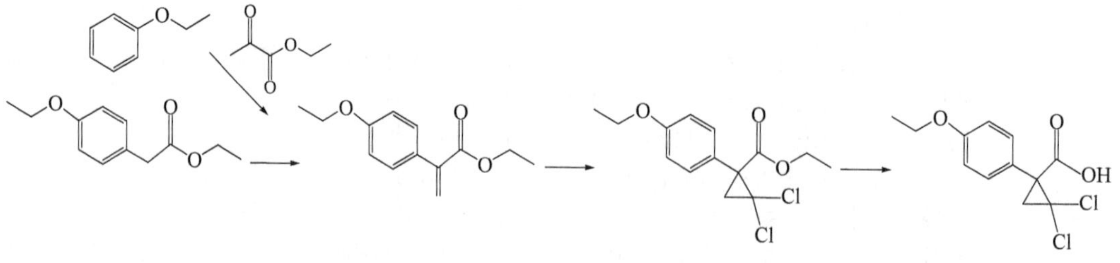

乙羧氟草醚 fluoroglycofen-ethyl

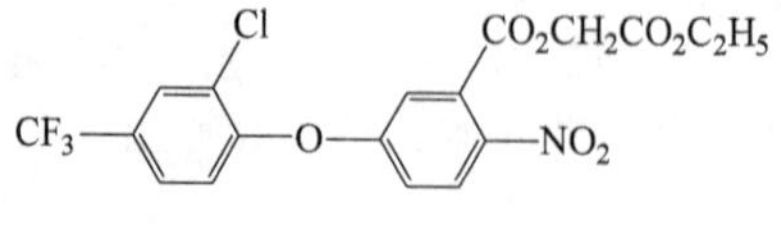

$C_{18}H_{13}ClF_3NO_7$，447.8，77501-90-7，77501-60-1(酸)

乙羧氟草醚乙酯(fluoroglycofen-ethyl)，试验代号 RH 0265。商品名称 Dougengcui，混剂：Compete Combi、Compete Super、Competitor、Estrad、Kuorum、Presto、Satis。是由罗门哈斯公司(现道农科)开发的二苯醚类除草剂。

化学名称 O-[5-(2-氯-α,α,α-三氟-对甲苯氧基)-2-硝基苯甲酰基]氧乙酸乙酯，ethyl O-[5-(2-chloro-α,α,α-trifluoro-p-tolyloxy)-2-nitrobenzoyl] glycolate。

理化性质 纯品为深、琥珀色固体，熔点65℃。相对密度1.01(25℃)。水中溶解度(25℃) 0.6mg/L。除环己烷外易溶于大多数有机溶剂。K_{ow} lg$P$=3.65。0.25mg/L 的水溶液在22℃时 DT_{50} 231d(pH 5)、15d(pH 7)、0.15d(pH 9)，其水悬浮液在紫外线下会迅速分解。

毒性 大鼠急性经口 LD_{50} 1500mg/kg，兔急性经皮 LD_{50}>5000mg/kg，对兔皮肤和眼睛有轻微刺激性作用。大鼠急性吸入 LC_{50}(4h)>7.5mg(EC 制剂)/L。狗 NOEL(1y)320mg/kg 饲料，ADI(BfR)0.01mg/kg [1993]。Ames 试验为阴性。

生态效应 山齿鹑急性经口 LD_{50}>3160mg/kg，山齿鹑和野鸭饲喂试验 LC_{50}(8d)>5000mg (a.i.)/kg。鱼 LC_{50}(96h,mg/L)：虹鳟鱼23，大翻车鱼1.6。水蚤 LC_{50}(48d)30mg/L。蜜蜂接触 LD_{50}>100μg/只。

环境行为

(1) 动物 酯水解，硝基还原。植物同动物。

(2) 土壤/环境 在土壤和水中，乙羧氟草醚乙酯迅速水解为相应的酸。土壤中，主要为微生物降解，DT_{50}(三氟羧草醚)约11h。K_{oc} 1364，DT_{50} 7~21d。

制剂 乳油、可湿性粉剂。

主要生产商 Dow AgroSciences、安徽省池州新赛德化工有限公司、江苏长青农化股份有限公司、江苏绿利来股份有限公司、青岛瀚生生物科技股份有限公司、连云港立本农药化工有限公司及上海美林康精细化工有限公司等。

作用机理与特点 二苯醚类、原卟啉原氧化酶抑制剂。一旦被植物吸收，只有在光照条件下才发挥效力。该化合物同氯分子反应，生成对植物细胞具有毒性的四吡咯化合物，积聚而发生作用。积聚过程中，使植物细胞膜完全消失，然后引起细胞内含物渗漏。最终导致杂草死亡。

应用

(1) 适宜作物 小麦、大麦、花生、大豆和水稻。

(2) 防除对象 可防除阔叶杂草和禾本科杂草如猪殃殃、婆婆纳、堇菜、苍耳属和甘蓝属杂草等。该药剂对多年生杂草无效。

(3) 应用技术 苗后使用防除阔叶杂草，所需剂量相对较低。虽然该药剂苗前施用对敏感的双子叶杂草也有一些活性，但剂量必须高于苗后剂量的2~10倍。

(4) 使用方法 以60g(a.i.)/hm² 苗前、苗后施用，可防除小麦、大麦、花生、大豆和稻田中阔叶杂草和禾本科杂草，对猪殃殃、婆婆纳和堇菜有特效。田间试验表明，以280g(a.i.)/hm² 乙羧氟草醚乙酯+33g(a.i.)/hm² 2,4-滴丁酯施于大豆田，可防除苍耳属和甘薯属杂草。另外，其还可与绿麦隆、异丙隆、2甲4氯丙酸盐等除草剂混用。

专利概况 专利 EP0020052、EP40898、US4851034 等早已过专利期，不存在专利权问题。

合成方法 3,4-二氯三氟甲基苯与间羟基苯甲酸反应，得到3-[2-氯-4-(三氟甲基)苯氧基]苯甲酸，该化合物经硝化得到5-[2-氯-4-(三氟甲基)苯氧基]-2-硝基苯甲酸，最后与α-氯代乙酸乙酯在碳酸钾存在下在二甲基亚砜中反应，或酰氯化、然后与2-羟基乙酸乙酯反应均可制得乙羧氟草醚。反应式如下：

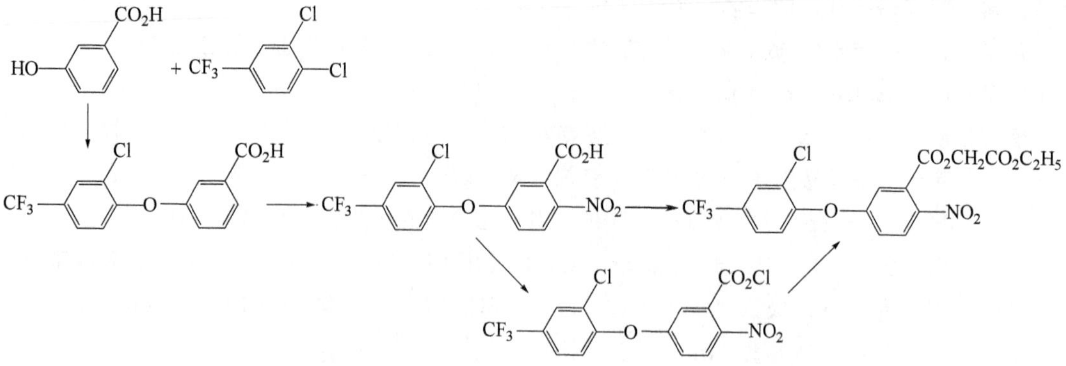

参考文献

[1] Proc Brighton Crop Prot Conf-Weeds. 1989：47-51.

[2] Maig pH. 农药译丛，1993，3：63-64.

[3] 白延海. 现代农药，2006，6：12-13.

乙烯菌核利 vinclozolin

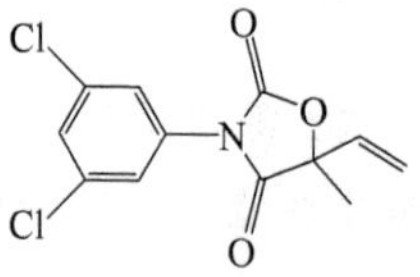

$C_{12}H_9Cl_2NO_3$，286.1，50471-44-8

乙烯菌核利(vinclozolin)，试验代号 BAS 352F。商品名称 Flotilla、Ronilan。其他名称农利灵、烯菌酮。德国巴斯夫公司(BASF AG)开发生产的二甲酰亚胺类触杀性杀菌剂。

化学名称 (RS)-3-(3,5-二氯苯基)-5-甲基-5-乙烯基-1,3-噁唑啉-2,4-二酮，(RS)-3-(3,5-dichlorophenyl)-5-methyl-5-vinyl-1,3-oxazolidine-2,4-dione。

理化性质 原药纯度大于96%。纯品为无色结晶，略带芳香味。熔点108℃，沸点131℃(0.05mmHg)。蒸气压0.13mPa(20℃)。分配系数 $K_{ow}lgP=3$(pH 7)。Henry系数 $1.43×10^{-2}Pa·m^3/mol$(计算值)。相对密度1.51。水中溶解度2.6mg/L(20℃)；有机溶剂中溶解度(20℃，g/100mL)：甲醇1.54，丙酮33.4，乙酸乙酯23.3，正庚烷0.45，甲苯10.9，二氯甲烷47.5。温度达50℃能稳定存在。在酸介质中24h稳定存在。在0.1mol/L氢氧化钠溶液中，3.8h水解50%。

毒性 急性经口 LD_{50}(mg/kg)：大鼠和小鼠>15000，豚鼠8000。大鼠急性经皮 LD_{50}>5000mg/kg。大鼠吸入 LC_{50}(4h)>29.1mg/L空气。NOEL(mg/kg)：大鼠(2y)1.4，狗(1y)2.4。ADI值（JMPR）0.01mg/kg［1995］，（BfR）0.005mg/kg［2000］，（EPA）aRfD 0.06，cRfD 0.012mg/kg［2000］。其他试验表明乙烯菌核利具有抗雄性激素特性。

生态效应 鹌鹑急性经口 LD_{50}>2510mg/kg。鹌鹑饲喂 LC_{50}(5d)>5620mg/kg。鱼毒 LC_{50}(96h,mg/L)：虹鳟鱼22~32，孔雀鱼32.5，大翻车鱼50。水蚤 LC_{50}(48h)4.0mg/L。对蜜蜂无毒，LD_{50}>200mg/只(经口和接触)。对蚯蚓无毒。

环境行为

（1）动物 乙烯菌核利在母鸡体内的主要代谢途径为中间体环氧化物水解后乙烯基的环氧化反应及杂环的水解反应。大鼠经口后，主要通过尿液和粪便排出体外，主要的代谢产物为 N-(3，

5-二氯苯基)-2-甲基-2,3,4-三羟基丁酰胺。

（2）**植物**　乙烯菌核利在植物体内的主要代谢产物为3,5-二氯苯甲酸(1-羧基-1-甲基)烯丙酯和 *N*-(3,5-二氯苯基)-2-羟基-2-甲基-3-丁酰胺。乙烯菌核利及其代谢产物在碱性条件下水解失去3,5-二氯苯胺。代谢产物以氢键连接的形式存在。

（3）**土壤/环境**　乙烯菌核利在土壤中的主要代谢途径为乙烯基的脱除和五元环的裂解，最终生成3,5-二氯苯胺。乙烯菌核利在土壤中的吸附系数 K_{oc}100～735。乙烯菌核利在土壤中的降解半衰期为数周，主要降解产物为共轭基团。

制剂　50%水分散剂，50%可湿性粉剂。

作用机理与特点　乙烯菌核利是二甲酰亚氨类触杀性杀菌剂，主要干扰细胞核功能，并对细胞膜和细胞壁有影响，改变膜的渗透性，使细胞破裂。

应用

（1）**适宜作物与安全性**　油菜、黄瓜、番茄、白菜、大豆、茄子、花卉。乙烯菌核利人体每日允许摄入量为0.243mg/kg，在黄瓜和番茄上的最高残留量日本和德国规定为0.05mg/kg，在水果上规定为5mg/kg。在黄瓜和番茄上推荐的安全间隔期为21～35d。

（2）**防治对象**　大豆、油菜菌核病，白菜黑斑病，茄子灰霉病，黄瓜灰霉病，番茄灰霉病。多用于防治果树、蔬菜类作物灰霉病、褐斑病等病害。

（3）**使用方法**

1）**防治黄瓜灰霉病**　发病初期开始喷药，每次每亩用50%乙烯菌核利75～100g，兑水喷雾，共喷药3～4次，间隔期为7～10d。

2）**防治番茄灰霉病、早疫病**　发病初期开始喷药，每次每亩用50%乙烯菌核利75～100g，兑水喷雾，共喷药3～4次，间隔期为7d。

3）**防治花卉灰霉病**　发病初期开始喷药，用50%乙烯菌核利500倍液喷雾，每次间隔7～10d，共喷药3～4次。

4）**防治油菜菌核病**　油菜抽薹期，每亩用50%乙烯菌核利100g加米醋100mL混合喷雾。15～20d后再喷1次。

5）**防治大豆菌核病**　大豆2～3片复叶期，每亩用50%乙烯菌核利100g加米醋100mL混合喷雾。15～20d后再喷1次。

6）**防治白菜黑斑病、茄子灰霉病**　发病初期开始喷药，每亩用50%乙烯菌核利75～100g喷雾，每次间隔7～10d，共喷药3～4次。

专利与登记　专利DE2207576早已过专利期，不存在专利权问题。巴斯夫欧洲公司在中国登记情况见表231。

表231　巴斯夫欧洲公司在中国登记情况

登记名称	登记证号	含量	剂型	登记作物	防治对象	用药量/(g/hm²)	施用方法
乙烯菌核利	PD20070354	95%	原药				
乙烯菌核利	PD20070124	50%	水分散粒剂	番茄	灰霉病	562.5～750	喷雾

合成方法　经如下方法即可制备乙烯菌核利：

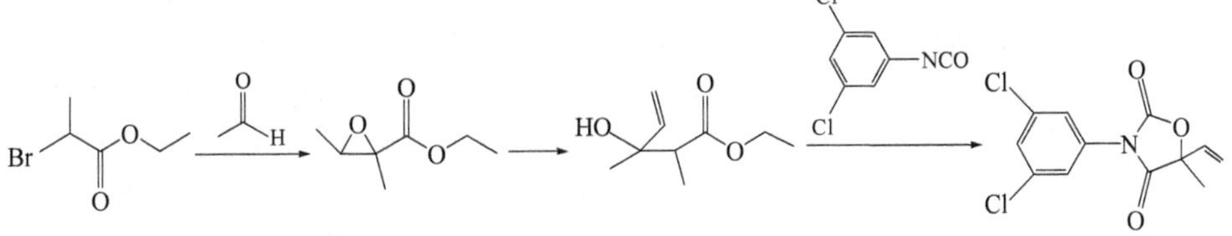

参考文献

[1] The Pesticide Manual. 15th edition. 2009：1191-1192.

乙烯利 ethephon

$C_2H_6ClO_3P$，144.5，16672-87-0

乙烯利(ethephon)，由 Amchem Products Inc(现 Bayer AG)开发。

化学名称 2-氯乙基膦酸，(2-chloroethyl)phosphonic acid。

理化性质 本品为白色结晶性粉末。熔点 74～75℃，沸点 265℃。蒸气压＜0.01mPa (20℃)。$K_{ow}\lg P＜-2.20(25℃)$。Henry 常数＜$1.55×10^{-9}$ Pa·m³/mol。溶解度：水中 800g/L (pH 4)，易溶于甲醇、乙醇、异丙醇、丙酮、乙醚及其他极性有机溶剂，难溶于苯和甲苯等非极性有机溶剂，不溶于煤油和柴油。稳定性：水溶液中 pH＜5 时稳定；在较高 pH 值以上分解释放出乙烯。DT_{50} 2.4d(pH 7,25℃)。紫外线照射下敏感。pK_{a_1} 2.5，pK_{a_2} 7.2。

毒性 急性经口 LD_{50} 1564mg/kg。兔急性经皮 LD_{50} 1560mg/kg，对眼睛有刺激性。大鼠吸入 LC_{50}(4h)4.52mg/kg，大鼠 2y 无作用剂量 13mg/kg。

生态效应 山齿鹑急性经口 LD_{50} 1072mg/kg。山齿鹑吸入 LC_{50}(8d)＞5000mg/L。鱼类 LC_{50} (96h,mg/L)：鲤鱼 140，虹鳟鱼 720。水蚤 EC_{50}(48h)1000mg/L。小球藻 EC_{50}(24～48h)32mg/ L。对其他水生菌低毒，对蜜蜂无害，对蚯蚓无毒。

环境行为

(1) 动物 快速地通过尿液排出乙烯利，通过呼吸排出乙烯。

(2) 植物 在植物体内乙烯利快速降解为乙烯。

(3) 土壤/环境 在土壤中快速降解，迁移性低，不渗滤。

制剂 40%水剂，20%颗粒剂，10%可溶性粉剂，5%膏剂。

主要生产商 Bayer CropSciences、Fertiagro、Jubilant Organosys、Sharda、艾农国际贸易，江苏安邦电化、江苏百灵农化、泰禾集团、华通(常州)生化、中国化工集团、山东大成、苏州恒泰以及泰达集团。

作用机理与特点 乙烯利与乙烯相同，主要是增强细胞中核糖核酸合成的能力，促进蛋白质的合成。在植物离层区如叶柄、果柄、花瓣基部，由于蛋白质的合成增加，促使在离层区纤维素酶重新合成，因而加速了离层形成，导致器官脱落。乙烯利能增强酶的活性，在果实成熟时还能活化磷酸酯酶及其他与果实成熟的有关酶，促进果实成熟。在衰老或感病植物中，由于乙烯利促进蛋白质合成而引起过氧化物酶的变化。乙烯能抑制内源生长素的合成，延缓植物生长。

应用

(1) 适用作物 番茄、黄瓜、西葫芦等。

(2) 防治对象 用作农用植物生长刺激剂。乙烯利(乙烯磷)是优质高效植物生长调节剂，一分子乙烯利可以释放出一分子的乙烯，具有促进果实成熟、刺激伤流、调节性别转化等效应。

(3) 使用方法 ①黄瓜苗龄在 1 叶 1 心时各喷 1 次药液，浓度为 200～300mg/kg，增产效果相当显著，浓度在 200mg/kg 以下时，增产效果不显著，高于 300mg/kg，则幼苗生长发育受抑制的程度过高，对于提高幼苗的素质不利。处理后的秧苗，雌花增多，节间变短，坐瓜率高。据统计，植株在 20 节以内，几乎节节出现雌花。此时植株需要充足的养分方可使瓜坐住、长大，故要加强肥水管理。一般当气温在 15 摄氏度以上时要勤浇水多施肥，不蹲苗，一促到底，施肥量要比不处理的增加 30%～40%。同时在中后期用 0.3%磷酸二氢钾进行 3～5 次的叶面喷施，以保证植株营养生长和生殖生长对养分的需要，防止植株老化。秋黄瓜雌花着生节位高，在长出 3～4 片真叶时用 150mg/kg 乙烯利处理，效果尤为显著。但应注意，用 50mg/kg 乙烯利溶液处理黄瓜幼苗，会促进雌花的发生，减少雄花。②西葫芦3叶期用150～200mg/kg乙烯利液喷洒植株，以后每隔10～15d喷1次，共喷3次，可增加雌花，提早7～10d成熟，增加早期产量15%～20%。南瓜可参照西葫芦进行，3～4叶期叶面喷洒，可大大增加雌花的产生，抑制雄花发育，增加产量，尤其是早熟的产量。但处理效果因品种不同而有差异。③番茄催熟，可采用涂花梗、浸果和涂果的方法。涂花梗：番茄果实在白熟期，用300mg/kg的乙烯利涂于花梗上即可。涂果：用400mg/kg的乙烯利涂在白熟果实花的萼片及其附近果面即可。浸果：转色期采收后放在200mg/kg乙烯利溶液中浸泡1min，再捞出于25℃下催红。大田喷果催熟：后期一次性采收时，用1000mg/kg乙烯利溶液在植株上重点喷果实即可。④西瓜。用100～300mg/kg乙烯利溶液喷洒已经长足的西瓜，可以提早5～7d成熟，增加可溶性固形物1%～3%，增加西瓜的甜度，促进种子成熟，减少白籽瓜。

专利与登记　专利US3879188早已过专利期。目前在国内登记了77.6%、80%、85%、89%、90%、91%原药，40%水剂，20%颗粒剂，10%可溶性粉剂，5%膏剂等。

合成方法　将亚磷酸二乙酯加热至90℃，通氮30min。加入少许引发剂，通入氯乙烯，控制加成反应温度，得2-氯乙基亚膦酸二乙酯。然后加入浓盐酸水解，于120～130℃，回流24h，制得乙烯利，蒸出部分水分，即得粗品，可配制相应剂型。

乙酰虫腈 acetoprole

$C_{13}H_{10}Cl_2F_3N_3O_2S$，400.2，209861-58-5

乙酰虫腈（acetoprole），试验代号　RPA 115782。是法国罗纳-普朗克公司开发的新型吡唑类杀虫剂。

化学名称　1-［5-氨基-1-(2,6-二氯-α,α,α-三氟-对-甲苯基)-4-(甲基亚磺酰基)-吡唑-3-基］乙酮，1-［5-amino-1-(2,6-dichloro-α,α,α-trifluoro-p-tolyl)-4-(methylsulfinyl)pyrazol-3-yl］ethanone。

作用机理与特点　乙酰虫腈是一种广谱杀虫剂，其杀虫机制在于阻碍昆虫γ-氨基丁酸（GABA）控制的氯化物代谢。

应用

（1）适用作物　葡萄、观赏植物、人造林、树木、谷物、棉花、蔬菜、甜菜、大豆、油菜、玉米、高粱、核果、柑橘类果树等。

（2）防治对象　在公共卫生区域，对防治许多昆虫(特别是家蝇或其他双翅目害虫,如家蝇、螯蝇、水虻、骚扰角蝇、斑虻、马蝇、蠓、墨蚊或蚊子)有效；在保护储存物品方面，可用于防治节足害虫(尤其是甲虫,包括象鼻虫、蛀虫或螨)的侵害；在农业上，防治鳞翅目(蝴蝶和蛾)的成虫、幼虫和虫卵，如烟蚜夜蛾等；防治鞘翅目(甲虫)的成虫和幼虫，如棉铃象甲、马铃薯甲虫等；防治异翅目(半翅目和同翅目)害虫，如木虱、粉虱、蚜、根瘤蚜、叶蝉等。

专利概况

专利名称　Pesticidal 1-arylpyrazoles

专利号　WO9828277

专利申请日　1996-12-24

专利拥有者　Rhone Poulenc Agrochimie

在其他国家申请的化合物专利：AP1237、AU746514、AU5857598、BG64857、BG103590、

BR9714181、CA2275635、CN1099415、CN1242002、CO5031287、CZ294766、DE69738328、DK0948486、EA002085、EE9900321、EG21715、EP0948486、ES2297867、HK1024476、HR970703、HU0000583、JP2001506664、NO313458、NZ336418、PT948486、SK285866、TR9901473、US6087387、ZA9711590 等。

合成方法 经如下反应制得乙酰虫腈：

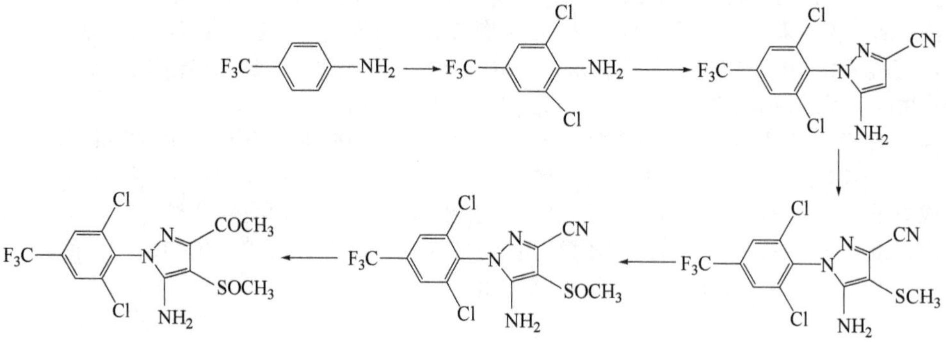

乙酰甲胺磷 acephate

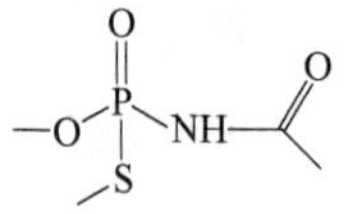

C₄H₁₀NO₃PS，183.2，30560-19-1

乙酰甲胺磷(acephate)，试验代号 ENT 27822、Ortho 12420。商品名称 Aimthene、Amcothene、Asataf、Generate、Goldstar、Hilphate、Lancer、Matrix、Missile、Orthene、Ortran、Pace、Rival、Saphate、Starthene、Tiffat、Torpedo、Viaphate。其他名称 高灭磷。是J. M. Grayson 介绍其杀虫活性，P. S. Magee 总结此类化合物构效关系，由 Chevron Chemical Co 开发的有机磷类杀虫剂。

化学名称 O,S-二甲基乙酰基硫代磷酰胺酯，O,S-dimethyl acetylphosphoramidothioate。

组成 原药纯品含量大于 97%。

理化性质 无色结晶(原药为无色固体)，熔点 88~90℃(原药 82~89℃)。蒸气压 0.226mPa(24℃)。相对密度 1.35。K_{ow} lg$P$=−0.89。水中溶解度(20℃)790g/L；其他溶剂中溶解度(20℃，g/L)：丙酮 151，乙醇>100，乙酸乙酯 35，甲苯 16，正己烷 0.1。水解 DT$_{50}$50d(pH 5~7,21℃)，光解 DT$_{50}$55h(λ=253.7nm)。

毒性 大鼠急性经口 LD$_{50}$(mg/kg)：雄 1447，雌 1030。兔急性经皮 LD$_{50}$>10000mg/kg。本品对兔皮肤有轻微刺激，对豚鼠皮肤无致敏性。大鼠吸入 LC$_{50}$(4h)>15mg/L 空气。NOEL 值[mg/(kg·d)]：狗(2y)0.75，大鼠 LOEL 0.25。ADI：(JMPR)0.03mg/kg [2005]；(EPA)aRfD 0.005，cRfD 0.0012mg/kg [2001]。

生态效应 急性经口 LD$_{50}$(mg/kg)：野鸭 350，鸡 852，野鸡 140。鱼类 LC$_{50}$(96h,mg/L)：大翻车鱼 2050，虹鳟鱼>1000，斑点叉尾鮰 2230，大口黑鲈 1725。水蚤 EC$_{50}$(48h)67.2mg/L，NOEC 值 43mg/L。羊角月牙藻 E$_r$C$_{50}$(72h)>980mg/L。龙虾 LC$_{50}$(96h)750mg/L。蜜蜂 LD$_{50}$1.2μg/只(接触)。蚯蚓 LC$_{50}$(14d)22974mg/kg 土壤，NOEC 值 10000mg/kg。

环境行为 本品在动物和植物体内代谢为甲胺磷，在植物体中持效期为 10~15d。在土壤中易生物降解，其主要代谢物为甲胺磷，DT$_{50}$2(需氧)~7d(厌氧)。其水溶液 DT$_{50}$6.6d(厌氧代谢）。

制剂　25%、50%、75%可溶性粉剂，2.5g/L、10g/L气雾剂，25%可湿性粉剂，30%、40%乳油，97%水分散粒剂，70%种子处理可分散粉剂。

主要生产商　Arysta LifeScience、Bharat、Cheminova、Gujarat Pesticides、Heranba、Meghmani、Nagarjuna Agrichem、Nortox、Rallis、Reposo、Sabero、Saeryung、Sharda、Sinon、Sundat、Tekchem、United phosphorus、杭州庆丰农化有限公司、湖北沙隆达股份有限公司、易普乐、福建三农化学农药有限责任公司、捷马化工股份有限公司、泰达集团、郑州沙隆达农业科技有限公司及浙江菱化集团有限公司等。

作用机理与特点　胆碱酯酶的直接抑制剂。广谱、低毒、持效期长，具有内吸、触杀和胃毒作用，并可杀卵，是缓效性有机磷杀虫剂，在施药后，初效作用缓慢，2～3d后效果显著，对一些鳞翅目害虫兼有一定的熏蒸和杀卵作用。残留活性长，持效期10～21d。使用浓度在50～100g（a.i.）/100L，对多种作物安全，对红元帅可能有轻微叶片烧伤。

应用

（1）适用作物　柑橘、葡萄、橄榄、棉花、大豆、坚果、甜菜、芹菜、豌豆、马铃薯、水稻、烟草等果树、观赏植物、林业和其他作物。

（2）防治对象　蚜虫、蓟马、锯蝇、潜叶虫、叶蝉科、鳞翅目幼虫等多种咀嚼式、刺吸式口器害虫和害螨。

（3）残留量与安全施药　不能与碱性农药混用，不宜在桑、茶树上使用，在蔬菜上使用的安全期至少7d。在蔬菜、柑橘上最大允许残留量为5mg/kg。

（4）使用方法

棉花　①棉蚜、红蜘蛛：用40%乳油1.5L/hm²，兑水800～1000kg均匀喷雾，施药后2～3d防效上升很慢，施药5d后，防效可达到90%以上，有效控制期为7～10d；②棉小象甲、面盲椿象：在两虫发生危害初期，用40%乳油0.75～1.5L/hm²，兑水800～1000kg均匀喷雾；③棉铃虫：在2～3代卵孵盛期，用40%乳油3～4L/hm²，兑水1000～1500kg均匀喷雾，有效控制期为7d左右。但对棉红铃虫防效较差，不宜使用。

水稻　①二化螟：在卵孵高峰期，用40%乳油2.5～3L/hm²，加常量水均匀喷雾，有效控制期为5d左右；②三化螟引起的白穗：在水稻破口到齐穗期，用40%乳油2.5～3L/hm²，兑水均匀喷雾，防效可达95%左右，在螟害严重的情况下，可将螟害率控制在0.3%以下。但在螟虫发生期长，水稻抽穗又不整齐的情况下，5d后再喷一次药。由于本品对三化螟无触杀毒力，而且药效期较短，因而对三化螟引起的枯心病防效较差，一般不宜使用；③稻纵卷叶螟：在水稻分蘖期，2～3龄幼虫蔸虫量45～50头，叶被害率7%～9%；孕穗抽穗期，2～3龄幼虫蔸虫量25～35头，叶被害率3%～5%时，用40%乳油2～3L/hm²，兑水900～1000kg均匀喷雾；④稻飞虱：在水稻孕穗抽穗期，2～3龄若虫高峰期，百蔸虫量1300头；乳熟期，2～3龄若虫高峰期，百蔸虫量2100头时，用30%乳油1.5～2L/hm²，兑水900～1000kg均匀喷雾；对稻叶蝉、稻蓟马等也有良好的兼治效果。

蔬菜　小菜蛾、菜青虫、斜纹夜蛾及烟青虫等鳞翅目害虫：在2～3龄期，用40%乳油1.5～2L/hm²，兑水600～750kg均匀喷雾，药效期5d左右，而且对敌百虫等产生抗性的小菜蛾、菜青虫也有良好的效果，并兼治各种蔬菜上的蚜虫及螨类。

果树　①桃小食心虫、梨小食心虫及桃蛀螟等蛀果害虫：在成虫产卵高峰期，卵果率达0.5%～1%时，用40%乳油400～600倍液均匀喷雾，有效控制期为5～7d；②苹果小卷叶蛾、苹果黄蚜、苹果瘤蚜及红蜘蛛：用40%乳油400～600倍液均匀喷雾；③柑橘介壳虫：在1龄若虫期，用40%乳油400～600倍液均匀喷雾。

花卉　①蚜虫、红蜘蛛、避债蛾、刺蛾：用40%乳油400倍液常量喷雾；②介壳虫：在1龄若虫期，用40%乳油450～600倍液均匀喷雾。

防治玉米、小麦黏虫　在3龄幼虫期，用40%乳油1.5～2L/hm²，兑水800～1000kg喷雾，并对蚜虫、麦叶蜂等有兼治作用。

防治烟草烟青虫　在 3 龄幼虫期，用 30％乳油 1.5～3L/hm²，兑水 750～1500kg 喷雾。

（5）注意事项　①本产品在蔬菜上的安全间隔期为 7d，秋冬季节为 9d，每季最多使用 2 次；水稻、棉花、果树、柑橘、烟草、玉米和小麦的安全间隔期为 14d，每季最多使用 1 次。②使用时在表面均匀喷雾，以利于提高药效。③处理本品时要穿戴好劳防用品，喷雾时应在上风，戴好口罩，勿吸入雾滴。用药后要用肥皂和清水冲洗干净。④本品不宜在桑、茶树上使用。⑤本品不可与碱性药剂混用，以免分解失效。⑥本品易燃，严禁火种。在运输和储存过程中注意防火，远离火源。

专利与登记　专利 US3845172 早已过专利期，不存在专利权问题。国内登记情况：75％、90％、97％可溶粒剂，90％、95％、97％原药，20％、30％乳油等，登记作物为玉米和水稻等，防治对象为稻纵卷叶螟和玉米螟等。

合成方法　经如下反应制得乙酰甲胺磷：

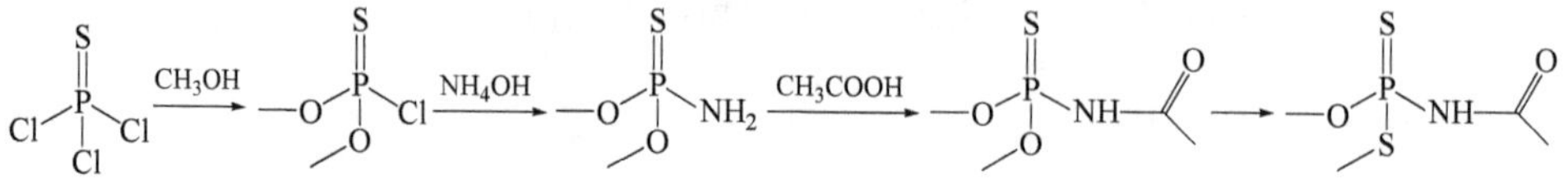

乙氧苯草胺 etobenzanid

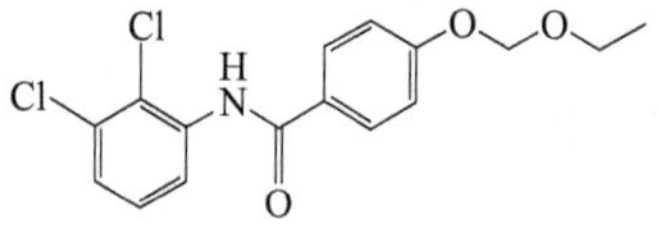

$C_{16}H_{15}Cl_2NO_3$，340，79540-50-4

乙氧苯草胺（etobenzanid），试验代号　HW-52。商品名称　Hodocide、Kickbai、Sunwell。是由日本 Hodogaya 公司开发的酰胺类除草剂。

化学名称　$2',3'$-二氯-4-乙氧基甲氧基苯酰苯胺，$2',3'$-dichloro-4-ethoxymethoxybenzanilide。

理化性质　纯品为无色晶体，熔点 92～93℃。蒸气压 2.1×10⁻²mPa（40℃）。分配系数 K_{ow} $\lg P=4.3$（25℃）。水中溶解度（25℃）0.92mg/L。其他溶剂中溶解度（25℃，g/L）：丙酮＞100，正己烷 2.42，甲醇 22.4。

毒性　小鼠急性经口 LD_{50}＞5000mg/kg。对兔皮肤、眼睛有轻微刺激性。大鼠急性吸入 LC_{50}（4h）1503mg/m³。大鼠 NOEL 4.4mg/（kg·d）。ADI 值 0.044mg/kg。

生态效应　鹌鹑急性经口 LD_{50}＞2000mg/kg。鲤鱼和虹鳟鱼 LC_{50}（72h）＞1000mg/L。水蚤 LC_{50}（3h）＞1000mg/L。藻类 EC_{50}（72h）＞100mg/L。蜜蜂 LD_{50}＞160mg/L 饲料，蚯蚓 LC_{50}＞1000mg/L 土。

制剂　颗粒剂、可湿性粉剂。

主要生产商　Hodogaya。

应用　主要用于水稻田苗前或苗后除草，使用剂量为 150g（a.i.）/hm²〔亩用量为 10g（a.i.）〕。

专利概况　专利 US4385927 早已过专利期，不存在专利权问题。

合成方法　主要有如下两种方法：

（1）以 2,3-二氯苯胺为起始原料，经多步反应制得乙氧苯草胺。

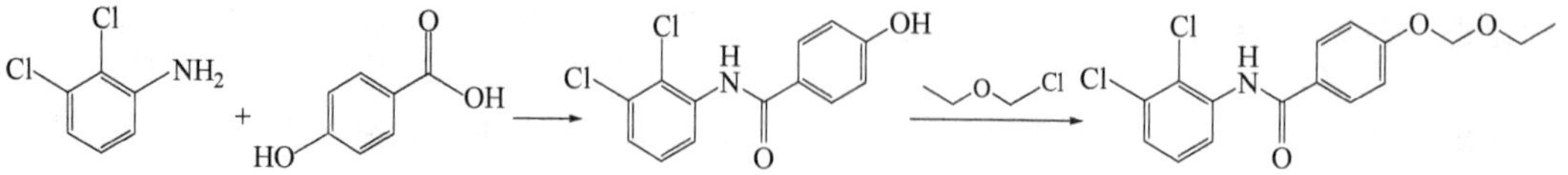

（2）以对羟基苯甲酸为起始原料，经多步反应制得乙氧苯草胺。

乙氧氟草醚 oxyfluorfen

C₁₅H₁₁ClF₃NO₄，361.7，42874-03-3

乙氧氟草醚（oxyfluorfen），试验代号　RH-2915。商品名称　Cusco、Fenfen、Galigan、Goal、Goldate、Hadaf。其他名称　果尔、Delta Goal、Dribbling、Fuego、Gal-On、Global、GoalTender、Grazer、Huifen、Kroll、Laser、Mister、Oxyfen、Oxyfluor、Oxygold、Pilargola、Scualo、Striker、Verton。是由罗门哈斯（现道农科）公司开发的二苯醚类除草剂。

化学名称　2-氯-α,α,α-三氟-对甲苯基-3-乙氧基-4-硝基苯基醚，2-chloro-trifluoro-p-tolyl-3-ethoxy-4-nitro-phenyl ether。

理化性质　纯品为橙色结晶固体，熔点 85～90℃（工业品熔点 65～84℃），沸点 358.2℃（分解），蒸气压（纯品）0.0267mPa（25℃），相对密度 1.35（73℃）。分配系数 $K_{ow} \lg P = 4.47$。Henry 常数 8.33×10^{-2} Pa·m³/mol（25℃，计算）。水中溶解度 0.116mg/L（25℃）。易溶于大多数有机溶剂，常见有机溶剂中溶解度（25℃，g/100g）：丙酮 72.5，氯仿 50～55，环己酮、异佛尔酮 61.5，DMF＞50，亚异丙基丙酮 40～50。稳定性：pH＝5～9（25℃），28d 无明显水解。紫外线照射下迅速分解，DT_{50} 3d（室温），50℃下稳定。

毒性　大鼠和狗急性经口 LD_{50}＞5000mg/kg，兔急性经皮 LD_{50}＞10000mg/kg。对兔皮肤有轻度刺激性，对兔眼睛有轻度至中等刺激性。大鼠急性吸入 LC_{50}（4h）＞5.4mg/L。NOEL 值（20 个月，mg/kg 饲料）：小鼠 2[0.3mg/(kg·d)]，大鼠 40，狗 100；AOEL（EU）0.013mg/(kg·d)。ADI（EPA）cRfD 0.03mg/kg [2002]，（EU）0.003mg/(kg·d) [2011]。

生态效应　山齿鹑急性 LD_{50}＞2150mg/kg。野鸭和山齿鹑饲喂 LC_{50}（8d）＞5000mg/L。鱼 LC_{50}（96h,mg/L）：大翻车鱼 0.2，虹鳟鱼 0.41，斑点叉尾鲴 0.4。水蚤 LC_{50}（48h）1.5mg(a.i.)/L。0.025mg(a.i.)/只时对蜜蜂无毒。对蚯蚓无毒，经口 LC_{50}＞1000mg/kg 土壤。

环境行为

（1）动物　详细的新陈代谢信息见 IL Adler, et al. *J Agric Food Chem*，1977，25：1339。

（2）植物　在植物体内不容易代谢。

（3）土壤/环境　强烈地吸附在土壤中，不容易脱附，浸出可以忽略不计。K_{oc} 2891（沙）～32381（粉砂质黏壤土）。水中光解速度很快，在土壤中很慢。微生物降解不是一个主要因素。田间降解 DT_{50} 5～55d，土壤 DT_{50}（无光）：（有氧）292d，（厌氧）约 580d。

制剂　24%乳油。

主要生产商 Dow AgroSciences、Hui Kwang、Makhteshim-Agan、宁波保税区汇力化工有限公司、山东侨昌化学有限公司、泰达集团、一帆生物科技集团有限公司、易普乐、浙江禾田化工有限公司及浙江兰溪巨化氟化学有限公司等。

作用机理与特点 原卟啉原氧化酶抑制剂。乙氧氟草醚是一种触杀型除草剂，在有光的情况下发挥杀草作用。主要通过胚芽鞘、中胚轴进入植物体内，经根部吸收较少，并有极微量通过根部向上运输送入叶部。

应用

(1) 适宜作物 水稻、棉花、麦类、油菜、洋葱、大蒜、茶树、果树以及幼林等。

(2) 防除对象 水田主要用于防除稗草、异型莎草、碎米莎草、鸭舌草、日照飘拂草、陌上菜、节节菜、牛毛毡、泽泻、三蕊沟繁缕、半边莲、水苋菜、千金子等，对水绵、水芹、萤蔺、矮慈姑、尖瓣花等亦有较好的防效。旱田主要用于防除龙葵、苍耳、苘麻、藜、马齿苋、田菁、曼陀罗、柳叶刺蓼、酸模叶蓼、反枝苋、凹头苋、刺黄花稔、繁缕、野芥、轮生粟米草、辣子草、硬草、千里光、荨麻、看麦娘、一年生甘薯属、一年生苦苣菜等。

(3) 应用技术 ①乙氧氟草醚为触杀型除草剂，无内吸活性，故喷药时要求均匀周到，施药剂量要准。②插秧田使用时，为防止乙氧氟草醚对水稻产生药害，药土法施用比喷雾安全，应在露水干后施药，施药田应整平。若田块高低差距很大，可以拦田埂分隔，同时要求在用药后严格控制水层，切忌水层过深淹没稻心叶。在移栽稻田使用，稻苗高应在 20cm 以上，秧龄应为 30d 以上，气温达 20～30℃。③切忌在日温低于 20℃、土温低于 15℃时或在秧苗过小、嫩弱或遭伤害未能恢复的稻苗上施用。勿在暴雨来临之前施药，施药后遇大暴雨田间水层过深，需要排出深水层，保浅水层，以免伤害稻苗。因为干旱、暴雨或栽培措施不力造成秧苗细长、瘦弱田块不宜施用乙氧氟草醚。④初次使用时，应根据不同气候带，先经小规模试验，找出适合当地使用的最佳施药方法和最适剂量后，再大面积使用。

(4) 使用方法

① 水稻田（限南方使用） 苗前和苗后早期施用效果最好，能防除阔叶杂草、莎草及稗，但对多年生杂草只有抑制作用。在水田里，施入水层中后在 24h 内沉降在土表，水溶性极低，移动性较小，施药后很快吸附于 0～3cm 表土层中，不易垂直向下移动，3 周内被土壤中的微生物分解成二氧化碳，在土壤中半衰期为 30d 左右。

a. 移栽前施药 在南方稻区，水稻半旱式移栽田，稻苗移栽在起垄田上，经常处于垄台无水、垄沟有水的状态。田间湿生性杂草发生量较大，且以稗草、牛毛毡为主，在移栽前 2～3d，每亩用 24% 乙氧氟草醚 10mL 加水 20～30L 喷雾。

b. 大苗秧移栽田 施药时期为秧龄 30d 以上，苗高 20cm 以上，移栽后 3～7d，主要防除稗草。以千金子、阔叶杂草、莎草为主的稻田移栽后 7～13d 施药，每亩用 24% 乙氧氟草醚 10～20mL，加水 300～550mL 配成母液，与 15kg 细沙或土均匀混拌撒施。或将乙氧氟草醚每亩 10～20mL 加水 1.5～2L 装入盖上打有 2～4 个小孔的瓶内甩施，使药液均匀分布在水层中，施药后稳定水层在 3～5cm，保持 5～7d。

c. 混用 施药时期为水稻移栽后、稗草 1.5 叶期前，每亩用 24% 乙氧氟草醚 6mL 加 10% 吡嘧磺隆 6g（或 12% 噁草酮 60mL 或 10% 苄嘧磺隆 10g）混用，用毒土法施药。防除 3 叶期前的稗草，每亩用 24% 乙氧氟草醚 10mL 加 96% 禾草敌 75～100mL。

② 麦田（南方冬麦田） 施药时期为水稻收割后、麦类播种 9d 以前，每亩用 24% 乙氧氟草醚 12mL 加水 15L 喷雾。水稻收割后须及时灌水诱草早发，土表应湿润但不可积水。

混用：每亩用 24% 乙氧氟草醚 5mL 加 41% 草甘膦 75mL（或 25% 绿麦隆 120g）。

③ 油菜田 施药时期为整地后油菜移栽前，每亩用 24% 乙氧氟草醚 30～50mL，兑水 20～30kg 均匀喷雾于土表，施药后第 2～4d 可移栽油菜。

④ 棉田

a. 棉花苗床 施药时期为棉花播种后覆土 1cm 左右，每亩用 24% 乙氧氟草醚 12～18mL。砂质土用低剂量，加水 40L 与 60% 丁草胺 50mL 混合喷雾。土表要湿润，但不可积水。薄膜离苗床高度不可太低，遇高温要及时揭膜，以免高温产生药害。

b. 地膜覆盖棉田　施药时期为棉花播种覆土后盖膜前，每亩用 24% 乙氧氟草醚 18～24mL，加水 40L 喷雾，砂质土用低剂量，要求土表湿润，但不可积水。施药应避开寒流到来之前。施药后如遇高温应及时破膜，将棉苗露出膜外，亦可苗带施药。

c. 直播棉田　棉花播后苗前施药，土地要整平耙细，无大土块，每亩用 24% 乙氧氟草醚 36～48mL，加水 40～50L 喷雾。砂质土用低剂量。若每亩用药量达 72mL，田间积水时，对棉苗可能有轻微药害，但可恢复。若有 5% 棉苗出土，应停止施药。

d. 移栽棉田　棉花移栽前施药，每亩用 24% 乙氧氟草醚 40～90mL，加水 40～50L 喷雾。砂质土用低剂量，壤质土、黏质土用较高剂量。

⑤ 大蒜　施药时期为大蒜播种后至立针期或大蒜苗后 2 叶 1 心期以后，杂草 4 叶期以前，避开大蒜 1 叶 1 心至 2 叶期，每亩用 24% 乙氧氟草醚 48～72mL，加水 40～50L 喷雾。砂质土用低剂量，壤质土、黏质土用较高剂量。地膜大蒜每亩用 24% 乙氧氟草醚 40mL，用药前先播种，浅灌水，水干后施药再覆膜。盖草大蒜用法为先播种，盖草，杂草出齐后每亩用 24% 乙氧氟草醚 67mL 喷雾，每亩用水 10～20L。防除牛繁缕、苍耳等石竹科或菊科杂草为主的大蒜地，在杂草子叶期施药。防除小旋花，在 6～8 叶期施药。防除看麦娘、硬草、野燕麦等禾本科杂草，在 1～2 叶期施药。前期露地栽培、后期拱棚盖膜保温、春节前收获青蒜的，应在播后苗前或大蒜立针期施药。以收获蒜苗和蒜头为目的，在杂草出齐后大蒜 2 叶 1 心至 3 叶期施药。禾本科杂草发生严重的地块，乙氧氟草醚可与氟乐灵、二甲戊乐灵、大惠利混用。石竹科杂草发生严重的地块，乙氧氟草醚可与西玛津混用(棉蒜套种地不能用西玛津)。温度低于 6℃ 时禁用乙氧氟草醚。大蒜 1 叶 1 心至 2 叶期施乙氧氟草醚易造成心叶折断或严重灼伤，不宜施用。2 叶 1 心以后，大蒜叶片有褐色或白色斑点，对中后期大蒜生长无影响。白皮蒜比紫皮蒜对乙氧氟草醚耐药性强。

⑥ 洋葱　直播洋葱 2～3 叶期，每亩用 24% 乙氧氟草醚 40～50mL。移栽洋葱在移栽后 6～10d(洋葱 3 叶期后)，每亩用 24% 乙氧氟草醚 67～100mL，加水 40～50L 喷雾。禾本科杂草发生严重的地块，乙氧氟草醚可与二甲戊乐灵混用。温度低于 6℃ 时停止施药。

⑦ 花生　施药时期为花生播后苗前，每亩用 24% 乙氧氟草醚 40～50mL，加水 40～50L 喷雾。

⑧ 针叶苗圃　在针叶苗圃播种后立即进行土壤处理，每亩用 24% 乙氧氟草醚 50mL，加水 40～50L 喷雾，对苗木安全。

⑨ 茶园、果园、幼林抚育　施药时期为杂草 4～5 叶期，每亩用 24% 乙氧氟草醚 30～50mL，加水 30～40L，用低压喷雾器定向喷雾(避开果树、茶树、林木)或与百草枯、草甘膦混用，扩大杀草范围，提高药效。

专利与登记　专利 US3798276 早已过专利期，不存在专利权问题。国内登记情况：20%、23.5%、24%、240g/L 乳油，25% 悬浮剂，2% 颗粒剂，97% 原药，登记作物为甘蔗田、水稻田、森林苗圃、大蒜田，防治对象为一年生杂草。美国陶氏益农公司在中国登记情况见表 232。

表 232　美国陶氏益农公司在中国登记情况

登记名称	登记证号	含量	剂型	登记作物	防治对象	用药量/(g/hm²)	施用方法
乙氧氟草醚	PD109-89	240g/L	乳油	甘蔗田	一年生杂草	105～180	芽前土壤处理
				水稻田	一年生杂草	38～72	毒土
				大蒜田	一年生杂草	144～180	茎叶喷雾
				森林苗圃	一年生杂草	180～300	喷雾
乙氧氟草醚	PD20030001	97%	原药				

合成方法 通过如下反应制得目的物：

参考文献

[1] 范莲生. 农药，2000，2：39.
[2] 黄文飞等. 辽宁化工，2002，12：518-519.
[3] 吴志风. 杂草科学，2004，4：12-14.

乙氧喹啉 ethoxyquin

$C_{14}H_{19}NO$, 217.3, 91-53-2

乙氧喹啉（ethoxyquin），**商品名称** Deccoquin、Escalfred、Pear Wrap Ⅰ、Pear Wrap Ⅲ、Santoquin、Sin-Scald、Escalfred Forte。**其他名称** éthoxyquine、polyethoxyquinoline。是由孟山都公司开发的杀菌剂，现由 Indukern 公司生产。

化学名称 1,2-二氢-2,2,4-三甲基喹啉-6-基乙醚，1,2-dihydro-2,2,4-trimethylquinolin-6-yl ethyl ether。

理化性质 纯品为黏稠状黄色液体，沸点 123～125℃（2mmHg）。相对密度 1.029～1.031（25℃）。在空气中颜色变深，但不影响生物活性。

毒性 急性经口 LD_{50}（mg/kg）：大鼠 1920，小鼠 1730。会使兔和豚鼠皮肤起红斑，但只是短暂的。NOEL 数据[mg/(kg·d)]：大鼠 6.25，狗 7.5。ADI 值（JMPR）0.005mg/kg [1998，2005]，(BfR)0.01mg/kg [2006]，(EPA)aRfD 0.03，cRfD 0.02mg/kg [2004]。

生态效应 以 900mg/L 乙氧喹啉饲喂鲑鱼 2 个月没有不良的影响。在鲑鱼中 DT_{50} 4～6d，第 9d 后无残留。该产品不直接接触作物，因此对蜜蜂无风险。

制剂 乳油、悬浮剂、喷雾剂。

主要生产商 Indukern。

作用机理与特点 植物抗氧化生长调节剂。抑制 α-法尼烯（α-farnesene）的氧化，据推测 α-法尼烯（α-farnesene）氧化后的产物可以导致细胞组织的坏死。

应用 主要用于防治贮藏病害，如苹果和梨的灼伤病。对于某些品种的苹果，使用该药剂后会留下"印记"即斑点。金冠苹果不宜使用。如果用在晚熟苹果上，可能会有苦味。制剂会引起梨的圆斑病，这种病由一种助剂引起。除特定的杀菌剂外，不宜与其他的化合物混用。

专利概况 专利 US2661277 等早已过期，不存在专利权问题。

合成方法 以丙酮和对乙氧基苯胺为原料，经如下反应制得目的物：

参考文献

[1] The Pesticide Manual. 15th edition. 2009：447-448.

乙氧嘧磺隆 ethoxysulfuron

$C_{15}H_{18}N_4O_7S$, 398.4，126801-58-9

乙氧嘧磺隆(ethoxysulfuron)，试验代号 AEF 095404、Hoe 095404、Hoe-404。商品名称 Sunrice。其他名称 Gladium、Grazie、Hero、Skol、Sunrise、Sunstar、太阳星、乙氧磺隆。是由安万特公司(现拜耳公司)开发的磺酰脲类除草剂。

化学名称 1-(4,6-二甲氧基嘧啶-2-基)-3-(2-乙氧苯氧磺酰基)脲，1-(4,6-dimethoxypyrimidin-2-yl)-3-(2-ethoxyphenoxysulfonyl)urea。

理化性质 纯品为白色至米黄色粉状物。工业品含量≥95%。熔点 144～147℃。蒸气压：$6.6×10^{-2}$ mPa(20℃)。相对密度 1.44(20℃)。K_{ow} lg$P$(20℃)：2.89(pH 3)，0.004(pH 7)，−1.2(pH 9)。Henry 常数(Pa·m^3/mol,20℃)：$1.00×10^{-3}$(pH 5)，$1.94×10^{-5}$(pH 7)，$2.73×10^{-6}$(pH 9)。水中溶解度(20℃,mg/L)：26(pH 5)，1353(pH 7)，9628(pH 9)。在有机溶剂中的溶解度(20℃,g/L)：正己烷 0.006，甲苯 2.5。丙酮 36，乙酸乙酯 14.1，二氯甲烷 107，甲醇 7.7，异丙醇 1，聚乙二醇 22.5，二甲基亚砜>500.0。水解 DT_{50}：65d(pH 5)，259d(pH 7)，331d(pH 9)。pK_a5.28。

毒性 大鼠急性经口 LD_{50}>3270mg/kg。大鼠急性经皮 LD_{50}>4000mg/kg。大鼠急性吸入 LC_{50}>3.55mg/L。对大鼠眼睛和皮肤无刺激性。对皮肤无致敏性。大鼠吸入 LC_{50}>3.55mg/L。大鼠 NOEL 3.9mg/(kg·d)，ADI 0.04mg/kg。无致畸变性。

生态效应 日本鹌鹑和山齿鹑急性经口 LD_{50}>2000mg/kg。日本鹌鹑和野鸭饲喂 LC_{50}>5000mg/kg。鱼类 LC_{50}(mg/L)：斑马鱼 672，鲤鱼>85.7，虹鳟鱼>80.0。水蚤 EC_{50} 为 307mg/L。藻类 E_bC_{50}(mg/L)：半角月牙藻 0.19，纤维藻 0.27。浮萍 EC_{50} 为 0.00024mg/L。蜜蜂 EC_{50}(μg/只)：(经口)>200，(接触)>1000。蚯蚓 LC_{50}>1000mg/kg 土。对蚜茧蜂属和盲走螨属有轻微伤害。对豹蛛和捕食性步甲无影响。

环境行为 动物口服以后广泛吸收，7d 后>92%被排泄出来。土壤实验室测试，在活性土壤中的 DT_{50} 为 18～20d。在水稻田中，DT_{50} 为 10～60d。K_{oc} 为 24～243。

制剂 可湿性粉剂和 15%水分散粒剂。

主要生产商 Bayer CropSciences 及泰达集团等。

作用机理 支链氨基酸(ALS 或 AHAS)合成抑制剂。通过抑制必需氨基酸的合成起作用，例如缬氨酸、异亮氨酸，进而停止细胞分裂和植物生长。选择性源于在作物和杂草体内不同的选择性。通过杂草根和叶吸收，在植株体内传导，杂草即停止生长，而后枯死。

应用

（1）适宜作物与安全性　谷类、水稻（插秧稻、抛秧稻、直播稻、秧田）、甘蔗等。对小麦、水稻、甘蔗等安全，且对后茬作物无影响。

（2）防除对象　主要用于防除阔叶杂草、莎草科杂草及藻类如鸭舌草、青苔、雨久花、水绵、飘拂草、牛毛毡、水莎草、异型莎草、碎米莎草、萤蔺、泽泻、鳢肠、野荸荠、眼子菜、水苋菜、丁香蓼、四叶萍、狼把草、鬼针草、草龙、节节菜、矮慈姑等。

（3）应用技术　乙氧嘧磺隆的使用剂量因作物、国家或地区、季节不同而不同，为 $10 \sim 120g(a.i.)/hm^2$。在中国水稻田亩用量为 $0.45 \sim 2.1g(a.i.)$，南方稻田用低量，北方稻田用高量。防除多年生杂草和大龄杂草时应采用上限推荐用药量。碱性田中采用推荐的下限用药量。施药后 10d 内勿使田内药水外流和淹没稻苗心叶。用于小麦田除草时若与其他除草剂混用可扩大杀草谱。

（4）使用方法

与沙土混施：乙氧嘧磺隆在我国南方（长江以南）插秧稻田、抛秧稻田水稻移栽后 $3 \sim 6d$ 施用，每亩用 15% 乙氧嘧磺隆 $3 \sim 5g$。直播稻田、秧田每亩用 $4 \sim 6g$。长江流域插秧稻田、抛秧田每亩用 $5 \sim 7g$，直播稻田、秧田每亩用 $6 \sim 9g$。长江以北插秧稻田、抛秧稻田移栽后 $4 \sim 10d$ 施用，每亩用 $7 \sim 14g$。直播稻田、秧田每亩用 $6 \sim 15g$。东北地区插秧稻田、直播田每亩用 $10 \sim 15g$。以上用药量，先用少量水溶解，稀释后再与细沙土混拌均匀，撒施到 $3 \sim 5$ 厘米水层的稻田中。每亩用细沙土 $10 \sim 20kg$ 或混用适量化肥撒施亦可。施药后保持浅水层 $7 \sim 10d$，只灌不排，保持药效。

茎叶喷雾处理：插秧田、抛秧田施药时间为水稻移栽后 $10 \sim 20d$ 或直播稻田稻秧苗长出 $2 \sim 4$ 片叶时，每亩兑水 $10 \sim 25L$，在稻田排水后进行喷雾茎叶处理，喷药后 2d 恢复常规水层管理。

鉴于乙氧嘧磺隆主要通过杂草茎叶吸收，在干旱缺水和漏水稻田，于多数阔叶杂草和莎草出齐苗后或 $2 \sim 4$ 叶期，应采用杂草茎叶喷雾处理，每亩兑水 $20 \sim 40L$，将所施药量均匀喷施到稻田。这样即可有效地控制干旱缺水和漏水稻田中杂草。

混用：当田间稗草等禾本科杂草与阔叶草、莎草混生时，乙氧嘧磺隆应按其单用剂量与莎稗磷、丙炔噁草酮、丁草胺、禾草敌、二氯喹啉酸等杀稗剂的常量混用，可一次用药解除草害。

① 插秧稻混用

长江以南：每亩用 15% 乙氧嘧磺隆 $3 \sim 5g$ 加 30% 莎稗磷 $40 \sim 50mL$ 或 60% 丁草胺 $80 \sim 100mL$ 或 96% 禾草敌 $100 \sim 150mL$ 或 50% 二氯喹啉酸 $30 \sim 44g$。

长江流域：每亩用 15% 乙氧嘧磺隆 $3 \sim 5g$ 加 30% 莎稗磷 $30 \sim 40mL$ 或 60% 丁草胺 $100 \sim 120mL$ 或 96% 禾草敌 $100 \sim 150mL$ 或 50% 二氯喹啉酸 $30 \sim 50g$。

长江以北：每亩用 15% 乙氧嘧磺隆 $7 \sim 14g$ 加 30% 莎稗磷 $40 \sim 60mL$ 或 60% 丁草胺 $100 \sim 150mL$ 或 96% 禾草敌 $100 \sim 200mL$ 或 50% 二氯喹啉酸 $40 \sim 50g$。

东北：每亩用 15% 乙氧嘧磺隆 $10 \sim 15g$ 加 30% 莎稗磷 $50 \sim 60mL$ 或 60% 丁草胺 $100 \sim 120mL$ 或 80% 丙炔噁草酮 $6g$。

乙氧嘧磺隆与莎稗磷混用时，应于水稻栽后南方 $3 \sim 7d$，北方 $4 \sim 10d$，待水稻扎根立苗后，且稗草等单子叶杂草 $0 \sim 2$ 叶期施药，采用毒土法或药肥法，即每亩用药量与化肥或 $10 \sim 20kg$ 沙土混匀后，均匀撒施到 $2 \sim 5cm$ 水层的稻田中，施药后保水层 5d 以上。乙氧嘧磺隆与禾草敌混用时，应于稻苗扎根立苗后、稗草 $0 \sim 3$ 叶期施药，采用毒土法或药肥法。乙氧嘧磺隆与二氯喹啉酸混用可于稻草3～7叶期采用喷雾法施药，待田间落水使杂草露出水面后，每亩兑水20～40L，进行茎叶喷雾处理，喷药1d后，恢复常规水层管理。以下为东北混用方法：

每亩用15％乙氧嘧磺隆10～15g加30％莎稗磷50～60mL于水稻移栽后5～7d施药。

每亩用15％乙氧嘧磺隆10～15g加80％丙炔噁草酮6g于插秧后5～7d施药。

每亩用15％乙氧嘧磺隆10～15g加96％禾草敌100～150mL，水稻移栽后10～15d施药。

每亩用80％丙炔噁草酮6g于插秧前5～7d施药。插秧后15～20d，15％乙氧嘧磺隆每亩10g加80％丙炔噁草酮4g混用。

每亩用10％环庚草醚15mL于水稻移栽前5～7d施药。水稻移栽后15～20d，15％乙氧嘧磺隆每亩10～15g加10％环庚草醚15mL混用。

每亩用60％丁草胺80～100mL于水稻移栽前5～7d施药。水稻移栽后10～15d，15％乙氧嘧磺隆10～15g加60％丁草胺80～100mL混用。

每亩用30％莎稗磷50～60mL在水稻移栽前5～7d施药。水稻移栽后15～20d，每亩以15％乙氧嘧磺隆10～15g加30％莎稗磷乳油40～50mL混用。

每亩用15％乙氧嘧磺隆10～15g加50％二氯喹啉酸40～50g，水稻移栽后10～20d施药，施药前2d放浅水层，使杂草露出水面，采用喷雾法施药，施药后2d放水回田。

乙氧嘧磺隆与莎稗磷、禾草敌、环庚草醚、丁草胺混用采用毒土或喷雾法施药，施后稳定水层3～5厘米，保持5～7d只灌不排。

② 抛秧稻混用剂量

长江以南：每亩用15％乙氧嘧磺隆3～5g加96％禾草敌100～150mL或50％二氯喹啉酸30～40g。

长江流域：每亩用15％乙氧嘧磺隆3～5g加96％禾草敌100～150mL或50％二氯喹啉酸30～50g。

长江以北：每亩用15％乙氧嘧磺隆7～14g加96％禾草敌100～200mL或50％二氯喹啉酸40～50g。

以上均于稻苗扎根立苗后，稗草0～2叶期，采用毒土法或药肥法施用，也可于稗草2～3叶期采用喷雾法施用，待田间落水使杂草露出水面后，每亩兑水20～40L，进行茎叶喷雾处理，喷药1d后，恢复常规水层管理。

③ 直播稻、秧田混用剂量

长江以南：每亩用15％乙氧嘧磺隆3～5g加96％禾草敌100～150mL或50％二氯喹啉酸30～35g。

长江流域：每亩用15％乙氧嘧磺隆6～9g加96％禾草敌120～150mL或50％二氯喹啉酸35～45g。

长江以北：每亩用15％乙氧嘧磺隆10～15g加96％禾草敌150～200mL或50％二氯喹啉酸40～50g。

乙氧嘧磺隆与禾草敌混用时期为播后稻苗2～3叶期，乙氧嘧磺隆与二氯喹啉酸混用时期为播后稻苗3～4叶期，均采用喷雾法，待田间落水使杂草露出水面后，每亩兑水20～40L，进行茎叶喷雾处理，喷药2d后，恢复常规水层管理。

专利与登记　专利US5104443、EP560178、EP504817、EP507093等均早已过专利期，不存在专利权问题。

国内登记情况：仅登记了97％乙氧嘧磺隆原药。德国拜耳作物科学公司在中国登记情况见表233。

表 233　德国拜耳作物科学公司在中国登记情况

登记名称	登记号	含量	剂型	登记作物	防治对象	用药量	施用方法
乙氧嘧磺隆	PD20060009	95%	原药				
乙氧嘧磺隆	PD20060010	15%	水分散粒剂	水稻抛秧田	阔叶杂草	6.75～11.25g/hm²（华南地区）、11.25～15.75g/hm²（长江流域地区）、15.75～31.50g/hm²（东北、华北地区）	毒土或喷雾
				水稻移栽田	莎草科杂草	6.75～11.25g/hm²（华南地区）、11.25～15.75g/hm²（长江流域地区）、15.75～31.50g/hm²（东北、华北地区）	
				水稻移栽田	阔叶杂草	6.75～11.25g/hm²（华南地区）、11.25～15.75g/hm²（长江流域地区）、15.75～31.50g/hm²（东北、华北地区）	
				水稻抛秧田	莎草科杂草	6.75～11.25g/hm²（华南地区）、11.25～15.75g/hm²（长江流域地区）、15.75～31.50g/hm²（东北、华北地区）	
				水稻田（直播）	莎草科杂草	9～13.5g/hm²（华南地区）、13.5～20.25g/hm²（长江流域地区）、22.5～33.75g/hm²（东北、华北地区）	
				水稻田（直播）	阔叶杂草	9～13.5g/hm²（华南地区）、13.5～20.25g/hm²（长江流域地区）、22.5～33.75g/hm²（东北、华北地区）	

合成方法　乙氧嘧磺隆的合成方法很多，适宜的方法如下：

方法 1：以三氧化硫为起始原料，与氯氰反应制得氯磺酰基异氰酸酯，再与过量的邻羟基苯乙醚反应，最后与二甲氧基嘧啶胺于甲苯中 100℃ 缩合反应 2h 得目的物，收率 96.4%，纯度 98.8%。

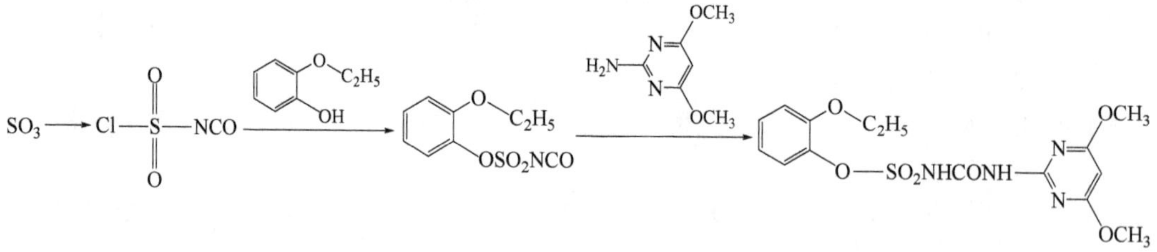

方法 2：通过如下反应亦可制得目的物。

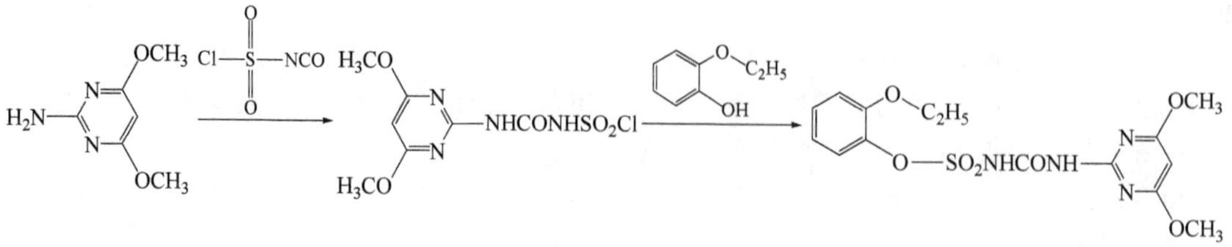

参考文献

[1] 张谊友. 黑龙江农业科学，2003，5：48-49.

异丙吡草酯 fluazolate

$C_{15}H_{12}BrClF_4N_2O_2$，443.2，174514-07-9

异丙吡草酯(fluazolate)，试验代号　JV 485、MON 48500。其他名称　isopropazal。孟山都公司研制、并与拜耳公司共同开发的吡唑类除草剂。

化学名称　5-［4-溴-1-甲基-5-三氟甲基吡唑-3-基］-2-氯-4-氟苯甲酸丙酯，isopropyl 5-［4-bromo-1-methyl-5-(trifluoromethyl)pyrazol-3-yl]-2-chloro-4-fluorobenzoate。

理化性质　纯品为绒毛状的白色结晶体，熔点 79.5～80.5℃。蒸气压 9.43×10^{-3} mPa (20℃)。分配系数 $K_{ow}lgP=5.44$。Henry 常数 7.89×10^{-2} Pa·m³/mol。水中溶解度为 $53\mu g/L$ (20℃)。在 20℃，pH＝4～5 时稳定；DT_{50}：4201d(pH 7)，48.8d(pH 9)。

毒性　大鼠急性经口 $LD_{50}>5000mg/kg$。大鼠急性经皮 $LD_{50}>5000mg/kg$。大鼠急性经皮 $LD_{50}>5000mg/kg$。对眼有轻微刺激，对皮肤无刺激。对豚鼠皮肤无致敏性。大鼠急性吸入 LC_{50} (4h)$>1.7mg/L$。

生态效应　野鸭和山齿鹑急性经口 $LD_{50}>2130mg/kg$，野鸭和山齿鹑饲喂 LC_{50} (5d)$>5330mg/kg$。虹鳟鱼、大翻车鱼 LC_{50} (96h)$>0.045mg/L$。水蚤 EC_{50} (48h)$>0.039mg/L$。蚯蚓 LC_{50} (14d)$>1170mg/kg$ 干土。

环境行为　土壤/环境　实验室 DT_{50} (3 地和 1 个标准土)16～71d。土壤吸附 K_d 和 K_{oc}：黏土(pH 5.1，o.c. 1.94%)分别为 2.5×10^2 和 1.3×10^4；壤土(pH 4.7，o.c. 4.24%)分别为 2.9×10^2 和 0.7×10^4；粉砂土(pH 6.3，o.c. 0.08%)分别为 1.4×10^2 和 1.7×10^4；沙土(pH 5.8，o.c. 1.30%)分别为 2.0×10^2 和 1.6×10^4。异丙吡草酯蒸渗沥液浓度$<0.01\mu g/L$。

制剂　50%乳油。

作用机理与特点　原卟啉原氧化酶抑制剂，是一种新型的触杀型除草剂。通过植物细胞中原卟啉原氧化酶积累而发挥药效。茎叶处理后，迅速被敏感植物或杂草吸收到组织中，使植株迅速坏死，或在阳光照射下，使茎叶脱水干枯而死。

应用

(1) 适宜作物与安全性　冬小麦等。对小麦具有很好的选择性。在麦秸和麦粒上没有发现残留，其淋溶物对地表和地下水不会构成污染，因此对环境安全。残效适中、对后茬作物如亚麻、玉米、大豆、油菜、大麦、豌豆等无影响。

(2) 防除对象　阔叶杂草如猪殃殃、老鹳草、野芝麻、麦家公、虞美人、繁缕、苣荬菜、田野勿忘草、婆婆纳、荠菜、野萝卜等，禾本科杂草如看麦娘、早熟禾、风剪股颖、黑麦草、不实雀麦等以及莎草科杂草。对猪殃殃和看麦娘有特效。

(3) 使用方法　冬小麦田苗前除草，使用剂量为 125～175g(a.i.)/hm² ［亩用量为 8～12g (a.i.)］。

专利概况　专利 US5489571、US5587485、WO9206962、WO9602515 均早已过专利期，不存在专利权问题。

合成方法　以邻氯对氟甲苯为起始原料，经一系列反应制得中间体吡唑。再经甲基化、氧化制得含吡唑环的苯甲酸。最后经溴化、酰氯化和酯化，处理即得目物。反应式如下：

[1] Proc Br Crop Prot Conf-Weed, 1995, 1, 45.
[2] 丁丽, 等. 农药译丛, 1999, 2: 60.

异丙草胺 propisochlor

$C_{15}H_{22}ClNO_2$, 283.8, 86763-47-5

异丙草胺（propisochlor），商品名称 Hanlebao、Proponit。其他名称 propisochlore、普乐宝、扑草胺。是由匈牙利氮化股份公司开发的氯代乙酰胺类除草剂，于 2006 年出售给 Arysta Life Science 公司。

化学名称 2-氯-6′-乙基-N-异丙氧甲基乙酰-邻甲苯胺，2-chloro-6′-ethyl-N-isopropoxymethylaceto-o-toluidide。

理化性质 原药纯度≥95%。纯品为淡棕色至紫色油状液体，熔点 21.6℃，在 243℃ 以上分解。相对密度 1.097（20℃），蒸气压 4mPa（20℃）。$K_{ow}\lg P=3.50$（20℃），Henry 常数 6.17×10^{-3} Pa·m³/mol。溶于大多数有机溶剂，水中溶解度为 184mg/L（20℃）。产品稳定，不易水解，在 50℃（pH=4、7、9），5d 分解量<10%。闪点：175℃（开杯），110℃（闭杯）。

毒性 大鼠急性经口 LD_{50}（mg/kg）：雄性 3433，雌性 2088。大鼠（雌、雄）急性经皮 $LD_{50}>$2000mg/kg，大鼠（雌、雄）急性吸入 $LC_{50}>$5000mg/m³。大鼠 NOEL（90d）250mg/（kg·d）（25mg/kg）。ADI 值 2.5mg/kg。

生态效应 鸟急性经口 LD_{50}（mg/kg）：日本鹌鹑 688，野鸭 2000。鹌鹑和野鸭饲喂 LC_{50}（8d）5000mg/kg。鱼毒 LC_{50}（mg/L，96h）：虹鳟鱼 0.25，鲤鱼 7.94。水蚤 LC_{50}（96h）6.19mg/L。羊角月牙藻 EC_{50}2.8μg/L。对蜜蜂无毒，LD_{50}（经口和接触）100μg/只。对蚯蚓、土壤微生物安全。

环境行为

（1）动物 在大鼠体内快速代谢并在 24h 内迅速排出体外。

（2）土壤/环境 被微生物降解，土壤 DT_{50}10～15d。K_{oc}333.3（酸性，砂质土壤），364.4（酸

性,壤土), 493.5(碱性,壤土)。

制剂　50%乳油、720g/L乳油、30%可湿性粉剂。

作用机理与特点　异丙草胺主要是通过阻碍蛋白质的合成而抑制细胞的生长。药剂通过植物幼芽吸收,进入植物体内抑制蛋白酶合成,芽和根停止生长,不定根无法形成。单子叶植物通过胚芽鞘、双子叶植物经下胚轴吸收,然后向上传导,种子和根也吸收传导,但吸收量较少,传导速度慢,出苗后要靠根吸收向上传导。如果土壤水分适宜,杂草幼芽期不出即被杀死。症状为芽鞘紧包生长点,稍变粗,胚根细而弯曲,无须根,生长点逐渐变褐色至黑色并腐烂,如土壤水分少,杂草出土后随着降雨土壤湿度增加,杂草吸收异丙草胺后禾本科杂草心叶扭曲、萎缩,其他叶片皱缩,整株枯死。阔叶杂草叶片皱缩变黄,整株枯死。

应用

(1) 适宜作物　大豆、玉米、甜菜、花生、马铃薯、向日葵、豌豆、洋葱、苹果、葡萄等。

(2) 防除对象　一年生禾本科杂草和部分阔叶杂草如稗草、牛筋草、马唐、狗尾草、金狗尾草、早熟禾、龙葵、苘麻、鸭跖草、画眉草、香薷、水棘针、秋稷、藜、柳叶刺蓼、酸模叶蓼、卷茎蓼、反枝苋、鬼针草、猪毛菜等。

(3) 施药时期与剂量　播前或播后苗前施药,播后苗前最好播后随即施药,一般应在播后3d之内施完药,北方也可秋施。播前施药后应用圆盘耙混土2～3cm,在干旱条件下有利于药效发挥。播后苗前施药后如土壤干旱,有条件的用旋转锄浅泥土。有垄作栽培习惯的在播种施药后也可培土2cm,在北方抗风蚀抗干旱能获得稳定的药效。北方秋施药可在气温降至10℃以下时进行,黑龙江省从9月中旬至10月末封冻之前均可施药,第二年播种大豆、玉米。秋施药之前把地整平耙碎,施后用双圆盘耙交叉耙地,耙深10～15cm,第二次耙地方向与第一次耙地方向垂直,车速每小时6km以上,耙地后可起垄。玉米、大豆、向日葵、马铃薯、豌豆、蚕豆和扁豆田中使用剂量为1100～1800g(a.i.)/hm²〔亩用量为73.3～120g(a.i.)〕。洋葱等田中使用剂量为1400～1800g(a.i.)/hm²〔亩用量为93.3～120g(a.i.)〕。

(4) 应用技术与使用方法

大豆、玉米田土壤黏粒和有机质对异丙草胺有吸附作用,土壤质地对异丙草胺的影响大于土壤有机质。土壤有机质含量在3%以下,砂质土每亩用72%异丙草胺乳油100mL,壤质土每亩用140mL,黏质土每亩用185mL。若土壤有机质含量为3%以上,砂质土每亩用72%异丙草胺乳油140mL,壤质土每亩用185mL,黏质土每亩用230～250mL。

人工喷雾一次喷一条垄,最好用扇形喷嘴,定喷雾压力、喷头距地面高度,喷洒时行走速度要均匀,不要左右甩动喷药,以保证喷洒均匀,人工喷雾每亩用水20～40L,拖拉机喷雾机每亩用水14L以上。施药前要把喷雾机调整好,达到雾化良好、喷洒均匀、按标准作业操作规程施药。异丙草胺与防除阔叶杂草的除草剂混用,可扩大杀草谱,降低某些除草剂的用量,提高对作物的安全性。每亩用药量如下:

1) 玉米田　72%异丙草胺100～165mL加70%嗪草酮27～50g(或50%嗪草酮35～70g或40%阿特拉津70～100mL)。72%异丙草胺100～233mL加80%唑嘧磺草胺4g。在土壤有机质含量在2%以上的土壤使用。

2) 大豆田　72%异丙草胺70～130mL加48%异噁草酮50～70mL。72%异丙草胺100～200mL加50%丙炔氟草胺8～12g。72%异丙草胺100～133mL加75%噻吩磺隆1.0～1.7g。72%异丙草胺100～200mL加70%嗪草酮20～40g或50%嗪草酮28～56g,不能用于土壤有机质含量低于2%的砂质土和沙壤土。72%异丙草胺100～130mL加48%异噁草酮40～50mL加50%丙炔氟草胺4～6g。72%异丙草胺100～150mL加48%异噁草酮40～50mL加75%噻吩磺隆1g。

专利与登记　专利HU208224已过专利期,不存在专利权问题。国内登记情况:50%乳油、720g/L乳油、30%可湿性粉剂,登记作物为夏大豆田、水稻移栽田、春(夏)玉米田,防治对象为一年生禾本科杂草及部分阔叶杂草。

合成方法　异丙草胺合成方法有如下三种:

(1) 以2,6-甲乙基苯胺为原料,依次与多聚甲醛、氯乙酰氯、异丙醇(氨存在下反应)反应即制得目的物。

（2）2,6-甲乙基苯胺与氯乙酰氯反应，生成2,6-甲乙基-氯代乙酰替苯胺，异丙醇与多聚甲醛反应（在盐酸存在下）得到氯甲基异丙基醚，最后2,6-甲乙基氯代乙酰替苯胺与氯甲基异丙基醚在碱性介质中反应，得到异丙草胺。

（3）2,6-甲乙基苯胺与氯乙酰氯反应生成2,6-甲乙基-氯代乙酰替苯胺，接着与多聚甲醛和氯化剂作用生成 N-氯甲基-N-2,6-甲乙基苯基氯乙酰胺，然后同异丙醇反应即得到目的物。

参考文献

[1] 王险峰. 农药, 2000, 6: 39-40.

异丙甲草胺 metolachlor

$C_{15}H_{22}ClNO_2$, 283.8, 51218-45-2

异丙甲草胺（metolachlor），试验代号 CGA 24705。商品名称 Metolasun、Me-Too-lachlor、Stalwart。其他名称 Bouncer、Parallel、Parrlay、都尔、稻乐思、甲氧毒草胺、莫多草、屠莠胺。是由汽巴-嘉基公司（现先正达公司）开发的氯乙酰胺类除草剂。

化学名称 （aRS,1RS)-2-氯-6'-乙基-N-(2-甲氧基-1-甲基乙基)乙酰-邻甲苯胺，（aRS,1RS)-2-chloro-6'-ethyl-N-(2-methoxy-1-methylethyl)acet-o-toluidide。

理化性质 （1S)-异构体和（1R)-异构体混合物。原药为无色至浅棕色液体，熔点−62.1℃，沸点100℃（0.001mmHg），蒸气压4.2mPa(25℃)。分配系数 K_{ow}lg$P$=2.9(25℃)。Henry常数$2.4×10^{-3}$Pa·m^3/mol。相对密度1.12(20℃)。在水中溶解度488mg/L(25℃)，与如下有机溶剂互溶：苯、甲苯、甲醇、乙醇、辛醇、丙酮、二甲苯、二氯甲烷、DMF、环己酮、己烷等，不溶于乙二醇、丙二醇和石油醚。275℃以下稳定，DT_{50}＞200d(pH 2～10)，在缓冲液中水解

（20℃），强碱、强酸条件下水解。

毒性　大鼠急性经口 LD_{50}（mg/kg）：雌性1063，雄性1936。大鼠急性经皮 LD_{50} ＞5050mg/kg。对兔眼睛和皮肤有中度刺激，对豚鼠皮肤有致敏性。大鼠急性吸入 LC_{50}（4h）＞2.02mg/L空气。NOEL数据（90d，mg/kg饲料）：大鼠300[15mg/（kg·d）]，小鼠100[100mg/（kg·d）]，狗300[9.7mg/（kg·d）]。ADI值0.1mg/kg。

生态效应　山齿鹑和野鸭急性经口 LD_{50} ＞2150mg/kg，山齿鹑和野鸭饲喂 LC_{50}（8d）＞10000mg/kg。鱼毒 LC_{50}（96h，mg/L）：虹鳟鱼3.9，鲤鱼4.9，大翻车鱼10。水蚤 LC_{50}（48h）25mg/L。淡水藻 EC_{50} 0.1mg/L。蜜蜂 LD_{50}（经口和接触）＞110μg/只。蚯蚓 LC_{50}（14d）140mg/kg土。

环境行为

（1）动物　迅速经肝微粒体氧合酶脱氯、O-脱甲基和侧链氧化。

（2）植物　代谢途径包括氯乙酰基与天然产物结合、醚结构的水解和与糖结合。最终代谢产物为极性的、水溶性的和不挥发的。

（3）土壤/环境　有氧代谢产物为苯胺羰酸和磺酸的衍生物。土壤中 DT_{50} 20d（田间），K_{oc} 121～309。

制剂　72%乳油。

主要生产商　杭州庆丰农化有限公司、辉丰股份有限公司、济南科赛基农化工有限公司、南通江山农药化工股份有限公司、山东滨农科技有限公司、山东潍坊润丰化工股份有限公司及山东侨昌化学有限公司等。

作用机理与特点　异丙甲草胺主要是通过阻碍蛋白质的合成而抑制细胞的生长。通过植物的幼芽即单子叶植物的胚芽鞘、双子叶植物的下胚轴吸收向上传导，种子和根也吸收传导，但吸收量较少，传导速度慢。出苗后主要靠根吸收向上传导，抑制幼芽与根的生长。敏感杂草在发芽后出土前或刚刚出立即中毒死亡，表现为芽鞘紧包着生长点，稍变粗，胚根细而弯曲，无须根，生长点逐渐变褐色、黑色烂掉。如果土壤墒情好，杂草被杀死在幼芽期。如果土壤水分少，杂草出土后随降雨土壤湿度增加，杂草吸收异丙甲草胺，禾本科草心叶扭曲、萎缩，其他叶皱缩后整株枯死。阔叶杂草叶皱缩变黄整株枯死。

应用

（1）适宜作物　大豆、玉米、花生、马铃薯、棉花、甜菜、油菜、向日葵、亚麻、红麻、芝麻、甘蔗等旱田作物，也可在姜和白菜等十字花科、茄科蔬菜田和果园、苗圃中使用。

（2）防除对象　主要用于防除稗草、牛筋草、早熟禾、野黍、狗尾草、金狗尾草、画眉草、臂形单、黑麦草、稷、鸭跖草、油莎草、荠菜、香薷、菟丝子、小野芝麻、水棘针等杂草，对萹蓄、藜、小藜、鼠尾看麦娘、宝盖草、马齿苋、繁缕、柳叶刺蓼、酸模叶蓼、辣子草、反枝苋、猪毛菜等亦有较好的防除效果。

（3）应用技术　①土壤黏粒和有机质对异丙甲草胺有吸附作用，土壤质地对异丙甲草胺药效的影响大于土壤有机质，应根据土壤质地和有机质含量确定用药量：土壤质地疏松、有机质含量低、低洼地、土壤水分多时用低剂量。土壤质地黏重、有机质含量高、岗地、土壤水分少时用高剂量。②异丙甲草胺持效期30～50d，在此期内可以封行的作物，基本上可以控制全生育期杂草危害。有的作物在此期间内不能封行，需要施第二次药，或结合培土等人工措施控制杂草危害。③异丙甲草胺秋施在10月中下旬气温降到5℃以下至封冻前进行，第二年平播大豆地块可用圆盘耙浅混土，耙深6～8cm。采用"三垄"栽培方法种植大豆，秋施药、秋施肥、秋起垄春季种植大豆，施药后应深混土，用双列圆盘耙耙地混土，耙深10～15cm。耙地应交叉一遍，第二次耙地方向应与第一次耙地方向垂直，两次耙深一致。春季播前施药方法同秋施。播后苗前施药应在播后随即施药，施后用旋转锄浅混土，可避免药被风蚀，在干旱条件下获得稳定的药效。起垄播种大豆也可在施药后培2cm左右的土，以免药被风吹走。垄播大豆播后苗前施药也可采用苗带施药法，能减少1/3～1/2的用药量，应根据实际喷洒面积来计算药量，施后用旋转锄或中耕机除掉行间杂草。④异丙甲草胺乳油遇零摄氏度以下低温，部分有效成分会形成结晶析出，遇高温又重新溶解恢复原状，北方越冬储存在使用前一个月应检查药桶，看桶壁是否有结晶析出，如发现有结晶析出可将药桶放在20～22℃下，不停地滚动24h以上。也可将桶放入45℃水中不停滚动，不断加热水保持恒温，一般3～5h即可恢复原状。或在使用前一个月放入20～22℃下储存，也可恢复原状。

（4）使用方法　施药应在杂草发芽前进行。

① 大豆　土壤有机质含量3％以下，砂质土每亩用72％异丙甲草胺乳油100mL，壤质土每亩140mL，黏质土每亩185mL。土壤有机质含量3％以上，砂质土每亩用72％异丙甲草胺乳油140mL，壤质土每亩185mL，黏质土每亩230mL。在南方一般每亩用72％异丙甲草胺100～150mL。

混用　异丙甲草胺与嗪草酮、异噁草酮、丙炔氟草胺、唑嘧磺草胺、噻吩磺隆等除草剂混用，目的是增加对阔叶杂草的防除效果。配方及每亩用量如下：

72％异丙甲草胺100～200mL加50％丙炔氟草胺8～12g（或加50％丙炔氟草胺4～6g加80％唑嘧磺草胺2g）。

72％异丙甲草胺100～133mL加80％唑嘧磺草胺3.2～4g[或加48％异噁草酮40～50mL加80％唑嘧磺草胺2g。或加75％噻吩磺隆（阔叶散）1～1.3g加48％异噁草酮40～50mL]。

72％异丙甲草胺100～167mL加48％异噁草酮53～67mL。

72％异丙甲草胺67～167mL加5％咪唑乙烟酸67mL。

72％异丙甲草胺67～133mL加48％异噁草酮40～50mL加50％丙炔氟草胺4～6g（或88％灭草猛100～133mL，或70％嗪草酮20～27g）。

异丙甲草胺对难除杂草菟丝子有效。防除菟丝子异丙甲草胺用高剂量与嗪草酮、异噁草酮、2,4-滴丁酯等除草剂混用，结合旋转锄灭草效果更好。

北方低洼易涝地湿度大温度低，大豆苗期病害重，故对除草剂安全性要求高，异丙甲草胺比50％乙草胺对大豆安全，对狼把草、酸模叶蓼药效更好。

② 玉米　异丙甲草胺单用药量、使用技术同大豆。

混用　用药时期为玉米播后苗前。在有机质含量2％以上的土壤中施药，每亩用72％异丙甲草胺100～133mL加70％嗪草酮27～54g。或每亩用72％异丙甲草胺100～230mL加2,4-滴丁酯67～100mL（或加48％麦草畏37～67mL或75％噻吩磺隆1～1.7g）。沙土地不用2,4-滴丁酯。

③ 油菜　冬油菜田可在移栽前施药，每亩用72％异丙甲草胺乳油100～150mL。南方如在双季晚稻收后进行移栽，晚稻收后已有部分看麦娘出苗，可采用低量的草甘膦与异丙甲草胺混用，每亩用72％异丙甲草胺乳油100mL加10％草甘膦水剂10～60mL。

④ 甜菜　直播甜菜播后苗前施药，最好播后随即施药。移栽田在移栽前施药。每亩用72％异丙甲草胺乳油100～230mL。

⑤ 花生　用药时期为花生播后苗前，最好播后随即施药。裸地栽培春花生每亩用72％异丙甲草胺乳油150～200mL。覆膜栽培春花生和夏花生用药量可适当减少，每亩100～150mL。

⑥ 棉花　用药时期为棉花播后苗前或移栽后3d，每亩用72％异丙甲草胺乳油100～200mL加水40～50L喷雾。

⑦ 芝麻　用药时期为芝麻播种后出苗前，最好播后随即施药。每亩用72％异丙甲草胺乳油100～200mL。

⑧ 甘蔗　用药时期为甘蔗种植后出苗前。每亩用72％异丙甲草胺乳油100～200mL。与阿特拉津混用可扩大杀草谱，每亩用72％异丙甲草胺乳油100mL加40％阿特拉津悬浮剂75～100mL，加水40～50L喷雾。

⑨ 西瓜田　西瓜地使用异丙甲草胺时，如覆盖地膜，应在覆膜前施药。小拱棚西瓜地，在西瓜定植或膜内温度过高时，应及时揭开拱棚两端地膜通风，防止产生药害。直播田用药时期为播后苗前，最好播种后随即施药。移栽田用药时期为移栽前或移栽后。每亩用72％异丙甲草胺乳油100～200mL。地膜田可减少20％用药量。

⑩ 马铃薯用药时期为播后苗前，最好播后随即施药。每亩用72％异丙甲草胺乳油100～

230mL。为扩大杀草范围，增加对阔叶杂草药效，每亩用72％异丙甲草胺乳油100～167mL加70％嗪草酮20～40g混合施用。

⑪ 蔬菜

a. 直播白菜田　华北地区播后随即施药，每亩用72％异丙甲草胺乳油75～100mL。长江流域中下游地区用药时期为夏播小白菜播前1～2d，每亩用72％异丙甲草胺乳油50～75mL。播前施药要注意撒播种子后盖土比较浅，一般为1～1.5cm，盖土要均匀，防止种子外露，造成药害。

b. 花椰菜移栽田　用药时期为移栽前或移栽缓苗后，每亩用72％异丙甲草胺乳油75mL。特别注意地膜移栽是地膜行施药，实际上是苗带施药，用药量应根据实际喷洒面积计算。

c. 甘蓝移栽田　用药时期为移栽前，每亩用72％异丙甲草胺乳油130mL。

d. 姜田　用药时期为播后苗前，最好在播后3d内施药。每亩用72％异丙甲草胺乳油75～100mL。

e. 韭菜　韭菜苗圃在种子播后随即施药，每亩用72％异丙甲草胺乳油100～125mL。老茬韭菜田在割后2d施药，每亩用72％异丙甲草胺乳油75～100mL。

f. 芹菜苗圃　用药时期为芹菜播后苗前，最好播后随即施药。每亩用72％异丙甲草胺乳油100～125mL。

g. 大蒜裸地种植和地膜田　播种后3d之内施药。裸地种植每亩用72％异丙甲草胺乳油100～150mL，地膜田用75～100mL。

h. 茄子、番茄露地移栽田　在移栽前施药，地膜覆盖移栽田在覆膜前施药，每亩用72％异丙甲草胺乳油100mL。

i. 辣椒田　辣椒直播田在播前施药。每亩用72％异丙甲草胺乳油100～150mL，施药后浅混土。其露地移栽田在移栽前施药，地膜覆盖移栽田在覆膜前施药，每亩用72％异丙甲草胺乳油100mL。

专利与登记　专利US4324580、US4317916、GB2073173等均早已过专利期，不存在专利权问题。国内登记情况：720g/L、960g/L、72％、88％乳油，96％原药，登记作物为水稻田、烟草田、西瓜田、花生田、玉米田、大豆田等，防除一年生杂草。瑞士先正达作物保护有限公司在中国仅登记了96％的异丙甲草胺原药。

合成方法　异丙甲草胺的合成方法主要有以下几种，以方法1为佳。

方法1

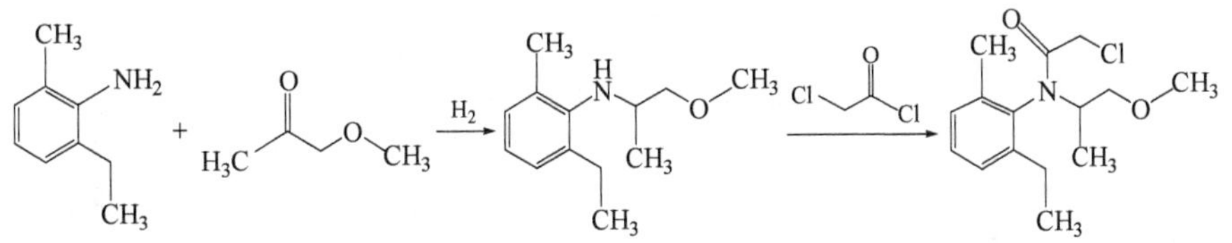

方法2

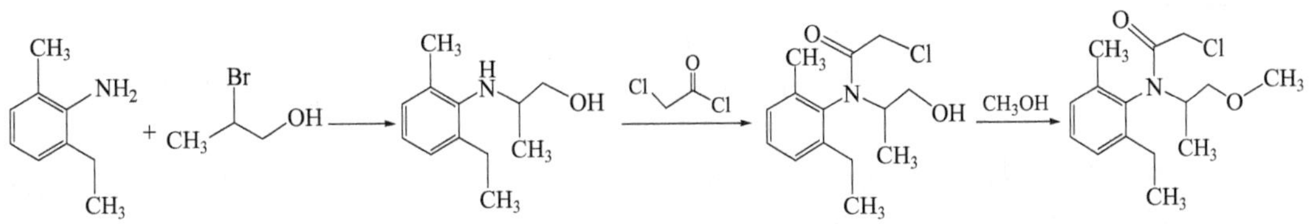

方法3

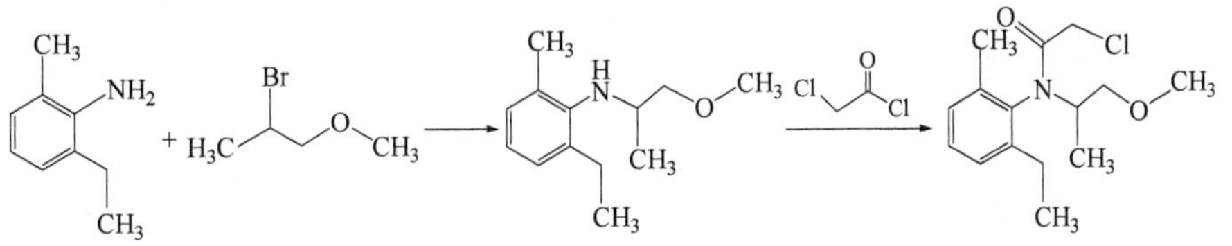

参考文献

[1] 吉林蔬菜，2005，3：35.

异丙菌胺 iprovalicarb

$C_{18}H_{28}N_2O_3$，320.4，140923-17-7

异丙菌胺(iprovalicarb)，试验代号　SZX 0722、SZX 722。商品名称　Melody、Positon、Invento。是拜耳公司开发的氨基酸类杀菌剂。

化学名称　2-甲基-1-［(1-对甲基苯基乙基)氨基甲酰基］-(S)-丙基氨基甲酸异丙酯，isopropyl 2-methyl-1-［(1-p-tolylethyl)carbamoyl］-(S)-propylcarbamate。

理化性质　由两个异构体(SS和SR)按1:1组成的混合物。原药为淡黄色粉状固体。纯品为白色固体。熔点：163～165℃(混合物)，183℃(SR)，199℃(SS)。蒸气压(20℃，mg/L)：7.7×10^{-5}(混合物)，4.4×10^{-5}(SR)，3.5×10^{-5}(SS)。分配系数K_{ow}lg$P$=3.18(SR)，3.20(SS)。Henry常数(Pa·m^3/mol，计算，20℃)：1.3×10^{-6}(SR)，1.6×10^{-6}(SS)。相对密度1.11(20℃)。水中溶解度(20℃，mg/L)：11(SR)，6.8(SS)。有机溶剂溶解度(20℃，g/L)：二氯甲烷97(SR)、35(SS)，甲苯2.9(SR)、2.4(SS)，丙酮22(SR)、19(SS)，正己烷0.06(SR)、0.04(SS)，异丙醇15(SR)、13(SS)。稳定性：在pH 5～9(25℃)水溶液中可以稳定存在。比旋光度$[α]_D^2$：(SR)+49.52°(c=10.32g/L，甲醇)，(SS)-94.40°(c=11.05g/L，甲醇)。

毒性　大鼠急性经口LD$_{50}$＞5000mg/kg。大鼠急性经皮LD$_{50}$＞5000mg/kg。对兔眼睛和皮肤无刺激。对豚鼠皮肤无致敏性。大鼠急性吸入LC$_{50}$(4h)4977mg/L空气。NOEL数据[2y，mg/(kg·d)]：雄大鼠500，雌大鼠500，雄小鼠1400，雌小鼠7000，狗＜80(1y)。ADI值0.015mg/kg。无三致。

生态效应　山齿鹑急性经口LD$_{50}$＞2000mg/kg。山齿醇和野鸭饲喂LC$_{50}$(5d)＞5000mg/kg饲料。鱼毒LC$_{50}$(96h，mg/L)：虹鳟鱼＞22.7，大翻车鱼＞20.7。水蚤EC$_{50}$(48h)＞19.8mg/L。羊角月牙藻$E_{b/r}$C$_{50}$(72h)＞10.0mg/L。蜜蜂LD$_{50}$(48h，μg/只)：＞199(经口)，＞200(接触)。蚯蚓LC$_{50}$(14d)＞1000mg/kg土。其他有益生物：在461g/hm^{2}剂量下对捕食性螨无害，在2×461g/hm^{2}剂量下对捕食性步甲无害，在550g/hm^{2}剂量下对七星瓢虫无害，在450g/hm^{2}剂量下对缢管蚜茧蜂无害。在低于4.95kg/hm^{2}的浓度下对土壤有机层无副作用。

环境行为

(1) 动物　大鼠和哺乳期的山羊经口放射性同位素标记的异丙菌胺后，很容易通过粪便和尿液排出体外。异丙菌胺在动物体内广泛地被代谢，在体内的主要残留物为甲基环氧化生成的羧酸衍生物和原药。

(2) 植物　通过对葡萄、番茄和马铃薯地上部分的检测，发现残留物主要集中于植株表面。异丙菌胺在植物上的降解非常慢，残留物主要是异丙菌胺。

(3) 土壤/环境　异丙菌胺在有氧条件下在土壤中可以完全降解，最终生成二氧化碳。降解半衰期DT$_{50}$(实验室条件)2～30d，DT$_{50}$(自然条件)1～17d。在土壤中的吸附系数K_{oc}(5个土壤样品)106mL/g。异丙菌胺在土壤中的流动性不高。

主要生产商　Bayer CropSciences。

作用机理　具体的作用机理尚不清楚，研究表明其影响氨基酸的代谢，且与已知杀菌剂作用机理不同。与甲霜灵、霜脲氰等无交互抗性。它是通过抑制孢子囊胚芽管的生长、菌丝体的生长和芽孢形成而发挥对作物的保护、治疗作用。

应用

（1）适宜作物及安全性　葡萄、马铃薯、番茄、黄瓜、柑橘、烟草等。对作物、人类、环境安全。

（2）防治对象　霜霉病、疫病等如葡萄霜霉病、马铃薯晚疫病、番茄晚疫病、黄瓜霜霉病、烟草黑茎病等。

（3）使用方法　既可用于茎叶处理，也可用于土壤处理(防治土传病害)。防治葡萄霜霉病使用剂量为 120～150g(a.i.)/hm²；防治马铃薯晚疫病、番茄晚疫病、黄瓜霜霉病、烟草黑茎病使用剂量为 180～220g(a.i.)/hm²。为避免抗性发生，建议与其他保护性杀菌剂混用。

专利概况　专利 DE4026966、DE19631270 等均早已过专利期，不存在专利权问题。

合成方法　以取代的 L-氨基酸为起始原料，首先与氯甲酸异丙酯反应，再与取代的苄胺缩合即得目的物。反应式为：

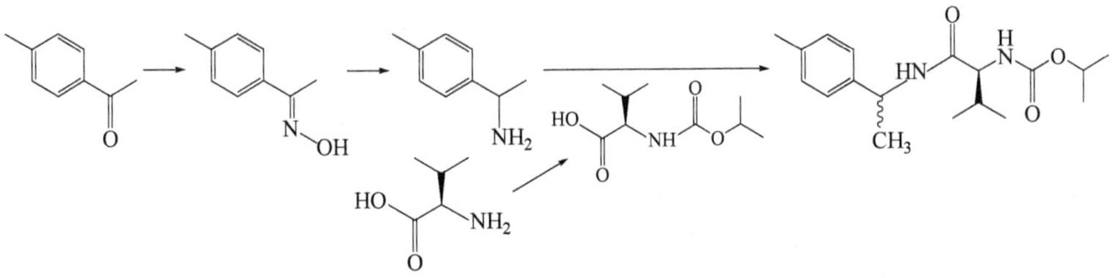

参考文献

[1] Proc Brighton Crop Prot Conf-Pests & Diseases，1998：367.

[2] The Pesticide Manual. 15th edition. 2009：667-668.

异丙隆 isoproturon

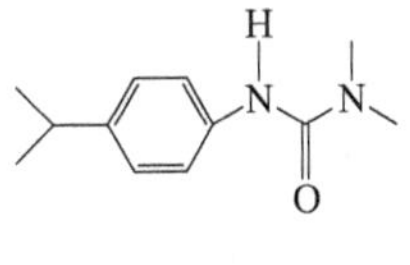

$C_{12}H_{18}N_2O$, 206, 34123-59-6

异丙隆（isoproturon），试验代号　35689RP、AEF016410、CGA 18731、Hoe 16410、LS 6912999。商品名称　Alon、Arelon、Dhanulon、Isoguard、Isoron、Narilon、Pasport、Proton、Protugan、Strong、Tolkan、Totalon、Turonex。由汽巴嘉基(后为诺华作物保护公司)、赫斯特公司和 Rhône-Poulenc Agrochimie(现拜耳公司)共同开发的除草剂。

化学名称　3-(4-异丙基苯基)-1,1-二甲基脲或 3-对枯烯基-1,1-二甲基脲，3-(4-isopropylphe-nyl)-1,1-dimethylurea 或 3-p-cumenyl-1,1-dimethylurea。

理化性质　原药纯度≥98.5%，熔点 153～156℃。其纯品为无色晶体，熔点 158℃，相对密度 1.2(20℃)，蒸气压：$3.15×10^{-3}$ mPa(20℃)，$8.1×10^{-3}$ mPa(25℃)。分配系数 $K_{ow}lgP=2.5$ (20℃)。Henry 常数 $1.46×10^{-5}$ Pa·m³/mol。22℃时在水中的溶解度是 65mg/L；在其他溶剂中的溶解度(20℃,g/L)：甲醇 75，二氯甲烷 63，丙酮 38，二甲苯 4，苯 5，正己烷约 0.2。在酸、碱、光照中能稳定存在，在强碱加热的条件下会水解。$DT_{50}1560d(pH 7)$。

毒性　急性经口 LD_{50}（mg/kg）：小鼠 3350，大鼠 1826～2417。大鼠急性经皮 $LD_{50}>$ 2000mg/kg。对兔眼、皮肤无刺激性作用。大鼠急性吸收 $LC_{50}(4h)>1.95$ mg/L 空气。NOEL (mg/kg 饲料)：(90d)大鼠 400，狗 50；(2y)大鼠 80。ADI(EC)0.015mg/kg [2002]。Water GV

$9\mu g/L$。

生态效应 鸟急性经口 LD_{50}（mg/kg）：日本鹌鹑 3042～7926，鸽子＞5000。鱼毒 LC_{50}（96h，mg/L）：金鱼 129，虹鳟鱼 37，古比鱼 90，鲤鱼 193，大翻车鱼＞100，鲶鱼 9。水蚤 LC_{50}（48h）507mg/L。藻 LC_{50}（72h）0.03mg/L。蜜蜂急性经口 LD_{50}＞50～100μg/只。蚯蚓 LC_{50}（14d）＞1000mg/kg 土。在 1.5kg/hm^2 剂量下对双线隐翅虫无害。

环境行为

（1）动物 大鼠经口后，50% 在 8h 内主要通过尿液排出。

（2）植物 主要通过水解异丙基生成 1,1-二甲基-3-［4-(2′-羟基-2′-丙基)苯基］脲，N-脱烷基化反应也可能发生。

（3）土壤/环境 微生物和酶在氮气存在的条件下进行脱甲基化反应，并将苯基脲水解成对异丙基苯胺，在土壤中 DT_{50} 为 6～28d。在沙土中，温度从 10℃升至 30℃降解速度增大 3 倍。在有机质土壤中，在同样的温度梯度下，降解速度增大 10 倍。

制剂 25%、50%、75% 可湿性粉剂。

主要生产商 Bayer CropSciences、EMV、Agrochem、Bharat、Gharda、Hermania、Hikal、Isochem、Makhteshim-Agan、Sharda、Siris、United phosphorus、安徽广信农化股份有限公司、江苏快达农化股份有限公司、江阴凯江农化有限公司、宁夏三喜科技有限公司及上海中西药业股份有限公司等。

作用机理与特点 异丙隆是光合作用电子传递的抑制剂，属取代脲类选择性苗前、苗后除草剂，亦具有选择内吸活性。药剂主要经杂草根和茎叶吸收，在导管内随水分向上传导到叶，多分布在叶尖和叶缘，在绿色细胞内发挥作用，干扰光合作用的进行。在光照下不能放出氧和二氧化碳，有机物生成停止，敏感杂草因饥饿而死亡。阳光充足、温度高、土壤湿度大有利于药效发挥，干旱时药效差。症状是敏感杂草叶尖、叶缘褪绿，叶黄，最后枯死。耐药性作物和敏感杂草因对药剂的吸收、传导和代谢速度不同而具有选择性。异丙隆在土壤中因位差，对种子发芽和根无毒性，只有在种子内储存的养分耗尽后，敏感杂草才死亡。

应用

（1）适宜作物与安全性 通常用于冬或春小、大麦田除草，也可用于玉米等作物。异丙隆在土壤中被微生物降解，在水中溶解度高，易淋溶，在土壤中持效性比绿麦隆等其他取代脲类更短，半衰期 20d 左右。秋季持效期 2～3 个月。长江中下游冬麦田使用时，对后茬水稻的安全间隔期不少于 109d。异丙隆也适合在小麦、玉米套作区推广应用。

（2）防除对象 主要用于防除一年生禾本科杂草和许多一年生阔叶杂草如马唐、早熟禾、看麦娘、小藜、春蓼、兰堇、田芥菜、田菊、萹蓄、大爪草、风剪股颖、黑麦草属、繁缕及滨藜属、粟草属、苋属、矢车菊属等。

（3）应用技术 ①下列情况下不宜施用异丙隆：施用过磷酸钙的土地、作物生长势弱或受冻害、漏耕地段及砂性重或排水不良的土壤。②施药应选好时机：土壤湿度高有利于根吸收传导，喷药前后降雨有利于药效发挥，土壤干旱时药效差。温度高有利于药效发挥，低温（日平均气温 4～5℃）下冬小麦可能出现褪绿、抑制。施药后若遇寒流，会加重冻害，而且随用药量的升高而加重。因此施药应在冬前早期进行。寒流来前不能施药。③为扩大杀草谱，提高对小麦的安全性，异丙隆可与吡氟草胺、2 甲 4 氯等药剂混用。

（4）使用方法 异丙隆主要通过根部吸收，可做播后苗前土壤处理，也可做苗后茎叶处理。使用剂量为：1000～1500g(a.i.)/hm^2［亩用量 66.7～100g(a.i.)］。以麦田为例，播后苗前处理一般在小麦或大麦播种覆土后至出苗前，每亩用 75% 异丙隆可湿粉剂 100～133.3g 兑水 50kg 均匀喷雾土表。苗后处理一般在小麦或大麦三叶期至分蘖前期，田间杂草在 2～5 叶期，每亩用 75% 可湿粉剂 86.7～133.3g，兑水 40kg 左右杂草茎叶喷雾。

专利与登记 专利 GB1407587 早已过专利期，不存在专利权问题。国内登记情况：50% 悬浮剂，50% 可湿性粉剂。登记作物为水稻、小麦，防治对象为一年生杂草。

合成方法 异丙隆的合成方法主要有以下两种：

（1）光气法　以异丙苯为起始原料，硝化制得对硝基异丙苯，再还原成对氨基异丙苯，然后与光气反应生成异丙苯基异氰酸酯，最后与二甲胺反应制得异丙隆。反应式如下：

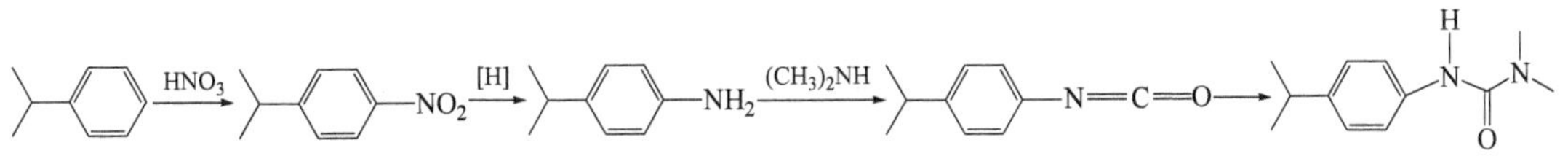

或通过如下反应制得目的物：

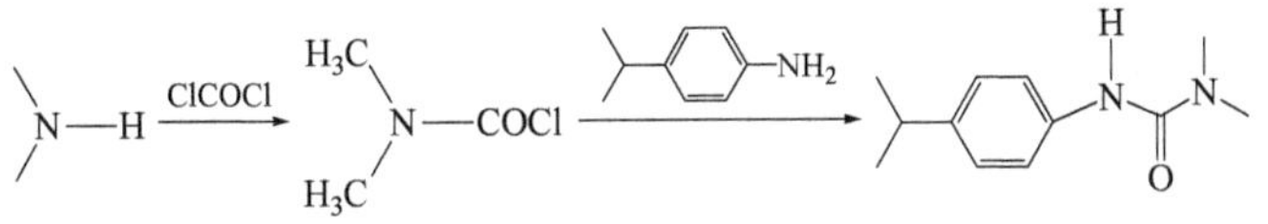

（2）非光气法　以尿素代替光气在水溶液中与对异丙基苯胺反应，生成中间体对异丙基苯脲，然后加二甲胺水溶液反应，得到异丙隆，总收率达76％。反应式如下：

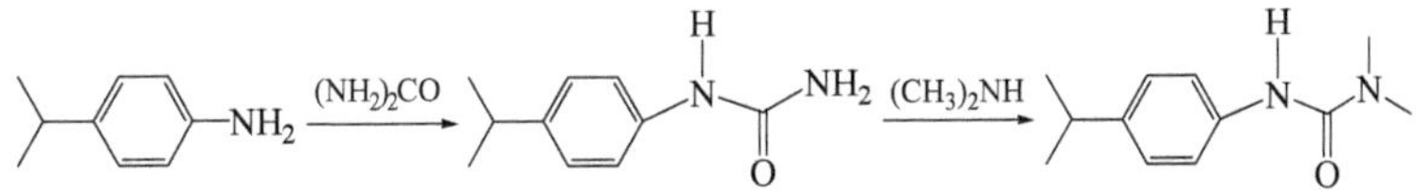

或将对异丙基苯胺与三氯乙酰氯反应制得对异丙基三氯乙酰苯胺，在无机碱的催化作用下再与二甲胺于60～80℃反应30min，得到高收率（95％）的异丙隆。反应式如下：

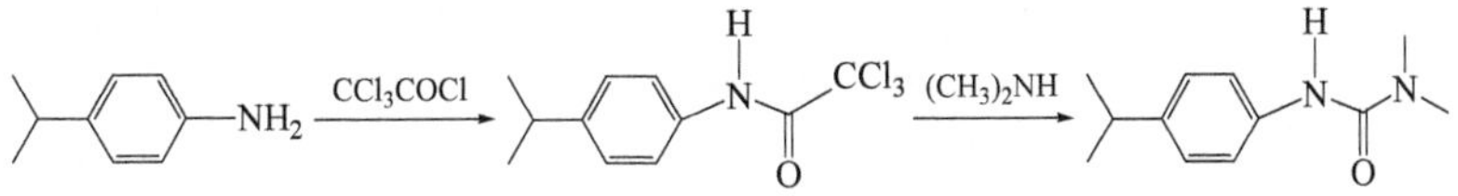

参考文献

［1］郭佃顺，等. 农药，1994，5：13.
［2］陆阳. 世界农药，2006，3：28-30.
［3］于丹. 农化市场十日讯，2012，35：31

异丙威 isoprocarb

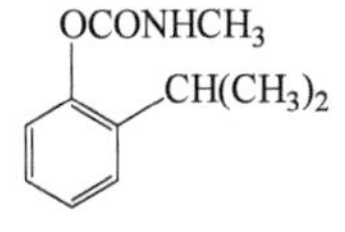

$C_{11}H_{15}NO_2$，193.2，2631-40-5

异丙威（isoprocarb），试验代号　BAY 105807、Bayer KHE 0145、ENT 25670、OMS 32。商品名称　Etrofolan、Hytox、Isso、Mipcin、Vimipc、灭必虱、灭扑散、叶蝉散。其他名称　灭扑威、异灭威。由拜耳公司和日本三菱化学株式会社开发。

化学名称　邻异丙基苯基甲基氨基甲酸酯或 2-异丙基苯基-N-甲基氨基甲酸酯，o-cumenyl methylcarbamate 或 2-isopropylphenyl methylcarbamate。

理化性质　本品为无色结晶固体，熔点 92.2℃，沸点 128～129℃（20mmHg），蒸气压 2.8mPa（20℃）；相对密度 0.62，$K_{ow}\lg P = 2.3$（25℃），Henry 常数 2×10^{-3} Pa·m³/mol（20℃）。水中溶解度 270mg/L（20℃）；其他溶剂中溶解度（20℃，g/L）：正己烷 1.5，甲苯 65，二氯甲烷 400，丙酮 290，甲醇 250，乙酸乙酯 180。在碱性介质中水解。

毒性　急性经口 LD_{50}（mg/kg）：雄大鼠 188，雌大鼠 178，雄小鼠 193，雌小鼠 128。大鼠急

性经皮 $LD_{50}>2000mg/kg$。对兔眼睛和皮肤有轻微的刺激作用。对豚鼠皮肤无致敏性。大鼠吸入 $LD_{50}(4h)>2090mg/kg$(气溶胶)。NOEL 值[$2y,mg/(kg \cdot d)$]：雄大鼠 0.4，雌大鼠 0.5，公狗 8.7，母狗 9.7。

生态效应 野鸭急性经口 LD_{50} 834mg/kg。鱼 LC_{50}（96h,mg/L）：鲤鱼 22，金色圆腹雅罗鱼 20～40。水蚤 EC_{50}(48h)0.024mg/L。羊角月牙藻 E_bC_{50}(72h)21mg/L。对蜜蜂有害。

环境行为
（1）动物 代谢产物是 2-异丙基苯酚和 2-(1-羟基-1-甲基乙基)-苯基 N-氨基甲酸甲酯。
（2）植物 代谢产物同动物一样。
（3）土壤/环境 在稻田中的 DT_{50} 是 3～20d，K_{oc} 21～58。

制剂 2%、4%粉剂，20%异丙威乳油。

主要生产商 Nihon Nohyaku、Dongbu Fine、Kuo Ching、Saeryung、Sinon、Taiwan Tainan Giant、海利贵溪化工农药有限公司、湖北沙隆达股份有限公司及湖南海利化工股份有限公司等。

作用机理与特点 具有触杀和胃毒作用的杀虫剂。作用迅速，残留时间适当。

应用
（1）适用作物 水稻、可可树、甜菜、甘蔗、蔬菜和其他农作物。
（2）防治对象 叶蝉、蚜虫、稻飞虱、臭虫等。
（3）残留量与安全施药 防治叶蝉剂量为 900～1200g/hm²。
（4）使用方法
① 水稻害虫的防治 防治飞虱、叶蝉，每亩用 2%粉剂 2～2.5kg(有效成分 40～50g)，直接喷粉或混细土 15kg，均匀撒施。
② 甘蔗害虫的防治 防治甘蔗飞虱，每亩用 2%粉剂 2～2.5kg(有效成分 40～50g)，混细沙土 20kg，撒施于甘蔗心叶及叶鞘间，防治效果良好。
③ 水稻害虫的防治 用 20%乳剂 150～200mL，兑水 75～100kg，均匀喷雾。
④ 柑橘害虫的防治 防治柑橘潜叶蛾，用 20%乳油兑水 500～800 倍喷雾。

专利概况 专利 DE4336307、EP446514 均早已过专利期，不存在专利权问题。国内登记情况：30%悬浮剂，20%乳油，2%、4%粉剂，10%烟剂等，登记作物为水稻等，防治对象为稻飞虱和叶蝉等。

合成方法 可按如下方法合成：

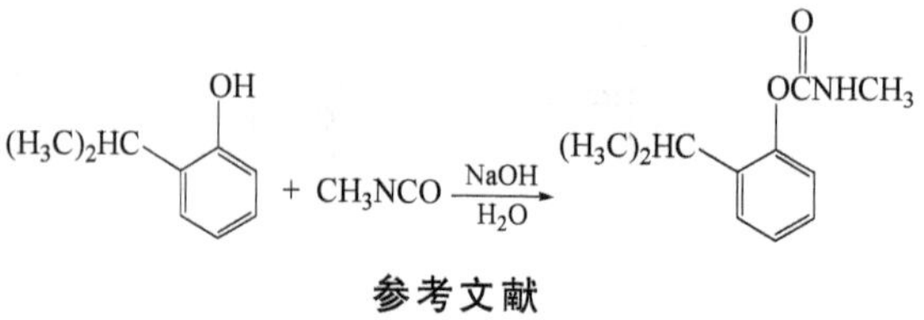

参考文献

[1] 日本农药学会志，1978，3：119.

异丙酯草醚 pyribambenz-isopropyl

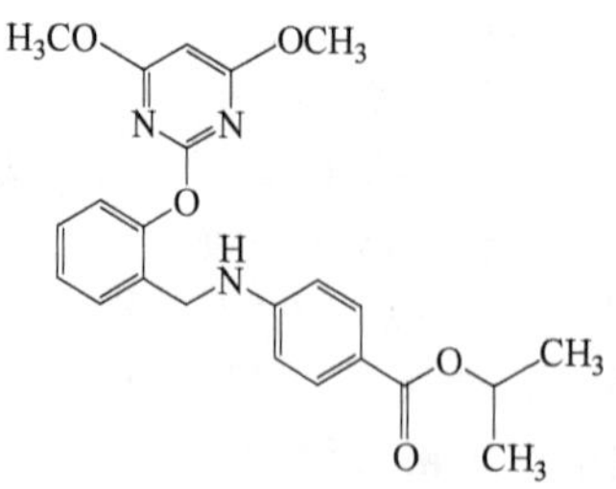

$C_{23}H_{25}N_3O_5$，423.5，420138-41-6

异丙酯草醚(pyribambenz-isopropyl)，是中国科学院上海有机化学研究所和浙江化工科技集团有限公司联合开发的一类具有全新结构和很高除草活性的除草剂品种，于2000年发现，2014年获农业部农药正式登记。

化学名称　4-[2-(4,6-二甲氧基嘧啶-2-氧基)苄氨基]苯甲酸异丙酯，Isopropyl 4-[2-[(4,6-dimethoxy-2-pyrimidinyl)oxy]benzylamino]benzoate。

理化性质　白色固体，熔点(83.4±0.5)℃，沸点280.9℃(分解温度)、316.7℃(最快分解温度)。易溶于丙酮、乙醇、二甲苯等有机溶剂，难溶于水，对光和热稳定，在中性和弱酸、弱碱性介质中稳定，在一定的酸碱条件下会逐渐分解。

毒性　原药大鼠(雌、雄)急性经口 LD_{50} ＞5000mg/kg，大鼠(雌、雄)急性经皮 LD_{50} ＞2000mg/kg，对兔眼睛有轻度刺激性，对兔皮肤无刺激性。对豚鼠致敏性试验为弱致敏性。大鼠亚慢(急)性毒性最大无作用剂量为16.45mg/(kg•d)(雌)和14.78mg/(kg•d)(雄)。Ames、微核、染色体试验结果均为阴性。10%异丙酯草醚乳油大鼠急性经口 LD_{50} (mg/kg)：雌性＞4640，雄性＞4300。大鼠(雌、雄)急性经皮 LD_{50} ＞2000mg/kg，对兔眼睛有中度刺激性，对兔皮肤无刺激性。

生态效应　10%异丙酯草醚乳油斑马鱼 LC_{50} (96h)8.9mg/L，蜜蜂 LD_{50} ＞200μg/只，鹌鹑急性经口 LD_{50} 为5584.33mg/kg(雌)和5663.75mg/kg(雄)，家蚕 LC_{50} ＞10000mg/L，对鸟、蜜蜂为低毒，对家蚕低风险。

制剂　10%悬浮剂，10%乳油。

主要生产商　山东侨昌化学有限公司，山东侨昌现代农业有限公司。

作用机理与特点　异丙酯草醚为高活性油菜除草剂，为乙酰乳酸合成酶(ALS)的抑制剂，通过阻止氨基酸的生物合成而起作用。可通过植物的根、芽、茎、叶吸收，并在体内双向传导，但以根吸收为主，其次为茎、叶，向上传导性能好，向下传导性能差。

应用

(1)　适用作物　油菜。

(2)　防治对象　一年生禾本科杂草及部分阔叶杂草。

(3)　使用方法　10%异丙酯草醚乳油对冬油菜(移栽田)的一年生禾本科杂草和部分阔叶杂草有较好的除草效果，在油菜移栽缓苗后，一年生禾本科杂草2～3叶期，茎叶均匀喷雾，对看麦娘、日本看麦娘、牛繁缕、雀舌草等杂草防效较好，但对大巢菜、野老鹳草、碎米荠效果差，对泥胡菜、稻茬菜、鼠曲草基本无效。冬油菜的用药量为有效成分52.5～75g/hm²(折成10%乳油商品量为35～45mL/亩)。异丙酯草醚活性发挥比较慢，施药后15d杂草才能表现出明显的受害症状，30d以后除草活性完全发挥。对甘蓝型移栽油菜较安全。在用药量为有效成分≤90g/hm²(折成10%乳油商品量≤60mL/亩)时，对4叶期以上的油菜安全。室内试验表明在有效成分为37.5～450g/hm²时对6种作物的幼苗安全性由大至小顺序为：棉花、油菜、小麦、大豆、玉米、水稻。

专利与登记

专利名称　2-嘧啶氧基苄基取代苯基胺类衍生物

专利号　CN1348690

专利申请日　2000-10-16

专利拥有者　浙江省化工研究院；中国科学院上海有机化学研究所

目前山东侨昌化学有限公司以及山东侨昌现代农业有限公司在国内登记了原药、10%乳油以及10%悬浮剂，可用于防治冬油菜(移栽田)一年生杂草(52.5～75g/hm²)和一年生禾本科杂草及部分阔叶杂草(45～67.5g/hm²)。

合成方法　经如下反应制得异丙酯草醚：

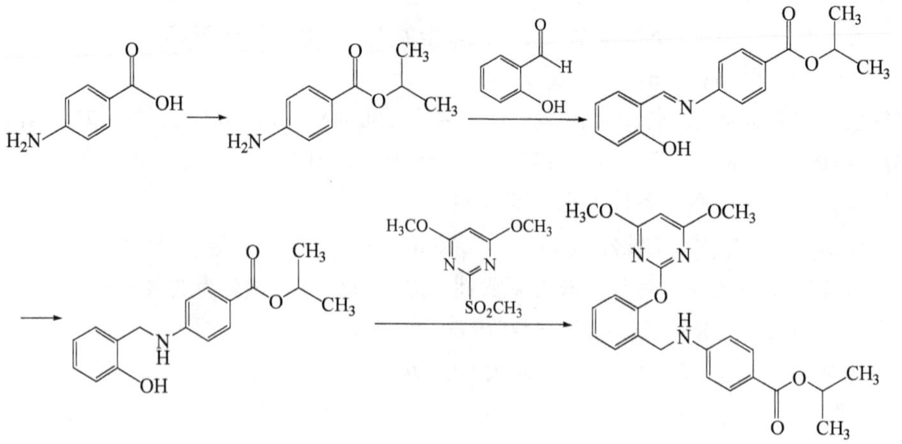

参考文献

[1] 农药科学与管理，2004，25(6)：46.

异稻瘟净 iprobenfos

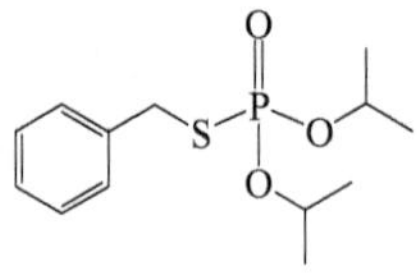

$C_{13}H_{21}O_3PS$，288.3，26087-47-8

　　异稻瘟净(iprobenfos)，商品名称　Kitazin P。其他名称　异丙稻瘟净。是组合化学公司开发的中等毒性有机磷杀菌剂。

　　化学名称　S-苄基 O,O-二异丙基硫代磷酸酯，S-benzyl O,O-di-isopropyl phosphorothioate。

　　理化性质　原药为淡黄色油状液体，含量为92%。纯品为无色透明油状液体，熔点22.5～23.8℃，沸点187.6℃（1862 Pa）。蒸气压12.2mPa(25℃)，分配系数 K_{ow} lg$P$＝3.37(pH 7.1，20℃)，Henry常数 $1.66×10^{-4}$ Pa·m³/mol。相对密度1.100(20℃)。水中溶解度0.54g/L(20℃)；丙酮、乙腈、甲醇、二甲苯中溶解度＞500g/L(20℃)。稳定性：不高于150℃时稳定，水中 DT_{50} 6267h(pH 4)、6616h(pH 7)、6081h(pH 9)(25℃)。在水中的光解半衰期 DT_{50}：6.9d（天然水），11.6d（蒸馏水）(25℃，400W/m²，300～800nm)。

　　毒性　急性经口 LD_{50}(mg/kg)：雄大鼠790，雌大鼠680，雄小鼠1710，雌小鼠1950。小鼠急性经皮 LD_{50} 4000mg/kg。大鼠急性内吸 LC_{50}(4h)＞5.15mg/L 空气。对豚鼠皮肤过敏。NOEL[2y,mg/(kg·d)]：雄大鼠3.54，雌大鼠4.53。ADI值0.035mg/kg。

　　生态效应　公鸡急性经口 LD_{50} 705mg/kg。山齿鹑饲喂 LC_{50}(14d)709mg/kg 饲料。鲤鱼 LC_{50}(96h)18.2mg/L。水蚤 EC_{50}(48h)0.815mg/L。羊角月牙藻 E_bC_{50}(72h)6.05mg/L。其他水生生物 LC_{50}(96h,mg/L)：斑节对虾10.9，日本沼虾12.2。蜜蜂 LD_{50}(48h)37.34μg/只。其他有益生物：吸浆虫幼虫 LC_{50}(48h)1.45mg/L。

　　环境行为

　　（1）动物　在大鼠的粪便和尿液中检测到了3种代谢物。

（2）植物　在植物中的代谢参考 H Yamamoto et al，*Agric Biol Chem*，1973，37：1553。

（3）土壤/环境　降解半衰期 DT_{50} 15d（2 种土壤）。吸附系数 K_{oc} 247～580。

制剂　40%、50%乳油，20%粉剂，17%颗粒剂。

主要生产商　Dooyang、Kumiai、Saeryung、泰达集团及浙江兰溪巨化氟化学有限公司等。

作用机理与特点　属有机磷杀菌剂，具有内吸传导作用。磷酸酯（phospholipid）合成抑制剂。主要干扰细胞膜透性，阻止某些亲脂甲壳质前体通过细胞质膜，使甲壳质的合成受阻碍。细胞壁不能生长，抑制菌体的正常发育。

应用

（1）适宜作物与安全性　水稻、玉米、棉花等作物。在稻田使用时，如喷雾不匀，浓度过高、药量过多，稻苗也会产生褐色药害斑。对大豆、豌豆等有药害。

（2）防治对象　稻瘟病，除了防治稻瘟病外，对水稻纹枯病、小球菌核病、玉米小斑病、玉米大斑病等也有防效，并兼治稻叶蝉、稻飞虱等害虫。

（3）应用技术　禁止与碱性农药、高毒有机磷杀虫剂及五氯酚钠混用。安全间隔期不少于20d，距收获期过近施药或施药量过大会使稻米有臭味。本品易燃，不能接近火源，以免引起火灾。

（4）使用方法

① 防治水稻叶瘟病　应用适期为田间始见稻瘟病急性病斑时，每亩用40%异稻瘟净乳油150mL，兑水75kg，常量喷雾，或兑水15～20kg低容量喷雾。若病情继续发展，可在第1次喷药后7d再喷1次。

② 防治水稻穗瘟病　在水稻破口期和齐穗期各喷药1次，每次每亩用40%异稻瘟净乳油150～200mL，兑水60～75kg，常量喷雾，或兑水15～20kg低容量喷雾。对前期叶瘟发生较重后期肥料过多、稻苗生长嫩绿、抽穗不整齐、易感病品种的田块，同时在水稻抽穗期多雨露的情况下，可在第二次喷药后7d再喷1次，以减少枝梗瘟的发生。

专利与登记　专利早已过专利期，不存在专利权问题。国内登记情况：95%原药，40%、50%乳油，登记作物均为水稻，防治对象为稻瘟病。

合成方法　通过如下反应，即可制得目的物：

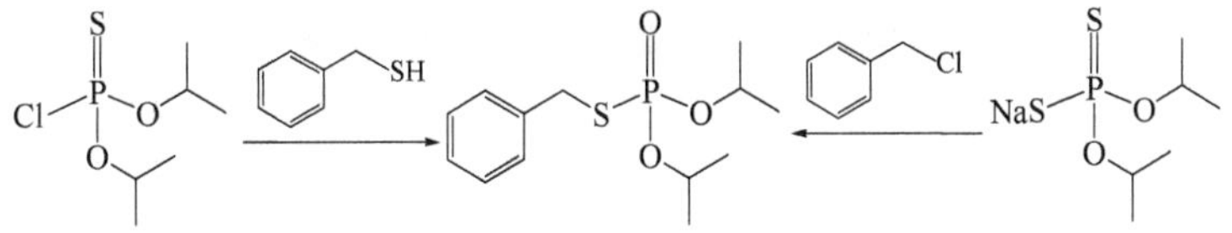

参考文献

[1] The Pesticide Manual. 15th edition. 2009：664-665.

异噁草胺 isoxaben

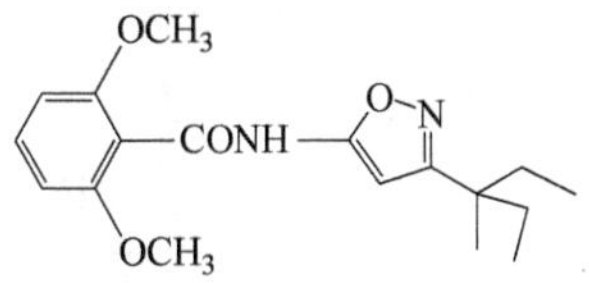

$C_{18}H_{24}N_2O_4$，332.4，82558-50-7

异噁草胺（isoxaben），试验代号 EL-107。商品名称 Flexidor、Gallery。其他名称 benzamizone、Broadleaf、Cent-7、Knot Out、Turzine、异噁唑酰草胺。是由 Eli Lilly 公司（现美国陶氏益农公司）开发的酰胺类除草剂。

化学名称 N-[3-(1-乙基-1-甲基丙基)-1,2-噁唑-5-基]-2,6-二甲氧基苯酰胺，N-[3-(1-ethyl-1-methylpropyl)isoxazol-5-yl]-2,6-dimethoxybenzamide。

理化性质 产品中含 2% 异构体 N-[3-(1,1-二甲基丁基)-5-异噁唑基]-2,6-二甲氧基苯甲酰胺。纯品为无色晶体，熔点 176～179℃。蒸气压 $5.5×10^{-4}$ mPa（25℃）。分配系数 $K_{ow}lgP=3.94$（pH 5.1，20℃），Henry 常数 $1.29×10^{-4}$ Pa·m³/mol。相对密度 0.58（22℃）。水中溶解度 1.42mg/L（pH 7,20℃）；其他溶剂中溶解度（25℃，g/L）：甲醇、乙酸乙酯、二氯甲烷 50～100，乙腈 30～50，甲苯 4～5，已烷 0.07～0.08。稳定性：在 pH 5～9 的水溶液中稳定，但其水溶液易发生光分解。

毒性 急性经口 LD_{50}（mg/kg）：大鼠和小鼠>10000，狗>5000。兔急性经皮 LD_{50}>2000mg/kg。对兔眼睛和皮肤有轻微的刺激。对豚鼠无皮肤致敏性。大鼠急性吸入 LC_{50}（1h）>1.99mg/L 空气。大鼠 NOEL（2y）5.6mg/（kg·d）。在用含有 1.25% 异噁草胺的饲料 3 个月的喂饲试验中只会增加肾脏和肝脏的重量，还会使肝微粒体酶水平升高。对狗的喂饲剂量为 1000mg/（kg·d），其只会使肝微粒体酶水平升高。ADI 值（BfR）0.06mg/kg [2002]；（EPA）cRfD 0.05mg/kg [1991]。无致突变。急性腹腔注射 LD_{50}（mg/kg）：大鼠>2000，小鼠>5000。

生态效应 山齿鹑急性经口 LD_{50}>2000mg/kg，山齿鹑和野鸭饲喂 LC_{50}（5d）>5000mg/kg 饲料。大翻车鱼和虹鳟鱼 LC_{50}（96h）>1.1mg/L。水蚤 LC_{50}（48h）>1.3mg/L。月牙藻 EC_{50}（14d）>1.4mg/L。在田间条件下，对蜜蜂无明显的危害。蠕虫 NOEC（14d）>500mg/kg 干土。

环境行为

（1）动物 大鼠经口给药后，90% 的产品在 48h 之内随粪便排出体外；10% 的本品吸收后转换为 15～20 种代谢产物随尿液排出。代谢产物及母体化合物在细胞组织中均无积累。

（2）植物 本品在植物体内广泛代谢，主要通过烷基侧链的羟基化。在油菜和小麦内的吸收、转运和代谢的详细信息，请参阅（F. Cabanne, Weed Res., 1987, 27, 135.）。

（3）土壤/环境 在土壤中流动性相对较低。DT_{50} 为 3～4 个月，N-[3-(1-羟基-1-甲基丙基)-5-异噁唑基]-2,6-二甲氧基苯甲酰胺是一种代谢物。4 种土壤吸附系数 K_d6.4～13.0。蒸渗仪研究证实在土壤中缺乏流动性。

制剂 颗粒剂、悬浮剂等。

主要生产商 Dow AgroSciences。

作用机理与特点 细胞壁生物合成抑制剂。药剂由根吸收后，转移至茎和叶，抑制根、茎生长，最后导致死亡。

应用

（1）适宜作物 通常用于冬或春小麦、大麦田除草，也可用于蚕豆、豌豆、果树、草坪、观赏植物、蔬菜如洋葱、大蒜等。推荐剂量下对小麦、大麦等安全。

（2）防除对象 主要用于防除阔叶杂草如繁缕、母菊、蓼属、婆婆纳、堇菜属等。

（3）使用方法 主要用于麦田苗前除草，使用剂量为 50～125g(a.i.)/hm²。要防除早熟禾等杂草须与其他除草剂混用。在蚕豆、豌豆、果树、草坪、观赏植物、蔬菜如洋葱、大蒜等上应用时，因用途不同，使用剂量亦不同：50～1000g(a.i.)/hm²。

专利概况 专利 EP0049071 早已过专利期，不存在专利权问题。

合成方法 以 2,2-二乙基乙酸甲酯为起始原料，经甲基化等三步反应得到 5-氨基-3-(1-乙基-1-甲基丙基)异噁唑，最后与 2,6-二甲氧基苯酰氯反应，即制得异噁草胺。反应式如下：

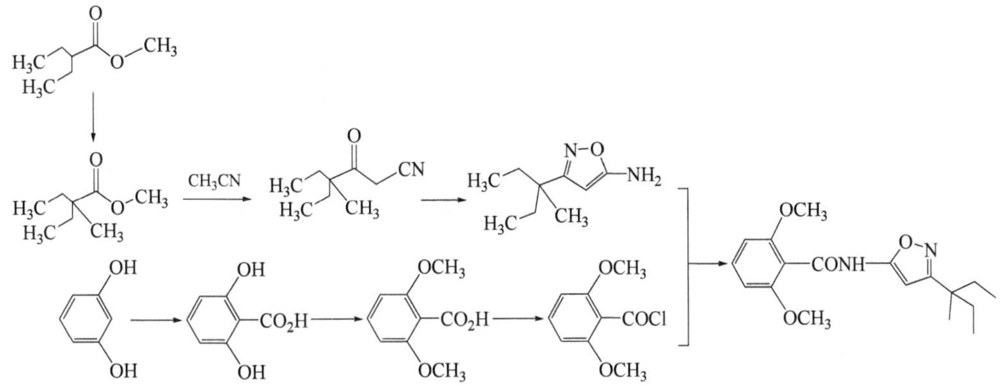

参考文献

[1] Proc Br Crop Prot Conf-Weeds：vol 1,1982：47.

异噁草酮 clomazone

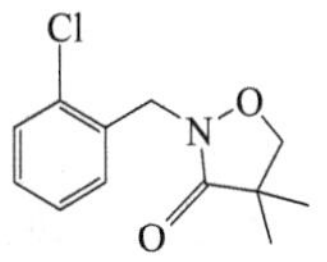

$C_{12}H_{14}ClNO_2$,239.7, 81777-89-1

异噁草酮(clomazone)，试验代号 FMC 57020。商品名称 Centium、Cirrus、Command、Gamit、Kalif、Orion、Reactor、广灭灵。其他名称 异噁草松。是由FMC公司开发的异噁唑啉酮类除草剂。

化学名称 2-(2-氯苄基)-4,4-二甲基异噁唑-3-酮或2-(2-氯苄基)-4,4-二甲基-1,2-噁唑-3-酮，2-(2-chlorophenzl)-4,4-dimethylisoxazolidin-3-one 或 2-(2-chlorophenzl)-4,4-dimethyl-1,2-oxazolidin-3-one。

理化性质 原药纯度＞88%。纯品为淡棕色黏稠液体，沸点275.4～281.7℃，熔点25.0～34.7℃。蒸气压19.2mPa(25℃)。分配系数$K_{ow}lgP=2.5$。Henry常数$4.19×10^{-3}$Pa•m^3/mol。相对密度1.192(20℃)。溶解度(g/L)：水1.102(23℃)；丙酮、乙腈、甲苯＞1000(22℃)；甲醇969，二氯己烷955，乙酸乙酯940(25℃)；正庚烷192(20℃)。室温下2y或50℃下3个月原药无损失，其水溶液在日光下DT_{50}＞30d。闪点＞157℃(闭杯法)。

毒性 大鼠急性经口LD_{50}(mg/kg)：雄性2077，雌性1369。兔急性经皮LD_{50}＞2000mg/kg，对兔眼睛和皮肤无刺激性，对豚鼠皮肤无致敏性。大鼠急性吸入LC_{50}(4h)4.8mg/L。NOEL[mg/(kg•d)]：大鼠4.3(2y)，狗13.3～14(1y)。ADI(EC)0.133mg/kg，(BfR)0.043mg/kg，(EPA)0.043mg/kg。

生态效应 山齿鹑和野鸭急性经口LD_{50}＞2510mg/kg。山齿鹑和野鸭饲喂LC_{50}(8d)＞5620mg/L。鱼毒LC_{50}(96h,mg/L)：虹鳟鱼19，大翻车鱼34，大西洋银河鱼6.26。水蚤LC_{50}(48h)5.2mg/L。舟型藻E_bC_{50}0.136mg/L，E_rC_{50}＞0.185mg/L。月牙藻E_bC_{50}2mg/L，E_rC_{50}4.1mg/L。其他水生生物LC_{50}(96h,mg/L)：糠虾0.57，东方生蚝5.3。蜜蜂急性LD_{50}(μg/只)：经口＞85.29，接触＞100。蚯蚓LC_{50}(14d)530mg/kg土。

环境行为

(1) 动物 动物经口后，在48h内87%～100%能被迅速和广泛地吸收，7d之后能迅速完全地被排出。在动物体内的残留物微不足道。本品几乎全部是通过羟基化和氧化或 3-异噁唑烷酮环开环代谢的。

（2）植物　代谢涉及亚甲基碳桥、异噁唑烷酮环和芳香环的羟基化。亚甲基羟基化后再分解形成异噁唑烷酮和 2-氯苯甲醛；这些代谢物随后被氧化或者被还原。羟基化化合物发生共轭作用，形成糖苷和氨基酸共轭物。

（3）土壤/环境　在土壤中，DT_{50} 30～135d。K_{oc} 150～562，意味着本品在土壤中易移动；然而，在土壤试验中，在 10cm 以上的土壤中是过滤不出来的。在水或沉积物中降解慢；异噁唑烷酮环开环形成的两种主要的代谢物 N-[（2-氯苯基）]-3-羟基-2,2-二甲基丙酰胺和 N-[（2-氯苯基）]-2-甲基丙酰胺在水相中可以找到。

制剂　48％乳油，36％微胶囊悬浮剂。

主要生产商　FMC、Cheminova、安徽丰乐农化有限责任公司、江苏长青农化股份有限公司、捷马化工股份有限公司、山东先达农化股份有限公司、沈阳科创化学品有限公司、浙江海正化工股份有限公司及浙江禾本科技有限公司等。

作用机理与特点　异噁草酮是类胡萝卜素生物合成抑制剂，具体靶标酶未知，选择性苗前除草剂。通过抑制戊二烯化合物合成，阻碍胡萝卜素和叶绿素的生物合成。通过植物的根、幼芽吸收，向上输导，经木质部扩散至叶部。这些敏感植物虽能萌芽出土，但由于没有色素而成白苗，并在短期内死亡。

应用

（1）适宜作物与安全性　大豆、甘蔗、马铃薯、花生、烟草、水稻、油菜等。大豆、甘蔗等作物吸收药剂后，经过特殊的代谢作用，将异噁草酮的有效成分转变成无毒的降解物，因此安全。异噁草酮在土壤中的生物活性可持续 6 个月以上，施用异噁草酮当年的秋天（即施用后 4～5 个月）或次年春天（即施用后 6～10 个月）都不宜种植小麦、大麦、燕麦、黑麦、谷子、苜蓿。施用异噁草酮后的次年春季，可以种植水稻、玉米、棉花、花生、向日葵等作物，可根据每一耕作区的具体条件安排后茬作物。异噁草酮在水中的溶解度较大，但与土壤有中等程度的黏合性，影响其在土壤中的流动性，因此不会流到土壤表层 30cm 以下。在土壤中主要由微生物降解。

（2）防除对象　主要用于防除一年生禾本科和阔叶杂草如稗草、牛筋草、苘麻、龙葵、苍耳、马唐、狗尾草、豚草、香薷、水棘针、野西瓜苗、藜、遏蓝菜、柳叶刺蓼、酸模叶蓼、马齿苋、狼把草、鬼针草、鸭跖草等。对多年生的刺儿菜、大蓟、苣荬菜、问荆等亦有较强的抑制作用。

（3）应用技术　①大豆播前施药，为防止干旱和风蚀，施后可浅混土，耙深 5～7cm。大豆播后苗前施药，起垄播种大豆如土壤水分少可培 2cm 左右的土。②为了扩大除草谱，异噁草酮可与乙草胺、异丙甲草胺、嗪草酮、氟乐灵、丙炔氟草胺、异丙草胺等药剂混用，用药量各为单方的 1/3～1/2。当土壤沙性过强、有机质含量过低或土壤偏碱性时，异噁草酮不宜与嗪草酮混用，否则会使大豆产生药害。③由于异噁草酮雾滴或蒸气飘移可能导致某些植物叶片变白或变黄，对林带中杨树、松树安全，柳树敏感，但 20～30d 后可恢复正常生长。飘移可使小麦叶受害，茎叶处理仅有触杀作用，不向下传导，拔节前小麦心叶不受害，10d 后恢复正常生长，对产量影响甚微。如因作业不标准造成地段重喷，第二年种小麦叶片发黄或变白色，一般 10～15d 恢复正常生长，如及时追施叶面肥，补充速效营养，5～7d 可使黄叶转绿，恢复正常生长，追叶面肥可与除草剂混用。据试验，大豆苗后早期施药对大豆安全，对杂草有好的触杀作用。

（4）使用方法

① 大豆田　大豆播前、播后苗前土壤处理，或苗后早期茎叶处理。土壤有机质含量 3％以下，每亩用 48％异噁草酮乳油 50～70mL。土壤有机质含量 3％以上，异噁草酮须与嗪草酮、乙草胺等除草剂混用，提高对反枝苋、铁苋菜、野燕麦、鼬瓣花等的防除效果。异噁草酮持效期长，高用量每亩有效量大于 53g 不但除草效果好，而且对大豆有明显的促进生长和增产作用，但第二年须继续种大豆，对其他作物有影响。推荐用量每亩有效成分 33g 以下，在北方第二年可种小麦、玉米、马铃薯、甜菜、油菜等作物。每亩用药量超过有效成分 53g，第二年不能种小麦、甜菜。大豆苗后早期，每亩用 48％异噁草酮乳油 33～66mL，与其他除草剂如稀禾定、吡氟禾草灵、吡氟氯禾灵、禾草克、三氟羧草醚、灭草松等混用：

大豆播种前处理配方：每亩用48%异噁草酮40～50mL加10%丙炔氟草胺4～6g加90%乙草胺70～100mL（或加90%乙草胺70～100mL加88%灭草猛100～140mL，或加88%灭草猛140～170mL加70%嗪草酮20～27g）。

大豆播种前或播后苗前处理配方（每亩用量）：48%异噁草酮50～70mL加90%乙草胺100～140mL（或72%异丙甲草胺100～167mL或72%异丙草胺100～167mL或70%嗪草酮20～33g或50%嗪草酮28～47g或88%灭草猛170L）。48%异噁草酮40～50mL加90%乙草胺70～100mL加70%嗪草酮20～27g（或50%嗪草酮28～37g或50%丙炔氟草胺4～6g或75%噻吩磺隆0.8～1g）。48%异噁草酮40～50mL加5%咪唑乙烟酸35～40mL加90%乙草胺100～120mL。48%异噁草酮40～50mL加72%异丙甲草胺100～135mL加75%噻吩磺隆0.8～1g或加50%丙炔氟草胺4～6g。48%异噁草酮40～50mL加72%异丙草胺100～135mL加75%噻吩磺隆0.8～1g或50%丙炔氟草胺4～6g。

大豆苗后叶面喷施配方（每亩用量）：48%异噁草酮40～50mL加24%乳氟禾草灵17mL加5%精喹禾灵40mL（或12.5%稀禾定70mL或15%精吡氟禾草灵40mL或12.5%吡氟氯禾灵40mL或10.8%精吡氟氯禾灵30mL）。48%异噁草酮40～50mL加48%灭草松100mL加15%精吡氟禾草灵40mL（或12.5%稀禾定70mL，或5%精喹禾灵40mL，或10.8%精吡氟氯禾灵30mL，或6.9%精噁唑禾草灵浓乳剂40～50mL，或8.05%精噁唑禾草灵乳油40mL）。48%异噁草酮40～50mL加25%氟磺胺草醚50mL加12.5%稀禾定70mL，或5%精喹禾灵40mL，或10.8%精吡氟氯禾灵30mL，或15%精吡氟禾草灵40mL，或5.9%精噁唑禾草灵浓乳剂50mL，或8.05%精噁唑禾草灵40mL。

上述配方在土壤有机质含量低、质地疏松、低洼地、水分好的条件下用低剂量，反之则用高剂量。

② 甘蔗田　每亩用48%乳油70～80mL或36%微囊悬浮剂90～100mL或每亩48%乳油30～40mL加38%阿特拉津200g混用。在甘蔗下种覆土后蔗芽萌发出土前兑水喷施于土壤。切勿让药液接触蔗株的绿色部分，以免产生药害。

③ 水稻田　每亩用36%微囊悬浮剂28～40mL，水稻移栽后2～5d采用毒土法处理。在水直播田上，北方可于播种前3～5d喷雾处理，长江以南在播种后稗草高峰期用药，可有效防除稗草。

专利与登记　专利US4405357已过专利期，不存在专利权问题。国内登记情况：36%、48%、360g/L、480g/L乳油，36%微囊悬浮剂（360g/L），90%、92%、93%、95%、96%、98%原药，主要用于防除大豆、甘蔗田的一年生杂草。美国富美实公司在中国登记情况见表234。

表234　美国富美实公司在中国登记情况

登记名称	登记证号	含量	剂型	登记作物	防治对象	用药量/(g/hm²)	施用方法
异噁草松	PD20070528	360g/L	微囊悬浮剂	油菜(移栽田)	一年生杂草	140.4～178.2	土壤喷雾
				春大豆田	一年生禾本科杂草	378～540	喷雾
				夏大豆田	部分阔叶杂草	378～540	喷雾
				直播水稻田	稗草	① 150～189 南方地区 ② 189～216 北方地区	① 药土法 ② 喷雾
				直播水稻田	千金子	① 150～189 南方地区 ② 189～216 北方地区	① 药土法 ② 喷雾
				移栽水稻田	稗草	150～189	药土法
				移栽水稻田	千金子	150～189	
异噁草松	PD184-93	480g/L	乳油	大豆 甘蔗	一年生杂草	1000.5～1200 795～1005	芽前喷雾
异噁草松	PD292-99	92%	原药				

合成方法 2-氯苯甲醛与羟胺反应，经还原，再与氯代异戊酰氯反应，然后在碱的存在下闭环得到产品或氯代异戊酰氯与羟胺反应，在碱性条件下闭环，再与邻氯氯苄反应得到产品。

参考文献

[1] 窦花妮. 农药，2004，1：45-46.

[2] 李瑾. 河北化工，2006，3：26-27.

[3] 刘宁涛. 小麦研究，2011，2：1-4.

[4] 吉立广. 广州化学，2013，1：63-65.

异噁氯草酮 isoxachlortole

$C_{14}H_{12}ClNO_4S$，325.8，141112-06-3

异噁氯草酮(isoxachlortole)，试验代号 RPA-201736。是安万特公司开发的异噁唑酮类除草剂。

化学名称 4-氯-2-甲磺酰基苯基-5-环丙基-1,3-噁唑-4-基酮，4-chloro-2-mesylphenyl 5-cyclo-propyl-1,2-oxazol-4-yl ketone。

作用机理 HPPD 抑制剂。

应用 除草剂。

专利概况 专利 EP0470856 已过专利期，不存在专利权问题。

合成方法 通过如下反应即得目的物：

异噁唑草酮 isoxaflutole

$C_{15}H_{12}F_3NO_4S$，359.3，141112-29-0

异噁唑草酮(isoxaflutole)，试验代号 RPA 201772。商品名称 Balance、Merlin。其他名称 Alliance、Converge、Provence、百农思。是由罗纳-普朗克公司开发的异噁唑类除草剂。

化学名称 5-环丙基-1,3-噁唑-4-基 α,α,α-三氟甲基-2-甲磺酰基-对-甲苯基酮，5-cyclopropyl-1,3-oxazol-4-yl α,α,α-trifluoro-2-mesyl-p-tolyl ketone。

理化性质 纯品为白色至灰黄色固体，工业品纯度98%。熔点140℃。蒸气压(25℃)1× 10^{-3} mPa。相对密度1.42(20℃)，$K_{ow}\lg P=2.34$，Henry常数 1.87×10^{-5} Pa•m³/mol(20℃)。水中溶解度为6.2mg/L(pH 5.5,20℃)。其他溶剂溶解度(20℃,g/L)：丙酮293，二氯甲烷346，乙酸乙酯142，正己烷0.10，甲苯31.2，甲醇13.8。对光稳定，54℃下热储14d未发生分解，水解 DT_{50} 11d(pH 5)、20h(pH 7)、3h(pH 9)。水中光解 DT_{50} 40h。

毒性 大鼠急性经口 $LD_{50}>5000$mg/kg，兔急性经皮 $LD_{50}>2000$mg/kg，对兔皮肤无刺激，对眼有微弱刺激，无皮肤致敏性。大鼠吸入 LC_{50}(4h)>5.23mg/L。大鼠 NOEL(2y)2mg/(kg•d)。ADI(EC)0.02mg/kg ［2003］；(EPA)cRfD 0.002mg/kg ［1998］。无致突变性和神经毒性。

生态效应 野鸭和鹌鹑急性经口 LD_{50}(14d)>2150mg/kg。野鸭和鹌鹑饲喂 LC_{50}(8d)>5000mg/L。鱼毒 LC_{50}(96h,mg/L)：虹鳟鱼>1.7，大翻车鱼>4.5。蚤类 LC_{50}(48h)>1.5mg/L。月牙藻 EC_{50} 0.016mg/L。其他水生生物 EC_{50}(96h)：牡蛎3.4mg/L，糠虾18μg/L。蜜蜂 LD_{50}(经口和接触)$>100\mu$g/只。对蚯蚓在1000mg/kg下无毒。

环境行为

(1) 动物 大鼠、山羊和母鸡经口后迅速吸收和代谢。大鼠和山羊的代谢产物主要存在于尿液和粪便中，鸡的粪便中存在二酮腈类代谢产物。在三个物种体内消除的速度相对较快，在组织中的残留水平较低，在主要器官和粪便中残留较高。

(2) 植物 植物代谢研究表明，其残留水平很低，主要是无毒的代谢物。

(3) 土壤/环境 实验室土壤研究表明，土壤代谢主要通过水解和微生物降解，最终矿化为二氧化碳。平均 DT_{50}(实验室,有氧,20℃)2.3d；二酮腈类代谢产物46d。大田试验，异噁唑草酮平均 DT_{50} 1.3d，二酮腈类代谢产物11.5d。平均 K_{oc} 异噁唑草酮112L/kg，二酮腈类代谢产物109L/kg。通过模拟的降雨表明异噁唑草酮和其主要代谢产物在土壤中具有移动性，然而大田试验研究表明，地表仍有残留，4个月后土壤中无残留。

制剂 75%水分散粒剂。

主要生产商 Bayer CropSciences。

作用机理与特点 对羟基苯基丙酮酸酯双氧化酶抑制剂即 HPPD 抑制剂。其作用特点是具有广谱的除草活性、苗前和苗后均可使用、杂草出现白化后死亡。虽其症状与类胡萝卜素生物抑制剂的作用症状极相似，但其化学结构特点如极性和电离度与已知的类胡萝卜素生物抑制剂等有明显的不同。异噁唑草酮主要经杂草幼根吸收传导而起作用，敏感杂草吸收了此药之后，通过抑制对羟基苯基丙酮酸酯双氧化酶的合成，导致酪氨酸的积累，使质体醌和生育酚的生物合成受阻，进而影响到类胡萝卜素的生物合成，因此 HPPD 抑制剂与类胡萝卜素生物抑制剂的作用症状相似。

应用

（1）**适宜作物与安全性**　对玉米、甘蔗、甜菜等安全，对环境、生态的相容性和安全性极高，其虽然有一些残留活性，但可在生长季节内消失，不会对下茬作物产生影响。爆裂型玉米对该药较为敏感，因此，在这些玉米田上不宜使用。

（2）**防除对象**　能防除多种一年生阔叶杂草，如对苘麻、苍耳、藜、地肤、繁缕、龙葵、婆婆纳、香薷、曼陀罗、猪毛菜、柳叶刺蓼、春蓼、槟洲蓼、酸模叶蓼、鬼针草、反枝苋、马齿苋、铁苋菜、水棘针等活性优异，对稗草、牛筋草、马唐、稷、千金子、狗尾草和大狗尾草等禾本科杂草也有较好的防效。

（3）**应用技术**　异噁唑草酮的杀草活性较高，施用时不要超过推荐用量，并力求把药喷施均匀，以免影响药效和产生药害。尽管它是苗前和苗后广谱性除草剂，但通常用作土壤处理剂。同其他土壤处理剂不一样的是：异噁唑草酮在施用时或施用后，因土壤墒情不好而滞留于表层土壤中的有效成分虽不能及时发挥出防除杂草的作用，但仍能保持较长时间不被分解，待遇到降雨或灌溉，仍能发挥防除杂草的作用，甚至对长到 4～5 叶的敏感杂草也能杀伤和抑制。若在雨水多、土壤墒情好的情况下，就能更好、更快地发挥该除草剂的药效。其用于碱性土或有机质含量低、淋溶性强的砂质土，有时会使玉米叶片产生黄化、白化药害症状。使用异噁唑草酮时，可按土壤质地和有机质含量、土壤干湿和天气情况、田间发生的杂草种类和相对密度，适当调整剂量或与其他除草剂的混配比例，以达到更佳的防除效果。

（4）**使用方法**　异噁唑草酮是一种用于玉米、甜菜田苗前和苗后除草的新型广谱除草剂，具有使用时期灵活且不依赖天气条件等特点，使用剂量通常为 75～140g(a.i.)/hm² [亩用量 5～10g(a.i.)]。异噁唑草酮要在玉米播后 1 周内及早施用，使用时先将药剂溶于少量水中，然后按每亩兑水 65～75L 配成药液，充分搅拌后再均匀喷于地表。为了更好地防除禾本科杂草，特别推荐以异噁唑草酮与乙草胺、异丙甲草胺、异丙草胺等酰胺类除草剂混用。除了混用，在禾本科杂草发生很少的地块也可以单用。在春玉米种植区，每亩用 75% 异噁唑草酮水分散粒剂 8～10g 加 50% 乙草胺乳油 130～160mL。在夏玉米种植区，每亩用 75% 异噁唑草酮水分散粒剂 5～6g 加 50% 乙草胺乳油 100～130mL，或加 90% 乙草胺 55～70mL，或加 72% 异丙甲草胺或异丙草胺 80～100mL。甜菜田中的使用方法请参考玉米田。

专利概况　专利 EP0470856、DE4427998、EP418715 等均已过专利期，不存在专利权问题。

合成方法　异噁唑草酮的合成方法主要有两种，主要原料为：2-溴-5-三氟甲基苯胺、环丙基甲酰氯、原甲酸三乙酯、羟胺盐酸盐等。

方法 1

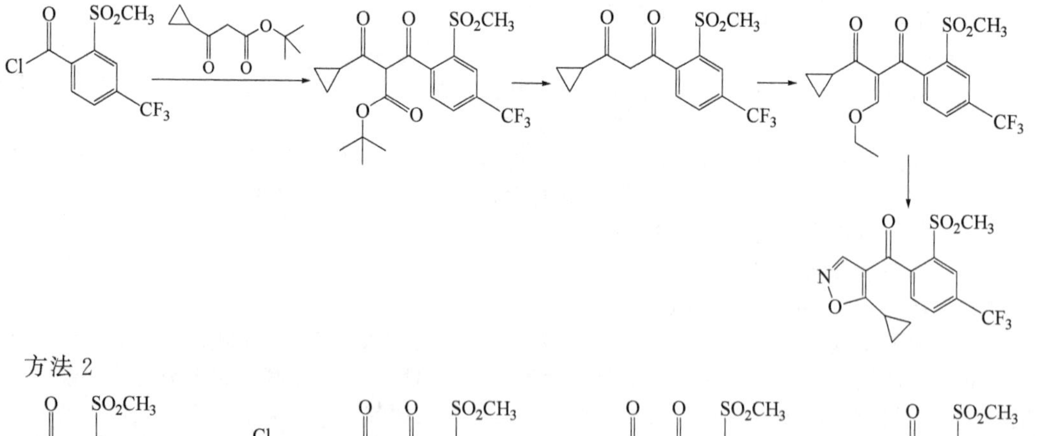

方法 2

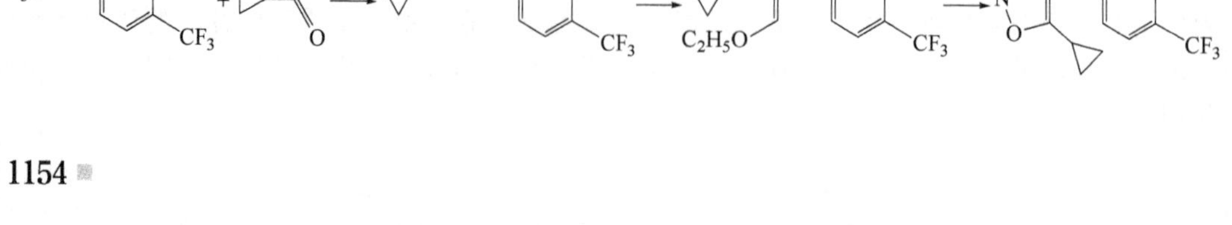

中间体的制备方法如下：

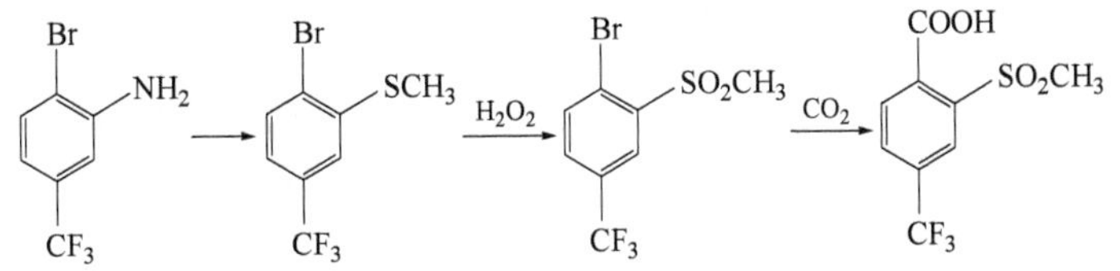

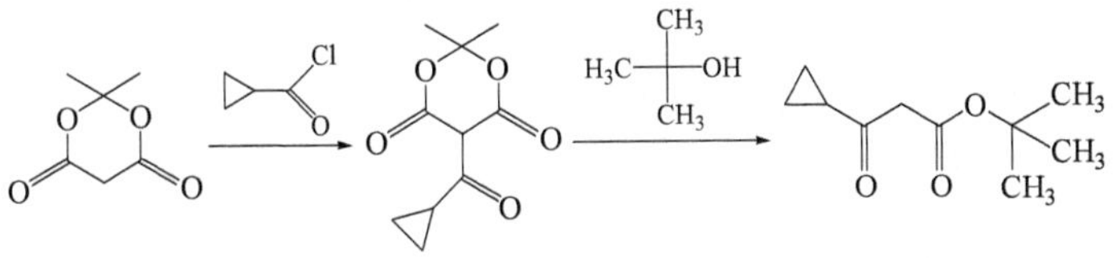

参考文献

[1] 朱文达. 农药译丛, 1997, 6: 61-63.
[2] 苏少泉. 农药研究与应用, 2008, 1: 1-6.

异菌脲 iprodione

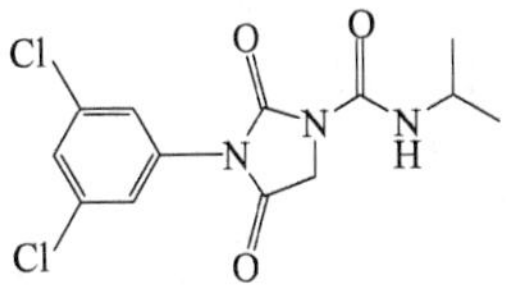

$C_{13}H_{13}Cl_2N_3O_3$, 330.2, 36734-19-7

异菌脲(iprodione)，试验代号 26019 RP。商品名称 Botrix、Kidan、Rover、Rovral、Sundione、Viroval。其他名称 Calidan、Chipco 26019、Gavelan、Herodion、Idone、Nevado、Prodione、扑海因。是 Rhône-Poulenc Agrochimie(现为拜耳作物科学公司)开发的羧酰亚胺类杀菌剂。2003 年将欧洲市场转让给了巴斯夫公司。

化学名称 3-(3,5-二氯苯基)-N-异丙基-2,4-氧代咪唑啉-1-羧酰胺，3-(3,5-dichlorophenyl)-N-isopropyl-2,4-dioxoimidazolidine-1-carboxamide。

理化性质 原药纯度为 96%，熔点 128～128.5℃。纯品为白色无味不吸湿性结晶状固体或粉末，熔点 134℃。蒸气压 $5×10^{-4}$ mPa(25℃)，分配系数 $K_{ow}\lg P=3$(pH=3、5)。相对密度 1(20℃，原药 1.434～1.435)。水中溶解度 13mg/L(20℃)；有机溶剂中溶解度(20℃，g/L)：正辛醇 10，乙腈 168，甲苯 150，乙酸乙酯 225，丙酮 342，二氯甲烷 450。在酸性介质中相对稳定，但在碱性介质中分解。半衰期 1～7d(pH 7)，<1h(pH 9)。在水溶液中被紫外线降解，但在强太阳线下相对稳定。

毒性 大鼠、小鼠急性经口 $LD_{50}>2000$mg/kg。大鼠、兔急性经皮 $LD_{50}>2000$mg/kg。对兔皮肤和眼睛无刺激作用。大鼠急性吸入 LC_{50}(4h)>5.16mg/L 空气。NOEL(mg/kg)：大鼠(2y)150，狗(1y)18。ADI 值(JMPR)0.06mg/kg [1995]；(EC)0.06mg/kg [2003]；(EPA)aRfD 0.06，cRfD 0.02mg/kg [1998]。

生态效应 鸟类急性经口 LD_{50}(mg/kg)：山齿鹑>2000，野鸭>10400。鱼毒 LC_{50}(96h，mg/L)：虹鳟鱼>4.1，大翻车鱼>3.7。水蚤 LC_{50}(48h)>0.25mg/L。羊角月牙藻 EC_{50}(120h)1.9mg/L。蜜蜂接触毒性 $LD_{50}>0.4$mg/只。蚯蚓 LC_{50}(14d)>1000mg/kg 土。对其他有益生物无毒害。

环境行为

(1) 动物 异菌脲在大鼠、反刍动物和鸟类体内可迅速消除，它也是经过多次代谢（如水解和重排反应）才排出体外的。

(2) 植物 通过对谷物、水果、叶菜类和油性作物的植物代谢研究发现异菌脲是叶面喷施后的主要残留物。

(3) 土壤/环境 在土壤中以二氧化碳形式代谢较快，半衰期 $20\sim80d$（温室）；$20\sim60d$（田间）。$K_{oc}202\sim543$。异菌脲在土壤中的降解速率会随二氧化碳的不断释放而加快，因此异菌脲不会在土壤中积累。

制剂 50%可湿性粉剂、50%悬浮剂，5%、25%油悬浮剂。

主要生产商 BASF、Sharda、Sinon、Sundat、江苏快达农化股份有限公司、连云港市金囤农化有限公司、江苏蓝丰生物化工股份有限公司及浙江禾一绿色化工有限公司等。

作用机理与特点 异菌脲能抑制蛋白激酶，控制许多细胞功能的细胞内信号，包括对碳水化合物结合进入真菌细胞组分的干扰作用。因此，它既可抑制真菌孢子萌发及产生，也可抑制菌丝生长。即对病原菌生活史中的各发育阶段均有影响。可通过根部吸收起治疗作用。

应用

(1) 适宜作物 甜瓜、黄瓜、香瓜、西瓜、大豆、豌豆、茄子、番茄、辣椒、马铃薯、萝卜、块根芹、芹菜、野莴苣、草莓、大蒜、葱、柑橘、苹果、梨、杏、樱桃、桃、李、葡萄、玉米、小麦、大麦、水稻、园林花卉、草坪等。也用于柑橘、香蕉、苹果、梨、桃等水果储存期的防腐保鲜。

(2) 防治对象 异菌脲杀菌谱广，可以防治对苯并咪唑类内吸杀菌剂有抗性的真菌。主要防治对象为葡萄孢属、丛梗孢属、青霉属、核盘菌属、链格孢属、长蠕孢属、丝核菌属、茎点霉属、球腔菌属、尾孢属等引起的多种作物、果树和果实贮藏期病害，如葡萄灰霉病、核果类果树上的菌核病、苹果斑点落叶病、梨黑斑病、番茄早疫病、草莓、蔬菜的灰霉病等。

(3) 应用技术 ①不能与腐霉利（速克灵）、乙烯菌核利（农利灵）等作用方式相同的杀菌剂混用或轮用。②不能与强碱性或强酸性的药剂混用。③为预防抗性菌株的产生，作物全生育期异菌脲的施用次数控制在 3 次以内，在病害发生初期和高峰使用，可获得最佳效果。

(4) 使用方法

① 防治葡萄灰霉病 可在葡萄花脱落、葡萄串停止生长、开始成熟和收获前20d各施1次50%异菌脲悬浮剂或可湿性粉剂 $1000\sim1500$ 倍液。若花期前或始花期开始发病，可加施1次药。

② 防治苹果斑点落叶病 苹果春梢生长期初发病时开始喷药，$10\sim15d$后喷第2次，秋梢旺盛生长期再喷$1\sim2$次。每次用50%异菌脲悬浮剂或可湿性粉剂 $1000\sim1500$ 倍液。

③ 防治草莓灰霉病 于草莓发病初期开始施药，每隔8d施药1次，收获前$2\sim3$周停止施药。每次每亩用50%异菌脲悬浮剂或可湿性粉剂 $100mL(g)$，兑水喷雾。

④ 防治核果类果树（杏、樱桃、桃、李等）花腐病、灰星病、灰霉病 防治花腐病于果树始花期和盛花期各喷1次药。防治灰星病于果实收获前$3\sim4$周和$1\sim2$周各喷1次。防治灰霉病则于收获前视病情施$1\sim2$次药。每次每亩用50%异菌脲悬浮剂或可湿性粉剂 $66\sim100mL(g)$，兑水喷雾。

⑤ 防治番茄灰霉病、早疫病、菌核病和黄瓜灰霉病 菌核病发病初期开始喷药，全生育期施药$1\sim3$次，施药间隔期$7\sim10d$。每次每亩用50%异菌脲悬浮剂或可湿性粉剂 $50\sim100mL(g)$，兑水喷雾。

⑥ 防治大蒜、大白菜、豌豆、菜豆、韭菜、甘蓝、西瓜、甜瓜、芦苇等蔬菜灰霉病、菌核病、黑斑病、斑点病、茎枯病等 发病初期开始施药，施药间隔期：叶部病害$7\sim10d$，根茎部病害$10\sim15d$，每次每亩用50%异菌脲悬浮剂或可湿性粉剂 $66\sim100mL(g)$，兑水喷雾。

⑦ 防治温室葫芦科蔬菜、胡椒、茄子等的灰霉病、早疫病、斑点病 发病初期开始施药，每隔7d施1次药，连续施$2\sim3$次，每次每亩用50%异菌脲悬浮剂或可湿性粉剂 $50\sim100mL(g)$，兑水喷雾。

⑧ 防治油菜菌核病　在油菜始花期，花蕾率达20%～30%(或茎病株率小于0.1%)时施第1次药，盛花期再施第2次药，每次每亩用50%异菌脲悬浮剂或可湿性粉剂65～100mL(g)，兑水喷雾。

⑨ 防治水稻胡麻斑病、纹枯病、菌核病　在发病初期施药，可连施2～3次，施药间隔期7～10d，每次每亩用50%异菌脲悬浮剂或可湿性粉剂66.7～100mL(g)，兑水喷雾。

⑩ 玉米小斑病的防治　在玉米小斑病初发时开始喷药，每次每亩用50%异菌脲可湿性粉剂200～400g兑水喷雾，隔两周再喷1次。

⑪ 花生冠腐病　每100kg种子用50%异菌脲可湿性粉剂100～300g拌种。

⑫ 防治观赏作物叶斑病、灰霉病、菌核病、根腐病　可于发病初期开始喷药，施药间隔期7～14d，每次每亩用50%异菌脲悬浮剂或可湿性粉剂75.4～100mL(g)，兑水喷雾。也可采用浸泡插条的方法，即在50%异菌脲悬浮剂或可湿性粉剂125～500倍液中浸泡15分钟。

⑬ 水果防腐保鲜　防治柑橘、香蕉、苹果、梨、桃等水果储存期的病害，如蒂腐病、青绿霉病、灰霉病、根霉病等。将待贮水果在25%异菌脲油悬浮剂2500倍液中浸1分钟，取出后晾干水果表面的药液，再包装。

专利与登记　专利GB1312536、US3755350、FR2120222等早已过专利期，不存在专利权问题。国内登记情况：95%、96%原药，255g/L、500g/L、45%、25%、23.5%悬浮剂，50%可湿性粉剂，10%乳油，登记作物：番茄、苹果树、葡萄、香蕉。防治早疫病、灰霉病、冠腐病、斑点落叶病等。新加坡生达有限公司在国内仅登记了95%原药。美国富美实公司在中国登记情况见表235。

表235　美国富美实公司在中国登记情况

登记名称	登记证号	含量	剂型	登记作物	防治对象	用药量	施用方法
异菌脲	PD20070319	96%	原药				
异菌脲	PD64-88	50%	可湿性粉剂	番茄 番茄 苹果树 苹果树	早疫病 灰霉病 褐斑病 轮斑病	375～750g/hm² 375～750g/hm² 333.5～500g/kg 333.5～500g/kg	喷雾
异菌脲	PD202-95	255g/L	悬浮剂	香蕉 香蕉 油菜	冠腐病 轴腐病 菌核病	1500mg/kg 1500mg/kg 450～750g/hm²	浸果 浸果 喷雾
异菌脲	PD20030005	500g/L	悬浮剂	番茄 苹果树 番茄 葡萄	灰霉病 斑点落叶病 早疫病 灰霉病	375～750g/hm² 1000～2000倍液 375～750g/hm² 750～1000倍液	喷雾

合成方法　以3,5-二氯苯胺、氨基乙酸、异丙基异氰酸酯为原料，经如下反应制得目的物：

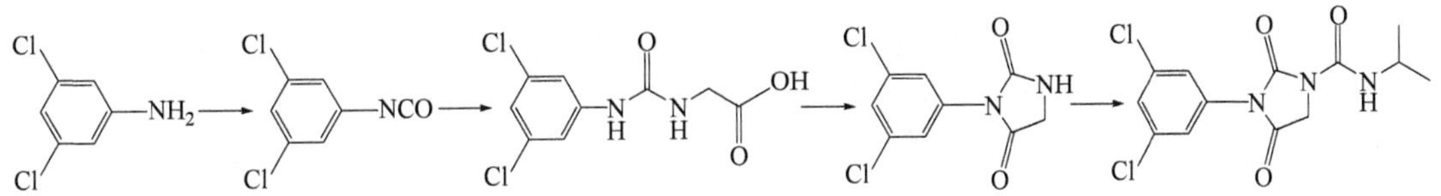

参考文献

[1]The Pesticide Manual. 15th edition. 2009:665-666.

异柳磷 isofenphos-methyl

$C_{15}H_{24}NO_4PS$，345.4，99675-03-3，83542-84-1(曾用)

异柳磷(isofenphos-methyl)，试验代号 BAY SRA 12869、BAY92114。其他名称 丙胺磷、丰稻松、水杨胺磷、亚芬松、乙基异柳磷、乙基异柳磷胺、异丙胺磷、地虫畏。是 B. Homeyer 报道。由 Bayer AG 开发的有机磷类杀虫剂。

化学名称 O-乙基-O-2-异丙氧基羰基苯基 N-异丙基硫代磷酰胺，O-ethyl O-2-isopropoxy-carbonylphenyl N-isopropylphosphoramidothioate 或 isopropyl O-[ethoxy-N-isopropylamino(thiophosphoryl)] salicylate。

理化性质 无色油状液体(原药具有特征气味)，蒸气压 2.2×10^{-4} Pa(20℃)、4.4×10^{-4} Pa(25℃)。相对密度 1.313(20℃)。$K_{ow} \lg P = 4.04$(21℃)。Henry 常数 4.2×10^{-3} Pa·m³/mol(20℃)。水中溶解度(20℃)18mg/L；其他溶剂中溶解度(g/L)：异丙醇、正己烷、二氯甲烷、甲苯＞200。水解 DT_{50}(22℃)：2.8y(pH 4)，＞1y(pH 7)、＞1y(pH 9)。本品在实验室中土壤表面光解速度很快，在自然光下，光解速度相对较慢。闪点＞115℃。

毒性 大鼠急性经口 LD_{50}21.52mg/kg。大鼠急性经皮 LD_{50}76.72mg/kg。本品对兔眼睛和皮肤有轻微刺激。大鼠吸入 LC_{50}(4h)：雄约 0.5mg/L 空气(气溶胶)，雌约 0.3mg/L 空气(气溶胶)。NOEL 值(2y,mg/kg 饲料)：大鼠 1，狗 2，小鼠 1。无致畸和致突变性。

生态效应 急性经口 LD_{50}(mg/kg)：山齿鹑 8.7，野鸭 32～36。野鸭 LC_{50}(5d)4908mg/kg，山齿鹑 LC_{50}(5d)145mg/kg。鱼类 LC_{50}(96h,mg/L)：金枪鱼 6.49，大翻车鱼 2.2，虹鳟鱼 3.3(500g/L EC)。水蚤 LC_{50}(48h)0.0039～0.0073mg/L。羊角月牙藻 E_rC_{50}6.8mg/L。本品对蜜蜂无害。蚯蚓 LC_{50}404mg/kg 土壤。

环境行为 通过对大鼠体内微神经元系统的新陈代谢研究表明本品在动物体内代谢很快，24h 内，约 95%通过粪便和尿液排出。本品在植物中代谢物主要为水杨酸。本品在土壤中流动性不快，在不同的土壤中降解缓慢。

制剂 50%乳油，40%可湿性粉剂，20%拌种剂，5%颗粒剂。

主要生产商 湖北仙隆化工股份有限公司。

作用机理与特点 胆碱酯酶的直接抑制剂，具有触杀和胃毒作用的内吸、传导性杀虫剂，在一定程度上可以经根部向植物体内输导。

应用

(1) 适用作物 玉米、蔬菜、油菜、花生、香蕉、甜菜、柑橘等。

(2) 防治对象 地下害虫，如蝼蛄、蛴螬、地老虎、金针虫、根蛆等；残效期较长，可达 3～16 周，以及水稻害虫如螟虫、稻飞虱、稻叶蝉和线虫等。

(3) 使用方法 以有效成分计，以 5kg/hm² 剂量撒施能有效防治土栖害虫；50～100g/100L 浓度能有效防治食叶害虫。防治地下害虫，每亩用 5%颗粒剂 5～7kg 撒施，或 2～3kg 沟施或穴施。用 0.05%药水拌花生种子或麦种防地下害虫，保苗率达 85%～98%；防治水稻害虫，每亩用 5%颗粒剂 1.33～2kg 防治，或者用 50%乳油配成的有效浓度为 0.05%药水喷雾防治。

专利与登记 专利 EP286963、DE1668047 等早已过专利期，不存在专利权问题。国内登记情况：85%、90%、95%原药，2.5%、3%颗粒剂，35%、40%乳油等，登记作物为小麦、玉米、高粱、甘蔗、花生和甘薯等，防治对象为吸浆虫、蔗龟和经线虫等。

合成方法　经如下反应制得异柳磷：

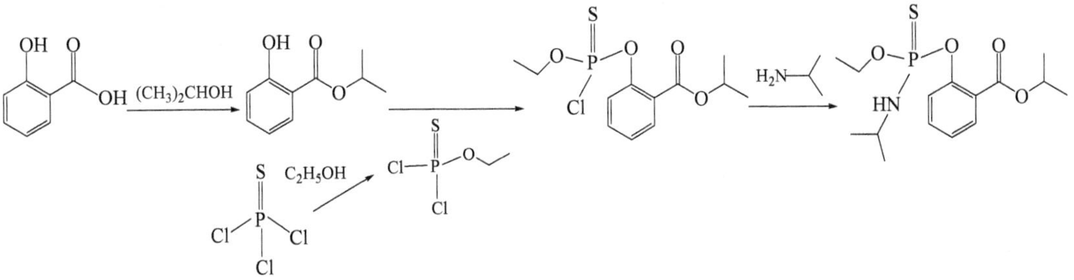

异噻菌胺 isotianil

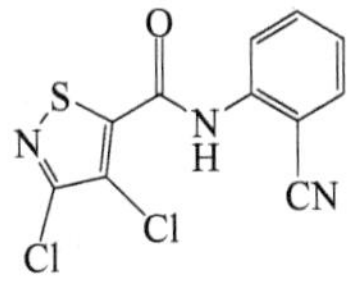

$C_{11}H_5Cl_2N_2OS$，298.2，224049-04-1

异噻菌胺(isotianil)，试验代号　BYF 1047、S 2310。**商品名称**　Kumiai Routine Ryuzai、Routine 18 SC、Routine Sangja、Twin-tarbo Fertera Box Ryuzai、Routine Bariard Box、Routine Quattro Box Granule、Stout Dantotsu Box Ryuzai。**其他名称**　Kumiai Routine Admire Box Ryuzai、Twin-tarbo Box Ryuzai 08、Routine Admire BGR、Routine AD SpinoBox GR、Shario，是由德国拜耳作物科学有限公司开发的异噻唑类杀菌剂。

化学名称　3,4-二氯-N-(2-氰基苯基)-1,2-噻唑-5-甲酰胺，4-dichloro-N-(2-cyanophenyl)-1, 2-thiazole-5-carboxamide。

理化性质　纯品为白色粉末。熔点 193.7～195.1℃，蒸气压 $2.36×10^{-4}$ mPa(25℃,计算)$K_{ow}\lg P=2.96$(25℃)，相对密度 1.11。水中溶解度 0.5mg/L(20℃)；其他有机溶剂中溶解度(20℃,g/L)：正己烷　0.0594，甲苯 6.87，二氯甲烷 16.6，丙酮 4.96，甲醇 0.775，乙酸乙酯 3.62。$pK_a-8.92$(20℃±1℃)

毒性　雌性大鼠急性经口 $LD_{50}>2000$mg/kg，大鼠(雌、雄)急性经皮 $LD_{50}>2000$mg/kg。对兔皮肤无致敏性。大鼠(雌、雄)LC_{50}(4h)>4.75mg/L。NOEL[mg/(kg·d)]：(1y,慢性)雄大鼠 2.8，雌大鼠 3.7；(2y,肿瘤)雄性大鼠 79，雌性大鼠 105；(1y)公狗 5.2，雌大鼠 5.3。对大、小鼠无致癌性。ADI 0.028mg/(kg·d)。

生态效应　鸟急性经口 LD_{50}(mg/kg)：山齿鹑>2250，日本鹌鹑>2000；饲喂 LC_{50}(5d,mg/kg)：山齿鹑>5000，野鸭>5620。鱼 LC_{50}(mg/L)：鲤鱼(96h,流动)>1，虹鳟鱼(96h,半静态)>1。水蚤 EC_{50}(48h)>1mg/kg，近头状伪蹄形藻 E_rC_{50}(72h)>1mg/L，蜜蜂 LD_{50}(经口,接触)>100μg/只。其他有益生物 LR_{50}(玻璃缸,g/hm²)：蚜茧蜂>160，梨盲走螨>160。

环境行为

(1) 动物　异噻菌胺可以被快速吸收，并通过粪便和尿液排出体外。大鼠口服以后，超过 90% 的剂量会在 48h 内通过粪便排出体外。代谢方式主要为环的羟基化、酰胺键的水解和键合作用(葡萄苷酸化和硫酸盐化作用)。

(2) 植物　主要是对苗圃和稻田里面的水稻进行了代谢研究。异噻菌胺在植物体内主要发生酰胺键的断裂，变成羧酸和胺，羧酸最终变成二氧化碳，进而形成淀粉和纤维素。

(3) 土壤/环境　在土壤中能很快降解[$DT_{50}≤1$d,$DT_{90}3～13$d(20℃)，55% 最大持水量，pH

值范围(在氯化钙中)5.4～7.2]。通过吸附试验表明在土壤中无流动性($K_{oc} \geqslant 1000\text{mL/g}$)。pH=4 时异噻菌胺在水中可以稳定存在。水中 DT_{50} 约为 66d(25℃,pH 7),54y(pH 9,黑暗中)。

制剂 颗粒剂。

主要生产商 Bayer CropSciences。

作用机理与特点 激活作物的防御体制。异噻菌胺是水稻稻瘟病的杀菌剂,也是激活剂,具有诱导活性,同时具有杀菌活性,还具有一定的杀虫活性。异噻菌胺在植物中具有强的植物诱导活性,预防性施用或者在发病早期使用,多种生物因子和非生物因子可激活植物自身的防卫性抗性反应即系统诱导抗性,并影响病原菌生活史的多个环节,从而使植物对多种真菌、细菌、昆虫和病毒产生广谱的自我保护作用,其具体机理尚未见报道,从化学结构看,其可能与活化酯和Tiadilin 一样,于水杨酸和 NPR1 蛋白之间活化使全株获得抗性。并且异噻菌胺能提供长期残留药效和更小的有效成分的施用剂量,适合引发植物防御性,使之不受致植物病真菌、细菌和病毒及昆虫的侵害,能够用来在处理后一定时期内保护植物不受上述有害生物体的侵害,提供保护的时期一般在处理植物后延续 1～10d,优选 1～7d。异噻菌胺还具有强的杀微生物活性,用于直接防治不期望微生物,包括下面纲中的真菌:根肿菌纲、卵菌纲、壶菌纲、接合菌亚纲、子囊菌纲、担子菌纲和半知菌纲,例如腐霉属、疫霉属、单轴霉属、霜霉属、白粉菌属、黑星菌属、柄球菌属、核腔菌属等。异噻菌胺特别成功地用于防治谷物病害,例如抗白粉菌属种类、稻瘟病种类,或者防治水果和蔬菜生长过程中的病害。

应用 异噻菌胺适用的主要作物是水稻,登记为防治水稻稻瘟病和水稻白叶枯病的杀菌剂,用 750g/hm² 喷雾幼小稻株,5d 后防效达 90%。异噻菌胺活性良好,但是当用量低时,有时效果不令人满意。异噻菌胺与其他杀菌剂或杀虫剂等活性物质构成的新型活性化合物结合物具有优良的杀菌或杀虫活性。另外,与已知的杀真菌剂、杀细菌剂、杀螨剂、杀线虫剂或杀昆虫剂混合使用,在很多情况下实现了增效作用,即混合物的活性超过了各个组分的活性。异噻菌胺作为水稻杀菌剂被发明出来以后,很多文献报道了其与其他农药复配。

专利与登记

专利名称 Preparation of isothiazolecarboxamides as plant protectants

专利号 WO9924413

专利申请日 1998-11-05

专利拥有者 Bayer Aktiengesellschaft

在其他国家申请的化合物专利:DE19750012、AU9914881、BR9814636、EP1049683、JP2001522840、JP4088036、EP1260140、CN1122028、RU2214403、ES2196630、PL193573、EP2132988、EP2145539、EP2145540、IN1998DE03306、IN1998DE03307、IN234311、ZA9810299、TW434233、US6277791 等。

2011 年在日本和韩国首次登记用作水稻杀菌剂,2012 年在中国台湾地区登记上市。

合成方法 以二硫化碳和邻氨基苯腈或邻氨基苯甲酰胺为原料经如下反应得到异噻唑菌胺。

参考文献

[1] 陈晓燕. 中国农药,2012,1:31-34.

抑霉唑 imazalil

$C_{14}H_{14}Cl_2N_2O$，297.2，35554-44-0

抑霉唑（imazalil），试验代号 R023979。商品名称 Deccozil、Flo-Pro、Florasan、Freshgard、Fungaflor、Fungazil。其他名称 Citrosol 500、Deccozil、Florasan、Sphinx、Scomrid Aerosol。是由日本 Janssen Pharmaceutica 公司开发的三唑类杀菌剂。

化学名称 （RS）-1-(β-烯丙氧基-2,4-二氯苯乙基)-2-咪唑或（RS）-烯丙基 1-(2,4-二氯苯基)-2-咪唑-1-基乙基醚，（RS）-1-(β-allyloxy-2,4-dichlorophenylethyl)imidazole 或（RS）-allyl 1-(2,4-dichlorophenyl)-2-imidazol-1-ylethyl ether。

理化性质 纯品为浅黄色结晶固体，熔点 52.7℃，沸点＞340℃。蒸气压 0.158mPa(20℃)，$K_{ow}lgP = 3.82$（pH 9.2 的缓冲液）。Henry 常数 2.61×10^{-4} Pa·m³/mol（计算值），相对密度 1.348。溶解度(20℃,g/L)：水 0.18(pH 7.6)，丙酮、二氯甲烷、甲醇、乙醇、异丙醇、苯、二甲苯、甲苯＞500，已烷 19。稳定性：在 285℃以下稳定。在室温及避光条件下，对稀酸及碱非常稳定，在正常储存条件下对光稳定。弱碱性，pK_a 6.53，闪点 192℃。

毒性 急性经口 LD_{50}(mg/kg)：大鼠 227～343，狗＞640。大鼠急性经皮 LD_{50} 4200～4880mg/kg，对兔皮肤无刺激，对兔眼睛有严重刺激。大鼠急性吸入 LC_{50}(4h) 2.43mg/L。NOEL：大鼠 2.5mg/(kg·d)(2y)，狗 2.5mg/kg(1y)。ADI(JMPR)0.03mg/kg [2000，2001，2005]；(EC)0.025mg/kg [1997]；(EPA)aRfD 0.5，cRfD 0.025mg/kg [2002]。

生态效应 鸟 LD_{50}(mg/kg)：环颈雉鸟 2000，鹌鹑 510。野鸭饲喂 LC_{50}(8d)＞2510mg/kg。鱼毒 LC_{50}(96h,mg/L)：虹鳟鱼 1.5，大翻车鱼 4.04。水蚤 LC_{50}(48h) 3.5mg/L。藻类 EC_{50} 0.87mg/L。正常使用时对蜜蜂无毒，LD_{50}(经口)40μg/只。蚯蚓 LC_{50} 541mg/kg。1mg/kg 土剂量下对土壤微生物没有影响。

环境行为

(1) 动物 大鼠口服给药后，抑霉唑在大鼠体内广泛吸收，24h 内几乎完全代谢。

(2) 植物 在植物中，抑霉唑转化成 α-(2,4-二氯苯基)-1H-咪唑-1-乙醇。

(3) 土壤/环境 9%抑霉唑使用 100d 后土壤矿化，K_{oc}/K_{om} 2080～8150mg/L。

制剂 25%、50%乳油，0.1%水乳剂。

主要生产商 Janssen、Laboratorios Agrochem、泰达集团及一帆生物科技集团有限公司等。

作用机理与特点 抑霉唑是一种内吸性广谱杀菌剂，作用机理是影响细胞膜的渗透性、生理功能和脂类合成代谢，从而破坏霉菌的细胞膜，同时抑制霉菌孢子的形成，对侵袭水果、蔬菜和观赏植物的许多真菌病害都有防效。由于它对长蠕孢属、镰孢属和壳针孢属真菌具有高活性，推荐用作种子处理剂，防治谷物病害。对柑橘、香蕉和其他水果喷施或浸渍(在水或蜡状乳剂中)能防治收获后水果的腐烂。抑霉唑对抗多菌灵的青霉菌品系有高的防效。

应用

(1) 适用作物 苹果、柑橘、香蕉、芒果、瓜类、大麦、小麦等。

(2) 防治对象 镰刀菌属病害、长蠕孢属病害，以及瓜类、观赏植物白粉病，柑橘青霉病及绿霉病，香蕉轴腐病、炭疽病。

(3) 使用方法 茎叶处理推荐使用剂量为 5～30g(a.i.)/100L，种子处理 4～5g(a.i.)/100kg 种子，仓储水果防腐、防病推荐使用剂量为 2～4g(a.i.)/t 水果。具体使用方法如下：

① 0.1％抑霉唑浓水乳剂（仙亮）　a. 原液涂抹：用清水清洗并擦干或晾干，用原液（用毛巾、海绵蘸）涂抹，晾干。注意施药尽量薄，避免涂层过厚。b. 机械喷施：用于柑橘等水果处理系统的上蜡部分，药液不稀释。0.1％抑霉唑浓水乳剂 1L 药液可以处理 1～1.5t 水果。

② 25％抑霉唑乳油（戴唑霉）　a. 原液涂抹：用清水清洗并擦干或晾干，用原液（用毛巾或海绵蘸）涂抹，晾干。注意施药尽量薄，避免涂层过厚。b. 机械喷施：用于柑橘等水果处理系统的上蜡部分，1 份 25％抑霉唑乳油加 250～500 份 0.1％抑霉唑浓水乳剂，制得 500～1000mg/L 溶液，进行机械喷涂。c. 溶液浸果：挑选当天采收无伤口和无病斑的柑橘，并用清水洗去果面的灰尘和药迹，然后配制 25％戴唑霉乳油 2500 倍液。将果实放入药液中浸泡 1～2min，然后捞起晾干，即可储藏或运输。在通风条件下室温储藏，可有效抑制青霉病、绿霉菌危害，延长储存时间，如能单果包装效果更佳。

③ 50％抑霉唑乳油（万利得）柑橘采收后防腐处理方法：挑选当天采收无伤口和无药斑的柑橘，并用清水洗去果面上的灰尘和药迹，然后配制药液。长途运输的柑橘用 50％万利得 2000～3000 倍液或每 100L 水加 50％抑霉唑 33～50mL（有效浓度 167～250mg/L），短期储藏的柑橘用 50％抑霉唑 1500～2000 倍液或每 100L 水加 50％抑霉唑 50～67mL（有效浓度 250～333mg/L）。储藏 3 个月以上的柑橘用 50％抑霉唑 1000～1500 倍液或每 100L 水加 50％抑霉唑 67～100mL（有效浓度 333～500mg/L）。将果实放入药液中浸泡 1～2 分钟，然后捞起晾干，即可储藏或运输。在通风条件下室温储藏，可有效抑制青霉病、绿霉菌危害，延长储存时间，如能单果包装效果更佳。

专利与登记　化合物专利早已过专利期，不存在专利权问题。国内登记情况：98％原药，10％水乳剂，0.1％涂抹剂，22.2％、500g/L 乳油等。登记作物为柑橘，防治对象为绿霉病、青霉病。国外公司在中国登记情况见表 236。

表 236　国外公司在中国登记情况

公司名称	登记名称	登记证号	含量	剂型	登记作物	防治对象	用药量	施用方法
比利时杨森制药公司	抑霉唑	PD20050128	95％	原药				
以色列马克西姆化学公司	抑霉唑	PD20095905	500g/L	乳油	柑橘	绿霉病 青霉病	250～500mg/kg	浸果
	抑霉唑	PD20080924	98％	原药				
美国仙农有限公司	抑霉唑	PD300-99	22.2％	乳油	柑橘	绿霉病 青霉病	250～500mg/kg	浸果
	抑霉唑	PD20080981	0.1％	涂抹剂	柑橘	绿霉病 青霉病	2～3L/t	涂果

合成方法　以间二氯苯为起始原料，经酰基化并与咪唑反应，后经还原、醚化，处理即得目的物。反应式如下：

参考文献

[1] The Pesticide Manual. 15th edition. 2009：629-631.

高效抑霉唑 imazalil-S

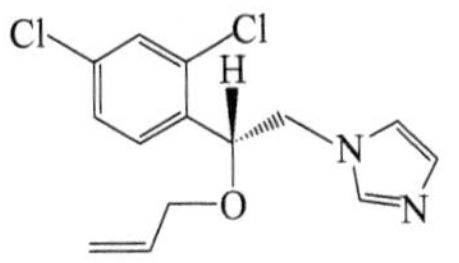

$C_{14}H_{14}Cl_2N_2O$，297.2，166734-82-3

高效抑霉唑(imazalil-S)，是 Celgro 公司发现的咪唑类杀菌剂，为抑霉唑的高效体，是单一异构体。

化学名称　(S)-1-（β-烯丙氧基-2,4-二氯苯基乙基）咪唑或（S）-烯丙氧基 1-（2,4-二氯苯基）-2-咪唑-1-基乙醚。(S)-1-(β-allyloxy-2,4-dichlorophenylethyl) imidazole 或(S)-allyl 1-(2,4-dichloro-phenyl) -2-imidazol-1-ylethyl ether。

应用　内吸广谱杀菌剂，具有很好的保护、治疗活性。主要用于果树如苹果、柑橘、香蕉、芒果，禾谷类作物如大麦、小麦，马铃薯，蔬菜，观赏植物及其他大田作物等。不仅可做茎叶处理，又可做种子处理，还可防治储藏病害。高效抑霉唑的活性不仅明显优于 R-体或抑霉唑，而且在活性谱方面也优于抑霉唑；除了具有抑霉唑的特点外，还对锈病、灰霉病、稻瘟病有很好的活性。

专利概况

专利名称　Chiral imidazole fungicidal compositions andmethods for their use

专利号　US6207695

专利申请日　1999-12-23

专利拥有者　Celgene Corp(US)

合成方法　以 2-氯-1-(2,4-二氯苯) 乙酮为起始原料，经如下反应即得目的物：

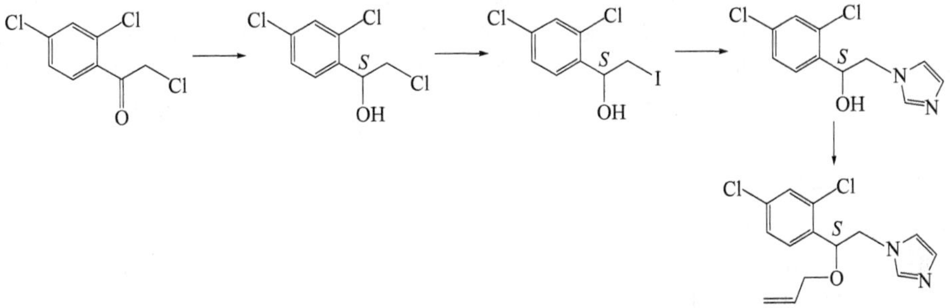

抑芽丹 maleic hydrazide

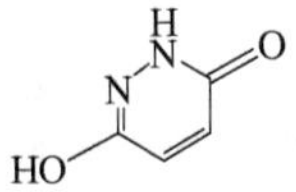

$C_4H_4N_2O_2$，112.1，10071-13-3(互变异构体)，123-33-1(二酮互变异构体)，28382-15-2(钾盐)，28330-26-9(钠盐)

抑芽丹(maleic hydrazide)，商品名称　Bos MH 180、Burtolin、Source、Vondalhyd、Fazor、Royal MH、Royal MH 180、Royal MH-30、Royal MH 30、Royal MH 60G。其他名称　MH、马来酰肼、青鲜素、芽敌。1949 年由 D. L. Schoene 和 O. L. Hoffmann 报道其植物生长调节活性，由 U S Rubber Co(现 Chemtura Corp)推出。

化学名称　6-羟基-2H-哒嗪-3-酮或 1,2-二氢哒嗪-3,6-二酮，6-hydroxy-2H-pyridazin-3-one 或 1,2-dihydropyridazine-3,6-dione。

理化性质　抑芽丹　原药含量≥97%。干的原药为白色结晶固体。熔点 298～299℃，不沸腾，310～340℃分解。蒸气压 3.1×10^{-3} mPa(25℃)。K_{ow}lg$P$：-2.01(pH 7)，-0.56(非离子化,25℃)。Henry 常数 4.05×10^{-8} Pa·m^3/mol(计算值)。相对密度 1.61(25℃)。水中溶解度(20℃,g/L)：3.8，4.56(pH 5)，50.20(pH 7)。有机溶剂中溶解度[(20±1)℃，g/L]：甲醇 3.83，1-辛醇 0.308，丙酮 0.175，乙酸乙酯、二氯甲烷、正庚烷和甲苯<0.001。pH=5 和 7 时放置 30d 几乎不光解，DT$_{50}$15.9d(pH 9)。50℃下，pH 4、7、9 时不水解。pK_a5.62(20℃)。抑芽丹钾盐 Henry 常数 3.3×10^{-7} Pa·m^3/mol(25℃)。水中溶解度 400g/kg(25℃)。抑芽丹钠盐水中溶解度 200g/kg(25℃)。

毒性　抑芽丹　大鼠急性经口 LD$_{50}$＞5000mg/kg。兔急性经皮 LD$_{50}$＞5000mg/kg。对兔眼睛和皮肤有轻微刺激，对豚鼠皮肤无致敏性。大鼠吸入 LC$_{50}$(4h)3.2mg/L。抑芽丹钾盐大鼠急性经口 LD$_{50}$3900mg/kg。对豚鼠皮肤无致敏性。大鼠吸入 LC$_{50}$(4h)＞4.03mg/L。NOEL 值[mg/(kg·d)]：大鼠(2y)25，狗(1y)25。对啮齿类动物无致癌性，对大鼠或兔无致畸性。抑芽丹钠盐大鼠急性经口 LD$_{50}$1770mg/kg。兔急性经皮 LD$_{50}$＞5000mg/kg。对眼睛有严重刺激，对皮肤有轻度刺激。大鼠吸入 LC$_{50}$(4h)＞2.07mg/L。

生态效应　抑芽丹　野鸭急性经口 LD$_{50}$＞4640mg/kg。野鸭和山齿鹑饲喂 LC$_{50}$(8d)＞10000mg/kg。鱼毒 LC$_{50}$(96h,mg/L)：虹鳟鱼＞1435，大翻车鱼 1608。水蚤 LC$_{50}$(48h)108mg/L。小球藻 IC$_{50}$(96h)＞100mg/L。抑芽丹钾盐　鸟急性经口 LD$_{50}$(mg/kg)：野鸭＞2250，山齿鹑＞2000。野鸭饲喂 LC$_{50}$(8d)＞5620mg/kg。鱼毒 LC$_{50}$(96h,mg/L)：虹鳟鱼＞1000，鲈鱼＞104。水蚤 LC$_{50}$(48h)＞1000mg/L。对蜜蜂无毒，LD$_{50}$(经口或接触)＞100μg/只。蚯蚓 LC$_{50}$(14d)＞1000mg/kg。月牙藻 IC$_{50}$/NOEC(5d)＞9.84mg/L；其他藻类 IC$_{50}$(5d,mg/L)：菱形藻＞97.8，鱼腥藻＞95，骨条藻＞102。糠虾 LC$_{50}$(96h)＞103mg/L，牡蛎 EC$_{50}$(96h)＞111mg/L。800g/kg 可溶粒剂抑芽丹钾盐对草蛉、隐翅蛾、星豹蛛无害，钾盐使用剂量为 4kg/hm^2 时对烟蚜茧蜂、螨虫有害。扩展实验研究表明，在该剂量下，对暴露在天然植物底物中的烟蚜茧蜂和梨盲走螨的死亡率无影响，但对梨盲走螨的繁殖有明显的影响。对梨盲走螨长时间残留的研究表明，使用制剂 7d 以后对死亡率和繁殖没有影响，这表明大田观察到的任何影响在本质上是短暂的，而且会快速恢复。钾盐使用剂量为 4kg/hm^2 和 20kg/hm^2 时，制剂对土壤微生物的呼吸、氨化和硝化均无影响。

环境行为

(1) 动物　大鼠快速吸收且 90% 药物通过尿液和胆汁排出。分布广泛且无积累。温和代谢，45%～58%以母体形式排出，其余以共轭物形式排出。

(2) 植物　马来酰肼的葡萄糖苷共轭物是在洋葱和马铃薯中的代谢物，马来酸、富马酸和马来酰亚胺是在马铃薯中生成的代谢物。

(3) 土壤/环境　土壤 DT$_{50}$：(实验室,20℃)11h～4d，(大田)2～17d；土壤 DT$_{90}$：(实验室,20℃)7～13d，(大田)7～14d。四种土壤中 K_{oc} 分别为 19.8、51.7、30.2 和 78.9。大田渗透研究表明，在使用剂量>0.1μg/L 时没有证据证明渗透到地下水。整个系统 DT$_{50}$：(河水/沉积物研究)226d，(池塘水/沉积物研究)320d。

制剂　30.2%水剂，800g/kg 可溶粒剂。

主要生产商　Chemtura、CCA Biochemical、Drexel、Laboratorios Agrochem、邯郸市赵都精细化工有限公司、连云港市金囤农化有限公司及麦德梅农业解决方案有限公司

作用机理与特点　抑芽丹主要经植物的叶片、嫩枝、芽、根吸收，然后经过木质部、韧皮部传导到植株生长活跃的部位积累起来，并进入顶芽。可以抑制顶端优势，抑制顶部旺长，使光合

作用的产物向下输送，进入腋芽、侧芽或块茎块根的芽里，可控制这些芽的萌发或延长这些芽的萌发期。其作用机理是抑制生长活跃部位中分生组织的细胞分裂。抑制分生区细胞分裂，但不抑制细胞扩展。

应用 抑芽丹可以作为植物生长调节剂，也具有一定的除草活性，可以抑制草坪、路边、河堤、城市绿化地带的杂草生长，抑制灌木和树木生长，抑制马铃薯、洋葱、甜菜、甘蓝、欧洲防风草、胡萝卜在储存过程中发芽，防止烟草根吸条生长，促使柑橘休眠，与2,4-滴混合可用作除草剂。可以用在烟草上，防治腋芽生长消耗烟株的养分，也可来防止储藏期的马铃薯、圆葱、大蒜、萝卜等发芽。

抑芽丹抑芽使用技术 打顶7d以后，待顶叶长到25cm左右时，全面实行化学抑芽。每亩用500mL 30.2%抑芽丹水剂兑水20kg，将烟株上长至2cm的腋芽全部抹除，然后用喷雾器均匀喷洒在中上部7～8片叶片上，药效在20d以上。施药浓度高时1次施药可抑制烟株腋芽至采收结束不再生长，在施药后烟叶容易出现假熟现象，叶片提前落黄，宜等到叶脉变白时再采收。抑芽丹的使用方法与其他抑芽剂不同，由于它是内吸性药剂，故采用叶面喷雾施药。在使用方面应注意以下几个要点。①使用时期过早将稍微抑制顶叶生长，在有条件的地方可打顶后先人工抹芽1次，封顶2周左右视顶叶生长情况再使用抑芽丹。②标准用量为每亩烟田使用30.2%抑芽丹水剂500mL，加水20kg，可只喷洒至烟株上部叶片。由于抑芽丹水剂相对密度比水大，故喷施前应混合搅拌均匀。③如果施药后6h降雨，要重新进行喷施。气温超过37℃或低于−10℃不宜施药。上午施用要等烟叶上露水干后方可施药。最好在阴天但不下雨的中午施用。晴天施用应在阳光辐射不强的下午进行，曝晒施药效果不理想。

专利与登记 专利US2575954、US2614916、US2614917、US2805926均早已过专利期。国内仅登记了99.6%原药。

合成方法 抑芽丹主要通过顺丁烯二酸酐和水合肼在酸性介质中反应得到。

参考文献

[1] 李荣成. 中国化工学会农药专业委员会第九届年会论文集，1998：404-406.

抑芽唑 triapenthenol

$C_{15}H_{25}N_3O$，263.4，76608-88-3[(E)-异构体]

抑芽唑(triapenthenol)，试验代号 BAY RSW0411。商品名称 Baronet。其他名称 抑高唑。是由德国拜耳公司(Bayer AG)开发的植物生长调节剂。

化学名称 (E)-(RS)-1-环己基-4,4-二甲基-2-(1H-1,2,4-三唑-1-基)戊-1-烯-3-醇，(E)-(RS)-1-cyclohexyl-4,4-dimethyl-2-(1H-1,2,4-triazol-1-yl)pent-1-en-3-ol。

理化性质 纯品为无色晶体，熔点135.5℃，蒸气压4.4×10^{-3} mPa(20℃)。K_{ow} lg$P = 2.274$。溶解度(g/L)：水0.068，丙酮150，二氯甲烷＞200，己烷5～10，甲醇433，异丙醇100～200，甲苯20～50。

毒性 急性经口 LD_{50}（mg/kg）：大鼠＞5000，小鼠约4000，狗5000。大鼠急性经皮 LD_{50}＞5000mg/kg。大鼠 NOEL（2y）100mg/kg 饲料。

生态效应 鸟急性经口 LD_{50}（mg/kg）：母鸡和日本鹌鹑（14d）＞5000，金丝雀（7d）＞1000。鱼毒 LC_{50}（96h,mg/L）：金色圆腹雅罗鱼34.4，古比鱼18.8，鲤鱼18，虹鳟鱼37。水蚤 LC_{50}（48h）＞70mg(a.i.)（70%WP）/L。对蜜蜂无害。

制剂 70%水分散粒剂，70%可湿性粉剂。

作用机理与特点 唑类植物生长调节剂，是赤霉素生物合成抑制剂，主要抑制茎杆生长，并能提高作物产量。在正常剂量下，不抑制根部生长，无论通过叶或根吸收，都能达到抑制双子叶作物生长的目的，而单子叶作物必须通过根吸收，叶面处理不能产生抑制作用。此外，还可使大麦的耗水量降低，单位叶面积蒸发量减少。如施药时间与感染时间一致时，也具有杀菌作用。(S)-(＋)-对映体是赤霉素生物合成抑制剂和植物生长调节剂，(R)-(＋)-对映体抑制甾醇脱甲基化，是杀菌剂。

应用 主要用于水稻，抗倒伏，在穗前12～15d使用，剂量为210～350g(a.i.)/hm²。以147～371g(a.i.)/hm² 用于油菜，防倒伏。用于其他禾本科植物，剂量为490～980g(a.i.)/hm²。

专利概况 专利 DE2906061 早已过专利期，不存在专利权问题。

合成方法 频那酮经氯化，制得一氯频那酮，然后在碱存在下，与1,2,4-三唑反应，生成 α-三唑基频那酮，再与环己基甲醛缩合，得到 E-酮和 Z-酮混合物，Z-酮通过胺催化剂异构化生成 E-异构体（E-酮），然后用硼氢化钠还原，即得抑芽唑。反应式如下：

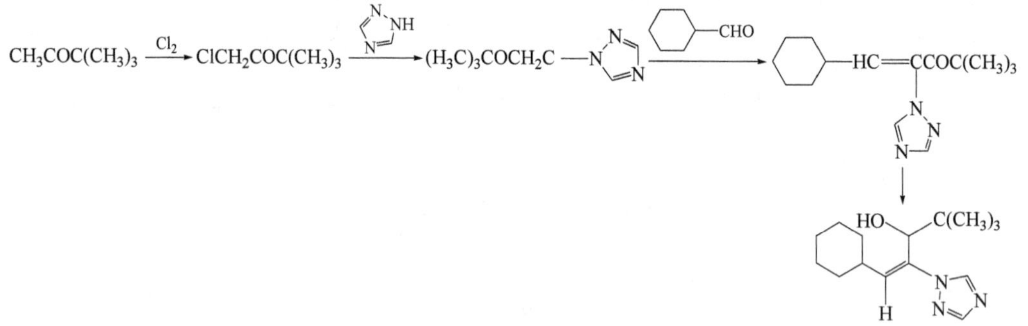

参考文献

[1] Pestic Sci，1987，19（2）：153-164.
[2] Plant Growth Regul，1993，13（2）：203.

益棉磷 azinphos-ethyl

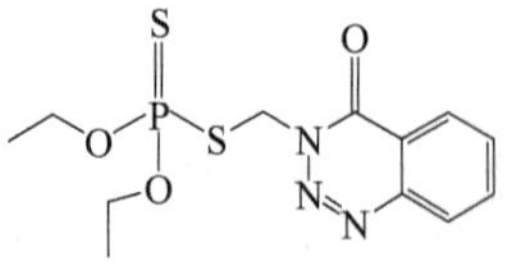

$C_{12}H_{16}N_3O_3PS_2$，345.4，2642-71-9

益棉磷（azinphos-ethyl），试验代号 Bayer 16259、E 1513、ENT 22014、R 1513。商品名称 Batazina。是 E. E. Lvy 等报道其活性，由 W. Lorenz 发现，Bayer AG 开发的有机磷类杀虫剂。

化学名称 S-3,4-二氢-4-氧代-1,2,3-苯并三嗪-3-基甲基 O,O-二乙基二硫代磷酸酯，S-3,4-dihydro-4-oxo-1,2,3-benzotriazin-3-ylmethyl O,O-diethyl phosphorodithioate。

理化性质 无色针状结晶，熔点50℃，沸点147℃（1.3Pa），蒸气压0.32mPa（20℃），相对密度 1.284(20℃)，$K_{ow}lgP=3.18$，Henry 常数 $2.5×10^{-2}Pa·m^3/mol$(20℃，计算)。水中溶解度(20℃)4～5mg/L；其他溶剂中溶解度(20℃，g/L)：正己烷 2～5，异丙醇 20～50，二氯甲烷＞1000，甲苯＞1000。在碱性介质中迅速水解，在酸性介质中相对稳定。DT_{50}(22℃)：3h(pH 4)，270d(pH 7)，11d(pH 9)。

毒性 大鼠急性经口 LD_{50} 约 12mg/kg，大鼠急性经皮 LD_{50}(24h)约 500mg/kg。对兔眼睛和皮肤无刺激。大鼠吸入 LC_{50}(4h)约 0.15mg/L 空气。NOEL 值(2y，mg/kg 饲料)：大鼠 2，狗 0.1，小鼠 1.4，猴 0.02。大鼠急性经腹腔 LD_{50}＞7.5mg/kg。

生态效应 日本鹌鹑急性经口 LD_{50}12.5～20mg/kg。鱼 LC_{50}(96h，mg/L)：金枪鱼 0.03，虹鳟鱼 0.08。水蚤 LC_{50}(48h)0.0002mg/L。本品对蜜蜂无毒(基于本品应用的方法)。

环境行为 进入动物体内的本品，在 2d 内，90％以上被代谢，并通过尿液和粪便排出，主要代谢物为单去乙基混合物和苯基联重氮亚胺。在植物内，降解物为苯基联重氮亚胺、二甲基苯基联重氮亚胺硫化物和二甲基苯基联重氮亚胺二硫化物。根据 K_{oc} 值和浸出研究实验结果，确定本品在土壤中流动性很差，半衰期为几周。在厌氧和需氧条件下，本品降解物为益棉磷去乙基钝化物、磺基甲基苯基联重氮亚胺、苯基联重氮亚胺甲基醚、甲基硫甲基砜和甲基硫甲基亚砜。

制剂 可湿性粉剂、乳油。

作用机理与特点 胆碱酯酶的直接抑制剂。具有触杀、胃毒作用的非内吸性杀虫、杀螨剂。具有很好的杀卵特效和持效性。

应用

(1) 适用作物 果树、蔬菜、马铃薯、玉米、烟草、棉花、咖啡、水稻、观赏植物、甜菜、油菜、麦类等，按说明用药时对作物没有损害，但一些乳剂制品可能会使某些果树枯叶。

(2) 防治对象 主要防治咀嚼式和刺吸式口器虫、螨，用于大田、果园防治虫螨，对抗性螨也有效，对棉红蜘蛛的防效比保棉磷稍高。

(3) 使用方法 使用剂量为 500～750g(a.i.)/hm²。

专利概况 专利 US2758115、DE927270 均早已过专利期，不存在专利权问题。

合成方法 经如下反应制得益棉磷：

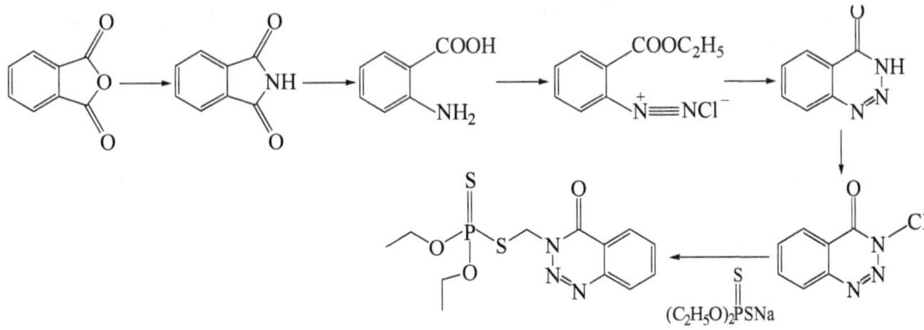

茵多酸 endothal

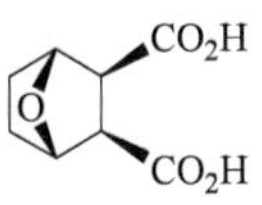

$C_8H_{10}O_5$，186.2，145-73-3，28874-46-6(1R,2S,3R,4S)，17439-94-0(二铵盐)，
2164-07-0(二钾盐)，129-67-9(二钠盐)，66330-88-9(N,N-二甲基烷基铵盐)

茵多酸(endothal)，其他名称 茵多杀、草多索。是由 Sharples Chemical Corp(United Phosphorus Ltd)开发的双环羧酸类除草剂、除藻剂、植物生长调节剂。茵多酸二钾盐商品名称 Aquathol、Herbicide 273；茵多酸二钠盐商品名称 Pennout、Turf Herbicide；茵多酸-单盐(N, N-二甲基烷基铵)商品名称 Accelerate、Des-I-Cate、Desicate Ⅱ、Evac、Flair、Hydrothol。

化学名称 7-氧杂双环[2.2.1]庚烷-2,3-二羧酸和 3,6-环氧环己烷-1,2-二羧酸，7-oxabicyclo[2.2.1]heptane-2,3-dicarboxylic acid 和 3,6-epoxycyclohexane-1,2-dicarboxylic acid。

理化性质 茵多酸有 4 个异构体，其中 rel-($1R$,$2S$,$3R$,$4S$)-异构体除草活性最优。为无色晶体(含一个结晶水)，熔点 144℃(含一个结晶水)。蒸气压 2.09×10^{-5} mPa(24.3℃)。相对密度 1.431(20℃)。溶解度(20℃,g/kg)：水 100，甲醇 280，二氧六环 76，丙酮 70，异丙醇 17，乙醚 1，苯 0.1。对光稳定；在 90℃下稳定，90℃以上经历转换为酐的缓慢过程。本品是二元酸，形成水溶性的胺和碱金属盐，pK_{a_1} 3.4、pK_{a_2} 6.7，不易燃。茵多酸二钾盐在水中的溶解度＞6.5g/100mL；茵多酸-单盐(N,N-二甲基烷基铵)：烷基是 $C_8 \sim C_{18}$，在水中的溶解度为 50g/100mL。

毒性

茵多酸 大鼠急性经口 LD_{50}(mg/kg)：38～45(酸)，206(66.7%的铵盐)。兔急性经皮 LD_{50}＞2000mg/L。吸入 LC_{50}(14d)0.68mg/L。大鼠 NOEL(2y)1000mg/kg 饲料。ADI(EPA) cRfD 0.007mg/kg。

茵多酸二钾盐 大鼠急性经口 LD_{50} 98mg/kg。兔急性经皮 LD_{50}＞2000mg/L。对兔眼睛有严重的刺激性，对皮肤有轻微的刺激性。对豚鼠皮肤无致敏性。

茵多酸二钠盐 急性经口 LD_{50} 182～197mg/kg(19.2%的水溶液)。对皮肤和眼睛有刺激性。

茵多酸-单盐(N,N-二甲基烷基铵) 大鼠急性经口 LD_{50} 233.4mg/kg。大鼠急性经皮 LD_{50} 480.9mg/kg。对兔皮肤和眼睛有严重的刺激性，对豚鼠皮肤无致敏性，大鼠急性吸入 LC_{50}(4h)0.7mg/L。

生态效应

茵多酸 野鸭急性经口 LD_{50} 111mg/kg。山齿鹑和野鸭饲喂 LC_{50}(8d)＞5000mg/L。鱼毒 LC_{50}(96h,mg/L)：虹鳟鱼 49，大翻车鱼 7。水蚤 LC_{50}(48h)92mg/L。对水藻有毒，其他水生生物 LC_{50}(96h,mg/L)：东方生蚝 54，糠虾 39，招潮蟹 85.1。对蜜蜂无毒。

茵多酸二钾盐 野鸭 LD_{50} 344mg/kg。山齿鹑和野鸭饲喂 LC_{50}(8d)＞5000mg/L。鱼毒 LC_{50}(96h,mg/L)：虹鳟鱼 107～528.7，大翻车鱼 316～510.2，大嘴鲈 130，小嘴鲈 47。水蚤 LC_{50} 72～319.5mg/L。淡水中蓝绿色和绿色海藻 LC_{50}＞4.8mg/L。LC_{50}(mg/L)：糠虾 79，招潮蟹 752.4。浮萍 EC_{50}(14d)0.84mg/L。

茵多酸-单盐(N,N-二甲基烷基铵) 鱼毒 LC_{50}(mg/L)：痴汉小鱼 0.94(96h)，虹鳟鱼 1.7(96h)，美鳊 0.32(120h)；飞鱼 TL50(96h)为 1.7mg/L。水蚤 LC_{50}(48h)0.36mg/L，贻贝 LC_{50}(48h)4.85mg/L。

环境行为

(1) 动物 在动物体内可快速吸收。消除 DT_{50} 1.8～2.5h。

(2) 植物 在植物体内的残留物主要是本品。

(3) 土壤/环境 在有氧土壤中，DT_{50} 8.5d。K_d 1.3～37.1。

主要生产商 Cerexagri。

应用 主要用于蔬菜田如菠菜、甜菜，草坪苗前或苗后除草，使用剂量为 2.0～6.0kg(a.i.)/hm²。也可用作苜蓿、马铃薯干燥剂、棉花脱叶剂，还可防除藻类和水生杂草。

专利概况 专利 US2550494、US2576080、US2576081 均已过专利期，不存在专利权问题。

合成方法 通过如下反应制得目的物：

4-吲哚丁酸 4-indol-3-ylbutyric acid

$C_{12}H_{13}NO_2$，230.2，133-32-4

4-吲哚丁酸(4-indol-3-ylbutyric acid)，其他名称　IBA。由 Union Carbide Corp 和 May & Baker Ltd(现均属 Bayer AG 公司)开发。

化学名称　4-吲哚-3-基丁酸，4-(indol-3-yl)butyric acid。

理化性质　无色或浅黄色晶体。熔点123～125℃，蒸气压<0.01mPa(25℃)，溶解度：水中250mg/L(20℃)；苯中>1000g/L，丙酮、乙醇、乙醚30～100g/L，氯仿0.01～0.1g/L。酸性和碱性介质中很稳定。不易燃。

毒性　小鼠急性经口 LD_{50} 100mg/kg，急性腹腔注射 LD_{50}>100mg/kg。

生态效应　鲤鱼 TLm(48h)180mg/L，对蜜蜂无毒。

环境行为　土壤中迅速降解。

制剂　1.2%水剂。

主要生产商　Anpon、CCA Biochemical、Green Plantchem、Interchem、重庆双丰化工有限公司、四川龙蟒福生科技有限责任公司、四川省兰月科技有限公司、四川国光农化股份有限公司、台州市大鹏药业有限公司、浙江天丰生物科学有限公司及浙江泰达作物科技有限公司。

作用机理与特点　吲哚丁酸是内源生长素，能促进细胞分裂与细胞生长，诱导形成不定根，增加坐果，防止落果，改变雌、雄花比率等。可经叶片、树枝的嫩表皮、种子进入植物体内，随营养流输导到起作用的部位。促进植物主根生长，提高发芽率、成活率。可促使插条生根。

应用　主要用作插条生根剂，也可用于冲施，滴灌，冲施肥增效剂、叶面肥增效剂。植物生长调节剂，用于促使细胞分裂和细胞增生，促进草木和木本植物的根的分生。①浸渍法：根据插条生根的难易情况，用50～300mg/L浸插条基部6～24h。浸根移植时，草本植物浸泡浓度10～20mg/L，木本植物浸泡浓度50mg/L；杆插时的浸渍浓度为50～100mg/L；浸种、拌种浓度则为100mg/L(木本植物)、10～20mg/L(草本植物)。②快浸法：根据插条生根的难易情况，用500～1000mg/L浸插条基部5～8s。③蘸粉法：将吲哚丁酸钾与滑石粉等助剂拌匀后，将插条基部浸湿，蘸粉，扦插。冲施肥大水每亩3～6g，滴灌1.0～1.5g，拌种0.05g原药拌30kg种子。

专利与登记　专利 US3051723 早已过专利期。国内主要登记了95%、98%原药，1.2%水剂，用于水稻、黄瓜等促进生长以达到增产效果，亦可以用作杨树等增根剂。

合成方法　由吲哚与γ-丁内酯在氢氧化钾作用下于280～290℃反应生成产品。

吲哚酮草酯 cinidon-ethyl

$C_{19}H_{17}Cl_2NO_4$，394.3，142891-20-1[(Z)-异构体]，132057-06-8(不区分异构)

吲哚酮草酯(cinidon-ethyl)，试验代号　BAS615H。商品名称　Lotus。其他名称　Aniten Duo、Lotus D、Orbit、Solar、Vega、环酰草酯，是巴斯夫公司开发的酰亚胺类除草剂。

化学名称　2-氯-3-[2-氯-5-(环己-1-烯-1,2-二羧酰亚氨基)苯基]丙烯酸乙酯，ethyl(2Z)-chloro-3-[2-chloro-5-(1,3,4,5,6,7-hexahydro-1,3-dioxo-2H-isoindol-2-yl)phenyl]-2-propenoate。

理化性质　原药纯度>90%。纯品为白色无味结晶体，熔点112.2～112.7℃，相对密度1.398(20℃)，沸点>360℃，蒸气压<1×10^{-2}mPa(20℃)。分配系数K_{ow}lg$P$=4.51(25℃)，Henry常数<6.92×10^{-2}Pa·m^3/mol。水中溶解度(20℃)0.057mg/L；其他溶剂中溶解度(20℃)，g/L：丙酮213，甲醇8，甲苯384。快速水解和光解，水解DT$_{50}$(20℃)：5d(pH 5)，35h(pH 7)，54min(pH 9)；光解DT$_{50}$2.3d(pH 5)。

毒性　大鼠急性经口LD$_{50}$>2200mg/kg。大鼠急性经皮LD$_{50}$>2000mg/kg。对兔眼睛和兔皮肤无刺激性，对豚鼠皮肤无致敏性。大鼠急性吸入LC$_{50}$(4h)>5.3mg/L。狗NOEL(1y)1mg/(kg·d)。ADI 0.01mg/kg。

生态效应　山齿鹑急性经口LD$_{50}$>2000mg/kg，饲喂山齿鹑和野鸭LC$_{50}$(8d)>5000mg/L。虹鳟鱼LC$_{50}$(96h)24.8mg/L。水蚤LC$_{50}$52.1mg/L；藻类E$_r$C$_{50}$(mg/L)：伪蹄形藻0.02，水华鱼腥藻1.53，膨胀浮萍0.602。蜜蜂LD$_{50}$(经口和接触)>200μg/只。蚯蚓LC$_{50}$>1000mg/kg土。

环境行为　可在土壤和水中直接进行生物降解。

(1)动物　在动物体内有限排出体外，可以迅速且广泛地分布到各个器官和组织中。

(2)植物　吲哚酮草酯代谢广泛，谷物中没有发现显著毒物学水平的残留。

(3)土壤/环境　土壤DT$_{50}$0.6～2d(实验室,有氧条件,20℃)。迅速矿化。在水中迅速分解，碱性越强，分解越迅速。不能在水中发生稳定光解。

制剂　80%乳油。

主要生产商　BASF。

作用机理与特点　原卟啉原氧化酶抑制剂。触杀型除草剂。作用速度快，应用灵活，活性受天气影响小。耐雨水冲刷，施药1～2h后，下雨对药效无影响。因其土壤降解半衰期不超过4d，故对地下水造成危害的可能性极小。

应用　主要用于苗后防除冬播和春播禾谷类作物如小麦、大麦等田中阔叶杂草如黄鼬瓣花、猪殃殃、宝盖草、野芝麻、婆婆纳等，使用剂量为15～50g(a.i.)/hm^2[亩用量为1～3.3g(a.i.)]。为提高对某些阔叶杂草的防除效果可与激素型除草剂如高2,4-滴丙酸、高2甲4氯丙酸混用，也可与灭草松混用。吲哚酮草酯也可与其他除草剂桶混使用。

专利概况　专利名称EP0384199早已过专利期，不存在专利权问题。

合成方法　以2-氯-5-硝基苯甲醛为起始原料，经多步反应制得目的物。反应式如下：

参考文献

[1] Proc Br Crop Prot Conf-Weed. 1999：81.

吲哚乙酸 indol-3-ylacetic acid

$C_{10}H_9NO_2$，175.2，87-51-4

吲哚乙酸（AIA），其他名称　IAA、heteroauxin、苗长素、生长素、异生长素。

化学名称　吲哚-3-基乙酸，indol-3-ylacetic acid。

理化性质　灰白色、无色、淡黄褐色粉末。熔点 168～170℃。蒸气压＜0.02mPa(60℃)。溶解度：水中 1.5g/L(20℃)；其他溶剂(g/L)：乙醇 100～1000，丙酮 30～100，乙醚 30～100，氯仿 10～30。稳定性：在中性和碱性溶液中非常稳定；光照下不稳定。pK_a4.75。

毒性　小鼠急性经皮 LD_{50}1000mg/kg。

生态效应　对蜜蜂无毒。

环境行为　土壤中迅速降解。

制剂　0.11%水剂。

主要生产商　Anpon、CCA Biochemical、Green Plantchem、Interchem、北京艾比蒂生物科技有限公司以及石家庄市兴柏生物工程有限公司。

作用机理与特点　影响细胞分裂和细胞生长。刺激草本和木本观赏植物的根尖生长。

应用　可用于诱导番茄单性结实和坐果，在盛花期以 3000mg/L 药液浸泡花，形成无籽番茄果，提高坐果率；也可促进插枝生根，以 100～1000mg/L 药液浸泡插枝的基部，可促进茶树、胶树、柞树、水杉、胡椒等作物不定根的形成，加快营养繁殖速度。1～10mg/L 吲哚乙酸和 10mg/L 噁霉灵混用，促进水稻秧苗生根。25～400mg/L 药液喷洒菊花一次（在 9h 光周期下），可抑制花芽的出现，延迟开花。生长在长日照下秋海棠以 10^{-5}mol/L 浓度喷洒一次，可增加雌花。处理甜菜种子可促进发芽，增加块根产量和含糖量。

登记情况　国内主要登记了 97%、98%原药，0.11%水剂，用于大豆、番茄、瓜类、蔬菜、水稻、小麦以及玉米等促进生长以达到增产效果。

合成方法　由吲哚、甲醛与氰化钾在150℃、0.9～1MPa下反应生成 3-吲哚乙腈，再在氢氧化钾作用下水解生成吲哚乙酸。或由吲哚与羟基乙酸反应得到。

吲唑磺菌胺 amisulbrom

$C_{13}H_{13}BrFN_5O_4S_2$，466.3，348635－87－0

吲唑磺菌胺(amisulbrom)，试验代号 NC-224。商品名称 Leimay、Oracle、Vortex。其他名称 Canvas、Potato-use Oracle WG、Wang Chun Fong SC、Shaktis WG、Sanvino。是由日本日产化学公司创制的三唑磺酰胺类杀菌剂。

化学名称 3-(3-溴-6-氟-2-甲基吲哚-1-磺酰基)-N,N-二甲基-1H-1,2,4-三唑-1-磺酰胺，3-(3-bromo-6-fluoro-2-methylindol-1-ylsulfonyl)-N,N-dimethyl-1H-1,2,4-triazole-1-sulfonamide。

理化性质 工业品纯度为99%。纯品为无色无味粉末，熔点128.6～1300℃。蒸气压1.8×10^{-5}mPa(25℃)。$K_{ow}\lg P=4.4$。Henry常数为2.8×10^{-5}Pa·m^3/mol。相对密度为1.61(20℃)。水中溶解度0.11mg/L(20℃,pH 6.9)。水溶液稳定性：DT_{50}(pH 9,25℃)5d。

毒性 大鼠急性经口$LD_{50}>$5000mg/kg，大鼠急性经皮$LD_{50}>$5000mg/kg，大鼠吸入$LD_{50}>$2.85mg/L。

生态效应 山齿鹑$LD_{50}>$2000mg/kg，饲喂LD_{50}(5d)$>$5000mg/kg。鲤鱼LC_{50}(96h,流动水相)22.9μg/L。水蚤EC_{50}(48h,静止)36.8μg/L，羊角月牙藻E_bC_{50}(96h)22.5μg/L，摇蚊虫$EC_{50}>$111.4μg/L。蜜蜂LD_{50}(经口和接触)$>$100μg/只，蚯蚓LC_{50}(14d)$>$1000mg/L，蚜茧蜂LR_{50}(48h)$>$1000g/hm^2。

环境行为 施用后，残留药品很快在土壤和水中降解，在土壤中不会积累。迅速被土壤吸收。

（1）动物 体内残留物仅包括母体化合物吲唑磺菌胺。

（2）植物 植物体内残留物中仅包括母体化合物吲唑磺菌胺。

（3）土壤/环境 田间DT_{50}3～13d，DT_{90}9～42d。

制剂 17.7%可湿性粉剂，200g/L、18%、20%悬浮剂，50%水分散粒剂，等。

主要生产商 Nissan。

作用机理与特点 复合体Ⅲ抑制剂，影响真菌线粒体的呼吸作用，作用在Q_i(乌比醌类还原酶)位点。可抑制真菌呼吸及孢子萌发。

应用 吲唑磺菌胺登记的作物主要为黄瓜、葡萄、马铃薯和大豆，用于防治如黄瓜霜霉病和马铃薯晚疫病等病害。吲唑磺菌胺的使用方式较为灵活多样，既可以做叶面喷雾处理，也可做土壤处理和种子处理。市面上的吲唑磺菌胺产品多数做叶面喷雾处理，如Leimay；做土壤处理使用的Oracle，最早于2010年在日本上市；做种子处理使用的Vortex，主要登记用于豆类作物。

吲唑磺菌胺17.7%可湿性粉剂的使用方法见表237。

表237 吲唑磺菌胺(17.7%可湿性粉剂)的使用方法

作物	施用病害	稀释倍数	使用时期	使用次数	使用方法
马铃薯	疫病	2000～3000	收获前7d	4次以内	喷洒
大豆	霜霉病	2000	收获前7d	3次以内	
番茄	疫病	2000～4000	收获前1d	4次以内	
黄瓜	霜霉病	2000～4000	收获前1d	4次以内	
甜瓜	霜霉病	2000	收获前1d	4次以内	
葡萄	霜霉病	3000～4000	收获前14d	4次以内	

吲唑磺菌胺200g/L悬浮剂对黄瓜霜霉病、马铃薯晚疫病有较好防治效果，防效为80%～90%。防治黄瓜霜霉病适宜在发病初期喷雾，间隔7～10d，施药2～3次；防治马铃薯晚疫病在发病前或始见病斑时叶面喷雾，间隔7～10d，施药2～3次。推荐有效成分用量40～80g/hm^2，每亩制剂用量13.3～26.7mL。

吲唑磺菌胺50%水分散粒剂对水稻立枯病有较好防效，防效为90%～100%。适宜在播种覆土前均匀浇灌苗床，药液量以苗床土均匀浇透为宜。推荐有效成分用量0.25～0.75g/m^2。

专利与登记

专利名称 Sulfamoyl Compounds and Agricultural or Horticultural Bactericide

专利号 WO9921851

专利申请日 1998-10-23

专利拥有者 日产化学工业株式会社

在其他国家申请的化合物专利：EP1031571、US2002103243、US6620812、US2004143116、US7067656、US6350748、PT1031571、PL340074、PL198030、KR20010031410、JP4438919、HU0100610、ES2362500、EA002820、CN1550499、CN1279679、CN1158278、CA2309051、BR9815211、AU9647098、AU755846、AT499365 等。

2007 年，日产化学在英国登记了吲唑磺菌胺和代森锰锌的复配制剂 Shinkon，用于防治马铃薯晚疫病，这是吲唑磺菌胺在全球范围内的首次登记。2008 年，日产化学在日本登记和上市了吲唑磺菌胺，商品名为 Leimay。同年，以商品名 Myungjak 在韩国登记。2014 年，吲唑磺菌胺正式获得欧盟登记批准。截至目前，吲唑磺菌胺已获得日本、韩国、奥地利、比利时、爱沙尼亚、芬兰、德国、意大利、拉脱维亚、立陶宛、卢森堡、荷兰、西班牙、瑞士、瑞典、英国和越南等地登记批准。2016 年在中国大陆取得临时登记，登记了 97% 原药、18% 悬浮剂、50% 水分散粒剂，用于防治黄瓜霜霉病，施用剂量 $60 \sim 80 g/hm^2$，施用方法为喷雾；用于防治水稻苗期立枯病，施用剂量为 $0.25 \sim 0.5 g/m^2$，施用方法为苗床浇灌；用于防治烟草黑胫病，施用剂量为 $2000 mg/kg$ 和 $75 \sim 105 g/m^2$，施用方法分别为苗期喷淋和喷雾。

合成方法 经如下反应制得吲唑磺菌胺：

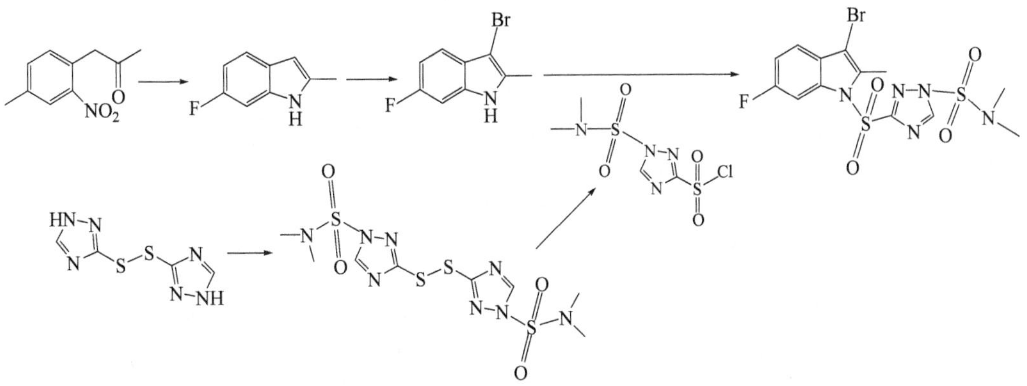

参考文献

[1] 张奕冰. 世界农药, 2009, 1：54.

印楝素 azadirachtin

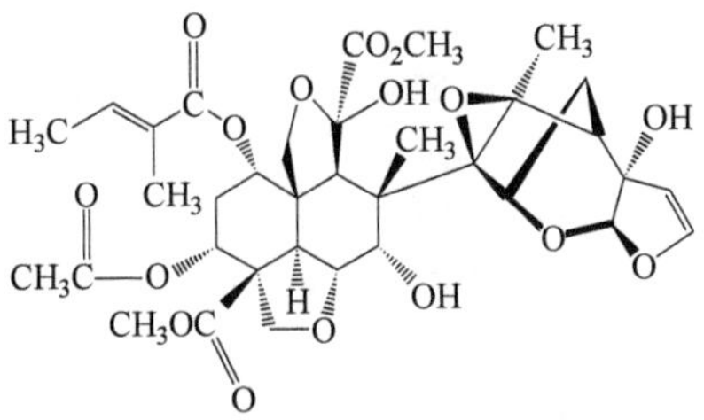

$C_{35}H_{44}O_{16}$，720.7，11141-17-6

印楝素（azadirachtin），试验代号　N-3101。商品名称　Azatin、Align、Amazin、Aza、Biotech、Blockade、Ecozin、EI-783、Kayneem、NeemAzal、Neememulsion、Neemix、Neemolin、Jawan、Neemactin、Neemgard、Neem Suraksha、Neem Wave、Niblecidine、Nimbecidine、Ornazin、Proneem、Trineem、Vineem、由 Cyclo 研制、Certis 开发的杀虫剂。1968 年 Butterworth 和 Morgan 成功地分离印楝素；Broughton 等确定了印楝素的主体化学结构；稍后，印楝素分子的

立体化学结构得以详细描述。

化学名称 二甲基(3S,3aR,4S,5S,5aR,5a^1R,7aS,8R,10S,10aS)-8-乙酰氧-3,3a,4,5,5a,5a^1,7a,8,9,10-十氢-3,5-二羟基-4-[(1S,3S,7S,8R,9S,11R)-7-羟基-9-甲基-2,4,10-三噁四环[6.3.1.0^{3,7}.0^{9,11}]十二-5-烯-11-基]-4-甲基-10[(E)-2-甲基丁-2-烯酰氧基]-1H,7H-萘并[1,8a,8-bc;4,4a-c']二呋喃-3,7a-二羧酸酯。dimethyl(2aR,3S,4S,4aR,5S,7aS,8S,10R,10aS,10bR)-10-acetoxy-3,5-dihydroxy-4-[(1aR,2S,3aS,6aS,7S,7aS)-6a-hydroxy-7a-methyl-3a,6a,7,7a-tetrahydro-2,7-methanofuro[2,3-b]oxireno[e]oxepin-1a(2H)-yl]-4-methyl-8-[[(2E)-2-methylbut-2-enoyl]oxy]octahydro-1H-naphtho[1,8a-c;4,5-b'c']difuran-5,10a(8H)-dicarboxylate。

组成 印楝素是印楝树种子提取物的主要活性成分；这些提取物也包括一系列柠檬苦素，比如印苦楝内酯(limonoids)、印楝素(nimbin)、印楝沙兰林(salannin)。印楝树乳剂由含有体积比为25%的印楝素、30%～50%的其他印苦楝内酯(limonoids)、25%脂肪酸和7%的甘油酯的原料制得。

理化性质 纯品为具有大蒜/硫黄味的黄绿色粉末。印楝树油为具有刺激大蒜味的深黄色液体。$K_{ow}\lg P=1.09$。熔点155～158℃。相对密度1.276(20℃)。蒸气压3.6×10^{-6}mPa(20℃)。水中溶解度0.26g/L，能溶于乙醇、乙醚、丙酮和三氯甲烷，难溶于正己烷。避光保存，DT$_{50}$50d(pH=5,室温)；高温下、碱性、强酸介质中易分解。旋光度[α]$_D$-53℃(c=0.5,CHCl$_3$)，闪点>60℃(泰克闭口杯法)。

毒性 大鼠急性经口LD$_{50}$>5000mg/kg，兔急性经皮LD$_{50}$>2000mg/kg。无皮肤刺激，对兔眼有轻度刺激。对豚鼠皮肤轻度致敏。大鼠吸入LC$_{50}$0.72mg/L。ADI(BfR)0.1mg/kg。

生态效应 对野生鸟类无明显毒副作用，乳油制剂在推荐用量下对鱼无致死作用，对虹鳟鱼半致死浓度为0.48mg/L，达到较高浓度时可导致鱼类死亡，见水见光迅速分解(50～100h)，无累积毒性且残效期短。对蜘蛛、蝴蝶、蜜蜂、瓢虫和害虫寄主等有益生物无害，有研究表明只有对花施药蜜蜂才会受到影响。

环境行为 印楝素在土壤中移动性较低且残效期短，毒性极低(3%的苦楝素水剂，大鼠经口LD$_{50}$>5000mg/kg)，且没有触杀作用。在植物叶上DT$_{50}$约17h；在土壤中DT$_{50}$约25d。市售制剂含有稳定剂可以防止水解、光解。因此对环境、天敌等益虫安全。

制剂 目前在欧美市场上销售的制剂有两种：Margosan-O(含量为0.3%)和Azatin(含量为3%)。在我国有0.3%、0.5%、0.7%印楝素乳油。

主要生产商 AGBM、Certis、Fortune、Interchem、Sharda及Tagros等。

作用机理与特点 蜕皮激素抑制剂。通过其疏水作用使昆虫窒息、机体干燥，从而发挥杀虫、杀螨作用。印楝素兼具拒食剂和昆虫生长调节剂等多种作用方式，在很低的剂量下即可降低昆虫蜕皮激素的合成，使昆虫不能蜕皮，还能使成虫不能繁殖，正是由于其具有拒食作用，因此其效果优于一般的昆虫生长调节剂。

应用

(1) 适用作物 印楝素几乎适用于所有农作物、观赏植物以及草坪等。

(2) 防治对象 印楝素是一种广谱的杀虫杀螨剂，到目前为止，在进行测试的200多种害虫中，对其中的90%都有活性。对鳞翅目、鞘翅目及双翅目等害虫有特效，如粉虱、潜叶虫、梨虱等。印楝素对许多植物病原真菌(白粉病和锈病)、细菌、病毒和线虫都有较好的抑制作用。

(3) 残留量与安全施药 在植物叶上DT$_{50}$约17h；在土壤中DT$_{50}$约25d。

(4) 使用方法 防治鳞翅目、鞘翅目及双翅目等害虫，使用剂量为10～20g(a.i.)/hm^2。防治十字花科蔬菜小菜蛾，在小菜蛾危害期，于1～2龄幼虫盛发期及时施药。可用0.3%印楝素乳油800倍液喷雾。根据虫情约7d可再防治一次或使用其他药剂。印楝素可防治花卉上的多种害虫，如对蚜虫、蛾类、螨类、蜻类、蝇类、蜗牛类等都有明显的防治效果。同时，与其他农药相比，用相同药量施用于同类花卉，防效高，缓效性作用大。其使用方法一般是每公顷用0.3%印楝素乳油800～1500mL加水750L均匀喷雾。如系单株防治害虫，用0.3%印楝素原药乳油

100mL 兑水 800～1000mL 喷雾即可。

专利与登记 印楝素本身不存在专利问题。国内登记情况：10％、12％、20％、40％母药，0.3％、0.5％、0.6％、0.7％乳油，等，登记作物为甘蓝、柑橘树、十字花科蔬菜和茶树等，防治对象为斜纹夜蛾、潜叶蛾、小菜蛾和茶毛虫等。

合成方法 以印楝树种子、树叶等为原料，经萃取，处理而得。用印度印楝树种子、树叶作为杀虫剂的历史可追溯到害虫控制行为之始，已有 2000 多年历史，然而，从 1988 年开始，其商业价值才显得非常重要，这是因为印楝素的分子结构在此之前尚未确定。2007 年英国剑桥大学 Steve. V. Ley 教授领导的 46 位科学家经过 22 年的努力，终于完成了它的首次人工合成。合成路线为：

参考文献

[1] TetrahedronLetters，1985，26(52)：6435.
[2] J Chem Soc Chem Comm，1986：46.
[3] J Chem Soc Chem Comm，1992：1304.
[4] Angewandte Chemie，2007，46(40)：7629-7632.
[5] 查友贵．世界农药，2003，25（4）：29-34.

茚草酮 indanofan

C$_{20}$H$_{17}$ClO$_3$，340.8，133220-30-1

茚草酮（indanofan），试验代号　MK-243、MX70906、NH-502。商品名称　Dynaman、Kusastop。是由 Mitsubishi Kasei Corp（现 Mitsubishi Chemical Corp，后售予日本农药株式会社）开发的茚满类除草剂。

化学名称　(RS)-2-[2-(3-氯苯基)-2,3-环氧丙基]-2-乙基茚满-1,3-二酮，(RS)-2-[2-(3-chlorophenyl)-2,3-epoxypropyl]-2-ethylindan-1,3-dione。

理化性质　原药纯度≥96%，无色晶体，熔点60～61.1℃。蒸气压 2.8×10^{-3} mPa(25℃)。分配系数 K_{ow} lg$P$=3.59(25℃)。Henry 常数 5.6×10^{-5} Pa·m^3/mol(计算值)。相对密度 1.24(25℃)。水中溶解度为 17.1mg/L(25℃)。其他有机溶剂中的溶解度(25℃,g/L)：己烷10.8，甲醇120，甲苯、二氯甲烷、丙酮、乙酸乙酯＞500。在酸性条件下水解；DT$_{50}$13.1d(pH 4,25℃)。

毒性　急性经口 LD$_{50}$(mg/kg)：雄大鼠 631，雌大鼠 460，雄小鼠 509，雌小鼠 508。大鼠急性经皮 LD$_{50}$＞2000mg/kg。对眼睛有轻微刺激性，对皮肤无刺激性。大鼠急性吸入 LC$_{50}$(4h)＞1.57g/m^3。NOEL[2y,mg/(kg·d)]：雄大鼠 0.356，雌大鼠 0.432。ADI 0.0035mg/kg。Ames 试验为阴性。

生态效应　山齿鹑急性经口 LD$_{50}$＞2000mg/kg。鲤鱼 LC$_{50}$(96h)4.59mg/L。水蚤 EC$_{50}$(48h)7.90mg/L。月牙藻 E$_b$C$_{50}$(72h)0.00152mg/L。蜜蜂 LD$_{50}$（经口和接触）＞100μg/只。

环境行为　土壤/环境　DT$_{50}$：稻田地 1～3d，山地 1～17d。

制剂　50%可湿性粉剂，50%水分散性粒剂，3%悬浮剂，40%乳油等。

主要生产商　Nihon　Nohyaku。

作用机理　茚草酮是通过抑制杂草生长来除草的，这与丙草胺和苯噻酰草胺等乙酰胺类除草剂类似。尽管作用方式的细节仍在研究之中，但已初步断定这种作用方式是通过抑制脂肪酸的合成来实现的。

应用　适用于水稻、小麦、大麦。水稻田苗前、苗后除草，小麦和大麦苗前除草。其特点如下：①杀草谱广，对作物安全。茚草酮具有广谱的除草活性，在苗后早期每公顷用150g茚草酮有效成分能很好地防除水稻田一年生杂草和阔叶杂草如稗草、扁秆藨草、鸭舌草、异型莎草、牛毛毡等。苗后每公顷用250～500g茚草酮有效成分能防除旱地一年生杂草如马唐、稗草、早熟禾、叶蓼、繁缕、藜、野燕麦等。对水稻、大麦、小麦以及草坪安全。②用药时机宽，茚草酮用药时机宽余，能防除水稻田苗后至3叶期稗草。③低温性能好，即使在低温下，茚草酮也能有效地除草。④适用的创新剂型像茚草酮的低容量分散粒剂和大丸剂，这样的创新剂型很适用。茚草酮是第一个以低容量分散粒剂剂型登记的除草剂。农民可以在水稻田堤上施用，不必遍布水稻田，这样大大节省了劳动力。

专利概况 专利 EP0398258、US5076830 均已过专利期，不存在专利权问题。

合成方法 以苯酐和间氯乙基苯为起始原料，经如下反应（详细内容请参考文献[2]）即得目的物。反应式如下：

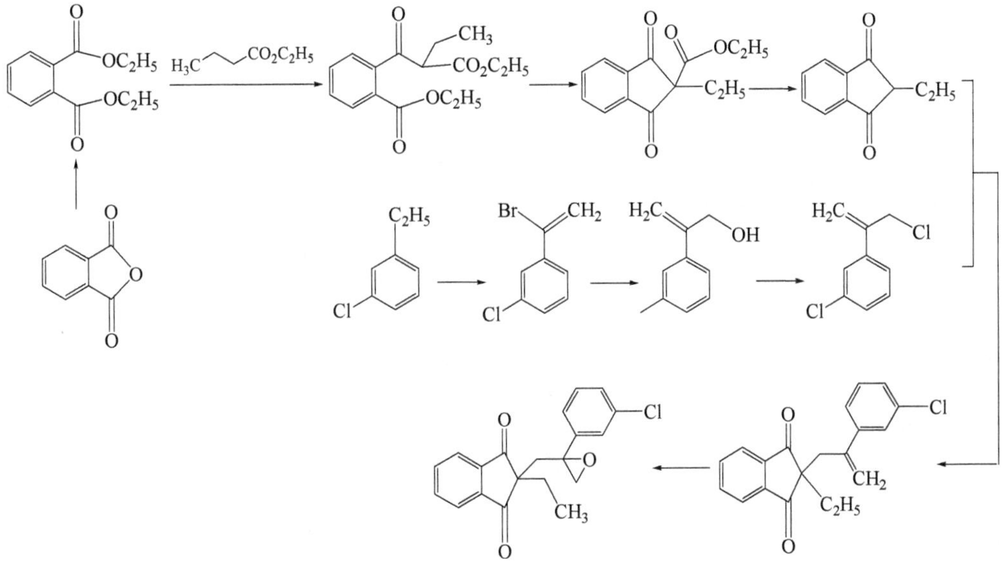

参考文献

[1] 侯春青. 世界农药，2001，1：51-52.
[2] 张一宾. 世界农药，2002，4：6-11.
[3] 张一宾. 世界农药，2005，1：6-9.

茚虫威 indoxacarb

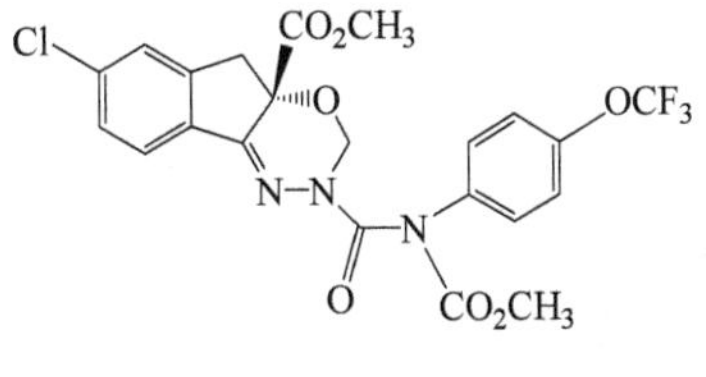

$C_{22}H_{17}ClF_3N_3O_7$，527.8，144171-61-9（DPX-JW062 和 DPX-MP062），173584-44-6（DPX-KN128）

茚虫威（indoxacarb），试验代号 DPX-JW062、DPX-KN128、DPX-KN127、DPX-MP062。商品名称 Advion、Ammate、Amsac、Avatar、Avaunt、Daksh、Dhawa、Fego、Provaunt、Rumo、Steward。其他名称 安打、全垒打、安美。是美国杜邦公司开发的新型噁二嗪类（oxadiazine）杀虫剂。

化学名称 (S)-N-[7-氯-2,3,4a,5-四氢-4a-(甲氧基羰基)茚并[1,2-e][1,3,4]噁二嗪-2-羰基]-4′-(三氟甲氧基)苯氨基甲酸甲酯，methyl(S)-N-[7-chloro-2,3,4a,5-tetrahydro-4a-(methoxy-carbonyl)indeno[1,2-e][1,3,4]oxadiazin-2-ylcarbonyl]-4′-(trifluoromethoxy)carbanilate。

组成 DPX-JW062：S 异构体（活性成分）和 R 异构体（非活性成分）的比例为 1∶1；DPX-MP062：S 异构体和 R 异构体的比例为 3∶1；DPX-KN127（IN-KN127）：R 异构体；DPX-KN128：S 异构体。数据参照 DPX-KN128（除非另有说明）。工业品 S 异构体含量≥62.8%。

理化性质　白色粉状固体，熔点88.1℃（DPX-KN128），140～141℃（DPX-JW062），87.1～141.5℃（DPX-MP062）。蒸气压2.5×10^{-5}mPa（25℃）。相对密度1.44（20℃）。$K_{ow}\lg P=4.65$。Henry常数6×10^{-5}Pa·m³/mol。水中溶解度0.2mg/L（25℃）（DPX-KN128）；15mg/L（25℃）（DPX-JW062）；22.5μg/L（20℃）（DPX-MP062）。其他溶剂中溶解度（25℃，g/L）：正辛醇14.5，甲醇103，乙腈139，丙酮>250g/kg（DPX-KN128）；正庚烷1.72，邻二甲苯117，二氯甲烷、丙酮和N,N-二甲基甲酰胺均>250g/kg（DPX-MP062）。水溶液中DT_{50}（25℃）：1y（pH 5），22d（pH 7），0.3h（pH 9）（DPX-KN128和DPX-MP062）。

毒性　大鼠急性经口LD_{50}（mg/kg）：雌雄>5000（DPX-JW062）；雄1732，雌268（DPX-MP062）；雄843，雌179（DPX-KN128）。DPX-JW062：雌雄大鼠急性经皮LD_{50}>5000mg/kg，对兔眼有刺激，对皮肤无刺激，对豚鼠皮肤无致敏性；DPX-MP062：雌雄大鼠急性经皮LD_{50}>5000mg/kg，对兔眼、皮肤无刺激，对豚鼠皮肤有致敏性；DPX-KN128：雌雄大鼠急性经皮LD_{50}>5000mg/kg，对兔眼、皮肤无刺激，对豚鼠皮肤有致敏性。大鼠吸入LC_{50}（mg/m³）：雄性>5.4，雌性4.2（DPX-JW062）。DPX-JW062、DPX-MP062和DPX-KN128慢性亚慢性NOEL2mg/（kg·d）。ADI：（JMPR）0.01mg/kg［2005，2006］；（EC）0.006mg/kg［2006］；（EPA）最低aRfD 0.02，cRfD 0.02mg/kg［2000］。Ames试验均为阴性。

生态效应　山齿鹑急性经口LD_{50}98mg/kg（DPX-MP062）。DPX-MP062饲喂LC_{50}（5d，mg/L）：野鸭>5620［>1803mg/（kg·d）］，山齿鹑808［340mg/（kg·d）］。鱼毒LC_{50}（96h，mg/L）：大翻车鱼0.9，虹鳟鱼0.65（DPX-MP062）；虹鳟鱼>0.17（DPX-KN128）。水蚤EC_{50}（48h，mg/L）：0.6（DPX-MP062），>0.17（DPX-KN128）。水藻EC_{50}（96h）>0.11mg/L（DPX-MP062）。蜜蜂LD_{50}（μg/只）：经口0.26，接触0.094（DPX-MP062）。蚯蚓LC_{50}（14d）>1250mg/kg（DPX-MP062）。DPX-MP062 30WG和DPX-MP062 150EC对非靶标节肢动物无害。

环境行为

（1）动物　对大鼠经口DPX-JW062和DPX-MP062后代谢情况进行研究发现大部分药剂在96h后分解。多数代谢可产生众多的副代谢物。在尿液和粪便中，代谢物大多为裂解产物（二氢化茚或者三氟甲氧基苯环产物）。主要的代谢反应包括：二氢化茚环的羟基化、氨基氮上羧酸甲酯基团的水解、噁二嗪环的开环等反应。

（2）土壤/环境　在淤泥土壤中DT_{50}17d。茚虫威属中度持久：需氧下DT_{50}3～23d，厌氧下DT_{50}186d。流动性差，其K_{oc}3300～9600mL/g。水中光解DT_{50}3d（pH 5）。

制剂　主要产品或制剂有Indoxacarb Technical 52.7％（主要用于配制其他混剂）、30％水分散粒剂（全垒打，主要用于蔬菜、果树）、15％悬浮剂（安打，主要用于棉花）。

主要生产商　杜邦。

作用机理与特点　钠通道抑制剂。主要是阻断害虫神经细胞中的钠离子通道，使神经细胞丧失功能，导致靶标害虫麻痹、协调性差，最终死亡。药剂通过接触和摄食进入虫体，0～4h内昆虫即停止取食，因麻痹、协调能力下降，故从作物上落下，一般在药后4～48h内麻痹致死，对各龄期幼虫都有效。害虫从接触药液或食用含有药液的叶片到其死亡会有一段时间，但害虫此时已停止对作物取食，即使此时害虫不死，对作物叶片或棉蕾也没有损害作用。由于茚虫威具有较好的亲脂性，仅具有触杀和胃毒作用，虽没有内吸活性，但具有较好的耐雨水冲刷性能。试验结果表明DPX-KN128与其他杀虫剂如菊酯类、有机磷类、氨基甲酸酯类等均无交互抗性。对鱼类、哺乳动物、天敌昆虫包括螨类安全，因此是可用于害虫的综合防治和抗性治理的理想药剂。

应用

（1）适用作物　蔬菜如甘蓝、芥蓝、花椰类、番茄、茄子、辣椒、瓜类（如黄瓜等）、莴苣等，果树如苹果、梨、桃、杏、葡萄等，作物如棉花、甜玉米、马铃薯。

（2）防治对象　鳞翅目害虫如棉铃虫、菜青虫、烟青虫、小菜蛾、甜菜夜蛾、斜纹夜蛾、甘蓝夜蛾、银纹夜蛾、粉纹夜蛾、卷叶蛾类、苹果蠹蛾、叶蝉、葡萄小食心虫、葡萄长须卷叶蛾、金刚钻、棉大卷叶螟、牧草盲蝽、马铃薯块茎蛾、马铃薯甲虫、田间红火蚁等。

（3）残留量与安全施药　为了安全、减少残留，在作物收获前 3d（蔬菜）、14d（棉花）和 28d（果树）禁止使用茚虫威。应用间隔时间大多数蔬菜 3d，番茄 5d，棉花 5d。果树每季最多用三次，其他用四次。由于茚虫威毒性低，在施药 12h 后，若人进入施药田即很安全。具体残留标准如下：动物（牛、羊、马、猪）脂肪（0.75mg/L），动物（牛、羊、马、猪）肉（0.03mg/L），动物（牛、羊、马、猪）其他加工品（0.02mg/L），玉米（食用、种子、饲料、茎叶）（0.02～15mg/L），棉织品（15mg/L），棉花种子（2mg/L），牛奶（0.1mg/L）、苹果（1mg/L）、苹果汁（3mg/L），其他水果蔬菜（0.2～0.5mg/L）。

（4）应用技术　为防止害虫抗性出现，可在防治棉铃虫、小菜蛾等害虫时与其他杀虫剂交替使用。使用茚虫威时加入 0.1%～0.2%（体积分数）表面活性剂，可降低用药量。喷液量每亩人工 20～50L，拖拉机 7～10L，飞机 1～2L。施药应选早晚风小、气温低时进行。气温高于 28℃、空气相对湿度低于 65%、风速大于 5m/s 时应停止施药。

（5）使用方法　在世界范围内茚虫威推荐使用剂量为 12.5～125g(a.i.)（DPX-KN128）/hm²，使用方法为茎叶喷雾处理。蔬菜、甜玉米等使用剂量为 28～74g(a.i.)（DPX-KN128）/hm²，苹果、梨等使用剂量为 28～125g(a.i.)（DPX-KN128）/hm²，棉花使用剂量为 72～125g(a.i.)（DPX-KN128）/hm²。

在我国推荐使用情况如下：防治菜青虫，每亩用 30% 茚虫威 4.4～8.8g[19.5～39g(a.i.)/hm²] 或每亩用 15% 茚虫威 8.8～13.3mL[19.5～30g(a.i.)/hm²]。防治小菜蛾和甜菜夜蛾等，每亩用 30% 茚虫威 4.4～8.8g[19.5～39g(a.i.)/hm²] 或每亩用 15% 茚虫威 8.8～17.6mL[19.5～39g(a.i.)/hm²]。根据害虫危害的严重程度，可采取连续 2～3 次施药，每次间隔 5～7d。防治棉铃虫，每亩用 30% 茚虫威 6.6～8.8g 或 15% 茚虫威 13.3～17.6mL[30～39g(a.i.)/hm²]。依棉铃虫危害的轻重，间隔 5～7d 连续 2～3 次施药。

专利与登记　专利 WO9211249、US5869657 等均以过专利期，不存在专利权问题。国内登记情况：94%、95%、96%、98% 原药，15%、150g/L 悬浮剂，15%、30% 水分散粒剂，6% 微乳剂，等，登记作物为水稻、甘蓝、十字花科蔬菜、棉花等，防治对象为稻纵卷叶螟、小菜蛾、菜青虫、棉铃虫、甜菜夜蛾等。美国杜邦公司在中国登记情况见表238。

表 238　美国杜邦公司在中国登记情况

商品名	登记号	含量	剂型	登记作物	防治对象	用药量/(g/hm²)	施用方法
茚虫威	LS20082339	150g/L	乳油	甘蓝 水稻	小菜蛾 稻纵卷叶螟	22.5～40.5 27～36	喷雾 喷雾
茚虫威	PD20060019	150g/L	悬浮剂	十字花科蔬菜 十字花科蔬菜 十字花科蔬菜 棉花	甜菜夜蛾 菜青虫 小菜蛾 棉铃虫	22.5～40.5 11.25～22.5 22.5～40.5 22.5～40.5	喷雾 喷雾 喷雾 喷雾
茚虫威	PD20070093	30%	水分散粒剂	十字花科蔬菜 十字花科蔬菜 十字花科蔬菜	甜菜夜蛾 小菜蛾 菜青虫	22.5～40.5 22.5～40.5 11.25～20.25	喷雾 喷雾 喷雾
茚虫威	PD20101870	150g/L	乳油	水稻	稻纵卷叶螟	120～160	喷雾
茚虫威	PD20060017	70.3%	原药				
茚虫威	PD20060018	70.3%	母药				

合成方法　经如下反应制得茚虫威：

参考文献

[1] Proceedings of the Brighton Crop Protection Conference-Pests and diseases, 1996, 307: 449.
[2] 刘长令. 农药, 2003, 2: 42-44.
[3] 丁宁, 等. 农药学学报, 2005, 2: 97-103.
[4] 李翔, 等. 现代农药, 2009, 5: 23-26.
[5] 李海屏. 农药研究与应用, 2012, 3: 50-52.

蝇毒磷 coumaphos

$C_{14}H_{16}ClO_5PS$, 362.8, 56-72-4

蝇毒磷（coumaphos），试验代号　Bayer 21/199、ENT 17957、OMS 485。商品名称　Asuntol、Check Mite、Co-Ral、Perizin。其他名称　蝇毒硫磷。是 Bayer AG 公司开发的有机磷类杀虫剂。

化学名称　O-3-氯-4-甲基香豆素-7-基 O,O-二乙基硫代磷酸酯，O-3-chloro-4-methyl-2-oxo-$2H$-chromen-7-ylO,O-diethylphosphorothioate 或 3-chloro-7-diethoxy-phosphinothioyloxy-4-methyl-coumarin。

理化性质　无色结晶固体，熔点 95℃（工业品 90～92℃），蒸气压 0.013mPa(20℃)，相对密度 1.474(20℃)，分配系数 $K_{ow}\lg P=4.13$，Henry 常数 3.14×10^{-3} Pa・m^3/mol（计算值）。水中溶解度(20℃)1.5mg/L，在有机溶剂中溶解度有限。在水性介质中稳定，在稀碱溶液中，吡喃环

1180

被打开，但在酸化时又重新闭环。

毒性 大鼠急性经口 LD_{50} 16～987mg/kg，取决于使用的载体（mg/kg）：在花生油中雄大鼠为 41，雌大鼠为 16，在玉米油/丙酮中雌雄大鼠均为 20，雄小鼠 55，雌小鼠 59，雄豚鼠 160，16＜绵羊＜32，山羊 20。急性经皮 LD_{50}（mg/kg）：雄大鼠 860（在二甲苯中），雄大鼠＞5000（在氯化钠溶液中），雌大鼠 144。大鼠吸入 LC_{50}（1h，mg/m³ 空气）：雄大鼠＞1081，雌大鼠 341。NOEL（mg/kg）：雄狗 0.00253，雌狗 0.00237（2y，致癌性研究）；雄大鼠 0.25，雌大鼠 0.36（2 代，重复给药）；雄大鼠 0.08，雌大鼠 0.07。ADI 值：EMEA 0.00025mg/kg[1999]；（EPA）aRfD 0.007，cRfD 0.0003mg/kg[2000]；'Perizin' 0.035mg/kg。

生态效应 鸟类急性经口 LD_{50}（mg/kg）：山齿鹑 4.3，野鸭 29.8。鱼 LC_{50}（96h，μg/L）：大翻车鱼 340，斑点叉尾鮰 840。水蚤 LC_{50}（48h）1μg/L。

环境行为 土壤表面光解 DT_{50} 23.8d，K_d 61～298，K_{oc} 5778～21120（4 种类型土壤）。

制剂 15％乳油，30％可湿性粉剂。

主要生产商 Taiwan Tainan Giant 及福建三农化学农药有限责任公司等。

作用机理与特点 胆碱酯酶的直接抑制剂，无内吸作用。

应用

（1）防治对象 双翅目害虫，是蜱和疥螨的特效药。

（2）残留量与安全施药 严禁用于蔬菜防治蝇蛆和种蛆，根据蚕期不同，分批浸蚕，配 1 次药只能浸 20 次，下大雨不能浸蚕。此药易燃，不能近火，不能在阳光下暴晒，储存温度不能低于 8℃，保持在 15℃以上的环境中为宜。

（3）使用方法

柞蚕饰腹寄蝇的防治。春柞蚕老眠起 4～8d，用 15％乳油 800 倍液浸蚕 10s，然后移进窝蚕场，防治效果可达 90％以上，正常情况下对蚕的毒害在 5％以下。辽宁一些地方的经验，小把浸蚕，选出小蚕，浸老眠 4～8d 的蚕，可防治蚕浸药后中毒。

羊疥癣的防治。在夏季剪毛后 7～15d 或 2～4 周内，用 15％乳油配制成含有效成分 0.05％的药液，水温 10℃以上，pH＜8，对羊进行浸浴 1min，须将羊全身浸透，浸后让羊在附近草地上休息，观察是否中毒，可间隔 2～4 周再进行药浴 1 次。药浴后应注意避免与未药浴的羊群混杂和接触，并做好栅圈消毒，以防止再度传染。

专利概况 专利 US2748146、DE881194 均早已过专利期，不存在专利权问题。

合成方法 经如下反应制得蝇毒磷：

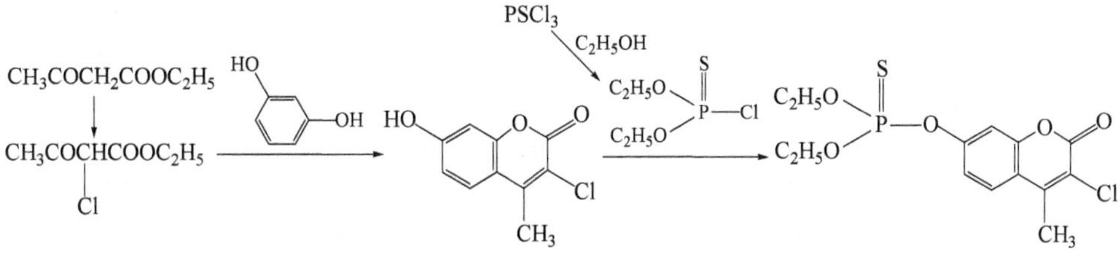

油菜素内酯 brassinolide

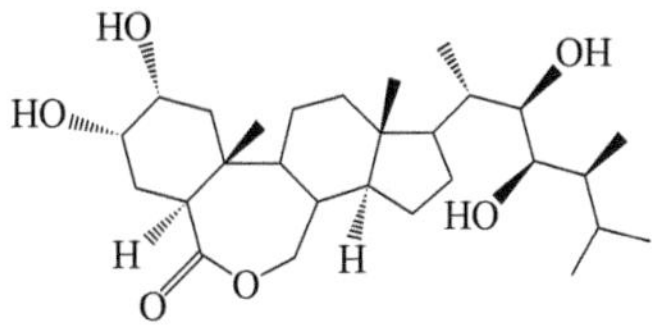

$C_{28}H_{48}O_6$，480.7，72962-43-7

油菜素内酯(brassinolide)，商品名称 BR。其他名称 芸苔素内酯、益丰素、天丰素，是1970年 J. W. Mitchell 等从油菜(*Brassica napus*)花粉中发现的一种植物生长调节剂。

化学名称 2α,3α,$22(R)$, $23(R)$-四羟基-24(S)-甲基-β-高-7-氧杂-5α-胆甾烷-6-酮, 2α, 3α, $22(R)$, $23(R)$-tetrahydroxy-24(S)-methyl-β-homo-7-oxa-5α-cholestan-6-one。

理化性质 纯品为白色结晶粉末，熔点256～258℃(另有文献报道为274～275℃)。水中溶解度5mg/L，溶于甲醇、乙醇、四氢呋喃和丙酮等多种有机溶剂。

毒性 急性经口 LD_{50} (mg/kg)：大鼠＞2000，小鼠＞1000。大鼠急性经皮 LD_{50}＞2000mg/kg。Ames试验表明无致突变作用。

生态效应 鲤鱼 LC_{50} (96h)＞10mg/L。

制剂 0.01%乳油，0.2可溶性粉剂，0.4%水剂。

作用机理与特点 芸苔素内酯是一种具有高生理活性、可促进植物生长的甾体化合物，具有广谱的促进生长作用，用量极低。作物吸收后，能促进根系发育，使植株对水、肥等营养成分的吸收利用率提高；可增加叶绿素含量，增强光合作用，协调植物体内对其他内源激素的相对水平，刺激多种酶系活力，促进作物均衡苗壮生长，增强作物对病害及其他不利自然条件的抗逆能力。经处理的作物，可达到促进生长，增加营养体收获量；提高坐果率，促进果实肥大；提高结实率，增加千粒重；提高作物耐寒性，减轻药害，增强抗病能力的目的。

应用

(1) 小麦 用0.05～0.5mg/L的芸苔素内酯对小麦浸种24h，对根系生长(包括根长、根数)和株高有明显促进作用。分蘖期以此浓度进行叶面处理，可使分蘖数增加。如在小麦孕穗期用0.01～0.05mg/L的药剂进行叶面喷雾处理，对小麦生理过程有良好的调节和促进作用，并能加速光合产物向穗部输送。处理后两周，茎叶的叶绿素含量高于对照，穗粒数、穗重、千粒重均有明显增加，一般增产7%～15%。经芸苔素内酯处理的小麦幼苗耐冬季低温的能力增强，小麦的抗逆性增加，植株下部功能叶长势好，从而减少青枯病等病害浸染的机会。

(2) 玉米 用0.01mg/L的芸苔素内酯对玉米进行全株喷雾处理，能明显减小玉米穗顶端籽粒的败育率，可增产20%左右。抽雄前处理的效果优于吐丝后施药。喷施玉米穗的次数增加，虽然能减小败育率，但效果不如全株喷施。处理后的玉米植株叶色变深，叶片变厚，比叶重和叶绿素含量提高，光合作用的速率增大。果穗顶端籽粒的活性增强(即相对电导率下降)。另外，吐丝后处理也有增加千粒重的效果。用芸苔素内酯0.33mg/L浸泡玉米种子，可使陈年玉米种子发芽率由30%提高到85%，且幼苗整齐健壮。在喇叭口至吐丝初期喷施0.15mg/L药液，每穗粒数增加41粒，减小秃顶0.7cm和百粒重增加2.38g，增产21.1%。

(3) 水稻 用0.15mg/L芸苔素内酯对水稻浸种，可明显提高幼苗素质，出苗整齐，叶色深绿，茎基宽，带蘖苗多，白根多。秧苗移栽前后喷施0.15mg/L芸苔素内酯，可使移栽秧苗新根生长快，迅速返青不败苗，秧苗健壮，增加分蘖。在始穗初期喷施芸苔素内酯，可有效预防纹枯病的发生和大面积蔓延。单用芸苔素内酯可降低发病指数35.1%～75.1%，增加产量9.7%～18.2%。若与井冈霉素混合使用，对纹枯病防效可达45%～95%，增加产量11%～37.3%。

(4) 烟叶 烟叶移栽后30d喷施芸苔素内酯，主要增大增厚上部叶片。移栽后45d，主要增大增厚上部叶片，同时增强烟株抗旱能力，对叶斑病、花叶病也有明显预防作用，后期落黄好，增产20%～40%。同时可使烟叶所含化学成分中该高的有所升高，该低的有所降低，更趋协调状态。

(5) 甘蔗 在苗期用0.15%芸苔素内酯5000倍液喷雾一次，或苗期、生长期各喷一次(共二次)，可以促进甘蔗生长。增加亩有效基数1.37%，增加茎长6.75%，增加茎粗2.9%，增加茎重9.72%，增加产量525kg/hm²，且含蔗糖量也明显增加。

(6) 蔬菜 芸苔素内酯广泛应用于各种蔬菜，增产幅度达30%～150%，对黄瓜霜霉病、番茄疫病、番茄病毒病等多种病害有理想的防除效果。此外还可促进作物苗壮生长、早熟，品质也得到改善。

（7）橙　以 0.01～0.1mg/L 于开花盛期和第一次生理落果后进行叶面喷洒。50d 后，坐果率：0.01mg/L 的增加 2.5 倍，0.1mg/L 的增加 5 倍，还有一定增甜作用。

（8）棉花　初花期用 0.3～1.8mg/L 芸苔素内酯喷雾，茎粗叶厚，但叶面积不增大。对黄萎病防效达 21.2%～54.5%，增产 20.6%。

（9）花生　应用芸苔素内酯后，既可增强植株活力，又可提高抗逆性能，使叶片功能优势继续得到发挥。结果是不早衰、增荚、增粒、增重，增产率为 22.6%。

（10）甜菜　用 0.15mg/L 芸苔素内酯喷施于甜菜，不仅能促进植株生长、叶色浓绿、块根膨大、增产，而且还能调节光合产物的分配，使含糖量增至 17.49%。

（11）枸杞　芸苔素内酯能促进枸杞根系生长，增强抗旱、涝、盐碱、病害的能力，同时还可提高枸杞的品质。

（12）黄瓜　以 0.01mg/L 于苗期处理，可提高黄瓜苗抗夜间 7～10℃ 低温、叶子变黄的能力。

（13）西红柿　以 0.1mg/L 于果实肥大期叶面喷洒，能明显增加果的重量。

（14）茄子　以 0.1mg/L 处理低于 17℃ 开花的茄子花，或浸花房，可促进正常结果。

专利概况　专利 JP57070900 早已过专利期，不存在专利权问题。

合成方法　获得油菜素内酯的主要方法有两种：①以天然产物为原料，萃取或皂化后萃取、处理得到。②通过化学法直接合成。

方法 1：天然产物如油菜花粉、蜂蜡等。

方法 2：化学法直接合成。

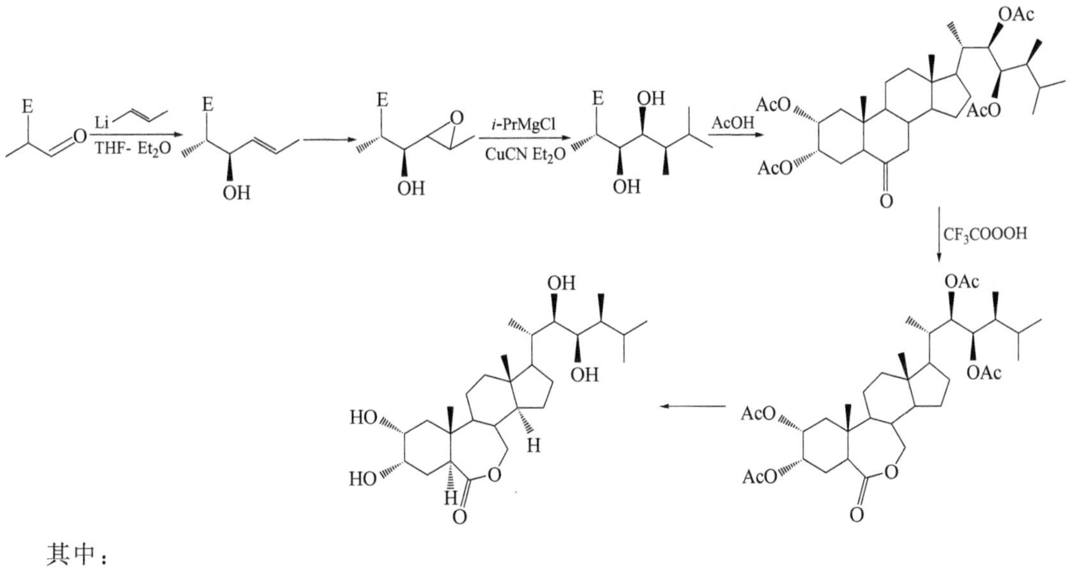

其中：

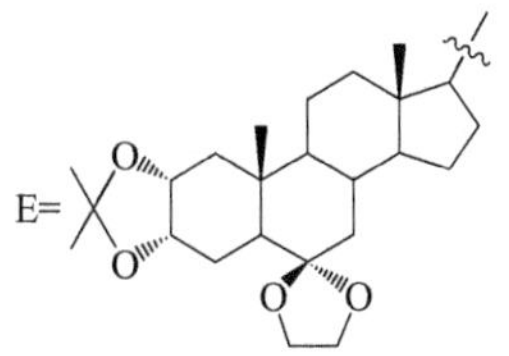

参考文献

[1] Nature(London)，1970，225：1065-1066.
[2] Tetrahedron Asymmetry，1991，2(10)：973-976.

[3] Sci China Ser B, 1992, 35(10)：1181-1168

[4] Can J Chem, 1993, 71 (2)：156-163.

[5] J Chem Soc Perkin, 1991, 11；(1) 2827-2830.

[6] Nature(London), 1979, 281(5728)：216-217.

[7] J Am Chem Soc, 1980, 102(21)：6580-6581.

[8] J Chem Soc Chem Commun, 1980, 20；962-964.

[9] Tetrahedron Lett, 1983, 24(8)：773-776.

有效霉素 validamycin

$C_{20}H_{35}NO_{13}$，497.5，37248-47-8，38665-10-0(井冈羟胺 A)

有效霉素（validamycin）。商品名称　Mycin、Rhizocin、Validacin、Vivadamy。其他名称 Amunda、Sheathmar、Solacol、Valida、Valimun。是由日本武田制药公司（现为住友化学公司）开发的水溶性抗生素-葡萄糖试类杀菌剂。

化学名称　1L-(1,3,4/2,6)-2,3-二羟基-6-羟甲基-4[(1S,4R,5S,6S)-4,5,6-三羟基-3-羟甲基环己基-2-烯基氨基]环己基 β-D-吡喃(型)葡萄糖，1L-(1,3,4/2,6)-2,3-dihydroxy-6-hydroxy-methyl-4-[(1S,4R,5S,6S)-4,5,6-trihydroxy-3-hydroxymethylcyclohex-2-enylamino] cyclohexyl β-D-glucopyranoside。

理化性质　纯品为无色、无味、易吸湿性固体，熔点 125.9℃。蒸气压＜$2.6×10^{-3}$ mPa (25℃)。分配系数 K_{ow} lg$P$＝－4.21（计算值），相对密度 1.402(20℃)。水中溶解度＞$6.1×10^5$ mg/L(20℃)。有机溶剂溶解度(20℃,g/L)：己烷、甲苯、二氯甲烷、乙酸乙酯＜0.01，丙酮 0.0266，甲醇 62.3。在 pH＝5、7、9 时，水解稳定。旋光度：$[α]_D^{24}$ ＋110°（水中）；$[α]_D^{24}$ ＋49° (盐酸盐,c＝1)。pK_a6.14(20℃)。

毒性　大鼠、小鼠急性经口 LD_{50}＞20000mg/kg。大鼠急性经皮 LD_{50}＞5000mg/kg，对兔皮肤无刺激性，对豚鼠皮肤无致敏性。大鼠急性吸入 LC_{50}(4h)＞5mg/L 空气。NOEL(90d,mg/kg 饲料)：大鼠 1000，小鼠 2000。大鼠 NOEL(2y)40.4mg/(kg·d)。无诱变、无致畸作用。

生态效应　鸡和山齿鹑经口 12.5g/kg 无影响。鲤鱼 LC_{50}(72h)＞40mg/L。水蚤 LC_{50} (24h)＞40mg/L。

环境行为

(1) 动物　老鼠经口饲喂后，分解为葡萄糖和井冈羟胺 A。

(2) 植物　植物同动物。

(3) 土壤/环境　在太阳光下稳定，在土壤中被微生物降解，形成井冈羟胺 A，DT_{50}≤5h。

制剂　水剂。

主要生产商　Sharda、住友化学株式会社及浙江省桐庐汇丰生物科技有限公司等。

作用机理与特点　具有很强的内吸杀菌作用，主要干扰和抑制菌体细胞正常生长，并导致死亡。是防治水稻纹枯病的特效药。

应用

(1) 适宜作物　水稻、麦类、蔬菜、玉米、豆类、棉花和人参等。

(2) 防治对象　用于防治水稻纹枯病和稻曲病；麦类纹枯病；棉花、人参、豆类和瓜类立枯病；玉米大斑病、小斑病。

(3) 使用方法　可茎叶处理，也可做种子处理，还可土壤处理。根据剂型和防治病害的不同，使用剂量也有差别，通常为1～12g(a.i.)/hm²。

合成方法 经过如下方法，可得到目的物：

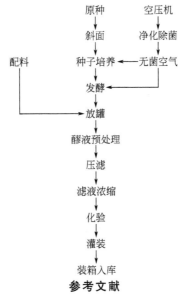

原种 → 斜面 → 种子培养 ← 无菌空气

空压机 → 净化除菌 → 无菌空气

配料 → 种子培养 → 发酵 ←

发酵 → 放罐

放罐 → 醪液预处理 → 压滤 → 滤液浓缩 → 化验 → 灌装 → 装箱入库

参考文献

[1] The Pesticide Manual. 15th edition. 2009：1187-1188.

右旋反式氯丙炔菊酯 chloroprallethrin

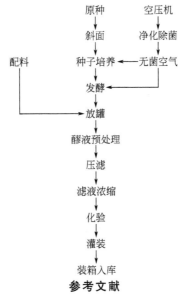

$C_{17}H_{18}Cl_2O_3$，341.2，1637537-67-7

右旋反式氯丙炔菊酯(chloroprallethrin)，是江苏扬农化工股份有限公司自行创制、开发的拟除虫菊酯类新型杀虫剂，于1999年发现，2013年获农业部农药正式登记。

化学名称 右旋-2,2-二甲基-3-反式-(2,2-二氯乙烯基)环丙烷羧酸-(S)-2-甲基-3(2-炔丙基)-4-氧代-环戊-2-烯基酯，(1S)-2-methyl-4-oxo-3-prop-2-ynyl cyclopent-2-en yl 3-(2,2-dichlorovinyl)-2,2-dimethylcyclopropane carboxylate。

理化性质 浅灰黄色晶体。熔点90℃。易溶于甲苯、丙酮、环己烷等众多有机溶剂，不溶于水及其他羟基溶剂。其对光、热均稳定，在中性及微酸性介质中亦稳定，但在碱性条件下易分解。

毒性 大鼠急性经口LD_{50}为794mg/kg(雌、雄)，大鼠(雌、雄)急性经皮$LD_{50}>5000$mg/kg，对兔眼、皮肤无刺激性。对豚鼠无致敏性。大鼠(雌、雄)急性吸入LC_{50}为4.3mg/L。大鼠亚慢性毒性最大无作用剂量为10mg/(kg·d)(雌)和60mg/(kg·d)(雄)。Ames试验结果均为阴性，并无致畸、致癌性。

制剂 0.1%、0.13%、0.15%、0.21%、0.34%、0.35%、0.46%、0.55%、0.58%气雾剂，0.21%水基气雾剂，6.8%水乳剂。

主要生产商 江苏扬农化工股份有限公司。

应用 作为气雾剂对蚊、蝇、蜚蠊等卫生害虫进行试验发现，该药剂具有卓越的击倒活性，效果优于右旋炔丙菊酯，为胺菊酯的10倍以上。以0.035%的右旋反式氯丙炔菊酯气雾剂防治蚊子，与0.12％的右旋丙炔菊酯、0.5％胺菊酯效果相当；其对家蝇的击倒活性与0.1％的右旋炔丙菊酯及0.4％胺菊酯效果相当。在常规浓度下，其对蚊子的活性是胺菊酯的14倍，对蝇的活性是胺菊酯的12倍。但是，与右旋炔丙菊酯和胺菊酯一样，右旋反式氯丙炔菊酯对蚊、蝇的致死活性较差，故应与氯菊酯、苯醚菊酯复配使用。

专利与登记
专利名称　一种拟除虫菊酯类化合物及其制备方法和应用
专利号　CN1303846
专利申请日　1999-12-13
专利拥有者　江苏扬农化工股份有限公司
国内登记了96％原药，同时也登记了0.1％、0.13％、0.15％、0.21％、0.34％、0.35％、0.46％、0.55％、0.58％气雾剂，0.21％水基气雾剂，6.8％水乳剂，主要作为卫生杀虫剂，用于防治蚊、蝇、蜚蠊等。

合成方法　经如下反应制得右旋反式氯丙炔菊酯：

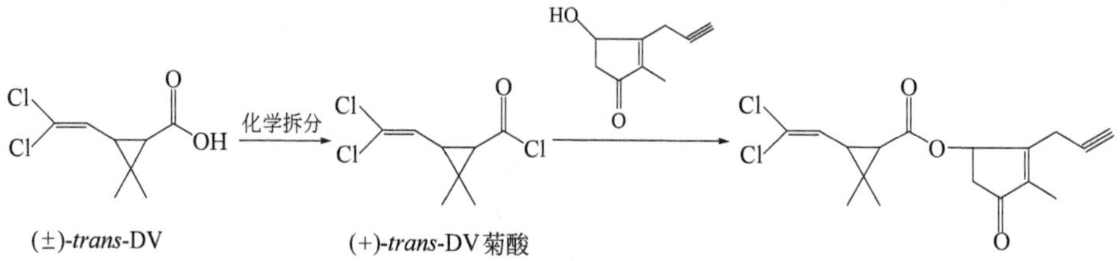

(±)-*trans*-DV　　　　　(+)-*trans*-DV菊酸

参考文献
[1] 林彬. 中华卫生杀虫药械，2004，10（4）：211-213.

右旋烯炔菊酯 empenthrin

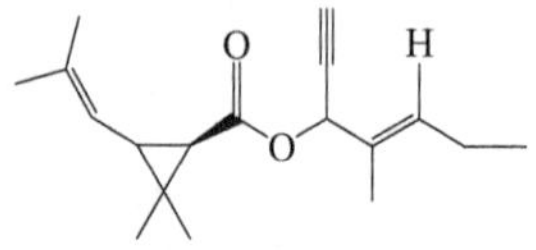

C$_{18}$H$_{26}$O$_2$，274.4，54406-48-3

右旋烯炔菊酯(empenthrin)。试验代号　S-2852。商品名称　Vaporthrin、百扑灵，是日本住友化学工业公司在烯炔菊酯的基础上开发的拟除虫菊酯类杀虫剂。

化学名称　(E)-(RS)-1-乙炔基-2-甲基-2-戊烯基(1R,3RS;1R,3SR)-2,2-二甲基-3-(2-甲基-1-丙烯基)环丙烷羧酸酯或(E)-(RS)-1-乙炔基-2-甲基-2-戊烯基(1R)-顺-反-2,2-二甲基-3-(2-甲基-1-丙烯基)环丙烷羧酸酯。(E)-(RS)-1-ethynyl-2-methylpent-2-enyl(1R,3RS;1R,3SR)-2,2-dimethyl-3-(2-methylprop-1-enyl)cyclopropanecarboxylate 或 (E)-(RS)-1-ethynyl-2-methylpent-2-enyl(1R)-cis-trans-2,2-dimethyl-3-(2-methylprop-1-enyl)cyclopropanecarboxylate。

组成　右旋烯炔菊酯是(E)-(RS)(1RS)-顺-反-异构体的混合物，但是实际上使用的右旋烯炔菊酯是(EZ)-(RS)(1R)-顺-反-异构体的混合物。

理化性质　右旋烯炔菊酯为黄色液体。沸点295.5℃（760mmHg），蒸气压14mPa（23.6℃）。相对密度0.927(20℃)。水中溶解度0.111mg/L(25℃)，与己烷、丙酮、甲醇以任何比例互溶。在通常条件下至少可以稳定保存2y。闪点107℃。

毒性　急性经口 LD$_{50}$（mg/kg）：雄大鼠＞5000，雌大鼠＞3500。大鼠急性经皮 LD$_{50}$＞2000mg/kg。对兔皮肤无刺激作用，但对兔眼睛有极小刺激作用。大鼠吸入 LC$_{50}$（4h）＞

$4610mg/m^3$。

生态效应 山齿鹑、野鸭急性经口 $LD_{50} > 2250mg/kg$。山齿鹑和野鸭饲喂 $LC_{50} > 5620mg/kg$。虹鳟鱼 $LC_{50}(96h)0.0017mg/L$。水蚤 $EC_{50}(48h)0.02mg/L$，水藻 $E_bC_{50}(72h)0.19mg/L$。

环境行为 进入哺乳动物体内后能迅速排出，不会在动物组织内积累，对排泄物做的检测表明，本品在体内极易分解。它在水中的光分解半衰期为 $2\sim5h$，避光下为 $11\sim15d$；在土壤中半衰期为 $4d$，故不会在环境中长期残留。

主要生产商 住友化学株式会社及江苏扬农化工股份有限公司等。

作用机理与特点 该药剂为神经毒剂，主要通过与钠离子通道作用，破坏神经元的功能。该药剂具有触杀作用，在高温下具有很高的蒸气压，因此对飞行类昆虫也有很好的活性，且对昆虫具有高杀死活性与拒避作用。对袋谷蛾的杀伤力可与敌敌畏相当，且对多种皮蠹科甲虫有突出的阻止取食作用。

应用

（1）**防治对象** 蝇、黑皮蠹等卫生害虫，特别是飞蛾、毛毛虫和其他破坏纤维的害虫。

（2）**使用方法** 加热或不加热熏蒸剂用于家庭或禽舍防治蚊蝇等害虫；或以防蛀蛾带代替樟脑丸悬挂于密闭空间或衣柜中，防治危害植物的谷蛾科和皮蠹科害虫。一般在 $0.7m^3$ 西装柜中悬挂防蛀蛾带 2 条，能有效杀死袋谷蛾的初龄幼虫和卵，防治可达半年之久。加工成不含溶剂的加压喷射液，在图书馆、标本室、博物馆等室内喷射，可以保护书籍、文物、标本等不受虫害。

专利与登记 专利 DE2418950 早已过专利期，不存在专利权问题。国内仅登记了90%、93%原药。日本住友化学株式会社在中国也仅登记了93%原药。

合成方法 右旋烯炔菊酯经如下反应制得：丙醛在氢氧化钠存在下发生自身缩合反应得到2-甲基-戊烯-2-醛，再与乙炔的格式试剂反应得到1-乙炔基-2-甲基-戊烯-2-醇，该醇溶于甲苯，在吡啶存在条件下，与菊酰氯在室温下反应过夜，即得到烯炔菊酯。

莠灭净 ametryn

$C_9H_{17}N_5S$, 227.3，834-12-8

莠灭净(ametryn)。**试验代号** G 34162。**商品名称** Ameflow、Amesip、Ametrex、Gesapa-xSunmetryn。**其他名称** 莠灭津。由 H. Gysin & E. Knüsli 报道，J R Geigy S A(现 Syngenta AG)开发。

化学名称 2-甲硫基-4-乙氨基-6-异丙氨基-1,3,5-三嗪，N^2-ethyl-N^4-isopropyl-6-methylthio-1,3,5-triazine-2,4-diamine。

理化性质 纯品为白色粉末。熔点 $86.3\sim87℃$，沸点 $337℃$（98.6 kPa），蒸气压 $0.365mPa$（25℃），$K_{ow}\lg P = 2.63(25℃)$，Henry 常数 4.1×10^{-4} Pa·m^3/mol(计算值)，相对密度 1.18（22℃）。水中溶解度 $200mg/L$(pH 7.1,22℃)；其他溶剂中溶解度(25℃,g/L)：丙酮610，甲醇

510，甲苯 470，正辛醇 220，正己烷 12。中性、弱酸性和弱碱性条件下稳定。遇强酸(pH 1)、强碱(pH 13)水解为无除草活性的 6-羟基类似物。紫外线照射下缓慢分解。pK_a 4.1，弱碱性。

毒性 大鼠急性经口 LD_{50} 1160mg/kg。急性经皮 LD_{50}(mg/kg)：兔＞2020，大鼠＞2000。对兔眼睛和皮肤无刺激性。对豚鼠皮肤无致敏性。大鼠急性吸入 LC_{50}(4h)＞5030mg/m³ 空气。最大无作用剂量(mg/kg)：大鼠(2y)50，小鼠(2y)10，狗(1y)200。

生态效应 山齿鹑、野鸭 LC_{50}(5d)＞5620mg/kg。鱼毒 LC_{50}(96h,mg/L)：虹鳟鱼 3.6，大翻车鱼 8.5。水蚤 LC_{50}(96h)28mg/L。羊角月牙藻 EC_{50}(7d)0.0036mg/L。对蜜蜂低毒，LD_{50}＞100μg/只(经口)。蚯蚓 LC_{50}(14d)166mg/kg 土壤。

环境行为

(1) 动物 无论任何剂量或摄入方法，大部分都在 3～4d 内排出。产生谷胱甘肽配合物和脱烷基化是主要代谢途径。

(1) 植物 通过羟基取代甲硫基和氨基的脱烷基化反应，在耐受植物体内代谢(在敏感植物体内稍低程度地代谢)为有毒物质。

(3) 土壤/环境 土壤中的减少主要是微生物的作用(H O Esser,et al. Herbicides. Chem Deg & MOA,1975,1:129.)。田间 DT_{50} 平均值为 62d(11～280d)。K_{oc} 96～927；但柱渗滤研究显示莠灭净并无大量的渗滤。水体中的降解主要是因为微生物的作用，但光解也有辅助作用。减少水体中莠灭净含量最有效的机制是沉积层的吸附。

制剂 90％水分散粒剂，45％、50％悬浮剂，40％、80％可湿性粉剂。

主要生产商 安道麦阿甘有限公司、安徽中山化工有限公司、山东滨农科技有限公司、山东潍坊润丰化工股份有限公司、浙江省长兴第一化工有限公司以及浙江中山化工集团股份有限公司等。

作用机理与特点 通过植物根系和茎叶吸收。植物吸收莠灭净后，向上传导并集中于植物顶端分生组织，抑制敏感植物光合作用中的电子传递，导致叶片内亚硝酸盐积累，达到除草目的。有机质含量低的砂质土不宜使用。施药时应防止飘移到邻近作物上。

应用

(1) 适用作物 玉米、甘蔗、菠萝、香蕉、棉花、柑橘等。

(2) 防治对象 稗草、牛筋草、狗牙根、马唐、雀稗、狗尾草、大黍、秋稷、千金子、苘麻、一点红、菊芹、大戟属、蓼属、眼子菜、马蹄莲、田荠、胜红蓟、苦苣菜、空心莲子菜、水蜈蚣、苋菜、鬼针草、罗氏草、田旋花、臂形草、藜属、猪屎豆、铁荸荠等。

(3) 使用方法 用于春蔗田，用 80％可湿性粉剂 1.95～3kg/hm²(有效成分 1.56～2.4kg)，兑水 600～750kg 做茎叶喷雾处理。用于秋蔗田，用 80％可湿性粉剂 1.05～1.95kg/hm²(有效成分 0.84～1.56kg)，兑水 600～750kg 在杂草 3 叶期喷雾。其他作物可做播后苗前土壤处理或苗后茎叶处理。

(4) 注意事项 有机质含量低的砂质土不宜使用。施药时应防止飘移到邻近作物上。施用过莠灭净的地块，一年内不能种植对莠灭净敏感的作物。本品应保存在阴凉、干燥处。远离化肥、其他农药、种子、食物、饲料。

专利与登记 专利 GB814948、CH337019 均早已过专利期。国内主要登记了 95％、98％原药，90％水分散粒剂，45％、50％悬浮剂，40％、80％可湿性粉剂。可用于防除甘蔗田(1200～1920g/hm²)、菠萝田(1440～1800g/hm²)杂草。

合成方法 经如下反应制得莠灭净：

莠去津 atrazine

$C_8H_{14}ClN_5$，215.7，1912-24-9

莠去津(atrazine)，试验代号 G 30027。商品名称 AAtrex、Atranex、Atraplex、Atrataf、Atratylone、Atrazila、Atrazol、Attack、Coyote、Dhanuzine、Sanazine、Surya、Triaflow、Zeazin S 40。其他名称 阿特拉津、莠去尽、阿特拉嗪、园保净。由 H. Gysin 和 E. Knüsli 于 1957 年报道，J R Geigy S A(现 Syngenta AG)推出。

化学名称 2-氯-4-乙氨基-6-异丙氨基-1,3,5-三嗪，6-chloro-N^2-ethyl-N^4-isopropyl-1,3,5-triazine-2,4-diamine。

理化性质 纯品为无色粉末。熔点 175.8℃，沸点 205℃/(101kPa)，蒸气压 $3.85×10^{-2}$ mPa(25℃)，K_{ow}lg$P$=2.5(25℃)，Henry 常数 $1.5×10^{-4}$ Pa·m³/mol(计算值)，相对密度 1.23 (22℃)。水中溶解度 33mg/L(pH 7,22℃)；其他溶剂中溶解度(25℃,g/L)：乙酸乙酯 24，丙酮 31，二氯甲烷 28，乙醇 15，甲苯 4，正己烷 0.11，正辛醇 8.7。中性、弱酸性和弱碱性条件下相对稳定。70℃的中性及强酸、强碱条件下迅速水解为羟基衍生物；DT_{50}：(pH 1)9.5d，(pH 5) 86d，(pH 13)5d。pK_a1.6。

毒性 急性经口 LD_{50}(mg/kg)：大鼠 1869~3090，小鼠＞1332~3992。大鼠急性经皮 LD_{50} ＞3100mg/kg。对兔皮肤无刺激，对眼睛有轻微刺激。对豚鼠及人无皮肤致敏性。大鼠急性吸入 LC_{50}(4h)＞5.8mg/L 空气。无作用剂量 NOEL(2y,mg/kg)：大鼠 70[3.5mg/(kg·d)]，狗 150 [5mg/(kg·d)]，小鼠 10[1.4mg/(kg·d)]。

生态效应 急性经口 LD_{50}(mg/kg)：山齿鹑 940，野鸭＞2000，成年日本鹌鹑 4237。日本鹌鹑饲喂 LC_{50}(8d,mg/kg)：＞5000(雏)，＞1000(成年)。鱼毒 LC_{50}(96h,mg/L)：虹鳟鱼 4.5~11.0，大翻车鱼 16，鲤鱼 76，鲶鱼 7.6，孔雀鱼 4.3。大型蚤 LC_{50}(48h,mg/L)：29。藻类 EC_{50} (mg/L)：淡水藻 0.043(72h)，羊角月牙藻 0.01(96h)。蜜蜂 LD_{50}(μg/只)：＞97(经口)，＞100 (接触)。蚯蚓 LC_{50}(14d)78mg/kg 土壤。

环境行为

(1) 动物 哺乳动物摄食后莠去津在体内快速并完全代谢，主要通过氨基的氧化去烷基化，以及氯原子和原生性硫醇反应。二氨基氯化三嗪是主要的代谢物，常自发地与谷胱甘肽结合。24h 内超过 50%通过尿液排出，33%通过粪便排出。

(2) 植物 在耐受性强的植物体内，莠去津易代谢为羟基化莠去津。

制剂 90%水分散粒剂，38%、50%、500g/L悬浮剂，48%、80%可湿性粉剂。

主要生产商 Agrochem、Crystal、Dow AgroSciences、Drexel、DuPont、AGROFINA、安徽中山化工有限公司、广西壮族自治区化工研究院、河北宣化农药有限责任公司、河南省博爱惠丰生化农药有限公司、吉林金秋农药有限公司、吉林市绿盛农药化工有限公司、江苏绿利来股份有限公司、江苏省南通派斯第农药化工有限公司、捷马化工股份有限公司、昆明农药有限公司、辽宁三征化学有限公司、辽宁天一农药化工有限责任公司、南京华洲药业有限公司、瑞士先正达作物保护有限公司、山东滨农科技有限公司、山东大成农化有限公司、山东德浩化学有限公司、山东侨昌化学有限公司、山东胜邦绿野化学有限公司、山东潍坊润丰化工股份有限公司、无锡禾美农化科技有限公司、浙江省长兴第一化工有限公司以及浙江中山化工集团股份有限公司。

作用机理与特点 选择性内吸传导型苗前、苗后除草剂。莠去津进入植物体内以根吸收为主，茎叶吸收略少，通过木质部传导到分生组织及叶部，干扰光合作用，使杂草死亡。在玉米等抗药性植物体内被苯并噁嗪酮酶解为无毒的羟基三氮苯而获得选择性。莠去津不影响杂草种子的发芽出土，杂草都是出土后陆续死掉的，除草干净及时。试验中高剂量的药剂对玉米也不产生药害。其作用机制和选择原理与西马津同。因其水溶性大于西马津，其活性也高些，在土壤中的移动性也大些，易被雨水淋洗至深层，影响地下水质。因莠去津对动物有降低谷胱甘肽转移酶活性的作用，进而影响免疫系统，还有能损伤胃、肾、肝组织、遗传物质 DNA 等不良迹象，所以德国等国家已开始停用或限用。在土壤中可被微生物分解，残效期视用药量、土壤质地、雨量、温度等因素影响，施用不当，残效期可超过半年。

应用

（1）适用范围及安全性　玉米、糜子、高粱田、果园、茶园、甘蔗田、苗圃及森林防火道。对桃树不安全，对某些后茬敏感作物，如小麦、大豆、水稻等有药害。

（2）防治对象　稗草、蓝花草、苍耳、苣荬菜、问荆、马唐草、车前草、荸荠草、三棱草、狗尾草和柳蒿等一年生单子叶和双子叶杂草。

（3）使用方法　①防除玉米地杂草，按有效成分计算每亩用莠去津 400～450g 效果最好；在玉米苗期除草按有效成分计算，每亩用 250g 有良好的防效，且比人工除草保苗率增加 11.5%，株高比人工除草高 8.6～11.5cm。②防除高粱地杂草，按有效成分计算，每亩用 300～350g 效果最好。③防除大豆、谷子等作物杂草，每亩用莠去津 50% 可湿性粉剂 150g 加甲草胺 250g 混用；或用莠去津 50% 可湿性粉剂 250g 加异丙甲草胺 200g 混用，效果更佳，既能除草，又能解决下茬作物安全问题。

（4）注意事项　大豆、桃树、小麦、水稻等对莠去津敏感，不宜使用。玉米田后茬作物为小麦、水稻时，应降低剂量与其他安全的除草剂混用。有机质含量超过 6% 的土壤，不宜做土壤处理，以茎叶处理为好。①莠去津的残效期较长，对某些后茬敏感作物，如小麦、大豆、水稻等有药害，可降低剂量与别的除草剂混用；或改进施药技术，避免对后茬作物的影响。北京、华北地区玉米田后茬作物多为冬小麦，故莠去津单用不能超过 3kg/hm²（商品量）（有效成分 1.5kg）。要求喷雾均匀，否则因用量过大或喷雾不均，常引起小麦点片受害，甚至死苗。连种玉米地，用量可适当提高。青饲料玉米，在上海地区只做播后苗前使用。苗期 3～4 叶期，做茎叶处理对后茬水稻有影响。②果园使用莠去津，对桃树不安全，因桃树对莠去津敏感，表现为叶黄、缺绿、落果、严重减产，一般不宜使用。③玉米套种豆类，不宜使用莠去津。④莠去津播后苗前，土表处理时，要求施药前整地要平，土块要整碎。⑤莠去津属低毒除草剂，但配药和施药人员仍须注意防止污染手、脸部皮肤，如有污染应即时清洗。莠去津可通过食道和呼吸道等引起中毒，中毒解救无特效解毒药。⑥施药后，各种工具要认真清洗，污水和剩余药液要妥善处理或者保存，不得任意倾倒，以免污染水源、土壤和造成药害。空瓶要及时回收，并妥善处理，不得再做它用。⑦搬运时应注意轻拿轻放，以免破损和污染环境。运输和贮存时应有专门的车皮和仓库，不得与食物及日用品一起运输。应贮存在干燥的通风良好的仓库中。

专利与登记　专利 BE540590、GB814947 均早已过专利期。国内主要登记了 85%、92%、95%、96%、97%、98% 原药，90% 水分散粒剂，38%、50%、500g/L 悬浮剂，48%、80% 可湿性粉剂。可用于防除春玉米田（1485～1755g/hm²）、夏玉米田（1215～1485g/hm² 或 1200～1680g/hm²）、茶园（1500～2250g/hm²）、甘蔗田（1125～1875g/hm²）、高粱田（1875～2625g/hm²）、公路（0.8～2g/m²）、红松苗圃（0.25～0.25g/m²）、梨树（12 年以上树龄，3000～3750g/hm²，东北地区）、糜子（1875～2625g/hm²，东北地区）、苹果树（12 年以上树龄，3000～3750g/hm²，东北地区）、葡萄园（2250～3000g/hm²）、森林（1～2.5g/m²）、铁路（1～2.5g/m²）、橡胶园（3750～4500g/hm²）等的一年生杂草。

合成方法　经如下反应制得莠去津：

参考文献

[1] 杨梅等. 农药科学与管理, 2006, 11：31-37.

诱虫烯 muscalure

$C_{23}H_{46}$, 322.6, 27519-02-4.

诱虫烯（muscalure），其他名称　Tricosene、Muscamone。是雌性家蝇的性信息素，由 D. A. Carlson 等分离得到，后被 Zoecon Industries Ltd（后来被 Sandoz AG 收购，成为 Novartis Crop Protection AG，已经不再生产和销售）开发为昆虫引诱剂。1975 年在美国首次登记。

化学名称　Z-二十三-9-烯，(Z)-tricos-9-ene。

理化性质　原药包含 85% 的 Z 型异构体和 25% 的 E 型异构体，含有少量的 C_{23} 和 C_{21} 的烃类。无色至淡黄色油状物，有轻微的甜的芳香气味。熔点 <0℃；沸点 378℃，190℃/0.5mmHg，174~178℃/0.1mmHg。蒸气压 $6.4×10^{-2}$ mPa（20℃），4.7mPa（27℃）。K_{ow} lg$P$=4.09，Henry 常数 >$5.2×10^3$ Pa•m³/mol（20℃，计算值），相对密度 0.80（20℃）。水中溶解度 <$4×10^{-6}$mg/L（pH 值约 8.5，20℃）；易溶于烃类、醇类、酮类、酯类。对光稳定。50℃ 以下至少稳定 1y，闪点 >1130℃（闭口杯）。黏度 7.74mPa•s（20℃）。

毒性　大鼠急性经口 LD_{50}>10000mg/kg。大鼠急性经皮 LD_{50}>2000mg/kg。对兔眼睛或皮肤无刺激，对豚鼠皮肤有中度致敏性。大鼠吸入 LC_{50}（4h）>5.71g/m³（原药，诱虫烯含量 85%）。对有孕和处于生长阶段的大鼠 NOAEL>5g/（kg•d）。在 Ames 试验中，无致突变作用；大于 5g/kg 对大鼠无致畸作用。

生态效应　野鸭急性经口 LD_{50}>4640mg/kg。野鸭和鹌鹑 LC_{50}>4640mg/kg。在 1 代繁殖试验中 NOEL：鹌鹑 >20mg/kg，野鸭为 0.1mg/kg，但当 2mg/kg 时对繁殖有害。在水中最大浓度范围内对虹鳟鱼、大翻车鱼以及水蚤无毒。

制剂　50% 水剂，80% 可溶粉剂。

主要生产商　Bedoukian、CCA Biochemical、Denka、Interchem、International Specialty、Denka 及武汉楚强生物科技有限公司。

作用机理与特点　昆虫引诱剂。

应用　可用作苍蝇、螟蛾类害虫的引诱剂，与杀虫剂配合使用将显著提高杀虫剂的杀虫效率。该产品对常见家蝇、玉米螟和其他螟虫都有很好的引诱效果，有效减少杀虫剂的使用量。将本品 0.5‰~3‰ 直接加入毒饵、胶饵和粘板等的辅料中，充分搅拌均匀即可。也可用正己烷按 1:4 比例稀释后，再与基料或水混合使用。

登记情况　国内主要登记了 78%、90% 原药，1.1% 饵粒。主要用作卫生上防除蝇的饵。

合成方法　通过如下反应制得诱虫烯。

$$CH_3(CH_2)_7=CH(CH_2)_{11}COCl \xrightarrow{C_2H_5OMgCH(CO_2C_2H_5)_2}$$

$$(Z)CH_3(CH_2)_7CH=CH(CH_2)_{11}COCH(CO_2C_2H_5)_2 \xrightarrow{HOAc-HCl}$$

$$(Z)-CH_3(CH_2)_7CH=CH(CH_2)_{11}COCH_3 \xrightarrow[KOH]{NH_2NH_2H_2O}$$

$$(Z)-CH_3(CH_2)_7CH=CH(CH_2)_{12}CH_3$$

鱼藤酮 rotenone

$C_{23}H_{22}O_6$，394.2，83-79-4

鱼藤酮（rotenone），商品名：Chem-Fish、Chem Sect、Cube root、Noxfish、Prenfish、Synpren fish、Vironone，是一种天然杀虫、杀螨剂。

化学名称　(2R,6aS,12aS)-1,2,6,6a,12,12a-六氢-2-异丙烯基-8,9-二甲氧基氧萘[3,4-b]糠酰[2,3-h]氧萘-6-酮，(2R,6aS,12aS)-1,2,6,6a,12,12a-hexahydro-2-isopropenyl-8,9-dimethoxy-chromeno[3,4-b] furo[2,3-h] chromen-6-one。

理化性质　纯品为无色六角板状结晶，熔点163℃（同质二晶型有熔点181℃的），蒸气压＜1mPa(20℃)；旋光度$[\alpha]_D^{20}$ −231.0°(苯中)，$K_{ow}\lg P=4.16$，Henry＜2.8Pa·m³/mol(20℃)，相对密度0.67(fluffed)，0.78(packed)。水中溶解度0.142μg/mL(20℃)，易溶于丙酮、二硫化碳、乙酸乙酯和氯仿，微溶于乙醚、乙醇、石油醚和四氯化碳。遇碱消旋，易氧化，尤其在光下或碱存在下氧化快，从而失去杀虫活性。外消旋体杀虫活性减弱，在干燥情况下，比较稳定。

毒性　急性经口LD_{50}(mg/kg)：大鼠132~1500，小鼠350。兔急性经皮LD_{50}＞5g/kg，大鼠吸入LC_{50}(mg/L)：雄性0.0235，雌性0.0194。大鼠NOEL(2代)7.5mg/L(0.38mg/kg)。ADI：(EPA)aRfD 0.015mg/kg，cRfD 0.0004mg/kg[2007]。对人皮肤有轻度刺激性，对人类为中等毒性，经口致死剂量为300~500mg/kg。对猪高毒。

生态效应　鱼LC_{50}(96h,μg/L)：虹鳟鱼1.9，大翻车鱼4.9。对蜜蜂无毒，当和除虫菊杀虫剂混用时对蜜蜂有毒性。

环境行为　在大鼠或害虫体内，呋喃环会开环、断裂生成甲氧基，主要的代谢物为rotenonone。随后通过异丙基苯基上的甲基氧化形成醇类代谢物。

制剂　2.5%、50%鱼藤酮乳油，0.75%~5%悬浮液。

主要生产商　Prentiss及Tifa等。

作用及理与特点　鱼藤酮为植物性触杀型杀虫、杀螨剂，具选择性，无内吸性，见光易分解，在空气中易氧化，在作物上残留时间短，对环境无污染，对天敌安全。该药杀虫谱广，对害虫有触杀和胃毒作用。本品能抑制C-谷氨酸脱氢酶的活性，从而使害虫死亡。该药剂能有效防治蔬菜等多种作物的蚜虫，安全间隔期为3d。

应用

（1）适用作物　水稻、蔬菜、果树。

（2）防治对象　蚜虫、棉红蜘蛛、叶蜂、虱子等。

（3）残留量与安全用药　在土壤和水中半衰期为1~3d，施药后安全间隔期为3d。鱼类对本剂极为敏感，使用时不要污染鱼塘。

（4）应用技术　防治叶菜类蔬菜蚜虫，在蚜虫发生始盛期施药。药液应随用随配，不宜久置。本品不能与碱性药剂混用。

（5）使用方法　在世界范围内鱼藤酮用于家庭花园中害虫的防治、宠物上虱子的防治以及水中鱼类尸体的处理。防治叶菜类蔬菜蚜虫，每公顷用2.5%鱼藤酮乳油1500mL（有效成分

37.5g），加水均匀喷雾，每公顷用药 600～750kg。

专利与登记　鱼藤酮不存在专利问题。在中国登记情况见表 239。

表 239　鱼藤酮在中国登记情况

商品名	登记证号	含量	剂型	登记作物	防治对象	用药量/(g/hm²)	施用方法
鱼藤酮	LS20082505	2.5%	乳油	十字花科蔬菜	蚜虫	37.5～56.25	喷雾
	LS20090370	7.5%	乳油	十字花科蔬菜	蚜虫	56.25～73.125	喷雾
	LS20091313	5%	微乳剂	甘蓝	蚜虫	30～45	喷雾
	PD20085108	2.5%	乳油	十字花科蔬菜	蚜虫	37.5～56.25	喷雾
	PD20090716	2.5%	乳油	十字花科蔬菜	蚜虫	37.5～56.25	喷雾
	PD20091876	7.5%	乳油	十字花科蔬菜	蚜虫	33.75～45	喷雾
	PD20092307	4%	乳油	十字花科蔬菜	蚜虫	24～36	喷雾
	PD20097721	2.5%	乳油	十字花科蔬菜	蚜虫	37.5～56.25	喷雾
	PD91105-2	2.5%	乳油	叶菜	蚜虫	37.5	喷雾
	PD20083523	95%	原药				
	LS20080065	95%	原药				
	PD20095935	95%	原药				
氰戊·鱼藤酮	PD20086351	2.5%	乳油	十字花科蔬菜	菜青虫	30～45	喷雾
	PD20086352	7.5%	乳油	十字花科蔬菜	小菜蛾	42.4～84.4	喷雾
阿维·鱼藤酮	PD20097887	1.3%	乳油	十字花科叶菜	菜青虫	19.5～24	喷雾
	PD20090250	1.8%	乳油	甘蓝	小菜蛾	8.1～10.8	喷雾
敌百·鱼藤酮	PD20093596	25%	乳油	甘蓝	菜青虫	150～225	喷雾
藤酮·辛硫磷	PD20095175	18%	乳油	甘蓝	斜纹夜蛾	162～324	喷雾

合成方法　用有机溶剂萃取含有鱼藤酮的植物，如鱼藤属、尖荚豆属或灰叶属植物的根部，浓缩萃取液，过滤，得结晶产品。

玉雄杀 chloretazate

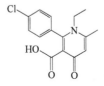

$C_{15}H_{14}ClNO_3$，291.7，81051-65-2，81052-29-1(钾盐)

玉雄杀(chloretazate)，试验代号　ICI-A0748、RH-0748。商品名称　Detasselor。其他名称 karetazan。是由 Rhom & Hass 公司研制、捷利康公司开发的玉米用杀雄剂。

化学名称　2-(4-氯苯基)-1-乙基-1,4-二氢-6-甲基-4-氧烟酸，2-(4-chlorophenyl)-1-ethyl-1,4-dihydro-6-methyl-4-oxonicotinic acid。

理化性质　纯品为固体，熔点为 235～237℃。

应用　玉米用杀雄剂。

专利概况　专利 EP40082 早已过专利期，不存在专利权问题。

合成方法　通过如下两种方法合成。

方法 1：

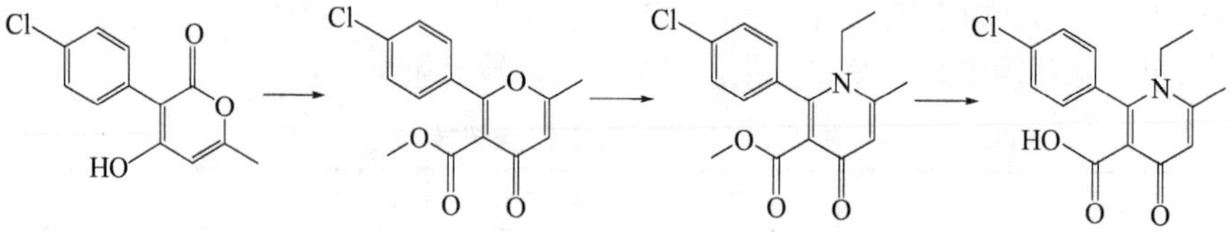

方法 2：

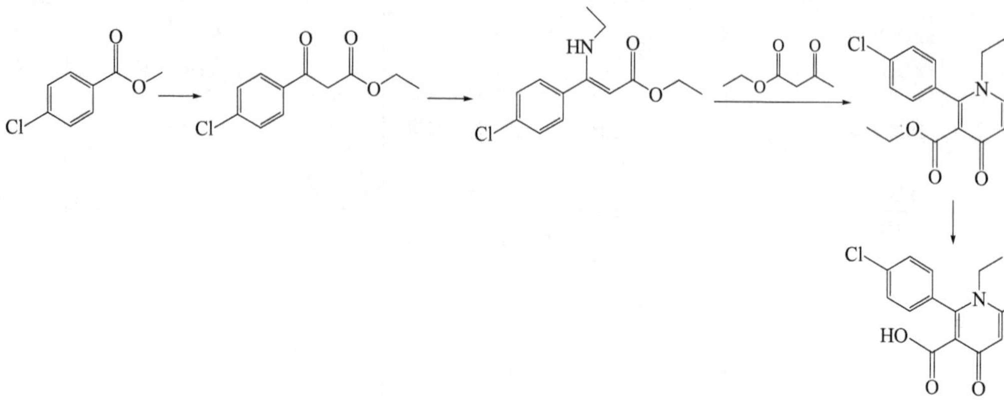

增效醚 piperonyl butoxide

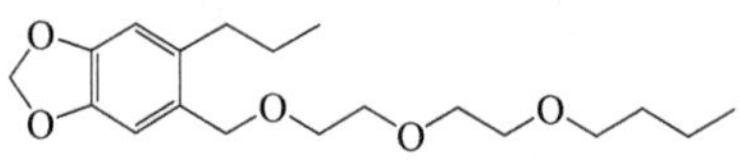

$C_{19}H_{30}O_5$，338.4，51-03-6

增效醚（piperonyl butoxide），试验代号　ENT 14250。商品名称　Biopren BH、Butacide、Duracide 15、Enervate、Exponent Hash、Multi-Fog DTP、NPB、Piretrin、Pyrocide、Pyronyl、Synpren Fish、Trikill。其他名称　PBO。由 H. Wachs 提出作为除虫菊素的增效剂。

化学名称　5-[2-(2-丁氧乙氧基)乙氧甲基]-6-丙基-1,3-苯并二噁茂，5-[2-(2-butoxyethoxy) ethoxymethyl]-6-propyl-1,3-benzodioxole。

组成　含量90%。

理化性质　无色油状物（工业品为黄色油状物），密度1.060(20℃)，沸点180℃ (1mmHg)，闪点140℃，蒸气压 2.0×10^{-2} mPa(60℃)，K_{ow} lg$P=4.75$，Henry 常数 $< 2.3 \times 10^{-6}$ Pa·m³/mol。水中溶解度(25℃)14.3mg/L，溶于有机溶剂，包括矿物油和氟代脂肪烃化合物。在无光照条件下 pH=5、7、9 时稳定。pH=7 的水溶液在阳光下迅速降解（DT$_{50}$ 8.4h）。闪点140℃，黏度40cP(25℃)。

毒性　大鼠和兔急性经口 LD$_{50}$ 约为 7500mg/kg。急性经皮 LD$_{50}$（mg/kg）：大鼠 >7950，兔1880。对兔眼睛和皮肤无刺激，对皮肤无致敏性。大鼠吸入 LC$_{50}$ >5.9mg/L。NOEL[mg/(kg·d)]：大、小鼠(2y)30，狗(1y)16。ADI：(JMPR)0.2mg/kg[1995,2001]；(EPA)aRfD 6.3mg/kg，cRfD 0.16mg/kg[2006]。无三致。

生态效应　山齿鹑急性经口 LD$_{50}$ >2250mg/kg。鲤鱼 LC$_{50}$(24h)5.3mg/L，水蚤 LC$_{50}$(24h)2.95mg/L。藻类 EC$_{50}$（细胞体积）44μmol/L。蜜蜂 LD$_{50}$ $>25\mu$g/只。

环境行为

（1）动物　哺乳动物（以及昆虫），氧化亚甲基碳原子形成二羟基苯基化合物。侧链发生氧化降解，消除产物为葡萄糖或氨基酸衍生物。

（2）土壤/环境　对旱地做 DT_{50} 有氧土壤代谢约 14d。K_{oc} 399～830。虽在沙土中移动速度较快，但其在户外并不会快速降解。在土壤或水中降解，主要通过支链丁基氧化形成亚甲二氧丙苯基醇，随后形成相应的醛，最终矿化形成二氧化碳，没有积累代谢产物。

主要生产商　Endura、Prentiss 及宁波保税区汇力化工有限公司等。

作用机理与特点　抑制混合功能氧化酶，阻止解毒系统酶活性的正常发挥，以提高杀虫剂的活性。本品能提高除虫菊素和多种拟除虫菊酯、鱼藤酮和氨基甲酸酯类杀虫剂的杀虫活性，亦对杀螟硫磷、敌敌畏、氯丹、三氯杀虫酯、阿特拉津等有增效作用，并能改善除虫菊浸膏的稳定性。在以家蝇为防治对象时，本品对胺菊酯的增效作用比八氯二丙醚高。但在使用氯氰菊酯防治家蝇时，无增效作用。在蚊香中使用对丙烯菊酯没有增效作用，甚至使药效降低。

应用

（1）药效和用途　用作杀虫增效剂，用于杀死米、麦、豆类等谷物在储藏期间产生的虫，如谷象虫。常与杀虫剂除虫菊素合用，形成络合物以起增效作用。

（2）残留量与安全施药　在通风良好的地点操作，不需要采用特殊的防护措施。产品存储于密闭的容器中，放置在低温干燥场所。无专用解毒药，如发生误服，可按出现症状治疗。

（3）应用技术　在 100mL 精制煤油中单含除虫菊素 0.025g 时，家蝇死亡率仅 19%，含 0.05g 时死亡率为 32%，含 0.100g 时死亡率为 50%，在 100mL 煤油中含除虫菊素 0.025g 加 0.25g 本品时，家蝇的死亡率可高达 85%。在灭虱试验中，当制剂中含除虫菊素 0.005% 和本品 0.05% 时，体虱死亡率为 78%；如含除虫菊素 0.025% 和本品 0.125% 时，体虱死亡率可达 100%，但在单含除虫菊素的处理中，体虱死亡率均为 0。用本品作为防治卫生昆虫、仓库害虫、园艺害虫杀虫剂的高效剂，一般它的使用量为除虫菊素的 5～10 倍，可使药效提高 3 倍，效果显著。例如在储粮中，使用在氰戊菊酯中加有本品（1∶10）的混合粉剂防治多种仓库害虫，1 次施药，可保护储粮免受虫害长达 1 年左右。对农业害虫如棉红铃虫，以本品分别与氯氰菊酯、氟氯氰菊酯、溴氰菊酯和氰戊菊酯复配使用，增效指数达 230、167、80、65.7，亦很显著。

专利概况　专利 US2485681、US2550737 早已过专利期，不存在专利权问题。

合成方法　可通过如下反应制得目的物：

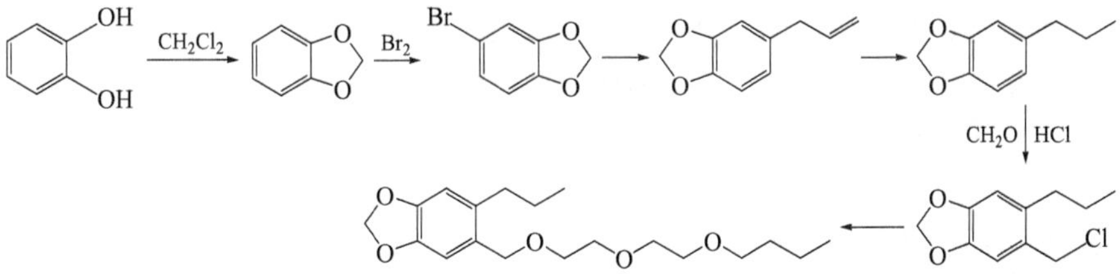

增效醛 piprotal

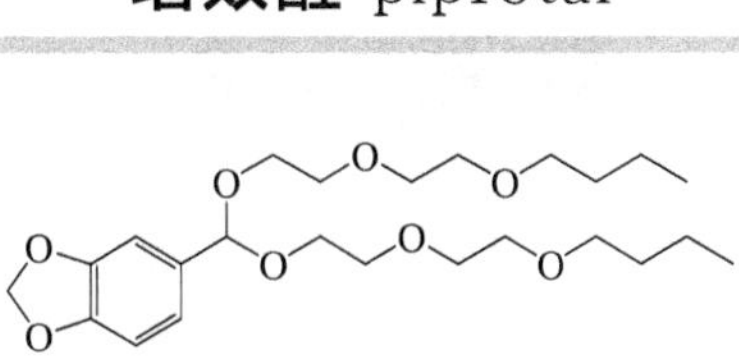

$C_{24}H_{40}O_8$，456.6，5281-13-0

增效醛（piprotal），试验代号　OMS 1161。商品名称　Tropital，作为高效拟除虫菊酯的增效剂由 L. O. Hopkins 和 D. R. Maciver 报道，由 McLaughlin Gormley King Co 开发。

化学名称　5-［双［2-（2-丁氧乙氧基）乙氧基］甲基］-1,3-苯并二噁茂，5-[bis［2-（2-butoxyethoxy）ethoxy］methyl]-1,3-benzodioxole（Ⅰ）或 1-bis［2-（2-butoxyethoxy）ethoxy］methyl-

3,4-methylenedioxybenzene。

理化性质 黄色油状液体；沸点：$190\sim200℃$（0.27Pa），$200\sim230℃$（5.33Pa）。折射率：$n_D^{18}1.4838$，$n_D^{28}1.447$。不溶于水，稍溶于乙二醇，可与一般有机溶剂如醇类、二氯甲烷、石蜡族和芳族石油馏分、氯代烷类及其他发射剂混溶。本品对日光敏感，能在无机酸和有机酸存在下分解。本品无腐蚀性。

毒性 大鼠急性经口 $LD_{50}4400mg/kg$。兔急性经皮 $LD_{50}>10000mg/kg$。对兔皮肤和黏膜没有刺激性。大鼠 90d 饲喂无作用剂量为 $300mg/(kg \cdot d)$；但在药量高达 $600mg/(kg \cdot d)$ 时，对肝、肾脏、膀胱和胸腺稍有影响。本品单用对蜜蜂无害。

环境行为 当小鼠经口增效醚、黄樟素、二氢黄樟素、肉豆蔻醚等后，代谢途径主要为亚甲二氧基苯（MDP）分子的断裂和将亚甲基的碳转变为 CO_2 呼出。与此相反，本品以及胡椒醛或胡椒基酸的代谢，则是在它们的侧链上发生氧化或络合，如在经口增效醛后，小鼠尿中含有多种没有 MDP 分子的化合物和少量单独的 6-丙基胡椒酸以及它的甘氨酸络合物。吞服本品的小鼠的尿中，则几乎全部为胡椒酸与甘氨酸或葡萄糖醛酸的络合物。有一些 MDP 化合物可被肝微粒体的多功能氧化酶脱去亚甲基，生成甲酸盐及相应的邻苯二酚。还有多数 MDP 化合物因为在其他功能团上发生附加的氧化作用，亦可能生成其他产物。亚甲二氧基苯基类增效剂或其有关类似化合物对杀虫剂产生增效作用的原因，可能是 MDP 的一个活性部位与多功能氧化酶结合，使得昆虫的正常解毒机制受到抑制。

剂型 增效醛极易溶于精制矿油中，不需要加助溶剂，故适用于加工各种喷射剂和高浓度气雾剂。

应用 将本品和增效醚分别以 8:1 的计量加入除虫菊素和丙烯菊酯，对淡色库蚊幼虫在击倒和杀死作用上做增效对比试验，结果显示本品对除虫菊素和丙烯菊酯在击倒上的增效程度分别为 2.20 和 1.4；前者仅及增效醚的 70%，后者约为增效醚的 50%。本品对丙烯菊酯在杀死作用上的增效程度分别为 1.27 和 1.15；前者约为增效醚的 50%，后者约为增效醚的 67%。又将本品与增效醚分别加入除虫菊素，对杂拟谷盗和烟草甲成虫以及大毛皮囊幼虫以点滴法做增效对比试验，增效醚的增效活性仍高于本品。一般而言，对昆虫直接接触毒杀时，增效醚的增效活性大于本品。本品作为增效剂，其制剂可用于防治家庭、贮粮等室内害虫。可以和大多数杀虫剂及其他增效剂进行复配，但不能和有机磷（马拉松除外）及乳化剂混用。

专利概况 专利 NL6507365 早已过专利期，不存在专利权问题。

合成方法 通过如下反应制得目的物：

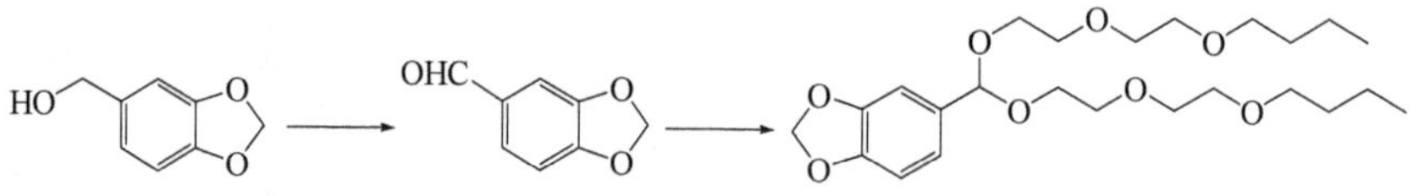

增效散 sesamex

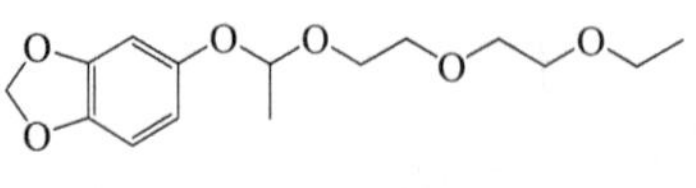

$C_{15}H_{22}O_6$，298.3，51-14-9

增效散（sesamex），试验代号 ENT20871。商品名称 Sesoxane，作为高效拟除虫菊酯的增效剂由 M. Beroza 报道，由 Shulton Inc 开发。

化学名称 2-(3,4-亚甲基二氧苯氧基)-3,6,9-三氧十一碳烷，5-[1-[2-(2-ethoxyethoxy) ethoxy] ethoxy]-1,3-benzodioxole 或 2-(1,3-benzodioxol-5-yloxy)-3,6,9-trioxaundecane。

理化性质　本品为黄色液体，稍有气味，沸点 137～141℃（0.08mmHg），折射率 $n_D^{20} 1.491$～1.493，易溶于灯油和氟利昂。对光不稳定。

毒性　大鼠急性经口 LD_{50} 为 2000～2270mg/kg。兔急性经皮 $LD_{50}>9000$mg/kg。

制剂　含有亚甲二氧基苯基的增效剂。

应用　可以增效除虫菊酯、丙烯除虫菊酯、环除虫菊酯和甲氧基滴滴涕。并具有一些杀虫活性。

专利概况　专利 GB793513 早已过专利期，不存在专利权问题。

合成方法　通过如下反应制得目的物：

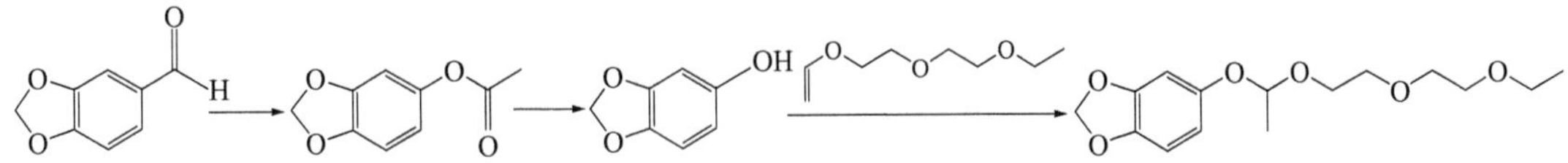

增效酯 propyl isome

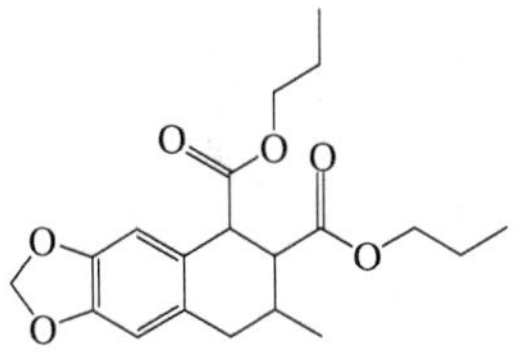

$C_{20}H_{26}O_6$，362.4，83-59-0

增效酯(propyl isome)，其他名称　dipropyl maleate isosafrole condensate，作为高效拟除虫菊酯的增效剂由 M. E. Synerholm 和 A. Hartzell 报道，由 S B Penick & Co 开发。

化学名称　5,6,7,8-四氢-7-甲基萘并[2,3-d]-1,3-二噁茂-5,6-二羧酸二丙酯或 1,2,3,4-四氢-3-甲基-6,7-亚甲基二氧萘-1,2-二羧酸二丙酯。dipropyl-5,6,7,8-tetrahydro-7-methylnaphtho[2,3-d]-1,3-dioxole-5,6-dicarboxylate 或 dipropyl 1,2,3,4-tetrahydro-3-methyl-6,7-methylenedioxynaphthalene-1,2-dicarboxylate。

理化性质　本品为橙色黏稠液体，沸点 170～275℃（1mmHg），相对密度 1.14，折射率 $n_D^{20} 1.51$～1.52，不溶于水，微溶于链烷烃溶剂，易溶于醇、醚、芳烃和甘油酯类。对热稳定，在强碱中水解。

毒性　大鼠急性经口 LD_{50} 为 1500mg/kg，大鼠急性经皮 $LD_{50}>375$mg/kg，以含 5000mg/L 的饲料饲喂大鼠 17 周，没有发现组织损伤。

环境行为　本品和增效醚、增效砜等均能受小鼠肝微粒体制剂(在体外)的作用，在联苯上同时产生刺激邻位的羟基化和抑制对位的羟基化。

制剂　与拟除虫菊酯一起配成油剂、气雾剂、乳油、粉剂等，亦可与鱼藤酮和鱼尼丁一起使用。

应用

(1) 残留量与安全施药　在通风良好的地点操作，不需要采用特殊的防护措施。产品存储于密闭的容器中，放置在低温干燥场所。无专用解毒药，如发生误服，可按出现症状治疗。

(2) 应用技术　已有试验测出在 100mL 精制煤油中单含除虫菊素 0.025g 时，家蝇死亡率仅 19%；含 0.05g 时死亡率为 32%；含 0.100g 时死亡率为 50%。如在 100mL 煤油中除含除虫菊素 0.025g 外，并加有 0.25g 增效酯时，家蝇死亡率可达 76%。本品既对拟除虫菊酯(包括除虫菊素)有增效活性，亦可作为鱼藤酮、鱼尼丁等的增效剂使用。制剂可用于家庭和肉类食品包装车间防治害虫。

（3）使用方法　对除虫菊素、丙烯菊酯等可配成以煤油和乙二醇丁基醚作为助溶剂的油喷射剂，其他制剂还有气雾剂、粉剂和乳油等。

专利概况　专利 US2431845 早已过专利期，不存在专利权问题。

合成方法　通过如下反应制得目的物：

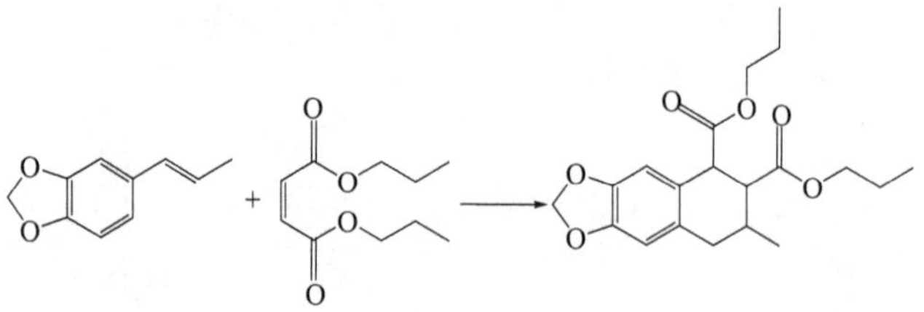

治螟磷 sulfotep

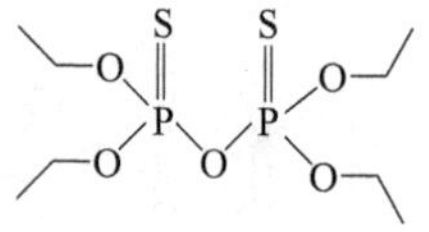

$C_8H_{20}O_5P_2S_2$，322.3，3689-24-5

治螟磷（sulfotep），试验代号　ASP-47、Bayer E 393、ENT16273。其他名称　dithio、dithione、thiotepp、苏化 203、硫特普、双一六〇五。是 G. Schrader 和 H. kenthal 报道其活性，德国拜耳公司开发的有机磷类杀虫剂。

化学名称　O,O,O',O'-四乙基二硫代焦磷酸酯，O,O,O',O'-tetraethyl dithiopyrophosphate。

理化性质　淡黄色液体，沸点 136～139℃（2mmHg）、92℃（0.1mmHg），蒸气压 14mPa（20℃）。$K_{ow}\lg P=3.99$（20℃）。Henry 常数 0.45Pa·m³/mol（20℃）。相对密度 1.196（20℃）。水中溶解度 10mg/L，与大多数有机溶剂互溶，不溶于轻石油和石油醚。室温下缓慢分解，DT_{50}（22℃）：10.7d(pH 4)，8.2d(pH 7)，9.1d(pH 9)。闪点 102℃。

毒性　大鼠急性经口 LD_{50} 约 10mg/kg，大鼠急性经皮 LD_{50}(mg/kg)：65(7d)、262(4h)。对兔眼睛和皮肤无刺激。大鼠吸入 LC_{50}(4h)约 0.05mg/L 空气（气溶胶）。NOEL(mg/kg 饲料)：大鼠(2y)10，小鼠(2y)50，狗(13 周)0.5。ADI：(BfR)0.001mg/kg[1990]；(EPA)0.0005mg/kg[1988]。

生态效应　鱼 LC_{50}(96h,mg/L)：金枪鱼 0.071，虹鳟鱼 0.00361。水蚤 LC_{50}(48h)0.002mg/L。羊角月牙藻 E_rC_{50}7.2mg/L。

环境行为　本品在大鼠体内吸收很快，并通过肾脏迅速降解，其主要降解物为二乙基硫代磷酸酯。在植物体内主要代谢为四乙基焦磷酸、二乙基硫代磷酸、二乙基磷酸。K_{oc} 值和淋滤研究表明治螟磷是稳定的，本品在不同的土壤中降解很快，中间体 monothiotep（辛硫磷的杂质）和四乙基焦磷酸存在时间非常短，降解为简单的硫代磷酸酯和磷酸酯。在缓冲溶液中，本品的降解速度与温度和 pH 值有关。在水中的光化学降解不能确定。挥发性小。

制剂　烟雾剂、40％乳油。

作用机理与特点　胆碱酯酶的直接抑制剂，广谱，具有触杀和传导作用的非内吸性杀虫、杀螨剂。在叶上的持效期短。

应用

(1) 适用作物　水稻、棉花、油菜、大豆。

(2) 防治对象　水稻稻螟虫、稻叶蝉、稻飞虱、棉红蜘蛛、棉蚜、油菜蚜、豆蚜、茄红蜘蛛、黄条跳甲、象鼻虫、谷子钻心虫、萍螟、介壳虫等。

(3) 残留量与安全施药　稻田施药，应在前一天调节水层 3cm 左右，施药后 3～5d 不得放水，严防田水外流。食用作物在收获前 20～30d 禁止用药。对鱼类高毒，养鱼稻田不得施药。食物内最大残留量为 1mg/kg。

(4) 使用方法

水稻　①用 40％乳油 48.75L/hm²，拌细土 225～300kg。在田内均匀撒施，可防治螟虫。施药前 1d，应将田内水层调节到 3cm 左右，堵好水口，防止漏水，施药后 3～5d 不得放水，以保持药效。②在螟虫孵化高峰期施药。每亩用 40％乳油 150g，加水 5kg，于露水干后喷雾，可防治二化螟。喷雾法适用于蚁螟孵化高峰期和秧苗期。

棉花、大豆、油菜用 2000 倍液喷雾，可有效防治棉蚜、油菜蚜、豆蚜等害虫。

专利概况　专利 DE848812 早已过专利期，不存在专利权问题。

合成方法　经如下反应制得治螟磷：

$$C_2H_5OH \xrightarrow{POCl_3} (C_2H_5O)_2 \overset{O}{P}-O-\overset{O}{P}(OC_2H_5)_2 \xrightarrow{S} (C_2H_5O)_2 \overset{S}{P}-O-\overset{S}{P}(OC_2H_5)_2$$

治线磷 thionazin

$C_8H_{13}N_2O_3PS$，248.2，297-97-2

治线磷(thionazin)，试验代号　Experimental Nematicide 18133。商品名称　Bulb Dip、Cynem、Nemafos、Zinophos。其他名称　硫磷嗪。是由 American Cyanamid Co(现属巴斯夫公司)开发的土壤杀虫剂。

化学名称　O,O-二乙基 O-吡嗪-2-基硫代磷酸酯，O,O-diethyl O-pyrazin-2-yl phosphorothioate。

理化性质　纯品为清澈至浅黄色液体(原药为暗棕色液体，含量为 90％左右)，熔点 -1.67℃，蒸气压 400mPa(30℃)，Henry 常数 8.71×10^{-2} Pa·m³/mol(计算值)，相对密度：1.207(25℃)，工业品 1.204～1.21(25℃)。水中溶解度(27℃)1.14g/L，与大多数有机溶剂互溶。遇碱迅速分解(pH ＞9)。

毒性　大鼠急性经口 LD$_{50}$ 12mg/kg。大鼠急性经皮 LD$_{50}$ 11mg/kg。大鼠分别以 25mg/kg、50mg/kg 饲料饲喂 30d、60d，对大鼠生长稍有抑制，无其他异常反应。

环境行为　鸟 LC$_{50}$(5d，mg/kg 饲料)：山齿鹑 65，野鸡 72。三角鱼 LC$_{50}$(48h)0.09mg(480g/L EC)/L。蜜蜂 LD$_{50}$(局部接触)42ng/L。

制剂　46％乳剂，5％、10％颗粒剂。

应用

(1) 适宜作物　蔬菜、果树等。

(2) 防治对象　可有效防治植物寄生性和非寄生性线虫，如根病线虫、炼根线虫、异皮线虫、花生线虫、柑橘线虫及土壤线虫等。

（3）使用方法　以 $0.8 \sim 1.6 kg/1000 m^2$ 施药，可全面防治线虫，垄施时用量减半。

专利概况　专利 US2918468、US2938831、US3091614 均早已过专利期，不存在专利权问题。

合成方法　可通过如下反应制得目的物：

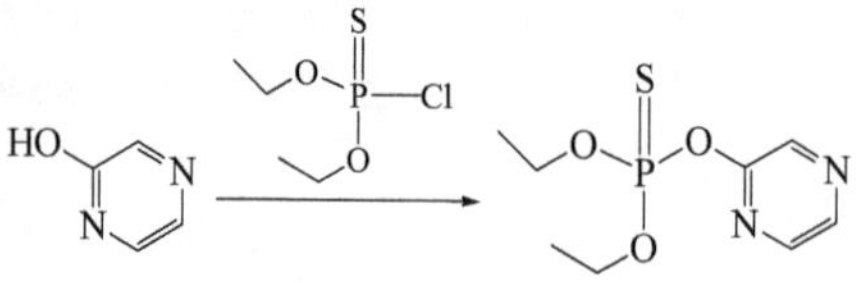

种菌唑 ipconazole

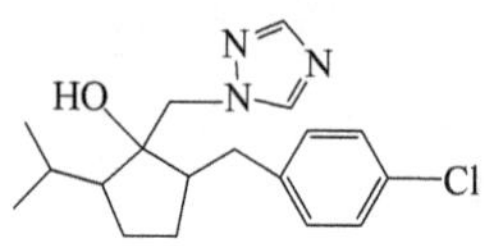

$C_{18}H_{24}ClN_3O$，333.9，125225-28-7

种菌唑（ipconazole），试验代号　KNF-317。商品名称　Befran-Seed、Rancona　Crest、Rancona、Techlead、Techlead-C。其他名称　Rancona、Rancona Apex、Vortex。是由日本吴羽化学公司开发的杀菌剂。

化学名称　（$1RS,2SR,5RS;1RS,2SR,5SR$）-2-(4-氯苄基)-5-异丙基-1-($1H$-1,2,4-三唑-1-基甲基）环戊醇，（$1RS,2SR,5RS;1RS,2SR,5SR$）-2-(4-chlorobenzyl)-5-isopropyl-1-($1H$-1,2,4-triazol-1-ylmethyl) cyclopentanol。

理化性质　由异构体 I（$1RS,2SR,5RS$）和异构体 II（$1RS,2SR,5SR$）组成，纯品为无色晶体，熔点 $85.5 \sim 88℃$。蒸气压 $<5.05 \times 10^{-2} mPa(20 \sim 30℃)$。分配系数 $K_{ow} lg P = 4.21(25℃)$。Henry 常数 $1.8 \times 10^{-3} Pa \cdot m^3/mol(20℃)$。水中溶解度（$20℃$，mg/L）：6.93，异构体（I）9.34，异构体（II）4.97。其他溶剂溶解度（g/L）：丙酮 570，1,2-二氯乙烷 420，二氯甲烷 580，乙酸乙酯 430，庚烷 1.9，甲醇 680，正辛烷 230，甲苯 160，二甲苯 150。稳定性：较好的热稳定性和水解稳定性。

毒性　急性经口 LD_{50}（mg/kg）：雌大鼠 888，雄大鼠 468，雄小鼠 537。大鼠急性经皮 $LD_{50}>2000mg/kg$。对兔皮肤无刺激性，对眼睛有轻微刺激性。无皮肤过敏现象。鲤鱼鱼毒 $LC_{50}(48h)2.5mg/L$。

生态效应　鹌鹑 LD_{50} 962mg/kg。鱼 LC_{50}（mg/L，96h）：大翻车鱼 1.5，虹鳟鱼 1.3。水蚤 $EC_{50}(48h)1.7mg/L$。藻类 $E_bC_{50}(72h)0.62mg/L$。蜜蜂 LD_{50}（48h,口服和接触）$>100\mu g/$ 只。蚯蚓在土壤中 $LC_{50}(14d)597mg/kg$。

环境行为

（1）动物　在大鼠体内的代谢产物为 2-(4-氯苄基)-5-(1-羟基-1-甲基乙基)-1-($1H$-1,2,4-三唑-1-甲基）环戊醇、2-(4-氯苄基)-5-(2 羟基-1-甲基乙基)-1-($1H$-1,2,4-三唑-1-甲基）环戊醇和 1,2,4-三唑。

（2）植物　水稻的代谢产物为 2-(4-氯苄基)-5-(1-羟基-1-甲基乙基)-1-($1H$-1,2,4-三唑-1-甲基）环戊醇、2-(4-氯苄基)-5-(2 羟基-1-甲基乙基)-1-($1H$-1,2,4-三唑-1-甲基）环戊醇和 2-[1-(4-氯苯基)羟基甲基] -5-异丙基-1-($1H$-1,2,4-三唑-1-甲基）环戊醇。

（3）土壤/环境　代谢率取决于温度和土壤水分以及有机质含量。试验表明，在日本水田土壤中 DT_{50} 为 $76 \sim 80d$，在山地土壤中为 $45 \sim 54d$。在土壤中可轻微移动。

制剂　乳油、悬浮剂等。

主要生产商　Kureha。

作用机理与特点　麦角甾醇生物合成抑制剂。异构体 I（$1RS,2SR,5RS$）和异构体 II（$1RS$，

2SR,5SR)均有活性。

应用

（1）适宜作物　水稻和其他作物。

（2）防治对象　主要用于防治水稻和其他作物的种传病害。如用于防治水稻恶苗病、水稻胡麻斑病、水稻稻瘟病等。

（3）使用方法　主要用于种子处理。剂量为 3～6g(a.i.)/100kg 种子。

专利与登记　专利 US4938792、EP0329397 等均已过专利期，不存在专利权问题。

在国内登记情况：4.23% 微乳剂，登记作物为棉花和玉米，防治对象为立枯病、茎基腐病和丝黑穗病等。美国科聚亚公司在中国登记情况见表 240。

表 240　美国科聚亚公司在中国登记情况

登记名称	登记证号	含量	剂型	登记作物	防治对象	用药量	施用方法
种菌唑	PD20120230	97%	原药				
甲霜·种菌唑	PD20120231	4.23%	微乳剂	棉花	立枯病	13.5～18g/kg 种子	拌种
				玉米	茎基腐病	3.375～5.4g/100kg 种子	种子包衣
				玉米	丝黑穗病	9～18g/100kg 种子	种子包衣

合成方法　以 3-甲基丁腈等为起始原料，经如下多步反应，处理即得目的物。反应式如下：

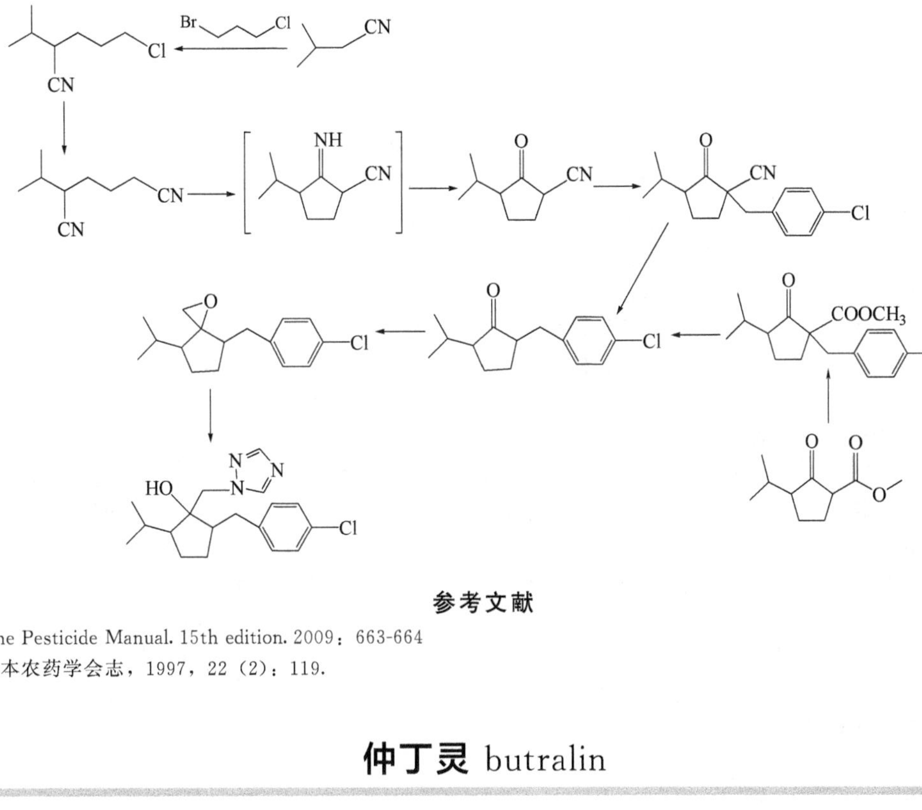

参考文献

[1] The Pesticide Manual. 15th edition. 2009：663-664
[2] 日本农药学会志，1997，22（2）：119.

仲丁灵 butralin

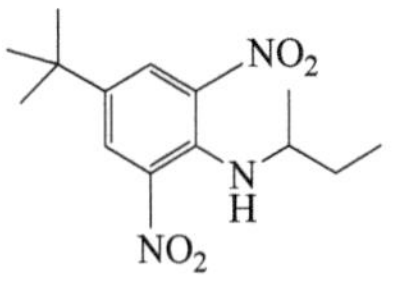

$C_{14}H_{21}N_3O_4$，295.3，33629-47-9

仲丁灵(butralin)，试验代号 Amchem 70-25、Amchem A-820。商品名称 Amex、Amex 820、Blue Ribbon、Lutar、Tabamex Plus、Tabamex、Tamex AG、Tobago、Tobago AG、Zhi Ya Su。其他名称 地乐胺、双丁乐灵、比达宁、硝苯胺灵、止芽素。是由 Amchem Products Inc(现拜耳公司)开发的植物生长调节剂，后售予 CFPI(现 Nufarm S A S)。

化学名称 N-仲丁基-4-叔丁基-2,6-二硝基苯胺，N-sec-butyl-4-tert-butyl-2,6-dinitro-aniline。

理化性质 原药纯度≥98%，熔点59℃。纯品为橘黄色、芳香味结晶体，熔点60℃，沸点134～136℃ (0.5mmHg)。在标准大气压下，未沸腾的情况下分解温度为253℃。蒸气压0.77mPa(25℃)。$K_{ow}\lg P=4.93(23℃\pm2℃)$。Henry 常数 7.58×10^{-1} Pa·m³/mol。相对密度1.063，水中溶解度(25℃)0.3mg/L。其他溶剂中溶解度(20℃,g/L)：正庚烷182.8，二甲苯668.8，二氯甲烷877.7，甲醇68.3，丙酮773.3，乙酸乙酯718.4。分解温度为253℃。水解$DT_{50}>1y$。水中光解 DT_{50} 为 13.6d(pH 7,25℃)。光化学降解 DT_{50} 1.5h。

毒性 大鼠急性经口 LD_{50}(mg/kg)：雄性1170，雌性1049。兔急性经皮 $LD_{50}\geq2000$mg/kg。对兔皮肤有轻度刺激性，对兔眼睛有中等程度刺激性，对豚鼠皮肤有致敏性。大鼠急性吸入 $LC_{50}>9.35$mg/L 空气。大鼠 NOLE(2y)500mg/L[20～30mg/(kg·d)]。ADI 值为 0.003mg/kg (2006)。LR_{50}(g/hm²)：烟蚜茧341，梨盲走螨435，捕食性步甲>3277，通草蛉>3277。

生态效应 鸟类急性经口 LD_{50}(mg/kg)：山齿鹑>2250，日本鹌鹑>5000。山齿鹑和野鸭饲喂 LC_{50}(8d)>10000mg/kg 饲料。鱼毒 LC_{50}(96h,mg/L)：大翻车鱼1.0，虹鳟鱼0.37。水蚤 EC_{50}(48h)0.12mg/L。羊角月牙藻 EC_{50}(5d)0.12mg/L。摇蚊虫 NOEC 12.25mg/L。蜜蜂 LD_{50}(μg/只)：经口为95，接触100。蚯蚓急性 $LC_{50}>1000$mg/kg 土。

环境行为

(1) 动物 经尿液和粪便代谢和排泄。在大鼠中主要通过 N-脱烷基化作用，氧化作用以及硝基还原来代谢，其次是通过乙酰基与葡萄糖醛酸的共轭作用来代谢的。85%的剂量在48h内是通过尿液排泄的。72h之后，在大鼠器官中无检出，最终代谢产物是二氧化碳。

(2) 植物 植物吸收之后，通过 N-脱烷基化作用迅速代谢，随后是甲基化作用以及进一步的转化，最终得到的极性化合物与土壤结合。

(3) 土壤/环境 土壤中主要通过微生物的降解作用，形成相应的苯胺、环断裂以及产生二氧化碳。在陆地环境中比较稳定，迁移性相对较小，田间消散 $DT_{50}>3$ 周(10～72.6d)；在水中30d内水解小于10%。在陆地环境中，仲丁灵的主要消散方式是微生物降解。被土壤强烈吸附而不易渗滤，渗透研究表明仲丁灵停留在土壤6cm以上深度。

制剂 36%、48%乳油。

主要生产商 AGROFINA、Nufarm SAS、山东滨农科技有限公司、山东侨昌化学有限公司、潍坊中农联合有限公司、江西盾牌化工有限责任公司以及山东华阳和乐农药有限公司等。

作用机理与特点 选择性芽前土壤处理的除草剂，亦可作植物生长调节剂使用，控制烟草腋芽生长。药剂进入植物体后，主要抑制分生组织的细胞分裂，从而抑制杂草幼芽及幼根的生长。对双子叶植物的地上部分抑制作用的典型症状为抑制茎伸长、子叶呈革质状、茎或胚膨大变脆。单子叶植物的地上部分产生倒伏、扭曲、生长停滞症状，幼苗逐渐变成紫色。仲丁灵为触杀兼局部内吸性抑芽剂，对抑制腋芽的生长效力高，药效快。在施药后2h内不下雨其药效便可发挥。只能采用杯淋法或涂抹法进行施药，不能进行喷雾。

应用

(1) 适宜作物 烟草、西瓜、棉花、大豆、玉米、花生、向日葵、蔬菜、马铃薯、水稻、辣椒、番茄、茄子、大白菜。

(2) 防治对象 稗草、牛筋草、马唐、狗尾草、藜、苋、马齿苋等一年生禾本科杂草和小粒种子阔叶杂草。

(3) 使用方法 ①播种前或移栽前土壤处理 大豆、茴香、胡萝卜、育苗韭菜、菜豆、蚕豆、豌豆和牧草等在播种前每亩用48%地乐胺200～300mL对水做地表均匀喷雾处理。西红柿、青椒和茄子在移栽前每亩用48%乳油200～250mL兑水均匀喷布地表，混土后移栽。②播后苗前

土壤处理　大豆、茴香、芹菜、菜豆、萝卜、大白菜、黄瓜和育苗韭菜在播后出苗前，每亩用 48％乳油 200～250mL 兑水做土表均匀喷雾。花生田在播前或播后出苗前每亩用 48％仲丁灵乳油 150～200mL 兑水均匀喷布地表，如喷药后进行地膜覆盖效果更好。③苗后或移栽后进行土壤处理　水稻插秧后 3～5 天用 48％仲丁灵乳油 125～200mL 拌土撒施。④茎叶处理　在大豆始花期（或菟丝子转株危害时），用 48％仲丁灵乳油 100～200 倍液喷雾（每平方米喷液量 75～150mL），对菟丝子及部分杂草有良好防治效果。⑤烟草抑芽　烟草打顶后 24h 内用 36％乳油兑水 100 倍液从烟草打顶处倒下，使药液沿茎流到各腋芽处，每株用药液 15～20mL。

(4)　注意事项　①防除菟丝子时，喷雾要均匀周到，使缠绕的菟丝子都能接触到药剂。②作烟草抑芽剂使用时，不宜在植株太湿、气温过高、风速太大时使用。避免药液与烟草叶片直接接触。已经被抑制的腋芽不要人为摘除，避免再生新腋芽。③仲丁灵的药害症状主要表现为植株生长迟缓，新生叶片严重皱缩，叶腋处新生叶芽皱缩，不易伸长，茎部与地面接触处肿大，根量比正常植株少，根部肿大，产生"鹅头根"。大棚蔬菜如需施用该药剂，建议先小面积试用，取得经验后再大面积应用。

专利与登记　专利 US3672866 早已过专利期，不存在专利权问题。国内登记了 95％原药，36％、48％、360g/L 乳油，30％水乳剂，用于烟草抑制腋芽生长（54～72g/株），防除番茄田、西瓜田、花生田、辣椒田、茄子田、水稻旱直播田、水稻移栽田（1080～1800g/hm²）一年生禾本科杂草及部分阔叶杂草等。

合成方法　通过如下反应制得目的物：

或

仲丁威 fenobucarb

$C_{12}H_{17}NO_2$，207.3，3766-81-2

仲丁威（fenobucarb），试验代号　Bayer 41367c、OMS 313。商品名称　Baktop、Bassa、Baycarb、Bipex、Carvil、Hopkill、Knock、Merlin、Myulsari、Nooz、Osbac、Prahar、Sunocarb、Vibasa、巴沙。其他名称　丁苯威、丁基灭必虱、扑杀威。是 R. L. Metcalf 等报道其活性，由住友化学公司、组合化学公司、三菱化学工业公司和拜耳公司开发。

化学名称　(RS)-2-仲丁基苯基甲基氨基甲酸酯，(RS)-2-sec-butylphenylmethyl carbamate。

理化性质 纯品为无色固体(工业品为无色到黄褐色液体或固体),熔点 31.4℃(工业品 26.5~31℃),沸点 115~116℃ (0.02mmHg)。蒸气压(20℃)为 9.9mPa。相对密度 1.088 (20℃),$K_{ow}lgP=2.67$(25℃)。Henry 常数 $4.9×10^{-3}Pa·m^3/mol$(计算值)。水中溶解度(mg/L):420(20℃),610(30℃)。其他溶剂中溶解度(20℃,kg/L):丙酮 930,正己烯 74,甲苯 880,二氯甲烷 890,乙酸乙酯 890。在一般储藏条件下稳定,热稳定<150℃,碱性条件下水解,DT_{50} 7.8d(pH 9,25℃)。闪点 142℃(密闭体系)。

毒性 急性经口 LD_{50}(mg/kg):雄大鼠 524,雌大鼠 425,雄小鼠 505,雌小鼠 333。雌、雄大鼠急性经皮 $LD_{50}>$2000mg/kg。对兔的眼睛和皮肤有轻微的刺激作用。对豚鼠皮肤无致敏性。大鼠吸入 LD_{50}(14d)$>$2500mg/m³ 空气。NOEL 值(2y):大鼠 4.1mg/(kg·d)(100mg/kg 饲料)。

生态效应 鸟急性经口 LD_{50}(mg/kg):雄野鸭 226,雌野鸭 491。饲喂 LC_{50}(5d,mg/kg 饲料):野鸭$>$5500,山齿鹑 5417。鲤鱼 LC_{50}(96h)25.4mg/L。水蚤 EC_{50}(48h)0.0103mg/L。羊角月牙藻 E_bC_{50}(72h)28.1mg/L。对桑蚕(*Bombyx mori*)的安全期为 10d。

环境行为 动物 动物体内一种代谢产物是 2-(2-羟基-1-甲基丙基)-苯基 *N*-氨基甲酸甲酯。植物 同动物。土壤/环境 土壤 K_{om} 125(Utsunomia 土壤,5.2%o.m.),661(Niigata 土壤,1.8%o.m.)。在稻田和丘陵地 DT_{50} 分别为 6~30d 和 6~14d。

制剂 乳油[500g(a.i.)/L],粉剂(20g/kg),微粒剂(30g/kg)。

主要生产商 Dongbu Fine、Kuo Ching、Nihon Nohyaku、Saeryung、Sinon、Sundat、Taiwan Tainan Giant、海利贵溪化工农药有限公司、湖北沙隆达股份有限公司、湖南海利化工股份有限公司、郑州沙隆达农业科技有限公司及住友化学株式会社等。

作用机理与特点 非内吸性杀虫剂,具有触杀作用。

应用

(1)适用作物 水稻、茶叶、甘蔗、小麦、葫芦、南瓜、紫茄和辣椒等。

(2)防治对象 叶蝉、蓟马、稻飞虱、蚜虫及象鼻虫等害虫,还可防治棉花上的螟蛉虫和棉蚜虫,以及蚊蝇等卫生害虫。

(3)残留量与安全施药 防治棉花上的螟蛉虫和棉蚜虫 0.5~1.0kg/hm²,防治叶蝉 0.6~1.2kg/hm²。对温室种植的葫芦有轻微的药害。

(4)应用技术 不能与碱性农药混用;在稻田施药的前后 10d,避免使用敌稗,以免发生药害。

(5)使用方法

① 稻害虫的防治 a. 飞虱、稻蓟马、稻叶蝉每亩用 25%乳油 100~200mL(有效成分 25~50g),兑水 100kg 喷雾。b. 三化螟、稻纵卷叶螟于卵孵化高峰初盛期,每亩用 25%乳油 200~250mL(有效成分 50~62.5g),水水 100~150kg 喷雾。

② 卫生害虫的防治 防治蚊、蝇及蚊幼虫,用 25%乳油加水稀释成 1%的溶液,按 1~3mL/m² 喷洒。

在我国推荐使用情况如下:本品是防治刺吸式口器害虫的杀虫剂,用于防治水稻[500g(a.i.)/hm²]、甘蔗、蔬菜和小麦上的二点黑尾叶蝉、稻褐飞虱、螟虫和缨翅目害虫。

专利与登记 专利 DE1159929 早已过专利期,不存在专利权问题。国内登记情况:20%水乳剂,20%、25%、50%、80%乳油,95%原药,等,登记作物为水稻等,防治对象为飞虱和稻纵卷叶螟等。

合成方法 可按如下方法合成:

1204

参考文献

[1] 陈明. 精细化工中间体, 2001, 31 (2): 37-38.

坐果酸 cloxyfonac

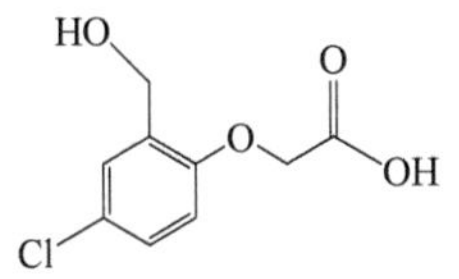

$C_9H_9ClO_4$，216.6，6386-63-6，32791-87-0(钠盐)

坐果酸(cloxyfonac)，试验代号　RP-7194(cloxyfonac-sodium)。商品名称　Tomatlane (cloxyfonac-sodium)。其他名称　CHPA、PCHPA。日本盐野义制药公司(现拜耳公司)开发的植物生长调节剂。

化学名称　4-氯-α-羟基-邻甲苯氧基乙酸，4-chloro-α-hydroxy-o-tolyloxyaceticacid。

理化性质　无色结晶，熔点140.5～142.7℃，蒸气压0.089mPa(25℃)。溶解度(g/L)：水2，丙酮100，二氧六环125，乙醇91，甲醇125，不溶于苯和氯仿。在40℃时稳定，在弱酸、弱碱性介质中稳定，对光稳定。

毒性　坐果酸　雄性和雌性大小鼠急性经口$LD_{50}>5000mg/kg$，雄性和雌性大鼠急性经皮$LD_{50}>5000mg/kg$，对兔皮肤无刺激性。坐果酸钠盐　雌雄大小鼠急性经口$LD_{50}>5000mg/kg$，雌雄大鼠急性经皮$LD_{50}>5000mg/kg$，对大鼠皮肤无刺激。

生态效应　坐果酸钠盐　鲤鱼LC_{50}(48h)320mg/L(9.8%液剂)。

环境行为　土壤$DT_{50}<7d$。

制剂　9.8%液剂。

作用机理　属芳氧基乙酸类植物生长调节剂，具有生长素的作用。

应用　在番茄和茄子花期施用，有利于坐果，并使果实大小均匀。

合成方法　2-甲基-4-氯苯氧乙酸在硫酸存在下，在苯中用乙醇酯化，然后进行溴化，生成2-溴甲基-4-氯苯氧乙酸乙酯，最后用氢氧化钠水溶液进行水解，即制得本产品。反应式如下：

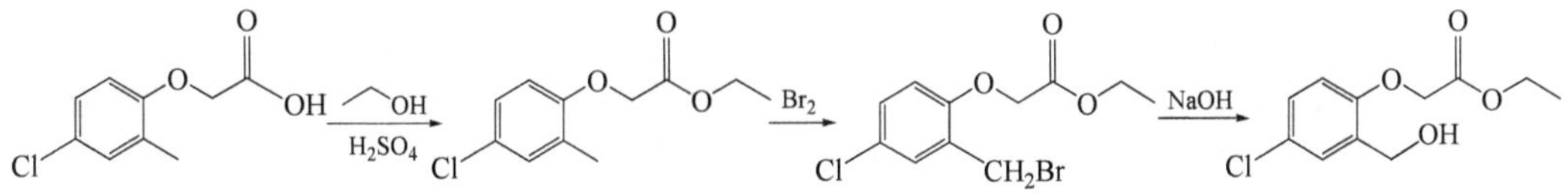

唑胺菌酯 pyrametostrobin

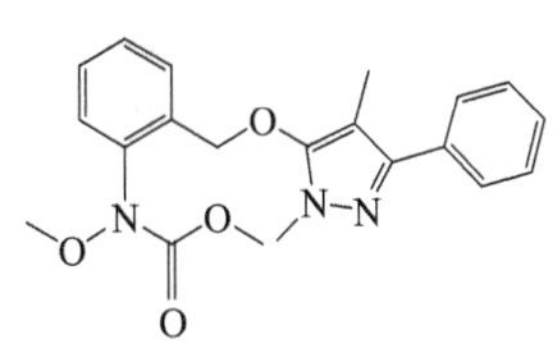

$C_{21}H_{23}N_3O_4$，381.2，915410-70-7

唑胺菌酯(pyrametostrobin)，试验代号　SYP-4155，是由沈阳化工研究院有限公司创制并开发的内吸性杀菌剂。

化学名称 N-[2-[[(1,4-二甲基-3-苯基-1H-5-吡唑氧基]甲基]苯基]-N-甲氧基甲酸甲酯，methyl[2-[(1,4-dimethyl-3-phenylpyrazol-5-yl)oxymethyl]phenyl](methoxy)carbamate。

理化性质 淡黄色具有刺激性气味的疏松粉末固体，pH 值范围(酸/碱度)6.28。熔点 65.6~67.2℃。水中溶解度(20℃)4.05mg/L。密度(20℃)1.1929g/L。分配系数 4.07±0.16。稳定性：在热储条件下能够稳定。自燃温度：在室温~600℃内未发生自然。氧化性：没有明显的氧化/还原性。

毒性 大鼠急性经口 LD_{50}(mg/kg)：>5010(雄)，>4300(雌)；大鼠急性经皮 LD_{50}(mg/kg)：>2150(雄、雌)。对兔眼为轻度至中度刺激性。对兔皮肤无刺激性。Ames、微核、染色体试验结果均为阴性。致敏试验为弱致敏物。

生态效应 鸟类急性经口毒性 LD_{50}>5000mg/kg。斑马鱼急性毒性 LC_{50}(96h)0.44mg/L。虹鳟鱼的急性毒性 LC_{50}(96h)10.5μg/L。蜜蜂急性经口毒性 LC_{50}(mg/L)：(24h)>10000，(48h)>10000。蜜蜂急性接触毒性 LD_{50}(μg/只)：(24h)>500，(48)>500。对微生物的毒性为"低毒级"。

环境行为 唑胺菌酯在空气中、水中和土壤表面(吉林黑土)的挥发性均属于"Ⅳ级(难挥发)"。唑胺菌酯的吸附系数 K_{oc} 为1000，$\lg K_{oc}$ 为3。在吉林黑土、江西红土和太湖水稻土中移动性等级均属于"Ⅴ(不移动)"。吉林黑土、江西红土和太湖水稻土中的积水厌气土壤降解半衰期分别为18.2d、17.8d和16.7h。

制剂 20%悬浮剂

作用机理与特点 真菌线粒体的呼吸抑制剂，其作用机理是通过与细胞色素 bc1 复合体的结合，抑制线粒体的电子传递，从而破坏病菌能量合成，起到杀菌作用。唑胺菌酯具有广谱性，对担子菌、子囊菌、结合菌及半知菌引起的大多数植物病害具有很好的防治作用。对小麦白粉病具有很好的治疗活性，且具有很好的内吸传导活性。

应用

(1) 适用作物　黄瓜、小麦、玉米、苹果、葡萄、苦瓜、辣椒、番茄、甜瓜、草莓、四季豆及豇豆等。

(2) 防治对象　具有高效广谱的杀菌活性，对担子菌、子囊菌、结合菌及半知菌引起的大多数植物病害具有很好的防治作用，如霜霉病、白粉病、锈病和疫病等。与腈菌唑、戊唑醇和苯醚甲环唑之间无交互抗性。

(3) 使用方法　在白粉病、锈病发生初期、田间出现零星病株时开始喷药。20%唑胺菌酯悬浮剂的使用剂量(有效成分)为 80~100mg/L，即兑水 2000~2500 倍液喷雾，间隔 6~8d，喷施 2~3 次；在田间普遍发病或局部病情严重、病指偏高的情况下，建议采用 20%唑胺菌酯悬浮剂 150mg/L 的浓度进行重点防治。白粉病、锈病是高抗性的危险病原菌，应避免漏喷和短时间内重复、低剂量喷药。混合制剂 25%百菌清•唑胺菌酯悬浮剂可用于防治作物霜霉病、疫病、炭疽病，一般在发病初期田间出现零星病株时开始喷药。使用浓度(有效成分)400~500mg/L，即 25%百菌清•唑胺菌酯悬浮剂兑水 500~625 倍液进行叶面喷雾，一般喷施 3~4 次；当病害普遍发生时，应采用 625~830mg/L 的有效成分浓度进行防治，即 25%百菌清•唑胺菌酯悬浮剂兑水 300~400 倍液进行喷雾。

专利与登记

专利名称　Preparation of arylethers as fungicides and pesticides

专利号　WO2006125370

专利申请日　2006-11-30

专利拥有者　沈阳化工研究院

在其他国家申请的化合物专利：CN1869034、CN100427481、CN101119972、EP1884511、JP2008545664、 JP4859919、 BR2006009346、 AT541834、 US20080275070、 US7786045、KR2007112291、KR956277 等

该产品在国内登记了 20％悬浮剂和 95％原药，主要用于防治黄瓜白粉病。

合成方法　经如下反应制得：

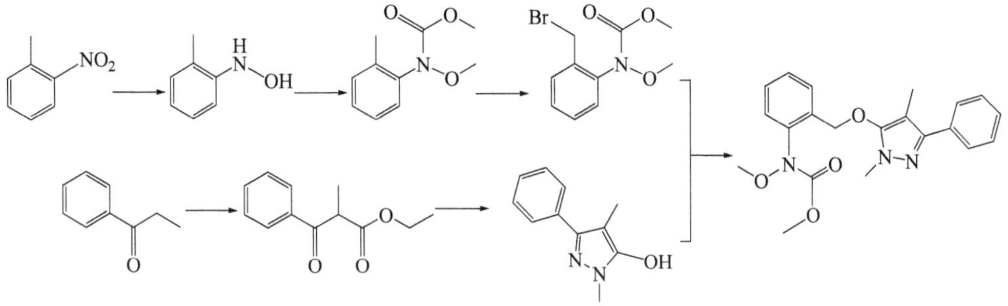

参考文献

[1] 曹秀凤. 农药, 2012, 49 (5): 323-343.
[2] 司乃国. 新农业, 2011, 4: 50-51.

唑吡嘧磺隆 imazosulfuron

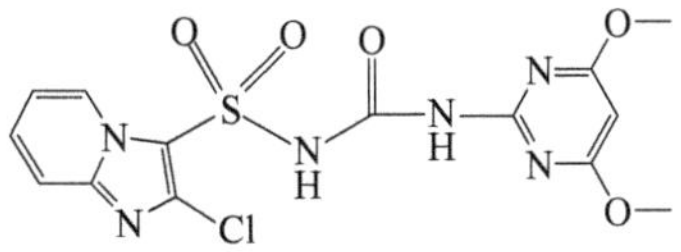

$C_{14}H_{13}ClN_6O_5S$, 412.8, 122548-33-8

　　唑吡嘧磺隆（imazosulfuron），试验代号　TH-913、V-10142。商品名称　Sibatito、Take Off。其他名称　咪唑磺隆、Brazzos、Cerelo、Kocis。是由日本武田制药公司（现住友化学株式会社）开发的磺酰脲类除草剂。

　　化学名称　1-(2-氯咪唑[1,2-a]吡啶-3-基磺酰基)-3-(4,6-二甲氧基嘧啶-2-基)脲，1-(2-chloroimidazo[1,2-a]pyridin-3-ylsulfonyl)-3-(4,6-dimethoxypyrimidin-2-yl)urea。

　　理化性质　纯品为白色晶状粉末，纯度≥98％。熔点 178.6～180.7℃。相对密度 1.574 (25.5℃)。蒸气压＜6.3×10^{-1} mPa(25℃)。$K_{ow}\lg P$: 1.88(pH 4)、1.59(pH 7)、＜0.29(pH 9)。水中溶解度(20℃, mg/L): 0.37(pH 5), 160(pH 7), 2200(pH 9)，其他溶剂中溶解度(20℃, g/L): 丙酮 4.2, 1,2-二氯乙烷 4.3, 正庚烷 0.86, 乙酸乙酯 2.1, 甲醇 0.16, 对二甲苯 0.3。在 pH 7 和 9 时稳定，DT_{50}27d(pH 5,25℃)，电离常数 pK_a: 2.2、3.82、9.25。

　　毒性　大、小鼠急性经口 LD_{50}＞5000mg/kg，雄和雌大鼠急性经皮 LD_{50}＞2000mg/kg。对兔眼睛和皮肤无刺激性，对豚鼠皮肤无致敏性。大鼠吸入 LC_{50}(4h)＞2.4mg/L 空气。NOEL 数据[mg/(kg·d)]: 雄、雌大鼠(2y)分别为 106.1 和 132.46; 雄、雌狗(1y)均为 75。对大鼠和小鼠无致癌作用，对大鼠和兔子无致畸性。ADI(EC)0.75mg/kg[2005]; (EPA)aRfD4mg/kg, cRfD 0.75mg/kg[2010]。Ames 试验、DNA 修复和染色体突变试验中无致突变效应。

　　生态效应　野鸭和山齿鹑急性经口 LD_{50}2250mg/kg。野鸭和山齿鹑饲喂 LC_{50}(5d)5620mg/L。鲤鱼 LC_{50}(96h)250mg/L。水蚤 EC_{50}(48h)＞100mg/L，蜜蜂 LD_{50}(48h,μg/只): 经口 48.2，接触 66.5。

　　环境行为

　　(1) 动物　72h 内药物被动物迅速吸收，主要的代谢途径是失去一个甲基，48h 内主要通过尿液排出体外。

　　(2) 土壤/环境　土壤 DT_{50}(有氧,实验室)21～75d(25℃)，土壤损耗 DT_{50}(田地)21～91d，K_{oc}111～215(平均 163)，K_d1.22～5.17。

　　制剂　0.3％颗粒剂。

　　主要生产商　住友化学株式会社。

　　作用机理　乙酰乳酸合成酶(ALS)抑制剂，即通过根部吸收唑吡嘧磺隆，然后输送到整株植物中。唑吡嘧磺隆抑制杂草顶芽生长，阻止根部和幼苗的生长发育，从而使全株死亡。

应用

（1）适宜作物与安全性　水稻和草坪。由于唑吡嘧磺隆在水稻体内可被迅速代谢为无活性物质，因此即使水稻植株吸收一定量的唑吡嘧磺隆，也不会产生任何药害，在任何气候条件下，该药剂对水稻均十分安全，故可在任何地区使用。

（2）防除对象　主要用于防除稻田大多数一年生与多年生阔叶杂草如牛毛毡、慈姑、莎草、泽泻、眼子菜、水芹等。亦能防除野荸荠、野慈姑等恶性杂草。

（3）使用方法　可苗前和苗后使用的除草剂，持效期为 $40 \sim 50d$。水稻田使用剂量为 $75 \sim 100g(a.i.)/hm^2$［亩用量为 $5 \sim 6.7g(a.i.)$］，草坪中使用剂量为 $500 \sim 1000g(a.i.)/hm^2$［亩用量为 $33.3 \sim 66.7g(a.i.)$］。

专利概况　专利 EP238070、EP0305939、US4994571 等早已过专利期，不存在专利权问题。

合成方法　以 2-氨基吡啶为起始原料，首先与氯乙酸反应，再经氯化、氯磺化、胺化，然后与氯甲酸苯酯反应，最后与二甲氧基嘧啶胺缩合即得目的物。

参考文献

［1］The Pesticide Manual. 15th edition. 2009，642-643.
［2］Proc Br Crop Prot Conf-Weed，1995，2：707.
［3］马晓东.农药译丛，1996，6：62-64.
［4］张芝平.农药译丛，1995，1：62-63.

唑草胺 cafenstrole

$C_{16}H_{22}N_4O_3S$，350.5，125306-83-4

唑草胺(cafenstrole)，试验代号　CH900。商品名称　Gekkou、Grachitor、Lapost。其他名称 Broadcut、Crush、Die-Hard、Joystar、Nebiros、Oukus、Redstar、Technostar Wide Jumbo、Tobikiri、苯砜唑。是由 Eiko Kasei Co Ltd 研制的三唑酰胺类除草剂。于 2001 年转让给了 SDS Biotech K K。

化学名称　N,N-二乙基-3-均三甲基苯磺酰基-1H-1，2，4-三唑-1-甲酰胺，N,N-diethyl-3-mesitylsulfonyl-1H-1，2，4-triazole-1-carboxamide。

理化性质　纯品为无色结晶体。熔点 $114 \sim 116℃$。相对密度 1.3(20℃)。蒸气压 5.3×10^{-5} mPa (20℃)。分配系数 $K_{ow}lgP=3.21$。水中溶解度为 2.5mg/L(20℃)。中性和弱酸性条件下稳定。

毒性　大、小鼠急性经口 $LD_{50} > 5000mg/kg$。大鼠急性经皮 $LD_{50} > 2000mg/kg$。大鼠急性吸入 $LC_{50}(4h) > 1.97g/m^3$，ADI 0.003mg/kg。Ames 试验无致突变性。

生态效应 野鸭和鹌鹑急性经口 $LD_{50}>2000mg/kg$。鲤鱼 LC_{50}（48h）$>1.2mg/L$。水蚤 LC_{50}（3h）$>500mg/kg$，蜜蜂 LC_{50}（72h,mg/L）：经口>1000，接触>5000。

环境行为 动物 在狗和大鼠体内主要的代谢物为 3-(2,4,6-三甲苯磺酰基)-1,2,4-三唑。植物 与大鼠体内代谢物一样。土壤/环境 DT_{50}（日本稻田）约 7d,（日本山地）约 8d。

制剂 颗粒剂、可湿性粉剂、悬浮剂。

主要生产商 SDS Biotech K K。

作用机理 具体作用机理尚不清楚，大量研究结果显示其作用机理与氯乙酰胺类化合物相似，是细胞生长抑制剂。

应用

(1) 适宜作物与安全性 对移栽水稻安全。

(2) 防除对象 可防除稻田大多数一年生与多年生阔叶杂草如稗草、鸭舌草、异型莎草、萤蔺、瓜皮草等，对稗草有特效。持效期超过 40d。

(3) 使用方法 可苗前和苗后使用，使用剂量为 $210\sim300g(a.i.)/hm^2$［亩用量为 $14\sim20g$（a.i.）］。草坪用剂量为 $1000\sim2000g(a.i.)/hm^2$［亩用量为 $66.7\sim133.3g(a.i.)$］。

专利概况 专利 JP021481、US5338720 等均早已过专利期，不存在专利权问题。

合成方法 以 2,4,6-三甲基苯胺起始原料，经多步反应制得目的物。反应式为：

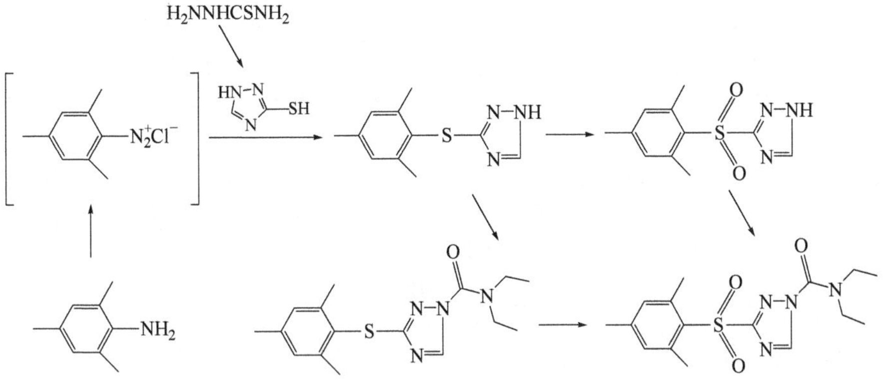

参考文献

[1] Proc Br Crop Prot Conf-Weed，1991，3：923.

[2] Proc Br Crop Prot Conf-Weed，1997，3：1133.

[3] 周娜．化工中间体，2005，3：70.

唑草酮 carfentrazone-ethyl

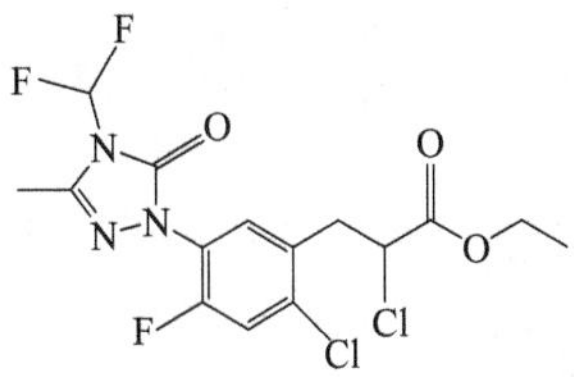

$C_{15}H_{14}Cl_2F_3N_3O_3$，412.2，128639-02-1，128621-72-7(酸)

唑草酮(carfentrazone-ethyl)，试验代号 F8426、F116426。商品名称 ：Affinity、Aurora、Broadhead、Spotlight、Platform S 等。其他名称 Aim、Platform、Quicksilver、Shark、Task、Spotlight-Plus、福农、快灭灵、三唑酮草酯、唑酮草酯、唑草酯。是由 FMC 公司开发的三唑啉酮类除草剂。

化学名称 （RS)-2-氯-3-[2-氯-5-(4-二氟甲基-4,5-二氢-3-甲基-5-氧-1H-1,2,4-三唑-1-基)-

4-氟苯基]丙酸乙酯，ethyl(*RS*)-2-chloro-3-[2-chloro-5-(4-difluoromethyl-4,5-dihydro-3-methyl-5-oxo-1*H*-1,2,4-triazol-1-yl)-4-fluorophenyl]propionate。

理化性质 纯品为黄色黏稠液体，工业品纯度≥90%。熔点−22.1℃，沸点350～355℃(760mmHg)。相对密度1.457(20℃)，蒸气压1.6×10^{-2}mPa(25℃)、7.2×10^{-3}mPa(20℃)。K_{ow}lg$P$=3.36，Henry常数2.47×10^{-4}Pa·m³/mol(20℃)。水中溶解度(μg/mL)：12(20℃)、22(25℃)、23(30℃)。其他溶剂中溶解度(20℃，mg/L)：甲苯0.9，己烷0.03，与丙酮、乙醇、乙酸乙酯、二氯甲烷等互溶。在pH=5时稳定，水中光解DT$_{50}$8d。水解DT$_{50}$：3.6h(pH 9)，8.6d(pH 7)。闪点229℃。

毒性 雌性大鼠急性经口LD$_{50}$5143mg/kg。大鼠急性经皮LD$_{50}$>4000mg/kg。对兔眼睛有轻微刺激性，对兔皮肤无刺激性。对豚鼠皮肤无致敏性。大鼠吸入LC$_{50}$(4h)5mg/L。大鼠NOEL(2y)3mg/(kg·d)。ADI(EC)0.03mg/kg[2003]，(EPA)aRfD 5mg/kg，cRfD 0.03mg/kg[1998]。Ames试验无致突变性。

生态效应 山齿鹑LD$_{50}$>2250mg/kg，野鸭LC$_{50}$>5620mg/L。鱼毒LC$_{50}$(96h)1.6～4.3mg/L(由鱼的种类决定)。水蚤EC$_{50}$(48h)9.8mg/L。水藻EC$_{50}$12～18μg/L(取决于种类)。其他水生物EC$_{50}$(mg/L)：东方生蚝2.05(96h)，糠虾1.16(96h)，膨胀浮萍0.0057(14d)。蜜蜂LD$_{50}$(μg/只)：经口>35，接触>200。蚯蚓LC$_{50}$>820mg/kg土。

环境行为

(1) 动物 在大鼠体内80%的喂饲剂量在24h内被迅速吸收并通过尿液排出。主要的代谢产物是相应的酸，进一步的代谢涉及甲基氧化羟基化或脱去氯化氢生成相应的肉桂酸。

(2) 植物 在植物体内快速形成自由酸，这是在甲基上羟基化，然后氧化形成的二元酸。DT$_{50}$(唑草酮乙酯)<7d，DT$_{50}$(唑草酮)<28d。

(3) 土壤/环境 在土壤中进行微生物分解作用，不易光解，在土壤中稳定性强，能强烈吸附到无菌土(K_{oc}750±60,25℃)中。在非无菌土壤中，迅速转化为自由酸，降低土壤绑定(K_{oc}15～35,25℃，pH 5.5)。在实验室中，土壤DT$_{50}$仅几小时，形成自由酸，其酸DT$_{50}$2.5～4d。

制剂 40%悬浮剂，50%水分散粒剂，22.5%浓乳剂。

主要生产商 FMC。

作用机理与特点 原卟啉原氧化酶抑制剂，即通过抑制叶绿素生物合成过程中原卟啉原氧化酶活性而引起细胞膜破坏，使叶片迅速干枯、死亡。唑草酮在喷药后15min内即被植物叶片吸收，不受雨淋影响，3～4h后杂草就出现中毒症状，2～4d死亡。

应用

(1) 适宜作物与安全性 小麦、大麦、水稻、玉米等，因其在土壤中的半衰期仅为几小时，故对下茬作物亦安全。

(2) 防除对象 主要用于防除阔叶杂草和莎草如猪殃殃、野芝麻、婆婆纳、苘麻、萹蓄、藜、红心藜、空管牵牛、鼬瓣花、酸模叶蓼、柳叶刺蓼、卷茎蓼、反枝苋、铁苋菜、宝盖菜、苣荬菜、野芝麻、小果亚麻、地肤、龙葵、白芥等杂草。对猪殃殃、苘麻、红心藜、空管牵牛等杂草具有优异的防效。对磺酰脲类除草剂产生抗性的杂草如*Kochia scoperiade*等具有很好的活性。

(3) 应用技术 唑草酮的使用应准时机，以更好发挥药效。施药应选在早晚气温低和风小之时：晴天上午8点以前、下午4点以后。施药时气温不要超过30℃但不要低于5℃、空气相对湿度高于60%、风速不超过4m/s，否则应停止施药。在小麦3～4叶期，杂草萌芽出土后施药。小麦拔节期后禁止施药。由于唑草酮受作用机理(无内吸活性)所限，喷雾时力求全面、均匀，使全部杂草充分着药，其对施药后长出的杂草无效。切记不能将该药剂应用于阔叶作物。

(4) 使用方法 苗后茎叶处理，使用剂量通常为9～35g(a.i.)/hm²[亩用量0.6～2.4g(a.i.)]。

小麦：每亩用40%唑草酮干悬浮剂4～5g兑水30～40L，均匀喷雾。如果用于防除敏感杂草，剂量可降低一半。唑草酮还可与2,4-滴丁、噻吩磺隆、苯磺隆、氟草烟、溴苯腈、麦草畏等混用，但不宜与精噁唑禾草灵(加解毒剂)混用。

水田：宜于6月下旬至7月上旬施药，单剂效果不很理想，为提高防效，最好同2甲4氯或苄嘧磺隆混用，亩用量为唑草酮 $1\sim1.5g(a.i.)$ 加苄嘧磺隆 $2\sim3g(a.i.)$ 或 2 甲 4 氯 $30g(a.i.)$。唑草酮每亩以 $1\sim2g(a.i.)$ 使用后，水稻叶片虽有锈色斑点，但不影响水稻的生长发育，增产显著。

专利与登记 专利 WO9002120、EP0848709 等均已过专利期，不存在专利权问题。国内登记情况：73%、70.5%、38%、37%、36%、34%、29.5%、28%、24% 可湿性粉剂，20.5% 微乳剂，70.5%、40% 水分散粒剂，36% 干悬浮剂，90%、95% 原药；登记作物为苹果、水稻、小麦等，防治对象为一年生禾本科杂草、阔叶杂草、莎草科杂草。美国富美实公司在中国登记情况见表 241。

表 241   美国富美实公司在中国登记情况

登记名称	登记证号	含量	剂型	登记作物	防治对象	用药量/(g/hm^2)	施用方法
唑草酮	PD20060020	90%	原药				
唑草酮	PD20060021	40%	水分散粒剂	春小麦 冬小麦	阔叶杂草	$30\sim36$ $24\sim30$	喷雾
唑草酮	PD20060020	52.6%	母药				茎叶喷雾

合成方法 以邻氟苯胺为起始原料，经多步反应制得目的物。反应式为：

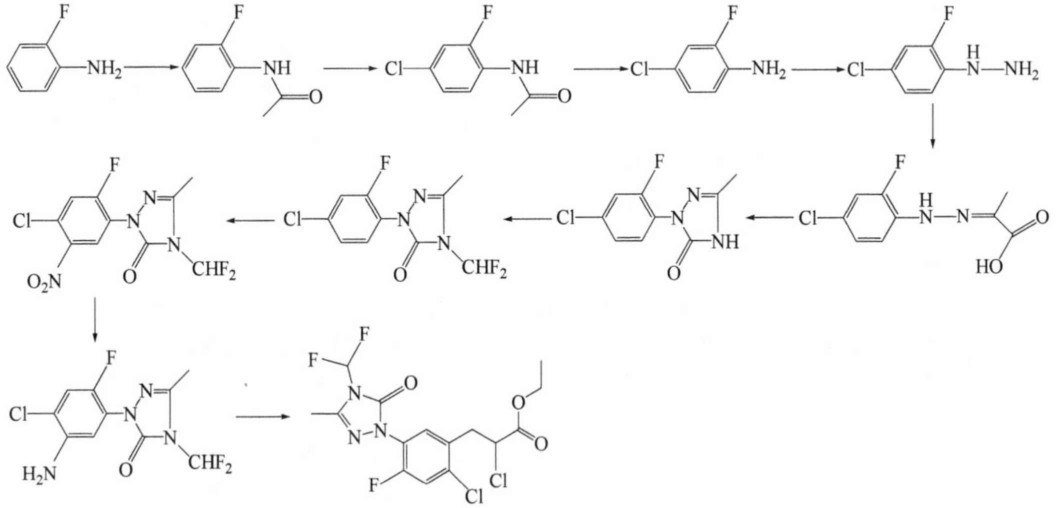

参考文献

[1] Proc Br Crop Prot Conf-Weed,1993:19.
[2] 李梅芳,等. 现代农药,2010,3:28-30.

唑虫酰胺 tolfenpyrad

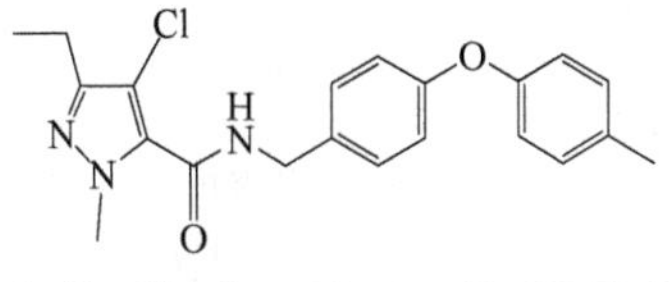

$C_{21}H_{22}ClN_3O_2$，383.9，129558-76-5

唑虫酰胺（tolfenpyrad），试验代号 OMI-88。商品名称 Hachi-hachi。是 Mitsubishi Chemical Corporation 发现，T. Kukuchi 等报道其活性，由 Mitsubishi 和 Otsuka Chemical Co 共同开发的新型吡唑类杀虫杀螨剂。

化学名称 4-氯-3-乙基-1-甲基-*N*-[4-（对甲基苯氧基）苄基]-1*H*-吡唑-5-酰胺，4-chloro-3-

ethyl-1-methyl-N-[4-(p-tolyloxy)benzyl] -1H-pyrazole-5-carboxamide。

组成 原药含量＞98.0％。

理化性质 白色粉末，熔点 87.8～88.2℃，蒸气压＜5×10^{-4} mPa(25℃)。相对密度 1.18 (25℃)。K_{ow}lg$P$=5.61(25℃)。Henry 常数 2.2×10^{-3}Pa·m^3/mol(计算值)。水中溶解度(25℃) 0.087mg/L。其他溶剂中溶解度(25℃,g/L)：正己烷 7.41，甲苯 366，甲醇 59.6，丙酮 368，乙酸乙酯 339。在 pH=4～9(50℃)时能存在 5d。

毒性 急性经口 LD$_{50}$(mg/kg)：雄大鼠 260～386，雌大鼠 113～150，雄小鼠 114，雌小鼠 107；急性经皮 LD$_{50}$(mg/kg)：雄大鼠＞2000，雌大鼠＞3000。本品对兔皮肤和眼睛有轻微刺激，对豚鼠皮肤无刺激。大鼠吸入 LC$_{50}$(mg/L)：雄性 2.21，雌性 1.50。NOEL 值(mg/kg)：雄大鼠 (2y)0.516，雌大鼠(2y)0.686，雄小鼠(2y)2.2，雌小鼠(2y)2.8，狗(1y)1。ADI/RfD(FSC) 0.0056mg/kg[2004]。无致畸、致癌、致突变性。

生态效应 对水生生物毒性较高，鲤鱼 LC$_{50}$(96h)0.0029mg/L。水蚤 LC$_{50}$(48h)0.0010mg/ L。绿藻 E$_b$C$_{50}$(72h)＞0.75mg/L。对天敌的影响：以 1000 倍的 15％乳油稀释液喷洒于野外桑园中，隔一定时间采集后饲喂 4 龄蚕幼虫，结果发现影响时间在 50d 以上。对有益蜂、有益螨等多种有益昆虫均有一定的影响，影响时间 1～59d 不同。

环境行为 动物 大鼠经口后，≥80％主要通过粪便排出体外。唑虫酰胺可以快速代谢成多种代谢物，主要的代谢途径有酰胺的水解、烷基链的氧化以及它们的组合。植物 在甘蓝中唑虫酰胺无内吸性，在植物中多代谢为小的代谢物，主要的代谢途径为酰胺的水解、烷基的氧化以及它们的组合。土壤/环境 DT$_{50}$(需氧)3～5d，(厌氧)127～179d(2 种土壤)；降解途径主要是对甲基苯甲基或乙基的氧化，对甲基苯氧基苄基的断裂以及酰胺的断裂，最终形成 CO$_2$。K_{ads}722～1522，K_{oc}15.1×10^3～149×10^3。

制剂 15％乳油，15％悬浮剂。

主要生产商 Nihon Nohyaku。

作用机理与特点 作用机制为阻止昆虫的氧化磷酸化作用，还具有杀卵、抑食、抑制产卵及杀菌作用。该药杀虫谱很广，对各种鳞翅目、半翅目、甲虫目、膜翅目、双翅目害虫及螨类具有较高的防治效果，该药还具有良好的速效性，一经处理，害虫马上死亡。广泛用于蔬菜。

应用

(1) 适用作物 甘蓝、大白菜、黄瓜、茄子、番茄等蔬菜，水果，观赏植物等。

(2) 防治对象 唑虫酰胺的杀虫谱甚广，对鳞翅目、半翅目、甲虫目、膜翅目、双翅目、缨翅目、蓟马及螨类等害虫均有效。此外，该药剂对黄瓜的白粉病等真菌病害也有相当的效果。

唑虫酰胺的杀虫谱如下：

① 鳞翅目 菜蛾、甘蓝夜蛾、斜纹夜蛾、瓜绢螟、甜菜夜蛾、茶细蛾、金纹细蛾、桃小食心虫、桃蛀野螟、桃潜蛾。

② 半翅目 桃蚜、棉蚜、菜缢管蚜、绣线菊蚜、温室粉虱、康氏粉蚧、日本粉蚧、朱绿蝽、褐飞虱。

③ 蓟马目 稻黄蓟马、橘黄蓟马、花蓟马、烟蓟马、茶黄蓟马。

④ 甲虫目 黄条桃甲、大二十八星瓢虫、酸浆瓢豆、黄守瓜、星天牛。

⑤ 膜翅目 菜叶蜂。

⑥ 双翅目 茄斑潜蝇、豌豆潜叶蝇、豆斑潜蝇。

⑦ 螨类 茶半附线螨、橘锈螨、梨叶锈螨、茶橙叶螨、番茄叶螨。

(3) 使用方法 目前，该药剂被推荐用于甘蓝、大白菜、黄瓜、茄子、番茄和菊花，使用剂量为 15％乳油 1000～2000 倍液，通常喷洒次数为 2 次。现正在申请于萝卜、西瓜、茶树等作物上应用。使用剂量为 75～150g(a.i.)/hm^2。

(4) 注意事项 ①本品对水生动物毒性较高，使用时务必不可流入水流系统。②对有益蜂、有益螨等多种有益昆虫均有一定的影响，故在养蚕地区使用时务必慎重。同时由于对多种天敌也有影响，使用时也应注意。③该药剂对黄瓜、茄子、番茄、白菜的幼苗可能有药害，使用时亦应注意。另外，使用时也要慎防对周边地区作物(如萝卜、芜菁幼苗、木兰等软弱蔬菜)的药害。

专利与登记　专利 EP365925 已过专利期，不存在专利权问题。日本农药株式会社在中国登记情况见表 242。

表 242　日本农药株式会社在中国登记情况

登记名称	登记证号	有效成分含量	剂型	登记作物	防治对象	用药量/(g/hm²)	施用方法
唑虫酰胺	LS20090929	15%	乳油	茄子	蓟马	112.5～180	喷雾
唑虫酰胺	LS20090930	98%	原药	十字花科蔬菜叶菜	小菜蛾	67.5～112.5	喷雾

合成方法　经如下反应制得唑虫酰胺：

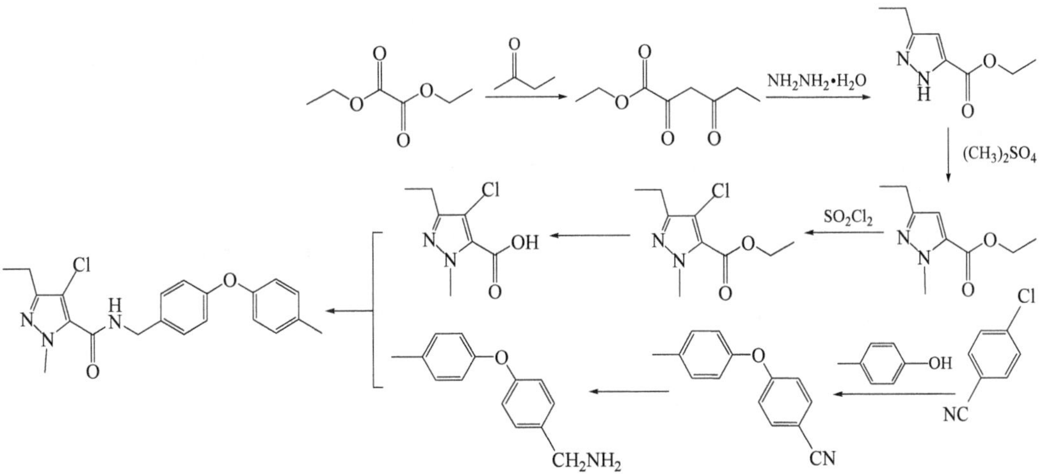

参考文献

[1] 张一宾. 世界农药，2003，25(6)：45.
[2] 范文政. 现代农药，2005，02：9-11.

唑啶草酮 azafenidin

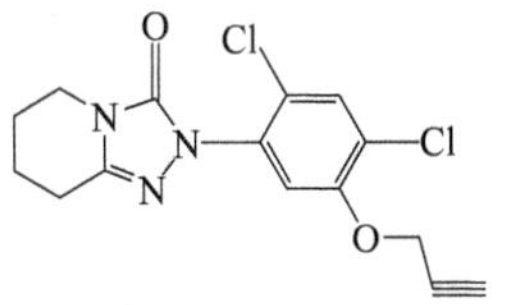

$C_{15}H_{13}Cl_2N_3O_2$，338.2，68049-83-2

唑啶草酮(azafenidin)，试验代号　DPX-R6447、IN-R6447、R6447。商品名称　Milestone、Evolus。是杜邦公司开发的三唑啉酮类除草剂。

化学名称　2-(2,4-二氯-5-丙炔-2-氧基苯基)-5,6,7,8-四氢-1,2,4-三唑并[4,3-a]吡啶-3 (2H)-酮，2-(2,4-dichloro-5-prop-2-ynyloxyphenyl)-5,6,7,8-tetrahydro-1,2,4-triazolo[4,3-a] pyridin-3(2H)-one。

理化性质　纯品为铁锈色、具强烈气味的固体，工业品纯度 97%。熔点 168～168.5℃。相对密度 1.4(20℃)，蒸气压 $1×10^{-6}$ mPa(20℃)。分配系数 $K_{ow}lgP=2.7$。水中溶解度为 16mg/L (pH 7)。在水中稳定，水中光照 DT_{50} 大约为 12h。

毒性　大鼠急性经口 $LD_{50}>5000$mg/kg。兔急性经皮 $LD_{50}>2000$mg/kg。对兔眼睛和兔皮肤无刺激性。对豚鼠皮肤无致敏性。大鼠急性吸入 LC_{50}(4h)5.3mg/L。NOEL(90d,mg/L)：雌雄大鼠 50，雄小鼠 50，雌小鼠 300，狗 10。

生态效应　野鸭和山齿鹑急性经口 $LD_{50}>2250$mg/kg；野鸭和山齿鹑饲喂 LC_{50}(8d)>

5620mg/L。鱼 LC$_{50}$（96h，mg/L）：大翻车鱼 48，虹鳟鱼 33。水蚤 EC$_{50}$（48h）38mg/L，月牙藻 EC$_{50}$（120h）0.94μg/L。蜜蜂 LD$_{50}$（μg/只）：经口＞20，接触＞100。Ames 等试验呈阴性，无致突变性。

环境行为　土壤/环境　在土壤中的降解主要是微生物分解和光解。在田间平均 DT$_{50}$约 25d（四种土壤），DT$_{90}$约 169d，平均 K_{oc}298；土壤淋洗研究表明，唑啶草酮在土壤中残留剂量很小，所以应该不会渗透到地下水中。它主要通过光解作用迅速消散在自然水域中。

制剂　80％水分散粒剂。

作用机理　原卟啉原氧化酶抑制剂。

应用

（1）适用范围　橄榄、柑橘、森林及不需要作物及杂草生长的地点等。

（2）防除对象　许多重要杂草，阔叶杂草如苋、马齿苋、藜、芥菜、千里光、龙葵等。禾本科杂草如狗尾草、马唐、早熟禾、稗草等。对对三嗪类、芳氧羧酸类、环己二酮和 ALS 抑制剂如磺酰脲类除草剂等产生抗性的杂草有特效。

（3）使用方法　在杂草出土前施用。使用剂量为 240g（a.i.）/hm^2［亩用量为 16g（a.i.）］。因其在土壤中进行微生物降解和光解作用，无生物积累现象，故对环境和作物安全。

专利概况　专利 DE2801429、US5856495 等早已过专利期，不存在专利权问题。

合成方法

方法 1：以 2,4-二氯苯酚和 5-氰戊酰胺为起始原料，经多步反应得到目标物。

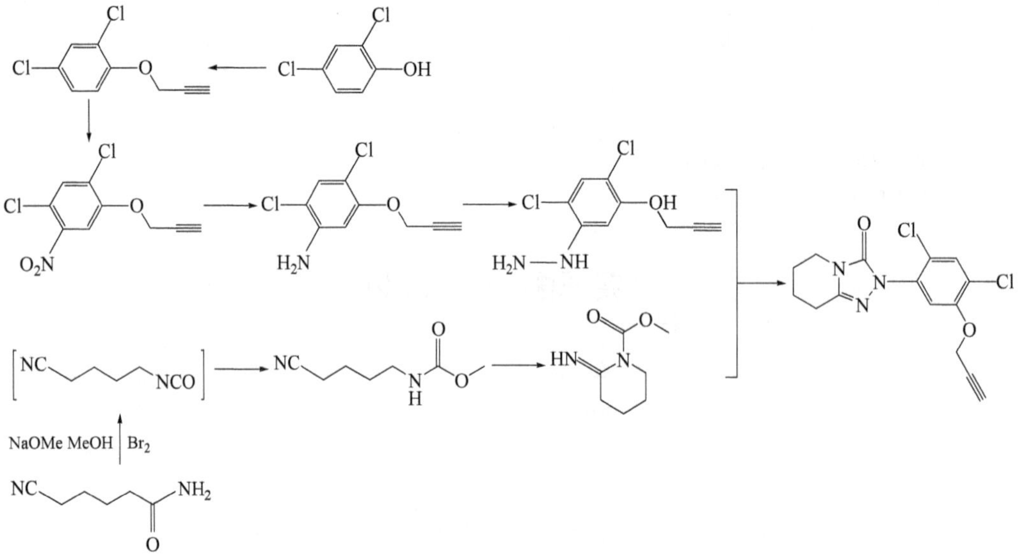

方法 2：以 2,4-二氯苯酚和己内酰胺为起始原料，经多步反应得到目标物。

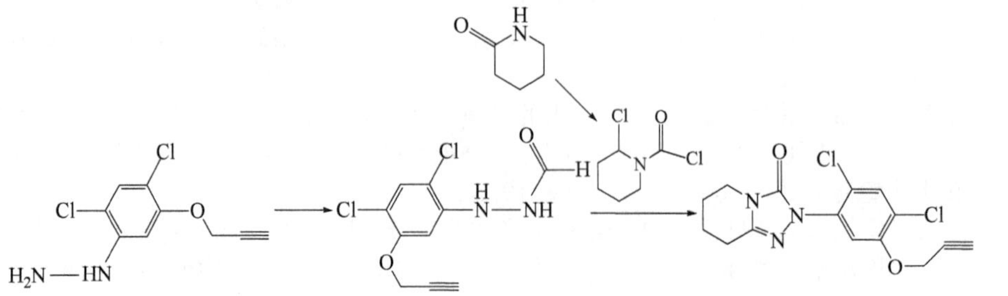

参考文献

[1] Proc Br Crop Prot Conf-Weed. 1997, 1: 19.

唑菌酯 pyraoxystrobin

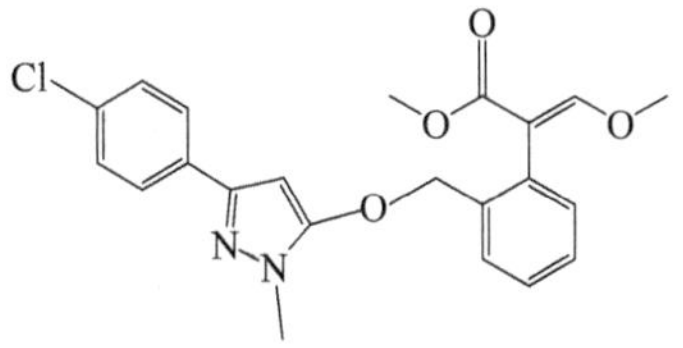

$C_{22}H_{21}ClN_2O_4$，412.9，862588-11-2

唑菌酯(pyraoxystrobin)，试验代号 SYP-3343，是由沈阳化工研究院创制并开发的广谱杀菌剂。

化学名称 (E)-2-[2-[[3-(4-氯苯基)-1-甲基-1H-吡唑-5-氧基]甲基]苯基]-3-甲氧基丙烯酸甲酯，methyl(2E)-2-[2-[[3-(4-chlorophenyl)-1-methylpyrazol-5-yl]oxymethyl]phenyl]-3-methoxyacrylate。

理化性质 白色结晶固体。极易溶于二甲基甲酰胺、丙酮、乙酸乙酯、甲醇，微溶于石油醚，不溶于水。在常温下储存稳定

毒性 急性经口 LD_{50}(mg/kg)：雌大鼠 1022、雄大鼠 1000、雌小鼠 2599、雄小鼠 2170。大鼠急性经皮 LD_{50} >2150mg/kg(雄、雌)。对兔眼、兔皮肤单次刺激强度均为轻度刺激性。对豚鼠致敏性试验为弱致敏。Ames、微核、染色体试验结果均为阴性。

制剂 20％悬浮剂。

主要生产商 沈阳科创化学品有限公司。

作用机理与特点 该药为真菌线粒体的呼吸抑制剂，其作用机理是通过与细胞色素 bc1 复合体结合，抑制线粒体的电子传递，从而破坏病菌能量合成，起到杀菌作用。唑菌酯既能抑制菌丝生长又能抑制孢子萌发。对半知菌亚门、鞭毛菌亚门、子囊菌亚门的病原菌均有很好的抑制效果，对黄瓜白粉病、霜霉病具有明显的保护作用和治疗作用。黄瓜灰霉病菌中旁路氧化途径能对唑菌酯起到一定的增效作用。唑菌酯除了具有高效广谱的杀菌活性外，还具有抗病毒活性，同时对病毒传染者蚜虫等具有很好的防治效果，更有很好的促进植物生长调节的作用。

应用

(1) 适用作物 黄瓜、水稻、番茄、西瓜、油菜、葡萄、棉花、苹果、小麦等

(2) 防治对象 唑菌酯具有广谱的杀菌活性，同时具有保护和治疗作用，对稻瘟病、纹枯病、稻曲病、小麦赤霉病、小麦白粉病、小麦锈病、玉米小斑病、玉米锈病、棉花枯萎病、黄萎病、油菜菌核病、黄瓜枯萎病、黄瓜黑星病、黄瓜炭疽病、黄瓜霜霉病、黄瓜白粉病、番茄灰霉病、番茄叶霉病、苹果树腐烂病、苹果轮纹病、苹果斑点落叶病等均有良好的防效，同时还具有很好的抗病毒活性、杀虫活性和显著的促进植物生长调节的作用。

(3) 使用方法 在霜霉病、疫病、白粉病、炭疽病发生初期、田间出现零星病株时开始喷药。20％唑菌酯悬浮剂的使用剂量(有效成分)为 50～100mg/L，即 20％唑菌酯悬浮剂兑水 400～2000 倍液进行叶面喷雾，喷施 2～3 次；当病害普遍发生时，应采用 200mg/L 的使用剂量(有效成分)进行防治，即 20％唑菌酯悬浮剂兑水 1000 倍液。为防止病菌产生抗药性，建议与不同作用机制杀菌剂交替使用，降低抗药性风险。

（4）注意事项　20％唑菌酯悬浮剂，100g(a.i.)/hm² 施用 3 次，最后一次施药距收获间隔期为 3 天，黄瓜上唑菌酯残留量为 0.07～0.16mg/kg，均低于 0.5mg/kg。

专利与登记

专利名称　Preparation of azoles as agrochemical insecticides and germicides

专利号　WO2005080344

专利申请日　2005-09-01

专利拥有者　沈阳化工研究院

在其他国家申请的化合物专利：CN1657524、CN1305858、EP1717231、CN1906171、CN100503576、BR2005007743、JP2007523097、JP4682315、AR54853、US20080108668、US7795179 等。

目前在国内登记了 95％原药、20％悬浮剂，以及混剂百达通（唑菌酯＋氟吗啉）25％悬浮剂，主要用于防治黄瓜霜霉病。使用剂量 100～200g/hm²。

合成方法　经如下反应制得唑菌酯：

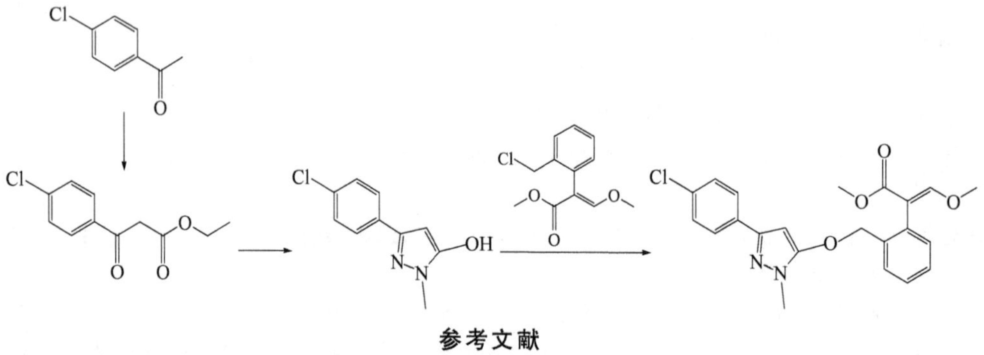

参考文献

[1] 司乃国. 新农业，2011，1：42-43.

[2] 李淼，等. 农药，2011，50（3）：173-174.

唑啉草酯 pinoxaden

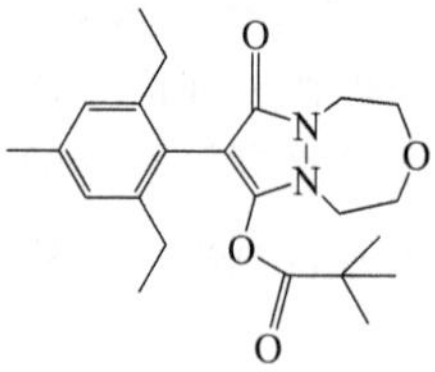

C₂₃H₃₂N₂O₄，400.5，243973-20-8

唑啉草酯(pinoxaden)，试验代号　NOA407855。商品名称　Axial、Axial TBC。其他名称 Traxos、Axial Star、Axial Xtreme、爱秀。是由瑞士先正达作物保护有限公司开发的新苯基吡唑啉类化合物。

化学名称　2,2-二甲基-丙酸 8-(2,6-二乙基-4-甲基-苯基)-9-氧-1,2,4,5-4 氢-9H-吡唑[1,2-d][1,4,5]氧二氮卓-7-基酯，8-(2,6-diethyl-4-methylphenyl)-1,2,4,5-tetrahydro-7-oxo-7H-pyrazolo[1,2-d][1,4,5]oxadiazepin-9-yl 2,2-dimethylpropanoate.

理化性质　纯品为亮白色无味粉末。熔点 120.5～121.6℃。蒸气压：2×10⁻⁴ mPa(20℃)，4.6×10⁻⁴ mPa(25℃)。K_{ow}lg$P$＝3.2(25℃)。相对密度 1.16(21℃)。水中溶解度 200mg/L(25℃)，其他溶剂中溶解度(g/L)：丙酮 250，二氯甲烷＞500，乙酸乙酯 130，正己烷 1.0，甲醇 260，辛醇 140，甲苯 130。水解 DT₅₀(20℃)：24.1d(pH 4)，25.3d(pH 5)，14.9d(pH 7)，0.3d(pH 9)。

毒性 大鼠急性经口 $LD_{50}>5000mg/kg$。大鼠急性经皮 $LD_{50}>2000mg/kg$。对兔皮肤无刺激作用，对兔的眼睛有刺激性，对豚鼠的皮肤无致敏性。雌雄大鼠吸入 $LC_{50}(4h)5.22mg/L$。NOAEL[$mg/(kg \cdot d)$]：300（28d，大鼠经口），1000（28d，大鼠经皮），300（90d，大鼠经口），125（1y，狗），10（2y，大鼠），10（2代大鼠）。ADI（BfR，EC）$0.1mg/kg$[2006]；（EPA）aRfD $0.30mg/kg$，cRfD $0.30mg/kg$[2005]，无致癌性。

生态效应 山齿鹑急性经口 $LD_{50}>2250mg/kg$；山齿鹑和野鸭饲喂毒性 $LC_{50}(5d)>5620mg/kg$ 饲料。鱼急性经口 $LC_{50}(96h,mg/L)$：虹鳟鱼 10.3，黑头呆鱼 20。水蚤急性 $LC_{50}(48h)52mg/L$。藻类 $LC_{50}(mg/L)$：月牙藻 16（72h）；鱼腥藻 5（96h）。膨胀浮萍 $E_bC_{50}(7d)5mg/L$，牡蛎 $LC_{50}(48h)>0.88mg/L$。蜜蜂 $LD_{50}(\mu g/只)$：经口>200，接触>100。蚯蚓 $LC_{50}(14d)>1000mg/kg$ 土。对节肢动物安全。

环境行为 动物 唑啉草酯在动物体内代谢非常快，$DT_{50}<1d$，而且可以很快排泄。植物 在植物内降解非常快，$DT_{50}<1d$。土壤/环境 在土壤中降解很快，唑啉草酯和其代谢物不在土壤中聚集和残留，$K_{oc}121\sim852mL/g$（平均 $323.9mL/g$），代谢物不会渗透到地下水中。

制剂 $50g/L$ 乳油。

主要生产商 Syngenta。

作用机理与特点 唑啉草酯属新苯基吡唑啉类除草剂，作用机理为乙酰辅酶 A 羧化酶（ACC）抑制剂，造成脂肪酸合成受阻，使细胞生长分裂停止，细胞膜含脂结构被破坏，导致杂草死亡。具有内吸传导性。主要用于大麦田防除一年生禾本科杂草。室内活性试验和田间药效试验结果表明对大麦田一年生禾本科杂草，如野燕麦、狗尾草、稗草等有很好的防效。唑啉草酯活性高，起效快，对作物安全，耐雨水冲刷。具有一定的内吸性，被植物叶片吸收后，迅速转移到叶片和茎的生长点，然后传递到整株，48h 敏感杂草停止生长，1~2 周内杂草叶片开始发黄，3~4 周内杂草彻底死亡。

应用 用药剂量为有效成分 45~75g/亩（折成 5% 乳油制剂量为 900~1500mL/hm² 或 60~100mL/亩，一般加水 15~30L/亩稀释），使用时期为大麦返青后 3~5 叶期、杂草生长旺盛期。使用方法为茎叶喷雾。为了提高唑啉草酯在作物与杂草之间的选择性，制剂中加入了安全剂解草酯（cloquintocetmexyl），用于诱导作物体内代谢活性，保护作物不受损害。个别试验田，高剂量处理大麦产生轻微药害，一周后可恢复正常，对作物的正常生长及产量没有影响。喷药时要求均匀细致，严格按推荐剂量施药；避免药液飘移到邻近作物田，避免在极端气候如异常干旱、低温、高温条件下施药，建议本品每季使用 1 次。

专利与登记

专利名称 Preparation of fused 3-hydroxy-4-aryl-5-oxopyrazolines as herbicides

专利号 WO9947525

专利申请日 1999-03-11

专利拥有者 NOVARTIS AG

国内登记情况：5% 唑啉炔草酸乳油，登记作物为春、冬小麦，防治对象为禾本科杂草。瑞士先正达作物保护有限公司在中国登记情况见表 243。

表 243 瑞士先正达作物保护有限公司在中国登记情况

登记名称	登记证号	含量	剂型	登记作物	防治对象	用药量/（g/hm²）	施用方法
唑啉草酯	LS20100035	50g/L	乳油	大麦 小麦	一年生禾本科杂草	45~75	茎叶喷雾
					禾本科杂草	45~60	
唑啉·炔草酯	PD20102141	2.5% 唑啉草酯，2.5% 炔草酯	乳油	春小麦	禾本科杂草	30~60	
				冬小麦	禾本科杂草	45~75	
唑啉草酯	PD20102142	95%	原药				

合成方法 经如下反应制得：

参考文献

[1] Pest Manag Sci, 2011, 67(12): 1499-521.
[2] 叶萱. 世界农药, 2014, 1: 60-61.

唑螨酯 fenpyroximate

$C_{24}H_{27}N_3O_4$, 421.5, 134098-61-6, 111812-58-9(未标明异构体)

唑螨酯(fenpyroximate), 试验代号 NNI-850。商品名称 Kiron、Ortus、霸螨灵、杀螨王。由 T. Konno 等于 1990 年报道, 由日本农药株式会社开发的吡唑类杀螨剂。

化学名称 (E)-α-(1,3-二甲基-5-苯氧基吡唑-4-基亚甲基氨基氧)对甲苯甲酸异丁酯, tert-butyl(E)-α-(1,3-dimethyl-5-phenoxy-pyrazol-4-ylmethyleneaminoxy)-p-toluate。

理化性质 工业纯为 97%, 原药为白色晶体粉末。密度 1.25g/cm³(20℃)。熔点 101.1～102.4℃。蒸气压 $7.4×10^{-3}$ mPa(25℃)。K_{ow}lg$P$=5.01(20℃), Henry 常数 $1.35×10^{-1}$ Pa·m³/mol(计算值)。水中溶解度(pH 7,25℃)$2.31×10^{-2}$ mg/L; 其他溶剂中溶解度(25℃,g/L): 正己烷 3.5, 二氯甲烷 1307, 三氯甲烷 1197, 四氢呋喃 737, 甲苯 268, 丙酮 150, 甲醇 15.3, 乙酸

乙酯 201，乙醇 16.5。在酸碱中稳定。

毒性　大鼠急性经口 LD_{50}（mg/kg）：雄 480，雌 245。大鼠急性经皮 LD_{50}＞2000mg/kg。大鼠吸入 LC_{50}（4h，mg/L）：雄 0.33，雌 0.36。大鼠 NOEL（mg/kg）：雄 0.97，雌 1.21。ADI：（JMPR）0.01mg/kg；（EC）0.01mg/kg；（EPA）0.01mg/kg。对兔皮肤无刺激性，对兔眼睛有轻微刺激性。在试验剂量内，对试验动物无致突变、致畸和致癌作用。

生态效应　山齿鹑、野鸭 LD_{50}＞2000mg/kg，山齿鹑、野鸭饲喂 LD_{50}（8d）＞5000mg/L。鲤鱼 LC_{50}（96h）0.0055mg/L。水蚤 EC_{50}（48h）0.00328mg/L。羊角月牙藻 EC_{50}（72h）9.98mg/L。蜜蜂 LD_{50}（72h，μg/只）：＞118.5（经口），＞15.8（接触）。蚯蚓 LC_{50}（14d）69.3mg/kg 土。在 25～50mg/L 剂量下对普通草蛉、异色瓢虫、茧蜂、三突花蛛、拟环纹狼蛛、小花蝽、蓟马等有轻度负影响。

环境行为　在土壤中 DT_{50} 为 26.3～49.7d。

制剂　5％悬浮剂[50g(a.i.)/L]。

主要生产商　Nihon Nohyaku 及 Isagro 等。

作用机理与特点　线粒体膜电子转移抑制剂，为触杀、胃杀作用较强的广谱性杀螨剂。该药对多种害螨有强烈的触杀作用，速效性好，持效期较长，在害螨的各个生育期均有良好防治效果，而且对蛹蜕皮有抑制作用。与其他药剂无交互抗性。该药能与波尔多液等多种农药混用，但不能与石硫合剂等强碱性农药混用。

应用

（1）适用作物　苹果、柑橘、梨、桃、葡萄等。使用剂量为 25～75g/hm²。

（2）防治对象　红蜘蛛、锈壁虱、毛竹叶螨、附线螨、细须螨、斯氏尖叶瘿螨。

（3）残留量与安全用药　在土壤中半衰期 42d。光解半衰期 2.8～3.1h。在水中半衰期 65.7d（25℃）。唑螨酯每人每日允许摄入量（ADI）为 0.01mg/(kg·d)。作物中（柑橘和苹果）最高残留限量为 1μg/mL。全年最多使用 1 次，最低稀释倍数为 1000 倍。安全间隔期为 14d。用接触本药液的桑叶喂蚕，蚕虽然不会死亡，但会产生拒食现象。在桑园附近施药时，应注意勿使药液飘移污染桑树（安全间隔期 25d）。对鱼有毒，施药时避免药液飘移或者流入河川、湖泊、鱼池内。施药后，药械清洗废水或剩余药液不要倒入沟渠、鱼塘内。

施药时应戴口罩、手套，穿长裤、长袖工作服，注意避免吸入药雾、溅入眼睛和沾染皮肤。应防止误饮水剂。在使用过程中，如有药剂溅到皮肤上，应立即用肥皂清洗。如药液溅入眼中，应立即用大量清水冲洗。如误服中毒，应立即饮 1～2 杯清水，并用手指压迫舌头后部催吐，然后送医院治疗。

（4）应用技术　防治苹果叶螨、苹果红蜘蛛，在苹果开花前后，越冬卵孵化高峰期施药。防治苹果红蜘蛛，于苹果开花初期，越冬成虫出蛰始盛期施药。也可在螨的各个发生期，当发生量达到一定防治指标时施药。防治柑橘害螨、橘全爪螨、锈壁虱，于卵孵盛期或幼若螨发生期，当螨的数量达到当地防治指标时施药。可以和波尔多液以及主要的杀虫剂、杀菌剂混用。与石灰硫磺合剂混用会发生沉淀。与其他农药混合使用应先进行药效试验。

（5）使用方法　防治苹果、柑橘、梨、桃、葡萄等上的毛竹叶螨、附线螨、细须螨、斯氏尖叶瘿螨等用量为 25～75g/hm²。

防治苹果叶螨、苹果红蜘蛛用 5％唑螨酯悬浮剂 2000～3000 倍液或每 100L 水加 5％唑螨酯 33～50mL（有效浓度 17～25mg/L），持效期一般可达 30d 以上。防治柑橘害螨等用 5％唑螨酯悬浮剂 1000～2000 倍液或每 100L 水加 5％唑螨酯 50～100mL（有效浓度 25～50mg/L），可有效控制螨的危害。

专利与登记　专利 EP0234045、DE4336307 等早已过专利期，不存在专利权问题。国内登记情况：8％微乳剂，5％、20％悬浮剂，95％、96％原药等，登记作物为柑橘树等，防治对象为红蜘蛛。日本株式会社在中国登记情况见表244。

表244　日本株式会社在中国登记情况

登记名称	登记证号	含量	剂型	登记作物	防治对象	用药量	施用方法
唑螨酯	PD193-94	5%	悬浮剂	柑橘树	锈壁虱	25～50mg/kg	喷雾
				柑橘树	红蜘蛛	25～50mg/kg	喷雾
				苹果树	红蜘蛛	16～25mg/kg	喷雾
				啤酒花	叶螨	15～30g/hm²	喷雾
				棉花	叶螨	15～30g/hm²	喷雾
唑螨酯	PD306-99	96%	原药				

合成方法　以乙酰乙酸乙酯、甲基肼为原料，经如下反应制得1,3-二甲基-5-苯氧基吡唑-4-甲醛肟，再与4-溴甲基苯甲酸叔丁酯和碳酸钾在丙酮中回流8h，即制得本品。反应式如下：

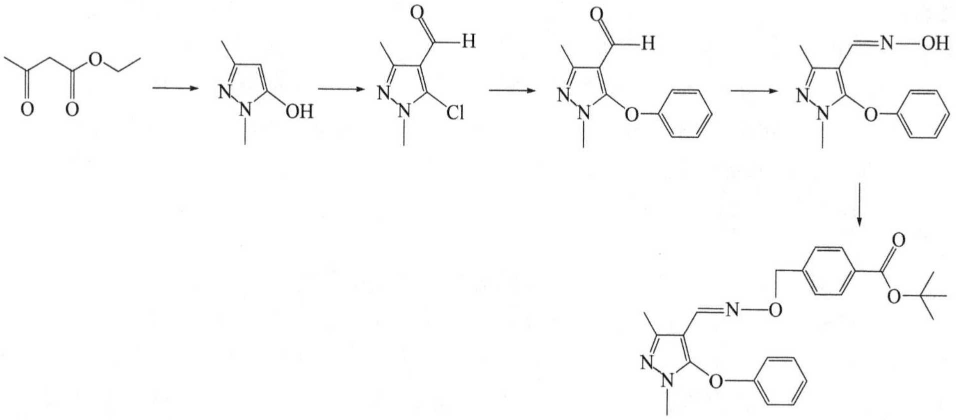

参考文献

[1] Proc Brighton Crop Prot Conf Pests Dis：vol 1，1990：71-78.
[2] 马洪亭. 精细化工中间体，2007，(04)：22-24.
[3] 吴家全. 农药研究与应用，2008，3：16-19.
[4] 刘长令. 农药，1995，5：14-15.

唑嘧磺草胺 flumetsulam

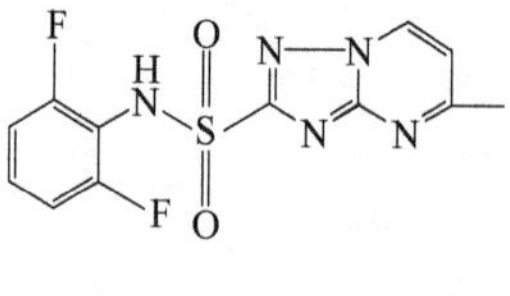

$C_{12}H_9F_2N_5O_2S$，325.3，98967-40-9

唑嘧磺草胺（flumetsulam），试验代号　DE-498、XRD-498。商品名称　Broadstrike、Hornet、Python。其他名称　Fieldstar、Preside、Scorpion、氟草清、阔草清、豆草能。是由道农业科学(Dow Agro Sciences)公司开发的三唑并嘧啶磺酰胺类除草剂。

化学名称　2′,6′-二氟-5-甲基[1,2,4]三唑并[1,5-a]嘧啶-2-磺酰苯胺，2′,6′-difluoro-5-methyl[1,2,4]triazolo[1,5-a]pyrimidine-2-sulfonanilide。

理化性质　纯品为灰白色无味固体，熔点251～253℃。相对密度1.77(21℃)，蒸气压3.7×10^{-7}mPa(25℃)。$K_{ow}\lg P=-0.68$(25℃)。溶解度：水49mg/L(pH 2.5)，溶解度会随着pH变

大有所增加；丙酮、甲醇中微溶，几乎不溶于二甲苯和正己烷。水中光解 DT_{50} 6～12 个月，土壤中光解 DT_{50} 3 个月。pK_a 4.6。闪点 $>93℃$。

毒性　大鼠急性经口 LD_{50} $>5000mg/kg$，兔急性经皮 LD_{50} $>2000mg/kg$。对兔眼睛有轻微刺激性，对豚鼠皮肤无致敏性。大鼠急性吸入 LC_{50}（4h）$1.2mg/L$。NOEL 数据（mg/kg）：小鼠 $>$ 1000，雄大鼠 500，雌大鼠 1000，狗 1000。ADI（EPA）$1mg/kg$[1993]。对大鼠饲喂无致畸现象，Ames 试验无致突变作用。

生态效应　山齿鹑急性经口 LD_{50} $>2250mg/L$，山齿鹑和野鸭饲喂 LC_{50}（8d）$>5620mg/L$。银汉鱼 LC_{50}（96h）$>379mg/L$，对大翻车鱼、黑头鱼、水蚤等无毒。藻类 EC_{50}（5d）：绿藻 $4.9\mu g/L$，蓝藻 $167\mu g/L$。虾 LC_{50} $>349mg/L$。蜜蜂 LC_{50} $>100\mu g/$只，NOEL $36\mu g/$只。蚯蚓 LC_{50}（14d）$>950mg/kg$ 土。

环境行为　动物　大多数哺乳动物都可以通过尿液和粪便迅速排出，且其中没有代谢产物。在母鸡的肾组织中有 5-羟基代谢产物。植物　玉米 DT_{50} 2h，大豆 DT_{50} 18h，藜 DT_{50} 131h，不同物种代谢产物不同，以 5-羟基衍生物或 5-甲氧基衍生物较为常见。土壤/环境　唑嘧磺草胺的活性取决于土壤的 pH 值和有机质含量，pH 值增加、有机质减少则其活性增加。土壤 DT_{50}（25℃，pH $\geqslant$7，o. m. $<4\%$；或 pH $=6～7$，o. m. 1%）$\leqslant1$ 个月，土壤 DT_{50}（pH $=6～7$，o. m. $2\%～4\%$）$1～2$ 个月。K_{oc} 5～182；K_d 0.05～2.4。

制剂　80%水分散粒剂。

主要生产商　Dow AgroSciences。

作用机理与特点　唑嘧磺草胺是一种典型的乙酰乳酸合成酶（ALS）抑制剂。由于其严重的抑制作用，使植物体内支链氨基酸——亮氨酸、缬氨酸与异亮氨酸生物合成停止，蛋白质合成受阻，生长停滞，最终死亡。唑嘧磺草胺具有很强的内吸传导性，从植物吸收药剂到出现受害症状直至植物死亡是一个比较缓慢的过程。杂草吸收药剂后的症状是：叶片中脉失绿、叶脉和叶尖褪色，由心叶开始黄白化、紫化、节间变短、顶芽死亡，最终全株死亡。

应用

（1）适宜作物与安全性　大豆、玉米、小麦、大麦、豌豆、苜蓿、三叶草等。对大豆、玉米和小麦高度安全。尽管其残效期较长，但对后茬作物如大豆、玉米、小麦、大麦、豌豆、高粱、水稻、烟草、马铃薯、向日葵、苜蓿、三叶草等无不良影响，对油菜、甜菜、棉花及蔬菜等则非常敏感。其对作物的安全性主要基于降解代谢的基础。作物吸收后可快速降解代谢，使其失去活性，从而保证了对作物的安全性，而敏感作物或杂草吸收后，降解代谢速度缓慢，最终导致死亡。如玉米体内唑嘧磺草胺的半衰期是 2h，而在苘麻体内唑嘧磺草胺半衰期大于 144h。由于唑嘧磺草胺同时对大豆、小麦特别安全，因此特别适合用于大豆、玉米间作田和玉米、小麦间作田。

（2）防除对象　广谱性除草剂，能防除大多数一年生与多年生阔叶杂草，对幼龄禾本科杂草也有抑制作用，如对苘麻、藜、繁缕、刺花稔、猪殃殃、曼陀罗、反枝苋、香甘菊、野萝卜等活性优异，对蓼、地肤、龙葵、野芝麻、婆婆纳、野西瓜苗、苍耳以及风华菜、遏蓝菜等多种十字花科杂草有显著的防效，对狗尾草、铁荸荠也有良好的活性。

（3）应用技术

① 唑嘧磺草胺属超高效除草剂，单位面积用药量很低，因此用药量一定要准确。喷药时应防止雾滴飘移而伤害附近敏感作物，不宜航空喷雾。喷雾时，雾滴直径以 $200～300\mu m$ 为佳，最好用 110 扇形喷嘴，喷雾高度 $40～50cm$，压力 $200～350kPa$。

② 唑嘧磺草胺适用于 pH $=5.9～7.8$、有机质含量 5%以下的土壤，在此条件下，唑嘧磺草胺的半衰期为 1～3 个月，一般情况下，使用后次年不伤害大豆、玉米、小麦与大麦、花生、豌豆、高粱、水稻、烟草、马铃薯、苜蓿、三叶草等多种作物，这是长残留性磺酰脲类除草剂品种豆磺隆所不能比拟的。在各种主要作物中，油菜及甜菜对唑嘧磺草胺最敏感，不要作为后茬作物种植。为提高活性，若有机质含量高于 5%，应适当增加使用剂量。土壤质地疏松、有机质含量低、低湿地、水分好时用低剂量。反之用高剂量。

③ 播种前应用时，可与化肥混拌撒施，但须进行两次混土作业，第一次耙地后经 3～5 天，再进行第二次耙地混土。我国北方地区春季干旱，为避免施药时耙地跑墒，可在秋季土壤解冻前 1 周喷药，用药量增加 20%～25%，喷药后进行耙地混土，镇压，次年春季播种大豆。

④ 茎叶处理应选择晴天、高温时喷药。播种后出苗前土表处理时，若遇干旱天气，喷药后最好浅混土，以提高药效。

⑤ 施药后一周内不宜中耕，中耕宜在两星期后进行。

（4）使用方法

① 大豆　播种前、播种后出苗前以及出苗后，土壤处理或茎叶处理即喷雾均可。播种前每亩用量为 3.2～4g(a.i.)，为了扩大杀草谱（增加对一年生禾本科杂草的药效）可与氟乐灵和灭草猛混用。播种后出苗前亩用量为 2～3.2g(a.i.)，为了扩大杀草谱可与乙草胺、异丙甲草胺和异丙草胺等混用。出苗后亩用量为 1.3～1.67g(a.i.)，为了扩大杀草谱可与三氟羧草醚、氟磺胺草醚和灭草松等混用，但不能与精吡氟氯禾灵、精喹禾灵混用，因混用后会降低对禾本科杂草的防效。

大豆田混用每公顷药量如下：80% 唑嘧磺草胺 60g 加 90% 乙草胺乳油 1.6～2.5L 或 72% 异丙甲草胺 1.5～3.5L 或 72% 异丙草胺 1.5～3.5L。80% 唑嘧磺草胺 24～30g 加 72% 异丙甲草胺 1.5～3.0L 加 50% 丙炔氟草胺 60～90g。80% 唑嘧磺草胺 24～30g 加 90% 乙草胺乳油 1.2～1.9L 加 48% 异噁草酮 600～700mL。

② 玉米　播种后出苗前亩用量为 2～3.2g(a.i.)，为了扩大杀草谱可与乙草胺、异丙甲草胺和异丙草胺等混用（混用用量与大豆田相同）。茎叶处理亩用量为 1.3～2g(a.i.)。

③ 小麦与大麦　3 叶期至分蘖末期茎叶喷雾，亩用量为 1.2～1.6g(a.i.)。用以防除繁缕、牛繁缕、猪殃殃、荠菜、碎米荠、大巢菜、野薄荷等杂草。加植物油或非离子型表面活性剂可增加药效。亦可与氟草烟混用，增加对巢菜、野豌豆、卷茎蓼、田旋花等杂草的防效。如需兼防禾本科杂草，也可与精噁唑禾草灵（加解毒剂）等禾本科除草剂混用。

④ 豌豆　2～6 节期茎叶喷雾，亩用量为 1.67g(a.i.)。

⑤ 苜蓿与三叶草（草坪）2～3 片复叶期喷雾，亩用量为 1.67g(a.i.)。

秋施技术与方法：唑嘧磺草胺与其他除草剂混用秋施是防除农田杂草的有效措施，比春施对大豆、玉米安全，药效好，特别是对难防的杂草，如苘麻、鸭跖草、苍耳等更有效，比春施增产 5%～10%。秋施药同秋施肥、秋起垄、大豆三垄栽培、玉米大双复等相配套新技术结合在一起，效果更佳。

唑嘧磺草胺秋施药配方同上，用量比春施增加 10%。秋季 9 月中下旬气温降到 10℃ 以下即可施药，最好在 10 月中下旬气温降到 5℃ 以下至封冻前施药。

秋施方法：①施药前土壤达到播种状态，地表无大土块和植物残株，不可将施药后的混土耙地代替施药前的整地。②作业中要严格遵守操作规程。施药要均匀，施药前要把喷雾器调整好，使其达到流量准确、雾化良好、喷洒均匀。③混土要彻底。混土采用双列圆盘耙，耙深 10～15 cm，机车速度每小时 6km 以上，地要先顺耙一遍，再以同第一遍成垂直方向的方向耙一遍，耙深与第一遍相同，耙后可起垄，不要把无药土层翻上来。此方法可有效地防除鸭跖草。

专利与登记　专利 EP142152、EP427335、US4910306 等早已过专利期，不存在专利权问题。国内登记情况：58g/L 悬浮剂，登记作物为冬小麦田；175g/L 悬浮剂，登记作物为冬小麦田；80% 水分散粒剂，登记作物为冬小麦田、春玉米田、夏玉米田、大豆田，防治对象为阔叶杂草。美国陶氏益农公司在中国登记情况见表 245。

表 245　美国陶氏益农公司在中国登记情况

登记名称	登记证号	含量	剂型	登记作物	防治对象	用药量/(g/hm²)	施用方法
双氟·唑嘧胺	PD20070111	58g/L	悬浮剂	冬小麦田	阔叶杂草	7.875～11.8	喷雾
	PD20070112	175g/L	悬浮剂	冬小麦田	阔叶杂草	7.875～11.8	茎叶喷雾
唑嘧磺草胺	PD20070358	97%	原药				

续表

登记名称	登记证号	含量	剂型	登记作物	防治对象	用药量/(g/hm²)	施用方法
唑嘧磺草胺	PD20070359	80g/L	水分散粒剂	大豆田	阔叶杂草	45～60	土壤喷雾
				春玉米田		45～60	土壤喷雾
				夏玉米田		24～48	土壤喷雾
				冬玉米田		20～30	茎叶喷雾

合成方法　唑嘧磺草胺的合成方法主要有三种，主要原料为硫代氨基脲、溴化氰、甲酸甲酯和 2,6-二氟苯腈。

方法 1：以巯基三唑为起始原料，经酰胺化、氯磺化，再与 2,6-二氟苯胺反应，在氢氧化钠水溶液中去保护，最后与 4,4-二甲氧基-2-丁酮或 4-甲氧基-3-丁烯-2-酮合环即得目的物。反应式如下：

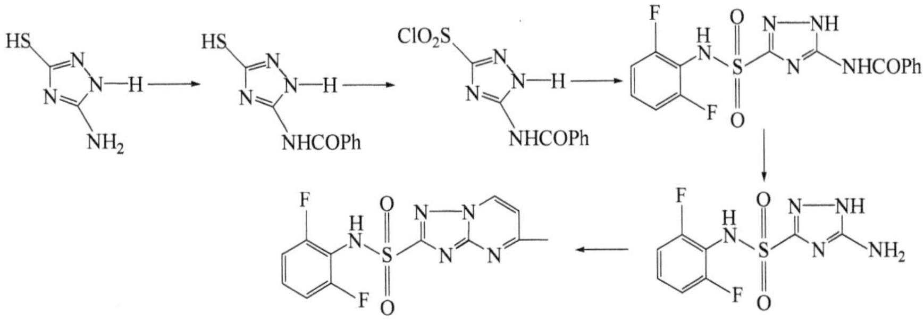

方法 2：以巯基三唑为起始原料，首先经氧化，与 4,4-二甲氧基-2-丁酮或 4-甲氧基-3-丁烯-2-酮反应，再经氯磺化，最后与 2,6-二氟苯胺反应，处理得目的物。反应式如下：

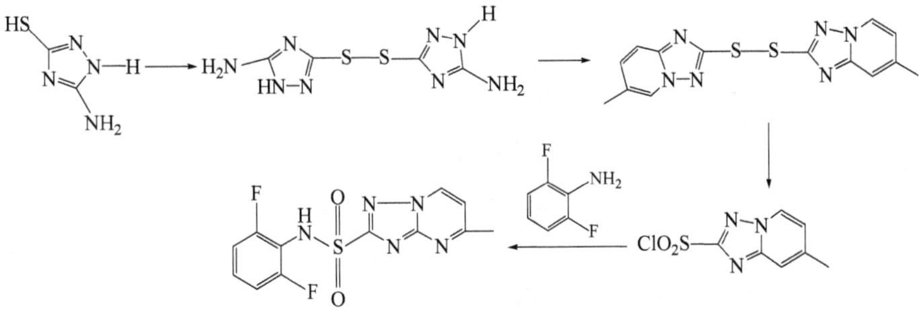

方法 3：以巯基三唑为起始原料，首先经氧化、氯磺化，再与 2,6-二氟苯胺反应，最后与 4,4-二甲氧基-2-丁酮或 4-甲氧基-3-丁烯-2-酮反应，处理得目的物。反应式如下：

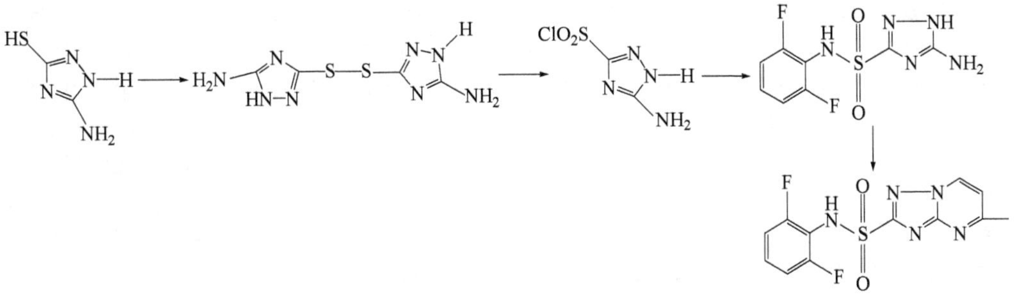

中间体 5-氨基-3-巯基-1,2,4-三唑的合成：

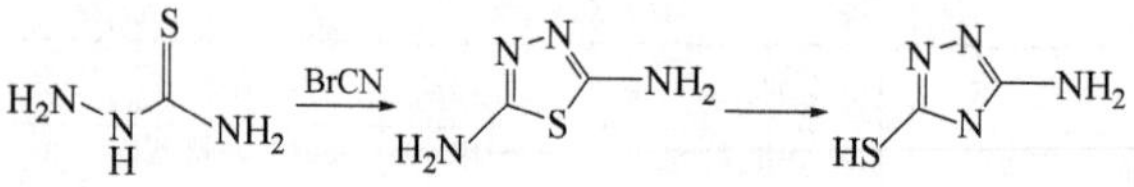

中间体 4,4-二甲氧基-2-丁酮或 4-甲氧基-3-丁烯-2-酮的合成：

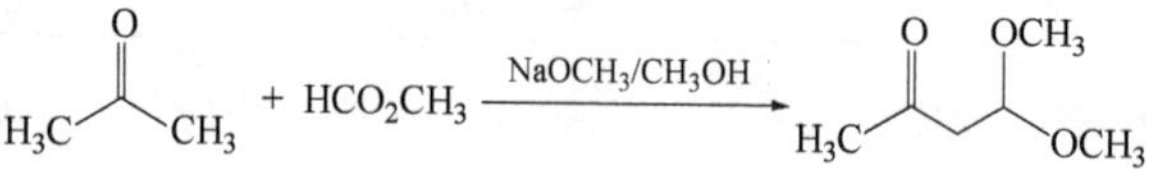

或

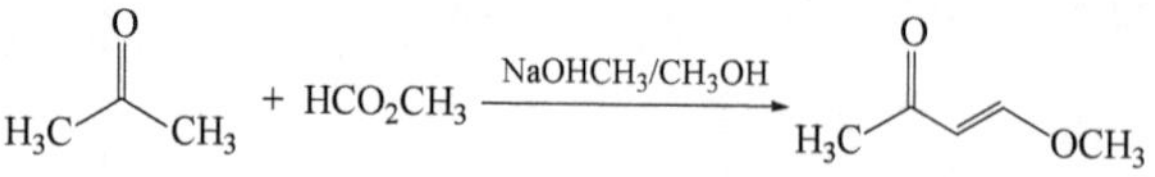

中间体 2,6-二氟苯胺的合成：

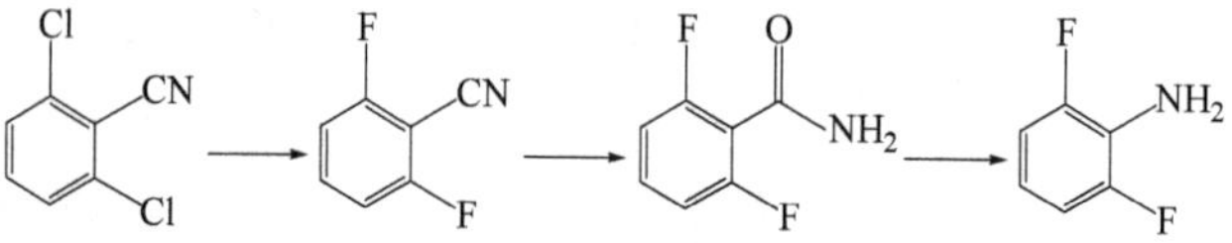

参考文献

[1] 苏少泉. 农药译丛，1993，3：60-62.

唑嘧菌胺 ametoctradin

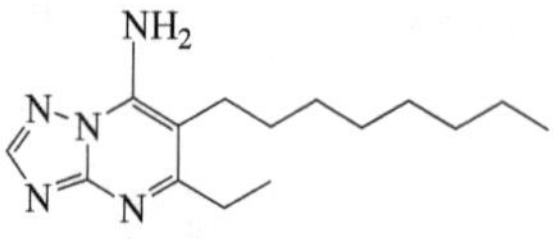

$C_{15}H_{25}N_5$，275.4，865318-97-4

唑嘧菌胺（ametoctradin），试验代号 BAS650 F。商品名称 Enervin、Initium、Resplend。其他名称 Orvego、Zampro、Decabane、辛唑嘧菌胺、苯唑嘧菌胺。是由巴斯夫公司开发的杀菌剂。

化学名称 5-乙基-6-辛基[1,2,4]三唑并[1,5-a]嘧啶-7-胺，5-ethyl-6-octyl[1,2,4]triazolo[1,5-a]pyrimidin-7-amine。

理化性质 纯品为无色晶体，含量＞98%。熔点 197.7～198.7℃。沸点之前会分解（234℃）。蒸气压 $2.1×10^{-7}$ mPa(20℃)。$K_{ow}lgP=4.40$(中性水溶液，20℃)，Henry 常数 $4.13×10^{-7}$ Pa·m³/mol，相对密度 1.12(20℃)，水中溶解度 0.15mg/L(20℃)；其他溶剂中溶解度(20℃，g/L)：丙酮1.9，乙腈0.5，二氯甲烷3，乙酸乙酯0.8，正己烷＜0.01，甲醇7.2，甲苯0.1，二甲基亚砜10.7。在无菌50℃的 pH=4～9 缓冲溶液黑暗中至少 7d 稳定不会水解。光解 DT_{50}38.4d(无菌水，pH=7)，pK_a2.78。

毒性 大鼠急性经口 LD_{50}＞2000mg/kg，大鼠急性经皮 LD_{50}＞2000mg/kg；对兔眼睛和皮肤无刺激。吸入 LC_{50}(4h)＞5.5mg/L，ADI 10mg/kg。无遗传毒性。

生态效应 山齿鹑和野鸭急性经口 LD_{50}＞2000mg/kg，山齿鹑和野鸭饲喂 LC_{50}＞5000mg/kg，山齿鹑繁殖 NOEC＞1400mg/kg 饲料。鱼类 LC_{50}(96h，mg/L)：虹鳟鱼＞0.0646，大翻车鱼＞0.129。水蚤 EC_{50}(48h)＞0.59mg/L，近头状伪蹄形藻 E_rC_{50} 和 E_bC_{50}(96h)＞0.118mg/L，摇

蚊虫 NOEC(28d)221.6mg/kg 干沉积物。蜜蜂 LD_{50}（经口和接触）$>100\mu g$/只。蚯蚓 NOEC$>$1000mg/kg 干土。

环境行为

（1）动物　辛基侧链末端氧化成相应的酸，随后是羧酸链的降解。另外各自的氧化侧链与牛磺酸、葡萄糖醛酸发生键合。

（2）植物　在植物中降解很慢，母体化合物是其唯一的残留。

（3）土壤/环境　在土壤和水表层通过辛基侧链末端的氧化以及随后的开环快速降解。最后导致矿化和渗入腐殖质土壤/沉积物结构中。DT_{50}（欧洲、美国土壤）$1\sim17$d，DT_{50}（水）$1\sim4$d，DT_{50}（整个水/沉积体系）$1\sim6$d。

制剂　悬浮剂、水分散粒剂。

主要生产商　BASF。

作用机理与特点　复Ⅲ型线粒体呼吸抑制剂。使线粒体不能产生和提供细胞正常代谢所需能量，最终导致细胞死亡。它能控制子囊菌纲、担子菌纲、半知菌纲、卵菌纲等大多数病害源。对孢子萌发及叶内菌丝体的生长有很强的抑制作用，具有保护和治疗活性。具有渗透性及局部内吸活性，持效期长，耐雨水冲刷。适合预防性防治。

应用

（1）适用作物　西葫芦、黄瓜、生菜、瓜类、土豆、观赏植物、阔叶树、针叶树种、甘蓝叶菜类蔬菜、鳞茎类蔬菜、葫芦科蔬菜、果类蔬菜、葡萄、啤酒花、叶菜类蔬菜、块根蔬菜、球茎蔬菜、西红柿等。

（2）防治对象　主要的真菌病害。例如葡萄霜霉病、马铃薯和土豆晚疫病、葫芦科、十字花科蔬菜、洋葱和生菜的晚期枯萎病。

（3）使用方法　Zampro(200g/L ametoctradin＋烯酰吗啉 226g/L 悬浮剂)用于控制晚疫病每公顷使用 $0.8\sim1$L，每次施药间隔 $7\sim14$d，每季最多使用 4 次。Resplend(300g/L ametoctradin＋烯酰吗啉 225g/L 悬浮剂)每公顷使用 0.8L。

专利与登记

专利名称　Preparation of 7-aminotriazolopyrimidines as agrochemical fungicides

专利号　WO2005087773

专利申请日　2005-09-22

专利拥有者　BASF

2010 年在欧盟及南美取得登记，后美国 EPA 批准了 BAS65000F(200g/L 悬浮剂)、Zampro 和 Orvego(200g/L ametoctradin＋烯酰吗啉 226g/L 悬浮剂)的登记，其中 BAS65000F 用于果树、蔬菜和蛇麻，Zampro 用于果树、蔬菜、葡萄和土豆，Orvego 用于观赏作物。目前唑嘧菌胺产品可在 50 多个国家用于超过 30 种特殊作物，包括葡萄、土豆、西红柿、生菜及其他蔬菜等。

合成方法　经如下反应制得唑嘧菌胺：

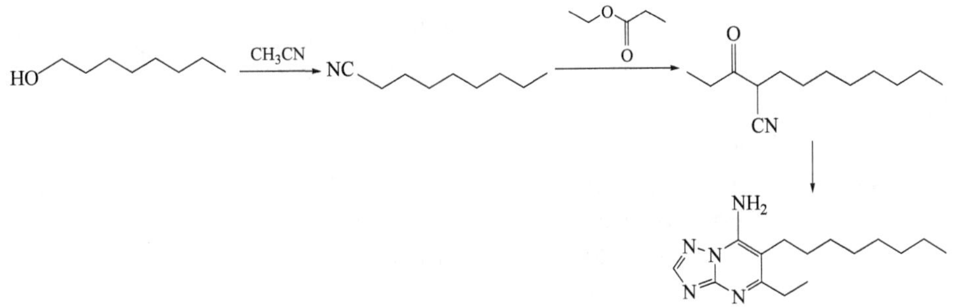

参考文献

[1] The Pesticide Manual. 15th edition. 2009：695-696.

[2] 柴宝山. 农药，2012，9：25-26.

唑蚜威 triazamate

$C_{13}H_{22}N_4O_3S$，314.4，112143-82-5

唑蚜威（triazamate），试验代号 AC900050、BAS323I、CL900050、RH-5798、RH-7988、WL145158。商品名称 Aztec、Doctus。由 DowAgroSciences 推广的三唑类杀虫剂。

化学名称 （3-异丁基-1-二甲氨基甲酰-1H-1,2,4-三唑-5-基硫代）乙酸乙酯，ethyl（3-tert-butyl-1-dimethylcarbamoyl-1H-1,2,4-triazol-5-ylthio）acetate。

理化性质 本品为白色到浅棕色固体。熔点 52.1～53.3℃，蒸气压 0.13mPa(25℃)。分配系数 K_{ow} lgP = 2.15(pH 7,25℃)。Henry 常数 $1.26×10^{-4}$ Pa·m³/mol(25℃，计算)。相对密度 1.222(20.5℃)。水中溶解度(pH 7,25℃)399mg/L，其他溶剂中溶解度：可溶于二氯甲烷和乙酸乙酯。在 pH≤7 及正常储存条件下能稳定存在，DT_{50}：220d(pH 5)，49h(pH 7)，1h(pH 9)。pK_a：pH=2.7～10.2 不电离。闪点 189℃。表面张力(90%含水饱和度)46.5mN/m(20℃)。

毒性 急性经口 LD_{50}(mg/kg)：雄大鼠 100～200，雌大鼠 50～100。大鼠急性经皮 $LD_{50}>$ 5000mg/kg。对兔皮肤没有刺激，对兔眼睛有中等强度的刺激。对豚鼠(最大化测试)皮肤有致敏性。大鼠吸入 LC_{50}0.47mg/L 空气。NOEL[mg/(kg·d)]：公狗 0.023，母狗 0.025(1y)；雄大鼠 0.45，雌大鼠 0.58(2y)；雄小鼠 0.13，雌小鼠 0.17(18 个月)。ADI0.0015mg/kg。无突变、无遗传毒性、无致畸和无癌变。

生态效应 山齿鹑急性经口 LD_{50}8mg/kg。饲喂 LC_{50}(8d,mg/L)：野鸭 292，鹌鹑 411。鱼类 LC_{50}(96h,mg/L)：大翻车鱼 0.74，虹鳟鱼 0.53，羊头鱼 5.9。水蚤 LC_{50}(48h)0.014mg/L。羊角月牙藻 EC_{50}(72h)240mg/L，NOEC(72h)38mg/L。糠虾 LC_{50}(120h)190μg/L。对蜜蜂无毒，LD_{50}(96h,μg/只)：41(经口)，27(接触)。蚯蚓 LC_{50}(14d)350mg/kg，NOEC<95mg/kg。在 140g/hm² 剂量下对捕食性步甲和隐翅虫无危害，对七星瓢虫有 87%的危害，对烟蚜茧有 20%的致死率，对普通草蛉有 60%的影响。

环境行为 在所有研究的生物系统中唑蚜威在酶催化水解和氧化下迅速代谢。代谢物要么被进一步降解(土壤和植物)，要么被排泄掉(脊椎动物)。在动物体内水解，随后进行去氨甲酰化作用；在植物体内水解，随后进行去氨甲酰化作用。土壤/环境：DT_{50}2～6h。K_{oc}140～360(5 种土壤,25℃±1℃)。光解：水 DT_{50}150d(pH 4)。渗滤液中发现的代谢产物对大型蚤无毒。唑蚜威和其含二甲氨基甲酰基的代谢物在环境中无潜在的生物累积和持续性。短的有氧半衰期以及适当的土壤吸收使得唑蚜威不会浸出。

制剂 可湿性粉剂[250g(a.i.)/kg]，乳油(240g/L、480g/L)。

作用机理与特点 高选择性内吸杀蚜剂，胆碱酯酶抑制剂。通过蚜虫内脏壁的吸附作用和接触作用，对多种作物种群上的各种蚜虫均有效。用常规防治蚜虫的剂量对双翅目和鳞翅目害虫无效，对有益昆虫和蜜蜂安全。持效期可达 5～10d。在推荐剂量下未见药害，对天敌较安全。

应用

（1）防治对象 使用剂量为 35～280g/hm² 时，对多种作物上的各种蚜虫(含对氨基甲酸酯和有机磷类杀虫剂有抗性的蚜虫)均有效。室内和田间试验表明，可防治抗性品系的桃蚜。土壤用药可防治食叶性蚜虫，叶面施药可防治食根性蚜虫。由于在作物脉管中能形成向上、向下的迁移，因此能保护整个植物。

（2）残留量与安全施药　不能与碱性物质混合使用；使用时注意安全，若发生中毒，从速就医。

（3）使用方法　防治棉蚜、麦蚜可用 2000～3000 倍液做茎叶喷雾处理。15％唑蚜威乳油，在大豆田间使用过程中未发现药害现象，杀蚜谱广，有较强的内吸和双向传导作用，有较长的药效持效期，以每亩用药量 4～6g 为宜；对烟草安全，田间使用中未发现药害，在防治烟草蚜虫时，建议使用 6 克/亩。

专利概况　专利 EP0213718 早已过专利期，不存在专利权问题。

合成方法　叔丁基酰氯与氨基硫脲及氢氧化钠反应，生成酰化氨基硫脲，然后用氢氧化钠水溶液处理，生成 3-异丁基-5-巯基-1,2,4-三唑。用氯代乙酸乙酯与该巯基三唑反应，生成烷基化产物，然后与二甲基氨基甲酰氯反应，或者先与光气反应，再与二甲胺反应，均可制得产品。反应式如下：

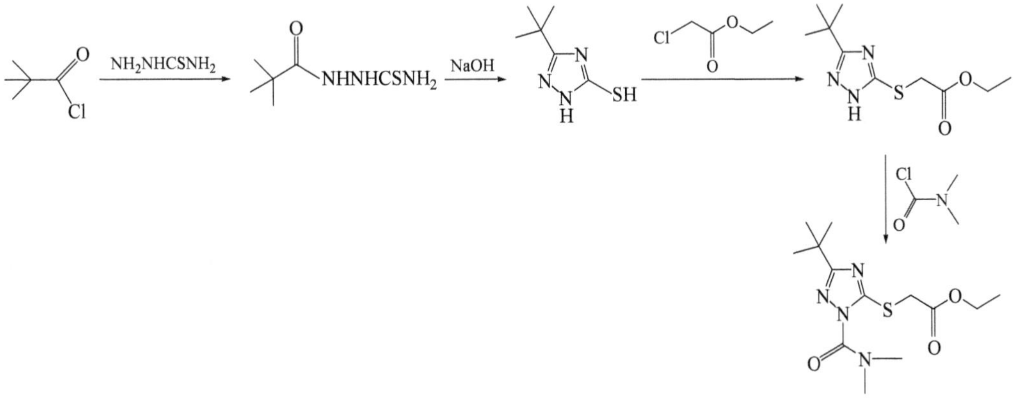

abscisic acid

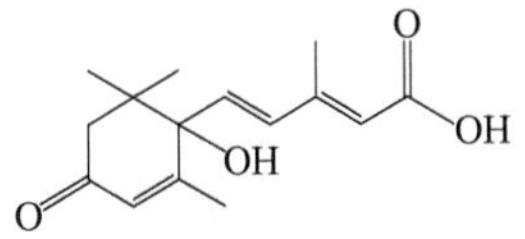

$C_{15}H_{20}O_4$，264.3，21293-29-8

Abscisic acid，商品名称　ABA、Abscisic acid。其他名称　脱落酸。为植物生长调节剂中的生长抑制剂。

化学名称　（＋）-2-顺,4-反-脱落酸，英文名称（＋）-2-*cis*,4-*trans*-abscisicacid。[S-(Z,E)]-5-(1-hydroxy-2,6,6-trimethyl-4-oxo-2-cyclohexen-1-yl)-3-methyl-2,4-pentadienoicacid。

理化性质　纯品为无色晶体。熔点 160～161℃。120℃升华，分配系数为 1.8（电中性形式）、0.94（离子形式）。相对密度 1.21。在水中的溶解度为 3102mg/L（pH 4）。旋光率$[\alpha]_D^{20}＝＋409.97°$（20℃在乙醇中，10.1mg/mL）。pK_a 为 4.61。溶于氯仿、丙酮、乙酸乙酯和乙醚。微溶于苯和水。紫外最大吸收波长（甲醇）252nm。

毒性　大鼠急性经口 $LD_{50}＞5000mg/kg$。大鼠急性经皮 $LD_{50}＞5000mg/kg$。大鼠吸入 LC_{50}（4h）＞5.1mg/L。NOEL：（90d）大鼠每天 2000mg/L；（3 周）大鼠经皮 1000mg/kg；NOAEL 1000mg/(kg·d)。

生态效应　山齿鹑 $LC_{50}＞2250mg/kg$，虹鳟鱼急性 LC_{50}（96h）＞121mg/L。水蚤 EC_{50}（48h）＞116mg/L。蜜蜂 LD_{50}（48h,μg/只）：经口＞108，接触＞100。蚯蚓 LC_{50}（14d）＞1000mg/kg

干土。

环境行为 动物 作为自然界中含有植物物质的所有食物的一部分很容易被代谢。植物 作为植物生长调节剂，植物合成、利用和代谢这种物质。土壤/环境 在土壤中容易降解。

制剂 25%可湿性粉剂。

作用机理 abscisic acid 是由植物和某些植物病原真菌产生的一种植物生长调节剂，具有诱导植物休眠、抑制种子萌发和植物生长、刺激气孔关闭等多方面的生理作用。

应用

(1) 将新剪下的花放入含有 5mg/L abscisic acid 的溶液中，可使其开花时间延长至 10d(对照为 6~8d)。

(2) 用 250mg/L abscisic acid 的乙醇溶液喷施葡萄，4 周后，可使葡萄单粒重增加 19%。

(3) 用 abscisic acid 与吲哚乙酸处理苹果树，可刺激其果实成熟。

(4) 可以用 abscisic acid 与 6-苄氨基嘌呤来调节云杉属植物体系中胚的形成，从而控制其生长。

专利与登记 专利 NL6604832、DE1593354 等早已过专利期，不存在专利权问题。国内登记情况：0.25%、0.1%、0.006%水剂，1%可湿性粉剂，1%可溶粉剂，登记作物为水稻、番茄、烟草。

合成方法 通过如下反应制得目的物：

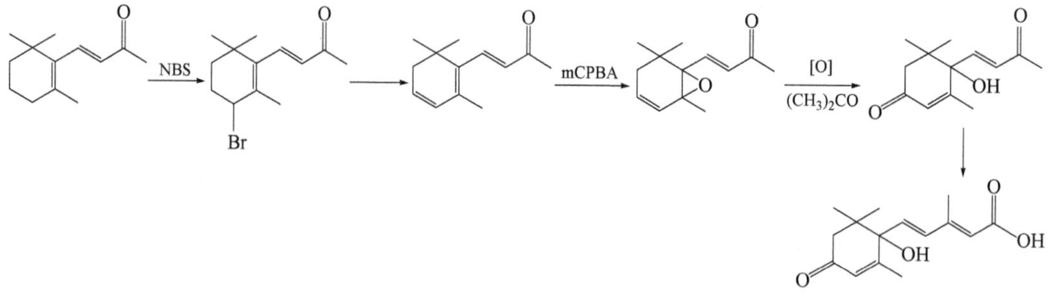

参考文献

[1] Synth Commun, 1997, 27(12): 2133-2142.
[2] phytochemistry, 1997, 45 (2): 257-260.

afidopyropen

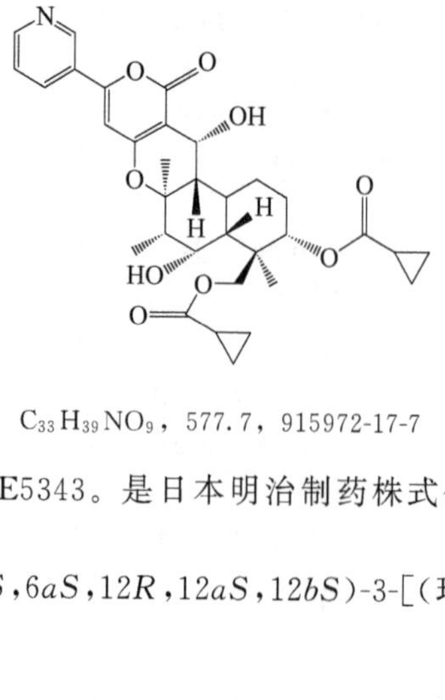

$C_{33}H_{39}NO_9$，577.7，915972-17-7

Afidopyropen，试验代号 ME5343。是日本明治制药株式会社和日本北里研究所共同研究开发的一种新型杀虫剂。

化学名称 [(3S,4R,4aR,6S,6aS,12R,12aS,12bS)-3-[(环丙基羰基)氧代]-1,3,4,4a,5,

6,6*a*,12,12*a*,12*b*-十氢-6,12-二羟基-4,6*a*,12*b*-三甲基-11-氧代-9-(3-吡啶基)-2*H*,11*H*-甲萘酚[2,1-b]吡喃酮[3,4-e]吡喃-4-基]甲基环丙酸酯。[(3*S*,4*R*,4*aR*,6*S*,6*aS*,12*R*,12*aS*,12*bS*)-3-(cyclopropylcarbonyloxy)-1,3,4,4*a*,5,6,6*a*,12,12*a*,12*b*-decahydro-6,12-dihydroxy-4,6*a*,12*b*-trimethyl-11-oxo-9-(3-pyridyl)-11*H*,12*H*-benzo[*f*]pyrano[4,3-b]chromen-4-yl] methyl cyclopropanecarboxylate。

理化性质 密度（1.39±0.1）g/cm^3（20℃）。$K_{ow}\lg P = 4.176 \pm 0.705$（25℃）。

应用 该产品是一种全新的结构且具有全新的作用机制，对吮吸性害虫如蚜虫、飞虱、介壳虫以及叶蝉均具有很好的致死效果。可以用于蔬菜、果树、葡萄树、中耕作物以及观赏植物等。据报道其无论是叶面处理、种子处理还是土壤处理都很有效，且毒性很低。目前巴斯夫公司已经获得日本明治制药株式会社的授权在全球范围内对其进行产业化开发及市场推广。

专利概况

专利名称　Pest control agents containing pyripyropenes

专利号　WO 2006129714

专利申请日　2006-03-31

专利拥有者　Meiji Seika Kaisha Ltd

在其他国家申请的化合物专利：TW388282、AU2006253364、CA2609527、US20060281780、US7491738、JP4015182、EP1889540、CN101188937、ZA2007010207、EP2111756、NZ563781、RU2405310、BR2006010967、AT531262、PT1889540、ES2375305、IL187411、IL223767、AR53882、JP2007211015、JP5037164、IN2007DN08915、KR2008012969、US20090137634、US7838538、US20110034404、US8367707、JP2012197284等。

工艺专利：WO2013156318、WO2013135606、WO2011148886等。

合成方法 通过如下反应制得目的物：

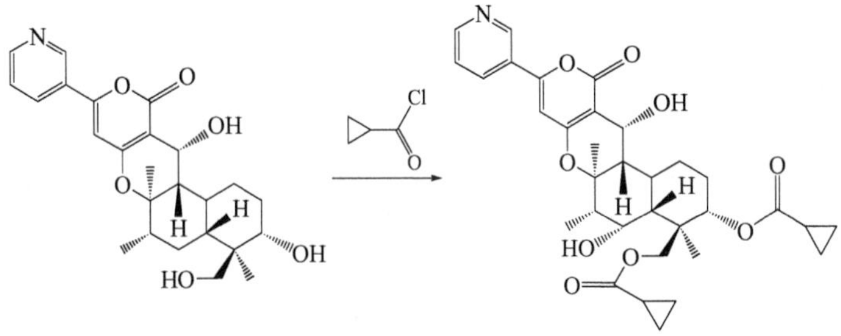

bencarbazone

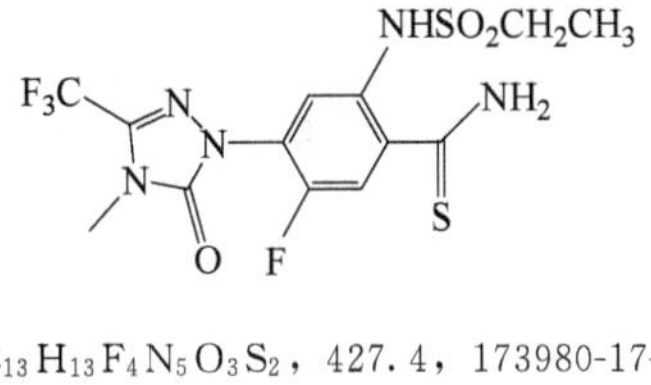

$C_{13}H_{13}F_4N_5O_3S_2$，427.4，173980-17-1

Bencarbazone，试验代号　HWH4991、TM-435。是拜耳公司研制的三唑啉酮类除草剂，在2001年授权给 Tomen Agro（现爱利思达生命科学株式会社）。

化学名称 4-[4,5-二氢-4-甲基-5-氧-3-(三氟甲基)-1*H*-1,2,4-三唑-1-基]-2-[（乙基磺酰基）氨基]-5-氟硫代苯甲酰胺，4-[4,5-dihydro-4-methyl-5-oxo-3-(trifluoromethyl)-1*H*-1,2,4-triazol-

1-yl〕-2-[(ethylsulfonyl)amino]-5-fluorobenzenecarbothioamide。

理化性质　淡黄灰色粉末。熔点202℃。$K_{ow}\lg P=0.179$(pH=7.5)。在水中溶解度(pH 7)0.105g/L。水解 DT_{50}(50℃)：>500h(pH 4)，241h(pH 7)，174h(pH 9)。

毒性　大鼠急性经口 LD_{50}>2500mg/kg。对皮肤和眼睛无刺激，对豚鼠皮肤有致敏性。大鼠 LC_{50}(4h)>5045mg/L。狗 NOEL(13 周)6mg/kg。

生态毒性　山齿鹑 LD_{50}(14d)>2000mg/(kg·d)。虹鳟鱼 LC_{50}(96h,静态)>100mg/L。水蚤 EC_{50}(48h,静态)>10mg/L。羊角月牙藻 IC_{50}(72h,静态)2mg/L。蚯蚓 LC_{50}(14d)>1000mg/kg 干土。

作用方式　原卟啉原氧化酶抑制剂。被根和叶子吸收，可传导。

应用　用于防治玉米、小麦田中阔叶杂草。

专利概况

专利名称　Preparation of heterocyclylthiobenzamides as herbicides

专利号　DE19500439

专利申请日　1995-01-10

专利拥有者　Bayer A G

工艺专利：WO9733875、WO9733876、US6541667 等。

合成方法　通过如下反应制得目的物：

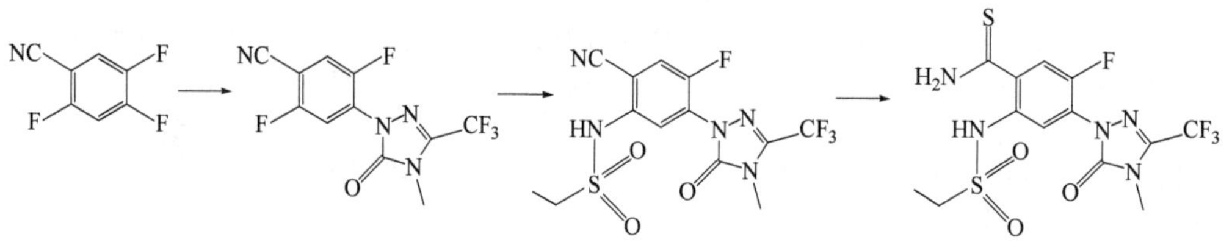

benclothiaz

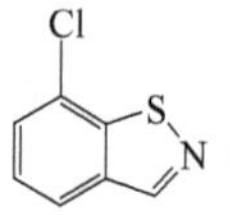

C_7H_4ClNS，169.6，89583-90-4

Benclothiaz，试验代号　CGA235860，是由先正达公司研制的杀线虫剂。

化学名称　7-氯-1,2-苯并异噻唑，7-chloro-1,2-benzisothiazole。

应用　杀线虫剂。

专利概况　专利 EP454621 已过专利期，不存在专利权问题。

合成方法　以 2,3-二氯苯甲醛为原料，按如下反应即可制得目的物：

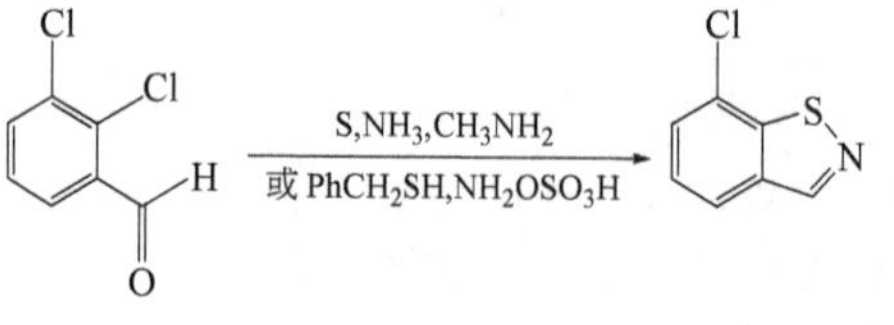

benzovindiflupyr

$C_{18}H_{15}Cl_2F_2N_3O$，398.2，1072957-71-1

Benzovindiflupyr，试验代号 SYN545192。商品名称 Solatenol。是先正达开发的吡唑酰胺类杀菌剂。

化学名称 N-[9-(二氯亚甲基)-1,2,3,4-四氢-1,4-亚甲基萘-5-基]-3-(二氟甲基)-1-甲基-1H-吡唑-4-甲酰胺，(N-[(1RS,4SR)-9-(dichloromethylene)-1,2,3,4-tetrahydro-1,4-methanon-aphthalen-5-yl]-3-(difluoromethyl)-1-methylpyrazole-4-carboxamide。

理化性质 密度（1.59±0.1）g/cm³(20℃)；lgP＝2.880±0.577(25℃)。

作用机理与特点 琥珀酸脱氢酶抑制剂(SDHI)。

应用 Benzovindiflupyr 可以单独使用，也可以和嘧菌酯、苯醚甲环唑以及丙环唑配合使用，适用于草皮、观赏植物和粮食作物，如苹果、大麦、小麦、蓝莓、玉米、棉花、瓜类蔬菜、干去荚青豆、大豆、葫芦科蔬菜、葡萄、花生、仁果类水果、油菜、结节和球茎类蔬菜等。

专利概况

专利名称 Fungicidal compositions

专利号 WO 2008131901 **专利申请日** 2008-04-23

专利拥有者 Syngenta Participations A G

在其他国家申请的化合物专利：AU2008243404、CA2682983、EP2150113、KR2010015888、CN101677558、JP2010524990、JP5351143、EP2229814、AT490685、PT2150113、AT498311、NZ580186、AT501637、PT2193716、PT2196089、ES2360025、AT510452、ES2361656、PT2193717、CN102715167、CN102726417 等。

工艺专利： WO2009138375、WO2010049228、WO2010072631、WO2010072632、WO2010130532、WO2011012618、WO2011012620、WO2011015416、WO2011113788、WO2011131543、WO2011131544、WO2011131545、WO2011131546、WO2012019950、WO2012101139 等。

合成方法 通过如下反应制得目的物：

bicyclopyrone

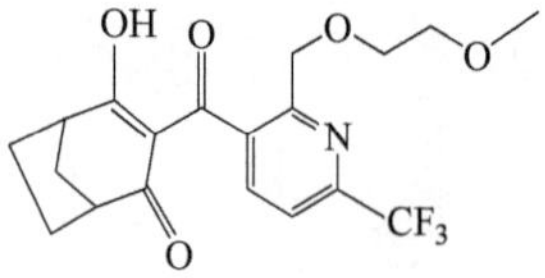

$C_{19}H_{20}F_3NO_5$，399.4，352010-68-5

Bicyclopyrone，试验代号　NOA449280，是由先正达公司开发的用于棉花和甘蔗的三酮类除草剂。

化学名称　4-羟基-3-[2-[(2-甲氧基乙氧基)甲基]-6-三氟甲基-3-吡啶甲酰基]双环[3.2.1]辛-3-烯-2-酮，4-hydroxy-3-[2-[(2-methoxyethoxy)methyl]-6-(trifluoromethyl)-3-pyridylcarbonyl]bicyclo[3.2.1]oct-3-en-2-one。

专利概况

专利名称　Preparation of substituted pyridine ketone herbicides

专利号　WO2001094339

专利申请日　2001-06-07

专利拥有者　Syngenta Participations A G Switz

在其他国家申请的化合物专利：CA2410345、AU2001062344、EP1286985、CN1436184、CN1231476、HU2003001243、HU228428、JP2003535858、JP4965050、EP1574510、AT330953、CN1824662、PT1286985、ES2266199、CN1951918、BR2001011981、RU2326866、RO122034、RO122911、RO122965、SK287483、CZ303727、MX2002011977、ZA2002009878、US20040097729、US6838564、HR2002000969、HK1054376、US7378375、HK1094197、US20080274891、US7691785、HR2008000664 等。

工艺专利：WO2005105718、WO2005105745 等。

合成方法　通过如下反应制得目的物：

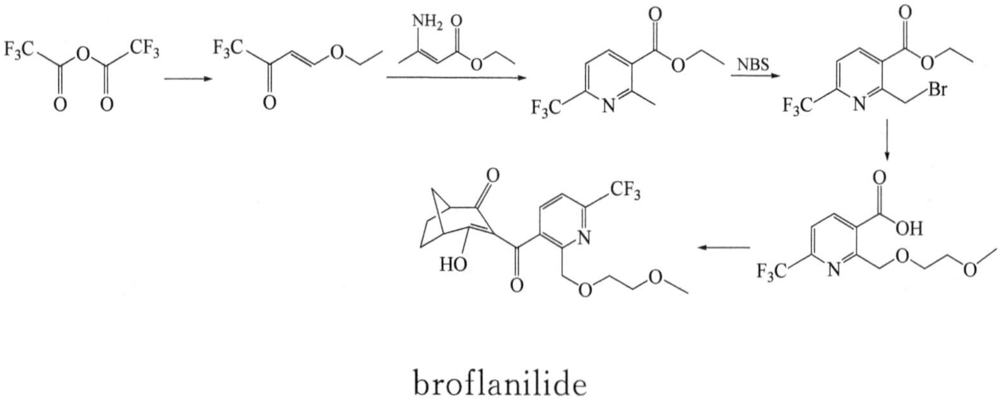

broflanilide

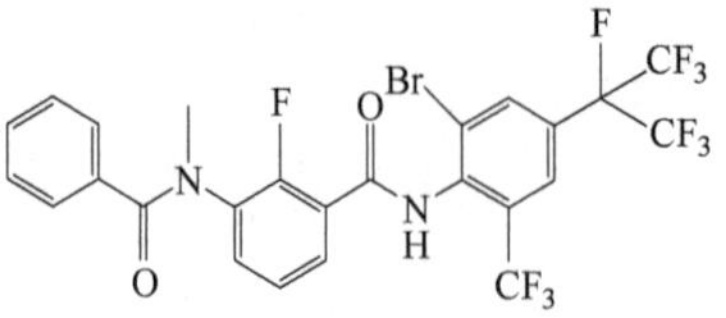

$C_{25}H_{14}BrF_{11}N_2O_2$，663.3，1207727-04-5

Broflanilide，试验代号 MCI-8007。由日本三井农业化学公司开发的杀虫剂，现已与巴斯夫合作开发。

化学名称 N-[2-溴-4-(1,1,1,2,3,3,3-七氟丙基-2-基)-6-三氟甲基苯基]-2-氟-3-(N-甲基苯甲酰胺)苯甲酰胺，N-[2-bromo-4-(1,1,1,2,3,3,3-heptafluoropropa N-2-yl)-6-(trifluoromethyl)phenyl]-2-fluoro-3-(N-methylbenzamido)benzamide。

应用 主要用于防除绿叶蔬菜、多年生作物和谷物等上的鳞翅目、鞘翅目、白蚁以及蚊蝇等害虫。其可能具有新颖的作用机制。

专利概况

专利名称 Preparation of benzamide derivatives as pesticides

专利号 WO 2010018714

专利申请日 2009-06-30

专利拥有者 Mitsui Chemicals Agro Inc，Japan

在其他国家申请的化合物专利：AU2009280679、CA2733557、KR2011039370、KR1409077、 EP2319830、 CN102119143、 KR2013055034、 KR1403093、 JP5647895、US8686044、 US20110201687、 MX2011001536、 IN2011DN01764、 US20130231392、US20130310459、JP2013256522 等。

工艺专利：WO2010018857、WO2013150988 等。

合成方法 通过如下反应制得目的物：

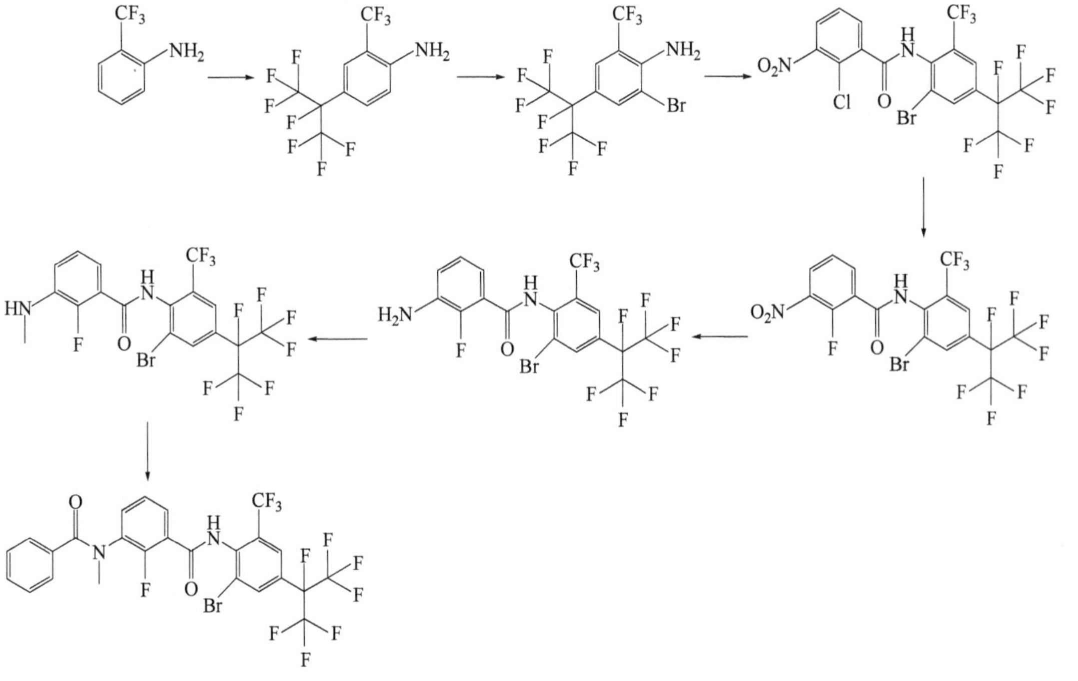

cholecalciferol

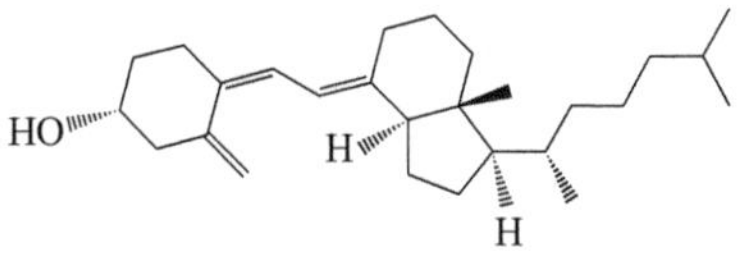

$C_{27}H_{44}O$，384.6，67-97-0

Cholecalciferol，中文俗称胆钙醇，也称维生素 D_3，曾以 cholecalciferol 作为杀鼠剂，近期又将通用名改为 cholecalciferol。

化学名称 (5Z,7E)-(3S)-9,10-开环胆甾-5,7,10(19)-三烯-3-醇，(5Z,7E)-(3S)-9,10-secocholesta-5,7,10(19)-trien-3-ol。

专利概况 专利 US3847955、DE2433949 等早已过专利期，不存在专利权问题。

合成方法 通过如下三种方法制得目的物：

（1）以胆固醇为原料的半合成

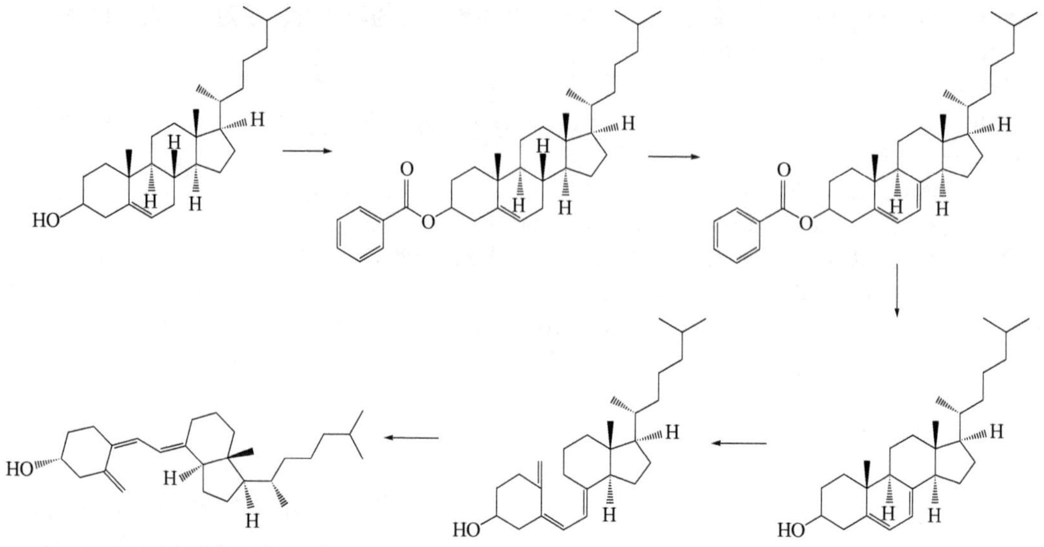

（2）以麦角固醇为原料的半合成

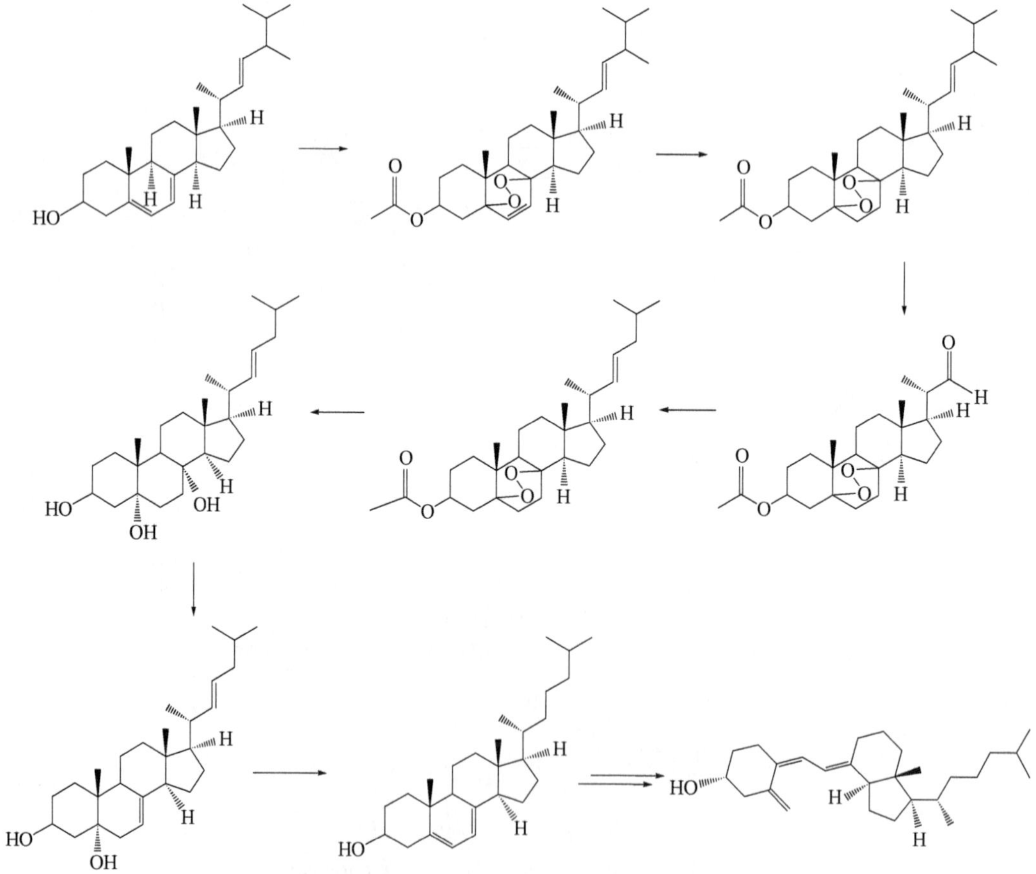

（3）全合成方法 以 2-(2-甲烯基-5-羟基环己基)乙醇为原料，经六步反应合成。

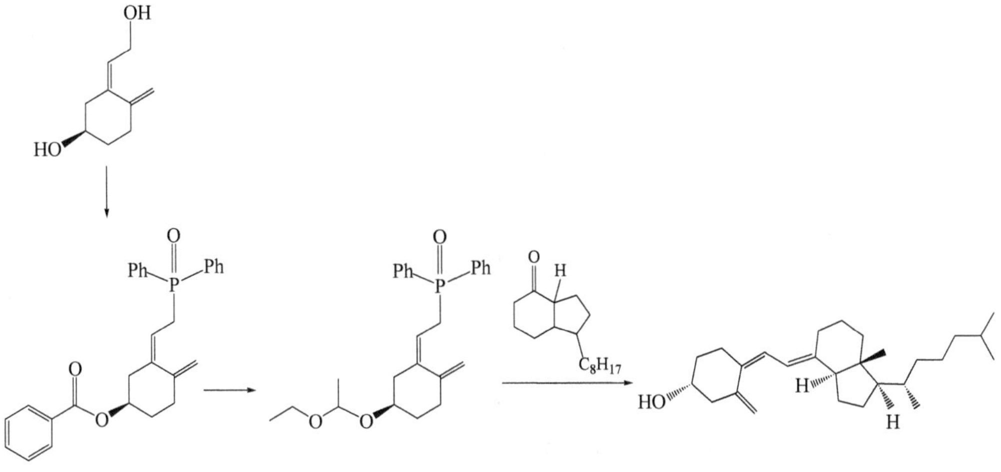

cybutryne

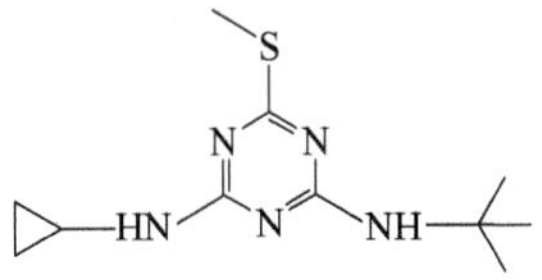

$C_{11}H_{19}N_5S$，253.4，28159-98-0

Cybutryne 是由 Ciba-Geigy(现属 Syngenta AG)开发的海水除藻剂。

化学名称　2-叔丁氨基-4-环丙氨基-6-甲硫基-1,3,5-三嗪，N^2-*tert*-butyl-N^4-cyclopropyl-6-methylthio-1,3,5-triazine-2,4-diamine。

理化性质　纯品为白色结晶性粉末。熔点 130～133℃；

作用机理与特点　很强的光系统Ⅱ(PSⅡ)抑制剂。

专利与登记　专利 EP3749、US4260753 等早已过专利期，不存在专利权问题。

合成方法　经如下反应制得 Cybutryn：

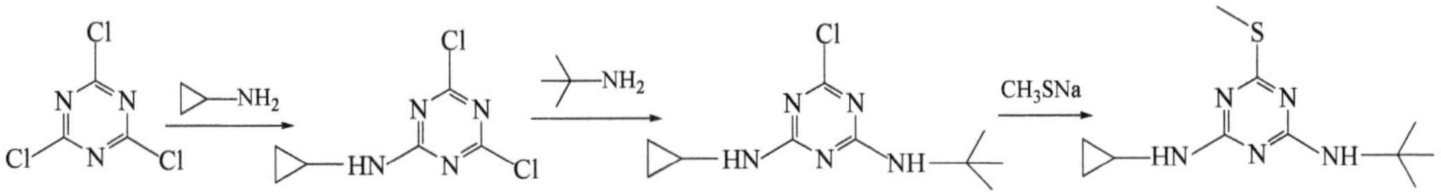

参考文献

[1] The Pesticide Manual. 15th edition. 2009：695-696.

cyclaniliprole

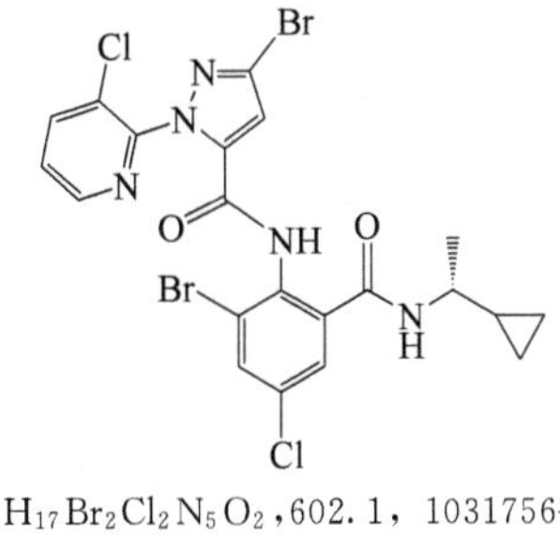

$C_{21}H_{17}Br_2Cl_2N_5O_2$，602.1，1031756-98-5

Cyclaniliprole，试验代号 IKI-3106。是日本石原产业株式会社开发的双酰胺类杀虫剂。

化学名称 3-溴-N-[2-溴-4-氯-6-[[(1-环丙基乙基)氨基]羰基]苯基]-1-(3-氯-2-吡啶基)-1H-吡唑-5-酰胺，2′, 3-dibromo-4′-chloro-1-(3-chloro-2-pyridyl)-6′-[[(1RS)-1-cyclopropylethyl] carbamoyl] pyrazole-5-carboxanilide。

作用机理与特点 尽管在结构上具备鱼尼丁受体抑制剂的双酰胺结构，但是据报道其具有不同的作用机制。

应用 具有广谱的杀虫活性，对小菜蛾、斜纹夜蛾、粉虱、蚜虫、蓟马、家蝇、斑潜蝇、白蚁等具有很好的杀死效果，且具有很好的内吸活性。

专利概况

专利名称 Preparation of anthranilamides as pesticides

专利号 JP 2006131608

专利申请日 2005-02-10

专利拥有者 Ishihara Sangyo Kaisha Ltd

在其他国家申请的化合物专利：AU2005212068、AT493395、BR2005007762、CA2553715、CN1918144、CN101508692、EP1717237、EP2256112、ES2356640、IL177508、IL198974、IN2006KN01945、MX2006009360、 KR2006135762、 KR2009046943、 KR2010017777、 MX2006009360、 JP2008247918、PT1717237、US20070129407、US20110257231、WO2005077934 等。

工艺专利：WO2006040113、WO2008072743、WO2008072745、WO2008155990、WO2011062291、JP2011105674 等。

合成方法 通过如下反应制得目的物：

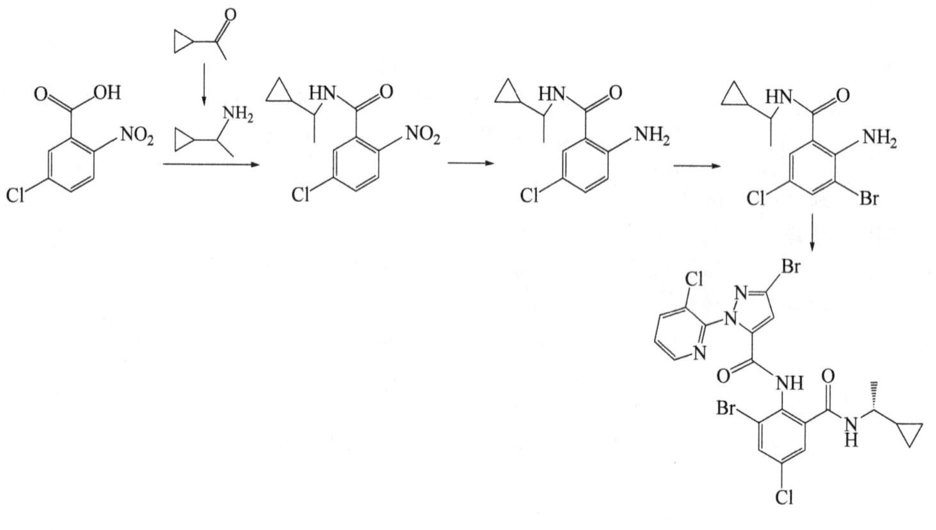

cyclopyrimorate

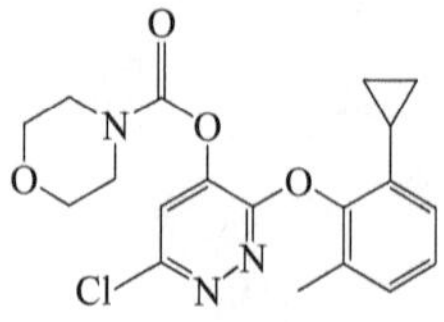

$C_{19}H_{20}ClN_3O_4$，389.8，499231-24-2

Cyclopyrimorate，试验代号 H-965、SW-065。是日本三井化学株式会社开发的哒嗪类除草剂。

化学名称   6-氯-3-(2-环丙基-6-甲基苯氧基)哒嗪-4-基　吗啉-4-羧酸酯，6-chloro-3-(2-cyclo-propyl-6-methylphenoxy)pyridazin-4-ylmorpholine-4-carboxylate。

应用   用于控制各种水稻田杂草。

专利概况

专利名称   Preparation of 3-phenoxy-4-pyridazinol derivatives as herbicides

专利号   WO2003016286

专利申请日   2002-8-14

专利拥有者   Sankyo Company

在其他国家申请的化合物专利：CA2457575、AU2002327096、JP2004002263、JP4128048、EP1426365、CN1543455、 ES2330089、 TWI254708、 KR910691、 PH12004500231、 ZA2004001572、 US20050037925、US7608563、IN2004KN00324、IN259050、KR2008097494、KR879693、US20100041555、US7964531 等。

工艺专利：WO2011040445、JP2008239532 等。

合成方法   通过如下反应制得目的物：

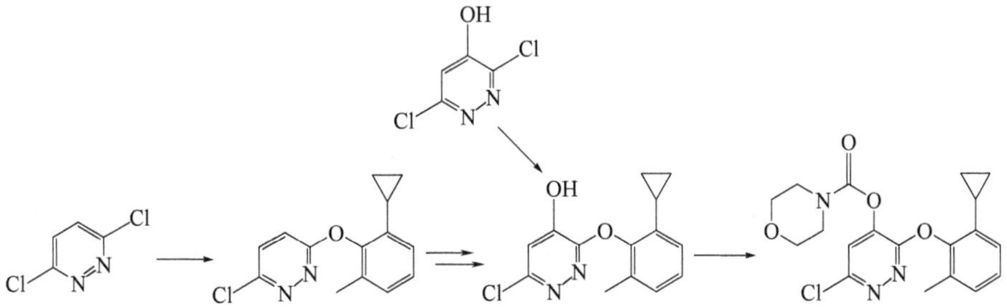

cyprosulfamide

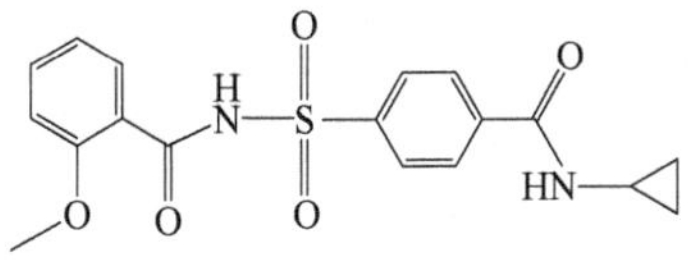

$C_{18}H_{18}N_2O_5S$，374.4，221667-31-8

Cyprosulfamide，试验代号   AE0001789。商品名称   Corvus、Adengo、Merlin Flexx，是由拜耳公司开发的新型除草剂安全剂。

化学名称 N-[4-[(环丙基氨基)羰基]苯基磺酰基]-邻甲氧基苯甲酰胺，N-[(4-cyclopropyl-carbamoyl)phenylsulfonyl]-o-anisamide。

理化性质   纯品为无色固体,熔点218℃。相对密度(20℃)1.51。

毒性   大鼠急性经口 LD_{50}＞2000mg/kg，大鼠急性吸入 LC_{50}＞3.5mg/L，大鼠急性经皮 LD_{50}＞2000mg/kg。对兔皮肤和眼睛无刺激。

生态效应   红鲈 LC_{50}＞102mg/L，水蚤 LC_{50}(48h)＞102mg/L，水藻 EC_{50}(96h)99.7mg/L，浮萍 EC_{50}(7d)104mg/L。

应用   适用于谷类作物。允许在任何土壤中使用,能促进根系的生长和保护植物健康。可与异噁唑草酮复配,用于玉米田除草。

专利概况

专利名称   Acylsulfamoyl Benzoic Acid Amides，Plant Protection Agents Containing Said

Acylsulfamoyl Benzoic Acid Amides，And Method For Producing The Same

专利号　　WO9916744

专利申请日　　1997-9-29

专利拥有者　　Hoechst Schering Agrevo Gmbh(现为拜耳公司)

合成方法　　经如下反应制得 Cyprosulfamide：

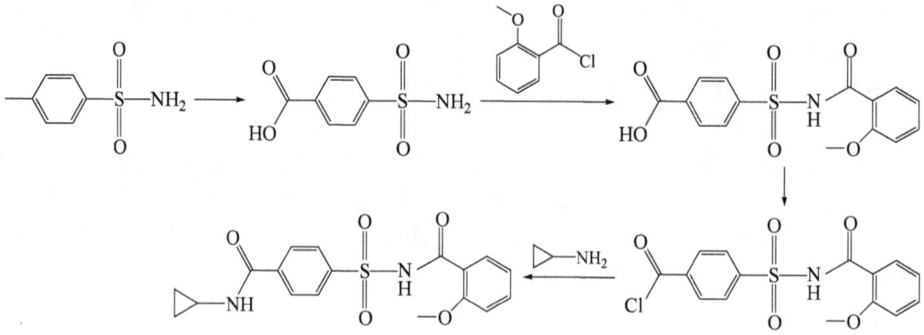

dipymetitrone

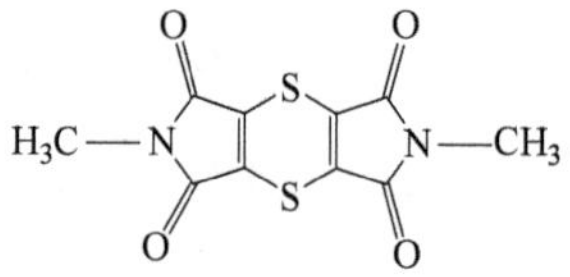

$C_{10}H_6N_2O_4S_2$，282.3，16114-35-5

Dipymetitrone，试验代号　　BCS-BB98685，是拜耳作物科学公司开发的新型杀菌剂。

化学名称　　2,6-二甲基-1H,5H-[1,4]二硫杂[2,3-c：5,6-c′]二吡咯-1,3,5,7(2H,6H)-四酮。2,6-dimethyl-1H,5H-[1,4]dithiino[2,3-c：5,6-c′]dipyrrole-1,3,5,7(2H,6H)-tetrone。

专利概况　　该化合物曾在 Chemische Berichte，1967，100（5）：1559-1570 中报道过，后由拜耳公司报道了其作为杀菌剂的应用。

专利名称　　Use of dithiine tetracarboximides for protection of crops from phytopathogenic fungi

专利号　　WO 2010043319

专利申请日　　2009-10-06

专利拥有者　　Bayer CropSciences Aktiengesellschaft，Germany

在其他国家申请的化合物专利：AU2009304310、CA2740297、EP2271219、KR2011069833、CN102186352、EP2386203、AT534294、PT2271219、ES2375832、JP2012505845、NZ592226、IL211666、AP2674、PT2386203、ES2445540、EA19491、AR75092、US20100120884、TWI441598、MX2011003093、CR20110163、ZA2011002799、US20110319462、US8865759、JP2014144975、US20150065551 等。

工艺专利：WO 2011144550、WO 2011138281、WO 2011128264、WO 2011128263 等。

合成方法　　通过如下反应制得目的物：

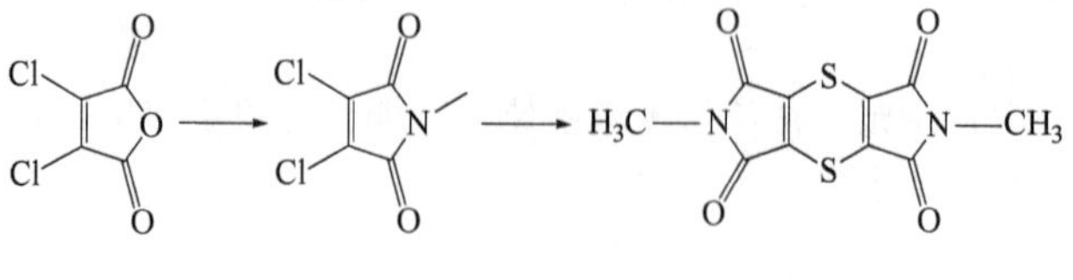

disparlure

$CH_3(CH_2)_9$ —O— $(CH_2)_4CH(CH_3)_2$

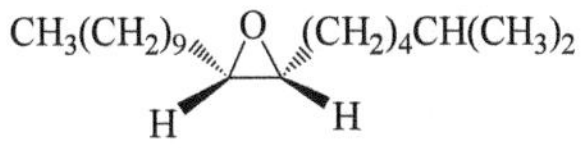

$C_{19}H_{38}O$，282.5，29804-22-6(外消旋体)，54910-51-9[(+)-异构体]，54910-52-0[(-)-异构体]

Disparlure，试验代号 ENT34886。商品名称 Disrupt Ⅱ GM、isrupt Bio-Flake GM。其他名称 *cis*-7，8epo-2me-18Hy、7R8Sepo-2me-18Hy、(7R,8S)-(+)-disparlure，为螟蛉蛾的交配信息素。(+)-异构体是舞毒蛾的天然信息素，用于预测及捕杀成虫。

化学名称 (Z)-7,8-环氧-2-甲基十八烷，(Z)-7,8-epoxy-2-methyloctadecane。

理化性质 无色黏稠状液体，沸点 146～148℃ (0.25mmHg)，相对密度 0.828，旋光度 $[\alpha]_D^{23}$ +0.8°(氯仿)，闪点 52℃。

毒性 大鼠急性经口 LD_{50}＞34600mg/kg。兔急性经皮 LD_{50}＞2025mg/kg。对兔皮肤有刺激，对眼有中度刺激。大鼠吸入 LC_{50} (1h)＞5.0mg/L(空气)。

生态效应 野鸭及鹌鹑急性经口 LC_{50} (8d)＞5000mg/kg。虹鳟鱼及大翻车鱼 LC_{50} (96h)＞100mg/L。

制剂 可塑薄片，可塑压片。

主要生产商 Interchem 及 International Specialty 等。

作用机理与特点 吸引害虫，干扰其正常的交配。

应用 防治森林中的舞毒蛾(gypsymoth)。用量为 37.5g/hm² 和 15g/hm²(外消旋体)。

专利概况 专利 US3975409 早已过专利期，不存在专利权问题。

合成方法 通过如下反应制得目的物：

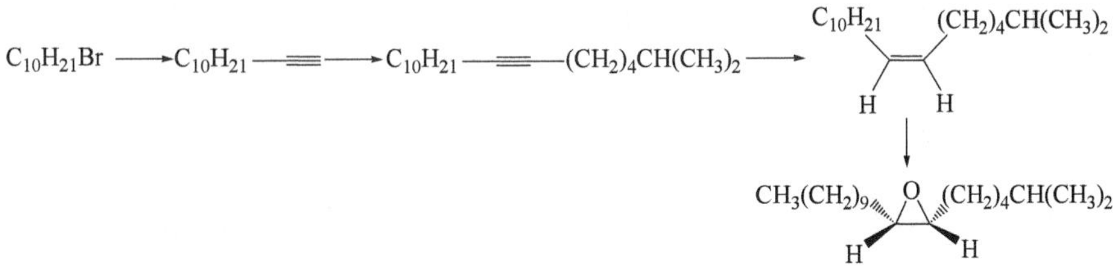

fenoxasulfone

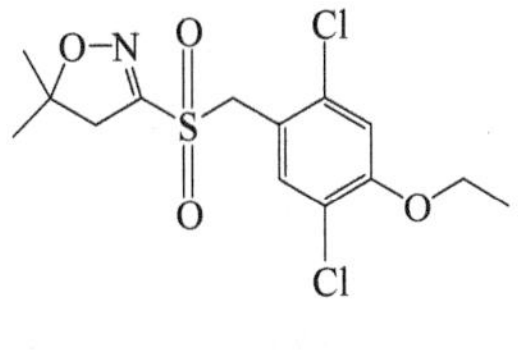

$C_{14}H_{17}Cl_2NO_4S$，366.3，639826-16-7

Fenoxasulfone，试验代号 KIH-1419、KUH-071，是日本组合化学株式会社开发的异噁唑啉类除草剂。

化学名称 3-[(2,5-二氯-4-乙氧基苯基)甲基砜基]-4,5-二氢-5,5-二甲基异噁唑，3-[(2,5-dichloro-4-ethoxyphenyl)methylsulfonyl]-4,5-dihydro-5,5-dimethylisoxazole。

应用 其与苄嘧磺隆混用，可有效防除水稻田里的稗草、鸭舌草、水莎草等；与异噁草酮混用，可有效防除水稻田里的稗草、千金子、鸭舌草等。

专利概况 该化合物首次是以组合物混剂的形式被 Kumiai Chemical Industry Co Ltd 和 Ihara Chemical Industry Co Ltd 在专利 JP2004002324 和 JP2005145958 中报道。

合成方法 经如下反应制得 fenoxasulfone：

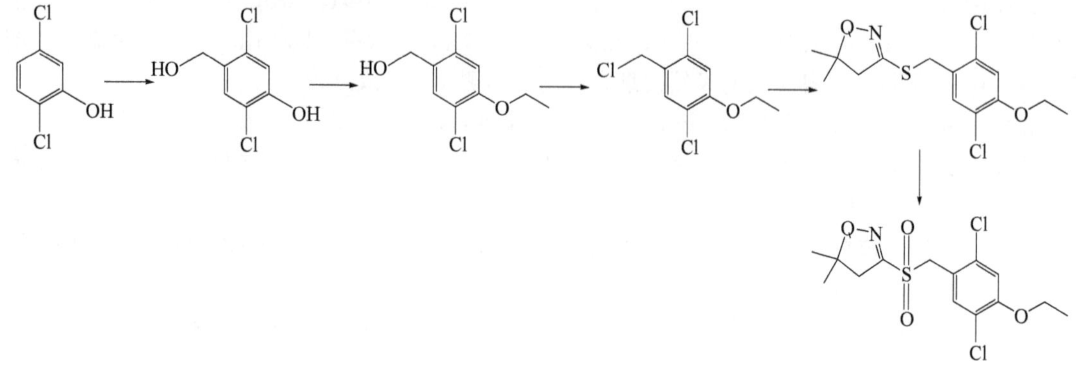

fenquinotrione

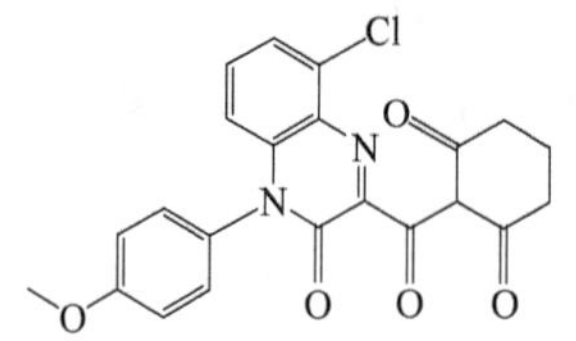

$C_{22}H_{17}ClN_2O_5$，424.8，1342891-70-6

Fenquinotrione，试验代号 KIH-3653、KUH-110，是由日本组合化学株式会社开发的新的三酮类除草剂。

化学名称 2-[8-氯-3,4-二氢-4-(4-甲氧基苯基)-3-氧-2-喹喔啉羰基]-1,3-环己二酮，2-[8-chloro-3,4-dihydro-4-(4-methoxyphenyl)-3-oxoquinoxalin-2-ylcarbonyl]cyclohexane-1,3-dione。

应用 用于水稻田除草。

专利概况

专利名称 Benzoylphenylureas

专利号 WO2009016841

专利申请日 2009-02-05

专利拥有者 Kumiai Chemical Industry Co Ltd，Japan；Ihara Chemical Industry Co Ltd

在其他国家申请的化合物专利：AU2008283629、CA2694882、AR67763、KR2010034734、EP2174934、 NZ582426、 PT2174934、 ES2389320、 AP2513、 IL202378、 EA17807、ZA2009008210、IN2009MN02426、CR11184、CN101778832、MX2010001240、US20100197674、US8389523 等。

合成方法　通过如下反应制得目的物：

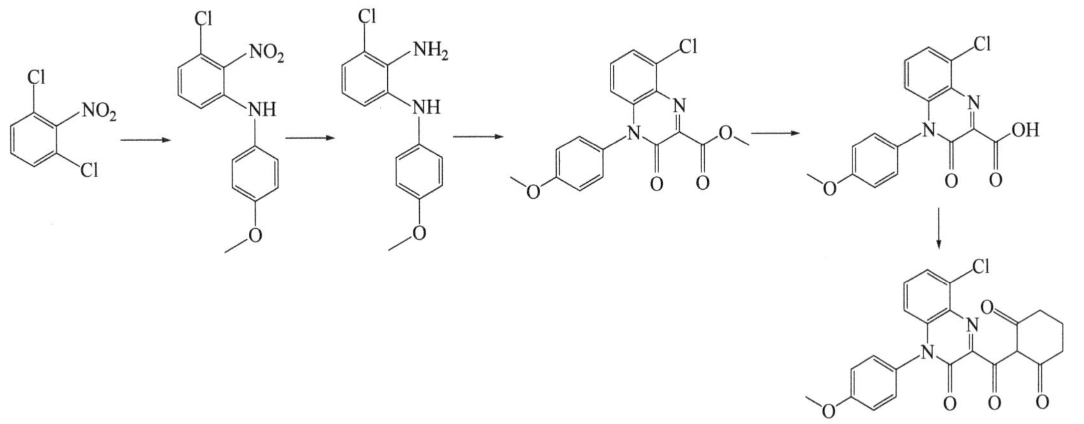

flometoquin

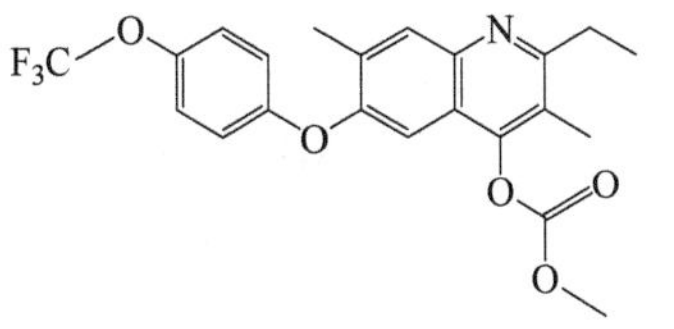

$C_{22}H_{20}F_3NO_5$，435.4，875775-74-9

Flometoquin，试验代号　ANM-138，是日本 Meiji Seika Kaisha 与 Nippon Kayaku 共同开发的新型喹啉类杀虫剂。

化学名称　2-乙基-3,7-二甲基-6-[4-(三氟甲氧基)苯氧基]-4-喹啉基碳酸甲酯，2-ethyl-3,7-dimethyl-6-[4-(trifluoromethoxy)phenoxy]-4-quinolylmethyl carbonate。

制剂　10％悬浮剂

作用机理与特点　对牧草虫之类的非常细小、难以处理的害虫有显著作用，对菱形斑纹蛾和其他的鳞翅目害虫同样有效。

专利概况

专利名称　Preparation of quinoline derivatives as insecticides，acaricides，and nematocides

专利号　WO2006013896

专利申请日　2005-08-03

专利拥有者　Meiji Seika Kaisha Ltd，Japan；Nippon Kayaku Co Ltd

在其他国家申请的化合物专利：AU2005268166、CA2574095、EP1780202、KR2007053730、KR1259191、CN1993328、BR2005014051、JP4319223、RU2424232、IL180887、ES2407813、US20070203181、US7880006、IN2007DN00491、IN248459、JP2009102312、JP2009155340、JP5128536、JP2009221231、JP5015203 等。

工艺专利：WO2013162716、WO2013162715、WO2013062981 等。

合成方法　通过如下反应制得目的物：

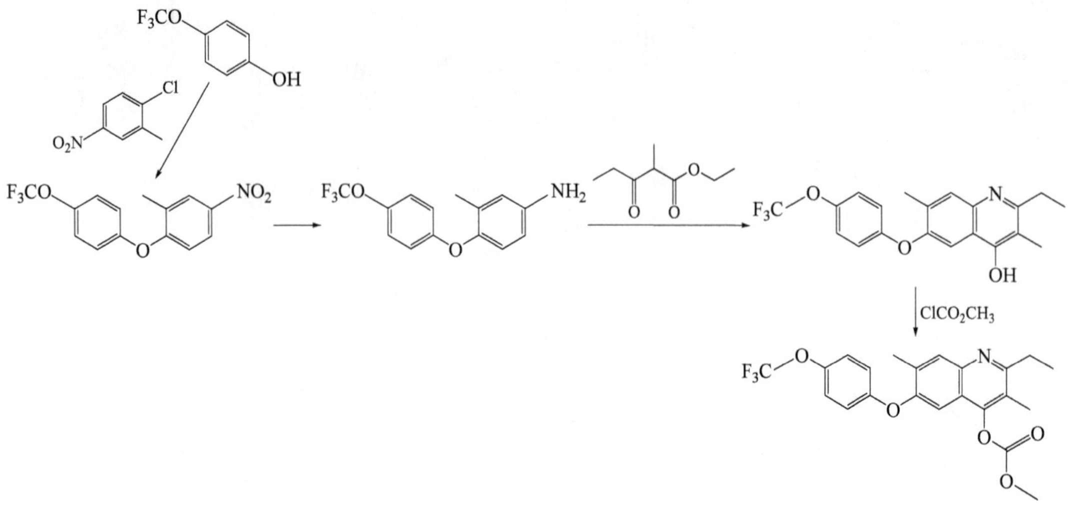

fluensulfone

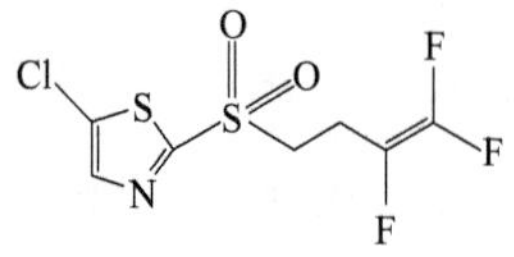

$C_7H_5ClF_3NO_2S_2$，291.7，318290-98-1

Fluensulfone 是 Makhteshim Chemical Works 公司开发的杀线虫剂。

化学名称　5-氯-1,3-噻唑-2-基-3,4,4-三氟丁-3-烯-1-基砜,5-chloro-1,3-thiazol-2-yl 3,4,4-tri-fluorobut-3-en-1-yl sulfone 或 5-chloro-2-(3,4,4-trifluorobut-3-en-1-ylsulfonyl)-1,3-thiazole。

应用　可以防除蔬菜和水果上的根结线虫。

专利概况

专利名称　Nematocidal trifluorobutene

专利号　JP2001019685

专利申请日　1999-07-06

专利拥有者　Nippon Bayer Agrochem Co Ltd

目前公开的或授权的专利：AT263157、 BR2000012243、 CA2378148、 CN1159304、EP1200418、 ES2215671、 HK1046403、 JP2003503485、 TR2002000068、 US6734198、WO2001002378、ZA2001009995 等。

合成方法　经如下反应制得 fluensulfone：

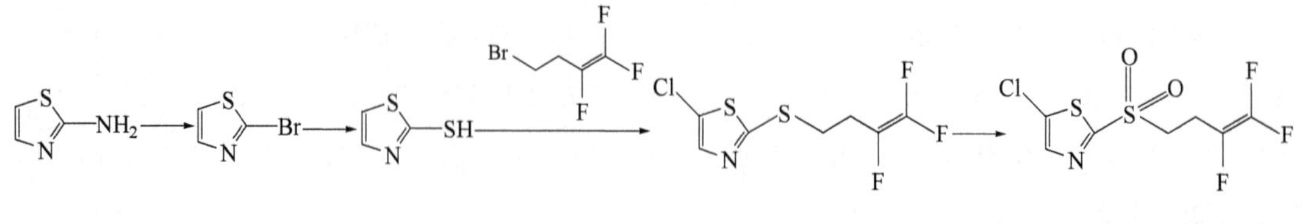

fluhexafon

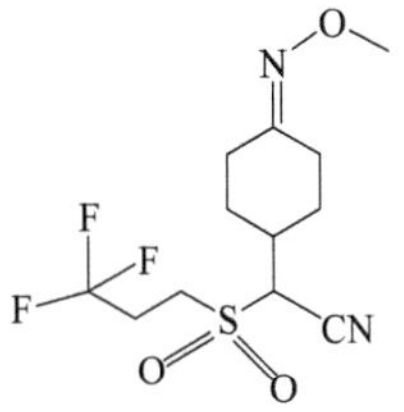

$C_{12}H_{17}F_3N_2O_3S$，326.3，1097630-26-6

Fluhexafon，试验代号：S-1871，由住友化学株式会社研发的新型杀虫剂。

化学名称　4-(甲氧基肟)-α-[(3,3,3-三氟丙基)砜基]环己基乙腈，4-(methoxyimino)-α-[(3,3,3-trifluoropropyl)sulfonyl]cyclohexaneacetonitrile。

应用　对褐飞虱、棉蚜等具有较好的防除效果。

专利概况

专利名称　Halogen-containing organosulfur compound and their preparation and use in controlling arthropoda pest

专利号　WO2009005110

专利申请日　2008-06-26

专利拥有者　Sumitomo Chemical Company

在其他国家申请的化合物专利：AU2008272066、CA2690186、JP2009256302、JP5315816、EP2162429、KR2010031518、KR1461696、CN101790511、RU2471778、BR2008013457、AR70503、ZA2009008674、MX2009013763、IN2009CN07618、US20100160422、US8247596 等。

工艺专利：DE102014004684、CN104072394 等。

合成方法　通过如下反应制得目的物：

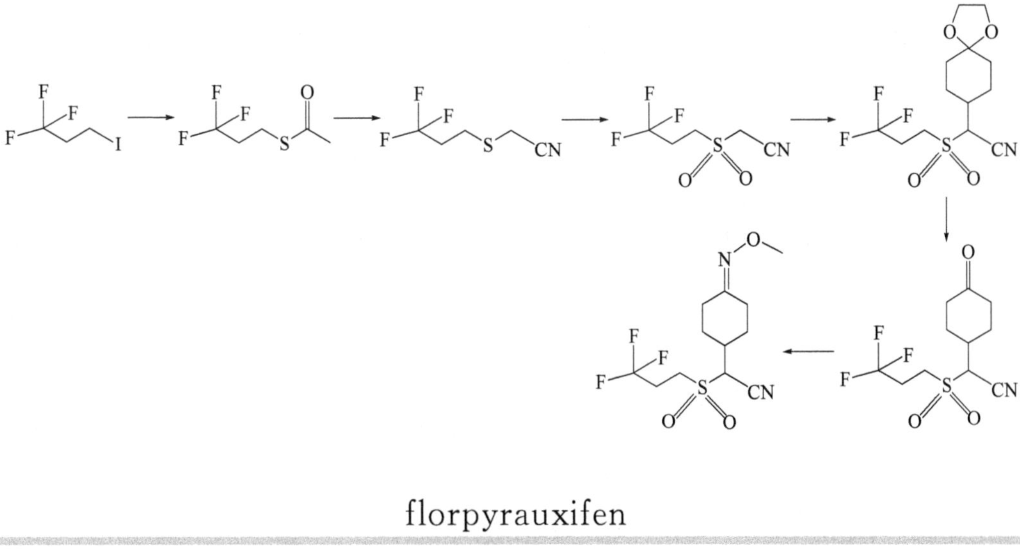

florpyrauxifen

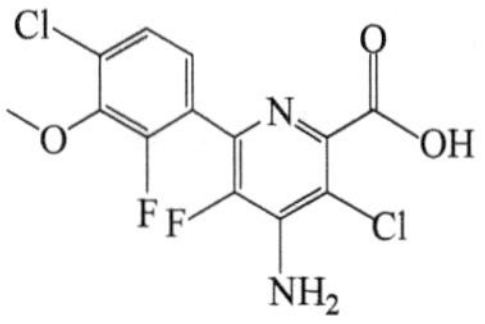

$C_{13}H_8Cl_2F_2N_2O_3$，349.1，943832-81-3，1390661-72-9(florpyrauxifen-benzyl)

Florpyrauxifen，试验代号　XDE-848 和 XR-848，商品名　Rinskor，由陶氏益农（Dow Agro-SciencesLLC）开发的芳香基吡啶甲酸类除草剂。

化学名称　4-氨基-3-氯-6-(4-氯-2-氟-3-甲氧基苯基)-5-氟吡啶-2-羧酸，4-amino-3-chloro-6-(4-chloro-2-fluoro-3-methoxyphenyl)-5-fluoropyridine-2-carboxylic acid

应用　可用于多作物、多地区防除禾本科杂草、阔叶杂草和莎草。其中包括亚洲的水稻作物等。

专利概况

专利名称　Preparation of 4-aminopicolic acid derivative herbicides

专利号　WO2007082098

专利申请日 2007-06-12

专利拥有者　美国陶氏益农

在其他国家申请的化合物专利：AR59010、AU2007204825、AU2011203286、BR2007006398、CA2626103、CN101360713、CN102731381、CN102731382、EP1973881、EP2060566、JP2009519982、JP2010001300、JP2012229220、JP5059779、JP5856909、KR1350071、KR1379625、KR2008053413、KR2008053529、KR2008057335、KR898662、MX2008006014、MY143535、RU2428416、US20070179060、US20080045734、US20080051596、US7314849、US7498468 等。

工艺专利：WO2014093591 等。

合成方法　通过如下反应制得目的物：

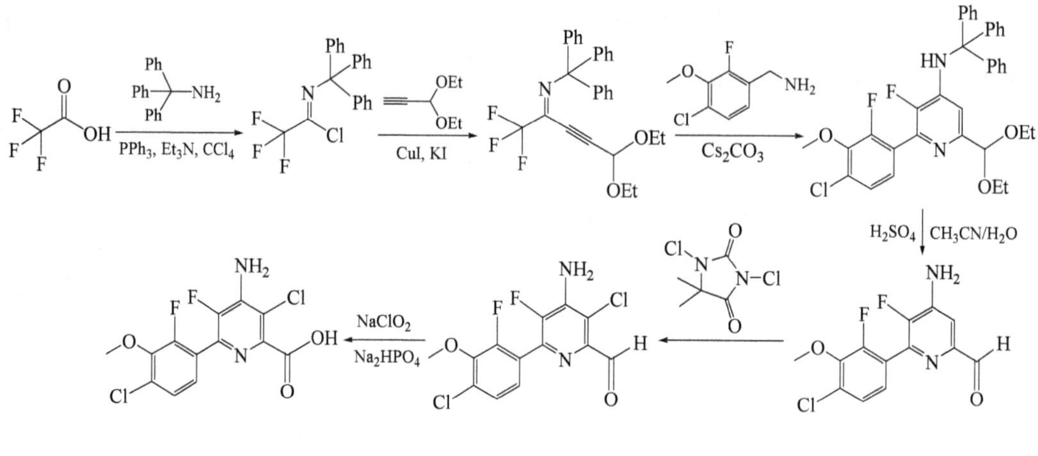

fluazaindolizine

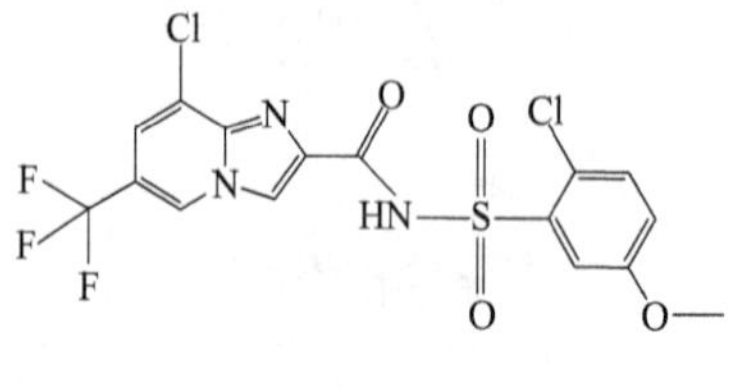

$C_{16}H_{10}Cl_2F_3N_3O_4S$，468.2，1254304-22-7

Fluazaindolizine，试验代号　DPX-Q8U80，由杜邦开发的新型杀线虫剂。

化学名称　8-氯-N-[（2-氯-5-甲氧苯基）磺酰基］-6-三氟甲基咪唑［1，2-a］吡啶-2-酰胺，8-chloro-N-[（2-chloro-5-methoxyphenyl）sulfonyl］-6-（trifluoromethyl）imidazo［1，2-a］pyridine-2-carboxamide。

应用　杀线虫剂。

专利概况

专利名称　Preparation of sulfonamides as nematocides useful for controlling parasitic nematodes

专利号　WO2010129500

专利申请日 2010-05-04

专利拥有者　美国杜邦

在其他国家申请的化合物专利：AR76838、AU2010246105、BR2010007622、CA2757075、CN102413693、　EP2427058、　ES2530268、　IL215105、　IN2011DN07327、　JP2012526125、JP5634504、　KR2012034635、　MX2011011485、　MY152267、　NZ595152、　PT2427058、RU2531317、　TWI482771、　US20120114624、　US20140088309、　US20140221203、　US8623890、US8735588、US9018228、ZA2011006729 等

工艺专利：WO2014109933 等

合成方法　通过如下反应制得目的物：

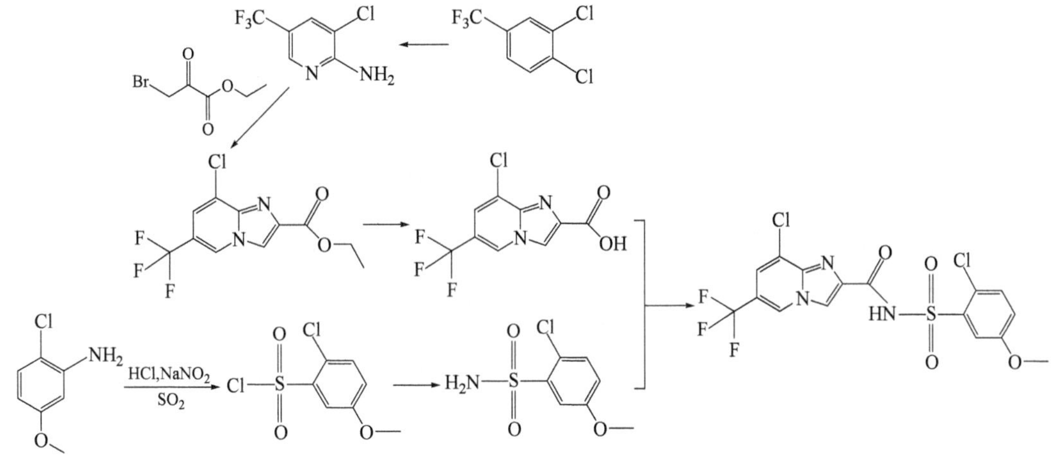

flupyradifurone

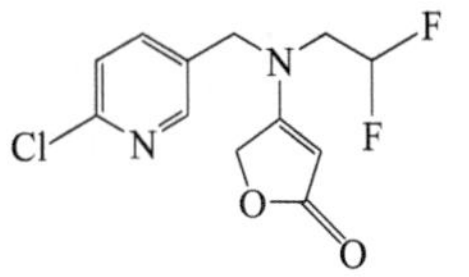

$C_{12}H_{11}ClF_2N_2O_2$，288.7，951659-40-8

Flupyradifurone，试验代号　BYI02960。商品名称　Sivanto，是拜耳公司开发的新烟碱、乙酰胆碱受体类杀虫剂。

化学名称　4-[（6-氯-3-吡啶基甲基）（2，2-二氟乙基）氨基］呋喃-2（5H）-酮，4-[（6-chloro-3-

pyridylmethyl)(2,2-difluoroethyl)amino] furan-2(5H)-one.

理化性质　密度(1.41±0.1)g/cm³(20℃)。lg$P$=0.312±0.496(25℃)。

生态效应　对蜜蜂安全，对温血动物毒性较低，适用于保护植物、提高采收率、改善作物品质和防治动物害虫。

环境行为　具有良好的植物耐受性和环境耐受性。

制剂　200SL、300SL、480FL

作用机理与特点　具有药效快和内吸活性良好的特点，对抗新烟碱类杀虫剂的害虫效果特别好。

应用　可用于防治蔬菜、果树、坚果以及一些大田作物中的蚜虫、粉虱、叶蝉、蓟马等害虫。自2007年开始，研究人员在美国一年生和多年生作物上开展的生物有效性研究显示其对蚜虫、粉虱、叶蝉、牧草虫等多种害虫具有良好药效。其特殊性质是在土壤和枝叶上应用时的强力快速效果。它通过吸入和接触产生效果，在害虫的蛹和卵阶段就发挥效用；能从根部吸入或从枝叶渗入来发挥药性，对益虫伤害较低。该产品在2012年提交全球联合审查，并在多种一年生和多年生作物上进行登记。标签上标明该产品有4个小时的进入间隔期。

专利与登记

专利名称　Preparation of 4-[(pyridin-3-ylmethyl)amino]-5H-furan-2-ones as insecticides

专利号　DE102006015467

专利申请日　2006-03-31

专利拥有者　Bayer CropSciences A G，Germany

在其他国家申请的化合物专利：AR60185、TW386404、AU2007236295、WO2007115644、EP2004635、CN101466705、JP2009531348、JP5213847、EP2327304、BR2007010103、CN102336747、IN2008DN08020、MX2008012350、ZA 2008008376、PH12008502197、KR2008108310、US20090253749、US8106211、US20120157498、US8404855、US20130123506、AU2013224672、US8546577等。

工艺专利：US20110152534、WO2011020564、WO2010105779、EP2230237、WO2010105772、WO2009036899等。

混剂或剂型专利：WO2013186325、WO2013178666、WO2013174836等。

拜耳将推出新型杀虫剂flupyradifurone作为吡虫啉替代品，在2015年完成登记并以商品名Sivanto推向市场，对蜜蜂无害，应用并不受花期限制。

合成方法　通过如下反应制得目的物：

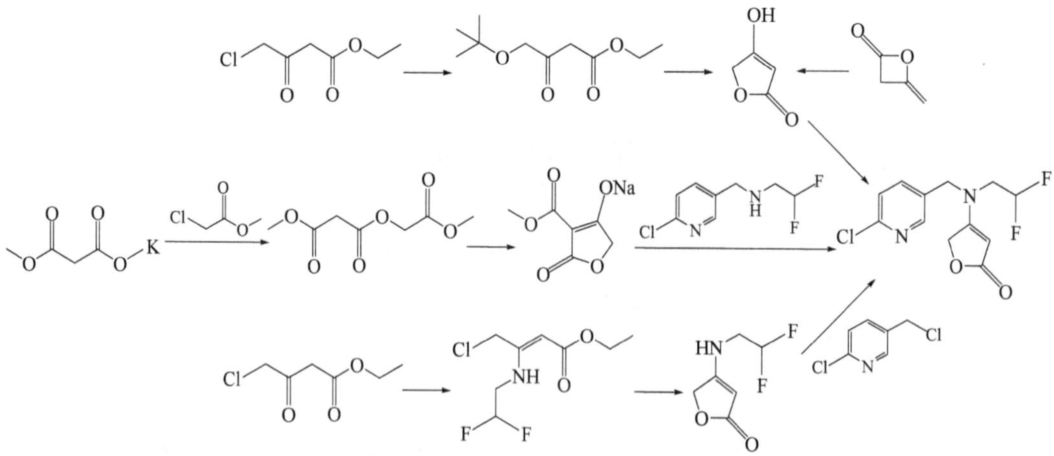

其中二氟乙基吡啶苄胺合成方法如下：

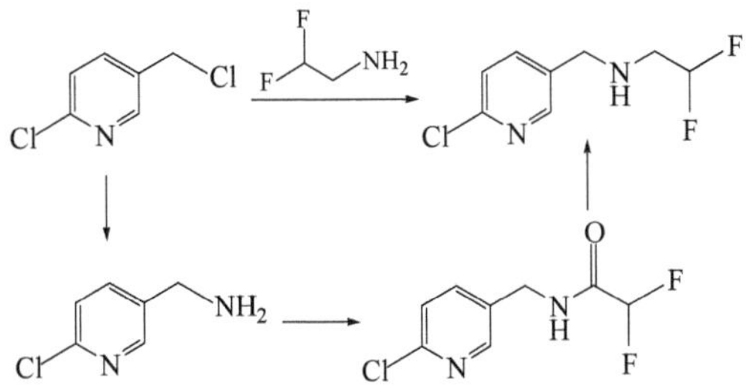

flutianil

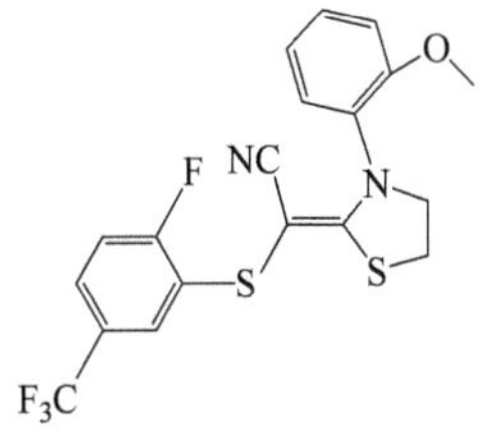

$C_{19}H_{14}F_4N_2OS_2$，426.5，304900-25-2，958647-10-4[(Z)-isomer]

Flutianil，试验代号 OK-5203。商品名称 Gatten，是由日本大冢化学株式会社开发的杀菌剂。

化学名称 (Z)-[3-(2-甲氧苯基)-1,3-二氢噻唑-2-基] (α,α,α,4-四氟间甲苯硫基)乙腈，(Z)-[3-(2-methoxyphenyl)-1,3-thiazolidin-2-ylidene] (α,α,α,4-tetrafluoro-m-tolylthio)acetonitrile。

理化性质 无味、白色结晶粉末。熔点 178~179℃。沸点(2.53kPa)299.1℃。蒸气压(25℃)<$1.3×10^{-2}$mPa。$K_{ow}lgP=2.9$。相对密度(30℃)1.45。水中溶解性 0.0079mg/L(20℃)。加热至280℃稳定。在 50℃，pH=4、7、9 时不发生水解。水溶液光分解 DT_{50}3~4d。

毒性 大鼠急性经口 LD_{50}>2000mg/kg，大鼠急性经皮 LD_{50}>2000mg/kg。对兔子皮肤无刺激，对眼睛轻微刺激，对皮肤无致敏性。大鼠吸入 LC_{50}(4h)>5.17mg/L 空气。大鼠 NOEL(2y) 6000mg/kg 饲料，ADI2.49mg/kg。

生物效应 鹌鹑急性经口 LD_{50}>2250mg/kg。饲喂野鸭 LC_{50}(5d)>5620mg/kg。鱼 LC_{50}(96h,mg/L)：鲤鱼>0.8，虹鳟鱼>0.83。水蚤 EC_{50}(48h)>0.91mg/L。藻类 E_rC_{50}(72h)>0.085mg/L。蜜蜂 LD_{50}(经口或接触)>100μg/只。蚯蚓 LC_{50}>1000mg/kg 土。

制剂 乳油，悬浮剂。

应用 无内吸性。用于防治乔木类果树、浆果、蔬菜、观赏性植物白粉病，使用量 0.02~0.06kg/hm²。

专利概述

专利名称 Cyanomethylene compounds，process for producing the same，and agricultural or horticultural bactericide

专利号 WO0147902

专利申请日 1999-12-24

专利拥有者 Otsuk A Chemica L CoLtd

在其他国家申请的化合物专利：JP2000319270、EP1243584、ZA200204979、US6710062、TW568909、IL150293、HK1055300、ES2332171、CN1413200、CN1235889、CA2394720、BR0017034、AU6870100、AU783913、AT444291 等。

合成方法 通过如下反应制得目的物：

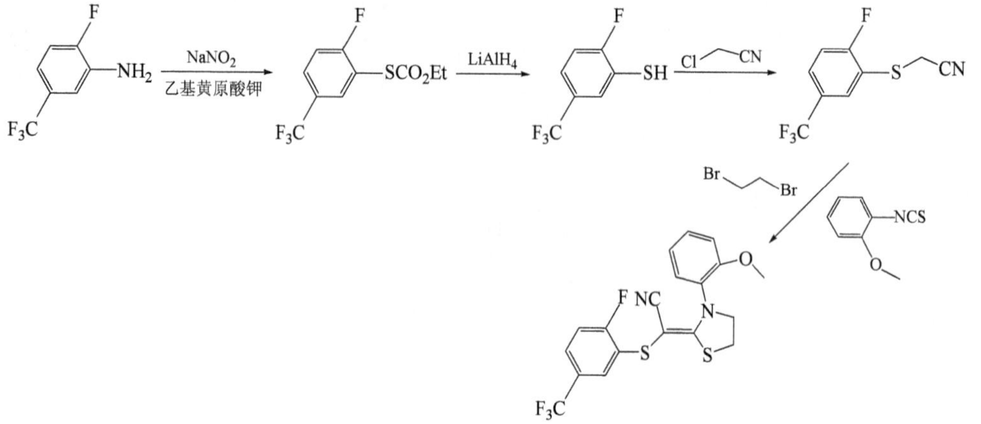

fluxametamide

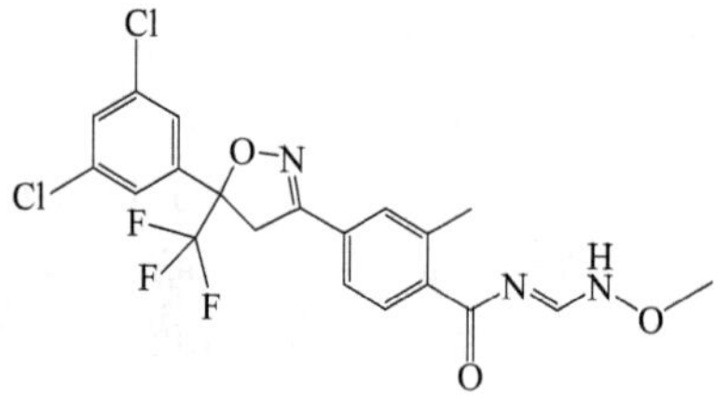

$C_{20}H_{16}Cl_2F_3N_3O_3$，474.3，928783-29-3

Fluxametamide，试验代号 NC-515、A253，是由日本日产化学研发的一种新型杀虫剂。

化学名称 4-[(5RS)-5-(3,5-二氯苯基)-4,5-二氢-5-三氟甲基-1,2-噁唑-3-基]-N-[(EZ)-(甲氧亚氨)甲基]-邻甲苯酰胺，4-[(5RS)-5-(3,5-dichlorophenyl)-4,5-dihydro-5-(trifluoromethyl)-1,2-oxazol-3-yl]-N-[(EZ)-(methoxyimino)methyl]-o-toluamide。

应用 用作杀虫剂。

专利概况

专利名称 Preparation of isoxazoline-substituted benzamide compounds as pesticides

专利号 WO 2007026965

专利申请日 2006-09-01

专利拥有者 日本日产化学工业有限公司

在其他国家申请的化合物专利：AU2006285613、BR2006017076、CA2621228、EP1932836、ES2443690、JP2007308471、JP2013040184、JP4479917、JP5293921、JP5594490、KR1416521、KR2008049091、RU2435762、US20110144334、US20140135496、US7951828、US8673951、

合成方法 通过如下反应制得目的物：

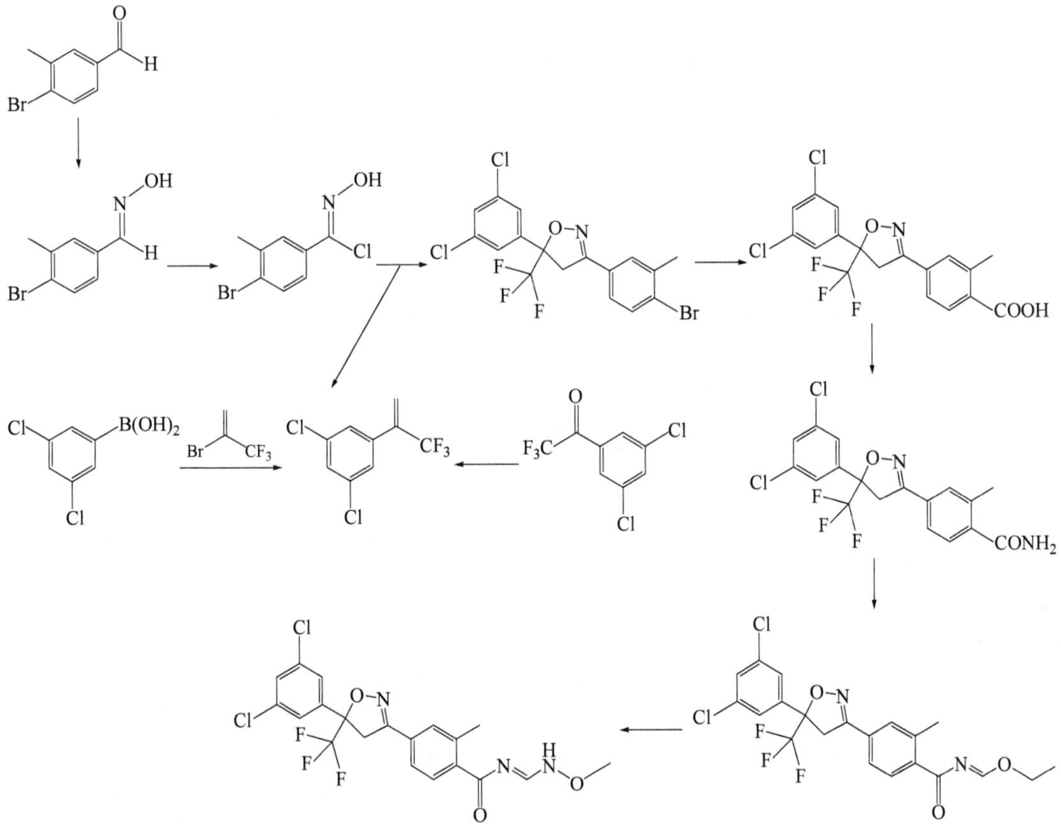

grandlure

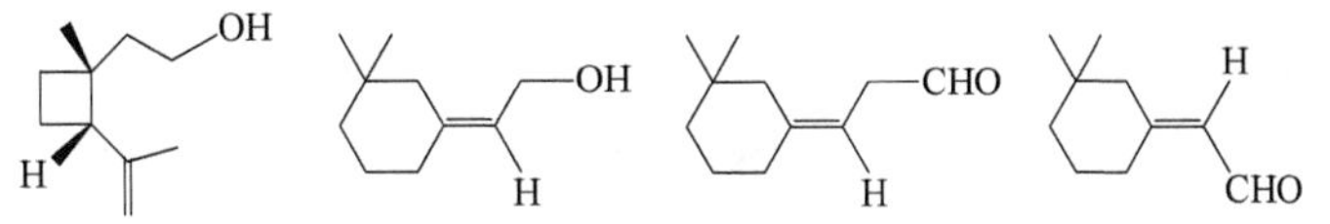

grandlure I	grandlure II	grandlure III	grandlure IV
$C_{10}H_{18}O$	$C_{10}H_{18}O$	$C_{10}H_{16}O$	$C_{10}H_{16}O$
154.25	154.25	152.23	152.23
26532-22-9	26532-23-0	26532-24-1	26532-22-2

Grandlure I～IV，商品名称 Tubo Mata Bicudo、Tubo Mata Picudo、BWACT、TMB、TMP，是棉籽象鼻虫(Boll Weecil)性信息素的成分，由 USDA 开发报道。

化学名称 2-[(1R,2S)-I-methyl-2-(1-methylvinyl)cyclobutyl] ethanol(grandlure I)；2-[(Z)-3,3-dimethylcyclohexylidene] ethanol(grandlure II)；2-[(Z)-3,3-dimethylcyclohexylidene] acetaldehyde(grandlure III)；2-[(E)-3,3-dimethylcyclohexylidene] acetaldehyde(grandlure IV)。

组成 grandlure I(30%)，grandlure II(40%)，grandlure III＋IV(30%)。

理化性质 相对密度 0.930(25℃，grandlure I)；0.910～0.930(25℃，grandlure II)；

0.920～0.940(25℃,grandlure Ⅲ 和 grandlure Ⅳ)。[α]$_D^{21.5}$＋18.5°(c＝1,正己烷)(grandlure Ⅰ),闪点 90℃(封口杯,grandlure Ⅰ～Ⅳ)。

应用 能够吸引害虫。与杀虫剂混合使用,防治棉花棉籽象鼻虫。

GY-81

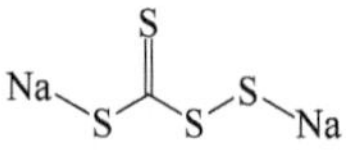

CNa_2S_4,186.2,7345-69-9

GY-81,商品名称 Enzone。其他名称 ETK-1101,是 Unocal 研制、Entek 公司生产的一种杀菌、杀虫剂。

化学名称 四硫代过氧碳酸钠,sodium tetrathio(peroxocarbonate)。

理化性质 纯品为橘黄色带有臭鸡蛋气味的结晶固体。极易吸潮,且在空气中十分容易被氧化。易溶于水(＞50％,20℃),常温和降温下稳定,由金属离子氧化和还原电位＞0.14V,光解半衰期为 175～1013min。

毒性 大鼠急性经口 LD$_{50}$631mg/kg。兔急性经皮 LD$_{50}$＞2g/kg。对兔眼睛有中度刺激作用,对兔皮肤有严重刺激作用。对豚鼠皮肤无致敏性。吸入 LC$_{50}$(4h,mg/L):雄性大鼠 4.73,雌性大鼠 3.17。ADI 6kg/d。Ames 试验、CHO/HGPRT 细胞突变试验及非常规 DNA 合成试验中无致突变作用,对大鼠和兔无致畸作用。

生态效应 山齿鹑 LD$_{50}$1180mg/kg。山齿鹑和野鸭饲喂 LC$_{50}$(5d)＞5620mg/L。鱼毒 LC$_{50}$(96h,mg/L):虹鳟鱼 6.7,大翻车鱼 21。水蚤 LC$_{50}$(48h)6.6mg/L。蜜蜂 LD$_{50}$＞25μg/只。

环境行为 土壤/环境 在土壤中广泛分解,产生二硫化碳气体,并逐步释放,因此,污染地下水的可能性极小。消散的路径是蒸发和生物氧化,进一步生成碳酸盐和硫酸盐,这两种无机盐均属植物的营养素,在农场的土壤中,这种组合的分解方式分解完毕需要 4～7d。

作用机理与特点 GY-81 可作为释出 CS$_2$ 的运载物,在土壤中降解释放出广谱的杀微生物剂二硫化碳,并可根据所需时间予以控制。以低于药害的水平使用 GY-81,能有效地防治害物线虫、根瘤荛蚜和一些真菌。值得考虑的是对于 CS$_2$,线虫和根瘤荛蚜比真菌更为敏感,后者仍能保持一般土壤处理水平的范围。

应用 主要用于防治土壤线虫、寄生虫等。

专利概况 专利 US5288753、EP0141844 已过专利期,不存在专利权问题。

参考文献

[1] The Pesticide Manual,15th edition. 2009:596-597.

halauxifen

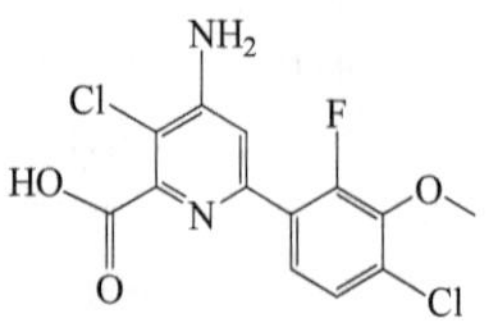

$C_{13}H_9Cl_2FN_2O_3$,242.1,943832-60-8,943831-98-9(甲酯)

Halauxifen，试验代号 DE-729、XDE-729、XR-729，是道化学开发的 2-吡啶甲酸类除草剂，将来会以甲酯的形式商品化。主要用于防除水稻田和小麦田杂草。

化学名称 4-氨基-3-氯-6-(4-氯-2-氟-3-甲氧基苯基)-2-吡啶羧酸，4-amino-3-chloro-6-(4-chloro-2-fluoro-3-methoxyphenyl) pyridine-2-carboxylic acid 或 4-amino-3-chloro-6-(4-chloro-2-fluoro-3-methoxyphenyl)picolinic acid。

专利概况

专利名称 Preparation of 4-aminopicolic acid derivative herbicides

专利号 WO2007082098

专利申请日 2007-01-12

专利拥有者 Dow Agro Sciences LLC

在其他国家申请的专利有：AU2007204825、CA2626103、US20070179060、US7314849、AR59010、 EP1973881、 CN101360713、 EP2060566、 JP2009519982、 JP5059779、BR2007006398、 MY143535、 RU2428416、 CN102731381、 CN102731382、 US20080045734、US7498468、 US20080051596、 IN2008DN03165、 KR2008057335、 KR898662、 MX2008006014、KR2008053413、KR2008053529、JP2010001300、AU2011203286、JP2012229220 等。

工艺专利：US20100311981、US20120190551、US20120190858、US20120190859、US20120190857、US20120190860、WO2013102078 等。

合成方法 通过如下反应制得目的物：

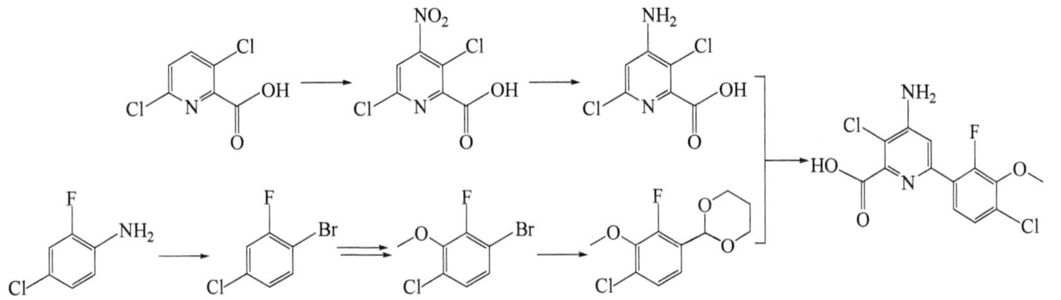

heptafluthrin

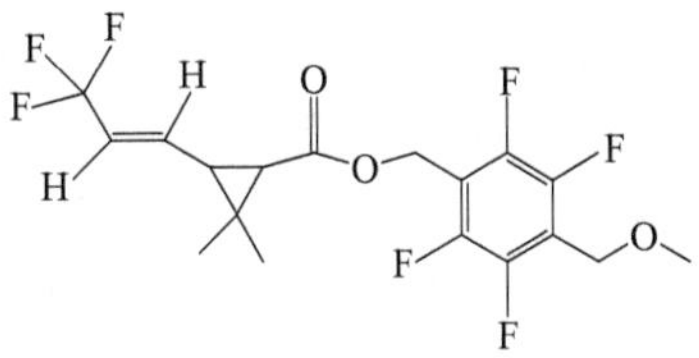

$C_{18}H_{17}F_7O_3$，414.1，1130296-65-9

Heptafluthrin 是江苏优士化学开发的新型菊酯类杀虫剂。

化学名称 2,2-二甲基-3-[(1Z)-3,3,3-三氟丙-1-烯基] 环丙酸-2,3,5,6-四氟-4-(甲氧基甲基)苯乙酯，2,3,5,6-tetrafluoro-4-(methoxymethyl)benzyl(1RS,3RS;1RS,3SR)-2,2-dimethyl-3-[(1Z)-3,3,3-trifluoroprop-1-enyl] cyclopropanecarboxylate。

专利概况

专利名称 Pyrethroid compound, its preparation process and application as pesticide for prevention and controllingmosquito, musca andgerman cockroach

专利号 CN101381306

专利申请日 2008-10-14

专利拥有者 扬农化工集团

在其他国家申请的化合物专利：WO2010043121 等。

工艺专利：CN101638367 等。

合成方法 通过如下反应制得目的物：

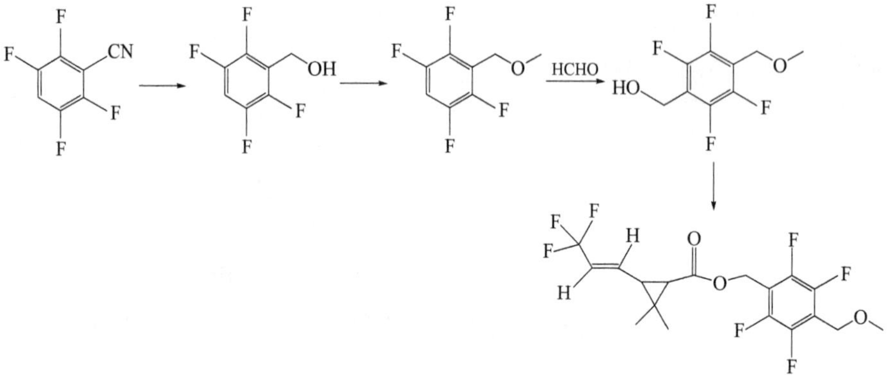

imicyafos

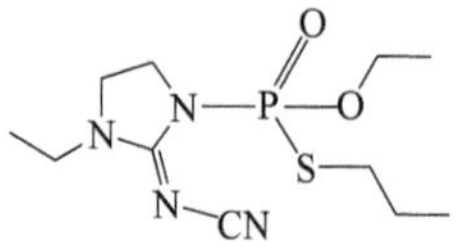

$C_{11}H_{21}N_4O_2PS$，304.4，140163-89-9

Imicyafos，试验代号 AKD-3088。商品名称 Nemakick，是 N. Osaki 等报道其活性，由 Agro-Kanesho Co Ltd 开发的硫代磷酸酯类杀线虫剂。

化学名称 O-乙基-S-丙基(2E)-[2-(氰基亚氨基)-3-乙基-1-咪唑烷基] 硫代磷酸酯，O-ethyl S-propyl(E)-[2-(cyanoimino)-3-ethylimidazolidin-1-yl] phosphonothioate.

理化性质 纯品为澄清液体，熔点 $-53.3 \sim -50.5 \, ℃$。蒸气压 $1.9 \times 10^{-4} \, mPa(25℃)$。相对密度 1.198(20℃)。$K_{ow}\lg P = 1.64(25℃)$，水中溶解度(pH 4.5,20℃)77.63g/L；其他溶剂中溶解度(20℃,g/L)：正己烷 77.63，1,2-二氯乙烷、甲醇、丙酮、间二甲苯、乙酸乙酯＞1000。水溶液光解 $DT_{50}(25℃)$：179d(pH 4)，178d(pH 7)，8d(pH 9)。

毒性 急性经口 $LD_{50}(mg/kg)$：雄、雌大鼠 81.3，雄、雌小鼠 92.3。雄、雌大鼠急性经皮 $LD_{50} ＞ 2000mg/kg$。大鼠吸入 $LC_{50}(mg/L)$：雄 1.83，雌 2.16。

环境行为 山齿鹑 $LD_{50} 4.47mg/kg$，$LC_{50} 57.3mg/L$。虹鳟鱼 $LC_{50}(96h) ＞ 100mg/L$，水蚤 $EC_{50}(48h)0.52mg/L$，羊角月牙藻 $E_rC_{50}(72h) ＞ 100mg/L$。直接喷施对蜜蜂无害，$LD_{50}(\mu g/只)$：(经口,48h)1.23，(接触,96h)4.18。对蚯蚓无害。

环境行为

(1) 动物 本品进入大鼠体内后被迅速吸收，并主要通过尿液排出(代谢 $T_{50} ＜ 7h$)。大多代

谢主要通过 N-脱烷作用、磷酸酯的脱去、羟基化作用和环的裂解。

（2）土壤/环境　DT_{50}18～36d(有氧)，38～48d(无氧)，K_{oc}14～188。田地降解 DT_{50}3～6d。

制剂　颗粒剂。

主要生产商　Agro-Kanesho。

作用机理与特点　Imicyafos 由不对称有机磷与烟碱类杀虫剂氰基亚咪唑烷组合而成，具有高触杀活性，土壤中快速扩散。

应用　主要用于蔬菜和马铃薯防治根结线虫、根腐线虫和胞囊线虫。

专利与登记　专利 EP464830 早已过专利期，不存在专利权问题。日本 Agro-Kanesho 农药公司已于 2010 年在日本登记其杀线虫剂 imicyafos，用于萝卜、草莓、茄子、番茄、黄瓜、甜瓜、西瓜、甘薯、马铃薯。

合成方法　通过如下反应制得目的物：

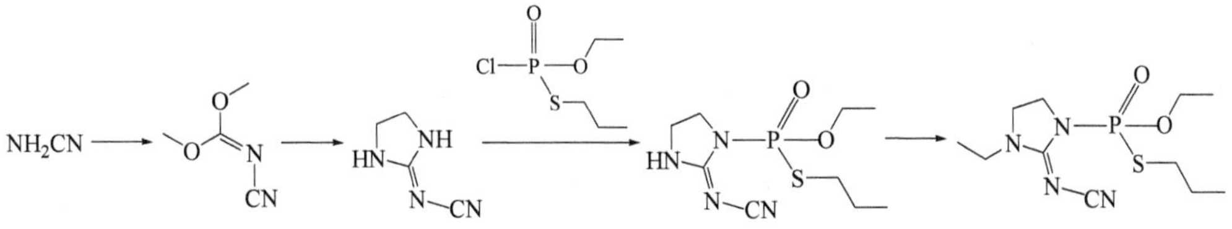

indaziflam

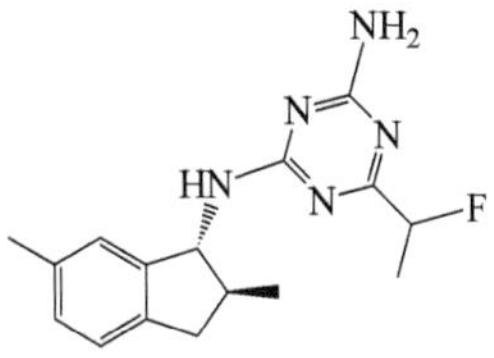

$C_{16}H_{20}FN_5$，301.4，950782-86-2，730979-19-8(isomer A)，730979-32-5(isomer B)

Indaziflam，试验代号　BCS-AA10717。商品名称　Alion、Specticle，是由拜耳公司开发的三嗪类除草剂。

化学名称　N-[(1R,2S)-2,3-二氢-2,6-二甲基-1H-茚-1-基]-6-(1-氟乙基)-1,3,5-三嗪-2,4-二胺，N-[(1R,2S)-2,3-dihydro-2,6-dimethyl-1H-inden-1-yl]-6-[(1RS)-1-fluoroethyl]-1,3,5-triazine-2,4-diamine。

理化性质　产品为(1R,2S,1R)isomer A 和(1R,2S,1S)isomer B 的混合物，比例95∶5。白色至米色粉末。熔点177℃，沸点293℃，蒸气压：$2.5×10^{-5}$mPa(20℃,isomer A)，$3.7×10^{-6}$mPa(20℃,isomer B)。K_{ow}lg$P$：(isomer A)2(pH 2)，2.8(pH 4、7 和 9)；(isomer B)2.1(pH 2)，2.8(pH 4、7 和 9)。相对密度：(isomer A,20℃)1.23，(isomer B,20℃)1.28。水中溶解性(20℃，mg/L)：(isomer A,pH 4)4.4，(pH 9)2.8；(isomer B,pH 4)1.7，(pH 9)1.2。

毒性　大鼠急性经口 LD_{50}>2000mg/kg。大鼠急性经皮 LD_{50}>2000mg/kg，对兔皮肤和眼睛无刺激，对豚鼠皮肤无致敏性。大鼠吸入 LC_{50}(4h)2300mg/L。慢性致癌和长期致癌性研究未发现对大、小鼠有潜在致癌性。NOAEL[mg/(kg·d)]：雄小鼠 12，雌小鼠 17，雄大鼠 34，雌大鼠 42，狗 2。ADI 0.02mg/kg。

生态效应　山齿鹑和斑胸草雀急性经口 LD_{50}>2000mg/kg，大翻车鱼 LC_{50}(96h)0.32mg/L，水蚤 EC_{50}(48h)>9.88mg/L。蜜蜂 LD_{50}(μg/只)：急性经口 120，急性接触 100。蚯蚓 LC_{50}(14d)>1000mg/kg 干土。

环境行为

（1）动物　在尿液和粪便中主要成分为 indaziflam-羧酸。

（2）植物　残留物主要为 indaziflam 的极性残留物和二氨基三嗪代谢物。

（3）土壤/环境　indaziflam 及其代谢物在土壤中很容易代谢，其半衰期为 10～80d。由于在土壤中具有较强的吸附性，故其在土壤中具有中度流动性。两种异构体在环境中的代谢相似。在水中 indaziflam 通过光解会迅速降解，半衰期为 4d，在空气中无挥发性，两种异构体的蒸气压均比较低。

制剂　悬浮剂。

主要生产商　Bayer CropSciences。

作用机理　纤维素生物合成抑制剂（CBI），是迄今发现的最有效的 CBI 除草剂。主要是抑制细胞壁生物合成，并作用于分生组织的细胞生长。作为土壤除草剂通过抑制杂草萌发而达到控制杂草的目的。

应用　indaziflam 可防除许多一年生禾本科杂草和阔叶杂草，其中包括一年生早熟禾、牛津草、黑麦草和藜等在内的疑难杂草，持效期长，对使用者安全。它能和其他苗后除草剂混用，在苗前和苗后使用，是一种很好的混用药剂。该物质使用次数少，是一种环境相容性好、非常优秀的非选择性除草剂，可用于具有商业价值的绿色工业领域，如高尔夫球草坪、球场、公共场所草坪、花园以及园艺植物，也可用于防除农作物杂草，如、葡萄、坚果、柑橘、橄榄和甘蔗等。

专利与登记

专利名称　Preparation of amino-1,3,5-triazines *N*-substituted with chiral bicyclic radicals as herbicides and plantgrowth regulators

专利号　US20040157739

专利申请日　2004-02-03

专利拥有者　Bayer CropSciences AG

在其他国家申请的专利：US8114991、AU2004208875、CA2515116、WO2004069814、EP1592674、BR2004007251、CN1747939、CN100448850、JP2006517547、JP4753258、AP1960、EA12406、EP2305655、KR2012039068、KR1224300、IL169877、KR1213248、TW357411、ZA2005005626、CR7920、IN2005CN01780、IN229722、MX2005008295、HR2005000702、JP2011037870、AU2011201831、US20120101287 等。

2010 年 9 月 indaziflam 在美国首先获得登记，这是该产品首次在全球取得登记。该产品登记用于核果、仁果、柑橘、坚果和葡萄的商品名为 Alion，其为 200g/L 悬浮剂，推荐剂量 73～95g（a.i.）/hm²，年最大用量为 150g(a.i.)/hm²，持效期可达 3～6 个月。登记用于草坪的商品名为 Specticle。

合成方法　通过如下反应制得目的物：

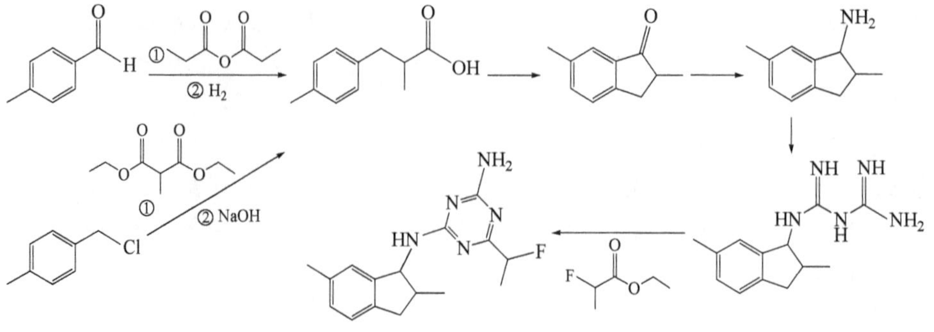

参考文献

[1] 严智燕.农药研究与应用，2011，1：43.

iofensulfuron

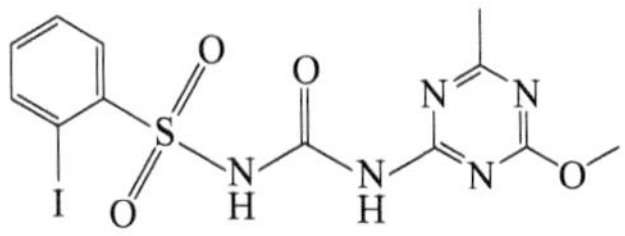

$C_{12}H_{12}IN_5O_4S$，449.2，1144097-22-2，1144097-30-2（钠盐）

Iofensulfuron，试验代号 BCS-AA10579，是由拜耳公司开发的磺酰脲类除草剂。将以钠盐形式商品化。

化学名称 1-(2-碘苯磺酰基)-3-(4-甲氧基-6-甲基-1,3,5-三嗪-2-基)脲，1-(2-iodophenylsulfonyl)-3-(4-methoxy-6-methyl-1,3,5-triazin-2-yl)urea。

专利概况

专利名称 Herbicide combinations of iodo[(methoxymethyltriazinyl)carbamoyl] benzenesulfonamide or salts and azoles

专利号 EP2052615

专利申请日 2007-10-24

专利拥有者 Bayer Crop Sciences AG，Germany

在其他国家申请的化合物专利：AU2008315604、CA2703576、WO2009053054、AR68959、EP2205095、JP2011500744、ZA2010002566、IN2010CN02313、CN101835380、US20100323894。

合成方法 通过如下反应制得目的物：

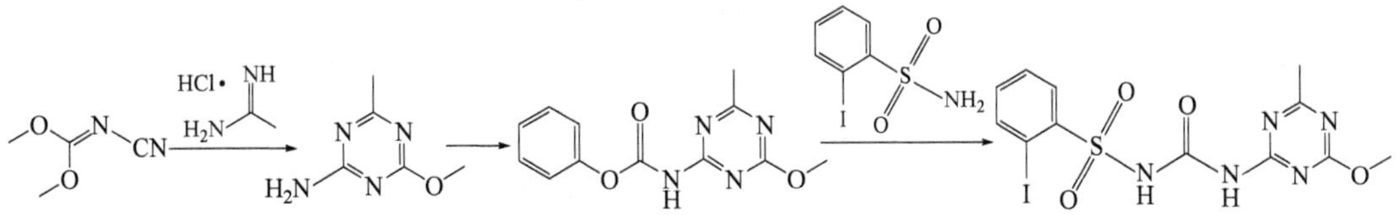

ipfencarbazone

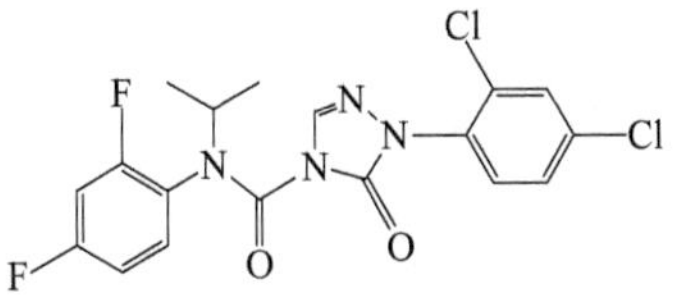

$C_{18}H_{14}Cl_2F_2N_4O_2$，427.2，212201-70-2

Ipfencarbazone，试验代号 HOI-2073、HOK-201，是由日本北行化学公司报道的三唑啉酮类除草剂。

化学名称 1-(2′,4′-二氯苯基)-N-(2′,4′-二氟苯基)-1,5-二氢-N-(1-甲基乙基)-5-氧-4H-1,2,4-三唑-4-甲酰胺,1-(2,4-dichlorophenyl)-N-2′,4′-difluoro-1,5-dihydro-N-isopropyl-5-oxo-4H-1,2,4-triazole-4-carboxanilide。

应用 主要用于防治稻田杂草,苗前苗后均可使用。

专利概况

专利名称 Preparation of 1-substituted 4-carbamoyl-1,2,4-triazol-5-one derivatives as herbicides

专利号 WO9838176

专利公开日 1997-02-26

专利拥有者 Hokko Chemical Industry Co Ltd

在其他国家申请的化合物专利:AU9861174、EP974587、EP974587、BR9808617、CN1148358、JP3728324、ES2306472、US6077814 等。

工艺专利:WO2004048346、JP4397579 等。

合成方法 通过如下反应制得目的物:

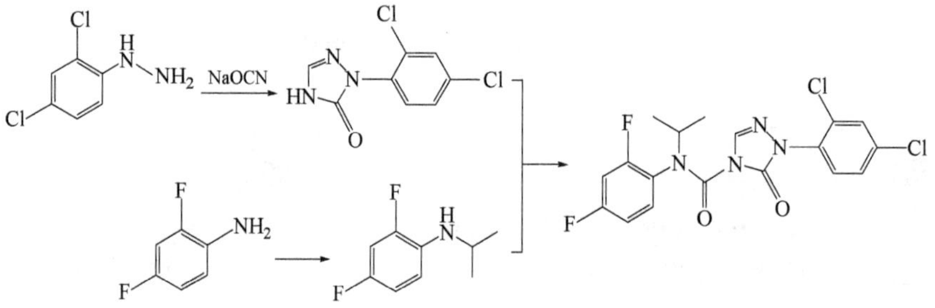

ipfentrifluconazole

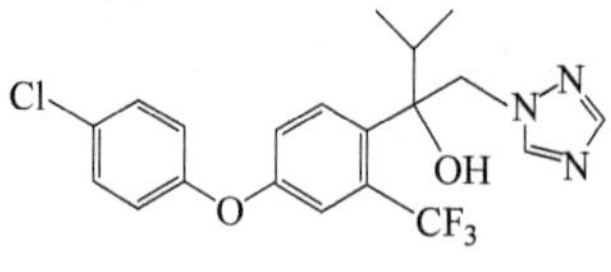

$C_{20}H_{19}ClF_3N_3O_2$,425.8,1417782-08-1

Ipfentrifluconazole 是由巴斯夫开发的新型三唑类杀菌剂。

化学名称 (2RS)-2-[4-(4-氯苯氧基)-α,α,α-三氟-邻甲苯]-3-甲基-1-(1H-1,2,4-三唑-1-基)丁-2-醇,(2RS)-2-[4-(4-chlorophenoxy)-α,α,α-trifluoro-o-tolyl]-3-methyl-1-(1H-1,2,4-triazol-1-yl) butn-2-ol。

应用 用作杀菌剂。

专利概况

专利名称 Preparation of halogenalkylphenoxyphenyltriazolylethanol derivatives for use as fungicides

专利号　WO2013007767

专利申请日　2012-07-12

专利拥有者　德国巴斯夫

在其他国家申请的化合物专利：AR87194、AU2012282501、CA2840286、CN103649057、CN105152899、 CR20130673、 EP2731935、 IL230031、 IN2013CN10351、 JP2014520832、JP5789340、KR2014022483、MX2014000366、NZ619937、US20140155262、ZA2014001034 等。

工艺专利：WO2014108286 等。

合成方法　通过如下反应制得目的物：

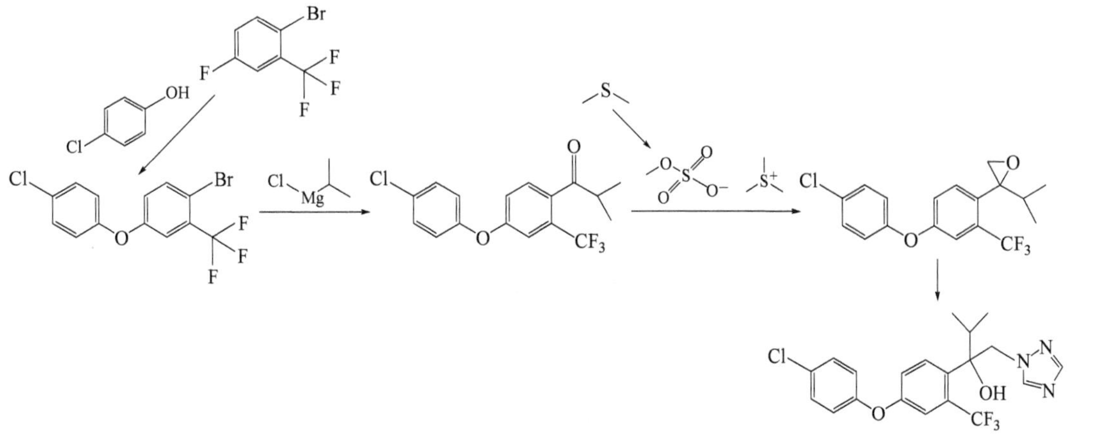

isofetamid

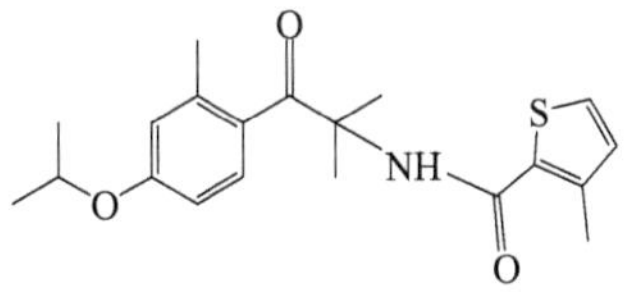

$C_{20}H_{25}NO_3S$，359.5，875915-78-9

Isofetamid，试验代号　IKF-5411，是由日本石原产业株式会社开发的一种新型酰胺类杀菌剂。

化学名称　N-[1,1-二甲基-2-[2-甲基-4-(1-甲基乙氧基)苯基]-2-氧乙基]-3-甲基-2-噻吩甲酰胺，N-[1,1-dimethyl-2-(4-isopropoxy-o-tolyl)-2-oxoethyl]-3-methylthiophene-2-carboxamide。

理化性质　$\lg P = 3.731 \pm 0.514$（25℃）。

专利概况

专利名称　Preparation of fungicidal acid amide derivatives

专利号　JP2007023007

专利申请日　2005-08-10

专利拥有者　Ishihara Sangyo Kaisha Ltd

在其他国家申请的化合物专利：AU2005272370、CA2575073、EP1776011、KR2007047778、CN101001528、BR2005014221、ZA2007001243、NZ552838、AT549927、PT1776011、ES2383308、AR50520、IN2007KN00404、US20080318779、US20100261735、US20100261675 等。

工艺专利：WO2006016708 等。

合成方法 经如下反应制得目的物：

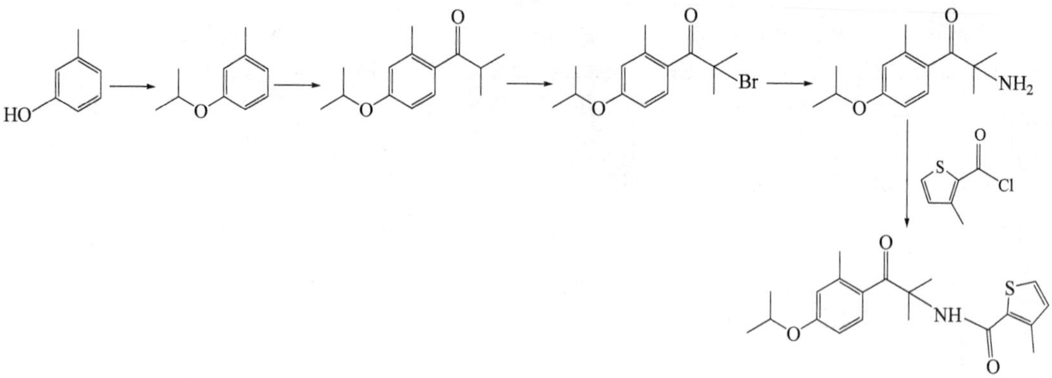

lancotrione

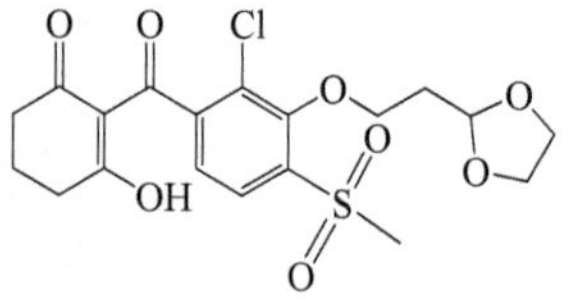

$C_{19}H_{21}ClO_8S$，444.9，1486617-21-3

Lancotrione 是日本石原产业株式会社开发的三酮类除草剂。

化学名称 2-[2-氯-3-[2-(1,3-二噁烷 2-基)乙氧基]-4-甲砜基苯甲酰基]-3-羟基-2-环己烯-1-酮，2-[2-chloro-3-[2-(1,3-dioxolan-2-yl)ethoxy]-4-(methylsulfonyl)benzoyl]-3-hydroxy-2-cyclohexen-1-one。

主要生产商 日本石原产业株式会社。

应用 水田除草剂。63g/hm² 对野稗、慈姑、蔗草防效均高于 95%，对水稻安全。

专利概况

专利名称 Process for the preparation of substituted benzoic acid compounds

专利号 WO2013168642

专利申请日 2013-11-14

专利拥有者 Ishihara Sangyo Kaisha Ltd(JP)

在其他国家申请的专利：CN104271560、KR2015006840、EP2848612、US20150119586、IN2014DN09251 等。

合成方法 以间硝基苯甲酸甲酯为起始原料经多步反应得到 lancotrione：

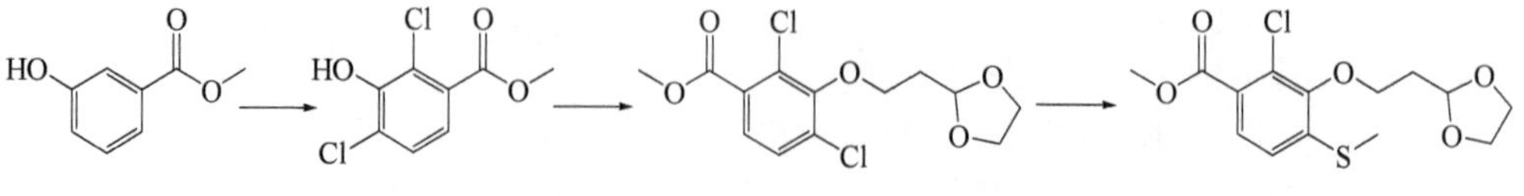

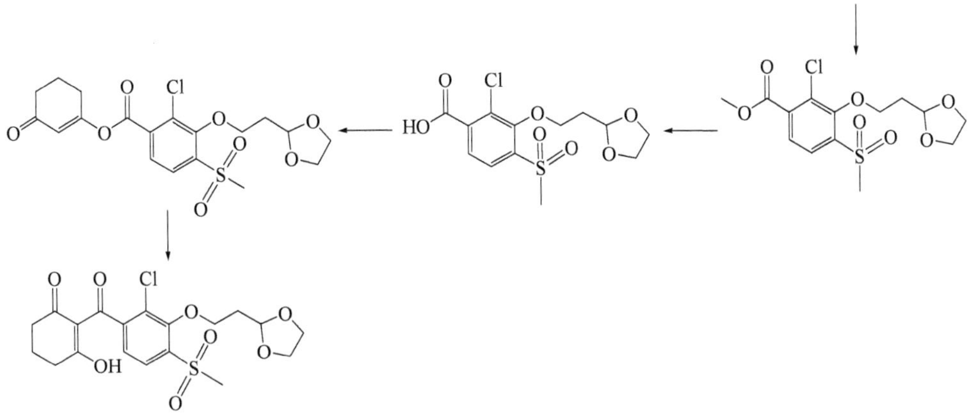

mandestrobin

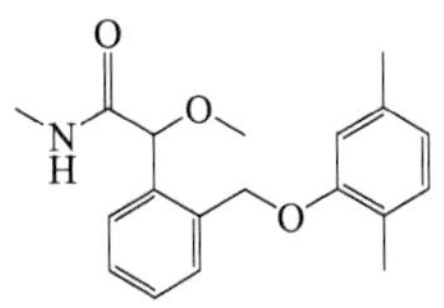

$C_{19}H_{23}NO_3$，313.4，173662-97-0

Mandestrobin，试验代号 S-2200，是由日本住友化学株式会社开发的新型甲氧基丙烯酸酯类杀菌剂。

化学名称 2-[(2,5-二甲基苯氧基)甲基]-α-甲氧基-N-甲基苯乙酰胺，(RS)-2-methoxy-N-methyl-2-[α-(2,5-xylyloxy)-o-tolyl]acetamide。

理化性质 密度 (1.097±0.06) g/cm³ (20℃)。lg$P$=3.775(25℃)。

专利概况

专利名称 Preparation of α-substituted phenylacetic acid derivatives as agricultural fungicides

专利号 WO9527693

专利申请日 1995-04-06

专利拥有者 Shionogi and Co Ltd

在其他国家申请的化合物专利：EP0754672、US5948819、PT754672、KR100362787、JP3875263、GR3035209、ES2152396、DK0754672、DE69519087、CN1145061、CN1105703、CN1394846、CN1176918、BR9507106、AU2147395、AU711211、AT196896 等。

工 艺 专 利：WO9607633、 WO9730965、 WO9829381、 WO2002010101、JP2003026640、WO2010093059。

合成方法 可经如下反应制得目的物：

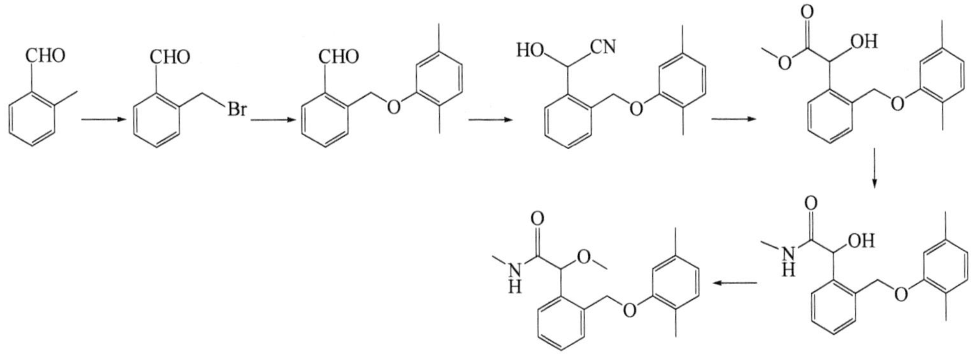

参考文献

[1] Nippon Noyaku Gakkaishi, 2002, 27 (2): 118-126.

mefentrifluconazole

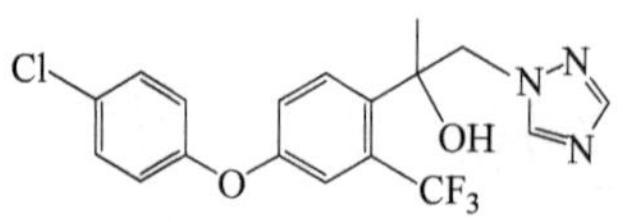

$C_{18}H_{15}ClF_3N_3O_2$，397.8，1417782-03-6

Mefentrifluconazole，商品名称 Revysol，是由巴斯夫开发的新三唑类杀菌剂，其对一系列较难防治的病害具有显著的生物活性，是巴斯夫具有划时代意义的新产品。

化学名称 （2RS)-2-[4-(4-氯苯氧基)-α,α,α-三氟-邻甲苯]-1-(1H-1,2,4-三唑-1-基）丙-2-醇，（2RS)-2-[4-(4-chlorophenoxy)-α,α,α-trifluoro-o-tolyl]-1-(1H-1,2,4-triazol-1-yl) propan-2-ol。

应用 用作杀菌剂，对一系列较难防治的病害具有显著的生物活性。

专利概况

专利名称 Preparation of halogenalkylphenoxyphenyltriazolylethanol derivatives for use as fungicides

专利号 WO2013007767

专利申请日 2012-07-12

专利拥有者 德国巴斯夫

在其他国家申请的化合物专利：AR87194、AU2012282501、CA2840286、CN103649057、CN105152899、 CR20130673、 EP2731935、 IL230031、 IN2013CN10351、 JP2014520832、JP5789340、KR2014022483、MX2014000366、NZ619937、US20140155262、ZA2014001034 等。

工艺专利： WO2014108286 等。

合成方法 通过如下反应制得目的物：

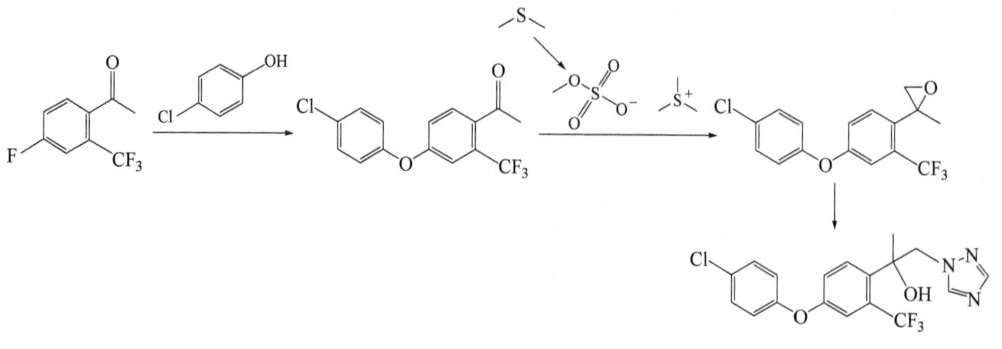

meptyldinocap

$C_{18}H_{24}N_2O_6$，364.4，131-72-6

Meptyldinocap，试验代号　DE-126、RH-23163，商品名称　Karathane Star、Karamat M、Gunner SC。其他名称　dinocap Ⅱ，由道化学开发的二硝基苯基巴豆酸酯类杀菌剂，是敌螨普（dinocap）的一个异构体。

化学名称　2-(1-甲基庚基)-4,6-二硝基苯基巴豆酸酯，2-(1-methylheptyl)-4,6-dinitrophenyl crotonate。

理化性质　异构体比为（22∶1）～（25∶1）（*trans*∶*cis*）。黄棕色液体，熔点-22.5℃。蒸气压 7.92×10^{-3} mPa(25℃)。$K_{ow} \lg P = 6.55$(pH 7,20℃)。相对密度1.11(20℃)。水中溶解度(20℃,mg/L)：0.151(pH 5)，0.248(pH 7)，有机溶剂中溶解度(g/L)：丙酮＞252，1,2-二氯乙烷＞252，乙酸乙酯＞256，正庚烷＞251，甲醇＞253，二甲苯＞256。在甲醇水溶液中水解 DT_{50}：229d(pH 5)，56h(pH 7)，17h(pH 9)(25℃)。pH 4 时在水溶液中稳定性，水解 DT_{50} 31d(pH 7)，9d(pH 9)。DT_{50}(黑暗)4～7d(平均 6d)。

毒性　大鼠和小鼠急性经口 LD_{50}＞2000mg/kg。兔急性经皮 LD_{50}＞2000mg/kg。对兔皮肤和眼睛有轻微刺激。对豚鼠皮肤有致敏性。无致突变、致畸、致癌性。

生态效应　实验室研究下，对鱼和无脊椎动物高毒，对藻类中毒。但是 meptyldinocap 被土壤紧紧吸附，任何进入水系统的 meptyldinocap 迅速被微生物降解、光解、被沉淀物吸附。鱼类 LC_{50}(96h,mg/L)：虹鳟鱼 0.071，大翻车鱼 0.062。水蚤 EC_{50}(48h)0.0041mg/L。月牙藻 $E_b C_{50}$(72h)4.6mg/L。蜜蜂 LD_{50}(72h,μg/只)：经口 90，接触 84.8。蚯蚓 LC_{50}(14d)302mg/kg 土壤。对其他有益生物：实验室数据，食蚜瘿蚊 LR_{50} 40.7g/hm²，在 840g/hm² 下对缢管蚜茧蜂有 16.7％死亡率；大田条件下对几种有益螨虫无害或有轻微毒害。

环境行为　土壤中易通过水解和微生物降解而分解，DT_{50}(有氧)4～24d(平均 12d,20℃)；DT_{50}（无氧）8d。大田 DT_{50} 15d。在土壤中具有很强的吸附性；K_{oc} 2889～310220（平均 58245）mL/g。空气中 DT_{50}(计算值)1.9h。

主要生产商　Dow AgroSciences。

作用机制　接触型杀菌剂，作为氧化磷酸化的解偶联剂，meptyldinocap 抑制真菌孢子萌发、真菌呼吸作用，引起真菌代谢紊乱。

应用　meptyldinocap 是保护性和治疗性杀菌剂。用于防治白粉病。应用作物为葡萄、草莓、葫芦。

专利与登记

专利名称　Isomeric mixtures of dinitro-octylphenyl esters and synergistic fungicidalmixtures therefrom

专利号　US20080255233

专利申请日　2008-10-16

专利拥有者　Dow AgroSciencesLLC

在其他国家申请的化合物专利：AU4881885、AU586194、BG60408、BR8505181、CA1242455、CY1548、DE2726684、DK144891、EP0179022、ES8609221、GB2165846、GB2195635、GB2195336、IL76708、JP3047159、JP59059617、KR900006761、LV10769、

NL930085、TR22452、US5107017、US4980506、US4798837 等。

合成方法 通过如下反应制得目的物：

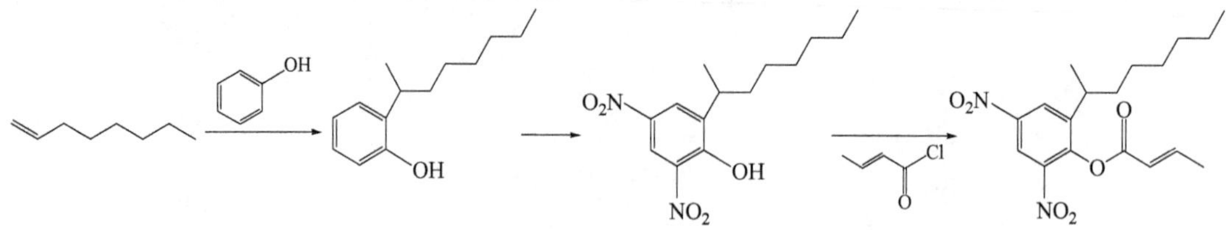

metazosulfuron

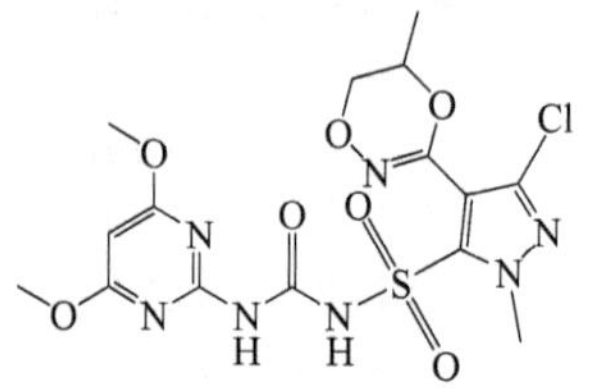

$C_{15}H_{18}ClN_7O_7S$，475.9，868680-84-6

Metazosulfuron，试验代号 NC-620。商品名称 Altair。其他名称 Comet、Gekkou、Ginga、Twin-star，是由日产化学株式会社开发的磺酰脲类除草剂。

化学名称 3-氯-4-(5,6-二氢-5-甲基-1,4,2-二噁嗪-3-基)-N-[[(4,6-二甲氧基-2-嘧啶基)氨基]羰基]-1-甲基-1H-吡唑-5-磺酰胺，1[3-chloro-1-methyl-4-[(5RS)-5,6-dihydro-5-methyl-1,4,2-dioxazin-3-yl]pyrazol-5-ylsulfonyl]-3-(4,6-dimethoxypyrimidin-2-yl)urea.

理化性质 白色固体，熔点 176～178℃，蒸气压 7×10^{-5} mPa(25℃)，K_{ow} lg$P = 0.35$(25℃)，Henry 常数 5.1×10^{-7} Pa·m³/mol。水中溶解度(mg/L)：0.015(pH 4)，8.1(pH 7)，7.7(pH 9)。有机溶剂中溶解度(20℃,g/L)：丙酮 62，甲醇 2.5，正己烷 0.0067，甲苯 3.2，乙酸乙酯 28，二氯甲烷 177，正辛醇 0.69。54℃可稳定存在 14d，水中 DT_{50}196.2d(pH 7,25℃)，pK_a3.4(20℃)。

毒性 大鼠急性经口 LD_{50}＞2000mg/kg，大鼠急性经皮 LD_{50}＞2000mg/kg。对豚鼠皮肤无刺激，对豚鼠皮肤无致敏性。大鼠吸入 LC_{50}(4h)＞5.05mg/L。大鼠 NOEL(2y)2.75mg/(kg·d)，ADI(日本)0.027mg/(kg·d)。对水生生物高毒。

生态效应 山齿鹑急性经口 LD_{50}＞2000mg/kg，鲤鱼 LC_{50}(96h)＞95.1mg/L，水蚤 EC_{50}(48h)＞101mg/L，近头状伪蹄形藻 E_rC_{50}(72h)6.34μg/L。蜜蜂 LD_{50}(经口和接触)＞100μg/只。蚯蚓 LC_{50}＞1000mg/kg 土壤。

环境行为 动物 经口服，其代谢主要是嘧啶环的水解、去甲基化、开环等。另外有少量桥链断裂的代谢物生成。植物 对水稻稻种施药后，在最后的饲料、稻皮、根稻草中主要代谢物均为磺酰胺衍生物。土壤/环境 DT_{50}(有氧,水田)39.3d，水中 DT_{50}196.2d(pH 7,25℃)

制剂 颗粒剂，悬浮剂，水分散粒剂。

作用机理 ALS 或 AHAS 抑制剂。通过抑制必要的氨基酸（如缬氨酸、亮氨酸及异亮氨酸）的生物合成导致细胞分裂和植物生长停止。选择性在于其可以在作物中快速代谢。

应用 主要用于防除水稻田和小麦田的苘麻、反枝苋、马唐和稗草。对移栽水稻田一年生或多年生杂草有效，可于苗前和苗后施药，使用剂量为 60～100g/hm²。

专利名称 Preparation of pyrazole sulfonylurea compounds containing pyrimidinemoiety as herbicide

专利号 WO2005103044

专利申请日 2005-08-27

专利拥有者 Nissan Chemical Industries，Ltd.，Japan

在其他国家申请的化合物专利：AU2005235896、JP2005336175、JP3982542、EP1748047、CN1950368、 BR2005009822、 KR2009113390、 KR1014327、 KR2010028675、 KR959317、KR2010039456、 KR1014328、 IL178854、 JP4868151、 US20080064600、 US7557067、IN2006DN06604、IN252739、KR2007006911、US20100016584、US7709636 等。

合成方法 通过如下反应制得目的物：

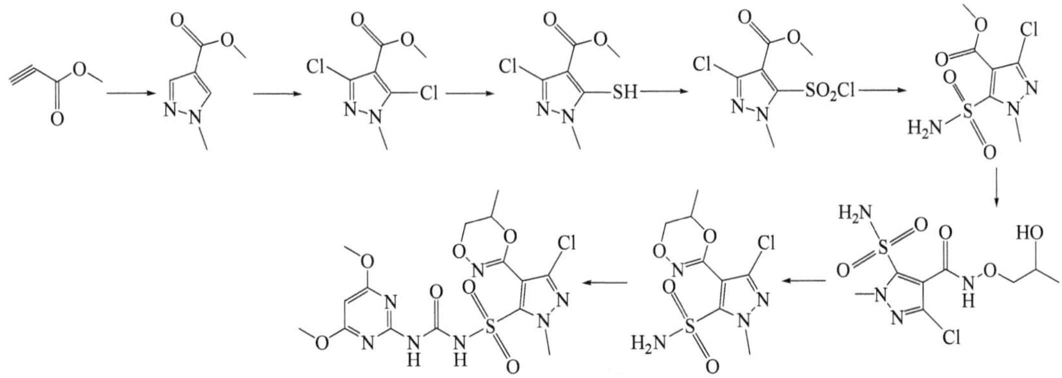

methiozolin

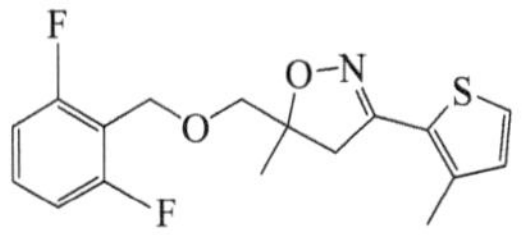

$C_{17}H_{17}F_2NO_2S$，337.4，403640-27-7

Methiozolin，试验代号 EK-5229、MRC-01。其他名称 metiozolin，是韩国化学技术研究所开发的异噁唑啉除草剂。

化学名称 5-[[(2,6-二氟苯基)甲氧基]甲基]-4,5-二氢-5-甲基-3-(3-甲基-2-噻吩基)异噁唑，(5RS)-5-[(2,6-difluorobenzyloxy)methyl]-4,5-dihydro-5-methyl-3-(3-methyl-2-thienyl)-1,2-oxazole。

应用 对芽前至4叶期稗草的活性特别好，杀草谱广，对移栽水稻具有良好的选择性。芽前至插秧后5d，用量62.5g/hm² 对稻稗、鸭舌草、节节菜、异型莎草和丁香蓼防效甚好。稗草2~3叶期用量32.5g/hm² 防效极好，4叶期需250g/hm²；本剂可与苄嘧磺隆、环丙嘧磺隆、四唑嘧磺隆和氯吡嘧磺隆等磺酰脲类除草剂混用。

专利名称 Preparation of herbicidal 5-benzyloxymethyl-1,2-isoxazoline derivatives for weed control in rice

专利号 WO2002019825

专利申请日 2001-09-05

专利拥有者 Korea Research Institute of Chemical Technology

在其他国家申请的化合物专利：KR2002019750、AU2001086294、JP2004508309、

JP3968012、AU2001286294、CN1303081、US20040023808、US6838416 等。

合成方法 经如下反应制得 methiozolin：

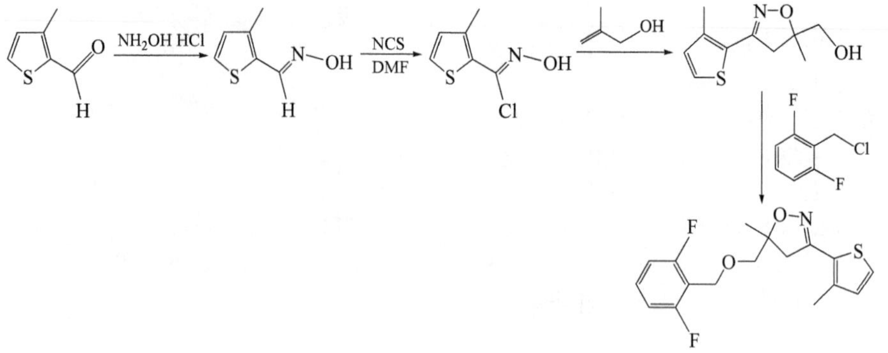

momfluorothrin

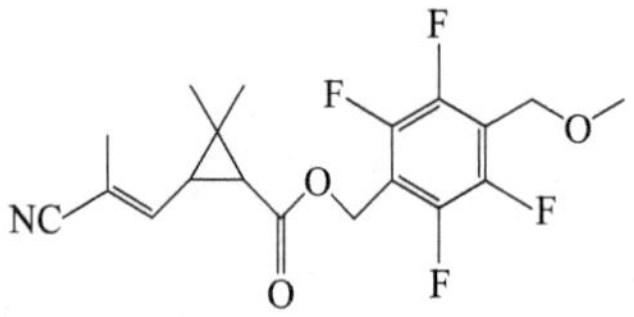

$C_{19}H_{19}F_4NO_3$，385.4，609346-29-4

Momfluorothrin，试验代号 S-1563，是日本住友化学株式会社开发的拟除虫菊酯类杀虫剂。

化学名称 ［2,3,5,6-四氟-4-(甲氧基甲基)苄基］3-(2-氰基-1-丙烯-1-基)-2,2-二甲基环丙基羧酸酯，2,3,5,6-tetrafluoro-4-(methoxymethyl)benzyl(EZ)-(1RS,3RS;1RS,3SR)-3-(2-cyanoprop-1-enyl)-2,2-dimethylcyclopropanecarboxylate。

专利概况

专利名称 Preparation of a pesticidal cyclopropanecarboxylic acid ester

专利号 JP2004002363

专利申请日 2003-04-02

专利拥有者 Sumitomo Chemical Co Ltd

在其他国家申请的化合物专利：BR2003000949、CN1451650、ES211358、US20030195119 等。

工艺专利：CN101878776、WO2010110178、US20030195119 等。

合成方法 通过如下反应制得目的物：

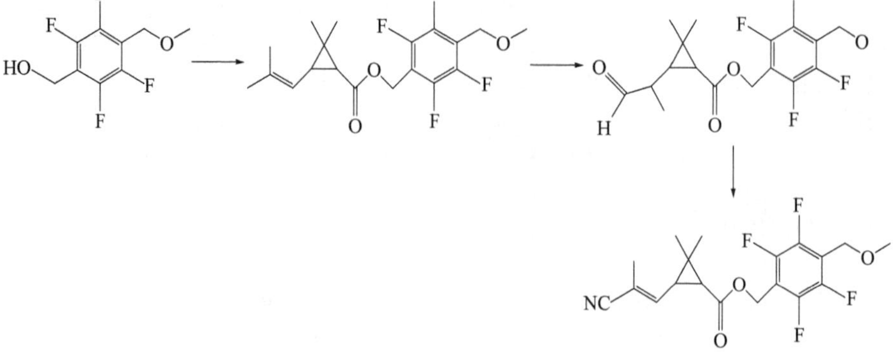

N-methylneodecanamide

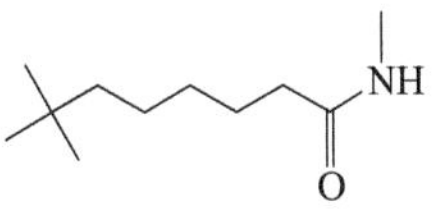

C$_{11}$H$_{23}$NO，185.3，105726-67-8

N-Methylneodecanamide，通用名称：MNDA。商品名称　M-9011。

化学名称　2，2-二甲基-N-甲基-辛酰胺，N，7，7-trimethyloctanamide。

理化性质　有果味浅灰色液体，pH 值 7.8，密度：0.76g/cm^3，蒸气压（30℃）1.2×10^{-3}mPa。

毒性　大鼠急性经口 450mg/kg＜LD$_{50}$＜1800mg/kg，大鼠急性经皮 LD$_{50}$＞1800mg/kg，大鼠吸入 LC$_{50}$＞2.4mg/L。对兔眼睛无刺激，无急性神经毒性。大鼠亚慢性毒性，90d 经口：30mg/(kg·d)，狗 4.5mg/(kg·d)；90d 经皮 1000mg/(kg·d)。

环境行为　在 pH＝5、7、9 的水溶液中能稳定存在 3d(25℃)。

专利概况　专利 EP0367257 早已过专利期，不存在专利权问题。

合成方法　通过如下反应制得目的物：

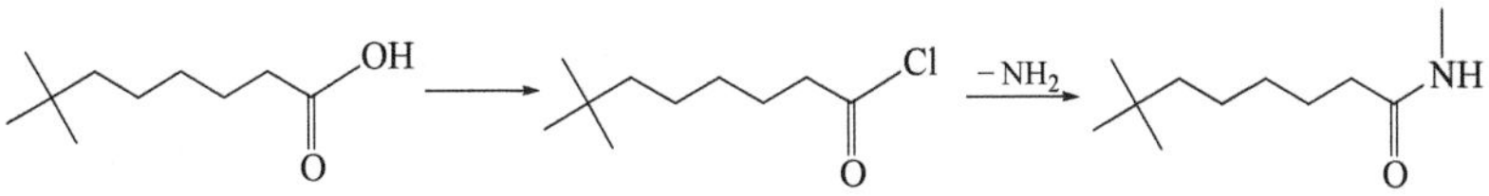

picarbutrazox

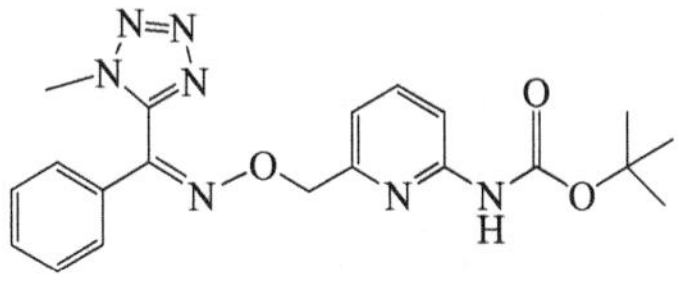

C$_{20}$H$_{23}$N$_7$O$_3$，409.4，500207-04-5

Picarbutrazox，试验代号　NF-171，是由日本曹达公司开发的一种氨基甲酸酯类杀菌剂。

化学名称　1，1-二甲基乙基 N-[6-[[[(Z)-[(1-甲基-1H-四唑)-5-苯基]亚氨基]氧基]甲基]-2-吡啶基]氨基甲酸酯，tert-butyl[6-[[(Z)-(1-methyl-1H-5-tetrazolyl)(phenyl)methylene]aminooxymethyl]-2-pyridyl]carbamate。

理化性质　密度（1.27±0.1）g/cm^3(20℃)；lgP＝1.996±0.61(25℃)。

专利概况

专利名称　Preparation of tetrazolylphenylmethanone oxime derivatives as plant disease control agents

专利号　JP2003137875

专利申请日　2002-07-26

专利拥有者　Dainippon Inkand Chemicals Inc.

在 其 他 国 家 申 请 的 化 合 物 专 利：WO2003016303、 CA2457061、 AU2002328627、

TW577883、 EP1426371、 BR2002012034、 HU2004001103、 HU226907、 CN1553907、
NZ531160、 AT416172、 PT1426371、 ES2315392、 PL204568、 IL160439、 US20050070439、
ZA2004001272、 IN2004KN00215、 KR855652、 MX2004001507、 US20070105926 等。

工艺专利：JP2010248273、WO2011111831 等。

合成方法　通过如下反应制得目的物：

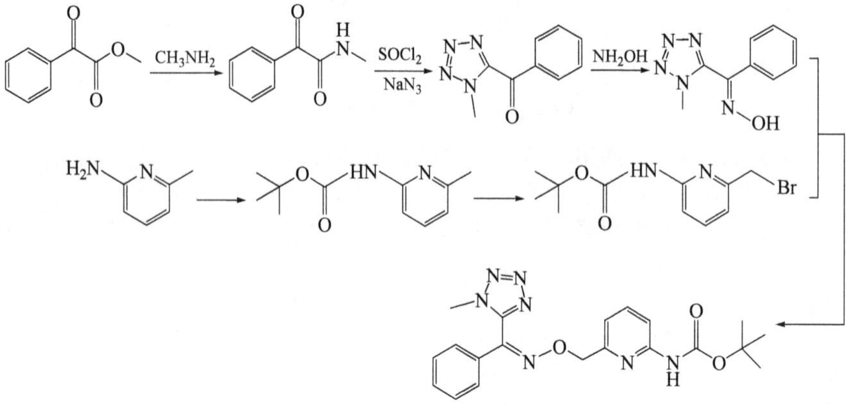

pironetin

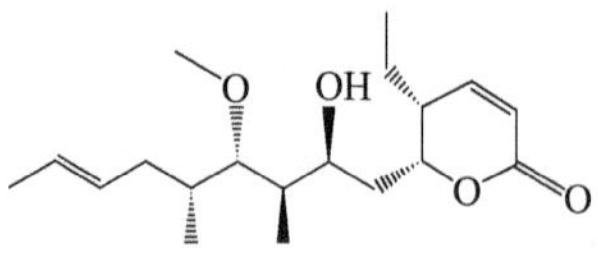

$C_{19}H_{32}O_4$，324，151519-02-7

Pironetin，试验代号　PA-48153c，由日本化药公司于 1990 年发现。

化学名称　(5R,6R)-5-乙基-5,6-二氢-6-[(E)-(2R,3S,4R,5S)-2-羟基-4-甲氧基-3,5-二甲基-7-壬烯基]-2H-吡喃-2-酮,(5R,6R)-5-ethyl-5,6-dihydro-6-[(E)-(2R,3S,4R,5S)-2-hydroxy-4-methoxy-3,5-dimethy-(7-noneyl)]-2H-pyran-2-one。

理化性质　纯品为无色针状结晶，熔点 78～79℃，可溶于甲醇、乙醇、二甲基亚砜、丙酮、乙酸乙酯等有机溶剂，不溶于水。

毒性　雄小鼠急性经口 LD_{50} 325mg/kg。Ames 试验呈阴性。

作用机理与特点　pironetin 与现有的生长抑制剂的作用机理不同，它并非赤霉素的生化合成，而是通过抑制植物的细胞分裂来发挥抑制生长作用。具有抗倒伏作用，对产量影响很小。

应用　水稻　以 100g/10 公亩剂量处理水稻，对其地面部分抑制程度为 18%～23%，以 25g/10 公亩剂量处理，则对地面部分几乎无抑制作用，在出穗前 5～9d 施用 pironetin 对产量无影响。小麦　用 125～1000mg/L 的喷洒浓度处理旱田小麦，对株高呈现 20% 左右的生长抑制活性，但对小麦穗数并无影响。以 2000mg/L 处理对小麦有药害，平均每穗重及千粒重减少 10% 左右。

合成方法

方法 1：从链霉素菌属放线菌 NK10958 菌株的培养液中分离、精制而得。

方法 2：通过如下反应制得目的物。

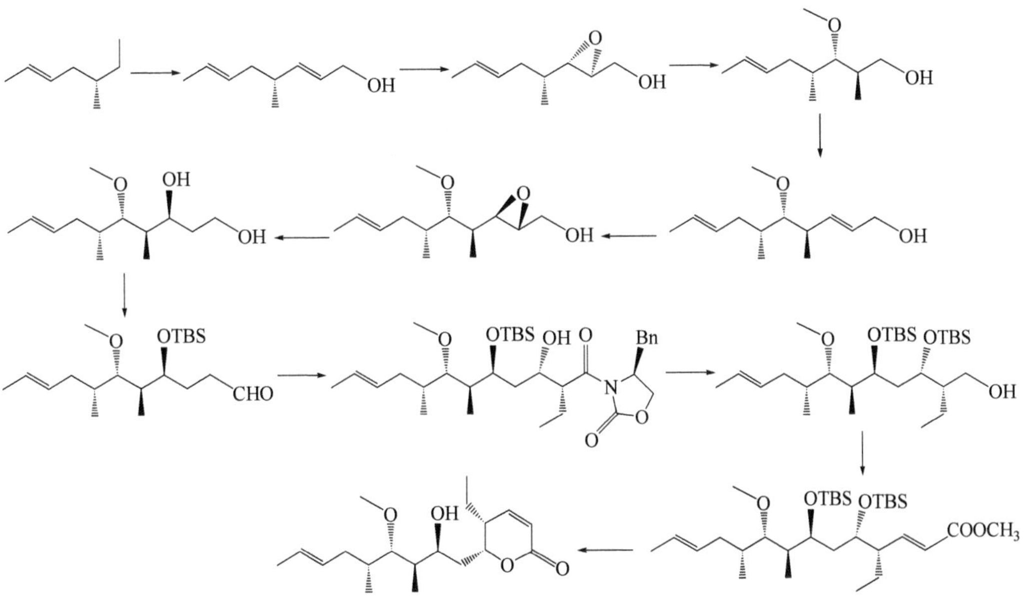

参考文献

[1] 冯化成. 农药译丛，1998，20（4）：25.

pydiflumetofen

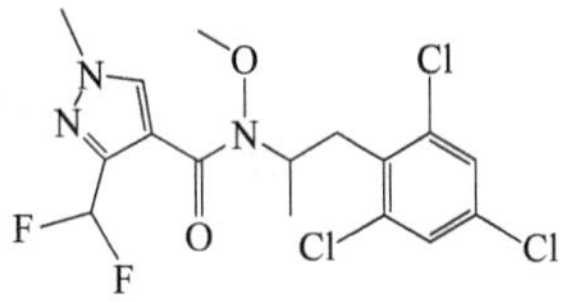

$C_{16}H_{16}Cl_3F_2N_3O_2$，426.7，1228284-64-7

Pydiflumetofen，试验代号 SYN545974，商标名称 Adepidyn。是新一代琥珀酸脱氢酶抑制剂（SDHI）类杀菌剂中的重磅产品，有望于 2018 年上市，预计其年销售额峰值将突破 7.5 亿美元。

化学名称 3-二氟甲基-N-甲氧基-1-甲基-N-［(RS)-1-甲基-2-(2,4,6-三氯苯基) 乙基］吡唑-4-酰胺，3-(difluoromethyl)-N-methoxy-1-methyl-N-［(RS)-1-methyl-2-(2,4,6-trichlorophenyl) ethyl］pyrazole-4-carboxamide。

应用 用于防除小粒谷物、玉米、大豆和特种蔬菜的各种病害。

专利概况

专利名称 Preparation of pyrazolecarboxylic acid alkoxyamides as agrochemicalmicrobiocides

专利号 WO2010063700

专利申请日 2009-12-01

专利拥有者 瑞士先正达公司

在其他国家申请的化合物专利：AR77722、AU2009324187、BR2009022845、CA2744509、CN102239137、CR20110292、EA20376、EP2364293、ES2403061、HK1156017、IL212870、IN2008DE02764、IN2011DN03527、JP2012510974、JP5491519、KR2011094324、MX2011005595、MY152114、NZ592749、PH12011501076、PT2364293、TWI389641、US20110230537、US8258169、

ZA2011003886 等。

工艺专利：WO2013127764 等

合成方法 通过如下反应制得目的物：

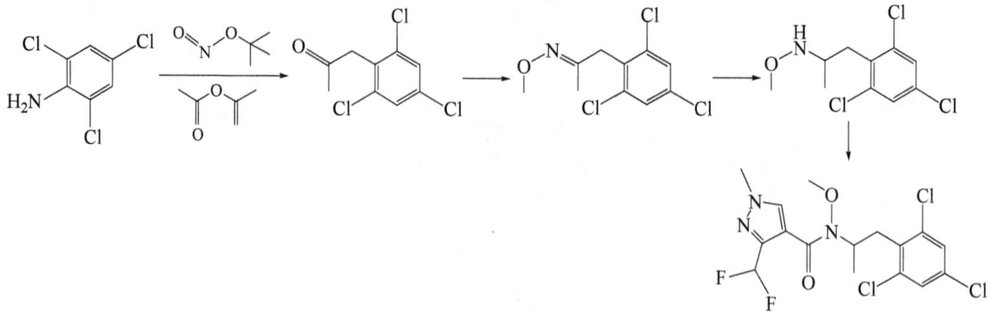

propyrisulfuron

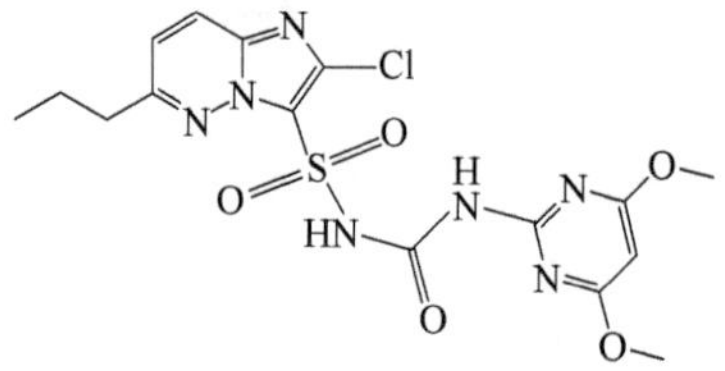

$C_{16}H_{18}ClN_7O_5S$，455.9，570415-88-2

Propyrisulfuron，试验代号 TH-547、S-3650。商品名称 ZETA-ONE、MEGAZETA，是由住友化学株式会社开发的用于防除稗草和阔叶杂草的磺酰脲类除草剂。

化学名称 1-(2-氯-6-丙基咪唑[1,2-b]哒嗪-3-磺酰氨基)-3-(4,6-二甲氧基嘧啶-2-基)脲，1-(2-chloro-6-propylimidazo[1,2-b]pyridazin-3-ylsulfonyl)-3-(4,6-dimethoxypyrimidin-2-yl)urea。

理化性质 无色无味结晶。熔点＞193.5℃（分解），沸点 218.9℃（分解），$K_{ow}\lg P = 2.9$（25℃），相对密度 1.775(20℃)。水和正己烷中溶解度分别为 0.98mg/L 和＜0.01mg/L(20℃)；其他溶剂中溶解度(20℃,g/L)：甲苯 0.156，氯仿 28.6，乙酸乙酯 1.61，丙酮 7.03，甲醇 0.434。对热稳定，pK_a4.89(20℃)。

毒性 雌性大鼠急性经口 LD_{50}＞2000mg/kg，大鼠急性经皮 LD_{50}＞2000mg/kg，大鼠吸入 LC_{50}(4h)＞4300mg/m³。

生态效应 山齿鹑急性经口 LD_{50}＞2250g/kg，鲤鱼 LC_{50}(96h)＞10g/L，水蚤 EC_{50}(48h)＞10mg/L，藻类 E_rC_{50}(0～72h)＞0.011g/L。蜜蜂 LD_{50}(接触)＞100μg/只。

应用 对一年生及多年生水稻田杂草如稗草和难对付的荸荠、慈姑等有很好的防除效果。虽然属于磺酰脲类除草剂，但根据住友化学的介绍，propyrisulfuron 对某些已知磺酰脲类除草剂产生抗性的杂草有很好的活性。主要用作早中期一次性灭杀的除草剂。

专利概况

专利名称 Preparation of fused heterocyclic sulfonylureas as herbicides

专利号 WO2003061388

专利申请日 2003-01-15

专利拥有者 Sumitomo Chemical Takeda Agro Co Ltd，Japan

在其他国家申请的化合物专利：TW327462、 JP2004123690、 JP3682288、 EP1466527、BR2003006810、 CN1617666、 CN100349517、 RU2292139、 AT401002、 PT1466527、

ES2307891、 KR977432、 IL162566、 WO2004011466、 AU2003252509、 EP1541575、 CN1671707、 CN100341875、 AT459626、 IL166374、 PT1541575、 ES2340582、 JP4481818、 KR1027360、 TW315309、 US20050032650、 US7816526、 IN2005CN00086、 IN215392、 JP2005239735、 JP4336327、 JP2005325127、 JP4403105、 JP2010143944、 JP5197645、 US20100160163、US8399381 等。

合成方法 通过如下反应制得目的物：

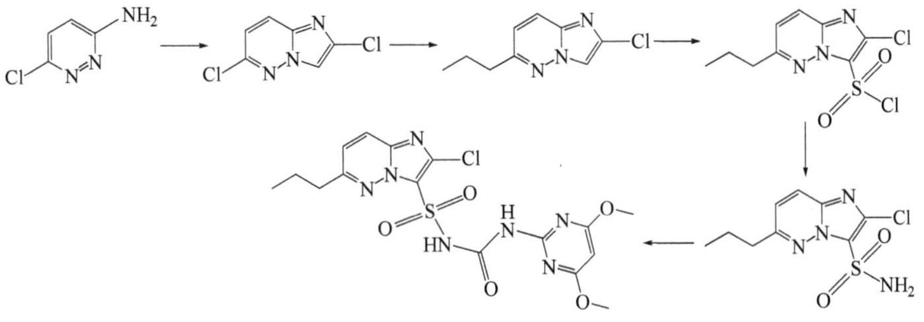

pyflubumide

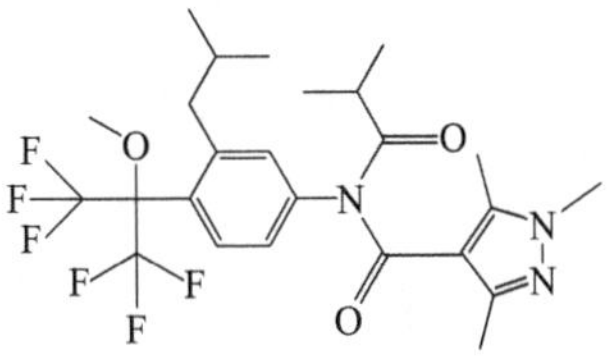

$C_{25}H_{31}F_6N_3O_3$ ，535.5，926914-55-8

Pyflubumide，试验代号 NNI-0711。商品名称 Danikong，是日本农药株式会社开发的吡唑类杀螨剂。

化学名称 1,3,5-三甲基-N-(2-甲基-1-氧代丙基)-N-[3′-(2-甲基丙基)-4′-[2,2,2-三氟-1-甲氧基-1-(三氟甲基)乙基]苯基]-1H-吡唑-4-甲酰胺，3′-isobutyl-N-isobutyryl-1,3,5-trimethyl-4′-[2,2,2-trifluoro-1-methoxy-1-(trifluoromethyl)ethyl] pyrazole-4-carboxanilide。

专利与登记

专利名称 Preparation of pyrazolecarboxylic acids and substituted pyrazolecarboxylic acid anilide derivatives as agricultural and horticultural pesticides or acaricides

专利号 WO2007020986 **专利申请日** 2006-08-11

专利拥有者 Nihon Nohyaku Co Ltd，Japan

在其他国家申请的化合物专利：TW378921、 AR57974、 AU2006280672、 CA2618803、 JP2007308470、 JP5077523、 EP1925613、 CN101243049、 ZA2008002228、 RU2375348、 KR2010099356、 BR2006015003、 IL189394、 PT1925613、 ES2409832、 MX2008002076、 EG25684、IN2008KN01030、KR2008048031、KR1001120、US20090105325、US8404861 等。

2015 年 Pyflubumide 与唑螨酯复配产品以商品名 Danicong flowable 及 Doubleface flowable 在日本取得登记，用于水果、蔬菜、葡萄、茶树及观赏性植物上螨虫的防治。

合成方法　通过如下反应制得目的物：

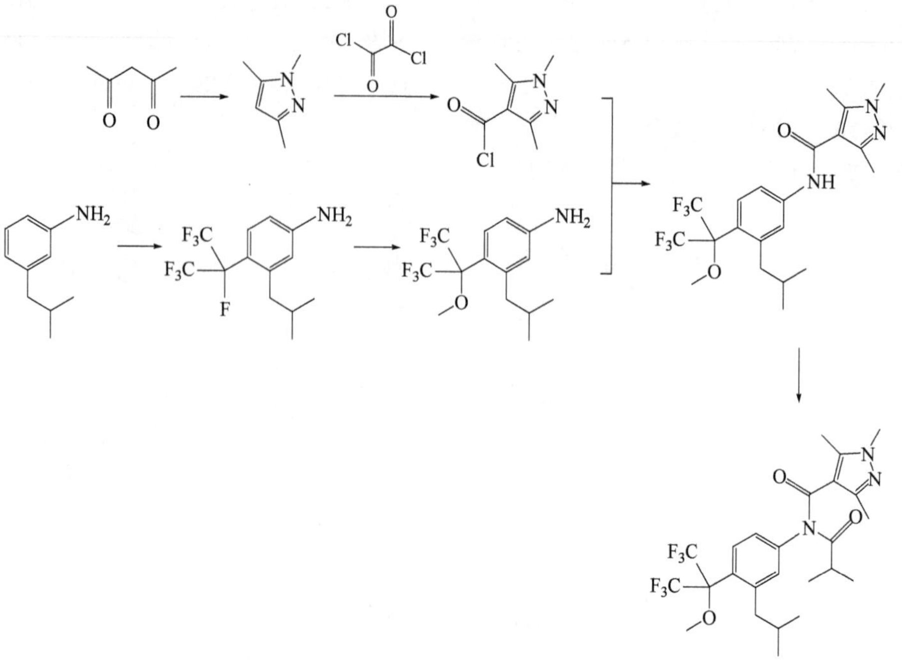

pyrafluprole

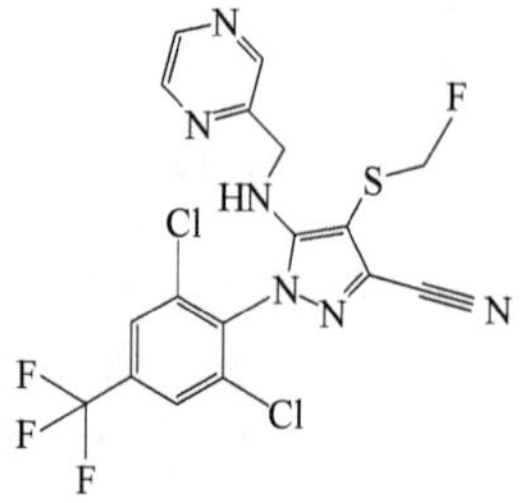

$C_{17}H_{10}Cl_2F_4N_6S$，477.3，315208-17-4

　　Pyrafluprole，试验代号 V3039，是由日本三菱化学公司研制的苯基吡唑类杀虫剂。

　　化学名称　1-(2,6-二氯-α,α,α-三氟-对-甲苯基)-4-(氟甲硫基)-5-[(吡嗪甲基)氨基]吡唑-3-甲腈，1-(2,6-dichloro-α,α,α-trifluoro-p-tolyl)-4-(fluoromethylthio)-5-[(pyrazinylmethyl)amino]-pyrazole-3-carbonitrile。

　　理化性质　熔点 119～120℃。

　　作用机理　通过阻碍 γ-氨基丁酸(GABA)调控的氯化物传递而破坏中枢神经系统内的中枢传导。

　　应用

　　(1) 适用作物　水稻。

　　(2) 防治对象　半翅目和鞘翅目害虫，如蚜虫、跳蚤、绿豆象(*Callosobruchus chinensis*)、褐稻虱(*Nilaparvata lugeus*)、斜纹夜蛾(*Spodoptera litura*)、小菜蛾(*Plutella xylostella*)等。

　　专利概况

　　专利名称　Preparation of 4-amino-1-phenyl-3-cyanopyrazole derivatives and process for producing the same，and pesticides containing the same as the active ingredient

专利号　WO2001000614
专利申请日　2000-06-28
专利拥有者　Mitsubishi Chemical Corporation
在其他国家申请的化合物专利：AT372333、AU763625、BR2000011992、CA2377236、CN1160349、 EP1197492、 JP2001072676、 KR784746、 MX2001013211、 NZ516415、RU2256658、US20030060471、US6849633、ZA2001010520 等。

工艺专利：JP2002338547、WO2002066423 等。

合成方法　经如下反应制得目的物：

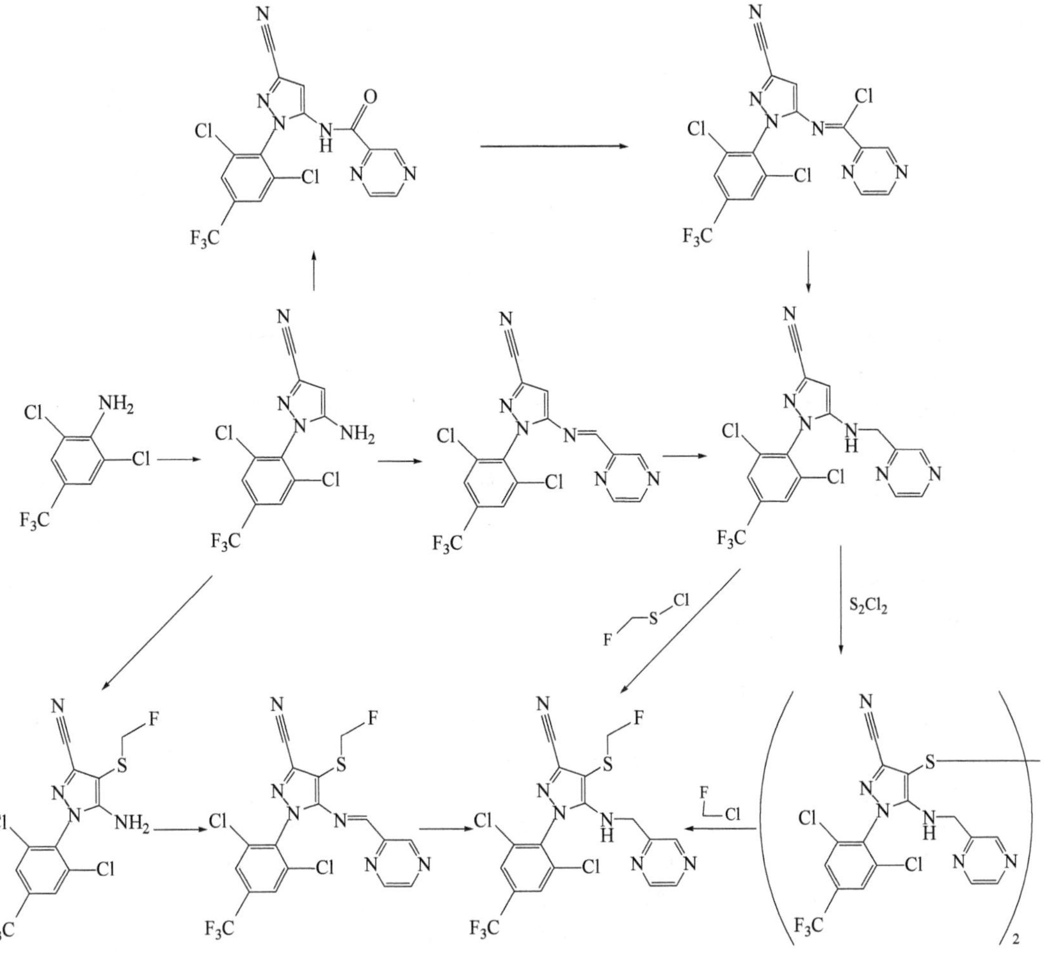

参考文献

[1] J Agric Food Chem，2010，58：4992-4998.

pyrasulfotole

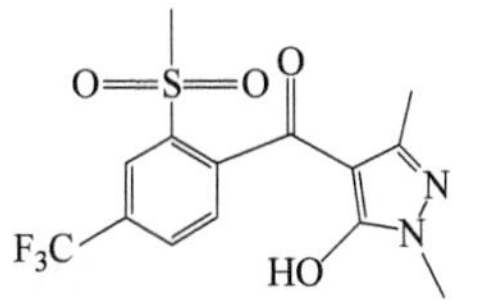

$C_{14}H_{13}F_3N_2O_4S$，362.3，365400-11-9

Pyrasulfotole，试验代号　AE0317309。商品名称　Huskie、Infinity、Precept、Tundra，是由拜耳公司开发的除草剂，2007 年与 2008 年在北美洲与澳大利亚使用，2012 年 2 月通过美国许可应用于小麦。

化学名称　（5-羟基-1,3-二甲基-1-H-吡唑-4-基）[2-（甲磺酰基）-4-（三氟甲基）苯基] 甲酮，(5-hydroxy-1,3-dimethylpyrazol-4-yl)(α,α,α-trifluoro-2-mesyl-p-tolyl)methanone。

理化性质　米黄色粉末，工业品纯度≥96.0%。熔点 201℃。蒸气压 2.7×10^{-4} mPa(20℃)。$K_{ow}\lg P$(23℃)：0.276(pH 4)，−1.362(pH 7)，−1.580(pH 9)。Henry 常数 1.42×10^{-9} Pa·m^3/mol(pH 7,20℃)，相对密度 1.53。水中溶解度(20℃,g/L)：4.2(pH 4)，69.1(pH 7)，49(pH 9)。其他溶剂中溶解度(20℃,g/L)：乙醇 21.6，正己烷 0.038，甲苯 6.86，丙酮 89.2，二氯甲烷 120～150，乙酸乙酯 37.2，二甲基亚砜＞600。稳定性：pyrasulfotole 在 pH 5、7 和 9 的水溶液中无生物水解；pH 7 时光解，pK_a4.2。

毒性　大鼠急性经口 LD_{50}＞2000mg/kg。大鼠急性经皮 LD_{50}＞2000mg/kg。对兔皮肤无刺激，对眼睛有轻微的刺激。对豚鼠的皮肤有致敏性。大鼠吸入 LC_{50}(4h)＞5.03mg/L 空气，基于大鼠慢性毒性和致癌性研究 NOAEL 25mg/L[雄大鼠 1mg/(kg·d)]。ADI(EPA)cRfD 0.01mg/kg[2007]。

生态效应　山齿鹑急性经口 LD_{50}＞2000mg/kg。山齿鹑亚慢性饲喂 LC_{50}(5d)＞4911mg/kg 饲料。虹鳟鱼和大翻车鱼 LC_{50}(96h)＞100mg/L。水蚤 EC_{50}＞100mg/L。月牙藻 E_rC_{50} 29.8mg/L，蜜蜂 LD_{50}(μg/只)：经口＞120，接触＞75。蚯蚓急性 LC_{50}(14d)＞1000mg/kg 土。

环境行为

（1）动物　在哺乳动物(鼠、山羊和母鸡)体内大多数的代谢过程和植物(小麦)是相似的，N-脱甲基作用是 pyrasulfotole 的主要代谢途径。吡唑环的断开以及形成 2-甲磺酰基-4-三氟甲基苯甲酸的代谢物，可以在大鼠的代谢物中发现。另外在哺乳动物(鼠和山羊)体内吡唑甲基的羟基化也是一个次要的代谢途径。

（2）植物　pyrasulfotole 在谷物内的代谢包括 N-脱甲基作用和随后在植物体内葡糖基化，同时生成少量的谷胱苷肽。消除吡唑环形成 2-甲磺酰基-4-三氟甲基苯甲酸是大多数作物体内的主要代谢途径。

（3）土壤/环境　pyrasulfotole 在有氧土壤中迅速降解，第一阶段 DT_{50} 11～72d(实验室)，5～31d(田地)，在水中和土壤中无挥发，在空气中迅速降解；DT_{50} 0.4d。

制剂　乳油。

主要生产商　Bayer CropSciences。

作用机理与特点　pyrasulfotole 主要通过叶片吸收，施于叶片与叶鞘后 2d，小麦分别吸收 70% 与 66%，卷茎蓼(*Polygonum convolvulus*)分别吸收 58% 与 18%；反之，根处理后 6d，两种植物通过土壤仅吸收 1% 以下，小麦叶片处理后，吸收的 ^{14}C 中 33.7% 通过韧皮部向未处理的幼芽与根传导，处理第一片叶叶鞘后，除韧皮部传导外，^{14}C 物质也在木质部进行移动；卷茎蓼中的传导也说明 pyrasulfotole 在植物体内既进行共质体传导，也进行非共质体传导。pyrasulfotole 在小麦植株中的代谢比杂草迅速，处理后 48h，提取出的放射物中有 41% 是母体化合物，其余均为代谢产物，反之，在卷蓼茎中提取出的放射物质全部是母体化合物，这说明小麦的耐性原理在于其能迅速代谢此除草剂。

应用　Pyrasulfotole 适用于各种类型的小麦、大麦及小麦属(triticale)作物，用量 25～50g/hm^2，苗后喷雾，可有效防治各种阔叶杂草如繁缕(*Stellariamedia*)、藜(*Chenopodium album*)、苘麻(*Abutilon theophrasti*)、茄属(*Solanum* spp)及苋麻(*Amaranthus* spp)等，特别是与溴苯腈混用防治阔叶杂草以及与噁唑禾草灵(fenoxapropethyl)混用兼治禾本科杂草效果更好。

专利概况

专利名称　Benzoylpyrazoles and their use as herbicides

专利号　WO2001074785

专利申请日　2001-03-1

专利拥有者　Aventis CropSciences GmbH

在其他国家申请的专利：AU2001087299、CA2403942、EP1280778、BR2001009636、HU2003000268、JP2003529591、NZ521642、CN1187335、RU2276665、AT334968、

ES2269446、 SK285580、 IL151986、 CZ301032、 PL207287、 US20020065200、 TW239953、 BG107119、MX2002009567、IN2002CN01556、ZA2002007829、KR752893 等。

合成方法 通过如下反应制得目的物：

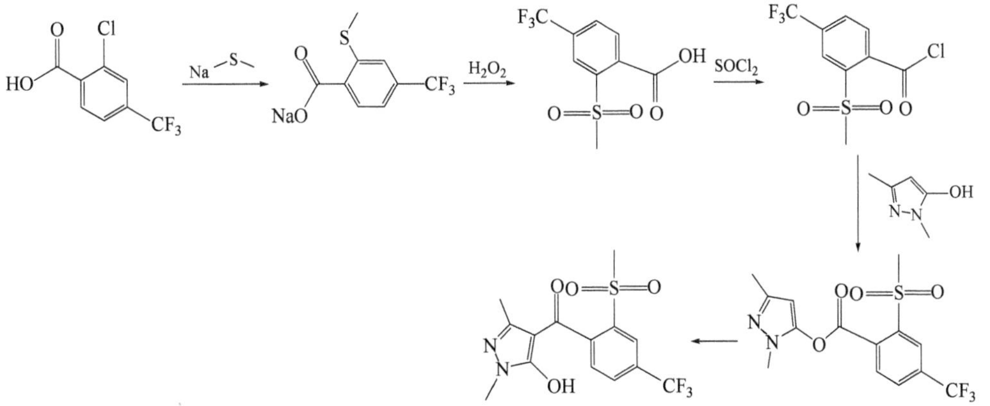

参考文献

[1] 苏少泉. 农药研究与应用, 2010, 14(6): 1-4.

pyraziflumid

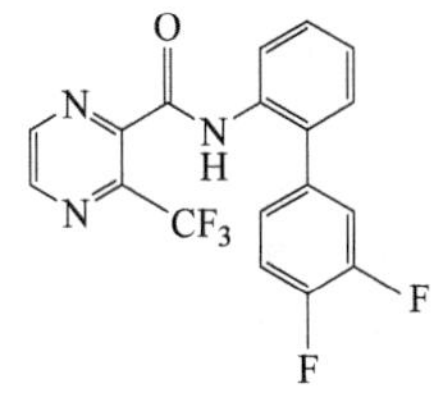

$C_{18}H_{10}F_5N_3O$，379.3，942515-63-1

Pyraziflumid，试验代号 NNF-0721，是日本农药株式会社开发的琥珀酸脱氢酶抑制剂 (SDHI)类杀菌剂。

化学名称 N-(3′,4′-二氟苯基-2-基)-3-三氟甲基吡嗪-2-酰胺，N-(3′,4′-difluorobiphenyl-2-yl)-3-(trifluoromethyl)pyrazine-2-carboxamide。

应用 主要用于防治水稻、水果和蔬菜的白粉病、黑星病、灰霉病、菌核病、轮纹病、果斑病及钱斑病等，使用剂量为 $100 \sim 375 g/hm^2$，预计 2018 年在日本上市。

专利概况

专利名称 Preparation of biphenyl pyrazinecarboxamides as agrochemical fungicides

专利号 WO2007072999

专利申请日 2006-12-21

专利拥有者 Nihon Nohyaku Co Ltd，Japan

在其他国家申请的化合物专利：AR58583、 AU2006328335、 CA2633207、 EP1963286、 KR2008092344、 KR1271503、 CN101341136、 JP2009520680、 JP5090351、 ZA2008004816、 RU2425036、BR2006020444、 AT546438、 ES2380686、 IL191884、 IN2008KN02146、 IN264111、 MX2008007921、US20090233934、US8168638 等。

工艺专利：WO2010122794、JP2009242244 等。

合成方法 通过如下反应制得目的物：

pyribencarb

$C_{18}H_{20}ClN_3O_3$，361.8，799247-52-2

Pyribencarb，试验代号　KIF-7767、KUF-1204，是组合化学工业株式会社和庵原化学株式会社开发的新型氨基甲酸酯类杀菌剂。

化学名称　［2-氯-5-［(E)-1-(6-甲基-2-吡啶基甲氧基亚氨)乙基］苄基］氨基甲酸甲酯，methyl [2-chloro-5-[(E)-1-(6-methyl-2-pyridylmethoxyimino)ethyl] benzyl] carbamate。

理化性质　白色结晶固体。熔点95℃，蒸气压<$1×10^{-5}$ Pa(20℃)。水中溶解度(20℃)：$6.76×10^3\mu g/L$(蒸馏水)，$63×10^{-3}\mu g/L$(pH 4)，$5.02×10^3\mu g/L$(pH 10)。正辛醇/水分配系数$K_{ow}lgP$(25℃)：2.64(pH 4)、3.77(pH 6.9)、3.744(pH 8.9)。密度为1.221g/cm³。水中溶解度62.5mg/L(25℃)。

剂型　40%水分散粒剂，25%水分散粒剂(双胍辛胺15%＋pyribencarb 10%)

作用机理与特点　Pyribencarb是一种新颖的QoI杀菌剂，通过抑制复合体Ⅲ的电子传递，抑制线粒体的呼吸作用。但是pyribencarb又不同于传统的QoI杀菌剂，和传统的QoI杀菌剂相比，pyribencarb在和细胞色素b袋状蛋白质的结合上有轻微不同。对灰霉病和菌核病有特效，对多种作物安全。

应用　Pyribencarb可用于果树、蔬菜、茶叶和豆类等作物，防治灰霉病、黑星病、菌核病、炭疽病和轮斑病等10余种病害，杀菌谱广(见表246)。

表 246　40%pyribencarb水分散粒剂的适用作物和防治对象

作物	适用病害	稀释倍数	使用时期和次数
苹果	黑星病、念珠病、褐斑病、斑点落叶病、煤点病	3000～4000	收获前1d止,3次以内
樱桃	黑星病、轮纹病、煤点病	3000	收获前1d止,3次以内
	灰星病、幼果菌核病	3000	收获前1d止,3次以内
梨	黑星病	3000～4000	收获前1d止,3次以内
	黑斑病、轮纹病	3000	收获前1d止,3次以内
葡萄	灰霉病	3000～4000	收获前14d止,3次以内
	晚腐病	3000	收获前14d止,3次以内
桃	灰星病、黑星病	3000	收获前1d止,3次以内

作物	适用病害	稀释倍数	使用时期和次数
柑橘	灰霉病	3000～4000	收获前14d止,3次以内
	黑点病	2000	收获前14d止,3次以内
茶	炭疽病、轮斑病、新梢枯死病	3000	采摘前7d止,1次
豆类	菌核病	2000	收获前7d止,3次以内
大豆	菌核病、紫斑病	2000～4000	收获前7d止,3次以内
黄瓜	灰霉病、菌核病	2000～3000	收获前1d止,3次以内
番茄	灰霉病、菌核病、叶霉病	2000～3000	收获前1d止,3次以内
茄子	灰霉病、菌核病	2000～3000	收获前1d止,3次以内
草莓	灰霉病	2000～3000	收获前1d止,3次以内
	炭疽病	2000	收获前1d止,3次以内
甘蓝	菌核病	2000～3000	收获前14d止,3次以内
莴苣	灰霉病、菌核病	2000～3000	收获前3d止,3次以内
玉葱	灰霉病	2000～4000	收获前1d止,5次以内

专利概述

专利名称　Iminooxymethylpyridine Compoundand Agriculturalor Horticultural Bactericide

专利号　WO2001010825

专利申请日　2000-08-03

专利拥有者　组合化学工业株式会社和庵原化学株式会社

同时在其他国家申请的专利：JP2001106666、JP3472245、CA2381001、AU2000063185、AU763888、BR2000012969、EP1201648、NZ516857、HU2002002165、HU228270、TR2002000302、RU2228328、CN1171863、IL147958、AT391120、PT1201648、ES2303816、SK286881、PL204714、CZ302288、ZA2002000833、US6812229、MX2002001314。

合成方法　以邻氯苄胺为原料经如下反应得到 pyribencarb。

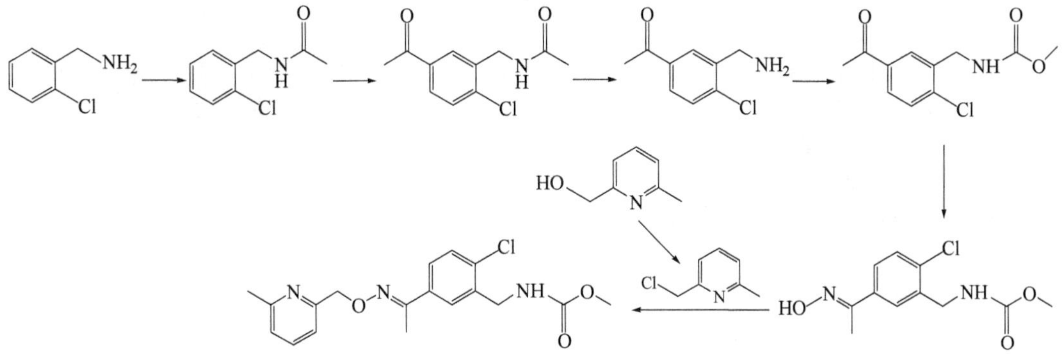

参考文献

[1]柴宝山．农药,2011,50(7)：489-490.

[2] 张奕冰．世界农药, 2013, 1：61-62.

[3] 叶萱．农药, 2010, 6：27-30.

pyrifluquinazon

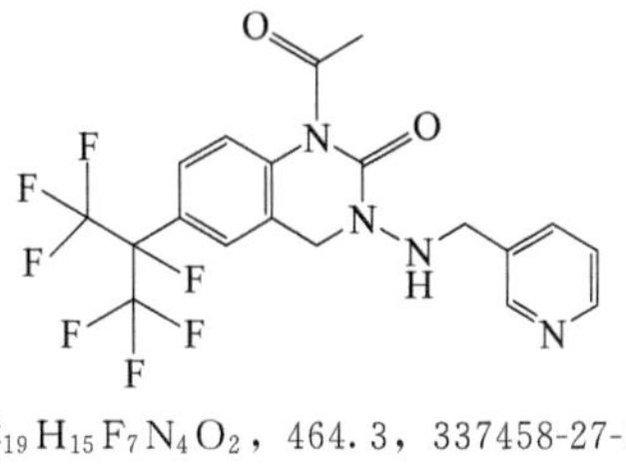

$C_{19}H_{15}F_7N_4O_2$，464.3，337458-27-2

Pyrifluquinazon，试验代号　NNI-0101、R-40598。商品名称　colt，是日本农药公司开发的新喹唑啉类杀虫剂。

化学名称　1-乙酰基-1，2，3，4-四氢-3-[（3-吡啶甲基）氨基]-6-[1，2，2，2-四氟-1-（三氟甲基）乙基]-喹唑啉-2-酮，1-acetyl-1，2，3，4-tetrahydro-3-[（3-pyridylmethyl）amino]-6-[1，2，2，2-tetrafluoro-1-(trifluoromethyl)ethyl] quinazolin-2-one。

理化性质　纯品为白色粉末。熔点138～139℃。蒸气压51mPa(20℃)，分配系数K_{ow}lg$P$=3.12(25℃)。相对密度1.56，水中溶解度(20℃)0.0121g/L，其他溶剂中溶解度(20℃，g/L)：正庚烷0.215，二甲苯20.2，甲醇111，乙酸乙酯170。对光稳定，在碱性条件下迅速分解，在pH=7和9时，DT_{50}分别为34.9d和0.78d。

毒性　雌大鼠急性经口LD_{50}300～2000mg/kg。雌、雄大鼠急性经皮LD_{50}>2000mg/kg。对兔皮肤和眼睛无刺激性。大鼠吸入LC_{50}(4h)1.2～2.4mg/L，ADI(FSC)0.005mg/(kg·d)。

生态效应　山齿鹑急性经口LD_{50}1360mg/kg，鲤鱼LC_{50}(96h)4.4mg/L。水蚤EC_{50}(48h)0.0027mg/L，水藻E_rC_{50}(0～72h)11.8mg/L，蜜蜂LD_{50}(接触)>100μg/只。

环境行为　在动物、植物体内及土壤中均通过去乙酰基化迅速代谢。DT_{50}1.5～18.5d。

主要生产商　Nihon Nohyaku。

作用机理与特点　阻止害虫进食，但作用方式还须进一步研究。此活性成分具有较高的选择性，适用于害虫的综合防治。

应用　主要用于防治蔬菜、果树和茶叶上的半翅目、缨翅目害虫。

专利概况

专利名称　Substituted aminoquinazolinone(thione) derivatives or salts thereof, intermediates thereof, and pest controllers and a method for using the same

专利号　EP1097932

专利申请日　2000-11-02

专利拥有者　Nihon Nohyaku Co Ltd

目前公开的或授权的化合物专利：CN1302801、CN1666983、CN101239973、CZ301575、EG22880、ES2338629、HU2000004212、IL139199、JP4099622、JP2001342186、KR767229、KR2007089108、TW252850、US6455535、ZA2000006125等。

工艺专利：JP2006036758、WO2005123695等。

合成方法　通过如下反应制得目的物：

pyrimisulfan

$C_{16}H_{19}F_2N_3O_6S$，419.4，221205-90-9

Pyrimisulfan，试验代号　KIH-5996、KUH-021。商品名称　BestPartner、Yaiba，是由 Ihara Chemical Industry Co Ltd 和 Kumiai Chemical Industry Co Ltd 开发的磺酰胺类除草剂。

化学名称　(RS)-2'-[(4,6-二甲氧基嘧啶-2-基)(羟基)甲基]-1,1-二氟-6'-(甲氧基甲基)甲烷磺酰苯胺，(RS)-2'-[(4,6-dimethoxypyrimidin-2-yl)(hydroxy)methyl]-1,1-difluoro-6'-(methoxymethyl)methane-sulfonanilide。

理化性质　无臭白色粒状结晶，熔点 98.8℃，约 220℃分解。相对密度 1.48(20℃)，蒸气压 2.1×10^{-8} Pa(25℃)，水中溶解度 8.39×10^4 mg/L(20℃,纯水)。土壤吸附系数 K_{oc} 34~64，K_{ow} lg$P$=2.15(20℃,pH 3)，水中半衰期>1y(25℃,pH 4,7 和 9)。水中光解半衰期 38d(蒸馏水，25℃,47.5W/m²,300~400nm)。

毒性　大鼠急性经口 LD_{50} 1000~2000mg/kg，急性经皮 LD_{50}>2000mg/kg，大鼠急性吸入 LC_{50}>6.9mg/L。经兔试验表明，眼睛无刺激性，但对皮肤有轻度刺激作用。大鼠、兔 Ames 试验、染色体异常试验均为阴性。

生态效应　鲤鱼急性毒性 LD_{50}(96h)>127mg/L，水蚤 LD_{50}(48h)>122mg/L。

环境行为　在土壤中半衰期 DT_{50}：容器内 12d，田间(水田)1~3d。

剂型　10%可湿性粉剂和颗粒剂。

主要生产商　Kumiai。

应用　pyrimisulfan 可有效地防除移栽水稻田中的牛毛毡、萤蔺、矮慈姑、水莎草、窄叶泽泻、眼子菜、水芹、野慈姑、荸荠、日本藨草、扁杆藨草、稻状秕壳草、水绵等杂草。该剂亦可防除直播水稻田中的牛毛毡、萤蔺、矮慈姑、水莎草和水芹等杂草。

在移栽水稻田，通常在移栽后 3d 或稗草 3 叶期至收获前 30d 使用本除草剂；在直播水稻田中可在稻苗出芽前或稗草 3 叶期至收获前 60d 使用。

单剂使用时有效成分剂量为 50~70g/hm²。经应用表明，pyrimisulfan 对于对磺酰脲类除草剂具抗性的水田杂草亦十分有效。

专利概况

专利名称　Di- or tri-fluoromethanesulfonyl anilide derivatives, process for the preparation of them and herbicides containing them as the active ingredient

专利号　WO2000006553

专利申请日　2000-02-10

专利拥有者　Ihara Chemical Industry Co Ltd and Kumiai Chemical Industry Co Ltd

在其他国家申请的化合物专利：JP2000044546、JP3632947、JP2000063360、AU9949289、AU750129、EP1101760、BR9912494、EP1361218、AT252088、CN1138763、RU2225861、ES2209466、TW221471、US6458748 等。

合成方法　经如下反应制得 pyrimisulfan：

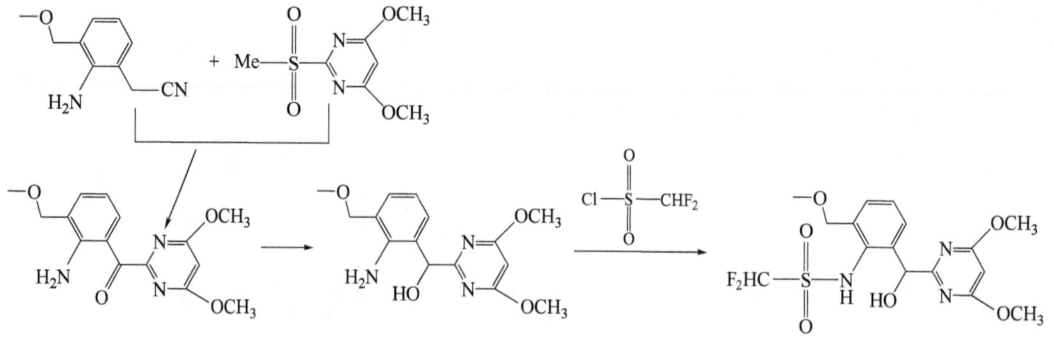

参考文献

[1] The Pesticide Manual. 15th edition. 2009：695-696.

[2] 张奕冰. 世界农药，2012 (5)：57.

pyriofenone

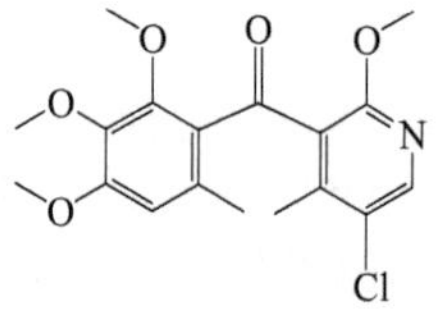

$C_{18}H_{20}ClNO_5$，365.8，688046-61-9

Pyriofenone，试验代号 IKF-309，是由石原产业株式会社(Ishihara Sangyo Kaisha Ltd)开发的杀菌剂。

化学名称 5-氯-2-甲氧基-4-甲基吡啶-3-基 2,3,4-三甲氧基-6-甲基苯基酮，5-chloro-2-methoxy-4-methylpyridin-3-yl 2,3,4-trimethoxy-6-methylphenyl ketone。

理化性质 纯品为无色晶体，含量≥96.5%，熔点93～95℃。蒸气压 1.9×10^{-6} Pa(25℃)。K_{ow} lg$P$=3.2，Henry 常数 1.9×10^{-4} Pa·m³/mol，相对密度 1.33(20℃)。水中溶解度：水 1.56mg/L(pH 6.6,20℃)；其他溶剂中溶解度(20℃,g/L)：丙酮＞250，二甲苯＞250，二氯乙烷＞250，乙酸乙酯＞250，甲醇22.3，正己烷8.8，正辛醇16。对热稳定，pH=4～9、50℃可水解。

毒性 雌性大鼠急性经口 LD_{50}＞2000mg/kg，大鼠急性经皮（雄性和雌性）LD_{50}＞2000mg/kg，对兔眼睛和皮肤无刺激。小鼠 LLNA 测试为阴性。大鼠吸入 LC_{50}＞3.25mg/L。大鼠 NOEL (2y)7.25mg/(kg·d)，ADI 0.07mg/(kg·d)。

生态效应 山齿鹑急性经口 LD_{50}＞2000mg/kg，饲喂 LC_{50}＞5000mg/L，鲤鱼 LC_{50}(96h)＞1.36mg/L，水蚤 EC_{50}(48h)＞2mg/L，近头状伪蹄形藻 NOEC(72d)0.24mg/L，蜜蜂 LD_{50}(48h，经口和接触)＞100μg/只。

环境行为

（1）动物 在山羊体内，pyriofenone 会很快代谢清除掉，在牛奶和组织中无积累。植物 pyriofenone 会广泛代谢形成大量极性代谢物。

（2）土壤/环境 土壤 DT_{50}(有氧)50～75d(20℃)，水中 DT_{50}：159h，（天然水，pH 6.8～6.9,持续光照），261h(纯净水，pH 6.5～7.0,持续光照)。

制剂 悬浮剂。

主要生产商 Ishihara Sangyo。

应用

（1）适用作物 谷物、葡萄、柿子、甜瓜、梨、蔬菜、西瓜等。

（2）防治对象　白粉病等。

专利与登记

专利名称　Preparation of benzoylpyridine derivatives and their use as agri-/horticultural fungicides

专利号　WO2002002527

专利申请日　2002-1-22

专利拥有者　Ishihara Sangyo Kaisha Ltd

在其他国家申请的化合物专利：JP2002356474、JP4608140、TW286548、EG22882、CA2412282、AU2001069456、EP1296952、BR2001012199、CN1440389、CN100336807、AP1286、HU2004000527、RU2255088、AU2001269456、CN1907969、AT372984、US20030216444、US20060194849、AU2012216657等。

合成方法　经如下反应制得 pyriofenone：

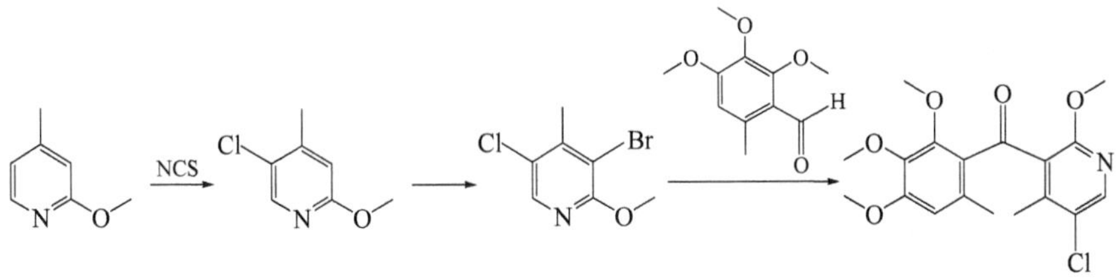

pyriprole

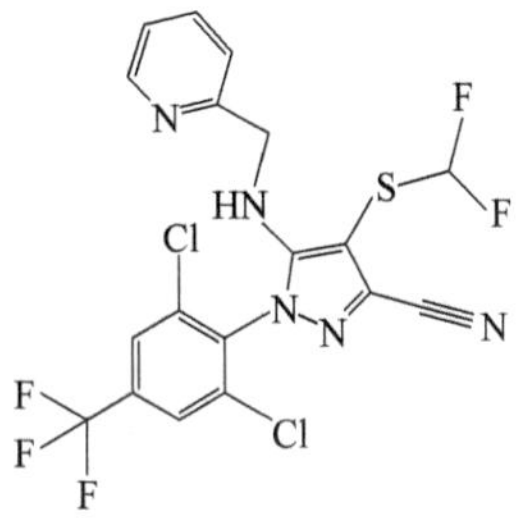

$C_{18}H_{10}Cl_2F_5N_5S$，494.3，394730-71-3

Pyriprole，试验代号　V3086，是由日本三菱化学公司（Mitsubishi Chemical Corporation）研制的苯基吡唑类杀虫剂。

化学名称　1-(2,6-二氯-α,α,α-三氟-对甲苯基)-4-(二氟甲硫基)-5-[(2-吡啶基甲基)氨基]吡唑-3-甲腈，1-(2,6-dichloro-α,α,α-trifluoro-p-tolyl)-4-(difluoromethylthio)-5-[(2-pyridyl-methyl)amino] pyrazole-3-carbonitrile.

理化性质　熔点 117～120℃。耐光性好，不易光解。

毒性　对大鼠急性经口为中等毒性，大鼠急性经皮为低毒，兔急性经皮为中等毒性。对大鼠经口无作用剂量为 0.3mg/(kg·d)(28d)，0.1mg/(kg·d)(90d)。对大鼠经皮无作用剂量为 60mg/(kg·d)(28d)。大鼠一代繁殖试验，无作用剂量 0.3mg/(kg·d)。大鼠致畸性试验，无作用剂量为 8mg/(kg·d)。对兔皮肤无刺激作用，对兔眼睛有轻微刺激作用。

生态效应　对水中生物具有毒性。

作用机理　通过阻碍 γ-氨基丁酸(GABA)调控的氯化物传递而破坏中枢神经系统内的中枢传导。

应用

（1）适用作物　水稻。

（2）防治对象　半翅目和鞘翅目害虫，如蚜虫、跳蚤、绿豆象（*Callosobruchus chinensis*）、褐稻虱（*Nilaparvata lugens*）、斜纹夜蛾（*Spodoptera litura*）、小菜蛾（*Plutella xylostella*）等。

专利名称 Preparation process of pyrazole derivatives in pest controllers containing the same as the active ingredient

专利号 WO2002010153

专利申请日 2001-07-30

专利拥有者 Mitsubishi Chemical Corporation

在其他国家申请的化合物专利：AT318808、AU2001276698、BR2001012880、CA2417369、EP1310497、 ES2259329、 IL154149、 IN2003DN00117、 JP2002121191、 MX2003000982、NZ523844、RU2265603、US7371768、US20040053969、ZA2003000832 等。

工艺专利：US7371768、WO2002066423 等。

合成方法 经如下反应制得 pyriprole：

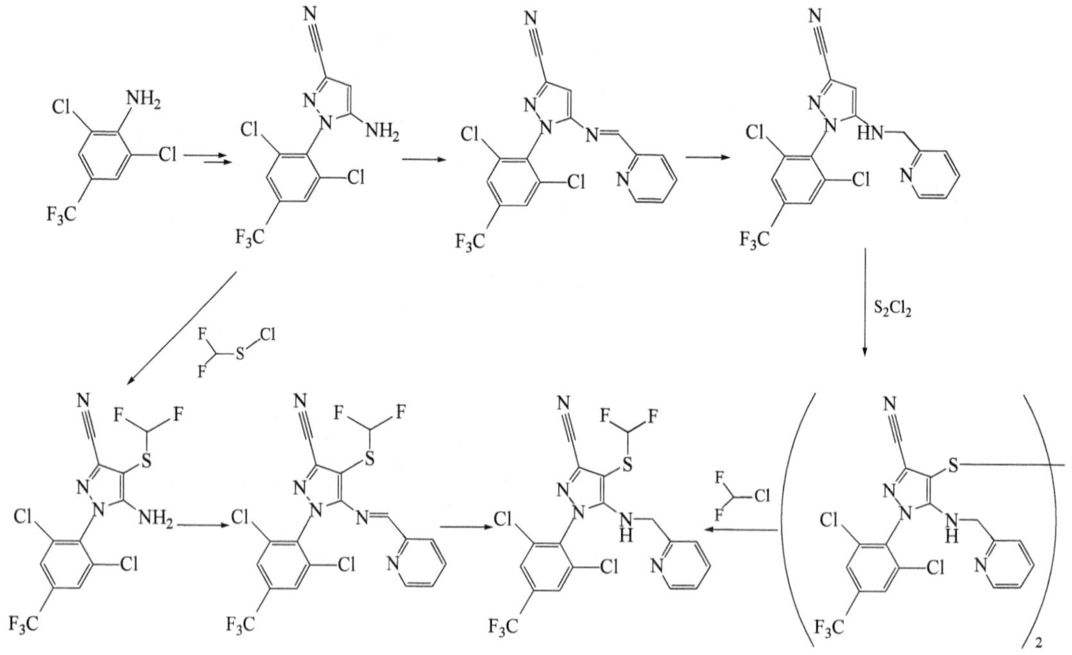

中间体的其他合成方法：

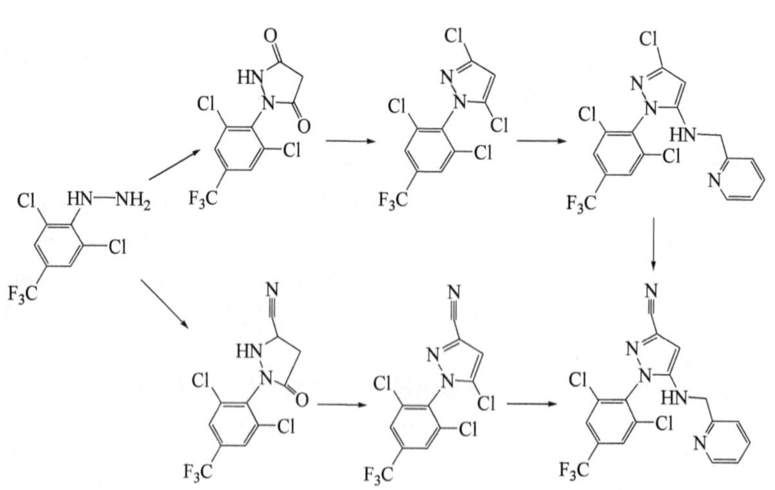

参考文献

[1] J Agric Food Chem，2010，58：4992-4998.

pyroxasulfone

$C_{12}H_{14}F_5N_3O_4S$，391.3，447399-55-5

Pyroxasulfone，试验代号　KIH-485、KUH-043。商品名称　Anthem、Fierce、Sakura、Sekura、Zidua。其他名称　Anthem ATZ，是由日本组合化学工业株式会社(Kumiai Chemical Industry Co Ltd)与庵原化学工业株式会社(Ihara Chemical Industry Co Ltd)研制，目前与拜耳、巴斯夫共同开发的可有效防除玉米田、大豆田及小麦田的禾本科和阔叶杂草的新型苗前除草剂。

化学名称　5-(二氟甲氧基)-1-甲基-3-三氟甲基吡唑-4-基甲基-4,5-2H-5,5-二甲基-1,2-噁唑-3-砜基或3-(5-二氟甲氧基-1-甲基-3-三氟甲基吡唑-4-基砜基)-4,5-2H-5,5-二甲基-1,2-噁唑。3-[5-(difluoromethoxy)-1-methyl-3-(trifluoromethyl)pyrazol-4-ylmethylsulfonyl]-4,5-dihydro-5,5-dimethyl-1,2-oxazole。

理化性质　白色晶体，熔点130.7℃。水溶性3.49mg/L(20℃)，其他溶剂中溶解度(g/L)：丙酮＞250，二氯甲烷151，乙酸乙酯97，甲醇11.4，甲苯11.3，正己烷0.072。蒸气压2×10⁻⁶Pa(25℃)，54℃可以稳定存在14d。

毒性　大鼠急性经口 LD_{50}＞2000mg/kg，大鼠急性经皮 LD_{50}＞2000mg/kg。大鼠急性吸入 LC_{50}＞5800mg/m³。山齿鹑和野鸭经口 LD_{50}＞2250mg/kg，大翻车鱼 LC_{50}＞2.8mg/L，虹鳟鱼 LC_{50}＞2.2mg/L，大型蚤 EC_{50}＞4.4mg/L，糠虾 LC_{50}＞1.4mg/L，蜜蜂接触毒性 LC_{50}＞100g/只。

环境行为　总体上看pyroxasulfone对环境中的有机物基本无害，且由于此品种水溶度相对较低，所以其通过淋溶与降解污染地表水与地下水的可能性很小。

制剂　可湿性粉剂、颗粒剂、水分散粒剂等。

主要生产商　Kumiai。

作用机理与特点　pyroxasulfone被杂草根与幼芽吸收，抑制幼苗早期生长，破坏顶端分生组织与胚芽鞘生长。它是植物体内极长侧链脂肪酸(VLCFAs)生物合成的严重潜在抑制剂：在植物体内，极长侧链脂肪酸(VLCFAs)含有18个以上C原子，通过内质网的微粒体伸长系统由硬脂酸($C_{16:0}$脂肪酸)逐步形成。研究证明，高等植物含有与磷脂酰丝氨酸结合的 C_{20}～C_{26} 脂肪酸，黑麦(*Secale cereale* L.)、拟南芥(*Arabidopsis thaliana* L.)与野燕麦(*Avena fatua* L.)原生质膜含有与脑苷脂类联结的极长侧链脂肪酸；此类脂肪酸是植物细胞的重要成分，在角质层蜡质以及质膜上大量存在。大量伸长酶催化VLCFAs生物合成中的多种伸长阶段，在伸长系统中，存在4种酶阶段：①一种3-酮脂羧基-CoA合成酶；②一种还原酶产生3-羟酰CoA与NAD(P)H；③一种脱水酶产生2-烯酰-CoA；④一种还原酶利用还原吡啶核苷酸产生VLCFA-CoA。在①阶段，酰基CoA与丙二酸-CoA的缩合反应是有限的，这里至少包括两种酶，一种是延伸 C_{18} 或 C_{16}～C_{20} 与 C_{22}，另一种是使 C_{24}-酰基引物伸长。众多类型除草剂抑制 C_{20} 以上侧链的极长侧链脂肪酸的生物合成，pyroxasulfone主要是抑制植物体内VLCFAs生物合成中 $C_{18:0}$～$C_{20:0}$、$C_{20:0}$～$C_{22:0}$、$C_{22:0}$～$C_{24:0}$、$C_{24:0}$～$C_{26:0}$ 以及 $C_{26:0}$～$C_{28:0}$ 的延伸阶段，即它专门抑制植物体内VLCFAs延伸酶催化的上述脂肪酸延伸阶段。pyraxasulfone为苗前土壤处理除草剂。

应用

(1) 适用作物　玉米、大豆、小麦、花生、棉花、向日葵与马铃薯等作物。

(2) 防治对象　pyroxasulfone为广谱性除草剂，可有效防治一系列一年生禾本科杂草，包括狗尾草属(*Setaria*)、马唐属(*Digitaria*)、稗属(*Echinochloa*)、蜀黍属(*Panicum*)、高粱属(*Sorghum*)等杂草以及苋属(*Amaranthus*)、曼陀罗属(*Datura*)、茄属(*Solanum*)、苘麻属(*Abutilon*)、藜属

（Chenopodium）等阔叶杂草。其杀草谱大于乙草胺与异丙甲草胺，对苘麻、豚草、宽叶臂形草、稷、野黍、费氏狗尾草、藜、反枝苋及二色高粱等几乎所有杂草的防治效果均优于异丙甲草胺，而且喷药后稳定的防治效果可长达85d之久。用量为125（黏壤土）250g/hm²（粉砂黏壤土），能够防除大量的禾本科杂草和阔叶杂草，用量比异丙甲草胺低8～10倍，相当于目前我国广泛使用的乙草胺的8％～10％，除草效果特别是早期防治绿狗尾草、蒺藜和苋菜的效果优于S-异丙草胺；用量250g/hm²优于注册应用的所有除草剂品种对玉米田的苘麻、地肤与卷茎蓼的防治效果。由此可知，单位面积用药量低、除草效果好及除草持效期长是其突出特点，今后有可能部分取代乙草胺与异丙草胺等常用品种。pyraxasulfone在玉米苗前除草时即使不添加安全剂对作物仍然有很好的安全性，在苗后使用同样不会伤害到玉米植株，在我国玉米和大豆等作物上具有很好的应用前景。

专利与登记

专利名称　Preparation of isoxazoline derivatives and herbicides comprising the same as active ingredients

专利号　WO2002062770

专利申请日　2002-02-07

专利拥有者　Kumiai Chemical Industry Co Ltd 及 Ihara Chemical Industry Co Ltd

同时在其他国家申请的专利：AU2002234870、BR2002007025、CA2438547、CN1491217、CN1257895、CN1673221、CN100361982、EP1364946、EP2186410、HU2004000723、IL157070、JP2002308857、JP4465133、KR889894、KR2008019731、MX2003006615、NZ527032、RU2286989、RO122995、US20040110749、US7238689 等。

工艺专利：WO2004014138、WO2004013106 等。

Pyraxasulfone 目前主要是以三个商品名登记：Fierce、Sakura 和 Zidua。

Fierce 是由 Valent 公司、Kumiai 公司和 Ihara 公司联合推出的76％水分散粒剂[33.5％丙炔氟草胺（flumioxazin）和42.5％pyraxasulfone]，主要应用于玉米和大豆。春季时，Fierce 在玉米种植前7d和大豆种植前3d使用，也可用于秋季玉米和大豆。Fierce 作用时间持久，在玉米、大豆和小麦轮换种植的时候，能有效清除残留杂草。实地试验表明，对顽固性草类和耐草甘膦草类，比如长芒苋、杉叶藻、普通豚草以及一年生杂草等，能提供长达8周的控制作用，而且控草作用持续性强，适合在更换作物的时候使用。

Sakura 是由拜耳公司和 Kumiai 公司联合开发的用于小麦、黑麦和大麦的苗前除草剂。它对具有抗药性的一年生黑麦草（Loliummulti florum）和其他麦草的控制是无与伦比的。具有抗性的黑麦草是澳大利亚杂草中最重要的一类杂草。

Zidua 是美国市场的唯一的单剂品种，可用于防控顽固的小种阔叶杂草和禾本科杂草。

目前已在澳大利亚和美国分别以 Sakura、Zidua 登记上市，用于水稻、小麦、黑小麦、玉米及大豆等。

合成方法　Pyroxasulfone 的合成方法主要有如下4种：其中方法4中需要使用还原剂，主要为 $NaBH_4$、t-BuLi、$NaSO_2CH_2OH$，最后将硫醚氧化成砜使用的氧化剂主要为 mCPBA、H_2O_2 等。

中间体Ⅰ的合成可按如下方法进行：

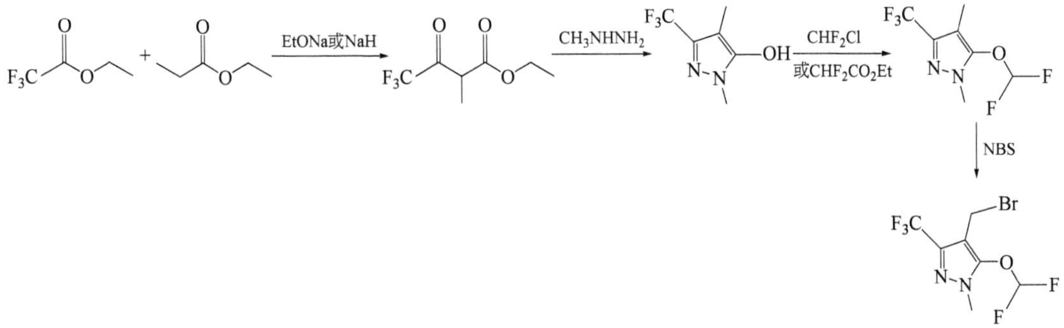

中间体Ⅱ的合成主要有如下 2 种方法：一是以乙醛酸为原料，二是以羟基脲为原料。

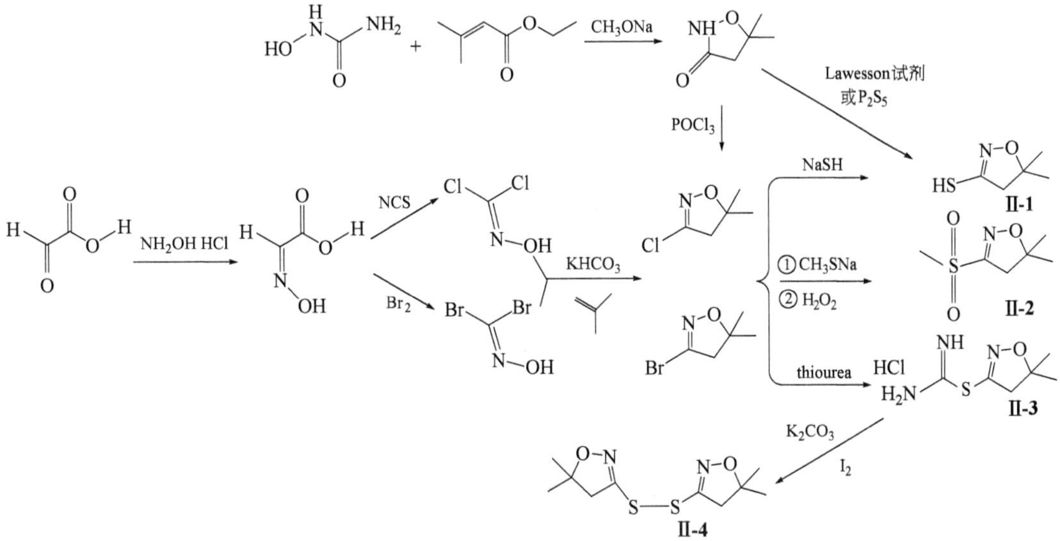

参考文献

[1] 杨吉春. 农药，2010，49(12)：911-914.

quinofumelin

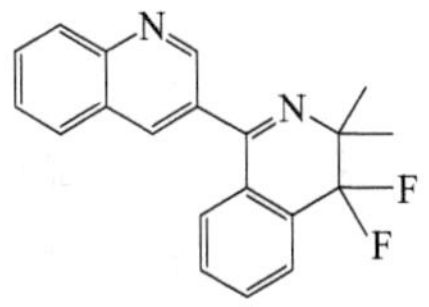

$C_{20}H_{16}F_2N_2$，322.4，861647-84-9

Quinofumelin，试验代号　ARK-3010，由三井化学开发的喹啉类杀菌剂。

化学名称　3-（4,4-二氟-3,4-二氢-3,3-二甲基异喹啉-1-基）喹啉，3-（4,4-difluoro-3,4-dihydro-3,3-dimethylisoquinolin-1-yl）quinoline。

应用　用作杀菌剂，对灰霉病和稻瘟病具有很好的防治效果。

专利概况

专利名称 Preparation of quinoline compounds as agricultural fungicides

专利号 WO2005070917

专利申请日 2005-06-21

专利拥有者 日本三共公司

在其他国家申请的化合物专利：AU2005206437、CA2554187、CN100556904、CN1910172、EP1736471、ES2449741、JP4939057、KR1126773、KR2006127154、PT1736471、TWI351921、US20080275242、US7632783 等。

合成方法 通过如下反应制得目的物：

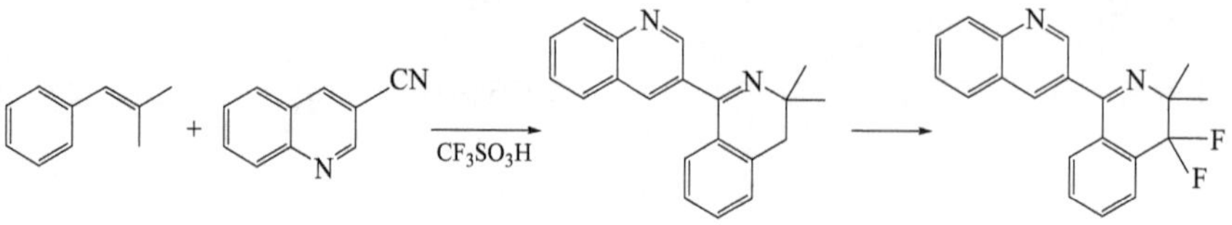

sulcofuron-sodium

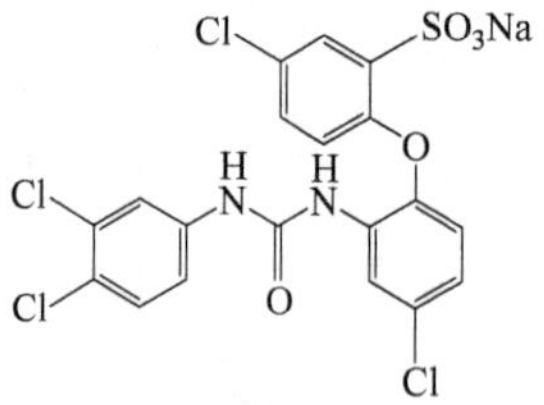

$C_{19}H_{11}Cl_4N_2NaO_5S$，544.2，3567-25-7，24019-05-4(酸)

Sulcofuron-sodium，商品名称 Mitin，由 Ciba-Geigy AG 公司开发的防蛀剂。

化学名称 5-氯-2-[4-氯-2-[3-(3,4-二氯苯基)脲]苯氧基]苯磺酸钠，sodium 5-chloro-2- [4-chloro-2- [3- (3, 4-dichlorophenyl) ureido] phenoxy] benzenesulfonate。

理化性质 白色无味粉末。熔点 216~231℃ (OECD102)。蒸气压 1.9×10^{-6} mPa(25℃)。K_{ow} lg$P$＝1.89(未指明 pH 值)。相对密度 1.69(20℃)，水中溶解度 1.24g/L(pH 6.9,20℃)。水中稳定性：25℃稳定(DT_{50}＞31d,pH 5,7 和 9)，闪点＞150℃。

毒性 大鼠急性经口 LD_{50} 645mg/kg。雌和雄大鼠急性经皮 LD_{50}＞2000mg/kg。对兔皮肤和眼睛无刺激，对豚鼠皮肤无致敏。大鼠吸入 LC_{50}(4h)4.82mg/L。大鼠 NOEL 值 3.1mg/kg。

生态效应 鸟类急性经口 LD_{50}(mg/kg)：野鸭(14d)＞2150，山齿鹑(21d)966。鱼类 LC_{50} (96h,mg/L)：斑马鱼 14.5，虹鳟鱼 6.8。水蚤 LC_{50}(48h)9.3mg/L。栅藻 EC_{50}(72h)2.8mg/L。

作用机理与特点 对食毛虫幼虫有胃毒作用，抑制消化。

应用 用于防除谷蛾科和皮蠹科幼虫，用作防治能破坏羊毛和毛混织品的谷蛾科和皮蠹科幼虫的防蛀剂。

专利概况 专利 GB941269 早已过专利期，不存在专利权问题。

合成方法　以对氯苯酚、2,5-二氯硝基苯为起始原料经下列步骤制得。

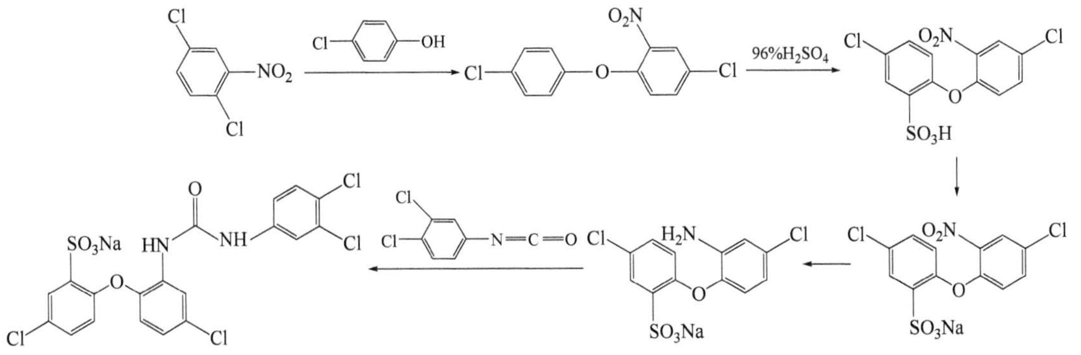

tebufloquin

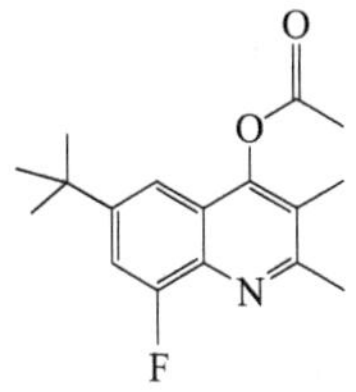

$C_{17}H_{20}FNO_2$，289.3，376645-78-2

Tebufloquin，试验代号　AF-02、SN4524，是由明治制药株式会社（Meiji Seika Kaisha）开发的喹啉类杀菌剂。

化学名称　6-叔丁基-8-氟-2,3-二甲基-4-喹啉基乙酸酯，6-*tert*-butyl-8-fluoro-2,3-dimethyl-4-quinolyl acetate。

理化性质　纯品为白色固体。相对密度 1.122（20℃）。$K_{ow} \lg P = 5.12$（25℃）。沸点 379.56℃。闪点 183℃。

应用　用于防治水稻稻瘟病。

专利概况

专利名称　Bactericidal mixed composition for agriculture and horticulture

专利号　JP2007112760

专利申请日　2007-5-10

专利拥有者　明治制药株式会社

在其他国家申请的化合物专利：AU4881885、AU586194、BG60408、BR8505181、CA1242455、CY1548、DE2726684、DK144891、DK164854、DK476585、DK160870、DK266990、EP0179022、ES8609221、GB2165846、GB2195635、GB2195336、IL76708、JP3047159、JP59059617、KR900006761、LV10769、NL930085、TR22452、US5107017、US4980506、US4798837 等。

合成方法　经如下反应制得 tebufloquin：

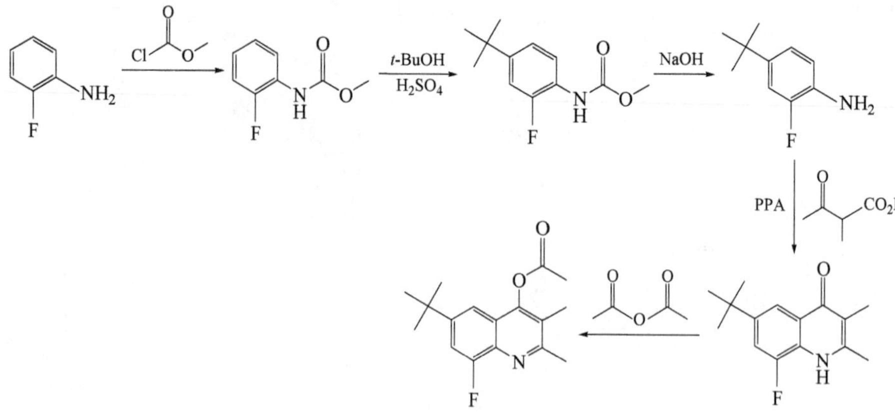

参考文献

[1] The Pesticide Manual. 15th edition. 2009: 695-696.

[2] 郝树林. 农药, 2012.6: 410-412.

tetraniliprole

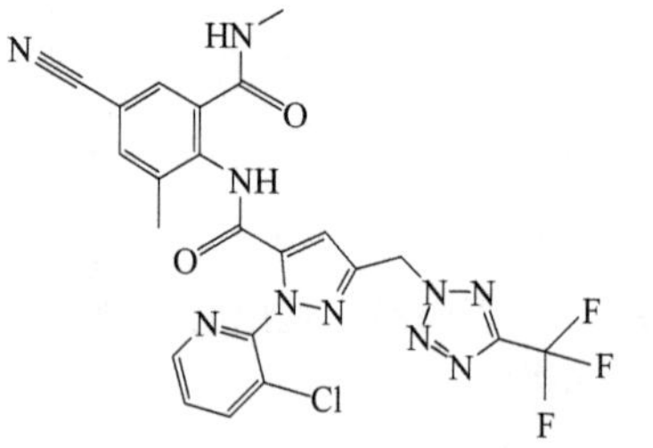

$C_{22}H_{16}ClF_3N_{10}O_2$，544.9，1229654-66-3

Tetraniliprole，试验代号　BCS-CL73507，是拜耳作物科学公司开发的新型杀虫剂。

化学名称　1-(3-氯吡啶-2-基)-N-[4-氰基-2-甲基-6-(甲基甲酰基)苯基]-3-[[5-三氟甲基-2H-四唑-2-基]甲基]-1H-5 吡唑甲酰胺，1-(3-chloropyridin-2-yl)-N-[4-cyano-2-methyl-6-(methylcarbamoyl)phenyl]-3-[[5-(trifluoromethyl)-2H-tetrazol-2-yl]methyl]-1H-pyrazole-5-carboxamide。

应用　在低剂量下对鳞翅目、鞘翅目及双翅目害虫有很好的防治效果。预计 2018 年上市。

专利概况

专利名称　Preparation of tetrazole anthranilic acid amides as agrochemical pesticides

专利号　WO2010069502

专利申请日　2009-12-09

专利拥有者　Bayer CropSciences AG，Germany

在其他国家申请的化合物专利：CA2747035、AU2009328584、KR2011112354、EP2379526、CN102317279、JP2012512208、EP2484676、NZ593481、CN103435596、US20100256195、US8324390、AR74782、MX2011006319、ZA2011004411、IN2011DN04640 等。

工艺专利：WO2011157664、WO2013007604、WO2013030100 等。

合成方法　通过如下反应制得目的物：

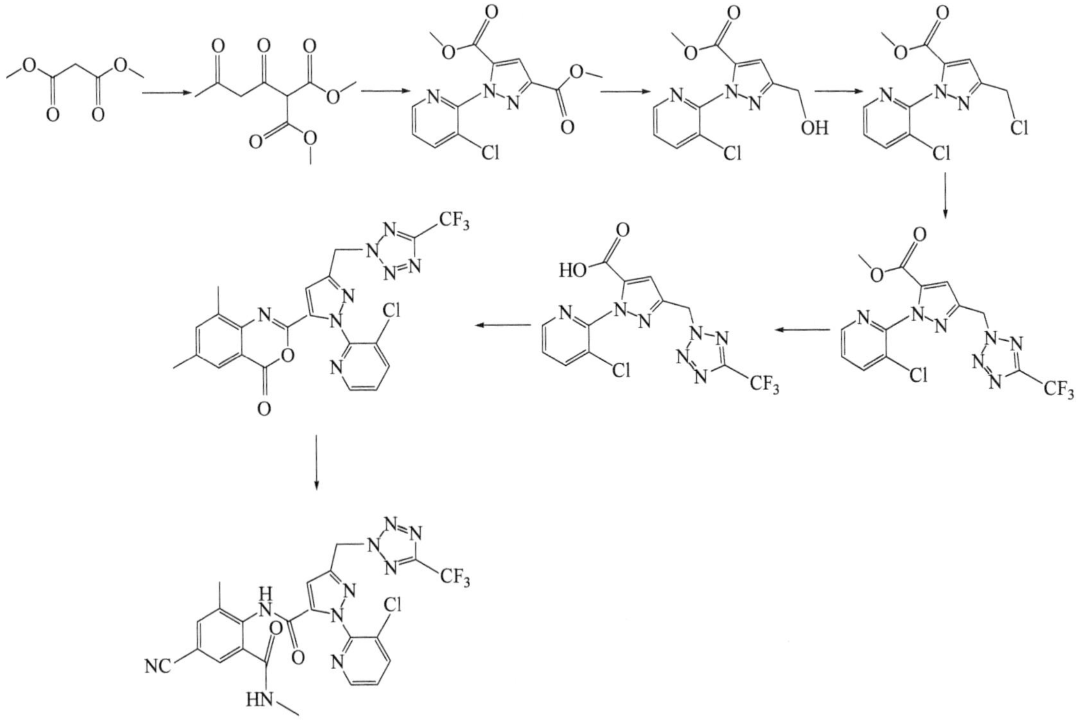

tiafenacil

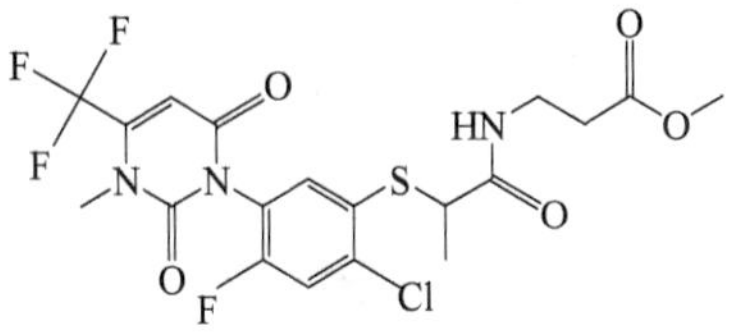

$C_{19}H_{18}ClF_4N_3O_5S$，511.9，1220411-29-9

Tiafenacil，试验代号 S-1563，是由韩国化学研究所开发的脲嘧啶类除草剂。

化学名称 3-[(2RS)-2-[2-氯-4-氟-5-[1,2,3,6-四氢-3-甲基-2,6-二氧-4-三氟甲基嘧啶-1(6H)-yl]苯硫基]丙酰胺]丙酸甲酯，methyl 3-[(2RS)-2-[2-chloro-4-fluoro-5-[1,2,3,6-tetrahydro-3-methyl-2,6-dioxo-4-(trifluoromethyl)pyrimidin-1(6H)-yl]phenylthio]propionamido]propionate。

专利概况

专利名称 Preparation of uracil-based compounds as herbicides

专利号 WO2010038953

专利申请日 2009-09-24

专利拥有者 Korea Research Institute of Chemical Technology，S Korea；Dongbu Hitek Co Ltd

在其他国家申请的化合物专利：AU2009300571、CA2739347、KR2010038052、KR1103840、EP2343284、CN102203071、JP2012504599、AR75131、IN2011DN02257、CR20110183、US20110224083、US8193198 等。

合成方法 通过如下反应制得目的物：

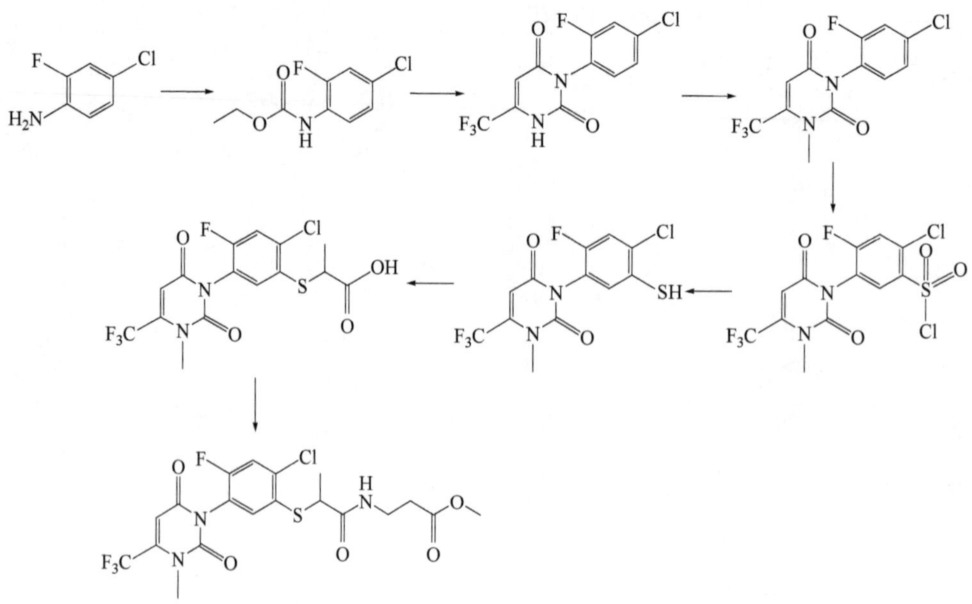

tioxazafen

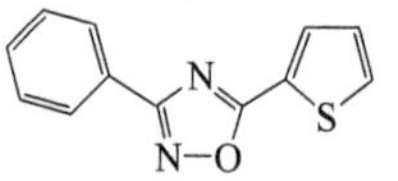

$C_{12}H_8N_2OS$，228.3，330459-31-9

Tioxazafen 为孟山都公司开发的主要用于土壤处理的杀线虫剂。

化学名称　3-苯基-5-(2-噻吩基)-1,2,4-噁二唑，3-phenyl-5-(2-thienyl)-1,2,4-oxadiazole。

专利概况

专利名称　Compositions and methods for controlling nematodes

专利号　WO2009023721

专利申请日　2008-08-13

专利拥有者　Diergence Inc；Monsanto Technology LLC

目前已公开或授权的专利：US2013296166、US2009048311、US8435999、TW200926985、MX2010001659、KR20100069650、JP2010536774、GT201000029、EP2184989、EA201300162、EA201070279、EA018784、CR11311、CO6260017、CN101820761、CL23822008、CA2699980、AU2008286879、AR068193 等。

合成方法　可经如下反应制得 tioxazafen：

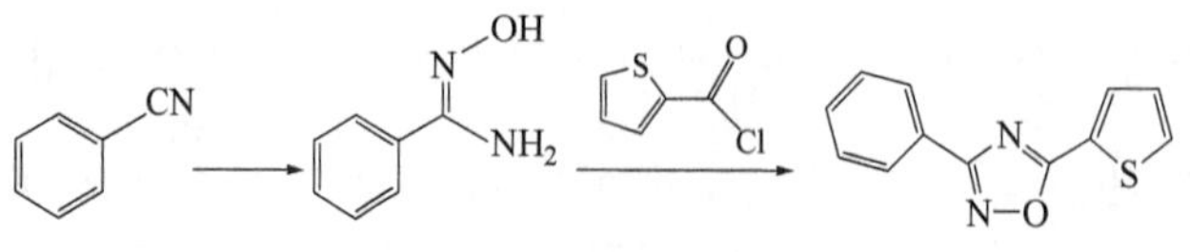

tolprocarb

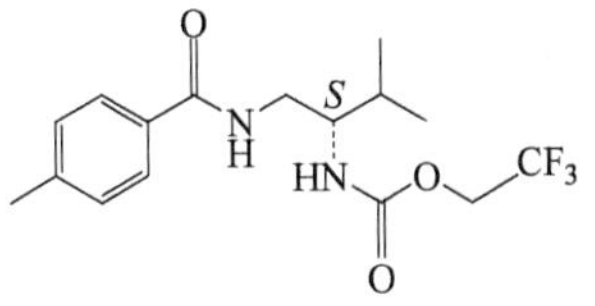

$C_{16}H_{21}F_3N_2O_3$，346.3，911499-62-2

Tolprocarb，试验代号 MTF-0301，是日本三井化学公司开发的氨基甲酸酯类杀菌剂。

化学名称 N-[(1S)-2-甲基-1-[[(4-甲基苯甲酰基)氨基]甲基]丙烷基]氨基甲酸-2,2,2-三氟乙氧基酯，2,2,2-trifluoroethyl(S)-[2-methyl-1-(p-toluoylaminomethyl)propyl]carbamate。

理化性质 密度(1.189±0.06)g/cm³(20℃)，lgP=3.731±0.514(25℃)。

应用 对水稻稻瘟病有非常好的防治效果。

专利概况

专利名称 Compositions containing diamines and other pesticides for controlling plant diseases and pests

专利号 JP4627546

专利申请日 2006-03-30

专利拥有者 Mitsui Chemicals Inc

在其他国家申请的化合物专利：BR2006008657、CN101160052、EP1872658、IN2007DN07832、KR974695、TW364258、US20090023667、WO2006106811。

工艺专利：WO2007111024、WO2012039132。

合成方法 经如下路线合成目的物：

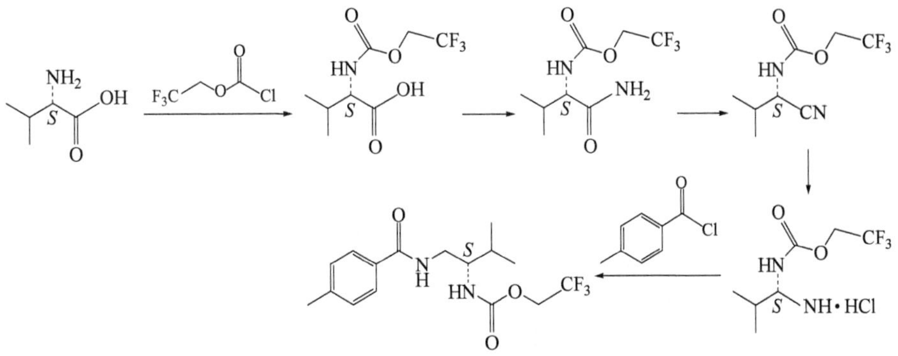

tolpyralate

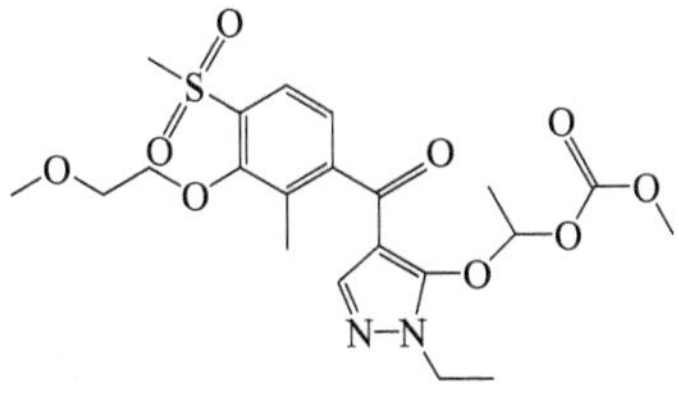

$C_{21}H_{28}N_2O_9S$，484.2，1101132-67-5

Tolpyralate，试验代号　SL-573，是石原产业株式会社开发的苯甲酰吡唑类除草剂。

化学名称　（RS)-1-［1-乙基-4-［4-甲砜基-3-(2-甲氧基乙氧基)-邻苯甲酰基］-吡唑-5-氧基］乙基碳酸甲酯，（RS)-1-［1-ethyl-4-［4-mesyl-3-(2-methoxyethoxy)-o-toluoyl］pyrazol-5-yloxy］ethylmethyl carbonate。

应用　主要用于玉米田苗后防除阔叶杂草，使用剂量30～50g/hm²。

专利概况

专利名称　Herbicidal composition containing polyoxyalkylene alkyl ether phosphates

专利号　WO2009011321

专利申请日　2008-07-11

专利拥有者　Ishihara Sangyo Kaisha，Ltd.，Japan.

在其他国家申请的化合物专利：JP2009040771、JP5390801、AU2008276970、CA2693760、KR2010031537、 KR1463642、 EP2172104、 NZ582413、 RU2483542、 BR2008014230、 PH12009502460、 IN2010DN00164、 CN101742905、 ZA2010000182、 EG25921、 MX2010000476、US20100197500、US8435928 等。

合成方法　通过如下反应制得目的物：

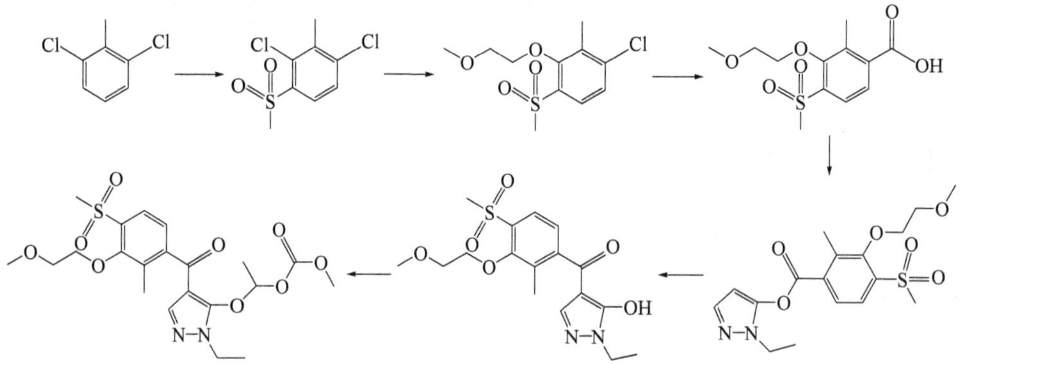

tralopyril

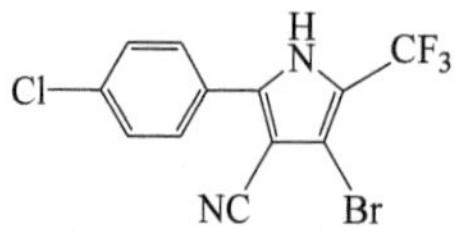

$C_{12}H_5BrClF_3N_2$，349.5，122454-29-9

Tralopyril，试验代号　AC303268。商品名称　Econea、Trilux44，是由巴斯夫公司报道的灭钉螺剂，可用于防治软体动物。

化学名称　4-溴-2-(4-氯苯基)-5-三氟甲基-1H-吡咯-3-甲腈，4-bromo-2-(4-chlorophenyl)-5-(trifluoromethyl)-1H-pyrrole-3-carbonitrile。

理化性质　浅棕色粉末，熔点253.3～253.4℃，分解温度高于400℃，相对密度1.74(20℃，pH=5.16)，解离常数 pK_a=7.08(25℃)，蒸气压：$1.9×10^{-8}$ Pa(20℃)、$4.6×10^{-8}$ Pa(25℃)。分配系数 K_{ow} lg$P$=3.5，蒸馏水中溶解度(20℃，pH 4.9)0.17mg/L；海水中溶解度(25℃，pH 8.1)0.16mg/L。其他溶剂中溶解度(20℃，mg/L)：丙酮300.5，乙酸乙酯236，甲醇109.1，正辛醇85.2，正己烷7.2，二甲苯5.6。tralopyril具有非常好的热稳定性，而且可以与氧化亚铜、硫氰酸亚铜及所有的有机或有机金属的抗菌剂以及氧化锌和氧化铁稳定共存。可以在水中水解。

在常温下可以稳定保存 5y。

毒性　经口毒性是比较大的，吸入毒性中等，经皮毒性为低毒。对大鼠皮肤和眼睛有轻微刺激，对豚鼠皮肤无致敏性。大鼠无作用剂量[mg/(kg·d)]：（90d）雄性 16.2，雌性 6.3；雄大鼠经皮（90d）300；在最高剂量 1000mg/(kg·d)下未有全身中毒症状。雌老鼠经过鼻子吸入进行嗅觉器官毒性测试的最低剂量（90d）为 20mg/m³；通过对神经系统的毒性测试，降低其活动反应能力的雄大鼠的最低剂量为 40mg/m³，导致雌大鼠身体某部位神经突出的最低剂量为 80mg/m³；且对雄大鼠和雌大鼠的 NOEL 分别为 20mg/m³ 和 40mg/m³；使大鼠胎儿体重减小的最低剂量为 10mg/(kg·d)，NOEL 为 5mg/(kg·d)；同时雌大鼠的症状表现为经常分泌唾液，其最低剂量为 10mg/(kg·d)，NOEL 为 5mg/(kg·d)。

专利与登记　专利 EP312723 已过专利期，不存在专利权问题。2008 年在澳大利亚取得登记。2009 年在美国加利福尼亚登记主要用于防污漆中。

合成方法　通过如下方法制得目的物：

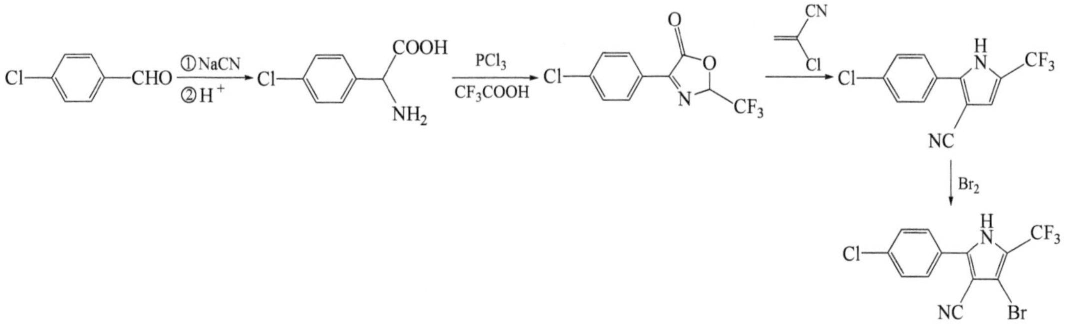

triafamone

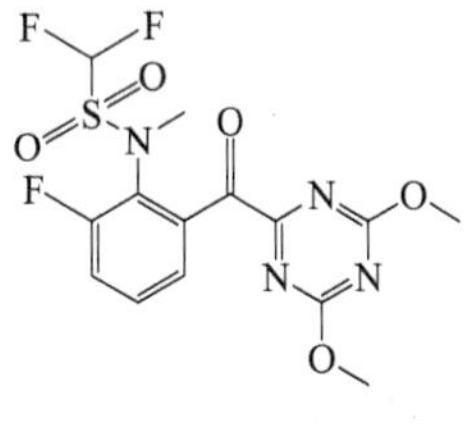

$C_{14}H_{13}F_3N_4O_5S$，406.3，874195-61-6

Triafamone，试验代号　AE1887196、BCS-BX60309，是由拜耳公司研制的磺酰胺类水稻田除草剂。

化学名称　N-[2-[(4,6-二甲氧基-1,3,5-三嗪-2-基）羰基] -6-氟苯基] -1,1-二氟-N-甲基甲磺酰胺，2′-[(4,6-dimethoxy-1,3,5-triazin-2-yl) carbonyl] -1,1,6′-trifluoro-N-methylmethanesulfonanilide。

理化性质　白色粉末，熔点 105.6℃，蒸气压 6.4×10^{-6} Pa(20℃)，Henry 常数 6.3×10^{-5} Pa·m³/mol(20℃)，水中溶解度(20℃,g/L)：0.036(pH 4)，0.033(pH 7)，0.034(pH 9)。K_{ow} $\lg P$(23℃)：1.5(pH 4,7)，1.6(pH 9)。

毒性　大、小鼠急性经口 $LD_{50}>2000mg/kg$，大鼠急性经皮 $LD_{50}>2000mg/kg$，对兔眼和皮肤无刺激，对豚鼠皮肤无致敏性。大鼠急性吸入毒性 $LC_{50}>5mg/L$。

生态效应　山齿鹑急性经口 $LD_{50}>2000mg/kg$，鲤鱼 $LC_{50}>100mg/L$，水蚤 $LC_{50}>50mg/L$，水藻 EC_{50} 6.23mg/L。对蜜蜂无毒，蜜蜂毒性 $LD_{50}(\mu g/只)$：经口 55.8(48h)，接触>100。对家蚕无害，在生物体内无潜在累积作用。

专利名称　Preparation of sulfonanilide herbicides

专利号　WO2007031208

专利申请日　2006-09-02

专利拥有者　拜耳公司（Bayer CropSciences A-G）

同时在其他国家申请的专利：JP2007106745、AU2006291703、CA2622578、EP1928242、JP2009507866、 JP5097116、 CN101394743、 BR2006016039、 CN102633729、 AR55635、TWI382816、 ZA2008001695、 MX2008003758、 KR2008044878、 IN2008CN01307、US20090305894、US20100323896、JP2012162553、JP2012162554、JP2012180352。

合成方法　通过如下反应制得目的物：

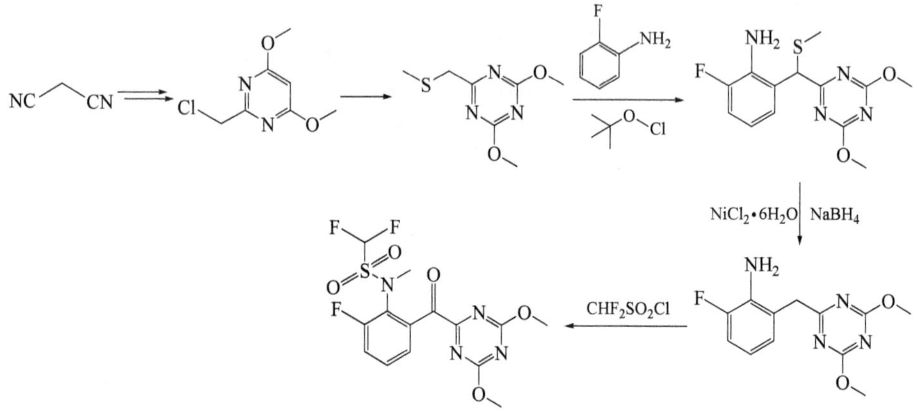

参考文献

[1] 伍强. 世界农药，2011，33 (3)：22-24.

trifludimoxazin

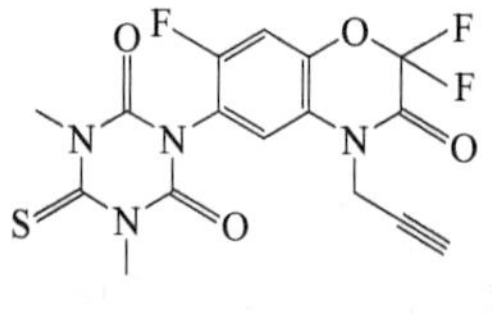

$C_{16}H_{11}F_3N_4O_4S$，412.0，1258836-72-4

Trifludimoxazin 是巴斯夫公司开发的三嗪酮类除草剂。

化学名称　1,5-二甲基-6-硫代-3-(2,2,7-三氟-3,4-二氢-3-氧-4-炔丙-2-基-2H-1,4-苯并噁嗪酮-6-基)-1,3,5-三嗪-2,4-二酮，1,5-dimethyl-6-thioxo-3-(2,2,7-trifluoro-3,4-dihydro-3-oxo-4-prop-2-yl-2H-1,4-benzoxazin-6-yl)-1,3,5-triazinane-2,4-dione。

专利概况

专利名称　Preparation of oxobenzoxazinyltriazinanedione derivatives for use as herbicides

专利号　WO2010145992

专利申请日　2010-06-11

专利拥有者　BASF SE，Germany

在其他国家申请的化合物专利：CA2763938、AU2010261874、EP2443102、KR2012046180、CN102459205、JP2012530098、IL216672、PT2443102、NZ597619、ES2417312、AR77191、IN2011MN02584、MX2011013108、CR20110667、US20120100991、US8754008、ZA2012000350、US20140243522 等。

工艺专利：WO2014026845、WO2014026893、WO2014026928、WO2013092858 等。

合成方法 通过如下反应制得目的物：

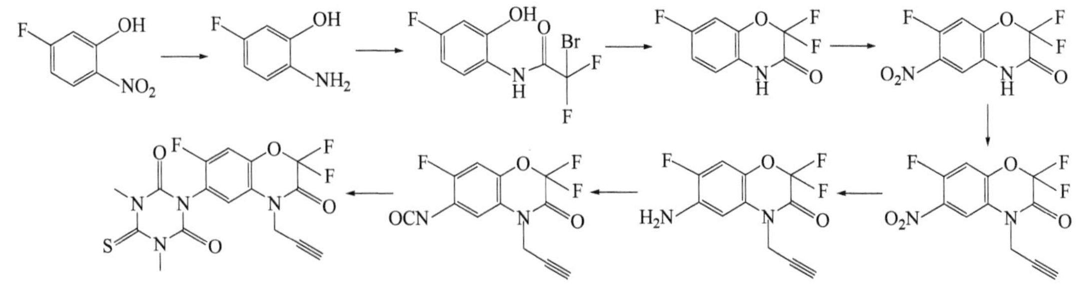

triflumezopyrim

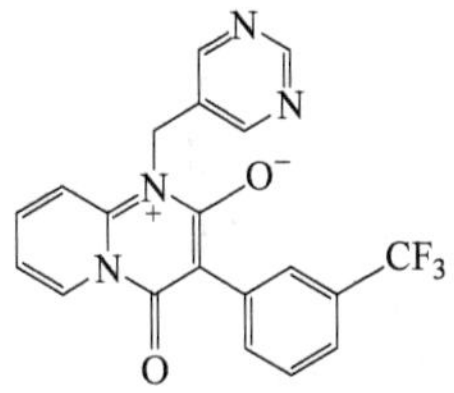

$C_{20}H_{13}F_3N_4O_2$，398.1，1263133-33-0

Triflumezopyrim，试验代号 DPX-RAB55，是杜邦公司开发的介离子类杀虫剂。

化学名称 2,4-二氧-1-(5-甲基嘧啶)-3-[3-三氟甲基苯基]-2H-吡啶并[1,2-a] 嘧啶内盐，3,4-di-hydro-2,4-dioxo-1-(pyrimidin-5-ylmethyl)-3-(α,α,α-trifluoro-m-tolyl)-2H-pyrido[1,2-a] pyrimidin-1-ium-3-ide。

应用 主要用于防治水稻田的稻飞虱。

专利概况

专利名称 Preparation and use of mesoionic pesticides and mixtures containing them for control of invertebrate pests

专利号 WO2011017351

专利申请日 2010-08-03

专利拥有者 EI duPont de Nemours and Company

在其他国家申请的化合物专利：CA2768702、AU2010279591、KR2012059523、EP2461685、CN102665415、JP2013501065、ZA2012000395、AR77790、US20120115722、MX2012001661 等。

工艺专利：WO2013090547、WO2012092115、WO2011017351 等。

合成方法 通过如下反应制得目的物：

valifenalate

$C_{19}H_{27}ClN_2O_5$，398.9，283159-90-0

Valifenalate，试验代号 IR-5885。商品名称 Emendo、Java、Valis、Yaba。其他名称 Estocade、Emendo F、Emendo M，由意大利意赛格开发的杀菌剂。

化学名称 N-(异丙氧羰基)-L-异戊氨酰-(3RS)-3-(4-氯苯基)-β-丙氨酸甲酯，methyl N-(isopropoxycarbonyl)-L-valyl-(3RS)-3-(4-chlorophenyl)-β-alaninate。

理化性质 工业品含量 98%。无味白色粉末。熔点 147℃，沸点(101.83～102.16kPa)：(367±0.5)℃。蒸气压 $9.6×10^{-5}$mPa(20℃)，$2.3×10^{-4}$mPa(25℃)。$K_{ow}lgP$=3～3.1(pH 4～9)。Henry 常数 $1.6×10^{-6}$Pa·m^3/mol。相对密度(21℃±0.5℃)1.25。溶解性(20℃±0.5℃,g/L)：水 $2.41×10^{-2}$(pH 4.9～5.9)，水 $4.55×10^{-2}$(pH 9.5～9.8)；正己烷 $2.55×10^{-2}$，二甲苯 2.31，丙酮 29.3，乙酸乙酯 25.4，1,2-二氯乙烷 14.4，甲醇 28.8。稳定性：在空气中迅速分解，大气中 DT_{50}7.5h；在水溶液中稳定(pH 4)，DT_{50}7.62d(pH 7,50℃)，4.15d(pH 9,25℃)，并且对太阳光稳定。pK_a：$-1.78±0.70$，$11.35±0.46$(amidegroup 1)；$-1.08±0.70$，$14.88±0.46$(amidegroup 2)。

毒性 大鼠急性经口 LD_{50}>5000mg/kg。大鼠急性经皮 LD_{50}>2000mg/kg。对兔的眼睛和皮肤无刺激性。大鼠吸入 LD_{50}>3.118mg/L。大鼠 NOAEL[mg/(kg·d)]：雄性 150，雌性 1000。ADI0.168mg/kg。没有致癌、致突变、致畸毒性。

生态效应 山齿鹑、野鸭 LD_{50}(14d)>2250mg/kg，LC_{50}(5d)>5620mg/L[野鸭 2649mg/(kg·d)，鹌鹑 1513mg/(kg·d)]。虹鳟鱼和斑马鱼 LC_{50}(96h)>100mg/L。水蚤 LC_{50}(48h)>100mg/L。栅列藻 EC_{50}(72h)>100mg/L。蜜蜂 LD_{50}(48h,μg/只)：>100(接触)，>106.6(经口)。蚯蚓 LC_{50}(14d)>1000mg/kg。

环境行为 动物 大鼠口服后 72h 可代谢干净，主要随粪便排出。植物 在植物体内代谢较慢。土壤/环境 在土壤中 DT_{50}1.88～12.00h(实验室,20℃,有氧)，DT_{90}6.26～39.87h(实验室,20℃,有氧)。K_{oc}375～1686(5 种土壤类型)。地表水 DT_{50}：4.87d(池塘)，5.04d(河流)；地表水 DT_{90}：16.19d(池塘)，16.75d(河流)；整个水系统 DT_{50}：5.30d(池塘)，5.19d(河流)；整个水系统 DT_{90}：17.61d(池塘)，17.24d(河流)。

作用机理和特点 通过抑制磷脂的生物合成，进而抑制细胞壁的合成。在病原体整个生长阶段，都可以抑制细胞壁的合成。在植物体外抑制孢子的萌发，在植物体内抑制菌丝的生长。大部分通过植物叶片进入植物组织，也可以通过植物根部进入，然后通过木质部向上传导，最终扩散到整个植物组织。产生长久、均衡的防效，在新生组织中也有防效。

应用 用来控制卵菌纲真菌病害，比如霜霉病，疫病等。也可用于防治单轴霉属病害。对番茄、马铃薯晚疫病、葡萄霜霉病、生菜、洋葱、烟草上病害有特效。对很多花卉上的病害效果也很好。常与其他杀菌剂混配使用。使用量 120～150g/hm²。

专利概况

专利名称 Preparation of highlymicrobicidal dipeptides and their use for field crops

专利号 JP 2000198797

专利申请日 1999-11-30

专利拥有者 Isagro Ricerca SRL

在其他国家申请的化合物专利：JP4498511、IT98MI2583、IT1303800、AU9960628、AU756519、EP1028125、AT258557、PT1028125、ES2213979、NZ501346、BR9905751、US6448228 等。

合成方法 以对氯苯甲醛及缬氨酸为原料经如下路线合成：

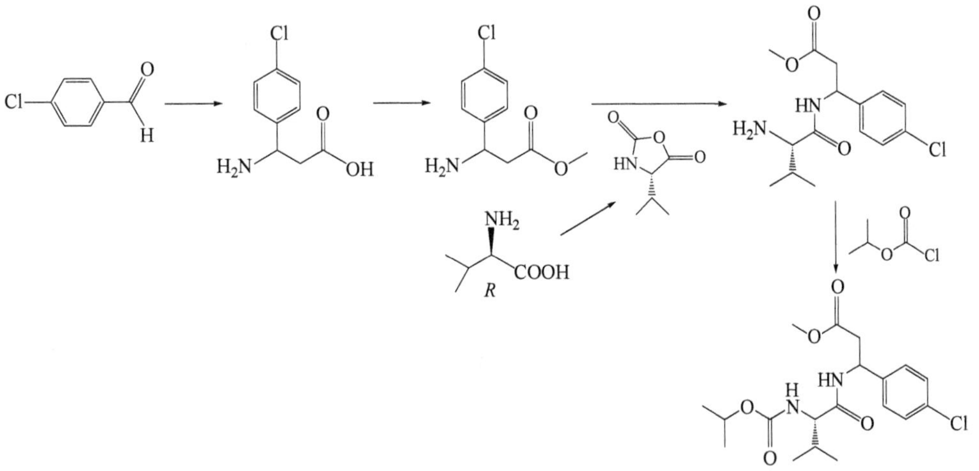

zeatin

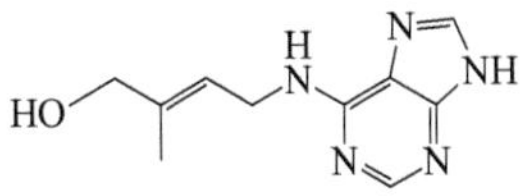

$C_{10}H_{13}N_5O$，219.2，1637-39-4，10052-59-2，129900-07-8(曾用)

Zeatin，商品名称 Boost，为植物生长调节剂。

化学名称 2-甲基-4-(9H-嘌呤-6-基氨基)-2-丁烯-1-醇，2-methyl-4-(9H-purin-6-ylamino)but-2-en-1-ol。

理化性质 顺式 Zeatin 为灰白色或黄色粉末，反式 Zeatin 为白色或灰白色粉末，商品系反式和顺式异构体混合物，熔点 207～208℃，pH 值为 7 时最大吸收波长 212nm 和 270nm。

作用机理与特点 通过喷施该制剂，能使植株矮化，茎秆增粗，根系发达，叶夹角变小，绿叶功能期延长，光合效率高，从而达到提高产量的目的。

应用

（1）适宜作物　玉米、柑橘、黄瓜、胡椒、凤梨、马铃薯、西红柿等。

（2）使用方法　用 3mg zeatin 和 30mL 40% 乙烯利，兑水 20kg 喷施于玉米田，能使玉米增产。主要是适当增加相对密度来发挥群体优势而得高产。

0.01% zeatin 水剂，以每公顷 600~2500mL 制剂喷雾或浸根，可使番茄和棉花增产。

专利概况　首次从玉米分离出来并被用为植物生长调节剂。专利 US4169717 早已过专利期，不存在专利权问题。

合成方法　通过如下反应制得目的物：

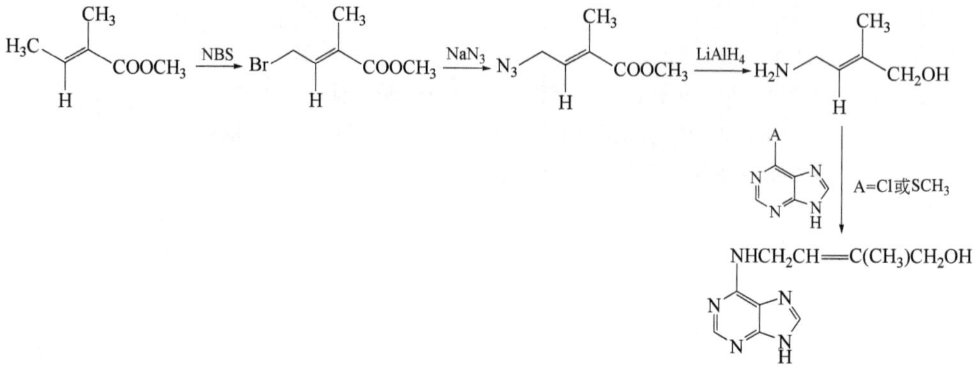

参考文献

[1] J Agric Food Chem，1998，46（4）：1577-1588.

附　录

1　不常用的杀菌剂

序号	名称/CAS/结构	序号	名称/CAS/结构
1	aldimorph，91315-15-0	7	Isovaledione，70017-93-5
2	azithiram，PP447，5834-94-6	8	KZ 165
3	furophanate，RH-3928，53878-17-4	9	mecarbinzid，BAS 3201F，27386-64-7
4	furmecyclox，BAS 389F，60568-05-0	10	metazoxolon，PP 395，5707-73-3
5	hexylthiofos，NTN 3318，41495-67-4	11	methasulfocard，NK-191，66952-49-6
6	ICIA0858，SC-0858，112860-04-5	12	2-methoxyethylmercury，151-38-2

序号	名称/CAS/结构	序号	名称/CAS/结构
13	milneb，3773-49-7	18	P 368，34407-87-9
14	myxothiazol，76706-55-3	19	phenylmercury dimethyldithio carbamat，32407-99-1
15	nickel bis(dimethyldithiocarbamate)， M-1、DDC-Ni，15521-65-0	20	prosulfalin，51528-03-1
16	4-(2-nitroprop-1-enyl)phenyl thiocyanate，950-00-5	21	R= 3,4-dihydroxy T Pseudomycin-A 3-hydroxy T Pseudomycin-B 3,4-dihydroxy H Pseudomycin-C 3-hydroxy H Pseudomycin-C′ (T=tetradecanoyl) (H=hexadecanoyl) pseudomycin
17	NKI-42650，165675-52-5	22	PSF-D

序号	名称/CAS/结构	序号	名称/CAS/结构
23	quinconazole，SN 539865， 103970-75-8	29	UBF-307，149601-03-6
24	RH-2512，4137-12-6	30	XRD-563，124426-49-9
25	SSF-109，129586-32-9	31	zopfiellin
26	tecoram，5836-23-7 tecoram，5836-23-7	32	苯柳酸铜，5328-04-1
27	thiadifluor，SLJ 4027a，80228-93-9	33	比锈灵，pyracarbolid，Hoe 13764，24691-76-7
28	triazbutil，RH-124，16227-10-4	34	吡氯灵，pyroxychlor，Dowco 269，7159-34-4

序号	名称/CAS/结构	序号	名称/CAS/结构
35	吡咪唑,rabenzazole,40341-04-6	41	放线菌酮,cycloheximide,66-81-9
36	苄氯三唑醇,diclobutrazol,75736-33-3、66345-62-8	42	粉病灵,piperalin,3478-94-2
37	敌菌灵,anilazine,101-05-3	43	呋菌唑,furconazole,112839-33-5,112839-32-4
38	二苯胺,diphenylamine,122-39-4	44	肤菌胺,methfuroxam,H 719,28730-17-8
39	二甲呋酰胺,furcarbanil,BAS 319F,28562-70-1	45	福美铁,ferbam,14484-64-1
40	二氯萘醌,dichlone,117-80-6	46	福美铜氯,cuprobam,7076-63-3

序号	名称/CAS/结构	序号	名称/CAS/结构
47	咪菌酮,climbazole,38083-17-9	53	HCHO 甲醛,formaldehyde,50-00-0
48	癸磷锡,decafentin,15652-38-7	54	2-甲氧基乙基氯化汞, 2-methoxyethylmercury chloride,123-88-6
49	环菌胺,cyclafuramid,34849-42-8	55	菌核利,dichlozoline,24201-58-9
50	磺胺喹恶啉,sulfaquinoxaline,59-40-5	56	喹啉铜,oxine-copper,10380-28-6
51	甲基胂酸,methylarsonic acid,124-58-3	57	醌菌腙,quinazamid,RD 8684,61566-21-0
52	甲菌利,myclozolin,BAS 436F,54864-61-8	58	邻苯基苯酚,2-phenylphenol,90-43-7

序号	名称/CAS/结构	序号	名称/CAS/结构
59	磷酸,phosphonic acid,13598-36-2	65	硫杂灵,cufraneb,11096-18-7
60	硫菌灵,thiophanate,NF 35,23564-06-9	66	氯苯甲醚,chloroneb,2675-77-6
61	硫菌威,prothiocarb,SN 41703,19622-08-3	67	氯苯咯菌胺,metomeclan,81949-88-4
62	硫氯苯亚胺,Thiochlorfenphim,19378-58-6	68	氯吡呋醚,pyroxyfur,Dowco 444,70166-48-2
63	硫氰苯甲酰胺,tioxymid,SAF-787,70751-94-9	69	氯化苯汞,phenylmercury chloride,100-56-1
64	2-(硫氰基甲硫基)苯并噻唑,2-(thiocyanato methylthio)benzothiazole,21564-17-0	70	HgCl₂ 氯化汞,mercuric chloride,7487-94-7

序号	名称/CAS/结构	序号	名称/CAS/结构
71	氯瘟磷,phosdiphen,MTO-460,36519-00-3	77	噻菌胺,metsulfovax,G 696,21452-18-6
72	咪菌威,debacarb,62732-91-6	78	噻菌腈,thicyofen,PH 51-07,DU 510311,116170-30-0
73	咪唑嗪,triazoxide,72459-58-6	79	三氟苯唑,fluotrimazole,BAY BUE 0620,31251-03-3
74	灭菌磷,ditalimfos,5131-24-8	80	三氯甲基吡啶,nitrapyrin,Dowco 163,1929-82-4
75	$CuSO_4 \cdot (N_2H_5)_2SO_4$ 灭菌铜,cupric hydrazinium sulfate,33271-65-7	81	双硫氧吡啶,OSY-20,dipyrithione,3696-28-4
76	氰菌胺,zarilamid,ICIA 0001,84527-51-5	82	水杨菌胺,trichlamide,NK-483,70193-21-4

序号	名称/CAS/结构	序号	名称/CAS/结构
83	酞菌酯,nitrothal-isopropyl,10552-74-6	90	香芹酮,carvone,99-49-0
84	铜锌铬酸盐,copper zinc chromate,1336-14-7	91	氧四环素,oxytetracycline,79-57-2
85	脱氢乙酸,dehydroacetic acid,520-45-6	92	乙酸苯汞,phenylmercury acetate,62-38-4
86	戊苯砜,sultropen,963-22-4	93	吲哚酯,OK-9601
87	戊氰威,nitrilacarb,AC 82 258,29672-19-3	94	游霉素,natamycin,7681-93-8
88	烯丙基硫醚,diallyl sulfides,2179-57-9	95	酯菌胺,cyprofuram,69581-33-5
89	硝酸苯汞,phenylmercury nitrate,8003-05-2		

2 不常用的除草剂

序号	名称/CAS/结构	序号	名称/CAS/结构
1	AKH-7088,104459-82-7	8	cliodinate,ASD 2288,69148-12-5
2	alorac,19360-02-2	9	clofop,Hoe 22870,59621-49-7,51337-71-4
3	amidochlor,MON 4620,40164 - 67 - 8	10	defenuron, IPO 4328, 1007-36-9
4	anisuron, 2689-43-2	11	dicyclonon, BAS 145138, 79260-71-2
5	chlorprocarb, BAS 379H, 23121-99-5	12	diethamquat, 4029-02-1, 400852-67-7
6	ciobutide, 80544-75-8	13	disul, 2,4-DES, 149-26-8(酸), 136-78-7(钠盐)
7	CL 304415, 31541-57-8, 217311-61-0	14	ethyl 214, 6013-05-4

序号	名称/CAS/结构	序号	名称/CAS/结构
15	fenridazon,68254-10-4	21	flupropacil,UCC-C4243,120890-70-2
16	fenteracol,2122-77-2	22	glyphosine,CP 41845,2439-99-8
17	flufenican,78863-62-4	23	glyphosate-trimesium,ICIA 0224,81591-81-3
18	flumezin,BAS 348H,25475-73-4	24	haloxydine,PP 493,2693-61-0
19	flumipropyn,S-23121,84478-52-4	25	halosafen,77227-69-1
20	fluoromidine,NC 4780,13577-71-4	26	HC-252,131086-42-5

序号	名称/CAS/结构	序号	名称/CAS/结构
27	holosulf,HOL 1302,21780-04-1	34	LS 830566,98565-18-5
28	2-hydrazinoethanol,Omaflora,109-84-2	35	mesoprazine,CGA 4999,1824-09-5
29	iodobonil,25671-45-8	36	methalpropalin,57801-46-4
30	ipazine,G 30031,1912-25-0	37	灭草唑,methazole,VCS-438,20354-26-1
31	iprymidam,SAN 52123H,30182-24-2	38	MG 191,22052-63-7
32	isopolinate,R-4574,3134-70-1	39	monisouron,SSH-41,55807-46-0
33	isopyrimol,55283-69-7	40	NC-330,104770-29-8

序号	名称/CAS/结构	序号	名称/CAS/结构
41	NK-1158,66227-09-6	48	pyridafol,NOA 402 989,40020-01-7\
42	OCH,4024-81-1	49	N-pyrrolidinosuccinamic acid, F 529,23744-05-0
43	P 293,58041-19-3	50	SMY 1500,64529-56-2
44	parafluron,C 15935,7159-99-1	51	SN 106279,103055-61-4
45	phenmedipham-ethyl,SN 38 574,13684-44-1	52	sulglycapin,BAS 461H,51068-60-1
46	PT 807,274671-61-3	53	2,4,5-T,93-76-5
47	pydanon,H 1244,22571-07-9	54	2,4,5-TB,93-80-1

序号	名称/CAS/结构	序号	名称/CAS/结构
55	tetrafluron, Hoe 2991, 27954-37-6	62	tripropindan, Ro 7-0668, 6682-77-5
56	thiazafluron, GS 29696, 25366-23-8	63	trifopsime, Ro 13-8895, 72131-76-1
57	thiocarbazil, M 3432, 36756-79-3	64	tritac, 1861-44-5
58	tioclorim, UK-J 1506, 68925-41-7	65	UBI-S734, 60263-88-9
59	N-m-tolylphthalamic acid, 85-72-3	66	vernolare, R-1607, 1929-77-7
60	tributyl phosphorotrithioite, 150-50-5	67	WL 9385, 2854-70-8
61	trifop, Hoe 29 152, 58594-74-4	68	氨氟灵, dinitramine, USB 3584, 29091-05-2

序号	名称/CAS/结构	序号	
69	氨基磺酸铵,ammonium sulfamate,7773-06-0	76	
70	胺嗪酮,ametridione,BAY SSH 0860,78168-93-1	77	吡唑特,pyr ,58011-68-0 苄草哗,pyrazoxyfen,SL-49,71561-11-0
71	胺嗪草酮,amibuzin,DIC 3202,76636-10-7	78	丙炔草胺,prynachlor,BAS 290H,21267-72-1
72	苯草酮,methoxyphenone,NK-049,41295-28-7	79	丙烯醇,allyl alcohol,107-18-6
73	苯哒嗪钾,clofencet,82697-71-0	80	菜草畏,Sulfallate,CP 4742,95-06-7
74	吡草酮,benzofenap,MY-71,82692-44-2	81	草不隆,neburon,555-37-3
75	吡喃隆,metobenzuron,UMP-488,111578-32-6	82	草达津,trietazine,G 27901,1912-26-1

序号	名称/CAS/结构	序号	名称/CAS/结构
83	草哒松,oxapyrazon,BAS 3380H,4489-31-0	90	地散磷,bensulide,741-58-2
84	草哒酮,dimidazon,BAS 255H,3295-78-1	91	地特乐,dinofenate,61614-62-8
85	除草醚,Nitrofen,FW-925,1836-75-5	92	碘苯腈,ioxynil,1689-83-4
86	氮庚酰胺,TI-35,64661-12-7	93	叠氮津,aziprotryne,C 7019,4658-28-0
87	敌草净,desmetryn,1014-69-3	94	丁草敌,butylate,2008-41-5
88	地乐酚,dinoseb,88-85-7	95	丁咪酰胺,isocarbamid, BAY MNF 0166,30979-48-7
89	地乐酯,dinoseb acetate,Hoe 02904 ,2813-95-8	96	丁烯草胺,butenachlor,87310-56-3

序号	名称/CAS/结构	序号	名称/CAS/结构
97	毒草胺,propachlor,1918-16-7	104	格草净,methoprotryne,G 36393,841-06-5
98	二丙烯草胺,Allidochlor,CP 6343,93-71-0	105	非草隆,fenuron,101-42-8
99	二甲哒草伏,metflurazon, SAN 6706H,23576-23-0	106	非草隆三氯乙酸盐,fenuron-TCA,4482-55-7
100	二甲基萘,1,4-dimethylnaphthalene,571-58-4	107	呋氧草醚,furyloxyfen,MT-124,80020-41-3
101	二甲基胂酸,dimethylarsinic acid,75-60-5	108	氟草敏,norflurazon,27314-13-2
102	2,6-二异丙基萘,2,6-diisopropylnaphthalene, 24157-81-1	109	氟除草醚,fluoronitrofen,Mo 500,13738-63-1
103	苷扑津,proglinazine,MG-07,68228-18-2	110	氟磺酰草胺,mefluidide,53780-34-0

序号	名称/CAS/结构	序号	名称/CAS/结构
111	氟氯草胺，nipyraclofen，SLA 3992，99662-11-0	118	环己烯草酮，cloproxydim，5480-33-4
112	庚酰草胺，Monalide，Schering 35830，7287-36-7	119	环莠隆，cycluron，2163-69-1
113	害草净，lambast，845-52-3	120	黄草伏，perfluidone，MBR-8251，37924-13-3
114	禾草丹，methiobencarb，NTN 5810，18357-78-3	121	磺草灵，asulam，3337-71-1
115	环丙氟灵，profluralin，CGA 10832，26399-36-0	122	甲磺乐灵，nitralin，SD 11831，4726-14-1
116	环丙腈津，procyazine，CGA 18762，32889-48-8	123	甲基胺草磷，amiprophos-methyl，36001-88-4
117	环丙嘧啶醇，ancymidol，12771-68-5	124	甲基杀草隆，methyldymron，SK-41，42609-73-4

序号	名称/CAS/结构	序号	名称/CAS/结构
125	甲氯酰草胺,pentanochlor,2307-68-8	132	另丁津,sebuthylazine,GS 13528,7286-69-3
126	甲羧除草醚,bifenox,42576-02-3	133	硫氰苯胺,rhodethanil,BAY 53 427,3703-46-6
127	甲氧隆,metoxuron,19937-59-8	134	FeSO₄ 硫酸亚铁,ferrous sulfate,7782-63-0,7720-78-7
128	解草胺腈,cyometrinil,63278-33-1	135	氯草敏,chloridazon,1698-60-8
129	可乐津,chlorazine,580-48-3	136	4-氯苯氧乙酸,4-CPA,122-88-3
130	枯草隆,chloroxuron,1982-47-4	137	氯酞酸甲酯,chlorthal-dimethyl,1861-32-1
131	枯莠隆,difenoxuron,14214-32-5	138	氯酞亚胺,chlorphthalim,39985-63-2

序号	名称/CAS/结构	序号	名称/CAS/结构
139	 氯酰噁唑烷,R29148,52836-31-4	146	 棉胺宁,phenisopham,SN 58 132,57375-63-0
140	 氯乙氟灵,fluchloralin,BAS 392H,33245-39-5	147	 茉莉酮,prohydrojasmon,158474-72-7
141	 茅草枯,dalapon,75-99-0	148	 牧草胺,tebutam,CGA 39625,35256-85-0
142	 咪草酸甲酯,imazamethabenz-methyl,81405-85-8	149	 牧草快,cyperquat,39794-99-5
143	 醚草敏,credazine,14491-59-9	150	 萘丙胺,naproanilide,MT-101,52570-16-8
144	 醚草通,methometon,C 2307,1771-07-9	151	 萘草胺,naptalam,132-66-1
145	 密草通,secbumeton,GS 14 254,26259-45-0	152	 萘二甲酸苷,naphthalic anhydride,81-84-5

序号	名称/CAS/结构	序号	名称/CAS/结构
153	哌草磷,piperophos,24151-93-7	160	噻二唑草胺,thidiazimin,SN 124085,123249-43-4
154	哌壮素,piproctanyl bromide,56717-11-4	161	噻唑禾草灵,fenthiaprop,73519-50-3
155	坪草丹,orbencarb,34622-58-7	162	三丁氯苄,chlorphonium chloride,115-78-6
156	扑灭通,prometon,1610-18-0	163	三氟甲草醚,nitrofluorfen,42874-01-1
157	氰草净,cyanatryn,21689-84-9	164	三氟硝草醚,fluorodifen,C 6989,15457-05-3
158	炔禾灵,chlorazifop,60074-25-1,74310-70-6,72492-54-7	165	三环赛草胺,cyprazole,42089-03-2
159	$CH_3(CH_2)_7CO_2H$ 壬酸,nonanoic acid,112 - 05 - 0	166	三甲隆, Trimeturon, BAY 40557, 3050-27-9

序号	名称/CAS/结构	序号	名称/CAS/结构
167	三氯丙酸,chloropon,3278-46-4	174	$CH_3(CH_2)_{29}OH$ 三十烷醇,triacontanol,593-50-0
168	CCl_3CO_2Na 三氯乙酸钠,TCA-sodium,650-51-1	175	四环唑,tetcyclacis,BAS 106W,77788-21-7
169	杀草强,amitrole,61-82-5	176	$CHF_2CF_2CO_2H$ 四氟丙酸,flupropanate,756-09-2
170	杀草畏,tricamba,2307-49-5	177	羧酸芴,dichlorflurenol,21634-96-8
171	杀木膦,fosamine,59682-52-9	178	特胺灵,karbutilate,FMC 11092,4849-32-5
172	双苯酰草胺,diphenamid,L-34314,957-51-7	179	特丁草胺,terbuchlor,MON 0358,4212-93-5
173	双酰草胺,carbetamide,16118-49-3	180	特丁通,terbumeton,33693-04-8

序号	名称/CAS/结构	序号	名称/CAS/结构
181	2,4,5-涕丙酸,fenoprop,93-72-1	188	硝丙酚,dinoprop,7257-41-2
182	肟草威,proximpham,2828-42-4	189	燕麦敌,diallate,2303-16-4
183	戊昧禾草灵,difenopenten,81416-44-6,71101-05-8	190	乙丁氟灵,benfluralin,1861-40-1
184	戊硝酚,dinosam,4097-36-3	191	乙丁烯氟灵,ethalfluralin,55283-68-6
185	西玛通,Simeton,G 30044,673-04-1	192	乙酰甲草胺,Diethatyl,38727-55-8
186	烯丙酰草胺,dichlormid,R-25788,37764-25-3	193	异丙净,dipropetryn,GS 16068,4147-51-7
187	先甲草胺,amidochlor,40164-67-8	194	异丙乐灵,isopropalin,EL-179,33820-53-0

序号	名称/CAS/结构	序号	名称/CAS/结构
195	异噁草醚,isoxapyrifop,HOK-1566, 87757-18-4	201	增糖酯,dicamba-methyl,6597-78-0
196	抑草磷,butamifos,36335-67-8	202	增糖胺,fluoridamid,MBR-6033,47000-92-0
197	易噁隆,isouron,55861-78-4	203	增效磷,dietholate,32345-29-2
198	茵草敌,EPTC,759-94-4	204	$CH_3(CH_2)_9OH$ 正癸醇,n-decanol,112-30-1
199	吲熟酯,ethychlozate,27512-72-7	205	整形醇,chlorflurenol-methyl,2536-31-4
200	增产肟,heptopargil,EGYT 2250,73886-28-9		

3 不常用的杀虫剂

序号	名称/CAS/结构	序号	名称/CAS/结构
1	amidothioate，NK-1，54381-26-9	8	芬螨酯，fenson，80-38-6
2	athidathion，G 13006，19691-80-6	9	fentrifanil，62441-54-7
3	BAY MEB 6046，21757-82-4	10	flubenzimine，BAY SLJ 0312，37893-02-0
4	dinosulfon，MC 1143，5386-77-6	11	flucofuron，Mitin N，370-50-3
5	dithicrofos，Hoe 19 510，41219-31-2	12	flufenprox，ICIA 5682，107713-58-6
6	CH$_3$(CH$_2$)$_3$CH(CH$_3$)(CH$_2$)$_2$CO$_2$CH$_2$CH$_3$ ethyl，4-methyloctanoate，56196-53-3	13	FMC 1137、NIA 1137，2901-90-8、3031-21-8
7	fenoxacrim，65400-98-8	14	formparanate，UC 25074，17702-57-7

序号	名称/CAS/结构	序号	名称/CAS/结构
15	fospirate,Dowco 217,5598-52-7	22	lirimfos,SAN 201I,38260-63-8
16	G 22008,87-47-8	23	methocrotophos,C 2307,25601-84-7
17	hexadecyl,ZR 856,TF-5166,54460-46-7	24	methoquin-butyl,19764-43-3
18	hyquincarb,Hoe 25682,56716-21-3	25	MNFA,NA-26,5903-13-9
19	iodfenphos,C 9491,18181-70-9	26	NC-196,133456-86-7
20	isamidofos,Hoe 36275,66602-87-7	27	NPD,ASP-51,3244-90-4
21	KH-502,122431-24-7	28	pH 60-38,35409-97-3

序号	名称/CAS/结构	序号	名称/CAS/结构
29	pirimetaphos,SAN I 52135,31377-69-2	35	R-1492,G-29288,953-17-3
30	primidophos,PP 484,39247-96-6	36	RA-17,105084-66-0
31	pyrazinon,G 24622,5826-91-5	37	rescalure,64309-03-1
32	pyresméthrine,RU-12061,24624-58-6	38	RH-5849,112225-87-3
33	quinonamid,Hoe 02997,27541-88-4	39	RU 25475,66841-26-7
34	quinothion,22439-40-3	40	ryanodine,15662-33-6

序号	名称/CAS/结构	序号	名称/CAS/结构
41	scilliroside,507-60-8	47	transpermethrin,RU 22090,61949-77-7
42	sesasmolin,526-07-8	48	trifenofos,RH-218,38524-82-2
43	SSI-121,108307-07-9	49	WL 108 477,94050-50-7
44	TEPP,107-49-3	50	zolaprofos,ICIA0001,63771-69-7
45	thicrofos,Hoe 20906,41219-32-3	51	安硫磷,formothion,J-38、SAN 6913I,2540-82-1
46	2-thiocyanatoethylLaurate,301-11-1	52	胺吸磷,amiton,R 5158,78-53-5

続表

序号	名称/CAS/结构	序号	名称/CAS/结构
53	 艾氏剂,HHND,aldrin,309-00-2	60	 苯螨噻,triarathene,UBI-T 930,65691-00-1
54	 八甲磷,schradan,152-16-9	61	 吡唑磷,pyrazoxon,108-34-9
55	$CCl_3CHClCH_2OCH_2CHClCCl_3$ 八氯二丙醚,S4 21,127-90-2	62	 苄菊酯,dimethrin,70-38-2
56	 巴毒磷,crotoxyphos,7700-17-6	63	 苄氯菊酯,cispermethrin,61949-76-6
57	 倍硫磷亚砜,mesulfenfos,3761-41-9	64	 丙胺氟磷,mipafox,371-86-8
58	 苯虫醚,iofenolan,CGA 059205,63837-33-2	65	 丙二醇月桂酸酯,propyleneglyco lmonododecanoate,27194-74-7
59	 苯腈膦,cyanofenphos,13067-93-1	66	 丙氯诺,proclonol,R-8284,14088-71-2

序号	名称/CAS/结构	序号	名称/CAS/结构
67	 丙酯杀螨醇,chloropropylate,5836-10-2	74	 地胺磷,mephosfolan,950-10-7
68	 虫螨畏,methacrifos,62610-77-9	75	 地虫硫膦,fonofos,N-2790,944-22-9
69	 虫螨磷,chlorthiophos,60238-56-4	76	 敌敌磷,OS 1836,311-47-7
70	 除螨灵,dienochlor,2227-17-0	77	 敌噁磷,dioxathion,78-34-2
71	 除线威,cloethocarb,51487-69-5	78	 敌蝇威,dimetilan,G 22870,644-64-4
72	 畜虫磷,coumithoate,572-48-5	79	 狄氏剂,dieldrin,60-57-1
73	 单甲基克百威,decarbofuran,1563-67-3	80	 叠氮磷,azidox,NC 7,7219-78-5

序号	名称/CAS/结构	序号	名称/CAS/结构
81	丁苯硫磷,fosmethilan,83733-82-8	88	二氯丁,dichlorothiolane dioxide,3001-57-8
82	丁苯腈,malonoben,S 15126,10537-47-0	89	二氧威,dioxacarb,6988-21-2
83	毒壤膦,trichloronat,Bayer 37289,327-98-0	90	发硫磷,prothoate,E. I. 18682,2275-18-5
84	对氯硫磷,phosnichlor,5826-76-6	91	丰丙磷,IPSP,PSP-204,5827-05-4
85	蛾蝇腈,thiapronil,SN72129,77768-58-2	92	NaF 氟化钠,sodium fluoride,7681-49-4
86	1,2-二氯丙烷, 1,2-dichloropropane, 78-87-5	93	氟鼠啶, flupropadine, M&B 36892, 81613-59-4
87	1,2-二氯丙烷+1,3-二氯丙烷, 1,2-dichloropropane+1,3-dichloropropane, 混合物 8003-19-8, 1,2-二氯丙烷 78-87-5, 1,3-二氯丙烷 542-75-6	94	FCH₂CONH₂ 氟乙酰胺, fluoroacetamide, 640-19-7

序号	名称/CAS/结构	序号	名称/CAS/结构
95	 氟蚁灵,niflurdide,EL-468,61444-62-0	102	 甲基内吸磷,demeton-S-methyl,919-86-8
96	 环戊烯丙菊酯,terallethrin,M-108,15589-31-8	103	 4-甲基壬-5-醇和4-甲基壬-5-酮, 4-methylnonan-5-ol with 4-methylnonan-5-one
97	 己二酸二丁酯,dibutyl adipate,105-99-7	104	 14-甲基十八碳烯,14-methyloctadecene,93091-95-3
98	 甲氟磷,dimefox,115-26-4	105	 甲基辛硫磷,phoxim-methyl, SRA 7760,14816-16-1
99	 6-甲基庚-2-烯-4-醇, 6-methylhept-2-en-4-ol,4798-62-3	106	$HCO_2C_2H_5$ 甲酸乙酯,ethyl formate,109-94-4
100	 3-甲基环己-2-烯-1-酮, 3-methylcyclohex-2-en-1-one,1193-18-6	107	 浸移磷,DAEP,13265-60-6
101	 甲基磺酰氟, methanesulfonylfluoride,558-25-8	108	 抗虫威,thiocarboxime,WL 21959,25171-63-5

序号	名称/CAS/结构	序号	名称/CAS/结构
109	可得蒙,codlemone,33956-49-9	115	$FePO_4$ 磷酸铁,ferric phosphate,10045-86-0
110	克鼠灵,coumafuryl,117-52-2	116	硫环磷,phosfolan,EI 47031,947-02-4
111	矿物油,petroleum oils,64742-55-8,64742-56-9	117	氯吡氰菊酯,fenpirithrin,68523-18-2
112	喹硫磷,quintiofos,BAY 9037,1776-83-6	118	氯灭鼠灵,coumachlor,81-82-3
113	喹硫磷甲酯,quinalphos-methyl, SAN 52056I,13593-08-3	119	氯戊环,kelevan,GC-9160,4234-79-1
114	PH_3 磷化氢,phosphine,7803-51-2	120	氯辛硫磷,chlorphoxim,14816-20-7

序号	名称/CAS/结构	序号	名称/CAS/结构
121	氯亚胺硫磷,dialifos,10311-84-9	128	灭虫吡啶,chlorprazophos,36145-08-1
122	马鞭草酮,verbenone,18309-32-5	129	灭害威,aminocarb,Bayer 44646,2032-59-9
123	茂硫磷,morphothion,144-41-2	130	灭鼠优,pyrinuron,RH-787,53558-25-1
124	螨蜱胺,cymiazol,CGA 50439,61676 - 87 - 7	131	灭蚜硫磷,menazon,PP 175,78-57-9
125	猛杀威,promecarb,SN 34615,2631-37-0	132	灭蝇磷,nexion 1378,7076-53-1
126	脒硫磷,pyrimitate,ICI 29661,5221-49-8	133	内吸磷,mercaptofos,298-03-3,126-75-0,8065-48-3
127	嘧啶磷,pirimiphos-ethyl,PP211,23505-41-1	134	蜱虱威,promacyl,CRC 7320,34264-24-9

序号	名称/CAS/结构	序号	名称/CAS/结构
135	七氯，heptachlor，E 3314，76-44-8	142	杀扑磷，lythidathion，GS 12968，2669-32-1
136	噻恩菊酯，kadethrin，RU 15525，58769-20-3	143	生物氯菊酯，biopermethrin，51877-74-8
137	噻螨威，tazimcarb，PP 505，40085-57-2	144	十八碳-2,13-二烯基乙酸酯，octadeca-2,13-dienyl acetate，86252-74-6
138	三甲基二氧三环壬烷，lineatin，65035-34-9	145	(E,Z)-十八碳-3,13-二烯醇，(E,Z)-octadeca-3,13-dien-1-ol，66410-28-4
139	As_2O_3 三氧化二砷，arsenous oxide，1327-53-3	146	十八碳-3,13-二烯基乙酸酯，octadeca-3,13-dienyl acetate，53120-27-7
140	杀螺吗啉，trifenmorph，WL 8008，1420-06-0	147	(Z)-十二碳烯酮，(Z)-icos-13-en-10-one，63408-44-6
141	杀螨好，tetrasul，V-101，2227-13-6	148	(Z)-十六碳-13-烯-11-炔基乙酸酯，(Z)-hexadec-13-en-11-ynyl acetate，78617-58-0

序号	名称/CAS/结构	序号	名称/CAS/结构
149	(Z,Z)-十六碳二烯醛，(Z,Z)-hexadeca-11,13-dienal，71317-73-2	156	(Z,E)-十四碳-9,11-二烯基乙酸酯，(Z,E)-tetradeca-9,11-dienyl acetate，50767-79-8
150	(Z)-十六烯醛，(Z)-hexadec-11-enal，53939-28-9	157	(Z,E)-十四碳-9,12-二烯基乙酸酯，(Z,E)-tetradeca-9,12-dienyl acetate，30507-70-1
151	十三碳-4-烯基乙酸酯，tridec-4-enyl acetate，72269-48-8	158	(Z)-十四碳-9-烯基乙酸酯，(Z)-tetradeca-9-enyl acetate，16725-53-4
152	(Z)-十四碳-10-烯基乙酸酯(Z)-tetradeca-10-enyl acetate，35153-16-3	159	(Z)-十四碳-9-烯醛，(Z)-tetradec-9-enol，35153-15-2
153	十四碳-11-烯基乙酸酯，tetradeca-11-enyl acetate，20711-10-8	160	鼠立死，crimidine，535-89-7
154	(E,Z)-十四碳-4,10-二烯基乙酸酯(E,Z)-tetradeca-4,10-dienyl acetate，105700-87-6	161	水黄皮素，karanjin，521-88-0
155	(Z)-十四碳-7-烯醛，(Z)-tetradec-7-enal，65128-96-3	162	鼠特灵，norbormide，991-42-4

序号	名称/CAS/结构	序号	名称/CAS/结构
163	蔬果磷,dioxabenzofos,3811-49-2	170	卫生球,naphthalene,91-20-3
164	双环戊二烯,dicyclopentadiene,77-73-6	171	烯虫硫酯,triprene,ZR 619,40596-80-3
165	苏敌丁,sordidin,162490-88-2	172	Na_2SeO_4 锡酸钠,sodium selenate,13410-01-0
166	苏硫磷,sophamide,37032-15-8	173	消螨多,dinopenton,5386-57-2
167	涕灭砜威,aldoxycarb,UC 21865,116-06-3	174	消螨酚,dinex,131-89-5
168	田乐磷,demephion,682-80-4(i), 2587-90-8(ii),8065-62-1	175	硝虫噻嗪,nithiazine,SD 35651,58842-20-9
169	威菌磷,triamiphos,WP 155,1031-47-6	176	硝丁酯,dinoterbon,6073-72-9

序号	名称/CAS/结构	序号	名称/CAS/结构
177	新烟碱，anabasine，494-52-0	183	异亚砜磷，oxydeprofos，Bayer 23655，2674-91-1
178	溴苯膦，leptophos，21609-90-5	184	油酸(脂肪酸)，oleic acid(fatty acids)，112-80-1
179	亚砜，sulfoxide，120-62-7	185	诱虫醚，methyl eugenol，93-15-2
180	乙滴涕，perthane，72-56-0	186	诱蝇羧酯，trimedlure，12002-53-8
181	乙噻唑磷，prothidathion，GS 13010，20276-83-9	187	诱蝇酮，cuelure，3572-06-3
182	异拌磷，isothioate，Z-7272，36614-38-7	188	育畜磷，crufomate，299-86-5

序号	名称/CAS/结构	序号	名称/CAS/结构
189	原烟碱, nornicotine, 494-97-3	191	中西菊酯, ZXI 8901, 160791-64-0
190	增效冰烯胺, ENT 8184, 113-48-4		

4.近期新开发的品种

通用名	结构	CAS登录号	活性	开发公司	试验代号	专利/专利申请日
acynonapyr		1332838-17-1	杀螨	日本曹达	NA-89	WO 2011105506 CN 102770430 （2011-02-24）
alpha－bromadiolone	80%(1R,3R)+20%(1R,3S)	28772－56－7	杀鼠剂 溴敌隆同分异构体	美国杀鼠剂公司 Liphatech	/	/
aminopyrifen		1531626-08-0	杀菌	日本 Agro-Kanesho 公司	AKD-5195	WO 2014006945 CN 104520273 （2013-04-02）
benzpyrimoxan		1449021-97-9	杀虫	日本农药株式会社	NNI-1501	WO 2013115391 CN 104185628 （2013-02-01）
dichlobentiazox		957144-77-3	杀菌	日本组合化学株式会社	KIF-1629	WO 2007129454 CN 101437806 （2007-04-20）
fenpicoxamid		517875-34-2	杀菌,壳针孢菌 (Septoria spp.)	陶氏益农	Inatreq	WO 2003035617 （2002-10-23）
fluindapyr		1383809-87-7	杀菌,主要用于玉米、大豆、谷物和水稻	意大利意赛格农化公司 (Isagro)、美国富美实公司	IR9792 和 F9990	WO 2012084812 CN 103502220 （2011-12-19）

通用名	结构	CAS登录号	活性	开发公司	试验代号	专利/专利申请日
flupyrimin		1689566-03-7	杀虫	日本明治制果株式会社	ME5382	WO 2012029672 CN 102892290 （2011-08-26）
inpyrfluxam		1352994-67-2	杀菌	住友化学	S-2399	WO 2011162397 CN 102958367 （2011-06-22）
isoflucypram		1255734-28-1	杀菌	拜耳作物科学公司	BCS-CN88460	EP2251331 CN102421757 （2010-05-12）
metcamifen		129531-12-0	除草剂安全剂	先正达	CGA 246783	—
spiropidion		1229023-00-0	杀虫	先正达	SYN 546330	WO 2010066780 CN 102245028 （2009-12-09）
tyclopyrazo-flor		1477919-27-9	杀虫	陶氏益农	X 12317607 和 XDE-607	WO 2013062981 CN 104010505 （2012-10-24）
pyrapropoyne		1803108-03-3	杀菌	日本日产化学株式会社	NC-241	JP 2015155399 WO 2015119246 CN 105960169 （2015-02-06）

索　引

1. 农药英文通用名称索引

1582-09-8	379	3234-62-6	860	10004-44-1	256
1593-77-7	925	3336-69-4	816	10052-59-2	1295
1637-39-4	1295	3347-22-6	288	10071-13-3	1163
1689-84-5	1046	3383-96-8	941	10265-92-6	510
1689-99-2	1046	3567-25-7	1284	10453-86-8	110,953
1702-17-6	281	3689-24-5	1198	10605-21-7	246
1897-45-6	19	3691-35-8	701	11113-80-7	248
1910-42-5	17	3735-78-2	23	11141-17-6	1173
1912-24-9	1189	3740-92-9	563	12071-83-9	133
1918-00-9	711	3766-81-2	1203	12122-67-7	172
1918-02-1	7	3772-94-9	999	12407-86-2	499
1929-77-7	760	3810-74-0	622	12557-04-9	796
2032-65-7	539	3813-05-6	146	13071-79-9	975
2079-00-7	775	3861-41-4	1046	13121-70-5	876
2104-64-5	41	3878-19-1	714	13171-21-6	624
2157-98-4	584	4151-50-2	339	13194-48-4	776
2164-07-0	1167	4727-29-1	66	13286-32-3	178
2164-17-2	335	5221-53-4	274	13356-08-6	33
2212-67-1	456	5234-68-4	988	13457-18-6	90
2274-67-1	525	5259-88-1	1078	13593-03-8	603
2275-23-2	1067	5281-13-0	1195	13684-56-5	978
2303-17-5	1085	5543-57-7	911	13684-63-4	979
2310-17-0	313	5543-58-8	911	13775-53-6	114
2312-35-8	823	5598-13-0	526	14534-95-3	796
2312-76-7	291	5787-96-2	291	14698-29-4	602
2314-09-2	1009	5826-73-3	818	14816-18-3	1043
2425-06-1	196	5836-29-3	913	15096-52-3	114
2425-10-7	775	5915-41-3	974	15165-67-0	436
2439-01-2	774	6386-63-6	1205	15263-52-2	904
2439-10-3	246	6734-80-1	986	15263-53-3	904
2538-68-3	918	6923-22-4	584	15299-99-7	788
2593-15-9	985	6980-18-3	160	15302-91-7	543
2595-54-2	779	7003-89-6	4	15545-48-9	683
2597-03-7	177	7287-19-6	792	15879-93-3	699
2631-40-5	1143	7292-16-2	119	15972-60-8	516
2636-26-2	907	7345-69-9	1250	16114-35-5	1238
2642-71-9	1166	7696-12-0	15	16376-36-6	699
2655-14-3	767	7704-34-9	633	16484-77-8	437
2655-15-4	499	7758-98-7	636	16672-87-0	1120
2686-99-9	499	7758-99-8	636	16752-77-5	768
2699-79-8	637	7786-34-7	972	17109-49-8	198
2797-51-5	783	8011-63-0	139	17439-94-0	1167
2921-88-2	239	8018-01-7	169	17606-31-4	895
2961-68-4	1046	8051-02-3	612	17781-16-7	594
2980-64-5	291	9002-91-9	960	17804-35-2	38
3100-04-7	531	9006-42-2	168	18181-80-1	1056
3234-61-5	849	9016-72-2	133	18250-63-0	23

18691-97-9	523	26532-22-2	1249	35599-43-4	932
18708-86-6	235	26532-22-9	1249	35764-59-1	953
18708-87-7	235	26532-23-0	1249	36734-19-7	1155
18854-01-8	267	26532-24-1	1249	37248-47-8	1184
19044-88-3	6	26644-46-2	797	37273-91-9	960
19396-06-6	248	26718-65-0	972	38665-10-0	1184
19666-30-9	261	27355-22-2	962	39148-24-8	1105
20427-59-2	802	27519-02-4	1191	39196-18-4	586
21087-64-9	798	27605-76-1	1011	39300-45-3	289
21293-29-8	1227	28159-98-0	1235	39491-78-6	816
21548-32-3	211	28217-97-2	766	39515-40-7	52
21564-17-0	61	28249-77-6	889	39515-41-8	548
21725-46-2	804	28330-26-9	1163	39680-90-5	986
22224-92-6	69	28382-15-2	1163	39807-15-3	127
22248-79-9	899	28434-01-7	921	40487-42-1	278
22259-30-9	293	28772-56-7	1052	40596-69-8	1020
22350-76-1	899	28874-46-6	1167	40843-25-2	434
22781-23-3	255	29091-21-2	5	41083-11-8	887
22976-86-9	248	29104-30-1	43	41096-46-2	1019
23031-36-9	819	29232-93-7	536	41198-08-7	135
23103-98-2	592	29804-22-6	1239	41205-06-5	1020
23135-22-0	914	29973-13-5	1107	41205-21-4	386
23184-66-9	207	30560-19-1	1122	41394-05-2	57
23422-53-9	293	31182-61-3	110	41483-43-6	1113
23526-02-5	971	31182-61-3	953	41643-35-0	788
23560-59-0	453	31218-83-4	14	41643-36-1	788
23564-05-8	534	31717-87-0	925	41814-78-2	877
23783-98-4	624	31895-21-3	893	42509-80-8	708
23947-60-6	1112	31895-22-4	893	42588-37-4	1018
23950-58-5	820	32791-87-0	1205	42609-52-9	891
24017-47-8	884	32809-16-8	432	42874-03-3	1125
24019-05-4	1284	33089-61-1	939	43121-43-3	885
24096-53-5	587	33213-65-9	630	43222-48-6	1083
24307-26-4	543	33446-70-7	503	49669-74-1	9
24353-61-5	953	33629-47-9	1201	50471-44-8	1118
24579-73-5	949	33956-61-5	903	50512-35-1	179
24602-86-6	926	34123-59-6	1141	50594-66-6	873
24691-80-3	518	34256-82-1	1094	50723-80-3	763
24934-91-6	680	34643-46-4	126	50933-33-0	460
25057-89-0	763	34681-10-2	218	51186-88-0	48
25059-80-7	146	34681-23-7	217	51218-45-2	1136
25319-90-8	629	35367-31-8	422	51218-49-6	117
26002-80-2	48	35367-38-5	157	51235-04-2	481
26046-85-5	48	35400-43-2	628	51338-27-3	434
26087-47-8	1146	35554-44-0	1161	51596-10-2	725
26225-79-6	1100	35575-96-3	524	51596-11-3	725
26530-20-1	1045	35597-44-5	143	51630-58-1	813

51707-55-2	830	60207-90-1	120	68049-83-2	1213
51877-74-8	681	61213-25-0	364	68085-85-8	870
52207-48-4	897	61432-55-1	790	68157-60-8	981
52207-99-5	460	61949-76-6	681	68359-37-5	387,391
52315-07-8	686,690,693	61949-77-7	681	68505-69-1	301
52645-53-1	681	62476-59-9	873	69327-76-0	852
52756-22-6	447	62850-32-2	42	69377-81-7	336
52918-63-5	1059	62865-36-5	162	69409-94-5	320
53023-55-5	1018	62924-70-3	374	69770-45-2	384
53042-79-8	460	63284-71-9	323	69806-34-4	442
53112-28-0	755	63333-35-7	1063	69806-40-2	442
54406-48-3	1186	63729-98-6	448	69865-47-0	686
54593-83-8	705	63782-90-1	447	70124-77-5	405
54774-45-7	681	63935-38-6	1115	70161-11-4	1091
54774-46-8	681	64249-01-0	919	70209-81-3	1091
54774-47-9	681	64257-84-7	548	70288-86-7	1091
54910-51-9	1239	64628-44-0	900	70630-17-0	445
54910-52-0	1239	64700-56-7	651	71048-99-2	932
55179-31-2	620	64902-72-3	679	71283-65-3	434
55219-65-3	882	65195-55-3	1	71283-80-2	576
55285-14-8	212	65195-56-4	1	71422-67-8	358
55290-64-7	846	65731-84-2	693	71441-80-0	1024
55335-06-3	651	65732-07-2	692,693	71611-31-9	405
55512-33-9	166	65733-16-6	1020	71626-11-4	63
55720-26-8	9	65733-17-7	1020	71697-59-1	692
55814-41-0	778	65733-18-8	1019	72178-02-0	370
56073-07-5	928	65733-19-9	1019	72204-43-4	693
56073-10-0	1064	65733-20-2	1018	72490-01-8	75
56425-91-3	304	65907-30-4	312	72619-32-0	442
56634-95-8	1046	66052-95-7	1064	72850-64-7	563
57018-04-9	532	66063-05-6	1002	72962-43-7	1181
57160-47-1	781	66215-27-8	779	72963-72-5	825
57213-69-1	651	66230-04-4	439	73250-68-7	62
57353-42-1	448	66246-88-6	1004	73360-07-3	9
57369-32-1	641	66330-88-9	1167	74051-80-2	1024
57646-30-7	310	66332-96-5	417	74070-46-5	30
57754-85-5	281	66423-05-0	437	74115-24-5	964
57837-19-1	551	66423-09-4	437	74222-97-2	542
57960-19-7	772	66841-25-6	966	74223-64-6	522
57966-95-7	951	66952-49-6	496	74712-19-9	1054
57973-67-8	447	67129-08-2	81	74738-17-3	26
58138-08-2	762	67306-00-7	70	75021-72-6	434
58509-83-4	281	67338-65-2	146	76280-91-6	1088
58810-48-3	311	67375-30-8	695	76608-88-3	1165
59669-26-0	634	67485-29-4	420	76674-21-0	295
60168-88-9	657	67564-91-4	204	76703-62-3	676
60207-31-0	1080	67747-09-5	715	76714-83-5	1032

76738-62-0	253	84496-56-0	24	95737-68-1	79
77182-82-2	143	84937-88-2	958	95905-78-5	442
77458-01-6	102	85509-19-9	365	96182-53-5	211
77501-60-1	1116	85785-20-2	459	96489-71-3	163
77501-63-4	828	86209-51-0	400	96491-05-3	562
77501-90-7	1116	86479-06-3	382	96525-23-4	303
77732-09-3	258	86560-92-1	387,391	97659-39-7	437
78587-05-0	850	86560-93-2	387,391	97780-06-8	12
79127-80-3	75	86560-94-3	387,391	97886-45-8	383
79241-46-6	573	86560-95-4	387,391	98243-83-5	65
79277-27-3	842	86598-92-7	1070	98730-04-2	565
79319-85-0	1090	86752-99-0	686	98886-44-3	859
79538-32-2	794	86763-47-5	1134	98967-40-9	1220
79540-50-4	1124	86811-58-7	229	99105-77-8	492
79622-59-6	352	87130-20-9	1111	99129-21-2	1015
79983-71-4	504	87237-48-7	442	99387-89-0	376
80060-09-9	215	87392-12-9	449	99434-58-9	833
81051-65-2	1193	87546-18-7	315	99485-76-4	109
81052-29-1	1193	87547-04-4	315	99607-70-2	564
81335-37-7	720	87674-68-8	275	99675-03-3	1158
81335-47-9	720	87818-31-3	476	100784-20-1	659
81385-77-5	722	87818-61-9	476	101007-06-1	332
81406-37-3	336	87819-60-9	476	101200-48-0	35
81412-3-3	926	87820-88-0	31	101205-02-1	833
81777-89-1	1149	88283-41-4	221	101463-69-8	343
82097-50-5	726	88349-88-6	564	101903-30-4	182
82200-72-4	882	88485-37-4	991	101917-66-2	722
82211-24-3	590	88671-89-0	571	102851-06-9	320
82558-50-7	1147	88678-67-5	25	103055-07-8	923
82560-54-1	124	88805-35-0	983	103112-35-2	566
82657-04-3	617	89269-64-7	751	103112-36-3	566
82697-71-0	917	89482-17-7	882	103361-09-7	130
83055-99-6	111	89583-90-4	1230	103833-18-7	332
83066-88-0	573	89784-60-1	102	104030-54-8	468
83121-18-0	324	90035-08-8	413	104040-78-0	228
83130-01-2	757	90134-59-1	448	104098-48-8	540
83164-33-4	88	90717-03-6	599	104098-49-9	540
83542-84-1	1158	90982-32-4	685	104206-82-8	1041
83657-16-3	1032	91465-08-6	672	104273-73-6	591
83657-17-4	1032	93697-74-6	93	104653-34-1	854
83657-18-5	1035	94050-52-9	396	104786-87-0	436
83657-22-1	1032	94050-53-0	396	105024-66-6	362
83657-24-3	1033	94125-34-5	372	105511-96-4	821
83860-31-5	692,693	94361-06-5	469	105512-06-9	821
84087-01-4	283	94593-91-6	728	105726-67-8	1265
84332-86-5	1104	95266-40-3	591	105779-78-0	753
84466-05-7	490	95465-99-9	637	105827-78-9	84

105843-36-5	700	120929-37-7	1036	131983-72-7	771
106325-08-0	367	121451-02-3	244	132057-06-8	1169
106700-29-2	1014	121552-61-2	746	133220-30-1	1176
106917-52-6	495	121776-33-8	309	133408-50-1	72
107534-96-3	1005	121776-57-6	309	134098-61-6	1218
108731-70-0	370	122008-78-0	805	134605-64-4	333,930
109293-97-2	328	122008-85-9	805	135158-54-2	501
109293-98-3	328	122453-73-0	1049	135186-78-6	488
110235-47-7	744	122454-29-9	1290	135397-30-7	659
110488-70-5	1030	122548-33-8	1207	135410-20-7	223
110956-75-7	483	122836-35-5	519	135590-91-9	101
111353-84-5	12	122931-48-0	297	135990-29-3	319
111479-05-1	990	123312-89-0	99	136191-56-5	739
111812-58-9	1218	123342-93-8	737	136191-64-5	739
111988-49-9	836	123343-16-8	737	136426-54-5	377
111991-09-4	1075	123572-88-3	299	136849-15-5	464
112143-82-5	1226	124495-18-7	73	137512-74-4	508
112226-61-6	665	125116-23-6	1086	137641-05-5	326
112281-77-3	958	125225-28-7	1200	138164-12-2	203
112410-23-8	152	125306-83-4	1208	138261-41-3	84
112636-83-6	471	125401-75-4	934	139001-49-3	461
113036-88-7	396	125401-92-5	934	139528-85-1	493
113136-77-9	467	126069-54-3	625	139920-32-4	943
113158-40-0	576	126535-15-7	319	139968-49-3	807
113614-08-7	349	126801-58-9	1129	140163-89-9	1252
113963-87-4	436	126833-17-8	484	140923-17-7	1140
114311-32-9	559	127277-53-6	983	141112-06-3	1152
114369-43-6	567	127640-90-8	468	141112-29-0	1153
114420-56-3	821	127641-62-7	468	141517-21-7	992
115852-48-7	180	128621-72-7	1209	141776-32-1	498
116255-48-2	588	128639-02-1	1209	142459-58-3	407
116714-46-6	418	129025-54-3	917	142469-14-5	869
117337-19-6	409	129558-76-5	1211	142891-20-1	1169
117428-22-5	232	129630-17-7	83	143390-89-0	733
117718-60-2	832	129630-19-9	83	143807-66-3	472
118134-30-8	648	129900-07-8	1295	144171-61-9	1177
118712-89-3	955	129909-90-6	10	144550-36-7	201
119126-15-7	317	130000-40-7	844	144651-06-9	487
119168-77-3	91	130339-07-0	402	144740-54-5	356
119308-91-7	281	130561-48-7	915	145026-81-9	115
119446-68-3	45	131086-42-5	668	145099-21-4	864
119738-06-6	600	131341-86-1	639	145701-21-9	942
120068-37-3	340	131475-57-5	881	145701-23-1	935
120116-88-3	811	131807-57-3	259	146659-78-1	248
120162-55-2	968	131860-33-8	747	147150-35-4	706
120738-89-8	1022	131929-60-7	250	148477-71-8	649
120928-09-8	605	131929-63-0	250	149253-65-6	409

149508-90-7	454	179101-81-6	866	291771-99-8	227
149877-41-8	615	180409-60-3	474	304900-25-2	1247
149961-52-4	731	181274-15-7	115	304911-98-6	521
149979-41-9	96	181274-17-9	415	315208-17-4	1270
150114-71-9	654	181587-01-9	1098	317815-83-1	856
150315-10-9	356	183675-82-3	98	318290-98-1	1242
150824-47-8	1022	187166-15-0	1101	330459-31-9	1288
151519-02-7	1266	187166-40-1	1101	335104-84-2	478
153197-14-9	266	188425-85-6	230	337458-27-2	1275
153233-91-1	1109	188489-07-8	348	348635-87-0	1171
153719-23-4	838	188490-07-5	348	352010-68-5	1232
154486-27-8	336	189278-12-4	138	365400-11-9	1271
155569-91-8	508	190314-43-3	422	366815-39-6	1027
155860-53-2	174	193740-76-0	403	372137-35-4	54
156052-68-5	67	199119-58-9	864	374726-62-2	944
156963-66-5	937	201593-84-2	946	376645-78-2	1285
158062-67-0	355	203313-25-1	643	382608-10-8	643
158237-07-1	970	205510-53-8	834	394730-71-3	1279
158353-15-2	948	208465-21-8	530	400852-66-6	530
158755-95-4	931	209861-58-5	1121	400882-07-7	209
159518-97-5	706	209866-92-2	930	403640-27-7	1263
161050-58-4	556	210631-68-8	77	412928-69-9	329
161326-34-7	718	210880-92-5	834	412928-75-7	329
162320-67-4	397	211867-47-9	394	420138-40-5	137
162650-77-3	858	212201-70-2	1255	420138-41-6	1144
163515-14-8	276	213464-77-8	736	422556-08-9	225
164353-12-2	875	215655-76-8	702	447399-55-5	1281
165252-70-0	305	219714-96-2	997	467427-81-1	307
166734-82-3	1163	220899-03-6	39	473278-76-1	491
168316-95-8	250	221205-90-9	1277	473798-59-3	11
170015-32-4	741	221667-31-8	1237	494793-67-8	426
171249-05-1	609	223580-51-6	856	499231-24-2	1236
171249-10-8	609	224049-04-1	1159	500008-45-7	661
171605-91-7	1040	229977-93-9	754	500207-04-5	1265
173159-57-4	553	238410-11-2	1028	560121-52-0	570
173584-44-6	1177	239110-15-7	360	566191-89-7	654
173662-97-0	1259	240494-70-6	555	570415-88-2	1268
173980-17-1	1229	243973-20-8	1216	581809-46-3	613
174212-12-5	264	245735-90-4	543	599194-51-1	423
174514-07-9	1133	247057-22-3	559	599197-38-3	423
175013-18-0	104	248593-16-0	995	609346-29-4	1264
175076-90-1	175	256412-89-2	268	618446-52-9	436
175217-20-6	455	271241-14-6	956	639826-16-7	1239
177406-68-7	59	272451-65-7	345	658066-35-4	330
178813-81-5	754	283159-90-0	1294	683777-13-1	784
178928-70-6	123	283594-90-1	646	683777-14-2	784
178961-20-1	449	291771-83-0	227	688046-61-9	1278

704886-18-0	219	902760-40-1	667	1104384-14-6	963
730979-19-8	1253	907204-31-3	428	1130296-65-9	1251
730979-32-5	1253	908298-37-3	547	1144097-22-2	1255
736994-63-1	1057	911499-62-2	1289	1144097-30-2	1255
799247-52-2	1274	915288-13-0	670	1207727-04-5	1232
850881-70-8	220	915410-70-7	1205	1220411-29-9	1287
852369-40-5	51	915972-17-7	1228	1228284-64-7	1267
858954-83-3	462	918162-02-4	375	1229654-66-3	1286
858956-08-8	462	925234-67-9	480	1231776-28-5	205
858956-35-1	462	926914-55-8	1269	1231776-29-6	205
860028-12-2	632	928783-29-3	1248	1254304-22-7	1244
861229-15-4	437	942515-63-1	1273	1257598-43-8	752
861647-84-9	1283	943831-98-9	1250	1258836-72-4	1292
862588-11-2	1215	943832-60-8	1250	1262605-53-7	671
864237-81-0	424	943832-81-3	1243	1263133-33-0	1293
865318-97-4	1224	946578-00-3	350	1263629-39-5	862
865363-39-9	436	948994-16-9	791	1281863-13-5	486
868390-90-3	205	950782-86-2	1253	1309859-39-9	399
868680-84-6	1262	951659-40-8	1245	1342891-70-6	1240
874195-61-6	1291	953030-84-7	852	1390661-72-9	1243
874967-67-6	423	958647-10-4	1247	1417782-03-6	1260
875775-74-9	1241	1003318-67-9	411	1417782-08-1	1256
875915-78-9	1257	1031756-98-5	1235	1486617-21-3	1258
881685-58-1	784	1070975-53-9	58	1637537-67-7	1185
882182-49-2	236	1072957-71-1	1231	1676101-39-5	322
890929-78-9	704	1101132-67-5	1289		

化工版农药、植保类科技图书

分类	书号	书名	定价
农药手册性工具图书	122-22028	农药手册(原著第16版)	480.0
	122-29795	现代农药手册	580.0
	122-31232	现代植物生长调节剂技术手册	198.0
	122-27929	农药商品信息手册	360.0
	122-22115	新编农药品种手册	288.0
	122-22393	FAO/WHO农药产品标准手册	180.0
	122-18051	植物生长调节剂应用手册	128.0
	122-15528	农药品种手册精编	128.0
	122-13248	世界农药大全——杀虫剂卷	380.0
	122-11319	世界农药大全——植物生长调节剂卷	80.0
	122-11396	抗菌防霉技术手册	80.0
	122-00818	中国农药大辞典	198.0
农药分析与合成专业图书	122-15415	农药分析手册	298.0
	122-11206	现代农药合成技术	268.0
	122-21298	农药合成与分析技术	168.0
	122-16780	农药化学合成基础(第2版)	58.0
	122-21908	农药残留风险评估与毒理学应用基础	78.0
	122-09825	农药质量与残留实用检测技术	48.0
	122-17305	新农药创制与合成	128.0
	122-10705	农药残留分析原理与方法	88.0
农药剂型加工专业图书	122-15164	现代农药剂型加工技术	380.0
	122-30783	现代农药剂型加工丛书-农药液体制剂	188.0
	122-30866	现代农药剂型加工丛书-农药助剂	138.0
	122-30624	现代农药剂型加工丛书-农药固体制剂	168.0
	122-31148	现代农药剂型加工丛书-农药制剂工程技术	180.0
	122-23912	农药干悬浮剂	98.0
	122-20103	农药制剂加工实验(第2版)	48.0
	122-22433	农药新剂型加工与应用	88.0
	122-23913	农药制剂加工技术	49.0
农药专利、贸易与管理专业图书	122-18414	世界重要农药品种与专利分析	198.0
	122-29426	农药商贸英语	80.0
	122-24028	农资经营实用手册	98.0
	122-26958	农药生物活性测试标准操作规范——杀菌剂卷	60.0
	122-26957	农药生物活性测试标准操作规范——除草剂卷	60.0
	122-26959	农药生物活性测试标准操作规范——杀虫剂卷	60.0
	122-20582	农药国际贸易与质量管理	80.0
	122-19029	国际农药管理与应用丛书——哥伦比亚农药手册	60.0
	122-21445	专利过期重要农药品种手册(2012-2016)	128.0
	122-21715	吡啶类化合物及其应用	80.0
	122-09494	农药出口登记实用指南	80.0
农药研发、进展与专著	122-16497	现代农药化学	198.0
	122-26220	农药立体化学	88.0
	122-19573	药用植物九里香研究与利用	68.0
	122-09867	植物杀虫剂苦皮藤素研究与应用	80.0
	122-10467	新杂环农药——除草剂	99.0

分类	书号	书名	定价
农药研发、进展与专著	122-03824	新杂环农药——杀菌剂	88.0
	122-06802	新杂环农药——杀虫剂	98.0
	122-09521	螨类控制剂	68.0
	122-30240	世界农药新进展(四)	80.0
	122-18588	世界农药新进展(三)	118.0
	122-08195	世界农药新进展(二)	68.0
	122-04413	农药专业英语	32.0
	122-05509	农药学实验技术与指导	39.0
农药使用类实用图书	122-10134	农药问答(第5版)	68.0
	122-25396	生物农药使用与营销	49.0
	122-29263	农药问答精编(第二版)	60.0
	122-29650	农药知识读本	36.0
	122-29720	50种常见农药使用手册	28.0
	122-28073	生物农药科学使用指南	50.0
	122-26988	新编简明农药使用手册	60.0
	122-26312	绿色蔬菜科学使用农药指南	39.0
	122-24041	植物生长调节剂科学使用指南(第3版)	48.0
	122-28037	生物农药科学使用指南(第3版)	50.0
	122-25700	果树病虫草害管控优质农药158种	28.0
	122-24281	有机蔬菜科学用药与施肥技术	28.0
	122-17119	农药科学使用技术	19.8
	122-17227	简明农药问答	39.0
	122-19531	现代农药应用技术丛书——除草剂卷	29.0
	122-18779	现代农药应用技术丛书——植物生长调节剂与杀鼠剂卷	28.0
	122-18891	现代农药应用技术丛书——杀菌剂卷	29.0
	122-19071	现代农药应用技术丛书——杀虫剂卷	28.0
	122-11678	农药施用技术指南(第2版)	75.0
	122-21262	农民安全科学使用农药必读(第3版)	18.0
	122-11849	新农药科学使用问答	19.0
	122-21548	蔬菜常用农药100种	28.0
	122-19639	除草剂安全使用与药害鉴定技术	38.0
	122-15797	稻田杂草原色图谱与全程防除技术	36.0
	122-14661	南方果园农药应用技术	29.0
	122-13695	城市绿化病虫害防治	35.0
	122-09034	常用植物生长调节剂应用指南(第2版)	24.0
	122-08873	植物生长调节剂在农作物上的应用(第2版)	29.0
	122-08589	植物生长调节剂在蔬菜上的应用(第2版)	26.0
	122-08496	植物生长调节剂在观赏植物上的应用(第2版)	29.0
	122-08280	植物生长调节剂在植物组织培养中的应用(第2版)	29.0
	122-12403	植物生长调节剂在果树上的应用(第2版)	29.0
	122-27745	植物生长调节剂在果树上的应用(第3版)	48.0
	122-09568	生物农药及其使用技术	29.0
	122-08497	热带果树常见病虫害防治	24.0
	122-27882	果园新农药手册	26.0
	122-07898	无公害果园农药使用指南	19.0
	122-27411	菜园新农药手册	22.8
	122-18387	杂草化学防除实用技术(第2版)	38.0
	122-05506	农药施用技术问答	19.0
	122-04812	生物农药问答	28.0

如需相关图书内容简介、详细目录以及更多的科技图书信息,请登录 www.cip.com.cn。

邮购地址:(100011)北京市东城区青年湖南街13号化学工业出版社

服务电话:qq:1565138679,010-64518888,64518800(销售中心)

如有化学化工、农药植保类著作出版,请与编辑联系。联系方式:010-64519457,286087775@qq.com。